国家出版基金项目
NATIONAL PUBLICATION FOUNDATION

中国海洋及河口鱼类系统检索

Key to Marine and Estuarial Fishes of China

伍汉霖　钟俊生　主编
WU Hanlin　ZHONG Junsheng

中国农业出版社
北京

伍汉霖 男，教授，汉族，1934 年 4 月出生，广东省肇庆市人。
1956 年毕业于上海水产学院水生生物专业。1992 年 10 月享受国务院政府特殊津贴。长期从事鱼类分类学和形态学的研究工作，尤以研究虾虎鱼、有毒鱼类和药用鱼类著称。出版专著 12 部，辞书 9 部；发表论文 50 篇。发现鱼类新种 32 种，新属 6 个，新亚科 4 个。1978 年出版的《中国有毒鱼类和药用鱼类》（第一作者）是中国第一本全面系统介绍 250 余种有毒和药用鱼类的专著，1999 年该书由日本恒星社厚生阁引进出版。

主编《拉汉世界鱼类名典》（第一作者），共收录全球有效鱼类 26 000 多种（截至 1999 年 5 月）。在鱼类分类方面，编著出版了《中国动物志 硬骨鱼纲 鲈形目（五）虾虎鱼亚目》（第一作者）（2008），首次对产于我国的 307 种虾虎鱼的形态、分类进行了具体描述；编著出版了《江苏鱼类志》（第二作者）（2006）和《中国有毒及药用鱼类新志》（第一作者）（2002）。参与《中国石首鱼类分类系统的研究和新属新种的叙述》（1963）、《南海诸岛海域鱼类志》（1979）、《福建鱼类志》（1984—1985）、《中国鱼类系统检索》（1987）、《海南岛淡水及河口鱼类志》（1986）、《广东淡水鱼类志》（1991）、《中国脊椎动物大全》（2000）等专著的编写。此外，还参与 2019 年版《辞海》的编写，负责完成全部鱼类条目；参与《中华海洋本草》的编写。

钟俊生

男，教授，博士，博士生导师，1963年出生，浙江省武义县人。1984年8月毕业于上海水产学院海洋渔业系渔业资源专业，留校在鱼类学研究室工作。1997年10月赴日本高知大学留学，主攻深海鱼类（鼬鳚类）形态与系统分类的研究，于2000年3月取得理学硕士学位后进入日本爱媛大学攻读博士，主攻仔稚鱼生态学研究。2003年8月回上海水产大学渔业学院工作，主要从事鱼类早期生活史、鱼类个体发育与系统发育、渔业资源保护利用、鱼类形态学、鱼类分类学等研究。至今，发现鱼类新种8种，发表论文95篇，主编和参编鱼类学专著7部。作为第二作者编著《舟山海域鱼类原色图鉴》（2006）、《中国动物志 硬骨鱼纲 鲈形目（五）虾虎鱼亚目》（2008）；作为第三作者编著《浙江海洋鱼类志》（2016）。此外，还参与编著《海南岛淡水及河口鱼类志》（1986）、《广东淡水鱼类志》（1991）、《黑潮鱼类》（日英文）（2001）、《内蒙古水生经济动植物原色图文集》（中英蒙文）（2005）。

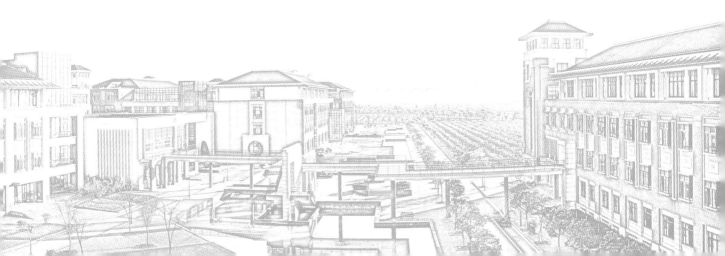

《中国海洋及河口鱼类系统检索》编写分工

盲鳗纲 MYXINI

盲鳗目 MYXINIFORMES、七鳃鳗目 PETROMYZONTIFORMES ············ 伍汉霖（上海海洋大学）

软骨鱼纲 CHONDRICHTHYES

银鲛目 CHIMAERIFORMES、虎鲨目 HETERODONTIFORMES、须鲨目 ORECTOLOBIFORMES、鼠鲨目 LAMNIFORMES、真鲨目 CARCHARHINIFORMES、六鳃鲨目 HEXANCHIFORMES、棘鲨目 ECHINORHINIFORMES、角 鲨 目 SQUALIFORMES、扁 鲨 目 SQUATINIFORMES、锯鲨目 PRISTIOPHORIFORMES、电鳐目 TORPEDINIFORMES、锯鳐目 PRISTIFORMES、鳐目 RAJIFORMES、鲼目 MYLIOBATIFORMES ················· 伍汉霖（上海海洋大学）

辐鳍鱼纲 ACTINOPTERYGII

鲟 形 目 ACIPENSERIFORMES、囊 鳃 鳗 目 SACCOPHARYNGIFORMES、鼠 鱚 目 GONORHYNCHIFORMES、水珍鱼目 ARGENTINIFORMES、胡瓜鱼目 OSMERIFORMES、鲻形目 MUGILIFORMES、奇金眼鲷目 STEPHANOBERYCIFORMES、金眼鲷目 BERYCIFORMES、海鲂目 ZEIFORMES、鲉形目 SCORPAENIFORMES、鲀形目 TETRAODONTIFORMES·······
··············· 伍汉霖（上海海洋大学）
海鲢目 ELOPIFORMES、北梭鱼目 ALBULIFORMES ············ 赵盛龙（浙江海洋大学）
背棘鱼目 NOTACANTHIFORMES ··········· 赵盛龙（浙江海洋大学）、伍汉霖（上海海洋大学）
鳗鲡目 ANGUILLIFORMES ················ 何宣庆（台湾海洋生物博物馆）
海鳝科 Muraenidae ··············· 罗嘉豪（马来西亚大学）
鲱形目 CLUPEIFORMES ··············· 伍汉霖、李晨虹（上海海洋大学）
鲇形目 SILURIFORMES、鲑形目 SALMONIFORMES ··········
··············· 伍汉霖（上海海洋大学）、赵盛龙（浙江海洋大学）
巨口鱼目 STOMIIFORMES、仙女鱼目 AULOPIFORMES、灯笼鱼目 MYCTOPHIFORMES ·······
··············· 倪勇、陈佳杰（中国水产科学研究院东海水产研究所）
辫鱼目 ATELEOPODIFORMES、银汉鱼目 ATHERINIFORMES ···············
··············· 倪勇（中国水产科学研究院东海水产研究所）
月鱼目 LAMPRIDIFORMES、须鳂目 POLYMIXIIFORMES、颌针鱼目 BELONIFORMES ·······
··············· 钟俊生（上海海洋大学）

鳕形目 GADIFORMES

底尾鳕科 Bathygadidae、鳕科 Gadidae、江鳕科 Lotidae、长尾鳕科 Macrouridae、拟长尾鳕科 Macrouriodidae、无须鳕科 Merlucciidae、深海鳕科 Moridae、拟长尾鳕科 Macrouriodidae
··············· 伍汉霖（上海海洋大学）、陈渊戈（中国水产科学研究院东海水产研究所）

犀鳕科 Bregmacerotidae ······ 陈渊戈（中国水产科学研究院东海水产研究所）、伍汉霖（上海海洋大学）

鼬鳚目 OPHIDIIFORMES ·· 伍汉霖（上海海洋大学）

鮟鱇目 LOPHIIFORMES ·· 何宣庆（台湾海洋生物博物馆）

刺鱼目 GASTEROSTEIFORMES ·················· 庄棣华撰文、黎诺维绘图（香港鱼类学会）

鲈形目 PERCIFORMES

鲈亚目 PERCOIDEI

双边鱼科 Ambassidae、花鲈科 Lateolabracidae、后颌䲁科 Opistognathidae、后竺鲷科 Epigonidae、
　鱚科 Sillaginidae、弱棘鱼科 Malacanthidae、乌鲂科 Bramidae、笛鲷科 Lutjanidae、梅鲷科
　Caesionidae、䱵科 Cirrhitidae、唇指䱵科 Cheilodactylidae、鮨科 Serranidae、天竺鲷科
　Apogonidae、鲹科 Carangidae ··· 伍汉霖（上海海洋大学）

尖吻鲈科 Latidae、脂鲈科 Percichthyidae、愈牙鮨科 Symphysanodontidae、丽花鮨科
　Callanthiidae、鳂鲈科 Ostracoberycidae、松鲷科 Lobotidae、叶鲷科 Glaucosomidae、五棘鲷科
　Pentacerotidae ·· 庄棣华（香港鱼类学会）

发光鲷科 Acropomatidae、大眼鲷科 Priacanthidae、银鲈科 Gerreidae、仿石鲈科 Haemulidae、
　金线鱼科 Nemipteridae、裸颊鲷科 Lethrinidae、马鲅科 Polynemidae、羊鱼科 Mullidae、
　单鳍鱼科 Pempheridae、鯻科 Terapontidae、赤刀鱼科 Cepolidae ············ 钟俊生（上海海洋大学）

拟雀鲷科 Pseudochromidae ··············· 伍汉霖（上海海洋大学）、赵盛龙（浙江海洋大学）

鮗科 Plesiopidae、寿鱼科 Banjosidae、乳香鱼科 Lactariidae、青鲭科 Scombropidae、鲭科 Pomatomidae、
　鲯鳅科 Coryphaenidae、军曹鱼科 Rachycentridae、鮣科 Echeneidae、眼镜鱼科 Menidae、鲷科
　Sparidae、谐鱼科 Emmelichthyidae、深海鲱科 Bathyclupeidae、大眼鲳科 Monodactylidae、鱾科
　Kyphosidae、鸡笼鲳科 Drepanidae、汤鲤科 Kuhliidae、石鲷科 Oplegnathidae ··················
　··· 陈渊戈（中国水产科学研究院东海水产研究所）

鲾科 Leiognathidae ··············· 陈佳杰、倪勇（中国水产科学研究院东海水产研究所）

石首鱼科 Sciaenidae ·· 伍汉霖、钟俊生（上海海洋大学）

蝴蝶鱼科 Chaetodontidae、刺盖鱼科 Pomacanthidae ···················· 唐文乔（上海海洋大学）

隆头鱼亚目 LABROIDEI

海鲫科 Embiotocidae、鹦嘴鱼科 Scaridae ··································· 钟俊生（上海海洋大学）

雀鲷科 Pomacentridae ······· 伍汉霖（上海海洋大学）、傅亮（深圳航迹海洋环境技术有限公司）

隆头鱼科 Labridae ·· 刘东（上海海洋大学）

绵鳚亚目 ZOARCOIDEI、鳚亚目 BLENNIOIDEI、鼠䲅亚目 CALLIONYMOIDEI、刺尾鱼亚目
　ACANTHUROIDEI ··· 伍汉霖（上海海洋大学）

龙䲢亚目 TRACHINOIDEI

鲈䲢科 Percophidae、鳄齿鱼科 Champsodontidae ···················· 伍汉霖（上海海洋大学）

叉齿龙䲢科 Chiasmodontidae、无棘鳚科 Creediidae、毛背鱼科 Trichonotidae、玉筋鱼科
　Ammodytidae、䲢科 Uranoscopidae ··································· 庄棣华（香港鱼类学会）

肥足䲢科 Pinguipedidae ·· 何宣庆（台湾海洋生物博物馆）

喉盘鱼亚目 GOBIESOCOIDEI ·································· 钟俊生（上海海洋大学）

虾虎鱼亚目 GOBIOIDEI ················· 伍汉霖、钟俊生（上海海洋大学）、陈义雄（台湾海洋大学）

鲭亚目 SCOMBROIDEI

魣科 Sphyraenidae、蛇鲭科 Gempylidae、剑鱼科 Xiphiidae、旗鱼科 Istiophoridae ··················
　··· 倪勇（中国水产科学研究院东海水产研究所）

前　言

中华人民共和国成立以来，中国鱼类分类学研究队伍规模逐步壮大，发表的论文和著作成倍增加，虽历经几十年的研究，但由于资料分散、统计收集难度大，中国鱼类系统分类学工具书非一人之力所能完成。1987年，由成庆泰、郑葆珊组织全国50余名鱼类学家集体合作，编写和出版了我国第一本有关鱼类系统检索的重要著作——《中国鱼类系统检索》。该书共收录中国海洋和淡水鱼类2 700余种，其中，海洋鱼类1 600余种。该书对我国渔业生产、水产贸易、水产教育、科学研究中的鱼类种类鉴定具有重要的参考价值，在读者中广受欢迎，翌年即销售一空，一书难求。该书出版后的30多年来，业内学者发现的中国鱼类新种数量逐年增加，截至2020年，我国鱼类约有5 058种，其中海洋鱼类3 600种以上。1987年版的《中国鱼类系统检索》已不能适应各方面的需求，且该书在描述的系统性、完整性、准确性、现时性等方面仍有许多不足。此外，可以作为鉴别鱼类的参考书《中国动物志》鱼类相关卷册按照目或者亚目分散、陆续出版，时间跨度太久，一些卷册已成为绝版，在系统检索鱼类方面存在诸多不便。业内对编写一本新的鱼类检索工具书呼声甚高，亟须鱼类分类学者编写一本系统的"鱼类字典"。

鱼类分类学研究是一项基础而又极为重要的工程，随着社会和科学技术的发展，分子生物学研究技术的融入虽然增加了鱼类学研究的内涵，但仍然离不开种类鉴定的基础知识。近年有许多海区及各省（自治区）的区域性鱼类专著出版，但鱼类鉴定仍然是各鱼类专著中的重中之重。由于老一辈鱼类学家的辞世，中国鱼类基础分类研究人员几十年来面临着青黄不接的情况，编写新的鱼类系统检索工具书，需要收集分散于浩瀚的学术刊物中有关中国鱼类的资料，其工作量浩大，加之鱼类物种多样性极为丰富，导致种类鉴别和形态描述技术难度高，故而这项工作一直乏人问津。

上海海洋大学鱼类学研究团队几十年来致力于鱼类学研究，早在数年前即开始酝酿编写一本海峡两岸读者都能接受并使用的中文新版《中国鱼类系统检索》。海洋、河口为人类提供了优良的生产空间和有利的自然条件，对国民经济和社会发展具有重要的意义。随着河口地区人口快速聚集、经济高速发展，人类对河口及滨海湿地的影响以及对相应生态系统服务功能的需求日益增强。海洋及河口因其特殊的地理位置和生态系统环境，鱼类的多样性极为丰富，对鱼类的保护、开发及利用都要基于准确的分类学研究。同时，海峡两岸鱼类资源组成颇为相似，但由于诸多因素影响，两岸人民对于鱼类的中文名使用上差异很大，只能使用拉丁学名才能交流，影响及阻碍了两岸的交流与合作。有鉴于此，上海海洋大学鱼类学研究团队在梳理中国几十年来在海洋及河口鱼类分类学研究成果的基础上，与台湾鱼类学家开展了密切的交流与合作，旨在完成一部完备的《中国海洋及河口鱼类系统检索》，为海洋及河口的生态环境研究与保护、渔业资源开发利用等提供科学依据，并促进海峡两岸在海洋及水产领域的学术交流和信息互通。

本书编写前笔者积累了大量的资料，做了充分的准备工作。

（1）重新鉴定及整理上海海洋大学鱼类标本馆采自全国各海区的 2 700 种鱼类标本。

（2）20 世纪 80 年代初，国家水产总局开展深海鱼类调查，笔者参与了东海水深 120～1 085m 水域的深海鱼类调查，同时，还参与了南海水深 0～1 380m 水域的大陆架外缘及大陆斜坡海域的渔业资源综合考察。调查组在东海和南海采集到众多深海鱼类标本，填补了我国深海鱼类的空白。所有这些工作，均为《中国海洋及河口鱼类系统检索》的编著提供了大量罕见标本。

（3）与日本高知大学世界著名石首鱼类专家佐佐木博士（Dr. Sasaki）合作，重新研究和鉴定中国产石首鱼类的分类、形态、分布等，删除了 1963 年出版的《中国石首鱼类分类系统的研究和新属新种的叙述》中错鉴的、无效的种类，确定了中国产石首鱼科鱼类共 32 个有效种，其中叫姑鱼属（*Johnius*）有 10 种之多，还有 1 个新记录种。本书对石首鱼科重新研究，解决了该科以往存在的许多遗留问题，这是迄今为止中国沿海所产唯一有效的石首鱼类名录。

（4）在虾虎鱼类研究方面，英国布里斯托大学的 Peter Miller 博士，赠送笔者采自欧洲内陆各地的罕见淡水虾虎鱼类标本近百种。加拿大多伦多大学生物进化和生态实验室 Winterbottom 博士，先后赠给我们采自太平洋中、西部的稀有海洋鱼类标本近百种，还赠送采自印度洋查戈斯群岛极其罕见的鱼类标本数十种。京都大学博物馆的 Nakabo 博士，协助我们对中国沿海鲉形目的分类、形态、分布重新做了研究，还赠送我们许多中国鲬科鱼类标本。我们还与世界著名鲬科鱼类学家 R. Fricke 博士合作，研究了中国鲬科鱼类的种类、形态特征和区系分布。

基于上述国内几十年相关鱼类学科研工作的成果，以及与国内外鱼类学家的诸多密切合作，笔者积累了系统、权威、最新的研究资料，为本书的编写提供了佐证。

本书系统收集了我国各海区和河口鱼类 48 目 313 科 1 321 属 3 711 种，分类特征简洁明了，图文并茂，不仅对鱼类各目、科进行了分类特征描述，还对每种鱼的形态特征、习性、分布、经济价值等进行了较为详细的描述，创新地用图解的方式进行描述，使读者可以更便捷地对鱼类进行识别鉴定。此外，本书对海峡两岸鱼类名称（括号中为台湾所用名称）予以对照统一，进一步促进了海峡两岸鱼类研究的交流互通。针对国家级保护种类、濒危物种、毒害种等，本书均进行了论述。

本书不仅可作为具有较高科学性、权威性、系统性、实用性的工具书，为科研单位、高等院校的科研人员提供鱼类学研究的科学依据，为渔政管理部门提供简便的鱼类鉴定方法；还可为社会大众和中小学生普及中国海洋及河口鱼类学知识，具有较高的科普宣传价值。本书的出版，对全面了解、合理开发、可持续利用我国鱼类资源具有重大的现实意义。

本书在编写过程中，承国内外有关鱼类学专家的大力支持和帮助，为笔者及时提供了大量资料、鱼类标本和研究便利，并对书稿提出了富有建设性的修改建议，在此表示衷心的感谢！他们是：邵广昭、陈大刚、杨圣云、张春光、刘静、张洁、陈明茹、刘敏等；明仁上皇、中坊彻次、蓝泽正宏、池田佑二、新井良一、木村清志、濑能 宏等。

值得提及的是，郑义郎先生绘制和提供的一部分珍贵插图，对本书的及时完成和出版无异于雪中送炭，在此表示衷心的感谢！

感谢上海海洋大学李晨虹、邰庆燕翻译英文前言，感谢上海海洋大学水产与生命学院仔稚鱼研究室学生团队协助校稿，感谢中国农业出版社林珠英编审为本书的选题策划、审稿等做出的积极贡献！

　　尽管经整理，我国鱼类物种多样性有较明显的增加，但相关研究开展得还不够。仅以海洋鱼类而言，由于中国各海域地处北太平洋海区的边缘，以及自然环境条件所限，加之海洋鱼类的调查、采集和分类研究开始较晚，资料积累不够等因素，迄今为止已知鱼类总数还不及邻国日本多。因此，有待今后发现的鱼类还将有不少，中国鱼类分类学研究工作依然任重道远。

　　谨以此书献给上海海洋大学110周年华诞！

伍汉霖　钟俊生

2021 年 5 月

Preface

Since the founding of the People's Republic of China, the number of fish taxonomists in China has gradually expanded with exponential increases in the number of papers and monographs published. Although decades of reach has been made, a good taxonomic book of Chinese fishes cannot be completed by one individual due to the scattered literatures and the difficulty in collecting them. The *Systematic Synopsis of Chinese Fishes*, the first important book of its kind, was published in 1987 with the concerted effort of over 50 ichthyologists led by Cheng Qingtai and Zheng Baoshan. It was documented in the book with more than 2 700 fish species found in China, over 1 600 of which are marine species. It has important referential value for identification of fish species for fisheries, trade, education and scientific research in China. Widely welcomed by readers, the book was sold out by the next year after publication and copies were hard to obtain. Since 30 years after the publication of the book, the number of new fish description in China has increased yearly. As the year of 2020, there are 5 058 fish species described in China, among which more than 3 600 species are marine. At present, the 1987 edition of *Systematic Synopsis of Chinese Fishes* can hardly meet the current needs as it has limitation in its system, completeness, accuracy, and validity in some descriptions. In addition, the fish-related volumes in the *Fauna of China*, which can be used as a reference books for fish identification, have been published intermittently, with some volumes being out of print for a long time, so the use those as reference books for fish identification is in convenient. There has long been an urgent demand for the compilation of a new key to fishes of China, a systematic "fish dictionary".

Fish taxonomy is a fundamental research subject with extreme significance. The development of science and technology, and the integration of molecular technology have expanded the scope of ichthyology, but the basic knowledge of species identification has become even more indispensable. Many monographs have been published on fishes of regional sea areas or provinces and autonomous regions, but fish identification is still the top priority in the monographs and publications. Due to the passing of the older generation of ichthyologists, there will be increased shortages of fish taxonomists in China for decades. To compile a new systematic key to the Chinese fishes, it will be necessary to collect information scattered in a vast number of academic journals. This will be a huge workload. This work has been neglected far too long due to the extremely rich diversity of fish species, and the great difficulty of species identification and morphological descriptions.

The ichthyology research team of Shanghai Ocean University has been devoted to ichthyological research for decades. A few years ago, they planned to compile a new Chinese edition of *Key to the*

Fishes of China, which would be accepted and used by readers on both sides of the Taiwan Strait. Oceans and estuaries provide excellent production area and favorable natural conditions for human beings, which are of great significance to the development of the national economy and society. As the rapid population growth and economic development in estuarine areas continues, the impact of human on estuarine and coastal wetlands are increasing along with the demand for corresponding ecosystem services. The oceans and estuaries are extremely rich in fish diversity due to their special geographical location and ecosystem environment. The relevant research, protection, development and utilization must be based on accurate taxonomic studies. The composition of fish resources on both sides of the Taiwan Strait is quite similar, however, for many reasons, people on both sides of the Strait use different Chinese names for fish. Only Latin names can be used for communication, which affects and hinders cross-strait exchanges and cooperation. In view of this, the ichthyology research team of Shanghai Ocean University has carried out close discussions and cooperation with ichthyologists from both sides of the Taiwan Strait, based on years of experience in studying and documenting the achievements of marine and estuarine fish taxonomy research in China for decades, and aimed to compile *The Key to Marine and Estuarine Fishes of China*. This book is expected to provide the scientific basis for the research and protection of marine and estuarine ecological environments as well as the development and utilization of fishery resources, while promoting more accurate and comprehensive academic exchanges and information sharing in the field of fisheries and marine science across the Taiwan Strait.

Before compiling this book, the authors has assembled a large amount of references, documents and made substantial preparation:

1. 2 700 species of fish collected from all sea areas of China by the Fish Collection of Shanghai Ocean University were re-identified and sorted out.

2. The author participated in the deep-sea fishexpedition with depths of 120-1085m in the East China Sea conducted by the State Administration of Fisheries in the early 1980's, as well as the comprehensive investigation of fishery resources in the outer edge of the continental shelf and the continental slope in waters with a depth of 0-1380m in the South China Sea. The investigation team has collected many deep-sea fish specimens from the East China Sea and the South China Sea, filling the gaps in deep-sea fish collection in China. Through all these efforts, information of a large number of rare specimens was used for the compilation of the new *Key to Marine and Estuarine Fishes of China*.

3. With Cooperation from Dr. Sasaki, a world-renowned specialist in Sciaenidae from Kochi University, Japan, the classification, morphology and distribution of Sciaenidae in China were reexamined and wrong and invalid species in *A Study of the Taxonomic System of Sciaenidae in China and a Description of New Genera and Species* published in 1963 were deleted. A total of 32 valid species of Sciaenidae were identified in China, of which 10 species were found in genus *Johnius* and one species was new recorded. In this book, the systematics of Sciaenidae was reexamined and many previous problems were solved. This provides the only comprehensive and valid list of Sciaenidae along the coast of China.

4. In the field of Gobioidei research, Dr. Peter Miller from University of Bristol in England presented the author with nearly 100 species of rare freshwater Gobioidei fishes collected from inland Europe. Dr. Winterbottom from the Laboratory of Biological Evolution and Ecology, University of Toronto, Canada, has presented the authors with nearly 100 species of rare marine fish collected from the central and western Pacific Ocean, as well as dozens of extremely rare fish specimens collected from the Chagos Islands in the Indian Ocean. Dr. Nakabo from the Museum of Kyoto University assisted the authors in the study of the classification, morphology and distribution of scorpionfish in China's coastal waters, and presented the authors with many specimens of Callionymidae. The authors also studied the taxonomy, morphological and distribution of Callionymidae in China in cooperation with Dr. R. Fricke, a world-famous Callionymidae ichthyologist.

Based on the accumulated achievements of the relevant ichthyology research in China for decades and the close cooperation with ichthyologists at home and abroad, the authors have systematically accumulated the most updated research materials, providing authority for the compilation of this book.

Fishes from varioius sea areas and estruries of China are treated in this book, icnluding 3 711 species, representing 1 321 genera, 313 families and 48 orders. The classification characteristics are precise with pictures and texts. It not only describes the classification characteristics of various orders and families of fish, but also discusses the morphological identification characteristics, habits, distribution, economic value and fisheries yield of each species in detail. It creatively employed graphic keys, so that readers can more easily identify fish. In addition, the book compares and unifies the names of fish on both sides of the Taiwan Strait (with the names used by Taiwanese in brackets), further promoting the exchange of fish research on both sides. The book also covers discussion on the national protected species, endangered species, and toxic species.

This book not only serves as the latest, complete and authoritative reference book to identify fish for researchers of institutions and universities, but also provides readers with a systematic scientific and practical tool for identifying marine and estuarine fish in China. It can be used as an identification key for fisheries management and for the public. It has value for scientific education in primary and secondary school students as well. The publication of this book is of great practical significance to the comprehensive understanding, rational exploitation and sustainable utilization of fish resources in China.

In the process of compiling this book, ichthyologists at home and abroad have provided strong supports by providing the latest published papers, materials and monographs. They have either provided specimens or allowed short-term research in their laboratories, and put forward constructive suggestions for the revision of the manuscript. The authors would like to express their heartfelt gratitude to scholars including Shao Kwang-Tsao, Chen Dagang, Yang Shengyun, Zhang Chunguang, Liu Jing, Zhang Jie, Chen Mingru, Liu Min and many others. The authors would also like to thank Japanese specialists including Emperor Akihito, T. Nakata, M. Aizawa, Y. Ikeda, R. Arai, S. Kimura, and H. Senou etc.

It is worth mentioning that some of thevaluable illustrations of this book were drawn by Mr. Cheng Yiling. The authors are grateful for his timely support!

Manythanks also goes to Prof. Li Chenhong and Mrs. Tai Qingyan from Shanghai Ocean

University for translating the preface, and the student team of the fish larva and juvenile Laboratory of the College of Fisheries and Life Science of Shanghai Ocean University for assisting in proofreading the manuscript! Thanks to Mrs. Lin Zhuying, editor of China Agricultural Press, for her active contribution to the topic planning and manuscript review of this book!

Although theuncovered species diversity of fishes in China has increased significantly with the examination of the authors, the relevant research are still short in revealing it in full. As the sea areas in China are located on the edge of the North Pacific Ocean, the total number of known marine fish in China is less than that in our neighboring country of Japan due to the limited natural environmental conditions, the late start and insufficient investigation, limited collection and classification of marine fish, and accumulation of data. Therefore, it is expected that more fish species would be found in the areas in China in the future.

This book is dedicated to the 110th anniversary of Shanghai Ocean University!

By Wu Hanlin and Zhong Junsheng

May 2021

鱼类 形态术语说明

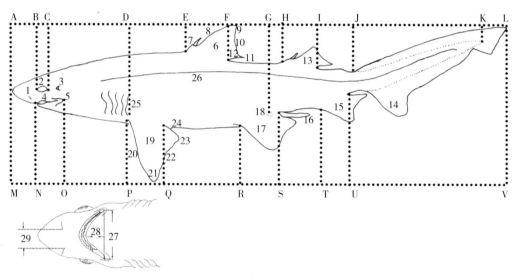

鲨类的外形图
（依上海鱼类志）

AL. 全长　AK. 体长　AD. 头长　DG. 躯干长　GL. 尾长　JL. 尾鳍长　AB. 吻长

BC. 眼径　MN. 口前吻长　NO. 口长　EF. 第一背鳍基底长　FH. 第一背鳍与第二背鳍之间距离

HI. 第二背鳍基底长　PQ. 胸鳍基底长　RS. 腹鳍基底长　TU. 臀鳍基底长

1. 鼻孔　2. 眼　3. 喷水孔　4. 口　5. 唇褶　6. 第一背鳍　7. 背鳍鳍棘　8. 背鳍前缘　9. 背鳍上角

10. 背鳍后缘　11. 背鳍下角　12. 背鳍下缘　13. 第二背鳍　14. 尾鳍　15. 臀鳍　16. 鳍脚　17. 腹鳍

18. 泄殖孔　19. 胸鳍　20. 胸鳍前缘　21. 胸鳍外角　22. 胸鳍后缘　23. 胸鳍里角　24. 胸鳍里缘

25. 鳃孔　26. 侧线　27. 口宽　28. 口长　29. 鼻间隔

全长：自吻端至尾鳍末端的直线长度。

体长：自吻端至尾鳍基部最后一枚椎骨的末端或到尾鳍基部的直线长度。

头长：自吻端至鳃盖骨后缘的直线长度；鲨、鳐类至最后一鳃孔后缘。

吻长：自吻端至眼前缘的直线长度。

躯干长：自鳃盖骨后缘（或最后一个鳃孔）至肛门（或泄殖腔）后缘的直线长度。

尾长：自肛门（或泄殖腔）后缘至尾鳍末端的直线长度。

尾柄长：自臀鳍基底后缘至尾鳍基部（最后一枚椎骨）的直线长度。

尾柄高：尾柄部最低处的长度。

眼径：眼水平方向前后缘的最大距离。

眼间隔：头背部两眼间的最短距离。

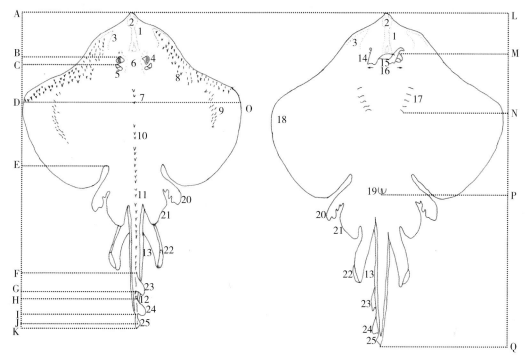

鳐类的外形图
（依上海鱼类志）

AK 或 LQ. 全长　AJ. 体长　LN. 头长　PQ. 尾长　AE. 体盘长　DO. 体盘宽　AB. 吻长　BC. 眼径
LM. 口前吻长　FG. 第一背鳍基底长　HI. 第二背鳍基底长　GH. 背鳍间距　IK. 尾鳍长

1. 吻软骨　2. 翼状软骨　3. 辐射软骨　4. 眼　5. 喷水孔　6. 眼区结刺　7. 头后结刺　8. 头侧小刺　9. 钩刺群
10. 背上结刺　11. 尾上结刺　12. 鳍间结刺　13. 侧褶　14. 前鼻瓣　15. 口　16. 口宽　17. 鳃孔　18. 胸鳍
19. 泄殖孔　20. 腹鳍前叶　21. 腹鳍后叶　22. 鳍脚　23. 第一背鳍　24. 第二背鳍　25. 尾鳍

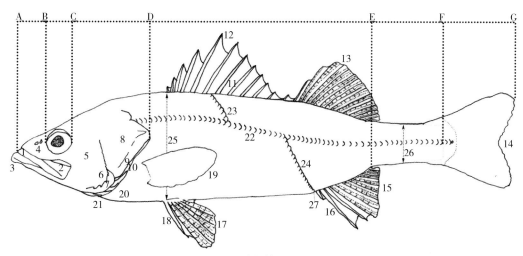

花鲈的外形图
（依上海鱼类志）

AG. 全长　AF. 体长　AD. 头长　AB. 吻长　BC. 眼径　CD. 眼后头长　EF. 尾柄长

1. 前颌骨　2. 上颌骨　3. 下颌　4. 鼻孔　5. 颊部　6. 前鳃盖骨　7. 间鳃盖骨　8. 鳃盖骨
9. 下鳃盖骨　10. 鳃盖条　11. 第一背鳍鳍棘　12. 第一背鳍　13. 第二背鳍　14. 尾鳍　15. 臀鳍
16. 臀鳍棘　17. 腹鳍　18. 腹鳍棘　19. 胸鳍　20. 胸部　21. 峡部　22. 侧线鳞　23. 侧线上鳞
24. 侧线下鳞　25. 体高　26. 尾柄高　27. 肛门

有关鱼类地理分布的说明

 本书中有关鱼类地理分布的描述，分为中国分布以及国外分布。为尽量做到凝练、清晰，提及分布的岛屿、国家名称时，均表示为其周边水域。例如，模氏乌鲨的分布描述为"台湾东北部；日本、澳大利亚、印度洋西部"，意指该鱼种在中国分布于台湾东北部水域，在国外分布于日本和澳大利亚沿海以及印度洋西部水域。

盲鳗纲 MYXINI

骨骼由软骨组成，无硬骨，无椎体。无上下颌；头部前端有一吸盘状的口漏斗；具角质齿。体呈鳗形，吻端具须。外鼻孔 1 个，开口于吻端，与口咽腔相通或不通。无背鳍。无肩带和腰带，无偶鳍和肋骨。肠具纵嵴或螺旋瓣。鳃呈囊状，5～15 对，外鳃孔 1～16 对。内耳具 1～2 个半规管。成体的眼不明显、退化，埋于皮下；无交感神经系统。无脾脏。心脏无动脉圆锥。无泄殖腔，生殖孔与肛门分开。卵生。营寄生或半寄生生活。

一、盲鳗目 MYXINIFORMES

体裸露，鳗形。无上下颌，口呈纵缝状，腭部中央有一角质齿。舌肌发达，舌上附强大舌齿（栉状舌齿）2 列，成为舐刮器，可起钻孔器作用。单个鼻孔位于吻端，鳃孔 1～16 对，吻部有口须 4 对。成体的眼无晶状体、退化，埋于皮下。体侧有一纵列黏液腺小孔。背鳍退化，无偶鳍。无骨骼。嗅囊以内鼻孔与口咽腔相通，故也称穿腭类（hyperotreti）。当吸着他鱼时，呼吸水流从外鼻孔进入；若体前部钻入寄主，则水从鳃孔进出。营寄生或半寄生生活。发现于 1991 年的化石，距今约 6 亿年。

本目仅盲鳗科 1 科。

1. 盲鳗科 Myxinidae

体鳗形，后方侧扁。眼退化，为皮肤所覆盖。无上下颌，口位于头腹面稍后，呈纵缝状。鼻孔两侧有须 2 对，口侧有 1～2 对较长口须；鼻孔开口于吻端。舌上具 2 列栉状舌齿，其内列齿中有 2～3 枚齿基部愈合。体腹部前中腺两侧各有 1 列鳃孔，其数目及各鳃孔间的间距因种而异。在体两侧近腹部各有一纵列黏液腺孔。黏液腺孔自眼的后方一直分布至尾部，但副盲鳗属（*Paramyxine*）中，鳃孔区大都缺黏液腺孔；黏液腺孔分为 4 区，即鳃前区、鳃孔区、鳃肛区及肛后区。肛门近体后端。鳍仅具尾鳍，伸达体背面而无背鳍。外鳃孔 1～15（16）对，离头部较远。卵大而数少，受精卵为不等分割，发育无变态期。海产。

盲鳗是腐食性鱼类，大部分食濒临死亡的无脊椎动物和啃食活鱼的内脏，也是唯一体液与海水等渗压的脊椎动物。栖息在较浅海域，营寄生或半寄生生活。盲鳗产生的黏液可黏住其他落网鱼类的鳃使其窒息，再吸附于鱼鳃或峡部；或由鳃部咬穿体壁，食内脏及肌肉，仅留皮骨。全长可达 0.8m。

本科有 6 属 78 种（Nelson et al.，2016）；中国有 3 属 15 种。

属 的 检 索 表

1（4）体延长，全长为体高的 12 倍以下（图 1）；外鳃孔 4～15 对（图 2）

2（3）鳃囊、外鳃孔 4～15（16）对；各外鳃孔的间距大，几相等（图 3），排列成规则的 1 列（阿氏黏盲鳗 *E. atami* 除外）；大部分种类的外鳃孔内侧具黏液腺孔 ·············· **黏盲鳗属** *Eptatretus*

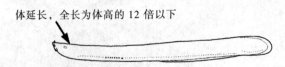

图 1　黏盲鳗属 *Eptatretus* 全长和体高之比
（依中坊等，2013）

图 2　黏盲鳗属 *Eptatretus* 的外鳃孔
（依中坊等，2013）

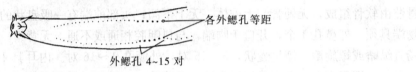

图 3　黏盲鳗属 *Eptatretus* 的外鳃孔等距排列
（依中坊等，2013）

3（2）鳃囊、外鳃孔 4～6 对；各外鳃孔密接，间距很小或呈不规则的 2 列；大部分种类的外鳃孔内
侧无黏液腺孔（图 4）··· **副盲鳗属 *Paramyxine***

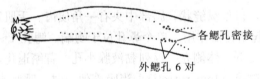

图 4　副盲鳗属 *Paramyxine* 的外鳃孔密接
（依中坊等，2013）

4（1）体细长，全长为体高的 18 倍以上（图 5）；外鳃孔 1 对（图 6）·················· **盲鳗属 *Myxine***

图 5　盲鳗属 *Myxine* 全长和体高之比
（依中坊等，2013）

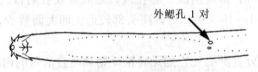

图 6　盲鳗属 *Myxine* 的外鳃孔
（依中坊等，2013）

黏盲鳗属 *Eptatretus* Cloquet，1819
种 的 检 索 表

1（2）背面正中线具浅色皮褶（图 7）；外鳃孔 6 对；体灰褐色（图 8）·······························
蒲氏黏盲鳗（布氏黏盲鳗）*E. burger*（Griard，1854）。栖息于水深 300～740m 的深海泥沙底质
海域，营半寄生生活。全长 600mm。分布：黄海、东海、台湾海域；朝鲜半岛、日本。数量少，

《中国物种红色名录》列为易危［VU］物种。

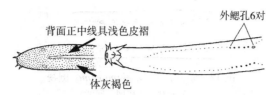

图 7　蒲氏黏盲鳗 *E. burger* 具背中线皮褶

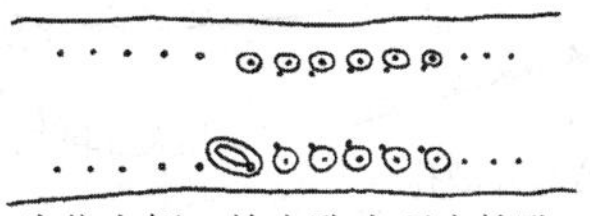

头位右侧：特大孔为咽皮管孔，
大孔为外鳃孔，小孔为黏液孔

图 8　蒲氏黏盲鳗 *E. burger* （Griard，1854） 外鳃孔及黏液孔

（依郭建贤等）

2（1）背面正中线无浅色皮褶（图9）

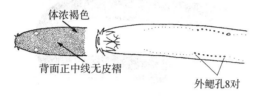

图 9　个别黏盲鳗属背面正中无皮褶

3（4）外鳃孔 6～8 对

4（3）外鳃孔 6 对，呈曲线排列；左右侧外鳃孔间距较小 ……………………………… **阿氏黏盲鳗**
E. atami（**Dean，1904**）（图 10、图 11）。栖息于水深 45～400m 的较深海域泥沙底质处，营半寄
生生活。全长 300mm。分布：黄海、东海；朝鲜半岛、日本。

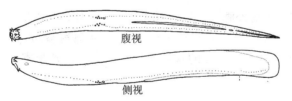

图 10　阿氏黏盲鳗 *E. atami*

（依中坊等，2013）

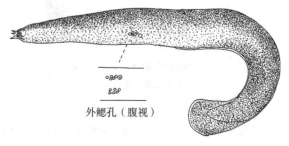

图 11　阿氏黏盲鳗 *E. atami* 外鳃孔

（依《东海、黄海鱼名图解新版》，2009）

5（6）背面正中线无浅色皮褶；外鳃孔 8 对 …………………… **紫黏盲鳗 E. okinoseanus**（**Dean，1904**）
（图 12、图 13）。栖息于水深 300～765m 的深海泥沙底质海域，甚至可深达 1 020 m 的海区。营
半寄生生活。最大全长 800mm。分布：黄海、东海、台湾海域、南海；朝鲜半岛、日本。数量

稀少，《中国物种红色名录》列为易危［VU］物种。

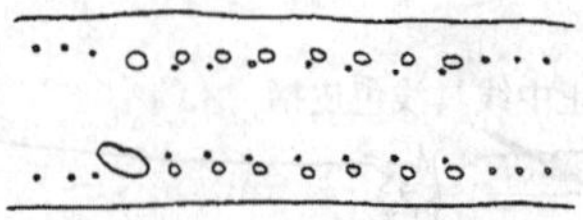

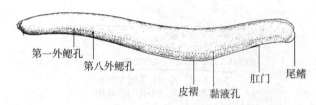

图 12　紫黏盲鳗 *E. okinoseanus* 侧视
（依朱元鼎，孟庆闻，2002）

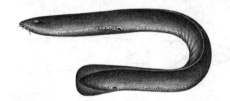

图 13　紫黏盲鳗 *E. okinoseanus* 的外鳃孔及黏液孔排列关系（腹视）

6（5）外鳃孔 5 对 ·· **中华黏盲鳗 *E. chinensis* Kuo & Mok，1994**（图 14）

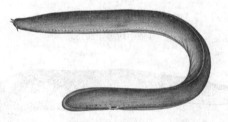

图 14　中华黏盲鳗 *E. chinensis*
（体侧腹面具外鳃孔 5 对，咽皮管孔 1 对）
（依郑义郎，2007）

盲鳗属 *Myxine* Linnaeus，1758
种 的 检 索 表

1（2）鳃囊 5 对，开口集中于 1 对外鳃孔；齿列式为 10（8～12）＋3/2＋10（8～12）；黏液孔（26～32）＋0＋（54～58）＋14 ······························· **台湾盲鳗 *M. formosana* Mok & Kuo，2001**（图 15）。栖息于水深 588～1 500m 的深海泥沙底质海域。营半寄生生活。全长 768mm。分布：台湾东南部海域。

图 15　台湾盲鳗 *M. formosana*
（依郑义郎，2007）

2（1）鳃囊 6 对，开口集中于 1 对外鳃孔
3（4）齿列式为 12（12～13）＋3/2＋11（11～12）。即：舌齿每侧 2 行，外行齿具 12～13 枚，前第一齿为 3 叉形；内行齿每侧 11～12 枚，前第一齿为 2 叉形；眼区、鳃孔区及中腹部褶皱白色·········· ···················· **紫盲鳗 *M. garmani* Jordan & Snyder，1901**（图 16）。栖息水深 112～1 100m 的深海泥沙底质海域。营半寄生生活。全长 410mm。分布：东海；朝鲜半岛、日本。
4（3）齿列式为 5（5～6）＋2/2＋7（6～7）；黏液孔（26～30）＋0＋（57～68）＋（11～13）······ ···················· **郭氏盲鳗 *M. kuoi* Mok，2002**（图 17）。栖息于水深 595m 的深海泥沙底质

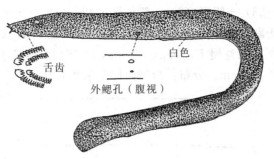

图 16　紫盲鳗 *M. garmani* 侧视

（依《东海、黄海鱼名图解新版》，2009）

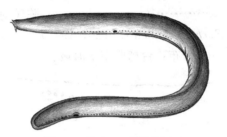

图 17　郭氏盲鳗 *M. kuoi*

（依郑义郎，2007）

海域。营半寄生生活。全长 410mm。分布：台湾西南海域。

副盲鳗属 *Paramyxine* Dean，1904
种 的 检 索 表

1（2）外鳃孔每侧 4 个，彼此间距小，呈堆状；齿列式 8+3/2+7；黏液孔：外鳃孔前（19）＋鳃区（0）＋
鳃肛区（35）＋尾（8）……………………… **纳尔逊副盲鳗 *P. nelsoni* Kuo，Huang & Mok，1994**
（图 18、图 19）［syn.（异名，下同）纽氏黏盲鳗 *Eptatretus nelsoni*（Kuo，Huang & Mok，
1994）］。寄生性。栖息于水深 50～200m 的沙泥底较浅海区。全长 200mm。分布：台湾南部
沿海。

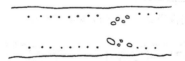

图 18　纳尔逊副盲鳗 *P. nelsoni* 的外鳃孔及黏液孔排列关系（腹视）

图 19　纳尔逊副盲鳗 *P. nelsoni*

（依郑义郎，2007）

2（1）外鳃孔每侧 5～6 个
3（8）外鳃孔每侧 5 个
4（5）外鳃孔彼此间距大，呈直线排列；齿列式 3+6/2+7；黏液孔（16～17）＋（3～4）＋（62）＋（19），
总数为 100～102。全身粉红色 ……………………………………………………… **红尾副盲鳗**
P. rubicundus（Kuo，Lee & Mok，2010）（syn. 红尾黏盲鳗 *Eptatretus rubicundus* Kuo，Lee &
Mok，2010）。栖息于水深 800m 的深海泥沙底质海域。活动力较弱，捕获时，全身会分泌许多
黏液并蜷成一团，借以挣扎脱困。最大全长 464mm。分布：台湾东北部沿海。
5（4）外鳃孔彼此间距小，呈直线或曲线排列；全身不呈粉红色
6（7）齿式：7+3/2+7；外鳃孔聚集成群，呈不规则分布；腹面每侧外鳃孔均围在浅白色区内；黏

液孔：外鳃孔前（16～23）＋鳃区（0）＋鳃肛区（42～47）＋尾部（8～11），总数为 66～78……
…………杨氏副盲鳗 **P. yangi**（**Teng，1958**）（图 20）[syn. 杨氏方黏盲鳗 *Quadratus yangi* Teng，1958；杨氏黏盲鳗 *E. yangi*（Teng，1958）]。栖息于水深 20～50m 的较浅海域。营寄生生活。最大全长 296mm。分布：台湾西部及东北部海域。

图 20　杨氏副盲鳗 *P. yangi* 的外鳃孔及黏液孔排列关系（腹视）

7（6）齿式：10＋3/3＋10；外鳃孔规则地排成一直线，外鳃孔外面无白色环带；黏液孔（26～28）＋0＋（43～46）＋（7～9）……………………陈氏副盲鳗 **P. cheni Shen & Tao，1975**
（图 21）[syn. 陈氏黏盲鳗 *E. cheni*（Shen & Tao，1975）]。栖息于水深 100～200m 的海底泥沙底质海域。最大全长 377mm。分布：台湾西南部海域。

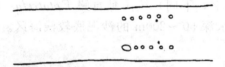

图 21　陈氏副盲鳗 *P. cheni* 的外鳃孔及黏液孔排列关系（腹视）

8（3）外鳃孔每侧 6 个

9（10）单齿头基部愈合齿 3/3；齿列式 11＋3/3＋10；黏液孔（13～18）＋0＋（39～46）＋（8～12）；外鳃孔排列成一直线；每一外鳃孔外围以白色环带…………………沈氏副盲鳗 **P. sheni Kuo，Huang & Mok，1994**（图 22、图 23）[syn. 沈氏黏盲鳗 *E. sheni*（Kuo，Huang & Mok，1994）]。栖息于深海水深 200～450m 的泥沙底海域。全长 380mm。分布：台湾西南及东部海域。

图 22　沈氏副盲鳗 *P. sheni* 的外鳃孔及黏液孔排列关系（腹视）

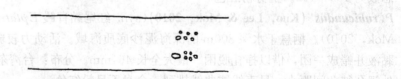

图 23　沈氏副盲鳗 *P. sheni*
（依郑义郎，2007）

10（9）单齿头基部愈合齿 3/2

11（12）腹侧各外鳃孔不围以白色环带，也不围于浅色区内；外鳃孔排列紧密且不规则；齿式 7＋3/2＋7；黏液孔（16～17）＋0＋（38～42）＋（7～8），总数为 62～67……………………
台湾副盲鳗 **P. taiwanae Shen & Tao，1975**（图 24）[syn. 台湾黏盲鳗 *E. taiwanae*（Shen & Tao，1975）]。栖息于水深 20～50m 的沙泥底较浅海域。营寄生生活。全长 334mm。分布：台湾东北部海域。

图 24　台湾副盲鳗 *P. taiwanae* 的外鳃孔及黏液孔排列关系（腹视）

12（11）各外鳃孔围以白色环带，紧密地排成 1～2 列；齿列式（7～10）＋3/2＋（7～9）

13（14）外鳃孔彼此间距小，排成不规则的 1～2 列；左侧咽皮管不与最后鳃孔合并；鳃孔区长为全长的 2.66%；齿式（8～9）＋3/2＋（8～10）；黏液孔（17～20）＋0＋（38～44）＋（6～11）；腹部白色·····················**费氏副盲鳗 *P. fernholmi* Kuo，Huang & Mok，1994**（图 25、图 26）[syn. 费氏黏盲鳗 *E. fernholmi*（Kuo，Huang & Mok，1994）]。栖息于水深 200～400m 的深海泥沙底。全长 295mm。分布：台湾西南部海域。

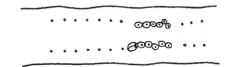

图 25　费氏副盲鳗 *P. fernholmi* 的外鳃孔及黏液孔排列关系（腹视）

图 26　费氏副盲鳗 *P. fernholmi*

（依郑义郎，2007）

14（13）外鳃孔彼此间距大，排成一直线；咽皮管与最后鳃囊的外鳃管合并；鳃孔区长为全长的 4.58%；齿列式（7～10）＋3/2＋（7～9）；黏液孔（15～20）＋0＋（36～44）＋（6～11）；腹部仅腹皮褶白色·····················**怀氏副盲鳗 *P. wisneri* Kuo，Huang & Mok，1994**（图 27、图 28）[syn. 怀氏黏盲鳗 *E. wisneri*（Kuo，Huang & Mok，1994）]。栖息于近海水深 180～200m 的泥沙底海域。营半寄生生活。全长 335mm。分布：台湾东南部海域。

图 27　怀氏副盲鳗 *P. wisneri* 侧视

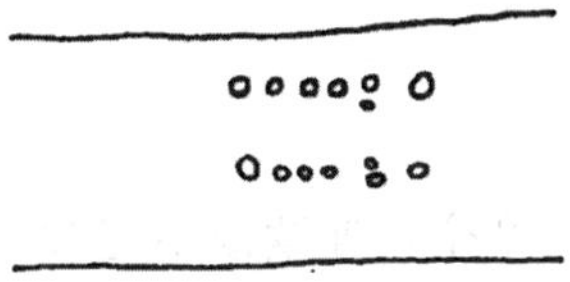

图 28　怀氏副盲鳗 *P. wisneri* 的外鳃孔及黏液孔排列关系（腹视）

七鳃鳗纲 PETROMYZONTIDA

骨骼由软骨组成，无硬骨，无椎体。无上下颌；头部前端有一吸盘状口漏斗；具角质齿。吻端无须。外鼻孔1个，开口于头部背面，与口咽腔相通或不通。无肩带和腰带，无偶鳍和肋骨。肠具纵嵴或螺旋瓣。内耳具2个半规管。成体的眼发达；鼻孔开口于头部背面。背鳍1～2个，与尾鳍分离。生殖孔与肛门分开。

二、七鳃鳗目 PETROMYZONTIFORMES

体裸露，鳗形。口漏斗内附生角质齿。舌成为舐刮器，具舌齿。有唾液腺1对。外鼻孔单个，位于两眼间头顶部中央；眼发达，侧位。鳃囊和鳃孔均7对，有人误以为眼，故有八目鳗之称。内鳃孔开口于特殊的呼吸管，鳃弓成复杂的鳃笼软骨。脊索上附髓弓小软骨片。脊神经的背腹根不相连。肾脏为中肾。左侧居维尔氏管退化。背鳍1～2个；无偶鳍。化石见于美国蒙大拿州，距今3.2亿年前。

本目有4科（其中，1科仅有化石种类）。

2. 七鳃鳗科 Petromyzonidae

口漏斗每侧具3～4内侧齿。背鳍1～2个，连续或不连续（仅接近）。成体眼发达；无须。脊神经的背根和腹根不连合。肠管具螺旋瓣和纤毛。

雌雄异体。卵小，数量多，卵发生为全裂式；发育有变态期。有的终身栖于淡水；也有在海中生活，繁殖时溯河产卵。溯河性七鳃鳗，栖于30°N以北的寒冷地区。七鳃鳗类有寄生或非寄生的，在寄生阶段，七鳃鳗幼体变态以后至繁殖以前的时期靠锉裂他鱼皮肤，吸食其血液生活；变态后在非寄生阶段而不进食。寄生的淡水七鳃鳗均不见于南半球。幼体最大体长22cm，寄生性成体长约1.2m。所有七鳃鳗类产卵后不久即死亡。

俄罗斯、韩国、日本、美国及英国每年有一定产量，中国偶见。肉供食用，有滋补强壮的功效，可烟熏、油浸制罐或醋渍。七鳃鳗鱼油，具甘温、通经活络、滋补强壮、明目等功效，鱼油含二十碳五烯酸（EPA）达12.61%。用日本七鳃鳗鱼油与月见草油制成的复合制剂，具较强的抗血小板聚集活性和降血压作用，可望作为防治老年缺血性心脑血管病的有效药物。

分布：中国东北；亚洲北部、朝鲜、日本、欧洲和北美。

本科有8属42种（Nelson et al.，2016）；中国有2属3种。

属 的 检 索 表

1（2）上唇板具3尖头，内侧齿4对（图29）；两背鳍间有相当距离 ……………………………………
…………………………………… 楔齿七鳃鳗属（砂栖七鳃鳗属）*Entosphenus*

2（1）上唇板具2尖头，内侧齿3对（图30）；两背鳍基底相连 ………… 叉牙七鳃鳗属 *Lethenteron*

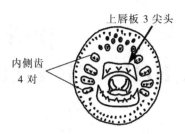

图 29　楔齿七鳃鳗属的口漏斗
（依中坊等，2013）

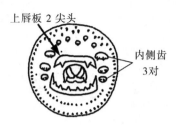

图 30　叉牙七鳃鳗属的口漏斗
（依中坊等，2013）

楔齿七鳃鳗属（砂栖七鳃鳗属）*Entosphenus* Gill，1802

东北楔齿七鳃鳗 *E. morii*（Berg，1931）（图 31）（syn. 东北七鳃鳗 *Lampetra morii* Berg，1931）。寄生性，生活于沙质底的山区河流，白天钻入沙内或石砾中，夜晚出来觅食。全长 160～184mm。分布：辽宁鸭绿江水系，吉林省及黑龙江省东北部山区河流；朝鲜北部、俄罗斯远东地区。

图 31　东北楔齿七鳃鳗 *E. morii*

叉牙七鳃鳗属 *Lethenteron* Creaser & Hubbs，1922
种 的 检 索 表

1（2）第二背鳍先端及尾鳍黑色；肌节数（最后鳃孔至臀鳍起点）68～74；体大型，全长 400～500mm，洄游型······**日本叉牙七鳃鳗 *L. japonica*（Martens，1868）**（图 32）［syn. 日本七鳃鳗 *Lampetra japonica*（Martens，1868）］。寄生洄游型鱼类，成鱼春季溯河上游产卵。幼鱼秋季下海，经变态，3～5 年后发育为成鱼，开始营吸着寄生生活。全长 140～194mm。分布：黑龙江、乌苏里江、图们江、松花江、嫩江等水域，偶见于江苏如东、骆马湖；朝鲜半岛、日本、俄罗斯远东地区。数量稀少，《中国物种红色名录》列为易危［VU］物种。

图 32　日本叉牙七鳃鳗 *L. japonica*

2（1）第二背鳍先端及尾鳍浅色；肌节数 58～64；体小型，全长 100～170mm，陆封型··············雷氏叉牙七鳃鳗 *Lethenteron reissneri*（Dybowski，1869）（图 33）（syn. 雷氏七鳃鳗 *Lampetra reissneri* Dybowski，1869）。终生栖息在淡水溪流或沟渠中，幼体进入变态期，消化器官萎缩，不吃也不长。无寄生营养期，直接进入繁殖期。全长 170～201mm。分布：乌苏里江、松花江、兴凯湖；朝鲜半岛、俄罗斯。数量稀少，《中国物种红色名录》列为易危［VU］物种。

图 33　雷氏叉牙七鳃鳗 *L. reissneri*

软骨鱼纲
CHONDRICHTHYES

软骨鱼纲 CHONDRICHTHYES

内骨骼完全由软骨组成，常钙化，无真骨组织。体常被盾鳞。齿多样化。硬棘有或无，脑颅无缝。上颌由腭方软骨组成，下颌由米克尔氏软骨组成。外鳃孔每侧 5～7 个，分别开口于体外；或具一膜状鳃盖，其后具一鳃孔。雄性的腹鳍里侧特化为鳍脚。肠短，具螺旋瓣；无鳔。泄殖腔或有或无。体内受精，卵生、卵胎生或胎生。歪型尾。

软骨鱼类是世界次要经济鱼类。鲨肉供食用、制鱼松，鱼肉富含蛋白质、多种无机盐和纤维素等，可促伤口愈合。鲨皮可制革。鲨鱼鳍含大量胶体蛋白和黏多糖，有补血、补气、补肾、补肺的功效，主治各种慢性虚劳病症，还可加工成名肴"鱼翅"。鲨鱼肝具有滋补强壮、明目、壮骨的功效，鲨肝提制的肝油，含有抗癌物质。如萜烯类的角鲨烯，具有促进生物氧化及机体代谢作用。鲨鱼胆汁中含胆酸、牛磺胆酸和胆色素钙盐，可治喉痹。鲨鱼皮制成鲨皮胶，是制明胶和止血海绵的原料。

世界软骨鱼纲共分 2 亚纲 14 目 54 科 184 属 970 种；中国有 2 亚纲 14 目 47 科 102 属 234 种，约占世界总数的 24%。

亚纲检索表

1 (2) 鳃孔 1 对，具膜质鳃盖；上颌与脑颅愈合；雄性除鳍脚外，尚具腹前鳍脚及额鳍脚 ………… ………………………………………………………………… 全头亚纲 HOLOCEPHALI
2 (1) 鳃孔 5～7 对，无膜质鳃盖；上颌与脑颅不愈合；雄性除鳍脚外，无腹前鳍脚及额鳍脚……… ……………………………………………………………… 板鳃亚纲 ELASMOBRANCHII

全头亚纲 HOLOCEPHALI

鳃裂 4 对，外被一膜状鳃盖，后具一总鳃孔。背鳍硬棘可活动，能竖垂。成体光滑无盾鳞。上颌与脑颅愈合。无锥体，脊索不分节缢缩。腰带的左右两半部分离。无泄殖腔。雄性除具鳍脚外，还具 1 对腹前鳍脚和 1 个额鳍脚。

本亚纲有 1 目 3 科 6 属 48 种（Nelson et al.，2016）；中国有 1 目 2 科 4 属 7 种。

三、银鲛目 CHIMAERIFORMES

体延长，向后细小。头侧扁。口腹位，上颌与脑颅愈合。吻短而圆锥形，或延长尖突，或延长平扁似叶状。背鳍 2 个，第一背鳍具一强大硬棘，能自由竖垂；第二背鳍低而延长，或短而三角形。尾歪型，下叶比上叶大，尾鳍延长成鞭状。体光滑，有时幼体头部及背上具盾鳞。卵大，圆筒形或椭圆形。雄体除鳍脚外，尚具腹前鳍脚及额鳍脚。

本目有 3 科 6 属 48 种（Nelson et al.，2016）；中国有 2 科 4 属 7 种。

科 的 检 索 表

1（2）吻短圆锥形；雄性鳍脚末端 2 分支或 3 分支 ·················· 银鲛科 Chimaeridae

2（1）吻长而尖；雄性鳍脚不分支，呈棍棒形 ·············· 吻银鲛科（长吻银鲛科）Rhinochimaeridae

3. 银鲛科 Chimaeridae

吻短而圆锥形。胸鳍宽大，低位。第一背鳍高大，三角形，具一粗大硬棘，具毒腺；第二背鳍低而延长。尾鳍狭长细尖，下叶低平不突出；臀鳍低小。齿愈合为齿板。鼻孔腹位，具鼻口沟。唇褶发达。前鼻瓣连合，伸达前齿板；后鼻瓣与上唇褶相连。雄性鳍脚或简单不分支，或分为 2～3 分支。

栖息于水深 370～1 000m 的深海中小型鱼类。分布：大西洋、太平洋。全长可达 1.4m。

本科有 2 属约 37 种（Nelson et al.，2016）；中国有 2 属 4 种。

属 的 检 索 表

1（2）具臀鳍，臀鳍与尾鳍下叶有一缺刻相隔（图 34）··············· 银鲛属 *Chimaera*

图 34　银鲛属的臀鳍
（依中坊等，2013）

图 35　兔银鲛属无臀鳍
（依中坊等，2013）

2（1）臀鳍消失或与尾鳍下叶连续（图 35）················· 兔银鲛属 *Hydrolagus*

银鲛属 *Chimaera* Linnaeus，1758
种 的 检 索 表

1（2）尾鳍上叶鳍高约与第二背鳍后部鳍高相等，尾鳍末端丝状延长；体侧侧线呈直线；体暗褐色··············
··············· 乔氏银鲛（乔丹氏银鲛）*C. jordani* Tanaka，1905（图 36）。栖息于水深710～1 600m 较深海域的冷温性中小型鱼类。卵生。全长可达 1m。分布：东海大陆架斜坡、台湾东北部海域；日本，西太平洋。数量稀少，《中国物种红色名录》列为濒危［EN］物种。

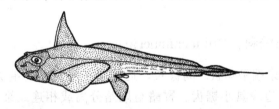

图 36　乔氏银鲛（乔丹氏银鲛）*C. jordani*
（依中坊等，2013）

2（1）尾鳍上叶鳍高约为第二背鳍后部鳍高的 1/2；体侧呈波纹侧线；体银白色，具 2 条暗褐色纵纹
··············· 黑线银鲛 *C. phantasma* Jordan & Snyder，1900（图 37）。栖息于水深10～

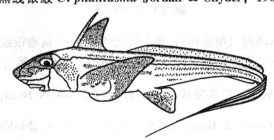

图 37　黑线银鲛 *C. phantasma*
（依中坊等，2013）

699m 的冷温性中小型鱼类，冬季向近海洄游，卵生。全长可超 1m。分布：黄海、东海、台湾东北部海域，南海偶见；朝鲜半岛南岸、日本，印度-西太平洋。数量稀少，《中国物种红色名录》列为易危［VU］物种。

兔银鲛属 *Hydrolagus* Gill，1862

种 的 检 索 表

1（2）体前半部的侧线不呈波浪形；侧线上方无细横纹····················· **箕作氏兔银鲛（冬兔银鲛）** ***H.mitsukurii* (Jordan & Snyder，1904)**（图 38）。深海鱼类。栖息水深 432～980m。全长 600～900mm。分布：东海大陆架斜坡、台湾南部、南海；朝鲜半岛南岸、日本、西太平洋。数量稀少，《中国物种红色名录》列为濒危［EN］物种。

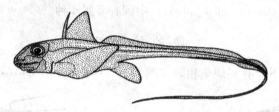

图 38　箕作氏兔银鲛（冬兔银鲛）*H.mitsukurii*

（依中坊等，2013）

2（1）体前半部的侧线波浪形；侧线上方具许多由小点形成的细横纹··············· **澳氏兔银鲛** ***H.ogilbyi* (Waite，1898)**（图 39）[syn. 曾氏兔银鲛 *H.tsengi* (Fang & Wang，1932)]。深海鱼类，栖息水深 120～350m。全长 742～945mm。分布：黄海、东海、台湾海域、南海；日本、澳大利亚。数量稀少，《中国物种红色名录》列为濒危［EN］物种。

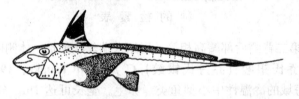

图 39　澳氏兔银鲛 *H.ogilbyi*

（依中坊等，2013）

4. 吻银鲛科（长吻银鲛科）Rhinochimaeridae

体延长侧扁。尾细长，末端呈丝状。吻甚长，近侧扁或平扁；吻端尖突。背鳍 2 个，第一背鳍前缘具一三角形硬棘，硬棘边缘具小锯齿。臀鳍与尾鳍分离或相连。雄性交配器呈简单的细棒状，不分支。

栖息于大陆架斜坡、岛屿沿岸、大洋水深 370～2 600m 的深海。分布：世界三大洋。全长 1.4m。本科有 3 属 8 种（Nelson et al.，2016）；中国有 2 属 3 种。

属 的 检 索 表

1（2）吻平扁；前齿板表面具峰突（釉质棒）；尾上叶无小棘 ··· **扁吻银鲛属（尖头银鲛属）*Harriotta***

2（1）吻近侧扁；前齿板表面几光滑；尾上叶具小棘·········· **吻银鲛属（长吻银鲛属）*Rhinochimaera***

扁吻银鲛属（尖头银鲛属）*Harriotta* Goode & Bean，1895

扁吻银鲛 *H.raleighana* Goode & Bean，1895（图 40）（syn. 后鳍扁吻银鲛 *H.opisthoptera* Deng，Xiong & Zhan，1983）。深海鱼类。栖息水深 400～2 600m。全长 590～870mm。分布：东海；日本、美国加利福尼亚外海、新西兰，北大西洋。数量稀少，《中国物种红色名录》列为濒危［EN］物种。

图 40 扁吻银鲛 *H. raleighana*
（依中坊等，2013）

吻银鲛属（长吻银鲛属）*Rhinochimaera* Garman, 1891
种 的 检 索 表

1（2）体黑褐色·····················**非洲吻银鲛 *R. africana* Compagno, Stehmann & Ebert, 1990**
（图 41）。深海鱼类。栖息水深 500～1 450m。全长 891mm。分布：东海、南海；日本、南非，
东南大西洋。标本采自南海，罕见，中国新记录种。

图 41 非洲吻银鲛 *R. africana*
（依中坊等，2013）

2（1）体茶黄色·····················**太平洋吻银鲛 *R. pacifica* (Mitsukuri, 1895)**（图 42）。深海鱼
类。栖息水深 300～1 140m。全长 587～1 082mm。分布：东海、台湾东北部海域、南海北部斜
坡；日本、新西兰、澳大利亚北部、秘鲁。数量稀少，《中国物种红色名录》列为濒危［EN］
物种。

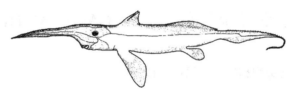

图 42 太平洋吻银鲛 *R. pacifica*
（依中坊等，2013）

板鳃亚纲
ELASMOBRANCHII

■ 板鳃亚纲 ELASMOBRANCHII

鳃孔5～7对，各开口于体外。背鳍如有硬棘，则固定不能竖垂。体被盾鳞或光滑。上颌不与脑颅愈合。椎体分化。脊索分节地缢缩。腰带的左半部与右半部合为一。具泄殖腔；雄性无腹前鳍脚和额上鳍脚。板鳃亚纲是典型捕食鱼类，它们依靠嗅觉和视觉捕获猎物。

总 目 的 检 索 表

1（2）眼和鳃孔侧位；眼缘游离；胸鳍前缘游离，与体侧和头侧不愈合 ····················
······························· 鲨形总目（侧孔总目）SELACHIMORPHA
2（1）眼背位，鳃孔腹位；上眼缘不游离；胸鳍前缘与体侧及头侧愈合 ····················
······························· 鳐形总目（下孔总目）BATOMORPHA

鲨形总目（侧孔总目）SELACHIMORPHA

鳃孔侧位，胸鳍前缘不与头侧相连；臀鳍或有或无；眶前软骨不连于嗅囊；肩带的左半部与右半部在背面分离，也不连于脊柱。

本总目有9目34科106属513种（Nelson et al.，2016）；中国有9目31科65属144种。

目 的 检 索 表

1（2）鳃孔6～7对；背鳍1个 ························· 六鳃鲨目 HEXANCHIFORMES
2（1）鳃孔5对；背鳍2个
3（10）具臀鳍
4（5）背鳍前方具一硬棘 ························· 虎鲨目 HETERODONTIFORMES
5（4）背鳍前方无硬棘
6（9）眼无瞬膜或瞬褶；椎体的4个不钙化区无钙化辐条
7（8）无鼻口沟，鼻孔不开口于口内 ················· 鼠鲨目（鲭鲨目）LAMNIFORMES
8（7）具鼻口沟或鼻孔开口于口内 ················· 须鲨目 ORECTOLOBIFORMES
9（6）眼具瞬膜或瞬褶，椎体的4个不钙化区有钙化辐条 ·········· 真鲨目 CARCHARHINIFORMES
10（3）无臀鳍
11（16）吻短或中长，不呈锯状突出，鳃孔5对
12（15）体亚圆筒形；胸鳍正常，背鳍一般具棘
13（14）第一背鳍起点位于腹鳍起点之后；侧线开放式，呈沟状 ······棘鲨目 ECHINORHINIFORMES
14（13）第一背鳍起点位于腹鳍起点之前；侧线封闭式，呈管状 ········ 角鲨目 SQUALIFORMES

15（12）体平扁；胸鳍扩大，向头侧延伸；背鳍无棘 ·················· 扁鲨目 SQUATINIFORMES
16（11）吻很长，锯状突出，两侧具锯齿；鳃孔 5～6 对 ··········· 锯鲨目 PRISTIOPHORIFORMES

四、虎鲨目 HETERODONTIFORMES

背鳍 2 个，各具一硬棘。具臀鳍。鳃孔 5 对。颌两接型或舌接型，无吻软骨。具鼻口沟，两颌齿同型，前后异型。化石见于石炭纪。

本目只 1 科。

5. 虎鲨科（异齿鲨科）Heterodontidae

体粗大而短。头高而近方形；眶上崤突起显著。吻短钝。眼小，侧上位，无瞬膜。鼻孔具鼻口沟。口平横，上下唇褶发达。上下颌齿同型，前后部齿异型，前部齿细尖，多齿头型；后部齿平扁，臼齿状。喷水孔小，位于眼后下方。鳃孔 5 对。背鳍 2 个，各具 1 硬棘；具臀鳍；尾鳍宽短，帚形；胸鳍宽大。

海洋鱼类，生活于热带、暖温带大陆斜坡浅水砾石和海藻丛中，栖息水深 0～275m，也有栖息于100m 较浅水域。卵生。分布：印度-西太平洋（日本、塔斯马尼亚、新西兰至美洲太平洋沿岸）。全长 1.6m。

本科有 1 属 9 种（Nelson et al.，2016）；中国有 1 属 2 种。

虎鲨属（异齿鲨属）*Heterodontus* Blainville，1816
种 的 检 索 表

1（2）臀鳍距尾鳍基等于臀鳍基底长 1.25～1.70 倍；体上暗色横纹较宽 ·······················
宽纹虎鲨（日本异齿鲨）*H. japonicas*（Maclay，1884）（图 43）。近海底层鱼类，栖息于水深57～125m 的砾石和海藻丛中。卵生。全长 440～820mm。分布：黄海、东海大陆架海域、台湾北部海域；朝鲜半岛南岸、日本。数量稀少，《中国物种红色名录》列为濒危［EN］物种。

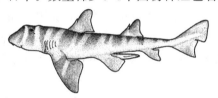

图 43　宽纹虎鲨（日本异齿鲨）*H. japonicas*
（依朱元鼎，孟庆闻等，2001）

2（1）臀鳍距尾鳍基等于臀鳍基底长 2 倍余；体上暗色横纹较狭························
狭纹虎鲨（斑纹异齿鲨）*H. zebra*（Gray，1831）（图 44）。近海底层鱼类，栖息于浅水贝壳和砾石底质、水深 90～144m 的海域。卵生。全长 145～719mm。分布：东海大陆架边缘海域、台湾北部及澎湖列岛、南海；朝鲜半岛南岸、日本南部、菲律宾、加里曼丹。

图 44　狭纹虎鲨（斑纹异齿鲨）*H. zebra*
（依朱元鼎，孟庆闻等，2001）

五、须鲨目 ORECTOLOBIFORMES

鼻孔具鼻口沟或开口于口内，前鼻瓣常具一鼻须或喉部具 1 对皮须。最后 2～4 个鳃孔位于胸鳍基底上方。口平横，浅弧形。眼小，无瞬膜和瞬褶。齿细长，侧齿头或有或无；或齿多而细小，圆锥形。背鳍2个，第一背鳍与腹鳍相对或位于腹鳍之后，第二背鳍位于臀鳍前方或后方；尾鳍或短或长，或叉形。

海洋鱼类，栖息于热带、暖温带大陆架斜坡。卵生或卵胎生。

本目有7科14属44种（Nelson et al.，2016）；中国有6科6属12种。

科 的 检 索 表

1（10）口小亚端位；鳃孔小，鳃弓无鳃耙；尾柄无强侧嵴，尾鳍狭长不呈新月形

2（3）尾鳍长几等于尾鳍前体长 ·················· 豹纹鲨科（虎鲨科）Stegostomatidae

3（2）尾鳍长短于尾鳍前体长

4（5）头和体均平扁，头侧具皮须；上颌缝合处具2列大型犬齿，下颌具3列犬齿 ·····················
·· 须鲨科 Orectolobidae

5（4）头和体圆柱形或稍平扁，头侧无皮须；齿小，上下颌缝合处无大型犬齿

6（7）鼻孔外缘不分叶，无环沟围绕 ·············· 铰口鲨科（锈须鲨科）Ginglymostomatidae

7（6）鼻孔外缘分叶，具环沟围绕

8（9）喷水孔小；臀鳍起点在第二背鳍起点之前，基底末端与尾鳍下叶起点的距离不短于臀鳍基底长
·· 斑鳍鲨科 Parascylliidae

9（8）喷水孔大；臀鳍起点在第二背鳍基底末端之后，基底末端与尾鳍下叶起点的距离短于臀鳍基底长 ·· 长尾须鲨科 Hemiscylliidae

10（1）口宽大近端位；鳃孔颇大，鳃弓具海绵状鳃耙；尾柄具强侧嵴；尾鳍新月形·····················
·· 鲸鲨科 Rhincodontidae

6. 铰口鲨科（锈须鲨科）Ginglymostomatidae

躯干圆柱状，后部侧扁。头宽而平扁。吻宽短。眼小，无瞬膜和瞬褶。喷水孔很小。鳃孔小。前鼻瓣前部具一长的鼻须，具鼻口沟。口平横；上下颌唇褶很肥厚。齿大而侧扁，具5～10个齿头。两背鳍约同大，第一背鳍起点在腹鳍起点稍前或与腹鳍基底相对；胸鳍大于腹鳍；臀鳍约与第二背鳍起点或中点相对；尾鳍较长。

海洋鱼类，栖息于热带、亚热带大陆架斜坡水深0～100m处。分布：世界三大洋。全长达3m。

本科有2属16种（Nelson et al.，2016）；中国只光鳞鲨属1属1种。

光鳞鲨属（锈须鲨属）*Nebrius* Rüppell，1835

长尾光鳞鲨（锈须鲨）*N. ferrugineus*（Lesson，1830）（图45）[syn. 大尾光鳞鲨 *N. macrurus*（Garman，1913）]。近海沿岸底层鱼类，栖息于水深100m以下的潟湖、礁沙混合区。卵生。全长可达3.2m。分布：台湾海域、南海诸岛；印度-西太平洋。

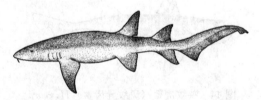

图45　长尾光鳞鲨（锈须鲨）*N. ferrugineus*
（依朱元鼎，孟庆闻等，2001）

7. 长尾须鲨科 Hemiscylliidae

头、体圆柱形或稍平扁。眼小，无瞬膜。喷水孔颇大。前鼻瓣具一短鼻须，后鼻瓣前部具一平扁半

环形皮褶，沿着鼻口沟外侧与上唇褶相连。口平横；齿细小，中齿头三角形。两背鳍约同大，第一背鳍起点与腹鳍基底相对或略后；臀鳍起点在第二背鳍基底末端之后，基底末端与尾鳍下叶起点的距离短于臀鳍基底长；尾鳍下叶低平不突出。

沿岸小型海洋鱼类，栖息于热带、亚热带大陆架斜坡水深 0～100m 处。分布：印度-西太平洋，马达加斯加、澳大利亚、日本。全长达 1m。

本科有 2 属 17 种（Nelson et al.，2016）；中国只 1 属 4 种。

斑竹鲨属（狗鲨属）*Chiloscyllium* Müller & Henle, 1837

种 的 检 索 表

1（6）臀鳍短于缺刻前部的尾鳍下叶；背正中具 1 纵行皮嵴

2（3）两背鳍后缘凹入，下角尖突；背鳍大于腹鳍；第一背鳍起点对着腹鳍基底前部······
······**点纹斑竹鲨（点纹狗鲨）*C. punctatum* Müller & Henle, 1838**（图 46）。沿岸小型鱼类，栖息于岩礁、珊瑚丛沙底，潮间带至水深 85m 的海域。卵生。全长约 104mm。分布：东海、钓鱼岛、台湾东部及南部海域；日本、澳大利亚、菲律宾。

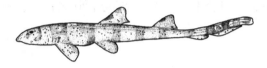

图 46　点纹斑竹鲨（点纹狗鲨）*C. punctatum*

3（2）背鳍后缘圆凸，下角不突出

4（5）第一背鳍起点与腹鳍基底中部相对（图 47）；体具许多白点 ······
条纹斑竹鲨（条纹狗鲨）*C. plagiosum*（Bennett，1830）（图 47）。沿岸底层鱼类，栖息于浅海或内湾岩礁区多藻类的环境中，显示保护色，行动迟缓。卵生。全长 1m 左右。分布：东海、台湾北部及西部海域、南海；朝鲜半岛南岸，日本、澳大利亚、菲律宾。次要经济鱼类。

第一背鳍起点与腹鳍基底中部相对

图 47　条纹斑竹鲨（条纹狗鲨）*C. plagiosum*

5（4）第一背鳍起点与腹鳍基底后部相对（图 48）；体无白点 ······ **灰斑竹鲨（灰斑狗鲨）*C. griseum* Müller & Henle, 1838**（图 48）。大陆沿岸浅海鱼类，栖息于岩礁底层水深 5～80m。卵生。全长 740mm。分布：台湾澎湖列岛、南海；日本，印度东岸。

第一背鳍起点与腹鳍基底后端相对

图 48　灰斑竹鲨（灰斑狗鲨）*C. griseum*

（依吉野等，2013）

6（1）臀鳍等于或长于缺刻前部的尾鳍下叶；背上具 3 纵行皮嵴 ······
印度斑竹鲨（印度狗鲨）*C. indicum*（Gmelin，1789）（图 49）[syn. 长鳍斑竹鲨 *C. colax*（Meus-

图 49　印度斑竹鲨（印度狗鲨）*C. indicum*

chen，1781）]。沿岸鱼类，栖息于底层。卵生。全长 650mm。分布：台湾、南海；菲律宾、印度。

8. 须鲨科 Orectolobidae

头、体平扁，头侧具一系列皮须，眼无瞬膜。前鼻瓣前部延长成一较长鼻须，后鼻瓣形成一扁环形皮褶。上下颌齿前后异型，上颌缝合处具 2 列大型犬齿，下颌具 3 列犬齿。两背鳍几同大；胸鳍宽圆；腹鳍大于背鳍及臀鳍；臀鳍略小于第二背鳍；尾鳍短小。体色复杂多变。

海洋鱼类，生活于热带、暖温带近海岩礁、沙泥底层多藻类或珊瑚丛中水深 100m 的浅水域。分布：西太平洋、澳大利亚南部至日本沿海。全长 3.2m。

本科有 3 属 12 种（Nelson et al.，2016）；中国仅须鲨属 1 属 2 种。

须鲨属 *Orectolobus* Bonaparte，1834
种 的 检 索 表

1（2）眼的上方无乳突；眼前方或下方具 5～6 枚分叉皮须 ················· **日本须鲨**
O. *japonicus* Regan，1906（图 50）。沿岸浅水鱼类，栖息于近海岩礁、沙泥底层多藻类或珊瑚丛中，显示保护色和拟态。卵胎生，一次可产下约 20 尾仔鱼。夜行性。全长 201～1 032mm。分布：浙江至广东沿海；朝鲜半岛南岸、日本、菲律宾。

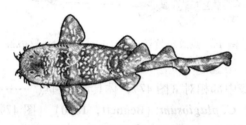

图 50　日本须鲨 *O. japonicus*
（依朱元鼎，孟庆闻等，2001）

2（1）眼的上方具 2 个乳头状突起；眼前方或下方具 8～10 枚皮须 ················· **斑纹须鲨**
O. *maculatus*（Bonnaterre，1788）（图 51）。大陆沿岸小型鱼类，栖息于近海岩礁、沙泥底层多藻类或珊瑚丛中水深 100m 的浅水域。卵胎生。全长约 320mm。分布：东海、台湾海域、海南岛，南海；日本、澳大利亚。

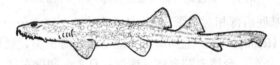

图 51　斑纹须鲨 *O. maculatus*
（依朱元鼎，孟庆闻等，2001）

9. 斑鳍鲨科 Parascyllidae

头侧无皮须。眼上侧位，下眼睑具一发达的眼下褶。喷水孔很小。前鼻瓣分化为一圆形袋盖状突出，伸达口前；具鼻口沟；橙黄鲨属（*Cirrhoscyllium*）喉部具 1 对皮须，十分独特。口腹位。齿细小，三齿头型。两背鳍几等大而同形；腹鳍约与背鳍同大而稍大于臀鳍；臀鳍稍小于第二背鳍，起点在第二背鳍起点之前，基底末端与尾鳍下叶起点的距离不短于臀鳍基底长；尾鳍狭小。体表具暗点或鞍状斑。

海洋鱼类。栖息于热带、温带大陆架斜坡水深 1～650m 处。分布：西太平洋、澳大利亚至日本沿海。最大全长 3.3m。

本科有 2 属 8 种（Nelson et al.，2016）；中国有橙黄鲨属（喉须鲨属）1 属 3 种。

橙黄鲨属（喉须鲨属）*Cirrhoscyllium* Smith & Radcliffe, 1913
种 的 检 索 表

1（2）第一背鳍起点在腹鳍末端之前上方（图52）···························· **橙黄鲨（喉须鲨）**
C. expolitum Smith & Radcliffe, 1913（图52）。近海底层鱼类。栖息于近海183～650m的海域。卵生。全长400mm。分布：南海；日本、菲律宾。

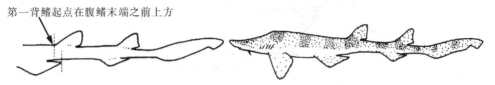

图52　橙黄鲨（喉须鲨）*C. expolitum*
（依吉野等，2013）

2（1）第一背鳍起点在腹鳍末端的上方或后上方
3（4）第一背鳍起点在腹鳍末端的上方；体具6条暗褐色横纹 ····································
台湾橙黄鲨（台湾喉须鲨）C. formosanum Teng, 1959（图53）。近海底层鱼类。栖息于热带及亚热带较深海区。卵生。全长可达390mm。分布：台湾东港。数量稀少，《中国物种红色名录》列为濒危［EN］物种［台湾特有种（endemic to Taiwan）］。

图53　台湾橙黄鲨（台湾喉须鲨）*C. formosanum*
（依朱元鼎，孟庆闻等，2001）

4（3）第一背鳍起点在腹鳍末端的后上方（图54）；体具9～10条暗褐色横纹 ····················
日本橙黄鲨（日本喉须鲨）C. japonicum Kamohara, 1943（图54）。底栖鱼类，栖息于亚热带及温带近海水深250～300m海区。卵生。全长可达500mm。分布：海南岛、南海；日本。

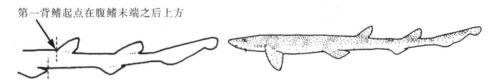

图54　日本橙黄鲨（日本喉须鲨）*C. japonicum*
（依吉野等，2013）

10. 鲸鲨科 Rhincodontidae

体庞大，每侧具2皮褶。口巨大，前位，上下颌具唇褶。鼻孔位于吻端两侧，出水孔开口于口内。眼小，无瞬膜。齿细小而多，圆锥形。鳃孔很宽大；鳃弓具角质鳃耙。鳃耙分成许多小支，交叉结成海绵状过滤器。背鳍2个，第二背鳍和臀鳍都很小；尾鳍宽短，叉形。尾柄两侧各具一侧突；尾鳍基上方具一凹注。

海洋鱼类，用鳃耙过滤海面浮游甲壳类、浮游软体动物为食，为全球三大用鳃耙滤食的大型鲨鱼之一，也是世界最大鱼类。栖息于热带至暖温带沿岸及大陆架斜坡水深0～700m处。分布于世界三大洋。全长最大达20m，一般为12m。

本科有1属1种；中国有产。

鲸鲨属 *Rhincodon* Smith, 1829

鲸鲨 R. typus Smith, 1829（图55）。大洋性鱼类，栖息于大洋表层至水深700m的海域，成群在海面游泳，滤食大量小型甲壳类、软体动物等，性和善，无危害。为世界最大鱼类，全长可达 18～20m。分布：黄海、东海、台湾海峡、南海；朝鲜半岛南岸、日本，世界三大洋温带及热带海域。数量稀少，《中国物种红色名录》列为濒危［EN］物种。

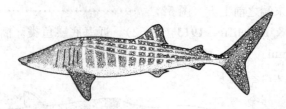

图 55　鲸鲨 *R. typus*
（依朱元鼎，孟庆闻等，2001）

11. 豹纹鲨科（虎鲨科）Stegostomatidae

躯干近圆柱形。尾部长大于全长的 1/2。体侧具皮嵴。头圆锥形。眼小，无瞬膜和瞬褶。口小，平横、亚端位，唇褶短小。齿细小，三齿头型。鳃孔小，鳃弓无鳃耙。背鳍 2 个，第一背鳍较大，位于腹鳍上方；第二背鳍位于臀鳍前上方。臀鳍接近尾鳍。尾鳍长而低平，约等于体长之半。

海洋鱼类，栖于热带沿岸及大陆架斜坡水深 0～62m 处。分布：印度-西太平洋、红海、东非至日本南部海域，澳大利亚北部。全长达 3.5m。

本科仅 1 属 1 种；中国有产。

豹纹鲨属（虎鲨属）*Stegostoma* Müller & Henle, 1837

豹纹鲨（大尾虎鲨）*S. fasciatum*（Hermann，1783）（图 56）。热带沿海珊瑚礁鱼类，白天潜伏沙底暗礁中，夜晚钻入礁中洞穴觅食，栖息水深 60m 以内。卵生。全长 0.31～2.0m。分布：东海、台湾海域、南海；日本、红海、印度洋、西南太平洋。

图 56　豹纹鲨（大尾虎鲨）*S. fasciatum*
（依朱元鼎，孟庆闻等，2001）

六、鼠鲨目（鲭鲨目）LAMNIFORMES

体纺锤形或圆柱形；头锥形。喷水孔很小。鼻孔无鼻须或鼻口沟。无瞬膜或瞬褶。吻尖突，圆锥形或稍平扁。口大，深弧形；下颌唇褶有或缺如；齿型变化较大。背鳍 2 个，无硬棘，第一背鳍起点位于胸鳍与腹鳍基底之间或与胸鳍基底相对；腹鳍内缘与泄殖孔连接；具臀鳍；尾鳍新月形，或上叶狭小，下叶发达或很长，约为全长之半。

海洋鱼类，栖息于热带、暖温带大陆架斜坡较深的海域。

本目有 7 科 10 属 15 种（Nelson et al.，2016）；我国有 7 科 8 属 11 种。

科 的 检 索 表

1（2）吻尖突似短剑，平扁，向前延突；口近端位，两颌向前突出·······················
·· 尖吻鲨科（剑吻鲨科）Mitsukurinidae

2（1）吻短或中长，圆锥形，稍平扁或广圆形；两颌不向前突出

3（12）尾鳍短于全长之半；5 对鳃孔均位于胸鳍基底前方

4 (5) 吻很短，背视广圆；口很大，端位；齿小数多，每侧逾 50 行；具乳突状鳃耙·························
·· 巨口鲨科 Megachasmidae

5 (4) 吻较长而窄，背视广弧形；口小或中大，腹位；齿小；无乳突状鳃耙

6 (9) 尾鳍下叶短，不呈新月形；尾柄无强侧突或仅具 1 弱低侧突

7 (8) 眼较小；体形短壮；尾鳍基上方具凹洼；尾柄无侧突；鳃孔不延伸至背侧·············
·· 砂锥齿鲨科 Odontaspididae

8 (7) 眼很大；体较修长；尾鳍基上下均具凹洼；尾柄具弱低侧突；鳃孔上延达背侧·············
·· 拟锥齿鲨科 Pseudocarchariidae

9 (6) 尾鳍下叶长，呈新月形；尾柄具显著强侧突

10 (11) 齿较少，两颌齿少于 40 列；鳃孔大，但不延伸至头背侧；无鳃耙 ··········· 鼠鲨科 Lamnidae

11 (10) 齿颇多而细小，两颌齿均逾 150 列；鳃孔极长，上延达头背侧；具发达鳃耙
·· 姥鲨科（象鲨科）Cetorhinidae

12 (3) 尾鳍长占全长之半；最后 2 个鳃孔位于胸鳍基底上方 ··········· 长尾鲨科（狐鲨科）Alopiidae

12. 长尾鲨科（狐鲨科）Alopiidae

尾鳍很长，大于全长之半；尾柄侧扁，无侧突，尾鳍基上方具一凹洼，下方凹洼有时不显著。口弧形，具唇褶。眼无瞬膜。喷水孔细小。鳃孔中大，最后 2~3 个位于胸鳍基底上方。齿小，平扁三角形，基底分叉，侧齿头或有或无。第一背鳍位于胸鳍与腹鳍之间上方或靠近腹鳍，第二背鳍和臀鳍都很小；胸鳍大。化石见于第三纪。

海洋鱼类，栖于热带至寒温带沿岸及大洋大陆架外缘。栖息水深从表面至 500m 水域。分布：世界三大洋。最大全长 5.7m。

本科只长尾鲨属 1 属 3 种；中国有 1 属 3 种。

长尾鲨属（狐鲨属）*Alopias* Rafinesque，1810
种 的 检 索 表

1 (4) 头侧鳃孔上方无纵沟或不明显；眼小，眼眶不向上延伸达头背侧；第一背鳍基底后端与腹鳍起点的上方有较远距离

2 (3) 第二背鳍起点和腹鳍的后尖端相对；吻较延长；前额近于平直；无唇沟；侧面齿具小齿头；胸鳍几近平直，鳍端钝尖·························**浅海长尾鲨（浅海狐鲨）*A. pelagicus* Nakamura，1935**（图 57）。环热带大洋性表层鱼类，有时会出现于近海，偶有栖于水深 150m 水层。利用其长尾击昏猎物，捕食群游鱼类及头足类。胎生。全长可达 3.0m。分布：东海、台湾北部及东部海域、南海；朝鲜半岛南岸、日本，印度-西太平洋。

图 57　浅海长尾鲨（浅海狐鲨）*A. pelagicus*
（依朱元鼎，孟庆闻等，2001）

3 (2) 第二背鳍起点距腹鳍的后尖端有一定距离；吻较短；前额弧形弯曲；具唇沟；侧面齿常无小齿头；胸鳍镰刀形，鳍端狭尖·························**狐形长尾鲨（狐鲨）*A. vulpinus*（Bonnaterre，1788）**（图 58）。大洋性中上层大型鱼类，常出现于岸边及近海。栖息于表层至水深 650m 海域，幼鱼常在内湾浅海出现，利用其长尾击昏猎物，捕食群游鱼类及头足类。胎生。全长在 6m 以上。分布：黄海、东海、台湾海峡、南海；日本，亚热带水域。

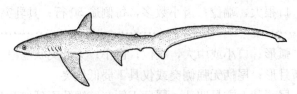

图 58　狐形长尾鲨（狐鲨）*A. vulpinus*
（依朱元鼎，孟庆闻等，2001）

4（1）头侧鳃孔上方具一显著纵沟；眼颇大，眼眶向上延伸达头背侧；第一背鳍基底后端与腹鳍起点的
上方或稍前方相对 ······················· **大眼长尾鲨（深海狐鲨）*A. supercilliosus*（Lowe，1839）**
（图 59）（syn. 深海长尾鲨 *A. profundus* Nakamura，1935）。大洋性中上层鱼类，栖息于表层至
水深 700m 处。利用其长尾击昏猎物，捕食群游鱼类及头足类。胎生。全长 4.87m。分布：台湾
北部及东部海域；日本，世界温热带海洋。数量稀少，《中国物种红色名录》列为濒危［EN］
物种。

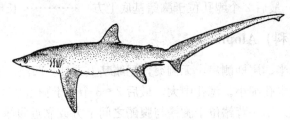

图 59　大眼长尾鲨（深海狐鲨）*A. supercilliosus*
（依朱元鼎，孟庆闻等，2001）

13. 姥鲨科（象鲨科）Cetorhinidae

鳃孔很宽大。鳃弓密具角质细长鳃耙，成为过滤器。齿细小而多，圆锥形，具一小齿头。眼小。鼻
孔狭小，位于口前。口大，弧形，具唇褶。喷水孔细小，位于眼后。第一背鳍大，位于胸鳍与腹鳍中间
的上方；第二背鳍与臀鳍都很小。尾柄细小，具侧突，尾基上下方各具一凹洼，尾鳍叉形。胸鳍很大。
腹鳍中大。化石见于渐新世。

海洋鱼类，用鳃耙过滤海面浮游甲壳类为食，世界三大用鳃耙滤食的大型鲨鱼之一，也是世界第二
大鱼类。经济价值高。栖于暖温性至冷温性大洋表层至大陆架水域（少有见于亚热带水域）。分布：三
大洋各海区。最大全长 15.2m。

本科有姥鲨属 1 属 1 种；中国有产。

姥鲨属（象鲨属）*Cetorhinus* Blainville，1816

姥鲨（象鲨）*C. maximus*（Gunner，1765） （图 60）。大洋性大型鲨鱼，栖息于外海大陆架水域，
常现于岸边、潮间带外围或内湾。常成群在水表缓慢巡游。滤食性，用细长角质鳃耙滤食浮游无脊椎动
物、小鱼或鱼卵。具季节性洄游习性。卵胎生。鱼类中体型第二大者，全长最大可达 15m。数量稀少，
《中国物种红色名录》列为濒危［EN］物种。

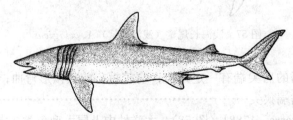

图 60　姥鲨（象鲨）*C. maximus*
（依朱元鼎，孟庆闻等，2001）

14. 鼠鲨科 Lamnidae

背鳍2个，第二背鳍和臀鳍都很小，呈退化状。尾鳍叉形；尾柄每侧具一显著侧突，尾基上下方各具一凹洼。眼圆形，无瞬膜。鼻孔狭小，不与口相连。口大，深弧形，具唇褶。喷水孔一细小或消失。鳃孔宽大，位于胸鳍基底前方。齿大，细长锥形，或宽扁三角形。化石见于白垩纪。

海洋鱼类，栖于热带至冷温性大洋表层至大陆架水域。栖息水深1 200m。本科鱼类在许多海域常多次攻击人类，尤以噬人鲨最为著名。卵胎生。分布：世界三大洋各海区。最大全长6.0m。

本科有3属5种（Nelson et al.，2016）；我国有2属3种。

属 的 检 索 表

1（2）齿狭长，锥形，边缘光滑 ·· 鲭鲨属 *Isurus*

2（1）齿宽扁三角形，边缘具小锯齿 ···························· 噬人鲨属（食人鲨属）*Carcharodon*

噬人鲨属（食人鲨属）*Carcharodon* Agassiz，1838

噬人鲨（食人鲨）*C. carcharias*（Linnaeus，1758）（图61）。大洋性中上层大型鱼类，活动在内湾的浅海区及表层下至水深1 280m处，性凶猛，善游泳，速度快，捕食各种鱼类、海兽、海鸟。有袭击船只及攻击人类的记录，是掠食动物中体型最大者，也是对人类三大危险鲨鱼之一。卵胎生。全长8m。分布：中国沿海；世界温热带海洋。数量稀少，《中国物种红色名录》列为濒危［EN］物种。

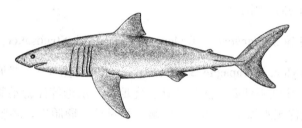

图61　噬人鲨（食人鲨）*C. carcharias*
（依朱元鼎，孟庆闻等，2001）

鲭鲨属 *Isurus* Rafinesque，1810
种 的 检 索 表

1（2）胸鳍长稍短于头长；吻部尖锥形，腹侧白色；臀鳍起点约与第二背鳍基底的中点相对··········
················**尖吻鲭鲨 *I. oxyrinchus* Rafinesque，1810**（图62）（syn. 灰鲭鲨 *Oxyrhina glauca*
Rafinesque，1809）。近海上层大型鱼类，栖息于沿岸海洋表层至水深740m处。性凶猛，善游泳，速度快，掠食鲭、鲱类等，有袭人记录。胎生。最大全长达4.0m。分布：东海、台湾南部及北部沿海、南海诸岛；日本，世界各暖水水域。数量稀少，《中国物种红色名录》列为濒危［EN］物种。

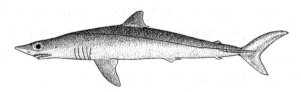

图62　尖吻鲭鲨 *I. oxyrinchus*
（依朱元鼎，孟庆闻等，2001）

2（1）胸鳍长约等于头长；吻窄或钝尖，腹侧暗黑色；臀鳍起点与第二背鳍基底末端相对··············
···········**长臂鲭鲨 *I. paucus* Guitart Manday，1966**（图63）。近海上层大型鲨鱼，善游泳，速度快，是鲨鱼中游速最快的一种。栖息于表层至深达500m的水域。性凶猛，掠食鲭、鲱、头足类及海龟等。胎生。全长可达 4.17m。分布：台湾海域；日本南部，世界各热带水域。

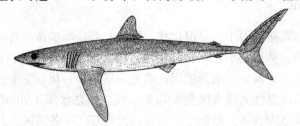

图 63　长臂鲭鲨 *I. paucus*
（依朱元鼎，孟庆闻等，2001）

15. 巨口鲨科 Megachasmidae

体圆柱形稍侧扁而粗壮。头很长，约等于躯干长。吻颇短，平扁而广圆；眼中大。口特大，端位。鳃孔最后 2 个位于胸鳍基底上方。具指状鳃耙。齿小，锥状，两颌各逾 100 行。背鳍低而小；胸鳍大，狭长；臀鳍最小；尾鳍帚形。尾柄侧扁无侧突，具上下凹洼。

海洋鱼类，栖于热带、暖温带沿岸及大陆架外缘。有昼夜垂直移动习性，白天深藏于水深 120～170m 海域，晚上上浮至水深 0～20m 处。这是世界三大用鳃耙滤食的另一大型鲨鱼。1976 年首次发现于夏威夷，全长 4.46m；第二尾在 1984 年捕获于美国加州；第三尾在 1988 年捕获于西澳大利亚。广泛分布于世界三大洋。最大全长 5.5m。

本科有巨口鲨属 1 属 1 种；中国有产。

巨口鲨属 *Megachasma* Taylor, Compagno & Struhsaker, 1983

巨口鲨 *M. pelagios* Taylor, Compagno & Struhsaker, 1983（图 64）。罕见的大洋洄游滤食性大型鲨鱼，栖息水深 5～1 000m。生性不活跃，滤食磷虾、桡足类、水母等浮游动物。日间栖息于水深 120～170m 的中层水域，夜间上浮至水深 10～20m 的海域。罕见种。卵胎生，胚胎以卵黄囊及同胎之其他的卵为食。2006 年 3 月，浙江渔民在东海南部、靠近台湾北部海域捕获全长 4.56m 的巨口鲨 1 尾。本种最大全长 5.49m。分布：东海、台湾海域（最早发现于东部花莲外海）；日本，世界三大洋。

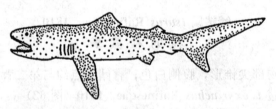

图 64　巨口鲨 *M. pelagios*
（依青沼等，2013）

16. 尖吻鲨科（剑吻鲨科）Mitsukurinidae

吻突出似短剑。两颌显著突出。口近端位。两背鳍等大，但小于腹鳍和臀鳍。两颌齿同形，有棘状齿冠，末端尖细，齿基部宽，有 2 齿根。吻软骨前部愈合成一长棒。椎骨 122～125 枚。

海洋鱼类，体形奇特，也称"怪鲨"。栖于热带、温带大陆架外缘、大陆斜坡及海岭水深 100～1 300m 的海域，广泛分布于世界三大洋。最大全长 3.8m。

本科有尖吻鲨属 1 属 1 种，1898 年首次在日本海中捕获，颇罕见；中国有产。

尖吻鲨属 *Mitsukurina* Jordan, 1898

欧氏尖吻鲨 *M. owstoni* Jordan, 1898（图 65）。深海底栖鱼类，栖于热带、温带大陆架斜坡及大陆架边缘 270～960m 深的海域，但也曾被发现于深达 1 300m 处。2005 年在台湾东北部大溪外海的龟山岛附近海域、苏澳外海、花莲外海曾有捕获，极罕见。卵胎生。最大全长 3.85m。分布：东海；日本，世界各大洋。

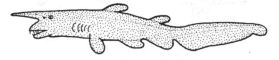

图 65　欧氏尖吻鲨 *M. owstoni*

17. 砂锥齿鲨科 Odontaspididae

体短壮，圆柱形。头短。吻尖突，圆锥形。眼小。口大，腹位。5 个鳃孔不延伸至头背侧。齿大型，前方齿窄长如锥状，侧面齿侧扁如刀状，上颌前方具 2～3 列大型齿，下颌则具 3 列齿。两背鳍约同大；臀鳍与两背鳍等大或较小；腹鳍几与第一背鳍等大；尾鳍中长，上叶前具一凹洼。尾柄侧扁，无侧突。

海洋鱼类，栖于热带、温带大陆架斜坡水深 1～1 600m 的海域及周边岛屿。分布：世界三大洋。最大全长 4.1m。

本科有 2 属 3 种（Nelson et al.，2016）；中国有 1 属 1 种。

锥齿鲨属 *Carcharias* Cuvier，1816

锥齿鲨 *C. taurus* Rafinesque，1810（图 66）　（syn. 沙锥齿鲨 *Eugomphodus arenaries* Ogilby，1911）。大洋性鱼类，栖息于沿岸由浅水激浪区至深约 90m 处的近海底层，也见于海湾碎波带、珊瑚丛、岩礁周围水深 200m 水域。巡游于中层或水表层。游动时，吞空气于胃中，以调整浮力。具洄游习性，春夏成群北上，秋冬迁移至南方。全长达 2m 以上。性凶猛，有袭击人类的记录。分布：黄海、东海、台湾海峡、南海；日本，温带及热带广宽海域。数量稀少，《中国物种红色名录》列为濒危 [EN] 物种。

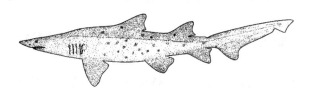

图 66　锥齿鲨 *C. taurus*
（依朱元鼎，孟庆闻等，2001）

18. 拟锥齿鲨科 Pseudocarchariidae

体细长，圆柱形。头短。眼很大。口大，腹位。鳃孔长，向上延伸达头之背侧。无鳃耙。齿大型，前方齿锥状，侧面齿剑状，排列紧密；上颌第二与第四齿间为颇小的第三齿。第一背鳍小而低，第二背鳍小于第一背鳍但大于臀鳍；胸鳍小，短于头长；腹鳍大，稍小于胸鳍和第一背鳍；尾鳍中长。尾基具凹洼，尾柄具低侧褶。

海洋鱼类，栖于热带、亚热带大陆斜坡水深 100～590m 处及周边岛屿。分布：世界三大洋。最大全长 1.1m。

本科有 1 属 1 种；中国有产。

拟锥齿鲨属 *Pseudocarcharias* Cadenat，1963

蒲原氏拟锥齿鲨 *P. kamoharai*（Matsubara，1936）（图 67）。近海底层中小型鱼类，栖息于外洋表层至水深 500m 的大陆架海域，白天下沉至 300m 以下较深水中，夜晚升至表层。卵胎生。全长 1.1m。分布：台湾东北部海域；朝鲜半岛南岸、日本，世界热带、亚热带海域。

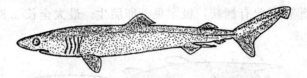

图 67　蒲原氏拟锥齿鲨 *P. kamoharai*

（依朱元鼎，孟庆闻等，2001）

七、真鲨目 CARCHARHINIFORMES

体圆柱形，稍侧扁或平扁。头圆锥形、平扁或两侧突出（双髻鲨科 Sphyrnidae）。鳃孔 5 对，在猫鲨科部分种鳃孔位于背侧面。大多数种类眼后有喷水孔，或微小或消失。鼻孔通常无鼻须或鼻口沟（斑鲨 *Atlelomycterus marmoratus* 例外）。眼侧位或背侧位，具瞬褶或瞬膜。吻短，中长或颇长呈叶状（如某些光尾鲨属 *Apristurus*）。口中大或甚大，口弧形，延伸至眼前缘的后方；两颌唇褶发达或消失。齿变异较大，但通常后侧无臼齿。背鳍 2 个（猫鲨科的单鳍猫鲨属 *Pentanchus* 具 1 个背鳍），第一背鳍位于鳃孔后上方或至腹鳍基后方；具臀鳍。椎体具辐射状钙化区域。肠的螺旋瓣呈螺旋形或画卷形。

本目有 4 亚目 8 科 51 属 284 种（Nelson et al.，2016）；中国有 4 亚目 7 科 31 属 68 种。

亚 目 的 检 索 表

1（6）头颅的额骨区正常，不向左右两侧突出
2（5）齿细小，带状或铺石状排列，多行在使用；下眼睑上部分化为瞬褶，能上闭；喷水孔显著
3（4）第一背鳍位于腹鳍上方或后方 ……………………………………… 猫鲨亚目 SCYLIORHINOIDEI
4（3）第一背鳍位于腹鳍前或胸鳍和腹鳍之间 ……………………………… 皱唇鲨亚目 TRIAKOIDEI
5（2）齿侧扁而大，1～3 行在使用；瞬膜发达；喷水孔细小或无…… 真鲨亚目 CARCHARHINOIDEI
6（1）头颅的额骨区向左右两侧突出，眼位于突出的两端……………… 双髻鲨亚目 SPHYRNOIDEI

猫鲨亚目 SCYLIORHINOIDEI

眼椭圆形，下眼睑上部分化为瞬褶，能上闭。鼻孔不与口相连；前鼻瓣鼻须或有或无。口宽大，弧形；唇褶发达或不发达。齿细小而多，多齿头型。喷水孔小或中大。鳃孔狭小。背鳍 2 个，第一背鳍位于腹鳍上方或后方，起点常后于腹鳍起点；第二背鳍起点后于臀鳍起点或几相对。尾鳍短狭，尾基上下方无凹洼。臀鳍基底长或短，接近尾鳍或距尾鳍有一相当距离。

本亚目只猫鲨科 1 科。

19. 猫鲨科 Scyliorhinidae

一般特征与亚目同。本科为鲨类中较大的 1 个科，广泛分布于热带、冷温带和北极水域中，自沿海至大陆架斜坡深达约 2 000m 处，沿海一带的种类大多近底层栖息，卵生或卵胎生。主食无脊椎动物和小鱼。多数为小型种类，体长一般不超过 80cm，有些长达 30cm 时已性成熟；少数可达 1.6m。

本科有 17 属 150 种（Nelson et al.，2016）；中国有 8 属 24 种。

属 的 检 索 表

1（4）尾鳍上缘或尾柄上下缘中央有 1 纵行较扩大的盾鳞
2（3）尾鳍上缘有 2 纵行较扩大的盾鳞 ………………………………… 锯尾鲨属（蜥鲨属）*Galeus*
3（2）尾柄上下缘中央有 2 纵行较扩大的盾鳞 ……………………… 盾尾鲨属（双锯鲨属）*Parmaturus*
4（1）尾鳍上缘或尾柄上下缘中央均无 2 纵行较扩大的盾鳞

5（6）上下颌唇褶退化或消失 ·························· **绒毛鲨属（头鲨属）** *Cephaloscyllium*

6（5）下颌或上下颌具唇褶

7（8）下颌具唇褶，上颌口隅无唇褶 ····················· **猫鲨属** *Scyliorhinus*

8（7）上下颌均具唇褶

9（10）吻部背腹面有显著成行的黏液孔；臀鳍与尾鳍间距小于臀鳍基底长的 1/5··················
·························· **光尾鲨属（篦鲨属）** *Apristurus*

10（9）吻部无显著成行的黏液孔；臀鳍与尾鳍间距大于臀鳍基底长的 1/5

11（14）前鼻瓣不伸达上颌

12（13）体具黑色圆斑，似梅花状排列；尾部长大于或等于头和躯干长··················
·························· **梅花鲨属（豹鲨属）** *Halaelurus*

13（12）体无黑色斑点；尾部长短于头和躯干长·················· **深海沟鲨属** *Bythaelurus*

14（11）前鼻瓣伸达上颌；体具黑色斑点及不规则条纹；背鳍后缘凹入，下角突出··················
·························· **斑鲨属（斑猫鲨属）** *Atelomycterus*

光尾鲨属（篦鲨属）*Apristurus* Garman，1913
种 的 检 索 表

1（2）眼后背方斜行隆起颇高；全长为体高的 5.7～6.8 倍 ·············· **驼背光尾鲨（驼背篦鲨）**
***A. gibbosus* Meng, Chu & Li, 1985**（图 68）。深海鱼类,栖息水深 913m。卵生。全长 362～
410mm。分布：南海。数量稀少,《中国物种红色名录》列为濒危［EN］物种。

图 68 驼背光尾鲨（驼背篦鲨）*A. gibbosus*
（依朱元鼎，孟庆闻等，2001）

2（1）眼后背方稍凸不斜行隆起；全长为体高的 7.5 倍以上

3（4）鳃膜后缘中央有一小尖突·················· **中华光尾鲨（中华篦鲨）** *A. sinensis* **Chu & Hu，1981**
（图 69）。深海鱼类，栖息水深 200～1 000m。卵生。全长 417～452mm。分布：东海、南海。数
量稀少,《中国物种红色名录》列为濒危［EN］物种。

图 69 中华光尾鲨（中华篦鲨）*A. sinensis*
（依朱元鼎，孟庆闻等，2001）

4（3）鳃膜后缘中央无小尖突

5（6）第一背鳍很小，约为第二背鳍的 1/9 ·················· **微鳍光尾鲨（微鳍篦鲨）**
***A. micropterygeus* Meng, Chu & Li, 1985**（图 70）。深海鱼类，栖息水深 913m。卵生。全长
372mm。分布：南海。数量稀少,《中国物种红色名录》列为濒危［EN］物种。

图 70 微鳍光尾鲨（微鳍篦鲨）*A. micropterygeus*
（依朱元鼎，孟庆闻等，2001）

6（5）第一背鳍为第二背鳍的 1/3～1/2；稍小或等于第二背鳍

7（16）第一背鳍起点位于腹鳍基底末端后上方

8（9）胸鳍和腹鳍起点间距大于吻端至胸鳍起点距 …………………………**日本光尾鲨（日本篦鲨）**
A. japonicus Nakaya, 1975（图 71）。深海鱼类，栖息水深 820～915m。卵生。全长 465～
572mm。分布：东海、南海；日本。

图 71　日本光尾鲨（日本篦鲨）A. japonicus
（依朱元鼎，孟庆闻等，2001）

9（8）胸鳍和腹鳍起点间距小于吻端至胸鳍起点距

10（11）口宽等于口前吻长；两背鳍间距小于第二背鳍基底长 ……………………………………………
大口光尾鲨（大口篦鲨）A. macrostomus Chu & Li, 1985（图 72）。深海鱼类，栖息水深 900m。
卵生。全长 380mm。分布：南海。数量稀少，《中国物种红色名录》列为濒危［EN］物种。

图 72　大口光尾鲨（大口篦鲨）A. macrostomus
（依朱元鼎，孟庆闻等，2001）

11（10）口宽小于口前吻长；两背鳍间距大于或等于第二背鳍基底长

12（13）胸鳍与腹鳍起点间距等于吻端至鳃孔间距；胸鳍外缘长大于吻端至眼后缘距……………………
……**扁吻光尾鲨（扁吻篦鲨）A. platyrhynchus (Tanaka, 1909)**（图 73）［syn. 范氏光尾鲨 A.
verweyi（Fowler, 1934）；无斑光尾鲨 A. acanutus Chu, Meng & Li, 1985］。深海鱼类，栖息水
深 210～1 150m。卵生。最大全长 800mm。分布：东海、台湾海峡、南海；日本、澳大利亚等。

图 73　扁吻光尾鲨（扁吻篦鲨）A. platyrhynchus
（依朱元鼎，孟庆闻等，2001）

13（12）胸鳍与腹鳍起点间距小于吻端至鳃孔距；胸鳍外缘长小于吻端至眼后缘距

14（15）两背鳍间距等于第二背鳍基底长；胸鳍与腹鳍起点间距等于吻端至眼中央…………………………
……**霍氏光尾鲨（长吻篦鲨）A. herklotsi (Fowler, 1934)**（图 74）（syn. 短体光尾鲨 A. ab-
breviates Deng, Xiong & Zhan, 1985；异鳞光尾鲨 A. xenolepis Meng, Chu & Li, 1985）。
深海鱼类，栖息水深 520～910m。卵生。全长 239～430mm。分布：台湾海峡、南海北部大陆
斜坡；日本。

图 74　霍氏光尾鲨（长吻篦鲨）A. herklotsi
（依朱元鼎，孟庆闻等，2001）

15（14）两背鳍间距大于第二背鳍基底长；胸鳍与腹鳍起点间距等于吻端至眼后缘或至喷水孔间距……
…………………………………**高臀光尾鲨（高臀篦鲨）A. canutus Springer & Heemstra, 1979**（图 75）。

深海鱼类。卵生。全长 315～515mm。分布：东海、南海；西北大西洋。

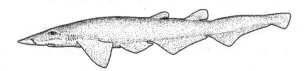

图 75 高臀光尾鲨（高臀篦鲨）*A. canutus*
（依朱元鼎，孟庆闻等，2001）

16（7） 第一背鳍起点位于腹鳍基底上方

17（18） 胸鳍和腹鳍起点间距大于吻端至胸鳍起点距 ·················· **粗体光尾鲨（粗体篦鲨）**
A. pinguis Deng, Xiong & Zhan, 1983（图 76）。深海鱼类。栖息水深 1 035～1 040m。卵生。
全长 556mm。分布：东海。数量稀少，《中国物种红色名录》列为濒危［EN］物种。

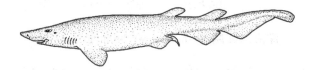

图 76 粗体光尾鲨（粗体篦鲨）*A. pinguis*
（依朱元鼎，孟庆闻等，2001）

18（17） 胸鳍和腹鳍起点间距小于吻端至胸鳍起点距

19（20） 口前吻长小于口宽；两背鳍间距约等于第二背鳍基底长 ··············· **中间光尾鲨（中间篦鲨）**
A. internatus Deng, Xiong & Zhan, 1988（图 77）。深海鱼类，栖息水深 670m。卵生。全长 402～
416mm。分布：东海。数量稀少，《中国物种红色名录》列为濒危［EN］物种。

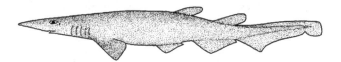

图 77 中间光尾鲨（中间篦鲨）*A. internatus*
（依朱元鼎，孟庆闻等，2001）

20（19） 口前吻长大于口宽；两背鳍间距大于第二背鳍基底长

21（22） 胸鳍外缘长大于吻长；臀鳍基底长等于吻端至第一鳃孔距 ··
大吻光尾鲨（广吻篦鲨）A. macrorhynchus（Tanaka, 1909）（图 78）。大陆架斜坡深水底栖鱼
类，栖息水深 220～1 140m。卵生。全长 660mm。分布：台湾海域、南海；日本等。

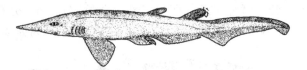

图 78 大吻光尾鲨（广吻篦鲨）*A. macrorhynchus*
（依朱元鼎，孟庆闻等，2001）

22（21） 胸鳍外缘长小于吻长；臀鳍基底长等于吻端至眼后缘距 ··
长头光尾鲨（长头篦鲨）A. longicephalus Nakaya, 1975（图 79）。深海鱼类，栖息水深 600～
1 140m。卵生。全长 600mm。分布：台湾海域、南海北部大陆斜坡；日本。

图 79 长头光尾鲨（长头篦鲨）*A. longicephalus*
（依朱元鼎，孟庆闻等，2001）

斑鲨属（斑猫鲨属）*Atelomycterus* Garman，1913

斑鲨（斑猫鲨）*A. marmoratus*（Bennett，1830）（图80）。近海珊瑚礁区鲨鱼，栖于岩礁沙质底层缝隙或洞穴中。夜行性，摄食底栖甲壳类和小型鱼类。卵生。全长425～570mm。分布：东海南部、台湾海域、南海诸岛；日本、印度等。

图80 斑鲨（斑猫鲨）*A. marmoratus*
（依朱元鼎，孟庆闻等，2001）

深海沟鲨属 *Bythaelurus* Compagno，1988

无斑深海沟鲨 *B. immaculatus*（Chu & Meng，1982）（图81）（syn. 无斑梅花鲨 *Halaelurus immaculatus* Chu & Meng，1982）。近海底层鱼类，栖息于水深150m以下的大陆架海域。卵生。最大全长800mm。分布：南海。数量稀少，《中国物种红色名录》列为濒危［EN］物种［中国特有种（endemic to China）］。

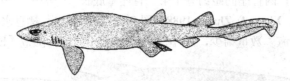

图81 无斑深海沟鲨 *B. immaculatus*

绒毛鲨属（头鲨属）*Cephaloscyllium* Gill，1861
种 的 检 索 表

1（2）体及鳍具许多由黑色不规则线纹构成的中空鞍斑、网格纹及小斑 ·······················
网纹绒毛鲨（条纹头鲨）*C. fasciatum* Chan，1966（图82）（syn. 豹斑绒毛鲨 *C. pardelotum* Schaaf-Da Silva & Ebert，2008；花斑绒毛鲨 *C. maculatum* Schaaf-Da Silva & Ebert，2008）。浅海岩礁鱼类，栖息于水深219～314m大陆架外缘或大陆斜坡上缘较深海区的中或近底层水域，常将腹部膨胀，翻身上浮，诱捕猎物。卵生。最大全长420mm。分布：东海南部、台湾海域、东沙群岛、南海；澳大利亚。数量稀少，《中国物种红色名录》列为濒危［EN］物种。

图82 网纹绒毛鲨（条纹头鲨）*C. fasciatum*
（依朱元鼎，孟庆闻等，2001）

2（1）体具暗色大斑、鞍斑和小斑
3（4）幼体（全长小于20cm）具许多圆点、鞍斑；大于20cm的个体，第一背鳍前有2个暗色宽鞍斑，第一鞍斑在眼的正后方，第二鞍斑在胸鳍基内缘1/3处上方，无小圆斑 ··················
沙捞越绒毛鲨（沙捞越头鲨）*C. sarawakensis* Yano & Gambang，2005（图83）（syn. 小绒毛鲨 *C. parvum* Inoue & Nakaya，2006）。近海底层鱼类，栖息于水深超过100m的大陆架海域。卵生。全长525mm。分布：东海；马来西亚。

图 83　沙捞越绒毛鲨（沙捞越头鲨）*C. sarawakensis*

4（3）第一背鳍前有 3～4 个暗色鞍斑，幼体无小圆斑

5（6）第一背鳍前有 3 个鞍斑，其第二鞍斑在胸鳍基上方，第三鞍斑在胸鳍和腹鳍之间上方…………
　　　…………………**阴影绒毛鲨（污斑头鲨）*C. umbratile* Jordan & Fowler，1903**（图 84）（syn. 阴影
　　　绒毛鲨 *C. isabellum* Bonnaterre，1788）。浅海岩礁底层鱼类，栖息水深 18～699m，能吸水或空
　　　气使腹部膨胀，翻身上浮，诱捕鱼类。卵生。全长 1.2m。分布：黄海、东海大陆架斜坡、台湾
　　　海峡、南海；朝鲜半岛南岸、日本。

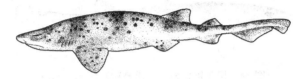

图 84　阴影绒毛鲨（污斑头鲨）*C. umbratile*
（依朱元鼎，孟庆闻等，2001）

6（5）第一背鳍前有 4 个鞍斑，其第二鞍斑在鳃孔上方，第三鞍斑在胸鳍内缘上方…………………
　　　……**台湾绒毛鲨（台湾头鲨）*C. formosanum* Teng，1962**（图 85）。近海底层鱼类。卵生。全长
　　　750mm。分布：台湾西南部外海。

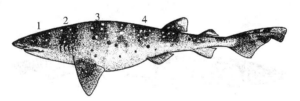

图 85　台湾绒毛鲨（台湾头鲨）*C. formosanum*
（阿拉伯数字为背部鞍斑的位置）

锯尾鲨属（蜥鲨属）*Galeus* Rafinesque，1810
种 的 检 索 表

1（2）臀鳍里角伸达或几伸达第二背鳍下角下方；体无鞍状横纹 ……………………………………
　　　沙氏锯尾鲨（梭氏蜥鲨）*G. sauteri*（Jordan & Richardson，1909）（图 86）。大陆架底层小型鱼
　　　类，栖息于水深 60～90m 的海域。卵生。全长 450mm。分布：台湾海峡、南海；日本、菲律宾。

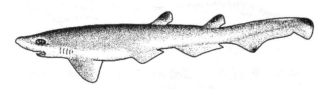

图 86　沙氏锯尾鲨（梭氏蜥鲨）*G. sauteri*
（依朱元鼎，孟庆闻等，2001）

2（1）臀鳍里角未伸达第二背鳍下角下方；体侧上部具鞍状暗色横纹

3（4）鼻孔至吻端距离大于或等于眼径；臀鳍基底短于腹鳍至臀鳍基底间距 ……………………
　　　日本锯尾鲨（日本蜥鲨）*G. nipponensis* Nakaya，1975（图 87）。大陆架底层小型鱼类，栖息于
　　　水深 250～840m 的大陆架海域。卵生。全长 650mm。分布：台湾海峡、南海；日本。

图 87　日本锯尾鲨（日本蜥鲨）*G. nipponensis*
（依朱元鼎，孟庆闻等，2001）

4（3）鼻孔至吻端距离小于眼径；臀鳍基底长大于腹鳍至臀鳍基底间距 ……………………
伊氏锯尾鲨（依氏蜥鲨）*G. eastmani*（Jordan & Snyder，1904）（图 88）。大陆架底层小型鱼类，栖息于水深 150～900m 的大陆架海域。卵生。全长 400mm。分布：东海、台湾海域、南海；日本、越南。

图 88　伊氏锯尾鲨（依氏蜥鲨）*G. eastmani*
（依朱元鼎，孟庆闻等，2001）

梅花鲨属（豹鲨属）*Halaelurus* Gill，1861

梅花鲨（伯氏豹鲨）*H. buergeri*（Müller & Henle，1838）（图 89）。近海底栖小型鱼类，栖息水深 85～210m。卵生。全长 600mm。分布：东海大陆架斜坡、台湾海峡、南海；朝鲜半岛南岸、日本、印度尼西亚。

图 89　梅花鲨（伯氏豹鲨）*H. buergeri*
（依朱元鼎，孟庆闻等，2001）

盾尾鲨属（双锯鲨属）*Parmaturus* Garman，1906

黑鳃盾尾鲨（黑鳃双锯鲨）*P. melanobranchus*（Chan，1966）（图 90）［syn. 棕黑双锯鲨 *P. piceu* (Chu，Meng & Liu，1983)］。深海底层小型鱼类，栖息于大陆斜坡水深约 1 000m 处。卵生。全长 450mm。分布：东海、台湾海峡、南海。数量稀少，《中国物种红色名录》列为濒危［EN］物种。

图 90　黑鳃盾尾鲨（黑鳃双锯鲨）*P. melanobranchus*
（依朱元鼎，孟庆闻等，2001）

猫鲨属 *Scyliorhinus* Blainville，1816

虎纹猫鲨 *S. torazame*（Tanaka，1908）（图 91）。沿岸冷温性底栖小型鱼类，栖息于水深 97～350m 的大陆架海域，有季节性洄游。卵生。全长 220～467mm。分布：黄海、东海大陆架斜坡；朝鲜半岛南岸、日本、菲律宾。

图 91　虎纹猫鲨 *S. torazame*
（依朱元鼎，孟庆闻等，2001）

皱唇鲨亚目 TRIAKOIDEI

眼椭圆形，下眼睑上部分化为瞬褶，能上闭。鼻孔一般无鼻口沟。口宽大，弧形；唇褶或有或无。齿上下颌同型，齿细小，多齿头型或平扁亚圆形；或宽扁，亚三角形，齿头向外倾斜，前部齿里、外缘近基底处具几个小齿头，后部齿里缘光滑，外缘具几个小齿头。具喷水孔。背鳍 2 个，无硬棘。第一背鳍位于腹鳍前上方胸鳍和腹鳍之间；第二背鳍大于臀鳍，起点前于或稍后于臀鳍。尾鳍中长，尾基上下方无凹洼。

本亚目有 3 科；中国均产。

科 的 检 索 表

1（2）第一背鳍低长，等于或长于尾鳍；上下颌齿超过 200 行 ⋯⋯⋯⋯⋯ 拟皱唇鲨科 Pseudotriakidae
2（1）第一背鳍高而短；上下颌齿远少于 200 行
3（4）唇褶很短或缺如 ⋯⋯⋯⋯⋯⋯⋯⋯⋯⋯⋯⋯⋯⋯⋯⋯⋯⋯⋯⋯ 原鲨科 Proscyllidae
4（3）唇褶较长 ⋯⋯⋯⋯⋯⋯⋯⋯⋯⋯⋯⋯⋯⋯⋯⋯⋯⋯⋯⋯⋯⋯⋯⋯⋯ 皱唇鲨科 Triakidae

20. 原鲨科 Proscyllidae

眼狭长，卵圆形或裂缝状，长度超过高度的 2 倍，具瞬褶。喷水孔中大。前鼻瓣呈宽三角形，鼻间隔为鼻孔宽的 0.5～1.9 倍；唇褶很短或退化缺如。齿细小密列，具小齿头，3～5 齿头型；上下颌齿同型。第一背鳍小型，基底后端常在腹鳍起点前上方，通常距腹鳍较距胸鳍为近；尾鳍窄带状。尾鳍基无凹洼。脑颅具眶上崤。肠螺旋瓣 6～11 个。

海洋鱼类，栖息在暖温性及热带水域大陆架斜坡的深海小型鲨类。卵生。食鱼类、蟹及头足类。分布：西北大西洋及印度-太平洋海域。最大全长 650mm。

本科有 3 属 7 种（Nelson et al.，2016）；中国有 2 属 3 种。

属 的 检 索 表

1（2）头长大于两背鳍间距；体无点纹 ⋯⋯⋯⋯⋯⋯⋯⋯⋯⋯⋯⋯⋯⋯⋯⋯ 光唇鲨属 *Eridacnis*
2（1）头长小于两背鳍间距；体具点纹 ⋯⋯⋯⋯⋯⋯⋯⋯⋯⋯⋯⋯⋯⋯⋯⋯ 原鲨属 *Proscyllium*

光唇鲨属 *Eridacnis* Smith，1913

雷氏光唇鲨 *E. radcliffei* Smith，1913（图 92）。近海热带底栖鱼类，栖息于水深 71～766m 的大陆架海域。卵胎生。为现存 2 种体型最小的鲨鱼之一，最大全长 230mm。分布：东海、台湾西南海域、南海；印度-西太平洋。

原鲨属 *Proscyllium* Hilgendorf，1904
种 的 检 索 表

1（2）全身及鳍上疏具若干小黑斑；第一背鳍上端黑色 ⋯⋯⋯⋯⋯⋯⋯⋯⋯⋯⋯⋯ 哈氏原鲨
P. habereri Hilgendorf，1904（图 93）。热带和暖温带大陆架斜坡水深 95～320m 的底栖小型鲨。

图 92　雷氏光唇鲨 *E. radcliffei*
（依朱元鼎，孟庆闻等，2001）

卵生。全长 450～515mm。分布：东海南部、台湾海域、南海；朝鲜半岛南岸、日本、越南。

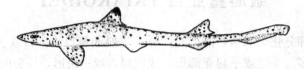

图 93　哈氏原鲨 *P. habereri*
（依朱元鼎，孟庆闻等，2001）

2 （1）全身及鳍上密具许多小黑斑；第一背鳍上端不呈黑色 ······························· **维纳斯原鲨**
P. venustum （Tanaka，1912）（图 94）。沿岸底栖鱼类，栖息于水深 50～350m 的大陆架海域。
卵生。全长 750mm。分布：东海南部大陆架边缘、台湾海域、南海；日本。

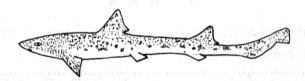

图 94　维纳斯原鲨 *P. venustum*
（依朱元鼎，孟庆闻等，2001）

21. 拟皱唇鲨科 Pseudotriakidae

眼细长，前后径为垂直径的 2 倍，具瞬褶。喷水孔较大；前鼻瓣呈宽三角形，鼻间隔为鼻孔宽的
2.8 倍。上下唇褶均很短；齿小，窄尖状，两侧具小的侧齿头，上下颌齿同形，后方齿梳状。尾鳍基上
下无凹洼。第一背鳍颇低而延长，状如隆嵴，基底长等于尾鳍长；第一背鳍基底后端约与腹鳍起点相
对，而起点则与胸鳍后角相对。

海洋鱼类。栖息在暖温性及热带水域水深 200～1 500m 的深海小型鲨类。卵生。食鱼类、蟹及头
足类。

本科有 2 属 2 种；中国有 1 属 1 种。

拟皱唇鲨属 *Pseudotriakis* Capello，1868

小齿拟皱唇鲨 *P. microdon* Capello，1868（图 95）。深海鱼类，栖息于水深 173～1 890m 的大陆架
海域。卵胎生。最大全长约 3m。分布：台湾花莲；日本、美国夏威夷，世界三大洋。

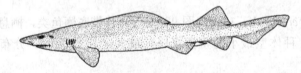

图 95　小齿拟皱唇鲨 *P. microdon*
（依朱元鼎，孟庆闻等，2001）

22. 皱唇鲨科 Triakidae

眼椭圆形，下眼睑上部分化为瞬褶，能上闭。具喷水孔。鼻孔位于口前，无鼻口沟（长瓣鲨属

Scylliogaleus 例外）。口宽大，弧形，唇褶较长。齿细小而多，多行在使用，多齿头型或平扁亚圆形。背鳍2个，无硬棘。第一背鳍位于胸鳍与腹鳍之间的上方，或较近腹鳍，或近于胸鳍；第二背鳍部分与臀鳍基底相对。尾鳍宽长，尾基上方凹洼或有或无。

海洋鱼类。栖息在暖温性水域水深100～700m的浅海及较深海区小型鲨类。卵生。食鱼类、蟹及头足类。

本科有9属46种（Nelson et al.，2016）；中国有4属6种。

属 的 检 索 表

1（6）齿侧扁，多齿头型，不呈铺石状排列
2（5）前后齿异形，齿头向外倾斜，基底具数个小齿头
3（4）尾鳍下叶发达；两背鳍后缘具黑边 …………………………… 下盔鲨属 *Hypogaleus*（图96）
4（3）尾鳍下叶微突，不发达；两背鳍后缘无黑边 …………………… 半皱唇鲨属 *Hemitriakis*（图97）

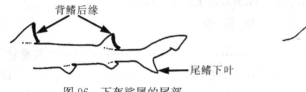 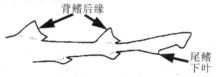

图96　下盔鲨属的尾部　　　　　　　　图97　半皱唇鲨属的尾部
（依青沼等，2013）　　　　　　　　　　（依青沼等，2013）

5（2）前后齿几同形，不向外倾斜，3～5齿头型 ………………………………… 皱唇鲨属 *Triakis*
6（1）齿平扁，铺石状排列，齿头退化或消失 ……………………… 星鲨属（貂鲨属）*Mustelus*

半皱唇鲨属 *Hemitriakis* Herre，1923

种 的 检 索 表

1（2）第一背鳍起点前于胸鳍里角的垂直线 ………………………………………… 杂纹半皱唇鲨
H. complicofasciat Takahashi & Nakaya，2004（图98）。沿岸底栖鱼类，栖息于水深90～100m的大陆架海域。胎生。全长0.9m。分布：台湾西南部海域；日本。

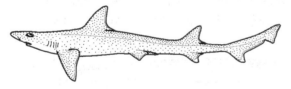

图98　杂纹半皱唇鲨 *H. complicofasciat*
（依青沼等，2013）

2（1）第一背鳍起点稍后于胸鳍里角的垂直线 ………………………………………… 日本半皱唇鲨
H. japonica（Müller & Henle，1839）（图99）［syn. 日本翅鲨 *Galeorhinus japonica*（Müller & Henle，1839）］。较深海区底栖鱼类。栖息于水深25～730m的大陆架海域。胎生。全长307～652mm。分布：黄海、东海、台湾北部及西部海域、南海；朝鲜半岛、日本。

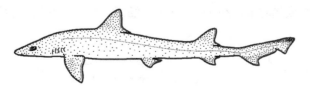

图99　日本半皱唇鲨 *H. japonica*
（依青沼等，2013）

下盔鲨属 *Hypogaleus* Smith，1957

下盔鲨 *H. hyugaensis*（Miyosi，1939）（图 100）[syn. 黑鳍翅鲨 *Galeorhinus hyugaensis*（Miyosi，1939）]。热带、亚热带大陆架边缘底栖鱼类。栖息水深 40～230m。胎生。全长约 1m。分布：黄海、东海、台湾海域；日本、南非，西印度洋。

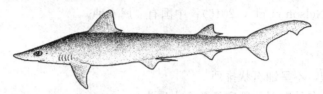

图 100　下盔鲨 *H. hyugaensis*

（依朱元鼎，孟庆闻等，2001）

星鲨属（貂鲨属）*Mustelus* Linck，1790
种 的 检 索 表

1（2）上唇褶的长几等于下唇褶长；体无白斑······························ **灰星鲨（灰貂鲨）**
M. griseus Pietschmann，1908（图 101）[syn. 前鳍星鲨 *M. kanekonis*（Tanaka，1916）]。沿岸底栖鱼类。栖息于水深 20～260m 的大陆架海域。胎生。全长 61～830mm。分布：中国沿海；朝鲜半岛南岸、日本、越南。次要经济鱼类。

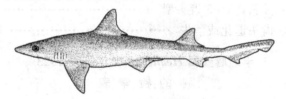

图 101　灰星鲨（灰貂鲨）*M. griseus*

（依朱元鼎，孟庆闻等，2001）

2（1）上唇褶的长大于下唇褶长；体具白斑······························ **白斑星鲨（星貂鲨）**
M. manazo Bleeker，1854（图 102）。沿岸底栖鱼类，栖息于水深 38～575m 的大陆架沙泥底质海域。胎生。全长约 1m。分布：中国沿海；朝鲜半岛南岸、日本。经济鱼类，日本生鱼片原料之一。

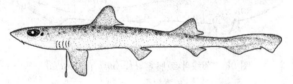

图 102　白斑星鲨（星貂鲨）*M. manazo*

（依朱元鼎，孟庆闻等，2001）

皱唇鲨属 *Triakis* Müller & Henle，1838

皱唇鲨 T. scyllium Müller & Henle，1838（图 103）。沿岸鱼类，也栖息于内湾咸淡水域沙质底及海藻丛生的海区。胎生。性成熟时全长约 1m。分布：渤海、黄海、东海、台湾海域，南海偶见；朝鲜

图 103　皱唇鲨 *T. scyllium*

（依朱元鼎，孟庆闻等，2001）

半岛南岸、日本。

真鲨亚目 CARCHARHINOIDEI

眼大，瞬膜发达。鼻孔狭小，距口颇远；前鼻瓣具一三角形突出。口宽大。齿侧扁，1～3 行在使用；单齿头型，齿头直或外斜，边缘光滑，或宽扁三角形，边缘常具细齿。喷水孔细小或消失。背鳍 2 个，第一背鳍大，位于体腔上方，或近于胸鳍或近腹鳍；第二背鳍小，部分与臀鳍相对。尾鳍基上方或上下方具一凹洼，尾鳍宽大，后部近尾端处具 1 或 2 缺刻（鼬鲨属 *Galeocerdo*）。卵胎生或胎生。

本亚目有 2 科，中国均产。

科 的 检 索 表

1（2）肠内螺旋瓣画卷形 ·· 真鲨科 Carcharhinidae
2（1）肠内螺旋瓣螺旋形 ·· 半沙条鲨科 Hemigaleidae

23. 真鲨科 Carcharhinidae

眼圆形，瞬膜发达。喷水孔缺如（鼬鲨属 *Galeocerdo* 例外，具细小喷水孔；弯齿鲨属（隙眼鲨属）*Laxodon*、柠檬鲨属 *Negaprion* 和三齿鲨属 *Triaenodon* 也偶见）。前鼻瓣小三角形突出或呈管状（三齿鲨属 *Triaenodon*）。鼻间隔宽常为鼻孔宽的 3～6 倍，唇沟中长而明显或短而隐藏在口角。上颌齿常宽扁亚三角形，下颌齿常较窄而尖。尾鳍基前上下方具凹洼。第一背鳍在腹鳍之前；第二背鳍远小于第一背鳍。

本科是鲨类中数量最多最重要的一科，具经济价值；广布于暖温和温带各海域，一般胎生。有些在热带海域是优势种；也包括很多对人袭击的危险鲨类。

本科有 12 属 58 种，其中，有 12 种生活于淡水（Nelson et al.，2016）；中国有 10 属 26 种。

属 的 检 索 表

1（2）第一背鳍前缘特别低斜，与背面呈 30°～40° 角；体侧漫布云状斑及白点，各鳍隐具小白斑 ······
··· 宽鳍鲨属 *Lamiopsis*
2（1）第一背鳍前缘升高，不特别低斜，与背面不呈 30°～40° 角；体侧无云状斑及白点
3（4）上唇沟很长，向前延伸至眼前；尾鳍下叶后部近末端处具 2 缺刻 ············· 鼬鲨属 *Galeocerdo*
4（3）上唇沟长或很短，不向前延伸至眼前；尾鳍下叶后部近末端处具 1 缺刻
5（6）齿为三齿头型；前鼻瓣和中鼻瓣合成管状出水孔 ··············· 三齿鲨属 *Triaenodon*
6（5）齿为单齿头型；鼻瓣不形成管状
7（8）第二背鳍与第一背鳍几等大或稍小 ······························· 柠檬鲨属 *Negaprion*
8（7）第二背鳍显著小于第一背鳍
9（14）上下颌齿颇倾斜，边缘光滑，基底无小齿头
10（11）眼后缘中央有一凹缺；胸鳍和腹鳍基底间距为第一背鳍基底长的 2～3 倍··················
··· 弯齿鲨属(隙眼鲨属) *Loxodon*
11（10）眼后缘中央无凹缺；胸鳍和腹鳍基底间距小于第一背鳍基底长的 2 倍
12（13）头很平扁；胸鳍宽度与前缘长几相等；第一背鳍后端位于腹鳍基底中点上方 ··············
··· 斜齿鲨属 *Scoliodon*
13（12）头圆锥形或稍平扁；胸鳍宽度短于前缘长；第一背鳍后端位于腹鳍起点前上方 ··············
··· 斜锯牙鲨属（曲齿鲨属、尖吻鲨属）*Rhizopriondon*
14（9）上下颌齿的边缘具细锯齿或边缘光滑，基底具小齿头
15（18）鳃弓无乳头状鳃耙；尾柄无侧褶；第一背鳍基底距胸鳍较距腹鳍为近或几等距
16（17）口闭时齿不外露；第二背鳍高为第一背鳍高的 2/5 或更小；尾鳍基上凹洼呈横凹形 ··············

·· **真鲨属 *Carcharhinus***

17（16）口闭时齿暴露；第二背鳍高为第一背鳍高的 1/2～3/5；尾鳍基上凹洼呈纵凹形 ··········
·· **露齿鲨属（恒河鲨属）*Glyphis***

18（15）鳃弓上具乳头状鳃耙；尾柄具弱侧褶；第一背鳍基底距腹鳍比距胸鳍为近 ·················
·· **大青鲨属（锯峰齿鲨属）*Prionace***

真鲨属 *Carcharhinus* Blainville, 1816
种 的 检 索 表

1（4）上下颌齿边缘光滑，上颌齿基底具小齿头

2（3）吻延长而尖突；各鳍深褐色；头长约为全长的 1/4 ·························· **麦氏真鲨**
C. macloti（Müller & Henle, 1839）（图 104）[syn. 长吻基齿鲨 *Hypoprion macloti*（Müller &
Henle, 1839）]。暖水性近海栖息中小型鲨鱼，栖息于水深 100m 以下的浅海。胎生。全长达
1.2m。分布：东海、台湾海峡、南海；日本，印度-西太平洋。

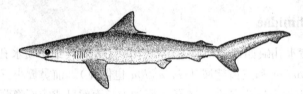

图 104　麦氏真鲨 *C. macloti*
（依朱元鼎，孟庆闻等，2001）

3（2）吻中长，稍突出；第一背鳍上端、尾鳍下叶和胸鳍后端黑色；头较小，约为全长的 2/9··········
·················· **半齿真鲨 C. hemiodon（Müller & Henle, 1839）**（图 105）[syn. 黑鳍基齿鲨 *Hy-
poprion hemiodon*（Müller & Henle, 1839）]。大洋性鱼类。卵生。全长 519～731mm。分布：
东海南部、南海；印度-西太平洋。

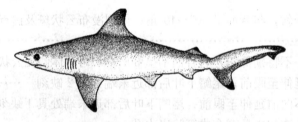

图 105　半齿真鲨 *C. hemiodon*
（依朱元鼎，孟庆闻等，2001）

4（1）上下颌齿或上颌齿边缘具细锯齿

5（8）第一背鳍、胸鳍和尾鳍各鳍尖为明显的白色

6（7）第一背鳍上角宽圆·················· **长鳍真鲨 C. longimanus（Poey, 1861）**（图 106）。大洋性鱼类，
栖息于大洋表层至水深 150m 处，偶可见于沿海水域。性凶猛，活动力强，是袭击人类的凶猛鲨鱼
之一。胎生。全长达 4m。分布：东海南部、台湾海域、南海诸岛；日本，世界温带、热带海洋。

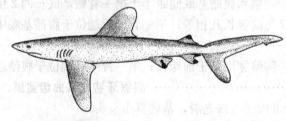

图 106　长鳍真鲨 *C. longimanus*
（依朱元鼎，孟庆闻等，2001）

7（6）第一背鳍上角钝尖 ·················· **白边鳍真鲨 *C. albimarginatus*（Rüppell，1837）**

（图107）。大洋性热带及亚热带近海和外海中上层水域的大型鲨类，栖息于外洋表层至水深800m处，游泳速度快，性凶猛，对人类有潜在性危险。胎生。全长达 3m。分布：东海、台湾海域、南海诸岛；日本，太平洋热带、亚热带海域。

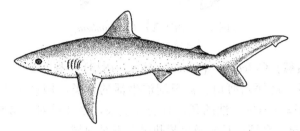

图 107　白边鳍真鲨 *C. albimarginatus*

（依朱元鼎，孟庆闻等，2001）

8（5）第一背鳍、胸鳍和尾鳍各鳍尖不呈白色

9（10）仅第二背鳍的鳍尖黑色···················**杜氏真鲨 *C. dussumieri*（Valenciennes，1839）**

（图108）。大陆架岛屿斜坡的中小型沿岸鲨类，栖息于水深170m 底层。胎生。全长达 1.2m。分布：东海、台湾海域、南海；朝鲜半岛南岸、日本，印度-西太平洋热带海域。

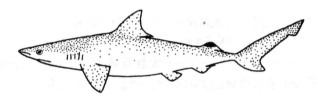

图 108　杜氏真鲨 *C. dussumieri*

（依朱元鼎，孟庆闻等，2001）

10（9）第二背鳍的鳍尖浅色，若为黑色，其他鳍尖也具黑斑

11（12）尾鳍下叶后缘具一黑色宽边·················**钝吻真鲨 *C. amblyrhynchos*（Bleeker，1856）**

（图109）。大陆架、岛屿斜坡或附近开放性海域的中大型鲨类，巡游于珊瑚礁区，也出现于深海底层或位于强洋流附近而较浅的潟湖区。性凶猛，对人有潜在性危险和噬人记录。胎生。全长达 2.55m。分布：东海、台湾海峡、南海；菲律宾、红海。

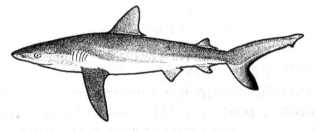

图 109　钝吻真鲨 *C. amblyrhynchos*

12（11）尾鳍下叶后缘无黑色宽边

13（18）第一背鳍起点与胸鳍基底后端相对

14（17）口前吻长小于口宽

15（16）第一背鳍高为第二背鳍高的 4 倍；鳍高几为第一背鳍前体长之半 ·················

铅灰真鲨 *C. plumbeus*（Nardo，1827）（图110）（syn. 阔口真鲨 *C. latistomus* Fang & Wang，1932）。栖息于近海、外海大陆架及岛屿外围表层至水深280m 处的沙泥底质深海海域，但也常出现于内湾、港湾或河川出海口。胎生。全长达 2.5m。分布：黄海、东海、台湾东部及东北部海域；日本，世界温带、热带海洋。经济鱼类。

16（15）第一背鳍高为第二背鳍高的 3.1 倍；鳍高为第一背鳍前体长的 1/3 ·················

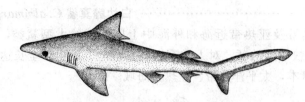

图 110　铅灰真鲨 *C. plumbeus*
（依朱元鼎，孟庆闻等，2001）

低鳍真鲨（公牛真鲨）*C. leucas*（**Valenciennes，1839**）（图 111）。生活于沿岸、海湾、河口的大型鲨鱼，也是唯一能深入河川、甚至湖泊生活的鲨类，栖息于表层至水深 30m 的浅水区，少数生活于水深 152m 海区，性凶猛，有袭人记录，是 3 种对人最具危险的鲨类之一。胎生。全长达 3.5m。分布：台湾；日本及世界热带、温带海域。

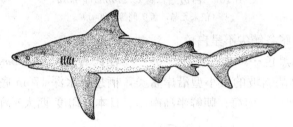

图 111　低鳍真鲨（公牛真鲨）*C. leucas*
（依朱元鼎，孟庆闻等，2001）

17（14）口前吻长大于口宽·····························**大鼻真鲨 *C. altimus***（**Springer，1950**）（图 112）。温、热带近海和外海中底层水域的大型鲨类。栖息于礁区、沙泥底质海域，巡游于大陆架或岛坡边缘的海域，活动于 80～225m 深水处。胎生。全长达 3m。分布：台湾东北海域；全球各温带、热带海域。

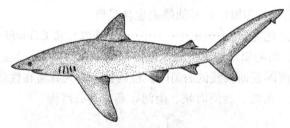

图 112　大鼻真鲨 *C. altimus*
（依朱元鼎，孟庆闻等，2001）

18（13）第一背鳍起点在胸鳍后角之后，或与胸鳍后角相对或稍前

19（20）上颌前侧齿具窄尖且弯曲如钩状的齿尖·····························**短尾真鲨 *C. brachyurus***（**Günther，1870**）（图 113）（syn. 远鳍真鲨 *C. remotoides* Deng，Xiong & Zhan，1981）。大陆架、岛屿斜坡或附近开放性海域的中大型鲨类，具洄游性，春夏季北上，秋冬季南下，性凶猛，有袭人记录。胎生。全长达 3.25m。分布：台湾；朝鲜半岛南岸，日本，世界亚热带、温带海域。

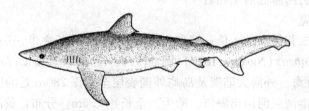

图 113　短尾真鲨 *C. brachyurus*
（依朱元鼎，孟庆闻等，2001）

20（19）上颌前侧齿多变化，或宽或窄，齿尖近直立

21（26）两背鳍间不具纵嵴

22（23）尾鳍后缘具窄而明显的黑色缘；胸鳍、第一和第二背鳍及尾鳍具明显的黑色鳍尖……………………
…………乌翅真鲨 *C. melanopterus*（**Quoy & Gaimard，1824**）（图 114）。栖息于水深 30m 的
浅海珊瑚礁区、潮间带、近外海水域、红树林沼泽区或河口内湾的中型鲨鱼，独游或小群巡
行。性凶猛，会主动攻击泳者。胎生。全长达 2m。分布：东海、台湾海峡、南海；日本，红
海、地中海中部。经济鱼类。

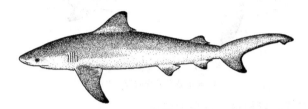

图 114　乌翅真鲨 *C. melanopterus*
（依朱元鼎，孟庆闻等，2001）

23（22）尾鳍后缘无黑色边缘或部分黑色；各鳍鳍尖黑色或不为黑色

24（25）上唇褶长；两背鳍间距超过第一背鳍高度的 2.2 倍；第一背鳍起点与胸鳍里角后端相对或稍后
………………………直齿真鲨 *C. brevipinna*（**Müller & Henle，1839**）（图 115）。大陆架或
岛屿斜坡缘的沿海或近海大型鲨类，通常栖息在浅海 0～30m 处，具洄游习性，性喜群游，常
于水表层巡游而露出背鳍。胎生。全长达 3m。分布：东海、台湾东北部海域、南海；日本，
世界温带、热带海域。

图 115　直齿真鲨 *C. brevipinna*
（依朱元鼎，孟庆闻等，2001）

25（24）上唇褶颇短；两背鳍间距小于第一背鳍高度的 2 倍；第一背鳍起点在胸鳍基底后端稍后上方
…………………………黑边鳍真鲨 *C. limbatus*（**Valenciennes，1839**）（图 116）（syn. 侧条真
鲨 *C. pleurotaenia* Bleeker，1852）。栖息于沿岸、近海、海湾、沙滩外围、礁区、河口及潟湖
的中大型鲨鱼，栖息水深 2～70m。也出现于外洋，不主动袭人，但被激怒时则转为具攻击行
为。胎生。全长达 2.75m。分布：东海、台湾东北部及澎湖列岛海域、中沙群岛；日本，世
界热带、亚热带海域。

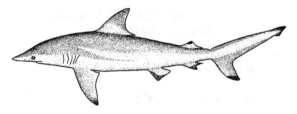

图 116　黑边鳍真鲨 *C. limbatus*
（依朱元鼎，孟庆闻等，2001）

26（21）两背鳍间具纵嵴

27（28）第二背鳍起点后于臀鳍起点；第二背鳍、尾鳍下叶前部或胸鳍端部黑色……………………………

沙拉真鲨 *C. sorrah* (Müller & Henle, 1839) (图 117)。栖息于沿岸、近海岩礁浅海区及珊瑚礁区的中小型鲨鱼，幼鲨活动于沿岸，成鱼则活动于外海，有迁移习性及垂直洄游习性，白天活动于海床，而晚上活动于海水表层。胎生。全长达 1.6m。分布：东海南部、台湾海峡、南海；日本，红海，印度-西太平洋。经济鱼类。

图 117　沙拉真鲨 *C. sorrah*
(依朱元鼎，孟庆闻等，2001)

28 (27) 第二背鳍起点与臀鳍起点相对；各鳍无黑斑

29 (30) 两背鳍间距为第一背鳍高度的 3 倍余；腹鳍与尾鳍间距等于吻端至第一鳃孔距⋯⋯⋯⋯⋯⋯ 镰状真鲨 *C. falciformis* (Bibron，1839) (图 118) (syn. 黑背真鲨 *C. atrodorsus* Deng, Xiong & Zhan, 1981；黑印真鲨 *C. menisorrah* Valenciennes, 1839)。大陆架、岛屿斜坡、深海或附近开放性海域的中大型鲨类。栖息于外洋表层至水深 500m 处，善游，移动速度快；性凶猛，对人有潜在性的危险，有袭人记录。胎生。全长达 3.5m。分布：台湾海域、南海诸岛；日本，世界热带、亚热带海域。

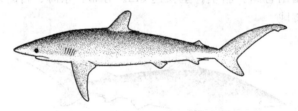

图 118　镰状真鲨 *C. falciformis*
(依朱元鼎，孟庆闻等，2001)

30 (29) 两背鳍间距为第一背鳍高度的 2 倍余；腹鳍与尾鳍间距等于吻端至第一鳃孔前方距⋯⋯⋯⋯⋯⋯ 灰真鲨 (暗体真鲨) *C. obscurus* (LeSueur, 1818) (图 119)。沿岸、近海的大型鲨鱼。喜栖息于外洋表层至水深 400m 处，有季节性洄游的习性。个体大，性凶猛，有袭人记录。胎生。全长达 4.2m。分布：东海、台湾东南部海域；日本，世界热带、温带海域。

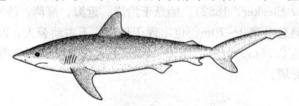

图 119　灰真鲨 (暗体真鲨) *C. obscurus*
(依朱元鼎，孟庆闻等，2001)

鼬鲨属 *Galeocerdo* Müller & Henle, 1837

鼬鲨 *Galeocerdo cuvieri* (Péron & LeSueur, 1822) (图 120)。沿岸、近海大型鲨鱼，常出现于河口、珊瑚环礁、潟湖区及外洋岛屿。具有在大洋中迁移和垂直洄游习性，白天在深水域活动，夜间则至水表层或浅水域捕食。喜栖息于外洋表层至水深 371m 处，性凶猛且贪婪，有较多噬人记录，是三大袭击人类最凶猛鲨鱼之一。胎生。全长达 9.1m。分布：黄海、东海、台湾东部及东北部海域、南海诸岛；朝鲜半岛南岸，日本，世界热带、亚热带海域。

图 120　鼬鲨 *G. cuvieri*

（依朱元鼎，孟庆闻等，2001）

露齿鲨属（恒河鲨属）*Glyphis* Agassiz，1843

恒河露齿鲨（恒河鲨）*G. gangeticus*（Müller & Henle，1839）（图 121）。栖息于沿岸、河口甚至河川中，狭小的眼睛适应于能见度差的混浊河水中。本种鱼在印度恒河流域恶名昭彰，食人的传言不断，食人之事未曾被证实过。胎生。全长可达 2.04m。分布：台湾海域、南海诸岛；印度、巴基斯坦。

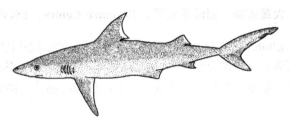

图 121　恒河露齿鲨（恒河鲨）*G. gangeticus*

（依朱元鼎，孟庆闻等，2001）

宽鳍鲨属 *Lamiopsis* Gill，1862

特氏宽鳍鲨 *L. temminckii*（Müller & Henle，1839）（图 122）（syn. 小眼真鲨 *Carcharhinus microphthalmus* Chu，1960）。暖水性近海栖息中小型鲨鱼。胎生。全长 739～828mm。分布：南海。数量稀少，《中国物种红色名录》列为濒危［EN］物种。

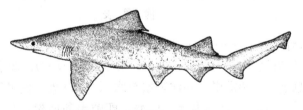

图 122　特氏宽鳍鲨 *L. temminckii*

弯齿鲨属（隙眼鲨属）*Loxodon* Müller & Henle，1838

广鼻弯齿鲨（隙眼鲨）*L. macrorhinus* Müller & Henle，1839（图 123）（syn. 杜氏斜齿鲨 *Scoliodon dumerili* Bleeker，1856）。大陆架或岛屿架的近外海底层小型鲨类，喜栖息于外洋表层 7～100m 处。胎生。全长达 430mm。分布：台湾西部海域、南海；日本，印度-西太平洋热带、亚热带海域。

图 123　广鼻弯齿鲨（隙眼鲨）*L. macrorhinus*

柠檬鲨属 *Negaprion* Whitley，1931

尖齿柠檬鲨 *N. acutidens*（Rüppell，1837）（图 124）[syn. 昆士兰柠檬鲨 *N. queenslandicus*（Whitley，1939）]。栖息于沿岸潮间带至水深 92m 处内湾的中大型鱼类。常在近表层浅水礁区、海湾、河口、珊瑚礁、潟湖、红树林沼泽区静水中活动，背鳍露出水面，缓慢游动，凶猛鲨鱼，有袭人记录。胎生。全长达 3.80m。分布：台湾海域、南海诸岛；日本、红海，印度-西太平洋热带、亚热带海域。

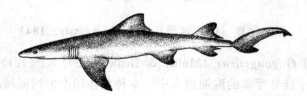

图 124　尖齿柠檬鲨 *N. acutidens*

大青鲨属（锯峰齿鲨属）*Prionace* Cantor，1849

大青鲨（锯峰齿鲨）*P. glauca*（Linnaeus，1758）（图 125）。大洋性上层大型鲨鱼，偶可见于沿海水域，常成大群，在水表面活动，背鳍及尾鳍上叶露出水面，缓慢游动。热带水域较常见，夜间进入沿岸。凶猛鲨鱼，有袭人记录。胎生。全长达 6.5m。分布：东海南部、台湾海域、南海；世界温带、热带海域。

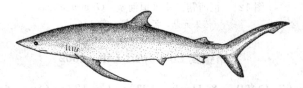

图 125　大青鲨（锯峰齿鲨）*P. glauca*

（依朱元鼎，孟庆闻等，2001）

斜锯牙鲨属（曲齿鲨属）*Rhizopriondon* Whitley，1929
种 的 检 索 表

1（2）上唇褶发达，向前延伸 ················ **尖吻斜锯牙鲨（尖头曲齿鲨）*R. acutus*（Rüppell，1837）**
（图 126）(syn. 瓦氏斜齿鲨 *Scoliodon walbeehmi* Bleeker，1856)。暖水性近海中小型鲨鱼。喜活动于沙滩水域，栖息于大陆架沿岸、外洋表层至水深 200m 处，偶见于河口咸淡水水域。胎生。全长达 1.75m。分布：东海、台湾海域、南海；朝鲜半岛南岸、日本，印度-西太平洋。经济鱼类。

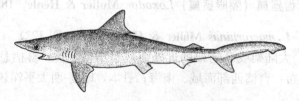

图 126　尖吻斜锯牙鲨（尖头曲齿鲨）*R. acutus*

（依朱元鼎，孟庆闻等，2001）

2（1）上唇褶不发达，只见于口隅 ···················· **短鳍斜锯牙鲨（短鳍曲齿鲨）*R. oligolinx* Springer，1964**（图 127）（syn. 短鳍斜齿鲨 *Scoliodon palasorrah* Cuvier，1829）。栖息于大陆架或岛屿斜坡缘的沿海或近海小型鲨类。胎生。全长 267～654mm。分布：南海；日本，印度洋。

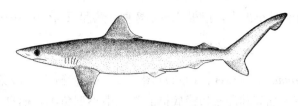

图 127　短鳍斜锯牙鲨（短鳍曲齿鲨）*R. oligolinx*

斜齿鲨属 *Scoliodon* Müller & Henle，1837

宽尾斜齿鲨 *S. laticaudus*（Müller & Henle，1838）（图 128）[syn. 尖头斜齿鲨 *S. sorrakowah*
（Bleeker，1853）]。礁区沿岸浅海及河川下游的中小型鲨鱼，栖于海底砾石区，成群巡游。胎生。全长
达 1m。分布：黄海、东海、台湾海峡、南海；日本、泰国，印度-西太平洋。经济鱼类。

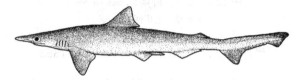

图 128　宽尾斜齿鲨 *S. laticaudus*
（依朱元鼎，孟庆闻等，2001）

三齿鲨属 *Triaenodon*（Müller & Henle，1838）

三齿鲨 *T. obesus*（Rüppell，1837）（图 129）。第一背鳍及尾鳍白色。热带沿岸珊瑚礁或潟湖区浅海
底层的常见小型鱼类，白天成群栖息在珊瑚礁洞穴中或礁石缘，夜晚活泼游动，一般栖息水深8～40m，
少数栖于110～330m 深水岩礁处，迁移范围不大，一年内在 0～3km，属于定栖性鱼类。胎生。全长达
2.13m。分布：东海、台湾海峡、南海；日本，红海，印度-西太平洋。

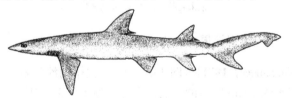

图 129　三齿鲨 *T. obesus*
（依朱元鼎，孟庆闻等，2001）

24. 半沙条鲨科 Hemigaleidae

体较细长。眼椭圆形，瞬膜发达。鼻孔距口颇远，前鼻瓣具一三角形突出，后鼻瓣后部具一半环形
薄膜。上下唇褶发达。上下颌齿异型，上颌齿宽扁，齿头外斜；下颌齿细直，基底宽，无侧齿头。背鳍
2 个，第一背鳍较大，第二背鳍起点前于臀鳍起点。尾鳍基上下方各具一凹洼。臀鳍和腹鳍后缘凹入。
肠内螺旋瓣螺旋形。

热带、亚热带大陆架和岛架边缘底栖常见中小型鱼类。栖息于水深 100m 以下海域。全长达 2.6m。
本科有 4 属 8 种（Nelson et al.，2016）；中国有 4 属 4 种。

属 的 检 索 表

1（4）下颌前侧齿细长钩状；鳃孔大，最长鳃孔为眼径的 1.8～3.0 倍。
2（3）吻端钝尖；上下颌正中具齿，上颌齿里缘光滑，外缘具小齿头 ·········· **尖齿鲨属 *Chaenogaleus***
3（2）吻端钝圆；上下颌正中无齿，上颌齿里、外缘均具小齿头 ·········· **半锯鲨属 *Hemipristis***
4（1）下颌前侧齿短而直或稍弯；鳃孔小，最长鳃孔为眼径的 1.1～1.3 倍
5（6）下颌前侧齿尖短，下颌齿不具小齿头，齿根剧烈弯曲呈 Y 形 ·········· **半沙条鲨属 *Hemigaleus***

6（5）下颌前侧齿尖长，有时具小齿头，齿根几乎不弯曲，齿呈 T 形 ············ **副沙条鲨属 *Paragaleus***

尖齿鲨属 *Chaenogaleus* Gill，1862

大口尖齿鲨 *C. macrostoma*（Bleeker，1852）（图 130）（syn. 鲍氏半沙条鲨 *Hemigaleus balfourii* Day，1878）。热带、亚热带大陆架和岛架边缘底栖的常见中小型鱼类，栖息于水深 100m 以下的海域。胎生。全长达 1m。分布：东海、台湾海域、南海。

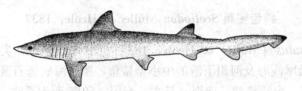

图 130　大口尖齿鲨 *C. macrostoma*
（依朱元鼎，孟庆闻等，2001）

半沙条鲨属 *Hemigaleus* Bleeker，1852

小口半沙条鲨 *H. microstoma* Bleeker，1852（图 131）[syn. 短颌半沙条鲨 *H. brachygnathus*（Chu，1960)]。热带、亚热带大陆架和岛架边缘底栖的常见中小型鱼类，栖息于水深 170m 以下的大陆架海域。卵生。全长达 1.1m。分布：东海南部、台湾、南海。

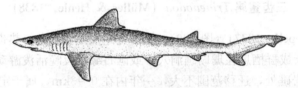

图 131　小口半沙条鲨 *H. microstoma*
（依朱元鼎，孟庆闻等，2001）

半锯鲨属 *Hemipristis* Agassiz，1843

半锯鲨 *H. elongatus*（Klunzinger，1871）（图 132）（syn. 尖鳍副沙条鲨 *Paragaleus acutiventralis* Chu，1960）。近海底层鱼类，栖息于水深 130m 以下的大陆架海域。卵生。全长达 2.4m。分布：台湾海域、南海。

图 132　半锯鲨 *H. elongatus*
（依朱元鼎，孟庆闻等，2001）

副沙条鲨属 *Paragaleus* Budker，1935

邓氏副沙条鲨 *P. tengi*（Chen，1963）（图 133）。热带近海和外海区大陆架或岛架的小型鲨类，栖息于水深 100m 海域。卵生。全长达 880mm。分布：台湾、香港、厦门；日本、越南。数量稀少，《中

图 133　邓氏副沙条鲨 *P. tengi*
（依朱元鼎，孟庆闻等，2001）

国物种红色名录》列为濒危［EN］物种。

双髻鲨亚目 SPHYRNOIDEI

头的额骨区向左右侧突出。眼圆形，瞬膜发达，位于头侧突出的两端。鼻孔端位；前鼻瓣呈小三角形突出，具里、外鼻沟。口宽大，弧形；唇褶见于口隅。上颌齿侧扁三角形，齿头外斜，边缘光滑；下颌齿与上颌齿同形。背鳍2个，第一背鳍大，位于体前半部上方；第二背鳍小，起点前于、后于或与臀鳍起点相对。尾鳍基上下方各具一凹洼。

海洋鱼类，胎生。分布于热带与温带各海域。

本亚目只1科。

25. 双髻鲨科 Sphyrnidae

一般特征与亚目同。

沿岸至外洋的中表层鱼类，栖息于外洋表层至水深80m处。常出现于大陆架或岛屿附近水域，偶见于内湾或潟湖区。具洄游习性。性凶猛，具攻击性，对人有潜在危险。

本科有2属10种（Nelson et al.，2016）；中国有2属4种。

属 的 检 索 表

1（2）头侧突起狭长呈翼状；鼻孔长，几为口宽的2倍，鼻间隔为鼻孔长的0.8～0.9倍；头侧鼻孔前缘有结节状突起 ·········· **丁字真双髻鲨属（真双髻鲨属）*Eusphyra***

2（1）头侧突起宽，不呈翼状；鼻孔短，小于口宽1/2。鼻间隔为鼻孔长的7～14倍；头前缘无结节状突起 ·········· **双髻鲨属*Sphyrna***

丁字真双髻鲨属（真双髻鲨属）*Eusphyra* Gill，1862

丁字真双髻鲨 *E. blochii*（Cuvier，1816）（图134）。大洋性鱼类，栖息于大陆架浅水处。胎生。全长达1.04m。分布：黄海、东海、南海；菲律宾、澳大利亚。数量稀少，《中国物种红色名录》列为濒危［EN］物种。

图134　丁字真双髻鲨 *E. blochii*
（依朱元鼎，孟庆闻等，2001）

双髻鲨属*Sphyrna* Rafinesque，1810
种 的 检 索 表

1（4）吻端中央凹入

2（3）里鼻沟显著；臀鳍基底大于第二背鳍基底长 ·········· **路氏双髻鲨
S. lewini（Griffith & Smith，1834）**（图135）。沿岸至外洋性的中表层鱼类，也出现于大陆架或岛屿水深280m的水域，偶见于内湾或河口区；幼时常成群活动，成鱼则独游或成对巡行，具攻击性，对人有潜在性危险。胎生。全长达4.3m。分布：中国沿海；日本，世界温带、热带海域。次要经济鱼类。

图 135　路氏双髻鲨 *S. lewini*

（依朱元鼎，孟庆闻等，2001）

3（2）里鼻沟消失；臀鳍基底约与第二背鳍基底等长 ······························ **无沟双髻鲨**
S. mokarran（**Rüppell，1837**）（图 136）。沿岸至外洋性的中表层鱼类，栖息于外洋表层至水深
80m 处；常出现于大陆架或岛屿附近的浅水域，偶见于内湾或潟湖区，具洄游习性。性凶猛，具
攻击性，对人有潜在危险。胎生。全长达 6.1m。分布：黄海、东海、台湾北部及东部海域、南
海；日本，世界温带、热带海域。

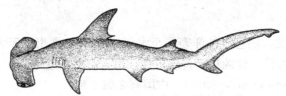

图 136　无沟双髻鲨 *S. mokarran*

（依朱元鼎，孟庆闻等，2001）

4（1）吻端中央圆凸 ······························ **锤头双髻鲨 S. zygaena**（**Linnaeus，1758**）（图 137）。沿岸
至外洋大陆架或岛屿的大型鲨鱼，栖息于外洋表层至水深 139m 处，夏季时，聚集成大群洄游至
北方水域；性凶猛，具攻击性，对人有潜在危险。胎生。全长达 5.0m。分布：黄海、东海、台
湾西部及东北部海域；日本，世界温带、热带海域。次要经济鱼类。

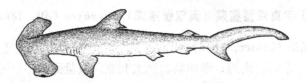

图 137　锤头双髻鲨 *S. zygaena*

（依朱元鼎，孟庆闻等，2001）

八、六鳃鲨目 HEXANCHIFORMES

　　体圆柱形或稍侧扁。鳃孔 6～7 对。眼无瞬膜或瞬褶。喷水孔很小，位于眼的后方。口大，深弧形，
后延达眼后方。齿三叉形或下颌侧齿宽扁呈梳形。背鳍 1 个，无硬棘，后位。颌两接型，上颌以腭突和
耳突与脑颅相接，不与舌颌软骨相接。

　　本目有 2 科 4 属 6 种（Nelson et al.，2016）；中国均产。

科 的 检 索 表

1（2）第一鳃孔于喉部左右互相连接；上下颌齿同形，三叉形；体呈鳗形 ······························
··· 皱鳃鲨科 Chlamydoselachidae

2（1）第一鳃孔不在喉部左右连接；上下颌齿异形，下颌侧齿大而梳状；体较粗壮不呈鳗形 ·········
··· 六鳃鲨科 Hexanchidae

26. 皱鳃鲨科 Chlamydoselachidae

　　体鳗形。鳃孔 6 对，均位于胸鳍前方，鳃间隔延长而褶皱，且互相覆盖。第一对鳃孔在喉部左右互相连接。口宽大，近前端；吻部极短，前端截平。鼻孔在侧腹面。具喷水孔。两颌齿三叉形。脊索未收缩，前 10 个脊椎有清楚的环状钙化物。背鳍 1 个，后位。臀鳍长。侧线沟状。

海洋鱼类。栖息于大陆架斜坡及岛屿周围深海。分布：北大西洋、南印度洋、东西太平洋。最大全长 1.9m。

本科有 1 属 1 种；中国有产。

皱鳃鲨属 *Chlamydoselachus* Garman，1884

皱鳃鲨 *C. anguineus* Garman，1884（图 138）。大陆架及岛屿斜坡外缘，为近、外海底栖大型深海鲨类，栖息水深 120～1 500m，但常被捕获于水表层，颇罕见。卵胎生。全长达 2m。分布：台湾东北部深海；日本，三大洋深海。数量稀少，《中国物种红色名录》列为濒危 ［EN］ 物种。

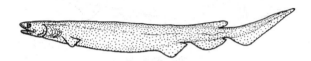

图 138　皱鳃鲨 *C. anguineus*
（依朱元鼎，孟庆闻等，2001）

27. 六鳃鲨科 Hexanchidae

眼侧位，无瞬膜或瞬褶。鼻孔近吻端，无鼻口沟。口大，腹位，下颌隅角具唇褶，上颌无唇褶。上下颌齿异形，上颌齿尖而细长，主齿头向后弯曲，下颌齿宽扁，长方形，呈梳状。喷水孔小，鳃孔 6～7 对，位于胸鳍基底前方，第一鳃孔不在喉部左右连接。背鳍 1 个，无硬棘，位于腹鳍后方。侧线管状。具臀鳍。尾鳍延长。化石见于中志留纪。

海洋鱼类。卵胎生。栖息于热带至温带大洋深海、大陆架斜坡、各岛屿。分布于三大洋。最大全长 4.7m。

本科有 3 属 4 种（Nelson et al.，2016）；中国均产。

属 的 检 索 表

1（2）鳃孔 6 对 ·· 六鳃鲨属 *Hexanchus*
2（1）鳃孔 7 对
3（4）头宽扁；吻宽圆 ·· 哈那鲨属（油夷鲨属）*Notorynchus*
4（3）头狭长；吻尖突 ·· 七鳃鲨属 *Heptranchias*

七鳃鲨属 *Heptranchias* Rafinesque，1810

尖吻七鳃鲨 *H. perlo*（Bonnaterre，1788）（图 139）（syn. 达氏七鳃鲨 *H. dakini* Whitley，1931）。大陆架或岛屿斜坡外缘的近、外海底层深海中大型鲨类，栖息水深 423～1 070m，偶被捕获于水表层。卵胎生。全长达 1.37m。分布：黄海、东海、台湾东部海域、南海；日本，三大洋深海。数量稀少，《中国物种红色名录》列为濒危 ［EN］ 物种。

图 139　尖吻七鳃鲨 *H. perlo*
（依朱元鼎，孟庆闻等，2001）

六鳃鲨属 *Hexanchus* Rafinesque，1810
种 的 检 索 表

1（2）吻较短钝；下颌梳状齿6个；第一背鳍与尾鳍起点间距约等于背鳍基底长或稍长；体大型，长可达4.8m以上……………………灰六鳃鲨 *H. griseus* (**Bonnaterre，1788**)（图140）。大陆架或岛屿斜坡外缘的近、外海底层深海大型鲨类，栖息水深180～1 100m，但最深可达2 500m，昼夜垂直分布，白天栖于底层，晚上至上层觅食。卵胎生。全长达1.65m。分布：东海南部、台湾东北部海域，南海诸岛；日本，世界三大洋海域。数量稀少，《中国物种红色名录》列为濒危〔EN〕物种。

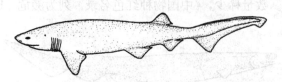

图140　灰六鳃鲨 *H. griseus*
（依朱元鼎，孟庆闻等，2001）

2（1）吻较长而窄尖；下颌梳状齿5个；第一背鳍与尾鳍起点间距大于背鳍基底长的2倍余；体较小，长仅达1.8m……………………**中村氏六鳃鲨 *H. nakamurai* Teng，1962**（图141）(syn. 大眼六鳃鲨 *H. vitulus* Springer & Waller，1969)。大陆架及岛屿斜坡的近、外海底层中小型鲨类，栖息水深90～600m，在热带海域也偶至表层。昼夜垂直分布，白天栖于底层，晚上至上层觅食。卵胎生。全长604mm。分布：台湾东北部海域、南海；日本，世界三大洋海域。

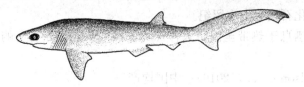

图141　中村氏六鳃鲨 *H. nakamurai*
（依朱元鼎，孟庆闻等，2001）

哈那鲨属（油夷鲨属）*Notorynchus* Ayres，1855

扁头哈那鲨（油夷鲨）*N. cepedianus* (Péron，1807)（图142）(syn. 哈那鲨 *N. platycephalus* Tenore，1809)。近、外海大陆架边缘底层大型鱼类，栖息水深45～80m，但最深可达570m，活泼健泳，常出现在浅水域或内湾。卵胎生。全长达3.0m。分布：渤海、黄海、东海、台湾北部海域；日本，世界三大洋。次要经济鱼类。

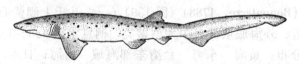

图142　扁头哈那鲨（油夷鲨）*N. cepedianus*
（依朱元鼎，孟庆闻等，2001）

九、棘鲨目 ECHINORHINIFORMES

　　体粗壮圆柱形。头中大，平扁；第五鳃孔宽大。喷水孔很小，位眼后方。两鼻孔相距远。口弧形而宽大，唇褶很短。两颌齿同形，侧扁呈叶状，成体齿具一外斜中央齿头，两侧小齿头1～3个；幼体只具中央齿头。两背鳍小而无棘，均小于腹鳍，第一背鳍基部位于腹鳍基部上方。尾鳍无尾下缺刻。

28. 棘鲨科（笠鳞鲨科）Echinorhinidae

本科特征与目相同。

海洋鱼类，生活于大陆架和岛屿上层斜坡水域，为大型行动缓慢之底层深海鲨鱼，栖息于水深11～1 100m处。最大全长2m。

本科有1属2种（Nelson et al.，2016）；中国有1属1种。

棘鲨属（笠鳞鲨属）*Echinorhinus* Blainville，1816

笠鳞棘鲨（库克笠鳞鲨）*E. cookei* Pietschmann，1928（图143）。生活于大陆架和岛屿上层斜坡水域，为大型行动缓慢的底层深海鲨鱼，栖息水深11～1 100m，一般在70～400m。卵胎生。全长达4.0m。分布：台湾东北部海域；日本、澳大利亚、美国夏威夷。数量稀少，《中国物种红色名录》列为濒危［EN］物种。

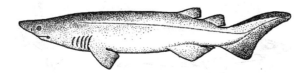

图143　笠鳞棘鲨（库克笠鳞鲨）*E. cookei*
（依朱元鼎，孟庆闻等，2001）

十、角鲨目 SQUALIFORMES

体圆柱形或稍侧扁。头圆锥形或稍平扁。鳃孔5对。眼侧位或上位，无瞬膜或瞬褶。喷水孔小或较大。鼻孔无鼻口沟。吻短或长，平扁或呈圆锥形。口弧形或近横列，唇褶发达。背鳍2个，有或无鳍棘；无臀鳍。颌舌接型，腭方软骨不连接于脑颅。吻软骨1个。鳍脚的中轴软骨尖而圆筒形。肠螺旋瓣呈螺旋形。

本目有6科22属123种（Nelson et al.，2016）；中国有5科12属40种。

科 的 检 索 表

1（8）两背鳍均具硬棘
2（3）上颌齿具数齿尖 ·· 乌鲨科 Etmopteridae
3（2）上颌齿具单齿尖
4（5）上颌齿细尖、直立、矛状；下颌齿宽扁，具一单齿尖 ······ 睡鲨科 Somniosidae
5（4）上颌齿宽三角形，中央具一外斜的齿尖
6（7）尾鳍下叶中部与后部间具凹缺 ······························ 刺鲨科 Centrophoridae
7（6）尾鳍下叶中部与后部间无凹缺 ······························ 角鲨科 Squalidae
8（1）第二背鳍无硬棘；第一背鳍也常无硬棘（拟角鲨属 *Squaliolus* 除外）········ 铠鲨科 Dalatiidae

29. 刺鲨科 Centrophoridae

眼大，无瞬膜或瞬褶。喷水孔颇大。鼻孔横列，距口颇远；前鼻瓣具一小三角形突出。口大；唇褶发达。口侧具一斜行深沟。齿上下颌异形，上颌齿尖；下颌齿宽扁，齿头外斜。背鳍2个，狭长，各具一有侧沟的硬棘。尾鳍短而宽，下叶中部与后部间无凹缺；尾柄侧扁，无凹洼，下侧不具皮褶。胸鳍里角尖突。

深海鱼类，生活于大陆架和岛屿上层斜坡的大型鲨鱼，栖息水深229～2 359m，最深可达大陆架斜坡3 940m海域。分布：中国；大西洋、地中海，南非、澳大利亚、新西兰和日本。

本科有 2 属 16 种 (Nelson et al., 2016); 中国有 2 属 11 种。

属 的 检 索 表

1 (2) 胸鳍内角延长尖突 ·· **刺鲨属 Centrophorus**

2 (1) 胸鳍内角宽圆 ··· **田氏鲨属 Deania**

刺鲨属 Centrophorus Müller & Henle, 1837

种 的 检 索 表

1 (2) 第二背鳍很小, 鳍高约为第一背鳍高的 1/2 ·································· **皱皮刺鲨**
C. moluccensis Bleeker, 1860 (图 144)。生活于大陆架和岛屿上层斜坡的大型深水鲨鱼, 栖息水深 125~1 070m。卵胎生。全长达 1m。分布:台湾;日本、印度尼西亚。数量稀少,《中国物种红色名录》列为濒危〔EN〕物种。

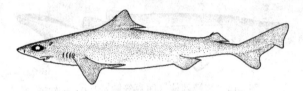

图 144 皱皮刺鲨 *C. moluccensis*
(依朱元鼎, 孟庆闻等, 2001)

2 (1) 第二背鳍较大, 鳍高大于第一背鳍高的 3/5~3/4

3 (8) 胸鳍里角稍尖突, 末端不达第一背鳍棘尖端垂直线

4 (5) 盾鳞排列紧密, 彼此重叠, 叶片状, 后缘锯齿状, 具中央大棘突··················· **叶鳞刺鲨**
C. squamosus (**Bonnaterre, 1788**) (图 145)。深海鱼类, 一般栖息水深 229~2 359m, 最深可达大陆架斜坡 3 940m 海域。卵胎生。全长达 1.60m。分布:东海、台湾南部及东北部海域、南海;日本、南非, 东大西洋。

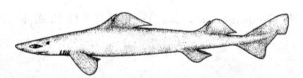

图 145 叶鳞刺鲨 *C. squamosus*
(依朱元鼎, 孟庆闻等, 2001)

5 (4) 盾鳞排列稀疏, 颗粒状, 具一棘突

6 (7) 吻端至胸鳍后基的距离与第一背鳍后基至第二背鳍棘之起点的距离约相等·················
黑缘刺鲨 C. atromarginatus Garman, 1913 (图 146)。深海鱼类, 栖息水深 100~1 200m。卵胎生。全长达 1.60m。分布:东海、台湾海域、南海;日本。

图 146 黑缘刺鲨 *C. atromarginatus*

7 (6) 吻端至胸鳍后基的距离大于第一背鳍后基至第二背鳍棘之起点的距离 ·····················
台湾刺鲨 C. niaukang Teng, 1959 (图 147)。栖息于大陆架和岛屿上层斜坡的大型深水鲨鱼, 栖息水深 98~1 000m。卵胎生。全长达 1.60m。分布:台湾东北部及南部海域;日本, 大西洋。数量稀少,《中国物种红色名录》列为濒危〔EN〕物种。

8 (3) 胸鳍里角尖长, 末端几达或越过第一背鳍棘端垂直线

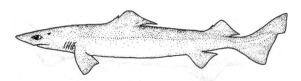

图 147　台湾刺鲨 *C. niaukang*

（依朱元鼎，孟庆闻等，2001）

9（10）第一背鳍基底长，等于吻端至第一鳃孔距 ·························· **低鳍刺鲨**
C. lusitanicus Bocage & Capello，1864（图 148）（syn. 锈色刺鲨 *C. ferrugineus* Meng，Hu &
Li，1980）。栖息于大陆架和岛屿上层斜坡的大型深水鲨鱼，栖息水深 98～1 400m。卵胎生。
全长达 1.60m。分布：台湾南部及东北部海域、南海。数量稀少，《中国物种红色名录》列为
濒危［EN］物种。

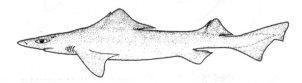

图 148　低鳍刺鲨 *C. lusitanicus*

（依朱元鼎，孟庆闻等，2001）

10（9）第一背鳍基底短，短于吻端至第一鳃孔距

11（12）第二背鳍高小于第一背鳍高 ···························· **同齿刺鲨 C. uyato（Rafinesque，1810）**
（图149）（syn. 同齿角鲨 *Squalus uyato* Rafinesque，1810；同齿拟刺鲨 *Pseudocentrophorus is-
odon* Chu，Meng & Liu，1981）。深海鱼类，生活于大陆架和岛屿上层斜坡的大型鲨鱼，栖息
水深 50～1 400m。卵胎生。全长达 1.10m。分布：台湾海域、南海。

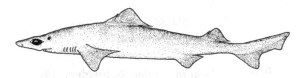

图 149　同齿刺鲨 *C. uyato*

（依朱元鼎，孟庆闻等，2001）

12（11）第二背鳍高约等于或稍小于第一背鳍高

13（14）盾鳞颗粒状；体粗壮 ························· **粗体刺鲨 C. robustus Deng，Xiong & Zhan，1985**
（图 150）。深海鱼类，生活于大陆架和岛屿上层斜坡的大型鲨鱼，栖息水深 780m。卵胎生。
全长 1.10m。分布：东海。数量稀少，《中国物种红色名录》列为濒危［EN］物种。

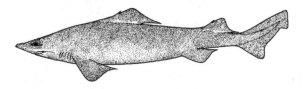

图 150　粗体刺鲨 *C. robustus*

（依朱元鼎，孟庆闻等，2001）

14（13）盾鳞叶片状；体不粗壮

15（18）两背鳍间距小，短于或等于吻端至第三鳃孔距

16（17）胸鳍里角尖突，后端几达第一背鳍基底的 1/3 ···················· **尖鳍刺鲨（针刺鲨）**
C. acus Garman，1906（图 151）。大型深水鲨类，栖息于大陆架外和大陆架斜坡上层水深 150～
1 160m 处。卵胎生。全长达 1.6m。分布：台湾海域、南海；日本、澳大利亚。

17（16）胸鳍里角尖突，后端几达第一背鳍基底后端 ························· **锯齿刺鲨**

图 151　尖鳍刺鲨（针刺鲨）*C. acus*
（依朱元鼎，孟庆闻等，2001）

***C. tessellatus* Garman，1906**（图 152）。栖息于大陆架外和大陆架斜坡上层水深 150m 小型鱼类，也见于珊瑚丛礁区。卵胎生。全长 650mm。分布：南海诸岛；日本、夏威夷。

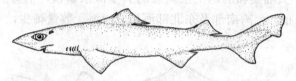

图 152　锯齿刺鲨 *C. tessellatas*
（依朱元鼎，孟庆闻等，2001）

18（15）两背鳍间距大，等于吻端至胸鳍基底中央距 ·· **颗粒刺鲨**
***C. granulosus*（Bloch & Schneider，1801）**（图 153）。大陆架外和大陆斜坡上层的深海鱼类。栖息水深 100～1 200m。卵胎生。全长达 1.5m。分布：南海；世界三大洋温带、热带海域。数量稀少，《中国物种红色名录》列为濒危［EN］物种。

图 153　颗粒刺鲨 *C. granulosus*
（依朱元鼎，孟庆闻等，2001）

田氏鲨属 *Deania* Jordan & Snyder，1902

喙吻田氏鲨 *D. calcea*（Lowe，1839）（图 154）。大陆架外缘和大陆架斜坡上层的深海鱼类。栖息水深 70～1 470m，常被发现于 400m 以上的深度。卵胎生。全长达 1.22m。分布：东海、台湾；日本、澳大利亚、南非，大西洋。

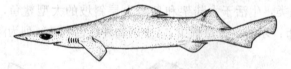

图 154　喙吻田氏鲨 *D. calcea*
（依朱元鼎，孟庆闻等，2001）

30. 铠鲨科 Dalatiidae

吻短。尾柄无侧突也无凹洼。口角具唇褶。上颌齿细刺状；下颌齿宽扁三角形，齿冠具锯齿缘。盾鳞有低嵴突。第二背鳍无硬棘，第一背鳍也常无硬棘（拟角鲨属 *Squaliolus* 第一背鳍具 1 棘除外），两背鳍间距大于第二背鳍起点至尾鳍起点距；腹鳍大于第一背鳍，第一背鳍距腹鳍颇远，第二背鳍基底后端在腹鳍里缘中部上方；尾鳍大，下叶前部和中部连续不区分，与上叶相接处有一缺刻。腹面具发光器。

温带、热带大陆架和岛屿斜坡水域的底层深水鲨鱼，栖息水深 200～1 800m。

本科有 7 属 9 种（Nelson et al.，2016）；中国有 3 属 4 种。

属 的 检 索 表

1（2）第一背鳍基底末端位于腹鳍基底上方；两背鳍间距短于第二背鳍至尾鳍间距 ······ 达摩鲨属 *Isistius*

2（1）第一背鳍基底末端前于腹鳍起点；两背鳍间距长于第二背鳍至尾鳍间距

3（4）下颌齿直立，齿冠三角形，有锯齿缘；第二背鳍基底长稍大于第一背鳍基底长 ·················
··· 铠鲨属 *Dalatias*

4（3）下颌齿倾斜，无锯齿缘；第二背鳍基底长至少为第一背鳍基底长的 2 倍 ····· 拟角鲨属 *Squaliolus*

铠鲨属 *Dalatias* Rafinesque，1810

铠鲨 D. licha（Bonnaterre，1788）（图 155）［syn. 大溪铠鲨 *D. tachiensis* Shen & Ting，1972］。
深海鱼类，生活于温带、热带大陆架和岛屿斜坡水域的底层深水鲨鱼。栖息水深 200～1 800m，但常见
于 200m 附近水深处。不成群，常单独行动。卵胎生。全长达 1.82m。分布：东海大陆架、台湾东港；
日本、澳大利亚北部、南非，东-北大西洋。

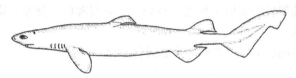

图 155　铠鲨 *D. licha*
（依朱元鼎，孟庆闻等，2001）

达摩鲨属 *Isistius* Gill，1864
种 的 检 索 表

1（2）下颌后方具发达横行的下唇褶；吻长小于眼径 ·································· **唇达摩鲨**
I. labialis Meng，Chu & Li，1985（图 156）。深海鱼类。卵胎生。全长达 510mm。分布：南
海。数量稀少，《中国物种红色名录》列为濒危［EN］物种。

图 156　唇达摩鲨 *I. labialis*
（依朱元鼎，孟庆闻等，2001）

2（1）下颌后方无横行的下唇褶；吻长几等于眼径 ·································· **巴西达摩鲨**
I. brasiliensis（Quoy & Gaimard，1824）（图 157）。深海小型鲨类，具昼夜垂直洄游习性，夜晚
常到水体上层，栖息水深 85～3 500m。营外部寄生生活，以吸吮式嘴唇吸附在大鱼或鲸、海豚
身上，用剃刀状下颌齿咬破其皮肤和肉。卵胎生。全长达 560mm。分布：台湾；日本、菲律宾、
美国夏威夷，世界温带、热带海域。

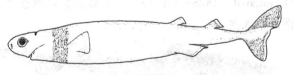

图 157　巴西达摩鲨 *I. brasiliensis*
（依朱元鼎，孟庆闻等，2001）

拟角鲨属 *Squaliolus* Smith & Radcliffe，1912

阿里拟角鲨 S. aliae Teng，1959（图 158）。深海小型鱼类，昼间栖于水深 2 000m 处，夜间上浮至
表层，腹部密布发光器官，体侧则稀少。卵胎生。现生鲨类中最小者，全长约为 250mm。分布：台湾

东北部海域；日本。数量稀少，《中国物种红色名录》列为濒危［EN］物种。

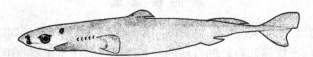

图 158　阿里拟角鲨 *S. aliae*
（依朱元鼎，孟庆闻等，2001）

31. 乌鲨科 Etmopteridae

眼无瞬膜。喷水孔约在上眼缘水平线上。鼻孔横列，近吻端；前鼻瓣有个小三角形突出，后鼻瓣后部具一很低的半环形薄膜。口平横，唇褶狭小，口角具一斜行深沟。齿上下颌异形；上颌齿宽扁，五齿头型，多行在使用；下颌齿扁狭，单齿头型，1 行在使用。背鳍 2 个，各具一硬棘。第一背鳍比第二背鳍为小，位于体腔前部上方，近于胸鳍；第二背鳍位于臀鳍后方。尾基上下方无凹洼；尾柄下侧无皮褶。

海洋鱼类。生活于大陆架斜坡水域水深近 1 000m 的小型鲨鱼。分布：南非，大西洋、地中海、太平洋西南部、南美洲西南部。

本科有 5 属 47 种（Nelson et al.，2016）；中国有 2 属 14 种。

属　的　检　索　表

1（2）上下颌齿同形，三或五齿头型 ……………………………………… 霞鲨属 *Centroscyllium*
2（1）上下颌齿异形，上颌齿五齿头型，下颌齿单齿头型 ……………… 乌鲨属 *Etmopterus*

霞鲨属 *Centroscyllium* Müller & Henle, 1841
种　的　检　索　表

1（2）全身具许多小黑点及不规则线纹包围小黑点而形成的斑块 ………………… **斑条霞鲨**
　　　C. fasciatum Chan，1966（图 159）。深海鱼类，栖息水深 220～450m。卵胎生。体长 410mm。
　　　分布：海南岛、北部湾、南海；越南、澳大利亚西北部。

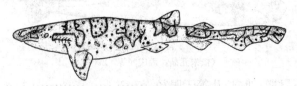

图 159　斑条霞鲨 *C. fasciatum*

2（1）全身无黑点及斑块
3（6）两背鳍后缘不呈白色
4（5）口较长，为口宽的 1/3；盾鳞棘突状，体侧鳞排列紧密，皮肤不裸露 ……………………
　　　黑霞鲨 C. fabricii（Reinhardt，1825）（图 160）。深海鱼类，栖息水深 550～870m。卵胎生。全
　　　长 389mm。分布：南海；大西洋。

图 160　黑霞鲨 *C. fabricii*

5（4）口较短，仅为口宽的 1/4；盾鳞棘突状，体侧鳞排列稀疏，皮肤几裸露 ……………………
　　　蒲原霞鲨 C. kamoharai Abe，1966（图 161）。生活于大陆架斜坡水域的深水小型鲨鱼，栖息水
　　　深 560～1 200m，一般被发现于水深 730m 以上的水域。卵胎生。全长 350～440mm。分布：东

海、台湾东北部海域、南海；日本、澳大利亚。

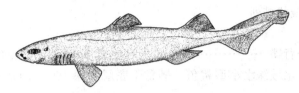

图161　蒲原霞鲨 *C. kamoharai*
（依朱元鼎，孟庆闻等，2001）

6（3）两背鳍后缘1/3处白色⋯⋯⋯⋯⋯⋯⋯⋯⋯⋯**乌霞鲨 *C. nigrum* Garman，1899**（图162）。生活于大陆架斜坡水域的深水小型鲨鱼。卵胎生。全长420mm。分布：南海；东太平洋。

图162　乌霞鲨 *C. nigrum*

乌鲨属 *Etmopterus* Rafinesque，1810
种 的 检 索 表

1（18）上颌牙宽扁，除中央大齿头外两侧各有3个或少于3个的小齿头（最多为7齿头型）

2（8）盾鳞粗短而顶端截平

3（4）盾鳞四叉形或十字形，头部腹面及腹鳍前的体躯腹面深黑色，腹鳍基部及其上方的体侧各有1条深黑色翼斑，尾柄基部近尾鳍下叶处有一黑色条纹 ⋯⋯⋯⋯⋯⋯⋯⋯⋯⋯⋯⋯⋯ **黑腹乌鲨 *E. spinax*** （Linnaeus，1758）（图163）。深海鱼类。卵胎生。全长245mm。分布：南海；大西洋东部。极罕见，标本采自东沙群岛外海。

图163　黑腹乌鲨 *E. spinax*

4（3）盾鳞斜方形或菱形内凹

5（6）上颌牙侧扁，5～7齿头型；盾鳞斜方形；体背灰褐色，腹面浅色，各鳍黑褐色⋯⋯⋯⋯⋯⋯⋯⋯⋯⋯⋯**小乌鲨 *E. pusillus*** （Lowe，1839）（图164）。深海鱼类。栖息于大陆架斜坡表层至水深1 040m处，可能深至2 000m处。卵胎生。全长480mm。分布：东海、台湾东港、南海；日本、澳大利亚，大西洋西部。

图164　小乌鲨 *E. pusillus*
（依朱元鼎，孟庆闻等，2001）

6（5）上颌牙侧扁，3齿头型；盾鳞菱形内凹；体背浅灰色，腹面深黑色，各鳍浅灰色⋯⋯⋯⋯⋯⋯⋯⋯⋯⋯**庄氏乌鲨 *E. joungi* Knuckey，Ebert & Burgess，2011**（图165）。深海鱼类，栖于大陆棚和岛屿周围斜坡近底水深160～1 000m处。摄食枪乌贼和小型硬骨鱼类。卵胎生。全长456mm。分布：台湾东北部海域。

图165　庄氏乌鲨 *E. joungi*

7（2）盾鳞细长弯曲，呈刚毛状

8（17）体侧盾鳞呈有规则线状排列

9（12）第二背鳍具鳞

10（11）第一背鳍棘略高于背鳍……………………… **伯氏乌鲨 E. burgessi Schaaf-Da Silva & Ebert，2006。**
生活于大陆架斜坡水域深水小型鲨鱼，栖息于底层水深 160～1 000m 处。卵胎生。分布：台
湾海域、南海。

11（10）第一背鳍棘短于背鳍……………………………**短尾乌鲨 E. brachyurus Smith & Radcliffe，1912**
（图 166）。深海鱼类，生活于大陆架和岛屿周围斜坡近底水深 400～915m 处。卵胎生。全长
500mm。分布：台湾海域；澳大利亚北部、南非。

图 166　短尾乌鲨 E. brachyurus

12（9）第二背鳍无鳞

13（14）腹鳍上方深色翼斑向前延伸的长度短于往后延伸的长度 …………………………… **模氏乌鲨**
E. molleri（Whitley，1939）（图 167）。深海鱼类，生活于大陆架和岛屿周遭斜坡近底水深
238～860m 处。卵胎生。全长 460mm。分布：台湾东北部海域；日本、澳大利亚，印度洋西部。

图 167　模氏乌鲨 E. molleri
（依朱元鼎，孟庆闻等，2001）

14（13）胸鳍上方深色翼斑向前延伸的长度长于往后延伸的长度或不向后呈线状延长

15（16）胸鳍外角与第一背鳍棘的垂线相对；腹鳍上方具粗短黑斑，黑斑不向后呈线状延长…………
………………**斯普兰汀乌鲨 E. splendidus Yano，1988**（图 168）。深海鱼类，栖息于大陆架斜
坡上层近底水深 120～210m 处，可能更深。卵胎生。全长 300mm。分布：台湾东北部海域；
日本，太平洋西部。

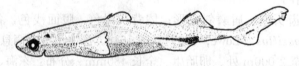

图 168　斯普兰汀乌鲨 E. splendidus
（依朱元鼎，孟庆闻等，2001）

16（15）胸鳍外角距第一背鳍棘较远；腹鳍上方深色翼斑向前延伸的长度长于往后延伸的长度…………
………………**亮乌鲨 E. lucifer Jordan & Snyder，1902**（图 169）。深海鱼类，生活于大陆架
和岛屿周围斜坡近底水深 160～1 350m 处。卵胎生。全长 470mm。分布：东海、台湾北部海
域、南海；朝鲜半岛南岸、大西洋西南部，日本、澳大利亚。

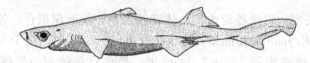

图 169　亮乌鲨 E. lucifer
（依朱元鼎，孟庆闻等，2001）

17（8）体侧盾鳞排列杂乱无章 ………………………… **褐乌鲨 E. unicolor（Engelhardt，1912）**
（图 170）。深海鱼类，生活于大陆架和岛屿周围斜坡近底水深 400～1 500m 处。卵胎生。全长
500mm。分布：东海南部；日本、澳大利亚、南非。

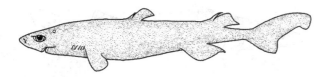

图 170　褐乌鲨 *E. unicolor*

18（1）上颌牙宽扁，除中央大齿头外，两侧各有 4～5 个小齿头（为 9 齿头型）··························
　　　　南海乌鲨 *E. decacuspidatus* Chan，1966（图 171）。深海小型鱼类，生活于大陆架和岛屿周围
　　　　斜坡的底层。卵胎生。全长 468mm。分布：南海。

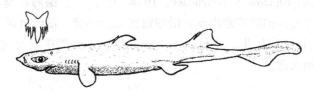

图 171　南海乌鲨 *E. decacuspidatus*

32. 睡鲨科 Somniosidae

　　体亚圆筒形或横断面近三角形。头顶平扁，其后部较宽。吻平扁。鼻孔斜列，前鼻瓣短小。喷水孔
很大。口较大，口角具一深沟和唇褶。两颌齿异形，上颌齿细尖、直立或细矛状；下颌齿长方形，具一
单齿尖。眼无瞬膜和瞬褶。背鳍 2 个，较小，无硬棘或具微细硬棘。无臀鳍。胸鳍和腹鳍之间的腹部具
侧嵴。尾柄无侧嵴。盾鳞具 3 棘突、3 纵嵴。体灰或黑褐色。具许多发光器。

　　深海鱼类，栖息于水深 2 000m 大陆架及大陆斜坡区。分布：中国；大西洋、太平洋，印度、新西
兰、菲律宾、日本。

　　本科有 5 属 17 种（Nelson et al.，2016）；中国有 3 属 4 种。

属 的 检 索 表

1（2）背鳍前缘无棘 ·· 睡鲨属 *Somniosus*
2（1）背鳍前缘具微小棘
3（4）下颌齿具稍低而宽的斜齿头；体具盾鳞，盾鳞有嵴突,但手感较光滑 ······ 荆鲨属 *Centroscymnus*
4（3）下颌齿具高而窄的半竖立的齿头；体具盾鳞，盾鳞有嵴突，手感颇粗杂 ······ 鳞睡鲨属 *Zameus*

荆鲨属 *Centroscymnus* Bocage & Capello，1864
种 的 检 索 表

1（2）吻长小于眼径；口宽大于口前吻长 ·· 腔鳞荆鲨
　　　　***C. coelolepis* Bocage & Capello，1864**（图 172）。深海小型鱼类，生活于大陆架和岛屿周围斜坡
　　　　的底层。栖息水深 270～3 700m。卵胎生。全长 800mm。分布：南海；日本、澳大利亚、南非，
　　　　北大西洋。

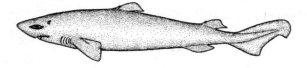

图 172　腔鳞荆鲨 *C. coelolepis*
（依朱元鼎，孟庆闻等，2001）

2（1）吻长等于眼径；口宽等于或小于口前吻长 ······················· **欧氏荆鲨 *C. owstoni* Garman，1906**
　　　　（图 173）。深海鱼类，生活于大陆架和岛屿周围斜坡的底层。栖息水深 780～1 040m。卵胎生。
　　　　全长 930mm。分布：东海、南海；日本、澳大利亚，南大西洋。

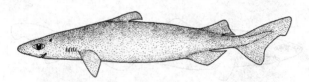

图 173　欧氏荆鲨 *C. owstoni*
（依朱元鼎，孟庆闻等，2001）

睡鲨属 *Somniosus* Lesueur, 1818

太平洋睡鲨 *S. pacificus* Bigelow & Schroeder, 1944（图 174）。深海鱼类，栖息于水深 2 000m 大陆架及大陆架斜坡区，高纬度区的睡鲨常出现在沿岸海区及潮间带。低纬度区的睡鲨不游至海面，而潜入至少深达 2 000m 的深海区。卵胎生。全长达 4.40m。分布：台湾花莲及成功镇外海，南海；日本，美国加州太平洋沿岸，西南大西洋。

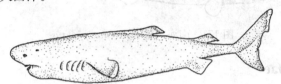

图 174　太平洋睡鲨 *S. pacificus*

鳞睡鲨属 *Zameus* Jordan & Fowler, 1903

鳞睡鲨 *Z. squamulosus*（Günther, 1877）（图 175）［syn. 奇鳞刺鲨 *Centrophorus squamulosus*（Günther，1877）；黑异鳞鲨 *Scymnodon niger* Chu & Meng，1982；小口异鳞鲨 *S. obscurus*（Vaillant，1888）；异鳞鲨 *Scymnodon squamulosus* Günther，1877］。深海鱼类，栖息于大陆架和岛屿上层斜坡的中小型深水鲨鱼。卵胎生。全长达 840mm。分布：东海、台湾东北部海域；日本、南非，东大西洋。数量稀少，《中国物种红色名录》列为濒危［EN］物种。

图 175　鳞睡鲨 *Z. squamulosus*
（依朱元鼎，孟庆闻等，2001）

33. 角鲨科 Squalidae

体粗壮或修长，或稍扁平，腹部低，隆嵴或有或无。头锥形或稍平扁。喷水孔大或特大，位于眼后方。左右鼻孔彼此相距远，鼻间隔常大于鼻孔宽度。口弧形或横平，唇褶或长或短，齿的形状变异较大，主齿头 1 枚，小齿头或有或无，单齿头型或多齿头型，上下颌齿同形或异形。背鳍 2 个，第一背鳍常位于腹鳍起点之前。尾鳍下叶中部与后部间无凹缺。

温带和热带大陆架及岛屿底层鲨类，栖息水深近 800m。常成大群。

本科有 2 属 29 种（Nelson et al.，2016）；中国有 2 属 7 种。

属 的 检 索 表

1（2）鼻孔前缘具一长须，伸达口角 ……………………………………………… 卷盔鲨属 *Cirrhigaleus*
2（1）鼻孔前缘无须 …………………………………………………………………………… 角鲨属 *Squalus*

卷盔鲨属 *Cirrhigaleus* Tanaka, 1912

长须卷盔鲨 *C. barbifer* Tanaka, 1912（图 176）。深海鱼类，栖息于水深 100～795m 大陆架近底层

水域。卵胎生。全长达 1.26m。分布：台湾东北部及东部海域；日本、新西兰。

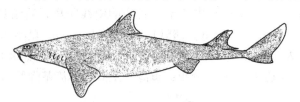

图 176　长须卷盔鲨 *C. barbifer*
（依朱元鼎，孟庆闻等，2001）

角鲨属 *Squalus* Linnaeus, 1758
种 的 检 索 表

1（2）体具白斑；第一背鳍硕棘起点后于胸鳍里角；腹鳍距第二背鳍比距第一背鳍为近…………………………白斑角鲨 *S. acanthias* Linnaeus, 1758（图 177）。栖息于大陆架斜坡，从表层至底层、从潮间带至 900m 深海，有洄游习性。冷温性水域中最重要鲨类之一，鳍棘有毒。卵胎生。全长达 1.24m，分布：渤海、黄海、东海；朝鲜半岛南岸，日本，世界温带、寒带海域。数量稀少，《中国物种红色名录》列为濒危［EN］物种。

图 177　白斑角鲨 *S. acanthias*
（依朱元鼎，孟庆闻等，2001）

2（1）体无白斑；第一背鳍硬棘起点对着胸鳍里缘中部；腹鳍距第二背鳍与距第一背鳍约相等

3（4）口前吻长较长，为口宽的 1.5～2.0 倍；吻长为眼径的 2 倍或更长；眼距第一鳃孔较距吻端为近；鼻孔内角距口较距吻端为近 …………………………… 日本角鲨 *S. japonicus* Ishikawa, 1908（图 178）。温带和热带大陆架及岛屿上层斜坡的底层深海鱼类，栖息水深 114～835m。卵胎生。全长达 910mm。分布：东海、台湾东北部海域；朝鲜半岛南岸，日本。次要经济鱼类。

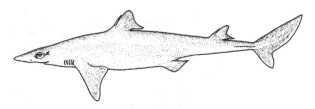

图 178　日本角鲨 *S. japonicus*
（依朱元鼎，孟庆闻等，2001）

4（3）口前吻长较短，通常短于口宽的 1.4 倍；吻长短于眼径的 2 倍，眼距吻端较距第一鳃孔为近；鼻孔内角距吻端较距口为近

5（6）第二背鳍下缘长大于鳍高和前缘长 …………………………………… 尖吻角鲨 *S. acutirostris* Chu, Meng & Li, 1984（图 179）。深海鲨类，栖息水深 150～900m。卵胎生。全长达 600mm。分布：黄海、东海、南海。数量稀少，《中国物种红色名录》列为濒危［EN］物种。

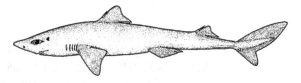

图 179　尖吻角鲨 *S. acutirostris*
（依朱元鼎，孟庆闻等，2001）

6 (5) 第二背鳍下缘长小于鳍高和前缘长

7 (8) 由吻端至鼻孔内角距离小于由鼻孔内角至上唇沟的斜线距离；盾鳞具一棘突⋯⋯⋯⋯⋯⋯⋯⋯⋯⋯⋯⋯**大眼角鲨** *S. megalops*（Macleay，1881）（图 180）（syn. 短吻角鲨 *S. brevirostris* Tanaka，1917）。温带和热带大陆架及岛屿上层斜坡的常见小型鲨类，栖息水深 30～750m，底栖性，常成大群。卵胎生。全长达 411mm。分布：黄海、东海，台湾基隆及东港等地，南海；日本。

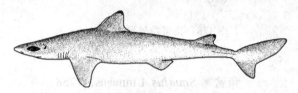

图 180　大眼角鲨 *S. megalops*
（依朱元鼎，孟庆闻等，2001）

8 (7) 由吻端至鼻孔内角距离大于由鼻孔内角至上唇沟的斜线距离；盾鳞具 3 棘突

9 (10) 背鳍棘长于背鳍上角；背鳍高几等于基底长⋯⋯⋯⋯⋯⋯⋯⋯⋯⋯⋯⋯⋯⋯**高鳍角鲨** *S. blainvillei*（Risso，1826）（图 181）。温带和热带大陆架及岛屿上层斜坡的常见小型鲨类，栖息水深 16～440m，常成大群。卵胎生。全长达 1m。分布：台湾海域、南海。

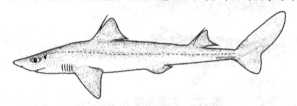

图 181　高鳍角鲨 *S. blainvillei*
（依朱元鼎，孟庆闻等，2001）

10 (9) 背鳍棘短于背鳍上角；背鳍高小于基底长⋯⋯⋯⋯⋯⋯⋯⋯⋯⋯⋯⋯**长吻角鲨** *S. mitsukurii* Jordan & Snyder，1903（图 182）。温带和热带大陆架及岛屿上层斜坡的常见小型鲨类，栖息水深 29～799m。卵胎生。全长达 1m。分布：黄海、东海、台湾海域、南海；日本、美国夏威夷，世界温带、亚热带海域。次要经济鱼类。

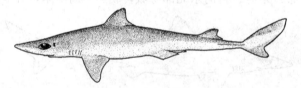

图 182　长吻角鲨 *S. mitsukurii*
（依朱元鼎，孟庆闻等，2001）

十一、扁鲨目 SQUATINIFORMES

体平扁。吻短而宽。胸鳍扩大，前缘游离，向头后伸延。眼背位。口宽大，亚前位。齿上下颌同形，细长，单齿头型，多行在使用。鼻孔前位。鳃孔 5 个，宽大。背鳍 2 个，无硬棘，无臀鳍。

本目只有扁鲨科。

34. 扁鲨科 Squatinidae

眼背位，无瞬褶。喷水孔大。鼻孔前位，前鼻瓣具二平扁皮瓣，后鼻瓣具一平扁半环形薄膜。口宽大，亚前位，唇褶发达。齿上下颌同形，细长，单齿头型，多行在使用。鳃孔 5 个，宽大，下半部转入腹面。背鳍 2 个，无硬棘，位于腹鳍后方；尾鳍宽大，尾柄下侧具一皮褶；胸鳍扩大，前缘游离，伸达头侧；腹鳍宽大，接近胸鳍；无臀鳍。

海洋鱼类，栖息于水深 100～300m 沙泥底质的大陆架近底层海域。卵胎生。分布：大西洋、地中海、太平洋热带和温带各海区。

本科有 1 属 22 种（Nelson et al.，2016）；中国有 1 属 4 种。

扁鲨属 *Squatina* Dumeril，1806
种 的 检 索 表

1（2）内鼻须末端分支，内外鼻须间鼻孔缘具短须；体背具黑褐色大圆斑和密布白色小斑点…………
…………………拟背斑扁鲨 ***S. tergocellatoides* Chen，1963**（图 183）。近岸底层鱼类，栖息于浅水域水深不超过 200m 的大陆架海域。卵胎生。全长达 630mm。分布：台湾。数量稀少，《中国物种红色名录》列为濒危［EN］物种。

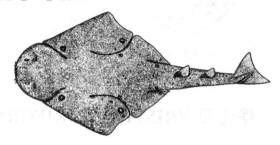

图 183　拟背斑扁鲨 *S. tergocellatoides*
（依朱元鼎，孟庆闻等，2001）

2（1）内鼻须末端不分支，内外鼻须间鼻孔缘无短须或稍呈凹凸

3（4）胸鳍外角呈直角；腹鳍内缘后端在第一背鳍起点的前方……………………… **日本扁鲨**
***S. japonica* Bleeker，1858**（图 184）。近岸鱼类，栖息于水深 20～200m 沙泥底质的大陆架近底层海域，活动深度可达 400m，为分布纬度较高的种类。卵胎生。全长达 970mm。分布：黄海、东海、台湾海域；朝鲜半岛南岸，日本，印度-西太平洋。

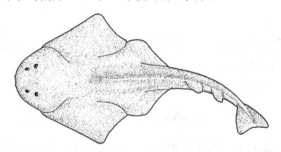

图 184　日本扁鲨 *S. japonica*
（依朱元鼎，孟庆闻等，2001）

4（3）胸鳍外角大于直角；腹鳍内缘后端达第一背鳍起点的后方

5（6）喷水孔与眼的距离与眼径相等（幼体），或比眼径大 1.5 倍以上（成体）………………………
星云扁鲨 *S. nebulosa* Regan，1906（图 185）。栖息于水深 100～300m 沙泥底质的大陆架近底层

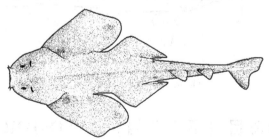

图 185　星云扁鲨 *S. nebulosa*
（依朱元鼎，孟庆闻等，2001）

海域，活动深度可达 400m，为分布纬度较高的种类。卵胎生。全长达 1.63m。分布：东海、台湾、南海；朝鲜半岛南岸、日本。

6（5）喷水孔与眼距离小于眼径的 1.5 倍 ·················· **台湾扁鲨 S. formosa Shen & Ting, 1972**（图 186）。深海底栖性鱼类，栖息于水深 200m 的大陆架海域。卵胎生。全长达 460mm。分布：东海、台湾海峡东部；日本。数量稀少，《中国物种红色名录》列为濒危 [EN] 物种。

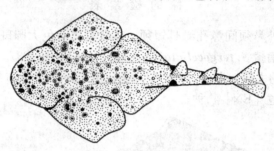

图 186　台湾扁鲨 *S. formosa*
（依波户冈等，2013）

十二、锯鲨目 PRISTIOPHORIFORMES

体稍平扁，后部稍侧扁。头部平扁。鳃孔 6～7 对，位于头侧胸鳍基底前方。喷水孔很大，位于眼后。鼻孔圆形，距口颇远。眼上侧位，无瞬膜。齿细小，齿头细尖，多行在使用。吻很长，剑状突出，边缘具锯齿，腹面在鼻孔前方具 1 对皮须。口大，弧形。背鳍 2 个，无硬棘。无臀鳍，肠螺旋瓣螺旋形。

海洋鱼类，本目只锯鲨科 1 科。

35. 锯鲨科 Pristiophoridae

本科一般特征与目同。

本科是温带和热带海域底栖鱼类，生活于从沿岸水域至 915m 深处，也栖息于温带的浅水湾和河口区。分布：印度洋、太平洋和大西洋。

本科有 2 属 8 种（Nelson et al.，2016）；中国只有锯鲨属 1 属 1 种。

锯鲨属 Pristiophorus Müller & Henle, 1837

日本锯鲨 P. japonicus Günther, 1870（图 187）。近岸鱼类，栖息于水深 10～800m 以下的大陆架沙泥底质海域。卵胎生。全长达 1.63m。分布：渤海、黄海、东海、台湾南部海域；朝鲜半岛、日本。数量稀少，《中国物种红色名录》列为濒危 [EN] 物种。

图 187　日本锯鲨 *P. japonicus*
（依朱元鼎，孟庆闻等，2001）

鳐形总目（下孔总目）BATOMORPHA

鳃孔腹位，胸鳍前缘与头侧相连；眶前软骨连于嗅囊；肩带的左半部与右半部在背面相连，或连于脊柱。

本总目有 4 目 17 科 83 属 636 种（Nelson et al.，2016）；中国有 4 目 14 科 34 属 83 种。

目 的 检 索 表

1（2）吻特别延长，做剑状突出，侧缘具 1 行坚大吻齿 ………………………… 锯鳐目 PRISTIFORMES

2（1）吻正常，侧缘无坚大吻齿

3（4）头侧与胸鳍间有大型发电器官 ………………… 电鳐目（电鳐目）TORPEDINIFORMES

4（3）头侧与胸鳍间无大型发电器官

5（6）尾部一般粗大，具尾鳍；背鳍 2 个或无背鳍；无尾刺 ………………… 鳐目 RAJIFORMES

6（5）尾部一般细小呈鞭状（如粗大，则具尾鳍）；尾鳍一般退化或消失；背鳍 1 个；常具尾刺……

……………………………………………………………………………… 鲼目 MYLIOBATIFORMES

十三、电鳐目（电鳐目）TORPEDINIFORMES

头区两侧有来自鳃肌的大型发电器官，呈卵圆形。眼小或退化。皮肤松软，个别种皮肤坚韧。眶前软骨扩大，分成多支，向前伸达吻端，吻软骨 2 或 1 个。前鼻瓣左右连接，掩覆口的前缘；有鼻口沟。头部、躯干及胸鳍连成一体，形成肥厚而光滑的体盘。尾部可能与体盘同长，但多数较短，两侧通常有一纵走的皮褶。腹鳍小型，部分为胸鳍后缘所覆盖。背鳍 2 个，1 个或缺如。

本目有 2 科 11 属 59 种；中国有 2 科 5 属 10 种。

科 的 检 索 表

1（2）口大，深弧形，口稍能突出；两颌非常细长，无唇软骨；齿带坚固地附于颌骨上；体盘前缘浅弧形、截形或微凹 …………………………………………… 电鳐科（电鳐科）Torpedinidae

2（1）口小，浅弧形，可伸出呈一短管；两颌粗壮，有强的唇软骨；齿带松软地附于颌骨皮肤上；体盘前缘圆形或卵圆形突出 ………………………… 双鳍电鳐科（双鳍电鳐科）Narcinidae

36. 电鳐科（电鳐科）Torpedinidae

体盘宽大于体盘长，前缘中部浅弧形、截形或微凹。尾两侧具低的皮褶。腹鳍后尾长大于口宽 2 倍以上。眼小，发达。喷水孔后缘光滑或具乳突。鼻孔近口端。口大，深弧形，稍能伸出。两颌非常细长，无唇软骨；齿细小，铺石状排列，具 1 齿头。齿带坚固地附于颌骨上。第一背鳍基和第二背鳍基的全部或部分分别在腹鳍基上方及后方；第二背鳍小于第一背鳍。尾鳍亚三角形。

暖水性底栖鱼类，游泳力不强，常停栖于沙泥底质，或将鱼体半埋于沙中。栖息于水深 220～1 100m。能发电，使人震颤和麻痹。

本科有 2 属 23 种（Nelson et al.，2016）；中国有 1 属 2 种。

电鳐属（电鳐属）*Torpedo* Houttuyn, 1764
种 的 检 索 表

1（2）体盘圆形；吻前缘浅弧形；第一背鳍后缘在腹鳍后缘的后方，距腹鳍后缘有较大距离…………
……………………… **东京电鳐（东京电鳐）*T. tokionis*（Tanaka, 1908）**（图 188）。热带及亚热带深海鱼类，栖息于浅海至水深 735m 的大陆架海域。能发电，使人震颤和麻痹，捕捉时要谨慎。卵胎生。全长达 1.0m 以上。分布：东海、台湾东港、南海；日本、澳大利亚。

2（1）体盘略呈方形；吻前缘几呈截形；第一背鳍后缘与腹鳍后缘几在同一水平线上…………………
…… **台湾电鳐（台湾电鳐）*T. formosa* Haas & Ebert, 2006**（图 189）[syn. 珍电鳐 *T. nobiliana* Shen, 1993]。暖水性底栖鱼类，游泳力不强，常停栖于沙泥底质，或将鱼体半埋于沙中。栖息水

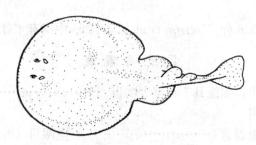

图 188　东京电鳐（东京电鲼）*T. tokionis*
（依波户冈等，2013）

深 220～1 100m。肉食性，以甲壳类及环节动物等为食，身体会发电，是危险的海洋生物。卵胎生。全长达 800mm。分布：台湾南部及西部海域。

图 189　台湾电鳐（台湾电鲼）*T. formosa*

37. 双鳍电鳐科（双鳍电鲼科）Narcinidae

体盘延长或近似圆形，前缘圆形或卵圆形突出。口小，浅弧形，可伸出呈一短管；两颌粗壮，有强的唇软骨；齿带松软地附于颌骨皮肤上。背鳍 1～2 个。

海洋鱼类，能发电，使人震颤和麻痹。

本科有 10 属 42 种（Nelson et al.，2016）；中国有 4 属 8 种。

属 的 检 索 表

1（4）背鳍 1 个；口周有一浅沟；两颌短且伸出能力弱

2（3）眼内凹，不突出；喷水孔周围不隆起；腹鳍始于体盘后缘；皮肤坚韧 ··············
················· 坚皮单鳍电鳐属（坚皮单鳍电鲼属）*Crassinarke*

3（2）眼突出；喷水孔周围隆起；腹鳍始于体盘腹面下方；皮肤柔软 ··············
················· 单鳍电鳐属（单鳍电鲼属）*Narke*

4（1）背鳍 2 个；口和唇周围有一深沟；两颌长且伸出能力强

5（6）体盘延长；尾部两侧无纵走的皮褶；眼颇小，有时完全隐在皮肤下，无视觉功能 ··············
················· 深海电鳐属（深海电鲼属）*Benthobatis*

6（5）体盘近似圆形；尾部两侧具纵走的皮褶；眼发育正常，有视觉作用 ··············
················· 双鳍电鳐属（双鳍电鲼属）*Narcine*

坚皮单鳍电鳐属（坚皮单鳍电鲼属）*Crassinarke* Takagi, 1951

坚皮单鳍电鳐（坚皮单鳍电鲼）*C. dormitor* Takagi, 1951（图 190）。近岸底层小型鳐类，栖息于水深 80m 以下的大陆架泥沙底海域。能发电，使人震颤和麻痹，捕捉时要谨慎。全长 81～184mm。分布：东海、台湾海峡和南海；日本。

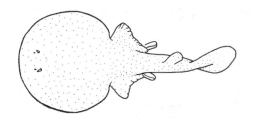

图 190　坚皮单鳍电鳐（坚皮单鳍电鲼）C. dormitor
（依波户冈等，2013）

深海电鳐属（深海电鲼属）Benthobatis Alcock, 1898

杨氏深海电鳐（杨氏深海电鲼）Benthobatis yangi Carvalho, Compagno & Ebert, 2003 （图 191）
（syn. 莫氏深海电鳐 Benthobatis moresbyi Chu & Meng, 1982）。热带及亚热带深海底层鱼类，栖息于大陆架斜坡深水区水深 787～1 071m 处。能发电，使人震颤和麻痹，捕捉时要谨慎。全长达 300mm 以上。分布：台湾西南部海域、南海；阿拉伯海、世界三大洋海域。数量稀少，《中国物种红色名录》列为濒危［EN］物种。

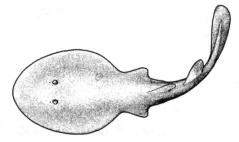

图 191　杨氏深海电鳐（杨氏深海电鲼）B. yangi
（依朱元鼎，孟庆闻等，2001）

双鳍电鳐属（双鳍电鲼属）Narcine Henle, 1834
种 的 检 索 表

1（6）第一背鳍、第二背鳍和尾鳍上叶的顶端边缘无黑斑
2（5）第一背鳍位置较前，起点与腹鳍基底后端在同一水平线上或更前；体盘亚圆形，宽大于长
3（4）第一背鳍起点与腹鳍基底后端相对；体盘背面正中具一浅褐色最大圆斑，体散具许多黑色中大斑及密具细小点 ⋯⋯⋯⋯⋯⋯⋯⋯ **短唇双鳍电鳐（短唇双鳍电鲼）N. brevilabiata Bessednov, 1966**
（图 192）（syn. 黑斑双鳍电鳐 N. maculate Chu, 1960；Shen, 1993）。热带及亚热带深海底层鱼类，栖息于大陆架斜坡深水岩礁区水深 1 000m 以下的大陆架海域。能发电，使人震颤和麻痹，捕捉时要谨慎。全长达 305mm 以上。分布：南海（广东、香港）；越南、菲律宾、泰国。

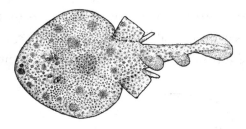

图 192　短唇双鳍电鳐（短唇双鳍电鲼）N. brevilabiata
（依朱元鼎，孟庆闻等，2001）

4（3）第一背鳍起点在腹鳍基底后端更前上方；体盘背面正中无浅褐色大圆斑，体密具中小圆形或条状斑纹，无黑色细小点⋯⋯⋯⋯⋯⋯⋯⋯⋯⋯⋯⋯⋯⋯⋯ **丁氏双鳍电鳐（丁氏双鳍电鲼）**
N. timlei（Bloch & Schneider, 1801） （图 193）。近岸鱼类，栖息于水深 61～200m 的深海岩礁

区。能发电，使人震颤和麻痹，捕捉时要谨慎。全长 205～524mm。分布：东海南部、南海。

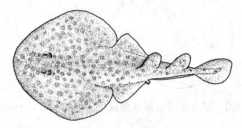

图 193　丁氏双鳍电鳐（丁氏双鳍电鲼）*N. timlei*

（依朱元鼎，孟庆闻等，2001）

5（2）第一背鳍起点在腹鳍后缘较后处上方；体盘圆形，宽长约相等；体具中小圆形或条状斑纹……
……………………**舌形双鳍电鳐（舌形双鳍电鲼）*N. lingula* Richardson，1846**（图 194）。深海
底层鱼类。能发电，使人震颤和麻痹，捕捉时要谨慎。全长 124～414mm。分布：东海南部、台
湾海峡、南海；太平洋、大西洋、印度洋各热带和亚热带海域。

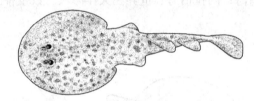

图 194　舌形双鳍电鳐（舌形双鳍电鲼）*N. lingula*

6（1）第一背鳍、第二背鳍和尾鳍上叶的顶端边缘均具黑斑 ………………………………………………
前背双鳍电鳐（前背双鳍电鲼）*N. prodorsalis* Bessednov，1966（图 195）。热带及亚热带沿岸底
层鱼类，栖息于浅水区水深 100m 以下的大陆架海域。能发电，使人震颤和麻痹，捕捉时要谨
慎。全长达 400mm。分布：台湾澎湖列岛、北部湾、南海；印度尼西亚爪哇沿海。

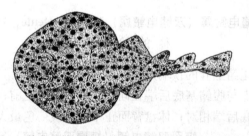

图 195　前背双鳍电鳐（前背双鳍电鲼）*N. prodorsalis*

单鳍电鳐属（单鳍电鲼属）*Narke* Kaup，1826
种 的 检 索 表

1（2）腹鳍边缘内凹………………………………………………………… **双翅单鳍电鳐（双翅单鳍电鲼）
N. dipterygia（Bloch & Schneider，1801）**（图 196）。近岸鱼类，栖息于水深 100m 以下的大陆
架海域。能发电，使人震颤和麻痹，捕捉时要谨慎。全长 200mm。分布：黄海、东海；日本，
印度洋。

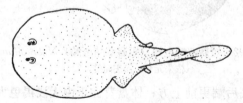

图 196　双翅单鳍电鳐（双翅单鳍电鲼）*N. dipterygia*

（依波户冈等，2013）

2（1）腹鳍边缘平直，不内凹·····················**日本单鳍电鳐（日本单鳍电鳝）** *N. japonica* **(Temminck & Schlege, 1850)**（图197）。近岸小型鱼类，栖息于水深155m以下的大陆架泥沙底海域。能发电，使人震颤和麻痹，捕捉时要谨慎。全长达400mm。分布：黄海、东海、台湾东北部及西南部泥沙海域、南海；朝鲜半岛、日本。

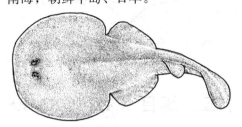

图197　日本单鳍电鳐（日本单鳍电鳝）*N. japonica*
（依朱元鼎，孟庆闻等，2001）

十四、锯鳐目（锯鳝目）PRISTIFORMES

吻平扁狭长，剑状突出；边缘具坚大吻齿；无鼻口沟。背鳍2个，无硬棘。胸鳍前缘伸达头侧后部。尾柄粗大，尾鳍发达；奇鳍与偶鳍的辐状软骨后端具很多角质鳍条。无发电器官。

38. 锯鳐科 Pristidae

本科一般特征与目同，吻部两侧缘吻齿几等大，埋于深的齿槽内。无须。体稍呈鲨形，头部平扁。海洋鱼类。分布于大西洋、印度洋、太平洋；偶见于淡水。
本科有2属7种（Nelson et al.，2016）；中国有2属2种。

属 的 检 索 表

1（2）第一背鳍起点对着腹鳍基底后端上方；尾鳍下叶前部显著三角形突出；吻齿21～35对·········
···················· **钝锯鳐属** *Anoxypristis*
2（1）第一背鳍起点前于腹鳍起点；尾鳍下叶前部稍呈三角形突出；吻齿17～22对············
···················· **锯鳐属** *Pristis*

钝锯鳐属 *Anoxypristis* **White & Moy-Thomas, 1941**

钝锯鳐 *A. cuspidata* **(Latham, 1794)**（图198）（syn. 尖齿锯鳐 *Pristis cuspidatus* Latham, 1794）。近岸底栖型鱼类，栖息于水深100m以下的大陆架海域。卵胎生。全长4.70m。分布：东海、台湾海峡、南海。数量稀少，《中国物种红色名录》列为濒危［EN］物种。

图198　钝锯鳐 *A. cuspidata*
（依朱元鼎，孟庆闻等，2001）

锯鳐属 *Pristis* **Linck，1790**

小齿锯鳐 *Pristis microdon* **Latham，1794**（图199）。沿岸咸淡水水域鱼类，栖息于水深100m以下的大陆架海域，偶有进入淡水水域。卵胎生。全长达5.0m。分布：东海南部、台湾海峡、南海；日本、印度尼西亚、澳大利亚。数量稀少，《中国物种红色名录》列为濒危［EN］物种。

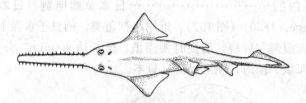

图 199　小齿锯鳐 *Pristis microdon*
（依朱元鼎，孟庆闻等，2001）

十五、鳐目 RAJIFORMES

头侧与胸鳍间无发电器。眶前软骨不扩大，不分支，不伸达吻前。吻软骨或有或无。

本目有 4 科 32 属 287 种（Nelson et al.，2016）；中国有 4 科 10 属 33 种。

科 的 检 索 表

1（6）腹鳍正常，前部不分化为足趾状构造；尾部背面及两侧无小尖棘

2（5）第一背鳍位于腹鳍基底上方；腹鳍距胸鳍有一段距离；尾鳍下叶前部突出

3（4）吻宽短，圆形；第一背鳍起点稍前于腹鳍起点 ·················· 圆犁头鳐科（鲨头鳐科）Rhinidae

4（3）吻长而尖突；第一背鳍起点稍后于腹鳍起点 ·········· 尖犁头鳐科（龙纹鳐科）Rhynchobatidae

5（2）第一背鳍位于腹鳍基底远后方；腹鳍接近胸鳍；尾鳍下叶前部不突出 ······
·· 犁头鳐科（琵琶鳐科）Rhinobatidae

6（1）腹鳍前部分化为足趾状构造；尾部背面及两侧具许多小尖棘 ·················· 鳐科 Rajidae

39. 圆犁头鳐科（鲨头鳐科）Rhinidae

吻宽短，圆形。眼卵圆形，瞬褶不发达。喷水孔大，椭圆形。鼻孔宽大，近口；前鼻瓣具一圆形突出。口中大，浅弧形；唇褶发达。齿细小而多，铺石状排列，齿面波曲，上下凹凸相承。鳃孔狭小，斜列于胸鳍基底里方。第一背鳍起点前于腹鳍起点；第二背鳍约位于尾柄中间上方。尾侧具一皮褶。尾鳍无缺刻。胸鳍前缘伸达下颌水平线。

海洋近底层鱼类，栖息于水深 150m 以浅的沙底海域。分布于印度-西太平洋。

本科有 1 属 1 种；中国有产。

圆犁头鳐属 *Rhina* Bloch & Schneider, 1801

圆犁头鳐（波口鲨头鳐）*R. ancylostoma* Bloch & Schneider, 1801（图 200）。近海底层鱼类，栖息于水深 150m 以浅的沙底海域，行动缓慢。全长 2.7m。分布：东海、台湾海域、南海；朝鲜半岛、日本，印度-西太平洋。

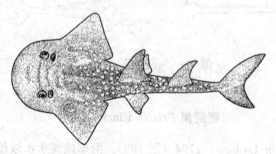

图 200　圆犁头鳐 *R. ancylostoma*
（依朱元鼎，孟庆闻等，2001）

40. 尖犁头鳐科（龙纹鲼科）Rhynchobatidae

吻长而平扁，三角形突出。眼椭圆形，瞬褶稍发达。喷水孔中大，后缘具2皮褶。鼻孔狭长，距口颇近；前鼻瓣具一人字形突出。口横列；唇褶发达。齿细小而多，铺石状排列，齿面波曲。背鳍2个，第一背鳍起点稍后于腹鳍起点，第二背鳍比第一背鳍稍小；尾鳍短小，尾侧具一皮褶；腹鳍距胸鳍有一相当距离；胸鳍扩大，前缘伸达鼻孔后缘水平线。

海洋近岸底栖鱼类。分布：南海、东海；红海、印度洋，西非、大洋洲，印度尼西亚。

本科有2属4种（Nelson et al.，2016）；中国仅1属1种。

尖犁头鳐属（龙纹鲼属）*Rhynchobatus* Müller & Henle, 1837

及达尖犁头鳐（吉打龙纹鲼）*R. djiddensis*（Forsskål，1775）（图201）。近岸底栖性鱼类，栖息于水深150m以浅的沙底海域，活动力不强。最大全长3.10m。分布：东海南部、台湾海峡、南海；朝鲜半岛、日本，印度-西太平洋。

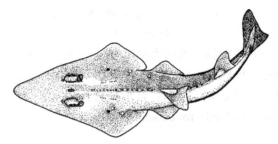

图201 及达尖犁头鳐（吉打龙纹鲼）*R. djiddensis*

41. 犁头鳐科（琵琶鲼科）Rhinobatidae

吻长而平扁，三角形突出。眼椭圆形，瞬褶衰退。喷水孔后缘具1~2个皮褶。鼻孔狭长；前鼻瓣具一"人"字形突出，后鼻瓣发达，前后各具一半圆形突出。口平横，唇褶发达。齿细小而多，铺石状排列。背鳍2个，大小约相同，第一背鳍位于腹鳍后方，尾侧皮褶发达；尾鳍短小；腹鳍接近胸鳍；胸鳍扩大，伸越鼻孔前缘。

海洋近岸底栖鱼类。栖息于近海沙质底层潮间带至水深119m以下的大陆架海域。

本科有6属48种（Nelson et al.，2016）；中国有2属5种。

属 的 检 索 表

1（2）前鼻瓣不转入鼻间隔区域；两背鳍距离较近 …… 蓝吻犁头鳐属（蓝吻琵琶鲼属）*Glaucostegus*

2（1）前鼻瓣转入鼻间隔区域；两背鳍距离较远 ……………… 犁头鳐属（琵琶鲼属）*Rhinobatos*

蓝吻犁头鳐属（蓝吻琵琶鲼属）*Glaucostegus* Bonaparte, 1846

颗粒蓝吻犁头鳐（颗粒蓝吻琵琶鲼）*G. granulatus*（Cuvier，1829）（图202）（syn. 颗粒犁头鳐 *Rhinobatos granulatus* Cuvier，1829）。近岸鱼类，栖息于近海沙质底层潮间带至水深119m以下的大陆架海域。最大全长2.80m。分布：东海南部、台湾海域、南海；日本，印度-西太平洋。

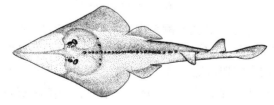

图202 颗粒蓝吻犁头鳐（颗粒蓝吻琵琶鲼）*G. granulatus*

犁头鳐属（琵琶鳐属）*Rhinobatos* Linck，1790
种 的 检 索 表

1（4）口前吻长比口宽大 2.8～3.0 倍

2（3）体密具暗色斑点，形成睛状、条状或蠕虫状花纹；吻端尖突，其腹面灰褐色；体背正中结刺微小
…………………………………… 斑纹犁头鳐（斑纹琵琶鳐）*R. hynnicephalus* Richardson，1846
（图 203）。近岸底层鱼类，栖息于水深 140m 以下的大陆架近海泥沙底海域，活动在 20～80m 深
的海域。卵胎生。全长 1m 左右。分布：东海、台湾海峡、南海；朝鲜半岛、日本。

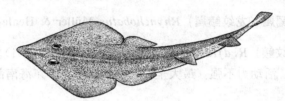

图 203　斑纹犁头鳐（斑纹琵琶鳐）*R. hynnicephalus*
（依朱元鼎，孟庆闻等，2001）

3（2）体纯褐色无斑点；头后背正中线具一纵列大结刺……………………… 小眼犁头鳐（小眼琵琶鳐）
R. microphthalmus Teng，1959（图 204）。近岸鱼类，栖息于水深 100m 以下的大陆架沙质底层
海域。卵胎生。全长 326～796mm。分布：台湾。数量稀少，《中国物种红色名录》列为濒危
［EN］物种［台湾特有种（endemic to Taiwan）］。

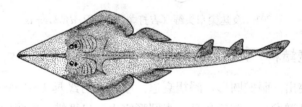

图 204　小眼犁头鳐（小眼琵琶鳐）*R. microphthalmus*
（依朱元鼎，孟庆闻等，2001）

4（1）口前吻长比口宽大 3.3～3.6 倍

5（6）吻软骨侧突几全部较宽地分离；鼻孔外侧至吻侧水平距离比鼻孔长为小 ……………………………
台湾犁头鳐（台湾琵琶鳐）*R. formosensis* Norman，1926（图 205）。近岸鱼类，栖息于水深
100m 以下的大陆架沙质底层海域。卵胎生。全长 630mm。分布：台湾南部。

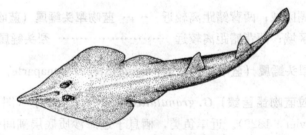

图 205　台湾犁头鳐（台湾琵琶鳐）*R. formosensis*
（依朱元鼎，孟庆闻等，2001）

6（5）吻软骨侧突前部 2/3 相互靠近；鼻孔外侧至吻侧水平距离比鼻孔长为大 ……………………………
许氏犁头鳐（许氏琵琶鳐）*R. schlegelii* Müller & Henle，1841（图 206）。暖温性近海底栖鱼类，
栖息于水深 20～230m 的大陆架沙质海域，平常大半时间会将自己半埋于沙土中，或在底层缓慢
游泳，活动力不强。卵胎生。全长 1.0m。分布：东海、台湾西部及东北部海域、南海；朝鲜半
岛、日本。

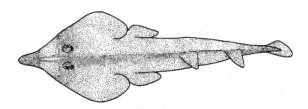

图 206　许氏犁头鳐（许氏琵琶鲼）*R. schlegelii*

（依朱元鼎，孟庆闻等，2001）

42. 鳐科 Rajidae

体盘宽大，平扁。亚圆形、菱形或近斜方形。尾中大，平扁，具侧褶。口腹位，齿细小而多，铺石状排列。鳃孔 5 个。背鳍 2 个，位于尾的后半部近尾端，或无背鳍；臀鳍消失；尾鳍小或无。体光滑或具小刺和结刺，雄性成体胸鳍外侧常具钩刺群。卵生。

深海底栖鱼类，栖息水深 400～800m。

本科有 32 属 287 种（Nelson et al.，2016）；中国有 6 属 26 种。

属 的 检 索 表

1（2）无背鳍；吻端具丝状突出或稍后膨大呈圆盘状 ·········· **无鳍鳐属（无刺鳐属）** *Anacanthobatis*

2（1）具 2 背鳍；吻端无丝状突出

3（6）吻软骨厚而坚硬，吻部不易弯折

4（5）吻软骨长，其长从前端至嗅囊长大于头长 60％；雄鱼尾部结刺 1 行，雌鱼尾部结刺 3～5 行；
成鱼全长常大于 55cm；腹面小刺不仅只在吻部具有 ·········· **长吻鳐属** *Dipturus*

5（4）吻软骨短，其长从前端至嗅囊长小于头长 60％；雄鱼尾部结刺 3 行，雌鱼尾部结刺 3～5 行；
成鱼全长小于 55cm；腹面仅吻区有小刺 ·········· **瓮鳐属** *Okamejei*

6（3）吻软骨细而柔软，吻部易弯折

7（10）尾长大于或等于体盘宽

8（9）肩胛部及项部无扩大的结刺；尾背具许多皮齿，正中线上的结刺不明显，尾部从基部到尾端具
宽的侧褶 ·········· **隆背鳐属** *Notoraja*

9（8）肩胛部及项部具结刺；尾部背面中央结刺向前延伸至体盘背面前方 ·········· **吻鳐属** *Rhinoraja*

10（7）尾短于体盘宽；至少在尾中部有扩大结刺；成熟个体体盘背面多少有小棘刺，幼体整个背面
密布小棘刺 ·········· **深海鳐属** *Bathyraja*

无鳍鳐属（无刺鳐属）*Anacanthobatis* von Bonde & Swart，1924
种 的 检 索 表

1（4）尾长，泄殖孔中央至尾端长大于或等于至吻端长

2（3）泄殖孔中央至尾端长大于至吻端长的 1.5 倍；体盘宽大于体盘长 ·····························
黑体无鳍鳐 *A. melanosoma*（Chan，1965）（图 207）［syn. 黑体海湾无鳍鳐 *Sinobatis melanosoma*
（Chan，1965）］。深海鱼类。全长 250mm。分布：台湾海峡、南海。数量稀少，《中国物种红色
名录》列为濒危［EN］物种。

3（2）泄殖孔中央至尾端长几等于至吻端长；体盘宽几等于体盘长·····························**东海无鳍鳐**
A. donghaiensis（Deng，Xiong & Zhan，1983）（图 208）。深海鱼类，栖息水深 200～1 000m。
全长 531mm。分布：东海。数量稀少，《中国物种红色名录》列为濒危［EN］物种。

4（1）尾短，泄殖孔中央至尾端长小于至吻端长

5（6）体盘宽小于体盘长 ·····················**狭体无鳍鳐** *A. stenosoma*（Li & Hu，1982）（图 209）。
深海鱼类。全长 416mm。分布：东海、台湾海峡、南海。

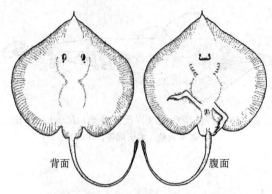

背面　　　　　　腹面

图 207　黑体无鳍鳐 A. melanosoma
（依朱元鼎，孟庆闻等，2001）

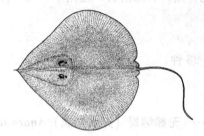

图 208　东海无鳍鳐 A. donghaiensis
（依朱元鼎，孟庆闻等，2001）

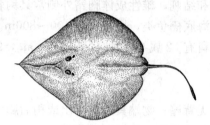

图 209　狭体无鳍鳐 A. stenosoma
（依朱元鼎，孟庆闻等，2001）

6（5）体盘宽大于或几等于体盘长。

7（8）口前吻长为口宽的 4.7～5.4 倍；吻长为眼径的 7.8～8.2 倍·····················**南海无鳍鳐**
A. nanhaiensis（Meng & Li, 1981）（图 210）。深海鱼类，栖息水深 200～1 000m。全长 531mm。
分布：南海。数量稀少，《中国物种红色名录》列为濒危 [EN] 物种。

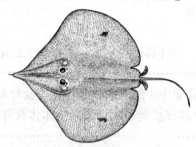

图 210　南海无鳍鳐 A. nanhaiensis
（依朱元鼎，孟庆闻等，2001）

8（7）口前吻长为口宽的 3.3～3.6 倍；吻长为眼径的 6.8～7.1 倍 ·····················**加里曼丹无鳍鳐**
A. borneensis Chan, 1965（图 211）[syn. 加里曼丹海湾无鳍鳐 Sinobatis borneensis（Chan,
1965）]。深海底层鱼类，栖息水深 630～1 700m。全长 348mm。分布：东海、台湾南部海域、
东沙群岛；日本，加里曼丹岛。数量稀少，《中国物种红色名录》列为濒危 [EN] 物种。

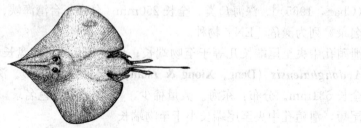

图 211　加里曼丹无鳍鳐 A. borneensis
（依朱元鼎，孟庆闻等，2001）

深海鳐属 *Bathyraja* Ishiyama & Hubbs，1968
种 的 检 索 表

1（2）肩胛部具结刺·····················贝氏深海鳐 *B. bergi* Dolganov，1983（图 212）。深海鱼类，栖息水深 100～1 800m。全长 990mm。分布：东海；朝鲜半岛、千岛群岛，日本。

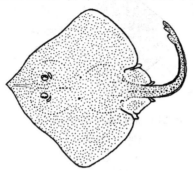

图 212 贝氏深海鳐 *B. bergi*
（依波户冈等，2013）

2（1）肩胛部无扩大的结刺
3（8）背部及腹部均为灰褐色
4（5）尾部背面中央结刺向前延伸至体盘背面前方 ························ 林氏深海鳐 *B. lindbergi* Ishiyama & Ishihara，1977（图 213）。深海鱼类，栖息水深 160～950m。全长 591mm。分布：东海。

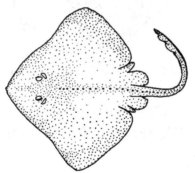

图 213 林氏深海鳐 *B. lindbergi*
（依波户冈等，2013）

5（4）尾部背面中央结刺不向前延伸至体盘背面
6（7）两眼较接近，眼间隔的宽为头长的 20% 以下 ························ 匀棘深海鳐 *B. isotrachys*（Günther，1877）（图 214）。深海鱼类，栖息水深 370～2 000m。全长 762mm。分布：东海、台湾南部海域；朝鲜半岛，日本。数量稀少，《中国物种红色名录》列为濒危（EN）物种。

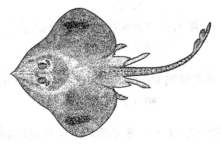

图 214 匀棘深海鳐 *B. isotrachys*
（依朱元鼎，孟庆闻等，2001）

7（6）两眼分开稍远，眼间隔的宽为头长的 20% 以上 ⋯⋯⋯⋯⋯⋯⋯⋯⋯⋯⋯⋯ **松原深海鳐**
B.matsubarai（Ishiyama，1952）（图215）。深海底栖鱼类，栖息水深120～2 000m。全长1.2m。
分布：东海、台湾东北部海域；日本。

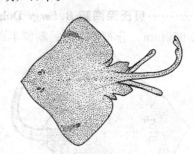

图215　松原深海鳐 B.matsubarai
（依波户冈等，2013）

8（3）背部灰褐色，腹部白色

9（10）腹鳍前叶短，不伸达腹鳍后叶膨出部 ⋯⋯⋯⋯⋯⋯⋯⋯⋯⋯⋯⋯⋯⋯⋯⋯⋯ **糙体深海鳐**
B.trachouros（Ishiyama，1958）（图216）。深海底栖鱼类，栖息水深400～800m。全长900mm。
分布：台湾东北部海域；日本。

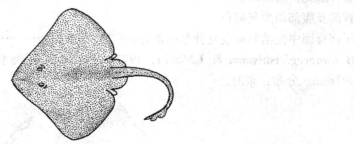

图216　糙体深海鳐 B.trachouros
（依波户冈等，2013）

10（9）腹鳍前叶长，伸达腹鳍后叶膨出部 ⋯⋯⋯⋯⋯⋯⋯⋯⋯⋯⋯⋯⋯⋯⋯⋯⋯⋯ **黑肛深海鳐**
B.diplotaenia（Ishiyama，1952）（图217）。深海底层鱼类，栖息水深230～500m。卵生。全长
670mm。分布：台湾；日本。

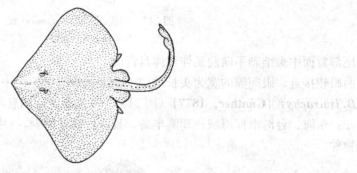

图217　黑肛深海鳐 B.diplotaenia
（依波户冈等，2013）

长吻鳐属 Dipturus Rafinesque，1810
种 的 检 索 表

1（2）体盘具肩胛结刺（sth）、腰结刺（lth）；雌雄鱼均具1行尾结刺 ⋯⋯⋯⋯⋯⋯⋯⋯⋯⋯⋯⋯⋯
汉霖长吻鳐 D.wuhanlingi Jeong & Nakabo，2008（图218）。近岸底层鱼类，栖息于水深超过
200m 无岩礁的沙泥底大陆架海域。卵生。全长670mm。分布：东海、南海。

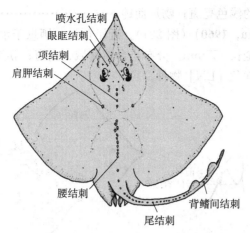

图 218　汉霖长吻鳐 *D. wuhanlingi*
（依 Jeong & Nakabo，2008）

2（1）体盘无肩胛结刺和腰结刺；雄鱼具 1 行尾结刺，雌鱼具 3～5 行尾结刺

3（4）尾鳍的高几等于尾侧皮褶的宽度；吻软骨愈合部短，小于分离部；幼体胸鳍中央有 1 对卵圆形斑块 ·························· **美长吻鳐 *D. pulchra*（Liu，1932）**（图 219）。近岸鱼类，栖息于水深 5～120m 无岩礁的大陆架沙泥底海域。卵生。全长 720mm。分布：黄海、东海；朝鲜半岛、日本、萨哈林岛南部。

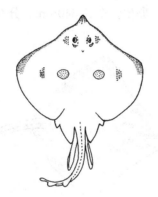

图 219　美长吻鳐 *D. pulchra*
（依波户冈等，2013）

4（3）尾鳍的高大于尾侧皮褶的宽度；吻软骨愈合部长于分离部；幼体和成鱼胸鳍中央均无卵圆形斑块

5（6）腹鳍前叶长，其端部伸越腹鳍后叶后端 ·················· **巨长吻鳐 *D. gigas*（Ishiyama，1958）**（图 220）。近岸鱼类，栖息于水深 300～1 000m 多贝类丛生无岩礁的沙泥底大陆架海域。卵生。全长 534～748mm。分布：东海、南海；日本、菲律宾。

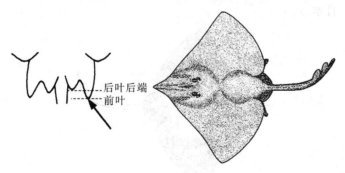

图 220　巨长吻鳐 *D. gigas*
（依波户冈等，2013）

6（5）腹鳍前叶短，其端部不伸越腹鳍后叶后端

7（8）体盘背面具许多不明显的浅色亮斑；吻短而钝 ·················· **广东长吻鳐** **D. kwangtungensis（Chu，1960）**（图221）。近岸鱼类，栖息于水深20～320m无岩礁的大陆架海域沙泥底层。卵生。全长757mm。分布：台湾海域、南海；朝鲜半岛、日本。数量稀少，《中国物种红色名录》列为濒危［EN］物种。

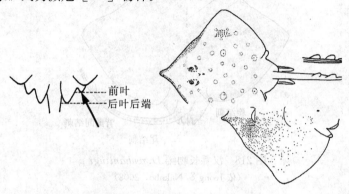

前叶
后叶后端

图221　广东长吻鳐 *D. kwangtungensis*
（依波户冈等，2013）

8（7）体盘背面无亮斑；吻长而颇尖

9（10）尾的中部粗厚；两背鳍相距甚近，第一背鳍基部长为两背鳍间距的4～5倍·················· **大尾长吻鳐** **D. macrocauda（Ishiyama，1955）**（图222）。近岸鱼类，栖息于水深20～320m无岩礁的大陆架海域沙泥底层。卵生。全长840mm。分布：东海、台湾北部及西南部海域、南海；朝鲜半岛、日本。

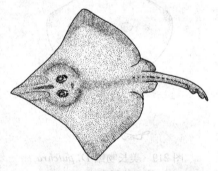

图222　大尾长吻鳐 *D. macrocauda*
（依波户冈等，2013）

10（9）尾的中部细长；两背鳍相距较远，第一背鳍基部长为两背鳍间距的1.5倍·················· **天狗长吻鳐** **D. tengu（Jordan & Fowler，1903）**（图223）。近岸鱼类，栖息于水深45～165m无岩礁的大陆架海域沙泥底层。卵生。全长920mm。分布：东海、台湾西南部海域、南海；朝鲜半岛、日本。

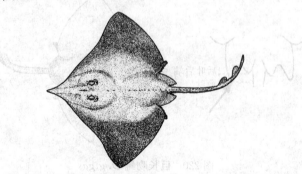

图223　天狗长吻鳐 *D. tengu*
（依波户冈等，2013）

隆背鳐属 *Notoraja* Ishiyama，1958

日本隆背鳐 N. tobitukai (**Hiyama，1940**)（图 224）［syn. 短鳐 *Breviraja tobitukai* (Hiyama，1940)]。深海底层鱼类，栖息水深 300～1 000m。卵生。全长 500mm。分布：东海、台湾海域、南海；日本。

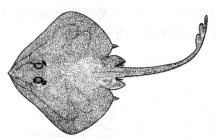

图 224　日本隆背鳐 *N. tobitukai*

甕鳐属 *Okamejei* Ishiyama，1958
种 的 检 索 表

1（4）体盘背面具许多淡色或黄色小斑

2（3）胸鳍背部中央两侧各有一暗色睛斑；尾部侧面皮褶向后伸达尾鳍中央后方………………………
　　　　斑甕鳐 O. kenojei (**Müller & Henle，1841**)（图 225）(syn. 孔鳐 *R. porosa* Günther，1874)。近岸底层鱼类，栖息于水深 20～100m 无岩礁的沙泥底大陆架海域。卵生。全长 570mm。分布：黄海、东海、台湾东部及南部海域、南海；日本。次要经济鱼类。

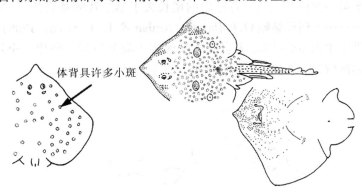

体背具许多小斑

图 225　斑甕鳐 *O. kenojei*
（依波户冈等，2013）

3（2）胸鳍背部中央两侧无睛斑；尾部侧面皮褶向后不伸达尾鳍中央………………………………**麦氏甕鳐**
　　　　O. meerdervoortii (**Bleeker，1860**)（图 226）。近岸底层鱼类，栖息于水深 50～150m 无岩礁的沙

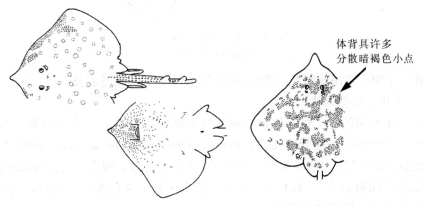

体背具许多
分散暗褐色小点

图 226　麦氏甕鳐 *O. meerdervoortii*
（依波户冈等，2013）

泥底大陆架海域。卵生。全长 370mm。分布：东海东部、台湾东部及南部海域；朝鲜半岛、日本。

4（1）体盘背面无黄色小斑，具许多分散的暗褐色小点

5（6）小黑点在体盘背部两侧形成对称的蔷薇状斑块；两背鳍间距常短于第一背鳍基底长；胸鳍腋部有眼径大小的环状暗斑 ····················**鲍氏瓮鳐** *O. boesemani*（Ishihara，1987）（图 227）。近岸底层鱼类，栖息于沿岸水深 45～175m 无岩礁的沙泥底大陆架海域。卵生。全长 550mm。分布：东海、台湾南部海域及澎湖列岛、南海；日本。

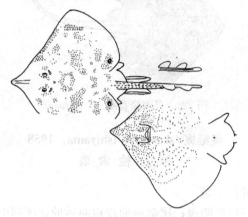

图 227　鲍氏瓮鳐 *O. boesemani*
（依波户冈等，2013）

6（5）小黑点密布体盘背部，但不呈蔷薇状斑块

7（8）两背鳍间距等于第一背鳍基底长，背鳍后的尾长大于第二背鳍基底长；胸鳍腋部及中央无暗斑 ····················**何氏瓮鳐** *O. hollandi*（Jordan & Richardson，1909）（图 228）。近岸底层鱼类，栖息于沿岸水深 68～88m 无岩礁的沙泥底大陆架海域。卵生。全长 580mm。分布：东海、台湾东北部海域及澎湖列岛、南海诸岛；日本。经济鱼类。

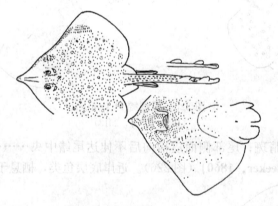

图 228　何氏瓮鳐 *O. hollandi*
（依波户冈等，2013）

8（7）两背鳍间距短于第一背鳍基底长，背鳍后的尾长短于第二背鳍基底长

9（12）吻端尖长，突出；眼间隔狭

10（11）头背部长为眼间隔的 6.7 倍；体盘背面肩区无睛斑，胸鳍腋部无小暗斑；胸鳍辐状软骨 96 ····················**孟氏瓮鳐** *O. mengae* Jeong，Nakabo & Wu，2007（图 229）。深海鱼类，栖息于水深超过 400m 无岩礁的沙泥底大陆架海域。卵生。全长 300mm。分布：南海。

11（10）头背部长为眼间隔的 5.5～6.0 倍；体盘背面肩区具 1 对显著圆形大斑，胸鳍腋部各具一不显著圆形小暗斑；胸鳍辐状软骨 74～78 ····················**尖棘瓮鳐** *O. acutispina*（Ishiyama，1958）（图 230）。近岸底层鱼类，栖息于沿岸水深 50～150m 无岩

图 229　孟氏甕鳐 *O. mengae*
（依 Jeong，Nakabo & Wu，2007）

礁的沙泥底大陆架海域。卵生。全长 400mm。分布：东海、台湾周边海域；朝鲜半岛、日本、加里曼丹岛。

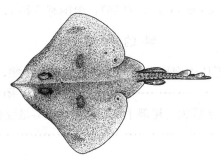

图 230　尖棘甕鳐 *O. acutispina*
（依朱元鼎，孟庆闻等，2001）

12（9）吻端宽钝，略尖；眼间隔宽，头背部长为眼间隔的 4.0～4.5 倍；体盘背面褐色小点稀少，肩区具 1 对不显著圆斑·····························**史氏甕鳐 *O. schmidti*（Ishiyama，1958）**（图 231）。近岸底层鱼类，栖息于沿岸水深 20～50m 无岩礁的沙泥底大陆架海域。卵生。全长 520mm。分布：南海；日本。

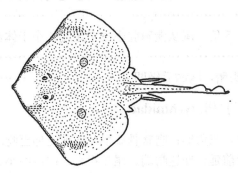

图 231　史氏甕鳐 *O. schmidti*
（依波户冈等，2013）

吻鳐属 *Rhinoraja* Ishiyama，1952

久慈吻鳐 *R. kujiensis*（Tanaka，1916）（图 232）。深海底层鱼类，栖息于沿岸水深600～800m 无岩礁的沙泥底大陆架海域。卵生。全长 600mm。分布：东海；日本。

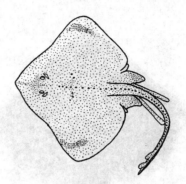

图 232　久慈吻鳐 *R. kujiensis*
（依波户冈等，2013）

十六、鲼目 MYLIOBATIFORMES

体盘宽大，圆形、斜方形或菱形。吻短或长，无吻软骨。鼻孔距口很近，具鼻口沟，或恰位于口前两侧。出水孔开口于口隅。胸鳍前延，伸达吻端，或前部分化为吻鳍或头鳍。背鳍 1 个或无。尾一般细长成鞭状，上下叶退化，或尾较粗短而具尾鳍；尾刺或有或无。腹鳍前部不分化为足趾状构造。无发电器官。

本目有 10 科 29 属 221 种（Nelson et al.，2016）；中国有 7 科 17 属 38 种。

科 的 检 索 表

1（2）体盘宽大；胸鳍圆形、心形或团扇形；背鳍 2 个；尾部具尾鳍，不呈鞭状，无尾刺；尾部腹侧
　　　缘皮褶发达 ·· 团扇鳐科（黄点鲉科）Platyrhinidae
2（1）体盘中大，近盘形；背鳍 1 个或无；尾部个别具尾鳍，大多呈鞭状，具尾刺；尾部腹侧缘无皮褶
3（4）鳃孔 6 对；无鼻口沟 ·· 六鳃魟科 Hexatrygonidae
4（3）鳃孔 5 对；具鼻口沟
5（8）尾鳍发达
6（7）尾鳍颇短，椭圆形，上下叶几等长 ····································· 扁魟科 Urolophidae
7（6）尾鳍颇长，长条形，下叶延长，比上叶长许多 ···················· 深水尾魟科 Plesiobatidae
8（5）无尾鳍
9（12）胸鳍前部不分化为吻鳍或头鳍；胸鳍后缘圆凸
10（11）体盘宽不超过体盘长的 1.3 倍；尾从泄殖腔中央至尾端长大于体盘宽；无背鳍 ···········
　　　　··· 魟科 Dasyatidae
11（10）体盘宽超过体盘长的 1.5 倍；尾从泄殖腔中央至尾端长小于体盘宽；背鳍或有或无 ········
　　　　··· 燕魟科 Gymnuridae
12（9）胸鳍前部分化为吻鳍或头鳍，胸鳍后缘凹入 ··················· 鲼科 Myliobatidae

43. 团扇鳐科（黄点鲉科）Platyrhinidae

体盘宽大，团扇形。吻宽短，三角形；吻软骨 2 根，向前延伸至吻端愈合。鼻孔宽大，近口端，具一原始型鼻口沟。胸鳍辐状软骨前延，伸达吻端。尾颇粗大，向后细小。

近岸底层鱼类，栖息于近内海水深 100m 以内的沙泥滩涂。

本科有 2 属 4 种（Nelson et al.，2016）；中国有 1 属 2 种。

团扇鳐属（黄点鲉属）*Platyrhina* Müller & Henle, 1838
种 的 检 索 表

1（2）背部和尾部正中具 2 纵行结刺 ·································· **中国团扇鳐（中国黄点鲉**

***P. sinensis*（Bloch & Schneider，1801）**（图 233）［syn. 林氏团扇鳐 *Platyrhina limboonkengi* Tang，1933；陈大刚等，2015］。近岸底层鱼类，栖息于近内海水深 100m 以内的沙泥滩涂。卵胎生。全长 800mm。分布：黄海、东海、南海。

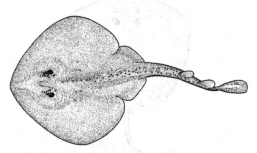

图 233　中国团扇鳐（中国黄点鲌）*P. sinensis*
（依朱元鼎，孟庆闻等，2001）

2（1）背部和尾部正中具 1 纵行结刺……………………………………………… **汤氏团扇鳐（汤氏黄点鲌）**
***P. tangi* Iwatsuki，Zhang & Nakaya，2011**（图 234）［syn. *Discobatus sinensis* Temminck & Schlegel，1850（non Bloch & Schneider）；中国团扇鳐 *P. sinensis*：朱元鼎，孟庆闻，2001；陈大刚等，2015；刘静等，2015；赵盛龙等，2016］。近岸底层鱼类，栖息于近内海水深 100m 以内的沙泥滩涂。卵胎生。全长 640mm。分布：黄海、东海、台湾澎湖列岛、南海；朝鲜半岛、日本。

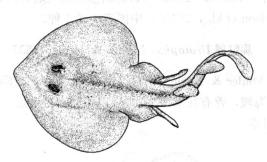

图 234　汤氏团扇鳐（汤氏黄点鲌）*P. tangi*
（依 Iwatsuki，Zhang & Nakaya，2011）

44. 六鳃缸科 Hexatrygonidae

鳃孔 6 对。前鼻瓣短，不与对侧连合成一口盖；无鼻口沟。口底无乳突。齿小，菱形，中央具一横嵴，呈铺石状排列。喷水孔位于眼后有一相当距离。吻延长或稍长，无吻软骨，侧缘由圆柱形的前鳍基软骨支持，吻中央部分柔软，稍薄而半透明。体盘宽大，前部三角形突出，后部亚圆形。尾短，具一窄长尾鳍；具尾刺。体光滑。

深海鱼类，栖息于水深 850～1 120m 的大陆架海域。

本科仅六鳃缸属 1 属 1 种；中国有产。

六鳃缸属 *Hexatrygon* Heemstra & Smith，1980

比氏六鳃缸 *H. bickelli* Heemstra & Smith，1980（图 235）（syn. 长吻六鳃缸 *H. longirostra* 朱元鼎等，2001；陈大刚等，2015；短吻六鳃缸 *H. brevirostra* 沈世杰，1986；陈大刚等，2015；台湾六鳃缸 *H. taiwanensis* 沈世杰等，1984；陈大刚等，2015；杨氏六鳃缸 *H. yangi* 沈世杰等，1984；陈大刚等，2015）。深海鱼类，栖息于水深850～1 120m 的大陆架海域。全长可达 1.17m。分布：东海、台湾海峡、南海；日本、澳大利亚和南非较深海中。数量稀少，《中国物种红色名录》列为濒危［EN］物种。

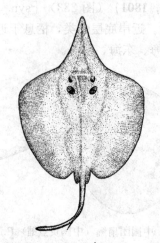

图 235　比氏六鳃缸 *H. bickelli*
（依朱元鼎，孟庆闻等，2001）

45. 扁缸科 Urolophidae

具发达的尾鳍，由辐状软骨支持。从泄殖孔中央至尾端大于或短于体盘长。尾部有发达的具锯齿状的尾刺。脑颅前方中央微凹，其外角广圆。腹鳍后缘弧形。鳃弓内面光滑。

近岸底层鱼类，栖息于沿岸水深 50～205m 无岩礁的沙泥底大陆架海域。

本科有 2 属约 29 种（Nelson et al.，2016）；中国有 1 属 1 种。

扁缸属 *Urolophus* Müller & Henle，1837

褐黄扁缸 *U. aurantiacus* Müller & Henle，1841（图 236）。近岸底层鱼类，栖息于沿岸水深 50～205m 无岩礁的沙泥底大陆架海域，曾有在水深 1 000m 以下的渔获记录。全长达 400mm。分布：东海、台湾海峡；朝鲜半岛南岸、日本。

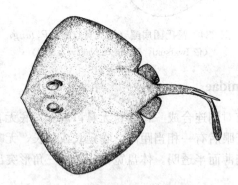

图 236　褐黄扁缸 *U. aurantiacus*
（依朱元鼎，孟庆闻等，2001）

46. 深水尾缸科 Plesiobatidae

尾鳍发达，颇长，长条形，下叶延长，比上叶长许多。体盘中大，近盘形；背鳍 1 个或无；尾部个别具尾鳍，大多呈鞭状，尾部有发达具锯齿状的尾刺。尾部腹侧缘无皮褶。鳃孔 5 对；具鼻口沟。

深海鱼类，栖息于水深 44～780m 大陆架斜坡底层的软质地。

本科有 1 属 1 种；中国有产。

深水尾缸属 *Plesiobatis* Nishida，1990

达氏深水尾缸 *P. daviesi*（Wallace，1967）（图 237）〔syn. 斑纹扁缸 *Urolophus marmoratus* Chu,

Hu & Li，1981；达氏巨尾𫚉 *Urotrygon daviesi*（Wallace，1967）]。深海鱼类，栖息于水深44～780m大陆架斜坡底层的软质地。全长达2.70m。分布：东海、台湾海峡。

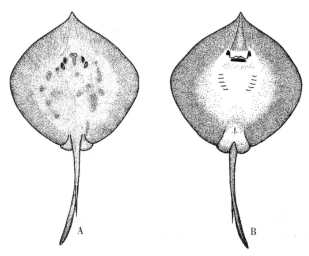

图237　达氏深水尾𫚉 *P. daviesi*
A. 背面　B. 腹面

47. 𫚉科 Dasyatidae

体盘圆形、亚圆形或斜方形。尾一般细长如鞭，常具尾刺。齿细小，平扁，铺石状排列。喷水孔中大。前鼻瓣连合为一口盖，伸达口前。体光滑，或具小刺和结刺。背鳍消失；胸鳍伸达吻端；尾鳍一般退化或消失。化石见于白垩纪。

近海底层鱼类，栖息于水深100m无岩礁的大陆架沙泥底海域。将身体埋入沙中，露出两眼及喷水孔，伺机捕食。尾刺有毒腺，被刺后剧痛，是危险的海洋生物。

本科有8属约88种（Nelson et al.，2016）；中国有6属16种。

属 的 检 索 表

1（2）两眼间隔之间上下方各有一暗色横带相连；两横带中间浅色 ·················· 新𫚉属 *Neotrygon*
2（1）两眼间隔之间无暗色横带相连
3（4）无尾刺；背面密具结刺；体盘卵圆形 ··· 沙粒𫚉属 *Urogymnus*
4（3）具尾刺；背面光滑或部分具结刺
5（6）尾部腹面和背面正中线上一般无皮膜或突起；有时腹面具弱而短的皮膜 ························
　　··· 窄尾𫚉属 *Himantura*
6（5）尾部腹面正中线上具皮膜
7（8）尾部腹面正中线上的皮膜伸达尾的末端 ································· 条尾𫚉属 *Taeniura*
8（7）尾部腹面正中线上的皮膜不伸达尾的末端
9（10）尾部背面正中线上无皮膜；吻广圆，平坦，不突出；体盘腹面紫色··················
　　··· 翼𫚉属 *Pteroplatytrygon*
10（9）尾部背面正中线上皮膜隆起；吻尖突；体盘腹面白色·················· 𫚉属 *Dasyatis*

𫚉属 *Dasyatis* Rafinesque，1810
种 的 检 索 表

1（6）尾的上方无皮褶突起；下方具皮膜
2（3）吻端颇尖突·················· 尖吻𫚉 *D. acutirostra* Nishida & Nakaya，1988（图238）。近海底层鱼类，栖息于水深53～142m无岩礁的大陆架沙泥底的海域。尾刺有毒腺，可伤人，被刺后剧痛，是危险的海洋生物。卵胎生。全长达 720mm。分布：东海、台湾西部海域；朝鲜半岛南岸、日本。

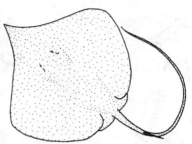

图 238　尖吻魟 *D. acutirostra*
（依山口等，2013）

3（2）吻端稍突

4（5）口底乳突 3 个；尾长为体盘长 3 倍··**黄魟 *D. bennetti*（Müller & Henle，1841）**
（图 239）。近海底层鱼类，栖息于水深超过 100m 无岩礁的大陆架沙泥底海域。也见于河口区，常将身体埋入沙中，露出两眼，伺机捕食。具季节洄游性，夏天北移，入冬则南下。尾刺有毒腺，可伤人，被刺后剧痛，是危险的海洋生物。卵胎生。全长达 500mm。分布：东海南部、台湾海峡、南海，陆封性种类生活于广西左江上游的龙州、右江的南宁；日本、菲律宾，印度-西太平洋。数量极少。

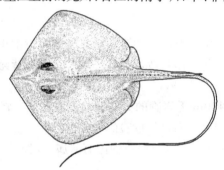

图 239　黄魟 *D. bennetti*
（依朱元鼎，孟庆闻等，2001）

5（4）口底乳突 5 个；尾长为体盘长的 2 倍 ································**鬼魟 *D. lata*（Garman，1880）**
（图 240）。近海底层鱼类，栖息在较深海域，有时进入礁盘区，活动深度40～375m。常将身体埋入沙中，露出两眼，伺机捕食。尾刺有毒腺，可伤人，被刺后剧痛，是危险的海洋生物。卵胎生。全长达 1m。分布：台湾北部海域。

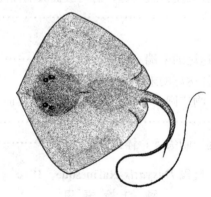

图 240　鬼魟 *D. lata*
（依朱元鼎，孟庆闻等，2001）

6（1）尾的上下方均具皮膜

7（8）口底无乳突；吻颇延长，尖突·······························**尖嘴魟 *D. zugei*（Müller & Henle，1841）**

（图 241）。近海底层鱼类，栖息于水深 3～60m 无岩礁的沙泥底质大陆架海域，常进入河口区。尾刺有毒腺，可伤人，被刺后剧痛，是危险的海洋生物。卵胎生。全长达 290mm。分布：黄海、东海、台湾西部海域、南海。经济鱼类。

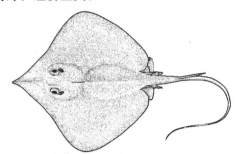

图 241　尖嘴𫚉 *D. zugei*
（依朱元鼎，孟庆闻等，2001）

8（7）口底乳突 3～7 个；吻不延长，尖突

9（10）口底乳突 7 个；尾长为体盘长的 2 倍以上 ⋯⋯⋯⋯⋯⋯⋯⋯⋯⋯⋯⋯ **尤氏𫚉（牛𫚉）**
D. ushiei（Jordan & Hubbs，1925）（图 242）。近海底层鱼类，栖息于岛屿及大陆架的沙泥底质水深 120m 海域。尾刺有毒腺，可伤人，被刺后剧痛，是危险的海洋生物。卵胎生。全长达 2.02m。分布：东海、台湾西部及北部海域；日本。

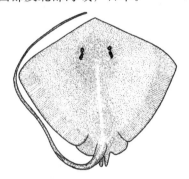

图 242　尤氏𫚉（牛𫚉）*D. ushiei*
（依朱元鼎，孟庆闻等，2001）

10（9）口底乳突 3～5 个

11（12）口底乳突 3 个；体光滑 ⋯⋯⋯⋯⋯⋯⋯⋯⋯⋯ **光𫚉 D. laevigatus Chu，1960**（图 243）。近海底层鱼类，栖息于水深 3～60m 的沙泥底质海域中。尾刺有毒腺，是危险的海洋生物。卵胎生。全长达 630mm。分布：渤海、黄海、东海、台湾西部及北部海域；日本。次要经济鱼类。

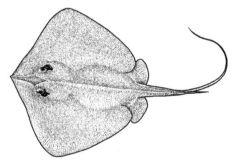

图 243　光𫚉 *D. laevigatus*
（依朱元鼎，孟庆闻等，2001）

12（11）口底乳突 5 个，中间 3 个显著；体具小刺或结刺

13（14）尾刺前方具宽大盾形结刺 1～3 个；尾长约为体盘长的 1.5 倍 ⋯⋯⋯⋯⋯⋯⋯⋯⋯ **奈氏𫚉**
D. navarrae（Steindachner，1892）（图 244）。近海底层鱼类，栖息于水深 50～100m 的沙泥底

质海域中。尾刺有毒腺，是危险的海洋生物。卵胎生。全长达 940mm。分布：渤海、黄海、东海、台湾北部海域。

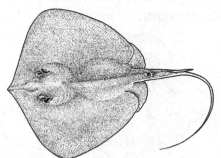

图 244　奈氏魟 *D. navarrae*
（依朱元鼎，孟庆闻等，2001）

14（13）尾刺前方无宽大盾形结刺

15（16）背面正中具 1 纵行结刺，在尾部者较大；肩区两侧具 1～2 行结刺；尾长为体盘长 2～2.7 倍 ……………………………………… **赤魟 *D. akajei*（Müller & Henle，1841）**（图 245）。近海底层鱼类，常出现于沙泥底部的珊瑚礁和河口地区。栖息水深 3～780m。尾刺有毒腺，可伤人，被刺后剧痛，是危险的海洋生物。卵胎生。全长达 2.0m。分布：东海、台湾周围各海域、南海。个体数量稀少，国家二级水生野生保护动物，《中国物种红色名录》列为濒危［EN］物种。

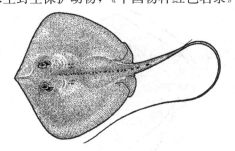

图 245　赤魟 *D. akajei*
（依朱元鼎，孟庆闻等，2001）

16（15）背面具细小结刺；尾长为体盘长的 1.2～1.5 倍 ……………………………………… **中国魟 *D. sinensis*（Steindachner，1892）**（图 246）。近海底层鱼类，栖息于水深 5～100m 的沙泥底质海域中。尾刺有毒腺，是危险的海洋生物。卵胎生。全长达 820mm。分布：渤海、黄海、东海、台湾海域。次要经济鱼类。

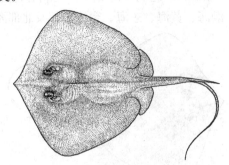

图 246　中国魟 *D. sinensis*
（依朱元鼎，孟庆闻等，2001）

窄尾魟属 *Himantura* Müller & Henle，1837

种 的 检 索 表

1（4）口底具乳突；尾长为体盘长的 3 倍或 3 倍以上

2（3）体密具黑色圆形或多边形斑块；尾长约为体盘长的 3 倍以上··················**花点窄尾魟**
H. uarnak（Forsskål，1775）（图 247）〔syn. 波缘窄尾魟 H. undulate（Bleeker，1852）；花点
魟 Dasyatis uarnak Forsskål，1775〕。近海底层最大型魟之一。活动于沿岸沙泥底海域，随高潮
进入水深 1～50m 的河口区或更浅的潟湖区及珊瑚礁区的沙泥地。常将身体埋入沙中，露出两
眼，伺机捕食。尾刺有毒腺，可伤人，被刺后剧痛，是危险的海洋生物。体盘宽可达 1.5m 以
上。分布：东海南部、台湾东部及大溪南部海域、南海；日本，印度-西太平洋。

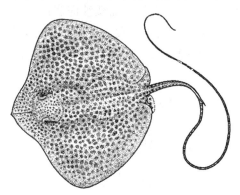

图 247　花点窄尾魟 H. uarnak
（依朱元鼎，孟庆闻等，2001）

3（2）体具黄色小圆斑（液浸标本为白色小点），尾部具黑白交替的环纹；尾长为体盘长的 3 倍······
··················**齐氏窄尾魟 H. gerrardi（Gray，1851）**（图 248）〔syn. 齐氏魟 Dasyatis ger-
rardi（Gray，1851）〕。近海底层鱼类，栖息水深 50m 的近海沙泥海域中，常进入河口。尾刺有
毒腺，可伤人，被刺后剧痛，是危险的海洋生物。卵胎生。全长达 2m。分布：东海南部、台湾
西部沿海、南海；日本，印度-西太平洋。

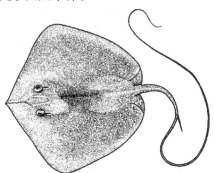

图 248　齐氏窄尾魟 H. gerrardi
（依朱元鼎，孟庆闻等，2001）

4（1）口底无乳突；尾长为体盘长的 1.7 倍；眼很小；吻延长而尖突··················**小眼窄尾魟**
H. microphthalmus（Chen，1948）（图 249）（syn. 小眼魟 Dasyatis microphthalmus Chen，

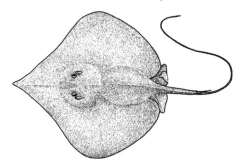

图 249　小眼窄尾魟 H. microphthalmus
（依朱元鼎，孟庆闻等，2001）

1948)。近海底层鱼类，栖息于水深超过100m无岩礁的大陆架沙泥海域中。尾刺有毒腺，可伤人，被刺后剧痛，是危险的海洋生物。卵胎生。全长达1.2m。分布：东海南部、台湾北部海域、南海。次要经济鱼类。

新魟属 *Neotrygon* Castelnau，1873

古氏新魟 N. *kuhlii*（Müller & Henle，1841）（图250）[syn. 古氏魟 *Dasyatis kuhlii* 陈大刚等，2015]。近海底层鱼类，栖息水深100m无岩礁的大陆架沙泥底海域。随高潮进入礁盘区或更浅的潟湖区，将身体埋入沙中，露出两眼及喷水孔，伺机捕食。尾刺有毒腺，被刺后剧痛，是危险的海洋生物。全长达700mm。分布：东海南部、台湾绿岛及兰屿等、南海；日本、印度-西太平洋。

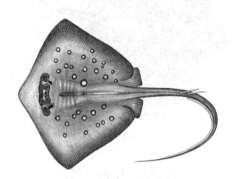

图250　古氏新魟 N. *kuhlii*
(依郑义郎，2007)

翼魟属 *Pteroplatytrygon* Fowler，1910

紫色翼魟 P. *violacea*（Bonaparte，1832）（图251）[syn. 紫魟 *Dasyatis violacea*（Bonaparte，1832）；黑魟 *D. atratus* Ishiyama & Okada，1955]。远洋底层鱼类，栖息于水深10～381m具岩礁的大陆架海域。尾刺有毒腺，可伤人，被刺后剧痛，是危险的海洋生物。全长达1.6m。分布：南海诸岛；日本，世界温带及热带海域。

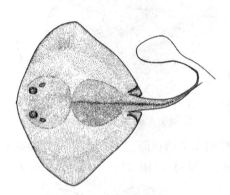

图251　紫色翼魟 P. *violacea*
(依朱元鼎，孟庆闻等，2001)

条尾魟属 *Taeniura* Müller & Henle，1837

迈氏条尾魟 T. *meyeni*（Müller & Henle，1841）（图252）(syn. 黑斑条尾魟 T. *melanospios* Bleeker，1853)。近海底层鱼类，栖息于水深50～100m无岩礁的大陆架沙泥海域。尾刺有毒腺，可伤人，被刺后剧痛，是危险的海洋生物。全长达3.3m。分布：台湾南部沿海及澎湖列岛、东沙群岛、南海诸岛。

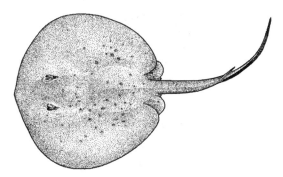

图 252　迈氏条尾魟 *T. meyeni*
（依朱元鼎，孟庆闻等，2001）

沙粒魟属 *Urogymnus* Müller & Henle，1837

糙沙粒魟 *U. asperrimus*（**Bloch & Schneider，1801**）（图 253）　［syn. 非洲沙粒魟 *U. africana* (Bloch & Schneider，1801)］。近海底层鱼类，栖息于水深 2～30m 的藻场沙地海域，日行性，尾刺有毒腺，可伤人，被刺后剧痛，体盘密刺也能伤人，是危险的海洋生物。全长约 1m。分布：东海南部、台湾南部垦丁地区、南海；日本，印度-西太平洋。

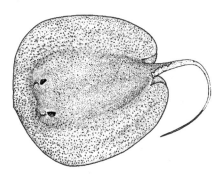

图 253　糙沙粒魟 *U. asperrimus*
（依朱元鼎，孟庆闻等，2001）

48. 燕魟科 Gymnuridae

体盘斜方形，宽比长大 2 倍余。尾细小而短，尾长不达体盘宽的 1/4。尾刺或有或无。齿细小而多，铺石状排列。喷水孔中大，位于眼后。口底无乳突，腭膜后缘细裂或稍分裂，平直而不波曲。背鳍 1 个或消失。尾鳍消失，尾部上下方无皮膜；胸鳍前延，伸达吻端。卵胎生。化石见于中新世。

沿岸底层鱼类，栖息于水深 30m 以上无岩礁的大陆架沙泥底质海域。分布：南海；红海、印度洋，印度尼西亚。

本科有 1 属约 14 种（Nelson et al.，2016）；我国有 1 属 3 种。

燕魟属 *Gymnura* von Hasselt，1823
种 的 检 索 表

1（2）背鳍 1 个·····························**条尾燕魟** *G. zonura*（**Bleeker，1852**）（图 254）　［syn. 条尾鸢魟 *Aetoplatea zomura*（Bleeker，1852）］。沿岸底层鱼类，栖息于水深 30m 以上无岩礁的大陆架沙泥底质海域。全长达 480mm。分布：东海、台湾西部海域、南海。

2（1）背鳍消失

3（4）尾长几与体盘长相等；体上具白色小斑点 ·················· **花尾燕魟** *G. poecilura*（**Show，1804**）（图 255）。沿岸底栖鱼类，栖息于温带、热带浅海水深 100m 无岩礁的大陆架沙泥底质海域。全长达 651mm。分布：东海、南海；日本，印度-西太平洋。

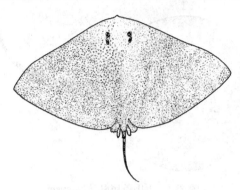

图 254 条尾燕魟 *G. zonura*
（依朱元鼎，孟庆闻等，2001）

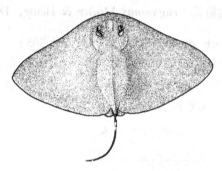

图 255 花尾燕魟 *G. poecilura*
（依朱元鼎，孟庆闻等，2001）

4（3）尾长约为体盘长之半；体上具黑色小斑和大型斑块；有时眼后外侧具 1 个或 2 个白斑…………
…………………日本燕魟 *G. japonica*（**Temminck & Schlegel，1850**）（图 256）（syn. 双斑燕魟
G. bimaculata 陈大刚等，2015）。沿岸底层鱼类，栖息于水深 30～108m 的大陆架沙泥底质海
域。全长达 559mm。分布：黄海、东海、台湾东北部海域、南海；朝鲜半岛南岸、日本。

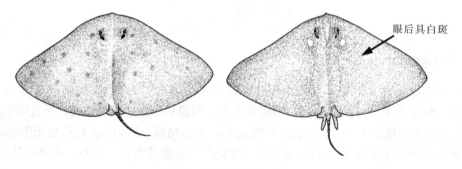

眼后具白斑

图 256 日本燕魟 *G. japonica*
（依朱元鼎，孟庆闻等，2001）

49. 鲼科 Myliobatidae

体盘菱形；胸鳍前部分化为吻鳍，位于头前中部吻端下方，成一单叶；胸鳍后缘凹入。吻鳍与胸鳍
在头侧相连或分离。尾细长如鞭，具一小型背鳍；尾刺或有或无。齿宽扁，上下颌各 7 纵行，中行比侧
行宽大。喷水孔大，紧位于眼后，前部伸达眼后部下方。口底乳突 4～6 个。卵胎生。

大洋性鱼类，多半栖于中底水层，深度约 110m。

本科有 7 属 40 种（Nelson et al.，2016）；中国有 6 属 14 种。

属 的 检 索 表

1（8）胸鳍前部分化为吻鳍，位于头前中央；齿大而行数少

2（7）吻鳍 1 个，不分瓣

3（6）吻鳍与胸鳍在头侧相连或分离；上下颌齿各 7 行；尾刺或有或无

4（5）吻鳍与胸鳍在头侧分离；无尾刺 ·· **无刺鲼属 Aetomylaeus**

5（4）吻鳍与胸鳍在头侧相连；具尾刺 ·· **鲼属 Myliobatis**

6（3）吻鳍与胸鳍在头侧分离；上下颌齿各 1 行；具尾刺·························· **鹞鲼属 Aetobatus**

7（2）吻鳍前部分成两瓣；上下颌具齿 5～10 余纵行；具尾刺 ·············· **牛鼻鲼属 Rhinoptera**

8（1）胸鳍前部分化为头鳍，位于头前两侧，齿细小而行数多

9（10）口下位，位于头部腹面；上颌和下颌各具一齿带 ······················ **蝠鲼属 Mobula**

10（9）口前位，位于头部前缘；只下颌具一齿带 ························ **前口蝠鲼属 Manta**

鹞鲼属 Aetobatus Blainville，1816

种 的 检 索 表

1（2）体密具白色或蓝色斑点；吻较短而宽钝；口底乳突 2 行，后行具显著乳突 7～9 个，前行具细小
乳突 2 个····························**纳氏鹞鲼 A. narinari**（Euphrasen，1790）（图 257）。热带和暖
温带近海底层鱼类，栖息于水深 1～60m 的岩礁底质海域，利用翼状胸鳍自由遨游于水中。尾刺
有毒腺，可伤人，被刺后剧痛，是危险的海洋生物。成鱼体盘宽达 2m 余，全长达 3m，重逾
200kg。分布：东海、台湾沿海、南海诸岛、东沙群岛；日本，印度-西太平洋。

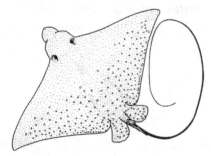

图 257　纳氏鹞鲼 A. narinari

（依山口等，2013）

2（1）体纯褐色；吻较长而狭尖；口底具细小乳突 1 行，为 15～16 个······················**无斑鹞鲼**
A. flagellum（Bloch & Schneider，1801）（图 258）。热带和暖温带近海底层鱼类，栖息于水深
1～60m 的岩礁底质海域，也见于河口。全长达 1.6m。分布：东海、台湾海峡、南海；朝鲜半
岛南岸、日本，印度-西太平洋。

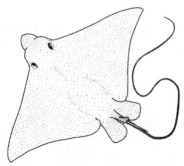

图 258　无斑鹞鲼 A. flagellum

（依山口等，2013）

无刺鲼属 Aetomylaeus Garman，1908

种 的 检 索 表

1（4）背鳍起点后于腹鳍基底终点

2（3）体盘上散布白色斑点；背面中间具结刺；前囟上具小刺 ················· **花点无刺鲼**
A. maculates（Gray，1834）（图259）。暖水性近海底栖、善于游泳的中小型鱼类，常大群出现
于海中上层，但多半栖于中底水层，深度约220m。卵胎生。全长2m。分布：东海、台湾澎湖
列岛、南海；印度-西太平洋。

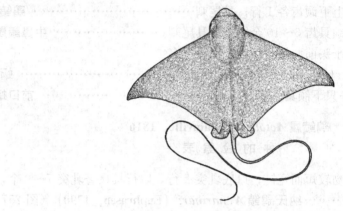

图259　花点无刺鲼 A. maculates
（依朱元鼎，孟庆闻等，2001）

3（2）体盘前部具黄色蓝边横纹，后部具黄色蓝边网纹；背面中间光滑；前囟上无小刺 ···············
··············**蝠状无刺鲼 A. vespertilio（Bleeker，1852）**（图260）（syn. 网纹鹞鲼 Aetobatus reticu-
latus Teng，1962）。大洋性鱼类，常大群出现于海中上层，但多半栖于水深110m的中底水层。
卵胎生。全长2.4m。分布：东海、台湾海峡、南海；印度-西太平洋。

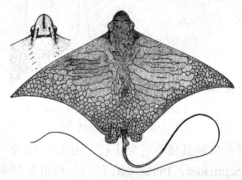

图260　蝠状无刺鲼 A. vespertilio
（依朱元鼎，孟庆闻等，2001）

4（1）背鳍起点对着腹鳍基底终点
5（6）背面完全光滑；体具蓝色横纹5条或6条 ···················· **聂氏无刺鲼**
A. nichofii（Bloch & Schneider，1801）（图261）。暖水大洋性鱼类，常在大洋表层活动、觅食。

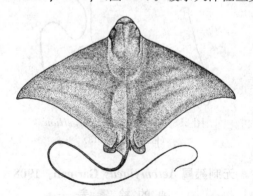

图261　聂氏无刺鲼 A. nichofii
（依朱元鼎，孟庆闻等，2001）

全长 853mm。分布：东海、台湾西部沿海及澎湖列岛、南海；日本、印度-西太平洋。

6（5）幼体光滑，较大者背面及胸鳍具细小星状细鳞；体常具白斑·····························**鹰状无刺鲼**
A. milvus（**Müller & Henle，1841**）（图262）。大洋性鱼类，常大群出现于海的中上层，平时栖
息于底层水深约 220m 处。卵胎生。全长达 1.17m。分布：东海、台湾海峡、南海；印度-西太
平洋。

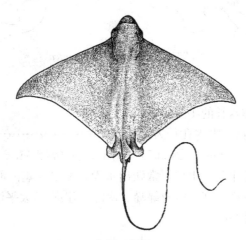

图 262　鹰状无刺鲼 A. milvus
（依朱元鼎，孟庆闻等，2001）

前口蝠鲼属 Manta Bancroft，1829

双吻前口蝠鲼 M. birostris（**Walbaum，1792**）（图263）。暖水性中上层罕见大型鱼类，栖息于底、
中层。行动敏捷，有时上升至表层，有时降入底层栖息，好成群游泳。卵胎生。为鲼类中最大者，成鱼
体盘宽达 6m，全长达 8m，重逾 2t。分布：黄海、东海、台湾东部沿海、南海；热带和温带各海域。
数量稀少，《中国物种红色名录》列为濒危［EN］物种。

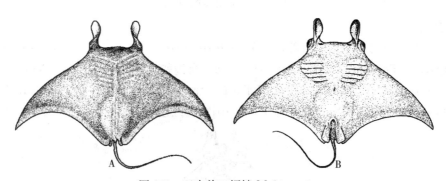

图 263　双吻前口蝠鲼 M. birostris
A. 背面　B. 腹面
（依朱元鼎，孟庆闻等，2001）

蝠鲼属 Mobula Rafinesque，1810
种 的 检 索 表

1（2）具尾刺；尾长约为体盘长的 2 倍余 ·· **日本蝠鲼**
M. japonica（**Müller & Henle，1841**）（图264）。暖温性中上层大型鱼类。栖息底、中层，卵胎
生。全长达 3.1m，罕见大型鱼类。分布：东海、台湾海峡、南海；朝鲜半岛南岸、日本、南
非。数量稀少，《中国物种红色名录》列为濒危［EN］物种。

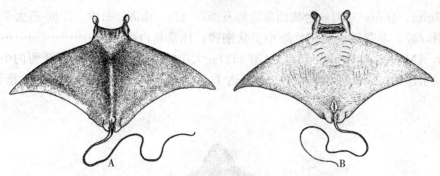

图 264　日本蝠鲼 *M. japonica*

A. 背面　B. 腹面

（依朱元鼎，孟庆闻等，2001）

2（1）无尾刺；尾长短于或为体盘长的 1～1.5 倍

3（4）尾长为体盘长的 1～1.5 倍；喷水孔径为眼径的 1/4 ⋯⋯⋯⋯⋯⋯⋯⋯⋯⋯⋯⋯ **蝠鲼**
M. mobular（Bonnaterre，1788）（图 265）［syn. 无刺蝠鲼 *M. diabolus*（Shaw，1804）］。暖温性中上层大型鱼类，栖息于底、中层，常跃出水面，发出巨响。卵胎生。全长达 1.7m，罕见大型鱼类。分布：东海、台湾南部沿海及绿岛、南海；印度-西太平洋。数量稀少，《中国物种红色名录》列为濒危［EN］物种。

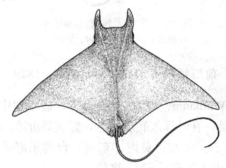

图 265　蝠鲼 *M. mobular*

（依朱元鼎，孟庆闻等，2001）

4（3）尾长短于体盘长

5（6）喷水孔位于胸鳍基部上方；体背部黄褐色 ⋯⋯⋯⋯⋯⋯⋯⋯⋯⋯⋯⋯⋯ **褐背蝠鲼**
M. tarapacana Philippi，1892)（图 266）（syn. 台湾蝠鲼 *M. formosana* Teng，1962）。栖息于暖流系海域，春夏之交经常洄游于黑潮流域的台湾沿海。卵胎生。全长达 3m，罕见大型鱼类。分布：台湾基隆及苏澳沿海。数量稀少，《中国物种红色名录》列为濒危［EN］物种。

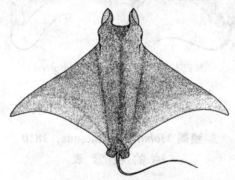

图 266　褐背蝠鲼 *M. tarapacana*

（依朱元鼎，孟庆闻等，2001）

6（5）喷水孔位于胸鳍基部下方；体背部暗褐色 ⋯⋯⋯⋯⋯⋯ **印度蝠鲼 *M. thurstoni*（Lloyd，1908）**
（图 267）。沿岸至外洋水域栖息鱼类。分布：台湾；日本，印度-西太平洋。

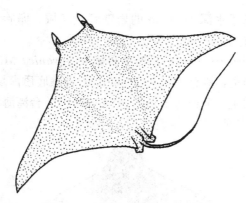

图 267　印度蝠鲼 *M. thurstoni*
（依山口等，2013）

鲼属 *Myliobatis* Cuvier，1817

鸢鲼 *M. tobijei* Bleeker，1854（图 268）。温带海域中底层鱼类，多于近沿海活动，深度从近海潮间带至 333m 深水域。卵胎生。全长达 1.5m。分布：渤海、黄海、东海、台湾海域、南海；朝鲜半岛南岸、日本、印度-西太平洋。

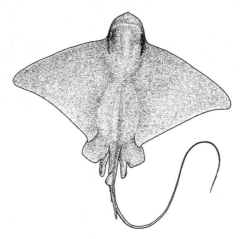

图 268　鸢鲼 *M. tobijei*
（依朱元鼎，孟庆闻等，2001）

牛鼻鲼属 *Rhinoptera*，Cuvier，1829
种 的 检 索 表

1（2）上下颌齿各 9 行·······················**海南牛鼻鲼 *R. hainanica* Chu，1960**（图 269）。热带和暖

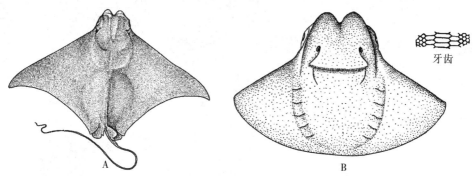

图 269　海南牛鼻鲼 *R. hainanica*
A. 背面　B. 腹面
（依朱元鼎，孟庆闻等，2001）

温带近海底层鱼类，栖息于水深1～60m的岩礁底质海域。卵胎生。全长1.5m。分布：南海。数量稀少，《中国物种红色名录》列为濒危［EN］物种。

2（1）上下颌齿各7行⋯⋯⋯⋯⋯⋯⋯⋯⋯⋯⋯**爪哇牛鼻鲼 *R. javanica* Müller & Henle, 1841**（图270）。
热带和暖温带近海底层鱼类，栖息于水深1～60m的岩礁底质海域。常大群出现于海洋中上层，多半栖于底、中层。卵胎生。全长达1.5m。分布：东海、台湾海域、南海；印度-西太平洋。数量稀少，《中国物种红色名录》列为濒危［EN］物种。

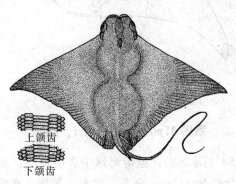

图270 爪哇牛鼻鲼 *R. javanica*

（依朱元鼎，孟庆闻等，2001）

辐鳍鱼纲
ACTINOPTERYGII

辐鳍鱼纲（条鳍鱼纲）ACTINOPTERYGII

本纲是种类最多的一个类群。上泥盆纪至今。偶鳍无中轴骨，不呈叶状；无内鼻孔。

鳞为硬鳞或骨鳞（圆鳞或栉鳞），也有许多种类无鳞。尾鳍一般为正尾型；小鳍若有时则鳍条与体相连，而不与鳍棘相连；胸鳍辐鳍骨与肩胛骨、乌喙骨联合体连接。内骨骼一般为硬骨，上下颌、鳃盖骨系和肩带等有膜骨出现。通常有间鳃骨和鳃盖条。心脏具发达的动脉球。松果腺孔罕见或消失。一般无喷水孔。

本纲有3亚纲67目469科4 440属约30 500种，其中，44%的鱼类为已知的淡水种（Nelson et al.，2016）。

枝鳍鱼亚纲（腕鳍鱼亚纲）CLADISTIA

菱形硬鳞；具喷水孔；背鳍具5～18游离（小）鳍，每一游离鳍各具一棘并附有一或数鳍条。

胸鳍基部为可动性肉质叶，鳍条附骨化辐状骨上，而辐状骨又接在中间一块大的中鳍基软骨板和二骨化的棒状前后鳍基骨上，并不直接与肩胛骨和乌喙骨连接。无间鳃盖骨。具1对喉板。上颌骨完全与脑颅结合。无内鼻孔。鳔2叶，内多分隔，开口于食道腹面，可进行呼吸。心脏有动脉圆锥；有后大动脉。无泄殖腔。肠内有螺旋瓣。

本亚纲仅1目，即多鳍鱼目POLYPTERIFORMES。

多鳍鱼目 POLYPTERIFORMES

栖息于非洲淡水中。代表性种类有**多鳍鱼**（***Polypterus bichir* Lacepède，1803**）（图271）。体延长，具腹鳍，凶猛鱼类，成鱼主食鱼类。仔鱼有外鳃。体长300～400mm，最大达1.2m。供食用，肉味佳。

本目有1科（即多鳍鱼科）约2属14种；中国不产。

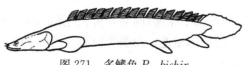

图271　多鳍鱼 *P. bichir*

软骨硬鳞鱼亚纲（软质亚纲）CHONDROSTEI

颌骨与外翼骨紧连且与前鳃盖骨相接。背鳍与臀鳍的每一支鳍骨可支持数枚鳍条。鳞为菱形硬鳞，或有的为圆鳞。头顶膜骨均被硬鳞质，且不沉入皮下。眼大，前位。背鳍1个。

本亚纲仅1目，即鲟形目。

十七、鲟形目 ACIPENSERIFORMES

体延长，梭形。吻长，体被5行骨板。胸鳍低位。背鳍和臀鳍后位，鳍条数多于支鳍骨数目；腹鳍在背鳍前方；尾鳍歪形或呈鞭状，尾柄及尾鳍上叶有菱形硬鳞，上叶长于下叶。肛门与泄殖孔开口于腹鳍基底附近。内骨骼为软骨。头部有膜骨。无喉板、前鳃盖骨和间鳃盖骨，也无椎体。前颌骨和上颌骨附于外翼骨和腭骨。左右腭方骨与筛骨区或蝶骨区不相连。有喷水孔。鳔大，鳔管和食道背面相连。食道短。胃部膨大，有幽门囊。肠短，有发达的螺旋瓣。有动脉圆锥。

鲟鱼类是世界现存鱼类中最古老和最原始的1目，其化石出现于古生代的志留纪到二叠纪的地质年代，距今已有1.5亿年的历史，素有"活化石"之称。自然分布于北回归线以北的亚洲、欧洲和北美洲水域，为淡水或海栖溯河产卵洄游鱼类，有些种类兼有淡水性和溯河性两种类型。

本目的经济价值很高，肉肥美，列为上品，供鲜食，熏制后其味更佳。有"黑色黄金"之称的卵（鱼子）可制鱼子酱，为名贵食品。皮可制革；鳔和脊索可制胶。2010年世界产量3万t，主要生产国为俄罗斯。中国鲟鱼养殖发展很快，2015年年产量已达90 828t（《2016中国渔业统计年鉴》）。

中国境内自然分布的鲟鱼类，分别栖息于长江水系（中华鲟、白鲟、达氏鲟）、黑龙江水系（史氏鲟、达氏鳇）、伊犁河水系（裸腹鲟）及额尔齐斯河水系（小体鲟、西伯利亚鲟）。目前，可形成捕捞渔业产量的只有黑龙江史氏鲟和鳇，年产量100～200t，占世界鲟渔业产量的1%左右。

鲟鱼类隶属辐鳍鱼纲、软骨硬鳞鱼亚纲、鲟形目。本目有2科6属27种（Nelson et al.，2016）；中国有2科3属8种，另有1属1种由美国移入中国养殖。

科 的 检 索 表

1（2）体具5行骨板；口前吻须4 ·· 鲟科 Acipenseridae
2（1）体裸露，仅尾鳍上叶具棘状硬鳞；口前吻须2 ············· 长吻鲟科（匙吻鲟科）Polyodontidae

50. 鲟科 Acipenseridae

体被5行骨板。吻长，圆锥形或铲状。眼小，侧位。鼻孔大，每侧2个，位于眼前缘。口腹位。口前吻须2对。成鱼无颌齿。鳃盖膜与峡部相连或不相连。鳃耙短小。无鳃盖骨、鳃盖条。背鳍1个，后位；尾鳍歪形，有时尾端呈丝状延长（拟铲鲟属 Pseudoscaphirhynchus）；尾鳍两侧密生多行硬鳞。

栖息在水体中下层。海河洄游性和江河定居性的种类，在产卵期均向河上游移动。冬季多在河道或近岸深水处。仔鱼期一般食浮游生物。幼鱼期多以底栖的水生寡毛类、水生昆虫、小型鱼虾及软体动物为主要食物。成鱼期摄食底栖动物或动植物渣滓，铲鲟（Scaphirhynchus）则仍以浮游生物为食。

本科有4属25种（Nelson et al.，2016）；中国有2属7种。

属 的 检 索 表

1（4）口裂小，呈横沟状；鳃盖膜与峡部不相连；两侧骨板大（图272）·························· **鲟属 Acipenser**
2（1）口裂大，呈半月形；鳃盖膜与峡部相连；两侧骨板小（图273）·························· **鳇属 Huso**

口呈半月形

图272 鲟属的口部
（依细谷，2013）

口呈横沟状

图273 鳇属的口部
（依细谷，2013）

鲟属 *Acipenser* Linnaeus，1758
种 的 检 索 表

1（10）下唇中断

2（3）体侧骨板多于58··················**小体鲟** *A. ruthenus* Linnaeus，1758（图 274）。栖息于河流中。最大体长达 800 mm。分布：新疆的额尔齐斯河水系；俄罗斯的黑海、里海、鄂毕河、叶尼塞河等淡水水域中。现我国已从俄罗斯引进试养。

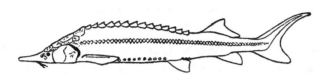

图 274　小体鲟 *A. ruthenus*
（依张世义，2001）

3（2）体侧骨板少于58

4（9）吻较尖长；口前吻部长大于宽；外侧吻须不达口角

5（8）吻须较长；须长等于或大于须基距口前缘的 1/2

6（7）前背侧硬鳞 9～14 个，第一硬鳞不特别大 ·················**达氏鲟** *A. dabryanus*（Dumeril，1869）（图 275）。喜在流速较缓、多腐殖质和底栖生物沙质或卵石底的河湾深处栖息。全长 150～1 050 mm。分布：四川，湖北长江中上游的干支流。数量稀少，国家一级重点保护水生野生动物，《中国物种红色名录》列为濒危［EN］物种。

图 275　达氏鲟 *A. dabryanu*s
（依伍献文，1963）

7（6）前背侧硬鳞 11～17 个，第一硬鳞最大·····················**史氏鲟** *A. schrenckii* Brandt，1869（图 276）。栖于淡水河川，很少进入湖泊。喜涡流水，多在沙砾底深水处活动。最大全长 1.2m。分布：黑龙江省松花江水系；俄罗斯阿穆尔河水系。经济鱼类，供食用。

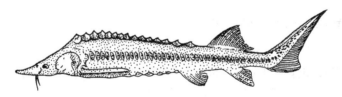

图 276　史氏鲟 *A. schrenckii*
（依伍献文，1963）

8（5）吻须很短，须长小于须基距口前缘的 1/2·····················**中华鲟** *A. sinensis* Gray，1835（图 277）。近海生长，为大型溯河洄游鱼类，性成熟后进入金沙江产卵。最大全长 2.4m。分布：东海及长江、黄河、珠江；日本九州西岸、东京湾。数量稀少，国家一级重点保护水生野生动物，《中国物种红色名录》列为濒危［EN］物种。

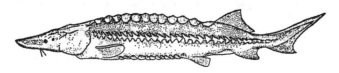

图 277　中华鲟 *A. sinensis*
（依伍献文，1963）

9（4）吻钝圆；口前吻部长小于宽；外侧吻须达口角·····················**西伯利亚鲟 *A. baerii* Brandt,
1869**（图 278）。溯河性鱼类。最大全长可达 2m 以上。分布：额尔齐斯河流域；俄罗斯鄂毕河至
科累马河流域。

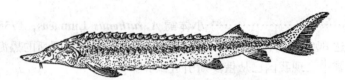

图 278　西伯利亚鲟 *A. baerii*
（依张世义，2001）

10（1）下唇不中断·····················**裸腹鲟 *A. nudiventris* Lovetsky，1828**（图 279）。溯河性、肉
食性鱼类。分布：新疆伊犁河；欧洲多瑙河到咸海水系的锡尔河流域。供食用。

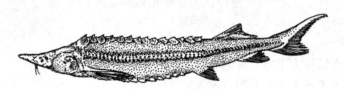

图 279　裸腹鲟 *A. nudiventris*
（依张世义，2001）

鳇属 *Huso* Brandt，1869

鳇 *H. dauricus*（Georgi, 1778）（图 280）。栖于水流缓慢、沙砾底质的中下层江河内。最大全长
达 5.6m；年龄达百龄以上。分布：黑龙江水系。经济鱼类。

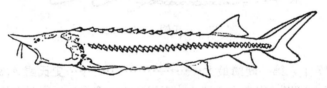

图 280　鳇 *H. dauricus*
（依伍献文，1963）

51. 长吻鲟科（匙吻鲟科）Polyodontidae

体光滑，仅具细小斜方形小鳞。头光滑，无骨板。尾鳍上缘有一纵行棘状鳞。吻延长，突出，桨状
或圆锥状。无假鳃。鳃盖膜相连。口大，下位，弧形。上下颌不能伸缩，有细小颌齿。鳃耙细长密列或
粗短稀疏。吻须细小，2 或 1 对。尾鳍歪形，末端不延长。

本科有 2 属 2 种：即产于中国的白鲟 *Psephurus gladius* 和产于美国的长吻鲟 *Polyodon spathula*。

属 的 检 索 表

1（2）吻桨状；尾鳍上硬鳞多（13～20）··························长吻鲟属（匙吻鲟属）*Polyodon*

2（1）吻剑状；尾鳍上硬鳞少（6～7）···································白鲟属 *Psephurus*

长吻鲟属（匙吻鲟属）*Polyodon* Lacepède，1797

长吻鲟 *P. spathula*（Walbaum，1792）（图 281）。栖息于流速较慢的大型河流，很少出现在小支流
中。最大全长 1.8m。分布：原产美国中、北部，1994 年由美国移至我国养殖。供食用，具一定的经济
价值。

图 281　长吻鲟 *P. spathula*
（依张世义，2001）

白鲟属 *Psephurus* Günther，1873

白鲟 *P. gladius*（Martens，1862）（图 282）。海淡水洄游鱼类，生活于大江干流的开阔水面，栖息于水的中下层。性凶猛，以鱼为食。最大全长 7.0m。分布：东海、长江干流，钱塘江偶见。白鲟曾为中国特有的大型珍贵食用鱼类之一，肉卵均可食用，鳔和脊索可制胶，具较大的经济价值。20 世纪 60 年代初，还可在上海吴淞口采集到全长达 20～30cm 的白鲟幼体。但近 20 年来稀有捕获，近 10 年来极罕见，已列为国家一级重点保护水生野生动物，《中国物种红色名录》列为极危［CR］物种［中国特有种（endemic to China）］。据报道，2020 年初，长江特有物种、有"中国淡水鱼之王"之称的白鲟，虽经 10 年的禁捕，仍未能游入新的一年，被宣布绝灭（extinet，EX）（2020 年 1 月 3 日，中国青年网）。

图 282　白鲟 *P. gladius*
（依伍献文，1963）

新鳍鱼亚纲 NEOPTERYGII

背鳍和臀鳍鳍条数和支鳍骨数一致；前颌骨内突起形成嗅窝的前部；续骨发育呈舌颌软骨的一个旁支。

本亚纲具 2 目（雀鳝目、弓鳍鱼目）及 1 部（真骨鱼部）。

雀鳝目 LEPISOSTEIFORMES

两颌细长，具针状齿；歪形尾、具厚的硬鳞，侧线鳞 50～65。背鳍后位，鳍条少。鳃盖条 3。犁骨 1 对。凶猛掠食性淡水鱼类（图 283），偶见于河口咸淡水域，罕见于海水。大者 2～3m。产于北美洲东部、中美洲和古巴，中国不产。

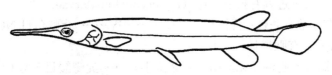

图 283　雀鳝 *Lepisosteus* spp.

弓鳍鱼目 AMIIFORMES

尾鳍为半歪型尾；背鳍基长，具 48 鳍条。具大的中央喉板。鳃盖条 10～13。鳔有肺的作用。无幽门盲囊。最大体长约 900mm。雄鱼尾鳍基上方有鲜明的黑斑。有护卵习性，能用植物造独特的盘状巢穴。淡水鱼类，分布在北美河流湖泊中。

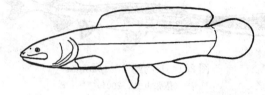

图 284　弓鳍鱼 *Amia calva*

本目只弓鳍鱼 *Amia calva* Linnaeus（图 284）1 种。中国不产。

真骨鱼部 TELEOSTEI

正型尾；有发达的椎体；头骨中膜骨发达，通常由齿骨、关节骨和隅骨所组成。骨质鳞片，一般无闪光质层，只鲱形目中化石的薄鳞亚目有此层。与前述各目不同点为心脏无动脉圆锥而具动脉球；肠无螺旋瓣。鳔通常以鳔管与肠管相通，高等鱼类则无鳔管。背鳍和臀鳍的鳍条数与支鳍骨数一致。肛门和泄殖孔不位于腹鳍基底附近。鳃膜有鳃盖条支持，一般有间鳃盖骨。

可划分为两大类群：一类较少特化，如鲱形总目、骨舌鱼总目、鳗鲡总目、骨鳔总目、银汉鱼总目。特征是腹鳍位于腹部中央；鳍通常无棘；胸鳍通常位低；背鳍通常 1 个，有些有脂鳍；腹鳍条数目较多，通常多于 6 条。鳔以管连于肠管。有的目以 4 对小骨（韦伯氏器）连于脑颅和鳔之间。鳞常为圆鳞。口裂上缘为前颌骨和上颌骨组成。有的头腹面有喉板。因腹鳍腹位，也有称这一类为腹位真骨鱼类（teleostei abdominalis）。

另一类较多特化，如鲑鲈总目、鲈形总目和蟾鱼总目。特征是腹鳍胸位、亚胸位或喉位。鳍通常有棘；胸鳍基部位高，且常具垂直位置。背鳍 1～3 个；腹鳍条数目减少；鳔无鳔管。鳞片大多为栉鳞。口裂上缘由前颌骨组成。这一类腹鳍前移，也称前位真骨鱼类（teleostei anteriores）。

真骨鱼类迄今仍是脊椎动物中种类最为丰富、最多样化和分化最大的类群，它们广泛分布于世界各大河川湖泊和海洋。全球 63 目 469 科 4 610 属约有 29 585 种，占所有鱼类总数的 96%（Nelson et al.，2016）；产中国海洋及河口真骨鱼类有 32 目。

真骨鱼部产于中国海洋及河口鱼类各目检索表

1（2）体被硬鳞或裸露，尾为歪型尾 ·················· 鲟形目 ACIPENSERIFORMES

2（1）体被圆鳞、栉鳞或裸露，尾一般为正尾型，有时消失

3（30）鳔存在时有鳔管，各鳍无真正的鳍棘

4（5）体前部第二与第三及第四椎骨愈合，并与第一椎骨组成韦伯氏器；两颌具齿；具长须 ·············
·················· 鲇形目 SILURIFORMES

5（4）体前部椎骨正常，不形成韦氏器

6（11）体呈鳗形或细长，发育过程有狭首幼体（leptocephalous larvae）期

7（8）有腹鳍；背鳍、臀鳍常有鳍棘；无眶蝶骨 ·················· 背棘鱼目 NOTACANTHIFORMES

8（7）无腹鳍；各鳍无鳍棘；有眶蝶骨

9（10）口巨大，袋状；眼位于吻端；无尾鳍；胸鳍微小 ····· 囊鳃鳗目 SACCOPHARYNGIFORMES

10（9）口小，或中大，不呈袋状；眼不近吻端；尾鳍有或无；胸鳍有或无·················
·················· 鳗鲡目（鳗形目）ANGUILLIFORMES

11（6）体不呈鳗形，具腹鳍；发育过程无狭首幼体（leptocephalous larvae）期

12（15）上颌口缘由前颌骨构成

13（14）无发光器 ·················· 仙女鱼目 AULOPIFORMES

14（13）具发光器 ·················· 灯笼鱼目 MYCTOPHIFORMES

15（12）上颌口缘一般由前颌骨和上颌骨构成

16（23）有脂鳍，有侧线

17（18）体具发光器 ·· 巨口鱼目 STOMIIFORMES

18（17）体无发光器

19（20）颌骨不正常 ·· 水珍鱼目 ARGENTINIFORMES

20（19）颌骨正常

21（22）最后椎骨向上弯，鳃盖条 10～20 枚 ··········· 鲑形目 SALMONIFORMES

22（21）最后椎骨正常，鳃盖条 6～7 枚 ············· 胡瓜鱼目 OSMERIFORMES

23（16）无脂鳍

24（25）颏部有喉板，发育过程有狭首幼体期 ············· 海鲢目 ELOPIFORMES

25（24）颏部无喉板，或缩成细条；发育过程无狭首幼体期

26（27）背鳍位于体的很后部，有侧线，体被圆鳞或栉鳞，无上颌辅骨 ···········
·· 鼠鱚目 GONORHYNCHIFORMES

27（26）背鳍位于体的中部

28（29）有侧线；口颇小，下腹位；上颌向后远不伸达眼前缘。腹鳍条 10 ···········
························· 北梭鱼目（狐鲣目）ALBULIFORMES

29（28）无侧线或仅前部几枚鳞片有侧线孔，口大，端位、上位或下位；上颌向后伸达眼前缘或更后；
腹鳍条 7～8 ·················· 鲱形目 CLUPEIFORMES

30（3）鳔存在时无鳔管

31（32）胸鳍基部呈柄状；鳃孔位于胸鳍基底后 ············· 鮟鱇目 LOPHIIFORMES

32（31）胸鳍正常，基部不呈柄状；鳃孔通常位于胸鳍基底前方

33（34）上颌骨与前颌骨牢固相连或愈合；无腹鳍 ········· 鲀形目 TETRAODONTIFORMES

34（33）上颌骨不与前颌骨相连或愈合

35（36）体不对称，两眼位于体的一侧 ············· 鲽形目 PLEURONECTIFORMES

36（35）体左右对称，眼位于头两侧

37（44）背鳍无鳍棘（银汉鱼科例外）

38（41）背鳍、臀鳍较长，不呈后位；腹鳍胸位、喉位或颏位

39（40）体有鳞；常有颏须；具 1～3 个背鳍，1～2 个臀鳍；腹鳍胸位或喉位，具 7～11 鳍条，或无腹
鳍 ·· 鳕形目 GADIFORMES

40（39）体有细圆鳞；无颏须；具 1 背鳍，1 臀鳍；腹鳍喉位或颏位，具 1～2 鳍条，或无腹鳍；奇
鳍常相连 ·················· 鼬鳚目（鼬鱼目）OPHIDIIFORMES

41（38）背鳍、臀鳍多呈后位；腹鳍腹位

42（43）体无侧线或侧线不发达，鼻孔每侧 2 个；腹鳍位体之中部 ······ 银汉鱼目 ATHERINIFORMES

43（42）体有侧线，鼻孔每侧 1 个；腹鳍位体之后半部 ······ 颌针鱼目（鹤鱵鱼目）BELONIFORMES

44（37）背鳍一般具鳍棘

45（56）有眶蝶骨，如无眶蝶骨；腹鳍具 1 鳍棘或无鳍棘

46（53）腹鳍常有 1 鳍棘，3～13 鳍条；腰带与匙骨相接

47（48）尾鳍主鳍条 10～13 枚 ·················· 海鲂目（的鲷目）ZEIFORMES

48（47）尾鳍主鳍条 18～19 枚

49（50）犁骨、腭骨无齿，无眶蝶骨，上颌辅骨消失或退化，无鳍棘或鳍棘短弱，背鳍中位 ···········
·· 奇金眼鲷目 STEPHANOBERYCIFORMES

50（49）犁骨、腭骨一般具齿，具眶蝶骨，上颌辅骨 1～2 块；鳍棘发达

51（52）颏部有须 1 对，鳃盖条 4 枚 ············· 须鳂目（银眼鲷目）POLYMIXIIFORMES

52（51）颏部无须，鳃盖条 8 或 9 枚 ·················· 金眼鲷目 BERYCIFORMES

53（46）腹鳍无鳍棘，具 1～17 鳍条；腰带与乌喙骨相接

54（55）体前部肥大，向后渐呈辫状；腹鳍鳍条单一，喉位 ⋯⋯⋯⋯⋯⋯⋯⋯⋯⋯⋯⋯⋯⋯⋯

⋯⋯⋯⋯⋯⋯⋯⋯⋯⋯⋯⋯⋯⋯⋯⋯⋯⋯⋯⋯⋯⋯ 辫鱼目（软腕鱼目）ATELEOPODIFORMES

55（54）体侧扁而高或带形；腹鳍如存在，多为胸位 ⋯⋯⋯⋯⋯⋯⋯ 月鱼目 LAMPRIDIFORMES

56（45）无眶蝶骨

57（58）腰带不与匙骨相接，吻常呈管状；背鳍、臀鳍、胸鳍鳍条大多不分支 ⋯⋯⋯⋯⋯⋯

⋯⋯⋯⋯⋯⋯⋯⋯⋯⋯⋯⋯⋯⋯⋯⋯⋯⋯⋯⋯⋯⋯⋯⋯⋯⋯⋯ 刺鱼目 GASTEROSTEIFORMES

58（57）腰带与匙骨相接，吻通常不呈管状；背鳍、臀鳍、胸鳍鳍条大多分支

59（60）腹鳍腹位或亚胸位；背鳍 2 个，分离颇远 ⋯⋯⋯⋯⋯⋯⋯⋯ 鲻形目 MUGILIFORMES

60（59）腹鳍存在时胸位至喉位；背鳍如为 2 个时，相距较近

61（62）第三眶下骨后延形成眼下骨架，与前鳃盖骨相接 ⋯⋯⋯⋯⋯ 鲉形目 SCORPAENIFORMES

62（61）第三眶下骨正常，不与前鳃盖骨相接 ⋯⋯⋯⋯⋯⋯⋯⋯⋯⋯⋯ 鲈形目 PERCIFORMES

十八、海鲢目 ELOPIFORMES

体延长，侧扁，近于纺锤形，腹部无棱鳞。颏部喉板有或无。口前位。上颌口缘由前颌骨和上颌骨组成，或仅由前颌骨组成。辅上颌骨 1～2 块。两颌、犁骨、腭骨均具绒毛状齿带。鳃孔大，鳃盖完全，不与峡部相连。鳃盖条 14～16 或 23～35。具间鳃盖骨。体被圆鳞，胸腹鳍基部具发达的腋鳞。侧线完全。背鳍 1 个，无硬棘，最后鳍条有时延长呈丝状；臀鳍位于背鳍后下方；胸鳍下侧位；腹鳍腹位，具 10～18 鳍条；尾鳍深叉形。仔鱼为叶状幼体，个体发育中经过明显变态。

本目有 2 科 2 属 9 种（Nelson et al.，2016）；中国有 2 科 2 种。

科 的 检 索 表

1（2）有假鳃；背鳍最后鳍条不延长 ⋯⋯⋯⋯⋯⋯⋯⋯⋯⋯⋯⋯⋯⋯⋯⋯⋯ 海鲢科 Elopidae

2（1）无假鳃；背鳍最后鳍条延长为丝状 ⋯⋯⋯⋯⋯⋯⋯⋯⋯⋯⋯ 大海鲢科 Megalopidae

52. 海鲢科 Elopidae

体延长，侧扁，腹部平，无棱鳞。口大，前位。颏部有喉板。假鳃大。侧线鳞通常 95～120。侧线管不分支。背鳍条通常 20～25，最后背鳍不延长；臀鳍条通常 13～18；腹鳍位于背鳍始点下方或后方，鳍条通常 12～16。吻骨 2 块。副蝶骨有齿。上颌缘由前颌骨和上颌骨组成，辅上颌骨 2 块，无隅骨。鳃盖条 27～35。椎骨 63～79。尾神经棘 4。具尾髓骨和尾下骨。肩带无远端辐状骨。鳔不与耳通。无动脉圆锥。

分布：热带、亚热带海洋中。

本科有 1 属 7 种（Nelson et al.，2016）；中国有 1 属 1 种。

海鲢属 *Elops* Linnaeus，1766

大眼海鲢 *E. machnata*（Forsskål，1775）（图 285）[syn. 蜥海鲢 *E. saurus* Günther，1868（non Linnaeus）；夏威夷海鲢 *E. hawaiiensis* Jordan & Richardson，1909]。暖海沿岸性表层鱼类，幼鱼进

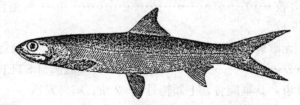

图 285　大眼海鲢 *E. machnata*

（依王文滨，1962）

入咸淡水及淡水水域。体长 136~245mm。分布：东海 、台湾海峡、南海；朝鲜半岛、日本、夏威夷、澳大利亚，印度-太平洋海域。经济鱼类。

53. 大海鲢科 Megalopidae

体延长，侧扁。口大，前位或上位。有喉板；无假鳃；侧线管分支。背鳍条 13~21，始于腹鳍始点的稍后上方，最后背鳍条延长为丝状；臀鳍条通常 22~29；腹鳍条 10~11。吻骨 1 块。两颌、犁骨、腭骨、翼骨和舌上均有绒毛状齿。上颌缘由前颌骨和上颌骨组成。辅上颌骨 2 块，无隅骨。鳃盖条 23~27。尾神经棘 3。通常鳔与耳相通。动脉圆锥有 2 行活瓣。

本科有 1 属 2 种（Nelson et al.，2016）；中国有 1 属 1 种。

大海鲢属 *Megalops* Lacepède，1803

本属有 2 种。一种是分布在印度-西太平洋的大海鲢 *M. cyprinoides*；另一种是分布在西大西洋的大西洋海鲢 *M. atlanticus*。

大海鲢 *M. cyprinoides*（Broussonet，1782）（图 286）。暖海沿岸性表层鱼类，幼鱼进入咸淡水及淡水水域。体长 250~390mm。分布：东海、台湾海峡、南海；朝鲜半岛、日本、美国夏威夷、澳大利亚、东非，印度-西太平洋海域。经济鱼类。

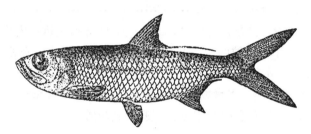

图 286　大海鲢 *M. cyprinoides*
（依王文滨，1962）

十九、北梭鱼目（狐鲣目）ALBULIFORMES

吻端突出于口。口下位。颏部无喉板或缩成细条。腹鳍条 10~14。上颌向后远不伸达眼前缘。上颌口缘主要由前颌骨组成。鳃盖条 6~16。尾鳍有尾下骨 6。眶下管（侧线）伸达前颌骨上。

本目有 3 科 8 属 30 种（Nelson et al.，2016）；中国有 2 科 2 属 3 种。

科 的 检 索 表

1（2）背鳍基短，鳍条不到 20；鳃盖条多于 10 ························· 北梭鱼科（狐鲣科）Albulidae
2（1）背鳍基长，鳍条在 50 以上；鳃盖条少于 10 ························· 长背鱼科 Pterothrissidae

54. 北梭鱼科（狐鲣科）Albulidae

上颌缘的大部分是前颌骨，仅上颌缘的末端一小部分是无齿的上颌骨。每侧有一块辅上颌骨。无隅骨。膜腭骨和主腭骨有齿。颏部无喉板，具中翼骨及副蝶骨。副蝶骨具齿。眶蝶骨和基蝶骨愈合而为完全骨化的眼间隔。后颞窝和侧颞窝被遮盖。动脉圆锥有 2 行活瓣。鳔不与耳通。

暖水性底层鱼类，栖息于沿岸河口、内湾沙泥底质的咸淡水域，偶见于珊瑚礁外围的沙地。群游性。利用尖吻挖掘和摄食沙泥中的蛤、蠕虫及甲壳类。

本科有 1 属 10 种（Nelson et al.，2016）；中国有 1 属 2 种。

北梭鱼属（狐鳁属）*Albula* Gronow，1763
种 的 检 索 表

1（2）下颌尖突；侧线鳞77～80；椎骨77～78 ·························· **东海北梭鱼（东海狐鳁）**
　　　A. koreana Kwun & Kim，2011（图287）。栖息于沿岸近底层水深1～30m的沙泥底质海区或近
　　　海河口处。于浅水域内湾活动，挖食沙泥地中无脊椎动物，臼齿可磨碎食物硬壳。最大体长
　　　350mm。分布：台湾北部；韩国东南部沿海、西北太平洋区海域。全年皆产，春夏季较多，近
　　　海底拖网捕捞。肉质普通，产量不大。

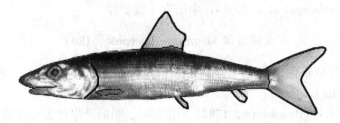

图287　东海北梭鱼（东海狐鳁）*A. koreana*
（依台湾鱼类资料库，李柏锋）

2（1）下颌圆；侧线鳞66～70；椎骨67～69 ···························· **北梭鱼（狐鳁）**
　　　A. glossodonta（Forsskål，1775）（图288）。栖息于热带和亚热带沿岸水深0～40m的沙泥近底
　　　层海区或近海河口处。于浅水域的内湾活动，挖食沙泥地中的无脊椎动物，臼齿可磨碎食物硬
　　　壳。最大体长900mm。分布：东海、台湾海域及离岛、南海；朝鲜半岛、日本、美国夏威夷，
　　　印度-太平洋海域。经济鱼类。因食物累积关系，产珊瑚礁区大型个体常含珊瑚礁鱼毒素（雪卡
　　　毒素 ciguateric toxins），误食会引起中毒，应避食其内脏。

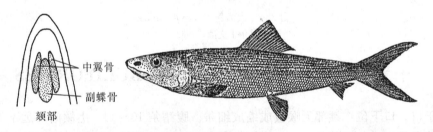

图288　北梭鱼（狐鳁）*A. glossodonta*
（依蓝泽等，2013）

55. 长背鱼科 Pterothrissidae

　　体延长，腹部圆。头狭长，裸露，无须，无喉板，黏液管很发达。吻尖。眼大。口小，下位。上颌
口缘由前颌骨组成。辅上颌骨1块。唇厚。上下颌各具1行小齿，犁骨和腭骨无齿。鳃盖完全。鳃孔
宽，鳃盖膜不与峡部相连。鳃盖条6。具假鳃。体被圆鳞。侧线鳞85～112。背鳍基很长，占体背面大
部分，具50～65鳍条；无脂鳍；臀鳍后位，具12鳍条；胸鳍下位；腹鳍腹位，起点在背鳍起点的远后
下方；尾鳍叉形。具鳔。

　　深海鱼类。

　　本科有1属2种，即分布于大西洋东部的贝氏长背鱼 *Pterothrissus belloci* 和分布于太平洋西部的
长背鱼 *P. gissu*；中国有1属1种。

长背鱼属 *Pterothrissus* Hilgendorf，1877

　　长背鱼 *P. gissu* Hilgendorf，1877（图289）。成鱼栖息于水深410～587m的较深岩礁底海域，最深
可达1 000m；幼鱼栖息于较浅水域。体长367～500mm。分布：东海大陆架斜坡、台湾东北部沿海；

日本，西-北太平洋区。罕见鱼种。

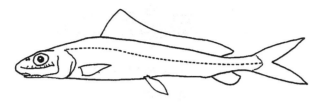

图 289　长背鱼 *P. gissu*
（依蓝泽等，2013）

二十、背棘鱼目 NOTACANTHIFORMES

体鳗形，尾部细长，尾端尖。吻显著突出于口前。眼小，被皮膜覆盖。口小，下位。口裂上缘由前颌骨和上颌骨组成，或仅由前颌骨组成；上颌骨后背缘具一向后伸的棘。鳃盖膜与峡部分离。臀鳍低长，与尾鳍合并；腹鳍腹位，具 7～11 鳍条，两腹鳍接近，彼此以膜相连，或至少在基部相连；尾鳍不明显或无。有些种类具发光器。

深海鱼类，栖息水深 125～4 900m，多数 450～2 500m。

本目有 2 科 6 属 27 种（Nelson et al.，2016）；中国有 2 科 5 属 6 种。

科 的 检 索 表

1（2）上颌骨具齿；背鳍完全在肛门前上方；鳞大，纵列鳞少于 30 ·············· 海蜥鱼科 Halosauridae
2（1）上颌骨无齿；背鳍少部分在肛门前上方；鳞小，纵列鳞多于 50 ········ 背棘鱼科 Notacanthidae

56. 海蜥鱼科 Halosauridae

体延长，近鳗形，稍侧扁，腹部圆，尾部尖细。头锥形；吻平扁，显著突出。口小，下位。前颌骨和上颌骨具齿。鳃盖膜与峡部分离；鳃盖条骨 9～23。背鳍鳍条 9～13，无棘，位于肛门远前上方。鳞大，纵列鳞少于 30。腹鳍腹位，左右腹鳍靠近，由皮膜相连；臀鳍基底长；胸鳍位高；无尾鳍。头部感觉管明显。

分布于各大洋温暖海区，多栖息于大陆架斜坡较深的海域，水深 400～5 000m。繁殖期雌雄异形。

本科有 3 属 16 种（Nelson et al.，2016）；中国有 3 属 4 种。

属 的 检 索 表

1（4）侧线鳞区不呈黑色
2（3）头顶部裸露无鳞；侧线鳞显著大于其上下的鳞片，侧线鳞位于体侧最下部 ·····················
············· 海蜴鱼属 Aldrovandia
3（2）头顶部两鼻孔间后方具鳞；侧线鳞稍大于其上下的鳞片，侧线鳞至腹部有 2～3 列鳞片········
··········· 海蜥鱼属 Halosaurus
4（1）侧线鳞区黑色··············· 拟海蜥鱼属 Halosauropsis

海蜴鱼属 *Aldrovandia* Goode & Bean, 1896
种 的 检 索 表

1（2）第一鳃弓鳃耙数 13～15 枚；体色为浅褐色至白色，头部及鳃部银白色·····················
异鳞海蜴鱼 *A. affinis* (Günther，1877)（图 290）。栖息于水深 730～2 615m 的深海肉食性鱼类，食桡足类及其他甲壳动物以及有机碎屑。体长 550mm。分布：东海、台湾沿岸浅水域；日本，三大洋温带及热带水域。无经济价值。

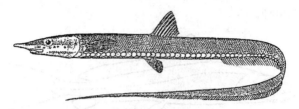

图 290　异鳞海蜥鱼 A. affinis

2（1）第一鳃弓鳃耙数 19～24 枚；体色为暗灰色，头部颜色多变，鳃部呈暗褐色或黑色⋯⋯⋯⋯⋯⋯
⋯⋯⋯⋯裸头海蜥鱼 A. phalacra (Vaillant, 1888)（图 291）。栖息于水深 500～2 300m 的深海
鱼类。食端足类、虾等甲壳类及有机碎屑。最大体长 500mm。分布：台湾南部海域；除地中海
外，全球温带及亚热带海域、印度-西太平洋区。不供食用，无经济价值。

图 291　裸头海蜥鱼 A. phalacra
（依台湾鱼类资料库）

拟海蜥鱼属 Halosauropsis Collett, 1896

短吻拟海蜥鱼 H. macrochir (Günther, 1878)（图 292）。栖息于水深 1 165～3 300m 的深海鱼类。食
乌贼类软体动物、糠虾等。体长 900mm。分布：台湾西南及东北部海域有采样记录；日本，西印度洋
及西太平洋温带至热带海域。不供食用，无经济价值。

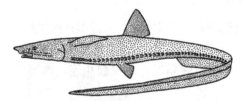

图 292　短吻拟海蜥鱼 H. macrochir
（依中坊等，2013）

海蜥鱼属 Halosaurus Johnson, 1864

中华海蜥鱼 H. sinensis Abe, 1974（图 293）。栖息于水深 695～720m 的深海鱼类。食乌贼类软体动
物及糠虾等甲壳类。分布：南海。数量少，不供食用，无经济价值［中国特有种（endemic to China）］。

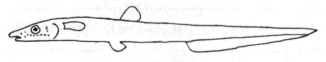

图 293　中华海蜥鱼 H. sinensis

57. 背棘鱼科 Notacanthidae

体鳗形，尾端尖细。吻显著突出。口小，下位，横裂，每侧口角处具一尖棘，多少隐于皮褶中。口
裂上缘仅由前颌骨组成；鳃盖膜与峡部分离；鳃盖条 6～13；体被小圆鳞，侧线鳞 50 以上。背鳍由 6～
40 游离短棘和不明显的鳍条组成，或无鳍条；臀鳍基底长，前部为游离棘，后部为鳍条，与尾鳍相连；
胸鳍短，基部肉质；腹鳍腹位，常有皮膜相连；尾鳍不明显。

分布于各大洋温暖海区，多栖息于大陆坡水深 125～3 500m 的海域。

本科有 3 属 11 种（Nelson et al.，2016）；中国有 2 属 2 种。

属 的 检 索 表

1（2）吻圆钝；背鳍具 5～15 棘；腹鳍具 3～4 棘、6～11 鳍条 ·················· 背棘鱼属 *Notacanthus*

2（1）吻尖突；背鳍具 26～40 棘；腹鳍具 1 棘、6～10 鳍条 ············ 多刺背棘鱼属 *Polyacanthonotus*

背棘鱼属 *Notacanthus* Bloch，1788

长吻背棘鱼 *N.abbotti* Fowler，1934（图 294）。栖息水深 2 50～1 000m 的深海鱼类。体长 200mm。分布：东海、台湾；日本，印度-西太平洋、大西洋温带至热带海域。罕见种。

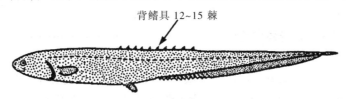

背鳍具 12~15 棘

图 294　长吻背棘鱼 *N.abbotti*
（依中坊等，2013）

多刺背棘鱼属 *Polyacanthonotus* Bleeker，1874

白令海多刺背棘鱼 *P.challenger*（Vaillant，1888）（图 295）。栖息水深 700～3 700m 的深海鱼类。体长 200mm。分布：台湾；日本，西北太平洋、白令海、印度-西太平洋、大西洋海域。罕见种。

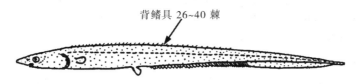

背鳍具 26~40 棘

图 295　白令海多刺背棘鱼 *P.challenger*
（依中坊等，2013）

二十一、鳗鲡目（鳗形目）ANGUILLIFORMES

体相当延长，呈圆筒状或侧扁。头圆或尖，略为纵扁。口端位、下位或略为上位。吻短至相当延长尖突。胸鳍有或无；无腹鳍；背鳍有或无，不具硬棘，起点位于头部、身体中央至尾部；臀鳍起点位于胸鳍下方至尾部；尾鳍有或无，通常与背鳍棘臀鳍相连，也有呈细丝状者。体光滑或具有细鳞，鳞片多被皮肤包埋，不明显。

降河性洄游鱼类。在江河、溪流或湖泊中成长，甚至在河口水域生活，性成熟后大批降河，在海洋中繁殖。卵孵化后为体透明的柳叶鳗，发育成线鳗后溯河而生长。一般白天潜伏于石缝或土穴中，夜间出来活动。体壮而有力，性凶猛，以鱼类、虾及蟹等为食。由于体侧覆盖黏液，可暂时离开水面，在晚上时蠕行于陆地，由一水域到另一水域。

本目有 19 科 159 属 938 种（Nelson et al.，2016）；中国有 13 科 74 属 214 种。

科（亚科）的检索表

1（4）吻相当细长，呈尖刺状；前后鼻孔均位于眼前缘

2（3）鳃裂相当大，斜列；胸鳍小；背鳍起点在臀鳍之后；肛门远在胸鳍之后················· ··· 锯犁鳗科 Serrivomeridae

3（2）鳃裂小，接近垂直；胸鳍中等大小；背鳍起点在胸鳍上方；肛门位于胸鳍下方或者远在胸鳍之

后 ……………………………………………………………………………… 线鳗科 Nemichthyidae

4（1）吻端圆钝或者略细长，但不呈尖刺状；前后鼻孔位置不等

5（10）侧线孔少或无，局限于鳃裂上方

6（7）有侧线孔，位于鳃孔之前；后鼻孔位于眼下，贴近上颌边缘 ………… 草鳗科 Chlopsidae

7（6）无侧线孔；后鼻孔位于眼前，远高于上颌边缘

8（9）无胸鳍；肛门位于身体中央或之后，躯干长远大于头长 …………… 海鳝科（鯙科）Muraenidae

9（8）有胸鳍；肛门位于身体中央之前，躯干长约等于头长 ………………………………………
………………………………………… 合鳃鳗科（短身前肛鳗属）Synaphobranchidae（Dysommina）

10（5）侧线孔多，延伸至身体前的 1/4

11（16）下颌略延伸超过上颌

12（13）具有胸鳍；具有鳞片；身体中等延长 ……………………………… 鳗鲡科 Anguillidae

13（12）胸鳍有或无；不具鳞片；身体相当细长

14（15）头小；不具胸鳍；背鳍及臀鳍发达，基底相当长；肛门位于身体中央之前 ………………
………………………………… 康吉鳗科（异康吉鳗亚科）Congridae（Heterocongrinae）

15（14）头大；胸鳍有或无；背鳍及臀鳍基底相当短，局限在后端；肛门远在身体中央之后…………
………………………………………… 蚓鳗科（蚓鳗属）Moringuidae（Moringua）

16（11）上颌与下颌等齐或上颌略延伸超过下颌

17（18）身体相当粗短；头部具有许多皮瓣；肛门位于身体中央之后 …………………………
………………………………… 短尾康吉鳗科（短糯鳗科）Colocongridae

18（17）身体中等延长至相当细长；头部不具皮瓣；肛门位于身体中央之前

19（20）尾部末端裸出，不具鳍条或不明显 ………… 蛇鳗科（蛇鳗亚科）Ophichthyidae（Ophichthinae）

20（19）尾部末端具有鳍条

21（22）吻相当短，口如括约肌般开口，口裂未达眼睛 …………………………………………
………………………………… 合鳃鳗科（寄生鳗亚科）Synaphobranchidae（Simenchelyinae）

22（21）吻中等至细长，口裂达眼睛前缘或远超过眼睛后方

23（24）鳃孔相当接近，中间无明显间隔 …………………………………………………………
………………………………… 合鳃鳗科（合鳃鳗亚科）Synaphobranchidae（Synaphobranchinae）

24（23）鳃孔分离，间距明显

25（26）躯干长小于或接近头长 ………… 合鳃鳗科（前肛鳗亚科）Synaphobranchidae（Dysomminae）

26（25）躯干远大于头长

27（28）不具有胸鳍；后鼻孔位于眼睛前方中线、中线之上或头背部 ……… 鸭嘴鳗科 Nettastomatidae

28（27）具有胸鳍；后鼻孔位于眼睛前方或吻部

29（30）前鼻孔位于吻中央 ………………………………………… 海鳗科 Muraenesociade

30（29）前鼻孔位于吻前端

31（32）前后鼻孔位于吻端；颈部略细于身体其他部位 ………………… 项鳗科 Derichthyidae

32（31）后鼻孔位于眼前方；颈部粗细与身体其他部位相仿

33（34）上下颌不具肉质皱褶 ………………… 蛇鳗科（油鳗亚科）Ophichthidae（Myrophinae）

34（33）上下颌具有明显肉质皱褶

35（36）尾部相当细长，多为接近丝状 ………… 康吉鳗科（康吉鳗亚科）Congridae（Congrinae）

36（35）尾部钝且短，末端圆 ………… 康吉鳗科（渊油鳗亚科）Congridae（Bathymyrinae）

58. 鳗鲡科 Anguillidae

体略延长，前部圆筒状，后部侧扁。口裂微斜或平直，向后延伸超过眼后缘。眼大，雄鱼尤其发达。吻圆且钝。齿细小而尖锐，两颌齿及犁骨齿呈带状排列。具鳞，鳞片细小，埋于皮下。具侧线。具

胸鳍。背鳍起点远在肛门前上方。肛门位于体中央之前。

河海洄游性，成鳗降海至深海产卵。幼苗经历柳叶期后长成银鳗。后溯河而上，在淡水内成长。以淡水蛙类、蟹类及鱼类为食。分布：全球热带及温带水域。

本科有 2 属 22 种（Nelson et al.，2016）；中国有 1 属 6 种。

鳗鲡属 *Anguilla* Schrank，1798
种 的 检 索 表

1（8）体表布满不规则斑纹

2（5）头长大于背鳍起点至肛门间水平距离

3（4）背鳍起点位于躯干中央；全长为背鳍起点至肛门距离的 10 倍以下·················
云纹鳗鲡 *A. nebulosua* McClelland，1844（图 296）。淡水，洄游性。全长达 120cm。分布：怒江水系南丁河；印度洋东非至苏门答腊岛。供食用。

图 296　云纹鳗鲡 *A. nebulosua*
（依 Zhou，1990）

4（3）背鳍起点位于躯干中央后方，离肛门较近；全长为背鳍起点至肛门距离的 10 倍以上··········
················**西里伯鳗鲡 *A. celebesensis* Kaup，1856**。淡水，洄游性。全长达 150cm。分布：台湾宜兰；泰国、印度尼西亚、菲律宾至新几内亚。

5（2）头长小于或等于背鳍起点至肛门间水平距离

6（7）背鳍起点位于第 21 节脊椎骨处；全长为背鳍起点至肛门距离的 8 倍以上·················
吕宋鳗鲡 *A. luzonensis* Watanabe，Aoyama & Tsukamoto，2009（syn. *Anguilla huangi* Teng，Lin & Tzeng，2009）。淡水，洄游性；全长达 100cm。分布：台湾；菲律宾。肉食性，幼苗于台湾北部及中部野外有采获记录，成鳗则于兰屿有发现记录。夏季里洄游至菲律宾沿海地区，繁殖季节应在冬春之际。在冬季发现的鳗苗数量则较少。

7（6）背鳍起点在胸鳍后端至肛门的中间点的前上方；全长为背鳍起点至肛门距离的 8 倍以下·········
················**花鳗鲡 *A. marmorata* Quoy & Gaimard，1824**（图 297）。淡水，洄游性。全长达 200cm。分布：台湾、浙江以南沿海；日本，印度-西太平洋广泛分布。肉味美，富含脂肪及蛋白质，珍贵食用鱼类，群众历来都当作滋补食品。

图 297　花鳗鲡 *A. marmorata*
（依匡庸德，1990）

8（1）体表颜色较为均一，不具斑纹

9（10）背鳍起点与臀鳍起点几相对；总脊椎骨数 106～115 ················**双色鳗鲡**
***A. bicolor* McClelland，1844**（图 298）。淡水，洄游性。全长达 125cm。分布：台湾；日本，印度-西太平洋。供食用。

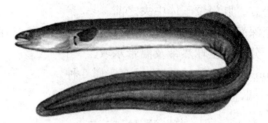

图 298　双色鳗鲡 A. bicolor
（依郑义郎，2007）

10（9）背鳍起点在胸鳍后端至肛门的中间点，远在臀鳍起点前上方；总脊椎骨数112～119⋯⋯⋯⋯⋯⋯⋯⋯⋯⋯⋯⋯⋯**日本鳗鲡 A. japonica Temminck & Schlegel，1846**（图 299）。淡水，洄游性。全长达 150cm。分布：中国沿海、台湾；西太平洋日本至菲律宾。肉味美，产量大，淡水养殖对象。2015 年，中国年产 23.2 万 t（《2016 中国渔业统计年鉴》）。重要经济鱼类。

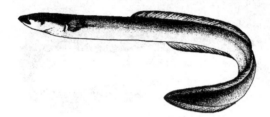

图 299　日本鳗鲡 A. japonica
（依匡庸德，1990）

59. 蚓鳗科 Moringuidae

体中等延长至相当细长；大部分呈圆筒状，末端侧扁。口中大，向后延伸至眼下或眼后。下颌略较上颌向前。牙齿细小，通常为1～2列。后鼻孔位于眼前。肛门远在身体中点之后。胸鳍可随成长而变大。未成熟时眼睛不发达，随成长渐明显。背鳍起点远距于头部，约在身体中央略前或后；臀鳍起点位于肛门之后或远在肛门之后。不具鳞片。侧线完整或仅达肛门处。除下颌外，头部不具感觉孔。

海水鱼，底栖性。栖息于河口地区或河川下游，部分种类栖息于珊瑚礁附近。分布：印度-西太平洋及西大西洋。

本科有 2 属 15 种（Nelson et al.，2016）；中国有 1 属 3 种。本科物种分类仍相当不完整，中国记录物种仍需进一步确认。

蚓鳗属 Moringua Gray，1831
种 的 检 索 表

1（2）背鳍与尾鳍不明显相连⋯⋯⋯⋯⋯⋯⋯⋯⋯⋯⋯⋯**大鳍蚓鳗 M. macrochir Bleeker，1853**（图 300）。海水鱼，浅海沙泥底。全长达 400mm。栖息水深 15m。分布：东海（福建以南沿海）；西太平洋日本至菲律宾。

图 300　大鳍蚓鳗 M. macrochir
（依朱元鼎等，1984）

2（1）背鳍与尾鳍相连，中间无缺刻

3（4）全长为头长的 9.2 倍；头长为吻长的 9.8 倍；口裂约至眼的后缘；背鳍起点在肛门上方之后、臀鳍的上方稍后；臀鳍在肛门的稍后　⋯⋯⋯⋯⋯⋯**大头蚓鳗 M. macrocephalus（Bleeker，1863）**（图 301）。海水鱼，浅海或珊瑚礁区。全长达 330mm。栖息水深 0～15m。分布：台湾；西太平洋日本至菲律宾、萨摩亚群岛。

图 301　大头蚓鳗 *M. macrocephalus*
（依匡庸德，1990）

4（3）全长为头长的 11.8 倍；头长为吻长的 7.2 倍；口裂超过眼后缘；背鳍起点在肛门上方之后、臀鳍之上⋯⋯⋯⋯⋯⋯⋯**短线蚓鳗 *M. abbreviata*（Bleeker，1863）**（图 302）。海水鱼，浅海，也生存于河口。全长达 410mm。栖息水深 0～15m。分布：东海（福建以南沿海）、台湾海域；越南、马来西亚。

图 302　短线蚓鳗 *M. abbreviata*
（依郑义郎，2007）

60. 草鳗科（拟鲑科）Chlopsidae

体短或略延长，侧扁；肛门位于体中点之前。眼发达。吻短，略较下颌向前。齿细小，圆锥状或针状，上下颌具 2 至多列齿，犁骨具 2～4 列齿。前鼻孔位于吻端，后鼻孔位置多变。眼前至开孔在口内皆有。鳃孔小，位于头两侧。无鳞。背鳍及臀鳍发达；胸鳍有或无。侧线孔通常 1～2。

海水鱼，底栖性。栖息于珊瑚礁或沙泥底，深度通常不超过 100m。分布于太平洋、大西洋及印度洋。世界有 8 属 22 种（Nelson et al.，2016）；中国有 3 属 3 种。

属 的 检 索 表

1（2）无胸鳍；吻扁 ⋯⋯⋯⋯⋯⋯⋯⋯⋯⋯⋯⋯⋯⋯⋯⋯⋯⋯⋯**唇鼻鳗属 *Chilorhinus***

2（1）具胸鳍；吻为圆锥状

3（4）左右犁骨齿分别为单列或双列，平行且中间具有一沟槽；身体不具明显双色；总脊椎骨数 97～98
⋯⋯⋯⋯⋯⋯⋯⋯⋯⋯⋯⋯⋯⋯⋯⋯⋯⋯⋯⋯⋯⋯⋯⋯⋯⋯**眶鼻鳗属 *Kaupichthys***

4（3）前方犁骨齿双列，左右各一列；后方单一列；身体明显双色；总脊椎骨数 120 ⋯⋯⋯⋯⋯⋯
⋯⋯⋯⋯⋯⋯⋯⋯⋯⋯⋯⋯⋯⋯⋯⋯⋯⋯⋯⋯⋯⋯⋯**草鳗属 *Chlopsis***

唇鼻鳗属 *Chilorhinus* Lütken，1852

扁吻唇鼻鳗 *C. platyrhynchus*（Norman，1922）（图 303）。浅海至深海底栖性。全长达 185mm。栖息水深 7～200m。分布：台湾；日本，印度-西太平洋偶见。

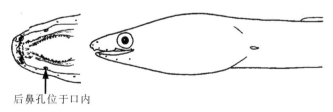

后鼻孔位于口内

图 303　扁吻唇鼻鳗 *C. platyrhynchus*
（依波户冈，2013）

草鳗属 *Chlopsis* Rafinesque，1810

南海草鳗 *C. nanhaiensis* Tighe，Ho，Pogonoski & Hibino，2015。浅海底栖性。全长达 270mm。栖息水深约 100m。分布：台湾东港。

眶鼻鳗属 *Kaupichthys* Schultz，1943

双齿眶鼻鳗 *K. diodontus* Schultz，1943。浅海底栖性，栖息于珊瑚礁区。全长达 3.0m。栖息水深 0～56m。分布：台湾；印度-西太平洋偶见。

61. 海鳝科（鯙科）Muraenidae

体圆柱状，尾部侧扁。头长。身被厚皮，且分泌有黏液，皮肤上的色素细胞多且密集。体表无鳞。口大；齿十分锐利，排列形式独特；无舌。后鼻孔为圆孔状、管状或短管状。鳃裂孔状；第四对鳃弓变粗特化，与位于食道上、下方的咽头齿板相连，形成一辅助咽食的骨质构造。无胸鳍及腹鳍；背鳍基底起始于鳃孔前方；背鳍、臀鳍与尾鳍相连。体色及斑点变化大，有单色、细点、圆点、不规则花纹及条纹等，是本科鱼类分类时的重要依据。

广泛分布于全世界的温带、热带海域，少数几种可进入淡水域生活。它们属于捕食者，多半夜间出外掠食其他鱼类，有的种类则以底栖动物或甲壳类等为食。大部分种类白天躲在珊瑚礁穴或岩块下，仅头部露出洞口，尾部蜷缩在洞内，张口呼吸时即显露出其锐利的牙齿；少部分种类如管鼻鳝则生活在沙地海域。由于皮肤厚且有黏液保护，使得它们能在珊瑚礁缝及岩缝中穿梭而不受伤。有些鳝类具有性别两色现象，且伴随有性转变发生；有的种类先雌后雄（protogynus），有的先雄后雌（protandry）。如黑身管鼻鳝（*Rhinomuraena quaesita*）幼鱼为黑色，随成长而变为艳蓝色且带有黄色鳍的雄鱼，待完全变为黄色时则已性转变为雌鱼。

本科全世界有 2 亚科 16 属 200 种（Nelson et al.，2016）；大陆和中国台湾记录 2 亚科 13 属 71 种。

亚 科 的 检 索 表

1（2）背鳍、尾鳍及臀鳍各止于尾部末端，且相连多不明显（图 304）·· 尾鳍亚科（鳍尾鯙亚科）Uropteryginae

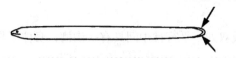

图 304　尾鳍亚科

2（1）背鳍、尾鳍及臀鳍彼此相连且明显（图 305）····························· 海鳝亚科 Muraeinae

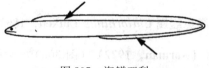

图 305　海鳝亚科

尾鳍亚科（鳍尾鯙亚科）Uropteryginae

背鳍和臀鳍受限制于尾尖端，具骨质化鳃骨。世界上有 5 属 19 种，包括高眉鳝属（*Anarchias*）、鳝鳝属（*Channomuraena*）、颌须鳝属（*Cirrimaxilla*）、鞭尾鳝属（*Scuticaria*）和尾鳍鳝属（*Uropterygius*）5 属；中国有 5 属 11 种。

属 的 检 索 表

1（2）上下颌具须状构造·· 颌须鳝属（须鯙属）*Cirrimaxilla*

2（1）上下颌无须

3（4）后鼻孔邻接1个扩大的上眼窝孔，呈现类似双后鼻孔的构造。成鱼小型，不超过200mm ······
··· **高眉鳝属（裸臀鳝属）*Anarchias***

4（3）后鼻孔单个，不与1个上眼窝孔邻接

5（6）口裂小，体延长而呈圆柱状，尾部侧扁且较短

6（5）口裂大，体延长而呈圆柱状，尾部侧扁 ······ **鳗鳝属（裂口鳝属）*Channomuraena***

7（8）尾长仅为鱼体全长的1/3，颌部较短且圆钝（图306）······ **鞭尾鳝属（长圆鳝属）*Scuticaria***

8（7）尾长约为鱼体全长的1/2，成鱼体长小至中型（图307）····· **尾鳝属（鳍尾鳝属）*Uropterygius***

 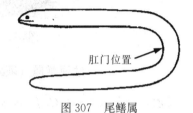

图306　鞭尾鳝属　　　　　　　　　　图307　尾鳝属

高眉鳝属（裸臀鳝属）*Anarchias* Jordan & Starks，1906

后鼻孔邻接1个扩大的上眼窝孔，呈现类似双后鼻孔的构造。成鱼小型，细长，吻不突出，超过20cm。常生活在珊瑚礁附近的浅海。

种 的 检 索 表

1（2）体灰白色 ····················· **坎顿高眉鳝（广东裸臀鳝）*A. cantonensis*（Schultz，1943）**
（图308）。幼鱼为外洋性，成鱼为珊瑚礁底栖性鱼类。体长219mm。分布：台湾东部、西沙群岛珊瑚岛；南中太平洋凤凰群岛中的坎顿岛。可供食用。

图308　坎顿高眉鳝（广东裸臀鳝）*A. cantonensis*
（依 Jones & Kumuran，1980）

2（1）体黑褐色

3（4）头部感觉孔和后鼻孔淡褐色 ················· **暗色高眉鳝（暗色裸臀鳝）*A. fuscus* Smith，1962**
（图309）。幼鱼为外洋性，成鱼为珊瑚礁底栖性鱼类。体长167mm。分布：西沙群岛永兴岛；非洲东海岸至印度洋中部海域。可供食用。

图309　暗色高眉鳝（暗色裸臀鳝）*A. fuscus*
（依 Jones & Kumuran，1980）

4（3）头部感觉孔和后鼻孔白色·· **褐高眉鳝（褐裸臀鳝）**
***A. allardicei* Jordan & Starks，1906**（图310）。幼鱼为外洋性，成鱼为珊瑚礁底栖性鱼类。体长

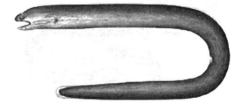

图310　褐高眉鳝（褐裸臀鳝）*A. allardicei*
（依郑义郎，2007）

189～215mm。分布：台湾南部及澎湖列岛、垦丁；印度-太平洋区。可供食用。

鳗鳝属（裂口鳝属）*Channomuraena* Bleeker，1848

宽带鳗鳝（环带裂口鳝）*C. vittata*（Richardson，1845）（图311）。珊瑚礁底栖鱼类。栖息水深5～100m。体长1.5m。分布：台湾海域；印度-太平洋、大西洋区。可供食用。

图311 宽带鳗鳝（环带裂口鳝）*C. vittata*

颌须鳝属（须鳝属）*Cirrimaxilla* Chen et Shao，1995

台湾颌须鳝（台湾胡鳝）*C. formosa* Chen & Shao，1995（图312）。珊瑚礁底栖性鱼类。栖息水深0～5m。体长166mm。分布：台湾恒春南湾。可供食用。

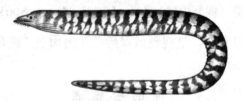

图312 台湾颌须鳝（台湾胡鳝）*C. formosa*
（依郑义郎，2007）

鞭尾鳝属（长圆鳝属）*Scuticaria* Jordan & Snyder，1901
种 的 检 索 表

1（2）体底色为橙黄色，具有虎斑状黄色边缘的黑褐斑；总脊椎骨数166～174··································
鞭尾鳝（虎斑长圆鳝）*S. tigrina*（Lesson，1828）（图313）。珊瑚礁浅海域，栖息水深8～25m。体长1.4 m。分布：台湾南部海域、西沙群岛；印度-太平洋。可供食用。

图313 鞭尾鳝（虎斑长圆鳝）*S. tigrina*
（依郑义郎，2007）

2（1）体黄褐色，具有细或粗的暗黑色大理石纹；总脊椎骨数131～139··································
石纹鞭尾鳝（石点长圆鳝）*S. marmoratus*（Lacepède，1803）（图314）。栖息水深1～20m。礁区底栖性。体长620mm。分布：台湾南部海域；印度-西太平洋区。可供食用。

图314 石纹鞭尾鳝（石点长圆鳝）*S. marmoratus*
（依 Jones & Kumuran，1980）

尾鳍鳝属（鳍尾鯙属）*Uropterygius* Rüppell，1838
种 的 检 索 表

1（2）体无斑纹，灰褐色·······**单色尾鳍鳝（单色鳍尾鯙）*U. concolor* Rüppell，1838**
（图 315）。小型珊瑚礁鱼类。栖息水深 0～25m。体长达 482mm。分布：海南海口及莺歌海；红海、夏威夷群岛至大洋洲。

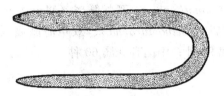

图 315　单色尾鳍鳝（单色鳍尾鯙）*U. concolor*
（依波户冈，2013）

2（1）体有斑纹
3（4）全长/体高值小于 16 倍，脊椎骨数小于 105；脊椎骨数 100～103 ·······
少椎尾鳍鳝（寡椎鳍尾鯙）*U. oligospondylus* Chen，Randall & Loh，2008（图 316）。栖息水深 0～15 m。体长达 535mm。栖息于沿岸浅层的礁岩。分布：台湾台东；西太平洋、所罗门群岛。罕见鱼种，无食用价值，仅供学术参考。

图 316　少椎尾鳍鳝（寡椎鳍尾鯙）*U. oligospondylus*
（依陈鸿鸣）

4（3）全长/体高值大于 17 倍，脊椎骨数大于 105
5（6）体灰白色，背侧颜色较暗，掺杂有褐色网状斑；总脊椎骨数 115～120 ·······
大头尾鳍鳝（巨头鳍尾鯙）*U. macrocephalus*（Bleeker，1864）（图 317）。栖息在珊瑚岩礁区。栖息水深 1～14m。体长 470mm。分布：台湾南部、东北部及兰屿海域；印度-太平洋区。

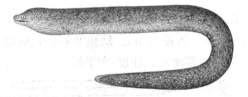

图 317　大头尾鳍鳝（巨头鳍尾鯙）*U. macrocephalus*
（依郑义郎，2007）

6（5）体黑褐色，有网状纹，浅褐色交杂；总脊椎骨数 114～118 ·······
短鳍尾鳍鳝（小鳍鳍尾鯙）*U. micropterus*（Bleeker，1852）（图 318）。栖息于潮间带或亚潮带的珊

图 318　短鳍尾鳍鳝（小鳍鳍尾鯙）*U. micropterus*
（依郑义郎，2007）

瑚岩礁海域，栖息水深在 3m 以内。体长 300mm。分布：台湾东南部、小琉球及兰屿；印度-西太平洋区。体型小，无食用价值。可供饲养观赏。

海鳝亚科 Muraeninae

背鳍、尾鳍及臀鳍彼此相连且明显。背鳍起点接近或者在鳃孔之前；臀鳍起点紧接肛门之后，无下鳃骨。其包含蛇鳝属（*Echidna*）、泽鳝属（*Enchelycore*）、狭颈海鳝属（*Enchelynassa*）、裸海鳝属（*Gymnomuraena*）、裸胸鳝属（*Gymnothorax*）、孤蛇鳝属（*Monopenchelys*）、海鳝属（*Muraena*）、拟蛇鳝属（*Peudechidna*）、管鼻鳝属（*Rhinomuraena*）、双犁海鳝属（*Siderea*）及弯牙海鳝属（*Strophidon*）等 11 属。本亚科有 9 属 93 种；中国有 9 属 60 种。

属 的 检 索 表

1（6）体特别延长，体长为体高的 30 倍以上
2（3）前鼻孔管具叶状突；吻和下颌端具须状突 ················· 管鼻鳝属（管鼻鯙属）*Rhinomuraena*
3（2）前鼻孔为简单的管状；吻和下颌无须状突
4（5）体褐色；鳍后部外缘黑色 ·················· 弯牙海鳝属（长鯙属）*Strophidon*
5（4）体乳白色；鳍带有细圆白边 ·················· 拟蛇鳝属（拟蝮鯙属）*Pseudechidna*
6（1）体不特别延长，体长为体高的 30 倍以下
7（12）吻短而钝，齿较短且圆钝
8（9）尾长短于头长和躯干长；齿白状 ·················· 裸海鳝属（裸海鯙属）*Gymnomuraena*
9（8）尾长大于或等于头长和躯干长
10（11）齿白状或颗粒状 ·················· 蛇鳝属（蝮鯙属）*Echidna*
11（10）齿圆锥状 ·················· 双犁海鳝属（星斑鯙属）*Siderea*
12（7）吻部较尖长，齿尖状
13（14）颌部延长呈钩状，两颌不能闭合，多数颌齿外露 ·············· 泽鳝属（勾吻鯙属）*Enchelycore*
14（13）颌部多不弯曲，两颌可以闭合
15（16）前鼻孔不延长 ·················· 裸胸鳝属（裸胸鯙属）*Gymnothorax*
16（15）前鼻孔延长为叶状瓣 ·················· 狭颈海鳝属（鼻瓣鯙属）*Enchelynassa*

管鼻鳝属（管鼻鯙属）*Rhinomuraena* Garman，1888

大口管鼻鳝（黑身管鼻鯙）*R. quaesita* Garman，1888（图 319）。吻端至肛门长度为全长的 1/3。总脊椎骨数 270～286。栖息水深 1～67m。体长 1.3m。幼鱼及亚成鱼体黑色；雄鱼体蓝色；雌鱼体黄色。栖息在岩礁附近的沙地。分布：台湾南部海域；印度-太平洋。

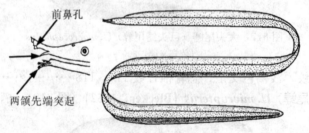

图 319　大口管鼻鳝（黑身管鼻鯙）*R. quaesita*
（依波户冈，2013）

弯牙海鳝属（长鯙属）*Strophidon* McClelland，1844
种 的 检 索 表

1（2）鱼体极度延长；肛门位于鱼体中央点之前；体褐色；总脊椎骨数 183～196·····················

……**长尾弯牙海鳝（长鳝）** *S. sathete*（**Hamilton，1822**）（图320）。栖息于沙泥底。栖息水深0～15 m。体长4.0m。分布：东海（福建）、台湾东南部海域、海南（三亚）；印度-西太平洋区。

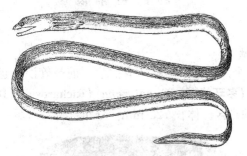

图320 长尾弯牙海鳝（长鳝）*S. sathete*
（依郑义郎，2007）

2（1）鱼体极度延长；肛门位于鱼体长中央点；总脊椎骨数164～167 ……………………………
长背弯牙海鳝（长背长鳝） *S. dorsalis* **Seale，1917**（图321）。栖息于大陆架沿岸沙泥底。栖息水深100～200m。体长820mm。分布：台湾东南部海域、南海架（香港）；越南。

图321 长背弯牙海鳝（长背长鳝）*S. dorsalis*

拟蛇鳝属（拟蝮鳝属） *Pseudechidna* **Bleeker，1863**

拟蛇鳝（布氏拟蝮鳝） *P. brummeri*（**Bleeker，1859**）（图322）。栖息于水深1～8m的礁石、沙泥底或石砾堆。体长1.03m。分布：东海（福建）、台湾东南部海域及兰屿；印度-西太平洋区。

头部具黑色小点

图322 拟蛇鳝（布氏拟蝮鳝）*P. brummeri*
（依波户冈，2013）

裸海鳝属（裸鳝属） *Gymnomuraena* **Lacepède，1803**

条纹裸海鳝（斑马裸鳝） *G. zebra*（**Shaw，1797**）（图323）。脊椎骨数124～137。栖息于水深3～50m的沿岸礁岩洞穴。体长1.5m。分布：台湾东北部、东部、南部、小琉球及澎湖列岛等海域；印度-太平洋区。可食用。

图323 条纹裸海鳝（斑马裸鳝）*G. zebra*
（依波户冈，2013）

蛇鳝属（蝮鯙属）*Echidna* Forster，1788
种 的 检 索 表

1（4）体具黑色环带或星状大斑
2（3）体色白，体表有 25～30 个黑色环带，嘴角有黑痕；前鼻管淡黄色；脊椎骨数132～137··········
·················**多带蛇鳝（多环蝮鯙）*E. polyzona*（Richardson，1845）**（图 324）。岩礁鱼类。栖
息于水深 2～20m 的珊瑚礁区。体长 723 mm。分布：台湾海域；印度-太平洋。

图 324　多带蛇鳝（多环蝮鯙）*E. polyzona*

3（2）体色乳黄色，体表有 20～30 个黑色星斑，嘴角黄色；脊椎骨数 119～127··················
云纹蛇鳝（星带蝮鯙）*E. nebulosa*（Ahl，1789）（图 325）。栖息于水深 1～48m 的珊瑚岩礁。体长
100 cm。分布：台湾海域；印度-太平洋。以前所记录的波氏裸胸鳝（*G. boschii*）为本种的异名。

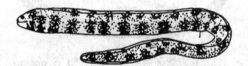

图 325　云纹蛇鳝（星带蝮鯙）*E. nebulosa*
（依波户冈，2013）

4（1）体具不规则的白色斑点或淡褐色斑点
5（6）体具不规则的白色斑点；脊椎骨数 115 ·························· **黄点蛇鳝（黄斑蝮鯙）**
E. xanthospilos（Bleeker，1859）（图 326）。栖息于水深 100m 的热带珊瑚礁区。体长 75cm。分
布：台湾东南部海域；西中太平洋区，印度尼西亚、巴布亚新几内亚。

图 326　黄点蛇鳝（黄斑蝮鯙）*E. xanthospilos*
（依郑义郎，2007）

6（5）体具不规则的淡褐色斑点 ·························· **棕背蛇鳝 *E. delicatula*（Kaup，1856）**
（图 327）。礁岩鱼类。栖息水深 1～30m。体长达 650mm。分布：台湾海域、南海诸岛；印度-太平洋区。

图 327　棕背蛇鳝 *E. delicatula*
（依张世义，1979）

双型海鳝属（星斑鲩属）*Siderea*（Kaup，1856）
种 的 检 索 表

1（2）体呈白色，眼虹彩具十字黑斑 ·· **花斑双型海鳝（花斑星斑鲩）**
S. picta（Ahl，1789）（图 328）。齿缘略呈锯齿状。脊椎骨数 128～135。栖息于水深 5～100m 的
珊瑚礁。体长 140cm。分布：中国西沙群岛，台湾东部、东北部海域及澎湖列岛；印度-太平洋
区，西起红海、东非，东至夏威夷群岛，北至日本，南至澳大利亚等海域。

图 328　花斑双型海鳝（花斑星斑鲩）*S. picta*
（依郑义郎，2007）

2（1）体呈黄褐色，眼虹彩纯白色 ·· **密点双型海鳝（密点星斑鲩）**
S. thyrsoideus（Richardson，1845）（图 329）。牙齿为圆锥状。脊椎骨数 125～137。栖息于水深
0～30m 的潮间带及亚潮带的珊瑚、岩礁缝隙中。体长 66cm。分布：南海，台湾南部、东北部、
东部海域，澎湖列岛、绿岛及兰屿等；印度-太平洋区。

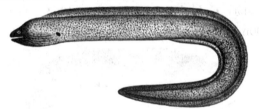

图 329　密点双型海鳝（密点星斑鲩）*S. thyrsoideus*
（依郑义郎，2007）

泽鳝属（勾吻鲩属）*Enchelycore* Kaup，1856
种 的 检 索 表

1（2）后鼻孔长管状；脊椎骨数 119～129 ·································· **豹纹泽鳝（豹纹勾吻鲩）**
E. pardalis（Temminck & Schlegel，1846）（图 330）。栖息于水深 8～60m 的珊瑚礁中。体长
920mm。分布：台湾东北部、东部、南部海域，小琉球及澎湖列岛；日本、印度-太平洋。可供食用。

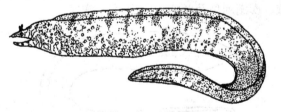

图 330　豹纹泽鳝（豹纹勾吻鲩）*E. pardalis*
（依波户冈，2013）

2（1）后鼻孔不为长管状
3（4）鱼体不为红褐色，体深褐色；脊椎骨数 148～153 ···························· **泽鳝（苔斑勾吻鲩）**
E. lichenosa（Jordan & Snyder，1901）（图 331）。栖息于水深 5～24m 的珊瑚岩礁区。体长
900mm。分布：台湾东北部海域；日本，太平洋附近海域及加拉巴哥群岛。

4（3）鱼体为单一的红褐色

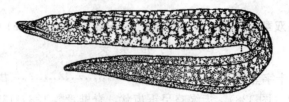

图 331　泽鳝（苔斑勾吻鳝）*E. lichenosa*
（依波户冈，2013）

5（8）鳍周缘不具明显的白边

6（7）脊椎骨数少于 120，鳍为朱褐色；脊椎骨数 114 ·· **褐泽鳝**
E. nigricans（Bonnaterre，1788）（图 332）。栖息于水深 1～60m 的岩礁。体长 1.0m。分布：台湾海域；日本。

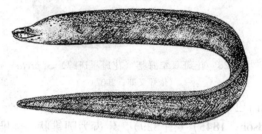

图 332　褐泽鳝 *E. nigricans*

7（6）脊椎骨数多于 135，鳍为深褐色；脊椎骨数 146～148 ···
比基尼泽鳝（比吉尼鳝勾吻）E. bikiniensis（Schultz，1953）（图 333）。栖息于水深 5～60m 的珊瑚岩礁区域。体长 600mm。分布：台湾北部及东北部海域；西太平洋。

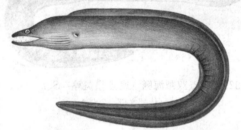

图 333　比基尼泽鳝（比吉尼勾吻鳝）*E. bikiniensis*
（依郑义郎，2007）

8（5）鳍周缘具明显的白边

9（10）鳍周缘有黄白边；脊椎骨数 137～147 ·· **裂纹泽鳝（裂纹勾吻鳝）**
E. schismatorhynchus（Bleeker，1853）（图 334）。栖息水深 5～35m 的珊瑚礁。体长 1.2m。分布：台湾东南部海域、澎湖列岛及兰屿；印度-太平洋区。

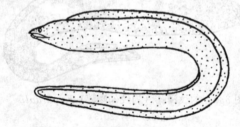

图 334　裂纹泽鳝（裂纹勾吻鳝）*E. schismatorhynchus*
（依 Hatooka，1993）

10（9）鳍周缘有黄绿边；背鳍起点在鳃孔后上方；脊椎骨数 146～153 ······························
贝氏泽鳝（贝尔氏勾吻鳝）E. bayeri（Schultz，1953）（图 335）。栖息水深 1～64m 的珊瑚、岩礁。体长 700mm。分布：台湾小琉球及澎湖列岛等海域；日本，印度-太平洋区。

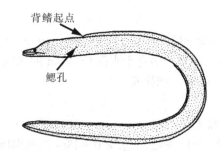

图 335　贝氏泽鳝（贝尔氏勾吻鲬）E. bayeri
（依波户冈，2013）

狭颈海鳝属（鼻瓣鲬属）Enchelynassa Kaup，1855

狭颈海鳝（犬齿鼻瓣鲬）E. canina (Quoy & Gaimard，1824)（图 336）。脊椎骨数 141～147。栖息于水深 1～3m 的珊瑚岩礁区。体长 250cm。分布：台湾海域、海南大浦；印度-太平洋区。

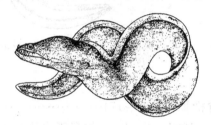

图 336　狭颈海鳝（犬齿鼻瓣鲬）E. canina
（依 Jones & Kumuran，1980）

裸胸鳝属（裸胸鲬属）Gymnothorax Bloch，1795
种 的 检 索 表

1（2）背鳍远离鳃孔后上方；脊椎骨数 112～122 ·························· **斑尾裸胸鳝（短鳍裸胸鲬）G. fuscomaculatus (Schultz，1953)** （图 337）。栖息于水深 0～25m 的珊瑚岩礁区。体长 200mm。分布：台湾垦丁；西太平洋区。供食用。

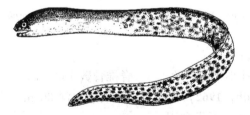

图 337　斑尾裸胸鳝（短鳍裸胸鲬）G. fuscomaculatus

2（1）背鳍起点在鳃孔以前
3（20）体色单一，无任何斑、点、带
4（5）体黄色，眼虹彩上有 1 条黑色垂直痕；脊椎骨数 132～149 ·······················
　　　黑孔裸胸鳝（黄身裸胸鲬）G. melatremus Schultz，1953（图 338）。栖息于水深 1～58m 的珊瑚、
　　　岩礁的洞穴及缝隙中。体长 300mm。分布：台湾南部海域；印度-太平洋区。

图 338　黑孔裸胸鳝（黄身裸胸鲬）G. melatremus

5（4）体褐色

6（7）上颌齿 2～3 行；脊椎骨数 109～119 ·· **海氏裸胸鳝（海瑞氏裸胸鯙）**
G. herrei **Beebe & Tee -Van，1933**。栖息于水深 0～12m 的珊瑚、岩礁。体长 300mm。分布：台湾海域；印度-西太平洋区、红海，菲律宾。

7（6）上颌齿 1 行

8（9）鳍无白边，深黑色；脊椎骨数 110～124 ····································· **平氏裸胸鳝（平达裸胸鯙）**
G. pindae **Smith，1962**（图 339）。栖息于水深 0～43m 的珊瑚礁。体长 3.9m。分布：台湾东部、东北部海域及澎湖列岛之岩礁区；印度-太平洋区。可供食用。

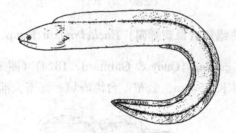

图 339　平氏裸胸鳝（平达裸胸鯙）*G. pindae*
（仿 Hatooka，1988）

9（8）鳍具白边

10（11）头背部具暗色鞍状斑；脊椎骨数 170～174 ································· **鞍头裸胸鳝（鞍斑裸胸鯙）**
G. sagmacephalus **Böhlke，1997**（图 340）。栖息于水深 50m 的珊瑚礁。体长 534mm。分布：台湾海域；西北太平洋，日本。可供食用。

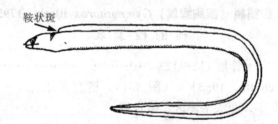

图 340　鞍头裸胸鳝（鞍斑裸胸鯙）*G. sagmacephalus*
（依波户冈，2013）

11（10）头背部不具暗色鞍状斑

12（13）背鳍的鳍条较低，鳃孔小于体高的 1/3；脊椎骨数 163～168 ····· **无斑裸胸鳝（无斑裸胸鯙）**
G. phasmatodes（**Smith，1962**）（图 341）。栖息水深 30 m。体长 46 cm。分布：台湾南部海域；印度-太平洋，日本。可供食用。

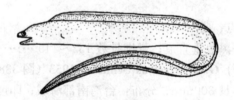

图 341　无斑裸胸鳝（无斑裸胸鯙）*G. phasmatodes*
（依波户冈，2013）

13（12）背鳍的鳍条较高，鳃孔大于体高的 1/3

14（15）上下颌孔具有白斑；脊椎骨数 184～195 ································ **白缘裸胸鳝（白边裸胸鯙）**
G. albimarginatus（**Temminck & Schlegel，1846**）（图 342）。栖息水深 6～180m。体长 1.05m。分布：台湾澎湖列岛海域；西太平洋区，美国夏威夷、日本。

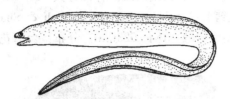

图 342　白缘裸胸鳝（白边裸胸鳝）*G. albimarginatus*
（依波户冈，2013）

15（14）上下颌孔不具有白斑；脊椎骨数 127～133 ···**紫裸胸鳝（肝色裸胸鳝）**
G. hepaticus（Rüppell, 1830）。栖息于水深 0～30m 的岩礁区。体长 1.0m。分布：台湾海域；
红海、夏威夷、日本。

16（17）体色黑色；肛门前长占全长的百分比 ＞55.0 ％（Preanal length/TL）；脊椎骨数 201～211
·······················**黑身裸胸鳝（黑身裸胸鳝）G. melanosomatus Loh, Shao & Chen, 2011**。
栖息于水深 50～180m 的岩礁区。体长 522mm。分布：台湾东部海域。

17（16）体灰褐色；肛门前长占全长的百分比 ＜55.0 ％（Preanal length/TL）

18（19）眼直径较小，脊椎骨数 202～206 ·····································**伪黑身裸胸鳝（拟黑身裸胸鳝）**
G. pseudomelanosomatus Loh, Shao & Chen, 2015。栖息于水深 200m 的岩礁区。体长 736
mm。分布：台湾东部海域。

19（18）眼直径较大，脊椎骨数 182～187 ···**长身裸胸鳝（长身裸胸鳝）**
G. prolatus Sasaki & Amaoka, 1991。栖息水深 50m。体长 371mm。分布：台湾东北部及西
南部海域；西太平洋及南海地区。

20（3）体色多样，具有浅色或深色斑点或环带条纹

21（26）上颌齿每侧 2～3 行，内侧齿至少 10 个，且多为犬齿

22（23）鳍具黄边；脊椎骨数 107～117 ···**伯恩斯裸胸鳝（伯恩斯裸胸鳝）**
G. buroensis（Bleeker, 1857）（图 343）栖息于水深 0～25m 的珊瑚岩礁区。体长 38.7cm。
分布：台湾南部、小琉球及兰屿附近海域；印度-泛太平洋。可供食用。

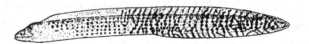

图 343　伯恩斯裸胸鳝（伯恩斯裸胸鳝）*G. buroensis*
（依 Jones & Kumuran, 1980）

23（22）鳍不具黄边

24（25）口内皮肤为单纯的白色；脊椎骨数 127～132···**斑点裸胸鳝（白口裸胸鳝）**
G. meleagris（Shaw, 1795）（图 344）。栖息于水深 1～51m 的珊瑚礁茂盛的潟湖或沿岸礁区。
体长 1.2m。分布：台湾海域；印度-太平洋区。可供食用。

图 344　斑点裸胸鳝（白口裸胸鳝）*G. meleagris*
（依张世义，1979）

25（24）口内皮肤为类似体表的杂色斑纹；脊椎骨数 120～127 ···
壮体裸胸鳝（徽身裸胸鳝）G. eurostus（Abbott, 1860）。栖息水深 1～74m。眼虹彩橘黄色。
体长 600mm。分布：台湾海域；印度-太平洋的热带海域。

26（21）上颌齿 1 行

27（28）犁骨齿 2 列；眼虹彩橘色，体表具细网纹。脊椎骨数 117～121 ···
　　　　台湾裸胸鳝（台湾裸胸鯙） *G. taiwanensis* **Chen，Loh & Shao，2008**（图 345）。栖息于水深
　　　　3～30m 的沿岸浅层珊瑚或岩礁。体长 523mm。分布：台湾花莲石梯坪。可供食用。

图 345　台湾裸胸鳝（台湾裸胸鯙）*G. taiwanensis*
（依陈鸿鸣）

28（27）犁骨齿单列

29（38）鳃孔黑色

30（33）鳍缘呈黄绿色

31（32）全体有黑褐色圆点；脊椎骨数 129～140 ··························**黄边裸胸鳝（黄边鳍裸胸鯙）**
　　　　G. flavimarginatus（**Rüppell，1830**）（图 346）。栖息水深 1～150m。眼虹彩黄褐色。体长
　　　　2.4m。分布：台湾海域；印度-太平洋区。可供食用。

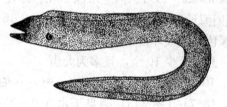

图 346　黄边裸胸鳝（黄边鳍裸胸鯙）*G. flavimarginatus*
（依波户冈，2013）

32（31）全体遍布许多单色网纹；脊椎骨数 135 ··························**美丽裸胸鳝（美丽裸胸鯙）**
　　　　G. formosus **Bleeker，1864**（图 347）。栖息于水深 1～20 m 的浅海珊瑚、岩礁区。体长 1.0m。
　　　　分布：台湾东部海域；中西太平洋海域。可供食用。

图 347　美丽裸胸鳝（美丽裸胸鯙）*G. formosus*
（依陈鸿鸣）

33（30）鳍缘不为黄绿色

34（35）鳍具橙边，眼后方具黑色斑块；眼虹彩红色；脊椎骨数 129～133 ······························
　　　　眼斑裸胸鳝（眼斑裸胸鯙） *G. monostigma*（**Regan，1909**）（图 348）。栖息于水深 1～30 m 的
　　　　珊瑚、岩礁区。体长 650mm。分布：台湾南部海域；印度-太平洋区。

35（34）鳍不具橙边，眼后方不具黑色斑块

图 348　眼斑裸胸鳝（眼斑裸胸鲬）*G. monostigma*
（依郑义郎，2007）

36（37）口内侧皮肤不为鲜黄色；脊椎骨数 137～143·······················**爪哇裸胸鳝（爪哇裸胸鲬）**
G. javanicus（Bleeker，1859）（图 349）。栖息于水深 0～50m 的浅海珊瑚、岩礁的洞穴及缝隙中。体长 3.0m。分布：台湾南部海域及澎湖列岛；日本，印度-太平洋区。可供食用。

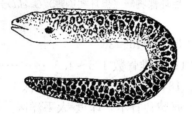

图 349　爪哇裸胸鳝（爪哇裸胸鲬）*G. javanicus*
（依波户冈，2013）

37（36）口内侧皮肤呈鲜黄色；眼虹彩有 1 条黑色垂直痕；脊椎骨数 133～139 ··························
星斑裸胸鳝（裸锄裸胸鲬）G. nudivomer（Günther，1867）（图 350）。栖息于水深 2～271 m 的珊瑚礁。体长 1.8m。分布：台湾东部海域及澎湖列岛、海南岛、南海（广东）；日本，印度-太平洋区。可供食用。

图 350　星斑裸胸鳝（裸锄裸胸鲬）*G. nudivomer*
（依波户冈，2013）

38（29）鳃孔不为黑色
39（52）体具深色环带
40（41）深褐色环带由碎点组成；脊椎骨数 135～140··················**小裸胸鳝（小裸胸鲬）**
G. minor（Temminck & Schlegel，1846）（图 351）。栖息水深 67～175m。体长 545mm。分布：黄海（江苏）、东海（福建）、台湾西部海域及澎湖列岛，海南岛、南海（广东）、西沙群岛；日本。可供食用。

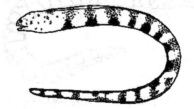

图 351　小裸胸鳝（小裸胸鲬）*G. minor*
（依波户冈，2013）

41（40）环带密实，不为碎点组成

42（47）环带宽度明显大于眼径

43（44）环带深黑色，且环带数少于 12，环带间及头部有黑色小点；脊椎骨数 144～153·············
·················黑环裸胸鳝（黑环裸胸鯙）**G. chlamydatus Snyder，1908**（图 352）。栖息水深 5～
30m。体长 600mm。分布：台湾东北部海域；日本、印度尼西亚、菲律宾，西太平洋区。可
供食用。

图 352　黑环裸胸鳝（黑环裸胸鯙）*G. chlamydatus*
（依波户冈，2013）

44（43）环带浅褐色或黄褐色，且环带数为16～36

45（46）环带黄褐色，环带数 16～21；脊椎骨数 125～135 ·················宽带裸胸鳝（宽带裸胸鯙）
G. rueppellii（McClelland，1844）（图 353）。栖息水深 1～40m。体长 800mm。分布：台湾东
南部、小琉球、绿岛及兰屿海域；日本，印度-太平洋区。可供食用。

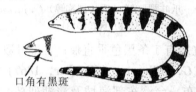

口角有黑斑

图 353　宽带裸胸鳝（宽带裸胸鯙）*G. rueppellii*
（依波户冈，2013）

46（45）环带褐色，环带数 28～30；脊椎骨数 132～143 ·················斑条裸胸鳝（斑条裸胸鯙）
G. punctatofasciatus Bleeker，1863（图 354）。栖息水深 0～264m。体长 505mm。分布：台湾
海域；印度-太平洋区。

图 354　斑条裸胸鳝（斑条裸胸鯙）*G. punctatofasciatus*
（依张春霖等，1962）

47（42）环带宽度约等于眼径

48（49）部分环带在体侧背部交会成丫形；脊椎骨数 141～153 ·································
褐首裸胸鳝（丫环裸胸鯙）**G. ypsilon Hatooka & Randall，1992**（图 355）。栖息水深 120～
185 m。体长 890mm。分布：台湾东北部、北部海域及澎湖列岛；日本，太平洋区。

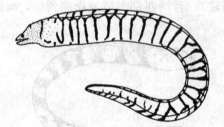

图 355　褐首裸胸鳝（丫环裸胸鯙）*G. ypsilon*
（依波户冈，2013）

49（48）环带在体侧背部交会不成丫形

50（51）鱼体灰白色，具粗黑波浪网状条纹；脊椎骨数 130～138 ·································

班第氏裸胸鳝（班第氏裸胸鲹） *G. berndti* **Snyder，1904**（图 356）。栖息水深 30～300m。体长 1.0m。分布：台湾海域；日本、马尔代夫、夏威夷群岛，印度-太平洋区。

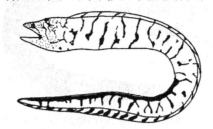

图 356　班第氏裸胸鳝（班第氏裸胸鲹）*G. berndti*
（依波户冈，2013）

51（50）鱼体不为灰白色

52（39）体不具深色环带

53（60）体具网线或条纹

54（57）网纹为白色

55（56）网纹较粗呈波纹状；脊椎骨数 131～133 ·················· **波纹裸胸鳝（疏斑裸胸鲹）** *G. undulates*（**Lacepède，1803**）（图 357）。栖息于水深 9～110m 的珊瑚岩礁区。体长 1.5m。分布：台湾南部海域及澎湖列岛、海南岛、南海（香港）、西沙及中沙群岛；日本，印度-太平洋区。可供食用。

图 357　波纹裸胸鳝（疏斑裸胸鲹）*G. undulates*
（依波户冈，2013）

56（55）网纹细且不明显；脊椎骨数 127～135 ·············· **密网裸胸鳝（淡网纹裸胸鲹）** *G. pseudothyrsoideus*（**Bleeker，1852**）（图 358）。栖息于水深 0～20m 的珊瑚岩礁的洞穴及隙缝中。体长 800mm。分布：台湾海域及澎湖列岛、海南岛；日本，印度-西太平洋区。可供食用。

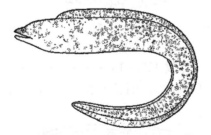

图 358　密网裸胸鳝（淡网纹裸胸鲹）*G. pseudothyrsoideus*
（依波户冈，2013）

57（54）网纹为深褐色

58（59）底色淡褐色或灰色，体上布有大理石纹；背鳍起点在鳃孔上方；脊椎骨数 112～117 ·············· **异纹裸胸鳝（李氏裸胸鲹）** *G. richardsonii*（**Bleeker，1852**）（图 359）。栖息于水深 1～15m 的珊瑚、岩礁。体长 340mm。分布：台湾南部海域、南海（香港）、西沙群岛；日本，印度-太平洋区。可供食用。

59（58）底色黄色至褐色，体上有细纹；脊椎骨数 139～141 ··

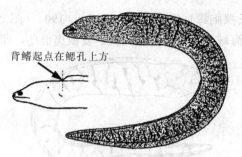

图 359　异纹裸胸鳝（李氏裸胸鳝）*G. richardsonii*
（依波户冈，2013）

蠕纹裸胸鳝（蠕纹裸胸鳝）*G. kidako*（Temminck & Schlegel，1846）（图 360）。栖息于水深 2～350m 的亚潮带珊瑚、岩礁海域。体长 915mm。分布：台湾沿岸澎湖列岛及小琉球；日本南部、菲律宾，西-北太平洋区。可供食用。

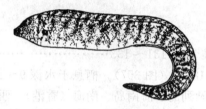

图 360　蠕纹裸胸鳝（蠕纹裸胸鳝）*G. kidako*
（依波户冈，2013）

60（53）体无网线或条纹，具斑点
61（70）尾部有梳状斑点
62（65）头部有白斑
63（64）体褐色，颌部有白斑；嘴角有黑痕；脊椎骨数 121～133 ···
　　云纹裸胸鳝（云纹裸胸鳝）*G. chilospilus* Bleeker，1864（图 361）。栖息水深 1～45m。体长 505mm。分布：台湾恒春及基隆；印度-太平洋区。可供食用。

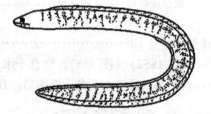

图 361　云纹裸胸鳝（云纹裸胸鳝）*G. chilospilus*
（依波户冈，2013）

64（63）体黄色，颌部无白斑；脊椎骨数 122～130·············**带尾裸胸鳝（带尾裸胸鳝）
　　G. zonipectis Seale，1906**（图 362）。栖息于水深 8～40m 的珊瑚礁。体长 500mm。分布：台湾南部；印度-太平洋区。

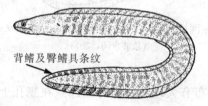

图 362　带尾裸胸鳝（带尾裸胸鳝）*G. zonipectis*
（依波户冈，2013）

65（62）头部无白斑
66（67）底色淡黄褐色，眼虹彩黄橘色；具有至少 3 列深色大斑点，脊椎骨数 128～130·················

..........邵氏裸胸鳝（邵氏裸胸鲹）*G. shaoi* Chen & Loh，2007（图 363）。栖息于水深 0～50m 的珊瑚、岩礁区。体长 608mm。分布：台湾东部花莲至台东沿岸的海域。

图 363　邵氏裸胸鳝（邵氏裸胸鲹）*G. shaoi*

（依陈鸿鸣）

67（66）底色黄褐色，眼虹彩暗红色

68（69）底色黄褐色至白色，有相连接的黑斑；脊椎骨数 128～135 ••••••••••••••••••••••••
细斑裸胸鳝（缀斑裸胸鲹）*G. fimbriatus*（Bennett，1832）（图 364）。栖息于水深 7～50m 的珊瑚礁中。体长 80cm。分布：台湾海域及澎湖列岛、海南岛、西沙群岛；日本，印度-太平洋区。

图 364　细斑裸胸鳝（缀斑裸胸鲹）*G. fimbriatus*

（依张世义，1979）

69（68）底色黄褐色，具不连续的黑斑；脊椎骨数 124～132 ••••••••••• **匀斑裸胸鳝（雷福氏裸胸鲹）**
***G. reevesii*（Richardson，1845）**（图 365）。栖息于水深 3～55m 的礁石海岸区。体长 700mm。分布：台湾澎湖列岛等海域，海南，南海（广东）、西沙群岛；日本南部，印度-太平洋区。

图 365　匀斑裸胸鳝（雷福氏裸胸鲹）*G. reevesii*

（依张世义，1979）

70（61）尾部无梳状斑点

71（72）体具黑褐色斑点；脊椎骨数 138～144 •••••••••••••••••••••••• **豆点裸胸鳝（黑斑裸胸鲹）**
***G. favagineus* Bloch & Schneider，1801**（图 366）。栖息于水深 1～50m 的浅海珊瑚、岩礁的洞穴及缝隙中。体长 3.0m。分布：台湾海域；印度-西太平洋。

图 366　豆点裸胸鳝（黑斑裸胸鲹）*G. favagineus*

（依张春霖等，1962）

72（71）体具白斑点

73（74）眼斜上后方有 1 行黑色大斑；脊椎骨数 126～143 •••••••••••••••••• **珠纹裸胸鳝（斑颈裸胸鲹）**
***G. margaritophorus* Bleeker，1864**（图 367）。栖息于水深 8～25m 的浅海珊瑚、岩礁的洞穴及

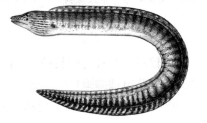

图 367　珠纹裸胸鳝（斑颈裸胸鲹）*G. margaritophorus*

（依郑义郎，2007）

缝隙中。体长 700mm。分布：台湾澎湖列岛、东沙群岛；印度-太平洋区。可食用。

74（73）眼斜上后方无 1 行黑色大斑

75（78）体表有白斑点

76（77）体红褐色；脊椎骨数 135～138 ⋯⋯⋯⋯⋯⋯⋯⋯⋯⋯⋯⋯⋯⋯⋯ **锯齿裸胸鳝（白斑裸胸鲹）**
G. prionodon Ogilby, 1895（图 368）。栖息于水深 20～80 m 的浅海珊瑚、岩礁区。体长
1.5m。分布：台湾小琉球；日本，西太平洋区。G. leucostigma 为本种异名。

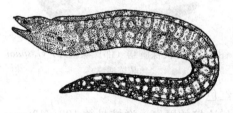

图 368 锯齿裸胸鳝（白斑裸胸鲹）G. prionodon
（依波户冈，2013）

77（76）体黑褐色⋯⋯⋯⋯⋯⋯⋯⋯⋯⋯⋯⋯⋯⋯⋯⋯⋯⋯⋯ **雪花斑裸胸鳝（雪花斑裸胸鲹）**
G. niphostigmus Chen, Shao & Chen, 1996（图 369）。栖息于水深 35～150m 的珊瑚、岩礁
区。体长 757mm。分布：台湾基隆及澎湖列岛海域。

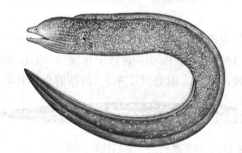

图 369 雪花斑裸胸鳝（雪花斑裸胸鲹）G. niphostigmus
（依郑义郎，2007）

78（75）体表有黄白小斑

79（80）腹缘黑褐色；脊椎骨数 138～150 ⋯⋯⋯⋯⋯⋯⋯⋯⋯⋯⋯⋯⋯⋯ **美裸胸鳝（雅致裸胸鲹）**
G. elegans Bliss, 1883（图 370）。栖息于水深 92～450m 的岩礁区。体长 647mm。分布：台
湾东部海域；红海、东非、日本小笠原群岛。

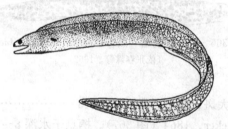

图 370 美裸胸鳝（雅致裸胸鲹）G. elegans
（依波户冈，2013）

80（79）腹缘不具黑褐色

81（82）体侧具很多不相连的小黑点；吻较短，头长为吻长的 13.3～13.9 倍；脊椎骨数 138～142 ⋯⋯
⋯⋯⋯⋯⋯**细花斑裸胸鳝（花斑裸胸鲹）G. neglectus Tanaka, 1911**（图 371）。栖息水
深 100～300m。体长 1.2m。分布：台湾基隆及小琉球、南方澳和成功等地；日本和歌山县
以南。

82（81）体侧许多小点相互连成不规则的网状密点；吻较长，头长为吻长的 15.5～20.2 倍；脊椎骨数

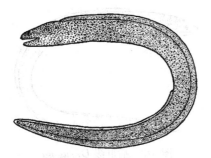

图 371　细花斑裸胸鳝（花斑裸胸鯙）*G. neglectus*
（依波户冈，2013）

149～151 ·············· **英氏裸胸鳝（英氏裸胸鯙）*G. intesi*（Fourmanoir & Rivaton，1979）**（图 372）。栖息水深 3～30m。体长 1.8m。分布：台湾东部海域；日本。

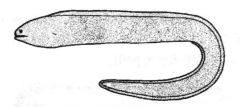

图 372　英氏裸胸鳝（英氏裸胸鯙）*G. intesi*
（依波户冈，2013）

62. 合鳃鳗科 Synaphobranchidae

体中等延长至相当延长；肛门通常位于鳃孔附近。眼发达或退化。吻通常短且钝或略为延长。口大，口裂通常延伸超过眼睛。上下颌等齐，或部分上颌较长或相反。牙齿小，呈圆锥状或尖细，栖于超过 3 000m 的深海。

本科有 12 属 40 种（Nelson et al.，2016）；中国有 6 属 14 种。

属 的 检 索 表

1（2）吻极短；口为括约肌状，未向后延伸至眼 ·············· **寄生鳗属 Simenchelys**
2（1）吻短至长；口裂延伸至眼睛后缘或超过眼睛
3（6）犁骨齿具 3～5 个复合齿；两颗间上颌齿或无
4（5）不具间上颌齿；身体不具侧线孔 ················· **前肛鳗属 Dysommina**
5（4）间上颌齿有（2 颗）或无；体无侧线；体无鳞 ········· **后肛鳗属（短身前肛鳗属）Dysomma**
6（3）犁骨齿多，单列或双列；间上颌齿多，形成齿落
7（8）鳃孔紧靠，两鳃孔间距不明显；犁骨齿一致细小 ······· **合鳃鳗属 Synaphobranchus**
8（7）鳃孔分离，两鳃孔间距明显；前端犁骨齿明显大于其他牙齿
9（10）肛门较前，躯干长小于头长；前后犁骨齿大小一致，约排列为 2 列；无鳞··········
·············· **箭齿前肛鳗属 Meadia**
10（9）肛门较后，躯干长大于头长；前方犁骨齿大，排列为 2 列，后方犁骨齿明显较小，单列；具鳞
或无·············· **泥蛇鳗属 Ilyophis**

后肛鳗属（短身前肛鳗属）*Dysommina* Ginsburg，1951

后肛鳗 *D. rugosa* Ginsburg，1951（图 373）。深海底栖性鱼类。栖息水深 260～775m。全长 370mm。分布：台湾南部海域；日本，大西洋、印度-太平洋。

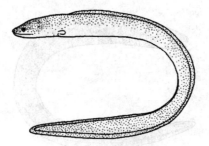

图 373　后肛鳗 *D. rugosa*

（依波户冈，2013）

前肛鳗属 *Dysomma* Alcock，1889
种 的 检 索 表

1（2）不具胸鳍……………………………………**长身前肛鳗 *D. dolichosomatum* Karrer，1983**（图 374）。深海中层游泳性鱼类。栖息水深 200～400m。全长达 500mm。分布：台湾海域；印度-太平洋广泛分布。罕见的合鳃鳗科鱼种，仅供学术研究使用。

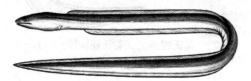

图 374　长身前肛鳗 *D. dolichosomatum*

（依郑义郎，2007）

2（1）具有胸鳍

3（10）上颌间齿（intermaxillary teeth）2；下颌齿单列，大小不一

4（5）肛门远在胸鳍之后，躯干长大于头长……………**后臀前肛鳗 *D. opisthoproctus* Chen & Mok，1995**（图 375）。深海底栖性鱼类，栖于200～400m 水域；约在 150m 深处捕获，食甲壳类与软体动物。全长达 420mm。分布：台湾东北部海域。罕见的合鳃鳗科鱼种，仅供学术研究使用。

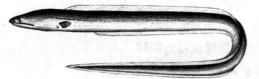

图 375　后臀前肛鳗 *D. opisthoproctus*

（依郑义郎，2007）

5（4）肛门位于胸鳍下方，躯干长小于头长

6（7）下颌前方具 2 个较大牙齿，后方具 22～31 个小型牙齿…………………………………**多齿前肛鳗 *D. polycatodon* Karrer，1983**（图 376）。深海底栖性鱼类。栖息于水深 200～400m 的水域。约在 150m 深处捕获，食甲壳类与软体动物。全长达 420mm。分布：台湾南部海域。罕见的合鳃鳗科鱼种，仅供下杂鱼利用及学术研究使用。

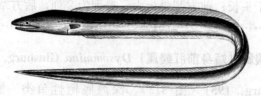

图 376　多齿前肛鳗 *D. polycatodon*

（依郑义郎，2007）

7（6）下颌具 1 列 5～11 个较大牙齿，后方有小牙齿或无

8 （9）总脊椎骨数 134～139；下颌后方具 0～8 个小牙齿 ⋯⋯⋯⋯⋯⋯⋯⋯⋯⋯⋯⋯ **台湾前肛鳗**
D. taiwanensis Ho, Tighe & Smith, 2015。深海底栖性鱼类。全长达 500mm。栖息水深 200～
400m。分布：台湾东北部；日本已有发现。无经济价值，混于下杂鱼中。

9 （8）总脊椎骨数 119～130；眼退化，位于口裂中央；下颌具 7～10 个大型牙齿，后方不具小齿⋯⋯
⋯⋯⋯⋯⋯⋯⋯⋯⋯**前肛鳗 D. anguillare Barnard, 1923**（图 377）。深海底栖性或中层游泳性鱼
类；栖于 200～400m 水域，食甲壳类与软体动物。全长达 520mm。分布：东海（浙江、福建）、
台湾西南部海域、南海（广东）；日本。罕见的合鳃鳗科鱼种，仅供下杂鱼利用及学术研究使用。
数量多，但不具经济价值，常为底拖网捕获。

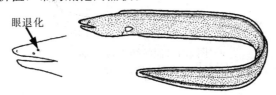

图 377　前肛鳗 *D. anguillare*
（依波户冈，2013）

10 （3）无上颌间齿；下颌齿具多列细齿
11 （12）肛门远在胸鳍后方；吻长大于头长的1/3⋯⋯⋯⋯⋯⋯⋯⋯⋯⋯⋯⋯⋯⋯⋯⋯ **长吻前肛鳗**
D. longirostrum Chen & Mok, 2001（图378）。深海底栖性鱼类。栖息水深约 200m。全长达
285mm。分布：台湾东北角海域，仅 1 尾标本捕获；新喀里多尼亚。无食用价值。

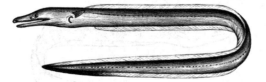

图 378　长吻前肛鳗 *D. longirostrum*
（依郑义郎，2007）

12 （11）肛门位于胸鳍下方；吻长小于头长的 1/3
13 （14）下颌向前延伸且弯曲，口无法完全闭合，尾部下方黑色 ⋯⋯⋯⋯⋯⋯⋯⋯⋯⋯⋯ **黑尾前肛鳗**
D. melanurum Chen & Weng, 1967（图 379）。表层至深海中层游泳性鱼类。多为水深 200～
300m 底拖网与成群银汉鱼一起捕获。全长达 300mm。分布：台湾南部海域，罕见。

图 379　黑尾前肛鳗 *D. melanurum*
（依郑义郎，2007）

14 （13）上颌略较下颌为前，下颌不向前延伸；口可完全闭合 ⋯⋯⋯⋯⋯⋯⋯⋯⋯⋯⋯⋯ **高氏前肛鳗**
D. goslinei Robins & Robins, 1976（图 380）。栖息于水深 100～200m 的底栖鱼类，食小型鱼
类、甲壳类及软体动物。全长达 250mm。分布：台湾西南部海域；印度洋。无食用价值。

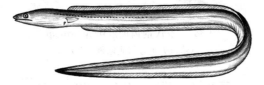

图 380　高氏前肛鳗 *D. goslinei*
（依郑义郎，2007）

泥蛇鳗属 *Ilyophis* Gilbert，1891

泥蛇鳗 *I. brunneus* Gilbert，1891（图 381）。深海底栖性鱼类。栖息于水深 450～3 150m 的深海，食小型鱼类、甲壳类及软体动物。全长达 580mm。分布：台湾西南与东北部海域；日本、美国夏威夷，全球广泛分布。非经济性鱼种，较罕见，供下杂鱼利用及学术研究使用。

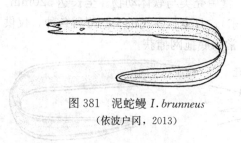

图 381 泥蛇鳗 *I. brunneus*
（依波户冈，2013）

箭齿前肛鳗属 *Meadia* Böhlke，1951
种 的 检 索 表

1（2）总脊椎骨数 165～170；口裂达眼睛后缘；犁骨小，2 列 ·································· **箭齿前肛鳗**
M. *abyssalis*（Kamohara，1938）（图 382）。深海底栖性鱼类，全长达 730mm。栖息水深 100～329m。分布：台湾南部海域；日本、美国夏威夷，印度-太平洋广泛分布。非经济性鱼种，较罕见，供下杂鱼利用及学术研究使用。

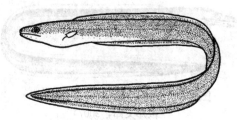

图 382 箭齿前肛鳗 *M. abyssalis*
（依波户冈，2013）

2（1）总脊椎骨数达 200；口裂超过眼睛后缘 1～2 眼径 ·································· **罗氏箭齿前肛鳗**
M. *roseni* Mok，Lee & Chan，1991（图 383）。深海底栖性鱼类。全长达 100cm。栖息水深 1 020m。分布：台湾西南部海域。非经济性鱼种，较罕见，供下杂鱼利用及学术研究使用〔台湾特有种（endemic to Taiwan）〕。

图 383 罗氏箭齿前肛鳗 *M. roseni*
（依鱼类生态与演化研究室）

寄生鳗属 *Simenchelys* Gill，1879

寄生鳗 *S. parasitica* Gill，1879（图 384）。栖息于大陆架斜坡与水深在 400m 以上的优势鱼种。本种具咬食大鱼肌肉、死鱼或无脊椎动物的习性，不仅在鱼的腐尸中有发现，在活体中也曾发现其存在，适于4～7℃的水温，在较寒冷地区的浅海也有发现。全长达610mm。分布：台湾各地海域；日本。数量颇多，非经济性鱼种，供下杂鱼利用及学术研究使用。

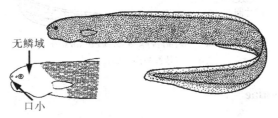

图 384　寄生鳗 *S. parasitica*
（依波户冈，2013）

合鳃鳗属 *Synaphobranchus* Johnson，1862
种 的 检 索 表

1（4）鳞片为椭圆形或棒状

2（3）背鳍起点位于臀鳍起点后上方，其间距等于或小于吻长；鳞片为长椭圆形……………………………
长鳍合鳃鳗（连鳃鳗）*S. affinis* Günther，1877（图385）。栖息于大陆架斜坡上层深海水深290～2 400m的优势鱼种。生活于有洋流的海底，食小型鱼类、甲壳类及软体动物。全长达1.6m。分布：东海、台湾沿岸海域；日本，太平洋（除东北太平洋）、印度洋、大西洋均有分布。数量多，非经济性鱼种，供下杂鱼利用及学术研究使用。

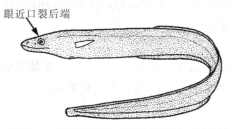

图 385　长鳍合鳃鳗（连鳃鳗）*S. affinis*
（依波户冈，2013）

3（2）背鳍起点几与臀鳍起点相对；鳞片为长棒形 ………………　**高氏合鳃鳗 *S. kaupii* Johnson，1862**
（图386）。栖息于大陆架斜坡上层深海水深236～3 200m的优势鱼种。食小型鱼类、甲壳类及软体动物。全长达1.0m。分布：台湾南部海域；日本、美国夏威夷，印度-西太平洋。非经济性鱼种，供下杂鱼利用及学术研究使用。

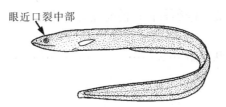

图 386　高氏合鳃鳗 *S. kaupii*
（依波户冈，2013）

4（1）鳞呈圆形；背鳍起点位于臀鳍起点远后上方，其间距等于头长……………………………**短鳍合鳃鳗**
***S. brevidorsalis* Günther，1887**（图387）。栖息于大陆架斜坡上层深海水深230～2 960m的优势鱼种。生活于有洋流的海底，食小型鱼类、甲壳类及软体动物。全长达1.11m。分布：台湾沿岸海域；日本，全球广泛分布。非经济性鱼种，供下杂鱼利用及学术研究使用。

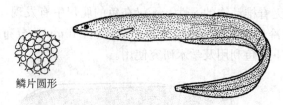

鳞片圆形

图 387　短鳍合鳃鳗 *S. brevidorsalis*
（依波户冈，2013）

63. 蛇鳗科 Ophichthyidae

体中等延长到相当细长，前半部通常为圆柱状，后半部扁平。尾部末端具有尾鳍（油鳗亚科）或裸出（蛇鳗亚科）。眼睛有或无。牙齿尖锐、细齿状或颗粒状。前鼻孔通常为管状，后鼻孔样式不一，开口位于眼前或唇缘或口内。鳃条骨数量多，部分不与舌颌骨相连，中间相互重叠。背鳍和臀鳍有或无；胸鳍有或无。不具鳞片。侧线完整，通常达尾部末端或稍前。

海水鱼，栖息在各种不同的栖地，如沿岸沙地或礁沙混合地的海域、珊瑚礁、浅海到超过 3 000m的深海。少数种类为淡水种。常埋身于沙中，伺机捕食猎物及躲避大鱼的掠食。食小鱼、蟹及虾。有些种类的体色会模拟海蛇的体色，有些种类为黄褐色或土黄色，可以使自己融入环境中，也是一种伪装骗敌的体色。全球广泛分布。

本科有 59 属 319 种（Nelson et al.，2016）；中国有 24 属 68 种。

亚科及属的检索表

1（34）背鳍及臀鳍末端裸出，不具尾鳍或仅有皮瓣；鳃条骨于喉部明显相互交错 …… **蛇鳗亚科 Ophichthinae**

2（15）不具胸鳍；或胸鳍小，呈皮瓣状

3（6）不具臀鳍

4（5）上颌具须；后鼻孔位于唇缘，具皮瓣覆盖 ……………… **无鳍须蛇鳗属（须盲蛇鳗属）Cirricaecula**

5（4）上颌不具须；后鼻孔位于唇之上，眼之前，不具皮瓣覆盖 ……………… **无鳍蛇鳗属 Apterichtus**

6（3）具臀鳍

7（8）背鳍起点远在鳃孔之前，更接近于眼睛 ……………………………… **丽蛇鳗属 Callechelys**

8（7）背鳍起点在鳃孔附近或略偏后

9（10）胸鳍小、皮瓣状；鳃孔在头部两侧偏下 ……………………… **褐蛇鳗属 Bascanichthys**

10（9）不具胸鳍；鳃孔在头部腹侧

11（12）头前半部相当狭窄；体长为体高的 30 倍以下 ……………… **粗犁鳗属 Lamnostoma**

12（11）头前半部平均向前渐窄；体长为体高的 40 倍以上

13（14）后鼻孔开口位于口内；前鳃盖骨侧线孔（preopercular pores）3 个 …… **细犁蛇鳗属 Yirrkala**

14（13）后鼻孔开口位于口外，有一颌须相伴；前鳃盖骨侧线孔 2 个 ……… **盲蛇鳗属 Caecula**

15（2）具有胸鳍

16（17）前鼻孔具有相当大的叶状皮瓣 ……………………… **叶鼻蛇鳗属 Phyllophichthus**

17（16）前鼻孔为管状

18（21）上颌具有许多细须

19（20）肛门位于身体中央附近；具有许多大型尖牙 ……………… **短体蛇鳗属 Brachysomophis**

20（19）肛门位于身体前 1/3 或略后；牙齿细小 ………… **须鳗属（须蛇鳗属）Cirrhimuraena**

21（18）上颌不具细须

22（23）背鳍起点在胸鳍之前 ……………………………… **花蛇鳗属 Myrichthys**

23（22）背鳍起点在胸鳍之后

24（25）犁骨不具齿，或至多 1～3 颗牙齿；体具有宽环纹 ……………… **盖蛇鳗属 Leiuranus**

25（24）犁骨具齿，形成齿带或齿列；不具环纹

26（27）颌齿及犁骨齿颗粒状；鳃孔几乎横跨胸鳍基部 ························· 豆齿鳗属 *Pisodonophis*

27（26）颌齿及犁骨齿尖锐；鳃孔与胸鳍基部错开

28（29）肛门位于身体中央略后 ··· 列齿鳗属 *Xyrias*

29（28）肛门远在身体中央之前

30（31）吻及上下颌相当细长，口裂约占头部一半 ························· 沙蛇鳗属 *Ophisurus*

31（30）吻及上下颌短且钝，口裂占头部一半以下

32（33）背鳍及臀鳍在尾端相遇，但尾端不具鳍条 ····················· 鳍蠕鳗属 *Echelus*

33（32）背鳍及臀鳍结束于尾端之前，尾端裸出 ···················· 蛇鳗属 *Ophichthus*

34（1）臀鳍发达，背鳍及臀鳍末端与尾鳍相连；鳃条骨不交错，或相当不明显····· 油鳗亚科 **Myrophinae**

35（36）后鼻孔位于上唇之上，眼睛之前；胸鳍发达或仅为小皮瓣（需在显微镜下观察）···········

··· 新蛇鳗属 *Neenchelys*

36（35）后鼻孔位于上唇内缘（口内）或外缘；胸鳍中等发达或无

37（38）胸鳍发达；胸鳍下方具有一皮瓣 ······················· 双鳍鳗属（守鳃蛇鳗属）*Pylorobranchus*

38（37）无胸鳍

39（40）犁骨不具齿；上颌间齿无或包埋于皮下 ···················· 舒蛇鳗属 *Schultzidia*

40（39）犁骨具齿；上颌间齿明显

41（42）后鼻孔位于口内或唇缘（具皮瓣覆盖）···················· 蠕蛇鳗属 *Scolecenchelys*

42（41）后鼻孔位于上唇之上，距唇缘一段距离

43（44）鳃孔小，与侧线同一水平；牙齿尖或钝，相当小且密集 ·················· 虫鳗属 *Muraenichthys*

44（43）鳃孔大，位于侧线之下；牙齿尖，相对较大且较稀疏

45（46）身体前部圆筒状；前鳃盖侧线孔1或2；牙齿尖且长，大于眼径一半以上 ···············

·· 龟蛇鳗属 *Skythrenchelys*

46（45）身体前部侧扁；前鳃盖侧线孔3；牙齿较短，小于眼径一半 ··············· 扁鳗属 *Sympenchelys*

无鳍蛇鳗属 *Apterichtus* Duméril，1805

骏河湾无鳍蛇鳗 *A. moseri*（Jordan & Snyder，1901）（图388）。浅海底栖性鱼类。全长达50mm。分布深度约183m；分布：台湾海域；日本。

图388 骏河湾无鳍蛇鳗 *A. moseri*
（依波户冈，2013）

褐蛇鳗属 *Bascanichthys* Jordan & Davis，1891

克氏褐蛇鳗 *B. kirkii*（Günther，1870）（图389）。深海底栖性鱼类。全长达1.1m。栖息水深900～3 000m。分布：东海、台湾海域；全球广泛分布。

图389 克氏褐蛇鳗 *B. kirkii*
（依台湾鱼类资料库）

短体蛇鳗属 *Brachysomophis* Kaup，1856
种 的 检 索 表

1（4）肛门位于身体中央之前，尾长长于肛门前长

2（3）身体具有许多不规则深色斑块；上下颌须明显 ················· **须唇短体蛇鳗**
B. cirrocheilos（Bleeker，1857）（图390）。浅海底栖性鱼类。全长达159cm。栖息水深1～
38m。分布：东海、台湾西部海域；印度-西太平洋广泛分布。

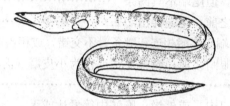

图390 须唇短体蛇鳗 *B. cirrocheilos*
（依波户冈，2013）

3（2）身体颜色均一，不具斑块；两颌须不明显 ················· **紫身短体蛇鳗**
B. porphyreus（Temminck & Schlegel，1846）。浅海底栖性鱼类。全长达1.3m。栖息水深1～
20m。分布：东海、台湾海域；日本西太平洋。

4（1）肛门位于身体中央之后；尾长短于肛门前长

5（6）眼后背部及两侧明显缺刻 ················· **亨氏短体蛇鳗 B. henshawi** Jordan & Snyder，1904
（图391）。浅海底栖性鱼类。全长达120cm。栖息水深1～35m。分布：台湾东部海域；印度-西
太平洋广泛分布。

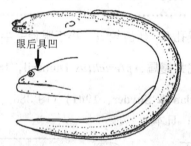

眼后具凹

图391 亨氏短体蛇鳗 *B. henshawi*
（依波户冈，2013）

6（5）眼后背部及两侧平直，不具缺刻

7（8）眼睛相当靠近吻端，吻长约与眼径相当或略长；总脊椎骨数135～140 ·················
鳄形短体蛇鳗 B. crocodilinus（Bennett，1833）（图392）。浅海底栖性鱼类。栖息水深1～30m。
全长达1.2m。分布：东海、南海、台湾海域；印度-西太平洋广泛分布。

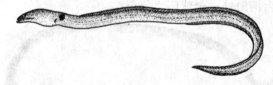

图392 鳄形短体蛇鳗 *B. crocodilinus*

8（7）眼睛不靠近吻端，吻长大于眼径1.5倍以上；总脊椎骨数135～140 ·················
长鳍短体蛇鳗 B. longipinnis McCosker & Randall，2001。浅海底栖性鱼类。栖息水深1～50m。
全长达420mm。分布：台湾海峡南部吉贝屿，仅1尾模式标本。极罕见蛇鳗类。

盲蛇鳗属 *Caecula* Vahl，1794

小鳍盲蛇鳗 *C. pterygera* Vahl，1794。浅海或河口底栖性鱼类。栖息水深未知。全长达 441mm。分布：南海。

丽蛇鳗属 *Callechelys* Kaup，1856
种 的 检 索 表

1（2）体色全黑，除了吻部有些许白斑；总脊椎骨数 142～146 ·························· **黑丽蛇鳗**
　　　C. kuro (Kuroda，1947)（图 393）。浅海底栖性鱼类。栖息水深 30m 以下。全长达 836mm。分布：台湾南部东港及南澳外海有采集记录；日本。

背鳍起点在鳃孔前上方

图 393　黑丽蛇鳗 *C. kuro*

（依波户冈，2013）

2（1）体色白，布满不规则黑色斑块；总脊椎骨数 174～183 ·························· **云纹丽蛇鳗**
　　　C. marmorata (Bleeker，1854)（图 394）。栖息于浅海礁区附近的沙泥底质，肉食性，食小型无脊椎动物。栖息水深 2～37m。全长达 870mm。分布：台湾南部垦丁海域，属稀有物种。极罕见蛇鳗类。西太平洋广泛分布。

图 394　云纹丽蛇鳗 *C. marmorata*

（依 Randall）

须鳗属（须蛇鳗属）*Cirrhimuraena* Kaup，1856
种 的 检 索 表

1（2）背鳍起点在胸鳍基部上方或稍后方；胸鳍发达，体长约为胸鳍长的 20 倍··························
　　　中华须鳗 *C. chinensis* Kaup，1856（图 395）。浅海底栖性鱼类。穴居于沙泥底质贝类丰富的低潮区，善用尾尖钻穴，食蛏、蛤等，也是蛏、蛤养殖的主要敌害。栖息水深 30m 以下。全长达 550mm。骨软肉嫩，味鲜美。分布：黄海（江苏连云港）、东海（浙江、福建）、台湾海域、南海（广东）；西太平洋广泛分布。

图 395　中华须鳗 *C. chinensis*

（依朱元鼎等，1984）

2（1）背鳍起点远在鳃孔之前；胸鳍小，体长约为胸鳍长的 60 倍····················**元鼎须鳗**
C. yuanding Tang & Zhang, 2003（图 396）。浅海底栖性鱼类。全长达 520mm。栖息水深未知。
分布：福建沿岸。

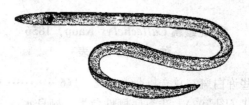

图 396　元鼎须鳗 *C. yuanding*

（依唐文乔等，2003）

无鳍须蛇鳗属（须盲蛇鳗属）*Cirricaecula* Schultz，1953

麦氏无鳍须蛇鳗 *C. macdowelli* McCosker & Randall，1993。浅海底栖性鱼类。全长达 228mm。栖
息水深未知。分布：台湾海峡的吉贝屿。

鳍蠕鳗属 *Echelus* Rafinesque，1810
种 的 检 索 表

1（2）体延长，体长为头长的 12～13 倍；总脊椎骨数 172～183 ·····················**多椎鳍蠕鳗**
E. polyspondylus McCosker & Ho，2015。底栖性鱼类。栖息水深约 200m。全长 561mm。分
布：台湾东港。下杂鱼，无食用价值［台湾特有种（endemic to Taiwan）］。
2（1）体中等长，体长为头长的 8～9 倍；总脊椎骨数 150～162 ·····················**小尾鳍蠕鳗**
E. uropterus（**Temminck & Schlegel，1846**）（图 397）。浅海底栖性鱼类。栖息水深 100～
200m。全长 600mm。分布：台湾海域；印度-西太平洋。

图 397　小尾鳍蠕鳗 *E. uropterus*

（依陈鸿鸣）

粗犁鳗属 *Lamnostoma* Kaup，1856
种 的 检 索 表

1（2）背鳍起点略在鳃孔之后；头长占全长的 11.3%～12.8%；总脊椎骨数 147················
明多粗犁鳗 *L. mindora*（**Jordan & Richardson，1908**）。栖息于河口或溪流下游的泥沙底淡水域
与半淡咸水域；栖息水深 1～30m。全长 400mm。分布：台湾东部与恒春半岛的溪流水域；亚洲
及大洋洲热带地区。因栖息地特殊而不易捕获。目前无渔业经济价值。
2（1）背鳍远在鳃孔之后；头长占全长的 9.9%～10.1%；总脊椎骨数 137　·················
多睛粗犁鳗 *L. polyophthalmum*（**Bleeker，1853**）（图 398）。浅海河口鱼类。栖息水深 1～30m。
全长 325mm。分布：台湾海域；日本、菲律宾，印度-西太平洋热带地区。

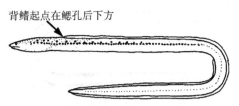

背鳍起点在鳃孔后下方

图 398　多睛粗犁鳗 *L. polyophthalmum*
（依波户冈，2013）

盖蛇鳗属 *Leiuranus* Bleeker，1852

半环盖蛇鳗 *L. semicinctus*（Lay & Bennett，1839）（图 399）。浅海鱼类，栖息于水深 1~30m 的沙质底部或海草床。全长 660mm。分布：台湾东北部海域及小琉球；日本，印度-太平洋广泛分布。无食用价值。

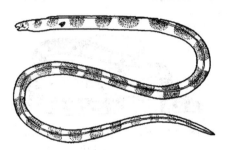

图 399　半环盖蛇鳗 *L. semicinctus*
（依 Chen & Weng，1967）

虫鳗属 *Muraenichthys* Bleeker，1853
种 的 检 索 表

1（4）背鳍起点在肛门之后
2（3）后鼻孔前具有一大皮瓣，后鼻孔之外孔位于表面；总脊椎骨数 119~128 ⋯⋯⋯⋯⋯⋯
许氏虫鳗 *M. schultzei* Bleeker，1857（图 400）。浅海珊瑚礁鱼类。栖息水深 1~19m。全长 240mm。分布：台湾南部垦丁；日本，印度-西太平洋广泛分布。

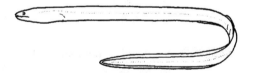

图 400　许氏虫鳗 *M. schultzei*
（依波户冈，2013）

3（2）后鼻孔前具有一小皮瓣，后鼻孔之外孔被皮瓣覆盖；总脊椎骨数 136~139 ⋯⋯⋯⋯⋯⋯
⋯⋯**鼻瓣虫鳗 *M. velinasalis* Hibino & Kimura，2015**。浅海珊瑚礁鱼类。栖息水深 5~31m。全长 281mm。分布：台湾南部海域；印度-西太平洋。
4（1）背鳍起点在肛门之前
5（6）背鳍起点位在躯干中点；上颌齿尖；总脊椎骨数 128~139 ⋯⋯⋯⋯⋯⋯⋯ **汤氏虫鳗**
***M. thompsoni* Jordan & Richardson，1908**。浅海珊瑚礁鱼类。栖息水深未知。全长达 300mm。分布：台湾西南部海域；西太平洋。
6（5）背鳍起点接近肛门；上颌齿钝；总脊椎骨数 152~154 ⋯⋯⋯⋯⋯⋯⋯ **短鳍虫鳗**
***M. hattae* Jordan & Snyder，1901**（图 401）。浅海栖息水深 10~30m。全长 330mm。分布：东海（福建）；韩国、日本。

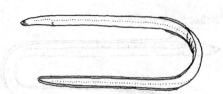

图 401　短鳍虫鳗 M. hattae
（依波户冈，2013）

花蛇鳗属 Myrichthys Girard，1859
种 的 检 索 表

1（2）体具有许多黑白相间环带……………………斑竹花蛇鳗 **M. colubrinus**（Boddaert，1781）
（图 402）。浅海鱼类，栖息于珊瑚礁区。栖息水深 1～35m。全长达 970mm。分布：东海、台湾
南部及小琉球海域、南沙群岛珊瑚岛；日本，印度-西太平洋。偶见物种，无任何渔业利用，仅
具有研究价值。

图 402　斑竹花蛇鳗 M. colubrinus
（依张有为，1979）

2（1）体具有 3 排大圆点………………………**斑纹花蛇鳗 M. maculosus**（Cuvier，1816）（图 403）。
浅海鱼类，栖息于珊瑚礁区。栖息水深 1～262m。全长达 1.0m。分布：台湾南部海域、兰屿及
绿岛、南沙群岛珊瑚岛；日本，印度-西太平洋。数量多，具观赏价值，水族博物馆可见。

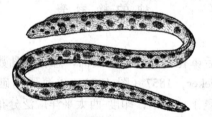

图 403　斑纹花蛇鳗 M. maculosus
（依张有为，1979）

新蛇鳗属 Neenchelys Bamber，1915
种 的 检 索 表

1（8）胸鳍发达，大于鳃孔
2（3）背鳍起点约与臀鳍起点等齐或略后 ……………… **陈氏新鳗 N. cheni**（Chen & Weng，1967）。
深海底栖或中层游泳性鱼类。栖息水深 100～300m。全长 414mm。分布：台湾东部海域 2 尾采
自东港的模式标本；越南、澳大利亚。小型蛇鳗，无经济价值，一般做下杂鱼处理。
3（2）背鳍起点远在臀鳍起点之前
4（5）体细长，体长为体高的 54～55 倍；总脊椎骨数 251～274 ………………………………… **长身新鳗**
N. similis Ho，McCosker & Smith，2015。深海底栖性鱼类。栖息水深 1 376～3 600m。全长
756mm。分布：台湾太溪为模式产地；日本、新几内亚、班达海。
5（4）体中等细长，体长为体高的 40 倍以下；总脊椎骨数 169～186
6（7）总脊椎骨数 177～186 ………………… **长鳍新鳗 N. diaphora Ho，McCosker & Smith，2015**。
深海底栖性鱼类。栖息水深 200～400m。全长 475mm。分布：台湾东港。

7（6）总脊椎骨数 169·······················**大洋新鳗** *N. pelagica* **Ho，McCosker & Smith，2015**。深海中层游泳性鱼类。栖息水深约 200m。全长 392mm。分布：台湾东港。

8（1）胸鳍微小，肉眼几乎不可见

9（10）头大，体长为头长的 9～10 倍；总脊椎骨数 138～148 ·························**微鳍新鳗** *N. parvipectoralis* **Chu，Wu and Jin，1981**（图 404）。深海底栖性鱼类。栖息水深 100～400m。全长 328mm。分布：台湾海峡（福建东山）、台湾南部；越南。

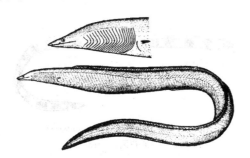

图 404　微鳍新鳗 *N. parvipectoralis*
（依朱元鼎等，1984）

10（9）头小，体长为头长的 13～16 倍；总脊椎骨数 172 以上

11（12）前鼻孔具有一细丝；总脊椎骨数 172～184 ·························**麦氏新鳗** *N. mccoskeri* **Hibino，Ho & Kimura，2012**。深海底栖性鱼类。栖息水深 100～400m。全长 512mm。分布：台湾东港为模式产地；日本。

12（11）前鼻孔具有许多细丝；总脊椎骨数 200 ·················**细身新鳗** *N. gracilis* **Ho & Loh，2015**。深海底栖性鱼类。栖息水深约 400m。全长 429mm。分布：台湾东港为模式产地。

蛇鳗属 *Ophichthus* Ahl，1789
种 的 检 索 表

1（4）体具圆斑，背鳍起点在胸鳍起点之前

2（3）体表圆斑为实心·····················**斑纹蛇鳗** *O. erabo*（**Jordan & Snyder，1901**）（图 405）。浅海底栖性鱼类。栖息水深 10～150m。全长 720mm。分布：台湾南部海域；印度-西太平洋。

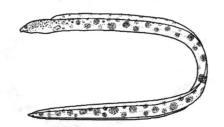

图 405　斑纹蛇鳗 *O. erabo*
（依波户冈，2013）

3（2）体表圆斑为空心·····················**多斑蛇鳗（眼斑蛇鳗）** *O. polyophthalmus* **Bleeker，1864**（图 406）。珊瑚礁区底栖鱼类。栖息水深 2～25m。全长 625mm。分布：台湾南部海域；印度-西

图 406　多斑蛇鳗 *O. polyophthalmus*
（依 Chen & Weng，1967）

太平洋及夏威夷。

4 （1） 体具鞍状斑、环状斑或无，不具圆斑；背鳍在胸鳍之上或后方

5 （12） 体具明显环状或鞍状斑

6 （9） 体具明显黑白相间鞍状斑

7 （8） 头部明显具不规则黄色斑块·····························**鲍氏蛇鳗 *O. bonaparti*（Kaup，1856）**
（图407）。珊瑚礁区底栖鱼类。栖息水深1～20m。全长750mm。分布：台湾海域；日本，印度-
西太平洋广泛分布。

图407　鲍氏蛇鳗 *O. bonaparti*
（依波户冈，2013）

8 （7） 头部不具斑块······················**横带蛇鳗 *O. fasciatus*（Chu，Wu & Jin，1981）**（图408）。
浅海底栖性鱼类。栖息水深未知。全长915mm。分布：台湾海峡（福建平潭）、南海（广东
汕尾）。

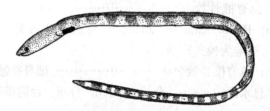

图408　横带蛇鳗 *O. fasciatus*
（依朱元鼎等，1984）

9 （6） 项部具一明显鞍状斑；体具宽窄不一的鞍状斑或无

10 （11） 项部宽鞍状斑前后为白色，体无斑；背鳍及臀鳍白色 ·······························**项斑蛇鳗
O. cephalozona Bleeker，1864**（图409）。珊瑚礁区底栖鱼类。栖息水深1～30m。全长
115cm。分布：台湾海域、南海（香港）；印度-西太平洋广泛分布。

图409　项斑蛇鳗 *O. cephalozona*
（依鱼类生态与演化研究室）

11 （10） 项部鞍状斑前后为深色，体具有许多宽窄不一的鞍状斑；背鳍及臀鳍深色 ·······················
石蛇鳗 *O. lithinus*（Jordan & Richardson，1908）（图410）。浅海底栖性鱼类。栖息水深10～

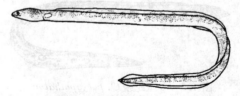

图410　石蛇鳗 *O. lithinus*
（依波户冈，2013）

50m。全长超过 1m。分布：台湾海峡、南海；日本，印度-西太平洋广泛分布。

12（5）体无斑，多为单色（除尾部可能有黑斑外）

13（26）背鳍起点在胸鳍末端之上或之后

14（17）背鳍起点略在胸鳍之后；体相当细长，体长为体高的 40 倍以上

15（16）背鳍起点在胸鳍之后约 1 个胸鳍长度；总脊椎骨数 207～218 ·························· **大鳍蛇鳗**
O. macrochir（Bleeker，1853）（图 411）。浅海及河口区底栖性鱼类。栖息水深 1～25m。全长
920mm。分布：台湾海峡；印度-西太平洋广泛分布。罕见物种，无任何渔业利用，仅具研究
价值。

图 411　大鳍蛇鳗 O. macrochir
（依郑义郎，2007）

16（15）背鳍起点在胸鳍末端之上或略后；总脊椎骨数 169～173 ·························· **窄鳍蛇鳗**
O. stenopterus Cope，1871。大多潜居于浅海域 10～50m 深的沙泥底。底栖性鱼类。全长
920mm。分布：东海（福建金门）、南海；西太平洋。罕见物种，无任何渔业利用，仅具研究价值。

17（14）背鳍起点在胸鳍之后超过 3 个胸鳍长度；体略粗，体长为体高的 40 倍以下

18（19）上下颌及犁骨具齿 3 行 ····················· **后鳍蛇鳗 O. retrodorsalis** Liu，Tang & Zhang，2010
（图 412）。浅海底栖鱼类。栖息水深未知。全长 524mm。分布：台湾海峡（福州）。

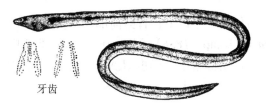

牙齿

图 412　后鳍蛇鳗 O. retrodorsalis
（依 Liu 等，2010）

19（18）上下颌齿 1 列或 2 列，犁骨齿单列或前方 2 列，后方 1 列

20（21）上颌不具皮突；全身黑色 ····················· **暗鳍蛇鳗 O. a photistos** McCosker & Chen，2000
（图 413）。深海底栖性鱼类。栖息水深 250～350m。全长 628mm。分布：台湾南部海域。

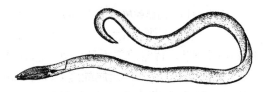

图 413　暗鳍蛇鳗 O. a photistos
（依 McCosker & Chen，2000）

21（20）上颌前后鼻孔间和眼下各具一皮突；身体淡色，上灰下白

22（23）眼相当大，头长为眼径的 5 倍；背鳍起点在胸鳍的远后上方；臀鳍末端约 1 个头长处为黑色
························· **大眼蛇鳗 O. megalops** Asano，1987（图 414）。深海底栖性鱼类。栖息
水深约 360m。全长 332mm。分布：台湾东北部海域；日本。

23（22）眼略小，头长为眼径的 10 倍以上；臀鳍淡色

24（25）眼小，头长为眼径的 20 倍左右；上下颌及犁骨齿双列；总脊椎骨数 178～184 ··············

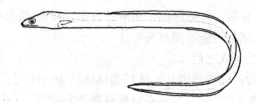

图 414　大眼蛇鳗 *O. megalops*
（依波户冈，2013）

············ 圆身蛇鳗 *O. rotundus* **Lee & Asano，1997**。底栖性鱼类。栖息水深未知。全长 793mm。分布：台湾海峡（福建东岸）；韩国。

25（24）眼略大，头长为眼径的 10 倍左右；上颌齿双列，下颌齿与犁骨齿单列；总脊椎骨数 155～163 ····························· 双色蛇鳗 *O. bicolor* **McCosker & Ho，2015**（图 415）。深海底栖性鱼类。栖息水深约 200m。全长 919mm。分布：台湾东港。

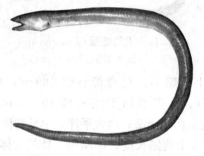

图 415　双色蛇鳗 *O. bicolor*
（依陈鸿鸣）

26（13）背鳍起点位于胸鳍之上

27（28）背鳍及臀鳍相当高，占体高一半以上；背鳍前部具一大黑斑；总脊椎骨数 171～182 ············ 高鳍蛇鳗 *O. altipennis*（Kaup，1856）（图 416）。珊瑚礁区底栖性鱼类。栖息水深 2～20m。全长 120cm。分布：台湾南部垦丁；印度-太平洋广泛分布。罕见物种，无任何渔业利用，仅具研究价值。

图 416　高鳍蛇鳗 *O. altipennis*
（依蔡正一）

28（27）背鳍与臀鳍较低矮，不及体高一半；背鳍前部不具黑斑；总脊椎骨数少于 164

29（30）上下颌齿为双列 ····························· 短尾蛇鳗 *O. brevicaudatus* **Chu，Wu & Jin，1981**（图 417）。浅海底栖性鱼类。栖息水深未知。全长 543mm。分布：台湾海峡（闽南三沟渔

图 417　短尾蛇鳗 *O. brevicaudatus*
（依朱元鼎等，1981）

场）、南海（广东汕尾）。

30（29）上下颌齿单列

31（32）尾部末端宽且钝，其宽与体宽几相同；背鳍及臀鳍具白缘；总脊椎骨数127～132 ……………
…………………………………… **浅草蛇鳗 O. asakusae Jordan & Snyder，1901**（图 418）。
浅海底栖性鱼类。栖息水深 30～100m。全长达 600mm。分布：东海大陆架（福建省）、海南
岛；日本。

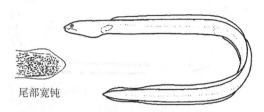

尾部宽钝

图 418　浅草蛇鳗 *O. asakusae*
（依波户冈，2013）

32（31）尾部末端尖细；背鳍及臀鳍淡色或具黑缘；总脊椎骨数 133 以上

33（36）胸鳍细长，末端尖，长度大于吻长

34（35）上颌具有二皮突；眼小，头长为眼径的 14～16 倍；总脊椎骨数 141～146 …………………
…………**尖吻蛇鳗 O. apicalis（Bennett，1830）**（图 419）。浅海底栖性鱼类。栖息水深未知。全长
达 450mm。分布：台湾海峡；西太平洋。

图 419　尖吻蛇鳗 *O. apicalis*
（依匡庸德等，1986）

35（34）上颌具有一皮突；眼大，头长为眼径的 7～11 倍；总脊椎骨数 146～161 …………………
……**町田氏蛇鳗 O. machidai McCosker，Ide & Endo，2012**。浅海底栖性鱼类。栖息水深40～
80m。全长达 672mm。分布：台湾西南岸；日本。

36（33）胸鳍匙形或扇形，长度约等于吻长或略小

37（38）下颌前方达前鼻孔之前；总脊椎骨数 133～141 …………………………………… **裙鳍蛇鳗**
O. urolophus（Temminck & Schlegel，1846）（图 420）。浅海底栖性鱼类。栖息水深约 100m。
全长 1m 以上。分布：东海（福建）；印度-太平洋广泛分布。

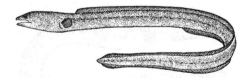

图 420　裙鳍蛇鳗 *O. urolophus*

38（37）下颌前方达前鼻孔之后；总脊椎骨数 148～164

39（40）躯干较长，为体长的 38% 以上；肛门前脊椎骨数 68～72 ………………………… **邵氏蛇鳗**
***Ophichthus shaoi* McCosker & Ho，2015**。浅海底栖性鱼类。栖息水深约 200m。全长达 623mm。
分布：台湾西南及东北部沿岸、大溪渔场。

40（39）躯干较短，为体长的 37% 以下；肛门前脊椎骨数 53～57 ………………………… **壮体蛇鳗**
***O. obtusus* McCosker，Ide & Endo，2012**。浅海底栖性鱼类。栖息水深70～80m。全长达
731mm。分布：台湾南部海域；日本。

沙蛇鳗属 *Ophisurus* Lacepède，1800

大吻沙蛇鳗*O. macrorhynchos* Bleeker，1852（图421）。深海底栖性鱼类。栖息水深20～500m。全长达140cm。分布：黄海（江苏）、东海（浙江）、台湾海域；印度-太平洋广泛分布。

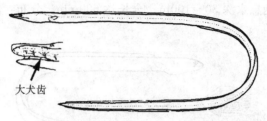

图421　大吻沙蛇鳗 *O. macrorhynchos*
（依波户冈，2013）

叶鼻蛇鳗属 *Phyllophichthus* Gosline，1951

叶鼻蛇鳗*P. xenodontus* Gosline，1951。浅海底栖性鱼类。栖息水深8～30m。全长达420mm。分布：黄海、台湾南部海域；印度-西太平洋广泛分布。

豆齿鳗属 *Pisodonophis* Kaup，1856
种 的 检 索 表

1（2）背鳍起点在胸鳍后方；上颌间齿与犁骨齿相连 ·· **杂食豆齿鳗**
P. boro（**Hamilton，1822**）（图422）。浅海底栖性鱼类。栖息水深2～30m。全长达100cm。分布：东海、台湾海域、南海；印度-西太平洋广泛分布。

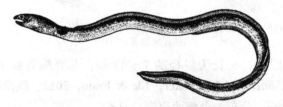

图422　杂食豆齿鳗 *P. boro*
（依朱元鼎等，1984）

2（1）背鳍起点在胸鳍上方；上颌间齿与犁骨齿分离 ·· **食蟹豆齿鳗**
P. cancrivorus（**Richardson，1848**）（图423）。浅海底栖性鱼类。栖息水深10～30m。全长达1.08m。分布：东海（福建）、台湾海域、海南岛；日本，印度-西太平洋广泛分布。

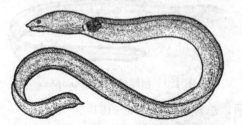

图423　食蟹豆齿鳗 *P. cancrivorus*
（依朱元鼎等，1984）

双鳍鳗属 *Pylorobranchus* McCosker & Chen，2012

何氏双鳍鳗*Pylorobranchus hoi* McCosker，Loh & Lin，2012。深海底栖性鱼类。栖息水深约300m。全长达676mm。分布：台湾台东。

舒蛇鳗属 *Schultzidia* Gosline，1951

约氏舒蛇鳗 *S. johnstonensis*（Schultz & Woods，1949）。深海底栖性鱼类。栖息水深 2～35m。全长达 350mm。分布：台湾海峡；印度-西太平洋。

蠕蛇鳗属 *Scolecenchelys* Ogilby，1897
种 的 检 索 表

1（4）背鳍起点在肛门之前
2（3）尾部末端明显为黑色；总脊椎骨数 157～162 ·· **黑尾蠕蛇鳗**
    S. fuscapenis McCosker，Ide & Endo，2012。深海底栖性鱼类。栖息水深 223～269m。全长达 365mm。分布：台湾南部海域；日本。
3（2）尾部末端如体色，不为黑色；总脊椎骨数 127～135 ·································· **大鳍蠕蛇鳗**
    S. macroptera（Bleeker，1857）（图 424）。浅海底栖性鱼类。栖息水深 10～30m。全长达 200mm。分布：东海（福建）、台湾南部海域；印度-太平洋。

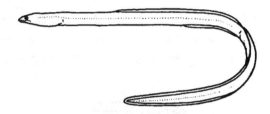

图 424　大鳍蠕蛇鳗 S. *macroptera*
（依波户冈，2013）

4（1）背鳍起点在肛门之后
5（6）上颌齿单列·······················**爱氏蠕蛇鳗** *S. iredalei*（Whitley，1927）。浅海底栖性鱼类。栖息水深 1～60m。全长达 200mm。分布：台湾南部海域；印度-太平洋。
6（5）上颌齿双列
7（8）总脊椎骨数 135～146；肛门前侧线孔 54～59 ···································· **侧尾蠕蛇鳗**
    S. laticaudata（Ogilby，1897）。浅海底栖性鱼类。栖息水深 1～26m。全长达 350mm。分布：台湾南部海域；印度-太平洋。
8（7）总脊椎骨数 118～135；肛门前侧线孔 49～53 ···································· **裸身蠕蛇鳗**
    S. gymnota（Bleeker，1857）（图 425）。浅海底栖性鱼类。栖息水深 1～30m。全长达 380mm。分布：台湾南部海域；印度-太平洋。

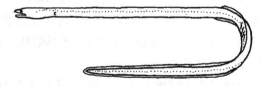

图 425　裸身蠕蛇鳗 S. *gymnota*
（依波户冈，2013）

龟蛇鳗属 *Skythrenchelys* Castle & McCosker，1999

斑马龟蛇鳗 *Skythrenchelys zabra* Castle & McCosker，1999。浅海底栖性鱼类。栖息水深 1～180m。全长达 296mm。分布：台湾南部海域；印度-西太平洋。

扁鳗属 *Sympenchelys* Hibino，Ho & Kimura，2015

台湾扁鳗 *Sympenchelys taiwanensis* Hibino，Ho & Kimura，2015。深海底栖性鱼类。栖息水深

100～300m。全长达 279mm。分布：台湾南部。

列齿鳗属 *Xyrias* Jordan & Snyder，1901
种 的 检 索 表

1（2）身体黄褐色，不具斑点；上颌齿 2 列；犁骨齿单列；总脊椎骨数 126 ·······················
　　　　邱氏列齿鳗 *Xyrias chioui* McCosker，Chen & Chen，2009（图 426）。浅海底栖性鱼类。栖息水
深 60～70m。全长达 820mm。分布：台湾东部长滨乡海域。罕见鱼种。

图 426　邱氏列齿鳗 *X. chioui*
（依陈鸿鸣）

2（1）身体布满黄褐色细斑；上颌齿 4 列；犁骨齿多列；总脊椎骨数 169·······················**列齿鳗**
　　　　***X. revulsus* Jordan & Snyder，1901**（图 427）。深海底栖性鱼类。栖息水深 146～209m。全长达
930mm。分布：东海、台湾苏澳、南海；印度-西太平洋。罕见种类，经济价值不高，但具研究
价值。

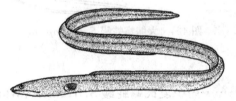

图 427　列齿鳗 *X. revulsus*

细犁蛇鳗属 *Yirrkala* Whitley，1940

　　米苏尔细犁鳗 *Y. misolensis*（Günther，1872）。浅海底栖性鱼类。栖息水深约 100m 以内。全长达
600mm。分布：台湾西南部海域；印度-西太平洋。

64. 短尾康吉鳗科（短糯鳗科）Colocongridae

　　体短且高。尾短，肛门位于身体中央之后。头宽且大，略为侧扁。眼睛发达。吻短且钝。口裂达眼
睛后缘。上下颌不具唇褶。颌齿细小，1～3 列，犁骨不具齿。前鼻孔管状，位于吻端；后鼻孔大且圆，
位于眼中线之前。背鳍与臀鳍发达，背鳍起点略较胸鳍为后。不具鳞片。胸鳍发达。侧线发达，侧线孔
为管状。头部感觉孔多，多为管状。头部具有许多小皮瓣。

　　海水鱼，全球广泛分布。广泛栖息在大陆坡至深海，深度 270～1 134m。

　　本科有 1 属 7 种（Nelson et al.，2016）；中国有 1 属 3 种。

短尾康吉鳗属（短糯鳗属）*Coloconger* Alcock，1889
种 的 检 索 表

1（2）眼大于吻长；头长占全长的 20%～22%；臀鳍鳍条 115～119 ·······························
　　　　蛙头短尾康吉鳗 *C. raniceps* Alcock，1889（图 428）。深海底栖性鱼类。栖息水深 300～1 134m。
全长达 500mm。分布：南海；日本，印度-西太平洋。

2（1）眼小于吻长；头长占全长的 17%～20%；臀鳍鳍条 72～110

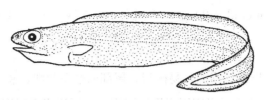

图 428　蛙头短尾康吉鳗 *C. raniceps*
（依波户冈，2013）

3（4）腹椎 71～72；背鳍起点在胸鳍中间之前 ························· **日本短尾康吉鳗**
C. japonicus Machida，1984（图 429）。深海底栖性鱼类。栖息水深 750～777m。全长达
560mm。分布：台湾南部海域、南海；日本。

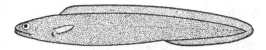

图 429　日本短尾康吉鳗 *C. japonicus*
（依波户冈，2013）

4（3）腹椎 76～80；背鳍起点在胸鳍中间之后 ················ **施氏短尾康吉鳗 C. scholesi Chan，1967**
（图 430）。深海底栖性鱼类。栖息水深 412～970m。全长达 510mm。分布：海南岛东岸、南沙
群岛；印度-西太平洋。

图 430　施氏短尾康吉鳗 *C. scholesi*
（依 Chan，1967）

65. 项鳗科 Derichthyidae

体中等延长，尾部不为丝状。头形状不一，短或相当细长。眼大且发达。口裂位于眼下或略后。不
具唇褶。齿细小，锥状，多列排列。鳃孔小，裂缝状，位于胸鳍基部前方及下方。背鳍起点位于体前
1/3，略在胸鳍之后。肛门约在身体中央。背鳍与臀鳍后方鳍条明显短。不具鳞片。侧线孔及头孔发达。

海水鱼，全球广泛分布。广泛栖息在浅海至深海，栖息于大陆坡至深海，深度达 2 000m。

本科有 2 属 3 种；中国有 1 属 1 种。

鸭项鳗属 *Nessorhamphus* Schmidt，1931

丹氏鸭项鳗 N. danae Schmidt，1931。深海底栖性鱼类。栖息水深约 410m。全长达 510mm。分
布：台湾记录样本为柳叶鳗，尚无成鱼记录；印度-西太平洋。

66. 海鳗科 Muraenesocidae

体中等至相当细长。头中等至非常细长。眼发达。吻尖，较下颌突出。口裂大，向后延伸超过眼。
唇不具皮褶。下颌前方具强齿，闭口时可置于上颌一凹陷。牙齿大且尖，上下颌齿多列；犁骨齿通常 3
列，中列犬齿状。前鼻孔管状，位于吻端；后鼻孔小，位于眼中线之前。胸鳍有或无。鳃孔大，在胸鳍
基部下方，两鳃孔相当接近。背鳍及臀鳍发达。不具鳞片。侧线完整，但通常开孔较为多孔型。体灰色
或褐色，不具任何斑纹。

海水鱼，全球广泛分布。广泛栖息在浅海至深海，栖息于大陆坡至深海，深度 100～1 200m。肉味
鲜美，供食用。产量大，重要经济鱼类。

本科有 6 属 15 种（Nelson et al.，2016）；中国有 4 属 5 种。

属 的 检 索 表

1（2）不具胸鳍；体柔软，表皮接近透明，易破损；尾部末端呈丝状；总脊椎骨数 237～239 ········
·· 丝尾海鳗属 *Gavialiceps*

2（1）具胸鳍；体结实，表皮厚，不易破损；尾部圆，尾鳍明显；总脊椎骨数 155 以下

3（4）肛门位于身体中央之后；犁骨齿 2 列，无中央较大的齿列；总脊椎骨数 114～119 ···············
·· 狭颌海鳗属 *Oxyconger*

4（3）肛门位在身体中央之前；犁骨齿 3 列，中央齿列大且锐利；总脊椎骨数 132～155

5（6）犁骨齿中列齿细长，呈圆锥状；基部不具尖头（cusp）······ 康吉海鳗属（原鹤海鳗属）*Congresox*

6（5）犁骨齿中列齿三角形；基部前后各有一尖头·· 海鳗属 *Muraenesox*

康吉海鳗属（原鹤海鳗属）*Congresox* Gill，1896

拟鹤康吉海鳗 *C. talabonoides*（Bleeker，1853）（syn. 鹤海鳗 *Muraenesox talabonoides* 张春霖等，1962）（图 431）。深海底栖性鱼类。栖息水深 800～875m。全长达 250cm。分布：南海；印度-西太平洋。

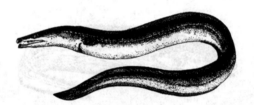

图 431 拟鹤康吉海鳗 *C. talabonoides*
（依张春霖等，1962）

丝尾海鳗属 *Gavialiceps* Alcock，1889

台湾丝尾海鳗 *G. taiwanensis*（Chen & Weng，1967）（图 432）。大洋表层游泳性鱼类。可垂直迁徙。栖息水深 100～1 200m。全长达 435mm。分布：台湾东港；日本，西北太平洋。

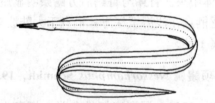

图 432 台湾丝尾海鳗 *G. taiwanensis*
（依波户冈，2013）

海鳗属 *Muraenesox* McClelland，1844
种 的 检 索 表

1（2）肛门前侧线孔数 35～37；肛门前鳍条数 50～54；总脊椎骨数 137～138，头长为两眼间距的 10～11 倍 ·· 百吉海鳗 *M. bagio*（Hamilton，1822）
（图433）（syn. 山口海鳗 *M. yamaguchiensis* Chen & Weng，1969）。浅海底栖性鱼类。栖息水深约 100m。全长达 200cm。分布：东海（福建）、台湾南部海域及澎湖列岛、南海（广东）；朝鲜半岛、日本，印度-西太平洋。肉味鲜美，供食用，有一定产量，经济鱼类。

2（1）肛门前侧线孔数 40～46；肛门前鳍条数 66～80；总脊椎骨数 149～155；头长为两眼间距的 6～9

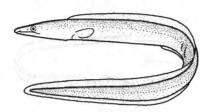

图 433　百吉海鳗 *M. bagio*
（依波户冈，2013）

倍······················**灰海鳗 *M. cinereus*（Forsskål，1775）**（图 434）。浅海至深海底栖性鱼类。栖息水深 100～800m。全长达 220cm。分布：中国沿岸；朝鲜半岛、日本，印度-西太平洋。肉味鲜美，供食用。生鲜贩售，但一般多被加工成鳗鱼鲞或制罐、鱼干或鱼丸等贩卖。产量大，2015 年中国年产量 38.72 万 t（《2016 中国渔业统计年鉴》）。为我国重要经济鱼类。

图 434　灰海鳗 *M. cinereus*
（依张春霖等，1962）

狭颌海鳗属 *Oxyconger* Bleeker，1864

狭颌海鳗 *O. leptognathus*（Bleeker，1858）（图 435）。浅海底栖性鱼类。栖息水深 40～550m。全长达 600mm。分布：台湾澎湖列岛、南海（广东）；西太平洋。

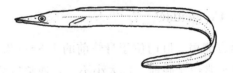

图 435　狭颌海鳗 *O. leptognathus*
（依波户冈，2013）

67. 线鳗科 Nemichthyidae

体极为延长，前方细，渐为侧扁，尾部呈丝状或略为尖细。肛门位于胸鳍下方或后方小于 1 个头长距离。眼大，发达。成熟雄鱼上下颌短，雌鱼及雄鱼亚成体两颌向前延伸成为棘刺状，前方弯曲，无法闭合。口裂延伸至眼下或略后方。牙齿细小，多列。前后鼻孔均位于眼睛前方。成熟雄鱼前鼻孔为管状，余不具管状结构。鳃孔新月形，位于胸鳍基部下方。具胸鳍。背鳍及臀鳍发达，鳍条长，臀鳍高于背鳍。背鳍起点在胸鳍之前。无鳞。侧线发达，单列或 3 个平行列。头孔发达。

海水鱼，全球广泛分布。广泛栖息在浅海至深海，属深海中层或深层游泳性鱼类，深度 1～4 337m。

本科有 3 属 9 种（Nelson et al.，2016）；中国有 2 属 2 种。

属 的 检 索 表

1（2）尾端具细丝；侧线孔 3 行 ·· **喙吻鳗属 *Avocettina***
2（1）尾端无细丝；侧线孔 1 行 ·· **线鳗属 *Nemichthys***

喙吻鳗属 *Avocettina* Jordan & Davis，1891

喙吻鳗 *A. infans*（Günther，1878）（图 436）。深海中层游泳性鱼类。栖息水深 785～4 850m。全长达 800mm。分布：东海深海、台湾南部海域、南海；日本，全球广泛分布。无食用价值，供学术研究。

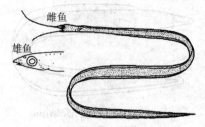

图 436　喙吻鳗 A. infans
（依波户冈，2013）

线鳗属 Nemichthys Richardson，1848

线鳗（线口鳗）N. scolopaceus Richardson，1848（图 437）。深海中层游泳性鱼类。栖息水深 0～3 656m。全长达 130cm。分布：东海深海大陆架斜坡、台湾南部海域、南海；日本，全球广泛分布。无食用价值，供学术研究。

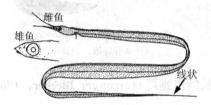

图 437　线鳗（线口鳗）N. scolopaceus
（依波户冈，2013）

68. 康吉鳗科（糯鳗科）Congridae

体中等延长至相当细长，后方侧扁。肛门位于身体前的 1/3～1/2。尾末端圆钝、细长或丝状。胸鳍发达。前鼻孔成管状，后鼻孔通常位于眼前。口大小不一，通常口裂末端达眼（除异康吉鳗外）。背鳍起点位于胸鳍附近，略前或略后。尾鳍鳍条略为退化或相当发达。牙齿发达，通常为多列。不具鳞片，侧线发达，单列。

生活于珊瑚礁、浅海至较深海域的中小型鱼类，栖息于水深 1～2 000m 或更深的深海。分布：全球热带至温带海域。最大全长可达 3m。

本科有 30 属 194 种（Nelson et al.，2016）；中国有 17 属 30 种。仍有部分尚未发表物种。

属 的 检 索 表

1（4）胸鳍退化或无；尾鳍退化或不易见；吻相当短，小于眼径；口裂斜

2（3）左右两上颌唇前方不连续；口裂延伸到眼睛中间下方 ································· 园鳗属 Gorgasia

3（2）左右两上颌唇前方连续；口裂延伸到眼睛前下方 ········ **异康吉鳗属（异糯鳗属）Heteroconger**

4（1）胸鳍发达；尾鳍发达；吻长与眼径等长或更长；口裂相对较平

5（14）臀鳍前长超过全长的 40%；尾部末端圆钝，尾鳍相当短；后鼻孔位于眼睛中央水平线下方；鳍条不分节

6（7）后鼻孔具有皮瓣；眼径约与吻等长 ······························· 拟深海蠕鳗属 Parabathymyrus

7（6）后鼻孔不具皮瓣；眼径小于吻长

8（9）吻端前方及上方具外露的钩状牙齿 ······························· 渊油鳗属 Bathymyrus

9（8）吻端前方及上方不具外露的牙齿（或仅少数在上颌前端腹侧外露）

10（11）后鼻孔约在中央水平处前方；颌齿主要为单列，除了前方可能为多列 ·······················
······························· **大口康吉鳗属（大口糯鳗属）Congriscus**

11（10）鼻孔位于眼睛中央水平处下方之前；颌齿至少为3列以上

12（13）身体具有大斑点及宽纵带 ·· 杂色康吉鳗属 *Poeciloconger*

13（12）身体不具斑点或带状斑 ··· 美体鳗属（锥体糯鳗属）*Ariosoma*

14（5）臀鳍前长小于全长的40％；尾部末端尖细，尾鳍鳍条发达；后鼻孔位于眼睛中央水平线或上方；鳍条分节

15（16）部分鳃条骨末端明显外露于鳃孔处 ································· 奇鳃鳗属（懒糯鳗属）*Blachea*

16（15）鳃条骨不外露，完整由膜包覆

17（18）唇褶退化；闭口时上下颌外侧牙齿部分外露 ····················· 康吉吻鳗属 *Congrhynchus*

18（17）唇褶发达；闭口时上下颌外侧牙齿不外露

19（20）颌齿单列或两列，外列紧密排列形成锯缘 ··················· 康吉鳗属（糯鳗属）*Conger*

20（19）颌齿两列或多列，外列不紧密排列形成锯缘

21（22）犁骨齿列长，向后延伸超过眼睛 ····································· 尖尾鳗属 *Uroconger*

22（21）犁骨齿集中在前方，向后延伸未达眼睛

23（26）犁骨前部齿通常具1～2个扩大齿

24（25）上下颌等齐，前部牙齿犬齿状，明显外露 ····················· 深海尾鳗属 *Bathyuroconger*

25（24）上颌向前超过下颌，前部牙齿不特别大，仅少数外露 ·····································
·························· 深海康吉鳗属（深海糯鳗属）*Bathycongrus*

26（23）犁骨前部齿不扩大

27（28）尾中等细长，末端不尖细；尾鳍不发达 ························· 颌吻鳗属 *Gnathophis*

28（27）尾中等细长，末端不明显尖细或呈丝状；尾鳍发达

29（30）吻相当短，圆且钝；头长为吻长的5倍以上 ················· 大头糯鳗属 *Macrocephenchelys*

30（29）吻长，略尖；头长为吻长的3～4倍

31（32）犁骨齿丛短，与其本身宽相当，尾呈丝状 ················· 吻鳗属（突吻糯鳗属）*Rhynchoconger*

32（31）犁骨齿丛相对较长，长于其本身宽，尾尖但不为丝状 ·····································
··· 日本康吉鳗属（日本糯鳗属）*Japonoconger*

美体鳗属（锥体糯鳗属）*Ariosoma* Swainson，1838
种 的 检 索 表

1（2）眼后有2个明显黑斑；后颞骨及前鳃盖骨部位不具感觉孔 ························· 米克氏美体鳗
A. meeki（Jordan & Snyder，1900）（图438）。浅海底栖性鱼类。栖息水深30～200m。体长达530mm。分布：东海（福建）、台湾南部海域及澎湖列岛、海南岛、南海（广东）；日本。过去多将本种误认为 *A. anago*。

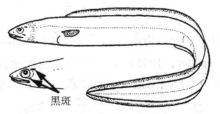

图438 米克氏美体鳗 *A. meeki*
（依波户冈，2013）

2（1）眼后不具有黑斑；后颞骨及前鳃盖骨部位具感觉孔

3（6）背鳍及臀鳍具有相当宽的黑缘；头部具有明显黑白相间宽纹

4（5）臀鳍黑色；肛门前侧线孔53～58；总脊椎骨数143～144；胸鳍小于头长一半······ACTINOPTERYGII
······穴美体鳗（齐头鳗）*A. anago*（Temminck & Schlegel，1846）（图439）。浅海底栖性鱼类。

栖息水深 2～30m。体长达 600mm。分布：台湾海域；印度-太平洋。属于罕见物种，过去多将本种误认为 *A. meeki*。

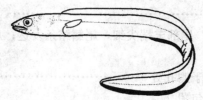

图 439　穴美体鳗（齐头鳗）*A. anago*
（依波户冈，2013）

5（4）臀鳍不呈黑色；肛门前侧线孔 47～52；总脊椎骨数 131～133；胸鳍约占头长一半··················
·············**长鳍美体鳗 *A. dolichopterum* Karmovskaya, 2015**。浅海底栖性鱼类。栖息水深 10～30m。
体长达 400mm。分布：台湾海域；越南。属于常见物种，过去多将本种误认为 *A. anagoides*。

6（3）背鳍及臀鳍黑缘相当窄或不明显；头部不具黑白相间宽纹或有但不明显

7（8）肛门前侧线孔 48～57；总脊椎骨数 141～148 ·························· **大美体鳗（大奇鳗）**
A. major (Asano, 1958)（图 440）。浅海底栖性鱼类。栖息水深约 30m。体长达 500mm。分布：
东海（浙江）、台湾海域；日本，西太平洋。

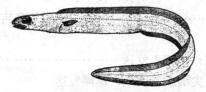

图 440　大美体鳗（大奇鳗）*A. major*
（依李信彻等，1966）

8（7）肛门前侧线孔 55～59；总脊椎骨数 156～161 ······························· **白穴美体鳗**
A. shiroanago (Asano, 1958)（图 441）。浅海底栖性鱼类。栖息水深 10～30m。体长达
400mm。分布：东海大陆架海域、台湾海域；日本。属于罕见物种。

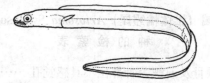

图 441　白穴美体鳗 *A. shiroanago*
（依波户冈，2013）

深海康吉鳗属（深海糯鳗属）*Bathycongrus* Ogilby, 1898
种 的 检 索 表

1（2）体短；尾部略尖细，但不呈丝状；总脊椎骨数 146～153 ······························ **网格深海康吉鳗**
B. retrotinctus (Jordan & Snyder, 1901)（图 442）。浅海至深海底栖性鱼类。栖息水深 150～
450m。体长达 400mm。分布：台湾海域；朝鲜半岛、日本、菲律宾。

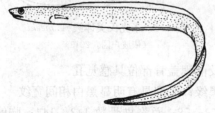

图 442　网格深海康吉鳗 *B. retrotinctus*
（依波户冈，2013）

2（1）体延长；尾部尖细且呈丝状（部分样本可能断尾）；总脊椎骨数 156～181

3（4）犁骨具 2 强齿，周边有小牙齿环绕；肛门前侧线孔数 36～39；总脊椎骨数 156～162·········
·············小斑深海康吉鳗 **B. guttulatus**（Günther，1887）。浅海至深海底栖性鱼类。栖息水
深 270～1 270m。体长达 417mm。分布：台湾海域；印度-太平洋。

4（3）犁骨具 2 强齿，仅后方有 2～3 颗较小牙齿；肛门前侧线孔数 39～43；总脊椎骨数 172～181·····
··················瓦氏深海康吉鳗 **B. wallacei**（Castle，1968）（图 443）。浅海至深海底栖性鱼
类。栖息水深 250～500m。体长达 550mm。分布：台湾海域、南海；日本，印度-西太平洋。

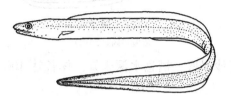

图 443　瓦氏深海康吉鳗 B. *wallacei*
（依波户冈，2013）

渊油鳗属 *Bathymyrus* Alcock，1889

锉吻渊油鳗（锉吻海康吉鳗）B. simus Smith，1965。深海底栖性鱼类。栖息水深约 400m。体长达
326mm。分布：台湾海域；西太平洋。

深海尾鳗属 *Bathyuroconger* Fowler，1934
种 的 检 索 表

1（2）鳃孔相当小，小于眼径；鳃孔离胸鳍基部较远 ·························· **小鳃深海尾鳗**
B. parvibranchialis（Fowler，1934）。深海底栖性鱼类。栖息水深 300～1 023m。体长达
700mm。分布：台湾海域；菲律宾。

2（1）鳃孔大，与眼径相当；鳃孔靠近胸鳍基部 ·················· **深海尾鳗 B. vicinus**（Vaillant，1888）
（图 444）。深海底栖性鱼类。栖息水深 120～1 633m。体长 880mm。分布：东海深海、台湾南部
海域；日本，大西洋。

图 444　深海尾鳗 B. *vicinus*
（依倪勇，1988）

奇鳃鳗属（懒糯鳗属）*Blachea* Karrer & Smith，1980

奇鳃鳗 B. xenobranchialis Karrer & Smith，1980。深海底栖性鱼类。栖息水深 348～360m。体长
达 530mm。分布：台湾海域；西太平洋。

康吉鳗属（糯鳗属）*Conger* Bosc，1817
种 的 检 索 表

1（2）眼后具 3 个感觉孔；眼下具一黑条纹 ························· **灰康吉鳗 C. cinereus** Rüppell，1830
（图 445）。浅海珊瑚礁区底栖性鱼类。栖息水深 1～100m。体长达 1.3m。分布：东海（浙江）、台湾海
域、南海（广东）、西沙永兴岛；日本，印度-西太平洋。个体大、肉味美，有一定产量，具经济价值。

2（1）眼后不具感觉孔；眼下无黑条纹

3（4）背鳍起点明显较胸鳍为后；体色黑 ························ **乔氏康吉鳗 C. jordani** Kanazawa，1958。

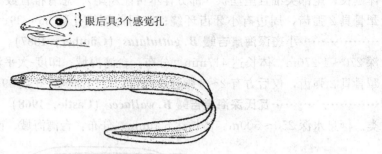

图 445　灰康吉鳗 C. cinereus
（依波户冈，2013）

浅海底栖性鱼类。栖息于沙泥底。栖息水深未知。体长达 400mm。分布：台湾海域；西-北太平洋。

4（3）背鳍起点在胸鳍上方；体色灰

5（6）头长占全长的 15%～18%；体背部不具白点 ······································ **大头康吉鳗**
C. macrocephalus Kanazawa, 1958。浅海底栖性鱼类。栖息沙泥底。栖息于水深203～329m。体长达 1.0m。分布：台湾海域；菲律宾。过去常误鉴为日本糯鳗。

6（5）头长占全长的 12%～15%；体背部具有许多白点 ··································· **星康吉鳗**
C. myriaster（Brevoort, 1856）（图446）。深海底栖性鱼类。栖息水深 120～1 633 m。体长880mm。分布：黄海（山东、江苏）、东海深海、台湾海域；日本，大西洋。

图 446　星康吉鳗 C. myriaster
（依张有为，1962）

康吉吻鳗属 Congrhynchus Fowler, 1934

原鹤康吉吻鳗 C. talabonoides Fowler, 1934。深海底栖性鱼类。栖息水深 247～393m。体长达 300mm。分布：台湾海域；西北太平洋。

大口康吉鳗属（大口糯鳗属）Congriscus Jordan & Hubbs, 1925

大口康吉鳗 C. megastomus（Günther, 1877）。浅海底栖性鱼类。栖息沙泥底。栖息水深约 400m。体长达 480mm。分布：台湾海域；西北太平洋。

颌吻鳗属 Gnathophis Kaup, 1859

异颌颌吻鳗 G. heterognathos（Bleeker, 1858）。浅海底栖性鱼类。栖息沙泥底。栖息水深约 200m。体长达 355mm。分布：台湾海域；西北太平洋。

园鳗属 Gorgasia Meek & Hildebrand, 1923
种 的 检 索 表

1（2）体褐色，头部及身体上方具有 1 列白色大斑点；总脊椎骨数 169～178 ·······················
日本园鳗 G. japonica Abe, Miki & Asai, 1977（图447）。浅海珊瑚礁区鱼类，栖息于沙泥底。栖息水深 1～20m。体长达 100cm。分布：台湾兰屿、海南岛东部；日本，西太平洋。

2（1）体黄绿色具有许多细小不规则斑点；总脊椎骨数 156～167 ······························ **台湾园鳗**

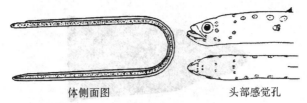

体侧面图　　　　头部感觉孔

图 447　日本园鳗 *G. japonica*

（依 Shao，1990）

G. taiwanensis Shao，1990（图 448）。浅海珊瑚礁区鱼类，栖息于沙泥底。栖息水深1～25m。体长达 741mm。分布：台湾恒春万里桐；日本，西太平洋。

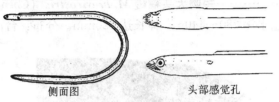

侧面图　　　　头部感觉孔

图 448　台湾园鳗 *G. taiwanensis*

（依 Shao，1990）

异康吉鳗属（异糯鳗属）*Heteroconger* Bleeker，1868

哈氏异康吉鳗 H. hassi（Klausewitz & Eibl-Eibesfeldt，1959）（图 449）。浅海珊瑚礁区鱼类。栖息于水深1～30m 的沙泥底。体长达 400mm。分布：台湾海域；日本，西太平洋。

黑斑　　黑斑

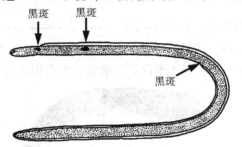

黑斑

图 449　哈氏异康吉鳗 *H. hassi*

（依波户冈，2013）

日本康吉鳗属（日本糯鳗属）*Japonoconger* Asano，1958

小头日本康吉鳗（南鳗）J. sivicolus（Matsubara & Ochiai，1951）（图 450）。深海底栖性鱼类。栖息水深 300～535m。体长达 570mm。分布：台湾南部海域；日本，西-北太平洋。

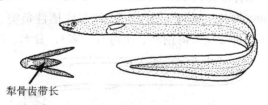

犁骨齿带长

图 450　小头日本康吉鳗（南鳗）*J. sivicolus*

（依波户冈，2013）

大头糯鳗属 *Macrocephenchelys* Fowler，1934
种 的 检 索 表

1（2）背鳍起点位于胸鳍末端之后；腹部深色，不具有感觉孔；总脊椎骨数 168～178……………
…………臂斑大头糯鳗 **M. brachialis Fowler，1934**（图 451）。深海底栖性鱼类。栖息水深 0～672m。体长达 500mm。分布：台湾东北部海域；印度-西太平洋。不供食用。

图 451　臂斑大头糯鳗 *M. brachialis*
（依张泳絮等，2011）

2（1）背鳍起点约位于胸鳍末端上方；腹侧为白色且具有数列微小但肉眼可见的感觉孔；总脊椎骨数150～153··················**短吻大头糯鳗 *M. brevirostris*（Chen & Weng，1967）**（图452）。深海底栖性鱼类。栖息水深280～440m。体长达420mm。分布：台湾东北部海域；西太平洋。

图 452　短吻大头糯鳗 *M. brevirostris*
（依张泳絮等，2011）

拟深海蠕鳗属 *Parabathymyrus* Kamohara，1938
种 的 检 索 表

1（2）臀鳍前侧线孔 48～52；总脊椎骨数 159～169 ··············· **短吻拟深海蠕鳗 *P. brachyrhynchus*（Fowler，1934）**（图453）。深海底栖性鱼类。栖息水深约289m。体长达470mm。分布：台湾新记录种；西太平洋。下杂鱼，无食用价值。

图 453　短吻拟深海蠕鳗 *P. brachyrhynchus*
（依张泳絮等，2012）

2（1）臀鳍前侧线孔 36～44；总脊椎骨数 128～137 ··············· **大眼拟深海蠕鳗 *P. macrophthalmus* Kamohara，1938**（图454）。深海底栖性鱼类。栖息水深200～400m。体长达470mm。分布：台湾南部海域、海南岛、南海（广东）；日本、越南。

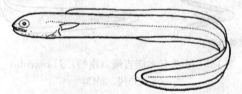

图 454　大眼拟深海蠕鳗 *P. macrophthalmus*
（依波户冈，2013）

杂色康吉鳗属 *Poeciloconger* Günther，1872

条纹杂色康吉鳗 *P. fasciatum* Günther，1872。浅海底栖性鱼类。栖息水深2～30m。体长达800mm。分布：台湾海域；印度-西太平洋。

吻鳗属（突吻糯鳗属）*Rhynchoconger* Jordan & Hubbs，1925

黑尾吻鳗 *R. ectenurus*（Jordan & Richardson，1909）（图 455）。深海底栖性鱼类。栖息水深约 200m。体长达 650mm。分布：东海（浙江、福建）、台湾海域、海南岛、南海（广东）；日本。

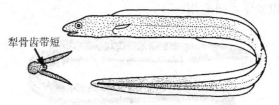

图 455　黑尾吻鳗 *R. ectenurus*
（依波户冈，2013）

尖尾鳗属 *Uroconger* Kaup，1856

尖尾鳗 *U. lepturus*（Richardson，1845）（图 456）。深海底栖性鱼类。栖息水深约 200m。全长达 520mm。分布：东海（浙江、福建）、台湾西部海域、海南岛、南海（广东）；日本，印度-西太平洋广泛分布。

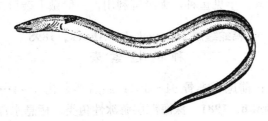

图 456　尖尾鳗 *U. lepturus*
（依张春霖等，1962）

69. 鸭嘴鳗科 Nettastomatidae

体相当细长，尾部略为侧扁，尾端尖细，有时呈丝状延长。眼中大，位于口裂后部。后鼻孔裂缝状，位于上颌上缘、眼前或向后延伸到背部。吻长且尖；上颌较下颌长，口裂大占头部的 1/3 以上；不具胸鳍。鳃孔小。体无鳞；侧线孔明显。

生活于海洋较深海域的中小型鱼类，属于深海深层游泳性或底栖性，栖息于浅海至 2 033m 以上的深海。分布：全球热带至温带海域。最大全长达 1.15m 以上。

本科有 6 属 42 种（Nelson et al.，2016）；中国有 3 属 7 种。

属 的 检 索 表

1（2）后鼻孔位于眼睛中央水平线前方；翼骨具齿 ·· 蜥鳗属 *Saurenchelys*
2（1）后鼻孔在眼睛上方水平、眼睛上方或头部后方
3（4）上颌具 8～10 感觉孔；后鼻孔位于眼睛后方或背部 ···························· 鸭蛇鳗属 *Nettenchelys*
4（3）上颌具 11～14 感觉孔；后鼻孔位于眼睛上方，眼后缘之前····· 鸭嘴鳗属（丝鳗属）*Nettastoma*

蜥鳗属 *Saurenchelys* Peters，1864
种 的 检 索 表

1（2）臀鳍前侧线孔 38～42；臀鳍前脊椎骨 38～40；尾前脊椎骨 63～70·················**巨蜥鳗 *S. gigas* Lin，Smith & Shao，2015**。浅海底栖性鱼类。栖息水深100～200m。全长达 115cm。分布：台湾大溪渔场；西太平洋。

2（1）臀鳍前侧线孔 30～37；臀鳍前脊椎骨 29～36；尾前脊椎骨 49～58

3（4）臀鳍前脊椎骨 29～32；背鳍前长为肛门前长的 46％～52％；尾前脊椎骨 49～52 ······················
线尾蜥鳗 S. fierasfer (Jordan & Snyder, 1901)（图 457）。深海底栖性鱼类。栖息水深 626m。
全长达 500mm。分布：台湾西南部及澎湖列岛、南海；西太平洋广泛分布。罕见鱼种，无经济
利用，一般做下杂鱼以及学术研究用。

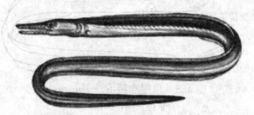

图 457　线尾蜥鳗 S. fierasfer
（依郑义郎，2007）

4（3）臀鳍前脊椎骨 33～36；背鳍前长为肛门前长的 37％～41％；尾前脊椎骨 53～58 ···············
·········**台湾蜥鳗 S. taiwanensis Karmovskaya, 2004**。深海底栖性鱼类。栖息水深 1 043～
1 102m。全长达 342mm。分布：台湾东北部；菲律宾。本种虽称为台湾蜥鳗，但模式产地为菲
律宾，近年台湾也有发现。罕见鱼种，无经济利用，一般做下杂鱼以及学术研究用。

鸭蛇鳗属 Nettenchelys Alcock, 1898
种 的 检 索 表

1（2）后鼻孔位于眼睛正后方；前尾脊椎骨 91～101；眼后感觉孔 3～4 ·····························**鸭蛇鳗**
N. gephyra Castle & Smith, 1981。深海深层游泳性鱼类。栖息水深 412m。全长达 431mm。分
布：台湾东北部海域；西太平洋广泛分布。

2（1）后鼻孔位于眼睛后方与上颌骨孔之间；前尾脊椎骨 78；眼后感觉孔 2 ····················· **近鸭蛇鳗**
N. proxima Smith, Lin & Chen, 2015。深海深层游泳性鱼类。栖息水深约 300m。全长达
251mm。分布：台湾东港；菲律宾。

鸭嘴鳗属（丝鳗属）Nettastoma Rafinesque, 1810
种 的 检 索 表

1（2）臀鳍前脊椎骨 55；肛门前侧线孔 53；背鳍前长为肛门前长的 28％；头长为肛门前长的 27％；背
鳍起点对应在鳃孔后方 ····················· **小头鸭嘴鳗（小头丝鳗） N. parviceps Günther, 1877**
（图 458）。深海深层游泳性鱼类。栖息水深 60～1 190m。全长达 820mm。分布：台湾东北部海
域、南海；印度-西太平洋广泛分布。罕见鱼种，无经济利用，一般做下杂鱼以及学术研究用。

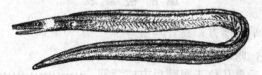

图 458　小头鸭嘴鳗（小头丝鳗）N. parviceps

2（1）臀鳍前脊椎骨 43～44；肛门前侧线孔数 42～44；背鳍前长为肛门前长的 35％～36％；头长为肛
门前长的 35％～36％；背鳍起点对应在鳃孔上方 ····················· **前鼻鸭嘴鳗（前鼻丝鳗）**
N. solitarium Castle & Smith, 1981。深海中层游泳性或底栖性鱼类。栖息水深 415～601m。全
长达 465mm。分布：台湾东北部海域；印度-西太平洋广泛分布。

70. 锯犁鳗科（锯锄鳗科）Serrivomeridae

体细长，尾部侧扁，尾端细尖而长。眼位于头部上部，距上颌较远。鼻孔相互靠近，位于眼前缘。吻长且尖，下颌较上颌长；锄骨齿小颗粒状（黑锯犁鳗属 Stemonidium）或大型呈锯子状（锯犁鳗属 Serrivomer）。鳃孔前斜。体无鳞、无侧线。胸鳍小。背鳍起始点远在胸鳍及臀鳍起点之后，臀鳍起始于胸鳍基底及背鳍起始点的中央附近（锯犁鳗属 Serrivomer）或在背鳍起始点之稍前方（黑锯齿鳗属 Stemonidium）。头部感觉孔仅 3 个，位于两鼻孔之间。

生活于海洋较深海域的中小型鱼类。栖息于 3 243m 以上的深海。分布：全球热带至温带海域。最大全长可达 780mm。

本科有 2 属 9 种（Nelson et al.，2016）；中国有 1 属 1 种。

锯犁鳗属 Serrivomer Gill & Ryder，1883

长齿锯犁鳗 S. sector Garman，1899（图 459）。深海中层游泳性鱼类。栖息水深 0～3 243m。全长达 760mm。分布：东海深海、台湾海域；太平洋广泛分布。

图 459　长齿锯犁鳗 S. sector
（台湾鱼类资料库）

二十二、囊鳃鳗目 SACCOPHARYNGIFORMES

体延长，鳗形。有巨大的口，两颌甚长，舌颌骨和方骨也极长。续骨、鳃盖骨、鳃盖条、鳞片、腹鳍、肋骨、幽门盲囊和鳔均缺如。尾鳍无或残存。鳃孔腹位；背鳍和臀鳍长。眼小，位近吻端。

广泛分布于 500m 以上深处的印度洋、太平洋和大西洋的深海鱼类。以大西洋热带水域深处较多。本目是高度退化的鱼类，与鳗鲡目有较深的渊源。

本目有 4 科 5 属 28 种（Nelson et al.，2016）；中国有 1 科 1 属 1 种。

71. 宽咽鱼科 Eurypharyngidae

体略延长至颇延长，向后而渐细长，尾部末端略为膨大，部分种类具尾部发光器。无鳃盖骨、鳃条骨、肋骨、幽门盲囊及鳔。无胸鳍，无尾鳍或仅具痕迹。头大而高。眼小，位于头部前端，吻短，口裂极大，颌及舌颌骨相当延长。肌节成 V 形而非一般鱼类的 W 形。肛门位于体长前的 1/3 处，约与眼径相当或略大。体色黑。栖息于深海。侧线无孔，仅为管状延伸。

生活于海洋较深海域的中小型鱼类。栖息于 500～7 625m 的深海。分布：全球热带至温带海域。最大全长可达 1.0m。

本科有 1 属 1 种；中国有产。

宽咽鱼属 Eurypharynx Vaillant，1882

宽咽鱼 E. pelecanoides Vaillant，1882（图 460）。深海中层游泳性鱼类。栖息水深500～7 625m。食浮游性甲壳类，也捕食鱼类、头足类及其他无脊椎动物。口部很大，但是由于胃无法极度扩张及口部的构造薄弱且牙齿细小，所以无法捕食大型猎物，只能吞入周遭海水，过滤捕食小型猎物，吞入的海水则由鳃孔排出。仔、稚鱼如同其他鳗目的鱼类一样，需经过柳叶鱼期的变态阶段；雄性成鱼也会有形态上的变化，包括嗅觉器官扩大、上下颌退化及牙齿缩小或消失；雌鱼变化不大。全长达 1.0 m。分布：见于台湾东北部及西南部海域；日本，全球广泛分布于温带及热带海域。罕见鱼种，无经济利用，一般做下杂鱼及学术研究用。

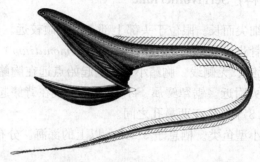

图 460　宽咽鱼 *E. pelecanoides*
（依郑义郎，2007）

二十三、鲱形目 CLUPEIFORMES

体延长，侧扁。腹部圆或侧扁。常具棱鳞。上颌口缘由前颌骨和上颌骨组成。辅上颌骨 1～2 块。齿小或不发达，个别种类具犬齿。鳃盖膜不与峡部相连。体被圆鳞，胸鳍和腹鳍基部具腋鳞。无侧线。背鳍 1 个，无硬棘；无脂鳍；胸鳍侧下位；腹鳍腹位，具 6～11 鳍条。

具眶蝶骨、中乌喙骨、上枕骨。脊椎骨骨质化，为单一型，故又称等椎类（isospondyli）。鳔前端分 2 支与内耳相连，并与食道相通。肠内常有不完全的瓣膜。

广泛分布于温带至热带的海水、咸淡水和淡水中。其中，鲱科和鳀科是世界渔业中重要类群，年产量在 1 000 万 t 以上。

本目有 2 亚目 5 科 92 属约 405 种（Nelson et al.，2016），其中一半以上种类分布于印度-西太平洋，1/4 以上分布于西大西洋，79 种栖于淡水；中国有 1 亚目 4 科 25 属 66 种。

科 的 检 索 表

1（6）背鳍通常位于臀鳍的前方；纵列鳞少于 200；颌齿细小，不呈犬齿状

2（5）下颌关节在眼下方或刚刚在眼之后；鳃盖膜彼此不相连

3（4）臀鳍长，臀鳍条多于 30 ·· 锯腹鳓科 Pristigasteridae

4（3）臀鳍中等长，臀鳍条不少于 30 ·· 鲱科 Clupeidae

5（2）下颌关节在眼的远后方；鳃盖膜彼此微连 ·································· 鳀科 Engraulidae

6（1）背鳍与臀鳍相对；纵列鳞多于 200；颌上有锐利的犬齿 ·················· 宝刀鱼科 Chirocentridae

72. 宝刀鱼科 Chirocentridae

体延长，甚侧扁。眼小，有脂眼睑。口大，向上陡斜。辅上颌骨 2 块，共同组成上颌缘。下颌特别突出。前颌骨和下颌骨有锐利的犬齿。腭骨和舌上有少数的齿。鳃盖膜彼此分离，不与峡部相连。鳃耙短而硬。无假鳃。鳞细小，圆鳞，易脱落。偶鳍基部有腋鳞。尾鳍基有 2 片显著长的鳞；背鳍位于臀鳍基前半部的上方；尾鳍深叉形。

海洋鱼类，广泛分布于日本，红海、印度-西太平洋。

本科有 1 属 2 种；中国均产。

宝刀鱼属 *Chirocentrus* Cuvier，1816
种 的 检 索 表

1（2）上颌骨稍短，末端不伸到前鳃盖骨；鳃耙 3+14 ·································· **短颌宝刀鱼**
　　C. dorab（**Forsskål，1775**）（图 461）。近海表层洄游鱼类，有时会进入咸淡水域。喜分散游动，

不集结成群。体长 318～365mm。分布：黄海、东海、台湾海域、南海；朝鲜半岛南岸、日本、澳大利亚，印度-西太平洋。

图 461　短颌宝刀鱼 *C. dorab*
（依王文滨，1962）

2（1）上颌骨较长，末端伸到或超过前鳃盖骨；鳃耙 7＋14 ●●●●●●●●●●●●●●●●●●●●●●● **长颌宝刀鱼**
C. nudus Swainson，1839（图 462）。近海表层洄游鱼类，有时会进入咸淡水域。喜分散游动，不集结成群。体长 300mm 以上，大者达 468mm。分布：台湾海域、南海；印度-西太平洋暖水域。

图 462　长颌宝刀鱼 *C. nudus*
（依王文滨，1962）

73. 鲱科 Clupeidae

体延长，腹部圆，常具棱鳞。口前位。辅上颌骨 1～2 块。齿小，细弱，或无。鳃盖膜分离，不与峡部相连。鳃盖条 6～20。体被薄圆鳞。无侧线，或仅存在体前部第二至第五鳞片上。背鳍常位于体的中部或后部；臀鳍基部中等长，鳍条在 30 以下；腹鳍中等大或小；尾鳍分叉，上下叶等长。脊椎骨 40～56。鳔的前端分为 2 支与内耳相通，鳔管与胃相通。

集群性上层鱼类，广泛分布于温带、亚热带和热带海洋，大部分栖息于热带水域中。有淡水种类，也有溯河洄游鱼类。绝大多数种类个体小，体长 90～250mm，少数体型较大者体长可达 400mm。以浮游性无脊椎动物为食。有些体型大的成鱼营肉食性生活，食小鱼及无脊椎动物。大多数鲱科鱼类产浮性卵进行繁殖，只有少数如鲱属（*Clupea*）产沉性卵。

鲱科鱼类是世界最重要的渔捞对象，以捕获量来说，鲱科鱼类占第一位。其中，拟沙丁鱼（*Sardinops sagax*）、大西洋鲱（*Clupea harengus*）等年产量在数百万吨，世界各种鲱科鱼类全年总产量在 1 500 万 t 以上。最大捕获量在太平洋，占所有鲱类产量的 50%～60%。中国鲱科鱼类产量 2015 年为 24.66 万 t（《2016 中国渔业统计年鉴》）。

本科有 6 亚科 64 属 218 种（Nelson et al.，2016），其中，57 种为淡水或咸淡水栖息鱼类；中国有 4 亚科 15 属 32 种。

亚 科 的 检 索 表

1（2）腹部圆，无棱鳞；腰棱呈 W 形 ●●●●●●●●●●●●●●●●●●●●●●●●● 圆腹鲱亚科 Dussumierinae
2（1）腹部通常侧扁，有棱鳞；腹棱呈直立的扁针形
3（4）上颌中间无缺刻 ●●●●●●●●●●●●●●●●●●●●●●●●●●●●●●●●●●●● 鲱亚科 Clupeinae
4（3）上颌中间有显著的缺刻
5（6）口端位；背鳍正常，后方鳍条不延长成丝状 ●●●●●●●●●●●● 西鲱亚科 Alosinae
6（5）口下位；多数种类背鳍后方鳍条延长成丝状 ●●●●●●●●●● 鰶亚科 Dorosomatinae

圆腹鲱亚科 Dussumierinae

腹部圆钝，无棱鳞，腰棱呈 W 形。背鳍位于腹鳍前方或上方。臀鳍具 9～17 鳍条。
本亚科有 4 属 12 种；中国有 3 属 5 种。

属 的 检 索 表

1（4）前上颌骨四角形，鳃盖条 11～18（图 463）

2（3）腹鳍起点在背鳍起点稍后下方；犁骨无齿；臀鳍条 14～19；脂眼睑不全盖着眼 ……………
……………………………………………………………………………………… 圆腹鲱属 *Dussumieria*

图 463　圆腹鲱属前上颌骨
（依青沼等，2013）

图 464　小体鲱属前上颌骨
（依青沼等，2013）

3（2）腹鳍起点在背鳍后基末端的下方；犁骨有齿；臀鳍条 9～13；脂眼睑完全盖着眼 …………
…………………………………………………………………………………………… 脂眼鲱属 *Etrumeus*

4（1）前上颌骨三角形，鳃盖条 6～7（图 464）　……………… 小体鲱属（银带鲱属）*Spratelloides*

圆腹鲱属 *Dussumieria* Valenciennes，1847

种 的 检 索 表

1（2）纵列鳞 40～48；胸鳍等于眼前长（吻端至眼后缘）；体长为体高的 3.6 倍；下鳃耙数 22…………
……………尖吻圆腹鲱 *D. acuta* Valenciennes，1847（图 465）。沿岸中上层群游性小型鱼类。
栖息水深 10～20m。体长 130mm。分布：东海、台湾澎湖列岛、南海；波斯湾，菲律宾，印度-
西太平洋。重要经济鱼类，世界年产量 1 万～5 万 t。

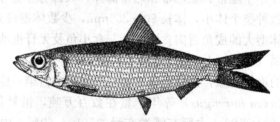

图 465　尖吻圆腹鲱 *D. acuta*
（依 Whitehead，1985）

2（1）纵列鳞 52～58；胸鳍短于眼前长；体长为体高的 4.2～5.6 倍；下鳃耙数 26～27……………
…………黄带圆腹鲱 *D. elopsoides* Bleeker，1849（图 466）。沿岸中上层群游性小型鱼类，栖息
水深 10～20m。体长 92～148mm。分布：东海、台湾海域、南海；日本，地中海、印度-西太平洋。

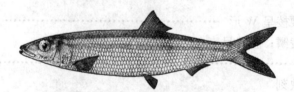

图 466　黄带圆腹鲱 *D. elopsoides*
（依王文滨，1962）

脂眼鲱属 *Etrumeus* Bleeker，1853

　　脂眼鲱 *E. teres*（De Kay，1842）（图 467）。沿海中上层群游性小型鱼类，洄游于近海，偶会游至
离岸较远处。体长 95～250mm。分布：东海、台湾澎湖列岛、南海；朝鲜半岛南岸、日本、澳大利亚，
世界热带及亚热带海域。经济鱼类，供食用。

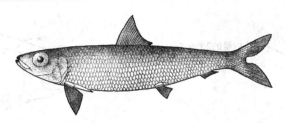

图 467　脂眼鲱 *E. teres*
（依王文滨，1962）

小体鲱属（银带鲱属）*Spratelloides* Bleeker，1851
种 的 检 索 表

1（2）上颌无齿；臀鳍条 9～11；纵列鳞 35～41；体侧无银色纵带······················**绣眼小体鲱**
　　　S. delicatulus（Bennett，1832）（图 468）。沿海中上层群游性中小型鱼类，主要活动于水深 0～
　　　50m 清澈水域的沿岸、潟湖及珊瑚礁缘等海域。体长 70mm。分布：台湾海域、南海；日本、美
　　　国夏威夷，印度-西太平洋。

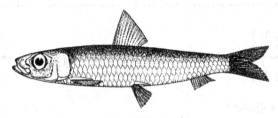

图 468　绣眼小体鲱 *S. delicatulus*
（依 Whitehead，1985）

2（1）上颌有齿；臀鳍条 11～14；纵列鳞 42～48；体有银色纵带······················**银带小体鲱**
　　　S. gracilis（Temminck & Schlegel，1846）（图 469）。沿海中上层群游性中小型鱼类，主要活动
　　　于水深 10～50m 清澈水域的沿岸、潟湖及珊瑚礁缘等海域。体长 95mm。分布：台湾海域、南
　　　海；朝鲜半岛、日本，印度-西太平洋。

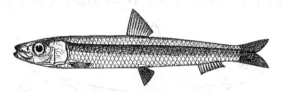

图 469　银带小体鲱 *S. gracilis*
（依 Whitehead，1985）

鲱亚科 Clupeinae

　　腹部侧扁，常具锐利棱鳞，鳞呈直立的扁针形。口前位、辅上颌骨 2 块。上颌中间无显著缺刻。上
颌骨后端常伸达眼中部前或下方。胃不呈砂囊状。
　　本亚科有 16 属 72 种；中国有 6 属 19 种。

属 的 检 索 表

1（10）鳃盖光滑；第三鳃弓内侧（后面）通常有鳃耙；角舌骨上缘光滑
2（7）臀鳍最后 2 鳍条通常不扩大；第二辅上颌骨近梨形
3（4）鳃孔内的后缘有 2 个显著的突起（图 470）···················**似青鳞鱼属 Herklotsichthys**
4（3）鳃孔内的后缘为圆形，无突起（图 471）
5（6）腹鳍始于背鳍起点稍后下方，具 9 鳍条；腹缘棱鳞颇弱···················**鲱属 Clupea**

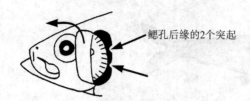

图 470　似青鳞鱼属

（依青沼等，2013）

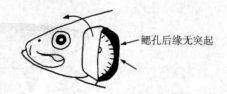

图 471　鲱属和叶鲱属

（依青沼等，2013）

6（5）腹鳍始于背鳍起点前下方，具 7 鳍条；腹缘具强棱鳞 ……………………………………………… **叶鲱属 *Escualosa***

7（2）臀鳍最后 2 鳍条通常显著扩大；第二辅上颌骨呈铲形

8（9）体亚圆筒形，腹部圆；腹鳍前后的棱鳞不突出；下鳃耙 26～43；背鳍前鳞经中线单列（图 472）

………………………………………………………………………………… **钝腹鲱属 *Amblygaster***

9（8）体略侧扁；腹鳍前后的棱鳞突出；下鳃耙 45～90（有些超过 200）；背鳍前鳞通常经中线对列

（图 473）…………………………………………………………… **小沙丁鱼属 *Sardinella***

10（1）鳃盖有辐射状骨质纹；第三鳃弓内侧（后面）无鳃耙；角舌骨上缘有肉质耙………………………

………………………………………………………………………………… **拟沙丁鱼属 *Sardinops***

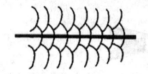

图 472　钝腹鲱属背鳍前鳞排列

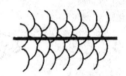

图 473　小沙丁鱼属背鳍前鳞排列

钝腹鲱属 *Amblygaster* Bleeker, 1849
种 的 检 索 表

1（2）体侧具 1 列 10～20 个暗青色圆点…………………… **斑点钝腹鲱 *A. sirm*（Walbaum，1792）**
（图 474）。近海表层洄游性中小型鱼类，栖息于表层至 75m 水深处，有时群游进入内湾或潟湖
区。体长 200mm。分布：台湾海域、南海；日本，红海、非洲东岸、印度-西太平洋。

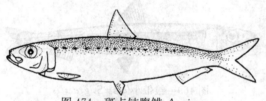

图 474　斑点钝腹鲱 *A. sirm*

（依青沼等，2013）

2（1）体侧无 1 列圆点

3（4）第一鳃弓下鳃耙 26～30；上颌骨末端不伸达眼前缘下方………………………………… **短颌钝腹鲱**
***A. clupeoides* Bleeker, 1849**（图 475）。近海表层洄游性中小型鱼类，有时群游进入内湾或潟湖
区。体长 150～290mm。分布：黄海、东海、南海；红海，印度尼西亚。

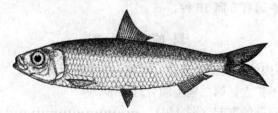

图 475　短颌钝腹鲱 *A. clupeoides*

（依王文滨，1962）

4 (3) 第一鳃弓下鳃耙 31～34；上颌骨末端伸达眼前缘下方 ·························· **平胸钝腹鲱**
A. leiogaster（Valenciennes，1847）（图 476）。近海表层洄游性中小型鱼类，栖息于表层至 50m
水深处，有时群游进入内湾或潟湖区。体长 200mm。分布：台湾南部海域、南海；日本、澳大
利亚，印度-西太平洋。

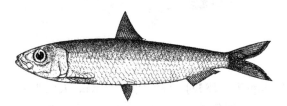

图 476　平胸钝腹鲱 *A. leiogaster*
（依王文滨，1962）

鲱属 *Clupea* Linnaeus，1758

太平洋鲱 *C. pallasii* Valenciennes，1847（图 477）。冷温性中上层沿岸浅海集群性鱼类，有生殖洄
游和垂直移动习性。体长 200～250mm。分布：渤海、黄海；朝鲜半岛东岸、日本，东太平洋、阿拉斯
加湾。曾为西北太平洋重要经济鱼类，中国有一定产量，现数量较少，《中国物种红色名录》列为濒危
［EN］物种。中国产量 2015 年为 1.53 万 t（《2016 中国渔业统计年鉴》）。

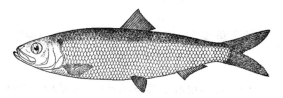

图 477　太平洋鲱 *C. pallasii*
（依张春霖，1955）

叶鲱属 *Escualosa* Whitley，1940

叶鲱 *E. thoracata*（Valenciennes，1847）（图 478）［syn. 玉鳞鱼 *Kowala coval* Wang，1963（non
Cuvier）］。暖温性中上层沿岸浅海集群性鱼类。体长 80～100mm。分布：海南岛；菲律宾、印度尼西
亚，印度洋北部沿海。印度洋经济鱼类，中国甚少见。

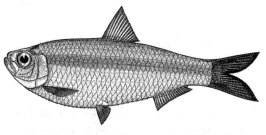

图 478　叶鲱 *E. thoracata*

似青鳞鱼属 *Herklotsichthys* Whitley，1951
种 的 检 索 表

1 (2) 体背两侧具点状条纹 ·························· **斑点似青鳞鱼 *H. punctatus*（Rüppell，1837）**
（图 479）。近海洄游性中小型鱼类，群游性，栖息于表层至 20m 水深处，也进入内湾或潟湖区。
体长 85mm。分布：台湾澎湖列岛；西印度洋、红海、亚丁湾。
2 (1) 体背两侧无斑点，纵列鳞 42～44 ·· **四点似青鳞鱼**

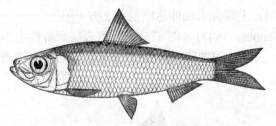

图 479　斑点似青鳞鱼 *H. punctatus*
（依 Whitehead，1985）

H. quadrimaculatus（Rüppell，1837）（图 480）［syn. 大眼似青鳞鱼 *H.ovalis* 王文滨，1962（non Bennett）］。外洋性中小型鱼类，白天栖于水深数米浅海区活动，夜晚向外洋深水域移动。体长 150mm。分布：台湾海域、南海；日本，印度-西太平洋。

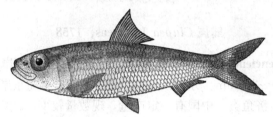

图 480　四点似青鳞鱼 *H. quadrimaculatus*
（依王文滨，1962）

小沙丁鱼属 *Sardinella* Valenciennes，1847
种 的 检 索 表

1（2）腹鳍条 9·····················**黄泽小沙丁鱼 *S. lemuru* Bleeker，1853**（图 481）［syn. 金色小沙丁鱼 *S. aurita* 王文滨，1962（non Valenciennes）］。暖水性近海中上层结群洄游性中小型鱼类，栖息表层水深 15～100m，也可于河口区发现，有强烈的趋光性。体长 141～230mm。分布：东海、台湾海域、南海；日本、菲律宾，印度-西太平洋。重要经济鱼类，世界年产量 10 万～50 万 t，中国 2015 年产量 14.6 万 t（《2016 中国渔业统计年鉴》）。产量大为减少，《中国物种红色名录》列为易危［VU］物种。

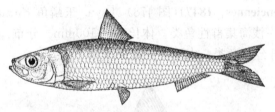

图 481　黄泽小沙丁鱼 *S. lemuru*

2（1）腹鳍条 8

3（6）尾鳍上下叶末端黑色

4（5）背鳍基前缘有一黑斑·····················**花莲小沙丁鱼 *S. hualiensis*（Chu & Tsai，1958）**
（图 482）。近海中上层集群洄游性中小型鱼类，栖息表层水深 0～50m。体长 66～162mm。分

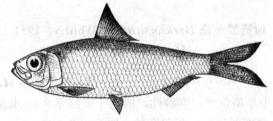

图 482　花莲小沙丁鱼 *S. hualiensis*
（依 Whitehead，1985）

布：台湾花莲、南海（香港）。数量稀少，《中国物种红色名录》列为濒危［EN］物种。

5（4）背鳍基前缘无黑斑····················**黑尾小沙丁鱼 *S. melanura*（Cuvier，1829）**（图 483）。
近海中上层集群性洄游中小型鱼类，栖息表层水深0～50m。体长141～230mm。分布：台湾海
域、南海；日本、萨摩亚群岛，印度-西太平洋。

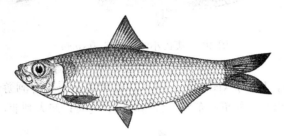

图 483　黑尾小沙丁鱼 *S. melanura*
（依 Whitehead，1985）

6（3）尾鳍上下叶末端不呈黑色

7（10）背鳍基前缘无黑斑

8（9）第一鳃弓下鳃耙 42～56····················**青鳞小沙丁鱼 *S. zunasi* Bleeker，1854**（图 484）。
沿海中上层洄游性中小型鱼类，群游性，栖息表层水深5～50m。体长76～130mm。分布：中国
沿海；朝鲜半岛、日本。

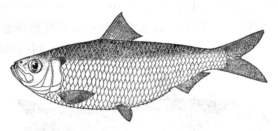

图 484　青鳞小沙丁鱼 *S. zunasi*
（依张春霖，1955）

9（8）第一鳃弓下鳃耙 60～65····················**中华小沙丁鱼 *S. nymphaea*（Richardson，1846）**
（图 485）。沿海中上层中小型鱼类，群游性，栖息表层水深0～50m。体长104～130mm。分布：
东海、南海。

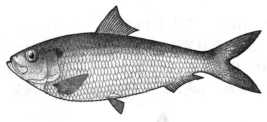

图 485　中华小沙丁鱼 *S. nymphaea*
（依王文滨，1962）

10（7）背鳍基前缘有一黑斑

11（12）第一鳃弓下鳃耙 85 以上；鳞片后部无小孔····················**裘氏小沙丁鱼**
***S. jussieui*（Lacepède，1803）**（图 486）。沿海中上层中小型鱼类，群游性，栖息表层水深 0～
50m。体长120mm。分布：台湾海域、南海；毛里求斯。

12（11）第一鳃弓下鳃耙少于 85

13（16）腹鳍后棱鳞 15～16

14（15）尾鳍约等于头长；鳞片后部的小孔多于 20 个····················**隆背小沙丁鱼**

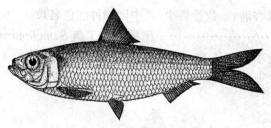

图 486　裘氏小沙丁鱼 S. jussieui
（依 Whitehead，1985）

S. gibbosa（**Bleeker，1849**）（图 487）。暖水性近岸中上层集群洄游性中小型鱼类，有强烈趋光习性。体长 70～173mm。分布：东海、台湾海域、南海；澳大利亚，波斯湾、印度-西太平洋。

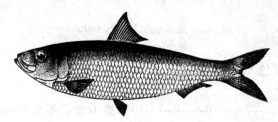

图 487　隆背小沙丁鱼 S. gibbosa
（依王文滨，1962）

15（14）尾鳍短于头长；鳞片后部的小孔少于 20 个 ························ **信德小沙丁鱼**
S. sindensis（**Day，1878**）（图 488）。暖水性近岸中上层集群洄游的中小型鱼类，栖息表层水深 0～20m。体长 140～170mm。分布：台湾海域、南海；阿拉伯海、印度-西太平洋。

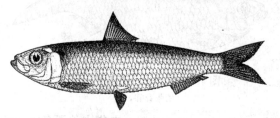

图 488　信德小沙丁鱼 S. sindensis
（依 Whitehead，1985）

16（13）腹鳍后棱鳞 12～14

17（20）尾鳍约等于头长；鳞片后部的小孔少于 20 个

18（19）鳞片沟交搭或连续；腹鳍基部具腋鳞 2 片 ·················· **短体小沙丁鱼**
S. brachysoma **Bleeker，1852**（图 489）。近海中上层结群洄游性鱼类，有时进入河口、内湾或潟湖区。体长 150mm。分布：东海、台湾海域、南海；马来西亚、澳大利亚，印度-西太平洋。

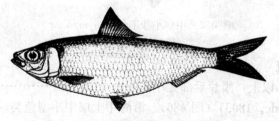

图 489　短体小沙丁鱼 S. brachysoma
（依 Whitehead，1985）

19（18）鳞片沟中断；腹鳍基部具腋鳞 3 片 ······················· **缨鳞小沙丁鱼**
S. fimbriata（**Valenciennes，1847**）（图 490）。近海中上层结群洄游性鱼类，有时进入河口、

内湾或潟湖区，栖息水深5～50m。体长130mm。分布：东海、台湾海域、南海；非洲东部、菲律宾，印度-西太平洋。

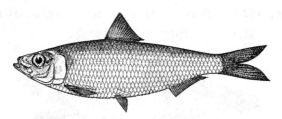

图490　缘鳞小沙丁鱼 *S. fimbriata*
（依 Whitehead，1985）

20（17）尾鳍大于头长；鳞片后部的小孔多于20个；腹鳍基部具腋鳞1片······················
白腹小沙丁鱼 *S. albella*（Valenciennes，1847）（图491）。近海中上层结群洄游性鱼类，有时进入河口、内湾或潟湖区。栖息水深0～50m。体长82～140mm。分布：东海、台湾海域、南海；非洲东部、印度尼西亚，印度-西太平洋。

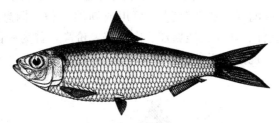

图491　白腹小沙丁鱼 *S. albella*
（依 Whitehead，1985）

拟沙丁鱼属 *Sardinops* Hubbs，1929

拟沙丁鱼 *S. sagax*（Jenyns，1842）（图492）（syn. 远东拟沙丁鱼 *S. melanostictus* 刘静等，2015；斑点盖文沙丁鱼 *S. melanostictus* 陈大刚等，2015）。沿岸及近海冷温性中上层结群洄游性中小型鱼类。栖息水深0～200m。食浮游硅藻及小型甲壳类。体长140～190mm。分布：黄海、东海、台湾海域、南海；朝鲜半岛、日本，鄂霍次克海。重要经济鱼类，趋光性强，中国灯光围网主要捕捞对象之一。最高年产量曾达20万t，近年来产量渐少，《中国物种红色名录》列为易危［VU］物种。

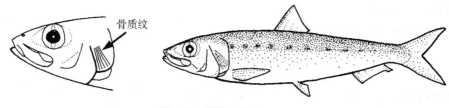

骨质纹

图492　拟沙丁鱼 *S. sagax*
（依青沼等，2013）

西鲱亚科 Alosinae

腹部侧扁，有锐利棱鳞。口前位，上颌缝合处有一显著缺刻。上颌骨末端常伸达眼中央下方或后下方。本科有7属31种；中国有2属2种。

属 的 检 索 表

1（2）头部顶缘宽，顶缘上细纹多，有8～14条；内弓鳃耙显著向外弯；鳞有细孔 ····· **花点鲥属 *Hilsa***
2（1）头部顶缘窄，顶缘上微有细纹或光滑无纹；内弓鳃耙不向外弯；鳞无孔 ········ **鲥属 *Tenualosa***

花点鰣属 *Hilsa* Regan，1917

花点鰣 *H. kelee*（Cuvier，1829）（图 493）。近海中上层小型鱼类。体长 140mm，大者达 220mm。分布：东海、南海；非洲东岸，新几内亚，印度-西太平洋海域。

图 493 花点鰣 *H. kelee*
（依王文滨，1962）

鰣属 *Tenualosa* Fowler，1934

鰣 *T. reevesii*（Richardson，1846）（图 494）。近海中上层集群洄游性中小型鱼类，有时进入半淡咸水河口、河川下游、内湾或潟湖区。成鱼后进入河川或湖泊产卵。栖息水深 0～10m。体长 140～500mm。分布：中国沿海、长江、珠江、钱塘江。肉味美，价高，曾为中国著名的经济鱼类。1970 年以前，长江口鰣产量达 5 万 t，现数量极稀少，长江、珠江已多年绝产。《中国物种红色名录》列为濒危［EN］物种。

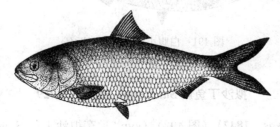

图 494 鰣 *T. reevesii*
（依王文滨，1962）

鰶亚科 Dorosomatinae

体侧扁，腹部有棱鳞。口下位，无齿。上颌中间有显著的缺刻。辅上颌骨 1 块。胃砂囊状。无侧线。背鳍最后鳍条通常为丝状。

本亚科有 6 属 22 种；中国有 4 属 6 种。

属 的 检 索 表

1（6）背鳍最后鳍条延长为丝状
2（5）口亚前位；上颌骨后端平直，不向下弯；背鳍前鳞不呈覆瓦状排列
3（4）体侧有 4～6 个黑斑；背鳍前具棱鳞，背鳍前鳞成对排列；腹鳍后具 11～12 棱鳞（图 495）……
…………………………………………………………… 花鰶属（盾齿鰶属）*Clupanodon*
4（3）体侧仅有 1 个黑斑；背鳍前无棱鳞，背鳍前鳞不成对排列；腹鳍后具 14～18 棱鳞（图 495）……
…………………………………………………………… 斑鰶属（窝斑鰶属）*Konosirus*

背鳍前鳞不呈覆瓦状

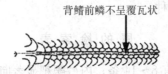

图 495 花鰶属（盾齿鰶属）及斑鰶属（窝斑鰶属）

5（2）口下位；上颌骨后部向下弯；背鳍前鳞呈覆瓦状排列(图 496) ·················· **海鳁属 Nematalosa**

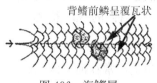

图 496　海鳁属

6（1）背鳍最后鳍条不呈丝状 ································· **无齿鳁属 Anodontostoma**

无齿鳁属 *Anodontostoma* Bleeker，1849

无齿鳁 *A. chacunda*（Hamilton，1822） （图 497）。近海中上层集群洄游性鱼类。栖息水深 0～50m。体长 120～165mm。分布：南海；波斯湾，泰国，印度-西太平洋。

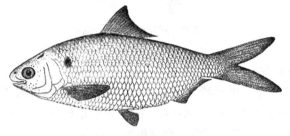

图 497　无齿鳁 *A. chacunda*
（依王文滨，1962）

花鳁属（盾齿鳁属）*Clupanodon* Lacepède，1803

花鳁（盾齿鳁）*C. thrissa*（Linnaeus，1758） （图 498）。沿海集群洄游性中小型鱼类，常在河口、河川下游、内湾或潟湖产卵。栖息水深 0～60m。体长 260mm。分布：台湾海域、南海；印度-西太平洋。产量逐年减少，《中国物种红色名录》列为易危［VU］物种。

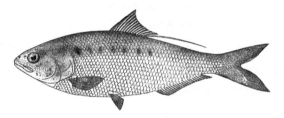

图 498　花鳁（盾齿鳁）*C. thrissa*
（依王文滨，1962）

斑鳁属（窝斑鳁属）*Konosirus* Jordan & Snyder，1900

斑鳁（窝斑鳁）*K. punctatus*（Temminck & Schlegel，1846） （图 499）。沿海集群洄游性中小型鱼类，常在河口、河川下游、内湾或潟湖产卵。栖息水深 0～60m。体长 120～260mm。分布：中国沿海；朝鲜半岛、日本，西-北太平洋区。

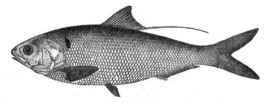

图 499　斑鳁（窝斑鳁）*K. punctatus*
（依王文滨，1962）

海鳓属 *Nematalosa* Regan, 1917
种 的 检 索 表

1（2）前鳃盖骨前下端的外上方被第三眶下骨遮盖 ····················· **圆吻海鳓 *N. nasus*（Bloch, 1795）**
（图500）。沿海集群洄游性小型鱼类，常在河口区产卵，栖息水深0～30m，具强烈的趋光性。体长220mm。分布：东海、台湾海域、南海；波斯湾、印度-西太平洋。

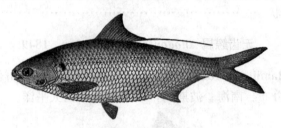

图 500 圆吻海鳓 *N. nasus*
（依王文滨，1962）

2（1）前鳃盖骨前下端的外上方为肉质区，不被第三眶下骨遮盖

3（4）体长为体高的2.3～2.6倍；纵列鳞36 ····················· **环球海鳓 *N. come*（Richardson, 1846）**
（图501）。近海中上层集群洄游性中小型鱼类，在河川下游、内湾或潟湖区内产卵，栖息水深10～13m。体长210mm。分布：东海、台湾海域；日本、澳大利亚，印度-西太平洋。

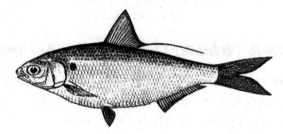

图 501 环球海鳓 *N. come*
（依Whitehead，1985）

4（3）体长为体高的2.63～3.03倍；纵列鳞48～50 ················ **日本海鳓 *N. japonica* Regan, 1917**
（图502）。近海中上层集群洄游性鱼类，在河川下游、内湾或潟湖区内产卵，栖息水深0～20m。体长190mm。分布：台湾海域、南海；日本、菲律宾，印度-西太平洋。

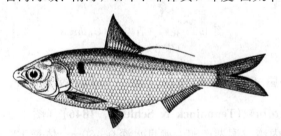

图 502 日本海鳓 *N. japonica*
（依Whitehead，1985）

74. 鳀科 Engraulidae

体长椭圆形或长形，稍侧扁。腹部圆或侧扁，通常有棱鳞。头中大。吻突出。眼无脂眼睑。口大，下位，口裂伸越眼的远后方。上颌缘由前颌骨和上颌骨组成。辅上颌骨2块。鳃耙细长。鳃盖膜彼此稍相连，但不与峡部相连。体被易脱落的圆鳞。无侧线。无脂鳍。鳔与内耳相通。

栖息于热带、亚热带、部分温带的太平洋、印度洋和大西洋的海域中，可进入淡水定居，大多数淡水种分布于南美。滤食浮游动物，少数大型种摄食鱼类。鳀科为世界海洋渔业中重要的捕捞类群之一，尤以本科鳀属（*Engraulis*）中的秘鲁鳀（*E. ringens*）、欧洲鳀（*E. encrasicolus*）和日本鳀（*E. japonicus*）最为重要，鳀科世界年产量在 500 万～600 万 t。

　　本科有 2 亚科 17 属约 146 种（Nelson et al.，2016），大部分为海洋鱼类，有 17 种为淡水鱼类；中国有 2 亚科 7 属 26 种。

亚 科 的 检 索 表

1（2）尾鳍末端尖形；臀鳍与尾鳍几相连；胸鳍上部有游离的丝状鳍条 ···················· 鲚亚科 Coilinae
2（1）尾鳍分叉；尾鳍与臀鳍分离；胸鳍上部无游离的鳍条 ···························· 鳀亚科 Engraulinae

鲚亚科 Coilinae

　　体侧扁，颇延长。尾部长，向后渐窄。腹缘锐利。尾鳍小，上下叶不对称，下叶与臀鳍几相连。胸鳍上部有 4～7 个游离的丝状鳍条。

　　本亚科有 4 属 47 种；中国有 1 属 4 种。

鲚属 *Coilia* Gray，1831
种 的 检 索 表

1（2）体具发光器 ···················· **发光鲚 *C. dussumieri* Valenciennes，1848**（图 503）。暖水性沿岸小型鱼类 。体长 130～170mm。分布：南海（香港）；新加坡、塞舌尔群岛。

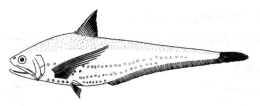

图 503　发光鲚 *C. dussumieri*
（依 Whitehead，1974）

2（1）体无发光器
3（4）胸鳍上部具 7 个游离鳍条 ···················· **七丝鲚 *C. grayii* Richardson，1844**（图 504）。沿岸和河口中上层鱼类，也进入淡水河川。体长 122～320mm。分布：东海、南海。

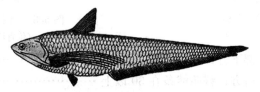

图 504　七丝鲚 *C. grayii*
（依王文滨，1962）

4（3）胸鳍上部具 6 个游离鳍条
5（6）臀鳍条 73～86；纵列鳞 53～65 ···················· **凤鲚 *C. mystus*（Linnaeus，1758）**（图 505）。河口型鱼类，也栖息于沿海。体长 141～191mm。分布：黄海南部、东海、南海；朝鲜半岛。长江口重要经济鱼类，春季进入长江口产卵，形成渔汛，可制成著名的"凤尾鱼"罐头食品。

图 505　凤鲚 *C. mystus*
（依王文滨，1962）

6（5）臀鳍条 91～115；纵列鳞 70～81 ·················· **刀鲚 C. nasus Temminck & Schlegel，1846**
（图506）[syn. *C. ectenes* Jordan & Seale，1905]。洄游性鱼类。春季成群的个体由海进入长江及其湖泊进行溯河产卵洄游，孵出的幼鱼翌年下海生长和育肥。体长115～358mm。分布：中国沿海；朝鲜半岛、日本有明海。重要经济鱼类。

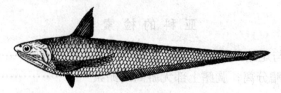

图 506　刀鲚 *C. nasus*
（依王文滨，1962）

鳀亚科 Engraulinae

体中大，延长。尾鳍深叉形，上下叶对称，下叶与臀鳍分离。

本亚科有 11 属 92 种；中国有 6 属 22 种。

属 的 检 索 表

1（8）胸鳍短，第一鳍条不呈丝状延长；臀鳍鳍条在 45 以下，起点在背鳍起点的后方
2（7）腹部有棱鳞
3（6）棱鳞只见于腹鳍之前方；臀鳍鳍条在 25 以下
4（5）臀鳍起点在背鳍基底后方；尾舌骨裸露（图507）·················· **半棱鳀属 Encrasicholina**

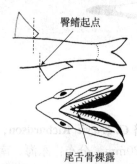

图 507　半棱鳀属的特征
（依青沼等，2013）

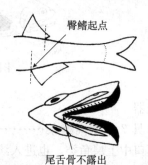

图 508　侧带小公鱼属的特征
（依青沼等，2013）

5（4）臀鳍起点在背鳍基底中部下方；尾舌骨不露出（图508）··············· **侧带小公鱼属 Stolephorus**
6（3）棱鳞见于腹鳍之前方及后方；臀鳍鳍条在 30 以上 ·················· **棱鳀属 Thryssa**
7（2）腹部无棱鳞 ······································· **鳀属 Engraulis**
8（1）胸鳍第一鳍条丝状延长；臀鳍鳍条在 49 以上，起点与背鳍起点相对
9（10）无腹鳍 ······································· **拟黄鲫属 Pseudosetipinna**
10（9）有腹鳍 ······································· **黄鲫属 Setipinna**

半棱鳀属 Encrasicholina Fowler，1938
种 的 检 索 表

1（4）上颌骨后端长而尖，伸越前鳃盖骨后缘
2（3）鳃耙细长而密，下鳃耙 23～27 ·················· **异叶半棱鳀 E. heteroloba（Rüppell，1837）**
（图509）　[syn. 尖吻小公鱼 *Stolephorus heteroloba*（Rüppell，1837）；短吻侧带小公鱼 *S. pseudoheterolobus* Hardenberg，1933]。大洋性表层洄游鱼类，群游于近岸，也进入水质清澈的内湾。体长70～85mm。分布：台湾澎湖列岛、南海；日本、菲律宾，印度-西太平洋。

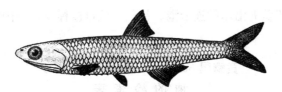

图 509　异叶半棱鳀 *E. heteroloba*
（依王文滨，1962）

3（2）鳃耙细疏，下鳃耙 17～18 ················· **寡鳃半棱鳀 *E. oligobranchus*（Wongratana，1983）**
（图 510）。近海小型鱼类。栖息水深 0～20m。体长 62mm。分布：台湾海域、南海；印度-西太平洋。

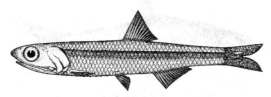

图 510　寡鳃半棱鳀 *E. oligobranchus*

4（1）上颌骨后端短而钝，不伸达前鳃盖骨后缘 ······················· **银灰半棱鳀**
E. *punctifer* Fowler，1938（图 511）。大洋性表层洄游鱼类，群游于近岸及外海，也进入水质清澈的内湾或潟湖。体长 62～80mm。分布：台湾、香港；日本、澳大利亚，印度-西太平洋。

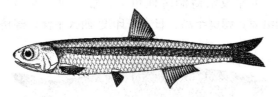

图 511　银灰半棱鳀 *E. punctifer*

鳀属 *Engraulis* Cuvier，1816

鳀 *E. japonicus* Temminck & Schlegel，1846（图 512）［syn. 青带小公鱼 *Stolephorus zollingeri* (Bleeker，1849)］。近海洄游广温性中上层鱼类，集群性及趋光性强，有昼夜垂直移动现象。体长 54～100mm。分布：黄海、东海、台湾；朝鲜半岛、日本、西北及中太平洋（50°N～7°S），重要经济鱼类。中国 2015 年产量达 95.57 万 t（《2016 中国渔业统计年鉴》）。

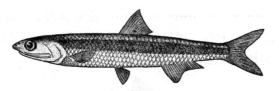

图 512　鳀 *E. japonicus*
（依张春霖，1955）

拟黄鲫属 *Pseudosetipinna* Peng & Zhao，1988

海州拟黄鲫 *P. haizhouensis* Peng & Zhao，1988（图 513）。暖温性沿岸近底层小型鱼类。体长

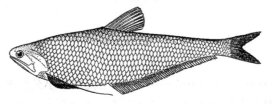

图 513　海州拟黄鲫 *P. haizhouensis*
（依 Peng & Zhao，1988）

143～171mm。分布：仅见于黄海沿岸的连云港、吕泗。数量极稀少，《中国物种红色名录》列为濒危 [EN] 物种。

黄鲫属 *Setipinna* Swainson，1839
种 的 检 索 表

1 (2) 臀鳍起点在背鳍起点的前下方，具 58～61 鳍条 ·· 小头黄鲫 ***S. breviceps*** (Cantor，1849)（图 514）。栖息于近海底层小型鱼类，偶进入咸淡水水域。体长 179～214mm。分布：南海；印度-西太平洋。

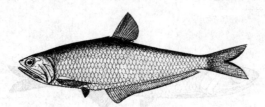

图 514　小头黄鲫 *S. breviceps*

2 (1) 臀鳍起点和背鳍起点几相对，具 49～56 鳍条 ······································· 黄鲫 ***S. tenuifilis*** (Valenciennes，1848)（图 515）[syn. 太的黄鲫 *S. taty* Fowler，1929（non Valenciennes）；吉氏黄鲫 *S. giberti* Jordan & Starks，1905；黑鳍黄鲫 *S. melanochir* Rutter，1897（non Bleeker）]。近岸及沿海洄游性鱼类，常于河口水域出现，具群游性。体长 89～163mm。分布：中国沿海；朝鲜半岛、日本，印度-西太平洋。经济鱼类。

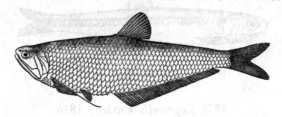

图 515　黄鲫 *S. tenuifilis*
（依王文滨，1962）

侧带小公鱼属 *Stolephorus* Lacepède，1803
种 的 检 索 表

1 (2) 背鳍始于腹鳍的前方 ······························· 山东侧带小公鱼 *S. shantungensis* (Li，1978)（图 516）。近岸表层鱼类，群游性，栖息于表层至 20m 深的海域活动。体长 53～85 mm。分布：黄海。数量稀少，《中国物种红色名录》列为濒危 [EN] 物种。

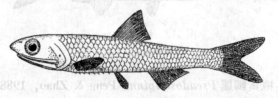

图 516　山东侧带小公鱼 *S. shantungensis*
（依李国良，1978）

2 (1) 背鳍始于腹鳍的后方
3 (10) 上颌骨末端伸到鳃孔
4 (7) 背鳍前方无小刺
5 (6) 腹鳍前棱刺 5～7 个 ······························· 韦氏侧带小公鱼 *S. waitei* Jordan & Seale，1926（图 517）（syn. 短背侧带小公鱼 *S. bataviensis* Hardenberg，1933）。近岸及沿海表层鱼类，群

游性，栖息于表层至 50m 深的海域活动。体长 94mm。分布：台湾澎湖列岛海域；印度尼西亚、马来西亚，印度-西太平洋。

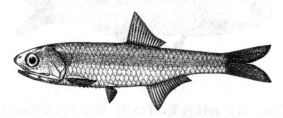

图 517 韦氏侧带小公鱼 S. waitei

6（5）腹鳍前棱刺 2~3 个 ·················· 康氏侧带小公鱼 S. commersonii Lacepède，1803
（图 518）。近岸及沿海表层鱼类，群游性，栖息在表层至 20m 深的海域活动。体长 94~110mm。分布：中国沿海；非洲东岸至巴布亚新几内亚，印度-西太平洋。经济鱼类。

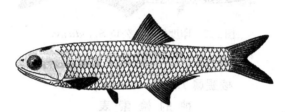

图 518 康氏侧带小公鱼 S. commersonii
（依王文滨，1962）

7（4）背鳍前方有小刺

8（9）下鳃耙 23~27；尾鳍深黄色 ·············· 岛屿侧带小公鱼 S. insularis Hardenberg，1933
（图 519）。近岸及沿海表层鱼类，群游性，栖息表层至 20m 深的海域活动。体长 80mm。分布：台湾澎湖列岛、南海；爪哇，印度-西太平洋。

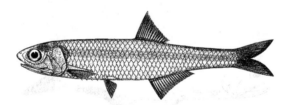

图 519 岛屿侧带小公鱼 S. insularis

9（8）下鳃耙 19~22；尾鳍浅色 ·················· 棘背侧带小公鱼 S. tri（Bleeker，1852）
（图 520）。近岸及沿海表层鱼类，群游性，也能上溯至河里。体长 56mm。分布：南海；印度尼西亚。

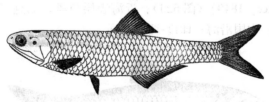

图 520 棘背侧带小公鱼 S. tri
（依王文滨，1962）

10（3）上颌骨末端不伸到鳃孔

11（12）腹鳍前棱棘 6 个 ·················· 中华侧带小公鱼 S. chinensis（Günther，1868）
（图 521）。近岸及沿海表层鱼类，群游性。体长 58~83 mm。分布：东海、南海。

12（11）腹鳍前棱棘 4~5 个 ·················· 印度侧带小公鱼 S. indicus（van Hasselt，1823）

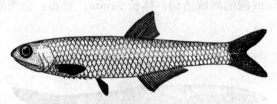

图 521　中华侧带小公鱼 *S. chinensis*
（依王文滨，1962）

（图 522）。近岸及沿海、海湾表层鱼类，群游性。栖息在层至50m深的海域活动。体长 155 mm。
分布：黄海、东海、台湾海域、南海；非洲东部，印度-西太平洋。

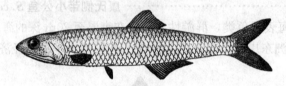

图 522　印度侧带小公鱼 *S. indicus*
（依王文滨，1962）

棱鳀属 *Thryssa* Cuvier，1829
种 的 检 索 表

1（8）上颌骨末端伸到鳃盖或鳃孔

2（7）上颌骨末端伸到鳃盖

3（4）下鳃耙 20～24；腹部在腹鳍前具 4～9 棱鳞、在腹鳍后为 7～10 枚 ·················· **贝拉棱鳀**
　　　***T. baelama* (Forsskål，1775)**（图 523）［syn. 平胸鳀 *Thrissina baelama* (Forsskål，1775)］。沿
　　　岸表层鱼类，也栖息于珊瑚礁和海口一带。体长 100～120mm。分布：台湾；日本，印度-西太
　　　平洋。

图 523　贝拉棱鳀 *T. baelama*
（依 Fisher & Whitehead，1974）

4（3）下鳃耙 27～30；腹部在腹鳍前具 15～18 棱鳞、在腹鳍后为 9～11 枚

5（6）吻常为赤红色；背鳍具 12 分支鳍条；臀鳍具 30～33 分支鳍条 ·················· **赤鼻棱鳀**
　　　***T. kammalensis* (Bleeker，1849)**（图 524）。近海表层鱼类，栖息于浅海、海湾和海口一带。体
　　　长 80～100mm。分布：中国沿海；印度-西太平洋。

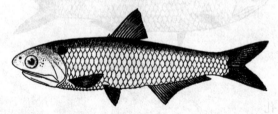

图 524　赤鼻棱鳀 *T. kammalensis*
（依王文滨，1962）

6（5）吻银灰色；背鳍具 14～15 分支鳍条；臀鳍具 25～30 分支鳍条 ·······················

芝罘（烟台）棱鳀 *T. chefuensis* (Günther，1874)（图 525）。近海沿岸表层鱼类，群游性，在 0～20m 深的海域活动。体长 107 mm。分布：黄海、东海、台湾海域。

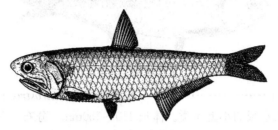

图 525　芝罘（烟台）棱鳀 *T. chefuensis*

7（2）上颌骨末端伸到鳃孔·······························**汉氏棱鳀 *T. hamiltonii* (Gray，1835)**（图 526）。近海表层鱼类，栖息于浅海、海湾和海口一带。棱鳀类较大的一种。体长 160～211mm。分布：东海、台湾海域、南海；日本，印度-西太平洋。

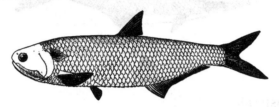

图 526　汉氏棱鳀 *T. hamiltonii*

8（1）上颌骨末端伸到胸鳍基部或其后方

9（12）上颌骨末端伸到胸鳍基部

10（11）下鳃耙 14～16；背鳍Ⅰ，14～15 ·······························**中颌棱鳀 *T. mystax* (Bloch & Schneider，1801)**（图 527）。近海小型鱼类。体长 73～183mm。分布：中国沿海；朝鲜半岛，印度-西太平洋。

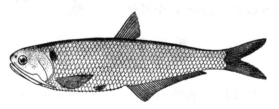

图 527　中颌棱鳀 *T. mystax*
（依王文滨，1962）

11（10）下鳃耙 20～23；背鳍Ⅰ，12～13 ·······························**汕头棱鳀 *T. adelae* (Rutter，1897)**（图 528）[syn. 黄吻棱鳀 *T. vitrirostris* 王文滨，1962(non Gilchrist & Thompson)]。近海小型鱼类，浅海栖息。体长 90mm。分布：东海南部、台湾海峡、南海。

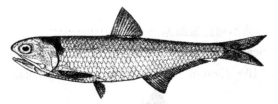

图 528　汕头棱鳀 *T. adelae*
（依王文滨，1962）

12（9）上颌骨末端超过胸鳍基部

13（14）上颌骨末端伸到胸鳍末端·······························**杜氏棱鳀 *T. dussumieri* (Valenciennes，1848)**（图 529）。栖息于近海表层、海湾和海口一带。体长 90～140mm。分布：东海、台湾海域、南海；日本，印度-西太平洋。

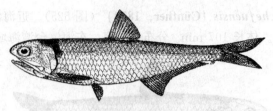

图 529　杜氏棱鳀 *T. dussumieri*

14（13）上颌骨末端伸到肛门·····················**长颌棱鳀 *T. setirostris*（Broussonet，1782）**（图 530）。
栖息于浅海及咸淡水水域的小型鱼类。体长 110～150mm。分布：东海、台湾海域、南海；非洲东岸。

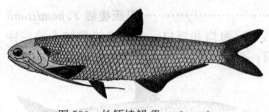

图 530　长颌棱鳀 *T. setirostris*
（依王文滨，1962）

75. 锯腹鳓科 Pristigasteridae

体延长，侧扁而高，腹缘一般具强棱鳞。口前位或亚上位。辅上颌骨 2 块。颌齿细小。背鳍短小或无，有时其始点在臀鳍起点的前方或后方。臀鳍长，鳍条在 30 个以上。腹鳍小或无，具 6 或 7 鳍条。纵列鳞 35～55。体长 200～250mm，大者可达 500mm。

栖息于热带和亚热带的印度洋、太平洋和大西洋的海岸或咸淡水中，有些种类可进入河口或淡水中。

本科有 9 属 38 种（Nelson et al.，2016）；中国有 3 属 7 种。

属 的 检 索 表

1（4）亚上颌骨无齿

2（3）臀鳍基中等长，臀鳍条 34～53；有腹鳍 ···························· **鳓属 Ilisha**

3（2）臀鳍基甚长，臀鳍条 51～65；无腹鳍 ························· **后鳍鱼属 Opisthopterus**

4（1）亚上颌骨有细齿 ································· **多齿鳓属 Pellona**

鳓属 *Ilisha* Richardson，1846
种 的 检 索 表

1（4）纵列鳞少于 45

2（3）臀鳍始于背鳍基之后；胸鳍不超过腹鳍基 ····················· **黑口鳓**
I. melastoma（Bloch & Schneider，1801）（图 531）[syn. 印度鳓 *I. indica*（Swainson，1839）]。
浅海中上层鱼类。体长 110～256mm。分布：东海、台湾澎湖列岛、南海；印度、新加坡。

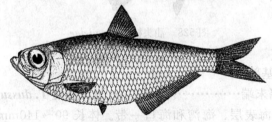

图 531　黑口鳓 *I. melastoma*
（依王文滨，1962）

3（2）臀鳍始于背鳍基下方；胸鳍超过腹鳍基 ·················· **大鳍鰳 I. megaloptera**（**Swainson，1839**）
（图 532）。浅海中上层鱼类。体长可达 275mm。分布：南海；印度、马来西亚。

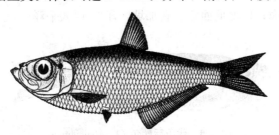

图 532　大鳍鰳 *I. megaloptera*
（依 Whitehead，1985）

4（1）纵列鳞多于 45

5（6）胸鳍短于头长 ·····················**鰳 I. elongata**（**Bennett，1830**）（图 533）。暖水性近海中上
层洄游鱼类，白天活动于中下层水域，黄昏、晚上及黎明活动于中上层水域。体长 206～
393mm。分布：中国沿海；朝鲜半岛、日本、澳大利亚，印度-西太平洋海域。重要经济鱼类。
中国 2015 年产量为 8.51 万 t（《2016 中国渔业统计年鉴》）。

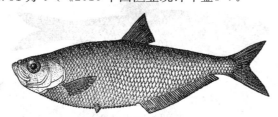

图 533　鰳 *I. elongata*
（依王文滨，1962）

6（5）胸鳍长于头长 ·····················**缅甸鰳 I. novacula**（**Valenciennes，1847**）（图 534）。栖息于
河口咸淡水水域，可进入淡水。体长可达 320mm。分布：南海；缅甸、印度尼西亚、爪哇。

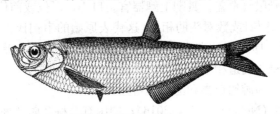

图 534　缅甸鰳 *I. novacula*
（依 Whitehead，1985）

后鳍鱼属 Opisthopterus Gill，1861
种 的 检 索 表

1（2）胸鳍条 14～17，其长等于或长于头长；第二辅上颌骨不达上颌骨末端 ·······························
后鳍鱼 O. tardoore（**Cuvier，1829**）（图 535）。浅海中上层鱼类，可于河口及内湾发现。体长达
200mm。分布：台湾；印度-西太平洋海域。

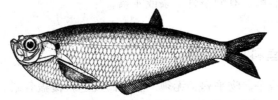

图 535　后鳍鱼 *O. tardoore*
（依 Whitehead，1985）

2（1）胸鳍条 15～17，其长短于头长；第二辅上颌骨几乎达到上颌骨末端 ………………………………
　　伐氏后鳍鱼 *O. valenciennesi* Bleeker，1872（图 536）。浅海中上层鱼类。体长达 200mm。分布：东海、台湾海域、南海；印度尼西亚、新加坡，印度-西太平洋。

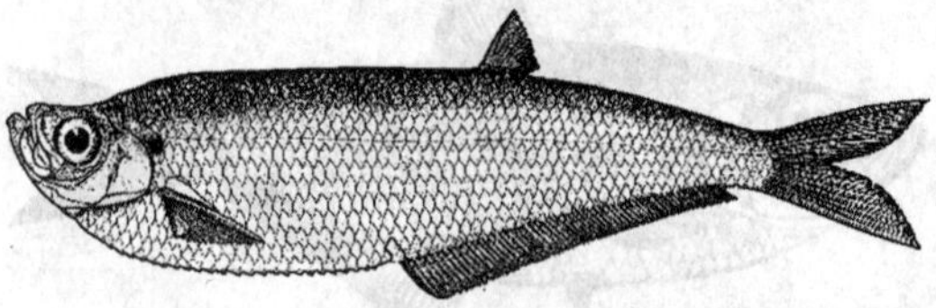

图 536　伐氏后鳍鱼 *O. valenciennesi*
（依王文滨，1962）

多齿鳓属 *Pellona* Valenciennes，1847

庇隆多齿鳓 *P. ditchela* Valenciennes，1847（图 537）。浅海中上层鱼类，常于河口、沼泽及内湾发现，可进入淡水域。体长 108mm。分布：台湾花莲、南海；非洲东部，澳大利亚。

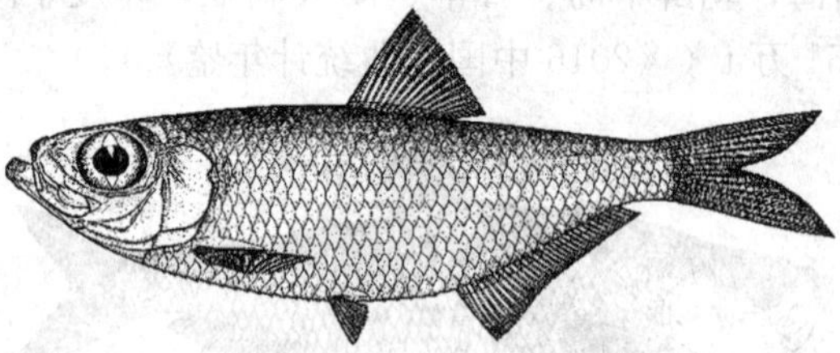

图 537　庇隆多齿鳓 *P. ditchela*
（依 Whitehead，1985）

二十四、鼠鱚目 GONORHYNCHIFORMES

体圆柱形或侧扁。眼被脂眼睑覆盖。具咽上鳃器官。口小，下位或前位。两颌无齿。无眶蝶骨。顶骨小。第一至第三椎骨特化，并与1或数对头肋相接（这代表原始的韦伯氏器）。尾下骨 5～7 个。第五角鳃骨无齿。体被圆鳞或栉鳞。具侧线。背鳍 1 个，无硬棘；臀鳍位于背鳍后下方；腹鳍腹位；尾鳍分叉。通常无鳔，若有鳔时，鳔与食道相通而不与内耳相通。

分布：印度洋和太平洋，为游钓鱼类和池塘养殖鱼类。

本目有 3 科 7 属约 37 种（Nelson et al.，2016）；中国有 2 科 2 属 2 种。

亚目的检索表

1（2）体被圆鳞；吻部无须；有鳔 …………………………………… 遮目鱼亚目（虱目鱼亚目）CHANOIDEI
2（1）体被栉鳞；吻部有须；无鳔 …………………………………………… 鼠鱚亚目 GONORYNCHOIDEI

遮目鱼亚目（虱目鱼亚目）CHANOIDEI

体被圆鳞。吻部有须。有鳔。有鳃条骨 3 条或 4 条。

本亚目有 1 科；中国有产。

76. 遮目鱼科（虱目鱼科）Chanidae

体延长，侧扁，腹部圆或平。吻平扁，无须。脂眼睑发达，覆盖着眼。口小，前位。由前颌骨组成上颌口缘。无辅上颌骨。无齿。鳃盖膜彼此相连，不与峡部相连。假鳃发达。鳃盖条 4。鳔大。鳞小，圆鳞，不易脱落。侧线完全，较平直。背鳍后缘弧形凹入，始点在腹鳍起点前上方，具 13～17 鳍条；

臀鳍位近尾鳍，具9～117鳍条；腹鳍鳍条11～12；尾鳍深叉形。

降海产卵鱼类，在离岸5～15m、水深20～30m处的沙质或珊瑚底质处产卵。仔鱼孵出后游向近岸，并开始索饵。其后便在低盐水域逗留一至数年，然后溯河入淡水湖泊生长一段时间，而后返回海中完成性腺发育成熟过程。本科有1属1种；中国有产。

遮目鱼属（虱目鱼属）*Chanos* Lacepède，1803

遮目鱼（虱目鱼）*C. chanos*（Forsskål，1755）（图538）。栖息于水深0～80m的热带及亚热带水域，能适应各种不同盐度的栖息环境，从河川中的淡水到河口红树林区、潟湖及海洋中的沙质底地形或珊瑚礁区环境等，皆有其踪迹。杂食性，养殖时喜摄食鱼池底蓝绿藻及硅藻等。雌鱼一次可产上百万粒卵，春秋季仔稚鱼期常在靠海的近岸河口区随波逐流，渔民捕后进行养殖。人工繁殖目前也已成功。虱目鱼较不能耐寒，14℃以下抵抗力减低，10℃以下有被冻死的现象。体长可达1.8m。分布：东海（福建）、台湾南部海域及绿岛、东沙群岛；朝鲜半岛东岸、日本、菲律宾、夏威夷，印度-太平洋海域，东太平洋较少见。此鱼对环境适应能力强，成长快，抗病力强，单位产量高，为台湾主要养殖鱼类之一，肉细嫩，煎、烤、煮、蒸、炸等均鲜美可口。加工制品虱目鱼丸、罐头、鱼干、鱼酱也深受消费者喜爱。2012年，台湾年产量维持在3万t左右。

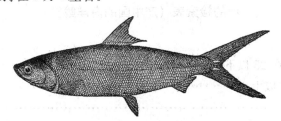

图538　遮目鱼（虱目鱼）*C. chanos*
（依王文滨，1962）

鼠鱚亚目 GONORYNCHOIDEI

体被栉鳞；吻部有须；无鳔。其他特征与目同。

本亚目有1科。

77. 鼠鱚科 Gonorynchidae

体延长，前部圆筒形，后部侧扁。头小，圆锥形。吻尖长，腹部有一短须。口小，腹位。上颌口缘由前颌骨和上颌骨组成。两颌无齿。唇发达，唇缘有些许细须。鳃盖条4。头和体均被小栉鳞。背鳍、臀鳍、腹鳍后位；背鳍与腹鳍相对；臀鳍基部短小。

近海底层中小型鱼类，分布于日本海及中国近海，数量少，无经济价值。

本科有1属5种（Nelson et al.，2016）；中国有1属1种。

鼠鱚属 *Gonorynchus* Scopoli（ex Gonow），1777

鼠鱚 *G. abbreviatus* Temminck & Schlegel，1846（图539）。近海底层中小型鱼类，栖息水深50～200m的沙泥底质海域。体长170～190 mm，最大可达390mm。分布：东海、台湾海域、南海；朝鲜半岛、日本。

图539　鼠鱚 *G. abbreviatus*
（依王文滨，1962）

数十年来，曾误传人食该鱼后会产生头昏、眩晕，喝鱼汤会感到舌麻等症状。后经本文作者动物实验证明，该鱼无毒，可以食用。鼠鳝肉质粗杂，产量少，常做下杂鱼处理，不供食用，无经济价值。

二十五、鲇形目 SILURIFORMES

体裸露或被骨板，尾部侧扁或细长。头圆钝，侧扁或纵扁。眼较小。鼻孔每侧2个，前后鼻孔紧靠或相隔颇远。口上位、端位或下位，口形多变。上下颌及犁骨、翼骨和腭骨均具齿。须1～4对。背鳍基部短，胸鳍位低，常具脂鳍。第二至第四（有时第五）椎骨彼此固结，具韦伯氏器。横突与椎体均骨化。无顶骨、下鳃盖骨和缝合骨。

背鳍及胸鳍前常具毒刺，毒刺外包毒腺组织，人被刺后剧痛、红肿，引起坏疽。

鲇类是人们喜爱的珍贵食用鱼类和游钓鱼类，最大的鲇类是产欧洲的欧鲇（*Silurus glanis*），体长可达3m余，大多数种类体长仅为120～250mm。

本目有40科490属3730种（Nelson et al.，2016）；中国产海鲇类有3科5属13种。

科的检索表（产中国的海洋鲇类）

1（4）有脂鳍，须1～3对
2（3）臀鳍短或中长，鳍条在25以下 ························· 海鲇科 Ariidae
3（2）臀鳍很长，鳍条在30以上 ·············· 𩷶科（𩷶鲇科）Pangasiidae
4（1）无脂鳍，须4对 ·························· 鳗鲇科 Plotosidae

78. 海鲇科 Ariidae

头锥形或略纵扁。口大，横直或圆弧形，次下位或下位。上下颌具细齿或片状齿1～2行，或呈带状；腭骨有或无细齿。眼椭圆形，眼缘游离。前后鼻孔紧靠，后鼻孔有小瓣。无鼻须，通常有颌须、颏须或只有颌须或颏须。鳃盖膜连于峡部。鳃盖条5～9。体光滑无鳞。背鳍和胸鳍均具一锯齿状有毒腺的硬刺，人被刺后剧痛、红肿；脂鳍小，与臀鳍相对；臀鳍具14～26分支鳍条；腹鳍腹位，有6分支鳍条；尾鳍深分叉。

海鲇为热带及亚热带沿岸的底栖性鱼类，栖息于沙泥底质的海域，也见于河川下游及河口。生殖季节时结成大群，由深水游向沿岸，并到表层活动。鱼群在水上形成赤色波纹。广东一带称"赤鱼"。渔民根据波型来判断鱼群大小和移动方向，而进行捕捞。3～5月产卵。怀卵量为100～200粒。卵沉性，卵径平均11.7mm，重0.98g，油球很小，卵产于沿岸沙底浅水。雄鱼有护卵习性，将受精卵含在口中，含卵期间不摄食，直至孵化为止。产卵后亲鱼向深海散游。海鲇分布于中国沿海、日本及印度-西太平洋。具较高的经济价值，西太平洋区年产5万～7万t。中国以福建、广东及广西最为常见，是我国近海海洋捕捞的重要类群。

本科有30属150种（Nelson et al.，2016）；中国有4属10种。

属 的 检 索 表

1（4）腭齿群（也称腭齿块）每侧1块
2（3）口须3对，颏长；腭齿群中的小齿常为颗粒状，偶有尖锥形 ·········· 海鲇属 *Arius*
3（2）口须1对，颏短小；腭齿群中的小齿尖锥形，绒毛状 ············ 蛙头海鲇属 *Batrachocephalus*
4（1）腭齿群每侧2～3块
5（6）腭齿群每侧2块；腭齿群中的小齿颗粒状 ···················· 褶囊海鲇属 *Plicofollis*
6（5）腭齿群每侧3块；腭齿群中的小齿尖锥形，绒毛状 ·············· 多齿海鲇属 *Netuma*

海鲶属 *Arius* Valenciennes, 1840
种 的 检 索 表

1（4）脂鳍全部黑色或具大黑斑

2（3）脂鳍全部黑色；第一鳃弓具鳃耙 14～17 枚；背鳍第一鳍条丝状延长⋯⋯⋯⋯⋯⋯⋯⋯
  丝鳍海鲶 A. arius（Hamilton，1822）（图 540）［syn. 中华海鲶 *Arius sinensis*（Lacepède，
  1803）］。沿岸底层鱼类，喜穴居于沙泥底质的环境，夜行性，偶集成群。体长 170～361mm。分
  布：黄海南部、东海、台湾海域、南海；日本、菲律宾，印度-西太平洋热带及亚热带海域。刺
  毒鱼类，背胸鳍硬棘前后缘具锯齿，有毒腺，人被刺后剧痛。

图 540　丝鳍海鲶 A. arius

3（2）脂鳍具一大黑斑；第一鳃弓具鳃耙 17～21 枚；背鳍第一鳍条稍长，不呈丝状延长⋯⋯⋯⋯
  ⋯⋯⋯⋯⋯⋯**斑海鲶 A. maculates（Thunberg，1792）**（图 541）。热带及亚热带沿岸底层鱼类，喜穴
  居于水深 10～100m 的沙泥底质环境；夜行性，偶集成群。体长 400～800mm。分布：东海、台
  湾南部海域、南海；日本、菲律宾，印度-西太平洋。刺毒鱼类，背胸鳍硬棘前后缘具锯齿，有
  毒腺，人被刺后剧痛。

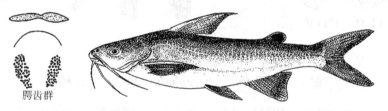

图 541　斑海鲶 A. maculates

4（1）脂鳍浅灰色，不呈黑色

5（6）腭齿群（块）大，卵圆形，齿块中的腭齿较大，球状，光滑而低 ⋯⋯⋯⋯⋯⋯⋯⋯⋯⋯⋯
  小头海鲶 A. microcephalus Bleeker, 1855（图 542）。沿岸底层鱼类，喜栖于泥底质环境及潮汐
  所达的咸淡水海区；夜行性，偶集成群。体长 600mm。分布：南海；泰国东部、马来半岛，印
  度-西太平洋。刺毒鱼类，背胸鳍硬棘前后缘具锯齿，有毒腺，人被刺后剧痛。

图 542　小头海鲶 A. microcephalus

6（5）腭齿群（块）三角形，齿块中的腭齿颇小，尖锥形，绒毛状

7（8）腭齿群（块）颇大，三角形，几占上腭的大部（图 543），前上颌齿带长为 1 齿群（块）前缘长
  的 2 倍⋯⋯⋯⋯⋯⋯⋯⋯⋯**脉海鲶 A. venosus Valenciennes, 1840**（图 543）。沿岸底层鱼类，
  喜穴居于泥底质混浊咸淡水海区；夜行性，常集成群。体长 320mm。分布：东海南部、南海；
  菲律宾、马来西亚，印度-西太平洋。刺毒鱼类，背胸鳍硬棘前后缘具锯齿，有毒腺，人被刺后

剧痛。有一定产量，南海次要经济鱼类。

图 543　脉海鲶 *A. venosus*

8（7）腭齿群（块）颇小，三角形（图 544），前上颌齿带长为齿群（块）前缘长的 3.5 倍··········
·················奥地海鲶 *A. oetik* **Bleeker, 1846**（图 544）。沿岸底层鱼类，喜栖于泥底质混浊咸
淡水海区。体长 230mm。分布：南海（香港）；菲律宾、印度尼西亚、泰国，印度-西太平洋。
刺毒鱼类，背胸鳍硬棘前后缘具锯齿，有毒腺，人被刺后剧痛。

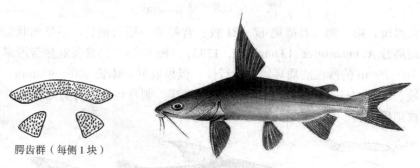

图 544　奥地海鲶 *A. oetik*

蛙头海鲶属 *Batrachocephalus* Bleeker，1846

　　蛙头海鲶 *B. mino*（Hamilton，1822）（图 545）。沿岸底层鱼类，喜栖息于泥底质的混浊咸淡水海
区。体长 250mm。分布：南海；泰国、印度尼西亚，印度-西太平洋。刺毒鱼类，背胸鳍硬棘前后缘具
锯齿，有毒腺，人被刺后剧痛。

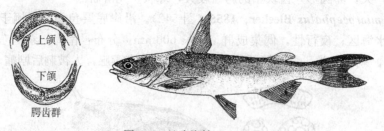

图 545　蛙头海鲶 *B. mino*

多齿海鲶属 *Netuma* Bleeker，1858
种 的 检 索 表

1（2）吻圆，不突出；口亚前位；臀鳍条 17～21；位于口腔前部的左右 2 对腭齿群（块）中间无缝隙，
　　　相互愈合 ····················· **双线多齿海鲶 *N. bilineata* Valenciennes，1840**
（图 546）。沿岸底层鱼类，喜栖于泥底质混浊咸淡水海区；夜行性，偶集成群。体长 353～
680mm。分布：南海；越南、印度尼西亚、菲律宾，印度-西太平洋。刺毒鱼类，背胸鳍硬棘前
后缘具锯齿，有毒腺，人被刺后剧痛。

图 546　双线多齿海鲇 N. bilineata

2（1）吻突出，有时尖；口下位；臀鳍条 14～17；位于口腔前部的左右 2 对腭齿群（块）中间分离，有缝隙，不愈合……………………**大头多齿海鲇 N. thalassina**（**Rüppell，1837**）（图 547）［syn. 海鲇 Arius thalassina（陈大刚，2015）］。沿岸至大陆架斜坡的底层鱼类，喜穴居于水深 10～195m 的泥底质混浊咸淡水海区；偶集成群。最大体长 1.3m。分布：东海、台湾海域、南海；越南、澳大利亚，印度-西太平洋。刺毒鱼类，背胸鳍硬棘前后缘具锯齿，有毒腺，人被刺后剧痛。有一定产量，南海次要经济鱼类。

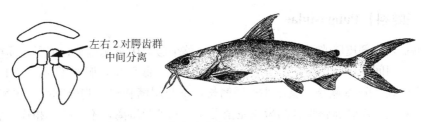

图 547　大头多齿海鲇 N. thalassina

褶囊海鲇属 *Plicofollis* Kailola，2004
种 的 检 索 表

1（2）前方 1 对腭齿群（块）小，卵圆形，后方 1 对腭齿群长条形，末端尖，弯向外侧；上枕骨突圆盾形……………………**内尔褶囊海鲇 P. nella**（**Valenciennes，1840**）（图 548）［syn. 硬头海鲇 Arius leiotetocephalus（陈大刚，2015）］。沿岸底层鱼类，栖息于水深 10～30m 的泥底质环境及潮汐所达的咸淡水海区；夜行性，常集成群。体长 470～600mm。分布：东海、台湾海域、南海；泰国东部、马来半岛，印度-西太平洋。刺毒鱼类，背胸鳍硬棘前后缘具锯齿，有毒腺，人被刺后剧痛。有一定产量，南海次要经济鱼类。

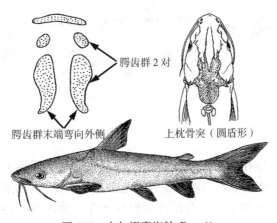

图 548　内尔褶囊海鲇 P. nella

2（1）前方 1 对腭齿群（块）小，卵圆形，后方 1 对腭齿群长条形，末端宽直，不弯向外侧；上枕骨突三角形……………………**葡齿褶囊海鲇 P. polystaphylodon**（**Bleeker，1846**）（图 549）。沿岸底层鱼类，栖息于泥底质环境及潮汐所达的咸淡水海区；夜行性，常集成群。体长 340mm。分布：台湾海域、南海；新加坡、印度尼西亚，印度-西太平洋。刺毒鱼类，背胸鳍硬棘前后缘

具锯齿，有毒腺，被刺后剧痛

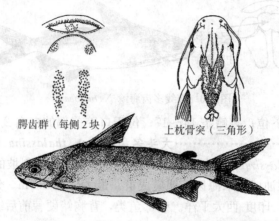

图 549　葡齿褶囊海鲶 *P. polystaphylodon*

79. 鲶科（鲶鲇科）Pangasiidae

体延长，稍侧扁，头部皮肤光滑而柔软。腹部圆，整个腹部中央无棱突，或具皮质棱突，或棱突仅存在于腹鳍基部到肛门间。口端位、次下位或下位。吻突出。眼侧位，眼缘游离。须 1～3 对。背鳍前位，基部短，具 1 硬刺、6～8 鳍条；脂鳍小；臀鳍长，不与尾鳍相连；胸鳍刺强；腹鳍无刺，具 6～8 鳍条。侧线完全。两颌、犁骨和腭骨具细齿或完全无齿。鳃盖膜游离，不与峡部相连，后缘凹入。

分布：广东、广西、云南；印度，中印半岛、大巽他群岛等地的江河及河口海湾。

本科有 4 属 30 种（Nelson et al.，2016）；中国有 3 属 6 种。大部分为淡水鱼类，仅鲶属有 1 种生活于海洋。

鲶属（鲶鲇属）*Pangasius* Valenciennes，1840

克氏鲶 *P. krempfi* Fang & Chaux，1949（图 550）（syn. 半棱华鲶 *Sinopangasius semicultratus* Chang & Wu，1964）。热带及亚热带近岸海洋鱼类，也见于咸淡水水域。体长 350～550mm。分布：南海（广东湛江）；巴基斯坦至加里曼丹岛。数量少，肉味美，当地渔民称为"一鲶二鲳三马鲛"，说明其味远超过马鲛及鲳，广东沿岸珍贵食用鱼类。

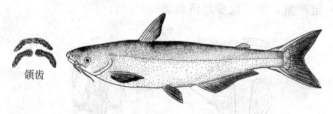

图 550　克氏鲶 *P. krempfi*

80. 鳗鲶科 Plotosidae

体形似鳗。鼻孔小，前后鼻孔分离较远。口须 4 对：鼻须、颌须各 1 对，颏须 2 对。上下颌具锥齿，犁骨具白形齿。鳃孔大，鳃盖膜不与峡部相连。鳃盖条 9～12。体光滑无鳞。背鳍 2，第一背鳍基短，前方具一骨质硬刺；第二背鳍基长，与尾鳍及臀鳍相连。胸鳍有 1 硬棘；无脂鳍；腹鳍腹位，具 10～16 鳍条。鳔不包于软骨内。

栖息于海洋、咸淡水和河口。背鳍及胸鳍的鳍棘基部有白色柔软毒腺组织，人被刺后剧痛，创口变白，继而青紫红肿，严重的引起肢体麻痹和坏疽。刺毒鱼类捕捉时要慎重，防被刺伤。

分布：中国沿海；日本、澳大利亚，印度-西太平洋海域。

本科有 10 属 40 种（Nelson et al.，2016）；中国有 2 属 3 种。

属 的 检 索 表

1 (2) 前鼻孔圆管形，开口于上唇褶的腹面，第二背鳍起点在第一背鳍之后，与腹鳍起点相对，第一背鳍压倒时伸越第二背鳍起点 ·· 副鳗鲶属 *Paraplotosus*

2 (1) 前鼻孔圆管形，开口于上唇褶的背面，第二背鳍起点在腹鳍起点垂线之后方，第一背鳍压倒时不伸达第二背鳍起点 ·· 鳗鲶属 *Plotosus*

副鳗鲶属 *Paraplotosus* Bleeker，1862

白唇副鳗鲶 *P. albilabris*（Valenciennes，1840）（图 551）。于近岸礁石区底层栖息，喜独居，隐藏于水底石砾处。体长 400mm，最大可达 1.30m 。分布：南海；澳大利亚大堡礁、新几内亚。刺毒鱼类，背鳍及胸鳍棘均具毒腺，人被刺后会引起剧烈疼痛、红肿。

前鼻孔

图 551　白唇副鳗鲶 *P. albilabris*

（依 Ferraris，1998）

鳗鲶属 *Plotosus* Lacepède，1803
种 的 检 索 表

1 (2) 鼻须和上颌须长，伸达胸鳍基部，体浅灰色，体侧无条纹·································· **印度洋鳗鲶 *P. canius* Hamilton，1822**（图 552）。沿岸底层鱼类，栖息于港湾、潟湖，也见于河口及淡水。幼鱼常集成大群。体长 800mm，大者可达 1.50m 。分布：南海；菲律宾、印度、澳大利亚、新几内亚。刺毒鱼类，背鳍及胸鳍棘均具毒腺，人被刺后会引起剧烈疼痛、红肿。

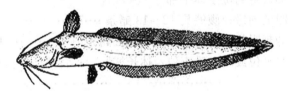

图 552　印度洋鳗鲶 *P. canius*

2 (1) 鼻须和上颌须短，仅伸达眼后缘，体侧具 2～3 条纵纹，向前伸达头部·································· **线纹鳗鲶 *P. lineatus*（Thunberg，1787）**（图 553）[syn. 鳗鲶 *Plotosus anguillaris*（Bloch，1797）]。沿岸及河口底层夜行性鱼类，白天栖息于港湾、潮池、岩礁或珊瑚礁洞隙中，晚上觅食。成群活动，幼鱼遇惊扰时聚成浓密的球形群体，称 "鲶球"，以求自保。小型鱼类，体长 300mm。分布：东海、台湾海域、南海；朝鲜半岛、日本、菲律宾，印度-西太平洋。著名刺毒鱼类，背鳍及胸鳍棘具毒腺，人被刺后极疼痛、红肿，出现恶心、呼吸困难等症状，严重者可导致死亡，捕捉时需多加注意。

图 553　线纹鳗鲶 *P. lineatus*

（依 Ferraris，1998）

二十六、水珍鱼目 ARGENTINIFORMES

体延长，腹部圆。眼大，常侧位。中喙骨有或无。上颌骨具齿或无齿。口小或中大。背鳍近体中央或体的后背部；脂鳍或有或无；尾鳍叉状。具复杂的上鳃器官（epibranchial organ）。无鳔，鳔如存在为闭鳔类。

本目许多是远洋深海鱼类。

本目有 2 亚目 4 科 21 属 87 种（Nelson et al.，2016）；中国有 2 亚目 4 科 16 属 28 种。

亚 目 检 索 表

1（2）背鳍近体中央；常具脂鳍；尾鳍叉状；上颌骨和前颌骨（如存在）无齿；口小；鳃盖条 2～7；侧线鳞 40～70。鳔如存在为闭鳔类；中喙骨有或无；体银白色。许多是远洋深海鱼类 ……………………………………………………………………………………… 水珍鱼亚目 ARGENTINOIDEI

2（1）背鳍位于体的后背部；无脂鳍；上颌骨具齿（纤唇鱼属 *Lepochilichthys* 除外）；口大；无鳔；具中乌喙骨；体暗色 …………… 平头鱼亚目（黑头鱼亚目）ALEPOCEPHALOIDEI

水珍鱼亚目 ARGENTINOIDEI

背鳍位于体的后背部；无脂鳍；尾鳍叉状；背鳍近体中央；上颌骨和前颌骨（如存在）无齿；口小；鳃盖条 2～7；侧线鳞 40～70。鳔如存在为闭鳔类；中喙骨有或无；体银白色。由小型卵（直径 1～3mm）孵出的幼鱼逐渐变态沉入海底。

本亚目许多是远洋深海鱼类。

科 的 检 索 表

1（4）眼正常，侧位；体长形；背鳍位于体中部

2（3）吻尖长，向后不伸达眼的前缘；腹鳍具 12～13 鳍条 ……………… 水珍鱼科 Argentinidae

3（2）吻短圆，向后伸达或伸越眼的前缘；腹鳍具 8～12 鳍条 …………… 小口兔鲑科 Microstomatidae

4（1）眼呈望远镜式，向前水平位或向上垂直位；体长椭圆形；背鳍位于体后方 ………………………………………………………………………………………………… 后肛鱼科 Opisthoproctidae

81. 水珍鱼科 Argentinidae

体延长，腹部圆。眼大，侧位。口小或大，端位；口上缘由上颌骨组成，并附有辅上颌骨。上颌无齿，犁骨具齿。假鳃发达。体具圆鳞，头部无鳞。具侧线。具鳔。背鳍基短，位于体背中部；常具脂鳍；臀鳍基中长，始于体后部 1/4 处；胸鳍位低；腹鳍中长；尾鳍叉形。顶骨在中央愈合。具中喙骨和眶蝶骨。

海洋鱼类，分布在印度洋、太平洋和大西洋。

本科有 2 属 27 种（Nelson et al.，2016）；中国有 2 属 2 种。

属 的 检 索 表

1（2）上颌较长，突出于下颌前方；第一鳃弓鳃耙短，具 6～10 鳃耙 …………… 水珍鱼属 *Argentina*

2（1）下颌稍长，突出于上颌前方；第一鳃弓鳃耙较长，具 27～40 鳃耙 ……… 舌珍鱼属 *Glossanodon*

水珍鱼属 *Argentina* Linnaeus, 1758

鹿儿岛水珍鱼 A. *kagoshimae* Jordan & Snyder，1902（图 554）。栖息于水深 100～450m 的中、深

层海水鱼类，喜生活于沙泥底质环境。体长 150～200mm。分布：东海大陆架边缘、台湾东部及南部海域、南海；朝鲜半岛，日本，印度-西太平洋。产量虽少，肉味尚佳，为台湾经济鱼类。

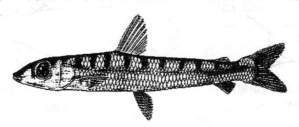

图 554　鹿儿岛水珍鱼 *A. kagoshimae*

舌珍鱼属 *Glossanodon* Guichenot，1867

半带舌珍鱼 *G. semifasciata*（Kishinouye，1904）（图 555）。栖息于水深 70～430m 的中、深层海水鱼类，喜生活于沙泥底质环境。体长 200～260mm。分布：东海大陆架边缘、台湾南部海域；朝鲜半岛、日本，印度-西太平洋。产量较多，肉味尚佳，为台湾经济鱼类。

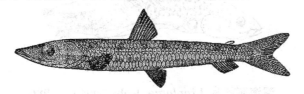

图 555　半带舌珍鱼 *G. semifasciata*

82. 小口兔鲑科 Microstomatidae

体细长，前部亚圆筒形，后部稍侧扁。吻短圆，小于眼径 1/2。向后伸达或伸越眼的前缘；口小，端位。上颌和舌无齿；下颌、犁骨和腭骨均具齿。鳃盖条 2～4；背鳍条 9～12；臀鳍条 7～10；胸鳍位于体侧，具 7～14 鳍条；腹鳍条 8～12。侧线和侧线鳞伸达尾部。具后匙骨；无中乌喙骨；椎骨 41～50。

热带及温带海洋鱼类，世界三大洋及南北极均有分布。

本科有 4 属 20 种（Nelson et al.，2016）；中国有 4 属 4 种。

属 的 检 索 表

1（2）胸鳍基部位近腹面；鳃盖条 2；臀鳍条 10～28；无后匙骨和中乌喙骨；无眶蝶骨 ……………………………………………………… **似深海鲑属 *Bathylagoides***

2（1）胸鳍基部位于体侧；鳃盖条 3～4；臀鳍条 7～10；具后匙骨，无中乌喙骨；具眶蝶骨

3（6）鳃孔上端位于体侧中央纵线的上方（图 556）

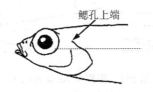

图 556　南氏鱼属及深海脂鲑属的鳃孔
（依蓝泽等，2013）

4（5）上颌骨向后伸越眼前缘下方；臀鳍具 9～10 鳍条 ……………………… **南氏鱼属 *Nansenia***

5（4）上颌骨向后不伸达眼前缘下方；臀鳍具 13～21 鳍条；鳃盖骨上部深凹，臀鳍基底长等于或小于背鳍基底长 ……………………………… **深海脂鲑属 *Lipolagus***

6（3）鳃孔上端位于体侧中央纵线的下方；脂鳍始于臀鳍基底后端的前方；体长为头长的 5 倍以上

（图 557、图 558）••• 黑渊鲑属 *Melanolagus*

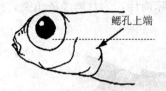 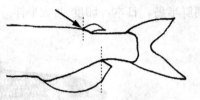

图 557 黑渊鲑属的鳃孔
（依蓝泽等，2013）

图 558 黑渊鲑属的脂鳍起点
（依蓝泽等，2013）

似深海鲑属 *Bathylagoides* Whitley，1951

银腹似深海鲑 *B. argyrogaster*（Norman，1930）（图 559）（syn. 银腹深海鲑 *Bathylagus argyrogaster* Norman，1930）。深海栖息鱼类，喜生活于沙泥底质环境。体长 24～81mm。分布：东海大陆架边缘；印度-西太平洋、大西洋。无食用价值。

图 559 银腹似深海鲑 *B. argyrogaster*

深海脂鲑属 *Lipolagus* Kobyliansky，1986

鄂霍次克深海脂鲑 *L. ochotensis*（Schmidt，1938）（图 560）（syn. 深海鲑 *Bathylagus ochotensis* Schmidt，1938）。栖息于水深 940～1 017m 的深层海水鱼类，喜生活于沙泥底质环境。体长 100～160mm。分布：东海大陆架边缘的东海冲绳海槽；日本，白令海、北太平洋亚寒带水域。

图 560 鄂霍次克深海脂鲑 *L. ochotensis*

黑渊鲑属 *Melanolagus* Kobyliansky，1986

黑渊鲑 *M. bericoides*（Borodin，1929）（图 561）。栖息于水深 550～1 700m 的深层海水鱼类，喜生活于沙泥底质环境。体长 100～200mm。分布：台湾海域仅在南海采获 1 尾标本；日本，太平洋、大西洋的热带、亚热带水域。无食用价值。

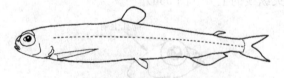

图 561 黑渊鲑 *M. bericoides*
（依蓝泽等，2013）

南氏鱼属 *Nansenia* Jordan & Evermann，1896

南氏鱼 *N. ardesiaca* Jordan & Thompson，1914（图 562）。栖息于水深 495～1 000m 的深层海水鱼类，喜生活于沙泥底质环境。体长 150～200mm。分布：台湾南部南海海域、南海大陆架斜坡；日本冲绳舟状海盆、南非东岸，莫桑比克。无食用价值。

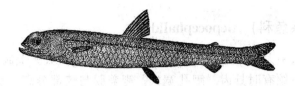

图 562　南氏鱼 *N. ardesiaca*

83. 后肛鱼科 Opisthoproctidae

体延长，亚圆筒形或侧扁，腹部圆。头裸露。吻短、眼大。有些种类眼呈筒状突出。口小，端位，鳃膜不与峡部相连。鳃盖条 2～4。鳞大，圆鳞易脱落。具侧线。背鳍短，一般近体中部；常无脂鳍；胸鳍位低，侧位；腹鳍腹位；尾鳍分叉。无鳔或鳔大，无鳔管。肠具螺旋瓣。有些种类有发光体。为形状奇特的次深海鱼类。最大个体不超过 160mm。

海洋鱼类，分布于世界三大洋热带及温带海域。

本科有 8 属约 191 种（Nelson et al.，2016）；中国有 2 属 2 种。

属 的 检 索 表

1（2）肛门位于背鳍后基的下方；眼小袋状，朝向头背方；腹鳍位于臀鳍和胸鳍的中间 ……………
……………………………………………………………………… **胸翼鱼属 *Dolichopteryx***
2（1）肛门位于背鳍起点的前下方；眼呈望远镜式，朝向头背方 …………… **后肛鱼属 *Opisthoproctus***

胸翼鱼属 *Dolichopteryx* Brauer，1901

长头胸翼鱼 *D. longipes*（Vaillant，1888）（图 563）。栖息于水深 200～2 000m 的中、深层海洋鱼类，喜生活于沙泥底质环境。体长 50～65mm。分布：南海海域、大陆架斜坡；印度-西太平洋。无食用价值。

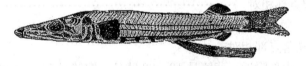

图 563　长头胸翼鱼 *D. longipes*

后肛鱼属 *Opisthoproctus* Vaillant，1888

后肛鱼 *O. soleatus* Vaillant，1888（图 564）。栖息于水深 200～2 000m 的中、深层海洋鱼类，喜生活于水深 400m、温度为 8℃ 的等温线沙泥底质环境，无昼夜垂直移动习性。体长 120～140mm。分布：南海海域、大陆架斜坡；印度-西太平洋。无食用价值。

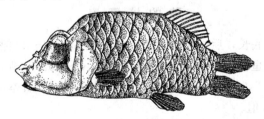

图 564　后肛鱼 *O. soleatus*

平头鱼亚目（黑头鱼亚目）ALEPOCEPHALOIDEI

背鳍位于体的后背部；无脂鳍；上颌骨具齿（纤唇鱼属 *Lepochilichthys* 除外）；口大；无鳔；具中乌喙骨；体暗色。由大型卵孵出的幼鱼直接发育。

本亚目有 3 科 32 属 137 种（Nelson et al.，2016）；中国有 1 科 9 属 20 种。

84. 平头鱼科（黑头鱼科）Alepocephalidae

体长椭圆形，侧扁。头中大，头高大于头宽。眼大。口中大或大。上颌缘由前颌骨和上颌骨组成。齿细小，上颌骨、腭骨和下颌有时具齿。鳃孔宽大。鳃盖膜与峡部分离。鳃盖条5～8。鳃耙长而多；具发光器。体被薄圆鳞，有时无鳞，头部裸露。侧线明显。背鳍和臀鳍均位于体的后部，几相对；胸鳍短小，下侧位，有时具丝状延长鳍条，具7～18鳍条；腹鳍腹位；尾鳍深叉形。

为栖息于水深1 000m以下的深海鱼类。无食用价值。

本科有18属95种（Nelson et al.，2016）；中国有9属20种。

属 的 检 索 表

1（2）臀鳍具35～43鳍条 ·· 锥首鱼属 Conocara

2（1）臀鳍具12～33或51～59鳍条

3（12）体具鳞

4（5）主上颌骨无齿 ·································· 平头鱼属（黑头鱼属）Alepocephalus

5（4）主上颌骨具齿，齿密而粗

6（11）背鳍起点在臀鳍起点部前方

7（8）吻短，吻端圆钝；眼径约为吻长的2倍 ··························· 渊眼鱼属 Bathytroctes

8（7）吻较长，略尖；吻长大于眼径

9（10）下颌突出于上颌之前，下颌先端具一突起，两颌齿1列；胸鳍条13～18 ·····················
·················· 巴杰平头鱼属（巴杰加州黑头鱼属）Bajacalifornia

10（9）上颌突出于下颌之前；下颌先端无突起，两颌齿2列以上；胸鳍条7～12 ··············
·· 黑口鱼属 Narcetes

11（6）背鳍起点与臀鳍起点部相对 ······································ 塔氏鱼属 Talismania

12（3）体无鳞

13（16）背鳍起点部与臀鳍起点部相对

14（15）鳃孔的上端在眼的中部附近；背鳍具12～22鳍条；臀鳍具15～21鳍条；胸鳍鳍条8以下
·· 鲁氏鱼属 Rouleina

15（14）鳃孔的上端在眼的下部附近；背鳍具32～33鳍条；臀鳍具32～33鳍条 ··············
·················· 裸平头鱼属（平额鱼属）Xenodermichthys

16（13）背鳍起点部在臀鳍起点部的后上方 ············· 细皮平头鱼属（细皮黑头鱼属）Leptoderma

平头鱼属（黑头鱼属）Alepocephalus Risso，1820
种 的 检 索 表

1（2）两眼间隔宽广；臀鳍基底长，后端超越背鳍后方；臀鳍具28～29鳍条·····················
双色平头鱼（双色黑头鱼）A. bicolor Alcock，1891（图565）。栖息于水深535～1 080m的中、深层沙泥底海域。体长240～290mm。分布：台湾南部海域；日本冲绳舟状海盆，澳大利亚，印度-西太平洋。无食用价值。

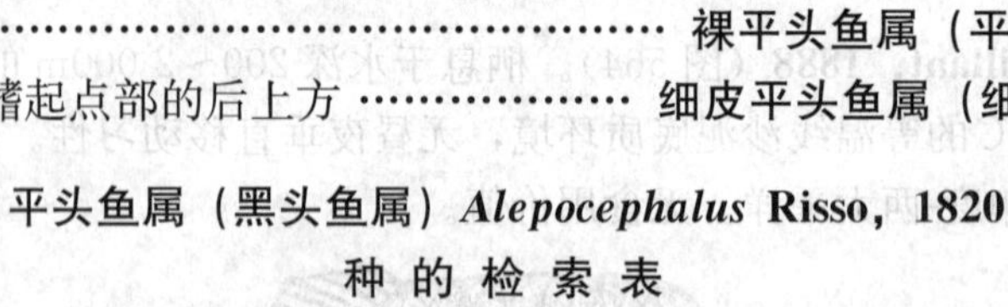

图 565　双色平头鱼（双色黑头鱼）A. bicolor
（依中坊等，2013）

2（1）两眼间隔普通；臀鳍基底后端与背鳍基底同长，后方相对；臀鳍具17～24鳍条

3（6）吻端钝；臀鳍具 17～19 鳍条；头大，体长为头长的 2.5～3.0 倍

4（5）侧线有孔鳞 67～70 ·· 暗首平头鱼（暗首黑头鱼）

A. umbriceps Jordan & Thompson，1914（图 566）。栖息于水深 200～2 000m 的深层沙泥底海域。体长 240～630mm。分布：东海；日本冲绳舟状海盆、鄂霍次克海。

图 566　暗首平头鱼（暗首黑头鱼）A. umbriceps

5（4）侧线有孔鳞 55～60··**澳洲平头鱼（澳洲黑头鱼）A. australis Barnard，1923**

（图 567）。栖息于水深 1 000～2 600m 的深层沙泥底海域。体长 350mm。分布：标本采自南海水深 1 000m 海域；日本冲绳舟状海盆，澳大利亚、南非。中国新记录种。

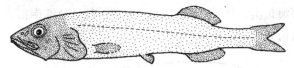

图 567　澳洲平头鱼（澳洲黑头鱼）A. australis
（依中坊等，2013）

6（3）吻端尖；臀鳍具 18～24 鳍条；头较小，体长为头长 2.7～3.5 倍

7（8）吻呈刮铲状，颏尖突··**长鳍平头鱼（长鳍黑头鱼）A. longiceps Lloyd，1909**

（图 568）。栖息于水深 700～1 533m 的深层沙泥底海域。体长 160mm。分布：台湾东南沿岸、南海；日本冲绳舟状海盆，澳大利亚。无食用价值。

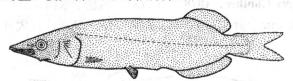

图 568　长鳍平头鱼（长鳍黑头鱼）A. longiceps
（依中坊等，2013）

8（7）吻不呈刮铲状

9（10）吻端背视尖形 ·· 尖吻平头鱼（尖吻黑头鱼）

A. triangularis Okamura & Kawanishi，1984（图 569）。栖息于水深 900～1 140m 的深层沙泥底海域的深海鱼类。体长 160～240mm。分布：台湾于南海捕获该鱼；日本冲绳舟状海盆、澳大利亚。

图 569　尖吻平头鱼（尖吻黑头鱼）A. triangularis

10（9）吻端背视圆形；肛门位于背鳍起点下方

11（12）眼大，圆形；鳃耙 20～22；幽门盲囊 20～26 ·· 欧氏平头鱼（欧氏黑头鱼）

A. owstoni Tanaka，1908（图 570）。栖息于水深 500～1 037m 的深层沙泥底海域的深海鱼类。体长 400mm。分布：东海南部、南海；日本冲绳舟状海盆、澳大利亚。无食用价值。

图 570　欧氏平头鱼（欧氏黑头鱼）A. owstoni

12（11）眼小，长椭圆形；鳃耙 25～26；幽门盲囊 12～13 ················· **长吻平头鱼（长吻黑头鱼）**
A. longirostris Okamura & Kawanishi, 1984（图 571）。栖息于水深979～1 537m 的深层沙泥底海域的深海鱼类。体长 240mm。分布：东海南部；日本冲绳舟状海盆，澳大利亚。无食用价值。

图 571　长吻平头鱼（长吻黑头鱼）A. longirostris

巴杰平头鱼属（巴杰加州黑头鱼属）*Bajacalifornia* Townsend & Nichols, 1925

伯氏巴杰平头鱼（伯氏巴杰加州黑头鱼）B. burragei Townsend & Nichols, 1925（图 572）。栖息于水深1 061～2 547m 的深海鱼类。体长 160～180mm。分布：台湾南部南海海域；印度太平洋海域、东太平洋，智利。无食用价值。

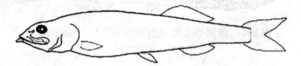

图 572　伯氏巴杰平头鱼（伯氏巴杰加州黑头鱼）B. burragei

渊眼鱼属 *Bathytroctes* Günther, 1878

小鳞渊眼鱼 B. microlepis Günther, 1878（图 573）。栖息于水深 1 100～4 900m 的深层沙泥底海域的深海鱼类。体长 240～320mm。分布：台湾东北部海域、南海；三大洋温带至热带海域。无食用价值。

图 573　小鳞渊眼鱼 B. microlepis

锥首鱼属 *Conocara* Goode & Bean, 1896

克氏锥首鱼 C. kreffti Sazonov, 1997（图 574）。栖息于于水深 316～1 700m 的深层沙泥底海域的深海鱼类。体长 320～386mm。分布：台湾东北部海域、南海；世界三大洋温带至热带海域。无食用价值。

图 574　克氏锥首鱼 C. kreffti

细皮平头鱼属（细皮黑头鱼属）*Leptoderma* Vaillant, 1886
种 的 检 索 表

1（2）背鳍具 37 鳍条，臀鳍具 51 鳍条 ························· **光滑细皮平头鱼（光滑细皮黑头鱼）**
L. lubricum Abe, Marumo & Kawaguchi, 1965（图 575）。栖息于水深1 000～1 700m 的深层沙泥底海域的深海鱼类。体长 210mm。分布：东海南部；日本。无食用价值。

2（1）背鳍具 45～50 鳍条，臀鳍具 65～69 鳍条 ···

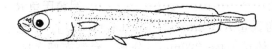

图 575　光滑细皮平头鱼（光滑细皮黑头鱼）*L. lubricum*
（依中坊等，2013）

连尾细皮平头鱼（连尾细皮黑头鱼）*L. retropinnum* Fowler，1943（图 576）。栖息于水深500～1 786m 的深层沙泥底海域的深海鱼类。体长 190～210mm。分布：台湾南部；日本冲绳舟状海盆，菲律宾。无食用价值。

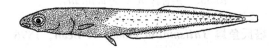

图 576　连尾细皮平头鱼（连尾细皮黑头鱼）*L. retropinnum*
（依中坊等，2013）

黑口鱼属 *Narcetes* Alcock，1890
种 的 检 索 表

1（2）第一鳃弓具 20～24 鳃耙；椎骨数 53～58 ‥‥‥‥‥‥‥‥‥‥ **鲁氏黑口鱼 *N. lloydi* Fowler，1934**
（图 577）。栖息于水深 700～1 618m 的深层沙泥底海域的深海鱼类。体长 340～500mm。分布：南海；日本冲绳舟状海盆，菲律宾、澳大利亚、南非。无食用价值。

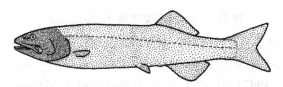

图 577　鲁氏黑口鱼 *N. lloydi*
（依中坊等，2013）

2（1）第一鳃弓具 14～19 鳃耙；椎骨数 47～50 ‥‥‥‥‥‥‥ **大嘴黑口鱼 *N. stomias*（Gilbert，1890）**
（图 578）（syn. 蒲原黑口鱼 *Narcetes kamoharai* Okamura，1984）。栖息于水深 1 800～2 100m的深层沙泥底海域的深海鱼类。体长 350～480mm。分布：台湾南部、南海；日本冲绳舟状海盆，菲律宾，印度-西太平洋。无食用价值。

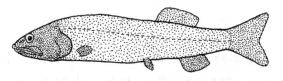

图 578　大嘴黑口鱼 *N. stomias*
（依中坊等，2013）

鲁氏鱼属 *Rouleina* Jordan，1923
种 的 检 索 表

1（2）吻尖斜，吻长等于或大于眼径‥‥‥‥‥‥‥‥‥‥‥‥ **根室鲁氏鱼 *R. guentheri*（Alcock，1892）**
（图 579）。栖息于水深 320～1 260m 的深层沙泥底海域的深海鱼类。体长 210～230mm。分布：台湾南部海域、南海；日本冲绳舟状海盆、印度-西太平洋。无食用价值。

图 579　根室鲁氏鱼 *R. guentheri*

2（1）吻圆钝，吻长小于眼径 ·· **黑鲁氏鱼 R. squamilatera （Alcock，1898）**
（图 580）［syn. 渡濑鲁氏鱼 R. watasei （Tanaka，1909）］。栖息于水深 310～1 440m 的深层沙
泥底海域的深海鱼类。体长 190～220mm。分布：台湾南部海域；日本冲绳舟状海盆、印度-西
太平洋。无食用价值。

图 580　黑鲁氏鱼 R. squamilatera

塔氏鱼属 Talismania Goode & Bean，1896
种 的 检 索 表

1（2）胸鳍具 14～16 鳍条，鳍条不呈丝状延长；主上颌骨齿三角形 ······················· **安的列斯塔氏鱼**
T. antillarum （Goode & Bean，1896）（图 581）。栖息于水深 455～1 460m 的深海鱼类。体长 140～
160mm。分布：台湾东部海域、南海；日本冲绳舟状海盆、三大洋温带至热带海域。无食用价值。

图 581　安的列斯塔氏鱼 T. antillarum

2（1）胸鳍具 10～13 鳍条，鳍条呈丝状延长；主上颌骨齿细，圆锥形
3（4）侧线上方横列鳞数 17～19；腹鳍具 6～7 鳍条 ································· **丝尾塔氏鱼**
T. longifilis （Brauer，1902）（图 582）（syn. 丝鳍塔氏鱼 T. filamentosa Okamura & Kawanishi，
1984）。栖息于水深 820～1 000m 的深海鱼类。体长 370～460mm。分布：台湾于南海采获；日
本冲绳舟状海盆、东大西洋及印度太平洋海域。无食用价值。

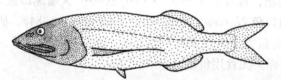

图 582　丝尾塔氏鱼 T. longifilis
（依中坊等，2013）

4（3）侧线上方横列鳞数 14～16；腹鳍具 7～9 鳍条 ································· **短头塔氏鱼**
T. brachycephala Sazonov，1981（图 583）。栖息于水深 680～1 167m 的深海鱼类。体长
270mm。分布：东海；日本冲绳舟状海盆。无食用价值。

图 583　短头塔氏鱼 T. brachycephala

裸平头鱼属（平额鱼属）Xenodermichthys Günther，1878

日本裸平头鱼（日本平额鱼）X. nodulosus Günther，1878（图 584）。栖息于水深75～692m 的深
海鱼类。体长 170～200mm。分布：台湾东北部海域；日本冲绳舟状海盆，菲律宾。不易捕获，是罕见
种。无食用价值。

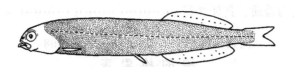

图 584　日本裸平头鱼（日本平额鱼）*X. nodulosus*
（依中坊等，2013）

二十七、胡瓜鱼目 OSMERIFORMES

常具脂鳍；体无发光器。鳞片具辐射沟。颌骨正常；犁骨后干短；中翼骨齿退化（鳞南乳鱼属 *Lepidogalaxias* 无中翼骨齿）；关节骨退化或无；翼蝶骨一般具腹翼；无基蝶骨和眶蝶骨；最后椎骨正常，不向上弯。

胡瓜鱼目除胡瓜鱼（*Osmeru eperlanus*）和 1～2 种银鱼在淡水中产卵，其余生活于咸淡水及海洋中。

本目有 5 科 20 属 47 种（Nelson et al.，2016）；中国有 1 科 9 属 18 种。

85. 胡瓜鱼科 Osmeridae

前上颌骨、上颌骨、齿骨均具齿。鳃盖背缘具凹缺；鳃盖条 5～10。体具脂鳍；背鳍具 7～14 鳍条；臀鳍具 11～17 鳍条（毛鳞鱼属 *Mallotus* 为 23 鳍条）；腹鳍具 8 鳍条（毛鳞鱼属多具 1 短鳍条）；尾鳍分叉，具 19 鳍条（其中 17 条为分支鳍条）；腹鳍无腋鳞。具侧线，但一般不完全。腭骨哑铃状；具中乌喙骨。椎骨 51～78；最后椎骨上翘。幽门盲囊 0～11 枚（香鱼属 *Plecoglossus* 超过 300 枚）。体银色。

为北半球溯河洄游和淡水定居的中小型鱼类。体长 200～400mm。

本科有 11 属 31 种；中国有 9 属 18 种。

属 的 检 索 表

1（8）头侧扁，体具鳞，不透明

2（3）口底在下颌缝合部后方有 1 对由黏膜形成的大褶膜；鳞细小 ………………… 香鱼属 **Plecoglossus**

3（2）口底黏膜不呈 1 对大褶膜；鳞较大

4（5）舌具大犬牙，上颌骨末端向后伸达眼后缘之后方 ………………………… 胡瓜鱼属 **Osmerus**

5（4）舌具绒毛状牙，上颌骨末端向后仅伸达眼后缘之前方

6（7）侧线不完全，鳞大，体纵列鳞 51～73 …………………………… 公鱼属 **Hypomesus**

7（6）侧线完全，鳞小，体纵列鳞 170～220 …………………………… 毛鳞鱼属 **Mallotus**

8（1）头较平扁；体裸露（雄鱼具臀鳞），半透明

9（12）吻短，前上颌骨前部正常；上颌骨末端超过眼前缘；下颌缝合部无骨质突起，也无犬齿，前端无缝前突；胸鳍约具 20 鳍条

10（11）体较小型；吻短钝；舌无齿；无腭骨齿；椎骨 60 以下 ………… 新银鱼属 **Neosalanx**

11（10）体较大型；吻稍尖长；舌有齿；腭骨齿每侧 2 行，或具少数腭骨齿；椎骨 60 以上………… …………………………………………………………………… 大银鱼属 **Protosalanx**

12（9）吻长，前上颌骨前部形成钝或锐的三角形扩大部；上颌骨末端不达眼前缘；下颌缝合部有 1 对骨质突起，有 1 对犬牙，前端有缝前突（肉质或骨质）；胸鳍约具 10 鳍条

13（16）下颌前端之缝前突一般为肉质、常无牙

14（15）舌无牙 ………………………………………………………………… 间银鱼属 **Hemisalanx**

15（14）舌具牙 1 行 ………………………………………………………… 白肌银鱼属 **Leucosoma**

16（13）下颌前端之缝前突为骨质、具牙 2 行 ·· **银鱼属 Salanx**

间银鱼属 *Hemisalanx* Regan，1908
种 的 检 索 表

1（2）腹鳍起点距吻端较距尾鳍基为近；上下颌等长；吻钝尖；鳃耙 2～3＋8～10，较细长；椎骨 68～
72·····················**前颌间银鱼 H. prognathus Regan，1908**（图 585）。生活于河口及近海
的洄游性小型鱼类，早春集群上溯产卵，幼体随流入海，产卵后亲鱼死亡。体长 117～134 mm。
分布：鸭绿江口、山东沿海的小清河、长江口、瓯江口；朝鲜半岛。曾经是鸭绿江、黄河口、长
江下游的传统性经济鱼类，年产数百吨。近年来由于环境污染、过度捕捞，资源受到毁灭性破
坏，已很少见到该鱼，即将沦为濒危物种。

图 585　前颌间银鱼 *H. prognathus*

2（1）腹鳍起点距吻端与距尾鳍基相等或较近尾鳍基；下颌略长于上颌；吻尖锐；鳃耙 1～2＋4～6，短
小；椎骨 74～76 ····················· **短吻间银鱼 H. brachyrostralis（Fang，1934）**
（图 586）。生活于江河中下游及河口的淡水小型鱼类，每年 3 月中下旬产卵，产卵后亲鱼死亡，
寿命为 1 年。体长 115～145mm。分布：长江中下游及附属湖泊以及鄱阳湖、太湖、瓯江。

图 586　短吻间银鱼 *H. brachyrostralis*

公鱼属 *Hypomesus* Gill，1862
种 的 检 索 表

1（2）体具纵列鳞 62～68·············**日本公鱼 H. japonicas（Brevoort，1856）**（图 587）。栖息
于内湾浅海域的小型鱼类。体长 100～150mm。分布：图们江下游；朝鲜半岛、日本、俄罗斯。

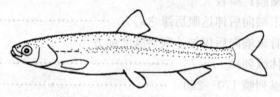

图 587　日本公鱼 *H. japonicas*
（依细谷，2013）

2（1）体具纵列鳞 60 以下
3（4）脂鳍小，基底短于眼径；吻长大于两眼间隔；幽门盲囊 4～7·····················**西太公鱼**
H. nipponensis McAllister，1963（图 588）。栖息于湖沼、河川下游至内湾浅海域沿岸的小型鱼

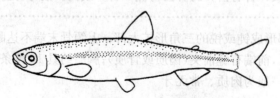

图 588　西太公鱼 *H. nipponensis*
（依细谷，2013）

类，有淡水定居型和近海至河口区洄游型，淡水产卵后亲鱼死亡。体长 100～180mm。分布：黑龙江中游、图们江、鸭绿江下游；日本。

4（3）脂鳍大，基底等于或大于眼径；吻长短于两眼间隔；幽门盲囊 0～3 ·······················

池沼公鱼 *H. olidus*（Pallas，1814）（图 589）。栖息于河川下游湖沼、浅海域的小型鱼类，大部分生命周期只有 1 年，少数可活至 2 年，喜生活于水温低、清澈的水域里。体长 70～102mm。分布：黑龙江中游；朝鲜半岛、日本、俄罗斯、加拿大。重要养殖鱼类，2015 年中国生产 13 103t（《2016 中国渔业统计年鉴》）。

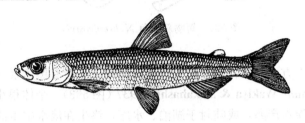

图 589　池沼公鱼 *H. olidus*

白肌银鱼属 *Leucosoma* Gray，1831

白肌银鱼 *L. chinensis*（Osback，1765）（图 590）。近内海河口小型中上层鱼类。一年性成熟，8－12 月产卵，产卵后亲鱼死亡。体长 120～152mm。分布：闽江、九龙江口、珠江口，可上溯西江至广西的梧州、南海北部湾沿海。

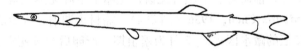

图 590　白肌银鱼 *L. chinensis*

毛鳞鱼属 *Mallotus* Cuvier，1829

毛鳞鱼 *M. villosus*（Müller，1776）（图 591）。栖息于浅海域的纯海产小型鱼类。产卵前上升至表层，游向沿岸。体长 100～120mm。分布：图们江下游；日本，太平洋及大西洋寒带海域。俄罗斯、挪威、加拿大的重要经济鱼类，中国数量很少。

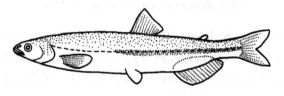

图 591　毛鳞鱼 *M. villosus*
（依细谷，2013）

新银鱼属 *Neosalanx* Wakyiya & Takahashi，1937
种 的 检 索 表

1（4）腹鳍长等于（幼鱼）或近似（成鱼）头长
2（3）背鳍具黑色素····················**银色新银鱼 *N. argentea* Lin，1932**。近海及河口一年生小型上层鱼类。于近海产卵，产卵后亲体逐渐死亡。体长 45～70mm。分布：珠江。
3（2）背鳍无黑色素·····················**短吻新银鱼 *N. brevirostris*（Pellegrin，1923）**（图 592）[syn. 陈氏新银鱼 *N. tangkahkeii*（Wu，1931）；近太湖新银鱼 *N. pseudotaihuensis* Zhang，1987；太湖新银鱼 *N. taihuensis* Chen，1956]。栖息于沿海的群体有洄游习性；定居性群体在湖川中能完成仔幼鱼生长、成熟和繁殖的全过程。寿命为 1 周年，产卵后亲鱼死亡，幼鱼生长迅

速；1979 年起，先后移植于浙、闽、滇、川、豫各省，成为当地经济鱼类，取得显著的经济效益。体长51～120mm。分布：江苏各大中型湖泊、长江干流，山东微山湖、东平湖，闽、浙、沪沿海，珠江口、广东三水、佛山、虎门、中山、珠海，广西北海。产量大，2015 年中国年产 21 261t（《2016 中国渔业统计年鉴》）。为中国重要经济鱼类之一。

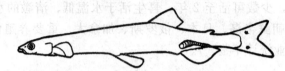

图 592　短吻新银鱼 N. brevirostris

4（1）腹鳍长略短于头长

5（6）背鳍部分在臀鳍前上方；前颌骨和上颌骨具齿；尾鳍上下叶有黑色素 ·······················
乔氏新银鱼 N. jordani Wakiya & Takahashi，1937（图 593）。个体很小的 1 年生小型鱼类，栖息于近海河口上溯入淡水产卵，或陆封于湖泊、水库，终生在淡水中生活，产卵后死亡。体长41～59mm。分布：黄海、东海沿岸部分河口、鸭绿江口、碧流河；朝鲜半岛。

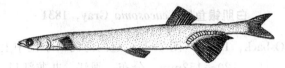

图 593　乔氏新银鱼 N. jordani

6（5）背鳍完全在臀鳍前上方；前颌骨和上颌骨无齿；尾鳍上下叶无黑色素 ·······················
寡齿新银鱼 N. oligodontis Chen，1956（图 594）。陆封于湖泊、水库的小型上层鱼类，栖息于湖汊、港湾或清混水交汇的敞水区；3～5 月为繁殖期，产卵后亲鱼死亡。体长 38～61 mm。分布：洞庭湖、鄱阳湖、洪泽湖、太湖、阳澄湖、白洋淀、微山湖。

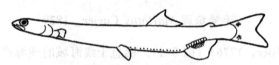

图 594　寡齿新银鱼 N. oligodontis

胡瓜鱼属 Osmerus Linnaeus，1758

胡瓜鱼 O. dentex Steindachner & Kner，1870（图 595）[syn. 胡瓜鱼 Osmerus mordax 张玉玲，1987（non Mitchill）]。栖息于浅海及河口近咸淡水的小型鱼类，洄游型鱼冬季栖于海中，春天溯河产卵；陆封型鱼终生栖于河川。体长 200～230mm。分布：黑龙江、图们江下游；朝鲜半岛、日本、俄罗斯、加拿大。

图 595　胡瓜鱼 O. dentex

香鱼属 Plecoglossus Temminck & Schlegel，1846

香鱼 P. altivelis（Temminck & Schlegel，1846）（图 596）。栖息于江海的小型鱼类，洄游型鱼秋季在江中下游产卵，产卵完后亲鱼大部死亡，故有"年鱼"之称。当年孵出幼鱼入海越冬，翌年春溯河肥育。陆封型鱼栖于流水和石砾底处，终生在淡水中生活，可产卵 2～3 次，平均寿命 2～3 年。成长后的香鱼摄食附着在岩石上的藻类及水生昆虫。香鱼具强烈领域性，强壮成鱼占领一长满藻类的大砾石，不准其他香鱼靠近，如有外来者侵入，则会去撞击并将其赶出领域范围。体长 150～200mm。分布：黄海、东海沿岸及通海江河（长江）、台湾、广西东兴北仑河；韩国、日本。台湾原产于浊水溪以北及花莲三栈溪以北的各溪流，以淡水河香鱼最有名。但在 20 世纪 50 年代后因污染及滥捕，原生族群灭绝，现在溪流中香鱼是由日本引入发眼卵而放流的。

香鱼肉味美，有一股香甜浓郁的芬芳气味，有"溪流之王"的美誉，是海鲜店内受欢迎的鱼种。人们利用香鱼的领域强特性，发明"友钓法"，即利用香鱼去靠近原占有领域的香鱼，引诱原领域内的香鱼去撞击饵鱼而误触鱼钩，这是一种高难度的钓鱼技巧。

香鱼有 3 亚种：即香鱼（指名亚种）*P. altivelis altivelis*、琉球香鱼 *P. altivelis ryukyuensis* 和中国香鱼 *P. altivelis chinensis*。由于其形态特征差别不大，在此不再赘述。

图 596　香鱼 *P. altivelis*

大银鱼属 *Protosalanx* Regan，1908
种 的 检 索 表

1（2）尾鳍中部具二黑点，体腹侧具黑色素点；胸鳍条 29～36；椎骨 62～64 ··························
安氏大银鱼 *P. anderssoni*（Rendahl，1923）（图 597）［syn. 安氏新银鱼 *N. anderssoni*（Rendahl，1923）］。近海及河口一年生小型上层鱼类，于近海产卵，产卵后亲体逐渐死亡。体长 75～120mm。分布：渤海、黄海、东海沿岸，辽河口、鸭绿江口至长江口；朝鲜半岛。辽东湾经济鱼类。

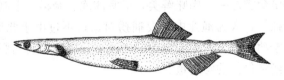

图 597　安氏大银鱼 *P. anderssoni*

2（1）尾鳍中部无黑点，体腹侧无黑色素点；胸鳍条 25～26；椎骨 64～67 ··························
大银鱼 *P. chinensis*（Basilewsky，1855）（图 598）　［syn. *Protosalanx hyalocranius*（Abbott，1901）］。原产海洋，现定居于湖泊，也偶见于沿岸，小型肉食性凶猛鱼类。喜生活于水体的中上层敞水面的静水环境片中，在湖中能完成繁殖产卵。体型较大，体长 180～200mm。分布：渤海、黄海、东海沿岸，南海北部湾、鸭绿江、长江口（崇明）、太湖、巢湖、微山湖、珠江。1985 年由太湖移植至北方各省水库、湖泊，为当地重要的经济鱼类。

图 598　大银鱼 *P. chinensis*

银鱼属 *Salanx* Cuvier，1816
种 的 检 索 表

1（2）腹鳍起点距臀鳍起点与距鳃盖后缘相等；雌鱼脂鳍起点与臀鳍最后鳍条相对，雄鱼或几相对（仅相距 1mm）··························**有明银鱼 *S. ariakensis* Kishinouye，1902**（图 599）［syn. 长

臀银鱼 *Salanx longianalis*（Regan，1908）]。生活于近海、河口的短距离洄游性小型鱼类，生命周期 1 年，秋天溯河产卵后亲鱼死亡。体长 102～123mm。分布：渤海、黄海、东海沿岸，鸭绿江、长江口崇明；日本有明海。鸭绿江和辽河口重要经济鱼类。

图 599　有明银鱼 *S. ariakensis*

2（1）腹鳍起点距臀鳍起点较距鳃盖后缘为近；脂鳍起点与臀鳍最后鳍条相距较大，雄鱼相距 3.5mm，雌鱼相距 4.5mm ·····················**居氏银鱼 *S. cuvieri* Valenciennes，1850**（图 600）（syn. 尖头银鱼 *Salanx acuticeps* 张春霖，1955）。近内海沿岸及河口小型中上层鱼类；1 年性成熟，产卵后亲鱼死亡。体长 101～119mm。分布：黄海、东海、南海北部湾沿岸。

图 600　居氏银鱼 *S. cuvieri*

二十八、鲑形目 SALMONIFORMES

由前颌骨和上颌骨组成口裂上缘。一般具脂鳍。腹鳍腹位。尾为正尾型。鳔存在时有鳔管通食道。椎体横突不与椎体同骨化。最后 3 节椎骨上翘。齿发达，两颌、犁骨、腭骨和舌上均具齿。具中乌喙骨。鳃盖膜不与峡部相连。无输卵管。

栖息于北半球的海洋及淡水中，多数在北极和偏北海域内。具由海溯河产卵的洄游习性，偶有陆封型淡水鱼。

本目为世界最重要的经济鱼类之一。肉味鲜美，适宜冰冻、制罐、干制、腌制和熏制。个体大，在淡水产卵，鱼群集中，易于捕捞，久为渔业中重要捕捞对象；不过由于北半球 12℃ 同温线止于朝鲜的中南部，阻止了重要冷水性鲑鳟鱼类进入中国海中。因此，我国除东北的黑龙江、乌苏里江等向北注入太平洋的河流外，不产重要经济价值的鲑鳟鱼。

本目有 1 科 10 属 223 种（Nelson et al.，2016）；中国有 1 科 8 属 19 种。

86. 鲑科 Salmonidae

具脂鳍。有中乌喙骨和幽门盲囊。鳃盖膜不与峡部相连。鳃盖条 7～10。最后 3 椎骨上翘。为北半球淡水或溯河洄游性鱼类。有些种已被驯化于南半球水域中。

世界性重要经济鱼类。本科分为 3 亚科。

亚 科 检 索 表

1（4）背鳍条少于 16
2（3）鳞大，侧线鳞少于 110；上颌骨无齿 ·····················白鲑亚科 Coregoninae
3（2）鳞小，侧线鳞多于 110；上颌骨有齿 ·····················鲑亚科 Salmoninae
4（1）背鳍条多于 17 ·····················茴鱼亚科 Thymallinae

白鲑亚科 Coregoninae

背鳍条少于 16；鳞大，侧线鳞少于 110。犁骨小，无齿；上颌骨无齿，具眶蝶骨。无上鳃盖骨。本亚科有 3 属 88 种（Nelson et al.，2016）；中国有 2 属 3 种。

属 的 检 索 表

1（2）口较大，上颌骨末端向后伸达眼后缘下方 ·················· **北鲑属 Stenodus**
2（1）口较小，上颌骨末端向后伸达眼中部垂直线之前 ·················· **白鲑属 Coregonus**

北鲑属 Stenodus Richardson, 1836

北鲑 S. leucichthys nelma（Pallas, 1773）（图 601）。溯河或淡水定居的冷水性鱼类。5～8 龄成熟，平均怀卵量 24 万粒。10—11 月产卵。觅食鱼类及水生昆虫。体长 570～634mm。分布：新疆额尔齐斯河水系、布尔津河；北冰洋流域。

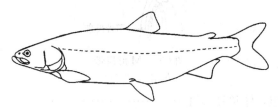

图 601　北鲑 S. leucichthys nelma

白鲑属 Coregonus Linnaeus, 1758
种 的 检 索 表

1（2）上颌短，向后伸达眼前缘下方；侧线鳞 73～80；鳃耙 23～24 ··················**卡达白鲑**
C. chadary Dybowski, 1869（图 602）。冷水性鱼类，栖于水质清澈、水温低、砾石底质的山区河溪里。食水生昆虫和底栖无脊椎动物。体长 445～495mm。分布：黑龙江上、中游的支流里（爱辉）；俄罗斯阿穆尔河水系的额尔古纳河。数量稀少，珍稀鱼类。

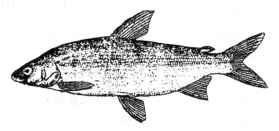

图 602　卡达白鲑 C. chadary
（依解玉浩，2007）

2（1）上颌长，向后伸达眼中、后部下方；侧线鳞 80～84；鳃耙 24～30 ··················
乌苏里白鲑 C. ussuriensis Berg, 1906（图 603）。冷水性鱼类，栖于水质清澈、流速大、水温低的河道或支流。栖息上限水温 20℃以下，适宜水温 10℃左右。有明显的季节性适温洄游现象。食昆虫、鱼类和甲壳类。体长 320～480mm，大者达 545mm。分布：乌苏里江、兴凯湖、松花江。黑龙江流域特产鱼类，肉味鲜美，黑龙江历史上年产 40～50t，具较高的经济价值。

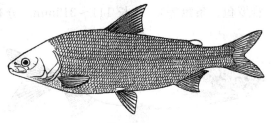

图 603　乌苏里白鲑 C. ussuriensis
（依解玉浩，2007）

鲑亚科 Salmoninae

背鳍条少于16。鳞小，侧线鳞多于110。上颌具齿。具眶蝶骨和上前鳃盖骨。本亚科有6属121种；中国有5属12种。

属 的 检 索 表

1（10）口裂大，上颌骨向后伸达或伸越眼后缘下方

2（5）犁骨、腭骨齿带连接呈M形（图604）

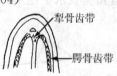

图 604　M 形齿带

（依细谷，2013）

3（4）头部侧扁，头顶部平坦，体常具黑斑 ·· **哲罗鲑属** *Hucho*

4（3）头部侧扁，头顶部隆起，体具鲜艳斑点 ·· **红点鲑属** *Salvelinus*

5（2）犁骨、腭骨齿带连接不呈M形

6（7）犁骨、腭骨齿带连接呈"小"字形（图605）···

··· **大麻哈鱼属（钩吻鲑属）** *Oncorhynchus*（虹鳟 *O. mykiss* 除外）

7（6）犁骨、腭骨齿带连接呈T形（图606）

图 605　"小"字形齿带　　　　　　　　图 606　T 形齿带

（依细谷，2013）　　　　　　　　　　　（依细谷，2013）

8（9）鲜活时体侧无红色斑点，体中央具一桃色纵带；尾鳍具黑点 ···

······································ **大麻哈鱼属** *Oncorhynchus*（特指虹鳟 *O. mykiss*）

9（8）鲜活时体侧散布许多红色斑点，体中央无桃色纵带；尾鳍无黑点 ·········· **鳟属（鲑属）** *Salmo*

10（1）口裂小，上颌骨向后仅伸达眼中部下方 ·································· **细鳞鲑属** *Brachymystax*

细鳞鲑属 *Brachymystax* Günther，1866

　　细鳞鲑 *B. lenok*（Pallas，1773）（图607）。栖息于江河溪流水质清澈的冷水性鱼类，栖息水温18～20℃。在江河深水区越冬，春季冰雪开始融化时溯流上游产卵。产卵期4—5月，产卵场水质清澈、沙砾底质，水深50～70cm。产卵前亲鱼摆动尾鳍，借水流作用掘成产卵坑，雌雄交配，雌鱼数次排卵于坑中，产卵完毕后，雌雄鱼摆动尾鳍扇动沙砾，将受精卵覆盖。食昆虫（蜉蝣目、双翅目、直翅目等成虫及幼虫）及鱼类（麦穗鱼、雅罗鱼、条鳅等）。体长144～318mm。分布：黑龙江、嫩江、牡丹江、

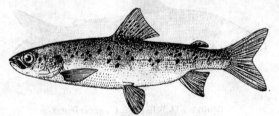

图 607　细鳞鲑 *B. lenok*

（依解玉浩，2007）

图们江、松花江等。鱼卵经济价值很高，也是山溪游钓的理想对象。重点产区嫩江县年产量 1 000～2 000kg。由于分布于山区溪流，数量稀少，视为珍稀名贵鱼类。国家二级重点保护水生野生动物，《中国物种红色名录》列为濒危［EN］物种。

哲罗鲑属 *Hucho* Günther，1866
种 的 检 索 表

1（4）侧线鳞 125～152

2（3）鳃耙 12～13；幽门盲囊 157～180**······················石川哲罗鱼 *H. ishikawai* Mori，1928**
（图 608）。冷水性鱼类，栖息于江河溪流，也进入水库。栖息水温 4～28℃，最适水温 10～23℃。4—5 月产卵，产卵时鱼群游动，用摆动尾鳍的方法掘坑产卵，产完卵后用沙粒覆盖产卵坑。肉食性凶猛鱼类，吞食鱼类、蛙类，偶食鸟类和鼠类。体长 450～925mm。分布：临江以上鸭绿江上游及其山涧溪流。大型名贵鱼类，唯分布区狭窄，数量稀少。

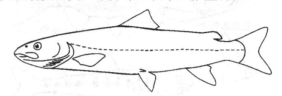

图 608　石川哲罗鱼 *H. ishikawai*

3（2）鳃耙 14；幽门盲囊 65～120 **·····························虎嘉哲罗鱼（虎嘉鱼）**
***H. bleekeri* Kimura，1934**（图 609）。栖息于川陕边缘地区海拔 700～1 000m 山溪低温水域的亚冷水性鱼类。3 月产卵。食鱼及水生无脊椎动物。体长 462mm。分布：四川岷江上游、大渡河上游、秦岭南麓的汉江支流等。为冰川期残遗种，数量稀少。珍稀名贵鱼类。国家二级重点保护水生野生动物。

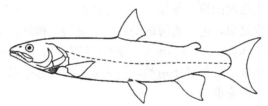

图 609　虎嘉哲罗鱼（虎嘉鱼）*H. bleekeri*

4（1）侧线鳞 193～242；幽门盲囊 180～260**···························哲罗鱼 *H. taimen*（Pallas，1773）**
（图 610）。山溪冷水性鱼类，栖息水温上限不超过 18℃。夏季生活于林木遮蔽的溪流中，冬季进入河流深水区。性凶猛，肉食性，吞食鱼类、蛙类、甲壳类等。体长 247～500mm。分布：东北地区黑龙江上游、哈拉哈河上游（中蒙边界）、新疆额尔齐斯河。名贵经济鱼类，数量稀少，目前种群数量急剧衰败，已达濒危。

图 610　哲罗鱼 *H. taimen*
（依解玉浩，2007）

大麻哈鱼属（钩吻鲑属）*Oncorhynchus* Suckley，1861
种 的 检 索 表

1（10）犁骨、腭骨齿带连接呈"小"字形

2（3）成鱼及幼鱼的体背部无黑点；幼鱼体侧的长条形黑斑仅伸达或稍越侧线附近；尾鳍具许多银白色放射状线纹；鳃耙数 20～25 ·················· **大麻哈鱼 O. keta**（Walbaum，1792）（图611）。溯河洄游性鱼类，江里生，海里长大又回到原产地河流产卵繁殖的鱼类。大麻哈鱼有两个生态类群，即夏季溯河回归的夏鲑和秋季溯河回归的秋鲑。进入中国境内的仅有秋鲑。产卵后亲体死亡。一生只生殖一次。幼鱼食昆虫、桡足类、摇蚊幼虫，成鱼在海洋食硅藻、糠虾、磷虾等甲壳类、乌贼及小鱼。洄游到淡水的成鱼则不摄食。体长 660～705mm。分布：仅见于黑龙江中上游，可达上游支流乌苏里江、松花江、图们江等；朝鲜半岛、日本、北美、俄罗斯太平洋沿岸。名贵经济鱼类，肉红色，含脂量高，味美，鱼卵更为名贵，营养价值高。2015 年中国产 1.42 万 t（《2016 中国渔业统计年鉴》）。重要经济鱼类。

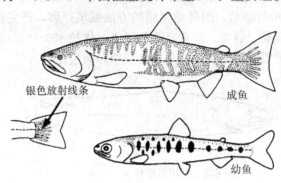

银色放射线条　成鱼　幼鱼

图 611　大麻哈鱼 O. keta
（依细谷，2013）

3（2）成鱼及幼鱼的体背部具黑点；幼鱼体侧的长条形黑斑伸越侧线较远

4（5）尾鳍密具许多小黑点；幼鱼体侧无黑色长斑块；鳃耙 28～32 ·················· **驼背大麻哈鱼 O. gorbuscha**（Walbaum，1792）（图612）。回归溯河产卵鱼类。秋季产卵后亲体死亡，一生只产卵一次。幼鱼在河中生活时间短。每年 4—5 月降海，海中生活 18 个月，2 年性成熟后溯河产卵。在河流生活的幼鱼食昆虫，进入近海的幼鱼食桡足类、糠虾、端足类等。在海洋生活阶段食磷虾类、端足类、鱼类。体长 326～573mm。分布：绥芬河、图们江；朝鲜半岛、日本，美洲沿岸的加拿大、美国阿拉斯加。名贵经济鱼类，是北太平洋大麻哈鱼属中种群数量和渔获量最多的一种。中国产量最小，资源衰退。

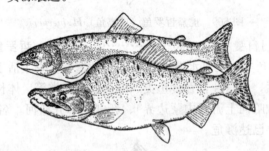

图 612　驼背大麻哈鱼 O. gorbuscha（鳍不呈黑色）
（依解玉浩，2013）

5（4）尾鳍无小黑点

6（7）头部背面密具许多分散的小黑点 ·················· **银大麻哈鱼 O. kisutch**（Walbaum，1792）（图613）。冷水洄游性鱼类。每年 9～10 月溯河产卵，翌年 1 月孵出仔鱼。稚鱼在淡水中食昆虫、鱼卵、底栖生物，生活 1—2 年后降海。在海中食乌贼、鲱、玉筋鱼等。体长 102～144mm，大者达 840mm。分布：中国于 1981—1982 年，分两批由美国引进发眼卵，在大连孵化和养殖；国外见于北太平洋及其两岸水系。具重要经济价值的鱼类。

7（6）头部背面无小黑点，如有仅为极少数黑点

8（9）鲜活时体侧无红色斑块 ·················· **马苏大麻哈鱼 O. masou masou**（Brevoort，1856）

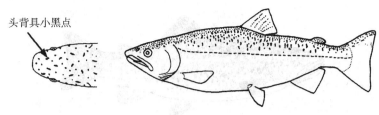

图 613　银大麻哈鱼 *O. kisutch*
（依细谷，2013）

（图 614）。溯河产卵洄游冷水性鱼类。4—5 月游入河口，5—7 月入江河生活，8—10 月产卵。上溯距离较短。幼鱼在江河中栖居 1 年多，在黑龙江只进入下游，不达中上游。绥芬河上溯约 300km。幼鱼在江河中栖居 1 年多，而后降海生活 1～2 年，性成熟溯河洄游生殖。体长 453～480mm。马苏大麻哈鱼在中国大陆是指名亚种，仅分布于图们江、绥芬河；朝鲜半岛、日本、俄罗斯远东地区的黑龙江和堪察加半岛。重要经济鱼类。由于过度捕捞，生态环境恶化，水域污染，目前，图们江的马苏大麻哈鱼已绝迹，绥芬河已濒危，应采取综合治理措施修复该鱼类资源。

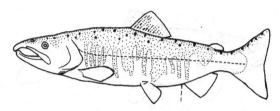

图 614　马苏大麻哈鱼 *O. masou masou*
（依细谷，2013）

9（8）鲜活时体侧中央约有 9 个椭圆形的蓝色云纹斑块·······················**台湾樱花钩吻鲑（陆封型）**
O. masou formosanus（Jordan & Oshima，1919）（图 615）。樱花钩吻鲑是马苏大麻哈鱼在台湾的特有亚种，全省仅见于大甲溪上游各主要支流中，属于陆封型生活史鱼类。目前在全境 8km 的栖息河段，约有 5 000 尾族群数量（2011 年统计）。如遇台风暴雨或当年繁殖季的水温过高，则族群数量会明显降低。食水生昆虫、小鱼、蛙类。体长 150～400mm。本种仅能适应低温水域，因此森林植被的保护，让整段溪流水温维持在较低的程度，是保护的最重要策略。数量少，稀有，《台湾淡水鱼类红皮书》（2012）将本种列为极危 [CR] 物种。

图 615　台湾樱花钩吻鲑（陆封型） *O. masou formosanus*
（依郑义郎，2007）

10（1）犁骨、腭骨的齿带连接呈 T 形；鲜活时体侧无红色小点，体侧中央具一桃色纵带；尾鳍具黑点·························**虹鳟 *O. mykiss*（Walbaum，1729）**（图 616）。山溪冷水性鱼类，自然分布于北太平洋北美沿岸，分陆封型和降海洄游型两种，降海洄游型也溯河到淡水产卵。寿命可达 8～11 年，一生可多次产卵。食浮游动物、甲壳类、昆虫、腹足类和水蛭、小鱼。体长 260～465mm，最大达 1.2m。淡水养殖对象。中国是在 1959 年由朝鲜民主主义人民共和国引进，经驯养成名贵冷水性养殖鱼类。现已移养于东北三省、京、津、冀、鲁、浙、川等地。2015 年中国产 2.73 万 t（《2016 中国渔业统计年鉴》）。重要经济鱼类。

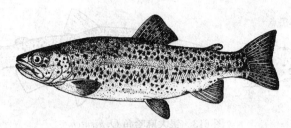

图 616 虹鳟 *O. mykiss*
（依解玉浩，2007）

鳟属（鲑属）*Salmo* Linnaeus，1758

河鳟 *Salmo trutta fario* Linnaeus，1758（图 617）。喜栖息于含氧丰富、水质清澈、水温较低的河川、湖沼中。冷水性降海洄游鱼类。摄食鱼类及水生动物。体长 450～600mm，大者可达 900mm。原产北欧各国，1883 年引入北美，现已移植至南美洲、非洲，巴基斯坦、印度、日本、澳大利亚。分布：西藏亚东河（国外引进）。名贵食用和游钓鱼类。

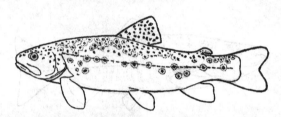

图 617 河鳟 *Salmo trutta fario*

红点鲑属 *Salvelinus* Richardson，1836
种 的 检 索 表

1（2）体具大于瞳孔的浅色斑点；鳃耙 14～18 ·· **白斑红点鲑 *S. leucomaenis*（Pallas，1814）**（图 618）。强冷水性鱼类，要求常流水，水质清澈、砾石底质的水域环境。有陆封型和降海洄游型。栖息于山溪清流里。稚幼鱼食昆虫及其幼虫、底栖无脊椎动物等；成鱼食鱼类。体长 155～242mm。分布：吉林牡丹江上游、图们江上游；朝鲜半岛北部、日本北海道、俄罗斯远东沿岸各水系。野生种群数量极少，食用意义不大。稀有，几近绝迹，为濒危物种。在日本已成为养殖对象。

图 618 白斑红点鲑 *S. leucomaenis*
（依解玉浩，2007）

2（1）体具小于瞳孔的橙色斑点；鳃耙 18～24 ··············· **花羔红点鲑 *S. malma*（Walbaum，1792）**（图 619）。属北极淡水类群，强冷水性鱼类，生活上限水温不超过 16℃。要求常流水，水质清澈、砾石底质的水域环境。有陆封型和降海洄游型。产中国者为终生栖居于山溪清冷溪流里的陆封型。食昆虫、甲壳类、植物种子及碎屑。体长 194～241mm。分布：中国仅见于绥芬河、图们江、鸭绿江上游支流里；朝鲜半岛、日本、俄罗斯远东地区。稀有鱼类，数量少，食用价值不大。由于森林砍伐、水土流失、水温异高、酷捕滥采等现已濒危，应采取保护措施。在北美和日本已驯养为养殖对象和游钓对象。

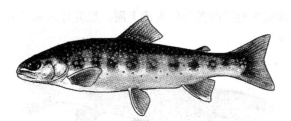

图 619　花羔红点鲑 *S. malma*

（依解玉浩，2007）

茴鱼亚科 Thymallinae

背鳍长，具 18 以上鳍条，其前半部为不分支鳍条，具脂鳍。尾鳍叉形。鳞较大，侧线完全，侧线鳞 100 以下。上颌骨具齿，犁骨、腭骨及舌上也具齿，无上鳃盖骨。

本亚科有 1 属 14 种（Nelson et al.，2016）；中国有 1 属 2 种。

茴鱼属 *Thymallus* Cuvier，1829
种 的 检 索 表

1（2）上颌骨后端伸达眼前缘下方；吻长大于眼径；鳃耙 12～15 ………………………**鸭绿江茴鱼**
　　　　***T. yaluensis* Mori，1928**（图 620）。山溪冷水性鱼类，栖于水流湍急、岸边有水草、昆虫较多的河溪里，冬季在深水处越冬。食水生及陆生昆虫幼虫，以摇蚊幼虫出现频率最高，也食甲壳类和小鱼。体长 151～235mm。分布：鸭绿江上游吉林长白镇海拔 1 000～1 200m 的江段和溪流；朝鲜在鸭绿江上游。小型名贵鱼类，肉味鲜美细嫩，数量稀少，分布区狭小，极易灭绝，应严加保护。

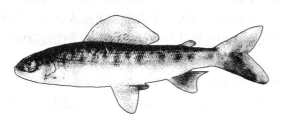

图 620　鸭绿江茴鱼 *T. yaluensis*

（依解玉浩，2007）

2（1）上颌骨后端伸达眼中央下方或稍前；吻长等于眼径；鳃耙 16～19

3（4）体侧在胸鳍上方具少数黑点 ……………………………… **北极茴鱼 *T. arcticus*（Pallas，1776）**
　　　　（图 621）。山溪冷水性鱼类，栖于水流湍急、岸边有水草、昆虫较多的河溪里。食水生昆虫、摇蚊幼虫，也食甲壳类和小鱼。体长 148～268mm。分布：额尔齐斯河流域。

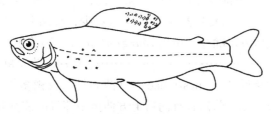

图 621　北极茴鱼 *T. arcticus*

4（3）体侧在胸鳍及侧线上方具较多黑点……………………… **黑龙江茴鱼 *T. grubii* Dybowski，1869**
　　　　（图 622）。栖息于山涧溪流里的冷水性鱼类。夏季多在水温低、水流急、两岸多水生和陆生植物的溪流中，冬季在溪流深处越冬，不做长距离游动。动物食性，主食水生和陆生昆虫（摇蚊幼虫）。体长 153～189mm。分布：东北地区的乌苏里江、黑龙江、嫩江、牡丹江、绥芬河等上游支流的溪流里；俄罗斯远东地区的黑龙江支流上游。黑龙江水系特有的珍稀冷水性鱼类。肉质鲜美，具特殊的茴香香味。

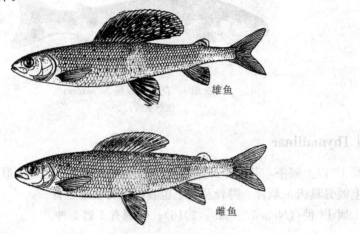

图 622　黑龙江茴鱼　*T. grubii*
（依解玉浩，2007）

二十九、巨口鱼目 STOMIIFORMES

体通常延长（褶胸鱼科 Sternoptychidae 等例外），稍侧扁或颇侧扁。头侧扁，头长通常大于头高（褶胸鱼科例外）。口大，斜裂或垂直。眼小或大，有些种类呈管状。上颌缘由前颌骨和上颌骨组成，辅上颌骨 1～2 块。上下颌具齿，细小或较发达；犁骨、腭骨、翼骨和基鳃骨具齿或无齿；副蝶骨无齿。鳃耙有或无。颏须存在或缺如。下颌无喉板。体被易脱落的圆鳞或裸露；如具鳞，则薄而透明；侧线有或无。体侧通常具 2 行发光器（图 623）。背鳍位于体中部或显著后位；背面一般具脂鳍或无；臀鳍基通常等于或长于背鳍基；胸鳍有或无，如有则低位和前位；腹鳍前位或腹中位，具 4～9 鳍条；尾鳍叉形。各鳍无棘。鳔有或无。

热带及温带海洋鱼类，多数生活于深海。

本目有 5 科 52 属 414 种（Nelson et al.，2016）；中国有 3 亚目 5 科 35 属 80 种。

亚目检索表

1（4）颌牙小，大小约相等；具真正鳃耙；辅上颌骨 2 块；前颌骨无向后上方伸至中筛骨的前突起；发光器大，具腔所或导管；无眼后发光器

2（3）具侧线发光器列（LLP）；具峡部发光器（IP）；腹鳍前腹侧发光器（IV）20 或更多；腹侧发光器（IC）42 或更多；背鳍起点位于臀鳍起点前方 ……………… 双光鱼亚目 DIPLOPHIOIDEI

3（2）无侧线发光器列（LLP）；峡部发光器（IP）无（钻光鱼科 Gonostomatidae）或有（褶胸鱼科 Sternoptychidae）；腹鳍前腹侧发光器（IV）17 或更少；腹侧发光器（IC）42 或更多；背鳍起点位于臀鳍起点上方或后方，除绿光鱼属 *Margrethia* 外（稍前于臀鳍起点）………………
………………………………………………………………………… 钻光鱼亚目 GONOSTOMATOIDEI

4（1）颌牙大或中大，除星衫鱼科 Astronesthidae 外（两颌具一或稍多扩大尖齿）；无真正鳃耙，或具鳃齿；辅上颌骨 1 块或无；前颌骨有向后上方伸至中筛骨的前突起；发光器小，无腔所或导管（至少在雄体）；具眼后发光器 ……………… 巨口光灯鱼亚目 PHOSICHTHYOIDEI

双光鱼亚目 DIPLOPHIOIDEI

具侧线发光器列（LLP）；具峡部发光器（IP）；背鳍起点位于臀鳍起点前方。无脂鳍。有 1 科。

87. 双光鱼科 Diplophidae

体延长，侧扁。头圆锥形，侧扁。口裂大，显著向后延长；上下颌具齿，犁骨、腭骨及舌上具齿或无。无须。鳃耙通常颇发达，具鳃齿；假鳃有或无。具鳞或缺如，如具鳞，为大的薄圆鳞，易脱落。具发光器：头部通常 1～2 个、鳃条膜上通常 1 列、峡部有 2 列、沿侧线有 1 列、体侧 2 纵列以上。背鳍、臀鳍及腹鳍的位置常有变异，臀鳍鳍条 36～69；无脂鳍；尾鳍叉形。椎骨数 44～94。为海洋发光鱼类，生活于大洋中层或底层。有昼夜垂直洄游习性，一般幼鱼及成鱼白天栖息于水深 100～1 000m，夜晚则会上升至 0～200m。

本科原归入钻光鱼亚目 Gonostomatoidei，因具侧线发光器（LLP），具峡部发光器（IP），背鳍起点位于臀鳍起点前方，无脂鳍，故列新亚目（图 623）。

本科有 3 属 8 种；中国有 2 属 3 种。

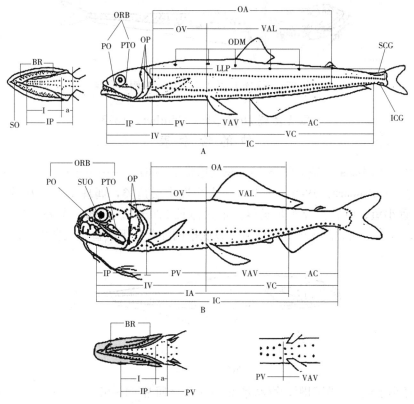

图 623 巨口鱼目 Stomiiformes 鱼类的发光器分布示意
A. 双光鱼科 Diplophidae　B. 巨口鱼科 Stomiidae
AC. 臀鳍起点到尾柄的腹侧发光器（臀尾发光器）　BR. 鳃盖条发光器　IA. 峡部前端到臀鳍起点的腹侧发光器（IA＝IP＋PV＋VAV，或 IA＝IV＋VC）　IC. 峡部前端到尾柄的腹侧发光器（IC＝IP＋PV＋VAV＋AC）　ICG. 尾下发光腺　IP. 峡部前端到胸鳍起点的腹侧发光器（胸鳍前腹侧发光器，或峡部发光器）　IV. 峡部前端到腹鳍起点的腹侧发光器（腹鳍前腹侧发光器）（IV＝IP＋PV）LLP. 侧线发光器　OA. 体侧发光器（OA＝OV＋VAL）　ODM. 背缘发光器　OP. 鳃盖发光器ORB. 眼部发光器(PO 和 PTO)　OV. 鳃盖后缘到腹鳍起点的体侧发光器　PO. 眼前发光器　PTO. 眼后发光器　PV. 胸鳍起点到腹鳍起点的腹侧发光器（胸腹发光器）　SCG. 尾上发光腺　SO. 下颌缝合处发光器　SUO. 眼下发光器　VAL. 腹鳍起点和体侧发光器（OA）末端的体侧发光器　VAV. 腹鳍起点到臀鳍起点的腹侧发光器（腹臀发光器）　VC. 腹鳍起点到尾柄最后发光器的腹侧发光器（VC＝VAV＋AC）

属 的 检 索 表

1（2）腹鳍起点到臀鳍起点的腹侧发光器（VAV）12～17 个（图 624）；眼部发光器（ORB）位于眼下方或眼前缘稍前方；下颌后半部具 1 行小发光器；峡部前端到腹鳍起点的腹侧发光器 IV

（IP＋PV）31～51；下鳃耙 7～10；具假鳃 ···················· **双光鱼属 *Diplophos***

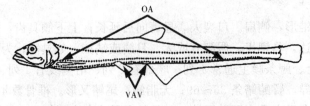

图 624　双光鱼属 *Diplophos* 腹侧发光器

2（1）腹鳍起点到臀鳍起点的腹侧发光器（VAV）5～7 个（图 625）；眼部发光器（ORB）位于眼中部下方；下颌后半部无发光器存在；峡部前端到腹鳍起点的腹侧发光器 IV（IP＋PV）24～30；下鳃耙 12～16；无假鳃 ·················· **三钻光鱼属 *Triplophos***

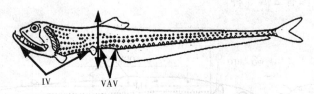

图 625　三钻光鱼属 *Triplophos* 腹侧发光器

双光鱼属 *Diplophos* Günther，1873
种 的 检 索 表

1（2）眼大，眼径大于眼间距；臀鳍鳍条 53～63（通常 60～61）················· **东方双光鱼**
D. orientalis Matsubara，1940（图 626）。大洋性中层鱼类，偶现于近海及沿岸，栖息水深 150～500m。食小鱼、甲壳类及头足类等。最大体长 320mm。分布：东海、台湾南部和西南部海域、南海；日本，西北太平洋温带海域。以底拖网捕获，下杂鱼，无食用价值。

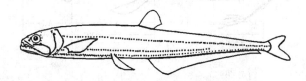

图 626　东方双光鱼 *D. orientalis*
（依蓝泽等，2013）

2（1）眼小，眼径小于或等于眼间距；臀鳍鳍条 61～72（通常 64～67）················· **带纹双光鱼**
D. taenia Günther，1873（图 627）。大洋性中层鱼类，栖息水深 300～800m，曾被发现于 1 594m深处。食小鱼、甲壳类及头足类等。最大体长 320mm 。分布：台湾西南部海域、南海东北部；日本，世界三大洋热带及亚热带海域。下杂鱼，无食用价值。

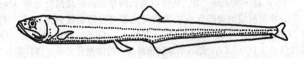

图 627　带纹双光鱼 *D. taenia*
（依蓝泽等，2013）

三钻光鱼属 *Triplophos* Brauer，1902

三钻光鱼 T. hemingi（McArdle，1901）（图 628）。大洋性中层鱼类，栖息水深 300～2 000m，深海性。最大体长 360mm。分布：台湾南部东西两侧和东北部沿海；太平洋、印度洋、大西洋热带海域。下杂鱼，无食用价值。

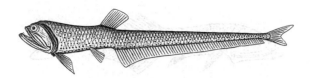

图 628　三钻光鱼 *T. hemingi*
（依郑义郎，2007）

钻光鱼亚目 GONOSTOMATOIDEI

胸鳍具 4 条辐射骨。鳃弓上具鳃耙。无侧线发光器（LLP）；峡部发光器（IP）无（钻光鱼科 Gonostomatidae）或有（褶胸鱼科 Sternoptychidae）。颌齿小，大小几乎相等，无大犬牙。背鳍起点位于臀鳍起点的上方或后方。

本亚目有 2 科 16 属 99 种；中国有 2 科 8 属 31 种。

科 的 检 索 表

1（2）体细长，一般侧扁；背鳍前无三角薄板；口裂水平或稍上斜；无峡部发光器（IP）⋯⋯⋯⋯
⋯⋯⋯⋯⋯⋯⋯⋯⋯⋯⋯⋯⋯⋯⋯⋯⋯⋯⋯⋯ 钻光鱼科 Gonostomatidae
2（1）体颇高，甚侧扁；背鳍前具硬三角薄板；口裂近垂直；具峡部发光器（IP）⋯⋯⋯⋯⋯⋯
⋯⋯⋯⋯⋯⋯⋯⋯⋯⋯⋯⋯⋯⋯⋯⋯⋯⋯⋯ 褶胸鱼科 Sternoptychidae

88. 钻光鱼科 Gonostomatidae

体延长，侧扁。头圆锥形，侧扁。口裂大，显著后延；上下颌具细齿，犁骨、腭骨及舌上具齿或无。无须。鳃耙通常颇发达，具鳃齿；假鳃有或无。鳞有或无，如具鳞，为大的薄圆鳞，易脱落。具发光器：头部通常 1～2 个，鳃条膜上通常 1 列，体侧 1～2 纵列。无峡部发光器（IP），无侧线发光器（LLP）。背鳍、臀鳍及腹鳍的位置常有变异，臀鳍软条 16～31；脂鳍有或无；尾鳍叉形。椎骨数 29～40。

海洋发光鱼类，生活于大洋中层或底层。有昼夜洄游习性，栖息水深为 50～200m（夜）、300～1 000m（昼）。世界各大洋均有分布。

本科有 8 属 31 种（Nelson et al.，2016）；中国有 3 属 9 种。

属 的 检 索 表

1（2）臀鳍基短，小于背鳍基 2 倍；无下颌缝合处发光器（SO）⋯⋯⋯⋯⋯ **圆罩鱼属 *Cyclothone***
2（1）臀鳍基长，大于背鳍基 2 倍；具下颌缝合处发光器（SO）
3（4）吻端至肛门的距离，小于肛门至尾鳍基的距离；具尾鳍下部发光腺（ICG）；背鳍具 11～14 鳍
条 ⋯⋯⋯⋯⋯⋯⋯⋯⋯⋯⋯⋯⋯⋯⋯⋯⋯⋯⋯⋯ **纤钻光鱼属 *Sigmops***
4（3）吻端至肛门的距离，大于肛门至尾鳍基的距离；无尾鳍下部发光腺（ICG）；背鳍具 16～18 鳍
条 ⋯⋯⋯⋯⋯⋯⋯⋯⋯⋯⋯⋯⋯⋯⋯⋯⋯⋯⋯⋯⋯ **钻光鱼属 *Gonostoma***

圆罩鱼属 *Cyclothone* Goode & Bean，1883
种 的 检 索 表

1（6）体黑色或黑褐色
2（3）体无发光器⋯⋯⋯⋯⋯⋯ **暗圆罩鱼 *C. obscura* Brauer，1902**（图 629）。大洋游泳性渐深
层鱼类，栖息水深 1 000～1 400m。最大体长 66mm。分布：南海中部及东北部；日本，太平洋、印度洋、大西洋热带海域。下杂鱼，无食用价值。

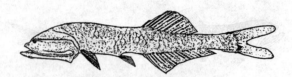

图 629　暗圆罩鱼 *C. obscura*
（依杨家驹等，1996）

3（2）体具发光器

4（5）尾柄上部发光腺（SCG）长，前端伸越臀鳍基底末端（图 630）……………… **斜齿圆罩鱼**
C. acclinidens Garman，1899（图 631）。大洋性中深层至渐深层游泳性鱼类，栖息水深 500～
1 000m。有昼夜洄游习性。体长 36mm（雄鱼）、65mm（雌鱼）。分布：南海中部及东北部；日
本，太平洋、印度洋、大西洋热带、亚热带海域。下杂鱼，无食用价值。

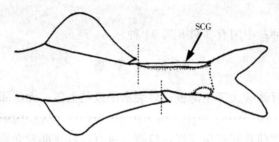

图 630　斜齿圆罩鱼 SCG 长，向前伸越臀鳍基末端
（依蓝泽等，2013）

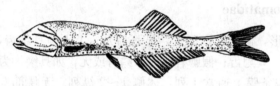

图 631　斜齿圆罩鱼 *C. acclinidens*
（依杨家驹等，1996）

5（4）尾柄上部发光腺（SCG）短，尾柄下部发光腺（ICG）同大（图 632）……………………
黑圆罩鱼 C. atraria Gilbert，1905（图 633）。深海鱼类，栖息水深 50～1 500m，体长 65mm。分
布：台湾东部和东北部，捕获水深 1 175～1 255m，南海东北部；日本，太平洋热带至亚寒带海
域。下杂鱼，无食用价值。

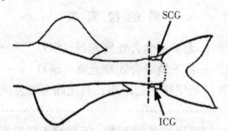

图 632　黑圆罩鱼的 SCG 和 ICG 较短，同大
（依蓝泽等，2013）

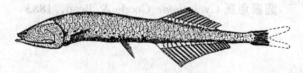

图 633　黑圆罩鱼 *C. atraria*
（依杨家驹等，1996）

6（1）体白色或灰褐色，腹部黑色

7（8）第一鳃弓上支和下支之间具一鳃耙（图634）••••••••••••••••••••• **白圆罩鱼** *C. alba* **Brauer，1906**
（图635）。大洋性中深层游泳性鱼类，栖息水深 200～500m。体长 40mm。分布：东海、台湾南
部海域、南海捕获水深 1 393～3 884m；日本，太平洋、印度洋、大西洋热带至亚寒带海域。下
杂鱼，无食用价值。

图 634　鳃弓上下肢间具一鳃耙
（依蓝泽等，2013）

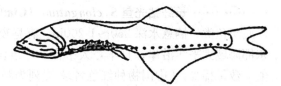

图 635　白圆罩鱼 *C. alba*
（依张玉玲，1987）

8（7）第一鳃弓上支和下支之间具 2 枚鳃耙
9（10）第一鳃弓下支的鳃叶（lamellae）狭窄（图636）••••••••••••••••••••• **苍圆罩鱼**
C. pallida **Brauer，1902**（图637）。大洋性中底层鱼类，栖息水深 400～1 200m。体长14.3～
52.2mm。最大体长 60mm。分布：台湾海域水深 4 663m 采获、南海中部；日本，太平洋、印
度洋、大西洋热带到温带海域。下杂鱼，无食用价值。

第一鳃弓下肢鳃叶窄

图 636　苍圆罩鱼的第一鳃弓
（依蓝泽等，2013）

图 637　苍圆罩鱼 *C. pallida*
（依杨家驹等，1996）

10（9）第一鳃弓下支的鳃叶（lamellae）宽阔（图638）••••••••••••••••••••• **近苍圆罩鱼**
C. pseudopallida **Mukhacheva，1964**（图639）。中深层鱼类，栖息水深 0～4 938m，通常300～
1 400m。体长 16.3～36.3mm，最大体长 46mm（雄鱼）、58mm（雌鱼）。分布：南海中部；
日本，太平洋、印度洋、大西洋热带至亚寒带海域。下杂鱼，无食用价值。

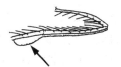

第一鳃弓下支鳃叶宽

图 638　近苍圆罩鱼的第一鳃弓
（依蓝泽等，2013）

图 639　近苍圆罩鱼 *C. pseudopallida*
（依杨家驹等，1996）

钻光鱼属 *Gonostoma* van Hasselt，1823

大西洋钻光鱼 *G. atlanticum* **Norman，1930**（图640）。中深层深海游泳性鱼类，栖息水深 200～
500m。体长 30～60mm。分布：台湾海域记录水深 1 629～1 649m；南海中部及东北部；日本，广泛分
布于太平洋、印度洋、大西洋热带及温带水域。小杂鱼，无食用价值。

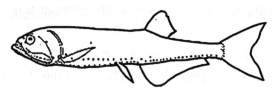

图 640　大西洋钻光鱼 *G. atlanticum*
（依蓝泽等，2013）

纤钻光鱼属 *Sigmops*，1883
种 的 检 索 表

1（2）具脂鳍；无背缘发光器（ODM）；肛门明显近于臀鳍起点；背鳍始于臀鳍第二鳍条上方⋯⋯⋯⋯⋯⋯⋯⋯⋯⋯**长纤钻光鱼 *S. elongatum*（Günther，1878）**（图 641）。大洋性中深层至渐深层游泳性底层鱼类，栖息水深 250～1 200m。有昼夜洄游习性。体长 275mm。分布：东海深海、台湾东部海域太平洋沿岸；日本，太平洋、印度洋、大西洋热带、亚热带海域。下杂鱼，无食用价值。数量稀少，《中国物种红色名录》列为濒危［EN］物种。

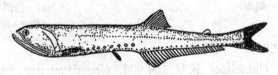

图 641　长纤钻光鱼 *S. elongatum*
（依倪勇，1988）

2（1）无脂鳍；具背缘发光器（ODM）；肛门位于腹鳍和臀鳍起点中央；背鳍始于臀鳍第七至第八鳍条上方⋯⋯⋯⋯⋯⋯⋯⋯⋯⋯**柔身纤钻光鱼 *S. gracilis*（Günther，1878）**（图 642）。大洋性中深层游泳性鱼类。栖息水深 200～500m，在东海和南海已知栖息水深为 1 000～2 407m。体长 113mm。分布：东海、台湾东部及南部海域、南海东北部；日本，广泛分布于三大洋亚热带及亚热带海域。下杂鱼，无食用价值。

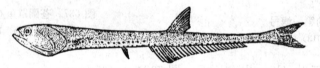

图 642　柔身纤钻光鱼 *S. gracilis*
（依倪勇，1988）

89. 褶胸鱼科 Sternoptychidae

体细长或短高（体长约 100mm）。头部比例大，在褶胸鱼属 *Sternoptyx* 中头长大于 1/3 标准体长。眼径大于头长的 1/2。银斧鱼属 *Argyropelecus* 有些种类，眼垂直向上凸出。口鼻部极短。口有犬齿。下颌无须。鳃条骨 10（褶胸鱼属 *Sternoptyx* 例外，其鳃条骨为 6），3 个位于上舌骨（epihyal）；假鳃缩小或消失。鳃耙发达。背鳍起点通常近于体的中点（帝光鱼属 *Danaphos* 位于较前，薄光鱼属 *Aralophos* 位于较后）；背鳍第一支鳍骨或脊椎的上背棘在背鳍前方突出，特化为一背翼突（dorsal blade）。臀鳍基部长，有些属的臀鳍中间会被一群发光器分成两部分（如银光鱼属 *Argyripnus*、银斧鱼属 *Argyropelecus* 及烛光鱼属 *Polyipnus*）。背鳍鳍条 6～20；臀鳍鳍条 17～38；尾鳍叉状；胸鳍鳍条 11～18；腹鳍鳍条 5～7。通常具脂鳍，薄光鱼（*Aralophos eastropas*）和蜗烛光鱼（*Polyipnus latirastrus*）消失。鳞片易脱落。腹部发光器列由 2 个或 2 个以上的发光器组成发光器丛（图 643）。体有 2 列腹侧发光器；有 2 列成对的峡部发光器 IP；鳃盖条发光器 BR 为 6 个（索光鱼属 *Sonoda* 为 7 个）；1 个眼部发光器；3 个鳃盖发光器。胸鳍辐射骨 4 枚。体银色到透明白色，常散具黑色素斑；银色表皮或黑色素沉淀，衬着发光组织构成发光器。有些种类在背侧有较深的色块，或形成鞍状色素条或不完全条纹。

海洋发光鱼类，生活于大洋中层或底层。一般栖息水深为 150～1 300m，有些种类可达 3 000m。具垂直洄游习性。有些种类白天体呈银白色，夜晚则呈深色。可利用发光器诱捕猎物或吸引异性。食桡足类、稚鱼或其他浮游动物。

本科有 10 属 73 种（Nelson et al.，2016），中国产 5 属 22 种。

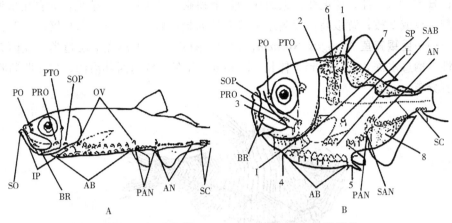

图 643　褶胸鱼科 Sternoptychidae 鱼类发光器示意

A. 穆氏暗光鱼属 *Maurolicus*　B. 褶胸鱼属 *Sternoptyx*

AB. 腹部发光器　AN. 臀鳍发光器（如果分离成若干小群，则 AN＝a＋b＋c＋d）　BR. 鳃盖条发光器　IP（或 I）. 峡部前端至胸鳍上部起点间的峡部发光器列　L. 体侧发光器　OV. 胸鳍上部起点至腹鳍上方的体侧发光器　PAN. 臀鳍前发光器（如果与臀鳍发光器 AN 连续，则缩写为 PAN＋Ana）　PO. 眼前发光器　PRO. 前鳃盖骨发光器　PTO. 眼后发光器　SAB. 腹部上方发光器　SAN. 臀上发光器　SC. 尾下发光器　SO. 下颌缝合处发光器　SOP. 下鳃盖骨发光器　SP. 胸鳍上方发光器

1. 背骨片　2. 后颞颥骨棘　3. 前鳃盖骨棘　4. 前腹棘　5. 后腹棘　6. 背鳍前暗纹

7. 背鳍下暗纹　8. 臀鳍透明膜

属 的 检 索 表

1（4）腹缘无骨质或肉质隆起；背鳍前方无棘或骨板；体低而延长

2（3）臀鳍发光器群（AN）连续 ·· 穆氏暗光鱼属 *Maurolicus*

3（2）臀鳍发光器群（AN）分离；尾柄下部发光器（SC）4 个 ·················· 丛光鱼属 *Valenciennellus*

4（1）腹缘具骨质或肉质隆起；背鳍前方具棘或骨板；体颇高，极侧扁

5（6）臀鳍基底部具透明区；腹部上部发光器（SAB）无 ······················ 褶胸鱼属 *Sternoptyx*

6（5）臀鳍基底部无透明区；具腹部上部发光器（SAB）

7（8）腹部发光器（AB）12 个；腹部上部发光器（SAB）6 个 ·················· 银斧鱼属 *Argyropelecus*

8（7）腹部发光器（AB）10 个；腹部上部发光器（SAB）3 个；后侧头骨棘大或小，具 2～3 个分叉或无分叉；龙骨板边缘具细锯齿或无 ·· 烛光鱼属 *Polyipnus*

银斧鱼属 *Argyropelecus* Cocco, 1829
种 的 检 索 表

1（4）臀鳍不分成两部分；各系列发光器群几乎成一直线，连续排列

2（3）无眼后棘；背板短，背鳍鳍条基部长为最后棘长的 2.3～3.3 倍；具腭骨齿·················

······长银斧鱼 *A. affinis* Garman，1899（图 644）。大洋性中层鱼类，栖息水深 1～3 872m，通常 300～650m。具短距离洄游习性。体长 84 mm。分布：台湾东北部太平洋沿岸、东沙群岛附

各发光器群连续呈直线

臀鳍不分为两部分

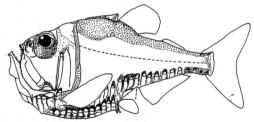

图 644　长银斧鱼 *A. affinis*

（依蓝泽等，2013）

近海域；日本，太平洋、印度洋、大西洋的热带和亚热带海域。下杂鱼，无食用价值。

3（2）具眼后棘 1 枚或 2 枚；背板高，背鳍鳍条基部长为最后棘长的 1.5～1.9 倍；无腭骨齿·············
·················**巨银斧鱼 *A. gigas* Norman，1930**（图 645）。大洋性中层鱼类，成体无明显的垂直
洄游习性。栖息水深 300～650m。体长 120 mm。分布：台湾西部沿海、东沙群岛附近海域；各
大洋均有分布。

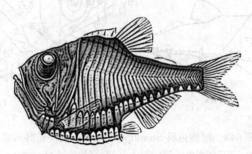

图 645　巨银斧鱼 *A. gigas*
（依郑义郎，2007）

4（1）臀鳍分成两部分；各系列发光器群不成一直线，分群排列

5（6）腹缘后部棘 1 枚，棘的下缘具锯齿；背鳍具 8 鳍条 ·······························**半裸银斧鱼**
A. hemigymnus Cocco，1829（图 646）。大洋性中层鱼类，栖息水深 100～2 400m，通常 50～
800m。成鱼具明显的昼夜垂直洄游习性。体长 39 mm。分布：台湾南部东西两侧沿海、南海；
日本，太平洋、印度洋、大西洋、地中海温带至热带海域。下杂鱼，无食用价值。

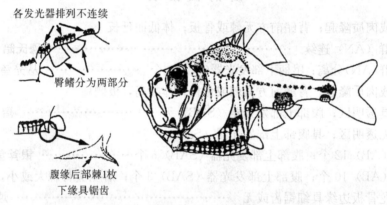

各发光器排列不连续

臀鳍分为两部分

腹缘后部棘1枚
下缘具锯齿

图 646　半裸银斧鱼 *A. hemigymnus*
（依蓝泽等，2013）

6（5）腹缘后部棘 2 枚，棘的下缘无锯齿；背鳍具 9～10 鳍条（图 647）

7（8）前后臀鳍条间无棘状突起；尾柄下部发光器（SC）的下缘无棘状突起（图 648）··············
·············**斯氏银斧鱼 *A. sladeni* Regan，1908**（图 648）。大洋性中层鱼类。栖息水深 680～850m。
体长 60 mm。分布：台湾东部和东北部太平洋沿岸、南海；太平洋、印度洋、大西洋热带至温带
海域。

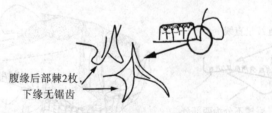

腹缘后部棘2枚，
下缘无锯齿

图 647　斯氏银斧鱼 *A. sladeni* 的发光器
（依蓝泽等，2013）

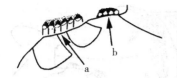
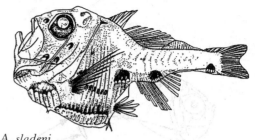

a. 前后臀鳍间无棘突　b. 尾柄下部发光器无棘突

图 648　斯氏银斧鱼 A. sladeni
（依杨家驹，1996）

8（7）前后臀鳍条间有棘状突起；尾柄下部发光器（SC）的下缘有棘状突起 ··················
棘银斧鱼 A. aculeatus Valenciennes，1850（图 649）。大洋中深层游泳性鱼类，栖息水深 100～
1 950m，具明显昼夜垂直洄游习性。体长 75 mm。分布：东海、南海；日本，太平洋、印度洋、
大西洋热带、亚热带和部分温带海域。下杂鱼，无食用价值。数量稀少，《中国物种红色名录》
列为濒危〔EN〕物种。

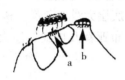
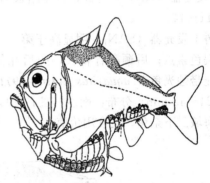

a. 前后臀鳍条间具棘突　b. 尾柄下部发光器具棘突

图 649　棘银斧鱼 A. aculeatus
（依蓝泽等，2013）

穆氏暗光鱼属 Maurolicus Cocco，1838

穆氏暗光鱼 M. muelleri（Gmelin，1789）（图 650）。大洋性中深层鱼类，栖息水深 150～1 317m。
体长 51～80mm。分布：东海（冲绳海槽西部水深 270m 海域）、台湾南部及东北部太平洋沿岸；全球
性种类，从温带到热带和地中海皆有分布，但一般冷水性海域较常见。底拖网捕获，下杂鱼，无食用
价值。

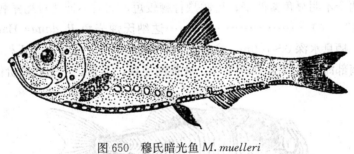

图 650　穆氏暗光鱼 M. muelleri
（依倪勇，1988）

烛光鱼属 Polyipnus Günther，1887
种 的 检 索 表

1（2）前鳃盖骨棘 2 枚···················**弗氏烛光鱼 P. fraseri Fowler，1934**（图 651）。大洋性中
深层游泳性鱼类，栖息于水深 100～350m 的大陆架斜坡海岭水域。体长35～40mm。分布：台湾
沿岸；日本、菲律宾近海。下杂鱼，无食用价值。

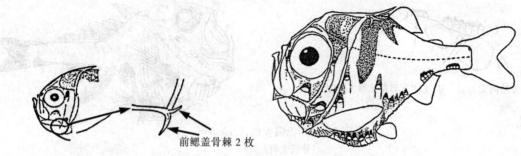

前鳃盖骨棘 2 枚

图 651　弗氏烛光鱼 *P. fraseri*

（依蓝泽等，2013）

2 (1) 前鳃盖骨棘 1 枚

3 (14) 后颞颥骨棘单一（不分叉）

4 (11) 臀鳍发光器（AN）前端有 3 个明显高起的臀上发光器（SAN）；犁骨和腭骨具许多小齿

5 (10) 臀鳍发光器（AN）10～13；背鳍鳍条 13；臀鳍鳍条 15～16

6 (9) 鳃耙 11～14

7 (8) 第一臀上发光器（SAN$_1$）明显高于第二、第三臀上发光器（SAN$_2$ 和 SAN$_3$）；体侧前部具较密的黑褐色素点；后颞颥骨棘长，向后几伸达背鳍鳍棘基部（鳃耙 11～12）……………**光带烛光鱼 *P. aquavitus* Baird, 1971**（图 652）。底层大洋性鱼类。栖息水深 120～1 244m。体长 24～40 mm。分布：南沙群岛；印度尼西亚、巴布亚新几内亚、澳大利亚、新西兰等西太平洋海域。下杂鱼，无食用价值。

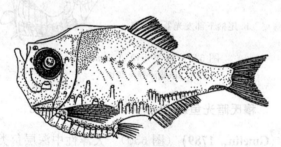

图 652　光带烛光鱼 *P. aquavitus*

（依杨家驹等，1996）

8 (7) 第一、第二臀上发光器（SAN$_1$、SAN$_2$）高于第三臀上发光器（SAN$_3$）；体侧色素条有一小波浪，背鳍前有两个不明显色素凹槽；后颞颥骨棘较短，向后不伸达背鳍鳍棘基部，其长略小于眼径之半（鳃耙 12～14）………………………**达纳氏烛光鱼 *P. danae* Harold, 1990**（图 653）。近海中层鱼类。栖息水深 0～700m。食桡足类、端足类、介形虫、磷虾和小鱼等。体长 28mm。分布：台湾西南部海域；印度-西太平洋。底拖网捕获，下杂鱼，无食用价值。

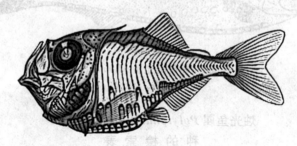

图 653　达纳氏烛光鱼 *P. danae*

（依郑义郎，2007）

9 (6) 鳃耙 18～21；第一臀上发光器（SAN$_1$）明显低于第二、第三臀上发光器（SAN$_2$ 和 SAN$_3$）；后颞颥骨棘较短，向后不伸达背鳍鳍棘基部，其长略小于眼径之半 ………………………………

宽柄烛光鱼 *P. laternatus* **Garman，1899**（图654）。栖息水深240～1 200 m。体长47mm。分布：南海采获处水深350m；西太平洋、西大西洋海域。

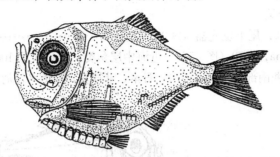

图654　宽柄烛光鱼 *P. laternatus*
（依杨家驹等，1996）

10（5）臀鳍发光器（AN）8～9；第一臀上发光器（SAN₁）明显低于第二、第三臀上发光器（SAN₂和SAN₃）；背鳍鳍条（10）11或12；臀鳍鳍条17～19；鳃耙（14）17～19 ·················
·······**三烛光鱼** *P. triphanos* **Schults，1938**（图655）。近海中层鱼类。栖息水深100～350m。食桡足类、端足类、介形虫、磷虾和小鱼。体长47.3mm。分布：台湾西南部用底拖网采于水深330m处；菲律宾，西太平洋、印度洋。下杂鱼，无食用价值。

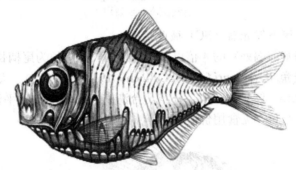

图655　三烛光鱼 *P. triphanos*
（依郑义郎，2007）

11（4）臀鳍发光器（AN）前端无3个明显高起的臀上发光器（SAN）；具犁骨齿，无腭骨齿；臀鳍发光器10～17

12（13）鳃耙10～12；后颞颥骨棘细长，明显长于瞳孔径；臀鳍发光器与尾下发光器之间距短于3个尾下发光器（SC）之宽；体长约为体高的2倍 ·············· **单棘烛光鱼**
P. unispinus **Schults，1938**。栖息水深50～500m。体长35mm。分布：台湾海域；菲律宾至新西兰，西太平洋。下杂鱼，无食用价值。

13（12）鳃耙21～24；后颞颥骨棘强而短，其长短于瞳孔径；尾下发光器（SC）群宽为臀鳍发光器（AN）与尾下发光器群间距的1.0～1.5倍；体长为体高的1.6倍（体侧黑色横带向下伸越体的中线）··············· **短棘烛光鱼** *P. nuttingi* **Gilbert，1904**（图656）。近海中层鱼

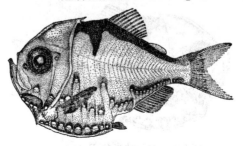

图656　短棘烛光鱼 *P. nuttingi*
（依倪勇，1988）

类。栖息水深 432~692m。体长 50 mm。分布：东海冲绳海槽（水深 692m）；太平洋夏威夷。下杂鱼，无食用价值。

14（3）后颞颥骨棘 2 或 3 分叉

15（16）尾柄下缘具许多小棘；尾下发光器（SC）彼此分离 ······························· **尾棘烛光鱼** *P. spinifer* **Borodulina, 1979**（图 657）。近海中层鱼类，栖息水深 100~350m。大陆架斜面。体长 60mm。分布：台湾西南部和东南部沿岸；日本、菲律宾，西太平洋海域。下杂鱼，无食用价值。

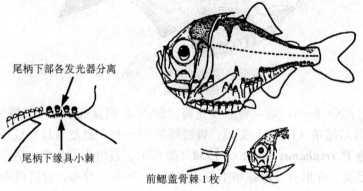

尾柄下部各发光器分离
尾柄下缘具小棘
前鳃盖骨棘 1 枚

图 657　尾棘烛光鱼 *P. spinifer*
（依蓝泽等，2013）

16（15）尾柄下缘无小棘；尾下发光器（SC）彼此接近

17（18）体长为体高（背鳍基前端处）的 4 倍以上；尾柄细长，头长为尾柄长的 3 倍以上 ·················· **三齿烛光鱼** *P. tridentifer* **McCulloch, 1914**（图 658）。大洋性中深层游泳性鱼类。栖息水深 640~825m。体长 72mm。分布：台湾南部和东南部太平洋沿岸；澳大利亚，印度-西太平洋海域。下杂鱼，无食用价值。

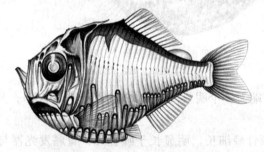

图 658　三齿烛光鱼 *P. tridentifer*
（依郑义郎，2007）

18（17）体长为体高（背鳍基前端处）的 3.6 倍以下；尾柄短高，头长为尾柄长的 2.8 倍以下

19（20）第一鳃弓鳃耙 18~20；后颞颥骨棘较发达，其长大于腹基棘的 1/4 ·································· **大棘烛光鱼** *P. spinosus* **Günther, 1887**（图 659）。大洋性中深层游泳性鱼类。栖息水深 270~692m。体长 54~72mm。分布：东海深海（冲绳海槽西部 28°47′N~31°34′04″N，127°05′E~

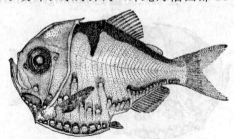

图 659　大棘烛光鱼 *P. spinosus*
（依倪勇，1988）

127°23′E)、台湾东港、海南岛陵水外海;太平洋、印度洋、大西洋深水域。

20(19)第一鳃弓鳃耙 22～28;后颞颥骨棘很发达,其长大于腹基棘的 1/2 ·····················

闪电烛光鱼 *P. sterope* Jordan & Starks,1904(图 660)。近海中层鱼类。栖息水深 150～350m。食桡足类、端足类、介形虫、磷虾。体长 53～70mm。分布:台湾东北及西南部海域;日本,西-北太平洋海域。数量有一定减少,《中国物种红色名录》列为易危 [VU] 物种。

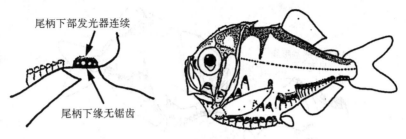

图 660 闪电烛光鱼 *P. sterope*
(依蓝泽等,2013)

褶胸鱼属 *Sternoptyx* Hermann,1871
种 的 检 索 表

1(2)臀鳍发光器(AN)后缘与臀鳍基腹缘形成窄 V 形(图 661) ····················· **褶胸鱼**
S. *diaphana* Hermann,1781(图 662)。大洋性中层鱼类。栖息水深 400～3 676m,通常为 500～800m。成体无明显垂直洄游习性。体长 55 mm。分布:台湾周围海域及冲绳海槽、东沙群岛西南海区;日本,太平洋、印度洋、大西洋的热带和温带海域。下杂鱼,无食用价值。数量有一定减少,《中国物种红色名录》列为易危 [VU] 物种。

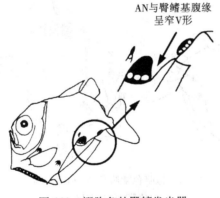

图 661 褶胸鱼的臀鳍发光器
(依蓝泽等,2013)

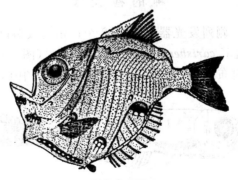

图 662 褶胸鱼 *S. diaphana*
(依倪勇,1988)

2（1）臀鳍发光器（AN）后缘与臀鳍基腹缘形成宽 V 形

3（4）体较低，背鳍起点与后腹棘基之间体高小于体长的 82％；臀上发光器（SAN）低⋯⋯⋯⋯⋯⋯⋯⋯⋯⋯⋯⋯**暗色褶胸鱼 *S. obscura* Garman，1899**（图 663）。大洋性中层鱼类。栖息水深 500～1 000m。体长 45 mm。分布：台湾西部沿海和台湾东部太平洋沿岸、东沙群岛附近海域；印度-太平洋热带和亚热带海域。下杂鱼，无食用价值。

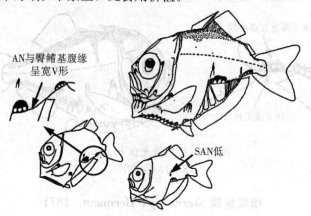

图 663　暗色褶胸鱼 *S. obscura*

（依蓝泽等，2013）

4（3）体较高，背鳍起点与后腹棘基之间体高大于体长的 85％；臀上发光器（SAN）高⋯⋯⋯⋯⋯⋯⋯⋯⋯⋯⋯**拟暗色褶胸鱼 *S. pseudobscura* Baird，1941**（图 664）。大洋性中层鱼类。成鱼无明显的垂直洄游习性。栖息水深 760～1 500m，在南海记录到的为 2 121m。体长 60 mm。分布：东海冲绳海槽。

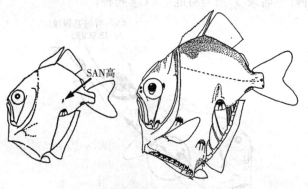

图 664　拟暗色褶胸鱼 *S. pseudobscura*

（依蓝泽等，2013）

丛光鱼属 *Valenciennellus* Jordan & Evermann，1896

种 的 检 索 表

1（2）臀尾发光器（AC）3 组；侧列发光器（OA）2 个；尾柄较短高，其长为高的 1.3 倍⋯⋯⋯⋯⋯⋯⋯⋯⋯**卡氏丛光鱼 *V. carlsbergi*（Brauer，1931）**（图 665）。大洋性中层鱼类。栖息水深 0～200m。体长 21mm。分布：南海南部；巴布亚新几内亚，中-西太平洋。下杂鱼，无食用价值。

图 665　卡氏丛光鱼 *V. carlsbergi*

（依杨家驹等，1996）

2（1）臀尾发光器（AC）5组；侧列发光器（OA）5个；尾柄较细长，其长为高的1.5～1.7倍……
……………………三斑丛光鱼 *V. tripunctulatus*（**Esmerk，1871**）（图666）。大洋性中层鱼类。
栖息水深150～1 317m，体长45.8mm。分布：东海（水深270m）、台湾西部沿海、南海记录水
深600～1 020m；日本，太平洋、印度洋、大西洋热带到温带海域。下杂鱼，无食用价值。

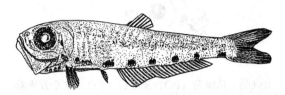

图666　三斑丛光鱼 *V. tripunctulatus*
（依杨家驹等，1996）

巨口光灯鱼亚目 PHOSICHTHYOIDEI

发光器小，无腔所或导管（至少在雄体）；具眼后发光器；颌齿大或中大，除星衫鱼科 Astrones-
thidae 外（两颌具一或稍多扩大齿）；无真正鳃耙，或具鳃齿；辅上颌骨1块或无；前颌骨有向后上方
伸至中筛骨的前突起。下颌须有或无。

科 的 检 索 表

1（2）下颌无须 ……………………………………………………………………… 巨口光灯鱼科 Phosichthyidae
2（1）下颌具须………………………………………………………………………… 巨口鱼科 Stomiidae

90. 巨口光灯鱼科 Phosichthyidae

体延长，侧扁。头圆锥形，侧扁。口裂大，向后显著延长；上下颌具齿，犁骨、腭骨及舌上具齿或
无。无须。鳃耙通常颇发达；无假鳃，麦氏离光鱼（*Woodsia meyerwaardeni*）除外。具大的薄圆鳞，
易脱落。具发光器：头部通常1～2个、鳃条膜上通常1列、具峡部发光器、体腹侧2纵列，各发光器
有一管和腔。背鳍、臀鳍及腹鳍的位置常有变异。背鳍软条10～16；臀鳍软条12～33；具脂鳍，耶光
鱼属（*Yarrella*）除外；尾鳍叉形。鳃盖条11～22。

海洋发光鱼类，生活于大洋中层或底层。幼鱼及成鱼栖息于水深200～800m 的深海，后期仔鱼则
栖息于深海近表层处。利用发光器诱捕食物或吸引异性。肉食性，主食浮游生物，也捕食部分甲壳类。
广泛分布于世界各大洋。

本科有7属24种（Nelson et al.，2016）；中国有5属11种。

属 的 检 索 表

1（2）眼部发光器（ORB）仅具1个眼前发光器（PO），位于眼的前部（图667）；前颌骨齿2行；
尾部发光器（AC）22～25 ………………………………………………………… **刀光鱼属 *Polymetme***

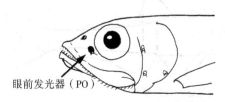

眼前发光器（PO）

图667　刀光鱼属具眼前发光器（PO）
（依蓝泽等，2013）

2（1）眼部发光器（ORB）具眼前和眼后 2 个发光器，前者（PO）位于眼的前部，后者（PTO）位于眼后缘（离光鱼属 *Woodsia*）或眼中部下缘（颌光鱼属 *Ichthyococcus*）（图 668）；前颌骨齿 1 行；尾部发光器（AC）12～21

图 668　具眼前（PO）和眼后（PTO）2 个发光器

3（6）臀鳍起点位于背鳍基后端的后方（图 669）

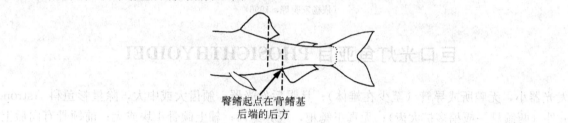

臀鳍起点在背鳍基
后端的后方

图 669　颌光鱼属与离光鱼属的臀鳍起点
（依蓝泽等，2013）

4（5）腹鳍起点后于背鳍起点；眼后发光器（PTO）位于眼中部下方（图 670）　·············
·· 颌光鱼属 *Ichthyococcus*

腹鳍在背鳍起点后下方　　PTO 在眼中部下方

图 670　颌光鱼属 *Ichthyococcus*
（依蓝泽等，2013）

5（4）腹鳍起点前于背鳍起点；眼后发光器（PTO）位于眼中部稍后下方（图 671）　······ 离光鱼属 *Woodsia*

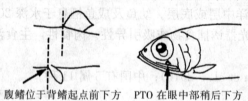

腹鳍位于背鳍起点前下方　　PTO 在眼中部稍后下方

图 671　离光鱼属 *Woodsia*
（依蓝泽等，2013）

6（3）臀鳍起点位于背鳍基后端的显著前方或下方（图 672）

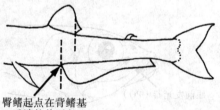

臀鳍起点在背鳍基
后端的前下方

图 672　轴光鱼属与串光鱼属的臀鳍起点
（依蓝泽等，2013）

7 (8) 臀鳍鳍条 22～30，其基部长约为背鳍基长的 2 倍；眼前发光器（PO）大于眼后发光器（PTO）；臀尾发光器（AC）19～21 ·· **轴光鱼属 Pollichthys**

8 (7) 臀鳍鳍条 12～16，其基部长等于背鳍基长；眼部 2 个发光器（ORB）等大，或眼后发光器（PTO）较大；臀尾发光器（AC）12～16 ··························· **串光鱼属 Vinciguerria**

颌光鱼属 Ichthyococcus Bonaparte，1841
种 的 检 索 表

1 (2) 背鳍条 15；下鳃耙 24～26；上列发光器 31；成鱼体长为体高的 4.6 倍；体侧鳞 42～44；椎骨 47 ······························**长体颌光鱼 I. elongatus Imai，1941**（图 673）。中底层大洋性鱼类，栖息水深 343～396m。分布：南沙太平岛附近海域；日本，西太平洋温热带海域。下杂鱼，无食用价值。

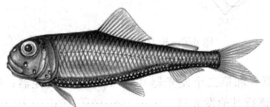

图 673　长体颌光鱼 I. elongates

（依郑义郎，2007）

2 (1) 背鳍条 10～13；下鳃耙 15～19；上列发光器 23～26；成鱼体长为体高的 2.3～3.1 倍；体侧鳞 32～39；椎骨 38～39。

3 (4) 峡部发光器（IP）排列显著异常：第 8 发光器明显向外，第 9 发光器向内并变小，第 10～14 发光器后部渐小；臀尾发光器（AC）间断；眼间隔区无一中央纵行嵴，但两侧各具一纵行侧嵴或侧突··········**异颌光鱼 I. irregularis Rechnitzer & Böhlke，1958**。中底层鱼类。栖息水深 2 213～3 658m。体长 76mm。分布：南海；太平洋海域。下杂鱼，无食用价值。

4 (3) 峡部发光器（IP）排列成一线，仅第 8 发光器稍高起；臀尾发光器（AC）连续；眼间隔区具一中央纵行嵴突··········**卵圆颌光鱼 I. ovatus (Cocco，1838)**（图 674）。深海鱼类。栖息水深 260～3 475m，通常 200～500m。最大体长 55mm。分布：南海东北部；太平洋、印度洋、大西洋。下杂鱼，无食用价值。

图 674　卵圆颌光鱼 I. ovatus

（依杨家驹等，1996）

轴光鱼属 Pollichthys Grey，1959

莫氏轴光鱼 P. mauli（Poll，1953）（图 675）。栖息于水深 225～240m 的较深海域底层。体长 80mm。分布：台湾海域；日本，太平洋及大西洋海域。无食用价值。

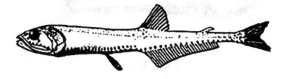

图 675　莫氏轴光鱼 P. mauli

（依 M. Grey，1964）

刀光鱼属 *Polymetme* McCulloch，1926

1（2）腹侧发光器（VAL）第一和第二发光器（a）位平直，不高；臀尾发光器（AC）第二个发光器（b）高于该行其他发光器；体长约为头长的 5 倍 ………………………………… **长刀光鱼** ***P. elongatus*（Matsubara，1938）**（图 676）。栖息水深 200～400m。分布：东海、台湾东北部海域、南沙太平岛；日本，西太平洋海域。下杂鱼，无食用价值。

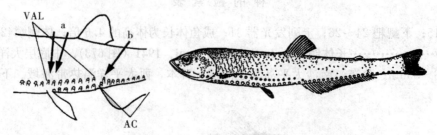

图 676　长刀光鱼 *P. elongatus*
（依倪勇，1988）

2（1）腹侧发光器（VAL）第一和第二个发光器（a）高于其他发光器；臀尾发光器（AC）第一和第二个发光器（b）高于该行其他发光器 ………………………………………………… **骏河刀光鱼** ***P. surugaensis*（Matsubara，1943）**（图 677）。大洋中层鱼类，栖息水深 200～500m。体长 120mm。分布：南海诸岛；日本，西太平洋亚热带、温带水域。

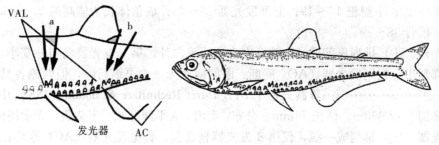

图 677　骏河刀光鱼 *P. surugaensis*
（依蓝泽等，2013）

串光鱼属 *Vinciguerria* Jordan & Evermann，1896
种 的 检 索 表

1（4）无下颌缝合处发光器（SO）

2（3）上鳃耙 5～6，下鳃耙 13～15；眼稍呈管状（除大个体标本）；尾长为体长的 33%～39%；肛门位于第六至第七腹臀发光器（VAV_6～VAV_7）下方 ……………………………… **狭串光鱼** ***V. attenuata* Cocco，1838**（图 678）。栖息水深 100～2 000m，中国记录水深 0～1 020m。体长 32mm（中国标本）。分布：台湾西部沿海、南海；日本，太平洋、大西洋、南非近海和地中海等。

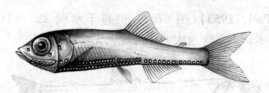

图 678　狭串光鱼 *V. attenuata*
（依郑义郎，2007）

3（2）上鳃耙 3～4，下鳃耙 11～12；眼不呈管状；尾长为体长的 29%～31%；肛门位于第八至第九腹臀发光器（VAV_8～VAV_9）下方 ……………………… **强串光鱼** ***V. poweriae*（Cocco，1838）**

（图 679）。栖息水深 530～1 335m。体长 40mm。分布：台湾西部沿海、南海；日本，太平洋、印度洋、大西洋热带海域。

图 679　强串光鱼 *V. poweriae*

（依杨家驹等，1996）

4（1）具下颌缝合处发光器（SO）

5（6）上鳃耙 8～10，下鳃耙；18～23；IV 20～23，通常 21～22（VAV 8～12；OA 22～24）……………… **荧串光鱼 *V. lucetia*（Garman，1899）**（图 680）。深海底层鱼类。栖息水深 100～500m。体长 45mm，最大体长 80mm。分布：南海；太平洋、印度洋海域。下杂鱼，无食用价值。

图 680　荧串光鱼 *V. lucetia*

（依 Beltrán-León）

6（5）上鳃耙 5～6，下鳃耙 14～15（稀为 13）；IV 23～24（VAV 9～11；OA 23～25）…………………… **智利串光鱼 *V. nimbaria* Jordan & Williams，1835**（图 681）。海洋中层至深层鱼类。栖息水深 695～715m。中国记录水深 0～1 020m、0～2 754m。分布：台湾西南部沿岸和东部太平洋沿岸、南海；太平洋、印度洋、大西洋热带至温带海域。下杂鱼，无食用价值。

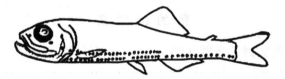

图 681　智利串光鱼 *V. nimbaria*

（依张玉玲，1987）

离光鱼属 *Woodsia* Grey，1959

澳洲离光鱼 *W. nonsuchae*（Beebe，1932）（图 682）。大洋中层鱼类，栖息水深 530～1 335m。体长 90mm。分布：台湾西部沿海；日本，太平洋、大西洋热带海域。下杂鱼，无食用价值。

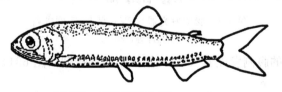

图 682　澳洲离光鱼 *W. nonsuchae*

（依蓝泽等，2013）

91. 巨口鱼科 Stomiidae

体延长，侧扁。成鱼无真正的鳃耙。眶下骨仅 1 个；上颌骨 1 个或无；中翼骨退化或无。发光器无导管。大多数种类具颏须。胸鳍有或无；脂鳍有或无。大部分种类体呈深黑色。

海洋发光鱼类，生活于大洋中层或底层，栖息水深 100～1 050m。有些种类具垂直洄游习性，白天在深水域，夜晚则游至表层觅食。利用发光器引诱捕获物或吸引异性，或具颏须种类也可利用其引诱捕获物。肉食性。

本科包括了原星衫鱼科 Astronesthidae、奇棘鱼科 Idiacanthidae、柔骨鱼科 Malacosteidae、黑巨口鱼科 Melanstomiidae 和巨口鱼科 Stomiidae 5 个科的所有种类。现全世界有 27 属 286 种（Nelson et al.，2016）；中国有 20 属 34 种。Nelson（2006）将本科分为相应的 5 个亚科，但有些学者仍将其各自为科。

亚 科 的 检 索 表

1（8）体无鳞
2（5）背鳍起点位于臀鳍起点前方，在腹鳍基前方、上方或不远后方
3（4）背鳍基短，其末端明显在臀鳍基末端前方；背鳍、臀鳍各鳍条基部两侧前方均无小棘突………
………………………………………………………………… 星衫鱼亚科 Astronesthinae
4（3）背鳍基长，其末端明显在臀鳍基末端上方；背鳍、臀鳍各鳍条基部两侧前方均具 1 对小棘突…
………………………………………………………………… 奇棘鱼亚科 Idiacanthinae
5（2）背鳍起点位于臀鳍起点上方或后上方，在腹鳍基远后方
6（7）舌骨与下颌骨联合部仅以条肌索相连，无口底；额骨多少呈三角形，宽短 ………………………
………………………………………………………………… 柔骨鱼亚科 Malacosteinae
7（6）舌骨与下颌骨联合部以皮膜相连，形成口底；额骨多少呈方形或前部略尖 ………………………
………………………………………………………… 黑巨口鱼亚科 Melanostomiatinae
8（1）体具鳞 ………………………………………………… 巨口鱼亚科 Stomiinae

星衫鱼亚科 Astronesthinae

本亚科有 6 属 59 种；中国有 5 属 11 种。

属 的 检 索 表

1（2）胸鳍起点至腹鳍起点的腹侧发光器（PV）呈 3～5 群排列（图 683）；发光器（PV）33 或以上；发光器（OV）34 或以上 ………………………… **异星衫鱼属 *Heterophotus***

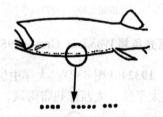

图 683　腹侧发光器（PV）呈 3～5 群排列
（依蓝泽等，2013）

2（1）胸鳍起点至腹鳍起点的腹侧发光器（PV）呈规则间隔排列（图 684）；发光器（PV）26 或以下；发光器（OV）24 或以下

图 684　腹侧发光器（PV）呈规则间隔排列
（依蓝泽等，2013）

3（8）上颌（上颌后部）齿尖细，排列稀疏，不后倾（图 685）

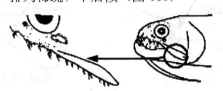

图 685　上颌齿排列稀疏
（依蓝泽等，2013）

4（5）体背无脂鳍；体较低，体高小于体长的 10%（图 701）·················· **细衫鱼属 Rhadinesthes**

5（4）体背具脂鳍；体较高，体高大于体长的 10%

6（7）体黑色或暗褐色；下颌须细小，顶端小球体无细丝；最后 2 个或 3 个体侧发光器（OA）不高于同列其他发光器；臀鳍起点到尾柄的腹侧发光器（AC）连续，在臀鳍基后部中等隆起（图 698）
·················· **掠食巨口鱼属 Borostomias**

7（6）体银灰色；下颌须显著膨大，顶端细小；最后 2 个或 3 个体侧发光器（OA）明显高于同列其他发光器（图 699）·················· **真芒巨口鱼属 Eupogonesthes**

8（3）上颌（上颌后部）齿梳状，排列紧密，后倾（图 686）·················· **星衫鱼属 Astronesthes**

图 686　上颌齿排列紧密
（依蓝泽等，2013）

星衫鱼属 Astronesthes Richardson，1845
种 的 检 索 表

1（2）体侧发光器（OA）11～14 个（通常 12 个），最后发光器前于臀鳍起点 ··················
印度星衫鱼 A. indicus Brauer，1902（图 687）。中层大洋性鱼类。栖息水深 0～3 000m。体长 141mm。分布：东海冲绳海槽、南海；日本，太平洋、印度洋、大西洋海域。下杂鱼，无食用价值。

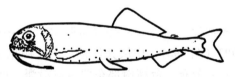

图 687　印度星衫鱼 A. indicus
（依蓝泽等，2013）

2（1）体侧发光器（OA）多于 30

3（6）腹、臀鳍间的体侧发光器（VAL）最后 2 个或 3 个发光器明显高于该列其他发光器（图 688）

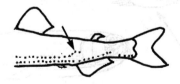

图 688　体侧发光器（VAL）位高
（依蓝泽等，2013）

4（5）尾柄下半部有黑带纹（图 689）；尾部发光器（AC）11～12 个·················· **荧光星衫鱼**
A. lucifer Gilbert，1905（图 689）。中层大洋性鱼类。栖息水深 270～2 232 m。体长 167mm。分布：台湾西南部小琉球近海、冲绳海槽，水深270～510m；日本，美国夏威夷等太平洋中、西部海域。

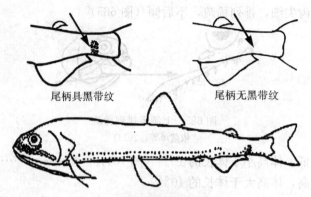

尾柄具黑带纹　　　　　　　尾柄无黑带纹

图 689　荧光星衫鱼 A. lucifer
（依蓝泽等，2013）

5（4）尾柄处无黑带纹（图 689）；尾部发光器（AC）4 个 ·························· **金星衫鱼**
　　　A. chrysophekadion（Bleeker, 1849）（图 690）。栖息水深 100～1 120m。体长 134mm。分布：台
　　　湾南部海域、南海；日本至印度尼西亚西太平洋海域、西印度洋等海域。下杂鱼，无食用价值。

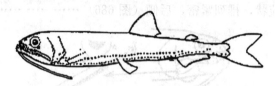

图 690　金星衫鱼 A. chrysophekadion
（依蓝泽等，2013）

6（3）腹、臀鳍间的体侧发光器（VAL）最后几个发光器不高于该列其他发光器（图 691）
7（10）峡部至腹鳍起点的腹侧发光器（IV）呈直线状（图 692）

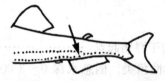 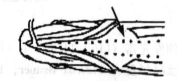

图 691　体侧发光器（VAL）排列平直　　　　　　　　　　图 692　腹侧发光器（IV）呈直线状
（依蓝泽等，2013）　　　　　　　　　　　　　　　（依蓝泽等，2013）

8（9）下颌须膨大部分末端具若干细丝；胸鳍条 8～9（通常 8）·················· **丝球星衫鱼**
　　　A. splendidus Brauer, 1902（图 693）。中层大洋性鱼类。栖息水深 1～2 000m。台湾海域记录
　　　水深约 400m。体长 120mm。分布：台湾南部东西两侧沿海，南海东沙群岛；日本，印度-太平
　　　洋热带及亚热带海域。

具若干细丝

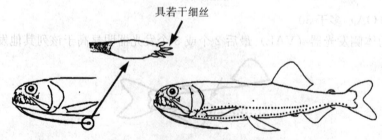

图 693　丝球星衫鱼 A. splendidus
（依蓝泽等，2013）

9（8）下颌须膨大部分末端具 1 条细丝；胸鳍条 6～7（通常 6）·················· **三丝星衫鱼**
　　　A. trifibulatus Gilbert, Amaoka & Haruta, 1984（图 694）。中层大洋性鱼类。栖息水深 0～
　　　717m。体长 150mm。分布：台湾东北部太平洋沿岸海域，记录水深 0～717m；印度-西太平洋

热带亚热带海域。下杂鱼，无食用价值。

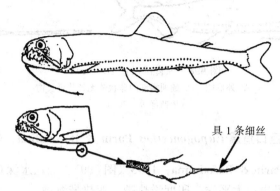

图 694　三丝星衫鱼 A. trifibulatus
（依蓝泽等，2013）

10（7）峡部至腹鳍起点的腹侧发光器（IV）弯向外侧（图 695）

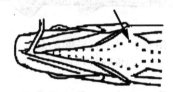

图 695　腹侧发光器（IV）弯向外侧
（依蓝泽等，2013）

11（12）颏须长，为头长的 1/3 ·············· **印太星衫鱼 A. indopacificus Parin & Borodulina，1997**
（图 696）。栖息水深 100～3 178m。台湾海域记录水深 200～400m。体长 210mm。分布：台湾
南部东西两侧沿岸海域；印度-太平洋热带海域。下杂鱼，无食用价值。

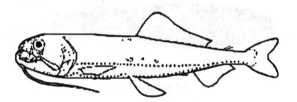

图 696　印太星衫鱼 A. indopacificus
（依蓝泽等，2013）

12（11）颏须短，为头长的 1/2～4/5 ·············· **台湾星衫鱼 A. formosana Liao，Chen & Shao，2006**
（图 697）。中、深层大洋性鱼类。栖息水深 318～1 129m。体长 276～295mm。分布：台湾南
部东西两侧沿岸及东北部太平洋沿岸海域。

图 697　台湾星衫鱼 A. formosana
（依郑义郎，2007）

掠食巨口鱼属 *Borostomias* Regan，1908

掠食巨口鱼 B. elucens（Brauer，1906）（图 698）。中、深层游泳性鱼类。栖息水深 0～2 500m，通
常 30～1 200m。体长 151.1～230 mm。分布：台湾西南部沿海、南海；日本，太平洋、印度洋、大西
洋热带及亚热带海域。下杂鱼，无食用价值。

图 698 掠食巨口鱼 B. elucens

A. 外形图　B. 颏须端部的球状体无丝状延长物

（依蓝泽等，2013）

真芒巨口鱼属 Eupogonesthes Parin & Borodulina, 1993

真芒巨口鱼 E. xenicus Parin & Borodulina, 1993（图 699）。栖息水深 0～600m。体长 73～86mm。分布：东海、台湾南部东港沿岸；太平洋、印度洋热带、亚热带海域。

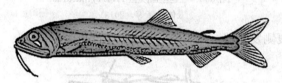

图 699　真芒巨口鱼 E. xenicus

（依郑义郎，2007）

异星衫鱼属 Heterophotus Regan & Trewavas, 1929

蛇口异星衫鱼 H. ophistoma Regan & Trewavas, 1929（图 700）。中、深层游泳性鱼类。栖息水深 600～2 500 m。台湾海域记录水深表层至 400m。体长 340mm。分布：台湾南部东西两侧沿岸和东北部太平洋沿岸、南海南沙群岛及东沙群岛等海域；日本，印度-西太平洋及大西洋海域。

图 700　蛇口异星衫鱼 H. ophistoma

（依郑义郎，2007）

细衫鱼属 Rhadinesthes Regan & Trewavas, 1929

细衫鱼 R. decimus（Zugmayer, 1911）（图 701）。栖息水深 0～4 900m。台湾海域记录水深约 400m。体长 350mm。分布：台湾南部东西两侧沿岸和东北部太平洋沿岸；太平洋、印度洋及大西洋海域。下杂鱼，无食用价值。

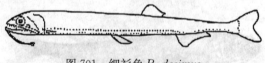

图 701　细衫鱼 R. decimus

（依蓝泽等，2013）

奇棘鱼亚科 Idiacanthinae

本亚科仅有 1 属。

奇棘鱼属 Idiacanthus Peters, 1877

奇棘鱼 I. fasciola Peters, 1877（图 702）。外洋中、深层游泳性鱼类。栖息水深 600～2 500m。体长 489mm。分布：台湾南部东西两侧沿岸海域、东沙群岛及南沙群岛太平岛；日本，三大洋热带、亚热带海域。下杂鱼，无食用价值。

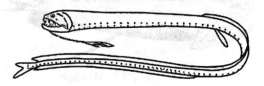

图 702　奇棘鱼 *I. fasciola*

（依张玉玲，1987）

柔骨鱼亚科 Malacosteinae

本亚科有 3 属；中国有 3 属 4 种。

属 的 检 索 表

1（4）具胸鳍；背鳍和臀鳍被皮膜（图 703）；眼下发光器大

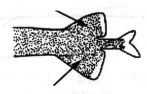

图 703　背鳍和臀鳍被皮膜

2（3）具颏须；头部有发光器列；胸鳍具 10～17 鳍条 ·························· **奇巨口鱼属 *Aristostomias***

3（2）无颏须；头部无发光器列；胸鳍具 3～5 鳍条 ·························· **柔骨鱼属 *Malacosteus***

4（1）无胸鳍，背鳍和臀鳍无皮膜（图 704）；眼下发光器小或无 ·········· **光巨口鱼属 *Photostomias***

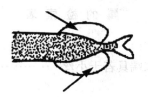

图 704　背鳍和臀鳍无皮膜

奇巨口鱼属 *Aristostomias* Zugmayer，1918

闪亮奇巨口鱼 *A. scintillans*（Gilbert，1915）（图 705）。深层大洋性鱼类。栖息水深 0～1 219m。体长 230mm。分布：南海；太平洋海域。下杂鱼，无食用价值。

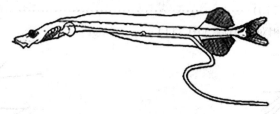

图 705　闪亮奇巨口鱼 *A. scintillans*

（体长 34.7mm，幼体）

柔骨鱼属 *Malacosteus* Ayres，1858

黑柔骨鱼 *M. niger* Ayres，1848（图 706）。深层大洋性鱼类。栖息水深 500～3 886 m。体长 220mm。分布：东海冲绳海槽、水深 790～1 055m，台湾东北部太平洋沿岸海域；日本，太平洋、印度洋、大西洋热带、亚热带海域。

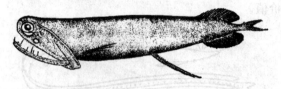

图 706 黑柔骨鱼 *M. niger*

(依倪勇，1988)

光巨口鱼属 *Photostomias* Collett，1889

利氏光巨口鱼 *P. liemi* Kenaley，2009（图 707）（syn. 格氏光巨口鱼 *P. guerneri* 台湾鱼类资料库存）。中、深层大洋性鱼类。栖息水深 0～1 138m。台湾海域记录水深为529～3 257m。体长 140～150mm。分布：台湾西南部和东部太平洋沿岸海域；日本，印度-太平洋海域。下杂鱼，无食用价值。

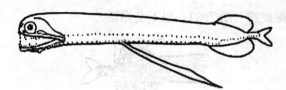

图 707 利氏光巨口鱼 *P. liemi*

(依蓝泽等，2013)

黑巨口鱼亚科 Melanostomiatinae

本亚科有 15 属 191 种；中国有 9 属 15 种。

属 的 检 索 表

1（4）背鳍起点在臀鳍起点之后（图 708）

2（3）胸鳍具游离鳍条（图 709），其末端具若干小丝 ·························· **缨光鱼属 *Thysanactis***

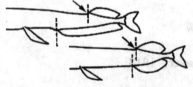

图 708 背鳍起点在臀鳍起点之后

(依蓝泽等，2013)

图 709 胸鳍具游离鳍条

(依蓝泽等，2013)

3（2）胸鳍无游离鳍条（图 710） ······································· **真巨口鱼属 *Eustomias***

4（1）背鳍起点与臀鳍起点相对或稍后（图 711）

图 710 胸鳍无游离鳍条

(依蓝泽等，2013)

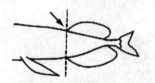

图 711 背鳍起点与臀鳍起点相对

(依蓝泽等，2013)

5（6）具眼下发光器（SUO）（图 712） ································· **厚巨口鱼属 *Pachystomias***

6（5）无眼下发光器（SUO）（图 713）

7（8）下颌上弯（图 714）；无胸鳍 ································· **袋巨口鱼属 *Photonectes***

8（7）下颌不上弯（图 715）

图 712　具眼下发光器
（依蓝泽等，2013）

图 713　无眼下发光器
（依蓝泽等，2013）

图 714　下颌上弯
（依蓝泽等，2013）

图 715　下颌不上弯
（依蓝泽等，2013）

9（10）腹鳍基位于体的中侧位或背位（图 716）························· **深巨口鱼属 Bathophilus**

腹鳍基位于体侧中部

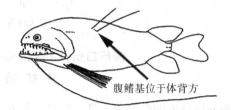

腹鳍基位于体背方

图 716　深巨口鱼属
（依蓝泽等，2013）

10（9）腹鳍基位于体的腹位（图 717）

11（14）胸鳍具游离鳍条（图 718）

图 717　腹鳍基位于体的腹位
（依蓝泽等，2013）

胸鳍具游离鳍条

图 718　胸鳍具游离鳍条
（依蓝泽等，2013）

12（13）下颌第一齿突入上颌腔；胸鳍游离鳍条末端具白色发光器（图 719）·········
·· **脂巨口鱼属 Opostomias**

13（12）下颌第一齿不突入上颌腔；胸鳍游离鳍条末端无发光器（图 720）·········
·· **刺巨口鱼属 Echiostoma**

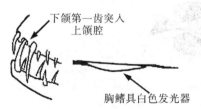

下颌第一齿突入
上颌腔

胸鳍具白色发光器

图 719　下颌第一齿突入上颌腔
（依蓝泽等，2013）

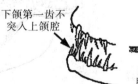

下颌第一齿不
突入上颌腔

胸鳍无白色发光器

图 720　下颌第一齿不突入上颌腔
（依蓝泽等，2013）

14（11）胸鳍无游离鳍条（图 721）

15（16）下颌须基部具小丝；胸鳍条 8～10（图 722）·············· **纤巨口鱼属 Leptostomias**

16（15）下颌须基部无小丝；胸鳍条 5～6（图 723）·············· **黑巨口鱼属 Melanostomias**

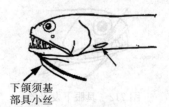

图 721　胸鳍无游离鳍条
（依蓝泽等，2013）

下颌须基
部具小丝

图 722　下颌须基部具小丝
（依蓝泽等，2013）

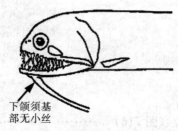

下颌须基
部无小丝

图 723　黑巨口鱼属特征
（依蓝泽等，2013）

深巨口鱼属 *Bathophilus* Giglioli，1882
种 的 检 索 表

1（2）胸鳍鳍条分成分离的两部分；具（3＋1）4 条 ……………………………… **四丝深巨口鱼**
　　　***B. kingi* Barnett & Gibbs，1968**（图 724）。中深层大洋性鱼类。栖息水深 1～1 100m。体长
　　　100mm。分布：台湾东北部太平洋沿岸；日本，太平洋热带、亚热带海域。

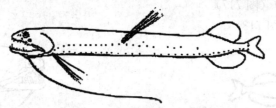

图 724　四丝深巨口鱼 *B. kingi*
（依蓝泽等，2013）

2（1）胸鳍鳍条不分成分离的两部分

3（4）胸鳍鳍条 5～8；腹鳍鳍条 11～14 ………… **长羽深巨口鱼 *B. longipinnis*（Pappenheim，1914）**
　　　（图 725）。中深层大洋性鱼类。栖息水深500～900m。分布：南海（记录水深0～2 407m）。体长
　　　110mm。分布：南海；西太平洋、大西洋、地中海。

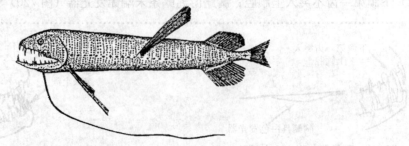

图 725　长羽深巨口鱼 *B. longipinnis*
（依杨家驹等，1996）

4（3）胸鳍鳍条 30～51；腹鳍鳍条 18～26 ………………… **丝须深巨口鱼 *B. nigerrimus* Giglioli，1882**
　　　（图 726）。中深层大洋性鱼类。栖息水深 0～500m。体长 140 mm。分布：台湾南部西侧沿海及
　　　东部太平洋沿岸、南沙群岛太平岛；日本，太平洋、大西洋海域。下杂鱼，无食用价值。

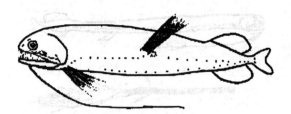

图 726　丝须深巨口鱼 B. *nigerrimus*

（依蓝泽等，2013）

刺巨口鱼属 *Echiostoma* Lowe, 1843

单须刺巨口鱼 E. barbatum Lowe，1843（图 727）。中深层大洋性鱼类。栖息水深30～1 200m。体长 250mm。分布：台湾南部东西两侧沿海；日本，太平洋、印度洋、大西洋热带至温带海域。

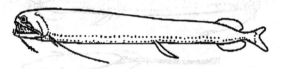

图 727　单须刺巨口鱼 E. *barbatum*

（依蓝泽等，2013）

真巨口鱼属 *Eustomias* Vaillant, 1888
种 的 检 索 表

1（2）下颌须茎分支；须的茎和分支端部具椭圆体 ·························· **歧须真巨口鱼**
　　　　E. bifilis Gibbs，1960（图 728）。中深层大洋性鱼类。栖息水深 0～175m。体长 180mm。分布：台湾西南部海域；印度-太平洋热带海域。下杂鱼，无食用价值。

A　　　　　　　　　B

图 728　歧须真巨口鱼 E. *bifilis*

A. 下颌须茎分支（依蓝泽等，2013）　　B. 须的茎和分支端部具椭圆体

（依郑义郎，2007）

2（1）下颌须茎不分支 ·············· **长须真巨口鱼 E. longibarba Parr，1927**（图 729）。中深层大洋性鱼类。栖息水深 30～2 500m。体长 128.5mm。分布：东海、南海；太平洋海域。

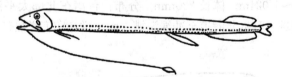

图 729　长须真巨口鱼 E. *longibarba*

（依张玉玲，1987）

纤巨口鱼属 *Leptostomias* Gilbert, 1905
种 的 检 索 表

1（2）下颌须端膨大部分具许多小丝须，刷状；膨大部分短，其长小于须长的 10% ··············
　　　··· **多须纤巨口鱼 L. multifilis Imai，1941**（图 730）。中深层大洋性鱼类。栖息水深 200～600m。体长 300mm。分布：台湾南部东西两侧沿海、南沙群岛太平岛；日本。

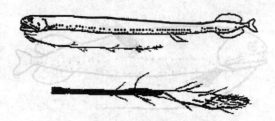

图 730　多须纤巨口鱼 *L. multifilis*

（依蓝泽等，2013）

2（1）下颌须端膨大部分具 1～3 条小丝须；膨大部分长，其长大于须长的 25%·················
　　　强壮纤巨口鱼 *L. robustus* Imai，1941（图 731）。中深层大洋性鱼类。栖息水深 692～979m。体
　　　长 365mm。分布：东海冲绳海槽、东沙群岛附近海域；日本等西太平洋海域。

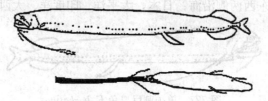

图 731　强壮纤巨口鱼 *L. robustus*

（依蓝泽等，2013）

黑巨口鱼属 *Melanostomias* Brauer，1902

种 的 检 索 表

1（4）须端膨大区域长为其宽 5 倍或以上，游离端部常具小丝须

2（3）须端膨大区域宽度约等于其末端宽度（须端膨大区域具 1 个大型球状发光体）······················
　　　······**乌须黑巨口鱼 *M. melanopogon* Regan & Trewavas，1930**（图 732）。中深层大洋性鱼类。体
　　　长 153mm。分布：台湾东港；太平洋、大西洋海域。下杂鱼，无食用价值。

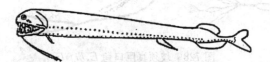

图 732　乌须黑巨口鱼 *M. melanopogon*

（依张玉玲，1987）

3（2）须端膨大区域宽度相近，圆锥状，末端尖（末端小须丝长大于其宽度的 5 倍；下颌须茎白色，基
　　　部黑色）···············**大眼黑巨口鱼 *M. melanops* Brauer，1902**（图 733）。中深层大洋性
　　　鱼类。栖息水深 200～1 024m。体长 220mm。分布：台湾东北部太平洋沿岸海域、南沙群岛太平
　　　岛、东沙群岛附近海域；日本北海道至冲绳海槽、太平洋和印度洋热带至温带海域。下杂鱼，无食
　　　用价值。

图 733　大眼黑巨口鱼 *M. melanops*

（依蓝泽等，2013）

4（1）须端膨大区域长约为其宽 2 倍，游离端部有时尖，但不呈丝状；须端膨大区域具 3 个（1+2）大型
　　　球状发光体及数个小型球状发光体（须黑色）·····························**瓦氏黑巨口鱼**
　　　***M. valdiviae* Brauer，1902**（图 734）。中表层大洋性鱼类，栖息水深 40～1 600m，通常 20～400m。
　　　体长 241mm。分布：南沙群岛太平岛附近海域；太平洋、印度洋、大西洋热带至温带海域。

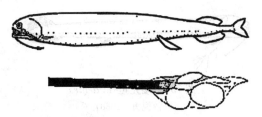

图 734　瓦氏黑巨口鱼 M. valdiviae
（依蓝泽等，2013）

脂巨口鱼属 Opostomias Günther，1878

脂巨口鱼 O. mitsuii Imai，1941（图 735）。中表层大洋性鱼类。栖息水深 60～500m。体长 360mm。分布：东海冲绳海槽，水深 1 050～1 080m；日本，西太平洋海域。下杂鱼，无食用价值。

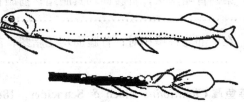

图 735　脂巨口鱼 O. mitsuii
（依蓝泽等，2013）

厚巨口鱼属 Pachystomias Günther，1887

小牙厚巨口鱼 P. microdon（Günther，1878）（图 736）。中底层大洋性鱼类。栖息水深 250～4 148m。体长 220mm。分布：台湾东部太平洋沿岸、南海；印度-西太平洋及大西洋海域。下杂鱼，无食用价值。

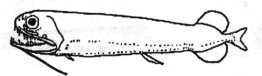

图 736　小牙厚巨口鱼 P. microdon
（依蓝泽等，2013）

袋巨口鱼属 Photonectes Günther，1887

白鳍袋巨口鱼 P. albipennis（Döderlein，1882）（图 737）。中底层大洋性鱼类。栖息水深 350～1 100m。体长 300mm。分布：东海冲绳海槽，水深 979～1 037m，台湾东部太平洋沿岸海域；日本至印度尼西亚、新几内亚等西太平洋和夏威夷等中太平洋海域。

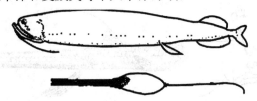

图 737　白鳍袋巨口鱼 P. albipennis
（依蓝泽等，2013）

缨光鱼属 Thysanactis Regan & Trewavas，1930

缨光鱼 T. dentex Regan & Trewavas，1930（图 738）。中深层大洋性鱼类。栖息水深 100～1 000m。体长 110mm。分布：东海冲绳海槽，水深 1 050～1 080m，南沙群岛太平岛附近；日本，太平洋、印度洋、大西洋热带及温带海域。下杂鱼，无食用价值。

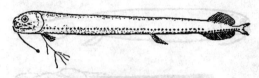

图 738 缨光鱼 *T. dentex*
(依倪勇，1988)

巨口鱼亚科 Stomiinae

本亚科中国有 2 属 4 种。

属 的 检 索 表

1（2）背鳍起点显著前于腹鳍，第一背鳍丝状；背腹面均具脂鳍；前颌骨不能伸缩；下颌须甚小 …… ……………………………………………………………………… **蝰鱼属 *Chauliodus***

2（1）背鳍起点显著后于腹鳍，在尾部与臀鳍相对；背腹面均无脂鳍；前颌骨能伸缩；下颌须发达 …………………………………………………………………………… **巨口鱼属 *Stomias***

蝰鱼属 *Chauliodus* Bloch & Schneider，1801
种 的 检 索 表

1（2）第三前颌骨齿大于第四前颌骨齿；眼后发光器（PTO）三角形 ……………… **马康氏蝰鱼 *C. macouni* Bean，1890**（图 739）。中、深层大洋性鱼类。栖息水深 25～4 390m。体长 254mm。分布：台湾东北部太平洋沿岸；日本，北半球太平洋热带到亚寒带海域。下杂鱼，无食用价值。

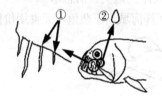 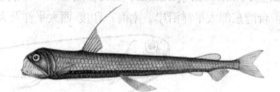

图 739 马康氏蝰鱼 *C. macouni*
①第三前颌骨和第四前颌骨齿 ②眼后发光器
(依郑义郎，2007)

2（1）第三前颌骨齿小于第四前颌骨齿；眼后发光器（PTO）圆形 ……………… **斯氏蝰鱼 *C. sloani* Bloch & Schneider，1801**（图 740）。中深层大洋性鱼类。栖息水深 200～4 700m，记录水深 520～1 055m。有昼夜垂直洄游习性。体长 350mm。分布：东海冲绳海槽、台湾东北部及南部沿海、南沙及东沙群岛；太平洋、印度洋、大西洋温热带海域以及地中海。下杂鱼，无食用价值。

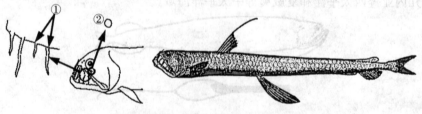

图 740 斯氏蝰鱼 *C. sloani*
①第三前颌骨和第四前颌骨齿 ②眼后发光器
(依倪勇，1988)

巨口鱼属 *Stomias* Cuvier，1816
种 的 检 索 表

1（2）前颌骨牙少于下颌骨牙；最长的犬牙状齿在上颌 ……………… **巨口鱼 *S. affinis* Cuvier，1816**

（图 741）。中、深层大洋性鱼类。栖息水深 0～3 182m。最大体长 219mm。分布：东海冲绳海槽、台湾西南部及东北部太平洋沿岸、南海；日本，太平洋、印度洋、大西洋的亚热带海域。数量有一定的减少，《中国物种红色名录》列为易危［VU］物种。

图 741　巨口鱼 *S. affinis*
（依张玉玲，1987）

2（1）前颌骨牙多于下颌骨牙；最长的犬状牙齿在下颌 ························· **星云巨口鱼**
S. nebulosus Alcock，1889（图 742）。中深层游泳性大洋鱼类。栖息水深 0～1 014m。体长 180mm。分布：台湾东部太平洋沿岸、记录水深 345～904m，南沙群岛太平岛；日本，印度-西太平洋热带及亚热带海域。下杂鱼，无食用价值。

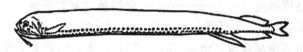

图 742　星云巨口鱼 *S. nebulosus*
（依张玉玲，1987）

三十、辫鱼目（软腕鱼目）ATELEOPODIFORMES

肩带辐状骨合成一块软骨板。腰骨微骨化，与乌喙骨关联。无眶蝶骨、基蝶骨、上耳骨和后耳骨。无鳔。腹鳍喉位，具 2～4 鳍条。无脂鳍。内颅骨多为软骨。

本目 1 科。

92. 辫鱼科（软腕鱼科）Ateleopodidae

体长，黏滑，几乎是胶状的半透明体。体无鳞。头中大。吻尖圆形。眼较小。牙细小。各鳍无棘。背鳍 1 个，位于头后，基底短，具 3～13 鳍条；臀鳍基底很长，具 85～120 鳍条；胸鳍条 12～14；腹鳍很小，喉位，具 2～4 鳍条，成体具一长鳍条；尾鳍很小，与臀鳍相连。鳃盖条 7。骨骼几全为软骨。体长最大达 2m。

深海鱼类，分布于加勒比海、东大西洋和印度-西太平洋。

本科有 4 属 13 种（Nelson et al.，2016）；中国有 2 属 4 种。

属 的 检 索 表

1（2）口下位；腹鳍长，后端伸越胸鳍基部远下方（图 743）··········· **辫鱼属（软腕鱼属）*Ateleopus***
2（1）口亚前位；腹鳍短，后端不伸达胸鳍基部（图 744）··········· **大辫鱼属（大软腕鱼属）*Ijimaia***

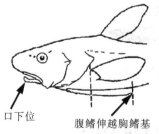

口下位　　腹鳍伸越胸鳍基

图 743　辫鱼属腹鳍
（依蓝泽等，2013）

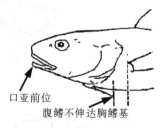

口亚前位　　腹鳍不伸达胸鳍基

图 744　大辫鱼属腹鳍
（依蓝泽等，2013）

辫鱼属（软腕鱼属）*Ateleopus* Temminck & Schlegel, 1846
种 的 检 索 表

1（2）下颌无齿；上颌具小齿 ·················· **日本辫鱼（日本软腕鱼）*A. japonicus* Bleeker, 1853**
（图 745）。为深海底层鱼类，生活于沙泥底质的水域。栖息水深 140～600m。最大全长 1m。分布：台湾东北部海域；日本、菲律宾、马来西亚等西太平洋海域。

图 745　日本辫鱼（日本软腕鱼）*A. japonicus*
（依蓝泽等，2013）

2（1）上下颌均具小齿
3（4）胸鳍短，后端不伸达臀鳍起点·················· **紫辫鱼（紫软腕鱼）*A. purpureus* Tanaka, 1915**
（图 746）。为深海底层鱼类，生活于沙泥底质的水域。栖息水深100～600m。最大体长 700mm。分布：中国东海、台湾南部海域、南海（海南岛）；日本，西北太平洋海域。

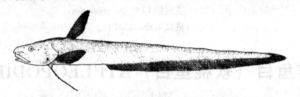

图 746　紫辫鱼（紫软腕鱼）*A. purpureus*

4（3）胸鳍长，后端伸达臀鳍起点后方············ **田边辫鱼（田边软腕鱼）*A. tanabensis* Tanaka, 1918**
（图 747）。为深海底层鱼类，生活于沙泥底质的水域。栖息水深100～500m。最大全长 55cm。分布：台湾东北部海域；日本，西北太平洋海域。

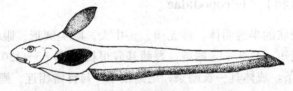

图 747　田边辫鱼（田边软腕鱼）*A. tanabensis*
（依蓝泽等，2013）

大辫鱼属（大软腕鱼属）*Ijimaia* Sauter, 1905

大眼大辫鱼（大眼大软腕鱼）*I. dofleini* Sauter, 1905（图 748）。为深海底层鱼类，生活于沙泥底质的水域。栖息水深 200～1 281m。肉食性。最大全长 1.7m。分布：东海、台湾台东和屏东东港；日本，西北太平洋。甚为稀少。

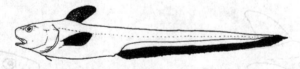

图 748　大眼大辫鱼（大眼大软腕鱼）*I. dofleini*
（依蓝泽等，2013）

三十一、仙女鱼目 AULOPIFORMES

第二上鳃骨钩状突起延长；第三上鳃骨无连接第二上鳃骨的软骨骨节（软骨髁状突起）；第四上鳃

骨末端扩大，具一个中央有钩突的大的软骨带；存在第五上鳃软骨。脊椎上侧板（epipleural）始于第二椎骨；一个或多个脊椎上侧板呈背侧向带状隔板；无鳔；腰带骨中部突起愈合。

本目有 15 科 47 属 261 种（Nelson et al.，2016）；中国有 4 亚目 12 科 31 属 78 种。

亚 目 的 检 索 表

1（2）雌雄异体；前角舌骨腹缘有自生软骨；多数主尾鳍条骨的近端部分有变异；腰带骨后部突起长 ·· 狗母鱼亚目（合齿鱼亚目）SYNODONTOIDEI

2（1）雌雄同体；前角舌骨腹缘无自生软骨；主尾鳍条骨的近端部分不变异；腰带骨后部突起小（或无）

3（6）前颌骨中部边缘具背侧向突起

4（5）第三咽鳃骨齿小 ····················· 青眼鱼亚目 CHLOROPHTHALMOIDEI

5（4）第三咽鳃骨齿大 ························· 巨尾鱼亚目 GIGANTUROIDEI

6（3）前颌骨中部边缘无背侧向前突 ·············· 帆蜥鱼亚目 ALEPISAUROIDEI

狗母鱼亚目（合齿鱼亚目）SYNODONTOIDEI

第五角鳃骨（CB5）被软骨尾或后部伸长的一小节软骨与第四基鳃骨（BB4）分离；角舌骨（ceratohyal）腹缘具自生软骨，后部有 6 枚或多于 6 枚基鳃骨（BB）；上神经骨（epineural）末端移向下位；存在辅助神经弓；所有肋骨膜骨化；多数主尾鳍骨（尾下骨）近端部有变异；无尾中部软骨；前椎体 2 和 3 的髓棘和脉棘 扩大 ；尾下骨（hypural）5 枚，第六枚尾下骨消失或愈合；成体具 1 枚尾上骨（epural）；腰带骨后部突起长。

本亚目有 4 科 9 属 115 种，中国有 3 科 7 属 38 种。

科 的 检 索 表

1（4）上颌骨后方明显扩大，后端不超过眼后缘；齿细小；鳃耙细长；辅上颌骨 1～2 块

2（3）腹鳍起点位于背鳍起点后下方；肛门位于腹鳍稍后方；辅上颌骨 1 块 ·· 副仙女鱼科 Paraulopidae

3（2）腹鳍起点位于背鳍起点下方或前下方；肛门位于腹鳍和臀鳍中间；辅上颌骨 2 块 ·············· ·· 仙女鱼科 Aulopidae

4（1）上颌骨后方不扩大，后端超过眼后缘；齿锐利；鳃耙齿状；辅上颌骨甚小或不存在；腹鳍起点位于背鳍起点前下方；肛门位于臀鳍起点前方 ·········· 狗母鱼科（合齿鱼科）Synodontidae

93. 仙女鱼科 Aulopidae

体呈长形，稍侧扁；背部轮廓略隆起。口略能伸缩；辅上颌骨 2 块；上颌骨延伸到眼下方或眼后方。齿小，为圆锥状。头、体均被中等圆鳞或栉鳞。背鳍 1 个，起点位于体前部，具 14～21 鳍条，后方具脂鳍；腹鳍喉位，具 9 鳍条，起点位于背鳍起点下方或前下方；臀鳍具 9～13 鳍条；胸鳍侧位；尾鳍叉形。尾柄具棘状鳞。肛门位于腹鳍和臀鳍中间。

中小型海洋底栖鱼类，栖息于近岸沙泥底或岩石底的大陆架区至大陆架边缘深水域。栖息水深 50～1 000m。有些种类具有浮游性仔鱼期。主食鱼类。分布于大西洋及太平洋的热带及亚热带海域。

本科有 4 属 12 种（Nelson et al.，2016）；中国有 2 属 3 种。

属 的 检 索 表

1（2）前后鼻孔间鼻瓣针尖状突起；胸鳍鳍条 11；体长为体高的 4～6 倍，为眼间距的 16～31 倍 ······ ·· 姬鱼属 *Hime*

2（1）前后鼻孔间鼻瓣绒毛状突起；胸鳍鳍条12；体长为体高的5～6倍，为眼间距的25～41倍……
………………………………………………………………………… 细仙女鱼属 *Leptaulopus*

姬鱼属 *Hime* Starks, 1924
种 的 检 索 表

1（2）鳃耙较少，14～17；背鳍16；雄鱼背鳍第二鳍条延长；雌鱼背鳍前半部无明显斑纹…………
……………… **台湾姬鱼 *H. formosana*（Lee & Chao, 1994）**（图749）。中小型海洋底栖鱼类，
主要栖息于近岸沙泥底或岩石底的大陆架区至大陆架边缘深水域。栖息水深120～230m。最大
体长300mm。分布：台湾南部海域；日本、澳大利亚等西太平洋海域。

图749　台湾姬鱼 *H. formosana*
（依郑义郎，2007）

2（1）鳃耙较多，18～25；背鳍16～17；雄鱼背鳍第二鳍条不延长，雌鱼不延长；雌鱼背鳍前半部有
几个明显暗斑 ………………………………… **日本姬鱼（日本仙鱼）*H. japonica*（Günther, 1877）**
（图750）。中小型底栖鱼类，栖息于近岸沙泥底或岩石底的大陆架区至大陆架边缘深水域。栖息
水深25～510m。最大体长230mm。分布：东海、南海；韩国、日本、菲律宾、澳大利亚、新喀
里多尼亚和美国夏威夷等太平洋海域。

图750　日本姬鱼（日本仙鱼）*H. japonica*
（依王文滨，1963）

细仙女鱼属 *Leptaulopus* Gomon, Struthers & Stewart, 2013

达氏细仙女鱼 *L. damasi*（Tanaka, 1915）（图751）[syn. 达氏姬鱼 *Hime damasi* 伍汉霖等，2012
（台湾）]。栖息水深25～508m。体长320mm。分布：东海（台湾东北部）；日本、澳大利亚等西太平洋
海域。

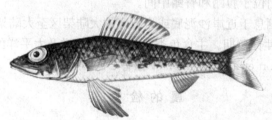

图751　达氏细仙女鱼 *L. damasi*
（依郑义郎，2007）

94. 副仙女鱼科 Paraulopidae

上颌骨后方明显扩大，后端不超过眼后缘。眼大。齿细小。鳃耙细长。背鳍前方不隆起。两腹鳍基部分离，其起点位于背鳍起点后下方。肛门位于腹鳍稍后方。背鳍 10～11；臀鳍 8～11；胸鳍 13～20；腹鳍 9。孔状侧线鳞 40～52，侧线上鳞 2.5～4.5。脊椎骨 39～46。第一上鳃骨钩突不与第二咽鳃骨相连；第四基鳃骨和第五角鳃骨无间隙。椎体前部骨化，上侧板骨从腹椎的后部分布到尾椎骨的前部。多数尾鳍主鳍条有 1 个近端关节，将鳍条近端部分与鳍条其余部分分开。多数种类体背侧有成对的橄榄色斑。

底层鱼类，栖息于大陆架外缘和大陆架斜坡海区。栖息水深 150～500m。最大体长 350mm。分布于印度-西太平洋（南日本和天皇海山、南到澳大利亚和新西兰）热带到温带海域。

本科有 1 属 14 种（Nelson et al.，2016）；中国有 1 属 2 种。

副仙女鱼属 *Paraulopus* Sato & Nakabo，2002
种 的 检 索 表

1（2）尾鳍上下叶后半部黑色；腹鳍暗色；头长为眼径的 3.2 倍··················**日本副仙女鱼**
P. japonicus（Kamohara，1956）（图 752）（syn. 日本青眼鱼 *Chlorophthalmus japonicus* 沈世
杰，1984；陈素芝，2002）。栖息水深 300m。体长 145mm。分布：台湾东港；日本（土佐湾）。

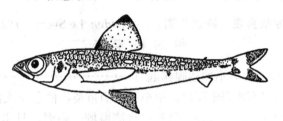

图 752　日本副仙女鱼 *P. japonicus*
（依中坊等，2013）

2（1）尾鳍上下叶各具 1 条色纵带；腹鳍后端黑色；头长为眼径的 2.6～2.8 倍·······························
仙女鱼 **P. oblongus**（Kamohara，1953）（图 753）（syn. 大鳞青眼鱼 *Chlorophthalmus oblongus*
伍汉霖等，1984；陈素芝，2002）。栖息水深 200～300m。体长 48～145mm。分布：海南岛东方
海域、南海；日本、印度尼西亚爪哇海。

图 753　仙女鱼 *P. oblongus*
（依中坊等，2013）

95. 狗母鱼科（合齿鱼科）Synodontidae

体延长，前部呈亚圆筒形，后部侧扁。吻前端稍尖，似三角形。口大，甚宽，上颌末端伸达眼后方，上颌均由前颌骨所构成；主上颌骨退化。齿发达，在上下颌、腭骨及舌面多呈刷毛状，也具有一些较大犬齿，通常可倒伏。体被圆鳞或部分被鳞；具侧线。背鳍位于体中部，具 9～14 鳍条，后方具脂鳍；臀鳍具 8～16 鳍条；腹鳍有 8 或 9 鳍条，位于背鳍起点略前方；胸鳍小，高位；尾鳍深叉。各鳍皆无硬棘。

肉食性底层鱼类，栖息于礁沙混合区海域。栖息水深由沿岸浅海区至 4 500m 深水区。常在沙地上

停滞不动或将身体埋入沙中，仅露出眼睛，伺机捕食水层中小鱼或甲壳类。在日本海域的红斑狗母鱼（Synodus ulae）生殖行为，显示雄雌鱼个体的体形相似（全长约 20cm）。产卵发生在黄昏时分，雌雄个体会一起冲到水层中，在最高点时，各自释放出配子受精。

本科多数种分布于印度-太平洋海域，少数种为全球分布。其中，龙头鱼属 Harpadon、蛇鲻属 Saurida 和狗母鱼属 Synodus 为我国沿海的重要经济鱼类。

本科有 4 属 70 种（Nelson et al.，2016）；中国有 4 属 31 种。

属 的 检 索 表

1（2）体细长，侧扁，柔软；体仅后部被鳞；口内不具可倒齿；尾鳍后端呈三叉形；脊椎骨 43～45……………………………………………………………………………………………… 龙头鱼属（镰齿鱼属）**Harpadon**

2（1）体长圆筒形，不柔软；体全部被鳞；口内具可倒齿；尾鳍后端不呈三叉形；脊椎骨 49～63

3（4）腹鳍具 9 鳍条，内外侧鳍条约等长；腭骨每侧具齿带 2 列；尾鳍主要鳍条具鳞 …… 蛇鲻属 **Saurida**

4（3）腹鳍具 8 鳍条，内侧鳍条明显长于外侧鳍条；腭骨每侧具齿带 1 列；尾鳍主要鳍条无鳞

5（6）吻尖，吻长等于或大于眼径；臀鳍鳍条 8～15，其基底长短于背鳍基底 …… 狗母鱼属 **Synodus**

6（5）吻钝，吻长明显小于眼径；臀鳍鳍条 15～17，其基底长大于背鳍基底长 ……………………………………………………………………………… 大头狗母鱼属（大头花杆狗母鱼属）**Trachinocephalus**

龙头鱼属（镰齿鱼属）**Harpadon** Le Sueur, 1825
种 的 检 索 表

1（2）胸鳍短，其长短于头长，后端不伸达腹鳍起点…………………………短臂龙头鱼（小鳍镰齿鱼）**H. microchir** Günther, 1878（图 754）。中小型底栖鱼类，栖息于大陆架边缘之深水域。栖息于水深 400～600m。最大体长 700mm。分布：台湾海域、南海；日本、菲律宾、印度尼西亚等西太平洋海区。

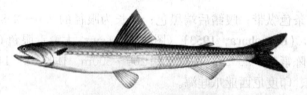

图 754　短臂龙头鱼（小鳍镰齿鱼）*H. microchir*
（依郑义郎，2007）

2（1）胸鳍长，其长大于头长，后端伸达腹鳍起点……………………………… 龙头鱼（印度镰齿鱼）**H. nehereus**（Hamilton，1822）（图 755）。中小型底栖鱼类，栖息于大陆架边缘水域，也常活动于近海及河口区。栖息水深 50～500m。最大体长 400mm。以底拖网捕获，产量较多，肉质细嫩，具较高经济价值，为我国沿海常见的食用鱼类。分布：黄海、东海和南海；韩国、日本、菲律宾、印度、巴基斯坦等太平洋及印度洋海域。

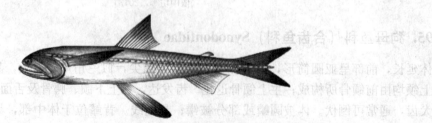

图 755　龙头鱼（印度镰齿鱼）*H. nehereus*
（依郑义郎，2007）

蛇鲻属 *Saurida* Valenciennes，1849
种 的 检 索 表

1（6）胸鳍短，后端不伸达腹鳍起点；侧线鳞多于 55；腭骨外齿带有齿 3 行或更多

2（5）体侧和背部无灰色斑；侧线鳞 59～70；背鳍鳍条 22 以上；椎骨 56 以上

3（4）侧线鳞 59～65；背鳍前鳞 22～27（常为 25）；脊椎骨 56～61（常为 59）·····················
长体蛇鲻（长蛇鲻）*S. elongata* (Temminck & Schlegel, 1846)（图 756）(syn. *Saurida eso* Jordan & Herre, 1907)。近海肉食性底层鱼类，栖息于水深 20～100m 的沙泥底质海域。最大体长 500mm。供食用，重要经济鱼类，产量较大。分布：中国沿海；朝鲜和日本等西北太平洋海域。

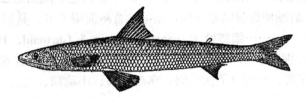

图 756　长体蛇鲻（长蛇鲻）*S. elongata*
（依张春霖，1955）

4（3）侧线鳞 64～70；背鳍前鳞 26～30（常为 27）；脊椎骨 61～67（常为 63～64）·················
··········**小鳞蛇鲻 *S. microlepis* Wu et Wang，1931**（图 757）。栖息于浅海沙泥底质海区。体长 450mm。分布：渤海、黄海和东海北部；朝鲜半岛西部、日本。

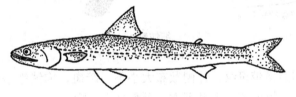

图 757　小鳞蛇鲻 *S. microlepis*
（依山田等，2002）

5（2）体侧有 9～10 个灰色斑；侧线鳞 56～58（通常 57）；背鳍前鳞 20～22；椎骨 50～53·········
··················**短臂蛇鲻 *S. micropectoralis* Shindo & Yamada，1972**（图 758）。暖水性，栖息水深 1～70m。体长 320mm。次要经济鱼类。分布：南海；日本（冲绳）、泰国、菲律宾、印度尼西亚、澳大利亚北部和安达曼群岛等西太平洋、东印度洋海域。

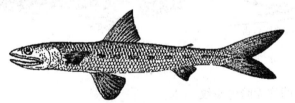

图 758　短臂蛇鲻 *S. micropectoralis*
（依陈素芝，2002）

6（1）胸鳍长，通常后端伸达腹鳍基底上方或后上方；侧线鳞通常少于 55；腭骨外齿带前部通常有齿 2 行或 3 行

7（8）背鳍第二或第三鳍条延长成丝状，其长大于头长(成鱼在 200mm 以上) ·····························
长条蛇鲻 *S. filamentosa* (Ogilby, 1910)（图 759）(syn. *Saurida waneiso* 陈兼善，1986；许成玉，1988)。肉食性底层鱼类，栖息于沿海或大陆棚沙泥底质的海域。栖息水深 140～220m。最大体长 530mm，通常 230～350mm。分布：黄海、东海、南海；朝鲜半岛、日本至澳大利亚等西太平洋海域。

8（7）背鳍前部鳍条不延长成丝状，其长小于头长

9（12）胸鳍条 12～13；各鳍均具暗色斑纹

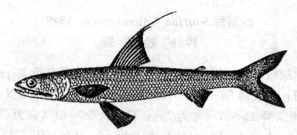

图 759　长条蛇鲻 *S. filamentosa*
（依王文滨，1962）

10（11）体背面有 4 个明显垂直的大黑斑；体侧具 9～10 个黄褐色不规则的云状横带斑纹；胸鳍鳍条通常 13（12～14），后端伸越腹鳍基后端，至第二背鳍前鳞下方；具犁骨齿；腭骨齿 3 行或 3 行以上……………………………………**细蛇鲻 *S. gracilis*（Quoy & Garmaid，1924）**（图 760）。肉食性底层鱼类，栖息于沙泥底质或珊瑚礁区外缘沙底质的海域。栖息水深 0～135m。最大体长 320mm。分布：东海、台湾（周边沿海，澎湖列岛、小琉球、兰屿、绿岛、东沙、南沙）、南海；西起非洲东部，东至马贵斯群岛，北至日本，南至澳大利亚、罗德豪岛等印度-太平洋海域。

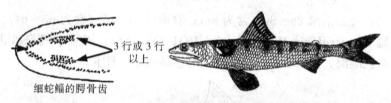

3 行或 3 行以上
细蛇鲻的腭骨齿

图 760　细蛇鲻 *S. gracilis*
（依陈素芝，2002）

11（10）体背灰褐色，无明显横带斑纹；体侧散布大小不一暗斑；胸鳍鳍条通常 12（11～13），后端不伸越腹鳍基后端，至第四背鳍前鳞下方；无犁骨齿；腭骨齿 2 行 ………………… **云纹蛇鲻 *S. nebulosa* Valenciennes，1850**（图 761）。肉食性底层鱼类，主要栖息于沿岸、沼泽、红树林或河口区沙泥底质的水域。栖息水深 0～60m。最大体长 170mm。分布：东海、台湾（南部东西两岸沿海）；日本、澳大利亚、美国夏威夷等太平洋沿岸。

2 行
云纹蛇鲻的腭骨齿

图 761　云纹蛇鲻 *S. nebulosa*
（依郑义郎，2007）

12（9）胸鳍条 14～15；各鳍均无暗色斑纹

13（14）背鳍前缘和尾鳍上缘无节状暗色斑；体侧无黑斑 ………………………………… **多齿蛇鲻 *S. tumbil*（Bloch，1795）**（图 762）。肉食性底层鱼类，主要栖息于沙泥底质的海域。栖息水深 10～60m。最大体长 600mm。为次要经济鱼类。分布：东海、台湾（南部东西两岸沿海）、南

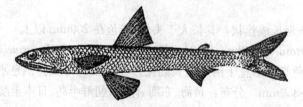

图 762　多齿蛇鲻 *S. tumbil*
（依王文滨，1962）

海；以及西起非洲东部，东到美国夏威夷，北至朝鲜、日本、菲律宾，南至澳大利亚等印度-西太平洋海区。

14（13）背鳍前缘和尾鳍上缘通常各有 1 行节状暗色斑；体侧具黑斑

15（16）侧线下方无黑斑；体侧下部白色 ·················· **花斑蛇鲻 S. undosquamis**（**Richardson，1848**）（图 763）。肉食性底层鱼类，主要栖息于沿海或大陆棚沙泥底质的海域。栖息水深 1～350m。最大体长 500mm。次要经济鱼类。分布：东海、台湾（东部沿海、澎湖列岛）、南海；日本、菲律宾，印度-西太平洋海域。

图 763　花斑蛇鲻 *S. undosquamis*
（依郑义郎，2007）

16（15）侧线下方具黑斑；体侧下部黑色 ·· **梅芳蛇鲻** **S. umeyoshi Inoue & Nakabo，2006**（图 764）。栖息于 100m 以深的大陆架沙泥底质海域。体长 520mm。分布：东海大陆架边缘、台湾（南部沿海）；日本。

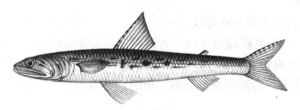

图 764　梅芳蛇鲻 *S. umeyoshi*
（依郑义郎，2007）

狗母鱼属 *Synodus* Gronov，1769
种 的 检 索 表

1（22）前部腭骨齿长于后部腭骨齿，前后部腭骨齿呈不同类型

2（12）侧线上鳞 3.5（稀 4.5）

3（8）鳃盖上缘具一明显黑斑

4（5）胸鳍短，后端不伸达腹鳍起点和背鳍起点连线；鳃盖后上缘一黑斑不分叉·····························
台湾狗母鱼 S. taiwanensis Chen，Ho & Shao，2007（图 765）。栖息于沙底质海域，水深 80 m。体长 185～195mm。稀有。分布：台湾西南部海域。

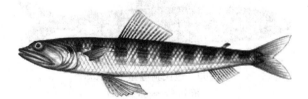

图 765　台湾狗母鱼 *S. taiwanensis*
（依郑义郎，2007）

5（4）胸鳍后端伸达腹鳍起点和背鳍起点连线；鳃盖后上缘一黑斑扇状 3～4 分支

6（7）腹膜（peritoneum）斑 10～11 ································· **肩盖狗母鱼 S. tectus Cressey，1981**（图 766）。栖息水深 25～82m。体长 227mm。分布：台湾海域、南海；菲律宾、澳大利亚。

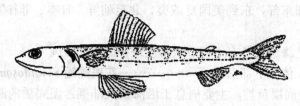

图 766　肩盖狗母鱼 S. tectus
（依 B. C. Russell，1999）

7（6）腹膜（peritoneum）斑 12～13 ··································· **肩斑狗母鱼 S. hoshinonis Tanaka，1917**
（图 767）。栖息水深 66～96m。体长 212mm。分布：东海南部、南海；韩国济州岛海域，日本，
澳大利亚西海岸至非洲东海岸的印度洋。

图 767　肩斑狗母鱼 S. hoshinonis
（依陈素芝，2002）

8（3）鳃盖上缘无明显黑斑

9（21）胸鳍不伸越腹鳍起点与背鳍起点连线

10（11）胸鳍不伸达腹鳍起点与背鳍起点连线；舌游离端约具齿 30 ·····························
　　　　褐狗母鱼（背斑褐狗母鱼）S. fuscus Tanaka，1917（图 768）。栖息水深 60～116m。体长
250mm。分布：东海、台湾西南部海域、南海；日本海。

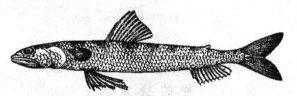

图 768　褐狗母鱼（背斑褐狗母鱼）S. fuscus
（依陈素芝，2002）

11（10）胸鳍恰伸达腹鳍起点与背鳍起点连线；舌游离端约具齿 50 ················· **道氏狗母鱼**
S. doaki Russell & Cressey，1979（图 769）。栖息水深 19～260m。体长 240mm。分布：台湾
南部东西两岸沿海；日本、新西兰、美国夏威夷等太平洋、印度洋海域。

图 769　道氏狗母鱼 S. doaki
（依 R. Cressey，1981）

12（2）侧线上鳞 5.5（稀 6.5）

13（14）颊部后部（口后部）裸露；尾鳍基部具一明显大黑斑；前鼻孔鼻瓣很短，三角形···········
　　·········· **射狗母鱼 S. jaculum Russell et Cressey，1979**（图 770）。栖息水深 50～100m。体长
200mm。分布：东海、台湾东北部及澎湖列岛、南海；新几内亚、东澳大利亚大堡礁等西太
平洋及斯里兰卡、东非和南非等印度洋海域。

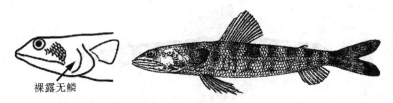

图 770　射狗母鱼 S. jaculum
（依陈素芝，2002）

14（13）颊部后部（口后部）被鳞；尾鳍基部无明显大黑斑

15（18）侧线鳞 55～61；脊椎骨 57～62；前鼻孔鼻瓣细

16（17）鳃耙 34（12＋22）　·· **杂斑狗母鱼（花斑狗母鱼）**
S. variegatus（Lacépède，1803）（图 771）（syn. S. englemani Schulz，1953；沈世杰，1984；陈素芝，2002）。栖息水深 4～91m。体长 400mm。分布：东海、台湾周边沿海；越南、菲律宾、澳大利亚昆士兰、美国夏威夷等太平洋及印度、斯里兰卡等印度洋海域。

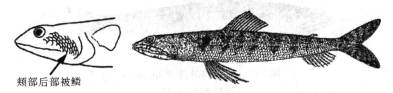

图 771　杂斑狗母鱼（花斑狗母鱼）S. variegatus
（依陈素芝，2002）

17（16）鳃耙 26（8＋18）　····································· **革狗母鱼 S. dermatogenys Fowler，1912**
（图 772）。栖息水深 1～70m。最大体长 240mm。分布：东海、台湾澎湖列岛及兰屿、东沙群岛；朝鲜半岛、日本、东非、马达加斯加、夏威夷群岛，南至新喀里多尼亚。

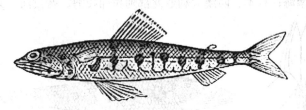

图 772　革狗母鱼 S. dermatogenys
（依郑义郎，2007）

18（15）侧线鳞多于 63～66；脊椎骨 63～65；鼻瓣铲状或很短

19（20）前鼻孔鼻瓣长，铲状；吻部通常具 6 个斑　··················· **红斑狗母鱼 S. ulae Schultz，1953**
（图 773）。栖息水深 30～60m。体长 300mm。分布：东海、台湾（东北部沿海及小琉球）、南海；日本、美国夏威夷等太平洋海域。

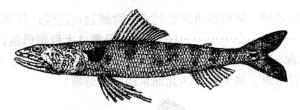

图 773　红斑狗母鱼 S. ulae
（依陈素芝，2002）

20（19）前鼻孔鼻瓣很短，三角状；吻部通常具 2 个斑　·························· **羊角狗母鱼**
S. capricornis Cressey & Randall，1978（图 774）。栖息水深 20～150m。体长 210mm。分布：台湾南部东西两岸沿海；太平洋东南部、中太平洋、夏威夷海域。

图 774 羊角狗母鱼 S. capricornis

（依 R. Cressey，1981）

21（9）胸鳍伸越腹鳍起点与背鳍起点连线；前鼻孔鼻瓣长，铲状；腹膜斑 0～3；椎骨 53～54；侧线鳞 53～55 ·············· **双斑狗母鱼 S. binotatus Schultz，1953**（图 775）。栖息水深 1～30m。体长 180mm。分布：东海、台湾（西部沿海）、东沙群岛；太平洋西南部马绍尔群岛，印度洋斯里兰卡、马尔代夫沿海等。

图 775 双斑狗母鱼 S. binotatus

（依郑义郎，2007）

22（1）前部腭骨齿不长于后部腭骨齿，前后部腭骨齿呈相同类型

23（32）腰带骨（腹鳍）后部突起窄

24（25）胸鳍不伸达腹鳍起点与背鳍起点连线；腹膜黑色；体侧具长方形暗色斑 ·············· **方斑狗母鱼 S. kaianus（Günther，1880）**（图 776）。栖息水深 46～326m。体长 300mm。分布：东海大陆架边缘、南海；日本、西澳大利亚北部阿拉弗拉海、帝汶海、夏威夷等太平洋海域。

← 腰带骨后部突起狭窄

图 776 方斑狗母鱼 S. kaianus

（依许成玉，1988）

25（24）胸鳍伸达或伸越腹鳍起点与背鳍起点连线；腹膜灰白色或褐色；侧线鳞少于 58；背鳍具 2 条以上窄带

26（29）体侧具斑纹

27（28）体侧具 X 形或 Y 形暗斑；胸鳍伸越腹鳍起点与背鳍起点连线；背鳍和尾鳍具斑纹；腹膜灰色，腹膜斑 5～6 个 ·············· **叉斑狗母鱼（大目狗母鱼）S. macrops Tanaka，1917**（图 777）。栖息水深 35～173m。体长 200mm。分布：东海、台湾（东北部沿海及南部东西两岸沿海）、南海；日本海、澳大利亚西北部东印度洋海域。

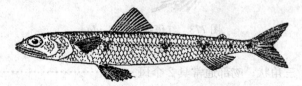

图 777 叉斑狗母鱼（大目狗母鱼）S. macrops

（依王文滨，1963）

28（27）体侧具 4 个 Ω 形横斑；胸鳍伸达腹鳍起点与背鳍起点连线；背鳍和尾鳍无斑纹；腹膜黑褐色，
腹膜斑 7 个 ·················· **太平洋狗母鱼 S. pacificus Ho，Chen & Shao，2016**
（图 778）。栖息水深 120～270m。体长 204mm。分布：台湾北部海域；菲律宾、新喀里多尼亚
等西太平洋海域。

图 778　太平洋狗母鱼 S. pacificus
（依 Ho et al.，2016）

29（26）体侧无显著斑纹；腹膜白色；腹膜斑（peritoneal spots）7～8 个

30（31）吻背视圆；前鼻孔鼻瓣宽，长几等于其基部宽；体侧无显著斑纹；生活时眼后具 3 条红线······
·············**眼点狗母鱼 S. oculeus Cressey，1981**（图 779）。栖息水深 44～96m。体长
183mm。分布：南海；日本，印度洋：安达曼海至索马里海域，西太平洋：印度尼西亚和切
斯特菲尔德群岛。

鼻瓣长宽
几相等

图 779　眼点狗母鱼 S. oculeus
（依 R. Cressey，1981）

31（30）吻背视尖；前鼻孔鼻瓣尖长，长远大于其基部宽 ······················· **大首狗母鱼**
S. macrocephalus Cressey，1981（图 780）。栖息水深 51～296m。体长 158mm。分布：南海；
印度洋、安达曼群岛、孟加拉湾、索马里海域、印度-西太平洋。

鼻瓣长远大于宽

图 780　大首狗母鱼 S. macrocephalus
（依 R. Cressey，1981）

32（23）腰带骨（腹鳍）后部突起宽

33（36）鳃盖后上缘无黑斑

34（35）体侧中部约具 9 个红褐色斑纹；各鳍具小斑，呈断续线纹；舌游离端齿不多于 30··········
·············**红花斑狗母鱼 S. rubromarmoratus Russell & Cressey，1979**（图 781）。栖息水深

← 腰带骨（腹鳍）后部突起宽

图 781　红花斑狗母鱼 S. rubromarmoratus
（依 R. Cressey，1981）

5～50m。体长 75.9mm。分布：东海、台湾澎湖列岛、南海；菲律宾、印度尼西亚、澳大利亚大堡礁等海域。

35（34）体侧无暗褐色斑纹；各鳍无斑纹；舌游离端齿 40；下鳃耙 40 ·················· **东方狗母鱼**
S. orientalis Randall & Pyle, 2008（图 782）(syn. 洛氏狗母鱼 S. lobeli Chen et al., 2007)。
栖息水深 2～140m。数量少，稀有。体长 205.5～234mm。分布：东海、台湾（南部东西两岸沿海）；日本小笠原群岛。

图 782　东方狗母鱼 S. orientalis
（依郑义郎，2007）

36（33）鳃盖后上缘具 2 个或 3 个黑斑；舌游离端齿多于 30 ·················· **印度狗母鱼**
S. indicus (Day, 1873)（图 783）。栖息水深 20～100m。体长 330mm。分布：南海、菲律宾；印度尼西亚和澳大利亚西北部、印度-西太平洋（红海南部和东非到印度南部和斯里兰卡）。

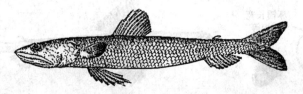

图 783　印度狗母鱼 S. indicus
（依陈素芝，2002）

大头狗母鱼属（大头花杆狗母鱼属）Trachinocephalus Gill, 1862

大头狗母鱼（大头花杆狗母鱼）T. myops (Foster, 1801)（图 784）。肉食性底层鱼类，栖息于沙泥底质海域。栖息水深从沿岸至 100m。最大体长 400mm。我国海洋经济鱼类之一。分布：东海（浙江舟山）、台湾四周沿岸、南海；朝鲜半岛，日本，太平洋、印度洋、大西洋温带和热带海域。

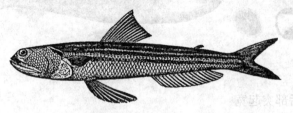

图 784　大头狗母鱼（大头花杆狗母鱼）T. myops
（依王文滨，1963）

青眼鱼亚目 CHLOROPHTHALMOIDEI

第二咽鳃骨（PB2）近端侧向扩大；上颌骨中部边缘具一背侧向突起；具 1 枚上神经骨（supraneural）；腰带骨中部突起被 1 个很大的（在一些类群中）已骨化的翼状突起覆盖；瞳孔椭圆形或锁孔形，前面有明显的无晶状体区域［瞳孔微小或变幅大的炉眼科鱼类除外］；第三咽鳃骨（PB3）齿小；第三角鳃骨（CB3）不呈 V 形；前颌骨中部边缘具背中向突起；上颌骨发达，后端扩大；上神经骨不与主轴骨骼愈合。

本亚目有 3 科 11 属 71 种；中国有 3 科 5 属 14 种。

科 的 检 索 表

1（4）眼正常大

2（3）背鳍位于体前半部，其起点前于腹鳍；背鳍9～13；臀鳍7～11 ⋯⋯ 青眼鱼科 Chlorophthalmidae

3（2）背鳍位于体中央，其起点后于腹鳍；背鳍10～11，臀鳍16～18 ⋯⋯⋯⋯ 崖蜥鱼科 Notosudidae

4（1）眼微小或退化；背鳍起点后于腹鳍 ⋯⋯⋯⋯⋯⋯⋯⋯⋯⋯⋯⋯⋯⋯⋯ 炉眼鱼科 Ipnopidae

96. 青眼鱼科 Chlorophthalmidae

　　体延长，侧扁；吻部背视圆钝，侧视尖突。头大。口端位，不能伸缩，下颌突出于上颌；上颌骨末端扩大且延伸至眼前缘至眼后缘；辅上颌骨1块；颌齿细小。眼大，具绿色或黄色之水晶体。具拟鳃。鳃盖条8。体被圆鳞或栉鳞。背鳍1个，基底短，具9～13鳍条，后方具脂鳍；臀鳍具7～11鳍条；胸鳍侧位，15～19鳍条；尾鳍叉形。脊椎骨数38～50。

　　本科为底栖性中小型鱼类，主要栖息于大陆棚斜坡及棚缘处。栖息水深300～1 000m。所有种类均为雌雄同体，广泛分布于太平洋、印度洋、大西洋热带至温带水域。

　　本科有2属17种（Nelson et al.，2016）；中国有1属6种。

青眼鱼属 *Chlorophthalmus* Bonaparte，1840
种 的 检 索 表

1（4）犁骨外缘无齿；眼小，眼径小于或约等于吻长；头、体明显侧扁；背鳍前方显著隆起或稍隆起

2（3）背鳍前方显著隆起；背鳍前缘和尾鳍末端边缘不呈黑色；腹鳍无黑色横带 ⋯⋯⋯⋯⋯⋯⋯⋯⋯⋯
　　尖额青眼鱼（隆背青眼鱼）*C. acutifrons* Hiyama，1940（图785）。中小型底层鱼类，栖息大陆架边缘的深水域。栖息水深260～950m。体长160～300mm。分布：东海中东部和南部（东海大陆架斜坡海区、台湾东北部和南部东西两岸沿海）、南海；韩国济州岛、日本至菲律宾等西太平洋海域。

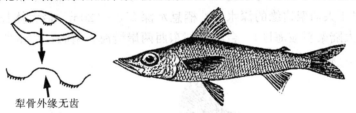

犁骨外缘无齿

图785　尖额青眼鱼（隆背青眼鱼）*C. acutifrons*
（依陈素芝，2002）

3（2）背鳍前方稍隆起；背鳍前缘和尾鳍末端边缘呈黑色；腹鳍中部有黑色横带 ⋯⋯⋯⋯⋯⋯⋯⋯⋯⋯
　　黑缘青眼鱼*C. nigromarginatus* Kampohara，1953（图786）。中小型底层鱼类，栖息于大陆架边缘之深水域。栖息水深184～440m。最大体长230mm。分布：东海（东海大陆架斜坡海区）、台湾北部、东沙群岛、西沙群岛；日本，印度尼西亚等西太平洋海域和澳大利亚西北部的印度洋海域。

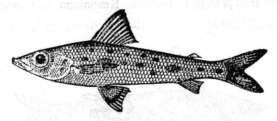

图786　黑缘青眼鱼*C. nigromarginatus*
（依许成玉，1988）

4（1）眼大，眼径大于吻长；体前部圆筒形或体中部方形；背鳍前方不隆起；犁骨外缘具齿

5（6）下颌前端具强的钩状突起 ⋯⋯⋯⋯⋯⋯⋯⋯⋯⋯⋯ **角青眼鱼*C. corniger* Alcock，1894**

（图787）［syn. 双角青眼鱼 *C. bicornis* Norman，1939］。栖息水深265～458m。体长170mm，通常120mm。分布：南海；菲律宾，印度洋。

图787　角青眼鱼 *C. corniger*

（依 K. K. Bineesh，2014）

6（5）下颌前端无钩状突起

7（8）头大，体长为头长的3～3.5倍；上颌骨末端伸达眼前缘下方；侧线上鳞5～6；体侧扁…………………………… **尖吻青眼鱼（短吻青眼鱼）*C. agassizi* Bonaparte，1840**（图788）。栖息水深100m。分布：东海、南海；太平洋、印度洋、大西洋温暖海域。

图788　尖吻青眼鱼（短吻青眼鱼）*C. agassizi*

（依陈素芝，2002）

8（7）头小，体长为头长的3.5倍以上；上颌骨末端伸越眼前缘；侧线上鳞7～8

9（10）眼大，眼径为吻长的1.5倍，眼径为体长的10.7%～13.0%；头长为体长的26.2%～27.9% ………………………… **大眼青眼鱼 *C. albatrossis* Jordan & Starks，1904**（图789）。中小型底层鱼类，栖息于大陆架边缘的深水域。栖息水深250～620m。最大体长150mm。分布：东海（东海中东部大陆架斜坡海区）、台湾南部东西两岸沿海、南海；济州岛、日本南部至菲律宾、新喀里多尼亚、新西兰等西太平洋海域。

图789　大眼青眼鱼 *C. albatrossis*

（依陈素芝，2002）

10（9）眼大，眼径为吻长的1.2倍，眼径为体长的9.7%～10.9%；头长为体长的26.2%～27.9% ………………………… **北域青眼鱼 *C. borealis* Kuronuma & Yamagichi，1941**（图790）。栖息于大陆架边缘水域。栖息水深45～600m。体长250mm。分布：台湾东北部沿海、南海；日本

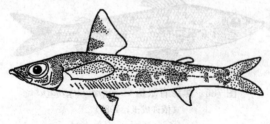

图790　北域青眼鱼 *C. borealis*

（依中坊等，2013）

中北部太平洋沿岸海区。

97. 崖蜥鱼科 Notosudidae

体延长而侧扁。头小。眼大，吻端尖长，眼径约等于吻长；上颌短，末端延伸至眼部中央。体被圆鳞，易脱落，腹面具三列银白色鳞片。侧线非常明显而发达。背鳍位于体中央，腹鳍位于背鳍起点略前方。各鳍均无硬棘，背鳍 10～11；臀鳍 16～18；尾鳍深叉。体深褐色至黑色，头部颜色略深。

深海鱼类。栖息水深 300～600m。分布于印度-太平洋热带海域。

本科有 3 属 17 种（Nelson et al.，2016）；中国有 1 属 4 种。

弱蜥鱼属 *Scopelosaurus* Bleeker，1860
种 的 检 索 表

1（2）下颌侧线孔围以黑色周缘；体腹面具白色鳞列 ························· **霍氏弱蜥鱼**
　　　***S. hoedti* Bleeker，1860**（图 791）。大洋性深海鱼类。栖息水深 300～900m。体长 140mm。分布：台湾东部及东北部海域；日本，菲律宾群岛西部南海及其东部至新几内亚北部、澳大利亚东岸、中太平洋、印度洋。

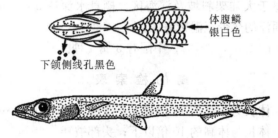

图 791　霍氏弱蜥鱼 *S. hoedti*
（依中坊等，2013）

2（1）下颌侧线孔不围以黑色周缘；体腹面无白色鳞列

3（4）胸鳍短，后端不伸达腹鳍起点；脊椎骨 58～61；臀鳍 17～18；下鳃耙 20···············
　　　哈氏弱蜥鱼 *S. harryi*（Mead，1953）（图 792）。栖息水深 25～1 440m。体长 225mm。分布：台湾海域；日本，鄂霍次克海、白令海、阿拉斯加湾、北太平洋（20°N～60°N）。

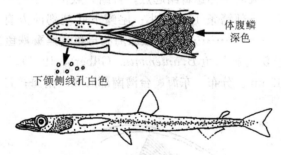

图 792　哈氏弱蜥鱼 *S. harryi*
（依中坊等，2013）

4（3）胸鳍长，后端伸越腹鳍起点；脊椎骨 53～57

5（6）鳃耙 20～22；脊椎骨 55～57　·································· **莫氏弱蜥鱼**
　　　***S. mauli* Bertelsen，Krefft et Marshall，1976**（图 793）。大洋性深海鱼类。栖息水深 1 650m 以

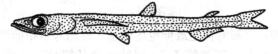

图 793　莫氏弱蜥鱼 *S. mauli*
（依中坊等，2013）

浅。体长 160mm。分布：东海东部、南海；日本至澳大利亚，太平洋、印度洋、大西洋海域。

6（5）鳃耙 14～19；脊椎骨 53～56 ····················· **史氏弱蜥鱼 S. smithii Bean，1925**（图 794）。
大洋性深海鱼类。栖息水深幼鱼 50～200m、成鱼 200～600m。体长 220mm。分布：台湾南部；
日本南部、琉球群岛、菲律宾、印度尼西亚等西太平洋海域、中太平洋、印度洋、大西洋。

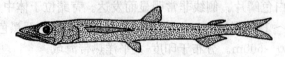

图 794　史氏弱蜥鱼 S. smithii
（依中坊等，2013）

98. 炉眼鱼科 Ipnopidae

体细长，前部亚圆筒形，后部稍侧扁。眼极小，或特化成极大板状的背板（dorsal plaques）。吻略
长或圆钝。口大，上颌延伸远至眼后方；齿细小，针状，块状或带状存在于颌骨及锄骨，腭骨或有，或
无齿。背鳍鳍条 8～16；臀鳍鳍条 7～19；胸鳍鳍条 9～24；脂鳍有或无；尾鳍叉形。鳃盖条 8～17。深
海狗母鱼属具有延长如丝的胸鳍、腹鳍及尾鳍。

为中小型底层鱼类，栖息于大陆架斜坡及深海区。栖息水深达 5 000m。所有种类皆为雌雄同体。
分布：太平洋、印度洋及大西洋的热带至温带海域。

本科有 6 属 32 种（Nelson et al.，2016）；中国有 3 属 4 种。

属 的 检 索 表

1（2）眼背向，被以骨质膜；体长为体高的 10 倍以上；头部无鳞 ··················· **炉眼鱼属 Ipnops**
2（1）眼侧向，不被骨质膜；体长为体高的 10 倍以下；头部被鳞
3（4）胸鳍、腹鳍和尾鳍具延长的鳍条；第一鳃弓具 10～18 长鳃耙 ········· **深海狗母鱼属 Bathypterois**
4（3）胸鳍、腹鳍和尾鳍无延长的鳍条；第一鳃弓具一长鳃耙 ··········· **深海青眼鱼属 Bathytyphlops**

深海狗母鱼属 Bathypterois Günther，1878
种 的 检 索 表

1（2）腹鳍第一鳍条稍延长，平展时不伸达臀鳍起点；臀鳍起点稍后于背鳍基底后端；胸鳍分成上下两
部分，上部 2 鳍条粗长，下部鳍条 10、短小；尾鳍下叶基部前方有一缺刻，并有一骨质突起；
尾鳍无丝状延长鳍条 ·················· **小眼深海狗母鱼（黑蓑蛛鱼）B. atricolor Alcock，1896**
（图 795）（syn. 长胸丝深海狗母鱼 B. antennatus Gilbert，1905）。大洋性深海鱼类。栖息水深
250～5 150m。体长 242mm。分布：东海、台湾南部海域、南海；日本，东太平洋、西印度洋温
带至热带海域。

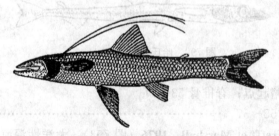

图 795　小眼深海狗母鱼（黑蓑蛛鱼）B. atricolor
（依许成玉，1988）

2（1）腹鳍第一鳍条显著延长，平展时伸达或伸越尾鳍基；臀鳍起点稍前于背鳍基底后端；胸鳍分成上
下两部分，上部鳍条均延长，下部鳍条 5；尾鳍下叶基部前方无缺刻；尾鳍下缘鳍条丝状延长
·················· **贡氏深海狗母鱼 B. guentheri Alcock，1889**（图 796）。大洋性深海鱼类。

栖息水深 550～1 500m。体长 260mm。分布：东海东北部（济州岛外海）、东海中东部、台湾南部海域、南海；日本，中-西太平洋和印度洋海域。

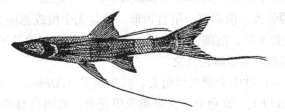

图 796　贡氏深海狗母鱼 B. guentheri

（依许成玉，1988）

深海青眼鱼属 Bathytyphlops Nybelin，1957

盲深海青眼鱼 B. marionae Mead，1958（图 797）。深海鱼类。栖息水深868～1 920m。最大体长380mm。分布：台湾南部东西沿岸海域；全球的热带海域。

图 797　盲深海青眼鱼 B. marionae

（依廖运志，邵广昭，2007）

炉眼鱼属 Ipnops Günther，1878

阿氏炉眼鱼 I. agassizii Garman，1899（图 798）　[syn. 异目鱼 I. pristibrachium（Fowler，1943）]。深海鱼类，栖息水深 1 392～4 163m。最大体长 145mm。分布：南海；太平洋、印度洋、大西洋热带海域。

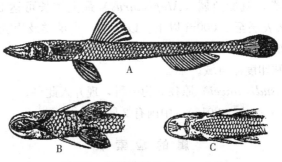

图 798　阿氏炉眼鱼 I. agassizii

A. 侧视　B. 背视　C. 腹视

（依 Fowler，1943）

帆蜥鱼亚目 ALEPISAUROIDEI

体延长，头体侧扁。口大，不能伸缩；下颌突出；前颌骨和上颌骨细长，后端不扩大。两颌有齿时，为2～3列，外列齿固定，内列齿可倒；上颌缝合处通常具弯曲齿。背鳍位于体的中后部；腹鳍互为接近，位于胸鳍远后方，鳍条 6～13；脂鳍有或无。多数种鳞退化，少数种有易脱落鳞。雌雄异体。无鳔。第三咽鳃骨（PB3）无与第二上鳃骨（EB2）连接的髋状软骨突起；第一咽鳃骨（PB1）在第一上鳃骨（EB1）的远端连接；第一咽鳃骨正常、退化或缺失；第五角鳃骨（CB5）与第四基鳃骨（BB4）

间无间隙；第二下鳃骨（HB2）无向下突起；前角舌骨（ceratohyal）无自生下向软骨。方骨（quadrate）扇形，不凹入，后部背面与后翼骨（metapterygoid）连接。后翼骨覆盖了方骨。辅助神经弓缺失。主尾鳍条骨近端部分不变异。后部髓棘和脉棘不扩大。腰带骨中部突起由软骨在中部连接。腰带骨后部突起小（或无）。腭骨大，前部宽，呈直角形。筛骨无中棱或侧棱。副蝶骨细长。基蝶骨1块。无眶蝶骨。中翼骨小。后颞骨叉状。前鳃盖骨窄长。下鳃盖骨位于鳃盖骨下方。间鳃盖骨小或退化。鳃膜骨条6～8。通常无正常鳃耙，多以鳃齿代之。

热带亚热带深海鱼类。大洋性中上层大型鱼类，帆蜥鱼属（*Alepisaurus*）最大体长可达2m，一般栖息深度可从表层至1 000m以上。食鱼类、头足类及甲壳类，然而自身则为鲭、鲨、黄鳍鲔及水生哺乳类的捕食对象。

本亚目有4科24属92种；中国有4科16属26种。

科 的 检 索 表

1（4）眼呈管状，指向背方或背前方
2（3）舌具钩状强齿 ··· 珠目鱼科 Scopelarchidae
3（2）舌上无齿 ··· 齿口鱼科 Evermannellidae
4（1）眼正常，不呈管状
5（6）下颌骨和口盖骨具1列扩大剑状齿；头和体裸露无鳞 ············· 帆蜥鱼科 Alepisauridae
6（5）下颌骨和口盖骨无扩大剑状齿；头和体被鳞，或裸露无鳞，沿侧线有1列管状特化鳞··········
·· 舒蜥鱼科 Paralepididae

99. 帆蜥鱼科 Alepisauridae

体狭长而侧扁。吻尖长或钝尖。口大，上下颌骨具锐利之牙齿。体裸露无鳞。无发光器。无鳔。帆蜥鱼属（*Alepisaurus*）背鳍高而长，起点于鳃盖上方，一直延伸至体后部，开展后似帆状，具29～48软条，后方具脂鳍；而锤颌鱼属（*Omosudis*）背鳍低而短，位于体中部后方，具9～12软条，后方脂鳍与臀鳍相对；臀鳍皆短小，12～18软条；尾鳍皆叉形。

为大洋性中上层大型鱼类，帆蜥鱼属（*Alepisaurus*）最大体长可达2m，锤颌鱼属（*Omosudis*）为20cm。一般栖息深度可从表层至1 000m以上。以鱼类、头足类及甲壳类为食，然而自身则为鲭、鲨、黄鳍鲔及水生哺乳类的捕食对象。

分布：太平洋、大西洋和印度洋海域。

1属1种的锤颌鱼（*Omosudis lowei*）原独立为一科，现并入此科。

本科有4属9种（Nelson et al.，2016）；中国有2属2种。

属 的 检 索 表

1（2）体显著延长；背鳍高大，始于头后部，基底长大于体长之半，鳍条37～42 ·····················
··· 帆蜥鱼属 *Alepisaurus*
2（1）体普通延长；背鳍短小，始于体中后部，基底长小于体长之半，鳍条9～12 ·······················
··· 锤颌鱼属 *Omosudis*

帆蜥鱼属 *Alepisaurus* Lowe，1833

帆蜥鱼 A. ferox Lowe，1833（图799）。热带、亚热带大洋性深海鱼类。栖息水深216～1 829m。体长1 300mm。常出现于近海。食鱼类、头足类、被囊类或甲壳类。具浮游稚鱼期。分布：东海、台湾东北部海域，中沙群岛、西沙群岛、南沙群岛；日本，太平洋、大西洋、印度洋。罕见鱼类，除学术研究外，无经济价值。

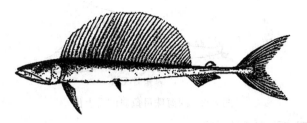

图 799 帆蜥鱼 A. ferox

（依陈素芝，2002）

锤颌鱼属 *Omosudis* Günther，1887

锤颌鱼 *O. lowii* Günther，1887（图 800）。深海底层洄游性及大洋性深海鱼类。栖息水深 700～4 400m。食乌贼及洄游性鱼类。体长 230mm。分布：东海、台湾东北部海域、南海；日本，太平洋、印度洋、大西洋热带及温带海域均见。罕见鱼类，除学术研究外，无经济价值。

图 800 锤颌鱼 *O. lowii*

（依郑义郎，2007）

100. 珠目鱼科 Scopelarchidae

体延长，颇侧扁。头较大。口大，口裂长。上颌口缘由前颌骨组成。眼大，呈管状，指向前方、上方或背后方。眼间距小于眼径，背部常具 1～3 条纵隆起线。舌细长，具强齿，齿侧扁，后端钩状。前上颌齿小，1 行；下颌齿 2 行，外行齿小，固定，内行齿长大，可倒。鳃孔大。鳃耙小而退化，具棘状尖锐鳃齿。鳃盖膜互为重叠。鳃膜骨条 8，无鳔。体被易脱落小圆鳞。侧线鳞 40～66。脊椎骨 40～65。背鳍短小，位于鳃孔与臀鳍起点之间上方，5～10 鳍条，具脂鳍；臀鳍位于体后部，基底长大于头长，鳍条 17～27（39）；胸鳍条 18～28；腹鳍位于背鳍基前方、上方或后方，9～10 鳍条；尾鳍深分叉，上下叶等长。

小型深海鱼类。栖息水深 500～2 500m。分布：太平洋、印度洋、大西洋。

本科有 4 属 18 种（Nelson et al.，2016）；中国有 4 属 6 种。

属 的 检 索 表

1（4）腹鳍起点位于背鳍起点稍前方

2（3）舌上齿见于基舌骨和第二、三基鳃骨（图 801）；脊椎骨 46～49 ··· **红珠目鱼属 *Rosenblattichthys***

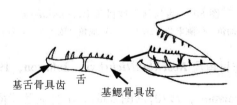

基舌骨具齿 舌 基鳃骨具齿

图 801 红珠目鱼属的舌上齿

3（2）舌上齿仅见于基舌骨（图 802）；侧线上下无色素纹；脊椎骨 54～65 ··· **深海珠目鱼属 *Benthalbella***

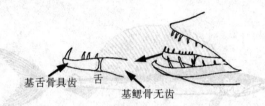

图 802　深海珠目鱼属的舌上齿

基舌骨具齿　　舌　　基鳃骨无齿

4（1）腹鳍起点位于背鳍起点下方或稍后方

5（6）体侧后半部侧线上下方全无色素纹，或仅一方有 1 行色素纹（图 803）；尾柄上叶色素明显；脊椎骨 48～50；胸鳍条 20～25，其长短于腹鳍长（仅 *S. signifer* 例外）；腹鳍后端伸达臀鳍起点；鳃丝延伸超过鳃盖边缘，或至胸鳍基 ························· **拟珠目鱼属 Scopelarchoides**

侧线上下方无色素纹　　　侧线下方具一色素纹

图 803　拟珠目鱼属的侧线

6（5）体侧后半部侧线上下方色素纹对称，各 1 行（图 804）；尾柄上叶色素不明显；脊椎骨 44～48；胸鳍条 18～22，其长大于腹鳍长；腹鳍后端不伸达臀鳍起点；鳃丝延伸不到鳃盖边缘 ········
··· **珠目鱼属 Scopelarchus**

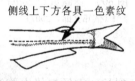

侧线上下方各具一色素纹

图 804　珠目鱼属的侧线

深海珠目鱼属 Benthalbella Zugmayer, 1911

舌齿深海珠目鱼 B. linguidens（Mead & Böhlke, 1953）（图 805）。深海鱼类。栖息水深 13～3 660m，通常 1 000m 以浅。体长 300mm。分布：南海；日本青森县至房总半岛太平洋外海、日本海、北太平洋亚北极海域。

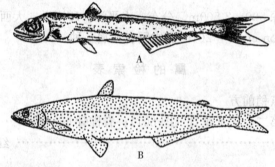

图 805　舌齿深海珠目鱼 B. linguidens
A. 幼鱼（依陈素芝，2002）　B. 成鱼（依中坊等，2013）

红珠目鱼属 Rosenblattichthys，Johnson, 1974

羽红珠目鱼 R. alatus（Fourmanoir, 1970）（图 806）。本种显著特征是胸鳍和腹鳍明显延长，臀鳍起点上方有 1 条垂直暗纹。中深层游泳性鱼类，栖息水深仔鱼为 20～30m、成鱼 300m 以上。体长 80mm。分布：台湾南部海域、南海；日本九州南部海域（仅稚鱼记录）、菲律宾群岛北部外南海、澳大利亚东南沿岸海域、中太平洋和印度洋。

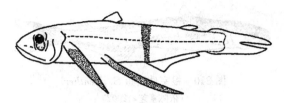

图 806　羽红珠目鱼 *R. alatus*
（依中坊等，2013）

拟珠目鱼属 *Scopelarchoides* Parr，1929
种 的 检 索 表

1（2）臀鳍条 24～27；尾鳍下叶色素发达，上叶色素缺乏或很弱；鳃丝短，向后延伸不超过鳃盖后缘
·······················丹娜拟珠目鱼 *S. danae* Johnson，1974（图 807）。中深层游泳性鱼类。栖
息水深仔鱼 100m 以浅、成鱼 300～500m，最大水深达 2 626m。体长 80mm。分布：南海；日
本，太平洋、印度洋、大西洋热带海域。

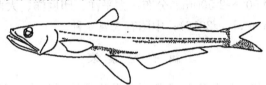

图 807　丹娜拟珠目鱼 *S. danae*
（依中坊等，2013）

2（1）臀鳍条 20～23；尾鳍上下叶色素均发达；鳃丝长，向后延伸超过鳃盖后缘至胸鳍基部··········
··············尼氏拟珠目鱼 *S. nicholsi* Parr，1929（图 808）。深海鱼类。栖息水深 1 808m。分
布：南海；太平洋热带海域。

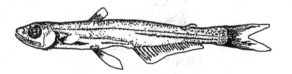

图 808　尼氏拟珠目鱼 *S. nicholsi*
（依陈素芝，2002）

珠目鱼属 *Scopelarchus* Alcock，1896
种 的 检 索 表

1（2）胸鳍具色素；臀鳍鳍条通常少于 25 ······················ 柔珠目鱼 *S. analis* Brauer，1902
（图 809）。中深层游泳性鱼类。栖息水深仔鱼 100m 以浅、成鱼 275（夜）～800m 以深（昼），
最大至2 444m。体长 130mm。分布：南海东北部和中部（东沙群岛、西沙群岛）；太平洋、印
度洋、大西洋。

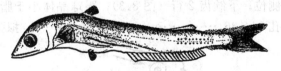

图 809　柔珠目鱼 *S. analis*
（依陈素芝，2002）

2（1）胸鳍无色素；臀鳍鳍条通常多于 25··············根室珠目鱼 *S. guentheri* Alock，1896
（图 810）。中深层游泳性鱼类。栖息水深仔鱼 0～150m（夜）、成鱼 150m 以浅（夜）～300m
（昼），最大达 2 571m。体长 130mm。分布：南海中部；日本，太平洋、印度洋、东大西洋。

图 810　根室珠目鱼 S. guentheri

（依陈素芝，2002）

101. 齿口鱼科 Evermannellidae

体短而高，侧扁。头中大，侧扁。吻短钝。口裂长。上颌由前颌骨组成。具主上颌骨。辅上颌骨小。眼正常或呈管状，眼球晶体指向侧位或背面。眼间距狭或宽，常具 4 条下纵隆起线。上颌齿 1 行，下颌齿 2 行；腭骨齿 1 行，长大。具犁骨齿和咽鳃骨齿。舌短，无齿。鳃耙退化，呈棘状齿。鳃膜骨条8。体裸露无鳞。侧线不发达，呈管状，从背鳍起点前延伸到臀鳍基上方或前方；体长每侧具孔 1 列或多列，4～36 孔。无鳔。脊椎骨 45～50。背鳍基短，鳍条 11～13；臀鳍基长大于头长，鳍条 25～36；具脂鳍；胸鳍位低，鳍条 11～13；腹鳍腹位，鳍条 8～10；尾鳍深叉形，上下叶等长。

小型深海鱼类。栖息水深 500～2 500m。分布：太平洋、印度洋、大西洋和地中海。

本科有 3 属 8 种（Nelson et al.，2016）；中国有 3 属 4 种。

属 的 检 索 表

1（4）眼延长，呈半管状或管状，指向背侧或背面；眼球晶体明显大于脂眼睑；侧线短，延伸到背鳍
　　　起点前方或稍后上方，侧线孔 4～25

2（3）眼呈半管状，指向背侧；下颌齿 1 行（图 811）；胸鳍末端伸达背鳍起点垂直线之后，或腹鳍
　　　起点之后；头高大于上颌长；吻端高起，呈截形 ·················· 谷口鱼属 *Coccorella*

图 811　谷口鱼属的眼及下颌齿

3（2）眼呈管状，指向背侧或背面；下颌齿 2 行（图 812）；胸鳍末端不伸达背鳍和腹鳍起点垂直线；
　　　头高小于上颌长；吻端尖 ·· 齿口鱼属 *Evermannella*

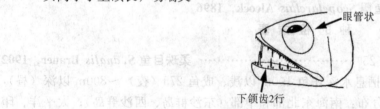

图 812　齿口鱼属的眼及下颌齿

4（1）眼正常，不呈管状，侧位；下颌齿 2 行（图 813）；眼球晶体小于脂眼睑；侧线长，延伸到臀
　　　鳍基中部上方，侧线孔 34～36 ·································· 拟强牙巨口鱼属 *Odontostomops*

图 813　拟强牙巨口鱼属的眼及下颌齿

谷口鱼属 *Coccorella* Roule，1929
种 的 检 索 表

1（2）头背部眼间隔后区有 3 对感觉管孔；体黑褐色 ·· **大西洋谷口鱼**
C. atlantica（**Parr，1928**）（图 814）。中深层游泳性鱼类。栖息水深仔鱼 50～125m、成鱼500～
1 000m。体长 180mm。

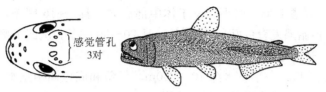

图 814　大西洋谷口鱼 *C. atlantica*
（依中坊等，2013）

2（1）头背部眼间隔后区有 2 对感觉管孔；体褐色 ·· **阿氏谷口鱼**
C. atrata（**Alcock，1894**）（图 815）。曾用名谷蜥鱼。热带、亚热带中深层游泳性鱼类。栖息水
深仔鱼100～300m、成鱼 300～2 626m。体长 110mm。分布：南海（南沙群岛）；太平洋、印度
洋、大西洋。

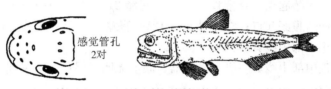

图 815　阿氏谷口鱼 *C. atrata*
（依杨家驹等，1996）

齿口鱼属 *Evermannella* Fowler，1901

印度齿口鱼（印度刀齿蜥鱼）*E. indica*（Brauer，1906）（图 816）。热带中深层游泳性鱼类。栖息
水深 500～1 050m。体长 130mm。分布：台湾南部海域、南海；日本（九州南部至琉球群岛海域）、菲
律宾至印度尼西亚，新喀里多尼亚等太平洋、印度洋、大西洋海域。

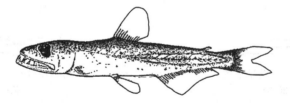

图 816　印度齿口鱼（印度刀齿蜥鱼）*E. indica*
（依杨家驹等，1996）

拟强牙巨口鱼属 *Odontostomops* Fowler，1934

细眼拟强牙巨口鱼（真齿蜥鱼）*O. normalops*（Parr，1928）（图 817）。热带中深层游泳性鱼类。栖息

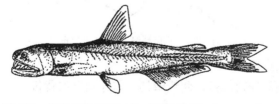

图 817　细眼拟强牙巨口鱼（真齿蜥鱼）*O. normalops*
（依陈素芝，2002）

水深仔鱼 100m 以上、成鱼 100～1 732m。体长 120mm。分布：南海东北部（18°01′5″N、118°02′5″E）；太平洋、印度洋、大西洋。

102. 舒蜥鱼科 Paralepididae

体颇延长，亚圆筒形或侧扁。吻尖突。口端位。两颌及腭骨齿细长，可倒伏或固定，前颌骨另有 1 列犬齿，有些种最前方 2～4 齿扩大且能倒伏。鳃耙退化，呈齿状或针状。体若有鳞则为圆鳞，易脱落；具侧线。具发光器或无。背鳍 1 个，短小，位于体中部后方，具 7～16 鳍条，后方具脂鳍（箭齿鱼属 Anotopterus 背鳍缺如，但脂鳍发育良好）；臀鳍长，具 20～50 鳍条；胸鳍下侧位，具 11～17 鳍条；腹鳍小；尾鳍叉形。无鳔。脊椎骨数 53～121。

大洋性中底层鱼类。一般幼鱼栖息水深 10～200m、仔鱼和成鱼期栖息水深 400～900m。一些种类体长超过 1m。广泛分布于北极至南极的世界各大洋。

本科有 11 属 27 种（Nelson et al.，2016）；中国有 8 属 14 种。

属 的 检 索 表

1（2）无背鳍；胸鳍腹位 ………………………………………………… **法老鱼属 Anotopterus**

2（1）具背鳍；胸鳍侧位

3（4）胸鳍长，后端伸达腹鳍起点；脊椎骨 50～60；臀鳍 21～24 ………… **柱蜥鱼属 Sudis**

4（3）胸鳍短，后端不伸达腹鳍起点；脊椎骨 60～121；臀鳍 19～50（通常 25 或以上）

5（8）头和腹鳍前腹面正中部中线具纵列发光器

6（7）头和腹鳍前腹面正中部中线具一纵列发光器；眼前无明显黑色乳头突起（图 818）………
………………………………………………………………………… **裸蜥鱼属 Lestidium**

7（6）头和腹鳍前腹面正中部中线具二纵列发光器；眼前具明显乳头突起（图 819）………
……………………………………………………………………… **光鳞鱼属 Lestrolepis**

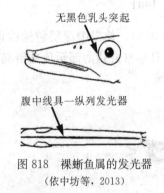

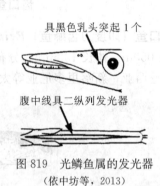

图 818　裸蜥鱼属的发光器
（依中坊等，2013）

图 819　光鳞鱼属的发光器
（依中坊等，2013）

8（5）头和腹鳍前腹面正中部中线无纵列发光器

9（10）腹鳍起点位于背鳍基底后端的正下方，或较后下方（图 820）………… **北极舒鳕属 Arctozenus**

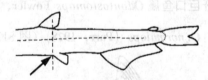

图 820　北极舒鳕属的腹鳍起点

10（9）腹鳍起点位于背鳍起点前方

11（12）体和大部分头部被鳞（易脱落）；侧线鳞具一前缘圆形的背板（"薄膜"）（图 821）………
………………………………………………………………………… **大梭蜥鱼属 Magnisudis**

12（11）体和头部裸露；侧线鳞具一前缘叉形的背板（"薄膜"）（图 822）

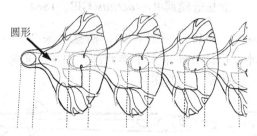

图 821　大梭蜥鱼属的侧线鳞具—前缘圆形的背板（"薄膜"）

（依 R. R. Rofen，1966）

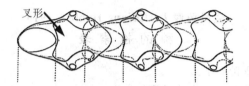

图 822　侧线鳞具—前缘叉形的背板（"薄膜"）

（依 R. R. Rofen，1966）

13（14）肛门位于背鳍起点下方或稍后方（图 823）；腹鳍短，后端不伸达臀鳍起点 ┄┄┄┄┄┄┄

┄┄┄┄┄┄┄┄┄┄┄┄┄┄┄┄┄┄┄┄┄┄┄┄┄┄┄ **盗目鱼属（部分）** *Lestidiops*

14（13）肛门位于背鳍起点前方（图 824）

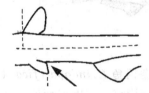 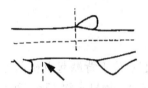

图 823　肛门位于背鳍起点下方或稍后　　　　　图 824　肛门位于背鳍起点前方

15（16）臀鳍条 26～33；体背部无鞍状黑斑（图 825）┄┄┄┄┄┄┄┄ **盗目鱼属（部分）** *Lestidiops*

16（15）臀鳍条 35～39；体背部具几个鞍状黑斑（图 826）┄┄┄┄┄┄ **纤柱鱼属** *Stemonosudis*

图 825　盗目鱼属的体背部　　　　　　　　图 826　纤柱鱼属的体背部

法老鱼属 *Anotopterus* Zugmayer，1911

尼氏法老鱼 *A. nikparini* Kukuev，1998（图 827）。中深层性鱼类。栖息水深 0～2 750m，通常 1 000m以浅，最深 5 100m。最大体长 1 460mm。中国标本 1 尾，1982 年采自珠江口东南约 300km 的南海深海大陆架斜坡（18°38′N～19°13′N、112°39′E～113°43′E），体长 520mm（全长 555mm），是本种目前已知的最南分布记录。分布：东海、南海北部；日本，鄂霍次克海、白令海、北太平洋。性凶猛，肉食性，食软体类、甲壳类、腔肠动物和鱼类等。为稀有种类。

图 827　尼氏法老鱼 *A. nikparini*

（依中坊，2013）

北极舒鳕属 Arctozenus Gill，1864

北极舒鳕 A. risso（**Bonaparte，1840**） （图 828）。栖息水深 2 200m，通常 200～1 000m。体长 310mm。分布：南海南部；日本，广泛分布于太平洋西部、中部、东部（白令海至澳大利亚，新喀里多尼亚，加利福尼亚等）海区，印度洋、大西洋。

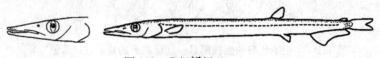

图 828　北极舒鳕 A. risso
（依中坊等，2013）

盗目鱼属 Lestidiops Hubbs，1916
种 的 检 索 表

1（4）肛门位于背鳍起点下方或稍后下方
2（3）腹鳍起点位于背鳍起点稍后方；头体较黑 ·· **黑盗目鱼**
　　　L. mirabilis（**Ege，1933**）（图 829）。栖息水深 15～825m。最大体长 261mm。分布：东海、南
　　　海；日本、菲律宾、印度尼西亚、新几内亚、新喀里多尼亚，夏威夷群岛等西太平洋和中南太平
　　　洋海域、印度洋、大西洋。

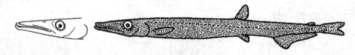

图 829　黑盗目鱼 L. mirabilis
（依中坊等，2013）

3（2）腹鳍起点位于背鳍起点稍前方 ····················· **印太盗目鱼 L. indopacifica**（**Ege，1953**）
　　　（图 830）。栖息水深 15～330m。分布：南海北部；日本、菲律宾、印度尼西亚、新几内亚、澳
　　　大利亚等西太平洋、中太平洋、印度洋海域。

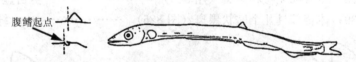

图 830　印太盗目鱼 L. indopacifica
（依中坊等，2013）

4（1）肛门位于背鳍起点前方
5（6）侧线伸达尾鳍基部 ···························· **细盗目鱼 L. ringenes**（**Jordan & Gilbert，1880**）
　　　（图 831）。栖息水深 29～3 920m，通常 200～500m。体长 290mm。分布：东海；日本，堪察加-
　　　千岛群岛东部海域、白令海南部、加利福尼亚湾、北太平洋中部。

图 831　细盗目鱼 L. ringenes
（依中坊等，2013）

6（5）侧线不伸达尾鳍基部 ······································ **安芬盗目鱼 L. affinis**（**Ege，1930**）
　　　（图 832）。栖息水深 0～2 000m。体长 112mm。分布：南海；太平洋、大西洋。

图 832　安芬盗目鱼 *L. affinis*

（依 R. R. Rofen，1966）

裸蜥鱼属 *Lestidium* Gilbert，1905
种 的 检 索 表

1（2）背鳍和腹鳍几相对；腹中线发光器（1 行）的前端位于上颌正下方之后方……………………
大西洋裸蜥鱼 *L. atlanticum* Borodin，1928（图 833）。栖息水深 1 270m 以浅。体长 200mm。分布：台湾北部外海；日本，澳大利亚东部沿海、新喀里多尼亚等西太平洋、中太平洋（5°S～25°S）、印度洋、大西洋。

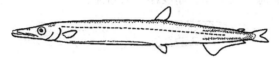

图 833　大西洋裸蜥鱼 *L. atlanticum*

（依中坊等，2013）

2（1）背鳍位于腹鳍后方；发光器（1 行）的前端位于主鳃盖骨下方……………………**长裸蜥鱼**
***L. prolixum* Harry，1953**（图 834）。栖息水深 200～650m。体长 270mm。分布：东海；日本（茨城县-九州岛南部太平洋外海）。

图 834　长裸蜥鱼 *L. prolixum*

（依许成玉，1988）

光鳞鱼属 *Lestrolepis* Harry，1953
种 的 检 索 表

1（2）背鳍起点约位于腹鳍和臀鳍起点间距的中央上方；体侧具鳞状结构的侧线管74～81 个；臀鳍具40～45 鳍条………………………**中间光鳞鱼 *L. intermedia*（Poey，1868）**（图 835）。热带、温带中底层深海鱼类。游泳速度快，幼鱼栖息水深 10～200m，成鱼为 400～800m。体长 230mm。分布：东海、台湾东北部海域、南海；日本、新喀里多尼亚，太平洋、印度洋、大西洋。

图 835　中间光鳞鱼 *L. intermedia*

（依中坊彻次等，2013）

2（1）背鳍起点位于腹鳍和臀鳍起点间距中央的远前上方；体侧具鳞状结构的侧线管62～69 个；臀鳍具 32～40 鳍条

3（4）臀鳍鳍条 36～40………………………**日本光鳞鱼 *L. japonica*（Tanaka，1908）**（图 836）。热带中底层深海鱼类。游泳速度快，栖息水深幼鱼为 10～200m，成鱼为 240～732m。体长 160～220mm。分布：东海（东北部、中部）、台湾西南部海域、南海；日本，南至澳大利亚等海域。

图 836　日本光鳞鱼 *L. japonica*（体长 220mm）

（依许成玉，1988）

4（3）臀鳍鳍条 32～36 ·······················**刘氏光鳞鱼 L . luetkeni**（Ege，1933）（图 837）。分布：
台湾北部太平洋沿岸、南海北部；日本，中-西太平洋温暖海域。仅幼鱼（体长 35mm）记录。

图 837　刘氏光鳞鱼 L. luetkeni
（依中坊等，2013）

大梭蜥鱼属 *Magnisudis* Harry，1953

大西洋大梭蜥鱼 M. atlantica（Kroyer，1868）（图 838）（syn. 短鲆蜥鱼 *Paralepis brevis* Zugmayer，1911）。栖息水深 20～2 166m，仔鱼 100～200m，成鱼 700～1 700m。体长 450mm。分布：东海（冲绳海槽）；日本，鄂霍次克海、太平洋、印度洋、大西洋。

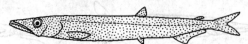

图 838　大西洋大梭蜥鱼 M. atlantica
（依中坊等，2013）

纤柱鱼属 *Stemonosudis* Harry，1951
种 的 检 索 表

1（2）背鳍 8～9；胸鳍 10～11；脊椎骨 85～95 ·······················**大尾纤柱鱼 S. macrura**（Ege，1933）
（图 839）。栖息水深 18～330m。体长 60mm。分布：南海中部、南部；日本，琉球群岛近海
（仅稚鱼记录）、菲律宾北部外海、澳大利亚东海岸、新喀里多尼亚、中太平洋、印度洋。

图 839　大尾纤柱鱼 S. macrura
（依中坊等，2013）

2（1）背鳍 11；胸鳍 13；脊椎骨 98～101 ·······················**浅尾纤柱鱼 S. miscella**（Ege，1933）
（图 840）。分布：台湾北部太平洋沿岸仅获体长 54mm 稚鱼记录；日本、印度尼西亚。

图 840　浅尾纤柱鱼 S. miscella
（依中坊等，2013）

柱蜥鱼属 *Sudis* Rafinesque，1810

长胸柱蜥鱼 Sudis atrox Rofen，1963（图 841）。深海鱼类。栖息水深 30～2 250m。体长 221mm。
分布：南海；日本、新喀里多尼亚等太平洋海域，巴西、墨西哥、加勒比海等大西洋海域。

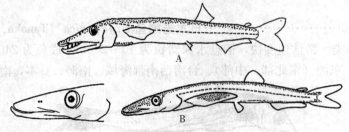

图 841　长胸柱蜥鱼 S. atrox
A. 成鱼　B. 幼鱼
（依甲斐等，2013）

巨尾鱼亚目 GIGANTUROIDEI

有第四钩突（UP4）；第三咽鳃骨（PB3）齿大；第三基鳃骨（BB3）末端在第四基鳃骨（BB4）前端下方；上神经骨（epipleural）始于第一脊椎；上神经骨不向背面移到水平隔膜，或者移到水平隔膜内或下部的变化很平缓；尾椎数占整个脊椎数小于 25%；具 6 枚尾下骨（hypural）（尾鳍条基骨）；无腰带骨后部突起。

本亚目有 2 科 2 属 5 种；中国有 2 科 2 属 2 种。

科 的 检 索 表

1（2）体延长而侧扁；头中等大小；眼小；腭骨具发达犬齿状齿列；体被圆鳞，侧线鳞 65～78；鳃耙数 19～21；具腹鳍 ·························· 深海蜥鱼科 Bathysauridae
2（1）体非常细长而侧扁；头小；眼大，管状，直指前方；腭骨无齿；体无鳞，无侧线；无鳃耙；无腹鳍 ································ 巨尾鱼科 Giganturidae

103. 深海蜥鱼科 Bathysauridae

体延长而侧扁。头中等大小。眼小，吻端扁平，前上颌骨以及腭骨具发达且呈犬齿状的齿列，上颌骨退化依附于前上颌骨。体被圆鳞，侧线鳞 65～78。鳃条骨 8～9。鳃耙 19～21。各鳍均无硬棘，背鳍鳍条 15～17；臀鳍鳍条 11～13；胸鳍鳍条 16；腹鳍鳍条 8。体白色至浅灰色，头部色略深。为深海鱼类，最大体长 780mm。

本科有 1 属 2 种（Nelson et al.，2016）；中国产 1 属 1 种。

深海蜥鱼属 *Bathysaurus* Günther，1878

尖吻深海蜥鱼 *B. mollis* Günther，1878（图 842）。深海鱼类。栖息水深 1 550～4 903m。体长 650～780mm。分布：台湾东部海域；日本，太平洋、印度洋、大西洋温带至热带海域。

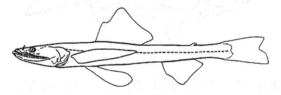

图 842　尖吻深海蜥鱼 *B. mollis*
（依 B. C. Russell，1999）

104. 巨尾鱼科 Giganturidae

体非常细长而侧扁。头小。眼大，管状，指向前方。吻短，远小于眼径。口裂非常的大，上下颌末端延伸至头部后端。颌齿 2 行或 3 行，尖而密，内侧行扩大；犁骨、腭骨和舌无齿。皮肤松弛，无鳞，无侧线。无鳃耙。无发光器。各鳍无硬棘，背鳍位于身体的后半部，鳍条 16～19；臀鳍位于背鳍后部下方，鳍条 11～14；成鱼无腹鳍；胸鳍高位，在鳃孔上方；尾鳍叉形，上叶鳍条 10，下叶 6～7，部分下叶鳍条丝状延长；无脂鳍。脊椎骨 29～31。无鳔。

分布：太平洋、印度洋和大西洋热带、亚热带海域。

本科有 1 属 2 种（Nelson et al.，2016）；中国有 1 属 1 种。

巨尾鱼属 *Gigantura* Brauer，1901

印度巨尾鱼 *Gigantura indica* Brauer，1901（图 843）［syn. *Gigantura chuni indica* Brauer，1901；

Bathyleptus indicus（Brauer，1901）]。中底层深海鱼类。栖息水深 17～2 100m，一般为 500～2 000m。体长 220mm。新鲜标本为亮银色，保存标本为棕黑色。分布：东海南部、台湾东部海域；太平洋、印度洋、大西洋热带及亚热带水域。

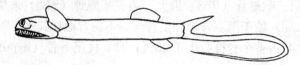

图 843　印度巨尾鱼 *G. indica*

（依 J. R. Paxton et al.，1999）

三十二、灯笼鱼目 MYCTOPHIFORMES

体延长，侧扁。眼大。口大，上颌骨后端伸达眼后缘。上颌边缘通常由前颌骨组成。体被圆鳞或栉鳞。具侧线。背鳍 1 个，无鳍棘，通常具脂鳍；腹鳍常腹位；尾鳍分叉。通常具发光器。常具鳔。为大洋性深海鱼类，具昼夜垂直分布习性。

分布：太平洋、印度洋、大西洋热带和亚热带海域。

本目有 2 科 36 属 264 种（Nelson et al.，2016）；中国有 2 科 22 属 89 种。

科 的 检 索 表

1（2）臀鳍起点位于背鳍末端的远后下方；发光器有或无，若有，则腹部下缘和体侧下半部各出现多行，平行排列，其中腹部正中线有 1 列发光器；尾柄的背腹缘及头部无明显的色素或发光器；具辅上颌骨（图 844）·················· 新灯鱼科 Neoscopelidae

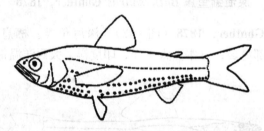

图 844　新灯鱼科的发光器

2（1）臀鳍起点位于背鳍末端的下方；发光器沿腹部下缘只 1 列，腹部正中线无发光器；尾柄的背腹缘及头部有明显的色素或发光器；无辅上颌骨（图 845）·················· 灯笼鱼科 Myctophidae

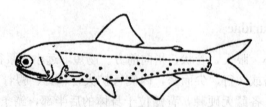

图 845　灯笼鱼科的发光器

105. 新灯鱼科 Neoscopelidae

体延长，侧扁。吻前端稍尖。口大，前位，上颌由前上颌骨组成。有辅上颌骨。上颌骨末端伸达或伸越眼后缘。两颌、犁骨及腭骨均具细齿。背鳍 1 个，短而略高，起点在体中部前方，无鳍棘；具脂鳍，位于臀鳍基部后上方；臀鳍起点在背鳍远后下方；胸鳍位低；腹鳍腹位，具 9 鳍条；尾鳍叉形。头部无发光器，体上发光器有或无（图 846）。

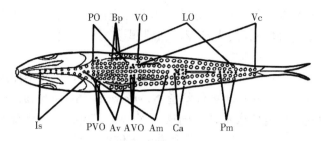

图 846　新灯鱼科 Neoscopelidae 发光器

Am. 前部正中发光器（antero-median organs）　LO. 体侧发光器（lateral organs）
Av. 腹鳍前发光器（antero-vebtral organs）　Pm. 后部正中发光器（postero-median organs）
AVO. 腹鳍前附属发光器（accessory vental organs）　PO. 胸部发光器（thoracic organs）
PVO. 胸鳍下部发光器（subpectoral organs）　Bp. 胸鳍基部发光器（basi-pectoral organs）
Vc. 腹鳍至尾鳍间发光器（ventro-caudal organs）　Ca. 肛门周围发光器（circum-anal organs）
Is. 峡部发光器（isthmus organs ）　VO. 腹鳍发光器（ventral organs）

分布：太平洋、印度洋和大西洋。主要栖息于大陆棚或岛屿较深海域，栖息水深达 1 000m 以上。本科有 3 属 6 种（Nelson et al.，2016）；中国有 2 属 4 种。

属 的 检 索 表

1（2）体有发光器（图 847）；眼大；上颌骨向后伸达或稍伸越眼后缘；假鳃发达；犁骨齿一横列；
　　　中翼骨有齿 ·· 新灯鱼属 *Neoscopelus*

2（1）体无发光器（图 848）；眼小；上颌骨向后伸越眼后缘的距离等于眼径；假鳃不发达；犁骨齿
　　　二横列；中翼骨无齿 ··· 拟灯笼鱼属 *Scopelengys*

有发光器

图 847　新灯鱼属体有发光器

无发光器

图 848　拟灯笼鱼属体无发光器

新灯鱼属 *Neoscopelus* Johnson，1863
种 的 检 索 表

1（4）腹鳍后体侧发光器（LO）1 列（图 849）

LO 1 列

图 849　腹鳍后体侧发光器（LO）1 列

2（3）体侧发光器（LO）12～15 个，向后不伸达臀鳍起点；胸鳍长，后端伸达或几伸达肛门，鳍条
　　　18～19；鳃耙 9～11 ·················· 大鳞新灯鱼 *N. macrolepidotus* Johnson，1863（图
　　　850）。为深海小型鱼类，不具昼夜垂直分布习性，主要栖息于大陆棚或岛屿斜坡缘水域。栖息水

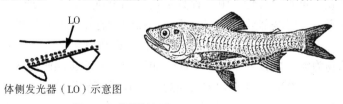

LO

体侧发光器（LO）示意图

图 850　大鳞新灯鱼 *N. macrolepidotus*
（依许成玉，1988）

深 300～1 590m。最大体长 250mm。分布：东海冲绳海槽、台湾东北部沿海、南海；日本（北海道至土佐湾太平洋侧海域）、澳大利亚、新喀里多尼亚、夏威夷，太平洋、印度洋、大西洋水域。

3（2）体侧发光器（LO）20～26 个，向后伸达臀鳍后端；胸鳍短，后端不伸达肛门，鳍条 15～16；鳃耙 14～16·····················**小鳍新灯鱼 N. microchir Matsubara，1943**（图 851）。深海小型鱼类。栖息大陆棚或岛屿斜坡缘水域。栖息水深 180～740m。最大体长 305mm。分布：东海、台湾西南部及东部沿海、南海；日本（北海道至土佐湾太平洋侧海域）、冲绳海槽、菲律宾、澳大利亚东南部、新西兰，太平洋、印度洋、大西洋热带及亚热带海域。

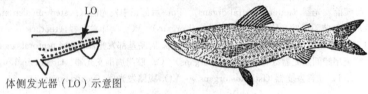

图 851　小鳍新灯鱼 N. microchir
（依许成玉，1988）

4（1）腹鳍后体侧发光器（LO）臀鳍前 2 列，臀鳍后 1 列·····················**多孔新灯鱼 N. porosus Arai，1969**（图 852）。大洋底栖性小型鱼类。栖息水深 310～740m。最大体长 183mm。分布：台湾西南部海域、南海；日本（骏河湾、土佐湾）至西北澳大利亚，印度-太平洋海域。

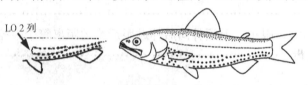

图 852　多孔新灯鱼 N. porosus
（依中坊等，2013）

拟灯笼鱼属 Scopelengys Alcock，1890

　　拟灯笼鱼 Scopelengys tristis Alcock，1890（图 853）。洄游性深海鱼类。栖息水深 500～800m（幼鱼）、1 000～3 350m（成鱼）。最大体长 200mm。分布：东海、南海；堪察加半岛东北部，日本、菲律宾、印度尼西亚，太平洋、印度洋、大西洋热带和亚热带海域。

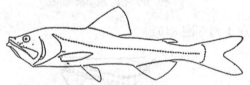

图 853　拟灯笼鱼 S. tristis
（依陈素芝，1987）

106. 灯笼鱼科 Myctophidae

　　体延长，侧扁。腹部圆。头中大。吻短。眼大。口大，前位，口上缘由前颌骨组成，上颌骨后端伸越眼后缘远后方。上下颌、犁骨和腭骨、中翼骨具细齿。辅上颌骨缺如（或有些属小）。背鳍 1 个，无鳍棘；具脂鳍；臀鳍起点在背鳍基部后端下方，基底一般长于背鳍基底；胸鳍位低；腹鳍腹位，通常具 8 鳍条；尾鳍分叉。头部、体侧和腹部具发光器（发光器数量和位置是分类的依据之一）（图 854）。

　　本科鱼类以浮游动物为食，多数分布在太平洋、印度洋、大西洋温暖海区，北极和南极大洋中也有分布。通常栖息水深为 200～800m。许多种类有明显的昼夜垂直洄游习性，垂直分布达 2 000m。

　　本科有 33 属 248 种（Nelson et al.，2016）；中国有 20 属 85 种。其中，眶灯鱼属 Diaphus 种类最多，有 33 种。

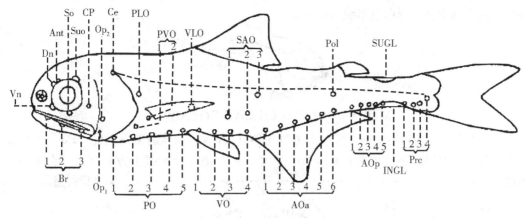

图 854　灯笼鱼科 Myctophidae 发光器

Ant. 眶前发光器（antorbital organ）　PO. 胸部发光器（pectoral organ）　AO. 臀部发光器（anal organ）

Pol. 体后侧发光器（postero-lateral organ）　AOa. 臀前部发光器（antero-anal organ）

Prc. 尾前部发光器（praecaudal organ）　AOp. 臀后部发光器（postero-anal organ）

PVO. 胸鳍下方发光器（subpectoral organ）　Br. 鳃膜条发光器（branchiostegal organ）

SAO. 肛门上方发光器（supra-anal organ）　Ce. 肩部发光器（cervical）　So. 眶下发光器（suborbital organ）

CP. 颊部发光器（cheek organ）　SUGL. 尾上发光腺（supracaudal gland）

Dn. 鼻部背侧发光器（dorso-nasalorgan）　Suo. 眶上发光器（supraorbital organ）

INGL. 尾下发光腺（infracaudal gland）　VLO. 腹鳍上方发光器（supraventral organ）

Op. 鳃盖发光器（opercular organ）　Vn. 鼻部腹侧发光器（ventro-nasal organ）

PLO. 胸鳍上方发光器（suprapectoral organ）　VO. 腹部发光器（ventral organ）

属 的 检 索 表

1（4）眼虹彩后半部具新月形白色组织（图 855）

图 855　眼虹彩后半部具新月形白色组织

2（3）尾上发光腺（SUGL）和尾下发光腺（INGL）无黑色边缘（图 856）······ **虹灯鱼属 *Bolinichthys***

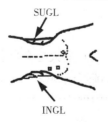

图856　虹灯鱼属尾部发光腺示意

3（2）尾上发光腺（SUGL）和尾下发光腺（INGL）是有黑色边缘的 1 个大腺体（图 857）············

·· **月灯鱼属 *Taaningichthys***

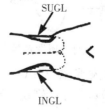

图 857　月灯鱼属尾部
发光腺示意

4（1）眼虹彩后半部无新月形白色组织（图 858）

图 858　眼虹彩后半部无新月形白色组织

5（6）腹鳍上方发光器（VLO）、第三肛门上方发光器（SAO₃）和体后侧发光器（Pol）均位于侧线
上方，近于体背缘；尾前部发光器（Prc）2 个，对称地位于侧线上方和下方（在侧线上下均
距相对）（图 859）··· **尖吻背灯鱼属 Notolychnus**

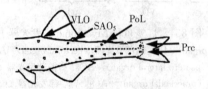

图 859　尖吻背灯鱼属发光器位置示意

6（5）腹鳍上方发光器（VLO）、第三肛门上方发光器（SAO₃）和体后侧发光器（Pol）均位于侧线
（如无侧线，则为体中轴线）下方；尾前部发光器（Prc）1～9 个，不对称地位于侧线上方和下
方（如无侧线，则位于体中轴线下方）（图 860）。

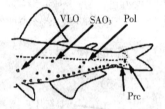

图 860　星灯鱼属、锦灯鱼属发光器位置示意

7（22）尾前部发光器（Prc）1～2 个（图 861）

8（11）吻长，吻端突出；侧线不发达（图 862）

图 861　尾前部发光器（Prc）1～2 个

图 862　吻长，吻端突出；侧线不发达

9（10）鳃耙甚发达；肛门上方发光器（SAO）呈大三角状排列，第一肛门上方发光器（SAO₁）与
腹鳍上方发光器（VLO）呈水平状排列；侧线完全或接近完全（图 863）·····················
··· **星灯鱼属 Gonichthys**

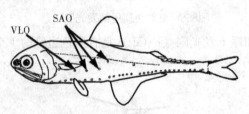

图 863　星灯鱼属发光器位置示意

10（9）鳃耙退化，呈小棘状；肛门上方发光器（SAO）呈微三角状排列，第一肛门上发光器
（SAO₁）在腹鳍上方发光器（VLO）下方；侧线不明显或无（图 864）·····················
··· **锦灯鱼属 Centrobranchus**

11（8）吻较短，吻端不突出；侧线发达（图 865）

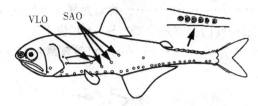
图 864　锦灯鱼属发光器位置示意

图 865　吻较短，吻端不突出；侧线发达

12（13）胸鳍上方发光器（PLO）位于胸鳍基上端下方；臀前部发光器（AOa）和臀后部发光器（AOp）连接；胸鳍下方发光器（PVO）斜线排列（图 866）……………………… **电灯鱼属 Electrona**

图 866　电灯鱼属胸鳍上方下方发光器、臀部发光器排列示意

13（12）胸鳍上方发光器（PLO）位于胸鳍基上端上方；臀前部发光器（AOa）和臀后部发光器（AOp）不连接（图 867）

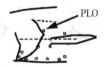

图 867　胸鳍上方发光器、臀部发光器排列示意

14（17）胸鳍下方发光器（PVO）水平排列；第二腹部发光器（VO₂）高起（图 868）

15（16）第二尾前发光器（Prc₂）位于侧线较远下方（图 869）……………………… **明灯鱼属 Diogenichthys**

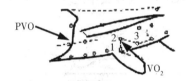
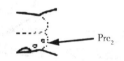

图 868　PVO 水平排列、VO₂ 高起

图 869　明灯鱼属的 Prc₂ 位置

16（15）第二尾前发光器（Prc₂）恰位于侧线上或近于侧线（图 870）……………………… **底灯鱼属 Benthosema**

17（14）胸鳍下方发光器（PVO）斜线排列；腹部发光器（VO）水平排列（图 871）

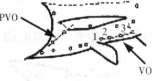

图 870　底灯鱼属的 Prc₂ 位置

图 871　PVO 斜线排列、VO 水平排列

18（19）体后侧发光器（Pol）2 个（图 872）……………………… **壮灯鱼属 Hygophum**

19（18）体后侧发光器（Pol）1 个（图 873）

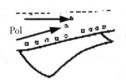
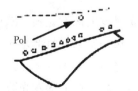

图 872　壮灯鱼属的 Pol 示意

图 873　体后侧发光器（Pol）1 个

20（21）肛门上方发光器（SAO）钝角状排列；第一肛门上方发光器（SAO₁）位于第三腹部发光器

（VO$_3$）前方（图874）••••••••••••••••••••••••••••••••••••••• **标灯鱼属 *Symbolophorus***

21（20）肛门上方发光器（SAO）线状排列或稍弯曲；第一肛门上方发光器（SAO$_1$）位于第三腹部
发光器（VO$_3$）后方（图875）••••••••••••••••••••••••••••••• **灯笼鱼属 *Myctophum***

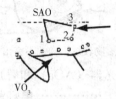
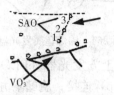

图874 标灯鱼属的SAO、SAO$_1$和VO$_3$排列示意　　图875 灯笼鱼属的SAO、SAO$_1$和VO$_3$排列示意

22（7）尾前部发光器（Prc）3～9个

23（40）尾前部发光器（Prc）1群，3～4个（图876）

24（25）胸鳍下方第二发光器（PVO$_2$）位于胸鳍基上方；体后侧发光器（Pol）通常2～3个，与侧
线呈平行排列（图877）•••••••••••••••••••••••••••••••• **背灯鱼属 *Notoscopelus***

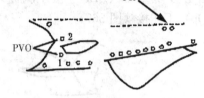

图876 尾前部发光器（Prc）3～4个　　　　图877 背灯鱼属的PVO和Pol示意

25（24）胸鳍下方第二发光器（PVO$_2$）位于胸鳍基下方或近基部；体后侧发光器（Pol）通常1个，若
多个，则与侧线不呈平行排列（图878）

26（39）尾柄具尾上部发光腺（SUGL）和尾下部发光腺（INGL），或具其中之一（图879）

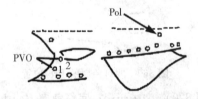
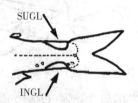

图878 PVO和Pol示意　　　　　　　图879 尾柄具SUGL和INGL，或具其中之一

27（28）尾柄尾上部发光腺（SUGL）和尾下部发光腺（INGL）具黑色边缘，是1个大腺体（图880）
•• **炬灯鱼属 *Lampadena***

28（27）尾柄尾上发光腺（SUGL）和尾下发光腺（INGL）无黑色边缘，分成几个小部分（图881）

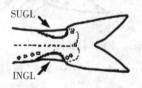
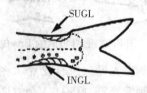

图880 炬灯鱼属的SUGL和INGL示意　　图881 SUGL和INGL无黑色边缘，分成几个小部分

29（30）雄鱼具尾上部发光腺（SUGL），雌鱼具尾下部发光腺（INGL）。肛门上方发光器（SAO）3
个；第一至第三腹部发光器（VO$_{1～3}$）高起，第四、第五腹部发光器（VO$_{4,5}$）位低；第一臀前
部发光器（AOa$_1$）位低（图882）••••••••••••••••••• **叶灯鱼属 *Lobianchia***

30（29）雌雄鱼均具尾上部发光腺（SUGL）和尾下部发光腺（INGL）

31（32）在腹鳍基和肛门间之腹面中线，具若干发光器；第一至第四胸部发光器（PO$_{1～4}$）水平排列
（图883）•• **角灯鱼属 *Ceratoscopelus***

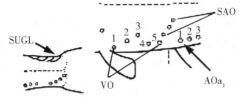

图 882　叶灯鱼属的发光器

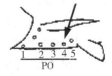

图 883　角灯鱼属 PO 排列示意

32（31）在腹鳍基和肛门间之腹面中线，无发光器；第四胸部发光器（PO_4）高于第一至第三胸部发光器（$PO_{1\sim3}$）（图 884）。

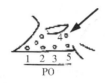

图 884　PO_4 高于 $PO_{1\sim3}$

33（34）腹鳍上方发光器（VLO）恰位于侧线上。胸鳍上方发光器（PLO）位于侧线稍下方；第三肛门上方发光器（SAO_3）和体后侧发光器（Pol）恰位于侧线上；第三尾前发光器（Prc_3）位于侧线上方（图 885）...................................... 尾灯鱼属 *Triphoturus*

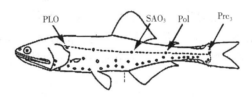

图 885　尾灯鱼属 VLO 等发光器位置示意

34（33）腹鳍上方发光器（VLO）位于侧线下方。肛门上方发光器（SAO）呈角状排列（图 886）

35（38）无颊部发光器（CP）；脂鳍基前缘无发光腺（图 887）

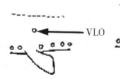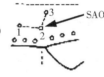

图 886　VLO 和 SAO 位置示意

图 887　无颊部发光器（CP）；脂鳍基前缘无发光腺

36（37）无胸鳍，若有，其后端不伸达腹鳍基后方（图 888）.................. 短鳃灯鱼属 *Nannobrachium*

37（36）胸鳍长，伸达腹鳍基后端远后方（图 889）................. 珍灯鱼属 *Lampanyctus*（部分）

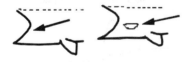

图 888　短鳃灯鱼属胸鳍示意

图 889　珍灯鱼属（部分）胸鳍示意

38（35）具颊部发光器（CP）；脂鳍基前缘具发光腺（图 890）......... 珍灯鱼属 *Lampanyctus*（部分）

图 890　珍灯鱼属具 CP 和脂鳍基
前缘发光腺

39（26）尾柄无尾上部发光腺（SUGL）和尾下部发光腺（INGL）（图891）。尾前部发光器（Prc）4
个；体后侧发光器（Pol）1个；腹部发光器（VO）5个，第二和第三腹部发光器（VO_2、
VO_3）依次升高，前3个接近为一斜线；颊部无发光器和发光组织 ········ **眶灯鱼属** *Diaphus*

40（23）尾前部发光器（Prc）分2群，（5）6（3～4）＋2个（图892）。尾柄无尾上部发光腺
（SUGL）和尾下部发光腺（INGL）；体后侧发光器（Pol）2个；腹部发光器（VO）5个，第
二腹部发光器（VO_2）升高，其余4个接近为一直线；颊部发光器（CP）1个，下部有一大的
金色发光组织 ··· **亨灯鱼属** *Hintonia*

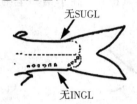

图891 眶灯鱼属尾柄无尾上、尾下发光腺

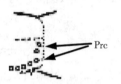

图892 亨灯鱼属的尾前部发光器分2群

底灯鱼属 *Benthosema* Goode & Bean, 1896
种 的 检 索 表

1（4）无眶下发光器（So）（图893）；第二腹部发光器（VO_2）位于第一和第三腹部发光器（VO_1和
VO_3）间的上方，在胸鳍下方发光器（PVO）和第一肛门上方发光器（SAO_1）的水平线之下；
胸鳍上方发光器（PLO）位于侧线与胸鳍基之中间，或接近侧线；第三肛门上方发光器
（SAO_3）位于第一臀前部发光器（AOa_1）的垂直线后方；第一鳃弓具鳃耙6～9＋13～20

图893 无眶下发光器（So）

2（3）第二鳃盖发光器（Op_2）位于眼眶下缘水平线上；胸鳍上方发光器（PLO）距侧线较距胸鳍基上
端为近；第一肛门发光器（SAO_1）在腹鳍上方发光器（VLO）和第二肛门上方发光器（SAO_2）
连线之下方；第五胸部发光器（PO_5）位置升高；第二尾前部发光器（Prc_2）位于侧线较远下
方；尾上、尾下发光腺（SUGL、INGL）很发达，30mm以上雌雄鱼均有 ·················
·······**带底灯鱼** *B. fibulatum*（Gilbert & Cramer, 1897）（图894）。大洋性中底层小型鱼类，具
昼夜垂直分布习性。栖息水深0～2 000m，通常夜间上游至水深100～200m海区。最大体长
100mm。分布：东海、台湾西南部和东部水域、南海；日本（熊野滩）、中-西太平洋、印度洋。

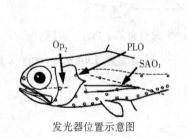

发光器位置示意图

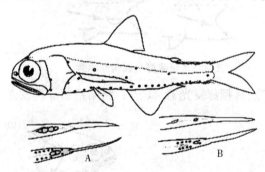

图894 带底灯鱼 *B. fibulatum*
A. 同尾雄鱼，尾上发光腺（上）和尾下发光腺（下）
B. 雌鱼，尾上发光腺（上）和尾下发光腺（下）
（依 T. M. Wang et al., 2001）

3（2）第二鳃盖发光器（Op₂）位于眼眶下缘水平线下方；胸鳍上方发光器（PLO）位于侧线与胸鳍基上端间之中央或下方；第一肛门发光器（SAO₁）在腹鳍上方发光器（VLO）和第二肛门上方发光器（SAO₂）连线上；5个胸部发光器（PO）几呈水平状排列；第二尾前部发光器（Prc₂）升高，位于侧线下缘；尾部发光腺不发达，雄鱼具尾上发光腺（SUGL），雌鱼具尾下发光腺（IN-GL），或无尾部发光腺··············**七星底灯鱼 B. pterotum（Alcock，1890）**（图895）。沿岸中底层小型鱼类，主要栖息于大陆架斜坡中、底层，具昼夜垂直分布习性。栖息水深130～300m（昼）和10～200m（夜）。最大体长70mm，分布：黄海、东海、台湾西南部和东部周边水域、南海；朝鲜半岛南岸、日本，太平洋、印度洋、大西洋的热带及亚热带沿岸海域。

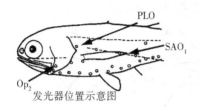
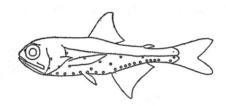

图 895　七星底灯鱼 B. pterotum
（依陈素芝，1987）

4（1）具眶下发光器（So）；第二腹部发光器（VO₂）位于第一腹部发光器（VO₁）的上方，约在胸鳍下方发光器（PVO）、第一和第二肛门上方发光器（SAO₁和SAO₂）的水平线上；胸鳍上方发光器（PLO）位于侧线与胸鳍基间，接近胸鳍基；第三肛门上方发光器（SAO₃）位于第一臀前部发光器（AOa₁）的垂直线前方；第一鳃弓具鳃耙3+10～11··············**耀眼底灯鱼 B. suborbitale（Gilbert，1913）**（图896）[syn. 齿底灯鱼 Benthosema simile（Tåning，1928）]。大洋性中底层小型鱼类，具昼夜垂直分布习性。栖息水深50～2 500m，白天通常栖息水深500～700m（昼）、10～100m（夜），最大水深3 122m（南海）。最大体长39mm。分布：台湾西南部、东部周边水域，南海；千岛群岛至琉球群岛水域，太平洋、印度洋、大西洋的热带及亚热带海域。

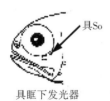
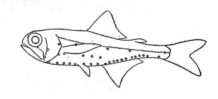

图 896　耀眼底灯鱼 B. suborbitale
（依陈素芝，1987）

虹灯鱼属 Bolinichthys Paxton, 1972
种 的 检 索 表

1（4）胸鳍上方发光器（PLO）、第三肛门上方发光器（SAO₃）、第二体后侧发光器（Pol₂）和第三尾前部发光器（Prc₃）均位于侧线上缘

2（3）眶后有3个1列小发光器；腹鳍上方发光器（VLO）紧邻侧线下缘（图897）··············**长鳍虹灯鱼 B. longipes（Brauer，1906）**（图897）。大洋性中层小型鱼类，具昼夜垂直分布习性。一般栖息水深10～150m（夜）、525～725m（昼），最大水深1 900m。最大体长50mm。分布：台湾西南部和东部周边水域、南海；日本北海道至琉球群岛水域，太平洋、印度洋及大西洋温热带海域。

3（2）眶后无3个1列小发光器；腹鳍上方发光器（VLO）位于侧线较远下方（图898）··············

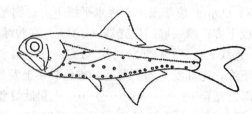

图 897 长鳍虹灯鱼 B. longipes
（依陈素芝，1987）

················ 侧上虹灯鱼 **B. supralateralis（Parr，1928）**（图898）。大洋性中底层小型鱼类，具昼夜垂直分布习性。栖息水深40～650m（夜）、375～750m（昼）。最大体长117mm。分布：南海东沙群岛周边水域；太平洋、印度洋、大西洋的热带和亚热带海域。

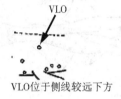
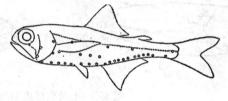

图 898 侧上虹灯鱼 B. supralateralis
（依 T. M. Wang et al.，2001）

4（1）胸鳍上方发光器（PLO）、第三肛门上方发光器（SAO₃）和第二体后侧发光器（Pol₂）位于侧线下缘，第三尾前部发光器（Prc₃）位于侧线上方；腹鳍上方发光器（VLO）位于侧线较远下方
················ 眶暗虹灯鱼 **B. pyrsobolus（Alcock，1890）**（图899）［syn. 布氏虹灯鱼 *B. blacki* Fowler，1914；南沙虹灯鱼 *B. nanshaensis* Yang et Huang，1992（南沙）］。大洋性中底层鱼类。栖息水深60～1 286m。最大体长92mm。分布：中国南海；西太平洋、东印度洋、大西洋。

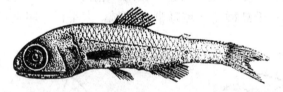

图 899 眶暗虹灯鱼 B. pyrsobolus
（依杨家驹等，1996）

锦灯鱼属 Centrobranchus Fowler，1904
种 的 检 索 表

1（2）第一肛门上方发光器（SAO₁）通常位于第四腹部发光器（VO₄）的上方或后上方；鼻器圆形
················ 牡锦灯鱼 **C. andreae（Lütken，1892）**（图900）。大洋性中底层鱼类，有昼夜垂直移动的习性。栖息水深0～2 013m，白天栖息水深640～650m，夜晚栖息水深0～165m。最大体长65mm。分布：南海（南沙群岛海域）；太平洋、印度洋热带海域。

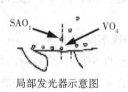
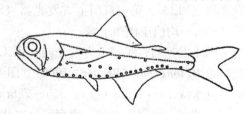

局部发光器示意图

图 900 牡锦灯鱼 C. andreae
（依陈素芝，1987）

2（1）第一肛门上方发光器（SAO₁）通常位于第三腹部发光器（VO₃）的上方或前上方

3（4）吻长明显长于尾柄高；臀后部发光器（AOp）最前4～5个发光器在臀鳍基上；鼻器椭圆形……
……………………**椭锦灯鱼 C. choerocephalus** Fowler，1904（图901）。大洋性深海小型鱼类。
栖息水深0～1 051m。最大体长40mm。分布：南海；琉球群岛，太平洋、印度洋、大西洋的热
带和亚热带海域。

 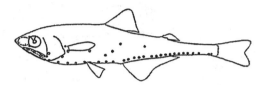

局部发光器示意图

图901　椭锦灯鱼 C. choerocephalus
（依陈素芝，1987）

4（3）吻长等于或稍大于尾柄高；臀后部发光器（AOp）最前3个发光器在臀鳍基上；鼻器圆形……
……………………**黑鳃锦灯鱼 C. nigroocellatus**（Günther，1873）（图902）。深海性小型鱼类，
有昼夜垂直移动的习性。栖息水深0～200m（夜）、375～800m（昼）。最大体长50mm。分布：
南海；日本（青森县至琉球群岛近海）、澳大利亚、新西兰、美国夏威夷、加利福尼亚至智利等
太平洋、印度洋（8°S～34°S）、大西洋（40°N～20°S）热带、温带海域。

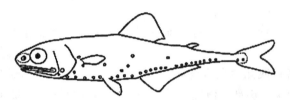

图902　黑鳃锦灯鱼 C. nigroocellatus
（依中坊等，2013）

角灯鱼属 *Ceratoscopelus* Günther，1864
种 的 检 索 表

1（2）胸鳍后端很少伸达第二臀前部发光器（AOa₂）；眼眶上方具发光斑；第一、第二胸鳍下方发光器
（PVO₁～₂）与第二、第三胸部发光器（PO₂～₃）之间，第四腹部发光器（VO₄）上方或肛门上方
无发光鳞；尾柄发光鳞不延伸到第二尾前部发光器（Prc₂）垂直线之后 ……………………
汤氏角灯鱼 C. townsendi（Eigenmann & Eigenmann，1889）（图903）。大洋性中底层小型鱼类，
具昼夜垂直洄游性。栖息水深425～1 500m（昼）、0～200m（夜）。最大体长184mm。分布：
东海、南海；千岛群岛至冲绳海槽、夏威夷、加拿大、加利福尼亚等太平洋、印度洋、大西洋
海域。

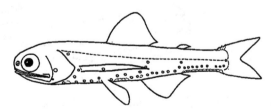

图903　汤氏角灯鱼 C. townsendi
（依中坊等，2013）

2（1）胸鳍后端通常伸达第三或第四臀前部发光器（AOa₃或AOa₄）；眼眶上方无发光斑；第一、第二
胸鳍下方发光器（PVO₁～₂）与第二、第三胸部发光器（PO₂～₃）之间，第四腹部发光器（VO₄）
上方或肛门上方具发光鳞；尾柄发光鳞延伸到第二至第三尾前部发光器（Prc₂至Prc₃）垂直线上
……………………**瓦明氏角灯鱼 C. warmingii**（Lütken，1892）（图904）。大洋性中底层小

型鱼类，具昼夜垂直洄游习性。栖息水深 20～200m（夜）、700～1 500m（昼）。最大体长81mm。分布：东海，台湾西南部、东部周边水域，南海；太平洋、印度洋、大西洋热带及亚热带海域。

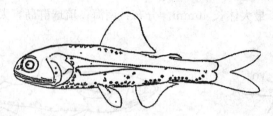

图 904　瓦明氏角灯鱼 *C. warmingii*
（依陈素芝，1987）

眶灯鱼属 *Diaphus* Eigenmann & Eigenmann，1890

本属是包括 78 种的一个大属，根据眶上发光器（Suo）、眶前发光器（Ant）和鼻部背侧发光器（Dn）、鼻部腹侧发光器（Vn）以及眶下发光器（So）等存在状况，中国产的 33 种可分为 4 个类群［中国不产眶上发光器类群（Suo-group），此类群具眶上发光器（Suo）］：

（1）眶下发光器类群（So-group）　具眶下发光器（So）、无眶上发光器（Suo）和眶前发光器（Ant）。

（2）眶前发光器类群（Ant-group）　具眶前发光器（Ant）、无眶上发光器（Suo）和眶下发光器（So）。

（3）鼻部背侧发光器-鼻部腹侧发光器类群Ⅰ（Dn-Vngroup Ⅰ）　无眶上发光器（Suo），眶前发光器（Ant）和眶下发光器（So），鼻部背侧发光器（Dn）和鼻部腹侧发光器（Vn）间距宽。

（4）鼻部背侧发光器-鼻部腹侧发光器类群Ⅱ（Dn-Vngroup Ⅱ）　无眶上发光器（Suo）、眶前发光器（Ant）和眶下发光器（So），鼻部背侧发光器（Dn）和鼻部腹侧发光器（Vn）相接或愈合。

种 的 检 索 表

1（16）具眶前发光器（Ant）（图 905）
2（3）头短而高，头长约等于头高；鼻部腹侧发光器（Vn）伸达瞳孔中央垂直线稍后方⋯⋯⋯⋯⋯⋯⋯⋯⋯⋯⋯⋯**高体眶灯鱼 *D. metopoclampus* (Cocco，1829)**（图 905）。大洋性中底层小型鱼类，具昼夜垂直移动习性。栖息水深 90～1 330m。最大体长 77mm。分布：南海；千岛群岛南部、日本、夏威夷、越南外海、澳大利亚东南部、新喀里多尼亚等西太平洋海域，大西洋、地中海等海域。

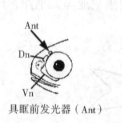

具眶前发光器（Ant）

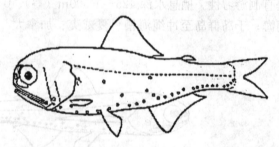

图 905　高体眶灯鱼 *D. metopoclampus*
（依中坊等，2002）

3（2）头长显著大于头高，头长为头高的 1.2 倍以上；鼻部腹侧发光器（Vn）不伸达瞳孔前缘垂直线。
4（9）鼻部腹侧发光器（Vn）围绕鼻器，左右鼻部腹侧发光器（Vn）在吻端相连；鼻部背侧发光器（Dn）呈长方形，面向前方，左右鼻部背侧发光器（Dn）在中部大体相连（图 906）。
5（6）胸鳍上方发光器（PLO）位于胸鳍基上端与侧线间距之中央；第三肛门上方发光器（SAO₃）和体后侧发光器（Pol）紧接于侧线下缘（图 907）⋯⋯⋯⋯⋯⋯⋯⋯⋯⋯⋯⋯⋯**华丽眶灯鱼**

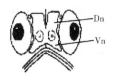

图 906　鼻部 Vn 和 Dn 发光器示意

D. perspicillatus（Ogilby，1898）（图 907）。大洋性中底层小型鱼类，具昼夜垂直移动习性。栖息水深 0～2 680m。最大体长 71mm。分布：中国南海；日本、澳大利亚、新西兰、新喀里多尼亚，太平洋、印度洋、大西洋热带海域。

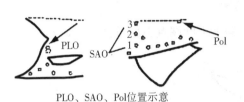

PLO、SAO、Pol位置示意

图 907　华丽眶灯鱼 _D. perspicillatus_

（依陈素芝，1987）

6（5）胸鳍上方发光器（PLO）距胸鳍基上端较距侧线为近；第三肛门上方发光器（SAO$_3$）和体后侧发光器（Pol）在侧线下方 1 个发光器处（图 908）。

7（8）上颌长为眼径的 2 倍；胸鳍上部发光器（PLO）附近的发光器大小为胸鳍上部发光器（PLO）的直径之半‥‥‥‥‥‥‥‥**菲氏眶灯鱼 _D. phillipsi_ Fowler，1934**（图 908）。大洋性中、底层小型鱼类，具昼夜垂直移动习性。栖息水深 558～1 330m。最大体长 77mm。分布：南海；日本、美国夏威夷、澳大利亚东北部、新西兰、新喀里多尼亚等太平洋、印度洋热带、亚热带海域。

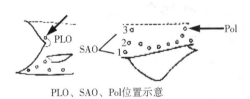

PLO、SAO、Pol位置示意

图 908　菲氏眶灯鱼 _D. phillipsi_

（依中坊等，2002）

8（7）上颌长为眼径的 2.7～3.0 倍；胸鳍上部发光器（PLO）附近的发光器大小为胸鳍上部发光器（PLO）的直径 3 倍不到‥‥‥‥‥‥‥‥**波腾眶灯鱼 _D. burtoni_ Fowler，1934**（图 909）。大洋性中底层小型鱼类，具昼夜垂直移动习性。栖息水深 312m。体长约 91mm。分布：南海；菲律宾海域。

9（4）鼻部腹侧发光器（Vn）不围绕鼻器，左右鼻部腹侧发光器（Vn）在吻端明显不连（图 910）

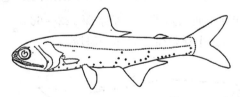

图 909　波腾眶灯鱼 _D. burtoni_

（依陈素芝，1987）

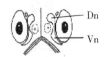

图 910　鼻部 Vn 和 Dn 发光器示意

10（11）鼻部腹侧发光器（Vn）后端后于眼垂直中央线；尾鳍上下叶端点黑色（图 911）‥‥‥‥‥

‥‥‥‥**金鼻眶灯鱼 _D. chrysorhynchus_ Gilbert & Cramer，1897**（图 911）［syn. 相模湾眶灯

鱼 *D. sagamiensis* 莫显荞，1993（台湾）]。大洋性中、底层小型鱼类，具昼夜垂直分布习性。栖息水深 10～587m。最大体长 80mm。分布：东海，台湾西南部、东部周边水域，南海；日本、美国夏威夷、澳大利亚、新喀里多尼亚等中、西太平洋热带及亚热带海域。

①Vn后端后于眼垂直中央线　②尾鳍上下叶端点黑色

图 911　金鼻眶灯鱼 *D. chrysorhynchus*
（依中坊等，2013）

11（10）鼻部腹侧发光器(Vn)后端前于眼垂直中央线；尾鳍上下叶端点不呈黑色（图912）

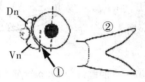

图 912　Vn后端前于眼垂直中央线　②尾鳍上下叶端点不呈黑色

12（13）鼻部背侧发光器（Dn）大于鼻器；背鳍条 17～19；臀鳍条 16～19 ·······················
符氏眶灯鱼 *D. fragilis* Tåning, 1928（图913）。大洋性中底层小型鱼类。栖息水深 350～1 313m。体长 70mm。分布：东海大陆架斜坡水域、台湾南部、南海；日本，对马近海，澳大利亚东部、新喀里多尼亚，中太平洋、东太平洋、印度洋、大西洋海域。

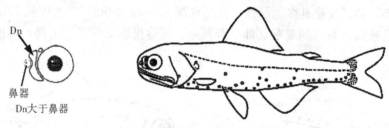

图 913　符氏眶灯鱼 *D. fragilis*
（依中坊等，2013）

13（12）鼻部背侧发光器（Dn）小于鼻器（图914）；背鳍条 14～16；臀鳍条 14～15

图 914　Dn 小于鼻器

14（15）鼻部腹侧发光器（Vn）椭圆形，很大；第三肛门上方发光器（SAO_3）和体后侧发光器（Pol）位于侧线下缘；两颌内缘齿扩大（图915）·······························**奈氏眶灯鱼 *D. knappi* Nafpaktitis, 1978**（图915）。大洋性中底层鱼类。栖息水深 122～664m。最大体长 173mm。分布：台湾南部水域；日本，印度-西太平洋热带、亚热带海域。

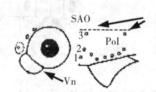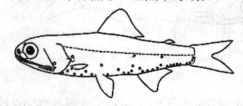

图 915　奈氏眶灯鱼 *D. knappi*
（依中坊等，2013）

15 （14） 鼻部腹侧发光器（Vn）三角形，一般大小；第三肛门上方发光器（SAO₃）和体后侧发光器（Pol）位于侧线明显下方；两颌齿小，绒毛状 ·· **渡濑眶灯鱼**
D. watasei Jordan & Starks，1904（图 916）。大洋性中底层小型鱼类。栖息水深 100～550m。最大体长 170mm。分布：台湾西南部、东部水域，南海；东海冲绳海槽，日本，太平洋、印度洋热带及亚热带海域。

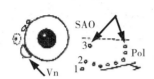
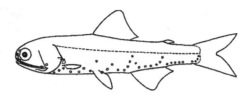

图 916 渡濑眶灯鱼 *D. watasei*
（依中坊等，2013）

16 （1） 无眶前发光器（Ant）（图 917）

17 （44） 鼻部背侧发光器（Dn）和鼻部腹侧发光器（Vn）不连接（图 918）

18 （33） 眼下缘同时具鼻部腹侧发光器（Vn）和眶下发光器（So）（图 919）

图 917 无眶前发光器（Ant）   图 918 Dn 和 Vn 不连接   图 919 眼下缘同时具 Vn 和 So

19 （20） 鼻部腹侧发光器（Vn）小而圆，稍小于或等于后侧的眶下发光器（So）（图 920）·············
·················· **安氏眶灯鱼 D. anderseni Tåning，1932**（图 920）。大洋性中底层小型鱼类，具垂直分布习性。栖息水深 60～560m。体长 31mm。分布：南海；日本琉球群岛、夏威夷、东北太平洋海域、南太平洋海域，澳大利亚东、西沿岸，大西洋海域。

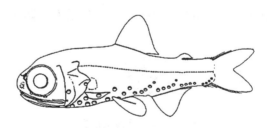

图 920 安氏眶灯鱼 *D. anderseni*
（依 P. A. Hulley，1986）

20 （19） 鼻部腹侧发光器（Vn）细长，大于后侧眶下发光器（So）的 2 倍以上（图 921）

21 （24） 鼻部腹侧发光器（Vn）细长；眶下发光器（So）位于瞳孔后缘的下方或后方；胸部上方发光器（PLO）无发光鳞（图 922）

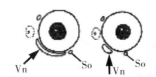
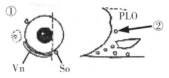

图 921 Vn 细长，大于后侧 So 的 2 倍   图 922 ①Vn 细长；So 位于瞳孔后缘的下方或后方；②PLO 无发光鳞

22 （23） 瞳孔圆，下方附近无新月状区域；眼通常大小，体长为眼径的 8 倍以上；臀后部发光器

（AOp）通常 3（3～4）个；胸鳍条 10 ·············· **李氏眶灯鱼 *D. richardsoni* Tåning，1932**（图 923）。大洋性中底层小型鱼类。栖息水深 350～1 150m。最大体长 60mm。分布：南海；帕劳群岛海域、新几内亚北部海域、孟加拉湾等印度-西太平洋温暖海域。

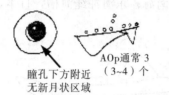
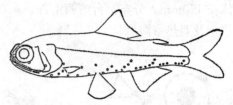

瞳孔下方附近无新月状区域

图 923　李氏眶灯鱼 *D. richardsoni*
（依陈素芝，1987）

23（22）瞳孔呈垂直状椭圆，下方附近具新月状区域；眼大，体长为眼径的 8 倍以下；臀后部发光器（AOp）通常 4（4～5）个；胸鳍条 11～13（图 924）···
短头眶灯鱼（条带眶灯鱼）*D. brachycephalus* Tåning，1928（图 924）。大洋底层小型鱼类。栖息水深 200～600m，最深 2 121m。最大体长 60mm。分布：台湾西南部海域、南海；琉球群岛、菲律宾东部海域，澳大利亚东、西部沿海，新喀里多尼亚等太平洋、印度洋、大西洋热带、亚热带海域。

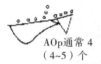
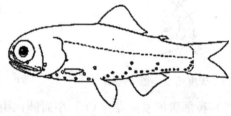

瞳孔呈垂直状椭圆，下方附近具新月状区域

图 924　短头眶灯鱼（条带眶灯鱼）*D. brachycephalus*
（依中坊等，2002）

24（21）鼻部腹侧发光器（Vn）不细长；眶下发光器（So）位于瞳孔后缘的前方；胸部上方发光器（PLO）具发光鳞（图 925）

25（28）第一臀前发光器（AOa₁）不高于第二臀前发光器（AOa₂）（图 926）

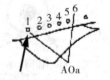

图 925　①Vn 不细长；So 位于瞳孔后缘的前方
②PLO 具发光鳞

图 926　AOa₁ 不高于 AOa₂

26（27）鳃盖最上缘鳃盖后缘为尖角形；胸鳍末端不伸达腹鳍起点；腹鳍末端不伸达臀鳍；眶下发光器（So）位于瞳孔垂直线的前下方 ·················· **帕尔眶灯鱼 *D. parri* Tåning，1928**（图 927）。大洋性中底层小型鱼类。栖息水深 500m。体长 50mm。分布：南海；太平洋、印度洋、大西洋热带、亚热带海域。

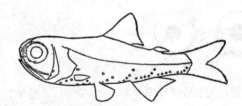

鳃盖最上缘鳃盖后缘为尖角形

图 927　帕尔眶灯鱼 *D. parri*
（依陈素芝，1987）

27（26）鳃盖后缘为圆形；胸鳍末端伸达腹鳍起点；腹鳍末端伸达臀鳍起点；眶下发光器（So）位于瞳孔垂直线的后下方，其后缘在瞳孔后缘垂直线的稍前方····················**大眼眶灯鱼** **D. holti Tåning，1918**（图 928）。大洋性中底层小型鱼类，具昼夜垂直分布习性。栖息水深 500～675m（昼），80～235m（夜），最大水深 777m。最大体长 70mm。分布：南海；太平洋、印度洋、大西洋、地中海。

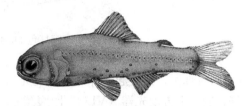

鳃盖后缘为圆形

图 928　大眼眶灯鱼 D. holti

（雌鱼，依 Nafpaktitis et al.，1977）

28（25）第一臀前发光器（AOa$_1$）高于第二臀前发光器（AOa$_2$）；两者连线通过第二肛上发光器（SAO$_2$），或在其上方（图 929）；鳃耙 17～20

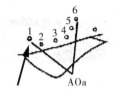

图 929　AOa$_1$ 高于 AOa$_2$

29（30）胸鳍上方发光器（PLO）的发光鳞大；臀后部发光器（AO$_p$）通常 5（5～6）；眼径和上颌长分别小于体长的 11.0% 和 17.5%·············· **灿烂眶灯鱼 D. fulgens Brauer，1904**（图 930）。大洋性中底层小型鱼类。栖息水深 86～1 000m。体长 10.5mm。分布：台湾西南部和东部水域、南海；南、北纬 10° 的热带海域。

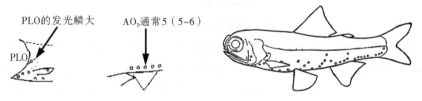

PLO的发光鳞大　　AO$_p$通常 5（5~6）

图 930　灿烂眶灯鱼 D. fulgens

（依陈素芝，1987）

30（29）胸鳍上方发光器（PLO）的发光鳞小；臀后部发光器（AO$_p$）通常 4（3～4）；眼径和上颌长分别大于体长的 11.0% 和 18.0%（图 931）。

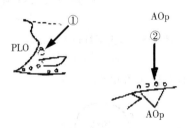

图 931　①PLO 的发光鳞小　②（AO$_p$）通常 4（3～4）

31（32）鳃盖上端的后缘背部突起；鼻部腹侧发光器（Vn）和眶下发光器（So）间距短，小于 Vn 长的 1/2；腹鳍上方发光器（VLO）位于腹鳍基和侧线的中间 ····················· **短距眶灯鱼** **D. mollis Tåning，1928**（图 932）。大洋性中底层小型鱼类。栖息水深 50～600m。体长

45mm。分布：台湾西南部沿海、南海；太平洋、印度洋、大西洋的热带和亚热带海区。

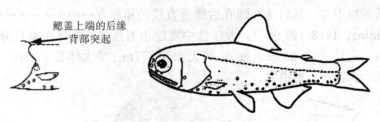

图 932　短距眶灯鱼 *D. mollis*
（依中坊等，2002）

32（31）鳃盖上端的后缘背部圆，无突起；鼻部腹侧发光器（Vn）和眶下发光器（So）间距长，约为 Vn 长的 2 倍；腹鳍上方发光器（VLO）距腹鳍基较距侧线为近 ·············· **长距眶灯鱼** *D. aliciae* Fowler，1934（图 933）。大洋性中底层小型鱼类，具昼夜垂直分布习性。栖息水深 100～1 500m。最大体长 60mm。分布：台湾西南部、东部周边海域，南海（东沙群岛等水域）；印度洋、太平洋热带及亚热带海域。

图 933　长距眶灯鱼 *D. aliciae*
（依郑义郎，2007）

33（18）眼下缘仅具鼻部腹侧发光器（Vn），无眶下发光器（So）（图 934）

图 934　眼下缘仅具 Vn，无 So

34（35）鼻部腹侧发光器（Vn）具 3～5 个小的尖突起 ·············· **吕氏眶灯鱼** *D. luetkeni* Brauer，1904（图 935）。大洋性中底层小型鱼类，具昼夜垂直分布习性。栖息水深 40～750m。最大体长 60mm。分布：台湾西南部、东部海域，南海；太平洋、印度洋、大西洋热带及亚热带海域。

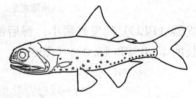

图 935　吕氏眶灯鱼 *D. luetkeni*
（依陈素芝，1987）

35（34）鼻部腹侧发光器（Vn）无小突起（图 936）

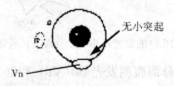

图 936　Vn 无小突起

36（37）腹鳍上方发光器（VLO）、第三肛门上方发光器（SAO₃）、体后侧发光器（Pol）和第四尾前部发光器（Prc₄）具发光鳞 ······································ **眶下眶灯鱼（光腺眶灯鱼）**

D. suborbitalis Weber，1913（图 937）　[syn. 光腺眶灯鱼 D. streetsi Fowler，1934（中国海）]。大洋性中底层小型鱼类，具昼夜垂直分布习性。栖息水深 40～3 240m。最大体长 80mm。分布：东海，台湾西南部、东部水域，南海；冲绳海槽，日本、菲律宾、印度尼西亚等西太平洋和印度洋热带及亚热带海域。

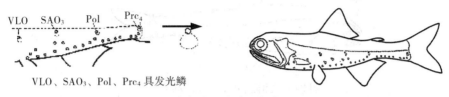

VLO、SAO₃、Pol、Prc₄ 具发光鳞

图 937　眶下眶灯鱼（光腺眶灯鱼）D. suborbitalis
（依陈素芝，1987）

37（36）腹鳍上方发光器（VLO）、第三肛门上方发光器（SAO₃）、体后侧发光器（Pol）和第四尾前部发光器（Prc₄）无发光鳞（图 938）。

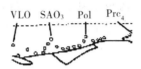

图 938　VLO、SAO₃、Pol、Prc₄ 无发光鳞

38（43）臀前部发光器（AOa）呈角状排列（第一臀前部发光器 AOa₁ 升高）；鼻部腹侧发光器（Vn）位于瞳孔中央垂线下方；腹鳍上方发光器（VLO）在腹鳍起点与侧线的中央或稍高。

39（40）胸鳍末端伸达腹鳍基；腹鳍末端伸达臀鳍起点；鳃耙 24（25～26）；臀部发光器（AO）10（9～11）···································· **多耙眶灯鱼 D. termophilus** Tåning，1928（图 939）。大洋性中底层小型鱼类，具昼夜垂直分布习性。栖息水深 325～850m（昼）、40～225m（夜）。最大体长 80mm。分布：南海；新西兰、新喀里多尼亚等西-南太平洋、大西洋热带海域。

图 939　多耙眶灯鱼 D. termophilus
（依 Nafpaktitis，1977）

40（39）胸鳍不伸达腹鳍基；腹鳍末端不伸达臀鳍起点

41（42）鳃耙 23（22～24）；臀部发光器（AO）11（10～12）·························· **高位眶灯鱼 D. similes** Wisner，1974（图 940）。热带海洋小型深海鱼类。栖息水深 631m。最大体长 720mm。分布：南海；中-东太平洋。

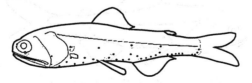

图 940　高位眶灯鱼 D. similes
（依 Wisner，1974）

42（41）鳃耙 16（15～17）；臀部发光器（AO）10（9～11）••••••••••••••••••••••••••••••••• **冠眶灯鱼**
D. diadematus Tåning，**1932**（图 941）。大洋性中底层小型鱼类。栖息水深 350m。最大体长
42mm。分布：南海；西太平洋（东南亚海域到 20°N，澳大利亚）、印度洋（苏门答腊、莫桑
比克海峡和阿古拉斯海流）、大西洋（东大西洋 18°S～23°S，南大西洋中部海域）。

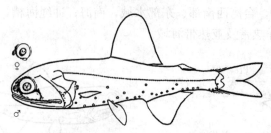

图 941　冠眶灯鱼 *D. diadematus*
（依 Hulley，1986）

43（38）臀前部发光器（AOa）呈线状排列（第一臀前部发光器 AOa$_1$ 偶有升高）；鼻部腹侧发光器
（Vn）位于瞳孔中央垂线后下方；腹鳍上方发光器（VLO）在腹鳍起点与侧线之中央；胸鳍末
端不伸达腹鳍基；腹鳍末端不伸达臀鳍起点；鳃耙 20（21）••••••••••••••••••••••••• **冠冕眶灯鱼**
D. diademophilus Nafpaktitis，**1978**（图 942）。大洋性深海鱼类。栖息水深 615～1 808m。体
长 39mm。分布：台湾西南部沿海、南海；日本（土佐湾）、夏威夷，太平洋、印度洋热带
海域。

Vn位于瞳孔
中央垂线后
下方

VLO在腹鳍
起点与侧线之中央

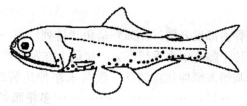

图 942　冠冕眶灯鱼 *D. diademophilus*
（依中坊等，2002）

44（17）鼻部背侧发光器（Dn）和鼻部腹侧发光器（Vn）连接（图 943）

图 943　Dn 和 Vn 相连接

45（46）鳃耙 13～15••••••••••••••••••••••••••• **莫名眶灯鱼 D. problematicus** Parr，**1928**（图 944）。大洋
性中底层小型鱼类，具昼夜垂直分布习性。栖息水深 375～750m（昼）、40～225m（夜），最
大水深 1 720m。体长 90mm。分布：南海中部；冲绳岛外海、东南亚诸海、太平洋、印度洋、
大西洋。

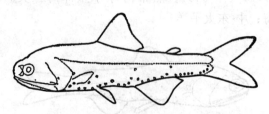

图 944　莫名眶灯鱼 *D. problematicus*
（依陈素芝，1987）

46 (45) 鳃耙 17～23

47 (52) 鼻部背侧发光器（Dn）圆，面向前与鼻部腹侧发光器（Vn）相连（图 945）

48 (51) 眼上方无倒棘（图 946）

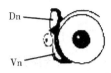

图 945　Dn 圆，面向前与 Vn 相连

图 946　眼上方无倒棘

49 (50) 鼻部背侧发光器（Dn）明显大于鼻器，背缘到达眼背缘水平线上方，下伸超过头部筛骨中线；第三肛门上方发光器、体侧发光器、第四尾前部发光器（SAO₃、Pol、Prc₄）临近侧线；背鳍 16～17 ·························· **耀眼眶灯鱼 _D. lucidus_（Goode & Bean, 1896）**（图 947）。大洋性中底层小型鱼类。栖息水深 425～750m（昼）、40～550m（夜），最大水深 1 020～1 252m（南海）。体长 115mm。分布：南海；太平洋、印度洋、大西洋热带、亚热带海域。

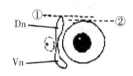

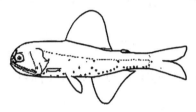

图 947　耀眼眶灯鱼 _D. lucidus_
（依中坊等，2002）

50 (49) 鼻部背侧发光器（Dn）小于鼻器，背缘仅达眼背缘水平线下方，下伸不超过头部筛骨中线；第三肛门上方发光器、体侧发光器、第四尾前部发光器（SAO₃、Pol、Prc₄）远离侧线；背鳍 14～16 ·························· **蓝光眶灯鱼 _D. coeruleus_（Klunzinger, 1871）**（图 948）。大洋性中底层小型鱼类，具昼夜垂直分布习性。栖息水深 100～600m。最大体长 143mm。分布：台湾西南部水域、南海；印度-西太平洋热带及亚热带海域。

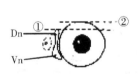

图 948　蓝光眶灯鱼 _D. coeruleus_
（依郑义郎，2007）

51 (48) 眼上方有倒棘；Dn 小；第三肛门上方发光器、体侧发光器、第四尾前部发光器（SAO₃、Pol、Prc₄）临近侧线 ·························· **亮眶灯鱼 _D. splendidus_（Brauer, 1904）**（图 949）。大洋性中底层小型鱼类，具昼夜垂直分布习性。栖息水深 40～750m。最大体长 90mm。分布：台湾西南部、东部海域、南海；太平洋、印度洋、大西洋热带及亚热带海域。

图 949　亮眶灯鱼 _D. splendidus_
（依郑义郎，2007）

52 (47) 鼻部背侧发光器（Dn）椭圆形或宽带状，在侧部或前侧部与鼻部腹侧发光器（Vn）相连，成

新月形（图 950）

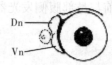

图 950　Dn 椭圆形或宽带状，在侧部或前侧部与 Vn 相连，成新月形

53（54）最后一个臀后发光器（AOp）高于同列其他发光器 ……………… **雷氏眶灯鱼（翘光眶灯鱼）** **D. regani** Tåning，1932（图 951）。大洋性中底层小型鱼类。栖息水深 505m。体长 66mm。分布：台湾西部沿海、南海；太平洋、印度洋、大西洋热带、亚热带海域。

图 951　雷氏眶灯鱼（翘光眶灯鱼）D. regani
（依中坊等，2002）

54（53）最后一个臀后发光器（AOp）不高于同列其他发光器（图 952）

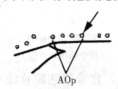

图 952　最后一个臀后发光器（AOp）不高于同列其他发光器

55（56）第一肛门上方发光器（SAO₁）与第五腹部发光器（VO₅）等高…………………… **颜氏眶灯鱼** **D. jenseni** Tåning，1932（图 953）。大洋性中底层小型鱼类。栖息水深 500～2 000m（昼）、85m 以浅（夜）。体长 36mm。分布：南海；日本（对马近海）、西里伯斯海、澳大利亚东北部沿岸，中太平洋、印度洋。

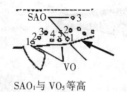

SAO₁ 与 VO₅ 等高

图 953　颜氏眶灯鱼 D. jenseni
（依陈素芝，1987）

56（55）第一肛门上方发光器（SAO₁）高于第五腹部发光器（VO₅）（图 954）
57（60）腹鳍上方发光器（VLO）距侧线较距腹鳍起点为近（图 955）

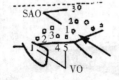

图 954　SAO₁ 高于 VO₅

图 955　VLO 距侧线较距腹鳍起点为近

58（59）胸鳍上方发光器（PLO）上至侧线有 3 个发光器大小之距；背鳍起点位于腹鳍起点上方…………………… **史氏眶灯鱼 D. schmidti** Tåning，1932（图 956）。大洋性中底层小型鱼类，栖息水深 100～750m。最大体长 20mm。分布：台湾西南部和东部海域；太平洋热带、亚热带海区。

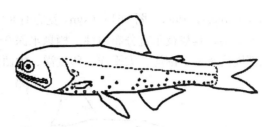

图 956　史氏眶灯鱼 *D. schmidti*
（依中坊等，2002）

59 （58）胸鳍上方发光器（PLO）上至侧线有 5 个发光器大小之距，通常在侧线与胸鳍基上端间距的中央；背鳍起点位于腹鳍起点后方 ••• **叉尾眶灯鱼（后光眶灯鱼）** **D. signatus Gilbert，1908**（图 957）。大洋性中层小型鱼类。栖息水深 100～3 884m。最大体长 48mm。分布：台湾西南部及东部周边海域、南海；印度洋、太平洋热带及亚热带海域。

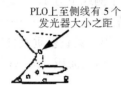
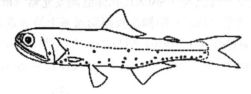

图 957　叉尾眶灯鱼（后光眶灯鱼）*D. signatus*
（依中坊等，2002）

60 （57）腹鳍上方发光器（VLO）在侧线与腹鳍起点的中央（图 958）

图 958　VLO 在侧线与腹鳍起点的中央

61 （62）胸鳍上方发光器（PLO）的发光鳞小，约与其发光器等大 •••••••••••••••••••••••••••••••••• **马来亚眶灯鱼** **D. malayanus Weber，1913**（图 959）（syn. 亮鼻眶灯鱼 *D. tanakae* Gilbert，1913；阿氏眶灯鱼 *D. agassizi* 杨家驹等，1980）。大洋性中底层小型鱼类。栖息水深 1 000～2 000m。最大体长 45mm。分布：南海；太平洋、印度洋水域。

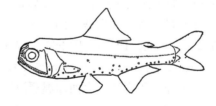

图 959　马来亚眶灯鱼 *D. malayanus*
（依陈素芝，1987）

62 （61）胸鳍上方发光器（PLO）的发光鳞大，大于其发光器 2 倍（图 960）

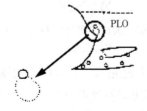

图 960　PLO 的发光鳞大，大于其发光器 2 倍

63 （64）第三肛门上方发光器（SAO$_3$）和体后侧发光器（Pol）恰位于侧线；胸鳍上方发光器（PLO）距胸鳍基上端较距侧线为近；臀鳍 16～17 •• **喀氏眶灯鱼**

***D. garmani* Gilbert, 1904**（图 961）（syn. 宽眶灯鱼 *Diaphus latus*：陈兼善，1969）。大洋性中底层小型鱼类，具昼夜垂直分布习性。栖息水深 0～750m。最大体长 60mm。分布：台湾西南部、东部周边水域、南海；太平洋、印度洋、大西洋热带及亚热带海域。

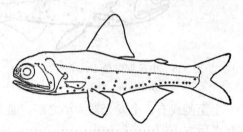

图 961　喀氏眶灯鱼 *D. garmani*
（依陈素芝，1987）

64（63）第三肛门上方发光器（SAO$_3$）和体后侧发光器（Pol）位于侧线下方 1.5～2 个发光器径距；胸鳍上方发光器（PLO）距侧线较距胸鳍基上端为近；臀鳍 14 ························**谭氏眶灯鱼 *D. taaningi* (Norman, 1930)**（图 962）。大洋性中底层小型鱼类，具昼夜垂直分布习性。栖息水深 325～475m（昼）、40～250m（夜）。最大体长 70mm。分布：台湾海域、南海；太平洋、大西洋。

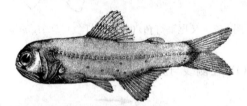

图 962　谭氏眶灯鱼 *D. taaningi*（雌鱼）
（依 Nafpaktitis et al.，1977）

明灯鱼属 *Diogenichthys* Bolin, 1939
种 的 检 索 表

1（2）上颌骨后端不伸越眼后缘；腹鳍上方发光器（VLO）位于侧线和腹鳍间，接近侧线；第一肛门上方发光器（SAO$_1$）在第四腹部发光器（VO$_4$）的前上方；第一与第二尾前部发光器（Prc$_1$ 与 Prc$_2$）的间距，等于或大于最后一个臀后部发光器（AOp）与第一尾前部发光器（Prc$_1$）的间距；成鱼雄体无鼻部背侧发光器（Dn）··········· **大西洋明灯鱼 *D. atlanticus* (Tåning, 1928)**（图 963）。大洋性中底层小型鱼类，具昼夜垂直分布习性。栖息水深 450～1 250m（昼）、18～1 050m（夜）。最大体长 30mm。分布：台湾西南部及东部周边海域、南海；太平洋、印度洋、大西洋温暖海区。

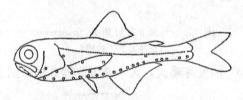

图 963　大西洋明灯鱼 *D. atlanticus*
（依陈素芝，1987）

2（1）上颌骨后端伸越眼后缘；腹鳍上方发光器（VLO）位于侧线和腹鳍之中间，或接近腹鳍；第一肛门上方发光器（SAO$_1$）在第四腹部发光器（VO$_4$）的上方或后上方；第一与第二尾前部发光器（Prc$_1$ 与 Prc$_2$）的间距，小于最后一个臀后部发光器（AOp）与第一尾前部发光器（Prc$_1$）的间距；成鱼雄体具鼻部背侧发光器（Dn）。

3（4）腹鳍上方发光器（VLO）距腹鳍较距侧线为近；第一肛门上方发光器（SAO$_1$）在第四腹部发光

器（VO_4）的上方；鳃耙 13～14······························· **朗明灯鱼 D. laternatus**（**Garman，1899**）（图964）。大洋性深海小型鱼类。栖息水深 600～650m（昼）、0～1 009m（夜），最大水深 2 121m（南海）。最大体长 50mm。分布：南海；太平洋、印度洋、大西洋。

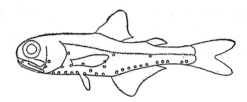

图964　朗明灯鱼 *D. laternatus*
（依陈素芝，2002）

4（3）腹鳍上方发光器（VLO）位于腹鳍与侧线之中央；第一肛门上方发光器（SAO_1）在第四腹部发光器（VO_4）的后上方······························· **印度洋明灯鱼 D. panurgus Bolin，1946**（图965）。大洋性深海小型鱼类。栖息水深 350～2 754m。体长 20.5mm。分布：南海、东海（台湾西南部沿海）；太平洋、印度洋热带海域。

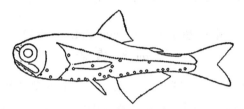

图965　印度洋明灯鱼 *D. panurgus*
（依陈素芝，1987）

电灯鱼属 *Electrona* Goode & Bean，1896

高体电灯鱼 E. risso（**Cocco，1829**）（图966）。大洋性中底层小型鱼类，具昼夜垂直分布习性。栖息水深 90～820m，白天一般栖息于 225～750m，夜晚则上游至90～375m（幼鱼）及450～600m（成鱼）。最大体长 82mm。分布：台湾西南部沿海、南海；千岛群岛南部，日本、澳大利亚、夏威夷，太平洋、印度洋、大西洋热带及亚热带海域。

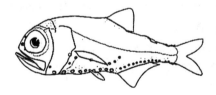

图966　高体电灯鱼 *E. risso*
A. 同尾雄鱼，尾上发光腺（上）和尾下发光腺（下）　B. 雌鱼，尾下发光腺
（依 T. M. Wang et al.，2001）

星灯鱼属 *Gonichthys* Gistel，1850

柯氏星灯鱼 G. cocco（**Cocco，1829**）（图967）。大洋性深海小型鱼类，有昼夜垂直移动习性。栖息水深 425～1 000m（昼）、0～200m（夜），最大水深 1 450m。最大体长 60mm。分布：东海；太平洋、

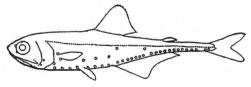

图967　柯氏星灯鱼 *G. cocco*
（依陈素芝，1987）

印度洋、大西洋。

亨灯鱼属 *Hintonia* Fraser-Brunner，1949

犬牙亨灯鱼 *H. candens* Fraser-Brunner，1949（图 968）。大洋性中底层小型鱼类，具昼夜垂直分布习性。栖息水深 100～640m，幼鱼夜间栖息于水深 100m，成鱼夜间主要栖息于水深 200m 以深。最大体长 130mm。分布：台湾东北部海域；40°S～50°S 的大西洋海域，也见于南极水域（45°10′S、69°12′E）。

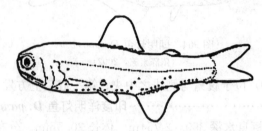

图 968　犬牙亨灯鱼 *H. candens*
［依 South African Institute of Aquatic Biodiversity (SAIAB)］

壮灯鱼属 *Hygophum* Bolin，1939
种 的 检 索 表

1（4）胸鳍基上端位于眼球中线的下方（图 969）；第一肛门上方发光器（SAO$_1$）明显低于第二肛门坊发光器（SAO$_2$），两者与第一胸鳍下方发光器（PVO$_1$）呈斜直线；体高约为体长的 1/4。

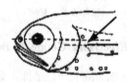

图 969　胸鳍基上端位于眼球中线的下方

2（3）胸鳍末端伸达臀鳍起点，到达第二肛门上方发光器（SAO$_2$）前方附近；臀鳍起点位于背鳍基末端垂直线后方；第一体后侧发光器（Pol$_1$）位于最后臀前部发光器（AOa）垂直线的后方……………………………近壮灯鱼 ***H. proximum*** Beeker，1965（图 970）。大洋性中层小型鱼类，具昼夜垂直分布习性。栖息水深 0～200m（夜）、450～600m（昼）。最大体长 50mm。分布：台湾东部周边海域、南海；日本房总半岛至琉球群岛近海、澳大利亚东南部和西部、夏威夷，中-东太平洋（25°N～25°S）、印度洋（25°N～10°S）海域。

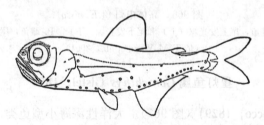

图 970　近壮灯鱼 *H. proximum*
（依陈素芝，1987）

3（2）胸鳍末端伸越臀鳍起点，到达第二肛门上方发光器（SAO$_2$）和第一体后侧发光器（Pol$_1$）间距的中央；臀鳍起点位于背鳍基末端垂直线上方；第一体后侧发光器（Pol$_1$）位于最后臀前部发光器（AOa）垂直线的前方（稀见正上方）……………………长鳍壮灯鱼 ***H. macrochir*** (Günther，1864)（图 971）。大洋性中层小型鱼类，具昼夜垂直分布习性。栖息水深 0～125m（昼）、275～750m（夜）。最大体长 60mm。分布：南海；太平洋、大西洋热带、亚热带海区。

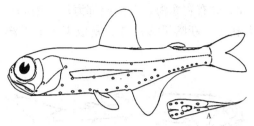

图 971　长鳍壮灯鱼 *H. macrochir*（雄鱼，选模）

A. 尾下发光腺

（依 Nafpaktitis et al.，1977）

4（1）胸鳍基上端位于眼球中线的上方（图 972）；第一肛门上方发光器（SAO_1）与第二肛门上方发光器（SAO_2）呈水平状或稍低，两者与第一胸鳍下方发光器（PVO_1）几成平直线；体高约为体长的 1/5。

图 972　胸鳍基上端位于眼球中线的上方

5（6）上颌骨后端伸越眼眶后缘；第二体后侧发光器（Pol_2）位于脂鳍基的下方；臀鳍条 18～20；鳃耙 19～23······**黑壮灯鱼 *H. atratum*（Garman，1899）**（图 973）。大洋深海性小型鱼类。栖息水深 600～3 132m。最大体长 60mm。分布：南海；东、西太平洋 30°N～30°S 海域。

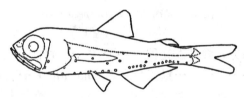

图 973　黑壮灯鱼 *H. atratum*

（依陈素芝，1987）

6（5）上颌骨后端仅伸达眼眶后缘；第二体后侧发光器（Pol_2）位于脂鳍基前下方；臀鳍条 22～24；鳃耙 17～20······**莱氏壮灯鱼 *H. reinhardtii*（Lütken，1892）**（图 974）。大洋性中层小型鱼类，具昼夜垂直分布习性。栖息水深 475～850m（昼）、0～175m（夜），最大水深 1 100m。最大体长 60mm。分布：台湾东部周边水域、南海；日本青森县至琉球群岛近海、新喀里多尼亚，中-东太平洋（35°N～30°S），南印度洋，西大西洋温、热带海域。

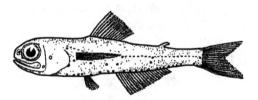

图 974　莱氏壮灯鱼 *H. reinhardtii*

（依杨家驹，1996）

炬灯鱼属 *Lampadena* Goode et Bean，1893
种 的 检 索 表

1（2）第四胸部发光器（PO_4）高起，位于第三胸部发光器（PO_3）的上方或后上方；鳃耙 14（13～15）······**发光炬灯鱼 *L. luminosa*（Garman，1899）**（图 975）。大洋性中层小型鱼类，具昼夜垂直分布习性。栖息水深 425～850m（昼）、50～100m（夜），最大水深

1 485m。最大体长 200mm。分布：东海、台湾南部海域、南海；千岛群岛、日本、琉球群岛近海、东海冲绳海槽、澳大利亚、新喀里多尼亚、夏威夷等太平洋、印度洋、大西洋热带及温带海域。

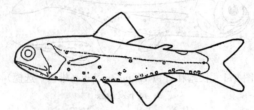

图 975　发光炬灯鱼 *L. luminosa*
（依许成玉等，1988）

2（1）第四胸部发光器（PO_4）水平状；鳃耙 17 以上

3（4）背鳍起点位于腹鳍起点上方；腹部发光器（VO）5（4～6）个；臀前部发光器（AOa）6～7 个；鳃耙 19～22 ·······················**暗柄炬灯鱼** *L. speculigera* **Goode et Bean, 1896**（图 976）。大洋性中深层小型鱼类。栖息水深 475～950m（昼）、50～300m（夜），最大水深 1 300m。最大体长 153mm。分布：南海；太平洋、印度洋、大西洋。

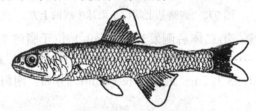

图 976　暗柄炬灯鱼 *L. speculigera*
（依陈素芝，2002）

4（3）背鳍起点位于腹鳍起点前方；腹部发光器（VO）3 个；臀前部发光器（AOa）3（4）个；鳃耙 17（16～18）······················**糙炬灯鱼** *L. anomala* **Parr, 1928**（图 977）。大洋性中层小型鱼类，具昼夜垂直分布习性。栖息水深 300～2 000m。最大体长 180mm。分布：南海东沙群岛海域；太平洋夏威夷、东大西洋摩洛哥至安哥拉等海区。

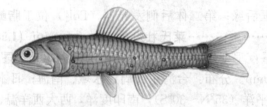

图 977　糙炬灯鱼 *L. anomala*
（依郑义郎，2007）

珍灯鱼属 *Lampanyctus* Bonaparte, 1840
种 的 检 索 表

1（2）具颊部发光器（CP）；体具微小的第二发光器 ··········· **翼珍灯鱼** *L. alatus* **Goode et Bean, 1896**（图 978）〔syn. 细斑珍灯鱼 *L. punctatissimus* 杨家驹等，1980（南海）〕。大洋性中层小型鱼

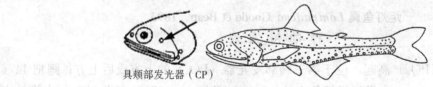

具颊部发光器（CP）

图 978　翼珍灯鱼 *L. alatus*
（依陈素芝，1987）

类，具昼夜垂直分布习性。栖息水深600～930m（昼）、50～300m（夜），最大水深 3 000m（南海）。最大体长 61mm。分布：台湾西南部和东部周边海域，南海；日本至东南亚、澳大利亚、新喀里多尼亚等太平洋、印度洋、大西洋温、热带海域。

2 (1) 无颊部发光器（CP）（图 979）；体无微小的第二发光器

图 979　无颊部发光器（CP）

3 (4) 腹部发光器（VO）水平排列；胸鳍长，向后伸达臀鳍起点；腹鳍上方发光器（VLO）位于侧线与腹鳍间，稍近侧线………………… **天纽珍灯鱼 *L. tenuiformis* (Brauer, 1906)**（图 980）。大洋性中层小型鱼类，具昼夜垂直分布习性。栖息水深 300～750m（昼）、40～325m（夜），最大水深1 750m。最大体长 153mm。分布：台湾东部周边水域、南海；千岛群岛、日本、菲律宾、新几内亚、斐济、夏威夷等太平洋、印度洋、大西洋热带海域。

图 980　天纽珍灯鱼 *L. tenuiformis*

（依郑义郎，2007）

4 (3) 第二腹部发光器（VO_2）位置升高

5 (10) 第二腹部发光器（VO_2）在第一腹部发光器（VO_1）的前上方

6 (9) 体后侧发光器 2 个

7 (8) 第一胸鳍下方发光器（PVO_1）位于第二胸鳍下方发光器（PVO_2）正下方，两者与第二胸部发光器（PO_2）呈一垂直线；第二、第三、第四尾前部发光器（Prc_2、Prc_3、Prc_4）呈一斜直线………………… **同点珍灯鱼 *L. omostigma* Gilbert, 1908**（图 981）。大洋性深海小型鱼类。栖息水深 3 000m。最大体长 26mm。分布：南海；太平洋热带海域。

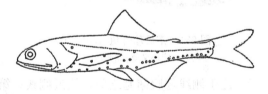

图 981　同点珍灯鱼 *L. omostigma*

（依陈素芝，1987）

8 (7) 第一胸鳍下方发光器（PVO_1）位于第二胸鳍下方发光器（PVO_2）前下方，两者与第二胸部发光器（PO_2）呈一三角形；第一、第三、第四尾前部发光器（Prc_1、Prc_3、Prc_4）呈一斜直线………………… **赫氏珍灯鱼 *L. hubbsi* Wisner, 1963**（图 982）。大洋性中层巡游鱼类，具

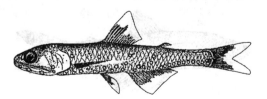

图 982　赫氏珍灯鱼 *L. hubbsi*

（依陈素芝，2002）

昼夜垂直分布习性。栖息水深0～2 500m。最大体长30mm。分布：南海；太平洋热带海域。

9 (6) 体后侧发光器1个；第一胸鳍下方发光器（PVO$_1$）位于第二胸鳍下方发光器（PVO$_2$）前下方，两者与第二胸部发光器（PO$_2$）呈一三角形；第二、第三、第四尾前部发光器（Prc$_2$、Prc$_3$、Prc$_4$）呈一斜直线·····················**图氏珍灯鱼 *L. turneri* (Fowler, 1934)**（图983）。大洋性中层巡游鱼类，具昼夜垂直分布习性。栖息水深200～1 750m。最大体长70mm。分布：台湾西南部和东南部海域、南海（东沙群岛周边水域）；日本房总半岛至琉球群岛近海、西太平洋和印度洋热带海域。

图983　图氏珍灯鱼 *L. turneri*

（依郑义郎，2007）

10 (5) 第二腹部发光器（VO$_2$）在第一至第三腹部发光器（VO$_{1～3}$）的上方，或第一腹部发光器（VO$_1$）稍后上方

11 (14) 第二腹部发光器（VO$_2$）在第一至第三腹部发光器（VO$_{1～3}$）的上方；臀前部发光器（AOa）几成水平状排列

12 (13) 腹鳍上方发光器（VLO）位于侧线与腹鳍基之中间；第二、第三、第四尾前部发光器（Prc$_2$、Prc$_3$、Prc$_4$）三者排列呈一斜直线·····················**诺贝珍灯鱼 *L. nobilis* Tåning, 1928**（图984）。大洋性中层小型鱼类，具昼夜垂直分布习性。栖息水深475～750m（昼）、40～325m（夜），最大水深3 000m。最大体长124mm。分布：台湾西南部和东部周边海域、南海；千岛群岛南部至琉球群岛近海，东南亚、澳大利亚、新喀里多尼亚、夏威夷、美国西海岸中部等太平洋、印度洋、大西洋热带及亚热带海域。

图984　诺贝珍灯鱼 *L. nobilis*

（依郑义郎，2007）

13 (12) 腹鳍上方发光器（VLO）位于侧线与腹鳍基之间，接近侧线；第二、第三、第四尾前部发光器（Prc$_2$、Prc$_3$、Prc$_4$）三者呈弧状排列·····················**杂色珍灯鱼 *L. festivus* Tåning, 1928**（图985）[syn. 朋氏珍灯鱼 *L. bensoni* (Fowler, 1934)]。大洋性中层小型鱼类，具昼夜垂直分布习性。栖息水深475～1 000m（昼）、40～325m（夜），最大水深1 052m。最大体长138mm。分布：东海冲绳海槽；日本、澳大利亚、新西兰、新喀里多尼亚、智利等太平洋、印度洋、大西洋海域。

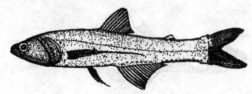

图985　杂色珍灯鱼 *L. festivus*

（依许成玉等，1988）

14（11）第二腹部发光器（VO₂）在第一腹部发光器（VO₁）稍后上方；臀前部发光器（AOa）呈曲线

排列；第二、第三、第四尾前部发光器（Prc₂、Prc₃、Prc₄）三者排列成一斜直线··········

··················**大鳍珍灯鱼 L. macropterus**（**Brauer，1904**）（图986）。大洋性中底层小型鱼类。

栖息水深0～2 091m。最大体长68mm。分布：南海；太平洋、印度洋热带海域。

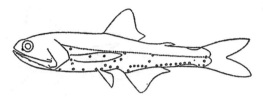

图986　大鳍珍灯鱼 *L. macropterus*

（依陈素芝，1987）

叶灯鱼属 *Lobianchia* Gatti，1904

吉氏叶灯鱼 L. gemellarii（**Cocco，1838**）（图987）。大洋性中层小型鱼类，具昼夜垂直分布习性。

栖息水深300～800m（昼）、25～300m（夜，幼鱼）、200～300m（夜，成鱼）。最大体长60mm。分

布：台湾东部周边海域；日本、澳大利亚、新喀里多尼亚、智利等太平洋、印度洋、大西洋热带及亚热

带海域。

图987　吉氏叶灯鱼 *L. gemellarii*

（依郑义郎，2007）

灯笼鱼属 *Myctophum* Rafinesque，1810

种 的 检 索 表

1（6）臀后部发光器（AOp）7或多于7，前2～3个位于臀鳍基部

2（3）体被圆鳞；臀鳍鳍条多于23　·················· **金焰灯笼鱼 M. aurolaternatum Garman，1899**

（图988）。大洋性中层小型鱼类，具昼夜垂直分布习性。栖息水深250～400m（昼）、0～30m

（夜）。最大体长110mm。分布：台湾东部海域、南海；日本熊野滩、土佐湾，中太平洋（夏威

夷群岛，赤道附近）、东太平洋（25°N～17°S）、东印度洋（5°N～18°S）、西印度洋（亚丁湾等）

海域。

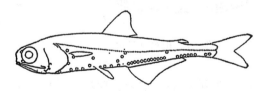

图988　金焰灯笼鱼 *M. aurolaternatum*

（依陈素芝，1987）

3（2）体被栉鳞；臀鳍鳍条少于23

4（5）第一肛门上方发光器（SAO₁）在第三和第四腹部发光器（VO₃和VO₄）之间的上方；胸鳍上方

发光器（PLO）位于胸鳍和侧线的中间　·················· **栉棘灯笼鱼**

M. spinosum（**Steindachner，1867**）（图989）（syn. *Dasyscopelus spinosus* Chu，1931；张春霖，

1957；王以康，1958）。大洋性中层小型鱼类，具昼夜垂直分布习性。栖息水深325～700m（昼）、0～125m（夜）。最大体长90mm。分布：台湾西南部及东部周边海域、南海；日本、澳大利亚、新喀里多尼亚、中太平洋（夏威夷群岛至威克岛）、西印度洋（12°N～10°S）、南大西洋热带及亚热带海域。

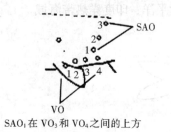

SAO₁ 在 VO₃ 和 VO₄ 之间的上方

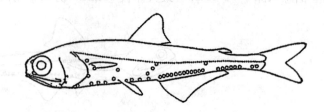

图 989　栉棘灯笼鱼 M. spinosum
（依郑义郎，1987）

5（4）第一肛门上方发光器（SAO₁）在第四腹部发光器（VO₄）的上方或后上方；胸鳍上方发光器（PLO）位于胸鳍和侧线之间，接近胸鳍基 ·············· **双灯灯笼鱼 M. lychnobium Bolin，1946**
（图990）。大洋性中层小型鱼类。栖息水深0～1 000m。最大体长38mm。分布：南海；巴布亚新几内亚、太平洋、印度洋热带海域。

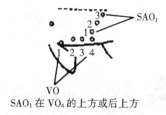

SAO₁ 在 VO₄ 的上方或后上方

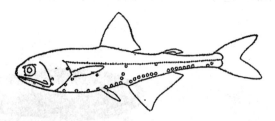

图 990　双灯灯笼鱼 M. lychnobium
（依陈素芝，2002）

6（1）臀后部发光器（AOp）6 或少于6，前1个位于臀鳍基部

7（8）3个肛门上方发光器（SAO）明显呈角状排列；鳃耙14～16·············**粗鳞灯笼鱼**
M. asperum Richardson，1845（图991）[syn. Scopelus（Dasyscopelus）asper Steindachner，1867；Dasyscopelus asper Chu，1931；王以康，1958]。大洋性中层小型鱼类，具昼夜垂直分布习性。栖息水深425～750m（昼）、0～125m（夜），最大水深1 948m。最大体长85mm。分布：东海南部、台湾东部沿岸海域、南海；千岛群岛南部、朝鲜半岛南部、日本、澳大利亚、新喀里多尼亚、夏威夷，东太平洋、印度洋、大西洋热带海域。

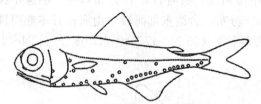

图 991　粗鳞灯笼鱼 M. asperum
（依陈素芝，1987）

8（7）3个肛门上方发光器（SAO）排列呈直线或接近直线；鳃耙18或更多

9（12）胸鳍鳍条13～14；鳃耙18～22；臀部发光器（AO）12～15

10（11）体被圆鳞；鳃盖后上缘尖突 ··············· **闪光灯笼鱼 M. nitidulum Garman，1899**
（图992）。大洋性中层小型鱼类，具昼夜垂直分布习性。栖息水深475～850m（昼）、0～200m，偶尔至400～950m（夜）。最大体长99mm。分布：南海；日本，朝鲜半岛南部、琉球群岛，澳大利亚、新喀里多尼亚、中-东太平洋（32°N～30°S），印度洋（7°N～24°S），大西洋（45°N～40°S）海域。

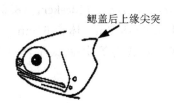

鳃盖后上缘尖突

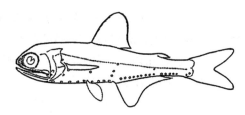

图 992　闪光灯笼鱼 *M. nitidulum*
（依陈素芝，1987）

11（10）体被栉鳞；鳃盖后上缘圆形　·····················　**芒光灯笼鱼 *M. affine* (Lütken，1896)**
（图 993）（syn. *Scopelus affinis* 王以康，1958）。大洋性深海小型鱼类。栖息水深 300~650m
（昼）、0~275m（夜），最大水深 2 754m（南海）。最大体长 79mm。分布：南海；太平洋、印
度洋、大西洋热带、亚热带海域。

鳃盖后上缘圆形

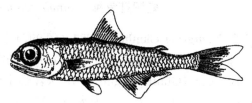

图 993　芒光灯笼鱼 *M. affine*
（依陈素芝，2002）

12（9）胸鳍鳍条 16~18；鳃耙 22~25；臀部发光器（AO）9~12
13（14）体高；头高接近头长；鳃盖后上缘光滑；体被强栉鳞·····················　**月眼灯笼鱼**
　　　　M. selenops Tåning，1928（图 994）（syn. 高体灯笼鱼 *M. selenoides* Tåning，1928）。大洋性
中、深层小型鱼类。栖息水深 225~450m（昼）、40~225m（夜），最大水深 500m。最大体长
75mm。分布：南海；琉球群岛、菲律宾群岛南部、澳大利亚东南部、新喀里多尼亚、中太平
洋（30°N~15°S）、印度洋（马达加斯加南部外海）、大西洋（42°N~38°S）附近海区。

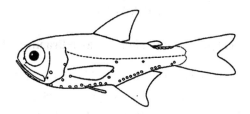

图 994　月眼灯笼鱼 *M. selenops*
（依中坊等，2002）

14（13）体细长；头高短于头长；鳃盖后上缘锯齿状
15（16）体被圆鳞·····················　**钝吻灯笼鱼 _M. obtusirostre_ Tåning，1928**（图 995）。大洋性
中层小型鱼类，具昼夜垂直分布习性。栖息水深 325~750m（昼）、0~125m（夜），最大水深
2 500m。最大体长 90mm。分布：台湾西南部和东部周边海域、东海大陆架斜坡海域、南海；
日本、澳大利亚东北部、新喀里多尼亚、夏威夷群岛周边太平洋、印度洋（7°N~12°S）、大西
洋（40°N~0°、西部 15°S~25°S）海域。

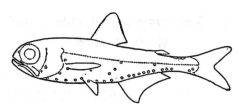

图 995　钝吻灯笼鱼 *M. obtusirostre*
（依陈素芝，1987）

16（15）体被栉鳞······································短颌灯笼鱼 **M. branchygnathum**（Bleeker，1856）（图 996）。大洋性中层小型鱼类，有昼夜垂直移动习性。栖息水深 0～856m。体长 64mm。分布：南海；菲律宾、巴布亚新几内亚、印度尼西亚、澳大利亚、夏威夷等中-西太平洋（23°N～45°S、94°E～153°W）、印度洋热带海区。

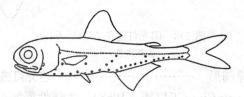

图 996　短颌灯笼鱼 *M. branchygnathum*
（依陈素芝，1987）

短鳃灯鱼属 Nannobrachium Günther，1887

黑体短鳃灯鱼 N. nigrum Günther，1887（图 997）［syn. 黑珍灯鱼 *L. niger* 陈真然，1983；黑色珍灯鱼 *L. niger* 陈素芝，1987；黑色珍灯鱼 *L. nigrum* 杨家驹等，1996；陈素芝，2002；黑色副珍灯鱼，*Paralampanyctus niger*（Günther，1887）］。大洋性中层小型鱼类，具昼夜垂直分布习性。栖息水深 450～900m（昼）、50～275m（夜），最大水深 2 754m。最大体长 210mm。分布：东海，台湾西南部和东部周边海域、南海；日本、菲律宾南部、印度尼西亚爪哇到南部外海、东到美国加利福尼亚、智利等 37°N～25°S 太平洋海域。

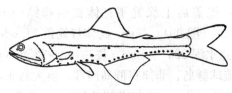

图 997　黑体短鳃灯鱼 *N. nigrum*
（依陈素芝，1987）

尖吻背灯鱼属 Notolychnus Fraser-Branner，1849

瓦氏尖吻背灯鱼 N. valdiviae（Brauer，1904）（图 998）。大洋性中层小型鱼类，具昼夜垂直分布习性。栖息水深 375～850m（昼）、25～800m（夜），最大水深 1 265m。最大体长 63mm。分布：台湾西南部及东部周边海域；日本岩手县以南至琉球群岛近海等泛太平洋（32°N～20°S）、印度洋（9°N～32°S）、大西洋（56°N～40°S）广大海域。

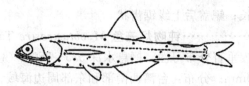

图 998　瓦氏尖吻背灯鱼 *N. valdiviae*
（依中坊等，2013）

背灯鱼属 Notoscopelus Günther，1864
种 的 检 索 表

1（2）鳃耙 14～15；背鳍 26（25～27）；臀部发光器（AO）11（10～12）；下颌后部齿扩大；侧线鳞 38；第一与第二体后侧发光器（Pol₁～Pol₂）间距为其发光器径的 1～1.5 倍························

·······尾棘背灯鱼 **N. caudispinosus**（Johnson，1863）（图 999）。大洋性中层小型鱼类，具日夜垂直分布习性。栖息水深 600～1 150m（昼）、0～175m（夜）。最大体长 140mm。分布：台湾东部

周边海域；日本骏河湾至琉球群岛近海、澳大利亚、新喀里多尼亚、夏威夷等太平洋、印度洋、大西洋海域。

图 999 尾棘背灯鱼 *N. caudispinosus*
（依郑义郎，2007）

2（1）鳃耙 20～21（19～23）；背鳍 23（21～24）；臀部发光器（AO）13（12～15）；下颌齿均小；侧线鳞 40～42；第一与第二体后侧发光器（Pol_1～Pol_2）间距为其发光器径的 2.0～3.0 倍 ·······················闪光背灯鱼 *N. resplendens*（**Richardson，1845**）（图 1000）。大洋性中层小型鱼类，具昼夜垂直分布习性。栖息水深 700～1 200m（昼）、0～125m（夜），最大水深 2 121m（南海）。最大体长 95mm。分布：台湾东部周边海域、南海；千岛群岛南部、日本、琉球群岛近海、澳大利亚、新西兰、新喀里多尼亚等西太平洋、中太平洋、东太平洋（美国加利福尼亚至智利）、印度洋（澳大利亚西部、南部至南非沿岸）、大西洋 47°N 至亚热带海域。

图 1000 闪光背灯鱼 *N. resplendens*
（依郑义郎，2007）

标灯鱼属 *Symbolophorus* Bolin et Wisner，1959
种 的 检 索 表

1（2）体后侧发光器（Pol）位于脂鳍基起点垂直线的远前方；臀后部发光器（AOp）3～5 个位于臀鳍基上方；臀前部发光器（AOa）弯曲排列；腭骨齿扩大，1 行 ·······················**大眼标灯鱼** ***S. boops*（Richardson，1845）**（图 1001）（syn. *Myctophum boops* Richardson，1846；Chu，1931）。大洋性中层小型鱼类。栖息水深 0～500m。最大体长 160mm。分布：南海；澳大利亚、新西兰、智利等太平洋、印度洋海域。

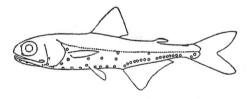

图 1001 大眼标灯鱼 *S. boops*
（依陈素芝，1987）

2（1）体后侧发光器（Pol）位于脂鳍基起点垂直线的稍前方；臀后部发光器（AOp）1 个（很少 2 个）位于臀鳍基上方；臀前部发分光器（AOa）直线排列 ·······················**埃氏标灯鱼** ***S. evermanni*（Gilbert，1905）**（图 1002）。大洋性中层小型鱼类，具昼夜垂直分布习性。栖息水深 400～700m（昼）、0～150m 水层（夜），最大水深 1 150m。最大体长 80mm。分布：台湾西南部、东部周边水域，南海；日本至澳大利亚、新喀里多尼亚、夏威夷等太平洋、印度洋热带海域。

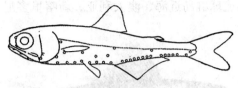

图 1002 埃氏标灯鱼 *S. evermanni*
（依陈素芝，1987）

月灯鱼属 *Taaningichthys* Bolin，1959
种 的 检 索 表

1（4）体具有黑色边缘的尾上、尾下发光腺（SUGL、INGL），其他部位也具发光器

2（3）臀部发光器（AO）2～5（4）；体后侧发光器（Pol）明显后于脂鳍基；腹部发光器（VO）3～5（4）；臀鳍起点距胸鳍基较距尾鳍基为近；齿骨近缝合处无基部宽的钩状齿；胸鳍 12～14；鳃耙 9～13（11～12）•••••••••••••••••••••••••• **前臀月灯鱼 *T. bathyphilus*（Tåning，1928）**（图 1003）。大洋性中底层小型鱼类。栖息水深 800～1 550m（昼）、400～1 000m（夜），最大水深 1 594m（南海）。体长 60mm。分布：南海；日本岩手县以南至琉球群岛近海、太平洋（夏威夷，加利福尼亚，澳大利亚东南部、最南至南极海域）、印度洋、大西洋（墨西哥湾、加勒比海）。

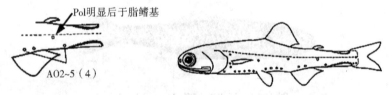

图 1003 前臀月灯鱼 *T. bathyphilus*
（依中坊等，2013）

3（2）臀部发光器（AO）9～11；体后侧发光器（Pol）位于脂鳍基下方或前方（图 1004）；腹部发光器（VO）8～10；臀鳍起点距尾鳍基较距胸鳍基为近；齿骨近缝合处具 5 对基部宽的钩状齿；胸鳍 15～17；鳃耙 15～18（16～17）•••••••••••••••••• **新西兰月灯鱼 *T. minimus*（Tåning，1928）**（图 1004）。大洋性中底层小型鱼类。栖息水深 600～800m（昼）、200～600m（夜）。体长 40mm。分布：南海；日本房总半岛至小笠原群岛近海、夏威夷外海、太平洋、印度洋、大西洋。

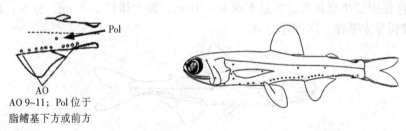

图 1004 新西兰月灯鱼 *T. minimus*
（雌鱼，依 Nafpaktitis et al.，1977）

4（1）体仅具有黑色边缘的尾上、尾下发光腺（SUGL、INGL），其他部位无发光器；臀鳍起点距胸鳍基较距尾鳍基为近；齿骨近缝合处无基部宽的钩状齿；胸鳍 13～15（14）；鳃耙 12～16（13～15）•••••••••••••••••• **小月灯鱼 *T. paurolychnus* Davy，1972**（图 1005）。大洋性中底层小型鱼类。栖息水深 900～2 000m。体长 95mm。分布：台湾西南部海域、南海；日本房总半岛外海、小笠原群岛近海，太平洋、印度洋、大西洋。

图 1005 小月灯鱼 *T. paurolychnus*
（依郑义郎，2007）

尾灯鱼属 *Triphoturus* Fraser-Brunner，1949

浅黑尾灯鱼 *T. nigrescens*（Brauer，1904）（图 1006）〔syn. 小鳍尾灯鱼 *T. micropterus*（Brauer，1906）〕。大洋性中层小型鱼类，具昼夜垂直分布习性。栖息水深 24～1 000m。最大体长 40mm。分布：台湾东部周边海域、南海；太平洋、印度洋、大西洋热带海域。

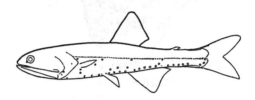

图 1006 浅黑尾灯鱼 *T. nigrescens*
（依陈素芝，1987）

三十三、月鱼目 LAMPRIDIFORMES

体延长呈带状，或纵高侧扁。眶蝶骨有或无，无后耳骨。口小，两颌一般能伸缩，口裂上缘由前颌骨及上颌骨组成。鳃盖各骨无棘。体通常被圆鳞或无鳞，或呈瘤状突起。鳍无真正鳍棘。腹鳍如存在则胸位或喉位，鳍条 1～17，有时甚微小或消失，腰带骨与乌喙骨相连。

臀鳍有或无。鳔有或无，如存在则无鳔管。

本目有 6 科 11 属 22 种（Nelson et al.，2016）；中国有 5 科 8 属 10 种。

科 的 检 索 表

1（4）体侧扁而高

2（3）背鳍仅前方鳍条延长，呈犁状，臀鳍鳍条均甚低；侧线前部呈弓形 ·········· 月鱼科 Lampridae

3（2）背鳍及臀鳍大部分鳍条高出呈旗帆状；侧线前部较平直 ········ 旗月鱼科（草鲹科）Veliferidae

4（1）体延长，甚至呈带状

5（6）具臀鳍，但较短小 ··· 冠带鱼科 Lophotidae

6（5）无臀鳍

7（8）体甚延长，体长为体高的 15～60 倍；背鳍鳍条 400 左右，较光滑；腹鳍十分延长。呈丝状；眼小；无颌齿 ····················· 皇带鱼科 Regalecidae

8（7）体不十分延长，体长为体高的 4～10 倍；背鳍鳍条 20～200，鳍上有小刺；腹鳍稍长，但不呈丝状；眼大；具颌齿 ·············· 粗鳍鱼科 Trachipteridae

107. 旗月鱼科（草鲹科）Veliferidae

体纵高，侧扁。头骨骨化较弱。口小。上下颌可伸缩。两颌完全无齿，前后鼻孔相近。鳃耙短而少。有假鳃。体被圆鳞，鳞片易脱落。侧线完全。背鳍和臀鳍前部鳍条长，分节而不分支；后部鳍条短而分支。背鳍和臀鳍基底有发达鳞鞘。腹鳍有 8～9 鳍条，最前方 1 鳍条不分支。尾鳍叉形。脊椎骨数为 33～34 个。为底栖鱼类，分布于温热带海区。

本科有 2 属（Nelsonet al.，2016）；中国有 1 属 1 种。

旗月鱼属（草鲹属）*Velifer* Temminck & Schlegel，1850

旗月鱼（草鲹）*V. hypselopterus* Bleeker，1879（图 1007）。栖息于大陆棚斜坡沙泥底质的水域。栖息水深 20～110m。体长 400mm。分布：台湾西南部及东北部海域；日本、澳大利亚，印度-西太平洋区。可食用。

图 1007　旗月鱼（草鲹）*V. hypselopterus*
（依成庆泰等，1962）

108. 月鱼科 Lampridae

体侧扁而呈卵圆形。头中大。口小，前位。眼较大。体被小圆鳞；侧线前部呈弓形。背鳍延长，具 48～56 鳍条，前部鳍条高出，呈镰刀状；臀鳍与背鳍相对，具 33～42 鳍条，鳍条短而低平；胸鳍长；腹鳍略长，亚胸位；尾鳍新月形。

本科有 1 属 2 种（Nelson，et al.，2016）；中国有 1 属 1 种。

月鱼属 *Lampris* Retzius，1799

斑点月鱼（月鱼）*L. guttatus*（Brünnich，1788）（图 1008）。大洋性中表层活动鱼类。摄食鱿鱼、章鱼等头足类软体动物。体长 200mm。分布：台湾各海域；日本，三大洋热带及温带海域。中大型食用鱼，富含油脂部分的肉质较佳。

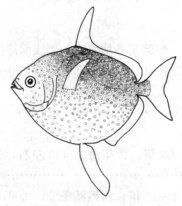

图 1008　斑点月鱼（月鱼）*L. guttatus*
（依蓝泽等，2013）

109. 冠带鱼科 Lophotidae

体延长而呈带状。头小。眼小。上颌稍能伸缩；上下颌及锄骨具小齿。体被易脱落的小圆鳞。头上部具一肉冠，前部微突出或远突出于吻部。背鳍十分延长，由吻部前端延伸至尾部，前部延长如丝，具鳍条 220～392；臀鳍小，具软条 5～20；无腹鳍；尾鳍正常。

本科有 2 属 4 种（Nelson et al.，2016）；中国有 2 属 2 种。

属 的 检 索 表

1（2）头部上方隆起；背鳍鳍条少于 300 ·· 冠带鱼属 *Lophotus*

2（1）头部显著突出；背鳍鳍条多于 300 ·· 真冠带鱼属 *Eumecichthys*

真冠带鱼属 *Eumecichthys* Regan，1907

菲氏真冠带鱼 *E. fiski*（Günther，1890）（图 1009）。大洋性中、表层洄游鱼类。体长 1.5m。分布：台湾南部海域；日本。

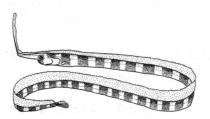

图 1009　菲氏真冠带鱼 *E. fiski*
（依蓝泽等，2013）

冠带鱼属 *Lophotus* Giorna，1809

凹鳍冠带鱼 *L. capellei* Temminck & Schlegel，1845（图 1010）。大洋性中表层洄游鱼类。体长 2.0m。分布：台湾东部海域；日本、澳大利亚，南-东大西洋、夏威夷海域。

图 1010　凹鳍冠带鱼 *L. capellei*
（依林公义，2013）

110. 粗鳍鱼科 Trachipteridae

体延长或呈带状，甚侧扁，前部颇高，向尾端渐细狭。头短小，头背高陡隆起。眼大或中大。眼间隔微凸。口小，前位，向上倾斜，可向前伸出。上颌骨宽大，不被眶前骨所盖。鳃孔大，鳃盖膜分离，不与峡部相连。体裸露无鳞或具小刺。侧线平直或浅弧形下弯。背鳍 1 个，起点位于眼的上方，基底长，沿体背缘伸达尾鳍基，背鳍前方第一至第六鳍条延长，呈丝状，具 100～200 鳍条；无臀鳍；胸鳍短小，圆形，下侧位；腹鳍中大或大，或呈丝状延长，位于胸鳍下方，具 4～6 鳍条；尾鳍小，截形，或很大，分上下叶，上叶上翘，扩大，扇形，第一鳍条有时丝状延长，下叶不明显或细小。幽门盲囊数多。椎骨多，骨骼较软。

本科有 3 属 10 种（Nelson et al.，2016）；中国有 3 属 4 种。

属 的 检 索 表

1（2）尾鳍不分叶，上叶不上翘；尾腹边缘无长刺板或结刺；背鳍鳍条 120～124 ···············
··· 扇尾鱼属（带粗鳍鱼属）*Desmodema*

2（1）尾鳍正常，分上下两叶，上叶急剧上翘；尾腹边缘有长刺板或结刺；背鳍鳍条多于 124

3（4）尾部侧线波浪状；背鳍鳍条少于 150 ·· 丝鳍鱼属 *Zu*

4（3）尾部侧线直线状；背鳍鳍条多于 150 ·· 粗鳍鱼属 *Trachipterus*

扇尾鱼属（带粗鳍鱼属）*Desmodema* Walters & Fitch，1960

多斑扇尾鱼（多斑带粗鳍鱼）*D. polystictum* (Ogilby，1898)（图 1011）。大洋性中层巡游鱼类，偶出现于近海及沿岸。体长 110 cm。摄食小鱼、甲壳类及头足类等。分布：台湾北部海域；日本，太平洋及大西洋。可食用。

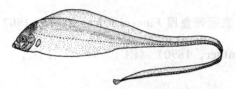

图 1011　多斑扇尾鱼（多斑带粗鳍鱼）*D. polystictum*
（依林公义，2013）

粗鳍鱼属 *Trachipterus* Goüan，1770
种 的 检 索 表

1（2）尾鳍 8·····················**石川粗鳍鱼 *T. ishikawae* Jordan & Snyder，1901**（图 1012）。大洋性鱼类。偶出现于近海及沿岸。体长 2.7m。分布：东海（江苏）、台湾东部及北部海域；日本，西-北太平洋。

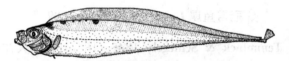

图 1012　石川粗鳍鱼 *T. ishikawae*
（依林公义，2013）

2（1）尾鳍 8+5·····················**粗鳍鱼 *T. trachypterus* (Gmelin，1789)**（图 1013）。暖水性较深海洋鱼类。体长 1.50m。分布：东海；日本、新西兰，中太平洋、地中海。

图 1013　粗鳍鱼 *T. trachypterus*
（依伍汉霖等，2006）

丝鳍鱼属 *Zu* Walters & Fitch，1960

冠丝鳍鱼 *Z. cristatus* (Bonelli，1819)（图 1014）。大洋性中表层洄游鱼类。体长 1.18m。分布：东海、台湾澎湖列岛；日本，全球的温带至热带海域。

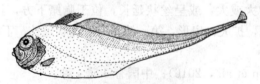

图 1014　冠丝鳍鱼 *Z. cristatus*
（依林公义，2013）

111. 皇带鱼科 Regalecidae

体延长，呈带状，侧扁。头小，头部有大量软骨。口小。吻钝。两颌有牙或无。体裸露无鳞，具有许多瘤状凸起。脊椎骨在 90 以上。背鳍基底长，前方数鳍条有时延长呈丝状。臀鳍不存在或很短小。有腹鳍，两腹鳍仅各具一长鳍条。肋骨不发达。腰带大，其前方达左右锁骨之间。本科为较稀见的大洋性鱼类，一般个体较大。

本科有 2 属 3 种（Nelson et al.，2016）；中国有 1 属 2 种。

皇带鱼属 *Regalecus* Ascanius，1772

1（2）背鳍第一冠具 6～8 延长鳍条，第二冠具 5～11 分离且延长鳍条；肛门前鳍条 82，背鳍鳍条 414～449；躯椎 45～56，鳃耙 33～47 ·························· **皇带鱼 *R. glesne* Ascanius，1772** （图 1015）。摄食甲壳类、小型鱼类和鱿鱼。体长 1.0m 以上。分布：东海沿岸、台湾海域、海南岛、南海；日本，印度-西太平洋。

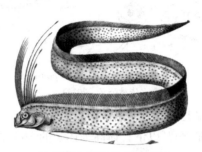

图 1015　皇带鱼 *R. glesne*
（依台湾鱼类资料库）

2（1）背鳍第一冠具 3～6 延长鳍条，第二冠仅具一分离鳍条；肛门前鳍条 90～120，背鳍鳍条 333～371；躯椎 34～37，鳃耙 47～60 ·························· **勒氏皇带鱼 *R. russelii*（Cuvier，1816）** （图 1016）。大洋性中层巡游鱼类。偶出现于近海及沿岸。栖息水深 0～1 000m，一般在 200m 以上，繁殖季节及幼鱼期时会巡游至表层。主要摄食磷虾（浮游性甲壳动物）、小型鱼类及乌贼等。分布：东海、台湾沿岸、南海（2018 年 6 月 5 日在香港东部海域捕获 1 尾体长达 3.2m 的勒氏皇带鱼，是现今我国硬骨鱼类中体长最长的鱼类）；日本、韩国，印度-太平洋。罕见鱼种。

图 1016　勒氏皇带鱼 *R. russelii*
（依成庆泰等，1962）

三十四、须鳂目（银眼鲷目）POLYMIXIIFORMES

体长椭圆形。颏部有 1 对颏须。有眶蝶骨。犁骨及腭骨具齿。腹鳍亚胸位，有 6～8 鳍棘。

112. 须鳂科 Polymixiidae

体延长，侧扁；背侧隆起成弧形。头中长。口大，前位，上颌达眼后方，下颌略短。有 2 块辅上颌骨。颏部有 1 对颏须；上下颌、犁骨及腭骨具绒毛齿带。鳃裂大，左右鳃膜不连接，并在喉峡部游离；前鳃盖骨有锯齿缘。鳃耙 11～21。体被栉鳞，侧线鳞 48～60，颊部、鳃盖及下颌具鳞。背鳍具 4～6 硬棘、26～38 鳍条；臀鳍具 4 硬棘、13～17 鳍条；腹鳍亚下位，仅具 1 棘化鳍条及 6～7 鳍条；尾鳍叉形，16 分支鳍条。尾鳍前缘有棘状鳞。脊椎骨 29～30。

栖息于热带、亚热带沿岸中小型底层海洋鱼类。分布：大西洋、印度洋、太平洋西部海域。

本科有 1 属 10 种（Nelson et al.，2016）；中国有 1 属 3 种。

须鳂属 *Polymixia* Lowe，1838
种 的 检 索 表

1（2）侧线上方横列鳞 12～16；吻端上颌前方不突出 ⋯⋯⋯⋯⋯⋯⋯⋯⋯⋯ **日本须鳂**
P. japonicus Günther，1877（图 1017）。栖息于热带、亚热带沿岸中小型海洋鱼类。栖息于水深 150～510m 的中、底层海域。体长 131～200mm。分布：东海大陆架边缘较深水域、台湾海域；日本。

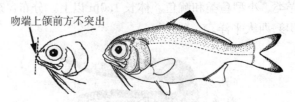

图 1017　日本须鳂 *P. japonicus*
（依林公义，2013）

2（1）侧线上方横列鳞 9～11；吻端上颌前方突出

3（4）背鳍第四鳍棘细短，为头长的 36% 以下；体高为体长的 36% 以下⋯⋯⋯⋯⋯⋯⋯⋯⋯
短须须鳂（贝氏须鳂）P. berndti Gilbert，**1905**（图 1018）。栖息于热带、亚热带沿岸中小型海洋鱼类。栖息于水深 300～500m 的中、底层海域。体长 106～140mm。分布：东海大陆架边缘较深水域海域、台湾、中沙群岛西南；日本。

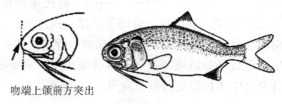

图 1018　短须须鳂（贝氏须鳂）*P. berndti*
（依林公义，2013）

4（3）背鳍第四鳍棘粗长，为头长的 38% 以上；体高为体长的 37% 以上 ⋯⋯⋯⋯⋯ **长棘须鳂**
P. longispina Deng，Xiong & Zhan，1983（图 1019）。栖息于热带、亚热带沿岸中小型海洋鱼类。栖息于水深 270～500m 的中、底层海域。体长 106～142mm。分布：东海大陆架边缘较深水域、台湾海域；日本。

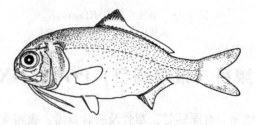

图 1019　长棘须鳂 *P. longispina*
（依林公义，2013）

三十五、鳕形目 GADIFORMES

体延长，被圆鳞，而大多长尾鳕类体上有棘刺。口裂上缘仅由前颌骨组成，少数能伸缩，腭骨和前翼骨无齿。犁骨与中筛骨被吻软骨隔开。无眶蝶骨和基蝶骨，无中乌喙骨。鳃 4 对，第四鳃弓后方有鳃裂。头每侧有 2 鼻孔。腹鳍胸位或喉位，拟长尾鳕 *Macrouroides* 无腹鳍。各鳍无鳍棘，仅长尾鳕类例外，有 2 背鳍棘。胸鳍侧位。尾鳍退化或不存在。背鳍、臀鳍基底很长，其后缘达尾的后部。由于体后部椎骨的退化，以致背鳍、臀鳍后部的支鳍骨数超过椎骨数。无脂鳍。有鳔，无鳔管。鳃盖条 5～8。

鳕形目鱼类是生活在海洋底层和深海中的鱼类，广泛分布于世界各大洋。其中，鳕科和无须鳕科有许多经济价值极高的世界重要经济鱼类。据 1982 年联合国粮农组织统计，世界鳕形目总产量为 1 096 万 t，1987 年为 1 370 万 t。其中，鳕科 1 144 万 t，江鳕科 13.3 万 t，长尾鳕科 5.1 万 t。1984—1986 年联合国粮农组织统计，当今世界鱼产量最高的 70 种鱼类中，鳕科有 9 种，无须鳕科有 3～4 种。其中，黄线狭鳕 Theragra chalcogramma 年产量超过 600 万 t，居世界第一位。鳕形目经济鱼类的年总产量仅次于鲱形目鱼类，是最重要的经济鱼类之一。

本目有 13 科 84 属 613 种（Nelson et al.，2016）；中国有 8 科 30 属 96 种。

科 的 检 索 表

1（10）具尾鳍；背鳍无鳍棘；背鳍、臀鳍不与尾鳍相连；鳃孔宽大，上方伸达胸鳍基底上方

2（9）第一背鳍起点在头的后方，与第二背鳍基接近

3（4）头骨背面有一呈 V 形的骨嵴，尖端朝后；无颏须 ·············· 无须鳕科 Merlucciidae

4（3）头骨背面无 V 形的骨嵴；多数种类具颏须

5（6）鳔前端的盲突与头骨相接 ······················ 深海鳕科（稚鳕科）Moridae

6（5）鳔前端无盲突，即使存在也不与头骨相接；背鳍 1～3 个，臀鳍 1～2 个

7（8）背鳍 1～2 个，臀鳍 1 个；有须 1～5 条，至少下颏中央有 1 须；腹鳍喉位 ····· 江鳕科 Lotidae

8（7）背鳍 3 个，臀鳍 2 个；腹鳍胸位或喉位 ·························· 鳕科 Gadidae

9（2）第一背鳍仅为单一延长的鳍条，位于头顶部，与第二背鳍相距较远 ···············
·························· 犀鳕科（海鲥鳅科）Bregmacerotidae

10（1）无尾鳍；体后部较细狭，常形成一细丝；背鳍有 2 鳍棘；腹鳍胸位或喉位

11（12）背鳍 1 个，前部不高出；腹鳍小，具 5 鳍条或无腹鳍；头甚大拟长尾鳕科 Macrouroididae

12（11）背鳍 2 个，第一背鳍高出；腹鳍具 6～17 鳍条

13（14）第二背鳍比臀鳍发达，紧接在第一背鳍后方；鳃耙细长，不呈颗粒状；吻部圆，口端位 ·····
·························· 底尾鳕科 Bathygadidae

14（13）臀鳍比第二背鳍发达；第一背鳍与第二背鳍相距有一定距离；鳃耙颗粒状；吻尖突，口下位
·························· 长尾鳕科（鼠鳕科）Macrouridae

113. 底尾鳕科 Bathygadidae

体延长。口大，端位。吻圆钝。颌齿小。颏须长或退化。鳃耙细长。背鳍 2 个，第一背鳍短小，第二背鳍紧接其后，比臀鳍长而发达。鳃盖条 7。躯椎 11～13。鳞上无棘刺。肛门正位于臀鳍前方。无发光器。

深海底层中小型鱼类。体长可达 650mm。栖息水深 200～2 700m。广泛分布于除东太平洋以外的各大洋热带及亚热带海区。

本科有 2 属 26 种（Nelson et al.，2016）；中国有 2 属 5 种。

属 的 检 索 表

1（2）下颌须很长，长于眼径许多；两颌具绒毛状齿带；胸鳍最上鳍条呈丝状 ········ 鼠鳕属 Godomus

2（1）下颌须短或无须；两颌齿粗；胸鳍软条不呈丝状 ················ 底尾鳕属 Bathygadus

底尾鳕属 Bathygadus Günther，1878
种 的 检 索 表

1（2）下颌具一细小须；眼间隔小于眼径的 1.5 倍；鳃耙少于 23；幽门盲囊 10 或 11················

……**加氏底尾鳕 *B. garretti* Gilbert & Hubbs，1916**（图1020）。栖息水深350～700m的大陆架水域，深海底栖性鱼类，缓慢游动于泥沙底质的海床上，觅食小型虾、蟹。体长510mm。分布：东海、台湾东北部海域；西北太平洋区等。罕见种类，虽可食用但数量极少，经济价值低。拖网船捕获后多做下杂鱼，粉碎做养殖鱼类的饵料。

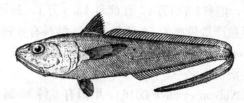

图1020　加氏底尾鳕 *B. garretti*
（依熊国强等，1988）

2（1）下颌无细小须

3（4）下颌腹面具1列大型鳞，喉部无鳞 ·························· **孔头底尾鳕 *B. antrodes*（Jordan & Gilbert，1904）**（图1021）。栖息744～1 502m深海、水温在3～4℃的大陆架深层水域。底栖肉食性鱼类，主食磷虾。游动缓慢。体长600mm。分布：东海、台湾东北部海域；日本，西北太平洋区。罕见种类，虽可食用但数量极少，经济价值低。拖网船捕获后多做下杂鱼，粉碎做养殖鱼类的饵料。罕见。

下颌腹面具1列大鳞
喉部无鳞

图1021　孔头底尾鳕 *B. antrodes*
（依中坊等，2013）

4（3）下颌腹面具2列大型鳞，喉部前半部有鳞 ························· **日本底尾鳕 *B. nipponicus*（Jordan & Gilbert，1904）**（图1022）。栖息于350～1 348m的深海大陆架深层水域。缓慢游动于泥沙底质的海床上，觅食小型虾、蟹。体长565mm。分布：东海、台湾东北部海域；日本，西-北太平洋区。罕见种类，虽可食用但数量极少，经济价值低。拖网船捕获后多做下杂鱼，粉碎做养殖鱼类的饲料。

下颌腹面具2列大鳞
喉部具鳞

图1022　日本底尾鳕 *B. nipponicus*
（依中坊等，2013）

鼠鳕属 *Godomus* Regan，1803
种 的 检 索 表

1（2）头较小，头长略小于肛前体长的1/2；颏须长，其长约与头长相等；眼径显著大于吻长或眼间隔 ·············· **柯氏鼠鳕 *G. colletti* Jordan & Gilbert，1904**（图1023）。栖息于335～990m深的水层中。喜在泥沙混浊的深海底质上觅食，食小型对虾及磷虾。体长320mm。分布：东海外缘（29°05′N、127°31′E附近）、台湾东北部海域；日本、菲律宾，西太平洋区。罕见鱼种，仅有学术研究价值，拖网船捕获后做下杂鱼处理。

2（1）头较大，头长大于肛前体长的1/2；颏须短，其长小于头长；眼径与吻长或眼间隔等长··········

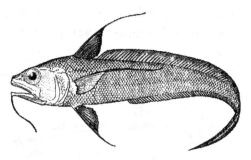

图 1023　柯氏鼠鳕 *G. colletti*
（依熊国强等，1988）

……………………多丝鼠鳕 ***G. multifilis***（**Günther，1887**）（图 1024）。深海近底层猎食性鱼类，栖息水深 210～1 627m，底层水温约 3.5℃。体长 120mm。分布：海南岛东部；菲律宾、印度尼西亚。

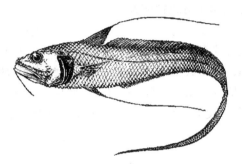

图 1024　多丝鼠鳕 *G. multifilis*
（依 Okamura，1970）

114. 犀鳕科（海鲥鳅科）Bregmacerotidae

体延长，侧扁。头短小，口中型，斜裂。两颌及犁骨具许多能活动的小齿，腭骨无齿。鳃裂宽。无颏须。体被薄圆鳞；无侧线。背鳍 2 个，第一背鳍位于头顶上，延长呈丝状；第二背鳍基底长，前部延长而高，中部低平，尾部略高起。臀鳍与第二背鳍基底同形、相对；尾鳍尖形、圆形或内凹。

远洋底层小型鱼类。最大体长 130mm。主食浮游生物。

本科有 1 属 14 种（Nelson et al.，2016）；中国有 1 属 6 种。

犀鳕属（海鲥鳅属）*Bregmaceros* Thompson，1840
种 的 检 索 表

1（4）第二背鳍起点部在臀鳍起点部后上方

2（3）头部与身体全部黑色……………………**日本犀鳕（日本海鲥鳅）*B. japonicas* Tanaka，1908**

（图 1025）。栖息于水深 596～1 020m 的大陆架底层水域，喜洄游于近海及开放水域中。食浮游生物。体长 80mm。分布：东海、台湾西南及南部海域；日本，西太平洋区。鱼体小型，除学术研究外，无食用价值。

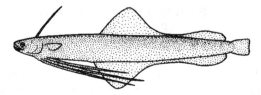

图 1025　日本犀鳕（日本海鲥鳅）*B. japonicas*
（依中坊等，2013）

3（2）项部褐色；体不呈黑色；背部无黑色素排列；胸鳍具16~19软条·····································
银腰犀鳕（银腰海鲥鳅）*B. nectabanus* Whitley, **1941**（图1026）。栖息水深91~255m，洄游于近海及开放水域中。中层游泳性小型鱼类，喜结群洄游。食浮游生物。分布：东海、台湾西岸海域；日本，大西洋、红海及印度太平洋海域。鱼体小型，无食用价值

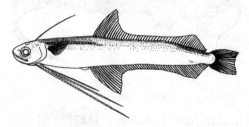

图1026　银腰犀鳕（银腰海鲥鳅）*B. nectabanus*
（依Masuda et al.，1986）

4（1）第二背鳍起点部与臀鳍起点部相对或稍前方
5（8）胸鳍黑色或具黑斑
6（7）胸鳍全部黑色；背鳍及尾鳍黑色；尾鳍内凹··························· **麦氏犀鳕（麦氏海鲥鳅）**
B. mcclellandi Thompson，**1840**（图1027）（syn. 黑鳍犀鳕 *B. atripinnis* 朱元鼎，罗云林，1963；李思忠，2011）。栖息于水深1 500m的深海底层。三大洋热带及亚热带小型鱼类。有明显的垂直洄游习性，即昼潜夜升。体长可达130mm。分布：东海（大陈岛）。下杂鱼，无食用价值。

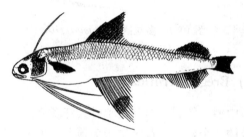

图1027　麦氏犀鳕（麦氏海鲥鳅）*B. mcclellandi*
（依Akihisa et al.，2003）

7（6）胸鳍大半黑色，基部1/3白色；背鳍前部有1/3处褐色；尾鳍浅色圆形 ···························
拟尖鳍犀鳕（拟尖鳍海鲥鳅）*B. pseudolanceolatus* Torii, Javonillo & Ozawa, **2004**（图1028）。栖息于水深20~30m大陆架底层水域，喜结群洄游。食浮游生物。体长100mm。分布：东海南部、台湾海峡、南海；日本，印度-西太平洋区。鱼体小型，除学术研究外，无食用价值。

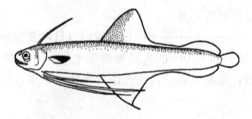

图1028　拟尖鳍犀鳕（拟尖鳍海鲥鳅）*B. pseudolanceolatus*
（依中坊等，2013）

8（5）胸鳍不呈黑色，也无黑斑
9（10）尾鳍尖矛状；体侧纵列鳞85~90；胸鳍19~21·························· **尖鳍犀鳕（尖鳍海鲥鳅）**
B. lanceolatus Shen, **1960**（图1029）。栖息于水深20~30m的大陆架底层水域，喜结群洄游。食浮游生物。体长115mm。分布：台湾西南海域；西太平洋区。鱼体小型，除学术研究外，无食用价值。数量稀少，《中国物种红色名录》列为濒危［EN］物种。

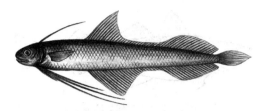

图 1029　尖鳍犀鳕（尖鳍海鲥鳅）B. lanceolatus
（依郑义郎，2007）

10（9）尾鳍凹叉形；体侧纵列鳞 82～85；胸鳍 17 ·················· **澎湖犀鳕（澎湖海鲥鳅）**
B. pescadorus Shen，1960（图 1030）。栖息于水深 20～2 000m 的大陆架底层水域，喜结群洄游。食浮游生物。体长 43mm。分布：台湾西南海域及澎湖列岛；西太平洋区。鱼体小型，除学术研究外，无食用价值。

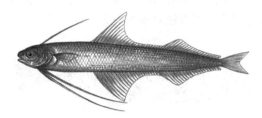

图 1030　澎湖犀鳕（澎湖海鲥鳅）B. pescadorus
（依郑义郎，2007）

115. 鳕科 Gadidae

体延长，侧扁。头长大。躯干常短于或略大于头长。鳞小，有时消失。口大，端位，能伸缩。下颌中央常有 1 颏须。齿细小，犁骨有齿。头体有小圆鳞。侧线在尾部侧中位，背鳍 1～3 个，常分离或微连，各鳍无鳍棘，第一背鳍在头的后方；臀鳍 2 个，多分离或微连；胸鳍 12～20，侧中位或稍低；腹鳍喉位或亚喉位。尾柄十分细窄。头顶无 V 形骨嵴。第一髓棘与脑颅愈合。最后一脊椎骨支持单一的尾下骨。鳔不与脑颅后部相接。卵无油球。

鳕科大部分分布在北半球高纬度寒冷地区。

鳕科是具有重要经济价值的鱼类，许多种类都是重要的捕捞对象。1987 年联合国粮农组织统计，本科约产 1 107 万 t，占鳕形目总产量 1 370 万 t 的 80.80%。

本科有 20 属 56 种（Nelson et al.，2016）；中国有 3 属 3 种。

属 的 检 索 表

1（2）下颌突出，长于上颌 ·· **狭鳕属 Theragra**

2（1）上颌突出，长于下颌

3（4）侧线不完全，向后仅伸达第二背鳍起点下方；体细长；头小，体长为头长的 3.7 倍 ···········
·· **宽突鳕属 Eleginus**

4（3）侧线不完全，向后仅伸达第三背鳍中部下方，不达尾柄部；体前部粗壮，后部细长；头大，体长为头长的 3.2 倍 ·· **鳕属 Gadus**

宽突鳕属 Eleginus Fuscher，1813

远东宽突鳕 E. gracilis（Tilesius，1810）（图 1031）。栖息于水深 300m 以浅沿岸（通常 100～150m）。北太平洋北部冷水性底层鱼类，也有少数鱼群进入半咸水及邻近淡水河湖内。食海底或表层的虾、蟹、端足类。体长可达 530mm。分布：黄海、图们江水系下游；朝鲜半岛东北部、日本、大彼得湾、库页岛。经济鱼类，1987 年联合国粮农组织统计本属约产 2.7 万 t。

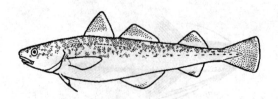

图 1031　远东宽突鳕 *E. gracilis*
（依中坊等，2013）

鳕属 *Gadus* Linnaeus，1758

大头鳕 *G. macrocephalus* Tilesius，1810（图 1032）。栖息于水深 150～250m 较浅水域，也有栖息水深 1 280m 的大陆架至大陆架斜坡海域。冷水性近海底层鱼类。在黄海、渤海的大头鳕，主食褐虾、寄居蟹、玉筋鱼、章鱼等。体长大者可达 1.2m。分布：渤海、黄海；朝鲜半岛、日本，白令海、西太平洋。重要经济鱼类，1987 年联合国粮农组织统计本属约产 44.1 万 t。

图 1032　大头鳕 *G. microcephalus*
（依李思忠，1955）

狭鳕属 *Theragra* Lucas，1898

黄线狭鳕 *T. chalcogramma*（Pallas，1814）（图 1033）。栖息于水深 0～2 000m 的北太平洋沿岸近底层冷水性鱼类，常生活于水面下 30～400m。有昼夜垂直移动习性。成鱼主食虾类、玉筋鱼及鲱类。体长 351mm。分布：黄海东部；朝鲜半岛、日本，白令海、阿留申群岛、北太平洋。经济鱼类，1987 年联合国粮农组织统计本属约产 630.7 万 t。

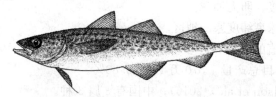

图 1033　黄线狭鳕 *T. chalcogramma*
（依 Cohen et al.，1990）

116. 江鳕科 Lotidae

体细而延长，侧扁，躯干不短于头长。背鳍 1～2 个，始于头后端或胸鳍基后上方或躯干中部，前后背鳍微连或略分离，前背鳍常第一鳍条丝状突出；臀鳍 1 个，与后背鳍相对，同形；尾鳍不连背、臀鳍或微连背、臀鳍，鳍后端圆形或圆截形；胸鳍 10～12 软条，常为圆形；腹鳍 5～7 软条，喉位或胸位，侧线侧中位，完全或不完全，有圆鳞。口前位。两颌有小尖齿。颏须 1 条，有些种类尚有吻须或鼻须。有肋骨及上肋骨。仔鱼常有 3 条很长的腹鳍条。卵有油球。

海洋种类分布于北半球冷温带及寒带海中；淡水种类如江鳕分布于北半球北部的淡水河、湖中。

本科有 3 属 6 种（Nalson et al.，2016）；中国及邻近海域有 2 属 3 种。

属 的 检 索 表

1（2）前背鳍具 9～14 鳍条、后背鳍具 68～85 鳍条，两背鳍微连或微分离；前背鳍始于躯干中部且各鳍条均正常；有颏须 1 条 ·· **江鳕属 *Lota***

2 (1) 前背鳍具 17～49 鳍条，后背鳍具 45～55 鳍条，两背鳍分离；前背鳍始于头后端且第一鳍条正常和略突出，而其后鳍条很细短且密；有吻须及鼻须各 2 条和颏须 1 条 ······ **五须岩鳕属 *Ciliata***

五须岩鳕属 *Ciliata* Couch，1822
种 的 检 索 表

1 (2) 背鳍 1～34，51；臀鳍 44，51；胸鳍 ii～15；腹鳍 7；尾鳍 34；椎骨 41～42··················
········**张氏五须岩鳕 *C. tchangi* Li，1994**（图 1034）。体长 785mm。分布：烟台至青岛海区。

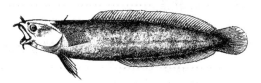

图 1034　张氏五须岩鳕 *C. tchangi*
（依李思忠，1994）

2 (1) 背鳍 1～49，45；臀鳍 38；胸鳍 14；腹鳍 5；尾鳍 27；椎骨 52 ······························
太平洋五须岩鳕 *C. pacifica*（Temminck & Schlegel，1846）（图 1035）。分布：东海东北部。

图 1035　太平洋五须岩鳕 *C. pacifica*
（依 Svetovidov，1948）

江鳕属 *Lota* Oken，1817

江鳕 *L. lota*（Linnaeus，1758）（图 1036）。江鳕是鳕科唯一生活在淡水中的鱼类。常生活于北半球北部河、湖的寒冷地区，典型的北极冷水性鱼类之一。栖息于水深 0.5～230m 的河、湖底层。夜间积极猎食的凶猛肉食性底层鱼类。夜间产卵。食鲫、昆虫、虾、软体动物等。体长 460mm。分布：黑龙江各支干流、鸭绿江上游及额尔齐斯河；俄罗斯、加拿大、美国、北欧等地。阿拉斯加、加拿大重要的经济鱼类，1987 年联合国粮农组织统计江鳕年产达 1 577t。

图 1036　江鳕 *L. lota*
（依李思忠，1979）

117. 长尾鳕科（鼠鳕科）Macrouridae

体延长，尾部渐细窄，末端几呈丝状。头大，头部黏液腔发达。吻常突出，多数种类的吻部布满坚硬的棱鳞。口端位、次端位或下位。通常有颏须。眼较大。两颌有齿，腭骨无齿。鳃裂宽大；鳃盖膜在喉峡部相连或不连合；鳃盖条 6～8，鳃耙短小或退化。多数种类鳞上有棘刺；具侧线。发光器有或无。背鳍 2 个，第一背鳍短而高，具硬棘Ⅱ，软条 7～14；第二背鳍基底长，延伸至尾部而与臀鳍相连。胸鳍胸位或近喉位，软条 5～17，外侧鳍条常延长；无尾鳍。栖息于大陆架深水域的底层中大型鱼类，多数种类栖息于200～2 000m 海域，少数可在 2 000～6 000m 深海中发现。常用尖硬的鼻吻部掘开海床沙泥底质，觅食小型底栖动物、小鱼或头足类等。本科鱼类口下位，在索饵时，须突出其嘴，因而前上颌骨前端的柄状突起变长，其凹陷也深。繁殖季主要在冬末、春初，于深海底床产卵，卵浮性，漂浮至海面上，孵化后仔稚鱼生活在温跃层（thermocline），幼鱼则随着成长渐降入深海底部。除少数大型个体可供食用外，大部分均于捕获后做下杂鱼，粉碎后做饲料喂食养殖鱼类。广泛分布于世界各深水区。

本科有 29 属 364 种（Nelson et al.，2016）；中国有 14 属 61 种。

属 的 检 索 表

1（24）鳃盖条 7～8

2（3）吻钝而高，吻部最前端具一强而硬的粒状小盾甲 ······················· 短吻长尾鳕属 Sphagemacrurus

3（2）吻钝，最前端无强而硬的粒状小盾甲

4（9）发光器位于腹鳍起点部前方；肛门位于臀鳍起点部直前方

5（6）体侧扁；腹鳍具 8 软条或具 11～12 软条 ······················· 膜首鳕属 Hymenocephalus

6（5）体圆筒形

7（8）吻端具 3 尖突；背鳍第二棘前缘锯齿状；胸鳍起点部在背鳍起点部前方 ··········
··· 三尖突吻鳕属 Hymenogadus

8（7）吻端 3 突起不尖，平板状；背鳍第二棘前缘圆滑；胸鳍起点部在背鳍起点部直下方 ··········
··· 钝吻鳕属（镖吻鳕属）Spicomacrurus

9（4）发光器位于腹鳍起点部后方；肛门离开臀鳍起点部有一定距离

10（13）鳃盖条具鳞

11（12）第二背鳍、臀鳍的基底附近鳞不肥大；第一背鳍具 2 棘、10～14 鳍条 ··········
··· 软首鳕属 Malacocephalus

12（11）第二背鳍、臀鳍的基底附近鳞肥大；第一背鳍具 2 棘、7～9 鳍条 ······ 粗尾鳕属 Trachonurus

13（10）鳃盖条无鳞

14（15）腹鳍具 6 软条 ······················· 拟奈氏鳕属 Pseudonezumia

15（14）腹鳍具 8～18 软条

16（21）口大，上颌长为头长的 1/3 以上

17（18）肛门位于腹鳍起点部和臀鳍起点部中间的稍后方；发光器 1～2 个 ········· 舟尾鳕属 Kumba

18（17）肛门位于腹鳍起点部和臀鳍起点部中间的前方；发光器 1 个

19（20）臀鳍起点在第一背鳍起点的下方，相对；鳃盖条具鳞；吻端两侧无黑色短纵纹；眶下骨嵴孔
多个，稍突出 ······················· 梭鳕属 Lucigadus（图 1037）

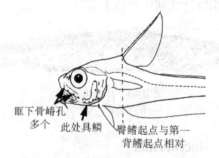

图 1037 梭鳕属 Lucigadus 的特征
（依 Iwamoto，1979）

20（19）臀鳍起点在第一背鳍起点的后下方，不相对；鳃盖条无鳞；吻端两侧各具一黑色短纵纹；眶
下骨嵴无孔 ······················· 凹腹鳕属 Ventrifossa

21（16）口小，上颌长为头长的 1/3 以下

22（23）腹鳍具 10～11 鳍条，胸鳍具 23～26 鳍条；吻端不突起 ········· 库隆长尾鳕属 Kuronezumia

23（22）腹鳍鳍条 8～10 或 13～17，胸鳍鳍条 18～23；吻端常突起 ······ 奈氏鳕属 Nezumia

24（1）鳃盖条 6

25（26）吻短，吻端钝；背鳍第二鳍棘前缘锯齿状；腹鳍具 8～12 鳍条 ····· 突吻鳕属 Coryphaenoides

26（25）吻很尖长，突出，常较眼径长；背鳍第二鳍棘前缘光滑；腹鳍具 7 鳍条 ··········

腔吻鳕属 *Coelorinchus* Giorna, 1801
种 的 检 索 表

1（2）眶下崤有 2 列特化强棘鳞；体侧具 8～10 条黑色宽横带；峡部前方具三角形色斑；头部腹面被鳞
·················· **沈氏腔吻鳕 *C. sheni* Chiou, Shao & Iwamoto, 2004**（图 1038）。栖息于
水深 400～600m 的泥沙底质海域，食底栖小型虾蟹。体长 960mm。分布：台湾东北部及东部海
域。一般以底拖网捕获，下杂鱼，无食用价值。

图 1038　沈氏腔吻鳕 *C. sheni*
（依沈世杰等，2011）

2（1）眶下崤有 1 列棘鳞；体侧有或无鞍斑或其他斑纹，但无 8～10 条黑色宽横带；峡部前方无三角形
色斑；头部腹面无鳞或被鳞

3（24）鳞片上小棘细弱，微小

4（21）发光器很长；肛门在臀鳍起点部直前方；吻尖长

5（12）吻背部两侧具一较大无鳞区

6（7）头部腹面的吻端及口后方均具鳞 ·················· **台湾腔吻鳕 *C. formosanus* Okamura, 1963**
（图 1039）。栖息于水深 200～450m 的泥沙底质海域，底栖肉食性鱼类。食小型虾蟹。体长
360mm。分布：东海大陆架边缘、台湾东北部海域；朝鲜半岛、日本，西北太平洋区。躯干部
肉多味美可以食用。台湾捕获数量极多，渔民取较大个体为食，其余仍是弃置为下杂鱼。《中国
物种红色名录》列为濒危［EN］物种。

吻背具较大鳞区

图 1039　台湾腔吻鳕 *C. formosanus*
（依中坊等，2013）

7（6）头部腹面的吻端具鳞，口后方无鳞

8（9）体侧具明显蠕虫状斑纹 ·················· **多棘腔吻鳕 *C. nutispinulosus* Katayama, 1942**
（图 1040）。栖息于水深 146～500m 泥沙底质、水温 5～7℃的水域。深海底栖性鱼类。食小型多
毛类、甲壳类及明虾。体长 380mm。分布：黄海南部、东海大陆架海域、台湾北部海域；朝鲜
半岛、日本，西-北太平洋区。较大型个体，躯干部可食；小型个体作为下杂鱼处理。

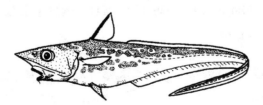

图 1040　多棘腔吻鳕 *C. nutispinulosus*
（依中坊等，2013）

9（8）体侧蠕虫状斑纹不明显

10（11）头部腹面具许多褐色小皮瓣；体侧鳞的小棘颇粗 ⋯⋯⋯⋯⋯⋯⋯⋯⋯⋯ **蒲原氏腔吻鳕**
  ***C. kamoharai* Matsubara, 1943**（图1041）。栖息于26°55′N～30°07′N、125°43′E～127°48′E水
  深213～420m的水域，生活在混浊的泥沙底质上，主食多毛类，偶在胃中发现甲壳类。生殖
  季在2—4月。体长300mm。分布：东海深海大陆架边缘及斜面域、台湾南部海域；日本、印度
  尼西亚，西-北太平洋区。体较大型，躯干部可食，有时可见于鱼市场；小个体则作为下杂鱼。

图1041　蒲原氏腔吻鳕 *C. kamoharai*
（依中坊等，2013）

11（10）头部腹面无褐色小皮瓣；体侧鳞的小棘颇密 ⋯⋯⋯⋯⋯⋯⋯⋯⋯⋯⋯⋯⋯ **长管腔吻鳕**
  ***C. longissimus* Matsubara, 1943**（图1042）。栖息于水深200～300m泥沙底质、水温5～7℃
  的水域。食小型多毛类、甲壳类及明虾。体长360mm。分布：东海外缘、台湾东北部海域；
  日本，西-北太平洋区。以底拖网捕获，不具食用价值，常做下杂鱼处理。

图1042　长管腔吻鳕 *C. longissimus*
（依沈世杰等，2011）

12（5）吻背部两侧无鳞区狭
13（18）背鳍第二鳍棘不延长；体侧背部无鞍状斑
14（15）吻背部无鳞沟中央部扩大；吻端背面较钝 ⋯⋯⋯⋯⋯⋯⋯⋯⋯⋯⋯⋯⋯ **短吻腔吻鳕**
  ***C. brevirostris* Okamura, 1984**（图1043）。栖息于水深400～600m泥沙底质、水温5～7℃的
  水域。食小型多毛类、甲壳类及明虾。体长230mm。分布：仅发现于台湾东北部及南部海域。
  底拖网捕获，不具食用价值，通常作为下杂鱼用。

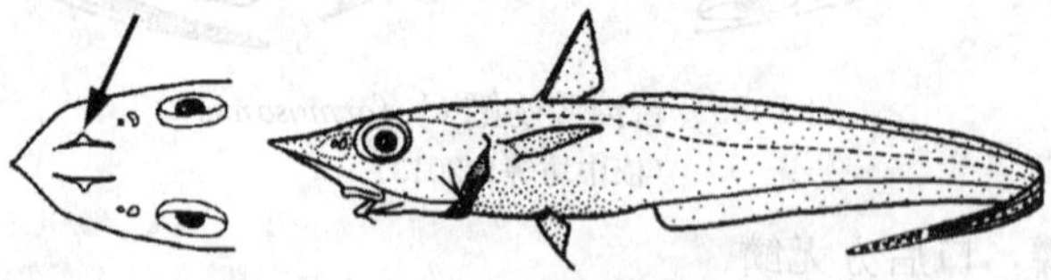

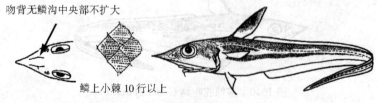

图1043　短吻腔吻鳕 *C. brevirostris*
（依中坊等，2013）

15（14）吻背部无鳞沟中央部不扩大；吻端背面尖锐
16（17）胸鳍上方有一细黑纹，体侧中央腋部具一黑色纵带；体侧鳞片上小棘具10行以上排列⋯⋯⋯
  哈氏腔吻鳕 *C. hubbsi* Matsubara, 1936（图1044）。栖息于水深300～400m的泥沙底质海域，

图1044　哈氏腔吻鳕 *C. hubbsi*
（依中坊等，2013）

底栖肉食性鱼类，食小型虾蟹。体长 230mm。分布：东海大陆架边缘、台湾南部海域、南海；日本，西-北太平洋区。一般以底拖网捕获，下杂鱼，无食用价值。

17（16）胸鳍上方有一黑色大圆斑；体侧鳞片上小棘排列成 6 行 ·······················松原氏腔吻鳕
C. matsubarai Okamura, 1982（图 1045）。栖息于水深 315～600m 的泥沙底质海域，底栖肉食性鱼类，食小型虾蟹。体长 330mm。分布：台湾海域、南海；日本。

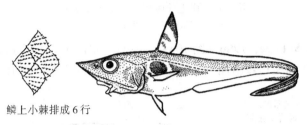

鳞上小棘排成6行

图 1045　松原氏腔吻鳕 *C. matsubarai*
（依中坊等，2013）

18（13）背鳍第二鳍棘显著延长；体侧背部具鞍状斑
19（20）眼后方至鳃盖上部具一暗色带 ································· 带斑腔吻鳕
C. cingulatus Gilbert & Hubbs, 1928（图 1046）。栖息于水深 250～660m 的泥沙底质海域，底栖肉食性鱼类，食小型虾蟹。体长 230mm。分布：台湾南部海域；日本、澳大利亚、菲律宾，西太平洋区。底拖网捕获，下杂鱼，无食用价值。

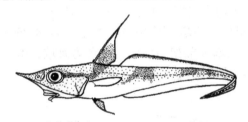

图 1046　带斑腔吻鳕 *C. cingulatus*
（依中坊等，2013）

20（19）眼后方至鳃盖上部无暗色带 ································· 黑喉腔吻鳕
C. fuscigulus Iwamoto, Ho & Shao, 2009（图 1047）。栖息于水深 600m 以浅的大陆架斜坡水域，深海底栖性，缓慢游动于泥沙底质的海床上觅食小型虾蟹。体长 322mm。分布：东海、钓鱼岛周边海域为主要发现地点、台湾东北部海域；日本，西-北太平洋区。

图 1047　黑喉腔吻鳕 *C. fuscigulus*
（依中坊等，2013）

21（4）发光器长；肛门与臀鳍起点部分开，有一定距离；吻较短
22（23）发光器前端伸达腹鳍基底前端；胸鳍上部有一大圆黑斑 ················岸上氏腔吻鳕
C. kishinouyei Jordan & Snyder, 1900（图 1048）。栖息于水深 250～450m 的水域，生活在混浊的泥沙底质上，几乎是以多毛类为食，偶尔在胃中发现甲壳类。生殖季节在 2—4 月。体长 322mm。分布：台湾南部海域；日本，西-北太平洋区。大型个体躯干部可食，有时可见于鱼市场；小型个体则作为下杂鱼。
23（22）发光器前端伸越腹鳍基底前端；胸鳍上部有一小黑斑（雄鱼） ············· 乔丹氏腔吻鳕

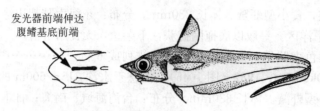

图 1048　岸上氏腔吻鳕 *C. kishinouyei*

（依中坊等，2013）

***C. jordani* Smith & Pope, 1906**（图 1049）。栖息于水深 143～745m 的水域。体长 260mm。分布：东海东北部大陆架边缘斜面（28°48′N～30°26′N、127°00′E～127°58′E）。

图 1049　乔丹氏腔吻鳕 *C. jordani*

（依中坊等，2013）

24（3）鳞片上小棘很强，排列略呈放射形

25（32）发光器很短小，靠近肛门

26（27）头腹面裸露，具许多圆形肉质皮瓣及黑色绒毛状皮瓣 ························· 吉氏腔吻鳕
***C. gilbert* Jordan & Hubbs, 1925**（图 1050）。栖息于水深 260～930m 的泥沙底质海域。体长
600mm。分布：东海东北部大陆架斜面海域、台湾海域、南海；日本，西北太平洋区。大型
个体躯干部可食；小型个体则作为下杂鱼。

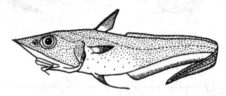

图 1050　吉氏腔吻鳕 *C. gilbert*

（依中坊等，2013）

27（26）头腹面全部被鳞

28（29）后头部及头顶部的鳞具 2～5 行隆起线 ······························· 广布腔吻鳕
***C. divergens* Okamura & Yatou, 1984**（图 1051）。栖息于水深 700～1 000m 的大陆架斜坡水
域，深海底栖性。体长 360mm。分布：东海深海、台湾东北部海域、南沙群岛；以冲绳海槽
周边海域为主要发现地点，日本。

头顶部鳞具
2~5 行隆起线

图 1051　广布腔吻鳕 *C. divergens*

（依中坊等，2013）

29（28）后头部及头顶部的鳞具 1 行隆起线

30（31）头部腹面的鳞密；体暗褐色 ···················· 平棘腔吻鳕 *C. parallelus*（Günther，1877）
（图 1052）。栖息于水深 790～979m 的泥沙底质海域，深海底栖性，在泥沙底质海床上觅食小
型虾蟹。体长 480mm。分布：东海深海（28°09′N～29°56′N、126°58′E～128°08′E）、台湾南

部海域；日本，印度-西太平洋。大型个体躯干部可食；小型个体则作为下杂鱼。

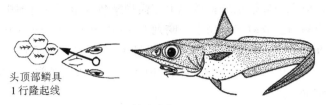

图 1052　平棘腔吻鳕 *C. parallelus*
（依中坊等，2013）

31（30）头部腹面的鳞粗；体淡褐色 ·· **散鳞腔吻鳕**
C. sparsilepis Okamura & Yatou, 1984（图 1053）。栖息于水深 710～713m 的泥沙底质海域，
深海底栖性鱼类。体长 230mm。分布：东海深海；日本，西太平洋海域。

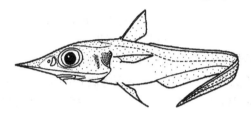

图 1053　散鳞腔吻鳕 *C. sparsilepis*
（依中坊等，2013）

32（25）发光器短，伸达腹鳍起点和肛门之间的中间

33（36）头部腹面全部被鳞

34（35）头部腹面及背面的鳞具 2～5 行放射状隆起线 ·························· **史氏腔吻鳕**
C. smith Gilbert & Hubbs, 1920（图 1054）。栖息于水深 423～780m 泥沙底质、水温 6～12℃
的水域。食多毛类、等足类及一些底栖性的小鱼。初春繁殖，成鱼游至较浅海域产卵。体长
320mm。分布：东海大陆架外缘（29°50′N～31°32′N、127°43′E～129°03′E）、台湾东北部及
南部等海域、南海；日本，西-北太平洋区。大型个体躯干部可食；小型个体则做养殖鱼类的
饵料。

图 1054　史氏腔吻鳕 *C. smith*
（依中坊等，2013）

35（34）头部腹面及背面的鳞具 1 行放射状隆起线 ·························· **日本腔吻鳕**
C. japonicus (Temminck & Schlegel, 1846)（图 1055）。栖息于水深 490～716m 的泥沙底质海
域，底栖肉食性鱼类，食小型虾蟹。体长 750mm。分布：东海东北部大陆架斜坡（28°47′N～
31°32′N、127°05′E～129°03′E）、台湾东北部；朝鲜半岛、日本，西-北太平洋区。大型个体躯
干部可食。台湾捕获数量甚多，有时可见于鱼市场，小型个体做下杂鱼处理。

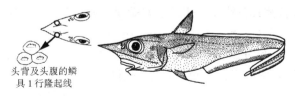

图 1055　日本腔吻鳕 *C. japonicus*
（依中坊等，2013）

36（33）头腹面无鳞

37（42）吻端背面观尖；体无明显鞍状斑；侧线上方横列鳞数（至第一背鳍中央）3～5片

38（39）吻中央鳞片的小棘列呈放射状；吻中央鳞列6～8枚 ·· **拟星腔吻鳕**
C. asteroides Okamura，1963（图1056）。栖息于水深300～400m，水温5～7℃泥沙底质的海域，食小型多毛类、甲壳类及明虾。体长400mm。分布：东海、台湾东北部及南部海域；日本，西-北太平洋区

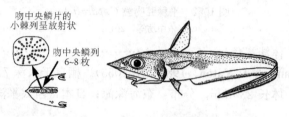

图1056 拟星腔吻鳕 *C. asteroides*
（依中坊等，2013）

39（38）吻中央鳞片的小棘列后侧方呈放射状；吻中央鳞列9～12枚

40（41）吻长；头长为口前吻长的2.4～2.6倍；颏须为眼径的1/3 ··························· **东海腔吻鳕**
C. productus Gilbert & Hubbs，1916（图1057）。栖息于水深350～600m，水温5～7℃的泥沙底质海域，食小型多毛类、甲壳类、明虾。体长310mm。分布：东海东北部大陆架斜坡、台湾北部海域；日本，西-北太平洋区。大型个体躯干部可食；小型鱼做下杂鱼处理。

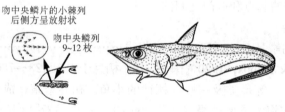

图1057 东海腔吻鳕 *C. productus*
（依中坊等，2013）

41（40）吻不长；头长为口前吻长的2.6～3.0倍；颏须大于眼径的1/3 ··················· **鸭嘴腔吻鳕**
C. anatirostris Jordan & Gilbert，1904（图1058）。栖息于水深300～1 160m，水温5～7℃的泥沙底质海域，深海底栖性鱼类，食小型多毛类、甲壳类、明虾。体长430mm。分布：东海大陆架边缘（28°47′N～29°50′N，127°05′E～127°43′E）、台湾东北部海域；日本，西-北太平洋区。数量不多，大型个体躯干部可食；小型鱼做下杂鱼处理。台湾捕获量甚多。

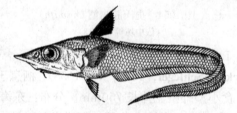

图1058 鸭嘴腔吻鳕 *C. anatirostris*
（依熊国强等，1988）

42（37）吻端背面观钝；体背侧具鞍状斑；侧线上方横列鳞数（至第一背鳍中央）4～6片

43（44）头顶鳞的棘状隆起线1行；鳃盖膜淡色 ·· **东京腔吻鳕**
C. tokiensis（Steindachner & Döderlein，1887）（图1059）。栖息于水深360～755m、水温5～7℃的泥沙底质海域，深海底栖性鱼类，食小型多毛类、甲壳类、明虾。体长560mm。分布：东海深海（31°32′N～31°38′N，128°27′E～128°30′E）、台湾海域、南海；日本。

44（43）头顶鳞的棘状隆起线3行；鳃盖膜黑褐色；吻长，头长为吻长的2.4～2.7倍；体侧具6暗色

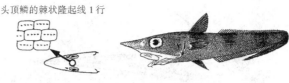

图 1059　东京腔吻鳕 *C. tokiensis*

宽横带⋯⋯⋯⋯⋯⋯⋯⋯⋯⋯六带腔吻鳕 ***C. hexafasciatus* Okamura，1982**（图 1060）。栖息于水深 336～1 000m 的大陆架斜坡泥沙底质海域，体长 570mm。分布：东海；日本。

图 1060　六带腔吻鳕 *C. hexafasciatus*
（依中坊等，2013）

突吻鳕属 *Coryphaenoides* Lacepède，1801
种 的 检 索 表

1（2）吻的腹面具一裸露狭条纹；第二背鳍起点在臀鳍起点的远后上方；第一背鳍棘长于吻后头长⋯⋯⋯⋯⋯⋯⋯⋯⋯⋯**锥鼻突吻鳕 *C. nasutus* Günther，1877**（图 1061）。栖息于水深 625～1 180m 的大陆坡水域，深海底栖性鱼类，缓慢游动于泥沙底质的海床上觅食小型虾蟹。体长 470mm。分布：东海东北部、台湾东部海域；日本太平洋侧海域为主要发现地点。

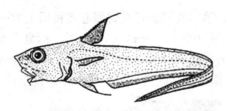

图 1061　锥鼻突吻鳕 *C. nasutus*
（依 Günther，1887）

2（1）吻的腹面无裸露狭条纹
3（4）第一背鳍棘短于头长⋯⋯⋯⋯⋯⋯⋯⋯⋯⋯⋯**野突吻鳕 *C. rudis* Günther，1878**（图 1062）。深海底栖性鱼类。栖息于水深 1 152～1 320m 的大陆架斜坡水域，缓慢游动于泥沙底质的海床上觅食小型虾蟹。体长 1.11m。分布：南沙群岛；全球性种类，广泛分布于温带至热带海域。

图 1062　野突吻鳕 *C. rudis*
（依 Günther，1887）

4（3）第一背鳍棘长于头长
5（6）第一背鳍棘最长，丝状延长，为头长的 2.3 倍；第二背鳍起点在臀鳍起点稍后上方⋯⋯⋯⋯⋯⋯⋯⋯⋯⋯**细眼突吻鳕 *C. microps*（Smith & Radcliffe，1912）**（图 1063）。深海底栖性鱼类。栖息于水深 410～1 025m 的大陆架斜坡水域，缓慢游动于泥沙底质的海床上觅食小型虾蟹。体长 413mm。分布：台湾东北及西南部海域；以菲律宾海域周边为主要发现地点，西太平洋区。无食用价值。

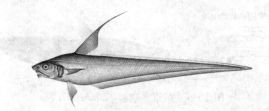

图 1063　细眼突吻鳕 *C. microps*

(依 Radcliffe，1912)

6（5）第一背鳍棘延长，小于头长的 2.3 倍

7（8）第一背鳍棘丝状延长，为头长的 1.5 倍或稍长；第二背鳍起点与臀鳍起点几相对；眼间隔为眼径的 1.5～1.6 倍·······················**暗边突吻鳕 *C. marginatus* Steindachner & Döderlein，1887**（图 1064）。深海底栖性鱼类。栖息于水深 250～790m 的水层中，喜在泥沙混浊的深海底质上栖息觅食，缓慢游动于泥沙底质的海床上，觅食小型明虾及磷虾。体长 620mm。分布：东海外缘、台湾东北部海域；朝鲜半岛、日本、夏威夷，西太平洋区。无食用价值。

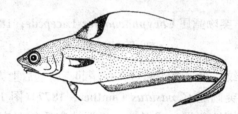

图 1064　暗边突吻鳕 *C. marginatus*

(依 Okamura，1970)

8（7）第一背鳍棘长和头长等长，第二背鳍起点在臀鳍起点稍后上方·······················**粗体突吻鳕 *C. asper* Günther，1877**（图 1065）。深海底栖性鱼类。栖息于水深 1 982～3 429m 的大陆架斜坡水域，喜在泥沙混浊的深海底质上栖息觅食，缓慢游动于泥沙底质的海床上，觅食小型明虾及蟹类。体长 320mm。分布：南沙群岛附近；日本稀有种，仅于日本及中国台湾发现 2 尾标本。

图 1065　粗体突吻鳕 *C. asper*

(依 Günther，1887)

膜首鳕属 *Hymenocephalus* Giglioli，1884

种 的 检 索 表

1（6）腹鳍具 8 鳍条

2（3）颏须长超过头长的 2/3 ···················· **长须膜首鳕 *H. longibarbis* Günther，1887**（图 1066）。深海底栖性鱼类。栖息水深 275m。体长 87mm。分布：东沙群岛。

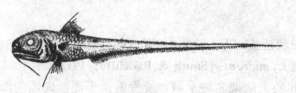

图 1066　长须膜首鳕 *H. longibarbis*

(依黄增岳等，1984)

3（2）颏须长超过眼径，但不及头长的 2/3

4（5）吻端接近上颌前端；颏须长于眼径 ·· **长头膜首鳕**
H. longiceps Smith & Radcliffe，1912（图 1067）。深海底栖性鱼类。栖息于水深 490～570m 的
大陆架斜坡水域，缓慢游动于泥沙底质的海床上觅食小型虾蟹。体长 240mm。分布：东海、台
湾南部海域；日本、菲律宾，西-北太平洋区。无食用价值。

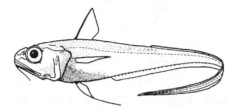

图 1067　长头膜首鳕 *H. longiceps*
（依中坊等，2013）

5（4）吻端与上颌前端分开；颏须短，约为眼径的 1/2 ·································· **纹喉膜首鳕**
H. striatissimus Jordan & Gilbert，1904（图 1068）。栖息于水深 300～570m 的中层水域，食甲
壳类及小型灯笼鱼。数量多，有群聚习性，为快速游动的种类。发光器极发达，可提高群聚与繁
殖的概率；春季为繁殖季节。体长 200mm。分布：东海东北部大陆架斜面外缘、台湾南部海域；
日本，西-北太平洋区。下杂鱼，无食用价值。

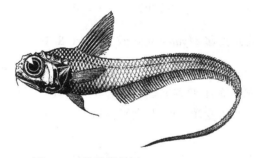

图 1068　纹喉膜首鳕 *H. striatissimus*
（依 Okamura，1970）

6（1）腹鳍具 11～12 鳍条

7（10）无颏须；吻尖而突出，下端倾斜；眼的前上方具鸟冠状突起，但不高，较薄

8（9）腹鳍条 11（罕为 12）；第二腹鳍条较胸鳍长 ·································· **刺吻膜首鳕**
H. lethonemus Jordan & Gilbert，1904（图 1069）。深海底栖性鱼类。栖息于水深 220～485m 中
层泥沙底质、水温 5～7℃ 的水域。食浮游甲壳类。群聚性，快速游动种类。生殖季节为冬末初
春，数量不多。体长 140mm。分布：东海东北部大陆架斜面上部水域、台湾东北部及南部海域；
日本、菲律宾，西太平洋区。下杂鱼，无食用价值。数量有一定的减少，《中国物种红色名录 》
列为易危［VU］物种。

眼前上方具鸟冠状突起

吻下端倾斜

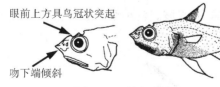

图 1069　刺吻膜首鳕 *H. lethonemus*
（依中坊等，2013）

9（8）腹鳍条 12（罕为 11 或 13）；第二腹鳍条较胸鳍短 ······························ **无须膜首鳕**
H. nascens Gilbert & Hubbs，1920（图 1070）。栖息于水深 182～773m、水温 5.72～18.6℃ 的海
域近底层。体长 160mm。分布：香港；菲律宾。

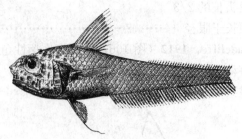

图 1070　无须膜首鳕 *H. nascens*
（依 Gilbert & Hubbs, 1920）

10（7）具颏须；吻钝，不突出，下缘垂直；眼的前上方鸟冠状突起发达，高而厚⋯⋯⋯⋯⋯⋯⋯⋯⋯
⋯⋯**冠膜首鳕 *H. papyraceus* Jordan & Gilbert，1904**（图 1071）。深海底栖性鱼类。体长
100mm。分布：东海（30°N、129°E 附近）。

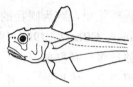

眼前上方鸟冠状突起发达

吻下缘垂直

图 1071　冠膜首鳕 *H. papyraceus*
（依中坊等，2013）

三尖突吻鳕属 *Hymenogadus* Gilbert & Hubbs，1920

三尖突吻鳕 *H. gracilis* Gilbert & Hubbs，1920（图 1072）。深海底栖性鱼类。栖息水深225～500m
的泥沙底质、水温 5～7℃的水域。食小型多毛类、甲壳类及虾类，数量少。体长 130mm。分布：台湾
东北部海域；日本、澳大利亚，西印度洋、西-北太平洋区。无食用价值。

吻端具 3 个
尖突出

图 1072　三尖突吻鳕 *H. gracilis*
（依中坊等，2013）

舟尾鳕属 *Kumba* Marshall，1973
种 的 检 索 表

1（2）腹鳍具 11～12 软条；发光器 2 个；肛门位于腹鳍起点部至臀鳍起点中间⋯⋯⋯⋯⋯⋯⋯⋯⋯⋯
日本舟尾鳕 *K. japonica*（Matsubara，1943）（图 1073）。深海底栖性鱼类。栖息于水深 550～
710m 大陆斜坡泥沙底质、水温 5～7℃的水域。食小型多毛类、甲壳类及对虾，数量不多。体长
176mm。分布：台湾东北部海域；日本，西-北太平洋区。无食用价值。

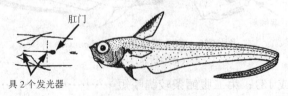

肛门

具 2 个发光器

图 1073　日本舟尾鳕 *K. japonica*
（依中坊等，2013）

2（1）腹鳍具 10～11 软条；发光器 1 个；肛门在臀鳍起点附近••• **裸吻舟尾鳕**
K. gymnorhynchus Iwamoto & Sazonov，1994（图 1074）。深海底栖性鱼类。栖息于水深 1 260～
1 370m 的大陆斜坡水域，缓慢游动于泥沙底质的海床上觅食小型虾蟹。体长 496mm。分布：台
湾西南海域；西-北太平洋区。无食用价值。

图 1074　裸吻舟尾鳕 *K. gymnorhynchus*
（依台湾鱼类资料库）

库隆长尾鳕属 *Kuronezumia* Iwamoto，1974

达氏库隆长尾鳕 K. dara（Gilbert & Hubbs，1916）（图 1075）。栖息于水深 360～605m 的底层水
域，食深海虾蟹。体长 280mm。分布：东海深海（冲绳海沟）、台湾西南部海域；日本。无食用价值。

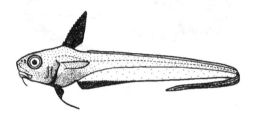

图 1075　达氏库隆长尾鳕 *K. dara*
（依中坊等，2013）

梭鳕属 *Lucigadus* Gilbert & Hubbs，1920

黑缘梭鳕 L. nigromarginatus（Smith & Radcliffe，1913）（图 1076）。栖息于水深247～717m 泥沙
质、水温 5～7℃ 的水域。深海底栖性鱼类，食小型多毛类、甲壳类及对虾，数量不多。体长
200mm。分布：台湾绿岛；菲律宾，印度-西太平洋区。一般以底拖网捕获，无食用价值，通常作为
下杂鱼处理。

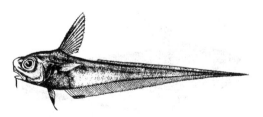

图 1076　黑缘梭鳕 *L. nigromarginatus*
（依 Smith & Radcliffe，1913）

软首鳕属 *Malacocephalus* Günther，1862
种 的 检 索 表

1（2）喉部有圆鳞丛；臀鳍位于两个背鳍起点中间的下方 ••••••••••••••••••••••••••••••••••••••• **滑软首鳕**
M. laevis Lowe，1843（图 1077）。栖息于水深 200～1 000m、水温 7～8℃ 的混浊泥沙底质水域
中。食小鱼及虾蟹。初春繁殖。体长 600mm。分布：台湾发现于东北部及南部海域。底拖网捕
获，下杂鱼，无经济价值。北大西洋的古代渔夫利用该大型个体腹部发光器的分泌物，当作捕捉

鳕的诱饵。数量稀少,《中国物种红色名录》列为濒危[EN]物种。

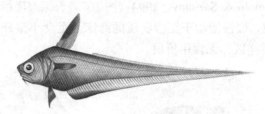

图 1077　滑软首鳕 *M. laevis*
（依郑义郎，2007）

2（1）喉部无圆鳞丛；臀鳍起点位于第一背鳍基的中部下方 ⋯⋯⋯⋯⋯⋯⋯⋯⋯⋯⋯⋯⋯ **日本软首鳕**
M. nipponensis Gilbert & Hubbs, 1916（图 1078）。栖息于水深 447～563m 的大陆斜坡水域，深
海底栖性，缓慢游动于泥沙底质的海床上觅食小型虾蟹。体长 520mm。分布：东海、东沙群岛；
日本，西-北太平洋海域。底拖网捕获，下杂鱼，无经济价值。

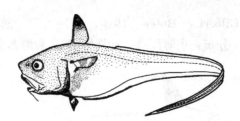

图 1078　日本软首鳕 *M. nipponensis*
（依中坊等，2013）

奈氏鳕属 *Nezumia* Jordan，1904
种 的 检 索 表

1（2）第一背鳍浅色、无黑斑；侧线至第二背鳍起点处具横列鳞 5～7.5 片；腹鳍具 9 软条⋯⋯⋯⋯⋯
⋯⋯⋯⋯⋯⋯**原始奈氏鳕 N. proxima**（Smith & Radcliffe，1912）（图 1079）。深海底栖性鱼类。
栖息于水深 355～910m 的大陆斜坡水域。缓慢游动于泥沙底质的海床上，觅食小型虾蟹。体
长 370mm。分布：台湾沿岸、南沙群岛；日本、菲律宾，西太平洋海域。以底拖网捕获，无
食用价值，通常做下杂鱼处理。数量有一定的减少，《中国物种红色名录》列为易危[VU]
物种。

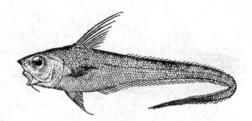

图 1079　原始奈氏鳕 *N. proxima*
（依熊国强等，1988）

2（1）第一背鳍基底或先端具大黑色斑块
3（4）背鳍第一鳍棘高而长，为头长的 1.3 倍，背鳍基部有 1/3 处具一大黑斑；腹鳍具 8～9 鳍条；体
侧栉鳞具长针型棘刺⋯⋯⋯⋯⋯⋯⋯⋯⋯⋯**长棘奈氏鳕 N. spinosa**（Gilbert & Hubbs，1916）
（图 1080）。深海底栖性鱼类。栖息于水深 560～910m 的大陆斜坡水域。缓慢游动于泥沙底质的
海床上，觅食小型虾蟹。体长 280mm。分布：东海深海（31°31′N，129°25′E 附近）、台湾南部
海域；日本，印度-西太平洋海域。以底拖网捕获，无食用价值，做下杂鱼处理。
4（3）背鳍第一鳍棘低而较短，短于或等于头长，背鳍先端黑色；胸鳍具 19～22 鳍条

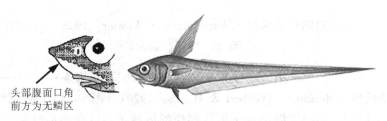

图 1080　长棘奈氏鳕 N. *spinosa*
（依中坊等，2013）

5（6）侧线至第二背鳍起点具横列鳞 9～10 片 ·················· **俊奈氏鳕**
N. evides (Gilbert & Hubbs, 1920)（图 1081）。深海底栖性鱼类。栖息于水深 442～810m 的大
陆斜坡水域，觅食小型虾蟹。体长 250mm。分布：台湾东部及东北部海域、南沙群岛；日本，
印度-西太平洋海域。以底拖网捕获，无食用价值，做下杂鱼处理。

图 1081　俊奈氏鳕 N. *evides*
（依 Gilbert & Hubbs, 1920）

6（5）侧线至第二背鳍起点具横列鳞 10.5～12.5 片 ·················· **狮鼻奈氏鳕**
N. condylura Jordan & Gilbert, 1904（图 1082）。栖息水深 360～970m 的深海泥沙底质海床底
栖性鱼类。缓慢游动于泥沙底质的海床、水温 5～7℃ 的水域，食小型多毛类、甲壳类及对虾，
数量少。体长 210mm。分布：东海至台湾东北部海域；日本，印度-西太平洋水域。无食用
价值。

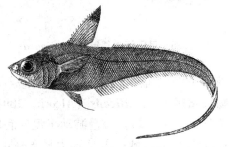

图 1082　狮鼻奈氏鳕 N. *condylura*
（依 Okamura, 1970）

拟奈氏鳕属 Pseudonezumia Okamura, 1970

大头拟奈氏鳕 P. cetonuropsis (Gilbert & Hubbs, 1916)（图 1083）。底栖性鱼类。栖息于水深
1 642～1 650m 的深海大陆坡水域。缓慢游动于泥沙底质的海床，觅食小型虾蟹。分布：台湾海域；日
本，西太平洋海域。无食用价值。

鳃盖条无鳞

图 1083　大头拟奈氏鳕 P. *cetonuropsis*
（依中坊等，2013）

短吻长尾鳕属 *Sphagemacrurus* Fowler，1925
种 的 检 索 表

1（2）颏须极短，小于眼径的 1/4；第一鳃弓下鳃耙 7 个；腹鳍具 10 鳍条 ·····················
菲律宾短吻长尾鳕 *S. decimalis*（Gilbert & Hubbs，1920）（图 1084）。底栖性鱼类。栖息于水深 686m 的深海大陆坡水域。缓慢游动于泥沙底质的海床上，觅食小型虾蟹。分布：台湾南部海域、东沙群岛；西太平洋海域。底拖网捕获，无食用价值。

图 1084　菲律宾短吻长尾鳕 *S. decimalis*
（依 Gilbert & Hubbs，1920）

2（1）颏须略长，稍大于或小于眼径的 1/2；第一鳃弓下鳃耙 7 个或更多个；腹鳍具 8～14 鳍条
3（4）眼径稍大，为眼至前鳃盖骨角距离的 1.2 倍；腹鳍具 8～9 鳍条；颏须小于最大眼径的 1/2······
··················里氏短吻长尾鳕 *S. richardi*（Weber，1913）（图 1085）。底栖性鱼类。栖息于水深 538～1 260m 的深海大陆坡水域，缓慢游动于泥沙底质的海床上，觅食小型虾蟹。体长 200mm。分布：东沙群岛；印度-西太平洋海域。底拖网捕获，下杂鱼，无食用价值。

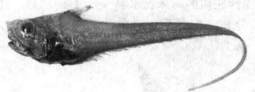

图 1085　里氏短吻长尾鳕 *S. richardi*
（依 Weber & Beaufort，1929）

4（3）眼径小于眼至前鳃盖骨角距离的 1.2 倍；腹鳍具 11～14 鳍条；颏须大于最大眼径的 1/2······
··················矮头短吻长尾鳕 *S. pumiliceps*（Alcock，1894）（图 1086）。底栖性鱼类。栖息于水深 732～1 880m 的深海大陆坡水域，缓慢游动于泥沙底质的海床上，觅食小型虾蟹。体长 250mm。分布：台湾西部及东南部海域；印度-西太平洋海域。底拖网捕获，下杂鱼。

图 1086　矮头短吻长尾鳕 *S. pumiliceps*
（依台湾鱼类资料库）

钝吻鳕属（镖吻鳕属）*Spicomacrurus* Fowler，1925

黑沼氏钝吻鳕 *S. kuronumai*（Kamohara，1938）（图 1087）。深海底栖性鱼类。栖息于水深 350～

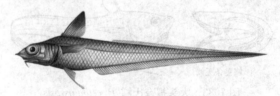

图 1087　黑沼氏钝吻鳕 *S. kuronumai*
（依郑义郎，2007）

500m 的大陆坡水域，缓慢游动于泥沙底质的海床上，觅食小型虾蟹。体长 200mm。分布：东海大陆架斜坡、台湾东北部海域为主要发现地点；日本、澳大利亚、西-北太平洋区。一般以底拖网捕获，无食用价值，作为下杂鱼处理。

粗尾鳕属 *Trachonurus* Günther，1887
种 的 检 索 表

1（2）腹鳍及鳃盖间的鳞列 8～9 ·················· **糙皮粗尾鳕 *T. sentipellis* Gilbert & Cramer，1897**
（图 1088）。深海底栖鱼类。栖息于水深 500～1 470m 的深海大陆斜坡及大陆隆起堆，肉食性，食深海无脊椎动物及鱼类等。体长 311mm。分布：台湾海域；夏威夷、新喀里多尼亚，太平洋区海域。无食用价值。偶被研究船捕获，具研究价值。

图 1088 糙皮粗尾鳕 *T. sentipellis*
（依台湾鱼类资料库）

2（1）腹鳍及鳃盖间的鳞列 10～14 ·························· **粗尾鳕 *T. villosus*（Günther，1877）**
（图 1089）。栖息于水深 850～1 170m 的深海大陆斜坡及大陆隆起堆，深海区鱼类。肉食性，食深海无脊椎动物及鱼类等。体长 600mm。分布：东海深海琉球海沟、台湾西南部海域、南海；日本、菲律宾、印度尼西亚，西太平洋区。无食用价值。偶被研究船捕获，供研究。

图 1089 粗尾鳕 *T. villosus*
（依郑义郎，2007）

凹腹鳕属 *Ventrifossa* Gilbert & Hubbs，1920
种 的 检 索 表

1（2）背鳍棘光滑，前缘无锯齿 ························· **大鳍凹腹鳕 *V. macroptera* Okamura，1982**
（图 1090）。深海底栖性鱼类。栖息于水深 685～710m 的沙泥底水域。肉食性，食小型虾蟹。每年 12 月中旬为产卵期。体长 400mm。分布：台湾南部海域；日本，西-北太平洋区。底拖网捕获，下杂鱼，无食用价值。

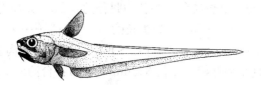

图 1090 大鳍凹腹鳕 *V. macroptera*
（依 Cohen et al.，1990）

2（1）背鳍棘前缘具锯齿
3（10）第一背鳍具一明显大黑斑
4（5）臀鳍前缘黑色；第一背鳍后方具大片无棘鳞区；侧线上方横列鳞数（至第一背鳍中央下方）5～5.5 片·················· **扇鳍凹腹鳕 *V. rhipidodorsalis* Okamura，1982**（图 1091）。深海底栖肉食性鱼类。栖息于水深 400～600m 的沙泥底水域。食小型虾蟹。体长 210mm。分布：

东海深海（28°47′N、127°05′E附近）、台湾东北部海域；日本，西-北太平洋区。下杂鱼，无食用价值。

图1091　扇鳍凹腹鳕 V. rhipidodorsalis
（依中坊等，2013）

5（4）臀鳍前方无黑色边缘

6（7）颏须等于或大于眼径；第一背鳍后方具大片无棘鳞区；侧线上方横列鳞数（至第一背鳍中央下方）9～10片·······················**长须凹腹鳕 V. longgibarbata Okamura，1982**（图1092）。深海底栖肉食性鱼类。栖息于水深350～700m的沙泥底水域。食小型虾蟹。体长300mm。分布：台湾东北部海域；日本，西-北太平洋区。底拖网捕获，数量多，为常见种类，无食用价值。

图1092　长须凹腹鳕 V. longgibarbata
（依中坊等，2013）

7（6）颏须短于眼径；第一背鳍后方具或不具无棘鳞区

8（9）鳞栉刺淡黑色；鼻上嵴与眶背缘淡黑色；头长为眼径的3.3～3.8倍；前背鳍中部具一黑色宽条斑，后方具较宽的无棘鳞；口前的吻前缘长为头长的11%～14.5%·······················**彼氏凹腹鳕 V. petersoni（Alcock，1891）**（图1093）。深海底栖性鱼类。栖息于水深296～1 019m的沙泥底水域。肉食性，食小型虾蟹。体长420mm。分布：台湾南部海域。

图1093　彼氏凹腹鳕 V. petersoni
（依 Cohen et al.，1990）

9（8）栉鳞刺灰白色；鼻上嵴与眶上缘淡色；头长为眼径的3.03～3.46倍；前背鳍下中部具一大黑斑，后方具少数或无栉鳞；口前的吻前缘长为头长的14%～21%·······················**黑背鳍凹腹鳕 V. nigrodorsalis Gilbert & Hubbs，1920**（图1094）。深海底栖肉食性鱼类。栖息于水深270～700m的沙泥底水域。食小型虾蟹。体长340mm。分布：台湾南部及东北部海域；菲律宾、印度尼西亚，印度-西太平洋区。下杂鱼，无食用价值。

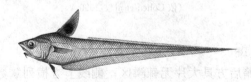

图1094　黑背鳍凹腹鳕 V. nigrodorsalis
（依 Cohen et al.，1990）

10（3）第一背鳍无大黑斑

11（12）体栉鳞上小棘呈三角形；侧线上方（至第一背鳍中央）具横列鳞5～6.5片……………
……**加曼氏凹腹鳕** *V. garmari*（**Jordan & Gilbert，1904**）（图1095）。深海底栖肉食性鱼类。栖
息于水深200～720m，水温6～12℃的沙泥底质水域。食小型磷虾、对虾和等足类。夜间从较深
水层迁移至较浅水层觅食；繁殖季节为冬季至初春。体长310mm。分布：东海深海（29°15′N、
127°20′E）、台湾东北部海域；日本，西-北太平洋区。常见种类，无经济价值，底拖网捕获
后，做下杂鱼处理。

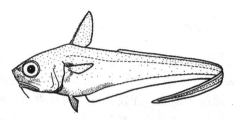

图1095　加曼氏凹腹鳕 *V. garmari*

（依 Cohen et al.，1990）

12（11）体栉鳞上小棘呈尖锥形及狭尖形；侧线上方（至第一背鳍中央）具横列鳞6.5～10片

13（16）侧线上方（至第一背鳍中央）具横列鳞7～7.5片

14（15）第一背鳍和腹鳍黑色；鳞囊褐色；须长为眼径的115％～133％；腹鳍起点在胸鳍起点的前下
方………………………**西海凹腹鳕** *V. saikaiensis* **Okamura，1984**（图1096）。深海底栖肉食
性鱼类。栖息于水深420～740m的沙泥底质水域。食小型虾蟹。体长300mm。分布：台湾东
北部海域；日本，西-北太平洋区。数量多，常见种类，下杂鱼，无食用价值。

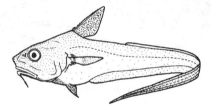

图1096　西海凹腹鳕 *V. saikaiensis*

（依中坊等，2013）

15（14）第一背鳍浅色，腹鳍和胸鳍浅黑色；鳞囊边缘不呈褐色；须长短于眼径；腹鳍起点在胸鳍起点
的前下方………………………**歧异凹腹鳕** *V. divergens* **Gilbert & Hubbs，1920**（图1097）。
深海底栖肉食性鱼类。栖息于水深183～722m、沙泥底质、水温5～7℃的水域。食小型多毛
类、甲壳类及明虾。体长300mm。分布：台湾东北部海域；日本，菲律宾、印度尼西亚，印
度-西北太平洋区。下杂鱼，无食用价值。

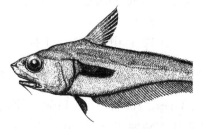

图1097　歧异凹腹鳕 *V. divergens*

（依 Cohen et al.，1990）

16（13）侧线上方（至第一背鳍中央）具横列鳞9～9.5片　………………………… **三崎凹腹鳕**
V. misakia（**Jordan & Gilbert，1904**）（图1098）。栖息于水深376～610m的沙泥底质大陆架
海域。体长260mm。分布：东海东北部、南海；日本，菲律宾。下杂鱼，无食用价值。

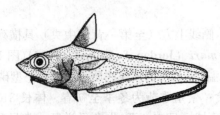

图 1098　三崎凹腹鳕 *V. misakia*
（依中坊等，2013）

118. 拟长尾鳕科 Macrouroididae

头甚大，卵圆形，柔软。躯干很短，远小于头长。眼小。口下位。两颌较短，可伸缩。两颌牙小，呈带状。无颏须。鳃耙细长。鳃盖条7，上方2条附于上舌骨上。肛门紧位于臀鳍前方。背鳍1个，低而长，无鳍棘；臀鳍长，不发达；腹鳍小或无。无发光器。后耳骨小。嗅球位于前脑的正前方。

广泛分布于三大洋温带及热带的远洋底层及远洋深海鱼类。栖息水域最深可达5 300m。

本科有2属2种；中国有1属1种。

裸首鳕属 *Squalogadus* Gilbert & Hubbs, 1916

裸首鳕 *S. modificatus* Gilbert & Hubbs, 1916（图1099）。栖息于水深697～2 110m的沙泥底质海域。体长468mm。分布：东海深海（29°53′N、128°16′E）、台湾南部海域；日本、澳大利亚。数量稀少，《中国物种红色名录》列为濒危［EN］物种。

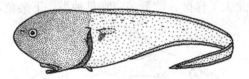

图 1099　裸首鳕 *S. modificatus*
（依 Gilbert & Hubbs, 1917）

119. 无须鳕科 Merlucciidae

体稍细长，侧扁。头大，稍侧扁。头骨背面有V形骨嵴，其顶端即上枕骨嵴，前叉为额斜嵴。吻较长，平扁。吻长为眼径的1.3～3.2倍。口大，下颌稍突出，上下颌有大尖齿2行，犁骨有小齿。背鳍2个，分离；或背鳍1个，不分离。前背鳍短高，三角形或前背鳍具丝状鳍条；后背鳍很长，中部有一深凹刻，臀鳍似后背鳍。胸鳍窄长而位置稍低；腹鳍具7鳍条，不伸达肛门；尾鳍后端截形或微凹。肛门近臀鳍始点。头体有小圆鳞，侧线近直线形。椎骨48～58个。

重要经济海鱼。1987年全世界仅无须鳕属（*Merluccius*）年产量为155.8万t，仅阿根廷无须鳕（*M. hubbsi*）即捕获43.4万t，美国22.9万t。

本科现知有5属24种（伍汉霖等，2012）；中国有1属1种。

无须鳕属 *Merluccius* Rafinesque, 1810

北太平洋无须鳕 *M. productus*（Ayres, 1855）（图1100）。栖息于港湾浅海或河口至水深900～1 000m的海域。主要捕捞鱼群多聚集在大陆架45～500m的水域，虽常作为底层鱼，也大量见于水上层，沿岸及远洋均有。成年鱼产卵期见于离岸数百千米远海外。前4年生长最快，能生活15年。食鱼类及无脊椎动物。大型鱼类，体长600～910mm。分布：在中国虽早有记录，但在渤海、黄海及东海采集地点不详；日本。供鲜食、冷冻鱼片。产量大，为北太平洋及东-北太平洋的重要经济鱼类。

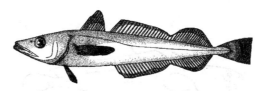

图 1100　北太平洋无须鳕 *M. productus*
（依 Inada，1990）

120. 深海鳕科（稚鳕科）Moridae

体延长，尾部渐尖细，尾柄细窄。头中大。颏须有或无。上下颌具绒毛状齿，外行齿扩大或无；犁骨无齿，或具细齿。体被圆鳞。背鳍 1 个或 2 个，或 3 个；臀鳍 1 个，或 2 个；背鳍与臀鳍不与尾鳍相连。

广泛分布于世界各深水域，少数种类可进入河口域。底栖中大型鱼类。栖息于大陆架外缘至深水域。食小型底栖动物、小型鱼类或头足类。

本科有 18 属 108 种（Nelson et al.，2016）；中国有 6 属 15 种。

属 的 检 索 表

1（8）腹鳍具 5~9 鳍条，不延长呈丝状
2（5）臀鳍起点部与第二背鳍起点部相对
3（4）下颌无须 ··· 短稚鳕属 *Gadella*
4（3）下颌具须 ··· 小褐鳕属 *Physiculus*
5（2）臀鳍起点部在第二背鳍起点部后下方
6（7）腹鳍具 7 鳍条；犁骨具齿带 ····························· 雅鳕属 *Lepidion*
7（6）腹鳍具 9 鳍条；犁骨无齿带 ····························· 浔鳕属 *Lotella*
8（1）腹鳍具 2 鳍条
9（10）腹鳍短，不延长呈丝状；侧线在第二背鳍前部 1/4 处下方急剧下弯 ········· 瘤鳕属 *Guttigadus*
10（9）腹鳍长，延长呈丝状，伸越或不伸越臀鳍起点；侧线在第二背鳍前部下方不急剧下弯 ········
··· 丝鳍鳕属 *Laemonema*

短稚鳕属 *Gadella* Lowe，1843

乔丹短稚鳕 *G. jordani*（Böhlke & Mead，1951）　（图 1101）　（syn. 无须小褐鳕 *Physiculus inbarbatus* 熊国强等，1988；陈大刚等，2015）。深海底层栖息鱼类。栖息于水深 400~760m 的泥沙底水域。食底栖甲壳类。体长 250mm。分布：东海、台湾东北部海域、南海；日本、澳大利亚，西-北太平洋区。一般做下杂鱼处理，无食用价值。

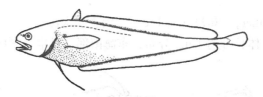

图 1101　乔丹短稚鳕 *G. jordani*
（依中坊等，2013）

瘤鳕属 *Guttigadus* Taki，1953

浅沙瘤鳕 *G. nana*（Taki，1953）（图 1102）。栖息于水深 100m 以浅的沙泥底海域，食底栖无脊椎动物或鱼虾。属侏儒型鱼类，成鱼最大体长不超过 70mm。分布：东海大陆架缘、台湾北部海域；日

本、西太平洋。

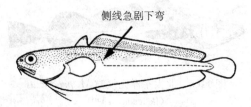

图 1102　浅沙瘤鳕 *G. nana*

（依中坊等，2013）

丝鳍鳕属 *Laemonema* Günther，1862
种 的 检 索 表

1（2）体淡色；腹鳍长，越过肛门伸达臀鳍第五至第六鳍条下方；吻背有鳞域的前端鳞片分布为 2 分叉
…………………………**玫红丝鳍鳕 *L. rhodochir* Gilbert，1905**（图 1103）（syn. 贝劳丝鳍鳕
L. paleuense 沈世杰等，2011；陈大刚等，2015）。栖息于水深 95～600m 的沙泥底海域，食底栖
无脊椎动物或鱼虾。体长 212mm。分布：台湾东北部及西南海域；日本、夏威夷。除学术研究
外，无食用价值。

图 1103　玫红丝鳍鳕 *L. rhodochir*

（依沈世杰等，2011）

2（1）体暗色；腹鳍短，不伸达肛门；吻背有鳞域的前端鳞片分布为圆形 ……………………………
壮体丝鳍鳕 *L. robustum* Johnson，1862（图 1104）。栖息水深 210～1 200m 的沙泥底海域，食底
栖无脊椎动物或鱼虾。体长 212mm。分布：台湾东北部海域；日本、夏威夷。无食用价值。

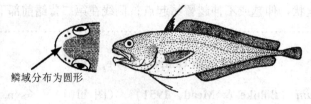

鳞域分布为圆形

图 1104　壮体丝鳍鳕 *L. robustum*

（依中坊等，2013）

雅鳕属 *Lepidion* Swainson，1838

灰雅鳕 *L. inosimae*（Günther，1887）（图 1105）。栖息于水深 580～1 100m 的沙泥底海域，食底栖
无脊椎动物或鱼虾。体大型，体长可达 1m。分布：东海南部；日本、夏威夷。无食用价值。

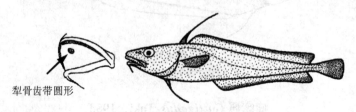

犁骨齿带圆形

图 1105　灰雅鳕 *L. inosimae*

（依中坊等，2013）

浔鳕属 *Lotella* Kaup，1858
种 的 检 索 表

1（2）侧线伸达尾柄；第二背鳍具 43～64 鳍条 ························· **褐浔鳕**
L. phycis（**Temminck & Schlegel，1846**）（图 1106）。深海鱼类。体长 300mm。分布：台湾海域；朝鲜半岛、日本。无食用价值。

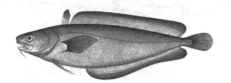

图 1106　褐浔鳕 *L. phycis*
（依沈世杰等，2011）

2（1）侧线仅伸达第二背鳍中央部下方；第二背鳍具 43～49 鳍条 ·················· **土佐浔鳕**
L. tosaensis（**Kamohara，1936**）（图 1107）。深海底栖性鱼类。分布在 300m 以内海域。食底栖无脊椎动物或鱼虾。体长 120mm。分布：台湾西南部海域；日本，西-北太平洋区。无捕捞价值。偶被研究船捕获，具有研究价值。

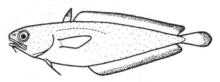

图 1107　土佐浔鳕 *L. tosaensis*
（依中坊等，2013）

小褐鳕属 *Physiculus* Kaup，1858
种 的 检 索 表

1（4）第一背鳍呈丝状延长
2（3）体侧侧线不完全；腹部发光器圆形，位于两腹鳍基间稍后方；全身淡红色 ·················
淡红小褐鳕 P. roseus Alcock，1891（图 1108）。热带印度洋及西太平洋近底层深海鱼类。栖息于水深310～549m 的海域。体长 235mm。分布：东沙群岛以西海域。

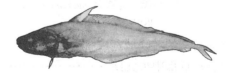

图 1108　淡红小褐鳕 *P. roseus*
（依邵广昭，1993）

3（2）侧线完全；腹部发光器三角形，位于两腹鳍基部前端的连线上；体不呈淡红色 ·················
······**丝背小褐鳕 P. chigodaranus Paulin，1989**（图 1109）。栖息于水深 300～500m 的沙泥底海域，食底栖无脊椎动物或鱼虾。体长 180mm。分布：台湾西南部海域、东沙群岛；日本。

发光器位于两腹鳍基部前端的连线上

图 1109　丝背小褐鳕 *P. chigodaranus*
（依中坊等，2013）

4（1）第一背鳍不呈丝状延长

5（6）腹鳍鳍条呈丝状延长，向后伸越臀鳍起点 ⋯⋯⋯⋯⋯⋯⋯⋯⋯⋯⋯⋯⋯⋯⋯⋯⋯⋯⋯⋯⋯⋯⋯⋯ **灰小褐鳕**
P. nigrescens Smith & Radcliffe, 1912（图1110）。较深海区近底层鱼类。栖息于水深200～384m
的细泥沙质海底。分布：海南岛清澜港。

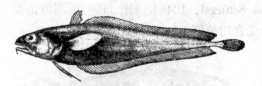

图1110　灰小褐鳕 P. nigrescens
(依 Smith & Radcliffe，1913)

6（5）腹鳍鳍条不呈丝状延长，向后不伸越臀鳍起点

7（10）第一背鳍具9～10鳍条；吻部前端的无鳞域狭

8（9）体淡褐色；眼大，大于吻长的2/3；栖息水深150～650m ⋯⋯⋯⋯⋯⋯⋯⋯⋯⋯⋯⋯⋯ **日本小褐鳕**
P. japonicas Hilgendorf, 1879（图1111）。栖息于大陆架缘及上部陡坡的沙泥底海域，食底栖无脊
椎动物或鱼虾。体长315mm。分布：东海、台湾南部海域；日本。一般做下杂鱼处理，无食用价值。

吻端无鳞域狭

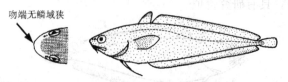

图1111　日本小褐鳕 P. japonicas
(依中坊等，2013)

9（8）体浓褐色；眼小，小于吻长的2/3；栖息于水深10m浅水处 ⋯⋯⋯⋯⋯⋯⋯⋯⋯⋯⋯⋯⋯ **马氏小褐鳕**
P. maximowiczi （Herzenstein, 1896）（图1112）。栖息于大陆架浅海域，食底栖无脊椎动物或
鱼虾。体长250mm。分布：台湾南部海域；日本。

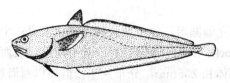

图1112　马氏小褐鳕 P. maximowiczi
(依中坊等，2013)

10（7）第一背鳍具6～9鳍条；吻部前端的无鳞域宽广

11（12）背鳍、臀鳍及体鲜活时黑色；喉部中央无鳞 ⋯⋯⋯⋯⋯⋯⋯⋯⋯⋯⋯⋯⋯⋯⋯⋯⋯⋯ **黑翼小褐鳕**
P. nigripinnis Okamura, 1982（图1113）。栖息于水深342～400m的大陆架水域。体长
290mm。分布：台湾东北部海域；日本，西-北太平洋区。无食用价值。

图1113　黑翼小褐鳕 P. nigripinnis
(依沈世杰等，2011)

12（11）背鳍、臀鳍及体鲜活时红色；喉部中央具鳞

13（14）第一背鳍及第二背鳍下半部（近基部）黑色；发光器近腹鳍基 ⋯⋯⋯⋯⋯⋯⋯⋯⋯⋯⋯⋯⋯⋯⋯⋯
　　　　红鳍小褐鳕 P. rhodopinnis Okamura, 1982（图1114）。栖息于水深320～540m的大陆架水域，

食底栖无脊椎动物或鱼虾。体长 210mm。分布：台湾东北部海域；日本、夏威夷。不具渔业经济价值。偶被研究船捕获，具有研究价值。

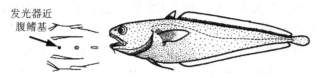

图 1114　红鳍小褐鳕 *P. rhodopinnis*
（依中坊等，2013）

14（13）第一背鳍及第二背鳍下半部不呈黑色；发光器近肛门 ·· **黑唇小褐鳕**
P. yoshidae Okamura，1982（图 1115）。栖息水深 265～375m 的大陆架水域。体长 200mm。
分布：东海南部、台湾东部海域；日本。

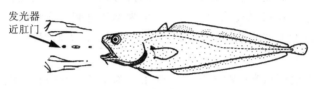

图 1115　黑唇小褐鳕 *P. yoshidae*
（依中坊等，2013）

三十六、鼬鳚目（鼬鱼目）OPHIDIIFORMES

体稍延长。口裂大；上颌骨后端伸达或超越眼的后缘。鼻孔每侧 2 个。体被小圆鳞或无鳞。背鳍、臀鳍基底甚长，向后伸达尾鳍或与尾鳍连成一片，无鳍棘。背鳍、臀鳍鳍基骨的数目比相对应的椎骨数为多。腹鳍如存在，为喉位或颏位（极少为胸位），左右腹鳍的基底紧靠在一起，仅有 1～2 鳍条，少数种类有一极小的棘。

深海底栖性鱼类。栖息水深 152～4 040 m。肉食性，摄食底栖生物。分布于三大洋热带、亚热带海域。中国见于黄海、东海、台湾及南海。大部分较罕见，无食用价值，捕获后常做下杂鱼处理。个别种类可供食用，但无较大经济价值。

本目有 2 亚目 5 科 119 属 531 种（Nelson et al.，2016）；中国有 2 亚目 4 科 36 属 66 种。

亚 目 的 检 索 表

1（2）前鼻孔常位于上唇上缘的甚上方；均卵生，雄鱼无外交媾器；尾鳍与背、臀鳍相连；腹鳍始于前鳃盖骨下方或更前方、甚至下颏下方，或无腹鳍；基鳃骨有或无 1～4 齿群 ··························
·· 鼬鳚亚目（鼬鱼目）OPHIDIOIDEI
2（1）前鼻孔常位于上唇上缘的略上方；均胎生；雄鱼有外交媾器；尾鳍与背、臀鳍相连或分离；腹鳍如存在时约始于前鳃盖骨下方；基鳃骨无齿群 ··· 深蛇鳚亚目（深海鼬鱼亚目）BYTHITOIDEI

鼬鳚亚目（鼬鱼亚目）OPHIDIOIDEI

前鼻孔发达，常位于上唇的上方。均卵生，雄鱼无外交媾器。背鳍与臀鳍的鳍基很长，全与尾鳍相连；背鳍常始于项背或胸鳍上方；尾部长（肛门至尾鳍基），均大于吻端至肛门；有些基鳃骨有齿群；腹鳍常始于前鳃盖骨下方或更前方，很少始于胸鳍基略前下方。有些在前部几个椎骨下方和鳔前下方用 X 光摄影，可看到有一与鳔有联系的豆状骨。

中国有 2 科 26 属 52 种。

科 的 检 索 表

1（2）背鳍始于臀鳍始点后方或略前方，鳍条较下方的臀鳍条短或相等；肛门胸位或喉位；无辅上颌骨；无鳞；大多无腹鳍 ·················· 潜鱼科（隐鱼科）Carapidae

2（1）背鳍始于臀鳍前方，鳍条等于或较长于相对应的臀鳍条；肛门及臀鳍位于胸鳍基的远后方；有辅上颌骨；体有小圆鳞；大多有腹鳍 ·················· 鼬鳚科 Ophidiidae

121. 潜鱼科（隐鱼科）Carapidae

体细长，鳗状，常侧扁。无鳞。肛门位于胸鳍基下方附近。口大，不能伸缩。上颌骨后端外露、稍宽，或隐皮下。齿多变化，绒毛状或粒状，两颌及腭骨齿有1或多行，两颌前方有或无大犬齿，犁骨也常有大犬齿。鼻孔小，前鼻孔明显位于上唇上方。前鳃盖骨隐于皮下。鳃盖膜常不连峡部。鳃耙仅在鳃弓角上有3个，另在上方还有0~2个、下方有0~8个为羽状突起。无幽门盲囊。各鳍无鳍棘，背臀鳍很长，臀鳍起点在背鳍起点的下方或前方，背臀鳍与尾鳍相连；无腹鳍；胸鳍小，少数无胸鳍。椎骨84~145。有鳔。

栖息于各大洋的暖水性底层鱼类，少数生活在淡水。为生活习性较特殊的鱼类，生活在海参、海星类的套膜腔内，或牡蛎、海鞘等体内，或珊瑚丛间。小鱼较成鱼细长，尾端延长为丝状，后渐消失。卵长圆形，有油球，仔鱼营浮游生活，成鱼对海参等宿主营共栖生活，当它想钻到海参体内时，先用头探索海参的肛门，然后用尾卷曲而插入肛门，再把身体伸直并向后摆动，一直到完全进入寄主的体内为止。有时1条海参可容纳几条潜鱼，它们白天躲在寄主体内，夜间出来觅食甲壳类。分布于三大洋各海域。

本科有8属36种（Nelson et al.，2016）；中国有6属12种。

属 的 检 索 表

1（2）腹鳍存在；胸鳍具21~27鳍条 ·················· 锥齿潜鱼属（锥齿隐鱼属）Pyramodon

2（1）无腹鳍；胸鳍具14~21鳍条

3（8）上下颌前端均具犬齿，无绒毛状齿

4（5）犬齿的弯曲度强；鳃盖上部无小棘 ·················· 钩潜鱼属（钩隐鱼属）Onuxodon

5（4）犬齿的弯曲度较弱；鳃盖上部有小棘

6（7）肛门位于胸鳍基底垂直下方之后 ·················· 突吻潜鱼属（突吻隐鱼属）Eurypleuron

7（6）肛门位于胸鳍基底垂直下方 ·················· 底潜鱼属（底隐鱼属）Echiodon

8（3）上下颌前端附近无犬齿，具绒毛状齿

9（14）主上颌骨裸露，能活动

10（11）肛门位于胸鳍基部的垂直下方 ·················· 潜鱼属（隐鱼属）（部分）Carapus

11（10）肛门位于胸鳍基部垂直下方的稍前下方

12（13）头及体有斑纹 ·················· 潜鱼属（隐鱼属）（部分）Carapus

13（12）头及体无斑纹 ·················· 细潜鱼属（细隐鱼属）（部分）Encheliophis

14（9）主上颌骨埋皮下，不裸露，不能活动 ·················· 细潜鱼属（细隐鱼属）（部分）Encheliophis

潜鱼属（隐鱼属）Carapus Rafinesque，1810
种 的 检 索 表

1（2）肛门位于胸鳍基部垂直下方；头及身体无斑纹 ·················· **鹿儿岛潜鱼**
C. kagoshimanus (Steindachner & Döderlein，1887)（图1116）。栖息于珊瑚礁浅水域，生态习性所知甚少。体长160~180mm。分布：南海诸岛；日本，印度-西太平洋。罕见小型鱼类，不具食用价值。

2（1）肛门位于胸鳍基部垂直下方的稍前方；头及身体具斑纹 ·················· **蒙氏潜鱼**

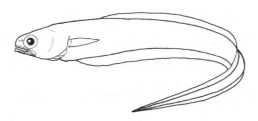

图 1116　鹿儿岛潜鱼 C. kagoshimanus
（依蓝泽等，2013）

C. mourlani（**Petit，1934**）（图 1117）。栖息于珊瑚礁浅水域，生态习性所知甚少。体长 160～170mm。分布：南海诸岛；日本，印度-太平洋。罕见小型鱼类，不具食用价值。

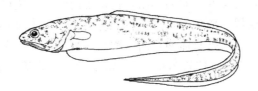

图 1117　蒙氏潜鱼 C. mourlani
（依蓝泽等，2013）

底潜鱼属（底隐鱼属）Echiodon Thompson，1837

前肛底潜鱼 E. anchipterus Williams，1984（图 1118）［syn. Carapus owasianus 成庆泰，田明诚，1981（non Matsubara）；科氏底潜鱼 E. coheni Li & Zhang，2011］。栖息于水深 75～290m 的底层鱼类，生态习性所知甚少。体长 130～140mm。分布：台湾澎湖列岛马公外海、海南岛东外海；日本、菲律宾，印度-西太平洋热带海域。罕见小型鱼类，无食用价值。

肛门起点

图 1118　前肛底潜鱼 E. anchipterus
（依成庆泰等，1981）

细潜鱼属（细隐鱼属）Encheliophis Müller，1842
种 的 检 索 表

1（4）主上颌骨裸露，能活动
2（3）胸鳍较长，上颌长几等于胸鳍长；头及体淡黄白色 ………………………………… **长胸细潜鱼**
　　　E. homei（**Richardson，1846**）（图 1119）［syn. 大牙潜鱼 Carapus homei Li，1979］。栖息于浅
　　　海 0～30m 的珊瑚礁区。仔鱼项部具有穗边羽状突起，行浮游生活，称为羽状浮游阶段
　　　（vexillifer larvae）。成鱼寄居于海参体腔中，当它欲钻入海参体内时，先用头探索海参的肛门，
　　　然后用尾卷曲而插入肛门，再把体伸直向后摆动，直至完全进入寄主体内。常单独在一个寄主体
　　　内，但偶可找到成对的雌雄个体寄生其中。捕食鱼虾，或食寄主内脏。体长 190mm。分布：台
　　　湾小琉球海域、南海诸岛；日本、社会群岛，印度-太平洋区。

图 1119　长胸细潜鱼 E. homei
（依郑义郎，2007）

3（2）胸鳍较短，上颌长几等于胸鳍长的 1/2；头及体茶褐色 ……………………………… **博拉细潜鱼**

***E. boraborensis*（Kaup，1856）**（图1120）［syn. 小鳍潜鱼 *C. parvipinnis* Li，1979］。栖息于浅海0~30m的珊瑚礁区。体长190~260mm。分布：台湾小琉球及绿岛海域、南海诸岛；日本、社会群岛。罕见小型鱼类，不具食用价值。可养殖于水族馆供教育用。

图1120　博拉细潜鱼 *E. boraborensis*

（依郑义郎，2007）

4（1）主上颌骨不裸露，不能活动；具胸鳍

5（6）左右鳃盖膜不愈合 ·························· **鳗形细潜鱼 *E. gracilis*（Bleeker，1856）**（图1121）。以寄生方式生活在海星、海参或海胆的体内，食寄主内脏。仔鱼行浮游生活，在项部具有穗边羽状突起，称为羽状浮游阶段。成鱼寻找寄主，当它欲钻入海参体内时，先用头探索海参的肛门，然后用尾卷曲而插入肛门，再把身体伸直向后摆动，直至完全进入寄主体内。常在一个寄主体内可找到成对的雌雄鱼寄生其中。体长250~270mm。分布：台湾小琉球；日本，印度-西太平洋区热带海域。

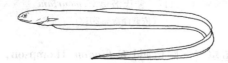

图1121　鳗形细潜鱼 *E. gracilis*

（依蓝泽等，2013）

6（5）左右鳃盖膜相互愈合，与峡部分离 ····················· **相模湾细潜鱼 *E. sagamianus*（Tanaka，1908）**（图1122）。栖息于30~100m较深海小碎石底区水域。仔鱼行浮游生活，成鱼主要寄居在海参的体腔中，先用头探索海参肛门，然后用尾卷曲而插入肛门，再把身体伸直向后摆动，直至完全进入寄主体内。常单独在一个寄主体内，但偶可找到成对的雌雄个体寄生其中。食小虾、小鱼，或吃寄主内脏。体长190~200mm。分布：台湾东北部基隆海域；日本，西-北太平洋区。非常罕见的小型鱼类，无食用价值。

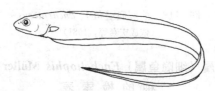

图1122　相模湾细潜鱼 *E. sagamianus*

（依蓝泽等，2013）

突吻潜鱼属（突吻隐鱼属）*Eurypleuron* Markle & Olney，1990

日本突吻潜鱼 *E. owasianum*（Matsubara，1953）（图1123）。底栖性鱼类。栖息于水深100~455m的沙砾底质处，可能为自由游动者，而非寄宿在寄主身上，生态习性不详。体长200~230mm。分布：台湾澎湖海域；日本、澳大利亚，印度-泛太平洋区的热带海域。非常罕见的小型鱼类，无食用价值，数量极少，属稀有种类，《中国物种红色名录》列为濒危［EN］物种。

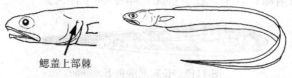

鳃盖上部棘

图1123　日本突吻潜鱼 *E. owasianum*

（依蓝泽等，2013）

钩潜鱼属（钩隐鱼属）*Onuxodon* Smith，1955
种 的 检 索 表

1（2）胸鳍短，头长为胸鳍长的 3.45～6.26 倍；鳃耙（2）＋3＋（7）个 ……………………
短臂钩潜鱼 O. parvibrachium（**Fowler，1927**）（图1124）。栖息于水深 0～30m 的砾石底层，以寄生的方式生活在海参、大型细齿牡蛎的套膜腔内，食甲壳类或多毛类。仔鱼行浮游生活，成鱼则寻找寄主，通常在一个寄主体内可找到成对的雌雄个体寄生其中。体长 100～120mm。分布：台湾恒春；日本、菲律宾、夏威夷，印度-太平洋区海域。罕见的小型鱼类，无食用价值。

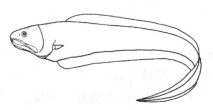

图 1124　短臂钩潜鱼 *O. parvibrachium*
（依蓝泽等，2013）

2（1）胸鳍稍长，头长为胸鳍长的 1.88 倍；鳃耙（2）＋3 个 ………………………… **珠贝钩潜鱼**
O. margaritiferae（**Rendahl，1921**）（图1125）。以寄生的方式生活在细齿牡蛎、燕蛤、海菊蛤或海参的套膜腔内，食甲壳类或多毛类。仔鱼行浮游生活，在项部具有穗边羽状突起，称为羽状浮游阶段（vexillifer larvae）。成鱼则寻找寄主，常在一个寄主体内可找到成对的雌雄个体寄生其中。体长 90～100mm。分布：台湾小琉球海域；澳大利亚，印度-西太平洋区海域。非常罕见的小型鱼类，无食用价值，数量极少，属稀有种类，《中国物种红色名录》列为濒危［EN］物种。

图 1125　珠贝钩潜鱼 *O. margaritiferae*
（依郑义郎，2007）

锥齿潜鱼属（锥齿隐鱼属）*Pyramodon* Smith & Radcliffe，1913
种 的 检 索 表

1（2）背鳍及臀鳍边缘黑色；臀鳍起点部在背鳍起点部下方稍后处（背鳍第11～18鳍条下方）；胸鳍具22（21～25）鳍条………………………… **琳达锥齿潜鱼 P. lindas** **Markle & Olney，1990**
（图1126）。栖息于水深 250～385m 的深海鱼类，自由生活，生态习性不详。体长 340～350mm。分布：台湾南部海域、南海诸岛；日本、菲律宾，印度-西太平洋海域。罕见的小型鱼类，无食用价值。

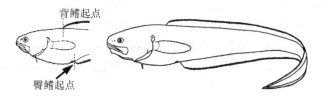

背鳍起点

臀鳍起点

图 1126　琳达锥齿潜鱼 *P. lindas*
（依蓝泽等，2013）

2（1）背鳍及臀鳍边缘不呈黑色；臀鳍起点部在背鳍起点部正下方（背鳍第1～4鳍条下方）；胸鳍具26（25～27）鳍条…………………… **纤尾锥齿潜鱼 P. ventralis** **Smith & Radcliffe，1913**
（图1127）。底栖性鱼类。栖息于水深 150～350m 的沙砾底质，自由游动者，而非寄宿在寄主身上，生态习性不详。体长 160～180mm。分布：台湾东北部大溪外海；日本、澳大利亚，印度-西太平洋区海域。非常罕见的小型鱼类，无食用价值，数量极少，属稀有种类，《中国物种红色名录》列为濒危〔EN〕物种。

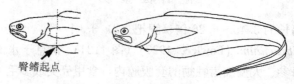

臀鳍起点

图 1127　纤尾锥齿潜鱼 *P. ventralis*
(依蓝泽等，2013)

122. 鼬鳚科 Ophidiidae

背鳍始于臀鳍始点前方，鳍条长等于或较长于相对的臀鳍条；臀鳍与肛门均位于胸鳍基的远后方；尾鳍 6～12 条，与背鳍、臀鳍完全相连，尾端骨有 1 副尾下骨和尾下骨及尾上骨各 1～2 块，而多须须鼬鳚正后尾下骨只 1 块；胸鳍 17～34，常侧中位或稍低，少数位于体侧侧线的甚下方，一般为圆形；腹鳍常始于前鳃盖骨下方或更前方如下颏，有 12 游离鳍条，左右腹鳍常相邻近。假鳃常发达，有 2～11 鳃丝。

大陆架及深海底层暖温性鱼类。栖息水深 110～5 456m。肉食性，摄食底栖生物。分布于三大洋热带及亚热带海域。中国见于东海、台湾及南海。较罕见，大部分种类无食用价值，个别种类可食用，但捕获后常做下杂鱼处理。

本科有 50 属 258 种（Nelson et al.，2016）；中国有 20 属 40 种。

属 的 检 索 表

1（2）吻部具须 3 对 ·· 须鼬鳚属 *Brotula*

2（1）吻部无须

3（4）鳞片呈棘刺状 ·· 花须鼬鳚属 *Brotulotaenia*

4（3）鳞片不呈棘刺状

5（8）主鳃盖骨和前鳃盖骨各具长而强的棘

6（7）吻端具双叉状吻棘 ··· 大棘鼬鳚属 *Acanthonus*

7（6）吻端无裸露的棘 ··· 棘鳃鼬鳚属 *Xyelacyba*

8（5）主鳃盖骨和前鳃盖骨均无长的强棘

9（10）无腹鳍；侧线特殊，去除覆盖的小鳞后，可见侧线上具一 ＋ 形神经丘 ·······················
·· 软鼬鳚属 *Lamprogrammus*

10（9）具腹鳍

11（16）腹鳍起点部在眼的正下方

12（15）鳞不呈长形，覆瓦状排列；背鳍起点部在胸鳍中部直上方

13（14）前鳃盖骨无棘；腹鳍为单一鳍条；背鳍具数个大黑斑 ····················· 仙鼬鳚属 *Sirembo*

14（13）前鳃盖骨具 3 棘；腹鳍具 2 鳍条；背鳍无大黑斑 ···················· 棘鼬鳚属 *Hoplobrotula*

15（12）鳞长形，彼此呈直角形排列；背鳍起点部在胸鳍后部的直上方 ············· 鼬鳚属 *Ophidion*

16（11）腹鳍起点部在鳃盖骨或前鳃盖骨的下方

17（20）胸鳍下半部具 2～11 游离鳍条

18（19）头部感觉管孔大而显著；胸鳍下部具 2～3 游离鳍条 ·················· 深水鼬鳚属 *Bathyonus*

19（18）头部无感觉管孔；胸鳍下部具 5～11 游离鳍条 ····················· 丝指鼬鳚属 *Dicrolene*

20（17）胸鳍下半部无游离鳍条

21（22）胸鳍颇长，伸越肛门；具 12～15 鳍条 ······················· 鞭鳍鼬鳚属 *Mastigopterus*

22（21）胸鳍短，不伸越肛门；具 16～34 鳍条

23（24）头部具棘刺 ·· 孔鼬鳚属 *Porogadus*

24（23）头部无棘刺

25（26）眼径小，比吻长之半小许多；腹鳍条平扁·················· 钝吻鼬鳚属 *Holcomycteronus*

26（25）眼径大于或等于吻长，腹鳍条丝状

27（28）吻平扁，先端宽广，具皮瓣 ································· 矛鼬鳚属 *Luciobrotula*

28（27）吻先端无皮瓣

29（30）头背具薄的鸟冠状突起 ································· 曲鼬鳚属 *Glyptophidium*

30（29）头背无鸟冠状突起

31（34）背鳍起点部在胸鳍基底上端的前方

32（33）头部不被松软的皮肤；鳃盖骨和前鳃盖骨具特殊的棘；眼中大；主上颌骨大部裸露；腹鳍具
2 鳍条 ································· 姬鼬鳚属 *Pycnocraspedum*

33（32）头部、鳃盖骨和前鳃盖骨棘被疏松皮肤所盖；眼小；主上颌骨大部被皮肤所盖；腹鳍具 1 鳍
条 ································· 索深鼬鳚属 *Bassozetus*

34（31）背鳍起点部在胸鳍基底上端的后方

35（38）腹鳍具 1 鳍条

36（37）腹鳍显著延长，向后伸越臀鳍起点；胸鳍具 22～23 鳍条 ············· 长趾鼬鳚属 *Homostolus*

37（36）腹鳍颇短，向后不伸达臀鳍起点；胸鳍具 27～34 鳍条 ············· 单趾鼬鳚属 *Monomitopus*

38（35）腹鳍具 2 鳍条 ·· 新鼬鳚属 *Neobythites*

大棘鼬鳚属 *Acanthonus* Günther，1878

大棘鼬鳚 *A. armatus* Günther，1878（图 1128）。大洋性底栖深海鱼类。摄食小型浮游动物、底栖
无脊椎动物。体长 106～281mm。分布：台湾东北部及西南部水深 1 500～4 415m 深海；日本、新几内
亚，三大洋热带、亚热带海域。罕见种类，鱼体小型，无食用价值。

吻棘分叉➡

图 1128　大棘鼬鳚 *A. armatus*
（依中坊等，2013）

索深鼬鳚属 *Bassozetus* Gill，1883
种 的 检 索 表

1（2）腹鳍鳍条短，仅为体长的 3%；具鳃耙 17～22 ······················· **多棘索深鼬鳚**
B. multispinis Shcherbachev，1980（图 1129）。大洋性底栖深海鱼类。栖息水深 1 500～2 000m，
摄食小型浮游动物、底栖无脊椎动物。体长 359～447mm。分布：台湾东部海域；印度-西太平
洋。较少见鱼种，常被弃置于下杂鱼堆中，除学术研究外，食用价值不大。

图 1129　多棘索深鼬鳚 *B. multispinis*

2（1）腹鳍鳍条稍长，为体长的 5%；具鳃耙 11～21

3（4）鳞大，横列鳞少于 25 ································· **扁索深鼬鳚 B. compressus**（Günther，1878）
（图 1130）。大洋性底栖深海鱼类。摄食小型浮游动物、底栖无脊椎动物。体长 226mm。分布：
台湾东北部深海水深 1 134～5 456m 处；巴布亚新几内亚南部，大西洋、西-中太平洋、菲律宾。
较少见鱼种，常被弃置于下杂鱼堆中，除学术研究外，食用价值不大。

图 1130　扁索深鼬鳚 B. compressus
（依鱼类生态与演化研究室）

4（3）鳞小，横列鳞多于 25

5（6）胸鳍具 29 鳍条；头部在眼上方处略下凹，较平整 ················· **光口索深鼬鳚**
B. levistomatus Machida，1989（图 1131）。大洋性较大型底栖深海鱼类。摄食小型浮游动物、底栖无脊椎动物。体长 540mm。分布：标本采自南海外海水深 1 500m 沙泥质海域；日本，东大西洋。罕见种类。

鳃盖上端具
管状小孔

图 1131　光口索深鼬鳚 B. levistomatus
（依中坊等，2013）

6（5）胸鳍鳍条少于 29；头部在眼上方处不下凹

7（8）耳石大；鳃耙 11～16 ················· **壮体索深鼬鳚 B. robustus Smith & Radcliffe，1913**
（图 1132）。大洋性底栖深海鱼类。摄食小型浮游动物、底栖无脊椎动物。体长 90～203mm。分布：台湾东南部水深 1 069～1 922m，另有标本采自南海东沙群岛外海水深 680m 海域；菲律宾巴拉旺、澳大利亚，大西洋、印度-西太平洋深海。较少见鱼种，无食用价值。

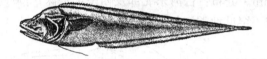

图 1132　壮体索深鼬鳚 B. robustus
（依 Smith & Radcliffe，1913）

8（7）耳石小；鳃耙 15～21 ················· **黏身索深鼬鳚 B. glutinosus（Alcock，1890）**
（图 1133）。大洋性底栖深海鱼类。摄食小型浮游动物、底栖无脊椎动物。体长 264mm。分布：台湾西南外海深海水深 1 289～3 450m；印度马达拉斯，印度-西太平洋。较少见鱼种，无食用价值。

图 1133　黏身索深鼬鳚 B. glutinosus
（依台湾鱼类资料库）

深水鼬鳚属 Bathyonus Goode & Bean，1885

大尾深水鼬鳚 B. caudalis（Garman，1899）（图 1134）。大洋性底栖深海鱼类。摄食小型浮游动物、底栖无脊椎动物。体长 198～221mm。分布：台湾东北部及西南部水深 1 524～3 680m 海域及花莲

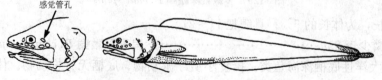

感觉管孔

图 1134　大尾深水鼬鳚 B. caudalis
（依中坊等，2013）

外海、南海；日本，冲绳舟状海盆、印度洋、太平洋热带海域。非常罕见鱼类，无食用价值。

须鼬鳚属 *Brotula* Cuvier, 1829

多须须鼬鳚（多须鼬鳚）*B. multibarbata* (Temminck & Schlegel, 1846)（图1135）[syn. 台湾须鼬鳚 *B. formosae* Jordan & Evermann, 1903；李思忠，张春光，2011]。大洋性底栖鱼类。栖息于珊瑚礁及富海藻的海域。栖息水深0～650m。食底栖无脊椎动物。体长600mm。分布：台湾南部海域、海南岛三亚；日本，印度-西太平洋。

图 1135　多须须鼬鳚 *B. multibarbata*
（依李思忠，张春光，2011）

花须鼬鳚属 *Brotulotaenia* Parrot, 1933

尼氏花须鼬鳚 *B. nielseni* Cohen, 1974。大洋性底栖深海鱼类。栖息于大陆架水深110～500m 的沙泥底水域，摄食小型浮游动物、底栖无脊椎动物。分布：南海诸岛；新几内亚北部，西印度洋热带海区。较少见鱼种，常被弃置于下杂鱼堆中，食用价值不大。

丝指鼬鳚属 *Dicrolene* Goode & Bean, 1883
种 的 检 索 表

1（2）腹鳍具 1 鳍条；胸鳍下部具 5 粗丝状游离鳍条；第一鳃弓具 8～9 长鳃耙⋯⋯⋯⋯⋯⋯⋯⋯
　　　五指丝指鼬鳚 *D. quinquarius* (Günther, 1887)（图 1136）。大洋性底栖深海鱼类。栖息于大陆架深水沙泥底的水域，摄食小型浮游动物。体长 143～459mm。分布：东海深海、台湾西南部水深700～1 300m、南海东沙群岛外海水深 700～1 140m；日本、莫桑比克，印度-西太平洋。较少见鱼种，《中国物种红色名录》列为易危［VU］物种；食用价值不大。

图 1136　五指丝指鼬鳚 *D. quinquarius*

2（1）腹鳍具 2 鳍条；胸鳍下部具 7～11 游离鳍条
3（4）腹鳍长约等于 1/2 头长；第一鳃弓具 12～14 长鳃耙⋯⋯⋯⋯⋯⋯⋯⋯⋯⋯ 短丝指鼬鳚
　　　D. tristis Smith & Radcliffe, 1913（图1137）。大洋性底栖深海鱼类。栖息于大陆架深水沙泥底

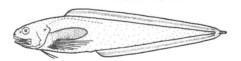

图 1137　短丝指鼬鳚 *D. tristis*
（依中坊等，2013）

　　　的水域，摄食底栖无脊椎动物。体长 109～197mm。分布：台湾西南部水深700～1 300m、南海水深 394～525m 海域；日本、菲律宾。较少见鱼种，常被弃置于下杂鱼堆中，食用价值不大。
4（3）腹鳍长约等于 1/3 头长；第一鳃弓具 10～11 长鳃耙⋯⋯⋯⋯⋯⋯⋯⋯⋯⋯ 多丝丝指鼬鳚
　　　D. multifilis (Alcock, 1889)（图1138）。大洋性底栖深海鱼类。栖息大陆架深水沙泥底的水域，摄食底栖无脊椎动物。体长 109～197mm。分布：东海琉球海沟、海南岛东岸水深 1 100m处；印度尼西亚，安达曼海。罕见鱼种，常被弃置于下杂鱼堆中，食用价值不大。

图 1138 多丝丝指鼬鳚 *D. multifilis*

曲鼬鳚属 *Glyptophidium* Alcock, 1889
种 的 检 索 表

1 (2) 腹鳍具 1 鳍条；胸鳍具 23～26 鳍条；眼大，头长为眼径的 31%～34% ··························
光曲鼬鳚 *G. lucidum* Smith & Radcliffe, 1913 （图 1139）。大洋性底栖深海鱼类。栖息于大陆架沙泥底的水域，摄食小型底栖无脊椎动物。体长 121mm。分布：台湾东北部及西南部水深395～685m 海域、南海；日本、菲律宾。

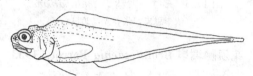

图 1139 光曲鼬鳚 *G. lucidum*
（依中坊等，2013）

2 (1) 腹鳍具 2 鳍条
3 (4) 第一鳃弓具 28～33 鳃耙；臀鳍起点部在背鳍第 28～31 的下方 ·················· **日本曲鼬鳚**
G. japonicum* Kamohara, 1936 （图 1140）。大洋性底栖深海鱼类。栖息于大陆架沙泥底的水域，摄食小型浮游动物、底栖无脊椎动物。体长 220mm。分布：南海珠江口外海水深 140～595m 海域；日本、菲律宾、澳大利亚。罕见鱼种，常被弃置于下杂鱼堆中，食用价值不大。

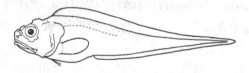

图 1140 日本曲鼬鳚 *G. japonicum*
（依中坊等，2013）

4 (3) 第一鳃弓具 35～38 鳃耙；臀鳍起点部在背鳍第 31～34 的下方 ·················· **大洋曲鼬鳚**
G. oceanium* Smith & Radcliffe, 1913 （图 1141）。大洋性底栖深海鱼类。栖息于大陆架水深200～700m 的沙泥底水域，摄食小型底栖无脊椎动物。体长 200mm。分布：南海东侧海域；日本、菲律宾、马达加斯加岛。

图 1141 大洋曲鼬鳚 *G. oceanium*
（依 Smith & Radcliffe, 1913）

钝吻鼬鳚属 *Holcomycteronus* Garman, 1899

深海钝吻鼬鳚 *H. aequatoris* (Smith & Radcliffe, 1913) （图 1142）。大洋性底栖深海鱼类。栖息于大陆架沙泥底的水域。体长 295mm。分布：台湾东北部水深 1 995～4 030m；非洲东岸、菲律宾，印度

图 1142 深海钝吻鼬鳚 *H. aequatoris*

-西太平洋。罕见鱼种，常被弃置于下杂鱼堆中，食用价值不大。

长趾鼬鳚属 *Homostolus* Smith & Radcliffe，1913

长趾鼬鳚 *H. acer* Smith & Radcliffe，1913（图1143）。大洋性底栖深海鱼类。栖息于大陆架沙泥底的水域。体长220mm。分布：台湾东部、南海水深537～660m；日本、澳大利亚西北部。罕见鱼种，常被弃置于下杂鱼堆中，食用价值不大。

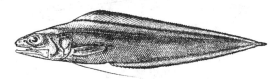

图1143　长趾鼬鳚 *H. acer*
（依 Smith & Radcliffe，1913）

棘鼬鳚属 *Hoplobrotula* Gill，1863
种 的 检 索 表

1（2）体背侧茶褐色，腹侧浅色；吻端方形；腹鳍短，向后不伸越鳃盖后端；背鳍具85～90鳍条……………………**棘鼬鳚 *H. armata*（Temminck & Schlegel，1846）**（图1144）。近海暖水性底层鱼类。栖息于水深70～440m的泥底、沙泥底及沙底较深海区，食小型底栖无脊椎动物。体长354～700mm。分布：黄海江苏及山东沿岸、东海大陆架及大陆架斜坡上面、台湾海域、海南岛、南海；朝鲜半岛、日本、澳大利亚北岸。体型较大，肉厚，供食用，较常见。但产量不大。

图1144　棘鼬鳚 *H. armata*

2（1）体背侧及腹侧均为暗褐色；吻端圆形；腹鳍长，向后伸越胸鳍基底；背鳍具94鳍条……………………**圆吻棘鼬鳚 *H. badia* Machida，1990**（图1145）。大洋性底栖深海鱼类。栖息于较深海区的沙泥底海域。体长231mm。分布：标本采自南海外海水深700m；日本。罕见鱼种，常被弃置于下杂鱼堆中，食用价值不大。

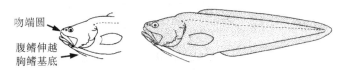

图1145　圆吻棘鼬鳚 *H. badia*
（依中坊等，2013）

软鼬鳚属 *Lamprogrammus* Alcock，1891

布氏软鼬鳚 *L. brunswigi*（Brauer，1906）（图1146）[syn. 大鳍残鼬鳚 *Bassobythites macropterus*（Smith & Radcliffe，1913）]。大洋性底栖深海鱼类。栖息于大陆架水深979～1 006m的沙泥底水域。体长209mm。分布：东海深海、台湾西南部海域、南海外海；环热带太平洋各海域（东太平洋除外）。

图1146　布氏软鼬鳚 *L. brunswigi*
（依台湾鱼类资料库）

矛鼬鳚属 *Luciobrotula* Smith & Radcliffe, 1913

巴奇氏矛鼬鳚 *L. bartschi* Smith & Radcliffe, 1913（图 1147）。大洋性底栖深海鱼类。体长 190mm。分布：台湾东北部水深 445～1 185m；日本、菲律宾、夏威夷、亚丁湾。罕见鱼种，常被弃置于下杂鱼堆中，食用价值不大。

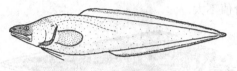

图 1147　巴奇氏矛鼬鳚 *L. bartschi*
（依中坊等，2013）

鞭鳍鼬鳚属 *Mastigopterus* Smith & Radcliffe, 1913

鞭鳍鼬鳚 *M. imperator* Smith & Radcliffe, 1913（图 1148）。大洋性底栖深海鱼类。栖息于大陆架水深 394～2 365m 的沙泥底水域。体长 535mm。分布：南海东沙群岛外海；日本。

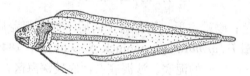

图 1148　鞭鳍鼬鳚 *M. imperator*
（依中坊等，2013）

单趾鼬鳚属 *Monomitopus* Alcock, 1890
种 的 检 索 表

1（4）吻背俯视呈弧形；两颌内外列齿大小相同

2（3）背鳍起点到侧线间横列鳞数 7～8；体长为头长的 3.9 倍；腹鳍长约等于眼径……………
　　　……长头单趾鼬鳚 *M. longiceps* Smith & Radcliffe, 1913（图 1149）。大洋性底栖深海鱼类。摄食小型底栖无脊椎动物。卵生，产大洋漂浮性卵，卵群呈凝胶状团块。分布：南海外海水深 800m；菲律宾、印度尼西亚，西太平洋。

图 1149　长头单趾鼬鳚 *M. longiceps*

3（2）背鳍起点到侧线间横列鳞数 12；体长为头长的 4.7 倍；腹鳍长约等于眼径 2 倍……………
　　　…………熊吉单趾鼬鳚 *M. kumae* Jordan & Hubbs, 1925（图 1150）。大洋性底栖深海鱼类。体长 71～307mm。分布：东海深海、台湾东北部及西南部水深 398～1 212m 海域、南海；日本，印度-西太平洋。

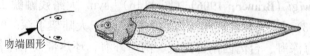

吻端圆形

图 1150　熊吉单趾鼬鳚 *M. kumae*
（依中坊等，2013）

4（1）吻背俯视呈截形，中间微突；两颌外列齿大于内列齿 ………………… **重齿单趾鼬鳚**
M. pallidus Smith & Radcliffe, 1913（图 1151）。大洋性底栖深海鱼类。摄食小型底栖无脊椎动物。体长 160～182mm。分布：台湾西南部及东北部水深200～1 211m 海域；日本、菲律宾。

图 1151 重齿单趾鼬鳚 *M. pallidus*
（依 Smith & Radcliffe, 1913）

新鼬鳚属 *Neobythites* Goode & Bean, 1885
种 的 检 索 表

1 （10）体侧无明显横带状暗色纹
2 （9）背鳍有黑斑
3 （6）背鳍只有 1 个黑斑
4 （5）臀鳍边缘呈黑色·· **长新鼬鳚 N. *longipes* Smith & Radcliffe, 1913**
（图 1152）。大洋性底栖深海鱼类。栖息于大陆架水深150～481m 的沙泥底水域，食底栖生物。体长 145～211mm。分布：台湾西南部、南沙群岛。

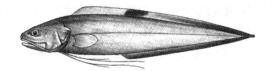

图 1152 长新鼬鳚 *N. longipes*
（依沈世杰等，2011）

5 （4）臀鳍边缘不呈黑色·· **单斑新鼬鳚 N. *unimaculatus* Smith & Radcliffe, 1913**
（图 1153）（syn. 黑斑新鼬鳚 *N. nigromaculatus* Kamohara, 1938）。栖息于大陆架水深 110～565m 的沙泥底水域，食底栖生物。体长 240～260mm。分布：台湾东北部海域、海南岛、南海；日本、澳大利亚北部，印度-西太平洋区，较少见鱼种，《中国物种红色名录》列为易危［VU］物种；除学术研究外，食用价值不大。

图 1153 单斑新鼬鳚 *N. unimaculatus*
（依中坊等，2013）

6 （3）背鳍有 2 个或 2 个以上黑斑
7 （8）背鳍前 1/3 处有 2 个黑斑，臀鳍无黑斑 ·· **双斑新鼬鳚**
N. *bimaculatus* Nielsen, 1997（图 1154）。大洋性底栖鱼类。栖息于大陆斜坡 435～500m 深海的沙泥底水域，摄食小型底栖无脊椎动物。卵生，产大洋漂浮性卵，卵群呈凝胶状团块。体长 170mm。分布：台湾海域；澳大利亚、新喀里多尼亚，中-西太平洋。稀有种类，常被弃置于下杂鱼堆中，除学术研究外，食用价值不大。

图 1154 双斑新鼬鳚 *N. bimaculatus*
（依台湾鱼类资料库）

8 （7）背鳍和臀鳍均有明显圆形黑斑 ·· **多斑新鼬鳚 N. *stigmosus* Machida, 1984**
（图 1155）。大洋性底栖深海鱼类。栖息于大陆架边缘至大陆架斜坡上部水深90～980m 的沙泥底水域，食小型底栖无脊椎动物。卵生，产大洋漂浮性卵，卵群呈凝胶状团块。体长 180mm。分布：东海深海、台湾南部海域；日本，西北太平洋。

图 1155　多斑新鼬鳚 *N. stigmosus*
（依郑义郎，2007）

9（2）背鳍无黑斑·····················**黑潮新鼬鳚 *N. sivicola*（Jordan & Snyder，1901）**（图 1156）。近海暖温性底层鱼类。栖息于水深 60～400m 的沙泥底海域，食底栖无脊椎动物。体长 176～189mm。分布：黄海、东海、台湾南部海域；朝鲜半岛、日本，印度-西太平洋。供食用，但产量不多。

图 1156　黑潮新鼬鳚 *N. sivicola*

10（1）体前部有 2 个褐色纵带纹，中后部约有 6 个黑褐色带状纹·····················**横带新鼬鳚 *N. fasciatus* Smith & Radcliffe，1913**（图 1157）。大洋性底栖深海鱼类。栖息于大陆架沙泥底的水域。体长 83～161mm。分布：台湾东北部及西南部水深 333～1 185m 海域；菲律宾、安达曼海。

图 1157　横带新鼬鳚 *N. fasciatus*
（依 Smith & Radcliffe，1913）

鼬鳚属 *Ophidion* Linnaeus，1758
种 的 检 索 表

1（2）背鳍具 147～158 鳍条；臀鳍具 118～126 鳍条 ·····················**席鳞鼬鳚 *O. asiro*（Jordan & Fowler，1902）**（图 1158）。大洋性浅海底栖鱼类。栖息于大陆架水深 100～200m 的沙泥底水域，摄食小型底栖无脊椎动物。体长 200mm。分布：东海（台湾浅滩）、南海；日本。较少见鱼种，常被弃置于下杂鱼堆中，食用价值不大。

图 1158　席鳞鼬鳚 *O. asiro*
（依中坊等，2013）

2（1）背鳍具 164～167 鳍条；臀鳍具 127～133 鳍条 ·····················**黑边鼬鳚 *O. muraenolepis*（Günther，1880）**（图 1159）。大洋性浅海底栖鱼类。栖息于大陆架和大陆斜坡水深 102～320m 的沙泥底水域，摄食小型底栖无脊椎动物。卵生，产大洋漂浮性卵，卵群呈凝

图 1159　黑边鼬鳚 *O. muraenolepis*
（依成庆泰等，1981）

胶状团块。体长 178～200mm。分布：台湾南部海域；日本、夏威夷，太平洋海域。不常见鱼种，常被弃置于下杂鱼堆中，无食用价值。

孔鼬鳚属 *Porogadus* Goode & Bean, 1885

种 的 检 索 表

1（4）腹鳍较短，向后不伸达肛门

2（3）泪骨具 2～3 棘 ·················· **贡氏孔鼬鳚 *P. guentheri* Jordan & Fowler, 1902**
（图 1160）。大洋性底栖深海鱼类。栖息于大陆架和大陆斜坡深海的沙泥底水域。体长 77～261mm。分布：台湾西南及东北部水深 805～1 185m 外海；日本，西-北太平洋。

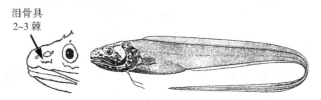

图 1160　贡氏孔鼬鳚 *P. guentheri*
（依 Jordan & Fowler, 1903）

3（2）泪骨具 5～7 棘 ·················· **头棘孔鼬鳚 *P. miles* Goode & Bean, 1885**
（图 1161）。大洋性底栖深海鱼类。栖息于大陆架和大陆架斜坡深海的沙泥底水域。体长 216～350mm。分布：台湾东南部水深 1 000～5 055m 海域；日本、南非。

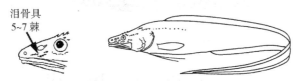

图 1161　头棘孔鼬鳚 *P. miles*
（依中坊等，2013）

4（1）腹鳍较长，向后几伸达肛门 ·················· **鞭尾孔鼬鳚 *P. gracilis* (Günther, 1878)**
（图 1162）。大洋性底栖深海鱼类。栖息于水深 1 420m 的沙泥底水域。体长 99mm。分布：东海琉球海沟北部。罕见鱼种，常被弃置于下杂鱼堆中，无食用价值。

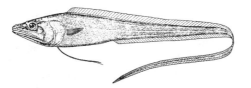

图 1162　鞭尾孔鼬鳚 *P. gracilis*
（依田明诚等，1982）

姬鼬鳚属 *Pycnocraspedum* Alcock, 1889

细鳞姬鼬鳚 *P. microlepis* (Matsubara，1943)　（图 1163）。大洋性底栖深海鱼类。栖息于大陆架水深 300～540m 的沙泥底水域。体长 340mm。分布：南海；日本，印度-西太平洋。

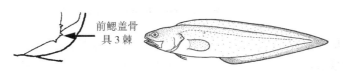

图 1163　细鳞姬鼬鳚 *P. microlepis*
（依中坊等，2013）

仙鼬鳚属 *Sirembo* Bleeker，1857
种 的 检 索 表

1（2）体侧无明显的带状暗纹 ·················· 仙鼬鳚 *S. imberbis* (Temminck & Schlegel，1846)
（图1164）。底栖沿海暖水性鱼类。栖息于大陆架水深30～200m的泥底及沙泥底水域，摄食小型底栖无脊椎动物。体长135～201mm。分布：东海、台湾海域、海南岛、南海；朝鲜半岛、日本、菲律宾、澳大利亚。供食用，南海沿岸较常见。

图1164 仙鼬鳚 *S. imberbis*
（依中坊等，2013）

2（1）体侧有数条明显的暗色斜纵带状纹 ·················· 杰氏仙鼬鳚 *S. jerdoni* (Day，1888)
（图1165）（syn. 带纹仙鼬鳚 *S. marmoratum* 李思忠，1962）。底栖沿海暖水性鱼类。栖息于大陆架水深40～60m的泥底及沙泥底水域。体长142～155mm。分布：海南儋州白马井；菲律宾、孟加拉湾、泰国、澳大利亚。肉供食用。

图1165 杰氏仙鼬鳚 *S. jerdoni*

棘鳃鼬鳚属 *Xyelacyba* Cohen，1961

梅氏棘鳃鼬鳚 *X. myersi* Cohen，1961（图1166）。大洋性底栖深海鱼类。栖息于大陆架深海的沙泥底水域，食小型底栖无脊椎动物。体长260mm。分布：台湾东南部水深1 075～2 500m海域；大西洋、印度-西太平洋。罕见鱼种，常被弃置于下杂鱼堆中，食用价值不大。

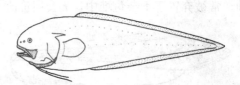

图1166 梅氏棘鳃鼬鳚 *X. myersi*
（依中坊等，2013）

深蛇鳚亚目（深海鼬鱼亚目）BYTHITOIDEI

雄鱼具不同发达程度的交媾器官（intromittent organ），均胎生。前鼻孔常位于吻下缘紧邻上唇上方。尾鳍与背鳍、臀鳍相连（少数不连）。腹鳍若有，约始于前鳃盖骨角下方。基鳃骨无中央齿群。

科 的 检 索 表

1（2）无鳔；无鳞；皮松软，半透明；腹椎26～50个；主鳃盖骨棘弱或无；无幽门盲囊；奇鳍互连；腹鳍喉位，具1鳍条；有些种类有幼态持续特征 ·················· 胶胎鳚科（裸鼬鱼科）Aphyonidae
2（1）具鳔；常有鳞；皮坚硬；腹椎9～22个；主鳃盖骨常有1强棘；有幽门盲囊；尾鳍与背鳍、臀鳍相连；有或无腹鳍；多为海鱼 ·················· 深蛇鳚科（深海鼬鱼科）Bythitidae

123. 胶胎鳚科（裸鼬鱼科）Aphyonidae

无鳔；无鳞；皮松软，半透明；背鳍与臀鳍相连；眼很不发达；主鳃盖骨棘弱或无；无幽门盲囊；腹鳍喉位，且各具1鳍条（少数种无腹鳍）；腹椎26～50个。有些种类有幼态持续特征。大多数种类生活在水深超过700m处。

本科有6属23种（Nelson et al.，2016）；中国有2属4种。

属 的 检 索 表

1（2）第一鳃弓长鳃耙3～14个；腭骨无齿；胸鳍13～19；尾鳍7～8；成年鱼椎体长方形……………
……………………………………………… 胶胎鳚属（裸鼬鱼属）*Aphyonus*

2（1）第一鳃弓长鳃耙23～35个；腭骨具齿；胸鳍21～23；尾鳍9～10；成年鱼椎体侧面为纺锤形
……………………………………………… 盲鼬鳚属（盲鼬鱼属）*Barathronus*

胶胎鳚属（裸鼬鱼属）*Aphyonus* Günther，1878
种 的 检 索 表

1（2）背鳍具73鳍条；臀鳍具59鳍条；胸鳍具16鳍条…………………………… 博林胶胎鳚
A. bolini Nielsen，1974（图1167）。栖息于水深1 000～1 500m泥质海底的底层小鱼。体长59mm。分布：南海西沙群岛的中建岛；西太平洋及西印度洋热带水域。罕见种类，《中国物种红色名录》列为易危［VU］物种。

图1167 博林胶胎鳚 *A. bolini*
（依 Nielsen，1974）

2（1）背鳍具93～116鳍条；臀鳍具65～68鳍条；胸鳍具17～18鳍条 ………………… 澳洲胶胎鳚
A. gelatinosus Günther，1878。栖息于水深900～2 562m泥质海底的深海底层鱼类，生态习性所知甚少。体长150mm。分布：台湾东部海域；三大洋的温带至热带海域。深海鱼类，除学术研究外，无食用价值。

盲鼬鳚属（盲鼬鱼属）*Barathronus* Goode & Bean，1886
种 的 检 索 表

1（2）背鳍具64～69鳍条；臀鳍具50～51鳍条；腹鳍约等于头长，至多伸过胸鳍基部；腭骨有齿……
……………………… 盲鼬鳚 ***B. diaphanous*** Brauer，1906（图1168）。栖息于水深918～1 726m软泥质海底的深海底层鱼类，生态习性所知甚少。体长103mm。分布：海南岛东部外海深水域；帝汶外海、安达曼群岛，三大洋的温带至热带海域。深海鱼类，除学术研究外，无食用价值。

图1168 盲鼬鳚 *B. diaphanous*
（依成庆泰等，1981）

2（1）背鳍具75～82鳍条；臀鳍具57～66鳍条；腹鳍长约等于头长，可伸达胸鳍后端附近；腭骨无齿
……………………… 棕斑盲鼬鳚 ***B. maculatus*** Shcherbachev，1976（图1169）。栖息于水深386～1 525m的软泥质海底，深海底层鱼类，生态习性所知甚少。体长137～182mm。分布：东海、台湾东部海域；非洲东岸，印度-西太平洋海域。深海鱼类，不具经济价值。

图 1169　棕斑盲鼬鳚 B. maculatus
(依中坊等，2013)

124. 深蛇鳚科（深海鼬鱼科）Bythitidae

有鳔。常有鳞。腹椎骨 9～22 个。主鳃盖骨常有 1 强棘。有幽门盲囊。奇鳍常互连，有些尾鳍不与背鳍及臀鳍相连。腹鳍具 1 鳍条，或无腹鳍，仅极深海鳚属 Thalassobathia 有 2 腹鳍条。

多为海鱼，有约 5 种只见于淡水或弱咸水内，且多为浅海鱼类。胎生。基鳃骨无中央齿群。

本科有 53 属 211 种（Nelson et al.，2016）；中国有 8 属 10 种。

属 的 检 索 表

1（8）背鳍、臀鳍与尾鳍连续

2（3）头部和身体无鳞 ·························· 囊胃鼬鳚属（囊胃鼬鱼属）Saccogaster

3（2）身体被鳞

4（5）吻部平扁 ································· 低蛇鳚属（低鼬鱼属）Cataetyx

5（4）吻部不呈平扁

6（7）头部无鳞 ································· 双棘鼬鳚属（双棘鼬鱼属）Diplacanthopoma

7（6）头部有鳞；无腭齿 ······················· 寡须鳚属（寡须鼬鱼属）Grammonus

8（1）背鳍、臀鳍与尾鳍不连续

9（10）头部无鳞 ······························· 似鳕鳚属（似鳕鼬鱼属）Brosmophyciops

10（9）头的颊部具鳞

11（12）前鼻孔位低，接近上唇边缘 ············· 猎神深鳚属（猎神深海鼬鱼属）Diancistrus

12（11）前鼻孔位高，不接近上唇边缘

13（14）前鳃盖骨大部分被鳞，被鳞域直至头顶部 ········ 双线鼬鳚属（双线鼬鱼属）Dinematichthys

14（13）前鳃盖骨小部分被鳞，被鳞域不伸达头顶部 ········ 海鼬鱼属 Alionematichthys

海鼬鱼属 Alionematichthys Møller & Schwarzhans，2008
种 的 检 索 表

1（2）主鳃盖骨棘的上部无鳞·················大眼海鼬鱼 A. piger（Alcock，1890）（图 1170）。
胎生鱼类，雄鱼具外生殖器。栖息在珊瑚礁区的浅水海域中，食礁区的小型浮游动物及无脊椎动
物。体长 70～80mm。分布：台湾南部海域、海南岛；日本、菲律宾、澳大利亚，印度-西太平
洋。罕见小型鱼类，除学术研究外，无食用价值。

棘上无鳞

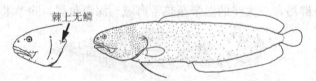

图 1170　大眼海鼬鱼 A. piger
(依中坊等，2013)

2（1）主鳃盖骨棘的上部有鳞 ······························ 琉球海鼬鱼 A. riukiuensis（Aoyagi，1954）
（图 1171）。胎生鱼类，雄鱼具外生殖器。栖息在珊瑚礁区的浅水海域中，食礁区的小型浮游动
物及无脊椎动物。体长 70～80mm。分布：台湾南部海域、海南岛；日本、菲律宾、澳大利亚，
印度-西太平洋。罕见小型鱼类，除学术研究外，无食用价值。

图 1171　琉球海鼬鱼 A. riukiuensis
（依中坊等，2013）

似鳕鼬属（似鳕鼬鱼属）Brosmophyciops Schultz，1960

潘氏似鳕鼬（潘氏似鳕鼬鱼）B. pautzkei Schultz，1960（图 1172）。栖息在珊瑚礁区水深 6～54m 的浅水海域中，食礁区的小型浮游动物及无脊椎动物。体长 60～70mm。分布：台湾南部海域；日本，印度-西太平洋。罕见小型鱼类，除学术研究外，无食用价值。

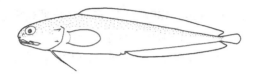

图 1172　潘氏似鳕鼬（潘氏似鳕鼬鱼）B. pautzkei
（依中坊等，2013）

低蛇鼬属（低鼬鱼属）Cataetyx Günther，1887

扁吻低蛇鼬（扁吻低鼬鱼）C. platyrhynchus Machida，1984（图 1173）。栖息水深 910～990m。深海底层大型鱼类，大者体长达 570mm。分布：东海深海；日本冲绳舟状海盆。

图 1173　扁吻低蛇鼬（扁吻低鼬鱼）C. platyrhynchus
（依 Machida，1984）

猎神深鼬属（猎神深海鼬鱼属）Diancistrus Ogilby，1899

暗色猎神深鼬（暗色猎神深海鼬鱼）D. fuscus Fowler，1946（图 1174）（syn. 棕黄小鼬鳚 Brotulina fusca 李思忠，张春光，2011）。栖于珊瑚礁浅海域，习性不详。体长 50～65mm。分布：台湾南部海域；日本、菲律宾。罕见小型鱼类，《中国物种红色名录》列为易危 [VU] 物种。除学术研究外，无食用价值。

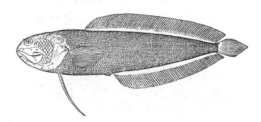

图 1174　暗色猎神深鼬（暗色猎神深海鼬鱼）D. fuscus
（依 Fowler，1946）

双线鼬鳚属（双线鼬鱼属）Dinematichthys Bleeker，1855
种 的 检 索 表

1（2）体侧鳞约 127 横行；背鳍 81 ……………… **双线鼬鳚（双线鼬鱼）D. ilucoeteoides** Bleeker，1855

（图 1175）［syn. 小眼双趾鼬鳚 *D.minyomma* 李思忠，张春光，2011（non Sedor & Cohen，1987）］。太平洋及印度洋热带和暖流区的胎生小型底层鱼类，栖息在水深 0～10m 珊瑚礁外缘区的浅水海域中，食小型浮游动物、无脊椎动物。体长 50～60mm。大者可达 102mm。分布：南海西沙群岛永兴岛；日本、萨摩亚，印度-西太平洋。罕见种类，鱼体小型，无食用价值。

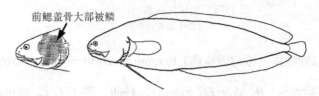

前鳃盖骨大部被鳞

图 1175　双线鼬鳚（双线鼬鱼）*D. ilucoeteoides*
（依中坊等，2013）

2（1）体侧鳞约 140 横行；背鳍 88～90 ·································· **粗吻双线鼬鳚（毛吻双线鼬鱼）**
D. dasyrhynchus Cohen & Hutchins，1892（图 1176）。热带和暖流区的胎生小型底层鱼类。栖息于水深 0～30m 珊瑚礁外缘区的浅水海域中，食小型浮游动物、无脊椎动物。体长 120～130mm。分布：台湾东南部及兰屿；印度-西太平洋区。罕见种类，《中国物种红色名录》列为易危［VU］物种。

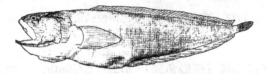

图 1176　粗吻双线鼬鳚（毛吻双线鼬鱼）*D. dasyrhynchus*

双棘鼬鳚属（双棘鼬鱼属）*Diplacanthopoma* Günther，1887

褐双棘鼬鳚（褐双棘鼬鱼）D. brunnea Smith & Radcliffe，1913（图 1177）。环热带和亚热带区大陆架水深 410～1 670m 的胎生中小型海洋近底层鱼类。体长 200mm。分布：南海、南沙群岛东部海马滩；印度-西太平洋海域。

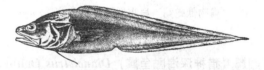

图 1177　褐双棘鼬鳚（褐双棘鼬鱼）*D. brunnea*
（依 Smith & Radcliffe，1913）

寡须鳚属（寡须鼬鱼属）*Grammonus* Gill，1896

粗寡须鳚（粗寡须鼬鱼）G. robustus（Smith & Radcliffe，1913）（图 1178）。热带和亚热带区的胎生小型海洋底层鱼类。栖息于水深 45～345m 绿泥底外缘区的较深海域中，食小型浮游动物、无脊椎动物。体长 180～210mm。分布：东海南部；日本、菲律宾，印度-西太平洋。数量稀少，不供食用。

图 1178　粗寡须鳚（粗寡须鼬鱼）*G. robustus*
（依成庆泰等，1981）

囊胃鼬鳚属（囊胃鼬鱼属）*Saccogaster* Alcock，1889

毛突囊胃鼬鳚（毛突囊胃鼬鱼）S. tuberculata（Chan，1966）（图 1179）。海洋热带和亚热带区的胎生小型底层鱼类。栖息在水深 523～850m 绿泥底外缘区的深水海域中，食小型浮游动物、无脊椎动物。体长 130～140mm，大者可达 223mm。分布：东海、海南岛东南部；日本、菲律宾，印度-西太平洋区。罕见种类，无食用价值。

图 1179　毛突囊胃鮰鳉（毛突囊胃鮰鱼）*S. tuberculata*
（依中坊等，2013）

三十七、鮟鱇目 LOPHIIFORMES

体圆、短或略狭长，头球形、略侧扁或扁平。口端位或下颌略突出（除奇鮟鱇属外）。背鳍具 1～6 游离硬棘（新角鮟鱇无），第一背鳍特化为吻触手，深海鮟鱇亚目于吻触手末端具一肉质结构，称饵球，除少数物种外均有发光器构造。其他类群吻触手则具模拟鱼虾形态的皮瓣或具分泌功能的构造，不具发光作用。胸鳍通常为柄状；腹鳍位于喉位胸鳍之前，可利用胸鳍及腹鳍在海底爬行。深海鮟鱇亚目无腹鳍。体光滑或具小刺或骨板状构造。雌鱼产下卵筏，有利于长时间漂浮。幼鱼呈球形，表皮膨大且与身体分开，类似河鲀状。

本目有 18 科 72 属 358 种（Nelson et al.，2016）；中国有 15 科 32 属 72 种。

科 的 检 索 表

1（6）具腹鳍
2（3）吻触手极短，包附在饵球中；吻部具一凹陷的吻槽，吻触手完整隐于其中 ……………………
………………………………………………………… 蝙蝠鱼科 Ogcocephalidae
3（2）吻触手短或相当长，通常柄可见；吻部不具凹槽或仅有一光滑区域，吻触手位于吻端 ………
………………………………………………………………… 单棘躄鱼科 Chaunacidae
4（5）体扁平或略高；体光滑无鳞；口大，具强齿 ………………………… 鮟鱇科 Lophiidae
5（4）体侧扁或球形；体光滑无鳞或被细棘；口中大或小，巨齿 ……………… 躄鱼科 Antennariidae
6（1）无腹鳍
7（8）无吻触手；上下颌外侧具强齿 ………………………… 新角鮟鱇科 Neoceratiidae
8（7）具吻触手；上下颌外侧不具齿
9（10）背鳍前具 2 个或 3 个球状肉阜 ………………………… 角鮟鱇科 Ceratiidae
10（9）背鳍前不具肉阜
11（12）背鳍及臀鳍鳍条相当延长，超过体长；饵球不具发光构造 ………………………
………………………………………… 茎角鮟鱇科（长鳍鮟鱇科）Caulophrynidae
12（11）背鳍及臀鳍鳍条不延长；饵球具发光构造或无
13（14）吻触手后方基部具细小第二背鳍 ………………………… 双角鮟鱇科 Diceratiidae
14（13）吻触手后方基部无细小第二背鳍
15（16）体表具特化骨板状鳞片，每个骨板中具一强棘 ………………… 鞭冠鮟鱇科 Himantolophidae
16（15）体表光滑或密布细刺，但无骨板
17（18）背鳍鳍条数超过 12～17 ………………… 黑犀鱼科（黑鮟鱇科）Melanocetidae
18（17）背鳍鳍条数小于 9
19（20）上颌向前延伸远超过下颌 ………………… 奇鮟鱇科 Thaumatichthyidae
20（19）上下颌约略等齐
21（22）上颌骨退化；吻触手位于吻端（大角鮟鱇属 *Gigantactis*）且具饵球；或吻触手位于吻端略后，但不具饵球（吻长角鮟鱇属 *Rhynchactis*）… 大角鮟鱇科（巨棘鮟鱇科）Gigantactinidae

22（21）上颌骨明显且强壮；吻触手位于吻端略后，具饵球

23（24）背鳍及臀鳍鳍条皆为3；鳃盖条4~5 ·············· 树须鱼科（须鮟鱇科）Linophrynidae

24（23）背鳍及臀鳍鳍条4~8；鳃盖条6

25（26）体表具明显细刺；眼前具有一凹窝；鳃盖条扁平 ···················· 刺鮟鱇科 Centrophrynidae

26（25）体表光滑或不具明显细刺；如具细刺（剑状棘蟾鮟鱇属 *Spiniphryne*）则鳃条骨尖细 ······
·· 梦鮟鱇科 Oneirodidae

125. 鮟鱇科 Lophiidae

头部及身体前部通常相当扁平（仅 *Sladenia* 略高且圆）。体表光滑无鳞，体侧具有许多皮瓣。头部具有侧线形成的网格，但仅有皮瓣伴随。头部骨骼具许多刺或棘。口相当大且宽，具有强齿，下颌较上颌向前延伸。头部具有 2~6 游离硬棘，第二背鳍具有 8~12 鳍条。胸鳍大，基部宽，位于身体两侧中央；臀鳍通常具 6~10 鳍条；尾鳍具 8 鳍条，最外 2 鳍条不分叉。椎骨数 18~19。

生活于浅海至较深海域的中小型鱼类，栖息于 50~1 000m 的深海。可利用臂状胸鳍爬行于海底。第一背鳍硬棘特化为吻触手（illicium），有类似钓竿作用，其触角顶端有一类似钓鱼诱饵衍生物，名之为钓饵（esca）。利用上述构造，再加上具皮瓣身体来伪装，可吸引别种小鱼或小虾来觅食，然后出其不意地予以吞食。

分布于全球热带及温带海域。最大全长可达 1m，多数少于 60cm，在许多国家为具高经济价值鱼种。本科有 4 属约 28 种（Nelson et al.，2016）；中国有 4 属 9 种。

属 的 检 索 表

1（2）头部高且圆；头部具有吻触手及第二背鳍棘，背部仅一背鳍棘隐于皮下；不具饵球 ············
·· 宽鳃鮟鱇属（高体鮟鱇属）*Sladenia*

2（1）头部扁平；头部具有 3 根游离鳍棘，背部具 0~3 鳍棘；具饵球

3（4）头骨表面光滑，不具突起；鳃孔向前延伸至胸鳍基部前方 ···················· 拟鮟鱇属 *Lophiodes*

4（3）头骨表面具有许多明显突起；鳃孔不向前延伸至胸鳍基部前方

5（6）前上颌骨表面具有明显突起；背鳍鳍条 8；脊椎骨 18~19 ··· 黑鮟鱇属（黑口鮟鱇属）*Lophiomus*

6（5）前上颌骨表面光滑无突起；背鳍鳍条 10；脊椎骨 26 ··················· 鮟鱇属（黄鮟鱇属）*Lophius*

拟鮟鱇属 *Lophiodes* Goode & Bean，1896
种 的 检 索 表

1（2）头部及背部共有 6 根游离硬棘（含吻触手）·· 奈氏拟鮟鱇
L. naresi（Günther，1880）（图 1180）。浅海至深海底栖性、肉食性鱼类。栖息水深 180~460m。体长 250mm。分布：东海、台湾南部海域；日本，印度-西太平洋。

图 1180　奈氏拟鮟鱇 *L. naresi*
（依倪勇，1988）

2（1）头部及背部有 3~5 根游离硬棘（含吻触手）

3（4）头部具 3 根短的游离鳍条（含吻触手），背部缺如 ······················· 三棘拟鮟鱇

L. triradiatus（**Lloy, 1909**）（图 1181）（syn. 隐棘拟鮟鱇 *L. abdituspinus* Ni，Wu & Li，1990；褐拟鮟鱇 *L. infrabrunneus* Smith & Radcliffe，1912）。浅海至深海底栖性、肉食性鱼类。栖息水深 208～1 560m。体长 300mm。分布：东海、南海；印度-西太平洋广泛分布。

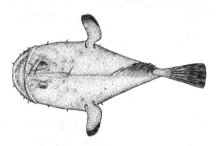

图 1181　三棘拟鮟鱇 *L. triradiatus*
（依倪勇，1988）

4（3）头部具 3 根较长游离鳍条（含吻触手）；背部具有 2 根短游离鳍条，通常基部覆于皮下

5（6）第三背鳍棘超过 50% 体长，向后延伸至第二背鳍，具有多对淡色皮瓣；胸鳍鳍条 15～18……
………………………**大眼拟鮟鱇（光拟鮟鱇）*L. mutilus*（Alcock，1894）**（图 1182）。浅海至深海底栖性、肉食性鱼类。栖息水深 234～760m。体长 350mm。分布：东海、台湾南部及东北部海域；日本，印度-西太平洋。

图 1182　大眼拟鮟鱇（光拟鮟鱇）*L. mutilus*
（依山田等，2013）

6（5）第三背鳍棘较短，不超过 50% 体长，向后延伸未达第二背鳍，末端具有 1～2 对黑色皮瓣；胸鳍鳍条 20～23

7（8）吻触手茎部黑；饵球透明，末端具一中央细丝 …………………………………… **少棘拟鮟鱇**
***L. miacanthus*（Gilbert，1905）**（图 1183）。浅海至深海底栖性、肉食性鱼类。栖息水深 110～960m。体长 400mm。分布：台湾东北部海域；夏威夷及环西太平洋。

图 1183　少棘拟鮟鱇 *L. miacanthus*
（依台湾鱼类资料库）

8（7）吻触手茎部颜色与其他部位相仿；饵球不透明，末端具细丝或无

9（10）饵球末端为淡色，不具细丝 …………………………… **远藤氏拟鮟鱇 *L. endoi* Ho & Shao，2008**
（图 1184）。浅海至深海底栖性、肉食性鱼类。栖息水深 261～750m。体长 600mm。分布：台湾；日本，夏威夷及环西太平洋。

10（9）饵球末端为黑色，具有 1 个至多个细丝………………………………………… **夏威夷拟鮟鱇**

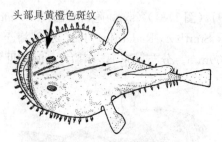

图 1184 远藤氏拟鮟鱇 *L. endoi*

（依山田等，2013）

L. bruchius Caruso，1981（图 1185）。浅海至深海底栖性、肉食性鱼类。栖息水深274～384m。体长400mm。分布：台湾；日本，夏威夷及环西太平洋。

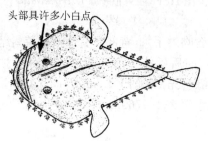

图 1185 夏威夷拟鮟鱇 *L. bruchius*

（依山田等，2013）

黑鮟鱇属（黑口鮟鱇属）*Lophiomus* Gill，1883

黑鮟鱇 L. setigerus（Vahl，1797）（图 1186）。浅海至深海底栖性、肉食性鱼类。栖息水深30～800m。体长400mm。分布：东海、台湾小琉球及澎湖海域、南海；印度-西太平洋。可食用，肉味美。个体稍小，东海及南海有一定产量，具渔业经济价值。

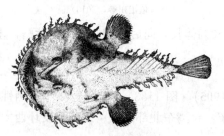

图 1186 黑鮟鱇 *L. setigerus*

（依张春霖，1963）

鮟鱇属（黄鮟鱇属）*Lophius* Linnaeus，1758

黄鮟鱇 L. litulon（Jordan，1902）（图 1187）。浅海至深海底栖性、肉食性鱼类。栖息水深25～

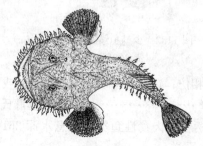

图 1187 黄鮟鱇 *L. litulon*

（依张春霖，1955）

560m。体长150cm。分布：渤海、黄海、东海、台湾东北部海域偶见；日本、韩国，西-北太平洋。可食用，肉味美，尤以冬季的肉更为鲜美。个体较大，黄、渤海有一定产量，具渔业经济价值。

宽鳃鮟鱇属（高体鮟鱇属）*Sladenia* Regan，1908

朱氏宽鳃鮟鱇（朱氏高体鮟鱇）*Sladenia zhui* Ni，Wu & Li，2012（图1188）。深海底栖性、肉食性鱼类。栖息水深979m。体长650mm。分布：东海、南海；可能也产于印度尼西亚。颇罕见。

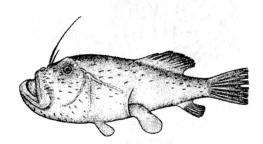

图1188 朱氏宽鳃鮟鱇（朱氏高体鮟鱇）*Sladenia zhui*
（依倪勇，2012）

126. 躄鱼科 Antennariidae

体略侧扁至球状。口大，斜裂或垂直，具许多绒毛状齿。眼小。鳃裂为一小孔，位于胸鳍基后下方。皮肤松弛，具小棘或光滑无鳞，常有一些皮膜突起。犁骨及腭骨具细齿。背鳍第一硬棘特化为吻触手，或长或短，末端具有相当多变饵球或无。第Ⅱ及第Ⅲ硬棘后方有表皮与身体相连，部分类群接近隐于皮下；胸鳍延长，足趾状，有3支鳍骨；腹鳍小，位于喉部；尾鳍圆形。

沿海底栖鱼类。栖息范围广，从潮间带至90m深处均存在。其中，裸躄鱼属（*Histrio*）的鱼则大部分栖息于马尾藻（*Sargassum*）丛中。体色随环境而不断地改变。第一背鳍硬棘特化为吻触手（illicium），有类似钓竿作用，其触角顶端有一类似钓鱼诱饵衍生物，名为钓饵（esca）。躄鱼利用此钓饵，配合极具保护色作用的身体，可吸引别种小鱼或小虾来觅食，然后出其不意地予以吞食。由于其腹部可扩大许多，故可吞下比自己身体更大的食物。雌鱼会产出形状非常特殊的团块卵，而此具漂浮力卵团，含有卵粒可达30万粒之多。

本科有13属47种（Nelson et al.，2016）；中国有5属14种。

属 的 检 索 表

1（4）体表无棘（或仅能由解剖镜观测到）
2（3）胸鳍与身体明显分离；第二及第三背鳍棘明显可与背部分离；腹鳍大于体长1/4 ……………………………………………………………………………… 裸躄鱼属 *Histrio*
3（2）胸鳍与身体明显相连；第二及第三背鳍棘与背部相连；腹鳍远小于体长的1/4 ……………………………………………………………………… 薄躄鱼属 *Histiophryne*
4（1）体表具棘
5（6）吻触手末端具有明显饵球构造 ……………………………………… 躄鱼属 *Antennarius*
6（5）吻触手末端尖细，不具饵球
7（8）胸鳍及腹鳍鳍条分叉；第三背鳍棘末端与鳍膜分离，可前后摆动 ……… 福氏躄鱼属 *Fowlerichthys*
8（7）胸鳍及腹鳍鳍条不分叉；第三背鳍棘末端与鳍膜紧密结合，接近固定 …… 手躄鱼属 *Antennatus*

躄鱼属 *Antennarius* Daudin，1816
种 的 检 索 表

1（4）吻触手基部前端超过口前端；全身具有短条纹或全黑

2（3）饵球具有数个蠕虫状附肢·····················**带纹躄鱼 A. striatus（Shaw，1794）**（图 1189）。
　　浅海底栖性、肉食性鱼类。栖息水深 10～219m。体长 250mm。分布：东海（浙江）、台湾沿海、
　　海南岛、南海（广东）；济州岛、日本。全球广泛分布。鱼体小型，除学术研究外，无食用价值。
　　也有将其展示，供人观赏。

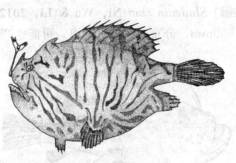

图 1189　带纹躄鱼 A. striatus
（依张春霖等，1962）

3（2）饵球为毛球状，具有许多短细丝 ·················· **毛躄鱼 A. hispidus（Bloch & Schneider，1801）**
　　（图 1190）。浅海底栖性、肉食性鱼类。栖息水深 0～90m。体长 200mm。分布：东海南部、台
　　湾海域、海南岛、南海（广东、广西）；日本，印度-太平洋广泛分布。

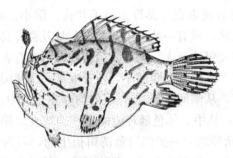

图 1190　毛躄鱼 A. hispidus
（依张春霖等，1962）

4（1）吻触手前端未达口部前端；身体通常具有黑斑
5（6）第二背鳍棘后端不具有膜与身体相连 ····················· **钱斑躄鱼 A. nummifer（Cuvier，1817）**
　　（图 1191）。浅海或珊瑚礁区底栖性、肉食性鱼类。栖息水深 0～293m。体长 130mm。分布：东
　　海南部（福建）、台湾海域、南海（广东）；日本、夏威夷，印度-西太平洋。

图 1191　钱斑躄鱼 A. nummifer
（依张春霖等，1962）

6（5）第二背鳍棘后端具有膜与身体相连
7（10）吻触手长度超过第二背鳍棘 2 倍以上
8（9）背部或体侧具有不规则鞍斑，各鳍外缘褐色；第二背鳍棘末端略为膨大 ·····························
　　大斑躄鱼 A. maculatus（Desjardins，1840）（图 1192）。珊瑚礁区底栖性、肉食性鱼类。栖息水
　　深 1～15m。体长 150mm。分布：台湾海域；日本、夏威夷，印度-西太平洋。

图 1192　大斑躄鱼 A. maculatus

（依濑能，2013）

9（8）身体黑色具有许多黄色圆斑或黄色至橙色具有许多黑色圆斑；第二背鳍棘末端略细于基部……
…………………**白斑躄鱼 A. pictus（Shaw，1794）**（图 1193）。浅海或珊瑚礁区底栖性、肉食
性鱼类。栖息水深 0～75m。体长 300mm。分布：台湾南部海域；日本，印度-西太平洋。鱼体
小型，除学术研究外，无食用价值。也有将其展示，供人观赏。数量稀少，《中国物种红色名录》
列为濒危［EN］物种。

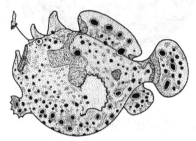

图 1193　白斑躄鱼 A. pictus

（依濑能，2013）

10（7）吻触手长度通常短于第二背鳍棘长度

11（12）背鳍基部具有一眼状斑；吻触手约略短于第二背鳍棘；第二背鳍棘后与身体不具膜相连……
…………………**双斑躄鱼 A. biocellatus（Cuvier，1817）**（图 1194）。珊瑚礁区底栖性、肉食
性鱼类。栖息水深 0～10m。体长 140mm。分布：台湾海域；西太平洋零星分布。

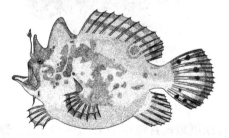

图 1194　双斑躄鱼 A. biocellatus

（依 Pietsch，1987）

12（11）背鳍基部具有一黑斑；吻触手较第二背鳍棘更短；第二背鳍棘后与身体具膜相连…………
…………………**蓝道氏躄鱼 A. randalli Allen，1970**（图 1195）。珊瑚礁区底栖性、肉食性鱼类。

图 1195　蓝道氏躄鱼 A. randalli

（依 Pietsch，1987）

栖息水深8～31m。体长80mm。分布：台湾南部海域；日本、菲律宾、斐济，西太平洋。

手蝠鱼属 *Antennatus* Schultz，1957
种 的 检 索 表

1（2）背鳍及臀鳍基部向后延伸至尾鳍基部，尾柄不明显 ·· **网纹手蝠鱼**
A. tuberosus（Cuvier，1817）（图1196）。浅海珊瑚礁区底栖鱼类。栖息水深12～73m。利用吻触手顶端的衍生物——钓饵（esca）及配合极具保护色作用的身体，吸引别种小鱼来觅食，然后出其不意地予以吞食。所产卵形成丝状团块，具有漂浮力。体长90mm。分布：台湾南部海域；印度-西太平洋。鱼体小型，除学术研究外，无食用价值。也有将其展示，作为观赏鱼类，供人观赏。

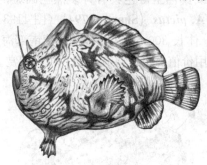

图1196　网纹手蝠鱼 *A. tuberosus*
（依沈世杰等，2011）

2（1）背鳍及臀鳍基部不向后延伸至尾鳍基部，尾柄明显

3（4）吻触手长于第二背鳍棘的2倍；背鳍鳍条13；臀鳍鳍条8；胸鳍鳍条通常11 ·····················
··········**康氏手蝠鱼** *A. commersoni*（Lacepède，1798）（图1197）。珊瑚礁区底栖性、肉食性鱼类。栖息水深0～70m。体长450mm。分布：台湾海域及澎湖；印度太平洋。

图1197　康氏手蝠鱼 *A. commersoni*
（依台湾鱼类生态与演化研究室）

4（3）吻触手约与第二背鳍棘等长或更短；背鳍鳍条12（鲜少13）；臀鳍鳍条7（鲜少8）；胸鳍鳍条通常9或10，部分为11。

5（6）胸鳍鳍条10或部分为11；饵球具有细丝；吻触手约与第二背鳍棘等长 ·····························
细斑手蝠鱼 *A. coccineus*（Lesson，1831）（图1198）。珊瑚礁区底栖性、肉食性鱼类。栖息水深

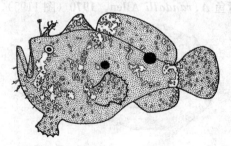

图1198　细斑手蝠鱼 *A. coccineus*
（依濑能，2013）

1～75m。体长 130mm。分布：台湾海域及澎湖；印度-太平洋。数量稀少，《中国物种红色名录》列为濒危［EN］物种。

6（5）胸鳍鳍条 9（鲜少 10）；饵球不具细丝；吻触手短于第二背鳍棘……………………… **驼背手蝙鱼**
A. dorehensis（**Bleeker, 1859**）（图 1199）。珊瑚礁区底栖性、肉食性鱼类。栖息水深 0～10m。
体长 140mm。分布：台湾南部海域、西沙群岛；日本，印度-太平洋。

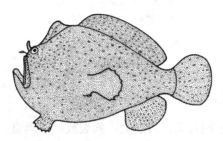

图 1199　驼背手蝙鱼 *A. dorehensis*
（依 Pietsch，1987）

福氏蝙鱼属 *Fowlerichthys* Barbour，1941

歧胸福氏蝙鱼 *F. scriptissimus*（Jordan，1902）（图 1200）。珊瑚礁区底栖性、肉食性鱼类。栖息水深 73～185m。体长 300mm。分布：台湾海域；印度-西太平洋。

图 1200　歧胸福氏蝙鱼 *F. scriptissimus*
（何宜庆摄）

薄蝙鱼属 *Histiophryne* Gill，1863

隐刺薄蝙鱼 *H. cryptacanthus*（Weber，1913）（图 1201）。珊瑚礁区底栖性、肉食性鱼类。栖息水深 5～130m。体长 100mm。分布：台湾兰屿及绿岛；澳大利亚，印度-西太平洋。

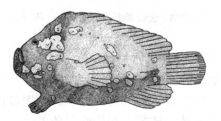

图 1201　隐刺薄蝙鱼 *H. cryptacanthus*
（依 Pietsch，1987）

裸蝙鱼属 *Histrio* Fischer，1813

裸蝙鱼 *H. histrio*（Linnaeus，1758）（图 1202）。大洋表层栖息于藻丛间、肉食性鱼类。栖息水深 0～50m。体长 200mm。分布：黄海（大连）、东海、台湾海域、海南岛、南海（香港）、南沙群岛；日本，印度-西太平洋。

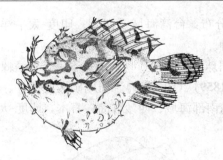

图 1202　裸躄鱼 *H. histrio*
（依张春霖等，1962）

127. 单棘躄鱼科 Chaunacidae

体前方卵圆形，尾部略细。头圆且大。口裂大，斜裂或接近垂直。上下颌、犁骨及腭骨具绒毛状细齿。表皮密被绒毛状细棘。头部及侧线管道明显，形成网络。头部具有 3 鳍棘，第一背鳍棘为吻触手，相当短；第二背鳍棘位于吻触手基部，隐于皮下不可见；第三背鳍棘位于背部中央，隐于皮下不可见。吻触手后方具一光滑椭圆形吻槽，深凹或平缓。鳃孔位于胸鳍上方。

栖息于水深 90～2 000m 的各大洋大陆架海域。第一背鳍硬棘特化为吻触手（illicium），有类似钓竿作用，其触角顶端有一类似钓鱼诱饵之衍生物，名为"钓饵"（esca）。依此诱捕小鱼、底栖无脊椎动物。

全球广泛分布。栖息在浅海至深海底部，可利用鳃孔喷射前进或缓慢爬行。

本科有 2 属 22 种（Nelson et al.，2016）；中国有 1 属 5 种。

单棘躄鱼属 *Chaunax* Lowe，1846
种 的 检 索 表

1（2）吻槽凹陷，呈黑色；吻触手相当短；吻触手完整位于吻槽中·················**云纹单棘躄鱼**
　　　C. penicillatus McCulloch，1915（图 1203）。浅海至深海肉食性鱼类。栖息水深 200～658m。体
　　　长 280mm。分布：台湾东北部海域；日本、新西兰、南非，印度-西太平洋。鱼体小型，除学术
　　　研究外，无食用价值。

图 1203　云纹单棘躄鱼 *C. penicillatus*
（何宣庆摄）

2（1）吻槽不凹陷，颜色如表皮；吻触手略长；吻触手位于吻端表面

3（4）头部背部具有许多细丝；背部具有 2 个白色大斑点 ·························· **缨单棘躄鱼**
　　　C. fimbtiatus Hilgendorf，1879（图 1204）。浅海至深海肉食性鱼类。栖息水深 20～500m。体
　　　长 300mm。分布：台湾东部海域；日本，印度-西太平洋。

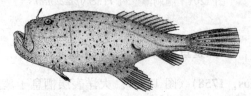

图 1204　缨单棘躄鱼 *C. fimbtiatus*
（依张春霖等，1962）

4（3）头部背部无细丝；背部无白色大斑

5（6）新鲜时全身为粉红色，保存标本体色全白 ·························· **单棘蟾鱼 C. apus Lloyd，1909。**
浅海至深海肉食性鱼类。栖息水深 150～1 000m。体长 280mm。分布：台湾；印度-西太平洋。

6（5）新鲜时体色为红色具有许多绿色斑点，保存标本斑点仍在。

7（8）体表具许多分叉细刺；体斑绿，外围由黄色围绕；成鱼体斑较为稀疏 ················· **阿部单棘蟾鱼
C. abei Le Danois，1978**（图 1205）。浅海至深海肉食性鱼类。栖息水深 90～500m。体长 250mm。
分布：东海大陆架缘、钓鱼岛、台湾东北部沿海、南海；朝鲜半岛、日本、菲律宾，印度-西太平
洋。鱼体小型，除学术研究外，无食用价值。也有将其展示，作为观赏鱼类，供人观赏。

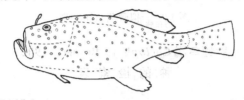

图 1205　阿部单棘蟾鱼 C. abei
（依山田等，2013）

8（7）体表细刺全为单一；体密布小绿斑 ····················· **短辐单棘蟾鱼 C. breviradius Le Danois，1978。**
浅海至深海肉食性鱼类。栖息水深 180～510m。体长 200mm。分布：台湾南部、南海；越南及菲
律宾。

128. 蝙蝠鱼科 Ogcocephalidae

头部与身体形成体盘状或略呈箱形，通常为圆盘状、三角形或介于两者之间。口端位，小至大皆
有。体被由鳞片所特化疣结、盾结或两者皆具，也有细刺布于其间。吻下方具一吻槽，深凹。吻触手
短，被饵球完整包覆。背鳍小，具有 3～7 鳍条或无；胸鳍位于体盘两侧后缘，呈肘状，具鳍条 11～
19。鳃孔小，圆形，开于胸鳍基部内侧或上方。体长通常小于 200mm，最大者不超过 300mm。

大陆架底栖浅海至深海小型鱼类，利用臂状胸鳍及小腹鳍爬行于海床。也可利用吻触手诱捕猎物，
利用鳃孔喷射前进或缓慢爬行，食小鱼、虾、贝类及底栖无脊椎动物等。全球广泛分布。

本科有 10 属 78 种（Nelson et al.，2016）；中国有 7 属 17 种。

属 的 检 索 表

1（2）腹鳍相当细小；吻槽深凹，饵球与吻槽有膜连接，难以伸缩 ················· **腔蝠鱼属 Coelophrys**

2（1）腹鳍正常大小；吻槽凹陷较浅，吻触手可以自由伸缩

3（4）体盘三角形，吻端具一尖棘 ······························· **海蝠鱼属 Malthopsis**

4（3）体盘圆形或近圆形；吻端棘缺如或不比周边棘刺大

5（6）吻端截形，体被盾盘状特化鳞片 ···························· **牙棘茄鱼属 Halicmetus**

6（5）吻端呈三角形板状；体被疣状特化鳞片或细刺

7（8）体盘正圆形；第四鳃弓具单侧鳃丝 ······················· **棘茄鱼属 Halieutaea**

8（7）体盘接近圆形；第四鳃弓无鳃丝

9（10）吻不突出（图 1206）

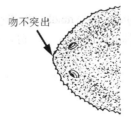

图 1206　梭罗蝠鱼属和双鳃鱼属的吻

10（9）吻突出（图1207）·· 拟棘茄鱼属 *Halieutopsis*

吻突出

图1207 拟棘茄鱼属的吻

腔蝠鱼属 *Coelophrys* Brauer，1902
种 的 检 索 表

1（2）尾长，长于尾鳍；头部圆突 ···························· 小足腔蝠鱼 *C. micropa* （Alcock，1891）
（图1208）。深海中层游泳性、肉食性鱼类。栖息水深439～1 400m。体长90mm。分布：台湾南部海域；日本，印度-西太平洋。

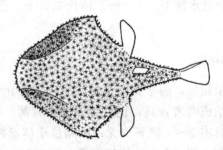

图1208 小足腔蝠鱼 *C. micropa*
（依山田等，2013）

2（1）头部箱形；尾极短，短于尾鳍 ···················· 短尾腔蝠鱼 *C. brevicaudata* Brauer，1902
（图1209）。深海中层游泳性、肉食性鱼类。栖息水深300～1 024m。体长80mm。分布：台湾海域；日本、印度尼西亚、菲律宾，印度-西太平洋。鱼体小型，除学术研究外，无食用价值。也有作为观赏鱼类，供人观赏。

图1209 短尾腔蝠鱼 *C. brevicaudata*
（依台湾鱼类资料库）

双鳃鱼属（长鳍蝠鱼属）*Dibranchus* Peters，1876

日本双鳃鱼（日本长鳍蝠鱼）*D. japonicus* Amaoka & Toyoshima，1981（图1210）。深海底栖性、肉食性鱼类。栖息水深620～1 494m。体长155mm。分布：东海、台湾海域、东沙群岛；日本至澳大利亚。

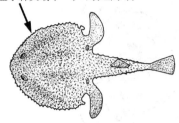

图 1210　日本双鳃鱼（日本长鳍蝠鱼）*D. japonicus*
（依山田等，2013）

牙棘茄鱼属 *Halicmetus* Alcock，1891
种 的 检 索 表

1（2）眼较小、眼间距较窄；背部具有明显网纹；具背鳍 ·· **网纹牙棘茄鱼**
H. reticulatus Smith & Radcliffe，1912（图 1211）。栖息于浅海至深海底层，肉食性鱼类。栖息
水深291～610m。平时潜伏于沙泥底质底部，用发达的胸鳍及腹鳍爬行于海底。摆动吻触手诱食
小生物。体长90mm。分布：东海中部大陆架缘、台湾东北部海域、东沙群岛、西沙群岛；日
本、菲律宾，东印度洋至西太平洋。数量稀少，《中国物种红色名录》列为濒危［EN］物种。

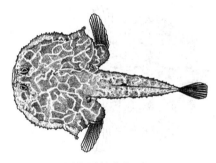

图 1211　网纹牙棘茄鱼 *H. reticulatus*
（依张春霖等，1962）

2（1）眼略大、眼间距略宽；背部不具明显网纹；无背鳍
3（4）体灰黑色，体被许多三叉细刺 ··················· **黑牙棘茄鱼 H. niger Ho，Endo & Sakamaki，2008**
（图1212）。浅海至深海底栖性、肉食性鱼类。栖息水深280～1 000m，无游泳能力，以特化胸鳍
及腹鳍在海底爬行，借由鳃孔产生喷射能力前进，食小型无脊椎动物。雌鱼通常产下筏状卵块，
内具较多的卵粒。体长87mm。分布：台湾海域；日本，西太平洋及热带海域。

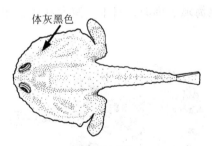

图 1212　黑牙棘茄鱼 *H. niger*
（依山田等，2013）

4（3）体色白，偶有淡色大斑；体被分叉细刺，鲜少三叉细刺 ·································· **红牙棘茄鱼**
H. ruber Alcock，1891（图1213）。浅海至深海底栖性、肉食性鱼类。栖息水深344～549m。体
长90mm。分布：东海、台湾东北部海域、南海；日本，印度-西太平洋。小型鱼，除学术研究
外，无食用价值。一般做下杂鱼处理。

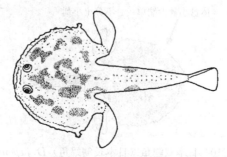

图 1213　红牙棘茄鱼 *H. ruber*
（依山田等，2013）

棘茄鱼属 *Halieutaea* Valenciennes，1837
种 的 检 索 表

1（2）腹部被致密细棘……………………………**棘茄鱼 *H. stellate*（Vahl，1797）**（图 1214）。浅海至深海底栖性、肉食性鱼类。栖息水深 50～400m。体长 250mm。分布：黄海（青岛）、东海、台湾南部海域及澎湖海域、南海；日本、新西兰、澳大利亚，印度-西太平洋、法属波利尼西亚。鱼体小型，除学术研究外，无食用价值。可作为观赏鱼类，供人观赏。

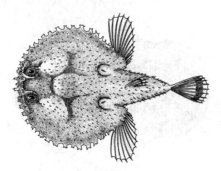

图 1214　棘茄鱼 *H. stellate*
（依张有为，1962）

2（1）腹部无细棘，或仅有稀疏之细棘或颗粒
3（4）吻部略向前，延伸超过口部；尾部棘中等大小，不特别形成疣状 ……………………… **印度棘茄鱼 *H. indica* Annandale & Jenkins，1910**（图 1215）（syn. 中华棘茄鱼 *H. sinica* Tchang & Chang，1964）。栖息于浅海至深海底层沙泥底，肉食性鱼类。栖息水深 100m。不具游泳能力，以腹鳍及胸鳍伪足在海底爬行，鳃孔可能具有喷射推进功能，以特化饵球分泌特殊物质吸引猎物。体长 100mm。分布：东海、台湾海域、南海；日本、澳大利亚、印度尼西亚，印度-西太平洋。体型小，无食用价值。

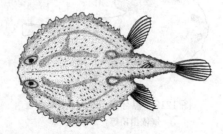

图 1215　印度棘茄鱼 *H. indica*
（依伍汉霖，1985）

4（3）吻部不甚向前，不超过或仅达口部；尾棘大或小，两侧有部分形成疣状
5（6）眼周边具黑环；体刺短；尾部具 1 列 5～6 小疣状刺………………………………………… **云纹棘茄鱼**

H. fumosa Alcock，1894（图 1216）。浅海至深海底栖性、肉食性鱼类。栖息水深 220m。体长 100mm。分布：东海南部、台湾北部、南海沿岸；日本、澳大利亚、印度尼西亚、印度-西太平洋。个体小，无食用价值。

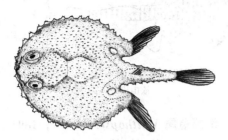

图 1216 云纹棘茄鱼 *H. fumosa*
（依伍汉霖，1985）

6（5）体盘上具有 2 黑色斑；体刺长；尾部具 3～4 大瘤状疣鳞·························· **费氏棘茄鱼 H. fitzsimonsi（Gilchrist & Thompson，1916）**（图 1217）。浅海至深海底栖性、肉食性鱼类。栖息水深 20～120m。体长 250mm。分布：台湾东北部及南部海域；日本、澳大利亚、南非，印度-西太平洋。

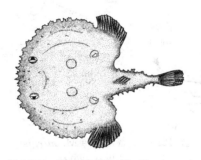

图 1217 费氏棘茄鱼 *H. fitzsimonsi*
（依 Smith 等，1986）

拟棘茄鱼属 *Halieutopsis* Garman，1899
种 的 检 索 表

1（2）体被双叉或多叉栉鳞；腹部具微细棘；吻部三角形，吻槽开口小，腹视不完全可见饵球············ ··············· **玛格瑞拟棘茄鱼 H. margaretae Ho & Shao，2007**（图 1218）。深海底栖性、肉食性鱼类。栖息水深 445～1 185m。体长 64mm。分布：台湾东部及南部海域；日本、夏威夷，西太平洋。个体小，无食用价值。数量稀少，《中国物种红色名录》列为濒危［EN］物种。

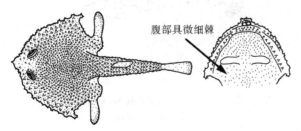

腹部具微细棘

图 1218 玛格瑞拟棘茄鱼 *H. margaretae*
（依山田等，2013）

2（1）体被不分叉栉鳞（除体盘周边外）；腹部无微细棘；吻部宽板状，吻槽开口大，腹视可见饵球 ···················· **深海拟棘茄鱼 H. bathyoreos Bradbury，1988**（图 1219）。深海底栖性、肉食性鱼类。栖息水深 960～1 500m。体长 63mm。分布：台湾海域；日本、新西兰、夏威夷，西太平洋。个体小，无食用价值。

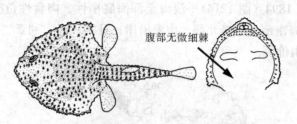

图 1219　深海拟棘茄鱼 H.bathyoreos
（依山田等，2013）

海蝠鱼属 *Malthopsis* Alcock，1891
种 的 检 索 表

1（2）下鳃骨棘相当向外延伸，具 2 向前小棘；腹部有相当大的骨板 ⋯⋯⋯⋯⋯⋯⋯**钩棘海蝠鱼**
　　　M.mitrigera Gilbert & Cramer，1897（图 1220）。浅海至深海底栖性、肉食性鱼类。栖息水深
　　　300～650m。体长 60mm。分布：台湾东北部海域、东沙群岛；日本、新西兰，印度-西太平洋。

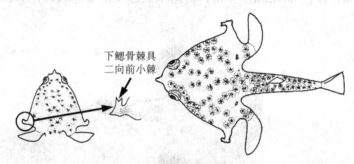

图 1220　钩棘海蝠鱼 M.mitrigera
（依山田等，2013）

2（1）下鳃骨棘略向外延伸，具 0～1 向前小棘；腹部光滑，具有小骨板或细棘

3（4）腹部具小细刺与小骨板，下鳃骨棘不具向前小刺 ⋯⋯⋯⋯⋯⋯⋯⋯⋯⋯⋯ **小林氏海蝠鱼**
　　　M.kabayashi Tanaka，1916（图 1221）。浅海至深海底栖性、肉食性鱼类。栖息水深 150～300m。体
　　　长 60mm。分布：东海沿岸、台湾海域、南海；日本、澳大利亚，西太平洋。个体小，无食用价值。

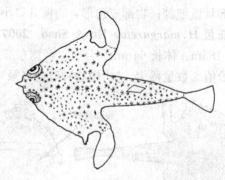

图 1221　小林氏海蝠鱼 M.kabayashi
（依山田等，2013）

4（3）腹部具小骨板，其余光滑无小刺

5（6）体表盾状鳞片较尖且高；吻棘略向上；腹部盾状鳞片较密集；臀鳍后端伸达尾鳍基底⋯⋯⋯⋯
　　　⋯⋯⋯⋯⋯⋯⋯**巨海蝠鱼 M.gigas Ho & Shao，2010**（图 1222）。浅海至深海底栖性、肉食性鱼
　　　类。栖息水深 210～540m。体长 150mm。分布：台湾东北部及西南部海域；日本，印度-西太平
　　　洋。鱼体小，除学术研究外，无食用价值。一般做下杂鱼处理。

6（5）体表盾状鳞片钝且扁平；吻棘水平向前；腹部盾状鳞片较松散，多数部位光滑；臀鳍后端不伸达

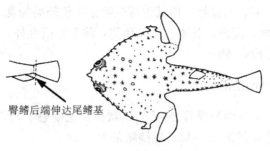

图 1222 巨海蝠鱼 *M. gigas*
（依山田等，2013）

尾鳍基底·························**环纹海蝠鱼 *M. annulifera* Tanaka，1908**（图 1223）。浅海至深海底栖性、肉食性鱼类。栖息水深 90～590m。体长 90mm。分布：东海南部沿海、台湾东北部及南部海域、南海沿岸、东沙群岛；日本、菲律宾，印度-西太平洋热带海域。

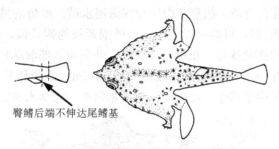

图 1223 环纹海蝠鱼 *M. annulifera*
（依山田等，2013）

129. 茎角鮟鱇科（长鳍鮟鱇科）Caulophrynidae

雌鱼成鱼体高而短，略呈球状。头大。眼小。口大，斜裂。吻触手短于体长，其末端不增粗，也没发光器。背鳍软条 6～22；臀鳍软条 5～19；背鳍及臀鳍长如丝；无腹鳍。但雄鱼幼鱼有腹鳍。雄鱼成鱼则寄生于雌鱼体上，无腹鳍。

全球广泛分布。主要栖息在深海，深海中层游泳性鱼类。食深海鱼虾类。

本科有 2 属 4 种（Nelson et al.，2016）；中国有 1 属 1 种。

茎角鮟鱇属（长鳍鮟鱇属）*Caulophryne* Goode & Bean，1896

大洋茎角鮟鱇（大洋长鳍鮟鱇）*C. pelagica*（Brauer，1902）（图 1224）。深海中层至深层游泳性、肉食性鱼类。栖息水深 945～2 500m。以特化的吻触手及末端饵球引诱猎物。雌雄异型，雄鱼成长后不

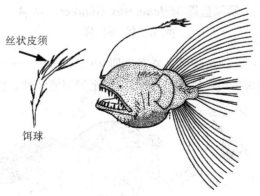

图 1224 大洋茎角鮟鱇（大洋长鳍鮟鱇）*C. pelagica*
（依中坊等，2013）

具吻触手，雄鱼寄生于雌鱼身上。肉食性，以其他深层游泳性鱼虾类为食。产浮性卵，借洋流飘送各海区。体长 150mm。分布：台湾、南海；日本。罕见鱼类，除学术研究外，无经济价值。数量稀少，《中国物种红色名录》列为濒危［EN］物种。

130. 新角鮟鱇科 Neoceratiidae

雌鱼体略细长，且侧扁；上下颌外缘具 2～3 列钩状齿；无吻触手与饵球；无发光器；下颌略向前超出上颌；表皮裸露无鳞。背鳍鳍条 11～13；臀鳍鳍条 10～13。

全球广泛分布。主要栖息在深海中层，游泳性鱼类。食深海鱼虾类。

本科有 1 属 1 种；中国有产。

新角鮟鱇属 Neoceratias Pappenheim, 1914

大棘新角鮟鱇 N. spinifer Pappenheim, 1914（图 1225）。深海中层至深层游泳性、肉食性鱼类。栖息水深 0～1 200m。通常独自行动，栖息于中层和深海层水域。雌鱼的猎食方式尚待研究（显然是没有诱引猎物的特化鳍棘与发光器），可能是以其上下颌外围延长的钩状齿，拦截柔软被动的无脊椎动物为食；雄鱼则借由高度敏锐的感觉器官，积极寻觅配偶，并利用颌部前端特有的细齿吸附于雌鱼上，经由血管及组织融合而形成寄生（共生）关系。雌鱼体长 75mm，雄鱼体长 19mm。分布：台湾东部海域；日本，西太平洋，全球集中于热带及温带海域。罕见鱼类，除学术研究外，无经济价值。

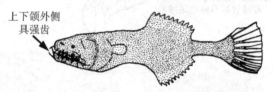

上下颌外侧
具强齿

图 1225　大棘新角鮟鱇 N. spinifer
（依甲斐，2013）

131. 黑犀鱼科（黑鮟鱇科）Melanocetidae

体短且高，球形或略为侧扁；口大，口裂接近垂直；具巨大的犬齿状牙齿。吻触手短；饵球末端具冠状分支（crests）或呈圆锥形。上下颌等齐；下颌联合骨具棘。体表光滑裸露或具微细棘。背鳍鳍条 11～16；臀鳍鳍条 4。

主要栖息在深海，深海中层游泳性鱼类。仔鱼生活于大洋上层；幼鱼和成鱼则生活于中海层或深海底部，食深海鱼虾类。栖息水深 250～3 000m。同一种雌鱼可比雄鱼大 4～5 倍。雄鱼不行寄生生活。

本科有 1 属 6 种（Nelson et al.，2016）；中国有 1 属 2 种。

黑犀鱼属 Melanocetus Günther, 1864
种 的 检 索 表

1（2）饵球为圆锥状，无分支；下颌齿较多且紧密排列 ·· **短柄黑犀鱼**
M. murrayi Günther, 1887（图 1226）。深海中层至深层游泳性、肉食性鱼类。栖息于水深 100～

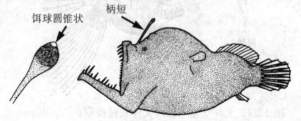

饵球圆锥状　　柄短

图 1226　短柄黑犀鱼 M. murrayi
（依中坊等，2013）

6 370m、光线微弱或无光线的深海区；幼鱼为漂浮性，生活在饵料丰富的海洋上层水域；变态期后的鱼则生活在远洋深海中层或深层水域。雌雄双型，雄鱼有如侏儒般短小，但不行寄生生活。体长 120mm。分布：台湾东北部及南部海域；日本、菲律宾，全球广泛分布，但印度洋无。罕见鱼类，除学术研究外，无经济价值。数量稀少，《中国物种红色名录》列为濒危［EN］物种。

2（1）饵球具扁平的前后冠状突起；下颌齿较少且排列稀疏 ·· **约氏黑犀鱼**
M. johnsonii Günther，1864（图 1227）。深海中层至深层游泳性、肉食性鱼类。栖息于水深 100～4 500m、光线微弱或无光线的深海区；幼鱼为漂浮性，生活在饵料丰富的海洋上层水域；变态期后的鱼则生活在远洋深海中层或深层水域。雌雄双型，雄鱼有如侏儒般短小，但不行寄生生活。体长 180mm。分布：东海、台湾东北部海域；日本，全球三大洋广泛分布。罕见鱼类，除学术研究外，无经济价值。数量稀少，《中国物种红色名录》列为濒危［EN］物种。

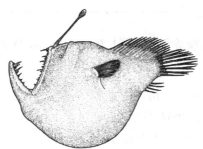

图 1227　约氏黑犀鱼 M. johnsonii
（依倪勇，1988）

132. 鞭冠鮟鱇科 Himantolophidae

雌鱼体短，呈球形或略为侧扁。吻短而钝，下颌略较上颌突出。口大，斜裂，有多列小齿。皮肤上有许多特化骨板，每个骨板具一中央棘。吻触手粗短，具许多丝状分支。背鳍鳍条 5～6；臀鳍鳍条 4；胸鳍鳍条 14～18。体灰色至黑色。

全球广泛分布。主要栖息在深海，深海中层游泳性鱼类。食深海鱼虾类。

本科有 1 属约 21 种（Nelson et al.，2016）；中国有 1 属 1 种。

鞭冠鮟鱇属 Himantolophus Reinhardt，1837

黑鞭冠鮟鱇 H. melanolophus Bertelsen & Krefft，1988（图 1228）。深海中层至深层游泳性、肉食性鱼类。栖息水深 200～1 200m，但部分鱼分布范围可能深及 3 000m 以下。具明显雌雄异形的特征，同一种雌鱼可比雄鱼大 10 余倍。雄鱼不行寄生生活。体长 150mm。分布：台湾海域、南海；大西洋。罕见鱼类，除学术研究外，无经济价值。

图 1228　黑鞭冠鮟鱇 H. melanolophus
（依李坤瑄，洪和田）

133. 双角鮟鱇科 Diceratiidae

体短且圆，或略侧扁；口大且上下颌强壮，下颌略为超出上颌；口裂略倾斜至垂直，后端约位于眼部下方；下颌具相当发达联合骨棘。具第二背鳍棘吻触手，相当小，位于吻触手基部后方，较大个体则隐于皮下，具一表面开孔。表皮具相当多之微细棘。背鳍鳍条 5～7；臀鳍鳍条 4；胸鳍鳍条 13～15；尾鳍鳍条 9（少数为 8）。

深海鱼类，食深海鱼虾类。分布深度以中水层为主，成熟或大型鱼体可能为底栖性。具明显雌雄异形的特征，同一种雌鱼可比雄鱼大 16 倍余。雄鱼不行寄生生活。

全球广泛分布。

本科有 2 属 6 种（Nelson et al.，2016）；中国有 2 属 4 种。

属 的 检 索 表

1（2）吻触手位于头部两眼间 ·· **双角鮟鱇属 *Diceratias***

2（1）吻触手位于背部、蝶耳骨棘之后 ··························· **蟾鮟鱇属 *Bufoceratias***

蟾鮟鱇属（蟾蜍角鮟鱇属）*Bufoceratias* Whitley, 1931
种 的 检 索 表

1（2）吻触手短，为体长的 25%～40%；饵球末端附肢及细丝发达·············**邵氏蟾鮟鱇**
***B. shaoi* Pietch, Ho & Chen, 2004**（图 1229）。深海中层至深层，可能接近底栖，游泳性、肉食性鱼类。雄鱼不寄生。栖息水深 1 200m。体长 100mm。分布：台湾东北部海域；印度尼西亚。颇罕见，除学术研究外，无食用价值。

图 1229　邵氏蟾鮟鱇 *B. shaoi*
（台湾鱼类资料库）

2（1）吻触手长，为体长的 111%～174%；饵球具一中央末端乳突·············**后棘蟾鮟鱇**
***B. thele* (Uwate, 1979)**（图 1230）。深海中层至深层游泳性、肉食性鱼类。栖息水深 1 500m。以特化的吻触手及末端饵球引诱猎物。雌雄异形，雄鱼成长后不具吻触手，在繁殖期会短暂寄生于雌鱼身上。肉食性，以其他深层游泳性鱼虾为食。产浮性卵，形成带状或卵筏，借由洋流飘送各地。体长 160mm。分布：东海、台湾大溪渔场、南海；印度尼西亚，印度-西太平洋。罕见鱼

图 1230　后棘蟾鮟鱇 *B. thele*
（何宣庆摄）

类，除学术研究外，无经济价值。

双角鮟鱇属 *Diceratias* Günther，1887
种 的 检 索 表

1（2）饵球宽约为高的 1.5 倍，呈三叶状，前后叶对称，末端各具一细丝 ………………………
三叶双角鮟鱇 *D. trilobus* Balushkin & Fedorov，1986（图 1231）。深海中层至深层游泳性、肉食性鱼类。雄鱼不寄生。栖息水深 536～2 306m。体长 110mm。分布：台湾海域；夏威夷，印度-西太平洋。罕见鱼类，除学术研究外，无经济价值。

图 1231　三叶双角鮟鱇 *D. trilobus*
（依中坊等，2013）

2（1）饵球宽约等于高，具一短前附肢，后缘具 1 列细丝 ……………………………… **细瓣双角鮟鱇**
***D. bispinosus*（Günther，1887）**（图 1232）。深海中层至深层游泳性、肉食性鱼类。栖息水深 1 216m、光线微弱或无光线的深海区。幼鱼为漂浮性，生活在食物丰富的海洋上层水域；变态期后的鱼种则生活在远洋深海中层或较底层水域。雄鱼不寄生。分布：台湾南部海域；日本、印度尼西亚。

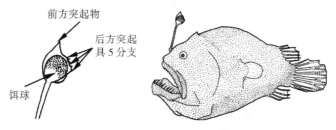

图 1232　细瓣双角鮟鱇 *D. bispinosus*
（依中坊等，2013）

134. 梦鮟鱇科 Oneirodidae

体高，圆形或长形；侧扁；尾柄短；头长占体长的 35％以上。鼻孔一对状。口大；下颌具连合棘；吻触手支鳍骨外露或无。皮肤裸露光滑或具微细棘。第二背鳍呈痕迹性；背鳍鳍条 4～8；臀鳍鳍条 4～7；胸鳍鳍条 14～30；尾鳍鳍条 8；胸鳍辐射骨 3 片；雄鱼皮肤裸露；鼻短且下弯；鼻孔部位不突起，前鼻孔接近鼻端；牙齿呈痕迹性或无。

深海鱼类，分布深度以中水层为主，成熟或大型鱼体可能为底栖性。具明显雌雄异形特征，同一种雌鱼可比雄鱼大 15 倍余。雄鱼不寄生或寄生（弱棘角鮟鱇属 *Leptacanthichthys*）。

本科有 16 属 64 种（Nelson et al.，2016）；中国有 5 属 7 种。

属 的 检 索 表

1（2）吻触手基部位于头部蝶耳骨之后 ……………………………… **冠鮟鱇属 *Lophodolos***
2（1）吻触手基部位于头部额骨之间
3（4）口大，口裂向后延伸远超过眼睛 ……………………… **暴龙蟾鮟鱇属（蟾鮟鱇属）*Tyrannophryne***
4（3）口中大，口裂向后延伸仅达眼睛或略为超过
5（6）体被可以明显触摸感觉细刺 ……………………… **剑状棘蟾鮟鱇属（棘蟾鮟鱇属）*Spiniphryne***

6（7）体光滑或被相当细小刺，仅可由显微镜观察出

8（9）额骨接近平直；尾鳍被具有黑色素膜完整覆盖 ························ **黑狡鮟鱇属** *Dolopichthys*

9（8）额骨内凹；尾鳍鳍间鳍膜不具黑色素 ························ **梦鮟鱇属** *Oneirodes*

黑狡鮟鱇属（狡鮟鱇属）*Dolopichthys* Garman，1899

黑狡鮟鱇 *D. pullatus* Regan & Trewavas，1932（图 1233）。深海中层至深层游泳性、肉食性鱼类。栖息于水深 800～2 000m、光线微弱或无光线的深海区。雄鱼不寄生。幼鱼为漂浮性，生活在食物丰富的海洋上层水域；变态期后的鱼种，则生活在远洋深海中层或较底层水域。体长 120mm。分布：台湾东北部海域；世界三大洋热带及亚热带海域。

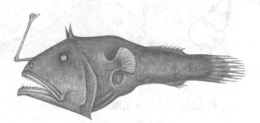

图 1233　黑狡鮟鱇 *D. pullatus*
（依沈世杰等，2011）

冠鮟鱇属 *Lophodolos* Lloyd，1909

印度冠鮟鱇 *L. indicus* Lloyd，1909（图 1234）。深海中层至深层游泳性、肉食性鱼类。栖息于水深 750～1 625m、光线微弱或无光线的深海区。雄鱼不寄生。幼鱼为漂浮性，生活在食物丰富的海洋上层水域；变态期后的鱼种，则生活在远洋深海中层或较底层水域。

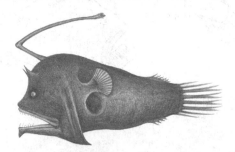

图 1234　印度冠鮟鱇 *L. indicus*
（依沈世杰等，2011）

雄鱼不寄生。体长 80mm。分布：台湾东北部；全球广泛分布。

梦鮟鱇属 *Oneirodes* Lutken，1871
种 的 检 索 表

1（2）第一上鳃骨上具齿 ························ **卡氏梦鮟鱇** *O. carlsbergi*（Regan & Trewavas，1932）。深海中层至深层游泳性、肉食性鱼类。栖息水深 360～1 000m，以特化的吻触手及末端饵球引诱猎物。雌雄异形，雄鱼成长后不具吻触手。产浮性卵，形成带状或卵筏，借由洋流漂送各海。食其他深层游泳性鱼虾类。雄鱼不寄生。体长 160mm。分布：台湾东北部；全球广泛分布。

2（1）第一上鳃骨上不具齿

3（4）吻触手短，为体长的 15%；饵球末端前后附肢细小 ························ **沙梦鮟鱇** *O. sabex* Pietsch & Seigel，1980（图 1235）（syn. 扁瓣梦角鮟鱇 *Oneirodes appendixus* Ni & Xu，1988）。深海中层至深层游泳性、肉食性鱼类。雄鱼不寄生。栖息水深 780～1 800m。体长 190mm。分布：东海、台湾海域；印度尼西亚、东澳大利亚、新西兰，西太平洋。

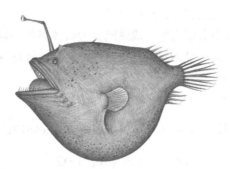

图 1235　沙梦鮟鱇 *O. sabex*

(依郑义郎，2007)

4（3）吻触手长，为体长的 37%～49%；饵球末端附肢发达 ·· **皮氏梦鮟鱇**
O. pietschi Ho & Shao，2004（图 1236）。深海中层至深层游泳性、肉食性鱼类。雄鱼不寄生。
栖息水深 300～1 635m。体长 120mm。分布：台湾海域；印度-西太平洋。

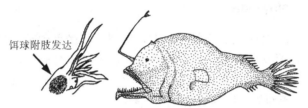

饵球附肢发达

图 1236　皮氏梦鮟鱇 *O. pietschi*

(依中坊等，2013)

剑状棘蟾鮟鱇属（棘蟾鮟鱇属）*Spiniphryne* Bertelsen，1951

剑状棘蟾鮟鱇 S. gladisfenae（Beebe，1932）。深海中层至深层游泳性、肉食性鱼类。栖息水深
1 955m。以特化的吻触手及末端饵球引诱猎物。雌雄异型，雄鱼成长后不具吻触手。雄鱼不寄生。食
其他深层游泳性鱼虾类。产浮性卵，形成带状或卵筏，借由洋流漂送各地。体长 110mm。分布：台湾
东北部海域；太平洋及大西洋。

暴龙蛤鮟鱇属（蛤鮟鱇属）*Tyrannophryne* Regan & Trewavas，1932

暴龙蛤鮟鱇 T. pugnax Regan & Trewavas，1932（图 1237）。深海中层至深层游泳性、肉食性鱼类。
雄鱼不寄生。栖息水深 400～2 100m。以特化的吻触手及末端饵球引诱猎物。雌雄异型，雄鱼成长后不
具吻触手。食其他深层游泳性鱼虾类。产浮性卵，形成带状或卵筏，借由洋流漂送各海。体长 47mm。
分布：台湾东北部海域；太平洋广泛分布。用于科学研究，不具渔业利用价值。

图 1237　暴龙蛤鮟鱇 *T. pugnax*

(依台湾鱼类资料库)

135. 奇鮟鱇科 Thaumatichthyidae

体稍延长，头部较大。口亚端位；上颌远突出于下颌，前颌骨具强齿，显著突出于下颌的前方。体
具小棘，直接长在皮肤上。背鳍鳍条 5～7；臀鳍鳍条 4 或 5。许多特征类似于梦角鮟鱇科，主要区别在

于突出的上颌以及鳃盖衍生出 2 个或更多的分支。

深海底栖性鱼类。分布深度以中水层为主，成熟或大型鱼体可能为底栖性。成鱼被捕捉深度为 800～3 200m。具明显雌雄异形的特征，同一种雌鱼可比雄鱼大 9 倍余。雄鱼不行寄生生活。食深海鱼虾类。

广泛分布于大西洋及西太平洋。

本科有 2 属 8 种（Nelson et al.，2016）；中国有 1 属 1 种。

奇鮟鱇属 *Thaumatichthys* Smith & Radcliffe, 1912

印度洋奇鮟鱇 *T. pagidostomus* **Smith & Radcliffe, 1912**。深海底栖性、肉食性鱼类。栖息水深 1 292～1 440m。以特化的吻触手及末端饵球引诱猎物。雌雄异形，雄鱼成长后不具吻触手。雄鱼不寄生。肉食性，以其他深层游泳性鱼虾类为食。产浮性卵，形成带状或卵筏，借由洋流漂送各海。体长 250mm。分布：台湾采自东北部海域；菲律宾。较罕见，除学术研究外，也可用于科学教育，无食用价值，下杂鱼。

136. 刺鮟鱇科 Centrophrynidae

体稍延长，前部显著扩大。体上密布小棘。口大，斜裂。吻触手中长，具绒状突起。下舌骨 2 块；鳃盖条 6；胸鳍辐射骨 4 片，第三片最小，具长条形腹骨。主鳃盖骨分叉，下鳃盖骨与主鳃盖骨等长，上部末端尖细，具有细小前棘；幼鱼及亚成鱼雄鱼及雌鱼具一小型指状舌须。背鳍鳍条 6～7；臀鳍鳍条 5～6；胸鳍鳍条 15～16；无腹鳍；尾鳍鳍条 9。椎骨 21。

深海深层游泳性鱼类。变态后雌鱼分布深度为 590～2 325m，雄鱼分布深度为 750～1 550m，幼鱼则分布于水面以下 30m 处。具明显雌雄异形的特征，同一种雌鱼可比雄鱼大 17 倍余。雄鱼不行寄生生活。以深海鱼虾类为食。

全球广泛分布，西大西洋无。

本科仅 1 属 1 种；中国有产。

刺鮟鱇属 *Centrophryne* Regan & Trewavas, 1932

刺鮟鱇 *C. spinulosa* **Regan & Trewavas, 1932**（图 1238）。深海深层游泳性、肉食性鱼类。雄鱼不寄生。栖息于水深 590～2 325m、光线微弱或无光线的深海区；幼鱼漂浮性，生活在食物丰富的海洋上层水域；变态期后的鱼种，则生活在远洋深海中层或较底层水域。

体长 250mm。分布：台湾东北部海域；日本，除西大西洋外全球广泛分布。无食用价值。

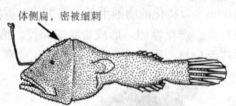

体侧扁，密被细刺

图 1238　刺鮟鱇 *C. spinulosa*
（依甲斐，2013）

137. 角鮟鱇科 Ceratiidae

体短或略长，侧扁。头大。眼小。口裂倾斜或呈垂直，中大，后端延伸未达眼睛。下颌突出，缝合骨棘发达。体被绒毛状细棘或大型骨质突起。吻触手基股相当长，吻触手相对较短或包覆于饵球中。第二背鳍前具有 2 或 3 个肉质瘤突（肉阜）。背鳍鳍条 4 或 5；臀鳍鳍条 4。

仔鱼生活于大洋上层；幼鱼和成鱼则生活于中深海层或深海底部。同一种雌鱼可比雄鱼大 64 倍多。长成雄鱼会寄生于雌体上，以雌体的血液为营养来源；雌鱼则利用吻触手诱捕猎物。

本科有 2 属 4 种（Nelson et al.，2016）；中国有 2 属 2 种。

属 的 检 索 表

1（2）第二背鳍前方具 3 个肉阜；吻触手基骨长，吻触手短，包埋于饵球中 ························

·· **密棘角鮟鱇属 *Cryptopsaras***

2（1）第二背鳍前方具 2 个肉阜；吻触手较长，远长于饵球 ·················· **角鮟鱇属 *Ceratias***

角鮟鱇属 *Ceratias* Krøyer，1845

霍氏角鮟鱇 *C. holboelli* Krøyer，1845（图 1239）。深海深层游泳性、肉食性鱼类。栖息于水深 400～4 400m、光线微弱或无光线的深海区；幼鱼为漂浮性，生活在食物丰富的海洋上层水域；变态期后的鱼种，则生活在远洋深海中层或深层水域。雌雄双型，雄鱼犹如侏儒般短小；雄鱼寄生于雌鱼身上，行寄生生活。大型鱼，体长 770mm 至 1.2m。分布：东沙群岛、南沙群岛；日本，全球广泛分布。数量稀少，《中国物种红色名录》列为濒危〔EN〕物种。

图 1239　霍氏角鮟鱇 *C. holboelli*

A. 体长 670mm　B. 体长 140mm

（依倪勇，1988）

密棘角鮟鱇属 *Cryptopsaras* Gill，1883

密棘角鮟鱇 *C. couesii* Gill，1883（图 1240）。深海深层游泳性、肉食性鱼类。栖息于水深 0～3 085m、光线微弱或无光线的深海区；幼鱼为漂浮性，生活在食物丰富的海洋上层水域；变态期后的鱼种，则生活在远洋深海中层或深层水域。雌雄双型，雄鱼犹如侏儒般短小，寄生于雌鱼身上，行寄生生活。体长 440mm。分布：台湾南部海域、南海；日本，全球广泛分布。

图 1240　密棘角鮟鱇 *C. couesii*

（依中坊等，2013）

138. 大角鮟鱇科（巨棘鮟鱇科）Gigantactinidae

体较延长，侧扁；尾柄细长。头中大，小于体长 1/3。吻尖或圆。眼小。头部骨骼不具棘。口裂大，接近水平，后端延伸超过眼睛。上颌略较下颌突出。上颌骨退化，被表皮包覆，两颌具齿或无。体被细棘或光滑。吻触手位于吻端或稍后。背鳍鳍条 3～10；臀鳍鳍条 3～8。

深海鱼类。分布深度从 500～3 000m 皆有采获，但主要分布于 1 000～2 500m。具明显雌雄异型特征，同一种雌鱼可比雄鱼大 18 倍余。雄鱼不行寄生生活。

本科有 2 属 23 种（Nelson et al.，2016）；中国有 2 属 5 种。

属 的 检 索 表

1（2）具饵球及发光器；吻触手位于吻端；上颌具 1 列细齿，下颌具多列强齿 ·······················

·· 大角鮟鱇属（巨棘鮟鱇属）*Gigantactis*

2（1）无饵球及发光器；吻触手位于吻端之后；上颌具细齿 0～4 颗，下颌无齿 ···················
·· 吻长角鮟鱇属（吻巨棘鮟鱇属）*Rhynchactis*

大角鮟鱇属（巨棘鮟鱇属）*Gigantactis* Brauer，1902
种 的 检 索 表

1（2）第一背鳍相当延长，超过体长的 1.3 倍以上；尾鳍第二至第七鳍条相当延长 ···················
······深口大角鮟鱇（深口巨棘鮟鱇）*G. gargantua* Bertelsen, Pietsch & Lavenberg, **1981**（图1241）。
深海深层游泳性、肉食性鱼类。雄鱼不寄生。栖息水深 500～1 535m。体长 410mm。分布：东
海深海大陆架缘（29°49′N、128°09′E附近）；日本、夏威夷，印度洋东南部。数量稀少，《中国
物种红色名录》列为濒危［EN］物种。

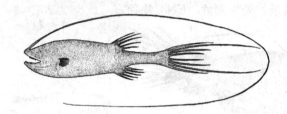

图 1241　深口大角鮟鱇（深口巨棘鮟鱇）*G. gargantua*
（依倪勇，1988）

2（1）第一背鳍约与身体等长，不超过体长的 1.2 倍；尾鳍不特别延长

3（4）吻触手基部具 1 对附肢，饵球呈圆锥状 ··························· 梵氏大角鮟鱇（梵氏巨棘鮟鱇）
G. vanhoeffeni Brauer，**1902**（图1242）。深海深层游泳性、肉食性鱼类。雄鱼不寄生。栖息水深
300～5 300m。体长 620mm。分布：东海、台湾东北部海域、南海；日本，太平洋及大西洋广泛
分布。

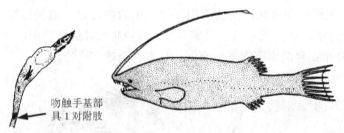

吻触手基部
具 1 对附肢

图 1242　梵氏大角鮟鱇（梵氏巨棘鮟鱇）*G. vanhoeffeni*
（依中坊等，2013）

4（3）吻触手基部不具附肢，饵球末端具 1 对较长细丝及少数短的细丝 ·······························
艾氏大角鮟鱇（艾氏巨棘鮟鱇）*G. elsmani* Bertelsen, Pietsch & Lavenberg，**1981**（图1243）。深
海深层游泳性、肉食性鱼类。雄鱼不寄生。栖息水深0～3 000m。体长 380mm。分布：目前仅
分布于东南大西洋及西北太平洋区。台湾东北部海域；日本。

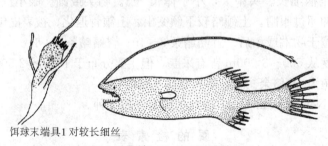

饵球末端具1 对较长细丝

图 1243　艾氏大角鮟鱇（艾氏巨棘鮟鱇）*G. elsmani*
（依中坊等，2013）

吻长角鮟鱇属（吻巨棘鮟鱇属）*Rhynchactis* Regan，1925
种 的 检 索 表

1（2）吻触手略长，143％～158％标准体长 ······················ 细丝吻长角鮟鱇（细丝吻巨棘鮟鱇）
R. leptonema Regan，1925（图 1244）。深海深层游泳性、肉食性鱼类。栖息于水深 300～
600m、光线微弱或无光线的深海区。幼鱼为漂浮性，生活在食物丰富的海洋上层水域；变态
期后的鱼种，则生活在远洋深海中层或深层水域。雄鱼不寄生。体长 141mm。分布：台湾东
北部海域，是印度-太平洋区唯一记录种。极罕见鱼类，全世界目前仅 5 尾标本。除学术研究
外，无经济价值。

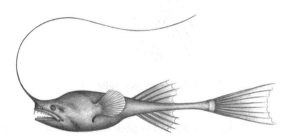

图 1244　细丝吻长角鮟鱇（细丝吻巨棘鮟鱇）*R. leptonema*
（依郑义郎，2007）

2（1）吻触手较短，109％～144％标准体长 ··
长丝吻长角鮟鱇（长丝吻巨棘鮟鱇）R. macrothrix Bertelsen & Pietsch，1998（图 1245）。深海深
层游泳性、肉食性鱼类。栖息于水深 300～2 000m、光线微弱或无光线的深海区。幼鱼为漂浮性，
生活在食物丰富的海洋上层水域；变态期后的鱼种，则生活在远洋深海中层或深层水域。雄鱼不寄
生。体长 152mm。分布：以往仅分布于大西洋及印度洋西部，台湾分布于东北部海域，是太平洋
唯一记录种。极罕见鱼类，全世界目前仅 5 尾标本。除学术研究外，无经济价值。

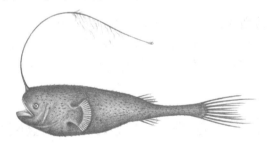

图 1245　长丝吻长角鮟鱇（长丝吻巨棘鮟鱇）*R. macrothrix*
（依郑义郎，2007）

139. 树须鱼科（须鮟鱇科）Linophrynidae

体短，卵圆形，侧扁，尾柄短。头高大。眼小。口大，口裂略倾斜或水平状，口裂后缘超过眼睛。
下颌须有或无（*Linophryne* 属物种皆有），鳃盖条 4 或 5。吻触手短，末端具饵球。背鳍鳍条及臀鳍鳍
条皆为 3。体色透明或黑。

深海鱼类。具明显雌雄异型的特征，同一种雌鱼可比雄鱼大 9 倍余。长成雄鱼会寄生于雌鱼上，以
雌鱼的血液为营养来源；雌鱼则利用吻触手诱捕猎物。

本科有 4 属 27 种（Nelson et al.，2016）；中国有 1 属 2 种。

树须鱼属（须鮟鱇属）*Linophryne* Collet，1886
种 的 检 索 表

1（2）下颌须基部为多叉；饵球上方具 1 对末端细丝及两侧各有 1 列细丝 ·································

多须树须鱼（多须须鮟鱇） *L. polypogon* **Regan，1925**（图 1246）。深海大洋游泳性鱼类。雄鱼寄生于雌鱼。栖息水深 1 055～2 500m。体长 97mm。分布：东海；东大西洋。

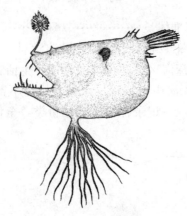

图 1246　多须树须鱼（多须须鮟鱇）*L. polypogon*
（依倪勇，1988）

2（1）下颌须基部不分叉；饵球上方具 1 对末端细丝及少数短细丝位于周边 ·····························
　　　　印度树须鱼（印度须鮟鱇） *L. indica* **（Brauer，1902）**（图 1247）。深海大洋游泳性鱼类。栖息于

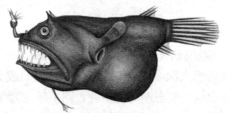

图 1247　印度树须鱼（印度须鮟鱇）*L. indica*
（依郑义郎，2007）

水深 150～4 000m、光线微弱或无光线的深海区。幼鱼漂浮性，生活在食物丰富的海洋上层水域；变态期后的鱼种，则生活在远洋深海中层水域。雄鱼寄生于雌鱼。体长 53mm。分布：台湾发现于南部海域；日本，印度-太平洋。极罕见鱼类，全世界目前仅 5 尾标本。除学术研究外，无经济价值。

三十八、鲻形目 MUGILIFORMES

腹鳍腹位或亚胸位。腰骨以腱连于匙骨或后匙骨上。椎骨 24～26。背鳍 2 个，分离，第一背鳍由鳍棘组成。胸鳍高位。圆鳞或栉鳞。侧线或有或无。鳃孔宽大；鳃盖条 5～7。鳃盖骨后缘无棘。牙细小，绒毛状。无侧线。第三及第四上咽骨愈合。躯椎有椎体横突，腹椎无横突。

140. 鲻科 Mugilidae

体延长，稍侧扁。头中大，常宽而平扁。眼圆形，上侧位，脂眼睑发达或不发达。口小，前位或亚腹位，前颌骨能伸出，上颌骨常隐于前颌骨及眶前骨之下。齿细弱，绒毛状。鳞大，头部常被圆鳞，体被弱栉鳞。第二背鳍、尾鳍、臀鳍、胸鳍、腹鳍常被小圆鳞。无侧线，体侧鳞片上常有不开孔的纵行小管。鳃孔宽大，鳃盖膜不与峡部相连。具假鳃，鳃盖条 5。鳃耙细长而密。背鳍 2 个，相距颇远，第一背鳍具 4 鳍棘；第二背鳍具 1 鳍棘、7～10 鳍条。臀鳍具 3 鳍棘、8～10 鳍条；胸鳍位高；腹鳍腹位；尾鳍分叉、截形或凹入。

广泛生活于温带到热带的海水、咸淡水和淡水中，分布几遍及全球（寒带例外），为中等或大型鱼类（体长可达 900mm）。栖息于沿海或港湾内，有的种类可游入江河。通常在浅水地区集群，大量摄食

碎屑和藻类，有时也取食体较柔软的昆虫、鱼卵等。胃管状，幽门部特化成肌胃，似鸟的砂囊，能从鱼类本身所吞咽的大量泥质中摄取营养。生长快，耐寒，常被选为港养的重要对象之一。世界年产量达200 余万 t，其中，鲻 *Mugil cephalus* 产量较高。2015 年，中国鲻的产量高达 12.67 万 t（《2016 中国渔业统计年鉴》）。

　　本科有 17 属 72 种（Nelson et al.，2016）；中国有 6 属 18 种。

属 的 检 索 表

1（4）上唇颇厚，具乳突或穗边；脂眼睑不发达
2（3）上唇下部具较宽的乳突带；下唇缘也具细乳突；眶前骨无显著凹刻；上颌骨不下弯，末端不外　　　露 ·· 粒唇鲻属 *Crenimugil*
3（2）唇缘分褶，均具穗边；眶前骨显著深凹；上颌骨下弯，末端外露 ········· 瘤唇鲻属 *Oedalechilus*
4（1）上唇不厚，唇缘较光滑；脂眼睑发达或不发达
5（6）尾鳍截形；胸鳍黑色 ·· 黄鲻属 *Ellochelon*
6（5）尾鳍深凹；胸鳍淡色
7（8）臀鳍具 3 棘、8 鳍条；主上颌骨直，后端不弯向下方；眶前骨末端尖（图 1248A）；脂眼睑最　　　发达，遮盖眼的绝大部分（图 1248B）·································· 鲻属 *Mugil*

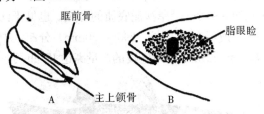

图 1248　鲻属特征

A. 鲻的主上颌骨　B. 鲻的脂眼睑

8（7）臀鳍具 3 棘、9 鳍条；主上颌骨后端弯向下方；眶前骨末端平截；脂眼睑中等发达，遮盖眼的　　　一部分，或脂眼睑不明显
9（10）脂眼睑不明显（图 1249A）；口闭时主上颌骨后端外露，急剧下弯（图 1249B）；体侧中部具　　　栉鳞；胸鳍基部上端无黑斑 ·· 龟鮻属 *Chelon*

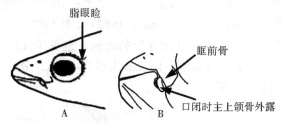

图 1249　龟鮻属特征

A. 龟鮻属的脂眼睑　B. 龟鮻属的主上颌骨

10（9）脂眼睑遮盖眼的前、后缘 1/3 处（图 1250A）；口闭时主上颌骨后端不外露（图 1250B）；体　　　侧中部具圆鳞；胸鳍基部上端常具黑斑（英氏莫鲻除外）····················· 莫鲻属 *Moolgarda*

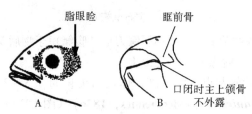

图 1250　莫鲻属特征

A. 莫鲻属的脂眼睑　B. 莫鲻属的主上颌骨

龟鲛属 *Chelon* Artedi，1793
种 的 检 索 表

1（2）背鳍前方正中具纵行隆起脊····················· **前鳞龟鲛（棱鲛）*C.affinis*（Günther，1861）**
（图 1251）（syn. 棱鲛 *Liza carinatus* Oshima，1922）。栖息于水深 0～20m 沿岸沙泥底质的海域，而河口区或红树林等半咸淡水海域、河川下游也常见其踪迹，群栖性，常成群洄游，幼鱼受到惊吓时，会跃离水面。体长 120～170mm。分布：黄海南部、东海、台湾海域、南海；朝鲜半岛、日本。具经济价值，为大陆沿海港养鱼类。

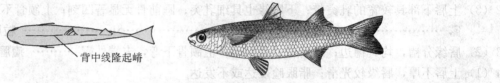

背中线隆起嵴

图 1251　前棱龟鲛（棱鲛）*C.affinis*

2（1）背鳍前方正中无纵行隆起嵴

3（4）纵列鳞 36～43，横列鳞 12～13；头部平扁······························ **龟鲛 *C. haematocheilus*（Temminck & Schlegel，1845）**（图 1252）（syn. 梭鱼 *Liza haematocheilus* 陈大刚，2015）。栖息于水深 0～10m 沿岸沙泥底质的海域，也见于江河口咸淡水区及海湾内，也进入淡水。性活泼，善跳跃，常成群溯游。体长 296～750mm。分布：中国沿海；朝鲜半岛、日本。经济鱼类，中国北方重要港养种类，2015 年中国龟鲛的产量高达 15.89 万 t（《2016 中国渔业统计年鉴》）。

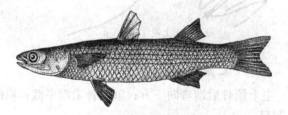

图 1252　龟鲛 *C. haematocheilus*

4（3）纵列鳞 26～34，横列鳞 9～11；头部略呈圆筒形

5（6）第二背鳍、腹鳍和臀鳍各鳍条略延长，呈镰刀形；腹鳍和胸鳍大于吻后头长；鳞缘深色············
·················· **宝石龟鲛 *C. alata*（Steindachner，1892）**（图 1253）（syn. 宝石鲛 *Liza alata* 陈大刚，2015）。栖息于水深 0～40m 沿岸沙泥底质的海域，也见于江河口咸淡水区及海湾内，也进入淡水。性活泼，善跳跃，常成群溯游。体长最大达 750mm。分布：台湾南部海域、南海；澳大利亚、非洲东部，印度-西太平洋。

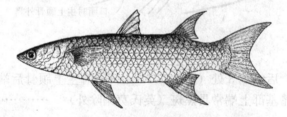

图 1253　宝石龟鲛 *C. alata*

6（5）第二背鳍、腹鳍和臀鳍各鳍条不延长，不呈镰刀形；腹鳍短于吻后头长，胸鳍短于或等于吻后头长

7（10）脂眼睑发达，遮盖眼前、后缘的 1/3 处以上

8（9）头尖长，头长大于第一背鳍起点处的体高，体长为头长的 3.5～3.7 倍；胸鳍黄色··················
··········· **宽头龟鲛 *C. planiceps*（Valenciennes，1836）**（图 1254）［syn. 尖头龟鲛 *C. tade*（non Forsskål，1775）］。暖水性中小型鱼类。多栖息于河口区及近岸水域，也进入淡水。体长 350～700mm。分布：海南岛；澳大利亚、红海。

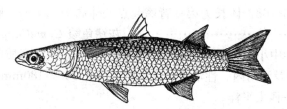

图 1254　宽头龟鲅 *C. planiceps*

（依 Harrison & Senou，1999）

9（8）头宽短，头长短于第一背鳍起点处的体高，体长为头长的 4.2～4.7 倍·················

绿背龟鲅 *C. subviridis*（Valenciennes，1836）（图 1255）[syn. 粗鳞鲅 *Liza dussumieri*（Stein-dachner，1870）]。暖水性中小型鱼类。栖息于沿岸水深 0～20m 的沙泥底质的海域、红树林区、河川下游、河口咸淡水水域及海湾内。性活泼，善跳跃。体长 250～400mm。分布：东海、台湾海域、海南岛；日本、澳大利亚、红海，印度-西太平洋。

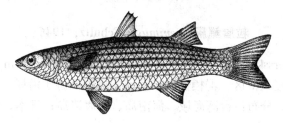

图 1255　绿背龟鲅 *C. subviridis*

10（7）脂眼睑不发达或无，不遮盖眼的前后缘

11（12）纵列鳞 30～34；胸鳍基部有一金色小横条 ·················· **大鳞龟鲅**

C. macrolepis（Smith，1846）（图 1256）[syn. 大鳞鲅 *Liza macrolepis*（Smith，1846）]。栖息于水深 0～20m 沿岸沙泥底质的海域，而河口区或红树林等半咸淡水海迹、河川下游也常见其踪迹。群栖性，常成群洄游，幼鱼受到惊吓时，会跃离水面。体长 220～600mm。分布：东海、台湾北部海域、海南岛；日本、澳大利亚、红海、非洲东部，印度-西太平洋。

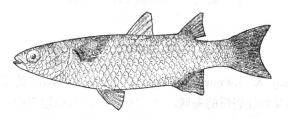

图 1256　大鳞龟鲅 *C. macrolepis*

12（11）纵列鳞 26～28；胸鳍基部银色，无金色横条

13（14）第一鳃弓下鳃耙 30～45，体长为第一背鳍起点处体高的 3.6 倍；胸鳍向后伸达第九至第十片纵列鳞处··················**盾龟鲅 *C. parmata*（Cantor，1850）**（图 1257）。栖息于水深 0～40m 沿岸沙泥底质的海域，也见于江河口咸淡水区及海湾内，也进入淡水。性活泼，善跳跃，常成群溯游。体长 200～300mm。分布：海南岛；马来西亚、印度尼西亚，印度-西太平洋。

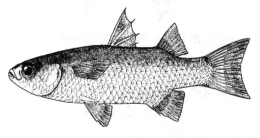

图 1257　盾龟鲅 *C. parmata*

14（13）第一鳃弓下鳃耙 45～68，体长为第一背鳍起点处体高的 3.1 倍；胸鳍向后伸达第七至第八片
纵列鳞处 ·· **灰鳍龟鲛 C. melinopterus**（**Valenciennes，1836**）
（图 1258）。暖水性中小型鱼类，栖息沿岸水深 0～20m 沙泥底质的海域、红树林区、河川下
游、河口咸淡水域及海湾内。性活泼，善跳跃。体长 100～180mm。分布：东海、南海；澳大
利亚、东非，印度-西太平洋。

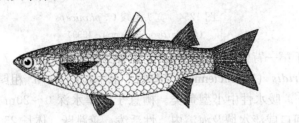

图 1258　灰鳍龟鲛 *C. melinopterus*
（依 Senou, 1988）

粒唇鲻属 Crenimugil Schultz，1946

粒唇鲻 C. crenilabis（**Forsskål，1775**）（图 1259）。栖息于水深 0～40m 沿岸沙泥底质的海域，包括
潟湖、礁盘及潮池等，也常侵入港区。群栖性，产卵前常成群洄游于沿岸，产卵期时在晚上洄游至潟湖
陡坡处。体长 320～600mm。分布：台湾海域、海南岛、南海诸岛；日本、澳大利亚、非洲东岸，印度
-西太平洋。

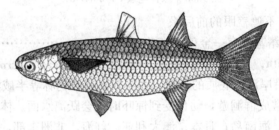

图 1259　粒唇鲻 *C. crenilabis*
（依 Senou, 1988）

黄鲻属 Ellochelon Whitley，1930

黄鲻 E. vaigiensis（**Quoy & Gaimard，1825**）（图 1260）（syn. 黄鲻 *Mugil vaigiensis* Quoy &
Gaimard，1825）。栖息于沿岸沙泥底质的海域，河口区、珊瑚礁区或红树林等半咸淡水海域常见其踪迹，
也侵入河川下游。群栖性，常成群洄游，幼鱼受到惊吓时会跃离水面。体长 320～630mm。分布：东海、
台湾海域、南海；日本、澳大利亚、红海，印度-西太平洋区水域。体型较小，产量少，经济价值差。

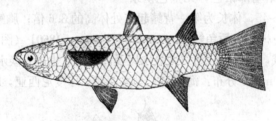

图 1260　黄鲻 *E. vaigiensis*
（依 Senou 1988）

莫鲻属 Moolgarda Whitley，1945
种 的 检 索 表

1（6）脂眼睑不发达或无，不遮盖眼的前后缘

2（5）纵列鳞37～43；幽门盲囊不分支，5～9枚

3（4）胸鳍长，向后伸达或伸越第一背鳍起点下方；幽门盲囊5～7枚；第一背鳍边缘鳍膜灰黑色，第二背鳍和臀鳍边缘黑色 ·················· **长鳍莫鲻 *M. cunnesius*（Valenciennes，1836）**
（图1261）［syn. 长鳍凡鲻 *Valamugil cunnesius*（Valenciennes，1836）；前鳞骨鲻 *Osteomugil ophuyseni*（Bleeker，1859）；前鳞鲻 *Mugil ophuyseni*（Bleeker，1859）］。栖息于水深0～40m沿岸沙泥底质的海域，见于江河口咸淡水区及海湾内，也进入淡水。性活泼、善跳跃，常成群溯游。体长100～150mm。分布：东海、台湾海域、海南岛；澳大利亚、红海、南非，印度-西太平洋。

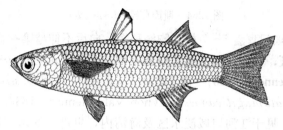

图1261　长鳍莫鲻 *M. cunnesius*
（依 Senou，1988）

4（3）胸鳍稍短，向后伸达第一背鳍起点下方；幽门盲囊7～9枚；背鳍和臀鳍边缘浅色·················· **薛氏莫鲻 *M. seheli*（Forsskål，1775）**（图1262）［syn. 圆吻鲻 *Mugil seheli* Forsskål，1775；台湾凡鲻 *Valamugil formosae*（Oshima，1922）］。栖息于水深0～40m沿岸沙泥底质的海域，见于江河口咸淡水区及海湾内，也进入淡水。性活泼、善跳跃，常成群溯游。体长最大达500mm。分布：东海、台湾海域、海南岛；日本、澳大利亚、东非、夏威夷，印度-西太平洋。

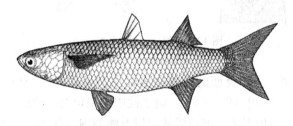

图1262　薛氏莫鲻 *M. seheli*
（依 Senou，1988）

5（2）纵列鳞33～37；幽门盲囊分支，数量多，无法计算 ·················· **少鳞莫鲻 *M. pedaraki*（Valenciennes，1836）**（图1263）［syn. 平吻凡鲻 *Valamugil buchanani*（non Bleeker，1853）］。暖水性中小型鱼类，栖息于沿岸水深0～20m沙泥底质的海域、红树林区、河川下游、河口咸淡水域及海湾内。性活泼，善跳跃。体长200～290mm。分布：东海、南海；印度-西太平洋。

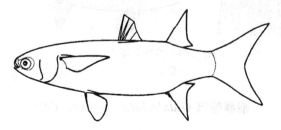

图1263　少鳞莫鲻 *M. pedaraki*

6（1）脂眼睑发达，遮盖眼的前、后缘的1/3处以上

7（8）第一背鳍边缘鳍膜上深黑色；幽门盲囊4枚；胸鳍长，向后伸越第一背鳍起点下方·················· **斯氏莫鲻 *M. speigleri*（Bleeker，1859）**（图1264）。暖水性中小型鱼类，栖息于沿岸水

深 0～20m 沙泥底质的海域、红树林区、河川下游、河口咸淡水域及海湾内。性活泼，善跳跃。体长 150～350mm。分布：东海、海南岛；新几内亚，印度-西太平洋。

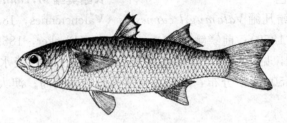

图 1264　斯氏莫鲻 M. speigleri

8（7）第一背鳍边缘浅色；幽门盲囊 5～7 枚；胸鳍稍短，向后不伸越第一背鳍起点下方

9（10）胸鳍基部上端具黑斑；头部背面的鳞片向前不伸达前鼻孔前方······························**佩氏莫鲻**
M. perusii（**Valenciennes, 1836**）（图 1265）[syn. 硬头骨鲻 O. stronylocephalus（Richardson, 1846）；长鳍凡鲻 Valamugil cunnesius（non Valenciennes, 1836）]。栖息于水深 0～40m 沿岸沙泥底质的海域，见于江河口咸淡水区及海湾内，也进入淡水。性活泼，善跳跃，常成群溯游。体长 150～300mm。分布：东海、台湾澎湖、海南岛；日本、澳大利亚、红海，印度-西太平洋。罕见种。

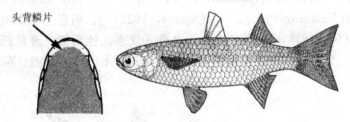

头背鳞片

图 1265　佩氏莫鲻 M. perusii
（依 Senou, 1988）

10（9）胸鳍基部上端无黑斑；头部背面的鳞片向前伸达前鼻孔前方·····························**英氏莫鲻**
M. engeli（**Bleeker, 1859**）（图 1266）。暖水性中小型鱼类，栖息于沿岸水深 0～20m 沙泥底质的海域、红树林区、河川下游、河口咸淡水域及海湾内。性活泼，善跳跃。个体小，体长 150～300mm。分布：海南岛；日本、土阿莫土群岛、红海、夏威夷，印度-西太平洋。

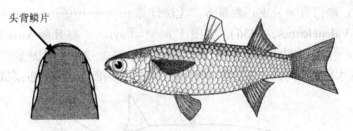

头背鳞片

图 1266　英氏莫鲻 M. engeli
（依 Senou, 1988）

瘤唇鲻属 Oedalechilus Fowler, 1903

角瘤唇鲻 O. labiosus（**Valenciennes, 1836**）（图 1267）[syn. 褶唇鲻 Plicomugil labiosus（Valenciennes, 1836）]。栖息于水深 0～20m 沿岸沙泥底质的海域，包括潟湖、珊瑚礁盘及潮池等，也常侵入港区。群栖性。体长 200～400mm。分布：台湾、海南岛、南海诸岛；日本、红海、马达加斯加，印度-西太平洋。较罕见鱼种。

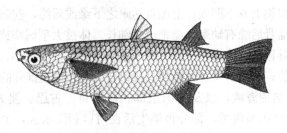

图 1267　角瘤唇鲻 *O. labiosus*
（依 Senou，1988）

鲻属 *Mugil* Linnaeus，1758

鲻（乌鱼）*M. cephalus* Linnaeus，1758（图 1268）。栖息于水深 0～120m 的近海沿岸沙泥底水域，广温性鱼类，水温 8～24℃的海域均可见。幼鱼喜在河口、红树林等半咸淡水海域生活，成长后游向外洋。体长 0.32～1.2m。分布：中国沿海；世界各海域。重要经济鱼类，每年冬至后，乌鱼洄游南下台湾产卵，鱼卵可干制为乌鱼子，价格昂贵，是餐桌上佳肴，也是大陆港养重要对象。

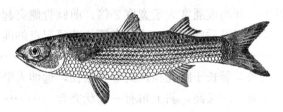

图 1268　鲻（乌鱼）*M. cephalus*

三十九、银汉鱼目 ATHERINIFORMES

体延长，亚圆筒形，略侧扁或很侧扁。腹缘腹棱无或有。口小，前位，可伸缩。眼较大。鳃孔中大，鳃盖条 5～7。各鳃盖骨后缘无棘和锯齿。肛门位于臀鳍前方或腹鳍后方。体被圆鳞或栉鳞。侧线无或不发达。背鳍 1～2 个，第一背鳍中大或甚小，具硬棘或不分支鳍条；第二背鳍和臀鳍均具 1～2 硬棘或不分支鳍条。无脂鳍；胸鳍上侧位；腹鳍腹位或下胸位，具 1 棘、5 鳍条。本目鱼类为肉食性小型鱼类。

本目有 8 科 52 属 351 种（Nelson et al.，2016）；中国有 3 科 5 属 10 种。银汉鱼目在中国海域种类少，个体小，产量不多，经济价值不大。

科 的 检 索 表

1（4）体不甚侧扁，腹缘正中无肉质腹棱；最大体高离头部较远；头长等于或大于体高；臀鳍 I-
（6）11～17（25）；上颌齿不仅见于前颌骨前端附近；胸鳍高位，其基底上部不在体侧银带上
方；腰带骨无一几伸达椎骨的侧突；尾上骨 1～2
2（3）肛门位于臀鳍起点甚远前方；头部无齿状小棘列；前鳃盖骨后缘有缺刻；口大，上颌骨达眼前
缘的下方或稍后；前颌骨下缘平直或略一凸起，口裂上方不凹入 ············ 银汉鱼科 Atherinidae
3（2）肛门位于臀鳍起点之正前方；头部具齿状小棘列；前鳃盖骨后缘无缺刻；口小，上颌骨不达眼
下；前颌骨下缘凹入，口裂上方凹入 ·············· 细银汉鱼科 Atherionidae
4（1）体甚侧扁，腹缘正中具肉质腹棱；最大体高在头部之正后方；头长短于体高；臀鳍 I-21～37；
上颌齿仅见于前颌骨前端附近；胸鳍高位，其基底上部在体侧银带上方；腰带骨具一几伸达椎
骨的侧突；尾上骨无 ·············· 背手银汉鱼科 Notocheiridae

141. 银汉鱼科 Atherinidae

体细长而呈亚圆筒形，或略侧扁，腹缘无肉质腹棱。头中大，头长大于体高，无齿状小棘。眼较大，

侧位，无脂性眼睑。口大，口裂上方不凹入；上颌骨达眼之下缘或后缘，前颌骨下缘平直或稍凸。鳃孔宽大，鳃盖骨后缘平滑，前鳃盖骨后缘有缺刻。鳃耙通常细长。体被大型圆鳞或栉鳞；无侧线。具鳔。肛门距臀鳍起点较远。体侧通常具银色宽纵带。背鳍2个，第一背鳍中型或甚小；第二背鳍基稍长，小于臀鳍基长。腹鳍小，腹位或下胸位；尾鳍分叉；无脂鳍。腰带骨无一几伸达椎骨的侧突。尾上骨1～2。

广泛分布于世界温带至热带海域，以及美国东部、墨西哥、古巴、澳大利亚及新几内亚等淡水区域。大多数为近海沿岸群游性小型鱼类，部分种类生活在河口和淡水区，少数种类为纯淡水性，生活于山涧小溪或湖泊中。

本科有13属68种（Nelson et al.，2016）；中国有3属7种。

属 的 检 索 表

1（4）前颌骨上升突起短，基部宽，其长约等于或短于瞳孔径，未显著伸入眼间隔；上颌骨伸达眼下
方；齿骨后下叉钝尖形

2（3）前颌骨的前上突起及侧突起短且宽，其高度约与宽度相等；下颌骨后部钩状突起甚低；肛门位
于腹鳍基底与后端之中间下方 ·· **美银汉鱼属 *Atherinomorus***

3（2）前颌骨的前上突起高且窄，其高度通常大于宽度2倍；前颌骨侧突起低且呈三角形；下颌骨后
部钩状突起显著；肛门位于腹鳍后端以前，通常在第一背鳍起点的前方 ··········
·· **下银汉鱼属 *Hypoatherina***

4（1）前颌骨上升突起细长，其长显著长于瞳孔径，约等于眼径，远伸入眼间隔；上颌骨伸达或仅达
眼前缘正下方；齿骨上叉高、后叉高，斜上角有一钩状突起 ·········· **狭银汉鱼属 *Stenatherina***

美银汉鱼属 *Atherinomorus* Forster, 1903
种 的 检 索 表

1（2）体侧自胸鳍腋部至尾柄后端具侧线鳞44～47 ··· **岛屿美银汉鱼**
A. insularum（Jordan & Evermann，1903）（图1269）。暖水性小型海洋鱼类。群游性，栖息于
礁石底质的海区。体长58.6mm。分布：台湾南部海域；印度-太平洋海域。不供食用，无经济
价值。

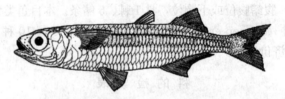

图1269　岛屿美银汉鱼 *A. insularum*
（依Ivantsoff & Crowley，1999）

2（1）体侧自胸鳍腋部至尾柄后端具侧线鳞38～44

3（4）体侧自胸鳍腋部至尾柄后端具侧线鳞38～40；体侧纵带较狭 ·······································
壮体美银汉鱼 A. pinguis（Lacepède，1803）（图1270）。栖息于沿岸浅海的岩礁区及河口咸淡水
水域。群游性。体长136mm。分布：台湾澎湖海域、南海（香港）；日本，印度-太平洋海域。
不供食用，无经济价值。

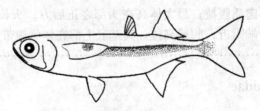

图1270　壮体美银汉鱼 *A. pinguis*

（依濑能，2013）

4（3）体侧自胸鳍腋部至尾柄后端具侧线鳞 40～44 枚；体侧纵带较宽⋯⋯⋯⋯⋯⋯⋯⋯⋯
　　　南洋美银汉鱼 A. *lacunosus* **(Forster, 1801)**（图1271）［syn. 福氏银汉鱼 *Atherina forskali* 张春
　　　霖等，1962（non Riippell）］。暖水性上层小型海洋鱼类。常成群到岸边产卵，南海较常见。体
　　　长 88.6mm。分布：东海、台湾东北部及澎湖列岛、海南岛、南海（广西）；日本，印度-西太平
　　　洋。鲜食或晒成鱼干食用。

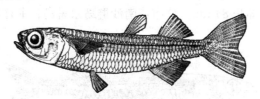

图 1271　南洋美银汉鱼 A. *lacunosus*
（依 Ivantsoff & Crowley，1999）

下银汉鱼属 Hypoatherina Schultz，1948
种 的 检 索 表

1（4）肛门位于腹鳍末端之后；体被圆鳞
2（3）肛门位于第一背鳍基底下方 ⋯⋯⋯⋯⋯⋯ 后肛下银汉鱼 H. *tsurugae* **(Jordan & Starks, 1901)**
　　　（图1272）。暖水性近海小型鱼类。成群栖息于礁石底质的海区。分布：台湾东北部海区；日本
　　　长崎等地。

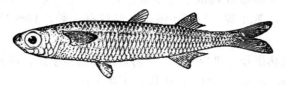

图 1272　后肛下银汉鱼 H. *tsurugae*
（依 Jordan & Starks，1901）

3（2）肛门位于第一背鳍基前方与腹鳍末端附近之间 ⋯⋯⋯⋯⋯⋯⋯⋯⋯⋯⋯ 吴氏下银汉鱼
　　　H. *woodwardi* **(Jordan & Starks，1901)** （图1273）。西北太平洋热带、暖温带上层小型鱼类，
　　　体长约达 110mm，成群栖息于沙泥底质的海区和礁石区，可进入河口区。分布：东海南部、台
　　　湾海域、南海；日本琉球群岛等海域。

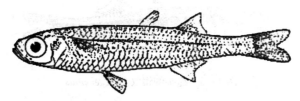

图 1273　吴氏下银汉鱼 H. *woodwardi*
（依 Jordan & Starks，1901）

4（1）肛门位于腹鳍基底与末端间的中央；体被弱栉鳞 ⋯⋯⋯⋯⋯⋯⋯⋯⋯⋯⋯ 凡氏下银汉鱼
　　　H. *valenciennei* **Bleeker，1853** （图1274）（syn. 白氏银汉鱼 *Allanetta bleekeri* Günther，1861）。

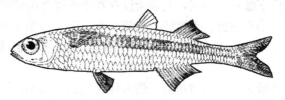

图 1274　凡氏下银汉鱼 H. *valenciennei*
（依朱元鼎等，1963）

暖水性近海上层小型鱼类。成群栖息于沙泥底质的海区和礁石海区，可进入河口区。体长74mm。分布：中国沿海；朝鲜半岛、日本，西太平洋。不供食用，无经济价值。

狭银汉鱼属 Stenatherina Schults，1948

短鳍狭银汉鱼 S. brachyptera（Bleeker，1851）（图1275）。栖息于印度-西太平洋的热带及亚热带海域，沿海近岸群游性小鱼。体长84mm。分布：南沙群岛永暑岛；菲律宾，澳大利亚西北部海域。不做食用。

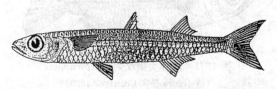

图1275　短鳍狭银汉鱼 S. brachyptera
（依李思忠，2011）

142. 细银汉鱼科 Atherionidae

体延长，亚圆筒形，或略侧扁，腹缘无肉质腹棱。头中大，头长等于或大于体高；头部具齿状小棘。眼中大，侧位，无脂眼睑。口小，口裂上方凹入；上颌骨不达眼下缘，前颌骨下缘凹入。鳃孔宽大，鳃盖骨后缘平滑，前鳃盖骨后缘无缺刻。鳃耙通常细长。体被大型圆鳞或栉鳞；无侧线。具鳔。肛门近于臀鳍起点。体侧通常具银色宽纵带。背鳍2个，第一背鳍甚小，具Ⅲ～Ⅵ棘；第二背鳍基稍长，小于臀鳍基长，具1棘、8～13鳍条。臀鳍有1棘，13～17鳍条；腹鳍小，腹位；尾鳍分叉；无脂鳍。

分布于印度-西太平洋的热带及亚热带海域，沿海近岸群游性小鱼，卵大型。

本科有1属3种（Nelson et al.，2016）；中国有1属1种。

细银汉鱼属 Atherion Jordan & Starks，1901

糙头细银汉鱼 A. elymus Jordan & Starks，1901（图1276）。成群栖息于热带及亚热带海域礁石底质的海区，常出现于潮池、浪涛中的水域或外礁的礁石附近。体长64mm。分布：台湾南部和东部沿岸海区；朝鲜半岛、日本，澳大利亚等西太平洋海域。不供食用，无经济价值。

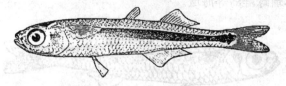

图1276　糙头细银汉鱼 A. elymus

143. 背手银汉鱼科 Notocheiridae

体延长，显著侧扁，胸部下缘呈薄刀状，臀鳍与腹鳍间之腹缘有肉质隆起线（即腹缘具尖锐肉质腹棱）。头长短于体高；头后端近截形；体最高处在项部，向后渐细；尾柄长显著大于尾柄高。口小，上颌骨不伸达眼下方。前颌骨前下缘有一凹刻，上颌齿仅存于前颌骨前端缝合处；肛门距臀鳍起点较距腹鳍近许多。体被小圆鳞，或鳞有刺突。无侧线。背鳍2个，第一背鳍0或4～6鳍棘，第二背鳍0或1鳍棘、13～17鳍条；臀鳍1-21～37；胸鳍14～15，位很高，鳍基上端高于体侧的银色纵带；腹鳍小，腹位；尾鳍分叉；无脂鳍。

太平洋、印度洋、大西洋沿海上层小型鱼类。最大体长约达50mm。栖息于岩礁区的浪拂区，有些种可进入河口区。广泛分布于南非、印度、中国台湾、日本、澳大利亚、夏威夷及智利等沿海。

本科有2属6种；中国有1属2种。

浪花银汉鱼属（浪花鱼属）*Iso* Jordan & Starks, 1901
种 的 检 索 表

1（2）体较低，体高为头长的 1.2 倍；体侧纵列鳞 59～60；体背部弯曲度较小·················
浪花银汉鱼（浪花鱼）*I. flosmaris* Jordan & Starks, 1901（图 1277）。暖水性上层小型鱼类。栖息于岩礁强浪海区。生活时体半透明，体侧具 1 条银色宽纵纹。体长 45mm。分布：东海、台湾周边沿海、南海（香港）；济州岛、日本南部，西-北太平洋海域。不供食用，无经济价值。

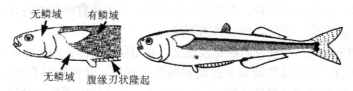

图 1277　浪花银汉鱼（浪花鱼）*I. flosmaris*
（依濑能，2013）

2（1）体较高，体高为头长的 1.5 倍；体侧纵列鳞约 49；体背部弯曲度较大·················
澳洲浪花银汉鱼（刀浪花鱼）*I. rhothophilus*（Ogilby, 1895）（图 1278）。西太平洋亚热带和暖温带海区上层小型鱼类。栖息于岩礁碎浪区。体长 46mm。分布：台湾东南沿岸海区；日本、澳大利亚。不供食用，无经济价值。

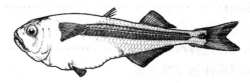

图 1278　澳洲浪花银汉鱼（刀浪花鱼）*I. rhothophilus*
（依 Ivantsoff & Crowley, 1999）

四十、颌针鱼目（鹤鱵目）BELONIFORMES

鳔无管。鼻孔每侧 1 个。无鳍棘及硬刺；背、臀鳍位于体后部，胸鳍位高，腹鳍腹位，腹鳍条 6，罕有 7～8 者。左、右下咽骨完全愈合。无眶蝶骨及中喙骨。上颌口缘仅由前颌骨构成。上、下颌或下颌常延长。圆鳞。侧线很低，位于胸鳍基下方，与腹缘平行。麦克尔氏软骨常保留。鳃盖条 9～15。肠直，无胃及幽门盲囊。上、下肋骨与椎骨横突连接。

热带和暖温带近海及远洋上层鱼类，少数鱵科与颌针鱼科鱼类分布于淡水。

本目有 2 亚目 6 科 34 属 283 种（Nelson et al., 2016）；中国有 1 亚目 4 科 18 属 58 种。

颌针鱼亚目（鹤鱵亚目）BELONOIDEI

体具侧线，沿腹缘延伸；尾鳍深叉形；鼻孔单个。下颌常延长，上颌不延长；口裂短小；齿均小；背、臀鳍各 1 个，常有 8～18 鳍条，不超过 25 枚，且后方均无独立的小鳍；鳞较大，侧线鳞 38～60；第三咽鳃骨已愈合为 1 块。共 4 科。

科 的 检 索 表

1（2）胸鳍显著延长 ·· 飞鱼科 Exocoetidae
2（1）胸鳍正常
3（4）两颌不呈长喙状；背、臀鳍后方具游离的小鳍 4～6 个 ············· 竹刀鱼科 Scomberesocidae
4（3）两颌或仅下颌延长呈长喙状；背、臀鳍后方无游离的小鳍

5（6）两颌延长呈喙状 ······································· 颌针鱼科（鹤鱵科）Belonidae

6（5）仅下颌延长呈长喙状 ··································· 鱵科 Hemiramphidae

144. 飞鱼科 Exocoetidae

体长纺锤形，稍侧扁。头钝锥状；口前位；上下颌等长或下颌稍长于上颌。下颌具齿，齿单尖、双尖或三尖形。鼻孔每侧 1 个。眼大而圆，侧上位。鳃裂宽，鳃盖膜与峡部分离，不相互连接；鳃耙发达，其上密生棘状小刺。胸鳍特别长大，其长可达体长的 1/2 以上；多数种类的腹鳍也较发达，起辅助滑翔作用；尾鳍深分叉，下叶较上叶长；背鳍无棘及硬刺，位于体背部的远后方，背鳍与臀鳍相对。体被易脱落的薄圆鳞。侧线完全，位低，位于胸鳍下缘。

大洋高温的表层洄游鱼类，在春季时随黑潮北上，喜逗留在蓝黑色的海水潮境，但有时可见其游近岸边礁区外的较深层水域。飞鱼以其特别发达的胸鳍快速游动，受惊吓时会利用其特化的胸鳍跃出水面，做长距离的滑翔。以桡足类及端足类等浮游生物为食。所产的卵团具有黏丝，可附着于漂游物或底栖海藻上。

分布：热带和暖温带，全部海生。

本科有 8 属 69 种（Nelson et al.，2016）；中国有 8 属 32 种。

属 的 检 索 表

1（2）胸鳍短，后端不伸达腹鳍起点 ····························· 飞鱵属 Oxyporhamphus

2（1）胸鳍长，后端超过腹鳍起点

3（4）侧线无胸鳍分支；胸鳍末端伸达臀鳍末端之后 ··········· 拟飞鱼属 Parexocoetus

4（3）侧线具胸鳍分支；胸鳍末端不伸达臀鳍末端

5（14）腹鳍长，末端超过臀鳍起点

6（11）臀鳍起点位于背鳍第三鳍条之后的下方；背鳍鳍条数多于臀鳍鳍条数

7（8）胸鳍的上鳍条具 4～5 根不分支鳍条 ··········· 真燕鳐属（原飞鱼属）Prognichthys

8（7）胸鳍的上鳍条具 2～3 根不分支鳍条

9（10）下颌短于上颌 ······································· 燕鳐鱼属（斑鳍飞鱼属）Cypselurus

10（9）两颌等长或下颌稍长 ································· 须唇飞鱼属 Cheilopogon

11（6）臀鳍起点位于背鳍第三鳍条之前的下方；背鳍鳍条数少于或等于臀鳍鳍条数

12（13）胸鳍的上鳍条具 2 根不分支鳍条 ················· 文鳐属（细身飞鱼属）Hirundichthys

13（12）胸鳍的上鳍条具 3 根不分支鳍条 ····················· 丹飞鱼属 Danichthys

14（5）腹鳍短，末端不达臀鳍起点 ························· 飞鱼属 Exocoetus

须唇飞鱼属 Cheilopogon Lowe, 1841
种 的 检 索 表

1（18）胸鳍无黑斑

2（3）胸鳍具 3 枚不分支鳍条 ····················· 燕鳐须唇飞鱼（阿戈须唇飞鱼）
C. agoo (Temminck & Schlegel, 1846)（图 1279）。洄游性鱼类，生活于近海或浅海域的表水层。栖息水深 0～20m。受惊吓时会利用其特化的胸鳍跃出水面，做长距离的滑翔。主要以桡足类及端足类等浮游生物为食。体长 350mm。分布：台湾南部及兰屿；日本，西-北太平洋区。非重要食用鱼。

3（2）胸鳍具 2 枚不分支鳍条

4（5）侧线鳞 61～68；背鳍前鳞 40～47 ··························· 翼髭须唇飞鱼
C. pinnatibarbatus (Bennett, 1831)。分布：东沙群岛。

5（4）侧线鳞 43～57；背鳍前鳞 23～40

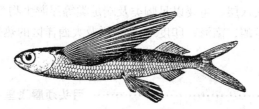

图 1279　燕鳐须唇飞鱼（阿戈须唇飞鱼）*C. agoo*
（依李思忠等，2011）

6（11）背鳍有黑斑

7（8）腹鳍具黑斑 ················· **阿氏须唇飞鱼 *C. abei*（Parin，1996）**（图1280）。洄游性鱼类，生活于近海或浅海域表水层。体长 180mm。分布：台湾绿岛及兰屿；日本、非洲东岸、所罗门群岛、澳大利亚，印度-西太平洋区。

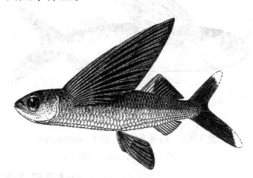

图 1280　阿氏须唇飞鱼 *C. abei*
（依 N. V. Parin，1999）

8（7）腹鳍无黑斑

9（10）背鳍前鳞 28～35 ················ **点背须唇飞鱼 *C. spilonotopterus*（Bleeker，1865）**（图1281）。大洋洄游性鱼种，生活于近海或浅海域的表水层，同时也分布于开放水域。主要以桡足类及端足类等浮游生物为食。体长 380mm。分布：台湾；印度-泛太平洋区的热带及亚热带海域。每年春夏季随着黑潮洄游至台湾东南沿海，是主要的渔期。可利用流刺网或定置网等渔法捕获，或编织草席采收飞鱼卵。成鱼适合红烧或煮汤，也可晒干食用；鱼卵则用于盐渍，风味不错。

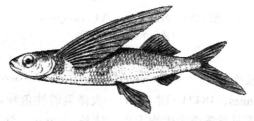

图 1281　点背须唇飞鱼 *C. spilonotopterus*
（依 N. V. Parin，1999）

10（9）背鳍前鳞 33～41 ················ **青翼须唇飞鱼 *C. cyanopterus*（Valenciennes，1847）**（图1282）〔syn. 背斑燕鳐鱼 *Cypselurus bahiensis*（Ranzani，1842）〕。大洋洄游性鱼种，生

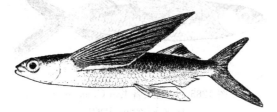

图 1282　黑鳍须唇飞鱼 *C. cyanopterus*
（依 N. V. Parin，1999）

活于近海或浅海域的表水层。主要以足脚类及端足类等浮游生物为食。体长 400mm。分布：东海、台湾东部海域及兰屿、南海；印度-西太平洋及大西洋区的热带及亚热带海域。

11 (6) 背鳍无黑斑

12 (15) 胸鳍有斜带

13 (14) 背鳍前鳞 26～32 ⋯⋯⋯⋯⋯⋯⋯⋯⋯⋯⋯⋯⋯⋯ **弓头须唇飞鱼 *C. arcticeps*（Günther，1866）**
（图1283）。洄游性鱼种，生活于近海或浅海域的表水层，并不分布于开放水域。主要以桡足类及端足类等浮游生物为食。体长 210mm。分布：东海、台湾海域，广西；日本、越南、所罗门群岛、澳大利亚，西太平洋区。

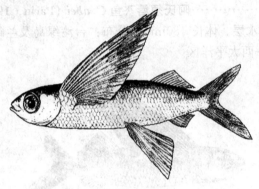

图 1283　弓头须唇飞鱼 *C. arcticeps*
（依 N. V. Parin，1999）

14 (13) 背鳍前鳞 23～26 ⋯⋯⋯⋯⋯⋯⋯⋯⋯⋯⋯⋯ **黄鳍须唇飞鱼 *C. katoptron*（Bleeker，1865）**
（图1284）。近海暖水性上层鱼类。体长 180mm。分布：台湾南部海域、南海；越南、泰国、印度尼西亚、澳大利亚，西太平洋海区。

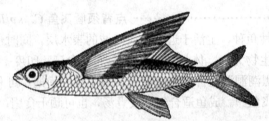

图 1284　黄鳍须唇飞鱼 *C. katoptron*
（依台湾鱼类资料库）

15 (12) 胸鳍无斜带

16 (17) 胸鳍浅色；头长占体长大于 24% ⋯⋯⋯⋯⋯⋯⋯⋯⋯⋯⋯⋯⋯ **白鳍须唇飞鱼**
***C. unicolor*（Valenciennes，1847）**（图1285）。大洋洄游性鱼种，生活于近海或浅海域的表水层。主要以桡足类及端足类等浮游生物为食。体长 380mm。分布：台湾东部及南部海域、南海；日本、菲律宾、新几内亚、澳大利亚，太平洋的热带海域。

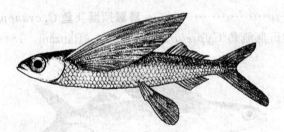

图 1285　白鳍须唇飞鱼 *C. unicolor*
（依 N. V. Parin，1999）

17 (16) 胸鳍暗色；头长占体长小于 24% ⋯⋯⋯⋯⋯⋯⋯⋯⋯⋯⋯⋯⋯⋯⋯⋯ **多氏须唇飞鱼**

C. doederleini （**Steindachner，1887**）　［syn. *Cypselurus doederleini* 李思忠等，2011］　（图 1286）。体长 350mm。分布：黄海、东海沿岸、台湾海域；朝鲜半岛、日本。

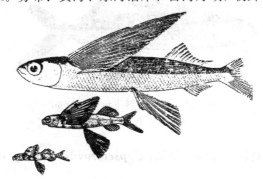

图 1286　多氏须唇飞鱼 *C. doederleini*
（依李思忠等，2011）

18（1）胸鳍具黑斑

19（20）背鳍前鳞 28～34 ·························· **点鳍须唇飞鱼 *C. spilopterus*** （**Valenciennes，1847**）
（图 1287）。洄游性鱼种，生活于近海或浅海域的表水层，不分布于开放水域。受惊吓时会利用其特化的胸鳍跃出水面，做长距离的滑翔。主要以桡足类及端足类等浮游生物为食。所产的卵团具有黏丝，可附着于漂浮物或底栖海藻上。体长 250mm。分布：台湾南部海域、南海；日本、阿达曼海、澳大利亚，印度-西太平洋区。

图 1287　点鳍须唇飞鱼 *C. spilopterus*
（依 N. V. Parin，1999）

20（19）背鳍前鳞 23～29

21（22）腹鳍近头后缘 ·························· **红斑须唇飞鱼 *C. atrisignis*** （**Jenkins，1903**）（图 1288）
（syn. *Cypselurus atrisignis* 李思忠等，2011）。大洋洄游性鱼类，生活于近海或浅海域的表水层。主要以足脚类及端足类等浮游生物为食。体长 330mm。分布：台湾南部海域、南海；日本、巴布亚新几内亚，印度-泛太平洋区。

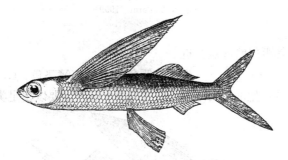

图 1288　红斑须唇飞鱼 *C. atrisignis*
（依李思忠等，2011）

22（21）腹鳍近尾鳍起点 ·························· **苏氏须唇飞鱼 *C. suttoni*** （**Whitley & Colefax，1938**）
（图 1289）。大洋洄游性鱼类，生活于近海或浅海域的表水层。主要以桡足类及端足类等浮游生物为食。体长 300mm。分布：台湾东南部海域；日本、澳大利亚，印度-太平洋区。

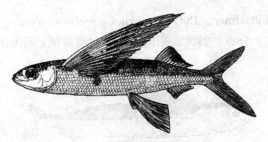

图 1289　苏氏须唇飞鱼 *C. suttoni*

（依 N. V. Parin，1999）

燕鳐鱼属（斑鳍飞鱼属）*Cypselurus* Swainson，1838

1（2）胸鳍全部为分支鳍条⋯⋯⋯⋯⋯⋯⋯⋯⋯**全歧燕鳐鱼 *C. cladopterus* Zhang，2011**（图 1290）。
　　体长 235mm。分布：烟台。

图 1290　全歧燕鳐鱼 *C. cladopterus*

（依张春光等，2011）

2（1）胸鳍不分支鳍条 1～3

3（4）颌齿不为三齿形 ⋯⋯⋯⋯⋯⋯⋯⋯**六带燕鳐鱼（六带斑鳍飞鱼）*C. hexazona*（Bleeker，1853）**
　　（图 1291）。体长 180mm。分布：南海；菲律宾、新几内亚岛、澳大利亚，印度-西太平洋。

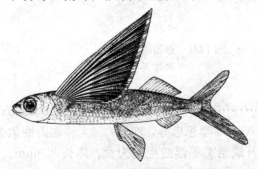

图 1291　六带燕鳐鱼（六带斑鳍飞鱼）*C. hexazona*

（依 N. V. Parin，1999）

4（3）颌齿为三齿形

5（8）腹鳍距头后缘距离较其距尾鳍起点为近

6（7）胸鳍无黑斑 ⋯⋯⋯⋯⋯⋯⋯⋯⋯⋯ **少鳞燕鳐鱼（寡鳞斑鳍飞鱼）*C. oligolepis*（Bleeker，1865）**
　　（图 1292）。洄游性鱼种，生活于近海或浅海域的表水层。主要以桡足类及端足类等浮游生物为食。

图 1292　少鳞燕鳐鱼（寡鳞斑鳍飞鱼）*C. oligolepis*

（依杨玉荣，1978）

体长 277mm。分布：台湾北部及东南部、南海；所罗门群岛、澳大利亚、印度-西太平洋区。

7（6）胸鳍具黑斑 ·················· **花鳍燕鳐鱼（斑鳍飞鱼）*C. poecilopterus***（**Valenciennes，1847**）
（图 1293）。大洋洄游性鱼种，生活于近海或浅海域的表水层。主要以桡足类及端足类等浮游生物为食。体长 270mm。分布：台湾东南部海域、南海；朝鲜半岛、日本、萨摩亚、澳大利亚，印度-西太平洋区。较少见，非重要食用鱼类。

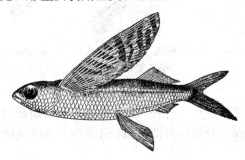

图 1293　花鳍燕鳐鱼（斑鳍飞鱼）*C. poecilopterus*
（依杨玉荣，1978）

8（5）腹鳍位于头后缘至尾鳍起点的中部近尾鳍起点

9（10）腹鳍近尾鳍起点 ·················· **黑鳍燕鳐鱼（黑鳍斑鳍飞鱼）*C. opisthopus***（**Bleeker，1866**）
（图 1294）。栖息于近海水域。体长 180mm。分布：南海；东印度-西太平洋。

图 1294　黑鳍燕鳐鱼（黑鳍斑鳍飞鱼）*C. opisthopus*
（依 N. V. Parin，1999）

10（9）腹鳍位于头后缘至尾鳍起点的中部

11（14）侧线鳞 44～48

12（13）背鳍鳍条 10～12 ·················· **纳氏燕鳐鱼（纳氏斑鳍飞鱼）*C. naresii***（**Günther，1889**）
（图 1295）。大洋洄游性鱼种，生活于近海或浅海域的表水层，同时也分布于开放水域。主要以桡足类及端足类等浮游生物为食。体长 210mm。分布：东海、台湾东南部海域；日本、斐济、澳大利亚，印度-西太平洋区。

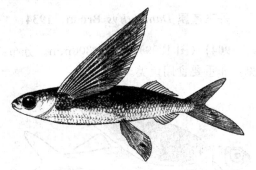

图 1295　纳氏燕鳐鱼（纳氏斑鳍飞鱼）*C. naresii*
（依 N. V. Parin，1999）

13（12）背鳍鳍条 12～14 ·················· **细头燕鳐鱼（细头斑鳍飞鱼）
*C. angusticeps***（**Nichols & Breder，1935**）（图 1296）。大洋洄游性鱼种，生活于近海或浅海域的表水层，同时也分布于开放水域。主要以桡足类及端足类等浮游生物为食。体长 240mm。

分布：台湾南部海域；日本、墨西哥、澳大利亚，印度-泛太平洋区。

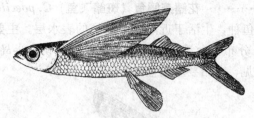

图1296　细头燕鳐鱼（细头斑鳍飞鱼）C. angusticeps
（依N. V. Parin，1999）

14（11）侧线鳞49～57

15（16）胸鳍几黑色，仅下缘浅色······························ **斯氏燕鱼（斯氏斑鳍飞鱼）C. starksi Abe, 1953**
（图1297）。体长280mm。分布：台湾海域；日本南部黑潮流域。较少见，非重要食用鱼类。

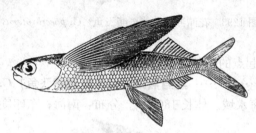

图1297　斯氏燕鱼（斯氏斑鳍飞鱼）C. starksi
（依李思忠等，2011）

16（15）胸鳍暗色，下缘和后上缘浅色·······························**平井燕鳐鱼（平井斑鳍飞鱼）**
C. hiraii Abe, 1953（图1298）。体长280mm。分布：东海；朝鲜半岛、日本。较少见，非重
要食用鱼类。

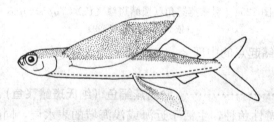

图1298　平井燕鳐鱼（平井斑鳍飞鱼）C. hiraii
（依蓝泽等，2013）

丹飞鱼属 Danichthys Bruun, 1934

　　丹飞鱼 D. gilberti (Snyder, 1904)（图1299）。体长300mm。分布：台湾；朝鲜半岛南岸、日本，
泛太平洋的亚热带水域。较少见，非重要食用鱼类。

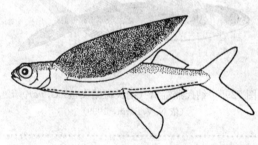

图1299　丹飞鱼 D. gilberti
（依蓝泽等，2013）

飞鱼属 *Exocoetus* Linnaeus, 1758
种 的 检 索 表

1（2）鳃耙 29～37；横列鳞 6 ····················· **大头飞鱼（翱翔飞鱼）*E. volitans* Linnaeus, 1758**
（图 1300）。大洋洄游性鱼种，生活于近海或浅海域的表水层，也分布于开放水域。受惊吓时会利用其特化的胸鳍跃出水面，做长距离的滑翔。主要以桡足类及端足类等浮游生物为食。所产的卵团具有黏丝，附着于漂浮物或底栖海藻上。体长 300mm。分布：东海（江苏沿海）、台湾兰屿及澎湖水域、南海；朝鲜半岛、日本，世界各热带及亚热带水域。每年春夏季随着黑潮洄游至台湾东南沿海，是主要的渔期。可利用流刺网或定置网等渔法捕获，或编织草席采收飞鱼卵。成鱼适合红烧或煮汤，也可晒干食用；鱼卵则利用于盐渍，风味不错。

图 1300　大头飞鱼（翱翔飞鱼）*E. volitans*
（依杨玉荣，1979）

2（1）鳃耙 21～29；横列鳞 7 ····························· **单须飞鱼 *E. monocirrhus* Richardson, 1846**
（图 1301）。大洋洄游性鱼种，生活于近海或浅海域的表水层，也分布于开放水域。主要以桡足类及端足类等浮游生物为食。体长 200mm。分布：东海、台湾海域、南海；日本，印度-泛太平洋区之热带水域。《中国物种红色名录》列为易危［VU］物种。

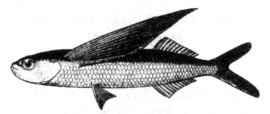

图 1301　单须飞鱼 *E. monocirrhus*
（依 N. V. Parin，1999）

文鳐属（细身飞鱼属）*Hirundichthys* Breder, 1928
种 的 检 索 表

1（4）胸鳍不分支鳍条 1 根
2（3）具腭齿；背鳍前鳞 28～32 ··························· **尖鳍文鳐（尖鳍细身飞鱼）**
H. speculiger（Valenciennes, 1847）（图 1302）。大洋洄游性鱼种，生活于近海或浅海域的表水层。主要以桡足类及端足类等浮游生物为食。体长 300mm。分布：台湾兰屿及澎湖水域；日本，全世界的热带水域。较少见，非重要食用鱼类。

图 1302　尖鳍文鳐（尖鳍细身飞鱼）*H. speculiger*
（依 N. V. Parin，1999）

3（2）具腭齿；背鳍前鳞32～35 •••••••••••••••••••••••••••••••• **尖头文鳐（尖头细身飞鱼）**
***H. oxycephalus*（Bleeker，1852）**（图1303）。洄游性鱼种，生活于近海或浅海域的表水层。主要以桡
足类及端足类等浮游生物为食。体长180mm。分布：江苏沿海、东海、台湾海域、南海；朝鲜半
岛、日本、所罗门群岛、澳大利亚，印度-西太平洋区。《中国物种红色名录》列为易危［VU］物种。

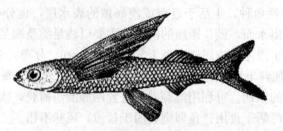

图1303　尖头文鳐（尖头细身飞鱼）*H. oxycephalus*
（依杨玉荣，1979）

4（1）胸鳍不分支鳍条2根 •••••••••••••••• **黑翼文鳐（隆氏细身飞鱼）*H. rondeletii*（Valenciennes，1847）**
（图1304）。大洋洄游性鱼种，生活于近海或浅海域的表水层。主要以桡足类及端足类等浮游生物为
食。体长300mm。分布：台湾海域；全世界各亚热带水域。较少见，非重要食用鱼类。

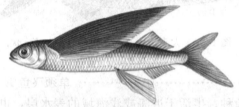

图1304　黑翼文鳐（隆氏细身飞鱼）*H. rondeletii*
（依台湾鱼类资料库）

飞鳝属 *Oxyporhamphus* Gill，1864
种 的 检 索 表

1（2）腹鳍黑色 •••••••••••••••••••••••••••••••••• **黑鳍飞鳝 *O. convexus*（Weber & de Beaufort，1922）**
（图1305）。纯大洋洄游性鱼种，会出现于近海，但不见于沿岸或岛屿四周的表层水域，或开放
的港湾。成群洄游，易受惊吓，逃避敌害时，会有跃出水面的动作，滑翔飞行。食水层中的浮游动
物或卵。体长176mm。分布：台湾东部及东北部海域；日本，印度-西太平洋区的温暖水域。

图1305　黑鳍飞鳝 *O. convexus*
（依 N. V. Parin，1999）

2（1）腹鳍部分黑色 ••••••••••••••••••••••••••••••••• **白鳍飞鳝 *O. micropterus*（Valenciennes，1847）**
（图1306）。大洋洄游性鱼种，会出现于近海，成群洄游。食水层中的浮游生物或卵等。体长
185mm。分布：台湾东部及东北部海域；日本，印度-泛太平洋区的热带及亚热带水域。较少见，
非重要食用鱼类。

图1306　白鳍飞鳝 *O. micropterus*
（依蓝泽等，2013）

拟飞鱼属 *Parexocoetus* Bleeker, 1865
种 的 检 索 表

1（2）胸鳍无色；臀鳍鳍条 13～14 ·················· **短鳍拟飞鱼 *P. brachypterus*（Richardson，1846）**
（图 1307）。大洋洄游性鱼种，生活于近海或浅海域的表水层。食桡足类及端足类等浮游生物。
体长 200mm。分布：台湾兰屿及澎湖、南海；朝鲜半岛、日本，世界各热带及亚热带水域。《中
国物种红色名录》列为易危［VU］物种。

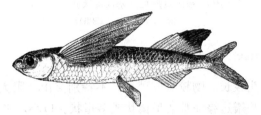

图 1307　短鳍拟飞鱼 *P. brachypterus*
（依 N. V. Parin，1999）

2（1）胸鳍中部暗色；臀鳍鳍条 10～12 ·················· **长颌拟飞鱼 *P. mento*（Valenciennes，1847）**
（图 1308）。生态洄游性鱼种，生活于近海或浅海域的表水层。食桡足类及端足类等浮游生物。
体长 110mm。分布：台湾兰屿及澎湖列岛；朝鲜半岛、日本，印度-太平洋区之热带及亚热带水
域。较少见，非重要食用鱼类。

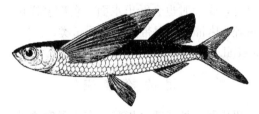

图 1308　长颌拟飞鱼 *P. mento*
（依 N. V. Parin，1999）

真燕鳐属（原飞鱼属）*Prognichthys* Breder, 1928
种 的 检 索 表

1（2）胸鳍上方 4 根鳍条不分支·························· **短鳍真燕鳐（短鳍原飞鱼）**
P. brevipinnis（Valenciennes，1847）（图 1309）。大洋洄游性鱼种，生活于近海或浅海域的表水
层。食桡足类及端足类等浮游生物。体长 190mm。分布：东海、台湾东北部海域；日本、帕劳、
斐济，印度-太平洋区。

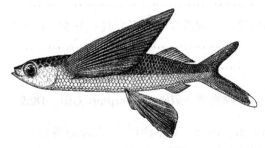

图 1309　短鳍真燕鳐（短鳍原飞鱼）*P. brevipinnis*
（依 N. V. Parin，1999）

2（1）胸鳍上方 5 根鳍条不分支 ·················· **塞氏真燕鳐（塞氏原飞鱼）*P. sealei* Abe，1955**
（图 1310）。栖息于外洋水域。体长 190mm。分布：南海；日本，印度-太平洋。

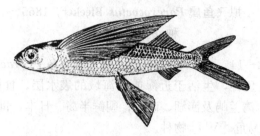

图 1310　塞氏真燕鳐（塞氏原飞鱼）*P. sealei*
（依 N. V. Parin，1999）

145. 鱵科 Hemiramphidae

体长形，侧扁或长柱形。头较长。吻较短或稍长，不特别突出。眼大，圆形。鼻孔大，每侧 1 个，浅凹，具一圆形或扇形嗅瓣；嗅瓣边缘完整或呈穗状或多指状。口小，平直。上颌骨与前（间）颌骨完全愈合，呈三角形。下颌形状不一，一般延长呈长针状。两颌相对部分具齿；齿细小，有 3 尖。犁、腭骨及舌上无齿。第三咽鳃骨已愈合。左右下咽骨愈合成肥大三角形，常具平截、单峰或三角形齿。鳃孔宽。鳃耙发达。鳃膜不与鳃峡相连。体被圆鳞。侧线侧下位，靠近体腹缘。背鳍 1 个，远位于体背侧后部，一般与臀鳍同形，上下相对，或起点在臀鳍稍前上方；尾鳍叉形、圆形或截形。椎骨 49～62 个。

表层洄游鱼类。常栖于平静的内湾，也有不少鱼种栖息于河口域及淡水区。群游性，有些鱼种和飞鱼一样可借伸展的胸鳍于空中滑行，受惊时也会跃出水面。食性多样化，有肉食性或杂食性，大多食漂浮藻类及海草、浮游动物与小鱼等。热带及暖温带海域上层鱼类。

本科有 8 属 67 种（Nelson et al.，2016）；中国有 5 属 17 种。

属 的 检 索 表

1（2）鼻孔内嗅瓣长且尖，不呈圆片形、穗状或多指状，突出鼻窝之外；尾鳍圆形或截形；成年雄鱼臀鳍多变化，有些鳍条宽且长形成雄鱼足（andropodium）·············· **异鳞鱵属 Zenarchopterus**

2（1）鼻孔内嗅瓣圆片状，穗状或多指状，突出鼻窝不多，尾鳍微凹或分叉，通常下叶较长，成年雄雌鱼臀鳍无差别

3（4）胸鳍颇长，为头长的 1.5～1.7 倍，具 8～9 鳍条；背鳍具 21～25 鳍条；臀鳍具 21～24 鳍条；体颇侧扁，呈带状 ············· **长吻鱵属 Euleptorhamphus**

4（3）胸鳍较短，短于头长，具 10～14 鳍条；背鳍具 12～18 鳍条；臀鳍具 10～20 鳍条；体稍侧扁，不呈带状

5（6）鼻孔内嗅瓣穗状或多指状；侧线在胸鳍下方具二平行分支，向上伸达胸鳍基部 ·················· **吻鱵属 Rhynchorhamphus**

6（5）鼻孔内嗅瓣圆片状，不呈穗状，侧线在胸鳍下方具一分支，向上伸达胸鳍基部

7（8）上颌三角部裸露无鳞 ············· **鱵属 Hemiramphus**

8（7）上颌三角部具鳞 ············· **下鱵属 Hyporhamphus**

长吻鱵属 Euleptorhamphus Gill，1859

长吻鱵 *E. viridis*（van Hasselt，1823）（图 1311）。大洋洄游性鱼种，常出现于沿岸或岛屿四周的表层水域，或开放港湾。成群洄游，易受惊吓，逃避敌害时，有跃出水面的动作，甚至滑翔飞行。喜在较干净的水域活动，食水层中的浮游生物。体长 405mm。分布：东海（福建）、台湾沿岸、西沙群岛；印度-泛太平洋区的热带及亚热带水域。数量较少，偶为流刺网、围网、定置网等捕获。成鱼肉质味美，用油煎食味道不错。

图 1311 长吻鱵 E. viridis

（依郑义郎，2007）

鱵属 *Hemiramphus* Cuvier，1816
种 的 检 索 表

1（2）胸鳍较长，体长为胸鳍长的 4.5～5.4 倍（长度大于胸鳍起点到鼻孔前缘的距离）；鳃耙 33～46；背鳍前鳞 35～43（通常多于 37）······························ **南洋鱵 *H. lutkei*（Valenciennes，1847）**（图 1312）。栖息于沿岸或岛屿四周较干净的水域表层，成群洄游，一般皆在水草较多的水域活动。产卵期在每年 4—7 月。以水层中的浮游动物为主食。体长 400mm。分布：台湾沿岸；日本、萨摩亚群岛、新几内亚，印度-西太平洋区。数量较少，偶为流刺网、围网、定置网等捕获。成鱼肉质味美。

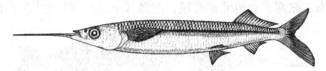

图 1312 南洋鱵 *H. lutkei*

（依 B. B. Collette，1999）

2（1）胸鳍短，体长为胸鳍长的 5.2～6.8 倍（长度小于胸鳍起点到鼻孔前缘的距离）；鳃耙 25～36；背鳍前鳞 29～39（通常少于 37）

3（4）背鳍无发达的前叶，边缘具色素；体高为体宽的 1.8～2 倍；成鱼体侧无斑点···················
······**路氏鱵（岛鱵）*H. archipelagicus* Collette & Parin，1978**（图 1313）。栖息于外海的大型鱵类。幼鱼在远离海岸的地方比较常见，通常在漂浮的水草中。体长 298mm。分布：渤海至海南岛（海口）、台湾海域；印度-西太平洋。

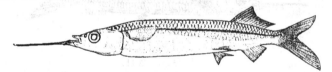

图 1313 路氏鱵（岛鱵）*H. archipelagicus*

（依李思忠等，2011）

4（3）背鳍前叶发达，前部有色素；体高为体宽的 1.3～1.8 倍；成鱼体侧有斑点···················
······**斑鱵 *H. far*（Forsskål，1775）**（图 1314）。栖息于沿岸或岛屿四周较干净的水域表层，成群洄游，一般在水草较多的水域活动。以水层中的浮游生物为食。体长 450mm。分布：台湾海域、澎湖列岛及小琉球、海南岛、南海；日本、红海、澳大利亚，印度-西太平洋区。春夏之间为盛渔期，用流刺网、围网、定置网等捕获。成鱼肉质味美，幼鱼偶作为观赏鱼，有趣可爱。

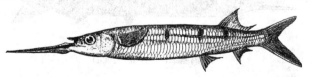

图 1314 斑鱵 *H. far*

（依李思忠等，2011）

下鱵属 *Hyporhamphus* Gill，1859
种 的 检 索 表

1（12）眶前骨感觉管简单，无后分支；尾鳍浅叉形

2（3）鳃耙 19～22····························少耙下鱵 **H. paucirastris Collette & Parin，1978**（图 1315）。近海暖水性鱼类，栖息于中上层水域或河口、内湾。体长 160mm。分布：东海（福建宁德至厦门近海）、海南岛；越南北部。《中国物种红色名录》列为濒危［EN］物种。

图 1315　少耙下鱵 *H. paucirastris*
（依伍汉霖，金鑫波，1984）

3（2）鳃耙 23～38

4（7）背鳍前鳞 30～40

5（6）颌齿细长，一般为单峰齿；脊椎骨 51～53 ········ 简氏下鱵 **H. gernaerti**（Valenciennes，1847）（图 1316）。栖息于沿岸表层水域，成群洄游，可进入河口区及河川下游。食水层中的浮游动物。体长 161mm。分布：东海、台湾北部海域、南海（澳门）；西-北太平洋区。

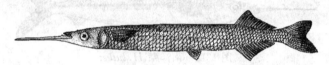

图 1316　简氏下鱵 *H. gernaerti*
（依冯照军，伍汉霖，2006）

6（5）颌齿短，一般为 3 峰齿；脊椎骨 59～63 ················ 缘下鱵 **H. limbatus**（Valenciennes，1847）（图 1317）。栖息于沿岸河口区及河川中下游的表水层。食水生昆虫。体长 250mm。分布：东海南部（福建）、台湾海域、海南岛、南海（广东）；印度-西太平洋区。

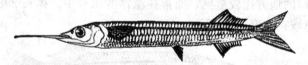

图 1317　缘下鱵 *H. limbatus*
（依李思忠等，2011）

7（4）背鳍前鳞 48～80

8（9）背鳍前鳞 65～80；脊椎骨 59～63 ·· 日本下鱵 **H. sajori**（Temminck & Schlegel，1846）（图 1318）。近海暖温性鱼类，栖息于中上层，也生活于河口附近和淡水。以浮游生物为食。有趋光性。体长 200mm。分布：渤海、黄海、东海、台湾北部海域、黄河及长江中下游；朝鲜半岛、日本。可食用，有一定经济价值。

图 1318　日本下鱵 *H. sajori*
（依冯照军，伍汉霖，2006）

9（8）背鳍前鳞 48～63；脊椎骨 47～54

10（11）上颌长大于宽，长为宽的 1.1～1.3 倍；颌齿大部分为单峰齿，下颌后部为 3 峰齿···········
·················间下鱵 **H. intermedius**（Cantor，1842）（图 1319）。栖息于沿岸表层水域，成群洄游，可进入河口区及河川下游。食水层中的浮游动物。体长 151mm。分布：渤海、黄海、东海、台湾海域、南海沿岸及其通海河川、长江及珠江中下游；朝鲜半岛、日本、越南，西-北太平洋区。

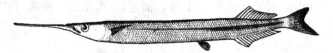

图 1319　间下鱵 *H. intermedius*
（依冯照军，伍汉霖，2006）

11（10）上颌宽大于长，长为宽的 0.7～0.9 倍；颌齿全为 3 峰齿⋯⋯⋯⋯⋯⋯⋯**台湾下鱵**
H. taiwanensis Collette & Su, 1986（图 1320）。栖息于沿岸河口区。体长 151mm。分布：台湾淡水河上游、基隆河石林。目前仅有模式标本，无任何其他标本可寻，可能已绝种。《中国物种红色名录》列为灭绝 [EX] 物种。

图 1320　台湾下鱵 *H. taiwanensis*
（依 Collette & Su，1986）

12（1）眶前骨感觉管 T 形，有后分支；尾鳍深叉形
13（16）眼径为眶前骨长的 1.1～1.6 倍
14（15）眼径为眶前骨长的 1.4～1.6 倍；上颌长为宽的 0.6～0.8 倍；脊椎骨 54～59⋯⋯⋯⋯
⋯⋯⋯⋯**蓝背下鱵 H. affinis**（Guünther，1866）（图 1321）。栖息于珊瑚礁和岛屿周围。体长 243mm。分布：南海；马达加斯加、红海、土阿莫土群岛，印度-西太平洋。

图 1321　蓝背下鱵 *H. affinis*
（依李思忠等，2011）

15（14）眼径为眶前骨长的 1.1～1.4 倍；上颌长为宽的 0.8～1.0 倍；脊椎骨 59～61⋯⋯⋯⋯⋯
⋯⋯⋯⋯**尤氏下鱵 H. yuri**（Collette & Parin，1978）（图 1322）。栖息于沿岸水域表层，成群洄游，可进入河口区。体长 250mm。分布：台湾海域；日本。

图 1322　尤氏下鱵 *H. yuri*
（依李思忠等，2011）

16（13）眼径为眶前骨长的 1.7～2.2 倍
17（18）上颌尖，上颌长为宽的 1.2～1.3 倍；鳃耙 34～47；腹鳍基距尾鳍基较距胸鳍基近 ⋯⋯⋯⋯
杜氏下鱵 H. dussumieri（Valenciennes，1847）（图 1323）。栖息沿岸礁区、潟湖或岛屿四周较干净的水域表层，成群洄游。以水层中的浮游动物为食。体长 298mm。分布：台湾西部及兰屿、西沙群岛；日本、塞舌尔群岛、澳大利亚，印度-太平洋区。

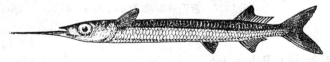

图 1323　杜氏下鱵 *H. dussumieri*
（依李思忠等，2011）

18（17）上颌钝圆，上颌长为宽的 1.4～1.7 倍；鳃耙 26～34；腹鳍位于尾鳍基与胸鳍基中间⋯⋯⋯⋯
⋯⋯⋯⋯**瓜氏下鱵 H. quoyi**（Valenciennes，1846）（图 1324）。暖水性近海鱼类。栖息于

中上层。体长 300mm。分布：东海（上海、福建）、海南岛、南海（广东）；朝鲜半岛、日本，印度-西太平洋。

图 1324　瓜氏下鱵 *H. quoyi*
（依李思忠等，2011）

吻鱵属 *Rhynchorhamphus* Fowler，1928

乔氏吻鱵 *R. georgii*（Valenciennes，1847）（图 1325）。大洋洄游性鱼种，常出现于沿岸或岛屿四周的表层水域，或开放的港湾。成群洄游，易受惊吓，逃避敌害时，会跃出水面做滑翔飞行。喜在较干净的水域活动，食水层中的浮游生物。体长 231mm。分布：东海南部（福建）、台湾东部海域、南海；波斯湾、新几内亚、澳大利亚，印度-西太平洋区。偶由流刺网、围网、定置网等渔法捕获，数量较少，不具经济价值。

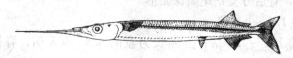

图 1325　乔氏吻鱵 *R. georgii*
（依李思忠等，2011）

异鳞鱵属 *Zenarchopterus* Gill，1864
种 的 检 索 表

1（2）上颌的背中线有一暗褐色纵带，喙之前方黑色 ･･････････････････････････････････ **蟾异鳞鱵**
Z. buffonis（Valenciennes，1847）（图 1326）。栖息于沿岸、潟湖或港湾水域表层，成群洄游，可进入河口区及河川下游。食水层中的水生昆虫。体长 230mm。分布：台湾南部海域及澎湖、南海；印度-西太平洋区。

图 1326　蟾异鳞鱵 *Z. buffonis*
（依李思忠等，2011）

2（1）上颌的背中线无褐色纵带 ･･････････････････････････ **董氏异鳞鱵 *Z. dunckeri*（Mohr，1926）**
（图 1327）。栖息于沿岸、潟湖或港湾水域表层，成群洄游，可进入河口区。以水层中的水生昆虫为食。体长 130mm。分布：台湾海域；日本、安达曼群岛、新几内亚，印度-西太平洋。

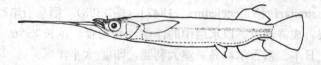

图 1327　董氏异鳞鱵 *Z. dunckeri*
（依蓝泽等，2013）

146. 颌针鱼科（鹤鱵科）Belonidae

体延长，侧扁或圆柱形。头较长。鼻孔大，每侧 1 个，嗅瓣圆形。吻很突出。口平直。上下颌延长，长针状，具细齿，带状排列，并各具 1 行排列稀疏的大犬牙。犁骨及舌上具齿或无齿。鳃孔宽。鳞细小，一般在 130～350。侧线下侧位。背、臀鳍位于体后部，背鳍通常 10～26，后方无游离小鳍，臀鳍 14～23；胸鳍较小，上侧位；腹鳍腹位；尾鳍分叉或圆形。

温热带海域表层洄游性鱼类。生活在海洋中，但在热带地区发现有一些是在淡水或半淡咸水区。多半在外海群游，少数则分散成小群或独游至沿岸。肉食性，掠食银汉鱼。受到惊吓时，也会和飞鱼一样跃出水面，用尾鳍击水而滑行一段距离。卵大而圆，通常产在漂浮的藻类碎片、流木或枯叶上面。个体较长，最大体长可达 1m 左右。

本科有 10 属 47 种（Nelson et al.，2016）；中国有 4 属 8 种。

属 的 检 索 表

1（4）尾柄两侧具侧嵴

2（3）第一鳃弓具鳃耙；尾柄部侧扁；背鳍起点与臀鳍起点相对 ··· 宽尾颌针鱼属（宽尾鹤鱵属）*Platybelone*

3（2）第一鳃弓无鳃耙；尾柄部平扁；背鳍起点后于臀鳍起点 ······ 圆颌针鱼属（叉尾鹤鱵属）*Tylosurus*

4（1）尾柄两侧无侧嵴

5（6）体侧具横带；侧线无胸鳍分支 ······························ 扁颌针鱼属（扁鹤鱵属）*Ablennes*

6（5）体侧无横带；侧线具胸鳍分支 ····················· 柱颌针鱼属（圆尾鹤鱵属）*Strongylura*

扁颌针鱼属（扁鹤鱵属）*Ablennes* Jordan & Fordice，1887

横带扁颌针鱼（扁鹤鱵）*A. hians*（Valenciennes，1846）（图 1328）。大洋性鱼类。通常巡游于岛屿四周的水表层，偶被发现于河口域。性凶猛，以小鱼为主食。体长 1 400mm。分布：东海、台湾海域、南海；朝鲜半岛、日本，世界各热带及温带暖水海域。

图 1328　横带扁颌针鱼（扁鹤鱵）*A. hians*
（依冯照军，伍汉霖，2006）

宽尾颌针鱼属（宽尾鹤鱵属）*Platybelone* Fowler，1919

东非宽尾颌针鱼（宽尾鹤鱵）*P. platyura*（Bennett，1832）（图 1329）。大洋性鱼类。通常巡游于岛屿四周的水表层或礁区上层。性凶猛，以小鱼为主食。体长 382mm。分布：台湾海域；日本、密克罗尼西亚群岛、澳大利亚，印度-西太平洋。

图 1329　东非宽尾颌针鱼（宽尾鹤鱵）*P. platyura*
（依 B. B. Collette，1999）

柱颌针鱼属（圆尾鹤鱵属）*Strongylura* van Hasselt，1824

种 的 检 索 表

1（2）尾鳍基部具一黑斑 ·· 斑尾柱颌针鱼（尾斑圆尾鹤鱵）*S. strongylura*（van Hasselt，1823）（图 1330）。大洋性鱼类。通常巡游于岛屿四周的水表层，也常出现于河口或红树林区，甚至淡水域。性凶猛，以小鱼为主食。体长 400mm。分布：台湾海域、南海；波斯湾、新几内亚、澳大利亚，印度-西太平洋。

图 1330　斑尾柱颌针鱼（尾斑圆尾鹤鱵）*S. strongylura*
（依 B. B. Collette，1999）

2（1）尾鳍基部无黑斑

3（4）背鳍前鳞195～230 ·· **尖嘴柱颌针鱼（尖嘴圆尾鹤鱵）**
S. anastomella (Valenciennes, 1846)（图1331）[syn. 尖嘴扁颌针鱼 *Ablennes anastomella*（Valenciennes, 1846）]。大洋性鱼类。通常巡游于岛屿四周的水表层。性凶猛，以小鱼为主食。体长1 000mm。分布：渤海、黄海、东海、台湾海域、南海；朝鲜半岛、日本，西-北太平洋。

图1331 尖嘴柱颌针鱼（尖嘴圆尾鹤鱵）*S. anastomella*
（依冯照军，伍汉霖，2006）

4（3）背鳍前鳞100～180

5（6）背鳍前鳞100～125；背鳍起点下方的臀鳍鳍条4～6 ·····································
琉球柱颌针鱼（琉球圆尾鹤鱵）*S. incise* (Valenciennes, 1846)（图1332）。栖息于沿海水域，特别是珊瑚礁附近。肉食性。体长750mm。分布：台湾海域、海南岛；日本、马尔代夫、新几内亚、澳大利亚，印度-西太平洋。

图1332 琉球柱颌针鱼（琉球圆尾鹤鱵）*S. incise*
（依B. B. Collette, 1999）

6（5）背鳍前鳞130～180；背鳍起点下方的臀鳍鳍条7～10 ·································
无斑柱颌针鱼（无斑圆尾鹤鱵）*S. leiura* (Bleeker, 1850)（图1333）。大洋性鱼类。喜欢成群在水表层活动，也常出现于河口或红树林区。掠食性强，以水表层银汉鱼为食。体长1 000mm。分布：台湾海域、南海；新几内亚、澳大利亚，印度-西太平洋。

图1333 无斑柱颌针鱼（无斑圆尾鹤鱵）*S. leiura*
（依B. B. Collette, 1999）

圆颌针鱼属（叉尾鹤鱵属）*Tylosurus* Cocco, 1833
种 的 检 索 表

1（2）背鳍鳍条21～24；鳃盖骨上具一横带；上颌犬齿向前弯曲 ·························
鳄形圆颌针鱼（鳄形叉尾鹤鱵）*T. crocodiles* (Péron & Lesueur, 1821)（图1334）[syn. *T. giganteus* (Temminck & Schlegel, 1846)]。大洋性鱼类。常出现于沿岸，常成群在水表层活动，掠食性，以表层活动的小鱼为食。体长1 500mm。分布：东海、台湾海域、南海；朝鲜半岛、日本，东太平洋除外的世界热带和温带水域。

图1334 鳄形圆颌针鱼（鳄形叉尾鹤鱵）*T. crocodiles*
（依B. B. Collette, 1999）

2（1）背鳍鳍条24～27；鳃盖骨上无横带；上颌犬齿直立 ·································
黑背圆颌针鱼（黑背叉尾鹤鱵）*T. melanotus* (Bleeker, 1850)（图1335）。大洋性鱼类。通常在近海巡游，偶会靠近岸边。性凶猛，以小鱼为主食。体长1 530mm。分布：台湾海域、南海；朝鲜半岛、日本、澳大利亚，印度-太平洋区。

图 1335　黑背圆颌针鱼（黑背叉尾鹤鱵）*T. melanotus*

（依 B. B. Collette，1999）

147. 竹刀鱼科 Scomberesocidae

体细长而侧扁。口小，两颌稍突出或中等程度突出呈喙状。齿细而尖。第三上咽骨扩大，左右分开，上具 3 峰齿；第二上咽骨有单齿；第一上咽骨无齿；无第四上咽骨。下咽骨连成三角形，上有 3 峰齿。背、臀鳍位于体的后部，背鳍鳍条 14～18，臀鳍鳍条 16～21；背、臀鳍后方各具 5～7 游离小鳍；胸鳍和腹鳍较小；尾鳍叉形。无鳔。脊椎骨 54～70。

本科有 2 属 4 种（Nelson et al.，2016）；中国有 1 属 1 种。

秋刀鱼属 *Cololabis* Gill，1895

秋刀鱼 *C. saira*（Brevoort，1856）（图 1336）。栖息于水深 0～230m 的太平洋亚热带或温带海域的中上层鱼类。以虾类、鱼卵和桡足类为食。体长 350mm。分布：黄海和山东东岸；朝鲜半岛、日本、阿拉斯加，白令海、北太平洋。

图 1336　秋刀鱼 *C. saira*

（依李思忠等，2011）

四十一、奇金眼鲷目 STEPHANOBERYCIFORMES

体常近椭圆形，多少侧扁。具辅上颌骨 0～2 块。两颌齿细小，呈绒毛带状。犁骨、腭骨及翼骨有时也具细绒齿。腭骨无齿。头骨颇薄。无眶蝶骨，无眼下骨架。背鳍和臀鳍一般具 3 鳍棘，少数无棘，若具鳍棘则鳍棘很弱，各鳍均具 10～14 鳍条；腹鳍腹位或亚胸位，无鳍棘，具 5 鳍条；尾鳍分叉，具 16～19 分支鳍条，还具尾鳍前棘 3～4 或 8～11。体被圆鳞、栉鳞或骨板。侧线弱。椎骨 30～33。

栖息于大洋深海水深 1 000m 以上、体形奇特的中底层小型鱼类。分布：世界三大洋热带、温带及亚寒带水域。

本目有 9 科 28 属 75 种；中国有 5 科 8 属 13 种。

科 的 检 索 表

1（2）鼻孔特大，位于吻的前端，漏斗状 …………………………………… 大吻鱼科 Megalomycteridae

2（1）鼻孔正常，不特别大

3（4）无腹鳍；无腹肋；腹部可高度膨胀 ………………………………………… 仿鲸科 Cetomimidae

4（3）有腹鳍；具腹肋；腹部稍膨胀或不膨胀

5（6）腹鳍胸位或喉位 ……………………………………………………………… 孔头鲷科 Melamphaidae

6（5）腹鳍腹位

7（8）上颌骨后端伸至眼后缘的远后方；体及各鳍被浓密微细小刺；侧线由 1 列圆形管状小孔构成；椎骨 42 ………………………………………………………………… 须皮鱼科（须仿鲸科）Barbourisiidae

8（7）上颌骨后端仅伸达眼前缘下方；体裸露无鳞，具多行乳头状神经丘；侧线由 14～26 列连续垂直小突起构成；椎骨 24～27 ………………………………… 龙氏鲸头鱼科（红口仿鲸科）Rondeletiidae

148. 须皮鱼科（须仿鲸科）Barbourisiidae

眼小，位高。上颌骨后端远超过眼后缘。鳃4，第四鳃后有一裂孔。鳃耙细长。皮肤宽松而面粗糙，密被针尖状小刺。侧线明显开孔，侧线孔之间无横列孔。鳍无棘。背鳍和臀鳍位于尾部，基底约相对，无脂鳍；腹鳍存在，腹位；尾鳍较宽。尾柄明显。椎骨42。

大洋性深海鱼类。分布：太平洋、印度洋、大西洋部分地区热带及温带水域。

本科有1属1种（Nelson et al.，2016）；中国有产。

须皮鱼属（须仿鲸属）*Barbourisia* Parr，1945

红须皮鱼（红须仿鲸）*B. rufa* Parr，1945（图1337）。栖息于水深300～2 000m的中底层大洋性鱼类。幼鱼为中层鱼类，成鱼栖于底层。食底栖甲壳类。体长145～345mm。分布：东海深海、台湾南部巴士海峡；日本、夏威夷、澳大利亚，印度-西太平洋各热带及温带海域。不供食用，无经济价值。数量稀少，《中国物种红色名录》列为濒危［EN］物种。

图1337　红须皮鱼（红须仿鲸）*B. rufa*
（依许成玉，1988）

149. 仿鲸科 Cetomimidae

体长椭圆形，鲸状。头大。口特大，前位。胃能高度扩大。口裂远超过眼的后缘。眼由发达到极小。皮肤疏松，无鳞，仅侧线处有大而嵌入皮肤中的鳞。侧线由拟许多凹进的空管组成。肛门及背、臀鳍基部有发光器官。背、臀鳍位于体的后部、相对，无鳍棘，有13～35鳍条；胸鳍有15～22鳍条。椎骨39～58。无鳔；无眶蝶骨。体褐色，常杂有橙色和红色。

远洋深海小型鱼类。分布：三大洋水深1 000m以上的底层海域。

本科有9属21种（Nelson et al.，2016）；中国有1属1种。

拟鲸口鱼属 *Cetostoma* Zugmayer，1914

雷根氏拟鲸口鱼 *C. regani* Zugmayer，1914（图1338）。栖息于水深650～2 250m的中深层至渐底层大洋性鱼类。幼鱼为中层鱼类，成鱼栖于底层。食底栖甲壳类。体长247mm。分布：台湾东北部海域；日本，太平洋、印度洋、大西洋深海。无食用价值。

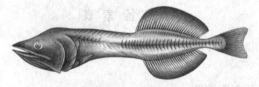

图1338　雷根氏拟鲸口鱼 *C. regani*
（依郑义郎，2007）

150. 大吻鱼科 Megalomycteridae

体延长，稍侧扁。头小。吻钝。口小，前位。上口边缘由前颌骨组成。眼小，正常或退化。嗅觉器官异常发达。两颌具细齿。常无腹鳍或偶有腹鳍，鳍条1或3，位于胸鳍稍前方。背鳍及臀鳍位于体的后部，相对，同形，紧邻尾鳍；胸鳍小，侧中位；尾鳍末端圆形或截形，各鳍无鳍棘。椎骨45～52。

深海鱼类。分布：大西洋及太平洋热带海域。

本科有 4 属 7 种；中国有 1 属 1 种。

狮鼻鱼属 *Vitiaziella* Rass，1955

方头狮鼻鱼 *V. cubiceps* Rass，1955（图 1339）。栖息于水深 2 000～2 800m 的大洋性中水层及海底渐深层鱼类。食浮游动物如桡足类等。体长 47mm。分布：南海中部深海；日本，世界三大洋热带及亚热带深海区。颇罕见，无食用价值。数量稀少，《中国物种红色名录》列为濒危［EN］物种。

鼻孔特大

图 1339　方头狮鼻鱼 *V. cubiceps*
（依陈素芝，2002）

151. 孔头鲷科 Melamphaidae

体延长，侧扁。头具发达黏液腔。两颌齿细小，成束。体被大而易脱落的圆鳞；侧线退化，仅在后颞骨后方残留 1～2 个有孔鳞片。无鳃盖骨刺。背鳍 1 个，背鳍鳍条前具 1～3 弱鳍；胸鳍具 1 鳍棘、6～9 鳍条；腹鳍胸位或亚胸位，具 1 鳍棘、6～8 鳍条；尾鳍具 3～4 尾鳍前棘。鳞大，圆鳞，易脱落。无侧线。椎骨 24～31。

深海大洋底层中小型鱼类。除北极及地中海外，各大洋深海均有分布。

本科有 5 属 63 种（Nelson et al.，2016）；中国有 4 属 9 种。

属 的 检 索 表

1（2）鳞片较大而少，从项背至尾鳍基部一纵列鳞少于 18；无辅上颌骨 ········ **鳞孔鲷属 *Scopelogadus***
2（1）鳞片较小而多，从项背至尾鳍基部一纵列鳞多于 20；具辅上颌骨 1 块
3（4）两侧鼻间具一伸向前上方的骨质尖棘；头顶骨嵴呈冠状，边缘有锯齿 ····· **犀孔鲷属 *Poromitra***
4（3）两侧鼻间无伸向前上方的骨质尖棘；头顶骨嵴不呈冠状，边缘光滑（无损坏时）
5（6）背鳍鳍棘鳍条总数少于 16；成鱼眼小，通常小于头长的 1/9 ············· **灯孔鲷属 *Scopeloberyx***
6（5）背鳍鳍棘鳍条总数多于 16；成鱼眼正常大小，通常大于头长的 1/9 ····· **孔头鲷属 *Melamphaes***

孔头鲷属 *Melamphaes* Günther，1864
种 的 检 索 表

1（4）后侧头部无棘
2（3）鳃耙总数 19 或更少；臀鳍 I-9；背鳍 III-16。液浸标本体呈深褐色；眼蓝黑色；各鳍色淡······
　　··············洞孔头鲷 *M. simus*（Ebeling，1962）（图 1340）。栖息于水深 1 050m 的大洋中、底层小型鱼类。有垂直移动习性，仔稚鱼常向上浮游至表层。体长 24.8～35mm。分布：南沙群岛；印度洋、太平洋、东部大西洋。无食用价值。

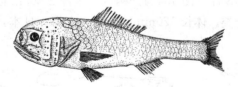

图 1340　洞孔头鲷 *M. simus*
（依杨家驹等，1996）

3（2）鳃耙总数 20 或更多；臀鳍 I-8；背鳍 III-14～15。液浸标本体呈褐色，头部和腹部颜色较深······
　　··············多耙孔头鲷 *M. leprus*（Ebeling，1962）（图 1341）。栖息于水深 150～1 020m 的大洋中、底层小型鱼类。有垂直移动习性。食小型甲壳类。体长 170mm。分布：南海东北部；

太平洋、大西洋热带海域。无食用价值。

图 1341　多耙孔头鲷 *M. leprus*

（依杨家驹等，1996）

4（1）后侧头部有棘⋯⋯⋯⋯⋯⋯⋯⋯⋯⋯⋯**下眶孔头鲷 *M. suborbitalis*（Gill，1883）**（图 1342）。大洋中、底层鱼类。栖息水深 600～1 500m，有垂直移动习性，白天栖息较深水域，晚上则迁移至较浅水域。食小型甲壳类。体长 120mm。分布：南海深海；日本，东太平洋、大西洋（北半球）的热带及亚寒带海域。罕见鱼种，除学术研究外，无经济价值。

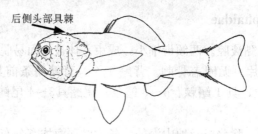

图 1342　下眶孔头鲷 *M. suborbitalis*

（依蓝泽等，2013）

犀孔鲷属 *Poromitra* Goode & Bean，1883
种 的 检 索 表

1（2）眼大，眼径等于或大于吻长⋯⋯⋯⋯⋯⋯⋯⋯⋯⋯**厚头犀孔鲷 *P. crassiceps*（Günther，1878）**（图 1343）。大洋中、底层鱼类。栖息水深 600～3 300m。白天栖于 750m 以深水域，晚上则迁移至较浅水域。食小型甲壳类。体长 180mm。分布：东海深海、台湾东北部海域、南沙群岛深海；除北极及地中海外的世界各海域。罕见鱼种，除学术研究外，无食用价值。

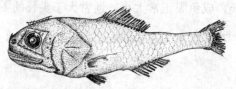

图 1343　厚头犀孔鲷 *P. crassiceps*

（依杨家驹等，1996）

2（1）眼小，眼径小于吻长

3（4）背鳍具 3 鳍棘、12～13 鳍条；眼径大于眼下辐的 1/2 以上⋯⋯⋯⋯⋯⋯⋯⋯⋯⋯**冠头犀孔鲷 *P. cristiceps*（Gilbert，1890）**（图 1344）。栖息于水深 2 000m 以上的中、深层及底层大洋性小型游泳鱼类。食底栖甲壳类。体长 120mm。分布：南海；日本，太平洋（北半球）温带及亚寒带水域。无食用价值。

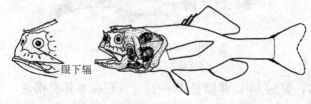

图 1344　冠头犀孔鲷 *P. cristiceps*

（依蓝泽等，2013）

4（3）背鳍具 3 鳍棘、9～10 鳍条；眼径小于眼下辐的 1/3 以下 ·························· **小眼犀孔鲷**
P. oscitaris Ebeling, 1975（图 1345）。大洋中、底层鱼类。栖息水深 600～3 300m。白天栖于 750m
以深水域，晚上则迁移至较浅水域。食小型甲壳类。体长 180mm。分布：东海深海、台湾东北部
海域，南沙群岛深海；除北极及地中海外的世界各海域。罕见鱼种，除学术研究外，无食用价值。

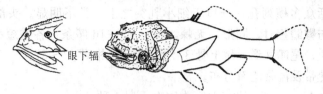

眼下辐

图 1345　小眼犀孔鲷 *P. oscitaris*
（依蓝泽等，2013）

灯孔鲷属 *Scopeloberyx* Zugmayer，1911
种 的 检 索 表

1（2）腹鳍起点在胸鳍基部的远后下方；第一鳃弓具鳃耙 13～17 枚·························**后鳍灯孔鲷**
S. opisthopterus（Parr，1933）（图 1346）。栖息于水深 6 120m 的大洋中、深层至深海层的游泳
性小型鱼类。食小型甲壳类。体长 30～35mm。分布：南海东北部深海；日本，太平洋、印度
洋、大西洋的热带及温带海域。罕见鱼种，除学术研究外，无食用价值。

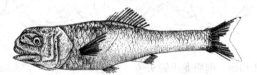

图 1346　后鳍灯孔鲷 *S. opisthopterus*
（依杨家驹等，1996）

2（1）腹鳍起点几在胸鳍基部的稍后下方；第一鳃弓具鳃耙 19～22 枚·····················**壮体灯孔鲷**
S. robustus（Günther，1878）（图 1347）。栖息于水深 3 990m 的大洋中、深层至深海层的游泳性
小型鱼类。食小型甲壳类。体长 20～90mm。分布：南海中部深海；日本，太平洋、印度洋的热
带及温带海域。罕见鱼种，除学术研究外，无食用价值。

图 1347　壮体灯孔鲷 *S. robustus*
（依杨家驹等，1996）

鳞孔鲷属 *Scopelogadus* Vaillant，1888

大鳞鳞孔鲷 S. mizolepis（Günther，1878）（图 1348）。栖息于水深 500～1 800m 的大洋中、深层至
渐深层的游泳性小型鱼类。体长 14.5～80mm。分布：南海中部深海域；日本，印度-西太平洋、大西
洋的热带及温带海域。个体小，无食用价值。

图 1348　大鳞鳞孔鲷 *S. mizolepis*
（依杨家驹等，1996）

152. 龙氏鲸头鱼科（红口仿鲸科）Rondeletiidae

头长大，拳形，皮肤光滑，无鳞。两侧具骨质嵴棱。吻长而钝。口裂大，上颌骨末端伸至眼后缘下方。两颌具绒毛状或颗粒状细齿带；无犁骨及腭骨齿。眼较小，上侧位。鳃孔宽大，鳃耙细长。皮肤光滑，无鳞。侧线系统包括众多横列孔，开口于细小乳突之上，常不明显。头部具多行感觉孔。背鳍1个，位于体的后背方，与臀鳍相对，同形，无棘，各具13~16鳍条，各鳍短小，无棘；胸鳍具9~11鳍条；腹鳍存在，腹下位；尾鳍叉形，尾上骨3，尾下骨6。椎骨24~27。

深海鱼类。三大洋热带及温带均有分布。

本科有1属2种（Nelson et al.，2016）；中国有1属1种。

龙氏鲸头鱼属（红口仿鲸属）*Rondeletia* Goode & Bean，1895

网肩龙氏鲸头鱼（网肩红口仿鲸）*R. loricate* Abe & Hotta，1963（图1349）。栖息于水深100~1 130m的中、底层小型海洋鱼类。通常白天栖息于较深水域，晚上则迁移至较浅水域。以甲壳类为食。体长90~110mm。分布：东海深海、台湾南部海域；日本，太平洋、大西洋热带及亚热带海域。无食用价值。数量稀少，《中国物种红色名录》列为濒危［EN］物种。

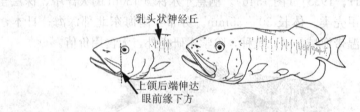

图1349　网肩龙氏鲸头鱼（网肩红口仿鲸）*R. loricate*
（依蓝泽等，2013）

四十二、金眼鲷目 BERYCIFORMES

无鳔，或有鳔及鳔管。辅上颌骨1~2个。背鳍1~2个，有0~13鳍棘、6~19鳍条；臀鳍1个，有0~4鳍棘、7~30鳍条；胸鳍位稍低，无鳍棘；腹鳍腹位、亚腹位、胸位或喉位，有0~1鳍棘、6~10鳍条，少数有1鳍棘、3~5鳍条；尾鳍均叉状，常有19分支鳍条，上下缘均有数个棘状鳞。侧线1条，或无侧线。鳞为栉鳞、圆鳞或无鳞，少数为小刺状。有或无假鳃。两颌具绒状牙群，犁骨、腭骨有或无绒状齿。鳃盖条4~9个。在下颌或眼下方有发光器。

本目多为大洋性海洋底层鱼类。有些栖于数千米的深海，均为海产。世界三大洋热带、亚热带海域均有分布。

本目有8科24属104种（Nelson et al.，2016）；中国有7科17属52种。

科 的 检 索 表

1（2）眼下具一半月形白色大型发光器；侧线鳞无孔，沟状 …… 灯颊鲷科（灯眼鱼科）Anomalopidae
2（1）无发光器
3（6）背鳍及臀鳍无棘
4（5）侧线沟状；口特大，两颌齿强大；眼颇小 ……………………… 高体金眼鲷科 Anoplogastridae
5（4）无侧线；口较大，两颌齿细小；眼颇大 ……………………………… 银眼鲷科 Diretmidae
6（3）背鳍及臀鳍有棘
7（8）背鳍鳍棘强硬，无鳍膜相连；下颌前部具发光器；鳞扩大，坚硬，上具尖棘 ……………………
………………………………………………………………………………… 松球鱼科 Monocentridae
8（7）背鳍鳍棘强度一般，有鳍膜相连；下颌前部无发光器；鳞中大或小，鳞上无尖棘

9（12）背鳍具 4～10 坚硬或柔软鳍棘，鳍棘部基底短于或等于鳍条部基底

10（11）臀鳍具 3～4 鳍棘、8～11 鳍条；腹部中线上具腹棱 ·················· 燧鲷科 Trachichthyidae

11（10）臀鳍具 4 鳍棘，15～30 鳍条；腹部中线上无腹棱 ·················· 金眼鲷科 Berycidae

12（9）背鳍具 11～13 强鳍棘；鳍棘部基底长于鳍条部基底 ·········· 鳂科（金鳞鱼科）Holocentridae

153. 灯颊鲷科（灯眼鱼科）Anomalopidae

吻钝，眼极大，眼径约为吻长的 3 倍。眼下方具一大的半月形白色发光器。口中大，斜裂。上颌向后不伸达眼后方。颌齿微细，锥形。背鳍 1 个或 2 个，具 2～6 鳍棘、14～19 鳍条；臀鳍具 1～2 鳍棘、9～14 鳍条；腹鳍具 0～1 鳍棘、5～7 鳍条；尾鳍分叉。鳃盖条 8。体表具微小的强栉鳞；侧线鳞无孔。腹鳍基部至肛门间的腹中线上具棱鳞。

大洋性中、表层鱼类。活动于浅水域到水深 100m 的斜坡区，成鱼栖息于水深 365m 处。夜行性鱼，白天隐于岩礁洞穴中，晚上外出觅食。大多数鱼种通常是利用无月光或昏暗的晚上在礁穴附近的斜坡或峭壁区觅食，少数种则会在有月光的夜晚上升至表层觅食浮游动物。

分布：西-中太平洋。

本科有 6 属 9 种（Nelson et al.，2016）；中国有 2 属 2 种。

属 的 检 索 表

1（2）发光器固定于眼下，无法移动；发光器宽度大于头长的 35% 以上；背鳍具 4～5 鳍棘；第一鳃弓具 28～34 鳃耙 ················ 灯颊鲷属（灯眼鱼属）*Anomalops*

2（1）发光器不固定，可上下移动；发光器小于头长的 15% 以下；背鳍具 6 鳍棘；第一鳃弓具 21 鳃耙 ················ 原灯颊鲷属（原灯眼鱼属）*Protoblepharon*

灯颊鲷属（灯眼鱼属）*Anomalops* Kner，1868

菲律宾灯颊鱼（灯眼鱼）*A. katoptron*（Bleeker，1858）（图 1350）。夜行性鱼种。白天躲藏于洞穴或阴暗处，晚上栖息于陡坡的暗处或利用无月光的晚上出来觅食浮游动物。随着成长，栖息深度越深，可达 400m 的亚深海。体长 170～350mm。分布：台湾兰屿；日本、澳大利亚，印度-西中太平洋。罕见鱼种，无食用价值。

图 1350　菲律宾灯颊鱼（灯眼鱼）*A. katoptron*

（依林公义，2013）

原灯颊鲷属（原灯眼鱼属）*Protoblepharon* Baldwin，Johnson & Paxton，1997

麦氏原灯颊鲷（麦氏原灯眼鱼）*P. mccoskeri* Ho & Johnson，2012（图 1351）。夜行性鱼种。白天躲藏于洞穴或阴暗处，晚上则栖息于陡坡的暗处或利用无月光的晚上出来觅食浮游动物。随着成长，栖

图 1351　麦氏原灯颊鲷（麦氏原灯眼鱼）*P. mccoskeri*

（依台湾鱼类资料库）

息深度越深，达 300m。体长 305mm。分布：目前仅发现于台湾东岸的绿岛周边海域。罕见鱼种，无经济价值。

154. 高体金眼鲷科 Anoplogastridae

体较高，前部较厚实，后部侧扁。头部具许多不规则的沟及隆起状骨架，其高大于头长。眶下区和颊部宽。鳃盖骨小，柔软。口大，斜形，上颌几与头等长，上颌骨突长而细。具一辅上颌骨。两颌齿在幼体可压平；成体则固着长而呈大犬齿。腭骨有时具齿。幼体鳃耙长而细，成体鳃耙较短。除尾鳍基部上下具小棘外，背鳍、臀鳍及腹鳍均无鳍棘。侧线沟状。体具粗鳞及细鳞。

海洋深海底层鱼类。分布于世界三大洋温带海域。

本科有 1 属 2 种（Nelson et al.，2016）；中国有 1 属 1 种。

高体金眼鲷属 *Anoplogaster* Günther，1859

角高体金眼鲷 *A. cornuta*（Valenciennes，1833）（图 1352）。大洋性中层及底层深海鱼类。栖息于水深1 014～1 037m的海域。性凶猛，掠食性，幼鱼食甲壳类，成鱼捕食小鱼。体长 108mm。分布：东海中部深海；日本、世界三大洋的温带海域。罕见深海鱼类。除学术研究外，无经济价值。数量有一定的减少，《中国物种红色名录》列为易危［VU］物种。

图 1352　角高体金眼鲷 *A. cornuta*
（依林公义，2013）

155. 金眼鲷科 Berycidae

体长方形或椭圆形，较侧扁。被栉鳞或圆鳞，叶状或颗粒状。头大。具黏液腔，外被以薄膜。眼侧位，较大。口阔而斜，前上颌骨很大，具二辅上颌骨。两颌、犁骨和腭骨具齿。鳃盖条 7～8。鳃盖膜分离，不与颊部相连。具假鳃。背鳍具 4 鳍棘，鳍棘部与鳍条间无深凹刻。椎骨 24。

较深海底层活动鱼类。多栖于 200～600m 深岩礁区，偶见于珊瑚礁区。夜行性，喜集群游动。食其他小型鱼类或底栖动物，也有于中层以浮游生物为食者。分布：大西洋、印度洋及西-中太平洋海域。

本科有 2 属 10 种（Nelson et al.，2016）；中国有 2 属 4 种。

属 的 检 索 表

1（2）背鳍具 4 鳍棘；臀鳍基底长大于背鳍基底长；臀鳍具 25 以上鳍条；泪骨具一尖棘…………
…………………………………………………………………… 金眼鲷属 *Beryx*
2（1）背鳍具 5～7 鳍棘；臀鳍基底长短于背鳍基底长；臀鳍具 20 以下鳍条；泪骨无尖棘…………
………………………………………………… 拟棘鲷属（棘金眼鲷属）*Centroberyx*

金眼鲷属 *Beryx* Cuvier，1829
种 的 检 索 表

1（2）体较高，体长为体高的 1.9～2.2 倍 ………… **大目金眼鲷 *B. decadactylus* Cuvier，1829**
（图 1353）。栖息于水深 200m 的大陆架至水深 1 000m 大陆斜坡上缘水域的底层鱼类，常发现于海底山脉或海崎区。成鱼晚上在 200～800m 深水域活动，稚鱼行表层大洋洄游性生活。食鱼类、甲壳类。较大型鱼类。体长 600mm，一般体长 350mm，重 2.5kg。分布：南海；韩国、日本、澳大利亚，印度-太平洋、大西洋。供食用，唯产量少。

图 1353　大目金眼鲷 *B. decadactylus*
（依林公义，2013）

2（1）体较低，体长为体高的 2.5～2.9 倍

3（4）后鼻孔细长形；体背部鳞片的后缘光滑；背鳍具 14（13～15）鳍条 ······················
红金眼鲷 *B. splendens* Lowe，1834（图 1354）。栖息于水深 25～1 300m 的大陆架斜坡上缘、海底山脉或海崎区，成鱼在 200～800m 深水域活动，稚鱼行表层大洋洄游性生活。食鱼类、甲壳类。较大型鱼类，体长 700mm。分布：台湾南部海域、东沙群岛；日本，大西洋、印度-西太平洋。供食用，唯产量少。

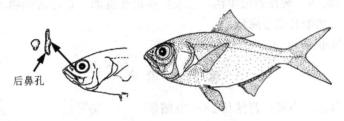

图 1354　红金眼鲷 *B. splendens*
（依林公义，2013）

4（3）后鼻孔长椭圆形；体背部鳞片的后缘具小锯齿；背鳍具 13（12～14）鳍条 ·····················
······**软体金眼鲷 *B. mollis* Abe，1959**（图 1355）。栖息于水深 100～500m 的大陆架斜坡上缘深水域底层鱼类。体长 300mm。分布：东海、台湾北部海域、东沙群岛；日本，印度-西太平洋。罕见鱼种，可食用，唯产量少，鱼体小型，做下杂鱼处理。

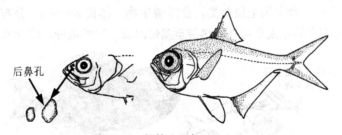

图 1355　软体金眼鲷 *B. mollis*
（依林公义，2013）

拟棘鲷属（棘金眼鲷属）*Centroberyx* Gill，1862

掘氏拟棘鲷（掘氏棘金眼鲷）*C. druzhinini*（Busakhin，1981）（图 1356）（syn. 金眼拟棘鲷 *C. rubricaudus* Liu & Shen，1985；红尾棘金眼鲷 *C. rubricaudus* 沈世杰等，2011）。栖息于水深 100～300m 深水域底层中小型鱼类，偶见于较深水域珊瑚礁区。食小型甲壳类及小型鱼类。体长 230mm。分布：台湾东北部及南部海域；日本、新喀里多尼亚，西印度洋。肉味美，供食用，唯产量不大。数量有一定的减少，《中国物种红色名录》列为易危［VU］物种。

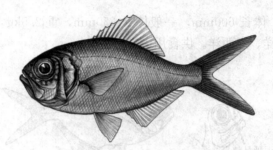

图 1356　掘氏拟棘鲷（掘氏棘金眼鲷）*C. druzhinini*

（依郑义郎，2007）

156. 银眼鲷科 Diretmidae

体被小栉鳞，植入部较露出部宽；颊部被鳞；肛门前后具棱鳞。无侧线。头骨薄而粗糙，易碎，具浅的凹腔。口很斜。两颌具细小齿，前部呈狭带状，后部呈一单行。犁骨常无齿，但有些大型鱼具一小齿团。腭骨无齿。背鳍和臀鳍无棘，背鳍基较臀鳍基长约1/3；腹鳍具 1 棘、6 鳍条。鳃盖条 7～8。椎骨 30～31 个。

大洋中小型中底层深海鱼类。栖息水深 0～1 000m。白天栖于水深 500～700m 处，晚上活动于 0～100m 处。卵生，幼鱼浮游期一般在表层生活，长大后生活于深海。食浮游动物。分布：除地中海及东-北太平洋外的世界三大洋热带及温带海域。

本科有 3 属 4 种（Nelson et al.，2016）；中国均产。

属 的 检 索 表

1（4）背鳍和臀鳍基部具许多小棘；背鳍具 26～30 鳍条

2（3）肛门与臀鳍起点间具 10～12 个棱鳞 ·························· 怖银眼鱼属 *Diretmichthys*

3（2）肛门与臀鳍起点间仅具 1～2 个棱鳞 ·························· 银眼鲷属 *Diretmus*

4（1）背鳍和臀鳍基部无小棘；背鳍具 24～26 鳍条 ·························· 拟银眼鲷属 *Diretmoides*

怖银眼鱼属 *Diretmichthys* Kotlyar，1990

帕氏怖银眼鱼 *D. parini*（Post & Quéro，1981）（图 1357）。成鱼为中底层鱼类，栖息水深 250～1 460m（最深可达 2 100m）。幼鱼为上层鱼类，食浮游生物。体长 280mm。分布：台湾东北部海域；为全球性分布种类，广泛分布在除东太平洋外的热带至温带海域。罕见鱼种，除学术研究外，无经济价值。

背鳍及臀鳍基部
具小棘

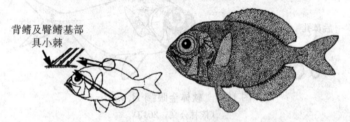

图 1357　帕氏怖银眼鱼 *D. parini*

（依林公义，2013）

拟银眼鲷属 *Diretmoides* Post & Quéro，1981

种 的 检 索 表

1（2）胸鳍后端不伸达臀鳍起点；鳃耙 13～16 ·························· 短鳍拟银眼鲷

D. pauciradiatus（Woods，1973）（图 1358）。成鱼为中、底层鱼类。栖息水深 0～1 880m（最深可达 2 100m）。幼鱼为上层鱼类，食浮游生物。体长 370mm。分布：东海、台湾南部海域、东沙群岛；日本，三大洋的热带海域。罕见鱼种，除学术研究外，无经济价值。

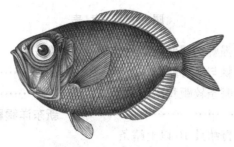

图 1358　短鳍拟银眼鲷 *D. pauciradiatus*

（依郑义郎，2007）

2（1）胸鳍后端伸达臀鳍起点；鳃耙 21~24 ·················· **维里拟银眼鲷 *D. veriginae* Kotlyar，1987**
（图 1359）。幼鱼为上层鱼类，成鱼则为中、底层鱼类。栖息水深 340~1 300m，一般在 500~
700m。以浮游生物为食。体长 263mm。分布：东海深海、台湾南部海域、东沙群岛；日本，世
界各热带及温带海域。罕见鱼种，除学术研究外，无经济价值。

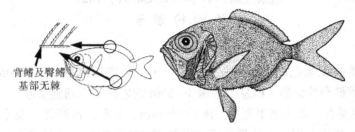

背鳍及臀鳍
基部无棘

图 1359　维里拟银眼鲷 *D. veriginae*

（依林公义，2013）

银眼鲷属 *Diretmus* Johnson，1864

银眼鲷 *D. argenteus* Johnson，1864（图 1360）。成鱼为中、底层鱼类。栖息水深 0~2 000m，一般
在 500~700m。幼鱼为上层鱼类，食浮游生物。体长 140~194mm。分布：东海深海（29°N、128°E 附
近）、台湾南部海域、东沙群岛；世界三大洋热带及温带海域。罕见鱼种，除学术研究外，无经济价值。
数量有一定的减少，《中国物种红色名录》列为易危［VU］物种。

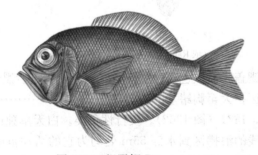

图 1360　银眼鲷 *D. argenteus*

（依郑义郎，2007）

157. 鳂科（金鳞鱼科）Holocentridae

体长方形或长圆形，稍侧扁。头中等大。体被强栉鳞或棘鳞。两颌、犁骨和腭骨均具齿。具假鳃及
鳃耙。鳃盖膜与峡部分离。背鳍棘部与鳍条部间微连或略分离，具 11~12 棘；约 27 个，可收折于由鳞
鞘形成的沟中。臀鳍具 4 棘；腹鳍胸位，具 1 棘、7 鳍条；尾鳍深叉形。

珊瑚礁区中小型鱼类。大部分栖于海岸线至水深 100m 内沿岸。夜行性鱼类。日间栖于珊瑚礁缝隙
间或洞穴中，夜间成群在礁盘上方水层游动。广泛分布于世界三大洋的热带海域。

本科有 8 属 83 种（Nelson et al.，2016）；中国有 5 属 33 种。

属 的 检 索 表

1（4）前鳃盖骨隅角处具一长的强棘；臀鳍具 7～10 鳍条

2（3）背鳍最后鳍棘离倒数第二棘与离背鳍第一鳍条等距 ·················· 棘鳞鱼属 *Sargocentron*

3（2）背鳍最后鳍棘距背鳍第一鳍条较距背鳍倒数第二棘为近 ·······························
··· 新东洋鳂属（新东洋金鳞鱼属）*Neoniphon*

4（1）前鳃盖骨隅角处无强棘；臀鳍具 10 以上鳍条

5（8）背鳍具 12 鳍棘；背鳍最后 2 鳍棘之间有膜相连；体鳞表面具粗强小棘

6（7）两鼻骨间的沟为菱形 ································· 琉球鳂属（多鳞鱼属）*Plectrypops*

7（6）两鼻骨间的沟较宽，呈 V 形 ··················· 骨鳂属（骨鳞鱼属）*Ostichthys*

8（5）背鳍具 11 鳍棘；背鳍最后 2 鳍棘之间分离，无膜相连；体鳞表面具细小棘··············
··· 锯鳞鱼属 *Myripristis*

锯鳞鱼属 *Myripristis* Cuvier, 1829

种 的 检 索 表

1（10）侧线有孔鳞 32～43

2（3）主鳃盖骨及鳃盖膜无黑色区 ·················· 无斑锯鳞鳂 *M. vittata* Valenciennes, 1831
（图 1361）。底栖群聚性鱼类。栖息于水深 3～80m 的岩礁及珊瑚礁水域。日间成群聚于礁洞，夜间游至沙质海底觅食。食小型甲壳类。体长 250mm。分布：台湾绿岛及小琉球等海域、南沙群岛；日本，印度-西太平洋的温热带海域。供食用，体色鲜红，甚受欢迎。肉质细白，需注意大型鱼内脏可能累积珊瑚礁鱼毒素，应避食其内脏。

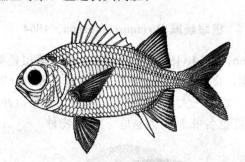

图 1361 无斑锯鳞鳂 *M. vittata*
（依 Randall & *Greenfield*, 1999）

3（2）主鳃盖骨及鳃盖膜或仅鳃盖膜具黑色区（鲜活时红褐色，固定后黑色）

4（5）主鳃盖骨及鳃盖膜黑色区扩大至胸鳍基的腋部 ·················· 康德锯鳞鱼
M. kuntee Valenciennes，1831（图 1362）。夜行性鱼类。白天单独或大群聚集于珊瑚礁洞内，夜晚游出礁洞觅食，从水浅的浪拂区到水深 55m 处均为它的活动范围。食小鱼及甲壳类动物。体长 260mm。分布：台湾澎湖列岛及兰屿等、南海诸岛；日本、澳大利亚，印度-太平洋的温热带海

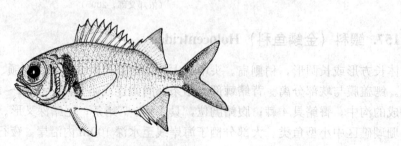

图 1362 康德锯鳞鱼 *M. kuntee*
（依林公义，2013）

域。供食用，内脏可能累积珊瑚礁鱼毒素。鳞片及棘刺尖利，需小心被刺伤，在水族馆中为观赏鱼。

5（4）主鳃盖骨浅色，黑色区仅见于鳃盖膜

6（9）背鳍第三棘长于第四棘；臀鳍具 11～13 鳍条

7（8）鲜活时背鳍、臀鳍、腹鳍及尾鳍黄色；臀鳍具 11～13 鳍条………………………………**黄鳍锯鳞鱼**
　　　M. chryseres **Jordan & Evermann, 1903**（图 1363）。夜行性鱼类。栖息于水深 12～350m 的珊瑚
　　　礁繁茂礁岩陡坡。白昼躲在岩缝或礁洞之中，夜晚觅食小型鱼类及无脊椎动物。体长 250mm。
　　　分布：台湾的东部及南部海域；日本、夏威夷，印度-太平洋的温热带海域。供食用，内脏可能
　　　累积珊瑚礁鱼毒素。鳞片及棘刺尖利，需小心被刺伤，在水族馆中为观赏鱼。

图 1363　黄鳍锯鳞鱼 *M. chryseres*
（依林公义，2013）

8（7）鲜活时背鳍、臀鳍、腹鳍及尾鳍不呈黄色；臀鳍具 12 鳍条………………………………**格氏锯鳞鱼**
　　　M. greenfieldi **Randall & Yamakawa, 1996**（图 1364）。夜行性鱼类。栖息于水深 15～70m 的礁
　　　岩陡坡及珊瑚礁海域。体长 160mm。分布：台湾（2010）首次记录于垦丁；日本。以一支钓及
　　　延绳钓的方法捕获。供食用，鱼肉白，质地较烂，内脏可能累积珊瑚礁鱼毒素。鳞片及棘刺尖
　　　利，需小心被刺伤，在水族馆中为观赏鱼。

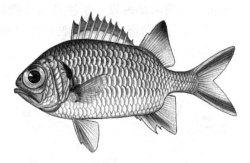

图 1364　格氏锯鳞鱼 *M. greenfieldi*
（依郑义郎，2007）

9（6）背鳍第三棘与第四棘同长；臀鳍具 14～15 鳍条………………………………**红锯鳞鱼**
　　　M. pralinia **Cuvier, 1829**（图 1365）。夜行性鱼类，小群出现在洞穴中或在礁台的缝隙中、珊瑚
　　　礁或珊瑚礁斜坡外围水深 50m 处。白天松散聚在栖地，食浮游动物、蟹的幼体等。体长 200mm。
　　　分布：台湾绿岛及兰屿、西沙群岛；日本、夏威夷、新喀里多尼亚。以一支钓及延绳钓捕捞。供食
　　　用，鱼肉白，内脏可能累积珊瑚礁鱼毒素。鳞片及棘刺尖利，需小心被刺伤，在水族馆中为观赏鱼。

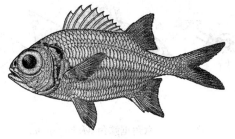

图 1365　红锯鳞鱼 *M. pralinia*

10（1）侧线有孔鳞 27～30

11（12）背鳍、臀鳍及尾鳍的后端或边缘黑色 ·················· **焦黑锯鳞鱼** *M. adusta* **Bleeker，1853**
（图 1366）。栖息于海底悬崖和非常陡峭的斜坡水道上和珊瑚礁生长繁茂海域，从碎浪区直至水深 25m 处。独居或小群聚生活，夜行性鱼种，白天躲在礁岩下方或穴中，夜晚捕食浮游动物及幼蟹等。体长 350mm。分布：台湾澎湖列岛及小琉球、东沙群岛；日本，印度-太平洋的温热带海域。供食用，鱼肉白，内脏可能累积珊瑚礁鱼毒素。鳞片及棘刺尖利，需小心被刺伤，在水族馆中为观赏鱼。

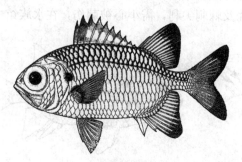

图 1366　焦黑锯鳞鱼 *M. adusta*

（依 Randall & Greenfield，1999）

12（11）背鳍、臀鳍及尾鳍的后端或边缘浅灰色，幼鱼稍呈黑色

13（14）胸鳍腋部无小鳞；尾鳍的两叶、背鳍及臀鳍鳍条部先端黑色；体长为尾柄高的 6.2～7.2 倍
·················· **柏氏锯鳞鱼** *M. botche* **Cuvier，1829**（图 1367）（syn. 黑斑锯鳞鱼 *Myripristis melanostictus* 李思忠，1979）。栖息于礁岩区海底悬崖和极陡峭的斜坡水道上和珊瑚礁生长繁茂海域，从碎浪区直至水深 21～71m 处。独居或小群聚生活，夜行性鱼种。肉食性鱼类。体长 300mm。分布：台湾南部海域、东沙及南沙群岛；济州岛、日本、澳大利亚，印度-太平洋的温热带海域。供食用，鱼肉味差，内脏可能累积珊瑚礁鱼毒素。鳞片及棘刺尖利，需小心被刺伤，在水族馆中为观赏鱼。

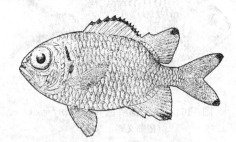

图 1367　柏氏锯鳞鱼 *M. botche*

14（13）胸鳍腋部具小鳞

15（16）下颌具 2 对齿块 ·················· **六角锯鳞鱼** *M. hexagona* **(Lacepède，1802)**
（图 1368）。栖息于珊瑚礁或礁岩区，白天藏于洞穴或缝隙中，夜行性鱼种。夜晚外出在水深 40m 以下活动。肉食性鱼类。体长 300mm。分布：台湾海域；日本、萨摩亚群岛，印度-西太平

图 1368　六角锯鳞鱼 *M. hexagona*

（依林公义，2013）

洋区。鱼肉白，质差,煮汤时肉易散烂,宜油煎食用。因其体色鲜红,在水族馆常饲养作为观赏鱼。

16（15）下颌具1对齿块

17（18）侧线上方每一鳞片的后缘暗褐色（固定后仍残留）；眼的瞳孔上方不呈黑色……………………
………紫红锯鳞鲷 **M. violacea Bleeker，1851**（图1369）（syn. 短吻锯鳞鱼 *Myripristis schultzei*
李思忠，1979）。栖息于珊瑚礁湖、水道和珊瑚生长茂密水深4~25m的礁岩向海面。在枝状珊瑚
（*Acropora*）或层状珊瑚（*Porites rus*）附近常可见其踪迹。食幼蟹及浮游动物。体长230mm。
分布：台湾南部海域、东沙及西沙群岛；日本，印度-太平洋区的温热带海域。供食用。肉质差,
内脏可能累积珊瑚礁鱼毒素。鳞片及棘刺尖利,需小心被刺伤,体红色,在水族馆中为观赏鱼。

下颌具1对齿块

图1369　紫红锯鳞鲷 *M. violacea*
（依林公义，2013）

18（17）侧线上方每一鳞片的后缘红褐色（固定后消失）；眼的瞳孔上方黑色

19（20）鲜活时背鳍鳍棘部的上半部及鳍条部均为黄色（固定后消失）；下颌前端突出较多；两眼间隔
狭，头长为两眼间隔的4.3~5.8倍……………………………………………………… **凹颌锯鳞鱼**
M. berndti Jordan & Evermann，1903（图1370）。栖息于亚潮带水深50m珊瑚礁平台的礁岩
下方、珊瑚礁斜坡外缘和水道等。夜行性鱼种,白天松散地聚集在洞穴中,晚上捕食浮游生物
及幼蟹等。体长300mm。分布：台湾周边海域及离岛、东沙及南沙群岛；日本,印度-西太平
洋区及东太平洋区的温热带海域。供食用。肉质差,内脏可能累积珊瑚礁鱼毒素。鳞片及棘刺
尖利,需小心被刺伤,体红色,在水族馆中为观赏鱼。

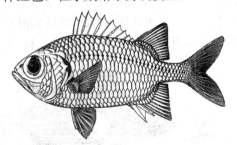

图1370　凹颌锯鳞鱼 *M. berndti*
（依 Randall & Greefnfield，1999）

20（19）鲜活时背鳍鳍棘部及鳍条部均为红色（固定后褐色）；下颌前端突出较少

21（22）鳃盖膜后缘的黑色区短,仅伸达眼下缘的水平线上；背鳍鳍条部的后上端具一红黑斑…………
………………台湾锯鳞鱼 **M. formosa Randall & Greenfield，1996**（图1371）。栖息水深15~

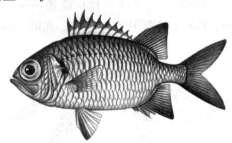

图1371　台湾锯鳞鱼 *M. formosa*
（依郑义郎，2007）

30m。白天在洞中或珊瑚礁的下方。幼鱼食浮游动物，成鱼转变成底栖性，改食底栖无脊椎动物。体长155mm。分布：台湾东北及南部海域。台湾特有种。供食用，肉质差，内脏可能累积珊瑚礁鱼毒素。鳞片及棘刺尖利，需小心被刺伤，体红色，在水族馆中为观赏鱼。

22（21）鳃盖膜后缘的黑色区延长，向下伸达胸鳍基的腋部；背鳍鳍条部的后上端常无红黑斑…………………………………白边锯鳞鱼 **M. murdjan**（Forsskål，1775）（图1372）。夜行性鱼类，白天单独或小群躲在幽暗礁石岩穴中，夜晚外出觅食。幼鱼常现于浅海或潮池中，成鱼到水深30～50m的较深海底栖息。食较大型的浮游动物，上下颌具短小簇生的犬齿，最适合捕食小型的甲壳类底栖生物。体长600mm。分布：台湾各海域、南海诸岛；济州岛、日本、澳大利亚，印度-太平洋区的温热带海域。供食用，肉质差，内脏可能累积珊瑚礁鱼毒素。

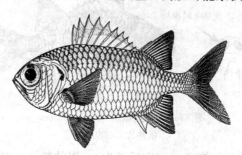

图1372　白边锯鳞鱼 *M. murdjan*
（依 Randall & Greenfield, 1999）

新东洋鳂属（新东洋金鳞鱼属）Neoniphon Castelnau, 1875
种 的 检 索 表

1（2）背鳍最后鳍棘短于倒数第二鳍棘；侧线至背鳍鳍棘部中央的横列鳞数为3.5片…………………黄带新东洋鳂 **N. aurolineatus**（Liénard，1839）（图1373）（syn. 恕容新东洋鳂 *N. scythrops* 陈大刚等，2015）。栖息于水深30～160m的珊瑚礁外礁斜坡。食底栖性虾蟹。体长250mm。分布：台湾南部垦丁及澎湖列岛；日本、夏威夷，印度-太平洋区的温热带海域。供食用，肉质差，内脏可能累积珊瑚礁鱼毒素。鳞片及棘刺尖利，需小心被刺伤，体红色，在水族馆中为观赏鱼。

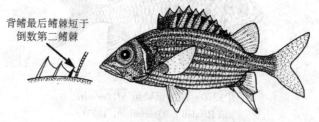

背鳍最后鳍棘短于
倒数第二鳍棘

图1373　黄带新东洋鳂 *N. aurolineatus*
（依林公义，2013）

2（1）背鳍最后鳍棘长于倒数第二鳍棘；侧线至背鳍鳍棘部中央的横列鳞数为2.5片
3（4）背鳍鳍棘部的鳍膜上无斑；胸鳍具13（12～13）鳍条…………………………**银色新东洋鳂**
N. argenteus（Valenciennes，1831）（图1374）（syn. 光鳂 *Holocentrus laevis* 李思忠，1979）。

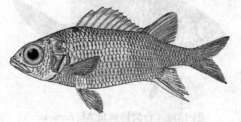

图1374　银色新东洋鳂 *N. argenteus*

栖息于水深 30～160m 的珊瑚礁外礁斜坡。食底栖性虾蟹。体长 250mm。分布：台湾南部垦丁及澎湖列岛；日本、夏威夷，印度-太平洋区温热带海域。供食用，肉质差，内脏可能累积珊瑚礁鱼毒素。鳞片及棘刺尖利，需小心被刺伤，体红色，在水族馆中为观赏鱼。

4 (3) 背鳍鳍棘部的鳍膜上具黑斑；胸鳍具 14 (13～14) 鳍条

5 (6) 背鳍鳍棘部第一至第三鳍膜上有大黑斑；臀鳍具 8 (7～8) 鳍条 ·················· **莎姆新东洋鳂** **N. samara** (Forsskål, 1775) (图 1375) [syn. 条长颏鳂 *Flammeo samara* 李思忠，1979]。栖息于水深 0～46m 潟湖及珊瑚礁区，群游夜行性鱼类。白天栖息在珊瑚的枝丫堆中，或礁石穴内并不十分隐蔽的处所，捕食等足类；夜晚游出枝丫外，改捕小虾蟹等食用。体长 320mm。分布：台湾南部、南海诸岛；济州岛、日本、印度-太平洋。供食用。

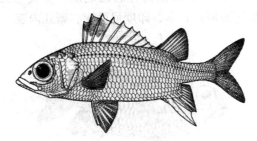

图 1375　莎姆新东洋鳂 N. samara
(依 Randall & Greenfield, 1999)

6 (5) 背鳍鳍棘部各鳍膜上均有大黑斑；臀鳍具 9 (8～9) 鳍条 ·················· **黑鳍新东洋鳂** **N. opercularis** (Valenciennes, 1831) (图 1376) (syn. 白边长颏鳂 *Flammeo opercularis* 李思忠，1979)。栖息于水深 20～40m 以下的亚潮带礁台、珊瑚礁或临海的礁岩。食底栖的蟹和虾。体长 350mm。分布：台湾兰屿和绿岛、西沙群岛；日本，印度-太平洋区的温热带海域。鱼肉白，但质较差，内脏可能累积珊瑚礁鱼毒素。鳞片及棘刺尖利，需小心被刺伤。在水族馆中有人看上它鲜红的体色，将它饲养作为观赏鱼。

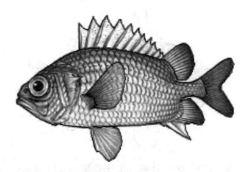

图 1376　黑鳍新东洋鳂 N. opercularis

骨鳂属（骨鳞鱼属）*Ostichthys* Jordan & Evermann, 1896
种 的 检 索 表

1 (4) 侧线至背鳍鳍棘部中央的横列鳞数为 2.5 片

2 (3) 背鳍具 11 鳍棘；鲜活时体无白色纵带；侧线有孔鳞 27 (27～28)；背鳍最后鳍棘最短···········
·············**红骨鳂（红骨鳞鱼）*O. delta*** Randall, Shimizu & Yamakawa, 1982 (图 1377)。深水型骨鳞鱼类。栖息于水深 150～200m 的海洋底层，食底栖无脊椎动物。体长 200mm。分布：台湾东北部海域；中太平洋的土土伊拉岛、印度洋的留尼汪岛。稀有种。

3 (2) 背鳍具 12 鳍棘；鲜活时体具较狭白色纵带；侧线有孔鳞 28 (28～30)；背鳍最后两鳍棘等长
·············**深海骨鳂（白线骨鳞鱼）*O. kaianus*** (Günther, 1880) (图 1378)。深水

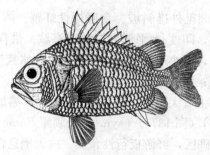

图 1377　红骨鳂（红骨鳞鱼）*O. delta*

（依郑义郎，2007）

型骨鳞鱼类。栖息于水深 310～640m 的海洋岩礁底层。食底栖无脊椎动物。体长 360mm。分布：台湾南部和澎湖列岛等海域；日本、印度尼西亚、新几内亚。稀有种。

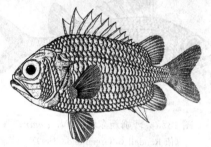

图 1378　深海骨鳂（白线骨鳞鱼）*O. kaianus*

（依 Randall & Greenfield，1999）

4（1）侧线至背鳍鳍棘部中央的横列鳞数为 3.5 片

5（6）鳃耙 19～20；背鳍最后鳍棘与倒数第二鳍棘几等长；第一眼下骨高为眼径的 1/3⋯⋯⋯⋯⋯⋯⋯⋯⋯**沈氏骨鳂（沈氏骨鳞鱼）*O. sheni* Chen，Shao & Mok，1990**（图 1379）。深水型骨鳞鱼类。夜行性鱼种，白天躲在水深 50～200m 的洞穴或礁岩下，晚上出来活动觅食。食底栖无脊椎动物。体长 120mm。分布：台湾东北及西南部海域。

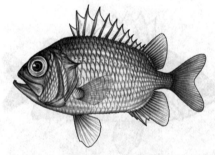

图 1379　沈氏骨鳂（沈氏骨鳞鱼）*O. sheni*

（依郑义郎，2007）

6（5）鳃耙 20～23；背鳍最后鳍棘大于倒数第二鳍棘；第一眼下骨高为眼径的 1/2⋯⋯⋯⋯⋯⋯⋯⋯⋯**日本骨鳂（日本骨鳞鱼）*O. japonicus*（Cuvier，1829）**（图 1380）。深水型骨鳞鱼类。夜行

第一眼下骨高　　背鳍最后鳍棘长于
　　　　　　　　倒数第二鳍棘

图 1380　日本骨鳂（日本骨鳞鱼）*O. Japonicus*

（依林公义，2013）

性鱼种，白天躲在 100m 以下的岩盘海域、洞穴或礁岩下，晚上出来觅食。食底栖无脊椎动物。体长 450mm。分布：东海（上海）、台湾南部海域及澎湖列岛、南海（香港）；济州岛、日本、安达曼群岛。稀有种，数量稀少，《中国物种红色名录》列为濒危［EN］物种。

琉球鳂属（多鳞鱼属）*Plectrypops* Gill，1862

滩涂琉球鳂 *P. lima*（Valenciennes，1831）（图 1381）。夜行性岩礁及珊瑚礁区稀有鱼类。白天躲在水深 5～40m 的岩礁裂隙中，晚上漫游礁区。食甲壳类幼体与小鱼。体长 160mm。分布：台湾南部及小琉球海域；日本、印度-太平洋的温热带海域。稀有种。

两侧鼻骨间的沟

图 1381　滩涂琉球鳂 *P. lima*

（依林公义，2013）

棘鳞鱼属 *Sargocentron* Fowler，1904
种 的 检 索 表

1（4）侧线至背鳍鳍棘部中央的侧线上鳞具 3.5 枚

2（3）后鼻孔边缘具小棘；主鳃盖骨具 1 棘；背鳍鳍棘部的鳍膜无凹缺 ·······················**剑棘鳞鱼**
**　　*S. ensiferum*（Jordan & Evermann，1903）**（图 1382）。夜行性珊瑚礁区鱼类。白天躲在水深 0～64m 的岩礁裂隙中，晚上漫游礁区。食甲壳类幼体与小鱼。体长 230mm。分布：台湾南部垦丁海域、西沙群岛；日本、夏威夷，印度-太平洋的温热带海域。供食用，肉质差，内脏可能累积珊瑚礁鱼毒素。鳞片及棘刺尖利，需小心被刺伤，体红色，在水族馆中为观赏鱼。

主鳃盖骨棘
1 枚

后鼻孔边缘
具小棘

图 1382　剑棘鳞鱼 *S. ensiferum*

（依林公义，2013）

3（2）后鼻孔边缘无小棘；主鳃盖骨具 2 棘；背鳍鳍棘部的鳍膜凹缺 ·······················**尖吻棘鳞鱼**
**　　*S. spiniferum*（Forsskål，1775）**（图 1383）。栖息地多样化，幼鱼栖于浅水易躲藏行迹的礁石边，成鱼移居水深达 122m 较深处。礁石区、礁台、礁湖或向海礁坡都可见其踪迹。白天躲于洞穴或徘徊在鱼巢附近暗礁处，夜晚出外觅食虾、蟹、小鱼。体长 510mm。分布：台湾各地沿岸及离岛、南海诸岛；日本、夏威夷，印度-太平洋。鱼肉白，质较差，内脏可能累积珊瑚礁鱼毒素。鳞片及棘刺尖利，需小心被刺伤，体红色，在水族馆中为观赏鱼。

4（1）侧线至背鳍鳍棘部中央的侧线上鳞具 2.5 枚

5（10）后鼻孔边缘具 1 个以上的小棘

6（7）侧线有孔鳞 40～43；鲜活时体的下半部及尾柄部白色 ·······················**尾斑棘鳞鱼**

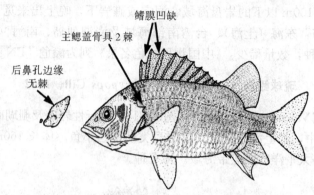

图 1383　尖吻棘鳞鱼 *S. spiniferum*

（依林公义，2013）

S. caudimaculatum（**Rüppell，1838**）（图 1384）（syn. 斑尾鳂 *Holocentrus caudimaculatus* 李思忠，1979）。浅水型棘鳞鱼类。夜行性鱼种，白天栖于水深 2～40m 的珊瑚礁、岩盘、洞穴或礁岩下，晚上出来觅食。食底栖无脊椎动物。体长 250mm。分布：台湾南部海域、南海诸岛；日本，印度-太平洋。鱼肉白，质较差，内脏可能累积珊瑚礁鱼毒素。鳞片及棘刺尖利，需小心被刺伤，体红色，在水族馆中为观赏鱼。

图 1384　尾斑棘鳞鱼 *S. caudimaculatum*

（依林公义，2013）

7（6）侧线有孔鳞 32～37；鲜活时体不呈白色

8（9）上颌前端突出；背鳍和臀鳍基部各具一黑斑，尾柄中央也具一黑斑；背鳍具 13 鳍条……………………………………**黑点棘鳞鱼 *S. melanospilos* Bleeker，1858**（图 1385）。极少见的栖息于水深 5～90m 夜行性珊瑚礁鱼类。白天在礁石下方阴暗处或洞穴隐蔽处栖身，夜晚游至外面觅食。体长 250mm。分布：台湾南部海域、东沙群岛；日本，印度-西太平洋。鱼肉白，但质差，宜抹盐油煎食用。唯须注意其内脏可能累积热带海珊瑚礁鱼毒素。鳞片及棘刺尖利，需小心被刺伤，在水族馆为观赏鱼。

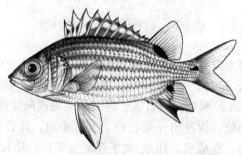

图 1385　黑点棘鳞鱼 *S. melanospilos*

（依郑义郎，2007）

9（8）上颌前端不突出；背鳍和臀鳍基部无黑斑，尾柄中央也无黑斑；背鳍具 14 鳍条……………………………………**紫棘鳞鱼 *S. violaceum*（Bleeker，1853）**（图 1386）。栖息于岩礁区的浅水珊瑚礁鱼类，夜行性。体长 210mm。分布：西沙群岛；日本，印度-西太平洋。供食用，唯肉质差。

图 1386 紫棘鳞鱼 S. violaceum

10（5）后鼻孔边缘无小棘

11（22）鼻骨后部无小棘

12（15）泪骨上缘具一突出小棘

13（14）颊部具鳞 5 行；体背侧面具 1～2 行暗红色纵带 ························ **红棘鳞鱼**
S. rubrum（Forsskål，1775）（图 1387）（syn. 红鲻 Holocentrus ruber 李思忠，1979）。栖息于较浅的岩礁、岸礁、潟湖、海湾或港湾中的淤泥礁或残骸，也会潜到 80m 或更深的海域。成群呼啸游于珊瑚间。白天躲在珊瑚礁洞穴中，晚上出洞在附近觅食甲壳类或小鱼。体长 320mm。分布：台湾沿岸、东沙及西沙群岛；日本，印度-西太平洋的温热带海域。鱼肉白，质较差，内脏可能累积珊瑚礁鱼毒素。

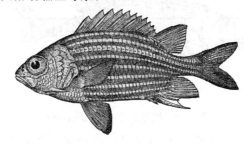

图 1387 红棘鳞鱼 S. rubrum

14（13）颊部具鳞 4 行；体背侧面具 4～5 行暗红色纵带 ··············· **普拉斯林棘鳞鱼**
S. praslin（Lacepède，1802）（图 1388）。栖息于浅水的礁石平台及遮蔽礁区，常见于死珊瑚礁域中。白天藏于礁区间，晚上则寻找底栖的虾、蟹等食物。体长 320mm。分布：台湾小琉球及绿岛；日本，印度-西太平洋。鱼肉白，质较差，内脏可能累积珊瑚礁鱼毒素。

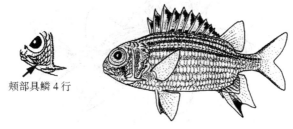

颊部具鳞 4 行

图 1388 普拉斯林棘鳞鱼 S. praslin
（依林公义，2013）

15（12）泪骨上缘光滑

16（21）侧线有孔鳞 46～52

17（18）背鳍鳍棘部边缘无黑斑；前鳃盖骨隅角处的棘尖长，其长与眼径同长 ···············
赤鳍棘鳞鱼 S. tiere（Cuvier，1829）（图 1389）。栖息于珊瑚礁、礁岩边缘、礁岩斜坡外围水深 1～20m 的底层，个别栖息深达 183m。白天爱躲在洞穴中或碎浪带水道的缝隙中，晚上出来觅食。食甲壳类幼体、多毛类等。体长 330mm。分布：台湾南部及兰屿；日本、夏威夷、马贵斯群岛。鱼肉白，质较差，内脏可能累积珊瑚礁鱼毒素。

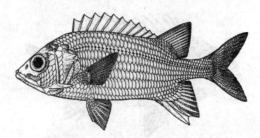

图 1389　赤鳍棘鳞鱼 *S. tiere*
（依 Randall & Greenfield, 1999）

18（17）背鳍鳍棘部边缘具黑斑；前鳃盖骨隅角处的棘短小，其长约为眼径之半

19（20）背鳍鳍棘部的前半部具黑色及白色的纵带；背鳍第一鳍棘的鳍膜上无黑斑；胸鳍具 14（13～15）鳍条……**黑鳍棘鳞鱼 *S. diadema*（Lacepède，1802）**（图 1390）（syn. 白纹鳂 *Holocentrus diadema* 李思忠，1979）。栖息于亚潮带水深 1～60m 的珊瑚礁台、潟湖或向海礁坡处。夜行性鱼类，白天单独或一小群鱼在礁岩下觅食等足目动物，晚上活动的较为多见。体长 170mm。分布：台湾各地礁区、南海诸岛；日本，印度-西太平洋的温热带海域。鱼肉白，质较差，内脏可能累积珊瑚礁鱼毒素。

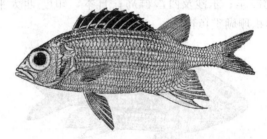

图 1390　黑鳍棘鳞鱼 *S. diadema*

20（19）背鳍鳍棘部的前半部具红色及白色的纵带；背鳍第一鳍棘的鳍膜上具一黑斑；胸鳍具 15（14～16）鳍条 ……**银带棘鳞鱼 *S. ittodai*（Jordan & Fowler，1902）**（图 1391）。栖息于水深 5～70m 的珊瑚礁坡处，昼伏夜出，晚上单独来回不停游动于礁坡处。食甲壳类及小鱼。体长 200mm。分布：台湾南部海域、东沙群岛；日本，印度-西太平洋。供食用，内脏可能累积珊瑚礁鱼毒素。

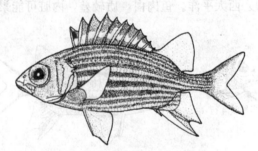

图 1391　银带棘鳞鱼 *S. ittodai*
（依林公义，2013）

21（16）侧线有孔鳞 42～45；胸鳍具 15 鳍条；前鳃盖骨隅角处的棘短小，其长约为眼径之半………………**斑纹棘鳞鱼 *S. punctatissimum*（Cuvier，1829）**（图 1392）（syn. 乳斑鳂 *Holo-centrus lacteoguttatus* 李思忠，1979；陈大刚等，2015）。栖息于水深 0～183m 的珊瑚礁区坡外，逗留在礁缘涌浪区的洞穴与裂隙，或是礁石前面。幼鱼在潮池区各自觅食，寻找隐藏在礁石附近的小型甲壳类、多毛类的蠕虫等食物。体长 230mm。分布：台湾沿岸及离岛、南沙群岛；日本，印度-太平洋。供食用，内脏可能累积珊瑚礁鱼毒素。

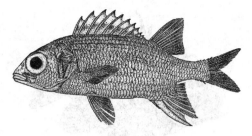

图 1392　斑纹棘鳞鱼 S. punctatissimum

22（11）鼻骨后部有小棘；体较高，体长为体高的 2.5～2.7 倍；侧线有孔鳞 35～38···················
··········大刺棘鳞鱼 *S. spinosissimum*（Temminck & Schlegel, 1843）（图 1393）。栖息于水深 120～230m 的岩石区。夜行性鱼种，昼伏夜出。体长 180mm。分布：台湾兰屿及绿岛等海域、南海诸岛；日本，印度-太平洋。鱼肉白，煮汤时肉易散开且多溶解油质，宜油煎食用。需注意其内脏可能累积热带海鱼毒。鳞片及棘刺尖利，需小心被刺伤。在水族馆中作为观赏鱼饲养。

鼻骨后部小棘

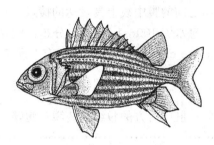

图 1393　大刺棘鳞鱼 *S. spinosissimum*
（依林公义，2013）

158. 松球鱼科 Monocentridae

体高而侧扁，腹部具棱嵴。头大，具黏液腔，外被薄膜。口大而倾斜，亚下位。上下颌及腭骨具细绒毛状齿群；犁骨无齿。左右下颌中央腹面具卵圆形发光器（图 1394）。鳃耙细长，较发达。鳞大，盾板状，连成体甲，中央有棱突。侧线位于体中部。背鳍棘强大，无鳍膜；臀鳍无棘；腹鳍具 1 强大棘及 3 短小鳍条；尾鳍分叉。

发光器

图 1394　松球鱼下颌腹面
（依林公义，2013）

栖息于大陆架区的底层鱼类。有些则栖于岩礁斜坡或洞穴中，栖息水深 30～300m。分布于太平洋及印度洋的热带和温带水域。

本科有 2 属 4 种（Nelson et al.，2016）；中国有 1 属 1 种。

松球鱼属 *Monocentrus* Bloch & Schneider, 1801

松球鱼 *M. japonicas*（Houttuyn, 1782）（图 1395）。栖息于沿岸浅海水深约 100m 的岩石洞穴及其周缘水域。常成群游动，成鱼栖息水深 20～200m，幼鱼则偶出现于岸边浅海。食浮游动物，也捕食小型甲壳类。体长 170mm。分布：中国沿岸均有分布；朝鲜半岛、日本，印度-西太平洋的热带及温带水域。外形特异，水族馆常见，供观赏，无食用经济价值。

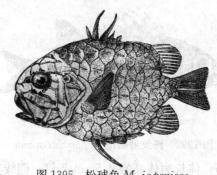

图 1395　松球鱼 *M. japonicas*

159. 燧鲷科 Trachichthyidae

体高而侧扁。头具大的黏液腔，外被以薄膜。前鳃盖骨具一扁平、三角形尖棘。具一辅上颌骨。眶下骨宽，眶下骨架仅存于第二眶下骨。口大而斜。两颌齿小，呈带状。腭骨具齿，大部分种类犁骨具齿。背鳍1个，具3～8鳍棘、10～19鳍条；臀鳍具2～3鳍棘、8～12鳍条；尾鳍分叉。鳞不坚固地接合，侧线鳞大。腹鳍和臀鳍之间的腹中线上具发达的棱鳞。有些种类具发光器。

深海中型底层鱼类。栖息水深100～1 500m。分布：世界各大洋。

本科有8属49种（Nelson et al.，2016）；中国有3属7种。

属 的 检 索 表

1（2）肛门位于两腹鳍之间；肛门后方的腹缘具棱鳞；腹鳍下缘具发光器 ……………………………
　………………………………………………………………………… 管燧鲷属 *Aulotrachichthys*
2（1）肛门位于臀鳍直前方；肛门前方的腹缘具棱鳞；腹部下缘无发光器
3（4）背鳍具缺刻；侧线鳞比体上其余鳞稍扩大 ………………… 桥棘鲷属（桥燧鲷属）*Gephyroberyx*
4（3）背鳍无缺刻；背鳍棘细；侧线鳞扣状，比体上其他鳞大许多 …………………………………
　………………………………………………………………………… 胸棘鲷属（胸燧鲷属）*Hoplostethus*

管燧鲷属 *Aulotrachichthys* Fowler，1938
种 的 检 索 表

1（2）鳃盖上端具一小棘；腹侧发光器向后越过尾柄伸达尾鳍起点 ………………………… **前肛管燧鲷**
A. prosthemus (Jordan & Fowler，1902)（图1396）。栖息于大陆架区至少90～110m深水域的底层鱼类。食小虾及鱼类。体长96mm。分布：台湾南部海域；日本、夏威夷，西-北太平洋。罕见鱼种，利用底拖网捕捞，产量少，鱼体小，做下杂鱼处理。

鳃盖上端具棘

发光器伸越
尾柄中部

图 1396　前肛管燧鲷 A. *prosthemus*
（依林公义，2013）

2（1）鳃盖上端无小棘；腹侧发光器向后仅伸达尾柄中部，不达尾鳍起点 ……………………………
南方管燧鲷 A. sajademalensis (Kotlyar，1979)（图1397）[syn. 斜口管燧鲷 *Paratrachichthys sajademalensis* (Kotlyar，1979)]。栖息于大陆架区水深143～274m深水域的底层鱼类。食小虾及鱼类。体长96mm。分布：台湾东北部海域；日本，印度洋、地中海。罕见鱼种，产量少，鱼体小，做下杂鱼处理。

图 1397　南方管燧鲷 *A. sajademalensis*

（依林公义，2013）

桥棘鲷属（桥燧鲷属）*Gephyroberyx* Boulenger，1902

日本桥棘鲷（日本桥燧鲷）*G. japonicas*（Döderlein，1883）（图 1398）［syn. 达氏桥燧鲷 *G. darwinii* 台湾鱼类资料库（non Johnson，1866）］。栖息于大陆架陡坡区 320～660m 深水域的深海底层鱼类，常出现在硬质底层处。食小虾及鱼类。体长 200mm。分布：东海大陆架缘、台湾南部海域；日本、夏威夷，中-西太平洋海域。罕见鱼种，可利用底拖网捕获，产量少且鱼体小，做下杂鱼处理。

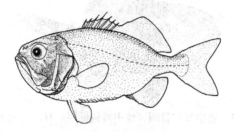

图 1398　日本桥棘鲷（日本桥燧鲷）*G. japonicas*

（依林公义，2013）

胸棘鲷属（胸燧鲷属）*Hoplostethus* Cuvier，1829
种 的 检 索 表

1（2）腹缘棱鳞上的棘细弱；胸鳍黑色⋯⋯⋯⋯⋯⋯⋯⋯⋯⋯⋯⋯⋯⋯⋯⋯ **黑首胸棘鲷（黑首胸燧鲷）**
H. melanopus（Weber，1913）（图 1399）。栖息于大陆架陡坡区 400～914m 深水域的深海底层鱼类，常出现在硬质底层处。食小虾及鱼类。体长 250mm。分布：东海（38°N、128°E 附近）、台湾南部海域；日本、印度尼西亚，西太平洋海域。罕见鱼种，产量少且鱼体小，做下杂鱼处理。

腹缘棱鳞棘细弱

图 1399　黑首胸棘鲷（黑首胸燧鲷）*H. melanopus*

（依林公义，2013）

2（1）腹缘棱鳞上的棘较粗大；胸鳍不呈黑色

3（4）尾鳍后缘黑色⋯⋯⋯⋯⋯⋯⋯⋯⋯⋯⋯**日本胸棘鲷（日本胸燧鲷）*H. japonicas* Higendorf，1879**
（图 1400）。栖息于大陆架陡坡区 335～950m 深水域的深海底层鱼类，常出现在硬质底层处。食小虾及鱼类。体长 126mm。分布：东海（38°N、128°E 附近）、台湾东北部及南部海域；日本，西-北太平洋海域。罕见鱼种，产量少且鱼体小，做下杂鱼处理。

4（3）尾鳍后缘不呈黑色

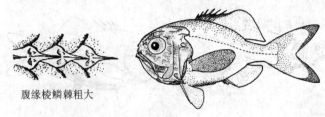

腹缘棱鳞棘粗大

图 1400　日本胸棘鲷（日本胸燧鲷）*H. japonicas*

（依林公义，2013）

5（6）各鳍浅粉红色；第一鳃弓具鳃耙 23～26 ·····························**地中海胸棘鲷（地中海胸燧鲷）**
H. mediterraneus Cuvier, 1829（图 1401）。栖息于大陆架陡坡区 100～1 175m 深水域的深海底
层鱼类，常出现在硬质底层处。食小虾及鱼类。体长 420mm。分布：东海（30°N、128°E 附
近）、台湾西南部海域；太平洋、印度洋、大西洋海域。罕见鱼种，产量少且鱼体小，做下杂鱼
处理。数量有一定的减少，《中国物种红色名录》列为易危〔VU〕物种。

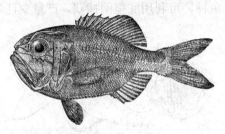

图 1401　地中海胸棘鲷（地中海胸燧鲷）*H. mediterraneus*

6（5）各鳍浅灰色；第一鳃弓具鳃耙 18～20 ·····························**重胸棘鲷（重胸燧鲷）**
H. crassispinus Kotlyar, 1980（图 1402）。栖息于大陆架陡坡区 280～600m 深水域的深海底层
鱼类，常出现于硬质底层处。食小虾及鱼类。体长 254mm。分布：东海 30°N 以南斜坡、台湾东
北部及南部海域；日本，西-北太平洋。罕见鱼种，可利用底拖网捕获，产量少且鱼体小，一般
做下杂鱼处理。

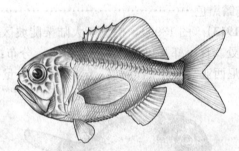

图 1402　重胸棘鲷（重胸燧鲷）*H. crassispinus*

（依郑义郎，2007）

四十三、海鲂目（的鲷目）ZEIFORMES

体极侧扁而高。上颌显著突出，无辅上颌骨。鳞细小或仅具痕迹。背鳍、臀鳍和胸鳍鳍条均不分
支。背鳍、臀鳍基部及胸鳍和腹鳍具有棘状骨板或无棘状骨板。腭骨无齿，具犁齿，后颞骨 2 叉形与头
盖骨密接。第一脊椎与头骨密切接连。背鳍鳍棘部发达，具 5～10 鳍棘、22～36 鳍条；臀鳍具 1～4 鳍
棘；腹鳍胸位，通常具 1 鳍棘、5～9 鳍条；尾鳍常具 11 分支鳍条。鳔无管。椎骨 30～44。

海鲂类为暖水性中小型底层鱼类。栖息于水深 100～1 000m 的深海中。广泛分布于世界各大洋。
一般为体小肉薄的小杂鱼，无经济价值，大型个体长达 900mm，供食用，但肉味一般。

本目有 6 科 16 属 33 种（Nelson et al.，2016）；中国有 4 科 8 属 11 种。

科 的 检 索 表

1（2）鳞细长而狭，呈垂直排列，相互密接；尾鳍具 13 分支鳍条 ┄┄┄┄ 线菱鲷科 Grammicolepididae
2（1）无鳞，或具小圆鳞或栉鳞，绝不呈垂直排列；尾鳍具 10 或 11 分支鳍条
3（4）腹鳍起点部在胸鳍基底前下方 ┄┄┄┄┄┄┄┄┄┄┄┄┄┄ 海鲂科（的鲷科）Zeidae
4（3）腹鳍起点部在胸鳍基底上部后下方
5（6）口斜位；前鳃盖骨隅角部无向后倒棘；腹鳍无硬棘，具 7～9 鳍条┄┄┄┄┄┄┄
┄┄┄┄┄┄┄┄┄┄┄┄┄┄┄┄┄┄┄┄┄ 副海鲂科（准的鲷科）Parazenidae
6（5）口上位，垂直；前鳃盖骨隅角部具一大的向后倒棘；腹鳍有硬棘，具 1 鳍棘、6 鳍条
┄┄┄┄┄┄┄┄┄┄┄┄┄┄┄┄┄ 大海鲂科（甲眼的鲷科）Zeniontidae

160. 线菱鲷科 Grammicolepididae

　　体侧扁而高，似菱形。头较小。眼中大。口甚小，近垂直，上颌骨有嵴突，与前颌骨的升突相接，与腭骨间有疏松的联系。两颌具 1～2 行细齿，犁骨、腭骨均无齿。体上鳞细小，垂直排列，互相密接，体及头的大部分均被鳞。背鳍、臀鳍基部有 1 行小棘。背鳍具 5～7 鳍棘、27～34 鳍条；臀鳍具 2 鳍棘、27～35 鳍条；胸鳍中侧位，具 14～15 鳍条；腹鳍具 1 鳍棘、6 鳍条；尾鳍有 13 分支鳍条。鳃盖条 7。椎骨 37～46。

　　幼鱼的第一臀鳍棘特别延长，后伸可达或超过尾鳍；第二背鳍棘也延长，其长一般可超过头长。这些延长的鳍棘在成鱼均不存在。

　　深海底层鱼类。栖息于沙泥底质的海域。分布：三大洋热带、亚热带水域。

　　本科有 3 属 3 种（Nelson et al.，2016）；中国有 2 属 2 种。

属 的 检 索 表

1（2）眼的头背缘隆突；体长 190mm 以下的幼鱼体侧具许多棘状小骨板；背鳍具 6～7 鳍棘、32～34 鳍条 ┄┄┄┄┄┄┄┄┄┄┄┄┄┄ 线菱鲷属 Grammicolepis
2（1）眼的头背缘凹入；体长 190mm 以下的幼鱼体侧无棘状小骨板；背鳍具 4～6 鳍棘、27～31 鳍条
┄┄┄┄┄┄┄┄┄┄┄┄┄ 异鳞海鲂属（异鳞的鲷属）Xenolepidichthys

线菱鲷属 Grammicolepis Poey，1873

　　斑线菱鲷 G. brachiusculus Poey，1873（图 1403、图 1404）。深海底层鱼类。栖息于水深 400～800m 的大陆架斜坡和陡坡中，喜生活于沙泥底质的环境。体长 320～600mm。分布：东海、台湾南部海域；日本、澳大利亚东南部，印度-西太平洋、西大西洋。体型大，肉味一般，供食用，具经济价值。

 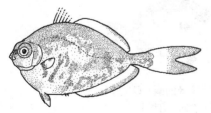  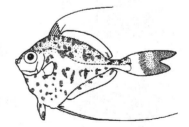

隆起

图 1403　斑线菱鲷 G. brachiusculus 成鱼（依中坊等，2013）

幼鱼体侧具棘状小骨板

图 1404　斑线菱鲷 G. brachiusculus（幼鱼体长 170mm）（依中坊等，2013）

异鳞海鲂属（异鳞的鲷属）Xenolepidichthys Gilchrist，1922

　　几内亚湾异鳞海鲂 X. dalgleishi Gilchrist，1922（图 1405）。深海底层鱼类，栖息于水深 90～900m 的大陆架斜坡和陡坡中，喜生活于沙泥底质的环境。体长 150mm。分布：东海、台湾南部海域；日本、

菲律宾、澳大利亚东南部，印度-西太平洋、西大西洋。数量稀少，《中国物种红色名录》列为易危［VU］物种。

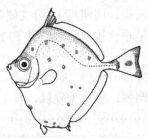

图 1405　几内亚湾异鳞海鲂 *X. dalgleishi*
（依中坊等，2013）

161. 副海鲂科（准的鲷科）Parazenidae

体长椭圆形，侧扁。头中大。眼中大。口前位。前颌骨明显突出。体侧有 2 条侧线，在第二背鳍后基下方连合成一条，伸到尾基中央。体被弱栉鳞，易脱落。背鳍 2 个，有明显缺刻分开，具 8 鳍棘、26～30 鳍条；臀鳍与第二背鳍相对，具 1 鳍棘、31 鳍条，奇鳍基底两侧无棘板，腹缘也无棘板；胸鳍位低，下侧位，有 15～16 鳍条；腹鳍无鳍棘，具 7～9 鳍条，胸位；尾鳍叉形，有 11 主鳍条。椎骨 34。

深海底层鱼类。栖息于沙泥底质的海域。分布：三大洋热带、亚热带水域。

本科有 3 属 4 种（Nelson et al.，2016）；中国有 2 属 3 种。

属 的 检 索 表

1（2）体颇高，背部隆起；体侧有 1 条侧线 ················· **腹棘海鲂属（腹棘的鲷属）*Cyttopsis***

2（1）体延长，背部平缓，不隆起；体侧有 2 条侧线，后方在第二背鳍后基下方 2 线连合 ···············
　　　　·· **副海鲂属（准的鲷属）*Parazen***

腹棘海鲂属（腹棘的鲷属）*Cyttopsis* Gill，1862
种 的 检 索 表

1（2）胸鳍基底上端不与眼下缘在同一直线上；背鳍具 8 鳍棘、27 鳍条 ·······························
驼背腹棘海鲂（驼背腹棘的鲷）*C. cypho*（Fowler，1934）（图 1406）。深海底层鱼类。栖息于水深 140～513m 的大陆架斜坡和陡坡中，喜生活于沙泥底质环境。体长 95～108mm。分布：海南岛、南海大陆架边缘；印度尼西亚、菲律宾，印度-西太平洋。体小、肉薄的小杂鱼，无经济价值。

图 1406　驼背腹棘海鲂（驼背腹棘的鲷）*C. cypho*
a. 胸鳍基上端不与眼下缘在同一直线上
（依中坊等，2013）

2（1）胸鳍基底上端与眼下缘在同一直线上；背鳍具 7 鳍棘、28～30 鳍条 ·······························
红腹棘海鲂（玫瑰腹棘的鲷）*C. rosea*（Lowe，1843）（图 1407）。深海底层鱼类。栖息于水深 200～1 000m 的大陆架斜坡和陡坡中，喜生活于沙泥底质环境。体长 250～310mm。分布：东海、台湾东北部海域、海南三亚、南海；日本、菲律宾、澳大利亚东部，印度-西太平洋。体小、肉薄的小杂鱼，无经济价值。

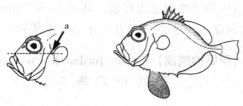

图 1407　红腹棘海鲂（玫瑰腹棘的鲷）C. rosea

a. 胸鳍基上端不与眼下缘在同一直线上

（依中坊等，2013）

副海鲂属（准的鲷属）Parazen Kamohara，1935

太平洋副海鲂(太平洋准的鲷) **P. pacificus Kamohara，1935**（图 1408）。深海底层鱼类。栖息于水深 140～513m 的大陆架斜坡和陡坡中，喜生活于沙泥底质环境。体长 200～250mm。分布：台湾南部海域、海南岛、南海大陆架边缘及东沙群岛；日本，印度-西太平洋、澳大利亚东部。体小、肉薄的小杂鱼，无经济价值。

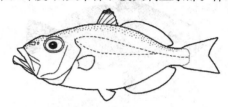

图 1408　太平洋副海鲂（太平洋准的鲷）P. pacificus

（依中坊等，2013）

162. 大海鲂科（甲眼的鲷科）Zeniontidae

体长椭圆形，体高约等于头长，体长为体高的 2.3～2.7 倍。头较大。眼大。口上位，上颌能伸缩，上颌长约等于眼径。两颌具细齿。背鳍具 5～7 鳍棘、25～29 鳍条；臀鳍具 1 鳍棘、23～32 鳍条，或无鳍棘；胸鳍 12～18 鳍条，中侧位；腹鳍具 1 鳍棘、6 鳍条，鳍棘长而坚强并具锯齿；尾鳍截形或凹入。鳃盖条 7～8。体侧鳞圆形至方形。椎骨 25～27。

海洋鱼类。栖息于水深 300～600m 的深海洋底层。分布：南非，西太平洋、加勒比海及东大西洋。本科有 3 属 7 种（Nelson et al.，2016）；中国有 2 属 3 种。

属 的 检 索 表

1（2）口斜位；前鳃盖骨隅角部无向后倒棘；腹鳍棘前缘光滑 …… **菱海鲂属（菱的鲷属）Cyttomimus**

2（1）口上位，几垂直；前鳃盖骨隅角部具一大的向后倒棘；腹鳍棘前缘锯齿状 ………………………

……………………………………………………… **小海鲂属（甲眼的鲷属）Zenion**

菱海鲂属（菱的鲷属）Cyttomimus Gilbert，1905

青菱海鲂（青菱的鲷）C. affinis Weber，1913（图 1409）。深海底层鱼类。栖息于水深 304～

腹鳍棘前缘光滑

图 1409　青菱海鲂（青菱的鲷）C. affinis

（依中坊等，2013）

415m 的大陆架斜坡和陡坡中，喜生活于沙泥底质环境。体长 50～70mm。分布：台湾南部海域、海南岛东部海域、南海；日本、澳大利亚，印度-西太平洋。体小、肉薄的小杂鱼，无经济价值。

小海鲂属（甲眼的鲷属）Zenion Jordan & Evermann，1896

种 的 检 索 表

1（2）腹鳍棘强，稍长于背鳍第二鳍棘；尾柄长为尾柄高的 1.3～1.4 倍；侧线鳞 75；体暗银色而带红色光泽；第一背鳍上部具黑色斑块 ···························· **日本小海鲂（日本甲眼的鲷）** **Z. japonicum Kamohara，1934**（图 1410）。深海底层鱼类。栖息于水深 175～980m 的大陆架斜坡和陡坡中，喜生活于沙泥底质环境。体长 100～120mm。分布：东海大陆架边缘、台湾东北部海域、海南岛、南海（香港）；日本、澳大利亚、智利，印度-西太平洋。数量稀少，《中国物种红色名录》列为易危［VU］物种。

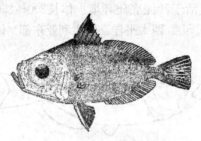

图 1410　日本小海鲂（日本甲眼的鲷）Z. japonicum

2（1）腹鳍棘粗强，几为背鳍第二鳍棘的 2 倍；尾柄长为尾柄高的 0.6 倍；侧线鳞 68；体红色 ······························· **小海鲂（甲眼的鲷）Z. hololepis（Goode & Bean，1896）**（图 1411）。深海底层鱼类。栖息于水深 200～600m 的大陆架斜坡和陡坡中，喜生活于沙泥底质环境。体长 100～120mm。分布：南海大陆架边缘东沙群岛；西印度洋、印度-西太平洋、西大西洋。体小、肉薄的小杂鱼，无经济价值。

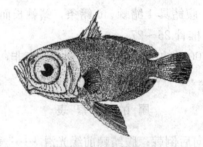

图 1411　小海鲂（甲眼的鲷）Z. hololepis

163. 海鲂科（的鲷科）Zeidae

体椭圆形，很侧扁。裸露或具细小圆鳞。口前位。上颌突出。吻短。牙细小，犁骨具牙，腭骨有时也具牙。眼侧位而高。头上具棘。前鳃盖边缘不具锯齿。后颞骨与头骨密接。上肩胛骨为短三角形。胸部与腹部通常具有锯齿状的骨板。背鳍与臀鳍基部有时具棘状骨板。鳃孔大，椎骨 31 个。

深海底层鱼类。栖息于水深 200～800m 的沙泥底质海域，分布：三大洋热带、亚热带水域。

本科有 2 属 6 种（Nelson et al.，2016）；中国有 2 属 3 种。

属 的 检 索 表

1（2）臀鳍具 3 鳍棘；头部背面凹陷，不突出；体侧中央无黑色椭圆形大斑 ··························
······························· **亚海鲂属（雨印鲷属）Zenopsis**

2（1）臀鳍具 4 鳍棘；头部背面凸出；体侧中央具一大于眼径的黑色椭圆大斑，外绕一白环 ………
………………………………………………………………………… **海鲂属（的鲷属）*Zeus***

亚海鲂属（雨印鲷属）*Zenopsis* Gill，1862
种 的 检 索 表

1（2）背鳍具 7 鳍棘、26～27 鳍条；臀鳍第三鳍棘与鳍条愈合，不能活动；尾椎 19 …………………
……**多棘亚海鲂 *Z. stabilispinosa* Nakabo，Bray & Yamada，2006**（图 1412）。深海底层鱼类。
栖息于水深 209～767m 的大陆架斜坡中，喜生活于贝壳及沙泥底质环境。体型小，体长 410mm。
分布：东海、台湾西南部海域、南海；澳大利亚西岸，印度-西太平洋。数量少，无经济价值。

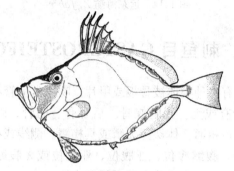

图 1412　多棘亚海鲂 *Z. stabilispinosa*
（依 Nakabo et al.，2006）

2（1）背鳍具 9 鳍棘、27 鳍条；臀鳍第三鳍棘不与鳍条愈合，能活动；尾椎 22 …………………
雨印亚海鲂（云纹雨印鲷）*Z. nebulosa* (Temminck & Schlegel，1845)（图 1413）。深海底层鱼
类。栖息于水深 40～800m 的大陆架斜坡中，喜生活于贝壳及沙泥底质环境。体型大，体长
500～700mm。分布：偶见于黄海南部（江苏）、东海、台湾南部海域、南海；朝鲜半岛、日本、
澳大利亚南岸，印度-西太平洋。体型大、肉味一般，供食用，数量稀少，《中国物种红色名录》
列为易危［VU］物种。

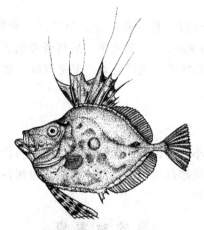

图 1413　雨印亚海鲂（云纹雨印鲷）*Z. nebulosa*
（依伍汉霖，2006）

海鲂属（的鲷属）*Zeus* Linnaeus，1758

　远东海鲂 *Z. faber* Linnaeus，1758（图 1414）（syn. 日本海鲂 *Z. japonicus* Valenciennes，1835）。
深海底层鱼类。栖息于水深 40～800m 的大陆架斜坡中，喜生活于贝壳及沙泥底质环境。体型大，体长
达 900mm。分布：黄海南部（江苏）、东海、台湾东北部海域、海南岛；朝鲜半岛、日本、非洲，地中
海、东大西洋、太平洋。肉味一般，供食用。

图 1414　远东海鲂 *Z. faber*

四十四、刺鱼目 GASTEROSTEIFORMES

体延长，侧扁，或呈管状，有些种类体被骨板或甲片。吻通常呈管状。口小，端位，上缘由上颌骨与前颌骨或仅由前颌骨组成。牙有或无。无眶蝶骨。后耳骨、肋骨、眶下骨或有或无。鳃条骨 1～7。腰骨不与匙骨相连。鳔无管与食道相通。体裸露无鳞或具栉鳞。侧线或有或无。背鳍 1 或 2 个，第一背鳍存在时常具 2 枚以上游离鳍棘；腹鳍腹位、亚腹位、亚胸位或无腹鳍；尾鳍常具分支鳍条，或无尾鳍。背鳍、臀鳍、胸鳍鳍条常不分支。广泛分布于世界各大洋。

本目有 11 科 74 属 354 种；中国有 8 科 31 属 67 种。

亚 目 的 检 索 表

1（2）第一背鳍特化为 2 枚以上的游离鳍棘 ⋯⋯⋯⋯⋯⋯⋯⋯⋯⋯⋯⋯ 刺鱼亚目 GASTEROSTEOIDEI

2（1）第一背鳍不特化为游离鳍棘 ⋯⋯⋯⋯⋯⋯⋯⋯⋯⋯ 海龙鱼亚目（海龙亚目）SYNGNATHOIDEI

刺鱼亚目 GASTEROSTEOIDEI

口小，端位，吻不呈管状。下缘仅由前颌骨组成。第二眶下骨伸达前鳃盖骨，覆盖颊部。背鳍具 2～15 游离鳍棘。腹鳍亚胸位，具 1 鳍棘、2～3 鳍条。后耳骨及后翼骨，无眶蝶骨。鼻骨与额骨相连，并以突起与副蝶骨和外筛骨连接。具肋骨。无后匙骨。前部脊椎正常。具鳔，无鳔管。

生活于淡水、咸淡水及海水中。

164. 刺鱼科 Gasterosteidae

体延长，侧扁，尾柄细长。口小，端位。体无鳞或被骨板。肋骨游离。背鳍具 2 根或 2 根以上游离鳍棘；胸腹鳍距离较近，胸鳍大，后端超过腹鳍基部；臀鳍与腹鳍各具 1 鳍棘；尾鳍后缘略凹。

小型鱼类。生活于淡水及咸淡水。

属 的 检 索 表

1（2）背鳍具 3～4 鳍棘 ⋯⋯⋯⋯⋯⋯⋯⋯⋯⋯⋯⋯⋯⋯⋯⋯⋯⋯⋯⋯⋯⋯ 刺鱼属 *Gasterosteus*

2（1）背鳍具 7～11 鳍棘 ⋯⋯⋯⋯⋯⋯⋯⋯⋯⋯⋯⋯⋯⋯⋯⋯⋯⋯⋯⋯ 多刺鱼属 *Pungitius*

刺鱼属 *Gasterosteus* Linnaeus, 1758

北美三刺鱼 *G. aculeatus aculeatus* Linnaeus, 1758（图 1415）。栖息于温带沿岸水深 0～100m 的小型海洋鱼类，也生活于淡水、河口水域。体长 110mm。分布：黑龙江、乌苏里江、图们江、绥芬河等水系；环北极寒带和温带地区、日本、意大利、黑海、北非、北美、格陵兰。

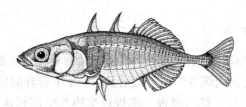

图 1415 北美三刺鱼 *G. aculeatus aculeatus*
（黎诺维绘）

多刺鱼属 *Pungitius* Coste，1848

中华多刺鱼 *P. sinensis*（Guichenot，1869）（图 1416）。栖息于温带沿岸水深 0～100m 的小型海洋鱼类，也生活于淡水、河口水域。体长 90mm。分布：黑龙江、图们江、兴凯湖、辽河及内蒙古东部水域、黄渤海沿海河口及内湾、长江河口；朝鲜半岛、日本、堪察加半岛。

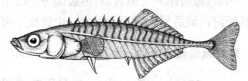

图 1416 中华多刺鱼 *P. sinensis*
（黎诺维绘）

海龙鱼亚目（海龙亚目）SYNGNATHOIDEI

鳔不与食道相通。背鳍、臀鳍、胸鳍条不分支，尾鳍部分分支。第一背鳍存在时，具棘；腹鳍存在时，腹位及亚腹位，具3～7鳍条。腰骨不与匙骨相连，无眶下骨，眶前骨如存在时无感觉管，但有1列小孔。口前位。为前上颌骨或上颌骨与前上颌骨所包围。吻管状。犁骨、中筛骨、方骨及前鳃盖骨均很长。鳃条骨1～5。无顶骨及后耳骨。无肋骨及肋间骨。椎体横突很长。前3～6脊椎骨愈合，翼耳骨下方与基枕骨相连。

科 的 检 索 表

1（8）鳃栉状；具后匙骨及后翼骨

2（5）口具齿；具连续完整的侧线

3（4）体近乎圆筒状，前方稍平扁；体全裸仅遗留若干具钩之刺；无须；肛门偏前；背鳍无硬棘部；尾鳍后缘凹入，其中央若干鳍条呈丝状延长 ·················· 烟管鱼科（马鞭鱼科）Fistulariidae

4（3）体侧扁；被有细鳞；下颌缝合部具1须；肛门偏后；背鳍具硬棘部；尾鳍后缘无丝状突起 ··· ·· 管口鱼科 Aulostomidae

5（2）口无齿；无侧线

6（7）体被粗杂细鳞；仅体背及腹面被有骨板;尾部不向下屈 ······ 长吻鱼科(鹬嘴鱼科)Macroramphosidae

7（6）体无鳞片；全身包被坚甲；尾部向下屈 ·················· 玻甲鱼科 Centriscidae

8（1）鳃总状或叶状；无后匙骨及后翼骨

9（12）背鳍1枚

10（11）腹鳍腹位，具1鳍棘及1～3鳍条 ·················· 海蛾鱼科 Pegasidae

11（10）腹鳍缺如；尾部细长，尾鳍无或极小;鳃裂仅一小孔;雄性具孵卵囊 ·················· ·· 海龙鱼科（海龙科）Syngnathidae

12（9）背鳍2枚；腹鳍大，1～6鳍条；尾部短，尾鳍极长；鳃裂广；雌性具孵卵囊 ·················· ·· 剃刀鱼科 Solenostomidae

165. 海蛾鱼科 Pegasidae

体较宽，宽度大于体高，平扁，完全被骨板，躯干部紧密相接，尾部稍可活动，四棱形。头平扁。吻突出。口小，下位，口的前缘由间颌骨组成。无须及齿。眶下骨环颇发达，与鳃盖形成一骨缝，鳃盖各骨愈合成一骨板。间鳃盖骨细长，接于鳃板。鳃板以窄膜与峡部相连。鳃孔窄小，位于胸鳍基部前方。鳃4个，薄片状。无假鳃。背鳍和臀鳍均短小，相对，位于尾部；胸鳍宽阔而大，水平状；腹鳍紧位于肛门前方；尾鳍短小，后缘截形。脊椎少。无肋骨。肠短。

分布：印度-西太平洋的温带至热带海域。

本科有2属5种（Nelson et al.，2016）；中国有2属3种。

属 的 检 索 表

1（2）尾环8，少数9；枕部具二凹窝；最后尾环背面具棘；由腹面可见眼睛 …… 宽海蛾鱼属 *Eurypegasus*

2（1）尾环11或更多；枕部不具凹窝；最后尾环背面不具棘；由腹面不可见眼睛 …… 海蛾鱼属 *Pegasus*

宽海蛾鱼属 *Eurypegasus* Bleeker，1863

宽海蛾鱼 *E. draconis*（Linnaeus，1766）（图1417）。栖息于热带沿岸水深3～90m的小型海洋鱼类，生活于珊瑚礁、沙泥底、河口、潟湖、礁沙混合区水域。体长100mm。分布：东海沿海河口、台湾南部及东北部海域、南海诸岛；日本、红海、澳大利亚，印度-太平洋。

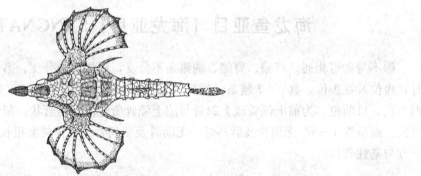

图1417 宽海蛾鱼 *E. draconis*

（黎诺维绘）

海蛾鱼属 *Pegasus* Linnaeus，1758

种 的 检 索 表

1（2）尾环11，第9与第10环相连；胸鳍呈硬棘状 ………………………………………………… **海蛾鱼**
P. laternarius Cuvier，1816（图1418）。栖息于热带沿岸水深1～100m的小型海洋鱼类，生活于

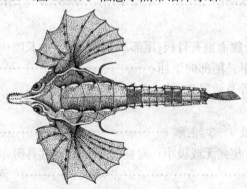

图1418 海蛾鱼 *P. laternarius*

（黎诺维绘）

沙泥底、河口、潟湖、礁沙混合区水域。体长 80mm。分布：东海沿海（福建、台堆南部）、南海（广东、广西）、南海诸岛；日本，印度-西太平洋。

2（1）尾环 12，最后 3 环相连；胸鳍不呈硬棘状 ·················· **飞海蛾鱼**
P. volitans **Linnaeus, 1758**（图 1419）。栖息于热带沿岸水深 1～73m 的小型海洋鱼类，生活于沙泥底、河口、潟湖、礁沙混合区水域。体长 200mm。分布：东海（福建）、台湾南部海域、海南岛、南海（广东、广西）；日本、澳大利亚、巴布亚新几内亚，印度-西太平洋。

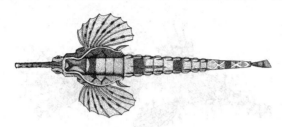

图 1419　飞海蛾鱼 *P. volitans*
（黎诺维绘）

166. 剃刀鱼科 Solenostomidae

体侧扁。尾很短，具宽而长的尾鳍。吻长而侧扁。口小而斜，吻端被有星状骨片成纵横行排列。无侧线。腹鳍腹位，与第一背鳍约相对；胸鳍圆形；尾鳍尖形。鳃盖发达，鳃孔宽阔，有 4 鳃，有假鳃，1 个两叉形鳃膜条。

分布：印度-西太平洋热带海域。

本科有 1 属 6 种（Nelson et al.，2016）；中国有 1 属 4 种。

剃刀鱼属 Solenostomus Lacepède，1803
种 的 检 索 表

1（4）吻背面无锯齿
2（3）身体及鳍无小薄瓣；尾柄短 ·················· **蓝鳍剃刀鱼 S. cyanopterus Bleeker，1854**
（图 1420）。栖息于热带沿岸水深 0～25m 的小型海洋鱼类，生活于珊瑚礁区、礁区、沙泥底水域。体长 170mm。分布：台湾南部及小琉球；日本、红海、东非、斐济、澳大利亚，印度-太平洋。

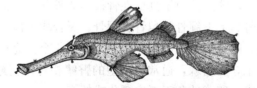

图 1420　蓝鳍剃刀鱼 *S. cyanopterus*
（黎诺维绘）

3（2）体及鳍皆具小薄瓣；尾柄稍长 ·················· **细吻剃刀鱼 S. paradoxus（Pallas，1770）**
（图 1421）。栖息于热带沿岸水深 4～35m 的小型海洋鱼类，生活于珊瑚礁区、礁区、沙泥底

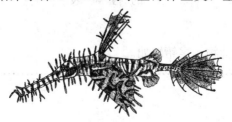

图 1421　细吻剃刀鱼 *S. paradoxus*
（黎诺维绘）

水域。体长 120mm。分布：东海、台湾南部海域、南海；日本、红海、东非、澳大利亚，印度-西太平洋。

4 (1) 吻背面有锯齿

5 (6) 吻部及体表具皮瓣 ················· **细体剃刀鱼 S. leptosoma Tanaka，1908**（图 1422）。栖息亚热带沿岸水深 15～24m 的小型海洋鱼类，生活于礁区水域。体长 100mm。分布：东海、南海诸岛；日本、印度尼西亚、澳大利亚，印度-西太平洋。

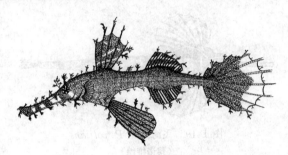

图 1422　细体剃刀鱼 S. leptosoma
(黎诺维绘)

6 (5) 吻部及体表不具皮瓣 ··············· **锯齿剃刀鱼 S. armatus Weber，1913**（图 1423）。栖息于热带沿岸水深 0～95m 的小型海洋鱼类，生活于珊瑚礁区水域。体长 57mm。分布：东海、南海诸岛；日本、印度尼西亚、澳大利亚、东非，西太平洋。

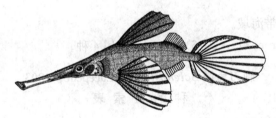

图 1423　锯齿剃刀鱼 S. armatus
(黎诺维绘)

167. 海龙鱼科（海龙科）Syngnathidae

体长形，稍侧扁。尾部细长。体全部包于真皮性骨板形的骨环中，具棱角。头细长，常具有突出的管状吻。口小，前位。前上颌骨、上下颌骨及犁骨、腭骨、翼骨均无齿。后颞骨愈合。无上匙骨。匙骨与前部 2 个椎骨的横突相连接。鳃孔很小，位于头侧上方。鳃 4 个。完全分离。假鳃发达。鼻孔每侧 2 个，很小，相距很近。背鳍 1 个，无鳍棘，通常与小型的臀鳍相对；胸鳍小或无；无腹鳍；尾鳍发达、小或无。雄鱼身体腹面具孵卵囊，卵或幼鱼于囊中孵化或抚育。

本科广泛分布于世界三大洋，少数可进入河口水域及淡水水域。

本科有 57 属 298 种（Nelson et al.，2016）；中国有 22 属 52 种。

属 的 检 索 表

1 (34) 育儿囊位于尾部

2 (9) 尾端向腹面卷曲，能卷缠他物；尾鳍缺如

3 (4) 头部与体轴几成直角 ·············· 海马属 *Hippocampus*

4 (3) 头部与体轴平行或成钝角

5 (8) 头部及躯干部具有皮瓣

6 (7) 吻长大于头长 ·············· 带状多环海龙属 *Haliichthys*

7 (6) 吻长小于头长 ·············· 细尾海龙属 *Acentronura*

8（5）头部及躯干部不具皮瓣 ·· 刀海龙属 *Solegnathus*

9（2）尾端不向腹面卷曲，不卷缠他物；具尾鳍

10（21）躯干部与尾部之上棱相连接

11（18）躯干部与尾部之下棱相连接，躯干侧棱不与尾部下棱相连接

12（15）臀鳍缺如

13（14）口下位 ·· 鳗海龙属 *Bulbonaricus*

14（13）口上位 ·· 锥海龙属 *Phoxocampus*

15（12）具臀鳍

16（17）躯干侧棱于近肛环时向腹面弯曲；背鳍起点位于尾部 ··········· 鱼海龙属 *Ichthyocampus*

17（16）躯干侧棱不向腹面弯曲；背鳍起点位于躯干部 ··········· 光尾海龙属 *Festucalex*

18（11）躯干部与尾部之下棱不相连接，躯干侧棱与尾部下棱相连接

19（20）环数 39～52 ·· 曲海龙属 *Campichthys*

20（19）环数 56～71 ·· 须海龙属 *Urocampus*

21（10）躯干部与尾部之上棱不相连接

22（29）躯干部与尾部之下棱相连接

23（28）主鳃盖棱明显；皮瓣或有或无

24（25）吻背骨脊显著突出 ································ 环宇海龙属（齐海龙属）*Cosmocampus*

25（24）吻背平滑或不显著突出

26（27）臀鳍 2～3 软条；具孵卵囊板 ·························· 多环海龙属 *Hippichthys*

27（26）臀鳍 4 软条；孵卵囊板缺如 ·························· 冠海龙属 *Corythoichthys*

28（23）主鳃盖棱痕迹性或完全缺如；皮瓣缺如 ·············· 海龙属 *Syngnathus*

29（22）躯干部与尾部之下棱不相连接

30（31）尾鳍 8 或 9 鳍条 ·································· 粗吻海龙属 *Trachyrhamphus*

31（30）尾鳍 10 鳍条

32（33）吻背中棱低，平滑，侧面凹；吻无侧棱；眼无皮瓣 ·············· 小颌海龙属 *Micrognathus*

33（32）吻背中棱较高，多棘，侧面不凹；吻具侧棱或侧棘列；眼具皮瓣 ········ 海蝎鱼属 *Halicampus*

34（1）育儿囊位于躯干部

35（36）尾端向腹面蜷曲，可卷缠他物；尾鳍缺如 ·········· 拟海龙属 *Syngnathoides*

36（35）尾端不向腹面卷曲，无法卷缠他物；具尾鳍；

37（38）躯干部与尾部之上棱相连接 ························ 猪海龙属 *Choeroichthys*

38（37）躯干部与尾部之上棱不相连接

39（40）尾鳍 8 或 9 鳍条 ·································· 腹囊海龙属 *Microphis*

40（39）尾鳍 10 鳍条

41（42）吻背具小刺；不具带状花纹；育儿囊具薄膜包覆 ·········· 矛吻海龙属 *Doryrhamphus*

42（41）吻背不具小刺；大多具带状花纹；育儿囊不具薄膜包覆 ········ 斑节海龙属 *Dunckerocampus*

海马属 *Hippocampus* Rafinesque，1810
种 的 检 索 表

1（16）头部与躯干区隔明显；体型中等，体长 27mm 以上

2（5）顶冠低

3（4）背鳍条 18～22，第一、第四及第七体环背侧通常具一黑斑 ·····································

三斑海马 *H. trimaculatus* Leach，1814（图 1424）。栖息于热带沿岸水深 0～100m 的小型海洋鱼类，生活于珊瑚礁区、礁区水域。体长 170mm。分布：东海（浙江、福建）、台湾海域、南海（广东）；日本、印度、澳大利亚、塔希提岛，印度洋。全鱼（干品）入药，功效补肾壮阳，镇静

安神，散结消肿，舒筋活络，止咳平喘。主治老年体弱者精神困惫，神经衰弱；妇人难产，血气病，乳腺癌；跌打损伤（内伤疼痛），腹痛，腰腿痛；哮喘，伤咳，气管炎，阳痿，妇女宫冷，不育；创伤流血不止；疗疮肿毒；结核性瘘管。

图 1424　三斑海马 *H. trimaculatus*
（黎诺维绘）

4（3）背鳍条 12～14，体环背侧不具黑斑 ················· **莫氏海马（日本海马）**
***H. mohnikei* Bleeker，1853**（图 1425）。栖息于热带沿岸水深 1～87m 的小型海洋鱼类，生活于礁区水域。体长 80mm。分布：渤海、黄海、东海、海南岛、南海；日本、越南，西太平洋。全鱼（干品）入药，功效主治同三斑海马。

图 1425　莫氏海马（日本海马）*H. mohnikei*
（依 Project Seahorse Lourie，2004 年修改）

5（2）顶冠高或中等高
6（7）顶冠约等于吻长 ················· **冠海马 *H. coronatus*（Temminck & Schlegel，1850）**
（图 1426）。栖息于亚热带沿岸水深 0～20m 的小型海洋鱼类，生活于礁区水域。体长 108mm。分布：渤海、黄海、东海；日本，西-北太平洋。全鱼（干品）入药，功效补肾壮阳，镇静安神，散结消肿，舒筋活络，止咳平喘；主治阳痿，跌打损伤（内伤疼痛），腰腿痛，外伤出血不止。

图 1426　冠海马 *H. coronatus*
（黎诺维绘）

7（6）顶冠短于吻长
8（13）顶冠不具尖锐棘
9（10）顶冠具分支皮瓣 ················· **花海马 *H. sindonis* Jordan & Snyder，1901**
（图 1427）。栖息于亚热带水深 2～30m 的小型海洋鱼类，生活于礁区水域。体长 80mm。分布：黄海沿岸至长江河口、东海、台湾（澎湖列岛）、南海；日本南部、朝鲜半岛南部，西-北太平洋。

图 1427　花海马 *H. sindonis*
（黎诺维绘）

10（9）顶冠不具分支皮瓣，仅具粗糙棱脊

11（12）体环 11＋34～38 ························**库达海马 *H. kuda* Bleeker，1852**（图 1428）。栖息于热带沿岸水深 0～68m 的小型海洋鱼类，生活于珊瑚礁区、礁区、沙泥底、河口、礁沙混合区水域。体长 300mm。分布：东海（福建）、台湾南部海域、海南岛、南海（广东）；日本、巴基斯坦、夏威夷、社会群岛，印度-太平洋。无食用价值。为中医药用种类。

图 1428　库达海马 *H. kuda*
（黎诺维绘）

12（11）体环 11＋39～41 ·····················**克氏海马（大海马）*H. kelloggi* Jordan & Snyder，1901**（图 1429）。栖息于热带沿岸水深 0～120m 的小型海洋鱼类，生活于礁区水域。体长 280mm。分布：东海（福建）、台湾南部海域、海南岛、南海（广东）；日本、东非、红海、豪勋爵岛、澳大利亚，印度-西太平洋。全鱼（干品）入药，功效主治同三斑海马。

图 1429　克氏海马（大海马）*H. kelloggi*
（依 Jordan & Snyder，1901 年修改）

13（8）顶冠具尖锐棘

14（15）顶冠锐棘最长棘约与顶冠同高；体部各棱脊上具结节发育完全之长尖棘，长度约等于眼径······················**刺海马 *H. histrix* Kaup，1856**（图 1430）。栖息于热带沿岸水深 0～82m 的小型海洋鱼类，生活于珊瑚礁区、礁区水域。体长 170mm。分布：东海、台湾南部海域、南海；日本、南非、东非、夏威夷群岛、澳大利亚，印度-太平洋。全鱼（干品）入药，功

效主治同三斑海马。

图 1430　刺海马 H. histrix

（黎诺维绘）

15（14）顶冠锐棘最长棘短于顶冠；体部各棱脊上具结节发育完全之长尖棘，长度短于眼径…………

……………棘海马 **H. spinosissimus Weber，1913**（图 1431）。栖息于热带沿岸水深 0～70m

的小型海洋鱼类，生活于河口、珊瑚礁区、礁区水域。体长 160mm。分布：东海、台湾澎湖

列岛及小琉球、南海诸岛；斯里兰卡、澳大利亚，印度-太平洋。

图 1431　棘海马 H. spinosissimus

（黎诺维绘）

16（1）头部与躯干区隔不明显

17（18）吻前方具有膨大部位；全身布满不规则突起结节 ……………………………… **巴氏海马**

H. bargibanti Whitley，1970（图 1432）。栖息于热带沿岸水深 16～45m 的小型海洋鱼类，生

活于礁区、珊瑚礁区水域。体长 27mm。分布：东海、台湾兰屿及垦丁、南海诸岛；日本、澳

大利亚、瓦努阿图，印度-西太平洋。目前，已知仅栖息在数种海扇（Muricella spp.）上，其

形态完全融入珊瑚，具有拟态，极难被发现。

图 1432　巴氏海马 H. bargibanti

（依 Project Seahorse Lourie，2004 年修改）

18（17）吻前方不具有膨大部位；身上具零星不规则突起结节

19（20）顶冠低且圆；骨环 11；背鳍条 12～13 ……………………………… **克里蒙氏海马**

H. colemani Kuiter，2003（图 1433）。栖息于亚热带沿岸水深 3～12m 的小型海洋鱼类，生活

于礁区水域。体长 27mm。分布：台湾绿岛及垦丁、南海；琉球群岛、巴布亚新几内亚、豪勋

爵岛，太平洋。

图 1433　克里蒙氏海马 *H. colemani*
（黎诺维绘）

20（19）顶冠略尖且上扬；骨环 12；背鳍条 14 ·· **彭氏海马**
H. pontohi（**Lourie & Kuiter，2008**）（图 1434）〔syn. 赛氏海马 *H. severnsi*（Lourie & Kuiter，2008）〕。栖息于热带水深 8～25m 的小型海洋鱼类，生活于礁区水域。体长 17mm。分布：台湾绿岛、南海诸岛；印度尼西亚、巴布亚新几内亚、东南亚。

图 1434　彭氏海马 *H. pontohi*
（黎诺维绘）

带状多环海龙属 *Haliichthys* Gray，1859

带状多环海龙 H. taeniophorus Gray，1859（图 1435）。栖息于热带沿岸水深 0～16m 的小型海洋鱼类，生活于礁区水域。体长 300mm。分布：台湾西南部海域、南海诸岛；印度尼西亚、鲨鱼湾、澳大利亚、印度洋。

图 1435　带状多环海龙 *H. taeniophorus*
（黎诺维绘）

细尾海龙属 *Acentronura* Kaup，1853

短身细尾海龙 A. breviperula Fraser，Brunner & Whitley，1949（图 1436）。栖息于热带沿岸水深 1～47m 的小型海洋鱼类，生活于珊瑚礁区、礁区水域。体长 50mm。分布：东海、台湾垦丁、南海；日本、澳大利亚，西太平洋。

图 1436　短身细尾海龙 *A. breviperula*
（黎诺维绘）

刀海龙属 *Solegnathus* Swainson，1839
种 的 检 索 表

1（2）主鳃盖无中纵棱，仅具颗粒状放射线。骨环 24～26＋53～57；体呈浅褐色，各环上缘及侧边均有 1 个暗褐色斑 ·················**哈氏刀海龙 *S. hardwickii*（Gray，1830）**（图 1437）。栖息于亚热带沿岸水深 20～100m 的小型海洋鱼类，生活于礁区、沙泥底区水域。体长 400mm。分布：东海、台湾南部及澎湖列岛、南海（香港）；日本南部、毛里求斯、澳大利亚北部，西太平洋、西印度洋。全鱼（去膜及内脏，干品）入药，功效补肾壮阳，散结消肿，舒筋活络，止血，催产。主治妇人难产，颈淋巴结核，跌打损伤，炎症痛症，疔疮肿毒，阳痿，腰膝酸软。

图 1437　哈氏刀海龙 *S. hardwickii*
（黎诺维绘）

2（1）部分个体主鳃盖具中纵棱。体环纵棘弱；骨环 21～24＋51～56；体呈黄色至浅褐色，体侧有 5～8 枚深色斑块 ·················**黑斑刀海龙 *S. lettiensis* Bleeker，1860**（图 1438）。栖息热带沿岸水深 146～180m 的小型海洋鱼类，生活于礁区水域。分布：台湾海域、南海诸岛；印度尼西亚、澳大利亚西部，东印度洋。

图 1438　黑斑刀海龙 *S. lettiensis*
（黎诺维绘）

鳗海龙属 *Bulbonaricus* Herald，1953

布氏鳗海龙 *B. brucei* Dawson，1984（图 1439）。栖息于热带沿岸水深 0～20m 的小型海洋鱼类，生活于潟湖及礁区水域。体长 45mm。分布：台湾南部海域、南海；坦桑尼亚，印度-西太平洋。

图 1439　布氏鳗海龙 *B. brucei*
（黎诺维绘）

锥海龙属 *Phoxocampus* Dawson，1977
种 的 检 索 表

1（2）中侧棱平直不弯曲而终止于第 3～5 尾环附近；体环间各有一不太明显的黑色横纹 ················**黑锥海龙 *P. belcheri*（Kaup，1856）**（图 1440）。栖息于热带沿岸水深 0～5m 的小型海洋鱼类，生活于珊瑚礁水域。体长 72mm。分布：东海、台湾南部海域、南海诸岛；日本、红海、东非，印度-西太平洋。

图 1440　黑锥海龙 *P. belcheri*
（黎诺维绘）

2（1）中侧棱平直不弯曲而终止于最后一个躯环后缘或第一尾环附近；有若干不太明显的白点或暗色横纹 ·················**双棘锥海龙 *P. diacanthus*（Schultz，1943）**（图 1441）。栖息热带沿岸水深 5～40m 的小型海洋鱼类，生活于礁区、珊瑚礁区、礁沙混合区水域。体长 87mm。分布：东海、台湾南部及小琉球、南海（香港）；斯里兰卡、萨摩亚群岛，印度-太平洋。

图 1441　双棘锥海龙 *P. diacanthus*
（黎诺维绘）

鱼海龙属 *Ichthyocampus* Kaup，1853

恒河鱼海龙 *I. carce*（Hamilton，1822）（图 1442）。栖息于热带沿岸水深 20m 的暖水性小型海洋鱼类，栖于淡水及河口水域及近海，也进入淡水河段生活。繁殖期在 3—4 月。体长 105～150mm。分布：海南岛南渡江水系的海口市白沙门、南海诸岛；印度西海岸到印度尼西亚，印度-西太平洋。全鱼（干品）入药，功效主治同哈氏刀海龙。

图 1442　恒河鱼海龙 *I. carce*
（作者依 Day，1878 修改）

光尾海龙属 *Festucalex* Whitley，1931

红光尾海龙 *F. erythraeus*（Gilbert，1905）（图 1443）。栖息于热带沿岸水深 5～81m 的小型海洋鱼类，生活于礁区、珊瑚礁区水域。体长 82mm。分布：东海、台湾西部海域、南海诸岛；日本、莫桑比克、夏威夷群岛，印度-太平洋。

图 1443　红光尾海龙 *F. erythraeus*
（黎诺维绘）

曲海龙属 *Campichthys* Whitley，1931

小曲海龙 *C. nanus* Dawson，1977（图 1444）。栖息于热带沿岸水深 0～10m 的小型海洋鱼类，生活于礁区水域。体长 25mm。分布：台湾垦丁、南海；西印度洋。

图 1444　小曲海龙 *C. nanus*
（黎诺维绘）

须海龙属 *Urocampus* Günther，1870

带纹须海龙 *U. nanus* Günther，1870（图 1445）。栖息于亚热带沿岸水深 25m 以浅的小型海洋鱼类，生活于河口水域。体长 134mm。分布：东海沿岸；日本南部和相邻海岸，西-北太平洋。

图 1445　带纹须海龙 *U. nanus*
（黎诺维绘）

环宇海龙属（齐海龙属）*Cosmocampus* Dawson，1979

班氏环宇海龙 *C. banneri*（Herald & Randall，1972）（图 1446）。栖息于热带沿岸水深 2～30m 的小型海洋鱼类，生活于珊瑚礁区水域。体长 58mm。分布：台湾兰屿及小琉球；日本、东非、斐济、汤加，印度-西太平洋。

图 1446　班氏环宇海龙 *C. banneri*
（黎诺维绘）

多环海龙属 *Hippichthys* Bleeker，1849
种 的 检 索 表

1（6）中侧棱则于臀部体环附近转向腹面，不与尾部相接

2（3）背鳍起点在躯干部，头部与躯干的背面及两侧淡褐色，或具杂斑；躯干的腹部通常为褐色，不具暗横带，在棱脊中部则掺杂暗褐色或黑色的斑块；背鳍每一个软条上具 3～4 个小黑点…………………………………**蓝点多环海龙 *H. cyanospilos*（Bleeker，1854）**（图 1447）。栖息于热带沿岸水深 0～5m 的小型海洋鱼类，生活于礁区、沙泥底、河口、淡水、礁沙混合区水域。体长 160mm。分布：东海、台湾南部海域及澎湖列岛、海南岛；日本、红海、东非、澳大利亚，印度-太平洋。全鱼（干品）入药，功效主治同哈氏刀海龙。

图 1447　蓝点多环海龙 *H. cyanospilos*
（黎诺维绘）

3（2）背鳍起点在尾骨环上

4（5）背鳍起点在第一尾骨环上，体呈暗灰绿色；头下侧白色；腹侧和尾鳍黑色…………………**前鳍多环海龙 *H. heptagonus* Bleeker，1849**（图 1448）。栖息热带沿岸水深 0～5m 的小型海洋鱼类，生活于礁区、沙泥底、河口、淡水、礁沙混合区水域。体长 150mm。分布：东海（福建）、台湾南部海域、南海（广东）；日本、肯尼亚、所罗门群岛、菲律宾、大洋洲。全鱼（干品）入药，功效主治同哈氏刀海龙。

图 1448　前鳍多环海龙 *H. heptagonus*
（黎诺维绘）

5（4）背鳍起点在第 2～3 尾骨环上，体呈褐色；头下半部及躯干腹侧掺杂暗色垂直带…………………………………**带纹多环海龙 *H. spicifer*（Rüppell，1838）**（图 1449）。栖息于热带沿岸水深 0～5m 的小型海洋鱼类，生活于礁沙混合区、沙泥底、河口、淡水水域。体长 180mm。分布：台湾南部及北部海域、海南岛；日本、红海、东非、萨摩亚群岛，印度-太平洋。全鱼（干品）入药，功效主治同哈氏刀海龙。

图 1449　带纹多环海龙 *H. spicifer*
（黎诺维绘）

6（1）中侧棱跟身体平行，不于臀部体环附近转向腹面也不与尾部相接，头部与躯干的背面及两侧深褐色，体侧常具淡色杂斑；躯干的腹部通常为褐色，不具暗横带，在棱脊中部则掺杂暗褐色或黑色的斑块…………………**笔状多环海龙 *H. penicillus*（Cantor，1849）**（图 1450）。栖息于

热带沿岸水深 0～5m 的小型海洋鱼类，生活于河口、淡水水域。体长 180mm。分布：东海（上海）、台湾西部海域；日本、澳大利亚、波斯湾（科威特、沙特阿拉伯），印度-西太平洋。全鱼（干品）入药，功效主治同哈氏刀海龙。

图 1450　笔状多环海龙 *H. penicillus*
（黎诺维绘）

冠海龙属 *Corythoichthys* Kaup，1853
种 的 检 索 表

1（2）吻短，约略等长或略短于后头部；体具窄横带，每带各由甚多不规则线纹交错成网状；头部另具显著的侧纹······**黄带冠海龙 *C. flavofasciatus*（Rüppell，1838）**（图 1451）。栖息于热带沿岸水深 0～25m 的小型海洋鱼类，生活于礁区、珊瑚礁区水域。体长 120mm。分布：台湾南部海域及绿岛、南海（香港）；日本、东非、澳大利亚，印度-太平洋。

图 1451　黄带冠海龙 *C. flavofasciatus*
（黎诺维绘）

2（1）吻长，略长于后头部

3（4）头长为吻长的 2.0～2.1 倍；体呈淡灰色，头部及体侧具甚多不规则线纹且交错成网状；管状吻、体背部棱棘及尾鳍呈橘红色 ······ **红鳍冠海龙 *C. haematopterus*（Bleeker，1851）**（图 1452）。栖息于热带沿岸水深 0～25m 的小型海洋鱼类，生活于礁区、珊瑚礁区水域。体长 120mm。分布：台湾南部海域；日本、东非、澳大利亚，印度-太平洋。全鱼（干品）入药，功效主治同哈氏刀海龙。

图 1452　红鳍冠海龙 *C. haematopterus*
（黎诺维绘）

4（3）头长为吻长的 1.7～1.8 倍；体呈淡白色，体侧具不明显之褐色带，并满布许多橘红色至红褐色的线纹或斑点。尾鳍也呈橘红色 ······ **史氏冠海龙 *C. schultzi* Herald，1953**（图 1453）。栖息于热带沿岸水深 2～30m 的小型海洋鱼类，生活于珊瑚礁区水域。体长 160mm。分布：东海、台湾海域、东沙群岛；东非、汤加、澳大利亚，印度-太平洋。

图 1453　史氏冠海龙 *C. schultzi*
（黎诺维绘）

海龙属 *Syngnathus* Linnaeus，1758
种 的 检 索 表

1（4）躯干中侧棱仅同尾侧上棱连续；背鳍 35～45

2（3）尾长为躯干长的 2～2.5 倍······**尖海龙 *S. acus* Linnaeus，1758**（图 1454）。栖息于亚热带沿岸水深 0～110m 的小型海洋鱼类，生活于河口、沙泥底区水域。体长 500mm。分布：黄海至长江河口、东海、台湾海域、南海；韩国、日本、俄罗斯（符拉迪沃斯托克），西-北太平洋。体型大，仅观赏，无食用经济价值。全鱼（干品）入药，功效主治同哈氏刀海龙。

图 1454　尖海龙 *S. acus*
（黎诺维绘）

3（2）尾长为躯干长的 1.7 倍‥‥‥‥‥‥‥**漂海龙 *S. pelagicus* Linnaeus，1758**（图 1455）。栖息于亚热带远洋水深 0～110m 的小型海洋鱼类，生活于远洋水域。体长 181mm。分布：东海、南海；墨西哥湾北部、加勒比海西部、哥伦比亚，大西洋西部。全鱼（干品）入药，功效主治同哈氏刀海龙。

图 1455　漂海龙 *S. pelagicus*
（黎诺维绘）

4（1）躯干中侧棱平直而终止于臀部骨环处附近；鳍条数 30～47；体呈褐色，有时混杂一些淡色斑驳‥‥‥‥‥‥‥**薛氏海龙 *S. schlegeli* Kaup，1853**（图 1456）。栖息于热带沿岸水深 0～3m 的小型海洋鱼类，生活于河口、沙泥底水域。体长 300mm。分布：渤海、黄海至长江河口、东海、台湾澎湖列岛、南海；韩国、日本、俄罗斯（符拉迪沃斯托克），西-北太平洋。全鱼（干品）入药，功效主治同哈氏刀海龙。

图 1456　薛氏海龙 *S. schlegeli*
（黎诺维绘）

粗吻海龙属 *Trachyrhamphus* Kaup，1853
种 的 检 索 表

1（2）吻部背中棱完全，无棘而平滑；头长为吻长的 1.5～2.0 倍；体色多变，由近白色至近全黑色，通常为淡黄褐色，躯干上通常有淡色横带以及小的斑点散在‥‥‥‥‥‥‥**短尾粗吻海龙 *T. bicoarctatus*（Bleeker，1857）**（图 1457）。栖息于热带沿岸水深 1～42m 的小型海洋鱼类，生活于珊瑚礁区水域。体长 400mm。分布：东海、台湾澎湖列岛；日本南部、红海、东非、马里亚纳群岛，印度-西太平洋。

图 1457　短尾粗吻海龙 *T. bicoarctatus*
（黎诺维绘）

2（1）吻部背中棱完全，呈锯齿状
3（4）头长为吻长的 1.9～2.1 倍；体呈淡褐色，躯干上无小的斑点散在‥‥‥‥‥‥‥**长鼻粗吻海龙 *T. longirostris* Kaup，1856**（图 1458）。栖息于热带沿岸水深 16～100m 的小型海洋鱼类，生活于河口、沙泥底水域。体长 400mm。分布：东海、台湾（西部）海域、南海；日本、红海、澳大利亚东部，印度-西太平洋。

图 1458　长鼻粗吻海龙 *T. longirostris*
（黎诺维绘）

4（3）头长为吻长的 2.2～2.8 倍；体呈褐色，有时混杂一些淡色斑驳；吻上缘色淡；体侧具 12～13 条暗色横带，或不显‥‥‥‥‥‥‥**锯粗吻海龙 *T. serratus*（Temminck & Schlegel，1850）**

（图 1459）。栖息于热带沿岸水深15～100m 的小型海洋鱼类，生活于礁区、珊瑚礁区、沙泥底水域。体长 300mm。分布：黄海至长江河口、东海、台湾、南海；日本、韩国、斯里兰卡、印度-西太平洋。体型大，仅供观赏，无食用经济价值。全鱼（干品）入药，功效主治同哈氏刀海龙。

图 1459　锯粗吻海龙 *T. serratus*
（黎诺维绘）

小颌海龙属 *Micrognathus* Duncker，1912

短吻小颌海龙 *M. brevirostris brevirostris*（**Rüppell，1838**）（图 1460）。栖息于热带沿岸水深 0～10m 的小型海洋鱼类，生活于珊瑚礁区水域。体长 675mm。分布：南海；红海、苏伊士湾、亚喀巴湾北部到南部的海峡、西印度洋。

图 1460　短吻小颌海龙 *M. brevirostris brevirostris*
（依 Rüppell，1838）

海蠋鱼属　*Halicampus* Kaup，1856
种 的 检 索 表

1（2）躯干部体环数 17～18·············**葛氏海蠋鱼** *H. grayi* **Kaup，1856**（图 1461）。栖息于热带沿岸水深 0～100m 的小型海洋鱼类，生活于河口、沙泥底、珊瑚礁区水域。体长 200mm。分布：台湾南部海域及小琉球、南海（广东）；日本、斯里兰卡、泰国湾、澳大利亚、印度-西太平洋。全鱼（干品）入药，功效主治同哈氏刀海龙。

图 1461　葛氏海蠋鱼 *H. grayi*
（黎诺维绘）

2（1）躯干部体环数 13～15
3（4）吻长，吻长大于头长的一半·············**大吻海蠋鱼** *H. macrorhynchus* **Bamber，1915**（图 1462）。栖息于热带沿岸水深 0～25m 的小型海洋鱼类，生活于礁区、珊瑚礁区水域。体长 170mm。分布：东海、台湾南部海域；日本、红海、所罗门群岛、澳大利亚，印度-西太平洋。具善于拟态及保护色变换的行为。

图 1462　大吻海蠋鱼 *H. macrorhynchus*
（黎诺维绘）

4（3）吻较短，吻长小于头长的一半
5（8）背鳍基底下方的体环背部平滑
6（7）吻部背中棱隆凸平滑·············**邓氏海蠋鱼** *H. dunckeri*（**Chabanaud，1929**）（图 1463）。栖息于热带沿岸水深 5～25m 的小型海洋鱼类，生活于礁区、珊瑚礁、沙泥底水域。体长 150mm。分布：东海、台湾垦丁、南海诸岛；日本、红海、所罗门群岛、澳大利亚大堡礁，印度-西太平洋。

图 1463　邓氏海蠋鱼 *H. dunckeri*
（黎诺维绘）

7（6）吻部背中棱呈棘状……………………………布罗克氏海蝎鱼 **H. brocki**（**Herald，1953**）（图1464）。栖息于热带沿岸水深3～45m的小型海洋鱼类，生活于礁区水域。体长120mm。分布：南海、南海诸岛；菲律宾、澳大利亚，西太平洋。

图1464　布罗克氏海蝎鱼 H. brocki

（黎诺维绘）

8（5）背鳍基底下方的体环背部隆起

9（10）背鳍鳍条数19……………………………短吻海蝎鱼 **H. spinirostris**（**Dawson & Allen，1981**）（图1465）。栖息于热带沿岸水深0～26m的小型海洋鱼类，生活于礁区、珊瑚礁区水域。体长120mm。分布：东海、台湾北部海域、海南岛、南海诸岛；泰国、越南、斯里兰卡、澳大利亚，印度洋。

图1465　短吻海蝎鱼 H. spinirostris

（黎诺维绘）

10（9）背鳍鳍条数21～24……………………………马塔法海蝎鱼 **H. mataafae**（**Jordan & Seale，1906**）（图1466）。栖息于热带沿岸水深0～15m的小型海洋鱼类，生活于礁区、珊瑚礁区水域。体长128mm。分布：东海、台湾南部海域及小琉球、南海诸岛；日本、红海、东非、澳大利亚，印度-太平洋。

图1466　马塔法海蝎鱼 H. mataafae

（黎诺维绘）

拟海龙属 Syngnathoides Bleeker，1851

双棘拟海龙 S. biaculeatus（**Bloch，1785**）（图1467）。栖息于热带沿岸水深0～10m的小型海洋鱼类，生活于礁区、珊瑚礁区水域。体长290mm。分布：东海、台湾南部海域及澎湖、海南岛；日本南部、红海、萨摩亚、南非，印度-太平洋。体型较粗大，仅供观赏，无食用经济价值。全鱼（干品）入药，功效主治同哈氏刀海龙。

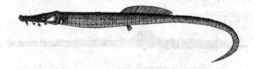

图1467　双棘拟海龙 S. biaculeatus

（黎诺维绘）

猪海龙属 Choeroichthys Kaup，1856

雕纹猪海龙 C. sculptus（**Günther，1870**）（图1468）。栖息于热带沿岸水深0～6m的小型海洋鱼类，生活于珊瑚礁区水域。体长85mm。分布：东海、台湾东北部海域及小琉球、南海；日本、东非、汤加，印度-太平洋。

图1468　雕纹猪海龙 C. sculptus

（黎诺维绘）

腹囊海龙属 *Microphis* Kaup，1853
种 的 检 索 表

1（4）主鳃盖纵棱显著，完整；躯干部侧棱及下棱线显著；尾环 20～33；背鳍鳍条 50 以下
2（3）体长为头长的 4.2～5.3 倍；头长为吻长的 1.4 倍，吻长约为其高的 8.4 倍；骨环数 21＋24；背鳍条 37～47·················**短尾腹囊海龙 *M. brachyurus*（Bleeker，1854）**（图 1469）。体长 220mm。分布：东海、台湾东北部海域、南海；日本、印度南部、马达加斯加、大洋洲、太平洋、西大西洋。

图 1469　短尾腹囊海龙 *M. brachyurus*
（黎诺维绘）

3（2）体长为头长的 7.3 倍；头长为吻长的 2.1 倍，吻长约为其高的 6.7 倍；骨环数 20＋24；背鳍条 41·················**印度尼西亚腹囊海龙 *M. manadensis*（Bleeker，1856）**（图 1470）。栖息于热带沿岸水深 0～2m 的小型海洋鱼类，生活于淡水、河口、沙泥底水域。体长 200mm。分布：东海、台湾北部海域、南海诸岛；印度尼西亚、菲律宾、所罗门群岛，印度-西太平洋。

图 1470　印度尼西亚腹囊海龙 *M. manadensis*
（黎诺维绘）

4（1）主鳃盖纵棱不明显或缺如；躯干部侧棱及下棱线不明显；尾环 33，躯环 17；背鳍条 53～63·················**无棘腹囊海龙 *M. leiaspis*（Bleeker，1853）**（图 1471）。栖息于热带沿岸水深 0～5m 的小型海洋鱼类，生活于淡水、河口、沙泥底水域。体长 190mm。分布：台湾南部海域及东北部、南海（香港）；日本、印度尼西亚、马达加斯加，印度-太平洋。卵胎生。

图 1471　无棘腹囊海龙 *M. leiaspis*
（黎诺维绘）

矛吻海龙属 *Doryrhamphus* Kaup，1856
种 的 检 索 表

1（4）体橘黄色，头部及体侧无黑白相间横带
2（3）吻端至体侧具一 1/4 体宽的蓝黑纵带；骨环 19～20＋14～20；尾鳍褐色，有 3 个橘黄斑块·················**日本矛吻海龙 *D. japonicus* Araga & Yoshino，1975**（图 1472）。栖息于热带沿岸水深 1～30m 的小型海洋鱼类，生活于礁区、珊瑚礁区水域。体长 85mm。分布：黄海沿岸至长江河口、东海、台湾南部海域及绿岛；韩国、日本、印度尼西亚，西太平洋。

图 1472　日本矛吻海龙 *D. japonicus*
（黎诺维绘）

3（2）仅于吻端至体侧具一 1/2 体宽之蓝黑纵带；骨环 17～18＋13～17；尾鳍褐色，有 4～5 个橘黄斑块·················**蓝带矛吻海龙 *D. excisus* Kaup，1856**（图 1473）。栖息于热带沿岸水深 2～50m 的小型海洋鱼类，生活于礁区、珊瑚礁区水域。体长 70mm。分布：台湾绿岛及小琉球、东沙群岛、西沙群岛；日本、红海、东非、美国，印度-泛太平洋。全鱼（干品）入药，功效主治同哈氏刀海龙。

图 1473　蓝带矛吻海龙 *D. excisus*
（黎诺维绘）

4（1）体中部呈橘黄色，头部及尾部深蓝色。骨环 16＋21～23；尾鳍黑色，中央具白色斑块…………
……………强氏矛吻海龙 *D. janssi*（Herald & Randall，1972）（图 1474）。栖息于热带沿岸水
深 0～35m 的小型海洋鱼类，生活于礁区、珊瑚礁区水域。体长 140mm。分布：台湾南部海域、
南海诸岛；菲律宾、澳大利亚、泰国湾，太平洋西部。食鱼类身上的寄生虫。

图 1474　强氏矛吻海龙 *D. janssi*
（黎诺维绘）

斑节海龙属 *Dunckerocampus* Whitley，1933

带纹矛吻海龙 *D. dactyliophorus*（Bleeker，1853）（图 1475）。栖息于热带沿岸水深5～56m 的小型
海洋鱼类，生活于礁区、珊瑚礁区水域。体长 190mm。分布：台湾南部海域及小琉球、南海诸岛；澳
大利亚，印度-太平洋。

图 1475　带纹矛吻海龙 *D. dactyliophorus*
（黎诺维绘）

168. 管口鱼科 Aulostomidae

体细长，侧扁。被栉鳞。侧线完全。吻长管状。口小，前位。前颌骨细弱，无齿，不能伸缩。下颌
骨与犁骨有细齿。腭骨或翼骨有齿。后颞骨与顶骨分离。前匙骨有或无，有后匙骨。椎骨前 4 个延长。
鳃盖条 4。假鳃发达。鳃耙退化。第一背鳍为分离的弱棘；第二背鳍与臀鳍相似，位相对。尾鳍小，菱
形，中央鳍条最长；胸鳍宽圆；腹鳍腹位，有 6 鳍条。

分布：印度-太平洋及大西洋的热带海域。

本科有 1 属 3 种（Nelson et al.，2016）；中国有 1 属 1 种。

管口鱼属 *Aulostomus* Lacepède，1803

中华管口鱼 *A. chinensis*（Linnaeus，1766）（图 1476）。栖息于热带沿岸水深 3～122m 的中小型海
洋鱼类，生活于礁区、珊瑚礁区水域。体长 800mm。分布：台湾海域、南海诸岛；日本南部、夏威夷、
东非、巴拿马，印度-太平洋、中央太平洋东部。有拟态行为，常以倒立的姿势隐身于软珊瑚、藻类或
是海鞭旁，以躲避敌人。

图 1476　中华管口鱼 *A. chinensis*
（黎诺维绘）

169. 烟管鱼科（马鞭鱼科）Fistulariidae

体特别延长，平扁。吻特别突出，成吻管，由续骨、前筛骨、中后翼骨、方骨、腭骨及中筛骨形
成。口小，前位。两颌及犁骨、腭骨部具牙。鳃膜条 5～7。鳃 4 个，前弓上支具膜状板，鳃盖膜分离，

不与峡部相连，无鳃耙，具假鳃。除腹鳍及尾鳍外，各鳍鳍条均不分支。背、臀鳍存在相对。尾鳍叉形，中间鳍条延长成丝状。幽门盲囊数少。肠短。脊椎多，前4个脊椎特别延长。

分布：世界各热带海域。

本科有1属4种（Nelson et al.，2016）；中国有1属2种。

烟管鱼属（马鞭鱼属）*Fistularia* Linnaeus，1758
种 的 检 索 表

1（2）体侧有细微小棘；尾柄部侧线上具向后尖出的棱鳞 ·· **鳞烟管鱼**
F. petimba Lacepède，1803（图1477）。栖息于热带沿岸水深0～200m的中小型海洋鱼类，生活于礁区、珊瑚礁区、沙泥底水域。体长2 000mm。分布：黄海（辽宁）、东海、台湾海域、南海（广东）、南沙群岛；广泛分布于三大洋。肉味美，常见食用鱼类。

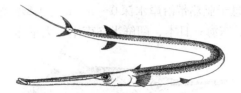

图1477　鳞烟管鱼 *F. petimba*
（依 Fritzsche，1984 修改）

2（1）体完全裸露；尾柄部侧线上无棱鳞 ························· **无鳞烟管鱼 F. commersonii Rüppell，1838**
（图1478）。栖息于热带沿岸水深0～132m的中小型海洋鱼类，生活于礁区、珊瑚礁区、沙泥底水域。体长1 600mm。分布：黄海（山东）、东海（浙江、福建）、钓鱼岛、台湾北部海域及澎湖列岛、南海诸岛；日本南部、红海、东非，中太平洋东部、印度-太平洋。肉味美，常见食用鱼类。

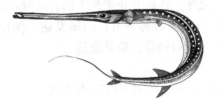

图1478　无鳞烟管鱼 *F. commersonii*
（依 Fritzsche，1984 修改）

170. 长吻鱼科（鹬嘴鱼科）Macroramphosidae

体延长，侧扁。头部延长，吻部长管状，由悬骨及前鳃盖骨前部形成。口小，位于吻端。前颌骨狭，上颌骨宽。两颌、犁骨、腭骨及翼骨均无牙。鳃孔大。鳃4，栉状。鳃盖条骨4。假鳃发达。体具骨质棱板，背侧有2纵行，腹面自峡部至肛门有1行骨板，形成锐利腹棱。背鳍2个，连续或具缺刻，或两者以1列游离短棘相连接，第一背鳍具4～7鳍棘，第二棘特强；胸鳍中侧位；腹鳍小，腹位，无鳍棘。无幽门盲囊。无顶骨。脊椎骨24。

栖息于近海大陆架沙泥底的小型鱼类。食浮游动物及底栖无脊椎动物。有些种类在海底常头部向下，身体保持倾斜姿势，当游泳时则体呈水平状。

分布：世界三大洋的热带和亚热带海域。

本科有3属8种（Nelson et al.，2016）；中国有1属2种。

长吻鱼属（鹬嘴鱼属）*Macroramphosus* Lacepède，1803
种 的 检 索 表

1（2）背鳍第二棘后缘锯齿发达；第二背鳍棘末端达尾鳍基部 ·· **长吻鱼**

M. scolopax（**Linnaeus，1758**）（图 1479）（syn. 箭状长吻鱼 *M. sagifue* Jordan and Starks，1902）。栖息于亚热带沿岸水深 25～600m 的小型海洋鱼类，生活于沙泥底水域。体长 200mm。分布：黄海、东海、台湾海域、南海诸岛；世界各热带及亚热带海域。

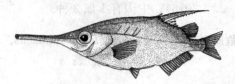

图 1479　长吻鱼 *M. scolopax*

（黎诺维绘）

2（1）背鳍第二棘后缘锯齿有或无，若有，为痕迹性；第二背鳍棘末端不超过第二背鳍基部后端…………………………细长吻鱼 ***M. gracilis***（**Lowe，1839**）（图 1480）〔syn. 日本长吻鱼 *M. japonicus*（Günther，1861）〕。栖息于亚热带沿岸水深 0～500m 的小型海洋鱼类，生活于沙泥底水域。体长 200mm。分布：黄海、东海；日本、朝鲜半岛南岸，太平洋。

图 1480　细长吻鱼 *M. gracilis*

（黎诺维绘）

171. 玻甲鱼科 Centriscidae

体延长，特别侧扁。身体完全包于透明骨质甲中，甲具节，相密接，腹缘极薄。头大，吻特别突出，延长呈管状。口端位，很小。无牙。体后方止于长尖的骨质棘，具活动的关节或否，此棘即为背鳍第一鳍棘，两背鳍及臀鳍、尾鳍均位于体后部下方；胸鳍发达，侧位；具腹鳍，但很小，腹位。无顶骨。后颞骨与颅骨相连接，具上锁骨及后锁骨。肋骨发达。

分布：印度-太平洋海域。

本科有 2 属 4 种（Nelson et al.，2016）；中国有 2 属 3 种。

属 的 检 索 表

1（2）背鳍第一硬棘与体躯最后骨板之间为可动关节；眼间隔凸起，无纵走沟 ……… **虾鱼属 Aeoliscus**

2（1）背鳍第一硬棘与体躯最后骨板之间并不成为关节；眼间隔凹入，或有一纵沟 …………………………………………………………………………………… **玻甲鱼属 Centriscus**

虾鱼属 Aeoliscus Jondan & Starks，1902
种 的 检 索 表

1（2）背鳍鳍条 10～11；臀鳍软条 12～13；体表具黑色小斑点 ……………… **斑纹虾鱼**
A. punctulatus（Bianconi，1855）（图 1481）。栖息于热带沿岸水深 25m 以浅的小型海洋鱼类，生活于珊瑚礁区水域。体长 150mm。分布：南海；红海、肯尼亚、阿尔戈阿湾、南非，西印度洋。

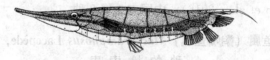

图 1481　斑纹虾鱼 *A. punctulatus*

（黎诺维绘）

2（1）背鳍鳍条 9～10；臀鳍鳍条 12；体表具一条纵纹 ·· **条纹虾鱼**
　　　A. strigatus（**Günther，1861**）（图 1482）。栖息于热带沿岸水深 1～25m 的小型海洋鱼类，生活
　　　于珊瑚礁区水域。体长 150mm。分布：东海、台湾澎湖列岛及小琉球、东沙群岛；日本、澳大
　　　利亚，印度-西太平洋。

图 1482　条纹虾鱼 *A. strigatus*
（黎诺维绘）

玻甲鱼属 *Centriscus* Linnaeus，1758

　　玻甲鱼 C. scutatus Linnaeus，1758（图 1483）。栖息于热带沿岸水深 2～100m 的小型海洋鱼类，生
活于河口、礁区、沙泥底、珊瑚礁区水域。体长 150mm。分布：台湾、海南岛、南海（广东、广西）、
西沙群岛、南沙群岛；日本、澳大利亚、红海，印度-太平洋。无食用价值，供观赏。

图 1483　玻甲鱼 *C. scutatus*
（黎诺维绘）

四十五、鲉形目 SCORPAENIFORMES

　　第二眶下骨后延一骨突，它通过颊部与前鳃盖骨连接。头部常具骨棱、棘或骨板，体被鳞（圆鳞或
栉鳞），或被绒毛状细刺，或被骨板，也有的光滑无鳞。背鳍 1 或 2 鳍基，由鳍棘部和鳍条部组成；臀
鳍有 1～3 鳍棘，或消失；胸鳍大多数宽大圆形，有或无游离指状鳍条；腹鳍胸位或亚胸位，有时连合
成吸盘，少数种类无腹鳍；尾鳍一般圆形，极少呈叉状。上下颌齿一般细小，犁骨及腭骨常具齿。前颌
骨向后上方有一柱状升突。顶骨与板骨愈合。鼻骨不互相愈合，也不与额骨相连。有中筛骨及后耳骨。

　　近沿岸肉食性海洋鱼类，大多适应于有隐蔽的地方栖息，也有栖于近海岩礁底部或中等深度的外
海，极少数生活在深海中，大多游动缓慢，但可短距离快速移动捕食。体色多变化，常与四周环境形成
拟态，它们最常拟态为石头，以守株待兔的方法捕食其他鱼类。在珊瑚礁区较常见的狮子鱼（lionfish）
和鲉类（石狗公 scorpionfish），前者会以腹面朝壁、背面朝外的自卫方式停栖在礁壁之上，但偶尔也会
到水层中游动；后者则多半停栖在礁石上且与四周环境完全相拟态，来自卫及营生。它们有的具领域
性，尤其在生殖季节更加明显。

　　本目的鲉亚目鱼类绝大部分种类的鳍棘有毒腺，为著名的海洋刺毒鱼类。若被毒鲉科鱼类刺伤，毒
液进入创口后几乎立刻产生剧烈的跳动剧痛，痛状有如刀割、烧灼和鞭抽感。患处青紫红肿，肢体肿
胀，并向周围扩展，患者难以忍受，严重者以致引发谵妄、血压降低、呼吸困难、心力衰竭、失去知
觉。毒素还影响末梢血管丧失张力，导致死亡。

　　肉味美，供食用，具经济价值。多数种类体长在 300mm 以下，极少数可达 900mm 以上。三大洋
都有分布。

　　本目鱼类种类繁多，共分为 6 亚目 41 科 398 属 2 092 种（Nelson et al.，2016）；中国有 5 亚目 22
科 110 属 255 种。

亚 目 的 检 索 表

1（2）背鳍第一鳍棘游离，很长，大于头长许多；头部被骨板包围；胸鳍宽长，向后伸达尾鳍基 ···

·· 豹鲂鮄亚目（飞角鱼亚目）DACTYLOPTEROIDEI

2（1）背鳍第一鳍棘不游离；头部不被骨板包围（鲉亚目少数种类例外）；胸鳍短，向后不伸达尾鳍基
（鲉亚目少数种类例外）

3（8）体具正常鳞片；背鳍具硬棘；有时体被骨板、头部为骨板包围；肛门位于腹部

4（7）头部具棘突或骨板；侧线1条，鼻孔一般2对

5（6）头体侧扁，不显著平扁；头部不为骨板所包 ·········· 鲉亚目 SCORPAENOIDEI

6（5）头体显著平扁，头部不为骨板包围；若头体侧扁时，头部为骨板包围 ·····················
·· 鲬亚目（牛尾鱼亚目）PLATYCEPHALOIDEI

7（4）头部无棘突和骨板；侧线1条或多条；第二对鼻孔常不明显；背鳍鳍棘软弱 ·····················
·· 六线鱼亚目 HEXAGRAMMOIDEI

8（3）体无正常鳞片、裸露无鳞或具棘刺、瘤突、强棘鳞和骨板；背鳍无真正硬棘；肛门前位或腹位
·· 杜父鱼亚目 COTTOIDEI

鲉亚目 SCORPAENOIDEI

体中长，粗大，或较短；侧扁，不显著平扁；长椭圆形、椭圆形、亚圆筒形或八棱形；后部渐细小。头侧扁，高、宽大致相等，表面有许多棘突或棘棱，或被以骨板。吻圆钝，或两侧各具一吻突，吻突扁平，狭长、尖突或较短；圆钝或三角形。鼻孔2个或1个。眼中大或小；上侧位。口中大或较大；端位、上位或下位。上下颌、犁骨及腭骨有或无牙。鳃孔宽大；前鳃盖骨一般具3～6棘；鳃盖膜分离或相连，或不连于峡部。体被鳞或无鳞。背鳍棘大多甚发达；腹鳍具1鳍棘、2～5鳍条，左右鳍基相距很近。

本亚目很多种类的背鳍、臀鳍和腹鳍鳍棘基部有毒腺，被刺后产生剧痛，为危险刺毒鱼类。在世界的刺毒鱼类中，本亚目所占比例相当高。

本亚目有9科90属513种（Nelson et al.，2016）；中国有9科54属134种。

科 的 检 索 表

1（6）腹鳍具1鳍棘、1～4鳍条

2（5）体密被指状小突起或绒毛状小刺；腹鳍具1鳍棘、1～3鳍条

3（4）体卵圆形，侧扁而高；体密被指状小突起；腹鳍具1鳍棘、1～3鳍条 ·····················
·· 头棘鲉科（颊棘鲉科）Caracanthidae

4（3）体延长，密被绒毛状小刺；腹鳍具1鳍棘、2～3鳍条 ·········· 绒皮鲉科 Aploactinidae

5（2）体几裸露；腹鳍具1鳍棘、4鳍条 ······ 真裸皮鲉科 Tetrarogidae（仅指拟鳞鲉属 *Paracentropogon*）

6（1）腹鳍具1鳍棘、5鳍条（真裸皮鲉科的项鳍鲉属 *Cottapistus* 和毒鲉科的狮头毒鲉属 *Erosa* 具1
鳍棘、4鳍条除外）

7（8）腹鳍基部长（若腹鳍基部短，其头顶部具方形大凹窝） ·········· 毒鲉科 Synanceiidae

8（7）腹鳍基部短；头顶部无方形大凹窝

9（10）背鳍始于眼的上方、眼后缘稍前上方或稍后上方 ········· 真裸皮鲉科（前鳍鲉科）Tetrarogidae

10（9）背鳍始于眼后缘的远后上方

11（12）胸鳍基的下部具一大而长的游离鳍条 ·········· 须蓑鲉科 Apistidae

12（11）胸鳍基的下部无游离软条

13（14）胸鳍中下部边缘凹入，具缺刻；口小，后端伸达眼前缘下方 ·········· 平头鲉科 Plectrogenidae

14（13）胸鳍边缘不凹入，无缺刻

15（16）背鳍具11以上鳍条（若为10鳍条时，颊部无棘）；眶下骨棱无小棘（若有1棘，其背鳍鳍
条为12～13）·· 平鲉科 Sebastidae

16（15）背鳍具9以下鳍条（若为10～11鳍条时，颊部具强棘）；眶下骨棱的隆起线具强棘（若无

棘，其背鳍鳍条为 9）

17（18）背鳍具 13 鳍棘，鳍棘不显著长，头长为最长鳍棘的 2.5～3.7 倍（具 12 棘时，鳍棘较长）
·· 鲉科 Scorpaenidae

18（17）背鳍具 13 鳍棘，鳍棘显著长，头长为最长鳍棘的 1.2～1.3 倍 ········· 新平鲉科 Neosebastidae

172. 鲉科 Scorpaenidae

头侧扁或近侧扁，头上有发达的棘突或棘棱，通常有 2 鳃盖骨棘和 3～5 前鳃盖骨棘。眼下骨嵴上有 1 列小刺一直伸到前鳃盖骨上。体侧扁。眶下骨架连于前鳃盖骨上（仅少数种类骨架未达前鳃盖骨）。眼中大至大。体如被鳞则为栉鳞。背鳍一般一基底，中间有凹刻，有 11～17 鳍棘、8～18 鳍条；臀鳍有 1～3 鳍棘（通常为 3）、3～9 鳍条（通常为 5）；腹鳍 1 棘、2～5（通常为 5）鳍条；胸鳍发达，一般有 15～25 鳍条，极个别种类胸鳍下方有一游离鳍条。鳃盖膜与峡部不连。有些种类无鳔。椎骨 24～40。

热带及温带底层海洋鱼类，少数种类生活于淡水中。不少种类行体内受精，其中少数为卵胎生，有些将卵产在胶质泡状物上，这种泡状物有的很大，直径可达 200mm（如 *Scorpaena guttata*）。本科很多种类的背鳍、臀鳍和腹鳍鳍棘基部有毒腺，为危险刺毒鱼类。有些种类有一定的经济价值，如产于北大西洋的大西洋鲉 *Sebastes* spp. 一般年产量超过 40 万 t，为世界主要经济鱼类之一。

本科种类甚多，有 9 亚科 65 属 454 种（Nelson et al.，2016）；中国有 4 亚科 24 属 69 种。

亚 科 的 检 索 表

1（2）侧线连续，呈沟状凹槽，上覆大而薄的易脱落圆鳞；臀鳍具 3 棘 ········ 囊头鲉亚科 Setarchinae

2（1）侧线正常，不呈沟状凹槽，具侧线管及有孔鳞

3（4）胸鳍鳍条和背鳍鳍棘常显著延长；胸鳍鳍条伸达尾鳍；背鳍鳍棘长常大于体高 ············
··· 蓑鲉亚科 Pteroinae

4（3）胸鳍鳍条和背鳍鳍棘不显著延长；胸鳍鳍条不伸达尾鳍

5（6）头、体稍侧扁；头部棘棱发达；眶上棱不明显、顶棱不显著高凸 ········· 鲉亚科 Scorpaeninae

6（5）头、体颇侧扁；头部棘棱不发达；眶上棱和顶棱显著高凸 ··········· 狭蓑鲉亚科 Pteroidichthinae

鲉亚科 Scorpaeninae

头、体稍侧扁；头上有发达的棘突及棘棱。上下颌及犁骨具齿，腭骨齿或有或无。须瓣发达。前鳃盖骨棘 4～5 个。眶下骨架 3～4 个，连于前鳃盖骨上。眶上棱和顶棱不显著高凸。体被栉鳞。背鳍鳍棘部和鳍条部连续，中间有凹刻，有 12～13 鳍棘，鳍棘部基底长于鳍条部基底；臀鳍具 2～3 鳍棘；腹鳍胸位，具 1 鳍棘、5 鳍条；胸鳍发达，具 15～18 鳍条。鳃盖膜与峡部不连。椎骨 22～25。

海洋沿岸底层鱼类，喜生活于沙泥底质的环境。背鳍、臀鳍和腹鳍鳍棘基部有毒腺，为危险刺毒鱼类。
本亚科有 22 属 211 种（Nelson et al.，2016）；中国有 14 属 49 种。

属 的 检 索 表

1（30）侧线完全

2（3）侧线呈沟状凹槽（图 1484），上覆大而薄的圆鳞；臀鳍具 2 鳍棘 ············· **光鲉属 *Lioscorpius***

3（2）侧线正常，不呈沟状凹槽（图 1485）

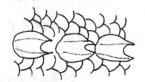

图 1484　侧线呈沟状凹槽
（依中坊等，2013）

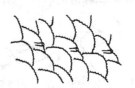

图 1485　侧线正常
（依中坊等，2013）

4（25）背鳍具 12 以下鳍棘

5（8）两眼间隔具鳞

6（7）泪骨后方具 2 锐棘（图 1486）；头顶部具中长的皮瓣……………………… **新棘鲉属 Neomerinthe**

7（6）泪骨后方具 1 锐棘（图 1487）；头部无皮瓣 ……………………… **小隐棘鲉属 Idiastion**

泪骨具 2 棘　　　　　　　　　　　　泪骨具 1 棘

图 1486　新棘鲉属 Neomerinthe　　　　图 1487　小隐棘鲉属 Idiastion
（依中坊等，2013）　　　　　　　　　（依中坊等，2013）

8（5）两眼间隔无鳞

9（14）无腭骨齿

10（11）背鳍第四鳍棘最长，第二和第三鳍棘间的鳍膜上具一黑斑；眶下骨具 1 鳍棘 …………………

………………………………………………………………… **纪鲉属（红鲉属）Iracundus**

11（10）背鳍第四鳍棘不显著长，鳍条部无黑斑；眶下骨具 2 鳍棘

12（13）除胸鳍第一鳍条不分支外，其余鳍条均分支；具侧项棘（图 1488）…… **熊鲉属 Ursinoscorpaenopsis**

13（12）胸鳍上半部鳍条分支，下半部有一半鳍条不分支；无侧项棘（图 1489）…… **拟鲉属 Scorpaenopsis**

胸鳍　　　　　　　　　　　　　　　　胸鳍

具侧项棘　　　　　　　　　　　　　　无侧项棘

图 1488　熊鲉属 Ursinoscorpaenopsis　　　图 1489　拟鲉属 Scorpaenopsis
（依中坊等，2013）　　　　　　　　　（依中坊等，2013）

14（9）具腭骨齿

15（16）胸鳍鳍条不分支；吻长为眼径的 1.5 倍 ……………………… **冠海鲉属（海鲉属）Pontinus**

16（15）胸鳍上半部数鳍条分支，下半部有一半鳍条不分支；吻短，吻长短于或等于眼径

17（20）泪骨下缘具 2 棘（图 1490）

泪骨下缘具 2 棘　　　　　　　　　　　　　　　　泪骨下缘具 3~5 棘

图 1490　泪骨下缘具棘
（依中坊等，2013）

18（19）泪骨第二棘指向前下方或下方（图 1491）………………………… **圆鳞鲉属 Parascorpaena**

19（18）泪骨第二棘指向后方（图 1492）………………………… **鳞头鲉属（部分）Sebastapistes**

泪骨第二棘指向前下方　泪骨第二棘指向下方　　　　　　泪骨第二棘指向后方

图 1491　圆鳞鲉属泪骨棘　　　　　　　图 1492　鳞头鲉属泪骨棘
（依中坊等，2013）　　　　　　　　　（依中坊等，2013）

20（17）泪骨下缘具 3～5 棘

21（22）具额棘（图 1493）•• **鳞头鲉属（部分）** *Sebastapistes*

图 1493　鳞头鲉属（部分）*Sebastapistes*

（依中坊等，2013）

22（21）无额棘

23（24）胸鳍基部附近皮肤无鳞 •• **鲉属** *Scorpaena*

24（23）胸鳍基部附近皮肤具鳞 ••• **鳞头鲉属（部分）** *Sebastapistes*

25（4）背鳍具 13 以上鳍棘

26（29）臀鳍具 3 鳍棘，第一鳍棘短

27（28）背鳍具 7～9 鳍条；无腭齿 •• **小鲉属** *Scorpaenodes*

28（27）背鳍具 10～11 鳍条；具腭齿 ••• **缝鲉属** *Thysanichthys*

29（26）臀鳍具 2 鳍棘，第一鳍棘极短 •• **棘鲉属** *Hoplosebastes*

30（1）侧线不完全，仅在鳃孔上方具 4～5 侧线鳞 ••••••••••••••••••••••••••••• **伪大眼鲉属** *Phenacoscorpius*

棘鲉属 *Hoplosebastes* Schmidt，1929

棘鲉 *H. armatus* Schmidt，1929（图 1494）。暖水性海洋底层鱼类，栖息于近海沿岸水深 100～200m 大陆架缘沙泥底的深水海域。背鳍、臀鳍和腹鳍鳍棘基部有毒腺，海洋危险刺毒鱼类。体长 130mm。分布：东海、台湾澎湖列岛海域 、南海；济州岛、日本，印度-西太平洋海域。小型鱼类，无食用价值。

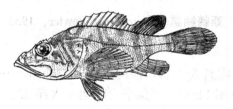

图 1494　棘鲉 *H. armatus*

小隐棘鲉属 *Idiastion* Eschmeyer，1965

太平洋小隐棘鲉 *I. pacificum* Ishida & Amaoka，1992（图 1495）。暖水性小型海洋鱼类。栖息于深水沙石和岩礁中水深 355～375m 的海域。背鳍、臀鳍和腹鳍鳍棘基部具毒腺，海洋危险刺毒鱼类。体长 128mm。分布：东海、台湾北部海域；日本、菲律宾，印度-西太平洋海域。

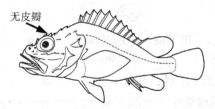

图 1495　太平洋小隐棘鲉 *I. pacificum*

（依中坊等，2013）

纪鲉属（红鲉属）*Iracundus* Jordan & Evermann，1903

南非纪鲉 *I. signifier* Jordan & Evermann，1903（图 1496）。暖水性小型海洋鱼类。栖息于沙石、

岩礁和珊瑚丛中水深 9～110m 的浅水海域。背鳍、臀鳍和腹鳍鳍棘基部具毒腺，海洋危险刺毒鱼类。体长 100mm。分布：台湾南部海域；日本，夏威夷及南非等海域。小型鱼类，无食用价值。

图 1496　南非纪鲉 *I. signifier*
(依 Jordan & Evermann，1903)

光鲉属 *Lioscorpius* Günther，1880

长头光鲉 **L. longiceps** Günther，1880（图 1497）。暖水性中小型海洋底层鱼类，栖息于海底沙石和岩礁水深 180～480m 的海域。背鳍、臀鳍和腹鳍鳍棘基部有毒腺，海洋危险刺毒鱼类。体长 100～200mm，大者达 250～300mm。分布：南海；日本、菲律宾、澳大利亚，珊瑚海北部。标本采自广东汕尾，中国新记录种，颇罕见，无经济价值。

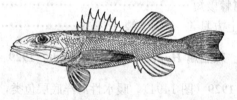

图 1497　长头光鲉 *L. longiceps*
(依 Fowler，1938)

新棘鲉属 *Neomerinthe* Fowler，1935
种 的 检 索 表

1（2）胸鳍具 18 鳍条；眶下骨嵴具 3 小棘；前鳃盖骨具 5 小棘 ·······················**钝吻新棘鲉**
N. rotunda Chen，1981（图 1498）。栖息于大陆架缘水深 225～295m 的小型底层鱼类。背鳍、臀鳍和腹鳍鳍棘基部有毒腺，海洋危险刺毒鱼类。体长 94mm。分布：台湾西南部海域及小琉球；新喀里多尼亚。

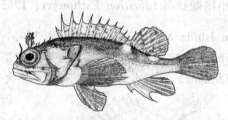

图 1498　钝吻新棘鲉 *N. rotunda*
(依 Chen，1981)

2（1）胸鳍具 19 鳍条；眶下骨嵴具 4 小棘；前鳃盖骨具 4 小棘
3（4）背鳍第四鳍棘最长；下颌前端突出于上颌之前 ····················· **大鳞新棘鲉**
N. megalepis（Fowler，1938）（图 1499）。暖水性小型海洋鱼类。栖息于深水沙石和岩礁中水深 62～82m 的海域。背鳍等鳍棘基部具毒腺，海洋危险刺毒鱼类。体长 99mm。分布：台湾西部及东北部海域；菲律宾及印度尼西亚等。西太平洋至西澳大利亚印度洋沿岸。小型鱼类，无食用价值。

4（3）背鳍第三鳍棘最长；上下颌等长
5（6）眶下棘在眼眶中部腹面，与后续的棘刺隆起在一条线上 ·······················**宽鳞头新棘鲉**

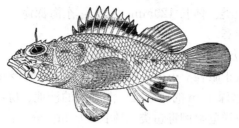

图 1499　大鳞新棘鲉 *N. megalepis*
（依 Fowler，1938）

***N. amplisquamiceps*（Fowler，1938）**（图 1500）。近海较深水域的底栖鱼类。栖息水深 300m 以上。体长 162mm。背鳍、臀鳍和腹鳍鳍棘基部有毒腺，海洋危险刺毒鱼类。分布：台湾北部海域、南海；马来西亚、菲律宾，澳大利亚西北部等。

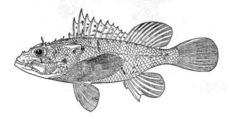

图 1500　宽鳞头新棘鲉 *N. amplisquamiceps*
（依 Fowler，1938）

6（5）眶下棘在眼眶中部腹面，在后续的棘刺隆起线稍下方 ·························· **曲背新棘鲉**
**　　　*N. procurva* Chen，1981**（图 1501）。暖水性小型海洋鱼类。栖息于深水沙石和岩礁中水深20～920m 的海域。背鳍、臀鳍和腹鳍鳍棘基部有毒腺，海洋危险刺毒鱼类。体长 141mm。分布：东海、台湾北部海域；日本、菲律宾及印度尼西亚等，印度-西太平洋海域。

皮瓣

图 1501　曲背新棘鲉 *N. procurva*
（依中坊等，2013）

圆鳞鲉属 *Parascorpaena* Bleeker，1876
种 的 检 索 表

1（2）胸鳍具 17 鳍条；眼正下方的眶下骨系无棘，但具隆起嵴 ···························· **金圆鳞鲉**
**　　　*P. aurita*（Rüppell，1838）**（图 1502）［syn. 百瑙鳞头鲉 *Sebastapistes bynoensis*（Richardson，1845）］。底层海洋鱼类。栖息于大陆架边缘沙泥底质较浅的海域。背鳍、臀鳍和腹鳍鳍棘基部

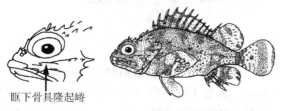

眶下骨具隆起嵴

图 1502　金圆鳞鲉 *P. aurita*
（依中坊等，2013）

有毒腺，海洋危险刺毒鱼类。体长 120mm。分布：东海深海、台湾海域；日本、澳大利亚北部沿岸、马达加斯加、菲律宾。

2（1）胸鳍具 16 鳍条；眼正下方的眶下骨系有棘，无隆起嵴

3（4）体侧具栉鳞；眼上皮瓣大于眼径 ·················· **莫桑比克圆鳞鲉** *P. mossambica*（Peters, 1855）
（图 1503）。栖息于浅水水深 18m 的珊瑚礁、潟湖中的沙地、砾石及岩礁环境中。背鳍、臀鳍和腹鳍鳍棘基部有毒腺，海洋危险刺毒鱼类。体长 90mm。分布：台湾海域、南海（香港）；日本、菲律宾、南非等。

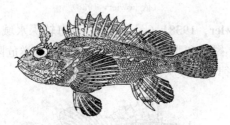

图 1503　莫桑比克圆鳞鲉 *P. mossambica*
（依 Matsubara，1943）

4（3）体侧具圆鳞；眼上皮瓣小于眼径

5（8）眶下骨棱具 2 棘

6（7）背鳍鳍棘部具大黑斑 ·························· **斑鳍圆鳞鲉** *P. mcadamsi*（Fowler, 1938）
（图 1504）。暖水性小型海洋鱼类。栖息于潟湖及珊瑚礁外缘沙质海底附近。背鳍、臀鳍和腹鳍鳍棘基部有毒腺，海洋危险刺毒鱼类。体长 50mm。分布：台湾南部海域；日本，印度-西太平洋。小型鱼类，无食用价值。

眶下骨棱具 2 棘

图 1504　斑鳍圆鳞鲉 *P. mcadamsi*
（依中坊等，2013）

7（6）背鳍鳍棘部无大黑斑 ·················· **花彩圆鳞鲉** *P. picta*（Kuhl & Hasselt，1829）
（图 1505）。暖水性近岸浅水底层海洋鱼类。栖息于砾石底质的海域。以守株待兔般快速捕捉过往小鱼与甲壳动物为食。背鳍、臀鳍和腹鳍鳍棘基部有毒腺，海洋危险刺毒鱼类。体长 170mm。分布：东海、台湾南部海域、南海（广西）；菲律宾、印度尼西亚、澳大利亚北部。肉可食，个体小，无经济价值。

图 1505　花彩圆鳞鲉 *P. picta*

8（5）眶下骨棱具 3 棘·················· **背斑圆鳞鲉** *P. maculipinnis* Smith，1957（图 1506）。暖水性近岸浅水底层海洋鱼类。栖息于珊瑚礁砾石底质的海域。背鳍鳍棘基部具毒腺，海洋危险刺毒鱼类。体长 50mm。分布：台湾南部海域；日本。个体小，无食用价值。

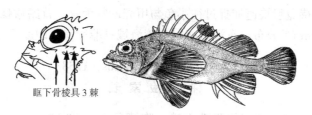

眶下骨棱具 3 棘

图 1506 背斑圆鳞鲉 *P. maculipinnis*
(依 Chen，1981)

伪大眼鲉属 *Phenacoscorpius* Fowler，1938

菲律宾伪大眼鲉 *P. megalops* Fowler，1938（图 1507）。暖水性小型海洋鱼类。栖息于深水岩礁或沙底附近水深 68～622m 的海域。体态与环境相似，常伏击小鱼和甲壳动物等为食。背鳍鳍棘基部具毒腺，海洋危险刺毒鱼类。体长 77mm。分布：台湾海域；菲律宾、印度尼西亚、夏威夷。小型鱼类，无食用价值。

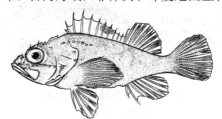

图 1507 菲律宾伪大眼鲉 *P. megalops*
(依 Chen，1981)

冠海鲉属（海鲉属）*Pontinus* Poey，1860
种 的 检 索 表

1（2）前鳃盖骨后缘具 4 棘；吻较长，吻长约为眼径的 1.5 倍 ························· **大头冠海鲉**
P. macrocephalus (Sauvage，1992)（图 1508）。栖息水深 68～622m。暖水性底层海洋鱼类。栖息于大陆架边缘沙及贝壳混杂底质 80～650m 的深水海域。以守株待兔般快速捕捉过往小鱼与甲壳动物为食。背鳍鳍棘基部具毒腺，海洋危险刺毒鱼类。体长一般 360mm。分布：东海、台湾海域；日本、菲律宾、夏威夷。

图 1508 大头冠海鲉 *P. macrocephalus*
(依中坊等，2013)

2（1）前鳃盖骨后缘具 3 棘；吻较短，吻长小于眼径的 1.5 倍 ························· **触手冠海鲉**
P. tentacularis (Fowler，1938)（图 1509）。底层海洋鱼类。栖息于大陆架边缘沙泥混杂底质的

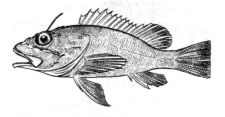

图 1509 触手冠海鲉 *P. tentacularis*

较深海域。以守株待兔般快速捕捉过往小鱼与甲壳动物为食。背鳍鳍棘基部具毒腺，海洋危险刺毒鱼类。体长 180mm。分布：东海深海、台湾海域；菲律宾，印度-西太平洋。

鲉属 *Scorpaena* Linnaeus, 1758
种 的 检 索 表

1（2）胸鳍腋部具一皮瓣；腹鳍前方的胸部无鳞；胸鳍具 18～20 鳍条·····················**斑鳍鲉**
S. neglecta Temminck & Schlegel, 1843（图 1510） ［syn. 伊豆鲉 *Scorpaena izensis* 李思忠，1962（non Jordan & Satarks, 1904）］。暖水性中小型海洋鱼类。栖息于水深 70～300m 的深水岩礁或沙底附近。体态与环境相似，常伏击小鱼和甲壳动物等为食。背鳍、臀鳍和腹鳍鳍棘基部有毒腺，海洋危险刺毒鱼类。体长 150mm，大者达 375mm。分布：黄海（山东）、东海、台湾海域、海南岛；朝鲜半岛、日本，印度-西太平洋。

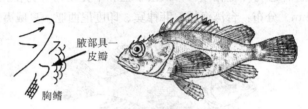

腋部具一
皮瓣

胸鳍

图 1510 斑鳍鲉 *S. neglecta*
（依中坊等，2013）

2（1）胸鳍腋部无皮瓣；腹鳍前方的胸部具圆鳞；胸鳍具 16～17 鳍条

3（4）侧线在胸鳍上方缓慢下降；口稍小，向后不伸达眼后缘下方；背鳍鳍棘部无黑色大斑或小斑·······
·······················**小口鲉 S. miostoma Günther, 1877**（图 1511）。暖水性中小型海洋鱼类。栖息于水深 35～45m 的浅海岩礁、沙地或沙底附近。体态与环境相似，常伏击小鱼和甲壳动物等为食。背鳍、臀鳍和腹鳍鳍棘基部有毒腺，海洋危险刺毒鱼类。体长 120mm。分布：台湾北部海域及澎湖列岛；朝鲜半岛、日本，印度-西太平洋。

腋部无
皮瓣

胸鳍

图 1511 小口鲉 *S. miostoma*
（依中坊等，2013）

4（3）侧线在胸鳍上方急剧下降；口大，向后伸达眼后缘下方；背鳍鳍棘部具黑色大斑或小斑

5（6）胸鳍具 17 鳍条；头部无小黑点·····················**后颌鲉 S. onaria Jordan & Snyder, 1900**
（图 1512）。暖水性中小型海洋鱼类，栖息于深水岩礁或沙底附近水深 30～1 000m 的海域。背鳍、臀鳍等鳍棘基部具毒腺，海洋危险刺毒鱼类。体长 270～300mm。分布：黄海（辽宁獐子岛）、台湾南部海域；朝鲜半岛、日本、澳大利亚，印度-西太平洋。

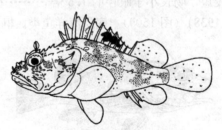

图 1512 后颌鲉 *S. onaria*
（依中坊等，2013）

6 (5) 胸鳍具 16 鳍条；头部具小黑点 ………………………… **南瓜鲉 S.** ***pepo*** **Motomura，Poss & Shao，2007**
（图 1513）。暖水性中小型海洋鱼类，栖息于深水岩礁或沙底附近水深 100～200m 的海域。体态
与环境相似，常伏击小鱼和甲壳动物等为食。背鳍、臀鳍和腹鳍鳍棘基部有毒腺，海洋危险刺毒
鱼类。体长 200～250mm。分布：台湾北部与南部海域；日本。

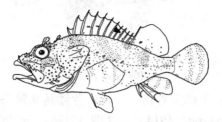

图 1513　南瓜鲉 *S. pepo*
（依中坊等，2013）

小鲉属 *Scorpaenodes* Bleeker，1857
种 的 检 索 表

1 (4) 胸鳍中部鳍条显著延长，具 14～16 鳍条
2 (3) 胸鳍具 16 鳍条；背鳍具 9 鳍条…………………………………………………… **长鳍小鲉**
S. albaiensis（**Evermann & Seale，1907**）（图 1514）。暖水性海洋底层鱼类。栖息于大陆架边缘
水深 2～35m 的较浅海域。背鳍、臀鳍和腹鳍鳍棘基部有毒腺，海洋危险刺毒鱼类。体长 80mm。
分布：台湾东部和南部海域；日本，萨摩亚群岛，印度-西太平洋。小型鱼类，无食用价值。

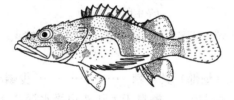

图 1514　长鳍小鲉 *S. albaiensis*
（依中坊等，2013）

3 (2) 胸鳍具 15 鳍条；背鳍具 8 鳍条……………………………… **正小鲉 S.** ***minor***（**Smith，1958**）
（图 1515）。暖水性海洋底层鱼类。栖息于大陆架边缘水深 15m 以下的珊瑚礁、岩礁、环礁海域。
背鳍、臀鳍等鳍棘基部具毒腺，海洋危险刺毒鱼类。体长 40mm。分布：台湾南部海域；日本、
红海，印度-西太平洋。小型鱼类，无食用价值。

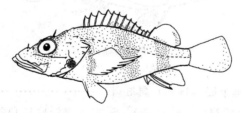

图 1515　正小鲉 *S. minor*
（依中坊等，2013）

4 (1) 胸鳍中部鳍条不延长，具 17～19 鳍条
5 (6) 眶下骨棱（颊部）密具锯齿状棘………………………… **短翅小鲉 S.** ***parvipinnis***（**Garrett，1864**）
（图 1516）。暖水性海洋底层鱼类。栖息于大陆架边缘水深 49m 的珊瑚礁、环礁海域。背鳍、臀
鳍等鳍棘基部具毒腺，海洋危险刺毒鱼类。体长 50mm。分布：台湾南部海域；日本，印度-西
太平洋。小型鱼类，无食用价值。
6 (5) 眶下骨棱（颊部）具数棘，不呈锯齿状

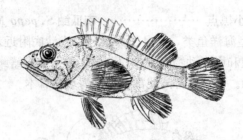

图 1516　短翅小鲉 S. parvipinnis

（依 Chen，1981）

7（8）眶下骨棱（颊部）具 2 棘；下鳃盖骨具一黑斑；背鳍具 9 鳍条·······················**日本小鲉**
S. evides（Jordan & Thompson，1914）　（图 1517）［syn. 浅海小鲉 S. littoralis（Tanaka，
1917）］。暖水性海洋底层鱼类。栖息于大陆架边缘水深 2～40m 的珊瑚礁、岩礁浅水海域。背
鳍、臀鳍等鳍棘基部具毒腺，海洋危险刺毒鱼类。体长 83mm。分布：台湾南部海域；日本，印
度-西太平洋。小型鱼类，无食用价值。

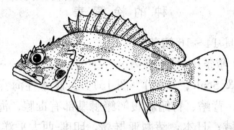

图 1517　日本小鲉 S. evides

（依中坊等，2013）

8（7）眶下骨棱（颊部）具 3～4 棘；下鳃盖骨无黑斑；背鳍具 8 鳍条

9（12）主鳃盖骨无暗斑

10（11）胸鳍具 17 鳍条；眶下棱（颊部）具 4 棘 ·················· **少鳞小鲉 S. hirsutus（Smith，1957）**
（图 1518）。暖水性海洋底层鱼类。栖息于大陆架边缘水深 8～54m 的珊瑚礁浅水海域。背鳍、
臀鳍等鳍棘基部具毒腺，海洋危险刺毒鱼类。体长 40mm。分布：台湾南部海域；日本，印
度-西太平洋。小型鱼类，无食用价值。

图 1518　少鳞小鲉 S. hirsutus

（依中坊等，2013）

11（10）胸鳍具 18～19 鳍条；眶下棱（颊部）具 3 棘·······························**克氏小鲉**
S. kelloggi（Jenkins，1903）（图 1519）。暖水性海洋底层鱼类。栖息于珊瑚礁较浅的海域。

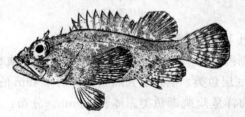

图 1519　克氏小鲉 S. kelloggi

（依 Eschmeyer，1975）

背鳍、臀鳍等鳍棘基部具毒腺，海洋危险刺毒鱼类。体长 50mm。分布：台湾；日本、印度-西太平洋海域。小型鱼类，无食用价值。

12 (9) 主鳃盖骨具黑斑；眶下棱（颊部）具 3 棘

13 (14) 胸鳍基部具暗色带；腹鳍黑色；背鳍鳍棘部的后部具一大黑斑 ·············· **花翅小鲉** ***S. varipinnis* Smith, 1957**（图 1520）。暖水性海洋底层鱼类。栖息于水深 12~20m 的珊瑚礁、岩礁、环礁浅水海域。背鳍、臀鳍等鳍棘基部具毒腺，海洋危险的刺毒鱼类。体长 42mm。分布：台湾南部海域；日本、澳大利亚、印度、红海，印度-西太平洋。小型鱼类，无食用价值。

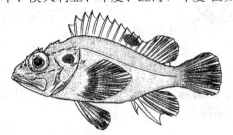

图 1520　花翅小鲉 *S. varipinnis*
（依 Chen，1981）

14 (13) 胸鳍基部无暗色带；腹鳍不呈黑色；背鳍鳍棘部的后部无大黑斑

15 (16) 臀鳍第二鳍棘稍长，头长为其长的 2.1 倍；主鳃盖骨黑斑小于或等于眼径·············· ·······**关岛小鲉** ***S. guamensis***（**Quoy & Gaimard，1824**）（图 1521）。暖水性海洋底层鱼类。栖息于水深 30m 的潟湖、珊瑚礁、岩礁、环礁浅水海域。背鳍、臀鳍等鳍棘基部具毒腺，海洋危险刺毒鱼类。体长 42mm。分布：台湾南部海域；日本，印度-西太平洋。小型鱼类，无食用价值。

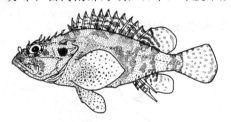

图 1521　关岛小鲉 *S. guamensis*
（依 Matsubara，1943）

16 (15) 臀鳍第二鳍棘很长，头长为其长的 1.3 倍；主鳃盖骨黑斑大于眼径 ······························ **长棘小鲉** ***S. scaber***（**Ramsey & Ogilby，1885**）（图 1522）。暖水性海洋底层鱼类。栖息于水深 8~12m 的潟湖、珊瑚礁、岩礁、环礁浅水海域。背鳍、臀鳍等鳍棘基部具毒腺，海洋危险的刺毒鱼类。体长 80mm。分布：台湾南部海域、西沙群岛；日本，印度-西太平洋。小型鱼类，无食用价值。

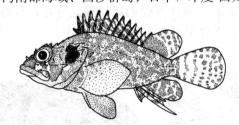

图 1522　长棘小鲉 *S. scaber*
（依 Matsubara，1943）

拟鲉属 *Scorpaenopsis* Heckel，1840
种 的 检 索 表

1 (2) 眶下骨具 2 小棘；鼻棘、眶前棘、眶上棘、眶后棘不发达，大多埋皮下 ·············· ACTINOPTERYGII **福氏拟鲉 *S. fowleri*（Pietchmann，1934）**（图 1523）［syn. 福氏鳞头鲉 *Sebastapistes fowleri*

（Pietchmann，1934）]。沿岸浅水海域的底栖鱼类。栖息水深 3～60m，喜于 10m 以浅的珊瑚礁砾石底质处生活。背鳍、臀鳍等鳍棘基部具毒腺，海洋危险刺毒鱼类。体长 30mm。分布：台湾海域；日本、夏威夷等。小型鱼类，无食用价值。

图 1523　福氏拟鲉 S. fowleri
（依中坊等，2013）

2（1）眶下骨具 3 棘以上；鼻棘、眶前棘、眶上棘、眶后棘发达（图 1524）
3（18）背鳍起点处的背部平缓，不隆起（图 1525）

图 1524　眶下骨棘
（依中坊等，2013）

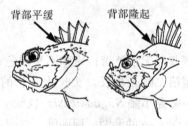

图 1525　拟鲉的背部
（依中坊等，2013）

4（7）主鳃盖骨上方棘的后端具 2～4 尖头（图 1526）

图 1526　主鳃盖骨棘具 2～4 尖头
（依中坊等，2013）

5（6）头部密布许多微小肉质突起；颊部无鳞；泪骨的后方棘为单尖头⋯⋯⋯⋯⋯⋯⋯⋯**杜父拟鲉**
S. cotticeps Fowler, 1938（图 1527）。栖息于水深 15～70m 的浅水碎石堆或沙地环境。具伪装能力，常隐藏身体而不易被发现，以守株待兔般快速捕捉过往小鱼与甲壳动物为食。体长 60mm。背鳍、臀鳍等鳍棘基部具毒腺，海洋危险刺毒鱼类。分布：台湾西部海域、南海；日本、菲律宾、夏威夷等。小型鱼类，无食用价值。

图 1527　杜父拟鲉 S. cotticeps
（依 Fowler，1938）

6（5）头部无微小肉质突起；颊部具鳞；泪骨的后方棘为 2 尖头⋯⋯⋯⋯⋯⋯⋯⋯⋯ **纹鳍拟鲉**
S. vittapinna Eschmeyer & Randall, 2002（图 1528）。栖息水深 2.5～28m 的浅水珊瑚礁区砾石

底质。具伪装能力，常隐藏身体而不易被发现，以守株待兔般快速捕捉过往小鱼与甲壳动物为食。背鳍、臀鳍等鳍棘基部具毒腺，海洋危险刺毒鱼类。体长 100mm。分布：台湾小琉球；日本、澳大利亚，印度-西太平洋。小型鱼类，无经济价值。

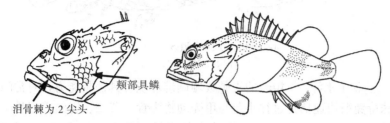

图 1528　纹鳍拟鲉 S. vitta pinna
（依中坊等，2013）

颊部具鳞

泪骨棘为 2 尖头

7（4）主鳃盖骨上方棘的后端为单尖头（图 1529）

主鳃盖骨上方棘
单尖头

图 1529　主鳃盖骨棘为单尖头
（依中坊等，2013）

8（9）顶枕窝显著深凹，前缘隆起处突出 …………………………… 枕崎拟鲉 **S. venosa**（**Cuvier，1829**）（图 1530）。暖水性中小型海洋底层鱼类。栖息于水深 2～95m 的海底沙石和岩礁底海域中。体长 250mm。背鳍、臀鳍等鳍棘基部具毒腺，海洋危险的刺毒鱼类。分布：台湾北部海域、南海；日本、菲律宾、澳大利亚，珊瑚海北部。

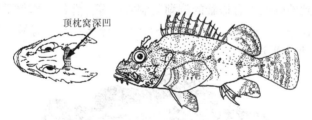

顶枕窝深凹

图 1530　枕崎拟鲉 S. venosa
（依中坊等，2013）

9（8）顶枕窝浅凹，前缘隆起处不突出（图 1531）

顶枕窝浅凹

图 1531　拉氏拟鲉顶枕窝
（依中坊等，2013）

10（11）泪骨隆起先端尖形，不被皮肤埋没 ……………………………………………… 拉氏拟鲉 **S. ramaraoi Randall & Eschmeyer，2001**（图 1532）。暖水性中小型浅海底层鱼类。栖息于水深 60m 的海底沙石和岩礁底海域中。体长 180mm。背鳍、臀鳍等鳍棘基部具毒腺，海洋危险刺毒鱼类。分布：台湾南部海域、南海（香港）；日本，印度-西太平洋。

11（10）泪骨隆起先端被皮肤埋没

12（13）胸鳍具 17～18（通常 17）鳍条 ……………… 波氏拟鲉 **S. possi Randall & Eschmeyer，2002**

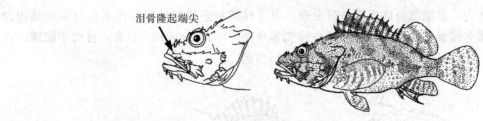

图 1532 拉氏拟鲉 *S. ramaraoi*
（依中坊等，2013）

（图 1533）。栖息于水深 1～40m 的岩礁或珊瑚礁环境。具伪装能力，时常隐藏身体而不易被发现，以守株待兔般快速捕捉过往小鱼与甲壳动物为食。背鳍、臀鳍等鳍棘基部具毒腺，海洋危险刺毒鱼类。体长 194mm。分布：台湾南部海域；日本、夏威夷、库克群岛，印度-西太平洋。除学术研究外，经济价值不大。

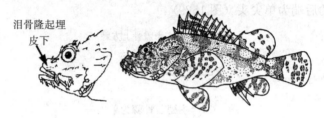

图 1533 波氏拟鲉 *S. possi*
（依中坊等，2013）

13（12）胸鳍具 17～21（通常 18～19）鳍条

14（15）体侧散布许多小黑点 ⋯⋯⋯⋯⋯⋯⋯⋯⋯ **须拟鲉 *S. cirrhosa* (Thunberg，1793)**（图 1534）。暖水性小型海洋鱼类。栖息于水深 5～171m 的浅海珊瑚礁、碎石或岩石底质的礁石平台海域，也被发现于岸边到外礁区中有掩蔽的潟湖与洞穴区等。背鳍、臀鳍等鳍棘基部具毒腺，海洋危险刺毒鱼类。体长一般 190mm，大者达 231mm。分布：台湾海域、南海（香港）；朝鲜半岛、日本南部，印度-西太平洋。

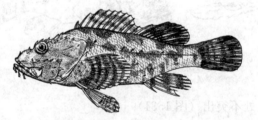

图 1534 须拟鲉 *S. cirrhosa*
（依李思忠，1962）

15（14）体侧无许多小黑点

16（17）主鳃盖骨上方棘与下方棘之间有鳞 ⋯⋯⋯⋯⋯⋯⋯⋯⋯ **红拟鲉 *S. papuensis* (Cuvier，1829)**（图 1535）。暖水性中小型海洋鱼类。栖息于水深约 42m 的浅海珊瑚、碎石或岩石底质的礁石平海域。背鳍、臀鳍等鳍棘基部具毒腺，海洋危险刺毒鱼类。体长 220mm。分布：台湾湖列

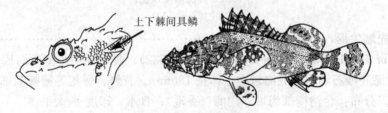

图 1535 红拟鲉 *S. papuensis*
（依中坊等，2013）

岛、南海；朝鲜半岛、日本，印度-西太平洋。

17（16）主鳃盖上方棘与下方棘之间无鳞；胸鳍具 20 鳍条 ······························· **尖头拟鲉**
S. oxycephala Bleeker，1849（图 1536）。暖水性小型海洋鱼类。栖息于水深 15～40m 的浅海
岩礁内沙质海底附近海域。背鳍、臀鳍等鳍棘基部具毒腺，海洋危险刺毒鱼类。体长 190mm。
分布：台湾北部海域、南海；日本琉球群岛，印度-西太平洋。

图 1536　尖头拟鲉 S. oxycephala
（依中坊等，2013）

18（3）背鳍起点处的背部显著隆起

19（20）主鳃盖骨上方棘后端为单尖头 ····································· **钝吻拟鲉**
S. obtusa Randall & Eschmeyer，2001（图 1537）。栖息于水深 50m 的浅水珊瑚礁区的沙地底
质海域。具伪装能力，常隐藏身体而不易被发现，以守株待兔般快速捕捉过往小鱼与甲壳动物
为食。背鳍、臀鳍等鳍棘基部具毒腺，海洋危险刺毒鱼类。体长 80mm。分布：东沙群岛；日
本、澳大利亚东北沿岸。小型鱼类，无食用价值。

图 1537　钝吻拟鲉 S. obtusa
（依中坊等，2013）

20（19）主鳃盖骨上方棘后端为 2～4 尖头（图 1538）

图 1538　毒拟鲉和魔拟鲉的主鳃盖骨上方棘
（依中坊等，2013）

21（22）胸鳍上半部具一大黑斑······················· **毒拟鲉 S. diabolus（Cuvier，1829）**（图 1539）
［syn. 驼背拟鲉 S. gibbosa Li，1962（non Schneider）］。暖水性小型海洋鱼类。栖息于水深

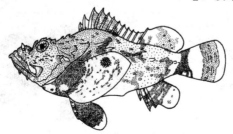

图 1539　毒拟鲉 S. diabolus
（依中坊等，2013）

5～40m的浅海珊瑚礁和岩礁内沙质海底附近的海域。背鳍、臀鳍等鳍棘基部具毒腺，海洋危险刺毒鱼类。体长170mm。分布：东海、台湾、南海；日本、印度-西太平洋。

22（21）胸鳍外缘具一弧形黑色带 ·· **魔拟鲉 *S.neglecta* Heckel，1837**（图1540）。暖水性小型海洋鱼类。栖息于水深10～30m的珊瑚礁和岩礁内沙质海底附近的海域。背鳍、臀鳍等鳍棘基部具毒腺，海洋危险刺毒鱼类。体长140mm。分布：台湾澎湖列岛、南海；日本沿岸。

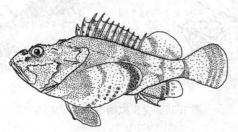

图1540 魔拟鲉 *S.neglecta*

（依中坊等，2013）

鳞头鲉属 *Sebastapistes* Gill，1877
种 的 检 索 表

1（2）泪骨下缘具2棘，第二棘指向后方 ························ **眉须鳞头鲉 *S.strongia*（Cuvier，1829）**（图1541）。暖水性小型海洋鱼类。栖息于水深18～37m的潟湖及珊瑚礁中沙地、砾石底质、岩礁海域附近。背鳍鳍棘基部具毒腺，海洋危险刺毒鱼类。体长64mm。分布：台湾西部海域、南海诸岛；日本，印度-西太平洋。小型鱼类，无食用价值。标本采自海南三亚，罕见。

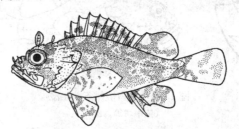

图1541 眉须鳞头鲉 *S.strongia*

（依中坊等，2013）

2（1）泪骨下缘具3～5棘

3（6）具额棘

4（5）胸鳍腋部无白斑 ···························· **斑鳍鳞头鲉 *S.mauritiana*（Cuvier，1829）**（图1542）（syn. 冠棘鲉 *S.hatizyoensis* Matsubara，1943）。暖水性小型海洋鱼类。栖息于水深10m以下的潟湖及珊瑚礁中沙地、砾石底质、岩礁海域附近。背鳍、臀鳍等鳍棘基部具毒腺，海洋危险刺毒鱼类。体长63～80mm。分布：台湾澎湖列岛、南海；日本、红海，印度-西太平洋。小型鱼类，无食用价值。

具额棘

图1542 斑鳍鳞头鲉 *S.mauritiana*

（依 Matsubara，1941）

5（4）胸鳍腋部具白斑·······························**花腋鳞头鲉 S. nuchalis（Günther，1874）**（图 1543）。暖水性小型海洋鱼类。栖息于水深 10m 以下的潟湖、珊瑚礁和岩礁的裂缝洞穴中。背鳍、臀鳍等鳍棘基部具毒腺，海洋危险刺毒鱼类。体长 60～70mm。分布：东海南部海域、南海诸岛；菲律宾、夏威夷，印度-西太平洋。小型鱼类，无食用价值。

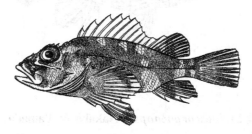

图 1543　花腋鳞头鲉 S. nuchalis

6（3）无额棘；胸鳍基部附近皮肤具栉鳞

7（8）胸鳍、腹鳍、背鳍和臀鳍软条部、尾鳍均具小褐点；体无白斑·······························**廷氏鳞头鲉 S. tinkhami（Fowler，1946）**（图 1544）。栖息于水深 30m 以下的珊瑚礁、岩礁环境中。背鳍、臀鳍等鳍棘基部具毒腺，海洋危险刺毒鱼类。体长 54mm。分布：台湾南部海域、南海（广东汕尾）；日本、南非等。小型鱼类，无食用价值。

图 1544　廷氏鳞头鲉 S. tinkhami
（依 Smith & Heemstra，1986）

8（7）胸鳍、腹鳍、背鳍和臀鳍软条部、尾鳍均无小褐点；体具散在的白斑·······························**黄斑鳞头鲉 S. cyanostigma（Bleeker，1856）**（图 1545）[syn. 两色鳞头鲉 S. albobrunnea（Günther，1874）]。栖息于水深 2～30m 的内湾、潟湖至大陆架海区，偶见于大陆边缘岛屿。背鳍、臀鳍等鳍棘基部具毒腺，海洋危险刺毒鱼类。体长 80mm。分布：台湾南部海域、南海（广东汕尾）；日本、夏威夷，印度-西太平洋。小型鱼类，无食用价值。

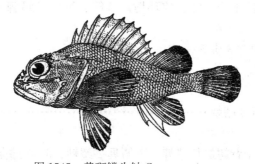

图 1545　黄斑鳞头鲉 S. cyanostigma

缨鲉属 Thysanichthys Jordan & Starks，1904

缨鲉 T. crossotus Jordan & Starks，1904（图 1546）[syn. 皮须小鲉 Scorpaenodes crossotus（Jordan & Starks，1904）]。暖水性海洋底层鱼类。栖息于水深 90～200m 的深水海域。背鳍鳍棘基部具毒腺，海洋危险刺毒鱼类。体长 80mm。分布：东海、台湾北部海域；日本，印度-西太平洋。小型鱼类，无食用价值。

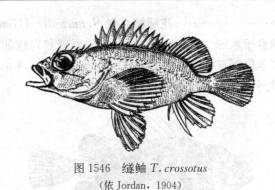

图 1546　缝鲉 *T. crossotus*
(依 Jordan, 1904)

熊鲉属 *Ursinoscorpaenopsis* Nakabo & Yamada，1996

熊鲉 *U. kitai* Nakabo & Yamada，1996（图 1547）。近海沿岸水域的底栖鱼类。栖息于水深 138m 的贝壳、沙泥底质混合海域。体长 240mm。分布：东海中部海域。数量少，无食用价值。

图 1547　熊鲉 *U. kitai*
(依中坊等，2013)

狭蓑鲉亚科 Pteroidichthinae

体延长，头大。头、体颇侧扁。头部棘棱不发达；眶上棱和顶棱显著高凸。吻较长大。眼中大或较小，眼背具长大皮瓣，或具短小皮瓣，或无皮瓣。口大，端位。上下颌约等长或下颌略长。下颌前端具 1 向下骨突。上颌骨伸达眼前部、中后或后部下方。上下颌及犁骨具细牙，腭骨无牙。鳃孔宽大。鳃盖膜不与峡部相连。前鳃盖骨具 3～5 棘。鳞小或中大，栉鳞或圆鳞。侧线正常，不呈沟状凹槽，具侧线管及有孔鳞。背鳍具 11～13 鳍棘、9～10 鳍条；臀鳍具 2～3 鳍棘、6～7 鳍条；胸鳍基部上方具肱棘，具 15～18 鳍条，胸鳍鳍条不伸达尾鳍；腹鳍具 1 鳍棘、5 鳍条；尾鳍圆形或截形。

海洋沿岸底层鱼类。喜生活于沙泥底质的环境。背鳍、臀鳍等鳍棘基部具毒腺，海洋危险刺毒鱼类。分布：印度洋和太平洋。

本亚科有 3 属 10 种；中国有 3 属 5 种。

属 的 检 索 表

1（2）背鳍具 13 鳍棘；臀鳍具 3 鳍棘 ·· **畸鳍鲉属 *Pteropelor***

2（1）背鳍具 12 鳍棘

3（4）眼背具长皮瓣，其长大于背鳍最长鳍棘；臀鳍具 2 鳍棘、6～7 鳍条；尾鳍鳍条不分支 ········
·· **狭蓑鲉属 *Pteroidichys***

4（3）眼背无皮瓣，若有也颇短小，短于背鳍最长鳍棘；臀鳍具 3 鳍棘、5 鳍条；尾鳍鳍条分支 ···
·· **吻鲉属 *Rhinopias***

狭蓑鲉属 *Pteroidichys* Bleeker，1856

安汶狭蓑鲉 *P. amboinensis* Bleeker，1856（图 1548）。暖水性小型海洋鱼类，栖息于内湾水深 68～622m 的海域，以岩礁、泥沙底或海藻茂盛的环境为主。体态与环境相似，具伪装能力，时常隐藏身体而不容易被发现，伏击小鱼和甲壳动物等为食。背鳍鳍棘基部具毒腺，海洋危险刺毒鱼类。体长77mm。分布：台湾南部；菲律宾、印度尼西亚、夏威夷。个体小，无食用价值。

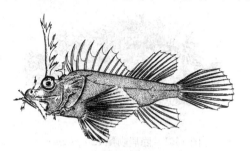

图 1548　安汶狭蓑鲉 *P. amboinensis*
（依 Chen，1984）

畸鳍鲉属 *Pteropelor* Fowler，1938

诺氏畸鳍鲉 *P. noronhai* Fowler，1938（图 1549）。暖水性小型海洋鱼类。栖息于内湾及沿岸近海，以岩礁、泥沙底或海藻茂盛的环境为主。背鳍、臀鳍等鳍棘基部具毒腺，海洋危险刺毒鱼类。体长32mm。分布：台湾基隆。个体小，无食用价值。

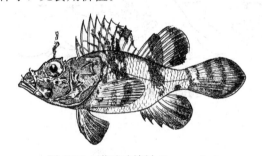

图 1549　诺氏畸鳍鲉 *P. noronhai*
（依 Fowler，1938）

吻鲉属 *Rhinopias* Gill，1905
种 的 检 索 表

1（4）胸鳍具 16 鳍条；背鳍鳍条部具一眼状斑或大黑斑；吻背无凹窝
2（3）头、体和各鳍具许多圆形或长圆形斑块 ⋯⋯⋯⋯⋯⋯⋯ **前鳍吻鲉 *R. frondosa*（Günther，1892）**
　　　（图 1550）。栖息于水深 14～100m 的珊瑚礁、岩礁环境中。背鳍、臀鳍等鳍棘基部具毒腺，海洋危险刺毒鱼类。体长 180mm。分布：台湾澎湖列岛；日本、澳大利亚、南非等。

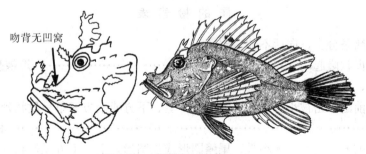

吻背无凹窝

图 1550　前鳍吻鲉 *R. frondosa*
（依金鑫波，1985）

3（2）头、体和各鳍具复杂的网状斑 ⋯⋯⋯⋯⋯⋯⋯⋯⋯⋯⋯⋯ **隐居吻鲉 *R. aphanes* Eschmeyer，1973**
　　　（图 1551）。暖水性小型海洋鱼类。栖息于水深 3～30m 的岩礁、泥沙底或海藻茂盛的浅海海域。体态与环境相似，具伪装能力，时常隐藏身体而不容易被发现，伏击小鱼和甲壳动物等为食。背鳍、臀鳍等鳍棘基部具毒腺，海洋危险刺毒鱼类。体长 240mm。分布：台湾澎湖列岛；澳大利亚、新几内亚。

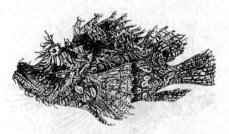

图 1551　隐居吻鲉 *R. aphanes*

4（1）胸鳍具 18 鳍条；背鳍鳍条部无眼状斑或大黑斑；吻背具凹窝·······················**异眼吻鲉** *R. xenops* (**Gilbert，1905**)（图 1552）。暖水性小型海洋鱼类。栖息于水深 36～124m 的岩礁、泥沙底或海藻茂盛的浅海海域。体态与环境相似，具伪装能力。背鳍、臀鳍等鳍棘基部具毒腺，海洋危险刺毒鱼类。体长 140mm。分布：台湾海域；日本、夏威夷，印度-太平洋。

吻背具凹窝

图 1552　异眼吻鲉 *R. xenops*
（依中坊等，2013）

蓑鲉亚科 Pteroinae

体延长，侧扁。头中大，侧扁，具棘棱和皮瓣，项棘较高突。眼中大。第二眶下骨前后等宽或后部稍宽，与前鳃盖骨相连；无第三和第四眶下骨。体被圆鳞或栉鳞。侧线正常，不呈沟状凹槽，具侧线管及有孔鳞。背鳍鳍棘高大而延长，常大于体高，具 12～13 鳍棘、8～11 鳍条；臀鳍具 2～3 鳍棘、5～8 鳍条；胸鳍鳍条长大，向后不伸达、伸达或伸越尾鳍，具 12～20 鳍条；腹鳍具 1 鳍棘、5 鳍条；尾鳍圆形。鳔大。幽门盲囊 3 个，颇细长。

海洋沿岸底层鱼类。喜生活于岩礁、藻场及珊瑚丛中。鳍棘有毒腺，毒性强，人被刺伤后剧痛，为著名刺毒鱼类，常作为水族馆的观赏鱼类。分布：印度-西太平洋。

本亚科有 5 属 20 种；中国有 5 属 12 种。

属 的 检 索 表

1（8）胸鳍上半部的鳍条分支，向后不伸达尾柄
2（3）下颌腹面具锯齿状隆起嵴 ····················· **短棘蓑鲉属 Brachypterois**
3（2）下颌腹面圆滑，无锯齿状隆起嵴
4（5）眶下骨下部及前鳃盖密被小棘刺；尾鳍截形，上、下方或上方鳍条呈丝状延长 ··················· **拟蓑鲉属 Parapterois**
5（4）眶下骨下部及前鳃盖光滑，无小棘；尾鳍圆形或长圆形，上、下方无丝状鳍条
6（7）顶骨上具鸡冠状骨嵴 ····················· **盔蓑鲉属 Ebosia**
7（6）顶骨上无鸡冠状骨嵴，但具锯齿缘的隆起嵴 ····················· **短鳍蓑鲉属 Dendrochirus**
8（1）胸鳍鳍条不分支，向后伸达或伸越尾柄 ····················· **蓑鲉属 Pterois**

短棘蓑鲉属 Brachypterois Fowler，1938

锯棱短棘蓑鲉 B. serrulata（Richardson，1846）（图1553）。暖水性小型海洋鱼类。栖息于水深23～82m的岩礁、泥沙底或海藻茂盛的浅海海域。体态与环境相似，具伪装能力。背鳍、臀鳍等鳍棘基部具毒腺，海洋危险刺毒鱼类。体长80mm。分布：东海、台湾南部海域、海南岛；日本、菲律宾、澳大利亚。个体小，无食用价值。

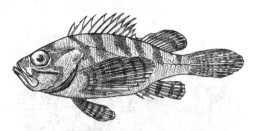

图1553　锯棱短棘蓑鲉 B. serrulata

盔蓑鲉属 Ebosia Jordan & Starks，1904

布氏盔蓑鲉 E. bleekeri（Döderlein，1884）（图1554）。暖水性小型海洋鱼类。栖息于水深100～235m的岩礁、泥沙底或海藻茂盛的大陆架海域。背鳍、臀鳍等鳍棘基部具毒腺，海洋危险刺毒鱼类。体长130mm。分布：东海、台湾北部海域；济州岛、日本，印度-太平洋海域。

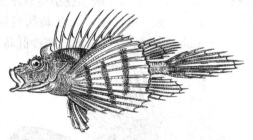

图1554　布氏盔蓑鲉 E. bleekeri

短鳍蓑鲉属 Dendrochirus Swainson，1839
种 的 检 索 表

1（2）背鳍鳍条部具2～3白边黑色睛斑；泪骨具长的触须状皮瓣·······················**双斑短鳍蓑鲉**
D. biocellatus（Fowler，1938）（图1555）。暖水性小型海洋鱼类。栖息于水深40m的珊瑚礁、岩礁、泥沙底或海藻茂盛的浅海海域。体态与环境相似，具伪装能力。背鳍、臀鳍等鳍棘基部具毒腺，海洋危险刺毒鱼类。体长140mm。分布：台湾东北部海域、南海；日本，印度-西太平洋。现数量稀少，《中国物种红色名录》列为易危［VU］物种。

图1555　双斑短鳍蓑鲉 D. biocellatus
（依 Fowler，1938）

2（1）背鳍鳍条部具许多小黑点；泪骨触须状皮瓣颇短

3（4）吻端具 3 皮瓣状触须；眼的上方具长的皮瓣；臀鳍具 3 棘、6～7 鳍条 ·················
花斑短鳍蓑鲉 D. zebra（Cuvier，1829）（图 1556）。暖水性小型海洋鱼类。栖息于水深 73m 的珊瑚礁、岩礁、泥沙底或海藻茂盛的浅海海域。背鳍、臀鳍等鳍棘基部具毒腺，海洋危险刺毒鱼类。体长 180～200mm。分布：台湾东北部海域、澎湖列岛、南海诸岛；济州岛、日本，印度-西太平洋。

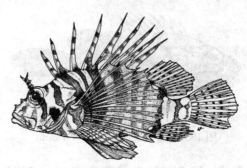

图 1556　花斑短鳍蓑鲉 D. zebra
（依 Masuda et al.，1984）

4（3）吻端无皮瓣状触须；眼的上方皮瓣颇短；臀鳍具 3 鳍棘、5 鳍条

5（6）鲜活时胸鳍和腹鳍具多条红色垂直横带；头部骨质隆起嵴光滑 ······················ **美丽短鳍蓑鲉 D. bellus**（Jordan & Hubbs，1925）（图 1557）。暖水性小型海洋鱼类。栖息于水深 10～200m 的砾石、沙泥底大陆架海域。鳍棘有毒腺，毒性强，人被刺伤后剧痛，为著名刺毒鱼类。体长 110～150mm。分布：东海中部大陆架海域、台湾海域、西沙群岛；日本、新喀里多尼亚。

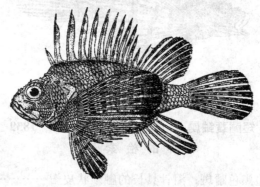

图 1557　美丽短鳍蓑鲉 D. bellus
（依 Poss，1999）

6（5）鲜活时胸鳍和腹鳍具多条红色垂直横带，横带中具许多茶褐色小圆点；头部骨质隆起嵴锯齿状 ······················ **短鳍蓑鲉 D. brachypterus**（Cuvier，1929）（图 1558）。栖息于沙泥底质且有海草覆盖的礁石平台或潟湖浅滩。成鱼时常发现于海绵间，而稚鱼有时发现于小群鱼群中。

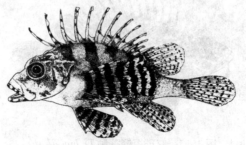

图 1558　短鳍蓑鲉 D. brachypterus
（依 Smith & Heemstra，1986）

夜行性。背鳍、臀鳍等鳍棘基部具毒腺，毒性强，人被刺伤后剧痛，为著名刺毒鱼类。体长170mm。分布：台湾小琉球、南海永兴岛；日本、菲律宾、南非，印度-西太平洋。

拟蓑鲉属 *Parapterois* Bleeker，1876

异尾拟蓑鲉 *P. heterurus*（Bleeker，1856）（图 1559）。暖水性小型海洋鱼类。栖息于水深 55～300m 的岩礁、泥沙底或海藻茂盛的浅海海域。体态与环境相似，具伪装能力。背鳍、臀鳍等鳍棘基部具毒腺，海洋危险刺毒鱼类。体长 150mm。分布：东海、台湾南部海域、南海；日本、菲律宾、澳大利亚。小型鱼类，无食用价值。

图 1559　异尾拟蓑鲉 *P. heterurus*
（依 Matsubara，1943）

蓑鲉属 *Pterois* Oken，1817
种 的 检 索 表

1（6）胸鳍上部鳍条的鳍膜伸达鳍条末端；背鳍具 13 鳍棘；被圆鳞

2（5）头部腹面、胸部无斑纹；背鳍、臀鳍鳍条部及尾鳍无斑点或仅有几个小斑点

3（4）侧线鳞 65～70；横列鳞 6～8 ·················· **环纹蓑鲉 *P. lunulata* Temminck & Schlegel，1843**
（图 1560）。暖水性小型海洋鱼类。栖息于水深 10～60m 的礁石周边沙地、潟湖岩礁附近、泥沙底或海藻茂盛的浅海海域。背鳍、臀鳍等鳍棘基部具毒腺，毒性强，人被刺伤后剧痛，为著名刺毒鱼类。体长 300mm。分布：东海、台湾海域、海南岛；济州岛、日本、澳大利亚北部，印度-西太平洋。

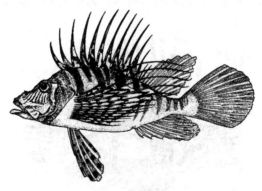

图 1560　环纹蓑鲉 *P. lunulata*
（依 Okada，1966）

4（3）侧线鳞 80；横列鳞 9～12·················· **勒氏蓑鲉 *P. russellii* Bennett，1831**（图 1561）。暖水性中小型海洋鱼类。栖息于水深 73m 的珊瑚礁、岩礁、泥沙底或海藻茂盛的浅海海域。背鳍、臀鳍等鳍棘基部具毒腺，毒性强，人被刺伤后剧痛，为著名刺毒鱼类。体长 300mm。分布：台湾海域、南海诸岛；菲律宾、澳大利亚，印度-西太平洋。

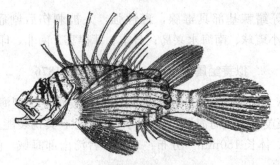

图 1561 勒氏蓑鲉 *P. russellii*
（依 Poss，1999）

5（2）头部腹面、胸部具许多黑褐色条纹；背鳍、臀鳍鳍条部及尾鳍具许多小斑点 ……………………
………翱翔蓑鲉 ***P. volitans*** （**Linnaeus，1758**）（图 1562）。暖水性中小型海洋鱼类。栖息于水深
2～175m 的珊瑚礁、岩礁、泥沙底或海藻茂盛的浅海海域。背鳍、臀鳍等鳍棘基部具毒腺，毒
性强，人被刺伤后剧痛，为著名刺毒鱼类。体长 300mm。分布：台湾东北部海域、澎湖列岛、
南海诸岛；日本、澳大利亚、马歇尔群岛，印度-西太平洋。

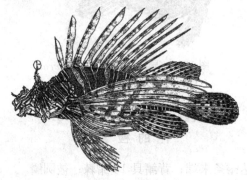

图 1562 翱翔蓑鲉 *P. volitans*
（依 Matsubara，1943）

6（1）胸鳍鳍条丝状延长，各鳍条上的鳍膜不明显；背鳍具 12～13 鳍棘；被栉鳞

7（8）尾柄部具褐色垂直横带；胸鳍具许多小黑斑 ……………………………………………… **触角蓑鲉**
P. antennata （**Bloch，1787**）（图 1563）。暖水性中小型海洋鱼类。栖息于水深 60m 的珊瑚礁、岩
礁沙底或海藻茂盛的浅海海域。背鳍、臀鳍等鳍棘基部具毒腺，毒性强，人被刺伤后剧痛，为著名
刺毒鱼类。体长 140mm。分布：台湾东北部海域、澎湖列岛、南海诸岛；日本、关岛、所罗门群
岛，印度-西太平洋。

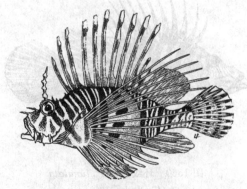

图 1563 触角蓑鲉 *P. antennata*
（依 Poss，1999）

8（7）尾柄部具 2 条短的白色纵带；胸鳍无小黑斑 ………………… 辐纹蓑鲉 ***P. radiata*** **Cuvier，1829**
（图 1564）。暖水性小型海洋鱼类。栖息于珊瑚礁、岩礁、泥沙底或海藻茂盛的大陆架海域。背
鳍、臀鳍等鳍棘基部具毒腺，毒性强，人被刺伤后剧痛，为著名刺毒鱼类。体长 110mm。分布：

东海、台湾北部海域、西沙群岛；日本、菲律宾、南非。

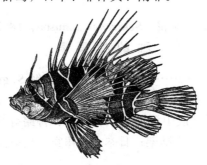

图 1564　辐纹蓑鲉 *P. radiata*
（依 Poss，1999）

囊头鲉亚科 Setarchinae

体长椭圆形，侧扁。头大，侧扁，骨棱很低，弱棘有或无。吻颇长，圆钝。眼小，上侧位。口大，端位。上下颌、犁骨及腭骨均具细齿。鳃孔宽大。体被小圆鳞。侧线连续，呈沟状凹槽，上覆大而薄易脱落的圆鳞。骨骼骨化程度较弱。背鳍具 11～12 鳍棘、9～11 鳍条，鳍棘长小于体高；臀鳍具 2～3 鳍棘、5～6 鳍条；胸鳍中大，向后伸达臀鳍基底前端附近；腹鳍具 1 鳍棘、5 鳍条；尾鳍内凹或呈圆形。头上有发达的黏液腔。无基蝶骨。

暖水性海洋底层鱼类。喜生活于沙泥底质的海域。背鳍、臀鳍等鳍棘基部具毒腺，海洋危险刺毒鱼类。分布：印度-西太平洋。

本亚科有 3 属 5 种；中国有 2 属 3 种。

属 的 检 索 表

1（2）鲜活时全身黑褐色；主上颌骨中央具隆起线（图 1565）；体显著侧扁 …… **黑鲉属 *Ectreposebastes***

图 1565　黑鲉属主上颌骨
（依中坊等，2013）

2（1）鲜活时全身红色；主上颌骨中央无隆起线；体稍侧扁 …………………………… **囊头鲉属 *Setarches***

黑鲉属 *Ectreposebastes* Garman，1899

无鳔黑鲉 *E. imus*（Garman，1899）（图 1566）。暖水性中小型海洋鱼类。栖息于水深 150～2 000m 的岩礁、泥沙底中深层海域。背鳍、臀鳍等鳍棘基部具毒腺，海洋危险刺毒鱼类。体长 180mm。分布：

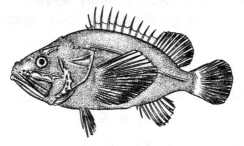

图 1566　无鳔黑鲉 *E. imus*
（依 Chen，1981）

台湾东部；日本、夏威夷。

囊头鲉属 *Setarches* Johnson，1862
种 的 检 索 表

1（2）前鳃盖骨第二棘颇细小··························**根室囊头鲉 *S. guentheri* Johnson，1862**（图 1567）
〔syn. *Setarches fidjiensis* 金鑫波，2009；陈大刚等，2015〕。暖水性中小型海洋鱼类，栖息于水深 150～1 000m 的岩礁、泥沙底中深层海域。背鳍、臀鳍等鳍棘基部具毒腺，海洋危险刺毒鱼类。体长 180mm。分布：东海大陆架；日本、菲律宾、夏威夷、斐济。

前鳃盖骨第
二棘颇细小

图 1567　根室囊头鲉 *S. guentheri*
（依 Poss，1999）

2（1）前鳃盖骨第二棘颇发达 ···················· **长臂囊头鲉 *S. longimanus*（Alcock，1894）**
（图 1568）。暖水性中小型海洋底层鱼类。栖息于海底沙石和岩礁水深 110～1 054m 的海域中。体长 180～200mm。背鳍、臀鳍等鳍棘基部具毒腺，海洋危险刺毒鱼类。分布：台湾北部海域、南海；日本、菲律宾、澳大利亚颇罕见。

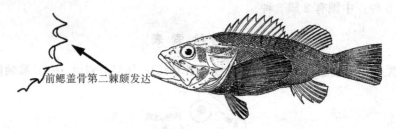

前鳃盖骨第二棘颇发达

图 1568　长臂囊头鲉 *S. longimanus*

173. 头棘鲉科（颊棘鲉科）Caracanthidae

体卵圆形，极侧扁。头大，头高大于头长。吻短，圆钝。眼中大，背侧位。眼间隔隆起。口小，下端位，斜裂。上下颌具细牙，犁骨及腭骨无牙。鳃孔狭窄。前鳃盖骨具 3～5 强棘，鳃盖骨具 2～3 棘，下鳃盖骨无棘，间鳃盖骨具强棘。侧线鳞管状，背鳍基底下方和头背具小鳞，体密被细小粗糙皮突。背鳍始于项部，鳍棘部和鳍条部之间具深缺刻，鳍棘部基底短于鳍条部基底，具 6～8 鳍棘、11～14 鳍条；臀鳍基底短于背鳍鳍条部基底，具 2 鳍棘、11～14 鳍条；胸鳍宽短，具 12～15 鳍条，侧位，均不分支；腹鳍颇小，难以觉察，胸位，具 1 鳍棘、2～3 鳍条；尾鳍圆形。脊椎骨 24。

热带及亚热带海洋鱼类。广泛分布于太平洋热带岛屿。背鳍、臀鳍等鳍棘基部具毒腺，海洋危险刺毒鱼类。

本科有 1 属 4 种（Nelson et al.，2016）；中国有 1 属 2 种。

头棘鲉属（颊棘鲉属）*Caracanthus* Kroger，1845
种 的 检 索 表

1（2）背鳍鳍棘部和鳍条部之间缺刻较深；泪骨具一长棘及一小的钝突起；鲜活时体具许多小红斑（固定时为小黑斑）··············**斑点头棘鲉（斑点颊棘鲉）*C. maculates*（Gray，1831）**

（图 1569）。暖水性小型海洋鱼类。栖息于水深 3～15m 的礁石周边沙地附近浅海海域。背鳍、臀鳍等鳍棘基部具毒腺，海洋危险刺毒鱼类。体长 38mm。分布：台湾绿岛及兰屿、东沙群岛；日本，印度-西太平洋。个体小，无食用价值。

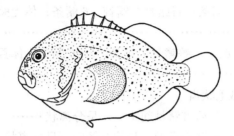

图 1569　斑点头棘鲉（斑点颊棘鲉）*C. maculates*
（依中坊等，2013）

2（1）背鳍鳍棘部和鳍条部之间缺刻较浅；泪骨具一长棘及二小的钝突起；体无斑点…………………………单鳍头棘鲉（单鳍颊棘鲉）*C. unipinna*（Gray，1831）（图 1570）。暖水性小型海洋鱼类。栖息于水深 0～50m 的礁石周边沙地、岩礁附近浅海海域。背鳍、臀鳍等鳍棘基部具毒腺，海洋危险刺毒鱼类。体长 37mm。分布：台湾兰屿、南海；日本、非洲南部，印度-西太平洋。个体小，无食用价值。现数量稀少，《中国物种红色名录》列为易危［VU］物种。

图 1570　单鳍头棘鲉（单鳍颊棘鲉）*C. unipinna*
（依中坊等，2013）

174. 真裸皮鲉科（前鳍鲉科）Tetrarogidae

体长椭圆形，甚侧扁。头中大，侧扁。头顶部无方形大凹窝。眼大，上侧位。吻短或较长，圆钝。口中大，端位。上下颌及犁骨具细齿，腭骨一般具细齿或无齿。鳃孔宽大。鳃盖膜分离或微连，不与峡部相连。鳃盖条 6。体具细小圆鳞、粒突或光滑无鳞。背鳍连续，始于眼的上方、眼后缘稍前上方或稍后上方，具 14～17 鳍棘、7～9 鳍条；臀鳍具 0～3 鳍棘、3～7 鳍条；胸鳍中大；腹鳍中大，胸位，具 1 鳍棘、2～3 鳍条；尾鳍浅圆形或圆形。

热带及亚热带海洋鱼类。背鳍、臀鳍等鳍棘基部具毒腺，海洋危险刺毒鱼类。广泛分布于印度-西太平洋暖水区海域。

本科有 17 属 40 种（Nelson et al.，2016）；中国有 10 属 16 种。

属 的 检 索 表

1（2）胸鳍下部具 4～6 丝状或指状游离鳍条；体密被小圆鳞 ………… 新鳞鲉属 *Neocentropogon*

2（1）胸鳍下部无游离鳍条；体裸露无鳞，或具稀少小圆鳞

3（4）鲜活时全身黑褐色；背鳍具 13 鳍棘；体被许多柔软小突起 ………… 真裸皮鲉属 *Tetraroge*

4（3）鲜活时体红色或茶褐色；背鳍具 13～18 鳍棘；体侧无小突起

5（6）背鳍具 17～18 鳍棘；鳍棘部前端颇高，第二鳍棘最长，大于头长 ………… 帆鳍鲉属 *Ablabys*

6（5）背鳍具 12～16 鳍棘；鳍棘部前端不高，第二鳍棘小于头长

7（12）两颌、犁骨具绒毛状齿，无腭齿

8（9）背鳍具 14 鳍棘、6～7 鳍条；腹鳍具 1 鳍棘、4 鳍条 ·················· **项鳍鲉属 *Cottapistus***

9（8）背鳍具 12～13 鳍棘、9～11 鳍条；腹鳍具 1 鳍棘、5 鳍条

10（11）背鳍具 12 鳍棘、10～11 鳍条；臀鳍具 3 鳍棘、6 鳍条；体无鳞，具许多小棘·················
·················· **带鲉属 *Taenianotus***

11（10）背鳍具 13 鳍棘、9～10 鳍条；臀鳍具 3 鳍棘、5～6 鳍条；体具鳞，无小棘·················
·················· **斯氏前鳍鲉属 *Snyderina***

12（7）两颌、犁骨及腭骨均具绒毛状齿

13（14）背鳍前 3 鳍棘互相靠近，与后方鳍棘间距大，呈分离状 ·················· **高鳍鲉属 *Vespicula***

14（13）背鳍前 3 鳍棘间距正常，不互相靠近，与后方鳍棘不呈分离状

15（16）腹鳍具 1 鳍棘、4 鳍条 ·················· **拟鳞鲉属 *Paracentropogon***

16（15）腹鳍具 1 鳍棘、5 鳍条

17（18）胸鳍短，向后不伸达臀鳍起点上方；第二背鳍棘颇长，大于或等于吻后头长 ····· **线鲉属 *Ocosia***

18（17）胸鳍长，向后伸达或伸越臀鳍起点上方；第二背鳍棘短小，为吻后头长的 1/2 ·················
·················· **裸皮鲉属 *Gymnapistes***

帆鳍鲉属 *Ablabys* Kaup, 1873
种 的 检 索 表

1（2）臀鳍具 5 鳍条；背鳍和臀鳍具分支鳍条 ·················· **背带帆鳍鲉**
***A. taenianotus* (Cuvier, 1829)**（图 1571）［syn. 钝顶鲉 *Amblyapistus taenianotus* 金鑫波，
2006］。暖水性小型海洋鱼类。栖息于珊瑚礁和岩礁中海藻丛生和繁茂水深 80m 的海域。背鳍、
臀鳍等鳍棘基部具毒腺，海洋危险刺毒鱼类。体长 60～80mm，大者达 107mm。分布：东海闽
南渔场、台湾海域、南海诸岛；日本、澳大利亚，印度-西太平洋。个体小，无食用价值。

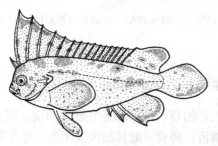

图 1571 背带帆鳍鲉 *A. taenianotus*
（依中坊等，2013）

2（1）臀鳍具 8～10 鳍条；背鳍和臀鳍鳍条均不分支 ·················· **大棘帆鳍鲉**
***A. macracanthus* (Bleeker, 1852)**（图 1572）［syn. 长棘钝顶鲉 *Amblyapistus macracanthus*
(Bleeker，1852)］。暖水性小型海洋鱼类。背鳍、臀鳍等鳍棘基部具毒腺，海洋危险刺毒鱼类。
体长 80mm。分布：东海闽南渔场、台湾海域、南海诸岛；印度-西太平洋。个体小，无食用价值。

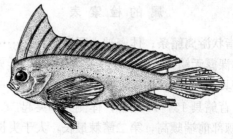

图 1572 大棘帆鳍鲉 *A. macracanthus*

项鳍鲉属 *Cottapistus* Bleeker，1876

细鳞项鳍鲉 *C. cottoides*（Linnaeus，1758）（图 1573）。暖水性中小型海洋鱼类。栖息于水深 24m 的珊瑚礁、岩礁、沙底或海藻茂盛的浅海海域。鳍棘有毒腺，毒性强，人被刺伤后剧痛，为著名刺毒鱼类。体长 150mm。分布：南海诸岛；日本、越南、泰国、新加坡，印度-西太平洋。

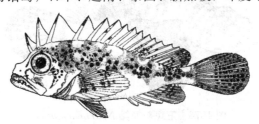

图 1573　细鳞项鳍鲉 *C. cottoides*
（依 Weber & Beaufort，1962）

裸皮鲉属 *Gymnapistes* Swainson，1839

白腹裸皮鲉 *G. leucogaster*（Richardson，1860）（图 1574）。热带、亚热带海洋底层鱼类。栖息于大陆架沙泥底质水深 10～100m 的海域。鳍棘基部具毒腺，海洋危险刺毒鱼类。体长 74mm。分布：南海；日本、夏威夷，印度-西太平洋。较少见，无食用价值。

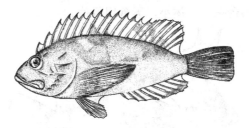

图 1574　白腹裸皮鲉 *G. leucogaster*

新鳞鲉属 *Neocentropogon* Matsubara，1943
种 的 检 索 表

1（2）胸鳍下部延长的游离鳍条细短，不伸越臀鳍起点部；下颌前端具一钩状突；体无斑块⋯⋯⋯⋯
⋯⋯⋯⋯⋯⋯**日本新鳞鲉 *N. japonicus* Matsubara，1943**（图 1575）。暖水性小型海洋鱼类。栖息于大陆架缘的礁石周边沙地、岩礁附近的浅海海域。背鳍、臀鳍等鳍棘基部具毒腺，海洋危险刺毒鱼类。体长 135mm。分布：台湾东港、屏东、南海；日本，印度-西太平洋。

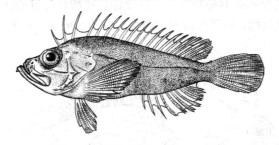

图 1575　日本新鳞鲉 *N. japonicus*
（依 Matsubara，1943）

2（1）胸鳍下部延长的游离鳍条粗长，伸越臀鳍起点部；下颌前端无钩状突；背鳍鳍棘部的前、中、后部各具一大黑斑⋯⋯⋯⋯⋯⋯**三斑新鳞鲉 *N. trimaculatus* Chan，1965**（图 1576）。暖水性小型海洋鱼类。栖息于大陆架缘的礁石周边沙地、岩礁附近水深203～225m的海域。鳍棘有毒腺，毒性强，人被刺伤后剧痛，为著名刺毒鱼类。体长420mm。分布：东海南部、南海；澳大利亚、新喀里多尼亚，印度-西太平洋。

图 1576　三斑新鳞鲉 *N. trimaculatus*
(依 Chan，1965)

线鲉属 *Ocosia* Jordan & Starks，1904
种 的 检 索 表

1（2）鲜活时体粉红色，具红色斑纹；眶后区具1棘 ················· **棘线鲉 *O. spinosa* Chen，1981**
（图1577）。栖息于大陆架边缘水深288m的沙泥软质底部。具伪装能力，时常隐藏身体而不易被发现，以守株待兔般快速捕捉过往小鱼与甲壳动物为食。鳍棘基部具毒腺，海洋危险刺毒鱼类。体长60mm。分布：台湾台东。个体小，无食用价值。

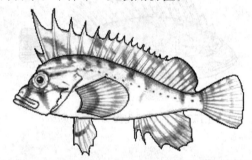

图 1577　棘线鲉 *O. spinosa*
(依郑义郎，2007)

2（1）鲜活时体淡褐色；眶后区无棘或具3棘
3（4）吻背内凹；具3眶上棘；背鳍棘间的鳍膜浅凹 ·· **裸线鲉**
O. vespa Jordan & Starks，1904（图1578）。栖息于大陆架边缘水深75～91m的沙泥软质底部。具伪装能力，时常隐藏身体而不易被发现，以守株待兔般快速捕捉过往小鱼与甲壳动物为食。背鳍、臀鳍等鳍棘基部具毒腺，海洋危险刺毒鱼类。体长80mm。分布：台湾东港、南海；日本。个体小，无食用价值。

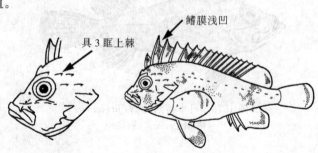

鳍膜浅凹

具3眶上棘

图 1578　裸线鲉 *O. vespa*
(依中坊等，2013)

4（3）吻背斜直，不内凹；无眶上棘；背鳍棘间的鳍膜深凹入 ···································· **条纹线鲉**
O. fasciata Matsubara，1943（图 1579）。栖息于大陆架边缘水深 77～254m 的沙泥软质底部。具
伪装能力，时常隐藏身体而不易被发现，以守株待兔般快速捕捉过往小鱼与甲壳动物为食。鳍棘基
部具毒腺，海洋危险刺毒鱼类。体长 60mm。分布：台湾基隆、南海；日本。个体小，无食用价值。

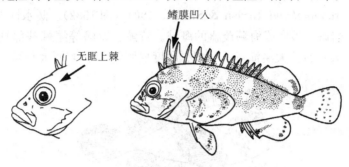

图 1579　条纹线鲉 *O. fasciata*
（依中坊等，2013）

拟鳞鲉属 *Paracentropogon* Bleeker，1876
种 的 检 索 表

1（2）胸鳍向后伸越臀鳍起点；体背在背鳍第十鳍棘基部下方具一大白斑；背鳍鳍棘部、胸鳍均具许多
白圆斑··················**长棘拟鳞鲉 P. longispinus（Cuvier，1829）**（图 1580）［syn. 长棘
赤鲉 *Hypodytes longispinus*（Cuvier，1829）；印度赤鲉 *Hypodytes indicus*（Day，1878）］。
暖水性小型海洋鱼类。栖息于水深 70m 的礁石周边沙地、海藻茂盛海域。鳍棘基部具毒腺，海
洋危险刺毒鱼类。体长 80mm。分布：东海、台湾海域、南海；菲律宾、印度尼西亚、新喀里多
尼亚。个体小，无食用价值。

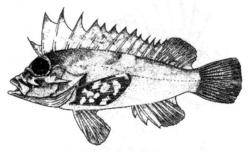

图 1580　长棘拟鳞鲉 *P. longispinus*
（依 Weber & Beaufort，1962）

2（1）胸鳍向后不伸达臀鳍起点；背鳍第五至第八鳍棘的鳍膜上具一大圆暗斑，背鳍鳍棘部及胸鳍无白
圆斑··················**红鳍拟鳞鲉 P. rubripinnis（Temminck & Schlegel，1843）**（图 1581）
［syn. 红鳍赤鲉 *Hypodytes rubripinnis*（Temminck & Schlegel，1843）］。暖水性小型海洋鱼

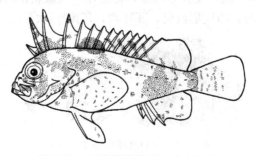

图 1581　红鳍拟鳞鲉 *P. rubripinnis*

类。栖息于浅海的岩礁区海域。鳍棘基部具毒腺，海洋危险刺毒鱼类。体长 80mm。分布：台湾高雄；朝鲜半岛、日本。个体小，无食用价值。

斯氏前鳍鲉属 *Snyderina* Jordan & Starks，1901

大眼斯氏前鳍鲉 *S. yamanokami* Jordan & Starks，1901（图 1582）。暖水性中小型海洋鱼类。栖息于水深 90m 的珊瑚礁、岩礁、沙底或海藻茂盛的海域。背鳍、臀鳍等鳍棘基部具毒腺，海洋危险刺毒鱼类。体长 195mm。分布：台湾大溪渔场；日本、印度尼西亚，印度-西太平洋。

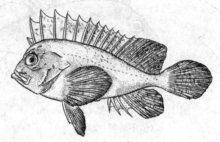

图 1582　大眼斯氏前鳍鲉 *S. yamanokami*

（依 Chen，1981）

带鲉属 *Taenianotus* Lacepède，1802

三棘带鲉 *T. triacanthus* Lacepède，1802（图 1583）。栖息于珊瑚礁外侧水深 15～20m 的岩礁、碎石堆、海藻或海草茂盛的海域。背鳍、臀鳍等鳍棘基部具毒腺，海洋危险刺毒鱼类。体长 79mm。分布：台湾台东；日本、东非、加拉帕戈斯群岛。个体小，无食用价值。现数量稀少，《中国物种红色名录》列为易危［VU］物种。

图 1583　三棘带鲉 *T. triacanthus*

（依 Chen，1981）

真裸皮鲉属 *Tetraroge* Günther，1860

无须真裸皮鲉 *T. niger*（Cuvier，1829）（图 1584）。暖水性小型海洋鱼类。栖息于河口咸淡水区水深 1～10m 的海域，也进入淡水水域。鳍棘有毒腺，毒性强，人被刺伤后剧痛，为著名刺毒鱼类。体长 135mm。分布：台湾海域、南海；印度尼西亚、菲律宾，印度-西太平洋。

图 1584　无须真裸皮鲉 *T. niger*

（依 Weber & Beaufort，1962）

高鳍鲉属 *Vespicula* Jordan & Richardson, 1910

粗高鳍鲉 *V. trachinoides* (Cuvier, 1829) （图 1585）。暖水性中小型海洋鱼类。栖息于近岸的软泥、贝壳底质海域。背鳍鳍棘基部具毒腺，海洋危险刺毒鱼类。体长 58mm。分布：海南岛外海；菲律宾、苏拉威西岛。个体小，无食用价值。

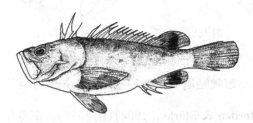

图 1585　粗高鳍鲉 *V. trachinoides*
（依 Poss，1999）

175. 平鲉科 Sebastidae

体延长，侧扁。头中大。头背部具一些棘棱，头顶部无方形大凹窝。上枕骨具 1 高棱髓棘和间髓棘不固着其上。眼中大，上侧位。眶下棱上有 1 棘或无棘。口端位。腭骨有上突起。鳃盖骨上方、侧线前端附近具 2～3 个肩棘。眶下骨 T 形，不伸达前鳃盖骨。前鳃盖骨具 5 棘。背鳍起点在眼之后上方，具 11～14 鳍棘；臀鳍具 3 鳍棘、5～11 鳍条；胸鳍圆形，鳍条不延长，不伸达臀鳍前方；腹鳍具 1 鳍棘、5 鳍条；尾鳍截形或圆形。鳔前部无两叶状部分；背鳍、臀鳍等鳍棘基部具毒腺，海洋危险刺毒鱼类。

热带及亚热带海洋鱼类，广泛分布于太平洋热带海域。

本科有 7 属 131 种（Nelson et al.，2016）；中国有 4 属 21 种。

属 的 检 索 表

1（4）胸鳍上半部后缘圆形（图 1586）

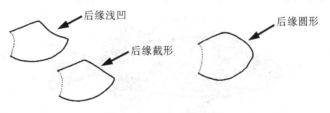

后缘浅凹　　后缘截形　　后缘圆形

图 1586　平鲉科的胸鳍

2（3）眼窝下缘具小棘；背鳍具 12 鳍棘 ···································· 眶棘鲉属 *Hozukius*
3（2）眼窝下缘无小棘；背鳍具 13 鳍棘（个别 14 棘） ···················· 平鲉属 *Sebastes*
4（1）胸鳍上半部后缘浅凹或截形
5（6）尾鳍后缘浅凹；胸鳍腋部具 1 皮瓣；无鳔 ······················ 无鳔鲉属 *Helicolenus*
6（5）尾鳍后缘截形；胸鳍腋部无皮瓣 ·················· 菖鲉属（石狗公属）*Sebastiscus*

无鳔鲉属 *Helicolenus* Goode & Bean, 1896

赫氏无鳔鲉 *H. hilgendorfii* (Döderlein, 1884) （图 1587）。中型海洋鱼类。栖息于水深 200～500m 的沙泥质海底。体长 270mm。背鳍、臀鳍等鳍棘基部具毒腺，海洋危险刺毒鱼类。分布：东海南部；朝鲜半岛、日本。供食用。

图 1587　赫氏无鳔鲉 *H. hilgendorfii*
（依中坊等，2013）

眶棘鲉属 *Hozukius* Matsubara，1934

眶棘鲉 *H. emblemarius* (Jordan & Starks, 1904)（图 1588）。栖息于水深 542～638m 的海底沙石和岩礁的海域中。体长 250mm，大者可达 335mm。背鳍鳍棘下具毒腺，海洋危险刺毒鱼类。分布：东海、南海；日本。供食用。

眼下缘具棘

图 1588　眶棘鲉 *H. emblemarius*
（依 Matsubara，1943）

平鲉属 *Sebastes* Cuvier，1929
种 的 检 索 表

1（2）头顶部无棘；下颌较长，显著突出 ·····················**柳平鲉 *S. itinus* (Jordan & Starks, 1904)**
（图 1589）。冷水性海洋鱼类。栖息于近海底层岩礁地带和泥沙质的海底。体长 300mm。鳍棘基部具毒腺，海洋危险刺毒鱼类。分布：黄海；日本。供食用。

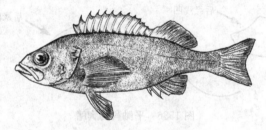

图 1589　柳平鲉 *S. itinus*
（依 Matsubara，1943）

2（1）头顶部具棘
3（12）泪骨具 2～3 棘
4（5）泪骨具 3 棘（图 1590）　·····················**许氏平鲉 *S. schlegelii* Hilgendorf，1880**
（图 1590）。冷水性海洋鱼类。栖息于近海浅水底层的岩礁地带和泥沙质海底。体长 155～210mm。背鳍、臀鳍等鳍棘基部具毒腺，海洋危险刺毒鱼类。分布：黄海、东海；朝鲜半岛、日本。供食用。

5（4）泪骨具 2 棘
6（9）体侧上半部具 5～6 条明显黑褐色横带；侧线有孔鳞 47～56
7（8）体侧上半部横带浓褐色或黑色，边缘圆形或长圆形；侧线有孔鳞 47～53·····················

图 1590　许氏平鲉 S. schlegelii

（依李思忠，1963）

焦氏平鲉 S. joyneri Günther，1878（图 1591）。栖息于近海浅水底层的岩礁地带和泥沙质海底。体长 150mm。背鳍、臀鳍等鳍棘基部具毒腺，海洋危险刺毒鱼类。分布：东海南部、南海；朝鲜半岛南部、日本。供食用。

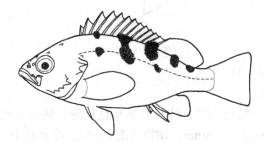

图 1591　焦氏平鲉 S. joyneri

（依中坊等，2013）

8（7）体侧上半部横带褐色，边缘不规则；侧线有孔鳞 52～56 ·························· **汤氏平鲉 S. thompson（Jordan & Hubbs，1925）**（图 1592）。冷水性海洋鱼类。栖息于近海水深 100m 的底层岩礁地带和泥沙质海底。体长 200mm。背鳍、臀鳍等鳍棘基部具毒腺，海洋危险刺毒鱼类。分布：渤海、黄海南部；朝鲜半岛南部、日本。供食用。

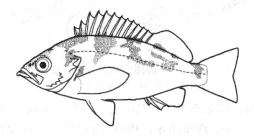

图 1592　汤氏平鲉 S. thompson

（依中坊等，2013）

9（6）体侧上半部具数条不明显浅色横带；侧线有孔鳞 36～49

10（11）胸鳍具 15 鳍条；臀鳍具 7 鳍条；两眼间隔具暗色斑纹；体背及胸鳍红色或红褐色··············

················**无备平鲉 S. inermis Cuvier，1829**（图 1593）。冷水性中型海洋鱼类。栖息于近海水深 100m 的底层岩礁地带和泥沙质海底。体长 180～200mm。背鳍、臀鳍等鳍棘基部具毒

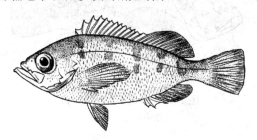

图 1593　无备平鲉 S. inermis

（依 Matsubara，1955）

腺，海洋危险刺毒鱼类。分布：黄海；朝鲜半岛南部、日本。供食用。

11（10）胸鳍具 17 鳍条；臀鳍具 8 鳍条；眼间隔无斑纹；体背及胸鳍茶色；背鳍、尾鳍、臀鳍边缘黑色⋯⋯⋯⋯⋯⋯⋯⋯⋯**陈氏平鲉 S. cheni Barsukov, 1988**（图 1594）。冷温性中小型海洋鱼类。栖息于近海底层的岩礁地带和泥沙质海底。体长 170mm。背鳍、臀鳍等鳍棘基部具毒腺，海洋危险刺毒鱼类。分布：东海沿岸；朝鲜半岛、日本。供食用。

图 1594　陈氏平鲉 S. cheni
（依中坊等，2013）

12（3）泪骨棘不显著；尾鳍后缘圆

13（16）眼间隔平坦，不内凹

14（15）由吻端经眼至鳃盖具一暗色纵纹；体具数条暗色横带；侧线有孔鳞 39～49⋯⋯⋯⋯⋯⋯⋯⋯⋯**椭圆平鲉 S. oblongus Günther, 1877**（图 1595）。冷水性中型海洋鱼类。栖息于浅海底层的岩礁地带和泥沙质海底。体长 350mm。鳍棘基部具毒腺，海洋危险刺毒鱼类。分布：黄海、东海沿岸；朝鲜半岛南部、日本。供食用。

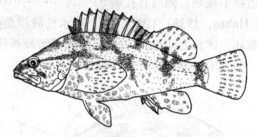

图 1595　椭圆平鲉 S. oblongus
（依中坊等，2013）

15（14）由吻至鳃盖无暗色纵纹；体无横带，密具暗色（浅色）小斑；侧线有孔鳞29～34⋯⋯⋯⋯⋯⋯⋯⋯**带斑平鲉 S. vulpes Döderlein, 1884**（图 1596）。冷水性中小型海洋鱼类。栖息于水深 50～100m 浅海底层的岩礁地带和泥沙质海底。体长 320mm。背鳍、臀鳍等鳍棘基部具毒腺，海洋危险刺毒鱼类。分布：黄海、东海沿岸；朝鲜半岛南部、日本。标本采自大连，中国新记录种。

图 1596　带斑平鲉 S. vulpes
（依中坊等，2013）

16（13）眼间隔内凹

17（18）体密具灰黑色或黄绿色小斑 ⋯⋯⋯⋯⋯⋯⋯⋯⋯⋯⋯ **雪斑平鲉 S. nivosus Hilgendorf, 1880**

（图 1597）。冷水性中型海洋鱼类。栖息于浅海底层的岩礁地带和泥沙质海底。体长 350mm。背鳍鳍棘下具毒腺，海洋危险刺毒鱼类。分布：渤海、黄海沿岸；日本。供食用。

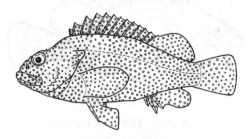

图 1597　雪斑平鲉 S. *nivosus*
（依中坊等，2013）

18（17）体无灰黑色或黄绿色小斑

19（20）体上半部暗色，具 2 条白色纵纹，一条沿背鳍基部，另一条沿侧线延伸……………………
条平鲉 S. *trivittatus* Hilgendorf，1880（图 1598）。冷水性中型海洋鱼类。栖息于浅海底层的岩礁地带和泥沙质海底。体长 350mm。鳍棘下具毒腺，海洋危险刺毒鱼类。分布：黄海沿岸；朝鲜半岛南部、日本。供食用。

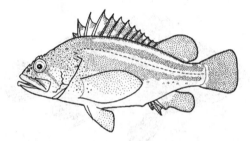

图 1598　条平鲉 S. *trivittatus*
（依中坊等，2013）

20（19）体侧无 2 条白色纵纹

21（22）尾鳍前半部具一白色宽横带，尾鳍边缘白色；侧线有孔鳞 23～28 ……………………………
长棘平鲉 S. *longispinis*（Matsubara，1934）（图 1599）。冷水性中型海洋鱼类。栖息于浅海底层的岩礁地带和泥沙质海底。体长 250mm。背鳍、臀鳍等鳍棘基部具毒腺，海洋危险刺毒鱼类。分布：黄海沿岸；朝鲜半岛南部、日本。标本采自獐子岛，罕见。供食用。

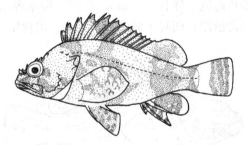

图 1599　长棘平鲉 S. *longispinis*
（依中坊等，2013）

22（21）尾鳍前无白色宽横带；侧线有孔鳞 25～35

23（26）背鳍具 14～15 鳍棘

24（25）眼后下方无辐射状条纹；鳃盖上无大黑斑；侧线有孔鳞 25～30 ……………………… **铠平鲉**
S. *hubbsi*（Matsubara，1937）（图 1600）。冷水性中型海洋鱼类。栖息于浅海底层的岩礁地带和泥沙质海底。体长 170mm。背鳍鳍棘下具毒腺，海洋危险刺毒鱼类。分布：黄海沿岸；朝鲜半岛南部、日本。供食用。

图 1600　铠平鲉 S. hubbsi
（依中坊等，2013）

25（24）眼后下方具二辐射状条纹；鳃盖上具一大黑斑；侧线有孔鳞 30～32 ⋯⋯⋯⋯⋯⋯⋯⋯⋯⋯⋯
朝鲜平鲉 S. koreanus Kim & Lee，1994（图 1601）［syn. 铠鲉 Sebastichthys elegans 李思忠，
1955（non Steindachner & Döderlein，1884）；铠平鲉 Sebastes hubbsi 金鑫波，2006；刘静，
2015；陈大刚等，2015（non Matsubara，1937）］。冷水性小型海洋鱼类。栖息近海底层的岩
礁地带和泥沙质海底。体长 102mm。背鳍、臀鳍等鳍棘基部具毒腺，海洋危险刺毒鱼类。分
布：黄海沿岸；朝鲜半岛南部。

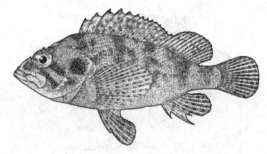

图 1601　朝鲜平鲉 S. koreanus
（依李思忠，1955）

26（23）背鳍具 13 鳍棘；腹鳍无褐色小斑；侧线有孔鳞 30～35
27（30）背鳍鳍棘部第一和第二鳍棘基底密被微小细鳞
28（29）腹部、胸部、头部腹侧具许多分散的小黑点；胸鳍具 19 鳍条⋯⋯⋯⋯⋯⋯⋯⋯⋯⋯**厚头平鲉**
S. pachycephalus Temminck & Schlegel，1843（图 1602）。冷水性中型海洋鱼类。栖息于浅海
底层的岩礁地带和泥沙质海底。体长 300mm。背鳍、臀鳍等鳍棘基部具毒腺，海洋危险刺毒
鱼类。分布：渤海、黄海沿岸；朝鲜半岛南部、日本。供食用。

图 1602　厚头平鲉 S. pachycephalus
（依中坊等，2013）

29（28）腹部、胸部、头部腹侧无小黑点；胸鳍具 17～18 鳍条⋯⋯⋯⋯⋯⋯⋯⋯⋯⋯⋯**黑厚头平鲉**
S. nigricans（Schmidt，1930）（图 1603）。冷水性中小型海洋鱼类。栖息于浅海底层的岩礁地
带和泥沙质海底。体长 136mm。背鳍、臀鳍等鳍棘基部具毒腺，海洋危险刺毒鱼类。分布：
黄海沿岸；日本。

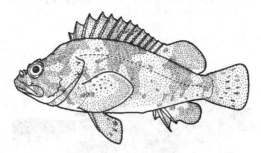

图 1603　黑厚头平鲉 S. nigricans

（依中坊等，2013）

30（27）背鳍鳍棘部基底无微小细鳞，或第五至第六鳍棘基部具稀少细鳞；鲜活时体具亮黄色及暗褐色
　　　　斑块⋯⋯⋯⋯⋯⋯⋯⋯⋯⋯**裸厚头平鲉 S. nudus Matsubara，1943**（图 1604）。冷水性中型海
　　　　洋鱼类。栖息于浅海底层的岩礁地带和泥沙质海底。体长 217mm。背鳍、臀鳍等鳍棘基部具
　　　　毒腺，海洋危险刺毒鱼类。分布：黄海（山东沿岸）；朝鲜半岛南部、日本。

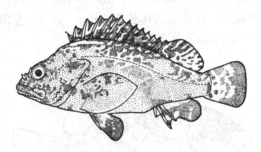

图 1604　裸厚头平鲉 S. nudus

（依中坊等，2013）

菖鲉属（石狗公属）Sebastiscus Jordan & Starks，1904
种 的 检 索 表

1（2）眶下棱具棘；胸鳍具 16～17 鳍条；鲜活时体红色，体侧具许多黄色虫状纹⋯⋯⋯⋯⋯⋯⋯⋯
　　　　⋯⋯**白斑菖鲉（白条纹石狗公）S. albofasciatus（Lacepède，1802）**（图 1605）。近海底栖性海洋
　　　　鱼类。生活于较深的岩礁底质水域，栖息水深110～210m。鳍棘基部具毒腺，海洋危险刺毒鱼
　　　　类。卵胎生，成熟的雄鱼有交接器。体长 250mm。分布：东海、台湾海域、南海（香港）；朝鲜
　　　　半岛、日本。供食用。

眶下棘

图 1605　白斑菖鲉（白条纹石狗公）S. albofasciatus

（依 Chen，1981）

2（1）眶下棱无棘；胸鳍具 18～19 鳍条；鲜活时体褐红色或褐色，体侧具许多白斑

3（4）体在侧线上方隐具一些不规则白斑；在侧线下方具许多白圆斑，白斑四周无暗色边缘；胸鳍具
　　　　18 鳍条⋯⋯⋯⋯⋯⋯⋯⋯⋯⋯**褐菖鲉（石狗公）S. marmoratus（Cuvier，1829）**（图 1606）。近
　　　　沿海底栖性海洋鱼类。生活于较浅的珊瑚礁、砾石区、岩礁或沙石混合区底质水域，栖息水深
　　　　2～40m。棘基部具毒腺。卵胎生，成熟的雄鱼有交接器。体长 300mm。分布：中国沿海；日

本、菲律宾。本种在沿海全年可产，以延绳钓及底拖网捕捞，肉质甜美而有弹性，为高价值的经济鱼类。

图 1606　褐菖鲉（石狗公）S. marmoratus
（依朱元鼎等，1963）

4（3）体在侧线的上下方具许多有红褐色边缘的白圆斑；胸鳍具 19 鳍条·······················

三色菖鲉（三色石狗公）S. tertius Barcukov & Chen，1978（图 1607）。暖温性近海底层鱼类。生活于较深的岩礁底质水域，栖息水深 60～940m。卵胎生，成熟的雄鱼有交接器。数量少，不结大群。背鳍、臀鳍等鳍棘基部具毒腺。体长 370mm。分布：东海（舟山）、台湾澎湖列岛、南海（香港）；朝鲜半岛、日本，印度-西太平洋海域。

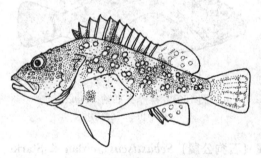

图 1607　三色菖鲉（三色石狗公）S. tertius
（依中坊等，2013）

176. 新平鲉科 Neosebastidae

体长椭圆形，侧扁。头中大。头上棘棱发达，头顶部无方形大凹窝。眼中大，上侧位；眼间隔深凹。吻短，小于眼径。眶前骨下缘和眶下棱具一列强棘。前鳃盖骨有 4～5 棘，鳃盖骨 2 棘。上枕骨上有一低棱。头部鳞片一直分布到吻端。背鳍始于眼后缘的远后上方，具 13 鳍棘、7～8 鳍条，鳍棘很长，头长为最长鳍棘的 1.2～1.3 倍；臀鳍第二鳍棘粗而长，具 3 鳍棘、5 鳍条；胸鳍长，宽圆，无缺刻，具 18～21 鳍条，后端伸达臀鳍起点；腹鳍胸位，具 1 鳍棘、5 鳍条；尾鳍截形。椎骨前方 2 髓棘固着其上。鳔前半部有两叶状部分。

热带及亚热带海洋鱼类。广泛分布于太平洋热带海域。背鳍、臀鳍等鳍棘基部具毒腺，海洋危险刺毒鱼类。体长 150～180mm。肉供食用。

本科有 2 属 18 种（Nelson et al.，2016）；中国有 1 属 1 种。

新平鲉属 Neosebastes Guichnot，1867

长鳍新平鲉 N. entaxis Jordan & Starks，1904（图 1608）。栖息于掩蔽的海湾、沿岸沙泥底质的礁石区水深 8～205m 处。具伪装能力，时常埋藏身体而不易被发现，以守株待兔般快速捕捉过往小鱼或甲壳动物。背鳍、臀鳍等鳍棘基部具毒腺，海洋危险刺毒鱼类。体长 85～190mm。分布：台湾、南海；日本。

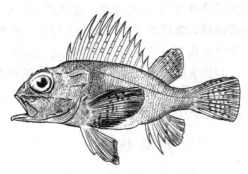

图 1608　长鳍新平鲉 *N. entaxis*
（依 Matsubara，1943）

177. 须蓑鲉科 Apistidae

体延长，侧扁。头中大，头背棘棱低弱，头顶部无方形大凹窝。眶前骨具 3 棘，棘较长。吻圆钝。口大，端位，腭骨具细齿。下颌有 3 长须，1 条在下颌缝合部下方，2 条在下颌侧面。前鳃盖骨具 4～6 棘，鳃盖骨具 2 棘。体被细鳞。侧线斜直，上侧位。背鳍连续，有浅缺刻，始于眼后稍远的项部，具 14～16 鳍棘、8～10 鳍条；臀鳍具 3～4 鳍棘、6～8 鳍条；胸鳍尖长，后端伸越臀鳍基底后端，有 11～13 鳍条，下方有一大而长的游离鳍条；腹鳍基部短，胸位，具 1 鳍棘、5 鳍条；尾鳍圆形。

暖水性底层海洋鱼类。栖息于沙泥底质的海域。背鳍、臀鳍和腹鳍鳍棘基部有毒腺，为危险刺毒鱼类。体长 150～200mm。肉供食用。

本科有 3 属 3 种；中国有 1 属 1 种。

须蓑鲉属 Apistus Cuvier，1829

棱须蓑鲉 A. carinatus（Bloch & Schneider，1801）（图 1609）［syn. 须蓑鲉 *A. alatus*（Cuvier，1829）］。栖息于大陆架水深 14～60m 的浅海软质沙泥底部。白天藏体于沙中，仅露眼部。被惊扰时，展开长长的胸鳍，利用胸鳍明亮的颜色来制止掠食者。捕食时用鳍把猎物驱赶至一角，利用下颌触须探察埋于底部的猎物。背鳍、臀鳍等鳍棘基部具毒腺，海洋危险刺毒鱼类。体长 200mm。分布：东海（闽南渔场）、台湾海域、南海；日本、澳大利亚，印度-西太平洋。

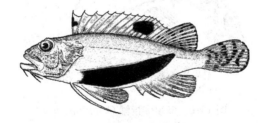

图 1609　棱须蓑鲉 *A. carinatus*
（依 Poss，1999）

178. 毒鲉科 Synanceiidae

体延长或粗短，稍侧扁。头高与头宽约相等，或稍侧扁。头部常具凹陷和棘棱，或突起。眼中大，上侧位。第二眶下骨后延一骨突，后端较宽，与前鳃盖骨相连接。眶前骨具棘。口中大，端位或上位。两颌具齿，犁骨齿有或无，腭骨无齿。前鳃盖骨 2～6 棘，鳃盖骨 2 棘。体无鳞，常有比较发达的皮肤腺。背鳍连续，鳍棘发达，具 8～18 鳍棘、5～14 鳍条；臀鳍具 2～3 鳍棘、6～10 鳍条；胸鳍下方游离鳍条有或无；腹鳍具 1 鳍棘、4～5 鳍条。

毒鲉的体色及形状极似岩石等物，不易被其他动物发现，减少了被攻击的可能。暖水性海洋鱼类。喜栖息于岩礁、珊瑚礁、藻场、泥沙质的海底。背鳍、臀鳍和腹鳍鳍棘上有发达的毒腺，为一群毒性最强的海洋危险刺毒鱼类。人被刺伤后产生急性剧烈阵痛，症状严重，创口局部发白、青紫、红肿、灼热，持续数天，痛状犹如烧灼和鞭抽感，难以忍受，以致失去知觉。患处麻痹，一定距离外有触痛，或整个肢体麻痹肿胀，创口腐烂。全身症状有心律衰弱、精神错乱、痉挛、恶心、呕吐、淋巴结炎肿、关节痛、呼吸困难、惊厥以致死亡。刺伤事故一般发生于礁隙洞穴中误触毒鱼、踩到或处理鱼货时被刺。毒液为外毒素，能被加热或胃液破坏。分布于印度-西太平洋热带及亚热带海域。

本科有 9 属 36 种（Nelson et al., 2016）；中国有 6 属 16 种。

属 的 检 索 表

1（6）胸鳍下部无游离鳍条
2（5）臀鳍具 3～4 鳍棘、5～6 鳍条
3（4）腹鳍基部较长，具 5 鳍条；前鳃盖骨 2 棘，甚小，埋于皮下；眼后的头顶部无凹窝 ………………………………………………………………………… 毒鲉属 *Synanceia*
4（3）腹鳍基部较短，具 4 鳍条；前鳃盖骨 5 棘，强大；眼后的头顶部具一四角形凹窝 ………………………………………………………… 狮头毒鲉属（达摩毒鲉属）*Erosa*
5（2）臀鳍无鳍棘，具 14～16 鳍条 ……………………………… 粗头鲉属 *Trachicephalus*
6（1）胸鳍下部具游离鳍条
7（8）胸鳍下部具 1 游离鳍条 ………………………………………… 虎鲉属 *Minous*
8（7）胸鳍下部具 2～3 游离鳍条
9（10）胸鳍下部具 2 游离鳍条 ………………………………………… 鬼鲉属 *Inimicus*
10（9）胸鳍下部具 3 游离鳍条 ……………………………………… 多指鲉属 *Choridactylus*

多指鲉属 *Choridactylus* Richardson, 1848

多须多指鲉 *C. multibarbus* Richardson, 1848（图 1610）。栖息于水深 50m 沙泥底质的小型海洋底层鱼类。背鳍、臀鳍等鳍棘基部具毒腺，海洋危险刺毒鱼类。体长 120mm。分布：台湾南部海域、南海；菲律宾、泰国湾、巴基斯坦，印度-西太平洋。

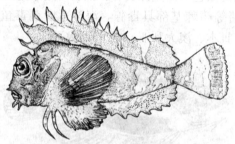

图 1610　多须多指鲉 *C. multibarbus*
（依 Eschmeyer, 1973）

狮头毒鲉属（达摩毒鲉属）*Erosa* Cuvier, 1829

狮头毒鲉（达摩毒鲉）*E. erosa*（Langsdorf, 1829）（图 1611）。近海底栖鱼类。栖息水深 10～

图 1611　狮头毒鲉（达摩毒鲉）*E. erosa*

100m。常隐伏于珊瑚丛或海藻丛中，以守株待兔般快速捕捉过往小鱼或甲壳类等为食。背鳍、臀鳍和腹鳍具毒腺，海洋危险刺毒鱼类。体长 150mm。分布：东海南部、台湾澎湖列岛、南海诸岛；日本、澳大利亚，东印度洋。

鬼鲉属 *Inimicus* Jordan & Starks，1904
种 的 检 索 表

1（6）背鳍第四鳍棘后方各鳍膜深裂几达基底；吻长大于或几等于眼后头长

2（3）胸鳍内侧黑色，具不规则大小白斑·····················中华鬼鲉 *I. sinensis*（Valenciennes，1833）（图 1612）。栖息于水深 50～80m 沙泥底质的开放性潟湖与临海礁石区。具伪装能力，常埋藏身体而不易被发现，以守株待兔般快速捕捉过往小鱼与甲壳动物为食。求偶期间，展开胸鳍来展现婚姻色，或用警告色来惊吓掠食者。鳍棘上具发达毒腺，毒性强，人被刺伤后产生剧痛、烧灼和鞭抽感，难以忍受，严重者失去知觉、昏厥。为海洋危险刺毒鱼类。体长 150mm。分布：台湾海域、南海；越南、澳大利亚，印度-西太平洋。现数量稀少，《中国物种红色名录》列为濒危〔EN〕物种。

图 1612　中华鬼鲉 *I. sinensis*
（依 Eschmeyer，1979）

3（2）胸鳍内侧无白斑

4（5）胸鳍、背鳍鳍条部和尾鳍的后端均无黑色宽横带······················**居氏鬼鲉** *I. cuvieri*（Grey，1835）（图 1613）。栖息于水深 1～50m 沙泥底质的底层鱼类。具伪装能力，常埋藏身体而不易被发现，以守株待兔般快速捕捉过往小鱼与甲壳动物为食。求偶期间，展开胸鳍来展现婚姻色，或用警告色来惊吓掠食者。背鳍、臀鳍和腹鳍鳍棘上具发达毒腺，毒性强，被刺后产生剧痛、烧灼和鞭抽感，难以忍受，严重者失去知觉、昏厥。为海洋危险刺毒鱼类。体长 195mm。分布：南海；泰国、新加坡、爪哇。

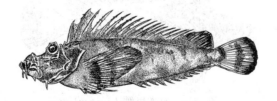

图 1613　居氏鬼鲉 *I. cuvieri*
（依 Eschmeyer，1979）

5（4）胸鳍内侧前半部暗灰色，中部为白色宽大横纹，端部黑色；背鳍鳍条部和尾鳍的后端均具黑色宽横带·····················双指鬼鲉 *I. didactylus*（Pallas，1769）（图 1614）。栖息于水深 5～80m 沙泥底质的开放性潟湖与临海礁石区。具伪装能力，常埋藏身体而不易被发现，以守株待兔般快速捕捉过往小鱼与甲壳动物为食。求偶期间，展开胸鳍来展现婚姻色，或用警告色来惊吓掠食者。背鳍、臀鳍和腹鳍鳍棘上具发达毒腺，毒性强，人被刺伤后产生剧痛、烧灼和鞭抽感，难以忍受，严重者失去知觉、昏厥，为海洋危险刺毒鱼类。体长 300mm。分布：台湾南部海域、南海；越南、泰国、澳大利亚，印度-西太平洋。

6（1）背鳍第四鳍棘后方各鳍膜下裂仅至鳍棘中部；吻长小于眼后头长

7（8）胸鳍内侧灰色，具黑色斑点，中部具宽大白色横纹；头长为背鳍第二鳍棘长的 2 倍·················

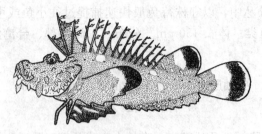

图 1614　双指鬼鲉 I. didactylus
（依中坊等，2013）

…………短吻鬼鲉 I. **brachyrhynchus**（**Bleeker，1874**）（图 1615）。栖息于浅海沙泥底质的底层鱼类。具伪装能力，常埋藏身体而不易被发现，以守株待兔般快速捕捉过往小鱼与甲壳动物为食。背鳍、臀鳍和腹鳍鳍棘上具发达毒腺，毒性强，人被刺伤后产生剧痛、烧灼和鞭抽感，难以忍受，严重者失去知觉、昏厥。为海洋危险刺毒鱼类。体长 109mm。分布：南海（香港）。

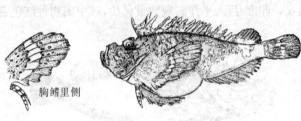

胸鳍里侧

图 1615　短吻鬼鲉 I. brachyrhynchus
（依 Eschmeyer，1973）

8（7）胸鳍内侧白色，具黑色或褐色斑点和条纹，中部无白色横纹；头长短于头宽………………………
……日本鬼鲉 I. **japonicus**（**Cuvier，1829**）（图 1616）。栖息于水深 200m 以浅沙泥底质的底层鱼类。具伪装能力，常埋藏身体而不易被发现，以守株待兔般快速捕捉过往小鱼与甲壳动物为食。求偶期间，展开胸鳍来展现婚姻色，或用警告色来惊吓掠食者。背鳍、臀鳍和腹鳍上具发达毒腺，毒性强，人被刺后产生剧痛、烧灼和鞭抽感，难以忍受，严重者失去知觉、昏厥。为海洋危险刺毒鱼类。体长 220mm。分布：中国沿海；日本。肉味佳，为上等食用鱼，由于过度捕捞，现数量稀少，《中国物种红色名录》列为易危［VU］物种。

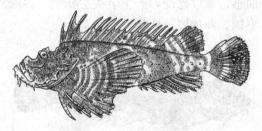

图 1616　日本鬼鲉 I. japonicus

虎鲉属 Minous Cuvier，1829
种 的 检 索 表

1（4）背鳍第一鳍棘等于或长于第二鳍棘，第一和第二鳍棘基部不明显靠近
2（3）尾鳍具 2 暗色横带；胸鳍内侧白色；泪骨第二棘长，指向后方；背鳍具 10～12 鳍条…………
………………单指虎鲉 M. **monodactylus**（**Bloch & Schneider，1801**）（图 1617）。栖息于近海内湾水深 50～100m 沙泥底质的底层鱼类，利用胸鳍的指状游离鳍条在海底爬行。具伪装能力，埋藏身体而不易被发现，以守株待兔般快速捕捉过往小鱼与甲壳动物为食。背鳍、臀鳍和腹鳍上具发达毒腺，海洋危险刺毒鱼类。体长 150mm。分布：东海、台湾及澎湖列岛、南海；日本、红海、东非，印度-西太平洋。

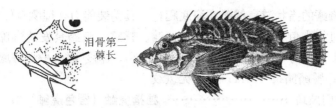

图 1617　单指虎鲉 *M. monodactylus*

（依朱元鼎等，1963）

3（2）尾鳍无横带和小黑点；胸鳍内侧鳍条具暗褐色条纹；泪骨第二棘短，指向下方；背鳍具 12～14
鳍条······**五脊虎鲉 *M. quincarinatus*（Fowler，1943）**（图 1618）。栖息于大陆
架边缘海域水深 100m 的沙泥质底层鱼类，利用胸鳍的指状游离鳍条在海底爬行。具伪装能力，埋
藏身体而不易被发现，以守株待兔般快速捕捉过往小鱼与甲壳动物为食。背鳍、臀鳍和腹鳍上具发
达毒腺，海洋危险刺毒鱼类。体长 150mm。分布：台湾南部海域；日本、澳大利亚，印度-西太
平洋。

图 1618　五脊虎鲉 *M. quincarinatus*

（依 Chen，1981）

4（1）背鳍第一鳍棘短于第二鳍棘，第一和第二鳍棘基部靠近

5（6）背鳍鳍棘细弱，几呈丝状······ **丝棘虎鲉（细鳍虎鲉）**
***M. pusillus* Temminck & Schlegel，1843**（图 1619）。栖息于浅海水深 30～110m 的沙泥质底层鱼
类，利用胸鳍的指状游离鳍条在海底爬行。具伪装能力，埋藏身体而不易被发现，以守株待兔般
快速捕捉过往小鱼与甲壳动物为食。背鳍、臀鳍和腹鳍具发达毒腺，海洋危险刺毒鱼类。体长
58mm。分布：东海、台湾海域、南海；日本、菲律宾、新喀里多尼亚，印度-西太平洋。

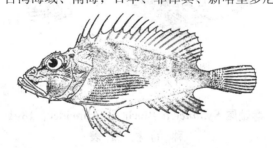

图 1619　丝棘虎鲉（细鳍虎鲉）*M. pusillus*

（依 Matsubara，1943）

6（5）背鳍鳍棘尖强、中强或稍弱，但不呈丝状

7（8）背鳍鳍条 8～10；臀鳍鳍条 7～9；尾鳍鳍条黑白相间，鳍膜具小黑斑 ······
粗首虎鲉 *M. trachycephalus*（Bleeker，1854）（图 1620）。栖息于近沿海水深 11～46m 的沙泥质

图 1620　粗首虎鲉 *M. trachycephalus*

（依郑义郎，2007）

底层鱼类，利用胸鳍的指状游离鳍条在海底爬行。具伪装能力，埋藏身体而不易被发现，以守株待兔般快速捕捉过往小鱼与甲壳动物为食。背鳍、臀鳍和腹鳍具发达毒腺，海洋危险刺毒鱼类。体长55mm。分布：台湾基隆、南海；越南、菲律宾，印度-西太平洋海域。

8（7）背鳍鳍条11～13；臀鳍鳍条9～11；尾鳍无斑纹

9（10）胸鳍内侧具不规则黑斑 ·························· **独指虎鲉（橙色虎鲉）** ***M. coccineus*** **Alcock，1890**
（图1621）。栖息于近海水深50m的沙泥质底层鱼类，利用胸鳍的指状游离鳍条在海底爬行。具伪装能力，埋藏身体而不易被发现，以守株待兔般快速捕捉过往小鱼与甲壳动物为食。背鳍、臀鳍和腹鳍上具发达毒腺，海洋危险刺毒鱼类。体长100mm。分布：台湾西南部海域；泰国、澳大利亚，印度-西太平洋海域。

图1621 独指虎鲉（橙色虎鲉）*M. coccineus*
（依郑义郎，2007）

10（9）胸鳍内侧无黑斑，沿鳍条具辐射状条纹 ·························· **斑翅虎鲉** ***M. pictus*** **Günther，1880**
（图1622）。栖息于近海内湾的沙泥质底层鱼类，利用胸鳍的指状游离鳍条在海底爬行。具伪装能力，埋藏身体而不易被发现，以守株待兔般快速捕捉过往小鱼与甲壳动物为食。背鳍、臀鳍和腹鳍上具发达毒腺，海洋危险刺毒鱼类。体长46mm。分布：东海闽南渔场、台湾大溪渔场、南海；印度-西太平洋。

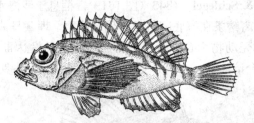

图1622 斑翅虎鲉 *M. pictus*
（依郑义郎，2007）

毒鲉属 *Synanceia* Bloch & Schneider，1801
种 的 检 索 表

1（2）眼上方具骨质突起；背鳍第二和第三鳍棘间无鳍膜；胸鳍具16鳍条······························
毒鲉 *S. horrida*（Linnaeus，1766）（图1623）。栖息于近海底层的潮间带水域，常隐伏于珊瑚

图1623 毒鲉 *S. horrida*
（依王以康，1958）

礁、洞穴、礁隙和海藻间，或埋于沙中伏袭猎物，或以毒棘御敌。鳍棘上有发达的毒腺，为毒性最强的海洋危险刺毒鱼类，人被刺伤后产生急性剧烈阵痛，严重者可导致死亡。体长 164～200mm。分布：南海诸岛；日本、菲律宾、澳大利亚、印度东海岸。

2 (1) 眼上方无骨质突起；背鳍第二和第三鳍棘间具鳍膜；胸鳍具 18 鳍条·····················

玫瑰毒鲉 *S. verrucosa* Bloch & Schneider，1801（图 1624）。栖息于水深 3～40m 的近海底层潮间带水域，常潜伏于珊瑚礁、海藻丛或埋于沙中。独居或以小群体出现。体纹和色彩与周围环境相似，适于隐蔽，很少活动。背鳍、臀鳍和腹鳍上有发达的毒腺，为毒性最强的海洋危险刺毒鱼类，人被刺伤后产生急性剧烈阵痛，严重者可导致死亡。体长 300～400mm。分布：东海南部、台湾海域、南海诸岛；日本、澳大利亚，印度-西太平洋。现数量稀少，《中国物种红色名录》列为濒危〔EN〕物种。

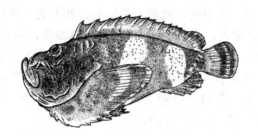

图 1624　玫瑰毒鲉 *S. verrucosa*
（依李思忠，1962）

粗头鲉属 *Trachicephalus* Swainson，1839

瞻星粗头鲉 *T. uranoscopus*（Bloch & Schneider，1801）（图 1625）〔syn. 膛头鲉 *Polycaulus uranoscopa*（Bloch & Schneider，1801）〕。栖息于水深 2～25m 的河口或沿近海泥沙底环境。具伪装能力，常隐藏身体而不易被发现，以守株待兔般快速捕捉过往小鱼与甲壳动物。背鳍、臀鳍和腹鳍上具发达毒腺，海洋危险刺毒鱼类。体长 150mm。分布：东海南部（闽南渔场）、台湾海域、南海（香港）；泰国、马来西亚。

图 1625　瞻星粗头鲉 *T. uranoscopus*

179. 平头鲉科 Plectrogeniidae

体稍延长，长椭圆形，侧扁。头大，平扁。头上棘棱发达，头侧有一列大型棘突。眶下骨棱具 10 以上的小棘。口小，后端伸达眼前缘下方。腭骨无上突起。背鳍具 12 鳍棘、6～7 鳍条；臀鳍具 3 鳍棘、5 鳍条；胸鳍中下部边缘凹入，具缺刻，下部鳍条稍延长，形成一叶状突起；腹鳍胸位，具 1 鳍棘、5 鳍条；尾鳍截形。

暖水性海洋底层小型鱼类。栖息于较深海域。背鳍、臀鳍和腹鳍上具发达毒腺。

本科有 1 属 2 种（Nelson et al.，2016）；中国有 1 属 1 种。

平头鲉属 *Plectrogenium* Gilbert，1905

太平洋平头鲉 *P. nanum* Gilbert，1905（图 1626）。栖息于水深 254～600m 沙泥底质的深水底层鱼类，以守株待兔般快速捕捉过往小鱼与甲壳动物为食。鳍棘具毒腺，海洋危险刺毒鱼类。体长 77mm。

分布：台湾东港；日本、夏威夷。

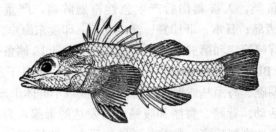

图 1626　太平洋平头鲉 *P. nanum*

180. 绒皮鲉科 Aploactinidae

体延长，甚侧扁，长椭圆形。头中大，侧扁，头部有一些瘤突。体密被指状小突起或绒毛状小刺（少数种类无小刺，体光滑）。口中大，上位。上下颌及犁骨具细齿，腭骨无齿。鳃孔宽大，第四鳃弓后方无鳃裂。假鳃上有鳃丝 0～15。峡部前部有 1 肉质突（有 2 属例外）。具 1 对上咽骨齿板。所有鳍条均不分支。背鳍起点在眼上方或前方，前方 3～5 鳍棘与其余鳍棘间的距离较大，前方数棘有时特别长；臀鳍棘不明显或消失；胸鳍中大，具 11～13 鳍条；腹鳍具 1 鳍棘、2～3 鳍条（带鲉属 *Taenianotus* 除外，具 1 鳍棘、5 鳍条）；尾鳍圆形。椎骨 25～33。

暖水性海洋底层鱼类。栖息于浅海岩礁海域。分布：印度-西太平洋的沿海到 100m 深的海区，大多数分布于印度尼西亚和澳大利亚。

本科有 17 属 48 种（Nelson et al.，2016）；中国有 5 属 7 种。

属 的 检 索 表

1 (2) 腹鳍具 1 鳍棘、3 鳍条；背鳍起点在眼中央上方或稍后方；眶前骨下缘具棘突；前鳃盖骨具钝棘
　　　‥‥‥‥‥‥‥‥‥‥‥‥‥‥‥‥‥‥‥‥‥‥‥‥‥‥‥‥‥‥‥‥‥‥ **绒棘鲉属 *Paraploactis***

2 (1) 腹鳍具 1 鳍棘、2 鳍条

3 (4) 臀鳍具 3 鳍条、6 鳍条 ‥‥‥‥‥‥‥‥‥‥‥‥‥‥‥‥‥‥‥‥‥‥‥‥ **发鲉属 *Sthenopus***

4 (3) 臀鳍具 1 鳍棘、7～13 鳍条；胸鳍具 9～13 鳍条

5 (6) 臀鳍具 1 鳍棘、7 鳍条；胸鳍具 9 鳍条；前鳃盖骨具一特长棘 ‥‥‥‥‥ **单棘鲉属 *Acanthosphex***

6 (5) 臀鳍具 1 鳍棘、10～13 鳍条；胸鳍具 11～13 鳍条；前鳃盖骨具 4～5 棘

7 (8) 体长圆形；体长为体高的 2.5～3.0 倍；口上位；前鳃盖骨具 4 棘 ‥‥‥‥‥ **虻鲉属 *Erisphex***

8 (7) 体细长；体长为体高的 4 倍以上；口端位；前鳃盖骨具 5 棘 ‥‥‥‥‥‥ **绒皮鲉属 *Aploactis***

单棘鲉属 *Acanthosphex* Fowler, 1938

印度单棘鲉 *A. leurynnis*（Jordan & Seale，1905）（图 1627）。暖水性小型海洋鱼类。栖息于近海底层，隐蔽潜居于岩礁洞隙中，袭食甲壳类和小鱼。鳍棘具毒腺，海洋危险刺毒鱼类。体长 45mm。分布：南海（香港）附近海域。

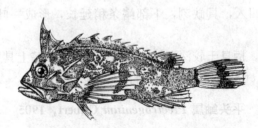

图 1627　印度单棘鲉 *A. leurynnis*

(依 Jordan，1905)

绒皮鲉属 *Aploactis* Temminck & Schlegel, 1843

相模湾绒皮鲉 A. aspera（**Richardson，1844**）（图 1628）。栖息于 8～30m 浅海区的沙泥底质海域。鳍棘具毒腺，海洋危险刺毒鱼类。体长 100mm。分布：台湾南部及澎湖列岛海域、南海；日本、新喀里多尼亚、澳大利亚。

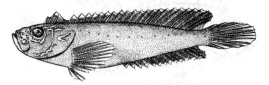

图 1628　相模湾绒皮鲉 *A. aspera*

虻鲉属 *Erisphex* Jordan & Starks, 1904
种 的 检 索 表

1（2）体密布不规则斑纹或斑块；背鳍具 12 鳍棘、11 鳍条，第一鳍棘长为体长的 14%～19%…………………………**虻鲉 E. potti**（**Steindachner，1896**）（图 1629）。栖息于水深 50～264m 的较深沙泥底质海域。鳍棘具毒腺，海洋危险刺毒鱼类。体长 120mm。分布：台湾南部及西部海域、南海；朝鲜半岛、日本。

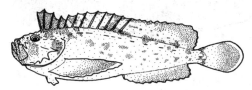

图 1629　虻鲉 *E. potti*

2（1）体无明显斑纹或斑块；背鳍具 11 鳍棘、12 鳍条，第一鳍棘长为体长的 10%～11%…………………………**平滑虻鲉 E. simplex Chen，1981**（图 1630）。栖息于水深 50～100m 的浅海沙泥底质海域。鳍棘具毒腺，海洋危险刺毒鱼类。体长 90mm。分布：台湾东北部及西南部海域。

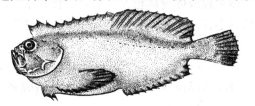

图 1630　平滑虻鲉 *E. simplex*
（依 Chen，1981）

绒棘鲉属 *Paraploactis* Bleeker，1864
种 的 检 索 表

1（2）背鳍第五至第十四鳍棘间的鳍膜深裂；口亚上位 ……………………………………… **香港绒棘鲉 P. hongkongiensis**（**Chen，1966**）（图 1631）。栖息于浅海岩礁上的藻类群中。鳍棘下具毒腺，

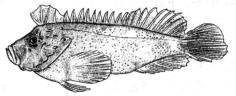

图 1631　香港绒棘鲉 *P. hongkongiensis*
（依 Poss，1978）

海洋危险刺毒鱼类。体长 120mm。分布：台湾宜兰龟山岛、南海（香港）。

2（1）背鳍各鳍棘间的鳍膜不深裂；口端位 ·· **鹿儿岛绒棘鲉**
P. kagoshimensis（**Ishikawa, 1904**）（图 1632）。栖息于水深 52m 浅海岩礁上的藻类群中。鳍棘下具毒腺，海洋危险刺毒鱼类。体长 120mm。分布：台湾东港、香港；日本。

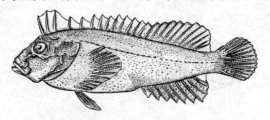

图 1632　鹿儿岛绒棘鲉 *P. kagoshimensis*

发鲉属 *Sthenopus* Richardson, 1848

发鲉 *S. mollis* **Richardson，1844**（图 1633）。暖水性小型海洋鱼类。栖息于近海底层，隐蔽潜居于岩礁洞隙中，袭食甲壳类和小鱼。鳍棘具毒腺，海洋危险刺毒鱼类。体长 110mm。分布：南海。

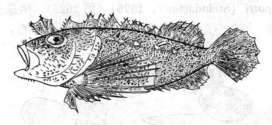

图 1633　发鲉 *S. mollis*
（依 Beaufort，1962）

鲬亚目（牛尾鱼亚目）PLATYCEPHALOIDEI

体延长，向后渐狭小。头、体平扁或体前部粗大、侧扁，有时体被骨板。头部具棱嵴、棘刺、棘突或背面和侧面被骨板，有些骨板具小棘。眼大，上侧位。口前位或前腹位。下颌突出。上下颌具绒毛状齿群，犁骨和腭骨具齿或无齿。鳃孔宽大。体被栉鳞或圆鳞，有的具盾板鳞。背鳍 2 个，具 8～10 鳍棘、11～17 鳍条；臀鳍具 0～3 鳍棘、5～18 鳍条；胸鳍一般无游离鳍条，有的下部具 3 指状游离鳍条；腹鳍具 1 鳍棘、5 鳍条（棘鲬属 *Hoplichthys* 仅具 3 鳍条）；尾鳍圆截形或分叉。鳔或有或无。椎骨 26～27 个。

海洋鱼类。栖息于近海的底部或中等深度的外海，极少数生活在深海中。

本亚目有 5 科 39 属 273 种（Nelson et al.，2016）；中国有 5 科 26 属 73 种。

科 的 检 索 表

1（4）头侧扁，为骨板包围；体侧扁；胸鳍下方各有 2～3 独立指状游离鳍条

2（3）胸鳍下方具 2 独立指状游离鳍条；下颌具许多大须 ·········· 黄鲂鮄科 Peristediidae

3（2）胸鳍下方具 3 独立指状游离鳍条；下颌无大须 ·········· 鲂鮄科（角鱼科）Triglidae

4（1）头平扁，无骨板包围；体平扁；胸鳍下方无指状游离鳍条

5（8）体具正常鳞片

6（7）腹鳍前胸位，始于胸鳍基前端的前方或下方；下鳃盖骨具棘 ····· 红鲬科（赤鲬科）Bembridae

7（6）腹鳍亚胸位，始于胸鳍基前端的后方，下鳃盖骨无棘 ········ 鲬科（牛尾鱼科）Platycephalidae

8（5）体无鳞，仅具棘板 ·· 棘鲬科（针鲬科）Hoplichthyidae

181. 鲂鲱科（角鱼科）Triglidae

体延长，前部粗大，后部渐狭小。体被细鳞，头背面和侧面被骨板，有些骨板具小棘。眼上侧位。口端位或亚腹位。前颌骨能伸出；上颌骨无辅骨，被眶前骨所盖。上下颌具绒毛状齿群，犁骨和腭骨有齿或无齿。鳃孔宽大，鳃盖膜不与峡部相连。背鳍2个，第一背鳍具8～9鳍棘，第二背鳍具16～17鳍条，两背鳍或仅第一背鳍基底每侧具盾板一纵行，盾板具棘或无棘；臀鳍延长，具15～17鳍条；胸鳍长大，下方具3个指状游离鳍条；腹鳍胸位，具1鳍棘、5鳍条；尾鳍浅凹。

栖息于深海、近海沙泥底质水域或岩礁间的中型食肉性鱼类。利用胸鳍下方2～3根的游离鳍条，伸入沙中搜寻食物；运动时，常匍匐爬行移动于海底。主要以浅海的底生动物，如小鱼、多毛类、端足类及软骨动物等为食。

暖温性海洋近岸底层鱼类，栖息于泥沙底质海域。肉供食用，具一定经济价值。

本科有9属125种（Nelson et al.，2016）；中国有3属23种。

属 的 检 索 表

1（4）第二背鳍具14～18鳍条；背鳍基底具骨质盾板（图1634）
2（3）体被圆鳞；颊部具显著隆起线 ·················· **绿鳍鱼属（黑角鱼属）***Chelidonichthys*
3（2）体被栉鳞；颊部无显著隆起线·················· **红娘鱼属（鳞角鱼属）***Lepidotrigla*
4（1）第二背鳍具10～13鳍条，基底无骨质盾板（图1635）·····························
·· **角鲂鲱属（棘角鱼属）***Pterygotrigla*

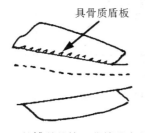 

具骨质盾板　　　　　　　　　无骨质盾板

图1634　鲂鲱科的第二背鳍基底具盾板　　　图1635　鲂鲱科的第二背鳍基底无盾板
（依山田等，2013）　　　　　　　　　　　（依山田等，2013）

绿鳍鱼属（黑角鱼属）*Chelidonichthys* Kaup，1873
种 的 检 索 表

1（2）胸鳍后端不伸达第二背鳍中央下方；体长为头长的3倍以上 ·····························
棘绿鳍鱼（棘黑角鱼）*C. spinosus*（McClelland，1844）（图1636）［syn. 绿鳍鱼 *C. kumu* Li，1962（non Lesson & Garnot）］。栖息于近海沿岸水深25～615m的沙泥底质水域。体长400mm。分布：中国沿海；日本，西-北太平洋区。

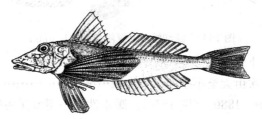

图1636　棘绿鳍鱼（棘黑角鱼）*C. spinosus*
（依 Ochiai & Okada，1966）

2（1）胸鳍大，后端伸达第二背鳍后2/3处；体长为头长的3倍以下 ·····························
大头绿鳍鱼（大头黑角鱼）*C. ischyrus* Jordan & Thompson，1914（图1637）。栖息于近海沿岸水深

50～100m 的沙泥底质水域。体长 150mm。分布：台湾东北部及西部海域；日本，西-北太平洋区。

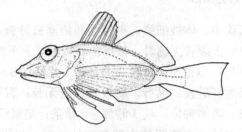

图 1637　大头绿鳍鱼（大头黑角鱼）*C. ischyrus*
（依山田等，2013）

红娘鱼属（鳞角鱼属）*Lepidotrigla* Günther，1860
种 的 检 索 表

1（28）第一和第二背鳍基底均具含棘盾板

2（25）喉部及胸部无鳞

3（4）胸鳍大，后端伸越第二背鳍中央下方；鲜活时，胸鳍内侧具大黑斑，黑斑上方具绿黄色条纹……
……………………………日本红娘鱼（鳞角鱼）*L. japonica*（Bleeker，1854）（图 1638）。栖息于近海
沿岸水深 30～130m 的沙泥及贝壳底质水域。体长 190mm。分布：东海、台湾澎湖列岛、南海；
朝鲜半岛、日本，西-北太平洋区。供食用。

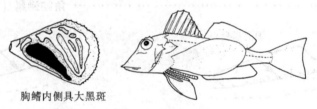

胸鳍内侧具大黑斑

图 1638　日本红娘鱼（鳞角鱼）*L. japonica*
（依山田等，2013）

4（3）胸鳍小，后端不伸越第二背鳍中央下方

5（6）吻突尖强，长三角形，先端光滑无小棘………………………………………翼红娘鱼（翼鳞角鱼）
L. alata（Houttuyn，1782）（图 1639）。栖息于近海沿岸水深 20～120m 的沙泥及贝壳混杂的底
质水域。体长 200mm。分布：东海中部以南、台湾澎湖列岛海域、南海；朝鲜半岛、日本、西-
北太平洋区。

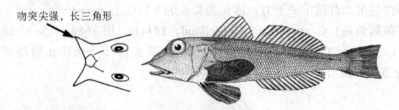

吻突尖强，长三角形

图 1639　翼红娘鱼（翼鳞角鱼）*L. alata*

6（5）吻突短小，先端具数个小棘

7（8）吻突前端平横，先端依次由大至小排列 7 个尖棘…………………………圆吻红娘鱼（圆吻鳞角鱼）
L. spilopterus（Günther，1880）（图 1640）。暖水性中小型海洋底层鱼类，栖息于海底沙石和岩
礁水深 30m 的海域中。体长 110mm，大者可达 300mm。分布：南海；印度尼西亚、澳大利亚。

8（7）吻突前端圆钝或内凹，先端无或具若干小棘刺

9（20）胸鳍第一游离鳍条较长，几伸达或接近腹鳍末端

10（11）背鳍第二鳍棘最长，长于第一鳍棘许多 ………………………………贡氏红娘鱼（贡氏鳞角鱼）

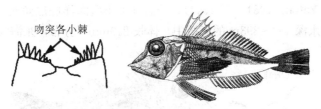

图 1640　圆吻红娘鱼（圆吻鳞角鱼）*L. spilopterus*
（依 Richardson & Saksena, 1977）

***L. guentheri* Hilgendorf, 1879**（图 1641）。暖温性中小型海洋底层鱼类。栖息于海底沙石、沙泥及贝壳混杂底质水深 70～280m 的海域中。体长 200mm。分布：东海大陆架、台湾海域、南海；日本。

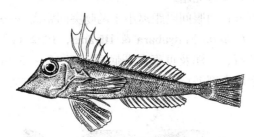

图 1641　贡氏红娘鱼（贡氏鳞角鱼）*L. guentheri*
（依金鑫波，1985）

11（10）背鳍第二鳍棘与第一鳍棘不长许多

12（13）胸鳍后端伸达或伸越背鳍第六鳍条的下方··································**尖鳍红娘鱼（尖鳍鳞角鱼）**

***L. kanagashira* Kamohara, 1936**（图 1642）。暖温性中小型海洋底层鱼类。栖息于海底沙石、沙泥及贝壳混杂底质水深 130～500m 的海域中。体长 170mm。分布：东海（台湾浅滩）、台湾南部海域、海南岛、南海（广东）；日本。标本采自台湾浅滩，罕见。

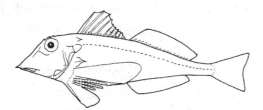

图 1642　尖鳍红娘鱼（尖鳍鳞角鱼）*L. kanagashira*
（依山田等，2013）

13（12）胸鳍后端不伸达背鳍第六鳍条的下方

14（15）吻突先端光滑，无小棘刺；胸鳍内侧散布许多白色小点 ···

斑鳍红娘鱼（臀斑鳞角鱼）*L. punctipectoralis* Fowler, 1938（图 1643）。暖温性中小型海洋底层鱼类。栖息于海底沙石、沙泥及贝壳混杂底质水深 130～500m 的海域中。体长 170mm。分布：东海南部大陆架缘、台湾沿岸、南海；日本、菲律宾。

图 1643　斑鳍红娘鱼（臀斑鳞角鱼）*L. punctipectoralis*
（依山田等，2013）

15（14）吻突先端具许多小棘刺；胸鳍内侧无白点

16（17）吻突先端轮廓圆形，体侧散布许多暗斑··························**长头红娘鱼（长头鳞角鱼）**

***L. longifaciata* Yatou，1981**（图 1644）。暖温性中小型海洋底层鱼类。栖息于海底沙石、沙泥及贝壳混杂底质水深 150～393m 的海域中。体长 210mm。分布：东海大陆架缘斜坡；日本。

吻突先端圆形

图 1644　长头红娘鱼（长头鳞角鱼）*L. longifaciata*

17（16）吻突先端轮廓不呈圆形，体侧无暗斑

18（19）上颌向后伸越眼前缘下方；两眼间隔距离小于两吻突间距离 ·························

姬红娘鱼（姬鳞角鱼）*L. hime* Matsubara & Hiyama，1932（图 1645）。暖温性中小型海洋底层鱼类。栖息于海底沙石、沙泥及贝壳混杂底质水深 47～357m 的海域中。体长 160mm。分布：东海大陆架缘、台湾南部海域、海南岛；朝鲜半岛、日本。

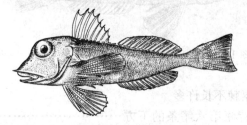

图 1645　姬红娘鱼（姬鳞角鱼）*L. hime*

19（18）上颌向后不伸达眼前缘下方；两眼间隔距离大于两吻突间距离 ·························

深海红娘鱼（深海鳞角鱼）*L. abyssalis* Jordan & Starks，1904（图 1646）。暖温性中小型海洋底层鱼类。栖息于海底沙石、沙泥及贝壳混杂底质水深 30～415m 的海域中。体长 160mm。分布：东海大陆架边缘、台湾东北部海域；朝鲜半岛、日本。现数量稀少，《中国物种红色名录》列为易危［VU］物种。

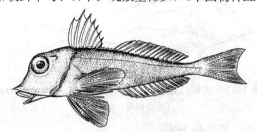

图 1646　深海红娘鱼（深海鳞角鱼）*L. abyssalis*

20（9）胸鳍第一游离鳍条较短，不伸达腹鳍末端（距腹鳍末端尚有 1 个大于眼径的距离）

21（22）第一背鳍具 10 鳍棘，第二背鳍具 13 鳍条；侧线具鳞 52 枚·························

大眼红娘鱼（大眼鳞角鱼）*L. oglina* Fowler，1938（图 1647）。暖温性海洋近岸底层鱼类。栖息于水深 271m 的泥沙底质海域。体长 108mm。分布：东海、台湾海域、南沙群岛。

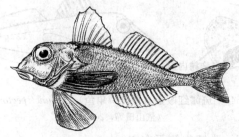

图 1647　大眼红娘鱼（大眼鳞角鱼）*L. oglina*
（依 Fowler，1938）

22（21）第一背鳍具 8～9 鳍棘，第二背鳍具 14～18 鳍条；侧线具鳞 56～64 枚

23（24）胸鳍内侧下方具一散有青白点的大黑斑；臀鳍具 14～16 鳍条 ••••••••••••••••••••••••••
岸上红娘鱼(岸上鳞角鱼)*L. kishinouyi* Snyder，1911（图 1648）。暖温性海洋近岸底层鱼类。栖息于水
深 30～145m 的贝壳、泥沙底质海域。体长 170mm。分布：东海中部大陆架以南海域、台湾海域；
朝鲜半岛、日本。拖网渔船捕获较多，一般多煮汤，或是油炸使骨酥脆后食用；或用作下杂鱼、鱼粉等。

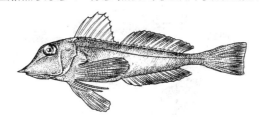

图 1648　岸上红娘鱼（岸上鳞角鱼）*L. kishinouyi*

（依朱元鼎，金鑫波，1963）

24（23）胸鳍内侧下方无大黑斑；臀鳍具 16～18 鳍条••••••••••••••••••••••••小鳍红娘鱼（小鳍鳞角鱼）
L. microptera Günther，1873（图 1649）。近海底层海洋鱼类。生活于较浅的沙石、贝壳及沙泥混
合区底质水域，栖息水深 20～340m。体长 310mm。分布：中国沿海；日本、彼得大帝湾。

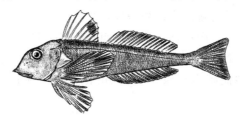

图 1649　小鳍红娘鱼（小鳍鳞角鱼）*L. microptera*

25（2）喉部及胸部腹面具鳞；胸鳍第五鳍条尖长突出；胸鳍内侧蓝斑尖长，具淡色宽边

26（27）胸鳍最长指状游离鳍条几伸达肛门；腹鳍第四鳍条最长，伸达臀鳍第一至第三鳍条上方••••••
•••••••••••••••••••••鳞胸红娘鱼（鳞胸鳞角鱼）*L. lepidojugulata* Li，1981（图 1650）。近海底
栖性海洋鱼类。生活于沙石、贝壳及沙泥混合区较浅的水域，栖息水深 2～40m。体长
120mm。分布：南海。现数量稀少，《中国物种红色名录》列为濒危［EN］物种。

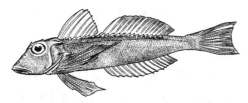

图 1650　鳞胸红娘鱼（鳞胸鳞角鱼）*L. lepidojugulata*

（依金鑫波，1963）

27（26）胸鳍最长指状游离鳍条伸达臀鳍第一至第三鳍条上方；腹鳍第三鳍条最长，伸达或几伸达肛门
••••••••••••••••••••长指红娘鱼（长指鳞角鱼）*L. longimana* Li，1981（图 1651）。暖温性
海洋近岸底层鱼类。栖息于泥沙底质的海域。体长 120mm。分布：南海。现数量极稀少，《中

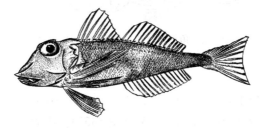

图 1651　长指红娘鱼（长指鳞角鱼）*L. longimana*

国物种红色名录》列为濒危［EN］物种。

28（1）第一背鳍基底盾板无棘；第二背鳍基底具含棘盾板 ·················· **南海红娘鱼（南海鳞角鱼）**
L. marisinensis Fowler, 1938（图 1652）［syn. 厚鲂鮄 *Pachytrigla marisinensis*（Fowler,
1938）］。暖温性海洋近岸底层鱼类。栖息于泥沙底质的海域。体长 115mm。分布：东海。

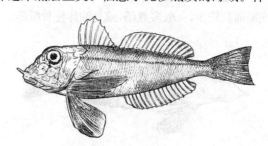

图 1652　南海红娘鱼（南海鳞角鱼）*L. marisinensis*
（依 Fowler, 1938）

角鲂鮄属（棘角鱼属）*Pterygotrigla* Waite, 1899
种 的 检 索 表

1（8）吻棘短，狭三角形；前鳃盖骨棘短小；鳃盖骨具 2 棘

2（3）胸鳍第一指状游离鳍条最长，向后伸达臀鳍第四鳍条基底下方 ··
太加拉角鲂鮄（太加拉棘角鱼） *P. tagala*（Herre & Kaufman, 1952）（图 1653）。暖温性中小型
海洋底层鱼类。栖息于沙泥底质水深 99～119m 的海域。体长 100mm。分布：南海；菲律宾。
标本采自湛江，罕见。

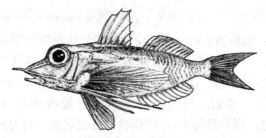

图 1653　太加拉角鲂鮄（太加拉棘角鱼）*P. tagala*
（依 Ochiai & Okada, 1966）

3（2）胸鳍第一指状游离鳍条短，向后不伸达臀鳍第四鳍条基底下方

4（5）吻突棘宽广 ·············· **琉球角鲂鮄（琉球棘角鱼）** *P. ryukyuensis* Matsubara & Hiyama, 1932
（图 1654）。近海底栖性海洋鱼类。生活于沙石、贝壳及沙泥混合区较浅的水域，栖息水深 254～
500m。体长 280～300mm。分布：东海、台湾北部海域、海南岛、南海。

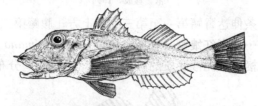

图 1654　琉球角鲂鮄（琉球棘角鱼）*P. ryukyuensis*
（依 Matsubara & Hiyama, 1932）

5（4）吻突棘细长

6（7）第一背鳍具大暗斑；体侧上部具分散的小暗斑·················· **尖棘角鲂鮄（尖棘棘角鱼）**
P. hemisticta（Temminck & Schlegel, 1843）（图 1655）。南海暖温性中小型海洋底层鱼类。栖息
于沙泥底水深 10～600m 的海域。体长 300mm。分布：东海深海、台湾澎湖列岛、南海；日本、

也门、印度洋。

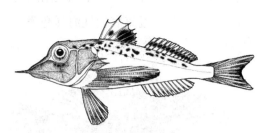

图 1655　尖棘角鲂鮄（尖棘棘角鱼）*P. hemisticta*
（依 Richardson，1999）

7（6）第一背鳍无大暗斑；体侧上部无分散的小暗斑·····························**大鳞角鲂鮄（大鳞棘角鱼）**
P. macrolepidota（Kamohara，1938）（图 1656）。近海底栖性海洋鱼类。生活于沙石、贝壳及沙泥混合区较浅的水域，栖息水深 200～300m。体长 130mm。分布：东海南部大陆架缘；日本。

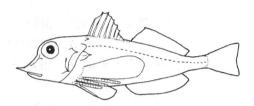

图 1656　大鳞角鲂鮄（大鳞棘角鱼）*P. macrolepidota*
（依山田等，2013）

8（1）吻棘颇尖长；前鳃盖骨棘尖长；鳃盖骨具一尖棘

9（12）胸鳍后端伸达臀鳍基底中部上方

10（11）体侧上半部散布褐色细小圆斑··························· **多斑角鲂鮄（多斑棘角鱼）**
P. multiocellata（Matsubara，1937）（图 1657）（syn. 多点副角鲂鮄 *Parapterygotrig multio-cellata* Matsubara，1937）。近海底栖性海洋鱼类。生活于沙石、贝壳及沙泥混合区较浅的水域，栖息水深 220～350m。体长 320mm。分布：东海南部大陆架缘、台湾南部海域、南海；日本。

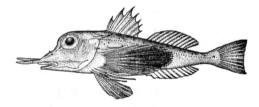

图 1657　多斑角鲂鮄（多斑棘角鱼）*P. multiocellata*

11（10）体侧无褐色细小圆斑···································· **长吻角鲂鮄（长吻棘角鱼）**
P. macrorhynchus Kamohara，1936（图 1658）［syn. 长吻副角鲂鮄 *Parapterygotrig macro-rhynchus*（Kamohara，1936）］。近海底栖性海洋鱼类。生活于沙石、贝壳及沙泥混合区水深 150～200m 的水域。体长 200mm。分布：东海中部以南大陆架边缘、台湾南部海域、南海；日本、菲律宾。

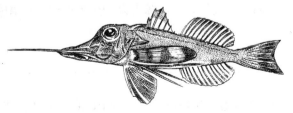

图 1658　长吻角鲂鮄（长吻棘角鱼）*P. macrorhynchus*
（依 Fowler，1938）

12（9）胸鳍后端伸达臀鳍基底后部上方 ·· **凯角鲂鮄（凯棘角鱼）**
P. hoplites（Fowler，1938）（图 1659）。近海底栖性海洋鱼类。生活于沙石、贝壳及沙泥混合
区较浅的水域。体长 107mm。分布：南海；菲律宾。

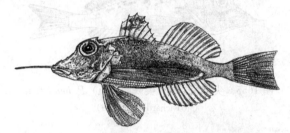

图 1659　凯角鲂鮄（凯棘角鱼）*P. hoplites*
（依 Fowler，1938）

182. 黄鲂鮄科 Peristediidae

体延长，前部平扁，后部渐狭小。头狭平或宽平，被骨板。前额背中线具 1 棘或 2 棘。吻前方有 2
骨质突。眼上侧位。口下位。前鳃盖骨下角圆钝，或具一尖棘，鳃盖骨具 2 棘。体被骨板，大部分骨板
有一尖棘。背鳍连续，有深凹刻，具 7～8 鳍棘、14～22 鳍条；臀鳍长，无鳍棘，具 14～23 鳍条；胸
鳍下部有 2 指状游离鳍条；腹鳍胸位，基底分离，具 1 鳍棘、5 鳍条；尾鳍凹入或截形，有 9～10 分支
鳍条。上颌骨被眶前骨遮盖。鳃盖条 7。第四鳃弓后方有鳃裂。鳃耙细，数少。下颌有须。

栖息于深海、近海沙泥底质水域的中型食肉性鱼类。利用颏部须，可伸入沙中搜寻食物；游动时，
常匍匐移动于海底。主要以浅海的底栖动物，如小鱼、多毛类、端足类及软体动物等为食。

热带各海洋栖息的近岸或深海底层鱼类。体被骨板，可食部分少，无经济价值。

本科有 6 属 44 种（Nelson et al.，2016）；中国有 6 属 16 种。

属 的 检 索 表

1（2）前鳃盖骨后角无显著锐棘（图 1660） ·································· **黄鲂鮄属 Peristedion**

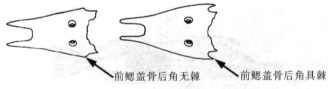

前鳃盖骨后角无棘　　前鳃盖骨后角具棘

图 1660　黄鲂鮄科的前鳃盖骨
（依山田等，2013）

2（1）前鳃盖骨后角具一向后锐棘

3（8）具上颌齿，无下颌齿

4（5）头部宽圆，边缘凹凸不平 ························· **轮头鲂鮄属（波面黄鲂鮄属）Gargariscus**

5（4）头部边缘平滑，不呈凹凸状

6（7）左右吻突短三角形；下颌须颇短，等于或稍大于眼径 ················· **须鲂鮄属 Heminodus**

7（6）左右吻突细长，平行；下颌须向后伸越眼后缘下方 ··········· **副半节鲂鮄属 Paraheminodus**

8（3）上下颌均无齿

9（10）背鳍具 20 以上鳍条 ·· **叉吻鲂鮄属 Scalicus**

10（9）背鳍鳍条少于 18 ·· **红鲂鮄属 Satyrichthys**

轮头鲂鮄属（波面黄鲂鮄属）*Gargariscus* Smith，1917

轮头鲂鮄（波面黄鲂鮄）*G. prionocephalus*（Duméril，1869）（图 1661）。栖息于近海沿岸沙泥底

质水深 20～290m 的中小型鱼类。体长 320mm。分布：东海、台湾东北部海域、南海；日本、菲律宾、澳大利亚。体被骨板，无食用价值。

图 1661　轮头鲂鮄（波面黄鲂鮄）*G. prionocephalus*

（依山田等，2013）

须鲂鮄属 *Heminodus* Smith，1917

菲律宾须鲂鮄 *H. philippinus* Smith，1917（图 1662）（syn. 日本须鲂鮄 *Heminodus japonicus* Kamohara，1952）。栖息于大陆架边缘水深 305～556m 沙泥底质的中小型鱼类。体长 200mm。分布：东海；日本。体被骨板，无食用价值。标本采自东海北部深海，罕见。

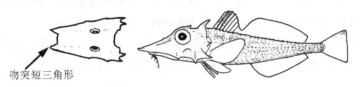

图 1662　菲律宾须鲂鮄 *H. philippinus*

（依山田等，2013）

副半节鲂鮄属 *Paraheminodus* Kamohara，1957
种 的 检 索 表

1（2）左右吻突几平行；下颌须向后伸越第一背鳍起点下方 ……………………………**宽头副半节鲂鮄**
P. laticephalus（Kamohara，1952）（图 1663）（syn. 宽头红鲂鮄 *Satyrichthys laticephalus* Kamohara，1952）。近海底栖性海洋鱼类。生活于沙泥底质的大陆架边缘水域，栖息水深 10～40m。体长 190mm。分布：南海；日本。

图 1663　宽头副半节鲂鮄 *P. laticephalus*

（依山田等，2013）

2（1）左右吻突向内略弯曲；下颌须向后不伸达第一背鳍起点下方 ……………………**默氏副半节鲂鮄**
P. murrayi（Günther，1880）（图 1664）。近海底栖性海洋鱼类。生活于沙泥底质的大陆架边缘水域，栖息水深 110～710m。体长 265mm。分布：台湾东北部海域、南海；日本、非洲东北部。

图 1664　默氏副半节鲂鮄 *P. murrayi*

（依山田等，2013）

黄鲂鮄属 *Peristedion* Lacepède，1801
种 的 检 索 表

1（2）吻突的先端宽钝，不尖，长条形 ························ 光吻黄鲂鮄 *P. liorhynchus*（Günther，1872）
（图 1665）。深海底栖性海洋鱼类。生活于沙石、贝壳及沙泥混合区的水域，栖息水深170～
710m。体长 300～400mm。分布：东海、台湾西南部海域、南海；日本、澳大利亚，印度-西太
平洋。标本采自广东闸坡，稀有。

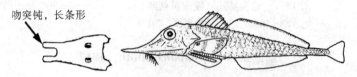

图 1665　光吻黄鲂鮄 *P. liorhynchus*
（依山田等，2013）

2（1）吻突细长，先端尖

3（4）体侧的上侧列骨板 33～36，下侧列 24～27；左右吻突向外展开（图 1666）··················
······东方黄鲂鮄 *P. orientale* Temminck & Schlegel，1843（图 1666）（syn. 长臂红鲂鮄 *Satyrich-thys fowleri* Beaufort，1962）。底栖性海洋鱼类。生活于沙石、贝壳及沙泥混合区水域，栖息水
深 110～500m。体长 190mm。分布：黄海、东海大陆架边缘、台湾海域；朝鲜半岛、日本。

图 1666　东方黄鲂鮄 *P. orientale*
（依山田等，2013）

4（3）体侧的上侧列骨板 37～38，下侧列 28～29；左右吻突不外展，平行向前··················
黑带黄鲂鮄 *P. nierstraszi* Weber，1913（图 1667）。近海底栖性海洋鱼类。生活于水深 350～
590m 沙泥底质的深海区。体长 170～220mm。分布：东海深海、台湾海域；日本、菲律宾。

图 1667　黑带黄鲂鮄 *P. nierstraszi*

红鲂鮄属 *Satyrichthys* Kaup，1873
种 的 检 索 表

1（2）唇须 2 根（稀有 1 根）；头部、身体和背鳍具暗色小点；颏须 2 根（稀有 1 根）；吻突显著长······
··················瑞氏红鲂鮄 *S. rieffeli*（Kaup，1859）（图 1668）。近海底栖性海洋鱼类。生
活于水深 65～600m 的沙泥底质深海区。体长 300mm。分布：黄海南部、东海、台湾海域、海
南岛；日本、加里曼丹，西-北太平洋区。

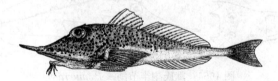

图 1668　瑞氏红鲂鮄 *S. rieffeli*
（依 Okamura，1985）

2（1）唇须 3～4 根（稀有 5 根）

3（4）体后部骨板上侧行无倒棘；吻突呈等边三角形 ·································· **密勒红鲂鮄**
S. milleri Kawai, 2013（图 1669）。近海底栖性海洋鱼类。栖息于水深 259～860m 的沙泥底质深
海区。体长 265mm。分布：东海、台湾海域；菲律宾、印度尼西亚，西-北太平洋区。

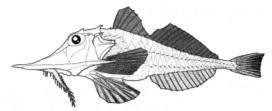

图 1669　密勒红鲂鮄 S. milleri
（依 Kawai, 2013）

4（3）体后部骨板上侧行有倒棘；吻突呈棒状

5（6）头背额骨与顶骨间骨缝弯曲，不呈直线形·································· **阔头红鲂鮄**
S. laticeps（Schlegel, 1848）（图 1670）[syn. 亚丁氏红鲂鮄 S. adeni（Lloyd, 1907）；大头红鲂
鮄 S. magnus Yatou，1985；皮氏红鲂鮄 S. piercei Fowler，1938]。近海底栖性海洋鱼类。栖
息于水深 207～215m 的沙泥底质深海区。体长 210mm。分布：东海、台湾海域、南海；日
本，西-北太平洋区。

图 1670　阔头红鲂鮄 S. laticeps
（依山田等，2013）

6（5）头背额骨与顶骨间骨缝呈直线形

7（8）背鳍鳍棘部有许多暗色小点；唇须 4 根，颏须 3 根 ·························· **魏氏红鲂鮄**
S. welchi（Herre, 1925）（图 1671）。暖温性中小型海洋底层鱼类。栖息于沙泥底质水深 6～
200m 的海域。体长 560mm。分布：东海深海、台湾东北部及澎湖列岛、海南岛；日本、澳大利
亚西北部，印度-西太平洋区。

图 1671　魏氏红鲂鮄 S. welchi

8（7）背鳍鳍棘部无暗色小点；唇须 3 根，无颏须（稀有 2 根）·················· **摩鹿加红鲂鮄**
S. moluccensis（Bleeker, 1851）（图 1672）（syn. 三须红鲂鮄 S. isokawae Yatou & Okamura，
1985）。暖温性中小型海洋底层鱼类。栖息于沙泥底质水深 220～400m 的海域。体长 290mm。
分布：东海深海大陆架、台湾东北部海域；日本、菲律宾，西-北太平洋区。

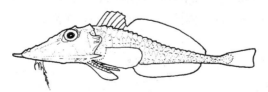

图 1672　摩鹿加红鲂鮄 S. moluccensis
（依山田等，2013）

叉吻鲂鮄属 *Scalicus* Jordan, 1923
种 的 检 索 表

1（2）吻突不呈平行状，外斜，呈正三角形 ·· **须叉吻鲂鮄**
S. amiscus（Jordan & Starks, 1904）（图 1673）[syn. 须红鲂鮄 *Satyrichthys amiscus*（Jordan
& Starks, 1904）]。近海底栖性海洋鱼类。栖息于水深190～760m的沙泥底质深海区。体长
220mm。分布：东海深海、台湾东北部海域；日本，西-北太平洋区。

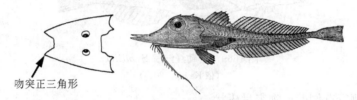

图 1673　须叉吻鲂鮄 *S. amiscus*

2（1）吻突呈平行状三角形，不呈正三角形

3（4）吻突长三角形 ·· **东方叉吻鲂鮄 *S. orientale***（Fowler, 1938）
（图 1674）[syn. 褐缘红鲂鮄 *Satyrichthys hians* Masuda et al., 1984（non Gilbert & Cramer）；
长臂红鲂鮄 *Satyrichthys fowleri* Beaufort & Griggs, 1938；东方红鲂鮄 *Satyrichthys orientale*
Fowler, 1938]。暖温性中小型海洋底层鱼类。栖息于水深 275～510m 的沙泥底海域。体长
170mm。分布：东海深海大陆架、台湾海域；日本，西-北太平洋区。

图 1674　东方叉吻鲂鮄 *S. orientale*
（依山田等，2013）

4（3）吻突细长，棒状

5（6）左右吻突平行 ·· **锯棘叉吻鲂鮄 *S. serrulatus***（Alcook, 1989）
（图 1675）[syn. 锯棘红鲂鮄 *Satyrichthys serrulatus*（Alcook, 1989）]。近海底栖性海洋鱼类。
栖息水深 200～540m 沙泥底质的深海区。体长 210mm。分布：东海、台湾海域、南海；日本、
安达曼群岛。标本采自广东闸坡，罕见。

图 1675　锯棘叉吻鲂鮄 *S. serrulatus*
（依山田等，2013）

6（5）左右吻突外斜 ·· **狭角叉吻鲂鮄 *S. engyceros***（Günther, 1872）（图 1676）
[syn. 狭角红鲂鮄 *Satyrichthys engyceros*（Günther, 1872）]。近海底栖性海洋鱼类。栖息于水
深 170～662m 沙泥底质的深海区。体长 280mm。分布：东海大陆架缘、南海；日本、夏威夷。

图 1676　狭角叉吻鲂鮄 *S. engyceros*
（依山田等，2013）

183. 红鲬科（赤鲬科）Bembridae

体延长，亚圆筒形，向后渐细小。头中大，颇平扁，具棘或棱，或光滑。吻长而平扁。眼大，上侧位。口大，前位。上下颌、犁骨具绒毛状齿群，腭骨齿有或无。鳃盖膜与峡部不连。鳃盖条 7。前鳃盖骨 4 棘，鳃盖骨 2 棘，下鳃盖骨 1 棘。体被鳞。侧线完全，侧中位。背鳍 2 个，分离，第一背鳍具 6～12 鳍棘，第二背鳍具 0～1 鳍棘、8～12 鳍条；臀鳍具 0～3 鳍棘、4～15 鳍条；胸鳍宽大，具 21～27 鳍条；腹鳍前胸位，始于胸鳍基前端的前方或下方，具 1 鳍棘、5 鳍条。椎骨 26～27。

暖温性海洋底层中小型鱼类。栖息于水深 150～650m 的较深海域。数量少，无经济价值。

本科有 5 属 11 种（Nelson et al.，2016）；中国有 3 属 3 种。

属 的 检 索 表

1（2）下颌长，突出，长于上颌；臀鳍具 3 鳍棘、5 鳍条 ·························· 短鲬属 Parabembras
2（1）下颌与上颌等长，不突出于上颌之前；臀鳍无鳍棘
3（4）背鳍具 8～9 鳍棘、12 鳍条；臀鳍具 10～11 鳍条；胸鳍具 24～27 鳍条····· 玫瑰鲬属 Bembradium
4（3）背鳍具 12 鳍棘、10～11 鳍条；臀鳍具 13～15 鳍条；胸鳍具 17 鳍条 ·························
·························· 红鲬属（赤鲬属）Bembras

玫瑰鲬属 Bembradium Gilbert，1905

印尼玫瑰鲬 B. roseum Gilbert，1905（图 1677）。深海底栖性海洋鱼类。生活于沙石、贝壳及沙泥混合区的水域，栖息水深 300～800m。体长 110mm。分布：台湾西南至东北部海域、南海；日本、夏威夷，印度-西太平洋。标本采自广东闸坡，罕见。

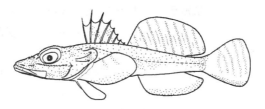

图 1677　印尼玫瑰鲬 B. roseum

（依中坊等，2013）

红鲬属（赤鲬属）Bembras Cuvier，1829

日本红鲬（日本赤鲬）B. japonicas Cuvier，1829（图 1678）。深海底栖性海洋鱼类。生活于沙石及沙泥混合区的水域，栖息水深 80～230m。体长 300mm。分布：东海、台湾海域、海南岛；济州岛、日本，印度-西太平洋。

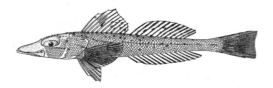

图 1678　日本红鲬（日本赤鲬）B. japonicas

短鲬属 Parabembras Bleeker，1874

短鲬 P. curtus（Temminck & Schlegel，1843）（图 1679）。深海底栖性海洋鱼类。生活于沙泥底的水域，栖息水深 60～100m。体长 200mm。分布：渤海、黄海、东海、台湾海域；朝鲜半岛南部、日本，印度-西太平洋。

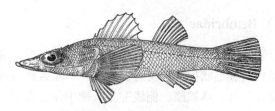

图 1679　短鲬 *P. curtus*

184. 鲬科（牛尾鱼科）Platycephalidae

体延长，平扁，向后渐狭小。头平扁，棘棱显著。眼大，上侧位。口端位，两颌、犁骨及腭骨具绒毛状齿群，有时齿较大，犬齿状。体被栉鳞。背鳍 2 个，分离，第一背鳍小，具 6～10 鳍棘，第二背鳍具 11～15 鳍条；臀鳍具 11～14 鳍条；胸鳍无游离鳍条；腹鳍位于胸鳍基底后方，基底分开，具 1 鳍棘、5 鳍条。无鳔。鳃耙短，极少。鳃盖膜不与峡部相连。鳃盖条 7。椎骨 27。侧线完全。

暖温性海洋鱼类。栖息于大陆架到大陆架斜坡 300m 深的泥沙底质海区，大多数生活于 10～100m 的海洋底部，有一些种类则生活在岩礁和珊瑚礁海区。许多种类肉味鲜美，最大个体可达 1.1m 左右，供食用，具一定的经济价值。分布在印度洋、太平洋。

本科有 18 属 80 种（Nelson et al.，2016）；中国有 13 属 26 种。

属 的 检 索 表

1（2）尾鳍分叉，上叶具丝状延长鳍条；第二背鳍和臀鳍后方各具数个半游离状鳍条 ……………………
………………………………………………………… 丝鳍鲬属（丝鳍牛尾鱼属）*Elates*

2（1）尾鳍圆截形，上叶无丝状延长鳍条；第二背鳍和臀鳍后方无半游离状鳍条

3（4）眼间隔颇宽；头背棱棘低弱；头部颇平扁；侧线有孔鳞 60 以上 ……………………………
…………………………………………………………… 鲬属（牛尾鱼属）*Platycephalus*

4（3）眼间隔颇狭；头背棱棘强；头部稍平扁；侧线有孔鳞 60 以下

5（6）眼间隔间的眶上棱及眶下棱呈微齿状；前鳃盖骨下缘具一强倒棘（图 1680）……………………
………………………………………………………… 倒棘鲬属（倒棘牛尾鱼属）*Rogadius*

6（5）眼间隔间的眶上棱具系列粗棘，眶下棱具锯齿状小棘（图 1681）

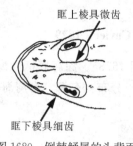

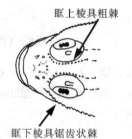

图 1680　倒棘鲬属的头背面　　　　　　图 1681　鲬科其他属的头背面
（依中坊等，2013）　　　　　　　　　　（依中坊等，2013）

7（18）眶下棱具 2～4 棘

8（15）吻短，吻长为眼径的 1.3～1.5 倍

9（14）侧线鳞的前方具 1～19 枚棘

10（11）间鳃盖部无皮瓣；第一鳃弓具 7 鳃耙 ………………………………………………………………
………………………………………… 鳄鲬属（鳄牛尾鱼属）（点斑鳄鲬除外）（部分）*Cociella*

11（10）间鳃盖部具皮瓣；第一鳃弓具 6 鳃耙

12（13）第一背鳍边缘浅色；臀鳍具 12 鳍条 ……………… 瞳鲬属（瞳牛尾鱼属）（部分）*Inegocia*

13（12）第一背鳍边缘暗褐色；臀鳍具 11 鳍条 ……………… 鳄鲬属（鳄牛尾鱼属）（部分）*Cociella*

14（9）每一侧线鳞均具一强棘 ·· **棘线鲬属（棘线牛尾鱼属）** *Grammoplites*

15（8）吻较长，吻长为眼径的 2.0～2.5 倍

16（17）具鼻棘；眼球背面无皮瓣（皮须）；间鳃盖部皮瓣圆凸（图 1682）··················

··· **瞳鲬属（瞳牛尾鱼属）（部分）** *Inegocia*

图 1682　落合氏瞳鲬头背

（依中坊等，2013）

17（16）无鼻棘；眼球背面具皮须（皮瓣）；间鳃盖部皮瓣宽，波形（图 1683）··················

··· **孔鲬属（孔牛尾鱼属）** *Cymbacephalus*

图 1683　博氏孔鲬头背

（依中坊等，2013）

18（7）眶下棱具 5 棘以上

19（24）虹膜上片不呈树枝状（图 1684）

20（21）间鳃盖部无皮瓣 ··· **犬牙鲬属（犬牙牛尾鱼属）** *Ratabulus*

21（20）间鳃盖部具皮瓣

22（23）胸鳍后缘不内凹；后头部嵴棱锯齿状；眶下棱具许多小强棘 ·························

·· **大眼鲬属（大眼牛尾鱼属）** *Suggrundus*

23（22）胸鳍后缘略内凹；后头部嵴棱无锯齿；眶下棱只有几个强棘 ·························

·· **凹鳍鲬属（凹鳍牛尾鱼属）** *Kumococius*

24（19）虹膜上片呈树枝状（图 1684）

25（28）眶下骨棱具 9 以上小棘

26（27）眼球上具显著皮瓣；虹膜下片双峰型（图 1684）·············· **鳞鲬属（鳞牛尾鱼属）** *Onigocia*

27（26）眼球上无皮瓣（个别具皮瓣）；虹膜下片单峰型（图 1684）··························

·· **缘鲬属（多棘牛尾鱼属）** *Thysanophrys*

图 1684　鲬科眼球各虹膜类型

28（25）眶下棱具 5 小棘 ·· **苏纳鲬属（苏纳牛尾鱼属）** *Sunagocia*

鳄鲬属（鳄牛尾鱼属） *Cociella* Whitley, 1940

种 的 检 索 表

1（2）间鳃盖部无皮瓣；第一鳃弓具 7 鳃耙；第一背鳍边缘黑色 ·····························

鳄鲬（鳄牛尾鱼）*C. crocodile*（Cuvier, 1829）（图1685）。近岸底栖性海洋鱼类。栖息于大陆架缘沙泥底质的海区。体长300mm。分布：中国沿海；日本，印度-西太平洋。供食用。

图1685　鳄鲬（鳄牛尾鱼）*C. crocodile*

2（1）间鳃盖部具皮瓣；第一鳃弓具6鳃耙；第一背鳍边缘暗色；臀鳍具11鳍条⋯⋯⋯⋯⋯⋯⋯⋯⋯⋯点斑鳄鲬（点斑鳄牛尾鱼）*C. punctata*（Cuvier, 1829）（图1686）。近岸底栖性海洋鱼类。栖息于水深10m以下的浅海沙泥底质海区。体长360mm。分布：台湾海域；日本，印度-西太平洋。标本采自台湾浅滩，罕见。

图1686　点斑鳄鲬（点斑鳄牛尾鱼）*C. punctata*
（依 Bleeker, 1877）

孔鲬属（孔牛尾鱼属）*Cymbacephalus* Fowler, 1938
种 的 检 索 表

1（2）口稍小，上颌骨向后仅伸达眼前缘前方；成鱼眼球背面具10～12皮须，皮须不达眶上棱⋯⋯⋯⋯⋯⋯⋯⋯⋯⋯博氏孔鲬（博氏孔牛尾鱼）*C. beauforti*（Knapp, 1973）（图1687）。近岸中大型底栖性海洋鱼类。栖息于水深2～8m的沙泥底质浅海区。体长500mm。分布：东海、台湾南部海域、南海；日本、菲律宾。标本采自海南文昌，罕见。

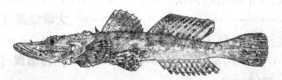

图1687　博氏孔鲬（博氏孔牛尾鱼）*C. beauforti*
（依 Knapp, 1999）

2（1）口大，上颌骨向后伸达眼中部下方；成鱼眼球背面具6～9皮须，最长皮须伸达眶上棱⋯⋯⋯⋯⋯⋯⋯⋯⋯⋯孔鲬（孔牛尾鱼）*C. nematophthalmus*（Günther, 1860）（图1688）。近岸中大型底栖性海洋鱼类。栖息于水深2～5m沙泥底质的砾石沿岸浅海。体长580mm。分布：南海；菲律宾、新加坡。供食用。

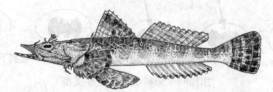

图1688　孔鲬（孔牛尾鱼）*C. nematophthalmus*
（依 Bleeker, 1877）

丝鳍鲬属（丝鳍牛尾鱼属）*Elates* Jordan & Seale, 1907

丝鳍鲬 *E. ransonnetii*（Steindachner, 1876）（图1689）。近海底栖性海洋鱼类。栖息于水深5～

53m 沙泥底质的浅海区。体长 190mm。分布：南海；泰国湾、新加坡、菲律宾。

图 1689　丝鳍鲬 *E. ransonnetii*
（依 Allen & Swainston，1988）

棘线鲬属（棘线牛尾鱼属）*Grammoplites* Fowler，1904
种 的 检 索 表

1（2）头长为眼间隔的 7.7～11 倍；侧线鳞具强棘，向后伸越鳞片背缘；尾鳍近尾柄部及后缘各具一黑色宽横带⋯⋯⋯⋯⋯⋯⋯横带棘线鲬（横带棘线牛尾鱼）*G. scaber*（Linnaeus，1758）（图 1690）〔syn. 棘线鳄鲬 *Cociella scaber*（Linnaeus，1758）〕。近岸底栖性海洋鱼类。栖息于水深 55m 的大陆架缘沙泥底质海区。体长 200～300mm。分布：东海、台湾海域、海南岛；越南、泰国湾。供食用。

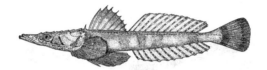

图 1690　横带棘线鲬（横带棘线牛尾鱼）*G. scaber*
（依 Day，1878）

2（1）头长为眼间隔的 12～16 倍；侧线鳞棘弱，向后不伸越鳞片背缘；尾鳍后缘具二平行的黑色带纹⋯⋯⋯⋯⋯⋯⋯⋯克氏棘线鲬（克氏棘线牛尾鱼）*G. knappi*（Imamura & Amaoka，1994）（图 1691）。近岸底栖性海洋鱼类。栖息于水深 24～33m 的大陆架缘沙泥底质海区。体长 235mm。分布：海南岛；日本、加里曼丹。标本采自广东广海，罕见。

图 1691　克氏棘线鲬（克氏棘线牛尾鱼）*G. knappi*
（依 Imamura & Amaoka，1994）

瞳鲬属（瞳牛尾鱼属）*Inegocia* Jordan & Thompson，1913
种 的 检 索 表

1（2）吻短，吻长为眼径的 1.3～1.5 倍；第一背鳍具 12 鳍条；臀鳍具 12 鳍条⋯⋯⋯⋯⋯⋯⋯⋯⋯日本瞳鲬（日本眼眶牛尾鱼）*I. japonica*（Tilesius，1812）（图 1692）〔syn. 缝鲬 *Thysanophrys bataviensis*（Bleeker，1853）〕。近岸底栖性海洋鱼类。栖息于水深 30～85m 的大陆架缘沙泥底质海区。体长 210mm。分布：东海、台湾海域、南海；朝鲜半岛、日本、澳大利亚。供食用。

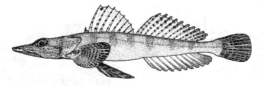

图 1692　日本瞳鲬（日本眼眶牛尾鱼）*I. japonica*
（依 Knapp，1999）

2 (1) 吻较长，吻长为眼径的 2.0～2.5 倍；第一背鳍具 11 鳍条；臀鳍具 11 鳍条······················ ······落合氏瞳鲬（落合氏眼眶牛尾鱼）*I. ochiaii* Imamura, 2010（图 1693）［syn. 斑瞳鲬 *Inegocia guttata*（Li，1962）（non Cuvier）］。近岸底栖性海洋鱼类。栖息于大陆架缘沙泥底质的海区。体长 500mm。分布：中国沿海；日本，印度-西太平洋。供食用。

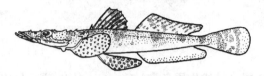

图 1693　落合氏瞳鲬（落合氏眼眶牛尾鱼）*I. ochiaii*
（依中坊等，2013）

凹鳍鲬属（凹鳍牛尾鱼属）*Kumococius* Matsubara & Ochiai, 1955

凹鳍鲬（凹鳍牛尾鱼）*K. rodericensis*（Cuvier，1829）（图 1694）［syn. *Suggrundus rodericensis*（Cuvier，1829）；凹鳍鲬 *Kumococius detrusus*（Jordan & Seale，1905）］。底栖性海洋鱼类。生活于沙泥底较浅的水域，栖息水深18～130m。体长 210mm。分布：东海大陆架缘、台湾海域；朝鲜半岛、日本，印度-西太平洋。

图 1694　凹鳍鲬（凹鳍牛尾鱼）*K. rodericensis*
（依 Knapp，1999）

鳞鲬属（鳞牛尾鱼属）*Onigocia* Jordan & Thompson，1913
种 的 检 索 表

1（2）眶下骨棱在眼的前下方断成 2 段；体侧横带不明显······················ 大鳞鳞鲬（大鳞牛尾鱼）*O. macrolepis*（Bleeker，1854）（图 1695）。底栖性海洋鱼类。栖息于水深 25～150m 的大陆架沙泥底海域。体长 120mm。分布：东海南部、台湾海域、南海；朝鲜半岛、日本，印度-西太平洋。

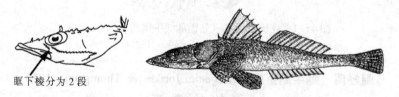

眶下棱分为 2 段

图 1695　大鳞鳞鲬（大鳞牛尾鱼）*O. macrolepis*
（依 Masuda et al.，1984）

2（1）眶下骨棱在眼的前下方连续；体侧具 4 暗色横斜带······················ 锯齿鳞鲬（棘鳞牛尾鱼）*O. spinosa*（Temminck & Schlegel，1843）（图 1696）。底栖性海洋鱼类。栖息于水深 120m 的大陆架沙泥底海域。体长 100mm。分布：东海南部、台湾海域、南海（广东）；朝鲜半岛、日本、菲律宾，印度-西太平洋。

眶下棱连续

图 1696　锯齿鳞鲬（棘鳞牛尾鱼）*O. spinosa*
（依 Masuda et al.，1984）

鲬属（牛尾鱼属）Platycephalus Miranda-Ribeiro，1902

种 的 检 索 表

1（2）眼大，吻长为眼径的 1.5 倍；下颌先端尖形；头、体淡黄褐色，背面密布小斑，体侧无黑褐色横带；胸鳍前半部具许多小斑，后半部暗色，无小斑 ·························· **鲬（牛尾鱼）**
P. indicus（Linnaeus，1758）（图 1697）。近海底栖性海洋鱼类。栖息水深 30m 的沙泥底质浅海区。体长 350～500mm。分布：中国沿海；朝鲜半岛、日本、菲律宾、地中海、红海。大型经济鱼类，供食用。

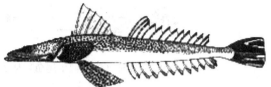

图 1697　鲬（牛尾鱼）P. indicus
（依 Allen &. Swainston，1988）

2（1）眼小，吻长为眼径的 2.0 倍以上；下颌先端圆形；体侧浓褐色，具数条黑褐色横带；胸鳍茶褐色··························鲬（牛尾鱼）未定种 P. sp.（图 1698）。

图 1698　鲬（牛尾鱼）未定种 P. sp.
（依中坊等，2013）

犬牙鲬属（犬牙牛尾鱼属）Ratabulus Jordan & Hubbs，1925

犬牙鲬（犬牙牛尾鱼）R. megacephalus（Tanaka，1917）（图 1699）。近岸中大型底栖性海洋鱼类。栖息于水深 2～5m 沙泥底质的砾石沿岸区浅海。体长 580mm。分布：南海；菲律宾、新加坡。供食用。

图 1699　犬牙鲬（犬牙牛尾鱼）R. megacephalus

倒棘鲬属（倒棘牛尾鱼属）Rogadius Jordan & Richardson，1908

种 的 检 索 表

1（4）前鳃盖骨无向前倒棘
2（3）第一背鳍前半部具一大黑斑；腹鳍褐色··························**派氏倒棘鲬（帕氏倒棘牛尾鱼）**
R. patriciae Knapp，1987（图 1700）。近岸栖息于海洋鱼类。栖息于水深 14～100m 沙泥底质的浅海区。体长 240～270mm。分布：中国沿海；朝鲜半岛、日本、菲律宾、地中海、红海。大型经济鱼类，供食用。

无向前倒棘

图 1700　派氏倒棘鲬（帕氏倒棘牛尾鱼）R. patriciae
（依中坊等，2013）

3（2）第一背鳍无大黑斑；腹鳍具数条褐色条纹 ·· 瘤倒棘鲬（瘤倒棘牛尾鱼）
R. tuberculata（Cuvier，1829）（图 1701）［syn. 粒突鳞鲬 *Onigocia tuberculata* 金鑫波，2006；
陈大刚，2015；瘤眶棘鲬 *Sorsogona tuberculata* 刘静等，2016］。近海底层栖息性海洋鱼类。栖
息于水深 15～33m 沙泥底质的浅海区。体长 180mm。分布：台湾海域、南海（广东、广西）；
日本、新加坡、菲律宾。

具褐色条纹

图 1701　瘤倒棘鲬（瘤倒棘牛尾鱼）*R. tuberculata*
（依中坊等，2013）

4（1）前鳃盖骨具一向前强倒棘

5（6）上颌骨向后伸达眼中央下方 ·························· 倒棘鲬（松叶倒棘牛尾鱼）**R. asper（Cuvier，1829）**
（图 1702）。近岸底栖性海洋鱼类。栖息于内湾水深 30～110m 浅海或较深处沙泥底质的海区。体
长 160mm。分布：东海、台湾海域、海南岛；朝鲜半岛、日本、菲律宾。供食用。

具向前强倒棘

图 1702　倒棘鲬（松叶倒棘牛尾鱼）*R. asper*

6（5）上颌骨向后仅伸达眼前缘下方或稍前 ·························· 锯锉倒棘鲬 **R. pristiger（Cuvier，1829）**
（图 1703）。中小型鱼类。栖息内湾水深 80～132m 浅海或较深处沙泥底质的海区。体长 150～
210mm。分布：台湾海域；泰国湾、菲律宾、澳大利亚。供食用。

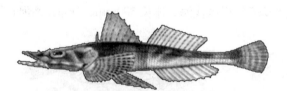

图 1703　锯锉倒棘鲬 *R. pristiger*
（依 Bleeker，1877）

大眼鲬属（大眼牛尾鱼属）*Suggrundus* Whitley，1930
种 的 检 索 表

1（2）最长的前鳃盖棘长于眼径；背鳍具 12 鳍条；臀鳍具 12 鳍条；侧线上有 19～22 有棘的鳞片······
·················· 大棘大眼鲬（大棘大眼牛尾鱼）**S. macracanthus（Bleeker，1869）**（图 1704）。
近岸底栖性海洋鱼类。栖息于内湾水深 130m 浅海或较深处沙泥底质的海区。肉食性，以底栖鱼
类或无脊椎动物为食。利用体色拟态隐身于沙泥地，以欺敌以及趁猎物不注意时跃起捕食。体长
180～260mm。分布：东海、台湾海域、南海（香港）；马来西亚、菲律宾。供食用。

图 1704　大棘大眼鲬（大棘大眼牛尾鱼）*S. macracanthus*
（依 Day，1878）

2（1）最长的前鳃盖棘短于眼径；背鳍具 11 鳍条；臀鳍具 11 鳍条；侧线上有 1～11 有棘的鳞片

3（4）第一背鳍后半部黑色；侧线上有 8～11 有棘的鳞片 ······················ **大眼鲬（大眼牛尾鱼）**
***S. meerdervoortii* (Bleeker, 1860)**（图 1705）。近岸底栖性海洋鱼类。栖息于内湾水深 127m 浅
海或较深处沙泥底质的海区。肉食性，利用体色拟态隐身于沙泥地，以欺敌及趁猎物不注意时跃
起捕食。体长 210mm。分布：东海大陆架缘、台湾海域；朝鲜半岛、日本。供食用。

图 1705　大眼鲬（大眼牛尾鱼）*S. meerdervoortii*
（依朱元鼎，金鑫波，1963）

4（3）第一背鳍后半部不呈黑色；侧线上有 1～4 有棘的鳞片 ··········· **长吻大眼鲬（长吻大眼牛尾鱼）**
***S. longirostris* Shao & Chen, 1987**。近岸底栖性海洋鱼类。栖息于浅海或较深处沙泥底质的海
区。肉食性，以底栖鱼类或无脊椎动物为食。利用体色拟态隐身于沙泥地，以欺敌以及趁猎物不
注意时跃起捕食。分布：台湾及澎湖列岛海域［台湾特有种（endemic to Taiwan）］。

苏纳鲬属（苏纳牛尾鱼属）*Sunagocia* Imamura, 2003
种 的 检 索 表

1（2）上唇下缘及下唇上缘无乳头状皮瓣······················· **沙栖苏纳鲬（沙地苏纳牛尾鱼）**
***S. arenicola* (Schultz, 1966)**（图 1706）。底栖性海洋鱼类。栖息于水深10～40m 的岩礁、海藻
群落及沙泥底海域。体长 260mm。分布：东海南部、台湾南部海域；日本、南非，印度-西太平洋。

图 1706　沙栖苏纳鲬（沙地苏纳牛尾鱼）*S. arenicola*
（依中坊等，2013）

2（1）上唇下缘及下唇上缘均具许多乳头状皮瓣 ···················· **粒唇苏纳鲬（粒唇苏纳牛尾鱼）**
***S. otaitensis* (Cuvier, 1829)**（图 1707）。底栖性海洋鱼类。栖息于水深 10～30m 岩礁中的沙泥底海
域。体长 180mm。分布：台湾南部海域；日本、夏威夷，印度-西太平洋。

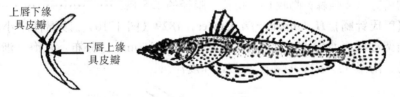

图 1707　粒唇苏纳鲬（粒唇苏纳牛尾鱼）*S. otaitensis*
（依中坊等，2013）

缝鲬属（多棘牛尾鱼属）*Thysanophrys* Ogilby, 1898
种 的 检 索 表

1（2）眼球背面具小皮须；臀鳍具 13 鳍条 ······················ **西里伯斯缝鲬（西里伯斯多棘牛尾鱼）**
***T. celebica* (Bleeker, 1854)**（图 1708）。底栖性海洋鱼类。栖息于水深 20～43m 的岩礁、海藻及沙泥
底海域。体长 100～150mm。分布：东海南部、台湾海域，香港；日本、菲律宾，印度-西太平洋。

2（1）眼球背面无皮须；臀鳍具 11 鳍条 ······················ **窄眶缝鲬（窄眶多棘牛尾鱼）**

图 1708　西里伯斯缒鲉（西里伯斯多棘牛尾鱼）*T. celebica*
（依 Knapp，1999）

***T. chiltonae*（Schultz，1966）**（图 1709）。底栖性海洋鱼类。栖息于水深 18～80m 大陆架沙泥底的海域。体长 160mm。分布：东海、台湾南部海域；日本、菲律宾，印度-西太平洋。

图 1709　窄眶缒鲉（窄眶多棘牛尾鱼）*T. chiltonae*
（依 McGrouther，1999）

185. 棘鲉科（针鲉科）Hoplichthyidae

体延长，稍平扁。体侧头宽，颇平扁，棘棱发达，粗糙，密具颗粒状和锯齿状突起。眼中大，上侧位。口大，前位。上下颌约等长，上下颌、犁骨和腭骨均具绒毛状齿群。前鳃盖骨棘多个，鳃盖骨棱具细锯齿，后缘具 3 棘，无间鳃盖骨。体无鳞，背面及上侧面具骨板一纵行，27～28 个骨板，每一骨板具粒状突起和 1～2 棘。下腹面和腹面均裸露。背鳍 2 个，分离，第一背鳍短小，具 6～7 鳍棘，第二背鳍基底甚长，具 14～15 鳍条；臀鳍与第二背鳍相对，同形，有 16～18 鳍条；胸鳍位低，有时鳍条延长呈丝状，下方有 3～4 游离鳍条；腹鳍位于胸鳍基底稍前下方，基底分开，具 1 鳍棘、5 鳍条；尾鳍圆截形。

暖水性海洋底层小型鱼类。栖息于岩礁及沙底的海域。分布：印度洋、太平洋稍深的海区中，个体不大。产量少，无大的经济价值。

本科仅 1 属 10 种（Nelson et al.，2016）；中国有 1 属 5 种。

棘鲉属（针鲉属）*Hoplichthys* Cuvier，1829
种 的 检 索 表

1（6）下颌腹面具许多小棘
2（3）体侧骨板的后方具 2 强棘；吻较长，吻长为眼径的 1.8 倍 ·······························
　　　蓝氏棘鲉（郎氏针鲉）*H. langsdorfii* Cuvier，1829（图 1710）。暖温性中小型海洋底层鱼类。栖息于大陆架沙泥底水深 65～118m 的海域。体长 160mm。分布：东海（浙江）、台湾澎湖列岛、海南岛、南海（广东）；日本、也门，印度洋。

图 1710　蓝氏棘鲉（郎氏针鲉）*H. langsdorfii*
（依中坊，2013）

3（2）体侧骨板的后方具 1 强棘；吻较短，吻长为眼径的 1.2 倍
4（5）胸鳍下部第一游离鳍条不伸达胸鳍末端······················· **吉氏棘鲉（吉氏针鲉）**
　　　***H. gilberti* Jordan & Richardson，1908**（图 1711）。暖温性中小型海洋底层鱼类。栖息于大陆架

水深 90～436m 沙泥底的海域。体长 200mm。分布：东海深海、台湾南部海域、海南岛东岸；朝鲜半岛、日本。现数量稀少，《中国物种红色名录》列为易危［VU］物种。

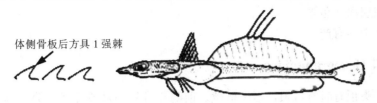

体侧骨板后方具 1 强棘

图 1711　吉氏棘鲬（吉氏针鲬）H. gilberti

（依中坊等，2013）

5（4）胸鳍下部第一游离鳍条伸达或伸越胸鳍末端**··························长指棘鲬（雷根氏针鲬）** **H. regani Jordan，1908**（图 1712）。暖温性中小型海洋底层鱼类。栖息于水深 50～200m 沙泥底的海域。体长 200mm。分布：东海、台湾及小琉球海域、南海；日本、澳大利亚。

图 1712　长指棘鲬（雷根氏针鲬）H. regani

（依 Jordan，1913）

6（1）下颌腹面无小棘

7（8）眼间隔宽小于眼径；胸鳍中部 1～3 鳍条丝状延长；胸鳍下部游离丝状鳍条颇长**·············** **··········丝鳍棘鲬（丝鳍针鲬）H. filamentosus Matsubara & Ochiai，1950**（图 1713）。暖温性中小型海洋底层鱼类。栖息于大陆架边缘斜坡水深 190～590m 沙泥底的深海海域。体长 300mm。分布：东海南部；日本、澳大利亚。标本采自厦门，罕见。

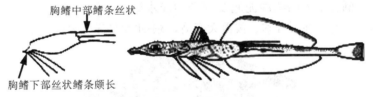

胸鳍中部鳍条丝状

胸鳍下部丝状鳍条颇长

图 1713　丝鳍棘鲬（丝鳍针鲬）H. filamentosus

（依中坊等，2013）

8（7）眼间隔宽大于眼径；胸鳍中部鳍条不呈丝状；胸鳍下部游离丝状鳍条短 **··················** **黄带棘鲬（横带针鲬）H. fasciatus Matsubara，1937**（图 1714）。暖温性中小型海洋底层鱼类。栖息于大陆架沙泥底水深 50～240m 的海域。体长 67mm。分布：东海深海、台湾南部海域；日本，西-北太平洋区。

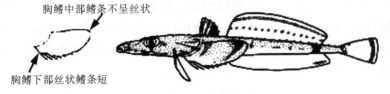

胸鳍中部鳍条不呈丝状

胸鳍下部丝状鳍条短

图 1714　黄带棘鲬（横带针鲬）H. fasciatus

（依中坊等，2013）

六线鱼亚目 HEXAGRAMMOIDEI

体及头延长，侧扁。头上无骨板、棘和棱。眼间隔宽圆；眶下骨突较发达；体有鳞。背鳍及臀鳍长，鳍棘细弱。鳃4个，第四鳃弓后有一大裂孔。后颞骨叉状，与头骨相连。无鳔。椎骨36～63。本亚目鱼类某些特征比鲉类更为特化。

北太平洋近岸底层海洋鱼类。

本亚目仅1科；中国有产。

186. 六线鱼科 Hexagrammidae

体延长，侧扁。头顶有时有触须，但无棘棱。前鳃盖骨具小棘或无棘。第二眶下骨后延为一骨突，与前鳃盖骨相连接。口前位，两颌、犁骨及腭骨均具齿。鼻孔每侧1个，前鼻孔发达，后鼻孔退化，若有呈一小孔。第四鳃弓后方有一大裂孔。鳃盖膜连合或分离，常不连于峡部。鳃盖条6～7。体被小栉鳞或圆鳞。背鳍连续，有凹刻或分离，具16～28鳍棘、11～30鳍条；臀鳍具0～3鳍棘；胸鳍宽大，鳍基常向下方延伸，下方鳍条稍粗，不分支；腹鳍亚胸位，具1鳍棘、5鳍条。体侧具侧线1～5行。无鳔。椎骨36～63。生活于北太平洋岩礁附近的食肉性海洋鱼类，多数鱼类体长在450mm以下，最大体长可达1.5m。有食用价值。

本科有3属9种（Nelson et al.，2016）；中国有2属5种。

属 的 检 索 表

1（2）背鳍连续，鳍棘部和鳍条部之间具较深缺刻；尾鳍后缘平截…………… **六线鱼属 Hexagrammos**

2（1）背鳍连续，鳍棘部和鳍条部之间无缺刻；尾鳍后缘分叉 ……………… **多线鱼属 Pleurogrammus**

六线鱼属 *Hexagrammos* Tilesius, 1810
种 的 检 索 表

1（2）体侧具一侧线…………………………**斑头六线鱼 *H. agrammus* （Temminck & Schlegel, 1843)**
（图1715）[syn. 斑头鱼 *Agrammus agrammus* (Temminck & Schlegel，1843)]。冷温性中型海洋底层鱼类。栖息于大陆架沙泥底及藻场的浅水海域。体长200～300mm。分布：渤海、黄海，东海偶见；朝鲜半岛、日本、彼得大帝湾，东-北太平洋区。标本采自大连黑石礁，罕见。

图1715 斑头六线鱼 *H. agrammus*

2（1）体侧具五侧线

3（6）尾鳍后缘圆形

4（5）胸鳍下侧的第四侧线短，向后不伸达臀鳍起点；鳞大，侧线有孔鳞86～94个…………………………
………叉线六线鱼 *H. octogrammus* （Pallas，1814）（图1716）。冷温性中型海洋底层鱼类。栖息于大陆架沙泥底及藻场的浅水海域。体长300mm。分布：黄海；朝鲜半岛、日本、彼得大帝湾，北太平洋西部。

图1716 叉线六线鱼 *H. octogrammus*
（依Jordan，1903）

5（4）胸鳍下侧的第四侧线长，向后伸达臀鳍基底中部；鳞小，侧线有孔鳞 97～112 个⋯⋯⋯⋯⋯
⋯⋯⋯⋯**兔头六线鱼 H. lagocephalus**（Pallas, 1810）（图 1717）。冷温性中大型海洋底层鱼类。
栖息于浅海岩礁及藻场的水域。体长 600mm。分布：渤海、黄海；日本、千岛群岛，东-北太平
洋区。供食用。

图 1717　兔头六线鱼 *H. lagocephalus*

6（3）尾鳍后缘截形；颊部具鳞；背鳍具 19～21 鳍棘⋯⋯⋯⋯⋯⋯⋯⋯⋯⋯⋯⋯⋯⋯ **大泷六线鱼**
H. otakii Jordan & Starks, 1895（图 1718）。冷温性中型海洋底层鱼类。栖息于浅海岩礁及藻
场的水域。体长 300mm。分布：渤海、黄海、东海；朝鲜半岛、日本、彼得大帝湾，北太平洋
西部。供食用。

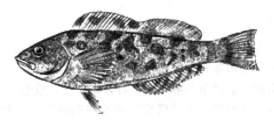

图 1718　大泷六线鱼 *H. otakii*

多线鱼属 Pleurogrammus Gill, 1861

远东多线鱼 P. azonus Jordan & Metz，1913（图 1719）。冷温性中大型海洋底层鱼类。栖息于水深
100m 的大陆架岩礁、沙泥底及藻场海域。体长 600mm。分布：渤海、黄海、东海；朝鲜半岛、日本，
鄂霍次克海。

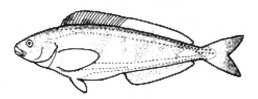

图 1719　远东多线鱼 *P. azonus*
（依中坊等，2013）

杜父鱼亚目 COTTOIDEI

　　头平扁，有或无棘棱。体后部侧扁，通常无正常的鳞，或裸露无鳞，或鳞甚小，或具棘刺，或突起
状，或被大骨板；有些具瘤突等形成的鳞状结构。头上无骨板。后颞骨叉状或宽板状。肛门腹位，或胸
位。腹鳍正常，或鳍条极短，呈吸盘状；胸位或近喉位。杜父鱼类发源于类似囊头鲉的共同祖先，比鲉
类的发展更为特化和多样化。

　　生活于北半球淡水、近海及深海的底层鱼类。分布：太平洋、大西洋、南极海和北极海的沿海和河
口的溪水中。

　　本亚目有 15 科 112 属 442 种（Nelson et al.，2016）；中国有 7 科 26 属 40 种。

科 的 检 索 表

1（10）腹鳍不愈合成吸盘；鼻孔 2 个；侧线明显

2（9）头体不全被骨板

3（8）胸鳍下部无游离鳍条

4（5）体被许多棘状突起或密被许多瘤状突起 ·············· 绒杜父鱼科 Hemitripteridae

5（4）体被栉鳞，或被小刺的鳞或裸露无鳞

6（7）头粗大，圆筒形；体向后渐细；皮肤宽而疏松，裸露无鳞 ········ 隐棘杜父鱼科 Psychrolutidae

7（6）头不粗大，侧扁；皮肤不呈疏松状；体被鳞或被刺棘 ················· 杜父鱼科 Cottidae

8（3）胸鳍下部具 4 条长的游离鳍条 ·································· 旋杜父鱼科 Ereuniidae

9（2）体八棱形；头体全被骨板 ······································ 八角鱼科 Agonidae

10（1）腹鳍愈合成吸盘（少数例外）；鼻孔 1 个；侧线消失

11（12）体圆球形；背鳍 2 个；臀鳍基底短，具 7～11 鳍条 ·········· 圆鳍鱼科 Cyclopteridae

12（11）体延长；背鳍 1 个；臀鳍基底长，具 25～76 鳍条 ·············· 狮子鱼科 Liparidae

187. 杜父鱼科 Cottidae

体中长，前部稍平扁，后方侧扁，自头向后渐尖。头平扁。眼位高。眼间隔窄。眶骨与鳃盖骨相连，上面常被皮肤蒙遮。前鳃盖骨角常有 1 个或多个棘突。头有些全部无棘。齿绒毛状或心脏形；上下颌、犁骨与腭骨均具齿。前上颌骨能伸缩。第四鳃弓后方无裂孔，或有一小裂孔。鳃耙短突起状或无。鳃盖膜相连，与峡部也常相连。体无鳞，或有已变形的小鳞刺或骨板。侧线 1 条，不分支，有时为链状。背鳍分离或相连，鳍棘 6～18 个；臀鳍与背鳍的鳍条均具鳍棘；胸鳍基宽大，向前下方延伸，鳍条大部分不分支；腹鳍胸位，有 1 鳍棘、3～5 鳍条。尾鳍圆形。有假鳃。椎骨 30～50 个。肩带正常。幽门盲囊 4～8 个。大多无鳔。

生活于北半球淡水、河口、近海和深海内。

本科有 70 属 275 种（Nelson et al.，2016）；中国有 13 属 19 种。

属 的 检 索 表

1（2）头背密具许多圆厚小骨板；犁骨和腭骨均无齿 ············· **裸棘杜父鱼属 *Gymnocanthus***

2（1）头背无小骨板

3（6）前鳃盖骨最上棘长而强，内侧锯齿状（图 1720）

前鳃盖骨最上棘
粗强锯齿状

图 1720　裸棘杜父鱼的前鳃盖骨棘
（依中坊等，2013）

4（5）眶上后头部具骨质隆起；侧线具板状鳞（小骨板）（图 1721）············· **强棘杜父鱼属 *Enophrys***

骨质隆起

侧线具板状鳞

图 1721　强棘杜父鱼的头背部
（依中坊等，2013）

5（4）眶上后头部无骨质隆起；侧线具栉鳞 ·················· **粗鳞鲉属** *Stlengis*

6（3）前鳃盖骨最上棘不长，内侧短小细齿状

7（24）第一背鳍具 5～10 鳍棘；前鳃盖骨上方第一棘最长或粗大；腹鳍具 1 棘、2～3 鳍条

8（11）体无栉鳞

9（10）头、体密布细小皮刺；侧线上方有 3 块黑斑 ·················· **中杜父鱼属** *Mesocottus*

10（9）体侧具骨板鳞 3 列，其他部位光滑 ·················· **鳞舌杜父鱼属** *Lepidobero*

11（8）体具侧线鳞，埋于皮下

12（15）峡部宽，鳃盖膜与峡部愈合，左右鳃盖膜不连

13（14）后头部及颊部具隆起线（图 1722）·················· **松江鲈属** *Trachidermus*

图 1722　松江鲈的头部隆起线
（依中坊等，2013）

14（13）后头部及颊部无隆起线 ·················· **杜父鱼属** *Cottus*

15（12）鳃盖膜与峡部不愈合，左右鳃盖膜相连

16（21）腹鳍具 1 鳍棘、2 鳍条；臀鳍具 13～20 鳍条

17（18）头部背面无皮瓣；尾鳍后缘深凹 ·················· **尖头杜父鱼属** *Vellitor*

18（17）头部背面具皮瓣；尾鳍后缘圆凸或截形

19（20）眼后部及后头部均具皮瓣；前鳃盖骨 2 棘，最上的第一棘宽叉状 ······ **宽叉杜父鱼属** *Furcina*

20（19）眼后部具皮瓣，后头部无皮瓣；侧线中央具 2～3 枚小皮瓣 ········ **鳚杜父鱼属** *Pseudoblennius*

21（16）腹鳍具 1 鳍棘、3 鳍条

22（23）头、体均侧扁；前鳃盖骨最上棘的背方具许多小棘 ·················· **细杜父鱼属** *Cottiusculus*

23（22）头部有时侧扁；体不侧扁，圆筒形；后头部具穗状皮瓣；第一背鳍每一鳍棘的尖端具穗状
皮瓣 ·················· **钩棘杜父鱼属** *Porocottus*

24（7）第一背鳍具 11～13 鳍棘；前鳃盖骨上方第二棘最长大；腹鳍具 1 棘、4 鳍条 ·················
·················· **杂鳞杜父鱼属** *Hemilepidotus*

细杜父鱼属 *Cottiusculus* Jordan & Starks, 1904
种 的 检 索 表

1（2）前鳃盖骨最上棘的后端倒钩状；侧线孔不伸达尾鳍基·················· **日本细杜父鱼**
C. gonez Jordan & Starks，1904（图 1723）。冷水性底层栖息小型海洋鱼类。栖息于水深 5～
250m 的沙泥底海域。体长 60mm。分布：黄海、东海北部；朝鲜半岛、日本、彼得大帝湾、千
岛群岛。

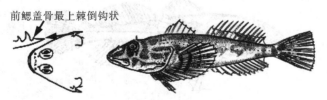

前鳃盖骨最上棘倒钩状

图 1723　日本细杜父鱼 *C. gonez*
（依中坊等，2013）

2（1）前鳃盖骨最上棘的后端尖，不呈倒钩状；侧线孔伸达尾鳍基 ·················· **斑鳍细杜父鱼**
C. schmidti Jordan & Starks，1904（图 1724）。冷水性底层栖息小型海洋鱼类。栖息于水深
150～250m 的沙泥底海域。体长 85mm。分布：黄海；日本。标本采自青岛，罕见。

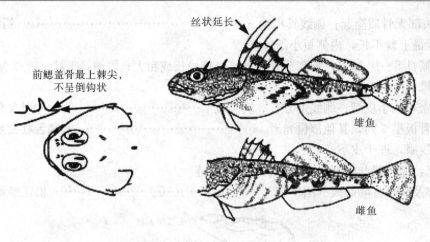

图 1724　斑鳍细杜父鱼 C. schmidti
（依中坊等，2013）

杜父鱼属 Cottus Linnaeus，1758
种 的 检 索 表

1（10）眼后无斜向鳃盖的暗纹；第一背鳍下方无暗色斑块

2（3）前鳃盖骨无棘；腹鳍具 1 鳍棘、3 鳍条 ·····················**杂色杜父鱼 C. poecilopus Heckle，1836**
　　　（图 1725）。冷水性底层栖息小型淡水鱼类。栖息于江河湖泊的清澈水流中，底质为石块、沙石
　　　和泥沙。春夏季产卵，雄鱼有护卵习性。体长 52～198mm。分布：黑龙江、松花江、图们江、
　　　鸭绿江、辽河；朝鲜半岛、俄罗斯远东地区、西欧各国。标本采自松花江，罕见。

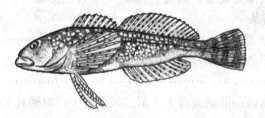

图 1725　杂色杜父鱼 C. poecilopus
（依丁耕芜，1987）

3（2）前鳃盖骨具 1～3 棘

4（7）前鳃盖骨具 1 棘

5（6）腹鳍具 1 鳍棘、3 鳍条；腹鳍无褐色斑纹·····················**燕杜父鱼 C. czerkii Berg，1913**
　　　（图 1726）。冷水性底层栖息小型淡水鱼类。栖息于山区砾石底的清澈流水中。体长 100～
　　　180mm。分布：黑龙江、绥芬河、图们江。

图 1726　燕杜父鱼 C. czerkii
（依任慕莲，1981）

6（5）腹鳍具 1 鳍棘、4 鳍条；腹鳍具茶褐色斑纹 ························· **图们江杜父鱼**
　　　C. hangiongenis Mori，1930（图 1727）。冷水性底层栖息小型淡水鱼类。栖息于通海的河川中下
　　　游石砾底的清澈流水中。体长 150mm。分布：图们江；朝鲜半岛东部、日本。

头背

图 1727　图们江杜父鱼 *C. hangiongenis*

（依 Watanabe，1960）

7（4）前鳃盖骨具 2～3 棘

8（9）前鳃盖骨具 2 棘，上棘弯钩状，下棘为一骨突；下鳃盖骨和间鳃盖骨各具一倒棘……………………………**阿尔泰杜父鱼 *C. altaieus* Li & Ho，1966**（图 1728）。山区溪涧底层栖息冷水性小型淡水鱼类。栖息于山区沙底的清澈流水中。体长 120mm。分布：阿尔泰山南麓、额尔齐斯河流域。

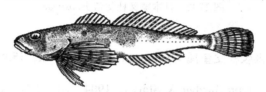

图 1728　阿尔泰杜父鱼 *C. altaieus*

9（8）前鳃盖骨具 3 棘，上棘弯；下鳃盖骨具 1 棘；头部及体前部无暗色带 ……………………………**拇指杜父鱼 *C. pollux* Günther，1873**（图 1729）。底层栖息冷水性小型淡水鱼类。栖息于河川上游石砾底质的清澈流水中，两侧洄游型。体长 150mm。分布：东海（上海）；日本河川。

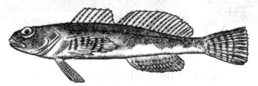

图 1729　拇指杜父鱼 *C. pollux*

10（1）眼后斜向鳃盖处具二暗纹；第一背鳍下方具暗色斑块………………………………**赖氏杜父鱼 *C. reinii* Hilgendorf，1879**（图 1730）。底层栖息冷水性小型淡水鱼类。栖息于河川中下游石砾底质的清澈流水中。体长 170mm。分布：中国；日本。标本采自图们江，罕见。

图 1730　赖氏杜父鱼 *C. reinii*

（依中坊等，2013）

强棘杜父鱼属 *Enophrys* Swainson，1839

强棘杜父鱼 *E. diceraus*（Pallas，1788）（图 1731）〔syn. 角杜父鱼 *Ceratocottus diceraus*（Pallas，1788）〕。近岸冷水性底层小型鱼类。栖息于水深 5～380m（常为 100m）以浅的石砾、岩礁、沙泥底质

骨质隆起

侧线板状鳞

图 1731　强棘杜父鱼 *E. diceraus*

（依中坊等，2013）

海域。体长 280mm。分布：中国北部海域；朝鲜半岛东岸、日本、千岛群岛。

宽叉杜父鱼属 *Furcina* Jordan & Starks，1904

日本宽叉杜父鱼 *F. osimae* Jordan & Starks，1904（图 1732）。近岸冷水性底层小型鱼类。栖息于潮间带浅海岩礁的海域。体长 80mm。分布：中国北部沿岸海域；朝鲜半岛、日本。

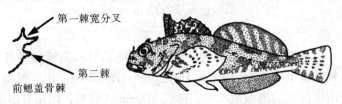

第一棘宽分叉
第二棘
前鳃盖骨棘

图 1732　日本宽叉杜父鱼 *F. osimae*
（依中坊等，2013）

裸棘杜父鱼属 *Gymnocanthus* Swainson，1839

凹尾裸棘杜父鱼 *G. herzensteini* Jordan & Starks，1904（图 1733）。近岸冷水性底层小型鱼类。栖息于水深 30~150m 的浅海沙砾底海域。体长 300mm。分布：中国北部海域（标本采自黄海北部外海），罕见；朝鲜半岛东岸、日本、萨哈林群岛。

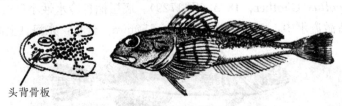

头背骨板

图 1733　凹尾裸棘杜父鱼 *G. herzensteini*

杂鳞杜父鱼属 *Hemilepidotus* Cuvier，1829

横带杂鳞杜父鱼 *H. papilio* (Bean，1880)（图 1734）。近岸冷水性底层小型鱼类。栖息于水深 320m 的浅海沙砾底海域。体长 300mm。分布：中国北部海域；日本、千岛群岛。标本采自黄海北部外海，罕见。

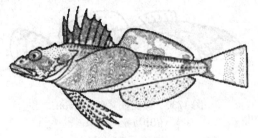

图 1734　横带杂鳞杜父鱼 *H. papilio*
（依中坊等，2013）

鳞舌杜父鱼属 *Lepidobero* Qin & Jin，1992

中华鳞舌杜父鱼 *L. sinensis* Qin & Jin，1992（图 1735）。近岸冷水性底层鱼类。栖息于浅海沙砾

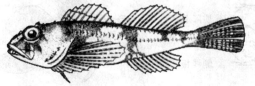

图 1735　中华鳞舌杜父鱼 *L. sinensis*
（依秦克静，1992）

底的海域。体长 32～47mm。分布：黄海北部的大连［中国特有种（endemic to China）］。

中杜父鱼属 *Mesocottus* Gratzianov，1907

黑龙江中杜父鱼 *M. haitei*（Dybowski，1907）（图 1736）。底层栖息冷水性小型淡水鱼类。栖息于河川底层的清澈流水中，耐寒性强，夏季进入山涧支流，摄食水生昆虫。体长 100mm。分布：黑龙江、乌苏里江。标本采自松花江岸的哈尔滨，罕见。

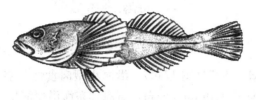

图 1736　黑龙江中杜父鱼 *M. haitei*
（依任慕莲，1981）

钩棘杜父鱼属 *Porocottus* Gill，1855

艾氏钩棘杜父鱼 *P. allisi*（Jordan & Starks，1904）（图 1737）（syn. *Crossias allisi* Jordan & Starks，1904）。近岸冷水性底层小型鱼类。栖息于浅海海藻繁茂的藻场、岩礁域的潮间带海域。体长 40～70mm。分布：渤海；日本、千岛群岛。标本采自大连黑石礁，罕见。

图 1737　艾氏钩棘杜父鱼 *P. allisi*
（依中坊等，2013）

鳚杜父鱼属 *Pseudoblennius* Temminck & Schlegel，1850

银带鳚杜父鱼 *P. cottoides*（Richardson，1848）（图 1738）。沿岸冷水性底层小型鱼类。栖息于浅海沙泥底质的海域。体长 130mm。分布：渤海；朝鲜半岛东岸、日本。标本采自大连黑石礁，罕见。

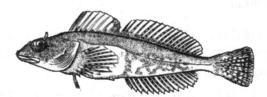

图 1738　银带鳚杜父鱼 *P. cottoides*
（依 Watanabe，1960）

粗鳞鲬属 *Stlengis* Jordan & Starks，1904

三崎粗鳞鲬 *S. misakia*（Jordan & Starks，1904）（图 1739）。沿岸暖温性底层小型鱼类。栖息于水深 193～350m 大陆架沙泥底质的海域。体长 80mm。分布：台湾东部海域；日本。

图 1739　三崎粗鳞鳈 *S. misakia*
（依中坊等，2013）

松江鲈属 *Trachidermus* Heckel，1837

松江鲈 *T. fasciatus* Heckel，1837（图 1740）。沿海小型肉食性洄游鱼类，冬季游向河口近海，春季产卵后幼鱼进入淡水育肥。体长 170mm。分布：黄海、东海沿岸河川；朝鲜半岛、日本。肉质细嫩，味美，名贵食用鱼类，为我国四大名鱼之一，以上海松江产者著名，国家二级保护水生动物。捕捞过度，现数量极稀少，《中国物种红色名录》列为濒危〔EN〕物种。目前已禁止捕捞。

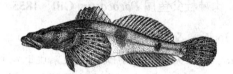

图 1740　松江鲈 *T. fasciatus*

尖头杜父鱼属 *Vellitor* Jordan & Starks，1904

尖头杜父鱼 *V. centropomus*（Richardson，1848）（图 1741）。沿岸底层小型鱼类。栖息于浅水沙泥底质的海域。体长 70mm。分布：黄海；朝鲜半岛、日本。

图 1741　尖头杜父鱼 *V. centropomus*
（依中坊等，2013）

188. 旋杜父鱼科 Ereuniidae

体延长，后部渐细狭，尾柄细长。头较大，头上有棘突。眼大。背鳍 2 个，分离；腹鳍下方有 4 游离鳍条。体被刺状鳞。前耳骨组成眼眶后缘的一部分，翼蝶骨与副蝶骨不相连接。前鳃盖骨有 1 棘。鳃盖条 6。有 2 细长的后匙骨。椎骨 36～39。

冷温性沿岸底层中小型鱼类，栖息于水深 70～700m 深海沙泥底质的海域。体长 200～300mm。分布：东海深海、台湾西南部；日本周围的深海中。

本科有 2 属 3 种（Nelson et al.，2016）；中国有 2 属 2 种。

属 的 检 索 表

1（2）无腹鳍 ·· 旋杜父鱼属 *Ereunias*
2（1）腹鳍具 1 鳍棘、4 鳍条 ······························· 丸川杜父鱼属 *Marukawichthys*

旋杜父鱼属 *Ereunias* Jordan & Snyder, 1901

神奈川旋杜父鱼 *E. grallator* Jordan & Snyder, 1901（图 1742）。冷温性沿岸底层中小型鱼类。栖息于水深 200～1 000m 深海沙泥底质的海域。体长 216～303mm。分布：东海深海、台湾西南部海域；日本。现数量稀少，《中国物种红色名录》列为易危［VU］物种。

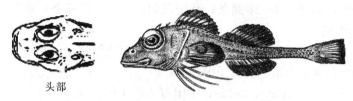

头部

图 1742　神奈川旋杜父鱼 *E. grallator*

丸川杜父鱼属 *Marukawichthys* Sakamoto, 1931

游走丸川杜父鱼 *M. ambulatory* Sakamoto, 1931（图 1743）。冷温性沿岸底层中小型鱼类。栖息于水深 152～280m 深海沙泥底质的海域。体长 200mm。分布：台湾西南部海域；日本。

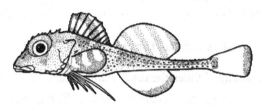

图 1743　游走丸川杜父鱼 *M. ambulatory*
（依中坊等，2013）

189. 绒杜父鱼科 Hemitripteridae

体延长，粗圆，平扁或略侧扁，后部渐细小。头大，稍平扁，有许多骨突、骨棱和皮瓣。眼上棱隆起。眼间隔宽而深，中间具一方形深窝。眶下骨发达，形成棱突。口宽大，两颌、腭骨和犁骨均具宽齿带。鳃盖条 6，左右鳃盖膜相连，不与峡部相连。前鳃盖骨具 4～5 钝粗棘突，鳃盖骨无棘。第四鳃弓后方无裂孔。体无鳞，被许多细棘、粒突和皮刺。背鳍鳍棘部比鳍条部长，有 14～19 鳍棘、10～12 鳍条，第一、第二鳍棘最长，第四、第五鳍棘最短；胸鳍宽大，向后伸展；腹鳍具 1 鳍棘、3 鳍条；尾鳍截形。无基舌骨，椎骨 35～41 个。

冷水性近海中小型底层鱼类。体长 310mm。分布：渤海、黄海；朝鲜半岛、日本。

本科有 25 属 59 种（Nelson et al., 2016）；中国有 1 属 1 种。

绒杜父鱼属 *Hemitripterus* Cuvier, 1829

绒杜父鱼 *H. villosus*（Pallas, 1814）（图 1744）。冷水性海洋中小型底层鱼类。栖息于水深 16～540m 的较深海区，冬初产卵期移居浅海海域，行动缓慢。体长 170～300mm。分布：渤海、黄海北部；朝鲜半岛、日本、彼得大帝湾，北太平洋西北部。肉可食用，现数量稀少，《中国物种红色名录》列为易危［VU］物种。

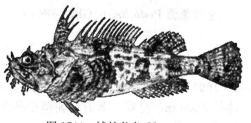

图 1744　绒杜父鱼 *H. villosus*

190. 八角鱼科 Agonidae

体甚延长，后部渐细狭。头体全被骨板。头小，头部具吻须、颌须和颏须或无须。眼小，上侧位，常突出于头背缘。鼻孔2个。口中大，前位。体八棱形；体被8纵行骨板，骨板上有辐射纹，有或无棱突。肛门前移至胸鳍基底下方，常紧接着腹鳍基底。侧线明显。背鳍1~2个，起点位于项部或稍后，第一背鳍或大或小或消失；臀鳍具4~28鳍条；胸鳍宽圆，具7~17鳍条；腹鳍胸位，不愈合成吸盘，具1鳍棘、2~5鳍条。无鳔。

冷水性小型海洋鱼类。生活于岩礁或海藻丛中，栖息水深由沿岸至1 000m。分布：北太平洋、北大西洋及南美南部，均生活在寒冷地区的海洋中。

本科有25属59种（Nelson et al.，2016）；中国有3属4种。

属 的 检 索 表

1（2）口下位，位于头部腹面；吻的腹面具穗状须 ·· 足沟鱼属 Podothecus
2（1）口端位，上下颌等长
3（4）体细长，侧扁；第一背鳍具4~6鳍棘 ··· 隆背八角鱼属 Percis
4（3）体高，颇侧扁；第一背鳍具7~11鳍棘 ··· 高体八角鱼属 Hypsagonus

高体八角鱼属 Hypsagonus Gill，1861

斑鳍高体八角鱼 H. proboscidalis（Valenciennes，1858）（图1745）。冷水性小型海洋鱼类。生活于岩礁或海藻丛中，栖息水深10~102m。体长170mm。分布：东海；朝鲜半岛、日本，鄂霍次克海。

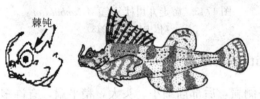

图1745　斑鳍高体八角鱼 H. proboscidalis
（依中坊等，2013）

隆背八角鱼属 Percis Walbaum，1792

松原隆背八角鱼 P. matsuii Matsubara，1936（图1746）。冷水性小型底层海洋鱼类。栖息于水深150~300m的岩礁及沙泥底质海域。体长200mm。分布：黄海；日本。标本采自黄海北部外海，颇罕见。

图1746　松原隆背八角鱼 P. matsuii
（依中坊等，2013）

足沟鱼属 Podothecus Gill，1861
种 的 检 索 表

1（2）第二背鳍具12~14鳍条；臀鳍具13~17鳍条 ··· 帆鳍足沟鱼
P. sachi（Jordan & Snyder，1901）（图1747）。冷水性小型底层海洋鱼类。栖息于水深8~432m的岩礁及沙泥底质海域。体长350mm。分布：黄海；朝鲜半岛东岸、日本、彼得大帝湾。标本采自黄海北部外海，颇罕见。

吻部腹须丛状

图 1747　帆鳍足沟鱼 *P. sachi*

（依中坊等，2013）

2（1）第二背鳍具 5～9 鳍条；臀鳍具 6～11 鳍条 ·· **似鲟足沟鱼**
P. sturioides（Guichenot，1869）（图 1748）。冷水性小型底层海洋鱼类。栖息于水深 10～150m
的岩礁及沙泥底质海域。体长 260mm。分布：黄海；朝鲜半岛东岸、日本、鄂霍次克海、千岛
群岛。

图 1748　似鲟足沟鱼 *P. sturioides*

（依中坊等，2013）

191. 隐棘杜父鱼科 Psychrolutidae

体较长，粗大，亚圆筒形。头部宽大，头上棘棱有或无，体自头后渐细。眼间隔宽平，大于眼径。
口宽大，端位。皮肤疏松，常将背、臀鳍鳍棘、鳍条部都包在皮下。体上无鳞，或有带刺的小骨板。头
部皮瓣有或无。侧线退化，有 20 或 20 以下侧线孔。上下颌有数行圆锥形齿，犁骨齿有或无，腭骨通常
无齿。有 1～2 眶后骨。背鳍低长，连续，鳍棘常隐于皮下，仅端部露出；臀鳍无鳍棘，鳍条埋于皮下，
仅端部露出；腹鳍小，细长，亚胸位，具 1 鳍棘、3 鳍条，鳍条均埋皮下。鳃盖条 7。

栖息于浅水至水深 2 800m 的深海底层鱼类。分布：印度洋、太平洋和大西洋。

本科有 8 属 38 种（Nelson et al.，2016）；中国有 1 属 3 种。

隐棘杜父鱼属 Psychrolutes Günther，1861
种 的 检 索 表

1（2）体具许多肉质突起；体及各鳍具不规则暗色横带 ······························ **寒隐棘杜父鱼**
P. paradoxus Günther，1861（图 1749）。海洋底层小型鱼类。栖息于水深 0～1 100m 的海域。
体长 50mm。分布：黄海；朝鲜半岛东部、日本、千岛群岛。

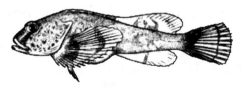

图 1749　寒隐棘杜父鱼 *P. paradoxus*

（依 Jordan，1904）

2（1）体无许多肉质突起；体及各鳍无不规则暗色横带
3（4）头部具许多分散的小皮瓣；体具侧线；胸鳍具 23～26 鳍条·························· **变色隐棘杜父鱼**
P. phrictus Stein & Bond，1978（图 1750）。海洋底层中大型深海鱼类。栖息于大陆架水深480～
2 800m 的海域。体长 600mm。分布：东海大陆架斜坡、台湾；日本，鄂霍次克海、白令海、东
部北太平洋沿岸。

图 1750　变色隐棘杜父鱼 *P. phrictus*
（依中坊等，2013）

4（3）头部无小皮瓣；体无侧线；胸鳍具 19～24 鳍条 ·················· **大头隐棘杜父鱼**
P. macrocephalus（Gilchrist，1904）（图 1751）（syn. 光滑隐棘杜父鱼 *P. inermis* Masuda，
1984）。海洋底层中小型深海鱼类。栖息于东海水深 550～1 010m 海域。体长 410mm。分布：东
海大陆斜坡、台湾东北部海域、南海；日本、南非。标本采自南海深海 1 500m，罕见。现数量
稀少，《中国物种红色名录》列为易危 [VU] 物种。

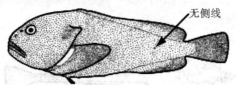

图 1751　大头隐棘杜父鱼 *P. macrocephalus*
（依中坊等，2013）

192. 圆鳍鱼科 Cyclopteridae

体呈球形，尾短小，或前部平扁，后部侧扁延长。头近圆形或宽圆，无棱和棘。第二眶下骨后突与前
鳃盖骨相连。口前位，上颌稍长。两颌齿为单尖形或三叉形齿群。腭骨和犁骨均无齿。鳃盖膜连于峡部。
皮肤光滑或被颗粒状小刺，或被骨质突起。背鳍 2 个或 1 个，短小，第一背鳍具 4～8 鳍棘，鳍棘细弱，
常隐于皮下或消失；臀鳍短或延长，具7～13 鳍条；胸鳍大，基底向前伸达头的下方；腹鳍消失，若有腹
鳍，会连成吸盘；尾鳍圆形，与背、臀鳍相连或分离。鳔有或无。通常无侧线。鳃孔小。椎骨 23～29 个。

冷水性海洋底层鱼类。分布：北半球高纬度寒冷地区，也有少数见于南极海。体长最大可
达 600mm。

本科有 6 属 27 种（Nelson et al.，2016）；中国有 3 属 3 种。

属 的 检 索 表

1（2）背鳍 1 个，第一背鳍不明显，完全埋于皮下 ·················· 圆腹鱼属 *Aptocyclus*

2（1）背鳍 2 个，第一背鳍大，突出于体背上方

3（4）体散布许多骨质小突起 ·················· 真圆鳍鱼属 *Eumicrotremus*

4（3）体皮肤圆滑，无骨质小突起 ·················· 雀鱼属 *Lethotremus*

圆腹鱼属 *Aptocyclus* De la Pylaie，1835

圆腹鱼 *A. ventricosus*（Pallas，1769）（图 1752）。冷温性海洋底层中小型鱼类。栖息于大陆斜坡水
深 0～1 700m 的海域，12月至翌年 2 月浅海岩礁处产卵。体长 30～250mm。分布：黄海；朝鲜半岛中
部东岸、日本、千岛群岛。标本采自黄海北部外海，罕见。

图 1752　圆腹鱼 *A. ventricosus*
（依中坊等，2013）

真圆鳍鱼属 *Eumicrotremus* Gill，1862

太平洋真圆鳍鱼 *E. pacificus* Schmidt，1904（图 1753）。冷温性海洋底层小型鱼类。栖息于大陆架斜坡水深 16～232m 的海域。体长 62mm。分布：东海东北部；日本、彼得大帝湾、千岛群岛。

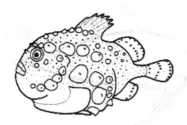

图 1753　太平洋真圆鳍鱼 *E. pacificus*
（依中坊等，2013）

雀鱼属 *Lethotremus* Gilbert，1896

雀鱼 *L. awae* Jordan & Snyder，1902（图 1754）。冷温性海洋底层小型鱼类。栖息于近海水深 20m 以浅水域。体长 20mm。分布：渤海、黄海（烟台）、东海北部；日本、千岛群岛。

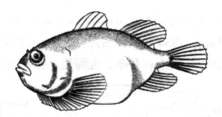

图 1754　雀鱼 *L. awae*

193. 狮子鱼科 Liparidae

体前部宽扁粗大，后部侧扁，延长。体无鳞，皮肤松软，光滑或具颗粒状小棘，无骨质瘤状突起。少数有棘突。侧线退化。口中大，前位，上颌稍突出。鼻孔 2 个，极少为 1 个。两颌齿细尖或三叉状，排列成齿带，犁骨、腭骨无齿。鳃孔中大。鳃盖条 6。有或无假鳃。背鳍 1 个，延长，连续或具一缺刻，鳍棘细弱，具 28～82 鳍条；臀鳍具 24～76 鳍条。背鳍、臀鳍均甚长，与尾鳍相连，或接近尾鳍。胸鳍宽大，向前可伸达喉部；腹鳍前胸位，愈合为一吸盘，一些种类无腹鳍。椎骨 36～86 个。

冷水性海洋底层鱼类。栖息于水域由浅水直至水深 7 000m 以上深海，近年在马里亚纳海沟水深 8 143m 的海域还发现狮子鱼。分布在北半球高纬度寒冷地区的北太平洋、北大西洋，也有少数见于南大西洋及南极海、南非及红海。体长最大可达 800mm。

本科有 32 属 407 种（Nelson et al.，2016）；中国有 3 属 8 种。

属 的 检 索 表

1（2）无腹吸盘；鳃孔下端位于胸鳍起点上方；胸鳍不分成两部分 ┄┄┄┄┄ **副狮子鱼属 *Paraliparis***
2（1）具腹吸盘
3（4）鼻孔 1 对；无假鳃；肛门位于鳃孔下方或稍前；胸鳍鳍条数少于臀鳍鳍条数；上下颌齿为犬齿状、棒状、圆形、三叶形，排列成齿带；腹吸盘较小，为头长的2.7%～5.6% ┄┄┄┄┄┄┄┄┄┄┄┄┄┄┄┄┄┄┄┄┄┄┄┄┄┄┄┄┄┄┄┄┄┄┄ **短吻狮子鱼属 *Careproctus***
4（3）鼻孔 2 对；具假鳃；肛门位于鳃孔至臀鳍起点中间的下方；胸鳍鳍条数多于臀鳍鳍条数 ┄┄ **狮子鱼属 *Liparis***

短吻狮子鱼属 *Careproctus* Kroyer，1862

圆头短吻狮子鱼 *C. cyclocephalus* Kido，1983（图 1755）。冷水性中型底层深海鱼类。栖息于水深 380～950m 的沙泥底质海域。体长 88～200mm。分布：渤海、黄海；日本、鄂霍次克海。标本采自大连外海，罕见。

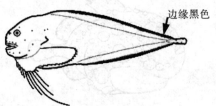

边缘黑色

图 1755　圆头短吻狮子鱼 *C. cyclocephalus*
（依中坊等，2013）

狮子鱼属 *Liparis* Scopoli，1777
种 的 检 索 表

1（4）胸鳍具深缺刻

2（3）背鳍具 32～35 鳍条；臀鳍具 25～28 鳍条 ·························· **长体狮子鱼**
L. bikunin Matsubara & Iwai，1954（图 1756）。冷水性小型底层鱼类。栖息于浅海沙泥底质的海域。体长 70～100mm。分布：黄海；日本、北海道。标本采自辽宁獐子岛，颇罕见。

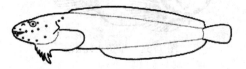

图 1756　长体狮子鱼 *L. bikunin*
（依中坊等，2013）

3（2）背鳍具 36～38 鳍条；臀鳍具 29～31 鳍条·························· **烟台狮子鱼（网纹狮子鱼）**
L. chefuensis Wu & Wang，1933（图 1757）（syn. 赵氏狮子鱼 *L. choanus* Wu & Wang，1933）。冷水性小型底层鱼类。栖息于浅海潮间带沙泥底质的海域。活动能力差，能在急流中用腹鳍吸盘吸附于岩石上，以防被流水冲走。体长 100mm。分布：黄海（山东烟台）。现数量稀少，《中国物种红色名录》列为易危［VU］物种。

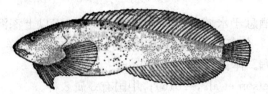

图 1757　烟台狮子鱼（网纹狮子鱼）*L. chefuensis*

4（1）胸鳍无缺刻或仅在幼鱼时存在

5（6）尾鳍基底附近具显著白斑·························· **田中狮子鱼** *L. tanakae*（Gilbert & Burke，1912）
（图 1758）。冷水性中大型底层鱼类。栖息于水深 50～121m 的浅海潮间带沙泥底质海域。活动能

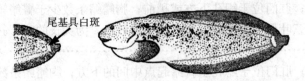

尾基具白斑

图 1758　田中狮子鱼 *L. tanakae*
（依中坊等，2013）

力差，能在急流中用腹鳍吸盘吸附于岩石上，以防被流水冲走。体长 474mm。分布：渤海、黄海、东海；朝鲜半岛西岸、日本、彼得大帝湾。

6（5）尾鳍基底附近无白斑

7（8）背鳍具 35～36 鳍条；臀鳍具 30 鳍条；胸鳍具 37 鳍条·······················**河北狮子鱼**
L. petschiliensis（**Rendahl，1926**）。冷水性中小型底层鱼类。栖息于浅海潮间带沙泥底质的海域。分布：渤海北戴河。该种为 Anderson 于 1919 年 5 月采自北戴河，共 4 尾标本，体长 105～144mm。1926 年由 Rendahl 命名，其后再未被发现。

8（7）背鳍具 41～43 鳍条；臀鳍具 31～36 鳍条；胸鳍具 42～47 鳍条

9（10）体具小刺；头、体具褐色宽横斑多条；幼鱼胸鳍无缺刻···············**丁氏狮子鱼**
D. dingi Wu，2020（图 1759）[syn. 斑纹狮子鱼* *L. maculates* Ding，1987]。冷水性中小型底层鱼类。栖息于浅海潮间带沙泥底质海域。体长 72～468mm。分布：黄海北部和辽东湾。标本采自大连黑石礁，罕见。

图 1759　丁氏狮子鱼 *D. dingi*

10（9）体光滑；头、体密具褐色细斑点；幼鱼胸鳍有缺刻···············**黄海狮子鱼（点纹狮子鱼）**
L. newmani Cohen，1960（图 1760）。冷水性中小型底层鱼类。栖息浅海潮间带沙泥底质的海域。体长 63～179mm。分布：黄海北部和辽东湾南部；朝鲜半岛。

图 1760　黄海狮子鱼（点纹狮子鱼）*L. newmani*
（依丁耕芜，1987）

副狮子鱼属 *Paraliparis* Collett，1879

南方副狮子鱼 *P. meridionalis* Kido，1985（图 1761）。冷水性中小型底层鱼类。栖息于水深 600～932m 的沙泥底质海域。体长 149mm。分布：东海深海冲绳海沟；日本。现数量稀少，《中国物种红色名录》列为易危[VU]物种。

图 1761　南方副狮子鱼 *P. meridionalis*

豹鲂鮄亚目（飞角鱼亚目）DACTYLOPTEROIDEI

体长形，方柱形。头部被骨板包围；具眼下骨架，但左右鼻骨已愈合成一单独的骨片。有 2 对骨板

---

* 原为丁氏命名的斑纹狮子鱼 *L. maculatus* Ding，1987，因是无效种，现将它改为丁氏狮子鱼新种 *Liparis dingi* New species Wu，2020。

斑纹狮子鱼的拉丁学名 *L. maculatus* Ding 为丁耕芜于 1987 年发表于《辽宁动物志鱼类》的一个新种。由于该拉丁学名 *L. maculatus* 已于 1865 年为 Malm 所先据，因此丁氏的斑纹狮子鱼命名为无效，需重新定名。现将斑纹狮子鱼 *L. maculatus* 的拉丁学名改为丁氏狮子鱼新种 *Liparis dingi* Wu，2020，以纪念丁耕芜在研究中国狮子鱼属分类学方面的贡献。

被感觉管穿过，后一对较大。在第一眶下骨与前鳃盖骨之间有一块小骨，无感觉管穿过。第一眶下骨在腹侧与前鳃盖骨相连。无中筛骨及后耳骨，副蝶骨与额骨相接，并有骨缝与翼蝶骨相连。前方3椎骨由骨缝固结在一起。无背肋，有腹肋。鳞片坚硬。背鳍第一鳍棘游离，很长，大于头长许多。胸鳍很大，宽长，向后伸达尾鳍基。椎骨22。

分布：印度-太平洋，大西洋热带、亚热带的海洋底层鱼类。

194. 豹鲂鮄科（飞角鱼科）Dactylopteridae

体延长，方柱形。头大，方形，表面几全被骨板所包。口小，下颌短，两颌有粒状齿。鼻骨、眶前骨及头顶骨骼连在一起成头甲，在项顶每侧向后生出一骨棱，后端各成一强棘。前鳃盖骨向后有一强棘。体被有强棱的骨质鳞。背鳍2个，第一背鳍常有1～2游离鳍棘，第一、二背鳍间有一不能活动的鳍棘；胸鳍长大，自基端附近分成两个部分，前部长约等于头长，约有6鳍条，后部长大于头长的2倍，鳍条细，不分支；腹鳍胸位，1～4鳍条；尾鳍后端凹月形。幽门盲囊很多。椎骨22。

热带、亚热带海洋底栖性鱼类。平时在沙地上利用胸鳍下部及腹鳍的交替运动而在海底"爬行"，一旦遇到危险时，则使用翅状胸鳍快速摆动而逃离；也会利用腹鳍及宽大延长的胸鳍，跃出水面于空中"滑翔"，展开双翅，做上下振动，飞行方式较粗笨，不如飞鱼有力。此外，也会利用舌颌骨摩擦而发声。幼鱼胸鳍短，头部棘发达，此时被称为"棘头期"（cephalacanthus），它们可能行漂浮性生活。

本科有2属7种（Nelson et al.，2016）；中国有3属4种。

属的检索表

1（4）背鳍第一和第二鳍棘游离
2（3）侧线明显 ······ 侧线豹鲂鮄属 *Ebisinus*
3（2）侧线不明显 ······ 豹鲂鮄属（飞角鱼属）*Dactyloptena*
4（1）背鳍第一鳍棘游离 ······ 单棘豹鲂鮄属 *Daicocus*

豹鲂鮄属（飞角鱼属）*Dactyloptena* Jordan & Richardson，1908
种的检索表

1（2）吻较长；臀鳍后方具黑斑 ······ 东方豹鲂鮄（东方飞角鱼）**D. orientalis（Cuvier，1829）**（图1762）。热带、亚热带海洋底层鱼类。栖息于大陆架沙泥底质水深10～100m的海域。体长300～400mm。分布：台湾澎湖列岛、南海；日本、夏威夷，印度-西太平洋。较少见，无食用价值。

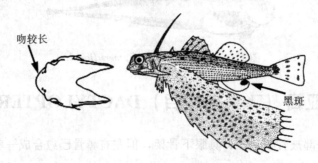

图1762　东方豹鲂鮄（东方飞角鱼）*D. orientalis*
（依中坊等，2013）

2（1）吻较短；臀鳍后方无黑斑 ······ 吉氏豹鲂鮄（吉氏飞角鱼）**D. gilberti** Snyder，1909（图1763）。热带、亚热带海洋底层鱼类。栖息于大陆架沙泥底质水深20～71m的海域。体长200～250mm。分布：台湾澎湖列岛、南海；日本，印度-西太平洋。较少见，无食用价值。

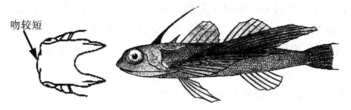

图 1763　吉氏豹鲂鮄（吉氏飞角鱼）D. gilberti

（依中坊等，2013）

单棘豹鲂鮄属 *Daicocus* Jordan & Richardson，1908

单棘豹鲂鮄（单棘飞角鱼）*D. peterseni*（Nyström，1887）（图 1764）。热带、亚热带海洋底层鱼类。栖息于大陆架沙泥底质水深 50～210m 的海域。体长 300～400mm。分布：东海深海、台湾澎湖列岛、南海；日本、南非。中小型鱼类，除学术研究外，无食用价值。

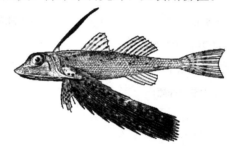

图 1764　单棘豹鲂鮄（单棘飞角鱼）D. peterseni

（依李思忠，1962）

侧线豹鲂鮄属 *Ebisinus* Jordan & Richardson，1908

侧线豹鲂鮄 *E. cheirophthalmus*（Bleeker，1854）（图 1765）。栖息于近海底层的暖水性中小型海洋鱼类。食虾类及底栖无脊椎动物。胸鳍翼状，略能滑翔。吻突扁平，可犁土觅食。胸鳍前部短小鳍条用于爬行。鳔能发声。体长 160mm。分布：台湾高雄。数量少，无食用价值。

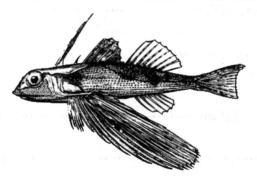

图 1765　侧线豹鲂鮄 E. cheirophthalmus

（依 Jordan，1904）

四十六、鲈形目 PERCIFORMES

鲈形目是现存真骨鱼类中种类和数量最多的一目，广泛分布于海洋及淡水水域内。海洋中的很多鱼类都归属于本目。在热带和亚热带的淡水水域中，鲈形目也占了很大的优势。随着纬度增高，本目在整个动物区系中所占的比重相应地减少。

本目为多源性类群，很难用单一的特性来列举其鉴别特征，与低等真骨鱼类和鲈形目鱼类区别的主要特征见表。

鲈亚目 Percoidei 和虾虎鱼亚目 Gobioidei 为最大的两个亚目。最大的科为虾虎鱼科 Gobiidae，其次为隆头鱼科 Labridae、鳚科 Blennidae、雀鲷科 Pomancentridae、石首鱼科 Sciaenidae 和天竺鲷科 Apogonidae，鲈形目一半以上的种类隶属于这 6 个科。75％的鲈形目为海洋鱼类，14％左右属于淡水水域的种类。

全世界包括 62 科约 365 属 2 248 种（Nelson et al.，2016）。

低等真骨鱼类和鲈形目鱼类区别的主要特征

	低等真骨鱼类	鲈形目
鳍棘	无	有
背鳍数	1 个，可能还有脂鳍	2 个，无脂鳍
鳞	圆鳞	栉鳞或无鳞
腹鳍位置	腹位	若具腹鳍，则为胸位或喉位
腹鳍条	6 或更多软鳍条	1 鳍棘及 5 软鳍条，有时更少
胸鳍基	位腹侧，水平形	侧位，垂直
上颌边缘的组成部分	有前颌骨及上颌骨	前颌骨
鳔	具鳔管（开鳔）	无鳔管（闭鳔）
眶蝶骨	有	无
中乌喙骨	有	无
肌间骨	有	无
成年鱼骨中骨细胞	有	无
尾鳍主要鳍条	常为 18 或 19	不多于 17，常更少

亚目的检索表

1（4）左右腹鳍接近，大多愈合成吸盘
2（3）体通常前部圆柱状或侧扁；通常有鳞 ·············· 虾虎鱼亚目 GOBIOIDEI
3（2）体前部平扁；光滑无鳞 ·············· 喉盘鱼亚目 GOBIESOCOIDEI
4（1）左右腹鳍不显著接近，不愈合成吸盘
5（6）食道具侧囊，囊内有乳突 ·············· 鲳亚目 STROMATEOIDEI
6（5）食道无侧囊
7（8）上颌骨固着于前颌骨，不能活动 ·············· 鲭亚目 SCOMBROIDEI
8（7）上颌骨不固着于前颌骨
9（10）尾柄具骨板或棘 ·············· 刺尾鱼亚目 ACANTHUROIDEI
10（9）尾柄无骨板或棘
11（16）腹鳍胸位
12（13）口大，水平或垂直，上位 ·············· 龙䲢亚目（鳄䲢亚目）TRACHINOIDEI
13（12）口中大，端位
14（15）左右下咽骨愈合 ·············· 隆头鱼亚目 LABROIDEI
15（14）左右下咽骨不愈合 ·············· 鲈亚目 PERCOIDEI
16（11）腹鳍喉位或无腹鳍
17（18）鼻孔每侧 1 个 ·············· 绵鳚亚目 ZOARCOIDEI
18（17）鼻孔每侧 2 个
19（22）腹鳍鳍条 5 枚

20（21）头部平扁 ⋯⋯⋯⋯⋯⋯⋯⋯⋯⋯⋯⋯⋯⋯⋯⋯⋯⋯⋯⋯⋯⋯⋯⋯ 鲻亚目 CALLIONYMOIDEI
21（20）头部侧扁 ⋯⋯⋯⋯⋯⋯⋯⋯⋯⋯⋯⋯⋯⋯⋯⋯⋯⋯⋯⋯⋯⋯⋯⋯ 羊鲂亚目 CAPROIDEI
22（19）腹鳍鳍条 1～4 枚；头部侧扁 ⋯⋯⋯⋯⋯⋯⋯⋯⋯⋯⋯⋯⋯⋯ 鳚亚目 BLENNIOIDEI

鲈亚目 PERCOIDEI

背鳍鳍棘一般发达。腹鳍胸位或喉位，不呈吸盘状。上颌骨不固着于前颌骨。第三眶下骨不与前鳃盖骨连合。鼻骨不与额骨相缝合。无眶蝶骨。中筛骨直接伸达犁骨，不形成眼间隔。无鳃上器官。

本亚目是鲈形目中最大的亚目，约 75％为海洋鱼类。

全世界有 46 科 319 属 2 095 种（Nelson et al.，2016）。

科 的 检 索 表

1（4）头背部具发达的黏液腔
2（3）臀鳍具 3 鳍棘，25～28 鳍条 ⋯⋯⋯⋯⋯⋯⋯⋯⋯⋯ 乳香鱼科（乳鲭科）Lactariidae
3（2）臀鳍具 1～2 鳍棘，6～13 或 16～23 鳍条 ⋯⋯⋯⋯⋯⋯⋯ 石首鱼科 Sciaenidae
4（1）头背部无黏液腔
5（6）无腹鳍或仅留痕迹 ⋯⋯⋯⋯⋯⋯⋯⋯⋯⋯ 大眼鲳科（银鳞鲳科）Monodactylidae
6（5）具腹鳍
7（8）第一背鳍特化为长椭圆形吸盘 ⋯⋯⋯⋯⋯⋯⋯⋯⋯⋯⋯⋯ 䲟科 Echeneidae
8（7）第一背鳍正常，不特化为吸盘
9（10）胸鳍下部有丝状游离鳍条 ⋯⋯⋯⋯⋯⋯⋯⋯⋯⋯⋯⋯⋯ 马鲅科 Polynemidae
10（9）胸鳍下部无丝状游离鳍条
11（112）腹鳍位于胸鳍下方
12（17）侧线在体侧后半部急遽下降或中断为二
13（16）背鳍具 10 鳍棘以下
14（15）背鳍具 2～3 鳍棘 ⋯⋯⋯⋯⋯⋯⋯⋯⋯⋯⋯⋯ 拟雀鲷科 Pseudochromidae
15（14）背鳍具 7 鳍棘以上 ⋯⋯⋯ 鮨科 Serranidae（拟线鲈属 *Pseudogramma*、少孔纹鲷属 *Aporops*）
16（13）背鳍具 11～18 鳍棘 ⋯⋯⋯⋯⋯⋯⋯⋯⋯⋯⋯ 鮻科（七夕鱼科）Plesiopidae
17（12）侧线在体侧后半部不急遽下降，不中断
18（19）下颌前端有 1 对触须 ⋯⋯⋯⋯⋯⋯⋯⋯⋯⋯ 羊鱼科（髭鲷科）Mullidae
19（18）下颌前端无须
20（23）上下颌可向前方伸出
21（22）鳞小，头部无鳞 ⋯⋯⋯⋯⋯⋯⋯⋯⋯⋯⋯⋯⋯ 鰏科 Leiognathidae
22（21）鳞大，头部具鳞 ⋯⋯⋯⋯⋯⋯⋯⋯⋯⋯⋯ 银鲈科（钻嘴鱼科）Gerreidae
23（20）上下颌不伸出
24（27）胸鳍下部鳍条肥厚，延长
25（26）第一背鳍具 14～22 鳍棘 ⋯⋯⋯⋯⋯⋯⋯⋯⋯⋯ 唇指鮨科 Cheilodactylidae
26（25）第一背鳍具 10 鳍棘 ⋯⋯⋯⋯⋯⋯⋯⋯⋯⋯⋯⋯⋯ 鮨科 Cirrhitidae
27（24）胸鳍下部鳍条正常
28（57）上颌骨被眶前骨所遮盖
29（32）臀鳍具 2 鳍棘
30（31）第二背鳍与臀鳍基底较长 ⋯⋯⋯⋯⋯⋯⋯⋯⋯⋯⋯ 鱚科 Sillaginidae
31（30）第二背鳍与臀鳍基底较短 ⋯⋯⋯⋯ 后竺鲷科（深海天竺鲷科）Epigonidae
32（29）臀鳍具 3～5 鳍棘

33（34） 前鳃盖骨后角具 1 个强棘 ·· 刺盖鱼科 Pomacanthidae

34（33） 前鳃盖骨后角无强棘

35（36） 口小，尖突；眼位于体中线下方 ······································ 蝴蝶鱼科 Chaetodontidae

36（35） 口不呈尖突状；眼位于体中线上方

37（38） 头背部颅骨外露 ·· 五棘鲷科 Pentacerotidae

38（37） 头背部颅骨不外露

39（40） 两背鳍分离；侧线伸达尾鳍末端 ·· 双边鱼科 Ambassidae

40（39） 两背鳍连续；侧线伸达尾柄

41（42） 上下颌齿门齿状 ·· 鱾科 Kyphosidae

42（41） 上下颌齿不呈门齿状

43（44） 颊部至前鳃盖骨裸露无鳞 ········· 裸颊鲷科（龙占鱼科）Lethrinidae（裸颊鲷属 *Lethrinus*）

44（43） 颊部至前鳃盖骨裸露被鳞

45（46） 犁骨和腭骨具齿 ·· 笛鲷科 Lutjanidae

46（45） 犁骨和腭骨无齿

47（48） 眶前骨下缘具锯齿 ·· 鯻科 Terapontidae

48（47） 眶前骨下缘光滑

49（50） 眶前骨具鳞 ··· 仿石鲈科（石鲈科）Haemulidae

50（49） 眶前骨无鳞

51（52） 背鳍具 11～18 鳍棘 ·· 鲷科 Sparidae

52（51） 背鳍具 10 鳍棘

53（56） 第二背鳍鳍条 8～9 枚或 11 枚

54（55） 第二背鳍鳍条 8～9 枚 ·· 金线鱼科 Nemipteridae

55（54） 第二背鳍鳍条 12 枚 ·· 寿鱼科（扁棘鲷科）Banjosidae

56（53） 第二背鳍鳍条 10 枚 ·············· 裸颊鲷科 Lethrinidae（裸颊鲷属 *Lethrinus* 除外）

57（28） 上颌骨不被眶前骨所遮盖

58（59） 背鳍 1 个，基底短 ·· 单鳍鱼科（拟金眼鲷科）Pempheridae

59（58） 背鳍 1～2 个，若 1 个则基底长

60（109） 体长为体高的 1.7 倍

61（62） 头部平扁，体截面圆形 ·· 军曹鱼科（海鲡科）Rachycentridae

62（61） 头、体均侧扁

63（66） 侧线近体背缘

64（65） 背鳍具 11 鳍棘；臀鳍具 3 鳍棘；尾鳍凹形 ······························ 丽花鮨科 Callanthiidae

65（64） 背鳍鳍棘 III；臀鳍具 1 鳍棘；尾鳍尖突 ·································· 赤刀鱼科 Cepolidae

66（63） 侧线位于体中部

67（72） 背鳍具 0～5 鳍棘

68（71） 体延长

69（70） 背鳍起点在鳃盖上方 ·· 鲯鳅科 Coryphaenidae

70（69） 背鳍起点在鳃盖后方 ·· 弱棘鱼科 Malacanthidae

71（68） 体较高 ·· 乌鲂科 Bramidae

72（67） 背鳍具 5～15 鳍棘

73（74） 臀鳍前方具 2 个游离棘 ·· 鲹科 Carangidae

74（73） 臀鳍具 2～3 鳍棘，不呈游离棘

75（80） 臀鳍具 2 鳍棘

76（79） 背鳍鳍条 7～10 枚

77 (78) 第二背鳍鳍条 8～18 枚；椎骨 10＋14 ·························· 天竺鲷科 Apogonidae

78 (77) 第二背鳍鳍条 7 枚；椎骨 10＋15 ·························· 发光鲷科 Acropomatidae

79 (76) 背鳍鳍条 3～16 枚 ·························· 鮨科 Serranidae（黄鲈属 *Diploprion*）

80 (75) 臀鳍具 3 鳍棘

81 (82) 头部许多骨骼外露 ·························· 鳂鲈科（巨棘鲈科）Ostracoberycidae

82 (81) 头部骨骼不外露

83 (84) 颌齿愈合 ·························· 石鲷科 Oplegnathidae

84 (83) 颌齿不愈合

85 (86) 口上斜，亚下位；腹鳍大于胸鳍 ·························· 大眼鲷科 Priacanthidae

86 (85) 口端位；腹鳍小于胸鳍

87 (88) 后部下颌齿长于前部齿 ·························· 愈牙鮨科（愈齿鲷科）Symphysanodontidae

88 (87) 下颌齿等长

89 (90) 有脂眼睑 ·························· 梅鲷科（乌尾鮗科）Caesionidae

90 (89) 无脂眼睑

91 (94) 犁骨和腭骨无齿

92 (93) 前鳃盖骨边缘光滑 ·························· 谐鱼科 Emmelichthyidae

93 (92) 前鳃盖骨边缘有锯齿 ·························· 松鲷科 Lobotidae

94 (91) 犁骨和腭骨具齿

95 (98) 两背鳍基明显分离

96 (97) 第二背鳍鳍条少于 14 枚 ·························· 青鮻科 Scombropidae

97 (96) 第二背鳍鳍条 23～28 枚 ·························· 鲱科 Pomatomidae

98 (95) 两背鳍基连续或接近

99 (100) 吻部被鳞 ·························· 叶鲷科 Glaucosomidae

100 (99) 吻部无鳞

101 (102) 主鳃盖骨 1 棘；侧线达尾鳍末端 ·························· 尖吻鲈科 Latidae

102 (101) 主鳃盖骨 2～3 棘；侧线达尾柄

103 (104) 主鳃盖骨 3 棘 ·························· 鮨科 Serranidae（拟线鲈属 *Pseudogramma* 除外）

104 (103) 主鳃盖骨 2 棘

105 (106) 眶前骨下缘有锯齿 ·························· 汤鲤科 Kuhliidae

106 (105) 眶前骨下缘光滑

107 (108) 两背鳍基明显分离 ·························· 脂鲈科（真鲈科）Percichthyidae

108 (107) 两背鳍基连续 ·························· 花鲈科 Lateolabracidae

109 (60) 体长为体高的 1.4 倍

110 (111) 腹鳍与臀鳍接近；尾鳍叉形 ·························· 眼镜鱼科（眼眶鱼科）Menidae

111 (110) 腹鳍与臀鳍有一定距离；尾鳍凸形 ·························· 鸡笼鲳科 Drepaneidae

112 (11) 腹鳍位于胸鳍前方

113 (114) 背鳍基底短 ·························· 深海鲱科 Bathyclupeidae

114 (113) 背鳍基底长 ·························· 后颌鰧科 Opistognathidae

195. 双边鱼科 Ambassidae

体延长，长椭圆形或卵圆形，侧扁。头中小。眼中大。口大，斜裂。颌骨、犁骨和腭骨均具绒毛状齿，舌上有或无齿。眶前骨及前鳃盖骨均具双重边缘，具细齿或小棘；鳃盖骨后缘无棘。体被圆鳞，易脱落，颊部及鳃盖均被鳞；侧线完全或中断。背鳍 2 个，分离或相连，具深缺刻，第一背鳍具一向前平伏的倒刺，后具 6～7 鳍棘，第二背鳍具 1 鳍棘、7～11 鳍条；臀鳍具 3～4 鳍棘、7～11 鳍条；尾鳍叉形。

沿海小型至中小型鱼类。栖于咸淡水水域，有些为纯淡水鱼类。群游性。海水种广泛分布于印度-西太平洋；淡水种分布于马达加斯加岛及印度至澳大利亚的淡水域。

本科有7属50种（Nelson et al.，2016）；中国有2属8种。

属 的 检 索 表

1（2）纵列鳞25～30；颊部具鳞1～2行 ·· 双边鱼属 *Ambassis*

2（1）纵列鳞90；颊部具鳞6～7行·· 副双边鱼属 *Parambassis*

双边鱼属 *Ambassis* Cuvier，1828
种 的 检 索 表

1（2）颊部具鳞1行；侧线在体侧中部急下弯 ·· 尾纹双边鱼
 A. urotaenia Bleeker，1852（图 1766）。栖息于沿岸水深 0～10m 浅水域的潟湖、沼泽或红树林处，活动于河口咸淡水水域，也进入河川上游淡水水域。群游性。肉食性鱼类，食水生昆虫及小型鱼介贝类。体长 70～140mm。分布：台湾南部海域、南海（香港）；日本，印度-西太平洋区。小型鱼类，无食用价值。

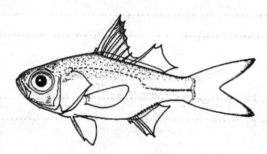

图 1766　尾纹双边鱼 A. *urotaenia*
（依林公义，2013）

2（1）颊部具鳞2行

3（8）侧线在体侧中部中断

4（5）具眶上棘；背鳍前鳞14～16 ···················· 眶棘双边鱼 *A. gumnocephalus*（Lacepède，1802）
 （图 1767）。栖息于沿岸水深 0～10m 浅水域的潟湖、沼泽或红树林处，活动于河口咸淡水水域，也进入河川上游淡水水域。群游性。食水生昆虫及小型鱼介贝类。体长 48～60mm。分布：海南岛、南海北部湾；越南、菲律宾，印度-西太平洋区。小型鱼类，无食用价值。

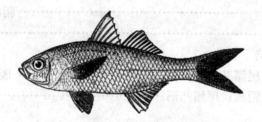

图 1767　眶棘双边鱼 A. *gumnocephalus*

5（4）无眶上棘

6（7）前鳃盖骨下缘呈较弱锯齿状，并具一尖棘 ·· 布鲁双边鱼
 A. buruensis Bleeker，1856（图 1768）。栖息于沿岸水深 0～10m 浅水域的潟湖、沼泽或红树林处，活动于河口咸淡水水域，也进入河川上游淡水水域。群游性。肉食性鱼类，食水生昆虫及小型鱼介贝类。体长 82mm。分布：台湾澎湖列岛及小琉球海域；日本，印度-西太平洋区。小型鱼类，无食用价值。

7（6）前鳃盖骨下缘呈稍强锯齿状，无尖棘；体较高，体长为体高的 2.2～2.3 倍·········

前鳃盖骨下缘具尖棘

图 1768　布鲁双边鱼 A. buruensis

（依林公义，2013）

……**断线双边鱼 A. interrupta Bleeker，1852**（图 1769）。栖息于沿岸水深 0～10m 浅水域的潟湖、沼泽或红树林处，活动于河口咸淡水域，也进入河川上游淡水域。群游性。肉食性鱼类，食水生昆虫及小型鱼介贝类。体长 120mm。分布：台湾西南部及东北部海域；日本，印度-西太平洋区。小型鱼类，无食用价值。

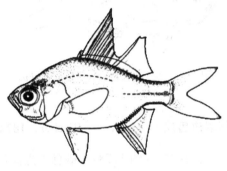

图 1769　断线双边鱼 A. interrupta

（依林公义，2013）

8（3）侧线连续，不中断

9（10）背鳍第二至第四鳍棘的鳍膜上具一大黑斑 ……………… **古氏双边鱼 A. kopsi Bleeker，1858**（图 1770）。栖息于沿岸水深 0～10m 浅水域的潟湖、沼泽或红树林礁区、沙泥底处，活动于河口咸淡水域，也进入河川上游淡水域。群游性。肉食性鱼类，食水生昆虫及小型鱼介贝类。体长 103mm。分布：海南岛；菲律宾、印度尼西亚，印度-西太平洋区。小型鱼类，无食用价值。

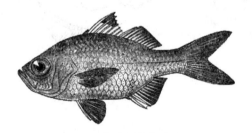

图 1770　古氏双边鱼 A. kopsi

10（9）背鳍第二至第四鳍棘的鳍膜上无大黑斑

11（12）背鳍前鳞 14（13～15）；尾鳍后缘黑色 …………… **小眼双边鱼 A. miops Günther，1872**（图 1771）。栖息于沿岸水深 0～10m 浅水域的潟湖、沼泽或红树林礁区、沙泥底处，活动于河口咸淡水域，也进入河川上游淡水域。群游性。肉食性鱼类，食水生昆虫及小型鱼介贝类。体长 103 mm。分布：台湾南部海域、南海（香港）；日本、萨摩亚，印度-西太平洋区。小型鱼类，无食用价值。

12（11）背鳍前鳞 18（17～20）；尾鳍后缘浅色 ………………………………… **大棘双边鱼 A. macracanthus Bleeker，1849**（图 1772）。栖息于沿岸水深 0～10m 浅水域的潟湖、沼泽、

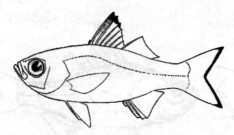

图 1771　小眼双边鱼 A. miops

礁沙混合区或红树林处，活动于河口咸淡水域，也进入河川上游淡水域。群游性。肉食性鱼类，食水生昆虫及小型鱼介贝类。体长 103mm。分布：台湾南部海域、南海（香港）；日本、萨摩亚，印度-西太平洋区。小型鱼类，无食用价值。

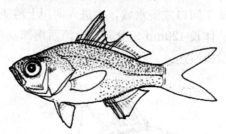

图 1772　大棘双边鱼 A. macracanthus
（依林公义，2013）

副双边鱼属 Parambassis Bleeker，1874

蛙副双边鱼 P. ranga（Hamilton，1822）（图 1773）。栖息于近海沿岸水深 0～10m 浅水域的潟湖、沼泽、沙泥底、礁沙混合区或红树林处，活动于河口咸淡水域，也进入河川上游淡水域。群游性。肉食性鱼类，食水生昆虫及小型鱼介贝类。体长 80mm。分布：台湾西南部海域；日本，印度-西太平洋区。小型鱼类，无食用价值。为水族馆的观赏鱼类。

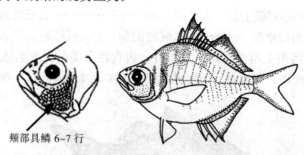

颊部具鳞 6~7 行

图 1773　蛙副双边鱼 P. ranga
（依林公义，2013）

196. 尖吻鲈科 Latidae

体延长，侧扁。体被薄栉鳞。口中大，下颌微突出。有辅上颌骨。吻较钝尖。两颌具细齿。前鳃盖骨边缘锯齿有或无。假鳃小或无。鳃耙长。鳃盖条 7。鳃盖膜分离，不与峡部相连。两背鳍间具大凹缺，不完全分离；若完全分离，两背鳍的中间具一或二独立的游离棘。臀鳍具 3 鳍棘、8～13 鳍条；尾鳍圆形。椎骨 25 枚。

沿岸海洋鱼类，也栖息于咸淡水及生活于淡水河川中。本科海水种广泛分布于印度-西太平洋及非洲。

本科有 3 属 13 种（Nelson et al.，2016）；中国有 2 属 3 种。

属 的 检 索 表

1（2）下颌较长，突出于上颌；舌上无齿；前鳃盖骨下缘有棘；两鼻孔接近；上颌后端伸越眼后缘下方；侧线有孔鳞 60～63 ·· **尖吻鲈属 Lates**

2（1）上颌较长，突出于下颌；舌上具齿；前鳃盖骨下缘无棘；二鼻孔分离远；上颌后端伸达眼的下

方；侧线有孔鳞 48～49 ·· **沙鲈属 Psammoperca**

尖吻鲈属 *Lates* Cuvier, 1828
种 的 检 索 表

1（2）背鳍具 7～9 鳍棘、10 或 11 鳍条；臀鳍具 3 鳍棘、7 或 8 鳍条，第三鳍棘较第二鳍棘长··········
··············**尖吻鲈 *L. calcarifer*（Bloch, 1790）**（图 1774）。热带及亚热带沿岸海域广盐性鱼类。
栖息于沿岸礁石与泥沙交汇处，活动于半淡咸水水域，也溯入淡水河川。体长 140～275mm，最大可
达 2m。分布：台湾西南部海域、南海（广东沿岸）；印度尼西亚、菲律宾，印度-西太平洋。供食用，
具经济价值，东南亚重要养殖鱼类，不耐低温，我国台湾南部养殖较多。可清蒸、红烧或煮汤食用。

图 1774　尖吻鲈 *L. calcarifer*
（依成庆泰等，1962）

2（1）背鳍具 7～9 鳍棘、11 鳍条；臀鳍具 3 鳍棘、8 鳍条，第二鳍棘较第三鳍棘长··························
······**日本尖吻鲈 *L. japonicas*（Katayama & Taki, 1984）**（图 1775）。栖息于热带、亚热带沿岸
大型海洋鱼类。生活于沿岸、河口、淡水底层海域。体长可达 1.1m。分布：原产日本，近年也
偶见于中国广东沿岸，是否为人工引入种待查；日本，印度-西太平洋。食用鱼类。

图 1775　日本尖吻鲈 *L. japonicas*
（依波户冈，2013）

沙鲈属 *Psammoperca* Richardson，1844

红眼沙鲈 *P. waigiensis*（Cuvier，1828）（图 1776）。热带、亚热带水深 0～40m 的中小型海洋鱼类。
栖息于沿岸礁沙混合区或海藻床水域，也可出现于河口域。白天躲于洞穴或石缝间，晚上外出觅食，食
鱼类及甲壳类。体长 140～275mm。分布：台湾海域、海南岛；日本，印度-西太平洋。

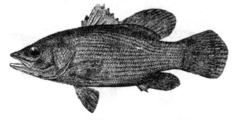

图 1776　红眼沙鲈 *P. waigiensis*
（依成庆泰等，1962）

197. 鮨鲈科（真鲈科）Percichthyidae

体侧扁而稍延长，主鳃盖骨上有 2 棘，前鳃盖骨有锯齿状突起。下颌稍长于上颌。背鳍深缺刻出现在鳍棘后端，或完全分成鳍棘部与鳍条部，鳍棘有 2～12，鳍条则为 8～38；臀鳍具 3 鳍棘、7～13 鳍条；腹鳍为喉位，有 1 鳍棘、5 鳍条；尾鳍分叉状。

本科为海洋鱼类。分布：世界三大洋，淡水鱼分布于澳大利亚及南美洲。

本科有 9 属 24 种（Nelson et al.，2016）；中国有 4 属 13 种。

属 的 检 索 表

1（2）下鳃盖骨具 2 棘，前鳃盖骨具明显的棘 ·············· 深海拟野鲈属 *Bathysphyraenops*

2（1）下鳃盖骨具 1 棘，前鳃盖骨的棘短而不显著 ·············· 尖棘鲷属 *Howella*

深海拟野鲈属 *Bathysphyraenops* Parr，1933

深海拟野鲈 *B. simplex*（Parr，1933）（图 1777）。栖息于热带深海水深 100～2 000m 的小型海洋鱼类，生活于深海底层沙泥底水域。体长 90mm。分布：东海、台湾南部海域、东沙群岛海域；日本，印度-太平洋、大西洋。无经济价值。

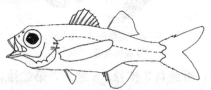

图 1777 深海拟野鲈 *B. simplex*

尖棘鲷属 *Howella* Ogilby，1899
种 的 检 索 表

1（2）下鳃盖骨的棘大而长，鳞片上的棘强且分布域广 ·············· **腭齿尖棘鲷**
H. zina（Fedoryako，1976）（图 1778）。栖息于外洋深海水深 322～677m 的小型海洋鱼类，生活于深海沙泥底水域。体长 80mm。分布：东海、台湾东北及南部海域；日本、西-北太平洋。

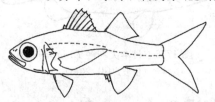

图 1778 腭齿尖棘鲷 *H. zina*
（依 Fedoryako，1976）

2（1）下鳃盖骨的棘中等大，鳞片上的棘细小，仅存在于鳞片后方的边缘 ··············
舍氏尖棘鲷 H. sherborni（Norman，1930）（图 1779）。栖息于温带外洋深海水深 1 500～2 700m 的

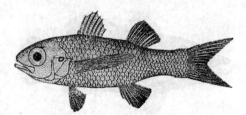

图 1779 舍氏尖棘鲷 *H. sherborni*
（依 Norman，1930）

小型海洋鱼类，生活于深海水域。体长 80mm。分布：东海；澳大利亚，三大洋热带及温带海域。

198. 花鲈科 Lateolabracidae

体延长，侧扁。鳃盖具 2 棘。口中大，斜裂，下颌稍突出，有辅上颌骨。两颌、犁骨、腭骨均有绒毛状齿。前鳃盖骨后缘具锯齿。鳃耙细长。体及头部被小栉鳞或小圆鳞。侧线完整，延伸至尾鳍后缘。背鳍 2 个，基部相连，第一背鳍具鳍棘 12～16，第二背鳍具 1 鳍棘、12～16 鳍条；臀鳍具 3 鳍棘、7～9 鳍条。鳃盖条 7。椎骨 25。

本科分布于亚洲的花鲈属（Lateolabrax）有 3 种，也是较具争议之属，现将其独立成 1 科。中国有产。

花鲈属 *Lateolabrax* Bleeker，1857
种 的 检 索 表

1（2）尾柄宽短；背鳍具 15～16（14 稀见）鳍条；尾鳍后缘浅凹 ……………………………… **宽花鲈**
　　　　L. latus Katayama，1957（图 1780），栖息于淡、咸水交汇区近岸浅海的中下层鱼类，活动于具流动水流的礁区。中大型，体长者可达 800mm。分布：东海；日本。供食用。

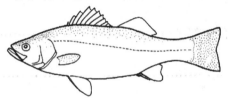

图 1780　宽花鲈 *L. latus*
（依波户冈，2013）

2（1）尾柄细长；背鳍具 12～14（15 稀见）鳍条；尾鳍后缘凹入略深

3（4）体无大黑斑（但体长小于 250mm 的某些个体有时具等于或小于鳞片的小黑点）；吻稍长 ……
　　　　………………………… **日本花鲈 L. japonicas（Cuvier，1829）**（图 1781）。栖息于近岸浅海岩礁区的中下层鱼类，幼鱼活动于淡咸水水域的礁区。中大型，体长者可达 800mm。分布：东海沿岸；朝鲜半岛南岸、日本。供食用。

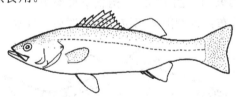

图 1781　日本花鲈 *L. japonicas*
（依波户冈，2013）

4（3）体具大黑斑（黑斑大于鳞片）；吻稍短 ……………………………………………… **中国花鲈**
　　　　L. maculates（McCllelland，1844）（图 1782）。栖息于水深 5～30m 的淡咸水交汇区近岸浅海的中下层鱼类，活动于具流动水流的礁区。常上溯至淡水域觅食，能在纯淡水中生活。每年春夏之际，幼鱼上溯；而在冬季时降河游回大洋。性凶猛，食鱼、虾、底栖甲壳类。体长 135～166mm，最大达 600mm。分布：渤海、黄海、长江口、东海、台湾北部及西部海域、南海；日

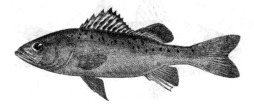

图 1782　中国花鲈 *L. maculates*
（依成庆泰等，1962）

本。肉嫩味美，上等食用鱼类。我国沿海次要经济鱼类，也是港湾人工养殖的对象之一，更被视为手术后食补之鱼。

199. 发光鲷科 Acropomatidae

体长椭圆形，稍侧扁，被弱栉鳞，鳞易脱落。头中大。眼大，眼上缘近头背缘。口大，前位。上颌齿呈绒毛状，前端具大犬齿1对；下颌齿1行，前端具小犬齿1对。犁骨和腭骨均具齿。鳃盖膜不与峡部相连。鳃盖条7。侧线完全。背鳍2个，分离，第一背鳍7~9鳍棘，第二背鳍1鳍棘、10鳍条，两背鳍间有时具独立短棘；臀鳍III-7~8；腹鳍胸位；尾鳍叉形。肛门前位，位于两腹鳍之间。在胸鳍腹面具埋于皮下的黄色发光体，能在夜间发光。椎骨10+15。

分布：印度洋和西太平洋，北至日本的深海中（200~700m）。

本科有7属31种（Nelson et al.，2016）；中国有5属13种。

属 的 检 索 表

1（2）侧线鳞40以下 ·· 尖牙鲈属 **Synagrop**

2（1）侧线鳞40以上

3（4）肛门位于腹鳍和臀鳍之间的中部或稍前 ············· 发光鲷属 **Acropoma**

4（3）肛门近臀鳍起点

5（6）下颌前部有棘 ·································· 软鱼属 **Malakichthys**

6（5）下颌前部无棘

7（8）体被栉鳞；侧线鳞41~49 ····················· 赤鲑属 **Doederleinia**

8（7）体被圆鳞；侧线鳞47~51 ················· 新鲑属 **Neoscombrops**

发光鲷属 Acropoma Temminck & Schlegel，1843
种 的 检 索 表

1（2）肛门位于腹鳍末端之后·· 圆鳞发光鲷（羽根田氏发光鲷）
A. hanedai（Matsubara，1953）（图1783）。栖息于水深100~500m的大陆架边缘。肉食性，食甲壳类。体长110mm。分布：台湾南部海域、东沙群岛；日本，西-北太平洋。

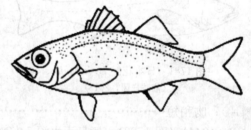

图1783 圆鳞发光鲷（羽根田氏发光鲷）A. hanedai
（依波户冈，2013）

2（1）肛门位于两腹鳍之间························日本发光鲷 **A. japonicum** Günther，1859（图1784）。

图1784 日本发光鲷 A. japonicum
（依刘培廷，邓思明，2006）

栖息于水深 100～500m 的大陆架斜坡。肉食性，食甲壳类。体长 200mm。分布：黄海、东海、台湾、南海；日本、印度-西太平洋。

赤鲑属 *Doederleinia* Steindachner，1883

赤鲑 *D. berycoides*（Hilgendorf，1879）（图 1785）。栖息于水深 80～200m 的大陆架斜坡。肉食性，食甲壳类及软体动物。体长 400mm。分布：黄海（山东半岛）、东海（浙江）、台湾海域；日本，印度-西太平洋。渔业利用经济价值高的食用鱼，《中国物种红色名录》列为濒危［EN］物种。

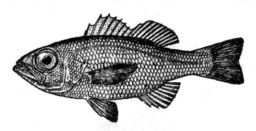

图 1785　赤鲑 *D. berycoides*
（依刘培廷，邓思明，2006）

软鱼属 *Malakichthys* Döderlein，1883
种 的 检 索 表

1（2）下颌前端具数棘 ·························· **须软鱼 *M. barbatus* Yamanoue & Yoseda，2001**
（图 1786）。栖息于水深 100～600m 的大陆架斜坡。肉食性。体长 180mm。分布：台湾海域、南海（广东）；日本、土佐湾沿岸。

图 1786　须软鱼 *M. barbatus*
（依波户冈，2013）

2（1）下颌前端仅 1 棘
3（4）臀鳍基底长大于臀鳍高·························· **胁谷氏软鱼（胁谷软鱼）**
***M. wakiyae* Jordan & Hubbs，1925**（图 1787）。栖息于水深 50～350m 的大陆架斜坡。肉食性。体长 150mm。分布：东海大陆架边缘、台湾海域；日本，西-北太平洋海域。

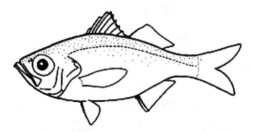

图 1787　胁谷氏软鱼（胁谷软鱼）*M. wakiyae*
（依波户冈，2013）

4（3）臀鳍基底长小于臀鳍高
5（6）体长为体高的 3 倍以下；侧线鳞 42～49 ·························· **灰软鱼 *M. griseus* Döderlein，1883**
（图 1788）。栖息于水深 100～400m 的大陆架斜坡。肉食性，食甲壳类及软体动物。体长

200mm。分布：台湾海域、南海；日本，西太平洋。

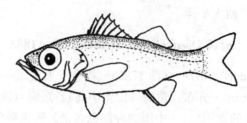

图 1788　灰软鱼 *M. griseus*
（依波户冈，2013）

6（5）体长为体高的 3 倍以上；侧线鳞 48～51 ·· **美软鱼**
M. elegans Matsubara & Yamaguti，1943（图 1789）。栖息于水深 200～600m 的大陆架斜坡。肉
食性。体长 200mm。分布：东海、台湾海域、南海北部；济州岛、日本，印度-西太平洋。

图 1789　美软鱼 *M. elegans*
（依黄克勤，1988）

新鲑属 *Neoscombrops* Gilchrist，1992

太平洋新鲑 N. pacificus Mochizuki，1979（图 1790）。栖息于岛屿与海洋山脊的斜坡域。体长
450mm。分布：东海、台湾南部海域；日本，中部热带太平洋区。渔业利用高级食用鱼类。

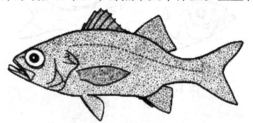

图 1790　太平洋新鲑 *N. pacificus*
（依波户冈，2013）

尖牙鲈属 *Synagrop* Günther，1887
种 的 检 索 表

1（2）臀鳍 3 棘 ······························· **多棘尖牙鲈 S. analis**（Katayama，1957）（图 1791）。栖息于大
陆架斜坡。肉食性。体长 100mm。分布：台湾海域；日本，西-北太平洋海域。

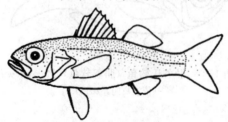

图 1791　多棘尖牙鲈 *S. analis*
（依波户冈，2013）

2（1）臀鳍2棘

3（4）腹鳍棘前缘光滑························**日本尖牙鲈 *S. japonicus*（Döderlein，1883）**（图1792）。栖息于水深100～800m的大陆架斜坡。肉食性。体长350mm。分布：东海、台湾海域；日本、夏威夷，印度-太平洋区。《中国物种红色名录》列为易危［VU］物种。

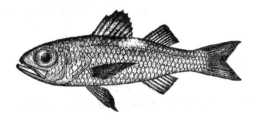

图1792 日本尖牙鲈 *S. japonicus*
（依邓思明，1988）

4（3）腹鳍棘前缘锯齿状

5（6）第一背鳍棘和臀鳍的第二棘前缘光滑 ·················· **菲律宾尖牙鲈 *S. philippinensis*（Günther，1880）**（图1793）。栖息于水深30～220m的大陆架斜坡。肉食性。体长130mm。分布：东海大陆架、台湾南部海域；日本，印度-西太平洋区。

图1793 菲律宾尖牙鲈 *S. philippinensis*
（依波户冈，2013）

6（5）第一背鳍棘和臀鳍的第二棘前缘锯齿状

7（8）第二背鳍棘前缘光滑·················**棘尖牙鲈 *S. spinosus* Schultz，1940**（图1794）。栖息于水深87～544m的大陆架斜坡。肉食性。体长130mm。分布：台湾海域、海南岛、南海；日本，西太平洋以及西大西洋海域。

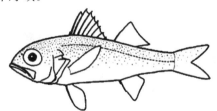

图1794 棘尖牙鲈 *S. spinosus*
（依波户冈，2013）

8（7）第二背鳍棘前缘锯齿状 ·················· **锯棘尖牙鲈 *S. serratospinosus* Smith & Radcliffe，1912**（图1795）。底栖性，栖息水深450m的沙泥底，食小型底栖无脊椎动物。体长81mm。分布：台湾海域；日本，西太平洋。

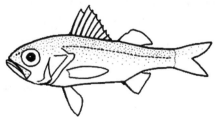

图1795 锯棘尖牙鲈 *S. serratospinosus*
（依波户冈，2013）

200. 愈牙鲔科（愈齿鲷科）Symphysanodontidae

体延长而侧扁。吻短。眼中大。口较大，稍倾斜；两侧前上颌骨缝合处有一凹洼，正好为下颌骨缝合处瘤状突起所镶入；上下颌齿细小，均无犬齿。鳃盖有 2 枚扁棘。体被小栉鳞；侧线完全。背鳍连续，具 9 鳍棘、10 鳍条；臀鳍 3 鳍棘、7 鳍条；腹鳍腋部有鳞状突起；尾鳍深分叉，上下叶各有极显著的丝状延长。

分布：世界三大洋。

本科有 1 属 6 种；中国有 1 属 2 种。

愈牙鲔属（愈齿鲷属）*Symphysanodon* Bleeker，1878
种 的 检 索 表

1（2）臀鳍倒伏时鳍长为体长的 34%～39%，体侧具黄色纵带；尾鳍下叶呈红色……………………
………片山愈牙鲔（片山愈齿鲷）*S. katayamai*（Anderson，1970）（图 1796）。栖息于温带沿岸水深 20～183m 的中小型海洋鱼类，生活于沿岸礁区水域。体长 200mm。分布：台湾南部海域；日本至东北苏拉威西（包括帕劳及夏威夷），西-北太平洋。

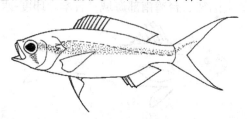

图 1796　片山愈牙鲔（片山愈齿鲷）*S. katayamai*
（依 Anderson，1970）

2（1）臀鳍倒伏时鳍长为体长的 26.6%～32.6%，体侧无黄色纵带；尾鳍下叶呈黄色……………………
…………愈牙鲔（愈齿鲷）*S. typus*（Bleeker，1878）（图 1797）。栖息于水深 80～320m 的小型海洋鱼类，生活于沿岸或深海底层礁区水域。体长 170mm。分布：南海；日本、菲律宾、夏威夷，印度-西太平洋。

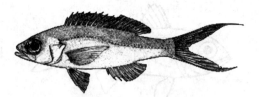

图 1797　愈牙鲔（愈齿鲷）*S. typus*
（依 Anderson，1999）

201. 鲔科 Serranidae

体侧扁，延长或呈长椭圆形。口大或中型。上颌骨不被眶前骨所盖，前颌骨能活动，可稍向前伸出。辅上颌骨有或无。两颌齿细尖或绒毛状；犁骨和腭骨具绒毛状齿。前鳃盖骨后缘常具锯齿。鳃盖骨具 1～3 钝棘。鳃盖膜分离，不与峡部相连。头、体被栉鳞或圆鳞，有时埋入皮下，不甚明显；侧线完全，不延伸至尾鳍基。背鳍连续或分离，具 7～13 鳍棘、10～27 鳍条；臀鳍短，常具 2～3 鳍棘或无鳍棘、7～12 鳍条；胸鳍下侧位；腹鳍胸位，具 1 鳍棘、5 鳍条；尾鳍圆形、截形或分叉。椎骨 24～26。

广泛分布于热带至温带海域，少数为淡水种。本科为重要海洋经济鱼类，不少为海水养殖种类。

本科种类繁多，科及亚科间的分类上仍有许多争议。

鲔科大部分为海水产，少数为淡水产。多半属日行性鱼类，由于种类甚多，具相当复杂的生态属性。大多为底栖性的鱼种，且具领域性及拟态行为。绝大多数以鱼、虾、蟹、端足类等为食，为凶猛的掠食者。而花鮨亚科的拟花鮨属（*Pseudanthias*）、樱鮨属（*Sacura*）具群游性，日间觅食于水层中，以浮游生物为食；夜间则躲藏于珊瑚礁间的洞穴。本科鱼类体色鲜艳多变，具有雌雄双色及雌变雄的性转变等现象。有些鱼种和鹦嘴鱼及隆头鱼等同样具有社会阶层的地位控制现象的生态适应行为。少数为夜行性鱼类，昼间独居于珊瑚礁或岩礁底部的孔穴中，夜间则在外觅食，如线纹鱼属（*Grammistes*），当其受惊吓时，体表会分泌大量之黏液，具有肥皂泡效果且内含有毒的线纹鱼毒（grammistin），故不可食用。

中国鮨科鱼类有 3 亚科 31 属 118 种。

属 的 检 索 表

1（2）背鳍具 13 鳍棘；前鳃盖骨隅角部具 1 强棘 ………………………………………… 东洋鲈属 *Niphon*

2（1）背鳍具 6～11 鳍棘

3（34）背鳍具 6～9 鳍棘

4（27）前鳃盖骨后缘锯齿状，大型个体锯齿不显著

5（26）腹鳍第五鳍条和体腹部有鳍膜相连；主上颌骨后下端无向下突起

6（21）下间鳃盖骨外缘圆滑，但有的种类偶有埋于较厚皮膜下的细锯齿；泪骨表面圆滑；背鳍鳍棘部的鳍膜上无皮褶

7（10）背鳍具 8 鳍棘；前鳃盖骨后下缘具向前倒棘

8（9）体无小斑；臀鳍第一鳍棘显著露出，不埋于皮下 ………………………………… 泽鮨属 *Saloptia*

9（8）体具许多小斑点；臀鳍第一鳍棘不显著，埋于皮下 ……… 鳃棘鲈属（刺鳃鮨属）*Plectropomus*

10（7）背鳍具 9 鳍棘；前鳃盖骨后下缘无向前倒棘

11（12）背鳍第二至第四鳍棘先端及腹鳍鳍棘先端均呈锯齿状；主上颌骨后端弯向下方 …………
……………………………………………………………… 巨花鮨属（巨棘花鲈属）*Giganthias*

12（11）背鳍鳍棘及腹鳍鳍棘先端不呈锯齿状；主上颌骨后端不弯向下方

13（14）尾鳍新月形 ………………………………………………………… 侧牙鲈属（星鲙属）*Variola*

14（13）尾鳍内凹、截形或圆形

15（16）胸鳍上方部鳍条最长 …………………………………………………… 烟鲈属 *Aethaloperca*

16（15）胸鳍中部鳍条最长

17（20）尾鳍弯入形或截形

18（19）体侧无暗色纵带 …………………………………………………………… 纤齿鲈属 *Gracila*

19（18）体侧具多条蓝色纵带 ……………………… 九棘鲈属（九刺鮨属）（部分）*Cephalopholis*

20（17）尾鳍圆形或截形（其下端圆）………………… 九棘鲈属（九刺鮨属）*Cephalopholis*

21（6）下间鳃盖骨外缘具小棘，小棘不隐于皮下；泪骨表面具波状骨质隆嵴（黄鲈属 *Diploprion* 除外）；背鳍鳍棘部的鳍膜上具皮褶

22（23）臀鳍具 3 鳍棘；鲜活时沿体背缘具一黄色带 …………………………… 紫鲈属 *Aulacocephalus*

23（22）臀鳍具 2 鳍棘；鲜活时沿体背缘无黄色带

24（25）背鳍具 10 鳍条；臀鳍具 8 鳍条；体深褐色，具许多小黑斑 ………… 鳂鲈属 *Belonoperca*

25（24）背鳍具 13～16 鳍条；臀鳍具 12～13 鳍条；体亮黄色，具 2 暗色宽横带 ………………
……………………………………………………………… 黄鲈属（双带鲈属）*Diploprion*

26（5）腹鳍第五鳍条和体腹部无鳍膜相连；主上颌骨后下端具向下突起 ………… 长鲈属 *Liopropoma*

27（4）前鳃盖骨后缘具 1～5 棘

28（31）下颌具皮瓣；体长为体高的 2.3～2.5 倍

29（30）下颌具小皮瓣；体侧具白色纵带；臀鳍 9 鳍条 ………………………… 线纹鱼属 *Grammistes*

30（29）下颌具大皮瓣；体侧沿背缘具黑色大斑，全身还具许多白斑；臀鳍具 8 鳍条 ……………
…………………………………………………………………………… 须鮨属 *Pogonoperca*

31（28）下颌无皮瓣；体长为体高的 3.2～3.5 倍

32（33）侧线 1 条，不完全；两眼间隔之间具 1 对感觉管孔；鳃盖具眼状斑 ……………………………………………………………………………………… 拟线鮨属 *Pseudogramma*

33（32）侧线 2 条；两眼间隔之间无感觉管孔；鳃盖无眼状斑 …………… 少孔纹鲷属 *Aporops*

34（3）背鳍具 10～11 鳍棘

35（58）背鳍具 10 鳍棘

36（57）各鳍及体无圆形小黑斑；臀鳍具 6～9 鳍条

37（38）背鳍具 9～10 鳍条；体前部横切面呈圆筒形 …………… 赤鮨属 *Chelidoperca*

38（37）背鳍具 11～21 鳍条；体前部横切面呈侧扁形

39（46）尾鳍圆形、截形或截形上下端丝状延长

40（41）背鳍基底具 1 个或多个黑斑；背鳍具 19～21 鳍条 …………… 菱牙鮨属 *Caprodon*

41（40）背鳍基底无黑斑；背鳍具 13～18 鳍条

42（43）胸鳍具 18～20 鳍条 …………… 拟花鮨属（拟花鲈属）（部分）*Pseudanthias*

43（42）胸鳍具 12～17 鳍条

44（45）臀鳍具一大黑斑 …………… 月花鮨属（月花鲈属）*Selenanthias*

45（44）臀鳍无大黑斑 …………… 棘花鮨属（棘花鲈属）*Plectranthias*

46（39）尾鳍叉形、深分叉、圆叉形、上下叶丝状延长的新月形

47（48）胸鳍具 13～14 鳍条；背鳍具 18～20 鳍条，体近圆形；尾鳍新月形，上下叶丝状延长 …… 鲐鮨属 *Serranocirrhitus*

48（47）胸鳍具 15～21 鳍条；背鳍具 11～18 鳍条

49（52）舌上具卵圆形硬齿板；背鳍鳍条部有数鳍条丝状延长；尾鳍圆叉形

50（51）前鳃盖骨隅角部无锯齿；臀鳍具 9 鳍条 …………… 大花鮨属 *Meganthias*

51（50）前鳃盖骨隅角部具锯齿；臀鳍具 7～8 鳍条 …………… 牙花鮨属（金花鲈属）*Odontanthias*

52（49）舌上无硬齿板；背鳍鳍条部无丝状延长

53（54）背鳍第二至第四鳍条中有 1～3 条延长；侧线有孔鳞 26～30 …………… 樱鮨属（珠斑花鲈属）*Sacura*

54（53）背鳍鳍条不延长；侧线有孔鳞 34～64

55（56）背鳍具 11～14 鳍条；胸鳍具 15～16 鳍条；侧线有孔鳞 34～37 …………… 姬鮨属（姬花鲈属）*Tosana*

56（55）背鳍具 15～18 鳍条 …………… 拟花鮨属（拟花鲈属）（部分）*Pseudanthias*

57（36）各鳍及体具许多圆形小黑斑；臀鳍具 10 鳍条 …………… 驼背鲈属 *Chromileptes*

58（35）背鳍具 11 鳍棘

59（64）臀鳍具 9～10 鳍条

60（61）眼间隔隆凸；背鳍具 18～21 鳍条；体一致暗色，无斑纹 …………… 鸢鮨属 *Triso*

61（60）眼间隔平坦；背鳍具 13～16 鳍条；体不呈一致的暗色

62（63）胸鳍具 15～16 鳍条；无腭齿 …………… 光腭鲈属 *Anyperodon*

63（62）胸鳍具 18～19 鳍条；具腭齿 …………… 下美鮨属 *Hyporthodus*

64（59）臀鳍具 8 鳍条 …………… 石斑鱼属 *Epinephelus*

烟鲈属 *Aethaloperca* Fowler, 1904

红嘴烟鲈 A. rogaa Forsskål, 1775（图 1798）（syn. 褐九棘鲈 *Cephalopholis rogaa* 胡蔼荪，1979）。栖息于水深 3～60m 的珊瑚丛礁石区，在礁石洞穴内外巡游。食金眼鲷、虾蛄等。体长 350～600mm，终年皆可产卵。分布：台湾澎湖列岛及绿岛、南海诸岛；日本、菲律宾、澳大利亚，印度-西太平洋区。渔法以延绳钓、鱼枪或利用鱼笼捕获。清蒸或煮汤皆宜。

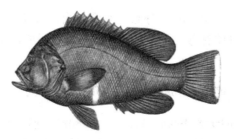

图 1798　红嘴烟鲈 A. rogaa
（依郑义郎，2007）

光腭鲈属 *Anyperodon* Günther，1859

白线光腭鲈 *A. leucogrammicus*（Valenciennes，1828）（图 1799）。栖息于珊瑚繁生区、清澈水质的潟湖区或面海礁区，水深 5～80m 的海域。底栖肉食性鱼类，食小鱼及甲壳类。幼鱼体色模仿紫色海猪鱼，可轻易欺骗猎物而接近它。体长 650～700mm。分布：台湾南部及澎湖列岛、南海诸岛。渔法以延绳钓、鱼枪或鱼笼捕获。供食用，清蒸或煮汤皆宜。

图 1799　白线光腭鲈 A. leucogrammicus
（依郑义郎，2007）

少孔纹鲷属 *Aporops* Schultz，1943

双线少孔纹鲷 *A. bilinearis* Schultz，1943（图 1800）。栖息于水深 1～15m 的沿岸珊瑚礁区浅水域、有激浪冲击的礁石缘。食小鱼及甲壳类。体长 100mm。分布：台湾发现于兰屿、南海；日本，印度-西太平洋区。罕见鱼种。鱼体小，无食用价值。

图 1800　双线少孔纹鲷 A. bilinearis
（依郑义郎，2007）

紫鲈属 *Aulacocephalus* Temminck & Schlegel，1843

特氏紫鲈 *A. temminckii* Bleeker，1854（图 1801）。栖息于水深 20～120m 的珊瑚礁、岩礁及礁石区，常见于礁石洞穴内或岩壁裂缝中。受惊吓时皮肤大量分泌毒液，内含线纹鱼毒素（grammistin）。

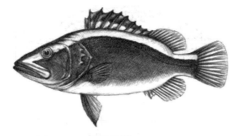

图 1801　特氏紫鲈 A. temminckii
（依郑义郎，2007）

摄食鱼类及底栖无脊椎动物。体长 400mm。分布：东海、台湾南部及东北部海域、南海；济州岛、日本、新西兰，印度-西太平洋。皮肤有毒，不能食用；接触该鱼时应谨慎小心。数量有一定的减少，《中国物种红色名录》列为易危［VU］物种。

鱵鲈属 *Belonoperca* Fowler & Bean，1930

查氏鱵鲈 *B. chabanaudi* Fowler & Bean，1930（图 1802）。栖息水深 4～50m 珊瑚繁生的陡坡区水域，常在中水层的礁石洞穴内。夜行性。受惊吓时皮肤大量分泌毒液，内含线纹鱼毒素（grammistin）。摄食鱼类及底栖无脊椎动物。体长 150mm。分布：台湾南部海域；日本、萨摩亚群岛，印度-太平洋区。偶见鱼种。皮肤有毒，不可食；接触该鱼时应谨慎小心。

图 1802　查氏鱵鲈 *B. chabanaudi*

（依郑义郎，2007）

菱牙鲐属 *Caprodon* Temminck & Schlegel，1843

许氏菱牙鲐 *C. schlegelii*（Günther，1859）（图 1803）。栖息于近岸水深 40～302m 大陆架缘边礁石区。体长 248～350mm。分布：东海深海、台湾南部海域；朝鲜半岛、日本、夏威夷。偶见食用鱼，一般渔法以延绳钓、一支钓等捕获。清蒸或煮汤皆宜。数量有一定的减少，《中国物种红色名录》列为易危［VU］物种。

图 1803　许氏菱牙鲐 *C. schlegelii*

（依郑义郎，2007）

九棘鲈属（九刺鲐属）*Cephalopholis* Bloch & Schneider，1801
种 的 检 索 表

1（2）尾鳍稍内弯或截形；体侧具多条蓝色纵带（鲜活时）⋯⋯⋯⋯⋯⋯⋯⋯**波伦氏九棘鲈 *C. polleni*（Bleeker，1868）**（图 1804）。栖息于水深 16～120m 的沿岸岩礁及珊瑚礁外缘水域。底栖肉食性，食小鱼及甲壳类。体长 430mm。分布：南海；日本、关岛。食用鱼类。

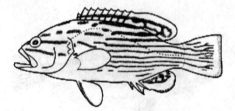

图 1804　波伦氏九棘鲈 *C. polleni*

（依濑能，2013）

2（1）尾鳍圆形或截形（其下端圆）

3（18）胸鳍浅色

4（5）腹鳍全部黑色（幼鱼）或部分黑色（成鱼）••••••••••••••••••••••••••••••**七带九棘鲈（伊加拉九棘鲭）**

    C. igarashiensis **Katayama，1957**（图 1805）。栖息于水深 30～250m 较深水域的岩礁区。食鱼类
及甲壳类。体长 430mm。分布：台湾南部及东部海域、南海；日本、菲律宾、萨摩亚群岛，印
度-太平洋区。罕见鱼种。以延绳钓、一支钓等捕获。供食用，清蒸或煮汤皆宜。

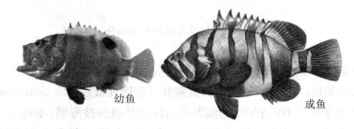

图 1805　七带九棘鲈（伊加拉九棘鲭）*C. igarashiensis*

（依郑义郎，2007）

5（4）腹鳍浅色

6（9）尾柄背部具小黑斑

7（8）项部无斑点；尾鳍具 1 对红色（鲜活时）斜带 ••••••••••••••••••••••••••••••••• **豹纹九棘鲈**

    C. leopardus **（Lacepède，1801）**（图 1806）。栖息于水深 1～60m 珊瑚繁生的潟湖、水道或外礁
斜坡区，生性隐蔽，大多见其在礁石洞穴内或岩壁裂缝中。食小鱼及甲壳类。体长 240mm。分
布：台湾小琉球及兰屿、南海诸岛；日本，印度-太平洋。供食用，产量少，不是经济鱼类。

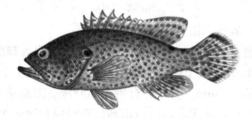

图 1806　豹纹九棘鲈 *C. leopardus*

（依郑义郎，2007）

8（7）项部具许多斑点；尾鳍无红色（鲜活时）斜带 •••••••••••••••••••••••••••••••• **六斑九棘鲈**

    C. sexmaculata **（Rüppell，1830）**（图 1807）。栖息于水深 6～150m 的斜坡沿岸岩礁及珊瑚礁区，
夜间巡游于浅水域，日间则游至深水区。性羞怯，躲于洞穴或外礁。以鱼为食。体长 500mm。
分布：台湾南部海域、南沙群岛；日本、澳大利亚，印度-太平洋区。食用鱼，以一支钓、鱼枪
或鱼笼捕获。肉质好，煮汤味极佳。

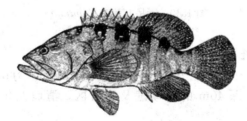

图 1807　六斑九棘鲈 *C. sexmaculata*

（依 Heemstra & Randall，1999）

9（6）尾柄背部无小黑斑

10（11）尾柄背部及尾鳍暗色，尾鳍上下叶各具一白色斜纹 ••••••••••••••••••••••••••••• **尾纹九棘鲈**

    C. urodeta **（Forster，1801）**（图 1808）。栖息于水深 1～60m 的潟湖礁石区及海外礁斜坡海域。
以鱼为食。体长 280mm。分布：台湾澎湖列岛及兰屿、南海诸岛；日本、澳大利亚大堡礁，
印度-太平洋热带及亚热带海域。

图 1808　尾纹九棘鲈 *C. urodeta*
（依郑义郎，2007）

11（10）尾柄背部及尾鳍不呈暗色，尾鳍上下叶无白色斜带

12（13）颊部密具网状小黑斑 …………… **索氏九棘鲈（宋氏九棘鲈）*C. sonnerati*（Valenciennes，1828）**
（图1809）。栖息于水深10～100m的潟湖礁石区及外礁斜坡海域，幼鱼巡游于海绵或珊瑚礁头。底栖肉食性，食鱼及甲壳类。体长570mm。分布：台湾北部及东部海域、海南岛、南海（香港）、南海诸岛；日本，印度-西太平洋热带及亚热带海域。肉质鲜美，鱼市场常见食用鱼。

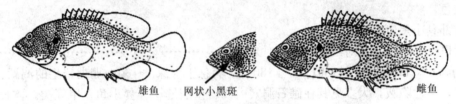

雄鱼　　网状小黑斑　　　　　　　　雌鱼

图 1809　索氏九棘鲈（宋氏九棘鲈）*C. sonnerati*
（依濑能，2013）

13（12）颊部无网格状小黑斑；若有，则为稀疏小斑

14（15）颊部具圆形稀疏小暗斑 ………………………… **青星九棘鲈 *C. miniata*（Forsskål，1775）**
（图1810）。生活于礁区的大型个体，栖息于水深2～150m礁石底的清澈海域。清晨及午后觅食小鱼及甲壳类。体长500mm。分布：台湾南部海域、南海诸岛；日本，印度-西太平洋热带海域。常见食用鱼，肉佳，味美，经济价值高。有时因食物链关系而积累珊瑚礁鱼毒素。在台湾常引起中毒事件，1991年及1995年在台北及屏东分别发生5人及3人食该鱼中毒事件。

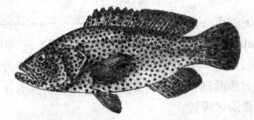

图 1810　青星九棘鲈 *C. miniata*
（依伍汉霖，2002）

15（14）颊部无圆形稀疏小暗斑

16（17）臀鳍外缘黑色………………………… **黑缘九棘鲈 *C. spiloparaea*（Valenciennes，1828）**
（图1811）。栖息于水深40m的珊瑚礁及礁石区。清晨及午后觅食小鱼及甲壳类。体长

图 1811　黑缘九棘鲈 *C. spiloparaea*
（依郑义郎，2007）

220mm。分布：台湾东部澎湖列岛及兰屿等沿岸；日本，印度-西太平洋热带海域。常见食用鱼，肉佳，味美，经济价值高。

17（16）臀鳍外缘淡色 ·· **橙点九棘鲈** *C. aurantia*（**Valenciennes，1828**）
（图 1812）。栖息于水深 20～250m 的面海岩礁陡坡区。体长 600mm。分布：台湾南部及西部、西沙群岛；日本、印度-西太平洋。罕见鱼种。可食用。

图 1812　橙点九棘鲈 *C. aurantia*

（依郑义郎，2007）

18（3）胸鳍暗色
19（20）体密具小圆斑；胸鳍长短于眼后头长 ·· **斑点九棘鲈**
C. argus **Bloch & Schneider，1891**（图 1813）。热带海域沿岸岩礁及珊瑚礁常见鱼类，栖所多变，自潮池至水深 40m 处的礁石区可见其踪迹。清晨及午后捕食小鱼，偶食甲壳类，其余时间则穴居。体长 600mm。分布：台湾兰屿及绿岛、南海诸岛；日本、玻利尼西亚，印度-太平洋区。常见食用鱼，也有被作为观赏用鱼。生活于珊瑚礁区的个体，因食物链关系，肉有较轻毒性，在台湾 1997 年曾有中毒事件发生。

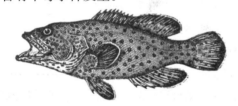

图 1813　斑点九棘鲈 *C. argus*

（依胡蔼荪，1979）

20（19）体无小圆斑；胸鳍长等于或大于眼后头长
21（22）体暗黑色，体侧具许多蓝色纵带（鲜活时）···························· **台湾九棘鲈**
C. formosa（**Shaw，1812**）（图 1814）。栖息于水深 1～30m 淤塞而已死亡的珊瑚礁区水域。底栖肉食性，食小鱼及甲壳类。体长 340mm。分布：台湾南部海域、海南岛、南沙群岛；日本、菲律宾，印度-西太平洋热带、亚热带海域。供食用，肉佳味美。数量有一定的减少，《中国物种红色名录》列为易危［VU］物种。

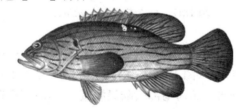

图 1814　台湾九棘鲈 *C. formosa*

（依郑义郎，2007）

22（21）体暗色，体侧具许多暗色横带（鲜活时）···························· **横纹九棘鲈**
C. boenak（**Bloch，1790**）（图 1815）。栖息于水深 1～30m 的珊瑚礁北部及南部水域，也曾有在水深 64m 处拖网捕获的记录。食鱼类及甲壳类。体长 300mm。分布：东海南部（厦门）、台湾北部及南部海域、海南岛、南沙群岛；日本，印度-西太平洋。中小型九棘鲈，不是主要经济鱼种。食用及观赏兼具，味佳，肉美。

图 1815　横纹九棘鲈 *C. boenak*

（依郑义郎，2007）

赤鲐属 *Chelidoperca* Boulenger，1895

种 的 检 索 表

1（2）体侧具 5 个黑斑；尾鳍截形······················ 侧斑赤鲐 *C. pleurospilus*（Günther，1880）
（图 1816）。栖息于沿岸水深 25～200m 大陆架缘沙泥淤塞的水域。生态习性不明。体长 130mm。
分布：东海深海、台湾西部和南部海域；日本、菲律宾，印度-西太平洋。小型赤鲐，不是经济
性鱼种。底拖网等捕获，产量少，可食用。

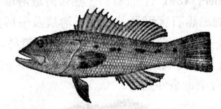

图 1816　侧斑赤鲐 *C. pleurospilus*

2（1）体侧无黑斑或在胸鳍上方具一不明显红斑（鲜活时）；尾鳍弯入

3（4）鳞片伸达眼间隔前方；眼间隔具 2 列感觉管孔 ······················· **燕赤鲐**
***C. hirundinacea*（Valenciennes，1831）**（图 1817）。栖息于沿岸水深 11～210m（主为 90～130m）
大陆架缘边斜面沙泥底质的水域。生态习性不明。体长 120mm。分布：东海深海大陆架缘边、
台湾西部和南部海域、南海南部、南沙群岛；日本，印度-西太平洋。小型赤鲐，不是经济性鱼
种。底拖网等捕获，产量少，可食用。

图 1817　燕赤鲐 *C. hirundinacea*

（依郑义郎，2007）

4（3）鳞片伸达眼间隔中央；眼间隔具 4 列感觉管孔 ······················· **珠赤鲐**
***C. margaritifera* Weber，1913**（图 1818）。栖息于沿岸水深 111～205m 大陆架贝壳丛生沙泥底
质的水域。体长 90mm。分布：东海南部大陆架海域、南海（广东）；日本，印度-西太平洋。小

鳞片达眼
间隔中央　眼间隔具 4 列
感觉管孔

图 1818　珠赤鲐 *C. margaritifera*

（依濑能，2013）

型赤鮨，不是经济性鱼种。底拖网等捕获，产量少，可食用。

驼背鲈属 *Chromileptes* Swainson，1839

驼背鲈 *C. altivelis*（Valenciennes，1828）（图 1819）。栖息于水深 700m 的较深水域。分布：台湾南部海域及澎湖列岛、南海（香港）、南海诸岛；日本、菲律宾，东印度-西太平洋。高经济价值的名贵鱼种，鱼市场中少见，多销售海鲜餐厅。一支钓、鱼枪捕获。10～40m 珊瑚礁繁盛的水域、潟湖及潮池区，目前已可人工繁殖，唯生长速度慢，存活率不高。食用及观赏兼具。味美，肉质极佳，以清蒸食之。数量有一定的减少，《中国物种红色名录》列为易危［VU］物种。

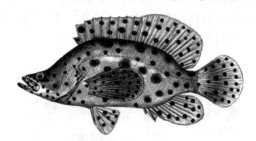

图 1819　驼背鲈 *C. altivelis*
（依郑义郎，2007）

黄鲈属（双带鲈属）*Diploprion* Cuvier，1828

双带黄鲈（双带鲈）*D. bifasciatum* Cuvier，1828（图 1820）。栖息于水深 1～104m 珊瑚礁及岩礁的洞穴或缝隙中，白天在礁区外围的沙泥地活动。受惊吓时皮肤大量分泌线纹鱼毒素（grammistin）。食鱼及甲壳类。体长 250mm。分布：东海（台湾浅滩、厦门）、台湾北部及各离岛礁区、南海诸岛；济州岛、日本、巴布亚新几内亚，印度-西太平洋。小型鱼类，体表含黏性毒液，不可食，具观赏价值，接触该鱼时应谨慎小心。

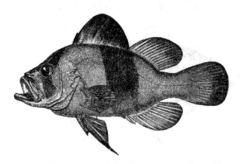

图 1820　双带黄鲈（双带鲈）*D. bifasciatum*
（依成庆泰等，1962）

石斑鱼属 *Epinephelus* Bloch，1793
种 的 检 索 表

1（2）背鳍鳍棘部低，前方鳍棘不高；侧线管开口部具 4～6 分支····························· **鞍带石斑鱼** *E. lanceolatus*（Bloch，1792）（图 1821）。栖息于沿岸水深 0～30m 的礁区，也出现于河口区，常被发现于洞穴或岩缝间。底栖肉食性鱼类，食鱼类及甲壳类。最大体长 2.7m。分布：台湾东北部海域、海南岛、南海（香港）、南海诸岛；日本，印度-太平洋区。高经济性食用鱼，或用于水族馆展示，已能人工繁殖。以延绳钓、鱼枪及一支钓等捕获。清蒸食用佳。

2（1）背鳍鳍棘部前方较高；侧线管开口部无分支

3（16）尾鳍截形

4（5）鳃耙长，第一鳃弓上鳃耙 12～16、下鳃耙 20～23；背鳍具 17～19 鳍条；鲜活时体紫褐色，头部

图 1821　鞍带石斑鱼 *E. lanceolatus*
（依濑能，2013）

具黄褐色小点，体背具多条褐色纵带（成鱼不明显）……………………………… **波纹石斑鱼**
***E. undulosus*（Quoy & Gaimard，1824）**（图 1822）。栖息于水深 24～80m 的浅滩区。食鱼类及甲壳类。体长 750mm。分布：台湾南部海域；菲律宾、所罗门群岛，印度-西太平洋区。具经济性食用鱼。以延绳钓及底拖网捕获。清蒸食用佳。

图 1822　波纹石斑鱼 *E. undulosus*
（依郑义郎，2007）

5（4）鳃耙短，不发达，第一鳃弓上鳃耙 6～11、下鳃耙 13～18；背鳍具 13～17 鳍条

6（9）体无斑点

7（8）头体深蓝紫色，背鳍、臀鳍、胸鳍、腹鳍及尾鳍均为艳黄色（鲜活时）………………………
黄鳍石斑鱼 *E. flavocaeruleus*（Lacepède，1802）（图 1823）。幼鱼栖息于水深 30～100m 的浅水珊瑚礁及岩礁区，成鱼栖息于水深 150m 较深的海域。食鱼类、虾、蟹、龙虾等。最大体长 800mm，体重 9kg。分布：台湾南部海域、南海；安达曼海，印度-西太平洋。

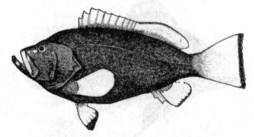

图 1823　黄鳍石斑鱼 *E. flavocaeruleus*
（依 Heemstra & Randall，1999）

8（7）头体橙黄色至红褐色，背鳍鳍棘部外缘（尖端部）红色，鳍条部后缘及尾鳍背缘黑色…………
……………**雷氏石斑鱼 *E. retouti* Bleeker，1868**（图 1824）。栖息于较深珊瑚礁外缘的岩礁区，幼鱼栖息于水深 20～40m 的较浅水域，成鱼栖息水深 70～220m。食鱼类、甲壳类及软体动物。

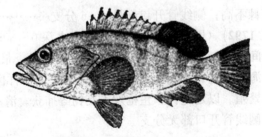

图 1824　雷氏石斑鱼 *E. retouti*
（依 Heemstra & Randall，1999）

体长 500mm。分布：台湾南部海域、南海诸岛；日本，印度-西太平洋暖水域。产量不多，为非经济性食用鱼。以延绳钓、陷阱法等捕获。红烧食用佳。

9（6）体具斑点

10（11）尾鳍上叶有 1/3 处具橘红色或黄色斑点，下叶有 2/3 处暗黑色，无斑点·················
布氏石斑鱼 _E. bleekeri_（Vaillant，1877）（图 1825）。栖息于水深 30～100m 的浅滩及岩礁区。体长 760mm。分布：台湾澎湖列岛海域、南海（香港）；印度尼西亚、澳大利亚，印度-西太平洋区。具经济价值的食用鱼，也可人工养殖。以拖网及一支钓捕获。肉味佳。

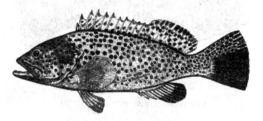

图 1825　布氏石斑鱼 _E. bleekeri_

（依 Heemstra & Randall，1999）

11（10）尾鳍上叶不具橘红色或黄色斑点，下叶不呈暗黑色

12（13）体密具细小斑点，不形成网状··· **蓝鳍石斑鱼**
E. cyanopodus（Richardson，1846）（图 1826）。栖息于水深 2～30m 的潟湖及海湾内的独立礁石周围水域，也常被发现于外礁斜坡区。主要以鱼类及甲壳类为食。体长 1.22m。分布：台湾南部及澎湖列岛海域、南海（香港）、南海诸岛；日本、澳大利亚，西太平洋。具经济性的食用鱼，也常被展示于水族馆中。用延绳钓及一支钓捕获。清蒸食用佳。

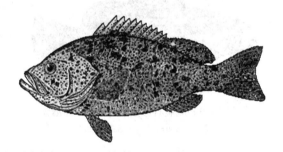

图 1826　蓝鳍石斑鱼 _E. cyanopodus_

13（12）体具许多较大的暗色斑形成网状

14（15）尾鳍后缘无白边·································· **密点石斑鱼（网纹石斑鱼）**
E. chlorostigma（Valenciennes，1828）（图 1827）。热带海域常见鱼类，生活栖所多变，自海藻床至水深 200m 处的外礁斜坡区皆可见其踪迹，也常见于沙泥底大陆架。食小鱼及甲壳类。体长 35～45cm 时会性转化，由雌性转为雄性。体长 750mm。分布：台湾西部及澎湖列岛海域最多、南海（香港）、南海诸岛；朝鲜半岛、日本、新喀里多尼亚，印度-西太平洋。

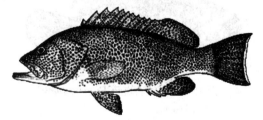

图 1827　密点石斑鱼（网纹石斑鱼）_E. chlorostigma_

（依 Heemstra & Randall，1999）

15（14）尾鳍后缘具白边······························· **宝石石斑鱼 _E. areolatus_（Forsskål，1775）**（图 1828）。

栖息于水深 6～300m 珊瑚礁的礁石区及礁沙区、海藻区或浅大陆架区的海域。底栖肉食性，
食鱼类及底栖无脊椎动物。体长 470mm。分布：东海、台湾澎湖列岛及南部海域、南海诸岛；
日本、澳大利亚，印度-西太平洋区。常见的食用鱼，经济价值高，世界年产量达 1 000t 以上。
以延绳钓、鱼笼、鱼枪等捕获，现已可网箱人工养殖。清蒸或煮汤皆宜。

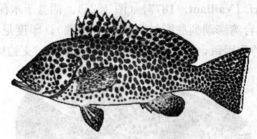

图 1828　宝石石斑鱼 E. areolatus
(依 Heemstra & Randall, 1999)

16（3）尾鳍圆形

17（20）体具弧状斑纹

18（19）头部具 3 条暗色微斜纵带；体侧有 4 条暗色弧形纵列 ·············· **琉璃石斑鱼**
E. poecilonotus（Temminck & Schlegel，1842）（图 1829）。栖息于水深 45～375m 的较深岩礁
区。雌鱼在体长约 350mm 时成熟。食鱼类及软体动物。体长 450mm。分布：东海、台湾东北
部海域、南海诸岛；韩国、日本、越南、斐济，印度-西太平洋。栖所较深，产量不多，为非
主要经济性食用鱼。以延绳钓、流刺网及一支钓等捕获。红烧食用佳。

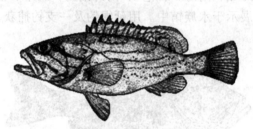

图 1829　琉璃石斑鱼 E. poecilonotus
(依 Heemstra & Randall, 1999)

19（18）体侧具 3 条由前向后的暗色"分叉弧带" ·············· **弧纹石斑鱼**
E. morrhua（Valencinnes，1833）（图 1830）。栖息于水深 80～230m 的较深岩礁区，体长 40～
45cm 时开始性转变。食鱼类、甲壳类及软体动物。体长 900mm。分布：东海、台湾南部及东
部海域、南海诸岛；日本，印度-西太平洋区。延绳钓、流刺网及一支钓等捕获。红烧食用佳。
大型鱼内脏可能具累积的珊瑚礁鱼毒素（"雪卡毒素"ciguateric toxins），误食会引起中毒，
应避食其内脏。

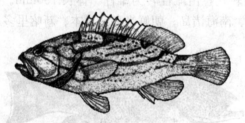

图 1830　弧纹石斑鱼 E. morrhua
(依 Heemstra & Randall, 1999)

20（17）体斑纹不呈弧状

21（22）体具许多虫状宽淡带，其边缘黑色 ·············· **云纹石斑鱼 E. radiates（Day，1868）**
（图 1831）。栖息于较深岩礁区，幼鱼栖息水深 18～20m，成鱼栖息水深 80～383m。食鱼类、

甲壳类及软体动物。体长700mm。分布：东海、台湾南部海域、南海诸岛；日本、巴布亚新几内亚，印度-西太平洋区。栖所较深，产量不多，非主要经济性食用鱼。

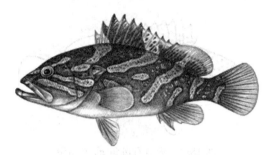

图 1831　云纹石斑鱼 *E. radiates*
（依郑义郎，2007）

22（21）体无虫纹斑带

23（24）体暗褐色，密具许多虫状白细纹 ··························· **纹波石斑鱼 *E. ongus*（Bloch，1790）**
（图1832）。栖息于沿岸5～220m的浅岩礁或珊瑚礁区，也现于河口区，常现于5～25m深的洞穴或岩缝间。食鱼类及甲壳类。体长400mm。分布：台湾南部海域、南海诸岛；日本、斐济，印度-西太平洋区。具经济性食用鱼。

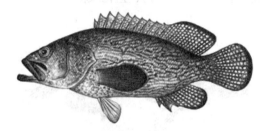

图 1832　纹波石斑鱼 *E. ongus*
（依郑义郎，2007）

24（23）体无虫状白细纹

25（26）头和体暗色，具许多大小不一的圆白斑；胸鳍黑色，后缘具白边 ···························
萤点石斑鱼 *E. coeruleopunctatus*（Bloch，1790） （图1833）。栖息于珊瑚礁繁盛、水深2～256m的海域及潟湖区、水道或外礁斜坡区。活动于洞穴内或洞穴外围，幼鱼则常见于潮池区。底栖肉食性，食小鱼及甲壳类。体长760mm。分布：东海（浙江）、台湾澎湖列岛及南部海域；日本、澳大利亚、非洲东岸，印度-太平洋区。具经济性食用鱼。

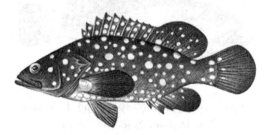

图 1833　萤点石斑鱼 *E. coeruleopunctatus*
（依郑义郎，2007）

26（25）头和体无圆白斑；胸鳍淡色，无白边

27（28）头体褐色，密具红橙色小斑（鲜活时）；背鳍基底中间部具一大黑斑···························
赤点石斑鱼 *E. akaara*（Temminck & Schlegel，1842） （图1834）。暖温性中下层鱼类，多生活于水深4～30m岩礁底质的海域，一般不呈大群活动。稚鱼具高度洄游性。摄食鱼类和虾类。体长580mm。分布：东海（浙江）、台湾北部及南部海域、南海；韩国、日本，西太平洋区。

本种是鮨科中重要的经济鱼类，产量甚丰，价高。渔期在 4—11 月。以延绳钓、一支钓捕获，也可用网箱养殖。数量有一定的减少，《中国物种红色名录》列为易危［VU］物种。

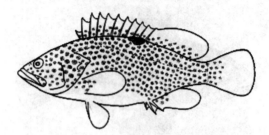

图 1834　赤点石斑鱼 E. akaara
（依濑能，2013）

28（27）头体无小斑

29（30）体浅红色，具 5 条深红色宽横带（鲜活时）；背鳍鳍棘部边缘黑色·······················
横条石斑鱼（黑边石斑鱼）E. fasciatus (Forsskål, 1775)（图 1835）。栖息于珊瑚礁水深 4～160m 的潟湖、内湾及沿岸礁石区或石砾区海域。食蟹、虾及小鱼。体长 400mm。分布：东海、台湾各地、南海诸岛；韩国、日本、罗德豪岛、澳大利亚，印度-太平洋区。沿岸常见的食用鱼类，也用于水族馆展示。以一支钓、鱼枪或流刺网捕获。煮汤味极佳。

图 1835　横条石斑鱼（黑边石斑鱼）E. fasciatus
（依郑义郎，2007）

30（29）体无横带

31（32）头部具 3 条黑色斜带 ················· **颊条石斑鱼（三线石斑鱼）E. heniochus (Fowler, 1904)**
（图 1836）。栖息于沿岸水深 40～285m 的泥沙底质海域。体长 350～430mm。分布：东海外海；济州岛、日本、菲律宾、越南。经济鱼类，供食用。

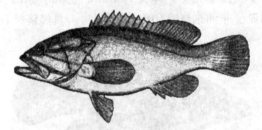

图 1836　颊条石斑鱼（三线石斑鱼）E. heniochus
（依 Heemstra & Randall，1999）

32（31）头部无黑色斜带

33（34）体侧鳞片中央淡白色 ····················· **霜点石斑鱼 E. rivulatus (Valenciennes, 1830)**
（图 1837）。珊瑚礁、岩礁、海藻床区等水深 1～150m 处皆可见其踪迹。食鱼类及甲壳类。体长 390mm。分布：台湾西部及澎湖列岛海域、南海（香港）；日本南部、澳大利亚及新西兰、印度-西太平洋区。具经济性食用鱼。

34（33）体侧鳞片中央不呈淡白色

35（36）体具暗色和白色相互交替的纵带；暗色纵带具黑色边缘 ····················· **纵带石斑鱼**

图 1837　霜点石斑鱼 *E. rivulatus*

（依郑义郎，2007）

E. latifasciatus（Temminck & Schlegel，1842）（图 1838）。栖息于沿岸 20～370m 的礁沙混合区，幼鱼生活在沙泥底水域，是印度-太平洋区最大的礁区鱼类。最大体长 2.7m，体重达400kg。分布：东海、台湾东北部及澎湖列岛海域、海南岛、南海诸岛；日本、夏威夷，印度-西太平洋区。具经济性食用鱼。清蒸食用佳。

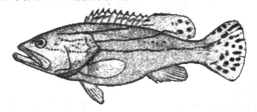

图 1838　纵带石斑鱼 *E. latifasciatus*

（依 Heemstra & Randall，1999）

36（35）体无纵带

37（38）体具 6～7 条由前向后上方的斜横带……………………………**褐带石斑鱼 *E. brunneus* Bloch，1793**

（图 1839）。栖息于水深 20～200m 的岩礁区，也见于沙泥底水域，幼鱼则栖息于岸边水域。体长1.36m。分布：台湾西南沿海、南海（香港）；韩国、日本。具经济性食用鱼，可人工养殖。

图 1839　褐带石斑鱼 *E. brunneus*

（依郑义郎，2007）

38（37）体无斜横带

39（42）体具 5 条暗色横带

40（41）体侧上半部暗色横带边缘无黑点，体侧具许多黄色小点（鲜活时）………………………………

青石斑鱼 *E. awoara*（Temminck & Schlegel，1842）（图 1840）。栖息于水深 10～65m 的石砾或沙泥区海域，幼鱼常出现在潮池区。亲鱼产卵水温 23.2～23.4℃，盐度 20～34，产卵期在

图 1840　青石斑鱼 *E. awoara*

（依台湾鱼类生态与演化研究室）

6、7月，常在傍晚产卵，为分批多次产卵型，受精卵约在27h后孵化成仔鱼。分布：南海诸岛；韩国、日本、越南，西-北太平洋区。经济价值高的食用鱼，可人工养殖。

41（40）体侧上半部暗色横带边缘具黑点，体侧无黄色小点（鲜活时）**························· 镶点石斑鱼**
E. amblycephalus（Bleeker，1857）（图1841）。栖息于水深80～200m的礁石或石砾区海域。底栖肉食性，主食鱼类。体长500mm。分布：台湾北部及澎湖列岛等海域、南海；日本、菲律宾、越南，印度-西太平洋区。以延绳钓捕获。清蒸或煮汤皆宜。

图1841　镶点石斑鱼 E. amblycephalus
（依郑义郎，2007）

42（39）体具不显著横带或无横带

43（44）体侧具许多大于眼径的大黑斑 **························· 蓝身大斑石斑鱼 E. tukula**（Morgans，1959）
（图1842）。栖息于水深10～60m的浅水亚潮带至150 m深的礁区海域。生性不怕人，常与潜水员近距离接触。主食鱼类。体长2.0m。分布：台湾北部及澎湖列岛海域；日本、澳大利亚、非洲东岸，印度-西太平洋区。极佳的食用鱼。由于不怕人，经常被潜水员捕捉，南非及澳大利亚大堡礁北部的国家公园已将其列入保护鱼类。

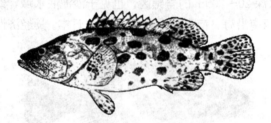

图1842　蓝身大斑石斑鱼 E. tukula
（依 Heemstra & Randall，1999）

44（43）体侧具许多小于或等于眼径的黑斑

45（56）体侧黑斑不形成网状

46（49）体侧暗色斑小点状、小斑点集中于体的上半部

47（48）背鳍鳍条部及尾鳍无黑色边缘；头部具少量或无暗色小斑 **························· 小纹石斑鱼**
E. epistictus（Temminck & Schlegel，1842）（图1843）。栖息于水深71～100m大陆架的软泥底质区，常出现于礁石区。体长800mm。分布：东海、台湾东北部及澎湖列岛海域；日本南部、非洲东岸、红海，印度-西太平洋区。经济性食用鱼。

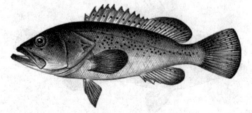

图1843　小纹石斑鱼 E. epistictus
（依郑义郎，2007）

48（47）背鳍鳍条部及尾鳍有黑色边缘；头部具许多暗斑 ……………………………… **南海石斑鱼**
E. stictus（Randall & Allen，1987）（图 1844）。栖息于水深 37～200m 的沙泥底质水域。体长
330mm。分布：台湾澎湖列岛海域、海南岛、南海（香港）；日本南部、越南、澳大利亚西北
部，东印度洋至西太平洋区。具经济性食用鱼。

图 1844　南海石斑鱼 *E. stictus*
（依郑义郎，2007）

49（46）体侧暗色斑大，分散在体的下半部

50（51）体背缘具 3 个大黑斑；体侧斑点由前下方向后上方斜向排列；吻端尖 ………………………
珊瑚石斑鱼 E. corallicola（Valenciennes，1828）（图 1845）。栖息于水深 0～60m 的淤塞礁区
浅水域，有时也见于河口区。以鱼类及甲壳类等为食。体长 490mm。分布：台湾南部海域、
南海；日本、菲律宾、马里亚纳群岛，西太平洋区。食用鱼，偶以一支钓、鱼枪或鱼笼捕获。
肉质好，味美，煮汤是极佳的食法。

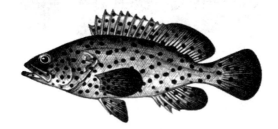

图 1845　珊瑚石斑鱼 *E. corallicola*
（依郑义郎，2007）

51（50）体背缘无大黑斑

52（53）体侧下方有 1/4 处无斑点；口角及口内侧蓝灰色 ……………………………… **点列石斑鱼**
E. bontoides（Bleeker，1855）（图 1846）。栖息于水深 0～30m 的泥质或石砾区水域，极为罕
见的石斑鱼类之一。体长 300mm。分布：台湾东部海域；日本、印度尼西亚、新不列颠岛，
西太平洋区等。中小型石斑鱼，不是经济性鱼种。偶以延绳钓或底拖网等捕获，数量极稀
少，可食用。

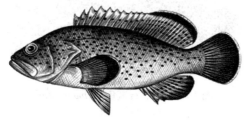

图 1846　点列石斑鱼 *E. bontoides*
（依郑义郎，2007）

53（52）体侧全部有斑点

54（55）体侧斑点细小，小于瞳孔，鲜活时及液浸后均为黑色；体侧胸部浅白色…………………
玛拉巴石斑鱼 E. malabaricus（Bloch & Schneider，1801）（图 1847）。珊瑚礁、石砾区、潮

池、河口或泥沙底区水深0～150m皆可见其踪迹。食鱼类、甲壳类及头足类。体长2.34m。分布：台湾东部及南部海域；日本、汤加群岛，印度-太平洋暖水域。鱼市场最常见的高经济性石斑鱼，是鮨科中人工繁殖与培育最成功的鱼种。现今食用的大多是养殖鱼。野生种可用拖网、延绳钓、鱼枪或一支钓等捕获。清蒸食之，口味佳。

图1847　玛拉巴石斑鱼 E. malabaricus
（依郑义郎，2007）

55（54）体侧斑点较瞳孔稍大，鲜活时红褐色，液浸后呈暗色；体侧胸部不呈白色…………………
………**点带石斑鱼 E. coioides**（Hamilton，1822）（图1848）。栖息于水深0～160m水质较混浊的沿岸礁区，也被发现于咸淡水水域，幼鱼常出现于沙泥底的河口域、沼泽区或潟湖。底栖肉食性，食小鱼及甲壳类。体长1.2m。分布：台湾西部及南部海域、南海诸岛；日本南部、澳大利亚、红海，印度-西太平洋区。具经济性食用鱼，已有试验性人工养殖。

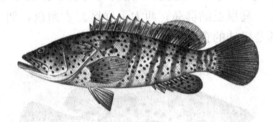

图1848　点带石斑鱼 E. coioides
（依郑义郎，2007）

56（45）体侧黑斑形成网状

57（70）胸鳍密具黑斑，形成网状

58（59）体背部包括背鳍具浅色区域………………………**花点石斑鱼 E. maculatus**（Bloch，1790）（图1849）。幼鱼栖息于较浅的珊瑚石砾区水域，成鱼则栖息于潟湖区的珊瑚礁头及深达300m以内向海的礁区。体长605mm。分布：台湾东北部及澎湖列岛海域、南海；日本南部、萨摩亚群岛，印度-太平洋区。具经济性食用鱼，或用于水族馆展示。大型鱼内脏可能具累积的珊瑚礁鱼毒素（"雪卡毒素"ciguateric toxins），误食会引起中毒，应避食其内脏。

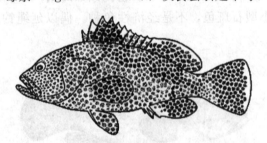

图1849　花点石斑鱼 E. maculatus
（依濑能，2013）

59（58）体背部包括背鳍无浅色区域

60（63）尾柄背部具黑斑；体中部黑斑小于或等于瞳孔

61（62）头背缘凸出，微圆；胸鳍浅灰色………………… **清水石斑鱼 E. polyphekadion**（Bleeker，1849）（图1850）。栖息于水深1～30m的珊瑚繁生潟湖区及外礁区，尤其是岛屿周边数量多。常成一小群游动。食甲壳类、鱼类及头足类。体长900mm。分布：东海、钓鱼岛、台湾南部及兰屿海域、南海（香港）；日本、澳大利亚、非洲东岸，印度-太平洋暖水域。具经济性食用鱼，已有试验性人工养殖。大型鱼内脏可能具累积的珊瑚礁鱼毒素（"雪卡毒素"ciguateric toxins），1999 年 3 月香港发生多宗食用该鱼中毒病例，中毒人数近百人。

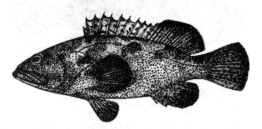

图 1850　清水石斑鱼 *E. polyphekadion*

（依伍汉霖，2002）

62（61）头背缘在眼后部凹入；胸鳍红褐色（鲜活时）……………………………………… **棕点石斑鱼**
E. fuscoguttatus(Forsskål, 1775)（图 1851）。栖息于水深 1～150m 的潟湖及海湾内独立礁周围水域，也常被发现于外礁斜坡区及清澈水域。主食鱼类及甲壳类。体长 1.2m。分布：台湾西部、东北部及澎湖列岛海域、南海（香港）；日本、澳大利亚、非洲东岸，印度-太平洋区。具经济性食用鱼，供水族馆展示，也可人工养殖。棕点石斑鱼在香港俗称老虎斑，大型个体常含珊瑚礁鱼毒素。1998 年 1 月在香港有 70 多人误食而中毒，患者口角及四肢肌肉麻痹、呕吐、冷热感觉颠倒等。

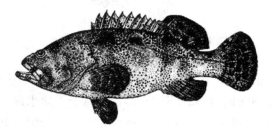

图 1851　棕点石斑鱼 *E. fuscoguttatus*

（依伍汉霖，2002）

63（60）尾柄背部无黑斑；体中部黑斑大于瞳孔

64（69）体中部所有黑斑彼此独立，互不接触或融合

65（68）背鳍第八至第十鳍棘基底附近具一大黑色斑块；头长为尾柄高的 3.1～3.4 倍

66（67）眼前吻部不弓起；体侧黑斑色深，明显 …………………………… **黑斑石斑鱼（黑点石斑鱼）**
E. melanostigma Schultz, 1953（图 1852）。栖息于水深 1～375m 的沿岸礁沙混合区，幼鱼则生活于沙泥底水域。主食鱼类。体长 330mm。分布：台湾南部及澎湖列岛海域；日本、南非，印度-西太平洋区。中小型石斑鱼，不是经济性鱼种。偶以延绳钓或底拖网等捕获，产量极为稀少。可食用。

眼前吻部不弓起

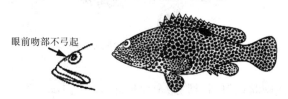

图 1852　黑斑石斑鱼（黑点石斑鱼）*E. melanostigma*

（依濑能，2013）

67（66）眼前吻部弓起；体侧黑斑色淡，不明显 …………………… **巨石斑鱼 *E. tauvina*（Forsskål，1775）**
（图 1853）。栖息于水深 1～120m 水质清澈的珊瑚礁区，幼鱼现于礁盘或潮池中，成鱼在较深水域。肉食性，主要以鱼为食，偶尔摄食甲壳类。体长 1.07m。分布：台湾见于北部兰屿及绿岛海域、南海诸岛；日本、红海、南非，印度-太平洋区。主要具经济性食用鱼，已有人工养殖。一般渔法以延绳钓及一支钓捕获。清蒸食用佳。因食物链之故，大型鱼内脏可能具累积的珊瑚礁

鱼毒素（"雪卡毒素" ciguateric toxins），误食会引起中毒，应避食其内脏。

图 1853　巨石斑鱼 E. tauvina
（依胡蔼荪，1979）

68（65）背鳍基部具 3～4 个大黑斑；头长为尾柄高的 3.7～4.4 倍 ························**吻斑石斑鱼**
E. spilotoceps Schultz，1953（图 1854）。栖息于沿岸水深 0～90m 浅礁、水道或潟湖内的珊瑚礁区。体长 350mm。分布：南海诸岛；非洲东岸、澳大利亚，印度-西太平洋暖水域。具经济性食用鱼。以延绳钓、鱼枪、陷阱法及一支钓等捕获。

图 1854　吻斑石斑鱼 E. spilotoceps
（依胡蔼荪，1979）

69（64）体中部所有黑斑不彼此独立，互相接触或融合；背鳍基底无大斑块 ·····························
蜂巢石斑鱼 E. merra Bloch，1793（图 1855）。栖息于沿岸水深 0～46m 的浅水域鱼种，常出现于潟湖及湾区礁石间，雌鱼在体长约 140mm 时成熟，180～210mm 时开始性转变。主食小鱼。体长 310mm。分布：台湾沿岸、南海诸岛；日本、南非、法属波利尼西亚，印度-太平洋区。沿岸常见鱼种，产量丰富，也是水族馆展示的鱼种。一般捕获之鱼皆为小型，故以煮汤食之较宜。大型鱼内脏可能具累积的珊瑚礁鱼毒素（"雪卡毒素" ciguateric toxins），误食会引起中毒，应避食其内脏。

图 1855　蜂巢石斑鱼 E. merra
（依胡蔼荪，1979）

70（57）胸鳍无黑斑，不形成网状；鲜活时胸鳍全部具许多红色小斑

71（72）尾鳍无黑斑；体具黑色横带；侧线鳞 48～53 ·······················**带点石斑鱼（拟青石斑鱼）**
E. fasciatomaculosus（Peters，1865）（图 1856）。栖息于水深 1～230m 较深的岩礁区。食鱼类及甲壳类。体长 300mm。分布：台湾南部海域、南海；日本南部、菲律宾、越南，西太平洋区。具经济性食用鱼。

72（71）尾鳍密具小黑斑，形成网状

73（76）体背缘具黑斑

74（75）体背缘具 3 黑斑，体侧黑斑颜色深浅一致 ··**三斑石斑鱼**

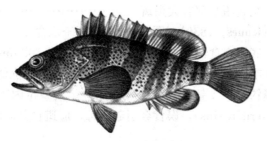

图 1856　带点石斑鱼（拟青石斑鱼）*E. fasciatomaculosus*
（依郑义郎，2007）

***E. trimaculatus*（Valenciennes，1828）**（图 1857）（syn. 鲑点石斑鱼 *E. fario* 胡蔼苏，1979）。幼鱼栖息于潮池或礁石区的浅水域，成鱼则迁移至 1～20m 深水域。主食鱼类，偶食甲壳类。体长 400mm。分布：台湾北部及南部海域；韩国、日本，西-北太平洋区。具经济性食用鱼，已有试验性人工养殖。以延绳钓及一支钓捕获。清蒸食用佳。

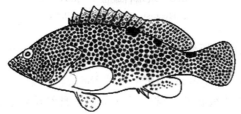

图 1857　三斑石斑鱼 *E. trimaculatus*
（依濑能，2013）

75（74）体背缘具 5 黑斑，体侧有些斑块特别浓黑 ·························· **六角石斑鱼**
***E. hexagonatus*（Forster，1801）**（图 1858）。栖息于沿岸水深 0～30m 的独立珊瑚礁区水域。食鱼类及甲壳类。体长 275mm。分布：南海诸岛；日本，印度-西太平洋热带岛屿周边海域。产量颇丰，是鱼市场常见的鱼种。具经济价值。

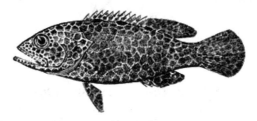

图 1858　六角石斑鱼 *E. hexagonatus*
（依胡蔼苏，1979）

76（73）体背缘无黑斑

77（78）臀鳍外缘不呈黑色；胸部至胸鳍基部有时具小黑斑 ··················· **大斑石斑鱼**
***E. macrospilos*（Bleeker，1855）**（图 1859）。栖息于沿岸水深 0～20m 的珊瑚礁区水域。食鱼类及甲壳类。体长 375mm。分布：台湾南部海域；日本，印度-西太平洋热带岛屿周边海域。产量颇丰，是鱼市场常见的鱼种。具经济价值。

图 1859　大斑石斑鱼 *E. macrospilos*
（依台湾鱼类资料库）

78（77）臀鳍外缘黑色；胸部至胸鳍基部有大黑斑 ·· **玳瑁石斑鱼**
E. quoyanus（Valenciennes, 1830）（图 1860）。栖息于水深 0～30m 的近岸碎屑珊瑚礁区，幼鱼常被发现于潮池。底栖肉食性，食甲壳类及蠕虫。体长 308mm。分布：东海南部、台湾澎湖列岛海域、南海；日本，澳大利亚，印度-西太平洋。具经济价值的中小型食用石斑鱼。以流刺网、陷阱法、延绳钓及一支钓捕获。清蒸食用佳。大型鱼内脏可能具累积的珊瑚礁鱼毒素（"雪卡毒素" ciguateric toxins），误食会引起中毒，应避食其内脏。

图 1860　玳瑁石斑鱼 E. quoyanus
（依 Heemstra & Randall，1999）

巨花鮨属（巨棘花鲈属）Giganthias Katayama, 1954

桃红巨花鮨 G. immaculatus Katayama, 1954（图 1861）。栖息于水深 15m 较浅的岩礁区。体长 420mm。分布：东海、台湾南部及东北部海域；日本南部。具经济性食用鱼。以延绳钓及一支钓捕捞。清蒸食用佳。

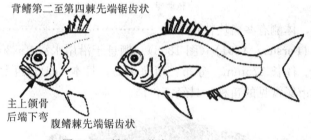

背鳍第二至第四棘先端锯齿状

主上颌骨
后端下弯　腹鳍棘先端锯齿状

图 1861　桃红巨花鮨 G. immaculatus
（依濑能，2013）

纤齿鲈属 Gracila Randall, 1964

白边纤齿鲈 G. albomarginata（Fowler & Bean, 1930）（图 1862）（syn. 白边九棘鲈 Cephalopholis albomarginata 胡霭苏，1979）。栖息于外礁斜坡区及水深 6～120m 较深水域的水道。游泳能力强，常独游，偶会聚成小群。体长 400mm。分布：台湾兰屿、西沙群岛；日本南部、澳大利亚大堡礁，印度-太平洋暖水域。具经济性食用鱼，但不常见。

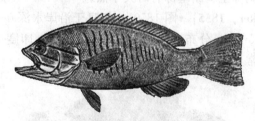

图 1862　白边纤齿鲈 G. albomarginata
（依胡霭苏，1979）

线纹鱼属 Grammistes Bloch & Schneider, 1801

六带线纹鱼 G. sexlineatus（Thunberg, 1792）（图 1863）。喜独居于珊瑚礁、岩礁石底部的孔穴内，

昼伏夜出，栖息水深 1～50m，以 2～5m 靠岸的水域最多，偶在潮池也可采获。主食鱼类。体长 300mm。分布：东海（钓鱼岛）、台湾礁岸及离岛海域、南海诸岛，香港；日本、马贵斯群岛，印度-太平洋区。小型鱼类，体表皮肤黏液细胞会分泌一种脂肪酸的皮肤黏液毒（crinotoxin）和线纹鱼毒素（grammistin）。这些毒素能使海水呈皂沫状，对鱼类和哺乳类的红细胞具有溶血作用，能杀死在其附近游动的鱼类。要避免食用该鱼皮层组织，也不要将此鱼与其他观赏鱼混养于同一水族箱中，以防被其杀死。不可食用，可做观赏用鱼。

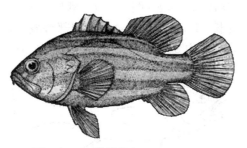

图 1863　六带线纹鱼 *G. sexlineatus*
（依胡蔼荪，1979）

下美鮨属 *Hyporthodus* Gill, 1861
种 的 检 索 表

1（2）尾鳍后缘白色；后鼻孔长小于后鼻孔至眼窝的距离 ·· **七带下美鮨** *H. septemfasciatus* (**Thunberg, 1793**)（图 1864）（syn. 七带石斑鱼 *H. septemfasciatus* 东海深海鱼类，1988）。栖息于水深 5～150m 的沿岸珊瑚礁或岩礁区，常被发现于洞穴或岩缝间。食鱼类及甲壳类。体长 1.55m。分布：东海（浙江宁波）、台湾北部及西南沿海、南海（香港）；韩国、日本，西-北太平洋区。具经济性食用鱼，已可人工养殖。

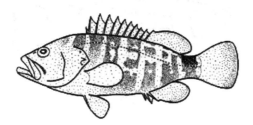

图 1864　七带下美鮨 *H. septemfasciatus*
（依濑能，2013）

2（1）尾鳍后缘暗色；后鼻孔长稍大于后鼻孔至眼窝的距离 ·· **八带下美鮨** *H. octofasciatus* (**Griffin, 1926**)（图 1865）。栖息于水深 40～383m 较深的岩礁区。食鱼类、甲壳类及软体动物。体长 1.3m。分布：台湾北部及南部海域；日本、澳大利亚、非洲东岸，印度-西太平洋区。栖所较深，产量不多，为非主要经济性食用鱼。红烧食用佳。大型鱼内脏可能具累积的珊瑚礁鱼毒素（"雪卡毒素"ciguateric toxins），误食会引起中毒，应避食其内脏。

图 1865　八带下美鮨 *H. octofasciatus*
（依濑能，2013）

长鲈属 *Liopropoma* Gill, 1861
种 的 检 索 表

1 (14) 背鳍1个

2 (5) 前鼻孔位于吻端和后鼻孔的中间；尾鳍后缘黑色

3 (4) 体长为胸鳍长的 3.7～3.9 倍；鲜活时全身红色 ·· **黑缘长鲈**
L. erythraeum Randall & Taylor, 1988（图 1866）。栖息于水深 30～103m 较浅的岩礁区。食鱼
类、甲壳类及软体动物。体长 548mm。分布：台湾南部海域；日本、澳大利亚，印度-西太平洋
区。栖所较深，产量不多，为非主要经济性食用鱼。

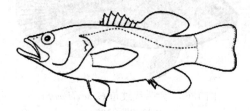

图 1866　黑缘长鲈 *L. erythraeum*
（依濑能，2013）

4 (3) 体长为胸鳍长的 4.7～5.3 倍；鲜活时体背部黄色 ·· **黄背长鲈**
L. dorsoluteum Kon, Yoshino & Sakurai, 1999（图 1867）。栖息于水深 10～50m 较浅的岩礁区。
体长 448mm。分布：东海深海、台湾南部海域；日本、澳大利亚，印度-西太平洋区。产量不多，
为非主要经济性食用鱼。大型鱼内脏可能具累积的珊瑚礁鱼毒素（"雪卡毒素" ciguateric tox-
ins），误食会引起中毒，应避食其内脏。

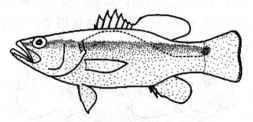

图 1867　黄背长鲈 *L. dorsoluteum*
（依濑能，2013）

5 (2) 前鼻孔近吻端；尾鳍后缘不呈黑色

6 (11) 体侧具纵带

7 (10) 纵带在尾柄部离开侧线

8 (9) 纵带黑色，尾鳍基部无同色圆斑，各鳍鲜黄色；背鳍具 13 鳍条；臀鳍具 9 鳍条 ···················
············ **宽带长鲈 L. latifasciatum (Tanaka, 1922)**（图 1868）。栖息于 10～90m 较浅水域的岩
礁区，穴居性。肉食性，主食无脊椎动物。体长 200mm。分布：东海、台湾南部及东北部海域；
韩国、日本，西-北太平洋区。小型石斑鱼，不是经济性鱼种。偶以延绳钓或底拖网等捕获，产
量较稀少。可食用。

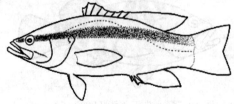

图 1868　宽带长鲈 *L. latifasciatum*
（依濑能，2013）

9（8）纵带由深红色椭圆形横斑相连而成，尾鳍基部并有一同色圆斑；背鳍具 13～14 鳍条；臀鳍具 10～11 鳍条······························**日本长鲈** *L. japonicum*（Döderlein，**1883**）（图 1869）。栖息于 20～100m 较浅水域的岩礁区，穴居性。肉食性，主食无脊椎动物。体长 188mm。分布：东海深海、台湾南部及北部海域；韩国、日本，西-北太平洋区。小型石斑鱼，不是经济性鱼种。偶以延绳钓或底拖网等捕获，产量较为稀少。可食用。

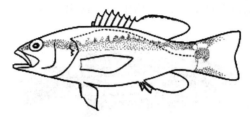

图 1869　日本长鲈 *L. japonicum*
（依濑能，2013）

10（7）纵带黄色，在尾柄部不离开侧线，成鱼纵带不明显；背鳍具 12 鳍条；臀鳍具 8 鳍条························**荒贺长鲈** *L. aragai* **Randall & Taylor，1988**（图 1870）。栖息于 50～100m 较深水域的岩礁区。穴居性。食无脊椎动物。体长 135mm。分布：台湾南部海域；日本。小型石斑鱼，不是经济性鱼种。偶以延绳钓或底拖网等捕获，产量较为稀少。可食用。

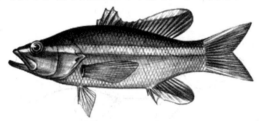

图 1870　荒贺长鲈 *L. aragai*
（依郑义郎，2007）

11（6）体侧无纵带；背鳍具 12 鳍条；臀鳍具 8～9 鳍条

12（13）体侧有孔鳞 61～70；体侧及鳍的斑点黄橙色 ·································· **斑长鲈** *L. maculatum*（Döderlein，**1883**）（图 1871）。栖息于水深 100～400m 沿岸岩礁及海岭处的水域。体长 210mm。分布：台湾东部海域；朝鲜半岛、日本、夏威夷。

图 1871　斑长鲈 *L. maculatum*
（依台湾水产试验所许红虹等，2006）

13（12）体侧有孔鳞 46～51·································**新月长鲈** *L. lunulatum*（Guichenot，**1863**）（图 1872）。

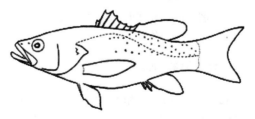

图 1872　新月长鲈 *L. lunulatum*
（依濑能，2013）

栖息于沿岸岩礁水深 100～178m 的较浅海域。体长 190mm。分布：东海外海；日本冲绳。

14（1）背鳍 2 个

15（16）头部及体侧具多条暗色纵带⋯⋯⋯⋯⋯⋯⋯⋯⋯ **苏氏长鲈** *L. susumi* **（Jordan & Seale，1906）**（图 1873）。栖息于水深 2～34m 较浅水域的潟湖及向海岩礁区。穴居性。肉食性，食无脊椎动物。体长 90mm。分布：台湾澎湖列岛及兰屿海域；日本南部、莱恩群岛、红海，印度-太平洋区。偶以延绳钓或底拖网等捕获，产量稀少。可食用。

图 1873　苏氏长鲈 *L. susumi*

（依郑义郎，2007）

16（15）体侧无暗色纵带⋯⋯⋯⋯⋯⋯⋯⋯⋯⋯⋯**苍白长鲈** *L. pallidum* **（Fowler，1938）**（图 1874）。栖息于珊瑚礁水深 15～40m 的浅水域。体长 40mm。分布：台湾南部小琉球海域；日本、马里亚纳群岛。个体小，无食用价值。

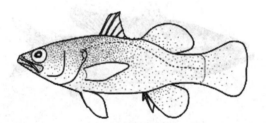

图 1874　苍白长鲈 *L. pallidum*

（依濑能，2013）

大花鮨属 Meganthias Randall & Heemstra，2006

琉球大花鮨 M. kingyo（Kon，Yoshino & Sakurai，2000）（图 1875）。栖息于水深 100～300m 的岩礁海域。体长 236～278mm。分布：台湾东部海域；日本琉球海域，印度-太平洋海域。无食用价值。

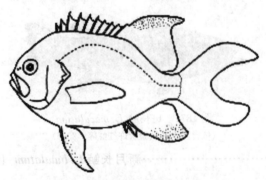

图 1875　琉球大花鮨 *M. kingyo*

（依濑能，2013）

东洋鲈属 Niphon Cuvier，1828

东洋鲈 N. spinosus Cuvier，1828（图 1876）。栖息水深 50～400m 较深水域的大陆架缘岩礁区，夏天产卵。食鱼类及其他无脊椎动物。体长近 1m。分布：台湾南部及东北部海域、南海；日本、菲律宾，西-北太平洋区。具经济性食用鱼，但不常见。

图 1876　东洋鲈 *N. spinosus*

（依时冈隆，2012）

牙花鮨属（金花鲈属）*Odontanthias* Bleeker，1873
种 的 检 索 表

1（2）尾鳍基底具黑色横带；侧线有孔鳞 30～33；背鳍具 12～14 鳍条 ……………………… **红衣牙花鮨**
O. rhodopeplus（Günther，1872）（图 1877）（syn. 红衣齿花鲈 *Holanthias rhodopeplus* 沈世杰
等，2011）。栖息于水深 50～100m 水域的岩礁区。游泳性鱼类。体长 160mm。分布：台湾南部
及东北部海域；日本、印度尼西亚，印度-西太平洋区。小型石斑鱼，不是经济性鱼种。偶以延
绳钓或底拖网等捕获，产量较为稀少。可食用。

图 1877　红衣牙花鮨 *O. rhodopeplus*

（依郑义郎，2007）

2（1）尾鳍基底无黑色横带；侧线有孔鳞 34～43；背鳍具 14～18 鳍条
3（4）腹鳍和臀鳍的第二鳍条丝状延长 ……………………………………………… **片山氏牙花鮨**
O. katayamai（Randall，Maugé & Plessis，1979）（图 1878）（syn. 片山氏金花鮨 *H. katayamai*
陈大刚等，2015）。栖息于水深 55～300m 的岩礁区。体长 160mm。分布：台湾东港；日本、马
里亚纳群岛。

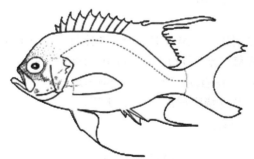

图 1878　片山氏牙花鮨 *O. katayamai*

（依濑能，2013）

4（3）腹鳍和臀鳍的第二鳍条不呈丝状延长
5（6）背鳍第三鳍棘先端的鳍膜黑色；背鳍具 14 鳍条；体侧无大斑块…………………… **单斑牙花鮨**
O. unimaculatus（Tanaka，1917）（图 1879）（syn. 单斑齿花鲈 *H. unimaculatus* 沈世杰等，
2011）。栖息于水深 50～100m 水域的岩礁区。游泳性鱼类。体长 200mm。分布：台湾南部及北
部海域；日本，西-北太平洋区。小型石斑鱼，不是经济性鱼种。偶以延绳钓或底拖网等捕获，
产量极为稀少。可食用。
6（5）背鳍第三鳍棘先端的鳍膜淡色；背鳍具 16～18 鳍条；体侧具黄褐色大斑块…………………………

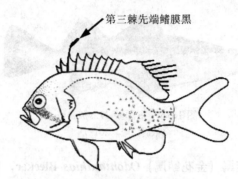

第三棘先端鳍膜黑

图 1879　单斑牙花鮨 *O. unimaculatus*
（依濑能，2013）

……**黄斑牙花鮨 *O. borbonius*（Valenciennes，1828）**（图 1880）（syn. 粗斑花鲈 *H. borbonius* 沈世杰等，2011）。栖息于水深 20～100m 较浅水域的岩礁区。游泳性鱼类。体长 150mm。分布：台湾南部海域及绿岛；日本、印度尼西亚、马达加斯加，印度-西太平洋区。小型鱼，不是经济性鱼种。偶以延绳钓或底拖网等捕获，产量较为稀少。可食用。

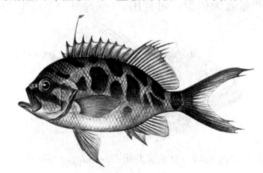

图 1880　黄斑牙花鮨 *O. borbonius*
（依郑义郎，2007）

棘花鮨属（棘花鲈属）*Plectranthias* Bleeker，1873
种 的 检 索 表

1（6）侧线不完全，仅伸达背鳍鳍条部中央下方

2（5）尾柄的背、腹缘各有 1 个小黑斑

3（4）尾鳍基部在上述小黑斑之间还具一黑色细横带；体侧具多条不规则褐色宽横带，横带两侧具白边
……………………………**短棘花鮨 *P. nanus* Randall，1980**（图 1881）。栖息于水深 3～60m 较浅水域的岩礁区、水道或外礁。底栖性，食小鱼及甲壳类。体长 40mm。分布：台湾南部及绿岛海域；西起红海、东至莱恩及皮特康群岛，印度-太平洋区。小型棘花鮨，不具经济性鱼种。偶以一支钓等捕获。不具食用价值。

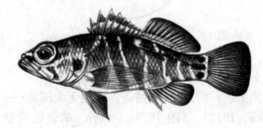

图 1881　短棘花鮨 *P. nanus*
（依郑义郎，2007）

4（3）尾鳍基部无黑色细横带；体侧具多条褐色宽横带；颊部具一黑色斜带 ……………………………
银点棘花鮨 *P. longimanus*（Weber，1913）（图 1882）。栖息于水深 6～73m 较浅水域的岩礁区。

底栖肉食性，食小鱼及甲壳类。体长 30mm。分布：台湾南部及小琉球海域；日本、斐济、澳大利亚，印度-太平洋区。小型棘花鲐，不具经济性鱼种。偶以一支钓等捕获。不具食用价值。

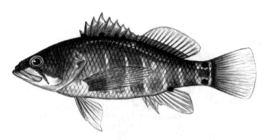

图 1882　银点棘花鲐 *P. longimanus*

（依郑义郎，2007）

5（2）尾柄的背、腹缘无小黑斑 ⋯⋯⋯⋯⋯⋯⋯⋯⋯⋯⋯⋯⋯ **红斑棘花鲐 *P. winniensis*（Tyler，1966）**（图 1883）。栖息于近岸较浅岩礁区。分布：台湾绿岛。产量少，不供食用。

图 1883　红斑棘花鲐 *P. winniensis*

（依 Randall，1988）

6（1）侧线完全，向后伸达尾柄；侧线有孔鳞 27～39 枚

7（14）主上颌骨具鳞

8（11）尾鳍圆形；背鳍具深缺刻，无大的经济价值

9（10）体颇延长，体长为体高的 3.7 倍；体为淡粉红色，具许多大橙红色斑点⋯⋯⋯⋯⋯⋯⋯⋯**长身棘花鲐 *P. elongatus* Wu，Randall & Chen，2011**。栖息于水深 243m 较深水域的岩礁区。体长 54mm。分布：台湾仅见于高雄兴达港。小型鱼，无食用价值。

10（9）体稍短，体长为体高的 2.7～2.8 倍；体一致为橘红色，无任何横斑或斑块⋯⋯⋯⋯⋯⋯⋯⋯⋯**日本棘花鲐 *P. japonicus*（Steindachner，1883）**（图 1884）。栖息于水深 100～300m 较深水域的沙砾区。底栖性，食小鱼及甲壳类。体长 150mm。分布：东海南部、台湾西部海域、南海诸岛；日本、印度尼西亚、澳大利亚，印度-西太平洋区。经济性小型食用鱼，但不常见。

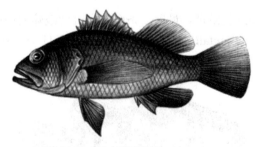

图 1884　日本棘花鲐 *P. japonicus*

（依郑义郎，2007）

11（8）尾鳍截形，略内凹，上叶先端稍延长；背鳍第四或第五鳍棘最长

12（13）背鳍第二鳍条延长；体侧中部具一深色宽横带，尾柄具一大圆黑斑 ⋯⋯⋯⋯⋯⋯⋯⋯⋯**凯氏棘花鲐 *P. kelloggi azumanus*（Jordan & Richardson，1910）**（图 1885）。栖息于水深

100～360m 较深水域的岩礁或沙石区。底栖性，食小鱼及甲壳类。体长 120mm。分布：东海大陆架、台湾南部及西部海域；日本、夏威夷，西-北太平洋区。小型鱼，不具经济性鱼种。产量极为稀少，可食用。

图 1885　凯氏棘花鮨 *P. kelloggi azumanus*
(依郑义郎，2007)

13（12）背鳍第二鳍条不延长；鲜活时体侧中部无宽横带，但具许多黄色大斑块，其中 4 个延伸至第一背鳍基部，各鳍黄色 ··· **黄斑棘花鮨** **P. xanthomaculatus Wu, Randall & Chen, 2011**。栖息于水深 200～223m 较深水域的岩礁或沙石区。底栖性，食小鱼及甲壳类。体长 57mm。分布：东海大陆架、台湾西南部海域；日本、夏威夷，西-北太平洋区。小型鱼，不具经济性鱼种［台湾特有种（endemic to Taiwan）］。

14（7）主上颌骨无鳞

15（16）体侧具 3 条橘红色斜带，第三条最宽，位于体后，延伸至臀鳍，尾鳍基上另具一暗红色小斑 ····························· **兰道氏棘花鮨 P. randalli Lin, Shao & Chen, 1994**（图 1886）。栖息于水深 80～300m 较深水域的岩礁或沙石区。底栖肉食性，食小鱼及甲壳类。体长 110mm。分布：台湾海域；新喀里多尼亚，西太平洋区。小型鱼，不具经济性鱼种。无食用价值。

图 1886　兰道氏棘花鮨 *P. randalli*
(依郑义郎，2007)

16（15）体侧无橘红色宽斜带

17（18）体背侧具 6 条不规则橘红色横带，最后 2 条横带有时会破碎成小斑块 ····························· **海氏棘花鮨 P. helenae（Randall，1980）**（图 1887）。栖息于水深 110～168m 较深水域的岩礁

图 1887　海氏棘花鮨 *P. helenae*
(依郑义郎，2007)

区。底栖肉食性，食小鱼及甲壳类。体长 61.5mm。分布：台湾南部；夏威夷、西太平洋区。小型棘花鲐，不具经济性鱼种。产量极为稀少，可食用。

18（17）体背侧无橘红色横带

19（22）第四或第五鳍棘最长

20（21）体淡橘红色，具许多分散的小黑斑，体侧中部具一大圆斑 ……………………… **山川氏棘花鲐** **_P. yamakawai_ Yoshino, 1972**（图 1888）。栖息于水深 100～250m 较深水域的岩礁区。底栖肉食性，食小型鱼及甲壳类。体长 200mm。分布：东海南部、台湾南部及北部海域；日本，西-北太平洋区。具经济性小型食用鱼，但不常见。

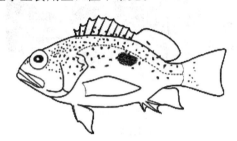

图 1888　山川氏棘花鲐 _P. yamakawai_
（依濑能，2013）

21（20）体淡粉红色，体侧沿侧线上下各具 1 列暗红色斑块 ……………………………… **怀特棘花鲐** **_P. whiteheadi_ Randall, 1980**（图 1889）（syn. 中州花鲈 _P. chungchowensis_ 沈世杰等，2011）。栖息于水深 50～240m 较深水域的岩礁或沙石区。底栖肉食性，食小鱼及甲壳类。体长 680mm。分布：台湾南部及西部海域；印度尼西亚，阿拉夫拉海、西太平洋区。小型鱼，不具经济性鱼种。偶以延绳钓或一支钓等捕获。不具食用价值。

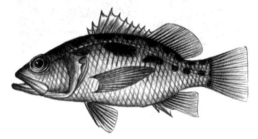

图 1889　怀特棘花鲐 _P. whiteheadi_
（依郑义郎，2007）

22（19）背鳍第三鳍棘最长

23（24）尾鳍内凹，上叶鳍条稍延长；体无小黑斑，头背侧橘黄色，体侧橘黄色，具 2 列黄褐色斑块 …………………… **黄吻棘花鲐 _P. kamii_ Randall, 1980**（图 1890）。栖息于水深 100～300m 的沿岸岩礁底层。体长 230mm。分布：台湾南部海域；日本。

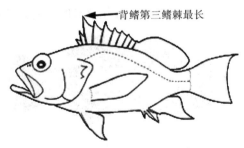

图 1890　黄吻棘花鲐 _P. kamii_
（依濑能，2013）

24（23）尾鳍截形或圆截形，上叶鳍条稍延长或不延长

25（26）体侧中部具 5～6 个金黄色斑块；项部及背鳍起点部下方各具一斑块·····················
沈氏棘花鮨 *P. sheni* **Chen & Shao，2002**（图 1891）。栖息于水深 100m 较深水域的岩礁区。底栖肉食性。体长 115mm。分布：台湾西南部海域。小型鱼，不具经济性鱼种。偶以一支钓等捕获。不具食用价值［台湾特有种（endemic to Taiwan）］。

图 1891　沈氏棘花鮨 *P. sheni*

（依郑义郎，2007）

26（25）体淡黄色或白色，体背侧具许多不规则的橘红色斑驳，有时有黄色掺杂其中·····················
······**威氏棘花鮨** *P. wheeleri* **Randall，1980**（图 1892）。栖息于水深 100～236m 的大洋岩礁石砾区。底栖肉食性。体长 82.8mm。分布：台湾西部海域；印度尼西亚、澳大利亚，印度-太平洋区。小型鱼，不具经济性鱼种。偶以底拖网等捕获。无食用价值。

图 1892　威氏棘花鮨 *P. wheeleri*

（依郑义郎，2007）

鳃棘鲈属（刺鳃鮨属） *Plectropomus* **Oken，1817**
种 的 检 索 表

1（2）尾鳍后缘截形或圆截形；体的斑点与瞳孔同大 ······························· **蓝点鳃棘鲈**
P. areolatus（**Rüppell，1830**）（图 1893）（syn. 截尾鳃棘鲈 *P. truncatus* 胡蔼荪，1979）。栖息于水深 0～20m 的浅水珊瑚礁附近水域。体长 600mm。分布：台湾、南海（香港）、西沙及中沙群岛；日本，印度-太平洋水域。产于热带海域的大型个体，其肉常含珊瑚礁鱼毒素。1999 年 3 月在香港发生 5 起 30 人食用该鱼中毒事件，食用该鱼时需注意其产地。

图 1893　蓝点鳃棘鲈 *P. areolatus*

（依胡蔼荪，1979）

2（1）尾鳍后缘内凹或弯入；体的斑点比瞳孔小

3（4）胸鳍淡色……………………………**豹纹鳃棘鲈 *P. leopardus*（Lacepède，1802）**（图 1894）。栖息于水深 3～100m 珊瑚繁生的潟湖及面海的礁区，也常出现于外礁斜坡。生性凶猛，极为贪食，主食鱼类，偶捕食甲壳类。繁殖期时会洄游短距离而聚集于礁区产浮性卵。幼鱼底栖性，警觉性高，喜栖于珊瑚碎屑堆。体长 1.2m。分布：台湾沿岸、南海诸岛；日本、澳大利亚、斐济，西太平洋区。常见食用鱼，以一支钓、鱼枪或鱼笼等捕获。清蒸、煮汤或红烧皆味美。也常被作为观赏用鱼。大型鱼内脏可能具累积的珊瑚礁鱼毒素（"雪卡毒素" ciguateric toxins），误食会引起中毒，应避食其内脏。

图 1894　豹纹鳃棘鲈 *P. leopardus*

（依郑义郎，2007）

4（3）胸鳍全部或部分黑色…………………………**黑鞍鳃棘鲈 *P. laevis*（Lacepède，1801）**（图 1895）。栖息于水深 4～100m 珊瑚繁生的潟湖及面海的礁区，也常出现于水道及外礁斜坡。性凶猛，极贪食，捕食鱼、甲壳类。繁殖期会洄游短距离聚于 1～2 个礁区产卵，产浮性卵。幼鱼底栖性，警觉性高，栖息于珊瑚碎屑堆。体长 1.25m。分布：台湾东北部及绿岛海域、南海诸岛；日本南部、土木土群岛、澳大利亚，印度-太平洋区。常见食用鱼，以一支钓、鱼枪或设鱼笼等捕获。大型鱼内脏可能具累积的珊瑚礁鱼毒素（"雪卡毒素" ciguateric toxins），误食会引起中毒，应避食其内脏。

图 1895　黑鞍鳃棘鲈 *P. laevis*

（依台湾鱼类生态与演化研究室）

须鲙属 *Pogonoperca* Günther，1859

斑点须鲙 *P. punctate*（Valenciennes，1830）（图 1896）（syn. 眼点须鲙 *P. ocellatus* 胡蔼荪，1979）。栖息于水深 10～150m 的外礁斜坡。生性隐蔽，主食鱼类。体长 870mm。分布：台湾小琉球及兰屿海域、南海（香港）、南沙群岛；日本、马贵斯群岛、新喀里多尼亚，印度-太平洋区。罕见鱼种，偶被延绳钓或鱼笼等捕获。产珊瑚礁区个体常含珊瑚礁鱼毒素（"雪卡毒素" ciguateric toxins），误食会引起中毒，应避食其内脏。数量有一定的减少，《中国物种红色名录》列为易危［VU］物种。

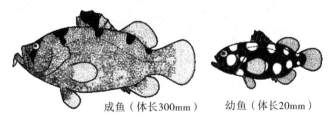

成鱼（体长300mm）　　幼鱼（体长20mm）

图 1896　斑点须鲙 *P. punctate*

（依濑能，2013）

拟花鮨属（拟花鲈属）Pseudanthias Bleeker，1871
种 的 检 索 表

1（2）吻尖；前颌有一尖端向上的锥形肉突；背鳍鳍条部显著高于鳍棘部 ⋯⋯⋯⋯⋯⋯⋯⋯⋯ **静拟花鮨** ***P. tuka*（Herre，1927）**（图 1897）（syn. 异唇笛鲷 *Mirolabrichthys tuka* 曾炳光，1979）。栖息于水深 2～35m 的大陆架外礁区，成群活动于外礁斜坡。食浮游甲壳类及鱼卵。体长 120mm。分布：台湾绿岛、南海诸岛；澳大利亚，印度-西太平洋区。小型鱼，不具食用经济性鱼种，体色艳丽，是水族馆常见鱼类。

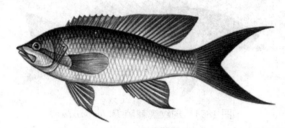

图 1897　静拟花鮨 P. tuka
（依郑义郎，2007）

2（1）吻不尖突；前颌无尖端向上的锥形肉突；背鳍鳍条部不显著高于鳍棘部

3（6）尾鳍截形、上下叶末端稍呈丝状延长

4（5）侧线下方至臀鳍起点具 16～17 横列鳞；鲜活时雄鱼体侧具红色横带，雌鱼尾鳍上下端红色⋯⋯⋯⋯⋯⋯⋯⋯**红带拟花鮨** ***P. rubrizonatus*（Randall，1983）**（图 1898）。栖息于沿岸水深 10～150m 的礁区，常成小群活动于独立的珊瑚礁头或破裂的片状珊瑚区。体长 100mm。分布：台湾澎湖列岛海域、南海（香港）；日本、菲律宾、新几内亚，西太平洋区。小型拟花鮨，无食用价值。

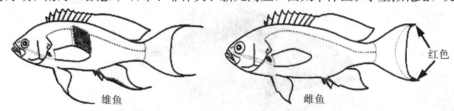

图 1898　红带拟花鮨 P. rubrizonatus
（依濑能，2013）

5（4）侧线下方至臀鳍起点具 18～19 横列鳞；鲜活时雄鱼体侧无红色横带；雌鱼尾鳍后缘红色，雌雄鱼无白色横带；雄鱼尾鳍上下缘的先端尖，但不呈丝状延长 ⋯⋯⋯⋯⋯⋯⋯**高体拟花鮨** ***P. hypselosoma* Bleeker，1878**（图 1899）。栖息于水深 1～40m 的潟湖或内湾保护的礁区，常成群活动。体长 190mm。分布：台湾南部及东北部海域；日本、澳大利亚、马尔代夫，印度-太平洋区。小型拟花鮨，不具食用价值鱼种。体色艳丽，是水族馆常见鱼种，一般皆以陷阱法捕获。

图 1899　高体拟花鮨 P. hypselosoma
（依濑能，2013）

6（3）尾鳍深叉形

7（8）背鳍鳍棘部的鳍膜上相互交替有或无细鳞，具细鳞的鳍膜其细鳞覆盖至鳍棘的先端⋯⋯⋯⋯⋯

··········**丝鳍拟花鮨 *P. squamipinnis*** (Peters，1855)（图1900）。栖息于水深0～55m片状珊瑚区的潟湖及水道或外礁斜坡，成小群游于珊瑚礁外围或洞穴附近。雄鱼具强烈的领域性，生殖行一雄多雌制，雄鱼死亡后由雌鱼依序递补。食浮游动物。体长150mm。分布：台湾沿岸、南海（广东）；日本、红海、非洲南部，印度-西太平洋区。小型鱼，无食用价值。体色艳丽，是水族馆常见鱼种，以陷阱法捕获。

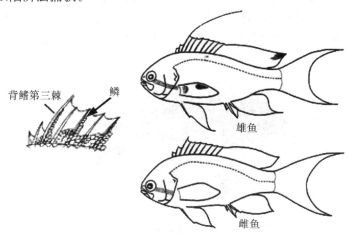

图1900　丝鳍拟花鮨 *P. squamipinnis*
（依濑能，2013）

8（7）背鳍鳍棘部鳍膜上的上半部无鳞

9（16）下鳃盖骨后缘具锯齿

10（11）第七至第十背鳍棘最长；第二至第三鳍棘间的鳍膜不内凹······························**锯鳃拟花鮨 *P. cooperi*** (Regan，1902)（图1901）。栖息于水深10～91m受洋流冲击的礁区斜坡。为小型而宽松的群体。体长140mm。分布：台湾小琉球及兰屿海域；日本南部、萨摩亚群岛、澳大利亚，印度-太平洋区。

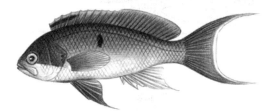

图1901　锯鳃拟花鮨 *P. cooperi*
（依郑义郎，2007）

11（10）第三至第六背鳍棘最长；第二至第三鳍棘间的鳍膜内凹

12（13）胸鳍具19～20鳍条；侧线有孔鳞40～46；雄鱼背鳍第三鳍棘的鳍膜先端不伸长；侧线下方的体侧鳞不呈暗色··············**长拟花鮨 *P. elongates*** (Franz，1910)（图1902）。栖息于水深10～60m的岩礁区。体长140mm。分布：台湾南部及东部；日本，西-北太平洋区。小

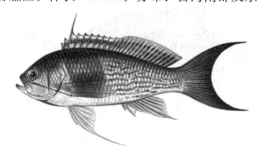

图1902　长拟花鮨 *P. elongates*
（依郑义郎，2007）

型鱼，无食用价值的鱼种。

13（12）胸鳍具 16～18 鳍条

14（15）体侧背部鳞片淡色；侧线有孔鳞 45～49 ·························· **侧带拟花鮨**
P. pleurotaenia（Bleeker，1857）（图 1903）。小型而宽松的群体，栖息于水深 10～180m 受洋流冲击的礁区斜坡或独立礁斜坡处。雄鱼具强烈的领域性。生殖行一雄多雌制，雄鱼死亡后由雌鱼依序递补。食浮游动物。体长 200mm。分布：台湾绿岛及兰屿；日本南部、新喀里多尼亚、印度尼西亚，西-中太平洋区。小型鱼，无食用价值。体色艳丽，是水族馆常见鱼种。

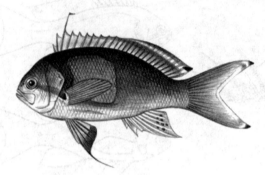

图 1903　侧带拟花鮨 *P. pleurotaenia*
（依郑义郎，2007）

15（14）体侧背部鳞片暗色；侧线有孔鳞 40～45；尾鳍二叉形，上下缘鳍条长··················
条纹拟花鮨 P. fasciatus（Kamohara，1954）（图 1904）。栖息于水深 10～68m 向海礁区的洞穴或暗礁附近。体长 210mm。分布：台湾南部及东部海域；日本、澳大利亚，西太平洋区。小型鱼，无食用价值的鱼种。

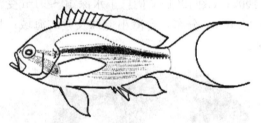

图 1904　条纹拟花鮨 *P. fasciatus*
（依濑能，2013）

16（9）下鳃盖骨后缘光滑

17（18）背鳍第三鳍棘很长，大于吻后头长；背鳍第六至第九鳍棘的鳍膜上具一大红斑··················
·············吕宋拟花鮨 **P. luzonensis**（Katayama & Masuda，1983）（图 1905）。栖息于水深 1～60m 的沿岸礁区，常小群活动于斜坡。体长 145mm。分布：台湾东部海域；菲律宾、印度尼西亚、澳大利亚。无食用价值的鱼种。体色鲜艳，是水族馆常见鱼类。小型鱼。

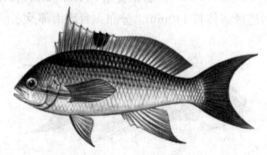

图 1905　吕宋拟花鮨 *P. luzonensis*
（依郑义郎，2007）

18（17）背鳍第三鳍棘不很长，短于吻后头长；背鳍鳍棘的鳍膜上无大红斑，雄鱼上唇肥厚

19（22）眼的后缘无小乳头状突起；侧线有孔鳞 55～64

20（21）背鳍第二鳍棘最长，但不延长；臀鳍第二鳍棘短于第三鳍棘·······················**刺盖拟花鮨**
P. dispar（Herre，1955）（图1906）。栖息于水深 1～18m 外礁斜坡的上缘。体长 95mm。分布：台湾绿岛海域；日本、斐济、圣诞岛、澳大利亚，印度-太平洋区。小型鱼，无食用价值的鱼种。体色鲜艳，是水族馆常见鱼种。

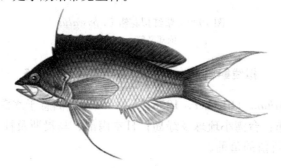

图 1906　刺盖拟花鮨 *P. dispar*
（依郑义郎，2007）

21（20）背鳍第二和第三鳍棘最长，呈丝状延长；臀鳍第二鳍棘长于第三鳍棘 ·······················
双色拟花鮨 P. bicolor（Randall，1979）（图1907）。栖息于水深5～68m 片状珊瑚区的潟湖及面海的礁区或外礁斜坡。小群游于珊瑚礁外围或洞穴附近。体长 130mm。分布：台湾南部及小琉球海域；日本、夏威夷、莱恩群岛，印度-太平洋区。小型鱼，无食用价值的鱼种。体色鲜艳，是水族馆常见鱼种。

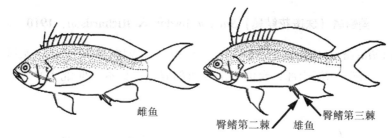

图 1907　双色拟花鮨 *P. bicolor*
（依濑能，2013）

22（19）眼的后缘具小乳头状突起；侧线有孔鳞 41～56

23（24）胸鳍具 20 鳍条；侧线有孔鳞 54～56；腹鳍第一鳍条先端不伸长 ·······················
月尾拟花鮨 P. caudalis Kamohara & Katayama，1959（图1908）。栖息于水深 35～100m 的沿岸岩礁区。体长 170mm。分布：东海外海；日本。小型鱼，无食用价值。

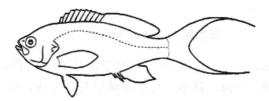

图 1908　月尾拟花鮨 *P. caudalis*
（依濑能，2013）

24（23）胸鳍具 16～19 鳍条；侧线有孔鳞 41～52；腹鳍第一鳍条先端伸长；侧线有孔鳞 48～52；雄鱼臀鳍后缘尖 ······························· 紫红拟花鮨 **P. pascalus**（Jordan & Tanaka，1927）
（图1909）。栖息于水深 5～60m 的沿岸礁区、大陆架区及岛屿附近，常大群活动于礁区洞穴外围或外礁斜坡。食浮游甲壳类及鱼卵。体长 170mm。分布：台湾绿岛及兰屿海域；日本、土木土群岛、澳大利亚，印度-太平洋区。小型鱼，无食用价值的鱼种。

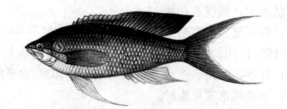

图 1909　紫红拟花鮨 *P. pascalus*
（依郑义郎，2007）

拟线鲈属 *Pseudogramma* Bleeker，1875

多棘拟线鲈 *P. polyacanthum* (Bleeker，1856)（图 1910）。栖息于水深 1～15m 较浅的礁区平台或潟湖水域。体长 86mm。分布：台湾小琉球及绿岛；日本南部、马贵斯及社会群岛、非洲东部，印度-太平洋区。小型鱼类，无食用价值的鱼种。

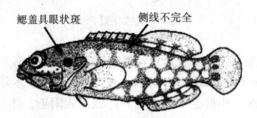

鳃盖具眼状斑　　侧线不完全

图 1910　多棘拟线鲈 *P. polyacanthum*
（依濑能，2013）

樱鮨属（珠斑花鲈属）*Sacura* Jordan & Richardson，1910

珠樱鮨 *S. margaritacea* (Hilgendorf，1879)（图 1911）。成群活动于岩礁区水域，栖息于水深 15～50m。体长 130mm。分布：东海南部、台湾南部及西部海域；日本，西-北太平洋区。小型鱼，无食用价值的鱼种。

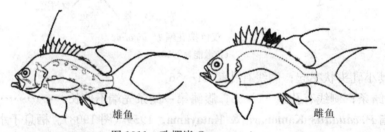

雄鱼　　　　　　　雌鱼

图 1911　珠樱鮨 *S. margaritacea*
（依濑能，2013）

泽鮨属 *Saloptia* Smith，1964

鲍氏泽鮨 *S. powelli* Smith，1964（图 1912）。栖息于水深 140～367m 的礁石或石砾区海域。体长 525mm。分布：台湾南部海域、南海；日本、马里亚纳群岛、斐济，西太平洋区。数量多，较常见。

图 1912　鲍氏泽鮨 *S. powelli*
（依 Heemstra & Randall，1999）

以手钓或深海一支钓捕获。一般以清蒸食之，肉质佳，味好。

月花鮨属（月花鲈属）*Selenanthias* Tanaka，1918

臀斑月花鮨 *S. analis* Tanaka，1918（图 1913）。栖息于水深 129～204m 沙泥底的海域。体长 130mm。分布：东海南部、台湾南部及西部海域；日本南部、澳大利亚西北部，印度-西太平洋区。小型鱼，无食用价值的鱼种。

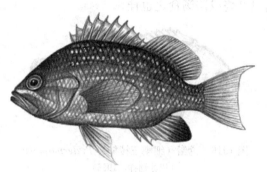

图 1913　臀斑月花鮨 *S. analis*
（依郑义郎，2007）

鳞鮨属 *Serranocirrhitus* Watanabe，1949

伊豆鳞鮨 *S. latus* Watanabe，1949（图 1914）。栖息于珊瑚礁附近的近海域，成小群游于洞穴、礁壁突出或陡坡处等，栖息水深 15～70m。体长 130mm。分布：台湾小硫球及兰屿；日本南部、斐济、新喀里多尼亚，西太平洋海域。小型鱼，无食用价值的鱼种。水族馆多用于观赏。

图 1914　伊豆鳞鮨 *S. latus*
（依郑义郎，2007）

姬鮨属（姬花鲈属）*Tosana* Smith & Pope，1906

姬鮨 *T. niwae* Smith & Pope，1906（图 1915）。栖息于沿岸较深沙泥底的海域。体长 160mm。分布：台湾西部海域、南海；日本南部，西太平洋区。小型鱼，无食用价值的鱼种。

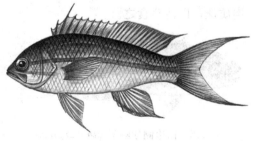

图 1915　姬鮨 *T. niwae*
（依郑义郎，2007）

鸢鮨属 *Triso* Randall, Johnson & Lowe, 1989

鸢鮨（细鳞三棱鲈） *T. dermopterus* (Temminck & Schlegel, 1842)（图 1916）(syn. 细鳞三棱鲈 *Trisotropis dermopterus* 成庆泰等，1962)。栖息于水深 22～103m 礁石或软质底区的海域。幼鱼食浮游动物。体长 680mm。分布：为反赤道分布的鱼种，北半球分布于台湾东部海域、南海诸岛；韩国、日本，东印度-西太平洋区。南半球则分布于澳大利亚东、西部海域。数量不丰，一般以手钓或深海一支钓捕获。肉质佳，味甘，若以红烧或酱汤食之也佳。

图 1916　鸢鮨（细鳞三棱鲈）*T. dermopterus*
（依苏锦祥，1985）

侧牙鲈属（星鲙属）*Variola* Swainson, 1839
种 的 检 索 表

1（2）鲜活时尾鳍后缘黄色；幼鱼体侧具一黑色纵带 ················· **侧牙鲈 *V. louti*** (Forsskål, 1775)（图 1917）。栖息于水深 3～250m 岛屿、外礁等礁石区的海域，食礁区小鱼及甲壳类。体长 830mm。分布：台湾澎湖列岛及绿岛海域、南海诸岛；日本、非洲南部，红海、印度-太平洋的热带及亚热带海域。高经济价值鱼种，食用及观赏兼具。肉质佳。大型鱼内脏可能具累积的珊瑚礁鱼毒素（"雪卡毒素"ciguateric toxins），误食会引起中毒，症状为呕吐、行动障碍，食用该鱼时应避食其内脏。

图 1917　侧牙鲈 *V. louti*
（依郑义郎，2007）

2（1）鲜活时尾鳍后缘白色；幼鱼体侧无黑色纵带 ···························· **白边侧牙鲈 *V. albimarginata*** Bleeker, 1953（图 1918）。栖息于水深 4～200m 沿岸、岛屿、外礁等礁石区的海域，以礁区小鱼及甲壳类为食。体长 650mm。分布：台湾澎湖列岛及绿岛海域、西沙群岛；日本、萨摩亚群岛、非洲东岸，印度-太平洋的热带及亚热带海域。经济价值较高的鱼种，食用及观赏兼具，但不常见。肉质佳，以清蒸食之。

图 1918　白边侧牙鲈 *V. albimarginata*
（依郑义郎，2007）

202. 鳂鲈科（巨棘鲈科）Ostracoberycidae

体卵圆形而侧扁。头骨外露，较粗糙；眶前骨和眶下骨肥大，尤以第二和第三眶下骨更大，并且与前鳃盖骨前缘连接；前鳃盖骨隅角具一强棘。眼大，长于吻长。口较大，稍倾斜。体被圆鳞；侧线完全。背鳍分离，第一背鳍具 9 鳍棘，第二背鳍鳍条 9～10；臀鳍具 3 鳍棘、7 鳍条；尾鳍截形。

分布：东-北印度洋及西太平洋。

本科有 1 属 3 种；中国有 1 属 1 种。

鳂鲈属（巨棘鲈属）*Ostracoberyx* Fowler，1934

矛状鳂鲈（矛状巨棘鲈）*O. dorygenys*（Fowler，1934）（图 1919）。栖息于深海水深 229～711m 的中小型海洋鱼类，生活于深海沙泥底水域。体长 230mm。分布：台湾南部海域；日本南部、菲律宾、马达加斯加，印度-西太平洋。

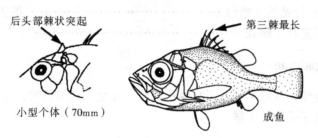

后头部棘状突起　第三棘最长

小型个体（70mm）　成鱼

图 1919　矛状鳂鲈（矛状巨棘鲈）*O. dorygenys*
（依波户冈，2013）

203. 丽花鮨科 Callanthiidae

体长椭圆形，侧扁。头较小，除唇部和吻部外均被鳞。口中大，斜裂；上颌骨向后延伸至眼中部下方。颌齿一列，尖长，前方具犬齿；犁骨和腭骨具绒毛状齿，舌上无齿。前鳃盖骨缘平滑，鳃盖骨具 2 扁平棘。体被中大栉鳞；侧线不完整，沿背鳍基部纵走，至尾柄背侧消失。背鳍单一，连续，无缺刻，鳍棘 11、鳍条 10～11；臀鳍具 3 鳍棘、10～11 鳍条；尾鳍内凹，上下叶延长如丝。

分布：东大西洋、地中海、印度洋及太平洋。

本科有 2 属 13 种（Nelson et al.，2016）；中国有 1 属 1 种。

丽花鮨属 *Callanthias* Lowe，1839

日本丽花鮨 *C. japonicus*（Franz，1910）（图 1920）。温带外洋水深 70～200m 的小型海洋鱼类，栖息岛屿、外礁等礁石区海域，食礁区小鱼及甲壳类。体长 200mm。分布：东海大陆架边缘、台湾西南部海域；日本南部，西-北太平洋。经济价值鱼种，食用及观赏兼具。以一支钓、手钓或设陷阱捕获。

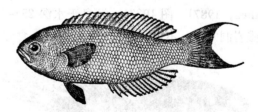

图 1920　日本丽花鮨 *C. japonicus*

204. 拟雀鲷科 Pseudochromidae

体长椭圆形或呈鳗形，侧扁；头部较钝圆或斜直。眼大，上侧位。颌齿细小或圆锥状，犁骨具齿，腭骨无齿。体被中小型栉鳞或圆鳞，头及颊部被小圆鳞；侧线断裂成两部分：上侧线沿背鳍侧缘，止于背鳍基底末端；下侧线由体中部纵走于尾柄中央，止于尾鳍基部。背鳍1个，基底甚长，具1~3鳍棘、21~37鳍条（鳗鲷亚科有32~79鳍条）。

本科鱼种极具领域性，多营独居的穴居生活。有些种类具护卵的生殖生态行为，雄鱼护卵时，一旦有入侵者，雄鱼均会有攻击的行为。性凶猛，属肉食性鱼类，食小鱼、甲壳类。栖所习性差异颇大，如白天在珊瑚礁区，可见戴氏鱼属（*Labracinus*）的鱼类在礁隙间穿梭活动，此属鱼具雌雄双色，故使得分类混淆不清；而拟雀鲷属（*Pseudochromis*）的鱼种多半隐身洞穴中，深居简出较难观察到。本科鱼种的地理分布大多狭窄，各海域不太相同，故种类数多。

本科有4亚科24属152种（Nelson et al.，2016）；中国有3亚科5属12种。

亚科检索表

1 (2) 背鳍、臀鳍、尾鳍连续 ………………………………………………… 鳗鲷亚科 Congrogadinae
2 (1) 背鳍、臀鳍、尾鳍分离，互不联系
3 (4) 背鳍具2~3鳍棘；臀鳍具3鳍棘 ……………………………………… 拟雀鲷亚科 Pseudochrominae
4 (3) 背鳍具1鳍棘；臀鳍具1鳍棘 ……………………………………… 拟鮗亚科 Pseudoplesiopinae

鳗鲷亚科 Congrogadinae

背鳍、臀鳍、尾鳍连续；背鳍无棘，无腹鳍；侧线不完全；颊部具鳞；鳃盖中央的下部无鳞；下颌突出于上颌之前。本亚科仅鳗鲷属1属。

鳗鲷属 *Congrogadus* Günther，1862

鳗鲷 C. subducens（Richardson，1843）（图1921）。栖息于珊瑚礁区的浅海域。体长400mm。分布：台湾东北部海域；日本、菲律宾，印度-西太平洋。数量少，无食用价值。

图1921 鳗鲷 *C. subducens*
（依林公义，2013）

拟鮗亚科 Pseudoplesiopinae

背鳍具1鳍棘；臀鳍具1鳍棘；体一致黄褐色、头部腹侧及各鳍鲜黄色，上颌与下颌暗褐色或褐色。本亚科仅鱼雀鲷属1属。

鱼雀鲷属 *Amsichthys* Gill & Edwards，1999

奈氏鱼雀鲷 A. knighti（Allen，1987）（图1922）。栖息于水深25~40m的近岸岩礁地区及珊瑚礁斜面区。生性害羞，平常躲入礁岩洞穴中，不仔细观察就不易发现。食浮游动物及小型甲壳类生物，肉

图1922 奈氏鱼雀鲷 *A. knighti*
（依郑义郎，2007）

食性鱼类。体长 60mm。分布：台湾北部及绿岛海域；日本、印度-西太平洋的热带及亚热带海域。罕见鱼种，无食用价值。

拟雀鲷亚科 Pseudochrominae

腹鳍具 1 鳍棘、5 鳍条；胸鳍具 16～20 鳍条；头被鳞；腭骨有齿或无齿；侧线中断，分成上下侧线。本亚科产中国者有 3 属。

属 的 检 索 表

1（2）臀鳍具 2～3 鳍棘、11～12 鳍条；腹鳍具 1 棘、5 鳍条，其中第三鳍条最长·· **绣雀鲷属 Pictichromis**

2（1）臀鳍具 3 鳍棘、13 鳍条；腹鳍具 1 棘、5 鳍条，其中第三鳍条不特别长

3（4）背鳍具 2 鳍棘、23～26 鳍条 ······················· **戴氏鱼属 Labracinus**

4（3）背鳍具 3 鳍棘、23～28 鳍条 ······················· **拟雀鲷属 Pseudochromis**

绣雀鲷属 Pictichromis
种 的 检 索 表

1（2）尾鳍截形，后缘透明；臀鳍具 2 鳍棘、11～12 鳍条；体除尾鳍后缘外的各鳍皆一致呈紫红色······················ **紫绣雀鲷 P. porphyreus Lubbock & Goldman，1974**（图 1923）。栖息珊瑚礁平台或礁缘的沙地上活动，是少数会游出礁穴外的拟雀鲷，栖息水深 6～65m。性凶猛，食小鱼。体长 60mm。分布：台湾南部及绿岛海域；日本、菲律宾、萨摩亚群岛，中-西太平洋区。体色艳丽，十分动人，是深受水族人士喜欢的鱼类，同一水族箱内同种会有激烈打斗的现象。供观赏，无食用价值。

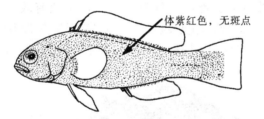

体紫红色，无斑点

图 1923　紫绣雀鲷 *P. porphyreus*
（依林公义，2013）

2（1）尾鳍圆形；臀鳍具 3 鳍棘、12 鳍条；体一致鲜黄色；吻部沿背侧延伸至尾柄另具一桃红色纵带······················ **紫红背绣雀鲷 P. diadema（Lubbock & Randall，1978）**（图 1924）。小群栖息于岩礁及珊瑚礁区，生性害羞，常躲入礁岩洞穴中，不易被发现。食浮游动物及小型甲壳类。有强烈地域性行为，若有其他鱼种侵入地盘，会啄咬侵入者直到入侵者离开。体长 60mm。分布：南沙群岛之太平岛；东马来半岛至菲律宾西部中-西太平洋区。体色艳丽动人，深受水族人士喜欢，同一水族箱内同种会有激烈打斗的现象。供观赏，无食用价值。

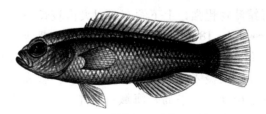

图 1924　紫红背绣雀鲷 *P. diadema*
（依郑义郎，2007）

戴氏鱼属 *Labracinus* Schlegel，1858
种 的 检 索 表

1（2）眼下方的颊部具 5～6 条平行蓝黑色斜细纹；体侧具 20 余条由许多小黑斑组成的纵纹；体侧的大鲜红斑延伸至腹部 ······················ **圆眼戴氏鱼 L. cyclophthalmus**（Müller & Troschel，1849）（图 1925）（syn. 黑线戴氏鱼 *Dampieria melanptaenia* 成庆泰等，1962；*Labracinus melanptaenia* 陈大刚，2015）。栖息于岩礁或珊瑚礁区，从潮池至外礁陡坡皆可发现，深度至少达 20m。食小鱼或甲壳类。有强烈的领域行为；繁殖季节，雄鱼会护卵，一旦有入侵者，雄鱼会有攻击行为，将入侵者逐出。体长 100mm。分布：台湾沿岸及澎湖、绿岛、小琉球及兰屿海域均有；日本，印度-西太平洋的热带及亚热带海域。体色艳丽动人，深受水族人士喜欢，同一水族箱内同种会有激烈打斗的现象。供观赏，无食用价值。

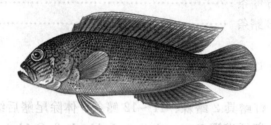

图 1925　圆眼戴氏鱼 *L. cyclophthalmus*
（依郑义郎，2007）

2（1）眼下方的颊部具 7～8 条砖红色斜细纹；体侧具 16 条暗灰蓝色小黑点组成的纵纹；体侧胸腹部的大鲜红斑延伸至腹部 ······························· **线纹戴氏鱼 L. lineatus**（Castelnau，1875）（图 1926）。栖息于珊瑚礁的礁穴中，常出现在礁区外缘活动觅食。捕食小鱼、小虾。有强烈的领域行为；繁殖季节雄鱼会护卵，一旦有入侵者，雄鱼有攻击行为，将入侵者逐出。体长 250mm。分布：台湾兰屿海域；印度-西太平洋的热带及亚热带海域。体色艳丽动人，是深受水族人士喜欢的鱼类，同一水族箱内同种会有激烈打斗的现象。供观赏，无食用价值。

图 1926　线纹戴氏鱼 *L. lineatus*
（依郑义郎，2007）

拟雀鲷属 *Pseudochromis* Rüppell，1835
种 的 检 索 表

1（2）头部眼上缘直线状；背鳍鳍棘粗强；上下颌有 3 对犬齿较长 ························· **褐拟雀鲷 P. fuscus**（Müller & Troschel，1849）（图 1927）。栖息于潮池、岩礁及珊瑚礁区，生性害羞，大多躲入礁岩洞穴中，不易被发现。食浮游动物及小型甲壳类动物。有强烈地域性行为，若有其他鱼种侵入地盘，会啄咬侵入者驱离。体长 40mm。分布：台湾兰屿、南海（香港）、东沙群岛、西沙群岛、南沙群岛（太平岛）海域；日本，印度-西太平洋的热带及亚热带海域。体色艳丽动人，深受水族人士喜爱。同一水族箱内同种会有激烈打斗的现象。供观赏，无食用价值。

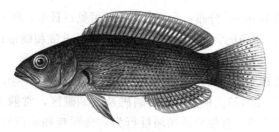

图 1927　褐拟雀鲷 *P. fuscus*
（依郑义郎，2007）

2（1）头部眼上缘圆形；背鳍鳍棘细弱；上下颌犬齿大小相同

3（4）尾鳍截形；背鳍起点部体高最高；鲜活时体紫褐色，各鳞片基部有 1～2 个白色至灰黑色斑点，在体侧形成多纵列点线，各鳍黄色 ⋯⋯⋯⋯⋯⋯⋯⋯⋯⋯⋯⋯⋯⋯⋯⋯⋯⋯⋯ **马歇尔拟雀鲷** ***P. marshallensis* Schultz，1963**（图 1928）。栖息于潮池、岩礁及珊瑚礁区，生性害羞，大多躲入礁岩洞穴中，不易被发现。食浮游动物及小型甲壳类。有强烈的领域行为，若其他鱼种入侵地盘，会啄咬和驱离侵入者。分布：台湾东北部海域、南沙群岛；日本、菲律宾，中-西太平洋区。罕见种。

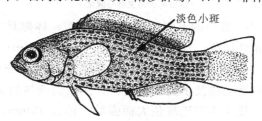

淡色小斑

图 1928　马歇尔拟雀鲷 *P. marshallensis*
（依林公义，2013）

4（3）尾鳍圆形；背鳍中央鳍条部体高最高

5（6）尾鳍基部具一长卵形大黑斑；体侧具 6～10 余条暗灰色纵带 ⋯⋯⋯⋯⋯⋯⋯⋯⋯⋯⋯**条纹拟雀鲷** ***P. striatus* Gill，Shao & Chen，1995**（图 1929）。栖息于珊瑚礁平台或礁缘旁的沙地上活动，栖息水深 15～37m。性凶猛，食小鱼及甲壳类。体长 32mm。分布：台湾南部海域；日本、菲律宾，西太平洋区。体色艳丽，十分动人，深受水族人士喜欢。

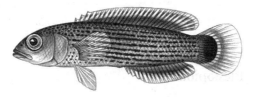

图 1929　条纹拟雀鲷 *P. striatus*
（依郑义郎，2007）

6（5）尾鳍基部无黑斑

7（8）背鳍分支鳍条 24～26，雄鱼的背鳍、尾鳍及体侧具明显纵带，无横带；鱼体淡黄褐色⋯⋯⋯⋯⋯⋯⋯⋯⋯⋯**灰黄拟雀鲷** ***P. luteus* Aoyagi，1943**（图 1930）。栖息于珊瑚礁的礁穴中，常出现在礁区外缘活动觅食。喜捕食小鱼、小虾。有强烈的领域行为；在繁殖季节，雄鱼护卵，一旦有入侵者，雄

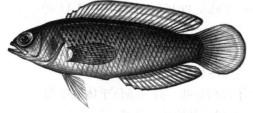

图 1930　灰黄拟雀鲷 *P. luteus*
（依郑义郎，2007）

鱼会驱离入侵者。体长50mm。分布：台湾垦丁海域可见；日本，西太平洋区。极稀有鱼种。

8（7）背鳍分支鳍条21～23，雄鱼的背鳍、尾鳍及体侧具明显纵带和横带；雌鱼体暗褐色

9（10）上部侧线有孔鳞24～25；雄鱼背鳍边缘具一黑色纵带；尾鳍具一马蹄形黑色带…………………………**紫青拟雀鲷** *P. tapeinosoma* **Bleeker，1853**（图1931）(syn. 黑带拟雀鲷 *Pseudochromis melanotaenia* 陈大刚，2015）。栖息潮池、岩礁及珊瑚礁区，常躲入礁岩洞穴中，不易被发现。食浮游动物及小型甲壳类。有强烈的领域性行为，会啄咬和驱赶侵入者。体色艳丽动人，深受水族人士喜爱，同一水族箱内同种会有激烈打斗的现象。

图1931　紫青拟雀鲷 *P. tapeinosoma*
（依台湾鱼类生态与演化室）

10（9）上部侧线有孔鳞28～29；雄鱼的上侧线形成黄色纵带；体侧具8～9淡蓝色横带；尾鳍后缘上下叶部分浅色；雌鱼体褐色，背鳍和尾鳍黄色 ………………………………**蓝带拟雀鲷** *P. cyanotaenia* **Bleeker，1857**（图1932）。栖息于潮池、岩礁珊瑚礁区，大多躲入礁岩洞穴中，不易被发现。食浮游动物及小型甲壳类。有强烈的领域行为，若有其他鱼种侵入地盘，会啄咬和驱赶侵入者。雄鱼体型比雌鱼大而强壮。体长45mm。分布：台湾南部海域、南海（香港）；日本，印度-太平洋的热带及亚热带海域。体色艳丽动人，深受水族人士喜欢，同一水族箱内同种会有激烈打斗的现象。

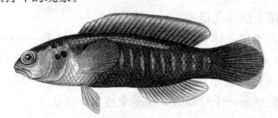

图1932　蓝带拟雀鲷 *P. cyanotaenia*
（依郑义郎，2007）

205. 鮗科（七夕鱼科）Plesiopidae

体延长或长形，稍侧扁，体色多变。吻短。第三鳃盖条延长，在鳃盖膜上形成突起。前鳃盖骨感觉管不闭合。无鳃盖棘。背鳍具9～16鳍棘、2～11鳍条；臀鳍具3～16鳍棘、2～11鳍条；腹鳍具1鳍棘、2或4鳍条，第一鳍条分叉，通常延长，有时增厚。通常体前部被圆鳞，后部被栉鳞。侧线不连续或分离。

海洋中小型穴居性鱼类，栖息于珊瑚礁和潮池，在碎波带至水深30m的水域出现。食小型甲壳动物、软体动物和鱼类。雄性有护卵行为。分布于印度-西太平洋。

本科有12属50种（Nelson et al.，2016）；中国有6属11种。

属 的 检 索 表

1（6）背鳍鳍棘数大于15枚，臀鳍鳍棘数大于6枚

2（5）具1～2条侧线，一条位于背鳍基部，另一条位于体侧中部

3（4）具2条侧线；躯干部鳞片光滑，具膜质叶状突（图1933）………………………**针鳍鮗属** *Beliops*

4（3）具1条侧线；躯干部鳞片无叶状突，如有则具延长的齿状刺（图1934）………………………

•• 若棘鲇属 *Acanthoplesiops*

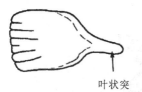

图 1933 针鳍鲇属鳞片
（依 Nooi，1999）

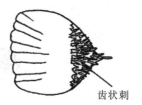

齿状刺

图 1934 若棘鲇属鳞片
（依 Nooi，1999）

5（2）具 3 条侧线，第一条靠近背鳍基部，第二条位于体侧中部，第三条靠近臀鳍基部 ••••••••••••
•• 针翅鲇属 *Belonepterygion*

6（1）背鳍鳍棘数小于 15 枚，臀鳍鳍棘数等于 3 枚

7（10）头部大部分裸露，仅枕骨被鳞；上颌骨无鳞；尾鳍圆形或尖形；犁骨有齿

8（9）体黑色；背鳍后部鳍条具黄色边缘的黑色眼状斑；背鳍鳍膜缺刻浅 •••••••• 丽鲇属 *Calloplesiops*

9（8）体黑褐色；背鳍鳍条部无眼状斑；背鳍鳍膜缺刻深 •••••••••••••••••••••••• 鲇属 *Plesiops*

10（7）头部除吻部裸露外，余均被鳞；上颌骨被鳞；尾鳍叉形；犁骨无齿 ••••••••• 燕尾鲇属 *Assessor*

若棘鲇属 *Acanthoplesiops* Kegan，1912
种 的 检 索 表

1（2）腹部完全被鳞；下颌缝合处具 4 对感觉孔••••••••••••••••••••**海氏若棘鲇 *A. hiatti*（Schultz，1953）**
（图 1935）。暖温性穴居鱼类。栖息于沿岸水深 0～12m 拂浪区内的潮池及礁岩。穴居性，行动隐
蔽，不易观察其生活习性。肉食性，食无脊椎动物。体长 226～240mm。分布：台湾南部海域及
绿岛；日本、菲律宾、马绍尔群岛，西-中太平洋。小型鱼类，无食用价值。

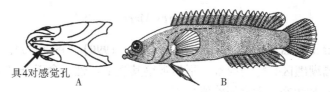

具4对感觉孔

图 1935 海氏若棘鲇 *A. hiatti*
A. 缝合处 B. 侧面
（依 Mooi，1999）

2（1）腹部不完全被鳞；下颌缝合处具 3 对感觉孔 ••••••••••••••••••••••••••••• **滑腹若棘鲇**
***A. psilogaster*（Hardy，1985）**（图 1936）。小型暖温性穴居鱼类。栖息沿岸水深0～12m 的潮池
及礁区。行动隐蔽，不易观察其生活习性。肉食性，食无脊椎动物。体长 226～230mm。分布：
台湾南部海域；日本、菲律宾，西中太平洋。小型鱼类，无食用价值。

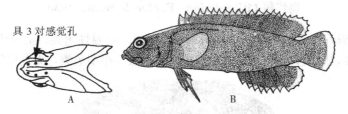

具3对感觉孔

图 1936 滑腹若棘鲇 *A. psilogaster*
A. 缝合处（依 Mooi，1999） B. 侧面（依林公义，2013）

燕尾鲇属 *Assessor* Whitley，1935

蓝氏燕尾鲇 *A. randalli*（Allen & Kuiter，1976）（图 1937）。小型暖温性鱼类。栖息于珊瑚礁外

缘，食浮游动物。体长40mm。分布：台湾南部小琉球及绿岛；日本、澳大利亚东部。小型鱼类，无食用价值。

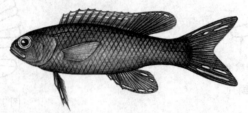

图 1937　蓝氏燕尾鮗 A. randalli
（依郑义郎，2007）

针翅鮗属 Belonepterygion McCulloch，1915

横带针翅鮗 B. fasciolatum（Ogilby，1889）（图 1938）[syn. 台鮗 Ernogrammoides fasciatus（Chen & Liang，1948）]。小型暖温性穴居鱼类。栖息于沿岸礁区或潟湖潮池。体长可达50mm。分布：台湾南部海域；日本、澳大利亚。小型鱼类，无食用价值。

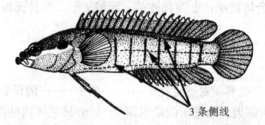

3条侧线

图 1938　横带针翅鮗 B. fasciolatum
（依 Mooi，1999）

针鳍鮗属 Beliops Hardy，1985

菲律宾针鳍鮗 B. batanensis（Smith-Vaniz & Johnson，1990）（图 1939）。小型暖温性鱼类。栖息于沿岸水深9～12m的珊瑚礁区。行动隐蔽，不易观察其生活习性。食无脊椎动物。体长20～24mm。分布：台湾；菲律宾。小型鱼类，无食用价值。

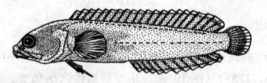

图 1939　菲律宾针鳍鮗 B. batanensis
（依 Mooi，1999）

丽鮗属 Calloplesiops Fowler & Bean，1930

珍珠丽鮗 C. altivelis（Steindachner，1903）（图 1940）。暖温性鱼类。栖息于珊瑚礁区和急降点的洞穴和缝隙中，夜行性，利用背鳍末端的眼斑模拟海鳗避敌。小型鱼类，无食用价值。

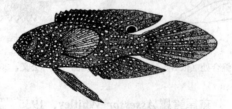

图 1940　珍珠丽鮗 C. altivelis
（依 Mooi，1999）

鲐属 *Plesiops* Oken, 1817
种 的 检 索 表

1（8）背鳍鳍棘 12

2（5）腹鳍鳍条延长，末端可伸达臀鳍中部；胸鳍下支通常 2 分叉

3（4）臀鳍具 3 鳍棘、9 鳍条；项部具斑点或树状斑；活体背鳍鳍棘末端黄色 ······················
　　尖头鲐 *P. oxycephalus*（Bleeker，1855）（图 1941）。暖温性鱼类。栖息于沿岸礁区、潮池或潟湖
　　内的珊瑚中。体长可达 60mm。分布：台湾海域、南沙群岛；日本、菲律宾、苏门答腊、澳大利
　　亚。小型鱼类，无食用价值。

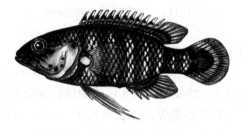

图 1941　尖头鲐 *P. oxycephalus*
（依郑义郎，2007）

4（3）臀鳍具 3 鳍棘、8 鳍条；项部无斑点或树状斑；鲜活时体背鳍鳍棘末端橙红色··················
　　······**羞鲐 *P. verecundus*（Mooi，1995）**（图 1942）。暖温性鱼类。栖息于沿岸的珊瑚礁和浪涌渠
　　道。体长 90～95mm。分布：台湾海域、南沙群岛；日本、马来西亚、菲律宾、澳大利亚。小型
　　鱼类，无食用价值。

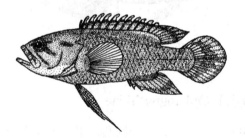

图 1942　羞鲐 *P. verecundus*
（依 Mooi，1999）

5（2）腹鳍鳍条只伸达臀鳍起点；胸鳍下支通常 4 分叉

6（7）鳃盖具眼状斑；上颌骨末端伸越眼后缘 ·················· **珊瑚鲐 *P. corallicola*（Bleeker，1853）**
　　（图 1943）。暖温性鱼类。栖息于潮池、沿岸或潟湖区内水深 3～45m 的石砾底层或珊瑚礁盘的水
　　域。白天躲于洞穴或石缝间，晚上则游至开放水域捕食甲壳类及小鱼。体长 160～180mm。分
　　布：台湾兰屿及绿岛、南沙群岛；日本、澳大利亚，印度-太平洋区。小型鱼类，无食用价值。
　　体色艳丽，为海水观赏鱼。

图 1943　珊瑚鲐 *P. corallicola*
（依郑义郎，2007）

7（6）鳃盖无眼状斑；上颌骨末端仅伸达眼后缘 ·················· **仲原氏鲐 *P. nakaharae*（Tanaka，1917）**

（图1944）。暖温性鱼类。栖息于沿岸或潟湖区内石砾底的水域。白天躲于洞穴或石缝间，晚上则游至开放水域捕食甲壳类及小鱼等。体长130～140mm。分布：台湾南部海域；日本，西-北太平洋区。小型鱼类，无食用价值。体色艳丽，为海水观赏鱼。

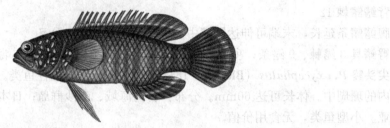

图1944　仲原氏鲐 *P. nakaharae*
（依郑义郎，2007）

8（1）背鳍鳍棘11；体色黑，没有明显的斑点；尾鳍圆形 ·················· **蓝线鲐 *P. coeruleolineatus***
（Rüppell，1835）（图1945）（syn. 黑鲐 *Plesiops melas* Bleeker，1849）。暖温性鱼类，栖息于潮池、沿岸内或潟湖区内水深1～23m的石砾底层或珊瑚礁盘的水域。白天躲于洞穴或石缝间，晚上则游至开放水域捕食甲壳类及小鱼等。体长可达100mm。分布：台湾兰屿及小琉球海域、南沙群岛；日本、澳大利亚、红海、非洲东岸，印度-太平洋。小型鱼类，无食用价值。体色艳丽，为海水观赏鱼。

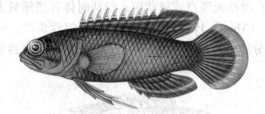

图1945　蓝线鲐 *P. coeruleolineatus*
（依郑义郎，2007）

206. 后颌䲁科（后颌鱼科）Opistognathidae

体长椭圆形或稍延长，略侧扁。头中大，背缘圆凸。眼中大或大型，位于头前半部。口大，近水平状，可伸缩；颌齿1列，犬齿状，有些种类犁骨具齿，腭骨和舌面均无细齿。体被圆鳞；侧线1条，不完全，止于背鳍中部下方，有些种有2条侧线。背鳍单一，具硬棘9～12、11～16鳍条；臀鳍具2～3硬棘、10～16鳍条；腹鳍喉位；尾鳍圆形。

浅海穴居性中小型鱼类，有些种类栖息水深可达100m。可用口挖掘沙石以筑穴，并利用细石和碎贝壳巩固家穴。食底栖无脊椎动物。

本科有3属80种（Nelson et al.，2016）；中国有2属7种。

属 的 检 索 表

1（2）背鳍棘末端不分叉，呈尖针状；臀鳍具3鳍棘、13～15鳍条 ············ **后颌䲁属 *Opistognathus***
2（1）背鳍棘末端分叉，或呈Y形；臀鳍具2鳍棘、10～12鳍条 ···················· **叉棘䲁属 *Stalix***

后颌䲁属 *Opistognathus* Cuvier，1816
种 的 检 索 表

1（2）尾鳍上下缘各具一黑色宽纵带 ·················· **霍氏后颌䲁 *O. hopkinsi*（Jordan & Snyder，1902）**
（图1946）。栖息于沿岸近海水深20～100m的海域，或内湾石砾底水域，雄鱼有筑巢及口孵鱼卵的习性。食底栖甲壳类及小鱼。体长107mm。分布：台湾东北部海域；日本，西-北太平洋区。

罕见鱼种。

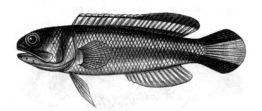

图 1946　霍氏后颌䲁 *O. hopkinsi*
（依郑义郎，2007）

2（1）尾鳍上下缘无黑色宽纵带

3（4）体侧具黑褐色斑纹，交织成似网状图案 ·················· **多彩后颌䲁**
　　O. variabilis Smith-Vaniz，2009（图 1947）。栖息于沿岸近海水深 5～37m 的石砾底水域，雄鱼
　　有筑巢及口孵鱼卵的习性。食底栖甲壳类及小鱼。体长 96mm。分布：台湾兰屿及垦丁海域；
　　西-北太平洋区。罕见鱼种。

图 1947　多彩后颌䲁 *O. variabilis*
（依台湾鱼类生态与演化研究室）

4（3）体侧无黑褐色斑纹，无似网状图案

5（6）背鳍基部具 7～9 黑斑；上颌骨后缘尖而上弯，超过前鳃盖骨后缘··················
　　卡氏后颌䲁 O. castelnaui Bleeker，1860（图 1948）。栖息于沿岸近海水深 15～100m 的石砾底水
　　域，雄鱼有筑巢及口孵鱼卵的习性。食底栖甲壳类及小鱼。体长 250mm。分布：台湾南部小琉
　　球及澎湖列岛等海域；日本、印度尼西亚，西-北太平洋区。罕见鱼种。

图 1948　卡氏后颌䲁 *O. castelnaui*
（依蓝泽等，2013）

6（5）背鳍基部无黑斑；上颌骨后缘不达前鳃盖骨后缘

7（8）体侧有 6 条等距分布的垂直横带；尾鳍后端圆形························· **黑带后颌䲁（香港后颌䲁）**
　　O. hongkongiensis Chan，1968（图 1949）。栖息于礁区外缘水深 10～30m 的石砾底水域，雄鱼
　　有筑巢及口孵鱼卵的习性。食底栖甲壳类及小鱼。体长 144mm。分布：台湾、南海（香港）。

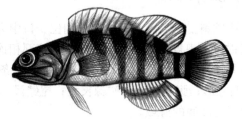

图 1949　黑带后颌䲁（香港后颌䲁）*O. hongkongiensis*
（依郑义郎，2007）

8（7）体侧无垂直横带；尾鳍后端尖形；腹鳍具一黑斑；背鳍鳍条部具二黑色纵带··················
　　··········艾氏后颌䲁 *O. evermanni*（**Jordan & Snyder，1902**）（图 1950）。栖息于沿岸近海或内湾石砾

底水域，雄鱼有筑巢及口孵鱼卵的习性。食底栖甲壳类及小鱼。体长 120mm。分布：台湾东北部及小琉球海域、南海；日本，西太平洋区。少见鱼种。

图 1950　艾氏后颌䲁 *O. evermanni*
（依郑义郎，2007）

叉棘䲁属 *Stalix* Jordan & Snyder，1902
种 的 检 索 表

1（2）背鳍第五至第八鳍棘间具一白缘大黑斑 ·················· **沈氏叉棘䲁 *S. sheni* Smith-Vaniz，1989**
（图 1951）。栖息于沿岸近海或内湾水深 80～120m 的石砾底水域。雄鱼有筑巢及口孵鱼卵的习性。食底栖甲壳类及小鱼。体长 40mm。分布：台湾东北部海域。罕见鱼种。

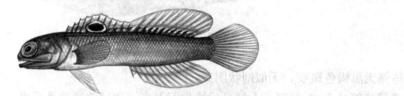

图 1951　沈氏叉棘䲁 *S. sheni*
（依郑义郎，2007）

2（1）背鳍鳍棘部具 1～2 个暗色斑，无白缘大黑斑 ·· **无斑叉棘䲁**
S. immaculate Xu & Zhan，1980（图 1952）。栖息于沿岸近海或内湾水深 100m 以浅的石砾底水域。雄鱼有筑巢及口孵鱼卵的习性。食底栖甲壳类及小鱼。体长 45mm。分布：东海；日本。

背鳍鳍条部具暗斑

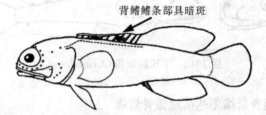

图 1952　无斑叉棘䲁 *S. immaculate*
（依蓝泽等，2013）

207. 寿鱼科（扁棘鲷科）Banjosidae

体延长，侧扁而高。头部背缘倾斜。吻尖突。眼大，上侧位。口中大，口裂低斜。上颌骨大部或完全为眶前骨所盖。前鳃盖骨具细锯齿；鳃盖骨无棘。鳃盖膜不与峡部相连。体被栉鳞，头部仅峡部及鳃盖部被鳞。侧线弧形弯曲，伸达尾鳍基。背鳍连续，具 10 鳍棘、12 鳍条，其间具一缺刻；臀鳍具 3 鳍棘、7 鳍条，第二鳍棘长大；胸鳍镰形；腹鳍宽大，鳍棘长大；尾鳍浅凹。

暖温性海洋底层鱼类。栖息于泥沙底的海域。

本科有 1 属 1 种；中国有产。

寿鱼属（扁棘鲷属）*Banjos* Bleeker，1876

寿鱼（扁棘鲷）B. banjos（Richardon，1846）（图 1953）。暖温性海洋底层鱼类。栖息于水深 50～

400m 的泥沙底海域。体长可达 282mm。分布：东海、台湾海域；日本、印度尼西亚、澳大利亚。

图 1953　寿鱼 *B. banjos*

208. 大眼鲷科 Priacanthidae

体卵圆形或长椭圆形，侧扁而高，被小栉鳞。眼甚大，约为头长之半。口大，口裂斜，下颌突出。两颌、犁骨和腭骨具多行细齿，无犬齿。鳃盖膜不与峡部相连。背鳍鳍棘部与鳍条部相连，中间有或无缺刻；腹鳍大，位于胸鳍基底下方或前下方；尾鳍圆形、截形或微凹形。椎骨 9～10＋13。

肉食性底栖鱼类。主食小鱼、甲壳类和多毛类。分布于大西洋、印度洋的热带近海和西太平洋的符拉迪沃斯托克至夏威夷群岛。

本科有 4 属 19 种（Nelson et al.，2016）；中国有 4 属 12 种。

属 的 检 索 表

1（2）体长为体高的 1.7～1.9 倍；背鳍鳍条有 11 枚或 12 枚；臀鳍鳍条有 10～11 枚；侧线鳞 36～51
　　　……………………………………………………………………… 锯大眼鲷属 *Pristigenys*

2（1）体长为体高的 2.0～3.3 倍；背鳍鳍条有 12～15 枚；臀鳍鳍条有 13～16 枚；侧线鳞 56～115

3（4）侧线上鳞 16～20；腹鳍甚长，等于或长于头长，鳍膜黑色 ……………………………………
　　　……………………………………………… 牛目鲷属（红目大眼鲷属）*Cookeolus*

4（3）侧线上鳞少于 16；腹鳍短于头长，鳍膜不呈黑色

5（6）前鳃盖骨后部分无鳞；下颌前端位于体中线上；各鳍鳍膜通常具小黑斑 ………………………
　　　……………………………………………………………… 异大眼鲷属 *Heteropriacanthus*

6（5）前鳃盖骨后部分具鳞；下颌前端位于体中线之上；各鳍鳍膜具大黑斑或无 ……………………
　　　……………………………………………………………………… 大眼鲷属 *Priacanthus*

牛目鲷属（红目大眼鲷属）*Cookeolus* Fowler，1928

日本牛目鲷（日本红目大眼鲷）*C. japonicas*（Cuvier，1829）（图 1954）。栖息水深 80～340m（以 100m 水深较多）。体长 680mm。分布：东海大陆架、台湾海域、南海（广东沿海）；韩国、日本，印度-太平洋（红海除外）。

图 1954　日本牛目鲷（日本红目大眼鲷）*C. japonicas*
（依 W. C. Starnes，1999）

异大眼鲷属 Heteropriacanthus Fitch & Crooke，1984

灰鳍异大眼鲷 H. cruentatus（Lacepède，1801）（图1955）。栖息于潟湖及向海礁区，或在岛屿周缘，中深层海域鱼类。夜行性，白天单独或成小群活动，晚上则聚集成大群。肉食性，食小鱼、甲壳类或软体动物。体长507mm。分布：台湾南部、北部及小琉球海域、南海（香港）、南海诸岛海域；日本、韩国，世界热带、亚热带海域。经济价值高。

图 1955　灰鳍异大眼鲷 H. cruentatus
（依孙宝玲，1979）

大眼鲷属 Priacanthus Oken，1817
种 的 检 索 表

1（2）腹鳍鳍膜具数个紫黑色斑；背鳍鳍条12枚；尾鳍上下叶丝状延长 ························
长尾大眼鲷（曳丝大眼鲷）P. tayenus（Richardson，1846）（图1956）。栖息于四周有沙泥的礁石附近。夜行性鱼类，食小鱼、虾、蟹、头足类。喜过群居生活，常成群结队一起出现。体长350mm。分布：台湾西南部及南部等海域；菲律宾，印度-西太平洋区。

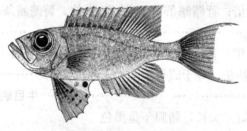

图 1956　长尾大眼鲷（曳丝大眼鲷）P. tayenus
（依 W. C. Starnes，1999）

2（1）腹鳍鳍膜无黑斑或仅基部具一黑斑；背鳍鳍条多于13枚；尾鳍上下叶不延长
3（10）腹鳍基部通常具一黑斑，前鳃盖骨棘较短，不达鳃盖骨边缘
4（5）尾鳍截形；臀鳍鳍条15～16 ······················ **金目大眼鲷（宝石大眼鲷）**
P. hamrur（Forsskål，1775）（图1957）。栖息于较深潟湖及礁区陡坡处，昼间躲在洞穴，夜间出来觅食。肉食性，食小鱼、虾、蟹或各水层中的浮游动物。体长450mm。分布：台湾南部海域、南海（香港）、东沙群岛、西沙群岛；日本，印度-太平洋。具较高经济价值。

图 1957　金目大眼鲷（宝石大眼鲷）P. hamrur
（依 W. C. Starnes，1999）

5（4）尾鳍圆凸；臀鳍鳍条 14 或少于 9

6（7）鳃耙 25～28；胸鳍淡黄色 ·····························**黄鳍大眼鲷 *P. zaiserae* Starnes & Moyer，1988**
（图 1958）。栖息于四周有沙泥的礁石附近。夜行性肉食性鱼类。体长 250mm。分布：东海、钓
鱼岛、台湾海域；日本，西太平洋。

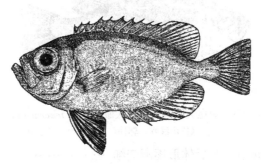

图 1958　黄鳍大眼鲷 *P. zaiserae*
（依 W. C. Starnes，1999）

7（6）鳃耙少于 23；胸鳍非淡黄色

8（9）第一背鳍第一、第二鳍棘的鳍膜上具一黑斑；第一背鳍的第二棘是第十棘的 2 倍；侧线鳞 67～
74 ·················**高背大眼鲷 *P. sagittarius* Starnes，1988**（图 1959）。栖息于礁石区的
海域及开放水域。夜行性肉食性鱼类。体长 350mm。分布：台湾海域；日本，印度-西太平洋。
具经济价值。

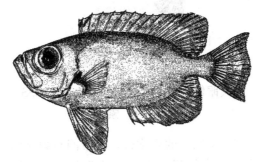

图 1959　高背大眼鲷 *P. sagittarius*
（依 W. C. Starnes，1999）

9（8）第一背鳍第一、第二鳍棘的鳍膜上无黑斑；第二背鳍的第二棘小于第十棘的 2 倍；侧线鳞 72～
93 ·················**布氏大眼鲷 *P. blochii* Bleeker，1853**（图 1960）。栖息于沿海水深 50m
以浅的海域。体长 350mm。分布：南海；日本，印度-西太平洋。

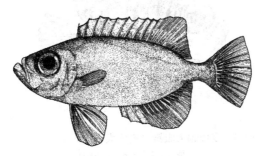

图 1960　布氏大眼鲷 *P. blochii*
（依 W. C. Starnes，1999）

10（3）腹鳍基部通常无黑斑，前鳃盖骨棘几伸达鳃盖骨边缘

11（12）背鳍、臀鳍、腹鳍具黄褐色斑点；头后体形不逐渐变细 ·······························
短尾大眼鲷（大棘大眼鲷）*P. macracanthus*（Cuvier，1829）（图 1961）。栖息于沿岸近海礁

区 20～400m 的水域。肉食性，主要以甲壳类及小鱼等为食。体长 300mm。分布：东海大陆架、台湾海域、南海（香港）、东沙群岛；东印度-西太平洋。高经济价值的鱼种，可为底拖网、延绳钓及手钓所获，渔期全年皆有。

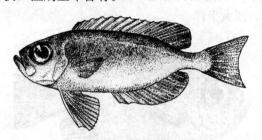

图 1961　短尾大眼鲷（大棘大眼鲷）*P. macracanthus*
（依伍汉霖，郭仲仁，2006）

12（11）背鳍、臀鳍、腹鳍无斑点；头后体形逐渐变细 ⋯⋯⋯⋯⋯⋯⋯⋯⋯⋯⋯⋯ **深水大眼鲷**
P. fitchi Starnes, 1988（图 1962）。栖息于大陆架缘水深 150～400m 的海域。体长 260mm。
分布：东海；日本，印度-西太平洋。

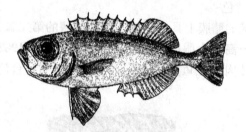

图 1962　深水大眼鲷 *P. fitchi*
（依 W. C. Starnes，1999）

锯大眼鲷属 Pristigenys Agassiz, 1835
种 的 检 索 表

1（2）背鳍鳍条有 12 枚；体侧具 10 条以上的细横带，横带间具数条间断的短横带 ⋯⋯⋯⋯⋯⋯
⋯⋯**麦氏锯大眼鲷（麦氏大鳞大眼鲷）P. meyeri**（**Günther, 1872**）（图 1963）。主要栖息于
100～200m 深礁石区的海域。夜行性肉食性鱼类。体长 225mm。分布：东海、台湾南部海域；
日本、澳大利亚，西太平洋区。底拖网、延绳钓及手钓所获，渔期全年皆有。不具经济价值。

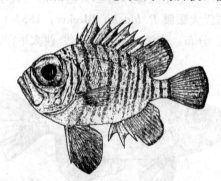

图 1963　麦氏锯大眼鲷（麦氏大鳞大眼鲷）*P. meyeri*
（依 W. C. Starnes，1999）

2（1）背鳍鳍条有 11 枚；体侧具 4 条粗横带

3（4）背鳍、臀鳍鳍条部和尾鳍无黑色边缘；体色鳞片后缘栉齿发达，栉齿数多 ⋯⋯⋯⋯⋯⋯⋯
日本锯大眼鲷（日本大鳞大眼鲷）P. niphonius（**Cuvier, 1829**）（图 1964）。栖息于水深 80～
230m 的海域。体长 340mm。分布：东海大陆架边缘、台湾海域、南海；日本、菲律宾沿岸、澳

大利亚、萨摩亚群岛。

图 1964　日本锯大眼鲷（日本大鳞大眼鲷）*P. niphonius*
（依 W. C. Starnes，1999）

4（3）背鳍、臀鳍鳍条部和尾鳍具黑色边缘；体色鳞片后缘栉齿不发达，栉齿数少⋯⋯⋯⋯⋯⋯⋯⋯
⋯⋯**黑边锯大眼鲷 *P. refulgens*（Valenciennes，1863）**（图 1965）。栖息于水深 100～250m 的海
域。体长 190mm。分布：东海大陆架边缘、南海；日本，印度-西太平洋。

图 1965　黑边锯大眼鲷 *P. refulgens*
（依林公义，2013）

209. 天竺鲷科 Apogonidae

体延长，侧扁，长椭圆形；头较大，侧扁；眼大；口大，斜裂；两颌齿细小或具犬齿。犁骨及腭骨
常具绒毛状牙群，舌上无齿。前鳃盖骨边缘平滑或有锯齿。鳃盖骨后缘棘不发达。有假鳃；鳃盖条 6 或
7。下咽骨分离，有锐齿。幽门盲囊数少。鳞片通常较大，为栉鳞或弱栉鳞，有时圆鳞；颊部及鳃盖上
均被鳞；裸天竺鲷属（*Gymnapogon*）则裸露无鳞。侧线一般完全。背鳍 2 个，分离，第一背鳍具 6～9
鳍棘，第二背鳍具 1 鳍棘、8～14 鳍条，无鳞鞘及背沟；臀鳍与第二背鳍同形，具鳍棘 2 个，有时 3
个；腹鳍胸位，具 1 鳍棘、5 鳍条；尾鳍圆形、截形或分叉。

广泛分布于世界三大洋暖温水域，有的生活于河口区，偶有进入淡水者。

天竺鲷属夜行性鱼类。白天栖息于觅食区附近的洞穴或珊瑚礁旁，夜间则外出捕食。具强硬犬齿巨
牙天竺鲷属（*Cheilodipterus*）食较大型无脊椎动物或小鱼外，大部分天竺鲷均以小型底栖无脊椎或浮
游动物为食。本科鱼类口孵行为也是学者们研究的焦点，除了西部大西洋产褶竺鲷（*Phaeoptyx
affinis*）雌雄鱼均有口孵记录（Smith et al.，1971）外，其余种类均为雄鱼口孵。若它的下颌部突出或
当鱼张口可看到鱼卵时，即可知此鱼正在进行口孵。天竺鲷科虽然种类较多，但大多为小型鱼类，无食
用价值，捕获后一般做下杂鱼处理。

本科有 33 属 347 种（Nelson et al.，2016）；中国有 18 属 92 种。

属 的 检 索 表

1（34）头部无感觉乳突；侧线发达，伸达尾柄，具大侧线孔；体无感觉乳突；两颌无大犬齿（多刺
天竺鲷属 *Amioides* 及巨牙天竺鲷属 *Cheilodipterus* 除外）；具栉鳞；尾鳍分叉、内凹或椭圆

2（3）尾鳍最长鳍条不分支 ·································· 圆竺鲷属 *Sphaeramia*

3（2）尾鳍最长鳍条分支

4（5）头腹的咽部至臀鳍基底具半透明长条形发光腺 ·················· 管竺鲷属 *Siphamia*

5（4）头腹的咽部至臀鳍基底无半透明长条形发光腺

6（9）两颌具大犬齿

7（8）第一背鳍具 6 鳍棘；侧线鳞的开孔呈单孔状 ····· 巨牙天竺鲷属（巨齿天竺鲷属）*Cheilodipterus*

8（7）第一背鳍具 7 鳍棘；侧线鳞的开孔呈分支状 ·················· 多刺天竺鲷属 *Amioides*

9（6）两颌齿小，无大犬齿；第一背鳍具 7 鳍棘

10（11）体侧具 13～14 条窄褐色细带 ·················· 多鳞天竺鲷属（丽天竺鲷属）*Lepidamia*

11（10）体侧无 13～14 条窄褐色细带

12（15）侧线不完全，仅伸达第二背鳍下方

13（14）腭骨具齿 ·································· 腭竺鲷属（小天竺鲷属）*Foa*

14（13）腭骨无齿 ·································· 乳突天竺鲷属 *Fowleria*

15（12）侧线完全，伸达尾柄部；侧线鳞与体侧鳞同大

16（17）第一背鳍具 8 鳍棘；瞳孔四周具黑色放射状斑条 ·················· 扁天竺鲷属 *Neamia*

17（16）第一背鳍具 6～7 鳍棘

18（21）前鳃盖骨缘平滑

19（20）第一背鳍具 7 鳍棘；臀鳍具 8 鳍条 ·········· 天竺鱼属（原天竺鲷属）*Apogonichthys*

20（19）第一背鳍具 6 鳍棘；臀鳍具 9～13 鳍条 ·················· 箭天竺鲷属 *Rhabdamia*

21（18）前鳃盖骨后缘具强的或较弱的锯齿

22（23）臀鳍鳍条 12 以上；背鳍具 7～9 鳍条（稀有 8 条）·················· 长鳍天竺鲷属 *Archamia*

23（22）臀鳍鳍条 10 以下

24（25）前鳃盖骨后缘具强锯齿 ·································· 天竺鲷属（部分）*Apogon*

25（24）前鳃盖骨后缘具弱锯齿

26（27）吻部较长；眼上背缘部深凹 ·································· 天竺鲷属（部分）*Apogon*

27（26）吻部较短；眼上背缘部平直或微凹

28（29）体侧扁，左右侧腹部较薄；臀鳍具 9 鳍条 ·················· 狸竺鲷属 *Zoramia*

29（28）体侧扁，左右侧腹部较厚；臀鳍具 8 鳍条

30（31）腹鳍向后压倒时伸越臀鳍起点部 ·················· 似天竺鱼属 *Apogonichthyoides*

31（30）腹鳍向后压倒时不伸达臀鳍起点部

32（33）眼特大，头长为眼径的 2.2～2.7 倍 ·················· 圣天竺鲷属 *Nectamia*

33（32）眼中大，头长为眼径的 3.2～3.3 倍 ·················· 天竺鲷属 *Apogon*

34（1）头部感觉乳突发达；无侧线，或侧线不明显，仅有数个小孔；体具多行感觉乳突；两颌具大
　　犬齿；具圆鳞或无鳞；尾鳍尖形或稍内凹

35（36）前鳃盖骨具 1 发达的小棘 ·································· 裸天竺鲷属 *Gymnapogon*

36（35）前鳃盖骨无小棘

37（38）体无侧线；鲜活时体红色 ·································· 准天竺鲷属 *Pseudamiops*

38（37）体具侧线 ·································· 拟天竺鲷属 *Pseudamia*

多刺天竺鲷属 *Amioides* Smith & Radcliffe, 1912

多刺天竺鲷 *A. polyacanthus* (Vaillant, 1877)（图 1966）[syn. 多棘天竺鲷 *Coranthus polyacanthus* (Vaillant，1877)]。栖息于水深 30～150m 的岩礁体斜坡。单独、配对或成一小群自由生活。食小鱼、甲壳类等。体长 220mm。分布：台湾的台东及屏东后壁湖海域；印度-太平洋区。无食用价值，常做下杂鱼处理。

图 1966　多刺天竺鲷 *A. polyacanthus*
（依台湾水试所江伟全）

天竺鲷属 *Apogon* Lacepède，1801

1（12）前鳃盖骨后缘具强锯齿

2（5）第一背鳍具 6 鳍棘

3（4）体侧无黑色斑块，尾柄无黑斑；侧线有孔鳞 23 个；侧线在第二背鳍下方急剧下降⋯⋯⋯⋯⋯⋯⋯
⋯⋯⋯⋯**塔氏天竺鲷 *A. talboti* Smith，1961**（图 1967）。栖息于清澈水域的礁台、岩礁区，喜穴
居。体长 120mm。分布：台湾南部海域；日本、澳大利亚。小型鱼类，无经济价值。

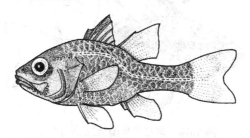

图 1967　塔氏天竺鲷 *A. talboti*
（依林公义，2013）

4（3）体侧背部有 3 个鞍状斑；尾柄具黑斑；侧线有孔鳞 25～26 个；侧线在第二背鳍下方缓慢下降；
鳃盖上具一大黑斑⋯⋯⋯⋯⋯⋯⋯⋯⋯⋯**三斑天竺鲷 *A. trimaculatus* Cuvier，1828**（图 1968）
［syn. 三斑锯鳃天竺鲷 *Pristicon trimaculatus*（Cuvier，1828）］。栖息于水深 1～34m 的近岸珊
瑚礁区。食浮游动物或其他底栖动物。体长 140mm。分布：台湾东部及澎湖列岛海域、南海
（香港）、西沙群岛；日本、澳大利亚大堡礁，西太平洋区。无经济价值。

图 1968　三斑天竺鲷 *A. trimaculatus*
（依林公义，2013）

5（2）第一背鳍具 7 鳍棘

6（7）体侧无暗色纵带；尾柄无黑斑；上颌后端伸达眼后缘下方⋯⋯⋯⋯⋯⋯⋯⋯⋯⋯⋯⋯**单色天竺鲷
A. unicolor Steindachner & Döderlein**（图 1969）。栖息于水深 10～35m 的近岸珊瑚礁区。食浮游
动物或其他底栖动物。体长 150mm。分布：台湾东部及澎湖列岛、垦丁；日本，西太平洋区。
无经济价值。

7（6）体侧具暗色纵带；尾柄具黑斑；上颌后端不伸达眼后缘下方

8（9）第二背鳍基部具一黑色鞍状大斑；体较高，体长为体高的 2.6～2.9 倍⋯⋯⋯⋯⋯⋯⋯⋯⋯⋯⋯⋯⋯

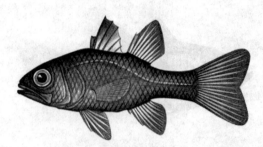

图 1969　单色天竺鲷 A. unicolor

（依郑义郎，2007）

丽鳍天竺鲷 A. kallopterus（Bleeker，1856）（图 1970）[syn. 丽鳍锯天竺鲷 Pristiapogon kallopterus（Bleeker，1856）]。栖息于清澈水域的礁台、潟湖区或面海的礁区，深达 45m 以上。白天停留在岩礁下方或洞穴内，晚上则外出觅食多毛类及其他小型底栖无脊椎动物。体长 150mm。分布：台湾澎湖及小琉球、垦丁、东沙群岛；日本、夏威夷，印度-太平洋区。通常做下杂鱼处理，用作鱼饲料，或晒成小鱼干自家食用，无经济价值。

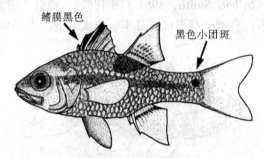

鳍膜黑色　　黑色小团斑

图 1970　丽鳍天竺鲷 A. kallopterus

（依林公义，2013）

9（8）第二背鳍基部无黑色鞍状大斑；体高较低，体长为体高的 3.1～3.3 倍

10（11）尾柄上的黑色小圆斑小于瞳孔，恰位于体侧纵带末端的上方……………………**单线天竺鲷**
A. exostigma（Jordan & Starks，1906）（图 1971）[syn. 单线棘眼天竺鲷 Pristiapogon exostigma（Jordan & Starks，1906）]。栖息于水深 3～40m 的礁石洞穴或暗礁下方。白天停留在岩礁下方或洞穴内，晚上则外出觅食多毛类及底栖无脊椎动物。体长 120mm。分布：台湾小琉球、绿岛及兰屿、垦丁、东沙群岛；日本、澳大利亚大堡礁。做下杂鱼处理，用作鱼饲料，无经济价值。

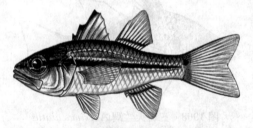

图 1971　单线天竺鲷 A. exostigma

（依郑义郎，2007）

11（10）尾柄上的黑色小圆斑大于瞳孔，位于体侧纵带末端的正前方……………………**套缰天竺鲷**
A. fraenatus Valenciennes，1832（图 1972）[syn. 棘眼锯天竺鲷 Pristiapogon fraenatus（Valenciennes，1832）]。栖息于水深 3～50m 的清澈水域礁台、潟湖区或面海的礁区，白天停留在岩礁下方或洞穴内，晚上则外出觅食多毛类等。体长 100mm。分布：台湾小琉球及兰屿、垦丁、东沙群岛、南沙群岛；日本、土木土群岛，印度-太平洋区。无经济价值。

12（1）前鳃盖骨后缘具弱锯齿

图 1972　套缰天竺鲷 A. fraenatus
（依郑义郎，2007）

13（14）吻较长；眼上背缘部深凹；尾柄的黑斑与眼径同大 ·· **扁头天竺鲷**
A. hyalosoma Bleeker，1852（图 1973）。栖息于半淡咸水或淡水潟湖及河口域。夜行性，食多
毛类等。体长 170mm。分布：台湾屏东大鹏湾内是仅知唯一在台的产地；日本。做下杂鱼处
理，用作鱼饲料，或晒成小鱼干食用，无经济价值。

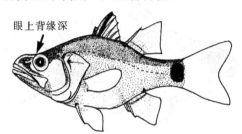

图 1973　扁头天竺鲷 A. hyalosoma
（依林公义，2013）

14（13）吻较短；眼上背缘部浅凹

15（16）尾鳍上下叶的先端红色；第一鳃弓的鳃耙数 30 以上 ····························· **箭矢天竺鲷**
A. dispar Fraser & Randall，1976（图 1974）[syn. 箭矢鹦天竺鲷 Ostorhinchus dispar（Fraser &
Randall，1976）]。栖息于水深8～58m急降礁石的洞穴中、清澈的外礁区边缘或珊瑚礁壁等。白
天停留在岩礁下方或洞穴内，晚上则外出觅食多毛类等。体长 50mm。分布：台湾澎湖列岛；日
本，印度-西太平洋区。无经济价值。

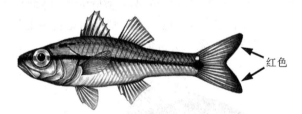

图 1974　箭矢天竺鲷 A. dispar
（依沈世杰等，2011）

16（15）尾鳍上下叶的先端无色斑；第一鳃弓的鳃耙数 28 以下

17（32）第一背鳍具 6 鳍棘，第一鳍棘明显短于第二鳍棘；胸鳍后端伸越臀鳍起点达臀鳍基底后方 1/3
处；上颌向后伸越眼后缘下方

18（25）背鳍第二鳍棘长，压倒时伸越第二背鳍起点或更远达第二背鳍基底的中央

19（20）背鳍第二鳍棘最长，头长为背鳍第二鳍棘长的 1.2～1.4 倍；尾柄周围透明红色 ··················
············· **长棘天竺鲷 A. doryssa（Jordan & Seale，1906）**（图 1975）。栖息于水深 4～25m 的礁
台、潟湖区或面海礁区，白天停留在岩礁下方或洞穴内，晚上则外出觅食多毛类等。体长
55mm。分布：台湾沿岸；日本、夏威夷，印度-西太平洋区。数量少，稀有种。无经济价值。

20（19）背鳍第二鳍棘中长，头长为背鳍第二鳍棘的 1.45～1.8 倍

21（22）尾柄周围不透明，具暗色斑 ·· **尾带天竺鲷**

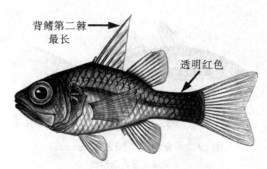

图 1975　长棘天竺鲷 A. doryssa
（依郑义郎，2007）

A. caudicinctus Randall & Smith，1988（图 1976）。栖息于近岸岩礁水域，觅食多毛类等。体长 53mm。分布：南海；日本、菲律宾，西太平洋。无经济价值。

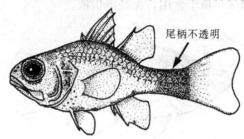

图 1976　尾带天竺鲷 A. caudicinctus
（依林公义，2013）

22（21）尾柄周围不透明，无暗色斑

23（24）体前部半透明，内脏可见；体侧淡红色，无黑色纵带，无斑点；背鳍第二鳍棘压倒时可伸达第二背鳍第一鳍条处……………………………………**透明红天竺鲷（部分）A. coccineus Rüppell，1838**。栖息水深 8～35m 的礁台、潟湖区、珊瑚礁及面海礁区。体长 60mm。分布：台湾南部海域；日本、澳大利亚。无经济价值。

24（23）体不呈透明状；体侧粉红色，具一黑色纵带，无斑点；背鳍第二鳍棘压倒时可伸达第二背鳍第三鳍条处……………………………………**粉红天竺鲷 A. erythrinus Snyder，1904**（图 1977）。栖息于浅水域礁区。白天停留在岩礁下方或洞穴内，晚上则外出觅食多毛类等。体长 40mm。分布：台湾大部分海域；西-中太平洋区。无经济价值。

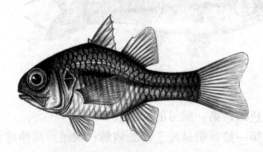

图 1977　粉红天竺鲷 A. erythrinus
（依郑义郎，2007）

25（18）背鳍第二鳍棘较短，压倒时不伸越第二背鳍基底的中央

26（27）体侧具 2 条斜而宽的黑带 …………………………… **半饰天竺鲷 A. semiornatus Peters，1876**（图 1978）。栖息于水深 3～100m 的礁穴区。群居性，食浮游动物或其他底栖无脊椎动物。雄鱼具口孵行为。体长 120mm。分布：台湾北部及澎湖列岛海域；日本，印度-西太平洋区。无经济价值。

27（26）体红褐色，无显著的斑纹

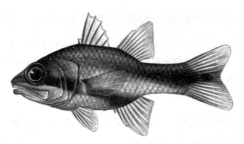

图 1978　半饰天竺鲷 *A. semiornatus*
（依郑义郎，2007）

28（31）吻圆；体侧鳞片的后缘红褐色；体较高，体高为头长的 1.5～1.7 倍

29（30）侧线上方横列鳞数 2～2.5 枚；尾柄部后端具一不明显圆斑；胸鳍具 12～13 鳍条⋯⋯⋯⋯⋯⋯⋯⋯**印度天竺鲷 *A. indicus* Greenfield，2001**（图 1979）。栖息于浅水区岩礁及珊瑚礁海域。体长 35mm。分布：南海（香港）；日本，印度-太平洋域。无经济价值。

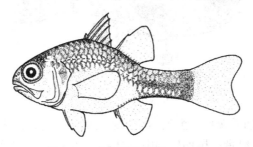

图 1979　印度天竺鲷 *A. indicus*
（依林公义，2013）

30（29）侧线上方横列鳞数 1.5 枚；尾柄部的侧线上具不明显纵带⋯⋯⋯⋯⋯⋯⋯⋯⋯⋯⋯**坚头天竺鲷 *A. crassiceps* Garman，1903**（图 1980）。栖息于水深 1～18m 浅水区有遮蔽的珊瑚礁台、潟湖或面海礁区。白天停留在岩礁下方或洞穴内，晚上则外出觅食多毛类等底栖无脊椎动物。体长 95mm。分布：台湾南部及兰屿海域；日本，印度-太平洋域。无经济价值。

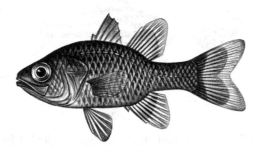

图 1980　坚头天竺鲷 *A. crassiceps*
（依郑义郎，2007）

31（28）吻略尖；体侧鳞片全部为红褐色；体较低，体高为头长的 1.2～1.3 倍；尾柄部及尾鳍下叶不呈黑色⋯⋯⋯⋯⋯⋯⋯⋯⋯⋯**透明红天竺鲷（part）*A. coccineus* Rüppell，1838**（图 1981）。栖息于

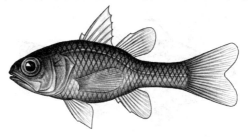

图 1981　透明红天竺鲷（part）*A. coccineus*
（依沈世杰等，2011）

水深 8～35m 的浅水区岩礁及珊瑚礁台面海礁区，白天停留在岩礁下方或洞内，晚上则外出觅食多毛类等底栖无脊椎动物。体长 65mm。分布：台湾南部海域；日本，印度-太平洋域。无经济价值。

32（17）第一背鳍具 6～7 鳍棘，当第一背鳍具 6 棘时，其第一鳍棘不明显小于第二鳍棘；胸鳍后端不伸达或几伸达臀鳍起点处；上颌向后不伸达或几伸达眼后缘下方

33（40）第一背鳍具 6 鳍棘

34（35）体侧中部的黑色纵带伸达尾鳍后缘 ·················· **中线天竺鲷 *A. kiensis* Jordan & Snyder, 1901**
（图 1982）［syn. 中线鹦天竺鲷 *Ostorhinchus kiensis* (Jordan & Snyder，1901)］。栖息于水深 3～50m 的岩礁区，也见于沙泥底水域。食多毛类或其他底栖动物。体长 80mm。分布：东海南部、台湾南部及澎湖列岛海域、南海（广东、广西）；日本、菲律宾，印度-太平洋区。无经济价值。

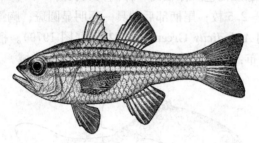

图 1982　中线天竺鲷 *A. kiensis*
（依成庆泰等，1962）

35（34）尾鳍无显著斑纹；尾柄后端具一黑色小圆斑或具多个不规则深褐色小圆斑

36（37）体侧具 5～6 条红褐色纵带；尾柄后端中央具数个黑斑；前鼻孔短·················
裂带天竺鲷 *A. compressus* (Smith & Radcliffe, 1911)（图 1983）［syn. 裂带鹦天竺鲷 *Ostorhinchus compressus* (Smith & Radcliffe，1911)］。栖息于水深 2～20m 的珊瑚枝杈堆间或附近。食多毛类或其他底栖无脊椎动物。体长 120mm。分布：台湾南部海域、垦丁、东沙群岛；日本、马来西亚、澳大利亚大堡礁，印度-西太平洋区。常做下杂鱼处理，用作鱼饲料，无经济价值。

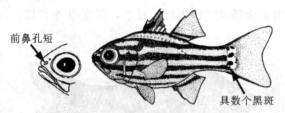

前鼻孔短　　　具数个黑斑

图 1983　裂带天竺鲷 *A. compressus*
（依林公义，2013）

37（36）体侧中央具 1 条黑色纵带；尾鳍基部中央具一小黑斑；前鼻孔较长

38（39）尾柄部后方黑斑大于体侧黑色纵带的最宽处；侧线上体侧中央纵带幅广；自吻部经眼至鳃盖骨后缘为一黑色宽纵带··················· **弓线天竺鲷 *A. amboinensis* Bleeker, 1853**
（图 1984）（syn. *Fibramia amboinensis* Bleeker，1833）。栖息于河口、红树林区等半淡咸水域，甚至可于低潮时进入淡水域。体长 70mm。分布：台湾南部大鹏湾潟湖区、海南岛；日

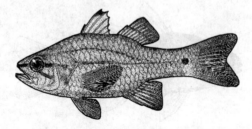

图 1984　弓线天竺鲷 *A. amboinensis*
（依成庆泰等，1962）

本，印度-西太平洋。无经济价值。

39（38）尾柄部后方黑斑小于体侧黑色纵带的最宽处；侧线上体侧中央纵带幅狭；自吻部经眼至鳃盖骨后缘无黑色宽纵带 ·························· **侧条天竺鲷 A. lateralis Valenciennes，1832**
（图1985）[syn. 侧条鹦天竺鲷 Ostorhinchus lateralis（Valenciennes，1832）]。栖息于淡水水域、河口区的礁石边缘或是藻类繁生的石砾区。成群生活，食多毛类等小型动物。体长110mm。分布：台湾南部海域、垦丁；日本、萨摩亚群岛，印度-西太平洋。无经济价值。

图1985　侧条天竺鲷 A. lateralis
（依郑义郎，2007）

40（33）第一背鳍具7鳍棘

41（72）体侧具纵带

42（49）体侧纵带仅伸达体中央的一半，不伸达尾柄后端和尾鳍；腹侧无横带

43（46）体侧具2纵带，中央纵带不伸达尾鳍；尾柄部具一黑斑；腹侧无横带

44（45）第二中央纵带止于鳃盖后缘；尾柄上黑色圆斑小于瞳孔 ·························· **半线天竺鲷 A. semilineatus Temminck & Schlegel，1842**（图1986）。栖息于内湾水深3～100m的礁石区。群居性，食浮游动物。雄鱼具口孵行为。体长120mm。分布：东海南部、台湾北部及澎湖列岛海域、南海（广东、广西）、南沙群岛；朝鲜半岛、日本、菲律宾，印度-西太平洋。无经济价值。

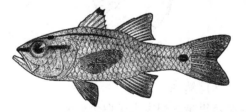

图1986　半线天竺鲷 A. semilineatus
（依成庆泰，1963）

45（44）第二中央纵带伸越第二背鳍基底后端，不伸达尾鳍，主鳃盖骨外缘的后方具一黑斑；尾柄上黑色圆斑与瞳孔同大 ·························· **陈氏天竺鲷 A. cheni Hayashi，1990**（图1987）。栖息于面海侧的礁石区和珊瑚礁区、从礁盘的外缘至深达100m处。白天停留在岩礁下方或洞穴内，晚上则外出觅食多毛类。体长130mm。分布：台湾南部垦丁至小琉球；日本，西-北太平洋区。通常做下杂鱼处理，用作鱼饲料，有时晒成小鱼干自家食用，无经济价值。

具小黑点

图1987　陈氏天竺鲷 A. cheni
（依林公义，2013）

46（43）体侧具3纵带，中央纵带伸达尾鳍后缘；尾柄部无黑色圆斑；腹侧具许多横带

47（48）第二背鳍后端基底部无白斑；体侧具二纵带，眼上方1条纵带细小，仅延伸至第二背鳍后基；

中央 1 条纵带较粗宽，自吻端延伸到尾鳍末端，宽带下方具 13～15 条不显著的横纹，尾柄无眼斑……………………………………**宽条天竺鲷 A. fasciatus（White，1790）**（图 1988）(syn. 四线天竺鲷 A. quadrifasciatus 成庆泰，1963)。栖息于内湾浅水岩礁区，也见于沙泥底水域。食多毛类或其他底栖动物。体长 80mm。分布：东海、台湾、南海（香港、广东、广西）、南沙群岛；日本，印度-西太平洋。无经济价值。

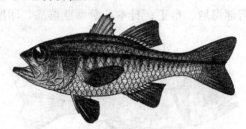

图 1988　宽条天竺鲷 A. fasciatus

（依成庆泰，1963）

48（47）第二背鳍后端基底部具一明亮白斑；体侧上方有 2 条不明显纵带；头部眼上下具细纵带，体腹侧具 5～7 条长横带；吻端经眼下方至鳃盖后缘具纵带……………………………**摩鹿加天竺鲷 A. moluccensis（Valenciennes，1832）**（图 1989）(syn. 腹纹天竺鲷 A. ventrifasciatus Allen，Kuiter & Randall，1994)。栖息于沿岸岩礁区。食多毛类及其他小型底栖无脊椎动物。体长 90mm。分布：台湾南部海域、垦丁；印度-西太平洋。

图 1989　摩鹿加天竺鲷 A. moluccensis

（依郑义郎，2007）

49（42）体侧纵带伸达体的全部，达尾鳍基

50（53）吻部尖，直线状；体侧暗色纵带的幅宽大于白色部分

51（52）体侧中间的第二黑色纵带宽幅不均一，伸达尾鳍后端；体侧第一至第三纵带均伸越尾柄后端到达尾鳍……………………**九线天竺鲷 A. novemfasciatus Cuvier，1828**（图 1990）[syn. 九带鹦天竺鲷 Ostorhinchus novemfasciatus (Cuvier，1828)]。栖息于内湾浅水潟湖礁水区或沿岸礁盘水区。成对生活，食小型甲壳类及鱼类。体长 90mm。分布：台湾小琉球及绿岛、垦丁、南海（香港）、西沙群岛、东沙群岛；日本，印度-西太平洋区。无经济价值。

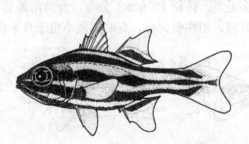

图 1990　九线天竺鲷 A. novemfasciatus

（依林公义，2013）

52（51）体侧第二纵带的宽幅几相等，伸达尾柄后端；体侧第一至第三纵带均伸越尾柄后端……………………………………**黑带天竺鲷 A. nigrofasciatus Lachner，1953**（图 1991）[syn. 黑带鹦天竺鲷 Os-

torhinchus nigrofasciatus (Lachner，1953)]。栖息于内湾水深1～35m 的潟湖岩礁及珊瑚礁区或沿岸礁盘区。独居或成对生活，食多毛类。体长 70mm。分布：台湾绿岛及兰屿、垦丁；日本、新喀里多尼亚，印度-太平洋区。做下杂鱼处理，用作鱼饲料，无经济价值。

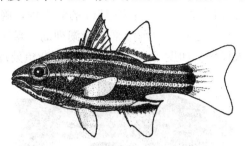

图 1991　黑带天竺鲷 *A. nigrofasciatus*

（依林公义，2013）

53（50）吻部圆，先端也呈圆形；体侧暗色纵带的幅宽小于或几等于白色纵带的宽

54（61）尾柄具黑斑

55（58）体侧具 4 暗色纵带（背鳍基底的 1 条除外）

56（57）第一及第三纵带不伸达尾柄后端；第二纵带不伸达尾柄上的小黑斑 ∙∙∙∙∙∙∙∙∙∙∙∙∙∙∙∙∙∙∙∙∙∙

斗氏天竺鲷 *A. doederleini* Jordan & Snyder，1901（图 1992）[syn. 斗氏鹦天竺鲷 *Ostorhinchus doederleini* (Jordan & Snyder，1901)]。栖息于水深 30m 近岸边的礁石及珊瑚礁区。白天停留在岩礁下方或洞穴内，晚上则外出觅食多毛类等小型底栖无脊椎动物。独居性，繁殖期雄鱼有口孵行为。体长 140mm。分布：台湾澎湖列岛、垦丁、南海（广东）；朝鲜半岛、日本，西太平洋区。做下杂鱼处理，无经济价值。

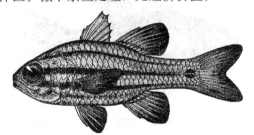

图 1992　斗氏天竺鲷 *A. doederleini*

（依成庆泰，1962）

57（56）第一及第三纵带伸达尾柄后端；第二纵带越过尾柄上的小黑斑，伸达尾鳍后缘∙∙∙∙∙∙∙∙∙∙∙∙∙∙∙∙∙∙∙∙∙∙∙∙∙∙纵带天竺鲷 *A. angustatus* (Smith & Radcliffe，1911)（图 1993）[syn. 纵带鹦天竺鲷 *Ostorhinchus angustatus* (Smith & Radcliffe，1911)]。栖息于面海的礁石区，从礁盘的外缘至深达 65m 处。白天停留在岩礁下方或洞穴内，晚上则外出觅食多毛类及其他小型底栖无脊椎动物。体长 100mm。分布：台湾西南部绿岛及兰屿、垦丁、东沙群岛；日本，印度-西太平洋区。做下杂鱼处理，用作鱼饲料，无经济价值。

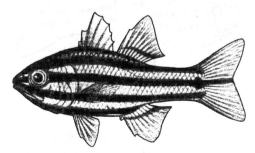

图 1993　纵带天竺鲷 *A. angustatus*

（依沈世杰等，2011）

58（55）体侧具 5～7 暗色纵带（背鳍基底的 1 条除外）

59（60）体侧具 5 暗色纵带；尾柄中央的黑色圆斑与瞳孔等大 ·······················**库氏天竺鲷**
A. cookie Macleay, 1881（图 1994）（syn. 粗体天竺鲷 *A. robustus* 成庆泰等，1962）。栖息于
礁石及珊瑚礁区。白天停留在岩礁下方水深 15m 的洞穴内，晚上则外出觅食多毛类以及其他
无脊椎动物。体长 100mm。分布：台湾南部及澎湖列岛、垦丁、东沙群岛、南海（广东、广
西）；日本、澳大利亚大堡礁，印度-西太平洋区。做下杂鱼处理，用作鱼饲料，无经济价值。

图 1994　库氏天竺鲷 *A. cookie*

（依成庆泰，1962）

60（59）体侧具 7 暗色纵带；尾柄中央的黑色圆斑较大，与眼径等大 ·······················**细线天竺鲷**
A. endekataenia Bleeker, 1852（图 1995）［syn. 细线鹦天竺鲷 *Ostorhinchus endekataenia*
(Bleeker, 1852)］。栖息于悬崖的较深水域，以及礁石缝中。白天停留在岩礁下方或洞穴内，
晚上则外出觅食多毛类及其他小型底栖动物。体长 140mm。分布：东海南部（福建）、台湾小
琉球及澎湖列岛海域、南海（香港）；济州岛、日本，西太平洋区。无经济价值。

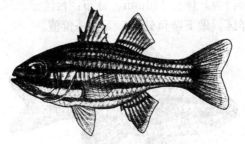

图 1995　细线天竺鲷 *A. endekataenia*

（依沈世杰等，2011）

61（54）尾柄无黑斑，或仅具一红橙色斑（暗点）（液浸后消失）

62（65）尾柄中央后端具一红橙色斑（暗点）；体侧的橙黄色（第一至第五）纵带幅细狭

63（64）体侧具 5～6 条纵带 ·····················**棕斑天竺鲷 A. rubrimacula Randall & Kulbicki, 1998**
（图 1996）。栖息于珊瑚礁及岩礁浅海水域的小型鱼类。体长 40mm。分布：南海；日本，西
太平洋。无经济价值。

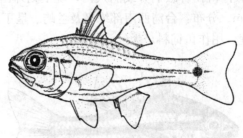

图 1996　棕斑天竺鲷 *A. rubrimacula*

（依林公义，2013）

64（63）体侧约有 10 条以上淡棕色纵带，中央 1 条达尾鳍基底 ·······················**黄体天竺鲷**
A. chrysotaenia Bleeker, 1851（图 1997）［syn. 黄体鹦天竺鲷 *Ostorhinchus chrysotaenia*
(Bleeker, 1851)］。栖息于水深 5～40m 浅礁区、有遮蔽的珊瑚礁台或礁坡区。白天停留在岩

礁下方或洞穴内，晚上则外出觅食多毛类等。体长 100mm。分布：台湾南部及小琉球、垦丁；日本，西太平洋区。无经济价值。

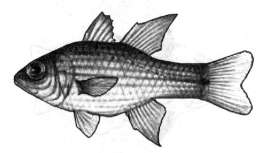

图 1997　黄体天竺鲷 A. chrysotaenia
(依郑义郎，2007)

65（62）尾柄后端无红橙色斑；体侧的橙黄色纵带幅度较宽

66（67）体呈银蓝色，体侧共有 6 条金黄色纵纹，第三纵纹短，只伸达体中部 ⋯⋯⋯⋯⋯⋯⋯⋯⋯⋯
　　　　金带天竺鲷 A. cyanosoma（Bleeker，1853）（图 1998）［syn. 金带鹦天竺鲷 Ostorhinchus cya-
　　　　nosoma（Bleeker，1853）］。栖息于清澈的潟湖或面海礁区，深度可达 50m。白天停留在岩礁
　　　　下方或洞穴内，晚上则外出觅食多毛类及其他小型动物。体长 80mm。分布：台湾沿岸、垦
　　　　丁、东沙群岛；印度-太平洋区。

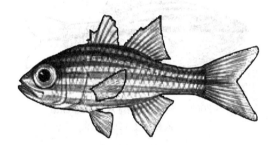

图 1998　金带天竺鲷 A. cyanosoma
(依郑义郎，2007)

67（66）体侧共有 5 条暗褐色纵纹

68（69）第二纵带较短，止于鳃盖起点部附近；体侧各纵带暗褐色；第三纵带止于尾柄后端呈一暗色长
　　　　斑状⋯⋯⋯⋯⋯⋯⋯⋯**褐带天竺鲷 A. taeniophorus Regan，1908**（图 1999）［syn. 褐带鹦
　　　　天竺鲷 Ostorhinchus taeniophorus（Regan，1908）］。栖息于内湾的砾石底及珊瑚礁石区。群
　　　　居性，食浮游动物。体长 110mm。分布：台湾南部及小琉球海域、垦丁、东沙群岛；日本，
　　　　印度-太平洋区。无经济价值。

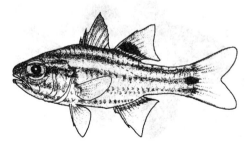

图 1999　褐带天竺鲷 A. taeniophorus
(依林公义，2013)

69（68）第二纵带细长，经鳃盖起点部向后延伸至体的背中部

70（71）第四和第五纵带间无不连续蓝色圆斑 ⋯⋯⋯⋯⋯⋯⋯⋯⋯⋯⋯⋯⋯⋯⋯⋯ **黄带天竺鲷**
　　　　A. properuptus（Whitley，1964）（图 2000）［syn. 黄带鹦天竺鲷 Ostorhinchus properuptus

(Whitley，1964)]。栖息于水深3～30m 的珊瑚礁、岩礁及珊瑚礁石区。群居性，食多毛类。体长 85mm。分布：台湾南部及小琉球海域、垦丁、东沙群岛；日本，印度-太平洋区。

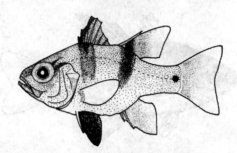

图 2000　黄带天竺鲷 A. properuptus
（依林公义，2013）

71（70）第四和第五纵带间具不连续蓝色圆斑 1 列 ·· **全纹天竺鲷**
A. holotaenia Regan，1905（图 2001）［syn. 全纹鹦天竺鲷 Ostorhinchus holotaenia（Regan，1905）]。栖息于水深 0～18m 的岩礁、珊瑚礁及珊瑚礁石区。群居性，食多毛类。体长 80mm。分布：台湾南部海域、垦丁；日本，印度-太平洋区。做下杂鱼处理，用作鱼饲料。

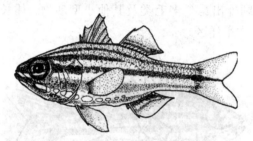

图 2001　全纹天竺鲷 A. holotaenia
（依林公义，2013）

72（41）体侧无纵带
73（84）尾鳍圆
74（75）体较高；腹鳍后端压倒时伸越臀鳍起点 ······················· **黑天竺鲷 A. niger Döderlein，1883**
（图 2002）［syn. 黑似天竺鱼 Apogonichthyoides niger（Döderlein，1883）]。栖息于水深3～50m 的内湾礁石及沙泥底质海域。食多毛类及其他底栖无脊椎动物。体长 100mm。分布：东海（福建）、台湾南部海域、海南岛、南海（广东、广西）；朝鲜半岛、日本，西-北太平洋区。无经济价值。

图 2002　黑天竺鲷 A. niger
（依郑义郎，2007）

75（74）体较低；腹鳍后端压倒时不伸达臀鳍起点
76（77）尾鳍下缘明显白色；鳃盖膜后缘黑色 ··· **白边天竺鲷**
A. albomarginatus（Smith & Radcliffe，1912）（图 2003）［syn. 白边银口天竺鲷 Jaydia albo-

marginatus（Smith & Radcliffe，1912）]。栖息于遮蔽的珊瑚礁台、潟湖或面海礁台区。白天停留在岩礁下方或洞穴内，晚上外出觅食多毛类及其他底栖无脊椎动物。体长100mm。分布：台湾南部海域、海南岛；日本，中-西太平洋域。做下杂鱼处理，用作鱼饲料。

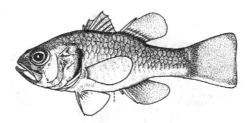

图 2003　白边天竺鲷 *A. albomarginatus*
（依林公义，2013）

77（76）尾鳍下缘不呈白色；鳃盖膜后缘不呈黑色

78（79）第二背鳍具一大黑斑；臀鳍和尾鳍边缘黑色 ·· **斑鳍天竺鲷**
A. carinatus Cuvier，1828（图 2004）[syn. 斑鳍天竺鱼 *Jaydia carinatus*（Cuvier，1828）]。栖息于泥沙底质的海域，深度可达50m。食多毛类及其他底栖无脊椎动物。体长150mm。分布：黄海南部（江苏吕泗）、东海（浙江）、台湾西部及澎湖列岛海域、南海（广东）、南沙群岛；朝鲜半岛、日本，印度-西太平洋。较常见，有一定产量，供食用。

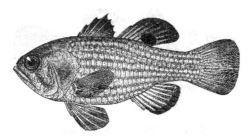

图 2004　斑鳍天竺鲷 *A. carinatus*
（依成庆泰等，1963）

79（78）第二背鳍无大黑斑；臀鳍外缘不呈黑色

80（81）体侧具8～15暗色横带

81（80）体侧具9～11极细狭暗色横带，带间空隙宽于横带；体无发光器；第一背鳍先端暗色；眼下颊部的斜纹不明显 ····················· **细条天竺鲷 A. lineatus Temminck & Schlegel，1842**
（图 2005）[syn. 细条银口天竺鲷 *Jaydia lineatus*（Temminck & Schlegel，1842）]。广泛栖息于内湾水深46～100m由岸边至深海区的沙泥底质海域。食多毛类及其他底栖无脊椎动物。雄鱼具口孵行为。体长90mm。分布：黄海（江苏连云港）、东海大陆架、台湾南部及小琉球海域、南海（香港，广西）；朝鲜半岛、日本，印度-太平洋。较常见，供食用。

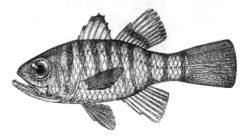

图 2005　细条天竺鲷 *A. lineatus*
（依成庆泰等，1978）

82（83）体侧具14～15条较宽暗色横带，横带宽于带间空隙；体具发光器；第一背鳍先端暗色······
·················· **条纹天竺鲷 A. striatus（Smith & Radcliffe，1912）**（图 2006）[syn. 条纹银

口天竺鲷 *Jaydia striata*（Smith & Radcliffe，1912）]。栖息于内湾水深 25～82m 的沙泥底质海域或潟湖区。食多毛类及其他底栖动物。体长 66mm。分布：台湾西南部海域；巴布亚新几内亚、菲律宾，西太平洋区。无经济价值。

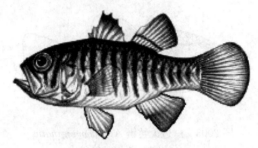

图 2006　条纹天竺鲷 *A. striatus*
（依郑义郎，2007）

83（82）体侧具 6～7 暗色较短宽横带；第一背鳍先端深黑色；眼下颊部的斜纹明显；喉腹位具生物性发光器 ·················**截尾天竺鲷 *A. truncate*（Bleeker，1854）**（图 2007）（syn. 黑边天竺鱼 *Apogonichthys ellioti* 成庆泰等，1962）。栖息于内湾水深 18～106m 沙泥底质的较深海域。食多毛类及其他底栖动物。体长 160mm。分布：台湾北部及澎湖列岛海域、海南岛、南海（广东、广西）、南沙群岛；日本、菲律宾，西太平洋区。无经济价值。

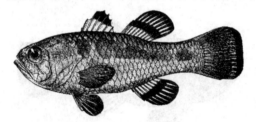

图 2007　截尾天竺鲷 *A. truncate*
（依成庆泰，1962）

84（73）尾鳍分叉或内凹

85（86）第二背鳍和臀鳍均具大黑斑 ···························· **黑身天竺鲷 *A. melas* Bleeker，1848**（图 2008）[syn. 黑身似天竺鱼 *Apogonichthyoides melas*（Bleeker，1848）]。栖息于沿岸浅而受保护的珊瑚礁海湾内或沿岸枝状珊瑚区。食多毛类及其他底栖动物。体长 92mm。分布：台湾澎湖列岛海域、垦丁、东沙群岛；日本、澳大利亚，西太平洋区。甚罕见，稀少。

图 2008　黑身天竺鲷 *A. melas*
（依郑义郎，2007）

86（85）第二背鳍和臀鳍无黑斑

87（94）颊部无暗色斜带

88（89）尾柄部无黑斑及黑带；瞳孔上下方均具一亮蓝色纵线 ························· **短牙天竺鲷 *A. apogonides*（Bleeker，1856）**（图 2009）[syn. 短牙鹦天竺鲷 *Ostorhinchus apogonides*（Bleeker，1856）]。栖息于礁石区的峭壁，也活动于受庇护的沿礁到外礁等水域，从浅平礁至深达 50m 处。白天停留在岩礁下方或洞穴内，晚上则外出觅食多毛类及其他小型底栖无脊椎动物。成对或小群生活，偶尔成群。体长 100mm。分布：台湾小琉球及澎湖列岛、垦丁、东沙群岛；日本、菲律宾，印度-西太平洋区。做下杂鱼处理，用作鱼饲料，无经济价值。

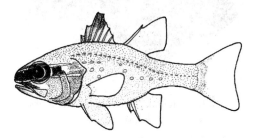

图 2009　短牙天竺鲷 *A. apogonides*

（依林公义，2013）

89（88）尾柄部具黑斑或黑带

90（91）尾柄部具一黑色横带，横带上还具一黑色圆斑；瞳孔上下方均具一亮蓝色纵线…………………………**环尾天竺鲷 *A. aureus*（Lacepède，1802）**（图 2010）[syn. 环尾鹦天竺鲷 *Ostorhinchus aureus*（Lacepède，1802）]。栖息于水深 10～40m 岩礁区洞穴或浅水域暗礁的下方。常成一小群，食多毛类及其他底栖动物。体长 145mm。分布：台湾沿岸、垦丁、南海（香港）；日本，印度-西太平洋区。做下杂鱼处理，用作鱼饲料，无经济价值，或用于水族观赏鱼。

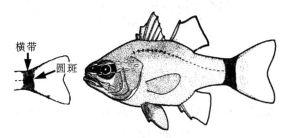

图 2010　环尾天竺鲷 *A. aureus*

（依林公义，2013）

91（90）尾柄部具一黑色圆斑，无黑色横带

92（93）项部两侧具 1 对黑色圆斑；体侧无横带；下颌先端黑色……………………………………**黑点天竺鲷 *A. notatus*（Houttuyn，1782）**（图 2011）[syn. 黑点鹦天竺鲷 *Ostorhinchus notatus*（Houttuyn，1782）]。栖息于水深 10～30m 的沿岸岩礁区。群居性，食多毛类及其他底栖动物。雄鱼具口孵行为。体长 100mm。分布：台湾沿岸、垦丁；日本、菲律宾，西太平洋区。无经济价值。

图 2011　黑点天竺鲷 *A. notatus*

（依林公义，2013）

93（92）项部无黑斑，体侧中部两背鳍起点处具二黑色横带 ……………………………………**垂带天竺鲷 *A. cathetogramma*（Tanaka，1917）**（图 2012）（syn. 双带天竺鲷 *Apogon taeniatus* 成庆泰，1962）。栖息于岩礁周围沙泥底质的海域，深达 20m。食多毛类及其他底栖动物。体长 140mm。分布：台湾沿岸、南海（广东、广西）；日本、菲律宾，西太平洋区。无经济价值。

94（87）颊部具暗色斜带；腹鳍后端压倒时，不伸达臀鳍起点部；背鳍先端具白斑……………………

图 2012 垂带天竺鲷 A. cathetogramma

(依成庆泰，1963)

……**石垣岛天竺鲷 A. ishigakiensis Ida & Moyer，1974**（图 2013）。栖息于内湾藻类繁生的沙泥底质水域或群生于珊瑚礁区。食浮游动物及其他底栖动物。体长 60mm。分布：东海、台湾南部海域；日本、菲律宾，印度-太平洋域。无经济价值。

图 2013 石垣岛天竺鲷 A. ishigakiensis

(依林公义，2013)

似天竺鱼属 *Apogonichthyoides* Smith，1949
种 的 检 索 表

1（2）鳃盖后胸鳍上方有一大眼斑……………………………**黑鳍似天竺鱼 A. nigripinnis（Cuvier，1828）**
（图 2014）。栖息于近海或外海水深 1～50m 较浅的礁石区。食多毛类及其他底栖动物。体长 100mm。分布：台湾北部海域；印度-西太平洋区。做下杂鱼处理，无经济价值。可人工繁殖，用于水族观赏鱼。

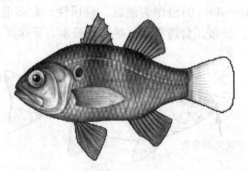

图 2014 黑鳍似天竺鱼 A. nigripinnis

(依郑义郎，2007)

2（1）鳃盖后胸鳍上方无大眼斑；体侧具二宽横带，尾柄部也具二宽横带…………………………………
帝汶似天竺鱼 A. timorensis Bleeker，1854（图 2015）。栖息于珊瑚礁水深 0～12m 礁盘的巨石下方及潟湖区。食浮游动物或其他底栖动物。体长 90mm。分布：台湾南部海域、南海（香港）、东沙群岛；日本，印度-西太平洋区。无经济价值。

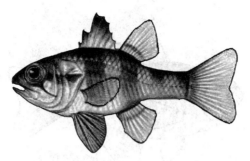

图 2015　帝汶似天竺鱼 *A. timorensis*

（依郑义郎，2007）

天竺鱼属（原天竺鲷属）*Apogonichthys* Bleeker，1854

种 的 检 索 表

1（2）第一背鳍具一大黑斑⋯⋯⋯⋯⋯⋯⋯⋯⋯⋯⋯眼斑天竺鱼 ***A. ocellatus*** (Weber，1913)（图 2016）。栖息于近岸珊瑚礁区或潟湖。食浮游动物及其他底栖动物。体长 60mm。分布：台湾小琉球及绿岛、垦丁；日本、澳大利亚大堡礁，印度-太平洋区。无经济价值。

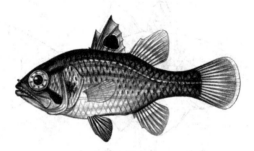

图 2016　眼斑天竺鱼 *A. ocellatus*

（依林公义，2013）

2（1）第一背鳍无大黑斑⋯⋯⋯⋯⋯⋯⋯⋯⋯⋯⋯⋯**鸠斑天竺鱼 *A. perdix* Bleeker，1854**（图 2017）（syn. 夏威夷天竺鱼 *A. waikiki* Jordan & Evermann，1903）。栖息于近岸 1～65m 深的珊瑚礁内湾藻类繁茂区。食浮游动物及其他底栖动物。体长 30mm。分布：台湾南部海域、垦丁；日本、夏威夷，印度-太平洋区。个体小，无食用价值。

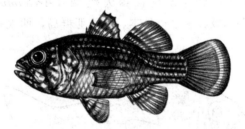

图 2017　鸠斑天竺鱼 *A. perdix*

（依郑义郎，2013）

长鳍天竺鲷属 *Archamia* Gill，1863

种 的 检 索 表

1（4）背鳍具 7 鳍条

2（3）臀鳍具 13～15 鳍条；尾柄黑斑不明显⋯⋯⋯⋯⋯⋯⋯⋯⋯⋯⋯⋯⋯ **真长鳍天竺鲷 *A. macroptera* (Cuvier，1828)**（图 2018）。栖息于近岸水深 15m 的珊瑚枝状间。群居性，食浮游动物。体长 58mm。分布：台湾沿岸、南海（香港）；日本、萨摩亚群岛，印度-西太平洋区。

无经济价值。

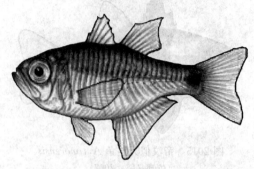

图 2018　真长鳍天竺鲷 A. macroptera

（依郑义郎，2007）

3（2）臀鳍具 16～18 鳍条；尾柄具一黑斑；体侧黑斑或有或无·········**褐斑长鳍天竺鲷**
A. fucata Cantor，1849（图 2019）。栖息于近岸海湾或潟湖内的珊瑚礁区。群居性，食浮游动
物。本种鱼通常与其他长鳍天竺鲷群混游。体长 80mm。分布：台湾澎湖列岛海域、垦丁、东沙
群岛；日本、马歇尔群岛，印度-太平洋区。无经济价值。

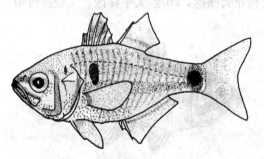

图 2019　褐斑长鳍天竺鲷 A. fucata

（依林公义，2013）

4（1）背鳍具 9 鳍条

5（8）体侧鳃孔后方有一暗色红斑

6（7）暗色红斑位于鳃孔上方，侧线穿过红斑；颊部具一短横带·········**双斑长鳍天竺鲷**
A. biguttata Lachner，1951（图 2020）。栖息于近岸海湾或潟湖内水深 33m 的珊瑚礁区。群居
性，食浮游动物。本种鱼通常与横纹长鳍天竺鲷（Archamia dispilus）群中混游。体长
110mm。分布：台湾南部海域、垦丁；日本、萨摩亚群岛，西太平洋区。

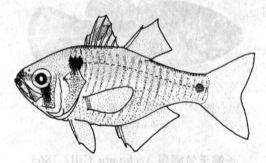

图 2020　双斑长鳍天竺鲷 A. biguttata

（依林公义，2013）

7（6）体侧具 3 条细纵带 ················· 横带长鳍天竺鲷 A. buruensis（Bleeker，1856）
（图 2021）。栖息于沿岸浅礁或红树林沼泽区，生活区域涵盖硬质及软质海域。群居性，食浮
游动物。体长 75mm。分布：台湾澎湖列岛；印度尼西亚、巴布亚新几内亚，西-中太平洋区。

无经济价值。

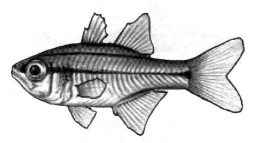

图 2021　横带长鳍天竺鲷 A. buruensis
（依郑义郎，2007）

8（5）体侧无横带及纵带；眼下颊部无暗色带；鳃盖上部无黑圆斑；尾柄具一小斑点 ······················
　　　布氏长鳍天竺鲷 *A. bleekeri* Günther，1859（图 2022）［syn. 龚氏长鳍天竺鲷 *A. goni* Chen & Shao，
　　　1993］。栖息于沿岸水深 1～30m 的红树林沼泽区或较深沙泥底质海域。群居性，食浮游动物。体长
　　　100mm。分布：台湾南部及西南海域、垦丁；新加坡、泰国，印度-西太平洋区。无经济价值。

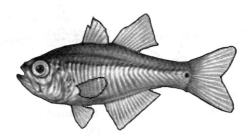

图 2022　布氏长鳍天竺鲷 A. bleekeri
（依郑义郎，2007）

巨牙天竺鲷属（巨齿天竺鲷属）*Cheilodipterus* Lacepède，1801
种 的 检 索 表

1（2）前鳃盖骨缘平滑；体颇侧扁 ····························· **纵带巨牙天竺鲷 *C. artus* Smith，1961**
　　　（图 2023）。栖息于近岸水深 3～20m 的海湾或潟湖内片状珊瑚礁区。成小群生活于洞穴或片状珊
　　　瑚间，食小鱼。体长 187mm。分布：台湾南部及绿岛海域、垦丁、南海（香港）、东沙群岛；日
　　　本、夏威夷，印度-太平洋区。无经济价值。

图 2023　纵带巨牙天竺鲷 C. artus
（依林公义，2013）

2（1）前鳃盖骨缘锯齿状
3（4）体侧具 5 条黑色细纵带；尾柄黑斑周围黄色 ······························ **五带巨牙天竺鲷**
　　　***C. quinquelineatus* Cuvier，1828**（图 2024）（syn. 五带副天竺鲷 *Paraima quinquelineatus* 成庆
　　　泰，1962）。栖息于珊瑚礁盘、潟湖或面海珊瑚礁区洞穴或礁边缘，深度可达 40m。独居生活、
　　　配对或成一小群生活。食小鱼、甲壳类。体长 130mm。分布：台湾各海域、垦丁、南海诸岛；
　　　日本，印度-太平洋区。做下杂鱼处理，无经济价值。可人工繁殖，用于水族观赏鱼。
4（3）体侧具 8 条黑色细纵带

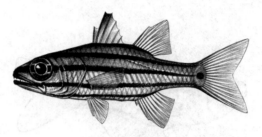

图 2024　五带巨牙天竺鲷 *C. quinquelineatus*
（依成庆泰等，1987）

5（6）成鱼尾柄黑斑消失；尾鳍基底附近黑色；幼鱼尾柄具一大黑斑；第一鳃弓具 7 鳃耙…………………
…………巨牙天竺鲷 ***C. macrodon*** （**Lacepède，1802**）（图 2025）。栖息于水深可达 40m 的礁坡外
缘、潟湖或面海珊瑚礁区洞穴或礁边缘。幼鱼单独生活，成鱼配对成一小群生活。食小鱼。体长
250mm。分布：台湾南部海域、垦丁、海南岛、东沙群岛、南海诸岛；日本，印度-太平洋区。
无经济价值，或用于水族观赏鱼。

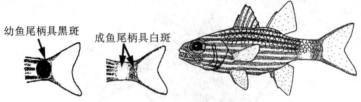

图 2025　巨牙天竺鲷　*C. macrodon*
（依林公义，2013）

6（5）成鱼尾柄黑斑消失，后部呈白色；幼鱼尾柄具一小黑斑，黑斑周围黄色…………………………
中间巨牙天竺鲷 ***C. intermedius*** **Gon，1993**（图 2026）。栖息于珊瑚礁、岩礁及沙混合海域，深
度可达 20m。食小鱼、甲壳类等。体长 200mm。分布：台湾南部海域、垦丁、海南岛、东沙群
岛；日本，西-中太平洋区。无经济价值。

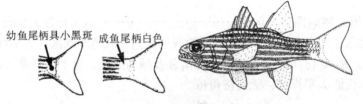

图 2026　中间巨牙天竺鲷 *C. intermedius*
（依林公义，2013）

腭竺鲷属（小天竺鲷属）*Foa* Jordan & Evermann，1905
种 的 检 索 表

1（2）成鱼体无横带，幼鱼有时具 3 横带；第一鳃弓具 7 鳃耙；具腭齿 …………………… 短线腭竺鲷
F. brachygramma （**Jenkins，1903**）（图 2027）。栖息于水深 0～134m 的藻床或浅水域的碎石堆、

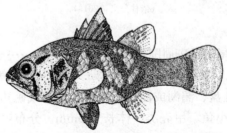

图 2027　短线腭竺鲷 *F. brachygramma*
（依林公义，2013）

岩礁区。体长 41mm。分布：台湾南部澎湖列岛海域及高雄；日本、西太平洋区。无经济价值。

2（1）成鱼体杂色，体具 5 条暗色不规则横带；第一鳃弓具 13～15 鳃耙 ························
菲律宾腭竺鱼 *F. fo* Jordan & Seale，1905。栖息于水深 0～56m 的藻床或浅水域的碎石堆。体长 41mm。分布：台湾澎湖、海南岛、东沙群岛；印度-西太平洋区。无经济价值。

乳突天竺鲷属 *Fowleria* Jordan & Evermann，1906
种 的 检 索 表

1（2）主鳃盖骨无黑色圆斑 ·······················**维拉乳突天竺鲷 *F. vaiulae*（Jordan & Seale，1906）**（图 2028）。栖息于水深 3～25m 的珊瑚礁、岩礁及藻场区。食浮游动物。体长 50mm。分布：台湾小琉球海域、垦丁、海南岛；日本，印度-太平洋区。无经济价值。数量有一定的减少，《中国物种红色名录》列为易危〔VU〕物种。

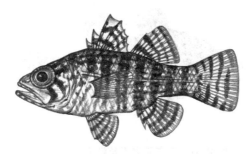

图 2028　维拉乳突天竺鲷 *F. vaiulae*
（依郑义郎，2007）

2（1）主鳃盖骨上方具一黑色圆斑

3（6）体侧具 8～13 条暗色横带

4（5）体侧具 8～10 条暗色横带，鲜活时各鳍红色；第一背鳍第三至第七鳍膜白色，第二背鳍及臀鳍基底白色呈纵纹；侧线有孔鳞 12 ·················· **显斑乳突天竺鲷 *F. marmorata*（Alleyne & Macleeay，1877）**（图 2029）。栖息于水深 30m 的礁石底质水域，同时也出现在珊瑚和藻类丛生的碎石坡水域，食浮游动物。体长 75mm。分布：台湾小琉球海域、垦丁；日本，印度-太平洋区。无经济价值。数量有一定的减少，《中国物种红色名录》列为易危〔VU〕物种。

图 2029　显斑乳突天竺鲷 *F. marmorata*
（依林公义，2013）

5（4）体侧具 10～13 条暗色横带，鲜活时各鳍暗灰色；第一背鳍鳍膜白色不显著，第二背鳍及臀鳍基底无白色纵纹；侧线有孔鳞 19 ················ **金色乳突天竺鲷 *F. aurita*（Valenciennes，1831）**（图 2030）（syn. 乳突天竺鲷 *Papillapogon auritis* 成庆泰，1962）。栖息于水深 3～20m 的珊瑚礁丛、岩礁及藻场区。食浮游动物。体长 40mm。分布：台湾垦丁、海南岛、西沙群岛；印度-西太平洋。无经济价值。

6（3）体侧具许多斑点

7（8）全身密布许多不规则的黑白小斑；各鳍均具许多不规则黑白斑纹 ·······························

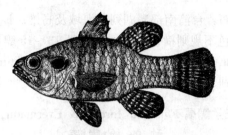

图 2030　金色乳突天竺鲷 *F. aurita*
（依成庆泰等，1962）

杂斑乳突天竺鲷 *F. variegate*（**Valenciennes，1832**）（图 2031）。栖息于水深 27m 的珊瑚礁丛近岸海湾或潟湖内礁区或藻床，也见于死珊瑚区或碎石区。食浮游动物。体长 80mm。分布：台湾南部及澎湖列岛海域、垦丁、东沙群岛、海南岛、南海诸岛；日本，印度-西太平洋区。无经济价值。

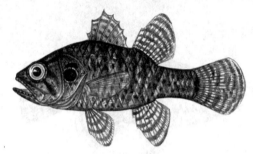

图 2031　杂斑乳突天竺鲷 *F. variegate*
（依郑义郎，2007）

8（7）体侧有多列褐色小斑，可达尾鳍基底；背鳍、臀鳍、腹鳍及尾鳍无斑点

9（10）主鳃盖骨上方的黑色圆斑无白边；鳃耙 0～1＋3；体侧及尾柄具多列由黑点连成的纵带或无纵带……………………**犬形乳突天竺鲷** *F. isostigma*（**Jordan & Seale，1906**）（图 2032）。栖息于浅水域珊瑚礁及岩礁区。食浮游动物。体长 70mm。分布：台湾垦丁、南海、东沙群岛；日本，印度-太平洋区。无经济价值。

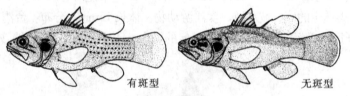

有斑型　　　　　　　　无斑型

图 2032　犬形乳突天竺鲷 *F. isostigma*
（依林公义，2013）

10（9）主鳃盖骨上方的黑色圆斑具白边；鳃耙 3～4＋12 ………………………… **等斑乳突天竺鲷** *F. punctulata*（**Rüppell，1838**）（图 2033）。栖息于近岸水深 10～80m 的泥质底或珊瑚礁区。行踪非常神秘而罕见。食浮游动物。体长 85mm。分布：台湾南部；红海、土木土群岛，印度-太平洋区。无经济价值。

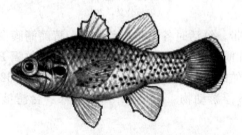

图 2033　等斑乳突天竺鲷 *F. punctulata*
（依郑义郎，2007）

裸天竺鲷属 *Gymnapogon* Regan，1905
种 的 检 索 表

1（2）臀鳍具 8 鳍条·····················**菲律宾裸天竺鲷 *G. philippinus*（Herre，1939）**（图 2034）。栖息于浅水水域珊瑚礁及岩礁区。食浮游动物。体长 37mm。分布：台湾南部及小琉球海域；日本、菲律宾，西太平洋区。无经济价值。

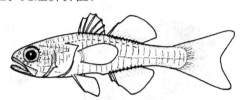

图 2034　菲律宾裸天竺鲷 *G. philippinus*
（依林公义，2013）

2（1）臀鳍具 9～10 鳍条

3（6）臀鳍具 9 鳍条

4（5）尾柄具 B 状黑斑；头顶具一黑斑；胸鳍具 14～15 鳍条；前鳃盖骨棘向下·····················
尾斑裸天竺鲷 *G. urospilotus* Lachner，1953（图 2035）。栖息于浅海内湾珊瑚礁区。食浮游动物。体长 27mm。分布：台湾兰屿及小琉球；日本、萨摩亚群岛，西太平洋区。无食用价值。该鱼为日本罕见种。

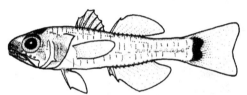

图 2035　尾斑裸天竺鲷 *G. urospilotus*
（依林公义，2013）

5（4）尾柄无黑斑；头顶无黑斑；胸鳍具 12 鳍条；前鳃盖骨棘向后·····················**日本裸天竺鲷 *G. japonicas* Regan，1905**（图 2036）。栖息于开放水域。食浮游动物及其他底栖无脊椎动物。体长 50mm。分布：台湾小琉球；济州岛、日本，西太平洋区。无经济价值。

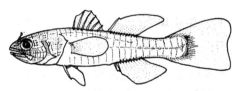

图 2036　日本裸天竺鲷 *G. japonicas*
（依林公义，2013）

6（3）臀鳍具 10 鳍条·····················**无斑裸天竺鲷 *G. annona*（Whitley，1936）**（图 2037）。栖息于水深 0～5m 浅海的珊瑚礁区。食浮游动物或其他底栖无脊椎动物。体长 50mm。分布：台湾兰屿；澳大利亚昆士兰，西太平洋区。无经济价值。

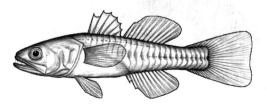

图 2037　无斑裸天竺鲷 *G. annona*
（依郑义郎，2007）

多鳞天竺鲷属（丽天竺鲷属）*Lepidamia* Gill，1863

美身多鳞天竺鲷 *L. kalosoma*（Bleeker，1852）（图 2038）。栖息于水深 3~15m 的浅水区岩礁、珊瑚礁洞穴或大陆架突出物边缘。独居或成小群生活，产卵及求偶期成对追逐。食浮游动物或其他底栖无脊椎动物。体长 140mm。分布：台湾东部海域；印度尼西亚，西太平洋区海域。不供食用。

图 2038　美身多鳞天竺鲷 *L. kalosoma*
（依台湾鱼类资料库）

扁天竺鲷属 *Neamia* Smith & Radcliffe，1912

八棘扁天竺鲷 *N. octospina* Smith & Radcliffe，1912（图 2039）。栖息于沿岸水深 0~5m 接近礁区处。食浮游动物。体长 50mm。分布：台湾北部及澎湖列岛海域；日本、菲律宾、澳大利亚，印度-西太平洋区。不供食用，无经济价值。

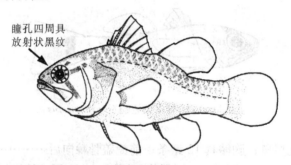

瞳孔四周具放射状黑纹

图 2039　八棘扁天竺鲷 *N. octospina*
（依林公义，2013）

圣天竺鲷属 *Nectamia* Jordan，1917
种 的 检 索 表

1（4）体侧具 10 余条暗色横带；尾柄的暗色横带在侧线上方者色深、下方者色浅
2（3）体侧具 8~10 条暗色横带；背鳍鳍棘部基底和鳍条部基底下方各具一鞍状斑……………………
　　　……萨瓦耶圣天竺鲷 *N. savayensis*（Günther，1872）（图 2040）。栖息于水深 3~25m 的海洋沿岸及面海的礁坡。白天栖息极其隐蔽，甚少被发现。食小型甲壳类。体长 100mm。分布：台湾

黑色横带侧线上方者色深、下方者色淡

图 2040　萨瓦耶圣天竺鲷 *N. savayensis*
（依郑义郎，2007）

南部及澎湖列岛海域；日本，印度-太平洋区。

3（2）体侧具 15 条以上暗色细横带；背鳍鳍棘部和鳍条部基底下方无鞍状斑⋯⋯⋯⋯⋯⋯⋯⋯⋯⋯⋯⋯
　　灿烂圣天竺鲷 N. luxuria Fraser，2008。栖息于沿岸水深 0～11m 接近礁区处。食浮游动物。体
　　长 77mm。分布：东沙群岛；印度-西太平洋区。不供食用，无经济价值。

4（1）体侧具 2～5 条暗色横带

5（6）体侧具 3 条宽短的暗色横带；颊部暗色斜带呈等边三角形；眼大，头长为眼径的 2.2～2.3 倍；
　　尾柄的暗褐色横带在侧线下方明显 ⋯⋯⋯⋯⋯⋯⋯⋯⋯⋯⋯⋯⋯⋯⋯⋯⋯⋯⋯ **颊纹圣天竺鲷**
　　N. bandanensis（Bleeker，1854）（图 2041）（syn. 颊纹天竺鲷 A. bandanensis 成庆泰，1979）。
　　栖息于水深 10～34m 的珊瑚礁坡外缘。夜行性，白天停留在岩礁下方或洞穴内，晚上则外出
　　觅食多毛类及其他小型底栖动物。体长 100mm。分布：台湾南部及澎湖列岛、垦丁、南海
　　（香港）、西沙群岛；日本、萨摩亚群岛，印度-西太平洋区。数量少，日本稀有种。《中国物种
　　红色名录》列为易危［VU］物种。

颊部暗色斜带呈
等边三角形

图 2041　颊纹圣天竺鲷 N. bandanensis
（依林公义，2013）

6（5）体侧具 5 条宽短的暗色横带；颊部暗色斜带细，钩状；头长为眼径的 2.5～2.7 倍；尾柄的暗褐
　　色横带在侧线下方不明显 ⋯⋯⋯⋯⋯⋯⋯⋯ **褐色圣天竺鲷 N. fusca（Quoy & Gaimard，1824）**
　　（图 2042）［syn. 褐色天竺鲷 A. fusca（Quoy & Gaimard，1824）］。栖息于潟湖或礁台浅水中的
　　枝状珊瑚处。白天停留在珊瑚枝杈间，晚上则外出觅食浮游性小型底栖无脊椎动物。体长
　　100mm。分布：台湾南部海域及兰屿；日本、萨摩亚群岛，印度-太平洋区。常做下杂鱼处理，
　　用作鱼饲料，无经济价值。

图 2042　褐色圣天竺鲷 N. fusca
（依郑义郎，2007）

拟天竺鲷属 Pseudamia Bleeker，1865
种 的 检 索 表

1（2）尾鳍上部具一黑斑；体被小圆鳞，侧线有孔鳞 35～36 枚；前鼻孔的鼻瓣很长⋯⋯⋯⋯⋯⋯⋯⋯⋯
　　⋯⋯**犬牙拟天竺鲷 P. gelatinosa Smith，1956**（图 2043）。栖息于水深 1～64m 受保护的海湾或
　　潟湖内珊瑚礁区。食浮游动物。体长 79mm。分布：台湾兰屿及澎湖列岛；日本，印度-太平洋
　　区。无食用价值。

2（1）尾鳍上部无黑斑；体被大圆鳞，侧线有孔鳞 19～25 枚；前鼻孔的鼻瓣短；眼后方无小圆黑斑

图 2043　犬牙拟天竺鲷 *P. gelatinosa*
（依林公义，2013）

·····················**林氏拟天竺鲷** *P. hayashii* **Randall, Lachner & Fraser, 1985**（图 2044）。栖息于水深 2～64m 潟湖及面海的珊瑚礁区。喜穴居。食浮游动物。体长 100mm。分布：台湾兰屿；日本、澳大利亚，印度-西太平洋区。无食用价值。

图 2044　林氏拟天竺鲷 *P. hayashii*
（依林公义，2013）

准天竺鲷属 *Pseudamiops* Smith，1954

准天竺鲷 *P. gracilicauda* **(Lachner, 1953)**（图 2045）。栖息于水深 5～30m 潟湖及面海的珊瑚礁区。食浮游动物或其他底栖无脊椎动物。体长 50mm。分布：台湾兰屿及绿岛；日本、夏威夷，印度-太平洋区。无经济价值。

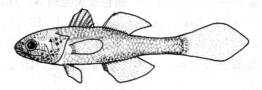

图 2045　准天竺鲷 *P. gracilicauda*
（依林公义，2013）

箭天竺鲷属 *Rhabdamia* Weber，1909
种 的 检 索 表

1（2）臀鳍具 9 鳍条；尾鳍上下叶边缘黑色；拟锁骨下方具一发光器；吻端至眼前缘黑色···················
···········**燕尾箭天竺鲷** *R. cypselurus* **Weber, 1909**（图 2046）。成群栖息于水深 3～13m 的珊瑚礁或潟湖内浅水片状珊瑚的上端。食浮游动物或其他底栖无脊椎动物。体长 60mm。分布：台湾南部海域；日本，印度-太平洋区。无食用价值。

图 2046　燕尾箭天竺鲷 *R. cypselurus*
（依林公义，2013）

2（1）臀鳍具 12～13 鳍条；尾鳍上下叶尖端黑色；拟锁骨下方无发光器；吻端至眼前缘浅色··············

················**细箭天竺鲷** *R. gracilis* (Bleeker, 1856)（图 2047）。成群栖息于水深 3～13m 的珊瑚礁、岩礁或潟湖内片状珊瑚的上端。以浮游动物或其他底栖无脊椎动物为食。体长 60mm。分布：台湾北部及澎湖列岛海域；日本，印度-太平洋区。无食用价值。

鳃盖里侧　拟锁骨　吻端浅色

拟锁骨下方
无发光器

图 2047　细箭天竺鲷 *R. gracilis*

（依林公义，2013）

管竺鲷属 *Siphamia* Weber, 1909
种 的 检 索 表

1（2）第一背鳍具 6 鳍棘；全身暗黑色 ·······································**马岛氏管竺鲷** *S. majimai* Matsubara & Iwai, 1958（图 2048）。栖息于水深 10m 浅水区海胆的棘间或海星的腕间。食浮游动物或其他底栖无脊椎动物。体长 40mm。分布：台湾小琉球及澎湖列岛；日本，西太平洋区。无食用价值。数量有一定的减少，《中国物种红色名录》列为易危［VU］物种。

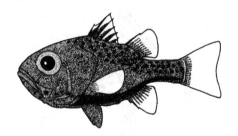

图 2048　马岛氏管竺鲷 *S. majimai*

（依林公义，2013）

2（1）第一背鳍具 7 鳍棘；体侧具 3 条黑纵带

3（4）黑纵带较狭，其宽小于瞳孔；体侧除具黑纵带外，还具一些小黑斑；胸鳍具 13～14 鳍条······
·················**汤加管竺鲷** *S. tubifer* Weber, 1909（图 2049）（syn. 变色管竺鲷 *S. versicolor* 沈世杰，吴高逸，2011）。栖息于水深 1～68m 的珊瑚礁及岩礁区，经常成群和海胆共栖。食浮游动物或其他底栖无脊椎动物。体长 70mm。分布：台湾南部及东北部海域；日本、澳大利亚，印度-西太平洋区。无食用价值。

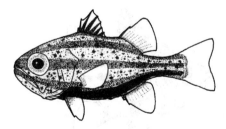

图 2049　汤加管竺鲷 *S. tubifer*

（依林公义，2013）

4（3）黑色纵带较宽，其宽大于瞳孔；体侧无小黑斑；胸鳍具 14～15 鳍条····························
棕线管竺鲷 *S. fuscolineata* Lachner, 1953（图 2050）。栖息于水深 4～7m 的潟湖区，生活于棘冠海胆的棘间，极为罕见。食浮游动物及其他底栖无脊椎动物。体长 40mm。分布：台湾西南部海域、东沙群岛；西太平洋。无食用价值。

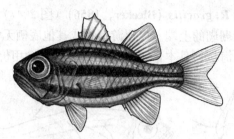

图 2050　棕线管竺鲷 S. *fuscolineata*
（依郑义郎，2007）

圆竺鲷属 *Sphaeramia* Fowler & Bean，1930
种 的 检 索 表

1（2）体侧中央暗色横带幅广（大于眼径）；体后部小圆斑赤红色；第一背鳍和腹鳍黄色⋯⋯⋯⋯⋯
⋯⋯⋯⋯丝鳍圆竺鲷 S. *nematoptera*（Bleeker，1856）（图 2051）［syn. 斑带天竺鲷 *Apogon or-*
bicularis 成庆泰，1979（non Cuvier，1828）］。栖息于水深 1～14m 受保护的浅水海湾或潟湖内
珊瑚礁浅水区。群居性，以浮游动物或其他底栖无脊椎动物为食。体长 80mm。分布：台湾南部
海域、东沙群岛；日本、新几内亚，西太平洋区。受欢迎的水族馆用鱼。数量有一定的减少，
《中国物种红色名录》列为易危［VU］物种。

图 2051　丝鳍圆竺鲷 S. *nematoptera*
（依林公义，2013）

2（1）体侧中央暗色横带幅狭（瞳孔大小）；体后部小圆斑黑色；背鳍和腹鳍灰褐色⋯⋯⋯⋯⋯⋯
⋯⋯⋯环纹圆竺鲷 S. *orbicularis*（Cuvier，1828）（图 2052）。栖息于沿岸水深 5m 的浅水红树林区、
礁区、碎石及海岸线上的防波堤等。群居性，食浮游动物及其他底栖无脊椎动物。体长 100mm。
分布：台湾南部海域、南海（香港）、西沙群岛；日本，印度-太平洋区。受欢迎的水族馆用鱼。

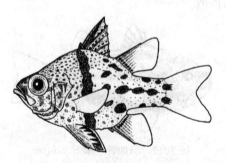

图 2052　环纹圆竺鲷 S. *orbicularis*
（依林公义，2013）

狸竺鲷属 *Zoramia* Jordan，1917

齐氏狸竺鲷 Z. *gilberti*（Jordan & Seale，1905）（图 2053）。栖息于水深 2～4m 的潟湖或海湾枝状

珊瑚区。群居性，食多毛类和其他小型水生动物。体长50mm。分布：台湾澎湖列岛海域；菲律宾，西太平洋区。无经济价值。

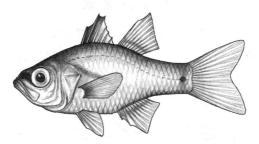

图 2053　齐氏狸竺鲷 *Z. gilberti*

（依郑义郎，2007）

210. 后竺鲷科（深海天竺鲷科）Epigonidae

体型多样，由延长到亚圆筒形或侧扁。眼大，圆形或卵圆形，眶下骨平滑。鳃盖骨无棘或具1或3弱棘。鳃盖条6～7。口大，斜裂；吻长短于或与眼径同长。上颌骨窄，末端不伸至眼中部下方；颌骨、犁骨和腭骨常具小犬齿。体被弱至强栉鳞；侧线完整，向后延伸至尾鳍中部，具49～51鳞片。背鳍分离，第一背鳍具11～13鳍棘，第二背鳍具1鳍棘、8～11鳍条；臀鳍具1～3鳍棘、7～10鳍条；尾鳍截形或叉形。

栖息于水深数百米的外洋水域底层。最大体长达580mm。分布：世界三大洋暖水区。数量少，无食用价值。

本科有7属43种（Nelson et al.，2016）；中国有1属1种。

后竺鲷属（深海天竺鲷属）*Epigonus* Rafinesque, 1810

细身后竺鲷（细身深海天竺鲷）*E. denticulatus* Dieuzeide，1950（图 2054）。栖息于水深130～830m大陆架斜坡的较深海域。群居性。食浮游动物及其他底栖无脊椎动物。体长350mm。分布：仅采自台湾垦丁海域；日本、澳大利亚，印度-西太平洋。不供食用，无经济价值。

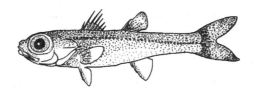

图 2054　细身后竺鲷（细身深海天竺鲷）*E. denticulatus*

（依林公义，2013）

211. 鱚科（沙鲮科）Sillaginidae

体延长，稍侧扁，略呈圆柱状。头前部平坦，额骨具黏液腔。口小，吻钝尖。两颌牙细小，犁骨具绒毛状牙，腭骨及舌上均无牙。前鳃盖骨边缘平滑或具弱锯齿，下半部折向头腹面。鳃盖骨小，棘短弱。有假鳃。鳃盖条6。左右鳃盖膜相连，跨越峡部。鳃耙短钝。幽门盲囊少。鳔简单。椎骨34～43（尾椎骨22～27）。体被弱栉鳞；侧线完全。背鳍2个，第一背鳍鳍棘细弱、具9～12鳍棘，第二背鳍基底长、具16～26鳍条；臀鳍具1或2细棘、15～27鳍条；胸鳍中大；腹鳍胸位，具1鳍棘、5鳍条；尾鳍截形或浅凹。

为广泛分布于温带到亚热带的海洋、咸淡水河口中的小型鱼类。栖息于水深0～5m沿岸及内湾四周的浅海域中。偶有少数栖于淡水中。

本科有4属34种（Nelson et al.，2016）；中国有1属10种。

鱚属（沙鲅属）*Sillago* Cuvier, 1817
种 的 检 索 表

1（2）头大，体长为头长的 3.0～3.1 倍；侧线上方具 5 枚横列鳞·······················大头鱚
S. megacephalus Lin, 1933（图 2055）。生活于热带、亚热带沿岸的沙底海域。分布：南海的海南岛。颇罕见。

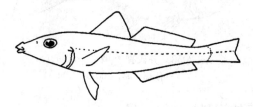

图 2055　大头鱚 *S. megacephalus*

2（1）头小，体长为头长的 3.5～4.2 倍

3（4）腹鳍棘颇细短，位于粗棒状的腹鳍条外侧基部；鳔的头部很大，几呈四方形，尾部为一细长不分叉的鳔管··················砂鱚 *S. chondropus* Bleeker, 1849（图 2056）。栖息于水深 0～5m 沿岸及内湾四周的浅海域中。受惊吓即藏身于沙丘中。体长 350mm。分布：台湾花莲；菲律宾、新几内亚北部、南非，印度-西太平洋。数量少，罕见种。

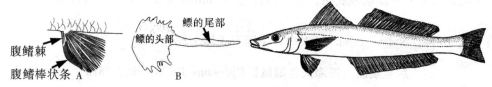

图 2056　砂鱚 *S. chondropus*
A. 砂鱚的腹鳍棘　B. 砂鱚的鳔
（依 McKay，1999）

4（3）腹鳍棘正常，不细短；鳔圆锥形，或胡萝卜形，鳔的头部不呈四方形

5（6）体侧具 2～3 列暗斑；胸鳍基部具黑斑·····························杂色鱚
S. aeolus Jordan & Evermann, 1902（图 2057）(syn. *S. maculata* Quoy & Gaimard, 1824)。栖息于水深 0～60m 的沿岸沙底海域，也常在河口区或内湾出现。生性胆怯、谨慎，受惊吓即藏身于沙丘中。体长 300mm。分布：黄海、东海、台湾澎湖列岛沿海、南海；日本、菲律宾、澳大利亚，印度-西太平洋区。台湾澎湖列岛沿海较多，是高级食用鱼。

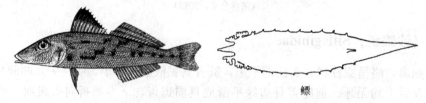

图 2057　杂色鱚 *S. aeolus*
（仿 McKay，1999）

6（5）体侧无暗斑；胸鳍基部无黑斑

7（8）第二背鳍无小黑点；生活时腹鳍、臀鳍起点部无色透明；侧线上方具 3～4 枚横列鳞············
···············少鳞鱚 *S. japonica* Temminck & Schlegel, 1843（图 2058）。沿岸小型底栖鱼类。栖息于水深 0～30m 的沙质底海域，常出现在浅水沙滩或海湾内，受惊吓即藏身于沙丘中。体长270～300mm。分布：东海、台湾海域、南海；朝鲜半岛、日本。

8（7）第二背鳍具小黑点或不明显点列；生活时腹鳍、臀鳍起点部黄色；侧线上方具 5～9 枚横列鳞

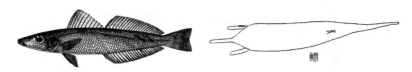

图 2058　少鳞鱚 *S. japonica*

（依成庆泰等，1963）

9（12）鳔尾部分叉成 2 管状细支

10（11）第二背鳍黑色点列明显；侧线有孔鳞 78～82，侧线上方具 7～9 枚横列鳞·····················
··········**细鳞鱚 *S. parvisquamis* Gill，1861**（图 2059）。沿岸小型底栖鱼类。栖息于水深 0～30m
的沙质底海域，也常见于大河的河口区潮间带沙地，易受惊吓即藏身于沙丘中。体长 250～
300mm。分布：台湾海域；朝鲜半岛、日本。

图 2059　细鳞鱚 *S. parvisquamis*

（依林公义等，2013）

11（10）第二背鳍黑色点列不明显；侧线有孔鳞 67～69，侧线上方具 5～6 枚横列鳞·················
··············**多鳞鱚 *S. sihama*（Forsskål，1775）**（图 2060）。沿岸小型底栖鱼类。栖息于水深
0～60m 泥沙底质的沿岸沙滩、河口红树林区或内湾水域，甚至淡水域，受惊吓时会藏身于
沙丘中。体长 280～300mm。分布：中国沿海；朝鲜半岛、日本，印度-西太平洋。味美，
具一定经济价值。

图 2060　多鳞鱚 *S. sihama*

（依成庆泰等，1963）

12（9）鳔尾部不分叉成 2 管状细支

13（14）侧线上方具 7～8 枚横列鳞····················· **中国鱚 *S. sinica* Gao & Xue，2011**
（图 2061）。栖息于潮间带、河口咸淡水水域。体长 118～157mm。分布：渤海、黄海、东海。

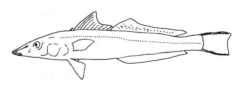

图 2061　中国鱚 *S. sinica*

（依 Gao & Xue，2011 重描）

14（13）侧线上方具 5 枚横列鳞

15（16）第二背鳍具 15～19 鳍条；臀鳍具 16～19 鳍条

16（15）第二背鳍具 15～17 鳍条；臀鳍具 16～17 鳍条 ·············· **海湾鱚 *S. ingenuua* McKuy，1985**
（图 2062）。栖息于沿岸海域的小型底栖鱼类。主要生活于泥沙底质的沿岸或内湾水域，分布深度
10～50m。易受惊吓，即藏身于沙丘中，生命力弱，离水一会儿即死亡。体长 200mm。分布：台
湾中西部及澎湖列岛海域；泰国湾、澳大利亚北部，印度-西太平洋。味美，经济性鱼类。

17（18）第二背鳍具 19 鳍条；臀鳍具 19 鳍条·············· **小眼鱚 *S. microps* McKuy，1985**

图 2062　海湾鳕 *S. ingenuua*
（依 McKay，1999）

（图 2063）。栖息于沿岸水深 0～30m 的小型底栖鱼类。主要生活于沙质底海域。体长 170～200mm。分布：仅发现于台湾，数量稀少，极罕见。

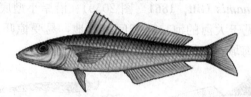

图 2063　小眼鳕 *S. microps*

18（17）第二背鳍具 20～21 鳍条；臀鳍具 21 鳍条 ·······················**亚洲鳕 *S. asiatica* McKay，1982**
（图 2064）。沿岸海域的小型底栖鱼类。主要生活于泥沙底质的沿岸或内湾水域，栖息水深 10～50m。易受到惊吓，即藏身于沙丘中。生命力弱，往往离水即死。体长 150mm。分布：台湾西部海域、南海；泰国、越南，印度-西太平洋区。肉质鲜白甜美，在台湾为相当重要的经济鱼种。近年来数量有一定的减少，《中国物种红色名录》列为易危［VU］物种。

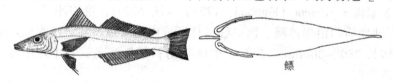

图 2064　亚洲鳕 *S. asiatica*
（依 McKay，1999）

212. 弱棘鱼科 Malacanthidae

　　体呈纺锤状，延长，侧扁。头部多少为圆锥形，有的上部轮廓在眼之前突垂直下降，形如马头。口开于头之前下方，近于平裂。背鳍单一，基底长，有 4～10 弱棘、13～60 鳍条；臀鳍具 1～2 鳍棘、11～55 鳍条；尾鳍截平或双凹形。全世界分 2 亚科，包括方头鱼亚科（Branchiosteginae）及弱棘鱼亚科（Malacanthinae）。

　　亚热带及热带海域的鱼种，栖息在沙泥底的海域，并在海底钻穴居住。肉食性鱼类，食小鱼、底栖生物等。产卵期一般在初夏至秋季。

　　本科有 2 亚科 5 属 45 种（Nelson et al.，2016）；中国有 2 亚科 4 种。

亚 科 检 索 表

1（2）头顶与眼前缘几为垂直状，方形，似马头；尾鳍后缘双截形；背鳍鳍条 15～16；臀鳍 11～12
·· 方头鱼亚科 Branchiosteginae
2（1）头部圆锥形，不呈马头形；尾鳍后缘截形、圆形或分叉；背鳍鳍条 13～60；臀鳍 12～53 ···
·· 弱棘鱼亚科 Malacanthinae

方头鱼亚科 Branchiosteginae

方头鱼属（马头鱼属）*Branchiostegus* Rafinesque，1815
种 的 检 索 表

1（2）背鳍前方背中线不呈黑色；眼的周边无白斑及白色带；背鳍无暗色斑；眼小，眼径小于两眼间隔；尾鳍具许多黄色横带·····················白方头鱼 **B. albus** Dookey，1878（图 2065）。栖息于水深 100m 以下沙泥质的海底。活动于浅水域，食小鱼、虾等。体长 450mm。分布：台湾以北部海域、南海；日本、越南，西-北太平洋区。用延绳钓、底拖网渔法及船钓均可捕获。每年 5—9 月为盛渔期。肉质细嫩而味美。

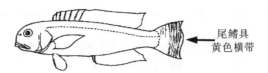

图 2065　白方头鱼 *B. albus*
（依蓝泽等，2013）

2（1）背鳍前方背中线黑色；眼的周边有白斑及白色带

3（4）眼后下缘具一三角形银白色斑；颊部鳞片埋于皮下，不明显·····················**日本方头鱼 B. japonicas**（Houttuyn，1782）（图 2066）。栖息于水深 30～200m 沙泥质的海底。食小鱼、虾等。体长 460mm。分布：台湾北部及澎湖列岛海域、南海；日本、越南，西-北太平洋区。用延绳钓、底拖网渔法及船钓均可捕获。冰藏或冻藏，生鲜出售，为高价食用鱼，肉质细嫩而鲜美，切片冷冻后常外销美、日等国。

图 2066　日本方头鱼 *B. japonicas*
（依蓝泽等，2013）

4（3）眼后下缘具 1～2 条银白色线纹；颊部鳞片不埋于皮下，较明显

5（6）背鳍具一系列黑斑；胸鳍及尾鳍上缘黑色；眼后下缘具 2 条银白色线纹 ·····················**银方头鱼 B. argentatus**（Cuiver，1830）（图 2067）。栖息于水深 50～65m 的浅水域沙泥质海底。食小鱼、虾等。体长 273mm。用延绳钓、底拖网渔法及船钓均可捕获。肉质细嫩而味美。

图 2067　银方头鱼 *B. argentatus*
（依蓝泽等，2013）

6（5）背鳍无黑斑；胸鳍及尾鳍上缘无黑边；眼后下缘具 1 条银白色线纹 ·····················**斑鳍方头鱼 B. auratus**（Kishinouye，1907）（图 2068）。栖息于水深 50～200m 的沙泥质海底。活动较深，肉食性鱼种，食小鱼、虾等。体长 300mm。分布：台湾北部海域；日本，西-北太平洋区。供食用。肉质细嫩而味美。

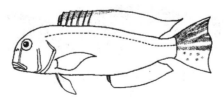

图 2068　斑鳍方头鱼 *B. auratus*
（依蓝泽等，2013）

弱棘鱼亚科 Malacanthinae

属 的 检 索 表

1（2）主鳃盖骨棘短，后方薄板状；尾鳍深凹 ·················· 似弱棘鱼属 *Hoplolatilus*
2（1）主鳃盖骨棘尖长，后方突出；尾鳍截形 ·················· 弱棘鱼属 *Malacanthus*

似弱棘鱼属 *Hoplolatilus* Günther, 1887
种 的 检 索 表

1（2）眼后有一红色纵带伸至尾叉，尾鳍中央至尾叉呈一深红色或暗红色三角形斑纹··········
······马氏似弱棘鱼 *H. marcosi* Burgess, 1978（图 2069）。栖息于水深 18～80m 的礁石陡坡外缘石砾堆底质海域。常成对活动，遇危险时迅速躲进洞穴里。食小型甲壳类。体长 120mm。分布：台湾绿岛及垦丁深潜采获；菲律宾、印度尼西亚，西太平洋海域。

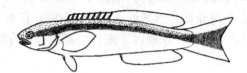

图 2069　马氏似弱棘鱼 *H. marcosi*
（依蓝泽等，2013）

2（1）眼后无红色纵带伸至尾叉，尾鳍中央至尾岔无深红色或暗红色三角形斑纹
3（4）背鳍及臀鳍灰蓝色，边缘具白边；尾鳍上下缘具暗色带，上下叶中部边缘具白边··········
···········似弱棘鱼 *H. cuniculus* Randall & Dooley, 1974（图 2070）。栖息于水深 25～110m 的礁石陡坡外缘石砾堆底质海域，通常成对活动，遇到危险迅速躲进洞穴里。食小型甲壳类。体长 160mm。分布：台湾、南海；印度-西太平洋、东非海域。食用鱼，但不常见，以生鲜或盐渍被利用。此外，因体色独特而显眼，是水族养殖业宠物之一。

图 2070　似弱棘鱼 *H. cuniculus*
（依 Randall）

4（3）背鳍、臀鳍及尾鳍上下叶边缘均无白边；尾鳍上下叶无暗色带
5（6）背鳍具 9 鳍棘、18～19 鳍条；臀鳍具 1 鳍棘、15～16 鳍条；体紫红色；背侧偏蓝紫色，一直延伸至尾部，沿背鳍基底具一蓝白色纵线纹；尾鳍上下叶边缘各具一深红色较宽纵纹··········
······紫似弱棘鱼 *H. purpureus* Burgess, 1978（图 2071）。栖息于水深 30～85m 的礁石陡坡外缘石砾堆底质海域，成对活动，遇到危险迅速躲进洞穴。食小型甲壳类。体长 130mm。分布：台湾海域；菲律宾、印度尼西亚，西太平洋海域。小型鱼种，体色独特而显眼，是水族养殖业宠物之一。

图 2071　紫似弱棘鱼 *H. purpureus*
（依 Randall）

6（5）背鳍具 8～10 鳍棘、13～24 鳍条；臀鳍具 1～2 鳍棘、12～24 鳍条
7（8）背鳍具 8 鳍棘、21～24 鳍条；臀鳍具 2 鳍棘、24 鳍条；头部蓝色，一直延伸至鳍的基部；背鳍、

臀鳍淡黄色·····················**斯氏似弱棘鱼 *H. starcki* Randall & Dooley，1974**（图 2072）。栖息于水深 20～105m 的礁石陡坡外缘石砾堆底质海域，常成对活动，遇到危险时会迅速躲进洞穴里。以小型甲壳类为食。体长 150mm。分布：台湾海域、南沙群岛；摩鹿加、密克罗西亚、新喀里多尼亚，西太平洋区。小型鱼种，体色独特而显眼，是水族养殖业宠物之一。

图 2072　斯氏似弱棘鱼 *H. starcki*

（依郑义郎，2007）

8（7）背鳍具 10 鳍棘、13 鳍条，臀鳍具 1 鳍棘、12 鳍条；吻端至眼下有一蓝色带，下方则呈粉红色，体蓝绿色，背侧偏亮蓝色，一直延伸至尾部 ·······················**叉尾似弱棘鱼 *H. fronticinctus*（Günther，1887）**。栖息于水深 40～70m 的礁石陡坡外缘石砾堆底质海域，常成对活动，遇危险时会迅速躲进洞穴里。食小型甲壳类。体长 210mm。分布：台湾海域、南海；印度洋海域。食用鱼，不常见，以生鲜或盐渍被利用。此外，因体色独特而显眼，是水族养殖业宠物之一。

弱棘鱼属 *Malacanthus* Cuvier，1829
种 的 检 索 表

1（2）体色淡，体侧无黑色纵带；尾鳍有 2 条黑色水平纵带；臀鳍具 1 鳍棘、46～53 鳍条·····················**短吻弱棘鱼 *M. brevirostris* Guichenot，1848**（图 2073）（syn. 尾带弱棘鱼 *M. hoedtii* 孙宝玲，1979）。栖息于水深 5～50m 的珊瑚礁外缘沙质底海域，常成对生活，具有挖洞以避敌害的习性。食底栖动物。体长 320mm。分布：台湾小琉球、绿岛及兰屿沿海；日本，印度-泛太平洋区。食用鱼，不常见，以生鲜或盐渍被利用。此外，因体色独特而显眼，是水族养殖业宠物之一。

图 2073　短吻弱棘鱼 *M. brevirostris*

（依孙宝玲，1979）

2（1）自头至尾鳍有极宽的水平纵带；臀鳍具 1 鳍棘、37～40 鳍条·····················**侧条弱棘鱼 *M. latovittatus*（Lacepède，1801）**（图 2074）。栖息于水深 20～65m 的珊瑚礁外缘沙质底海域。单独或成对生活，具挖洞以避敌的习性，但仍会先尝试驱逐入侵者。食底栖动物。体长 450mm。分布：台湾南部海域、小琉球及兰屿沿海；日本、夏威夷，印度-太平洋区。食用鱼，但不常见，以生鲜或盐渍被利用。此外，因体色独特而显眼，是水族养殖业宠物之一。

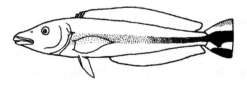

图 2074　侧条弱棘鱼 *M. latovittatus*

（依蓝泽等，2013）

213. 乳香鱼科（乳鲭科）Lactariidae

体长椭圆形，极侧扁。体被薄圆鳞，易脱落。侧线完全，侧线鳞较大，感觉管显著。头中等大，头背部具发达的枕骨棱及大的黏液腔。口大，倾斜。前颌骨能伸出，上颌骨不被眶前骨所盖，上颌骨末端扩大伸达瞳孔后下方。鳃盖后上角及鳃盖上边缘处有一黑斑。两颌齿尖细。下颌齿1行，前端有1对犬齿。上颌具一绒毛齿带，前端有1对较小犬齿。犁骨、腭骨及舌上有细齿。背鳍2个，等高，第一背鳍具7～8鳍棘，第二背鳍具1鳍棘、19～23鳍条；臀鳍具3鳍棘、25～28鳍条；尾鳍叉形。

热带中小型鱼类，群栖于水深100m以浅的近岸水域。分布：印度-西太平洋，斐济。

本科有1属1种；我国有产。

乳香鱼属（乳鲭属）*Lactarius* Valenciennes, 1833

乳香鱼（乳鲭）*L. lactarius*（Bloch & Schneider, 1801）（图 2075）。热带中小型鱼类。群栖于100m以浅的近岸软质底水域。体长250mm左右，最大可达350mm。分布：东海南部、台湾海域、南海；菲律宾、澳大利亚、所罗门群岛，印度-西太平洋。

图 2075　乳香鱼（乳鲭）*L. lactarius*

214. 青鲇科（鲇科）Scombropidae

体长圆形，侧扁。口大，亚前位，斜裂。眼大，眼径大于吻长。体被弱栉鳞，易脱落，腹部具圆鳞。背鳍2个，分离。第一背鳍具7～10鳍棘，最高鳍棘与第二背鳍最高鳍条几等长；第二背鳍鳍条少于14。臀鳍具3鳍棘，与鳍条紧连。背鳍和臀鳍鳍条部具鳞。尾鳍浅叉形。

近海暖水性底层鱼类，栖息于水深150～700m较深海区的大陆架斜坡、深海礁区。分布：印度洋、太平洋、大西洋的热带水域。

本科有1属3种（Nelson et al., 2016）；我国有1属1种。

青鲇属 *Scombrops* Temminck & Schlegel, 1845

牛眼青鲇（牛眼鲇）*S. boops*（Houttuyn, 1782）（图 2076）。近海暖水性底层鱼类。栖息于水深150～700m较深海区的大陆架斜坡水域、深海礁区。体长400～500mm，最大可达1.5m。分布：黄海南部（吕泗）、东海深海、台湾海域；日本，印度-西太平洋。

图 2076　牛眼青鲇（牛眼鲇）*S. boops*

215. 鲇科（扁鲹科）Pomatomidae

体长而侧扁。鳞小，头部、躯干部和鳍基部均被鳞。口大，下颌略突出。颌齿1行，发达、尖锐。背鳍2个，分离。第一背鳍低矮，具7～8弱棘；第二背鳍较长，具1鳍棘、23～28鳍条。臀鳍具2～3鳍棘、23～27鳍条。背鳍和臀鳍的鳍条部被鳞。尾鳍浅叉形；胸鳍短，不伸达背鳍鳍条部，胸鳍基部具黑斑。

大洋性洄游鱼类，也常出现在沿岸海域，成鱼还会进入河口咸淡水区。分布：印度-西太平洋、大西洋、澳大利亚的热带、亚热带区域。

本科有1属1种；中国有产。

鲹属 *Pomatomus* Risso, 1810

鲹（扁鲹）*P. saltatrix*（Linnaeus, 1776）（图 2077）。暖水性大洋洄游鱼类，也会进入沿岸海域甚至进入河口咸淡水区。凶猛贪婪的捕食者，捕食其他鱼类、甲壳类和头足类。体长 600mm，大者可达 1.3m。分布：台湾海域、南海；澳大利亚，印度-西太平洋、大西洋。供食用。

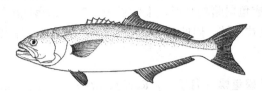

图 2077　鲹（扁鲹）*P. saltatrix*

216. 鲯鳅科（鱼署科）Coryphaenidae

体延长，侧扁。头大，几呈方形，成鱼额部形成骨质突起。吻钝。口大，前位，口裂稍斜。上下颌、犁骨、腭骨上具齿。鳃孔大。鳃盖骨边缘光滑。鳃盖条 7。鳃盖膜不与峡部相连，被细小圆鳞。侧线完全，在胸鳍上方呈波曲状，后平直地伸至尾鳍基部。背鳍 1 个，基底很长，始于眼后上方，几占背缘的全长，无鳍棘，48～65 鳍条；臀鳍基底短，无鳍棘；胸鳍短小；腹鳍发达，胸位；尾鳍深叉形。无鳔。

暖水性大洋中上层鱼类。分布：印度-太平洋、大西洋。

本科有 1 属 2 种；中国有 1 属 2 种。

鲯鳅属 *Coryphaena* Linnaeus, 1758
种 的 检 索 表

1（2）体背缘和腹缘几乎平直，腹鳍起点处体最高，背鳍具 55～67 鳍条························
鲯鳅 *C. hippurus*（Linnaeus, 1758）（图 2078）。大洋性洄游鱼类，成群游于开放水域海洋表层，偶见于沿岸水域。喜生活于阴影下，成群聚于流木或浮藻处下面。日行性，性贪食，常追捕飞鱼及沙丁鱼等洄游性表层鱼类，跃出水面捕食。体长 1.7～2.1m。分布：中国沿岸；各大洋的热带、亚热带水域。经济鱼类，供食用。

图 2078　鲯鳅 *C. hippurus*

2（1）体背缘和腹缘弧形凸起，体最高处在腹鳍之后，背鳍具 48～59 鳍条························
棘鲯鳅 *C. equiselis*（Linnaeus, 1758）（图 2079）。大洋性中上层洄游鱼类，集群于开放水域，偶见于沿岸水域。最大体长可达 1.27m。分布：台湾东部海域；朝鲜半岛、日本，印度-泛太平洋、大西洋 40°N～10°S 的热带、亚热带水域。

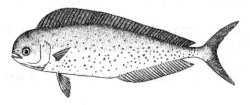

图 2079　棘鲯鳅 *C. equiselis*
（依 Collette, 1999）

217. 军曹鱼科（海鲕科）Rachycentridae

体延长，近圆筒形，被细圆鳞。头宽，平扁。眼小，有窄的脂眼睑。口大，前位，下颌稍突出。上下颌、犁骨、腭骨、舌上具绒毛状齿。第一背鳍具 7～9（通常 8）鳍棘，鳍棘短而强，棘间膜低，各棘近似分离状；第二背鳍基底长，具 26～33 鳍条，略呈镰刀状。臀鳍与第二背鳍相对，同形，但稍短，具 2～3 鳍棘、22～28 鳍条。成鱼尾鳍新月形，上叶长于下叶；幼鱼尾鳍圆形，中央鳍条延长。

外海暖水性鱼类，也见于近岸水域，偶见于河口区。分布：除东太平洋以外的各热带、亚热带海域。

本科有 1 属 1 种；中国有产。

军曹鱼属（海鲕属）*Rachycentron* Kaup，1826

军曹鱼（海鲕）*R. canadum*（Linnaeus，1776）（图 2080）。外海暖水性鱼类，也见于近岸水域，偶见于河口区，在水深 0～1 200m 海域都有出现。凶猛的捕食者。最大体长可达 2m。分布：中国沿海；日本、菲律宾，印度-西太平洋、大西洋。军曹鱼生长速度快、病害少、营养价值高，台湾从 20 世纪 80 年代末期开始网箱养殖，大陆于 90 年代中期从台湾引进鱼苗开展养殖。随着大陆全人工养殖技术的成熟，军曹鱼成为南方沿海地区的重要海养对象。军曹鱼好游动、耗氧量高，宜开展深水网箱养殖。

图 2080　军曹鱼（海鲕）*R. canadum*

218. 䲟科 Echeneidae

体长形，前端平扁，向后渐成圆柱状。口宽大，上位。下颌突出，较上颌长。前颌骨不能伸缩。上下颌、犁骨及舌具绒毛状齿群，部分种类腭骨具齿。左右鳃盖膜分离，不与峡部相连。鳃盖条 7～9。体被小圆鳞。第一背鳍位于头的背侧，已变成长椭圆形吸盘，吸盘由成对的鳍条软骨横板组成，横板后缘常具绒状小刺，第二背鳍和臀鳍基底长，同形，无鳍棘；胸鳍上侧位；腹鳍胸位，具 1 鳍棘、5 鳍条；尾鳍尖形、截形、内凹或分叉。

大洋暖温性海洋鱼类，常单独活动于近海浅水处，吸附在大鱼或海龟等宿主身上，随宿主四处游弋，鲸、鲨、海龟、翻车鱼甚至小船都可能是寄宿的对象，或随潜水员活动。以大鱼的残余食物、体外寄生虫为食，或自行捕捉浅海的无脊椎动物。分布：太平洋、印度洋、大西洋的温热带海区。

本科有 3 属 8 种（Nelson et al.，2016）；中国有 3 属 7 种。

属的检索表

1（2）体较粗短，体长为体高的 5～8 倍，无深色纵带；胸鳍钝圆；稚鱼尾鳍叉形，成鱼尾鳍截形或叉形；臀鳍具 20～28 鳍条；椎骨 26～27 枚 ························ **短䲟属 Remora**

2（1）体较细长，体长为体高的 8～14 倍，具一深色纵带；胸鳍尖形；稚鱼尾鳍圆形或尖形；臀鳍具 29～41 鳍条；椎骨 30～41 枚

3（4）吸盘具 18～28 对软骨横板；椎骨 30 枚（图 2081）···················· **䲟属 Echeneis**

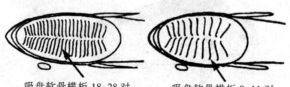

吸盘软骨横板 18～28 对　　　　吸盘软骨横板 9～11 对

图 2081　䲟属（左）和虮䲟属（右）的吸盘

（依波户冈等，2013）

4（3）吸盘具 9～11 对软骨横板；椎骨 39～41 枚（图 2081） ·················· **虱鲫属 *Phtheirichthys***

鲫属 *Echeneis* Linnaeus，1758

鲫（长印鱼）*E. naucrates* Linnaeus，1758（图 2082）。近海暖温性上层鱼类，也在近岸浅水区水深 0～85m 出现。常以吸盘附于大鱼、海龟甚至船舶等宿主的身上，进行远距离移动，也能自由游动。捕食浅海的小鱼、无脊椎动物或摄食大鱼吃剩的残渣、体外寄生虫等。体长 660mm，最大可达 1.1m。分布：中国沿海；除太平洋美洲海岸和东-北大西洋以外的热带和温带各海区。

图 2082　鲫（长印鱼）*E. naucrates*

虱鲫属 *Phtheirichthys* Gill，1862

虱鲫 *P. lineatus*（Menzies，1791）（图 2083）。大洋暖温性鱼类。附着在其他鱼体上或鳃腔内，也能自由游动，摄食大鱼的食物残渣和浮游动物。体长 340mm，最大 760mm。分布：东海、南海诸岛；朝鲜半岛、日本，除地中海以外的暖温性水域，大西洋偶见。

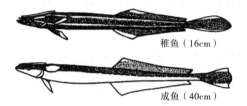

稚鱼（16cm）

成鱼（40cm）

图 2083　虱鲫 *P. lineatus*
（依波户冈等，2013）

短鲫属 *Remora* Gill，1862
种 的 检 索 表

1（8）腹鳍大；吸盘具 15～20 对软骨横板；椎骨 27 枚

2（7）吸盘具 15～20 对软骨横板

3（6）成鱼尾鳍几近截形；鳃耙数少于 21

4（5）背鳍 20～26 鳍条；尾柄细长；胸鳍上部较硬（体长大于 70mm 个体）；吸盘后缘超过胸鳍后缘（体长大于 65mm 个体） ·················· **大盘短鲫（大盘短印鱼）*R. osteochir*（Cuvier，1829）**（图 2084）（syn. 大盘鲫 *Rhombochirus osteochir*）。暖温性海洋鱼类。常附着在旗鱼和金枪鱼身上，偶会依附于其他鱼类。体长 49～400mm。分布：东海、台湾西南部海域、南海诸岛；日本，印度洋、太平洋、大西洋各热带与温带海区。

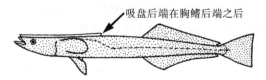

吸盘后端在胸鳍后端之后

图 2084　大盘短鲫（大盘短印鱼）*R. osteochir*
（依波户冈等，2013）

5（4）背鳍 27～34 鳍条；尾柄粗壮；胸鳍上部较软；吸盘后缘不超过胸鳍后缘 ························
短臂短鲫（短臂短印鱼）*R. brachyptera*（Lowe，1839）（图 2085）。暖温性海洋鱼类。寄宿在旗鱼和剑鱼身上或鳃腔内，随宿主进行移动，摄食宿主的残食或体表寄生虫。体长 250mm，最大达 500mm。分布：东海、台湾西南部海域、西沙群岛；朝鲜半岛、日本，印度洋、太平洋、大西洋各热带与温带海区。

吸盘软骨横板 16 对

图 2085　短臂短䲟（短臂短印鱼）R. brachyptera

6（3）尾鳍末端微凹；鳃耙数多于 27 ‥‥‥‥‥‥‥‥‥‥**短䲟（短印鱼）R. remora**（Linnaeus，1758）（图 2086）。暖温性海洋鱼类。常附在鲨鱼或其他大型鱼类身体、鳍、鳃腔内，也可自由游动，摄食宿主体表寄生虫和桡足类。体长 400mm，大者可达 864mm。分布：中国沿海；朝鲜半岛、日本，印度洋、太平洋、大西洋各热带与温带海区。

图 2086　短䲟（短印鱼）R. remora

7（2）吸盘具 24～28 对软骨横板 ‥‥‥‥‥‥‥‥‥‥‥‥‥‥‥**澳洲短䲟（澳洲短印鱼）R. australis**（Bennett，1840）（图 2087）。暖温性大洋鱼类，罕见种。附着在海豚和鲸身体上。最大全长 76cm。分布：东海、台湾西南部海域；朝鲜半岛、日本，澳大利亚，印度洋、太平洋、大西洋各热带与温带海区。

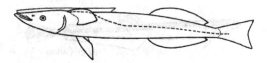

图 2087　澳洲短䲟（澳洲短印鱼）R. australis
（依波户冈等，2013）

8（1）成鱼腹鳍明显小于胸鳍；吸盘具 12～24 对软骨横板；椎骨 26 枚 ‥‥‥‥‥‥‥‥‥‥‥‥‥‥‥**白短䲟（白短印鱼）R. albescens**（Temminck & Schlegel，1850）（图 2088）。暖温性大洋鱼类。常附在蝠鲼鳃腔或口内，偶尔也附着在旗鱼等其他鱼类身上，极少自由游动。最大体长 300mm。分布：东海、台湾北部海域、南海广东、西沙群岛；日本，印度-泛太平洋、大西洋各热带与温带海区。

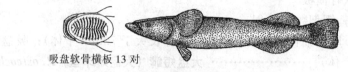

吸盘软骨横板 13 对

图 2088　白短䲟（白短印鱼）R. albescens

219. 鲹科 Carangidae

体侧扁，椭圆形、菱形或纺锤形，尾柄细小。头侧扁。口小或中大。前颌骨一般能伸出（似鲹属 *Scomberoides* 例外），辅上颌骨有或无。两颌齿细小或绒毛状，单行或成齿带，犁骨、腭骨及舌上通常有齿群。鳃盖膜分离，不与峡部相连。鳃盖条 7～8 条。鳃耙通常细长。一般具假鳃。体常被小圆鳞，有时退化。侧线完全，前部稍弯曲，有时侧线全部或一部分被骨质棱鳞。两背鳍多少分离。第一背鳍短，鳍棘较弱，前方常有一向前倒棘，有的种类第一背鳍随年龄的增长而退化；第二背鳍长，臀鳍通常与第二背鳍同形，前方常有 2 游离棘，有时第二背鳍和臀鳍的后方均有 1 个或多达 9 个分离小鳍。胸鳍通常镰刀形；腹鳍胸位；尾鳍叉形。

本科鱼类的体形和体色随着生长而有很大变化，因而同一种的幼鱼和成鱼时常难以鉴别。通常幼鱼的身体较高，鳍稍短，体侧常具黑色斑带。快速游动的肉食性种类，大多集群生活。

暖水及暖温性海洋鱼类。广泛分布于大西洋、印度洋和太平洋，盛产于热带、亚热带及温带海域，也偶见于咸淡水域中；有很多种类是世界重要经济鱼类，全部均有食用价值。每年世界渔获量约 400 万 t。

本科有 30 属 147 种；中国有 24 属 71 种。

属 的 检 索 表

1（2）无腹鳍（幼鱼有）；背鳍鳍棘部隐于皮下 ⋯⋯⋯⋯⋯⋯ **乌鲳属（乌鲳属）** *Parastromateus*

2（1）具腹鳍；背鳍鳍棘部不隐于皮下（个别例外）

3（14）侧线无棱鳞

4（11）背鳍鳍条部起点在臀鳍起点前上方，距臀鳍起点有较大距离；背鳍鳍棘部的各棘由鳍膜连接（舟鲕除外）

5（6）尾柄部具小鳍 ⋯⋯⋯⋯⋯⋯⋯⋯⋯⋯⋯ **纺锤鲕属（带鲹属）** *Elagatis*

6（5）尾柄部无小鳍

7（8）背鳍鳍棘部的棘游离，无鳍膜连接；体侧具多条黑横带 ⋯⋯⋯ **舟鲕属（黑带鲹属）** *Naucrates*

8（7）背鳍鳍棘部的棘由鳍膜连接；体侧无黑横带

9（10）第一背鳍黑色，体具宽斜带多条；吻圆 ⋯⋯⋯⋯⋯⋯ **小条鲕属（小甘鲹属）** *Seriolina*

10（9）第一背鳍暗色，体无斜带；吻尖 ⋯⋯⋯⋯⋯⋯⋯⋯⋯⋯ **鲕属** *Seriola*

11（4）背鳍鳍条部起点与臀鳍起点部相对；背鳍鳍棘部的棘无鳍膜连接

12（13）上唇端部和头部有皮膜相连，中间不分离（前颌骨不能伸出）；口裂明显大于眼⋯⋯⋯⋯⋯⋯⋯⋯⋯⋯⋯⋯⋯⋯⋯⋯⋯⋯⋯⋯⋯ **似鲹属（逆钩鲹属）** *Scomberoides*

13（12）上唇端部和头部分离（前颌骨能伸出）；口裂等于或稍大于眼径 ⋯⋯⋯ **鲳鲹属** *Trachinotus*

14（3）侧线部分或全部具棱鳞

15（18）棱鳞始于第二背鳍起点前方

16（17）无小鳍；侧线全部具棱鳞⋯⋯⋯⋯⋯⋯⋯⋯⋯⋯⋯⋯⋯⋯ **竹笑鱼属** *Trachurus*

17（16）具许多小鳍；侧线弯曲部无棱鳞 ⋯⋯⋯⋯⋯⋯⋯⋯⋯⋯ **大甲鲹属** *Megalaspis*

18（15）棱鳞始于第二背鳍起点的下方或后方

19（30）脂眼睑发达

20（21）尾柄具小鳍 ⋯⋯⋯⋯⋯⋯⋯⋯⋯⋯⋯⋯⋯⋯⋯⋯⋯⋯ **圆鲹属** *Decapterus*

21（20）尾柄无小鳍

22（23）肩带下角具一凹陷，凹陷上缘有一显著突起（图 2089）⋯⋯⋯⋯⋯ **凹肩鲹属** *Selar*

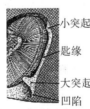

图 2089　凹肩鲹属肩带下角大突起

（依 Smith-Variz，1999）

23（22）肩带下角无凹陷，无突起

24（25）上颌无齿；体具一从眼上方至尾柄的黄色纵带 ⋯⋯⋯⋯⋯⋯ **细鲹属** *Selaroides*

25（24）上颌具齿；体无黄色纵带

26（27）背鳍和臀鳍的最后鳍条呈小离鳍状；脂眼睑开口部呈裂孔状；体上半部具 9～14 条不明显横带 ⋯⋯⋯⋯⋯⋯⋯⋯⋯⋯⋯⋯⋯⋯⋯⋯⋯⋯⋯⋯⋯⋯⋯⋯⋯⋯ **叶鲹属** *Atule*

27（26）背鳍和臀鳍的最后鳍条不呈小离鳍状；脂眼睑开口部呈半月形；体上半部无横带，若有其横带不多于 5～6 条

28（29）第二背鳍前部较第一背鳍高，镰状；吻端部水平线在眼下缘的下方 ⋯⋯⋯⋯⋯⋯⋯⋯ **鲹属 Caranx**

29（28）第二背鳍前部与第一背鳍同高，不呈镰状；吻端部水平线在眼中央穿过 ⋯⋯⋯ **副叶鲹属 Alepes**

30（19）脂眼睑不发达

31（32）背鳍棘游离，无鳍膜，或埋于皮下 ⋯⋯⋯⋯⋯⋯⋯⋯⋯⋯⋯⋯⋯⋯⋯⋯⋯ **丝鲹属 Alectis**

32（31）背鳍棘长，具鳍膜

33（34）腹鳍长，黑色，可收纳于腹沟中 ⋯⋯⋯⋯⋯⋯⋯⋯⋯⋯⋯⋯⋯⋯⋯⋯⋯ **沟鲹属 Atropus**

34（33）腹鳍短，浅色；腹部无腹沟

35（36）口腔周围黑色；臀鳍棘隐于皮内 ⋯⋯⋯⋯⋯⋯⋯⋯⋯⋯⋯⋯⋯⋯⋯⋯ **尾甲鲹属 Uraspis**

36（35）口腔周围淡色；臀鳍前的 2 游离棘不隐于皮内

37（38）幼鱼体具多条垂直暗色狭带；无颌齿 ⋯⋯⋯⋯⋯⋯⋯⋯⋯⋯⋯⋯ **无齿鲹属 Gnathanodon**

38（37）体无垂直深色狭带；具颌齿

39（40）颌齿仅 1 行；鲜活时体侧中央具一黄色纵带 ⋯⋯⋯⋯⋯⋯⋯⋯ **拟鲹属 Pseudocaranx**

40（39）颌齿多行，形成齿带；鲜活时体侧中央无纵带

41（44）侧线直线部全部具棱鳞

42（43）背鳍和臀鳍的前方鳍条不呈丝状延长 ⋯⋯⋯⋯⋯⋯⋯⋯⋯⋯⋯⋯ **水鲹属 Kaiwarinus**

43（42）背鳍和臀鳍的前方鳍条呈丝状延长 ⋯⋯⋯⋯⋯⋯⋯⋯⋯⋯⋯⋯ **鱼鲹属 Carangichthys**

44（41）侧线直线部仅后半部具棱鳞

45（46）鳃耙极长，羽状，翻出口腔外；下鳃耙数 51～61 ⋯⋯⋯⋯⋯⋯⋯⋯ **羽鳃鲹属 Ulua**

46（45）鳃耙正常，较短，不呈羽状；下鳃耙数 14～27 ⋯⋯⋯⋯⋯⋯⋯ **若鲹属 Carangoides**

丝鲹属 Alectis Rafinesque, 1815
种 的 检 索 表

1（2）眼前的头背缘凸出，鳃耙数 4～6＋12～17 ⋯⋯⋯⋯⋯⋯⋯⋯⋯⋯ **丝鲹（短吻丝鲹）**
***A. ciliaris*（Bloch, 1787）**（图 2090）。暖水性海洋中大型鱼类。栖息于内湾沿岸水深 100m 以浅的中上层水域。叉长者可达 1m。分布：渤海、黄海、东海中部大陆架边缘、台湾海域、海南岛、南海；朝鲜半岛、日本，世界热带海域。经济鱼类，供食用。

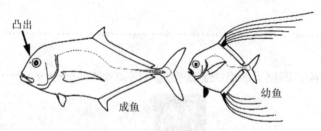

图 2090 丝鲹（短吻丝鲹）A. ciliaris
（依濑能，2013）

2（1）眼前的头背缘直线状或稍凹；鳃耙数 7～11＋21～26 ⋯⋯⋯⋯⋯⋯ **印度丝鲹（长吻丝鲹）**
***A. indica*（Rüppell, 1830）**（图 2091）。暖水性海洋中大型鱼类。栖息于内湾沿岸水域的中底层。叉长者可达 1m。分布：渤海（幼鱼）、黄海、东海、台湾垦丁、海南岛；日本，世界热带海域。

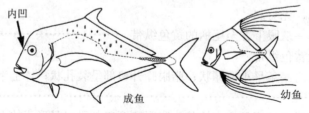

图 2091 印度丝鲹（长吻丝鲹）A. indica
（依濑能，2013）

经济鱼类，供食用。

副叶鲹属 *Alepes* Swainson，1839
种 的 检 索 表

1（2）上颌前方具 2 行不规则短锥状齿带·······················克氏副叶鲹 ***A. kleinii***（Bloch，1793）
（图 2092）［syn. 丽叶鲹 *Caranx*（*Atule*）*kalla* 南海鱼类志，1962］。暖水性海洋中小型鱼类。
栖息于内湾沿岸水深 60m 以浅的中上层水域。叉长 140～160mm。分布：东海中部、台湾海域、
南海；日本，印度-西太平洋、世界热带海域。供食用。

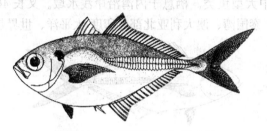

图 2092　克氏副叶鲹 *A. kleinii*
（依 Smith-Vaniz，1999）

2（1）上颌齿 1 行

3（6）第一背鳍深黑色；自背缘至体侧中部水平线上有 6～7 条暗色横带

4（5）胸鳍长，镰刀形，向后伸达侧线直线部起点的后方；脂眼睑较发达 ·······························
黑鳍副叶鲹 *A. melanoptera* Swainson，1839（图 2093）（syn. 黑鳍叶鲹 *Atule malam* 朱元鼎等，
1962）。暖水性海洋中小型鱼类。栖息于沿岸浅水的中层水域。叉长180～210mm。分布：南海
诸岛；越南、泰国、印度尼西亚，印度-太平洋。供食用。

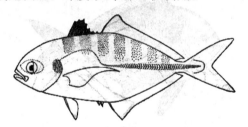

图 2093　黑鳍副叶鲹 *A. melanoptera*

5（4）胸鳍短，圆形，向后不伸达侧线直线部起点的后方；脂眼睑较不发达 ····················· 钝鳍副叶鲹
***A. pectoralis* Chu & Cheng，1958**（图 2094）。暖水性海洋中小型鱼类。栖息于沿岸浅水的中层水域。
叉长100～113mm。分布：南海沿岸。数量稀少，《中国物种红色名录》列为濒危［EN］物种。

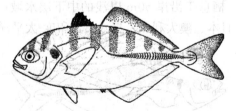

图 2094　钝鳍副叶鲹 *A. pectoralis*
（依朱元鼎，郑文莲，1958）

6（3）第一背鳍浅灰色；体侧无暗色横带；第一鳃弓具 32～47 鳃耙

7（8）鳃盖上部具一大黑斑；第一鳃弓具 38～47 鳃耙··· 及达副叶鲹
***A. djedaba*（Forsskål，1775）**（图 2095）［syn. 及达叶鲹 *Caranx*（*Atule*）*djedaba* 朱元鼎等，1962］。
暖水性海洋中层水域的中大型鱼类。栖息于沿岸岩礁浊水中，常集成大群。叉长 170～340mm。分
布：黄海(稀)、东海、台湾海域、南海；日本，印度-太平洋、世界热带海域。具经济价值，供食用。

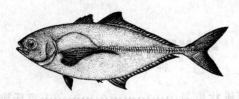

图 2095　及达副叶鲹 A. djedaba

8（7）鳃盖上部无大黑斑；第一鳃弓具 32～37 鳃耙 ·· **范氏副叶鲹**
A. vari（Cuvier，1833）（图 2096）[syn. 大尾叶鲹 Caranx（Atule）macrurus 朱元鼎等，1962]。暖水性海洋中层水域的中大型鱼类。栖息于内湾沿岸浅水域。叉长 460～560mm。分布：东海、台湾海域、南海；日本、泰国湾、澳大利亚北部，印度-太平洋、世界热带海域。供食用。

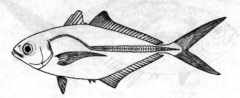

图 2096　范氏副叶鲹 A. vari
（依 Smith-Vaniz，1999）

沟鲹属 Atropus Oken，1817

沟鲹 A. atropos（Schneider，1801）（图 2097）。暖水性海洋中上层水域的中小型鱼类。栖息于内湾沿岸浅水域，常游于水面表层。叉长 230～300mm。分布：渤海辽东湾、黄海、东海、台湾海域、海南岛；日本、泰国湾、菲律宾，印度-太平洋。较常见，供食用。

图 2097　沟鲹 A. atropos

叶鲹属 Atule Jordan & Jordan，1922

游鳍叶鲹 A. mate（Cuvier，1833）（图 2098）[syn. 游鳍叶鲹 Caranx（Atule）mate 朱元鼎等，1962]。暖水性中小型海洋鱼类。栖息于沿岸 50m 以浅的中下层水域。叉长 260～300mm。分布：黄海、东海、台湾海域、海南岛；日本、澳大利亚、夏威夷，印度-太平洋。较常见，供食用。

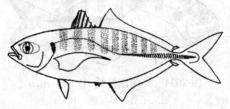

图 2098　游鳍叶鲹 A. mate

鱼鲹属 Carangichthys Bleeker，1852
种 的 检 索 表

1（2）背鳍具 17～19 鳍条，鳍条部基底具 10 余个小黑斑；侧线直线部短于弯曲部·····················

······背点鱼鲹 *C. dinema* (Bleeker，1851)（图 2099）(syn. 背点若鲹 *Carangoides dinema* Bleeker，1851)。暖水性中大型海洋鱼类。栖息于内湾及珊瑚礁浅水域。叉长 280～580mm。分布：台湾海域、南海；日本、澳大利亚、夏威夷，印度-太平洋。常见，供食用。

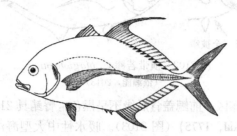

图 2099　背点鱼鲹 *C. dinema*
(依 Smith-Vaniz，1999)

2 (1) 背鳍具 20～22 鳍条，鳍条部基底无小黑斑；侧线直线部长于弯曲部································
椭圆鱼鲹 *C. oblongus* (Cuvier，1833)（图 2100）[syn. 椭圆若鲹 *Carangoides oblongus* (Cuvier，1833)]。暖水性中大型海洋鱼类。栖息于内湾及珊瑚礁浅水域。叉长 350～410mm。分布：台湾海域、南海（广东闸坡）；日本、泰国、印度尼西亚，印度-太平洋。常见，供食用。

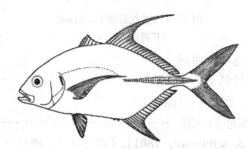

图 2100　椭圆鱼鲹 *C. oblongus*
(依 Smith-Vaniz，1999)

若鲹属 *Carangoides* Bleeker，1831
种 的 检 索 表

1 (6) 胸部完全被鳞或腹中线有裸露区，余均被鳞
2 (3) 第二背鳍前上端具一三角形黑色大斑 ····················· 褐背若鲹 *C. praeustus* (Bennett，1830)
（图 2101）。暖水性中小型海洋鱼类。栖息于沿岸礁坡的浅水域。叉长 140mm。分布：南海；日本、孟加拉湾，印度-太平洋。

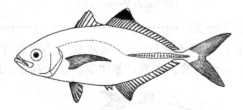

图 2101　褐背若鲹 *C. praeustus*
(依 Smith-Vaniz，1999)

3 (2) 第二背鳍前上端无黑色大斑
4 (5) 胸部完全被鳞；前鳃盖骨后缘黑色；臀鳍具 18～20 鳍条························ 横带若鲹
C. plagiotaenia Bleeker，1857（图 2102）。暖水性中大型海洋鱼类。栖息沿岸礁坡、珊瑚礁外缘或潟湖礁区水深 2～200m 的浅水域，通常三两成群游于表层水域。叉长 500mm。分布：台湾东部海域、南海；日本、斐济群岛，印度-太平洋。

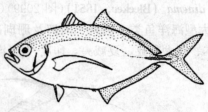

前鳃盖骨后缘黑色

胸部完全被鳞

图 2102　横带若鲹 C. plagiotaenia

（依濑能，2013）

5（4）胸部被鳞，但腹中线具裸露区；前鳃盖骨后缘不呈黑色；臀鳍具 21～24 鳍条 ……………………
橘点若鲹 **C. bajad** (Forsskål，1775)（图 2103）。暖水性中大型海洋鱼类。栖息于珊瑚礁沿岸水深
2～50m 的浅水域。叉长 550mm。分布：台湾垦丁、南海、东沙群岛；澳大利亚，印度-太平洋。

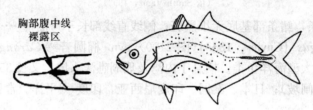

胸部腹中线
裸露区

图 2103　橘点若鲹 C. bajad

（依濑能，2013）

6（1）胸部裸露，裸露区至少扩达胸部两侧

7（20）背鳍具 18～23 鳍条；臀鳍具 14～20 鳍条

8（11）胸鳍基部上方具裸露区（无鳞区）（图 2104）

9（10）舌灰褐色；第一鳃弓下鳃耙 21～27 ……………………………………… 马拉巴若鲹
C. malabaricus (Bloch & Schneider，1801)（图 2104）。栖息于大陆架水深 20～140m 的礁岩
区，幼鱼可发现于珊瑚礁浅水沙泥底质的内湾。叉长 550mm。分布：黄海、东海、台湾海域、
南海沿岸；日本、泰国湾，印度-太平洋。

裸露区（胸鳍
基上方）

黑色为裸露区

图 2104　马拉巴若鲹 C. malabaricus

（依 Smith-Vaniz，1999）

10（9）舌白色；第一鳃弓下鳃耙 19～22 …………………………………………… 白舌若鲹
C. talamparoides Bleeker，1852（图 2105）。暖水性中小型海洋鱼类。栖息于沿岸浅水域。叉
长 260～300mm。分布：台湾海域、南海；菲律宾、澳大利亚，印度-太平洋。

图 2105　白舌若鲹 C. talamparoides

（依 Smith-Vaniz，1999）

11 (8) 胸鳍基部上方无裸露区（图 2106）

12 (15) 吻长和眼径等长，或稍小于眼径；雄鱼的背鳍、臀鳍中央部数鳍条丝状延长；雌鱼和幼鱼仅背
鳍、臀鳍最前部鳍条延长呈丝状

13 (14) 头部背缘轮廓直线状；第一鳃弓下鳃耙 20～24 ························· **甲若鲹**
***C. armatus*（Rüppell，1830）**（图 2106）。暖水性中大型海洋鱼类。栖息河口、礁区及水深 1～
30m 的近海沿岸沙质海滩浅水域。叉长 410～520mm。分布：台湾海域、海南岛、南海（香
港）；日本、泰国湾，印度-太平洋。

图 2106　甲若鲹 *C. armatus*
（依 Smith-Vaniz，1999）

14 (13) 头部背缘轮廓凸出；第一鳃弓下鳃耙 14～17 ··················· **海兰德若鲹（少耙若鲹）**
***C. hedlandensis*（Whitley，1934）**（图 2107）［syn. 铅灰裸胸鲹 *Citula plumbeus* 朱元鼎等，
1962（non Quoy & Gaimard）]。暖水性中小型海洋底层鱼类。栖息于沿岸大陆架区、礁区及
水深 1～30m 的近海沿岸浅水域。叉长 350mm。分布：东海、台湾海域、海南岛；日本，印
度-太平洋。

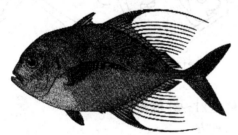

图 2107　海兰德若鲹（少耙若鲹）*C. hedlandensis*

15 (12) 吻长大于眼径；背鳍、臀鳍中央部鳍条不呈丝状延长；雌鱼和幼鱼仅背鳍、臀鳍最前部鳍条延
长呈丝状

16 (19) 吻尖；背鳍具 22～23 鳍条

17 (18) 第二背鳍和臀鳍最前方鳍条长丝状，远大于头长 ························· **广裸若鲹**
***C. uii*（Wakiya，1924）**（图 2108）。暖水性中小型海洋底层鱼类。栖息于沿岸内湾的浅水礁区。
叉长 200mm。分布：东海南部（标本采自厦门）；朝鲜半岛、日本、澳大利亚，印度-太平洋。

图 2108　广裸若鲹 *C. uii*
（依濑能，2013）

18（17）第二背鳍和臀鳍最前方鳍条不呈长丝状，短于头长 ……………………………… **青羽若鲹**
C. coeruleopinnatus（Rüppell, 1830）（图 2109）。暖水性中小型海洋鱼类。栖息于水深 20～
100m 较深的近沿海区，较少接近岸边浅水域。叉长 360mm。分布：台湾南部海域、南海；日
本、菲律宾，印度-太平洋。常见鱼种，供食用。

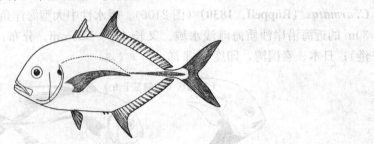

图 2109　青羽若鲹 C. coeruleopinnatus
（依 Smith-Vaniz, 1999）

19（16）吻钝；背鳍具 18～20 鳍条 ………………………… **长吻若鲹 C. chrysophrys**（Cuvier, 1833）
（图 2110）。栖息于水深可达 60m 的近海海域。幼鱼则常出现于岸边，常侵入河口区。叉长
560mm。分布：东海、台湾南部海域、海南岛；日本、澳大利亚，印度-太平洋。

吻钝

图 2110　长吻若鲹 C. chrysophrys
（依郑义郎, 2007）

20（7）背鳍具 25～34 鳍条；臀鳍具 21～27 鳍条
21（24）胸部无鳞区扩达腹鳍基底前方
22（23）体侧具 6～7 条后弯的暗色宽横带；鲜活时体无黄色小点；吻圆钝，吻长等于眼径…………
………… **平线若鲹 C. ferdau**（Forsskål, 1775）（图 2111）。暖水性中大型海洋鱼类。栖息
于水深 0～60m 的近海珊瑚礁及岩礁区，群游于近岸水域或礁体外。叉长 470～530mm。分
布：台湾海域、南海大陆架边缘；日本、夏威夷、澳大利亚，印度-太平洋。供食用。

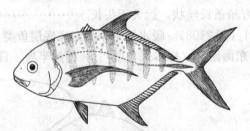

图 2111　平线若鲹 C. ferdau
（依 Smith-Vaniz, 1999）

23（22）体侧无宽横带；鲜活时体散具小黄点；吻尖，吻长大于眼径……………………… **直线若鲹**
C. orthogrammus（Jordan & Gilbert, 1882）（图 2112）。栖息于大洋周边岛屿及浅海珊瑚礁沿
岸、潟湖区。也有成对或成群生活于水深 50m 以浅的浅沙质底海域。叉长 400～600mm。分
布：黄海（连云港）、东海、台湾海域；朝鲜半岛、日本、印度尼西亚、澳大利亚，东太平洋。
24（21）胸部无鳞区扩达腹鳍基底后方
25（26）眼位于由吻端至尾鳍中部的纵轴线上方；眼前方的头背部轮廓内凹或呈直线状…………………

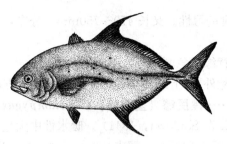

图 2112　直线若鲹 *C. orthogrammus*
（依郑义郎，2007）

············**黄点若鲹 *C. fulvoguttatus*（Forsskål，1775）**（图 2113）。栖息于浅海岩礁、珊瑚礁的沿岸浅水域，偶有现于水深 100m 的沙质底海域。叉长 800mm，体重 6.4 kg。分布：台湾海域、海南岛、南海大陆架；朝鲜半岛、日本、澳大利亚，印度-太平洋。

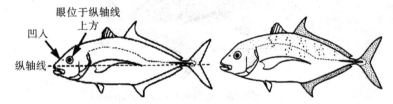

图 2113　黄点若鲹 *C. fulvoguttatus*
（依濑能，2013）

26（25）眼位于由吻端至尾鳍中部的纵轴线上；眼前方的头背部轮廓凸出 ·······························
裸胸若鲹 *C. gymnostethus*（Cuvier，1833）（图 2114）。栖息于沿岸珊瑚礁的浅水区，也见于较深沿海的岩礁水域，大个体常独游。叉长 760mm，体重 7.2 kg，最大叉长达 900mm。分布：台湾海域；日本、澳大利亚，印度-太平洋。

图 2114　裸胸若鲹 *C. gymnostethus*
（依濑能，2013）

鲹属 *Caranx* Lacepède，1801
种 的 检 索 表

1（8）胸部完全被鳞
2（3）棱鳞黑色；眼前方的头部背缘急剧下降，稍凹入 ··················· **阔步鲹 *C. lugubris* Poey，1860**
（图 2115）。大洋性鱼类。生活于大洋中拥有清澈水域或群岛附近的珊瑚礁海域，栖息于水深

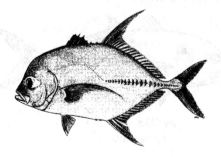

图 2115　阔步鲹 *C. lugubris*
（依 Masuda，1984）

25～65m。夜晚有成群捕食的习性。叉长 470～750mm。分布：台湾南部海域；日本，世界各热带与亚热带海域。供食用。

3（2）棱鳞浅色；眼前方的头部背缘不急剧下降，不凹入

4（5）鳃盖上方无小黑点（幼鱼除外）；上颌骨向后不伸达眼后缘下方；鲜活时头及体背散具许多蓝黑色细点 ………………………… **黑尻鲹（蓝鳍鲹）C. melampygus Cuvier，1833**（图 2116）（syn. 星点鲹 *C. stellatus* Bydouk & Souleyet，1841）。暖水性中大型海洋鱼类。栖息于内湾、沿岸珊瑚礁及岩礁海域，夜晚上浮表层觅食。叉长 80mm，体重 6.8kg，大者可达 1m。分布：东海（钓鱼岛）、台湾南部、南海诸岛；日本、东太平洋、世界各热带与亚热带海域。数量稀少，《中国物种红色名录》列为易危［VU］物种。

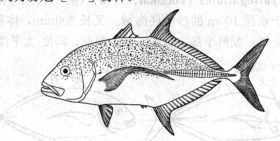

图 2116　黑尻鲹（蓝鳍鲹）*C. melampygus*
（依郑义郎，2007）

5（4）鳃盖上方具小黑点；上颌骨向后伸达眼后缘下方

6（7）眼前方的头背轮廓几呈直线状或稍凸出；成鱼鳃盖上方小黑点很小，仅为瞳孔的 1/5；第二背鳍前方鳍条灰黑色，最前方鳍条尖端白色；幼鱼尾鳍上下叶边缘黑色 ……………………… **六带鲹 C. sexfasciatus Quoy & Gaimard，1825**（图 2117）。成鱼栖息于近海礁石区，幼鱼见于沿岸沙泥底质水域，稚鱼见于河口、河川中下游。叉长 780mm，体重 7.7kg。分布：黄海、东海、台湾海域、海南岛；朝鲜半岛、日本，印度-太平洋。颇常见，供食用。

图 2117　六带鲹 *C. sexfasciatus*
（依郑文莲，1999）

7（6）眼前方的头背轮廓凸出；鳃盖上方小黑点等于或大于瞳孔；第二背鳍最前方鳍条尖端不呈白色；尾鳍上叶边缘黑色，下叶边缘浅色 ……………………………… **泰利鲹 C. tille Cuvier，1833**（图 2118）。暖水性中小型海洋鱼类。栖息于内湾珊瑚礁及岩礁水深 30～120m 的浅海水域。叉长 750mm，体重 5.3kg。分布：台湾海域；日本、桑给巴尔、关岛，印度-太平洋。颇常见，供食用。

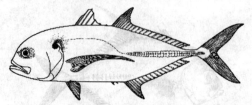

图 2118　泰利鲹 *C. tille*
（依 Smith-Vaniz，1999）

8（1）胸部除腹鳍前方具无鳞区外，余均被鳞

9（10）侧线弯曲部颇短，侧线直线部为弯曲部的 2.5～3.0 倍；鲜活时体上半部具许多蓝色小点……

.....................大口鲹（蓝点鲹）*C. bucculentus* **Alleyne & Macleay，1877**（图 2119）。栖息于沙泥底质水深 7～63m 海域的底栖性鱼类，有全年持续产卵习性。叉长 560mm。分布：台湾南部海域、南海；新几内亚、印度尼西亚等。

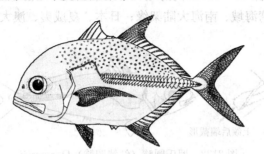

图 2119　大口鲹（蓝点鲹）*C. bucculentus*
（依 Smith-Vaniz，1999）

10（9）侧线弯曲部长，侧线直线部为弯曲部的 1.5 倍；鲜活时体上半部无蓝色小点

11（12）侧线起点部具一三角形白色亮斑；尾鳍下叶边缘白色；第一鳃弓具 7～9＋18～21 鳃耙......................巴布亚鲹 *C. papuensis* **Alleyne & Macleay，1877**（图 2120）。栖息于内湾珊瑚礁或潟湖区，偶见于河川下游，甚少发现于外海。幼鱼群游于河口区。叉长 680mm，体重 6.4kg。分布：台湾海域；日本、马里亚纳群岛，印度-太平洋的热带、亚热带海域。供食用。

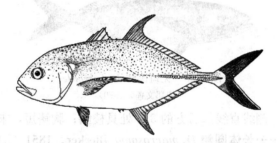

图 2120　巴布亚鲹 *C. papuensis*
（依郑义郎，2007）

12（11）侧线起点部无白色亮斑；第一鳃弓具 5～7＋15～17 鳃耙......................珍鲹（浪人鲹）*C. ignobilis* **(Forsskål，1775)**（图 2121）。暖水性中大型近海洄游性鱼类。成鱼单独栖息于水深 80m 以浅清澈水质的潟湖或向海的礁区；幼鱼出没于河口。夜晚觅食。叉长 800mm，大者达 1.6m，体重 66kg。分布：东海、台湾澎湖列岛、海南岛；朝鲜半岛、日本，印度-太平洋的热带及亚热带海域。

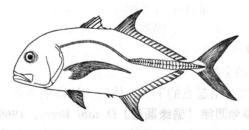

图 2121　珍鲹（浪人鲹）*C. ignobilis*
（依 Smith-Vaniz，1999）

圆鲹属 *Decapterus* Bleeker，1851
种 的 检 索 表

1（6）背鳍前鳞不伸达眼间隔的中央

2（5）上颌骨后端截形；侧线直线部全部被棱鳞；胸鳍长，末端伸达第二背鳍起点的下方

3（4）第一鳃弓下鳃耙 32～36；臀鳍具 26～29 鳍条；尾鳍透明或暗色 ••••••••••••••••••••••
罗氏圆鲹（红鳍圆鲹）D. russelli Rüppell，1830（图 2122）(syn. 若颌圆鲹 *D. lajang* Bleeker，1855)。栖息于沿岸水深 40～100m 的海域，常聚集成群，巡游于近海底层。叉长 200～400mm。分布：东海南部、台湾海域、南海大陆架缘；日本、夏威夷、澳大利亚，印度-太平洋。颇常见，供食用。

上颌后端截形

图 2122　罗氏圆鲹（红鳍圆鲹）*D. russelli*
（依郑文莲，1979）

4（3）第一鳃弓下鳃耙 26～32；臀鳍具 22～26 鳍条；尾鳍红色 •••••••••••••••••••••• **无斑圆鲹**
D. kurroides Bleeker，1855（图 2123）。暖水性中大型海洋鱼类。栖息于水深 100～150m 的近海珊瑚礁及岩礁区，有时群游于水深 300m 中水层处。叉长 470～530mm。分布：台湾海域、南海大陆架缘；日本、夏威夷、澳大利亚，印度-太平洋。供食用。

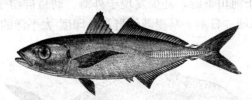

图 2123　无斑圆鲹 *D. kurroides*
（依郑文莲，1979）

5（2）上颌骨后端下方圆凸；侧线直线部后方的 3/4 处具棱鳞；胸鳍短，末端不伸达第二背鳍起点的下方••••••••••••••••• **长体圆鲹 D. macrosoma** Bleeker，1851（图 2124）。暖水性中小型海洋鱼类。常聚成群，巡游于开放水域，栖息水深 20～170m。叉长 300mm。分布：东海、台湾垦丁、南海、海南岛；日本、夏威夷，东太平洋。南海较常见，供食用。

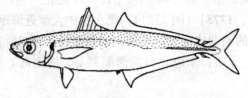

图 2124　长体圆鲹 *D. macrosoma*
（依郑文莲，1979）

6（1）背鳍前鳞伸达眼间隔的中央
7（12）棱鳞存在于侧线直线部的全部
8（9）胸鳍短，末端不伸达第二背鳍起点的下方；体长为体高的 3.8～4.8 倍以下；鳃盖后缘具锯齿
•••••••••••••••••••••• **泰勃圆鲹（锯缘圆鲹）D. tabl** Berry，1968（图 2125）。成群巡游于深海 200～360m 的水域，有时游动于表层。叉长 480mm。分布：东海大陆架边缘、台湾东部海域；

图 2125　泰勃圆鲹（锯缘圆鲹）*D. tabl*
（依郑义郎，2007）

朝鲜半岛、日本、夏威夷，印度-太平洋及大西洋的暖水域。罕见种。

9（8）胸鳍长，末端伸越第二背鳍起点的下方；体长为体高 3.9～4.4 倍以上；鳃盖后缘光滑

10（11）鲜活时尾鳍黄色；臀鳍具 25～30＋1 鳍条 ······························ **红背圆鲹(蓝圆鲹)**
***D. maruadsi*（Temminck & Schlegel，1844）**（图 2126）。暖水性中小型海洋鱼类。常聚成群，巡游于近海，栖息于水深 100m 以浅的海域。叉长 350～450mm。分布：东海、台湾海域、海南岛；朝鲜半岛、日本、夏威夷，东太平洋。东海和南海重要经济鱼类，较常见，供食用。2015 年中国蓝圆鲹产量为 58.7 万 t（《2016 中国渔业统计年鉴》）。

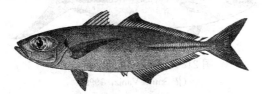

图 2126　红背圆鲹（蓝圆鲹）*D. maruadsi*
（依郑文莲，1979）

11（10）鲜活时尾鳍红色；臀鳍具 20～24＋1 鳍条 ··················· **红尾圆鲹 *D. akaadsi*（Abe，1958）**
（图 2127）。中小型海洋鱼类。栖息于大陆架边缘的浅海域。叉长 350～450mm。分布：东海大陆架缘；朝鲜半岛、日本北海道。供食用。

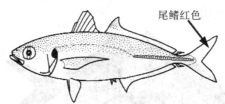

图 2127　红尾圆鲹 *D. akaadsi*
（依濑能，2013）

12（7）棱鳞存在于侧线直线部的 3/4 处或 1/2 处

13（14）棱鳞存在于侧线直线部的 1/2 处；尾鳍淡黄色；口腔后半部淡色······················**颌圆鲹**
***D. macarellus*（Cuvier，1833）**（图 2128）。常聚集成群，巡游于开放水域，也游动于表层，大部分时间栖息于水深 40～200m 的水域。叉长 300～400mm。分布：东海、台湾海域、南海诸岛；日本、马贵斯群岛，世界温带、热带海域。颇常见。供食用。

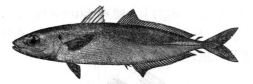

图 2128　颌圆鲹 *D. macarellus*

14（13）棱鳞存在于侧线直线部的 3/4 处；尾鳍上叶淡黄色，下叶浅灰色；口腔全部黑色··················
············**穆氏圆鲹 *D. muroadsi*（Temminck & Schlegel，1844）**（图 2129）。栖息于内湾沿岸水域，成群巡游于大洋表层。叉长 300～450mm。分布：黄海、东海大陆架边缘、海南岛；朝鲜半岛、日本、东京湾，中南部大西洋。

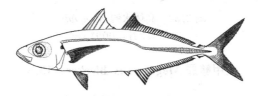

图 2129　穆氏圆鲹 *D. muroadsi*
（依 Wheaton）

纺锤鲕属（带鲹属）*Elagatis* Bennett，1840

纺锤鲕 *E. bipinnulata*（Quoy & Gaimard，1825）（图 2130）。暖水性大型海洋鱼类。栖息于近海大洋表层，有时常聚成大群。叉长 800～1 070mm，最大可达 1.2m，体重 10.5kg。分布：东海、台湾海域、南海；世界三大洋热带、亚热带海域。重要经济鱼类，供食用；也是游钓渔业的对象之一。

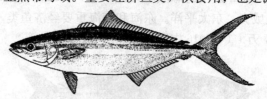

图 2130　纺锤鲕 *E. bipinnulata*
（依 Smith-Vaniz，1999）

无齿鲹属 *Gnathanodon* Bleeker，1850

黄鹂无齿鲹 *G. speciosus*（Forsskål，1775）（图 2131）。热带、亚热带海域的中大型海洋鱼类。幼鱼游于鲨及大型鱼旁捡食碎屑并获保护，有"领航鱼"之称。成鱼游于沿岸礁石、深水潟湖区，200m以浅的水域下层，以厚唇在沙地觅食。叉长达 1.1m，体重 14.5kg。分布：东海、台湾海域、海南岛；日本、夏威夷，印度-太平洋。供食用。

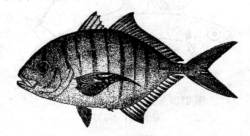

图 2131　黄鹂无齿鲹 *G. speciosus*
（依郑文莲，1979）

水鲹属 *Kaiwarinus* Suzuki，1962

高体水鲹 *K. equula*（Temminck & Schlegel，1844）（图 2132）[syn. 高体若鲹 *Caranx*（*Carangoides*）*equula*（Temminck & Schlegel，1844）]。暖水性中小型海洋鱼类。栖息于沿岸 200m 以浅的水域下层。叉长 150～300mm。分布：渤海、黄海、东海大陆架区、台湾海域、海南岛；朝鲜半岛、日本、澳大利亚，印度-太平洋。常见，供食用。

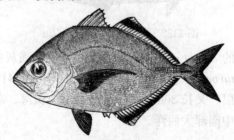

图 2132　高体水鲹 *K. equula*
（依郑文莲，1979）

大甲鲹属 *Megalaspis* Bleeker，1851

大甲鲹 *M. cordyla*（Linnaeus，1758）（图 2133）。暖水性中型海洋洄游性鱼类。栖息于沿岸水域表层，常集成大群。叉长 300～400mm，体重 3～4kg，大者可达 800mm。分布：黄海、东海大陆架区、台湾海域、海南岛；日本、澳大利亚，印度-太平洋。常见，供食用。

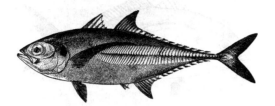

图 2133　大甲鲹 *M. cordyla*
（依郑文莲，1979）

舟䲠属（黑带鲹属）*Naucrates* Rafinesque，1810

舟䲠（黑带鲹）*N. ductor*（Linnaeus，1758）（图 2134）。生活于大洋表层，常集成大群。幼鱼游于鲨、魟、海龟旁捡食碎屑并获保护；成鱼与水母、浮藻一起行漂游生活，以寄主吃剩碎屑、排泄物或寄生虫为食。叉长 350～400mm，体重 0.5kg，大者可达 650mm。分布：东海、台湾海域、南海诸岛；朝鲜半岛、日本，世界温带、热带海域。数量稀少，《中国物种红色名录》列为易危 [VU] 物种。

图 2134　舟䲠（黑带鲹）*N. ductor*
（依 Smith-Vaniz，1999）

乌鲹属（乌鲳属）*Parastromateus* Bleeker，1864

乌鲹（乌鲳）*P. niger*（Bloch，1795）（图 2135）[syn. 乌鲳 *Formio niger*（Bloch，1795）]。白天游于底层水深 50～80m 处，夜晚上浮至水面。常聚成群于水深 15～40m 的沙泥底海域。叉长 300～400mm，大者达 550mm。分布：黄海、东海、台湾海域、南海；朝鲜半岛、日本，世界温带、热带海域。常见，供食用。

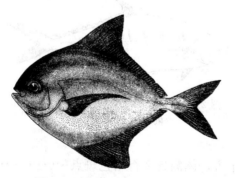

图 2135　乌鲹（乌鲳）*P. niger*
（依郑文莲，1979）

拟鲹属 *Pseudocaranx* Bleeker，1863

黄带拟鲹 *P. dentex*（Bloch & Schneider，1801）（图 2136）。成鱼群栖于沿岸水深 80～200m 的陡坡或大陆架区，有依猎物分布水层而做垂直洄游的习性；幼鱼现于沿岸水域、内湾或河口区。叉长 400mm，大者 820mm，体重 10.7kg。分布：台湾西部海域、南部沿岸偶见；日本、澳大利亚，印度-太平洋及大西洋的温暖水域。偶见，供食用。

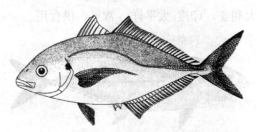

图 2136　黄带拟鲹 *P. dentex*

（依 Smith-Vaniz，1999）

似鲹属（逆钩鲹属）*Scomberoides* Lacepède，1801

种 的 检 索 表

1（4）第一鳃弓具 8～18 鳃耙

2（3）上颌骨向后伸越眼后缘下方较远处；侧线上方具 5～6 个卵形黑斑·······················

康氏似鲹（大口逆钩鲹）*S. commersonnianus* Lacepède，1801（图 2137）〔syn. 长颌鳍鲹 *Chorinemus lysan* 朱元鼎等，1962（non Forsskål）〕。栖息于沙泥底的沿海、礁石岸或外海独立礁周缘，偶现于河口区。叉长 940mm，大者 1.20m，体重 14.4kg。分布：台湾海域、海南岛；日本、泰国湾、澳大利亚，印度-太平洋。背鳍和臀鳍棘有毒，人被刺后剧痛。大型鱼，供食用。

图 2137　康氏似鲹（大口逆钩鲹）*S. commersonnianus*

（依郑文莲，1979）

3（2）上颌骨向后仅伸达眼后缘正下方；体侧具 6～7 个长条形横斑·························

横斑似鲹（横斑逆钩鲹）*S. tala* Cuvier，1832（图 2138）（syn. 海南鳍鲹 *Chorinemus hainanensis* Chu & Cheng，1958）。栖息于沿岸的浅海表层或外海独立礁周缘。叉长 620mm。分布：海南岛三亚；泰国湾、马来西亚，印度-太平洋。背鳍和臀鳍棘有毒，人被刺后剧痛。供食用。

图 2138　横斑似鲹（横斑逆钩鲹）*S. tala*

（依 Smith-Vaniz，1999）

4（1）第一鳃弓具 21～27 鳃耙

5（6）上颌骨向后伸达眼后缘下方；体侧具 2 行暗色斑点························**长颌似鲹（逆钩鲹）**

***S. lysan* (Forsskål，1775)**（图 2139）（syn. 红海鳍鲹 *Chorinemus tolooparah* 朱元鼎等，1962；东方鳍鲹 *C. orientalis* 朱元鼎等，1962）。栖息于沿岸的浅海表层。叉长 750mm。分布：东海、台

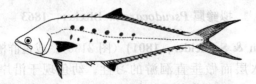

图 2139　长颌似鲹（逆钩鲹）*S. lysan*

（依 Smith-Vaniz，1999）

湾海域、南海诸岛；日本、澳大利亚，印度-太平洋。背鳍和臀鳍棘有毒，人被刺后剧痛。供食用。

6（5）上颌骨向后伸达眼中部下方；体侧仅具 1 行暗色斑点·························· **革似鲹（托尔逆钩鲹）**
S. tol（Cuvier, 1832）（图 2140）（syn. 针鳞鲹鲹 *Chorinemus moadetta* 南海鱼类志，1962；台
湾鲹鲹 *Chorinemus formosanus* Wakiya, 1924）。集成小群，游弋于沿岸浅海的表层海域。叉长
470mm。分布：黄海、东海、台湾海域、南海诸岛；日本、澳大利亚、斐济，印度-太平洋。背
鳍和臀鳍棘有毒，人被刺后剧痛。

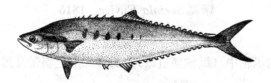

图 2140　革似鲹（托尔逆钩鲹）*S. tol*

凹肩鲹属 *Selar* Bleeker, 1851
种 的 检 索 表

1（2）侧线弯曲部具 48～56 鳞片，侧线直线部为弯曲部的 0.7～1.2 倍；棱鳞小··················
脂眼凹肩鲹 S. crumenophthalmus（Bloch, 1793）（图 2141）。常集成群，游于表层，栖息于浅礁
石区、外洋群岛周围水域或混浊礁沙水深 170m 的底质水域。叉长 240～270mm，大者 600mm。
分布：东海、台湾沿岸、海南岛；日本、澳大利亚，世界各热带及亚热带的海域。中国产量较多
的鱼种，供食用。

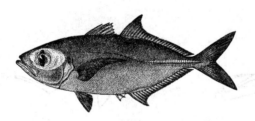

图 2141　脂眼凹肩鲹 *S. crumenophthalmus*

2（1）侧线弯曲部具 21～24 鳞片，侧线直线部为弯曲部的 2.1～3.0 倍；棱鳞大 ··················
······**牛目凹肩鲹 S. boops**（Cuvier, 1833）（图 2142）。栖息于大陆架边缘水深 20～100m 水域。
常集成群，游于表层。叉长 240～260mm。分布：东海沿岸、南海；日本、菲律宾、印度尼西
亚，世界各热带及亚热带的海域。

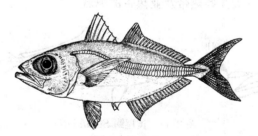

图 2142　牛目凹肩鲹 *S. boops*
（依 Evermann & Seale，1907）

细鲹属 *Selaroides* Bleeker, 1851

金带细鲹 S. leptolepis（Cuvier, 1833）（图 2143）。栖息于近海的大陆架区。成群巡游于松软底质
的水域，也见于大陆架边缘水深 10～25m 水域。叉长 185mm。分布：东海、台湾海域、海南岛；日
本、泰国湾，世界各热带及亚热带的海域。

图 2143　金带细鲹 *S. leptolepis*

鰤属 *Seriola* Cuvier, 1816

种 的 检 索 表

1（4）眼位于由吻端至尾叉的纵轴中（纵轴穿过眼）；头背无黑色斜带穿过眼（图 2144）

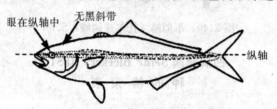

眼在纵轴中　无黑斜带　　　　　　　　　　纵轴

图 2144　五条鰤及黄尾鰤眼的位置
（依濑能，2013）

2（3）上颌骨后背部角状；胸鳍和腹鳍几等长 ·· **五条鰤**
S. quinqueradiata Temminck & Schlegel, 1845（图 2145）。沿岸中下层海洋中大型鱼类。栖息于岩礁斜坡或滩外水深 30～60m 的水域。叉长 1.1m。分布：黄海（山东）、东海；朝鲜半岛、日本，印度-太平洋。

角状

图 2145　五条鰤 *S. quinqueradiata*
（依濑能，2013）

3（2）上颌骨后背部圆形；胸鳍长短于腹鳍长 ·················· **黄尾鰤 S. lalandi Valenciennes, 1833**
（图 2146）（syn. 黄条鰤 *S. aureovittata* Temminck & Schlegel，1845）。沿岸中下层海洋中大型鱼类。栖息于岩礁斜坡或滩外水深 30m 以浅的水域。叉长 1.1m。分布：黄海（山东）；朝鲜半岛、日本、澳大利亚，三大洋各热带及亚热带的海域。

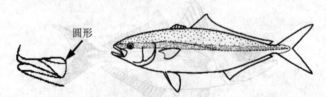

圆形

图 2146　黄尾鰤 *S. lalandi*
（依濑能，2013）

4（1）眼位于由吻端至尾叉纵轴的上方（纵轴不穿过眼）；幼鱼头背具一黑色斜带穿过眼（成鱼不明显）（图 2147）

5（6）第二背鳍前上方鳍条较长，镰状；尾鳍下叶先端不呈白色；第一鳃弓具 22～26 鳃耙··············
············ **长鳍鰤 S. rivoliana Valenciennes, 1833**（图 2148）。栖息于外礁斜坡或滩外水深 30～160m 的水域。成鱼为外洋性底栖鱼类，幼鱼随漂浮物漂游各水域。成群游动。叉长 1.1m，体重 15.7kg。分布：台湾东北部海域；日本、澳大利亚，三大洋各热带及亚热带的海域。

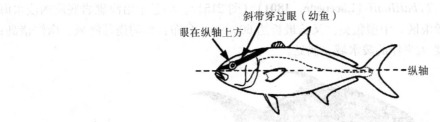

图 2147　长鳍鲕和杜氏鲕眼的位置
（依濑能，2013）

图 2148　长鳍鲕 *S. rivoliana*
（依濑能，2013）

6（5）第二背鳍前上方鳍条短，不呈镰状；尾鳍下叶先端白色；第一鳃弓具 11～19 鳃耙……………
…………**杜氏鲕 *S. dumerili*（Risso，1816）**（图 2149）。栖息于水深 18～360m 的礁石区海域。
偶见于近岸内湾区，成群游动。叉长 1.5m，体重 67.6kg。分布：黄海（山东）、东海、台湾海
域、南海诸岛；日本、澳大利亚，三大洋各热带及亚热带的海域。产珊瑚礁区，大型个体常含
"雪卡毒素"，误食会引起中毒。

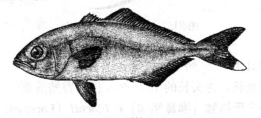

图 2149　杜氏鲕 *S. dumerili*
（依郑文莲，1987）

小条鲕属（小甘鲹属）*Seriolina* Wakiya，1924

黑纹小条鲕（小甘鲹）*S. nigrofasciata*（Rüppell，1829）（图 2150）[syn. 黑纹条鲕 *Zonichthys nigrofasciata*（Rüppell，1829）]。热带、亚热带的沿海底层鱼类，喜独居，不成大群。常出现于大陆架边
缘水深 20～150m 的水域。叉长最长达 700mm，体重 5.2kg。分布：黄海、东海、台湾海域、海南岛；
朝鲜半岛、日本、澳大利亚，印度-太平洋。中大型鱼，供食用。

图 2150　黑纹小条鲕（小甘鲹）*S. nigrofasciata*

鲳鲹属 *Trachinotus* Lacepède，1801
种 的 检 索 表

1（4）体侧沿侧线具 6～7 黑斑；第二背鳍具 21～25 鳍条；臀鳍具 19～24 鳍条
2（3）体侧黑斑等于或小于眼径；第一鳃弓下鳃耙 15～19；臀鳍具 20～24 鳍条……………………

斐氏鲳鲹（小斑鲳鲹） ***T. baillonii*** **(Lacepède, 1801)** （图 2151）。栖息于沿海礁岩底质的浅水海域，也见于沙泥质的激浪区。中型鱼类。叉长最长达 600mm。分布：台湾南部海域、南海诸岛；朝鲜半岛、日本，印度-太平洋的暖水域。偶见。

图 2151 斐氏鲳鲹（小斑鲳鲹）*T. baillonii*
（依郑文莲，1979）

3（2）体侧前方 3 个大黑斑大于眼径；第一鳃弓下鳃耙 11～15；臀鳍具 19～21 鳍条····················
··········**大斑鲳鲹** ***T. botla*** **(Shaw, 1803)** （图 2152）。栖息于沿岸浅水域，也见于碎波带的沙质底。叉长 480mm。分布：南海诸岛；澳大利亚、爪哇、斯里兰卡。

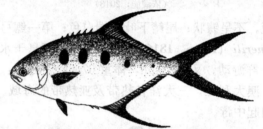

图 2152 大斑鲳鲹 *T. botla*
（依 Pedersen）

4（1）体侧无黑斑；第二背鳍具 18～20 鳍条；臀鳍具 16～18 鳍条

5（6）第二背鳍的前部鳍条颇延长，为头长的 1.5～2.0 倍；臀鳍前部鳍条延长，为头长的 1.0～1.5 倍
····················**布氏鲳鲹（狮鼻鲳鲹）** ***T. blochii*** **(Lacepède, 1801)** （图 2153）。幼鱼栖息于近岸的沙泥底质水域或内湾，成鱼栖息于沿岸的礁石底质水域。叉长 550mm，体重 5kg。分布：台湾海域、南海诸岛；印度-太平洋的暖水域。具经济价值，为南部沿海养殖对象之一。

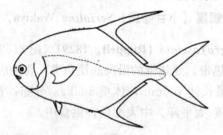

图 2153 布氏鲳鲹（狮鼻鲳鲹）*T. blochii*
（依濑能，2013）

6（5）第二背鳍和臀鳍的前部鳍条均较短，等于或小于头长

7（8）舌面具狭齿带····················**穆克鲳鲹** ***T. mookalee*** **Cuvier, 1832** （图 2154）［syn. 卵形

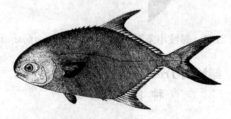

图 2154 穆克鲳鲹 *T. mookalee*
（依郑文莲，1987）

鲳鲹 *T. ovatus* 朱元鼎等，1962（non Linnaeus）]。热带、亚热带海洋鱼类。栖息于近沿岸沙泥底质的水域或内湾，或沿岸礁石底质水域。叉长 770mm，体重 8.1kg。分布：黄海（山东半岛）、东海、台湾海域、南海诸岛；日本，印度-太平洋的暖水域。具经济价值，为鲁、闽、粤沿海的重要养殖对象之一。

8（7）舌面无齿带⋯⋯⋯⋯⋯⋯**阿纳鲳鲹 *T. anak* Ogilby，1909**（图 2155）。栖息于沿海礁岩底质的浅水海域，也见于沙泥质的激浪区。中型鱼类。叉长最长达 880mm。分布：仅发现于台湾东部海域；澳大利亚。极为罕见的种类。

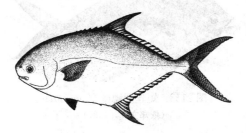

图 2155　阿纳鲳鲹 *T. anak*

（依 Pedersen）

竹筴鱼属 *Trachurus* Rafinesque，1810

日本竹筴鱼 *T. japonicas*（Temminck & Schlegel，1844）（图 2156）。暖温性沿岸海洋鱼类。群游于近沿岸水域，栖息于水深 5～10m 的水域，具昼夜垂直分布的习性。叉长250～350mm。分布：黄海、东海、台湾沿岸、南海；朝鲜半岛、日本等西-北太平洋区。东海南部常见的经济鱼类，供食用。2015年，中国竹筴鱼产量为 3.8 万 t（《2016 中国渔业统计年鉴》）。

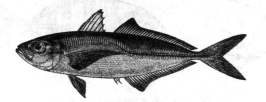

图 2156　日本竹筴鱼 *T. japonicas*

（依郑文莲，1963）

羽鳃鲹属 *Ulua* Jordan & Snyder，1908

种 的 检 索 表

1（2）第一鳃弓上鳃耙 16～21；下鳃耙 37～41；舌面具绒毛状齿带；第一、第六至第八背鳍鳍条丝状延长；臀鳍前方鳍条不呈丝状延长 ⋯⋯⋯⋯⋯ **丝背羽鳃鲹 *U. aurochs* Ogilby，1915**（图 2157）。栖息于沿岸水深 6～20m 的中层浅水海域。叉长 260mm。分布：台湾海域、南海大陆架边缘、海南岛；日本、澳大利亚、新几内亚。

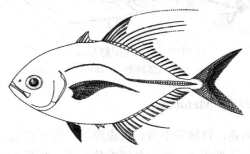

图 2157　丝背羽鳃鲹 *U. aurochs*

（依 Pedersen）

2（1）第一鳃弓上鳃耙 23～27；下鳃耙 51～261；舌面无绒毛状齿带；背鳍与臀鳍同形，背鳍前方鳍条延长，为头长的 1.3～1.8 倍；臀鳍前方鳍条丝状延长，其长等于头长·····················
短丝羽鳃鲹 *U. mentalis* **(Cuvier, 1833)**（图 2158）。栖息于沿岸水深 20m 以浅的中层海域，中大型海洋鱼类。叉长 700～750mm，最长达 1m，体重 6.4 kg。分布：台湾南部沿岸、海南岛；日本，印度-太平洋。

图 2158　短丝羽鳃鲹 *U. mentalis*
（依郑文莲，1987）

尾甲鲹属 *Uraspis* Bleeker, 1855
种 的 检 索 表

1（2）胸部和胸鳍基部的无鳞区不连续；体侧常具 5～6 宽横带；侧线弯曲部具鳞 48～66···············
············**白舌尾甲鲹** *U. helvola* **(Forster, 1801)**（图 2159）。栖息于沙泥底质的大陆架或外礁周缘水深 50～300m 的海域，聚群游于底层。最大叉长 500mm。分布：黄海南部、东海大陆架、台湾海域；朝鲜半岛、日本、红海、夏威夷。

无鳞区
不连续

图 2159　白舌尾甲鲹 *U. helvola*
（依郑文莲，1987）

2（1）胸部和胸鳍基部的无鳞区连续；体侧无宽横带；侧线弯曲部具鳞 61～82·····················
白口尾甲鲹 *U. uraspis* **(Günther, 1860)**（图 2160）。栖息于沙泥底质的大陆架，聚成一小群游动于水深 50～130m 处。叉长 280mm。分布：东海福建石码、台湾沿岸、南海大陆架、海南岛、香港；日本、印度、斯里兰卡、菲律宾、澳大利亚。

无鳞区
连续

图 2160　白口尾甲鲹 *U. uraspis*
（依濑能，2013）

220. 眼镜鱼科（眼眶鱼科）Menidae

体很高，几呈三角形，极侧扁；背缘较平直；腹缘隆起，向下扩大突出，薄锐如刀锋。口小，几垂直，可伸出。上颌骨宽，不为眶前骨所盖。两颌具绒毛状齿带，犁骨及腭骨无齿。鳞片细小，肉眼不可见，皮肤光滑，躯干上部具许多黑斑。侧线不完全，沿背缘向背鳍末端基部行走，到达背鳍末端基部下方。背鳍1个，基底长，稚鱼背鳍具10鳍棘，随着成长数量减少，成鱼背鳍无鳍棘；臀鳍基底极长，从腹鳍基开始，鳍条埋于皮下，仅先端外露，稚鱼具2鳍棘，成鱼无鳍棘；腹鳍胸位，具1鳍棘、5鳍条，1、2鳍条联合延长呈带状；尾鳍深叉形。

热带及亚热带近海暖水性中上层鱼类，栖息于较深海区，有时也会出现在沿岸水域，甚至进入河口区。食小型无脊椎动物。分布：印度-太平洋。

本科有1属1种；中国有产。

眼镜鱼属（眼眶鱼属）Mene Lacepède, 1803

眼镜鱼（眼眶鱼）*M. maculata*（Bloch & Schneider, 1801）（图2161）。热带及亚热带暖水性鱼类。栖息于较深海区，也可进入沿岸水域及河口区。体长一般200mm。分布：黄海、东海、台湾海域、南海；日本、澳大利亚，印度-太平洋。

图 2161　眼镜鱼（眼眶鱼）*M. maculata*

221. 鲾科 Leiognathidae

体卵圆形或椭圆形，侧扁。上枕骨嵴很高，向后延伸。前颌骨突起呈长柄状，向后伸入颌骨纵嵴间的凹陷中。口小，伸出时形成一向上、向前或向下的口管。上下颌齿细小，列成刷毛状或绒毛状齿带，上下颌近缝合部两侧有1~2对犬齿；腭骨、犁骨及舌上均无齿。有假鳃。鳃盖膜与峡部相连。鳃盖条5。前鳃盖骨下缘有细锯齿。体被小圆鳞，头部一般光滑，胸部有或无鳞。侧线完全。背鳍1个，鳍棘部和鳍条部相连，具7~8鳍棘、16~17鳍条；臀鳍具3鳍棘、13~14鳍条；背鳍和臀鳍基底每侧具一纵行棘突；背鳍的第三、第四鳍棘与臀鳍的第三鳍棘前下缘有细锯齿；腹鳍短小，亚胸位；尾鳍叉形。

本科鱼类属群游性，栖息于岸边沙泥地、河口或内湾，通常不接近珊瑚礁区，有些种类会进入淡水河内，有些白天为底栖性而夜间则浮到表层活动。肉食性，食底栖动物，利用伸缩之口吸食饵料。分布：印度-西太平洋海域，其中一种分布于地中海沿岸。为小型食用鱼类，延绳钓和养殖鱼类的饵料鱼。

本科有9属47种（Nelson et al., 2016）；中国有9属26种。

属 的 检 索 表

1（2）两颌有大犬齿；口伸出时口管向前方（图2162）························· **牙鲾属 *Gazza***

图 2162　口管伸向前方

2（1）两颌无大犬齿；口伸出时口管向前下方或前上方（图2163）

图 2163　口管伸向前上方或前下方

3（4）口伸出时口管向前上方（图 2163）······························ **斜口鲾属（仰口鲾属）** *Deveximentum*

4（3）口伸出时口管向前下方或前方（图 2162、图 2163）

5（6）口伸出时口管向前方；胸鳍腋部有半透明斑块（图 2164）············· **光胸鲾属** *Photopectoralis*

透明斑块

图 2164　胸鳍腋部斑块

6（5）口伸出时口管向前下方（图 2163）

7（8）项部具暗斑；体侧前上部无鳞或被鳞（图 2165）················· **项鲾属** *Nuchequula*

8（7）项部无暗斑；体侧前上部具鳞（图 2165）

9（14）胸部无鳞（图 2166）

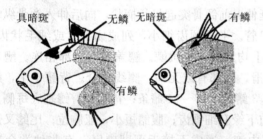

具暗斑　无鳞　无暗斑　有鳞

有鳞

图 2165　项部暗斑及体侧前上部鳞片分布

无鳞　有鳞

图 2166　胸部鳞片分布

10（11）背鳍第二鳍棘丝状延长；体上半部具 10～15 条黑色横带；沿腹侧面有水平排列的一系列圆形黄斑（图 2167）···················· **金鲾属** *Aurigequula*

丝状延长　横带　　　不呈丝状延长　细横带

有圆形斑　无圆形斑

图 2167　腹侧面水平排列的图形黄斑的有无

11（10）背鳍第二鳍棘不延长；沿腹侧面没有水平排列的圆形黄斑（图 2167）

12（13）体侧中部具深金色纵带，或体侧烂漫金色且体侧上部具黄绿色虫纹细横带；匙骨前背缘具 2 个发达棘突（图 2168）·················· **卡拉鲾属** *Karalla*

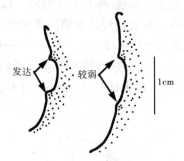

图 2168　匙骨前背缘棘突

13（12）体侧中部无深金色纵带，体侧无烂漫金色；体背侧密具多条间隔小的黑色细横带；体无黄色斑；匙骨前背缘 2 棘突较弱（图 2168）**················· 鲾属 *Leiognathus***

14（9）胸部具鳞

15（16）背鳍棘部具黑斑；体上半部具许多波状横线（图 2169）**·············· 布氏鲾属 *Eubleekeria***

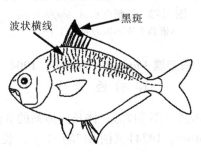

图 2169　背鳍棘部具黑斑

16（15）背鳍棘部无黑斑；雄性体侧有大的三角形、羊角形或梯形的半透明斑纹；体背侧有斑点和虫纹或椭圆形（或圆形）斑纹（图 2170）**················· 马鲾属 *Equulites***

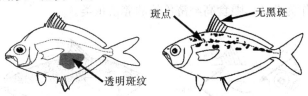

图 2170　体背侧斑点及体侧透明斑纹

金鲾属 *Aurigequula* Fowler，1918

1（2）臀鳍第二棘延长，小于体高的 50%　**··············· 条纹金鲾 *A. fasciata*（Lacepède，1803）**
（图 2171）(syn. 长棘鲾 *Leiognathus fasciatus* 陈大刚，2015)。栖息于沙泥底质的沿海，也可生活于河口区。群游性，在底层水深 1～50m 处活动。食小型甲壳类、多毛类及小鱼。体长210mm。分布：台湾新记录种，产于南部大鹏湾潟湖内、海南岛、南海（广东）；朝鲜半岛南

图 2171　条纹金鲾 *A. fasciata*
（依 D. J. Woodland et al.，2001）

岸、日本、萨摩亚群岛、澳大利亚，印度-西太平洋海域。以底拖网、小型围网捕获。肉质细嫩，适合煮汤；或当鱼饵和作为杂鱼，喂食高经济价值的养殖鱼类。

2 (1) 臀鳍第二棘丝状延长，大于体高的60%～100% ························· **长刺金鲾**
A. longispinis (Valenciennes, 1835) （图2172）（syn. 斯氏鲾 Leiognathus smithursti 孙典荣，陈铮，2013）。栖息水深15～80m。最大体长200mm。分布：南海；菲律宾、澳大利亚北部、斐济，印度-西太平洋海域。

图2172　长刺金鲾 A. longispinis
（依 D. J. Woodland et al., 2001）

马鲾属 *Equulites* Fowler, 1904
种 的 检 索 表

1 (2) 体细长，头长等于或稍长于体高（图2173）；体长为体高的3倍以上 ·······························
长身马鲾 E. elongatus (Günther, 1874) （图2173）（syn. 长鲾 Leiognathus elongatus 沈世杰，1993）。栖息于沙泥底质的海域、河口区。群游性，在底层40m处活动，有时会进入较深水域。杂食性，食小型甲壳类、多毛类及藻类。体长90mm。分布：东海、台湾西部及澎湖列岛沿海、南海；济州岛、日本，印度-西太平洋海域。底拖网、小型围网捕获。供食用，肉质细嫩，适合煮汤；或作鱼饵和作为杂鱼，喂食高经济价值的养殖鱼类。

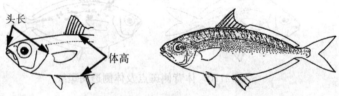

图2173　长身马鲾 E. elongatus
（依田明诚，1987）

2 (1) 体高，头长明显短于体高（图2174）；体长为体高的3倍以下

图2174　头长与体高之比例

3 (6) 背鳍第二鳍棘丝状延长
4 (5) 体背侧斑细长；侧线下方有3个黄斑；雄性腹侧有似倒金字塔状的三角形半透明斑块···········
···········**曳丝马鲾 E. leuciscus** (Günther, 1860) （图2175）（syn. 曳丝鲾 Leiognathus leuciscus 陈大刚，2015）。栖息于沙泥底质的沿海地区。群游性，一般皆在底层活动，栖息水深

10～40m。肉食性，食小虾及其他小型甲壳类或多毛类。最大体长120mm。分布：东海、台湾南部及澎湖列岛海域、南海；日本琉球群岛、澳大利亚，印度-西太平洋海域。以底拖网、小型围网捕获。肉质细嫩，适合煮汤，大多当鱼饵或作为杂鱼，喂食高经济价值的养殖鱼类。

图 2175 曳丝马鲾 E. leuciscus
（依 D. J. Woodland et al.，2001）

5（4）体背侧斑虫纹状；侧线下方有 2 个黄斑；雄性体腹侧有 1 个较大的羊角状透明斑块………………
…………砖红马鲾 **E. laterofenestra**（**Sparks & Chakrabarty，2007**）（图 2176）。栖息水深 0～86m。最大体长 128mm。分布：台湾东北部海域；菲律宾、印度尼西亚，西太平洋海域。

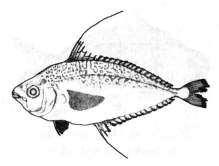

图 2176 砖红马鲾 E. laterofenestra
（依 Sparks & Chakrabarty，2007）

6（3）背鳍第二鳍棘不延长

7（10）头背部至背鳍起点不隆起

8（9）体背侧具较稀疏的不规则成行暗色斑块 ·· **条马鲾**
E. rivulatus（**Temminck & Schlegel，1845**）（图 2177）（syn. 条鲾 Leiognathus rivulatus 陈大刚，2015）。栖息水深 30～550m。最大体长 104mm。分布：东海大陆架海域、台湾东北部及澎湖列岛海域、南海（广东）；朝鲜半岛南岸、日本，印度-西太平洋海域。

图 2177 条马鲾 E. rivulatus
（依郑义郎，2011）

9（8）体背侧具明显的不规则虫纹状粗暗纹 ··································· **粗纹马鲾**
E. lineolatus（**Valenciennes，1835**）（图 2178）（syn. 粗纹鲾 Leiognathus lineolatus 陈大刚，2015）。栖息于沙泥底质的沿海地区。群游性，一般皆在底层活动，栖息水深 12～50m。肉食

性，食小型甲壳类、二枚贝或多毛类等底栖无脊椎动物。最大体长 95mm。分布：东海南部、台湾北部及南部东西两侧沿海、南海；日本南部、澳大利亚、非洲东岸，印度-西太平洋海区。以底拖网、小型围网或流刺网捕获。肉质细嫩，适合煮汤；或当延绳钓的鱼饵或作为杂鱼，喂食高经济价值的养殖鱼类。

图 2178　粗纹马鲾 *E. lineolatus*

(依郑文莲，1962)

10（7）头背部至背鳍起点隆起；雄性腹侧中部有一大的不规则五边形半透明斑块；体背侧具虫纹状细暗纹·······················**秘马鲾 *E. absconditus*（Chankrabarty & Sparks，2010）**（图 2179）（syn. 细纹鲾 *Leiognathus berbis* 陈大刚，2015）。栖息于水深 40m 的沙泥底质沿海。群游性，在底层活动。肉食性，食小型甲壳类及二枚贝。分布：台湾西南部海域、南海；非洲东岸、红海，印度-西太平洋热带海域。

图 2179　秘马鲾 *E. absconditus*

(依 Chankrabarty et al.，2010)

布氏鲾属 *Eubleekeria* Fowler，1904
种 的 检 索 表

1（2）背鳍斑暗灰色；项部有半圆形的裸露区（图 2180）；第二背鳍棘和第二臀鳍棘细弱·················
··············**琼斯布氏鲾 *E. jonesi*（James，1969）**（图 2180）。最大体长 139mm。分布：海南岛（三亚）；巴布亚新几内亚、澳大利亚、毛里求斯，印度-西太平洋。

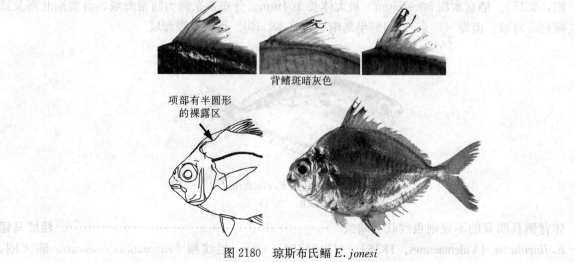

背鳍斑暗灰色

项部有半圆形
的裸露区

图 2180　琼斯布氏鲾 *E. jonesi*

(依 Seishi & Kimura et al.，2005)

2（1）背鳍斑深黑色；项部无半圆形的裸露区（图2181）；第二背鳍棘和第二臀鳍棘粗壮·············
···········**黑边布氏鲾 E. splendens（Cuvier，1829）**（图2181）（syn. 黑边鲾 *Leiognathus splendens* 陈大刚，2015）。栖息于沙泥底质的沿海地区，也可生活于河口区。群游性，在底层水深10～100m较浅处活动。肉食性，食小型甲壳类、多毛类及二枚贝。最大体长170mm。分布：东海、台湾周边沿海及澎湖列岛、南海；日本南部，印度-西太平洋。以底拖网、流刺网捕获。肉质细嫩，适合煮汤，但鱼体较小，大多当延绳钓的鱼饵或作为杂鱼，喂食高经济价值的养殖鱼类。

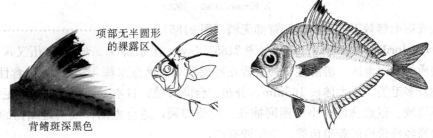

项部无半圆形
的裸露区

背鳍斑深黑色

图2181　黑边布氏鲾 *E. splendens*
（依 D. J. Woodland et al.，2001）

牙鲾属 *Gazza* Rüppell，1835
种 的 检 索 表

1（4）背鳍第六或第七鳍棘下前方的体侧背部具鳞（图2182）

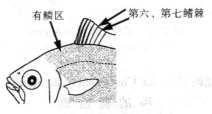

有鳞区　　　　第六、第七鳍棘

图2182　体侧背部鳞片分布

2（3）体有鳞区伸越（头部侧线系）头上侧管下部的短分支后端（图2183）·····························
小牙鲾 G. minuta（Bloch，1795）（图2183）。沿岸沙泥底栖性鱼类，栖息水深55m以浅。食小鱼、虾蟹或多毛类。适温26～29℃。产卵期时，会游入河口区产卵。体长150mm。分布：东海（浙江、福建）、台湾沿海、海南岛、南海（广东、北部湾）；日本冲绳岛、澳大利亚、密克罗尼西亚群岛，印度-中西太平洋海域。小型食用鱼。以底拖网、小型围网或手钓捕获。味美但肉少且多刺，煮汤味极佳，为海鲜店的一道名菜。

头上侧管　　有鳞区

短分支

图2183　小牙鲾 *G. minuta*
（依郑文莲，1963）

3（2）体有鳞区不前伸达（头部侧线系）头上侧管下部的短分支后端（图2184）·····················
······**菱牙鲾 G. rhombea Kimura，Yamashita & Iwatsuki，2000**（图2184）。栖息水深50m以浅。体长176mm。分布：南海；日本（冲绳）、澳大利亚东北部，印度-西太平洋海域。

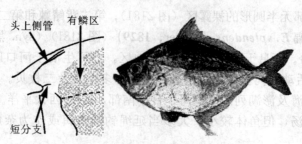

图 2184　菱牙鲾 *G. rhombea*
（依 Kimura et al.，2000）

4（1）背鳍第六或第七鳍棘下前方的体侧背部无鳞（图 2185）…………………………………… **宽身牙鲾**
G. achlamys Jordan & Starks，1917（图 2185）（syn. 裸牙鲾 *G. achlamys* 伍汉霖，2012）。栖息
于沙泥底质的沿海地区。群游性，一般皆在底层活动。栖息水深 1～40m。肉食性，食仔鱼、小
型甲壳类及多毛类。最大体长 165mm。分布：台湾海域；日本、菲律宾、印度尼西亚，印度-中
西太平洋海域。以底拖网、小型围网捕获。肉质细嫩，适合煮汤；或当延绳钓的鱼饵或作为杂
鱼，喂食高经济价值的养殖鱼类。全年皆有产。

图 2185　宽身牙鲾 *G. achlamys*
（依 D. J. Woodland et al.，2001）

卡拉鲾属 *Karalla* Chakrabarty & Sparks，2008
种 的 检 索 表

1（2）背鳍鳍棘部具黑斑；体侧中部（从眼后至尾柄的侧线周围）具深金色宽纵带，体侧上半部无细横
纹；下鳃耙 14～16；眶上骨嵴无小锯齿 ………………………… **黑斑卡拉鲾 K. daura（Cuvier，1829）**
（图 2186）（syn. 黑斑鲾 *Leiognathus daura* 孙典荣，陈铮，2013）。栖息水深 1～40m。最大体
长 165mm。分布：南海；菲律宾、马来西亚、印度尼西亚，印度-西太平洋。

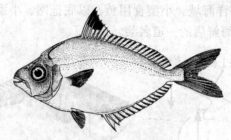

图 2186　黑斑卡拉鲾 *K. daura*
（依 D. J. Woodland et al.，2001）

2（1）背鳍鳍棘部无黑斑；体侧烂漫金色（中部无金色纵宽带），体侧上半部具多条黄绿色虫纹状细横
纹；下鳃耙 19～20；眶上骨嵴有小锯齿 …………………………………………………… **杜氏卡拉鲾**
K. dussumieri（Valenciennes，1835）（图 2187）（syn. 杜氏鲾 *Leiognathus dussumieri* 孙典荣，
陈铮，2013）。栖息水深 1～40m。最大体长 140mm。分布：南海；马达加斯加、印度尼西亚、
菲律宾，印度-西太平洋。

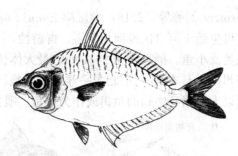

图 2187　杜氏卡拉鲾 *K. dussumieri*
（依 D. J. Woodland et al.，2001）

鲾属 *Leiognathus* Lacepède，1802

短棘鲾 *L. equulus*（Forskål，1775）（图 2188）。栖息于沿岸沙泥底质水深 10～110m 的河口浅水区或深水域。一般在底层活动觅食底栖生物。最大体长 240mm。分布：台湾海域、海南岛、南海（广东）、南沙群岛；日本琉球群岛、菲律宾、马来西亚，印度-西太平洋。

图 2188　短棘鲾 *L. equulus*
（依郑文莲，1962）

项鲾属 *Nuchequula* Whitley，1932
种 的 检 索 表

1（6）下颌腹缘内凹不明显（图 2189）

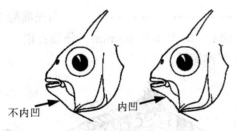

图 2189　下颌腹缘内凹情况

2（5）胸部裸露（2190）

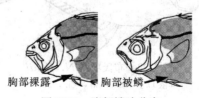

图 2190　胸部鳞片分布

3（4）体前背侧面裸露（图 2191）；背鳍棘部有一明显黑斑；体侧具 1 条黄色纵带和少量不规则黄色斑纹⋯⋯⋯⋯⋯⋯⋯⋯⋯⋯⋯**项斑项鲾 *N. nuchalis*（Temminck & Schlegel，1845）**（图 2191）（syn.

短吻鲾 *Leiognathus brevirostri* 刘静等，2016；颈斑鲾 *Equula nuchalis* 陈大刚，2015）。栖息于沙泥底质的沿海地区，也可生活于河口区或河川下游。群游性，一般皆在底层较浅处活动。肉食性，食小型甲壳类、多毛类及小鱼。栖息水深 2～10m。最大体长 250mm。分布：东海、台湾海域、南海；朝鲜半岛、济州岛、日本海，西-北太平洋。以底拖网、流刺网捕获。肉质细嫩，适合煮汤，但鱼体较小，所以大多当延绳钓的鱼饵或作为杂鱼，喂食高经济价值的养殖鱼类。

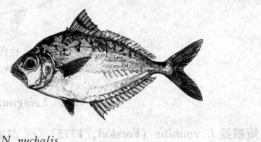

体前背侧面裸露　　　　　体前背侧面被鳞

图 2191　项斑项鲾 *N. nuchalis*

(依郑文莲，1963)

4（3）体前背侧面被鳞（图 2191）；背鳍棘部无明显黑斑；口腔上部有小的乳头状突起；第二背鳍棘不延长，不伸达第四鳍条基部 ·································· **若盾项鲾 *N. gerreoides*（Bleeker，1851）**
（图 2192）（syn. 短吻鲾 *Leiognathus brevirostris* 邵广昭，陈静怡，2003）。栖息水深 10～30m。最大体长 125mm。分布：东海、台湾西部（台南、高雄）沿海、南海；越南、菲律宾、澳大利亚，印度-西太平洋。

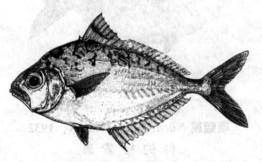

图 2192　若盾项鲾 *N. gerreoides*

(依 D. J. Woodland et al.，2001)

5（2）胸部被鳞（图 2190）·································· **布氏项鲾 *N. blochii*（Valenciennes，1835）**
（图 2193）。栖息水深 1～40m。最大体长 100mm。分布：南海（海南岛、北部湾）；巴基斯坦、印度、菲律宾，印度-西太平洋海域。

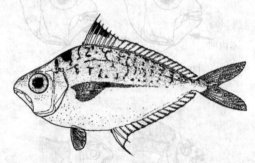

图 2193　布氏项鲾 *N. blochii*

(依 D. J. Woodland et al.，2001)

6（1）下颌腹缘内凹明显（图 2189）；背鳍棘部具一黄色大斑，仅鳍棘部的鳍膜上部边缘黑色；体背侧具不规则的虫纹或横纹；体侧无黄色细纵带；侧线部不呈褐黄色································圈项鲾
***N. mannusella* Chakrabarty & Sparks，2007**（图 2194）（syn. 项斑项鲾 *Leiognathus nuchalis* 陈春晖，2004；条鲾 *Leiognathus rivulatus* 孙典荣，陈铮，2013；小鞍斑鲾 *N. mannusella* 陈大

刚，2015）。栖息于沙泥底质的沿海及河口地区。群游性，一般皆在底层活动。栖息水深 1～100m。杂食性，食小型甲壳类、多毛类及藻类。最大体长 140mm。分布：东海、台湾（西部及南部水域及澎湖列岛沿海）、南海；非洲东岸，印度-中西太平洋。以底拖网、小型围网捕获。肉质细嫩，适合煮汤，大多当延绳钓的鱼饵或作为杂鱼，喂食高经济价值的养殖鱼类。

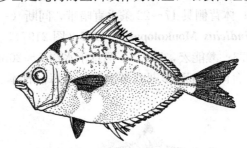

图 2194　圈项鲾 N. mannusella
（依 Chakrabarty & Sparks，2007）

光胸鲾属 Photopectoralis Sparks，Dunlap & Smith，2005
种 的 检 索 表

1（2）眼下缘至下颌关节部具黑线（褪色后明显）；体较低，体高为体长的 35％～46％（通常小于50％）（图 2195）·······························**金黄光胸鲾 P. aureus**（Abe & Haneda，1972）
（图 2195）（syn. 金黄鲾 Leiognathus aureus Abe & Haneda，1972）。栖息于沙泥底、近海沿岸。栖息水深 10～40m。体长 92mm。分布：台湾西部和东北部沿海；日本冲绳岛、菲律宾、泰国湾、新加坡。

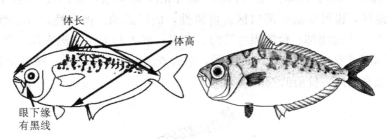

图 2195　金黄光胸鲾 P. aureus
（依 D. J. Woodland et al.，2001）

2（1）眼下缘至下颌关节部无黑线；体较高，体高为体长的 44％～58％（通常大于 50％）（图 2196）·······················**黄斑光胸鲾 P. bindus**（Valenciennes，1835）（图 2196）［syn. 黄斑鲾 Leiognathus bindus（Cuvier & Valenciennes，1835）陈大刚，2015］。栖息于沙泥底质的沿海地区，也可生活于河口区。群游性，一般在底层活动，有时会进入较深水域。栖息水深 10～100m。肉食性，食小型甲壳类、多毛类及二枚贝。最大体长 110 mm。分布：黄海、东海、台湾南部海域、海南岛、南海（广东，北部湾）；日本、澳大利亚、红海，印度-西太平洋海域。以底拖网、小型围网捕获。肉质细嫩，适合煮汤；大多当延绳钓的鱼饵或作为杂鱼，喂食高经济价值的养殖鱼类。

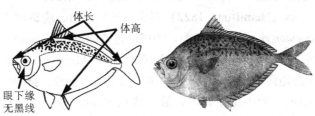

图 2196　黄斑光胸鲾 P. bindus
（依郑文莲，1962）

斜口鲾属（仰口鲾属）*Deveximentum* Fowler, 1904
种 的 检 索 表

1（4）颊部、胸部无鳞；侧线鳞多于 80

2（3）体长为体高的 2～2.5 倍；体背侧具 17～22 条垂直暗带，间断（一个点）穿过侧线……………
…………印度斜口鲾 *D. indicius* Monkolopasit，1973（图 2197）。（syn. 印度仰口鲾 *Secutor in-dicius* Monkolopasit, 1973；濑能宏，2013）。栖息于水深 5～20m 的沙泥底、河口、近海沿岸。
最大体长 88mm。分布：台湾西部和澎湖列岛沿海、南海；日本、菲律宾、印度尼西亚，印度-
中西太平洋。

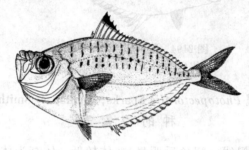

图 2197　印度斜口鲾 *D. indicius*
（依 D. J. Woodland et al.，2001）

3（2）体长为体高的 1.6～2.5 倍；体背侧具 11～15 条垂直暗带，间断穿过侧线下方……………
………静斜口鲾（长吻斜口鲾）*D. insidiator*（Bloch，1787）（图 2198）（syn. 静鲾 *Leiognathus in-sidiator* 田明诚，1987；静仰口鲾 *Secutor insidiator* 陈大刚，2015）。栖息于水深 5～150m 沙泥
底质的沿海地区，也可生活于河口区。群游性，底层活动。肉食性，食小型甲壳类。最大体长
105mm。分布：东海南部、台湾周边沿海、南海；澳大利亚、非洲东岸，印度-中西太平洋。底
拖网、小型围网或流刺网捕获。肉质细嫩，适合煮汤，但鱼体较小，所以大多当延绳钓的鱼饵或
作为杂鱼，喂食高经济价值的养殖鱼类。

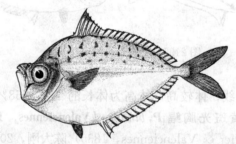

图 2198　静斜口鲾（长吻斜口鲾）*D. insidiator*
（依 D. J. Woodland et al.，2001）

4（1）胸部、颊部被鳞；侧线鳞 43～60

5（6）侧线鳞 54～60；侧线上鳞（侧线与背鳍起点间具鳞）9～14，侧线下鳞（侧线与臀鳍起点间具
鳞）18～20；体长为体高的 1.71～1.99 倍；体背具 9～11 条暗色横带………………………………
鹿斑斜口鲾 *D. ruconius*（Hamilton，1822）（图 2199）[syn. 鹿斑鲾 *Leiognathus ruconius* 曹玉
茹，2010；仰口鲾 *Secutor ruconius* 刘静等，2016；鹿斑仰口鲾 *Secutor ruconius* 陈大刚；间断仰口
鲾 *Secutor interruptus*（Valenciennes，1835）Mochizuki & Hayashi，1989（台湾）；伍汉霖，2012]。
栖息于沙泥底质的沿海地区，也可生活于河口区，甚至河川下游。群游性，在底层活动，活动深度
较浅，栖息水深 5～20m。食小型甲壳类。最大体长 80mm。分布：黄海、东海、台湾周边沿海、
南海；澳大利亚、非洲东岸，印度-西太平洋。底拖网、小型围网或流刺网捕获。肉质细嫩，适合
煮汤，但鱼体较小，所以大多当延绳钓的鱼饵或作为杂鱼，喂食高经济价值的养殖鱼类。

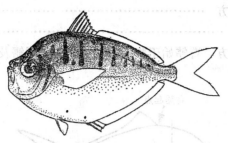

图 2199　鹿斑斜口鲾 *D. ruconius*
（依田明诚，1987）

6（5）侧线鳞 43～49；侧线上鳞（侧线与背鳍起点间具鳞）6～7，侧线下鳞（侧线与臀鳍起点间具鳞）13～15；体背侧部具 10～15 条横带·······································**大鳞斜口鲾**
D. megalolepis Mochizuki & Hayashi, 1989（图 2200）最大体长 80mm。分布：南海北部湾；日本冲绳岛、印度尼西亚、澳大利亚沿岸。

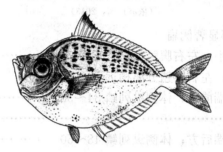

图 2200　大鳞斜口鲾 *D. megalolepis*
（依 D. J. Woodland et al.，2001）

222. 乌鲂科 Bramidae

体高而扁或体延长，尾柄粗短。口大，口裂斜；上颌骨外露，末端至少延伸至眼中部下方。颌齿细小，带状排列。幼鱼前鳃盖骨具锯齿，成鱼则光滑。鳃盖膜不与峡部相连。鳃盖条 7。侧线 1 条或无。体被大型、坚硬且具小棘之鳞，主上颌骨被鳞，吻部、鳃孔边缘和下颌骨均不被鳞。背鳍 1 个，基底甚长，等于或长于臀鳍基底；腹鳍胸位，具腋鳞（高鳍乌鲂属例外）；尾鳍叉形、微凹或截形。椎骨 36～52。

中大型鱼种。体长可达 1m 以上。多为大洋性，乌鲂属（*Brama*）及高鳍鲂属（*Pterycombus*）常可见于岸边。独游或群集一小群，食小鱼或乌贼。

本科具 7 属 43 种（Nelson et al.，2016）；中国有 6 属 10 种。

属 的 检 索 表

1（4）背鳍始于鳃盖后缘的前上方，臀鳍始于胸鳍基部前下方；背鳍及臀鳍无鳞，基部具鳞鞘（图 2201）

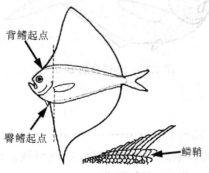

背鳍起点

臀鳍起点

鳞鞘

图 2201　背鳍始于头部眼的后上方
（依波户冈，2013）

2（3）背鳍起点在眼后缘的后上方 ·· **高鳍鲂属 *Pterycombus***

3（2）背鳍起点在吻中央部上方 ·· **帆鳍鲂属 *Pteraclis***

4（1）背鳍始于鳃盖后缘的后上方，臀鳍始于胸鳍基部后下方；背鳍及臀鳍鳍膜具小鳞（图2202）

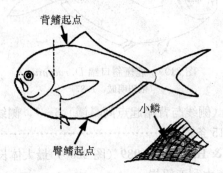

图2202　背鳍始于鳃盖后缘的后上方
（依波户冈，2013）

5（10）两眼间隔显著突出；头部显著侧扁

6（7）尾柄及尾鳍基底鳞逐渐变小；左右腹鳍相互接近 ·· **乌鲂属 *Brama***

7（6）尾柄及尾鳍基底鳞不变小；左右腹鳍分离稍远，不相互接近

8（9）腹鳍起点部在胸鳍基部上端前方；体侧纵列鳞34～38 ··

·· **长鳍乌鲂属 *Taractichthys***

9（8）腹鳍起点部在胸鳍基部上端后方；体侧纵列鳞48～50 ·· **真乌鲂属 *Eumegistus***

10（5）两眼间隔平坦；头部稍侧扁·· **棱鲂属 *Taractes***

乌鲂属 *Brama* Klein, 1775
种 的 检 索 表

1（6）尾鳍上叶不呈丝状延长

2（3）体侧纵列鳞48～55；鳃耙12～16 ·· **小鳞乌鲂 *B. orcini* Cuvier, 1831**
（图2203）。大洋性底栖鱼类。白天栖息于水深10m以浅（最大水深1 229m）的底层，夜晚则到
水表层活动觅食。食鱼类、甲壳类及头足类等。体长420mm。分布：台湾海域；日本、夏威夷，
印度-太平洋海域。以延绳钓、大型流刺网等渔法捕获，通常本种鱼都是偶获，数量不多。非主
要经济鱼种，鱼肉尚佳，红烧或煮汤皆可。

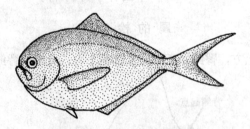

图2203　小鳞乌鲂 *B. orcini*
（依波户冈，2013）

3（2）体侧纵列鳞57～75

4（5）体侧纵列鳞57～65；鳃耙13～15·· **杜氏乌鲂 *B. dussumieri* Cuvier, 1831**
（图2204）。大洋性底层鱼类。栖息于水深300m以浅海域。食鱼类、甲壳类及头足类等。体长
180mm。分布：东海；日本，印度-西太平洋。

5（4）体侧纵列鳞65～75；鳃耙17～20·· **日本乌鲂 *B. japonica* Hilgendorf, 1878**

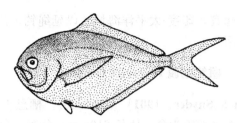

图 2204　杜氏乌鲂 *B. dussumieri*
（依波户冈，2013）

（图 2205）。大洋性底栖鱼类。白天栖息于水深 150～400m 的底层，夜晚到水表层活动觅食。食鱼类、甲壳类及头足类等。体长 610mm。分布：台湾北部海域；日本、菲律宾，北太平洋亚热带至亚寒带海域。渔期全年皆有，本种鱼都是偶获，数量不多，非台湾主要经济鱼种。一般市场也不常见，鱼肉尚佳，红烧或煮汤。

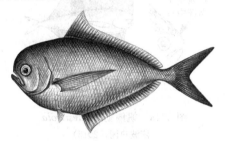

图 2205　日本乌鲂 *B. japonica*
（依郑义郎，2007）

6（1）尾鳍上叶丝状延长，上叶长超过体长之半；体侧纵列鳞数 53～56 ⋯⋯⋯⋯⋯⋯⋯⋯⋯⋯⋯⋯⋯⋯
　　梅氏乌鲂 ***B. myersi*** Muad，1972（图 2206）。栖息于水深 1～200m 的大洋性底层鱼类。食鱼类、甲壳类及头足类等。分布：台湾海域、东沙群岛；夏威夷、东非，印度-西太平洋海域。当前记录只局限于仔、稚鱼及幼鱼阶段的标本。

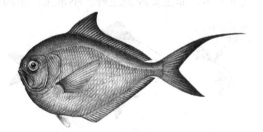

图 2206　梅氏乌鲂 *B. myersi*
（依郑义郎，2011）

真乌鲂属 *Eumegistus* Jordan & Jordan，1822

　　真乌鲂 *E. illustris* Jordan & Jordan，1822（图 2207）。大洋性底层鱼类。白天栖息于水深1～620m的底层，夜晚则到水表层活动觅食。以其他的鱼类、甲壳类及头足类等为食。体长 470mm。分布：台

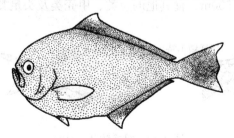

图 2207　真乌鲂 *E. illustris*
（依波户冈，2013）

湾东部海域；日本、夏威夷、菲律宾，印度-太平洋海域。以延绳钓、流刺网等偶获，数量并不多，非主要经济鱼种。鱼肉尚佳，供食用。

帆鳍鲂属 *Pteraclis* Gronow，1772

帆鳍鲂 *P. aesticola*（Jordan & Snyder，1901）（图 2208）。栖息于水深 100m 的大洋性底栖鱼类。肉食性，以其他鱼类、甲壳类及头足类等为食。体长 610mm。分布：台湾东北部海域；日本、夏威夷，西太平洋海域。以延绳钓、大型流刺网等渔法偶有捕获，数量不多，非主要经济鱼种。鱼肉尚佳，红烧或煮汤皆可。

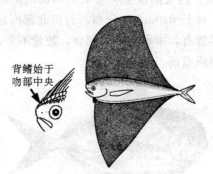

背鳍始于吻部中央

图 2208 帆鳍鲂 *P. aesticola*
（依波户冈，2013）

高鳍鲂属 *Pterycombus* Fries，1837

彼氏高鳍鲂 *P. petersil*（Hilgendorf，1878）（图 2209）。大洋性底栖鱼类。栖息水深 0～200m。幼鱼白天栖息于深水的底层；成鱼则在较深处，夜晚则到水表层活动觅食。肉食性，食其他的鱼类、甲壳类及头足类等。体长 500mm。分布：台湾南部及东部海域；日本、澳大利亚，赤道附近中央太平洋。以延绳钓、大型流刺网等渔法偶获，数量不多，非主要经济鱼种。不常见，鱼肉尚佳，红烧或煮汤皆可。

背鳍起点在眼后缘后上方

图 2209 彼氏高鳍鲂 *P. petersil*
（依波户冈，2013）

棱鲂属 *Taractes* Lowe，1843
种 的 检 索 表

1（2）尾柄中央鳞片不特大，不隆起·······························粗棱鲂 *T. asper* Lowe，1843（图 2210）。大洋性底栖鱼类。栖息水深 550m。食其他的鱼类、甲壳类及头足类等。体长 450mm。分布：台湾

尾柄鳞不特大

图 2210 粗棱鲂 *T. asper*
（依波户冈，2013）

北部海域；韩国、日本、菲律宾。

2（1）尾柄中央鳞片特大，隆起 ⋯⋯⋯⋯⋯⋯⋯⋯⋯ 红棱鲂 **T. rubescens**（**Jordan & Evermann，1887**）（图 2211）。大洋性底栖鱼类。白天栖息于水深可达 400m 的底层，夜晚则到水表层活动觅食。肉食性，食其他的鱼类、甲壳类及头足类等。体长 700mm。分布：东海、台湾南部海域；日本、夏威夷，大西洋及太平洋的热带及亚热带海域。以延绳钓、大型流刺网等渔法偶获，数量不多，非台湾主要经济鱼种。一般市场也不常见，鱼肉尚佳，红烧或煮汤皆可。

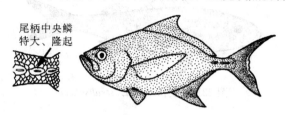

尾柄中央鳞特大、隆起

图 2211 红棱鲂 *T. rubescens*

（依波户冈，2013）

长鳍乌鲂属 *Taractichthys* Mead & Maul，1958

斯氏长鳍乌鲂 *T. steindachneri*（Döderlein，1883）（图 2212）。大洋性底栖鱼类。白天栖息于水深可达 360m 的底层，夜晚则到水中表层活动觅食。肉食性，以其他的鱼类、甲壳类及头足类等为食。体长 600mm。分布：台湾北部及东部海域；印度-太平洋，自非洲西南部到加利福尼亚海域。本种鱼都是偶获，数量不多，非主要经济鱼种。鱼肉尚佳。

图 2212 斯氏长鳍乌鲂 *T. steindachneri*

（依郑义郎，2011）

223. 谐鱼科 Emmelichthyidae

体纺锤形，延长，稍侧扁。吻钝锥形。口前位，倾斜。前颌骨及上颌骨均能伸出。上颌骨末端宽阔，被鳞，口闭时不被眶前骨遮盖。两颌、犁骨及腭骨上齿小或无。舌上无齿。鳃盖骨后缘具 1~2 枚扁平棘，有时背侧具 1 小棘。鳃盖膜与峡部分离。鳃盖条 6~7。椎骨 24。躯干部和头部大部分被细小栉鳞。侧线完全，平直，位稍高。背鳍连续、深凹或由隔离棘分离成两部分；胸鳍小，尖形；腹鳍亚胸位；尾鳍深分叉。

海洋鱼类。栖息于热带、温带水深 100~400m 的近底层水域。分布：印度-太平洋、南太平洋、东大西洋和加勒比海。

本科有 3 属 15 种；中国有 2 属 3 种。

属 的 检 索 表

1（2）第一和第二背鳍相距较远，中间具 2~3 游离棘 ⋯⋯⋯⋯⋯⋯⋯⋯ 谐鱼属 *Emmelichthys*

2（1）第一和第二背鳍相互接近，中间具 1 游离棘 ⋯⋯⋯⋯⋯⋯⋯⋯ 红谐鱼属 *Erythrocles*

谐鱼属 *Emmelichthys* Richardson，1845

史氏谐鱼 E. struhsakeri Heemstra & Randall，1977（图 2213）。暖温性海洋底层中小型鱼类，在水深 200～300m 的海底山岭深水域群栖。体长 182～270mm。分布：东海深海、台湾海域；朝鲜半岛、日本、夏威夷，印度-西太平洋。

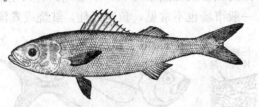

图 2213 史氏谐鱼 *E. struhsakeri*

红谐鱼属 *Erythrocles* Jordan，1919
种 的 检 索 表

1（2）尾柄具隆起线；鳃腔后缘具二肉质突起 ·· **史氏红谐鱼**
E. schlegelii（Richardson，1846）（图 2214）。暖温性海洋底层中小型鱼类。在水深 100～350m 的海底山岭深水域群栖。体长可达 370mm。分布：东海深海、台湾海域、南海诸岛；朝鲜半岛、日本、非洲东岸，印度-西太平洋。

图 2214 史氏红谐鱼 *E. schlegelii*
（依波户冈等，2013）

2（1）尾柄无隆起线；鳃腔后缘无肉质突起 ·· **火花红谐鱼**
E. scintillans（Jordan & Thompson，1912）（图 2215）。暖温性海洋底层中小型鱼类。在水深 250～300m 的海底山岭深水域群栖。体长可达 290mm。分布：台湾南部海域；日本、夏威夷，印度-西太平洋。

图 2215 火花红谐鱼 *E. scintillans*
（依波户冈等，2013）

224. 笛鲷科 Lutjanidae

体长椭圆形或稍延长，侧扁。头中大。口中大或大，前位，口裂斜，前颌骨稍能伸缩，上颌骨大部为眶前骨所遮盖。颌齿尖细，外行齿或前端齿有时扩大成犬齿。犁骨和腭骨通常具细锥齿。前鳃盖骨边缘具锯齿或光滑。鳃盖骨一般无棘。鳃盖条 7。鳃盖膜不与峡部相连。体被栉鳞，颊部和鳃盖骨被鳞，上颌骨被鳞或无鳞，吻部和下颌无鳞。背鳍鳍棘部与鳍条部相连，中间常具缺刻，具 12 鳍棘、9～17 鳍条，臀鳍具 3 鳍棘、7～11 鳍条，两鳍基部或有鳞鞘；胸鳍尖长；腹鳍胸位，1～5；尾鳍截形、凹形或叉形。椎骨10＋14。

暖水性近底层鱼类。大部分栖息于珊瑚礁及岩礁海域，淡水及咸淡水水域偶见。肉质优良，是重要的经济鱼类，全世界年渔获量达10余万t。笛鲷属的大型种类，体长1.0～1.2m，为游钓爱好者的游钓对象。个别种类的大型鱼内脏可能累积珊瑚礁鱼毒素，应避食其内脏，曾发生食用该鱼引起中毒的案例。

分布：大西洋、印度洋和太平洋热带及亚热带温暖海域。

本科有17属110种（Nelson et al.，2016）；中国有12属52种。

属 的 检 索 表

1（10）背鳍基部被鳞

2（7）犁骨具齿带；成鱼吻背外缘直线状；背鳍中央部鳍条突出，但不显著伸长

3（4）第一鳃弓上鳃耙30以上；体色各异 ·· 羽鳃笛鲷属 *Macolor*

4（3）第一鳃弓上鳃耙20以下；体暗色

5（6）体轴线穿过眼的中心；上颌齿细小（图2216）··························· 斜鳞笛鲷属 *Pinjalo*

图 2216　斜鳞笛鲷属 Pinjalo
（依岛田，2013）

6（5）眼位于体轴线的上方；上颌齿较大（图2217）··························· 笛鲷属 *Lutjanus*

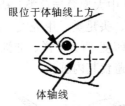

图 2217　笛鲷属 Lutjanus
（依岛田，2013）

7（2）犁骨无齿带；成鱼吻背外缘近垂直状；背鳍中央部鳍条显著伸长或呈丝状，但丝条长鳍笛鲷（*Symphorus nematophorus*）的成鱼例外

8（9）尾柄上部具一大暗斑；头的项部纵线中断；吻背外缘近垂直 ········ 帆鳍笛鲷属 *Symphorichthys*

9（8）尾柄上部无大暗斑；头部无纵线；吻背外缘圆形 ········ 长鳍笛鲷属（曳丝笛鲷属）*Symphorus*

10（1）背鳍基部无鳞

11（14）两背鳍间具深缺刻

12（13）主上颌骨无鳞；臀鳍具9鳍条；腹鳍下部暗色；胸鳍长几与腹鳍等长 ·············
·· 莱氏笛鲷属 *Randallichthys*

13（12）主上颌骨具鳞；臀鳍具8鳍条；腹鳍下部浅色；胸鳍长于腹鳍许多 ·············
·· 红钻鱼属（滨鲷属）*Etelis*

14（11）两背鳍间具浅缺刻

15（16）眼前部鼻孔的下方有沟；吻长和胸鳍长相等 ·························· 短鳍笛鲷属 *Aprion*

16（15）眼前部鼻孔的下方无沟；吻长短于胸鳍长

17（18）犁骨无齿带；主上颌骨向后伸达眼中央下方之后 ········ 叉尾鲷属（细齿笛鲷属）*Aphareus*

18（17）犁骨有齿带；主上颌骨向后伸达眼中央下方之前

19（20）唇肥厚；上颌突出于下颌之前 ·· 叶唇笛鲷属 *Lipocheilus*

20（19）唇薄；下颌突出于上颌之前

21（22）背鳍、臀鳍最后鳍条不伸长；两眼间隔隆起；背鳍具 10 鳍条 ··································· ··· 若梅鲷属（拟乌尾鲛属）*Paracaesio*

22（21）背鳍、臀鳍最后鳍条伸长；两眼间隔平坦；背鳍具 11 鳍条 ································ ·· 紫鱼属（姬鲷属）*Pristipomoides*

叉尾鲷属（细齿笛鲷属）*Aphareus* Cuvier, 1830
种 的 检 索 表

1（2）鳃弓上鳃耙 6；鲜活时体暗青色 ····································· 叉尾鲷（细齿笛鲷）
A. furca（Lacepède, 1801）（图 2218）。暖水性中大型海洋鱼类。栖息于沿岸水深 6～70m 的岩礁、珊瑚礁区，独游或聚成小群。主食鱼类、甲壳类。体长 700mm。分布：台湾南部海域、南海诸岛；日本、夏威夷、澳大利亚，印度-西太平洋、可可群岛（东太平洋）的热带海域。煎食或煮汤。大型鱼内脏可能具累积的珊瑚礁鱼毒素，应避食其内脏。

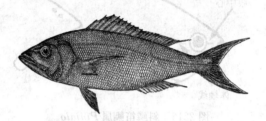

图 2218　叉尾鲷（细齿笛鲷）*A. furca*

2（1）鳃弓上鳃耙 18；鲜活时体浅褐色 ····························· 红叉尾鲷（锈色细齿笛鲷）
A. rutilans Cuvier, 1830（图 2219）。暖水性中大型海洋鱼类。栖息于沿岸水深 100～330m 的岩礁、珊瑚礁区，独游或聚成小群。主食鱼类、头足类、甲壳类。体长 1.1m。分布：台湾南部海域、南海诸岛；日本、夏威夷、澳大利亚，印度-西太平洋、非洲东岸的热带海域。煎食或煮汤。大型鱼内脏可能具累积的珊瑚礁鱼毒素，应避食其内脏。

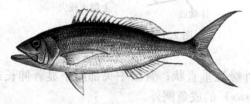

图 2219　红叉尾鲷（锈色细齿笛鲷）*A. rutilans*
（依 Anderson & Allen, 2001）

短鳍笛鲷属 *Aprion* Valenciennes, 1830

　　蓝短鳍笛鲷 A. virescens Valenciennes, 1830（图 2220）。栖息于水深自表层至 180m 的热带、亚热带沿岸岩礁、珊瑚礁区陡坡上缘、海峡或潟湖附近的开放水域，一般皆独游，偶聚成小群。春夏季月圆前后洄游于礁区陡坡间产卵。主食鱼类、底栖甲壳类。体长 1.12m。分布：台湾南部海域、南海诸岛；日本，印度-西太平洋的热带海域。肉质量佳，红烧、煎食或煮汤皆宜。大型鱼内脏可能具累积的珊瑚礁鱼毒素，应避食其内脏。在台湾曾发生食用该鱼引起中毒的案例。

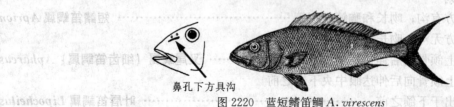

鼻孔下方具沟

图 2220　蓝短鳍笛鲷 *A. virescens*

红钻鱼属（滨鲷属）*Etelis* Cuvier, 1828
种 的 检 索 表

1（2）尾鳍下叶先端白色；第一鳃弓上鳃耙3～4；体长为尾鳍上叶长的3.3倍以上…………………
……**红钻鱼（滨鲷）*E. carbunculus* Cuvier, 1828**（图2221）。栖息于沿岸水深90～400m礁石
区的中大型底层鱼类。食鱼类及大型无脊椎动物（如乌贼等）。体长1.27 m。分布：东海、
台湾南部及东部海域、东沙群岛；日本，印度-西太平洋的热带海域。世界各沿岸国重要渔获
物之一。

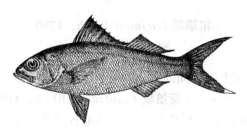

图2221　红钻鱼（滨鲷）*E. carbunculus*

2（1）尾鳍下叶先端不呈白色；第一鳃弓上鳃耙6～14；体长为尾鳍上叶长的3.1倍以下

3（4）主上颌骨后端仅伸达眼中央下方之前；第一鳃弓上鳃耙6～9；犁骨齿带宽广…………………
……**丝尾红钻鱼（长尾滨鲷）*E. coruscans* Valenciennes, 1862**（图2222）。栖息于沿岸水深
100～400m礁石区的中大型底层鱼类。食鱼类、乌贼、甲壳类等。体长1.2m。分布：台湾东部
及南部海域、东沙群岛；日本、澳大利亚，印度-西太平洋的热带海域。世界各沿岸国重要渔获
物之一，我国台湾东部产量甚丰。

主上颌骨伸达眼
中央下方之前

图2222　丝尾红钻鱼（长尾滨鲷）*E. coruscans*
（依 Anderson & Allen, 2001）

4（3）主上颌骨后端伸达眼后缘下方；第一鳃弓上鳃耙11～14；犁骨齿带狭小…………………………
多耙红钻鱼（多耙滨鲷）*E. radiosus* Anderson, 1981（图2223）。栖息于沿岸水深90～360m礁
石区的中大型底层鱼类。主食鱼类。体长1.1m。分布：台湾东部及南部海域、南沙群岛；日
本、萨摩亚群岛、澳大利亚，印度-西太平洋的热带海域。供食用。

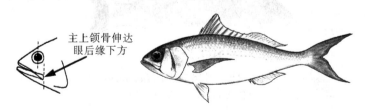

主上颌骨伸达
眼后缘下方

图2223　多耙红钻鱼（多耙滨鲷）*E. radiosus*
（依 Anderson & Allen, 2001）

叶唇笛鲷属 *Lipocheilus* Anderson, Talwar & Johnson, 1977

叶唇笛鲷 *L. carnolabrum*（Chan, 1970）（图2224）。栖息于水深90～340m岩石底质的大陆架水域
底层鱼类。食鱼类及大型甲壳类。体长700mm。分布：东海中部、台湾南部海域、东沙群岛；日本、
澳大利亚北部，印度-西太平洋区。罕见鱼种。供食用。

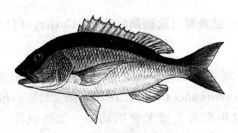

图 2224　叶唇笛鲷 *L. carnolabrum*
(依 Anderson & Allen，2001)

笛鲷属 *Lutjanus* Bloch，1790
种 的 检 索 表

1（2）背鳍具 12 鳍条；眼前缘至上颌之间的距离狭窄，头长为其长的 7～8 倍；眼大，头长为眼径的
　　　3.7～4.5 倍⋯⋯⋯⋯⋯⋯⋯⋯⋯⋯**黄笛鲷 *L. lutjanus* Bloch，1790**（图 2225）。栖息于沿岸水深
　　　10～90m 处礁区或独立礁区的底层鱼类，常与其他种类笛鲷聚成大群。食底栖甲壳类和鱼类。
　　　体长 350mm。分布：台湾南部及西部海域、海南岛、南海；日本、澳大利亚，印度-西太平洋。
　　　供食用。

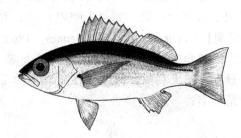

图 2225　黄笛鲷 *L. lutjanus*
(依 Anderson & Allen，2001)

2（1）背鳍具 13 以上鳍条；眼前缘至上颌之间的距离较宽，头长为其长的 4～5 倍；眼小，头长为眼径
　　　的 5～6 倍

3（4）尾鳍中部具一宽阔的新月形黑带，尾鳍边缘品红色；腹部橙黄色⋯⋯⋯⋯⋯⋯⋯⋯⋯**月尾笛鲷**
　　　***L. lunulatus* (Park，1797)**（图 2226）。栖息于水深 10～30m 珊瑚礁区的中小型鱼类，喜独居或
　　　聚成小群。体长 350mm。分布：台湾海域；菲律宾，印度-西太平洋、阿拉伯海。

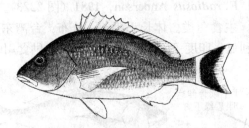

图 2226　月尾笛鲷 *L. lunulatus*
(依 Anderson & Allen，2001)

4（3）尾鳍中部无新月形黑带

5（6）体侧每一鳞片的中心具一红褐色小斑，各小斑相连成多条与侧线平行的细带；背部具一大于
　　　眼径的红褐色大斑⋯⋯⋯⋯⋯⋯⋯⋯⋯**约氏笛鲷 *L. johnii* (Bloch，1792)**（图 2227）。栖息
　　　于水深 1～80m 沿岸的珊瑚礁区。幼鱼有时可发现于红树林、河口区。主要摄食蟹类、虾类。
　　　体长 700mm。分布：东海（福建）、台湾西部及南部海域；斐济群岛、澳大利亚，印度-西太
　　　平洋。供食用。

6（5）体侧鳞片中心无小斑；背侧有或无大黑斑

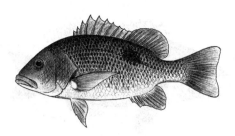

图 2227　约氏笛鲷 L. johnii

（依 Anderson & Allen，2001）

7（20）前鳃盖骨后缘缺刻深凹

8（9）尾鳍分叉，末端圆形；背鳍、尾鳍及臀鳍黑色，各鳍边缘淡色⋯⋯⋯⋯⋯⋯⋯⋯⋯**驼背笛鲷**
L. gibbus（Forsskål，1775）（图 2228）。栖息于水深 1～150m 的珊瑚礁区或礁沙混合区，常聚成
大群巡游于礁体间；成鱼移向较深海域。食鱼类、棘皮动物及螺类。体长 500mm。分布：台湾
海域、南海诸岛；日本，印度-西太平洋。供食用，唯因食物链之故，内脏会累积珊瑚礁鱼毒素，
在台湾曾发生食用该鱼引起死亡的案例。

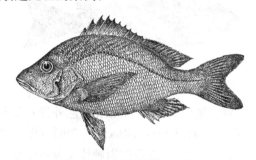

图 2228　驼背笛鲷 L. gibbus

9（8）尾鳍内凹或截形，不分叉

10（11）胸鳍基部具一黑纹（或黑斑），头部及背部品红色，有时体侧具 8 条黄色细纵带⋯⋯⋯⋯⋯
⋯⋯⋯⋯**蓝带笛鲷 L. boutton（Lacepède，1802）**（图 2229）。栖息于水深 15～50m 的珊瑚礁
区。常与其他笛鲷 30～40 尾聚集成群，巡游于礁体的上缘水层。食鱼类、甲壳类及大型浮游
动物。体长 200～300mm。分布：台湾东部及南部海域；印度-西太平洋。

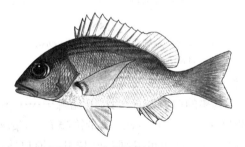

图 2229　蓝带笛鲷 L. boutton

（依 Anderson & Allen，2001）

11（10）胸鳍基部无黑纹

12（17）体侧具 4～5 条蓝白色纵带

13（14）体侧具 5 条蓝白色纵带 ⋯⋯⋯⋯⋯⋯⋯⋯⋯⋯⋯ **五线笛鲷 L. quinquelineatus（Bloch，1790）**
（图 2230）（syn. L. spilurus 成庆泰等，1962）。栖息于水深 2～40m 的岩礁及珊瑚礁区，大型
鱼常迁移至水深 100m 的水域。主食鱼类及底栖甲壳类。体长 350～400mm。分布：东海（福
建）、台湾澎湖列岛、南海；日本，印度-西太平洋。供食用。

14（13）体侧具 4 条蓝白色纵带

15（16）背鳍一般具 10 鳍棘；背鳍外缘、尾鳍外缘、胸鳍上缘暗黑色；体侧腹部具数个蓝白色点斑

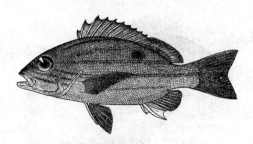

图 2230 五线笛鲷 *L. quinquelineatus*

·······················**四带笛鲷 *L. kasmira*（Forsskål，1775）**（图 2231）。栖息于水深 3～150m 的沿岸珊瑚礁区、潟湖区或独立礁区，但在水深 180～265m 处也有分布。白天大群于珊瑚结构的礁区、洞穴或残骸周遭水域活动；稚鱼栖于藻床周围的片礁区。食底栖鱼、虾、头足类；也吃藻类。体长 400mm。分布：台湾海域、南海诸岛；日本，印度-西太平洋。供食用。

图 2231 四带笛鲷 *L. kasmira*

16（15）背鳍一般具 11 鳍棘；背鳍、尾鳍和胸鳍均无暗黑色外缘；体侧腹部无蓝白色点斑············
·················**孟加拉笛鲷 *L. bengalensis*（Bloch，1790）**（图 2232）。栖息于珊瑚礁或岩石礁区水深 10～30m 的水域，昼间聚于独立礁石四周礁沙交界处活动，夜间四散至沙地上捕食小鱼。体长 300mm。分布：台湾南部海域；日本、澳大利亚，印度-西太平洋。常见鱼种。

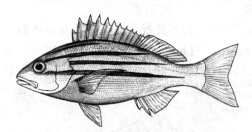

图 2232 孟加拉笛鲷 *L. bengalensis*

（依 Anderson & Allen，2001）

17（12）体侧一般无纵带，若有纵带时则为 10～12 淡黄色纵带

18（19）鲜活时尾鳍暗色，后缘部具狭的白边；背鳍具 10 鳍棘·······································**焦黄笛鲷 *L. fulvus*（Forster，1801）**（图 2233）（syn. 金带笛鲷 *L. vaigiensis* 成庆泰，1962）。栖息于水深 1～75m 的珊瑚礁或潟湖区，幼鱼可发现于红树林、河口或河川的下游区。夜间觅食鱼类。体长 400mm。分布：台湾海域、海南岛、南海；日本、非洲东岸，印度-西太平洋。

图 2233 焦黄笛鲷 *L. fulvus*

19（18）鲜活时尾鳍黄色，后缘部浅暗色，无狭的白边；体侧具 10～12 淡黄色条纹；背鳍具 11 鳍棘；体背侧有时具一大黑斑 ·························· **红纹笛鲷 L. rufolineatus （Valenciennes，1830）**（图 2234）。栖息于珊瑚礁或潟湖区水深 15～30m 的水域。常 100 尾以上个体成群觅食。每年 3—6 月为产卵高峰。体长 300～350mm。分布：台湾海域、南沙群岛；日本、苏门答腊，印度-西太平洋。

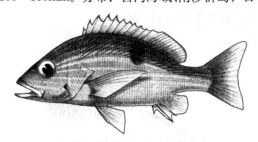

图 2234 红纹笛鲷 *L. rufolineatus*
（依 Bleeker，1873）

20（7）前鳃盖骨后缘缺刻较浅，不深凹

21（24）侧线上方鳞列走向与侧线平行（图 2235）

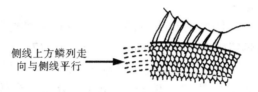

侧线上方鳞列走向与侧线平行

图 2235 与侧线平行的鳞列走向
（依岛田，2013）

22（23）体侧上半部具一暗色大圆斑；犁骨齿带中央部后方突出；成鱼头长为吻长的 8 倍以上 ····················**埃氏笛鲷 L. ehrenbergii （Peters，1869）**（图 2236）。成鱼栖息于水深 1～20m 的珊瑚礁区，幼鱼和稚鱼出现于泥沙或石砾底质的水域，常见于河口、红树林及潮汐所及的河川下游。食鱼类、甲壳类及大型浮游动物。体长 300～350mm。分布：台湾北部海域及澎湖列岛；日本、所罗门群岛，印度-西太平洋。供食用。

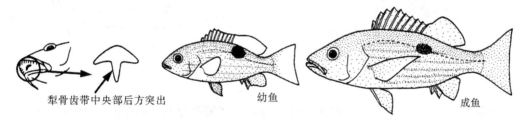

犁骨齿带中央部后方突出   幼鱼   成鱼

图 2236 埃氏笛鲷 *L. ehrenbergii*
（依岛田，2013）

23（22）体侧上半部无暗圆斑，幼鱼体侧具 6～8 暗色横带；犁骨齿带中央部后方无突出；成鱼头长为吻长的 5 倍以下 ·····················**紫红笛鲷 L. argentimaculatus （Forsskål，1775）**（图 2237）。广盐性鱼类。幼鱼和稚鱼栖息于河口、红树林区及潮汐所及的河川下游，长成

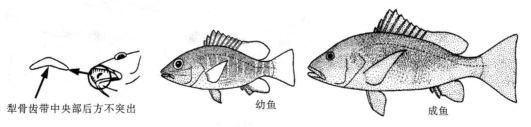

犁骨齿带中央部后方不突出   幼鱼   成鱼

图 2237 紫红笛鲷 *L. argentimaculatus*
（依岛田，2013）

后则向外海迁移至深水珊瑚礁区形成群体，有时栖息水深 1～120m。大型鱼类。体长 1.5m。分布：东海中部（水深 110～150m）、台湾西南海域各地河口、海南岛、南海诸岛；日本、萨摩亚群岛、澳大利亚。供食用，具经济价值。笛鲷类为浅海养殖的主要种类，常供海钓池用。

24（21）侧线上方鳞列走向为斜向背后上方（图 2238）

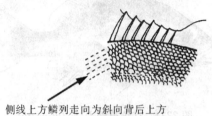

侧线上方鳞列走向为斜向背后上方

图 2238　斜向背部的鳞列走向
（依岛田，2013）

25（34）犁骨齿带中央部向后方突出

26（29）体侧后半部在侧线上具一黑斑

27（28）头侧鳞列 4～5 列；左右侧鳞列在头后部相互接近；背鳍通常具 13 鳍条（12～14）……………………………………金焰笛鲷 *L. fulviflamma*（Forsskål，1775）（图 2239）。栖息于沿岸礁区及珊瑚礁区水深 3～35m 处。幼鱼见于红树林区、河口或河川下游。与其他笛鲷类聚成大群巡游。摄食鱼类、底栖甲壳类。体长 350mm。分布：台湾海域、海南岛、南海诸岛；日本，印度-西太平洋。供食用，唯因食物链之故，内脏会累积珊瑚礁鱼毒素，在台湾曾发生食用该鱼引起中毒的案例，食时需多加注意。数量少，《中国物种红色名录》列为濒危［EN］物种。

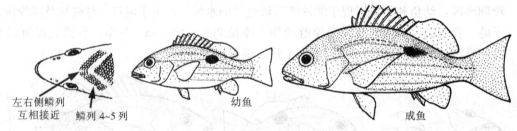

左右侧鳞列
互相接近　　鳞列 4～5 列　　　　幼鱼　　　　　　　　成鱼

图 2239　金焰笛鲷 *L. fulviflamma*
（依岛田，2013）

28（27）头侧鳞列 1～2 列；左右侧鳞列在头后部分离；背鳍通常具 14 鳍条（14～15）…………………………勒氏笛鲷 *L. russellii*（Bleeker，1849）（图 2240）。栖息于水深 1～80m 的珊瑚礁、外礁及岩岸礁区。幼鱼可见于红树林区、河口或河川下游。夜间觅食鱼类及甲壳类。体长 500mm。分布：东海南部（福建）、台湾海域、海南岛、南海诸岛；韩国、日本，印度-西太平洋。味美，肉质佳，是市场具较高经济价值的鱼类。

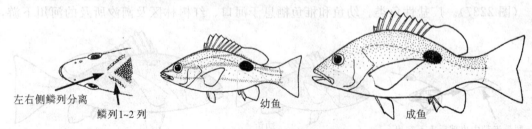

左右侧鳞列分离　　鳞列 1～2 列　　　　幼鱼　　　　　　　　成鱼

图 2240　勒氏笛鲷 *L. russellii*
（依岛田，2013）

29（26）体侧无黑斑，或在侧线下方具一黑斑

30（31）体侧在侧线下方具一黑斑；前鳃盖骨后部下缘无小鳞······················**奥氏笛鲷**
　　　　***L. ophuysenii*（Bleeker, 1860）**（图2241）。栖息于水深1～50m礁沙交错的海域。幼鱼可见于
　　　　潮池或岩石底岸边；成鱼具生殖季节洄游习性，春天成鱼会游至浅水域产卵。体长340mm。
　　　　分布：东海（福建）、台湾西部海域、南海（香港）；朝鲜半岛、日本，印度-西太平洋。

图 2241　奥氏笛鲷 *L. ophuysenii*
（依岛田，2013）

31（30）体侧在侧线下方无黑斑；前鳃盖骨后部下缘具小鳞

32（33）体侧中央部纵带较宽，体黄褐色·························· **纵带笛鲷（画眉笛鲷）**
　　　　***L. vitta*（Quoy & Gaimard, 1824）**（图2242）。栖息于珊瑚礁水深10～70m的礁沙交错及大陆
　　　　架缘的海域。独游或群游。体长400mm。分布：台湾西部及北部海域、海南岛、南海；日本，
　　　　东印度洋及西太平洋。常见食用鱼。

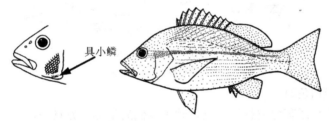

图 2242　纵带笛鲷（画眉笛鲷）*L. vitta*
（依岛田，2013）

33（32）体侧中央部纵带不明显；体黄橙色················· **前鳞笛鲷 *L. madras*（Valenciennes, 1831）**
　　　　（图2243）。栖息于水深可达90m的沿岸珊瑚礁区或独立礁区，常与他种笛鲷类聚成大群。主
　　　　食底栖鱼类和甲壳类。体长300mm。分布：台湾南部海域、南海；日本、印度尼西亚、菲律
　　　　宾，印度-西太平洋。

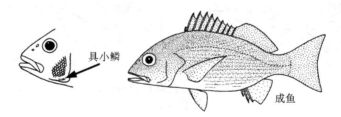

图 2243　前鳞笛鲷 *L. madras*
（依岛田，2013）

34（25）犁骨齿带中央部向后方无突出

35（48）体侧下半部鳞片走向与体轴平行

36（37）体侧具数条赤褐色纵带；尾鳍基具一大圆斑············ **斜带笛鲷 *L. decussatus*（Cuvier, 1828）**
　　　　（图2244）。栖息于水深2～30m的珊瑚礁区，包括沿岸及近海外礁区，独游或聚成小群巡游于
　　　　礁体间。食鱼类及甲壳类。体长350mm。分布：东海、钓鱼岛、台湾西南部海域及绿岛、南
　　　　海诸岛；日本，东印度洋至西太平洋。

37（36）体侧无赤褐色纵带，若有为一黄色纵带

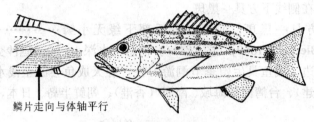

图 2244　斜带笛鲷 *L. decussatus*

（依岛田，2013）

38（39）尾柄部具暗斑或白色斑；全身及各鳍红色；幼鱼自吻经眼至背鳍起点前具斜黑带，尾柄部具暗斑；成鱼尾柄部隐具暗斑或无斑纹 ·················· **马拉巴笛鲷**

　　L. malabaricus（Bloch & Schneider，1801）（图 2245）（syn. 红鳍笛鲷 *L. erythropterus* 成庆泰等，1962）。幼鱼栖息沿岸的浅水珊瑚礁区或独立沙泥礁区，成鱼栖息于水深 2～100m 的水域。体长 1.0m。分布：东海（福建）、台湾北部及澎湖列岛海域、南海；日本，印度-西太平洋。供食用。数量少，《中国物种红色名录》列为易危［VU］物种。

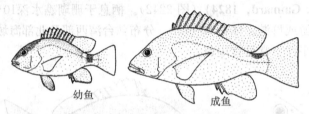

幼鱼　　　　成鱼

图 2245　马拉巴笛鲷 *L. malabaricus*

（依岛田，2013）

39（38）尾柄部无暗斑或白色斑

40（41）头部具许多蓝白色或蓝色波状细纵纹；幼鱼体侧后半部上方具一白斑 ··················

　　蓝点笛鲷 L. rivulatus（Cuvier，1828）（图 2246）。栖息于珊瑚礁或近海平台区，大鱼可见于水深 100m 处。独游或三两成群。体长 800mm。分布：台湾沿岸、南海（广东）、南海诸岛；日本、萨摩亚群岛，印度-西太平洋。味美，肉质佳，是市场高级经济鱼类，也是重要养殖鱼种。

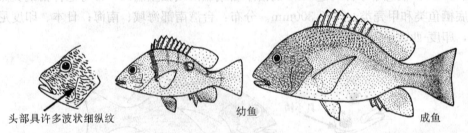

头部具许多波状细纵纹　　　　幼鱼　　　　成鱼

图 2246　蓝点笛鲷 *L. rivulatus*

（依岛田，2013）

41（40）头部无蓝白色或蓝色波状细纵纹；幼鱼体侧后半部上方有或无白斑

42（43）眼前部具一浅沟，前后鼻孔位于沟中；体侧后半部上方成鱼无白斑，幼鱼具 1～2 个大于眼径的大圆白斑··················**白斑笛鲷 L. bohar（Forsskål，1775）**（图 2247）。栖息于水深 10～70m 的珊瑚礁区（包括潟湖区或外礁）。独自巡游于礁区四周寻找猎物，以鱼类为主食，偶尔捕食甲壳类、端足类等。体长 0.9m。分布：台湾南部海域、南海；日本、马贵斯群岛，印度-西太平洋。供食用，许多沿岸国家重要的食用鱼。唯因食物链之故，内脏会累积珊瑚礁鱼毒素，在台湾曾发生食用该鱼引起中毒死亡的案例，食时需多加注意。数量少，《中国物种红色名录》列为易危［VU］物种。

43（42）眼前部无浅沟

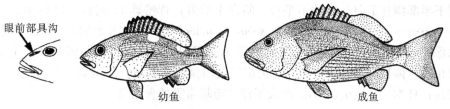

图 2247　白斑笛鲷 *L. bohar*
（依岛田，2013）

44（45）背鳍具 12 鳍棘；体侧上半部具 6 条黄色斜纵纹；后方的侧线上无暗色斑························
·······似十二棘笛鲷 ***L. dodecacanthoides***（**Bleeker，1854**）（图 2248）。栖息于水深不超过 30m
的较浅珊瑚礁区。食鱼类及甲壳类。体长 300mm。分布：台湾南部海域、南沙群岛；日本、
印度尼西亚，印度-西太平洋。

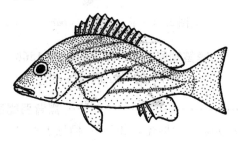

图 2248　似十二棘笛鲷 *L. dodecacanthoides*
（依岛田，2013）

45（44）背鳍具 10～11 鳍棘；体侧上半部无黄色斜纵纹

46（47）体背侧后半部上方具一小于眼径的细白斑 ···································· **星点笛鲷**
***L. stellatus* Akazaki，1983**（图 2249）。栖息于岩礁、珊瑚礁或水深 30m 处岩石底的海域；大
多独游或小群游动。体长 550mm。分布：台湾南部及西南部海域、南海（广东、香港）；日
本、萨摩亚群岛，印度-西太平洋。

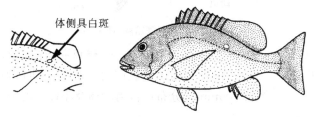

图 2249　星点笛鲷 *L. stellatus*
（依岛田，2013）

47（46）体背侧后半部上方侧线上具一黑色大圆斑 ···································· **单斑笛鲷**
***L. monostigma*（Cuvier，1828）**（图 2250）。栖息于水深 1～60m 的珊瑚礁区，常出现于躲藏性较
佳的水域，如洞穴、人工鱼礁或船礁等。食鱼类或底栖甲壳类。体长 600mm。分布：东海、钓
鱼岛、台湾南部海域、海南岛、南海诸岛；朝鲜半岛、日本、夏威夷，印度-西太平洋。供食用。

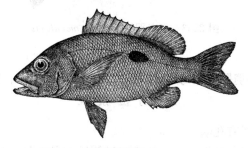

图 2250　单斑笛鲷 *L. monostigma*

48（35）体侧下半部鳞片走向与体轴不平行，斜向上后方；背鳍具 11 鳍棘、16 鳍条；臀鳍具 10 鳍条
……………………………………**千年笛鲷** *L. sebae* (**Cuvier，1816**)（图 2251）。栖息于珊瑚礁区，常现
于水深 5～180m 的沙泥区。幼鱼常栖息于海胆间，也见于红树林河口区。主食鱼类、虾类。
大型鱼类。体长 1.16m。分布：台湾南部及澎湖列岛海域、海南岛、南海（广东、广西）、南
海诸岛；日本、夏威夷，印度-西太平洋。市场常见的食用鱼。

鳞片走向斜向上后方

图 2251　千年笛鲷 *L. sebae*

羽鳃笛鲷属 *Macolor* Bleeker，1860
种 的 检 索 表

1（2）头部无暗色纵带和斑点 ……………………………… **黑背羽鳃笛鲷** *M. niger* (**Forsskål，1775**)
（图 2252）[syn. 黑笛鲷 *L. niger* 曾炳光，1979]。栖息于水深 5～90m 的沿岸珊瑚礁向海面陡坡
区。幼鱼独游；成鱼三两成群。以鱼类及甲壳类为食。体长 600mm。分布：台湾见于绿岛及兰
屿、南海；日本、萨摩亚群岛，印度-西太平洋的热带海域。数量少，《中国物种红色名录》列为
易危 [VU] 物种。

幼鱼　　　　　　成鱼

图 2252　黑背羽鳃笛鲷 *M. niger*

2（1）头部具暗色纵带和斑点 ……………………………… **斑点羽鳃笛鲷** *M. macularis* Fowler，1931
（图 2253）。栖息于水深 3～90m 礁石及珊瑚礁区向海的陡坡。幼鱼独自游动；成鱼聚成小群，
夜间捕食大型浮游动物。体长 600mm。分布：台湾绿岛及小琉球海域、南沙群岛；日本，印度-
西太平洋。偶见食用鱼。

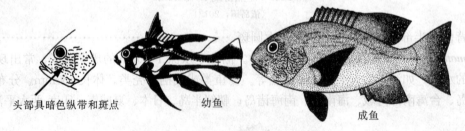

头部具暗色纵带和斑点　　　　幼鱼

成鱼

图 2253　斑点羽鳃笛鲷 *M. macularis*
（依岛田，2013）

若梅鲷属（拟乌尾鮗属）*Paracaesio* Bleeker，1875
种 的 检 索 表

1（6）尾鳍凹入或双弯形；侧线有孔鳞 47～50
2（3）主上颌骨具鳞；体侧浅褐色横带短，一般不越过侧线；老成鱼后头部隆起 ………………………

条纹若梅鲷（横带拟乌尾鲛）*P. kusakarii* Abe, 1960（图 2254）。栖息于水深 100～310m 的近海大陆架岩石底海域。体长 600mm。分布：台湾东部及南部海域、东沙及南沙群岛；日本、菲律宾、萨摩亚群岛，印度-西太平洋。供食用。

图 2254　条纹若梅鲷（横带拟乌尾鲛）*P. kusakarii*
（依 Anderson & Allen, 2001）

3（2）主上颌骨无鳞

4（5）体侧褐色横带长，越过侧线伸达腹部；成鱼后头部不隆起 ⋯⋯⋯⋯⋯⋯⋯⋯⋯⋯⋯⋯⋯⋯⋯⋯⋯⋯⋯⋯⋯⋯⋯⋯⋯⋯⋯⋯⋯
横带若梅鲷（石氏拟乌尾鲛）*P. stonei* Raj & Seeto, 1983（图 2255）。栖息于水深 200～320m 的近海大陆架岩石底海域。体长 500mm。分布：台湾南部海域；日本、斐济、澳大利亚，印度-西太平洋。一般以延绳钓捕获。煎食或红烧均宜。

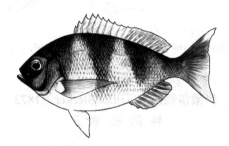

图 2255　横带若梅鲷（石氏拟乌尾鲛）*P. stonei*
（依 Anderson & Allen, 2001）

5（4）体侧无褐色横带，体背褐色；后头部不隆起⋯⋯⋯⋯⋯⋯⋯⋯⋯⋯⋯⋯⋯ **青若梅鲷（蓝色拟乌尾鲛）**
***P. caerulea* (Katayama, 1934)**（图 2256）。栖息于水深 1～100m 的岩礁水域。昼间常成群于礁区上水层中巡游，夜间即分散独自栖息于礁洞中。食浮游动物。体长 500mm。分布：仅发现于中国（台湾北部及南部、东沙群岛）；日本南部。重要食用鱼。一般以一支钓、底层延绳钓等渔法捕获。

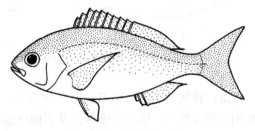

图 2256　青若梅鲷（蓝色拟乌尾鲛）*P. caerulea*
（依岛田, 2013）

6（1）尾鳍深分叉；侧线有孔鳞 68～73

7（8）鲜活时体淡紫蓝色，体侧上半部黄色；尾鳍黄色 ⋯⋯⋯⋯⋯⋯⋯⋯⋯⋯⋯⋯ **黄背若梅鲷（黄拟乌尾鲛）**
***P. xanthura* (Bleeker, 1869)**（图 2257）。栖息于水深 5～150m 的岩礁区，常聚集成群游动。食浮游动物。体长 500mm。分布：台湾南部海域、南沙群岛；朝鲜半岛、日本、澳大利亚，印度-西太平洋的热带及亚热带海域。常见食用鱼。

8（7）鲜活时体全身暗紫褐色；尾鳍暗紫褐色，后缘淡红色 ⋯⋯⋯⋯⋯⋯⋯⋯⋯⋯⋯⋯⋯⋯⋯⋯⋯⋯⋯⋯⋯⋯⋯⋯⋯⋯⋯⋯⋯

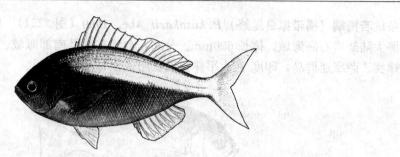

图 2257　黄背若梅鲷（黄拟乌尾鮗）P. xanthura
（依 Anderson & Allen，2001）

冲绳若梅鲷（梭地拟乌尾鮗）P. sordida Abe & Shinohara，1962（图 2258）。栖息于水深5～200m 的岩礁区，昼间常成群于礁区上水层中巡游，夜间即分散独自栖息于礁洞中。食浮游动物。体长480mm。分布：台湾南部海域、南沙群岛；日本、夏威夷，印度-西太平洋的热带海域。

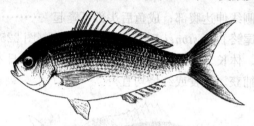

图 2258　冲绳若梅鲷（梭地拟乌尾鮗）P. sordida
（依 Anderson & Allen，2001）

斜鳞笛鲷属 Pinjalo Bleeker，1873
种 的 检 索 表

1（2）背鳍具 12 鳍棘、13 鳍条；臀鳍具 8～9 鳍条；尾鳍稍弯入 ·····························**李氏斜鳞笛鲷**
P. lewisi Randall，Allen & Anderson，1987（图 2259）。栖息于较深的珊瑚礁及岩礁区海域。体长500mm。分布：台湾海域、南海（香港）；日本、菲律宾，印度-西太平洋。

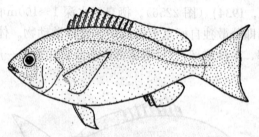

图 2259　李氏斜鳞笛鲷 P. lewisi
（依岛田，2013）

2（1）背鳍具 11 鳍棘、14～15 鳍条；臀鳍具 9～10 鳍条；尾鳍深弯入 ·····························**斜鳞笛鲷**
P. pinjalo（Bleeker，1845）（图 2260）。栖息于珊瑚礁及岩礁区水深 60m 的海域。食底栖浮游无

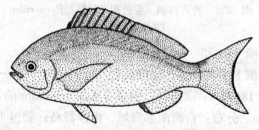

图 2260　斜鳞笛鲷 P. pinjalo
（依岛田，2013）

脊椎动物，偶尔摄食小鱼。体长 500mm。分布：台湾南部海域、南海（香港）；日本、菲律宾、印度尼西亚，印度-西太平洋的热带海域。

紫鱼属（姬鲷属）*Pristipomoides* Bleeker，1852
种 的 检 索 表

1（4）鲜活时体侧具横带或纵纹或斑点；体长为体高的 2.6～3.0 倍

2（3）鲜活时体红色，体侧上半部有数条黄色斜带·························· **斜带紫鱼（横带姬鲷）**
P. zonatus（**Valenciennes，1830**）（图 2261）。栖息于近海水深 70～300m 的岩石底海域。独自游动或聚集小群。食底栖鱼类及被囊类动物。体长 400mm。分布：台湾南部海域；日本、夏威夷、澳大利亚，印度-西太平洋。以底层延绳钓及深海一支钓捕获。煎食或煮汤皆宜。

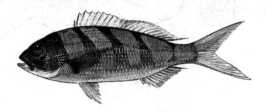

图 2261　斜带紫鱼（横带姬鲷）*P. zonatus*
（依 Anderson & Allen，2001）

3（2）鲜活时体红色，体侧上半部有许多不规则的蓝点、线纹及小斑 ······························
蓝纹紫鱼(蓝纹姬鲷)P. argyrogrammicus（**Valenciennes，1832**）（图 2262）。栖息于近海水深 70～350m 的岩石底海域。独自游动或聚集小群。食小鱼、甲壳类及乌贼。体长 400mm。分布：东海（钓鱼岛）、台湾南部及东部海域、东沙群岛；日本、夏威夷、社会群岛，印度-西太平洋。味美食用鱼。

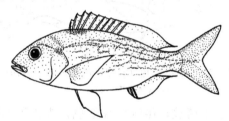

图 2262　蓝纹紫鱼（蓝纹姬鲷）*P. argyrogrammicus*
（依岛田，2013）

4（1）鲜活时体侧无横带、纵纹或斑点（日本紫鱼 *P. auricilla* 有时具波状黄色横带）；体长为体高的
3.1～3.8 倍

5（12）体侧有孔鳞 48～65

6（9）体侧有孔鳞 48～52

7（8）鲜活时体黄色；头背具许多黄褐色不规则横带；吻部在眼下方具 2～3 条蓝色点纵纹和黄色纵带
·························· **多牙紫鱼（黄吻姬鲷）P. multidens**（**Day，1871**）（图 2263）。栖息于近海

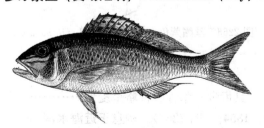

图 2263　多牙紫鱼（黄吻姬鲷）*P. multidens*
（依 Anderson & Allen，2001）

水深40～245m的岩石底或孤岛斜坡的海域。聚集成小群游动。食鱼类、腹足类及尾索动物等。体长700mm。分布：台湾南部海域、南沙群岛；日本、萨摩亚群岛，印度-西太平洋。味美食用鱼。

8（7）鲜活时体红色；头背具许多黄褐色不规则纵带；吻部在眼下方及颊部无斑纹……………………尖齿紫鱼（尖齿姬鲷）***P. typus*** Bleeker，1852（图2264）。栖息于近海水深100m的沙石底或岩礁、孤岛斜坡的海域。聚集成小群游动。食鱼类、腹足类及尾索动物等。体长500mm。分布：台湾南部海域、南沙群岛；日本、新几内亚、萨摩亚群岛，印度-西太平洋。味美食用鱼。

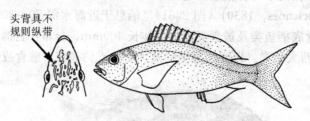

头背具不规则纵带

图 2264　尖齿紫鱼（尖齿姬鲷）*P. typus*
（依岛田，2013）

9（6）体侧有孔鳞59～65

10（11）头背具许多黄色虫状纹；尾鳍后缘黄色；头长为两眼间隔的4.5～4.7倍……………………………黄鳍紫鱼（黄鳍姬鲷）***P. flavipinnis*** Shinohara，1963（图2265）。栖息于近海水深90～360m的岩石底或岩礁海域。独自游动或聚集小群。食鱼类、甲壳类及被囊类动物。体长500mm。分布：台湾沿岸；日本、夏威夷、澳大利亚东北部。味美食用鱼。

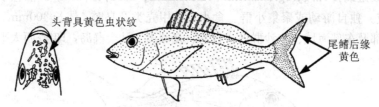

头背具黄色虫状纹

尾鳍后缘黄色

图 2265　黄鳍紫鱼（黄鳍姬鲷）*P. flavipinnis*
（依岛田，2013）

11（10）头背具许多暗蓝色或暗色小斑纹；尾鳍后缘红色；头长为两眼间隔的3.7～4.0倍……………………………丝鳍紫鱼（丝鳍姬鲷）***P. filamentosus*** Valenciennes，1830）（图2266）（syn. 细鳞紫鱼 *P. microlepis* 成庆泰等，1962）。栖息于近海水深90～360m的岩石底或岩礁海域。独自游动或聚集小群。夜晚垂直洄游至上层水域觅食小鱼、海鞘及被囊类动物。体长1m。分布：台湾北部及南部海域、南海诸岛；日本、夏威夷，印度-西太平洋。供食用。

头背具蓝色小斑纹

图 2266　丝鳍紫鱼（丝鳍姬鲷）*P. filamentosus*
（依岛田，2013）

12（5）体侧有孔鳞70～74

13（14）鲜活时尾鳍褐色；舌上具齿带；犁骨齿带略呈菱形……………………… **西氏紫鱼（希氏姬鲷）** ***P. sieboldii*** (Bleeker，1854)（图2267）。栖息于近海水深180～360m的岩石底海域。食鱼类、甲壳类及尾索动物。体长600mm。分布：台湾北部及东部海域、东沙群岛；朝鲜半岛南端、日本、夏威夷，印度-西太平洋的热带海域。市场常见食用鱼。

图 2267　西氏紫鱼（希氏姬鲷）*P. sieboldii*

（依岛田，2013）

14（13）鲜活时尾鳍上叶黄色；舌上无齿带；犁骨齿带略呈三角形 ···
日本紫鱼（黄尾姬鲷）*P. auricilla*（Jordan，Evermann & Tanaka，1927）（图 2268）。栖息于近海水深 90～360m 的岩石底海域。独自游动或聚集小群。食小鱼及被囊类动物。体长 450mm。分布：台湾南部及东部海域、南沙群岛；日本、夏威夷、澳大利亚，印度-西太平洋。味美食用鱼。

图 2268　日本紫鱼（黄尾姬鲷）*P. auricilla*

（依岛田，2013）

莱氏笛鲷属 *Randallichthys* Anderson，Kami & Johnson，1977

长丝莱氏笛鲷 *R. filamentosus*（Fourmanoir，1979）（图 2269）。栖息于水深 100m 的深岩礁底海域。食鱼类、甲壳类及软体动物。体长 500mm。分布：台湾海峡、南海；日本、夏威夷，印度-西太平洋海域。个体大，供食用。

图 2269　长丝莱氏笛鲷 *R. filamentosus*

（依岛田，2013）

帆鳍笛鲷属 *Symphorichthys* Munro，1967

帆鳍笛鲷 *S. spilurus*（Günther，1874）（图 2270）（syn. 长鳍笛鲷 *Symphorus spilurus* 成庆泰等，1962）。栖息于水深 5～60m 珊瑚礁附近的沙底海域，喜独自游动。食小鱼、底栖甲壳类及头足类。体

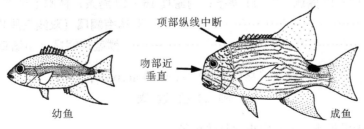

图 2270　帆鳍笛鲷 *S. spilurus*

（依岛田，2013）

长 500mm。分布：南海（广东）、南海诸岛；日本、新喀里多尼亚、澳大利亚，印度-西太平洋。

长鳍笛鲷属（曳丝笛鲷属）*Symphorus* Günther，1872

丝条长鳍笛鲷（曳丝笛鲷）*S. nematophorus*（Bleeker，1860）（图 2271）。栖息于沿岸浅水域至水深 50m 的珊瑚礁及岩礁区。独自游动或聚集小群。主食鱼类。体长达 1m。分布：台湾海域、甫海（广东汕尾）、南沙群岛；日本、夏威夷，印度-西太平洋海域。供食用，大型鱼内脏可能具累积的珊瑚礁鱼毒素，应避食其内脏。

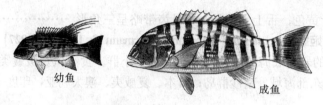

幼鱼　　　　成鱼

图 2271　丝条长鳍笛鲷（曳丝笛鲷）*S. nematophorus*
（依 Anderson & Allen，2001）

225. 梅鲷科（乌尾鮗科）Caesionidae

体长椭圆形或纺锤形，稍侧扁，被中大或细小栉鳞。头锥形。吻短。眼中大，具发达脂眼睑。口小或中大，前位。前颌骨稍能伸缩。上颌骨多少被眶前骨所遮盖。颌齿细小，1～2 行，有时具犬齿。犁骨常具齿。腭骨有时具细齿。前鳃盖骨后缘无锯齿。鳃盖骨后缘具 1 钝棘。鳃盖膜不与峡部相连。鳃盖条 7。假鳃发达。侧线完全，近于平直。背鳍连续，具 9～15 鳍棘、9～22 鳍条；臀鳍具 3 鳍棘、9～13 鳍条；尾鳍深叉形；腹鳍胸位，具 1 鳍棘、5 鳍条。椎骨 10＋14。体长可达 600mm。

暖水性近底层鱼类。大部分栖息于珊瑚礁及岩礁海域。肉质优良，是重要的经济鱼类。分布：印度-西太平洋热带及亚热带的温暖海域。浮游生物食性。

本科有 4 属 23 种（Nelson et al.，2016）；中国有 3 属 12 种。

属 的 检 索 表

1（2）前上颌骨后方突起 1 个（图 2272）；体较高，体长为体高的 2.2～3.4 倍 ·············
·· **梅鲷属（乌尾鮗属）*Caesio***

2（1）前上颌骨后方突起 2 个（图 2273）；体较细长，体长为体高的 3.4 倍以上

图 2272　梅鲷属的前上颌骨　　　　　　　图 2273　双鳍梅鲷属、鳞鳍梅鲷属的前上颌骨
（依岛田，2013）　　　　　　　　　　　　（依岛田，2013）

3（4）背鳍无鳞，具 14～15 鳍棘，8～11 鳍条；胸鳍具 16～19 鳍条；体侧上半部红褐色 ·············
·· **双鳍梅鲷属（双鳍乌尾鮗属）*Dipterygonotus***

4（3）背鳍下部被鳞 ······································· **鳞鳍梅鲷属（鳞鳍乌尾鮗属）*Pterocaesio***

梅鲷属（乌尾鮗属）*Caesio* Lacepède，1801
种 的 检 索 表

1（4）尾鳍上下叶后端黑色或上下叶中央部具暗色带

2（3）尾鳍上下叶后端黑色·················· **新月梅鲷（花尾乌尾鮗）*C. lunaris* Cuvier，1830**

（图2274）。栖息于沿岸水深3～50m的礁石区陡坡外围海域，也出现于潟湖区，大群洄游于中层水域，游速快，时间持久。日行性鱼类，昼间在水层中觅食浮游动物，夜间于礁区间具遮蔽性处休息。体长400mm。分布：台湾南部及东部海域、南海诸岛；日本，印度-西太平洋的热带海域。数量少，《中国物种红色名录》列为易危［VU］物种。

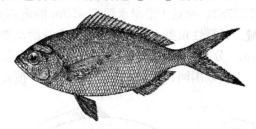

图2274　新月梅鲷（花尾乌尾鮗）*C. lunaris*

3（2）尾鳍上下叶中央部具暗色带 ····················· **褐梅鲷（乌尾鮗）** *C. caerulaurea* **Lacepède，1801**
（图2275）。栖息于沿岸水深5～50m的珊瑚礁、潟湖或礁石区陡坡外围海域，大群洄游于中层水域，游速快，时间持久。日行性鱼类，昼间在水层中觅食浮游动物，夜间于礁区间具遮蔽性处休息。体长350mm。分布：台湾各地岩礁或珊瑚礁海域、南海诸岛；日本、萨摩亚群岛，印度-西太平洋的热带海域。数量少，《中国物种红色名录》列为易危［VU］物种。

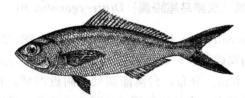

图2275　褐梅鲷（乌尾鮗）*C. caerulaurea*

4（1）尾鳍上下叶后端不呈黑色也无暗色带

5（6）鲜活时头部、眼间隔、体背的大部分及尾鳍亮黄色，体侧中部蓝色 ····································
黄背梅鲷（黄背乌尾鮗） *C. xanthonota* **Bleeker，1853**（图2276）。栖息于沿岸浅水的珊瑚礁、潟湖或礁石区海域，群集于中层水域。日行性鱼类，昼间在水层中觅食浮游动物，夜间于礁区间具遮蔽性处休息。体长400mm。分布：南海诸岛；印度-西太平洋的热带海域，非洲东岸、印度尼西亚。数量少，《中国物种红色名录》列为易危［VU］物种。

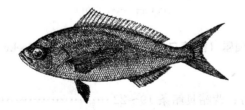

图2276　黄背梅鲷（黄背乌尾鮗）*C. xanthonota*

6（5）鲜活时仅尾部及背鳍鳍条部的小部分呈黄色或不呈黄色

7（8）头背的鳞域中央部宽而连续；臀鳍具11鳍条 ····························· **黄尾梅鲷（黄尾乌尾鮗）**
C. cuning **（Bloch，1791）**（图2277）。栖息于沿岸水深3～60m的珊瑚礁、较深的潟湖或礁石区。

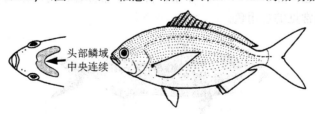

图2277　黄尾梅鲷（黄尾乌尾鮗）*C. cuning*
（依岛田，2013）

大群洄游于中层水域，游泳速度快。日行性鱼类，昼间在水层间觅食浮游动物，夜间则于礁体间具有遮蔽性的地方休息。体长 600mm。分布：台湾北部及西部沿岸礁石海域、南海；日本、印度-西太平洋的热带海域。以围网、流刺网捕获。肉味佳，是市场常见的食用鱼。

8（7）头背的鳞域中央部中断、不连续；臀鳍具 12 鳍条 ·················· **黄蓝背梅鲷（黄蓝背乌尾鲛）** **C. teres** Seale，**1906**（图 2278）。栖息于沿岸水深 5～50m 的珊瑚礁、潟湖或礁石区陡坡外围海域，成群洄游于中层水域。日行性鱼类，昼间在水层觅食浮游动物，夜间则于礁体间具有遮蔽性的地方休息。体长 400mm。分布：台湾南部海域；日本、夏威夷，印度-西太平洋的热带海域。肉质佳，常见食用鱼类。一般以围网、流刺网或一支钓捕获。煎食或红烧食之。

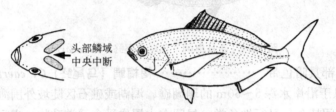

图 2278　黄蓝背梅鲷（黄蓝背乌尾鲛）C. teres
（依岛田，2013）

双鳍梅鲷属（双鳍乌尾鲛属）Dipterygonotus Bleeker，1849

双鳍梅鲷（双鳍乌尾鲛） **D. balteatus** (Valenciennes，**1830**)（图 2279）。成鱼栖息于水深 37～91m 的近海开放水域，鲜少活动于沿岸礁石区；幼鱼则与其他梅鲷幼鱼成群混居于沿岸礁石区。群游性，食浮游动物。小型鱼类。体长 140mm。分布：台湾澎湖列岛附近海域；日本，印度-西太平洋的热带海域。夜晚利用集鱼灯诱捕的方式捕捉。无经济价值，是罕见的种类。有些国家以本种鱼当诱饵，来捕捉鲔类的鱼种。

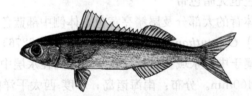

图 2279　双鳍梅鲷（双鳍乌尾鲛）D. balteatus
（依 Carpenter，2001）

鳞鳍梅鲷属（鳞鳍乌尾鲛属）Pterocaesio Bleeker，1876
种 的 检 索 表

1（2）尾鳍上下叶中央部具黑带；背鳍具鳍条 19～22 ··························
黑带鳞鳍梅鲷（蒂尔鳞鳍乌尾鲛） **P. tile** (Cuvier，**1830**)（图 2280）(syn. 长背梅鲷 Caesio tile 曾炳光，1979)。栖息于沿岸珊瑚礁、潟湖或礁石区陡坡外围的清澈海域，大群洄游于礁区的中层水域，游泳速度快且时间持久。日行性鱼类，昼间在水层间觅食浮游动物，夜间则于礁体间具有遮蔽性的地方休息。体长 300mm。分布：台湾各地岩礁、南海诸岛；日本，印度-西太平洋。肉质不错，是市场常见的食用鱼。

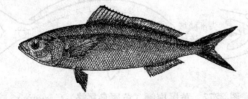

图 2280　黑带鳞鳍梅鲷（蒂尔鳞鳍乌尾鲛）P. tile

2（1）尾鳍上下叶后端黑色

3（4）体侧在胸鳍上方具一粗菱形黄色大斑⋯⋯⋯⋯⋯⋯⋯⋯ **伦氏鳞鳍梅鲷（伦氏鳞鳍乌尾鮗）**
***P. randalli* Carpenter，1987**（图2281）。栖息于沿岸水深5～30m的珊瑚礁、潟湖或礁石区陡
坡外围的清澈海域，大群鱼群洄游于礁区的中层水域，游泳速度快且时间持久。日行性鱼类，
昼间在水层间觅食浮游动物，夜间则于礁体间具有遮蔽性的地方休息。体长250mm。分布：
台湾各地岩礁、南海诸岛；安达曼海至菲律宾海域、印度-西太平洋。肉质不错，是市场常见
的食用鱼。

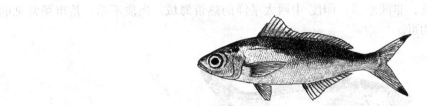

图2281 伦氏鳞鳍梅鲷（伦氏鳞鳍乌尾鮗）*P. randalli*
（依 Carpenter，2001）

4（3）体侧在胸鳍上方无菱形黄色大斑

5（6）体侧上半部无条纹或纵带，体背侧蓝绿色，腹部粉红色 ⋯⋯⋯⋯⋯⋯⋯⋯⋯⋯⋯⋯
斑尾鳞鳍梅鲷（斑尾鳞鳍乌尾鮗）*P. pisang*（Bleeker，1853）（图2282）。栖息于沿岸水深3～
50m的珊瑚礁、礁石区陡坡外围海域，喜大群洄游于中层水域，游泳速度快且持久。日行性
鱼类，昼间在水层间觅食浮游动物，夜间则于礁体间具遮蔽性的地方休息。体长210mm。分
布：台湾南部岩礁；斐济群岛、新喀里多尼亚，印度-西太平洋的热带海域。为罕见的鱼种。
肉质佳，是市场常见的食用鱼。

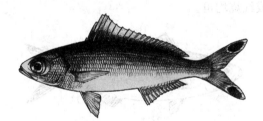

图2282 斑尾鳞鳍梅鲷（斑尾鳞鳍乌尾鮗）*P. pisang*
（依 Carpenter，2001）

6（5）体侧上半部具二黄色纵带

7（10）体侧上半部第二黄色纵带在侧线下方延伸

8（9）体侧第二黄色纵带细狭，仅占1片鳞片的宽度；胸鳍具20～22鳍条，⋯⋯⋯⋯⋯⋯⋯⋯
双带鳞鳍梅鲷（双带鳞鳍乌尾鮗）*P. digramma*（Bleeker，1864）（图2283）（syn. 二带梅鲷
Caesio digramma 曾炳光，1979）。栖息于水深3～50m沿岸较深的潟湖、珊瑚礁及礁石区陡坡
的外围海域，喜大群洄游于中层水域，游泳速度快且持久。日行性鱼类，昼间在水层间觅食浮游
动物，夜间则于礁体间具有遮蔽性的地方休息。体长310mm。分布：台湾各地海域及离岛、南

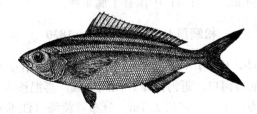

图2283 双带鳞鳍梅鲷（双带鳞鳍乌尾鮗）*P. digramma*
（依 Carpenter，2001）

海诸岛；日本、澳大利亚，印度-西太平洋的热带海域。为数量最多的常见食用种，盐渍或红烧均可。

9（8）体侧第二黄色纵带宽阔，占 2～3 片鳞片的宽度；胸鳍具 17～19 鳍条 ·························
　　金带鳞鳍梅鲷（金带鳞鳍乌尾鮗）*P. chrysozona*（Cuvier，1830）（图 2284）（syn. 金带梅鲷 *Caesio chrysozona* 林焕年，1985）。栖息于水深 2～30m 的沿岸珊瑚礁、潟湖及礁石区陡坡的外围海域，喜大群洄游于中层水域，游泳速度快且时间持久。日行性鱼类，昼间在水层间觅食浮游动物，夜间则于礁体间具有遮蔽性的地方休息。体长 200mm。分布：东海以南、台湾各地岩礁及珊瑚礁海域；澳大利亚、非洲东岸，印度-中西太平洋的热带海域。肉质不错，是市场常见的食用鱼，以煎食或红烧均可。

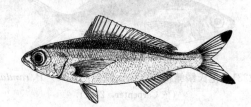

图 2284　金带鳞鳍梅鲷（金带鳞鳍乌尾鮗）*P. chrysozona*
（依 Carpenter，2001）

10（7）体侧上半部的第二黄色纵带沿侧线行走·························马氏鳞鳍梅鲷（马氏鳞鳍乌尾鮗）*P. marri* Schultz，1953（图 2285）。栖息于水深 3～50m 的沿岸珊瑚礁、岩礁区陡坡外围或外海独立礁周缘较清澈的水域，喜大群洄游于中层水域，游泳速度快且持久。日行性鱼类，昼间在水层间觅食浮游动物，夜间则于礁体间具有遮蔽性的地方休息。体长 350mm。分布：台湾南部海域；日本、萨摩亚群岛，印度-西太平洋。用围网、流刺网或一支钓捕捞。肉质佳，市场常见的食用鱼，煎食或红烧均可。

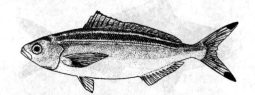

图 2285　马氏鳞鳍梅鲷（马氏鳞鳍乌尾鮗）*P. marri*
（依 Carpenter，2001）

226. 松鲷科 Lobotidae

体椭圆形，侧扁而高。头较小。体被大栉鳞，排列整齐。侧线完全。吻短钝。口中大，斜裂。两颌具绒毛状齿带，外行齿扩大，锥形；犁骨、腭骨及舌上无齿。眼小，上侧位。前鳃盖骨边缘具锯齿。鳃盖条 6。背鳍连续，具 12～13 鳍棘、14～16 鳍条；臀鳍与背鳍鳍条部相对，具 3 鳍棘、11 鳍条；胸鳍圆形，腹位，具 1 鳍棘、5 鳍条；尾鳍圆形。有鳔。幽门盲囊有 3 个。

分布：世界各温暖海域。有些种类可进入河口区，少数种类可进入河川下游。

本科有 2 属 7 种（Nelson et al.，2016）；中国有 1 属 1 种。

松鲷属 *Lobotes* Cuvier，1830

松鲷 *L. surinamensis*（Bloch，1790）（图 2286）。热带及亚热带沿岸水深 0～70m 的中大型洄游肉食性鱼类。生活于礁区、沙泥底、河口、近海沿岸、潟湖水域。喜混浊水及阴天，常随浮木、海藻游至岸边进入河口区。食底栖甲壳类及小鱼。体长 1.1m。分布：黄海（江苏）、东海（浙江、福建）、台湾海域、南海；日本，印度-西太平洋。幼鱼有拟态习性，状似枯叶，随海流漂向岸边。食用鱼，肉佳味美。幼鱼因具特殊拟态习性，可做观赏鱼饲养。

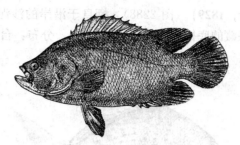

图 2286　松鲷 *L. surinamensis*
（依 Bloch，1790）

227. 银鲈科（钻嘴鱼科）Gerreidae

体长卵圆形，侧扁，被易脱落的圆鳞。前颌骨有一突棘，伸入眼间隔凹陷内。上颌骨外露，未被眶前骨所遮盖。口小，伸出时成向前或下斜的口管。颌齿呈绒毛状。犁骨和腭骨无齿。前鳃盖骨边缘光滑或具弱锯齿。鳃盖骨无棘。鳃盖条 6。鳃盖膜不与峡部相连。背鳍鳍棘部与鳍条部相连，具 9～10 鳍棘、9～18 鳍条；臀鳍具 3～5 鳍棘、7～18 鳍条；腹鳍胸位，Ⅰ-5；尾鳍叉形。侧线完全，与背缘平行。椎骨 10＋13～14。

栖息于近海沙地水域或沿岸内湾的沙泥底水域，也常出现于河口或浅海沙质地产卵或觅食，成群游动。食底栖性小型无脊椎动物，或吞食沙泥后，再以鳃耙滤食其中的生物。游泳习性较特殊是为一游一停的方式。体色单调，银白色，在水层或沙泥底质地区具有保护色的功能。

分布：各海洋的暖热海域。多数供食用，肉易腐败。

本科有 8 属 54 种（Nelson et al.，2016）；中国有 2 属 11 种。

属 的 检 索 表

1（2）臀鳍基底长，臀鳍 5～6 鳍棘、12～14 鳍条 ………… 五棘银鲈属（长臂钻嘴鱼属）*Pentaprion*
2（1）臀鳍基底短，臀鳍 3 鳍棘、6～8 鳍条 …………………………………… 银鲈属（钻嘴鱼属）*Gerres*

五棘银鲈属（长臂钻嘴鱼属）*Pentaprion* Bleeker，1850

五棘银鲈（长臂钻嘴鱼）*P. longimanus*（Cantor，1849）（图 2287）。栖息于沿岸沙泥地，在珊瑚礁周围的沙地也常见，食沙泥地中的无脊椎动物。体长 150mm。分布：台湾西部沿海及澎湖列岛海域；日本，印度-西太平洋，西起印度，东至菲律宾，北达琉球群岛，南迄澳大利亚。以底拖网采获，经济价值低，常做养殖鱼类的饲料。

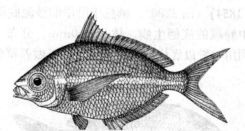

图 2287　五棘银鲈（长臂钻嘴鱼）*P. longimanus*
（依 D. J. Woodland，2001）

银鲈属（钻嘴鱼属）*Gerres* Quoy & Gaimard，1824
种 的 检 索 表

1（4）背鳍第二鳍棘丝状延长
2（3）体侧具椭圆形斑点，并形成点状横带···长棘银鲈（曳丝钻嘴鱼）

G. filamentosus（Cuvier，1829）（图2288）。栖息于沿岸的沙泥底质水域，经常成群活动。肉食性，掘食在沙泥地中躲藏的底栖生物。体长350mm。分布：台湾海域；印度-西太平洋，由非洲到日本及澳大利亚。

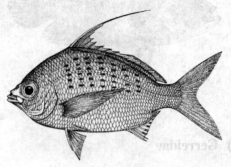

图2288　长棘银鲈（曳丝钻嘴鱼）*G. filamentosus*
（依 D. J. Woodland，2001）

3（2）体侧具横带………………………………大棘银鲈（大棘钻嘴鱼）*G. macracanthus*（Bleeker，1854）（图2289）。栖息于沿岸的沙泥底质水域，经常成群活动。肉食性，掘食在沙泥地中躲藏的底栖生物。体长300mm。分布：台湾南部海域；印度-西太平洋。以手钓、围网、拖网或流刺网均可捕获，量不多，渔期全年皆有。以春夏季较佳，可生鲜或腌渍处理，适宜煎炸食用。

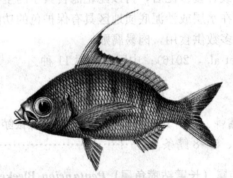

图2289　大棘银鲈（大棘钻嘴鱼）*G. macracanthus*
（依 D. J. Woodland，2001）

4（1）背鳍第二鳍棘不呈丝状延长
5（8）背鳍10鳍棘
6（7）侧线鳞38～40，前鳃盖骨下缘无锯齿 ……………………… 日本银鲈（日本钻嘴鱼）*G. japonicus*（Bleeker，1854）（图2290）。栖息于沿岸的沙泥底质水域。肉食性，幼鱼食浮游动物；成鱼掘食在沙泥地中躲藏的底栖生物。体长250mm。分布：东海（上海）、南海（香港）；日本，西太平洋。渔业利用一般以底拖网或流刺网采获，做养殖鱼类的饲料。

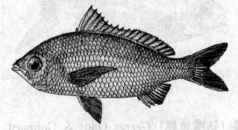

图2290　日本银鲈（日本钻嘴鱼）*G. japonicus*
（依林焕年，1985）

7（6）侧线鳞34～37，前鳃盖骨下缘具明显的锯齿 ……………………… 十刺银鲈（十棘钻嘴鱼）*G. decacanthus*（Bleeker，1865）（图2291）。栖息于沿海。体长150mm。分布：南海。

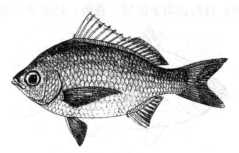

图 2291　十刺银鲈（十棘钻嘴鱼）*G. decacanthus*

（依 D. J. Woodland，2001）

8（5）背鳍 9 鳍棘

9（10）体高为体长的 1/2，大于背鳍前长 ·· **红尾银鲈（短钻嘴鱼）**
G. erythrourus（Bloch，1791）（图 2292）（syn. 短体银鲈 *G. abbreviatus* Bleeker，1850）。栖
息于沿岸的沙泥底质水域，经常成群活动。肉食性，幼鱼食浮游动物；成鱼掘食在沙泥地中躲
藏的底栖生物。体长 300mm。分布：台湾海域、海南岛；日本、菲律宾，印度-西太平洋、马
达加斯加至澳大利亚。

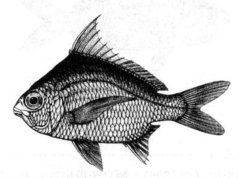

图 2292　红尾银鲈（短钻嘴鱼）*G. erythrourus*

（依 D. J. Woodland，2001）

10（9）体高小于体长的 1/2，等于或小于背鳍前长

11（12）侧线鳞 34～35 ···························· **缘边银鲈（缘边钻嘴鱼）G. limbatus（Cuvier，1830）**
（syn. 短棘银鲈 *G. lucidus* Cuvier，1830）（图 2293）。栖息于河口区及非常浅的沿岸。主要掘
食在沙泥地中躲藏的底栖生物。体长 150mm。分布：台湾仅发现于澎湖列岛海域；印度-西太
平洋，西起印度及斯里兰卡、东至中国南海及台湾海峡。

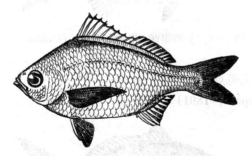

图 2293　缘边银鲈（缘边钻嘴鱼）*G. limbatus*

（依林焕年，1985）

12（11）侧线鳞 35～49

13（16）侧线鳞 35～42

14（15）胸鳍长大于体长的 1/3 ·· **志摩银鲈（纵纹钻嘴鱼）**
G. shima（Iwatsuki，Kimura & Yoshino，2007）（图 2294）。栖息于沿岸、河口的泥沙底质水

域。体长150mm。分布：台湾西南部海域、香港；日本琉球群岛、菲律宾、马来半岛、泰国。

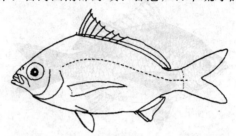

图2294　志摩银鲈（纵纹钻嘴鱼）G. shima
（依波户冈，2013）

15（14）胸鳍长小于体长的1/3 ………………… **奥奈银鲈（奥奈钻嘴鱼）G. oyena（Forsskål，1775）**
（图2295）。栖息于沿岸的沙泥地，也可发现于河口、内湾、红树林等地，以沙泥地中的无脊
椎动物为食。体长300mm。分布：台湾澎湖列岛海域及绿岛、东沙群岛；印度-西太平洋，西
起红海及非洲东岸，东至西太平洋各群岛。

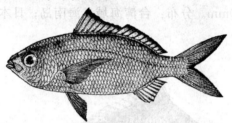

图2295　奥奈银鲈（奥奈钻嘴鱼）G. oyena
（依田明诚，1979）

16（13）侧线鳞43～49

17（18）侧线上鳞5～6；体侧具斑点 ……………………………………… **长圆银鲈（长身钻嘴鱼）**
G. oblongus（Cuvier，1830）（图2296）。栖息于沿岸沙泥地，生殖季时可发现于珊瑚礁区周围
的沙地，以沙泥地中的无脊椎动物为食。体长300mm。分布：台湾西部及澎湖列岛海域、南
海；日本，印度-西太平洋，西起红海、非洲东岸，东至所罗门群岛。

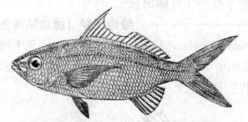

图2296　长圆银鲈（长身钻嘴鱼）G. oblongus
（依田明诚，1979）

18（17）侧线上鳞7～8；体侧无斑点 ……………………………………… **长吻银鲈（长吻钻嘴鱼）**
G. longirostris（Lacepède，1801）（图2297）（syn. 长鳍银鲈 G. acinaces Bleeker，1854；强

图2297　长吻银鲈（长吻钻嘴鱼）G. longirostris
（依田明诚，1979）

棘银鲈 *G. poeti* Cuvier，1829）。栖息于沿岸的沙泥底质水域，经常成群活动。肉食性，掘食在沙泥地中躲藏的底栖生物。体长 350mm。分布：台湾北部及西部沿岸；日本，印度-西太平洋，西起红海及非洲东岸，东至西太平洋各群岛。

228. 仿石鲈科（石鲈科）Haemulidae

体椭圆形，颇侧扁。口小或中型，唇厚。上下颌齿尖细或呈带状；犁骨及腭骨无齿。主上颌骨大都被眶前骨覆盖。前鳃盖骨后缘具锯齿，但随成长即消失。体被中到大型鳞片，且头部几乎都覆有鳞片；有的鱼种的鳞列排列不规则；侧线完整，平行于背缘，部分侧线鳞片不具备有鳞管。背鳍单一，具 9～14 鳍棘、11～26 鳍条，基底长且中间略有缺刻；臀鳍具 3 棘，且第二棘通常变粗且长，6～18 鳍条；尾鳍圆形、截形、凹入或叉形。

栖息于岩礁或珊瑚礁与沙泥的交错地带。生性不机警，游动缓慢，夜行性，且对居住的栖所和觅食的路径有固定性选择，昼间成群躲于礁穴或珊瑚礁平台边缘下方，夜间则分散在礁区附近沙地上觅食，天亮后会回到原来白天的居处。属杂食性或肉食性，食小型无脊椎动物，如虾、蟹及蠕虫等和小鱼。体型较大的石鲈有时会进入河口区。其中，胡椒鲷属（*Plectorhinchus*）的稚鱼不但体色多变和成鱼不同，且游泳习性特殊，会于栖身的洞中无目的头尾不停摇动地游动。可用咽喉齿摩擦发声，再借泳鳔加以放大，但不常听到它发出声音。

本科有 19 属 133 种（Nelson et al.，2016）；中国有 5 属 26 种。

属 的 检 索 表

1（2）颏部具一丛短须或乳突；背鳍前有一前向棘；尾鳍圆形 ·················· **髭鲷属 *Hapalogenys***
2（1）颏部无须；背鳍前无前向棘；尾鳍平截或浅分叉
3（4）颏部于下颌缝合部后方有一深纵沟 ················· **石鲈属（鸡鱼属）*Pomadasys***
4（3）颏部无中央沟
5（6）背鳍棘 9～10 ························· **少棘胡椒鲷属 *Diagramma***
6（5）背鳍棘 11 以上
7（8）第一鳃弓下鳃耙 23～25 ················· **矶鲈属 *Parapristipoma***
8（7）第一鳃弓下鳃耙 11～20 ·············· **胡椒鲷属（石鲈属）*Plectorhinchus***

少棘胡椒鲷属 *Diagramma* Oken，1817
种 的 检 索 表

1（2）侧线鳞 55～57··················· **黑鳍少棘胡椒鲷 *D. melanacrum* Johnson & Randall，2001**（图 2298）。栖息于礁区、近海沿岸。体长 450mm。分布：台湾海域；印度-西太平洋。

图 2298　黑鳍少棘胡椒鲷 *D. melanacrum*

2（1）侧线鳞 69～72··················· **密点少棘胡椒鲷 *D. pictum*（Thunberg，1792）**（图 2299）。栖息于沿岸礁石区或珊瑚礁区或礁沙的混合区。摄食底栖无脊椎动物及鱼类。体长 1 000mm。分布：东海南部、台湾海域、南海、东沙群岛、西沙群岛、南沙群岛；韩国、日本、新加勒多尼亚，印度-西太平洋。

图 2299　密点少棘胡椒鲷 *D. pictum*

(依岛田，2013)

髭鲷属 *Hapalogenys* Richardson，1844
种 的 检 索 表

1（2）背鳍、臀鳍和尾鳍具黑色边缘；体侧具横带 ⋯⋯⋯⋯⋯⋯⋯ 华髭鲷 *H. analis* Richardson，1845
（图 2300）。栖息于水深 30～50m 的礁岩区或是沙泥地的交汇区。肉食性，主要以底栖的甲壳类、
鱼类及贝类等为食。体长 201mm。分布：黄海、东海、台湾海域、南海、海南岛；朝鲜半岛、
日本、新加坡，西太平洋。

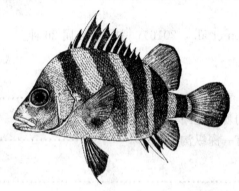

图 2300　华髭鲷 *H. analis*

(依 Mckay，2001)

2（1）背鳍、臀鳍和尾鳍无黑色边缘；体侧无横带

3（4）体侧具 2 条斜带 ⋯⋯⋯⋯⋯⋯⋯ 纵带髭鲷（岸上氏髭鲷）*H. kishinouyei* Smith & Pope，1906
（图 2301）。栖息于沿岸水深 5～50m 的礁沙混合区或沙泥底质水域。肉食性鱼类，主要以底栖的
虾类、鱼类、软体动物等为食。体长 338mm。分布：东海、台湾海域、海南岛；朝鲜半岛、日
本、菲律宾、巴布亚新几内亚，西太平洋。

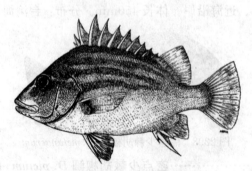

图 2301　纵带髭鲷（岸上氏髭鲷）*H. kishinouyei*

(依 Mckay，2001)

4（3）体侧具数条纵带⋯⋯⋯⋯⋯⋯⋯⋯⋯⋯⋯ 黑鳍髭鲷 *H. nigripinnis* (Temminck & Schlegel，1843)
（图 2302）。栖息于水深 3～50m 的礁岩区或是沙泥地的交汇区。肉食性，主要以底栖的甲壳类、
鱼类及贝类等为食。体长 400mm。分布：中国沿海、台湾海域；朝鲜半岛、日本，西太平洋。

《中国有毒鱼类和药用鱼类》详细记载：髭鲷鳔含有大量的蛋白质胶体，泡过水后，除了可以贴敷在患处清热消退、补气活血之外，同时也可以用来治疗腮腺炎，都很有疗效。

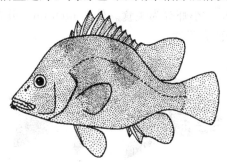

图 2302 黑鳍髭鲷 *H. nigripinnis*

（依岛田，2001）

矶鲈属 *Parapristipoma* Bleeker，1873

三线矶鲈 *P. trilineatum* （Thunberg，1793）（图 2303）。栖息于暖水、高盐度、水深 10～50m 的岩礁或人工鱼礁的外围宽阔水域。食水层中的浮游生物。体长 400mm。常成群，数量众多，具有近海-外海洄游的习性。食水层中的浮游生物。分布：东海、台湾东北部及澎湖列岛海域、南海；朝鲜半岛、日本，西-北太平洋。渔期全年皆有，以夏季较多，以流刺网或手钓皆可捕获，也是休闲船钓经常上钩的鱼种。水族馆也常饲养，以让人观看其群游习性。在日本有养殖及人工放流。

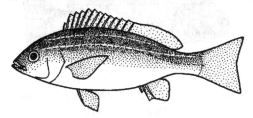

图 2303 三线矶鲈 *P. trilineatum*

（依岛田，2013）

胡椒鲷属（石鲈属）*Plectorhinchus* Lacepède，1801
种 的 检 索 表

1（8）尾鳍单色或散具浅色斑点

2（7）背鳍棘 12～13；鳍棘部与鳍条部无缺刻

3（6）头部具橙黄色纵带

4（5）体侧上半部具多条橙黄色纵带；胸鳍、腹鳍、臀鳍淡色 ·················· **黄纹胡椒鲷**
P. chrysotaenia （Bleeker，1855）（图 2304）。栖息于水深 1～25m 的礁石及珊瑚礁区海域。昼间躲避于礁石突出处，夜间出外猎食珊瑚礁区的鱼虾贝类。体长 410mm。分布：台湾海域；日本、印度尼西亚、菲律宾、澳大利亚，印度-西太平洋。

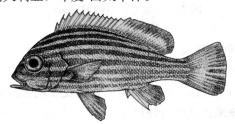

图 2304 黄纹胡椒鲷 *P. chrysotaenia*

（依 Mckay，2001）

5（4）体侧上半部具斑点或斜条纹；胸鳍、腹鳍、臀鳍暗色 ······················ **黄斑胡椒鲷（黄点胡椒鲷）**
P. flavomaculatus（Cuvier，1830）（图 2305）。栖息于沿岸礁区内外活动，也发现于海藻床或沙地，通常单独活动，以小鱼、小虾等为主食。体长 600mm。分布：台湾海域、南沙群岛；日本、菲律宾、澳大利亚，印度-西太平洋。

图 2305　黄斑胡椒鲷（黄点胡椒鲷）*P. flavomaculatus*

（依 Mckay，2001）

6（3）头部无纵带 ····························· **肖氏胡椒鲷（邵氏胡椒鲷）*P. schotaf*（Forsskål，1775）**
（图 2306）。栖息于沿岸礁区、沙地及河口水域等，可进入淡水域。摄食小鱼、小虾等。幼鱼具有拟态落叶以欺敌的习性。体长 800mm。分布：台湾南部及澎湖列岛海域；日本、密克罗尼西亚、澳大利亚，印度-西太平洋。为高经济价值的鱼类。

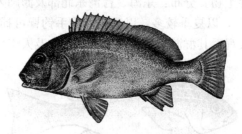

图 2306　肖氏胡椒鲷（邵氏胡椒鲷）*P. schotaf*

（依 Mckay，2001）

7（2）背鳍棘 14；鳍棘部与鳍条部有深缺刻 ····················· **驼背胡椒鲷 *P. gibbosus*（Lacepède，1802）**
（图 2307）（syn. 黑胡椒鲷 *P. nigrus* Cuvier，1830）。栖息于沿岸礁区、沙地及河口水域等，可进入淡水域。摄食小鱼、小虾等。幼鱼具有拟态落叶以欺敌的习性。体长 750mm。分布：台湾海域、南海、海南岛、南沙群岛；日本、波利尼西亚、澳大利亚，印度-西太平洋。为高经济价值的鱼类。

图 2307　驼背胡椒鲷 *P. gibbosus*

（依 Mckay，2001）

8（1）尾鳍具暗色斑块或明暗相间的斑纹

9（10）腹鳍末端伸达肛门 ····························· **斑胡椒鲷 *P. chaetodonoides* Lacepède，1801**
（图 2308）。栖息于水深 1～30m 干净的潟湖、岩礁及珊瑚礁区海域。昼间躲避于礁石突出处或洞穴中，夜间出外猎食珊瑚礁区的鱼虾贝类。体长 720mm。分布：台湾海域、东沙群岛、南沙群岛、西沙群岛；日本、斐济、新加勒多尼亚，印度-西太平洋。为大型高经济价值的鱼种。

10（9）腹鳍末端不伸达肛门

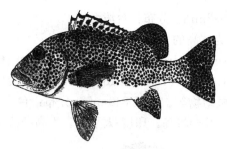

图 2308　斑胡椒鲷 *P. chaetodonoides*

（依 Mckay，2001）

11（12）背鳍鳍条 20 以上··························**胡椒鲷 *P. pictus*（Tortonese，1936）**（图 2309）。栖息
于水深 20～200m 的礁岩区或沙泥地的交汇区。肉食性，主要以底栖的甲壳类、鱼类及贝类等
为食。体长 830mm。分布：台湾南部海域、澎湖列岛海域、南海；印度-西太平洋，西起阿曼
湾。为高经济价值的中大型食用鱼。

图 2309　胡椒鲷 *P. pictus*

（依成庆泰等，1962）

12（11）背鳍鳍条 20 以下

13（16）背鳍鳍条 15～17；体长为体高的 2.5 倍以下

14（15）体侧具 3 条斜而宽的黑色带 ·····················**花尾胡椒鲷
P. cinctus（Temminck & Schlegel，1843）**（图 2310）。栖息于水深 50m 以下的沿岸岩礁区。肉
食性鱼类，以甲壳类及小鱼为食。体长 600mm。分布：东海、台湾海域、海南岛、东沙群岛；
朝鲜半岛、日本、斯里兰卡、阿拉伯海，印度-西太平洋。为高经济价值的鱼类。

图 2310　花尾胡椒鲷 *P. cinctus*

（依成庆泰等，1962）

15（14）体侧具 4 纵行圆形或椭圆形大黑斑 ·····················**中华胡椒鲷
P. sinensis Zhu，Wu & Jin，1977**（图 2311）。栖息于 2m 以下至较深水层的礁石附近。摄食

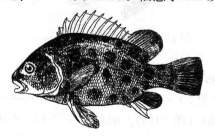

图 2311　中华胡椒鲷 *P. sinensis*

（依朱元鼎，伍汉霖，金鑫波，1977）

软体动物及小鱼。体长 392mm。分布：台湾海峡。

16（13）背鳍鳍条 18～20；体长为体高的 2.8 倍以上

17（18）侧线鳞 70 以上······························**暗点胡椒鲷** *P. picus*（Cuvier，1828）（图 2312）〔syn.
多点胡椒鲷 *P. punctatissimus*（Playfair，1868）〕。栖息于澄清的潟湖及珊瑚礁区域。摄食小
虾、小鱼、蠕虫及无脊椎动物等。体长 840mm。分布：台湾海域、东沙群岛、南沙群岛、西
沙群岛；济州岛、日本、社会群岛，印度-太平洋。为高经济价值的中大型食用鱼。

图 2312　暗点胡椒鲷 *P. picus*
（依 Mckay，2001）

18（17）侧线鳞 60 以下

19（20）体侧无纵带或斜带··························**白带胡椒鲷** *P. albovittatus*（Rüppell，1838）
（图 2313）。栖息于清澈的潟湖或礁区。幼鱼生活于混浊的珊瑚礁区；成鱼单独生活，偶尔会
聚集成对。在帕劳海域，每年 4 月或 5 月的新月会聚集成群，一起产卵。体长 830mm。分布：
台湾兰屿海域；日本、泰国、红海，印度-西太平洋。食用鱼，但产量不多，有些水族馆有饲
养供人欣赏。

图 2313　白带胡椒鲷 *P. albovittatus*
（依 Mckay，2001）

20（19）体侧具纵带或斜带

21（22）体侧具斜带或 6～7 条纵带··················**条纹胡椒鲷** *P. lineatus*（Linnaeus，1758）
（图 2314）。栖息于澄清的潟湖及珊瑚礁区域。摄食小虾、小鱼、蠕虫及无脊椎动物等。体长
720mm。分布：台湾海域、东沙群岛、南沙群岛、西沙群岛；日本、印度尼西亚、菲律宾、
澳大利亚，印度-西太平洋。为高经济价值的鱼类。

图 2314　条纹胡椒鲷 *P. lineatus*
（依成庆泰等，1962）

22（21）体侧具 4～5 条纵带，无斜带

23（24）腹部具 1 条纵带或无；鳃耙 20～22·················**少耙胡椒鲷（雷氏胡椒鲷）**
P. lessonii（Cuvier，1830）（图 2315）。栖息于珊瑚礁区及其外围沙泥地等。肉食性，以礁区
的底栖无脊椎动物等为食。体长 400mm。分布：台湾海域、东沙群岛、南沙群岛、西沙群岛；
日本、马来西亚、波利尼西亚、澳大利亚，西太平洋。为高经济价值的鱼类。

图 2315　少耙胡椒鲷（雷氏胡椒鲷）*P. lessonii*
（依岛田，2013）

24（23）腹部具 2～3 条纵带；鳃耙 27～33 ···················· **条斑胡椒鲷 *P. vittatus*（Linnaeus，1758）**
（图 2316）。主要栖息于珊瑚礁区域。摄食小虾、小鱼、蠕虫及无脊椎动物等。体长 720mm。
分布：台湾海域、海南岛、南海、东沙群岛、西沙群岛；日本、萨摩亚群岛、新喀里多尼亚，
印度-太平洋。为高经济价值的鱼类。

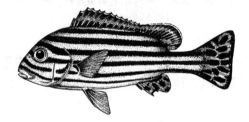

图 2316　条斑胡椒鲷 *P. vittatus*
（依 Mckay，2001）

石鲈属（鸡鱼属）*Pomadasys* Lacepède，1802
种 的 检 索 表

1（6）体侧具纵带
2（5）体侧具 4 条纵带
3（4）鳃盖后上角具一黑色斑块 ····················· **红海石鲈（红海鸡鱼）*P. stridens*（Forsskål，1775）**
（图 2317）。栖息于沿海水域。摄食甲壳类和鱼类。体长 200mm。分布：南海；红海、南非、印
度西部，地中海。

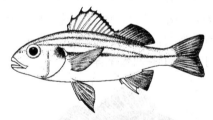

图 2317　红海石鲈（红海鸡鱼）*P. stridens*
（依台湾鱼类数据库）

4（3）鳃盖后上角无黑色斑块·· **四带石鲈（四带鸡鱼）**
***P. quadrilineatus* Shen & Lin，1984**（图 2318）。栖息于沿岸的礁岩区，也出现于河口水域。杂

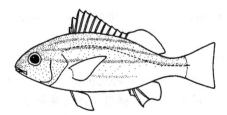

图 2318　四带石鲈（四带鸡鱼）*P. quadrilineatus*
（依岛田，2013）

食性。体长 110mm。分布：台湾；日本南部。

5（2）体侧具 6 条纵带 ·················· **赤笔石鲈（赤笔鸡鱼）** *P. furcatus* **(Bloch & Schneider, 1801)**
（图 2319）。栖息于沿海水域，常在岩石附近的沙质地带。体长 500mm。分布：南海；马来西
亚、印度尼西亚南部、泰国，印度-西太平洋。

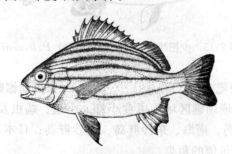

图 2319　赤笔石鲈（赤笔鸡鱼）*P. furcatus*
（依 Mckay，2001）

6（1）体侧无纵带

7（8）第一背鳍棘具一红斑 ····················· **单斑石鲈（单斑鸡鱼）** *P. unimaculatus* **Tian，1982**
（图 2320）。栖息于泥沙底质水域。体长 190mm。分布：南海、北部湾三亚渔场、海南岛；马来
西亚，西太平洋。

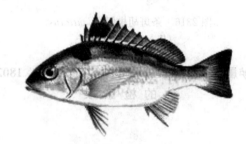

图 2320　单斑石鲈（单斑鸡鱼）*P. unimaculatus*
（依 FAO）

8（7）第一背鳍棘无红斑

9（10）项部和背鳍下方具不规则暗色斑块 ························ **大斑石鲈（斑鸡鱼）**
P. maculatus **(Bloch, 1793)**（图 2321）。栖息于沿岸靠近礁石的沙泥底质海域，以小鱼、虾、
甲壳类或沙泥地中的软体动物为主食。体长 593mm。分布：台湾海域、南海、海南岛、南沙群
岛；日本、菲律宾、澳大利亚，印度-西太平洋。

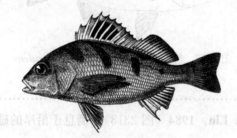

图 2321　大斑石鲈（斑鸡鱼）*P. maculatus*
（依成庆泰等，1962）

10（9）项部和背鳍下方无暗色斑块

11（12）体侧上半部有黑色小点，形成间断横带；环尾柄鳞 20·················· **点石鲈（星鸡鱼）**
P. kaakan **(Cuvier, 1830)**（图 2322）。栖息于沙泥底质的沿岸海域，深可达 75m，可生活于
河口沼泽区。摄食小鱼、虾、甲壳类或沙泥地中的软体动物。体长 800mm。分布：中国沿海、
台湾海域；波斯湾、红海、澳大利亚，印度-西太平洋。

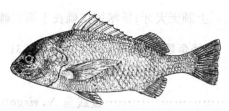

图 2322　点石鲈（星鸡鱼）*P. kaakan*
（依 Mckay, 2001）

12（11）体侧散具黑色小圆点，形成斜向后背方的斜带；环尾柄鳞 21～22 ····················
银石鲈（银鸡鱼）*P. argenteus*（Forsskål, 1775）（图 2323）。栖息于沙泥底质的沿岸海域，深可达 115m，可生活于河口沼泽区，甚至淡水域。摄食小鱼、虾、甲壳类或沙泥地中的软体动物。体长 700mm。分布：台湾海域、南海；韩国、日本、菲律宾、澳大利亚，印度-西太平洋。

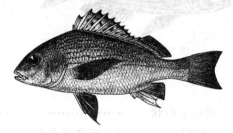

图 2323　银石鲈（银鸡鱼）*P. argenteus*
（依成庆泰等，1962）

229. 金线鱼科 Nemipteridae

体长椭圆形，稍侧扁，被栉鳞。头中大，大部被鳞，口中大，口裂稍斜。前颌骨稍能伸出。上颌骨被眶前骨所遮盖。颌齿细小，呈绒毛状狭齿带。犁骨和腭骨均无齿。前鳃盖骨常具细齿。鳃盖骨具弱棘。侧线完全。背鳍鳍棘部和鳍条部相连，中间无缺刻；腹鳍胸位，有些种类第一枚鳍条常呈丝状延长。尾鳍叉形，上叶或上下叶末端呈丝状延长。椎骨 10＋14。

金线鱼属（*Nemipterus*）大多栖息于 20m 以下的沙泥底质海域，而其余属种一般生活于水域较浅的珊瑚礁或岩礁沿岸附近的沙地。通常活动于缓流的水域，不常出现在海流湍急的水域，其游动方式特殊，常一游一停地前进，颇引人注意。群游性。食底栖性无脊椎动物，如甲壳类、软体动物等。

分布：印度-西太平洋。中国南海较多，为食用经济鱼类。

本科有 5 属 67 种（Nelson et al.，2016）；中国有 4 属 32 种。

属 的 检 索 表

1（2）眶下骨有一向后棘；前鳃盖骨后缘具小齿或锯齿（图 2324）·················· **眶棘鲈属 *Scolopsis***

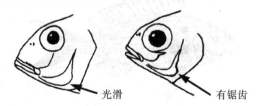

光滑　　　　有锯齿

图 2324　眶棘鲈属的前鳃盖骨后缘

2（1）眶下骨无棘；前鳃盖骨后缘平滑

3（4）头顶部鳞片达眼中部上方；前鳃盖骨鳞片 3 行 ····················· **金线鱼属 *Nemipterus***

4（3）头顶部鳞片超过眼前缘；前鳃盖骨鳞片 4～6 行

5（6）体长为体高的 3.0～3.5 倍；上颌具 2～3 对小犬牙；臀鳍第二棘短于第三棘 ·················
·· **锥齿鲷属 *Pentapodus***

6（5）体长为体高的 2.5～3.0 倍；上颌无犬牙；臀鳍第二棘长于第三棘 ······ **副眶棘鲈属 *Parascolopsis***

金线鱼属 *Nemipterus* Cuvier，1831
种 的 检 索 表

1（2）臀鳍具 3 鳍棘、8 鳍条···················· **金线鱼 *N. virgatus*（Houttuyn，1782）**（图 2325）
[syn. 松原金线鱼 *N. matsubarae*（Jordan & Evermann，1992）]。栖息于水深可达 220m 大陆架
沙泥底质的水域。主要觅食甲壳类、头足类或其他小鱼等。体长 350mm。分布：黄海、台湾海
域、南海；朝鲜半岛、日本、澳大利亚，西太平洋。渔期全年皆有，具较高的经济价值。

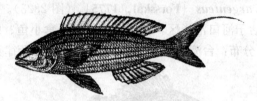

图 2325　金线鱼 *N. virgatus*
（依汤晓鸿，阎斌伦，2006）

2（1）臀鳍具 3 鳍棘、7 鳍条

3（4）背鳍第一、第二鳍棘接近，延长呈丝状 ························· **长丝金线鱼**
N. nematophorus（Bleeker，1853）（图 2326）。栖息于水深约 75m 的沙底或泥底。体长 200mm。
分布：南海；印度-西太平洋。

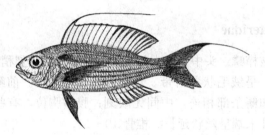

图 2326　长丝金线鱼 *N. nematophorus*
（依 B. C. Russell，2001）

4（3）背鳍第一、第二鳍棘分离，不延长呈丝状

5（6）背鳍鳍棘间的鳍膜凹入 ················· **裴氏金线鱼 *N. peronii*（Valenciennes，1830）**
（图 2327）[syn. 波鳍金线鱼 *N. tolu*（Valenciennes，1830）]。栖息于水深可达 110m 的大陆架
沙泥底质的水域。觅食甲壳类、头足类或其他小鱼等。体长 290mm。分布：东海、台湾海域、
南海；日本，印度-西太平洋。渔期全年皆有，经济鱼类。

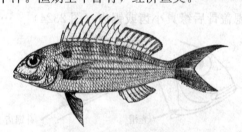

图 2327　裴氏金线鱼 *N. peronii*
（依 B. C. Russell，2001）

6（5）背鳍鳍棘间的鳍膜正常

7（18）尾鳍上叶末端尖突、镰刀形，或延长为丝状

8（9）尾鳍上叶末端尖突；第一背鳍最长棘为第一的 1.1～1.4 倍·················· **黄缘金线鱼**
N. thosaporni Russell，1991（图 2328）。栖息于水深可达 80m 的沿岸及近海沙泥底质的水域。

觅食甲壳类、头足类或其他小鱼等。体长 215mm。分布：台湾海域；日本、印度尼西亚、泰国，西太平洋。渔期全年皆有。

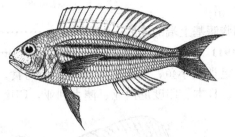

图 2328　黄缘金线鱼 *N. thosaporni*
（依 B. C. Russell，2001）

9（8）尾鳍上叶弯折或延伸成短或长的细丝；第一背鳍最长棘为第一棘的 1.3～2.9 倍

10（11）胸鳍达到或超过臀鳍起点；尾鳍上叶呈中长细丝状，约等于头长 ……………………
日本金线鱼 *N. japonicas*（Bloch，1791）（图 2329）。栖息水深可达 80m 的沿岸及近海沙泥底质的水域。主要觅食甲壳类、头足类或其他小鱼等为食。体长 320mm。分布：东海、台湾海域；日本、印度、印度尼西亚、菲律宾，印度-西太平洋。渔期全年皆有，具经济价值。

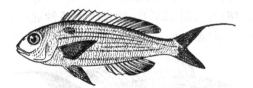

图 2329　日本金线鱼 *N. japonicas*
（依杨永章，1985）

11（10）胸鳍不达到臀鳍起点；尾鳍上叶呈短或长细丝或镰状、带状延伸

12（13）腹鳍达到或超过臀鳍的起点；胸鳍中等长，达到肛门，但不达臀鳍起点；尾鳍上叶短丝状……
………………… **双带金线鱼 *N. marginatus*（Valenciennes，1830）**（图 2330）。栖息于水深 12～70m 沙质或泥质的底栖种。食小型底栖动物。体长 156mm。分布：南海；西太平洋。

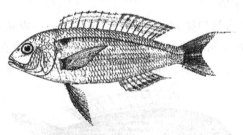

图 2330　双带金线鱼 *N. marginatus*
（依 B. C. Russell，2001）

13（12）腹鳍未达到臀鳍起点；胸鳍短或很长；尾鳍上叶呈长丝状或镰状、带状延伸

14（15）体细长，体长为体高的 4.0～4.6 倍 ………………… **长体金线鱼 *N. zysron*（Bleeker，1857）**
（图 2331）。栖息于水深可达 120m 的沿岸及近海礁石区外围沙泥底质的水域。觅食甲壳类、头

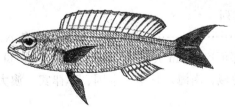

图 2331　长体金线鱼 *N. zysron*
（依 B. C. Russell，2001）

足类或其他小鱼等。体长 297mm。分布：台湾海域；韩国、日本、印度尼西亚、澳大利亚、印度-西太平洋。渔期全年皆有。

15（14）体长为体高的 2.9～4.0 倍

16（17）下缘位于或低于吻端到胸鳍基上端的连线······················ **深水金线鱼（黄肚金线鱼）**
N. bathybius Snyder，1911（图 2332）。栖息于水深可达 300m 的大陆架沙泥底质的水域。成鱼主要觅食甲壳类、头足类或小鱼；幼鱼食浮游甲壳类为食。体长 200mm。分布：东海、台湾海域、南海；济州岛、日本、印度尼西亚、澳大利亚，印度-西太平洋。渔期全年皆有。

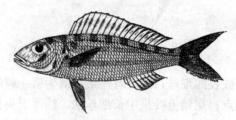

图 2332　深水金线鱼（黄肚金线鱼）N. bathybius
（依 B. C. Russell，2001）

17（16）眼下缘位于或高于吻端到胸鳍基上端的连线 ·························· **红棘金线鱼**
N. nemurus（Bleeker，1857）（图 2333）。栖息于泥或沙底的底栖种。食小鱼和底栖无脊椎动物。体长 210mm。分布：南海；西太平洋。

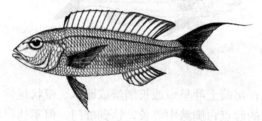

图 2333　红棘金线鱼 N. nemurus
（依 B. C. Russell，2001）

18（7）尾鳍上叶末端圆形，不尖突

19（20）侧线下方的鳞片向后上方倾斜排列····················**赤黄金线鱼 N. aurora Russell，1993**
（图 2334）。栖息于近海沙泥质的海域。肉食性鱼类，主要捕食底栖性的甲壳类或小鱼。体长 200mm。分布：台湾海域；日本、印度尼西亚、泰国，西太平洋海域。渔期全年皆有。

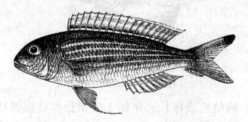

图 2334　赤黄金线鱼 N. aurora
（依 B. C. Russell，2001）

20（19）侧线下方的鳞片水平排列

21（22）胸鳍末端伸达肛门 ······························· **横斑金线鱼 N. furcosus（Valenciennes，1830）**
（图 2335）。栖息于水深可达 110m 大陆架沙泥底质的水域。觅食甲壳类、头足类或小鱼。体长 225mm。分布：台湾海域、南海；日本、泰国、菲律宾、澳大利亚，印度-西太平洋。渔期全年皆有。

22（21）胸鳍末端超过肛门

23（24）上颌和下颌前部具扩大的犬齿；侧线起点下方具一红色卵形斑点；体长为体高的 2.6～3.4 倍

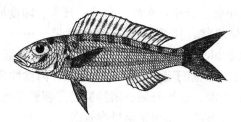

图 2335　横斑金线鱼 *N. furcosus*

（依 B. C. Russell，2001）

·························**六齿金线鱼 *N. hexodon*（Quoy & Gaimard，1824）**（图 2336）。栖息于水深可达 80m 近海沙泥底质的水域。觅食甲壳类、头足类或小鱼等。体长 210mm。分布：东海、台湾海域；日本、安达曼海、所罗门群岛、澳大利亚，印度-西太平洋。渔期全年皆有。

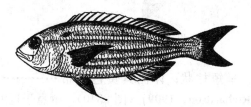

图 2336　六齿金线鱼 *N. hexodon*

（依杨永章，1985）

24（23）仅上颌骨具扩大的犬齿；侧线起点下方无斑点；体长为体高的 3.1～4.0 倍··················
······**五带金线鱼 *N. tambuloides*（Bleeker，1853）**（图 2337）。水深 50～70m 沙质或泥质的底栖种。体长 230mm。分布：南海；安达曼海、菲律宾、马六甲海峡、印度尼西亚。

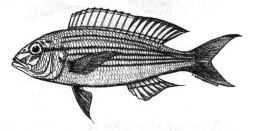

图 2337　五带金线鱼 *N. tambuloides*

（依 B. C. Russell，2001）

副眶棘鲈属 *Parascolopsis* Boulenger，1901
种 的 检 索 表

1（2）前鳃盖骨具鳞；头顶部鳞片达眼前缘上方
2（1）前鳃盖骨无鳞；头顶部鳞片达眼中部上方 ·······················**土佐副眶棘鲈**
P. tosensis（Kamohara，1938）（图 2338）。栖息于近海较深沙泥质的海域。肉食性鱼类，捕食

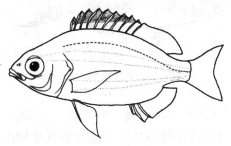

图 2338　土佐副眶棘鲈 *P. tosensis*

（依蓝泽等，2013）

底栖性的甲壳类或是其他小鱼。分布：东海、台湾；日本、印度尼西亚、菲律宾、西太平洋区。

3（4）第一鳃弓鳃耙 9～10，呈块状；体侧具 4 条褐色横带 ⋯⋯⋯⋯⋯⋯⋯⋯**横带副眶棘鲈**
P. inermis（Temminck & Schlegel, 1843）（图 2339）[syn. 横带眶棘鲈 Scolopsis inermis（Tem-
minck & Schlegel, 1843）]。栖息于近海沙泥质的海域。肉食性鱼类，捕食底栖性的甲壳类或小
鱼。体长 180mm。分布：东海、台湾海域、南沙群岛；朝鲜半岛、日本、印度尼西亚、菲律宾，
印度-西太平洋。本鱼全年皆有产，以初冬至早春较多。

图 2339　横带副眶棘鲈 P. inermis
（依杨永章，1985）

4（3）第一鳃弓鳃耙 16～18，呈短柱状；体侧具黄色纵带 ⋯⋯⋯⋯⋯⋯⋯⋯**宽带副眶棘鲈**
P. eriomma（Jordan & Richardson，1909）（图 2340）。栖息于近海沙泥质的海域。肉食性鱼类，
捕食底栖性的甲壳类或小鱼。体长 350mm。分布：台湾海域、南沙群岛；日本、印度尼西亚、
菲律宾，印度-西太平洋。

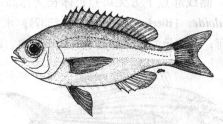

图 2340　宽带副眶棘鲈 P. eriomma
（依 B. C. Russell）

锥齿鲷属 Pentapodus Quoy & Gaimard，1824
种 的 检 索 表

1（4）尾鳍上叶或上下叶呈丝状
2（3）尾鳍的上下叶呈长丝状；前鳃盖骨下角具鳞；侧线鳞 50～56（通常为 52～54）⋯⋯⋯⋯⋯⋯⋯⋯
⋯⋯**艾氏锥齿鲷 P. emeryii**（Richardson，1843）（图 2341）。栖息于珊瑚礁区域，属底栖性。捕食小
型鱼类、甲壳类。体长 245mm。分布：台湾海域；菲律宾、澳大利亚。小型鱼类，具市场价值。

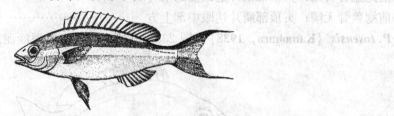

图 2341　艾氏锥齿鲷 P. emeryii
（依 B. C. Russell）

3（2）仅尾鳍上叶呈长丝状；前鳃盖骨下角无鳞；侧线鳞 46～50⋯⋯⋯⋯⋯⋯⋯⋯**线尾锥齿鲷**
P. setosus（Valenciennes，1830）（图 2342）。栖息于淤泥质的海岸海湾至珊瑚礁。食小甲壳动物
等。体长 150mm。分布：南海、西沙群岛；印度-太平洋。
4（1）尾鳍不呈丝状延伸，上下叶尖突或镰状

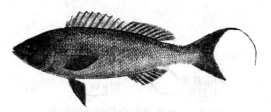

图 2342 线尾锥齿鲷 *P. setosus*

（依成庆泰，1979）

5（6）头部鳞片向前伸达到前鼻孔；尾鳍上下叶镰状 ···
犬牙锥齿鲷 *P. caninus*（Cuvier，1830）（图 2343）。栖息于珊瑚礁区的底层水域。单独或集小群活动。食底栖小鱼、大型底栖浮游动物。体长 350mm。分布：台湾海域、南海；西太平洋。

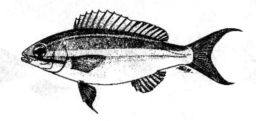

图 2343 犬牙锥齿鲷 *P. caninus*

（依 B. C. Russell，2001）

6（5）头部鳞片向前不达后鼻孔；尾鳍上下叶尖突

7（8）前鳃盖骨下角无鳞 ······················· **长崎锥齿鲷 *P. nagasakiensis*（Tanaka，1915）**
（图 2344）。栖息于较深的珊瑚礁岩地区，以珊瑚礁区的小生物或水层中的浮游动物为食。体长 200mm。分布：台湾海域；济州岛、日本、印度尼西亚、菲律宾，印度-西太平洋。

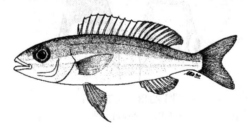

图 2344 长崎锥齿鲷 *P. nagasakiensis*

（依 B. C. Russell，2001）

8（7）前鳃盖骨下角具鳞 ······················· **黄带锥齿鲷 *P. aureofasciatus*（Russell，2001）**
（图 2345）。栖息于水深 6～40m 珊瑚礁区域的沙泥底。体长 250mm。分布：台湾海域；日本、印度尼西亚、澳大利亚至热带太平洋。

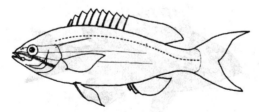

图 2345 黄带锥齿鲷 *P. aureofasciatus*

（依蓝泽等，2013）

眶棘鲈属 *Scolopsis* Cuvier，1814
种 的 检 索 表

1（8）眶下骨具向前棘或骨质棘（图 2346）

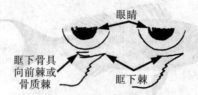

图 2346　眶下骨具向前棘或骨质棘

（依 B. C. Russell，2001）

2（3）上颌骨外缘齿状（图 2347）…………………………………………… 齿颌眶棘鲈 **S. ciliata（Lacepède，1802）**
（图 2347）。常单独或数尾在礁岩地区或礁岩外缘的沙地上活动，游泳时以一游一停的方式前进，
食礁岩或沙地上的小鱼、虾或软体动物。体长 190mm。分布：台湾海域；日本、印度尼西亚、
澳大利亚，印度-西太平洋。

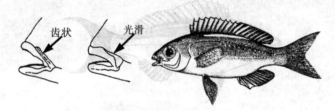

图 2347　齿颌眶棘鲈 S. ciliata

（依 B. C. Russell，2001）

3（2）上颌骨外缘光滑

4（7）项部鳞片向前延伸至吻和前鼻孔之间（图 2348）

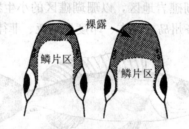

图 2348　项部鳞片

（依 B. C. Russell，2001）

5（6）体长为体高的 2.5～3.0 倍；胸鳍伸达肛门；臀鳍前部分黑色……………………………… 双带眶棘鲈
S. bilineata（Bloch，1793）（图 2349）。通常单独或数尾在礁岩地区或礁岩外缘的沙地上活动，
以礁岩或沙地上的小鱼、虾或软体动物为主食。体长 250mm。分布：台湾海域、海南岛、西沙
群岛、南沙群岛；日本、印度尼西亚、澳大利亚，印度-西太平洋。

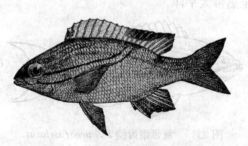

图 2349　双带眶棘鲈 S. bilineata

（依成庆泰，1979）

6（5）体长为体高的 2.0～2.5 倍；胸鳍不伸达肛门；臀鳍前部分不呈黑色………………………………
伏氏眶棘鲈 S. vosmeri（Bloch，1792）（图 2350）。栖息于近海沙底、泥底珊瑚礁水域的底栖种。
体长 250mm。分布：台湾海域、南沙群岛；日本、红海、波斯湾、澳大利亚，印度-西太平洋。

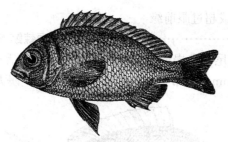

图 2350　伏氏眶棘鲈 S. vosmeri

（依陈鸿祥，1985）

7（4）项部鳞片向前不达后鼻孔（图 2348）……………………………**榄斑眶棘鲈（蓝带眶棘鲈）**
S. xenochrous Günther，1872（图 2351）。通常单独或数尾在礁岩地区或礁岩外缘的沙地上活动，
以礁岩或沙地上的小鱼、虾或软体动物为主食。体长 220mm。分布：台湾海域、南沙群岛；日
本、马尔代夫、所罗门群岛、澳大利亚，印度-西太平洋。全年皆有产，具经济价值。

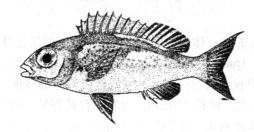

图 2351　榄斑眶棘鲈（蓝带眶棘鲈）S. xenochrous

（依 B. C. Russell，2001）

8（1）眶下骨无向前棘或骨质棘

9（10）颊区裸露……………………**花吻眶棘鲈 S. temporalis**（Cuvier，1830）（图 2352）。栖息水
深 30m 的沙底或珊瑚礁底栖种。体长 350mm。分布：南海；印度尼西亚东部所罗门群岛、圣
塔克鲁兹群岛和斐济。

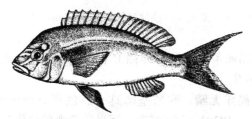

图 2352　花吻眶棘鲈 S. temporalis

（依 B. C. Russell，2001）

10（9）颊区具鳞

11（12）项部鳞向前伸达眼中部………………………………**三线眶棘鲈 S. trilineata Kner，1868**（图 2353）。
常单独或数尾在礁岩地区或礁岩外缘的沙地上活动，食礁岩或沙地上的小鱼、虾或软体动物。
体长 200mm。分布：台湾海域、南海；斐济、澳大利亚，西太平洋。

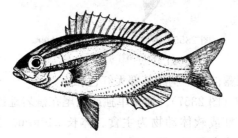

图 2353　三线眶棘鲈 S. trilineata

（依 B. C. Russell，2001）

12（11）项部鳞向前伸达眼前缘或超过眼前缘

13（14）侧线鳞 37～39 ·················· **珠斑眶棘鲈 S. margaritifera**（Cuvier, 1830）（图 2354）。常单独或数尾在礁岩地区或礁岩外缘的沙地上活动，食礁岩或沙地上的小鱼、虾或软体动物。体长 280mm。分布：台湾海域、南沙群岛；澳大利亚，西太平洋。

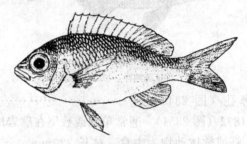

图 2354　珠斑眶棘鲈 S. margaritifera
（依 B. C. Russell, 2001）

14（13）侧线鳞 42～48

15（16）侧线上鳞 3 行；胸鳍鳍条 16；体侧上半部具 3 条不规则的黑色纵纹 ··················· **线纹眶棘鲈 S. lineatus Quoy & Gaimard, 1824**（图 2355）（syn. 栅纹眶棘鲈 S. cancellatus Cuvier, 1830）。通常单独或数尾在礁岩地区或礁岩外缘的沙地上活动，以礁岩或沙地上的小鱼、虾或软体动物为主食。体长 230mm。分布：台湾海域、西沙群岛、南沙群岛；日本、瓦努阿图、澳大利亚，印度-西太平洋。

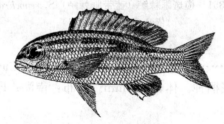

图 2355　线纹眶棘鲈 S. lineatus
（依成庆泰，1979）

16（15）侧线上鳞 4～5 行；胸鳍鳍条 16～18；体侧上半部无不规则的黑色纵纹

17（20）项部鳞片向前伸达后鼻孔

18（19）前鳃盖骨边缘和下角裸露无鳞；胸鳍基部具一红色斑点 ·················· **条纹眶棘鲈 S. taenioptera**（Cuvier, 1830）（图 2356）。栖息于近海的沙泥地水域。以沙泥地上的小鱼、虾或软体动物为主食。体长 300mm。分布：台湾海域；西太平洋。全年皆产，具经济价值。

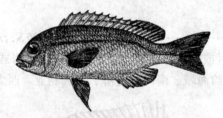

图 2356　条纹眶棘鲈 S. taenioptera
（依陈鸿祥，1985）

19（18）前鳃盖骨边缘和下角裸露被鳞；胸鳍基部无红色斑点 ····················· **乌面眶棘鲈 S. affinis Peters, 1877**（图 2357）。通常单独或数尾在礁岩地区或礁岩外缘的沙地上活动，以礁岩或沙地上的小鱼、虾或软体动物为主食。体长 240mm。分布：台湾海域、南海；日本、印度尼西亚、菲律宾、澳大利亚，西太平洋。

20（17）项部鳞片向前不伸达后鼻孔 ·················· **单带眶棘鲈 S. monogramma**（Cuvier, 1830）

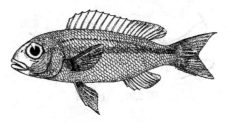

图 2357　乌面眶棘鲈 *S. affinis*
（依 B. C. Russell，2001）

（图 2358）。通常单独或数尾在礁岩地区或礁岩外缘的沙地上活动，食礁岩或沙地上的小鱼、虾或软体动物。体长 380mm。分布：台湾海域、东沙群岛；日本、巴布亚新几内亚、澳大利亚，印度-西太平洋。

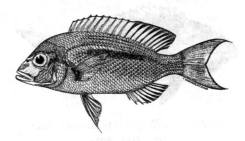

图 2358　单带眶棘鲈 *S. monogramma*
（依 B. C. Russell，2001）

230. 裸颊鲷科（龙占鱼科）Lethrinidae

体长椭圆形，侧扁，被中大或小型弱栉鳞。头中大，头顶裸露或被鳞。吻稍尖。口中大，前位，上颌骨为眶前骨所遮盖。两颌具圆锥齿或臼齿，前端犬齿有或无，有犬齿时，犬齿向外或不向外突出。犁骨、腭骨和舌上均无齿。前鳃盖骨边缘光滑或具细齿。鳃盖骨具一扁棘。侧线完全。鳃盖膜不与峡部相连。鳃盖条6。鳃耙退化，呈结节状。背鳍鳍棘部与鳍条部相连，具10鳍棘、8～10鳍条；臀鳍具3鳍棘、7～10鳍条；腹鳍胸位，具1鳍棘、5鳍条，腋鳞发达；尾鳍叉形，有或无延长鳍条。椎骨10+14。

分布：热带大西洋和印度-太平洋。肉食性鱼类。最大体长可达 1.0m。

本科有 5 属 38 种（Nelson et al.，2016）；中国有 4 属 12 种，大多产于南海。

属 的 检 索 表

1（8）颊部有鳞；胸鳍鳍条 14 以上；背鳍、臀鳍鳍条 10（图 2359）

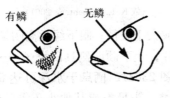

图 2359　颊部鳞片

2（7）上颌骨具锯齿状隆起
3（4）侧线鳞 60～70；胸鳍鳍条 15 ‥‥‥‥‥‥‥‥‥‥‥‥‥‥‥‥‥‥‥‥‥‥ 齿颌鲷属 *Gnathodentex*
4（3）侧线鳞 40～50；胸鳍鳍条 14
5（6）胸鳍基部内侧具鳞；下颌侧齿白齿状 ‥‥‥‥‥‥‥‥‥‥‥‥‥‥‥‥‥ 单列齿鲷属 *Monotaxis*
6（5）胸鳍基部内侧无鳞；下颌侧齿圆锥状 ‥‥‥‥‥‥‥‥‥‥‥‥‥‥‥‥‥‥ 脊颌鲷属 *Wattsia*
7（2）上颌骨无锯齿状隆起（图 2360）‥‥‥‥‥‥‥‥‥ 裸顶鲷属（白鱲属）*Gymnocranius*
8（1）颊部无鳞；胸鳍鳍条 13；背鳍、臀鳍鳍条 8～9 ‥‥‥‥‥‥ 裸颊鲷属（龙占鱼属）*Lethrinus*

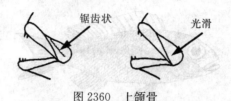

图 2360　上颌骨

齿颌鲷属 *Gnathodentex* Bleeker, 1837

金带齿颌鲷 *G. aureolineatus* (Lacepède, 1802)（图 2361）。群居性鱼种，常常成群巡游在潟湖礁石平台或向海珊瑚礁的上缘区。夜行性，摄食底栖性的小章鱼、乌贼、小鱼、虾及蟹类等。体长 300mm。分布：台湾南部海域、南海诸岛；日本、澳大利亚，印度-太平洋。为肉质鲜美的食用鱼。

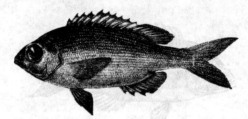

图 2361　金带齿颌鲷 *G. aureolineatus*
（依王存信，1979）

裸顶鲷属（白鱲属）*Gymnocranius* Klunzinger, 1870
种 的 检 索 表

1（2）尾鳍深叉形，中部鳍条短于眼径；眼下缘位于吻端至尾鳍深叉处的连线上⋯⋯⋯⋯⋯⋯⋯⋯⋯**长裸顶鲷（长身白鱲）***G. elongatus* Senta, 1973（图 2362）。栖息于沿岸及近海沙泥底质或礁岩外缘沙地上的水域，栖息水深可达 100m。觅食底栖甲壳类、头足类或其他小鱼等。体长 350mm。分布：台湾海域；日本、澳大利亚，印度-西太平洋。为肉质鲜美的食用鱼。

图 2362　长裸顶鲷（长身白鱲）*G. elongatus*
（依 K. E. Carpenter, 2001）

2（1）尾鳍浅叉形，中部鳍条约等于或大于眼径；眼下缘远离吻端至尾鳍深叉处的连线
3（4）背鳍中部棘下方的侧线鳞 4.5 片；上下颌两侧具白齿⋯⋯⋯⋯⋯⋯⋯⋯⋯**真裸顶鲷（真白鱲）***G. euanus* (Günther, 1879)（图 2363）。栖息于水深可达 50m 的沿岸及近海礁岩外缘沙地上或碎石区的水域。觅食底栖甲壳类、头足类或其他小鱼等。体长 450mm。分布：台湾南部海域、

图 2363　真裸顶鲷（真白鱲）*G. euanus*
（依 K. E. Carpenter, 2001）

南海（香港）、南沙群岛；日本、澳大利亚，西太平洋。为肉质鲜美的食用鱼。

4（3）背鳍中部棘下方的侧线鳞 5.5 片；上下颌两侧具绒毛状和锥形齿

5（6）眼前方至上颌具蓝边黄色带；颊部具 3 条或 4 条蓝色斜带 ••
　　黄吻裸顶鲷（黄吻白鱲） *G. frenatus* **Bleeker，1873**（图 2364）。栖息水深 20～80m 沙泥和碎石
　　的底部。摄食小型底栖腹足软体动物。体长 300mm。分布：海南岛；印度-马来西亚。

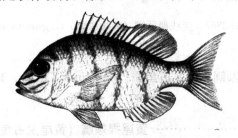

图 2364　黄吻裸顶鲷（黄吻白鱲）*G. frenatus*
（依 K. E. Carpenter，2001）

6（5）眼前方至上颌无蓝边黄色带；颊部具水平状的波浪形蓝色斑带

7（8）体长为体高的 1.9～2.2 倍；颊部无蓝点或波浪形蓝色斑带••
　　灰裸顶鲷（灰白鱲） *G. griseus* **（Temminck & Schlegel，1843）**（图 2365）。栖息于水深 80m 沿岸
　　及近海礁岩外缘的沙地上或碎石区的水域。觅食底栖甲壳类、头足类或其他小鱼等。体长
　　350mm。分布：东海（福建）、台湾南部海域、海南岛、南海（香港）、中沙群岛、西沙群岛；
　　日本琉球群岛、马来西亚、澳大利亚，西太平洋。为肉质鲜美的食用鱼。

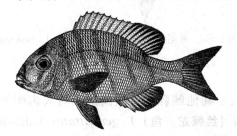

图 2365　灰裸顶鲷（灰白鱲）*G. griseus*
（依王存信，1979）

8（7）体长为体高的 2.3～3.0 倍；吻侧和颊部通常具垂直伸长的斑点或波浪状的纵向蓝线

9（10）体长为体高的 2.6～3.0 倍；颊部通常具垂直伸长的蓝色斑点 ••••••••••••••••••••••••••••••••••••••
　　小齿裸顶鲷（小齿白鱲） *G. microdon* **（Bleeker，1851）**（图 2366）。栖息于水深 15～50m 沿岸
　　及近海礁岩外缘的沙地上或碎石区的水域。觅食底栖甲壳类、头足类或其他小鱼等。体长
　　450mm。分布：台湾海域；日本，印度-西太平洋、南印度洋海域。为肉质鲜美的食用鱼。

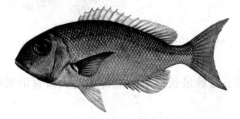

图 2366　小齿裸顶鲷（小齿白鱲）*G. microdon*
（依 K. E. Carpenter，2001）

10（9）体长为体高的 2.3～2.5 倍；吻侧和颊部具波浪状的纵向蓝线 ••••••••••••••••••••••••••••••••••••
　　蓝线裸顶鲷（蓝线白鱲） *G. grandoculis* **（Valenciennes，1830）**（图 2367）。栖息于水深可达
　　170m 沿岸及近海礁岩外缘的沙地上或碎石区的水域。觅食底栖甲壳类、头足类或其他小鱼等。
　　体长 800mm。分布：台湾澎湖列岛海域；日本、澳大利亚，印度-太平洋。为肉质鲜美的食用鱼。

图 2367　蓝线裸顶鲷（蓝线白鱲）*G. grandoculis*
（依 K. E. Carpenter，2001）

裸颊鲷属（龙占鱼属）*Lethrinus* Cuvier, 1829
种 的 检 索 表

1（2）尾鳍后半部深红色 ·················· **黄尾裸颊鲷（黄尾龙占鱼）***L. mahsena* **(Forsskål, 1775)**
（图 2368）。栖息于珊瑚礁区和沙质的海草区。摄食棘皮动物（最常见的海胆）、甲壳动物和鱼类。体长 650mm。分布：台湾海域；红海、斯里兰卡，印度洋。为食用性鱼类。

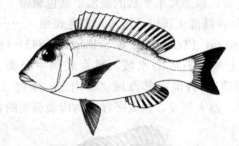

图 2368　黄尾裸颊鲷（黄尾龙占鱼）*L. mahsena*
（依 T. Sato，1984）

2（1）尾鳍后半部非深红色

3（4）第一背鳍第二鳍棘明显长于其他鳍棘；下颌前部 1 对犬齿明显向外弯曲（图 2369）·············
·················· **长棘裸颊鲷（丝棘龙占鱼）***L. genivittatus* **Valenciennes, 1830**（图 2369）。栖息于沿岸珊瑚礁。群居性，主要摄食软体动物、甲壳类及小鱼。体长 250mm。分布：东海、台湾北部海域、南海（广西北海）；日本、印度尼西亚、菲律宾、澳大利亚，印度-西太平洋。

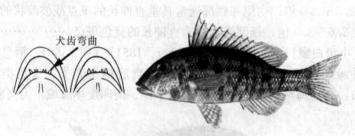

犬齿弯曲

图 2369　长棘裸颊鲷（丝棘龙占鱼）*L. genivittatus*
（依 K. E. Carpenter，2001）

4（3）第一背鳍第三、第四或第五鳍棘最长；下颌前部 1 对犬齿直形或稍弯曲

5（24）胸鳍基部的内表面无鳞

6（21）侧线与第一背鳍中部棘之间的鳞片 4.5 行；颌齿尖锥形

7（10）体长为体高的 2.2～2.75 倍；头长通常小于体高

8（9）第一背鳍第三鳍棘最长；腹鳍暗色；颊部高为吻长的 0.9～1.0 倍；新鲜个体，眼睛周围红色
·················· **长吻裸颊鲷（长吻龙占鱼）***L. miniatus* **(Forster, 1801)**（图 2370）。栖息于 100m 以浅的沙砾、岩礁和珊瑚礁。体长 900mm。分布：南海；日本琉球群岛、菲律宾群岛、澳大利亚北岸。《中国物种红色名录》列为易危［VU］物种。

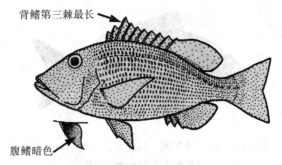

背鳍第三棘最长

腹鳍暗色

图 2370　长吻裸颊鲷（长吻龙占鱼）*L. miniatus*
（依岛田，2013）

9（8）第一背鳍第四鳍棘最长；体高显著大于头长；颊部高为吻长的 0.8～0.9 倍；新鲜个体眼睛周围蓝色……………………………………………………………………**红鳍裸颊鲷（正龙占鱼）**
L. haematopterus Temminck & Schlegel, 1844（图 2371）。栖息于珊瑚礁及沙地交汇的海域，幼鱼常出现于河口域。群居性，摄食软体动物、甲壳类及小鱼。体长 450mm。分布：东海（福建）、台湾澎湖列岛海域、南海（香港）、东沙群岛、西沙群岛；日本，西-北太平洋。高经济价值的常用食用鱼。

图 2371　红鳍裸颊鲷（正龙占鱼）*L. haematopterus*
（依王存信，1979）

10（7）体长为体高的 2.8～3.9 倍；头长通常大于体高

11（14）眼间隔明显凹入

12（13）腹鳍鳍膜被黑色素；上颚骨具 5～8 个鳞片；胸鳍基上半部分红色………………………………
黄唇裸颊鲷（黄唇龙占鱼）L. xanthochilus Klunzinger, 1870（图 2372）。栖息于潟湖、内湾、珊瑚礁区或海草床，或于外缘沙地上巡游，摄食甲壳类、软体动物、棘皮动物、多毛类或小鱼等。体长 700mm。分布：台湾南部海域、南海；日本南部、澳大利亚，印度-太平洋。为较大型的食用鱼，《中国物种红色名录》列为易危［VU］物种。

图 2372　黄唇裸颊鲷（黄唇龙占鱼）*L. xanthochilus*
（依 K. E. Carpenter，2001）

13（12）腹鳍鳍膜仅基部被黑色素；上颚骨具 8～10 个鳞片；吻部、前鳃盖骨、胸鳍基红色…………
…………………网纹裸颊鲷（网纹龙占鱼）**L. reticulatus Valenciennes, 1830**（图 2373）。栖息于岩礁及沙地交汇的海域。群居性，主要摄食软体动物、甲壳类及小鱼。体长 400mm。分布：台湾南部海域、南海（香港）、东沙群岛、西沙群岛；日本、泰国、印度尼西亚、菲律宾，印度-西太平洋。为高经济价值的常用食用鱼。

14（11）眼间隔平坦或稍凸

图 2373　网纹裸颊鲷（网纹龙占鱼）*L. reticulatus*
（依 K. E. Carpenter, 2001）

15（16）侧线下鳞 13 或 14；后鼻孔垂直裂缝状，距前鼻孔较眼睛近；身体细长，体长为体高的 3.2～
3.9 倍……………………………… **杂色裸颊鲷（杂色龙占鱼）*L. variegatus* Valenciennes, 1830**
（图 2374）。栖息于水深 1～150m 的岩礁区或珊瑚礁外缘沙泥地。肉食性，以礁区的小鱼或无
脊椎动物为食。体长 200mm。分布：台湾澎湖列岛海域、南海（香港）、东沙群岛；日本南
部、新喀里多尼亚、红海，印度-西太平洋。

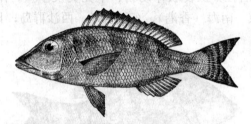

图 2374　杂色裸颊鲷（杂色龙占鱼）*L. variegatus*
（依王存信, 1979）

16（15）侧线下鳞 15～17；后鼻孔纵行裂缝状，距眼睛较前鼻孔近；身体细长，体长为体高的 2.8～
3.2 倍

17（18）颊高为吻长的 0.7～0.8 倍；自眼睛具 3 条黑色条纹辐射至吻部 …… **小齿裸颊鲷（小齿龙占鱼）**
L. microdon Valenciennes, 1830（图 2375）。栖息于水深约 80m 珊瑚礁附近的沙区。主要摄食鱼
类、甲壳类、头足类和多毛类。体长 800mm。分布：南沙群岛；印度-西太平洋。

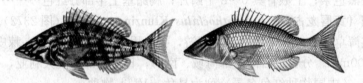

图 2375　小齿裸颊鲷（小齿龙占鱼）*L. microdon*
（依 K. E. Carpenter, 2001）

18（17）颊高为吻长的 0.8～0.9 倍；自眼睛至吻部无条纹

19（20）体侧无不规则的黑色斑点 ……………… **红裸颊鲷（红鳃龙占鱼）*L. rubrioperculatus* Sato, 1978**
（图 2376）。栖息于水深 12～160m 的大陆棚斜坡外缘沙泥地。肉食性，以礁区的小鱼或无脊椎动
物为食。体长 500mm。分布：台湾南部海域、南海（香港）、东沙群岛；日本南部、澳大利亚，
印度-太平洋。为高经济价值的常用食用鱼，《中国物种红色名录》列为易危 ［VU］ 物种。

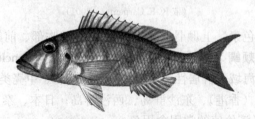

图 2376　红裸颊鲷（红鳃龙占鱼）*L. rubrioperculatus*
（依 K. E. Carpenter, 2001）

20（19）体侧具一不规则的黑色斑点·· **半带裸颊鲷（半带龙占鱼）**
L. semicinctus Valenciennes，1830（图 2377）。栖息于潟湖、内湾、珊瑚礁区或海草床，摄食
沙地上的甲壳类、软体动物、棘皮动物、多毛类或小鱼等。体长 350mm。分布：台湾澎湖
列岛海域、东沙群岛、南沙群岛；日本南部、斯里兰卡、印度尼西亚、澳大利亚，印度-西
太平洋。为中型食用鱼类。

图 2377　半带裸颊鲷（半带龙占鱼）L. semicinctus
（依 K. E. Carpenter，2001）

21（6）侧线与第一背鳍中部棘之间的鳞片 5.5 行；颌齿圆锥形、圆形、臼形或颗粒状
22（23）颊高为吻长的 0.6～0.8 倍；体较长，体长为体高的 3.0～3.3 倍·······················
　　　尖吻裸颊鲷（尖吻龙占鱼）L. olivaceus Valenciennes，1830（图 2378）　（syn. 长吻裸颊鲷
　　　L. miniatus 成庆泰等，1962；陈大刚，2015）。栖息于水深 1～185m 的潟湖、岩礁区或珊瑚礁
　　　外缘沙泥地。群居性，肉食性，摄食礁区的小鱼或无脊椎动物。体长 1.0m。分布：台湾海
　　　域、海南岛、南海诸岛；日本南部、红海、萨摩亚群岛、澳大利亚，印度-西太平洋。《中国物
　　　种红色名录》列为易危［VU］物种。

图 2378　尖吻裸颊鲷（尖吻龙占鱼）L. olivaceus
（依王存信，1979）

23（22）颊高为吻长的 0.8～1.0 倍；体长为体高的 2.3～2.9 倍·····························
　　　扁裸颊鲷（乌帽龙占鱼）L. lentjan（Lacepède，1802）（图 2379）（syn. 四带裸颊鲷 Lethrinus
　　　leutianus）。栖息于水深 20～90m 的潟湖、岩礁区或珊瑚礁外缘。肉食性，摄食礁区的小鱼或
　　　无脊椎动物。体长 520mm。分布：东海、台湾海域、海南岛、南海（香港）、东沙群岛、南沙
　　　群岛；日本南部、波斯湾、红海、澳大利亚，印度-西太平洋。

图 2379　扁裸颊鲷（乌帽龙占鱼）L. lentjan
（依王存信，1979）

24（5）胸鳍基部的内表面大部分或部分被鳞片覆盖
25（26）体侧中部具 1 个大黑斑 ················· **黑点裸颊鲷（单斑龙占鱼）L. harak**（Forsskål，1775）
　　　（图 2380）（syn. 黑斑裸颊鲷 Lethrinus rhodopterus）。栖息于沿岸珊瑚礁、岩礁区外缘、沼泽

区、红树林区或海藻床的沙泥地。摄食软体动物、甲壳类及小鱼。体长 500mm。分布：东海（福建）、台湾南部海域、东沙群岛、南沙群岛；日本南部、红海、萨摩亚群岛、澳大利亚，印度-西太平洋。为中型食用鱼类。

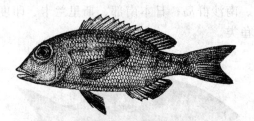

图 2380　黑点裸颊鲷（单斑龙占鱼）*L. harak*
（依杨永章，1985）

26（25）体侧中部无黑斑

27（32）侧线上鳞 4.5 片

28（31）臀鳍第三、第四或第五鳍条较长，长于臀鳍鳍条基底长

29（30）颌的侧齿圆锥形或圆形；侧线鳞 46～48；腹鳍鳍膜密布黑色素；新鲜个体的头部有橙色小斑点 ·················· **红棘裸颊鲷（红棘龙占鱼）*L. erythracanthus* Valenciennes，1830**（图 2381）。栖息于水深 18～120m 的潟湖、岩礁区外缘的沙泥地。主要摄食软体动物、甲壳类及小鱼。体长 700mm。分布：东海（福建）、台湾南部海域、东沙群岛、南沙群岛；日本南部、土木土群岛、澳大利亚北部，印度-太平洋。

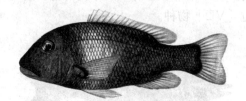

图 2381　红棘裸颊鲷（红棘龙占鱼）*L. erythracanthus*
（依 K. E. Carpenter，2001）

30（29）颌的侧齿臼齿状；侧线鳞 44～46；腹鳍鳍膜无黑色素；尾柄部具 2 条浅色横纹 ··················
·············· **赤鳍裸颊鲷（红鳍龙占鱼）*L. erythropterus* Valenciennes，1830**（图 2382）。栖息沿岸珊瑚礁或岩礁区外缘的沙泥地。摄食软体动物、甲壳类及小鱼。体长 700mm。分布：台湾南部海域、南海（香港）、东沙群岛、南沙群岛；坦桑尼亚、莫桑比克、菲律宾、澳大利亚，印度-西太平洋。

图 2382　赤鳍裸颊鲷（红鳍龙占鱼）*L. erythropterus*
（依 K. E. Carpenter，2001）

31（28）臀鳍第一、第二鳍条较长，几与臀鳍鳍条基底长等长 ··················
阿氏裸颊鲷（阿氏龙占鱼）*L. atkinsoni* Seale，1910（图 2383）。栖息于潟湖或岩礁区外缘的沙泥地。主要摄食软体动物、甲壳类及小鱼。体长 450mm。分布：台湾南部海域、南海（香港）、东沙群岛、南沙群岛；日本南部、印度尼西亚、菲律宾、澳大利亚，印度-西太平洋。

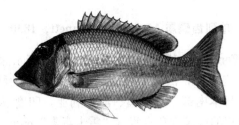

图 2383　阿氏裸颊鲷（阿氏龙占鱼）*L. atkinsoni*

（依 K. E. Carpenter，2001）

32（27）侧线上鳞 5.5 片

33（34）腹鳍鳍膜具黑色素 ·················· **星斑裸颊鲷（青嘴龙占鱼）*L. nebulosus*（Forsskål，1775）**
（图 2384）。栖息于水深 10～75m 的沿岸珊瑚礁、岩礁区外缘、沼泽区、红树林区或海藻床区。
独居或成小群活动，主要摄食软体动物、甲壳类及小鱼。体长 870mm。分布：台湾南部海域、
南海（香港）；日本南部、波斯湾、红海、澳大利亚北部，印度-西太平洋。较大型的食用鱼。

图 2384　星斑裸颊鲷（青嘴龙占鱼）*L. nebulosus*

（依王存信，1979）

34（33）腹鳍鳍膜无黑色素

35（36）吻背缘与上颌边缘呈 50°～60°角 ························· **橘带裸颊鲷（橘带龙占鱼）**
***L. obsoletus*（Forsskål，1775）**（图 2385）。栖息于沿岸珊瑚礁、岩礁区外缘、沼泽区、红树林
区或海藻床区。主要摄食软体动物、甲壳类及小鱼。体长 600mm。分布：台湾南部海域、南
海（香港）、东沙群岛；日本南部、红海、萨摩亚群岛、澳大利亚，印度-太平洋。

图 2385　橘带裸颊鲷（橘带龙占鱼）*L. obsoletus*

（依 K. E. Carpenter，2001）

36（35）吻背缘与上颌边缘呈 60°～70°角 ························· **短吻裸颊鲷（黄带龙占鱼）**
***L. ornatus* Valenciennes，1830**（图 2386）。栖息于潟湖、内湾、珊瑚礁区或海草床。以沙地上的甲
壳类、软体动物、棘皮动物、多毛类或小鱼等动物为食。体长 450mm。分布：台湾南部海域、海南
岛、南海（香港）、东沙群岛；日本南部、马尔代夫、巴布亚新几内亚、澳大利亚，印度-西太平洋。

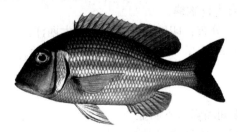

图 2386　短吻裸颊鲷（黄带龙占鱼）*L. ornatus*

（依 K. E. Carpenter，2001）

单列齿鲷属 *Monotaxis* Bennett，1830

单列齿鲷 *M. grandoculis*（Forsskål，1775）（图 2387）。栖息于水深 1～100m 的岩礁区或珊瑚礁外沙泥地，幼鱼一般活动于沿岸。肉食性，摄食礁区的小鱼或无脊椎动物。体长 600mm。分布：东海、钓鱼岛、台湾海域、南海诸岛；日本南部、夏威夷、澳大利亚，印度-太平洋。全年都可以捕获。因食物链关系，大型鱼内脏可能具累积的珊瑚礁鱼毒素（"雪卡毒素"ciguateric toxins），误食会引起中毒，应避食其内脏。

图 2387　单列齿鲷 *M. grandoculis*
（依王存信，1979）

脊颌鲷属 *Wattsia* Chan & Chilevers，1974

莫桑比克脊颌鲷 *W. mossambica*（Smith，1957）（图 2388）。栖息于水深可达 180m 的大陆架外缘水域。觅食底栖甲壳类、头足类或其他小鱼等。体长 550mm。分布：台湾南部海域、东沙群岛、南沙群岛；日本南部、夏威夷、莫桑比克、澳大利亚，印度-西太平洋。

图 2388　莫桑比克脊颌鲷 *W. mossambica*
（依 K. E. Carpenter，2001）

231. 鲷科 Sparidae

体卵圆形、侧扁，体色多样。被圆鳞或栉鳞，侧线完整。头大，前缘轮廓陡峭。口小，前位，上颌可伸出少许。上颌骨后缘不伸达眼中线，口闭时被眶前骨遮盖。齿发达，可分化为犬状齿、扁平齿和臼齿。背鳍 1 个，鳍棘部和鳍条部连续、无缺刻，具 10～13 鳍棘、9～17 鳍条，部分种类有一至数枚鳍棘延长或呈丝状；臀鳍具 3 鳍棘、7～15 鳍条，通常第二鳍棘最强；尾鳍凹形或叉形；胸鳍尖长；腹鳍胸位，具 1 鳍棘、5 鳍条，基部有 1 枚腋鳞。

栖息在热带和温带沿岸水域。分布：印度洋、太平洋和大西洋。

本科有 37 属 148 种（Nelson et al.，2016）；中国有 6 属 15 种。

属 的 检 索 表

1（10）腭骨具 2 行以上臼齿；眼间隔隆起不明显

2（7）眶间被鳞；腭骨具 2 行白齿；体红色

3（6）臀鳍具 8 鳍条

4（5）背鳍前方有数枚鳍棘柔软，呈丝状延长 ················· **四长棘鲷属（长棘鲷属）** *Argyrops*

5（4）背鳍鳍棘坚硬，不延长 ······························· **赤鲷属（真鲷属）** *Pagrus*

6（3）臀鳍具 9 鳍条 ···································· **犁齿鲷属（锄齿鲷属）** *Evynnis*

7（2）眶间无鳞；腭骨具 3 行臼齿；体银黑色

8（9）腭骨齿带末端具 1 枚极大的白齿；臀鳍鳍条数 10～12（通常 11）；侧线和第四背鳍鳍棘之间横
列鳞为 6.5 枚以上；背鳍鳍棘中等柔软 ························· **平鲷属** *Rhabdosargus*

9（8）腭骨齿带末端无极大的白齿；臀鳍鳍条数 8（偶见 9）；侧线和第四背鳍鳍棘之间横列鳞为
3.5～6.5 枚，背鳍鳍棘强 ····························· **棘鲷属** *Acanthopagrus*

10（1）腭骨具圆锥形齿；眼间隔隆起明显 ······················· **牙鲷属** *Dentex*

<h2 style="text-align:center">棘鲷属 Acanthopagrus Peters，1855</h2>
<h3 style="text-align:center">种 的 检 索 表</h3>

1（10）背鳍鳍棘部中央至侧线的横列鳞数 4.5 枚以下，侧线鳞数小于 52

2（5）背鳍鳍棘部中央至侧线的横列鳞数 4.5 枚

3（4）鲜活时腹鳍和臀鳍灰褐色，固定后为浅灰色；头长为臀鳍第二鳍棘长的 2.0～2.1 倍；侧线鳞数
46～52 ···················· **橘鳍棘鲷** *A. sivicolus* **Akazaki，1962**（图 2389）。暖温性小型海洋
鱼类。主要栖息在受淡水影响的咸淡水区域和沿岸海域。体长可达 450mm。分布：台湾北部及
澎湖列岛海域；日本琉球群岛。高级食用鱼类。

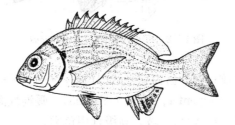

图 2389　橘鳍棘鲷 *A. sivicolus*
（依林公义等，2013）

4（3）鲜活时腹鳍和臀鳍黄色，固定后为乳白色；头长为第二鳍棘长的 1.5～1.8 倍；侧线鳞数 44～47
···················· **琉球棘鲷** *A. chinshira* **Kume & Yoshino，2008**（图 2390）。暖温性小型海
洋鱼类。主要栖息在沿岸水域。体长可达 204mm。分布：台湾北部海域、南海（香港）；冲绳
岛。高级食用鱼类。

图 2390　琉球棘鲷 *A. chinshira*
（依林公义等，2013）

5（2）背鳍鳍棘部中央至侧线的横列鳞数 3.5 枚

6（7）鲜活时腹鳍和臀鳍黄色，固定后为乳白色 ················ **黄鳍棘鲷** *A. latus*（**Houttuyn，1782**）
（图 2391）[syn. 黄鳍鲷 *Sparus latus*（Houttuyn，1782）]。暖温性海洋小型鱼类。栖息于近岸
水域，最大水深可达 50m 左右，也会进入河口或淡水水域。最大体长可达 352mm。分布：东
海、台湾海域、海南岛、南海；朝鲜半岛、日本、越南。高级食用鱼类。

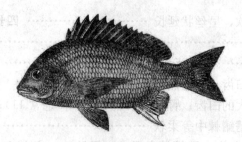

图 2391　黄鳍棘鲷 A. latus
（依杨永章，1985）

7（6）鲜活时腹鳍和臀鳍黑色或灰褐色，固定后颜色变化不大或变为浅灰色

8（9）臀鳍鳍条部的鳍膜无暗色纹；两颌齿为圆形臼状齿 ·· **太平洋棘鲷**
A. pacificus Iwatsuki, Kume & Yoshino, 2010（图 2392）。暖水性海洋小型鱼类。栖息于沿岸水域，可进入河口下游。体长可达 500mm。分布：台湾海域、海南岛、南海（香港）；日本、马来西亚、澳大利亚北部。高级食用鱼类。

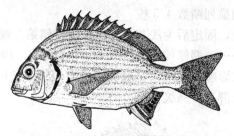

图 2392　太平洋棘鲷 A. pacificus
（依林公义等，2013）

9（8）臀鳍鳍条部的鳍膜具暗色纹；两颌齿为扁平状白齿 ·· **台湾棘鲷**
A. taiwanensis Iwatsuki & Carpenter, 2006（图 2393）。暖温性海洋小型鱼类。栖息于沿岸水域。最大体长可达 500mm。分布：台湾海域。高级食用鱼类。

图 2393　台湾棘鲷 A. taiwanensis
（依岩槻幸雄等，2006）

10（1）背鳍鳍棘部中央至侧线的横列鳞数 5.5 枚以上，侧线鳞 48～56 ····························· **黑棘鲷**
A. schlegelii（Bleeker, 1854）（图 2394）。暖温性海洋鱼类。沿岸底栖生活，对环境适应性强，

图 2394　黑棘鲷 A. schlegelii
（依成庆泰，1963）

可进入咸淡水区域。雌雄同体，3~4 龄前全为雄性，其后才转变为雌性。体长可达 500mm。分布：中国沿海；朝鲜半岛、日本。常见高级食用鱼类。

四长棘鲷属（长棘鲷属）Argyrops Swainson，1839
种 的 检 索 表

1（2）背鳍鳍棘 11 枚，第一鳍棘非常小，第三至第四或第五鳍棘呈丝状延长·····················
四长棘鲷 A. bleekeri Oshima，1927（图 2395）。暖温性海洋小型鱼类。栖息于水深 30~200m 的大陆架沙泥底质水域。最大体长可达 400mm。分布：东海、台湾海域、南海；日本，印度-西太平洋。

图 2395　四长棘鲷 A. bleekeri
（依林公义等，2013）

2（1）背鳍鳍棘 12 枚，第一、第二鳍棘非常小，第三至第五鳍棘呈丝状延长·····························
高体四长棘鲷 A. spinifer（Forsskål，1775）（图 2396）。暖温性海洋小型鱼类。栖息于水深 5~400m 的大陆架沙泥底质水域。最大体长可达 700mm。分布：台湾海域、南海（香港）；广泛分布在印度-西太平洋。

图 2396　高体四长棘鲷 A. spinifer
（依 Sanbury et al.，1985）

牙鲷属 Dentex Cuvier，1814
种 的 检 索 表

1（2）身体背侧无大型黄色斑点；体侧钴蓝色点状线纹水平分布在体侧，固定标本为暗色斑点；各鳍黄色，背鳍和臀鳍颜色较浓，固定标本变得透明 ·· **阿部氏牙鲷**
D. abei Iwatsuki，Akazaki & Taniguchi，2007（图 2397）。暖温性海洋鱼类。主要栖息于水深 50~150m 的沿岸和大陆架泥沙底质水域。最大体长可达 307mm。分布：台湾海域；日本、菲律宾。

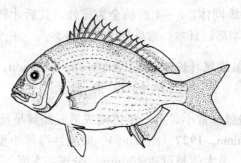

图 2397　阿部氏牙鲷 *D. abei*
（依林公义等，2013）

2（1）身体背侧有 3 个大型黄色斑点；体侧无钴蓝色点状线纹；各鳍红色，固定标本为淡褐色⋯⋯⋯⋯⋯⋯⋯⋯⋯⋯⋯⋯**黄背牙鲷 *D. hypselosomus* Bleeker，1854**（图 2398）。暖温性海洋小型鱼类。主要栖息于水深 50～200m 沿岸和大陆架的泥沙底质水域。最大体长可达 306mm。分布：台湾海域、海南岛、南海（广东）；朝鲜半岛南部、日本南部。

图 2398　黄背牙鲷 *D. hypselosomus*
（依林公义等，2013）

犁齿鲷属 *Evynnis* Jordan & Thompson，1912
种 的 检 索 表

1（4）背鳍具显著延长呈丝状的棘

2（3）背鳍第三、第四棘均呈丝状延长⋯⋯⋯⋯⋯⋯⋯**二长棘犁齿鲷 *E. cardinalis*（Lacepède，1802）**（图 2399）（syn. 二长棘鲷 *Parargyrops edita*）。暖温性海洋小型鱼类。栖息于大陆架泥沙底质水域，为濒危物种。体长可达 400mm。分布：中国沿岸；朝鲜半岛、日本。

图 2399　二长棘犁齿鲷 *E. cardinalis*
（依杨永章，1985）

3（2）背鳍仅第三棘呈丝状延长 ⋯⋯⋯⋯⋯**单长棘犁齿鲷 *E. mononematos* Guan，Tang & Wu，2012**（图 2400）。海洋暖温性小型鱼类。分布：目前仅知分布于闽南-台湾浅滩渔场。

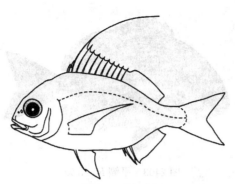

图 2400　单长棘犁齿鲷 *E. mononematos*
（周唯绘）

4（1）背鳍棘不延长呈丝状⋯⋯⋯⋯⋯ **黄犁齿鲷（黄鲷）*E. tumifrons*（Temminck & Schlegel，1843）**
（图 2401）（syn. 黄牙鲷 *Dentex tumifrons*）。暖温性海洋小型鱼类。栖息于大陆架的沙泥底质水域。体长可达 350mm。分布：黄海、台湾海域、东海；朝鲜半岛、日本。

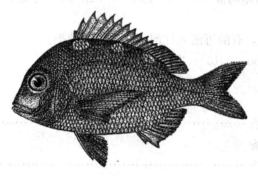

图 2401　黄犁齿鲷（黄鲷）*E. tumifrons*
（依成庆泰，1963）

赤鲷属（真鲷属）*Pagrus* Cuvier，1816

真赤鲷 *P. major*（Temminck & Schlegel，1843）（图 2402）（syn. 真鲷 *Pagrosomus major*）。海洋温水性洄游鱼类，栖息在大陆架沙泥底质海域，也常出现在礁石区。体长可达 1.0m。分布：黄海、东海、台湾海域、南海东北部；日本、菲律宾、印度尼西亚。高级食用鱼类。

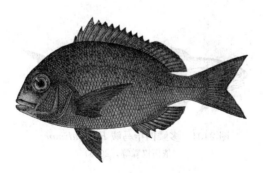

图 2402　真赤鲷 *P. major*
（依成庆泰，1963）

平鲷属 *Rhabdosargus* Fowler，1933

平鲷 *R. sarba*（Forsskål，1775）（图 2403）。暖温性海洋洄游鱼类。主要栖息在沿岸礁石区，最大水深可至 50m。体长可达 80cm。分布：黄海、东海、台湾海域、南海；广泛分布于印度-西太平洋。

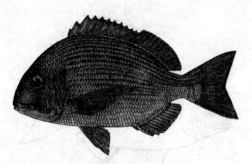

图 2403　平鲷 R. sarba
（依成庆泰，1963）

232. 马鲅科 Polynemidae

体延长，微侧扁，被中大弱栉鳞。头部被鳞。吻圆突。口大，下位。眼大，脂眼睑发达。颌齿细小，绒毛状。犁骨和腭骨均具齿，或犁骨无齿。背鳍2个，相距较远，具7~8鳍棘、11~15鳍条；臀鳍具3鳍棘、11~17鳍条，两鳍均被鳞；腹鳍亚胸位，1鳍棘、5鳍条；胸鳍低位，下部有丝状游离鳍条；尾鳍叉形。

分布：热带和亚热带海域，有的可游入江河。为中大型种类。

本科有8属42种（Nakabo，2013）；中国有3属6种。

属 的 检 索 表

1（2）胸鳍有3~4根游离鳍条 ·· 四指马鲅属 Eleutheronema
2（1）胸鳍有5~8根游离鳍条
3（4）胸鳍有5~6根游离鳍条 ·· 多指马鲅属 Polydactylus
4（3）胸鳍有8根游离鳍条 ·· 丝指马鲅属 Filimanus

四指马鲅属 Eleutheronema Bleeker，1862

多鳞四指马鲅 E. rhadinum (Jordan & Evermann，1902) （图 2404）（syn. 四指马鲅 E. tetradactylum 成庆泰，1955；刘静等，2016）。栖息于沙泥底质的环境，沿岸、河口、红树林等半淡咸水海域皆可见其踪迹。喜群栖性，有季节性集群洄游的习性，会随着渔期到来而大量涌现。摄食虾、蟹、鱼类及蠕虫等。体长740mm。分布：中国沿岸；日本、越南等沿海。秋末至初春是主要渔期季节，高经济价值鱼种，已能人工繁殖。

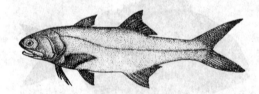

图 2404　多鳞四指马鲅 E. rhadinum
（依伍汉霖等，2006）

丝指马鲅属 Filimanus Myers，1936

西氏丝指马鲅 F. sealei (Jordan & Richardson，1910) （图 2405）。栖息于沙泥底质的环境，在沿岸、河口、红树林等半淡咸水海域皆可见其踪迹。喜群栖性，有季节性成群洄游习性，会随着渔期到来而大量涌现。摄食虾、蟹、鱼类及蠕虫等。体长150mm。分布：台湾东部海域；菲律宾、新几内亚、俾斯麦群岛、所罗门群岛，中-西太平洋海域。小型鱼类。

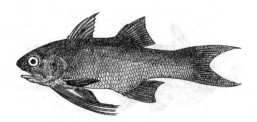

图 2405　西氏丝指马鲅 *F. sealei*

（依 R. M. Feltes，2001）

多指马鲅属 *Polydactylus* Lacepède，1803
种 的 检 索 表

1（4）侧线前部具有 1 个大黑斑

2（3）胸鳍具 5 根游离鳍条；体和鳍银黄色 ………………………………………………… **小口多指马鲅**
P. microstomus（Bleeker，1851）（图 2406）。栖息于沿岸或浅的大陆棚沙泥底质环境。喜群栖性，常成群洄游，有季节洄游的习性。摄食虾、蟹、鱼类及蠕虫等底栖生物。体长 250mm。分布：台湾南部海域；印度、菲律宾、新加勒多尼亚、斐济，印度-西太平洋。利用流刺网、底拖网、定置网及钓具等渔法捕获，高经济价值鱼种。

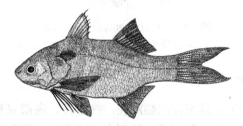

图 2406　小口多指马鲅 *P. microstomus*

（依 R. M. Feltes，2001）

3（2）胸鳍具 6 根游离鳍条；体和鳍银白色 ………………………………………………… **六指多指马鲅**
P. sextarius（Valenciennes，1831）（图 2407）。栖息于沙泥地混浊水域或珊瑚礁的干净水域，以沙泥底质环境较常见，常成群洄游，摄食浮游动物或沙泥地中的软体动物。体长 610mm。分布：东海（江苏沿海）、台湾南部、西部及澎湖列岛海域、南海；日本，印度-西太平洋。渔期以春秋季较多，可利用流刺网等渔法捕获。

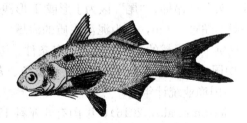

图 2407　六指多指马鲅 *P. sextarius*

（依伍汉霖等，2006）

4（1）侧线前部无黑斑

5（6）胸鳍具 5 根游离鳍条 ………………………………… **五丝多指马鲅 P. plebeius（Broussonet，1782）**
（图 2408）。栖息于沿岸或浅的大陆棚沙泥底质环境。喜群栖，有季节性集群洄游习性，会随着渔期到来而大量涌现。摄食虾、蟹、鱼类及蠕虫等底栖生物。体长 450mm。分布：台湾海域、海南岛、南海（香港）、南沙群岛；韩国、日本，印度-太平洋。利用流刺网、底拖网、定置网及钓具等渔法捕获，高经济价值鱼种。

6（5）胸鳍具 6 根游离鳍条 ………………………………… **六丝多指马鲅 P. sexfilis（Valenciennes，1831）**

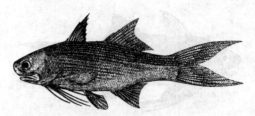

图 2408　五丝多指马鲅 *P. plebeius*

（依 R. M. Feltes，2001）

（图 2409）。栖息于沙泥地的混浊水域或珊瑚礁的干净水域，以沙泥底质环境较常见，常成群洄游，摄食浮游动物或沙泥地中的软体动物。体长 610mm。分布：东海（浙江）、台湾南部、西部及澎湖列岛海域、南海；日本、印度尼西亚，印度-太平洋。利用流刺网、底拖网、定置网及钓具等渔法捕获，高经济价值鱼种。

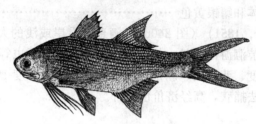

图 2409　六丝多指马鲅 *P. sexfilis*

（依 R. M. Feltes，2001）

233. 石首鱼科 Sciaenidae

体延长，侧扁。头圆钝或尖突，具发达的黏液腔。吻中长，吻褶完整或浅分为 2～4 叶。眼位于头的前半部。口下位或前位，口裂或平或斜。齿一般细小，绒毛状，排列成狭的齿带，上颌外行齿及下颌内行齿常较粗大，有时形成犬齿；犁骨、腭骨及舌上均无齿。颏部常具 2～6 颏孔，明显或陷入。颏须或有或无。前鳃盖骨边缘常具细锯齿。鳃盖条 6～7。体被圆鳞或栉鳞，背鳍、臀鳍的鳍膜上常被小圆鳞，形成鳞鞘。侧线延伸至尾鳍末端。背鳍具 8～11 鳍棘、21～36 鳍条，鳍棘部和鳍条部之间具一缺刻，或连续、无缺刻；臀鳍具 1～2 棘、6～13 或 16～23 鳍条；胸鳍尖或圆形；腹鳍胸位，鳍棘、5 鳍条；尾鳍尖形、楔形、圆形、截形或双凹形。鳔发达，一般前部圆筒形、后部细尖，无侧囊及侧肢；或前端两侧圆形突出形成侧囊；或管状延长，形成侧管；鳔侧常具多对侧肢。石首鱼内耳的矢耳石最大，盾形，腹面具一蝌蚪状印迹；其"头"区昂仰，"尾"区为 J 形或 T 形浅沟。

石首鱼类栖息于沿海水深一般不超过 100m，多为泥沙底质的海域。我国沿岸因江河注入大量淡水及悬浮物，为石首鱼类繁殖生长提供了最优越的自然环境和栖息条件。因而，石首鱼类是我国海洋经济鱼类最为重要的类群。2015 年，中国 6 种石首鱼类（大黄鱼、小黄鱼、黄姑鱼、白姑鱼、鮸、梅童鱼）总产量高达 103.03 万 t（《2016 中国渔业统计年鉴》）。

本科有 6 亚科 67 属 283 种（Nelson et al.，2016）；中国有 6 亚科 15 属 32 种。

亚科的检索表

1（6）鳔具侧囊或侧管

2（5）鳔的前端两侧向外突出形成"锤"形或"锚"状侧囊

3（4）鳔呈 T 形或"锤"形；耳石腹面具一蝌蚪形印迹，"头"区俯伏，"尾"区前部为一短细浅沟，后部扩大为一圆形深凹 ⋯⋯⋯⋯⋯⋯⋯⋯⋯⋯⋯⋯⋯⋯⋯⋯⋯⋯ 叫姑鱼亚科 Johniinae

4（3）鳔呈"锚"形；耳石腹面具一蝌蚪形印迹，"头"区昂仰，"尾"区细长，浅沟状，J 形弯曲⋯

⋯⋯⋯⋯⋯⋯⋯⋯⋯⋯⋯⋯⋯⋯⋯⋯⋯⋯⋯⋯⋯⋯⋯⋯⋯ 毛鲿亚科 Megalonibinae

5（2）鳔的前端仅具侧管 1 对，侧管向后延伸，伸达鳔的末端 ⋯⋯⋯⋯⋯⋯⋯ 黄唇鱼亚科 Bahabinae

6（1）鳔圆筒形，无侧囊及侧管

7（8）颏孔"似五孔型"或"五孔型"；鳔的第一对侧肢全部或部分伸入颅内形成头支（cephalic）（原黄姑鱼属 *Protonibea* 例外）···················· 黄姑鱼亚科 Nibeinae

8（7）颏孔为"二孔型""四孔型"或"六孔型"

9（10）鳔的第一对侧肢不伸入颅内，不形成头支；体无金黄色皮腺体 ········· 牙鲅亚科 Otolithinae

10（9）鳔的第一对侧肢伸入颅内，形成头支；头及腹部鳞片具金黄色皮腺体····························· 黄鱼亚科 Larimichthyinae

叫姑鱼亚科 Johniinae

吻圆钝或钝尖。口下位或前位。颏孔5个，为"五孔型"或"似五孔型"。颏须或有或无。侧线完全，向后伸达尾鳍基。鳔呈T形，前缘宽平或中央略凸出，形成2个球状侧囊，耳石腹面具一蝌蚪形印迹；"头"区俯伏；"尾"区前部为一短细浅沟，后部扩大为一圆形深凹。

近海暖水性底层小型鱼类。

本亚科中国有1属10种。

叫姑鱼属 *Johnius* Bloch，1793
种 的 检 索 表

1（2）颏部具一颏须·················· **团头叫姑鱼 *J. amblycephalus*（Bleeker，1833）**（图2410、图2411）。近海暖水性底层小型鱼类。喜栖息于水深20～40m的泥沙底质和岩礁附近海域。体长113～250mm。分布：东海南部、台湾海域、南海（海南岛）；日本、菲律宾、越南、马来西亚，印度-西太平洋。数量少，《中国物种红色名录》列为易危［VU］物种。

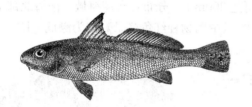

图2410　团头叫姑鱼 *J. amblycephalus*
（依伍汉霖，钟俊生原图）

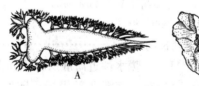

图2411　团头叫姑鱼鳔和耳石
A. 鳔腹视　B. 耳石背视　C. 耳石腹视
（依朱元鼎，罗云林，伍汉霖，1963）

2（1）颏部无颏须

3（4）体背侧具6～8条黑色垂直宽条纹；各鳍灰黑色········· **条纹叫姑鱼 *J. fasciatus* Chu，Lo & Wu，1963**（图2412）。近海暖水性小型底层鱼类。喜栖息于水深20～40m的泥沙底质和岩礁附近海域。体长90～140mm。分布：东海、台湾海域、南海。数量少，《中国物种红色名录》列为濒危［EN］物种。

4（3）体背侧无黑色垂直宽条纹；各鳍浅色

5（6）体侧中部沿侧线具一浅白色纵条纹；两背鳍边缘黑色 ········· **鳞鳍叫姑鱼 *J. distinctus*（Tanaka，1916）**（图2413）［syn. 丁氏鲅 *Wak tingi*（Tang，1937）］。近海暖水性

图 2412　条纹叫姑鱼 *J. fasciatus*
（依钟俊生，1991）

小型底层鱼类，喜栖息于水深 20～40m 的泥沙底质和岩礁附近海域。体长 150～270mm。分布：东海中部以南、台湾海峡、南海。体型较大，有一定产量，具经济价值。

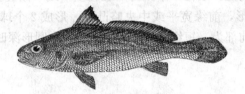

图 2413　鳞鳍叫姑鱼 *J. distinctus*
（依伍汉霖，钟俊生原图）

6（5）体侧中部沿侧线无白色纵条纹；两背鳍边缘浅色

7（10）上颌外行齿扩大，齿与齿间具较大空隙，其前端 2～3 对齿更大；下颌内行齿扩大，后侧有数锥状齿更大

8（9）背鳍鳍棘部浅黑色；头长为臀鳍第二棘长的 3 倍 ·················· **婆罗叫姑鱼**
J. borneensis (Bleeker, 1851)（图 2414）。暖水性近海底层小型鱼类。喜栖息河口咸淡水域。体长 125～240mm，大者可达 300mm。分布：台湾海域、南海北部沿岸；印度、缅甸、澳大利亚、巴布亚新几内亚。数量少，《中国物种红色名录》列为濒危［EN］物种。

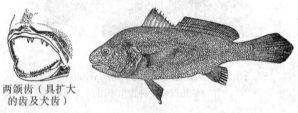

两颌齿（具扩大
的齿及犬齿）

图 2414　婆罗叫姑鱼 *J. borneensis*
（依 Sasaki，2001）

9（8）背鳍鳍棘部浅灰色；头长为臀鳍第二棘长的 2.3 倍 ·················· **太平洋叫姑鱼**
J. pacificus Hardenberg，1941（图 2415）。暖水性近海底层小型鱼类。喜栖息于河口咸淡水域。体长一般为 100mm，大者达 140mm。分布：南海北部沿岸；印度尼西亚。标本采自广东汕尾（中国新记录种）。

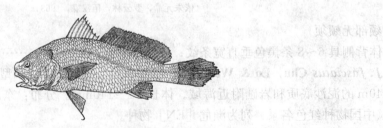

图 2415　太平洋叫姑鱼 *J. pacificus*
（依 Sasaki，2001）

10（7）上下颌齿绒毛状，上颌前端及下颌内行无大齿

11（12）臀鳍具 2 鳍棘、8～9 鳍条；胸部具强栉鳞（手感颇粗糙）••••••••••••••••••••••••••••••**叫姑鱼**
　　　　J. grypotus（**Richardson，1846**）（图 2416）。暖水性近海小型底层鱼类。喜栖息于河口咸淡水
　　　　区及沿海水深 25～100m 的沙泥、岩礁底质海区。集群洄游，生殖鱼群能发出叫声，有昼夜垂
　　　　直移动习性。体长 110～140mm。分布：中国沿海；朝鲜半岛、日本、阿拉伯海至印度尼西
　　　　亚，印度-西太平洋海域。经济鱼类，年产量波动在 1 500～2 000t。

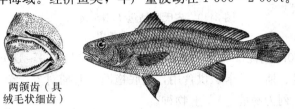

两颌齿（具
绒毛状细齿）

图 2416　叫姑鱼 *J. grypotus*
（依伍汉霖，钟俊生原图）

12（11）臀鳍具 2 鳍棘、7 鳍条；胸部具圆鳞或弱栉鳞（手感圆滑或稍粗）

13（14）体背侧鳞片（鳞袋）边缘深色；第一鳃弓下鳃耙 6～7 枚••••••••••••••••••••••••••••**屈氏叫姑鱼**
　　　　J. trewavasae **Sasaki，1992**（图 2417）。暖水性近海底层小型鱼类。体长一般为 140mm，大者
　　　　为 160mm。分布：东海（上海）、台湾海域、南海北部沿岸；新加坡。肉供食用。数量少，
　　　　《中国物种红色名录》列为易危［VU］物种。

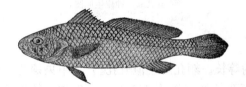

图 2417　屈氏叫姑鱼 *J. trewavasae*
（依伍汉霖，钟俊生原图）

14（13）头部、体侧鳞片无深色边缘；第一鳃弓下鳃耙 8～13 枚

15（16）第一鳃弓下鳃耙 11～13 枚，鳃耙细长，其长为鳃丝长的 1/2～2/5；胸鳍、腹鳍、臀鳍浅色，鳃
　　　　盖无蓝黑色斑块••••••••••••••••••••••••••**卡氏叫姑鱼** *J. carouna*（**Cuvier，1830**）（图 2418）。暖水性
　　　　近海底层小型鱼类。体长 100～120mm。分布：南海（广东沿岸）；暹罗湾、苏门答腊。中国新
　　　　记录种。标本采自广东湛江，数量少，《中国物种红色名录》列为易危［VU］物种。

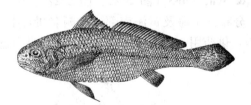

图 2418　卡氏叫姑鱼 *J. carouna*
（依伍汉霖，钟俊生原图）

16（15）第一鳃弓下鳃耙 8～10 枚，鳃耙粗短，略呈颗粒状

17（18）胸鳍、腹鳍、臀鳍及尾鳍深灰色；背鳍鳍棘部上半部黑色，鳍条部深灰色；腹鳍两外侧鳍条丝
　　　　状延长••••••••••••••••••••••••••**皮氏叫姑鱼** *J. belengerii* **Cuvier，1830**（图 2419）。暖温性近岸
　　　　中下层小型鱼类。喜栖息于泥沙底以及岩礁附近的海区，产卵时能发出"咕咕"叫声。体长
　　　　70～130mm，少数可达 150mm，最大达 182mm。分布：中国沿海。长江口渔场、东海近海和
　　　　台湾海峡有一定渔获，小型食用经济鱼类。

18（17）胸鳍、腹鳍、臀鳍浅黄色；背鳍鳍棘部灰色或略深，鳃盖具一浅蓝黑色斑块••••••••••••••••••••
　　　　••••••**大吻叫姑鱼** *J. macrorhynus*（**Mohan，1976**）（图 2420）。暖水性近海底层小型鱼类。喜

图 2419　皮氏叫姑鱼 J. belengerii
（依伍汉霖，钟俊生原图）

栖息于水深 20～40m 的泥沙底质和岩礁附近海域。体长 150～180mm。分布：台湾、南海北部广东沿岸；印度、斯里兰卡。供食用，是底拖网的兼捕对象，全年均有捕获。数量少，《中国物种红色名录》列为易危［VU］物种。

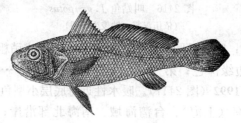

图 2420　大吻叫姑鱼 J. macrorhynus
（依伍汉霖，钟俊生原图）

毛鲿亚科 Megalonibinae

吻钝尖。口前位。上下颌约等长。颏孔为"似五孔型"，中央颏孔 1 对，相互靠近，中间具一肉垫，肉垫下陷时呈现一浅孔；内侧颏孔及外侧颏孔各 1 对。无颏须。体被弱栉鳞。背鳍连续，具 11 鳍棘、21～22 鳍条；尾鳍双凹形。鳔呈"锚"状，前部两侧向后伸出，形成 2 个髻状侧囊，鳔的两侧有树枝状侧肢 20 余对。耳石长圆形，腹面具一蝌蚪状印迹，其"头"区昂仰，"尾"区呈一 J 形凹沟。

近海暖温性底层大型鱼类。

毛鲿亚科仅 1 属 1 种产中国，即毛鲿属、褐毛鲿；分布于江苏、浙江沿海及台湾海峡。体长达 1m 余。

毛鲿属 Megalonibea Chu, Lo & Wu, 1963

褐毛鲿 M. fusca Chu, Lo & Wu, 1963（图 2421、图 2422）。近海暖温性底层大型鱼类。体长 1.5～2.0m，体重 60～100kg。分布：东海及黄海南部。鳔颇名贵，上等补品，有滋阴添精、养血止血、润肺健脾、补肾固精的功效，供药用，具较高经济价值。福建沿海已有人工养殖。数量少，《中国

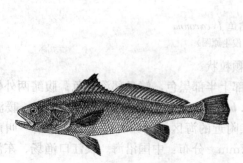

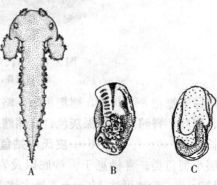

图 2421　褐毛鲿 M. fusca
（依伍汉霖，钟俊生原图）

图 2422　褐毛鲿鳔和耳石
A. 鳔腹视　B. 耳石背视　C. 耳石腹视
（依朱元鼎，罗云林，伍汉霖，1963）

物种红色名录》列为濒危〔EN〕物种。

黄唇鱼亚科 Bahabinae

吻钝尖。口前位。上下颌约等长。颏孔为"二孔型"，内侧颏孔及外侧颏孔均消失。无颏须。背鳍连续，鳍棘部与鳍条部之间具一深缺刻，具 8 鳍棘、22～25 鳍条；尾鳍楔形，尖长。鳔圆筒形，前缘宽平，端侧向后呈管状延长，与鳔平行，伸达鳔的末端、体节肌与鼓肌（声肌）之间的腹部，鳔侧无侧肢。耳石略呈长方形，腹面具蝌蚪状印迹，其"头"区昂仰，"尾"区为一 J 形凹沟。

近海暖温性底层大型鱼类。

本亚科中国仅 1 属 1 种。

黄唇鱼属 *Bahaba* Herre，1939

黄唇鱼 *B. taipingensis*（Herre，1932）（图 2423、图 2424）（syn. *Nibea flavolabiata* Lin，1935）。近海暖温性底层大型鱼类。幼鱼栖息于江河下游淡水区，成鱼栖息于水深 50～60m 的外海区。体长 1.5～2.0m，体重 40～100kg。分布：长江口以南至广东珠江口一带。鳔名贵，上等滋补品，居各种石首鱼鳔之首。供药用，对治疗妇女血崩和腰酸痛有疗效，制成鱼鳔胶珠，与其他中药配伍，对治疗胃和十二指肠溃疡、肾结核等有显著疗效。数量稀少，为国家二级重点保护水生野生动物，《中国物种红色名录》列为濒危〔EN〕物种。

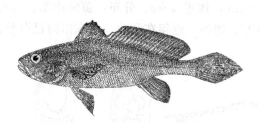

图 2423　黄唇鱼 *B. taipingensis*
（依伍汉霖，钟俊生原图）

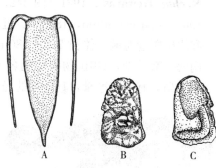

图 2424　黄唇鱼鳔和耳石
A. 鳔腹视　B. 耳石背视　C. 耳石腹视
（依朱元鼎，罗云林，伍汉霖，1963）

黄姑鱼亚科 Nibeinae

吻圆钝。口前位或亚下位。上下颌等长或上颌稍突出。颏孔为"五孔型"或"似五孔型"。颏须有或无。体被栉鳞。背鳍连续，具 10～11 鳍棘、22～31 鳍条；尾鳍楔形。鳔圆筒形，前缘弧形，无侧囊；鳔侧具 14～26 对缨须状或枝状侧肢，第一对侧肢全部或部分伸入颅内形成头支（cephalic）。耳石长圆形或盾形，腹面具蝌蚪形印迹，"头"区昂仰，"尾"区为一 J 形浅沟。

近海暖温性底层大型鱼类。

本亚科中国有 3 属 5 种。

属 的 检 索 表

1（2）鳔的第一对侧肢的分支不伸入颅内，不形成头支（cephalic）；背鳍具 11～12 鳍棘、22～24 鳍条；体侧上部、背鳍和尾鳍具许多不规则黑色斑块 ⋯⋯⋯⋯⋯⋯⋯⋯⋯ **原黄姑鱼属 *Protonibea***

2（1）鳔的第一对侧肢的分支全部或部分伸入颅内，形成头支（cephalic）

3（4）颏部具一短须，小于眼径；下颌齿均细小，内行齿不扩大 ⋯⋯⋯ **枝鳔石首鱼属 *Dendrophysa***

4（3）颏部无短须；下颌内行齿扩大 ⋯⋯⋯⋯⋯⋯⋯⋯⋯⋯⋯⋯⋯⋯⋯⋯⋯⋯ **黄姑鱼属 *Nibea***

枝鳔石首鱼属 *Dendrophysa* Trewavas，1964

勒氏枝鳔石首鱼 *D. russelli* (Cuvier，1829)（图2425、图2426）[syn. 勒氏石首鱼 *Sciaena russelli* (Cuvier，1829)]。近海暖水性底层小型鱼类。栖息于热带及亚热带海中。体长82～135mm。分布：东海、南海；菲律宾、印度尼西亚，印度洋北部。食用鱼类，数量少，《中国物种红色名录》列为易危[VU]物种。

图2425　勒氏枝鳔石首鱼 *D. russelli*
（依伍汉霖，钟俊生原图）

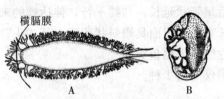

横膈膜

图2426　勒氏枝鳔石首鱼鳔和耳石
A. 鳔腹视　B. 耳石背视　C. 耳石腹视
（依朱元鼎，罗云林，伍汉霖，1963）

黄姑鱼属 *Nibea* Jordan & Thompson，1911
种 的 检 索 表

1（2）无吻上孔；颏孔为"五孔型"；背鳍具24～26鳍条 ·································· **元鼎黄姑鱼**
N. chui Trewavas，1971（图2427、图2428）[syn. 浅色黄姑鱼 *Nibea coibor* Chu，Lo & Wu，1963（non Hamilton，1822）]。近海暖水性底层中大型鱼类。栖息于水深20～40m的泥沙底质和岩礁附近海域。体长250～580mm，大者可达700mm，体重40kg。分布：黄海南部、东海、南海。数量少，《中国物种红色名录》列为易危[VU]物种。近年在福建、广东沿海已开始网箱养殖，有一定产量，具较大的经济价值。

图2427　元鼎黄姑鱼 *N. chui*
（依伍汉霖，钟俊生原图）

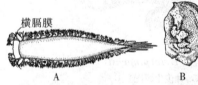

横膈膜

图2428　元鼎黄姑鱼鳔和耳石
A. 鳔腹视　B. 耳石背视　C. 耳石腹视
（依朱元鼎，罗云林，伍汉霖，1963）

2（1）具吻上孔；颏孔为"似五孔型"；背鳍具26～30鳍条

3（4）体侧在头后、侧线上方有浅色波状带纹多行，斜向前下方，体后半部的带纹则不明显·············
·················· **半花黄姑鱼 N. semifasciata Chu，Lo & Wu，1963**（图2429）。近海暖水性底层鱼类。栖息于水深20～40m的泥沙底质和岩礁附近海域。体长241mm。分布：东海、台湾海域、南海；泰国沿海至巴布亚新几内亚。数量少，《中国物种红色名录》列为易危[VU]物种。

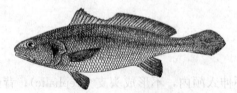

图2429　半花黄姑鱼 *N. semifasciata*
（依伍汉霖，钟俊生原图）

4（3）体侧全身具明显深色波状细纹，呈水平方向斜向前方 ································ **黄姑鱼**
N. albiflora (Richardson，1846)（图2430）。近海暖温性中下层鱼类。喜栖息于水深70～100m的泥或沙泥底海域。有生殖洄游习性。鳔能发声，生殖盛期叫声特大。体长210～350mm，最大体长达410mm，体重1.3kg。分布：中国沿海；朝鲜半岛、日本。黄渤海区和东海区延绳钓、底拖网的兼捕对象，有一定产量，具经济价值。中国 2015 年产量为 7.46 万 t（《2015 中国渔业统计年鉴》）。

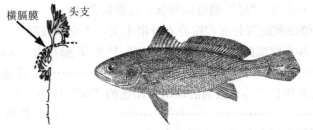

图 2430　黄姑鱼 N. albiflora
（依伍汉霖，钟俊生原图）

原黄姑鱼属 Protonibea Trewavas，1971

双棘原黄姑鱼 P. diacanthus（Lacepède，1802）（图 2431、图 2432）［syn. Sciaena goma Tanaka，1915；双棘黄姑鱼 Nibea diacanthus（Lacepède，1802）］。近海暖温性底层鱼类。栖息于水深 90～100m 以内的沙泥底质海域。体长 124～292mm。分布：中国沿海；朝鲜半岛、日本、印度尼西亚、澳大利亚，印度-西太平洋。数量较少，不常见，《中国物种红色名录》列为易危［VU］物种。

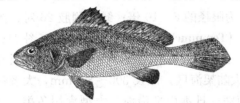

图 2431　双棘原黄姑鱼 P. diacanthus
（依伍汉霖，钟俊生原图）

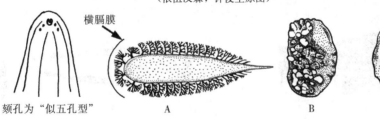

图 2432　双棘原黄姑鱼鳔和耳石
A. 鳔腹视　B. 耳石背视　C. 耳石腹视
（依朱元鼎，罗云林，伍汉霖，1963）

牙鲿亚科 Otolithinae

吻尖突或圆钝。口前位。上下颌约等长。颏孔为"二孔型""四孔型"或"六孔型"。无颏须。体被圆鳞或栉鳞，背鳍鳍条部及臀鳍基部有一鳞鞘。背鳍连续，具 10～11 鳍棘、23～31 鳍条；尾鳍楔形、截形或双凹形。鳔圆筒形，前端弧形，端侧不向外突出成侧囊，两侧具 17～42 对树枝状或细密而短的侧肢；侧肢具背分支和腹分支，或只有腹分支无背分支；第一对侧肢的分支不越过横膈膜，也不伸入颅内，不形成头支（cephalic）。耳石腹面具一蝌蚪形印迹，"头"区昂仰，"尾"区略呈 T 形浅沟（鮸属例外）。

近海暖温性中下层鱼类。栖息于水深 40～80m 的泥沙底质海区。

本亚科中国有 6 属 10 种。

属 的 检 索 表

1（8）上下颌无突出的犬牙
2（3）鳔的侧肢扇状，粗短，具腹分支，无背分支；耳石腹面蝌蚪形印迹的"尾"区较直，末端微弯并和耳石后缘相连接 ·················· **银姑鱼属（白姑鱼属）Pennahia**
3（2）鳔的侧肢树枝状，具背分支和腹分支

4（5）颏孔小，4个；鳔侧肢的背分支和腹分支分出细密小支，交叉成网状；耳石腹面的蝌蚪形印迹
其"尾"区为一J形浅沟，"尾"端弯向外缘，口腔橙黄色 ······················ **鮸属 *Miichthys***

5（4）颏孔微小，6个；鳔侧肢的背分支和腹分支分出小支，不交叉成网状

6（7）口腔、咽腔黑色；耳石腹面的蝌蚪形印迹的"尾"区为T形浅沟，末端稍弯向耳石外缘 ······
··················· **黑姑鱼属（黑鰔属）*Atrobucca***

7（6）口腔、咽腔橙黄色或浅色；耳石腹面的蝌蚪形印迹的"尾"区为一J形浅沟，"尾"部作90°弯
向耳石外缘 ······················ **白姑鱼属（银身鰔属）*Argyrosomus***

8（1）上下颌具犬牙，或仅上颌具犬牙，下颌无犬牙

9（10）上颌前方具数犬牙，口闭时外露，下颌牙细小；颏孔为"六孔型"；上颌突出，稍长于下颌
··················· **黄鳍牙鰔属（黄鳍鰔属）*Chrysochir***

10（9）上颌前端两侧具1～2对犬牙，下颌中央具1～2个犬牙；颏孔微小，为"二孔型"，不显著；
下颌长于上颌，稍突出 ······················ **牙鰔属 *Otolithes***

白姑鱼属（银身鰔属）*Argyrosomus* Pylaie, 1835
种 的 检 索 表

1（2）尾鳍双凹形；眼小，头长为眼径的8～10倍；鳔具侧肢26对；体黑褐色··················
日本白姑鱼 *A. japonicus* (Temminck & Schlegel, 1843)（图2433、图2434）[syn. 日本黄姑鱼
Nibea japonica (Temminck & Schlegel, 1843)]。近海暖温性中下层鱼类。栖息于水深70～
150m底质为泥、泥沙的大陆架海区。体长300～875mm，大者达1.5m，体重50kg。分布：黄
海、东海、台湾海域、南海；日本南部沿海。大型食用鱼类，在东海一带偶有捕获。数量少，
《中国物种红色名录》列为易危[VU]物种。

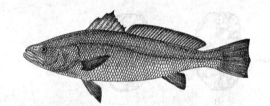
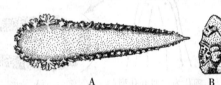

图2433 日本白姑鱼 *A. japonicus*   图2434 日本白姑鱼鳔和耳石
（依伍汉霖，钟俊生原图）   A. 鳔腹视 B. 耳石背视 C. 耳石腹视
（依朱元鼎，罗云林，伍汉霖，1963）

2（1）尾鳍楔形；眼中大，头长为眼径的5.4倍；鳔具侧肢22对；体侧上半部具许多浅褐色波状条纹
··················· **厦门白姑鱼 *A. amoyensis* (Bleeker, 1863)**（图2435）（syn. 鮸状黄姑鱼
Nibea miichthioides Chu, Lo & Wu, 1963）。近海暖温性中下层鱼类。栖息于水深40～60m底
质为泥、泥沙的海区。体长200～364mm。分布：东海、台湾海峡、南海。肉供食用。数量少，
《中国物种红色名录》列为濒危[EN]物种。

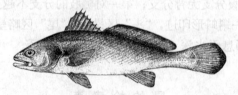

图2435 厦门白姑鱼 *A. amoyensis*
（依 Sasaki, 2001）

黑姑鱼属 *Atrobucca* Chu, Lo & Wu, 1963

   黑姑鱼 *A. nibe* (Jordan & Thompson, 1911)（图2436、图2437）[syn. 黑口白姑鱼 *Argyrosomus* *nibe*（Jordan & Thompson，1911）]。近海暖温性中下层鱼类。栖息于水深 40～200m 泥沙底质的海区。体长 120～160mm，大者达 300mm。分布：中国沿海；朝鲜半岛、日本南部、菲律宾。每年 5—7 月，鱼群在台湾北部及闽东外海形成渔汛，产量尚多。为东海、黄海区底拖网的兼捕对象。

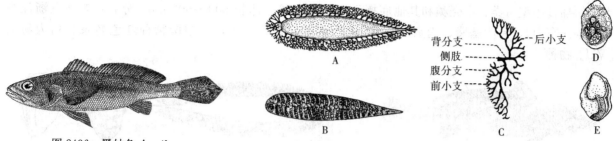

图 2436　黑姑鱼 *A. nibe*
（依伍汉霖，钟俊生原图）

图 2437　黑姑鱼鳔和耳石
A. 鳔腹视　B. 鳔侧视　C. 鳔侧肢　D. 耳石背视　E. 耳石腹视
（依朱元鼎，罗云林，伍汉霖，1963）

黄鳍牙𩷕属（黄鳍𩷕属）*Chrysochir* Trewavas & Yazdani，1966

尖头黄鳍牙𩷕 *C. aureus*（Richardson，1846）（图 2438、图 2439）[syn. 尖头黄姑鱼 *Nibea acuta*（Tang，1937）]。近海暖水性底层鱼类。栖息于水深 60～80m 泥沙底质的海区。体长 78～312mm。分布：东海、台湾海域、南海。数量少，《中国物种红色名录》列为易危［VU］物种。

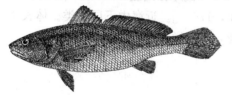

图 2438　尖头黄鳍牙𩷕 *C. aureus*
（依伍汉霖，钟俊生原图）

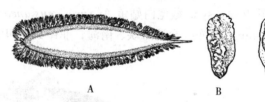

图 2439　尖头黄鳍牙𩷕鳔和耳石
A. 鳔腹视　B. 耳石背视　C. 耳石腹视
（依朱元鼎，罗云林，伍汉霖，1963）

鮸属 *Miichthys* Lin，1938

鮸 *M. miiuy*（Basilewsky，1855）（图 2440、图 2441）。近海暖温性中下层鱼类。栖息于水深 15～100m 泥沙底质的海区。体长 137～458mm。分布：中国沿海；朝鲜半岛。名贵上等食用鱼类，主要供鲜销，部分制罐或制咸干品，鳔及耳石可供药用。产量尚多，具一定经济价值。中国 2015 年产量为 6.53 万 t（《2016 中国渔业统计年鉴》）。

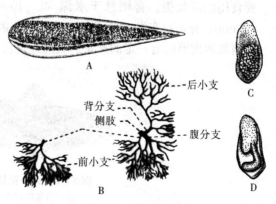

图 2440　鮸 *M. miiuy*
（依伍汉霖，钟俊生原图）

图 2441　鮸鳔和耳石
A. 鳔腹视　B. 鳔侧肢　C. 耳石背视　D. 耳石腹视
（依朱元鼎，罗云林，伍汉霖，1963）

牙鱿属 *Otolithes* Oken, 1782

红牙鱿 *O. ruber* （Bloch & Schneider, 1801）（图 2442、图 2443）（syn. 银牙鱿 *Otolithes argenteus* Cuvier, 1830）。近海暖水性底层鱼类。栖息于水深 60m 以内的海区。性凶猛，上下颌具强壮锐利的犬齿，捕食小型鱼类、甲壳类和其他底栖无脊椎动物等。体长 600～900mm。分布：东海（浙江舟山、福建东山）、台湾基隆、南海（广东）；西太平洋。数量少，《中国物种红色名录》列为易危 [VU] 物种。

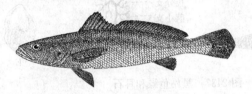

图 2442　红牙鱿 *O. ruber*
（依伍汉霖，钟俊生原图）

图 2443　红牙鱿鳔和耳石
A. 鳔腹视　B. 耳石背视　C. 耳石腹视
（仿朱元鼎，罗云林，伍汉霖，1963）

银姑鱼属（白姑鱼属）*Pennahia* Fowler, 1926
种 的 检 索 表

1（2）尾鳍截形；幽门盲囊 11；颏孔常为 4 个 ……………………… **截尾银姑鱼 *P. aneus* （Bloch, 1793）**（图 2444）[syn. 截尾白姑鱼 *Argyrosomus aneus* （Bloch, 1793）]。近海中下层鱼类。体长 120～203mm。分布：台湾海峡、南海；菲律宾、印度尼西亚，印度洋北部沿岸。

图 2444　截尾银姑鱼 *P. aneus*
（依朱元鼎，罗云林，伍汉霖，1963）

2（1）尾鳍楔形或尖形；幽门盲囊 6～10；颏孔常为 6 个

3（4）胸鳍基部上方内侧具一黑斑；下颌端部，口腔及咽腔均黑色；第一鳃弓下鳃耙 12～13；鳔具侧肢 18 对；幽门盲囊 9 ……………………… **大头银姑鱼 *P. macrocephalus* （Tang, 1937）**（图 2445）[syn. 大头白姑鱼 *Argyrosomus macrocephalus* （Tang, 1937）]。近海暖水性底层次要食用经济鱼类。喜栖息于水深 60～100m 泥沙底质的海区，有生殖洄游习性。体长 50～231mm。分布：东海、台湾海峡、南海；孟加拉湾、加里曼丹岛。春末、夏初在福建、广东及海南岛西南沿海有一定的产量。大陆经济鱼类。

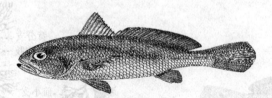

图 2445　大头银姑鱼 *P. macrocephalus*
（依伍汉霖，钟俊生原图）

4（3）胸鳍基部上方内侧无黑斑；下颌端部、口腔及咽腔浅色；第一鳃弓下鳃耙 8～9；鳔具侧肢 22～27 对；幽门盲囊 10

5（6）背鳍第六至第九鳍棘间具一黑斑（幼鱼体侧有 2 行黑斑，随年龄增大而消失）；鳃耙 4＋9，鳃耙长小于鳃丝长 ·····················**斑鳍银姑鱼 *P. pawak* Lin，1940**（图 2446）（syn. 斑鳍白姑鱼 *Argyrosomus pawak* Lin，1940）。近海暖水性底层鱼类。体长 62～218mm。分布：东海、台湾海域、南海较常见。有一定产量，供食用。

图 2446　斑鳍银姑鱼 *P. pawak*

（依钟俊生，1991）

6（5）背鳍鳍棘部无黑斑，鳍条部中间具一白色纵带；鳃耙 5＋10；鳃耙长等于或稍长于鳃丝长 ·····················**银姑鱼 *P. argentatus*（Houttuyn，1782）**（图 2447）[syn. 白姑鱼 *Argyrosomus argentatus*（Houttuyn，1782）]。近海暖温性中下层捕食性鱼类。栖息于水深 15～140m 底质为泥、泥沙的海区，平时喜栖息于澄清海水中，有生殖洄游习性。体长 133～310mm。分布：中国沿海；朝鲜半岛、日本。中国次要经济鱼类，沿海常年均可捕获，2015 年中国产量为 10.84 万 t（《2016 中国渔业统计年鉴》）。肉细嫩，味美。

图 2447　银姑鱼 *P. argentatus*

（依伍汉霖，钟俊生原图）

黄鱼亚科 Larimichthyinae

吻钝尖。口前位，斜行。上下颌约等长，或下颌稍突出。无颏须；颏孔 4 个或 6 个。背鳍连续，具 9～11 鳍棘、23～24 鳍条；臀鳍具 2 鳍棘、7～13 鳍条；胸鳍下侧位，腹鳍具 1 鳍棘、5 鳍条；尾鳍楔形，尖长。鳔亚圆筒形，两侧具 10 余对侧肢，侧肢具发达背分支和腹分支。耳石背面具颗粒状、块状或横行嵴突，腹面具一蝌蚪形印迹，其"头"区昂仰，"尾"区呈 T 形，尾端扩大，具一圆形突起，不弯向或稍弯向外缘。

属 的 检 索 表

1（2）臀鳍鳍条 11～13；枕骨嵴显著；鳔的侧肢 14～21 对 ·····················**梅童鱼属 *Collichthys***

2（1）臀鳍鳍条 7～9；枕骨嵴不显著；鳔的侧肢 26～33 对 ·····················**黄鱼属 *Larimichthys***

梅童鱼属 *Collichthys* Günther，1860
种 的 检 索 表

1（2）椎骨 28～29 个；背鳍具 24～28 鳍条；枕骨棘棱具小锯齿，鳔侧具 21～23 对侧肢；鳃腔几全为白色或灰色 ·····················**棘头梅童鱼 *C. lucidus*（Richardson，1844）**（图 2448、图 2449）。暖温性底层小型鱼类。栖息于水深 60～90m 的软泥或泥沙质海区。体长 55～157mm。分布：中国沿海；朝鲜半岛西南岸、日本。肉味美，经济价值高，是长江口海域的常见鱼类。2015 年中国产量达 29.89 万 t（《2016 中国渔业统计年鉴》）。

2（1）椎骨 26～27 个；背鳍具 23～25 鳍条；枕骨棘棱光滑，无锯齿；鳔侧具 14～15 对侧肢；鳃腔上

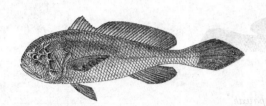

图 2448　棘头梅童鱼 *C. lucidus*
（依钟俊生，1991）

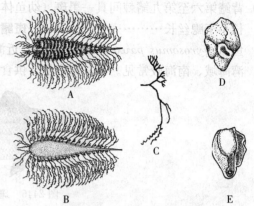

图 2449　棘头梅童鱼鳔和耳石
A. 鳔背视　B. 鳔腹视　C. 鳔侧肢　D. 耳石背视　E. 耳石腹视
（依朱元鼎，罗云林，伍汉霖，1963）

部深黑色…………………………… **黑鳃梅童鱼 *C niveatus* Jordan & Starks, 1906**（图 2450、图 2451）。暖温性底层小型鱼类。栖息于水深 90m 以浅的沿岸岛屿外海。体长 80～170mm。分布：黄海、东海、南海；朝鲜半岛西南岸。数量少，不常见，《中国物种红色名录》列为濒危［EN］物种。

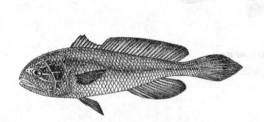

图 2450　黑鳃梅童鱼 *C. niveatus*
（依伍汉霖，钟俊生原图）

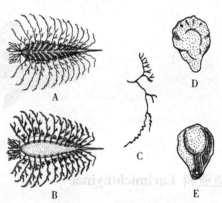

图 2451　黑鳃梅童鱼鳔和耳石
A. 鳔背视　B. 鳔腹视　C. 鳔侧肢　D. 耳石背视　E. 耳石腹视
（依朱元鼎，罗云林，伍汉霖，1963）

黄鱼属 *Larimichthys* Jordan & Starks, 1904
种 的 检 索 表

1（2）尾柄长为尾柄高的 3 倍余；臀鳍具 2 鳍棘、7～8 鳍条，第二鳍棘长等于或稍长于眼径；侧线鳞 52～53；背鳍与侧线间具鳞 8～9 行；鳔的腹分支下分支的前后小支等长；椎骨一般 26 个…………………………… **大黄鱼 *L. crocea*（Richardson，1846）**（图 2452、图 2453）［syn. 大黄鱼 *Pseudosciaena crocea*（Richardson，1846）］。暖温性浅海近底层集群洄游鱼类。栖息于水深 60～80m 的海区中下层。有明显的垂直移动现象。具有发出强烈声音和接收同类发来声音的能力。体长 150～650mm。分布：黄海、东海、台湾海域、南海；朝鲜西南岸、日本。大黄鱼肉味美，经济价值高，是中国最主要的经济鱼类，四大海产之一。除捕捞外，已广泛人工养殖。2015 年中国大黄鱼产量达 25.31 万 t，其中，海洋捕捞 10.45 万 t、养殖 14.86 万 t（《2016 中国渔业统计年鉴》）。

2（1）尾柄长为尾柄高的 2 倍余；臀鳍具 2 鳍棘、9～10 鳍条，第二鳍棘长小于眼径；鳞较大；侧线鳞 58～59；背鳍与侧线间具鳞 5～6 行；鳔的腹分支下分支的前小支延长，后小支短小；椎骨一般 29 个…………………………… **小黄鱼 *L. polyactis* Bleeker, 1877**（图 2454、图 2455）［syn. 小黄

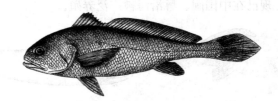

图 2452 大黄鱼 L. crocea
（依伍汉霖，钟俊生原图）

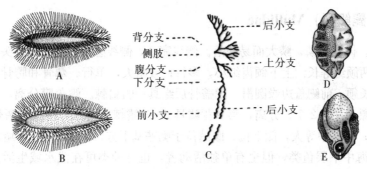

图 2453 大黄鱼鳔
A. 鳔背视 B. 鳔腹视 C. 鳔侧肢 D. 耳石背视 E. 耳石腹视
（依朱元鼎，罗云林，伍汉霖，1963）

鱼 Pseudosciaena polyactis (Bleeker, 1877)]。暖温性底层鱼类。栖息于水深 60～80m 的软泥或泥沙质海区，有明显的越冬、产卵洄游和昼伏夜浮的垂直移动习性。能发声。体长 74～379mm。分布：渤海、黄海、东海南部、台湾海域；朝鲜半岛西南岸、日本。小黄鱼肉味美，经济价值高，是中国最主要的经济鱼类，四大海产之一。

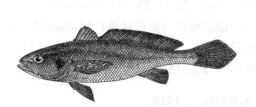

图 2454 小黄鱼 L. polyactis
（依伍汉霖，钟俊生原图）

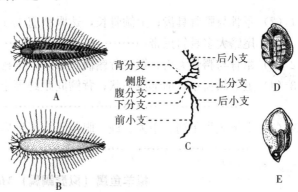

图 2455 小黄鱼鳔和耳石
A. 鳔背视 B. 鳔腹视 C. 鳔侧肢 D. 耳石背视 E. 耳石腹视
（依朱元鼎，罗云林，伍汉霖，1963）

拟石首鱼亚科 Sciaenopinae

主要特征为鳔大，前部圆筒形，后部渐细，鳔前部两侧各向外突出一短角状小管，鳔侧光滑，无任何侧肢。口大，亚前位或亚下位。上颌突出，长于下颌。前鳃盖骨边缘具微细锯齿，无强棘和强锯齿。自体侧至尾鳍基部上方常具 1 个或多个较大黑斑，黑斑四周具白边，有时少数个体无大黑斑。本亚科仅 1 属。原产北美洲。

拟石首鱼属 Sciaenops Gill, 1863

眼斑拟石首鱼 S. ocellatus（Linnaeus，1766）（图 2456）。近海广温性、广盐性中大型底层海洋鱼类。一般栖息于水深 40～100m 泥、泥沙底质的海区，喜栖息于澄清海水中。体长 385～408mm。原产美国大西洋沿岸及墨西哥湾，现已在中国闽、粤沿海被广泛养殖。

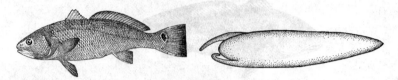

图 2456 眼斑拟石首鱼 *S. ocellatus*
（依伍汉霖，钟俊生原图）

234. 羊鱼科（髭鲷科）Mullidae

体稍长，略侧扁。体被栉鳞，鳞大而易脱落。侧线完全，侧线感觉管常分支。头中等大，头部几全被鳞。口小或中等大，两颌约等长。上下颌齿细小，多行；或略大，单行。犁骨和腭骨有齿或无齿。颏部下颌缝合处稍后有 1 对长须。前鳃盖边缘圆滑。鳃盖骨后缘具一弱扁棘。鳃盖膜分离，不与峡部相连。鳃孔大。具假鳃。通常具鳔。背鳍 2 个，分离，第一背鳍具 6～8 鳍棘，第二背鳍具 1 鳍棘、6～9 鳍条；臀鳍具 1～2 鳍棘、6 鳍条；胸鳍中等大，侧下位；腹鳍位于胸鳍基下方，具 1 鳍棘、5 鳍条；尾鳍叉状。

大多为群游性近海中下层鱼类，但也有单独活动者，也有种类可在浅水域生活。敏感的触须能感受在沙泥地里小虾、蟹等底栖无脊椎动物的存在，因此在珊瑚礁或岩礁区的浅水域，2～3 尾羊鱼带头觅食，粗皮鲷、蝴蝶鱼或隆头鱼等鱼类在其后面捡食，推测这是一种节省觅食体力的生态适应。有些属夜行性，白天则群栖在珊瑚礁或岩礁旁，有的则在日间活动。为热带及亚热带近海中下层鱼类，一般为食用经济鱼类。

本科有 6 属 85 种（Nelson et al.，2016）；中国有 3 属 25 种。

属 的 检 索 表

1（2）犁骨与腭骨具齿；上颌骨长，达眼睛前 1/3 处；背鳍间距长于第一背鳍基长度；背鳍具条纹；尾鳍大多具斜黑带 ·· 绯鲤属 *Upeneus*

2（1）犁骨与腭骨无齿；第二背鳍偶具条纹；尾鳍无黑色带

3（4）上下颌齿小，前部绒毛状；背鳍间距约等于第一背鳍基长；侧线鳞 33～38 ························· ·· 拟羊鱼属（拟髭鲷属）*Mulloidichthys*

4（3）上下颌齿单列、中大、钝；眼位于头部稍后方；背鳍间距短于第一背鳍基长；侧线鳞 26～31 ··· 副绯鲤属（海绯鲤属）*Parupeneus*

拟羊鱼属（拟髭鲷属）*Mulloidichthys* Whitley，1929
种 的 检 索 表

1（2）第一背鳍下方具一暗褐色斑点；体长为体高的 4～4.8 倍···
黄带拟羊鱼（黄带拟须鲷）*M. flavolineatus*（Lacepède，1801）（图 2457）。群栖性鱼类。少数会单独活动，从岸边到 35m 深的礁区或潟湖区均有，通常在沙质地或软泥地，以其颏须挖掘觅食泥地中的甲壳类、软体动物及多毛类等。体长 430mm。分布：台湾南部海域；日本、红海、夏威夷，印度-太平洋。可利用延绳钓、底拖网或流刺网捕获。为中型食用鱼。

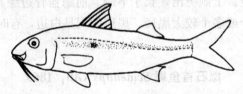

图 2457 黄带拟羊鱼（黄带拟须鲷）*M. flavolineatus*
（依波户冈，2013）

2（1）体侧无斑点；体长为体高的 3.3～3.8 倍

3（4）眼小，眼后头长为眼径的 2 倍以上；体侧无纵带；鳃耙 25～30 ·······················

红背拟羊鱼（红背拟须鲷）M. pfluegeri（Steindachner，1900）（图 2458）。群栖性鱼类。栖息于水深 30～110m 的岛屿礁区，通常在沙质地或软泥地，以其颏须挖掘觅食泥地中潜藏的甲壳类、软体动物及多毛类等。体长 400mm。分布：台湾海域；日本、夏威夷、印度尼西亚，印度-太平洋。一般利用延绳钓、底拖网或流刺网捕获。为中型食用鱼。

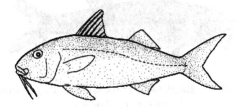

图 2458　红背拟羊鱼（红背拟须鲷）*M. pfluegeri*
（依波户冈，2013）

4（3）眼大，眼后头长为眼径的 2 倍以下；体侧具一纵带；鳃耙 29～36 ·······················

无斑拟羊鱼（金带拟须鲷）M. vanicolensis（Valenciennes，1831）（图 2459）。栖息于礁台、礁区或潟湖区干净的水域活动，行群栖性活动。喜欢在礁区外缘的沙质地或软泥地上，以其颏须觅食沙泥地中的底栖无脊椎动物。体长 380mm。分布：台湾南部海域；日本、红海、夏威夷，印度-太平洋。

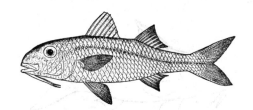

图 2459　无斑拟羊鱼（金带拟须鲷）*M. vanicolensis*
（依王存信，1979）

副绯鲤属（海绯鲤属）Parupeneus Bleeker, 1863
种 的 检 索 表

1（2）体侧在第二背鳍与臀鳍起点前方为黑色，后方为乳黄色 ·······························

似条斑副绯鲤（须海绯鲤）P. barberinoides（Bleeker，1852）（图 2460）。栖息于礁区或潟湖区的水域，行群栖性活动。喜在礁区外缘的沙质地或软泥地上，以其颏须触碰底栖无脊椎动物而捕食之。体长 300mm。分布：台湾海域；日本、菲律宾、摩鹿加，西太平洋。

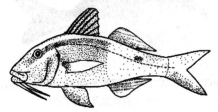

图 2460　似条斑副绯鲤（须海绯鲤）*P. barberinoides*
（依波户冈，2013）

2（1）体侧不为前后两色

3（22）体侧无黑色横带

4（11）尾柄侧线上具一黑色圆斑

5（10）体侧具纵带；体中央背部无一大椭圆形黄斑

6（9）下鳃耙22～26

7（8）下鳃耙23～26 ············· **福氏副绯鲤（福氏海绯鲤）*P. forsskali* (Fourmanoir & Guézé, 1976)**（图2461）。栖息于珊瑚礁附近的沙底。摄食沙地上的无脊椎动物。体长280mm。分布：南海；印度洋。

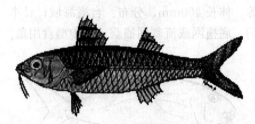

图2461　福氏副绯鲤（福氏海绯鲤）*P. forsskali*
（依台湾鱼类资料库）

8（7）下鳃耙22～23 ··················· **条斑副绯鲤（单带海绯鲤）*P. barberinus* (Lacepède, 1801)**（图2462）。栖息于水深5～100mm的岩礁区、潟湖等内外侧泥沙地或满布绿色植被的海藻床。用敏锐的触须探索躲藏在沙泥地的多毛类、甲壳类。幼鱼会出现在海岸边的低洼潮池区，是分布最广泛的海绯鲤。体长600mm。分布：台湾；日本、土木土群岛、澳大利亚，印度-太平洋。本种鱼曾有过体内累积热带鱼毒素，而引起食用者食物中毒的记录。而且有毒鱼无法与未累积毒素的鱼由外观区别，所以食用者要慎食。急救时，在患者清醒下，以手触喉头迫使胃内容物吐出，并且保存残渣供毒性检定。

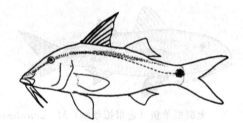

图2462　条斑副绯鲤（单带海绯鲤）*P. barberinus*
（依波户冈，2013）

9（6）下鳃耙26～30 ··················· **双带副绯鲤（双带海绯鲤）*P. biaculeatus* (Richardson, 1846)**（图2463）。栖息于浅水礁区或潟湖区的水域，行群栖性活动。喜欢在礁区外缘的沙质地或软泥地上，以颏须探索沙泥地中的底栖无脊椎动物（甲壳动物、有孔虫与多毛类动物等）为食。体长190mm。分布：南海、台湾南部海域；西-北太平洋区海域。

图2463　双带副绯鲤（双带海绯鲤）*P. biaculeatus*
（依台湾鱼类资料库）

10（5）体侧无黑色纵带；体中央背部具一大椭圆形黄斑 ·················· **印度副绯鲤（印度海绯鲤）*P. indicus* (Shaw, 1803)**（图2464）。栖息于岩礁或珊瑚礁间外围的沙泥地，或温暖的海草床。常常成群或独游于充满底栖无脊椎生物的沙泥地上，以敏锐的触须翻动着泥底摄食。体长450mm。分布：台湾海域、南海（广东）；韩国、日本、萨摩亚群岛，西太平洋。

11（4）尾柄侧线上无一黑色圆斑

12（13）第一背鳍后部下方具一黑斑，其后具一白色大椭圆斑 ·····················

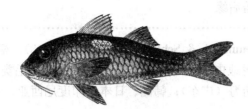

图 2464　印度副绯鲤（印度海绯鲤）*P. indicus*

（依成庆泰等，1962）

黑斑副绯鲤（黑斑海绯鲤）*P. pleurostigma* (Bennett，1831)（图 2465）。栖息于向海礁坡沙石底质的栖地，或海藻密生的隐蔽处。肉食性，用触须探索底栖的小鱼、小虾、小蟹、多毛类等为食。体长 330mm。分布：台湾海域、南海(香港)、西沙群岛；韩国、日本、夏威夷，印度-太平洋。

图 2465　黑斑副绯鲤（黑斑海绯鲤）*P. pleurostigma*

（依成庆泰等，1962）

13（12）第一背鳍后部下方无黑斑，其后无白色大椭圆斑

14（17）须长，末端超过鳃盖后缘

15（16）吻背部平直；鳃耙 27～33·····························圆口副绯鲤（圆口海绯鲤）*P. cyclostomus*
(Lacepède，1801)（图 2466）。栖息于水深 125m 的珊瑚礁、岩礁区、潟湖区或内湾的沙质海底或海藻床。以其颏须探索泥地中潜藏的甲壳类、软体动物及多毛类等觅食。体长 500mm。分布：台湾海域；日本、红海、夏威夷，印度-太平洋。

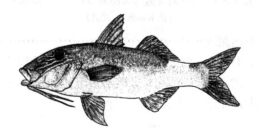

图 2466　圆口副绯鲤（圆口海绯鲤）*P. cyclostomus*

（依 Randall，2001）

16（15）吻背部突圆；鳃耙 26～29 ··············七棘副绯鲤（七棘海绯鲤）
P. heptacanthus (Lacepède，1802)（图 2467）。栖息于礁区或潟湖区的水域，行群栖性活动。以其颏须探索沙泥地中的底栖无脊椎动物为食。体长 360mm。分布：台湾南部海域；韩国、日本、红海，印度-太平洋。

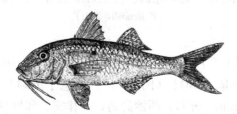

图 2467　七棘副绯鲤（七棘海绯鲤）*P. heptacanthus*

（依 Randall，2001）

17（14）须短，末端不超过鳃盖后缘

18（19）尾柄背部无鞍状斑……………………………………………………**黄带副绯鲤（红带海绯鲤）**
P. chrysopleuron（Temminck & Schlegel，1843）（图 2468）。栖息于岩礁区沿岸或内湾的沙质海底，以其颏须探索泥地中潜藏的甲壳类、软体动物及多毛类等为食。体长 550mm。分布：台湾海域、海南岛、南海（广东）；韩国、日本、印度尼西亚、菲律宾，印度-西太平洋。

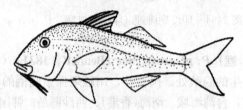

图 2468　黄带副绯鲤（红带海绯鲤）P. chrysopleuron
（依波户冈，2013）

19（18）尾柄背部具鞍状斑

20（21）尾柄背部鞍状斑向下超越侧线……………………………………**点纹副绯鲤（大型海绯鲤）**
P. spilurus（Bleeker，1854）（图 2469）。栖息于珊瑚礁外缘的沙地或碎礁石地上，以其颏须探索在沙泥底质上活动的底栖生物（如甲壳类、软体动物、鱼类及蠕虫等）为食。体长 500mm。分布：台湾海域、南海；韩国、日本、菲律宾，西太平洋。

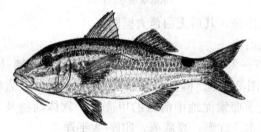

图 2469　点纹副绯鲤（大型海绯鲤）P. spilurus
（依 Randall，2001）

21（20）尾柄背部鞍状斑向下不达侧线……………………………………**短须副绯鲤（短须海绯鲤）**
P. ciliatus（Lacepède，1802）（图 2470）。栖息于岩礁区沿岸或内湾的沙质海底或海藻床，以其颏须探索泥地中潜藏的甲壳类、软体动物及多毛类等，再挖掘觅食。体长 380mm。分布：台湾海域；韩国、日本，印度-太平洋。

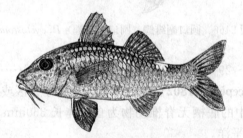

图 2470　短须副绯鲤（短须海绯鲤）P. ciliatus
（依 Randall，2001）

22（3）体侧有黑色横带

23（24）体侧在第一与第二背鳍下方各具 1 条宽的黑色横带……………**三带副绯鲤（三带海绯鲤）**
P. trifasciatus（Lacepède，1801）（图 2471）。栖息于潟湖和珊瑚礁。摄食甲壳动物、鱼类、蟹类和蠕虫。体长 350mm。分布：西沙群岛；菲律宾、印度尼西亚、澳大利亚。

24（23）体侧具 4 条或 5 条黑色横带

25（26）体侧具 4 条黑色横带………………………………………………**多带副绯鲤（多带海绯鲤）**

图 2471 三带副绯鲤（三带海绯鲤）*P. trifasciatus*
（依成庆泰等，1962）

P. multifasciatus（**Quoy & Gaimard，1825**）（图 2472）。栖息于珊瑚礁外缘的沙地或碎礁石地上，以颏须探索在沙泥底质上活动的底栖生物（甲壳类、软体动物、鱼类及蠕虫等）为食。体长 359mm。分布：台湾海域、西沙群岛；韩国、日本、夏威夷，印度-太平洋。

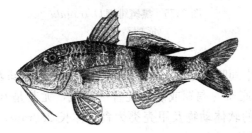

图 2472 多带副绯鲤（多带海绯鲤）*P. multifasciatus*
（依 Randall，2001）

26（25）体侧具 5 条黑色横带·· **粗唇副绯鲤（粗唇海绯鲤）**
P. crassilabris（**Valenciennes，1831**）（图 2473）。栖息于岩礁区。体长 350mm。以颏须探索躲藏在沙泥地的多毛类、甲壳类等为食。分布：台湾海域；日本、越南、澳大利亚，印度-西太平洋。

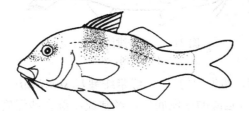

图 2473 粗唇副绯鲤（粗唇海绯鲤）*P. crassilabris*
（依波户冈，2013）

绯鲤属 *Upeneus* Cuvier，1829
种 的 检 索 表

1（8）尾鳍上下叶均有暗带

2（3）体背侧具 5 个大型暗色鞍状斑························· **吕宋绯鲤 U. luzonius Jordan & Seale，1907**
（图 2474）。主要栖息于沿岸及近海较深的沙泥底质海域。经常成小群在沙泥底质的栖地翻动底沙泥，寻找底栖的软体动物及甲壳类。体长 200mm。分布：台湾澎湖列岛海域、海南岛；菲律

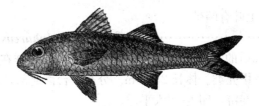

图 2474 吕宋绯鲤 *U. luzonius*
（依成庆泰等，1962）

宾、印度尼西亚、澳大利亚西北部，印度-西太平洋。

3（2）体背侧无暗色鞍状斑

4（5）体侧具黑褐色斑点 …………………………… 黑斑绯鲤 **U. tragula Richardson，1846**（图2475）。主要栖息于珊瑚礁区外缘的沙泥底质海域，经常游到河口区，甚至受潮汐影响的河段。通常单独在沙泥底质的栖地翻动底沙泥，寻找底栖的软体动物及甲壳类。体长250mm。分布：东海（福建省）、台湾海域、海南岛、南海；日本南部、澳大利亚、波斯湾，印度-西太平洋。

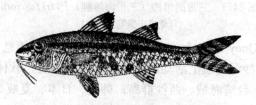

图2475　黑斑绯鲤 U. tragula

（依刘铭，1985）

5（4）体侧无黑褐色斑点

6（7）尾鳍下叶具3条暗带，中间暗带宽大 …………………… 多带绯鲤 **U. vittatus**（**Forsskål，1775**）（图2476）。栖息于沙泥底质的潟湖或礁沙混合区海域，尤其是水质稍为混浊的水域较为常见，喜欢成群活动。以底栖的软体动物及甲壳类为食。体长280mm。分布：台湾南部及西部海域；日本、红海、夏威夷，印度-太平洋。

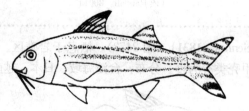

图2476　多带绯鲤 U. vittatus

（依波户冈，2013）

7（6）尾鳍下叶具3～4条暗带，暗带均匀 …… 纵带绯鲤 **U. subvittatus**（**Temminck & Schlegel，1843**）（图2477）。栖息于沿岸及近海的沙泥底质，经常成小群在沙泥底质的栖地翻动底沙泥，寻找底栖的软体动物及甲壳类。体长240mm。分布：台湾南部海域、南海、海南岛；日本、印度尼西亚东部，西太平洋。

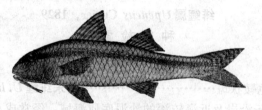

图2477　纵带绯鲤 U. subvittatus

（依成庆泰等，1962）

8（1）尾鳍上下叶无暗带或仅上叶有暗带

9（10）尾鳍上下叶无暗带 …………………………… 黄带绯鲤 **U. sulphureus Cuvier，1829**（图2478）。栖息于沿岸及近海沙泥底质的海域，会进入河口域。经常成小群在沙泥底质的栖地翻动底沙泥，寻找底栖的软体动物及甲壳类。体长230mm。分布：台湾北部及西部海域、南海、海南岛；日本、韩国、澳大利亚、斐济，印度-西太平洋。

10（9）尾鳍仅上叶有暗带

11（14）第一背鳍上端不呈黑色；体侧具1条黄色纵带

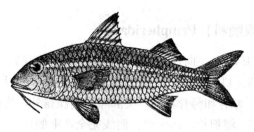

图 2478　黄带绯鲤 *U. sulphureus*
（依刘铭，1985）

12（13）第一背鳍具 8 鳍棘；尾鳍上叶具 6～7 条暗带 ························· **马六甲绯鲤**
U. moluccensis（Bleeker，1855）（图 2479）。栖息于沿岸及近海的沙泥底质，经常成小群在沙泥底质的栖地翻动底沙泥，寻找底栖的软体动物及甲壳类。体长 220mm。分布：东海、台湾海域、海南岛、南海；日本、韩国、澳大利亚，印度-西太平洋。

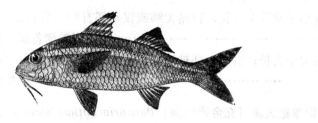

图 2479　马六甲绯鲤 *U. moluccensis*
（依成庆泰等，1962）

13（12）第一背鳍具 7 鳍棘；尾鳍上叶具 2～4 条暗带 ····················· **日本绯鲤**
U. japonicus（Houttuyn，1782）（图 2480）［syn. 条尾绯鲤 *U. bensasi*（Temminck & Shelegel，1843）］。栖息于沿岸及近海的沙泥底质，经常单独或成小群在沙泥底质的栖地翻动底沙泥，寻找底栖的软体动物及甲壳类。体长 157mm。分布：渤海、黄海、东海、台湾海域、南海；日本、朝鲜、韩国，西太平洋。

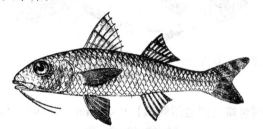

图 2480　日本绯鲤 *U. japonicus*
（依刘铭，1985）

14（11）第一背鳍上端呈黑色；体侧具 4 条黄色纵带 ····················· **四线绯鲤（四带绯鲤）**
U. quadrilineatus Cheng & Wang，1963（图 2481）。主要栖息于干净水域的礁沙混合区或略混浊的沙泥地水域均可发现。通常是少数几尾或小群洄游觅食。体长 170mm。分布：台湾西部海域、东海；日本、印度尼西亚，西太平洋。

图 2481　四线绯鲤（四带绯鲤）*U. quadrilineatus*
（依成庆泰，王存信，1963）

235. 单鳍鱼科（拟金眼鲷科）Pempheridae

体长椭圆形或长卵圆形，甚侧扁，向尾部渐细，被栉鳞或小圆鳞。头中大。吻短钝。眼大，侧上位，头长为眼径的 1.9～2.7 倍。口大，前位，口裂斜。上颌骨后端宽大，不被眶前骨所遮盖。无辅上颌骨。颌齿细小，1 行或多行。犁骨和腭骨具齿。头部除吻端裸露外，均被鳞。鳃孔大。鳃 4。鳃盖膜不与峡部相连。具假鳃。鳃条骨 7。鳃耙长，25～31。侧线完全，上侧位，与背缘平行。背鳍鳍棘部与鳍条部相连，具 4～7 鳍棘、7～12 鳍条，基底短；臀鳍具 3 棘、20～45 鳍条，基底甚长；胸鳍宽大，低位；腹鳍胸位，具 1 鳍棘、5 鳍条，具一小腋鳞；尾鳍截形或浅叉形。椎骨 10+15。最大体长可达 300mm。

分布：西大西洋、印度洋和太平洋的暖热带海域和咸淡水中。产于南海。

本科有 2 属 32 种（Nelson et al.，2016）；中国有 2 属 8 种。

属 的 检 索 表

1（2）体延长，体高小于或等于头长；臀鳍无鳞或仅基部有鳞；臀鳍鳍条少于 28 枚；侧线向后伸达尾鳍中部 ·························· 副单鳍鱼属（充金眼鲷属）*Parapriacanthus*

2（1）体较高，体高大于头长；臀鳍大部被鳞片；臀鳍鳍条多于 30 枚；侧线向后伸达尾鳍中部后方 ·························· 单鳍鱼属（拟金眼鲷属）*Pempheris*

副单鳍鱼属（充金眼鲷属）*Parapriacanthus* Steindachner，1870

红海副单鳍鱼（雷氏充金眼鲷）*P. ransonneti* Steindachner，1870（图 2482）。栖息于礁区突角或洞穴中，经常成一大群游动。夜行性，以动物性浮游生物为食。具有发光器。体长 100mm。分布：台湾海域；日本、澳大利亚，印度-西太平洋。小型鱼类，食用价值低。

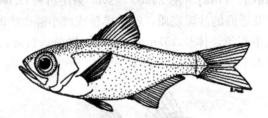

图 2482　红海副单鳍鱼（雷氏充金眼鲷）*P. ransonneti*
（依 R. D. Mooi，2001）

单鳍鱼属（拟金眼鲷属）*Pempheris* Cuvier，1829
种 的 检 索 表

1（4）尾鳍具黑色后缘

2（3）臀鳍具黑色边缘 ···················· 黑缘单鳍鱼（黑缘拟金眼鲷）*P. vanicolensis*（Cuvier，1831）（图 2483）。栖息于清澈水质的潟湖及向海的珊瑚礁盘下方或洞穴中，夜间则经常成一大群游动觅食。夜行性，食动物性浮游生物、小型底栖甲壳类或小鱼等。体长 200mm。分布：台湾南部海域；萨摩亚群岛，印度-西太平洋。渔业利用小型鱼类，食用价值低，有观赏价值。

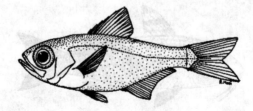

图 2483　黑缘单鳍鱼（黑缘拟金眼鲷）*P. vanicolensis*
（依 R. D. Mooi，2001）

3（2）臀鳍无黑色边缘·······················**黑鳍单鳍鱼（黑鳍拟金眼鲷）** ***P. compressa* Döderlein，1883**
（图 2484）。体长 160mm。

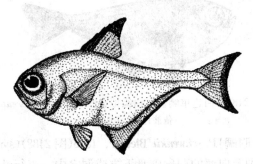

图 2484　黑鳍单鳍鱼（黑鳍拟金眼鲷）*P. compressa*

4（1）尾鳍不具黑色后缘

5（10）侧线鳞 60 以上

6（7）体被强栉鳞·······················**日本单鳍鱼（日本拟金眼鲷）** ***P. japonica* Döderlein，1883**
（图 2485）。栖息于清澈水质的潟湖及向海的珊瑚礁盘下方或洞穴中。夜行性，食动物性浮游生
物、小型底栖甲壳类或小鱼。体长 200mm。分布：台湾东北部海域；日本、菲律宾，西太平洋。
渔业利用小型鱼类，食用价值低，具观赏价值。

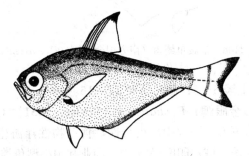

图 2485　日本单鳍鱼（日本拟金眼鲷）*P. japonica*
（依波户冈，2013）

7（6）体被圆鳞

8（9）侧线后端仅伸达尾鳍基·······················**单鳍鱼（拟金眼鲷）** ***P. molucca* （Cuvier，1829）**
（图 2486）。体长 150mm。分布：台湾海峡、南海；日本、菲律宾，西太平洋及印度洋北部沿
岸。渔业利用小型鱼类，食用价值低，具观赏价值。

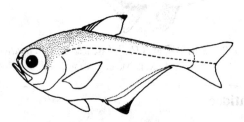

图 2486　单鳍鱼（拟金眼鲷）*P. molucca*
（依刘铭，1985）

9（8）侧线后端仅伸达尾鳍末端·······················**白边单鳍鱼（白缘拟金眼鲷）**
***P. nyctereutes* （Jordan & Evermann，1902）** （图 2487）。栖息于清澈水质的潟湖及向海的珊瑚
礁盘下方或洞穴中。夜行性，食动物性浮游生物、小型底栖甲壳类或小鱼。体长 180mm。分布：
台湾南部海域；日本，西-北太平洋。渔业利用小型鱼类，食用价值低，供观赏。

10（5）侧线鳞 60 以下

11（12）侧线鳞 46～54；侧线上鳞 3～4；侧线下鳞 9～13 ·······················

图 2487　白边单鳍鱼（白缘拟金眼鲷）*P. nyctereutes*

（依波户冈，2013）

银腹单鳍鱼（南方拟金眼鲷）***P. schwenkii* Bleeker，1855**（图 2488）（syn. 黄鳍单鳍鱼 *P. xanthopterus*）。栖息于清澈水质的潟湖及向海的珊瑚礁盘下方或洞穴中。夜行性，食动物性浮游生物、小型底栖甲壳类或小鱼。体长 150mm。分布：台湾东部及澎湖列岛海域；日本、斐济，印度-西太平洋。渔业利用小型鱼类，食用价值低，供观赏。

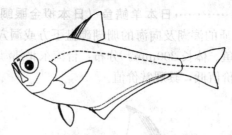

图 2488　银腹单鳍鱼（南方拟金眼鲷）*P. schwenkii*

（依 R. D. Mooi，2001）

12（11）侧线鳞 54 以上；侧线上鳞 5～6；侧线下鳞 12～16 ·······················
黑梢单鳍鱼（乌伊兰拟金眼鲷）***P. oualensis* (Cuvier，1831)**（图 2489）。栖息于清澈水质的潟湖及向海的珊瑚礁盘下方或洞穴中。夜行性，食动物性浮游生物、小型底栖甲壳类或小鱼。体长 200mm。分布：台湾海域；印度-太平洋。渔业利用小型鱼类，食用价值低，具观赏价值。

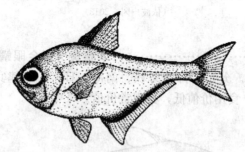

图 2489　黑梢单鳍鱼（乌伊兰拟金眼鲷）*P. oualensis*

（依 R. D. Mooi，2001）

236. 叶鲷科 Glaucosomatidae

体近圆卵形，侧压扁。体被粗糙栉鳞，鳞片固着不易脱落。头上除吻端及上下唇外，头全部被小鳞。侧线完全。头大。口大，倾斜。下颌稍突出。有辅上颌骨。上颌骨不被于眶前骨下。眼大。眼间隔狭。两颌齿细小呈带状。犁骨及腭骨具绒毛齿。前鳃盖骨边缘平滑或具钝锯齿。鳃盖骨有二平棘。鳃孔大。有假鳃。鳃盖条 6。鳃盖膜分离，不与峡部相连。鳃耙长而压扁，内缘有细锯齿。背鳍鳍棘部与鳍条部相连续，中间无缺刻。背鳍鳍棘顺序越向后越高，鳍条 11～14；臀鳍鳍棘 3、鳍条 9～10；尾鳍截形。

分布：非洲西岸及印度-西太平洋热带沿岸海域。

本科有 1 属 4 种（Nelson et al.，2016）；中国有 1 属 1 种。

叶鲷属 *Glaucosoma* Temminck & Schlegel, 1843

叶鲷 *G. buergeri* （Richardson，1845）（图 2490）。栖息于沿海大陆架岩礁区或石砾区底层的较深海域中，但会洄游至较浅海域。为热带外洋水深 20～146m 的小型海洋鱼类。食小型鱼。体长 450mm。分布：台湾北部及澎湖列岛沿岸、南海；日本南部、越南、澳大利亚西部，印度-西太平洋。

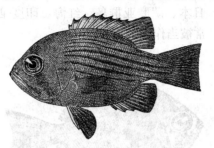

图 2490　叶鲷 *G. buergeri*
（依 Richardson，1845）

237. 深海鲱科 Bathyclupeidae

体延长，极侧扁。头中大，背缘平直。眼大，眼径大于吻长。口大，几近垂直。下颌突出，上颌末缘达眼前缘。颌齿及腭齿细小，呈带状；犁骨齿不明显，呈 V 形。背鳍 1 个，位于体后半部，基底短，无鳍棘，具 8～10 鳍条；臀鳍基底长，具 1 硬棘、24～39 鳍条；腹鳍喉位，具 1 鳍棘、5 鳍条；胸鳍大，向后伸达背鳍基前缘，26～30 鳍条；尾鳍深叉。鳞大，背鳍及臀鳍具鳞，头部裸露，侧线鳞具数个小孔。椎骨 31 个。腭部暗黑色。

大洋性深海鱼类，见于大洋中下层和底层水域。分布：印度-西太平洋、墨西哥湾。

本科有 1 属 13 种（Nelson et al.，2016）；中国有 1 属 1 种。

深海鲱属 *Bathyclupea* Alcock, 1891

银深海鲱 *B. argentea* （Goode & Bean, 1896）（图 2491）。大洋性深海鱼类。栖息水深 505～677m。肉食性。体长 190～210mm。分布：东海冲绳海槽、台湾南部海域；日本，西-北太平洋、大西洋。中小型稀少鱼类，无食用价值，做下杂鱼处理。

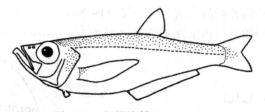

图 2491　银深海鲱 *B. argentea*
（依中坊等，2013）

238. 大眼鲳科（银鳞鲳科）Monodactylidae

体卵形，极侧扁而高。头较小，枕嵴隆起。眼中大。口小，斜裂。上下颌具锥形齿带，犁骨、腭骨和舌上具颗粒状齿。鳃孔大，鳃盖膜不与峡部相连。鳃盖条 6。体被易脱落的圆鳞或弱栉鳞，侧线完全。背鳍具 5～8 鳍棘、26～31 鳍条，前端鳍条延长，在体中部隆起；臀鳍与背鳍同形，几相对，具 3鳍棘、26～31 鳍条；稚鱼期具腹鳍，成鱼退化或消失；尾鳍内凹。

近岸暖水性小型鱼类。栖息于河口、岩礁和港湾的咸水和咸淡水区域，也可进入河流下游淡水水域。分布：印度-西太平洋。

本科有 2 属 6 种（Nelson et al.，2016）；中国有 1 属 1 种。

大眼鲳属（银鳞鲳属）*Monodactylus* Lacepède，1801

银大眼鲳 *M. argenteus*（Linnaeus，1758）（图 2492）。近岸暖水性小型鱼类。常集群出现在河口和港湾附近的咸淡水区域，对水质适应性强，能进入河川下游的淡水中生活，也可在泥底的沿岸咸水区域活动，滤食水中的浮游动物和碎屑。最大体长 150～170mm，大者可达 270mm。分布：东海（福建）、台湾南部海域及小琉球、海南岛；日本、萨摩亚群岛、红海，印度-西太平洋。小型鱼类，不具食用价值，但银白的体色为人们所喜爱，常被当作观赏鱼类。

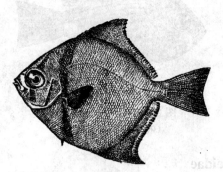

图 2492　银大眼鲳 *M. argenteus*
（依郑葆珊，1962）

239. 鲣科 Kyphosidae

体卵圆形，侧扁。头小，背面隆起。口小，前位，口裂平直。上颌骨部分为眶前骨所盖。前鳃盖骨边缘光滑或具弱锯齿。鳃盖骨无棘或具 1～2 钝棘。体被栉鳞。侧线完全，与背缘平行。背鳍 1 个，鳍棘部与鳍条部连续。

海洋鱼类。栖息于热带、温带近岸岩礁水域。分布：印度洋、太平洋和大西洋。

本科有 14 属 53 种（Nelson et al.，2016）；中国有 3 属 7 种。

属 的 检 索 表

1（2）体高，极侧扁；口小；眼位于体中轴线下方 ······················ 细刺鱼属（柴鱼属）*Microcanthus*

2（1）体型多样；口较大；眼位于体中轴线上或稍高

3（4）背鳍具 14～15 鳍棘；两颌外行齿末端分为三叉（图 2493）············ 鉵属（瓜子鱲属）*Girella*

4（3）背鳍具 10～11 鳍棘；两颌外行齿末端不分叉（图 2494）······················· 鲣属 *Kyphosus*

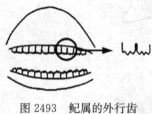

图 2493　鉵属的外行齿
（依中坊等，2013）

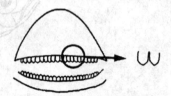

图 2494　鲣属的外行齿
（依中坊等，2013）

鉵属（瓜子鱲属）*Girella* Gray，1835
种 的 检 索 表

1（2）上唇厚；吻部背缘较陡；鳃盖完全被鳞；鲜活时，体中部具一亮黄色横带······························
　　　绿带鉵（黄带瓜子鱲）*G. mezina* Jordan & Starks，1907（图 2495）。温带海洋鱼类。栖息于近岸岩礁的水域。体长可达 450mm。分布：台湾海域；日本，印度-西太平洋。

2（1）上唇薄；吻部背缘平直；鳃盖下半部无鳞（部分种类具鳞）；体侧无亮黄色横带

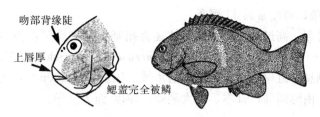

图 2495　绿带鲃（黄带瓜子鱲）*G. mezina*
（依中坊等，2013）

3（4）鳃盖后缘黑色；侧线上鳞 8～13，通常 10～11；两颌仅具 1 行齿；躯干部鳞片无黑点；侧线鳞 57～65 ·················· **小鳞黑鲃（小鳞瓜子鱲）*G. leonina*（Richardson，1846）**（图 2496）。暖温性海洋鱼类。栖息于近岸岩礁的水域。体长可达 570mm。分布：台湾海域、南海（香港）；济州岛、日本。供食用。

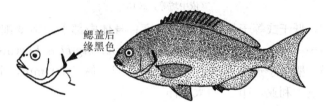

图 2496　小鳞黑鲃（小鳞瓜子鱲）*G. leonina*
（依中坊等，2013）

4（3）鳃盖后缘不为黑色，或具较深颜色；侧线上鳞 6～9，通常 7；两颌通常具 2 行齿；躯干部鳞片中央或基部具黑点；侧线鳞 50～55 ·················· **斑鲃（瓜子鱲）*G. punctata* Gray，1835**（图 2497）。温带海洋鱼类。栖息于近岸岩礁的水域。体长 62～500mm。分布：东海、台湾海域、南海（香港）；朝鲜半岛、日本、菲律宾。

图 2497　斑鲃（瓜子鱲）*G. punctata*
（依中坊等，2013）

鲕属 *Kyphosus* Lacepède，1801
种 的 检 索 表

1（2）背鳍通常具 14 鳍条；臀鳍通常具 13 鳍条 ·················· **低鳍鲕 *K. vaigiensis*（Quoy & Gaimard，1825）**（图 2498）〔syn. 短鳍鲕 *K. lembus*（Cuvier，1831）〕。暖水性中型海洋鱼类。栖息于近岸岩礁、珊瑚礁的水域。体长 100～700mm，通常 400mm 左右。分布：东海、台湾海域、南海诸岛；日本、澳大利亚，印度-西太平洋。供食用。

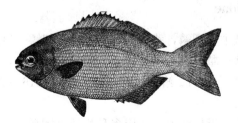

图 2498　低鳍鲕 *K. vaigiensis*

2（1）背鳍通常具 12 鳍条；臀鳍常具 11 鳍条

3（4）背鳍鳍条部前端升起，高过最长鳍棘；身体在背鳍基中部和臀鳍起点急剧变细；侧线鳞 50～52（通常 51）··················**长鳍鲹 _K. cinerascens_（Forsskål，1775）**（图 2499）。暖水性中小型海洋鱼类。栖息于近岸岩礁、珊瑚礁的水域。体长 30～500mm，通常 400～450mm。分布：东海、台湾海域、南海诸岛；日本、澳大利亚，印度-西太平洋。

图 2499 长鳍鲹 _K. cinerascens_
（依中坊等，2013）

4（3）背鳍鳍条部不升起，低于或等于最长鳍棘的高度；身体中部平缓地变细；侧线鳞 49～55（通常 52～53）··················**双峰鲹（南方舵鱼）_K. bigibbus_ Lacepède，1801**（图 2500）。暖水性中型海洋鱼类。栖息于近岸岩礁、珊瑚礁的水域。体长 600mm，全长可达 750mm。分布：台湾海域；日本、澳大利亚，印度-西太平洋。

图 2500 双峰鲹（南方舵鱼）_K. bigibbus_
（依中坊等，2013）

细刺鱼属（柴鱼属）_Microcanthus_ Swainson，1839

细刺鱼（柴鱼）_M. strigatus_（Cuvier，1831）（图 2501）。暖温性海洋鱼类。栖息于近岸岩礁的水域。体长 57～170mm。分布：渤海、黄海、东海、台湾海域、南海（北部湾）；朝鲜半岛、日本、澳大利亚、夏威夷。

图 2501 细刺鱼（柴鱼）_M. strigatus_

240. 鸡笼鲳科 Drepaneidae

体呈菱形，侧扁而高。体被中大圆鳞，背鳍与臀鳍下半被细鳞。口小，端位，较低，向前伸出时呈管状。两颌齿细弱，排列呈带状；犁骨及腭骨无齿。上颌骨末端露出，伸达眼前缘下方。鳃盖膜与峡部相连。背鳍 1 个，具 8～10 鳍棘、19～22 鳍条；臀鳍具 3 鳍棘、16～19 鳍条；胸鳍延长，长镰形，几可伸达尾柄；腹鳍第一鳍条延长。

暖水性小型鱼类。通常生活在近岸浅海，适应多种生境（泥质底、沙质底或珊瑚礁），有时进入河口和港湾，对盐度适应性高，主要摄食底栖无脊椎动物。分布：印度-西太平洋、非洲西海岸。

本科有1属3种（Nelson et al.，2013）；中国有1属2种。

鸡笼鲳属 *Drepane* Cuvier，1831
种 的 检 索 表

1（2）体侧具4～9列黑色点带；背鳍前方具一向前倒棘·······························**条纹鸡笼鲳**
D. longimana（**Bloch & Schneider，1801**）（图2502）。暖水性小型海洋鱼类，栖息于近岸浅海水域，有时进入河口咸淡水中。体长可达500mm。分布：东海、台湾海域、南海；日本、菲律宾、印度尼西亚、澳大利亚，印度洋。

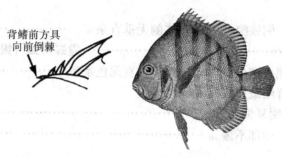

背鳍前方具
向前倒棘

图2502　条纹鸡笼鲳 *D. longimana*

2（1）体侧具4～11列黑色点带；背鳍前方无向前倒棘·······························**斑点鸡笼鲳**
D. punctata（**Linnaeus，1758**）（图2503）。暖水性小型海洋鱼类。栖息于近岸浅海水域，有时进入河口咸淡水中。体长100～400mm。分布：东海、台湾海域、南海；日本、菲律宾、新几内亚、澳大利亚。供食用。

背鳍前方无
向前倒棘

图2503　斑点鸡笼鲳 *D. punctata*

241. 蝴蝶鱼科 Chaetodontidae

体颇侧扁，椭圆形、圆形或近长菱形。吻突出，有的种类吻延长呈管状。口小。眼中大。前鳃盖骨平滑或有小锯齿，后角无强棘；鳃盖膜与峡部紧相连；鳃耙短。颌齿刚毛状，无门齿或犬齿。颌齿分离成行，或多行组成带状，或仅颌的前部具1条由多行齿组成的带，其中以第一种排列方式最常见。体具栉鳞，背鳍鳍棘基部覆有鳞片，腹鳍基部具发达的腋鳞。侧线完全或不完全。背鳍连续，鳍棘部与软条部间有浅的缺刻，背鳍具6～16鳍棘、15～30鳍条；腹鳍胸位；臀鳍具3～5鳍棘、14～23鳍条；尾鳍后缘圆形、截形或凹形。椎骨24（11＋13）。鳃条骨6～7。盲囊不多。鳔前部为两个角状突起。幼鱼头部因长有骨质板，而被称为 tholichthys。

大部分种类具有横过眼睛的1条深色条纹，许多种类在背鳍或体后部还具一"眼点"。由于体形优雅、体色艳丽，有着五彩缤纷的图案，是国际著名的观赏鱼类。

分布：全球温带到热带的海洋中，主要集中在印度-西太平洋海域，也有的见于河口和海湾的咸淡水中。多数生活在珊瑚礁附近的浅水中，有些种类也出现在水深超过200m的深海中。有一些种类的鱼肉中含有少量的西加毒素（ciguatera toxins，CTXs）（徐轶肖等，2012）。

本科有12属约129种（Nelson et al.，2016）；中国有7属46种。

属 的 检 索 表

1（10）侧线完全，止于尾鳍基部

2（5）吻部明显向前延长，呈管状

3（4）背鳍Ⅺ～Ⅻ；头背部黑色；胸鳍尖长；尾鳍近截形 ·················· 镊口鱼属 *Forcipiger*

4（3）背鳍Ⅸ；头部具深色垂直眼带；胸鳍短而圆；尾鳍圆形 ······· 钻嘴鱼属（管嘴鱼属）*Chelmon*

5（2）吻不呈管状延长

6（7）背鳍第四鳍棘延长 ······················· 马夫鱼属（立旗鲷属）*Heniochus*

7（6）背鳍第四鳍棘不延长

8（9）背鳍具 11～12 鳍棘；侧线鳞多于 65；体侧无垂直条带 ·······················
·························· 霞蝶鱼属（银斑蝶鱼属）*Hemitaurichthys*

9（8）背鳍具 8～9 鳍棘；侧线鳞少于 55；体侧具垂直深色条带 ················ 少女鱼属 *Coradion*

10（1）侧线不完全，止于背鳍最后数枚鳍条下方

11（12）背鳍 6 鳍棘，中部明显偏高 ······················· 副蝴蝶鱼属 *Paracheatodon*

12（11）背鳍 10 鳍棘以上，中部不偏高 ······················· 蝴蝶鱼属 *Cheatodon*

镊口鱼属 *Forcipiger* Jordan & McGregor，1898
种 的 检 索 表

1（2）背鳍 11；体长为吻长的 1.1～1.5 倍 ·························· 长吻镊口鱼
F. longirostris (Broussonet，1782)（图 2504）。栖息于面海的礁区，水深 60m 的台湾附近海域。单独或小群生活。食小型甲壳类。体长 131～165mm。分布：台湾南部海域、南海诸岛；日本，印度-西太平洋。无食用价值，体色鲜艳，为水族馆观赏鱼类。

图 2504　长吻镊口鱼 *F. longirostris*
（依王鸿媛，1979）

2（1）背鳍 12 鳍棘；体长为吻长的 1.6～2.1 倍 ·························· 黄镊口鱼
F. flavissimus Jordan & McGregor，1898（图 2505）。栖息于面海的礁区，偶可发现于潟湖礁

图 2505　黄镊口鱼 *F. flavissimus*
（依岛田，2013）

区。单独或小群生活。杂食性，食底栖生物、鱼卵、水螅体及棘皮动物的管足等。体长 180mm。分布：台湾海域、南海诸岛；日本、夏威夷，印度-西太平洋。无食用价值，体色鲜艳，为水族馆观赏鱼类。

钻嘴鱼属（管嘴鱼属）*Chelmon* Cloquet，1817

钻嘴鱼 *C. rostratus*（Linnaeus，1758）（图 2506）。栖息于岩礁区、珊瑚礁区、河口域或淤沙的水域，延长的管状吻适于在缝隙或孔洞中探取饵物。单独或成对活动。体长 113.7mm。分布：台湾澎湖列岛、南海（北部湾）、南沙群岛；日本，印度-西太平洋海域，自安达曼海到琉球群岛，南至澳大利亚。无食用价值，体色鲜艳，为水族馆观赏鱼类。

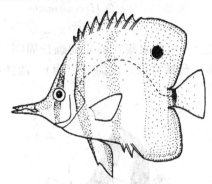

图 2506　钻嘴鱼 *C. rostratus*
（依岛田，2013）

马夫鱼属（立旗鲷属）*Heniochus* Cuvier，1817
种 的 检 索 表

1（2）体黑褐色，体侧有 2 条白色斜带；第一带在背鳍第一至第三鳍棘间向下延伸；第二带在背鳍鳍棘后半部斜向下延伸至尾鳍基部 ·························· **白带马夫鱼 *H. varius*（Cuvier，1829）**
　　　（图 2507）。栖息于较深的潟湖及面海的珊瑚礁区斜坡。多半单独活动或成小群活动。食珊瑚虫及小型底栖生物。体长 135.6mm。分布：台湾海域、南海诸岛；日本南部，印度-太平洋区，南至新克里多尼亚群岛。

图 2507　白带马夫鱼 *H. varius*
（依王鸿媛，1979）

2（1）体淡色，体侧具 2 条或多条黑色横带
3（6）体侧具 2 条宽黑色带斜向后方
4（5）背鳍 9 鳍棘；上下颌齿均为 5～7 排 ·························· **马夫鱼 *H. acuminatus*（Linnaeus，1758）**
　　　（图 2508）。幼鱼出现在较浅水域，多半单独活动；成鱼则常成对或成群巡游于珊瑚礁上、潟湖区或外礁陡坡上数米处捕食浮游动物，有时会啄食礁壁上的附着生物。体长 186.8mm。分布：东海、台湾海域、海南岛、西沙群岛、南沙群岛；朝鲜半岛、日本、夏威夷，印度-太平洋。
5（4）背鳍 12 鳍棘；上下颌齿均为 2～3 排 ·························· **多棘马夫鱼 *H. diphreutes* Jordan，1903**

图 2508　马夫鱼 *H. acuminatus*
（依王鸿媛，1979）

（图 2509）。栖息于外礁陡坡上。幼鱼聚集在孤立的礁丘周围；成鱼成群巡游在水底上方。食浮游动物。体长 127mm。分布：台湾海域、南海（广西）、西沙群岛、南沙群岛；日本、夏威夷，印度-西太平洋沿岸。

图 2509　多棘马夫鱼 *H. diphreutes*
（依岛田，2013）

6（3）体侧具 3 条或多条横带

7（8）头部有 2 条横带；体侧有 2 条斜横带 ·················· **四带马夫鱼**
H. singularius Smith & Radcliffe, 1911（图 2510）。栖息于较深的潟湖及面海的珊瑚礁区。多半单独活动或成小群活动。主食珊瑚虫。体长 196.9mm。分布：台湾海域、东沙群岛；日本、萨摩亚群岛，西-中太平洋。

图 2510　四带马夫鱼 *H. singularius*
（依王鸿媛，1979）

8（7）头部有 1 条横带

9（10）头部横带由项部向下经眼延伸至腹鳍·················· **金口马夫鱼**
H. chrysostomus Cuvier, 1831（图 2511）（syn. 三带马夫鱼 *H. permutatus* 王鸿媛，1979）。栖息于珊瑚丛生的礁盘区、潟湖及面海的珊瑚礁区。通常单独生活。食软、硬珊瑚虫。体长 107.7mm。分布：台湾海域、东沙群岛、南沙群岛；济州岛、日本南部，印度-太平洋。

图 2511　金口马夫鱼 *H. chrysostomus*
（依王鸿媛，1979）

10（9）头部横带由背鳍第三鳍棘斜向前下方经眼至颏部及喉部······························· **单角马夫鱼**
H. monoceros Cuvier，1831（图 2512）。栖息于珊瑚丛生的潟湖及面海的珊瑚礁区。幼鱼多半
单独活动；成鱼则常成对或成群。食底栖生物。体长 250mm。分布：东海、钓鱼岛、台湾海
域、东沙群岛、南沙群岛；日本，印度-西太平洋。

图 2512　单角马夫鱼 *H. monoceros*
（依王鸿媛，1979）

霞蝶鱼属（银斑蝶鱼属）*Hemitaurichthys* Bleeker，1876

　　多鳞霞蝶鱼 H. polylepis（Bleeker，1857）（图 2513）（syn. 霞蝶鱼 *H. zoster* 王鸿媛，1979）。常
成群栖息于礁体外围斜坡的潮流经过处。食浮游动物。体长 94.7mm。分布：台湾南部及兰屿海域、东
沙群岛、南沙群岛；日本、夏威夷，东印度-太平洋海域。

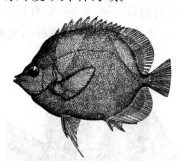

图 2513　多鳞霞蝶鱼 *H. polylepis*
（依王鸿媛，1979）

少女鱼属 *Coradion* Kaup，1860
种 的 检 索 表

1（2）背鳍具 9 鳍棘、28～30 鳍条；眼带斜向下延伸至腹鳍基部 ·······················

少女鱼 C. chrysozonus（Cuvier，1831）（图 2514）。栖息于岩礁区淤沙的水域或具有稀疏珊瑚成长的区域。食海绵。体长 90.2mm。分布：台湾北部海域、南海南部；日本，澳大利亚东北部海域、印度-西太平洋。

图 2514 少女鱼 C. chrysozonus

（依王鸿媛，1979）

2（1）背鳍具 8 鳍棘，30～35 鳍条；眼带只向下延伸至鳃盖腹侧 ························· **褐带少女鱼**
C. altivelis McCulloch，1916（图 2515）。栖息于岩礁区淤沙的水域或受保护的珊瑚礁区。体长 134.9mm。分布：台湾、南海（香港）、南沙群岛；日本、澳大利亚西北部和大堡礁，印度-西太平洋。

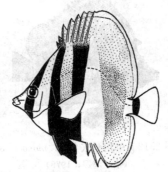

图 2515 褐带少女鱼 C. altivelis

（依岛田，2013）

副蝴蝶鱼属 Paracheatodon Bleeker，1874

副蝴蝶鱼 P. ocellatus（Cuvier，1831）（图 2516）。成对出现在岩礁区淤沙的水域。成鱼成群出现于深水区开阔的多泥底质上方；幼鱼有时出现于水深 5m 左右具海藻的大潟湖中。体长 105.5mm。分布：南海（广东、广西）、西沙群岛；印度-太平洋，小笠原群岛至澳大利亚及马来群岛。

图 2516 副蝴蝶鱼 P. ocellatus

（依王鸿媛，1979）

蝴蝶鱼属 *Cheatodon* Linnaeus，1758
种 的 检 索 表

1（4）臀鳍 4 鳍棘

2（3）体侧具 14～20 条黑蓝色〈形窄线纹；幼鱼体两侧各有 2 个长卵圆形白斑·····················
　　三纹蝴蝶鱼 *C. trifascialis* **Quoy & Gaimard，1825**（图 2517）。栖息于浅的潟湖及面海的珊瑚礁
　　区。有时单独或成对出现，喜活动于鹿角珊瑚或桌状轴孔珊瑚上，食珊瑚虫及黏液。具领域行
　　为。体长 103.8mm。分布：台湾及澎湖列岛海域、南海（香港）、东沙群岛、南沙群岛；日本、
　　自红海及非洲东部至夏威夷及社会群岛，印度-太平洋。在 CITES 中被列为近危种。

图 2517　三纹蝴蝶鱼 *C. trifascialis*
（依岛田，2013）

3（2）体侧具 17～19 条深黄色纵纹；体侧具一大而长的蓝紫色斑点························**四棘蝴蝶鱼**
　　C. plebeius **Cuvier，1831**（图 2518）。栖息于潟湖及面海的珊瑚礁区。通常成鱼成对生活于礁体
　　外。以鹿角珊瑚虫或其他鱼的外部寄生虫为食。体长 150mm。分布：台湾附近海域、南海（香
　　港）、东沙群岛、南沙群岛；日本、澳大利亚、斐济，印度-西太平洋。

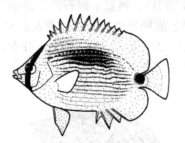

图 2518　四棘蝴蝶鱼 *C. plebeius*
（依岛田，2013）

4（1）臀鳍 3 鳍棘

5（10）背鳍鳍条部有丝状延长鳍条

6（7）背鳍与臀鳍基底各有一黑色纵带，其后半部较宽 ·························· **细点蝴蝶鱼**
　　C. semeion **Bleeker，1855**（图 2519）。栖息于清澈的潟湖及面海的珊瑚礁区。通常成鱼成对或聚

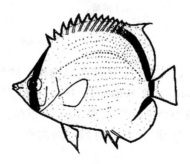

图 2519　细点蝴蝶鱼 *C. semeion*
（依岛田，2013）

集成小群生活。体长 153.8mm。分布：台湾海域、西沙群岛；东印度-太平洋，自马尔代夫至土木土群岛、东印度-太平洋区。

7（6）背鳍与臀鳍基底无黑色横带

8（9）背部具一较大卵圆斑，约占身体的 1/4；腹侧有 6～7 条深色纵纹 ………………… **鞭蝴蝶鱼** ***C. ephippium* Cuvier, 1831**（图 2520）。栖息于潟湖、清澈浅水域及面海的珊瑚礁区。单独、成对或群集成一小群而一起觅食，杂食性，以小型无脊椎动物、珊瑚虫、鱼卵及藻类碎片为食。体长 143.4mm。分布：东海、钓鱼岛、台湾海域、南海诸岛；日本南部、自斯里兰卡到夏威夷群岛，东印度-太平洋。

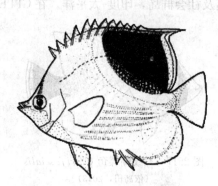

图 2520　鞭蝴蝶鱼 *C. ephippium*
（依岛田，2013）

9（8）背鳍鳍条上部有一大于眼径的眼状斑；体侧上部有 7～8 条由头部斜向后上方的暗色线纹，与腹侧 9～10 条向后斜向臀鳍基部的暗色线纹呈直角相交 ………………… **丝蝴蝶鱼** ***C. auriga* Forsskål, 1775**（图 2521）。栖息于碎石区、藻丛、岩礁或珊瑚礁区，单独、成对或小群游动。主食珊瑚虫、多毛类、底栖甲壳类、腹足类及藻类等。鱼肉含微量西加毒素（ciguatera toxins，CTXs）（徐轶肖等，2012）。体长 126.4mm。分布：台湾海域、海南岛、西沙群岛、南沙群岛；日本南部、红海、东非、夏威夷，印度-太平洋。

图 2521　丝蝴蝶鱼 *C. auriga*
（依王鸿媛，1979）

10（5）背鳍鳍条部无丝状延长鳍条

11（16）腹鳍黑色

12（13）背鳍鳍条部有一黑色眼状斑；体侧有 2 条暗色宽横带；鳞片无斑点 ………………… **朴蝴蝶鱼** ***C. modestus* Temminck & Schlegel, 1844**（图 2522）。栖息于较深（200m）且有岩礁的大陆架斜坡上，也可发现小鱼活动于水深 10m 附近的浊水区。体长 69.7mm。分布：黄海（江苏沿岸）、东海（浙江、福建）、台湾海域、海南岛、南海（广东、广西）、南海诸岛；日本、菲律宾，印度-西太平洋。

13（12）背鳍鳍条部无黑色眼状斑；体侧无暗色宽横带；每个鳞片中央具淡色亮斑

14（15）体侧自背鳍第一至第三鳍棘基底向下经胸鳍至胸部具一白色宽带；体后部暗褐色或黑色，

图 2522 朴蝴蝶鱼 *C. modestus*
（依王鸿媛，1979）

每个鳞片的中央亮斑组成约 20 条斜向上的斜纹；尾鳍有一黑色横带……………………
网纹蝴蝶鱼 *C. reticulatus* Cuvier，1831（图 2523）。栖息于面海礁区，偶也见于较浅而珊瑚
丛生的潟湖里。主食珊瑚虫。体长 160mm。分布：台湾海域；日本、夏威夷、大堡礁，西-
太平洋。

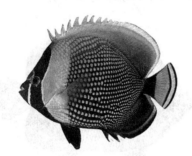

图 2523 网纹蝴蝶鱼 *C. reticulatus*
（依郑义郎，2007）

15（14）体侧具 2 条宽的界线模糊的暗色横带；体呈黄色，具有 10 多行串珠样的白色纵纹；尾鳍无黑
色横带……………………**珠蝴蝶鱼 *C. kleinii* Bloch，1790**（图 2524）。栖息于较深的潟湖、
海峡及面海的珊瑚礁区。常被发现漫游于有沙的珊瑚礁底部或礁盘上。杂食性，食小型无脊椎
动物、珊瑚虫、浮游动物及藻类碎片。体长 180mm。分布：东海（福建）、台湾海域、东沙群
岛、西沙群岛；日本、东非、夏威夷、澳大利亚，印度-西太平洋。

图 2524 珠蝴蝶鱼 *C. kleinii*
（依王鸿媛，1979）

16（11）腹鳍淡色
17（22）体侧具一大的深色圆斑
18（19）侧线位于深色圆斑之上 ………………………………… **双丝蝴蝶鱼 *C. bennetti* Cuvier，1831**
（图 2525）。栖息于潟湖及面海的珊瑚礁区。主要觅食鹿角珊瑚的水螅虫。通常成鱼成对生活
于礁体外，幼鱼则生活于鹿角珊瑚的枝芽间。体长 80.2mm。分布：台湾海域、南海（香港）、
西沙群岛、南沙群岛；日本，印度-太平洋。
19（18）侧线穿过深色圆斑

图 2525　双丝蝴蝶鱼 *C. bennetti*
（依王鸿媛，1979）

20（21）自背鳍后缘经尾柄至臀鳍后缘有一黑色狭带 ······························· **单斑蝴蝶鱼**
C. unimaculatus Bloch，**1787**（图 2526）。栖息于礁盘区、清澈的潟湖及面海的珊瑚礁区。通常聚集成小群生活。主要以软、硬珊瑚虫为食，也捕食小型甲壳类及丝状藻。体长 91.3mm。分布：台湾海域、南海诸岛；日本，东印度-太平洋。

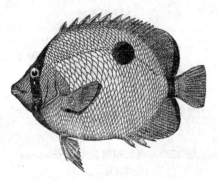

图 2526　单斑蝴蝶鱼 *C. unimaculatus*
（依王鸿媛，1979）

21（20）背鳍和臀鳍后缘及尾柄基部无明显斑带 ····················· **镜蝴蝶鱼** *C. speculum* Cuvier，**1831**
（图 2527）。栖息于清澈且珊瑚丛生的海域。成鱼常独居，或成对漫游但彼此相距一段距离。以无脊椎动物和珊瑚虫为食。体长 91.4mm。分布：台湾海域、海南岛、南海（香港）、西沙群岛；日本、澳大利亚大堡礁，印度-太平洋。

图 2527　镜蝴蝶鱼 *C. speculum*
（依王鸿媛，1979）

22（17）体侧无明显的深色圆斑

23（24）体背部深色，两侧各有 2 个白色大斑 ······························· **四点蝴蝶鱼**
C. quadrimaculatus Gray，**1831**（图 2528）。栖息于面海的礁区。成鱼单独或成对生活于礁体外。以珊瑚虫为食。体长 150mm。分布：东海、钓鱼岛、台湾海域；日本，中央太平洋。

24（23）体侧无明显白色大斑

图 2528　四点蝴蝶鱼 C. quadrimaculatus
（依岛田，2013）

25（26）体侧有多条深褐色〈形线纹 ······························· **曲纹蝴蝶鱼 *C. baronessa* Cuvier，1829**
（图 2529）。栖息于潟湖及面海的礁区。主要觅食鹿角珊瑚的水螅虫。成对生活，具领域性。
分布：台湾海域、东沙群岛、南沙群岛；日本、印度尼西亚，西太平洋。

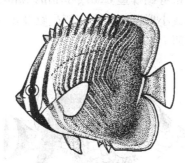

图 2529　曲纹蝴蝶鱼 C. baronessa
（依岛田，2013）

26（25）体侧无深褐色〈形线纹

27（30）体侧具 17～18 条排列等距的黑色垂直线纹

28（29）体侧无黑色横带；自背鳍鳍条基部经尾柄至臀鳍鳍条后端基部有一新月形黑斑带···············
·············**细纹蝴蝶鱼 *C. lineolatus* Cuvier，1831**（图 2530）。栖息于潟湖及面海的珊瑚礁区。
常被发现成对漫游于珊瑚礁区。杂食性，食小型无脊椎动物、珊瑚虫、海葵及藻类碎片。体长
98.7mm。分布：东海、钓鱼岛、台湾澎湖列岛以南、南海（香港）、东沙群岛、南沙群岛；
日本、马贵斯群岛，印度-太平洋。

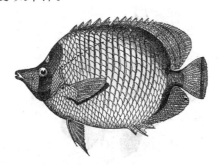

图 2530　细纹蝴蝶鱼 C. lineolatus
（依王鸿媛，1979）

29（28）体侧有 2 条宽的黑色横带，并向下延伸至腹缘；背鳍鳍条基无黑色斑带····························
鞍斑蝴蝶鱼 *C. ulietensis* Cuvier，1831（图 2531）。栖息于珊瑚丛生的潟湖区，偶可出现于面
海的珊瑚礁区。单独、成对或群集成小群活动。食藻类或动物浅渣。体长 116.1mm。分布：
台湾海域、东沙群岛、西沙群岛、南沙群岛；日本，东印度-太平洋。

30（27）体侧不具垂直的线纹

图 2531　鞍斑蝴蝶鱼 *C. ulietensis*
（依岛田，2013）

31（34）无眼带或眼带不完全，仅达眼上缘

32（33）眼带不完全，仅达眼上缘；体侧具 3 条马鞍形的黑色横带；各鳞片边缘具暗色线纹，互相连成网状……………………………**银身蝴蝶鱼 *C. argentatus* Smith & Radcliffe, 1911**（图 2532）。栖息于岩礁或珊瑚礁区，成对或小群游动。食底栖生物及藻类。体长 120mm。分布：台湾海域、南沙群岛；日本、菲律宾，西太平洋。

图 2532　银身蝴蝶鱼 *C. argentatus*
（依岛田，2013）

33（32）无眼带；自背鳍鳍棘后半部向下延伸至臀鳍有一弧形宽黑色带；各鳞片边缘无暗色线纹……………………………**暗带蝴蝶鱼 *C. nippon* Döderlein, 1884**（图 2533）。栖息于水深数十米以内的岩礁区，栖息水域较偏北方。春秋之际水温 23℃ 左右，可于太阳下山后产卵。体长 130mm。分布：台湾北部海域；朝鲜半岛、日本、菲律宾，西太平洋。

图 2533　暗带蝴蝶鱼 *C. nippon*
（依郑义郎，2007）

34（31）头侧具穿过眼的完整眼带

35（38）体侧鳞片的边缘具暗色线纹，互相连接网状纹

36（37）项部具一鞍状斑，与头侧眼带不连续；自背鳍鳍条后缘向下延伸至臀鳍鳍条后缘有一半月形橙色横带；尾鳍具一橙色横带 ……………………………… **黄蝴蝶鱼 *C. xanthurus* Bleeker, 1857**（图 2534）。栖息于鹿角珊瑚周围，通常发现单独或成对于 15m 以下的水域活动。体长

78.3mm。分布：台湾海域、东沙群岛、西沙群岛、南沙群岛；日本、菲律宾，西太平洋。

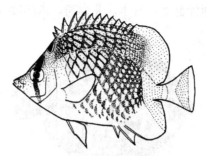

图 2534　黄蝴蝶鱼 *C. xanthurus*
（依岛田，2013）

37（36）项部不具鞍状斑，头侧眼带完全；沿背鳍鳍条部有一前窄后宽的黑带；尾鳍具一黑色横带……
………………………**格纹蝴蝶鱼 *C. rafflesii*（Bennett），1830**（图 2535）。栖息于珊瑚礁丛生的
潟湖、礁盘或面海的礁区。肉食性，食海葵、多毛类和珊瑚虫。体长 103.3mm。分布：台湾
海域、南海（三亚）、东沙群岛、南沙群岛；日本、夏威夷，东印度-太平洋。

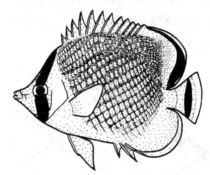

图 2535　格纹蝴蝶鱼 *C. rafflesii*
（依岛田，2013）

38（35）体侧鳞片的边缘无暗色线纹，身体不具网状纹

39（42）体侧具 6～7 条明显的暗色横带

40（41）体侧的 7 条暗色横带，向下只达体中部；头侧眼带为黄色，且镶黑边；各鳞片具一黑点……
………………………**斑带蝴蝶鱼 *C. punctatofasciatus* Cuvier，1831**（图 2536）。栖息于珊瑚聚集
区、清澈的潟湖及面海的礁区，也常栖息于礁盘的外围。通常成鱼成对生活。杂食性，以小型
无脊椎动物、珊瑚虫及藻类碎片为食。体长 62.5mm。分布：台湾海域、东沙群岛、西沙群
岛、南沙群岛；日本，印度-太平洋。

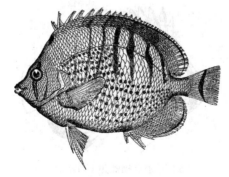

图 2536　斑带蝴蝶鱼 *C. punctatofasciatus*
（依王鸿媛，1979）

41（40）体侧的 6 条黑色横带，向下延伸至腹缘；头部眼带为黑色；鳞片无斑点………………………
八带蝴蝶鱼 *C. octofasciatus* Bloch，1787（图 2537）。栖息于珊瑚礁群集的潟湖或外礁斜坡。

成鱼成对生活，幼鱼则群集于珊瑚枝芽间。以珊瑚虫为食。体长 63.9mm。分布：台湾海域、海南岛、南海（广东）、西沙群岛；日本、菲律宾，东印度-西太平洋。

图 2537　八带蝴蝶鱼 *C. octofasciatus*
（依王鸿媛，1979）

42（39）体侧无明显的暗色横带
43（48）体侧各鳞片的斑点大多分离，形成斜行的点列
44（45）体侧各鳞片的斑点为黄色；背鳍基部沿尾柄至臀鳍基部有一弯月形斑 ·······················
　　　　弯月蝴蝶鱼 *C. selene* Bleeker，1853（图 2538）。栖息于珊瑚礁区碎石坡。体长 150mm。分布：台湾附近海域；日本、巴布亚新几内亚，西太平洋。

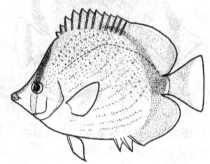

图 2538　弯月蝴蝶鱼 *C. selene*
（依岛田，2013）

45（44）体侧各鳞片的斑点为深色；背鳍和臀鳍基部及尾柄无明显的黑带
46（47）沿臀鳍边缘具 1 条较宽的黑色带·····················**密点蝴蝶鱼 *C. citrinellus* Cuvier，1831**
　　　　（图 2539）。栖息于浅水域的礁盘、潟湖及面海的珊瑚礁区。通常成对一起觅食，杂食性，食小型无脊椎动物、珊瑚虫及藻类碎片。体长 160mm。分布：东海（福建）、钓鱼岛、台湾海域、东沙群岛、西沙群岛、南沙群岛；日本、夏威夷、马贵斯群岛，印度-太平洋。

图 2539　密点蝴蝶鱼 *C. citrinellus*
（依岛田，2013）

47（46）臀鳍边缘无明显的黑色带 ·····························**贡氏蝴蝶鱼 *C. guentheri* Ahl，1923**
　　　　（图 2540）。栖息于面海的珊瑚礁区。通常单独觅食。体长 180mm。分布：为一种反赤道分布的鱼种，北半球分布于日本南部至琉球群岛及台湾，南半球分布于巴布亚新几内亚、大堡礁到

罗德豪岛及新南威尔士。我国见于台湾。

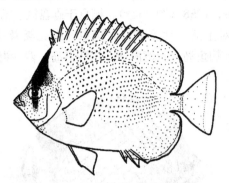

图 2540　贡氏蝴蝶鱼 *C. guentheri*
（依岛田，2013）

48（43）体侧各鳞片的斑点互连，形成斜行的线纹或条纹

49（52）体侧具 5～6 条宽度与眼径相当的斜条纹

50（51）体侧的斜条纹平行，橙色或褐色 ······· **橙带蝴蝶鱼 *C. ornatissimus* Cuvier，1831**
（图 2541）。栖息于清澈的潟湖及面海的珊瑚礁区。成鱼成对或家族聚集生活，幼鱼生活于珊瑚枝芽间。以珊瑚组织为食。体长 102.7mm。分布：台湾海域、东沙群岛、西沙群岛、南沙群岛；日本、夏威夷、马贵斯群岛，印度-太平洋区海域。

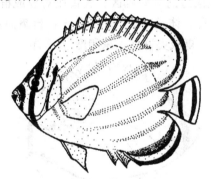

图 2541　橙带蝴蝶鱼 *C. ornatissimus*
（依岛田，2013）

51（50）体侧的斜条纹呈环状，黑色 ·················· **麦氏蝴蝶鱼 *C. meyeri* Bloch & Schneider，1801**
（图 2542）。栖息于清澈的潟湖及面海的珊瑚礁区。通常成鱼成对或家族聚集生活，幼鱼则生活于珊瑚枝芽间。以珊瑚虫为食。体长 180mm。分布：台湾南部海域、南沙群岛；日本、莱恩群岛（Line Is.）、澳大利亚大堡礁，印度-太平洋。

图 2542　麦氏蝴蝶鱼 *C. meyeri*
（依岛田，2013）

52（49）体侧具 10 多条宽度远小于眼径的暗色斜条纹

53（54）体侧的暗色线纹斜向不一致，体上部有 6 条由头部斜向后上方的暗色线纹，与腹侧的 10 条斜

向臀鳍基部和尾柄的暗色线纹呈直角相交 ·· **斜纹蝴蝶鱼**
***C. vagabundus* Linnaeus，1758**（图 2543）。栖息于礁盘区、清澈的潟湖及面海的珊瑚礁区，也可出现于河口区。常成对生活。食藻类、珊瑚虫、甲壳类及蠕虫。具有强烈的领域性。体长115.2mm。分布：东海、钓鱼岛、台湾海域、东沙群岛、西沙群岛、南沙群岛；日本、土木土群岛，印度-太平洋。

图 2543　斜纹蝴蝶鱼 *C. vagabundus*
（依王鸿媛，1979）

54（53）体侧的 10 多条暗色线纹斜向一致

55（56）头侧有 3 条横带 ···························· **弓月蝴蝶鱼 *C. lunulatus* Quoy & Gaimard，1824**
（图 2544）。栖息于潟湖及面海的珊瑚礁区。成鱼成对或成群生活于礁体外，幼鱼则生活于珊瑚的枝芽间。以珊瑚虫为食。体长 98.6mm。分布：台湾海域、南海（广东）、东沙群岛、西沙群岛、南沙群岛；日本、夏威夷群岛，东印度-太平洋。

图 2544　弓月蝴蝶鱼 *C. lunulatus*
（依岛田，2013）

56（55）头侧有 1 条垂直横带

57（58）体侧胸鳍上方自鳃盖后缘斜至背鳍第五鳍棘基部有一斜的黑色带；尾柄具一黑斑，并向上扩展，沿背鳍鳍条基底成一狭带·························· **新月蝴蝶鱼 *C. lunula*（Lacépède，1803）**
（图 2545）。栖息环境多样，单独、成对或成群一起移动一段长距离去觅食。杂食性，食小型无脊椎动物、珊瑚虫、海葵及藻类碎片。体长 133.9mm。分布：东海、钓鱼岛、台湾澎湖列

图 2545　新月蝴蝶鱼 *C. lunula*
（依岛田，2013）

岛海域及琉球屿、南海（香港）、东沙群岛、西沙群岛、南沙群岛；日本，印度-太平洋。

58（57）胸鳍上方至背鳍间无明显黑色带；背鳍鳍条基底无狭带

59（60）背部黑色；尾柄上具黑斑 ····················· **黑背蝴蝶鱼 C. melannotus Bloch & Schneider, 1801**（图 2546）。栖息于潟湖、礁盘及面海的珊瑚礁区。成鱼成群生活。食珊瑚虫。体长 96.0mm。分布：东海、钓鱼岛、台湾澎湖列岛海域、南海（香港）、南海诸岛；日本，印度-太平洋。

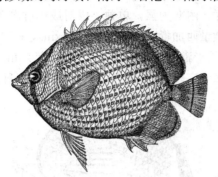

图 2546　黑背蝴蝶鱼 C. melannotus
（依王鸿媛，1979）

60（59）背部淡色；尾柄上无黑斑

61（64）背鳍起点前方的项部有黑色斑块

62（63）体卵圆形；项斑为一大的黑色楔状斑，其下端延伸至鳃盖上方；头侧眼带在项部与另侧眼带相连；尾鳍中部有一宽度与眼径相当的横带 ····················· **美蝴蝶鱼 C. wiebeli Kaup, 1863**（图 2547）。栖息于岩礁及珊瑚礁区。食藻类。体长 82.2mm。分布：东海（福建）、钓鱼岛、台湾澎湖列岛海域、海南岛、南海（广东、广西）、东沙群岛、西沙群岛；日本，西太平洋。

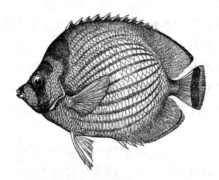

图 2547　美蝴蝶鱼 C. wiebeli
（依王鸿媛，1979）

63（62）体近圆形；项斑为一小的鞍状斑，不向下延伸；头侧眼带不与另侧眼带相连；尾鳍中部有一明显窄于眼径的横带 ····················· **项斑蝴蝶鱼 C. adiergastos Seale, 1910**（图 2548）。

图 2548　项斑蝴蝶鱼 C. adiergastos
（依岛田，2013）

栖息于岩礁或软珊瑚礁区，成对或小群游动。食珊瑚虫及小型甲壳类。体长 106.9mm。分布：台湾海域、南沙群岛；日本、菲律宾，西太平洋。

64（61）背鳍起点前方的项部无黑色斑块；头侧眼带在项部与另侧眼带相连；体侧约有 20 条暗褐色斜纹及纵纹，纹的后部或有分支 ························· **叉纹蝴蝶鱼** *C. auripes* **Jordan & Snyder, 1901**（图 2549）。栖息于港口防波堤、碎石区、藻丛、岩礁或珊瑚礁区等，生活栖地多样。耐寒力强，单独、成对或小群游动。主食多毛类、底栖甲壳类、腹足类及藻类等。鱼肉含微量西加毒素（ciguatera toxins，CTXs）（Olsen et al.，1984；徐轶肖等，2012）。有食用该鱼雪卡毒素中毒的报道。体长 135.6mm。分布：东海（福建）、钓鱼岛、台湾海域、海南岛、南海（广东）、东沙群岛、西沙群岛；日本，西太平洋。

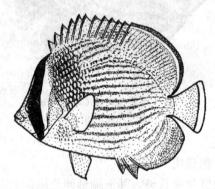

图 2549　叉纹蝴蝶鱼 *C. auripes*
（依岛田，2013）

242. 刺盖鱼科（盖刺鱼科）Pomacanthidae

体短，颇侧扁，近似椭圆形或菱形。头短而高，吻钝而短。口端位，上下颌齿刚毛状，多排列呈带状。前鳃盖骨后角有一强大硬棘，间鳃盖骨边缘光滑或具锯齿。鳃孔中大，鳃耙短或中等长。体被栉鳞，背鳍、臀鳍和腹鳍鳍棘基部均覆有鳞片，腹鳍基部具发达的腋鳞。侧线完全或不完全。

背鳍、臀鳍与腹鳍均具鳍棘和鳍条，背鳍具 12～15 鳍棘、15～23 鳍条；臀鳍具 3 鳍棘、15～21 鳍条；胸鳍鳍条 16～21；腹鳍具 1 鳍棘、5 鳍条；尾鳍截形、圆凸形或叉形。椎骨 23～24 枚，其中，躯椎 8～10 枚、尾椎 14～15 枚。

体侧一般具斑纹，色彩和图案多样。同一种类幼鱼在成长过程中体色会发生较大变化，条带消失或变化，与成鱼差别较大。部分种类雌雄颜色不同。刺盖鱼科是珊瑚礁鱼类的主要类群之一，体型较小但婀娜多姿，体色艳丽且图案美观，性情温和而优雅，很适合水族饲养和观赏，被统称为神仙鱼（angelfish），是国际上著名的观赏鱼类。

分布：全球温带到热带的海洋中，主要集中在印度-西太平洋海域，也有发现于河口和海湾的咸淡水中。多数生活在水深不足 20m 的珊瑚礁水域，很少出现在水深超过 200m 的水域中。

本科有 8 属 89 种（Nelson et al.，2016）；中国有 7 属 27 种。

属 的 检 索 表

1（2）侧线完全且连续，自鳃盖末端上缘起，延伸至尾柄末端 ······ **刺盖鱼属（盖刺鱼属）** *Pomacanthus*

2（1）侧线不完全

3（4）鳞片细小，鳞列不整齐；头部和体侧鳞片差别较小 ····················· **荷包鱼属** *Chaetodontoplus*

4（3）鳞片较大，近似椭圆形或菱形，鳞列规则；体侧鳞片和其他部位鳞片相差较大

5（12）尾鳍呈截形或圆凸形，上下缘鳍条不呈丝状延长

6（11）头顶和鳃盖上方不具眼斑

7（8）间鳃盖骨下缘具若干小刺；体侧不具宽横带 ····················· **刺尻鱼属** *Centropyge*

8（7）间鳃盖骨下缘光滑；体侧具不多于 10 条横带

9（10）背鳍具 12 鳍棘、17～18 鳍条；体侧具 9 条由背鳍向下延伸而略窄于眼径的黑色横带；臀鳍
灰蓝色 ·················· **副锯刺盖鱼属 *Paracentropyge***

10（9）背鳍具 14 鳍棘、18～20 鳍条；体侧具 8～10 条淡青色横带；臀鳍黄褐色··············
··············· **甲尻鱼属 *Pygoplites***

11（6）头顶和鳃盖上方各有一瞳孔大小、具金黄色边沿的淡青色眼斑；体呈橙黄色；背鳍下缘呈黑色
··············· **阿波鱼属 *Apolemichthys***

12（5）尾鳍呈叉形，上下缘鳍条呈丝状延长；尾柄上具一分离侧线··············
··············· **月蝶鱼属（颊刺鱼属）*Genicanthus***

阿波鱼属 *Apolemichthys* Burton, 1934

　　三点阿波鱼 *A. trimaculatus* (Cuvier, 1831)（图 2550）。栖息于潟湖或者珊瑚礁区，多单独或以小群活动，生性机警。主食海藻、珊瑚虫及其附着生物。有雌性先成熟的性转变行为。2 龄、体长约160mm 时性成熟，生态寿命约 8 龄。体长 260mm。分布：台湾海域、南海（广东珠海）；日本，印度-西太平洋。

图 2550　三点阿波鱼 *A. trimaculatus*
（依岛田，2013）

荷包鱼属 *Chaetodontoplus* Bleeker, 1876
种 的 检 索 表

1（2）背鳍具 12 鳍棘、17～18 鳍条··············**黄尾荷包鱼 *C. mesoleucus***（Bloch, 1787）
（图 2551）。栖息于珊瑚礁海区，以海绵、藻类等为食。小群体活动。1.5 龄、体长约 160mm 时性成熟，生态寿命约 5.5 龄，最大体长可达 180mm。分布：台湾南部和北部海域；日本、印度尼西亚、斯里兰卡，印度-西太平洋。

图 2551　黄尾荷包鱼 *C. mesoleucus*
（依岛田，2013）

2（1）背鳍鳍棘具 11 或 18 鳍棘

3（14）背鳍鳍棘具 13 鳍棘、17～20 鳍条；臀鳍具 16～17 鳍条；头侧无眼间带

4（13）体侧具蓝色纵带或不具纵带，头部无网状纹

5（8）体侧具蓝色纵带，背鳍前端呈黄色

6（7）体蓝灰色；体侧具9条以上蓝色纵带，且头部纵带之间不平行，较密集 ························
黄头荷包鱼 *C. chrysocephalus*（Bleeker，1855）（图 2552）。栖息于较深岩礁区，主要以海藻为
食。2 龄、体长约 140mm 时性成熟，生态寿命约 6.7 龄，体长 190mm。最大全长可达 203mm。
分布：台湾海域、南海（广东）；东印度群岛、日本，西太平洋。

图 2552　黄头荷包鱼 *C. chrysocephalus*
（依岛田，2013）

7（6）体黄褐色；体侧具 7～9 条波状蓝色纵带，自头部一直延伸至尾柄 ···················
蓝带荷包鱼 *C. septentrionalis*（Temminck & Schlegel，1844）（图 2553）。栖息于海岸岩石和珊
瑚礁附近，常单独活动，食海绵、海藻、珊瑚虫和被囊类动物。1.8 龄、体长约 140mm 时性成
熟，生态寿命约 6.7 龄，最大全长可达 240mm。分布：东海沿岸、台湾各沿海礁区、南海（广
东）、西沙群岛；日本、马来西亚。

成鱼　　　　　　　　幼鱼
图 2553　蓝带荷包鱼 *C. septentrionalis*
（依岛田，2013）

8（5）体侧不具任何纵带

9（12）体黑色

10（11）成鱼体呈深褐色；头部黄褐色，散布有黄斑；背鳍、臀鳍后缘呈黄色 ·················
黑身荷包鱼 *C. melanosoma*（Bleeker，1853）（图 2554）。栖息于珊瑚丛生的礁区，多单独活动
或成小群活动，幼鱼栖息于无脊椎动物丰富的碎石斜坡上。1.7 龄、体长约 130mm 时性成熟，
生态寿命约 6 龄，最大全长可达 210mm。分布：台湾北部海域、西沙群岛；日本、菲律宾、
新几内亚，印度-西太平洋。

图 2554　黑身荷包鱼 *C. melanosoma*
（依岛田，2013）

11（10）头部浅灰色；有大型不规则的黄色斑点 ························· **罩面荷包鱼（雄鱼）*C. personifer*（McCulloch, 1914）**分布：台湾。

12（9）体黄褐色；头部灰黄色，后半部具白色横带；背鳍、臀鳍褐色 ··································· **罩面荷包鱼（雌鱼）*C. personifer*（McCulloch, 1914）**（图 2555）。栖息于珊瑚礁水域，通常成小群活动，主要以海藻、珊瑚虫、海绵及被囊动物为食。2.5 龄、体长 210mm 时性成熟，生态寿命约 10.2 龄，最大全长可达 360mm。分布：台湾东港；澳大利亚。罕见种类。

图 2555　罩面荷包鱼（雌鱼）*C. personifer*
（依郑义郎，2007）

13（4）体侧具黄色纵带，头部覆有网状纹 ························· **网纹头荷包鱼 *C. cephalareticulatus* Shen & Lim, 1975**。栖息于珊瑚礁的斜坡区域，多单独或小群活动。1 龄、体长约 60mm 时性成熟，生态寿命约 3.4 龄，最大全长 90mm。分布：台湾海域；西-北太平洋。

14（3）背鳍具 11 鳍棘、鳍条 22～23；臀鳍具 3 鳍棘、20～21 鳍条；头部具眼间带 ················· **眼带荷包鱼 *C. duboulayi*（Günther, 1867）**（图 2556）。栖息于珊瑚礁水域，通常成小群活动。2 龄、体长约 170mm 时性成熟，生态寿命约 8.3 龄，最大全长可达 294 mm。分布：台湾东港；新几内亚、澳大利亚北部，印度-西太平洋。罕见种类。

图 2556　眼带荷包鱼 *C. duboulayi*
（依郑义郎，2007）

刺尻鱼属 *Centropyge* Kaup, 1860
种 的 检 索 表

1（18）体侧无任何较长横纹

2（17）体侧无明显斑点，胸鳍、腹鳍呈黄色或暗褐色

3（10）尾鳍呈暗褐色或黑色

4（7）胸鳍呈暗褐色或黄色

5（6）通体呈暗褐色 ························· **黑刺尻鱼 *C. nox*（Bleeker, 1853）**（图 2557）。栖息于珊瑚礁区斜坡，多单独或成小群活动。食海藻、珊瑚虫及附着生物。有雌性先成熟的性转变行为。1 龄、体长约 70mm 时性成熟，生态寿命约 3.2 龄，最大全长约 110mm。分布：台湾海域；日本、菲律宾、马来西亚，西太平洋。

图 2557　黑刺尻鱼 *C. nox*
（依岛田，2013）

6（5）体呈黑褐色，胸鳍末端上方具一白色的椭圆形斑块 ···················· **白斑刺尻鱼**
C. tibicen（Cuvier，1831）（图 2558）。栖息于潟湖及面海的珊瑚礁水域，多单独或成小群活动。食海藻、珊瑚虫、海绵及被囊动物。1.6 龄、体长 120mm 时性成熟，生态寿命约 5.9 龄，最大全长约 200 mm，体重可达 216g。分布：台湾西部及东部海域有发现、东沙群岛；日本、圣诞岛、密克罗尼西亚，东印度-太平洋。

图 2558　白斑刺尻鱼 *C. tibicen*
（依岛田，2013）

7（4）胸鳍呈黄色

8（9）背鳍鳍条 17～18；背鳍第二、第三鳍棘下方至尾柄处具一黑褐色斑块；背鳍鳍条部呈蓝黑色；眼后至背鳍起点处具一近似三角形的黑褐色斑块；尾鳍黑褐色···················· **仙女刺尻鱼**
C. venusta（Yasuda & Tominaga，1969）（图 2559）。栖息于水深 15～35m 的珊瑚礁水域，多单独或成小群活动。食海藻、附着生物及被囊动物。1 龄、体长约 80mm 时性成熟，生态寿命约 3.3 龄，最大全长约 130mm。分布：台湾南部海域；日本、菲律宾，西太平洋。

图 2559　仙女刺尻鱼 *C. venusta*
（依 Randall，1977）

9（8）背鳍鳍条 16；体前半部呈淡褐色，后半部呈暗褐色；背鳍前半部呈黄色或黄褐色，后半部呈暗褐色；背鳍、臀鳍和尾鳍具蓝边···················· **棕刺尻鱼 C. vrolikii**（Bleeker，1853）

（图 2560）。栖息于潟湖及珊瑚礁水域，多单独或成小群活动。食海藻、珊瑚虫、海绵及被囊动物。1 龄、体长约 80mm 时性成熟，生态寿命约 3.8 龄，最大全长约 130mm。分布：台湾西部及东部海域、东沙群岛、西沙群岛、南沙群岛；日本，印度-西太平洋。

图 2560　棕刺尻鱼 *C. vrolikii*
（依王鸿媛，1979）

10（3）尾鳍呈黄色

11（14）体侧前后两部分颜色差别小，较一致

12（13）背鳍具 15 鳍棘、15 鳍条；通体黄色；眼周围具黑色斑点；尾鳍呈圆凸形·····················
·······**黄刺尻鱼 *C. heraldi* Woods & Schultz，1953**（图 2561）。栖息于珊瑚礁斜坡或潟湖水域，多单独或成小群活动。主食海藻、珊瑚虫。具雌性先成熟的性转变行为。1 龄、体长约 80mm 时性成熟，生态寿命约 3.8 龄，最大全长约 130mm。分布：台湾南部海域、东沙群岛、西沙群岛、南沙群岛；日本、澳大利亚大堡礁，印度-西太平洋。

图 2561　黄刺尻鱼 *C. heraldi*

13（12）背鳍具 13 鳍棘、16～17 鳍条；通体蓝紫色；尾鳍截形························**条尾刺尻鱼**
C. fisheri（Snyder，1904）（图 2562）。栖息于珊瑚礁水域，草食性。具雌性先成熟的性转变行为。1 龄、体长约 60mm 时性成熟，生态寿命约 2.7 龄，最大全长仅为 90mm 左右。分布：台湾南部海域、东沙群岛；日本、土木土群岛、澳大利亚，印度-太平洋。

成鱼　　　　　　　幼鱼

图 2562　条尾刺尻鱼 *C. fisheri*
（依岛田，2013）

14（11）体侧前后两部分颜色不一致

15（16）体侧前半部分橙红色，后半部分呈蓝紫色；背鳍前半部分呈橙红色，后半部分呈蓝紫色，胸鳍和尾鳍黄色或淡黄色 ·······························**断线刺尻鱼 *C. interruptus*（Tanaka，1918）**
（图 2563）。栖息于岩礁及珊瑚礁区。具雌性先成熟的性转变行为。1.3 龄、体长约 10mm 时性成熟，最大全长约 160mm。分布：台湾东北部海域；日本、夏威夷，印度-太平洋。

图 2563　断线刺尻鱼 *C. interruptus*

（依岛田，2013）

16（15）体前半部黄色，后半部蓝黑色；胸鳍、腹鳍和背鳍前半部分呈黄色，背鳍后部和臀鳍呈蓝黑色；眼眶具黑色横带，延伸至眼下缘 ·························· **二色刺尻鱼 *C. bicolor***（**Bloch，1787**）（图 2564）。栖息于潟湖、珊瑚丛生的水域。多单独或成小群活动。食海藻、甲壳类和蠕虫等。具雌性先成熟的性转变行为，性反转可在 18～20d 内完成。1.3 龄、体长约 100mm 时性成熟，生态寿命约 4.7 龄，最大全长可达 160mm。分布：台湾南部海域、东沙群岛、西沙群岛；日本、萨摩亚群岛、新喀里多尼亚，印度-太平洋。

图 2564　二色刺尻鱼 *C. bicolor*

（依岛田，2013）

17（2）体侧橙红色，散布有许多黑色斑点；胸鳍、腹鳍红色·························· **锈红刺尻鱼 *C. ferrugata* Randall & Burgess，1972**（图 2565）。栖息于面海的礁区，多单独活动，食海藻、珊瑚虫等。具雌性先成熟的性转变行为。1 龄、体长约 70mm 性成熟，生态寿命约 3.2 龄，最大全长仅为 110mm 左右。分布：台湾海域；日本、菲律宾，西太平洋。

图 2565　锈红刺尻鱼 *C. ferrugata*

（依岛田，2013）

18（1）体侧具 17～20 条延长至腹部的蓝紫色至黑褐色横纹 ·························· **双棘刺尻鱼 *C. bispinosa*（Günther，1860）**（图 2566）。栖息于潟湖及珊瑚礁斜坡区域，多单独或成小群活动。主食海藻、珊瑚虫及其附着生物。雌性先成熟，有性转变行为。1 龄、体长约 70mm 时性成熟，生态寿命约 3.2 龄，最大全长仅为 110mm 左右。分布：台湾南部海域、东沙群岛、西沙群岛、南沙群岛；日本、土木土群岛、罗德豪岛，印度-太平洋。

图 2566　双棘刺尻鱼 *C. bispinosa*
（依王鸿媛，1979）

月蝶鱼属（颊刺鱼属）*Genicanthus* Swainson，1839
种 的 检 索 表

1（6）体侧无明显条纹
2（5）背鳍上缘无黑色带
3（4）上方具一较短黑色横带；鳃盖后缘具一黑斑；尾柄后部呈黑色，尾鳍上下缘具黑色带…………
…………半纹月蝶鱼（雌鱼）*G. semifasciatus*（**Kamohara，1934**）（图 2567）。栖息于岩礁
或珊瑚礁区，行雌性先成熟的性转变行为。1.7 龄、体长约 135mm 时性成熟，生态寿命约 6.4
龄，最大全长约 220mm。分布：台湾南部海域；日本、菲律宾，西太平洋。

图 2567　半纹月蝶鱼（雌鱼）*G. semifasciatus*
（依岛田，2013）

4（3）体呈乳黄色；体侧侧线以下鳞片颜色较浅；尾鳍上下缘具黑色带（南海、台湾）………………
…………黑斑月蝶鱼（雌鱼）*G. melanospilos*（**Bleeker，1857**）（图 2568）。栖息于岩礁或珊瑚
礁区，多单独或成小群活动。主食海藻、珊瑚虫及其附着生物。体长约 90mm。分布：台湾南部
海域、西沙群岛、南沙群岛；日本，印度-西太平洋。

图 2568　黑斑月蝶鱼（雌鱼）*G. melanospilos*
（依岛田，2013）

5（2）背鳍上缘具黑色带；体蓝灰色；眼上方具一黑色的短横带；吻部上方具一倒 U 形黑斑；臀鳍下
缘呈黑色…………………………渡边月蝶鱼（雌鱼）*G. watanabei*（**Yasuda & Tominaga，1970**）
（图 2569）。分布：台湾海域；西-中太平洋。
6（1）体侧具横纹或纵纹
7（10）体侧具横纹

图 2569 　渡边月蝶鱼（雌鱼）*G. watanabei*
（依岛田，2013）

8（9）体乳黄色；体侧具 15 条横纹，头背部由枕部至吻部同时具数条横纹；尾鳍上下缘无黑色带……
…………………黑斑月蝶鱼（雄鱼）***G. melanospilos*（Bleeker，1857）**（图 2570）。栖息于珊
瑚礁斜坡区域，成对活动。具雌性先成熟的性转变行为。肉食性，食浮游生物。1.5 龄、体长约
120mm 时性成熟，生态寿命约 5.5 龄，最大全长约 190mm。分布：台湾南部海域、西沙群岛、
南沙群岛；日本、新喀里多尼亚，印度-西太平洋。

图 2570 　黑斑月蝶鱼（雄鱼）*G. melanospilos*
（依王鸿媛，1979）

9（8）体淡褐色；体侧上部具数 10 条不规则的横带；尾鳍淡褐色，具小斑点（台湾）………………
…………半纹月蝶鱼（雄鱼）***G. semifasciatus*（Kamohara，1934）**（图 2571）。

图 2571 　半纹月蝶鱼（雄鱼）*G. semifasciatus*
（依岛田，2013）

10（7）体侧具纵纹
11（12）体背黑褐色；体侧具 3～5 条黑色纵带；臀鳍乳白色且具黑色小点；尾鳍上下缘具黑色带……
………………………月蝶鱼 ***G. lamarck*（Lacepède，1802）**（图 2572）。栖息于珊瑚礁礁区，常成
群由底层洄游至中层水域觅食浮游生物。具雌性先成熟的性转变行为。1.9 龄、体长约
160mm 时性成熟，生态寿命约 7.4 龄，最大全长约 260mm。分布：台湾绿岛海域、西沙群

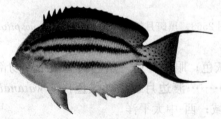

图 2572 　月蝶鱼 *G. lamarck*
（依岛田，2013）

岛；日本、所罗门群岛，印度-西太平洋。

12（11）体背蓝灰色；腹部银白色且具数条纵纹；臀鳍具黑色缘；尾鳍上下缘无黑色带（南海、台湾）……………………………………… **渡边月蝶鱼（雄鱼）** *G. watanabei*（**Yasuda & Tominaga，1970**）（图 2573）。栖息于珊瑚礁斜坡区，食浮游生物，具雌性先成熟的性转变行为。1.3 龄、体长约 100mm 性成熟，生态寿命约 4.7 龄，最大全长约 160 mm。分布：台湾绿岛和兰屿水域；日本、夏威夷、新喀里多尼亚，西-中太平洋。

图 2573　渡边月蝶鱼（雄鱼）*G. watanabei*
（依岛田，2013）

副锯刺盖鱼属 *Paracentropyge* Burgess，1991

多带副锯刺盖鱼 *P. multifasciata*（**Smith & Radcliffe，1911**）（图 2574）。栖息于外礁斜坡的洞或缝隙内，偶见于清澈的潟湖区。性羞怯而机警，成对或小群活动。1.1 龄、体长约 80mm 时性成熟，生态寿命约 3.8 龄，最大全长约 100mm。分布：南沙群岛；日本、夏威夷，东印度-太平洋。

图 2574　多带副锯刺盖鱼 *P. multifasciata*
（依岛田，2013）

刺盖鱼属（盖刺鱼属）*Pomacanthus* Lacépède，1802
种 的 检 索 表

1（4）背鳍鳍条后角呈丝状延长

2（3）背鳍具 14 鳍棘；吻长大于眼后头长；前鳃盖骨边缘有小刺，下缘具锯齿；臀鳍鳍条后角呈钝圆状；成鱼体侧约有 20 多条深黄色纵纹 ………………… **主刺盖鱼** *P. imperator*（**Bloch，1787**）（图 2575）。幼鱼栖息于暗礁或环湖礁石的洞中，成鱼栖息于潟湖、临海珊瑚礁等水域，常成对存在，以海绵和其他有壳生物为食。3.5 龄、体长约 240mm 时性成熟，生态寿命可达 14 龄，最大全长可达 420mm，最大体重达 2 387g。分布：东海、钓鱼岛、台湾东部海域、西沙群岛；日本南部、夏威夷，印度-西太平洋。数量有一定的减少，《中国物种红色名录》列为易危［VU］物种。

3（2）背鳍具 13 鳍棘；吻长小于眼后头长；前鳃盖骨边缘光滑，下缘无锯齿；臀鳍鳍条后角呈丝状延长，但延长较短；成鱼体侧散具若干暗色斑点，无纵纹或横纹 ……………… **半环刺盖鱼（成鱼）**

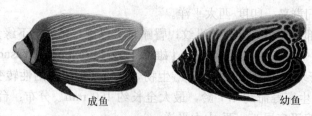

成鱼　　　　　　　　　　　幼鱼

图 2575　主刺盖鱼 *P. imperator*
（依王鸿媛，1979）

P. semicirculatus（Cuvier，1831）（图 2576）。幼鱼栖息于浅水且有遮蔽的区域（图 2577），成鱼多栖息于珊瑚的岸礁，通常独居或成对活动。具领域性，会攻击其他同类，食海绵、被囊类和藻类。3.5 龄、体长约 240mm 时性成熟，生态寿命约 14.2 龄，最大全长约 420mm。分布：东海、钓鱼岛、台湾澎湖列岛海域、东沙群岛、西沙群岛、南沙群岛；日本、红海、斐济，印度-西太平洋。

图 2576　半环刺盖鱼（成鱼）*P. semicirculatus*
（依王鸿媛，1979）

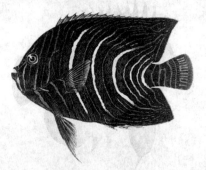

图 2577　半环刺盖鱼（幼鱼）*P. semicirculatus*
（依岛田，2013）

4（1）背鳍鳍条后角呈尖角状或钝圆状

5（8）吻长大于眼径；体鳞具小辅鳞

6（7）眼间隔小于眼径；眶前骨下缘无缺刻；间鳃盖骨下缘无锯齿；体侧鳞片具蓝色边缘……………………………黄颅刺盖鱼（成鱼）*P. xanthometopon*（Bleeker，1853）（图 2578）。栖息于潟湖、珊瑚礁水域，成鱼在洞穴附近活动，稚鱼则停驻于很浅且有藻类生长的洞穴。食海绵、贝类与被囊类。2.7 龄、体长约 230mm 时性成熟，生态寿命约 11 龄，最大全长约 400mm。分布：台湾北

成鱼　　　　　　　　　　　幼鱼

图 2578　黄颅刺盖鱼（成鱼）*P. xanthometopon*
（依岛田，2013）

部及南部海域、西沙群岛、南沙群岛；日本，印度-太平洋。

7（6）眼间隔大于眼径；眶前骨下缘有缺刻；间鳃盖骨下缘具细小锯齿；成鱼体侧具 5～7 条蓝色弧形纹，鳃盖末端上方具一蓝色圆弧纹 ···················· **肩环刺盖鱼 P. annularis (Bloch, 1787)**（图 2579）。栖息于沿岸至深达至少 30m 的礁区。成鱼通常成对生活在洞穴内，幼鱼活动于近岸富有丝状藻类的岩礁。以海绵和被囊类为食。3.1 龄、体长约 26.5cm 时性成熟，生态寿命约 13 龄，最大全长约 47cm。分布：台湾南部海域、南海（广东、香港、北部湾）、西沙群岛；日本、菲律宾、澳大利亚。

图 2579　肩环刺盖鱼 P. annularis
（依王鸿媛，1979）

8（5）吻长小于眼径；体被强栉鳞，无小辅鳞；体侧具 6 横带；眼缘具一白色细横带·················
······**六带刺盖鱼 P. sexstriatus (Cuvier, 1831)**（图 2580）。幼鱼生活在较浅水域，成鱼则栖息于富有珊瑚的礁区或潟湖，成对活动，具领域性。食海绵、附着生物和藻类。3.2 龄、体长约 270mm 时性成熟，生态寿命约 13.6 龄，最大全长可达 480mm，最大体重 2 527g。分布：台湾北部岩礁和珊瑚礁海域；国外自印度尼西亚和马来西亚至所罗门群岛，北到日本南部，南至澳大利亚。数量有一定的减少，《中国物种红色名录》列为易危［VU］物种。

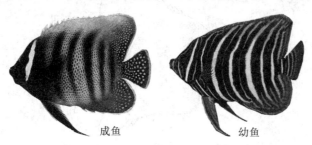

成鱼　　　　幼鱼

图 2580　六带刺盖鱼 P. sexstriatus
（依岛田，2013）

甲尻鱼属 Pygoplites Fraser -Brunner, 1933

　甲尻鱼 P. diacanthus (Boddaert, 1772)（图 2581）。栖息于水深 1～48m 潟湖或珊瑚礁区的水域，常发现于洞穴附近。肉食性鱼类，以无脊椎动物如海绵、被囊类、海参等为食。2.4 龄、体长约 16cm 时性成熟，生态寿命约 9 龄，最大全长可达 26cm。分布：西沙群岛、台湾沿岸礁区及绿岛、兰屿等、

幼鱼　　　　成鱼

图 2581　甲尻鱼 P. diacanthus
（依王鸿媛，1979）

西沙群岛；国外东起红海及非洲东岸，西至土木土群岛，北至琉球群岛，南至澳大利亚大堡礁。数量稀少，《中国物种红色名录》列为濒危〔EN〕物种。

243. 五棘鲷科 Pentacerotidae

体高而侧扁，背部轮廓甚隆起。头背部颅骨裸露，具辐状骨质突起。口小或中大，低位，唇厚，有绒毛状小髭。上颌骨一部分被眶前骨所遮盖；颌齿细尖，多列；锄骨和腭骨有时有齿，舌上无齿。鳃盖骨无棘。鳃耙短小，瘤状。体被小或中大栉鳞；侧线完全。背鳍单一，高大，具4～15鳍棘、8～29鳍条；臀鳍具2～5鳍棘、6～17鳍条；腹鳍大，胸位；尾鳍浅凹形。

分布：印度-太平洋及西南大西洋海域。

本科有7属13种（Nelson et al.，2016）；中国有3属3种。

属 的 检 索 表

1 (2) 背鳍棘11～14，臀鳍棘4～5 ·· 五棘鲷属 *Pentaceros*
2 (1) 背鳍棘4，臀鳍棘3
3 (4) 背鳍第三、第四鳍棘长，第三鳍棘略长于第四鳍棘；臀鳍第二鳍棘长 ··· 帆鳍鱼属 *Histiopterus*
4 (3) 背鳍棘短，第四鳍棘长于第三鳍棘；臀鳍第二鳍棘短 ·························· 尖吻棘鲷属 *Evistias*

尖吻棘鲷属 Evistias Jordan，1907

尖吻棘鲷 E. acutirostris（Temminck & Schlegel，1844）（图2582）。栖息于温带深海水深18～250m的中型海洋鱼类，生活于深海礁区水域。体长900mm。分布：台湾海域；日本及夏威夷群岛、澳大利亚东部、新西兰、科玛狄克群岛，太平洋。

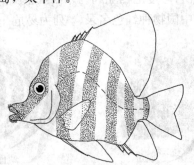

图2582 尖吻棘鲷 *E. acutirostris*
（依 Temminck & Schlegel，1844）

帆鳍鱼属 Histiopterus Temminck & Schlegel，1844

帆鳍鱼 H. typus（Temminck & Schlegel，1844）（图2583）。栖息于深海水深40～421m的中小型海

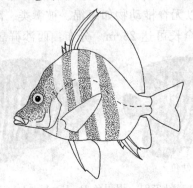

图2583 帆鳍鱼 *H. typus*
（依 Temminck & Schlegel，1844）

洋鱼类，生活于深海礁区水域。体长 420mm。分布：台湾南部海域、南海；日本、菲律宾、红海至南非，印度-西太平洋。

五棘鲷属 *Pentaceros* Cuvier，1829

日本五棘鲷 *P. japonicas*（Steindachner，1883）（图 2584）。栖息于亚热带外洋水深 100～830m 的小型海洋鱼类，生活于深海底层沙泥底水域。体长 250mm。分布：台湾东北部海域；日本南部、澳大利亚、新西兰，印度-西太平洋。偶可由底拖网或延绳钓捕获。市场以生鲜贩卖。煎食较宜。

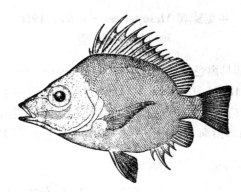

图 2584　日本五棘鲷 *P. japonicas*

244. 鯻科 Terapontidae

体长椭圆形，稍侧扁，眼间隔和后头部具骨质线纹。口前位，上下颌几等长或上颌稍长于下颌。体被小或中大栉鳞，颊部和鳃盖部被鳞。前鳃盖骨有锯齿。鳃盖骨具 2 棘，下棘较长。侧线完全。背鳍鳍棘部和鳍条部相连，中间有深的或浅的缺刻，背鳍、臀鳍基部具鳞鞘；胸鳍短于头长；腹鳍亚胸位；尾鳍圆形、截形、凹形或叉形。椎骨25～27。

分布：印度洋和西太平洋水域，有时也游入淡水中。多数淡水种类只限于分布在澳大利亚、新几内亚、印度尼西亚和菲律宾，成为当地最大产量的淡水鱼类群之一。

本科有 8 属 54 种(Nelson et al.，2016)；中国有 5 属 7 种，产于东海、南海。食用鱼类。

属 的 检 索 表

1（4）后颞骨后端不膨大，被皮肤和鳞片所遮盖，后缘无锯齿缘
2（3）齿三齿头；上鳃耙 6～7，下鳃耙 14～15；侧线鳞 76～87 ·············· **牙鯻属 *Pelates***
3（2）齿无三齿头；上鳃耙 16～18，下鳃耙 22～27；侧线鳞 66～75 ·············· **叉牙鯻属 *Helotes***
4（1）后颞骨后端膨大，略被皮肤和鳞片所遮盖，后缘有锯齿缘
5（6）主鳃盖骨下棘强大，后端超过鳃盖膜后缘；尾鳍具明显的斜纹；背鳍棘部具黑斑 ·············
·· **鯻属 *Terapon***
6（5）主鳃盖骨下棘后端不达鳃盖膜后缘；尾鳍无明显的斜纹；背鳍棘部无黑斑
7（8）侧线鳞 60～75 ·· **突吻鯻属 *Rhynchopelates***
8（7）侧线鳞 48～58 ·· **中锯鯻属 *Mesopristes***

叉牙鯻属 *Helotes* Cuvier，1829

六带叉牙鯻 *H. sexlineatus*（Quoy & Gaimard，1825）（图 2585）。栖息于近海。肉食性，摄食小型水生昆虫及底栖的无脊椎动物。体长 320mm。分布：台湾澎湖列岛海域；日本、巴布亚新几内亚、澳大利亚，西太平洋。

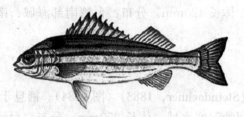

图 2585　六带叉牙鯻 H. sexlineatus
（依台湾鱼类资料库）

中锯鯻属 Mesopristes Fowler，1918
种 的 检 索 表

1（2）颊部鳞 4～6 行；体上半部具黑色横纹，下半部具纵纹·······························**格纹中锯鯻**
M. cancellatus（Cuvier，1829）（图 2586）。栖息于沿海、河川下游及河口区。常成群溯游。在台湾为纯淡水种，产于台湾南部河川，偏肉食性，摄食小型水生昆虫及底栖的无脊椎动物。体长 230mm。分布：台湾西南部沿海、河川下游及河口区；日本、印度尼西亚、菲律宾，中-西太平洋。无食用经济价值。

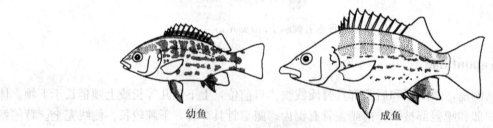

幼鱼　　　　　　　　　成鱼

图 2586　格纹中锯鯻 M. cancellatus
（依濑能，2013）

2（1）颊部鳞 8～9 行；体无黑色横纹，幼体体侧具纵纹，成鱼无·······························**银身中锯鯻**
M. argenteus（Cuvier，1829）（图 2587）。栖息于河川下游及河口区。常成群溯游。偏肉食性，主要摄食小型水生昆虫及底栖的无脊椎动物。体长 280mm。分布：台湾东部及兰屿较清澈的河川下游及河口区；日本、新喀里多尼亚、澳大利亚。

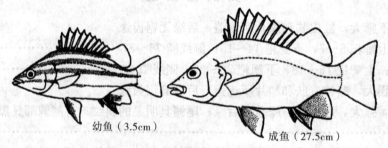

幼鱼（3.5cm）　　　　　　　　成鱼（27.5cm）

图 2587　银身中锯鯻 M. argenteus
（依濑能，2013）

牙鯻属 Pelates Cuvier，1829
种 的 检 索 表

1（2）侧线鳞 88～95；侧线上鳞 13～16；下鳃耙 13～15；体侧具 8～9 条宽褐色横带·················
···········**清澜牙鯻 P. qinglanensis（Sun，1991）**（图 2588）。体长81～105mm。分布：海南岛清澜湾。

2（1）侧线鳞 66～75；侧线上鳞 9～11；下鳃耙 23～28；体侧具 4 条纵带·······························

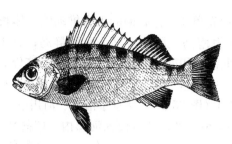

图 2588　清澜牙䱦 *P. qinglanensis*
（依孙宝龄，1991）

四带牙䱦 *P. quadrilineatus*（Bloch，1790）（图 2589）。栖息于沿海及河口区，暖水性近底栖鱼类。喜成群。肉食性，主要摄食小型水生昆虫及底栖的无脊椎动物。体长 300mm。分布：东海（上海）、台湾海域、海南岛、南沙群岛；日本，印度-西太平洋。具食用经济价值。

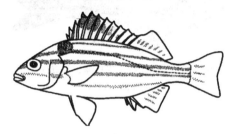

图 2589　四带牙䱦 *P. quadrilineatus*
（依濑能，2013）

突吻䱦属 *Rhynchopelates* Fowler，1931

尖突吻䱦 *R. oxyrhynchus*（Temminck & Schlegel，1842）（图 2590）。栖息于沿岸和河口水域。体长 250mm。分布：东海（厦门）至北部湾沿岸、台湾海域、海南岛；日本、朝鲜、济州岛、伦诺克斯岛。

图 2590　尖突吻䱦 *R. oxyrhynchus*
（依 R. P. Vari，2001）

䱦属 *Terapon* Cuvier，1816
种 的 检 索 表

1（2）侧线鳞 46～56；侧线上鳞 6～8；体侧具 3 条黑色直行纵纹 ························**䱦（条纹䱦）**
T. theraps Cuvier，1829（图 2591）。栖息于沿海、河川下游及河口区沙泥底质的水域。广盐性。

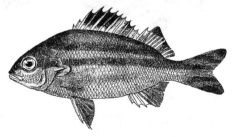

图 2591　䱦（条纹䱦）*T. theraps*
（依孙宝玲，1979）

肉食性，摄食小型鱼类、甲壳类及其他底栖的无脊椎动物。体长 300mm。分布：黄海（青岛）、东海（上海）、台湾沿海、海南岛、西沙群岛、南沙群岛；日本南部、新几内亚、阿拉夫拉海（Arafara sea）、澳大利亚北部，印度-西太平洋。具食用经济价值。

2（1）侧线鳞多于 70；侧线上鳞 10～17；体侧具 3 条黑色弧形纵纹 ····················· **细鳞鯻（花身鯻）** ***T. jarbua*** **(Forsskål, 1775)**（图 2592）。栖息于沿海、河川下游及河口区沙泥底质的水域。一般活动于较浅水域，也可深达 20m 处，甚至侵入河口内，广盐性。肉食性，摄食小型鱼类、甲壳类及其他底栖的无脊椎动物。体长 360mm。分布：黄海（青岛）至北部湾沿岸、台湾海域、海南岛、南沙群岛、西沙群岛；日本、朝鲜半岛西南部，印度-太平洋。经济价值高的食用鱼。

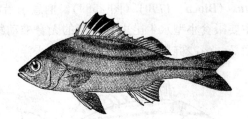

图 2592　细鳞鯻（花身鯻）*T. jarbua*
（依孙宝玲，1979）

245. 汤鲤科 Kuhliidae

体椭圆形，侧扁，被大型或中型栉鳞，侧线完全。头长小于体高。眼大，侧上位。口小，能稍伸出，上颌骨不为眶前骨所盖。无辅上颌骨。两颌、犁骨及腭骨具细齿，排列成带。眶前骨和前鳃盖骨边缘锯齿状，鳃盖具 2 平棘。背鳍 1 个，鳍棘部与鳍条部间深凹，具 10 鳍棘、9～12 鳍条；臀鳍具 3 鳍棘、9～13 鳍条，背鳍与臀鳍基均有发达鳞鞘。

暖温性小型鱼类。生活在近岸浅水、珊瑚礁、岩礁激浪区、港湾、河口，还有种类可进入淡水。广泛分布在印度-太平洋。

本科有 1 属 14 种；中国有 1 属 3 种。

汤鲤属 *Kuhlia* Gill，1861
种 的 检 索 表

1（2）尾鳍中央具一黑色水平条带，尾鳍上下叶各具二黑色斜条带 ························· **鲻形汤鲤** ***K. mugil*** **(Forster, 1801)**（图 2593）[syn. 花尾汤鲤 *K. taeniura* (Cuvier, 1829)]。热带、亚热带小型海洋鱼类。栖息于沿岸岩礁水域，也可进入河口及淡水。体长可达 250mm。分布：台湾海域、南海诸岛；日本，印度-西太平洋。

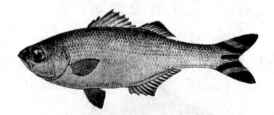

图 2593　鲻形汤鲤 *K. mugil*

2（1）尾鳍无黑色条带

3（4）成鱼尾鳍黑色，上下叶末端橘色；稚鱼尾鳍浅色，上下叶各具一黑斑 ·························
大口汤鲤 *K. rupestris* (Lacepède, 1802)（图 2594）。热带、亚热带小型鱼类。主要栖息于河口咸淡水或者河流中下游的淡水中。体长可达 560mm。分布：台湾海域；日本、澳大利亚。

4（3）尾鳍浅色，末端边缘黑色，尾鳍基部具些许小黑点 ······································ **黑边汤鲤**

稚鱼尾鳍

图 2594　大口汤鲤 *K. rupestris*
（依林公义等，2013）

K. marginata（**Cuvier，1829**）（图 2595）。热带、亚热带小型海洋鱼类。栖息在河口至河流中段，也有报道出现在沿岸岩礁区。最大体长可达 200mm。分布：台湾海域；日本、菲律宾、印度尼西亚。

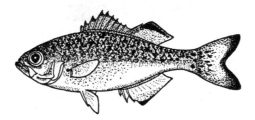

图 2595　黑边汤鲤 *K. marginata*
（依林公义等，2013）

246. 石鲷科 Oplegnathidae

体粗短，侧扁而高。尾柄短而侧扁。头短小。吻稍尖。眼小。眼间隔微隆起。口小，前位，不能伸出。上颌骨不为眶前骨所盖。颌齿愈合，齿间隙充满石灰质，形成坚固的牙喙。腭骨无齿。鳃孔大。鳃盖骨具一扁棘。鳃盖膜不与峡部相连。体被细小栉鳞。侧线完全，位高，与背缘平行。背鳍 1 个，具 12～14 鳍棘、16～17 鳍条；臀鳍具 3 鳍棘、12～14 鳍条；胸鳍短圆，位较低；腹鳍胸位，较胸鳍长，具 1 鳍棘、5 鳍条；尾鳍截形或浅凹。

暖温性近岸底层中小型鱼类。摄食藤壶和软体动物。分布：中国、日本、澳大利亚南部至塔斯马尼亚岛、加拉帕戈斯群岛至秘鲁、南非。

本科有 1 属 7 种；中国有 1 属 2 种。

石鲷属 *Oplegnathus* Richardson，1840
种 的 检 索 表

1（2）背鳍具 17～18 鳍条；体侧具 6～7 黑色横带，但是较大的雄性成鱼头部和躯干部灰黑色；吻部及周围有黑色区域 ···························· **条石鲷 *O. fasciatus*（Temminck & Schlegel，1844）**
（图 2596）。暖温性近岸底层中小型鱼类。栖息于水深 1～10m 的岩礁区，体长可达 800mm。分布：中国沿海；朝鲜半岛、日本、夏威夷。

图 2596　条石鲷 *O. fasciatus*
（依成庆泰等，1962）

2（1）背鳍具 15～16 鳍条；体侧密具黑棕色斑点，但是较大的雄性成鱼头部和躯干部黑棕色；吻部及周围有白色区域·····················斑石鲷 *O. punctatus*（Temminck & Schlegel，1844）（图 2597）。暖温性近岸底层中小型鱼类。栖息于水深 3～135m 的岩礁区。体长可达 860mm。分布：中国沿海；朝鲜半岛、日本、夏威夷、关岛。

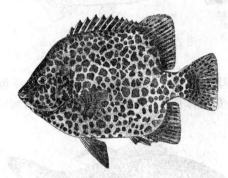

图 2597　斑石鲷 *O. punctatus*
（依成庆泰等，1962）

247. 鹰䱵科 Cirrhitidae

体长椭圆形，多少侧扁。口前位。前颌骨膨大，能伸缩。上颌骨后端较宽。两颌齿细小，具犬齿；犁骨、腭骨常具齿。前鳃盖骨边缘具锯齿。鳃盖骨棘退化。左右鳃盖膜愈合，不与峡部相连。鳃盖条 6。被圆鳞或栉鳞。侧线鳞几为上下行的鳞所掩蔽。背鳍 1 个，鳍棘部和鳍条部之间具缺刻，具 10 鳍棘、11～17 鳍条；臀鳍具 3 鳍棘、5～7 鳍条；胸鳍具 14 鳍条，下部具 5～7 条肥厚、不分支、多延长的鳍条；腹鳍小。无鳔。幽门盲囊很少。椎骨 26 个。

中小型暖温性海洋鱼类。栖息于热带珊瑚礁或岩礁区。分布：太平洋、印度洋和大西洋的热带和亚热带海域。最大体长可达 550mm。供食用。

本科有 12 属 33 种（Nilson et al.，2016）；中国有 6 属 11 种。

属 的 检 索 表

1（10）背鳍鳍条数 12 以下
2（3）眼间隔无鳞 ··· 金鹰䱵属 *Cirrhitichthys*
3（2）眼间隔具鳞
4（7）侧线鳞 44 以下
5（6）主鳃盖骨上方及背鳍基底后方各具一暗色睛斑············· 钝鹰䱵属（部分）*Amblycirrhitus*
6（5）主鳃盖骨上方及背鳍基底后方均无暗色睛斑 ························· 鹰䱵属 *Cirrhitus*
7（4）侧线鳞 45 以上
8（9）胸鳍上部具 8 鳍条 ··· 钝鹰䱵属（部分）*Amblycirrhitus*
9（8）胸鳍上部具 6 鳍条或更少 ··· 副鹰䱵属 *Paracirrhites*
10（1）背鳍鳍条数 13 以上
11（12）背鳍鳍条数 13；吻长管状；体侧具若干纵纹和横纹 ············· 尖吻鹰䱵属 *Oxycirrhites*
12（11）背鳍鳍条数 16～17；尾鳍深分叉 ························· 鲤鹰䱵属 *Cyprinocirrhites*

钝鹰䱵属 *Amblycirrhitus* Gill，1862
种 的 检 索 表

1（2）主鳃盖骨上方及背鳍基底后方各具一暗色睛斑 ······································ 双斑钝鹰䱵
A. bimaculus（Jenkins，1903）（图 2598）。栖息于沿海水深 1～15m 的岩礁、向海的珊瑚礁海域或潮流经过的礁盘；喜停栖于珊瑚枝头上，伺机捕食猎物。性羞怯，不易被发现。食甲壳

类或小型鱼类。体长 75～85mm。分布：台湾南部海域；日本、夏威夷，印度-西太平洋。观赏鱼类，无食用经济价值。

图 2598　双斑钝鳍 *A. bimaculus*
（依郑义郎，2007）

2（1）仅背鳍基底后方具一暗色晴斑，项部具一特大黑色斑块 ······························ **单斑钝鳍**
A. unimacula（**Kamohara，1957**）（图 2599）。稀有种，台湾发现于台东三仙台及兰屿等海域，新记录种。体长 85mm。分布：西太平洋海域。一般以潜水方式捕捉。为观赏鱼类，无食用经济价值。

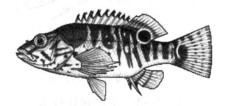

图 2599　单斑钝鳍 *A. unimacula*
（依郑义郎，2007）

金鳍属 *Cirrhitichthys* Bleeker，1857
种 的 检 索 表

1（2）体红黄色，背侧具 5 条不明显横斑；背鳍无斑纹；头部也无斑纹 ····················· **金鳍**
C. aureus（**Temminck & Schlegel，1842**）（图 2600）〔syn. 斑金鳍 *C. oprinus* 李婉端，1985〕。栖息于水深 3～20m 的珊瑚礁域，停栖于礁盘上，伺机捕食猎物。食甲壳类、小型鱼类。体长 120～140mm。分布：台湾南部及澎湖列岛海域、南海（广东及广西）；济州岛、日本、印度尼西亚，西太平洋。以潜水方式捕捉。观赏鱼类，无食用价值。

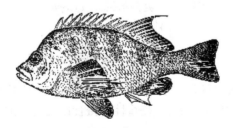

图 2600　金鳍 *C. aureus*

2（1）体侧具较多的暗红色斑块；背鳍具斑纹；头部具暗红色斑块及条纹
3（4）体侧斑纹不规则；尾鳍无红色小点 ···························· **斑金鳍 C. aprinus**（**Cuvier，1829**）（图 2601）。栖息于水深 2～40m 的珊瑚礁、亚潮带岩礁域，停栖于珊瑚枝头上，伺机捕食猎物。体长 110～125mm。分布：台湾澎湖列岛海域及绿岛、海南岛、南海（广东）；济州岛、日本、澳大利亚，印度-西太平洋。观赏鱼类，无食用价值。
4（3）体侧斑纹纵行排列；尾鳍具较多红色小点
5（6）眼下具 3 条黑色横纹；体侧在侧线下方的斑块较少 ····································· **鹰金鳍**

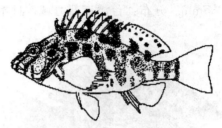

图 2601　斑金鳂 C. aprinus
（依林公义等，2013）

C. falco Randall，1963（图 2602）。栖息于水深 4～46m 的珊瑚繁生区域，停栖于珊瑚头的基部，伺机捕食甲壳类或小型鱼类。行"一夫多妻"制，在日落后产卵。体长 60～70mm。分布：台湾沿岸及离岛的珊瑚礁；日本、菲律宾、澳大利亚，西太平洋。观赏鱼类，无食用价值。

侧线下方
斑块少

图 2602　鹰金鳂 C. falco
（依林公义等，2013）

6（5）眼下由点状斑形成 3 条黑纹；体侧在侧线下方的斑块较多 ……………………… **尖头金鳂**
C. oxycephalus（Bleeker，1855）（图 2603）。栖息于水深 4～40m 向海的珊瑚礁区或潮流经过的礁盘上，停栖于珊瑚枝头上，伺机捕食甲壳类或小型鱼类。体长 60～85mm。分布：台湾沿海；日本，印度-西太平洋区的热带沿岸海域。观赏鱼类，无食用价值。

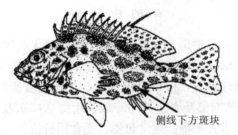

侧线下方斑块

图 2603　尖头金鳂 C. oxycephalus
（依林公义等，2013）

鳂属 Cirrhitus Lacepède，1803

翼鳂 C. pinnulatus（Forster，1801）（图 2604）。栖息于沿岸裸露于浪潮冲击的岩礁、珊瑚礁或向海的礁石上。栖息深度由水表面至 3m 深处，夜行性。摄食以蟹为主的甲壳类、海胆或易脆的海星。体

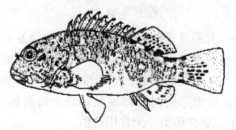

图 2604　翼鳂 C. pinnulatus
（依林公义等，2013）

长 250～300mm。分布：台湾沿岸、西沙群岛；日本、夏威夷，印度-西太平洋。以潜水方式捕捉。观赏鱼类，无食用价值。数量有一定的减少，《中国物种红色名录》列为易危［VU］物种。

鲤鳍䲗属 *Cyprinocirrhites* Tanaka，1917

多棘鲤鳍䲗 *C. polyactis*（Bleeker，1874）（图 2605）。栖息于 16～120m 较深的礁区，在礁盘上游弋，遇危险时会迅速躲入岩洞中。食小型浮游甲壳类。体长 100～150mm。分布：台湾小琉球及兰屿；日本、澳大利亚西岸，印度-西太平洋。以潜水方式捕捉。观赏鱼类，无食用价值。罕见种，《中国物种红色名录》列为易危［VU］物种。

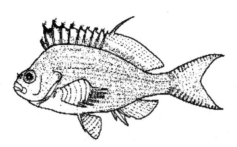

图 2605　多棘鲤鳍䲗 *C. polyactis*
（依林公义等，2013）

尖吻䲗属 *Oxycirrhites* Bleeker，1857

尖吻䲗 *O. typus*（Bleeker，1857）（图 2606）。栖息于潮流经过的水深达 100m 礁区斜坡上，停栖于珊瑚丛中。食小型浮游甲壳类。体长 120～130mm。分布：台湾南部海域；日本，印度-西太平洋海域。观赏鱼类，无食用价值。罕见种，《中国物种红色名录》列为易危［VU］物种。

图 2606　尖吻䲗 *O. typus*
（依林公义等，2013）

副䲗属 *Paracirrhites* Steindachner，1883
种 的 检 索 表

1（2）眼的后方具一环状斑纹·······················**夏威夷副䲗 *P. arcatus*（Cuvier，1829）**（图 2607）。栖息于潟湖及面海的珊瑚礁区域。停栖于珊瑚枝头中，伺机捕食虾、蟹等甲壳类。体长 120～140mm。分布：台湾南部海域、南海诸岛；日本、夏威夷，印度-西太平洋海域。以潜水方式捕捉。观赏鱼类，无食用价值。

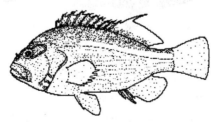

图 2607　夏威夷副䲗 *P. arcatus*

2（1）眼的后方无环状斑纹；头部及胸部具许多小红点 ······················**福氏副䲗**

P. forsteri (**Schneider, 1801**)（图 2608）。栖息于水深 4～46m 的潟湖及面海的珊瑚礁区域。停栖于珊瑚枝头上面，捕食小型鱼类。体长 200～220mm。分布：台湾东部及南部珊瑚礁域、南海诸岛；日本、澳大利亚，印度-西太平洋海域。观赏鱼类，无食用价值。

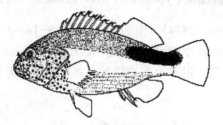

图 2608　福氏副鲬 *P. forsteri*
（依林公义等，2013）

248. 唇指鲬科 Cheilodactylidae

体长椭圆形，侧扁。口小，前位。两颌前端齿小，圆锥形，多行，向后成单行；犁骨、腭骨及舌上均无齿。唇厚。前鳃盖骨边缘光滑，鳃盖骨后角具一扁棘，上缘具一半月状缺刻，边缘具膜。左右鳃盖膜愈合，不与峡部相连。鳃盖条 6。侧线几近平直。体被中大圆鳞。背鳍 1 个，鳍棘部与鳍条部连续，中间有缺刻，具 14～22 鳍棘、19～39 鳍条；臀鳍具 3 鳍棘；胸鳍下部具 4～7 肥厚而不分支鳍条；尾鳍深叉形。椎骨 24。

中大型暖温性海洋鱼类。部分分布于南半球的太平洋、印度洋和大西洋；北半球只有中国、日本和夏威夷沿岸有少量分布。最大体长可达 1m。供食用。

本科有 4 属 27 种（Nilson et al.，2016）；中国有 1 属 3 种。

唇指鲬属 *Cheilodactylus* Lacepède，1803
种 的 检 索 表

1（4）尾鳍上叶白色、下叶黑色
2（3）鲜活时口唇部不呈红色；黑色斜带穿过眼及颊部，但不伸达胸鳍基部；背鳍具 17 鳍棘、28 鳍条；臀鳍具 3 鳍棘、9 鳍条 ·················· **四角唇指鲬 *C. quadricornis*** (**Günther，1860**)（图 2609）[syn. 四角隼鲬 *Goniistius quadricornis*（Günther，1860）]。栖息于礁砂混合区水深 1～30m 四周的底部，以一游一停的方式移动，常停栖于礁盘上方伺机猎食，或于沙泥底上以胸鳍延长的鳍条探寻猎物，食底栖甲壳类。体长 350～400mm。分布：东海南部、台湾北部海域、南海；韩国釜山、日本，西-北太平洋。为肉质鲜美的高级食用鱼，肉质含脂量多。

图 2609　四角唇指鲬 *C. quadricornis*

3（2）鲜活时口唇部红色；黑色斜带穿过眼及颊部，伸达胸鳍基部；背鳍具 17 鳍棘、33 鳍条；臀鳍具 3 鳍棘、8 鳍条 ·················· **斑马唇指鲬 *C. zebra*** (**Döderlein，1883**)（图 2610）。栖息于礁沙混合区水深 1～30m 四周的底部，以一游一停的方式移动，停栖于礁盘上方伺机猎食，或于沙泥底以胸鳍延长的鳍条探寻猎物，食底栖甲壳类。体长 270～300mm。分布：东海南部、台湾东北部岩礁区；日本，西-北太平洋。为肉质鲜美的高级食用鱼，肉质含脂量多。

图 2610　斑马唇指鰤 *C. zebra*

（依林公义等，2013）

4（1）尾鳍黑褐色，散具许多白色小圆斑·······················**花尾唇指鰤 *C. zonatus*（Cuvier，1830）**
（图 2611）。栖息于浅海水深 1～30m 礁沙混合区四周的底部，停栖于礁盘上方伺机猎食，或于沙泥底上以胸鳍延长的鳍条探寻猎物，食底栖甲壳类。体长 300～450mm。分布：东海南部、台湾南部岩礁区、南海（香港）；朝鲜半岛、日本，西-北太平洋。为肉质鲜美的高级食用鱼，肉质含脂量多。

图 2611　花尾唇指鰤 *C. zonatus*

249. 赤刀鱼科 Cepolidae

体甚延长，侧扁，略呈带状。肛门位于胸鳍下方。体被细小圆鳞。背鳍和臀鳍基部颇长，后端有鳍膜与尾鳍相连或不相连；腹鳍胸位，稍前，具 1 鳍棘、5 鳍条。最大体长 700mm。椎骨 65～100。

深海底栖鱼类。栖息水深可达 200m 左右。具挖掘洞穴、藏身其中的特性。分布：东大西洋（地中海和欧洲沿海）、印度洋和西太平洋（从新西兰到日本）。

本科有 5 属 23 种（Nelson et al.，2016）；中国有 4 属 8 种。

属 的 检 索 表

1（4）体不呈带状；背鳍、臀鳍和尾鳍不相连
2（3）体狭，细长；背鳍具 3 鳍棘、26 鳍条；臀鳍具 1 鳍棘、18 鳍条；纵列鳞约 30 ·················
·· **拟赤刀鱼属 *Pseudocepola***
3（2）体略高，不呈细长；背鳍具 3 鳍棘、20～23 鳍条；臀鳍具 1 鳍棘、13～16 鳍条；纵列鳞 55～60
···································· **欧氏鳎属 *Owstonia***
4（1）体带状，显著细长；背鳍、臀鳍和尾鳍相连
5（6）前鳃盖骨边缘无棘，前颌骨与上颌骨间膜具一黑斑 ······················ **赤刀鱼属 *Cepola***
6（5）前鳃盖骨边缘有 4～8 枚钝棘，前颌骨与上颌骨间无黑斑 ·············· **棘赤刀鱼属 *Acanthocepola***

棘赤刀鱼属 *Acanthocepola* Bleeker，1874
种 的 检 索 表

1（2）背鳍前部具一黑斑；体长为体高的 13 倍；背鳍具 102～104 鳍条 ·····························
背点棘赤刀鱼 *A. limbata*（Valenciennes，1835）（图 2612）。栖息于水深 80～200m 的沙底或泥底质水域的底栖性鱼类。通常挖掘洞穴藏身其中，并以头上尾下的立姿于洞穴周缘捕食猎物。体长500mm。分布：东海、台湾西部、东部海域、海南岛、南海（广东、广西）；朝鲜半岛、日本，西-北太平洋。有一定的食用价值。

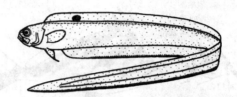

图 2612　背点棘赤刀鱼 A. *limbata*

(依中坊等，2013)

2（1）背鳍前部无黑斑或有不明显黑斑；体略高，体长为体高的 7～8 倍；背鳍具 78～85 鳍条

3（4）背鳍前部有不明显的黑斑；鲜活时体具数条橙黄色横带；体长为体高的 7 倍；胸鳍具 17 鳍条
·························**印度棘赤刀鱼 A. *indica*（Day，1888）**（图 2613）。栖息于水深 300m 左右的沙底或泥底质水域的底栖性鱼类。通常挖掘洞穴藏身其中，并以头上尾下的立姿于洞穴周缘捕食猎物。体长 350mm。分布：东海、台湾海域、海南岛、南海（广东）；日本、南非、印度，印度-西太平洋。无经济价值。

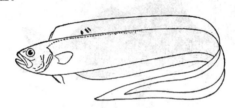

图 2613　印度棘赤刀鱼 A. *indica*

(依中坊等，2013)

4（3）背鳍前部无黑斑；鲜活时体具数个橙黄色小圆斑；体长为体高的 8～11 倍；胸鳍具 18～19 鳍条
·························**克氏棘赤刀鱼 A. *krusensternii*（Temminck & Schlegel，1845）**（图 2614）。栖息于水深 200～250m 的沙底或泥底质水域的底栖性鱼类。通常挖掘洞穴藏身其中，并以头上尾下的立姿于洞穴周缘捕食猎物。体长 400mm。分布：东海、台湾海域、海南岛、南海（广东、广西）；韩国、日本，印度-西太平洋。无经济价值。

体具橙黄色小圆斑

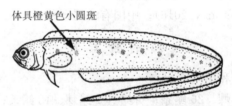

图 2614　克氏棘赤刀鱼 A. *krusensternii*

(依中坊等，2013)

赤刀鱼属 *Cepola* Linnaeus, 1764

史氏赤刀鱼 C. *schlegeli* Bleeker，1854（图 2615）。栖息于较深的沙底或泥底质水域的底栖性鱼类。通常挖掘洞穴藏身其中，并以头上尾下的立姿于洞穴周缘捕食猎物。体长 500mm。分布：东海大陆架域、台湾东部及东北部海域；韩国、日本，印度-西太平洋。无经济价值。

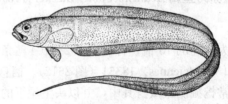

图 2615　史氏赤刀鱼 C. *schlegeli*

(依中坊等，2013)

欧氏䲥属 *Owstonia* Tanaka，1908
种 的 检 索 表

1（2）体后方正常；背鳍具 3 鳍棘、23 鳍条；臀鳍具 1 鳍棘、16 鳍条⋯⋯⋯⋯⋯⋯⋯⋯⋯**土佐欧氏䲥**
　　　　***O. tosaensis* Kamohara，1934**（图 2616）。深海底栖鱼类。栖息水深 200m 左右。具有挖掘洞穴
　　　　藏身其中的习性。体长 330mm。分布：台湾海域、南海；日本。

2（1）体后方细长；背鳍具 3 鳍棘、20～21 鳍条；臀鳍具 1 鳍棘、13～14 鳍条

3（4）颊部无鳞；左右侧线在背鳍起点前方连接⋯⋯⋯⋯⋯⋯⋯⋯⋯⋯⋯⋯ **红身欧氏䲥（欧氏䲥）**
　　　　***O. totomiensis*（Tanaka，1908）**（图 2617）。栖息水深 200m 左右。具有挖掘洞穴藏身其中的特
　　　　性。体长 500mm。分布：东海、台湾南部海域；日本，印度-西太平洋。无经济价值。

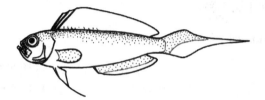

图 2616　土佐欧氏䲥 *O. tosaensis*
（依中坊等，2013）

图 2617　红身欧氏䲥(欧氏䲥)*O. totomiensis*
（依中坊等，2013）

4（3）颊部有鳞；左右侧线在背鳍起点前方不连接 ⋯⋯⋯⋯⋯⋯⋯⋯⋯⋯⋯⋯⋯⋯ **粒牙欧氏䲥**
　　　　***O. grammodon*（Fowler，1934）**（图 2618）。深海底栖鱼类。栖息水深 150～400m。具有挖掘洞
　　　　穴藏身其中的特性。体长 230mm。分布：东海；日本。

拟赤刀鱼属 *Pseudocepola* Kamohara，1935

带状拟赤刀鱼 *P. taeniosoma*（Kamohara，1935）（图 2619）。深海底栖鱼类。栖息水深 150m。具
有挖掘洞穴藏身其中的特性。体长 250mm。分布：台湾北部海域；日本、西-北太平洋。无经济价值。

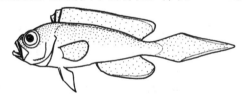
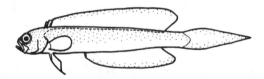

图 2618　粒牙欧氏䲥 *O. grammodon*
（依中坊等，2013）

图 2619　带状拟赤刀鱼 *P. taeniosoma*
（依中坊彻次等，2013）

隆头鱼亚目 LABROIDEI

　　体椭圆形或长卵圆形，侧扁。前颌骨固着或不固着于上颌骨。上下颌齿分离或愈合为齿板。左右下
咽骨愈合。第 4 对咽鳃骨无齿板，第 1 对咽鳃骨缺如或退化，第 4 对上鳃骨有高度变异。鼻孔每侧 2
个。鳃 $3^{1/2}$。假鳃发达。体被圆鳞或栉鳞。侧线连续，或在后部中断。背鳍鳍棘部和鳍条部一般相连
续。椎骨 23～53。中小型海洋鱼类。

　　本亚目有 6 科 336 属 2 722 种（Nelson et al.，2016）；中国有 4 科 67 属 293 种。

科 的 检 索 表

1（2）鼻孔 1 个⋯⋯⋯⋯⋯⋯⋯⋯⋯⋯⋯⋯⋯⋯⋯⋯⋯⋯⋯⋯⋯⋯⋯⋯⋯ 雀鲷科 Pomacentridae

2（1）鼻孔 2 个

3（4）臀鳍 3～4 棘，鳍条 20 以上 ⋯⋯⋯⋯⋯⋯⋯⋯⋯⋯⋯⋯⋯⋯⋯⋯⋯⋯ 海鲫科 Embiotocidae

4（3）臀鳍 3 棘，鳍条 20 以下

5（6）口能伸出；前颌骨不固着于上颌骨；齿一般分离 ……………………………… 隆头鱼科 Labridae

6（5）口不能伸出；前颌骨固着于上颌骨；齿愈合为齿板 ……………………………… 鹦嘴鱼科 Scaridae

250. 海鲫科 Embiotocidae

体卵圆形，侧扁。头小。吻短。口小，前位。前颌骨能伸出。两颌前端有小齿；犁骨、腭骨及舌上无齿。前鳃盖骨边缘光滑。鳃盖骨后缘无棘。体被小而薄的圆鳞。侧线连续，与背并行。背鳍 1 个，鳍棘部有一发达的鳞鞘，鳍棘折叠时藏于背沟中；臀鳍发达，低而长；胸鳍宽；腹鳍小；尾鳍叉形。有鳔，无幽门盲囊，卵胎生。

冷温性近海鱼类。分布：北太平洋西部；中国见于黄海北部和渤海。

本科有 13 属 24 种（Nelson et al.，2016）；中国有 1 属 1 种。

海鲫属（海鲋属）*Ditrema* Temminck & Schlegel，1844

海鲫（海鲋）*D. temminckii* Bleeker，1853（图 2620）。近海冷温性底层鱼类。栖息岩礁附近的沙底海域。卵胎生。体长 160～230mm。分布：渤海、黄海北部、东海（杭州湾）；日本，北太平洋西部。

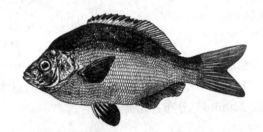

图 2620　海鲫（海鲋）*D. temmincki*
（依倪勇，伍汉霖，2006）

251. 雀鲷科 Pomacentridae

体侧扁，卵圆形或长椭圆形。口小，前位，略能向前伸出。吻短而圆钝。上颌骨被眶前骨所盖。两颌齿尖锐，锥状或侧扁门牙状；犁骨与腭骨均无齿。左右下咽骨愈合，三角形。头部每侧仅有 1 鼻孔。鳃 3.5 个，假鳃存在。鳃盖膜多少愈合，与峡部分离。鳃盖条 5～7，中大或较小。侧线不完全或中断，前部侧线鳞具感觉管，为有管鳞组成，在背侧延伸；后部侧线鳞在尾柄正中，为一纵行小孔。背鳍具 8～17 鳍棘、10～21 鳍条，鳍棘部与鳍条部连续，有时中间具缺刻；臀鳍具 2 鳍棘、10～17 鳍条；腹鳍胸位；尾鳍叉形或圆形。

暖水性小型海洋鱼类。分布于印度-太平洋的热带海域。也生活在沿岸近海岩石洞中和珊瑚礁之间，极少数种类见于咸淡水水域。行动活泼迅速，以浮游生物、底栖无脊椎动物和藻类为食。本科鱼类大多体型不大，经济意义有限；个别种类最大体长可达 350mm。有些种类体色颇为美丽，如双锯鱼属 *Amphiprion* 等色彩绚丽，为最受欢迎的水族箱观赏鱼类。

本科有 4 亚科 29 属 387 种（Nelson et al.，2016）；中国有 4 亚科 19 属 108 种。

亚 科 的 检 索 表

1（2）鳃盖骨、间鳃盖骨、下鳃盖骨三者后缘具强锯齿 …………………… 双锯鱼亚科 Amphiprioninae

2（1）鳃盖骨、间鳃盖骨、下鳃盖骨三者后缘圆滑或仅具弱细齿

3（4）眼窝后半部内侧具数个乳头状突起 …………… 秀美雀鲷亚科 Lepidozyginae（中国新记录亚科）

4（3）眼窝后半部内侧无乳头状突起

5（6）尾鳍上、下端近尾鳍条起点处具棘状小刺 …………………………… 光鳃鱼亚科 Chrominae

6（5）尾鳍上、下端近尾鳍条起点处无棘状小刺 …………………………… 雀鲷亚科 Pomacentrinae

双锯鱼亚科 Amphiprioninae

鳞片小，由鳃盖后缘至尾基的纵列鳞数在 50 以上。鳃盖诸骨均具锯齿。背鳍具 8～11 鳍棘、14～20 鳍条；臀鳍具 2 鳍棘、11～15 鳍条。

双锯鱼属 *Amphiprion* Bloch & Schneider，1801
种 的 检 索 表

1（2）头背正中有 1 条窄的浅色纵带沿背鳍基底延伸至尾柄背部；头部无白色横带…………………………白背双锯鱼 *A. sandaracinos* Allen，1972（图 2621）［syn. 背纹双锯鱼 *A. akallopisus* 邓思明等，1979（non Bleeker，1853）］。热带小型珊瑚礁海洋鱼类。栖息于水深 3～20m 的潟湖及独立珊瑚礁区，与海葵具共生行为，紧依海葵丛不离开，体表黏液可保护自身不被海葵伤害。成对或小群生活。杂食性，以藻类和浮游生物为食。体长 100～140mm。分布：台湾南部海域、南海诸岛；日本、圣诞岛至所罗门群岛，印度-西太平洋。体色艳丽以及与海葵具共生习性，为受欢迎水族观赏鱼。罕见，目前已能人工繁殖。

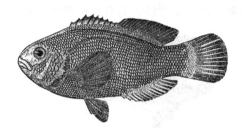

图 2621　白背双锯鱼 *A. sandaracinos*

2（1）头背正中无淡色纵带沿背鳍基底延伸；头部具 1 条白色横带

3（6）体侧中部无白色横带，也无特大斑块

4（5）头部有一淡色细窄横带 ……………………………… 颈环双锯鱼 *A. perideraion* Bleeker，1855（图 2622）。热带小型珊瑚礁海洋鱼类。栖息于水深 38m 的潟湖及珊瑚礁区，与海葵具共生行为，紧依海葵丛不离开，体表黏液可保护自身不被海葵伤害。偶与克氏海葵同时出现。行一雌一雄制。杂食性，以藻类和浮游生物为食。体长 90～100mm。分布：台湾小琉球和绿岛海域、南海诸岛；日本、澳大利亚大堡礁，印度-西太平洋。无食用价值，体色鲜艳供观赏。数量有一定的减少，《中国物种红色名录》列为易危［VU］物种。

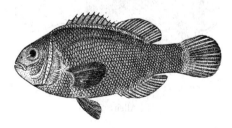

图 2622　颈环双锯鱼 *A. perideraion*

5（4）头部有一淡色颇宽横带 ……………………… 白条双锯鱼 *A. frenatus* Brevoort 1856（图 2623）。热带小型珊瑚礁海洋鱼类。栖息于水深 1～12m 的潟湖及珊瑚礁区。与海葵具共生行为，紧依海葵丛不离开，体表黏液可保护自身不被海葵伤害。行一雌一雄制。通常由一大雌鱼带领一具生殖能力大雄鱼，其他成员包括无生殖能力中成鱼和稚鱼。当大雌鱼失去后，则依雄性顺位变性成雌鱼而递补。体长 80～140mm。分布：台湾南部海域、南海沿岸及南海诸岛；日本、菲律宾，印度-西太平洋。体色艳丽，为受欢迎的水族观赏鱼，目前已能人工繁殖。

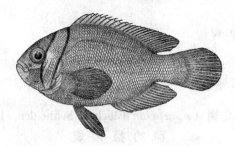

图 2623　白条双锯鱼 A. frenatus

6（3）体侧中部有时有白色横带，或有时有大斑块

7（10）体侧中部无白色横带时，具特大斑块或具横带时无大斑块

8（9）体侧中部自背鳍鳍条部本身向下至腹缘具一大长白斑 ·· **鞍斑双锯鱼**
A. polymnus (Linnaeus, 1758)（图 2624）。热带小型珊瑚礁海洋鱼类。栖息于水深 2～30m 底
质为沙地潟湖、内湾及含沙地礁区，与生长在沙地的海葵行共生行为，紧依海葵丛不离开，体表
黏液可保护自身不被海葵伤害。行一雌一雄制。杂食性，以藻类和浮游生物为食。体长 120～
130mm。分布：台湾南部海域、海南岛、南海（香港）；日本、印度尼西亚、马来西亚，印度-西
太平洋。体色艳丽以及与海葵具共生习性，为受欢迎的水族观赏鱼。罕见，目前已能人工繁殖。

图 2624　鞍斑双锯鱼 A. polymnus

9（8）体侧中部自背鳍鳍条部下方向下至体侧中部具一特大椭圆形黑斑 ···
黑双锯鱼 A. melanopus Bleeker, 1852（图 2625）（syn. 白条双锯鱼 A. frenatus 邓思明等，
1979）。热带小型珊瑚礁海洋鱼类。栖息于水深 1～20m 的潟湖及外礁斜坡处。与海葵具共生行为，
紧依海葵丛不离开，体表黏液可保护自身不被海葵伤害。行群聚生活，雌雄鱼均具有护巢护卵行
为，攻击性强，杂食性，以藻类和浮游生物为食。体长 100～120mm。分布：南海诸岛；美拉尼西
亚、密克罗尼西亚，印度-西太平洋。体色艳丽以及与海葵具共生习性，为受欢迎的水族观赏鱼。

图 2625　黑双锯鱼 A. melanopus
（依 Allen, 2001）

10（7）体侧中部具一白色横带，但无特大斑块

11（12）背鳍、臀鳍、胸鳍、腹鳍及尾鳍的边缘附近黑色 ·· **眼斑双锯鱼**
A. ocellaris Cuvier, 1830（图 2626）。热带小型珊瑚礁海洋鱼类。栖息于水深 1～15m 的潟湖及
珊瑚礁区，与海葵具共生行为，紧依海葵丛不离开，体表黏液可保护自身不被海葵伤害。行群
聚生活，雌雄鱼具护巢护卵行为。通常由一大雌鱼带领一具生殖能力大雄鱼，其他成员包括无
生殖能力中成鱼和一群稚鱼。当大雌鱼失去后，则依雄性顺位变性成雌鱼而递补。体长 80～
110mm。分布：台湾澎湖列岛海域及绿岛、南海诸岛；日本、安达曼海、菲律宾，印度-西太

平洋。体色艳丽，为受欢迎的水族观赏鱼。罕见，目前已能人工繁殖。

图 2626　眼斑双锯鱼 A. ocellaris

（依青沼等，2013）

12（11）背鳍、臀鳍、胸鳍、腹鳍及尾鳍的边缘附近不呈黑色

13（14）体腹部及尾鳍白色……………………**克氏双锯鱼 A. clarkia**（**Bennnett，1830**）（图 2627）。
热带小型珊瑚礁海洋鱼类。栖息于水深 1～55m 的潟湖及外礁斜坡处，一般皆生活于浅水域。与
海葵具共生行为，紧依海葵丛不离开，体表黏液可保护自身不被海葵伤害。成对或成小群生活，
行群聚生活，雌雄鱼具护巢护卵行为，攻击性强，杂食性，以藻类和浮游生物为食。体长 100～
150mm。分布：台湾礁区、海南岛及南海诸岛；济州岛、日本、波斯湾、密克罗尼西亚，印度-
西太平洋。体色艳丽以及与海葵共生习性，为受欢迎水族观赏鱼。目前已能人工繁殖。

图 2627　克氏双锯鱼 A. clarkia

14（13）体腹部、胸鳍、腹鳍、臀鳍艳黄色……………………　**二带双锯鱼 A. bicinctus Rüppell，1830**
（图 2628）。热带小型珊瑚礁海洋鱼类，栖息水深 1～20m 的潟湖及珊瑚礁斜坡处。与海葵具
共生行为，紧依海葵丛不离开，体表黏液可保护自身不被海葵伤害。行群聚生活，杂食性，
以藻类和浮游生物为食。体长 38～61mm。分布：南海诸岛；印度-西太平洋。体色艳丽以及
与海葵共生习性，为受欢迎水族观赏鱼。

图 2628　二带双锯鱼 A. bicinctus

光鳃鱼亚科 Chrominae

　　鳞片较大，由鳃盖后缘至尾基的纵列鳞数在 45 以下。鳃盖诸骨均无锯齿。尾基上下缘通常具2～3
枚前向的短棘状鳍条。齿锥形，1 列或多列。头部除吻端及鼻孔附近外常全被鳞片。背鳍具 11～14 鳍
棘、9～16 鳍条；臀鳍具 2 鳍棘、9～15 鳍条。

属 的 检 索 表

1（2）体多呈卵圆形，眶下骨及前鳃盖骨后缘平滑，均被鳞片 …… **光鳃鱼属（光鳃雀鲷属）Chromis**

2（1）体近圆形，眶下骨及前鳃盖骨后缘具细小锯齿 ………………… **宅泥鱼属（圆雀鲷属）Dascyllus**

光鳃鱼属（光鳃雀鲷属）*Chromis* Plumier，1801
种 的 检 索 表

1（2）体的后半部具一宽阔的黑色横带⋯⋯⋯⋯⋯⋯⋯⋯⋯⋯⋯⋯⋯⋯**黑带光鳃鱼（光鳃雀鲷）**
C. retrofasciatus Weber，1913（图2629）。热带珊瑚礁区小型海洋鱼类。栖息于水深3～65m
清澈的潟湖与临海礁区的珊瑚繁盛区域，独游或成小群逗留在接近树枝状珊瑚庇护所的水域。食
桡足类浮游动物。体长40mm。分布：台湾南部海域、南海；日本、印度尼西亚、斐济，印度-
西太平洋。无食用价值。可供观赏。

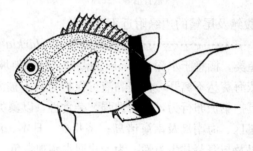

图2629　黑带光鳃鱼（光鳃雀鲷）*C. retrofasciatus*
（依青沼等，2013）

2（1）体的后半部无宽阔的黑色横带
3（4）眼上方附近的后头部所具鳞片还附有细鳞⋯⋯⋯⋯⋯⋯⋯⋯⋯⋯⋯⋯⋯⋯**细鳞光鳃鱼**
C. lepidolepis Bleeker，1877（图2630）。栖息于观礁区。小群或大群活动。食浮游动物。体长
55～70mm。分布：台湾南部海域、南海（香港）、南海诸岛；日本，印度-西太平洋。热带小型
雀鲷，无食用价值。可供观赏。

眼上方鳞片附细鳞

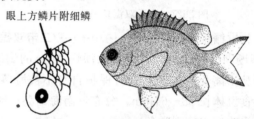

图2630　细鳞光鳃鱼 *C. lepidolepis*
（依青沼等，2013）

4（3）眼上方附近的后头部所具鳞片不附细鳞
5（36）尾鳍上下端近尾鳍条起点处具2棘状小刺
6（23）胸鳍基部无黑色大斑，或在胸鳍基近腋部处有一细黑斑
7（10）前鳃盖骨边缘锯齿状
8（9）背鳍具12鳍棘⋯⋯⋯⋯⋯⋯⋯⋯**黑肛光鳃鱼 C. elerae** Fowler & Bean，1928（图2631）。栖
息于水深12～70m的珊瑚礁区。小群或大群活动。食浮游动物。体长50～75mm。分布：台湾南

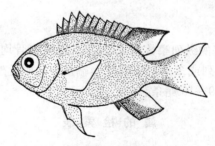

图2631　黑肛光鳃鱼 *C. elerae*
（依青沼等，2013）

部海域；日本，印度-西太平洋。热带小型雀鲷，无食用价值。可作观赏鱼。

9（8）背鳍具 13～14 鳍棘·····················**烟色光鳃鱼 _C. fumeus_（Tanaka，1917）**（图 2632）。
栖息水深 3～35m 潟湖或珊瑚礁外缘区。常一小群或大群活动。食浮游动物。体长 80～150mm。
分布：台湾南部海域；日本、马来西亚，印度-西太平洋等。中小型雀鲷，可食用，一般不为渔
获对象。可作观赏鱼之用。

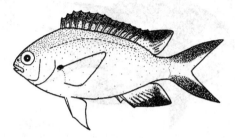

图 2632　烟色光鳃鱼 _C. fumeus_
（依青沼等，2013）

10（7）前鳃盖骨边缘圆滑

11（12）体侧具 5 条以上纵带；体长为体高的 2.3～2.7 倍·····················**凡氏光鳃鱼**
C. vanderbilti（Fowler，1941）（图 2633）。栖息于水深 2～20m 裸露的外礁斜坡与近海岩礁
中，成小群到大群活动。以浮游动物为食。体长 35～45mm。分布：台湾南部绿岛和兰屿；日
本、夏威夷，中-西太平洋。小型雀鲷，无食用价值。为观赏鱼类。

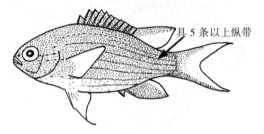

图 2633　凡氏光鳃鱼 _C. vanderbilti_
（依青沼等，2013）

12（11）体侧无纵带，若有纵带不多于 2 条；体长为体高的 1.7～2.1 倍

13（20）背鳍具 12～13 鳍棘

14（19）背鳍具 12 鳍棘

15（16）背鳍具 11 鳍条；背鳍基底末端具一黄色小斑·····················**侏儒光鳃鱼**
C. acares Randall & Swerdloff，1973（图 2634）。栖息于水深 2～37m 的外礁有活珊瑚繁生水
域和澄清潟湖区或水道。成群活动于活体珊瑚的枝丫或珊瑚碎屑上方。食浮游动物。体长
35～40mm。分布：台湾南部海域和兰屿；日本、夏威夷，印度-西太平洋。小型雀鲷，无食用
价值。为观赏鱼类。

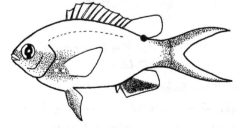

图 2634　侏儒光鳃鱼 _C. acares_
（依青沼等，2013）

16（15）背鳍具 12～14 鳍条；背鳍基底末端具一黑色小斑或无黑斑

17（18）背鳍基底末端具一黑色小斑 ···················· 腋斑光鳃鱼 **C. atripes Fowler & Bean，1928**
（图 2635）。栖息于水深 2～40m 珊瑚繁生礁石旁。小群出现，也有单独出现者。食藻类及浮游生物。体长 80～90mm。分布：台湾南部小琉球和兰屿；日本，东印度至西太平洋。小型雀鲷，无食用价值。为观赏鱼类。

图 2635　腋斑光鳃鱼 *C. atripes*
（依郑义郎，2007）

18（17）背鳍基底末端无黑色小斑 ···················· 卵形光鳃鱼 **C. ovatiformis Fowler，1946**
（图 2636）。栖息于水深 20～40m 的珊瑚礁、岩礁域底层。小群出现，也有单独出现者。体长 85～100mm。分布：台湾南部海域、南海诸岛；日本，印度-西太平洋。小型雀鲷，无食用价值。为观赏鱼类。

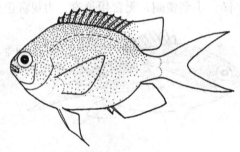

图 2636　卵形光鳃鱼 *C. ovatiformis*
（依青沼等，2013）

19（14）背鳍具 13 鳍棘、11～12 鳍条，体银灰色或黄褐色 ···················· 灰光鳃鱼
C. cinerascens（Cuvier，1830）（图 2637）。栖息于水深 3～15m 的珊瑚礁区。食浮游动物。体长 110～130mm。分布：台湾北部和澎湖列岛海域、南海诸岛；斯里兰卡、安达曼海。

图 2637　灰光鳃鱼 *C. cinerascens*
（依郑义郎，2007）

20（13）背鳍具 14 鳍棘、13～14 鳍条；体侧具 1～2 条纵带
21（22）体侧具 1 条暗色纵带；后鼻孔长，裂隙状 ···················· 东海光鳃鱼
C. mirationis Tanaka，1917（图 2638）。栖息于水深 40～90m 的岩石区底层，食浮游动物。体长 100～110mm。分布：东海（福建）、台湾南部海域、南海诸岛；日本，印度-西太平洋。中小型雀鲷，可食用。

图 2638　东海光鳃鱼 *C. mirationis*
（依青沼等，2013）

22（21）体侧具 2 条暗色纵带；后鼻孔细小，圆孔状 ················· **冈村氏光鳃鱼**
C. okamurai Yamakawa & Randall, 1989（图 2639）。栖息水深 135～175m。体长 90～
100mm。分布：东海、台湾南部海域；日本，西-北太平洋。非常罕见小型雀鲷，学术研究价
值高，无食用价值。

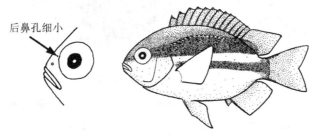

图 2639　冈村氏光鳃鱼 *C. okamurai*
（依青沼等，2013）

23（6）胸鳍基部具黑色大斑

24（27）前后体色一致，不分深浅

25（26）背鳍具 12 鳍条；鳍条部后端圆形················· **黄斑光鳃鱼**
C. flavomaculatus Kamohara 1960（图 2640）。栖息于水深 6～40m 的潟湖或珊瑚礁区。小群
或大群活动。体长 150～160mm。分布：台湾南部海域；日本、澳大利亚，印度-西太平洋。
中小型雀鲷，可食用，一般不为渔获对象。为观赏鱼类。

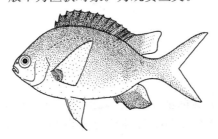

图 2640　黄斑光鳃鱼 *C. flavomaculatus*
（依青沼等，2013）

26（25）背鳍具 13 鳍条；鳍条部后端尖形················· **尾斑光鳃鱼**
C. notatus（**Temminck & Schlegel，1843**）（图 2641）。栖息于水深 2～15m 岸边与外海的珊瑚
礁或岩礁区。体长 150～170mm。分布：东海（福建）、台湾澎湖列岛海域及绿岛、南海诸岛；
济州岛、日本，印度-西太平洋。中小型雀鲷，可食用，一般不为渔获对象。

27（24）体色不一致，前半部色深，后半部浅色

28（33）背鳍具 12～13 鳍条

29（32）体侧暗色和浅色的分界线在背鳍基底的后方之后

30（31）体茶色；侧线有孔鳞 15～17 ················· **艾伦光鳃鱼**

图 2641　尾斑光鳃鱼 C. notatus

C. alleni Randall, Ida & Moyer, 1981（图 2642）［syn. 双色光鳃鱼 C. dimidiatus 邓思明等，1979（non Klunzinger，1871）］。栖息于水深 10～60m 的礁石旁。食浮游动物。体长 50～65mm。分布：台湾南部海域；日本，西-北太平洋。小型雀鲷，无食用价值。为观赏鱼类。

两色分界在背鳍基底后方之后

图 2642　艾伦光鳃鱼 C. alleni

31（30）体黑色；侧线有孔鳞 12～14 ·························· **三角光鳃鱼 C. delta Randall，1988**
（图 2643）。栖息于水深 10～80m 的珊瑚繁生礁石旁。小群出现洞穴口或附近活动，有单独出现者。食藻类及浮游生物。体长 60～70mm。分布：台湾南部海域；日本，东印度洋、西太平洋。小型雀鲷，无食用价值。为观赏鱼类。

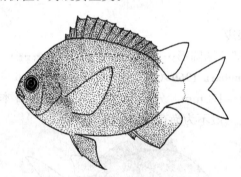

图 2643　三角光鳃鱼 C. delta
（依青沼等，2013）

32（29）体侧暗色和浅色的分界线在背鳍基底的后方之前 ·························· **双斑光鳃鱼**
C. margaritifer Fowler，1946（图 2644）。栖息于水深 2～20m 的潟湖或珊瑚礁区。独自或成一小群活动。主要以浮游动物为食。体长 80～90mm。分布：东海、钓鱼岛、台湾南部海域及兰屿、南海诸岛；日本、夏威夷、圣诞岛，东印度洋、西太平洋。小型雀鲷，无食用价值。为观赏鱼类。

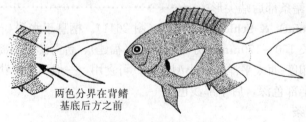

两色分界在背鳍基底后方之前

图 2644　双斑光鳃鱼 C. margaritifer
（依青沼等，2013）

33（28）背鳍具 14～15 鳍条

34（35）体侧暗色和浅色的分界线在背鳍基底的后方之前；侧线有孔鳞 17～19 ⋯⋯⋯⋯⋯⋯⋯⋯⋯
　　　长刺光鳃鱼 *C. chrysurus*（Bliss，1883）（图 2645）（syn. 长棘光鳃鱼 *C. isharae* 邓思明等，1979）。栖息
　　　于水深 6～45m 清澈的潟湖及珊瑚礁区的斜壁，常大群生活于枝状珊瑚丛中的上方巡游，遇危险
　　　则急速躲入珊瑚枝芽间。食浮游动物。体长 120～140mm。分布：台湾北部及南部海域、南海诸
　　　岛；日本、澳大利亚，印度-西太平洋。中小型雀鲷。可食用，一般不为渔获对象。为观赏鱼类。

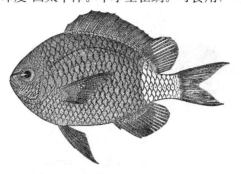

图 2645　长刺光鳃鱼 *C. chrysurus*

35（34）体侧暗色和浅色的分界线在背鳍基底的后方之后；侧线有孔鳞 13～15⋯⋯⋯⋯⋯⋯⋯⋯⋯⋯
　　　亮光鳃鱼 *C. leucurus* Gilbert，1905（图 2646）。栖息于水深20～119m 较深水域的礁区，也曾
　　　于水深 426m 采获。食桡足类浮游动物。体长 60～70mm。分布：台湾发现于兰屿；日本、夏
　　　威夷、马贵斯群岛。小型雀鲷。无食用价值。为观赏鱼类。

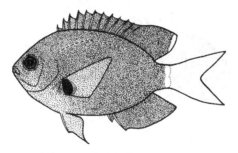

图 2646　亮光鳃鱼 *C. leucurus*
（依青沼等，2013）

36（5）尾鳍上下端近尾鳍条起点处具 3 棘状小刺

37（50）背鳍具 12～13 鳍棘；臀鳍具 9～13 鳍条

38（43）背鳍具 12 鳍棘

39（40）尾鳍上下缘黑色；臀鳍具 11～12 鳍条⋯⋯⋯⋯⋯⋯⋯⋯⋯⋯⋯⋯⋯ **条尾光鳃鱼**
　　　***C. ternatensis*（Bleeker，1856）**（图 2647）。栖息水深 2～36m，群集于清澈的潟湖上缘与外礁
　　　斜坡区的树枝状珊瑚上。食桡足类浮游动物。体长 80～100mm。分布：台湾南部海域、南海
　　　诸岛；日本，印度-西太平洋。小型雀鲷。可食用，也作观赏鱼。

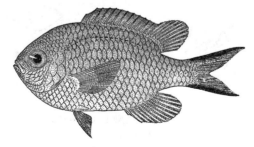

图 2647　条尾光鳃鱼 *C. ternatensis*

40（39）尾鳍上下缘浅色；臀鳍具 9～11 鳍条

41（42）胸鳍腋部无黑斑；具17～18鳍条 ·················· **蓝绿光鳃鱼 C. viridis（Cuvier，1830）**
（图2648）（syn. 蓝光鳃鱼 C. caeruleus 邓思明等，1979）。栖息于水深10～12m的亚潮带礁区或潟湖的珊瑚礁平台上，群居性，常成一大群生活于枝状珊瑚丛中的上方巡游，遇危险则急速躲入珊瑚枝芽间。繁殖期，雄鱼筑巢供数尾雌鱼使用，并由雄鱼负责警戒工作，利用尾鳍摆动使受精卵获得充足的氧气。体长65～75mm。分布：台湾南部海域；日本、马贵斯群岛，印度-西太平洋。小型雀鲷。无食用价值。观赏鱼类。数量有一定的减少，《中国物种红色名录》列为易危［VU］物种。

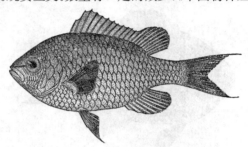

图2648　蓝绿光鳃鱼 C. viridis

42（41）胸鳍腋部具一小黑斑；具18～20鳍条·························· **绿光鳃鱼**
C. atripectoralis Welander & Schultz，1951（图2649）。栖息于水深1～29m清澈的潟湖、礁区的斜壁。群居性，常大群生活于枝状珊瑚丛中的上方巡游，遇危险则急速躲入珊瑚枝芽间。体长110～120mm。分布：台湾南部海域、南海诸岛；日本，东印度洋至太平洋区。中小型雀鲷。可食用，也作观赏。

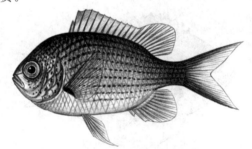

图2649　绿光鳃鱼 C. atripectoralis
（依郑义郎，2007）

43（38）背鳍具13鳍棘
44（45）前鳃盖骨及鳃盖骨的后缘不呈黑色；体长为体高的1.7～2.0倍；胸鳍基底上方具一大褐斑；鲜活时体及尾鳍黄色·················· **长臂光鳃鱼 C. analis（Cuvier，1830）**（图2650）。栖息于水深10～144m较深海区的陡峭礁岩或礁体斜坡上，常小群、大群或单独出现，食藻类及浮游生物。体长150～170mm。分布：台湾东北部及垦丁海域；日本、澳大利亚，印度-西太平洋。极少见。中小型雀鲷。可食用。

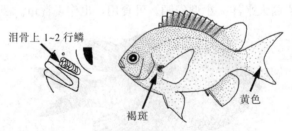

图2650　长臂光鳃鱼 C. analis
（依青沼等，2013）

45（44）前鳃盖骨及鳃盖骨的后缘黑色；体长为体高的1.8～2.5倍
46（47）尾鳍上下叶外缘黑色，内缘黄色 ·················· **黄腋光鳃鱼 C. xanthochirus（Bleeker，1851）**

（图 2651）。栖息于水深 10～48m 较深的外礁石壁旁。独居或成小群活动于外礁斜坡中。捕食浮游生物。体长 130～140mm。分布：台湾南部海域及绿岛、南海（香港）；日本、印度尼西亚、菲律宾，印度-西太平洋。中小型雀鲷。可食用，一般不为渔获对象。

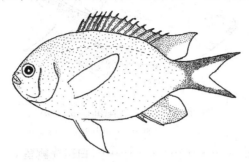

图 2651　黄腋光鳃鱼 *C. xanthochirus*
（依青沼等，2013）

47（46）尾鳍上下叶外缘浅色，不呈黑色

48（49）尾鳍上下叶后端黑色 ·················· **韦氏光鳃鱼 *C. weberi* Fowler & Bean，1828**
（图 2652）。栖息于水深 3～40m 海峡与陡峭的外礁斜坡中沿较深的外礁石壁旁。独居或成小群活动于外礁斜坡中。捕食浮游生物。体长 130～140mm。分布：台湾南部海域及绿岛、南海（香港）；日本、印度尼西亚、菲律宾，印度-西太平洋。中小型雀鲷。可食用，一般不为渔获对象，也可作为观赏鱼类。

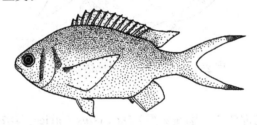

图 2652　韦氏光鳃鱼 *C. weberi*
（依青沼等，2013）

49（48）尾鳍上下叶后端不呈黑色··················**黄尾光鳃鱼 *C. xanthurus*（Bleeker，1854）**
（图 2653）。栖息于水深 0～40m 陡峭的外礁斜坡与浅水域的海岸礁石平台。大鱼群集在底部上面数米处捕食浮游动物，稚鱼活动于庇护所附近。筑巢在岩架下方或在斜坡的基部下松散的沙地上。体长140～150mm。分布：台湾南部海域及兰屿、南海诸岛；日本、马尔代夫、圣诞岛，印度-西太平洋。中小型雀鲷。可食用，一般不为渔获对象，也可作为观赏鱼类。

图 2653　黄尾光鳃鱼 *C. xanthurus*

50（37）背鳍具 14 鳍棘；臀鳍具 12～13 鳍条

51（52）尾鳍上下两叶各具黑色带··················**大沼氏光鳃鱼 *C. onumai* Senou & Kudo，2007**
（图 2654）。栖息于水深 53～100m 较深的外礁石壁旁。独居或成小群活动于外礁斜坡中。捕食浮游生物。体长 110～126mm。分布：台湾屏东；日本，印度-西太平洋。中小型雀鲷。可食用，一般不为渔获对象，也可作为观赏鱼类。

图 2654 大沼氏光鳃鱼 *C. onumai*
（依青沼等，2013）

52（51）尾鳍上下两叶无黑色带 ·························· **白斑光鳃鱼 *C. albomaculata* Kamohara，1960**
（图 2655）。栖息于水深 10～40m 的礁石斜壁旁。成小群活动于外礁斜坡中。捕食浮游动物。
体长 140～150mm。分布：台湾南部海域；日本，印度-西太平洋。中小型雀鲷。可食用，一
般不为渔获对象，为观赏鱼类。

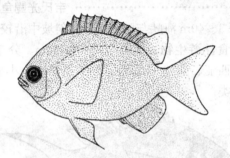

图 2655 白斑光鳃鱼 *C. albomaculata*
（依青沼等，2013）

宅泥鱼属（圆雀鲷属）*Dascyllus* Cuvier，1829
种 的 检 索 表

1（2）体棕黑色··························· **三斑宅泥鱼（三斑圆雀鲷）*D. trimaculatus*（Rüppell，1829）**
（图 2656）。栖息于水深 1～55m 的岩礁及珊瑚丛区，幼鱼常和双锯鱼（小丑鱼）一起与海葵、海胆
共生，成长后以珊瑚礁为主要栖息地。领域性极强，在警戒或交配时，体色转变成灰白色。食小
虾、小蟹、藻类及浮游动物。体长 100～120mm。分布：台湾兰屿及绿岛、海南岛及南海诸岛；济
州岛、日本、夏威夷，印度-西太平洋。体色艳丽以及与海葵共生，成为受欢迎的水族观赏鱼。

图 2656 三斑宅泥鱼（三斑圆雀鲷）*D. trimaculatus*

2（1）体不呈棕黑色
3（4）眼上无黑色横带穿越；背鳍鳍条 14～16 ·························· **网纹宅泥鱼（网纹圆雀鲷）**

D. reticulatus（**Richardson，1846**）（图 2657）。栖息于水深 1~50m 潟湖的外部与临海的礁石，常见于枝状珊瑚的头部，在淤泥的栖息地形成鱼群。雄鱼用嘴清理岩石或珊瑚表面筑巢，雌鱼在巢上产附着卵。幼鱼常和双锯鱼（小丑鱼）一起与海葵、海胆共生。领域性极强，在警戒或交配时，体色转变成灰白色。体长80~90mm。分布：台湾澎湖列岛及绿岛、海南岛及南海诸岛；日本、夏威夷，东印度洋、西太平洋。体色艳丽，观赏鱼之一。

图 2657　网纹宅泥鱼（网纹圆雀鲷）*D. reticulatus*
（依青沼等，2013）

4（3）眼上具黑色横带穿越；背鳍鳍条 11~13
5（6）体侧具 3 黑色横带；尾鳍无黑色横带·······························**宅泥鱼（三带圆雀鲷）**

D. aruanus（**Linnaeus，1758**）（图 2658）。栖息于水深 0~20m 潟湖内的浅滩及亚潮带的礁石平台水域。常在鹿角珊瑚丛上方形成大鱼群或在孤立的珊瑚顶部形成较小鱼群。具强烈的领域性。生殖期雄鱼邀雌鱼产卵于巢中，并护卵至孵化，此时亲鱼对其他鱼具侵略性。仔鱼行大洋性漂浮生活，食浮游生物。体长 90~100mm。分布：东海、钓鱼岛、台湾南部海域、海南岛及南海诸岛；日本，印度-西太平洋。体色艳丽，观赏鱼之一，目前已能人工繁殖。

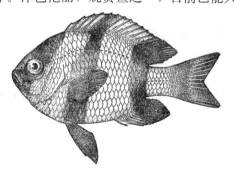

图 2658　宅泥鱼（三带圆雀鲷）*D. aruanus*

6（5）体侧具 3 黑色横带；尾鳍另具黑色横带·······························**黑尾宅泥鱼（黑尾圆雀鲷）**

D. melanurus Bleeker，1854（图 2659）。栖息于水深 1~68m 有掩蔽的潟湖、港湾与小水湾。群

图 2659　黑尾宅泥鱼（黑尾圆雀鲷）*D. melanurus*
（依青沼等，2013）

游性，出现于鹿角珊瑚的露头外一些开放的底部水域，也悠游于小的珊瑚顶部。捕食多种浮游生物，包括介形虫、片足类、大洋性被囊类及藻类。体长 70～80mm。分布：台湾南部海域、南海诸岛；济州岛、日本、新喀里多尼亚，西太平洋。体色艳丽，是受欢迎的水族观赏鱼。

秀美雀鲷亚科 Lepidozyginae

体细长；眼窝后半部内侧具数个乳头状突起；尾柄上下缘无突出的棘状鳍条。

本亚科仅 1 属 1 种；仅中国有产。

秀美雀鲷属 *Lepidozygus* Günther，1862

胭腹秀美雀鲷（长雀鲷）*L. tapeinosoma*（Bleeker，1856）（图 2660）。栖息于水深1～30m 的珊瑚礁及岩礁区浅水域，摄食浮游动物，生殖期成对群游，雄鱼有护卵习性。体长 70～90mm。分布：南海诸岛；日本、土木土群岛、新喀里多尼亚，印度-西太平洋热带海域。中国新记录种*（傅亮，2014，采自南沙群岛）。

图 2660 胭腹秀美雀鲷（长雀鲷）*L. tapeinosoma*

（依青沼等，2013）

雀鲷亚科 Pomacentrinae

尾基上下缘无前向短棘状鳍条，齿锥形或门齿状，1 列或 2 列。头部全被鳞片，或仅吻部、眶前区及眶下区裸出。

本亚科有 21 属 244 种；中国有 15 属 68 种。

属 的 检 索 表

1（2）鳞片较小，由鳃盖到尾鳍间的背缘具纵列鳞 40～50 枚 …… **蜥雀鲷属（细鳞雀鲷属）*Teixeirichthys***

2（1）体纵列鳞 23～35 枚

3（16）前鳃盖骨后缘锯齿状

4（9）两颌齿 1 列

5（6）背鳍具 14 鳍棘 ………………………………………… **波光鳃鱼属（波光鳃雀鲷属）*Pomachromis***

6（5）背鳍具 12～13 鳍棘

7（8）下鳃盖骨边缘锯齿状 ………………………………… **锯雀鲷属（锯齿雀鲷属）*Pristotis***

8（7）下鳃盖骨边缘圆滑 …………………………………… **眶锯雀鲷属（高身雀鲷属）*Stegastes***

9（4）两颌齿 2 列

10（11）上唇肥厚，略卷曲 ………………………………… **锯唇鱼属（厚唇雀鲷属）*Cheiloprion***

11（10）上唇不肥大

12（13）头部鳞片不伸达眼前缘 ……………………………………………… **盘雀鲷属 *Dischistodus***

13（12）头部鳞片伸达吻前部

14（15）尾鳍上下叶鳍条伸长，略呈丝状延长 …………………………… **新雀鲷属 *Neopomacentrus***

15（14）尾鳍上下叶鳍条不呈丝状延长 …………………………………… **雀鲷属 *Pomacentrus***

---

* 作者发现，雀鲷科共有 4 个亚科，长期以来中国只有 3 个亚科，独缺秀美雀鲷亚科 Lepidozyginae。该亚科只有胭腹秀美雀鲷（长雀鲷）*L. tapeinosoma* 1 种，这个新记录种的发现，填补了我国雀鲷科的空白。

16（3）前鳃盖骨后缘圆滑

17（18）背鳍具 12 鳍棘 ································· **椒雀鲷属（固曲齿鲷属）** *Plectroglyphidodon*

18（17）背鳍具 13～14 鳍棘

19（20）体侧具 5 条以上黑色横带；侧线有孔鳞（前部）19～23 ··············· **豆娘鱼属** *Abudefduf*

20（19）体侧无黑色横带；若有不会多于 4 条

21（22）尾鳍截形，上下叶尖端丝状延长；项部横越眼径具一黑色宽横带，背鳍鳍棘部前下方、鳍条
　　　　部后下方的体背侧各具一黑色大斑 ·············· **钝雀鲷属** *Amblypomacentrus*

22（21）尾鳍圆形、内凹或分叉，不呈截形；体侧无黑色横带

23（24）第一鳃弓的上鳃耙 36，下鳃耙 44～48 ··············· **密鳃鱼属（密鳃雀鲷属）** *Hemiglyphidodon*

24（23）第一鳃弓的上鳃耙 5～10，下鳃耙 11～22

25（26）体延长，身体不高，体长为体高的 2 倍以上 ··········· **金翅雀鲷属（刻齿雀鲷属）** *Chrysiptera*

26（25）体近卵圆形，较高，体长为体高的 2 倍以下

27（28）两颌齿 1 列 ································· **凹牙豆娘鱼属（宽刻齿雀鲷属）** *Amblyglyphidodon*

28（27）两颌齿 2 列 ································· **新箭齿雀鲷属（新刻齿雀鲷属）** *Neoglyphidodon*

豆娘鱼属 *Abudefduf* Forsskål，1775
种 的 检 索 表

1（2）眶下骨上无鳞；尾柄背部具一大黑斑 ······················· **豆娘鱼** *A. sordidus*（Forsskål，1775）
　　　（图 2661）。栖息于水深 0～3m 的沿岸浅水岩礁浪拂区，幼鱼现于潮池。以藻类为食。体长 210～
　　　230mm。分布：台湾沿岸、海南岛及南海诸岛；朝鲜半岛、日本、夏威夷，印度-西太平洋。中
　　　小型豆娘鱼。可食用，一般不为渔获对象，为观赏鱼类。

图 2661　豆娘鱼 *A. sordidus*

2（1）眶下骨上具鳞；尾柄背部无黑斑

3（4）鳃盖上部具一黑斑 ······················· **黄尾豆娘鱼** *A. notatus*（Day，1870）（图 2662）。小群
　　　栖息于水深 1～12m 的外礁上缘及沿岸岩礁浪拂区。食桡足类浮游动物。体长 160～170mm。分
　　　布：东海、钓鱼岛、台湾海域、东沙群岛；朝鲜半岛、日本，印度-西太平洋。中小型豆娘鱼。
　　　可食用，一般不为渔获对象，为观赏鱼类。

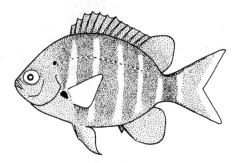

图 2662　黄尾豆娘鱼 *A. notatus*

（依青沼等，2013）

4（3）鳃盖上部无黑斑

5（6）尾鳍上下叶有黑色带；泪骨具鳞 ······················ **六线豆娘鱼 A. sexfasciatus (Lacepède, 1801)**
（图2663）（syn. 蓝豆娘鱼 *A. coelestinus* 邓思明等，1979）。热带中小型珊瑚礁海洋鱼类。栖息于水深15m沿岸的浅水域岩礁或珊瑚礁，常成群聚集。食浮游动物或藻类。生殖时，雄鱼在礁穴内建立其领域。体长180~190mm。分布：台湾澎湖列岛海域、海南岛及东沙群岛；济州岛、日本、土木土群岛，印度-太平洋。中小型豆娘鱼。可食用，一般不为渔获对象，为观赏鱼类。

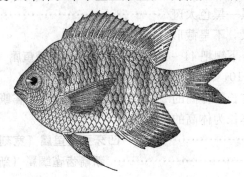

图2663　六线豆娘鱼 *A. sexfasciatus*

6（5）尾鳍上下叶无黑色带；泪骨无鳞

7（8）背鳍前方的鳞域伸达眼背上方；背鳍鳍条部末端圆 ························· **七带豆娘鱼 A. septemfascistus (Cuvier, 1830)**（图2664）。热带中小型珊瑚礁鱼类。栖息于水深3m内的浅海海浪起伏较平稳岩礁区、潮池区或潟湖区，常成群聚集。食浮游动物或藻类。具强烈领域性。体长190~230mm。分布：东海、钓鱼岛、台湾南部海域、南海诸岛；日本、土木土群岛，印度-太平洋。中小型豆娘鱼。可食用，一般不为渔获对象，为观赏鱼类。

背鳍前鳞
达眼上方

图2664　七带豆娘鱼 *A. septemfascistus*
（依青沼等，2013）

8（7）背鳍前方的鳞域伸达鼻孔上方；背鳍鳍条部末端尖

9（10）臀鳍具13~15鳍条；尾鳍上下两叶先端圆 ························· **孟加拉豆娘鱼 A. bengalensis (Bloch, 1787)**（图2665）。热带中型珊瑚礁鱼类。栖息于水深0~6m的沿岸较浅岩区。小群或大群游弋于礁区上方或中水层。体长150~170mm。分布：台湾南部及澎湖列岛海域、海南岛；济州岛、日本、澳大利亚，印度-西太平洋。较大型豆娘鱼，供食用。

背鳍前鳞
达鼻孔上方

图2665　孟加拉豆娘鱼 *A. bengalensis*
（依青沼等，2013）

10（9）臀鳍具11~13鳍条；尾鳍上下两叶先端尖

11（12）体侧具 6 条黑色横带；尾鳍基部具一大黑斑 ·· **劳伦氏豆娘鱼**

A. lorenzi Hensley & Allen，1977（图 2666）。热带中小型珊瑚礁鱼类。栖息于水深 1～6m 受保护的岩礁区。杂食性，食浮游动物和藻类。体长 150～180mm。分布：台湾兰屿；日本、菲律宾、中-西太平洋。中小型豆娘鱼。供食用，一般不为渔获对象，为观赏鱼类。

图 2666　劳伦氏豆娘鱼 A. lorenzi
（依青沼等，2013）

12（11）体侧具 5 条黑色横带；尾鳍基部无大黑斑 ··· **五带豆娘鱼**

A. vaigiensis（Quoy & Gaimard，1825）（图 2667）。热带中型珊瑚礁鱼类。栖息于水深 0～15m 的沿岸岩礁区浅水域，或离岸较远或较深的水域内。成群聚集。生殖时，雄鱼在礁穴内建立其领域。体长 180～200mm。分布：东海钓鱼岛、台湾沿岸及离岛、海南岛及南海诸岛；朝鲜半岛、日本、土木土群岛，印度-西太平洋。中型豆娘鱼，可食用，为观赏鱼类。

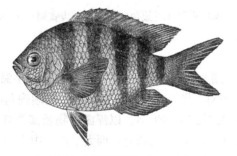

图 2667　五带豆娘鱼 A. vaigiensis

凹牙豆娘鱼属（宽刻齿雀鲷属）Amblyglyphidodon Bleeker，1877
种 的 检 索 表

1（2）眶下骨、泪骨无鳞；体颇高，体长为体高的 1.5 倍以下 ··
金凹牙豆娘鱼（黄背宽刻齿雀鲷）A. aureus（Cuvier，1830）（图 2668）（syn. 金豆娘鱼

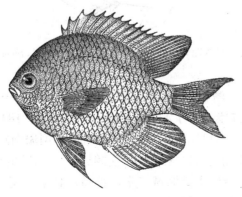

图 2668　金凹牙豆娘鱼（黄背宽刻齿雀鲷）A. aureus

Abudefduf aureus 邓思明等，1979）。栖息于岩礁斜面或礁壁水深12～45m处，尤以海流强劲、有海树类或角珊瑚生长的水域，小群独自游居，活动范围广，入夜在礁壁内寻找礁缝休憩。以浮游动物为食。体长120～130mm。分布：台湾南部海域、南海诸岛；日本、安达曼海，印度-西太平洋海域。中小型雀鲷，可食用，为观赏鱼类。

2（1） 眶下骨、泪骨具鳞；体颇高，体长为体高的1.5～1.8倍

3（4） 体侧具暗色横带 ………………………………………… **库拉索凹牙豆娘鱼（橘钝宽刻齿雀鲷）**
A. curacao（Bloch，1787）（图2669）。热带中小型珊瑚礁鱼类。栖息于水深1～40m的潟湖、沿岸港湾、外海珊瑚礁区等较浅而有枝状珊瑚的礁盘上活动。幼鱼紧邻珊瑚丛的枝芽上，遇惊吓或入夜则躲入礁枝内栖息，垂直分布范围很窄。食浮游动物及丝状藻。体长100～110mm。分布：台湾南部海域、东沙群岛；日本、马来西亚，印度-西太平洋。中小型雀鲷，可食用，为观赏鱼类。

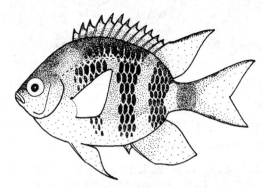

图2669　库拉索凹牙豆娘鱼（橘钝宽刻齿雀鲷）*A. curacao*
（依青沼等，2013）

4（3） 体侧无暗色横带

5（6） 胸鳍基部上端无黑色斑；背鳍和臀鳍浅色 ………………… **平颌凹牙豆娘鱼（绿身宽刻齿雀鲷）**
A. ternatensis（Bleeker，1853）（图2670）。热带中小型珊瑚礁鱼类。栖息水深1～15m的珊瑚繁生和藻类繁茂瑚礁区水域，配对或小群生活。以浮游动物及藻类等为食。体长90～100mm。分布：台湾南部海域、东沙群岛；日本、印度尼西亚，西太平洋。中小型豆娘鱼。可食用，为观赏鱼类。

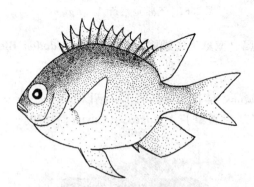

图2670　平颌凹牙豆娘鱼（绿身宽刻齿雀鲷）*A. ternatensis*
（依青沼等，2013）

6（5） 胸鳍基部上端具黑色斑；背鳍和臀鳍大半部暗色 ……………………………………………
白腹凹牙豆娘鱼（白腹宽刻齿雀鲷）A. leucogaster（Bleeker，1847）（图2671）（syn. 白腹豆娘鱼 *Abudefduf leucogaster* 邓思明等，1979）。热带中小型珊瑚礁鱼类。栖息于水深2～45m的潟湖、瑚瑚围绕区、外海珊瑚礁区等水域。独游或呈一小群生活，食浮游动物及藻类等。体长110～130mm。分布：台湾南部海域、南沙群岛；日本、澳大利亚，印度-西太平洋。中小型豆娘鱼。可食用，为观赏鱼类。

图 2671 白腹凹牙豆娘鱼（白腹宽刻齿雀鲷）*A. leucogaster*
（依青沼等，2013）

钝雀鲷属 *Amblypomacentrus* Bleeker，1877

短头钝雀鲷 *A. breviceps*（Schlegel & Müller，1839）（图 2672）。热带中小型珊瑚礁鱼类。栖息于水深 2～35m 的潟湖或沿岸水域、珊瑚围绕区，通常是礁石外沙地或礁沙混合海域。独游或成一小群生活。幼鱼与海葵共生。体长 75～85mm。分布：台湾澎湖列岛海域；澳大利亚，印度-西太平洋。中小型雀鲷。可食用，为观赏鱼类。

图 2672 短头钝雀鲷 *A. breviceps*
（依台湾鱼类资料库）

锯唇鱼属（厚唇雀鲷属）*Cheiloprion* Weber，1913

锯唇鱼 *C. labiatus*（Day，1877）（图 2673）。栖息于水深 1～3m 的潟湖及珊瑚礁浅海区，活动于珊瑚的枝丫间，独居或成一小群，摄食珊瑚的水螅体。体长 60mm。分布：东海、钓鱼岛、台湾兰屿；日本，印度-西太平洋。小型鱼类。无食用价值，为观赏鱼类。

图 2673 锯唇鱼 *C. labiatus*

金翅雀鲷属（刻齿雀鲷属）*Chrysiptera* Swainson，1839
种 的 检 索 表

1（2）体白色，体侧具 3 条黑色宽横带 ································· 三带金翅雀鲷（三带刻齿雀鲷）

C. tricincta **（Allen & Randall，1974）**（图 2674）。栖息于水深 10～38m 的沙地质潟湖或近海礁沙混合区内的珊瑚独立礁或裸露的岩石周围水域，独居性。体长 50～60mm。分布：台湾发现于绿岛；澳大利亚、印度尼西亚，印度-西太平洋。小型鱼类。无食用价值，为观赏鱼类。

图 2674　三带金翅雀鲷（三带刻齿雀鲷）*C. tricincta*

（依郑义郎，2007）

2（1）体侧无 3 条黑色宽横带

3（6）眶下骨具鳞列

4（5）鳃盖上部无小黑斑；胸鳍基底上端附近具一黑斑；鲜活时体蓝青色，吻部、项部及体背中央黄色 ······························**史氏金翅雀鲷（史氏刻齿雀鲷）*C. starcki*（Allen，1973）**（图 2675）。栖息于水深 20～60m 位于沙质底峡道的礁石外侧斜坡上岩石的露头或裂缝附近，也见于外围礁石较深的区段。体长 60～70mm。分布：台湾南部及北部海域；日本、新喀里多尼亚，西太平洋。小型雀鲷。无食用价值，为观赏鱼类。

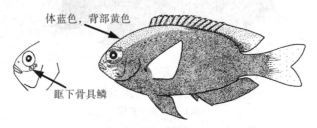

体蓝色，背部黄色

眶下骨具鳞

图 2675　史氏金翅雀鲷（史氏刻齿雀鲷）*C. starcki*

（依青沼等，2013）

5（4）鳃盖上部具一小黑斑；胸鳍基底上端附近无黑斑；鲜活时体橙黄色，头背蓝灰色 ···················· ···········**橙黄金翅雀鲷（雷克斯刻齿雀鲷）*C. rex*（Snyder，1909）**（图 2676）。栖息于水深 1～6m 的礁缘底部较光秃岩壁凹入处或面海的斜坡水域。独居或小群生活。体长 60～70mm。分布：东海、钓鱼岛、台湾沿岸礁区；日本、澳大利亚大堡礁，印度-西太平洋。体色艳丽，为受欢迎的水族观赏鱼。

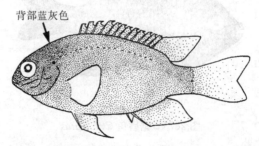

背部蓝灰色

图 2676　橙黄金翅雀鲷（雷克斯刻齿雀鲷）*C. rex*

（依青沼等，2013）

6（3）眶下骨无鳞列

7（10）前鳃盖骨具鳞 2 行

8（9）背鳍鳍条部后端具一黑斑；鲜活时体淡茶色 ⋯⋯⋯⋯⋯⋯⋯⋯⋯⋯ **单斑金翅雀鲷（单斑刻齿雀鲷）**
C. unimaculata（Cuvier, 1830）（图2677）［syn. 吻带豆娘鱼 *Abudefduf cyaneus* 邓思明等，1979；单斑
豆娘鱼 *A. uniocellatus* 邓思明等，1979］。栖息于水深0～3m的岸边海藻礁区、碎石区或沿岸海滩
暴露于中等涌浪开放性礁石平台上，独自或小群活动。食底部藻类。体长70～80mm。分布：东海、
钓鱼岛、台湾南部海域、南沙群岛；日本，印度-西太平洋。体色艳丽，为受欢迎的水族观赏鱼类。

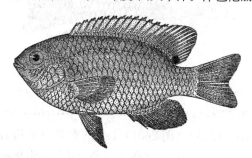

图2677　单斑金翅雀鲷（单斑刻齿雀鲷）*C. unimaculata*

9（8）背鳍鳍条部后端无黑斑；鲜活时体青色 ⋯⋯⋯⋯⋯⋯⋯⋯⋯⋯⋯ **圆尾金翅雀鲷（蓝刻齿雀鲷）**
C. cyanea（Quoy & Gaimard, 1825）（图2678）。栖息于水深10m清澈隐蔽的潟湖碎石堆、珊瑚
区及亚潮间带的礁石平台。常以群体出现，包括1雄鱼、好几尾雌鱼或稚鱼。食藻类、被囊类及
桡足类。体长70～80mm。分布：东海、钓鱼岛、台湾南部海域、南沙群岛；日本、澳大利亚、
菲律宾，印度-西太平洋。体色艳丽，为受欢迎的水族观赏鱼类。

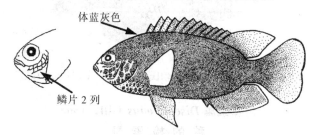

体蓝灰色

鳞片2列

图2678　圆尾金翅雀鲷（蓝刻齿雀鲷）*C. cyanea*
（依青沼等，2013）

10（7）前鳃盖骨具鳞3行
11（12）第一鳃弓下鳃耙17～18；体侧中央部具一白色横带 ⋯⋯⋯⋯⋯⋯⋯⋯⋯⋯⋯⋯⋯⋯⋯⋯⋯⋯⋯⋯⋯
双斑金翅雀鲷（双斑刻齿雀鲷）C. biocellata（Quoy & Gaimard, 1825）（图2679）（syn. 黄斑
豆娘鱼 *A. zonatus* 邓思明等，1979）。栖息于水深5m遮蔽的礁石平台内侧，或潟湖、浅滩及
水道区域内具碎石与岩石的上头。食丝状藻。体长110～125mm。分布：东海、钓鱼岛、台湾
沿岸礁区、海南岛及南海诸岛；日本，印度-太平洋。中小型雀鲷。可食用，为观赏鱼类。

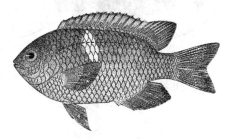

图2679　双斑金翅雀鲷（双斑刻齿雀鲷）*C. biocellata*

12（11）第一鳃弓下鳃耙12～15；体侧具3白色横带或无白色横带
13（14）体侧无白色横带；肛门黑色 ⋯⋯⋯⋯⋯⋯⋯⋯⋯⋯⋯⋯⋯⋯⋯⋯⋯⋯ **青金翅雀鲷（灰刻齿雀鲷）**
C. glauca（Cuvier, 1830）（图2680）（syn. 素豆娘鱼 *A. glauca* 邓思明等，1979）。栖息于水深
3m的沿岸碎石区、暴露在潮间带的礁石平台及在沙地上坚硬的岩礁区，能承受温和的涌浪；也

见于有淡水溢流的附近海域。小群活动。体长 90～100mm。分布：东海、钓鱼岛、台湾沿岸礁区、海南岛及西沙群岛；日本、夏威夷，印度-太平洋。中小型雀鲷。可食用，为观赏鱼类。

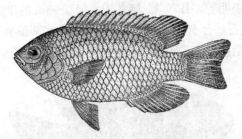

图 2680 青金翅雀鲷（灰刻齿雀鲷）*C. glauca*

14（13）体侧具 3 白色横带；肛门不呈黑色 ·························· **勃氏金翅雀鲷（勃氏刻齿雀鲷）** ***C. brownriggii*** **(Bennett，1828)**（图 2681）(syn. 黄带豆娘鱼 *A. xanthozona* 邓思明，1979)。栖息于水深 12m 碎石底的汹涌峡道、裸露礁石平台的最外侧及海底上侧台地，具领域性，成群生活，且逗留在庇护所附近。食底部的藻类与小型甲壳动物。体长 70～90mm。分布：东海、钓鱼岛、台湾南部礁区；日本、夏威夷，印度-太平洋。小型雀鲷。不供食用，为观赏鱼类。

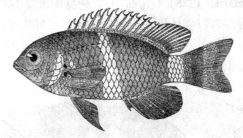

图 2681 勃氏金翅雀鲷（勃氏刻齿雀鲷）*C. brownriggii*

盘雀鲷属 Dischistodus Gill，1863
种 的 检 索 表

1（2）体暗色，胸腹部白色，体侧具数条白横带 ······························ **条纹盘雀鲷** ***D. fasciatus*** **(Cuvier，1830)**（图 2682）。栖息于水深 1～8m 淤泥的潟湖和岸礁区中珊瑚露头与海草床的周围；也常栖于邻近碎石区、马尾藻区到水深数米水层的清澈红树林海岸。体长 100～115mm。分布：台湾南部海域；西太平洋。中小型雀鲷。可食用，也作观赏鱼。

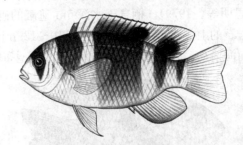

图 2682 条纹盘雀鲷 *D. fasciatus*
（依郑义郎，2007）

2（1）体侧无数条白横带

3（4）体背侧具 3 个黑色大斑；肛门黑色 ···················· **显盘雀鲷 *D. perspicillatus*** **(Cuvier，1830)**（图 2683）。栖息于潟湖和珊瑚礁与海草床的周围；也常栖于邻近碎石区、马尾藻区。体长 100～115mm。分布：西沙群岛；西太平洋。中小型雀鲷。可食用，也作观赏鱼。

4（3）体背侧无 3 个黑色大斑；肛门不呈黑色

5（6）腹部近肛门处具暗斑；体背侧前半部浅黑色，胸鳍腋部无小黑斑；体侧背部无白色横带···········

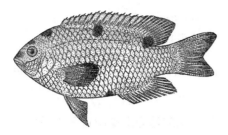

图 2683　显盘雀鲷 *D. perspicillatus*

·············**黑斑盘雀鲷 *D. melanotus*（Bleeker，1858）**（图 2684）（syn. 黑背雀鲷 *Pomacentrus notophthalmus* 邓思明等，1979）。栖息于水深 1～12m 的潟湖和礁区，喜底部为沙或碎石的小块礁区域。以底藻为食。具侵略性，防止其他草食鱼侵入。稚鱼则经常躲藏于碎石中。体长 150～160mm。分布：台湾南部海域、南沙群岛；日本、菲律宾、巴布亚新几内亚。中小型雀鲷。可食用，也作观赏鱼。

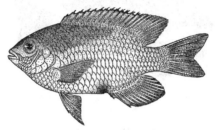

图 2684　黑斑盘雀鲷 *D. melanotus*

6（5）腹部无暗斑；胸鳍腋部具小黑斑；体侧背部具白色横带 ···························· **黑背盘雀鲷 *D. prosopotaenia*（Bleeker，1852）**（图 2685）。栖息于水深 1～12m 的潟湖和岸礁区，常见于淤泥区。体长 150～170mm。分布：台湾南部海域、南海、东沙群岛；日本，东印度洋、西太平洋。中小型雀鲷。可食用，也作观赏鱼。

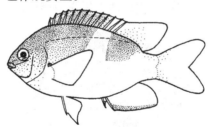

图 2685　黑背盘雀鲷 *D. prosopotaenia*
（依青沼等，2013）

密鳃鱼属（密鳃雀鲷属）*Hemiglyphidodon* Bleeker，1877

密鳃鱼（密鳃雀鲷）*H. plagiometopon*（Bleeker，1852）（图 2686）。栖息于水深 1～20m 周围遮蔽的潟湖与岸礁区内的树枝状珊瑚，常在底部有许多藻类的珊瑚基底区域活动。以藻类为食。体长 140～

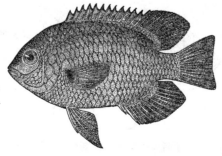

图 2686　密鳃鱼（密鳃雀鲷）*H. plagiometopon*

150mm。分布：台湾南部海域、东沙群岛；日本、菲律宾、新几内亚，印度-西太平洋。中小型雀鲷。可食用，也作观赏鱼。数量有一定的减少，《中国物种红色名录》列为易危［VU］物种。

新箭齿雀鲷属（新刻齿雀鲷属）*Neoglyphidodon* Allen，1991
种 的 检 索 表

1（4）背鳍、臀鳍及尾鳍末端短圆形；胸鳍基底上端附近无小黑斑

2（3）成鱼淡褐色，头胸侧具 3 条黑褐色宽横带·················· **纹胸新箭齿雀鲷（纹胸新刻齿雀鲷）** *N. thoracotaeniatus* (Fowler & Bean，1928)（图 2687）(syn. 胸带豆娘鱼 *Abudefduf thoracotaeniatus* 邓思明等，1979)。栖息于潟湖和珊瑚礁区。体长 170～180mm。分布：西沙群岛；菲律宾、印度尼西亚。

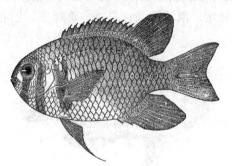

图 2687　纹胸新箭齿雀鲷（纹胸新刻齿雀鲷）*N. thoracotaeniatus*

3（2）成鱼黑色，头胸侧无黑褐色宽横带·················· **黑新箭齿雀鲷（黑新刻齿雀鲷）** *N. melas* (Cuvier，1830)（图 2688）(syn. 黑豆娘鱼 *Abudefduf melas* 邓思明等，1979)。栖息于水深 1～12m 的潟湖与临海礁石区的软珊瑚繁盛区，在它的上面觅食。独居或成对生活。稚鱼生活于鹿角珊瑚的周围。体长 70～80mm。分布：东海、钓鱼岛、台湾南部及澎湖列岛海域、南海诸岛；日本、澳大利亚、菲律宾，印度-西太平洋。稚鱼色彩鲜艳，是受欢迎的水族观赏鱼。

图 2688　黑新箭齿雀鲷（黑新刻齿雀鲷）*N. melas*
（依青沼等，2013）

4（1）背鳍、臀鳍及尾鳍末端尖长形；胸鳍基底上端附近具小黑斑；眼下及前鳃盖骨后缘各具一黑带 ·················· **黑褐新箭齿雀鲷（黑褐新刻齿雀鲷）** *N. nigroris* (Cuvier，1830)（图 2689）。栖息于水深 2～23m 的潟湖与临海礁石区的珊瑚繁盛水域，成鱼活动于礁缘，常独

眼下黑带

图 2689　黑褐新箭齿雀鲷（黑褐新刻齿雀鲷）*N. nigroris*
（依青沼等，2013）

居。食藻类、甲壳类动物与大洋性被囊类。稚鱼生活于鹿角珊瑚的围礁湖。体长 120～130mm。分布：台湾南部海域、南海诸岛；日本、安达曼海，印度-西太平洋。稚鱼色彩鲜艳，是受欢迎的水族观赏鱼。

新雀鲷属 *Neopomacentrus* Allen，1975
种 的 检 索 表

1（4）尾鳍上下两叶先端尖细延长，两叶的外缘不呈黑色

2（3）眶下骨具鳞；胸鳍基部上方具一小黑斑…………………… **黄尾新雀鲷 *N. azysron*（Bleeker，1877）**
（图 2690）。栖息于水深 1～12m 的外礁斜坡区较深且汹涌的峡道或毗连的岩架附近。常在亚潮带的栖息地形成小鱼群。体长 60～75mm。分布：台湾南部沿岸礁区、南海（香港）；日本、菲律宾、安达曼海，印度-西太平洋。稚鱼色彩鲜艳，是受欢迎的水族观赏鱼。

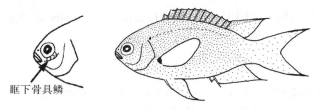

眶下骨具鳞

图 2690　黄尾新雀鲷 *N. azysron*
（依青沼等，2013）

3（2）眶下骨无鳞；鳃盖上方具一黑色大斑…………………… **紫身新雀鲷 *N. violascens*（Bleeker，1848）**
（图 2691）。栖息于水深 5～29m 的珊瑚礁及岩礁海域，在亚潮带的栖息地形成小鱼群。体长 50～65mm。分布：南海（香港）；济州岛、日本，西太平洋。为水族观赏鱼。

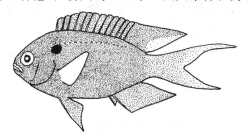

图 2691　紫身新雀鲷 *N. violascens*
（依青沼等，2013）

4（1）尾鳍上下两叶的外缘黑色

5（6）鳃盖上方具一黑色大斑；胸鳍基底上方具一微小黑斑 ……………………………… **蓝黑新雀鲷 *N. cyanomos*（Bleeker，1856）**（图 2692）。栖息于水深 1～30m 岸边与外海的珊瑚礁区，也可在港湾或有遮蔽的外礁斜坡与水流向下的沙泥底水域发现。在港湾形成鱼群。体长 90～100mm。分布：台湾南部及东北部海域、南海（香港）；日本、菲律宾，印度-西太平洋。小型雀鲷。无食用价值，为观赏鱼类。

微细黑斑

图 2692　蓝黑新雀鲷 *N. cyanomos*
（依青沼等，2013）

6（5）鳃盖上方具一黑色小斑；胸鳍基底上方具一较大黑斑；鲜活时尾鳍中央黄色……………………
………… **条尾新雀鲷 *N. taeniurus*（Bleeker，1856）**（图 2693）。栖息于水深 3m 的浅水处如红树林、

河口、淡水溪流的下游与有淡水流注的港湾；也见于纯淡水域，通常在离岸数千米内的海水域。在半咸淡水与淡水中产卵。体长 90～100mm。分布：台湾北部和西南部海域、南海；日本、所罗门群岛，印度-西太平洋。小型雀鲷。无食用价值，为观赏鱼类。

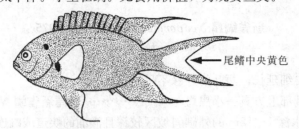

尾鳍中央黄色

图 2693　条尾新雀鲷 *N. taeniurus*
（依青沼等，2013）

椒雀鲷属（固曲齿鲷属）*Plectroglyphidodon* Fowler & Ball，1924
种 的 检 索 表

1（2）第一鳃弓下鳃耙 8～9；体长为体高的 2.1～2.3 倍 ···
羽状椒雀鲷（明眸固曲齿鲷）*P. imparipennis*（Vaillant & Sayvage，1875）（图 2694）。栖息于水深 6m 临海礁石的涌浪区。经常逗留在接近小洞的庇护所或裸露岩石中的海胆棘刺间。食底藻与小型无脊椎动物。体长 50～60mm。分布：东海、钓鱼岛、台湾海域；日本，印度-西太平洋。小型雀鲷。无食用价值，为观赏鱼类。

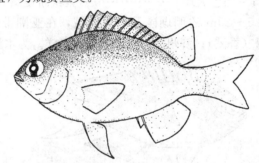

图 2694　羽状椒雀鲷（明眸固曲齿鲷）*P. imparipennis*
（依青沼等，2013）

2（1）第一鳃弓下鳃耙 10～14；体长为体高的 1.8～2.0 倍

3（6）体侧后部及尾柄部无黑色横带

4（5）体侧中央部具一白色宽横带·································· **白带椒雀鲷（白带固曲齿鲷）**
P. leucozonus（Bleeker，1859）（图 2695）。栖息于水深 6m 沿海岸线的涌浪区与临海礁石的边缘。稚鱼时常出现在潮间带礁石顶冠的口袋区，或掩蔽的海湾，浅水域礁沙混合区内大圆石礁上方；成鱼在汹涌峡道之间的嵴坡，或清澈水域内的沟槽与海峭壁上缘礁石上方。以底藻为食。体

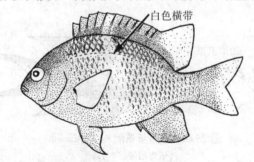

白色横带

图 2695　白带椒雀鲷（白带固曲齿鲷）*P. leucozonus*
（依青沼等，2013）

长 110～120mm。分布：东海、钓鱼岛、台湾彭湖列岛海域、东沙及南沙群岛；日本、马绍尔群岛，印度-太平洋。

5（4） 体侧具许多蓝色小点，中央部无白色宽横带 ⋯⋯⋯⋯⋯⋯⋯⋯⋯⋯⋯**眼斑椒雀鲷（眼斑固曲齿鲷）**
P. lacrymatus（Quoy & Gaimard，1825）（图 2696）（syn. 荧点豆娘鱼 *Abudefduf lacrymatus*
邓思明等，1979）。栖息于水深 1～40m 海水清澈的潟湖与临海礁石区，或珊瑚与碎石混合或死
珊瑚礁石的区域。体长 70～80mm。分布：台湾澎湖列岛海域、南海诸岛；日本，印度-太平洋。
色彩鲜艳，是受欢迎的水族观赏鱼。

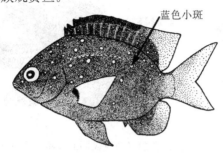

图 2696　眼斑椒雀鲷（眼斑固曲齿鲷）*P. lacrymatus*
（依青沼等，2013）

6（3） 体侧后部或尾柄部具黑色横带

7（8） 体暗色，体侧具 3～4 条白色横带；尾柄部具一黑色横带 ⋯⋯⋯⋯⋯⋯⋯⋯⋯⋯⋯⋯⋯⋯⋯⋯
凤凰椒雀鲷（凤凰固曲齿鲷）P. phoenixensis（Schultz，1943）（图 2697）。发现于临海礁石边缘水深0～
8m 的涌浪区，常出现于珊瑚区块的附近。独居性，领域性强的草食性鱼类。体长 80～90mm。分布：
台湾南部海域及兰屿；日本、土木土群岛，印度-西太平洋。体色艳丽，是颇受欢迎的水族观赏鱼。

图 2697　凤凰椒雀鲷（凤凰固曲齿鲷）*P. phoenixensis*
（依青沼等，2013）

8（7） 体浅色，无白色横带；尾柄部稍前方具一黑色宽横带

9（10） 黑色横带宽阔，约占侧线鳞中的 8 个鳞片；背鳍鳍棘部无黑斑 ⋯⋯⋯⋯⋯⋯⋯⋯⋯⋯⋯⋯⋯⋯
尾斑椒雀鲷（约岛固曲齿鲷）P. johnstonianus Fowler & Ball，1924（图 2698）。发现于水深
0～18m 珊瑚繁生的清澈水域栖息地，在礁石顶冠的内侧或外侧，常栖于珊瑚的顶部，或一整
丛的珊瑚内。单独地被看到。食海藻或珊瑚虫。体长 130～140mm。分布：台湾南部海域及兰
屿；日本，印度-太平洋。

图 2698　尾斑椒雀鲷（约岛固曲齿鲷）*P. johnstonianus*
（依青沼等，2013）

10（9）黑色横带较狭，约占侧线鳞中的 4 个鳞片；背鳍第三至第四鳍棘间部具黑斑····················
·······狄氏椒雀鲷（迪克氏固曲齿鲷）**P. dickii**（Liénard，1839）（图 2699）（syn. 弧带豆娘鱼
Abudefduf dickii 邓思明，1979）。栖息于水深 1～12m 的珊瑚繁盛且海水汹涌的清澈潟湖与临
海礁石区域。经常生活于珊瑚丛附近，主要以丝状藻、小型底栖的无脊椎动物为食，偶尔也会
捕食小鱼。体长 100～110mm。分布：台湾南部海域、南海诸岛；日本、澳大利亚，印度-太平
洋。体色艳丽，是颇受欢迎的水族观赏鱼。

图 2699　狄氏椒雀鲷（迪克氏固曲齿鲷）*P. dickii*

雀鲷属 *Pomacentrus* Lacepède，1802
种 的 检 索 表

1（4）眶下骨具鳞列
2（3）胸鳍基底具一大黑斑····················**菲律宾雀鲷 *P. philippinus* Evermann & Seale，1907**
（图 2700）。栖息于水深 1～15m 的潟湖、边缘有大落差的峡道及临海礁石区，成群发现于外海的
垂直海峭壁与上悬的岩架侧边。体长 90～100mm。分布：台湾兰屿及绿岛等地、南海诸岛；日
本、马尔代夫，印度-西太平洋。体色艳丽，是颇受欢迎的水族观赏鱼。

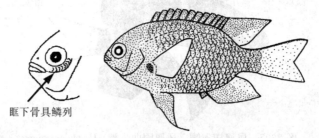

图 2700　菲律宾雀鲷 *P. philippinus*
（依青沼等，2013）

3（2）胸鳍基底上端具一微细黑斑····················**颊鳞雀鲷 *P. lepidogenys* Fowler & Bean，1928**
（图 2701）。栖息于水深 1～12m 的潟湖、边缘有大落差的峡道及临海礁石区。独居或形成小鱼群
生存。食浮游动物。体长 80～90mm。分布：台湾海域、南海诸岛；日本、安达曼海，印度-西
太平洋。小型雀鲷。无食用价值，为观赏鱼类。

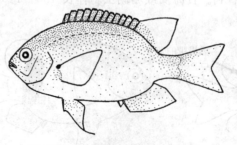

图 2701　颊鳞雀鲷 *P. lepidogenys*
（依青沼等，2013）

4（1）眶下骨无鳞

5（8）体暗色，尾部白色，两者具明显分界

6（7）眶下骨下缘圆滑；成鱼背鳍鳍条部无大黑斑，幼鱼有黑斑 ………………………… **金尾雀鲷** *P. chrysurus* Cuvier，1830（图 2702）。栖息于水深 3m 的潟湖与近海岩礁有岩石或珊瑚露头围绕的浅水沙地，主食藻类。体长 80～90mm。分布：台湾南部海域、南海诸岛；日本、新喀里多尼亚，印度-西太平洋。小型雀鲷。无食用价值，为观赏鱼类。

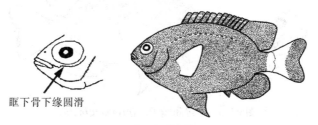

眶下骨下缘圆滑

图 2702　金尾雀鲷 *P. chrysurus*
（依青沼等，2013）

7（6）眶下骨下缘锯齿状；成鱼和幼鱼背鳍鳍条部均有大黑斑 ………………………… **斑卡雀鲷** *P. bankanensis* Bleeker，1853（图 2703）。栖息于水深 1～32m 的潟湖礁石平台、水道与外礁斜坡区。常活动于粗糙的碎石或岩石中，单独或小群活动，食藻类。体长 80～90mm。分布：东海、钓鱼岛、台湾小琉球及绿岛、南海诸岛；日本，印度-西太平洋。小型雀鲷。无食用价值，为观赏鱼类。

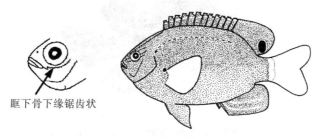

眶下骨下缘锯齿状

图 2703　斑卡雀鲷 *P. bankanensis*
（依青沼等，2013）

8（5）体及尾部色一致，尾部不呈白色

9（14）胸鳍基底黑色或呈一大黑斑，黑斑几乎覆盖整个胸鳍基底

10（11）成鱼胸鳍基部上缘另具一黄斑；吻部及颊部具蓝色线纹及小圆斑；尾柄背侧具一蓝斑………………………… **蓝点雀鲷** *P. grammorhynchus* Fowler，1918（图 2704）。栖息于水深 2～12m 的潟湖与水道的枝状珊瑚之中。常活动于粗糙的碎石或岩石中，单独或小群活动，食底藻类。体长 80～90mm。分布：台湾绿岛。小型雀鲷。无食用价值，为观赏鱼类。

图 2704　蓝点雀鲷 *P. grammorhynchus*
（依郑义郎，2007）

11（10）成鱼胸鳍基部上缘无黄斑；头部无蓝色线纹及小圆斑；尾柄背侧无蓝斑

12（13）泪骨和眶下骨间无显著缺刻；体蓝绿色，背鳍黄色，尾鳍后缘黑色 …………………………

黑缘雀鲷 *P. nigromarginatus* Allen，1973（图 2705）。栖息于水深 20～50m 的珊瑚礁区外礁斜坡；常被发现于沙地中岩石露头的周围或沿 50m 深有洞穴的礁岩墙活动。单独或小群活动，食浮游动物和底藻类。体长 70～80mm。分布：台湾南部海域、南海诸岛。小型雀鲷。无食用价值，为观赏鱼类。

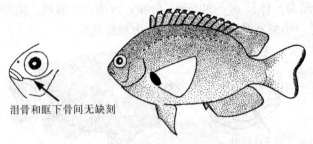

图 2705　黑缘雀鲷 *P. nigromarginatus*
（依青沼等，2013）

13（12）泪骨和眶下骨间具浅缺刻；全身暗黑色，背鳍灰褐色，尾鳍后缘不呈黑色………………………腋斑雀鲷 *P. brachialis* Cuvier，1830（图 2706）（syn. 黑鳍雀鲷 *P. melanopterus* Bleeker，1852）。栖息于水道和外礁斜坡区，也可见于水流向下且清澈的礁石平台区至水深 40m 处的水域。单独或小群活动，食浮游动物和底藻类。体长 70～80mm。分布：台湾兰屿、南海诸岛；西太平洋。小型雀鲷。无食用价值，为观赏鱼类。

图 2706　腋斑雀鲷 *P. brachialis*
（依 Randall）

14（9）胸鳍基底具微小黑斑或具较大黑斑，其较大黑斑不超过胸鳍基底之半
15（16）臀鳍灰色，后方具一大黑斑，黑斑几占臀鳍的 1/3 ……………………………………………**臀斑雀鲷**
P. tablasensis Montalban，1927（图 2707）（syn. 斑点雀鲷 *P. stigma* Fowler & Bean，1928）。栖息于水深 2～10m 近海岩礁区珊瑚露头的周围，形成小鱼群。体长 120～130mm。分布：台湾南部海域；菲律宾，中-西太平洋。中小型雀鲷。可食用，一般不为渔获对象，为观赏鱼类。

图 2707　臀斑雀鲷 *P. tablasensis*
（依郑义郎，2007）

16（15）臀鳍后方无大黑斑
17（18）泪骨及眶下骨之间无显著缺刻；眶下骨下缘圆滑 ……………………………………………**霓虹雀鲷**
P. coelestis Jordan & Starks，1901（图 2708）。栖息于水深 1～20m 的潟湖与临海礁石接近在

碎石床底部的水域。稚鱼群集软珊瑚中；成鱼形成小鱼群或在礁石的适合区段之上大量聚集。体长 80～90mm。分布：东海、钓鱼岛、台湾、南海诸岛；济州岛、日本，印度-太平洋。小型雀鲷。无食用价值，为观赏鱼类。

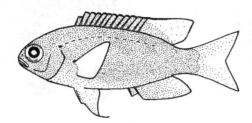

图 2708　霓虹雀鲷 *P. coelestis*
（依青沼等，2013）

18（17）泪骨及眶下骨之间具显著缺刻；眶下骨下缘锯齿状

19（20）头部有许多短的暗色纵带 ·····················**孔雀雀鲷 *P. pavo*（Bloch，1787）**（图 2709）。栖息于水深 1～16m 的潟湖、珊瑚礁的沙地以及孤立的礁坪、珊瑚顶部或碎石的周围，同时也普遍发现于堤突结构周围。常成群。食浮游动物与丝状藻。体长 70～85mm。分布：台湾南部海域、南海、西沙群岛；日本、夏威夷，印度-太平洋。小型雀鲷。无食用价值，为观赏鱼类。

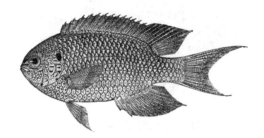

图 2709　孔雀雀鲷 *P. pavo*

20（19）头部无短的暗色纵带

21（26）体及腹鳍暗色

22（23）臀鳍及尾鳍具数条淡白色线纹 ·····················**长崎雀鲷 *P. nagasakiensis* Tanaka，1917**（图 2710）。栖息水深 3～35m 的潟湖与临海礁石区的沙地，常在软珊瑚区块或柳珊瑚的露头上形成小鱼群。体长 90～100mm。分布：台湾南部海域；济州岛、日本、澳大利亚，印度-西太平洋。体色鲜艳，为观赏鱼类。

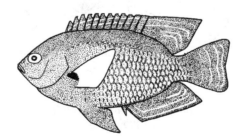

图 2710　长崎雀鲷 *P. nagasakiensis*
（依青沼等，2013）

23（22）臀鳍及尾鳍无淡白色线纹

24（25）眶下骨下缘锯齿粗强；尾柄部无黑色鞍状斑 ·····················**弓纹雀鲷 *P. taeniometopon* Bleeker，1852**（图 2711）。栖息于水深 8m 咸淡的潟湖、港湾岸礁与外礁斜坡区。也见于红树林小溪、有淡水流入的浅水礁区；也被发现在纯淡水中成功地向上游动。单独地或形成小鱼群生存。体长 110～120mm。分布：台湾南部海域；日本，印度-西太平洋。中小型雀鲷。可食用，为观赏鱼类。

图 2711　弓纹雀鲷 *P. taeniometopon*
（依青沼等，2013）

25（24）眶下骨下缘锯齿细密；尾柄部具一黑色鞍状斑 ·················· **三斑雀鲷**
P. tripunctatus Cuvier, 1830（图 2712）。栖息于水深3m的有珊瑚残砾的沙质底部上小岩石的洞中、浅湾、淤泥的岸礁以及有稀疏的珊瑚与海藻成长的港湾等。在浅水区域生活的种类独居性。食底藻类。体长 70～75mm。分布：台湾沿岸、海南岛及南海诸岛；日本，印度-西太平洋。小型雀鲷。无食用价值，为观赏鱼类。

图 2712　三斑雀鲷 *P. tripunctatus*

26（21）体及腹鳍淡色

27（28）幼鱼及成鱼背鳍鳍条部具一黑色眼状斑 ·················· **王子雀鲷**
P. vaiuli Jordan & Seale, 1906（图 2713）。栖息于水深 1～45m 珊瑚礁内的外侧斜面。体长 90～100mm。分布：台湾南部海域、南沙群岛；日本，印度-西太平洋。小型雀鲷。无食用价值，为观赏鱼类。数量有一定的减少，《中国物种红色名录》列为易危［VU］物种。

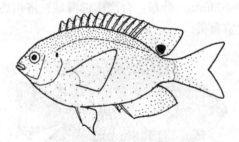

图 2713　王子雀鲷 *P. vaiuli*
（依青沼等，2013）

28（27）成鱼背鳍鳍条部无眼状斑

29（30）胸鳍基底上部黑色斑和鳃盖上部黑色斑均细小，同大；眶下骨下缘的锯齿弱··················
·····摩鹿加雀鲷 *P. moluccensis* Bleeker, 1853（图 2714）。栖息于水深 1～14m 的清澈潟湖与临海礁石区的枝状珊瑚之中。常形成一小鱼群。食藻类与浮游性甲壳类。体长 80～90mm。分布：东海、钓鱼岛、台湾南部海域及小琉球、南海诸岛；日本，东印度-西太平洋。体色艳丽，为颇受欢迎的水族观赏鱼。

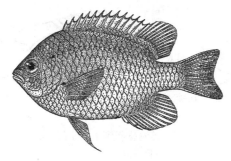

图 2714　摩鹿加雀鲷 *P. moluccensis*

30（29）胸鳍基底上部黑色斑比鳃盖上部黑色斑大许多；眶下骨下缘的锯齿强 ⋯⋯⋯⋯⋯⋯⋯⋯
　　安汶雀鲷 *P. amboinensis* **Bleeker，1868**（图 2715）。栖息于水深 2～40m 的潟湖、岸礁、水道
　　与外礁斜坡区。常活动于具有珊瑚、或裸露的岩石、或其他的保护栖所围绕的沙地。常形成小
　　群。体长 80～90mm。分布：台湾兰屿、南海诸岛；日本、新喀里多尼亚，印度-西太平洋。
　　体色艳丽，为水族观赏鱼，目前已能人工繁殖。

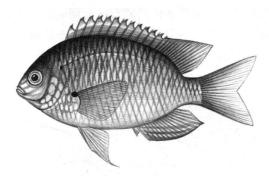

图 2715　安汶雀鲷 *P. amboinensis*
（依郑义郎，2007）

波光鳃鱼属（波光鳃雀鲷属）*Pomachromis* Allen & Randall，1974

　　李氏波光鳃鱼 *P. richardsoni*（Snyder，1909）（图 2716）（syn. 黑边豆娘鱼 *Abudefduf richardsoni*
邓思明，1979）。栖息于水深 2～25m 的珊瑚礁与岩礁周边中层水域成群游动，也在底部附近形成松散
的鱼群。体长 50～60mm。分布：台湾南部海域；日本、萨摩亚群岛、珊瑚海，印度-西太平洋。小型
雀鲷。无食用价值，为观赏鱼类。

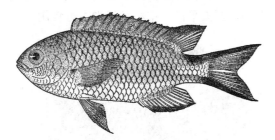

图 2716　李氏波光鳃鱼 *P. richardsoni*

锯雀鲷属（锯齿雀鲷属）*Pristotis* Cuvier，1816

　　钝吻锯雀鲷 *P. obtusirostris*（Günther，1862）（图 2717）。栖息于潟湖的沙底藻场与礁坪周围具平
坦的沙或碎石质底部上的开放水域，成鱼在此成小群，仰赖快速远离掠食者。稚鱼出现于河口浅水域，
成鱼在水深 20～80m 的外海。体长 130～140mm。分布：台湾南部海域；日本，印度-西太平洋。体色
艳丽，为水族观赏鱼。

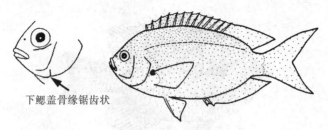

图 2717　钝吻锯雀鲷 *P. obtusirostris*
（依青沼等，2013）

眶锯雀鲷属（高身雀鲷属）*Stegastes* Jenyns，1840
种 的 检 索 表

1（6）背鳍具 13 鳍棘
2（3）侧线鳞至背鳍鳍棘部具 2.5 片横列鳞 ……………………………… **胸斑眶锯雀鲷（蓝纹高身雀鲷）**
S. fasciolatus（Ogilby，1889）（图 2718）（syn. 黑边雀鲷 *Pomacentrus jenkinsi* 邓思明等，1979）。
栖息于水深 1～30m 暴露在轻度到中等涌浪的岩石区与珊瑚礁。独居于大圆石及珊瑚礁礁原附近，
在丝状藻覆盖岩石与死珊瑚的区域中则具有领域性。一雌一雄制。体长 135～150mm。分布：台湾
沿岸、南海（香港）、南沙群岛；日本、夏威夷、复活岛，印度-太平洋。中小型雀鲷。可食用。

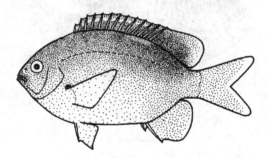

图 2718　胸斑眶锯雀鲷（蓝纹高身雀鲷）*S. fasciolatus*
（依青沼等，2013）

3（2）侧线鳞至背鳍鳍棘部具 3.5 片横列鳞
4（5）体暗褐色，背鳍和尾鳍外缘黄棕色；背鳍第二和第三棘间具黑斑，鳃盖部无小白点………………
……………**尖斑眶锯雀鲷（尖斑高身雀鲷）*S. apicalis*（De Vis，1885）**（图 2719）。栖息于水深 1
～5m 的死珊瑚露头的周围、潟湖中的碎石区及在礁岩的外部边缘。体长 135～150mm。分布：
台湾沿岸；澳大利亚大堡礁，西太平洋。中小型雀鲷。可食用。

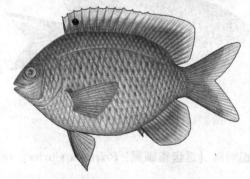

图 2719　尖斑眶锯雀鲷（尖斑高身雀鲷）*S. apicalis*
（依郑义郎，2007）

5（4）体黑褐色，背鳍和尾鳍外缘不呈黄棕色；背鳍第二和第三棘间无黑斑，鳃盖部具许多小白点……
……………**斑棘眶锯雀鲷（斑棘高身雀鲷）*S. obreptus*（Whitley，1948）**（图 2720）。栖

息于水深 2～10m 珊瑚礁及死珊瑚的海岸边，具领域性，常集群于活的或死的分枝鹿角珊瑚中，体长 100～120mm。分布：台湾东北部海域、南海（香港）；日本、澳大利亚，印度-西太平洋。中小型雀鲷。可食用，为水族观赏鱼。

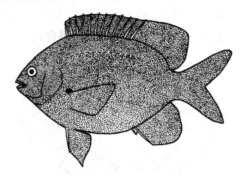

图 2720　斑棘眶锯雀鲷（斑棘高身雀鲷）*S. obreptus*
（依青沼等，2013）

6（1）背鳍具 12 鳍棘

7（12）眼较小，吻长稍大于或等于眼径；背鳍鳍棘部中央至侧线具 1.5 片横列鳞

8（9）体侧、腹部及各鳍均呈黄色；背鳍基底后端黑斑较小………………………… **金色眶锯齿鲷（黄高身雀鲷）** ***S. aureus*（Fowler, 1927）**（图 2721）。栖息于水深 1～5m 岸边与外海的珊瑚礁区。体长 100～110mm。分布：台湾北部及东北部海域；萨摩亚群岛、土木土群岛，太平洋。中小型雀鲷。可食用。

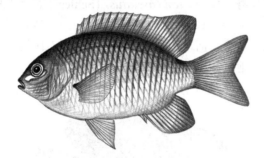

图 2721　金色眶锯齿鲷（黄高身雀鲷）*S. aureus*
（依郑义郎，2007）

9（8）体黑褐色或棕褐色，不呈黄色

10（11）背鳍基底后端具一较大睛斑，睛斑等于或稍小于眼径；体侧大部分鳞有白点；鳃盖后缘具 3 个天蓝色小圆斑；体黑褐色……………………………………………… **长吻眶锯齿鲷（长吻高身雀鲷）** ***S. lividus*（Bloch & Schneider, 1801）**（图 2722）。栖息于水深 1～5m 有死鹿角珊瑚的珊瑚礁区，捕食被这些死珊瑚支撑的丝状藻。在生殖期对食草性鱼类特具侵略性，也会袭击入侵的人类。体长 90～110mm。分布：台湾南部及西南部海域、南海诸岛；新喀里多尼亚、汤加岛，印度-太平洋。中小型雀鲷。可食用，供观赏。

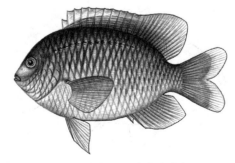

图 2722　长吻眶锯齿鲷（长吻高身雀鲷）*S. lividus*
（依郑义郎，2007）

11（10）背鳍基底后端无睛斑，仅为大黑斑，约为眼径的 3 倍以上；体侧鳞无白点；鳃盖部后缘无天蓝色小圆斑；体棕褐色·························· **小口眶锯雀鲷 S. punctatus（Quoy & Gaimard，1825）**（图 2723）。栖息于水深 1～10m 的珊瑚礁及潟湖水域，尤喜栖于有死鹿角珊瑚的珊瑚礁区，捕食被这些死珊瑚支撑的丝状藻。体长 90～100mm。分布：台湾南部海域、南海（香港）；日本、夏威夷、汤加岛，印度-太平洋。小型雀鲷。不供食用，为水族观赏鱼。

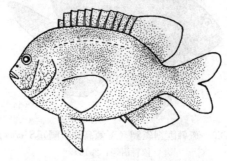

图 2723　小口眶锯雀鲷 *S. punctatus*
（依青沼等，2013）

12（7）眼较大，吻长小于眼径；背鳍鳍棘部中央至侧线具 2.5～4.5 片横列鳞

13（16）背鳍基底后端具一黑斑

14（15）成鱼体侧具白色宽横带；背鳍基底后端黑斑前缘为白斑 ···
白带眶锯雀鲷（白带高身雀鲷）S. albifasciatus（Schlegel & Müller）（图 2724）（syn. 白带雀鲷 *Pomacentrus albifasciatus* 南海诸岛海域鱼类志，1979）。栖息于水深 2～10m 的礁石平台、潟湖浅滩及半掩蔽的礁区边缘，活动于被活珊瑚包围的碎石区块或多孔的岩礁域，出现于具有珊瑚与短藻混合的高能量地域。体长 110～130mm。分布：台湾南部海域、南海诸岛；日本、塞舌尔群岛、留尼汪岛，印度-太平洋。中小型雀鲷。可食用，为水族观赏鱼。

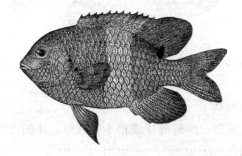

图 2724　白带眶锯雀鲷（白带高身雀鲷）*S. albifasciatus*

15（14）成鱼体侧无白色宽横带；背鳍基底后端黑斑前缘无白斑 ···
黑眶锯齿鲷（黑高身雀鲷）S. nigricans（Lacepède，1802）（图 2725）（syn. 黑雀鲷 *Pomacentrus nigricans* 邓思明等，1979）。栖息于水深 0～12m 的礁石平台与潟湖礁区，群集于活或死

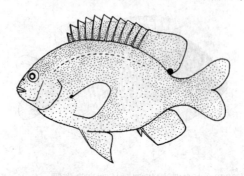

图 2725　黑眶锯齿鲷（黑高身雀鲷）*S. nigricans*
（依青沼等，2013）

的分枝鹿角珊瑚中。食藻类、腹足类、海绵等。具领域性，在生殖期特具侵略性，常袭击和咬入侵的人类。体长 130～140mm。分布：东海、钓鱼岛、台湾南部海域、南海诸岛；日本，印度-太平洋。体色艳丽，是受欢迎的观赏鱼类。

16 (13) 背鳍基底后端无黑斑

17 (18) 胸鳍最下方鳍条不游离；侧线鳞至背鳍鳍棘部中央下方具 2.5 片横列鳞；鲜活时体前部蓝绿色，尾部黄色 ·······················岛屿眶锯齿鲷（岛屿高身雀鲷）*S. insularis* **Allen & Emery, 1985**
（图 2726）。栖息于水深 1～10m 的浅水岩石与珊瑚礁。独居或群游性鱼类。体长100～110mm。分布：台湾东北部海域；日本，印度-太平洋。中小型雀鲷。可食用，为观赏鱼类。

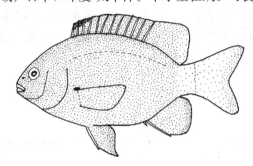

图 2726　岛屿眶锯齿鲷（岛屿高身雀鲷）*S. insularis*
（依青沼等，2013）

18 (17) 胸鳍最下方具 2 游离鳍条；侧线鳞至背鳍鳍棘部中央下方具 3.5 片横列鳞；鲜活时体黄褐色 ·····························背斑眶锯齿鲷（背斑高身雀鲷）*S. altus*（**Okada & Ikeda，1937**）
（图 2727）。栖息于水深 5～20m 的岩礁与珊瑚礁。体长 130～150mm。分布：台湾兰屿及澎湖列岛海域；济州岛、日本，西-北太平洋。中小型雀鲷。可食用，为观赏鱼类。

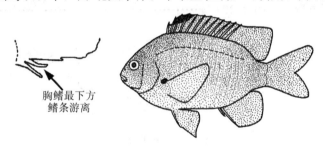

胸鳍最下方
鳍条游离

图 2727　背斑眶锯齿鲷（背斑高身雀鲷）*S. altus*
（依青沼等，2013）

蜥雀鲷属（细鳞雀鲷属）*Teixeirichthys* **Smith，1935**

乔氏蜥雀鲷 *T. jordani*（Rutter，1897） （图 2728）［syn. 乔氏台雅鱼 *Daya jordani* 成庆泰等，1962；台湾蜥雀鲷 *T. formosanus* (Fowler & Bean，1922)］。栖息于水深 4～20m 的岩礁与珊瑚礁中海草床及藻场沙质底部的水域。体长 130～140mm。分布：台湾兰屿及澎湖列岛海域、南海（广东）；济州岛、日本，印度-西太平洋。中小型雀鲷。可食用。

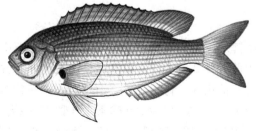

图 2728　乔氏蜥雀鲷 *T. jordani*
（依郑义郎，2007）

252. 隆头鱼科 Labridae

隆头鱼的嘴唇肥厚，体侧扁，单个背鳍，鳍棘和鳍条部连续，体被圆鳞。口前位，能向前方伸出。两颌齿分离或在基部愈合呈脊状，前方数齿多呈犬齿状。犁骨与腭骨无齿。左右下咽骨完全愈合成一整体，多数呈 T 形或 Y 形。咽骨齿锥形、豆粒形或臼齿形。侧线鳞一般 25～80，少数种类超过 100，侧线连续、弯折或中断。背鳍具 8～15 鳍棘、6～21 鳍条；臀鳍具 2～3 鳍棘、7～18 鳍条。椎骨 23～42。

栖息于热带和温带海域近海岸至 200m 深的珊瑚礁、岩礁、海草、海藻和泥沙等环境中，以螺、蚌、贝、小鱼和小虾为食，也食浮游生物和海藻，或以其他鱼的体表或口腔内附着物为食。多数种由幼鱼发育为成熟的雌鱼，然后性逆转为雄鱼。不同发育阶段和雌雄鱼之间具有体色和色斑的差异。

本科为海洋鱼类中物种数量最大的类群，有 3 亚科 71 属 519 余种（Nilson et al.，2016）；中国有 3 亚科 38 属 150 种。

亚 科 的 检 索 表

1（4）侧线连续，后部不中断
2（3）侧线平缓，后部不弯折（图 2729）·· 普提鱼亚科 Bodianinae

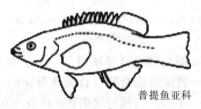

图 2729　侧线平缓

3（2）侧线在背鳍后部下方弯折（图 2730）·· 盔鱼亚科 Corinae

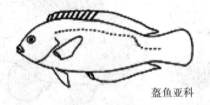

图 2730　侧线弯折

4（1）侧线不连续，后部中断（图 2731）·· 唇鱼亚科 Cheilininae

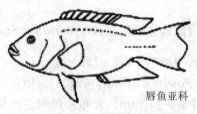

图 2731　侧线中断

普提鱼亚科 Bodianinae

普提鱼亚科鱼类体延长呈纺锤形，侧扁而高。头尖至钝圆；吻短至中长。眼中大，侧位而高。口前位，口裂略水平或稍斜。上下颌前端具 2 对犬齿，或侧扁呈凿状齿，后方具 1 行小齿。上唇厚，内侧纵褶发达。左右鳃盖膜愈合，不与峡部相连。背鳍具 11～13 鳍棘、7～10 鳍条；臀鳍具 3 鳍棘、9～12 鳍条；胸鳍具 2 鳍棘、12～19 鳍条；腹鳍具 1 鳍棘、5 鳍条。椎骨 27～29。侧线鳞 25～30，侧线上鳞 2～11、侧线下鳞 7～23。背鳍起点前鳞 4～42；鳃耙 12～32。鳃盖条 6。体被中等至大圆鳞。背鳍起点前方鳞小。头部具鳞，颊部鳞小或中大，埋于皮下，部分种可向下伸达口角后下方；鳃盖骨被鳞。背鳍和臀鳍的基底具鳞鞘，由1～5行鳞构成。侧线完全，沿背缘平缓向后延伸至尾鳍基部。

多数物种为雌雄同体的卵巢先发育成熟的鱼类，雌鱼性腺成熟后，经性别转换成为超雄鱼。初次性腺发育成熟的雌鱼个体较小，在性腺成熟的大个体中才能观察到精巢。在性别转换过程中，会表现出一些特征变化，包括鳍膜变宽和额背隆起等。繁殖期间超雄鱼通常与单个雌鱼交配。多数为白天单独活动，鲜有群居。常以底栖性的甲壳动物、软体无脊椎动物、小鱼和小虾为食。

分布：热带海洋，少数种为温带海域，不进入低盐或淡水区。

属 的 检 索 表

1（12）背鳍棘11～13

2（5）背鳍棘11

3（4）上、下颌具1对凿齿；背鳍条12；臀鳍条14 ·················· 拟凿齿鱼属（拟岩鳝属）*Pseudodax*

4（3）上、下颌具2对犬齿；背鳍条9～10；臀鳍条9～10 ·················· 裸齿隆头鱼属 *Decodon*

5（2）背鳍棘12～13

6（7）额部隆起 ·· 突额隆头鱼属 *Semicossyphus*

7（6）额部正常

8（11）眶前骨宽大，口闭时上唇不外露；背鳍条7～8

9（10）上唇薄片状；上颌骨后端达眼眶中部下方 ·················· 剑唇鱼属 *Xiphocheilus*

10（9）上唇正常；上颌骨后端达眼眶前部下方 ·················· 猪齿鱼属 *Choerodon*

11（8）眶前骨较狭，口闭时上唇外露；背鳍条9～11 ·················· 普提鱼属（狐鲷属）*Bodianus*

12（1）背鳍棘8～10 ·· 管唇鱼属 *Cheilio*

普提鱼属（狐鲷属）*Bodianus* Bloch, 1790
种 的 检 索 表

1（2）侧线鳞34以上；鳃盖具一黑褐色长条状大斑，向下伸达胸鳍基上部前方·················
无纹普提鱼 B. tanyokidus Gomon & Madden, 1981（图2732）。栖息于水深超过100m的岩礁附近。食底栖无脊椎动物、软体动物和甲壳动物。分布：台湾北部海域；日本，毛里求斯至印度洋的科摩罗群岛等海域。小型鱼类。供食用，产量稀少，偶见。

图2732　无纹普提鱼 B. tanyokidus
（依岛田，2013）

2（1）侧线鳞33以下；鳃盖无黑斑，或黑斑向下不伸达胸鳍基上部前方

3（8）鳃盖具一黑斑，向下不伸达胸鳍基上部；体长为体高的3.5倍以上

4（5）头和体侧具3条宽的红色纵带 ·················· **益田普提鱼 B. masudai Araga & Yoshino, 1975**
（图2733）。栖息于水深30～113m的岩礁、珊瑚礁海区，通常单独行动，喜在流水区域活动。食

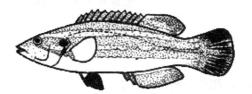

图2733　益田普提鱼 B. masudai
（依岛田，2013）

小鱼、小虾和其他小型无脊椎动物。分布：台湾海域；日本海域。小型鱼类。体色鲜艳，可作观赏鱼，供食用，但产量稀少。

5（4）头和体侧无 3 条宽的红色纵带，或有 3 条黑色纵带

6（7）体侧无纵带；尾鳍基部中央有一大黑斑 ⋯⋯⋯⋯⋯⋯⋯⋯ **双斑普提鱼 *B. bimaculatus* Allen，1973**
（图 2734）。栖息于近海 30～60m 的礁沙混合区域。白天活动于珊瑚礁区，晚上钻入沙堆休息。单尾雄鱼领队，幼鱼和雌鱼成群活动，行一夫多妻生活，具性转变的行为，先雌后雄。食小型甲壳类、软体动物和多毛类。分布：台湾海域；日本、大堡礁、帕劳、印度尼西亚、马达加斯加、红海，印度-西太平洋。小型鱼类。体色鲜艳，可作观赏鱼，供食用。

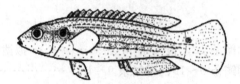

图 2734　双斑普提鱼 *B. bimaculatus*
（依岛田，2013）

7（6）体侧具 3 黑色纵带；尾鳍基部中央无一大黑斑 ⋯⋯⋯⋯⋯⋯⋯⋯⋯⋯⋯⋯⋯ **伊津普提鱼**
***B. izuensis* Araga & Yoshino，1975**（图 2735）。栖息于近海 30～35m 的礁石区域。食底栖无脊椎动物类、贝类和甲壳类。分布：台湾海域；日本、印度尼西亚、澳大利亚等海域。小型鱼类。体色鲜艳，可作观赏鱼，供食用。但肉质差，产量少，无经济价值。

图 2735　伊津普提鱼 *B. izuensis*
（依岛田，2013）

8（3）鳃盖无黑斑；体长为体高的 3.5 倍以下

9（10）背鳍具 12 鳍棘、11 鳍条（稀 10 或 12 鳍条）；头吻部较长，头长为吻长的 2.8 倍以下 ⋯⋯⋯⋯
⋯⋯⋯⋯⋯⋯ **尖头普提鱼 *B. oxycephalus*（Bleeker，1862）**（图 2736）。栖息于亚热带、热带和温暖 30～60m 的珊瑚礁海域，常见鱼种。生性非常凶猛，食小鱼、小虾、小螃蟹等。分布：台湾海域、南海；日本等海域。中小型鱼类。供食用，全年有产。

图 2736　尖头普提鱼 *B. oxycephalus*
（依 Froese & Pauly，2017）

10（11）背鳍具 12 鳍棘、10 鳍条（稀 11 鳍条）；头吻部较短，头长为吻长的 3.0 倍以上

11（26）前鳃盖边缘被鳞

12（17）臀鳍具 3 鳍棘、11 鳍条；侧线上鳞 2～3 或 5

13（16）侧线上鳞 2～3；腹鳍末端伸达或超过肛门

14（15）背鳍前部、臀鳍前基底部、尾鳍基部中央各具一红斑 ⋯⋯⋯⋯⋯⋯⋯⋯⋯⋯⋯⋯⋯⋯⋯⋯⋯

圆身普提鱼 *B. cylindriatus* (Tanaka，1930) （图 2737）。栖息于近海 250～370m 的礁沙混合区域，生态习性不甚清楚。分布：台湾海域；日本、夏威夷、澳大利亚的珊瑚海。小型鱼类。供食用，但产量稀少，一般不易看见。

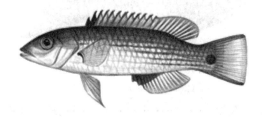

图 2737 圆身普提鱼 *B. cylindriatus*
（依 Shao K. T.，2017）

15（14）背鳍、臀鳍、尾鳍无红斑；体侧具 1 条橘红色纵带 ·························· **丝鳍普提鱼**
B. thoracotaeniatus Yamamoto，1982（图 2738）。栖息于 320～395m 的岩礁附近。食底栖无脊椎动物，如软体动物和甲壳类。分布：台湾和日本等海域。小型鱼类。供食用，但产量稀少，一般不易看见。

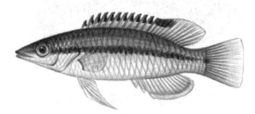

图 2738 丝鳍普提鱼 *B. thoracotaeniatus*
（依 Shao K. T.，2017）

16（13）侧线上鳞 5；腹鳍末端不达肛门；幼鱼和成鱼体背部具 1 行浅黄斑点；胸鳍基部具一黑斑······
··············· **点带普提鱼 *B. leucosticticus* (Bennett，1831)** （图 2739）。栖息于水深达 50m 以上的珊瑚礁海域。食底栖无脊椎动物，如贝类和甲壳类。分布：台湾海域、南海；索马里、莫桑比克、毛里求斯，印度-西北太平洋。中小型鱼类。小鱼体色鲜明，可作观赏鱼。供食用，但产量不多，偶尔出现。

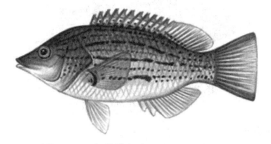

图 2739 点带普提鱼 *B. leucosticticus*
（依 Froese & Pauly，2017）

17（12）臀鳍具 3 鳍棘、12 鳍条（稀 11 鳍条）；侧线上鳞 3.5～4.5

18（19）吻钝；尾鳍凹形，上下叶丝状延长 ················· **似花普提鱼 *B. anthioides* (Bennett，1832)**（图 2740）。栖息于外海珊瑚礁的向海面，常出现在水深 25m 以下的珊瑚礁斜坡面，活动范围为 6～60m 的水深区。喜单独行动，白天在礁区活动，夜间躲在礁岩缝中休息。食底栖动物类。分布：台湾海域；红海，印度-太平洋。中小型鱼类。极为罕见鱼种，幼鱼体色鲜亮，花纹独特，可作为观赏鱼。

19（18）吻尖；尾鳍截形，上下叶不延长

20（23）臀鳍具黑斑；体侧无色带

图 2740　似花普提鱼 B. anthioides
（依 Froese & Pauly，2017）

21（22）胸鳍具大黑斑；腹鳍无黑斑······**腋斑普提鱼 B. axillaris**（**Bennett，1832**）（图 2741）。栖息于水深 2～100m 的珊瑚礁潟湖和珊瑚礁向海面。多单独在潮带较深水域的礁岩洞穴内活动，很少游到空旷的水域。幼鱼通常在暗礁、礁洞内活动，专门啄食其他鱼身上的寄生物；成鱼食底栖无脊椎动物，如软体动物和甲壳类。分布：台湾北部海域、南海；日本、红海，印度-太平洋。中小型鱼类。幼鱼和成鱼的体色非常鲜明，可作观赏鱼，供食用。

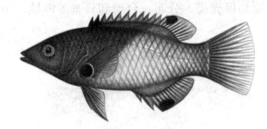

图 2741　腋斑普提鱼 B. axillaris
（依 Froese & Pauly，2017）

22（21）胸鳍基部无黑斑；腹鳍具黑斑······**鳍斑普提鱼 B. diana**（**Lacepède，1801**）（图 2742）。栖息于水深 9～30m 的礁岩海域，也会进入 36～49m 深的礁岩向海面珊瑚繁茂的区域。幼鱼时常客串鱼医生，为其他鱼清除身上的寄生虫；成鱼食岩石缝的甲壳类和贝类。分布：台湾海域；日本、大堡礁、红海，印度-太平洋。中小型鱼类。供食用，但产量不多，不具有经济价值。

图 2742　鳍斑普提鱼 B. diana
（依 Froese & Pauly，2017）

23（20）臀鳍无黑斑；体侧具色带

24（25）体侧呈两色，前部黑色、后部浅色；胸鳍基部具一圆形黑斑······**中胸普提鱼 B. mesothorax**（**Bloch & Schneider，1801**）（图 2743）。栖息于礁岩斜坡、外围珊瑚生长繁茂的地方，喜居于礁岩穴内，常单独行动。食底栖无脊椎动物。分布：台湾海域；日本、斐济、澳大利亚、

图 2743　中胸普提鱼 B. mesothorax
（依 Froese & Pauly，2017）

印度尼西亚、马来西亚，西印度洋-太平洋。中小型鱼类。体色鲜艳，可作为观赏鱼，供食用。

25（24）体侧具 4 条窄的红色纵带；胸鳍基部具一条状红斑 ······················· **红赭普提鱼**
B. rubrisos Gomon，2006（图 2744）。栖息 50～70m 的珊瑚礁海域。食底栖无脊椎动物，如贝类和甲壳类。分布：台湾海域；日本、印度尼西亚。中小型鱼类。小鱼体色鲜明，可作观赏鱼。供食用，但产量少，偶尔发现。

图 2744　红赭普提鱼 B. rubrisos
（依 Shao K. T.，2017）

26（11）前鳃盖边缘无鳞

27（28）下颌后部具鳞；体侧后部具一黑色横带，自背鳍条延伸到臀鳍部 ·······················
斜带普提鱼 B. loxozonus（Snyder，1908）（图 2745）。栖息于 3～100m 的珊瑚礁湖和珊瑚礁向海面。食底栖无脊椎动物，如软体动物和甲壳动物类。分布：台湾海域、南海；日本、菲律宾，印度-西太平洋。中型鱼类。体色鲜艳，可作观赏鱼，供食用。

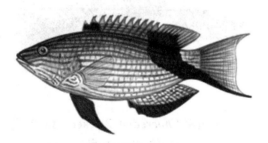

图 2745　斜带普提鱼 B. loxozonus
（依 Froese & Pauly，2017）

28（27）下颌后部无鳞；体侧后部无长条状的黑色横带

29（30）头部具窄的浅色纵带；体侧上方无黄斑；背鳍条至臀鳍具一黑带（幼鱼），或背鳍条基部至体侧中部具一黑斑（成鱼）················· **普提鱼 B. bilunulatus（Lacepède，1801）**
（图 2746）。栖息于珊瑚礁和岩礁海域，成鱼生活于较深的水域，幼鱼偶尔进入浅水区，群体生活。食底栖无脊椎动物，如软体类和甲壳类。分布：东海、台湾北部海域、南海；日本，印度-太平洋。中大型鱼类。供食用，幼鱼体色鲜明，可作观赏鱼。

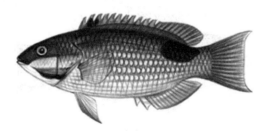

图 2746　普提鱼 B. bilunulatus
（依 Froese & Pauly，2017）

30（29）头部无纵带，具黄斑；体侧上方具一黄色长条斑；背鳍条至体侧下部具一黑带·················
··············大黄斑普提鱼 **B. perditio（Quoy & Gaimard，1834）**（图 2747）。为近海珊瑚礁鱼类，栖息水深 3～40m。幼鱼通常生活于浅水区，成鱼栖息于珊瑚礁和岩礁附近，或在较深水底的沙子或碎石上，晚上在石缝中休息。食底栖无脊椎动物，如软体动物和甲壳类。分布：台湾海域；日本、澳大利亚，印度-太平洋。中大型鱼类。供食用，因食物链关系，成鱼体内会积累珊瑚礁鱼毒素，处理不当会发生中毒事故。体色鲜艳，可作观赏鱼。

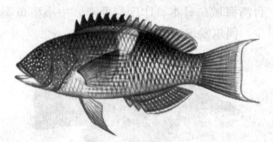

图 2747　大黄斑普提鱼 *B. perditio*
（依 Froese & Pauly，2017）

管唇鱼属 *Cheilio* Lacepède，1802

管唇鱼 *C. inermis*（Forsskål，1775）（图 2748）。栖息于珊瑚礁区，喜海藻覆盖的海床或海草丛生的水域，善于伪装，体色能随背景环境而改变，常独自躲在藻堆中，伪装成草枝。食底栖的螺、蟹、海胆和虾。分布：台湾海域、南海；日本、红海，印度-太平洋。中小型鱼类。供食用，但产量稀少，也可作为观赏鱼。

图 2748　管唇鱼 *C. inermis*
（依 Froese & Pauly，2017）

猪齿鱼属 *Choerodon* Bleeker，1847
种 的 检 索 表

1（14）胸鳍下方鳍条不延长
2（13）体侧无垂直横带
3（6）头尖；背鳍起点至眼眶后上角的距离为口角至眼眶前下角距离的 3 倍以上
4（5）胸鳍基部至背鳍条后部及尾柄中上部具一黑色三角形的斜带，后方具一白斑┈┈┈┈┈┈┈┈┈┈
　　┈┈**乔氏猪齿鱼 *C. jordani*（Snyder，1908）**（图 2749）。栖息于礁沙混合的珊瑚礁海域中，生性胆怯。食小鱼、软体动物和甲壳类。分布：台湾海域、南海；琉球群岛、大堡礁、萨摩亚群岛、汤加，印度-西太平洋。中小型鱼类。体色鲜艳，可作观赏鱼，供食用。

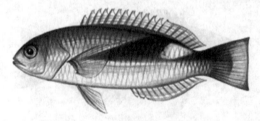

图 2749　乔氏猪齿鱼 *C. jordani*
（依 Gomon，2017）

5（4）胸鳍基部至背鳍条后部具一白色斜带，后方具一黑斑 ┈┈┈┈┈┈┈┈┈┈┈ **腰纹猪齿鱼**
　　C. zosterophorus（Bleeker，1868）（图 2750）。栖息于半开放的沙礁区，喜 10～40m 的潮间深沟带、珊瑚茂盛区和潟湖区。分布：南海；菲律宾，印度-西中太平洋。中小型鱼类。体长可达

150mm，供食用，用底层刺网可捕获，产量稀少。

图 2750　腰纹猪齿鱼 *C. zosterophorus*
（依 Gomon，2017）

6（3）头钝；背鳍起点至眼眶后上角的距离为口角至眼眶前下角距离的 2 倍以下

7（8）尾柄上部具一鞍状黄斑；胸鳍基部后方具一黄色横带 ·························· **鞍斑猪齿鱼**
　　　 ***C. anchorago*（Bloch，1791）**（图 2751）。栖息于珊瑚、礁岩、潟湖、沙石和海草混合区以及潮
　　　 间带。小群聚集活动，幼鱼通常在近海和河口海草区。食底栖的甲壳动物、软体动物和海胆。分
　　　 布：台湾海域；日本、斯里兰卡、印度尼西亚、大堡礁。中大型鱼类。个体可达 500mm，供食
　　　 用，体色鲜艳，可作观赏鱼。

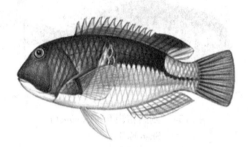

图 2751　鞍斑猪齿鱼 *C. anchorago*
（依 Gomon，2017）

8（7）尾柄无黄斑；胸鳍基部后方无黄色横带

9（10）胸鳍基部至背鳍棘部具一橄榄绿斜带 ································· **蓝猪齿鱼**
　　　 ***C. azurio*（Jordan & Snyder，1901）**（图 2752）。栖息于水深 7～80m 的岩岸礁区海域。白天觅
　　　 食，夜晚藏身于隐蔽的岩缝或岩穴内。食底栖甲壳动物、软体动物和小鱼。分布：东海、台湾
　　　 北部海域、南海；朝鲜半岛、日本、菲律宾。中大型鱼类。最大体长 400mm。用延绳钓可捕
　　　 获，供食用，有一定产量，也可作观赏鱼。

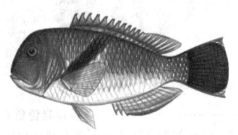

图 2752　蓝猪齿鱼 *C. azurio*
（依 Gomon，2017）

10（9）胸鳍基部至背鳍棘部无斜带

11（12）身体呈蓝灰色；体侧无纵带或斜带；背鳍基中部具一黑斑 ·························· **舒氏猪齿鱼**
　　　 ***C. schoenleinii*（Valenciennes，1839）**（图 2753）。栖息于水深 3～60m 的珊瑚礁或潟湖区。常
　　　 用头部推动或翻滚海底岩块，寻找岩块下方的动物。食甲壳类和贝类。分布：台湾海域、南
　　　 海；日本、菲律宾、马来西亚、印度尼西亚、澳大利亚。中大型鱼类。用延绳钓可捕获，个体
　　　 可达 1m，供食用。体色鲜艳，也可作观赏鱼。

12（11）身体上背部浅褐色，下腹部浅白色；体侧具纵带或斜带；背鳍基中部无黑斑；胸鳍基部至背鳍

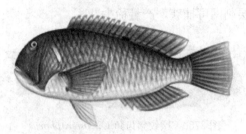

图 2753　舒氏猪齿鱼 *C. schoenleinii*
（依 Gomon，2017）

条后部及尾柄具一白色或橙黄色斜带 ················· **剑唇猪齿鱼 *C. robustus*（Günther，1862）**
（图 2754）。栖息于 40～70m 的珊瑚岩礁区，最深超过 100m。食软体动物、甲壳动物和棘皮动物。分布：台湾海域、南海；日本、印度尼西亚、莫桑比克、毛里求斯、红海，印度-西太平洋。中大型鱼类。用延绳钓可捕获，供食用。体色鲜艳，可作为观赏鱼。

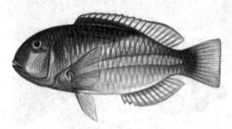

图 2754　剑唇猪齿鱼 *C. robustus*
（依 Shao K. T.，2017）

13（2）体侧具 4～5 条垂直横带 ····························· **七带猪齿鱼 *C. fasciatus*（Günther，1867）**
（图 2755）。栖息于水深 5～35m 的珊瑚礁区。独居活动且领域性高。食软体动物、甲壳动物、蠕虫、棘皮动物。分布：台湾东北部海域、南海；日本。中大型鱼类。用延绳钓可捕获，最大体长达 300mm，供食用。体色鲜艳，可作为观赏鱼。

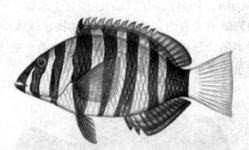

图 2755　七带猪齿鱼 *C. fasciatus*
（依 Gomon，2017）

14（1）胸鳍下方鳍条延长 ····························· **裸颊猪齿鱼 *C. gymnogenys*（Günther，1867）**
（图 2756）。栖息于水深 5～60m 的岩礁区或砾石底海域。食软体动物、甲壳动物和棘皮动物。分布：东海、台湾北部海域、南海；日本、桑给巴尔、坦桑尼亚、莫桑比克，印度-西太平洋。

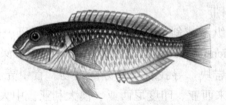

图 2756　裸颊猪齿鱼 *C. gymnogenys*
（依 Shao K. T.，2017）

中小型鱼类。用延绳钓可捕获，供食用，产量稀少。

裸齿隆头鱼属 *Decodon* Günther，1861

太平洋裸齿隆头鱼 *D. pacificus*（Kamohara，1952）（图 2757）。栖息于近海的礁沙混合区域。分布：台湾海域、南海；日本。中小型鱼类。供食用，但产量稀少。

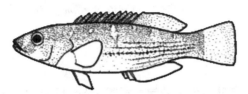

图 2757　太平洋裸齿隆头鱼 *D. pacificus*

（依 Shao K. T.，2017）

拟凿齿鱼属（拟岩鳕属）*Pseudodax* Bleeker，1861

橘点拟凿齿鱼 *P. moluccanus*（Valenciennes，1840）（图 2758）。栖息于水深 3～60m 的珊瑚礁岩区，常静止在岩石上不动。其灰褐的体色与周围珊瑚礁及海藻颜色极为类似，群体生活，幼鱼常穴居礁石洞内。幼鱼充当"鱼医生"，食其他鱼身上的寄生虫；成鱼具竹片状的门齿，食海藻、无脊椎动物。分布：台湾海域；日本南部、社会群岛、印度尼西亚、南非、红海。中型鱼类。体长可达 300mm。供食用，产量稀少。体色鲜艳，可作为观赏鱼。

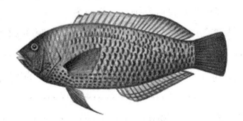

图 2758　橘点拟凿齿鱼 *P. moluccanus*

（依 Shao K. T.，2017）

突额隆头鱼属 *Semicossyphus* Günther，1861

金黄突额隆头鱼 *S. reticulatus*（Valenciennes，1839）（图 2759）。栖息于岛礁附近较深的水域。分布：南海；朝鲜半岛、日本。生态习性不详。中大型鱼。体长可达 100cm。供食用，偶尔见。产量稀少，无食用经济价值。

图 2759　金黄突额隆头鱼 *S. reticulatus*

（依岛田，2013）

剑唇鱼属 *Xiphocheilus* Bleeker，1856

剑唇鱼 *X. typus* Bleeker，1856（图 2760）。栖息于岩礁或沙泥底质的近海水域。食甲壳类、软体动物及小鱼。分布：南海；马来半岛、澳大利亚，印度-西太平洋。小型鱼类。最大个体 120mm。供食用，产量稀少。

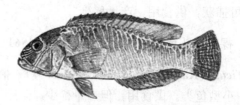

图 2760　剑唇鱼 X. *typus*
(依 Froese & Pauly, 2017)

唇鱼亚科 Cheilininae

体延长，侧扁。体型在不同属间有较大差异。背鳍具 8～12 鳍棘、9～13 鳍条，第一、第二背鳍棘柔软或坚硬；臀鳍具 3 鳍棘、8～13 鳍条。侧线间断，侧线鳞 20～26 或 50（突额隆头鱼属 *Semicossyphus*）或 80（钝头鱼属 *Cymolutes*）；颊部裸露或具鳞；前鳃盖骨后缘游离、无或具锯齿。

属 的 检 索 表

1（22）背鳍鳍棘 8～10

2（13）臀鳍鳍棘 3、鳍条 8～9；背鳍第一和第二鳍棘尖硬

3（4）口能向前伸出，伸出长度达吻长的 2 倍，口闭时下颌骨后端向后突出 ……… **伸口鱼属 Epibulus**

4（3）口稍可伸缩，伸出长度微小

5（10）胸鳍不分支鳍条 1，分支鳍条 10～11；背鳍起点前鳞延伸至眼间隔、前方或后方

6（9）背鳍起点前鳞一般为 4～6，延伸至眼间隔中部或后方

7（8）体背前部至吻端倾斜大，体高等于或大于头长；吻长小于眼下缘至前鳃盖下缘距的 1.3 倍；下颌前端不突出上颌 ……………………………………………………………………… **唇鱼属 Cheilinus**

8（7）体背前部至吻端倾斜小，体高小于头长；吻长大于眼下缘至前鳃盖下缘距的 1.5 倍；下颌前端突出上颌 …………………………………………………………… **尖唇鱼属 Oxycheilinus**

9（6）背鳍起点前鳞较多，延伸经眼间隔达吻部 …………………………… **湿鹦鲷属 Wetmorella**

10（5）胸鳍不分支鳍条 2，分支鳍条 12～17；背鳍起点前鳞延伸不达眼间隔

11（12）臀鳍第三鳍棘最长；吻短，较钝，头长为吻长的 3.3～4.8 倍；口小，下唇窄，口闭时不易见到 ……………………………………………………………………… **副唇鱼属 Paracheilinus**

12（11）臀鳍第二鳍棘最长；吻中长，较尖，头长为吻长的 2.5～3.2 倍；口中大，下唇宽，最宽处为眼径之半 …………………………………………………………… **拟唇鱼属 Pseudocheilinus**

13（2）臀鳍鳍棘 2～3、鳍条 11～13；背鳍第一和第二鳍棘柔软

14（21）鳞较大，侧线鳞 20～30

15（18）头背缘呈锐嵴状；胸鳍鳍条 11～13

16（17）头背部陡，几近垂直；胸鳍鳍条 11～12；眼前缘中点至背鳍起点距小于至口角距 …………
……………………………………………………………………………… **颈鳍鱼属 Iniistius**

17（16）头背部稍斜；胸鳍鳍条 12～13；眼前缘中点至背鳍起点距大于至口角距 …………………
…………………………………………………… **似颈鳍鱼属（软棘唇鱼属） Novaculops**

18（15）头背缘不呈锐嵴状；胸鳍鳍条 13

19（20）两颌前端 1 对犬齿不弯向外后方；眼眶下方具 2～3 行埋于皮下的小鳞，向下达口角后方；体长为体高的 3.5～4.0 倍 …………………… **美鳍鱼属（新隆鱼属） Novaculichthys**

20（19）两颌前端 1 对犬齿弯向外后方；眼眶下方具 1 行埋于皮下的小鳞，向下达眼眶下方；体长为体高的 2.8～3.0 倍 ……………………………………………… **似美鳍鱼属 Novaculoides**

21（14）鳞细小，侧线鳞 72～80 ………………………………………………… **钝头鱼属 Cymolutes**

22（1）背鳍鳍棘 11～12 ……………………… **丝隆头鱼属（丝鳍鹦鲷属） Cirrhilabrus**

唇鱼属 *Cheilinus* Lacépède，1801
种 的 检 索 表

1（2）背鳍具 10 鳍棘、9 鳍条；体橄榄绿或淡褐色；头部具淡红色斑点 ⋯⋯⋯⋯⋯⋯⋯**绿尾唇鱼**
C. chlorourus（**Bloch，1791**）（图 2761）。栖息于礁沙混合的珊瑚礁海域中，偶尔出现在水草繁
茂的地方，白天出来觅食，晚上在礁岩阴暗处休息。食底栖贝类、甲壳类等无脊椎动物。分布：
台湾海域、南海；日本，印度-太平洋。中大型鱼类。个体可达 450mm。供食用，体色鲜艳，可
作为观赏鱼。

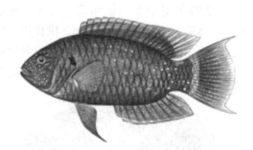

图 2761　绿尾唇鱼 *C. chlorourus*
（依 Shao K. T.，2017）

2（1）背鳍 9 棘、鳍条 9～11

3（8）腹鳍短，末端不及肛门

4（5）头尖，头长为吻长的 2.9 倍以上；上唇具黑斑 ⋯⋯⋯⋯⋯ **尖头唇鱼 C. oxycephalus** **Bleeker，1853**
（图 2762）。栖息于向海的礁坡，且珊瑚茂密、深度1～40m 的水域。成对出现，常在遮蔽物附近
活动，白天也很少远离居住地。食礁石边的虾、蟹、贝类等无脊椎动物，偶尔也食小鱼。分布：
台湾海域、南海；日本、大堡礁、马克萨斯群岛、波利尼西亚群岛，印度-太平洋。中小型鱼类。
个体可达 170mm，供食用，但产量较少，也可作为观赏鱼。

图 2762　尖头唇鱼 *C. oxycephalus*
（依 Shao K. T.，2017）

5（4）头钝，头长为吻长的 2.8 倍以下；上唇无黑斑

6（7）体侧具 7 条宽横带；背鳍、臀鳍鳞鞘发达 ⋯⋯⋯⋯⋯⋯⋯⋯ **横带唇鱼 C. fasciatus**（**Bloch，1791**）
（图 2763）。栖息于沿岸珊瑚礁海域或礁石旁的沙地上。食底栖的无脊椎动物，包括软体动物、

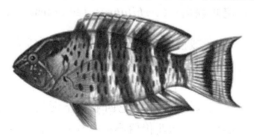

图 2763　横带唇鱼 *C. fasciatus*
（依 Froese & Pauly，2017）

甲壳类、海胆以及小鱼等。最大体长达400mm。分布：台湾海域、西沙群岛、南沙群岛；日本、菲律宾、红海，印度-西太平洋。中大型鱼类。供食用，一般无毒，极易因食物链关系而在体内积累珊瑚礁鱼毒素。体色鲜艳，可作为观赏鱼。

7（6）体无横带，各鳞具波纹；背鳍、臀鳍鳞鞘不发达 ·· **波纹唇鱼**
C. undulatus Rüppell，1835（图2764）。栖息于水深2～60m很陡的礁岩斜坡、海流道斜坡和潟湖的礁岩上。幼鱼栖息于礁盘内海藻丛生的浅水中，成鱼常见于礁盘外较深的珊瑚海域。食软体动物和甲壳动物。雌性5龄性成熟，9龄之后发生性逆转，由雌性转变为雄性。繁殖时选择礁石边缘的特定场所，在上午涨潮的繁殖期间，大潮后2～2.5h开始产卵受精；在下午涨潮的繁殖期间，大潮后不久便产卵受精，从孵化出幼鱼到稚鱼需要25d。分布：台湾海域、南海；红海，印度-太平洋。本种为隆头鱼科中个体最大的种类，可达2m。供食用，极易因食物链关系而在体内积聚珊瑚礁鱼毒素。已列为《濒危野生动植物种国际贸易公约》的濒危物种，限制国际贸易；世界自然保护联盟《濒危物种红色名录》列为"易危"等级。我国列入国家二级水生野生保护动物，禁止捕捉。

图2764　波纹唇鱼 *C. undulatus*
（依 Froese & Pauly，2017）

8（3）腹鳍长，末端超过肛门··**三叶唇鱼** *C. trilobatus* **Lacépède，1801**（图2765）。栖息于珊瑚礁、岩礁周围水域，偶见于海藻丛生水域，白天出来觅食，晚上在礁岩下阴暗处休息。食小鱼、甲壳动物和软体动物。分布：台湾海域、南海；日本、波利尼西亚、奥斯垂群岛、新喀里多尼亚，印度-太平洋。中大型鱼类。个体可达450mm。用延绳钓可捕获，有一定产量，供食用。一般无毒，极易因食物链关系而在体内积聚珊瑚礁鱼毒素，毒性大小与鱼体大小有关，小型个体微毒。体长400mm也轻毒。体色鲜艳，可作为观赏鱼。

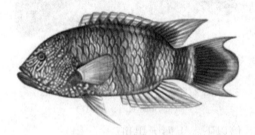

图2765　三叶唇鱼 *C. trilobatus*
（依 Froese & Pauly，2017）

丝隆头鱼属（丝鳍鹦鲷属）Cirrhilabrus Temminck & Schlegel，1845

1（2）背鳍、臀鳍、尾鳍和腹鳍淡蓝色或蓝绿色；成鱼鳞片后缘通常有蓝色边；胸鳍基部有一暗褐色斜斑··················**蓝侧丝隆头鱼** *C. cyanopleura*（**Bleeker，1851**）（图2766）。栖息于近海珊瑚礁区，是珊瑚礁常见的鱼类。有时成群，有时单独活动。食小型浮游生物。分布：台湾海域、南海；琉球群岛、菲律宾、帕劳、印度尼西亚、圣诞岛、安达曼海，印度-西太平洋。小型鱼类。体长可达150mm，供食用。渔业价值不高，体色鲜艳，常作观赏鱼。

2（1）各鳍不为蓝色；鳞片后缘无蓝色边；胸鳍基部无暗褐色斜斑，或不明显

3（10）尾鳍凹形或圆形

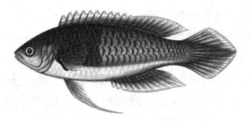

图 2766　蓝侧丝隆头鱼 *C. cyanopleura*
（依 Froese & Pauly，2017）

4（7）尾鳍凹形；腹鳍不呈丝状延长

5（6）尾鳍双凹形；尾柄后部上方有一卵形黑斑；臀鳍无黑色纵带……………………**尾斑丝隆头鱼**
C. exquisitus Smith，1957（图 2767）。栖息于近海珊瑚礁区、礁坡边缘或砾石区海域。有时成
群，有时单独活动。食小型浮游生物。体长可达 120mm。分布：台湾海域；日本、澳大利亚，
印度-太平洋。小型鱼类，供食用。但渔业价值不高，体色鲜艳，可作为观赏鱼。

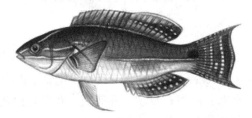

图 2767　尾斑丝隆头鱼 *C. exquisitus*
（依 Shao K. T.，2017）

6（5）尾鳍单凹形，上下叶延长呈新月形；尾柄无黑斑；臀鳍具黑色纵带 ……………………………
新月丝隆头鱼 C. lunatus Randall & Masuda，1991（图 2768）。栖息于近海珊瑚礁区、礁坡边缘
及砾石区等海域。日行性，活动深度为 30～55m 处。分布：台湾海域；日本。小型鱼类，供食
用。但渔业价值不高，体色鲜艳，可作为观赏鱼。

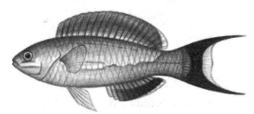

图 2768　新月丝隆头鱼 *C. lunatus*
（依 Shao K. T.，2017）

7（4）尾鳍圆形；腹鳍呈丝状延长

8（9）背鳍与臀鳍中央无黑色纵带，或仅背鳍中央具一窄黑带；尾鳍后缘具一宽红边………………
……**红缘丝隆头鱼 C. rubrimarginatus Randall，1992**（图 2769）。栖息于珊瑚礁盘外侧，或有矮
礁、碎石、泥沙的水域。日行性，白天三两成群在珊瑚礁上层的水域中，晚上躲在沙地中休息躲
避敌害。食浮游生物。分布：台湾海域；日本、印度尼西亚、菲律宾、汤加、斐济。小型鱼类，

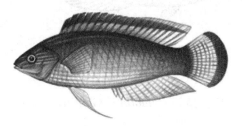

图 2769　红缘丝隆头鱼 *C. rubrimarginatus*
（依 Shao K. T.，2017）

可食用。但渔业价值不高，体色鲜艳，可作观赏鱼。

9（8）背鳍与臀鳍中央具一宽黑带；尾鳍暗褐色 ························· **淡带丝隆头鱼**
C. temminckii Bleeker，1853（图 2770）。栖息于近海珊瑚礁区，喜海藻茂盛的水域。日行性，
活动在深度为 3～35m 处。有时成群、有时单独游动在岩礁上方水层。食小型浮游生物。分布：
台湾海域；日本、菲律宾、印度尼西亚、澳大利亚，印度-西太平洋。小型鱼类，供食用。但渔
业价值不高，体色鲜艳，可作为观赏鱼。

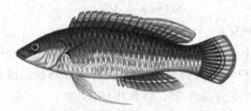

图 2770　淡带丝隆头鱼 C. temminckii
（依 Shao K. T.，2017）

10（3）尾鳍矛状

11（12）背鳍起点前方鳞 6～7；腹鳍丝状延长，远超臀鳍起点；尾鳍青色 ·····················
绿丝隆头鱼 C. solorensis Bleeker，1853（图 2771）。栖息于近海珊瑚礁区、珊瑚礁盘外侧和珊
瑚丛中。食浮游生物。分布：南海；日本、菲律宾、印度尼西亚。小型鱼类，供食用。但渔业
价值不高，体色鲜艳，可作为观赏鱼。

图 2771　绿丝隆头鱼 C. solorensis
（依邓思明，1979）

12（11）背鳍起点前方鳞 4～5；腹鳍不为丝状延长，后端可达肛门；尾鳍灰色 ····················
黑缘丝隆头鱼 C. melanomarginatus Randall & Shen，1978（图 2772）。栖息于近海珊瑚礁区，
通常生活于珊瑚礁盘外侧，遭遇危险时可迅速进入珊瑚丛躲避，不易被拖网捕获。食浮游生
物。分布：台湾海域、南海。小型鱼类，分布范围十分狭小，数量稀少，供食用。但渔业价值
不高，体色鲜艳，可作为观赏鱼。

图 2772　黑缘丝隆头鱼 C. melanomarginatus
（依成庆泰，王存信，1979）

钝头鱼属 Cymolutes Günther，1861

1（2）臀鳍Ⅲ；胸鳍 11；体侧在胸鳍后无横纹 ························· **侧斑钝头鱼**
C. lecluse（Quoy & Gaimard，1824）（图 2773）。栖息于珊瑚礁盘外侧的泥沙质水域。食软体动

物和小鱼。分布：南海；日本，印度-太平洋中部。小型鱼类，色彩较淡，无观赏和食用价值。

图 2773　侧斑钝头鱼 C. lecluse
（依邓思明，1979）

2（1）臀鳍Ⅱ；胸鳍 12；体侧在胸鳍后具 14～19 条褐色横纹 ⋯⋯⋯⋯⋯⋯⋯⋯⋯ **环状钝头鱼**
C. torquatus（Valenciennes, 1840）（图 2774）。栖息于浅海珊瑚礁沙质的底部，偶尔进入河口。
日行性，利用下颌翻起沙中的贝类和小螃蟹为食。分布：台湾海域、南海诸岛；日本、大堡礁，
印度-太平洋中部。小型鱼类。体长可达 200mm，色彩较淡，无观赏和食用价值。

图 2774　环状钝头鱼 C. torquatus
（依 Shao K. T.，2017）

伸口鱼属 *Epibulus* Cuvier, 1815

伸口鱼 *E. insidiator* Cuvier, 1815（图 2775）。栖息于潟湖内珊瑚礁的上层，或沿岸水深 3～30m
的礁岩斜坡。繁殖期间有求偶行为，白天以雌雄配对的方式产卵繁殖。雌性鱼经过性反转后成为雄性
鱼。食无脊椎动物和小鱼。当其靠近猎物时，便从口中伸出可达 65% 头长的长吻捕获猎物并吞咽。分
布：台湾海域、南海；日本，印度-太平洋中部。中大型鱼类。体长 150～200mm。因具有特殊的口部
伸缩动作，是水族馆常见种类。一般无毒，因生物食物链的累积，肌肉可能含珊瑚礁鱼毒素。食用后会
引起中毒，毒性大小通常视鱼体的大小而定。

图 2775　伸口鱼 E. insidiator
（依 Froese & Pauly，2017）

颈鳍鱼属 *Iniistius* Gill, 1862
种 的 检 索 表

1（8）颊部具少数几行鳞，下方不达口角后方
2（3）颊部自口角向后至前鳃盖后部具一浅沟 ⋯⋯⋯⋯⋯⋯⋯⋯⋯⋯⋯⋯⋯⋯ **洛神颈鳍鱼**
I. dea（Temminck & Schlegel, 1845）（图 2776）。栖息于沿岸潮间带至 40m 深的珊瑚礁周围沙
泥地。白天觅食，晚上则钻入沙地里休息。受惊吓时，以头背开挖并于泥沙底躲藏。以无脊椎动
物为食。分布：台湾海域、南海；日本、澳大利亚，印度-西太平洋。中小型鱼类。体长可达
300mm，供食用。体色鲜艳，可作为观赏鱼。

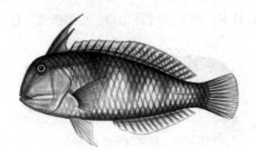

图 2776　洛神颈鳍鱼 I. dea
（依 Froese & Pauly，2017）

3 (2) 颊部自口角向后无浅沟

4 (5) 背鳍第二与第三棘分离，无鳍膜相连 ························· **孔雀颈鳍鱼 I. pavo**（**Valenciennes，1840**）（图 2777）。栖息于珊瑚礁区或有石砾质、沙泥的海底，幼鱼偶尔进入河口。游泳能力弱，常以头背挖开并躲藏于沙底逃避敌害。运动缓慢，食无脊椎动物，包括甲壳类、鱼和乌贼。分布：台湾海域、南海；日本、夏威夷、巴拿马，印度-东太平洋。中小型鱼类。个体可达420mm，供食用。体色鲜艳，可作为观赏鱼。

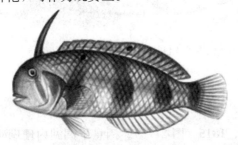

图 2777　孔雀颈鳍鱼 I. pavo
（依 Froese & Pauly，2017）

5 (4) 背鳍第二与第三棘以低的鳍膜相连

6 (7) 体背、腹部淡褐色；体侧中部具一白色大斑 ························· **短颈鳍鱼 I. aneitensis**（**Günther，1862**）（图 2778）。栖息于珊瑚礁和岩礁附近的泥沙质水域，或潟湖区；常大群活动，偶尔也会独自出现。白天觅食，晚上则钻入沙地里休息。遇到惊吓时，立即钻入沙泥底躲藏。食底栖贝类和岩上攀爬的甲壳类。分布：台湾东部海域、南海；查戈斯群岛、夏威夷、密克罗尼西亚，印度-太平洋中西部。中小型鱼类。体长可达240mm，供食用。体色鲜艳，可作为观赏鱼。

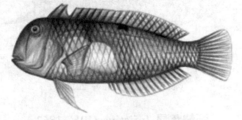

图 2778　短颈鳍鱼 I. aneitensis
（依 Shao K. T.，2017）

7 (6) 体背、腹部完全黑色；体侧前部无白色大斑 ························· **黑背颈鳍鱼 I. geisha**（**Araga & Yoshino，1986**）（图 2779）。栖息于珊瑚礁周围的沙泥地。幼鱼常在沿岸近礁处游动，成鱼喜于较深海域。食底栖软体动物、甲壳类、小鱼以及海胆等。分布：台湾海域；日本。中小型鱼类。产量非常稀少，偶尔看见，无渔业经济价值。体色鲜艳，可作为观赏鱼。

8 (1) 颊部具多行鳞，下方达口角后方

9 (10) 眼后至侧线前部具 5～6 个红斑成一列 ························· **五指颈鳍鱼**

图 2779　黑背颈鳍鱼 *I. geisha*
（依 Shao K. T.，2017）

I. pentadactylus（**Linnaeus，1758**）（图 2780）。栖息于珊瑚礁或岩礁区外围的沙地上，最喜有海藻的海域。生性胆小，受到惊吓时，立刻钻入沙中逃避敌害。食无脊椎动物，包括贝类、甲壳类和海胆等。分布：台湾海域、南海；日本、红海，印度-西太平洋。中小型鱼类。体长可达25cm。产量稀少，无渔业价值。体色鲜艳，可作为观赏鱼。

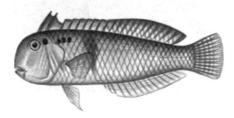

图 2780　五指颈鳍鱼 *I. pentadactylus*
（依 Shao K. T.，2017）

10（9）眼后至侧线前部无红斑

11（14）体侧中部具一大斑，较鳃盖大

12（13）体侧中部具一大红斑······················**彩虹颈鳍鱼 *I. twistii*（Bleeker，1856）**（图 2781）。栖息于沿岸潮间带至海面下 20m 的珊瑚礁周围沙泥地。白天觅食，晚上则钻入沙地里休息。受惊吓时，立即钻入沙泥底躲藏。食小型甲壳类。分布：台湾海域、南海；日本、印度尼西亚。中小型鱼类。体长可达 200mm。供食用，但产量稀少，无渔业价值。体色多彩多姿，可作为观赏鱼。

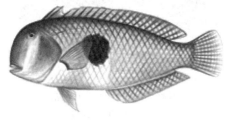

图 2781　彩虹颈鳍鱼 *I. twistii*
（依 Shao K. T.，2017）

13（12）体侧中部具一大白斑 ·······················**黑斑颈鳍鱼 *I. melanopus*（Bleeker，1857）**（图 2782）。栖息于珊瑚礁附近的泥沙质水域。幼鱼常在沿岸近礁处游动，成鱼喜于较深水域。受惊吓时，幼鱼迅速钻入泥沙底隐蔽，成鱼则以快速游动的方

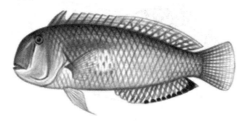

图 2782　黑斑颈鳍鱼 *I. melanopus*
（依 Shao K. T.，2017）

式逃避敌害。食底栖软体动物、甲壳类、海胆和小鱼等。偶见随其他鱼身后，伺机捡漏被其他鱼翻搅后露出泥沙外的无脊椎动物。分布：台湾海域、南海；菲律宾、印度尼西亚、夏威夷。中小型鱼类。体长可达 260mm。供食用，有一定产量。体色多彩多姿，可作为观赏鱼。

14（11）体侧中部无大斑，或斑较鳃盖小

15（16）体侧具 3 条深褐色横带 ····················· **三带颈鳍鱼 *I. trivittatus*（Randall & Cornish，2000）**（图 2783）。栖息于珊瑚礁周围的沙泥地。幼鱼生活于珊瑚礁和岩礁附近的浅水域，成鱼则主要生活于珊瑚礁周围的深水域。食底栖软体动物、甲壳类、小鱼以及海胆等。分布：台湾、香港、海南。中小型鱼类。体长可达 300mm。供食用，产量非常稀少，但偶尔广州鱼市可见上百尾。体色鲜艳，可作为观赏鱼。

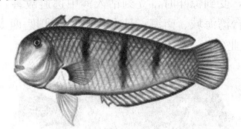

图 2783 三带颈鳍鱼 *I. trivittatus*
（依 Froese & Pauly，2017）

16（15）体侧无横带

17（18）背鳍第 6～7 棘下方和侧线之间具 2～4 个黑鳞组成的黑斑；胸鳍尖端浅色 ····························· **淡绿颈鳍鱼 *I. evides*（Jordan & Richardson，1909）**（图 2784）。栖息于沙泥底的潟湖区，或珊瑚礁附近的泥沙质水域；通常大群活动，偶尔也单独行动。白天觅食，晚上侧钻入沙地里休息；受惊吓时，立即以头背开挖泥沙，隐藏于内逃避敌害生物。食贝类、岩上攀爬的小型甲壳类。分布：台湾海域、南海；日本、夏威夷。中小型鱼类。体长可达 190mm。供食用，有一定产量。体色鲜艳，可作为观赏鱼。

图 2784 淡绿颈鳍鱼 *I. evides*
（依 Shao K. T.，2017）

18（17）背鳍和侧线之间无黑斑；胸鳍尖端黑色 ····························· **蔷薇颈鳍鱼 *I. verrens*（Jordan & Evermann，1902）**（图 2785）。栖息于沙质、石砾质或贝壳碎片形成的海底，一遇到危险，立即钻入沙床中躲避。食海床附近礁石上的贝类和小型甲壳类。分布：台湾海域、南海；日本。中小型鱼类。供食用，有一定产量。体色多彩多姿，可作为观赏鱼。

图 2785 蔷薇颈鳍鱼 *I. verrens*
（依 Shao K. T.，2017）

美鳍鱼属（新隆鱼属）*Novaculichthys* Bleeker，1862

花尾美鳍鱼 *N. taeniourus*（Lacepède，1801）（图 2786）。栖息于 2～14m 潮流温和的珊瑚礁海域，或有碎石和沙砾混合的水域。单独行动，领地性很强。小鱼外形似海藻，常模仿藻类形态，遇天敌时钻沙而逃。成鱼个体虽不大，却可以翻转大岩石。食软体动物、海胆、海星、多毛类、螃蟹。分布：台湾海域、南海；日本，印度-太平洋中西部。中小型鱼类。供食用，但产量稀少，无渔业价值。体色鲜艳，可作为观赏鱼。

图 2786　花尾美鳍鱼 *N. taeniourus*
（依 Shao K. T.，2017）

似美鳍鱼属 *Novaculoides* Randall et Earle，2004

大鳞似美鳍鱼 *N. macrolepidotus*（Bloch，1791）（图 2787）。栖息于海草和海藻区，体色同周围环境近似呈绿色，具有隐藏性，难以被敌害生物发现。食底栖无脊椎动物。分布：台湾海域；日本、菲律宾、新几内亚岛、汤加、澳大利亚、马达加斯加、毛里求斯、红海，印度-西太平洋。中小型鱼类。供食用，但产量稀少，无渔业价值。体色多彩多姿，可作为观赏鱼。

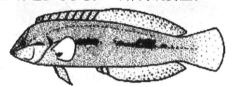

图 2787　大鳞似美鳍鱼 *N. macrolepidotus*
（依 Nakabo，2002）

似颈鳍鱼属（软棘唇鱼属）*Novaculops* Schultz，1960

五氏似颈鳍鱼 *N. woodi*（Jenkins，1901）（图 2788）。栖息于珊瑚礁周围的沙泥地。幼鱼常在沿岸近礁处游动，成鱼喜较深水域。食底栖软体动物、甲壳类以及海胆等。分布：台湾东北部海域；日本、夏威夷群岛。中小型鱼类。供食用，但产量稀少。体色多彩多姿，可作为观赏鱼。

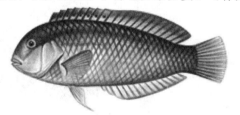

图 2788　五氏似颈鳍鱼 *N. woodi*
（依 Shao K. T.，2017）

尖唇鱼属 *Oxycheilinus* Gill，1862
种 的 检 索 表

1（2）雄鱼尾鳍上叶边缘和中央鳍条延长，幼鱼和雌鱼尾鳍后缘稍圆；幼鱼体侧具一黑绿色的宽纵纹，成鱼则断裂呈斑点；胸鳍末端上方的体侧具一黑斑 ·················· **双斑尖唇鱼**

O. bimaculatus（Valenciennes，1840）（图2789）。栖息于珊瑚礁或岩礁海域，喜沿岸海藻繁盛的岩礁区，偶尔进入河口和港口。白天觅食，以稍突出的吻部翻找海藻丛中或岩缝中动物；晚上于岩礁下的孔洞，侧卧在其中休息。食贝类、虾类、蟹类等无脊椎动物。分布：台湾海域；日本、澳大利亚、夏威夷群岛、马达加斯加、红海，印度-太平洋中部。中小型鱼类。体长可达180mm。产量稀少，非食用经济鱼。体色鲜艳，可作为观赏鱼。

图2789　双斑尖唇鱼 O. bimaculatus
（依 Shao K. T.，2017）

2（1）尾鳍中央鳍条不延长；体侧无断裂纵带或具一长纵带；胸鳍末端上方的体侧无黑斑

3（4）体侧自鳃孔后缘至尾鳍基部中央具一黑色纵带；头部及体背部具密集的茶褐色小斑 ··············
············沙尖唇鱼 **O. arenatus**（Valenciennes，1840）（图2790）。栖息于水深25～46m的礁岩坡洞穴且珊瑚繁茂的水域。食甲壳类、小鱼、小虾等。分布：台湾海域；菲律宾、马绍尔群岛、红海，印度-西太平洋。中小型鱼类。用延绳钓可捕获。供食用，但产量稀少，偶尔看见。体色多彩多姿，可作为观赏鱼。

图2790　沙尖唇鱼 O. arenatus
（依 Carpenter & Niem，2000）

4（3）体侧无纵带；头部及体背部无茶褐色小斑

5（10）眼部前后具线纹；鳃盖具线纹；体侧在背鳍前部下方与侧线间无黑斑

6（7）头背部在眼前方凹入；鳃盖无长斜线纹 ·························· **西里伯斯尖唇鱼**
O. celebicus（Bleeker，1862）（图2791）。栖息于水深3～40m珊瑚繁茂的岩礁海域。食甲壳类、小鱼、小虾等。分布：台湾海域、南海；日本、印度尼西亚、所罗门群岛。中小型鱼类。体长可达240mm。用延绳钓可捕获。供食用，但产量稀少。体色多彩多姿，可作为观赏鱼。

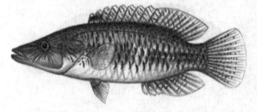

图2791　西里伯斯尖唇鱼 O. celebicus
（依 Froese & Pauly，2017）

7（6）头背部在眼前方斜直或稍凸出；鳃盖具多条长斜线纹

8（9）尾柄前部具一白色横带；眼部后方线纹末端达鳃盖后缘 ·························· **红唇尖唇鱼**
O. rhodochrous（Günther，1867）（图2792）。栖息于水深3～150m珊瑚礁区的向海礁岩区。食小鱼、小虾和软体动物。分布：台湾海域、南海；日本、夏威夷，印度-太平洋中部。中大型鱼类。体长可达460mm。用手钓便能捕获。体色艳丽，可作观赏鱼。供食用，但因食物链所累积，某区域是食用鱼；另一区域的鱼体具有毒性，是有毒鱼，食用后会引起中毒。

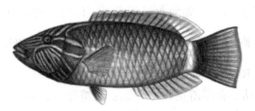

图 2792　红唇尖唇鱼 *O. rhodochrous*

（依 Froese & Pauly，2017）

9（8）尾柄前部无横带；眼部后方线纹末端远不达鳃盖后缘 ·· **双线尖唇鱼**
O. digramma（**Lacepède，1802**）（图 2793）。栖息于珊瑚礁海域，由潮间带到亚潮带的 50m 水深
处，喜向海珊瑚茂盛林中，也常见于礁盘外侧。有与绯鲤同游并变换体色，拟态绯鲤的习性候机
捕食。食小鱼、甲壳类、海参等底栖动物。分布：台湾海域、广东沿海、海南岛、西沙群岛、南
沙群岛；日本、印度尼西亚、红海，印度-太平洋中部。中大型隆头鱼。体长可达 400mm。常年
可捕到，供食用，有一定产量。体色鲜艳，可作为观赏鱼。

图 2793　双线尖唇鱼 *O. digramma*

（依 Froese & Pauly，2017）

10（5）眼部前后无线纹；鳃盖无线纹；体侧在背鳍前部下方与侧线间具一黑斑

11（12）背鳍和臀鳍基部鳞鞘很低；背鳍第一、第二鳍棘间无黑斑 ·· **侧斑尖唇鱼**
O. mentalis（**Rüppell，1828**）（图 2794）。栖息于珊瑚礁边缘附近的海域。食甲壳类、小虾、
海参等底栖动物。分布：海南；菲律宾、红海，印度-西太平洋。中小型鱼类。体长可达
200mm。供食用，但产量稀少。体色鲜艳，可作为观赏鱼。

图 2794　侧斑尖唇鱼 *O. mentalis*

（依邓思明，1979）

12（11）背鳍和臀鳍基部鳞鞘较高；背鳍第一、第二鳍棘间具一黑斑 ·· **东方尖唇鱼**
O. orientalis（**Günther，1862**）（图 2795）。栖息于水深 15～80m 的潟湖外礁、珊瑚礁或岩礁
海域，喜栖息于沿岸海藻繁盛的岩礁区。白天觅食，晚上则于岩礁下的孔洞休息。利用稍突出
的吻部，翻找藏匿在海藻丛或岩缝中的动物。食小鱼、小虾、贝类及其他无脊椎动物。分布：

图 2795　东方尖唇鱼 *O. orientalis*

（依 Shao K. T.，2017）

台湾海域、南海；琉球群岛、印度尼西亚、马绍尔群岛、红海，印度-西太平洋。小型鱼类。体长可达 200mm。产量稀少，无渔业经济价值。体色鲜艳，可作为观赏鱼。

副唇鱼属 *Paracheilinus* Fourmanoir，1955

卡氏副唇鱼 ***P. carpenteri*** **Randall & Lubbock，1981**（图 2796）。栖息于水深 12～40m 的珊瑚礁和礁岩周围的海域，通常大群活动。食浮游动物。分布：台湾海域；日本、菲律宾、印度尼西亚。小型鱼类。产量稀少，无渔业价值。体色鲜艳，可作为观赏鱼。

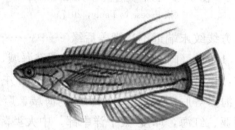

图 2796　卡氏副唇鱼 *P. carpenteri*

（依 Shao K. T.，2017）

拟唇鱼属 *Pseudocheilinus* Bleeker，1862
种 的 检 索 表

1（2）体红色；体侧具许多细纵纹 ························· **姬拟唇鱼** ***P. evanidus*** **Jordan & Evermann，1903**（图 2797）。栖息于水深 6～61m 的珊瑚礁斜坡或碎岩礁的海域。白天在礁区活动，晚上躲入岩礁的缝隙休息。食小型底栖无脊椎动物。分布：台湾海域、南海；日本、马尔代夫、澳大利亚、夏威夷群岛、红海，印度-太平洋中部。小型鱼类。产量稀少，无渔业价值。体色鲜艳，可作为观赏鱼。

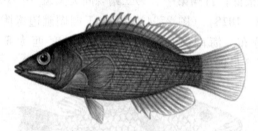

图 2797　姬拟唇鱼 *P. evanidus*

（依 Shao K. T.，2017）

2（1）体非红色；体侧纵带明显

3（4）体侧具 5～6 条纵带 ·················· **六带拟唇鱼** ***P. hexataenia*** **(Bleeker, 1857)**（图 2798）。栖息于水深 2～35m 的珊瑚礁区，通常单独生活在珊瑚中觅食。食小型甲壳类或其他的底栖动物。分布：台湾海域、南海；日本、澳大利亚、红海，印度-西太平洋。小型鱼类。产量稀少，无渔业价值。体色鲜艳，可作为观赏鱼。

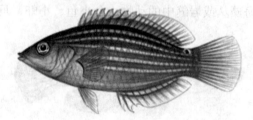

图 2798　六带拟唇鱼 *P. hexataenia*

（依 Shao K. T.，2017）

4（3）体侧具7～8条纵带··················八带拟唇鱼 **P. octotaenia** Jenkins，1901（图2799）。栖息于水深2～50m的亚潮带珊瑚礁海域，向海珊瑚茂盛的礁坡以及小碎石的水域。食底栖甲壳类动物、小型软体动物、棘皮动物和鱼卵。分布：台湾海域、南海；日本南部、澳大利亚、夏威夷群岛、马达加斯加、莫桑比克海峡、红海，印度-太平洋中西部。小型鱼类。产量稀少，无渔业价值。体色鲜艳，可作为观赏鱼。

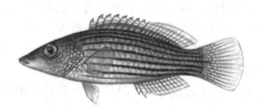

图 2799　八带拟唇鱼 *P. octotaenia*
（依 Shao K. T.，2017）

湿鹦鲷属 Wetmorella Fowler & Bean，1928

黑鳍湿鹦鲷 W. nigropinnata（Seale，1901）（图2800）。栖息于珊瑚礁区的向海面或潟湖，通常躲在洞穴或缝隙间，十分隐蔽。食底栖甲壳类和小的无脊椎动物。分布：台湾海域；琉球群岛、大堡礁、马绍尔群岛、毛里求斯、红海，印度-西太平洋。小型鱼类。产量稀少，无渔业经济价值。体色鲜艳，可作观赏鱼。

图 2800　黑鳍湿鹦鲷 *W. nigropinnata*
（依 Shao K. T.，2017）

盔鱼亚科 Corinae

体长椭圆形，侧扁。头中大或小。唇厚。两颌前端凿刀形齿、犬齿、或无犬齿。头部裸露无鳞或被鳞。前鳃盖骨边缘光滑或具锯齿。侧线完全，在背鳍鳍条后部下方急剧向下弯折，多数种的侧线有孔鳞为26，少部分为50～80（盔鱼属 Coris 和拟盔鱼属 Pseudocoris），最多可达90～120（细鳞盔鱼属 Hologymnosus）。背鳍具7～8鳍棘，或9鳍棘，或10鳍棘（仅隐高体盔鱼 Pteragogus cryptus）、9～13鳍条，最多14鳍条（仅副海猪鱼 Parajulis）；臀鳍具2～3鳍棘、9～13鳍条，最多14鳍条（仅副海猪鱼 Parajulis）。

属 的 检 索 表

1（32）鳞中大，侧线鳞一般50以下
2（5）背鳍棘7～8
3（4）吻延长，呈管状··································· 尖嘴鱼属 **Gomphosus**
4（3）吻短，不呈管状··································· 锦鱼属 **Thalassoma**
5（2）背鳍棘9
6（7）两颌前端具2个伸向前方的大凿状齿 ··············· 阿南鱼属 **Anampses**
7（6）两颌前端无伸向前方的大凿状齿
8（21）颊部被鳞
9（10）唇很厚，上唇上缘处于眼下缘的下方·········· 厚唇鱼属（半裸鱼属）**Hemigymnus**

10（9）唇正常，或唇厚，但上唇上缘与眼下缘处于同一水平

11（14）唇厚，口闭时唇突出呈圆管状；前鳃盖骨后缘固着；上颌前方2对犬齿

12（13）背鳍起点前方鳞达眼前缘的吻部；第一背鳍棘粗；侧线鳞25～27 ······················ ··· 圆唇鱼属（突唇鱼属）*Labrichthys*

13（12）背鳍起点前方鳞仅达眼后缘的上方；第一背鳍棘细；侧线鳞35～41 ····· 褶唇鱼属 *Labropsis*

14（11）唇正常，口闭时唇不呈圆管状；前鳃盖骨后缘游离；上颌前方1～2对犬齿

15（20）胸部鳞小于体侧中部鳞；前鳃盖骨后缘光滑；上颌前方1对犬齿

16（17）下唇分两叶，中间具一U形结突；鳃盖膜与峡部相连 ·············· 裂唇鱼属 *Labroides*

17（16）下唇无U形结突；鳃盖膜与峡部不相连

18（19）体长为体高的2～3.5倍；背鳍起点与侧线间具鳞3～5行；眼后颊部具鳞2～6行·········· ··· 拟隆头鱼属 *Pseudolabrus*

19（18）体长为体高的4～5倍；背鳍起点与侧线间具鳞1.5～2.5行；眼后颊部具鳞1～3行········ ··· 苏伊士鱼属（苏彝士隆头鱼属）*Suezichthys*

20（15）胸部鳞稍大或等于体侧中部鳞；前鳃盖骨后缘有锯齿；上颌前方2对犬齿 ·············· ··· 高体盔鱼属（长鳍鹦鲷属）*Pteragogus*

21（8）颊部裸露不被鳞

22（31）胸鳍基前下方鳞小于体侧中部鳞；上下颌前端具犬齿

23（28）体长为体高的2.5～4.0倍

24（25）背鳍起点位于眼与胸鳍基之中点上方 ·············· 大咽齿鱼属 *Macropharyngodon*

25（24）背鳍起点位于眼与胸鳍基之中点后方

26（27）上下颌前端具犬齿1～2对，不弯曲；背鳍软鳍条通常11～12；臀鳍软鳍条通常11～12····· ··· 海猪鱼属 *Halichoeres*

27（26）上下颌前端具犬齿2对，向后弯曲；背鳍软鳍条14；臀鳍软鳍条14 ····· 副海猪鱼属 *Parajulis*

28（23）体长为体高的4～5倍

29（30）上下颌前端犬齿1对，向后弯曲；上下颌后方凿状齿1行 ······· 拟海猪鱼属 *Pseudojuloides*

30（29）上下颌前端犬齿2对，第二对犬齿向后方弯曲；上下颌后方锥形齿1行 ················· ··· 尖猪鱼属 *Leptojulis*

31（22）胸鳍基前下方鳞大于体侧中部鳞；上下颌前端具凿状齿 ·············· 紫胸鱼属 *Stethojulis*

32（1）鳞较小，侧线鳞一般50以上

33（34）鳞极细小，侧线鳞90～120；上下颌前端具犬齿2对 ····························· ··· 细鳞盔鱼属（全裸鹦鲷属）*Hologymnosus*

34（33）鳞不细小，侧线鳞50～80；上下颌前端具犬齿1对

35（36）上颌犬齿不向外弯；下咽骨后部中央1枚齿较大 ·············· 盔鱼属 *Coris*

36（35）上颌犬齿向外弯；下咽骨后部中央1枚齿不强大 ·············· 拟盔鱼属 *Pseudocoris*

阿南鱼属 *Anampses* Quoy & Gaimard, 1824
种 的 检 索 表

1（2）鳞小，侧线鳞48～50；头部有蠕虫状纹 ·············· 蠕纹阿南鱼
A. geographicus (Valenciennes, 1840)（图2801）。栖息于沿岸水深可达30m的珊瑚礁浅海域。白天在珊瑚礁区活动，晚上则钻入沙底休息。独居或成对生活。具性转变的行为，先雌后雄。幼鱼食小型甲壳类和多毛类，成鱼食甲壳类、软体动物和多毛类等。分布：台湾海域；日本、大堡礁、菲律宾、印度尼西亚。中小型鱼类。供食用，但产量稀少。体色多彩多姿，可作为观赏鱼。

2（1）鳞大，侧线鳞30以下

3（4）体中高或甚高，体长为体高的2.3～3.0倍；侧线鳞27～28 ·············· 荧斑阿南鱼

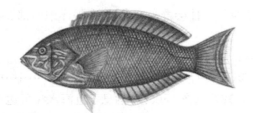

图 2801　蠕纹阿南鱼 A. geographicus
（依 Froese & Pauly，2017）

A. caeruleopunctatus Rüppell，1829（图 2802），栖息于沿岸水深可达 30m 的珊瑚礁浅海域。白天在珊瑚礁区活动，晚上则钻入沙底休息。独居或成对生活。具性转变的行为，先雌后雄。幼鱼食小型甲壳类和多毛类，成鱼食甲壳类、软体动物和多毛类等。分布：台湾海域、南海；日本、澳大利亚、复活岛、红海，印度-太平洋中西部。中小型鱼类。体长可达 420mm。供食用，产量稀少，一般用作观赏鱼。

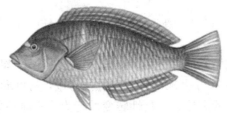

图 2802　荧斑阿南鱼 A. caeruleopunctatus
（依 Froese & Pauly，2017）

4（3）体不高，体长为体高的 2.8～3.7 倍；侧线鳞 26

5（6）尾鳍截形或凹入；尾鳍黄色 ·······················**黄尾阿南鱼 A. meleagrides Valenciennes，1840**
（图 2803）。栖息于向海水深可达 60m 的礁沙混合区，常见于珊瑚或海绵的栖息地。白天在珊瑚礁区活动，晚上则钻入沙底休息。具性转变的行为，先雌后雄。食小型甲壳类、软体动物和多毛类。分布：台湾海域、南海；日本、马达加斯加、澳大利亚、新西兰、红海，印度-太平洋中西部。中小型鱼类。供食用，有一定产量。由于颜色鲜明，可用作观赏鱼。

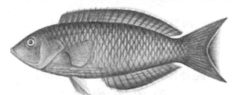

图 2803　黄尾阿南鱼 A. meleagrides
（依 Froese & Pauly，2017）

6（5）尾鳍后缘多少成圆形；尾鳍不为黄色

7（8）体黑色，每一鳞片具一白点；尾鳍基部具一黄色横带 ·······················**尾斑阿南鱼 A. melanurus Bleeker，1857**（图 2804）。栖息于向海水深可达 40m 的珊瑚礁海域，或是礁坡区域。白天在珊瑚礁区活动，晚上则钻入沙底休息。独居或成对生活，"一夫多妻"，具性转变的行为，先雌后雄。食小型甲壳类、软体动物和多毛类。分布：台湾海域、南海；日本、菲律宾、印

图 2804　尾斑阿南鱼 A. melanurus
（依 Froese & Pauly，2017）

度尼西亚、澳大利亚、新西兰、社会群岛，印度-太平洋中西部。小型鱼类。体态漂亮，可作为观赏鱼。

8（7）体不为黑色，鳞片无白点；尾鳍基部无横带

9（10）头和体侧的背部黑色、腹部浅白色；胸鳍基部无黑斑……………………………… **新几内亚阿南鱼** **A. neoguinaicus Bleeker，1877**（图 2805）。栖息于近海水深可达 25m 的礁沙混合海域。白天在珊瑚礁区活动，晚上则钻入沙底休息。"一夫多妻"制，具性转变的行为，先雌后雄。食小型甲壳类、软体动物和多毛类。分布：台湾海域；日本、菲律宾、印度尼西亚、大堡礁。中小型鱼类。色彩鲜明，经济价值不高，少有人食用，偶见于水族馆。

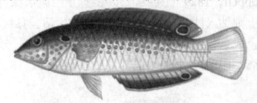

图 2805　新几内亚阿南鱼 A. neoguinaicus
（依 Shao K. T.，2017）

10（9）头和体侧无两色分界；胸鳍基部具一黑斑…………………………… **星阿南鱼 A. twistii Bleeker，1856**（图 2806）。栖息于沿岸水深可达 30m 的珊瑚礁浅海域，喜珊瑚礁茂盛区或潟湖礁区。白天在珊瑚礁区活动，晚上则钻入沙底休息。具性转变的行为，先雌后雄。食小型甲壳类、软体动物和多毛类。分布：台湾海域、南海；琉球群岛、土木士群岛、拉帕岛，红海-西太平洋。中小型鱼类。体长可达 180mm。色彩鲜明，经济价值不高，鲜有人食用，偶见于水族馆。

图 2806　星阿南鱼 A. twistii
（依 Shao K. T.，2017）

盔鱼属 *Coris* Lacepède，1802
种 的 检 索 表

1（8）背鳍条 12；臀鳍条 12

2（5）侧线鳞多于 70

3（4）体黄色；自吻端至尾具一黑色纵带 ………………………………………………………… **黑带盔鱼** **C. musume（Jordan & Snyder，1904）**（图 2807）。栖息于沿岸水深5～20m 的礁沙混合区。白天觅食，晚上钻入沙中休息，受惊吓时也会钻入沙中以躲避危险。幼鱼充当"鱼医生"，食珊瑚礁

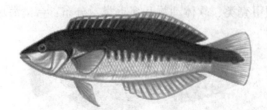

图 2807　黑带盔鱼 C. musume
（依 Shao K. T.，2017）

区的大鱼体表面或口腔中的寄生虫；成鱼食贝类、小虾、蟹之类的底栖动物。分布：台湾海域；日本南部。中小型鱼类。供食用，但产量稀少。体色鲜艳，可作为观赏鱼。

4（3）体红褐色；无色带，具蓝点；幼鱼体红色，体侧上部具 5 个白斑·····················**露珠盔鱼**
C. gaimard（**Quoy & Gaimard，1824**）（图 2808）。栖息于珊瑚礁区，从潮间带到深约 50m 的水域。幼鱼在平坦珊瑚礁或潟湖底部活动；成鱼在珊瑚平台外缘的沙地或小石子地、向海的礁区潟湖或岩礁区活动，晚上钻入沙中休息，受惊吓时也会钻入沙中躲藏。食无脊椎动物，如海胆、贝类、小虾。分布：台湾海域、南海；日本、夏威夷南、澳大利亚，东印度洋。中小型鱼类。体长可达 400mm。体色鲜艳，可作观赏鱼。一般无毒，但较大的个体极易因食物链关系在体内积聚珊瑚礁鱼毒素。肉有毒，是毒性较强的一种，食用时需要注意，防止中毒。

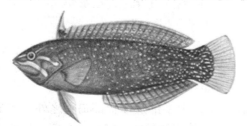

图 2808　露珠盔鱼 C. gaimard
（依 Shao K. T.，2017）

5（2）侧线鳞少于 70

6（7）侧线鳞 59～67；成鱼头部眼背方隆起；幼鱼白色；背鳍具 2 个黑斑·····················**鳃斑盔鱼**
C. aygula Lacepède，1801（图 2809）。栖息于珊瑚礁区，从潮间带到深约 30m 的水域。幼鱼在平坦珊瑚礁或潟湖底部活动；成鱼在珊瑚平台外缘的沙地或小石子地、向海的礁区潟湖或岩礁区活动，晚上钻入沙中休息，受惊吓时也会钻入沙中躲藏。食无脊椎动物，如海胆、贝类、小虾。分布：台湾海域；日本、澳大利亚、新喀里多尼亚、威克岛、马达加斯加、红海，印度-太平洋中西部。中大型鱼类。体长可达 120mm。供食用，但数量不多，经济价值不高。小鱼具鲜明的体色，有观赏价值。

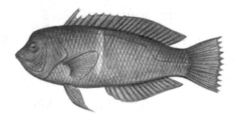

图 2809　鳃斑盔鱼 C. aygula
（依 Shao K. T.，2017）

7（6）侧线鳞 52～55；头部眼背方不隆起；体侧具 6 条宽黑色横带·····················**背斑盔鱼**
C. dorsomacula Fowler，1908（图 2810）。栖息于珊瑚礁区、水深为 2～40m 的水域。白天在珊瑚平台外缘的沙地或小石子地、向海的礁区潟湖或岩礁区活动；晚上钻入沙中休息，受惊吓时也会钻入沙中躲藏。食无脊椎动物，如海胆、贝类、小虾。分布：台湾海域、南海；日本、斐济、新西兰、澳大利亚、所罗门群岛，印度-西太平洋。中小型鱼类。体长可达 200mm。非食用经济鱼，体色鲜艳，可作为观赏鱼。

图 2810　背斑盔鱼 C. dorsomacula
（依 Shao K. T.，2017）

8（1）背鳍条11；臀鳍条11 ·· **巴都盔鱼 C. batuensis**（Bleeker，1856）（图 2811）。栖息于珊瑚礁和碎石区周围水域，生态习性不甚明了。食小蟹和腹虫类。分布：台湾海域；日本、斐济、澳大利亚、马绍尔群岛、马尔代夫群岛、查戈斯群岛，印度-太平洋西中部。中小型鱼类。体长可达 170mm。产量稀少。体色鲜艳，可作为观赏鱼。

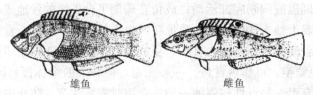

一雄鱼　　　　　　雌鱼

图 2811　巴都盔鱼 C. batuensis

（依 Nakabo，2002）

尖嘴鱼属 Gomphosus Lacépède，1801
种 的 检 索 表

1（2）雌性体浅色（液浸），或除头部的上半部及体背部褐色之外，其余均为浅色（新鲜）；雄性深黑色；体侧鳞无斑纹；背鳍第一至第三鳍棘的鳍膜具一黑斑；侧线前部分的孔纹多呈 2 分叉状；背鳍起点前鳞 8 ·································· **雀尖嘴鱼 G. caeruleus** Lacepède，1801（图 2812）。栖息珊瑚丰富的潟湖和朝海礁岩区的海域。利用其长吻，寻找藏身岩礁缝隙中的动物。食小虾、小鱼、海星和软体动物。分布：南海；印度尼西亚、阿曼海。中小型鱼类。体长可达 320mm。供食用，但产量少。由于长形的嘴巴，可作为观赏鱼。

图 2812　雀尖嘴鱼 G. caeruleus

2（1）体呈棕褐色（液浸），或雄鱼呈暗绿色，雌鱼体前半部黄褐色，后半部呈黑褐色（新鲜）；雌雄鱼的体侧鳞具一黑褐色垂直斑纹；侧线的前部分的孔纹多呈 3 分叉状；背鳍起点前鳞 6～7 ···························· **杂色尖嘴鱼 G. varius** Lacépède，1801（图 2813）。栖息于被珊瑚礁围绕的环礁、向海的礁坡区以及潟湖礁区，幼鱼成群在珊瑚上层水域游动，成鱼则在礁区周围活动。利用其长吻，寻找藏身岩礁缝隙的动物。食小虾、小鱼、海星和软体动物。分布：台湾海域、南海；日本、澳大利亚，印度-西太平洋。中小型鱼类。体长可达 300mm。可食用，但产量少。由于长形的嘴巴，使其成为水族馆热门的观赏鱼。

图 2813　杂色尖嘴鱼 G. varius

（依 Froese & Pauly，2017）

海猪鱼属 Halichoeres Rüppell，1835
种 的 检 索 表

1（6）鳃盖上部具一丛小鳞
2（3）眼后方具鳞 ······························ **圃海海猪鱼 H. hortulanus**（Lacepède，1801）（图 2814）。栖

息于沿岸珊瑚礁区、礁沙混合区、礁坡或潟湖区等，极为普遍。幼鱼常进入潮间带潮沟，夜间多钻入沙中，白天出现。具性转变的行为，先雌后雄。分布：台湾海域、南海；日本、澳大利亚北海岸，印度-西太平洋。中小型鱼类。体长可达 270mm。非经济鱼类，体色鲜艳，可作为观赏鱼。

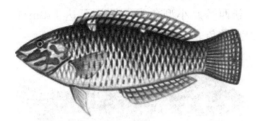

图 2814　圃海海猪鱼 *H. hortulanus*
（依 Froese & Pauly，2017）

3（2）眼后方无鳞

4（5）尾柄上部具一大黑斑；体侧上方无纵带 ·················· **三斑海猪鱼 *H. trimaculatus*（Quoy & Gaimard，1834）**（图 2815）。栖息于潟湖、珊瑚礁和沙质底的海域、潟湖区以及向海礁坡，也进入潮间带和亚潮带浅水域。具性转变的行为，先雌后雄。食无脊椎动物，如甲壳类、软体类、多毛虫、有孔虫、鱼卵等；也会追击被秋姑鱼搅动出来的小动物，甚至尾随潜水员找寻被大蛙脚翻动过的沙泥地，捡现成的食物。分布：台湾海域、南海；日本、菲律宾、印度尼西亚、澳大利亚、拉美尼西亚、波利尼西亚。中小型鱼类。体长可达 270mm。供食用，为珊瑚礁常见鱼类。体色鲜艳，可作为观赏鱼。

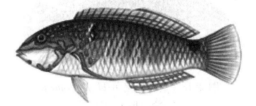

图 2815　三斑海猪鱼 *H. trimaculatus*
（依 Froese & Pauly，2017）

5（4）尾柄无黑斑；体侧上方具一纵带 ·················· **侧带海猪鱼 *H. scapularis*（Bennett，1832）**（图 2816）。栖息于具有泥沙、碎石、海草的潟湖或海湾的底部，经常独自活动或群居。具性转变的行为，先雌后雄。食泥沙中的甲壳类动物。分布：台湾海域；日本、澳大利亚、新几内亚、马达加斯加、塞舌尔、莫桑比克海峡，印度-西太平洋。中小型鱼类。体长可达 200mm。供食用，珊瑚礁中常见鱼类。体色鲜艳，可作为观赏鱼。

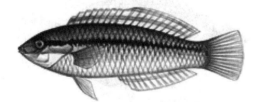

图 2816　侧带海猪鱼 *H. scapularis*
（依 Shao K. T.，2017）

6（1）鳃盖上部无鳞

7（40）体侧无圆珠斑

8（21）背鳍、臀鳍各具鳍条 11

9（18）体侧无纵带或具多条窄纵带

10（17）背鳍具纵带或斜带

11（14）背鳍具纵带

12（13）臀鳍密布黑点；体侧无纵带 ………………… **臀点海猪鱼 H. miniatus**（Valenciennes, 1839）（图2817）。栖息于珊瑚礁海域，平常停留在礁岩表面，游动的时候也很少超过礁岩上方1～2m的高度，也会钻入沙中。具性转变的行为，先雌后雄。分布：台湾海域；日本、菲律宾、马来西亚、澳大利亚、新西兰。小型鱼类。体长可达140mm。可食用，但个体小，无食用价值。体色鲜艳，可作为观赏鱼。

图2817　臀点海猪鱼 H. miniatus
（依 Shao K. T.，2017）

13（12）臀鳍无黑点；体侧具多条窄纵带 ………………… **黄斑海猪鱼 H. melanurus**（Bleeker, 1851）（图2818）。栖息于水深可达15m的浅水珊瑚礁区及沿岸海域。以底栖小型的多毛类、桡足类、甲壳类和小鱼及鱼卵为食。具性转变的行为，先雌后雄。分布：台湾海域；日本、澳大利亚、密克罗尼西亚、萨摩亚群岛，印度-西太平洋。小型鱼类。体长可达120mm。供食用，但个体小，无食用价值。体色多姿多彩，可作为观赏鱼。

图2818　黄斑海猪鱼 H. melanurus
（依 Shao K. T.，2017）

14（11）背鳍具斜带

15（16）眼下方的黑色纵带末端达鳃盖部后方 ………………… **斑点海猪鱼 H. margaritaceus**（Cuvier & Valenciennes, 1839）（图2819）。栖息于浅水珊瑚礁区及岩礁地带，也会钻入沙中。食底栖小型的多毛类、桡足类、甲壳类、小鱼和鱼卵。具性转变的行为，先雌后雄。分布：台湾海域、南海；琉球群岛，印度-太平洋中西部。小型鱼类。体长可达130mm。供食用，但个体小，无渔业价值。可作为观赏鱼。

图2819　斑点海猪鱼 H. margaritaceus
（依 Shao K. T.，2017）

16（15）眼下方的黑色纵带末端达前鳃盖部后方 ………………… **帝汶海猪鱼 H. timorensis**（Bleeker, 1852）（图2820）。栖息于浅水珊瑚礁区及岩礁地带。具性转变的行为，先雌后雄。食底栖小型的多毛类、桡足类、甲壳类、软体动物、小鱼和鱼卵。分布：台湾海域；新西兰、印度尼西亚、阿曼海、斯里兰卡、马尔代夫，印度-西太平洋。小型鱼类。个体小，非食用经济鱼。体色鲜艳，可作为观赏鱼。

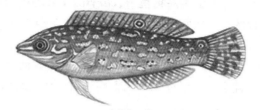

图 2820 帝汶海猪鱼 *H. timorensis*
(依 Shao K. T.，2017)

17（10）背鳍具圆斑·······················**云纹海猪鱼 *H. nebulosus*（Valenciennes，1839）**（图 2821）。栖息于潮间带至 40m 深的沿岸海域。幼鱼喜栖息在沙质石底，成鱼偏好于浅水岩礁区及海藻丛生的海区。独自行动，也会钻入沙底。具性转变的行为，先雌后雄。食底栖小型动物。分布：台湾海域；日本、大堡礁、巴布亚新几内亚、马达加斯加、红海，印度-西太平洋。小型鱼类。

图 2821 云纹海猪鱼 *H. nebulosus*
(依 Shao K. T.，2017)

18（9）体侧具一宽的纵带

19（20）自吻经眼至尾鳍基部具一宽纵带 ·························· **派氏海猪鱼 *H. pelicieri* Randall & Smith，1982**（图 2822）。栖息于水深 5m 的浅水域珊瑚礁区沿岸。食底栖甲壳类、软体动物、多毛类、有孔类、小鱼和鱼卵。分布：台湾海域；毛里求斯，印度-西太平洋。小型鱼类。个体小，产量稀少，无食用经济价值。体色鲜艳，可作为观赏鱼。

图 2822 派氏海猪鱼 *H. pelicieri*
(依 Shao K. T.，2017)

20（19）自眼后至尾鳍基部具一宽纵带 ························· **纵带海猪鱼 *H. hartzfeldii*（Bleeker，1852）**（图 2823）。栖息于水深 7～70m 礁石旁的沙地。一般常停留在水深 10m 的水域。幼鱼喜成群，成鱼则单独活动，或以一雄多雌的方式成群。白天觅食，晚上钻入沙中休息。食底栖性动物。分布：南海；日本。小型鱼类。体长可达 180mm。可食用，但无食用价值。体色鲜艳，可作为观赏鱼。

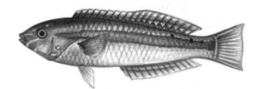

图 2823 纵带海猪鱼 *H. hartzfeldii*
(依 Froese & Pauly，2017)

21（8）背鳍、臀鳍各具鳍条 12 或 13

22（23）体黄色·······················**金色海猪鱼 *H.chrysus* Randall，1981**（图2824）。栖息于水深2
～60m的沿岸沙礁混合区。一般常停留在水深20m的珊瑚礁深水域。幼鱼喜独立在礁岩的底
部，或接近沙地或沙石混合区。白天觅食，晚上钻入沙中休息。食无脊椎动物。分布：台湾海
域、南海；日本南部、新南威尔士、所罗门群岛，印度-西太平洋。小型鱼类。体长可达
120mm。可食用，但个体小，产量稀少，无食用价值。体色鲜艳，可作为观赏鱼。

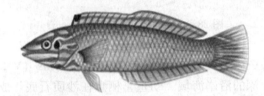

图2824　金色海猪鱼 *H.chrysus*
（依 Froese & Pauly，2017）

23（22）体不为黄色

24（25）胸鳍基部具一大黑斑 ····················· **胸斑海猪鱼 *H.melanochir* Fowler & Bean，1928**
（图2825）。栖息于沿岸珊瑚礁区，最深可达30m。白天在珊瑚礁区活动，晚上潜入沙堆中休
息。具性转变的行为，先雌后雄。食无脊椎动物，包括甲壳类、多毛类、有孔类、小鱼和鱼卵
等。分布：台湾海域、南海；日本南部、菲律宾、澳大利亚北部。中小型鱼类。体长可达
180mm。可食用，个体小，产量稀少，非食用经济鱼。体色鲜艳，可作为观赏鱼。

图2825　胸斑海猪鱼 *H.melanochir*
（依 Froese & Pauly，2017）

25（24）胸鳍基部无大黑斑

26（27）背鳍和臀鳍基底具低的鳞鞘··················**绿鳍海猪鱼 *H.marginatus* Rüppell，1835**
（图2826）。栖息于潟湖或珊瑚礁向海面，幼鱼常在礁岩的外围，成鱼则集中在再现礁茂盛的
海域。食无脊椎动物，包括甲壳类、多毛类、有孔类、小鱼和鱼卵等。分布：台湾海域、南
海；日本，印度-太平洋中西部。中小型鱼类。体长可达180mm。个体小，可食用，但产量稀
少，为非食用经济鱼。体色鲜艳，可作为观赏鱼。

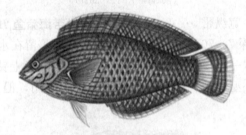

图2826　绿鳍海猪鱼 *H.marginatus*
（依 Froese & Pauly，2017）

27（26）背鳍和臀鳍基底无鳞鞘

28（35）体侧具纵带

29（32）身体具一纵带自吻经眼至尾鳍基部

30（31）体侧具二纵带 ···························· **双色海猪鱼 *H.bicolor*（Bloch & Schneider，1801）**
（图2827）。栖息于近海珊瑚礁和海草周围的泥沙质水域。食无脊椎动物，包括甲壳类、多毛

类、有孔类、小鱼和鱼卵等。分布：南海；菲律宾、印度尼西亚。中小型鱼类。体长可达 120mm。个体小，可食用，但产量稀少，为非食用经济鱼。体色鲜艳，可作为观赏鱼。

图 2827　双色海猪鱼 *H. bicolor*

31（30）体侧具四纵带 ·························· **黑额海猪鱼（幼鱼）*H. prosopeion*（Bleeker，1853）**（图 2828）。栖息于浅水域的珊瑚礁区及沿岸水深 2～40m 的海域，常会潜入沙中躲藏。食底栖甲壳类、软体动物、多毛类、有孔类、小鱼和鱼卵等。分布：台湾海域、南海；日本、斐济。小型鱼类。体长可达 150mm。可食用，但个体小，产量稀少，无食用价值。体色鲜艳，可作为观赏鱼。

图 2828　黑额海猪鱼 *H. prosopeion*（幼鱼）

（依 Froese & Pauly，2017）

32（29）身体无纵带伸至体侧后部

33（34）眼下缘具一纵带自吻端至体侧中部 ··················· **双斑海猪鱼 *H. biocellatus* Schultz，1960**（图 2829）。栖息于水深 7～35m 的珊瑚礁、岩礁区的海域中。白天觅食，夜晚潜入沙堆休息。具性转变的行为，先雌后雄。食无脊椎动物。分布：台湾海域、南海；日本、澳大利亚、新西兰、萨摩亚群岛、密克罗尼西亚，印度-西太平洋。小型鱼类。体长可达 150mm。可食用，但数量不多，渔业价值不高。体色鲜艳，可作为观赏鱼。

图 2829　双斑海猪鱼 *H. biocellatus*

（依 Froese & Pauly，2017）

34（33）眼后缘具 3 条前端交叉的纵带至体侧中前部 ························· **东方海猪鱼 *H. orientalis* Randall，1999**（图 2830）。栖息于潟湖或珊瑚礁向海面，幼鱼常出现在礁岩的外围，成鱼则在珊瑚礁繁茂的海域。食无脊椎动物，如甲壳类、软体类、多毛虫、有孔虫和鱼卵等。分布：台湾海域；大堡礁、夏威夷、圣诞岛，印度-太平洋。中小型鱼类。可食用，但产量稀少，非食用经济鱼。体色鲜艳，可作为观赏鱼。

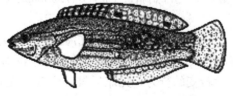

图 2830　东方海猪鱼 *H. orientalis*

（依岛田，2013）

35（28）体侧无纵带

36（39）胸鳍基部具一小黑斑；体色均一或具斑纹

37（38）背鳍棘硬；体侧具云斑 ················· **云斑海猪鱼 *H. nigrescens* (Bloch & Schneider, 1801)**
（图2831）。栖息于珊瑚礁、岩礁周围及海藻丛生的沙质底海域，有时钻入沙中。具性转变的行为，先雌后雄。食甲壳类、多毛类、软体动物和小鱼。分布：台湾海域、南海；日本南部、澳大利亚的豪勋爵岛、土木土群岛，印度-西太平洋。小型鱼类。体长可达180mm。供食用，但个体小，产量少，无渔业价值。体色鲜艳，可作为观赏鱼。

图2831　云斑海猪鱼 *H. nigrescens*
（依 Shao K. T., 2017）

38（37）背鳍棘柔软；体色均一 ····················· **细棘海猪鱼 *H. tenuispinis* (Günther, 1862)**
（图2832）。栖息于水深4～10m的沿岸浅水珊瑚礁海域。食底栖甲壳类、软体动物、多毛类、有孔类、小鱼和鱼卵等。分布：台湾海域、南海；日本、菲律宾。小型鱼类。体长可达130mm。可食用，但个体小，产量稀少，非食用经济鱼。体色鲜艳，可作为观赏鱼。

图2832　细棘海猪鱼 *H. tenuispinis*
（依 Shao K. T., 2017）

39（36）胸鳍基部无小黑斑；体色前部褐色、后部浅黄色···················· **黑额海猪鱼（成鱼）**
***H. prosopeion* (Bleeker, 1853)**（图2833）。栖息于浅水域的珊瑚礁区及沿岸水深2～40m的海域，常会潜入沙中躲藏。食底栖甲壳类、软体动物、多毛类、有孔类、小鱼和鱼卵等。分布：台湾海域、南海；日本、斐济。小型隆头鱼。体长可达150mm。供食用，但个体小，产量稀少，无食用价值。体色鲜艳，可作为观赏鱼。

图2833　黑额海猪鱼（成鱼）*H. prosopeion*
（依 Shao K. T., 2017）

40（7）体侧具圆珠斑 ····························· **珠光海猪鱼 *H. argus* (Bloch & Schneider, 1801)**
（图2834）。栖息于沿岸有绿藻且水流较平缓的岩礁或珊瑚礁海域，最深可达12m。白天觅食，夜晚则潜入沙堆休息。具性转变的行为，先雌后雄。食底栖无脊椎动物。分布：台湾海域、南海；日本、斐济、新西兰、阿曼海，东印度-西太平洋。小型鱼类。体长可达120mm。供食用，但个体小，产量少，无食用价值。体色鲜艳，可作为观赏鱼。

雄鱼　　　　　　　　　　雌鱼

图 2834　珠光海猪鱼 H. argus

（依 Nakabo，2002）

厚唇鱼属（半裸鱼属）Hemigymnus Günther，1861
种 的 检 索 表

1（2）体黑色，体侧具 4～5 条狭的白色横带 ················· **横带厚唇鱼 H. fasciatus**（Bloch，1792）
（图 2835）。栖息于近岸岩礁、礁沙混合区海域，深度可达 20m。小鱼一般只在浅海的礁区活动；
大鱼活动范围广，常出现在礁沙混合区。以海胆、海星、小贝、小虾、多毛类和有孔类为食。分
布：台湾海域、海南；日本、红海，印度-太平洋西中部。中大型鱼类。体长可达 1m，供食用。
体色鲜艳，可作为观赏鱼。

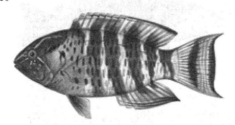

图 2835　横带厚唇鱼 H. fasciatus

（依 Froese & Pauly，2017）

2（1）体前部浅色、后部黑色，体侧无横带 ················ **黑鳍厚唇鱼 H. melapterus**（Bloch，1791）
（图 2836）。栖息于珊瑚礁和岩礁间，以及外海水质清澈的沙质底海域，最深可达 30m。利用肥
厚的嘴唇撞开沙泥质底地，寻找其中的食物。幼鱼主要食底栖浮游甲壳动物，成鱼食甲壳类、多
毛类蠕虫、软体动物、海星等小型无脊椎动物。具性转变的行为，先雌后雄。分布：台湾海域、
南海；日本、红海，印度-太平洋西中部。中大型鱼类。体长可达 730mm，供食用。体色鲜艳，
可作为观赏鱼。

图 2836　黑鳍厚唇鱼 H. melapterus

细鳞盔鱼属（全裸鹦鲷属）Hologymnosus Lacepède，1802
种 的 检 索 表

1（2）腹鳍末端超过肛门；体侧背部浅红色；侧线鳞 96～97 ······························· **玫瑰细鳞盔鱼**
H. rhodonotus Randall & Yamakawa，1988（图 2837）。栖息于水深可达 30m 珊瑚礁、碎石泥沙
混合区的海域。食小鱼、小虾、多毛类和海星等。分布：台湾海域、南海；新喀里多尼亚、洛亚
尔提群岛、瓦努阿图、大堡礁。中小型鱼类。体长可达 320mm。可食用，但产量稀少，非经济
鱼类。体色鲜艳，可作为观赏鱼。

2（1）腹鳍末端不达肛门；体侧背部黑色或白色；侧线鳞 105～113

图 2837　玫瑰细鳞盔鱼 *H. rhodonotus*
（依 Froese & Pauly，2017）

3（4）体浅色；尾鳍无楔斑；侧线鳞 112～113；体侧具白色横带（成鱼）或 3 条纵带（幼鱼）……
………………**狭带细鳞盔鱼 *H. doliatus*（Lacepède，1801）**（图 2838）。栖息于水深可达
30m 珊瑚礁、碎石泥沙混合区的海域。白天活动，夜间钻入沙中休息。幼鱼成群在礁区的碎石
地或沙堆上活动；成鱼则在礁区周围活动，雄鱼独居且具领域性。食小鱼、小虾、多毛类和海星
等。分布：台湾海域、南海；日本，印度-太平洋中西部。中小型鱼类。体长可达 500mm。可食
用，但产量稀少，非经济鱼类。体色鲜艳，可作为观赏鱼。

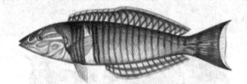

图 2838　狭带细鳞盔鱼 *H. doliatus*
（依 Shao K. T.，2017）

4（3）体深褐色；尾鳍具楔斑；侧线鳞 105～106；体侧具褐色横带 ……………………… **环纹细鳞盔鱼
H. annulatus（Lacepède，1801）**（图 2839）。栖息于水深可达 30m 珊瑚礁、岩礁区的海域。白天
活动，夜间钻入沙中休息。幼鱼成群在礁区的碎石地或沙堆上活动；成鱼则在礁区周围活动，雄
鱼独居且具领域性。食小鱼、小虾、多毛类和海星等。分布：台湾海域、南海；新喀里多尼亚、
洛亚尔提群岛、瓦努阿图、大堡礁。中大型鱼类。体长可达 400mm。可食用，有一定产量。体
色鲜艳，可作为观赏鱼。

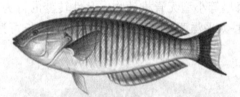

图 2839　环纹细鳞盔鱼 *H. annulatus*
（依 Shao K. T.，2017）

圆唇鱼属（突唇鱼属）*Labrichthys* Bleeker，1854

单线圆唇鱼 *L. unilineatus*（Guichenot，1847）（图 2840）。栖息于水深可达 20m 浅水潟湖和珊瑚礁
海区。食珊瑚虫。分布：台湾海域、南海；日本，印度-太平洋中西部。中小型鱼类。体长可达
180mm。可食用，但个体小，产量稀少，无食用经济价值。体色鲜艳，可作为观赏鱼。

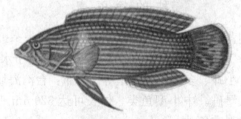

图 2840　单线圆唇鱼 *L. unilineatus*
（依 Shao K. T.，2017）

裂唇鱼属 *Labroides* Bleeker，1851
种 的 检 索 表

1（4）侧线鳞 28 以下；体侧前部黑色；或自吻端经眼向后至尾鳍有一黑色纵带，上方黄色

2（3）体侧前部黑色；臀鳍条 11 ·················· **二色裂唇鱼 L. bicolor Fowler & Bean，1928**
（图 2841）。栖息于水深可达 40m 珊瑚礁、岩礁区的海域。幼鱼常隐于洞穴内，成鱼则是海里有
名的"鱼医生"，成对地以一上一下的特殊行为，向其他鱼宣示它们"医生"的身份。食其他病
鱼皮肤、鳃和口腔的坏死组织或寄生虫。分布：台湾海域、南海；日本、澳大利亚，印度-太平
洋中西部。小型鱼类。体长可达 150mm。个体小，无食用价值。体色鲜艳，可作为观赏鱼。

图 2841　二色裂唇鱼 *L. bicolor*
（依 Shao K. T.，2017）

3（2）自吻端经眼向后至尾鳍有一黑色纵带，上方黄色；臀鳍条 9～10 ····················· **胸斑裂唇鱼
L. pectoralis Randall & Springer，1975**（图 2842）。栖息于水深可达 28m 沿岸珊瑚礁、岩礁区
的海域。幼鱼常隐于洞穴内，成鱼则是海里有名的"鱼医生"，成对地以一上一下的特殊行为，
向其他鱼宣示它们"医生"的身份。食其他病鱼皮肤、鳃和口腔的坏死组织或寄生虫。分布：台
湾海域；日本、菲律宾、澳大利亚、密克罗尼西亚、科科斯群岛、新喀里多尼亚，东印度-西太
平洋。小型鱼类。体长可达 110mm。个体小，无食用价值。体色鲜艳，可作为观赏鱼。

图 2842　胸斑裂唇鱼 *L. pectoralis*
（依 Shao K. T.，2017）

4（1）侧线鳞 50 以上；自吻端经眼向后至尾鳍有一黑色纵带，上方白色·····················**裂唇鱼
L. dimidiatus（Cuvier et Valenciennes，1839）**（图 2843）。栖息于水深可达 20m 沿岸珊瑚礁、岩
礁区的海域。是海里有名的"鱼医生"，成对地以一上一下的特殊行为，向其他鱼宣示它们"医
生"的身份，以特定的体色或动作"询问"是否需要帮助。食大型鱼皮肤、鳃和口腔内的寄生
虫。分布：台湾海域、南海；日本、红海，印度-太平洋西中部。小型鱼类。体长可达 120mm。
个体小，无食用价值。体色鲜艳，可作为观赏鱼。

图 2843　裂唇鱼 *L. dimidiatus*
（依 Shao K. T.，2017）

褶唇鱼属 *Labropsis* Schmidt，1931
种 的 检 索 表

1（2）侧线鳞 40 以下；腹鳍长，头长为腹鳍长的 2.3 倍以下；尾鳍圆形·····················**胸斑褶唇鱼

***L. manabei* Schmidt，1931**（图2844）。栖息于水深30m的温热带沿岸珊瑚礁丛的海域。幼鱼食珊瑚礁鱼类体表的寄生物，成鱼食珊瑚虫。分布：台湾海域；日本、印度尼西亚、菲律宾、澳大利亚，印度洋-西太平洋。小型鱼类。体长可达120mm。可食用，但个体小，产量稀少，非食用经济鱼。体色鲜艳，可作为观赏鱼。

图2844　胸斑褶唇鱼 *L. manabei*

（依 Shao K. T.，2017）

2（1）侧线鳞45以上；腹鳍短，头长为腹鳍长的2.5倍以上；幼鱼尾鳍圆形，雌鱼截形，雄鱼新月形 ························· **多纹褶唇鱼 *L. xanthonota* Randall，1981**（图2845）。栖息于水深可达55m水质清澈的潟湖或珊瑚礁繁生的海域。幼鱼食珊瑚礁鱼类体表的寄生物，成鱼食珊瑚虫。分布：台湾海域；日本、密克罗尼西亚、萨摩亚群岛、汤加、澳大利亚、莫桑比克、塞舌尔，印度-西太平洋。小型鱼类，体长可达130mm。可食用，但个体小，产量稀少，非食用经济鱼。体色鲜艳，可作为观赏鱼。

雄鱼　　　　　　　　雌鱼

图2845　多纹褶唇鱼 *L. xanthonota*

（依 Shao K. T.，2017）

尖猪鱼属 *Leptojulis* Bleeker，1862
种 的 检 索 表

1（2）体长为体高的3.7～4.0倍；背鳍、臀鳍鳍条12；颈部具一大的V形黑斑；体侧中下部具2条黄色纵带 ·················· **颈斑尖猪鱼 *L. lambdastigma* Randall & Ferraris，1981**（图2846）。栖息于岩礁、碎石或泥沙质底的海域。食小型多毛类蠕虫、软体动物、虾和其他甲壳动物。分布：台湾海域、广西北海、南海；菲律宾。小型鱼类。体长可达180mm。产量稀少，非食用经济鱼类。

图2846　颈斑尖猪鱼 *L. lambdastigma*

（依梁沛文）

2（1）体长为体高的3.9～4.9倍；背鳍、臀鳍鳍条11～12；颈部无黑斑或小黑斑；体侧中下部具1条黑色纵带

3（4）尾鳍基部具一大黑斑；鳃耙15～17 ·················· **尾斑尖猪鱼 *L. urostigma* Randall，1996**（图2847）。栖息于水深达90m以上珊瑚礁和泥沙底质的海域。食底栖软体动物、甲壳类、小鱼等。分布：台湾海域；菲律宾、巴布亚新几内亚。小型鱼类。体长可达110mm。产量稀少，非食用经济鱼类。

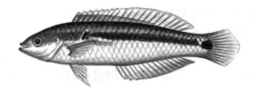

图 2847　尾斑尖猪鱼 *L. urostigma*

(依 Shao K. T.，2017)

4（3）尾鳍基部无黑斑；鳃耙 19～22 ·················· **蓝侧尖猪鱼 *L. cyanopleura*（Bleeker，1853）**
（图 2848）。栖息于水质稍混浊、浮游生物丰富的珊瑚礁、岩礁、碎石区或岩石底质的海域。食
浮游生物。分布：台湾海域、广西北海、南海；菲律宾、印度尼西亚。小型鱼类。体长可达
130mm。个体小，产量稀少，非食用经济鱼类。

图 2848　蓝侧尖猪鱼 *L. cyanopleura*

(依 Carpenter & Niem，2000)

大咽齿鱼属 *Macropharyngodon* Bleeker，1861
种 的 检 索 表

1（4）背鳍、臀鳍鳍条 11；上颌前方几枚犬齿不弯曲
2（3）体侧具不规则的大珠斑；胸鳍基部无黑斑 ···························· **珠斑大咽齿鱼**
M. meleagris Valencennes，1840（图 2849）。栖息于水深可达 30m 的珊瑚礁及周围海域，也生活于泥
沙、碎石、岩礁混合区的海域。喜亚潮带的珊瑚礁、潟湖外围及向海礁区。白天觅食，夜间钻入沙中
休息。食小虾、软体动物、海星和多毛类生物。分布：台湾海域、南海；日本、印度尼西亚。小型鱼
类。体长可达 150mm。可食用，但个体小，产量稀少，无食用经济价值。体色鲜艳，可作为观赏鱼。

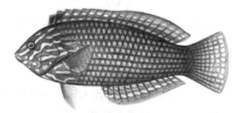

图 2849　珠斑大咽齿鱼 *M. meleagris*

(依 Froese & Pauly，2017)

3（2）体侧无大珠斑；胸鳍基部具一黑斑 ················· **胸斑大咽齿鱼 *M. negrosensis* Herre，1932**
（图 2850）。栖息于水深可达 32m 的海岛沿岸岩礁区海域。喜亚潮带的珊瑚礁、潟湖外围及向海
礁区。食小虾、软体动物、海星和多毛类等。分布：台湾海域；日本、安达曼海、马绍尔群岛、
萨摩亚群岛、澳大利亚，东印度-西太平洋。小型鱼类。体长可达 120mm。可食用，但个体小，

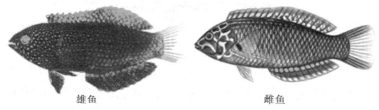

雄鱼　　　　　　　　　　　　雌鱼

图 2850　胸斑大咽齿鱼 *M. negrosensis*

(依 Froese & Pauly，2017)

产量稀少，无食用经济价值。体色鲜艳，可作为观赏鱼。

4（1）背鳍、臀鳍鳍条 12；上颌前方几枚犬齿均弯向后方 ·················· **莫氏大咽齿鱼**
M. moyeri Shepard & Meyer, 1978（图 2851）。栖息于沙质底并有大量藻类生长的海域。食小
虾、软体动物、海星和多毛类等。分布：台湾海域；日本。小型鱼类。体长可达 120mm。可食
用，但个体小，产量稀少，非食用经济鱼。体色鲜艳，可作为观赏鱼。

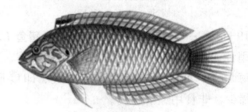

图 2851　莫氏大咽齿鱼 M. moyeri
（依 Shao K. T.，2017）

副海猪鱼属 *Parajulis* Bleeker, 1865

花鳍副海猪鱼 *P. poecilepterus*（Temminck & Schlegel, 1845）（图 2852）。栖息于水深可达 20m 的
海洋近岸、浅水湾的珊瑚礁和岩石区海域。白天觅食，夜晚潜入沙堆休息。食底栖性动物。分布：东
海、台湾北部海域、南海、香港；朝鲜半岛、日本、菲律宾。中大型鱼类。体长可达 340mm。供食用，
有一定产量，优质食用经济鱼。体色鲜艳，可作为观赏鱼。

图 2852　花鳍副海猪鱼 P. poecilepterus
（依 Froese & Pauly，2017）

拟盔鱼属 *Pseudocoris* Bleeker, 1862
种 的 检 索 表

1（2）眼后至鳃盖具纵带；雄鱼体侧中央具一哑铃状黑斑；雌鱼尾鳍基部上方具一黑斑；尾鳍截形······
··············侧斑拟盔鱼 **P. ocellata Chen & Shao, 1995**（图 2853）。栖息于沿岸岩礁的海
域，通常以一雄多雌组成的大群活动。食浮游动物。分布：台湾海域；日本。中小型鱼类。体长
可达 110mm。可食用，但个体小，产量稀少，非食用经济鱼。体色鲜艳，可作为观赏鱼。

雌鱼　　　　　　　　　　　雄鱼
图 2853　侧斑拟盔鱼 P. ocellata
（依 Froese & Pauly，2017）

2（1）眼后至鳃盖无纵带；体侧中央无哑铃状黑斑；尾鳍稍圆、截形或凹入

3（4）幼鱼具 3 条黑色纵带，自吻端向后达尾鳍基部，尾鳍稍圆至截形；雄鱼尾鳍上下外缘鳍条丝状延
长，体侧前部具几条红褐色横带；雌鱼体呈蓝绿色、灰色或棕红色，尾鳍上下叶稍延长··········
··············橘纹拟盔鱼 **P. aurantiofasciata Fourmanoir, 1971**（图 2854）。栖息于珊瑚礁、岩
礁区底层。食浮游动物。分布：台湾海域；日本、菲律宾、帕劳、巴布亚新几内亚、库克群岛、

圣诞岛，东南印度洋-西太平洋。中小型鱼类。体长可达 200mm。可食用，但产量稀少，非食用经济鱼。体色鲜艳，可作为观赏鱼。

雌鱼　雄鱼

图 2854　橘纹拟盔鱼 *P. aurantiofasciata*

（依 Nakabo，2002）

4（3）幼鱼体侧无明显纵带，尾鳍稍圆至截形；成鱼尾鳍截形或上下外缘鳍条略延长

5（6）胸鳍 13；幼鱼和雌鱼尾鳍基上部具一黑斑；雄鱼体侧中央具一黄色宽横带…………………布氏拟盔鱼 **P. bleekeri**（**Hubrecht，1876**）（图 2855）。栖息于底质为泥沙、碎石、岩礁的海域，尤其是水流经过区域。食浮游动物。分布：台湾海域；日本、菲律宾、印度尼西亚。中小型鱼类，体长可达 150mm。可食用，但产量稀少，非食用经济鱼。体色鲜艳，可作为观赏鱼。

雌鱼　雄鱼

图 2855　布氏拟盔鱼 *P. bleekeri*

（依 Shao K. T.，2017）

6（5）胸鳍 12；幼鱼和雌鱼尾鳍基部无黑斑；体侧无明显的斑块；体背部深色，腹部浅色…………………棕红拟盔鱼 **P. yamashiroi**（**Schmidt，1931**）（图 2856）。栖息于较浅的潟湖、珊瑚礁、沙质底的海域，大多以一雄多雌组成的群体方式活动。幼鱼的活动范围较小，常在礁面活动；成鱼的活动范围较大，喜水深 25m 的海域。产浮性卵。生性胆小，不易和其他鱼接近。食浮游动物，幼鱼食糠虾。分布：台湾海域、南海；日本、新西兰、马尔代夫，印度-西太平洋。中小型鱼类。体长可达 160mm。可食用，但产量稀少，非食用经济鱼。体色鲜艳，可作为观赏鱼。

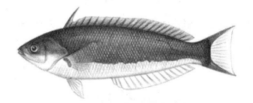

图 2856　棕红拟盔鱼 *P. yamashiroi*

（依 Shao K. T.，2017）

拟海猪鱼属 *Pseudojuloides* Fowler，1949

拟海猪鱼 *P. cerasinus*（Snyder，1904）（图 2857）。栖息于碎石、岩礁的海域，以及向海礁区，由潮间带至深度 60m 的海域，但很少出现在小于 20m 深的浅水区。喜海藻丛生的珊瑚礁石地。分布：台湾海域；日本南部、大堡礁、夏威夷群岛、马达加斯加、毛里求斯，印度-太平洋西中部。中小型鱼类。

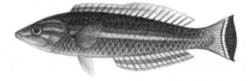

图 2857　拟海猪鱼 *P. cerasinus*

（依 Shao K. T.，2017）

体长可达120mm。可食用，但个体小，产量稀少，非食用经济鱼。体色鲜艳，可作为观赏鱼。

拟隆头鱼属 *Pseudolabrus* Bleeker，1862
种 的 检 索 表

1（4）眼下缘具一纵带，自吻端向后达鳃盖

2（3）体侧背部具2行明显的白斑······················ **西氏拟隆头鱼** *P. sieboldi* Mabuchi & Nakabo，**1997**
（图2858）。栖息于珊瑚礁、岩礁的海域。生态习性不详。分布：台湾海域；日本南部。中小型鱼类。体长可达120mm。可食用，但个体小，产量稀少，非食用经济鱼。体色鲜艳，可作为观赏鱼。

图2858 西氏拟隆头鱼 *P. sieboldi*
（依 Shao K. T.，2017）

3（2）体侧背部无明显的白斑······················· **日本拟隆头鱼** *P. japonicus* （Houttuyn，1782）
（图2859）。栖息于岩礁边缘的海域。食底栖生物。分布：台湾海域，香港，南海；朝鲜半岛、日本。中小型鱼类。体长可达250mm。可食用，但产量稀少，非食用经济鱼。体色鲜艳，可作为观赏鱼。

图2859 日本拟隆头鱼 *P. japonicus*
（依 Froese & Pauly，2017）

4（1）眼下缘具一弧带，自吻端向后达胸鳍基部 ·························· **远东拟隆头鱼**
P. eoethinus （Richardson，1846）（图2860）。栖息于岩礁海域，生态习性不详。分布：台湾海域、南海；日本南部。中小型鱼类。体长可达200mm。可食用，但产量稀少，非食用经济鱼。

图2860 远东拟隆头鱼 *P. eoethinus*
（依 Nakabo，2002）

高体盔鱼属（长鳍鹦鲷属）*Pteragogus* Peters，1855
种 的 检 索 表

1（6）背鳍具9鳍棘、11～12鳍条；雄鱼背鳍前部1～2棘或1～4棘丝状延长

2（5）雄鱼背鳍前部1～2棘；雌鱼背鳍前部棘不延长；眼后方无暗色斜带

3（4）体侧具多条纵线纹；体侧背部无暗斑 ····················· **九棘高体盔鱼**
P. enneacanthus （Bleeker，1853）（图2861）。栖息环境较为广泛，由近岸至20m深水区的藻礁

海域或具海绵的软底质海区，特别喜欢在珊瑚茂盛的礁区。较为温顺，慢条斯理地游弋。白天觅食，晚上躲在岩石下方或海藻中休息。分布：台湾海域；日本、印度尼西亚、菲律宾、所罗门群岛、澳大利亚，印度-西太平洋。中小型鱼类。体长可达 150mm。可食用，但产量稀少，非食用经济鱼。体色鲜艳，可作为观赏鱼。

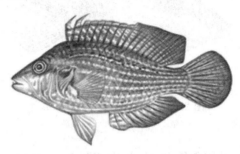

图 2861　九棘高体盔鱼 *P. enneacanthus*
（依 Froese & Pauly，2017）

4（3）体侧无明显的纵线纹；体侧背部有数个暗斑 ·· **长鳍高体盔鱼**
P. aurigarius（**Richardson，1845**）（图 2862）。栖息于近岸至 20m 深水区的藻礁海域，或珊瑚繁盛的海区，特别喜欢藻类丛生的礁区。较为温顺，慢条斯理地游弋。白天觅食，晚上躲在岩石下方或海藻中休息。分布：台湾海域、南海；日本。中小型鱼类。体长可达 170mm。可食用，个体小，产量稀少，非食用经济鱼。体色鲜艳，可作为观赏鱼。

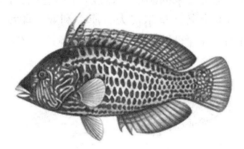

图 2862　长鳍高体盔鱼 *P. aurigarius*
（依 Froese & Pauly，2017）

5（2）雄鱼背鳍前部 1～4 棘；雌鱼背鳍前部 1～2 棘延长；眼后方具一暗色斜带，后端达胸部··············
··················· **高体盔鱼** *P. flagellifer*（**Valenciennes，1839**）（图 2863）。栖息于岩礁、珊瑚礁和海草的海域。较为温顺，慢条斯理地游弋。白天觅食，晚上躲在岩石下方或海藻中休息。分布：台湾海域、南海；印度-西太平洋。中小型鱼类。体长可达 200mm。可食用，个体小，产量稀少，非食用经济鱼。体色鲜艳，可作为观赏鱼。

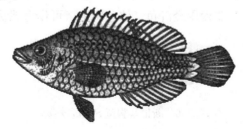

图 2863　高体盔鱼 *P. flagellifer*
（依邓思明，1979）

6（1）背鳍具 10 鳍棘、10 鳍条；雄鱼背鳍前部 1～4 棘丝状延长 ······································· **隐高体盔鱼**
P. cryptus Randall，1981（图 2864）。栖息于近岸至 70m 深的藻礁海域，或珊瑚繁盛的海区，特别喜欢藻类丛生的礁区。较为温顺，缓慢地游弋。白天觅食，晚上躲在岩石下方或海藻中休息。分布：台湾海域；印度尼西亚、菲律宾、大堡礁。小型鱼类。体长可达 100mm。可食用，

个体小，产量稀少，非食用经济鱼。体色鲜艳，可作为观赏鱼。

图 2864　隐高体盔鱼 *P. cryptus*
（依 Froese & Pauly，2017）

紫胸鱼属 *Stethojulis* Günther，1862
种 的 检 索 表

1（6）胸鳍 12～13 鳍条

2（3）身体不细长，体长为体高的 2.7～3.4 倍；鳃耙 25～28；雌鱼体中上部具许多白色小点，腹部具黑斑 2～3 纵行，尾鳍基中央具一黑斑；雄鱼体侧具 4 蓝色线条 ……………………………………
三线紫胸鱼 S. *trilineata*（Bloch & Schneider，1801）（图 2865）。栖息于离岛沿岸岩礁区和珊瑚礁浅水域，对于潮差剧烈变化所带来的温度、盐度、溶氧量的环境变化，具有很强的适应能力。分布：台湾海域、南海；朝鲜半岛、马尔代夫、澳大利亚、印度-西太平洋。小型鱼类。体长可达 150mm。可食用，但个体小，产量稀少，非食用经济鱼。体色鲜艳，可作为观赏鱼。

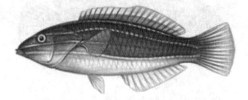

图 2865　三线紫胸鱼 *S. trilineata*
（依 Shao K. T.，2017）

3（2）身体细长，体长为体高的 3.3～4.4 倍；鳃耙 19～25

4（5）鳃耙 19～23；雌鱼自眼后至胸鳍基底背后方具一暗红色纵带；雄鱼尾柄无宽黑区，体侧自吻端沿体轴至尾鳍基部具一蓝色纵带 ……………… **断带紫胸鱼 S. *interrupta*（Bleeker，1851）**（图 2866）。栖息于珊瑚礁、岩礁或沙和碎石混合底质的海域，有钻沙习性。以底栖性无脊椎动物为食。分布：台湾海域、南海；红海，印度-西太平洋。小型鱼类。体长可达 130mm。可食用，但个体小，产量稀少，非食用经济鱼。体色鲜艳，可作为观赏鱼。

图 2866　断带紫胸鱼 *S. interrupta*

5（4）鳃耙 24～25；雌鱼自鳃盖膜后部经胸鳍基部背方具一黑色纵带，消失在肛门上方体侧；雄鱼尾柄和尾鳍基部具一宽黑区，体侧中部沿体轴至尾鳍基部具一蓝色纵带 ……………………………
断纹紫胸鱼 S. *terina* Jordan & Snyder，1902（图 2867）。栖息于岩砾或珊瑚礁外围的沙地水域。食甲壳类和多毛类。分布：台湾海域；日本。小型鱼类。体长可达 140mm。可食用，但个体小，产量稀少，非食用经济鱼。体色鲜艳，可作为观赏鱼。

6（1）胸鳍 14～15 鳍条

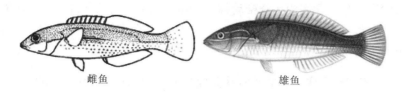

图 2867　断纹紫胸鱼 *S. terina*

（依岛田，2013）

7（10）身体不细长，体长为体高的 2.8～3.5 倍；胸鳍 14（15 稀少）；鳃耙 25～30（通常 27～29）；雌鱼腹部无白色线条，尾柄中央具 1～4（通常 2）小黑斑，胸鳍基部上方具一色区；雄鱼尾柄无小黑斑，头部具 4 条蓝色纵带，鳃盖膜上部无黑斑

8（9）雌鱼胸鳍基部上方具一黄色区；雄鱼胸鳍下方至尾鳍基下部具一宽橘黄色纵带，鳃盖后缘至胸鳍基部上方具一白线，体侧中央具二平行的蓝色纵线 ⋯⋯⋯⋯⋯⋯⋯⋯⋯⋯⋯⋯⋯⋯ **圈紫胸鱼 *S. balteata*（Quoy & Gaimard，1824）**（图 2868）。栖息于潟湖、珊瑚礁海域。食双壳类、多毛类、腹足类和各种无脊椎动物。分布：南海；太平洋中东部。小型鱼类。体长可达 150mm。可食用，但个体小，产量稀少，非食用经济鱼。体色鲜艳，可作为观赏鱼。

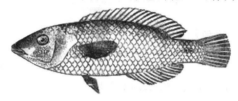

图 2868　圈紫胸鱼 *S. balteata*

9（8）雌鱼胸鳍基部上方具一红色区；雄鱼体侧无宽橘黄色纵带，鳃盖后缘至胸鳍基部上方具一红色区，体侧中央具一蓝色纵线 ⋯⋯⋯⋯⋯⋯⋯⋯⋯⋯ **黑星紫胸鱼 *S. bandanensis*（Bleeker，1851）**（图 2869）。栖息于较浅的潟湖、珊瑚礁、岩礁或具沙泥、碎石底的海域，以及亚潮带的沙石底部。独居或以一雄多雌组成群的方式活动。雄鱼具有领域性。食小型底栖无脊椎动物、甲壳类。分布：台湾海域、南海；日本、澳大利亚，印度-西太平洋。小型鱼类。体长可达 150mm。可食用，但个体小，产量稀少，非食用经济鱼。体色鲜艳，可作为观赏鱼。

图 2869　黑星紫胸鱼 *S. bandanensis*

（依 Froese & Pauly，2017）

10（7）身体中等细长，体长为体高的 3.5～3.9 倍；胸鳍 15（14 稀少）；鳃耙 24～28（通常 25～27）；尾柄中央具一小黑斑；雌鱼体腹部具 5 条白色纵线纹，胸鳍基部上方无色区；雄鱼头部具 2 条蓝色纵带，鳃盖膜上部具一黑斑 ⋯⋯⋯⋯⋯⋯⋯⋯ **虹纹紫胸鱼 *S. strigiventer*（Bennett，1833）**（图 2870）。栖息于平静的海藻床、浅内湾或沙、小石子及海藻混合的珊瑚礁海域。白天觅食，

图 2870　虹纹紫胸鱼 *S. strigiventer*

（依 Froese & Pauly，2017）

晚上则潜入沙底休息。食底栖无脊椎动物。分布：东海、台湾北部海域、南海；日本，印度-太平洋中西部。小型鱼类。体长可达 150mm。可食用，但个体小，产量稀少，非食用经济鱼。体色鲜艳，可作为观赏鱼。

苏伊士鱼属（苏彝士隆头鱼属）*Suezichthys* Smith，1958

细长苏伊士鱼 *S. gracilis* (Steindachner & Döderlein，1887)（图 2871）。栖息于珊瑚岩砾或珊瑚礁外围的沙地水域。最大个体可达 160mm。食小型甲壳动物和多毛类。分布：东海、台湾海域、南海；朝鲜半岛、日本、越南、澳大利亚、新喀里多尼亚、波斯湾，印度-太平洋。小型鱼类。可食用，但个体小，产量稀少，非食用经济鱼。体色鲜艳，可作为观赏鱼。

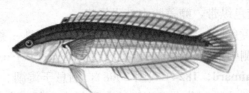

图 2871　细长苏伊士鱼 *S. gracilis*

（依 Froese & Pauly，2017）

锦鱼属 *Thalassoma* Swainson，1839
种 的 检 索 表

1（16）鳃盖上部被一丛小鳞；体长为体高的 3.9 倍以下
2（5）体侧具黑色宽横带
3（4）体侧具 6 条横带，不伸入背鳍··························**鞍斑锦鱼 *T. hardwicke* (Bennett，1830)**
　　　（图 2872）。栖息于潮间带至 15m 深的浅潮带、岩礁及珊瑚区，喜珊瑚礁、碎石及沙质海域。小鱼盘旋在珊瑚丛上缘，一遇危险立刻钻入珊瑚枝里；成鱼四处游走。食小鱼、底栖甲壳动物、有孔虫和浮游动物。分布：台湾海域、南海；日本，印度-太平洋中部。中小型鱼类。体长可达 200mm。可食用，但个体小，产量少，无食用经济价值。体色鲜艳，可作为观赏鱼。

图 2872　鞍斑锦鱼 *T. hardwicke*

（依 Froese & Pauly，2017）

4（3）体侧具 3 条横带，伸入背鳍··························**大斑锦鱼 *T. jansenii* (Bleeker，1856)**
　　　（图 2873）。栖息于沿岸浅潮带至 15m 深的珊瑚礁、岩礁区海域。食底栖动物。分布：台湾海域、南海；日本、大堡礁、马尔代夫、斯里兰卡、密克罗尼西亚，印度-西太平洋。中小型鱼类。体长可达 200mm。可食用，但个体小，产量少，无食用经济价值。体色鲜艳，可作为观赏鱼。

图 2873　大斑锦鱼 *T. jansenii*

（依 Froese & Pauly，2017）

5（2）体侧无黑色宽横带
6（7）体墨绿色，具许多紫红色横线；头部蓝绿色，具不规则紫色带；胸鳍中央具一长条状紫红区······

·····················新月锦鱼 *T. lunare*（Linnaeus，1758）（图 2874）。栖息于潮间带至 20m 深的潟湖、珊瑚礁或礁岩区，常以礁石为遮蔽物，喜在礁湖或珊瑚礁上缘，或向海礁区活动，也会进入河口。独居或群居。具性转变的行为，由群居的雌鱼转变为雄鱼，随后雄鱼保护群内的雌鱼。食底栖无脊椎动物和鱼卵。分布：台湾海域、南海；日本、红海，印度-太平洋中西部。中大型鱼类。体长可达 450mm。供食用，有一定产量。体色鲜艳，也可作为观赏鱼。

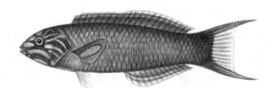

图 2874　新月锦鱼 *T. lunare*
（依 Froese & Pauly，2017）

7（6）体非墨绿色，无紫红色横线；头部非蓝绿色，无紫色带；胸鳍中央无条状紫红区

8（9）体具纵带和横线构成的栅状纹·····················绿波锦鱼 *T. trilobatum*（Lacepède，1801）（图 2875）。栖息于潮间带至 10m 深的珊瑚礁、岩礁海域。食小蟹、小虾、海星和软体动物。分布：台湾海域、南海；日本南部、大堡礁、夏威夷群岛、莫桑比克、东非，印度-西太平洋。中大型鱼类。体长可达 300mm。可食用，产量稀少，肉质鲜美，但易腐烂。体色鲜艳，可作为观赏鱼。

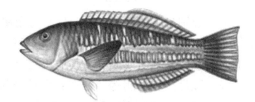

图 2875　绿波锦鱼 *T. trilobatum*
（依 Froese & Pauly，2017）

9（8）体无栅状纹

10（11）体侧无纵带；胸鳍后部具黑斑 ·····················胸斑锦鱼 *T. lutescens*（Lay & Bennett，1839）（图 2876）。栖息于潮间带至 30m 深的亚潮带、珊瑚礁或泥沙碎石底质的海域，喜在礁湖、向海礁区的外侧，珊瑚礁区的上方。白天活动，夜晚则于礁的岩缝处休息。食底栖无脊椎动物和鱼卵。分布：台湾海域、南沙；日本南部、大堡礁、夏威夷群岛，印度-西太平洋。中大型鱼类。体长可达 300mm。供食用，产量稀少，肉质鲜美，但易腐烂。体色鲜艳，可作为观赏鱼。

图 2876　胸斑锦鱼 *T. lutescens*
（依 Froese & Pauly，2017）

11（10）体侧具纵带；胸鳍后部无黑斑

12（13）体侧具一纵带，自胸鳍基底至尾柄 ·····················环带锦鱼 *T. cupido*（Temminck & Schlegel，1845）（图 2877）。栖息于潮间带至 15m 深的珊瑚礁海域。成鱼通常行"一夫多妻"的群居生活，在浅珊瑚丛或礁盘上栖息或活动；幼鱼成群在珊瑚礁表面游弋。食浮游动物。分布：台湾海域、南海；日本。中小型鱼类。体长可达 200mm。可食用，但个体小，产量稀少，无食用经济价值。体色鲜艳，可作为观赏鱼。

13（12）体侧具二纵带

14（15）体侧中部与腹部各具一纵带，分别自胸鳍基底上下方向后平行至尾鳍基部·····················

图 2877　环带锦鱼 *T.cupido*

（依 Froese & Pauly, 2017）

……**紫额锦鱼 *T. purpureum*（Forsskål，1775）**（图 2878）。栖息于潮间带至 10m 深的珊瑚礁边缘和岩礁区，尤其是在浪潮汹涌的珊瑚礁外缘、岩岸或岩礁暴露的极浅岸边。食小鱼、海胆、多毛类和甲壳动物。分布：台湾海域、南海；日本、红海，印度-西太平洋。中大型鱼类。体长可达 460mm。可食用，但肉质易腐烂，产量稀少，无食用经济价值。体色鲜艳，可作为观赏鱼。

图 2878　紫额锦鱼 *T. purpureum*

（依 Froese & Pauly, 2017）

15（14）体侧背部与中部各具一纵带，分别自胸鳍基底上方向后平行至尾鳍基部……………………
纵纹锦鱼 *T. quinquevittatum*（Lay & Bennett，1839）（图 2879）。栖息于潮间带至 40m 深的珊瑚礁海域，常见于浅水的向海礁区。独居或成群与其他鱼混合游，常用手钓可捕获。食底栖无脊椎软体动物、小鱼、小虾、腹足类和海胆等。分布：台湾海域、南海；日本、夏威夷群岛，印度-太平洋中西部。中小型鱼类。体长可达 170mm。可食用，但个体小，产量稀少，无食用经济价值。体色鲜艳，可作为观赏鱼。

图 2879　纵纹锦鱼 *T. quinquevittatum*

（依 Froese & Pauly, 2017）

16（1）鳃盖上部无鳞；体长为体高的 3.9 倍以上………………………………………… **钝头锦鱼**
***T. amblycephalum*（Bleeker，1856）**（图 2880）。栖息于潮间带至 40m 深的离岛珊瑚礁区海域。成鱼通常行"一夫多妻"的群居生活，在浅珊瑚丛或礁盘上栖息或活动。幼鱼成群在珊瑚礁表面游动。食浮游甲壳动物。分布：台湾海域、南海；琉球群岛、大堡礁、莫桑比克海峡、马达加斯加、马克萨斯群岛、土阿莫土群岛，印度-西太平洋。中小型鱼类。体长可达 160mm。可食用，但个体小，无食用经济价值。体色鲜艳，可作为观赏鱼。

图 2880　钝头锦鱼 *T. amblycephalum*

（依 Froese & Pauly, 2017）

253. 鹦嘴鱼科（鹦哥鱼科）Scaridae

体长椭圆形，略侧扁，被大型鳞片。吻钝圆。口小，前位。上颌骨固着于前颌骨，口不能向前伸出。颌齿多数愈合成齿板。口角的齿板表面或具尖锐的犬齿。少数种类颌齿仅在基部愈合。犁骨和腭骨均无齿。上咽骨1对，具1～3行扁齿，呈铺石状排列；下咽骨愈合为一，大多具四角形或匙状扁齿，呈铺石状排列。鳃孔大。鳃盖膜愈合或完全分离。鳃盖条5。侧线后部中断或少数连续，侧线鳞22～24。颊部具1～4行鳞。背鳍连续，具9鳍棘、10鳍条；臀鳍具3鳍棘、9鳍条；腹鳍具1鳍棘、5鳍条；尾鳍圆形或新月形，有延长的上下叶。椎骨24～25。

本科鱼类体色鲜艳，分布于热带大西洋、印度洋和太平洋，栖息于珊瑚礁或岩礁间。多数种类的成鱼体色有两性变异。草食性，借其坚硬的齿板刮取附生在死珊瑚上和结实沙层中的底生藻类，或摄食珊瑚虫、贝类、海胆等无脊椎动物。

本科有10属99种（Nelson，2013）；中国有7属35种。

属 的 检 索 表

1（4）颊鳞仅有1列；胸鳍具13软条；9根腹椎骨及15根尾椎骨
2（3）牙齿愈合成齿板；闭口时下腭齿会覆盖上腭齿；标准体长为体高的2.9～3.8倍……………………
……………………………………………… 纤鹦嘴鱼属（纤鹦鲤属）*Leptoscarus*
3（2）外齿分离而未愈合成齿板；闭口时上腭齿会覆盖下腭齿；标准体长为体高2.2～3.1倍………
………………………………………………………… 绚鹦嘴鱼属（鹦鲤属）*Calotomus*
4（1）具2～3列颊鳞；胸鳍具13～17软条；10～12腹椎骨及13～15尾椎骨
5（8）齿板之外表面有颗粒状突起；每一上咽骨具3列臼齿状咽头齿，其后列者并不发达；鳃耙数16～24；后鼻孔明显大于前鼻孔
6（7）头部有一隆起向前到达眼部；体长为体高的2.05～2.5倍；头长为吻长的1.65～1.7倍；背鳍前鳞为2～5（通常为4），间鳃盖骨具1列鳞片；鳃耙数16～18 ……………………
…………………………………………… 大鹦嘴鱼属（隆头鹦哥鱼属）*Bolbometopon*
7（6）背侧平滑或有些微凸；体长为体高的2.5～2.8倍；头长为吻长的1.8～2.2倍；背鳍前鳞5～7；间鳃盖骨具2列鳞片；鳃耙数20～24 ………………… 鲸鹦嘴鱼属（鲸鹦哥鱼属）*Cetoscarus*
8（5）齿板之外表面平滑；每一上咽骨具1列臼齿状的咽头齿；鳃耙数38～81；后鼻孔并不明显地大于前鼻孔（除了 *Scarus ghobban* 以外）
9（10）齿板窄，为眼径的1.5～2.0倍；头尖锐；眼接近背侧；眼眶骨不十分突出；颊鳞小 ………
…………………………………………………… 马鹦嘴鱼属（马鹦哥鱼属）*Hipposcarus*
10（9）齿板并不狭窄，通常其高度较眼径为大；头不尖锐；眼睛不近背侧；眼眶骨十分突出；颊鳞大
11（12）每侧上咽骨具扁平齿1行，其基部外侧有1行退化齿 ………… 鹦嘴鱼属（鹦哥鱼属）*Scarus*
12（11）每侧上咽骨仅具扁平齿1行，无退化齿 ………… 绿鹦嘴鱼属（绿鹦哥鱼属）*Chlorurus*

大鹦嘴鱼属（隆头鹦哥鱼属）*Bolbometopon* Smith，1956

驼峰大鹦嘴鱼（隆头鹦哥鱼）*B. muricatum*（Valenciennes，1840）（图2881）。稚鱼生活于潟湖，成鱼则群游于礁湾或珊瑚礁外围的海域。以啃食活珊瑚为食，消化后所排泄出的珊瑚虫骨骼为形成浅海礁区珊瑚沙的重要来源。体长130cm。分布：台湾海域；日本、红海、萨摩亚群岛、澳大利亚，印度-

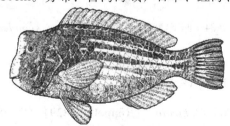

图2881　驼峰大鹦嘴鱼（隆头鹦哥鱼）*B. muricatum*
（依 D. R. Bellwood，2001）

太平洋区海域。鹦嘴鱼中最大型的鱼种。

绚鹦嘴鱼属（鹦鲤属）*Calotomus* Gilbert，1890
种 的 检 索 表

1（2）尾鳍凹形…………………………星眼绚鹦嘴鱼（卡罗鹦鲤）*C. carolinus*（Valenciennes，1840）
（图 2882）。栖息环境多样化，如珊瑚礁台、潟湖、海草床、沙地或珊瑚、碎石、海草与杂草丛生的区域等。摄食底栖有硬外壳的藻类。体长 280mm。分布：钓鱼岛、台湾海域；日本、雷维拉吉哥多岛、澳大利亚，印度-泛太平洋。

图 2882　星眼绚鹦嘴鱼（卡罗鹦鲤）*C. carolinus*

（依岛田，2013）

2（1）尾鳍圆形

3（4）颊部具不规则的红色斑块……………………………………………日本绚鹦嘴鱼（日本鹦鲤）
C. japonicus（Valenciennes，1840）（图 2883）。栖息于岩石区且有海草的沿岸水域。体长 390mm。分布：台湾海域；韩国、日本，西-北太平洋。

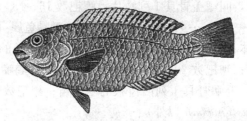

图 2883　日本绚鹦嘴鱼（日本鹦鲤）*C. japonicus*

（依杨家驹，1979）

4（3）颊部无斑块 …………………凹尾绚鹦嘴鱼（凹尾鹦鲤）*C. spinidens*（Quoy & Gaimard，1824）
（图 2884）。栖息于近岸海湾或潟湖区内的藻类丛生区或海草床。体长 300mm。分布：台湾海域、东沙群岛；日本、莫桑比克、马绍尔群岛、澳大利亚，印度-太平洋。

图 2884　凹尾绚鹦嘴鱼（凹尾鹦鲤）*C. spinidens*

（依岛田，2013）

鲸鹦嘴鱼属（鲸鹦哥鱼属）*Cetoscarus* Smith，1956

双色鲸鹦嘴鱼（双色鲸鹦哥鱼）*C. bicolor*（Rüppell，1829）（图 2885）。栖息于清澈的潟湖与海礁石区。幼鱼喜在稠密的珊瑚区与藻类栖地活动，啃食底部藻类为生；成鱼具有领域性，喜栖息有珊瑚分布的陡峭斜坡。在成长期间有变态行为，最大的雌鱼会变性，成为色彩鲜艳的雄鱼，以啃食活珊瑚为食。体长 900mm。分布：台湾海域、南海、东沙群岛、中沙群岛、西沙群岛、南沙群岛；日本、红海、澳大利亚，印度-太平洋。为大型的食用鱼。

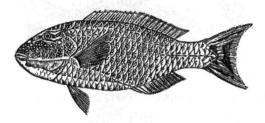

图 2885 双色鲸鹦嘴鱼（双色鲸鹦哥鱼）*C. bicolor*
（依杨家驹，1979）

绿鹦嘴鱼属（绿鹦哥鱼属）*Chlorurus* Swainson，1839
种 的 检 索 表

1（2）颊部具 3 列横列鳞···小鼻绿鹦嘴鱼（小鼻绿鹦哥鱼）*C. microrhinos*（**Bleeker，1854**）（图 2886）［syn. 小吻鹦嘴鱼 *Scarus microrhinos* 杨家驹，1979（non Bleeker）；驼背绿鹦嘴鱼 *C. gibbus* 杨家驹，1979（non Rüppell）］。栖息于潟湖与临海礁石区。稚鱼通常具独居性，大的成鱼时常集结成群。体长 700mm。分布：福建、台湾、香港、东沙群岛、西沙群岛、南沙群岛；日本、巴厘岛、菲律宾，印度-太平洋。该鱼含热带鱼毒，曾有误食的中毒报告。

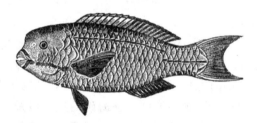

图 2886 小鼻绿鹦嘴鱼（小鼻绿鹦哥鱼）*C. microrhinos*
（依杨家驹，1979）

2（1）颊部具 2 列横列鳞
3（4）在眼上方有显著突起 ····················瘤绿鹦嘴鱼（瘤绿鹦哥鱼）*C. oedema*（**Snyder，1909**）（图 2887）。栖息于沿岸的岩石与珊瑚礁。以长于坚硬下层土壤的藻类为食。体长 420mm。分布：台湾南部海域；日本、斯里兰卡、菲律宾，印度-西太平洋。

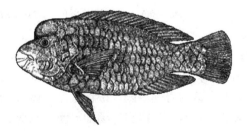

图 2887 瘤绿鹦嘴鱼（瘤绿鹦哥鱼）*C. oedema*
（依 D. R. Bellwood，2001）

4（3）在眼上方无显著突起
5（6）吻部外廓在眼前方几与体轴垂直···高额绿鹦嘴鱼（高额绿鹦哥鱼）*C. frontalis*（**Valenciennes，1840**）（图 2888）。栖息于裸露的礁石平台与临海礁石上。时常形成小群鱼群。体长 500mm。分布：台湾南部海域、钓鱼岛；莱恩群岛、澳大利亚，东-西太平洋。
6（5）吻部外廓在眼前方不与体轴垂直

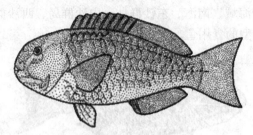

图 2888　高额绿鹦嘴鱼（高额绿鹦哥鱼）*C. frontalis*

（依岛田，2013）

7（8）背鳍具 2 条橙色纵带 ·· **鲍氏绿鹦嘴鱼（鲍氏绿鹦哥鱼）**
C. bowersi bowersi（Snyder，1909）（图 2889）。栖息于峡道与潟湖礁斜坡中珊瑚繁盛的区域。体长
400mm。分布：台湾海域、澎湖列岛、东沙群岛、南沙群岛；日本、菲律宾、印度尼西亚，西太平洋。

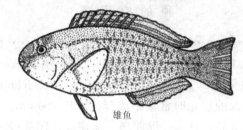

雄鱼

图 2889　鲍氏绿鹦嘴鱼（鲍氏绿鹦哥鱼）*C. bowersi*

（依岛田，2013）

8（7）背鳍具 1 条橙色纵带或无纵带

9（10）雄鱼体侧下腹部具 1～3 条绿色纵带；雌鱼下腹部无纵带，尾鳍基部具一暗色斑点············
·············**蓝头绿鹦嘴鱼（蓝头绿鹦哥鱼）C. sordidus（Forsskål，1775）**（图 2890）（syn. 灰鹦
嘴鱼 *Scarus sordidus*）。幼鱼栖息于珊瑚茂盛区或浅的珊瑚礁平台水域；成鱼则包括水浅的珊
瑚繁盛礁石平台与底部为开阔区域的潟湖与临海礁石区，以及沿着海洋峭壁活动。摄食底藻。
体长 400mm。分布：台湾、香港、东沙群岛、西沙群岛、南沙群岛、钓鱼岛；日本、夏威夷、
帕斯、新南威尔斯、罗德豪岛，印度-太平洋。中型的食用鱼种。

雄鱼　　　　　　　　　　雌鱼

图 2890　蓝头绿鹦嘴鱼（蓝头绿鹦哥鱼）*C. sordidus*

（依岛田，2013）

10（9）雄鱼体侧下腹部无纵带；雌鱼尾鳍基部具一暗色斑点··
日本绿鹦嘴鱼（日本绿鹦哥鱼）C. japanensis（Bloch，1789）（图 2891）。栖息于临海的珊瑚礁
与岩礁区，通常活动于珊瑚丰富的岩礁内侧。摄食底藻。体长 310mm。分布：台湾西部、南部
海域，澎湖列岛、南沙群岛；日本、菲律宾、汤加、澳大利亚。

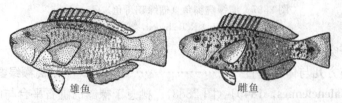

雄鱼　　　　　　　　　　雌鱼

图 2891　日本绿鹦嘴鱼（日本绿鹦哥鱼）*C. japanensis*

（依岛田，2013）

马鹦嘴鱼属（马鹦哥鱼属）*Hipposcarus* Smith，1956

长头马鹦嘴鱼（长头马鹦哥鱼）*H. longiceps*（Valenciennes，1840）（图 2892）（syn. 长头鹦嘴鱼 *Scarus longiceps*）。栖息于混浊的潟湖和礁石区域。通常以群集出现，雌性鱼通常形成小的群体。大的成鱼出现在水深 40m 水域。体长 600mm。分布：台湾、福建，南海、东沙群岛、西沙群岛、南沙群岛；日本，澳大利亚，印度-太平洋。

图 2892　长头马鹦嘴鱼（长头马鹦哥鱼）*H. longiceps*
（依杨家驹，1979）

纤鹦嘴鱼属（纤鹦鲤属）*Leptoscarus* Swainson，1839

纤鹦嘴鱼（纤鹦鲤）*L. vaigiensis*（Quoy & Gaimard，1824）（图 2893）。栖息于掩蔽的海湾、港湾与潟湖水域，通常生活于海草区域或藻类覆盖完整的坚硬底部。摄食海草与藻类。体长 350mm。分布：台湾海域、海南岛、东沙群岛、西沙群岛、南沙群岛；日本、红海、新西兰、澳大利亚，印度-太平洋。

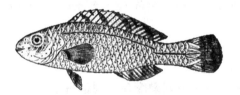

图 2893　纤鹦嘴鱼（纤鹦鲤）*L. vaigiensis*
（依杨家驹，1979）

鹦嘴鱼属（鹦哥鱼属）*Scarus* Gronow，1763
种 的 检 索 表

1（4）颊部具 2 行横列鳞

2（3）体侧淡色横带 1 条以上 ·················· **许氏鹦嘴鱼（史氏鹦哥鱼）*S. schlegeli*（Bleeker，1861）**
（图 2894）。栖息于水深 1～50m 的潟湖与礁石丛。一般在碎石与混合着碎石与珊瑚的斜坡上形成觅食群集。雌性时常混合在他种鱼群中进食，雄性则通常独居，雄性会展现领域性趋向。体长 400mm。分布：台湾东部、南部海域，东沙群岛、西沙群岛；日本、可可岛、毛里求斯、大堡礁，印度-太平洋。

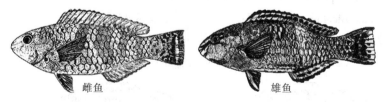

雌鱼　　　　　　　　　　雄鱼

图 2894　许氏鹦嘴鱼（史氏鹦哥鱼）*S. schlegeli*
（依 D. R. Bellwood，2001）

3（2）体侧无淡色横带·····························**棕吻鹦嘴鱼（棕吻鹦哥鱼）*S. psittacus* Forsskål，1775**
（图 2895）（syn. 五带鹦嘴鱼 *Scarus venosus*；带尾鹦嘴鱼 *Scarus taeniurus*）。栖息于水深 25m 的潟湖与礁石区、珊瑚礁区。摄食底藻。体长 300mm。分布：台湾东部、南部海域，东沙群岛、南沙群岛；日本、红海、夏威夷、澳大利亚、印度-太平洋区。

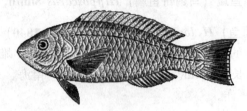

图 2895　棕吻鹦嘴鱼（棕吻鹦哥鱼）S. psittacus

（依杨家驹，1979）

4（1）颊部具 3 行横列鳞

5（6）上颌齿几外露 ·· **突额鹦嘴鱼（卵头鹦哥鱼）**
S. ovifrons Temminck & Schlegel，1846（图 2896）。栖息于沿岸水域的岩石区。体长 650mm。
分布：台湾、香港、南沙群岛；韩国、济州岛、日本，西-北太平洋。

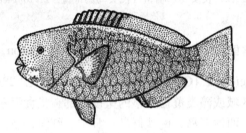

图 2896　突额鹦嘴鱼（卵头鹦哥鱼）S. ovifrons

（依岛田，2013）

6（5）上颌齿仅 1/2 以下外露

7（10）吻背部突出或几乎与体轴垂直

8（9）吻背部突出 ·· **刺鹦嘴鱼（刺鹦哥鱼）S. spinus（Kner，1868）**（图 2897）。
栖息于潟湖与珊瑚礁繁盛的水域。通常具独居性。体长 300mm。分布：台湾东北部及澎湖列岛
海域、东沙群岛、南沙群岛；日本、菲律宾、澳大利亚，印度-太平洋。

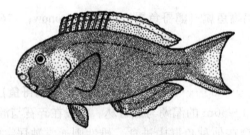

图 2897　刺鹦嘴鱼（刺鹦哥鱼）S. spinus

（依岛田，2013）

9（8）吻背部几乎与体轴垂直 ····················· **钝头鹦嘴鱼（红紫鹦哥鱼）**
S. rubroviolaceus Bleeker，1847（图 2898）（syn. 钝头鹦嘴鱼 Scarops rubroviolaceus）。栖息于
岩礁底质水域或珊瑚底部。摄食藻类及底栖生物。体长 700mm。分布：台湾海域、东沙群岛、
南沙群岛；日本、德尔班、土木土群岛、澳大利亚，印度-泛太平洋。

雌鱼　　　　　　　　　　雄鱼

图 2898　钝头鹦嘴鱼（红紫鹦哥鱼）S. rubroviolaceus

（依杨家驹，1979）

10（7）吻背部平直

11（14）眼上部具1~2条横带

12（13）眼上部具1条横带························**蓝臀鹦嘴鱼（蓝臀鹦哥鱼）**
***S. chameleon* Choat & Randall，1986**（图2899）。栖息于水深3~30m的外礁平台、潟湖与临海的斜坡区。摄食藻类。体长310mm。分布：台湾南部、澎湖列岛海域，东沙群岛；日本、菲律宾、西澳大利亚、罗德豪岛，印度-太平洋。

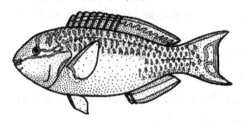

图2899　蓝臀鹦嘴鱼（蓝臀鹦哥鱼）*S. chameleon*
（依岛田，2013）

13（12）眼上部具2条横带··············**杂色鹦嘴鱼（横纹鹦哥鱼）*S. festivus* Valenciennes，1840**
（图2900）（syn. 新月鹦嘴鱼 *Scarus lunula*）。栖息于清澈的潟湖与临海礁石区。摄食底藻。体长450mm。分布：台湾南部、澎湖列岛、小琉球、绿岛及兰屿，西沙群岛、南沙群岛；日本、菲律宾、土木土群岛、罗德豪岛，印度-太平洋。

图2900　杂色鹦嘴鱼（横纹鹦哥鱼）*S. festivus*
（依杨家驹，1979）

14（11）眼上部无横带

15（34）体侧腹部无纵带

16（17）尾柄部明显淡色·····················**网纹鹦嘴鱼（网纹鹦哥鱼）*S. frenatus* Lacepède，1802**
（图2901）。栖息于裸露的外海岩礁区，有时在很浅的水域中。啃食水底的藻类。体长470mm。分布：福建、台湾，东沙群岛、南沙群岛；日本、红海、西澳大利亚鲨鱼湾、罗德豪岛，印度-太平洋。

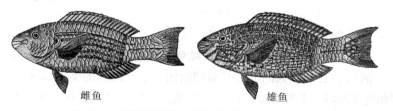

雌鱼　　　　　　　　　　　雄鱼
图2901　网纹鹦嘴鱼（网纹鹦哥鱼）*S. frenatus*
（依杨家驹，1979）

17（16）尾柄部不呈淡色

18（21）体侧上半部具暗色区域或暗带

19（20）体侧后半部暗色；尾鳍截形················**弧带鹦嘴鱼（新月鹦哥鱼）**
***S. dimidiatus* Bleeker，1859**（图2902）。栖息于珊瑚礁繁盛的清澈区域或有遮蔽的礁区。摄食藻类。体长400mm。分布：台湾南部、绿岛及兰屿、钓鱼岛、东沙群岛、西沙群岛、南沙群岛；日本、印度尼西亚、萨摩亚群岛、澳大利亚，西太平洋。

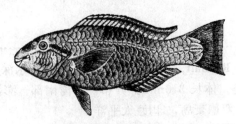

图 2902　弧带鹦嘴鱼（新月鹦哥鱼）*S. dimidiatus*
（依杨家驹，1979）

20（19）体侧前半部暗色；尾鳍凹形 ··· **黄鞍鹦嘴鱼（姬鹦哥鱼）**
S. oviceps Valenciennes，1840（图 2903）。栖息于水深 10m 左右的潟湖与临海礁石区。独居性。体长 350mm。分布：台湾南部、小琉球及绿岛，东沙群岛、南沙群岛；日本、毛里求斯、土木土群岛、澳大利亚，印度-太平洋。

图 2903　黄鞍鹦嘴鱼（姬鹦哥鱼）*S. oviceps*
A. 雌鱼（体长 203mm）　B. 雄鱼（体长 212mm）
（依杨家驹，1979）

21（18）体侧上半部无暗色区域和暗带
22（33）体背部无横带
23（24）背鳍、腹鳍、臀鳍无显著斑纹，新鲜个体红色 ····················· **黄肋鹦嘴鱼（黄肋鹦哥鱼）**
S. xanthopleura Bleeker，1853（图 2904）。栖息于清澈的潟湖与临海礁石区。独居性。体长 520mm。分布：台湾南部、绿岛海域；日本、印度尼西亚、马绍尔群岛，印度-西太平洋。

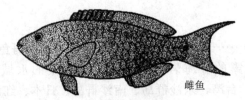

雌鱼

图 2904　黄肋鹦嘴鱼（黄肋鹦哥鱼）*S. xanthopleura*
（依岛田，2013）

24（23）背鳍、腹鳍、臀鳍有斑纹
25（26）吻部具花纹 ···························· 截尾鹦嘴鱼（杂纹鹦哥鱼）*S. rivulatus* Valenciennes，1840
（图 2905）。栖息于 10m 以深的岩石与珊瑚礁区。摄食水底的藻类与珊瑚。体长 400m。分布：台湾东部和南部海域、东沙群岛；日本、泰国、汤加、澳大利亚，西太平洋。

图 2905　截尾鹦嘴鱼（杂纹鹦哥鱼）*S. rivulatus*
（依 D. R. Bellwood，2001）

26（25）吻部无花纹

27（28）尾柄部各鳞具蓝色斑点 ·· **青点鹦嘴鱼（蓝点鹦哥鱼）**

S. ghobban Forsskål，1775（图2906）。栖息于水深10m左右潟湖与临海礁石区的斜坡与峭壁旁。成鱼大部分独游于接近珊瑚礁旁的沙地；幼鱼大多成群地在珊瑚礁或海藻丛中觅食。啃食珊瑚，以珊瑚共生藻为食。分布：福建、台湾、香港、海南岛、东沙群岛；日本、红海、帕斯、地中海东部，印度-泛太平洋。

图 2906　青点鹦嘴鱼（蓝点鹦哥鱼）S. ghobban
（依杨家驹，1979）

28（27）尾柄部各鳞无蓝色斑点

29（30）眼后至鳃盖具一蓝绿色宽纵带 ·································· **高鳍鹦嘴鱼（高鳍鹦哥鱼）**

S. hypselopterus Bleeker，1853（图2907）。栖息于海岸边或外海岩礁区有珊瑚覆盖稠密的地方及具淤泥的栖息地。体长310mm。分布：台湾海域、东沙群岛、南沙群岛；日本、印度尼西亚、菲律宾，印度-西太平洋。

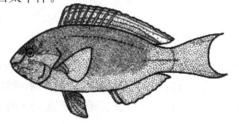

图 2907　高鳍鹦嘴鱼（高鳍鹦哥鱼）S. hypselopterus
（依岛田，2013）

30（29）眼后至鳃盖无纵带

31（32）上唇上部、下唇边缘各具1条蓝绿色纹带；尾鳍无绿色小点 ·····························

黑鹦嘴鱼（黑鹦哥鱼）S. niger Forsskål，1775（图2908）。栖息于清澈的潟湖、峡道与外礁斜坡的珊瑚礁繁盛区域。稚鱼形成小群鱼群活动于沿海地区的珊瑚礁；成鱼则喜独游于珊瑚茂盛的礁湖或珊瑚礁斜坡外的海域。摄食底藻。体长400mm。分布：台湾海域、东沙群岛、西沙群岛、南沙群岛；日本、红海、澳大利亚，印度-太平洋。

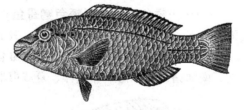

图 2908　黑鹦嘴鱼（黑鹦哥鱼）S. niger
（依杨家驹，1979）

32（31）上唇上部、下唇边缘无蓝绿色纹带；尾鳍具绿色小点 ································

绿颌鹦嘴鱼（绿颌鹦哥鱼）S. prasiognathos Valenciennes，1840（图2909）（syn. 蓝颊鹦嘴鱼 Scarus janthochir；绿牙鹦嘴鱼 Scarus chlorodon）。栖息于陡峭的珊瑚礁斜坡水域。摄食藻类及底栖生物。体长700mm。分布：台湾、香港，南沙群岛、钓鱼岛；日本、菲律宾、马尔代夫、巴布亚新几内亚，印度-西太平洋。

图 2909　绿颌鹦嘴鱼（绿颌鹦哥鱼）*S. prasiognathos*
（依杨家驹，1979）

33（22）体背部具 4～5 条黑色横带，斜向前下方⋯⋯⋯⋯⋯⋯⋯⋯**横带鹦嘴鱼（横带鹦哥鱼）**
S. scaber Valenciennes，**1840**（图 2910）。栖息于水深 1～20 m 的礁盘或礁边缘。摄食岩礁藻
类。体长 370mm。分布：南海诸岛；日本、萨摩亚群岛、印度洋中部诸岛。

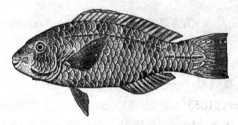

图 2910　横带鹦嘴鱼（横带鹦哥鱼）*S. scaber*
（依杨家驹，1979）

34（15）体侧腹部具 1～3 条纵带

35（38）胸鳍无纵带

36（37）尾鳍凹形 ⋯⋯⋯⋯⋯⋯ **灰尾鹦嘴鱼（灰尾鹦哥鱼）S. fuscocaudalis** Randall & Myers，**2000**
（图 2911）。栖息于海岸外围礁石的顶端区，或沿着海岸峭壁活动。体长 250mm。分布：台湾
南部、绿岛海域，东沙群岛；日本、菲律宾、关岛，西太平洋。

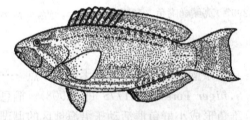

图 2911　灰尾鹦嘴鱼（灰尾鹦哥鱼）*S. fuscocaudalis*
（依岛田，2013）

37（36）尾鳍圆凸形⋯⋯⋯⋯⋯⋯⋯⋯**锈色鹦嘴鱼（锈色鹦哥鱼）S. ferrugineus** Forsskål，**1775**
（图 2912）[syn. 条腹鹦嘴鱼 *S. aeruginosus* Valencinnes，1840；条腹鹦嘴鱼（腹纹鹦哥鱼）
Scarus dubius Bennett，1828]。栖息于珊瑚礁或岩礁间。摄食底栖藻类。体长 410mm。分
布：台湾、广东，海南岛、南海诸岛；红海，印度洋、夏威夷群岛。

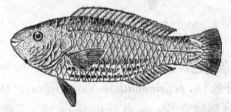

图 2912　锈色鹦嘴鱼（锈色鹦哥鱼）*S. ferrugineus*
（依杨家驹，1979）

38（35）胸鳍具纵带或色深

39（42）尾鳍凹形或双凹形

40（41）尾鳍凹形 ·················· **绿唇鹦嘴鱼（福氏鹦哥鱼）S. forsteni** (Bleeker，1861)

（图2913）。栖息于潟湖与临海礁石区及珊瑚丰富的水域。通常独居，喜单独于离岸较远的礁湖及珊瑚礁海域活动。终端型雄鱼在交配季节时头顶会变为紫色。体长550mm。分布：台湾海域、东沙群岛、西沙群岛、南沙群岛；日本，印度-太平洋。

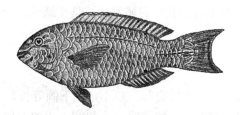

图2913　绿唇鹦嘴鱼（福氏鹦哥鱼）S. forsteni
（依杨家驹，1979）

41（40）尾鳍双凹形·················· **黑斑鹦嘴鱼（虫纹鹦哥鱼）S. globiceps** Valenciennes，1840

（图2914）［syn. 侧带鹦嘴鱼 Scarus lepidus］。栖息于礁石区的外围水域。成群产卵或成对。摄食水底的藻类。体长270mm。分布：台湾南部、澎湖列岛、小琉球、绿岛及兰屿，东沙群岛、南沙群岛；日本、莱恩群岛、社会群岛、澳大利亚，印度-太平洋。

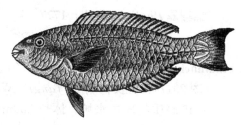

图2914　黑斑鹦嘴鱼（虫纹鹦哥鱼）S. globiceps
（依杨家驹，1979）

42（39）尾鳍截形 ·················· **瓜氏鹦嘴鱼（瓜氏鹦哥鱼）S. quoyi** Valenciennes，1840

（图2915）。栖息于外部峡道与临海礁石的珊瑚礁繁盛水域。体长400mm。分布：台湾北部海域；日本、印度、瓦努阿图、新加勒多尼亚，印度-西太平洋。

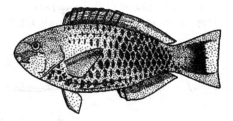

图2915　瓜氏鹦嘴鱼（瓜氏鹦哥鱼）S. quoyi
（依岛田，2013）

绵鳚亚目 ZOARCOIDEI

体细长，甚侧扁，带状或鳗形。头大或较小，头上有或无皮质突起。鼻孔每侧1个。口大或中大。上下颌、犁骨和腭骨具齿，少数无齿。体无鳞或具埋于皮下的小圆鳞。侧线有或无。鳃孔宽大，鳃耙短小。真假鳃。鳃盖膜与峡部相连。背鳍和臀鳍基底较长，由鳍条组成，或前后部有短小鳍棘；胸鳍宽圆；腹鳍小，喉位或无腹鳍。幽门盲囊退化。

冷水性及冷温性海洋鱼类。分布：北太平洋海域。

本亚目有9科95属340种；中国有3科8属10种。

科 的 检 索 表

1（2）上颌突出，长于下颌；尾鳍退化，与背鳍和臀鳍相连 ················· 绵鳚科 Zoarcidae

2（1）上下颌等长，或上颌稍短于下颌；具尾鳍

3（4）体无侧线；腹鳍短小，具1鳍棘、1鳍条 ·················· 锦鳚科 Pholidae

4（3）侧线发达，1～4条，或仅具1行小孔；腹鳍发达，具1鳍棘、3～4鳍条，或无腹鳍············

·················· 线鳚科 Stichaeidae

254. 锦鳚科 Pholidae

体细长，甚侧扁，带状。头小，无皮质突起。口小，上下颌等长；上下颌齿短钝，窄带状。犁骨及腭骨有或无齿。鳃孔宽大，不伸向前下方。鳃盖膜相连很宽，少数与峡部也相连。被小圆鳞。无侧线。背鳍1个，很长，由75～100鳍棘组成；臀鳍无鳍棘或具1～2鳍棘、35～55鳍条；胸鳍小，圆形，具7～17鳍条，或退化、消失；腹鳍喉位，甚小，具1鳍棘、1鳍条，或已消失；尾鳍短圆，与背鳍和臀鳍后端相连，或稍分离。无幽门盲囊。

北太平洋及北大西洋近海小型杂鱼，无经济价值。

本科有3属15种；中国有1属1种。

锦鳚属 *Pholis* Scopoli, 1777
种 的 检 索 表

粗棘锦鳚* *P. crassispina*（**Temminck & Schlegel, 1845**）（图 2916）［syn. 云纹锦鳚 *P. nebulosa*（non Temminck & Schlegel，1845）（图 2917）；方氏锦鳚 *P. fangi*（Wang & Wang，1936）］。冷温性小型鱼类。栖息于潮间带至水深5m沙砾底质的藻场水域。体长200mm。分布：渤海、黄海、东海；朝鲜半岛、日本，鄂霍次克海、日本海。

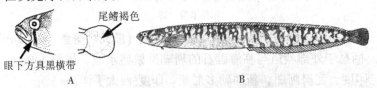

图 2916　粗棘锦鳚 *P. crassispina*
A. 头部、尾鳍（依波户冈，2013）　B. 侧面（依李思忠，1955）

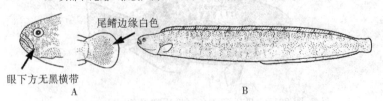

图 2917　云纹锦鳚 *P. nebulosa*
A. 头部、尾鳍　B. 侧面
（依中坊等，2013）

255. 线鳚科 Stichaeidae

体长形或很细长，侧扁。头小，有或无发达的皮质突起（皮冠）。口小，上下颌、犁骨及腭骨均具齿，少数腭骨无齿。鳃孔大都伸向前下方。鳃盖膜分离，或相连很宽，与峡部分离或相连。体被细小圆

---

* 笔者认为，粗棘锦鳚在眼下方有一黑横带，尾鳍褐色；云纹锦鳚（图 2917）眼下方无黑横带，尾鳍边缘白色透明。以前被鉴定为方氏锦鳚者应是粗棘锦鳚的异名，更不是中国特有种；而被鉴定为云纹锦鳚者实为粗棘锦鳚的异名，中国不产云纹锦鳚。

鳞或无鳞。侧线发达，有 1～4 条，或有短侧分支，或侧线呈网状，有些侧线由 1 列小孔组成，或无侧线。背鳍基长，全由长棘组成，后端常与尾鳍相连，或仅后部有少数鳍条；臀鳍长，有 1～2 鳍棘或无鳍棘，具鳍条 30～50；胸鳍较大，宽圆，有后匙骨；腹鳍发达，喉位，有 1 鳍棘、3～4 鳍条或无腹鳍；尾鳍常与背鳍和臀鳍后端相连，或稍分离。有幽门盲囊。

冷温性海洋底层鱼类。栖息于潮间带至水深 250m 的海域。分布：北太平洋及北大西洋。

本科有 37 属 76 种；中国有 6 属 8 种。

属 的 检 索 表

1（4）体无侧线
2（3）头背侧中央有冠状皮质突起 ·················· 鸡冠鳚属 *Alectrias*
3（2）头背侧中央无冠状皮质突起·················· 小绵鳚属 *Zoarchius*
4（1）体有侧线
5（8）体每侧有侧线 1 条
6（7）侧线存在于头部和体前部，退化为 1 列小孔；头部和背鳍前部有许多穗状皮须或皮须 ·········
　　 ························· 笠鳚属 *Chirolophis*
7（6）侧线存在于体侧背部的大部分；头部和背鳍前部无穗状皮瓣或皮须 ·········· 单线鳚属 *Stichaeus*
8（5）体每侧有侧线 3 条，或侧线呈网状
9（10）每侧有侧线 3 条，具腹鳍，头部无皮冠或皮须 ·············· 六线鳚属 *Ernogrammus*
10（9）侧线呈网状，无腹鳍，头部有 1 极低的纵皮棱 ·············· 网鳚属 *Dictyosoma*

鸡冠鳚属 *Alectrias* Jordan & Evermann, 1898

绿鸡冠鳚 *A. benjamini* **Jordan & Snyder，1902**（图 2918）。冷温性小型鱼类。栖息于内湾潮间带岩礁沙砾底质的海藻水域。体长 100mm。分布：渤海、黄海；朝鲜半岛、日本、萨哈林岛。不供食用，无经济价值。

图 2918　绿鸡冠鳚 *A. benjamini*

笠鳚属 *Chirolophis* Swainson, 1839
种 的 检 索 表

1（2）眼上有 2 对分支皮须；臀鳍具 1 鳍棘、45～47 鳍条 ··············· **日本笠鳚**
　　 C. japonicus **Herzenstein，1890**（图 2919）（syn. *Azuma emmnion* Jordan & Snyder，1902）。冷温性小型鱼类。栖息于岩礁区或沙泥底质的近海海域。体长 450～500mm。分布：渤海、黄海南部；朝鲜半岛、日本，西-北太平洋海域。供食用。

图 2919　日本笠鳚 *C. japonicus*

2（1）眼上有 3 对分支皮须；臀鳍具 1 鳍棘、36～38 鳍条 ··············· **网纹笠鳚**
　　 C. saitone（**Jordan & Snyder，1902**）（图 2920）。冷温性小型鱼类。栖息于水深 0.5～4.5m 岩礁区或沙泥底质的潮间带。体长 100mm。分布：渤海、黄海（山东、辽宁）；日本北海道、俄罗斯，西-北太平洋海域。不常见。

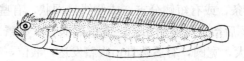

图 2920　网纹笠䲁 C. saitone
（依中坊等，2013）

网䲁属 *Dictyosoma* Temminck & Schlegel，1845

伯氏网䲁 *D. burgeri* van der Hoeven，1855（图 2921）。冷温性小型鱼类。栖息于潮间带岩礁海域沙泥底质的近海。体长 250～280mm。分布：渤海、黄海（山东半岛）；朝鲜半岛、日本。供食用。

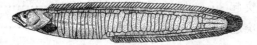

图 2921　伯氏网䲁 *D. burgeri*

六线䲁属 *Ernogrammus* Jordan & Evermann，1898

六线䲁 *E. hexagrammus*（Temminck & Schlegel，1845）（图 2922）。冷温性小型鱼类。栖息于潮间带岩礁区海藻场周边的近海，也见于咸淡水水域。体长 150mm。分布：渤海、黄海、东海；朝鲜半岛、日本。供食用。

图 2922　六线䲁 *E. hexagrammus*

单线䲁属 *Stichaeus* Reinhardt，1836

厚唇单线䲁 *S. grigorjewi* Herzenstein，1890（图 2923）。冷温性中大型鱼类。栖息于水深 300m 以浅的沙泥底质近海。体长可达 800mm。分布：黄海；朝鲜半岛、日本北海道。供食用。

图 2923　厚唇单线䲁 *S. grigorjewi*
（依中坊等，2013）

小绵䲁属 *Zoarchius* Jordan & Snyder，1902
种 的 检 索 表

1（2）头稍小；口小，上颌骨向后伸达眼后缘下方；鳃耙末端截形 ·······················
　　　短颌小绵䲁 *Z. microstomus* Kimura & Jiang，1995（图 2924）。冷温性中小型鱼类。生活于岩礁沿岸潮间带浅水区海藻丛生的海域，摄食多毛类环节动物。体长 80～103mm。分布：黄海（辽宁大连）。

A　　　　　B

图 2924　短颌小绵䲁 *Z. microstomus*
A. 头部　B. 鳃耙（末端截形）
（依 Kimura & Jiang，1995）

2（1）头稍大；口大，上颌骨向后伸越眼后缘较远下方；鳃耙末端尖而弯 ·······················
　　内田小绵鳚 *Z. uchidai* Matsubara，1932（图 2925）。冷温性中小型鱼类。栖息于沿岸潮间带浅水区岩礁及海藻丛生的海域。体长可达 100mm。分布：黄海；朝鲜半岛。无经济价值。

图 2925　内田小绵鳚 *Z. uchidai*
A. 头部　B. 鳃耙（末端尖）
（依 Kimura & Jiang，1995）

256. 绵鳚科 Zoarcidae

　　体细长，甚侧扁，鳗形。头较大，无棘也无皮质突起（皮瓣）。口大。上颌颇突出，下颌较短。上下颌有锥齿。犁骨及腭骨有或无齿。鳃孔宽大，不伸向前下方。鳃耙短小。有假鳃。鳃盖膜连于峡部。体有埋于皮下的小圆鳞或无鳞。背鳍与臀鳍基均延长，全由鳍条组成，后端与短小的尾鳍相连，个别种类背鳍后部有短小鳍棘；胸鳍小，圆形，或退化，或已消失；腹鳍喉位，甚小，只有 1 鳍棘、1 鳍条，或已消失。无鳔。椎骨58～150。
　　北太平洋近海底层中大型鱼类，最大体长可达 1.1m。无经济价值。
　　本科有 46 属 230 种；中国仅 1 属 1 种。

绵鳚属 *Zoarces* Cuvier，1829

　　吉氏绵鳚* *Z. gillii* Jordan & Starks，1905（图 2926）［syn. 长绵鳚 *Z. elongates*］。冷温性近海底层中大型杂鱼，栖息于沿岸沙泥底质，也见于咸淡水域。胎生。体长 470～500mm。分布：渤海、黄海、东海；朝鲜半岛、日本。

图 2926　吉氏绵鳚 *Z. gillii*

龙䲁亚目（鳄䲁亚目）TRACHINOIDEI

　　体延长，侧扁或稍平扁。头部有时被骨板。口中大或大，前位或上位，平横、斜裂或近垂直。上下颌一般具绒毛状齿，常杂有锥状齿或犬齿。犁骨和腭骨具齿或无齿。前鳃盖骨锯齿或有或无，鳃盖骨无棘或有时具一扁平小棘。有假鳃。体被较小圆鳞或栉鳞，或退化无鳞。侧线 1～2 条。背鳍鳍棘部与鳍条部分离或相连，有时无鳍棘部；臀鳍基底较长，起点与背鳍鳍条部相对；腹鳍如有，喉位或胸位，具 1 鳍棘、5 鳍条；尾鳍圆形、截形或尖形。
　　中小型海洋鱼类。分布：世界各大洋热带及亚热带海域。
　　本亚目有 12 科 53 属 301 种（Nelson et al.，2016）；中国有 8 科 18 属 63 种。

---

　　* 笔者认为，自 1955 年，《黄渤海鱼类调查报告》误将背鳍前方第四至第七鳍条上具一黑斑的吉氏绵鳚错鉴为背鳍前方无黑斑的长绵鳚，至今已逾 50 年乃未能被纠正。经研究，吉氏绵鳚背鳍前方具一黑斑，眼间隔平坦，背鳍后方具 14～18 鳍棘，仅分布于渤海、黄海、东海及日本沿岸。长绵鳚背鳍前方无黑斑，眼间隔圆凸，背鳍后方具 9～14 鳍棘，中国不产，见于日本海、鄂霍茨克海、萨哈林岛及日本北海道。

科 的 检 索 表

1（16）体每侧具侧线 1 条
2（3）头和体裸露无鳞但均具黏液孔 ················· 叉齿龙䲢科（叉齿鱼科）Chiasmodontidae
3（2）体被圆鳞或栉鳞，头和体上无黏液孔
4（9）腹鳍喉位或无腹鳍
5（6）头大，大部被硬骨板，口裂垂直 ···································· 䲢科 Uranoscopidae
6（5）头小，不被硬骨板，口裂平直
7（8）背鳍，1 个，尾鳍叉形 ··· 玉筋鱼科 Ammodytidac
8（7）背鳍 2 个；尾鳍浅凹或截形 ·· 鲈䲢科 Percophidae
9（4）腹鳍胸位
10（11）背鳍无鳍棘，起点部在胸鳍后上方之后，有一定距离；上唇厚，前端突出 ···················
··· 无棘鳒科（沙鳚科）Creediidae
11（10）背鳍具鳍棘，起点部在胸鳍基前上方；上唇不厚，前端不突出
12（13）体显著细长；臀鳍具 34 以上鳍条 ·················· 毛背鱼科（丝鳍鳚科）Trichonotidae
13（12）体细长，不显菁；臀鳍具 29 以下鳍条 ··············· 肥足䲢科（拟鲈科）Pinguipedidae
14（1）体每侧具侧线 2 条；体被粒状小鳞 ····························· 鳄齿鱼科 Champsodontidae

257. 鲈䲢科 Percophidae

体延长，亚圆筒形，后部侧扁，被栉鳞或圆鳞。头平扁。吻宽而平，似鸭嘴。眼大，侧上位，眼间隔狭。口大，前位，下颌稍突出。颌齿绒毛状。犁骨和腭骨具齿或无齿。鳃盖条 6～7。鳃盖膜分离，只前部与峡部相连。背鳍 2 个，具 2～9 鳍棘、13～31 鳍条；臀鳍具 0～1 鳍棘、18～26 鳍条；胸鳍宽圆，15～25 鳍条；腹鳍喉位，具 1 鳍棘、5 鳍条，基部相互距离稍远；尾鳍截形或圆形。无鳔。

暖水性及暖温性沿岸鱼类。分布：大西洋、印度-西太平洋、东太平洋。栖息于 100～600m 的小型鱼类。无食用价值。

本科有 11 属 50 种（Nelson et al.，2016）；中国有 5 属 11 种。

属 的 检 索 表

1（8）吻端两侧各具一向前棘
2（3）颊部无鳞；第一背鳍具 6～7 鳍棘 ······························ 帆鳍鲈䲢属 Pteropsaron
3（2）颊部有鳞；第一背鳍具 4～6 鳍棘
4（5）体侧具圆鳞；臀鳍具 22～23 鳍条 ···························· 小骨䲢属（部分）Osopsaron
5（4）体侧具栉鳞或体侧具圆鳞而侧线具栉鳞；臀鳍具 25～30 鳍条
6（7）雄鱼吻端无须；第一背鳍高而伸长 ························· 小骨䲢属（部分）Osopsaron
7（6）雄鱼吻端具一须；第一背鳍短而低，不伸长 ·················· 棘吻鱼属 Acanthaphritis
8（1）吻端两侧无向前棘
9（10）上颌后端无皮瓣；臀鳍具 24～28 鳍条 ························· 低线鱼属 Chrionema
10（9）上颌后端具皮瓣；臀鳍具 14～17 鳍条 ························ 鲻状鱼属 Bembrops

棘吻鱼属 Acanthaphritis Günther，1880
种 的 检 索 表

1（2）第二背鳍具 20～21 鳍条，臀鳍具 25～26 鳍条；体被栉鳞；雄鱼鳃盖部无眼斑 ··············
········须棘吻鱼 A. barbata（Okamura & Kishida，1963）（图 2927）。栖息于水深 100～500m 岩礁石质底部的大陆架与大陆架边缘海域。体长 80～100mm。分布：东海、台湾西南部海域；日本

南部、澳大利亚西北部，印度-西太平洋海域。小型鱼，无食用价值，仅作学术研究。

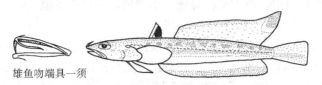

雄鱼吻端具一须

图 2927　须棘吻鱼 A. barbata

（依中坊等，2013）

2（1）第二背鳍具 23～25 鳍条，臀鳍具 28～30 鳍条；体被圆鳞，侧线被栉鳞；雄鱼鳃盖部具二暗斑
·························· 昂氏棘吻鱼 A. unoorum Suzuki & Nakabo，1996（图 2928）。栖息于水深
100～200m 沙泥质底部的大陆架上。体长 80mm。分布：东海大陆架域、台湾东北部海域；日
本，印度-西太平洋海域。小型鱼，无食用价值。

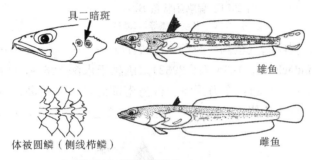

具二暗斑

雄鱼

体被圆鳞（侧线栉鳞）

雌鱼

图 2928　昂氏棘吻鱼 A. unoorum

（依 Suzuki & Nakabo，1996）

鲔状鱼属 Bembrops Steindachner，1876
种 的 检 索 表

1（2）侧线在胸鳍基底后方急剧下降；尾鳍基上方具一黑色眼斑及数条斜带 ·························
曲线鲔状鱼 B. curvature Okada & Suzuki，1952（图 2929）。栖息于水深 100～280m 石质底部的
大陆架与大陆架边缘上。体长 80mm。分布：东海大陆架域、台湾南部海域、海南岛、南海（广
东）；日本、印度尼西亚、澳大利亚西北部，印度-西太平洋海域。小型鱼，无食用价值。

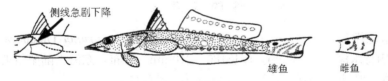

侧线急剧下降

雄鱼　　雌鱼

图 2929　曲线鲔状鱼 B. curvature

（依中坊等，2013）

2（1）侧线在胸鳍上方缓慢下降

3（4）背鳍第一鳍棘丝状延长；侧线鳞 60～67；第一背鳍前端黑色，尾鳍下缘黑色·························
······ 丝棘鲔状鱼 B. filifera Gilbert，1905（图 2930）。栖息于水深 250～440m 石质底部的大陆

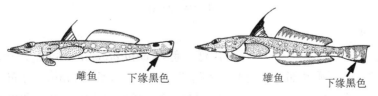

雌鱼　下缘黑色　　　　雄鱼　　　下缘黑色

图 2930　丝棘鲔状鱼 B. filifera

（依中坊等，2013）

架与大陆架边缘上。体长 80~220mm。分布：东海大陆架域、台湾南部海域；日本、印度尼西亚、澳大利亚西北部，印度-西太平洋海域。小型鱼，无食用价值。

4（3）背鳍第一鳍棘不呈丝状延长；侧线鳞 50~56

5（6）第一背鳍浅色，边缘暗黑色；臀鳍起点至侧线间具 5 枚鳞片 ···**扁吻鲻状鱼** *B. platyrhynchus*（Alcock, 1894）（图 2931）。栖息于水深 200~550m 石质底部的大陆架边缘上。体长 220~250mm。分布：台湾南部海域、南海；孟加拉湾、菲律宾、南非，印度-西太平洋。小型鱼，无食用价值。

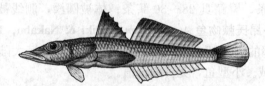

图 2931　扁吻鲻状鱼 *B. platyrhynchus*
（依沈世杰等，2011）

6（5）第一背鳍全为暗色；臀鳍起点至侧线间具 6 枚鳞片 ···**斑尾鲻状鱼** *B. caudimacula* Steindachner, 1876（图 2932）。栖息于水深 186~500m 石质底部的大陆架边缘上。体长 180~205mm。分布：东海深海、台湾南部海域；济州岛、日本、澳大利亚，印度-西太平洋。小型鱼，无食用价值。数量少，《中国物种红色名录》列为易危［VU］物种。

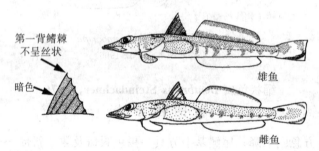

图 2932　斑尾鲻状鱼 *B. caudimacula*
（依中坊等，2013）

低线鱼属 *Chrionema* Gilbert，1905
种 的 检 索 表

1（2）胸鳍具数条暗色横带··**少鳞低线鱼** *C. furunoi* Okamura & Yamachi, 1982（图 2933）。栖息水深 200~300m。体长 180~210mm。分布：东海大陆架斜坡缘上部、台湾东北部海域；日本，西-北太平洋。

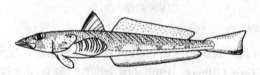

图 2933　少鳞低线鱼 *C. furunoi*
（依中坊等，2013）

2（1）胸鳍无暗色横带

3（4）上唇及齿黑色··**绿尾低线鱼** *C. chlorotaenia* McKay, 1971（图 2934）。栖息于水深 250~350m 石质底部的大陆架与大陆架边缘上。体长 220mm。分布：东海大陆架域、台湾南部海域、南海（海南岛）；日本、印度尼西亚、澳大利亚西北部，印度-西太平洋。小型鱼，无食用价值。数量少，《中国物种红色名录》列为易危［VU］物种。

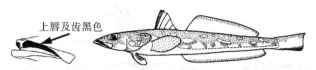

图 2934 绿尾低线鱼 *C. chlorotaenia*
（依中坊等，2013）

4（3）上唇暗色，齿带白色·····················黄斑低线鱼 ***C. chryseres*** **Gilbert，1905**（图 2935）。栖息于水深 335～490m 的大陆架斜坡缘上。体长 210mm。分布：东海、台湾南部海域、南海（广东）；日本、夏威夷，印度-西太平洋。

图 2935 黄斑低线鱼 *C. chryseres*
（依中坊等，2013）

小骨䲗属 *Osopsaron* Jordan & Starks，1904

1（2）臀鳍具 22～23 鳍条；第一背鳍低而短·····················骏河湾小骨䲗 ***O. verecundum*** **（Jordan & Snyder，1902）**（图 2936）。栖息于水深 100m 的大陆架斜坡缘上。体长 60mm。分布：东海；日本。小型鱼，无食用价值。

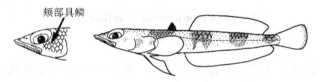

图 2936 骏河湾小骨䲗 *O. verecundum*
（依中坊等，2013）

2（1）臀鳍具 25～30 鳍条；第一背鳍高而伸长·····················台湾小骨䲗 ***O. formosense*** **Kao & Shen，1985**（图 2937）。栖息于水深 100～300m 的大陆架斜坡上。体长 90mm。分布：台湾东北部海域；日本，西-北太平洋。小型鱼，无食用价值。数量颇少，《中国物种红色名录》列为濒危［EN］物种。

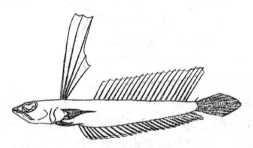

图 2937 台湾小骨䲗 *O. formosense*
（依 Kao & Shen，1985）

帆鳍鲈䲗属 *Pteropsaron* Jordan & Snyder，1902

帆鳍鲈䲗 ***P. evolans*** **Jordan & Snyder，1902**（图 2938）。栖息于水深 50～100m 沙泥底质的海域。体长 70mm。分布：台湾东北部海域；日本，西-北太平洋。

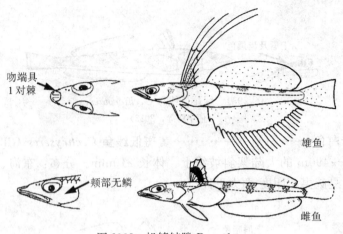

图 2938　帆鳍鲈䲁 *P. evolans*
（依中坊等，2013）

258. 鳄齿鱼科 Champsodontidae

体长形，侧扁；头体均被小粒状栉鳞。体每侧各有 2 条很细微的侧线，侧线并常有许多直立形的叉枝。口很大，上下颌有绒状牙群及能向后倒放的犬牙。犁骨有牙而腭骨无牙。前鳃盖骨角向后有一长尖棘。眶前骨在前缘有一三叉状尖棘。背鳍 2 个：第一背鳍很短小，仅有数条鳍棘；第二背鳍长，前端有一鳍棘。臀鳍与第二背鳍相似；胸鳍短，侧中位；腹鳍始于胸鳍基前端的稍下方，有 1 鳍棘、5 鳍条。有假鳃。分布：太平洋和印度洋。

本科有 1 属 13 种（Nelson et al.，2016）；中国有 1 属 3 种。

鳄齿鱼属 *Champsodon* Günther，1867
种 的 检 索 表

1（2）腹部全部具鳞或在腹鳍基附近有小部分无鳞区；第一背鳍上半部黑色，尾鳍上叶具一黑斑……………………………… **长鳍鳄齿鱼 *C. longipinnis* Matsubara ＆ Amaoka，1964**（图 2939）（syn. *C. atridorsalis* Ochia ＆ Nakamura，1964；弓背鳄齿鱼 *C. atridorsalis* 刘静，2016；鳄齿鱼 *C. capensis* 李思忠，1962）。栖息于热带沿岸水深 0～326m 的小型海洋鱼类。食鱼类及底栖甲壳类动物。体长 120mm。分布：南海；日本、菲律宾、印度尼西亚，西太平洋。

图 2939　长鳍鳄齿鱼 *C. longipinnis*
（依波户冈，2013）

2（1）腹部无鳞；第一背鳍上半部不呈黑色，尾鳍上叶无黑斑

3（4）前上颌骨端部具凹缺；下颌腹部无鳞…………………………………………… **短鳄齿鱼（斯氏鳄齿鱼）*C. snyderi* (Franz，1910)**（图 2940）。栖息于温带沿岸水深 37～400m 的小型海洋鱼类，生活于近海沿岸沙泥底水域。食鱼类及底栖甲壳类动物。体长 120mm。分布：黄海、东海大陆架缘、

图 2940　短鳄齿鱼（斯氏鳄齿鱼）*C. snyderi*
（依波户冈，2013）

台湾北部及南部海域；日本南部、印度尼西亚、菲律宾，西太平洋。

4（3）前上颌骨端部无凹缺；下颌腹部有鳞·······················**贡氏鳄齿鱼 *C. guentheri* Regan，1908**
（图 2941）。栖息于外洋水深 210～1 020m 的小型海洋鱼类，生活于深海底层水域。食鱼类及底栖甲壳类动物。体长 170mm。分布：东海大陆架、台湾北部和南部海域；日本至澳大利亚，西太平洋。

前上颌骨端部　　下颌腹部有鳞
无凹缺

图 2941　贡氏鳄齿鱼 *C. guentheri*
（依波户冈，2013）

259. 叉齿龙䲢科（叉齿鱼科）Chiasmodontidae

体延长，侧扁。眼小。口极大且能扩张。前颌骨及上颌骨细长。颌骨为 2 列尖齿，部分为犬齿。体裸露无鳞，或粗糙而具许多小棘，或其 2 列或多列较粗大的棘。背鳍 2 个：第一背鳍较小，具 11～13 鳍棘；第二背鳍基底长，具 18～29 鳍条；臀鳍与第二背鳍相对，具 1 鳍棘、17～29 鳍条；胸鳍长，末端达第二背鳍基底起始点下方；尾鳍叉形。

分布：世界热带及亚热带海域。

本科有 4 属 32 种（Nelson et al.，2016）；中国有 3 属 3 种。

属 的 检 索 表

1（2）体腹部正中线、腹鳍及臀鳍基底附近具黑点状发光组织；第一背鳍具 7～9 鳍棘·················
·····················**黑线岩鲈属 *Pseudoscopelus***
2（1）体腹部正中线、腹鳍及臀鳍基底附近无黑点状发光组织；第一背鳍具 10～13 鳍棘
3（4）侧线上下具数列小棘；上下颌具细小齿带 ·····················**线棘细齿䲢属 *Dysalotus***
4（3）侧线上下无小棘；上下颌具尖长大犬齿 ·····················**叉齿龙䲢属（叉齿鱼属）*Chiasmodon***

叉齿龙䲢属（叉齿鱼属）*Chiasmodon* Johnson，1864

黑叉齿龙䲢（黑叉齿鱼）*C. niger*（Johnson，1864）（图 2942）。栖息于深海水深 700～2 745m 的小型海洋鱼类，生活于远洋深海水域。体长 250mm。分布：台湾海域；三大洋热带及温带海域，包括墨西哥湾、北大西洋。能吞食比自身还大的鱼。

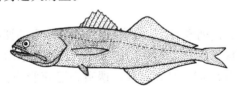

图 2942　黑叉齿龙䲢（黑叉齿鱼）*C. niger*
（依波户冈，2013）

线棘细齿䲢属 *Dysalotus* MacGilchrist，1905

阿氏线棘细齿䲢 *D. alcocki*（MacGilchrist，1905）（图 2943）。栖息于深海水深 0～2 100m 小型海洋鱼类，生活于深海底层水域。体长 225mm。分布：台湾东北部海域；日本，大西洋、太平洋及印度

图 2943　阿氏线棘细齿䲢 *D. alcocki*

的热带及亚热带海域。以捕食鱼类为生，常常所捕猎物远比自己的身体为大。

黑线岩鲈属 *Pseudoscopelus* Lütken，1892

黑线岩鲈 *P. sagamianus* （Tanaka, 1908）（图 2944）。栖息于外洋水深200～1 700m 的小型海洋鱼类，生活于深海底层水域。体长 139～155mm。分布：东海深海冲绳海槽；日本至新西兰；印度-西太平洋。

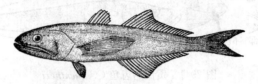

图 2944　黑线岩鲈 *P. sagamianus*

260. 无棘鮨科（沙鳢科）Creediidae

体形甚小而细长，呈圆锥状。头小。眼大而突起，上位。吻尖突，上颌前端有一肉状突起，使上颌较下颌突出；下颌缘具 1 列小须。口裂大，上颌末端延伸至眼后缘下方。侧线 1 条完整，大致依背缘弯曲。背鳍单一，基底长，无硬棘，软条 12～43；臀鳍和背鳍相对；左右腹鳍间距窄，具 1 鳍棘、3～5 鳍条；除腹鳍具棘外，各鳍均无棘。

分布：印度-西太平洋海域的近岸区。

本科有 8 属 18 种（Nelson et al.，2016）；中国有 1 属 3 种。

沙鳢属 *Limnichthys* Waite，1904
种 的 检 索 表

1（2）背鳍＋臀鳍的鳍条 52～56······························**横带沙鳢 *Limnichthys fasciatus*** （Waite，1904）（图 2945）。栖息于热带沿岸水深 0～150m 的小型海洋鱼类，生活于近海沿岸礁区沙石底质的清澈海域。具隐蔽性。体长 50mm。分布：台湾海域；日本、澳大利亚，西太平洋。

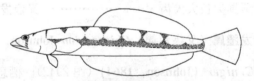

图 2945　横带沙鳢 *L. fasciatus*
（依岛田，2013）

2（1）背鳍＋臀鳍的鳍条 45～50

3（4）侧线上方横列鳞数 3，下方横列鳞数 2～3；腹鳍后方具无鳞的裸露部分 ······························
沙鳢 *L. nitidus* （Smith, 1958）（图 2946）。栖息于热带沿岸水深 0～40m 的小型海洋鱼类，生活于近海沿岸沙石底质的清澈海域。具隐蔽性，遇敌害迅速躲藏。体长 35mm。分布：台湾海域、东沙群岛；南非及红海至澳大利亚西部、密克罗尼西亚、夏威夷，印度-太平洋。

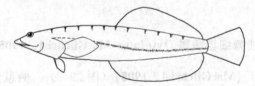

图 2946　沙鳢 *L. nitidus*
（依岛田，2013）

4（3）侧线上方横列鳞数 2，下方横列鳞数 2；腹部整体裸露无鳞······························**东方沙鳢**
L. orientalis （Yoshino，Kon & Okabe，1999）（图 2947）。栖息于亚热带沿岸水深0～20m 的小型海洋鱼类，生活于近海沿岸沙石底质的清澈海域。具隐蔽性，遇敌害迅速躲藏。体长

23.3mm。分布：台湾海域；日本，西-北太平洋。

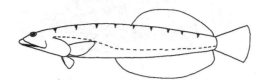

图 2947　东方沙鱚 *L. orientalis*

（依岛田，2013）

261. 肥足䲁科（拟鲈科）Pinguipedidae

体圆柱状，尾侧扁。口中大，下颌一般稍突出。前部具 3～5 对较大犬齿，后方具齿带。犁骨具齿，腭骨齿有或无。鳃盖后方有一强棘。鳃盖膜在喉部前相连。鳃盖条 6。背鳍长，第一背鳍具 2～7 鳍棘，第二背鳍具 19～29 鳍条；臀鳍具 1 鳍棘、17～26 鳍条；腹鳍位于胸鳍前下方，具 1 鳍棘、5 鳍条；尾鳍扇形、截形、深叉或上叶延长。侧线完全，具 38～84 枚鳞。鳃盖及颊部被鳞。体具不同色斑或色块，部分种类的体色具雌雄异形。栖息于水深 100m 的珊瑚礁或附近沙泥底质的底栖性中小型鱼类，部分种类可达水深 300m 以下。分布：印度-西太平洋，少数见于大西洋及东太平洋。最大体长超过 500mm，中国以拟鲈属为主，体长皆不超过 250mm。

本科有 7 属 82 种（Nelson et al.，2016），其中，拟鲈属 *Parapercis* 78 种；中国有 2 属 30 种。

属 的 检 索 表

1（2）第一背鳍具 2 鳍棘；上颌略较下颌突出 ……………………………………… 高知鲈属 *Kochichthys*

2（1）第一背鳍具 4～5 鳍棘；下颌较上颌略突出 …………………………………… 拟鲈属 *Parapercis*

高知鲈属 *Kochichthys* Kamohara，1961

黄带高知鲈 *K. flavofasciatus* Kamohara，1936（图 2948）。栖息于水深 1～20m 的沿岸礁岩区。食鱼类及底栖甲壳类动物。体长 150～160mm。分布：东海、台湾东北部海域；日本，西-北太平洋。中小型鱼，可食用，罕见物种。

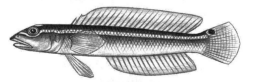

图 2948　黄带高知鲈 *K. flavofasciatus*

（依郑义郎，2007）

拟鲈属 *Parapercis* Steindachner，1884
种 的 检 索 表

1（24）腭骨具齿；颊部具栉鳞且呈瓦状层叠（除斑棘拟鲈 *P. striolata*、冈村氏拟鲈 *P. okamurai* 外）；
背鳍棘由前往后渐长（除圆拟鲈 *P. cylindrica*、史氏拟鲈 *P. snyderi* 外）

2（5）背鳍鳍条 20～22（通常 21）；臀鳍鳍条 16～18（通常 17）；侧线鳞少于 50；背鳍前鳞 4～6

3（4）下颌前部具 5 对犬齿；胸鳍具 15 鳍条；侧线鳞 44～50；背鳍前鳞 5 或 6…………………………
圆拟鲈 *P. cylindrica*（Bloch，1792）（图 2949）。栖息于水深 1～20m 的掩蔽海湾、港湾及潟湖区内珊瑚礁清澈的水域。活动于浅水区底质为沙、碎石或海草丛生的底部，也常见于海草床。食鱼类及底栖甲壳类。体长 220～230mm。分布：东海（福建）、台湾南部及澎湖列岛海域、海南岛、南海诸岛；日本、澳大利亚、斐济，西太平洋。体型小，潜水偶见。

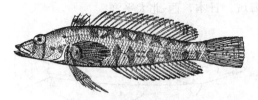

图 2949　圆拟鲈 *P. cylindrica*

4（3）下颌前部具 4 对犬齿；胸鳍具 14 鳍条；侧线鳞 38～43；背鳍前鳞 3 或 4·················
　　　　史氏拟鲈 *P. snyderi* Jordan & Starks，1905（图 2950）。近海底层鱼类。栖息于珊瑚礁或海草区
　　　　水深 1～20m 的底质为泥沙与碎石域。食鱼类及底栖甲壳类。体长 90～100mm。分布：台湾西
　　　　南部及澎湖列岛海域、南海（香港）、东沙群岛；朝鲜半岛、日本、澳大利亚，印度-西太平洋。
　　　　体型小，潜水偶见。

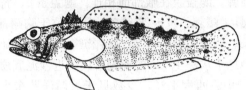

图 2950　史氏拟鲈 *P. snyderi*
（依岛田，2013）

5（2）背鳍鳍条 23～24（通常 23）；臀鳍鳍条 18～21（通常 19～20）；侧线鳞 52～69（除
　　　　P. macrophthaqlma 外，通常多于 55）；背鳍前鳞 8～11

6（9）颊部具圆鳞；体侧不具纵纹或 V 形色斑；尾鳍基部上方具眼斑

7（8）顶骨、鳃盖骨、下鳃盖骨、项部及胸部具栉鳞；体侧上方具不规则条纹；侧线下鳞列 17～18
　　　　·················**斑棘拟鲈 *P. striolata*（Weber，1913）**（图 2951）。深海底层鱼类。栖息于
　　　　水深 200～310m 沙泥底质的大陆架区。食鱼类及底栖甲壳类。体长 190～200mm。分布：台湾
　　　　小琉球及澎湖列岛海域、南海；日本、澳大利亚，印度-西太平洋。中小型鱼，可食用，小鱼常
　　　　做下杂鱼处理。

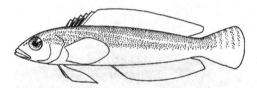

图 2951　斑棘拟鲈 *P. striolata*
（依刘静，2016）

8（7）顶骨、大部分鳃盖骨及下鳃盖骨、项部及胸部前几列具圆鳞；具淡黄色斜纹；侧线下鳞列 13～15
　　　　·················**冈村氏拟鲈 *P. okamurai* Kamahara，1960**（图 2952）。深海底层鱼类。栖
　　　　息于水深 100～200m 的沙泥底。体长 130mm。分布：台湾东北部海域、东沙群岛；日本，西太
　　　　平洋。中小型鱼，可食用，小鱼常做下杂鱼处理。

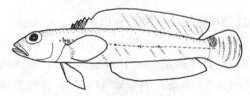

图 2952　冈村氏拟鲈 *P. okamurai*
（依岛田，2013）

9（6）颊部具栉鳞；体侧具深色棒状条纹或 V 形色斑；尾鳍基部上方眼斑有或无

10（13）体侧具 V 形斑；尾鳍基部上方具眼斑；侧线鳞 64～70

11（12）胸鳍基部具一黑色斑块；V形斑间不具小黑点；鲜活时体侧不具小黄点；背鳍基部具黑斑 ························**六带拟鲈** *P. sexfasciata*（**Temminck & Schlegel，1843**）（图2953）。深海底层暖水性鱼类。栖息于水深50～200m的沙泥底。平时伏于礁盘与沙地间海域，伺机掠食。体长120mm。分布：黄海（江苏沿岸）、东海（浙江及福建）、台湾海域、海南岛；朝鲜半岛、日本，西太平洋。中小型鱼，食用鱼，台湾全年可捕获。

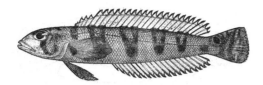

图2953　六带拟鲈 *P. sexfasciata*

12（11）胸鳍基部具小黑点；V形斑间具有小黑点；新鲜时体侧密布小黄斑；背鳍基部无黑斑 ································**黄斑拟鲈** *P. lutevittata* **Liao，Cheng & Shao，2011**（图2954）。深海底层鱼类。栖息于水深50～100m的沙泥底。体长150mm。分布：模式标本采自台湾。

图2954　黄斑拟鲈 *P. lutevittata*
（依台湾鱼类资料库）

13（10）体侧具棒状条纹；尾鳍基部上方无眼斑；侧线鳞52～57

14（17）体侧上方具10窄条纹

15（16）背鳍具5鳍棘；下颌前方具4对犬齿；棒状纹黑色；尾鳍基部中央有一黑色大斑；头部具不规则黄条纹 ························**多带拟鲈** *P. multifasciata* **Döderlein，1884**（图2955）。深海底层鱼类。栖息于沿岸水深20～100m的沙泥底或石砾底海域。食鱼类及底栖甲壳类。体长150～180mm。分布：东海、台湾海域；日本，西-北太平洋。中小型鱼，可食用，小鱼常做下杂鱼处理。

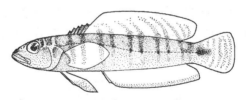

图2955　多带拟鲈 *P. multifasciata*
（依刘静，2016）

16（15）背鳍具4鳍棘；下颌前方具3对犬齿；棒状条纹淡色；尾鳍基部无黑斑；头部无黄色条纹 ································**十横斑拟鲈** *P. decemfasciata*（**Franz，1910**）（图2956）。深海底层鱼类。栖息于沿岸水深10～100m的沙泥底质亚潮带或石砾底海域。食鱼类及底栖甲壳类。体长140～150mm。分布：东海、台湾海域；日本，西-北太平洋。中小型鱼，可食用，小鱼常做下杂鱼处理。

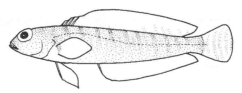

图2956　十横斑拟鲈 *P. decemfasciata*
（依刘静，2016）

17（14）体侧上方或中间具5～7条纹，或宽或窄

18（19）体侧上方有7条较宽横纹（保存时消失）；下颌前部具3对犬齿···············
黄拟鲈 _P. aurantiaca_ Döderlein，1884（图2957）。深海底层鱼类。栖息于沿岸水深10～50m
的沙泥底质亚潮带或石砾底海域。体长160～170mm。分布：台湾海域；日本，西-北太平洋。
中小型鱼，可食用，罕见物种。

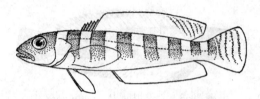

图2957　黄拟鲈 _P. aurantiaca_
（依刘静，2016）

19（18）体侧具5或6条窄条纹；下颌前部具4对犬齿

20（21）背鳍具4鳍棘；体侧上方具6个斜棒状斑；侧线下方具19鳞列·················
莫氏拟鲈 _P. moki_ Ho & Johnson，2013。深海底层鱼类。栖息于沙泥底。分布：台湾西南部海
域；日本，西-北太平洋。中小型鱼，可食用，小鱼常做下杂鱼处理。

21（20）背鳍具5鳍棘；体侧上方具5个垂直或斜条纹；侧线下方具14～16鳞列

22（23）体侧具5条垂直条纹，每个条纹上方深黑色、下方较淡·············**大眼拟鲈**
P. macrophthalma（Pietschmann，1911）（图2958）。深海底层鱼类。栖息于水深100～200m
的沙泥底。体长140mm。分布：正模标本采自台湾。

图2958　大眼拟鲈 _P. macrophthalma_
（依台湾鱼类资料库）

23（22）体侧具5条深色斜棒状斑··················**鞍带拟鲈 _P. muronis_（Tanaka，1918）**
（图2959）。沿海底层鱼类。栖息于水深10～50m沙泥底质的大陆架区。食鱼类及底栖甲壳类。
体长110～120mm。分布：东海大陆架、台湾西南部海域、南海；济州岛、日本，西太平洋。
中小型鱼，可食用。

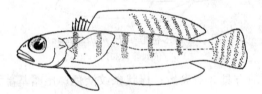

图2959　鞍带拟鲈 _P. muronis_
（依刘静，2016）

24（1）腭骨无齿；颊部具圆鳞且不重叠（除眼斑拟鲈 _P. ommatura_、长鳍拟鲈 _P. filamentosus_ 外）；
背鳍中间各棘较长

25（26）尾鳍略凹至深叉··················**玫瑰拟鲈 _P. schauinslandii_（Steindachner，1900）**
（图2960）。近海底层鱼类。栖息于珊瑚礁或海草区水深9～170m较深的海岸斜坡或较深的沙
滩区。在礁区附近开放水域的沙子与碎石底部上方活动。体长160～180mm。分布：台湾兰屿；
日本、澳大利亚，印度太平洋。中小型鱼，可食用。

26（25）尾鳍圆形或截形，上叶通常延长

27（46）下颌前部具3对犬齿

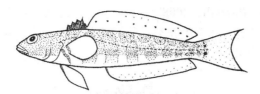

图 2960 玫瑰拟鲈 *P. schauinslandii*

（依岛田，2013）

28（29）鳃耙 21 以上，下颌具双列侧线孔 ····················· 白斑拟鲈 ***P. alboguttata*（Günther，1872）**
（图 2961）。深海底层鱼类。栖息于珊瑚礁或海草区水深 50～120m 的沙泥底域。分布：海南岛；印度-西太平洋。中小型鱼，可食用。

图 2961 白斑拟鲈 *P. alboguttata*

（依刘静，2016）

29（28）鳃耙 20 以下，下颌具单列侧线孔

30（39）侧线鳞少于 55（通常 52～54）；体色红，背部常具棕色鞍斑

31（34）背部具 5 棕色较宽鞍斑

32（33）尾鳍具 2 列不规则黑斑；肩部具小黑斑 ····················· 尾斑拟鲈
***P. randalli* Ho & Shao，2010**（图 2962）。深海底层鱼类。栖息于水深 50～200m 的深海珊瑚礁区。分布：模式标本采自台湾；日本。中小型鱼，可食用，通常船钓钓获。

图 2962 尾斑拟鲈 *P. randalli*

（依 Ho et al.，2012）

33（32）尾鳍具许多红斑（保存时消失）；肩部无小黑斑···················· 红斑拟鲈
***P. rubromaculata* Ho，Chang & Shao，2012**（图 2963）。深海底层鱼类。栖息于水深 50～200m 深海珊瑚礁区沙泥底质的亚潮带。体长 95～114mm。分布：模式标本采自台湾澎湖；日本。中小型鱼，可食用，通常船钓钓获。

图 2963 红斑拟鲈 *P. rubromaculata*

（依 Ho et al.，2012）

34（31）背部具 8 棕色较窄鞍斑

35（36）尾鳍上叶延长，超过眼径；胸鳍上方具一大眼斑 ··
红拟鲈 *P. rufa* Randall，2001。底层鱼类。栖息于水深 50～200m 深海珊瑚礁区的海岸斜坡。分布：台湾南部海域；菲律宾。中小型鱼，可食用。

36（35）尾鳍上叶延长，不超过眼径；胸鳍上方无眼斑

37（38）体侧上方具 1 列黑斑，每个黑斑间隔 3～4 鳞片；鲜活时颊部具一大红斑··········

······**邵氏拟鲈 *P. shaoi* Randall，2008**（图 2964）。深海底层鱼类。栖息于水深 80～200m 的珊瑚礁海岸斜坡区。食鱼类及底栖甲壳类动物。体长 140～153mm。分布：模式标本采自台湾；日本。中小型鱼，可食用。

图 2964　邵氏拟鲈 *P. shaoi*
（依 Ho et al.，2012）

38（37）体侧上方具 1 列小黑点，每黑点局限在 1 个鳞片；鲜活时颊部具一宽黄纹······················
······**垦丁拟鲈 *P. kentingensis* Ho，Chang & Shao，2012**（图 2965）。深海底层鱼类。栖息于水深 50～200m 的深海珊瑚礁区。体长 120～137mm。分布：模式标本采自台湾；西太平洋。中小型鱼，可食用。

图 2965　垦丁拟鲈 *P. kentingensis*
（依 Ho et al.，2012）

39（30）侧线鳞超过 55（通常 57～61）；体具多不同样式斑点

40（43）尾鳍具黑斑线暗色纵带

41（42）雄鱼鳃盖上方具眼斑；项部具栉鳞；尾鳍具 2 条暗色纵带 ······························ **四斑拟鲈**
P. clathrata Ogilby，1910（图 2966）。近海底层鱼类。栖息于珊瑚礁或海草区水深 3～50m 清澈的潟湖和临海礁石区。在岩石表面、珊瑚顶部或水流向下的峡道也常被发现。体长 200～240mm。分布：台湾沿岸、南海诸岛；日本、萨摩亚群岛、澳大利亚，西太平洋。中小型鱼，可食用，以底拖网捕获，台湾全年有产。中小型鱼，可食用。

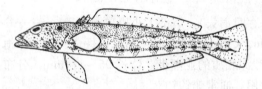

图 2966　四斑拟鲈 *P. clathrata*
（依岛田，2013）

42（41）雄鱼鳃盖上方无眼斑；项部具圆鳞；尾鳍中央具一大黑斑 ······························ **雪点拟鲈**
P. millepunctata（Günther，1860）（图 2967）。近海底层鱼类。栖息于珊瑚礁水深 3～50m 的临海礁石区及珊瑚之间的碎石区或通道上。食鱼类及底栖甲壳类。体长 160～180mm。分布：东海、钓鱼岛、台湾沿岸、南海诸岛；日本，东印度-太平洋沿岸。中小型鱼，可食用。

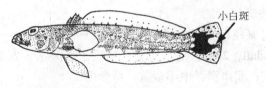

小白斑

图 2967　雪点拟鲈 *P. millepunctata*
（依岛田，2013）

43（40）尾鳍无黑斑或暗色纵带

44（45）头部具 2 条宽条纹；体侧具 7～8 黑横纹；尾鳍基上方具黑斑·························· **四棘拟鲈**
P. tetracantha **（Lacepède，1801）**（图 2968）。近海底层鱼类。栖息于珊瑚礁水深 12～25m 的
浅滩沿岸到深的软质底部区域，临海礁石区及珊瑚之间的碎石区或通道上也常有发现。食鱼类
及底栖甲壳类。体长 220～230mm。分布：台湾沿岸、东沙群岛；日本、菲律宾，东印度-太平
洋沿岸。中小型鱼，可食用。

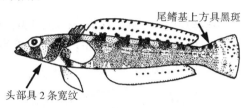

尾鳍基上方具黑斑

头部具 2 条宽纹

图 2968　四棘拟鲈 *P. tetracantha*
（依岛田，2013）

45（44）头部具细条纹（雄鱼）或不规则斑点；体侧具 10 黑横斑；尾鳍基上方无黑斑··············
················· **黄纹拟鲈** ***P. xanthozona*** **（Bleeker，1849）**（图 2969）。近海底层鱼类，栖息于珊瑚礁
水深 10～20m 的潟湖与海湾内或浅水且有遮蔽礁区附近的沙地。体长 220～230mm。分布：
台湾南部及澎湖列岛海域、南海；日本、斐济、非洲，西太平洋。中小型鱼，可食用，小鱼常
做下杂鱼处理。

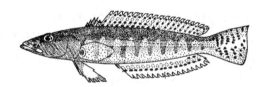

图 2969　黄纹拟鲈 *P. xanthozona*
（依刘静，2016）

46（27）下颌前部具 4 对犬齿

47（50）颊部具层叠栉鳞；尾鳍基部上方具眼斑；下鳃盖骨后缘锯齿状

48（49）背鳍鳍条丝状······················ **长鳍拟鲈** ***P. filamentosus*** **（Steindachner，1878）**。近海底
层鱼类。栖息于水深 10～50m 的沙泥底。分布：海南岛；印度尼西亚、西太平洋。

49（48）背鳍鳍条不延长 ···················· **眼斑拟鲈** ***P. ommatura*** **Jordan & Snyder，1902**
（图 2970）。近海底层鱼类。栖息于水深 15～25m 的沙泥底质海域。食鱼类及底栖甲壳类。体
长 100～110mm。分布：东海南部（福建）、台湾西南部及澎湖列岛海域、南海（广东）；日本、
印度，西太平洋。中小型鱼，可食用。

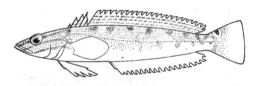

图 2970　眼斑拟鲈 *P. ommatura*
（依刘静，2016）

50（47）颊部具圆鳞，不相互层叠；尾鳍基部上方无眼斑；下鳃盖骨后缘平滑

51（52）尾鳍中央具一大黑斑 ······················ **太平洋拟鲈** ***P. pacifica*** **Imamura & Yoshino，2007**
（图 2971）。珊瑚礁底层鱼类。栖息水深 1～20m。体长 185～200mm。分布：台湾海域、南海
诸岛；日本、菲律宾，西太平洋。中小型鱼，可食用。

52（51）尾鳍中央无黑斑

53（54）尾鳍截形；鲜活时体背部具 8～9 棕色窄鞍斑，体侧下方具 8 窄红直纹，每条纹中间具一黑斑

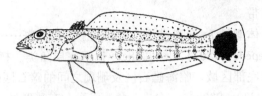

图 2971　太平洋拟鲈 *P. pacifica*

（依岛田，2013）

或无·····················**织纹拟鲈 *P. multiplicata* Randall，1984**（图 2972）。珊瑚礁底层鱼类。栖息水深 4～40m。体长 185～200mm。分布：台湾南部海域、南海诸岛；日本、澳大利亚，印度-西太平洋。中小型鱼，可食用。

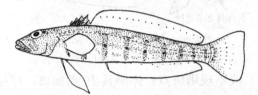

图 2972　织纹拟鲈 *P. multiplicata*

（依岛田，2013）

54（53）尾鳍上叶突出，具一短延长；体侧下方具黑横斑

55（56）腹鳍基部外侧及臀鳍起点具黑斑；头部具黑色横纹（雄鱼）或不规则大黑斑（雌鱼）；体侧具 8 直条纹；体侧下方具 1 列短黑斑；背鳍具 2 列黑斑，臀鳍具 1 列黑斑·····················**蒲原氏拟鲈 *P. kamoharai* Schultz，1966**（图 2973）。珊瑚礁底层鱼类。栖息于水深 1～40m 沙泥底质的亚潮带。食鱼类及底栖甲壳类。体长 180～200mm。分布：台湾海域、南海（香港）；日本，西太平洋。中小型鱼，可食用，全年有产。

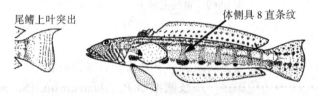

尾鳍上叶突出　　　　　　　　　　体侧具 8 直条纹

图 2973　蒲原氏拟鲈 *P. kamoharai*

（依岛田，2013）

56（55）头部下方具 2～3 对黑斑；体背部具 6 不明显宽鞍斑；体侧具 6 红色宽纹；背鳍及臀鳍无黑斑；臀鳍及尾鳍下缘深红色·····················**美拟鲈 *P. pulchella*（Temminck & Schlegel，1843）**（图 2974）。近海底层鱼类。栖息于水深 5～30m 珊瑚礁的沙泥底浅水域。体长 180～200mm。分布：东海、台湾澎湖列岛海域、海南岛、南海（香港）；日本、斯里兰卡，印度-西太平洋。中小型鱼，可食用。

图 2974　美拟鲈 *P. pulchella*

262. 毛背鱼科（丝鳍鳚科）Trichonotidae

体甚延长，带状，稍侧扁。口大，前位。吻长，易伸缩。眼近背面，眼间隔窄。下颌突出。颌齿绒毛状。犁骨和腭骨均具小而尖的齿。鳃孔宽。鳃盖膜不与峡部相连。鳃盖条 7。具假鳃。头无鳞，体被中大圆鳞。侧线完全。侧中位或低位。背鳍 1 个，基底长，鳍条分节不分支，无明显的鳍棘，雄鱼的前

部 3 鳍条有时呈丝状；臀鳍的基底部很长，与背鳍相对；胸鳍较小；腹鳍具 1 鳍棘、5 鳍条；尾鳍圆形，个别尖长。

　　暖水性沿岸底层中小型鱼类，喜栖息于沙底。分布：印度-西太平洋海域。无经济价值。

　　本科有 1 属 10 种（Nelson et al.，2016）；中国有 1 属 3 种。

<h3 style="text-align:center">毛背鱼属（丝鳍鳚属）Trichonotus Rafinesque，1815</h3>

<h3 style="text-align:center">种 的 检 索 表</h3>

1（2）背鳍具 3 柔软鳍棘，体侧前半上部及下部具有无鳞区域 ··
　　美丽毛背鱼（美丽丝鳍鳚）*T. elegans* **(Shimada & Yoshino，1984)**（图 2975）。栖息于亚热带沿岸水深 10～40m 的小型海洋鱼类，生活于近海沿岸的清澈沙质水域，喜集群，有领域性行为，行一雌一雄制。体长 180mm。分布：台湾南部海域；日本、澳大利亚、马尔代夫，西太平洋。

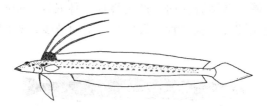

图 2975　美丽毛背鱼（美丽丝鳍鳚）*T. elegans*

2（1）背鳍具 5～7 柔软鳍棘，体侧没有无鳞区域

3（4）背鳍软条数 39～41；臀鳍软条数 34～36，侧线有孔鳞 52～55，雄鱼背鳍鳍棘显著延长············
　　··················**毛背鱼（丝鳍鳚）***T. setiger* **(Bloch & Schneider，1801)**（图 2976）。栖息于热带沿岸水深 3～80m 的小型海洋鱼类。生活于近海沿岸的清澈沙质河口水域。喜集群，白天在近海底 1～3m 水域活动，遇危险迅速钻入沙中。捕食浮游动物。体长 220mm。分布：台湾海域、南海（香港等）；日本，东印度-西太平洋。数量罕见，《中国物种红色名录》列为极危［CR］物种。

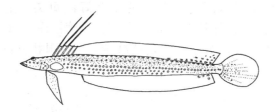

图 2976　毛背鱼（丝鳍鳚）*T. setiger*

4（3）背鳍软条数 43～44；臀鳍软条数 36～38，侧线有孔鳞 52～55，雄鱼背鳍鳍棘均不延长············
　　··················**线鳍毛背鱼（曳丝丝鳍鳚）***T. filamentosus* **(Steindachner，1867)**（图 2977）。栖息于温带沿岸水深 10～217m 的小型海洋鱼类，生活于近海沿岸的清澈沙质水域。喜集群，有领域性行为。体长 150mm。分布：南海；日本，西印度洋。

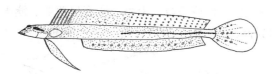

图 2977　线鳍毛背鱼（曳丝丝鳍鳚）*T. filamentosus*

263. 玉筋鱼科 Ammodytidae

　　体细长，稍侧扁。口稍大，下颌突出。颌齿绒毛状，或无颌齿。犁骨和腭骨均无齿。鳃盖膜分离，不与峡部相连。具假鳃。鳃盖条 6～8。体被细小圆鳞，斜行排列。侧线完全，高位，或近背缘。背鳍 1 个，基底甚长，由 40～69 鳍条组成；臀鳍基底稍长，由 14～36 鳍条组成；一般无腹鳍，如有必为喉

位，具1鳍棘、3鳍条；尾鳍分叉。无鳔。椎骨52～78个。

为近海沙底附近的肉食性小鱼。集群游动或隐伏沙内。三大洋由极地至热带均有分布。经济鱼类，世界年产量数十万吨，肉味鲜美，供食用。体长可达300mm。

本科有7属28种（Nelson et al.，2016）；中国有2属3种。

属 的 检 索 表

1（2）体侧腹缘无皮褶；背鳍鳍条49以下 ·················· **布氏筋鱼属 Bleekeria**

2（1）体侧腹缘具皮褶；背鳍鳍条54～59 ·················· **玉筋鱼属 Ammodytes**

玉筋鱼属 *Ammodytes* Linnaeus，1758

太平洋玉筋鱼 A. personatus Girard，1856（图2978）。栖息于温带沿岸水深0～100m的小型海洋鱼类，生活于近海沿岸底层水域，喜钻游沙内。产沉性卵。体长150mm。分布：渤海、黄海、东海；朝鲜半岛、日本北海道，西-北太平洋。肉可食。数量有一定的减少，《中国物种红色名录》列为易危[VU]物种。

图2978　太平洋玉筋鱼 *A. personatus*

（依 Girard，1856）

布氏筋鱼属 *Bleekeria* Günther，1862
种 的 检 索 表

1（2）具腹鳍，喉位，腹鳍极小，位于胸鳍基稍前，具1鳍棘、3鳍条；臀鳍基底长约为背鳍基底长的1/3，体淡黄绿色；各鳍色暗 ·········· **箕作布氏筋鱼 B. mitsukurii Jordan & Evermann，1902**（图2979）。栖息于热带沿岸水深1～217m的小型海洋鱼类，生活于近海沿岸沙质泥底水域，喜钻游沙内。产沉性卵。体长160mm。分布：台湾沿岸、海南岛、南海（广东）；日本、印度尼西亚，印度-西太平洋。数量有一定的减少，《中国物种红色名录》列为易危[VU]物种。

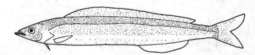

图2979　箕作布氏筋鱼 *B. mitsukurii*

2（1）无腹鳍，臀鳍基底长约为背鳍基底长的1/2，具14～16鳍条；胸鳍短而尖；体淡黄绿色；背鳍鲜黄色，基底暗色；胸及臀鳍黄色 ·················· **绿布氏筋鱼 B. anguilliviridis (Fowler，1931)**（图2980）。栖息于热带沿岸水深1～80m的小型海洋鱼类，生活于近海沿岸及沙泥底水域。体长164mm。分布：东海（福建）、台湾海域、南海；印度尼西亚、澳大利亚，印度-西太平洋。数量有一定的减少，《中国物种红色名录》列为易危[VU]物种。

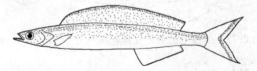

图2980　绿布氏筋鱼 *B. anguilliviridis*

264. 䲣科 Uranoscopidae

体稍长而侧扁。裸露无鳞或被以细小圆鳞，鳞均向后向下排成斜行，胸腹部鳞不显著。头部宽大，略平扁，部分被骨板。眼小，大多位于头部背面。唇缘穗状。口裂近直立状。前颌骨能伸缩。上颌骨宽，大部分外露，无辅上颌骨。颌齿绒毛状。犁骨和腭骨均具齿。有些种类有蠕虫状丝状皮瓣由口底伸出，借以诱饵。在胸鳍上方和鳃盖后方有2枚尖的肱棘，基部有毒腺。侧线位高。腹鳍喉位，相距较近，具1鳍棘、5鳍条。有些种类无第一背鳍。臀鳍和第二背鳍基底不很长。椎骨24～26。

　　栖息于海洋底层大陆架缘的中型大小鱼类。借其宽阔的胸鳍挖掘泥沙，使身体隐伏其间，仅露出两眼和大口，一俟食饵临近时立即把动物连同泥沙一起吸入口内。食用杂鱼，有一定经济价值。分布：大西洋、印度洋和太平洋。

　　本科有8属53种（Nelson et al.，2016）；中国有3属7种。

属 的 检 索 表

1（2）背鳍2个，第一背鳍有4～5鳍棘、12～15鳍条；肩棘强大；椎骨25个 ⋯⋯ **䲢属 Uranoscopus**

2（1）背鳍1个，第一背鳍有或无鳍棘；无肩棘；椎骨26～28个

3（4）后肩部无穗状皮瓣；背鳍无鳍棘；胸鳍具22～24鳍条；体具褐斑⋯⋯⋯⋯⋯⋯⋯⋯⋯⋯⋯⋯⋯⋯⋯⋯⋯⋯⋯⋯⋯⋯⋯⋯⋯⋯⋯⋯ **奇头䲢属（青䲢属）Xenocephalus**

4（3）后肩部具穗状皮瓣；背鳍具2短棘；胸鳍16～17鳍条；体具白斑⋯⋯ **披肩䲢属 Ichthyscopus**

披肩䲢属 Ichthyscopus Swainson，1839

披肩䲢 I. lebeck Whitley，1936（图2981）。栖息于热带沿岸水深30～200m的中小型海洋鱼类，生活于近海沿岸沙质的底层水域。体长600mm。分布：东海、台湾海域、南海；朝鲜半岛、日本、新加坡，印度-西太平洋。可食用。数量有一定的减少，《中国物种红色名录》列为易危［VU］物种。

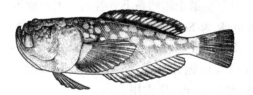

图 2981　披肩䲢 I. lebeck

䲢属 Uranoscopus Linnaeus，1758
种 的 检 索 表

1（2）前鳃盖骨下缘具3棘；后鼻孔管状突起；体背褐绿色，具许多黄斑和虫状⋯⋯⋯⋯⋯⋯⋯⋯⋯⋯⋯⋯
　　　日本䲢 U. japonicus Houttuyn，1782（图2982）。栖息于外洋水深35～263m的小型海洋鱼类，生活于底层沙泥底水域。一般隐身于沙泥底质中，很少被观察到；利用下颌附属瓣诱捕底栖生物。体长280mm。分布：渤海、黄海、东海、台湾海域、南海；朝鲜半岛、日本，印度-西太平洋。供食用。

图 2982　日本䲢 U. japonicus

2（1）前鳃盖骨下缘具4棘

3（6）后鼻孔管状突起

4（5）头与体背具褐色网状纹；两眼间隔的凹陷不伸达眼的后缘 ⋯⋯⋯⋯⋯⋯⋯⋯⋯⋯⋯⋯⋯⋯⋯⋯⋯⋯⋯
　　　少鳞䲢 U. oligolepis Bleeker，1878（图2983）。栖息于热带沿岸水深2～250m的小型海洋鱼类，

生活于近海沿岸、沙泥底及礁区水域。体长 200mm。分布：东海南部、台湾海域、南海；马来西亚、新喀里多尼亚，西太平洋。供食用。

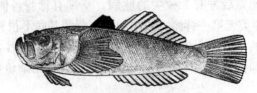

图 2983　少鳞䲁 U. oligolepis

5（4）头与体背红褐色，具浅黄色斑；两眼间距的凹陷伸达眼的后缘 ·······················
中华䲁 U. chinensis Guichenot，1882（图 2984）。栖息于水深 120m 的沙砾底部。一般隐身于沙泥质底中，很少被观察到；利用下颌附属瓣诱捕底栖生物。分布：黄海、东海、台湾东北部及澎湖列岛海域、南海；日本，西-北太平洋。食用杂鱼。

眼间距的凹陷伸达眼的后缘

图 2984　中华䲁 U. chinensis
（依山田等，2013）

6（3）后鼻孔裂缝状
7（8）第一背鳍下方与第二背鳍第七至第十四鳍条下方各具一大黑横带 ····················
双斑䲁 U. bicinctus Temminck & Schlegel，1843（图 2985）。栖息于水深 15～100m 的近海暖水性小型海洋鱼类，生活于沿岸海底泥沙中及礁区水域。一般隐身于沙泥底质中，很少被观察到；伸出口内的长皮瓣诱捕小鱼及底栖无脊椎动物。体长 150mm。分布：台湾海域、南海；日本、菲律宾、澳大利亚，印度-西太平洋。供食用。

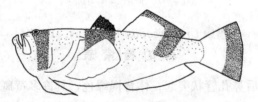

图 2985　双斑䲁 U. bicinctus

8（7）头与体背褐色，无斑点及虫状纹，体侧无大黑横斑；口腔内下颌内侧皮瓣很长···············
··········项鳞䲁 U. tosae **(Jordan & Hubbs，1925)**（图 2986）（syn. Zalesscopus tosae 成庆泰等，1963）。栖息于温带沿岸水深 55～420m 的小型海洋鱼类，生活于近海沿岸、沙泥底及礁区水域。伸出口内的长皮瓣诱捕小鱼及底栖无脊椎动物。体长 250mm。分布：东海、台湾海域、南海；朝鲜半岛、日本，西-北太平洋。可供食用。数量有一定的减少，《中国物种红色名录》列为易危［VU］物种。

图 2986　项鳞䲁 U. tosae

奇头鰧属（青鰧属）Xenocephalus Kaup，1858

青奇头鰧（青鰧）X. elongatus（Temminck & Schlegel，1843）（图 2987）（syn. 青鰧 *Gnathagnus elongatus* 成庆泰等，1963）。栖息于外洋水深 35～440m 的小型海洋鱼类，生活于底层沙泥底及深海水域。常隐身于沙泥底中，伸出口内的长皮瓣诱捕小鱼及底栖无脊椎动物。体长 300mm。分布：渤海、黄海、东海大陆架、台湾海域、南海；朝鲜半岛、日本、印度尼西亚，印度-西太平洋。

图 2987　青奇头鰧（青鰧）X. elongatus

鳚亚目 BLENNIOIDEI

腹鳍如有，为喉位或颏位，具 1 鳍棘、2～4 鳍条，有棘或无棘；臀鳍具 1～2 鳍棘，鳍条全不分支，鳍条基骨与脉棘连接；背鳍前部具鳍棘，鳍条基骨与髓棘连接。头部在项部、鼻孔上、眼上方或感觉孔边缘常有皮须。副蝶骨的侧翼可伸达额骨的下翼。顶骨常被上枕骨分离。无眶蝶骨。眶下骨无骨突，不与前鳃盖骨连接。

暖水性海洋小型底层鱼类。栖息于浅水岩礁及珊瑚礁的潮间带水域。分布：世界三大洋热带、亚热带海域。

本亚目有 6 科 136 属 818 种；中国有 4 科 33 属 103 种。

科 的 检 索 表

1（2）背鳍 3 个，前 2 个由鳍棘组成，后 1 个由鳍条组成；胸鳍和尾鳍鳍条常分支；项部无皮须；体被弱栉鳞 ························· 三鳍鳚科 Tripterygiidae

2（1）背鳍 1～2 个；胸鳍鳍条不分支，尾鳍鳍条大多不分支；眼上和项部具皮须；体裸露无鳞或被圆鳞

3（4）背鳍 2 个，第一背鳍由 3 鳍棘组成，第二背鳍前部为鳍棘，后部有少数鳍条；体被埋于皮下的小圆鳞 ························· 胎鳚科 Clinidae

4（3）背鳍 1 个；体裸露无鳞

5（6）口大，上颌骨后端向后伸越眼后缘下方 ························· 烟管鳚科 Chaenopsidae

6（5）口较小，上颌骨后端向后不超过眼后缘下方 ························· 鳚科 Blennidae

265. 鳚科 Blennidae

体延长，侧扁。无鳞。口小或中大，不能伸出，上颌骨后端不超过眼。两颌前方具耙状齿，两侧有 1 个或多个犬齿；犁骨及腭骨常无齿。鳃孔宽大，左右鳃盖膜相连；或狭小，鳃盖膜连于峡部。背鳍前部为鳍棘，后部为鳍条；臀鳍延长，常具 1～2 鳍棘，鳍条一般少于 30；胸鳍宽大，圆形；腹鳍喉位，具 1 鳍棘、3 鳍条，有时消失；尾鳍显著，圆形或凹入。侧线位于体的前半部或消失。

热带和亚热带小型鱼类。栖息于潮间带岩礁间。

本科有 5 族 56 属 74 种；中国有 4 族 26 属 71 种。

族 的 检 索 表

1（4）鳃孔宽大，从头一侧经腹面连接另一侧

2（3）上颌具犬齿或无犬齿；头部正中线上具许多刷状皮须（皮瓣）························· 鳚族 Blinienni

3（2）上颌无犬齿；头部正中线上无皮须（皮瓣），有时具冠状皮膜 ⋯⋯ 凤鳚族（唇齿鳚族）Salariini

4（1）鳃孔小，只限于头侧

5（6）腹鳍具 1 鳍棘、2 鳍条 ⋯⋯⋯⋯⋯⋯⋯⋯⋯⋯⋯⋯⋯⋯⋯⋯⋯ 肩鳃鳚族 Omobranchini

6（5）腹鳍具 1 鳍棘、3 鳍条 ⋯⋯⋯⋯⋯⋯⋯⋯⋯⋯⋯⋯ 刀齿鳚族（跳岩鳚族）Nemophini

鳚族 Blinienni 属的检索表

1（2）上颌后方具大犬齿 ⋯⋯⋯⋯⋯⋯⋯⋯⋯⋯⋯⋯⋯⋯⋯⋯⋯⋯⋯⋯⋯⋯ 副鳚属 *Parablennius*

2（1）上颌后方无犬齿；头部正中线具许多刷状皮须（皮瓣）⋯⋯⋯⋯ 敏鳚属（顶须鳚属）*Scartella*

副鳚属 *Parablennius* Miranda-Ribeiro, 1915

八部副鳚 ***P. yatabei*** **(Jordan & Snyder, 1900)**（图 2988）[syn. 鳚 *Blennius yatabei* Li, 1955]。栖息于潮池或潮间带水深 0～12m 的岩礁区。食藻类。体长 50～60mm。分布：黄海、东海、台湾海域；朝鲜半岛、日本。个体小，无食用价值。

图 2988　八部副鳚 *P. yatabei*

敏鳚属（顶须鳚属）*Scartella* Jordan, 1886

缘敏鳚（缘顶须鳚）*S. emarginata* (Günther, 1861)（图 2989）。栖息于近岸或潮间带水深 0～13m 的岩礁性海域。体长 90～100mm。分布：台湾海域；日本，印度-西太平洋。个体小，无食用价值。

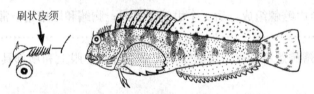

图 2989　缘敏鳚（缘顶须鳚）*S. emarginata*
（依蓝泽等，2013）

刀齿鳚族（跳岩鳚族）Nemophini 属的检索表

1（2）体长带状；背鳍起点位于眼前缘的稍前上方 ⋯⋯⋯⋯⋯⋯⋯⋯⋯⋯⋯⋯ 带鳚属 *Xiphasia*

2（1）体不呈长带状；背鳍起点在眼后缘上方或更后上方

3（6）口端位或亚端位

4（5）背鳍具 10～12 鳍棘、14～22 鳍条；下颌犬齿中大 ⋯⋯⋯⋯⋯⋯ 跳岩鳚属 *Petroscriotes*

5（4）背鳍具 4～6 鳍棘、22～28 鳍条；下颌犬齿特大而长 ⋯⋯⋯⋯⋯⋯ 稀棘鳚属 *Meiacanthus*

6（3）口下位，开口于头腹面

7（8）体具侧线；胸鳍具 13～15 鳍条 ⋯⋯⋯⋯⋯⋯⋯⋯⋯⋯⋯⋯⋯⋯ 盾齿鳚属 *Aspidontus*

8（7）体无侧线；胸鳍具 12 鳍条 ⋯⋯⋯⋯⋯⋯⋯⋯⋯⋯ 短带鳚属（横口鳚属）*Plagiotremus*

盾齿鳚属 *Aspidontus* Cuvier, 1834
种 的 检 索 表

1（2）体侧黑色纵带宽，伸达尾鳍末端；尾鳍无丝状延长鳍条 ⋯⋯⋯⋯⋯⋯⋯⋯⋯ **纵带盾齿鳚**
A. taeniatus **Quoy & Gaimard, 1834**（图 2990）(syn. 长鳍盾齿鳚 *A. filamentosus* Li, 1979)。

栖息于潟湖、亚潮间带水深 0～20m 的礁盘及礁坡外的珊瑚礁区水域，性羞怯，以管虫的空壳为家。体长 115mm。分布：台湾垦丁；日本，印度-西、中太平洋热带海域。个体小，无食用价值，体色艳丽，供观赏。

图 2990　纵带盾齿鳚 *A. taeniatus*
（依蓝泽等，2013）

2（1）体侧黑色纵带狭，不伸达尾鳍末端；尾鳍中央具丝状延长鳍条·····························**杜氏盾齿鳚** ***A. dussumieri*（Valenciennes，1836）（图 2991）。栖息于沿岸岩礁区水深 0～20m 的珊瑚礁区水域，性羞怯，以空穴、窄洞或管虫的空壳为家。体长 120mm。分布：台湾兰屿；日本，印度-西太平洋热带海域。个体小，无食用价值，体色艳丽，供观赏。

图 2991　杜氏盾齿鳚 *A. dussumieri*
（依蓝泽等，2013）

稀棘鳚属 *Meiacanthus* Norman，1944
种 的 检 索 表

1（2）眼至背鳍起点处具一黑色斜带 ·····················**金鳍稀棘鳚 *M. atrodorsalis*（Günther，1877）**（图 2992）。栖息于潟湖水深 30m 的面海珊瑚礁区水域，下颌两侧大犬齿具深沟及毒腺。体长 120mm。分布：台湾南部海域；日本，西-中太平洋热带海域。个体小，无食用价值，体色艳丽，供观赏。

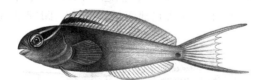

图 2992　金鳍稀棘鳚 *M. atrodorsalis*
（依郑义郎，2007）

2（1）眼至背鳍起点处无黑色斜带
3（4）体侧具黑色纵带，纵带不呈网状 ·····················**黑带稀棘鳚 *M. grammistes*（Valenciennes，1836）**（图 2993）。栖息于潟湖水深 30m 的面海珊瑚礁区水域，下颌两侧大犬齿具深沟及毒腺。体长 110mm。分布：台湾南部海域、南海诸岛；日本，西太平洋热带海域。个体小，无食用价值，供观赏。

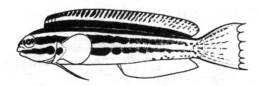

图 2993　黑带稀棘鳚 *M. grammistes*
（依蓝泽等，2013）

4（3）体侧黑色纵带呈网状 ······················· **浅带稀棘鳚 *M. kamoharai* Tomiyama，1956**
（图 2994）。栖息于潟湖水深 30m 的面海珊瑚礁区水域，下颌两侧大犬齿具深沟及毒腺。体长
110mm。分布：台湾南部海域、南海诸岛；日本，西太平洋热带海域。个体小，无食用价值，供观赏。

图 2994　浅带稀棘鳚 *M. kamoharai*
（依郑义郎，2011）

跳岩鳚属 *Petroscriotes* Rüppell，1830
种 的 检 索 表

1（2）背鳍第一和第二鳍棘等长，但均延长 ···················· **高鳍跳岩鳚 *P. mitratus* Rüppell，1830**
（图 2995）。栖息于沿岸海藻丛的珊瑚礁水深 10m 的浅海区或潟湖水域。具拟态行为。体长 70mm。分
布：台湾西南部海域、南海东沙岛；日本，印度-西太平洋热带海域。个体小，无食用价值，供观赏。

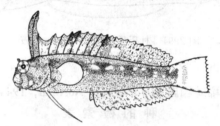

图 2995　高鳍跳岩鳚 *P. mitratus*
（依蓝泽等，2013）

2（1）背鳍无延长鳍条

3（4）鳃盖及尾鳍基各有一黑斑；下颌皮瓣分支 ······················· **史氏跳岩鳚**
***P. springeri* Smith-Vaniz，1976**（图 2996）。栖息于沿岸珊瑚礁水深 9m 的浅海区或潟湖水域。
具拟态行为。体长 77mm。分布：台湾北部海域；日本，印度-西太平洋热带海域。个体小，无
食用价值，供观赏。

图 2996　史氏跳岩鳚 *P. springeri*
（依蓝泽等，2013）

4（3）鳃盖及尾鳍基无黑斑；下颌皮瓣不分支

5（6）体侧具一黑色纵带；项部无皮瓣，具 3 感觉孔 ···················· **短头跳岩鳚**
***P. breviceps*（Valenciennes，1836）**（图 2997）（syn. 纵带美鳚 *Dasson trossulus* Li，1962）。栖息
于沿岸珊瑚礁水深 9m 的浅海区或潟湖水域，具拟态行为。体长 77mm。分布：台湾北部海域；
日本，印度-西太平洋热带海域。个体小，无食用价值，供观赏。

项部无皮瓣　　　　　具 3 感觉孔

图 2997　短头跳岩鳚 *P. breviceps*
（依蓝泽等，2013）

6（5）体侧无黑色纵带；项部具1对小皮瓣，具5感觉孔 ·· **变色跳岩鳚**
P. variabilis Cantor，1849（图2998）。栖息于沿岸具海藻的珊瑚礁水深10m浅海区或潟湖水域。
具大犬齿，会咬人，是危险海洋生物。体长150mm。分布：台湾北部海域；日本，印度-西太平
洋热带海域。个体小，无食用价值，供观赏。

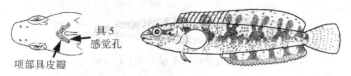

图2998　变色跳岩鳚 *P. variabilis*
（依蓝泽等，2013）

短带鳚属（横口鳚属）*Plagiotremus* Gill，1865
种 的 检 索 表

1（6）体不延长，体长为体高的9倍左右
2（3）体无明显黑色纵带；背鳍具22～24鳍条 ································· **云雀短带鳚（劳旦横口鳚）**
P. laudandus（Whitley，1961）（图2999）。栖息于潟湖及珊瑚礁水深1～30m的浅海区向海面，
遇危险时会躲在管虫的空壳中。体长80mm。分布：台湾南部绿岛及兰屿、南海南沙群岛；日
本，西太平洋热带海域。个体小，无食用价值，供观赏。

图2999　云雀短带鳚（劳旦横口鳚）*P. laudandus*
（依蓝泽等，2013）

3（2）体具黑色纵带；背鳍具28～33鳍条
4（5）体腹侧具黑色纵带；背鳍具10～11鳍棘 ································· **粗吻短带鳚（粗吻横口鳚）**
P. rhinorhynchos（Bleeker，1852）（图3000）。栖息于海水清澈长满珊瑚的潟湖区或水深1～
40m的珊瑚礁向海区，模拟"鱼医生"清除大鱼皮肤上碎屑及寄生虫等。体长120mm。分布：
台湾垦丁、南海南沙群岛；日本，印度-西太平洋热带海域。个体小，无食用价值，供观赏。

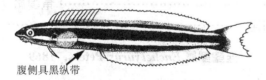

腹侧具黑纵带

图3000　粗吻短带鳚（粗吻横口鳚）*P. rhinorhynchos*
（依蓝泽等，2013）

5（4）体腹侧无黑色纵带；背鳍具7～9鳍棘 ···································· **窄体短带鳚（黑带横口鳚）**
P. tapeinosoma（Bleeker，1857）（图3001）。栖息于沿岸具海藻的珊瑚礁水深8～30m浅海区或
潟湖水域。体长140mm。分布：台湾海域、南海诸岛；日本，印度-西太平洋热带海域。个体
小，无食用价值，供观赏。

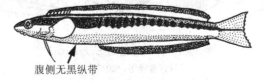

腹侧无黑纵带

图3001　窄体短带鳚（黑带横口鳚）*P. tapeinosoma*
（依蓝泽等，2013）

6（1）体颇延长，体长为体高的 15 倍以上 ·················· **叉短带鳚（叉横口鳚）**
P. spilistius Gill，1865（图 3002）［syn. 叉尾短带鳚 *Lembeichthys furcocaudalis* Li，1962］。栖息于沿岸珊瑚礁水深 10m 的浅海区。体长 150mm。分布：南海北部沿岸；菲律宾、印度-西太平洋热带海域。个体小，无食用价值，供观赏。

图 3002　叉短带鳚（叉横口鳚）*P. spilistius*

带鳚属 *Xiphasia* Swainson，1839

带鳚 *X. setifer* Swainson，1839（图 3003）。栖息于内湾沿岸浅海的软质底或沙泥底的海域，由浅海至深达 1 000m 的海域皆可发现。最大体长 530mm。分布：台湾、南海；朝鲜半岛、日本、印度-西太平洋热带及温带海域。中小型鱼类，无食用价值。

图 3003　带鳚 *X. setifer*

肩鳃鳚族 Omobranchini 属的检索表

1（2）前后鼻孔均具皮瓣，皮瓣分支 ···················· **宽颌鳚属 *Laiphognathus***

2（1）前后鼻孔均无皮瓣

3（6）背鳍、臀鳍及尾鳍相连

4（5）背鳍、臀鳍及尾鳍的鳍膜全部相连；背鳍具 7～8 鳍棘、22～23 鳍条；后鼻孔退化，不明显
·················· **连鳍鳚属 *Enchelyurus***

5（4）背鳍、臀鳍的鳍膜有 1/6 和尾鳍鳍膜相连；背鳍具 10～11 鳍棘、18～19 鳍条；后鼻孔显著
·················· **龟鳚属（拟鳗尾鳚属）*Parenchelyurus***

6（3）背鳍、臀鳍及尾鳍不相连 ···················· **肩鳃鳚属 *Omobranchus***

连鳍鳚属 *Enchelyurus* Peters，1869

克氏连鳍鳚 *E. kraussii*（Klunzinger，1871）（图 3004）。栖息于内湾沿岸浅海的潮间带区水深 0～10m 的岩礁、珊瑚礁周围海域。最大体长 45mm。分布：台湾东部及绿岛；日本、印度-西太平洋热带海域。小型鱼类，无食用价值。

后鼻孔退化

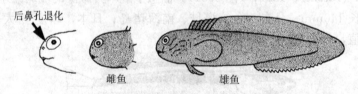

雌鱼　　雄鱼

图 3004　克氏连鳍鳚 *E. kraussii*
（依蓝泽等，2013）

宽颌鳚属 *Laiphognathus* Smith，1955

长棘宽颌鳚 *L. longispinis* Murase，2007（图 3005）［syn. 多斑宽颌鳚 *L. multimaculatus* 台湾鱼类资料库（non Smith，1955）］。栖息于沿岸浅海亚潮间带水深 5～20m 的岩礁、珊瑚礁周围海域。最大体长 40mm。分布：台湾西部海域、南海（香港）；日本、非洲东部至新几内亚，印度-西太平洋热带海域。小型鱼类，无食用价值（注：本种背鳍第七至第十鳍棘丝状延长；多斑宽颌鳚 *L. multimaculatus* Smith，1955，背鳍无丝状延长鳍棘，中国不产）。

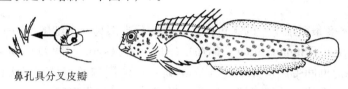

鼻孔具分叉皮瓣

图 3005　长棘宽颌鳚 *L. longispinis*
（依蓝泽等，2013）

肩鳃鳚属 *Omobranchus* Valenciennes，1836
种 的 检 索 表

1（4）头顶部正中具高的冠状皮瓣

2（3）头和体具 10 余条暗色横带，其中头部 3 条色深；背鳍鳍棘和鳍条共有 31～33 枚……………………**高冠肩鳃鳚 *O. fasciolatoceps*（Richardson，1846）**（图 3006）（syn. 冠肩鳃鳚 *O. uekii* Tian，1987）。栖息于水深 0～5m 内湾及河口的浅水区。体长 60mm。分布：东海（福建）、台湾南部及澎湖列岛海域；日本，印度-西太平洋热带海域。小型鱼类，无食用价值。

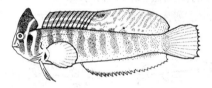

图 3006　高冠肩鳃鳚 *O. fasciolatoceps*
（依蓝泽等，2013）

3（2）体具许多细小黑点；背鳍鳍棘和鳍条共有 36～37 枚………………………… **金色肩鳃鳚 *O. aurosplendidus*（Richardson，1846）**（图 3007）。栖息于内湾沿岸浅海潮间带区水深 0～5m 的岩礁、珊瑚礁周围的海域。最大体长 45mm。分布：南海澳门及珠江口；日本，西-北太平洋热带海域。小型鱼类，无食用价值。

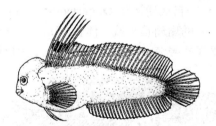

图 3007　金色肩鳃鳚 *O. aurosplendidus*
（依刘静，2016）

4（1）头顶部无冠状皮瓣

5（6）体具多条深色细纵纹，雄鱼在体后部的细纵纹呈网状 ……………………………… **斑点肩鳃鳚 *O. punctatus*（Valenciennes，1836）**（图 3008）（syn. 日本美鳚 *Dasson japonicus* Li，1962）。栖息于内湾沿岸浅海潮间带区水深 0～5m 的岩礁、潮池周围的海域。最大体长 95mm。分布：台湾澎湖列岛及兰屿、南海珠江口；日本，西-北太平洋热带海域。小型鱼类，无食用价值。

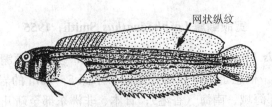

图 3008　斑点肩鳃鳚 O. punctatus

（依蓝泽等，2013）

6（5）体无深色细纵纹

7（8）头和体前部具 7～8 条粗细不一的黑色横带；体的后半部具许多细黑点·······················
美肩鳃鳚 O. elegans（**Steindachner，1876**）（图 3009）（syn. 美鳚 Dasson elegans Li，1955）。栖息于内湾沿岸浅海潮间带区水深 0～5m 的岩礁、潮池周围的海域。最大体长 60mm。分布：渤海、黄海、东海、台湾东北部海域；日本，西-北太平洋热带海域。小型鱼类，无食用价值。

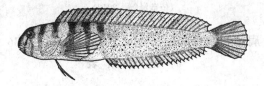

图 3009　美肩鳃鳚 O. elegans

8（7）头和体无黑色横带和细黑点

9（10）头部腹面散具许多暗色小斑；雄鱼背鳍鳍条部中央具一暗斑；眼后无白线纹·······················
······长肩鳃鳚 O. elongates（Peters，1855）（图 3010）（syn. 跳岩鳚 Petroscirtes kallosoma Li，1962）。栖息于内湾沿岸河口区浅海的潮间带及河口区水深 0～5m 的岩礁、潮池周围的海域。最大体长 60mm。分布：台湾南部海域、海南岛；日本，印度-西太平洋热带海域。小型鱼类，无食用价值。

雌鱼　　　　　　　　　　　雄鱼

图 3010　长肩鳃鳚 O. elongates

（依蓝泽等，2013）

10（9）头部腹面无暗色小斑

11（12）头部具 7 不规则细横纹，体侧具 6～7 组呈《形、成对排列的黑横带；雄鱼背鳍鳍条部的后端无暗斑·······················**吉氏肩鳃鳚 O. germaini**（**Sauvage，1883**）（图 3011）。栖息于沿岸浅海潮间带区水深 0～5m 的珊瑚礁水域。体长 65mm。分布：台湾海域、南海（香港）；菲律宾、新加坡，西-北太平洋热带海域。小型鱼类，无食用价值。

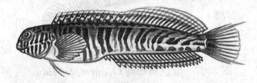

图 3011　吉氏肩鳃鳚 O. germaini

（依郑义郎，2007）

12（11）头部无细横带，眼后具一白线纹；体侧横纹不成对排列；雄鱼背鳍鳍条部的后端具一暗斑·······················**凶猛肩鳃鳚 O. ferox**（**Herre，1927**）（图 3012）。栖息于内湾沿岸浅海的河口区咸潮海域。最大体长 50mm。分布：台湾海域、南海；朝鲜半岛、日本，印度-西太平洋热带及温带海域。小型鱼类，无食用价值。

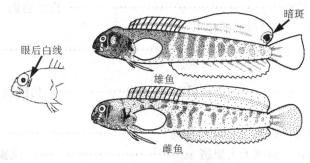

图 3012　凶猛肩鳃鳚 *O. ferox*
（依蓝泽等，2013）

龟鳚属（拟鳗尾鳚属）*Parenchelyurus* Springer，1972

赫氏龟鳚（赫氏拟鳗尾鳚）*P. hepburni*（Snyder，1908）（图 3013）。栖息于潮间带礁石潮池水深 4m 的海域。最大体长 45mm。分布：台湾海域、南海；朝鲜半岛、日本，印度-西太平洋热带及温带海域。小型鱼类，无食用价值。

图 3013　赫氏龟鳚（赫氏拟鳗尾鳚）*P. hepburni*
（依蓝泽等，2013）

凤鳚族（唇齿鳚族）Salariini 属的检索表

1（2）背鳍高大，中间无缺刻，具 9～10 鳍棘；胸鳍具 16～17 鳍条 ················ **乌鳚属 *Atrosalarias***

2（1）背鳍低，中间稍凹，有缺刻，具 12～17 鳍棘；胸鳍具 12～15 鳍条

3（8）尾鳍鳍条不分支

4（5）眼上无皮瓣 ·· **异齿鳚属（无须鳚属）*Ecsenius***

5（4）眼上具皮瓣；臀鳍具 23～27 鳍条；眼前头部无皮瓣

6（7）下唇具杯状吸盘 ··· **唇盘鳚属 *Andamia***

7（6）下唇不呈杯状吸盘 ·· **跳弹鳚属（高冠鳚属）*Alticus***

8（3）尾鳍鳍条分支

9（12）项（颈）部皮瓣基部长

10（11）颏部有 1 对皮瓣；背鳍具 12～13 鳍条；臀鳍具 13～14 鳍条 ····· **豹鳚属（多须鳚属）*Exallias***

11（10）颏部无皮瓣；背鳍具 14～16 鳍条；臀鳍具 15～17 鳍条 ····· **穗肩鳚属（项须鳚属）*Cirripectes***

12（9）项（颈）部皮瓣基部短，或无皮瓣

13（18）腹鳍具 1 鳍棘、4 鳍条

14（15）项部无皮瓣；背鳍具 17～19 鳍条；臀鳍具 18～21 鳍条 ············ **矮冠鳚属 *Praealticus***

15（14）项部有皮瓣；背鳍具 11～18 鳍条；臀鳍具 12～19 鳍条

16（17）前部侧线具鳞状突起；背鳍具 11～12 鳍条；臀鳍具 12～13 鳍条······ **呆鳚属（锡鳚属）*Stanulus***

17（16）前部侧线无鳞状突起；背鳍具 13～18 鳍条；臀鳍具 15～19 鳍条 ··

··· **犁齿鳚属（间项须鳚属）*Entomacrodus***

18（13）腹鳍具 1 鳍棘、3 鳍条

19（22）臀鳍最后鳍条由很小鳍膜与尾柄相连

20（21）眼上皮瓣掌状 ··· **动齿鳚属（蛙鳚属）*Istiblennius***

21（20）眼上皮瓣细长或分支 ·· **真动齿鳚属（真蛙鳚属）** *Blenniella*

22（19）臀鳍最后鳍条由较大鳍膜与尾柄相连

23（24）项部无皮瓣 ·· **棒鳚属** *Rhabdoblennius*

24（23）项部有皮瓣

25（26）背鳍具 13 鳍棘 ··· **仿鳚属（拟鳚属）** *Mimoblennius*

26（25）背鳍具 12 鳍棘

27（28）背鳍具 15～16 鳍条；颏部具 1 对大黑斑 ·············· **矮凤鳚属** *Nannosalarias*

28（27）背鳍具 16～20 鳍条；颏部无大黑斑 ············· **凤鳚属（唇齿鳚属）** *Salarias*

跳弹鳚属（高冠鳚属）*Alticus* Valenciennes，1836

跳弹鳚（高冠鳚） *A. saliens* Lacepède，1800（图 3014）。栖息于潮上浪花带，常在洞穴或缝隙间穿梭，受惊时跳跃于潮池与空气中，在空气中呼吸。体长 100mm。分布：台湾南部海域及兰屿；日本，印度-西太平洋热带及温带海域。小型鱼类，无食用价值。

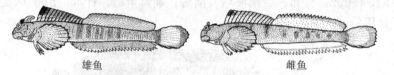

雄鱼　　　　　　　　　　雌鱼

图 3014　跳弹鳚（高冠鳚）*A. saliens*

（依蓝泽等，2013）

唇盘鳚属 *Andamia* Blyth，1858
种 的 检 索 表

1（2）背鳍具 13～14 鳍棘（多为 14），第二鳍棘丝状延长；雄鱼头顶具一发达皮冠·············
·······**雷氏唇盘鳚** *A. reyi*（Sauvage，1880）（图 3015）。栖息于潮间带浪拂区，常在洞穴或缝隙间
穿梭，受惊时跳跃于潮池与空气中，在空气中呼吸。体长 100mm。分布：台湾南部海域；日本、
菲律宾，印度-西太平洋热带海域。小型鱼类，无食用价值。

雄鱼　　　　　　　　　　雌鱼

图 3015　雷氏唇盘鳚 *A. reyi*

（依蓝泽等，2013）

2（1）背鳍具 15～16 鳍棘（多为 16）；雄鱼第二鳍棘丝状延长，雌鱼不延长；雄鱼头顶无小皮冠·············
·······················**四指唇盘鳚** *A. tetradactylus*（Bleeker，1858）（图 3016）（syn. 太平洋唇盘鳚
A. pacifica Tomiyama，1955）。栖息于潮间带浪拂区，常在洞穴或缝隙间穿梭，受惊时跳跃于

无小皮冠

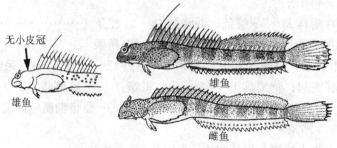

雄鱼

雄鱼

雌鱼

图 3016　四指唇盘鳚 *A. tetradactylus*

（依蓝泽等，2013）

潮池与空气中，在空气中呼吸。体长 100mm。分布：台湾沿岸；日本、印度尼西亚、印度-西太平洋热带海域。小型鱼类，无食用价值。

乌鳚属 *Atrosalarias* Whitley, 1933

全黑乌鳚 *A. holomelas* **(Günther, 1872)** （图 3017）。栖息于受保护的浅水域珊瑚礁区，活动于珊瑚丛中的枝芽间。体长 145mm。分布：台湾南部海域、南海东沙群岛；日本、澳大利亚，印度-西太平洋热带海域。小型鱼类，无食用价值。

图 3017　全黑乌鳚 *A. holomelas*
（依蓝泽等，2013）

真动齿鳚属 （真蛙鳚属） *Blenniella* Reid, 1943
种 的 检 索 表

1（2）眼上皮瓣 3 分支；雄鱼及雌鱼体侧具多条横斑························· **红点真动齿鳚（红点真蛙鳚）**
B. chrysospilos (Bleeker, 1857) （图 3018） （syn. 冠蛙鳚 *Istiblennius coronatus* Shen, 1993）。栖息于潮间带至水深 6m 的浅水域珊瑚礁及岩礁区海域。体长 130mm。分布：台湾兰屿；日本、澳大利亚，印度-西太平洋热带海域。小型鱼类，无食用价值。

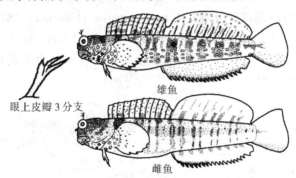

眼上皮瓣 3 分支

雄鱼

雌鱼

图 3018　红点真动齿鳚（红点真蛙鳚）*B. chrysospilos*
（依蓝泽等，2013）

2（1）眼上皮瓣单一或 2 分支
3（4）项部具皮瓣；上唇下缘粗糙、锯齿状；侧线在背鳍第八鳍棘下方开始下降伸达体中部············
················ **围眼真动齿鳚（围眼真蛙鳚）** *B. periophthalma* **(Valenciennes, 1836)** （图 3019）。

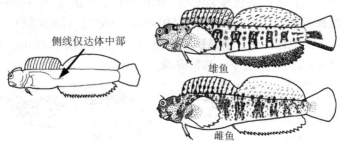

侧线仅达体中部

雄鱼

雌鱼

图 3019　围眼真动齿鳚（围眼真蛙鳚）*B. periophthalma*
（依蓝泽等，2013）

栖息于沿岸潮间带至水深 3m 的浅水域珊瑚礁及岩礁潮池区。体长 150mm。分布：台湾小琉球及绿岛、南海南沙群岛；日本、澳大利亚、印度-西太平洋热带海域、红海。小型鱼类，无食用价值。

4（3）项部无皮瓣；上唇下缘圆滑

5（6）雄鱼体侧具许多褐色纵纹，尾柄具许多白点，背鳍鳍条部具许多斜纹；雌鱼头顶无皮冠，体侧无褐色纵纹………………………………对斑真动齿鳚（对斑真蛙鳚）*B. bilitonensis*（Bleeker，1858）（图 3020）。栖息于沿岸水深 5m 的浅水域珊瑚礁及岩礁潮池区。受惊后跳跃于潮池与空气间。体长 120mm。分布：台湾澎湖列岛海域；日本、澳大利亚，印度-西太平洋热带海域。小型鱼类，无食用价值。

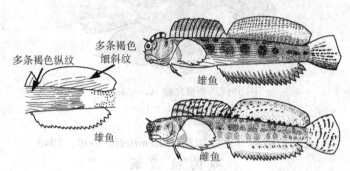

图 3020　对斑真动齿鳚（对斑真蛙鳚）*B. bilitonensis*
（依蓝泽等，2013）

6（5）雄鱼体侧具 3 条褐色纵纹，尾柄无白点，背鳍鳍条部具数条粗大斜纹；雌鱼头顶具低皮冠，体侧具 5 条褐色纵纹

7（8）雄鱼体侧前半部具 3 条褐色细纵纹；雌鱼头顶部具低的皮冠，体侧褐色纵纹较细…………………………尾纹真动齿鳚（尾纹真蛙鳚）*B. caudolineata*（Günther，1877）（图 3021）（syn. 红点蛙鳚 *Istiblenntus cyanostigma* Shen，1993）。栖息于沿岸水深 5m 的浅水域珊瑚礁及岩礁潮池区。体长 120mm。分布：台湾澎湖列岛海域及绿岛；日本、澳大利亚，印度-西太平洋热带海域。小型鱼类，无食用价值。

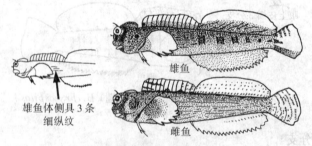

图 3021　尾纹真动齿鳚（尾纹真蛙鳚）*B. caudolineata*
（依蓝泽等，2013）

8（7）雄鱼体侧无褐色细纵纹；雌鱼头顶部无皮冠，体侧褐色纵纹粗大 ………………………………断纹真动齿鳚（断纹真蛙鳚）*B. interrupta*（Bleeker，1857）（图 3022）。栖息于沿岸水深 1m 的浅水域珊瑚礁及岩礁潮池区。受惊后跳跃于潮池与空气间。体长 60mm。分布：台湾澎湖列岛海域；日本、澳大利亚，印度-西太平洋热带海域。小型鱼类，无食用价值。

图 3022　断纹真动齿鳚（断纹真蛙鳚）*B. interrupta*
（依蓝泽等，2013）

穗肩鳚属（项须鳚属）*Cirripectes* Swainson，1839
种 的 检 索 表

1（2）背鳍鳍棘部和鳍条部之间无缺刻 ·· **袋穗肩鳚（袋项须鳚）**
　　　　C. perustus **Smith，1959**（图3023）。栖息于沿岸水深25m的潮间带岩礁区。受惊后跳跃于潮池
　　　　与空气间。体长120mm。分布：台湾南部海域；澳大利亚、密克罗尼西亚，印度-西太平洋热带
　　　　海域。小型鱼类，无食用价值。

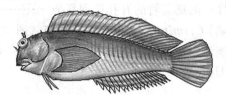

图3023　袋穗肩鳚（袋项须鳚）*C. perustus*
（依郑义郎，2007）

2（1）背鳍鳍棘部和鳍条部之间具缺刻
3（4）头和体密布深褐色斑点 ··· **微斑穗肩鳚（微斑项须鳚）**
　　　　C. fuscoguttatus **Strasburg & Schultz，1953**（图3024）。栖息于沿岸水深0～10m的浅水域珊瑚
　　　　礁及岩礁潮池区。体长150mm。分布：台湾南部海域及兰屿；印度-西太平洋热带海域。小型鱼
　　　　类，无食用价值。

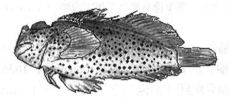

图3024　微斑穗肩鳚（微斑项须鳚）*C. fuscoguttatus*
（依台湾鱼类生态进化研究室）

4（3）头和体无深褐色斑点
5（6）项部皮瓣的上半部与下半部相连续 ··· **斑穗肩鳚（斑项须鳚）**
　　　　C. quagga（**Fowler & Ball，1924**）（图3025）。栖息于沿岸水深19m的潮间带岩礁区。受惊后跳
　　　　跃于潮池与空气间。体长100mm。分布：台湾南部及北部海域；日本、澳大利亚、密克罗尼西
　　　　亚，印度-西太平洋热带海域。小型鱼类，无食用价值。

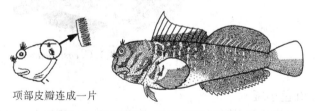

项部皮瓣连成一片

图3025　斑穗肩鳚（斑项须鳚）*C. quagga*
（依蓝泽等，2013）

6（5）项部皮瓣的上半部与下半部分开，不连续
7（8）腹鳍具1鳍棘、3鳍条 ··· **多带穗肩鳚（多带项须鳚）**
　　　　C. polyzona（**Bleeker，1868**）（图3026）。栖息于沿岸水深20m的潮间带岩礁区。受惊后跳跃于
　　　　潮池与空气间。体长130mm。分布：台湾小琉球及兰屿；日本、澳大利亚大堡礁，印度-西太平
　　　　洋热带海域。小型鱼类，无食用价值。

8（7）腹鳍具1鳍棘、4鳍条
9（12）眼的下方无红色小斑

图 3026　多带穗肩鳚（多带项须鳚）*C. polyzona*
（依蓝泽等，2013）

10（11）项部皮瓣下半部的基部厚；前鳃盖管的开孔排列复杂 ···
　　　紫黑穗肩鳚（紫黑项须鳚）*C. imitator* Williams，1985（图3027）。栖息于潮间带水深10m的岩礁区。受惊后跳跃于潮池与空气间。体长120mm。分布：台湾兰屿；日本、菲律宾，印度-西太平洋热带海域。小型鱼类，无食用价值。

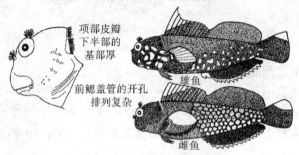

图 3027　紫黑穗肩鳚（紫黑项须鳚）*C. imitator*
（依蓝泽等，2013）

11（10）项部皮瓣下半部的基部扁薄；前鳃盖管的开孔排列单纯 ·····································
　　　颊纹穗肩鳚（颊纹项须鳚）*C. castaneus*（Valenciennes，1836）（图3028）。栖息于水深32m的珊瑚礁及岩礁区。受惊后跳跃于潮池与空气间。体长125mm。分布：台湾南部海域；日本、红海至汤加，印度-西太平洋热带海域。小型鱼类，无食用价值。

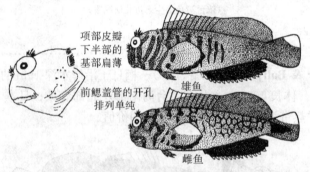

图 3028　颊纹穗肩鳚（颊纹项须鳚）*C. castaneus*
（依蓝泽等，2013）

12（9）眼的下方散具数个红色小斑

13（14）背鳍棘不延长，鳍棘前部前上方具透明无色三角形区域；臀鳍黑色，边缘白色····················
　　　·······暗褐穗肩鳚（暗褐项须鳚）*C. variolosus*（Valenciennes，1836）（图3029）。栖息于潮间带至水深31m的岩礁。受惊后跳跃于潮池与空气间。体长100mm。分布：台湾南部海域；日

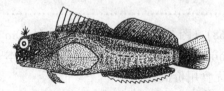

图 3029　暗褐穗肩鳚（暗褐项须鳚）*C. variolosus*
（依蓝泽等，2013）

本、夏威夷，印度-西太平洋热带海域。小型鱼类，无食用价值。

14（13）背鳍棘延长，鳍棘部无透明三角形区域；臀鳍浅色，边缘无白色……………………………
丝背穗肩鳚（丝背项须鳚）*C. filamentosus*（Alleyne & Macleay, 1877）（图 3030）。栖息于
淡水域珊瑚礁潮间带岩礁区。受惊后跳跃于潮池与空气间。体长 90mm。分布：台湾北部及南
部海域；日本、红海，印度-西太平洋热带海域。小型鱼类，无食用价值。

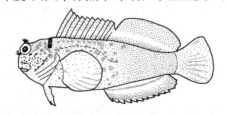

图 3030　丝背穗肩鳚（丝背项须鳚）*C. filamentosus*
（依蓝泽等，2013）

异齿鳚属（无须鳚属）*Ecsenius* McCulloch, 1923
种 的 检 索 表

1（2）背鳍鳍棘部和鳍条部之间无缺刻，体黑褐色……………………………纳氏异齿鳚（纳氏无须鳚）
E. namiyei（Jordan & Evermann, 1902）（图 3031）。栖息于河口至沿岸水深 1～30m 的珊瑚礁
及岩礁区。日行性，白天于岩礁缝隙间觅食。体长 100mm。分布：台湾兰屿、南海东沙群岛；
日本、所罗门群岛，印度-西太平洋热带海域。小型鱼类，色彩艳丽，具观赏价值。

图 3031　纳氏异齿鳚（纳氏无须鳚）*E. namiyei*
（依蓝泽等，2013）

2（1）背鳍鳍棘部和鳍条部之间具缺刻
3（4）鼻须分 2 支………………………………………………………………二色异齿鳚（二色无须鳚）
E. bicolor（Day, 1888）（图 3032）。栖息于潟湖或水深 25m 的珊瑚礁及岩礁区。白天于岩礁缝
隙间觅食。体长 110mm。分布：台湾南部海域及小琉球、南海诸岛；日本、所罗门群岛，印度-
西太平洋热带海域。小型鱼类，色彩艳丽，具观赏价值。

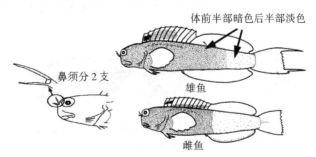

图 3032　二色异齿鳚（二色无须鳚）*E. bicolor*
（依蓝泽等，2013）

4（3）鼻须 1 支
5（8）背鳍具 16～18 鳍条；臀鳍具 18～21 鳍条
6（7）体侧具 10 个黑斑连成一纵带 ………………………………………………线纹异齿鳚（线纹无须鳚）
E. lineatus Klausewitz, 1962（图 3033）。栖息于潮间带水深 28m 的珊瑚礁及岩礁区。在岩礁缝
隙间觅食。体长 90mm。分布：台湾澎湖列岛海域及小琉球、南海东沙群岛；日本、马尔代夫群

岛、印度尼西亚、澳大利亚，印度-西太平洋热带海域。小型鱼类，色彩艳丽，具观赏价值。

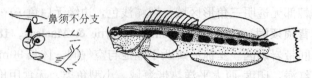

图 3033　线纹异齿鳚（线纹无须鳚）E. lineatus
（依中坊等，2013）

7（6）体侧具 2 条平行排列的纵带；雄鱼头部橘红色，体侧纵带红褐色；雌鱼头部黄色，纵带黑色……………………巴氏异齿鳚（巴氏无须鳚）<i>E. bathi</i> Springer, 1988（图 3034）。栖息于潮间带水深 10m 的珊瑚礁及岩礁区。停栖于大圆礁或海绵的顶端。体长 36mm。分布：南海太平岛；印度尼西亚、马来西亚热带海域。小型鱼类，色彩艳丽，具观赏价值。

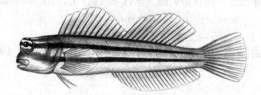

图 3034　巴氏异齿鳚（巴氏无须鳚）E. bathi
（依郑义郎，2007）

8（5）背鳍具 12～15 鳍条；臀鳍具 15～17 鳍条

9（10）体侧具 3 对眼状黑斑………………………眼斑异齿鳚（眼斑无须鳚）<i>E. oculus</i> Springer, 1971（图 3035）。栖息于潮间带水深 4～15m 的珊瑚礁及礁石区。在岩礁缝隙间觅食。体长 70mm。分布：台湾南部海域；日本、菲律宾。小型鱼类，色彩艳丽，具观赏价值。

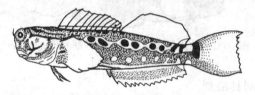

图 3035　眼斑异齿鳚（眼斑无须鳚）E. oculus
（依蓝泽等，2013）

10（9）由胸鳍基至体侧有一叉状黑纹……………………………八丈岛异齿鳚（八丈岛无须鳚）<i>E. yaeyamaensis</i>（Aoyagi, 1954）（图 3036）。栖息于沿岸水深 15m 的珊瑚礁及礁石区。常于岩礁缝隙间觅食。体长 60mm。分布：台湾绿岛及兰屿；日本，印度-西太平洋热带海域。小型鱼类，色彩艳丽，具观赏价值。

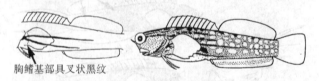

图 3036　八丈岛异齿鳚（八丈岛无须鳚）E. yaeyamaensis
（依蓝泽等，2013）

犁齿鳚属（间项须鳚属）Entomacrodus Gill, 1859
种 的 检 索 表

1（2）上唇缘光滑，无锯齿状乳突……………………………海犁齿鳚（海间项须鳚）<i>E. thalassinus</i>（Jordan & Seale, 1906）（图 3037）。栖息于沿岸礁石浪拂区的珊瑚礁及礁石区。在岩礁缝隙间觅食。体长 50mm。分布：台湾北部海域；日本，中央太平洋热带海域。小型鱼类，无食用价值。

上唇缘光滑

图 3037　海犁齿鳚（海间项须鳚）*E. thalassinus*
（依蓝泽等，2013）

2（1）上唇缘全部或部分具锯齿状乳突

3（10）上唇缘全部具锯齿状乳突

4（5）项背皮瓣及鼻部皮瓣掌状分支，眼上皮瓣羽状分支 ···
　　　　触角犁齿鳚（缨唇间项须鳚）*E. epalzeocheilos*（Bleeker，1859）（图 3038）。栖息于珊瑚礁的浪
　　　　拂区。在岩礁缝隙间觅食。体长 110mm。分布：台湾北部海域；印度尼西亚、澳大利亚，印度-
　　　　西太平洋热带海域。小型鱼类，无食用价值。

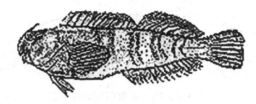

图 3038　触角犁齿鳚（缨唇间项须鳚）*E. epalzeocheilos*

5（4）项背皮瓣及鼻部皮瓣单一，较小，不呈掌状分支

6（7）头部腹面无斑纹；体具多条不规则纵纹和长圆形白斑 ·································
　　　　斑纹犁齿鳚（斑纹间项须鳚）*E. decussates*（Bleeker，1858）（图 3039）。栖息于沿岸礁石的浪拂
　　　　区。在岩礁缝隙间觅食。体长 190mm。分布：台湾沿海；日本，西太平洋热带海域。小型鱼类，
　　　　无食用价值。

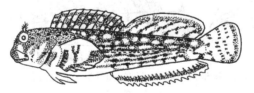

图 3039　斑纹犁齿鳚（斑纹间项须鳚）*E. decussates*
（依蓝泽等，2013）

7（6）头部腹面具斑纹；体侧无纵纹和白斑

8（9）体侧具多个团状小黑斑；臀鳍边缘黑色····························· **点斑犁齿鳚（横带间项须鳚）
　　　　E. striatus（Valenciennes，1836）**（图 3040）。栖息于潟湖潮间带水深 0～5m 的岩礁性海域。在
　　　　岩礁缝隙间觅食。体长 110mm。分布：台湾东部海域；朝鲜半岛、日本，西太平洋热带海域。
　　　　小型鱼类，无食用价值。

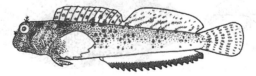

图 3040　点斑犁齿鳚（横带间项须鳚）*E. striatus*
（依蓝泽等，2013）

9（8）体侧无团状小黑斑；臀鳍边缘不呈黑色·························· **云纹犁齿鳚（虫纹间项须鳚）
　　　　E. niuafoouensis（Fowler，1932）**（图 3041）。栖息于 0～5m 深的岩石岸潮间带、珊瑚礁的浪拂
　　　　区。在岩礁缝隙间觅食。体长 120mm。分布：台湾南部海域及兰屿；日本、萨摩亚群岛，印度-
　　　　西太平洋热带海域。小型鱼类，无食用价值。

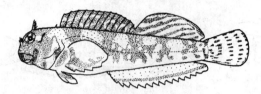

图 3041　云纹犁齿鳚（虫纹间项须鳚）*E. niua foouensis*
（依蓝泽等，2013）

10（3）上唇缘部分具锯齿状乳突

11（12）上唇缘仅中央部具锯齿状乳突；背鳍第一和第二鳍棘间具一黑斑 ··
　　星斑犁齿鳚（星斑间项须鳚）*E. stellifer*（Jordan & Snyder，1902）（图 3042）［syn. 莱特氏
　　间项须鳚 *E. lighti*（台湾鱼类资料库）］。栖息于沿岸水深 3m 的潮间带、珊瑚礁的浪拂区。在
　　岩礁缝隙间觅食。体长 50mm。分布：台湾沿岸；朝鲜半岛、日本、泰国湾，印度-西太平洋
　　热带海域。小型鱼类，无食用价值。

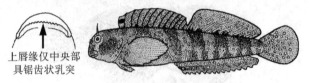

上唇缘仅中央部
具锯齿状乳突

图 3042　星斑犁齿鳚（星斑间项须鳚）*E. stellifer*
（依蓝泽等，2013）

12（11）上唇缘仅两侧具锯齿状乳突；胸鳍上方体侧具一青色圆斑 ··
　　尾带犁齿鳚（尾带间项须鳚）*E. caudofasciatus*（Regan，1909）（图 3043）。栖息于沿岸水深
　　0～3m 的潮间带礁石潮池区。藏身于洞穴或缝隙内。体长 62mm。分布：台湾绿岛与兰屿；日
　　本、安达曼群岛，印度-西太平洋热带海域。小型鱼类，无食用价值。

上唇缘仅两侧具
锯齿状乳突

图 3043　尾带犁齿鳚（尾带间项须鳚）*E. caudofasciatus*
（依蓝泽等，2013）

豹鳚属（多须鳚属）*Exallias* Jordan & Evermann，1905

　　短豹鳚（短多须鳚）*E. brevis*（Kner，1868）（图 3044）。栖息于沿岸水深 3～20m 的潮间带珊瑚礁
区。停栖于枝状珊瑚上。藏身于洞穴或缝隙内。体长 145mm。分布：台湾东部及南部海域；日本、夏
威夷、南非，印度-西太平洋热带海域。小型鱼类，无食用价值。

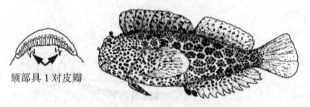

颏部具 1 对皮瓣

图 3044　短豹鳚（短多须鳚）*E. brevis*
（依蓝泽等，2013）

动齿鳚属（蛙鳚属）*Istiblennius* Whitley，1943
种 的 检 索 表

1（2）体侧具多条暗色细纵带；上唇缘具锯齿状乳突 ·······························**条纹动齿鳚（条纹蛙鳚）**

I. lineatus（**Valenciennes，1836**）（图 3045）（syn. 线斑动齿鳚 *Salarias margaritatus* Li，1979）。栖息于水深 3m 以浅的潮间带岩礁性海岸。藏身于洞穴或缝隙内。受惊时跳跃于潮池与空气间。体长 150mm。分布：台湾东部及南部海域、南海；日本，印度-西太平洋热带海域。小型鱼类，无食用价值。

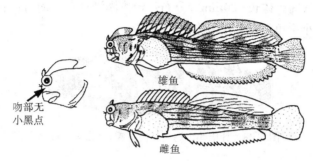

吻部无
小黑点

雄鱼

雌鱼

图 3045　条纹动齿鳚（条纹蛙鳚）*I. lineatus*
（依蓝泽等，2013）

2（1）体侧无纵带，具横带；上唇缘平滑

3（4）体侧具 20 余条黑横带，横带断裂成 3 条纵波纹及许多小点；背鳍鳍棘部有多条斜带…………………………穆氏动齿鳚 *I. mülleri*（**Klunzinger，1879**）（图 3046）。栖息于水深 3m 以浅的沿岸潮间带礁石潮池区。常藏身于洞穴或缝隙内。受惊吓时跳跃于潮池与空气间。以藻类、碎屑和小型无脊椎动物为食。体长 70mm。分布：台湾小琉球海域；印度尼西亚，印度-西太平洋。小型鱼类，无食用价值。

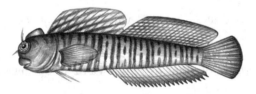

图 3046　穆氏动齿鳚 *I. mülleri*
（依郑义郎，2007）

4（3）体侧横带不断裂成 3 条纵波纹；背鳍鳍棘部无斜带

5（8）侧线向后伸达背鳍鳍条部的中间

6（7）背鳍通常具 21（20～22）鳍条，臀鳍通常具 21（19～22）鳍条；背鳍低，最长鳍条为体长的 12.7%～16.7%；雌雄鱼体色相同……………………………… 伊氏动齿鳚（伊氏蛙鳚）***I. enosimae***（**Jordan & Snyder，1902**）（图 3047）。栖息于水深 5m 以浅的潮间带岩礁性海岸。藏身于洞穴或缝隙内。受惊时跳跃于潮池与空气间。体长 120mm。分布：东海；济州岛、日本，印度-西太平洋热带海域。小型鱼类，无食用价值。

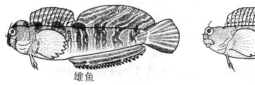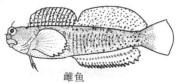

雄鱼　　　　　　　　　　　　　　　雌鱼

图 3047　伊氏动齿鳚（伊氏蛙鳚）*I. enosimae*
（依蓝泽等，2013）

7（6）背鳍通常具 20（19～21）鳍条，臀鳍通常具 22（20～23）鳍条；背鳍高，最长鳍条为体长的 15.5%～19.7%；雌雄鱼体色不相同 ……………………………… 暗纹动齿鳚（暗纹蛙鳚）***I. edentulus***（**Forster & Schneider，1801**）（syn. 暗纹凤鳚 *Salarias edentulus* Li，1979）。栖息于水深 5m 以浅的潮间带岩礁性海岸。藏身于洞穴或缝隙内。受惊时跳跃于潮池与空气间。体长 160mm。

分布：台湾东部及南部海域；日本，印度-西太平洋热带海域。小型鱼类，无食用价值。

8（5）侧线向后仅伸达背鳍鳍棘部和鳍条部的中间下方；吻部具许多小黑点 ·······················

杜氏动齿鳚（杜氏蛙鳚）*I. dussumieri* (**Valenciennes, 1836**)（图 3048）（syn. 杜氏唇齿鳚 *Salarias dussumieri* Li, 1962）。栖息于水深 5m 的潮间带岩礁性海岸。藏身于洞穴或缝隙内。受惊时跳跃于潮池与空气间。体长 120mm。分布：台湾澎湖列岛、南海；日本、澳大利亚、印度-西太平洋热带海域。小型鱼类，无食用价值。

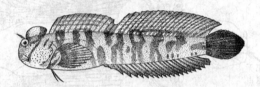

图 3048　杜氏动齿鳚（杜氏蛙鳚）*I. dussumieri*

仿鳚属（拟鳚属）*Mimoblennius* Smith-Vaniz & Springer, 1971

黑点仿鳚（拟鳚）*M. atrocinctus* (**Regan, 1909**)（图 3049）。栖息于水深 10m 以浅的潮间带岩礁性海岸。藏身于洞穴或缝隙内。体长 50mm。分布：台湾南部及北部海域、南海（香港）；日本、斯里兰卡，印度-西太平洋热带海域。小型鱼类，无食用价值。

项部具皮瓣

 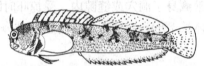

图 3049　黑点仿鳚（拟鳚）*M. atrocinctus*
（依蓝泽等，2013）

矮凤鳚属 *Nannosalarias* Smith-Vaniz & Springer, 1971

矮凤鳚 *N. nativitatis* (**Regan, 1909**)（图 3050）。栖息于水深 10m 潮间带珊瑚礁的礁缘部海域。藏身于洞穴或缝隙内。体长 40mm。分布：南海北部；日本、萨摩亚群岛、澳大利亚东北部，印度-西太平洋热带海域。小型鱼类，无食用价值。

颊部具 1 对大黑斑

雄鱼

雌鱼

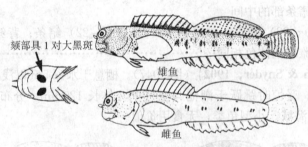

图 3050　矮凤鳚 *N. nativitatis*
（依蓝泽等，2013）

矮冠鳚属 *Praealticus* Schultz & Chaoman, 1960
种 的 检 索 表

1（2）眼上皮瓣掌状或叶片状；固定后其头部及胸鳍具许多褐色小点·······················双线矮冠鳚
P. bilineatus (**Peters, 1868**)（图 3051）[syn. 犬牙矮冠鳚 *P. margaritarius* (Snyder, 1908)]。栖息于水深 3m 潮间带珊瑚礁的礁缘部海域。体长 60mm。分布：台湾绿岛及兰屿；日本，印度-西太平洋热带海域。小型鱼类，无食用价值。

2（1）眼上皮瓣羽根状，较长；固定后其头部及胸鳍无褐色小点

图 3051　双线矮冠鳚 *P. bilineatus*
（依蓝泽等，2013）

3（4）吻及颊部具 4 条较短黑色斜纹 •••••••••••••••••••••••••••••••• **种子岛矮冠鳚**
P. tanegasimae （Jordan & Starks，1906）（图 3052）。栖息于水深 3m 的高潮线珊瑚礁海域。藏身于洞穴或缝隙内。体长 110mm。分布：台湾海域、南海北部；日本，印度-西太平洋热带海域。小型鱼类，无食用价值。

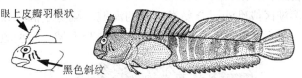

图 3052　种子岛矮冠鳚 *P. tanegasimae*
（依蓝泽等，2013）

4（3）吻及颊部具多条 V 形弯曲互连的黑纹••••••••••••••••••••••**吻纹矮冠鳚 P. striatus Bath，1992**
（图 3053）。栖息于水深 3m 的高潮线珊瑚礁及岩礁区海域。藏身于洞穴或缝隙内。体长 70mm。分布：台湾绿岛及兰屿、南海北部；日本，印度-西太平洋热带海域。小型鱼类，无食用价值。

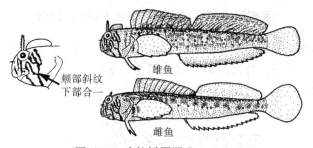

图 3053　吻纹矮冠鳚 *P. striatus*
（依蓝泽等，2013）

棒鳚属 Rhabdoblennius （Günther，1861）

璨烂棒鳚 R. nitidus （Günther，1861）（图 3054）。栖息于水深 6m 以浅的潮间带珊瑚礁浪拂区缘。藏身于洞穴或缝隙内。体长 70mm。分布：台湾绿岛及兰屿、南海；日本、菲律宾，印度-西太平洋热带海域。小型鱼类，无食用价值。

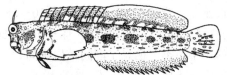

图 3054　璨烂棒鳚 *R. nitidus*
（依蓝泽等，2013）

凤鳚属（唇齿鳚属）Salarias Cuvier，1816
种 的 检 索 表

1（2）眼上皮瓣及项背皮瓣均有小分支；体侧具一些黑色短纵纹 ••
细纹凤鳚（细纹唇齿鳚）S. fasciatus （Bloch，1786）（图 3055）。栖息于水深 8m 以浅沿岸具藻

丛的珊瑚礁平台或潟湖区或礁沙混合藻类丛生的海域。藏身于洞穴或缝隙内。体长 140mm。分布：台湾沿岸、南海诸岛；日本，印度-西太平洋热带海域。小型鱼类，无食用价值。

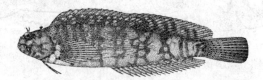

图 3055　细纹凤鳚（细纹唇齿鳚）*S. fasciatus*
（依蓝泽等，2013）

2（1）眼上皮瓣及项背皮瓣均无小分支；体侧具许多雨点状黑色细斑 ···
　　　雨斑凤鳚（雨斑唇齿鳚）*S. guttatus* Valenciennes，1836（图 3056）。栖息于水深 10m 沿岸具藻丛的珊瑚礁平台或潟湖区或礁沙混合藻类丛生的海域。藏身于洞穴或缝隙内。体长 100mm。分布：南海东沙群岛；日本、菲律宾，印度-西太平洋热带海域。小型鱼类，无食用价值。

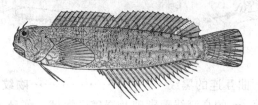

图 3056　雨斑凤鳚（雨斑唇齿鳚）*S. guttatus*

呆鳚属（锡鳚属）*Stanulus* Smith，1959

塞舌尔呆鳚（塞舌尔锡鳚）*S. seychellensis* Smith，1959（图 3057）。栖息于外礁平台或面海珊瑚礁的浪拂区。体长 40mm。分布：台湾兰屿；澳大利亚大堡礁、土阿莫土群岛，印度-西太平洋热带海域。小型鱼类，无食用价值。

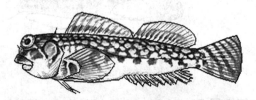

图 3057　塞舌尔呆鳚（塞舌尔锡鳚）*S. seychellensis*
（依郑义郎，2007）

266. 烟管鳚科 Chaenopsidae

体延长，侧扁。裸露无鳞。无侧线（至多在鳃盖骨后方有 3 个孔）。头部常有棘或糙状结构。眼上须或鼻须有或无。上颌骨被遮盖。背鳍具 17～28 鳍棘、10～38 鳍条；臀鳍具 2 鳍棘、19～38 鳍条；胸鳍具 12～15 鳍条；尾鳍与背鳍、臀鳍分离或相连。体长可达 160mm。

分布：热带和亚热带的小型鱼类。栖息于潮间带岩礁间。

本科有 13 属 86 种；中国有 1 属 3 种。

新热鳚属 *Neoclinus* Girard，1858
种 的 检 索 表

1（4）背鳍第一和第二鳍棘间无黑斑；眼上皮瓣 2～3 列，6～10 枚
2（3）头顶部具皮瓣；眼上皮瓣 6～7 枚··················**穴居新热鳚 *N. lacunicola* Fukao，1980**
　　　（图 3058）。栖息于近海内湾岩礁岸低潮带水深 0～5m 的浅水处海域。体长 68mm。分布：东海、台湾海域；日本，印度-太平洋。小型鱼类，无食用价值。供学术研究用。

图 3058　穴居新热鳚 *N. lacunicola*

（依林公义，2013）

3（2）头顶部无皮瓣；眼上皮瓣 8～10 枚 ⋯⋯⋯⋯⋯⋯⋯⋯⋯⋯⋯⋯⋯⋯⋯⋯⋯⋯ **裸新热鳚**
N. nudus Stephens & Springer，1971（图 3059）。栖息于近海内湾低潮线水深 0～5m 的浅水处岩
礁岸。体长 52mm。分布：台湾澎湖列岛海域；日本，印度-太平洋。小型鱼类，无食用价值。
供学术研究用。

图 3059　裸新热鳚 *N. nudus*

（依林公义，2013）

4（1）背鳍第一和第二鳍棘间具一黑斑；眼上皮瓣 1 列，3～4 枚⋯⋯⋯⋯⋯⋯⋯⋯ **穗瓣新热鳚**
N. bryope（Jordan & Snyder，1902）（图 3060）。栖息于近海内湾低潮线水深 0～5m 的浅水处岩
礁岸。体长 80mm。分布：东海；朝鲜半岛南岸、日本，印度-西太平洋。小型鱼类，无食用价
值，供学术研究用。

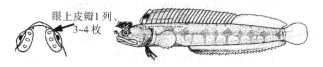

图 3060　穗瓣新热鳚 *N. bryope*

（依林公义，2013）

267. 胎鳚科 Clinidae

体长椭圆形，后部侧扁。被细小圆鳞，鳞深植于皮内。项部无皮须，而头部其余部分或有皮须。侧
线完全，常在胸鳍后部有弯曲。左右鳃盖膜彼此相连，但不与峡部相连。鳃盖条 6～7。各鳍鳍条均不
分支。背鳍基底甚长，分两部分，第一部分具 3 鳍棘，第二部分大多为鳍棘，后部有少数鳍条；臀鳍基
底长，前部具 2 鳍棘；腹鳍喉位，具 1 鳍棘、2～3 鳍条，其第三鳍条或甚发达或细小或无；尾鳍具 13
分支鳍条。肩带前缘一般有小而明显的钩状突起。雄鱼有交配器，卵胎生。

分布：大西洋、印度-西太平洋热带和温带海域的小型鱼类。栖息于潮间带岩礁区。

本科有 20 属 73 种；中国有 1 属 1 种。

跳矶鳚属 *Springeratus* Shen，1971

黄身跳矶鳚 S. xanthosoma（Bleeker，1857）（图 3061）。栖息于近海内湾海藻丛生的藻床及水深

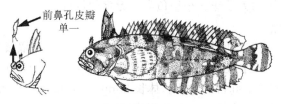

图 3061　黄身跳矶鳚 *S. xanthosoma*

（依林公义，2013）

0～5m 的浅水处海域，以藻类为食。体长 70mm。分布：台湾屏东；日本，印度-西太平洋。小型鱼类，无食用价值。供学术研究用。

268. 三鳍鳚科 Tripterygiidae

　　体小，圆柱形。背鳍 3 个，前 3 鳍 2 个为鳍棘，后 1 个具 7 以上的鳍条；臀鳍具 1～2 鳍棘或无鳍棘；胸鳍中央鳍条分支；腹鳍喉位，具 1 鳍棘、2～4 鳍条，或无鳍棘。鳃盖条 6～7。项部无皮须。体被栉鳞，仅前区有鳞沟。第一鳃弓借膜连到鳃盖骨上。体长 60～250mm。

　　栖息于浅海珊瑚礁的底层鱼类。分布：大西洋、印度洋、太平洋热带和亚热带海洋中。

　　本科有 23 属 150 种；中国有 5 属 28 种。

属 的 检 索 表

1（8）第一背鳍具 3 鳍棘
2（3）侧线 1 条，连续，全为有孔鳞 ·· 弯线鳚属 Helcogramma
3（2）侧线中断，分为 2 条
4（7）臀鳍具 2 鳍棘；腹部具鳞
5（6）具有孔鳞的侧线部分不伸达第三背鳍中部下方 ·············· 额角三鳍鳚属 Ceratobregma
6（5）具有孔鳞的侧线部分伸达第三背鳍中部下方 ·········· 史氏三鳍鳚属 Springerichthys
7（4）臀鳍具 1 鳍棘；腹部无鳞 ·· 双线鳚属 Enneapterygius
8（1）第一背鳍具 4 鳍棘 ·· 诺福克鳚属 Norfolkia

额角三鳍鳚属 Ceratobregma Holleman，1987

　　海伦额角三鳍鳚 C. helenae Holleman，1987（图 3062）。栖息于水深 4～37m 的珊瑚礁及礁岩缝隙中的小型鱼类，以藻类为食。体长 32mm。分布：台湾南部海域；马来西亚、萨摩亚群岛、澳大利亚，印度-西太平洋。小型鱼类，无食用价值。

图 3062　海伦额角三鳍鳚 C. helenae
（依郑义郎，2007）

双线鳚属 Enneapterygius Rüppell，1835
种 的 检 索 表

1（8）第一侧线具有孔鳞 13 以下
2（3）第一背鳍高于第二背鳍；颏孔（下颌腹面感觉管孔）2+2+2；臀鳍基底部具 6～7 暗斑；雄鱼第二背鳍中央上方具一黑斑 ·······················**隆背双线鳚 E. tutuilae Jordan & Seale，1906**
　　　（图 3063）。栖息于潮间带至水深约 55m 的岩礁区。体长 40mm。分布：台湾南部海域；日本、澳大利亚、东非，印度-西太平洋。小型鱼类，无食用价值。
3（2）第一背鳍低于第二背鳍
4（5）颏孔 2+1+2；体白色或雌雄鱼半透明 ································ **矮双线鳚 E. nanus（Schultz，1960）**
　　　（图 3064）。栖息于沿岸浅水域到外礁的礁顶至礁坡约 30m 深处，也见于高度隔离的潮池和潟湖岩礁的浪拂区，偶出现于潮间带的池沼。体长 30mm。分布：台湾南部海域；新喀里多尼亚、澳大利亚西北部，西太平洋。个体小，无食用价值。
5（4）颏孔 3+1+3

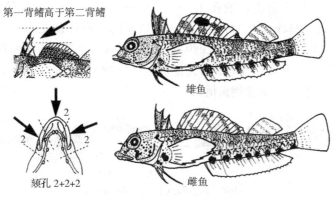

第一背鳍高于第二背鳍

颏孔 2+2+2

雄鱼

雌鱼

图 3063　隆背双线鳚 *E. tutuilae*
（依林公义，2013）

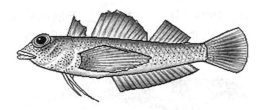

图 3064　矮双线鳚 *E. nanus*
（依郑义郎，2007）

6（7）雄鱼体红褐色，头的下半部、臀鳍及尾鳍灰黑色；雌鱼体亮红或黄色，头部、臀鳍及尾鳍浅色，
　　　尾鳍具数横纹······**菲律宾双线鳚 *E. philippinus*（Peters，1868）**（图 3065）。
栖息于水深不超过 8m 的潮池或珊瑚礁岩平台。以藻类为食。体长 30mm。分布：台湾南部海
域；日本，印度-西太平洋。小型鱼类，无食用价值。

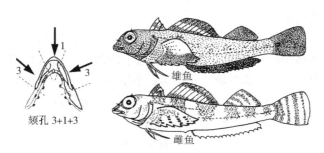

颏孔 3+1+3

雄鱼

雌鱼

图 3065　菲律宾双线鳚 *E. philippinus*
（依林公义，2013）

7（6）体浅黄色，体侧具许多小黑斑及小白斑；头部色较深，上颌至眼前缘具一斜带；尾鳍色深，具数
　　　条由白斑构成的横纹······**小双线鳚 *E. minutus* Günther，1877**（图 3066）。栖
息于具强涌浪的向海礁区，也见于海滩岩石附近，或褐藻繁生的水域。体长 30mm。分布：台湾
南部海域；日本、印度尼西亚、澳大利亚，印度-西太平洋。个体小，无食用价值。

图 3066　小双线鳚 *E . minutus*
（依郑义郎，2007）

8（1）第一侧线具有孔鳞 14 以上
9（12）第二背鳍具 14 以上鳍棘；臀鳍具 20 以上鳍条

10 (11) 前鼻管的皮瓣先端具 2 分支；颏孔 4＋1＋4 ··· **筛口双线鳚 *E. etheostomus*** **(Jordan & Snyder, 1902)** （图 3067）[syn. 紧口罗氏三鳍鳚 *Rosenblatella etheostoma* （Jordan & Snyder, 1903）]。栖息于潮间带至水深约 10m 的岩礁区，也见于海滩岩石附近，或褐藻繁生的水域。体长 40～55mm。分布：东海、台湾澎湖列岛海域和绿岛；日本、印度尼西亚、澳大利亚、印度-西太平洋。个体小，无食用价值。

图 3067　筛口双线鳚 *E. etheostomus*
（依林公义，2013）

11 (10) 前鼻管的皮瓣先端，不分支；颏孔 3＋1＋3 ·· **孝真双线鳚** ***E. hsiojenae* Shen & Wu, 1994** （图 3068）。栖息于潮间带至水深约 6m 的礁石区。体长 30mm。分布：台湾北部及东北部海域。个体小，无食用价值。

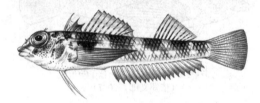

图 3068　孝真双线鳚 *E. hsiojenae*
（依郑义郎，2007）

12 (9) 第二背鳍鳍棘少于 14；臀鳍鳍条少于 20

13 (20) 雄鱼尾鳍黑色

14 (17) 体黑褐色，雄鱼臀鳍黑色

15 (16) 雄鱼头部黑色；眼眶处具一短蓝色带；体腹部具金字塔形黑斑块 ··· **黑腹双线鳚 *E. fuscoventer* Fricke, 1997**。栖息于潮间带至近海沿岸水深 5m 的礁区或潮池。体长 23mm。分布：台湾南部海域；菲律宾。小型鱼类，无食用价值。

16 (15) 雄鱼头部不呈黑色；头黄色，具二垂直眼眶的黑纹；体侧具 2～3 列白色横纹 ························· ············ **淡白斑双线鳚 *E. pallidoserialis* Fricke, 1997** （图 3069）。栖息于近海沿岸水深 8m 的浅海礁岩区。体长 30mm。分布：台湾南部海域；菲律宾、马来西亚，印度-西太平洋。小型鱼类，无食用价值。供学术研究用。

图 3069　淡白斑双线鳚 *E. pallidoserialis*
（依郑义郎，2011）

17 (14) 体红色，雄鱼臀鳍淡色

18 (19) 尾柄及尾鳍黑色（雄鱼）；体具斑纹 ····································· **马来双线鳚 *E. bahasa* Fricke, 1997** （图 3070）。栖息于水深 0～18m 的珊瑚礁及礁岩缝隙中。体长 32mm。分布：台湾南部海域；日本、菲律宾、印度尼西亚、巴布亚新几内亚。小型鱼类，无食用价值。供学术研究用。

19 (18) 尾柄及尾鳍浅色（雄鱼）；体无任何斑纹 ·· **黑尾双线鳚**

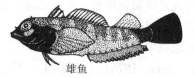

雌鱼　　　　　　　　　雄鱼

图 3070　马来双线鳚 E.bahasa

（依林公义，2013）

***E. nigricauda* Fricke，1997**。栖息于水深 5～11m 的潟湖珊瑚礁至外礁的礁顶平台。体长 30mm。分布：台湾南部海域；菲律宾、社会群岛。

20（13）雄鱼尾鳍浅色，鳍膜透明或白色

21（24）尾柄部有白色斜带

22（23）眼下具一白色斜带 ·························· 陈氏双线鳚 *E. cheni* Wang，Shao & Shen，1996
（图 3071）。栖息于水深 0～12m 的珊瑚礁礁岩缝隙中，偶见于河口区。体长 24mm。分布：台湾东部海域；日本，西-北太平洋。

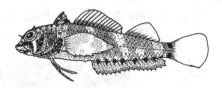

眼下具白色斜带

图 3071　陈氏双线鳚 E. cheni

（依林公义，2013）

23（22）眼下无白色斜带 ·····················红尾双线鳚 *E.rubicauda* Shen，1994（图 3072）（syn.
红色双线鳚 *E.erythrosoma* Shen，1994）。栖息于潮间带至水深约 7m 的岩石区。体长 37mm。分布：台湾南部及澎湖列岛海域；日本、菲律宾，西太平洋。

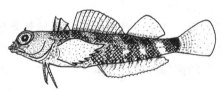

眼下无白色斜带

图 3072　红尾双线鳚 E.rubicauda

（依林公义，2013）

24（21）尾柄部无白色斜带

25（26）肩胛骨具二白色斜斑 ·················· 白点双线鳚 *E. leucopunctattus* Shen & Wu，1994
（图 3073）。栖息于潮间带至水深 12m 的岩石区。体长 36mm 。分布：台湾北部及东北部海域；日本，西-北太平洋。

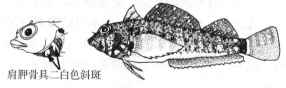

肩胛骨具二白色斜斑

图 3073　白点双线鳚 E.leucopunctattus

（依林公义，2013）

26（25）肩胛骨无白色斜斑

27（28）第二背鳍灰黑色（雄鱼），第一背鳍等于或高于第二背鳍·························· 沈氏双线鳚
***E. sheni* Chiang & Chen，2008**。栖息于亚潮间带至水深 12m 的岩礁区。体长 23mm。分布：台湾南部海域；西太平洋。

28（27）第二背鳍浅色（雄鱼），第一背鳍低于第二背鳍

29（38）尾鳍鳍条具红色或褐色横纹；鼻瓣不呈三叉形

30（33）额部中央具 3 个额孔

31（32）尾柄部具黑色斑中央分开，不连续；头部 3/4 为黑色 ······························ **美丽双线鳚**
E. elegans (Pters, 1876)（图 3074）。栖息于热带珊瑚礁的浅海区。体长 19～23mm。分布：
台湾东部海域；日本、萨摩亚群岛，印度-西太平洋。

图 3074　美丽双线鳚 E. elegans
（依林公义，2013）

32（31）尾柄部黑色斑中央不分开，连续成一大黑带；头部有条纹，不呈黑色 ·······················
棒状双线鳚 E. rhabdotus Fricke, 1994（图 3075）。栖息于珊瑚礁及岩礁水深 1～8m 的浅水
域。体长 27mm。分布：台湾南部海域；菲律宾、泰国湾。小型鱼类，无食用价值。

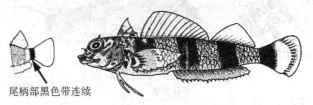

图 3075　棒状双线鳚 E. rhabdotus
（依林公义，2013）

33（30）额部中央具 1 个额孔

34（37）额孔 3＋1＋3

35（36）眼上皮瓣长椭圆形；第一和第二背鳍间的背部显著隆起 ······························ **单斑双线鳚**
E. unimaculatus Fricke, 1994（图 3076）。栖息于潮间带、珊瑚礁至岩礁水深 6m 的海域。体
长 27mm。分布：台湾南部海域；日本、马来西亚、印度尼西亚，西太平洋。

图 3076　单斑双线鳚 E. unimaculatus
（依林公义，2013）

36（35）眼上皮瓣细尖形；第一和第二背鳍间的背部不显著隆起，头下部黑色；后头部、胸鳍及第一背
鳍黄色；体侧暗红色，无横带 ··············· **黄颈双线鳚 E. flavoccipitis Shen & Wu, 1994**
（图 3077）。栖息于水深 0～22m 的潟湖或沿岸珊瑚礁与岩石混合的水域。体长 27mm。分布：
台湾南部海域及兰屿；日本、菲律宾、印度尼西亚、澳大利亚。

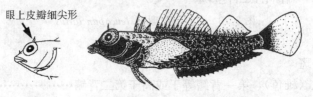

图 3077　黄颈双线鳚 E. flavoccipitis
（依林公义，2013）

37（34）额孔 4＋1＋4；尾鳍后缘具一黑褐色弧形横带；体侧具 4 褐色宽横带，最后横带在尾柄近尾鳍

基处·························**邵氏双线鳚 E. shaoi Chiang & Chen，2008**。栖息于亚潮带水深3~12m 的水域。体长 24mm。分布：台湾南部海域；印度-西太平洋。

38（29）尾鳍鳍条白色、透明、黄色或红色（雄鱼）；臀鳍具 17 鳍条；眼上皮瓣较宽或呈叶状；鼻瓣三叉形；第三背鳍具 8 鳍条·················**条纹双线鳚 E. fasciatus Weber，1909**。栖息于潮间带至水深 1~25m 的岩石区。以藻类为食。体长 30mm。分布：台湾南部海域；菲律宾、泰国，印度-西太平洋。

弯线鳚属 Helcogramma McCulloch & Waite，1918
种 的 检 索 表

1（4）体侧具纵纹

2（3）体侧具一白色与褐红色相间的细长纵纹，白色纹小，四方形，褐红色纹较长·························
········**奇卡弯线鳚 H. chica Rosenblatt，1960**（图 3078）。栖息于水深不超过 32m 的珊瑚礁岩平台及礁岩斜坡。以藻类为食。体长 31mm。分布：台湾西南部海域；东安达曼海、科科斯群岛、巴布亚新几内亚，印度-西太平洋海域。小型鱼类，无食用价值。

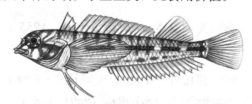

图 3078　奇卡弯线鳚 H. chica
（依郑义郎，2007）

3（2）体红褐色，具 3 条白色细纵纹；胸鳍上方具 6 分支鳍条 ·················· **纵带弯线鳚**
H. striata Hansen，1986（图 3079）。栖息于水深 10m 具有适当潮流的沿岸礁区，常出现在潟湖、海绵或珊瑚礁区的基质上。食浮游动物。体长 43mm。分布：台湾澎湖列岛海域；日本、菲律宾，西太平洋。小型鱼类，无食用价值。

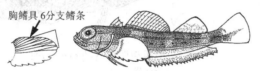

胸鳍具6分支鳍条

图 3079　纵带弯线鳚 H. striata
（依林公义，2013）

4（1）体侧无纵纹，具横带；胸鳍上方具 7 分支鳍条

5（6）颏部中央具 6~10 个颏孔；吻部至眼下具一浅色斜纵带；胸鳍基部有三白色小圆斑·················
··········**三角弯线鳚 H. inclinatum (Fowler，1946)**（图 3080）（syn. 绿头弯线鳚 H. habena William & McCormick，1990）。栖息于水深 0~9m 岩礁潮池及潮间带的岩石区。体长 43mm。分布：台湾东部海域；日本、红海、南非，印度-西太平洋。小型鱼类，无食用价值。供学术研究用。

中央颏孔 6~10个

雄鱼

雌鱼

图 3080　三角弯线鳚 H. inclinatum
（依林公义，2013）

6（5）颏部中央具 1 个颏孔；侧线有孔鳞向后伸达第二背鳍与第三背鳍间的下方；胸鳍基部无白色小圆斑·····························**四纹弯线鳚 *H. fuscipectors*（Fowler，1946）**（图 3081）（syn. 钝吻弯线鳚 *H. obtusirostris* Shen & Wu，2011）。栖息于水深 0～5m 的珊瑚礁、岩礁碎石区及波浪潮沟的海域。体长 32mm。分布：台湾海域；日本、菲律宾、印度尼西亚，西太平洋海域。小型鱼类。供学术研究用。

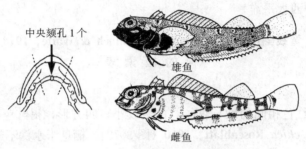

图 3081　四纹弯线鳚 *H. fuscipectors*
（依林公义，2013）

诺福克鳚属 *Norfolkia* Fowler，1953
种 的 检 索 表

1（2）上侧线有孔鳞 15～18，下侧线有孔鳞 19；眼上皮瓣具 3～6 分支；颏孔 4＋2＋4·····················**短鳞诺福克鳚 *N. brachylepis*（Schultz，1960）**（图 3082）。栖息于水深 2～7m 的澄清潟湖或向海的珊瑚丛与岩石混合的水域。体长 73mm。分布：台湾南部及澎湖列岛海域；日本、澳大利亚、红海、斐济，印度-西太平洋。小型鱼类，无食用价值。

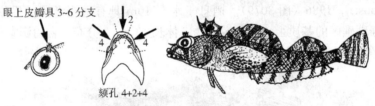

图 3082　短鳞诺福克鳚 *N. brachylepis*
（依林公义，2013）

2（1）上侧线有孔鳞 10～15，下侧线有孔鳞 18～28；眼上皮瓣不分支；颏孔 3＋2＋3·····················**托氏诺福克鳚 *N. thomasi* Whitley，1964**（图 3083）。栖息于潮池及潮间带至水深约 20m 的礁石区。以藻类为食。体长 40mm。分布：台湾兰屿海域；日本、菲律宾、澳大利亚、土阿莫土群岛。小型鱼类，无食用价值。

图 3083　托氏诺福克鳚 *N. thomasi*
（依林公义，2013）

史氏三鳍鳚属 *Springerichthys* Shen，1994

　　黑尾史氏三鳍鳚 *S. bapturum* Jordan & Snyder，1902（图 3084）。栖息于潮间带至亚潮带上端水深约 20m 的礁石区。以藻类为食。体长 50mm。分布：台湾北部海域；日本，西-北太平洋。

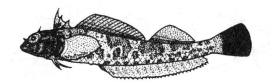

图 3084　黑尾史氏三鳍鳚 *S. bapturum*
（依林公义，2013）

喉盘鱼亚目 GOBIESOCOIDEI

腹鳍通常存在，并特化为吸盘状。背鳍无鳍棘。头和身体上无鳞片。鳃盖条 5～7（*Alabes* 为 3 枚）。泪骨后方无其他围眶骨。前颌骨关节突或与升突愈合或缺如。上匙骨有一凹窝正与匙骨的突起相关节，这一特征在鱼类中是唯一的。无基蝶骨与眶蝶骨。生殖乳突在肛门后方。鳃有 3 对或 3 对半。尾下愈合成一板状。无鳔。

大多数种类都是浅海底栖生活的小型鱼类。我国仅产 1 科。

269. 喉盘鱼科 Gobiesocidae

体前部平扁。体裸露无鳞，覆有黏液层。头部侧线较发达，有小孔开口于外，侧线不明显。鼻孔管状。腹鳍和周围的皮褶形成吸盘，位于头腹面的喉位，腰带骨特化并支持吸盘，腹鳍 1 鳍棘、4 鳍条，鳍条形成吸盘的侧缘，最后面的鳍条有膜与胸鳍基底下部相连。吸盘的表面可以分为前部（a）、后部（b）及中部（c）（图 3085）。吸盘有 2 种类型：双吸盘型的吸盘分前后两部分，后部有一游离的前缘与前部吸盘隔开；（c）的吸盘也可分为前后两部分，但在中部是相连的。背鳍无鳍棘，有肩胛骨；胸鳍有 4 支鳍骨和 16～31 鳍条。通常有 2 后匙骨（极少为 1）。鳃孔位于头的两侧或合开一孔。腹肋附于背肋上。尾鳍鳍条 16～27。椎骨 25～54（躯椎 11～20、尾椎 13～33）。

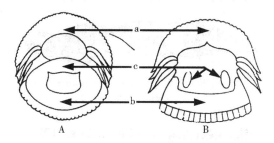

图 3085　喉盘鱼科吸盘的类型
A. 双吸盘型　B. 单吸盘型
a. 前部　b. 后部　c. 中部
（依孟庆闻等，1995）

本科有 47 属 169 种（Nelson et al.，2016）；中国有 7 属 7 种。

属 的 检 索 表

1（8）腹鳍单吸盘型
2（5）下颌具下颌感觉管孔（图 3086A）
3（4）下颌具下颌感觉管孔 3 对 ·················· **锥齿喉盘鱼属 Conidens**
4（3）下颌具下颌感觉管孔 1 对 ·················· **鹤姥鱼属 Aspasmichthys**
5（2）下颌无下颌感觉管孔（图 3086B）
6（7）头部侧面无前鳃盖骨感觉管孔（PR）（图 3087）···· **细喉盘鱼属（异齿喉盘鱼属）Pherallodus**
7（6）头部侧面具前鳃盖骨感觉管孔（PR）（图 3087）·················· **姥鱼属 Aspasma**
8（1）腹鳍双吸盘型

 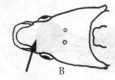  

下颌感觉孔 A　　　　　　　B　　　　　　　　　　　有PR　　　　　无PR

图 3086　头部腹视　　　　　　　　　　　　　　　　图 3087　头部左视
A. 具感觉管孔　B. 无感觉管孔

9（12）奇鳍相连

10（11）吻显著延长 ·· 环盘鱼属 *Diademichthys*

11（10）吻不延长 ·· 连鳍喉盘鱼属 *Lepadichthys*

12（9）奇鳍不相连 ·· 盘孔喉盘鱼属 *Discotrema*

姥鱼属 *Aspasma* Jordan & Fowler, 1902

日本小姥鱼 *A. minima* (Döderlein, 1887)（图 3088）。栖息于具褐藻的岩礁海域。体长 50 mm。分布：台湾海域、南海；日本，西-北太平洋。

图 3088　日本小姥鱼 *A. minima*
（依波户冈，2013）

鹤姥鱼属 *Aspasmichthys* Briggs, 1955

台湾鹤姥鱼 *A. ciconiae* (Jordan & Fowler, 1902)（图 3089）。栖息于潮池及亚潮间带大圆石下面的区域。体长 50mm。分布：台湾海域；日本，西-北太平洋。

图 3089　台湾鹤姥鱼 *A. ciconiae*
（依波户冈，2013）

锥齿喉盘鱼属 *Conidens* Briggs, 1955

黑纹锥齿喉盘鱼 *C. laticephalus* (Tanaka, 1909)（图 3090）。栖息于沿岸潮间带的岩礁区。体长 40mm。分布：台湾海域；日本，西-北太平洋。

图 3090　黑纹锥齿喉盘鱼 *C. laticephalus*
（依波户冈，2013）

环盘鱼属 *Diademichthys* Pfaff, 1942

线纹环盘鱼 *D. lineatus* (Sauvage, 1883)（图 3091）。栖息于岩礁与珊瑚礁，常隐身于海胆的长棘间或隐蔽礁石区的树状珊瑚附近。稚鱼主要是啄食宿主冠海胆（*Diadema*）的棘刺及其球形本体，或捕食桡足类动物；成鱼则吃隐身于珊瑚枝丫间的双壳贝、或宿主的管足、或虾卵等。体长 50mm。分布：台湾海域；日本，印度-西太平洋海域。

图 3091 线纹环盘鱼 *D. lineatus*

（依波户冈，2013）

盘孔喉盘鱼属 *Discotrema* Briggs，1976

琉球盘孔喉盘鱼 *D. crinophilum* Briggs，1976（图 3092）。栖息于遮蔽的岸礁，从水浅的礁石平台到大约 20 m 深度的斜坡或礁壁。常被发现于海百合类动物的枝臂中。体长 50mm。分布：台湾海域；日本，印度-太平洋。

图 3092 琉球盘孔喉盘鱼 *D. crinophilum*

（依波户冈，2013）

连鳍喉盘鱼属 *Lepadichthys* Waite，1904

连鳍喉盘鱼 *L. frenatus* Waite，1904（图 3093）。栖息于岩礁与珊瑚礁。愈合成吸盘状的腹鳍，使鱼体可以固着在岩石上而不被海波冲走。体长 50mm。分布：台湾海域；日本南部、澳大利亚，西太平洋。

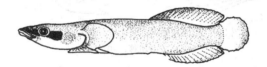

图 3093 连鳍喉盘鱼 *L. frenatus*

（依波户冈，2013）

细喉盘鱼属（异齿喉盘鱼属）*Pherallodus* Briggs，1955

印度细喉盘鱼（印度异齿喉盘鱼）*P. indicus*（Weber，1913）（图 3094）。栖息于岩礁与珊瑚礁，通常被发现于红藻群或海胆中。体长 30mm。分布：台湾海域；日本，西太平洋。

图 3094 印度细喉盘鱼（印度异齿喉盘鱼）*P. indicus*

（依波户冈，2013）

𩽾亚目 CALLIONYMOIDEI

体延长，平扁，或呈圆筒形，尾部侧扁。头平扁或稍呈圆筒形。中筛骨在侧筛骨后方，形成眼间隔，将额骨与侧筛骨分离，其下缘与副蝶骨相接。无中翼骨和后翼骨，无上匙骨。口小，平横，亚前位，能伸缩。上下颌具绒毛状齿。前鳃盖骨具棘或无棘，主鳃盖骨和下鳃盖骨无棘或均退化成尖棘。体裸露无鳞。侧线有或无。背鳍 1~2 个，第一背鳍 2~5 鳍棘，第二背鳍鳍条分支或不分支；臀鳍与第二背鳍同形；腹鳍位于胸鳍前下方，左右平展，具 1 鳍棘、5 鳍条。

分布：温带及热带近岸底层及河口小型鱼类，有 2 种栖息于淡水河中。无经济价值，不供食用。

本亚目有 2 科 22 属 202 种（Nelson et al.，2016）；中国有 2 科 15 属 47 种。

科 的 检 索 表

1（2）前鳃盖骨无棘，主鳃盖骨和下鳃盖骨各有一强棘；鳃孔中大；无侧线 …… 蜥鲔科 Draconettidae

2（1）前鳃盖骨具一长棘，主鳃盖骨和下鳃盖骨无棘；鳃孔甚小；有侧线 ………… 鲔科 Callionymidae

270. 鲔科 Callionymidae

体延长，宽而平扁，向后渐细，略侧扁。眼中大，位于头的背侧。口小，能伸缩。颌齿绒毛状。鳃孔甚小，上侧位。前鳃盖骨具一强棘，鳃盖骨和下鳃盖骨无棘。体裸露无鳞。具侧线。背鳍2个，分离，具3～4鳍棘、6～11鳍条；臀鳍具4～10鳍条；腹鳍喉位，具1鳍棘、5鳍条。无基蝶骨和后颞骨。鼻骨成对。具2后匙骨。尾下骨愈合。最大体长可达250mm。椎骨20～24。

分布：大西洋、印度洋和太平洋温热海域，少数可进入江河，在淡水中生活。大多为小型鱼类，肉少味差，无食用价值。

本科有20属188种（Nelson et al.，2016）；中国有13属44种。

属 的 检 索 表

1（2）尾鳍中央2鳍条的末端不分支；前鳃盖棘的后端钩状（图3095）……………………
……………………………………………………………… 深水鲔属 *Bathycallionymus*

图 3095　深水鲔属 *Bathycallionymus* 特征
（依中坊等，2013）

2（1）尾鳍中央鳍条的末端分支；前鳃盖棘的后端不呈钩状（图3096）

图 3096　其他鲔属特征
（依中坊等，2013）

3（4）口平横，大而宽广，向两侧扩展；下颌上缘具许多肉质乳突 …………… 喉褶鲔属 *Eleutherochir*

4（3）口小，不向两侧扩展；下颌上缘无肉质乳突

5（6）体侧具一纵向皮褶；鳃盖部皮瓣状（图3097）………………… 双线鲔属 *Diplogrammus*

图 3097　双线鲔属特征
（依中坊等，2013）

6（5）体侧无纵向皮褶；鳃盖部不呈皮瓣状

7（14）第二背鳍具8鳍条，除最后鳍条外，其余鳍条末端均分支；臀鳍具7鳍条

8（9）臀鳍最后鳍条的末端不分支；鲜活时体红色，液浸后体白色 ………………… 棘红鲔属 *Foetorepus*

9（8）臀鳍最后鳍条的末端分支；鲜活时体棕褐色

10（11）腹鳍鳍棘与其第一鳍条愈合，呈粗指状（长棒状），与其余鳍条分离 ··· 指脚鮨属 *Dactylopus*

11（10）腹鳍正常，无指状游离鳍条

12（13）第二背鳍鳍条 3 分支；胸鳍具 30 鳍条 ·············· **翼连鳍鮨属 *Pterosynchiropus***

13（12）第二背鳍鳍条 2 分支；胸鳍具 20 鳍条 ·············· **新连鳍鮨属 *Neosynchiropus***

14（7）第二背鳍具 9 鳍条，最后鳍条分支，其余鳍条不分支；臀鳍具 8 鳍条

15（22）尾柄背部无横向侧线连接体两侧的左右侧线

16（19）前鳃盖骨棘的背缘具 1～5 个弯曲小棘突，基部无向前倒棘

17（18）第二背鳍各鳍条除最后鳍条分支外，其余鳍条均不分支；第一背鳍第二和第三鳍棘最长，大
于头长 ··· **小连鳍鮨属 *Minysynchiropus***

18（17）第二背鳍各鳍条一般分支；鳃孔侧位或亚侧位；枕骨区具 2 个窄三角形的骨质棱嵴 ········
··· **连鳍鮨属 *Synchiropus***

19（16）前鳃盖骨棘的背缘具一小棘突或无，基部一般具向前倒棘；第二背鳍除最后鳍条分支外，其
余鳍条均不分支；枕骨区无骨质棱嵴

20（21）前鳃盖骨棘的背缘具 3～4 向上弯曲的小棘，其外侧基部的向前倒棘较强·············
··· **拟双线鮨属 *Paradiplogrammus***

21（20）前鳃盖骨棘平直，背缘锯齿状 ·············· **拟美尾鮨属 *Pseudocalliurichthys***

22（15）尾柄背部具横向侧线连接体两侧的左右侧线

23（24）臀鳍具 8 鳍条·· **美尾鮨属 *Calliurichthys***

24（23）臀鳍具 9 鳍条

25（26）枕骨区具 1 对高的骨质隆起；体背侧具短的独立侧线管分支 ·············· **鮨属 *Callionymus***

26（25）枕骨区平滑或骨质突起不明显；体背侧无短的独立侧线管分支 ········ **斜棘鮨属 *Repomucenus***

深水鮨属 *Bathycallionymus* Nakabo，1982
种 的 检 索 表

1（2）第二背鳍最后鳍条的前方支末端分叉；雄鱼臀鳍无斑纹，雌鱼臀鳍边缘暗色·····················
······**基岛深水鮨 B. kaianus（Günther，1880）**（图 3098）（syn. 大鳍鮨 *Callionymua altipinnis*
Fricke & 伍汉霖，1992）。栖息于水深 193～194m 大陆架边缘的沙泥底层，以底栖生物为食。体
长 160mm。分布：东海、台湾南部海域；济州岛、日本，印度-西太平洋。小型鱼类，无食用价
值。供学术研究用。

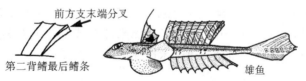

图 3098　基岛深水鮨 *B. kaianus*
（依中坊等，2013）

2（1）第二背鳍最后鳍条的前方支末端不分叉；雄鱼鲜活时臀鳍下半部黄色，雌鱼臀鳍边缘黑色

3（4）雄鱼背鳍第一鳍棘丝状延长，第二背鳍背缘前端具黑斑；雌鱼第一背鳍具一细长形黑斑·········
··············**台湾深水鮨 B. formosanus（Fricke，1981）**（图 3099）。栖息于水深 88～200m 大

图 3099　台湾深水鮨 *B. formosanus*
（依 Fricke & 伍汉霖，1992）

陆架边缘的沙泥底层，以底栖生物为食。体长 170mm。分布：东海、台湾澎湖列岛、海南岛；日本、印度-西太平洋。小型鱼类，无食用价值。供学术研究用。

4（3）雄鱼背鳍第一鳍棘短，不呈丝状延长，第二背鳍背缘前端无黑斑；雌鱼第一背鳍具一圆形黑斑

　………………………………**纹鳍深水鲻 B. sokonumeri**（Kamohara, 1936）（图 3100）。栖息于水深 100～200m 大陆架边缘的沙泥底层，以底栖生物为食。体长 140mm。分布：台湾东北部海域；日本、印度-西太平洋。小型鱼类，无食用价值。供学术研究用。

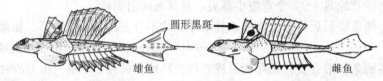

圆形黑斑　　　　　雄鱼　　　　　　　　　　　　　雌鱼

图 3100　纹鳍深水鲻 B. sokonumeri

（依中坊等，2013）

鲻属 Callionymus Linnaeus, 1758

种 的 检 索 表

1（2）前鳃盖骨棘长且平直，后端略向外弯曲 ……………………… **贝氏鲻 C. belcheri Richardson, 1844**
（图 3101）（syn. 反棘美尾鲻 Calliurichthys recurvispinnis Li, 1966）。栖息于水深 4～37m 大陆架边缘的沙泥底层，以底栖生物为食。体长 110～130mm。分布：南海（汕尾）；泰国、澳大利亚，印度-西太平洋。小型鱼类，无食用价值，可供学术研究。数量稀少，《中国物种红色名录》列为濒危［EN］物种。

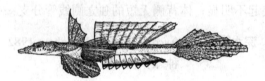

图 3101　贝氏鲻 C. belcheri

（依 Fricke, 1983）

2（1）前鳃盖骨棘不长，后端向上弯曲

3（4）第一背鳍具 3 鳍棘；上颌颇突出；雄鱼第一背鳍具 3～4 黑色斜纹………………………………
海氏鲻 C. hindi Richardson, 1844（图 3102）。栖息于水深 10～40m 大陆架缘海域的沙泥底层，以底栖生物为食。体长 37～90mm。分布：台湾南部海域、南海（香港及珠江口）；菲律宾、印度尼西亚。小型鱼类，无食用价值。供学术研究用。

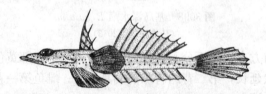

图 3102　海氏鲻 C. hindi

4（3）第一背鳍具 4 鳍棘

5（6）雄鱼第一背鳍特别高大，各鳍棘均呈丝状延长；第二背鳍具 10 余个长条形横斑…………………
…………斑臀鲻 **C. octostigmatus Fricke, 1981**（图 3103）。栖息于水深 6～593m 大陆架缘较深海域的沙泥底层，以底栖生物为食。体长 47～159mm。分布：东海（温州）、台湾北部海域、南海（香港及阳江）；菲律宾、巴布亚新几内亚。小型鱼类，无食用价值。供学术研究用。

6（5）雄鱼第一背鳍不特别高大，各鳍棘不呈丝状延长；第二背鳍无长条形横斑

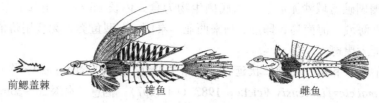

图 3103　斑臀鲔 *C. octostigmatus*
（依 Fricke & 伍汉霖，1992）

7（8）第一背鳍三角形，第一鳍棘最长，其余鳍棘依次递减；雄鱼臀鳍黑色，雌鱼臀鳍透明，近鳍的边
缘有一黑色纵带··························**南方鲔 *C. meridionalis* Suwardji，1965**（图 3104）（syn.
单丝鲔 *C. monofilispinnus* Li，1966）。栖息于水深 10～92m 大陆架缘海域的沙泥底层，以底栖
生物为食。体长 92～146mm。分布：台湾西南部海域、海南岛；印度尼西亚。小型鱼类，无食
用价值。可供学术研究。数量稀少，《中国物种红色名录》列为濒危［EN］物种。

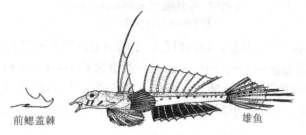

图 3104　南方鲔 *C. meridionalis*
（依 Fricke & 伍汉霖，1992）

8（7）第一背鳍不呈三角形

9（10）臀鳍具 7～8 个小黑斑，分布于各鳍膜上；雄鱼第一背鳍淡色，雌鱼第一背鳍黑色··················
···········**海南鲔 *C. hainanensis* Li，1966**（图 3105）。栖息于水深 0～50m 的珊瑚礁海域沙泥底
层，以底栖生物为食。体长 56～69mm。分布：台湾南部海域、海南岛莺哥海及北部湾；泰国、
越南。小型鱼类，无食用价值。可供学术研究。数量稀少，《中国物种红色名录》列为濒危
［EN］物种。

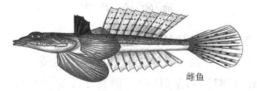

图 3105　海南鲔 *C. hainanensis*
（依沈世杰，吴高逸，2011）

10（9）臀鳍各鳍膜半透明，无小黑斑

11（12）胸鳍基部具一大黑斑；雄鱼第一背鳍的第一至第三鳍棘丝状延长；雌鱼第一背鳍各鳍棘短，不
呈丝状延长··························**沙氏鲔 *C. schaapii* Bleeker，1852**（图 3106）。栖息于水深

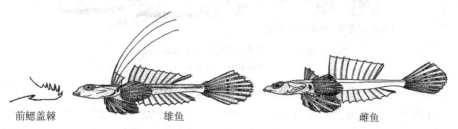

图 3106　沙氏鲔 *C. schaapii*
（依 Fricke & 伍汉霖，1992）

0～8m 的珊瑚礁海域沙泥底层，以底栖生物为食。体长 65mm。分布：东海南部（厦门）、台湾澎湖列岛海域、海南岛；印度、马来西亚、泰国。小型鱼类，无食用价值。供学术研究用。

12（11）胸鳍基部无大黑斑

13（14）第一背鳍的第一和第二鳍棘丝状延长；尾鳍中央具二长丝状条 ……………………………… **中沙䗁 C. macclesfieldensis Fricke，1983**（图 3107）。栖息于水深 20～30m 的珊瑚礁海域沙泥底层，以底栖生物为食。体长 56.2mm。分布：中沙群岛。小型鱼类，无食用价值。供学术研究用。

图 3107　中沙䗁 *C. macclesfieldensis*
（依 Fricke & 伍汉霖，1992）

14（13）第一背鳍各鳍棘不呈丝状延长，边缘黑色；尾鳍圆形，鳍条不延长；臀鳍边缘具一黑色纵带；体侧具 4～5 个黑圆斑…………………… **黑缘䗁 C. martinae Fricke，1981**（图 3108）。栖息于水深 74～92m 的珊瑚礁海域沙泥底层，以底栖生物为食。体长 35.5～70mm。分布：东海（厦门）、台湾（高雄）。小型鱼类。无食用价值。供学术研究用。

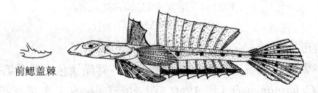

图 3108　黑缘䗁 *C. martinae*
（依 Fricke & 伍汉霖，1992）

美尾䗁属 Calliurichthys Jordan & Fowler，1903
种 的 检 索 表

1（2）雄鱼第一背鳍的第一及第二鳍棘丝状延长，第三及第四鳍棘间的鳍膜具一黑斑；头部腹面具一菱形黑斑；雌鱼鳍棘短，不延长，第三及第四鳍棘间具一黑斑，………………………… **日本美尾䗁 C. japonicus（Houttuyn，1782）**（图 3109）。栖息于水深 40～208m 大陆架缘海域的沙泥底层，以底栖生物为食。体长 78～235mm。分布：东海南部（厦门）、台湾澎湖列岛海域、南海（香港及北海）；朝鲜半岛、日本、印度尼西亚。小型鱼类，无食用价值。供学术研究用。

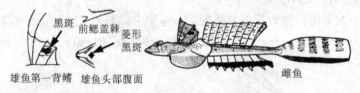

图 3109　日本美尾䗁 *C. japonicus*
（依中坊等，2013）

2（1）雄鱼第一背鳍高，第一至第四鳍棘全部呈丝状延长，背鳍鳍膜上及头部腹面均无黑斑；雌鱼的幼鱼在第一背鳍第三鳍棘处具一小黑斑 …………………………………… **伊津美尾䗁 C. izuensis（Fricke & Zarser Brownell，1993）**（图 3110）。栖息于水深 16～100m 的粗沙底质海域，以底栖生物为食。体长 160mm。分布：台湾东北部海域；日本。小型鱼类，无食用价值。供学术研究用。

图 3110　伊津美尾鳉 *C. izuensis*
（依中坊等，2013）

指脚鳉属（指鳍鳉属）*Dactylopus* Gill，1859

指脚鳉 *D. dactylopus*（Valenciennes，1837）（图 3111）。栖息于水深 1～55m 的珊瑚礁内，食底栖生物。体长 66～94.5mm。分布：台湾北部及澎湖列岛海域、海南岛及北部湾；日本、印度尼西亚。小型鱼类，无食用价值。供学术研究用。

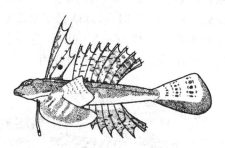

图 3111　指脚鳉 *D. dactylopus*
（依 Nakabo，2013）

双线鳉属 *Diplogrammus* Gill，1865
种 的 检 索 表

1（2）眶下感觉管先端不分支；雄成鱼臀鳍具许多小黑点 ………………………………………… **双线鳉**
** *D. goramensis*（Bleeker，1858）**（图 3112）。栖息于水深 5～30m 底质为沙质、岩礁、珊瑚礁有海草的浅滩底部，以底栖生物为食。体长 76～95mm。分布：台湾南部海域；日本。小型鱼类，无食用价值。供学术研究用。

图 3112　双线鳉 *D. goramensis*
（依 Fricke & 伍汉霖，1992）

2（1）眶下感觉管先端分支；雄成鱼臀鳍下缘具许多八字状斜纹 …………………………… **暗带双线鳉**
** *D. xenicus*（Jordan & Thompson，1914）**（图 3113）。栖息于水深 5～30m 岩礁及珊瑚礁的沙地底部，以底栖生物为食。体长 65～85mm。分布：台湾南部绿岛及兰屿；日本、澳大利亚。小型鱼

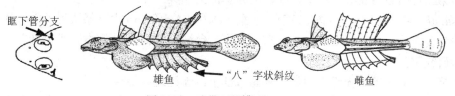

图 3113　暗带双线鳉 *D. xenicus*
（依中坊等，2013）

类，无食用价值。供学术研究用。

喉褶䲗属 *Eleutherochir* Bleeker，1879
种 的 检 索 表

1（2）背鳍1个，具13鳍条····················**单鳍喉褶䲗 *E. mirabilis* (Snyder, 1911)**（图3114）。
栖息于水深20～40m外洋性沿岸岩礁的沙地底部，以底栖生物为食。体长54～65mm。分布：渤海（北戴河）、黄海；日本。小型鱼类，无食用价值。供学术研究用。

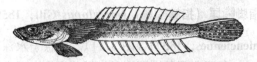

图3114　单鳍喉褶䲗 *E. mirabilis*

2（1）背鳍2个，第一背鳍具4鳍棘，第二背鳍具9～10鳍条 ··························· **双鳍喉褶䲗**
***E. opercularis* (Valenciennes, 1837)**（图3115）。栖息于水深0～18m浅水沙泥底质的底部，也进入河口或淡水。以底栖生物为食。体长66～110mm。分布：东海、台湾南部海域；日本、菲律宾、斯里兰卡。小型鱼类，无食用价值。供学术研究用。

图3115　双鳍喉褶䲗 *E. opercularis*
（依 Nakabo，1983）

棘红䲗属 *Foetorepus* Whitley，1931
种 的 检 索 表

1（2）雌雄鱼第二背鳍具桃色斜纹 ················ **丝棘红䲗 *F. altivelis* (Temminck & Schlegel, 1845)**
（图3116）［syn. 红连鳍䲗 *Synchiropus altivelis* (Fricke & 伍汉霖，1992)］。栖息于水深71～593m深海大陆架边缘沙泥底质的底部。以底栖生物为食。体长74～149mm。分布：东海、台湾海域、海南岛；济州岛、日本。小型鱼类，无食用价值。供学术研究用。

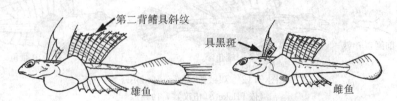

图3116　丝棘红䲗 *F. altivelis*
（依中坊等，2013）

2（1）雌雄鱼第二背鳍无桃色斜纹
3（4）雌雄鱼第二背鳍各鳍膜具一垂直白线；胸鳍基部上端具一黑斑 ······················· **益田氏棘红䲗**
***F. masudai* Nakabo，1987**（图3117）。栖息于水深100～200m大陆架边缘沙泥底质的底部。以底栖生物为食。体长140～180mm。分布：东海、台湾南部海域；日本。小型鱼类，无食用价值。供学术研究用。
4（3）雌雄鱼第二背鳍各鳍膜无垂直白线；胸鳍基部上端无黑斑
5（6）第一背鳍第一鳍棘丝状延长，其长大于头长，其余各鳍棘不呈丝状延长；第二背鳍边缘具黑色纵纹；尾鳍下半部暗黑色··················**戴氏棘红䲗 *F. delandi* (Fowler，1943)**（图3118）。

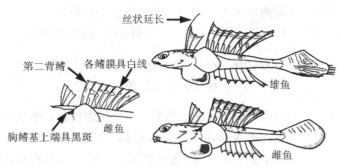

图 3117　益田氏棘红鲬 *F. masudai*
（依中坊等，2013）

热带底层小型鱼类。栖息于水深 114～476m 的潟湖与临海礁石的礁区或珊瑚礁附近的沙地上。在藻类中形成小群鱼群。体长 110～114mm。分布：台湾南部海域、南海；马绍尔群岛，印度-西太平洋。个体小，无食用价值。

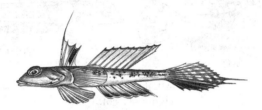

图 3118　戴氏棘红鲬 *F. delandi*
（依郑义郎，2007）

6 (5) 第一背鳍各鳍棘呈丝状延长，其长均短于头长，第二背鳍边缘无黑色纵纹；尾基具 2 黑色圆斑
 ·······························**格氏棘红鲬 *F. grinnelli*** (Fowler，1941)（图 3119）。热带底层小型鱼类。栖息于水深 195～357m 的潟湖与临海礁石的深水区、或珊瑚礁附近的沙地上。在藻类中常形成小群鱼群。体长 90～110mm。分布：台湾南部海域；菲律宾、印度尼西亚，印度-西太平洋。个体小，无食用价值。

图 3119　格氏棘红鲬 *F. grinnelli*
（依郑义郎，2007）

小连鳍鲬属 *Minysynchiropus* Nakabo，1982

莱氏小连鳍鲬 *M. laddi* Schultz，1960（图 3120）。热带底层小型鱼类。栖息于 0～70m 的潟湖与临

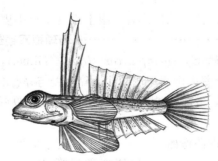

图 3120　莱氏小连鳍鲬 *M. laddi*
（依沈世杰等，2011）

海礁石的沙地、礁区或珊瑚礁附近的沙地上，平时用腹鳍游走于沙地上。在藻类中形成小群鱼群。体长30～40mm。分布：台湾兰屿；菲律宾、马绍尔群岛。个体小，无食用价值。

新连鳍䲗属 *Neosynchiropus* Nalbant，1979
种 的 检 索 表

1（2）臀鳍最后鳍条分支，其余鳍条不分支；雄成鱼第一背鳍无眼状斑；雌成鱼臀鳍具7褐色斜带……………………莫氏新连鳍䲗 **N. morrisoni (Schultz，1960)**（图3121）[syn. 莫氏连鳍䲗 *Syn-chriopus morrisoni* (Schultz，1960)]。栖息于水深10～30m珊瑚礁及岩礁的潟湖与临海礁石的沙地，也见于掩蔽的岩礁栖地数米深处。常聚成小群游弋。体长43～62mm。分布：台湾南部海域；济州岛、日本、菲律宾。小型鱼类。无食用价值，供学术研究用。

雄鱼　　雌鱼　　臀鳍具7褐色斜带

图 3121　莫氏新连鳍䲗 *N. morrisoni*
（依中坊等，2013）

2（1）臀鳍第一鳍条不分支，其余鳍条均分支；雄成鱼第一背鳍第一和第二鳍膜具四眼状斑，雌成鱼臀鳍具四褐色宽斜带 …………………………… 眼斑新连鳍䲗 **N. ocellatus（Pallas，1770）**（图3122）[syn. 眼斑连鳍䲗 *Synchriopus ocellatus* (Pallas，1770)]。栖息水深10～30m珊瑚礁潟湖与临海礁石的沙地，也见于掩蔽的岩礁栖地数米深处。常聚成小群游弋。体长50～60mm。分布：台湾兰屿及绿岛、南沙群岛；济州岛、日本、夏威夷。小型鱼类。无食用价值，供学术研究用。

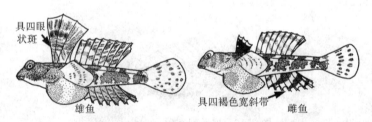

具四眼状斑

具四褐色宽斜带

雄鱼　　雌鱼

图 3122　眼斑新连鳍䲗 *N. ocellatus*
（依中坊等，2013）

拟双线䲗属 *Paradiplogrammus* Nakabo，1982
种 的 检 索 表

1（2）前鳃盖骨棘内缘具4～6个向前弯曲的小棘；眼上缘具1对小皮瓣；雄成鱼第一背鳍颇高，鳍膜具细黑点，无圆黑斑 …………………………… 珊瑚拟双线䲗 **P. corallinus（Gilbert，1905）**（图3123）[syn. 珊瑚连鳍䲗 *Synchriopus corallinus* (Gilbert，1905)]。栖息于水深12～58m的较浅海域，常潜伏于混合着火山灰、珊瑚沙、碎贝壳与碎石的海底，且有少许或没有藻类覆盖的水域。体长37mm。分布：台湾兰屿；日本、澳大利亚、夏威夷。小型鱼类，无食用价值。供学术研究用。

2（1）前鳃盖骨棘内缘具3～4个向前弯曲的小棘；眼上缘无小皮瓣；雄成鱼第一背鳍不很高，鳍膜具若干眼状黑斑……………………斑鳍拟双线䲗 **P. enneactis（Bleeker，1879）**（图3124）[syn. 斑鳍䲗 *Callionymus enneactis* (Bleeker，1879)]。栖息于较浅海域的珊瑚礁及岩礁附近

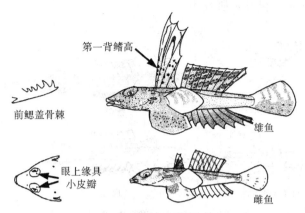

图 3123　珊瑚拟双线鳚 *P. corallinus*
（依中坊等，2013）

的沙质底层水域，有时进入咸淡水的红树林区 。体长 58～62mm。分布：台湾海域、南海（香港）；日本、菲律宾、新加坡。小型鱼类，无食用价值。供学术研究用。

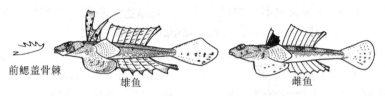

图 3124　斑鳍拟双线鳚 *P. enneactis*
（依中坊等，2013）

拟美尾鳚属 *Pseudocalliurichthys* Nakabo，1982
种 的 检 索 表

1（2）雄鱼第一鳍棘丝状延长，体侧下部具小暗斑，下颌腹面先端黑色；雌鱼臀鳍外缘白色…………………………**肋斑拟美尾鳚 *P. pleurostictus*（Fricke，1982）**（图 3125）。栖息于水深 0～35m 浅海的沙质底层水域。体长 17～32mm。分布：台湾澎湖列岛海域；日本、澳大利亚。小型鱼类，无食用价值。供学术研究用。

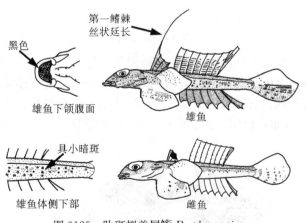

图 3125　肋斑拟美尾鳚 *P. pleurostictus*
（依中坊等，2013）

2（1）雄鱼第一和第二鳍棘丝状延长，体侧下部具虫状暗色斑纹，下颌腹面先端不呈黑色；雌鱼臀鳍外缘黑色 ……………………………**曳丝拟美尾鳚 *P. variegatus*（Temminck & Schlegel，1845）**（图 3126）。栖息于水深 0～40m 浅海的沙泥底质水域。体长 97～141mm。分布：东海；日本。

小型鱼类，无食用价值。供学术研究用。

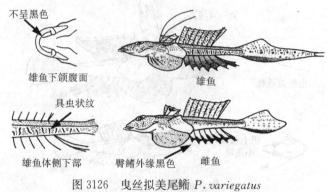

图 3126　曳丝拟美尾鳉 *P. variegatus*

（依中坊等，2013）

翼连鳍鳉属 *Pterosynchiropus* Nakabo，1982
种 的 检 索 表

1（2）体茶褐色，体侧具 3～4 条长短不一的波状蓝纹，无绿色大眼斑；各鳍棕红色，鳍缘呈蓝色宽纹
…………………………花斑翼连鳍鳉 *P. splendidus* (Herre，1927)（图 3127）（syn. 花斑连鳍鳉 *Synchiropus splendidus* Fricke & 伍汉霖，1992）。栖息于水深 0～18m 浅海有遮蔽的潟湖与近岸珊瑚礁及碎石礁区的水域，常成小群。体长 60mm。分布：台湾兰屿、南海；日本、菲律宾、澳大利亚。小型鱼类，无食用价值。体色艳丽，供观赏。数量有一定减少，《中国物种红色名录》列为易危 [VU] 物种。

图 3127　花斑翼连鳍鳉 *P. splendidus*

（依郑义郎，2007）

2（1）体橄榄绿色，体侧具 10 余个具白边不规则的暗眼斑；尾鳍浅蓝色……………………………………
绣鳍翼连鳍鳉 *P. picturatus* (Peters，1876)（图 3128）（syn. 绣鳍连鳍鳉 *Synchiropus picturatus* Shen，1993）。栖息于浅海有遮蔽的潟湖与近岸珊瑚礁及碎石礁区的水域，常成小群，散布于小区域。体长 37mm。分布：台湾兰屿、南海（香港）；菲律宾、巴布亚新几内亚。小型鱼类，无

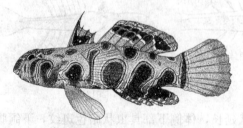

图 3128　绣鳍翼连鳍鳉 *P. picturatus*

（依沈世杰等，2011）

食用价值。体色艳丽，供观赏。

斜棘䲗属 *Repomucenus* Whitley，1931
种 的 检 索 表

1（2）第一背鳍短小，具3小鳍棘，小鳍棘不伸达第二背鳍 ⋯⋯⋯⋯⋯⋯⋯⋯⋯⋯ **香斜棘䲗**
　　　R. olidus（Günther，1873）（图3129）（syn. 香䲗 *Callionymus olidus* Günther，1873）。栖息于
　　　近河口域咸淡水区或红树林区之沙泥底水域，也生活在江河下游淡水中。体长50～68mm。分
　　　布：黄海（江苏）、东海、台湾北部海域、南海（珠江口）；朝鲜半岛。小型鱼类。无食用价值。

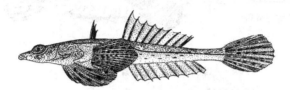

图3129　香斜棘䲗 *R. olidus*

2（1）第一背鳍具4鳍棘，至少有1枚鳍棘可伸达第二背鳍
3（4）第一背鳍第一鳍棘不与其他鳍棘相连，独立为丝状 ⋯⋯⋯⋯⋯⋯⋯⋯⋯⋯ **单丝斜棘䲗**
　　　R. filamentosus（Valenciennes，1837）（图3130）。栖息于泥沙底质的近海，以底栖生物为食。
　　　体长77～110mm。分布：海南岛；澳大利亚、巴布亚新几内亚。小型鱼类。无食用价值。

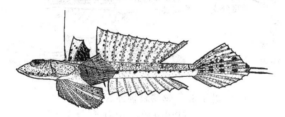

图3130　单丝斜棘䲗 *R. filamentosus*
（依 Fricke，1983）

4（3）第一背鳍第一鳍棘不独立为丝状
5（6）第二背鳍具10鳍条；臀鳍具10鳍条 ⋯⋯⋯⋯⋯⋯⋯⋯⋯⋯⋯⋯⋯⋯⋯⋯ **朝鲜斜棘䲗**
　　　R. koreanus（Nakabo，Jeon & Li，1987）（图3131）。栖息于泥沙底质的近海，以底栖生物为
　　　食。体长76～97mm。分布：渤海、黄海；朝鲜半岛。小型鱼类。无食用价值。

前鳃盖骨棘　　　　雄鱼　　　　　　　　雌鱼

图3131　朝鲜斜棘䲗 *R. koreanus*
（依 Fricke & 伍汉霖，1992）

6（5）第二背鳍具9鳍条；臀鳍具9鳍条
7（8）前鳃盖骨棘较长，枪状，后端平直，内侧缘有细小锯齿；雌雄鱼臀鳍具黑缘⋯⋯⋯⋯⋯⋯
　　　⋯⋯**长崎斜棘䲗 R. huguenini（Bleeker，1858）**（图3132）。栖息于水深50～80m大陆架缘泥沙
　　　底质的近海，以底栖生物为食。体长140～160mm。分布：黄海（大连）、东海、南海；朝鲜半
　　　岛、日本。小型鱼类。无食用价值。
8（7）前鳃盖骨棘较短，不呈枪状，后端内弯，内侧缘有数个强大刺突；雌雄鱼臀鳍不全具黑缘
9（10）雄成鱼第一背鳍特别高大，鳍棘丝状延长；雌鱼第二背鳍无黑点；侧线管眶下支无短的腹分支

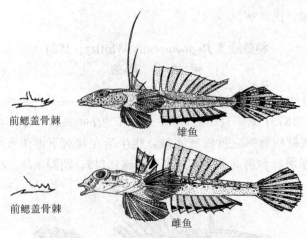

图 3132　长崎斜棘䲗 *R. huguenini*
（依 Fricke & 伍汉霖，1992）

·······························丝鳍斜棘䲗 **R. virgis**（**Jordan & Fowler，1903**）（图 3133）。栖息于水深 40～100m 大陆架缘泥沙底质的近海，食底栖生物。体长 60～130mm。分布：东海、台湾东北部海域；济州岛、日本。小型鱼类。无食用价值。

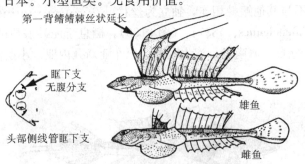

图 3133　丝鳍斜棘䲗 *R. virgis*
（依中坊等，2013）

10（9）雄成鱼第一背鳍短小；雌鱼第二背鳍有斑纹；侧线管眶下支有短的腹分支

11（12）体背侧具大小不等的黑点；前鳃盖骨棘较长，内侧具 3～6 个刺突；雌鱼第一背鳍黑色·······
·····················扁斜棘䲗 **R. planus**（**Ochiai，1955**）（图 3134）。栖息于大陆架缘泥沙底质的近海，以底栖生物为食。体长 65～89mm。分布：黄海（青岛）、东海（舟山）；日本。小型鱼类。无食用价值。

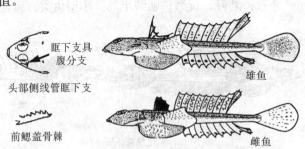

图 3134　扁斜棘䲗 *R. planus*
（依中坊等，2013）

12（11）体背侧无大小不等的黑点；前鳃盖骨棘较短，内侧具 2～4 个刺突。

13（14）尾鳍全部浅色，散布多行弧形小黑点，下半部不呈暗黑色，无黑带；雄鱼第一背鳍 4 鳍棘丝状延长·····················瓦氏斜棘䲗 **R. valenciennei**（**Temminck & Schlegel，1845**）（图 3135）。栖息于沿岸内湾的泥沙底质水域，以底栖生物为食。体长 67～100mm。分布：东海、南海；朝鲜半岛、日本。小型鱼类。无食用价值。

图 3135　瓦氏斜棘鮗 *R. valenciennei*
（依中坊等，2013）

14（13）尾鳍上半部浅色，散布一些小黑点，下半部黑色或具黑带；雄成鱼第一背鳍鳍棘不延长或部分
　　　　鳍棘延长。

15（16）雌雄成鱼第一背鳍鳍棘均不延长；雄成鱼第一背鳍边缘黑色；雌幼鱼第一背鳍第三鳍棘处具一
　　　　大黑斑 ·················· **弯棘斜棘鮗** *R. curvicornis*（Valenciennes，1837）（图 3136）
　　　　（syn. 李氏鮗 *Callionymus richardsoni* Li，1962）。栖息于水深 0～100m 较深海区大陆架缘海
　　　　域内湾的沙泥底层，以底栖生物为食。体长 70～170mm。分布：东海、台湾澎湖列岛海域、
　　　　海南岛；济州岛、日本。小型鱼类，无食用价值。可供学术研究。

图 3136　弯棘斜棘鮗 *R. curvicornis*
（依中坊等，2013）

16（15）雄成鱼第一背鳍第一鳍棘或第一、二鳍棘延长呈丝状

17（18）雄成鱼第一背鳍第一鳍棘延长呈丝状，第四鳍棘膜具一大黑斑；雌鱼第一背鳍黑色 ··············
　　　　················ **月斑斜棘鮗** *R. lunatus*（Temminck & Schlegel，1845）（图 3137）。栖息于水深
　　　　30～80m 外洋性较深海区的沙泥底层，食底栖生物。体长 39～79mm。分布：黄海（烟台）、
　　　　东海（舟山）、台湾南部海域；朝鲜半岛、日本。小型鱼类，无食用价值。可供学术研究。

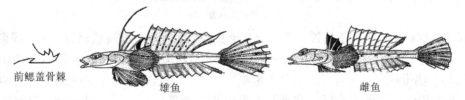

图 3137　月斑斜棘鮗 *R. lunatus*
（依 Fricke & 伍汉霖，1992）

18（17）雄成鱼第一背鳍第一、第二鳍棘延长呈丝状，第四鳍棘膜无黑斑；雌鱼第一背鳍后部黑色

19（20）雄成鱼臀鳍具许多棕黑色斜线；雄鱼第二背鳍有 2 纵行黑点；雌鱼和雄鱼幼鱼体侧下半部具许
　　　　多小白圈 ·················· **绯斜棘鮗** *R. beniteguri*（Jordan & Snyder，1900）（图 3138）
　　　　（syn. 绯鮗 *Callionymus beniteguri* Jordan & Snyder，1900）。栖息于沙泥底水域，以底栖生
　　　　物为食。体长 160mm。分布：黄海、东海、南海；朝鲜半岛、日本，西-北太平洋。个体小，

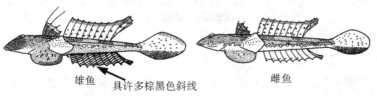

图 3138　绯斜棘鮗 *R. beniteguri*
（依 Nakabo，2013）

20（19）雄成鱼臀鳍淡灰色，第二背鳍中央部有一纵行黑点；雌鱼和雄鱼幼鱼体侧下半部具许多椭圆形斑……………………**饰鳍斜棘𫚥** ***R. ornatipinnis***（Regan，1905）（图 3139）。栖息于沙泥底层水域，以底栖生物为食。体长 150～170mm。分布：黄海、东海、台湾北部海域；朝鲜半岛、日本，西-北太平洋。个体小，无食用价值。

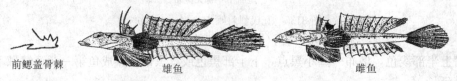

前鳃盖骨棘　　　　雄鱼　　　　　　　　雌鱼

图 3139　饰鳍斜棘𫚥 *R. ornatipinnis*

（依 Fricke & 伍汉霖，1992）

连鳍𫚥属 *Synchiropus* Gill，1859
种 的 检 索 表

1（2）第一背鳍各鳍棘较长，大于头长，有时呈丝状延长；体侧具 5 个黑色大圆斑，第一和第二鳍棘的鳍膜上具一黑色宽横带，尾鳍具二黑宽横带；臀鳍黑色，具 10 余个蓝色小圆斑………………………………**线纹连鳍𫚥** ***S. lineolatus***（Valenciennes，1837）（图 3140）。栖息于水深 30～60m 的礁区或珊瑚礁附近的沙地上，平时使用腹鳍游走于沙地上。体长 50～80mm。分布：台湾南部海域；夏威夷。个体小，无食用价值。

图 3140　线纹连鳍𫚥 *S. lineolatus*

（依沈世杰、吴高逸，2011）

2（1）第一背鳍各鳍棘较短，短于头长，不呈丝状延长；体侧具 5 个鞍斑或斜斑；臀鳍浅色，近边缘处具 2～3 行棕黑色纵带 ……………………………… **侧斑连鳍𫚥** ***S. lateralis***（Richardson，1844）（图 3141）。热带底层小型鱼类。栖息于水深 0～10m 的潟湖与临海礁石的礁区或珊瑚礁附近的沙地上，平时用腹鳍游走于底层。在藻类中形成小群鱼群。体长 30～40mm。分布：台湾南部海域、南海；马绍尔群岛，印度-西太平洋。个体小，无食用价值。

图 3141　侧斑连鳍𫚥 *S. lateralis*

（依沈世杰、吴高逸，2011）

271. 蜥𫚥科 Draconettidae

体延长而圆，头宽而平扁。口小，上颌长于下颌、突出，能伸缩。两颌具细齿。鳃孔小孔状，在鳃盖骨的背侧。主鳃盖骨和下鳃盖骨具一直的强棘，前鳃盖骨无棘。头部侧线发达，体侧侧线退化呈沟状。鳃孔较宽。背鳍 2 个，第一背鳍具 3 鳍棘，第二背鳍具 12～15 鳍条，大部均不分支；臀鳍具 12～

13 鳍条，最后 1 鳍条分支，其余鳍条均不分支；胸鳍大；腹鳍具 1 鳍棘、5 鳍条。亚喉位。

温带与热带海洋底层小型鱼类。分布于西太平洋日本至夏威夷、印度洋、大西洋。

本科有 2 属 14 种（Nelson et al.，2016）；中国有 2 属 3 种。

属 的 检 索 表

1（2）主鳃盖骨的后向棘不向上方弯曲；背鳍鳍棘硬而强壮，第二背鳍具 14 鳍条；臀鳍具 13 鳍条 （图 3142）•• **粗棘蜥鲻属 *Centrodraco***

图 3142　粗棘蜥鲻属 *Centrodraco* 特征
（依中坊等，2013）

2（1）主鳃盖骨的后向棘向上方弯曲；背鳍鳍棘软弱，第二背鳍具 12 鳍条；臀鳍具 12 鳍条（图 3143）
••• **蜥鲻属 *Draconetta***

图 3143　蜥鲻属 *Draconetta* 特征
（依中坊等，2013）

粗棘蜥鲻属 *Centrodraco* Regan，1913
种 的 检 索 表

1（2）背鳍第一鳍棘短于第二鳍棘；鳃盖部具一大暗斑 ••••••••••••••••••••••••••• **短鳍粗棘蜥鲻**
***C. acanthopoma*（Regan，1904）**（图 3144）。栖息于水深 170～600m 海底沙地或泥地的小型鱼类，常用腹鳍游走于沙地上。体长 100mm。分布：台湾东北部海域；日本。无食用价值。

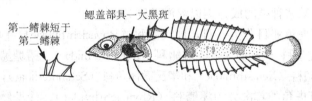

图 3144　短鳍粗棘蜥鲻 *C. acanthopoma*
（依中坊等，2013）

2（1）背鳍第一鳍棘长于第二鳍棘；鳃盖部无大暗斑 ••••••••••••••••••••••••••••• **珠点粗棘蜥鲻**
***C. pseudoxenicus*（Kamohara，1952）**（图 3145）。栖息于热带深水海域大陆架边缘区，少数种类

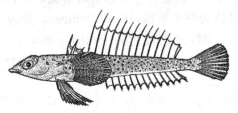

图 3145　珠点粗棘蜥鲻 *C. pseudoxenicus*

则栖息于礁区或珊瑚礁附近的沙地上。体长90～100mm。分布：南海（海南岛东岸）；日本、夏威夷、印度-西太平洋。无食用价值。

蜥䲁属 *Draconetta* Jordan & Fowler，1903

蜥䲁 *D. senica* Jordan & Fowler，1903 （图3146）。热带底层小型鱼类。栖息于水深130～367m的礁区或珊瑚礁附近的沙地上，平时使用腹鳍游走于沙地上。体长80～90mm。分布：东海、海南岛东岸；日本、夏威夷。个体小，无食用价值。

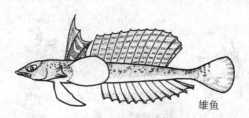

雄鱼

图3146　蜥䲁 *D. senica*
（依中坊等．2013）

虾虎鱼亚目（虾虎亚目）GOBIOIDEI

虾虎鱼亚目是鲈形目中最大的亚目。

体延长，亚圆筒形；或前部平扁，后部侧扁；或体卵圆形，极侧扁；或鳗形。头部常具感觉管（sensory canal）和感觉管孔（sensory canal pore）。侧线系统除较原始的溪鳢科（Rhyacichthyidae）体侧有侧线外，其余种类的侧线均退化，形成在头侧的头感觉管（cephalic canal），体侧无侧线。背鳍2个，或鳍棘多感觉乳突（sensory papillae），感觉乳突互相连续形成感觉乳突线（sensory papillae line）；有些种类还具皮褶。眼中大或小，或废退。鼻孔每侧2个。有时有须。鳃盖条5～6。体被圆鳞或栉鳞，有时消失，仅具1背鳍；或鳍棘部与鳍条部连续。背鳍鳍棘如有时，一般为1～8枚，均颇细弱而柔韧，有时延长呈丝状，只有个别种类呈坚硬的棘刺；臀鳍一般和第二背鳍相对，同形；胸鳍较大，其上部数鳍条有时游离；左右腹鳍各由1鳍棘、4～5鳍条组成，愈合呈1个圆形或长圆形吸盘，使鱼体能吸附在水底砾石或其他物体上。椎骨25～59枚。常无鳔。无幽门盲囊。

虾虎鱼类广泛分布于世界三大洋沿岸、近岸海底、浅湾、珊瑚礁域、咸淡水水域、河口、淡水河川湖沼。大多为暖水性或暖温性底层栖息于的小型鱼类。食肉性，食底栖甲壳动物、软体动物、幼鱼、蠕虫、水生昆虫等。幼鱼及某些种类的成鱼则以浮游动物为食。

2006年，Nelson将虾虎鱼亚目分为9科，即溪鳢科（Rhyacichthyidae）、沙塘鳢科（Odontobutidae）、塘鳢科（Eleotridae）、虾虎鱼科（Gobiidae）、蠕鳢科（Microdesmidae）、鳍塘鳢科（Ptereleotridae）、沙鳢科（Kraemeriidae）、峡塘鳢科（Xenisthmidae）和辛氏微体鱼科（Schindleriidae），共270属2 211种。

2013年，明仁等将虾虎鱼类首次分为溪鳢科（Rhyacichthyidae）、沙塘鳢科（Odontobutidae）、塘鳢科（Eleotridae）、峡塘鳢科（Xenisthmidae）、虾虎鱼科（Gobiidae）、沙鳢科（柯氏鱼科）（Kraemeriidae）、蠕鳢科（Microdesmidae）、鳍塘鳢科（Ptereleotridae）、和辛氏微体鱼科（Schindleriidae）等9科（Nakabo，2013）。

依据近年来国内外学者继续对虾虎鱼亚目分类系统的研究，2016年，Nelson J. S.，T. C. Grande & MVH Wilson 将虾虎鱼亚目升格为虾虎鱼目（Gobiiformes），分为8科，即溪鳢科（Rhyacichthyidae）、沙塘鳢科（Odontobutidae）、洞穴盲虾虎鱼科（Milyeringidae）、塘鳢科（Eleotridae）、嵴塘鳢科（Butidae）、大洋塘鳢科（Thalasseleotrididae）、背眼虾虎鱼科（Oxudercidae）、虾虎鱼科（Gobiidae），共321属2 167种。

中国产虾虎鱼亚目以往的分类将它分为5个科，即溪鳢科（Rhyacichthyidae）、塘鳢科（Eleotridae）、虾虎鱼科（Gobiidae）、弹涂鱼科（Periophthalmidae）和鳗虾虎鱼科（Taenioididae）。

由于 2006 年 Nelson 的世界虾虎鱼类分类系统已得到大部分鱼类学家的确认和支持，本书对虾虎鱼类的分类仍然采用 2006 年 Nelson 的分类系统，去除纯淡水产虾虎鱼类外，共分为 7 科，即塘鳢科（Eleotridae）、虾虎鱼科（Gobiidae）、蠕鳢科（Microdesmidae）、鳍塘鳢科（Ptereleotridae）、柯氏鱼科（沙鳢科）（Kraemeriidae）、峡塘鳢科（Xenisthmidae）和辛氏微体鱼科（Schindleriidae），共 211 种（伍汉霖，1987；伍汉霖，朱元鼎，1988）。2009 年，本书作者在 Taxonomic Research of the Gobioid-Fishes（Perciformes：Gobioidei）（H. L.，Wu, J. S. Zhong and I. S. Chen，2009）一文中共录入中国产虾虎鱼类 5 亚科 113 属 361 种。这是我国当时收集较为完整的虾虎鱼类种类的报告。

依据近年来国内外学者对虾虎鱼亚目分类系统的研究和虾虎鱼类之间的亲缘关系，尤其根据明仁（Akihito et al.，2002）和 Nelson（2006）的研究成果，本书作者将中国虾虎鱼亚目的分类系统（去除一部分纯淡水虾虎鱼类）重新调整为塘鳢科（Eleotridae）、虾虎鱼科（Gobiidae）、蠕鳢科（Microdesmidae）、鳍塘鳢科（Ptereleotridae）、柯氏鱼（Kraemeriidae）、峡塘鳢科（Xenisthmidae）和辛氏微体鱼科（Schindleriidae）7 科。

本书虾虎鱼亚目分为 7 个科的分类系统检索如下。

科 的 检 索 表

1（12）尾柄正常，较宽阔，中间不收缩变细；尾杆骨不细长

2（3）鳃盖条 6；左右腹鳍分离，但较接近，不愈合成一吸盘 ·············· 塘鳢科 Eleotridae

3（2）鳃盖条 5；左右腹鳍大多愈合成一吸盘，也有相互接近，不愈合成一吸盘

4（5）眼背侧位，位于头的背缘，或眼小，退化；口一般斜裂，不垂直，不呈上位；左右腹鳍一般相连，愈合成一吸盘；或不相连，不愈合成一吸盘；纵列鳞 22～70，或裸露无鳞 ···············
·············· 虾虎鱼科（虾虎科）Gobiidae

5（4）眼侧位，位于头的中部；口上位或几垂直；左右腹鳍不愈合成一吸盘；纵列鳞 71～120

6（7）背鳍 1 个，鳍棘部和鳍条部连续，基部长，具 20～22 鳍棘··············
·············· 蠕鳢科（蚓虾虎科）Microdesmidae

7（6）背鳍 2 个，鳍棘部和鳍条部不连续，具 6 鳍棘 ············ 鳍塘鳢科（凹尾塘鳢科）Ptereleotridae

8（9）下颌前端呈锥形突出 ············ 柯氏鱼科（沙鳢科）Kraemeriidae

9（8）下颌前端不呈锥形突出

10（11）下唇具游离腹缘，向下延伸，具包缝 ············ 峡塘鳢科 Xenisthmidae

11（10）下唇无游离腹缘，不向下延伸，无包缝

12（1）尾柄极度收缩，变细，尾杆骨颇细长 ············ 辛氏微体鱼科 Schindleriidae

另外，依据我们对中国虾虎鱼类的研究结果，仍将虾虎鱼科再分为虾虎鱼亚科（Gobiinae）、背眼虾虎鱼亚科（Oxudercinae）、瓢虾虎鱼亚科（Sicydiinae）、近盲虾虎鱼亚科（Amblyopinae）、多椎虾虎鱼亚科（Polyspondylogobiinae）共 5 个亚科。

中国大陆及沿海（包括台湾地区）的虾虎鱼类，根据近 40 年的调查、研究，已鉴定出虾虎鱼类 112 属 387 种（其中，产台湾者有 285 种），这是迄今为止我国收集较为完整虾虎鱼类的种类。

272. 塘鳢科 Eleotridae

体延长，前部近圆筒形，后部侧扁；或体颇侧扁。头平扁或侧扁。眼不突出于头的背缘之外，无游离下眼睑。眼上方有或无骨质嵴。口大。下颌常突出。上下颌均有细齿，犁骨有或无齿，腭骨常无齿。鳃孔中大。前鳃盖骨后缘有棘或无棘。鳃盖条 6。体被栉鳞或圆鳞，或部分无鳞，或完全无鳞。无侧线。背鳍 2 个，分离或仅基部以较低的鳍膜相连，第一背鳍具 6～8 鳍棘，第二背鳍部较长；臀鳍与第二背鳍相对，同形；胸鳍大，基部肌肉不发达，不呈臂状；左右腹鳍相互靠近，但彼此分离，不愈合成一吸盘；尾鳍圆形、稍尖、截形或内凹。

分布：暖水性及暖温性底层小型鱼类。栖息于有岩礁沙泥底的沿岸海域及河口区、红树林、潟湖区

或港湾区，少数为浮游性，也有栖息于珊瑚礁区。食底栖甲壳类。

本科有26属139种（Nelson et al.，2016）；中国有9属16种。

属 的 检 索 表

1（4）尾鳍基底具黑斑

2（3）尾鳍基底具上下二黑色圆斑 ·················· 巧塘鳢属 *Calumia*

3（2）尾鳍基部上方具一黑斑，下方无黑斑 ·················· 乌塘鳢属 *Bostrychus*

4（1）尾鳍基底无黑斑

5（6）眼上方骨质嵴发达，嵴缘有小锯齿 ·················· 嵴塘鳢属（脊塘鳢属）*Butis*

6（5）眼上方无骨质嵴

7（16）体前半部圆筒形，或亚圆筒形，或平扁

8（9）前鳃盖骨后缘隐具一弯向前方的小棘；头部平扁 ·················· 塘鳢属 *Eleotris*

9（8）前鳃盖骨后缘无小棘

10（11）眼下具纵列感觉乳突线；前鼻管短，不下垂于上唇 ·················· 丘塘鳢属 *Bunaka*

11（10）眼下具横列及纵列感觉乳突线；前鼻管长，垂于上唇

12（13）纵列鳞68～78；前鳃盖骨后缘具3个感觉管孔（N,O,P） ·················· 尖塘鳢属 *Oxyeleotris*

13（12）纵列鳞30～40；前鳃盖骨后缘具5个感觉管孔（M′、N、O、P、Q′）或2个感觉管孔（N′、O′）

14（15）头部具感觉管孔 ·················· 头孔塘鳢属 *Ophiocara*

15（14）头部无感觉管孔 ·················· 珍珠塘鳢属 *Giuris*

16（7）体颇侧扁；第一背鳍具6鳍棘；第二背鳍具7～9鳍条 ·················· 黄黝鱼属 *Hypseleotris*

乌塘鳢属 *Bostrychus* Lacepède，1801

乌塘鳢 *B. sinensis* Lacepède，1801（图3147）。近岸暖水性小型底栖鱼类。栖息于浅海、内湾和河口区等半淡咸水域的中低潮区及红树林区的潮沟里，退潮时会躲藏在泥滩的孔隙或石缝中。对盐度变化的耐受力很强。夜行性鱼类。也能进入淡水，喜在石缝中营穴居生活和繁殖。冬季潜伏在泥沙底中越冬。性凶猛，摄食小鱼、虾蟹类、水生昆虫和贝类。体长100～150mm，大者可达200mm。体重104g，塘鳢科鱼类中体型较大的种类。分布：黄海（标本采自江苏赣榆，为分布的北界）、东海（浙江、福建）、台湾、海南岛（海口）、南海（广东）；日本、印度-西太平洋。肉质鲜美，细嫩可口，营养价值高，有滋补功效，是中国东南沿海名贵的上等食用鱼之一。乌塘鳢生命力强，适应性广，抗病力强，生长快，是人工养殖的优良品种。在长江口及上海地区接近分布的北限，数量较少。天然产量虽不高，但颇常见，可作为养殖品种，有开发价值。我国南方沿海地区渔民利用自然苗种进行养殖，效益明显，现已普遍推广。

图3147 乌塘鳢 *B. sinensis*
（依伍汉霖，1985）

丘塘鳢属 *Bunaka* Herre，1927

蝌蚪丘塘鳢 *B. gyrinoides*（Bleeker，1853）（图3148）。栖息于溪流、河川的中下游，或河口区域。常活动于石砾底质的滩区，底栖性鱼类。肉食性，食小型鱼类、甲壳类和水生生物。体长340mm。分布：台湾沿岸（为台湾2008年发现的新记录种，台湾同时也是本种鱼分布的北界）；日本、菲律宾、印度尼西亚、澳大利亚、印度-西太平洋海域。无食用价值。

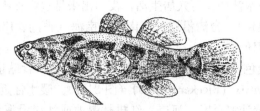

图 3148 蝌蚪丘塘鳢 *B. gyrinoides*
（依明仁等，2013）

嵴塘鳢属（脊塘鳢属）*Butis* Bleeker，1856
种 的 检 索 表

1（6）尾鳍后缘圆形，上叶不内凹；背鳍前鳞 12～21

2（5）头部平扁，略尖长；吻细长，平扁，吻长为眼径的 2 倍余；下颌向前突出

3（4）两眼间隔区及前鳃盖骨有鳞片 ……………………… **黑点嵴塘鳢 *B. melanostigma* （Bleeker，1849）**
（图 3149）。暖水性近岸小型底栖性鱼类。栖息于沿海浅水处、河口、红树林湿地等咸淡水区，
生活于底质为石砾的海域。不喜游动，常停栖在石块、枯木的缝隙中。食小型鱼类、甲壳类等动
物。体长 180mm。分布：东海（上海、浙江、福建）、台湾沿岸、海南岛、南海；红海至印度-
西太平洋海域。无食用价值。

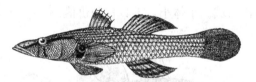

图 3149 黑点嵴塘鳢 *B. melanostigma*
（依郑葆珊，1962）

4（3）两眼间隔区及前鳃盖骨裸露无鳞片；背鳍前鳞 28 ………………………………… **裸首嵴塘鳢**
B. gymnopomus （Bleeker，1853）（图 3150）。暖水性近岸小型底栖鱼类。栖息于浅海石砾底质的海
域。体长 70～115mm。分布：台湾（东港）；菲律宾、新加坡，印度-西太平洋海域。无食用价值。

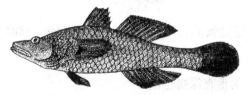

图 3150 裸首嵴塘鳢 *B. gymnopomus*
（依伍汉霖，2008）

5（2）头部略呈圆柱形，短而粗壮；吻稍短，圆钝，吻长等于或稍大于眼径；上下颌约等长…………
……………**锯嵴塘鳢 *B. koilomatodon* （Bleeker，1849）**（图 3151）。暖水性近岸小型底栖性鱼
类。栖息于潟湖、礁沙混合区、河口、红树林湿地或沙岸沿海泥沙底质的栖地中，也栖息于海滨

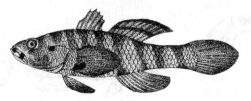

图 3151 锯嵴塘鳢 *B. koilomatodon*
（依郑葆珊，1962）

礁石或退潮后残存的小水洼中。行穴居生活，夜间出来觅食，食小鱼及甲壳类等。体长 107mm。分布：东海（浙江、福建）、台湾沿岸、海南岛、南海（香港、广东）；菲律宾、澳大利亚，印度-太平洋海域。无食用价值。

6（1）尾鳍后缘圆形，上叶浅色，略内凹；第二背鳍上半部浅色；背鳍前鳞 28·····················
安汶嵧塘鳢 **B. amboinensis**（Bleeker，1853）（图 3152）。暖水性近岸小型底栖性鱼类。栖息于近岸水深 0～5m 以浅的礁沙混合区、河口、红树林湿地或沙岸沿海泥沙底质的栖地中，也栖息于海滨礁石或退潮后残存的小水洼中。食小鱼及甲壳类等。体长 100mm。分布：台湾屏东；日本，印度-西太平洋。个体小，无食用价值。

图 3152　安汶嵧塘鳢 B. amboinensis
（依沈世杰等，2011）

巧塘鳢属 *Calumia* Smith，1958

戈氏巧塘鳢 **C. godeffroyi**（Günther，1877）（图 3153）。栖息于低潮流泥泞或富含水草区域，也栖息于在水深 7～30m 的珊瑚礁石砾之中。体长 36mm。分布：台湾（发现于南沙太平岛）；日本、印度尼西亚、澳大利亚，印度-太平洋海域。个体小，不具食用价值。

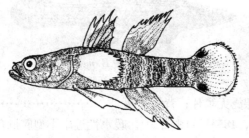

图 3153　戈氏巧塘鳢 C. godeffroyi
（依明仁等，2013）

塘鳢属 *Eleotris* Bloch et Schneider，1801
种 的 检 索 表

1（8）体侧无 12 条或 12 条以下的垂直深褐色横带
2（7）眼下颊部具第 1～6 共 6 条横行感觉乳突线；具 A 纵行感觉乳突线 1 条
3（4）第 3～6 横行感觉乳突线不向下超越纵行感觉乳突线 A；眼下具鳞 ·····················
尖头塘鳢 **E. oxycephala** Temminck & Schlegel，1845（图 3154）。暖水性淡水中小型底层鱼类。栖息于河川下游或河口浅水域。游泳力弱。冬天潜伏在泥沙底中越冬。生殖期停止摄食，多在背风的湾内及近岸浅水处洞穴中产卵；亲鱼有守巢护卵的习性，直到幼鱼孵化。食小鱼、沼虾、淡

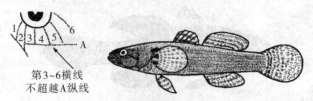

第3～6横线
不超越A纵线

图 3154　尖头塘鳢 E. oxycephala
（依明仁等，2013）

水壳菜、蛤、蚬、蠕虫及其他水生动物。体长 200mm。分布：东海（浙江、钱塘江）、台湾东北部海域、海南岛、南海（广东汕头）；日本，西太平洋区海域。具经济性食用价值。生长快，为塘鳢中较大型种类。肉味美，为中国东南沿海名贵的食用鱼种。

4（3）第1～6 中个别横行感觉乳突线向下穿越纵行感觉乳突线 A

5（6）第4 横行感觉乳突线向下伸越纵行感觉乳突线 A；眼下无鳞 ·············· **刺盖塘鳢**
E. acanthopoma Bleeker, 1853（图 3155）。暖水性淡水小型底栖鱼类。栖息于泥质底面上。生活于江、河下游及河口水域。夜间出来活动、觅食。肉食性，摄食小鱼、小虾、蟹等。体长 140mm。分布：台湾（淡水河，基隆、台东）、海南岛（文教河、万泉河、龙首河水系）；日本、马来西亚、印度尼西亚、菲律宾，西太平洋区海域。个体小，无食用价值。

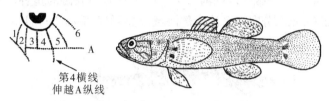

图 3155　刺盖塘鳢 *E. acanthopoma*
（依明仁等，2013）

6（5）第3～4 横行感觉乳突线向下穿越纵行感觉乳突线 A ·············· **黑体塘鳢**
E. melanosoma Bleeker, 1852（图 3156）。暖水性淡水中小型底栖鱼类。喜栖于息河口或偶入河川的下游水域，以及有泥沙、杂草和碎石相混杂的浅水区。游泳力弱。肉食性，成鱼摄食小鱼、小虾、蠕虫等。夜行性，白天多隐藏于石块、落叶等杂物中。生长快，为塘鳢中较大型的种类。体长 260mm。分布：东海（浙江）、台湾（宜兰、东港、兰屿各河口）、海南岛（海口）、南海（香港、珠江水系、合浦）；日本，印度-太平洋区海域。中小型鱼类，可供食用。

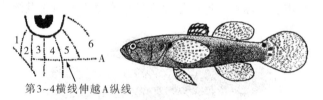

图 3156　黑体塘鳢 *E. melanosoma*
（依明仁等，2013）

7（2）眼下颊部具第1～8 共 8 条横行感觉乳突线；其中，第4、6 横线向下穿越 A 纵行感觉乳突线
·············· **褐塘鳢 E. fusca**（Forster，1801）（图 3157）。暖水性淡水中小型底栖鱼类。见于河川及河沟的底层，喜栖息于河口或偶入河流的下游水域，以及有泥沙、杂草和碎石相混杂的浅水区。游泳力弱。摄食小鱼虾、蠕虫等。夜行性，白天多隐藏于石块、落叶等杂物中。体长 260mm。分布：台湾各地溪流或河川未受污染的中下游以及河口区可见（高雄、屏东、花莲）、南海（珠江水系、广东沿海江河下游、香港）；日本，印度-西太平洋区海域。其生长快，塘鳢中较大型种类。肉质味美，可供食用。中国东南沿海名贵的食用鱼种。

图 3157　褐塘鳢 *E. fusca*
（依明仁等，2013）

8（1）体侧约有 12 条或 12 条以下的垂直深褐色横带 ·························· **条纹塘鳢**
E. fasciatus Chen，**1964**。暖水性淡水小型底栖鱼类。栖息河川下游及河口水域。大多夜间出来
活动、觅食。肉食性，成鱼摄食小鱼、小虾、蟹等。体长 64mm。分布：模式标本采集自台湾东
部的兰屿。

珍珠塘鳢属 *Giuris* Sauvag，1880

珍珠塘鳢 G. margaritacea（Valenciennes，1837）（图 3158）[syn. 无孔蛇塘鳢 *Ophieleotris aporos*
（Bleeker，1854）]。暖水性淡水中小型底层鱼类。生活于热带、亚热带地区的河川纯淡水域及沿海沟
渠。栖息于水草茂密的浅水域。幼鱼活跃于水体的中上层，溯游于潭头水流略强的地方；成鱼偏底栖，
常躲藏于石缝间，也可生活于半淡咸水域的河口区。属于降河型洄游的鱼种。游泳能力佳，警觉性高。
食小鱼及小虾等。体长 230mm。分布：台湾南部海域、北部和东部河川；日本。中小型鱼类，可供食用。

图 3158　珍珠塘鳢 *G. margaritacea*
（依郑义郎，2007）

黄黝鱼属 *Hypseleotris* Gill，1863

似鲤黄黝鱼 H. cyprinoides（Valenciennes，**1837**）（图 3159）。暖水性小型底层鱼类。栖息于水生
植物丰富、水质清澈的溪流下游或河口半淡咸水域。喜溯游在水体表层，活泼而善群游活动。为偏肉食
性小鱼，摄食小鱼、虾、蟹、水生昆虫和附着性的动植物为生。体长 80mm。分布：台湾（屏东、高
雄、凤山沿岸通海河溪）；日本、菲律宾，印度尼西亚各连通海洋的河流及溪流。无食用价值。

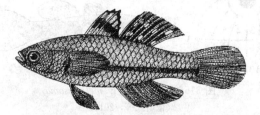

图 3159　似鲤黄黝鱼 *H. cyprinoides*
（依伍汉霖，2008）

头孔塘鳢属 *Ophiocara* Gill，1863

头孔塘鳢 O. porocephala（Valenciennes，**1837**）（图 3160）。中小型底层鱼类。喜半淡咸水环境，
栖息于河口及红树林等浅水域。攻击性强，为肉食性鱼。摄食小鱼、虾、蟹、水生昆虫等为生。体长
340mm。分布：台湾澎湖列岛海域及东港、南海（广西北海）；日本、菲律宾、澳大利亚，印度-西太平
洋海域。中小型鱼类，可供食用。

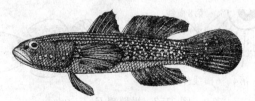

图 3160　头孔塘鳢 *O. porocephala*
（依伍汉霖，2008）

尖塘鳢属 *Oxyeleotris* Bleeker，1874

云斑尖塘鳢 *O. marmorata*（Bleeker，1852）（图 3161）。暖水性中大型底层穴居性鱼类。栖息于热带、亚热带湖沼、野塘、水库、河口、溪流及河川中下游或河口的止水或缓流区域。常躲于石缝间。攻击性强，摄食小鱼或虾、蟹等无脊椎动物。体长 650mm。分布：台湾（屏东、台南、西南部河川下游）；日本、菲律宾、印度尼西亚。外来鱼种，原分布于东南亚、湄公河与湄南河流域、马来半岛。1975 年由柬埔寨引进台湾养殖。因逃逸之故，目前在台湾西南部及南部的河川下游、水库等水体，已能自然繁殖而形成一个稳定的入侵种族群。供食用，具经济价值。

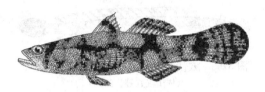

图 3161　云斑尖塘鳢 *O. marmorata*
（依伍汉霖，2008）

273. 峡塘鳢科 Xenisthmidae

体延长，亚圆筒形或侧扁。头中大，平扁。吻稍尖。眼中大。口大，前上位。下颌突出，长于上颌。下唇具游离腹缘，向下延伸，具包缝。无前颌骨突起。头部感觉管孔或有或无，下颌无感觉管孔。背鳍一般 2 个（泰森峡塘鳢 *Tyson* 无第一背鳍），第一背鳍较低小，具 2～6 鳍棘，第二背鳍有或无棘，具 8～33 鳍条；臀鳍与第二背鳍相对，同形，有或无鳍棘，具 8～26 鳍条，第二背鳍及臀鳍基部均很长；胸鳍大，扇形，中侧位；左右腹鳍分离，不愈合成吸盘，有或无鳍棘，具 0～5 鳍条；尾鳍圆形或内凹，具 15（8＋7）或 17（9＋8）鳍条。鳃盖条 6。头的峡部及鳃盖骨裸露或具细圆鳞，体裸露，或体侧具不明显纵列细鳞 45～75。吻软骨骨化。

分布：暖水性近岸底层小型鱼类。栖息于珊瑚礁石砾区及退潮后的水潭内。

本科有 5 属 19 种；中国有 1 属 1 种。

峡塘鳢属 *Xenisthmus* Snyder，1908

多纹峡塘鳢 *X. polyzonatus*（Klunzinger，1871）（图 3162）。暖水性近岸底层小型鱼类。栖息于可达水深 30m 珊瑚礁底质为沙砾的石砾区及退潮后的水潭内。肉食性，摄食小鱼、甲壳类。体长 40～50mm。分布：台湾最南部浅海、东沙群岛、南沙群岛；日本冲绳、红海，印度-西太平洋海域。

图 3162　多纹峡塘鳢 *X. polyzonatus*
（依明仁等，2013）

274. 柯氏鱼科（沙鳢科）Kraemeriidae

体细长。舌端分为两叶。上颌颇短，下颌向前突出呈膨大的颏部。下唇先端呈吻状突出。两眼小，颇接近，几位于头的顶部。体一般裸露无鳞。背鳍 1 个，鳍棘部和鳍条部相连，中间缺刻不明显，具 4～6 弱鳍棘、13～19 鳍条；臀鳍具 1 鳍棘、14 鳍条，背鳍及臀鳍不与尾鳍相连；胸鳍小，下侧位，具 8～10 鳍条；腹鳍具 1 鳍棘、5 鳍条，左右腹鳍分离或相连，无膜盖，不愈合成吸盘；尾鳍长圆形。前鳃盖骨下缘及鳃盖骨下缘呈许多锯齿状缺刻。鳃盖条 5。椎骨 26～30。

分布：暖水性沿岸小型鱼类。栖息于岩礁或珊瑚丛中的沙底浅水内，许多种类都埋身于沙内，只露出头部。分布于印度洋至太平洋中部各岛屿；中国、日本、菲律宾、印度尼西亚及澳大利亚均产。

本科有 2 属，即盘鳍塘鳢属（*Gobitrichinotus*）和沙鳢属（柯氏鱼属）（*Kraemeria*）。前者我国不产，后者见于我国海南岛南部沿海。

沙鳢属（柯氏鱼属）*Kraemeria* Steindachner，1906

穴沙鳢（穴柯氏鱼）*K. cunicularia* Rofen，1958（图 3163）。栖息于热带沿岸低潮线有拍岸浪的沙底浅水内，常钻入沙中，埋身于沙内，只露出头部。体长 30～40 mm。分布：海南岛；日本，印度洋和太平洋热带水域。

图 3163　穴沙鳢（穴柯氏鱼）*K. cunicularia*
（依伍汉霖等，2008）

275. 虾虎鱼科（虾虎科）Gobiidae

体延长，体型各异。前部亚圆筒形，后部侧扁；或体卵圆形，侧扁；或呈鳗形。头侧扁或平扁。眼中大，或较小，或废退；侧位或背侧位，突出于头的背缘之外。游离的下眼睑有或无。鼻孔每侧 2 个。口大或小，前位或下位。上下颌等长，有时上颌或下颌突出。上下颌有细尖齿 1 行或数行，外行齿不分叉或呈三叉形，或平直，或向内弯曲。犁骨及腭骨一般无齿。鳃孔小或中等大。前鳃盖骨边缘光滑，无棘，或有细锯齿，或有 1～2 棘。鳃盖膜与峡部相连。鳃盖条 5。体被栉鳞或圆鳞，有时鳞退化或陷于皮下，有时部分或完全无鳞。无侧线；头部密布感觉沟。背鳍 2 个，第一背鳍有 6～8 弱棘，第二背鳍有 1 鳍棘及数鳍条，或背鳍 1 个，连续，常与尾鳍相连；臀鳍与第二背鳍同形，常相对，也有与尾鳍相连；胸鳍大，圆形，基部肌肉不发达，或发达，具臂状肌柄；腹鳍胸位，具 1 鳍棘、5 鳍条，左右腹鳍愈合成一吸盘，或分离，不愈合成吸盘；尾鳍圆形或尖长形。椎骨 25～54 枚。产于中国的虾虎鱼科又分为 5 亚科。

虾虎鱼体型小，大多体长不超过 100mm；其中，微虾虎鱼属（*Trimmaton*）更是世界上最小的脊椎动物之一，体长 12～15mm。其生态栖所随种类不同而多变，从溪流、河口、沙岸、岩岸至珊瑚礁区均有，属底栖性。有些种类生活于淡水而游入海中繁殖，有些种类则与之相反。有些因具有特殊的生态习性，较为引人注目，如叶虾虎鱼属（*Gobiodon*）及副叶虾虎鱼属（*Paragobiodon*）等只栖息于枝状珊瑚丛间（*Acropora* sp. 及 *Pocilloporid* sp.）；矶塘鳢属（*Eviota*）栖息于珊瑚礁区，磨塘鳢属（*Trimma*）栖息在珊瑚礁区的小洞穴中，此两者的体长均小于 30mm；珊瑚虾虎鱼属（*Bryaninops*）栖息于海鞭或珊瑚之上。此外，虾虎鱼与枪虾共生是热门研究对象。具有此现象的鱼种有钝塘鳢属（*Amblyeleotris*）、栉眼虾虎鱼属（*Ctenogobiops*）、白背虾虎鱼属（*Lotilia*）、丝虾虎鱼属（*Cryptocentrus*）、梵虾虎鱼属（*Vanderhorstia*）、巨颌虾虎鱼属（*Mahidolia*）等。大多数虾虎鱼为肉食性，其食物复杂，包括甲壳类、海绵、环节动物、多毛类及鱼等。

本科有 5 亚科 189 属 1 359 种；中国有 5 亚科 84 属。

亚 科 的 检 索 表

1（8）椎骨 25～42 枚

2（7）体不呈鳗形；背鳍 2 个，分离，有时第一背鳍消失；背鳍、臀鳍不与尾鳍相连

3（4）上下颌齿多行，少数 2 行，直立 ·························· 虾虎鱼亚科 Gobiinae

4（3）上下颌齿一般 1 行（个别种类 2 行）

5（6）口大或中大，前位或亚前位，平横或稍斜裂；眼小，背侧位；下眼睑有或无；胸鳍发达，基部有或无臂状肌柄；第二背鳍基部长，具 20～31 鳍条（弹涂鱼除外），下颌齿一般平卧，无下眼

　　睑 ·· 背眼虾虎鱼亚科 Oxudercinae

6 (5) 口大或中大，下位或亚下位，马蹄形；眼中大，侧位；无下眼睑；胸鳍无臂状肌柄第二背鳍基
　　　部短，具 9～10 鳍条·· 瓢虾虎鱼亚科 Sicydiinae

7 (2) 体呈鳗形；两背鳍连续，中间无深缺刻，起点位于体前半部；背鳍、臀鳍与尾鳍相连 ········
　　　·· 近盲虾虎鱼亚科 Amblyopinae

8 (1) 椎骨 52～55 枚 ································· 多椎虾虎鱼亚科 Polyspondylogobiinae

虾虎鱼亚科 Gobiinae

　　为虾虎鱼科中最大的亚科。大部分为暖水性和暖温性小型底栖鱼类，少部分为温水性或冷温性种类。栖息于沿岸的岩礁、沙滩、泥涂、珊瑚礁及河口区，有些种类栖息于淡水河川中。

　　虾虎鱼亚科产中国者共有 67 属 361 种（Wu，Zhong & Chen，2009），其中，分布于海洋与河口 64 属 256 种。

属 的 检 索 表

1 (2) 背鳍 1 个，起点位于体的后半部 ······································· 竿虾虎鱼属 Luciogobius

2 (1) 背鳍 2 个，起点位于体的前半部；或第一与第二背鳍连续，中间具凹缺

3 (4) 第一背鳍具 3 鳍棘；第二背鳍具 1 鳍棘、17 鳍条；吻突出，遮盖上唇 ·······················
　　　·· 带虾虎鱼属 Eutaeniichthys

4 (3) 第一背鳍具 5～17 鳍棘

5 (6) 颊部具数个横列的皮褶突起 ································· 美虾虎鱼属（硬皮虾虎属）Callogobius

6 (5) 颊部无横列的皮褶突起

7 (32) 左右腹鳍分离或愈合，但不形成完整的吸盘

8 (11) 前鳃盖骨后缘具一指向后方的尖棘或锯状棘

9 (10) 腹鳍的前方无小黑斑 ································· 星塘鳢属（部分）Asterropteryx

10 (9) 腹鳍的前方具一黑斑 ································· 盖棘虾虎鱼属 Gladiogobius

11 (8) 前鳃盖骨后缘或鳃盖条区无棘

12 (17) 纵列鳞 50～160

13 (16) 上颌向前突出，长于下颌；或上下颌等长

14 (15) 上颌向前突出，长于下颌；吻不突出，也不遮盖上唇 ········· 凡塘鳢属（范氏塘鳢属）Valenciennea

15 (14) 上下颌几等长；吻突出，遮盖上唇 ································· 钝虾虎鱼属 Amblygobius

16 (13) 下颌向前突出，长于上颌；眼高位，位于头背两侧 ················· 钝塘鳢属 Amblyeleotris

17 (12) 纵列鳞 20～45

18 (19) 胸鳍上方鳍条游离；前后鼻孔均具鼻管 ································· 异塘鳢属 Hetereleotris

19 (18) 胸鳍上方鳍条不游离；前鼻孔具一短管，后鼻孔裂缝状，无鼻管

20 (21) 体裸露无鳞；眼退化，极小 ································· 软塘鳢属 Austrolethops

21 (20) 体被鳞；眼中大或小，不退化

22 (23) 下颌下方具 8～9 条垂直（横向）感觉乳突线 ················· 伊氏虾虎鱼属 Egglestonichthys

23 (22) 下颌下方无垂直（横向）感觉乳突线

24 (25) 吻尖，吻长几与眼径相等 ································· 纺锤虾虎鱼属（部分）Fusigobius

25 (24) 吻圆钝，吻长短于眼径

26 (27) 第二背鳍具 1 鳍棘、12～16 鳍条；臀鳍具 1 鳍棘、11～17 鳍条 ································
　　　·· 梵虾虎鱼属（部分）Vanderhorstia

27 (26) 第二背鳍具 1 鳍棘、7～11 鳍条；臀鳍具 1 鳍棘、6～10 鳍条

28 (31) 鳃孔颇宽，向前下方伸越前鳃盖骨后下缘，达眼的下方；头部无感觉管

29（30）尾圆形；左右腹鳍的内侧鳍条 2/3 处具愈合膜，腹鳍虽有 2/3 的愈合，但不形成一吸盘 ……………………………………………………………………… 锯鳞虾虎鱼属 *Priolepis*

30（29）尾截形或稍内凹；左右腹鳍分离，不愈合；无愈合膜 ……………… 磨塘鳢属 *Trimma*

31（28）鳃孔颇窄，向前下方不伸达前鳃盖骨后下缘；头部具感觉管 …………… 矶塘鳢属 *Eviota*

32（7）左右腹鳍愈合，形成完整的吸盘

33（38）体球状；或颇侧扁，卵圆形

34（35）头部密具小须或乳突 …………………………………………… 副叶虾虎鱼属 *Paragobiodon*

35（34）头部无小须或乳突

36（37）鳃孔很宽，向前下方伸达前鳃盖骨下缘；腹鳍较大，约与胸鳍等长 ………………………………………………………………………………… 裸叶虾虎鱼属 *Lubricogobius*

37（36）鳃孔很窄，向前下方不伸达前鳃盖骨下缘；腹鳍很小，约为胸鳍的 1/4 ………… 叶虾虎鱼属 *Gobiodon*

38（33）体延长，口斜裂；若口平横，口裂不伸越眼后缘下方

39（44）项部自眼后至第一背鳍前方具一长的皮嵴突起

40（43）项部皮嵴低平，始于眼的后方

41（42）尾鳍圆形，小于或等于头长；体侧具许多暗色斜带 ………… 拟丝虾虎鱼属 *Cryptocentroides*

42（41）尾鳍尖形，大于头长；体侧无暗色斜带 ……………………… 沟虾虎鱼属 *Oxyurichthys*

43（40）项部皮嵴颇高，鸡冠状，始于眼的上方 ………………… 项冠虾虎鱼属 *Cristatogobius*

44（39）项部无皮嵴突起

45（48）第一背鳍第一鳍棘坚硬，不易弯曲

46（47）前鳃盖骨后缘无棘；颊部及鳃盖骨均具鳞 ………………………… 粗棘虾虎鱼属 *Hazeus*

47（46）前鳃盖骨后缘具 1～2 短棘 …………………… 刺盖虾虎鱼属（盖刺虾虎鱼属）*Oplopomus*

48（45）第一背鳍第一鳍棘柔软，可弯曲

49（54）鳃盖内的肩带内缘有数个舌形或指状肉质皮瓣

50（53）下颌无须

51（52）上下颌几等长 ………………………………………………………… 狭虾虎鱼属 *Stenogobius*

52（51）上颌较厚，向前突出于下颌前方 ……………………………………… 阿胡虾虎鱼属 *Awaous*

53（50）下颌颏部具须多条 ………………………………………………… 矛尾虾虎鱼属 *Chaeturichthys*

54（49）鳃盖内的肩带内缘无肉质皮瓣；若具肉质皮瓣，则呈宽条状（叶状）、狭条状、波缘状、薄片状或凹凸状，不呈舌形或指状

55（58）前鼻孔下方具一小的皮质隆起

56（57）胸鳍上方无游离鳍条 ………………………………………………… 捷虾虎鱼属 *Drombus*

57（56）胸鳍上方具游离鳍条 ………………………………………………… 深虾虎鱼属 *Bathygobius*

58（55）前鼻孔下方无皮质隆起

59（64）舌端深凹或分叉；口大，口裂伸达眼后缘的远下方

60（61）胸鳍上方具游离鳍条 ………………………………………………… 裸头虾虎鱼属 *Chaenogobius*

61（60）胸鳍上方无游离鳍条

62（63）体侧鳞片大，体前部鳞不埋入皮内，纵列鳞 27～35 ……… 舌虾虎鱼属（叉舌虾虎鱼属）*Glossogobius*

63（62）体侧具细鳞，体前部鳞埋入皮内，纵列鳞 50 以上 ………… 裸身虾虎鱼属 *Gymnogobius*

64（59）舌端圆，平截形或微凹；口小，口裂仅伸达眼后缘的前下方

65（76）头部具须

66（67）尾鳍上叶近基部处具一有白边的黑色睛斑 … 拟矛尾虾虎鱼属（拟矛尾虾虎鱼属）*Parachaeturichthys*

67（66）尾鳍上叶无睛斑

68（71）第一背鳍具 7 鳍棘

69（70）颏部、颊部、前鳃盖骨边缘和鳃盖上均有小须 ………… 蝌蚪虾虎鱼属 *Lophiogobius*

70（69）颏部具 3 对小须 ·························· 钝尾虾虎鱼属 *Amblychaeturichthys*

71（68）第一背鳍具 6 鳍棘

72（75）颊部具多行小须

73（74）眼大，大于吻长，突出于头的背面 ·················· 髯毛虾虎鱼属 *Barbuligobius*

74（73）眼小，小于吻长，不突出于头的背面；两颌外行齿三叉状 ·········· 缟虾虎鱼属（部分）*Tridentiger*

75（72）颊部无小须；眼小，小于吻长 ······················ 髯虾虎鱼属 *Gobiopsis*

76（65）头部无须

77（78）体侧具 3 个较大黑斑 ························ 裸颊虾虎鱼属 *Yongeichthys*

78（77）体侧无圆形大黑斑

79（80）口角具皮质突起 ························ 颌鳞虾虎鱼属 *Gnatholepis*

80（79）口角无皮质突起

81（154）吻不突出，不覆盖上唇；下颌突出

82（85）第一背鳍具 7～10 鳍棘

83（84）胸鳍上方具数枚游离鳍条 ···················· 高鳍虾虎鱼属 *Pterogobius*

84（83）胸鳍上方无游离鳍条 ····················· 刺虾虎鱼属 *Acanthogobius*

85（82）第一背鳍具 6 鳍棘

86（87）体无鳞 ························· 裂身虾虎鱼属 *Schismatogobius*

87（86）体具鳞

88（93）腹鳍膜盖上的鳍棘附近具二突起

89（92）腹鳍膜盖上的鳍棘附近具二指状突起

90（91）眼间隔的中间具二感觉管孔 ···················· 珊瑚虾虎鱼属 *Bryaninops*

91（90）眼间隔的中间具一感觉管孔 ···················· 腹瓢虾虎鱼属 *Pleurosicya*

92（89）腹鳍膜盖上的鳍棘附近具二叶状突起；两颌外行齿三叉形 ···· 缟虾虎鱼属（部分）*Tridentiger*

93（88）腹鳍膜盖上的鳍棘附近无突起；两颌外行齿不呈三叉形

94（121）纵列鳞 44～120

95（100）两眼前缘至吻端各具一暗色条纹

96（99）体侧具一深色纵带

97（98）体侧扁（位于第一背鳍下方处）；两颌外行齿不呈三叉形 ·······························
···················· 钝虾虎鱼属（部分）*Amblygobius*

98（97）体圆筒形（位于第一背鳍下方处）；两颌外行齿三叉形 ····· 缟虾虎鱼属（部分）*Tridentiger*

99（96）体侧无深色纵带 ···················· 栉眼虾虎鱼属（部分）*Ctenogobiops*

100（95）两眼前缘至吻端无暗色条纹

101（102）体黑色；项部自吻端背部至第一背鳍前方为白色 ····· 白背虾虎鱼属（白头虾虎属）*Lotilia*

102（101）体不呈黑色，体背暗色；体若黑色时，体背自吻端至尾柄全为白色

103（104）第一背鳍第一至第四鳍棘丝状延长，可伸达第二背鳍基的后方 ····················
·············· 犁突虾虎鱼属（锄突虾虎属）（部分）*Myersina*

104（103）第一背鳍第一至第四鳍棘不呈丝状延长

105（116）尾鳍圆形

106（115）第一背鳍前部无小黑斑

107（108）臀鳍具数条斜带 ···················· 丝虾虎鱼属（部分）*Cryptocentrus*

108（107）臀鳍无斜带

109（114）体圆筒形（位于第一背鳍下方处）

110（111）背鳍前鳞 25～34 枚 ···················· 汉霖虾虎鱼属 *Wuhanlinigobius*

111（110）背鳍前鳞 11～24 枚

112（113）第二背鳍具 1 鳍棘、7~9 鳍条；两颌外行齿不呈三叉形 ⋯⋯ **鲻虾虎鱼属（部分）** *Mugilogobius*

113（112）第二背鳍具 1 鳍棘、11~14 鳍条；两颌外行齿三叉形 ⋯⋯ **缟虾虎鱼属（部分）** *Tridentiger*

114（109）体侧扁（位于第一背鳍下方处）；颊部具 2 列由背部斜向口角的暗色断续斜纹 ⋯⋯⋯⋯⋯⋯⋯⋯⋯⋯⋯⋯⋯⋯⋯⋯⋯⋯⋯⋯⋯⋯⋯ **栉眼虾虎鱼属（部分）** *Ctenogobiops*

115（106）第一背鳍前部具小黑斑 ⋯⋯⋯⋯⋯⋯⋯⋯⋯⋯⋯⋯⋯ **丝虾虎鱼属（部分）** *Cryptocentrus*

116（105）尾鳍尖长形

117（118）具背鳍前鳞 ⋯⋯⋯⋯⋯⋯⋯⋯⋯⋯⋯⋯⋯⋯⋯⋯⋯ **丝虾虎鱼属（部分）** *Cryptocentrus*

118（117）无背鳍前鳞

119（120）体侧具横带或纵带 ⋯⋯ **犁突虾虎鱼属（锄突虾虎属）（部分）** *Myersina*

120（119）体侧无条纹，体全部深灰色，胸鳍白色 ⋯⋯⋯⋯⋯⋯⋯ **芒虾虎鱼属** *Mangarinus*

121（94）纵列鳞 20~43

122（123）体侧具 6 条鞍状黑色斜纹 ⋯⋯⋯⋯⋯⋯⋯⋯⋯⋯ **半虾虎鱼属（间虾虎属）** *Hemigobius*

123（122）体侧无黑色斜纹

124（127）左右鳃盖膜相连，形成皮膜，跨越峡部，不与峡部相连；或左右鳃盖膜相连，同时连于峡部

125（126）口特大，口裂长大于头长之半，雄鱼上颌骨向后伸达前鳃盖骨下方；体侧具 5~6 深色斜带 ⋯⋯⋯⋯⋯⋯⋯⋯⋯⋯⋯⋯⋯⋯⋯⋯⋯⋯⋯⋯ **巨颌虾虎鱼属** *Mahidolia*

126（125）口小，口裂仅伸达眼中部下方；体侧无斜带 ⋯⋯⋯⋯⋯ **梵虾虎鱼属（部分）** *Vanderhorstia*

127（124）左右鳃盖膜不连，被峡部隔开，仅分别连于峡部

128（129）前鳃盖骨后缘具尖倒棘 ⋯⋯⋯⋯⋯⋯⋯⋯⋯⋯⋯⋯ **星塘鳢属（部分）** *Asterropteryx*

129（128）前鳃盖骨后缘无棘

130（143）鳃盖上部无鳞

131（142）体侧斑块不成对排列

132（133）尾鳍尖长，大于头长 ⋯⋯⋯⋯⋯⋯⋯⋯⋯⋯⋯⋯⋯⋯ **寡鳞虾虎鱼属** *Oligolepis*

133（132）尾鳍圆形，等于或小于头长

134（135）第一背鳍前半部黑色，第二背鳍和臀鳍无鳍棘，具 6~7 鳍条 ⋯⋯ **矮虾虎鱼属** *Pandaka*

135（134）第一背鳍前半部不呈黑色，第二背鳍和臀鳍均具鳍棘

136（137）吻尖突，吻长大于或等于眼径 ⋯⋯⋯⋯⋯⋯⋯⋯⋯ **纺锤虾虎鱼属** *Fusigobius*

137（136）吻圆钝，吻长小于眼径

138（139）体圆筒形（位于第一背鳍下方处），不侧扁；两颌外行齿三叉形 ⋯⋯⋯⋯⋯⋯⋯⋯⋯⋯⋯⋯⋯⋯⋯⋯⋯⋯⋯⋯⋯⋯⋯⋯ **缟虾虎鱼属（部分）** *Tridentiger*

139（138）体侧扁（位于第一背鳍下方处）

140（141）尾鳍上部具斜带 ⋯⋯⋯⋯⋯⋯⋯⋯⋯⋯⋯⋯⋯ **细棘虾虎鱼属（部分）** *Acentrogobius*

141（140）尾鳍上部无斜带 ⋯⋯⋯⋯⋯⋯⋯⋯⋯⋯⋯⋯⋯⋯⋯⋯ **缰虾虎鱼属（部分）** *Amoya*

142（131）体侧具 4 组成对排列的小圆斑 ⋯⋯⋯⋯⋯⋯⋯⋯⋯⋯ **蜂巢虾虎鱼属** *Favonigobius*

143（130）鳃盖上部具鳞

144（147）前鳃盖骨后缘无感觉管孔

145（146）第二背鳍具 1 鳍棘、6 鳍条；臀鳍具 1 鳍棘、6 鳍条；纵列鳞 20~25 ⋯⋯⋯⋯⋯⋯⋯⋯⋯⋯⋯⋯⋯⋯⋯⋯⋯⋯⋯⋯⋯ **拟髯虾虎鱼属** *Pseudogobiopsis*

146（145）第二背鳍具 1 鳍棘、8~9 鳍条；臀鳍具 1 鳍棘、7~9 鳍条；纵列鳞 31~58 ⋯⋯⋯⋯⋯⋯⋯⋯⋯⋯⋯⋯⋯⋯⋯⋯⋯⋯⋯⋯⋯ **鲻虾虎鱼属（部分）** *Mugilogobius*

147（144）前鳃盖骨后缘具感觉管孔

148（149）颊部具鳞，体侧具斑块，第一背鳍第二鳍棘丝状延长 ⋯⋯ **缰虾虎鱼属（部分）** *Amoya*

149（148）颊部无鳞

150 (151) 臀鳍具 1 鳍棘、6 鳍条 ·· 雷虾虎鱼属 *Redigobius*

151 (150) 臀鳍具 1 鳍棘、7～10 鳍条

152 (153) 胸鳍基部上方无大圆黑斑；胸鳍基部具 2 小圆斑 ····· 细棘虾虎鱼属（部分）*Acentrogobius*

153 (152) 胸鳍基部上方具 1 大圆黑斑；胸鳍基部无 2 小圆斑 ········· 缰虾虎鱼属（部分）*Amoya*

154 (81) 吻突出，略覆盖上唇前缘，两颌约等长

155 (156) 纵列鳞 50 以上 ·· 钝虾虎鱼属（部分）*Amblygobius*

156 (155) 纵列鳞 49 以下

157 (166) 鳃盖上部具鳞

158 (163) 颊部无鳞

159 (160) 前鼻孔短管状，悬垂于上唇边缘；鳃盖骨上方与前鳃盖骨后缘无感觉管孔 ·················
·· 拟虾虎鱼属 *Pseudogobius*

160 (159) 前鼻孔短管状，不悬垂于上唇边缘；鳃盖骨上方与前鳃盖骨后缘有感觉管孔

161 (162) 颊部感觉乳突排列成纵行线，无横行线 ···················· 缰虾虎鱼属（部分）*Amoya*

162 (161) 颊部除具纵行感觉乳突线外，还具多条横行感觉乳突线 ·······························
·· 细棘虾虎鱼属（部分）*Acentrogobius*

163 (158) 颊部具鳞

164 (165) 眼后下缘至口角处无黑横带；尾鳍后缘具 1 弧形黑纹 ········· 缰虾虎鱼属（部分）*Amoya*

165 (164) 眼后下缘至口角处具 1 黑横带；尾鳍后缘无弧形黑纹 ·················· 鹦虾虎鱼属 *Exyrias*

166 (157) 鳃盖上部无鳞

167 (170) 项部鳞区伸达眼后缘

168 (169) 吻圆突，前端突出于上唇上方，形成吻褶，有时包住部分上唇 ·······················
·· 鲂虾虎鱼属（部分）*Istigobius*

169 (168) 吻稍尖，前端不突出于上唇上方，不包住上唇 ······· 细棘虾虎鱼属（部分）*Acentrogobius*

170 (167) 项部鳞区不伸达眼后缘，仅伸达鳃盖上方；或项部无鳞

171 (172) 吻圆突，前端突出于上唇上方，形成吻褶，有时包住部分上唇 ·······················
·· 鲂虾虎鱼属（部分）*Istigobius*

172 (171) 吻稍尖，前端不突出于上唇上方，不形成吻褶

173 (174) 颊部具纵行及横行感觉乳突线 ·················· 细棘虾虎鱼属（部分）*Acentrogobius*

174 (173) 颊部具纵行感觉乳突线，无横行感觉乳突线 ·················· 缰虾虎鱼属（部分）*Amoya*

刺虾虎鱼属 *Acanthogobius* Gill, 1859
种 的 检 索 表

1 (4) 头部裸露无鳞，无背鳍前鳞或仅具 1～6 枚背鳍前鳞

2 (3) 第二背鳍具 1 鳍棘、12～13 鳍条；臀鳍具 1 鳍棘、11 鳍条；尾鳍长大于头长·····················
······长体刺虾虎鱼 **A. elongate** **(Fang, 1942)**（图 3164）。冷温性近岸底层小型鱼类。栖息于淡水和河口咸淡水水域。体长60～80 mm。分布：渤海（辽宁）、黄海（山东、江苏）、东海（上海、浙江）；朝鲜西海岸。个体小，数量少，无食用价值，《中国物种红色名录》列为易危［VU］物种。

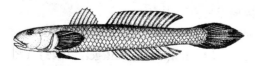

图 3164　长体刺虾虎鱼 *A. elongate*
（依倪勇，伍汉霖，1985）

3 (2) 第二背鳍具 1 鳍棘、10～11 鳍条；臀鳍具 1 鳍棘、10 鳍条；尾鳍长小于头长·····················
······乳色刺虾虎鱼 A. lactipes (Hilgendorf，1879)（图 3165）。冷温性近岸底层小型鱼类。栖息
于内湾、河口及沿岸岩礁石缝中的浅水区。摄食小型无脊椎动物。体长 60～80 mm。分布：渤
海（辽宁、河北）、黄海（山东、江苏）、东海沿海及各河口区；朝鲜半岛、日本、俄罗斯远东沿
岸至萨哈林岛。数量少，无食用价值。

图 3165　乳色刺虾虎鱼 A. lactipes
（依伍汉霖等，2008）

4 (1) 头部至少在鳃盖上部具鳞，背鳍前鳞 13～30 枚
5 (6) 第二背鳍具 1 鳍棘、11 鳍条；臀鳍具 1 鳍棘、9～10 鳍条；纵列鳞 33～37，横列鳞 9～10；背鳍
前鳞 13～15·····················棕刺虾虎鱼 A. luridus Ni & Wu，1985（图 3166）。暖温性底
层小型鱼类。栖息于浅海和河口咸淡水域。生殖期为 5—6 月。体长 60～80mm。分布：黄海（山
东、江苏）、东海（上海、长江口、浙江）、海南岛（海口）、南海（广东）；朝鲜半岛。个体小，无
食用价值。数量极少，不常见，属稀有种类，《中国物种红色名录》列为濒危［EN］物种。

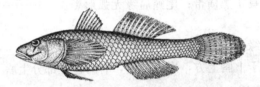

图 3166　棕刺虾虎鱼 A. luridus
（依倪勇、伍汉霖，1985）

6 (5) 第二背鳍具 1 鳍棘、13～22 鳍条；臀鳍具 1 鳍棘、11～18 鳍条；纵列鳞 45～67，横列鳞 16～
20；背鳍前鳞 23～30
7 (8) 第二背鳍具 1 鳍棘、18～22 鳍条；臀鳍具 1 鳍棘、15～18 鳍条；纵列鳞 57～67，横列鳞 16～
20；背鳍前鳞 27～30；颏部有长方形皮突 ························· 斑尾刺虾虎鱼
A. ommaturus (Richardson，1845)（图 3167）。暖温性近岸底层中大型虾虎类。生活于沿海、港
湾及河口等浅水域处，也进入淡水域。栖息于底质为淤泥或泥沙的水域。多为穴居。性凶猛，摄食
各种鱼、虾、蟹和小型软体动物。体长 200mm，最大可达 500mm。分布：渤海（辽宁）、黄海（江
苏、山东）、东海（长江口、浙江、福建）、台湾西部海域、南海（广东、广西北部湾）；朝鲜半岛、日
本，印度-西太平洋。个体大，生长快，肉味美，供食用。江苏、浙江沿岸有一定产量，具经济价值。

图 3167　斑尾刺虾虎鱼 A. ommaturus
（依伍汉霖等，2008）

8 (7) 第二背鳍具 1 鳍棘、13～14 鳍条；臀鳍具 1 鳍棘、11～13 鳍条；纵列鳞 45～55，横列鳞 17～
20，背鳍前鳞 23～30；颏部无长方形皮突
9 (10) 第一背鳍具 8 鳍棘，第四至第七鳍棘间无大黑斑，尾鳍基无黑斑························
　　黄鳍刺虾虎鱼 A. flavimanus (Temminck & Schlegel，1845)（图 3168）。冷温性近岸底层小型鱼
类。栖息于河口、港湾及沿岸沙质或泥底的浅水区。摄食小型无脊椎动物和幼鱼等。体长 100～
120mm。分布：渤海（河北、天津）、黄海（山东、江苏）、东海沿岸各河口区及养虾池中较常

见；朝鲜半岛、日本。无食用价值。

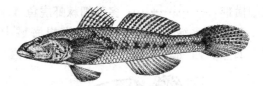

图 3168　黄鳍刺虾虎鱼 A. *flavimanus*
（依郑葆珊，1955）

10（9）第一背鳍具 9 鳍棘，第四至第七鳍棘间具一大黑斑，尾鳍基有一黑色云状斑························
···········斑鳍刺虾虎鱼 A. *stigmothonus*（**Richardson，1845**）（图 3169）。暖水性近岸底层小型鱼类。
栖息于浅海的岩礁区海域。摄食小型无脊椎动物和幼鱼等。较常见，可供食用。体长 110～160
mm。分布：中国南部沿海。

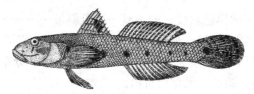

图 3169　斑鳍刺虾虎鱼 A. *stigmothonus*
（依伍汉霖等，2008）

细棘虾虎鱼属 *Acentrogobius* Bleeker，1874
种 的 检 索 表

1（2）胸鳍基部上方具一大黑斑；峡部具鳞 ·· **犬牙细棘虾虎鱼**
A. *caninus*（Valenciennes，1837）（图 3170）。暖水性沿岸小型鱼类。栖息于河口咸淡水水域、
沙岸、红树林及沿海沙泥地的环境。耐盐性较广，但不能在纯淡水中生存。食底栖动物、小型鱼
类、小型无脊椎动物、有机碎屑等，是近几年来发现的第二种体内含有河豚毒素（TTX）的虾虎
鱼类。为安全起见，应避免食用此鱼。体长 120mm。分布：东海（浙江、福建）、台湾西部沿岸、
海南岛、南海（广东、广西）、西沙群岛；日本，印度-西太平洋区海域。小型鱼类。无渔业价值。

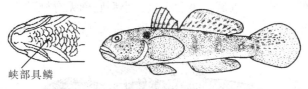

峡部具鳞

图 3170　犬牙细棘虾虎鱼 A. *caninus*
（依明仁等，2013）

2（1）胸鳍基部上方无大黑斑；峡部无鳞
3（12）胸鳍基部下方无棒状斑
4（7）无背鳍前鳞
5（6）体侧后半部具 4 个黑褐色大斑块 ·· **头纹细棘虾虎鱼**
A. *viganensis*（Steindachder，1893）（图 3171）。暖水性沿岸小型鱼类。栖息于沿岸沙泥底质及
河口、内湾等浅水域中。肉食性，摄食小鱼、小型底栖无脊椎动物。体长 60mm。分布：台湾

图 3171　头纹细棘虾虎鱼 A. *viganensis*
（依伍汉霖等，2008）

（台南、高屏溪）；日本、菲律宾，西太平洋。小型鱼类，无渔业价值。

6（5）体侧后半部具 5 个暗色细横带 ·················· **多带细棘虾虎鱼 A. multi fasciatus（Herre，1927）**（图 3172）。栖息于河口半咸淡水域、港湾、潟湖或沿岸海域中。食小型无脊椎动物。体长 120mm。分布：海南岛；日本、西-北太平洋。偶见，无食用价值。

图 3172　多带细棘虾虎鱼 A. multi fasciatus
（依明仁等，2013）

7（4）具背鳍前鳞

8（9）眼前具一穿越上下颌中部的黑色斜纹；鳃盖具一黑色斜带·····················**弯纹细棘虾虎鱼 A. audax Smith，1959**（图 3173）。栖息于河口半淡咸水域、港湾、潟湖或沿岸海域中，不曾出现于纯淡水域中。肉食性，食小型无脊椎动物。体长 40mm。分布：台湾东北部海域；日本，西-北太平洋。为新记录种，偶见，无食用价值。

图 3173　弯纹细棘虾虎鱼 A. audax
（依明仁等，2013）

9（8）眼前无黑色斜纹；鳃盖无黑色斜带

10（11）背鳍前鳞少于 11；鳃盖上部无鳞；体侧具 7～8 条灰褐色横带；第一背鳍第三鳍条呈丝状延长；尾鳍基部具一较大三角形暗斑 ·················· **圆头细棘虾虎鱼 A. ocyurus（Jordan & Seale，1907）**（图 3174）。暖水性沿岸小型鱼类。栖息于浅水域的河口区及内湾、近岸的沙泥底质水域。摄食小鱼、小型底栖无脊椎动物。体长 50mm。分布：台湾高雄、南海（广东湛江）；菲律宾、澳大利亚，西太平洋。小型鱼类。无渔业价值。

图 3174　圆头细棘虾虎鱼 A. ocyurus
（依伍汉霖等，2008）

11（10）背鳍前鳞 30～37；鳃盖上部被小圆鳞；体侧具 5 个大型暗色斑块，排列成一纵列；第一背鳍鳍条不呈丝状延长 ·················· **青斑细棘虾虎鱼 A. viridi punctatus（Valenciennes，1837）**（图 3175）。栖息于泥滩底质的河口或红树林区沿岸内湾的浅水区及潮池中，白天躲藏在泥中

图 3175　青斑细棘虾虎鱼 A. viridi punctatus
（依郑葆珊，1962）

的洞穴里。攻击性较强，食小型甲壳类、小鱼。不供食用。

12（3）胸鳍基部下方具一棒状纹；尾鳍中心黑色斑不呈圆形·········· **棒纹细棘虾虎鱼**
A. virgatulus（Jordan & Snyder，1901）（图3176）。暖水性沿岸小型鱼类。栖息于近岸泥底、沙泥底咸淡水水域的河口区及内湾。摄食小鱼、小型底栖无脊椎动物。体长80mm。分布：东海沿岸、南海（香港）；朝鲜半岛、日本、菲律宾、澳大利亚，西太平洋。小型鱼类。无食用价值。

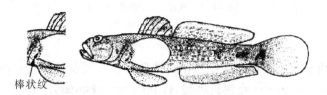

图 3176　棒纹细棘虾虎鱼 A. virgatulus
（依明仁等，2013）

钝尾虾虎鱼属 Amblychaeturichthys Bleeker，1874

六丝钝尾虾虎鱼 A. hexanema（Bleeker，1853）（图3177）。暖温性近岸小型鱼类。栖息于浅海及河口附近的水域。食多毛类、小鱼、对虾、糠虾、钩虾。1龄鱼即达性成熟，怀卵量1 342～6 742粒，产沉性黏附着卵。产卵期为4—5月。生长快，当年鱼体长可达67～113mm，2龄鱼达155mm。分布：中国沿海；朝鲜、日本。

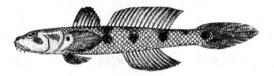

图 3177　六丝钝尾虾虎鱼 A. hexanema
（依郑葆珊，1962）

钝塘鳢属 Amblyeleotris Bleeker，1874
种 的 检 索 表

1（26）上颌后端至项部无暗色斜带
2（25）头部不呈暗黑色
3（24）第一背鳍小，无白边黑色睛斑
4（7）纵列鳞90以上
5（6）尾鳍上后缘无蓝色条纹；左右腹鳍愈合成一吸盘；第一背鳍中央下方具一黑斑··········
··········**福氏钝塘鳢 A. fontanesii**（Bleeker，1852）（图3178）。暖水性中小型底层鱼类。栖息于水深1～28m以浅的热带沿岸珊瑚礁区或内湾沙砾底上，常与枪虾营共生生活。体长250mm。分布：台湾南部海域；日本、新喀里多尼亚，印度-太平洋海域。偶见鱼种，不具渔业价值。

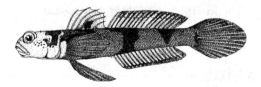

图 3178　福氏钝塘鳢 A. fontanesii
（依伍汉霖等，2008）

6（5）尾鳍中央具一枪形纵带，上后缘具蓝色条纹；左右腹鳍分离，不愈合成一吸盘··········
··········**亚诺钝塘鳢 A. yanoi** Aonuma & Yoshino，1996（图3179）。暖水性中小型底层鱼类。栖息

于水深 3～35m 以浅的珊瑚礁沙砾底质上，常与枪虾营共生生活。体长 57～130mm。分布：台湾发现于南部海域；日本的琉球群岛、印度尼西亚，西太平洋海域。小型鱼类。无食用价值。

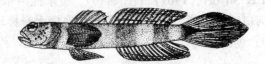

图 3179　亚诺钝塘鳢 *A. yanoi*
（依伍汉霖等，2008）

7（4）纵列鳞 85 以下

8（9）腹部具一大型三角形黑色斑块，腹鳍黑色，体侧具许多橘黄色圆斑；纵列鳞 70～75，背鳍前鳞 12～16……………………**点纹钝塘鳢 *A. guttatus*（Fowler，1938）**（图 3180）。暖水性小型底层鱼类。栖息于水深 20～35m 以浅的热带珊瑚礁的砾石中，与枪虾营共生生活。体长 110mm。分布：台湾南部、澎湖列岛及小琉球等海域；日本、菲律宾，西太平洋。小型鱼类。无食用价值。

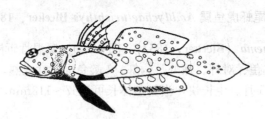

图 3180　点纹钝塘鳢 *A. guttatus*
（依明仁等，2013）

9（8）腹部无大型三角形黑色斑块；腹鳍不呈黑色

10（19）第二背鳍具 1 鳍棘、13～14 鳍条；臀鳍具 1 鳍棘、13～14 鳍条

11（14）具背鳍前鳞

12（13）具背鳍前鳞 21 枚；纵列鳞 81 枚；鳃孔不向前伸达眼后缘下方；眼后自上颌至鳃盖上部无斜纹……………………**眼带钝塘鳢 *A. stenotaeniata* Randall，2004**。暖水性小型底层鱼类。栖息于水深 10～20m 以浅的热带珊瑚礁的砾石中，常与枪虾营共生生活。杂食性，食藻类及底栖动物。体长 66mm。分布：台湾首次记录于垦丁地区（2010）；新喀里多尼亚，西太平洋海域。

13（12）具背鳍前鳞 2 枚；纵列鳞 74 枚；眼后自上颌至鳃盖上部具一斜纹；腹鳍愈合膜近基底……………………**日本钝塘鳢 *A. japonicas* Takagi，1957**（图 3181）。暖水性小型底层鱼类。栖息于热带珊瑚礁的砾石中，与枪虾营共生生活。体长 90mm。分布：台湾北部及澎湖列岛海域、南沙群岛的太平岛；日本，印度-西太平洋海域。小型鱼类。无食用价值。

斜纹　　腹鳍愈合膜近基底

图 3181　日本钝塘鳢 *A. japonicas*
（依明仁等，2013）

14（11）无背鳍前鳞

15（16）鳃盖腹面的鳃膜具青蓝色横线 ……………………………………… **小笠原钝塘鳢 *A. ogasawarensis* Yanagisawa，1978**（图 3182）。暖水性中小型底层鱼类。栖息于热带沿岸珊瑚礁区或沙砾底上，常与枪虾营共生生活。杂食性，以藻类及底栖动物为食。体长 100mm。分布：台湾南部海域、绿岛及兰屿等；日本、澳大利亚，西太平洋海域。小型鱼类，无食用价值。

16（15）鳃盖腹面的鳃膜无青蓝色横线

青蓝色横线

图 3182　小笠原钝塘鳢 A. ogasawarensis
（依明仁等，2013）

17（18）纵列鳞 62～63，横列鳞 21；头体浅白色，体侧具 5 条宽而垂直的褐色带纹⋯⋯⋯⋯⋯⋯⋯
⋯⋯⋯**布氏钝塘鳢 A. bleekeri Chen, Shao & Chen, 2006**（图 3183）。暖水性近岸中小型底层鱼类。
栖息于水深 12～19m 的沿岸或珊瑚礁沙砾底质上，常与枪虾共生。体长 58mm。模式标本发现于
台湾东北部及澎湖列岛海域。小型鱼类。不具渔业价值。

图 3183　布氏钝塘鳢 A. bleekeri
（依 Chen，Shao & Chen，2006）

18（17）纵列鳞 73～76，横列鳞 28；头体雪白色，体侧具 5 条宽而垂直的草黄色带纹⋯⋯⋯⋯⋯⋯
⋯⋯⋯⋯⋯**太平岛钝塘鳢 A. taipinensis Chen，Shao & Chen，2006**。暖水性中小型底层鱼类。
栖息于水深 15～20m 的热带沿岸珊瑚礁区或沙砾底上，常与枪虾营共生生活。杂食性，以藻
类及底栖动物为食。小型鱼类。不具渔业价值。

19（10）第二背鳍具 1 鳍棘、11～12 鳍条；臀鳍具 1 鳍棘、11～12 鳍条

20（21）纵列鳞 76，横列鳞 26；体侧横带边缘模糊，不清晰⋯⋯⋯⋯⋯⋯⋯⋯⋯⋯⋯⋯**圆眶钝塘鳢**
A. periophthalmus（Bleeker，1853）（图 3184）。暖水性中小型底层鱼类。栖息于水深 5～35m
的热带沿岸珊瑚礁区或沙砾底上，常与枪虾营共生生活。杂食性，食藻类及底栖动物。体长
110mm。分布：台湾沿岸；日本、澳大利亚，印度-西太平洋区海域。小型鱼类。不具渔业价值。

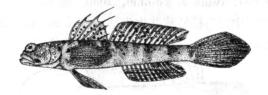

图 3184　圆眶钝塘鳢 A. periophthalmus
（依伍汉霖等，2008）

21（20）纵列鳞 55～65，横列鳞 18～21；体侧横带边缘清晰

22（23）背鳍前鳞 18～23；体侧具 6～7 条深红色横带，横带较宽，比无横带的浅色处宽许多⋯⋯⋯⋯
⋯⋯⋯⋯⋯**红纹钝塘鳢 A. wheeleri**（Polunin & Lubbock，1977）（图 3185）。暖水性小型底
层鱼类。栖息于水深 5～40m 的沿岸或珊瑚礁沙砾底质上，常与枪虾共生。体长 130mm。分布：
台湾澎湖列岛海域及绿岛、东沙群岛及南沙群岛；日本、澳大利亚大堡礁，印度-太平洋海域。

图 3185　红纹钝塘鳢 A. wheeleri
（依伍汉霖等，2008）

23（22）无背鳍前鳞；体侧具 5 条斜横带，横带较狭，无横带的浅色处比横带宽许多⋯⋯⋯⋯⋯⋯
⋯⋯⋯**施氏钝塘鳢 A. steinitzi**（Klausewitz，1974）（图 3186）。暖水性中小型底层鱼类。栖息于
水深 2～43m 的沿岸或珊瑚礁沙砾底质上，常与枪虾营共生生活。杂食性，以藻类及底栖动物

为食。体长 130mm。分布：台湾南部及绿岛等海域、南沙群岛；日本，印度-太平洋海域。小型鱼类。不具渔业价值。

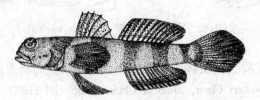

图 3186　施氏钝塘鳢 A. steinitzi
（依伍汉霖等，2008）

24（3）第一背鳍大扇形，中下部具一白边黑色睛斑 ·· **兰道氏钝塘鳢**
A. randdalli Hoese & Steene, 1978（图 3187）。暖水性中小型底层鱼类。栖息于水深 20～50m 的热带沿岸珊瑚礁区或沙砾底上，常与枪虾营共生生活。杂食性，食藻类及底栖动物。体长 120mm。分布：台湾发现于南部及西南部海域；日本、所罗门群岛、澳大利亚大堡礁，西太平洋海域。小型鱼类。无食用价值。

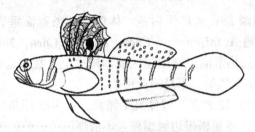

图 3187　兰道氏钝塘鳢 A. randdalli
（依明仁等，2013）

25（2）头部完全呈暗黑色 ·· **黑头钝塘鳢**
A. melanocephala Aonuma, Iwata & Yoshino, 2000（图 3188）。暖水性小型底层鱼类。栖息于热带珊瑚礁的沙地或砾石中，与枪虾营共生生活。体长 90mm。分布：台湾首次记录于垦丁地区（2010）；日本，西太平洋海域。小型鱼类。无渔业价值。

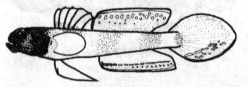

图 3188　黑头钝塘鳢 A. melanocephala
（依明仁等，2013）

26（1）上颌后端至项部具一暗色斜带；第一背鳍高于第二背鳍 ····························· **斜带钝塘鳢**
A. diaganalis Polunin & Lubbock, 1979（图 3189）。暖水性中小型底层鱼类。栖息于热带沿岸珊瑚礁区或沙砾底上，常与枪虾营共生生活。杂食性，食藻类及底栖动物。体长 110mm。分布：台湾首次记录于垦丁地区（2010）；日本、印度尼西亚、斯里兰卡，印度-太平洋海域。小型鱼类。无食用价值。

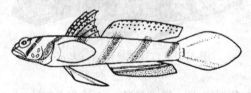

图 3189　斜带钝塘鳢 A. diaganalis
（依明仁等，2013）

钝虾虎鱼属 *Amblygobius* Bleeker，1874
种 的 检 索 表

1（2）全身黑色；第一背鳍第一及第二鳍棘延长，呈丝状；吻突出，包住上唇 ……………………
　　　赫氏钝虾虎鱼 A. *hectori*（Smith，1957）（图 3190）。暖水性近岸底栖小型鱼类。喜栖息于岩礁
　　　区的海域。生活于沿岸泥沙或珊瑚礁底质的浅海区，有时偶见于海藻丛生的海域。穴居于石砾缝
　　　隙之内。利用鳃部滤食小型底栖无脊椎动物、有机质和藻类。体长 70～80 mm。数量少，不常
　　　见，无经济价值。分布：台湾南部海域；日本、红海，印度-西太平洋海域。据报道，赫氏钝虾
　　　虎鱼（明仁等，2000a）分布于台湾。我们未采到赫氏钝虾虎鱼的标本。

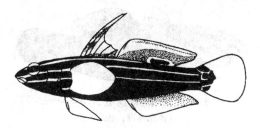

图 3190　赫氏钝虾虎鱼 A. *hectori*
（依明仁等，2013）

2（1）全身不呈黑色
3（4）无背鳍前鳞；体侧无横带，具 2 条深色纵带；第二背鳍基部具 5～6 个黑斑………………………
　　　………**短唇钝虾虎鱼 A. *nocturnus*（Herre，1945）**（图 3191）。暖水性近岸底栖小型鱼类。栖息于
　　　水深 3～30m 的浅海、碎石、珊瑚、岩礁区，也偶见于海藻丛生的海域。幼鱼喜集群，成鱼雌雄
　　　成对生活。掘洞隐于石砾缝隙之内。利用鳃部滤食底栖小型无脊椎动物、有机质和藻类等为生。
　　　体长 100mm。分布：台湾南部、西南部、东北部及北部等海域；菲律宾、澳大利亚大堡礁，西
　　　印度洋海域。小型鱼类。不具渔业价值。

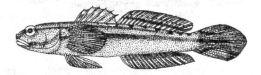

图 3191　短唇钝虾虎鱼 A. *nocturnus*
（依伍汉霖等，2008）

4（3）具背鳍前鳞；体侧具多条横带
5（6）第一背鳍第三及第四鳍棘最长，头长约为其长的 1.3 倍；第一背鳍第四至第六鳍棘之间具一黑色
　　　卵圆斑，体侧有 5～6 条暗色横带；项部有暗色环状斑；纵列鳞 50～57，横列鳞 18～21，背鳍前
　　　鳞 28……………………**尾斑钝虾虎鱼 A. *phalaena*（Valenciennes，1837）**（图 3192）。暖水性
　　　近岸底栖小型鱼类。栖息于水深 2～20m 的浅海泥沙、碎石、珊瑚、岩礁区，偶也见于海藻丛生
　　　的海域。幼鱼喜集群，成鱼雌雄成对生活。掘洞隐于石砾缝隙之内。利用鳃部滤食底栖小型无脊
　　　椎动物、有机质和藻类等为生。体长 150mm。分布：台湾南部海域、海南岛、南海（香港）、东

图 3192　尾斑钝虾虎鱼 A. *phalaena*
（依郑葆珊，1962）

沙群岛、南沙群岛；日本、菲律宾到社会群岛，印度-西太平洋海域。小型鱼类，无食用价值。

6（5）第一背鳍各鳍棘不显著延长；第一背鳍第四至第六鳍棘之间无黑斑，体侧背方处由背鳍基底向下有数条暗色横带；项部有暗色眼状斑；纵列鳞70～76，横列鳞24～26，背鳍前鳞35～37…………………………**百瑙钝虾虎鱼 A. bynoensis（Richardson，1844）**（图3193）。暖水性近岸底栖小型鱼类。喜栖息于岩礁区的海域。生活于浅海泥沙、碎石、珊瑚、岩礁区，偶也见于海藻丛生的海域。挖穴于石砾缝隙之内。利用鳃部滤食小型底栖无脊椎动物、有机质和藻类。数量少，无经济价值。体长70～80 mm。分布：中国南部沿海、海南岛（干冲、新盈）；印度洋北部沿岸至太平洋中部各岛屿，北至菲律宾，南至新加坡、印度尼西亚和澳大利亚。小型鱼类。无食用价值。

图3193　百瑙钝虾虎鱼 A. bynoensis
（依郑葆珊，1962）

缰虾虎鱼属 Amoya Herre，1927
种 的 检 索 表

1（2）纵列鳞46～50，横列鳞15～16；背鳍第二鳍棘延长，呈丝状；体前部近圆筒形，后部侧扁；体侧具黑色细纵带 ……………………………… **短吻缰虾虎鱼 A. brevirostris（Günther，1861）**（图3194）。暖水性底层小型鱼类，不常见。体长60mm。分布：东海（福建）、海南岛、南海。

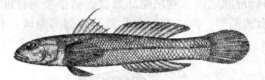

图3194　短吻缰虾虎鱼 A. brevirostris
（依伍汉霖等，2008）

2（1）纵列鳞25～42，横列鳞8～14；背鳍第二鳍棘除个别种类外，一般不呈丝状延长；体侧扁；体侧具细横纹或黑色斑块

3（6）颏部下方中央具一∧形的短小皮瓣

4（5）第二背鳍具1鳍棘、10鳍条；纵列鳞28～31；背鳍前鳞23～25；体腹侧下方的3～4行鳞片，其每一鳞片均各有1个暗褐色的小斑点 ……………………………… **绿斑缰虾虎鱼A. chlorostigmatoides（Bleeker，1849）**（图3195）。栖息于河口区及红树林区的潮沟中，也分布在沿岸、内湾等水域。对盐度的耐受力较强，但不会溯游于纯淡水区域内。肉食性底层鱼类，食小虾、蟹等无脊椎动物及小鱼。体长89mm。分布：台湾西部沿岸的河口及红树林域、南海沿岸。小型鱼类。无食用价值。

图3195　绿斑缰虾虎鱼 A. chlorostigmatoides
（依伍汉霖等，2008）

5（4）第二背鳍具1鳍棘、11～12鳍条；纵列鳞26～28；背鳍前鳞22～23；体背部隐具灰色横纹……………………………… **小眼缰虾虎鱼 A. microps（Chu & Wu，1963）**（图3196）。暖水性近岸底层小

型鱼类。栖息于咸淡水水域或近岸浅水处，喜生活于滩涂中。食小型鱼类、甲壳类等动物。体长70～80mm。分布：东海（浙江坎门）沿岸。数量极少，属稀有种类，为濒危物种（endangered），已被列入《中国物种红色名录》（2004）。

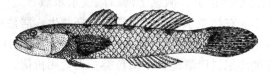

图 3196　小眼缰虾虎鱼 A. microps
（依朱元鼎，伍汉霖，1963）

6（3）颏部下方中央无∧形的短小皮瓣

7（12）无背鳍前鳞

8（9）体侧约具 14 条灰黑色细横纹 ⋯⋯⋯⋯⋯⋯⋯ **马达拉斯缰虾虎鱼 A. madraspatensis Day，1868**
（图 3197）。暖水性小型鱼类。栖息于河口咸淡水区及沿海。食小型鱼类、甲壳类等动物。体长60～70mm。分布：海南岛（青澜、万宁）；印度。

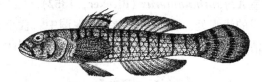

图 3197　马达拉斯缰虾虎鱼 A. madraspatensis
（依伍汉霖等，2008）

9（8）体侧无灰黑色细横纹

10（11）颊部自眼中部下方至上颌骨后缘具一黑色垂直细纹 ⋯⋯⋯⋯⋯⋯⋯⋯⋯⋯ **黑带缰虾虎鱼**
A. moloanus（Herre，1927）（图 3198）。暖水性沿岸小型鱼类。栖息于河口咸淡水水水域、沙岸、红树林及沿海沙泥地的环境。耐盐性较强，但不能在纯淡水中生存。食底栖动物、小型鱼类、小型无脊椎动物、有机碎屑等。分布：台湾西部及西南部海域、南海；日本、菲律宾、印度尼西亚，西太平洋海域。小型鱼类。无食用价值。

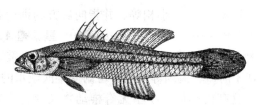

图 3198　黑带缰虾虎鱼 A. moloanus
（依伍汉霖等，2008）

11（10）颊部无黑色细纹 ⋯⋯⋯⋯⋯⋯⋯⋯⋯⋯⋯⋯⋯⋯ **舟山缰虾虎鱼 A. chusanensis（Herre，1940）**
（图 3199）。近岸底层小型鱼类。栖息于咸淡水水域或近岸浅水处。喜生活于滩涂的泥洞中。体长60～80mm。分布：东海（浙江舟山海域）。小型鱼类。无食用价值。

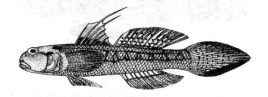

图 3199　舟山缰虾虎鱼 A. chusanensis
（依伍汉霖，2008）

12（7）具背鳍前鳞

13（14）纵列鳞25～26；背鳍前鳞少于10；颊部无鳞；体侧具2～3条由褐色点线组成的纵带；尾鳍基部有一暗色长圆斑·······························**普氏缰虾虎鱼 A. pflaumi**（Bleeker，1853）
（图3200）。暖水性沿岸小型鱼类。栖息于河口咸淡水水域、港湾、红树林、潟湖及沿海等环境。耐盐性较强，但不能在纯淡水中生存。常与枪虾共生，居住在洞穴中。食小型无脊椎动物等。体长60～70mm。分布：黄海（辽宁、山东）、东海（浙江）、台湾沿岸、海南岛、南海；朝鲜半岛、日本、印度洋尼科巴群岛。小型鱼类。无食用价值。

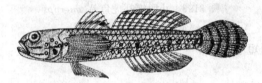

图3200　普氏缰虾虎鱼 A. pflaumi
（依伍汉霖，2008）

14（13）纵列鳞31～37；背鳍前鳞17～20；颊部被小圆鳞；体侧中央常具5～6个黑斑·······················**紫鳍缰虾虎鱼 A. janthinopterus**（Bleeker，1852）（图3201）。近岸底层小型鱼类。栖息于咸淡水水域或近岸的浅水处。喜生活于滩头的泥洞中。食小型鱼类、甲壳类等。分布：台湾南部海域、海南岛清澜；日本、菲律宾，印度-西太平洋。小型鱼类。无食用价值。

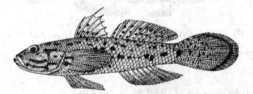

图3201　紫鳍缰虾虎鱼 A. janthinopterus
（依伍汉霖等，2008）

星塘鳢属 *Asterropteryx* Rüppell，1830
种 的 检 索 表

1（2）前鳃盖骨后缘中部有1个具3～5个大小相等、并指向后方的锯齿状小棘；第一背鳍第三鳍棘最长，丝状，约为头长的1.2倍·····························**星塘鳢 A. semipunctatus** Rüppell，1830
（图3202）。近岸小型底栖性鱼类。活动于港湾、沙泥底质的岩礁区。喜爱栖息于岩礁边的潮池有沙泥底质的地方，出现于河口、潟湖等区域，可耐受半淡咸水的环境。受惊吓时会躲入自己筑出的沙礁混合小岩穴中。食有机碎屑、小型无脊椎动物及浮游生物。体长40mm。分布：黄海（辽宁）、台湾各河口、港湾及潟湖水域、海南岛、南海（香港）、东沙群岛、西沙群岛；日本、夏威夷，印度-太平洋。小型鱼类。无渔业价值。

图3202　星塘鳢 A. semipunctatus
（依伍汉霖等，2008）

2（1）前鳃盖骨后缘中部有1个具3个大小相等、并指向后方的锯齿状小棘，其下方还有一更大指向后方的尖棘；第一背鳍第三鳍棘短，不呈丝状·····················**棘星塘鳢 A. spinosa**（Goren，1981）
（图3203）。暖水性近岸小型底层鱼类。栖息于底质为沙泥、石砾及珊瑚礁的海区。体长45mm。分布：台湾（屏东）；日本南部、马尔代夫，印度-西太平洋海域。小型鱼类。不具渔业价值。

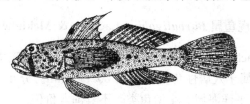

图 3203　棘星塘鳢 *A. spinosa*
（依伍汉霖等，2008）

软塘鳢属 *Austrolethops* Whitley，1935

华氏软塘鳢 A. wardi Whitley，1935（图 3204）。暖水性小型底层海水鱼类。栖息于热带、亚热带沿岸潮间带的岩礁及珊瑚丛中。体长 47mm。分布：台湾恒春猫鼻头、基隆万里桐、屏东；日本，印度-太平洋海域。小型鱼类。不具渔业价值。

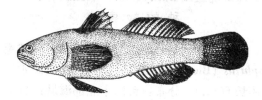

图 3204　华氏软塘鳢 *A. wardi*
（依伍汉霖等，2008）

阿胡虾虎鱼属 *Awaous* Valenciennes，1837
种 的 检 索 表

1（2）第一背鳍无灰黑色斑块，颊部无鳞；胸鳍具 17～18 鳍条····························**黑首阿胡虾虎鱼**
A. melanocephalus（Bleeker，1849）（图 3205）。栖息于河口区半淡咸水至中下游的淡水域中。底栖性鱼种，多半停栖在水潭的底部。食小型鱼类、底栖无脊椎动物。体长 150mm。分布：台湾未受严重污染的溪河下游区及河口区、海南岛陵水及万泉河等；日本、越南、泰国、菲律宾。小型鱼类。无食用价值。

图 3205　黑首阿胡虾虎鱼 *A. melanocephalus*
（依伍汉霖等，2008）

2（1）第一背鳍具灰黑色斑块，颊部具鳞；胸鳍具 16 鳍条·······························**睛斑阿胡虾虎鱼**
A. ocellaris（Broussonet，1782）（图 3206）。暖水性底层小型鱼类。栖息于淡水河川中，上溯河川的能力颇强，经常能够在河川中游处发现其踪迹。食水生昆虫、啃食藻类。数量丰富。其体型较大，体长 150mm。体色特殊，容易饲养，可当作观赏鱼进行养殖。分布：台湾苏澳；日本、

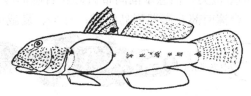

图 3206　睛斑阿胡虾虎鱼 *A. ocellaris*
（依明仁等，2013）

菲律宾，大洋洲海域。小型鱼类。无食用价值。

髯毛虾虎鱼属 *Barbuligobius* Lachner & Mckinney, 1974

髯毛虾虎鱼 *B. boehlkei* Lachner & Mckinney, 1974（图3207）。暖水性小型底层鱼类。生活于热带珊瑚礁区附近的沙砾底质上。属于穴居性鱼类。体长20～40mm。分布：台湾澎湖列岛、屏东及垦丁；日本、塞舌尔群岛，印度-西太平洋海域。小型鱼类。不具渔业价值。

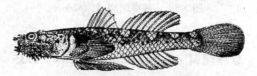

图3207　髯毛虾虎鱼 *B. boehlkei*
（依 Hoese，1986）

深虾虎鱼属 *Bathygobius* Bleeker, 1878
种 的 检 索 表

1（2）眼间隔宽广，大于眼径；两眼间隔间具一感觉管开孔；第一背鳍黑色 ………………………………
扁头深虾虎鱼 *B. peterophilus*（Bleeker，1853）（图3208）。暖水性底层小型鱼类。杂食性，食藻类及底栖无脊椎动物。体长60mm。分布：台湾东北部海域；日本、菲律宾、印度尼西亚、巴布亚新几内亚、裴济与澳大利亚北部。

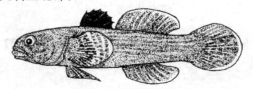

图3208　扁头深虾虎鱼 *B. peterophilus*
（依明仁等，2013）

2（1）眼间隔狭窄，小于眼径；两眼间隔间无感觉管开孔；第一背鳍浅色

3（4）头部平扁，腹鳍膜盖中央部不突出；颊部被鳞 ……………………………………… **阔头深虾虎鱼**
B. cotticeps（Steindachner，1880）（图3209）。暖水性底层小型鱼类。栖息于潮间带石砾及岩礁的海域。杂食性，食藻类及底栖动物。体长70mm。分布：台湾南部及绿岛等海域；日本。小型鱼类。无食用价值。

腹鳍膜盖中央部不突起

图3209　阔头深虾虎鱼 *B. cotticeps*
（依明仁等，2013）

4（3）头部圆形；颊部裸露无鳞

5（6）腹鳍膜盖中央有一突起……………………………**圆鳍深虾虎鱼 *B. cyclopterus*（Valenciennes，1837）**
（图3210）。暖水性底层小型鱼类。栖息于潮间带石砾及岩礁的海域。杂食性，食藻类及底栖动物。体长50mm。分布：台湾南部及澎湖列岛海域；日本、夏威夷，印度-太平洋海域。小型鱼

腹鳍膜盖中央部突起

图3210　圆鳍深虾虎鱼 *B. cyclopterus*
（依伍汉霖等，2008）

类。无食用价值。

6（5）腹鳍膜盖中央凹入，无突起

7（8）第一背鳍浅色，在近中部处具一宽的深色纵带，边缘黄色；胸鳍游离分支鳍条3条；胸鳍基上部无亮蓝色斑······**深虾虎鱼 _B. fuscus_（Rüppell，1830）**（图3211）。暖水性沿岸浅水小型底层鱼类。栖息于潮间带砾石、海滩及珊瑚丛中。分布：台湾各地岩礁区、海南岛、南海（广东）、西沙群岛；朝鲜半岛、日本，印度-太平洋海域。小型鱼类。无食用价值。

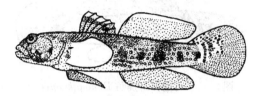

图3211　深虾虎鱼 _B. fuscus_
（依明仁等，2013）

8（7）第一背鳍浅色，无宽的深色纵带

9（12）鳃盖骨上方 H′ 和 K′ 两感觉管孔分离，不愈合成单孔（图3212）

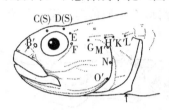

图3212　椰子深虾虎鱼 H′ 和 K′ 两感觉管孔分离

10（11）下颌腹面的颏瓣后缘平直，不内凹；腹部具许多小暗斑；胸鳍游离分支鳍条4条；胸鳍基上部具一亮蓝色斑······**蓝点深虾虎鱼 _B. coalitus_（Bennett，1832）**（图3213）（syn. 巴东深虾虎鱼 _B. padangensis_ 陈大刚，2015）。沿海底栖性小型鱼类。常现于沿海潮池、河口两旁的海岸区及潟湖一带，偶进入河川接近河口的河段当中，通常不会在较深的水域，纵使出现于河川浅水区，也是躲在河川两旁的浅水域。警觉性很高，稍有动静即躲入石缝，具有领域性。杂食性鱼类，食藻类、小型无脊椎动物及甲壳类。体长100mm。分布：台湾各礁区海域、海南岛；日本、夏威夷，南至澳大利亚，印度-太平洋海域。小型鱼类。无食用价值。

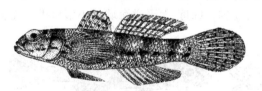

图3213　蓝点深虾虎鱼 _B. coalitus_
（依伍汉霖等，2008）

11（10）下颌腹面的颏瓣后缘凹入；腹部无任何暗色斑点；胸鳍浅白色、无斑纹；第二背鳍及尾鳍无黑点······**椰子深虾虎鱼 _B. cocosensis_（Bleeker，1854）**（图3214）。暖水性底层小型鱼类。栖息于潮间带石砾的海域。食藻类及底栖动物。体长50mm。分布：台湾南部及东部海域；日本、澳大利亚大堡礁，印度-太平洋海域。小型鱼类。无食用价值。

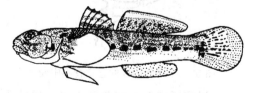

图3214　椰子深虾虎鱼 _B. cocosensis_
（依明仁等，2013）

12（9）鳃盖骨上方 H' 和 K' 两感觉管孔愈合成单孔

13（14）第二背鳍及尾鳍具许多小黑点；胸鳍最上 1 枚游离鳍条 3 分支 ························
　　香港深虾虎鱼 **B. hongkongensis** Lam, 1986（图 3215）。暖水性底层小型鱼类。栖息于潮间带石砾的海域。食藻类及底栖动物。体长 50mm。分布：台湾北岸、南海（香港）；日本，印度-太平洋海域。小型鱼类。无食用价值。

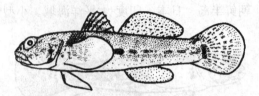

图 3215　香港深虾虎鱼 B. hongkongensis
（依明仁等，2013）

14（13）第二背鳍及尾鳍具条纹，无小黑点；胸鳍最上 1 枚游离鳍条 2 分支 ···················
　　莱氏深虾虎鱼 **B. laddi**（Fowler, 1931）（图 3216）。暖水性底层小型鱼类。栖息于潮间带石砾的海域。杂食性，食藻类及底栖无脊椎动物。体长 30mm。分布：台湾北部及东北部海域、海南岛；日本，印度-西太平洋海域。小型鱼类。无食用价值。

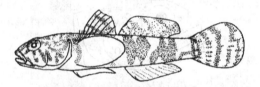

图 3216　莱氏深虾虎鱼 B. laddi
（依明仁等，2013）

珊瑚虾虎鱼属 *Bryaninops* Smith, 1959
种 的 检 索 表

1（2）眼间隔区的感觉管中断 ···························· 漂游珊瑚虾虎鱼 **B. natans** Larson, 1985
　　（图 3217）。暖水性底层小型鱼类。栖息于热带珊瑚礁的芦茎珊瑚上，具有良好的保护色，与珊瑚营共生生活。常成对栖息于同一株上，并将卵产于珊瑚的表面。体长 30mm。分布：台湾南部海域；日本、澳大利亚大堡礁，印度-太平洋海域。小型鱼类。无食用价值。

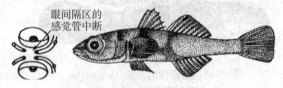

眼间隔区的
感觉管中断

图 3217　漂游珊瑚虾虎鱼 B. natans
（依明仁等，2013）

2（1）眼间隔区的感觉管连续，不中断（图 3218）

图 3218　眼间隔区的感觉管不中断

3（4）纵列鳞 40～44；鳃孔较狭，向腹侧延伸至胸鳍基部下缘，尾鳍浅色；前鳃盖骨和下颌的下方有许多具感觉乳突的沟···························· 额突珊瑚虾虎鱼 **B. yongei**（Davis & Cohen, 1969）

（图 3219）。暖水性底层小型鱼类。栖息于热带珊瑚礁的芦茎珊瑚（海鞭）上，具良好保护色，与珊瑚营共生生活。常可见到成对的鱼栖息于同一株上，并将卵产于珊瑚的表面上。体长18mm。分布：台湾屏东、垦丁及小琉球海域、东沙群岛；济州岛、日本、夏威夷，印度-太平洋海域。小型鱼类。无食用价值。

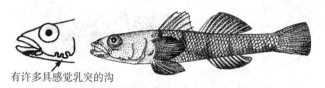

图 3219 额突珊瑚虾虎鱼 *B. yongei*

（依伍汉霖，2008）

4（3）纵列鳞 45~50；鳃孔宽大，向腹侧延伸至眼后缘下方，尾鳍下半叶深色；前鳃盖骨和下颌的下方无沟 ····························· **宽鳃珊瑚虾虎鱼 *B. loki* Larson，1985**（图 3220）。暖水性底层小型鱼类。栖息于热带珊瑚礁的芦茎珊瑚上，具有良好的保护色，与珊瑚营共生生活。常成对栖息于同一株上，并将卵产于珊瑚的表面上。体长 27mm。分布：台湾屏东及垦丁；日本、夏威夷、斐济，印度-太平洋海域。小型鱼类。无食用价值。

图 3220 宽鳃珊瑚虾虎鱼 *B. loki*

（依 Larson，1985）

美虾虎鱼属（硬皮虾虎属）*Callogobius* Bleeker，1874
种 的 检 索 表

1（2）体被鳞片全为圆鳞；胸鳍及尾鳍基部具黑斑 ································· **圆鳞美虾虎鱼 *C. liolepis* Koumans，1931**。栖息于热带沿岸岩礁或珊瑚礁区礁沙底质的暖水性小型底层鱼类。杂食性，食藻类及底栖生物。体长 35mm。分布：台湾垦丁海域；中-西太平洋海域。小型鱼类。无食用价值。

2（1）体被鳞片有圆鳞和栉鳞；胸鳍及尾鳍基部具 9 黑斑或无

3（4）第一和第二背鳍分离，相距稍远；胸鳍稍短，末端向后不伸达臀鳍起点；背鳍前鳞 3~10 枚；尾鳍上叶近尾基处具一黑斑 ·························· **冲绳美虾虎鱼 *C. okinawae* (Snyder，1908)**（图 3221）。栖息于热带沿岸岩礁或珊瑚礁区礁沙底质的暖水性小型底层鱼类。杂食性，食藻类及底栖生物。体长 50mm。分布：台湾南部海域；日本、菲律宾至瓦努阿图，西太平洋海域。小型鱼类。无食用价值。

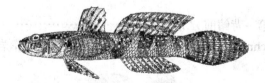

图 3221 冲绳美虾虎鱼 *C. okinawae*

（依伍汉霖等，2008）

4（3）第一和第二背鳍稍分离，相距颇近；胸鳍长，末端向后伸达或伸越臀鳍起点；背鳍前鳞无，或具 9~30 枚

5（8）尾鳍尖形

6（7）尾鳍上方具一大暗斑；腹鳍后缘弯入 ························· **长鳍美虾虎鱼 C. hasseltii Bleeker，1851**（图 3222）。栖息于热带沿岸岩礁或珊瑚礁区礁沙底质的暖水性小型底层鱼类。杂食性，食藻类及底栖生物。体长 50mm。分布：台湾南部海域、西沙群岛；日本、斐济、汤加，印度-西太平洋海域。小型鱼类。无食用价值。

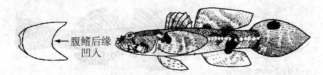

图 3222　长鳍美虾虎鱼 *C. hasseltii*
（依明仁等，2013）

7（6）尾鳍上方无大暗斑；腹鳍后缘圆 ························· **种子岛美虾虎鱼 C. tanegasimae（Snyder，1908）**（图 3223）。栖息于河口或河川下游咸淡水水域的夜行性鱼类，活动于半淡咸水区，鲜少进入纯淡水域，喜栖息于潟湖、沿海沟渠及红树林等区域均为沙泥底质的环境。游泳能力不佳，常单独行动，或与枪虾共生。白天躲藏于泥穴或是石头上的藤壶中。食小型鱼类、甲壳类等。体长 28.4mm。分布：台湾东北部河口区；日本、菲律宾，西太平洋海域。小型鱼类。无食用价值。

图 3223　种子岛美虾虎鱼 *C. tanegasimae*
（依陈义雄等，1999）

8（5）尾鳍圆形

9（10）由吻经眼至项部具一黑斜细纵带；由眼斜向鳃盖具一斜横带，两者在头部形成 T 形大黑纹；第二背鳍中央有一斜行黑褐色大斑块，向下斜向尾柄底部 ························· **沈氏美虾虎鱼 C. sheni Chen，Chen & Fang，2006**（图 3224）。栖息于热带沿岸岩礁或珊瑚礁区礁沙底质的暖水性小型底层鱼类。杂食性，食藻类及底栖生物。体长 80mm。分布：模式标本产于台湾西南部的小琉球海域，推测有可能广泛分布在西太平洋。小型鱼类。无食用价值。

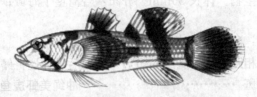

图 3224　沈氏美虾虎鱼 *C. sheni*
（依郑义郎，2007）

10（9）头部无 T 形大黑纹；第二背鳍中央无斜行黑褐色大斑块

11（14）腹鳍无膜盖

12（13）腹鳍透明；体侧在第一背鳍前方下侧具栉鳞 ························· **美虾虎鱼 C. sclateri（Steindachner，1880）**（图 3225）。栖息于热带沿岸岩礁或珊瑚礁区礁沙底质的暖

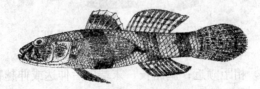

图 3225　美虾虎鱼 *C. sclateri*
（依伍汉霖等，2008）

水性小型底层鱼类。杂食性，食藻类及底栖生物。体长 50mm。分布：台湾小琉球及绿岛等海域，东沙、西沙及南沙群岛；日本、社会群岛、所罗门群岛，印度-太平洋海域。小型鱼类。无食用价值。

13（12）腹鳍暗色；体侧在体后半部具栉鳞 ··· **黄棕美虾虎鱼**
C. flavobrunneius（Smith，1958）（图 3226）。栖息热带沿岸岩礁或珊瑚礁区礁沙底质的暖水性小型底层鱼类。杂食性，食藻类及底栖生物。体长 40mm。分布：台湾发现于小琉球及东沙群岛；日本、红海、南至巴扎鲁，印度-西太平洋海域。小型鱼类。无食用价值。

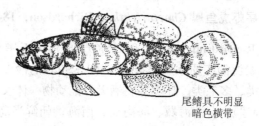

尾鳍具不明显
暗色横带

图 3226 黄棕美虾虎鱼 C. flavobrunneius
（依明仁等，2013）

14（11）腹鳍具膜盖

15（16）胸鳍、腹鳍、臀鳍的后缘白色；第一背鳍的第一及第二鳍棘略长，基底具二暗斑；臀鳍具 1 鳍棘、8 鳍条 ···························· **双斑美虾虎鱼 C. shunkan Takagi，1957**（图 3227）〔syn.
史氏美虾虎鱼 C. snelliusi 明仁等，2002（non Koumans，1953）〕。生活在热带沿岸岩礁或珊瑚礁区礁沙底质的暖水性小型底层鱼类。杂食性。体长 80mm。分布：南海（香港）；日本，印度-西太平洋海域。小型鱼类。无食用价值。

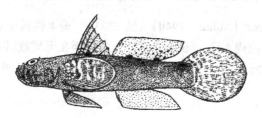

图 3227 双斑美虾虎鱼 C. shunkan
（依明仁等，2013）

16（15）胸鳍、腹鳍、臀鳍的后缘暗色；第二背鳍基底无暗斑；臀鳍具 1 鳍棘、7 鳍条 ···················
··········· **斑鳍美虾虎鱼 C. maculipinnis（Fowler，1918）**（图 3228）。栖息于热带沿岸岩礁或珊瑚礁区礁沙底质的暖水性小型底层鱼类。杂食性，以藻类及底栖生物为食。分布：台湾南部海域；日本、红海、美属萨摩亚群岛，印度-太平洋海域。小型鱼类。无食用价值。

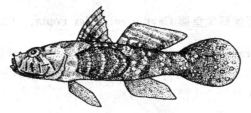

图 3228 斑鳍美虾虎鱼 C. maculipinnis
（依明仁等，2013）

裸头虾虎鱼属 Chaenogobius Gill，1859

大口裸头虾虎鱼 C. gulosus（Sauvage，1882）（图 3229）。暖温性底层小型鱼类。栖息于有岩礁的沿岸海域。体长 150mm。分布：渤海、黄海（山东沿岸）；朝鲜半岛、日本。小型鱼类，不常见，无食用价值。

图 3229　大口裸头虾虎鱼 C. gulosus
（依伍汉霖等，2008）

矛尾虾虎鱼属 Chaeturichthys Richardson，1844

矛尾虾虎鱼 C. stigmatias Richardson，1844（图 3230）。暖温性近岸小型底栖鱼类。栖息于河口咸淡水水域、红树林等半淡咸水淤泥的底质水域，或水深 60～90m 的沙泥底质沿岸海域，也可进入江、河下游淡水水体中。摄食桡足类、多毛类、虾类等底栖无脊椎动物。体长 210mm。分布：黄海（辽宁、山东、江苏）、东海（江苏、福建）、台湾海域、海南岛、南海；朝鲜半岛、日本。小型鱼类。不常见，无食用价值。

图 3230　矛尾虾虎鱼 C. stigmatias
（依郑葆珊，1955）

项冠虾虎鱼属 Cristatogobius Herre，1927

浅色项冠虾虎鱼 C. nonatoae (Ablan，1940)（图 3231）。暖水性近岸底层小型鱼类。栖息于河口区及红树林区的浅水域或近岸溪流浅水区。不好游动，大多停栖在泥质底部或枯叶、石块中。肉食性。体长 54mm。分布：台湾东港、海南岛、日本、菲律宾、泰国，南部西太平洋海域，较为少见。小型鱼类。不具渔业价值。

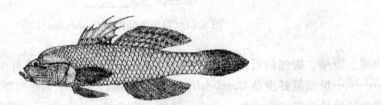

图 3231　浅色项冠虾虎鱼 C. nonatoae
（依 Chen，1959）

拟丝虾虎鱼属 Cryptocentroides Popta，1922

拟丝虾虎鱼 C. insignis (Seale，1910)（图 3232）。暖水性近海小型鱼类。栖息于有珊瑚礁的水域。不常见。体长 50～60mm。食虾类、甲壳动物、小鱼等。分布：海南岛三亚；日本、菲律宾、所罗门群岛、印度尼西亚。小型鱼类。不具渔业价值。

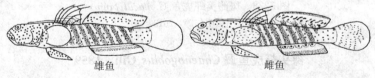

雄鱼　　　　　　　　　雌鱼

图 3232　拟丝虾虎鱼 C. insignis
（依 Akihito 等，2002）

丝虾虎鱼属 *Cryptocentrus* Valenciennes，1837
种 的 检 索 表

1（8）臀鳍具 4 条暗色斜带

2（3）体背侧自吻端至尾鳍基上缘有 1 条金黄色纵带（幼体为白色），体侧中部自胸鳍基至尾鳍基有一纵行约 9 个褐色眼状斑 ……………………… **白背带丝虾虎鱼 *C. albidorsus*（Yanagisawa，1978）**
（图 3233）。暖水性近海小型鱼类。栖息于沿岸珊瑚礁区礁沙混合底质的水域。喜与枪虾共生。杂食性，食藻类及底栖动物。体长 80mm。分布：台湾澎湖列岛、小琉球、兰屿及绿岛等海域，海南岛（三亚）；日本，西-北太平洋海域。偶见，无食用价值，可供观赏。

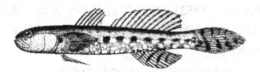

图 3233　白背带丝虾虎鱼 *C. albidorsus*
（依伍汉霖等，2008）

3（2）体背侧自吻端至尾鳍基上缘无金黄色纵带，体侧中部自胸鳍基至尾鳍基无纵行褐色眼状斑

4（5）鳃盖具一白边黑色眼状大斑 ………………… **眼斑丝虾虎鱼 *C. nigrocellatus*（Yanagisawa，1978）**
（图 3234）。暖水性近海小型鱼类。栖息于沿岸珊瑚礁区礁沙混合或砾石底质的水域。喜与枪虾共生。食藻类及底栖动物。体长 38mm。分布：台湾澎湖列岛、绿岛等海域；日本，西-北太平洋海域。

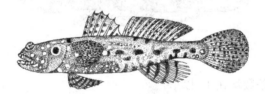

图 3234　眼斑丝虾虎鱼 *C. nigrocellatus*
（依伍汉霖等，2008）

5（4）鳃盖无白边黑色眼状大斑

6（7）鲜活时头部及体侧无红色小点；体侧中央具 4 个黑色较大圆斑；峡部具暗色横线 ……………………………… **纹斑丝虾虎鱼 *C. strigilliceps*（Jordan & Seale，1906）**（图 3235）。暖水性近海小型鱼类。栖息于沿岸珊瑚礁区礁沙混合底质的水域。喜与枪虾共生。杂食性，食藻类及底栖动物。体长 40mm。分布：台湾小琉球及兰屿等海域；日本，南至澳大利亚大堡礁，印度-太平洋海域。

峡部具
暗色横线

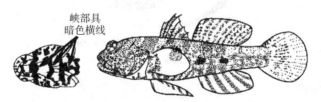

图 3235　纹斑丝虾虎鱼 *C. strigilliceps*
（依明仁等，2013）

7（6）鲜活时头部及体侧无红色小点；体侧中央具 4 个细黑色小长斑；峡部无暗色横线 ……………………………… **棕斑丝虾虎鱼 *C. caerulepmaculatus*（Herre，1933）**（图 3236）。暖水性近海小型鱼类。栖息于沿岸珊瑚礁区礁沙混合底质的水域。喜与枪虾共生。杂食性，食藻类及底栖动物。体长 40mm。分布：台湾东部及南部海域、南海（香港）；日本，印度-太平洋海域。

8（1）臀鳍无暗色斜带

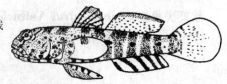

峡部无
暗色横线

图 3236　棕斑丝虾虎鱼 *C. caerulepmaculatus*
（依明仁等，2013）

9（12）第二背鳍和臀鳍的鳍条数均在 17 以上

10（11）眼后无黑色细纵纹；腹鳍长于头长；尾鳍长约为头长的 2 倍；上颌骨后端伸达眼后缘下方；体侧具 3 条横带；臀鳍中部具红、蓝色 2 条细纵纹 ························· **裸头丝虾虎鱼**
C. gymnocephalus (Bleeker, 1853)。暖水性近海小型鱼类。栖息于沿岸珊瑚礁区礁沙混合底质的水域。喜与枪虾共生。杂食性，食藻类及底栖动物。体长 40mm。分布：南海（香港）；印度尼西亚、泰国、新加坡。

11（10）眼后具 2 条黑色细纵纹；腹鳍短于头长；尾鳍长为头长的 1.3～1.5 倍；上颌骨后端伸达眼中部下方；体侧具 5 条横带；臀鳍中部具紫、红、黑色 3 条细纵纹 ·························
头带丝虾虎鱼 C. cephalotaenius Ni, 1989（图 3237）。暖水性沿海小型鱼类。栖息近岸沙底质的水域。体长 100～120mm。数量极少，属稀有种类。为濒危物种（endangered），已被列入《中国物种红色名录》（2004）。分布：海南岛（三亚）。

图 3237　头带丝虾虎鱼 *C. cephalotaenius*
（依伍汉霖等，2008）

12（9）第二背鳍和臀鳍的鳍条数均在 13 以下

13（14）鳃盖腹面有一向下的棘；体侧有 8 条不明显横带 ························· **丝虾虎鱼**
C. cryptocentrus (Valenciennes, 1837)（图 3238）。暖水性沿海小型鱼类。栖息于近岸沙底质的水域。喜与枪虾共生。杂食性，食藻类及底栖动物。体长 70～80mm。分布：海南岛（白马井）。小型鱼类。无食用价值，供观赏。

图 3238　丝虾虎鱼 *C. cryptocentrus*
（依伍汉霖等，2008）

14（13）鳃盖腹面无向下的棘

15（24）第一背鳍前方无鳞

16（19）体侧无横纹

17（18）头和体侧具许多黑斑，排成 3～4 行；上颌骨后端伸达眼后缘下方；尾鳍基部中央具一黑色小圆斑·························· **谷津氏丝虾虎鱼 C. yatsui** (Tomiyama, 1936)（图 3239）。栖息于河口区、河川下游、潟湖、内湾、红树林等泥底质的地区。穴居鱼类，白天大多躲藏于洞穴，夜晚出来觅食。此鱼大多在半淡咸水域中，并无进入纯淡水域的记录。肉食性，以小型甲壳类、鱼类为食。分布：原只发现于台湾及澎湖列岛，近年来在上海周边海域也有发现记录。

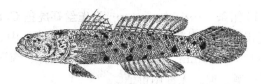

图 3239　谷津氏丝虾虎鱼 *C. yatsui*
（依伍汉霖等，2008）

18（17）体侧无暗色圆斑；头部、鳃盖膜、胸鳍基和体上具银色云状纹；背鳍第一至第四（或第五）鳍条间的鳍膜具 3～4 个长圆形大斑 ⋯⋯⋯⋯⋯⋯⋯⋯⋯ **银丝虾虎鱼 *C. pretiosus* Rendahl，1924**。栖息于河口区、河川下游、潟湖、内湾、红树林等泥底质的地区。分布：南海（香港）。小型鱼类，无食用价值。

19（16）体侧有横纹

20（23）全体被圆鳞

21（22）纵列鳞 100 以下；体侧具 6 条红褐色宽横纹；第一背鳍第三至第五鳍棘最长，稍大于体高 ⋯⋯⋯⋯⋯⋯⋯⋯⋯⋯⋯⋯**巴布亚丝虾虎鱼 *C. papuanus*（Peters，1877）**。暖水性近海小型鱼类。栖息于沿岸珊瑚礁区礁沙混合或砾石底质的水域。喜与枪虾共生。食藻类及底栖动物。体长70～80mm。分布：台湾（澎湖列岛）海域、海南岛。小型鱼类，无食用价值。

22（21）纵列鳞 105～120；体侧具 4～5 条暗褐色横带；第一背鳍各鳍棘均延长，第一、第二鳍棘最长，两棘间的鳍膜下方有一长黑斑 ⋯⋯⋯⋯⋯⋯ **长丝虾虎鱼 *C. filifer*（Valenciennes，1837）**（图 3240）。暖水性近海小型鱼类。栖息于沿岸珊瑚礁区礁沙混合或砾石底质的水域。喜与枪虾共生。食藻类及底栖动物。体长 100～120mm。分布：渤海（辽宁）、黄海（山东、江苏）、东海（福建）、台湾（澎湖列岛）海域、海南岛（白马井）、南海（广东）；日本，西太平洋海域。小型鱼类，无食用价值。

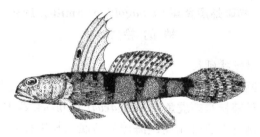

图 3240　长丝虾虎鱼 *C. filifer*
（依郑葆珊，1955）

23（20）体前部被圆鳞，后部被栉鳞；第一背鳍第四、第五鳍棘间的鳍膜上方具一黑斑；体侧具 4～5 条横带，其间具短横带或斑纹 ⋯⋯⋯⋯⋯⋯⋯⋯⋯⋯⋯⋯ **红丝虾虎鱼 *C. russus*（Cantor，1849）**（图 3241）。暖水性近海小型鱼类。栖息于沿岸珊瑚礁区礁沙混合或砾石底质的水域。喜与枪虾共生。杂食性，以藻类及底栖动物为食。体长 96mm。分布：台湾西南部及南部海域、海南岛、南海（广东、广西）；日本，西太平洋海域。

图 3241　红丝虾虎鱼 *C. russus*
（依郑葆珊，1962）

24（15）第一背鳍前方有鳞

25（26）头部和项部有许多蓝点；体侧具 11 条褐色横带；第一背鳍具 6 鳍棘，第二背鳍具 1 鳍棘、11

鳍条；臀鳍 1 鳍棘、10 鳍条 ····················· **孔雀丝虾虎鱼** *C. pavoninoides*（Bleeker，1849）（图 3242）。暖水性近岸底层小型鱼类。栖息于砾石及海藻丛中。喜与枪虾共生。食藻类及底栖无脊椎动物。体长 100～120mm。分布：海南岛（文昌）、南海（香港、澳门）；菲律宾、新加坡、印度尼西亚。小型鱼类。无食用价值。

图 3242　孔雀丝虾虎鱼 *C. pavoninoides*
（依伍汉霖等，2008）

26（25）头侧具 7～8 条短斜蓝带；体侧具 4 条横带；第一背鳍 4 鳍棘、10 鳍条；臀鳍 1 鳍棘、10 鳍条 ····················· **蓝带丝虾虎鱼** *C. cyanotaenius*（Bleeker，1853）（图 3243）。暖水性近岸底层小型鱼类。栖息于砾石及海藻丛中。喜与枪虾共生。食藻类及底栖无脊椎动物。体长 100～120mm。分布：海南岛（白马井）；印度尼西亚。小型鱼类。无食用价值。

图 3243　蓝带丝虾虎鱼 *C. cyanotaenius*
（依伍汉霖等，2008）

栉眼虾虎鱼属 *Ctenogobiops* Smith，1959
种 的 检 索 表

1（8）第一背鳍的鳍棘伸长或呈丝状延长
2（3）第一背鳍的第一及第二鳍棘丝状延长，压倒时可伸达尾柄部或尾鳍基；鲜活时臀鳍具红色小点 ····················· **长棘栉眼虾虎鱼** *C. tangaroai* Lubbock & Polunin，1977（图 3244）。暖水性沿海底层小型鱼类。栖息于热带珊瑚礁海域的沙底。与枪虾营共生生活。体长 50mm。分布：台湾南部海域、南沙群岛；日本、关岛、萨摩亚群岛，太平洋区海域。

图 3244　长棘栉眼虾虎鱼 *C. tangaroai*
（依伍汉霖，2008）

3（2）第一背鳍的鳍棘丝状延长，压倒时不伸达尾柄部或尾鳍基
4（5）第一背鳍的第一鳍棘丝状延长，为头长的 1.5 倍 ····················· **丝棘栉眼虾虎鱼**
C. feroculus Lubbock & Polunin，1977（图 3245）。暖水性沿岸底层小型鱼类。栖息于珊瑚礁区的沙地中。与枪虾营共生生活。杂食性，食藻类及底栖生物。体长 50mm。分布：台湾南部海域、东沙群岛、南沙群岛；日本、红海、新喀里多尼亚，印度-西太平洋海域。
5（4）第一背鳍的鳍棘伸长，不呈丝状延长，不为头长的 1.5 倍

图 3245　丝棘栉眼虾虎鱼 C. feroculus

（依明仁等，2013）

6（7）第一背鳍的第一及第二鳍棘伸长，略呈短丝状，与头长约等长；尾鳍尖长，中间略凹；鲜活时腹部具黄色横线·······················**斜带栉眼虾虎鱼 C. aurocingulus（Herre，1935）**（图 3246）。暖水性近海小型鱼类。栖息于沿岸珊瑚礁区礁沙混合底质的水域。喜与枪虾共生。杂食性，食藻类及底栖动物为食。体长 48mm。分布：台湾恒春海域；日本、菲律宾、澳大利亚，西太平洋海域。

图 3246　斜带栉眼虾虎鱼 C. aurocingulus

（依明仁等，2013）

7（6）第一背鳍的第二、第三、第四鳍棘稍伸长；尾鳍圆形；颊部具一暗色纵线；吻端无明显暗色点·······················**丝背栉眼虾虎鱼 C. mitodes Randall，Shao & Chen，2007**（图 3247）。暖水性沿岸底层小型鱼类。栖息于热带珊瑚丛的沙地中。与枪虾营共生生活。杂食性，食藻类及底栖生物。体长 50mm。分布：台湾南部海域、东沙群岛、南沙群岛；日本，西太平洋海域。

第一背鳍棘伸长

暗色纵线

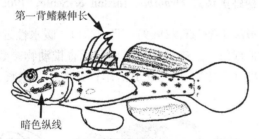

图 3247　丝背栉眼虾虎鱼 C. mitodes

（依明仁等，2013）

8（1）第一背鳍鳍棘不伸长，不呈丝状延长

9（10）鲜活时头部侧面有 2～3 列断续的橙色斜线；鳃孔向头部腹面延伸至眼后缘垂线下方················**颊纹栉眼虾虎鱼 C. maculosus（Fourmanour，1955）**（图 3248）（syn. 褐斑栉眼虾虎鱼 C. crocincus Smith，1959）。暖水性沿岸底层小型鱼类。栖息于热带珊瑚丛的沙地中。与枪虾营共生生活。杂食性，食藻类及底栖生物。体长 60～80mm。分布：台湾南部海域；日本，西太平洋各海域。

图 3248　颊纹栉眼虾虎鱼 C. maculosus

（依郑义郎，2007）

10（9）鲜活时头部侧面无断续的橙色斜线；鳃孔向头部腹面延伸至前鳃盖骨后缘垂线下方

11（12）头部具褐色纵纹；纵列鳞45～49，横列鳞12～13 ···································· **台湾栉眼虾虎鱼**
C. formosa **Randall, Shao & Chen, 2003**（图3249）。暖水性沿岸底层小型鱼类。栖息于珊瑚
礁区的沙地中。与枪虾营共生生活。杂食性，以藻类及底栖生物为食。体长40～60mm。分
布：台湾屏东南湾。

图3249　台湾栉眼虾虎鱼 *C. formosa*
（依 Randall, Shao & Chen, 2003）

12（11）颊部具4～5褐色点；吻部正中具一暗色点；纵列鳞45～49，横列鳞12～13···················
·······**点斑栉眼虾虎鱼** *C. pomastictus* **Lubbock & Polunin, 1977**（图3250）。暖水性沿岸底层小
型鱼类。栖息于热带珊瑚的沙底。与枪虾营共生生活。体长50～60mm。分布：台湾海域；日
本、澳大利亚，印度-西太平洋海域。

图3250　点斑栉眼虾虎鱼 *C. pomastictus*
（依伍汉霖，2008）

捷虾虎鱼属 *Drombus* Jordan & Seale，1905

三角捷虾虎鱼 *D. triangularis*（**Weber，1909**）（图3251）。暖水性近岸底层小型鱼类。栖息于咸淡
水的河口区及砾石、沙砾底质的浅海区。杂食性，食底栖无脊椎动物。数量少，不常见，无食用价值。
体长50～70mm。分布：海南岛（干冲）、南海北部沿岸；日本、菲律宾、新加坡、印度尼西亚、印度
等沿海。

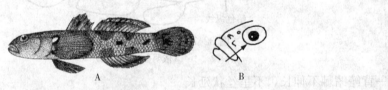

图3251　三角捷虾虎鱼 *D. triangularis*
A. 侧面　B. 前鼻孔下方具小皮突
（依郑葆珊，1962）

伊氏虾虎鱼属 *Egglestonichthys* Miller & Wongrat，1979

南海伊氏虾虎鱼 *E. patriciae* **Miller & Wongrat，1979**（图3252）。暖水性小型虾虎鱼类。栖息于

图3252　南海伊氏虾虎鱼 *E. patriciae*
（依 Miller & Wongrat，1979）

较深海域的泥质海底。体长 70～80mm。分布：台湾近岸、香港东南外海的南海水深 78.6m 的海域。

带虾虎鱼属 *Eutaeniichthys* Jordan & Snyder，1901

带虾虎鱼 *E. gilli* Jordan & Snyder，1901（图 3253）。冷温性底层小型鱼类。栖息于有岩礁的沿岸海域及河口咸淡水滩涂淤泥底质水域。体长 50～60mm。分布：渤海（辽宁）、黄海（山东、江苏）、东海；朝鲜半岛、日本。

图 3253　带虾虎鱼 *E. gilli*

（依伍汉霖，2008）

矶塘鳢属 *Eviota* Jenkins，1903
种 的 检 索 表

1（4）胸鳍基部上方具黑点或黑斑
2（3）胸鳍基部上方具一小黑色点；第一背鳍鳍棘不呈丝状延长；鲜活时下颌前方至前鳃盖具一红色纵线……………………**胸斑矶塘鳢 *E. prasites* Jordan & Seale，1906**（图 3254）。暖水性小型底层鱼类。栖息于热带珊瑚礁区和潮池。体长 25mm。分布：台湾南部海域、东沙群岛、南沙群岛；朝鲜半岛、日本南部。小型鱼类。数量少，不常见，无渔业价值，供观赏。

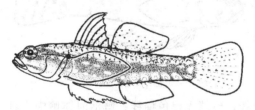

图 3254　胸斑矶塘鳢 *E. prasites*

（依明仁等，2013）

3（2）胸鳍基部上方具一大黑斑；第一背鳍第一至第三鳍棘最长，呈丝状延长；前鳃盖无红色纵线……………………**斑点矶塘鳢 *E. spilota* Lachner & Karnella，1980**（图 3255）。暖水性小型底层鱼类。栖息于热带珊瑚礁区和潮池。食小型浮游动物。体长 25mm。分布：台湾南部海域、海南岛三亚大东海；朝鲜半岛、日本。小型鱼类。数量少，不常见，无渔业价值，供观赏。

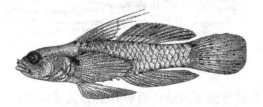

图 3255　斑点矶塘鳢 *E. spilota*

（依 Lachner & Karnella，1980）

4（1）胸鳍基部上方无黑点或黑斑
5（18）胸鳍下半部的鳍条无分支
6（7）胸鳍基底下方具暗色点；鲜活时第一背鳍第一鳍棘上方白色；前鳃盖无感觉管………………………………**泣矶塘鳢 *E. lacrimae* Sunobe，1988**（图 3256）。暖水性沿岸底层小型鱼类。栖息于热带珊瑚礁的沙底和潮池。食小型浮游动物。体长 10～20mm。分布：海南岛三亚、大东海；日本，印度-西太平洋。小型鱼类。不常见，无渔业价值，供观赏。

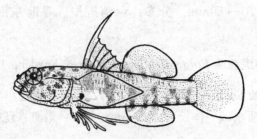

图 3256　泣矶塘鳢 *E. lacrimae*
（依明仁等，2013）

7（6）胸鳍基底下方无暗色点；鲜活时第一背鳍第一鳍棘上方不呈白色；前鳃盖具感觉管

8（13）尾鳍基底中央附近具暗色点；体细长；鲜活时眼具红色及暗色点；尾鳍基底黑点周围不呈红色，黑点中央无白色线

9（10）眼后下方具放射状暗色线；尾鳍具黑色横线；鲜活时体侧中央无红色纵带⋯⋯⋯⋯⋯⋯⋯⋯⋯⋯⋯⋯⋯**条尾矶塘鳢 *E. zebrine* Lachner & Karnella, 1978**（图 3257）。暖水性沿岸底层小型鱼类。生活于热带珊瑚礁的沙底和潮池。食小型浮游动物。体长 20mm。分布：海南岛三亚；日本，印度-西太平洋。小型鱼类。不常见，无渔业价值，供观赏。

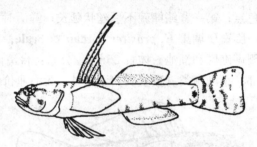

图 3257　条尾矶塘鳢 *E. zebrine*
（依明仁等，2013）

10（9）眼后下方无放射状暗色线；尾鳍无黑色横线；鲜活时体侧中央具红色纵带

11（12）尾鳍基底具一黑点；腹鳍鳍膜发达；后鼻孔后方无感觉管孔；两眼间隔具一感觉管孔⋯⋯⋯⋯⋯⋯⋯⋯⋯⋯**希氏矶塘鳢 *E. sebreei* Jordan & Seale, 1906**（图 3258）。暖水性沿岸底层鱼类。栖息于热带珊瑚礁的沙底。食小型浮游动物。体长 20mm。分布：台湾南部海域、东沙群岛、南沙群岛；日本，印度-西太平洋。小型鱼类。不常见，无渔业价值，供观赏。

后鼻孔后方无感觉管孔　感觉管孔 1个

图 3258　希氏矶塘鳢 *E. sebreei*
（依明仁等，2013）

12（11）尾鳍基底具二黑点；腹鳍鳍膜不发达；后鼻孔后方具感觉管孔；两眼间隔具二感觉管孔⋯⋯⋯⋯⋯⋯⋯⋯⋯⋯⋯⋯⋯**对斑矶塘鳢 *E. cometa* Jewett & Lachner, 1983**（图 3259）。暖水性近岸底层

后鼻孔后方具感觉管孔　感觉管孔 2个

图 3259　对斑矶塘鳢 *E. cometa*
（依明仁等，2013）

小型鱼类。栖息于热带珊瑚礁的沙底及砾石、沙砾底质的浅海区。杂食性，食小型浮游动物、底栖无脊椎动物。数量少，不常见，无食用价值。体长 20mm。分布：台湾南部海域、东沙群岛；日本、菲律宾、新加坡等沿海。

13（8）尾鳍基底中央附近无暗色点

14（17）臀鳍基底至尾鳍基底的腹中线无暗色点

15（16）鲜活时腹部黑色；尾柄部下方不呈暗色；尾鳍基底下方无暗色点；两眼间隔有二感觉管孔·····························**黑肚矶塘鳢 _E. atriventris_ Greenfield & Suzuki, 2010**（图 3260）。暖水性近岸底层小型鱼类。栖息于热带珊瑚礁的沙底和潮池及砾石、沙砾底质的浅海区。杂食性，食小型浮游动物、底栖无脊椎动物。数量少，不常见，无食用价值。体长 20mm。分布：台湾南部海域、东沙群岛、南沙群岛；日本、菲律宾、新加坡等沿海。不常见，无食用价值，供观赏。

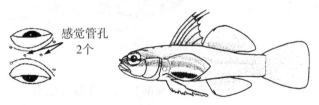

图 3260　黑肚矶塘鳢 _E. atriventris_
（依明仁等，2013）

16（15）鲜活时腹部不呈黑色；体侧中央有红色宽纵带；尾柄部下方暗色；尾鳍基底下方有大暗色点；两眼间隔有一感觉管孔·····························　**准黑腹矶塘鳢 _E. nigriventris_ Giltay，1933**（图 3261）。暖水性近岸底层小型鱼类。栖息于热带珊瑚礁的沙底和潮池及内湾枝状珊瑚砾石、沙砾底质的浅海区。杂食性，食小型浮游动物、底栖无脊椎动物。体长 20mm。分布：台湾南部海域；日本、菲律宾。不常见，无食用价值，供观赏。

图 3261　准黑腹矶塘鳢 _E. nigriventris_
（依明仁等，2013）

17（14）臀鳍基底上方有暗色点 3～4 个；尾鳍基底也有 3 个暗色点；眼的后方具一斜面长的暗色点·····························**颚斑矶塘鳢 _E. storthynx_（Rofen，1959）**（图 3262）。暖水性近岸底层小型鱼类。栖息于热带珊瑚的沙底和潮池及内湾枝状珊瑚砾石、沙砾底质的浅海区。杂食性，食小型浮游动物、底栖无脊椎动物。体长 20mm。分布：南海（香港）；日本、澳大利亚，印度-西太平洋。不常见，无食用价值，供观赏。

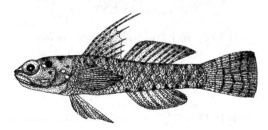

图 3262　颚斑矶塘鳢 _E. storthynx_
（依伍汉霖，2008）

18（5）胸鳍下半部的鳍条分支

19（32）尾柄部后方无黑斑

20（25）体侧鳞鞘边缘暗色

21（24）前鳃盖上方有一黑斑；腹鳍鳍膜发达；前鳃盖上方具感觉管孔

22（23）颊部具暗色短横线；鳃盖下方无暗色点；头部腹面暗点稀少 ·······················

益田氏矶塘鳢 E. masudai Matsuura & Senou, 2006（图3263）。暖水性小型底层鱼类。栖息于热带珊瑚的礁区和潮池。体长30mm。分布：台湾南部海域；朝鲜半岛、日本南部。小型鱼类。不常见，无渔业价值，供观赏。

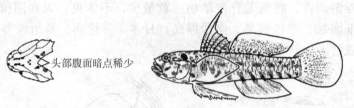

图3263 益田氏矶塘鳢 E. masudai

（依明仁等，2013）

23（22）颊部无暗色短横线；鳃盖下方有暗色点；头部腹面有许多暗色点 ··················

矶塘鳢 E. abax（Jordan & Snyder, 1901）（图3264）。暖水性小型底层鱼类。栖息于热带珊瑚的礁区和潮池。体长35mm。分布：台湾海域、海南岛；朝鲜半岛、日本南部。小型鱼类。数量少，不常见，无渔业价值，供观赏。

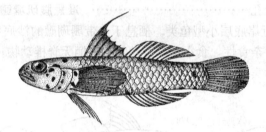

图3264 矶塘鳢 E. abax

（依郑葆珊，1962）

24（21）前鳃盖上方有二黑斑；腹鳍鳍膜不发达；前鳃盖上方无感觉管孔 ··················

昆士兰矶塘鳢 E. queenslandica Whitley, 1932（图3265）。暖水性小型底层鱼类。栖息于热带珊瑚礁区和潮池。体长30mm。分布：台湾南部海域、东沙群岛、西沙群岛、南沙群岛；朝鲜半岛、日本南部，东印度-西太平洋。小型鱼类。无渔业价值，供观赏。

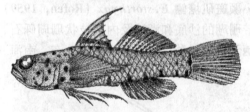

图3265 昆士兰矶塘鳢 E. queenslandica

（依 Lachner & Karnella，1980）

25（20）体侧鳞鞘边缘红色或黄色，固定后消失

26（29）鳃盖上方无黑斑及黑点

27（28）尾柄部后方具暗色点；腹鳍鳍膜不发达 ······························· **条纹矶塘鳢**

E. afelei Jordan & Seale, 1908（图3266）。栖息于裸露礁石浅水处的海藻丛、珊瑚礁区和潮池。体长20mm。分布：台湾南部海域；日本、韩国、澳大利亚，西-中太平洋。

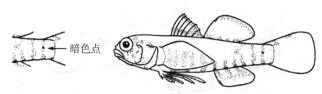

图 3266 条纹矶塘鳢 *E. afelei*
（依明仁等，2013）

28（27）尾柄部后方无暗色点；腹鳍鳍膜发达 ·· **细斑矶塘鳢
E. guttata Lachner & Karnella，1978**（图 3267）。暖水性小型底层鱼类。栖息于热带珊瑚礁区和潮池。体长 20mm。分布：台湾南部海域、海南岛；朝鲜半岛、日本，西太平洋。无渔业价值，供观赏。

图 3267 细斑矶塘鳢 *E. guttata*
（依明仁等，2013）

29（26）鳃盖上方有黑斑或黑点

30（31）体的背中线上具 8 个黑色点；鲜活时体侧后半下方的暗色点近圆形；鲜活时头部无红色点··············
··················· **蜘蛛矶塘鳢 E. smaragdus Jordan & Seale，1906**（图 3268）。暖水性小型底层鱼类。栖息于热带珊瑚的礁区和潮池及珊瑚礁区潮间带。体长 20mm。分布：台湾南部海域；朝鲜半岛、日本、澳大利亚，西太平洋。无渔业价值，不供食用。

图 3268 蜘蛛矶塘鳢 *E. smaragdus*
（依明仁等，2013）

31（30）体的背中线上无黑色点；鲜活时体侧后半下方的暗色点细长；鲜活时头部具红色点············
··················· **黑体矶塘鳢 E. melasma Lachner & Karnella，1980**（图 3269）。暖水性中小型底层鱼类。栖息于热带珊瑚丛中和潮池及珊瑚礁区的潮间带。体长 20mm。分布：台湾南部海域；朝鲜半岛、日本、澳大利亚，西太平洋。无渔业价值，不供食用。

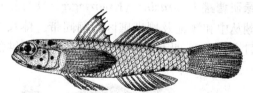

图 3269 黑体矶塘鳢 *E. melasma*
（依伍汉霖，2008）

32（19）尾柄部后方具黑斑

33（34）背鳍、臀鳍、尾鳍透明，无暗色点；头部无暗色点 ·································· **侧带矶塘鳢
E. latifasciata Jewett & Lachner，1983**（图 3270）。暖水性中小型底层鱼类。栖息于热带珊瑚丛中和潮池及珊瑚礁区的潮间带。体长 20mm。分布：台湾南部海域、东沙群岛；朝鲜半岛、日本、澳大利亚，西太平洋。无渔业价值，不供食用。

34（33）背鳍、臀鳍、尾鳍暗色，具暗色点；头部有暗色点

35（36）第二背鳍具 1 鳍棘、8 鳍条；胸鳍基底有二暗色点；第一背鳍有暗色斜线·································

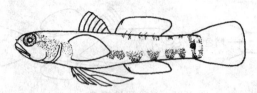

图 3270　侧带矶塘鳢 *E. latifasciata*
（依明仁等，2013）

······细身矶塘鳢 *E. distigma* Jordan & Seale, 1906（图 3271）。暖水性小型底层鱼类。栖息于热带珊瑚的礁区外缘和潮池。体长 20mm。分布：台湾南部海域、南海；朝鲜半岛、日本南部，东印度-西太平洋。小型鱼类，无渔业价值，供观赏。

图 3271　细身矶塘鳢 *E. distigma*
（依明仁等，2013）

36（35）第二背鳍具 1 鳍棘、9 鳍条

37（38）鲜活时体侧具 6 条暗色横带；体侧鳞鞘边缘不呈暗色；尾柄部的腹中线具二暗色点··········
·················塞班岛矶塘鳢 *E. saipanensis* Fowler, 1945（图 3272）。暖水性中小型底层鱼类。栖息于热带珊瑚丛中和潮池及珊瑚礁区的潮间带。体长 25mm。分布：台湾南部海域；日本、澳大利亚，西太平洋。无渔业价值，不供食用。

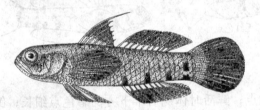

图 3272　塞班岛矶塘鳢 *E. saipanensis*
（依伍汉霖，2008）

38（37）鲜活时体侧具不明显 6 条暗色横带；体侧鳞鞘边缘暗色；尾柄部的腹中线具 3 个暗色点······
······················葱绿矶塘鳢 *E. prasina*（Klunzinger, 1871）（图 3273）。暖水性中小型底层鱼类。栖息于热带珊瑚丛中和潮池及珊瑚礁区的潮间带。体长 25mm。分布：台湾南部海域、海南岛、西沙群岛；日本，印度-西太平洋。无渔业价值，不供食用。

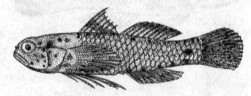

图 3273　葱绿矶塘鳢 *E. prasina*
（依伍汉霖，2008）

鹦虾虎鱼属 *Exyrias* Jordan & Seale, 1906
种 的 检 索 表

1（2）第一背鳍各棘上半部的鳍膜具深缺刻；第一背鳍最长棘压倒时伸越第二背鳍基底后方；鲜活时背

鳍、臀鳍、尾鳍的斑纹黄色 ⋯⋯⋯⋯⋯⋯⋯⋯⋯ **明仁鹦虾虎鱼 E. akihito Allen & Randall，2005**
（图 3274）。栖息于河口的半淡咸水域与潟湖水域。食水中的小型鱼虾或小型无脊椎动物。体长
70mm。分布：台湾南部的半淡咸水域。体型小，无渔业利用价值。

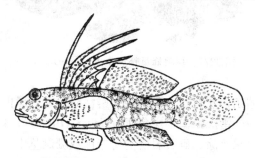

图 3274　明仁鹦虾虎鱼 E. akihito
（依明仁等，2013）

2（1）第一背鳍各棘上半部的鳍膜无深缺刻；第一背鳍最长棘压倒时不伸越第二背鳍基底后方；鲜活时
背鳍、臀鳍、尾鳍的斑纹黑色或红褐色

3（4）第一背鳍外形近三角形，具许多黑色小斑 ⋯⋯⋯⋯⋯⋯⋯⋯⋯⋯⋯ **纵带鹦虾虎鱼**
E. punttang（Bleeker，1851）（图 3275）。栖息于河口的半淡咸水域与潟湖水域。食水中的小型
鱼虾或小型无脊椎动物。体长 120mm。分布：东海（上海）、台湾本岛各地的半淡咸水域；日
本、新加坡、斯里兰卡，西南太平洋海域。

图 3275　纵带鹦虾虎鱼 E. punttang
（依伍汉霖，2008）

4（3）第一背鳍外形近四角形，无明显黑色小斑 ⋯⋯⋯⋯⋯⋯⋯⋯⋯⋯⋯⋯ **黑点鹦虾虎鱼**
E. belissimus（Smith，1959）（图 3276）。栖息于河口的半淡咸水域与潟湖水域。食水中的小型
鱼虾或小型无脊椎动物。体长 120mm。分布：东沙群岛。

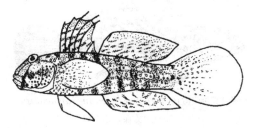

图 3276　黑点鹦虾虎鱼 E. belissimus
（依明仁等，2013）

蜂巢虾虎鱼属 Favonigobius Whitley，1930
种 的 检 索 表

1（2）第二背鳍和臀鳍各具 9 鳍条；左右鳃盖膜不愈合；鲜活时臀鳍无黑白斜带；尾鳍基底中央具黑色
叉状斑⋯⋯⋯⋯⋯⋯⋯⋯⋯⋯**裸项蜂巢虾虎鱼 F. gymnauchen（Bleeker，1860）**（图 3277）。暖水
性近岸小型鱼类。栖息于近岸浅水滩涂、砾石岩礁的海岸区或珊瑚丛中。体长 120mm。分布：
渤海（河北）、黄海（江苏）、东海（浙江）、台湾（兰屿）海域；日本，印度-西太平洋。个体
小，无食用价值。

图 3277　裸项蜂巢虾虎鱼 F. gymnauchen

（依伍汉霖，2008）

2（1）第二背鳍和臀鳍各具 8 鳍条；左右鳃盖膜愈合；鲜活时臀鳍具黑白斜带；尾鳍基底中央黑斑不呈叉状………………………**雷氏蜂巢虾虎鱼 F. reichei（Bleeker，1853）**（图 3278）。暖水性近岸小型鱼类。栖息于近岸浅水滩涂、砾石岩礁的海岸区或珊瑚丛中。体长 50mm。分布：台湾南部海域、海南岛；日本，印度-西太平洋。个体小，无食用价值。

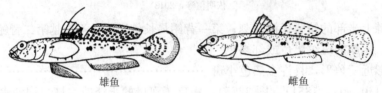

雄鱼　　　　　　　　　　　　雌鱼

图 3278　雷氏蜂巢虾虎鱼 F. reichei

（依明仁等，2013）

纺锤虾虎鱼属 Fusigobius Whitley，1930
种 的 检 索 表

1（2）第一背鳍第一鳍棘延长呈丝状，约为头长的 1.4 倍；尾鳍基底具 1 个等于或大于眼径的黑色大斑………………………**黄斑纺锤虾虎鱼 F. inframaculatus（Randall，1994）**（图 3279）〔syn. 长棘纺锤虾虎鱼 F. longispinus 台湾鱼类生态与演化研究室（non Goren）〕。暖水性近岸底栖小型鱼类。栖息于沙质底的珊瑚礁海域。肉食性，食底栖无脊椎动物。较常见。体长 30～40mm，大者可达 70mm。分布：台湾南部海域及兰屿；日本，印度-西太平洋海域。小型鱼类。无食用价值，供观赏。

图 3279　黄斑纺锤虾虎鱼 F. inframaculatus

（依伍汉霖，2008）

2（1）第一背鳍第一鳍棘不延长呈丝状，小于头长；尾鳍基底的斑块小于眼径

3（4）第二背鳍和尾鳍具许多与瞳孔同大的黑色小圆斑；体侧背鳍及尾鳍鲜活时橙色……………………………**巨纺锤虾虎鱼 F. maximus（Randall，2001）**（图 3280）。暖水性近岸底层小型鱼类。栖息于

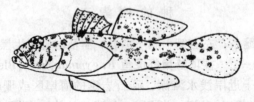

图 3280　巨纺锤虾虎鱼 F. maximus

（依明仁等，2013）

珊瑚丛区的沙底。肉食性，食底栖无脊椎动物。体长 50～60mm。大者可达 75mm。分布：台湾海域；日本南部、菲律宾，印度尼西亚及红海海域。稀有，无食用价值，供观赏。

4（3）第二背鳍和尾鳍无黑色小圆斑

5（6）第一背鳍第五和第六鳍棘间具一大圆黑斑 ••••••••••••••••••••••••••••••••••• **裸项纺锤虾虎鱼**
F. duospilus Hoese & Reader，1985（图 3281）。暖水性近岸底层小型鱼类。栖息于沙质底的岩礁或珊瑚丛中。供观赏，无食用价值。体长 30～40 mm。分布：台湾屏东及兰屿、东沙群岛、南沙群岛；日本，印度-太平洋海域。无食用价值，供观赏。

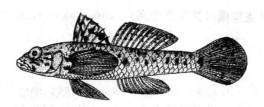

图 3281 裸项纺锤虾虎鱼 F. duospilus
（依伍汉霖，2008）

6（5）第一背鳍后方无大黑斑

7（8）尾柄中央下方具一横长小斑 •••••••••••••••••••••••• **短棘纺锤虾虎鱼 F. neophytus (Günther，1877)**
（图 3282）。暖水性近岸底层小型鱼类。栖息于岩礁或珊瑚丛区的沙底。肉食性，食底栖无脊椎动物。体长 50～60mm，大者可达 75mm。分布：台湾垦丁、东沙群岛、南沙群岛；日本南部、红海，印度-太平洋等海域。稀有，无食用价值，供观赏。

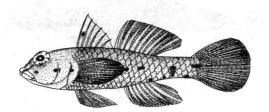

图 3282 短棘纺锤虾虎鱼 F. neophytus
（依伍汉霖，2008）

8（7）尾柄中央下方无横长小斑；体侧在胸鳍上方具一黑色圆斑••••••••••••••••••••**肱斑纺锤虾虎鱼**
F. humeralis Hoese & Reader，1985（图 3283）。暖水性近岸底层小型鱼类。栖息于沙质底的珊瑚丛中。体长 30～40mm。分布：台湾南部猫鼻头沿岸；日本、澳大利亚大堡礁、印度尼西亚，西-中太平洋海域。供观赏，无食用价值。

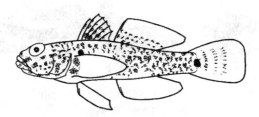

图 3283 肱斑纺锤虾虎鱼 F. humeralis
（依明仁等，2013）

盖棘虾虎鱼属 *Gladiogobius* Herre，1933

短刺盖棘虾虎鱼 *G. brevispinis* Sgibukawa & Allen，2007（图 3284）。暖温性近岸底层小型鱼类。栖息于河口、近岸浅水滩涂的砾石岩礁海岸区。体长 25～35mm。分布：海南岛三亚鹿回头沿岸；日本、泰国、菲律宾，印度-西太平洋海域。无食用价值。

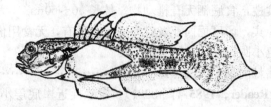

图 3284　短刺盖棘虾虎鱼 *G. brevispinis*
(依明仁等，2013)

舌虾虎鱼属（叉舌虾虎属）*Glossogobius* Gill，1859
种 的 检 索 表

1（14）颏部无须

2（3）瞳孔上部有 1 个由虹彩伸出的尖突；腹鳍具 3 条深色斜纹；第一背鳍第一及第五鳍棘后方各有一大黑斑……………………………**双斑舌虾虎鱼 *G. biocellatus*（Valenciennes，1837）**（图 3285）。暖水性底层小型鱼类。栖息于河口及红树林区、港湾、潟湖等咸淡水水域，也见于江河下游的淡水水体及浅海滩涂。喜好于泥沙的环境中活动，浅水区之族群常隐藏于枯木或杂物等隐蔽性较好的栖地中。摄食虾类及幼鱼。无食用价值。体长 60～80mm，最大个体可达 100mm。分布：台湾东港及高屏溪河口、海南岛（南渡江水系的海口市）、南海（广东）；日本、印度尼西亚，印度洋北部沿岸至太平洋中部各岛屿。

图 3285　双斑舌虾虎鱼 *G. biocellatus*
A. 侧面　B. 眼（示瞳孔上部尖突）
(依伍汉霖，1991)

3（2）瞳孔上部无虹彩伸出的尖突；腹鳍无 3 条深色斜纹；第一背鳍无大黑斑

4（5）眼后及背鳍前方项部有若干小黑斑 ………………………………………………… **斑纹舌虾虎鱼 *G. olivaceus*（Temminck & Schlegel，1845）**（图 3286）。暖水性小型底层鱼类。栖息于河口咸淡水区及江河中游的淡水中，也见于红树林、港湾及近岸滩涂处。摄食虾类和幼鱼。用定置网捕捞。体长 120～150mm，大者可达 230mm。分布：黄海（江苏）、东海（浙江、福建）、台湾海域、海南岛、南海（广东）；日本。较常见，肉厚味美，供食用，有一定经济价值。

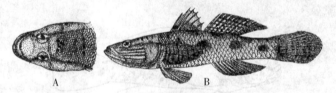

图 3286　斑纹舌虾虎鱼 *G. olivaceus*
A. 头部背面　B. 侧面观
(依伍汉霖，2008)

5（4）眼后及背鳍前方无黑斑

6（7）尾鳍基具 2 个成对排列的黑斑；颊部除二纵行感觉乳突线外，还具许多紧密排列的横行感觉乳突线……………………………**钝吻舌虾虎鱼 *G. circumspectus*（Macleay，1883）**（图 3287）。暖水性小型底层鱼类。喜栖息于浅海及河口咸淡水域的泥滩底质中，或潟湖、内湾等栖地里，通常栖息于在缓流区或较静止的水域中。摄食小型底栖无脊椎动物，如小虾等。体长 90～120 mm。分布：台湾东港及高雄；日本、巴布亚新几内亚。不常见，无经济价值。

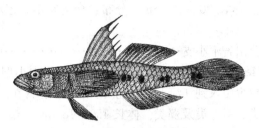

图 3287　钝吻舌虾虎鱼 *G. circumspectus*
（依伍汉霖，1991）

7（6）尾鳍基无黑斑或仅具 1 个黑斑；颊部无横行感觉乳突线

8（11）眼下感觉乳突线分叉，分出第 6 条感觉乳突线

9（10）背鳍前鳞 13～14；头部感觉管孔 G 和 H′ 之间还具 2 个细孔，眼前下方至上颌具一深色斜带
………………………西里伯舌虾虎鱼 *G . celebius*（Valenciennes，1837）（图 3288）。暖水性
中小型底层鱼类。喜栖息于河口沙泥底质的淡水区域。肉食性鱼类，大多以小型鱼类、甲壳类、
无脊椎动物为食。体长 100～110mm，大者可达 150mm。分布：海南岛南渡江河口区；日本、
菲律宾、澳大利亚北部，西太平洋。

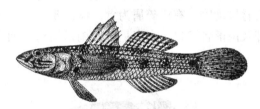

图 3288　西里伯舌虾虎鱼 *G. celebius*
（依伍汉霖，1991）

10（9）背鳍前鳞 19～21；头部感觉管孔 G 和 H′ 之间无细孔；眼前下方至上颌无深色斜带…………
………………舌虾虎鱼 *G. giuris*（Hamilton，1822）（图 3289）。暖水性中小型底层鱼类。喜栖
息于内湾、河口沙泥底质的咸淡水区域。肉食性鱼类，大多以小型鱼类、甲壳类、无脊椎动物
为食。多数不偏好游动，多停栖于沙泥面之上。体长 80～150mm，最大者可达 250mm。分布：
中国东部、南部沿海及各河口区、台湾；印度洋非洲东岸至太平洋中部各岛屿，北至菲律宾，
南至印度尼西亚。较常见，肉厚味美，供食用，有一定经济价值。

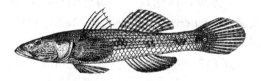

图 3289　舌虾虎鱼 *G. giuris*
（依郑葆珊，1962）

11（8）眼下感觉乳突线为单支，不分叉，无第 6 条感觉乳突线

12（13）鳃盖上的感觉乳突线无任何分支 …………………………………………………………………
拟背斑舌虾虎鱼 *G. brunnoides*（Nichols，1951）（图 3290）。暖水性底层小型鱼类。栖息于浅

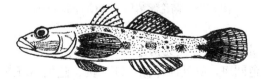

图 3290　拟背斑舌虾虎鱼 *G. brunnoides*
（依伍汉霖，1991）

海及河口咸淡水区域。体长 90～120mm。分布：台湾东港；巴布亚新几内亚。个体小，不常见，无经济价值。

13（12）鳃盖上的感觉乳突线分出若干小支 ┄┄┄┄┄┄┄┄┄┄┄┄┄┄┄┄┄┄┄┄┄┄ **金黄舌虾虎鱼**
G. aureus Akihito & Meguro, 1975（图 3291）。暖水性底层中小型鱼类。栖息于河口、潟湖及内湾的半咸淡水水域，较少侵入到江河下游的纯淡水水域中。喜在泥沙中掘洞而居，颇贪食，易钓获，摄食底栖小型鱼类、甲壳类及藻类。体长 150～180mm，最大可达 300mm 以上。分布：台湾恒春及东港、海南岛；日本南西诸岛、新加坡，西太平洋海域。较常见，供食用。

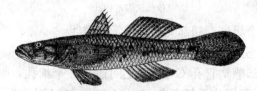

图 3291　金黄舌虾虎鱼 G. aureus
（依伍汉霖，2008）

14（1）颏部有小须 1 对 ┄┄┄┄┄┄┄┄┄┄┄┄┄┄**双须舌虾虎鱼 G. bicirrhosus**（**Weber，1894**）（图 3292）。暖水性底层小型鱼类。栖息于河口的半咸淡水水域、潟湖等，较少侵入纯淡水水域中。平时潜伏在泥沙间，以小型无脊椎动物、有机碎屑为食。体长 80～100mm，大者可达 150mm。分布：台湾台东、海南岛东部及南部各河口、南海；日本南部沿海、西太平洋海域。不常见，无经济价值。

图 3292　双须舌虾虎鱼 G. bicirrhosus
（依伍汉霖，2008）

颌鳞虾虎鱼属 Gnatholepis Bleeker，1874
种 的 检 索 表

1（2）胸鳍基上方的体侧具一 U 形黑斑，体侧具 7 条褐色细纵纹和具 6 个灰褐色大斑 ┄┄┄┄┄┄
┄┄┄┄┄┄**高伦颌鳞虾虎鱼 G. cauerensis**（**Bleeker，1853**）（图 3293）（syn. 肩斑颌鳞虾虎鱼
G. scapulostigma 陈大刚，2015；明仁等，2013；伍汉霖，2008）。暖水性小型底层鱼类。栖息于热带岩礁珊瑚礁或岩礁区的砾石底质上。体长 40～60mm。分布：台湾屏东及小琉球、东沙群岛；日本、西-中太平洋。

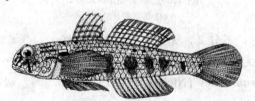

图 3293　高伦颌鳞虾虎鱼 G. cauerensis
（依伍汉霖，2008）

2（1）胸鳍基上方的体侧无 U 形黑斑，体侧无褐色细纵纹
3（4）臀鳍具 3 行红、黄、黑色圆斑；鲜活时体侧具红、黄、蓝色小斑点 ┄┄┄┄┄┄┄┄┄┄┄┄┄┄
眼带颌鳞虾虎鱼 G. ophthalmotaenia（**Bleeker，1854**）（图 3294）（syn. 臀斑颌鳞虾虎鱼 **G. deltoids**
陈大刚，2015；明仁等，2013；伍汉霖，2008）。暖水性小型底层鱼类。栖息于热带岩礁珊瑚礁

或岩礁区的砾石底质上。体长 40～60mm。分布：台湾屏东、小琉球；日本南部、马尔代夫群岛、八重山诸岛，西-中太平洋海域。

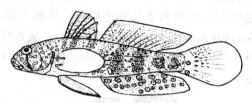

图 3294　眼带颌鳞虾虎鱼 G. ophthalmotaenia
（依明仁等，2013）

4（3）臀鳍无红黑色圆斑······························**颌鳞虾虎鱼 _G. anjerensis_（Bleeker，1851）**（图 3295）。
暖水性小型底层鱼类。栖息于热带珊瑚礁或岩礁区的沙底上。体长30～40mm。分布：台湾南部垦丁、海南岛；日本琉球群岛、印度尼西亚、红海，印度洋。

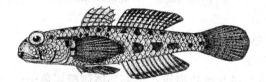

图 3295　颌鳞虾虎鱼 G. anjerensis
（依伍汉霖，2008）

叶虾虎鱼属 _Gobiodon_ Bleeker，1856
种 的 检 索 表

1（2）体侧具 14～20 条蓝色横纹，无纵带；头部和胸鳍基部具 5～7 条蓝色横纹······························
沟叶虾虎鱼 _G. rivulatus_（Rüppell，1830）（图 3296）(syn. 多线叶虾虎鱼 _G. multilineatus_ Wu，1979）。暖水性沿岸小型虾虎鱼类。栖息于珊瑚丛中，以浮游动物为食。体长 30～40mm。分布：台湾恒春、西沙群岛海域；日本琉球群岛。数量极少，属稀有种类，具观赏价值。为濒危物种（endangered），已被列入《中国物种红色名录》。

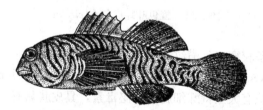

图 3296　沟叶虾虎鱼 G. rivulatus
（依伍汉霖，2008）

2（1）体侧无蓝色横纹；头部和胸鳍基部有或无横纹
3（4）两背鳍和臀鳍基部均具一白色条纹 ······························ **棕褐叶虾虎鱼 _G. fulvus_ Herre，1927**
（图 3297）。暖水性沿岸小型虾虎鱼类。栖息于珊瑚丛中，食浮游动物。稀有，具观赏价值。体长 30mm。分布：台湾台东兰屿；日本南部沿海。具观赏价值。

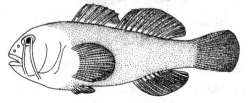

图 3297　棕褐叶虾虎鱼 G. fulvus
（依伍汉霖，2008）

4（3）两背鳍和臀鳍基部均无白色条纹

5（12）鳃盖上方近鳃孔处具一黑色圆斑

6（7）头部蓝色，具一暗红色垂线穿过眼睛向下几伸达口角；体侧黑褐略带微蓝色……………………
…………眼纹叶虾虎鱼 **G. micropus Günther, 1861**（图3298）。暖水性沿岸小型虾虎鱼类。栖息于枝状珊瑚的珊瑚丛中。摄食小型浮游动物。体长35mm。分布：西沙群岛；日本，印度-太平洋海域。较少见，具观赏价值。

图3298　眼纹叶虾虎鱼 G. micropus
（依明仁等，2013）

7（6）头部不呈蓝色，无暗红色垂线穿过眼睛；体侧不呈黑褐色

8（11）体侧无纵带及纵列小圆斑

9（10）眼和胸鳍基部前方各有2条蓝色狭横线；头部和体侧橙褐色………………………… **橙色叶虾虎鱼**
G. citrinus（Rüppell, 1838）（图3299）。暖水性沿岸小型虾虎鱼类。栖息于枝状珊瑚（*Acropora nobilis* 和 *A. valida*）的珊瑚丛中，有很强的领域行为。摄食小型浮游动物。体长达40mm。较少见，具观赏价值。该鱼皮肤组织有大型特殊细胞可分泌毒素，具皮肤黏液毒，有苦味及刺激味，能杀死周围的水生动物（伍汉霖等，2002）。体长30～40mm。分布：台湾恒春、东沙群岛；日本琉球群岛、菲律宾，印度-太平洋海域。具观赏价值。

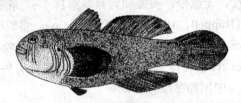

图3299　橙色叶虾虎鱼 G. citrinus
（依伍汉霖，2008）

10（9）头侧和胸鳍基部具4条较宽红色横纹；头部和体侧绿色………………………… **红点叶虾虎鱼**
G. erythrospilus Bleeker, 1875（图3300）。暖水性沿岸小型虾虎鱼类。栖息于珊瑚丛中。具观赏价值。该鱼皮肤组织有大型特殊细胞可分泌毒素，具皮肤黏液毒，有苦味及刺激味，能杀死周围的水生动物（伍汉霖等，2002）。体长20～35mm，大者可达45mm。分布：海南岛（新村、三亚）、西沙群岛等海域；日本、印度、新加坡，印度尼西亚至太平洋中部海域。具观赏价值。

图3300　红点叶虾虎鱼 G. erythrospilus
（依郑葆珊，1962）

11（8）体侧具5条棕红带紫色虫状纵带；头侧具5条棕红色横带………………………… **宽纹叶虾虎鱼**
G. histrio（Valenciennes, 1837）（图3301）。暖水性沿岸小型虾虎鱼类。栖息于枝状珊瑚（*Acropora nobilis* 和 *A. valida*）的珊瑚丛中。体长30～40mm。分布：海南岛；日本、泰国、新加坡至太平洋中部。不常见，具观赏价值。

图 3301　宽纹叶虾虎鱼 *G. histrio*

（依伍汉霖，2008）

12（5）鳃盖上方近鳃孔处无黑色圆斑

13（16）头部具横带

14（15）头部具 2 条浅蓝色细横纹，横纹穿过眼 ·························· **眼带叶虾虎鱼**
G. oculolineatus Wu, 1979（图 3302）。暖水性沿岸小型虾虎鱼类。栖息于枝状珊瑚
（*Acropora cerealis*、*A. loripes*）的珊瑚丛中。摄食浮游动物及小型底栖动物。体长 30～
40mm。分布：台湾恒春、西沙群岛永兴岛；日本琉球群岛。数量极少，属稀有种类，较少
见，具观赏价值。为濒危物种（endangered），已被列入《中国物种红色名录》。

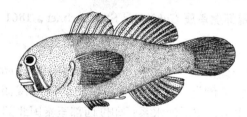

图 3302　眼带叶虾虎鱼 *G. oculolineatus*

（依伍汉霖，2008）

15（14）头部和胸鳍基部具 5 条蓝色横纹 ·························· **五线叶虾虎鱼**
G. quinquestrigatus（Valenciennes, 1837）（图 3303）。暖水性沿岸小型虾虎鱼类。栖息于岩礁
和枝状珊瑚（*Acropora humilis*、*A. valida*）的珊瑚丛中。摄食浮游动物及小型底栖无脊椎
动物。较常见。具观赏价值。体长 40～50mm。该鱼皮肤可分泌毒素，具皮肤黏液毒，有苦味
及刺激味，能杀死周围的水生动物（伍汉霖等，2002）。分布：台湾南部海域、海南岛、西沙
群岛、南沙群岛海域；日本、红海，印度洋非洲东岸至太平洋中部的波利尼西亚。

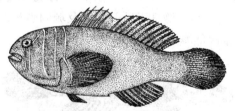

图 3303　五线叶虾虎鱼 *G. quinquestrigatus*

（依郑葆珊，1962）

16（13）头部无横带

17（18）头、体及各鳍黄色 ·························· **冲绳叶虾虎鱼（黄体叶虾虎鱼）**
G. okinawae Sawada, Arai & Abe, 1972（图 3304）。暖水性沿岸小型虾虎鱼类。栖息于枝状珊瑚

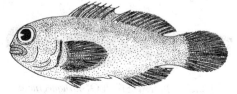

图 3304　冲绳叶虾虎鱼（黄体叶虾虎鱼）*G. okinawae*

（依伍汉霖，2008）

（*Acropora*）的珊瑚丛中。摄食浮游动物及小型底栖无脊椎动物。较稀有，具观赏价值。体长
30～40mm。分布：台湾南部海域、西沙群岛永兴岛海域；日本琉球列岛。

18（17）头、体灰棕色；各鳍浅灰色·····························**灰叶虾虎鱼 *G. unicolor*（Castelnau，1873）**
（图 3305）。暖水性沿岸小型虾虎鱼类。栖息于枝状珊瑚（*Acropora millepora*、*A. nasuta*）
的珊瑚丛中。摄食浮游动物及小型底栖无脊椎动物。体长 30～40mm。分布：台湾南部海域、
西沙群岛金银岛海域；日本琉球群岛。不常见，具观赏价值。

图 3305　灰叶虾虎鱼 *G. unicolor*
（依伍汉霖，2008）

髯虾虎鱼属 *Gobiopsis* Steindachner，1861
种 的 检 索 表

1（2）背鳍前鳞 18～19 ····························· **大口髯虾虎鱼 *G. macrostomus* Steindachner，1861**
（图 3306）。暖水性小型底层鱼类。栖息于泥沙底质的河口咸淡水及淡水水域中。体长 60～
80mm。分布：广东珠江水系、遂溪河水系；印度西部至泰国北部。

图 3306　大口髯虾虎鱼 *G. macrostomus*
（依伍汉霖等，2008）

2（1）背鳍前鳞 7～9
3（4）尾柄长为尾柄高的 2.9～3.0 倍·························**砂髯虾虎鱼 *G. arenarius*（Snyder，1908）**
（图 3307）。暖水性小型底层鱼类。栖息于砾石底质及珊瑚礁丛的海域。体长 30～40mm。分布：
台湾南部海域，香港；日本南部海域。

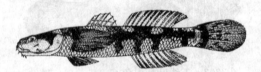

图 3307　砂髯虾虎鱼 *G. arenarius*
（依伍汉霖等，2008）

4（3）尾柄长为尾柄高的 2.1 倍·························**五带髯虾虎鱼 *G. quinquecincta*（Smith，1931）**
（图 3308）。暖水性小型底层鱼类。栖息于珊瑚礁丛的海域。体长 20～30mm。分布：台湾南部
沿岸；日本、印度南部、菲律宾。

图 3308　五带髯虾虎鱼 *G. quinquecincta*
（依伍汉霖等，2008）

裸身虾虎鱼属 *Gymnogobius* Gill，1863
种 的 检 索 表

1（2）头部具 2 个感觉管孔（D、F）（图 3309）‥‥‥‥‥‥‥‥‥‥‥‥‥‥‥‥‥**塔氏裸身虾虎鱼**
　　　***G. taranetzi*（Pinchuk，1978）**（图 3309）。冷温性底层小型鱼类。栖息于淡水中下游河川中。摄
　　　食淡水底栖无脊椎动物。体长 50～70mm。分布：黑龙江水系、图们江珲春河水系、辽河、滦河
　　　水系；日本、朝鲜半岛、俄罗斯滨海边疆区海域。

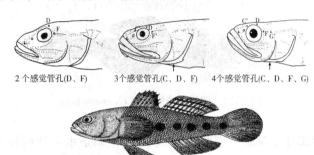

图 3309　塔氏裸身虾虎鱼 *G. taranetzi*
（依伍汉霖等，2008）

2（1）头部具 3～4 个感觉管孔
3（6）头部具 3 个感觉管孔（C、D、F）（图 3309）
4（5）口大；上颌骨长，向后伸达眼后缘的远后方；无背鳍前鳞‥‥‥‥‥‥‥‥‥‥‥**大颌裸身虾虎鱼**
　　　***G. macrognathus* Bleeker，1860**（图 3310）。冷温性沿岸内湾底层小型鱼类。栖息于河口咸淡水
　　　及沿岸海水中。摄食海水底栖无脊椎动物。体长 60～80mm。分布：渤海沿岸、黄海；日本。

图 3310　大颌裸身虾虎鱼 *G. macrognathus*
（依伍汉霖等，2008）

5（4）口小；上颌骨短，向后仅伸达眼中部或后缘的下方；有背鳍前鳞 ‥‥‥‥‥‥‥‥‥‥‥‥‥‥‥
　　　栗色裸身虾虎鱼 *G. castaneus*（O’Shaughnessy，1875）（图 3311）［syn. 黄带裸身虾虎鱼 *G. laevis*
　　　（Steindachner，1879）］。淡水生活的冷温性小型底层鱼类，有时也会栖息于河口咸淡水水域。以
　　　枝角类、蓝藻、绿藻、裸藻、轮虫等为食。体长 60～70mm。分布：辽河、图们江及鸭绿江水系
　　　通海的江河中；朝鲜半岛、日本。

雄鱼　　　　　　　　　　　　　　　　雌鱼

图 3311　栗色裸身虾虎鱼 *G. castaneus*
（依明仁等，2013）

6（3）头部具 4 个感觉管孔（C、D、F、G）（图 3309）
7（10）无背鳍前鳞；眼间隔的宽等于或小于眼径；第二背鳍具 1 鳍棘、11～14 鳍条
8（9）纵列鳞 86～91；颊部具 1 条眼下感觉乳突线（L_2），3 条水平状的纵行感觉乳突线（L_3、L_4、
　　　L_5）‥‥‥‥‥‥‥‥‥**网纹裸身虾虎鱼 *G. mororanus*（Jordan & Snyder，1901）**（图 3312）。
　　　冷温性沿岸内湾底层小型鱼类。栖息于河口咸淡水及沿岸海水中。摄食海水底栖无脊椎动物。体

长 60～70mm。分布：渤海、黄海沿岸；朝鲜半岛、日本、俄罗斯滨海边疆区沿岸。

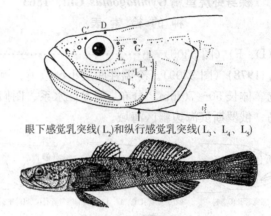

眼下感觉乳突线(L_2)和纵行感觉乳突线(L_3、L_4、L_5)

图 3312　网纹裸身虾虎鱼 G. mororanus

（依伍汉霖等，2008）

9（8）纵列鳞 69～75；颊部具 1 条眼下感觉乳突线（L_2），2 条水平状的纵行感觉乳突线（L_4、L_5）
……………………**七棘裸身虾虎鱼 G. heptacanthus（Hilgendorf，1879）**（图 3313）。沿岸内湾底层小型鱼类。栖息于河口咸淡水及沿岸海水中。摄食海水底栖无脊椎动物。体长 50～60mm。分布：渤海、黄海沿岸；朝鲜半岛、日本、俄罗斯滨海边疆区沿岸。

图 3313　七棘裸身虾虎鱼 G. heptacanthus

（依伍汉霖等，2008）

10（7）具背鳍前鳞；眼间隔的宽大于眼径；第二背鳍具 1 鳍棘、9～12 鳍条

11（12）背鳍前鳞 12～15；头部密具小黑点 ……………………………………………… **舟山裸身虾虎鱼 G. zhoushanensis Zhao，Wu & Zhong，2007**（图 3314）。栖息于舟山岛的河溪中。体长 22mm。分布：浙江舟山。

图 3314　舟山裸身虾虎鱼 G. zhoushanensis

（依 Zhao，Wu & Zhong，2007）

12（11）背鳍前鳞 20～27；头部散具若干小黑点

13（14）尾鳍基部有一黑色小圆斑；背鳍前鳞 27 ……………………………………… **条尾裸身虾虎鱼 G. urotaenia（Hilgendorf，1879）**（图 3315）。冷温性底层小型鱼类。栖息于淡水河川的中下游。以水生昆虫、枝角类、蓝藻、绿藻、裸藻、轮虫等为食。体长 70～100mm。分布：图们江、鸭绿江；朝鲜半岛、日本、俄罗斯滨海边疆区。

图 3315　条尾裸身虾虎鱼 G. urotaenia

（依伍汉霖等，2008）

14（13）尾鳍基部有一横 Y 形黑纹；背鳍前鳞 20～22 ·····························**横带裸身虾虎鱼**
G. transverse fasciatus（**Wu & Zhou, 1990**）（图 3316）。冷温性底层小型鱼类。栖息于淡水中下游河川中。以水生昆虫、枝角类、蓝藻、绿藻、裸藻、轮虫等为食。体长 70～80mm。分布：浙江省南部瓯江及鳌江水系的河溪中；朝鲜半岛、日本。数量极少，属稀有种类，为濒危物种（endangered），已被列入《中国物种红色名录》（2004）。

图 3316 横带裸身虾虎鱼 *G. transverse fasciatus*
（依伍汉霖等，2008）

粗棘虾虎鱼属 *Hazeus* Jordan & Snyder，1901

大泷粗棘虾虎鱼 *H. otakii* Jordan & Snyder，1901（图 3317）。暖水性近岸小型鱼类。栖息于泥沙底质的海底。摄食底栖无脊椎动物。体长 5～60mm。分布：台湾南部沿海；日本沿岸。

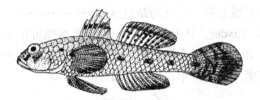

图 3317 大泷粗棘虾虎鱼 *H. otakii*
（依伍汉霖等，2008）

半虾虎鱼属（间虾虎属）*Hemigobius* Bleeker，1874

斜纹半虾虎鱼 *H. hoevenii*（Bleeker，1851）（图 3318）。暖水性底层小型鱼类。栖息于河口咸淡水交界处。体长 50～60mm。分布：中国南部各河口区；泰国、马来西亚、菲律宾、新加坡、澳大利亚、印度尼西亚。

图 3318 斜纹半虾虎鱼 *H. hoevenii*
（依伍汉霖等，2008）

异塘鳢属 *Hetereleotris* Bleeker，1874

异塘鳢 *H. poecila*（Fowler，1946）（图 3319）。暖水性近岸中小型底层鱼类。栖息于热带海区潮间带的石砾及岩礁处。体长 20～40mm。分布：台湾海域；日本南部沿岸至太平洋中部诸岛。

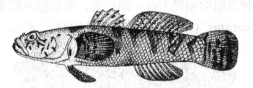

图 3319 异塘鳢 *H. poecila*
（依伍汉霖等，2008）

鲔虾虎鱼属 *Istigobius* Whitley, 1932
种 的 检 索 表

1（2）胸鳍上方的第一至第三鳍条游离，具2分支 ·············· **妆饰鲔虾虎鱼**
I. ornatus（Rüppell, 1830）（图 3320）。暖水性潮间带小型底层鱼类。栖息于岩礁性沙地的海
底。摄食底栖无脊椎动物。体长 30～70 mm。分布：台湾南部海域、海南岛、西沙群岛；日本、
菲律宾、印度尼西亚、澳大利亚，印度-西南太平洋各岛屿。

图 3320　妆饰鲔虾虎鱼 I. ornatus
（依伍汉霖等，2008）

2（1）胸鳍上方各鳍条不游离，第一鳍条不分支，第二和第三鳍条分支
3（6）背鳍前鳞 10 以上
4（5）眼后缘至鳃盖上部的水平线上有一明显的暗色纵纹 ·············· **凯氏鲔虾虎鱼**
I. campbelli（Jordan & Snyder, 1901）（图 3321）。暖水性近岸小型底层鱼类。喜栖息于岩礁性
海岸的沙地。肉食性，摄食底栖无脊椎动物、小型鱼类或稚、幼鱼。体长 60～80mm。分布：台
湾南部海域，香港，海南岛；朝鲜半岛南岸、日本。

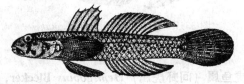

图 3321　凯氏鲔虾虎鱼 I. campbelli
（依伍汉霖等，2008）

5（4）眼后缘至鳃盖上部的水平线上无暗色纵纹 ·············· **和歌鲔虾虎鱼**
I. hoshinonis（Tanaka, 1917）（图 3322）。暖水性近岸小型底层鱼类。栖息于岩礁性沙质的海
底。摄食底栖无脊椎动物。数量少。体长 60～70 mm。分布：台湾中部及南海沿岸；朝鲜半岛、
日本等地沿海。

图 3322　和歌鲔虾虎鱼 I. hoshinonis
（依伍汉霖等，2008）

6（3）背鳍前鳞 10 以下
7（10）第一背鳍的前部或后部具一小黑斑
8（9）第一背鳍第一和第二鳍棘之间的鳍膜上有一细黑斑；眼后缘至鳃盖上部无纵纹·············
········**华丽鲔虾虎鱼 I. decoratus**（Herre, 1927）（图 3323）。暖水性近岸小型底层鱼类。栖息于珊

图 3323　华丽鲔虾虎鱼 I. decoratus
（依伍汉霖等，2008）

瑚礁域或沙质的海底。摄食底栖无脊椎动物、小型鱼类。体长达 100～130mm。分布：台湾南部、香港、海南岛；日本、菲律宾、印度尼西亚、澳大利亚、印度-西南太平洋。

9（8）第一背鳍第五和第六鳍棘之间的鳍膜上有一大黑斑；眼后缘至鳃盖上部具一黑色细纵纹…………………………黑点鰭虾虎鱼 *I. nigroocellatus*（Günther，1873）（图3324）。暖水性近岸小型底层鱼类。栖息于岩礁性沙质的海底。摄食底栖无脊椎动物。数量少。体长 25～35mm。分布：海南岛三亚沿岸；日本。

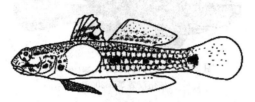

图 3324　黑点鰭虾虎鱼 *I. nigroocellatus*
（依明仁，2013）

10（7）第一背鳍无明显黑斑

11（12）上唇至眼下具一暗色纵线 ………………………… 线斑鰭虾虎鱼 *I. rigilius*（Herre，1953）（图3325）。暖水性近岸小型底层鱼类。栖息于岩礁性沙质的海底。体长 70mm。分布：台湾南部海域；日本、密克罗尼西亚，西太平洋。

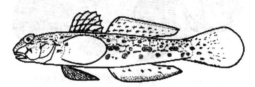

图 3325　线斑鰭虾虎鱼 *I. rigilius*
（依明仁，2013）

12（11）上唇至眼下无暗色纵线 ………………………… 戈氏鰭虾虎鱼 *I. goldmanni*（Bleeker，1852）（图3326）。暖水性近岸小型底层鱼类。栖息于岩礁性沙质的海底。摄食底栖无脊椎动物。体长 30～40mm。分布：台湾海域、海南岛三亚沿岸；日本、马来西亚、澳大利亚。

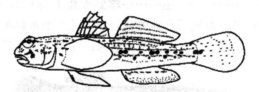

图 3326　戈氏鰭虾虎鱼 *I. goldmanni*
（依明仁，2013）

蝌蚪虾虎鱼属 *Lophiogobius* Günther，1873

睛尾蝌蚪虾虎鱼 *L. ocellicauda* Günther，1873（图3327）。沿岸小型鱼类，也进入河口在咸淡水中生活。以水生昆虫、小虾、糠虾、对虾、小鱼、幼鱼及底栖水生动物为食。体长 100～140mm。分布：渤海、黄海、东海北部。

图 3327　睛尾蝌蚪虾虎鱼 *L. ocellicauda*
（依伍汉霖等，2008）

白背虾虎鱼属（白头虾虎属）*Lotilia* Klausewitz，1960

白背虾虎鱼 *L. graciliosa* Klausewitz，1960（图 3328）。暖水性沿岸底层小型鱼类，栖息于珊瑚丛中的砾石中。与枪虾行共生生活。体长 20~40mm。分布：台湾南部沿海；日本、红海、澳大利亚。

图 3328　白背虾虎鱼 *L. graciliosa*
（依伍汉霖等，2008）

裸叶虾虎鱼属 *Lubricogobius* Tanaka，1915

短身裸叶虾虎鱼 *L. exiguus* Tanaka，1915（图 3329）。暖水性沿岸小型虾虎鱼类。栖息于珊瑚丛中，颇罕见。体长 30~40mm。分布：海南岛南部海域；日本东京湾以南、长崎等海域。

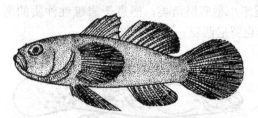

图 3329　短身裸叶虾虎鱼 *L. exiguus*
（依伍汉霖等，2008）

竿虾虎鱼属 *Luciogobius* Gill，1859
种 的 检 索 表

1（4）颊部无须，尾鳍基部无黑色垂直条纹
2（3）胸鳍上方具一游离鳍条‥‥‥‥‥‥‥‥‥‥‥‥‥**竿虾虎鱼 *L. guttatus* Gill，1859**（图 3330）。暖温
　　　性沿岸及河口小型底栖鱼类。退潮后在沙滩或岩石间残存的水体中常可见到。以桡足类、轮虫等
　　　浮游动物为食。体长 40~60mm。分布：中国沿海；朝鲜半岛、日本。

图 3330　竿虾虎鱼 *L. guttatus*
（依伍汉霖等，2008）

3（2）胸鳍上方具三游离鳍条‥‥‥‥‥‥‥‥‥ **平头竿虾虎鱼 *L. platycephalus* Shiogaki & Dotsu，1976**
　　　（图 3331）。暖水性沿岸小型底栖鱼类。栖息于多岩礁的海岸区。体长 70~80mm。分布：香港；
　　　日本。

图 3331　平头竿虾虎鱼 *L. platycephalus*
（依明仁，2013）

4（1）颊部具 1 列扁须；尾鳍基部具一黑色垂直条纹；胸鳍上下方各具一游离鳍条‥‥‥‥‥‥‥‥‥‥
　　　‥‥‥‥**西海竿虾虎鱼 *L. saikaiensis* Dôtu，1957**（图 3332）。暖水性沿岸小型底栖鱼类。栖息于多

岩礁的海岸区。体长 30～40mm。分布：台湾北部；日本。

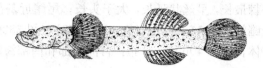

图 3332　西海竿虾虎鱼 *L. saikaiensis*
（依伍汉霖等，2008）

巨颌虾虎鱼属 *Mahidolia* Smith，1932

大口巨颌虾虎鱼 *M. mystacina*（Valenciennes，1837）（图 3333）。暖水性中小型底层鱼类。喜栖息于泥质或沙砾质的海区。与枪虾营共生生活。体长 50～60mm。分布：台湾海域；日本琉球群岛、泰国、印度尼西亚、南非东岸等。

图 3333　大口巨颌虾虎鱼 *M. mystacina*
（依伍汉霖等，2008）

芒虾虎鱼属 *Mangarinus* Herre，1943

芒虾虎鱼 *M. waterousi* Herre，1943（图 3334）。暖水性近岸及河口小型底栖鱼类。栖息于河口咸淡水、滩涂、淤泥底质的水域。喜穴居，摄食底栖无脊椎动物。体长 30～50mm。分布：香港；日本、菲律宾、贝劳。

图 3334　芒虾虎鱼 *M. waterousi*
（依伍汉霖等，2008）

鲻虾虎鱼属 *Mugilogobius* Smitt，1900
种 的 检 索 表

1（2）体侧尾柄部有 2 条黑色纵带，纵带向后伸达尾鳍后缘 ……………………………… **阿部鲻虾虎鱼**
　　　***M. abei*（Jordan & Snyder，1901）**（图 3335）。河口咸淡水交界水域小型鱼类。栖息于近岸浅水滩涂处，主要摄食水底的有机物或小型无脊椎动物。体长 30～40mm。分布：中国沿海；朝鲜半岛、日本。

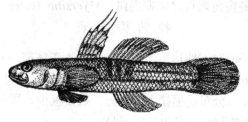

图 3335　阿部鲻虾虎鱼 *M. abei*
（依伍汉霖等，2008）

2 (1) 体侧尾柄部无黑色纵带

3 (4) 第一背鳍第二和第三鳍棘最长，呈丝状延长，大于头长；尾鳍近基部处有 1 个<形黑色条斑……
…………………………**诸氏鲻虾虎鱼** *M. chulae*（Smith, 1932）（图 3336）。暖水性底层小型鱼类。栖息于河口咸淡水域中。体长 30～40mm。分布：台湾西部和南部海域，香港；日本、菲律宾、泰国，太平洋海域。

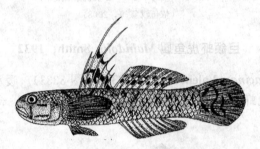

图 3336 诸氏鲻虾虎鱼 *M. chulae*
（依伍汉霖等，2008）

4 (3) 第一背鳍各鳍棘不呈丝状延长；尾鳍近基部处无条斑

5 (6) 颊部具红色虫状纹及斑点；第一背鳍后部第五及第六鳍棘中部有一黑斑；背鳍前鳞 14～16……
…………………………**粘皮鲻虾虎鱼** *M. myxodermus*（Herre, 1935）（图 3337）。淡水底层小型鱼类。栖息于河沟和池塘中，数量少，在一些地区（广东肇庆）粘皮鲻虾虎鱼的鲜活鱼被称为"海鲜"。味美，供食用。个体小，体长 40～50mm。分布：长江、瓯江、九龙江和珠江等水系。

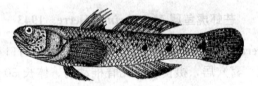

图 3337 粘皮鲻虾虎鱼 *M. myxodermus*
（依伍汉霖等，2008）

6 (5) 颊部无红色虫状纹；第一背鳍中部具一黑色宽纵带；背鳍前鳞 24 ………………… **清尾鲻虾虎鱼**
M. cavifrons（Weber, 1909）（图 3338）。暖水性底层小型鱼类。栖息于沿海近岸、河口、红树林的湿地较浅水域，也见于咸淡水养殖鱼池中。杂食性，喜食有机碎屑、小型鱼、虾等。体长 40～50mm。分布：台湾海域；日本、菲律宾、夏威夷、印度尼西亚。

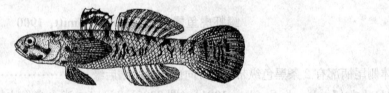

图 3338 清尾鲻虾虎鱼 *M. cavifrons*
（依伍汉霖等，2008）

犁突虾虎鱼属（锄突虾虎属）*Myersina* Herre, 1934
种 的 检 索 表

1 (2) 第一背鳍第一棘中长，平放时不伸达第二背鳍起点，小于体高 ………………… **横带犁突虾虎鱼**
M. fasciatus（Wu & Lin, 1983）（图 3339）。暖水性近海底层小型鱼类。栖息于浅海及河口附近水域。体长 30～50mm。分布：福建南部沿海。数量极少，属稀有种类，为濒危物种（endangered），已被列入《中国物种红色名录》（2004）。

2 (1) 第一背鳍第一棘最长，伸达第二背鳍基底后端或尾鳍基

图 3339　横带犁突虾虎鱼 M. fasciatus

（依伍汉霖等，2008）

3（4）体侧自第一背鳍基底后端下方至肛门有 1 条褐色横带…………………………**杨氏犁突虾虎鱼**
M. yangii Chen，1960（图 3340）。暖水性近岸底层小型鱼类。栖息于台湾南部河口区的泥滩底部。常与枪虾共生。肉食性，摄食底栖无脊椎动物。体长 60～70mm。分布：台湾南部。本种分布区狭，天然数量稀少，栖息环境要求特殊。而本种适应环境能力差，1960 年发现本种时仅采获 1 尾标本，至今尚未有再次采获的报道，可能是河口区或内湾的污染而造成栖地的破坏，以致种群少而不易发现，或是可能在台湾南部灭绝消失。为绝灭物种（extinct），已被列入《中国物种红色名录》（2004），在台湾也已被列入绝灭种。

图 3340　杨氏犁突虾虎鱼 M. yangii

（依陈义雄，方力行，1999）

4（3）第一背鳍前基部具一黑斑

5（6）体侧具一纵纹…………………………**大口犁突虾虎鱼 M. macrostoma Herre，1934**（图 3341）。暖水性近岸底层小型鱼类。栖息于内湾、河口区的泥滩底部。体长 60mm。分布：台湾澎湖列岛海域；日本、新加坡、澳大利亚。

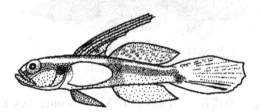

图 3341　大口犁突虾虎鱼 M. macrostoma

（依明仁，2013）

6（5）体侧具数条横带…………………………**丝鳍犁突虾虎鱼 M. filifer（Valenciennes，1837）**（图 3342）。暖水性近岸底层小型鱼类。栖息于内湾、河口区的泥滩底部。体长 132mm。分布：台湾西部、澎湖列岛、小琉球；日本。

图 3342　丝鳍犁突虾虎鱼 M. filifer

（依台湾鱼类资料库）

寡鳞虾虎鱼属 *Oligolepis* Bleeker, 1874
种 的 检 索 表

1（2）口中大，上颌骨后端向后伸达眼中部下方或稍后；眼下缘至口裂后缘具一斜行的黑色条纹……
……………………**尖鳍寡鳞虾虎鱼 O. acutipennis**（Valenciennes, 1837）（图 3343）。暖水性底层
小型鱼类。栖息于河口咸淡水水域及近岸泥沙底浅水处的栖地环境周围。往往掘穴而居。以小型
无脊椎动物及有机碎屑为食。体长 70～80mm。分布：台湾、南海沿岸；日本、越南南部、菲律
宾、印度尼西亚。

图 3343　尖鳍寡鳞虾虎鱼 *O. acutipennis*
（依伍汉霖等，2008）

2（1）口特大，上颌骨后端向后超越眼后缘下方，伸达颊部中部下方；眼下方至上颌骨后方具一斜行的
L 形黑色条纹…………………………**大口寡鳞虾虎鱼 O. stomias**（Smith, 1941）（图 3344）。暖
水性底层小型鱼类。栖息于河口咸淡水水域及近岸泥沙底浅水处的周围。喜好在河湾或缓流区的
栖地中活动，往往掘穴而居。以小型鱼类、无脊椎动物和有机碎屑为食。体长 40～60mm。分
布：台湾海域、南海沿岸；日本、西萨摩亚群岛。

图 3344　大口寡鳞虾虎鱼 *O. stomias*
（依伍汉霖等，2008）

刺盖虾虎鱼属（盖刺虾虎属）*Oplopomus* Valenciennes (ex Ehrenberg), 1837
种 的 检 索 表

1（2）颊部和鳃盖部无鳞 ……………………………**刺盖虾虎鱼 O. oplopomus**（Valenciennes, 1837）
（图 3345）。暖水性底层小型鱼类。栖息于沿岸沙底。体长 50～80mm。分布：台湾海域、南海
沿岸；日本、菲律宾、印度尼西亚、波斯湾等地。

图 3345　刺盖虾虎鱼 *O. oplopomus*
（依伍汉霖等，2008）

2（1）颊部和鳃盖部具鳞 ……………………………**拟犬牙刺盖虾虎鱼 O. caninnoides**（Bleeker, 1852）
（图 3346）。暖水性底层小型鱼类。栖息于内湾泥底。体长 50mm。分布：台湾、香港、海南岛；
日本、菲律宾、印度尼西亚、马来半岛。

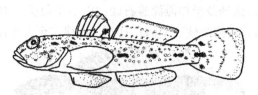

图 3346　拟犬牙刺盖虾虎鱼 *O. caninnoides*
（依明仁，2013）

沟虾虎鱼属 *Oxyurichthys* Bleeker，1857
种 的 检 索 表

1（8）眼上缘具一触角状皮瓣或具乳头状小突起

2（3）眼上缘具一乳头状小突起 ·················· 眼点沟虾虎鱼 *O. oculomirus* Herre，1927
（图 3347）。暖水性小型鱼类。栖息于咸淡水水域及沿海。体长 120～140mm。分布：东海及南海沿岸；菲律宾。

图 3347　眼点沟虾虎鱼 *O. oculomirus*
（依伍汉霖等，2008）

3（2）眼上缘具一触角状皮瓣

4（7）第一背鳍第一、第二鳍棘或第三鳍棘呈丝状延长

5（6）第一背鳍第一、第二鳍棘呈丝状延长 ·························· 角质沟虾虎鱼
O. cornutus McCulloch & Waite，1918 （图 3348）。暖水性小型鱼类。栖息于沙泥或软泥底质的河口水域。体长 70mm。分布：台湾南部海域；日本、菲律宾、澳大利亚东北岸、萨摩亚群岛。

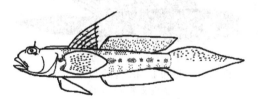

图 3348　角质沟虾虎鱼 *O. cornutus*
（依明仁，2013）

6（5）第一背鳍第三鳍棘呈丝状延长 ·················· 触角沟虾虎鱼 *O. tentacularis* （Valenciennes，1837）
（图 3349）。暖水性小型鱼类。栖息于咸淡水水域及沿海软泥底质的浅海区。体长 80～100mm。分布：台湾海峡、南海北部；印度洋北部沿岸至太平洋中部美拉尼西亚。

图 3349　触角沟虾虎鱼 *O. tentacularis*
（依伍汉霖等，2008）

7（4）第一背鳍第二和第三鳍棘最长，但不呈丝状延长 ·················· 眼瓣沟虾虎鱼
O. ophthalmonemus （Bleeker，1856） （图 3350）。暖水性小型鱼类。栖息于河口咸淡水处的缓

流区，也可发现于港湾、潟湖及沿岸滩涂礁石区。以小型鱼类、甲壳类及其他无脊椎动物为食。体长80~120mm。分布：台湾海峡、南海；日本，菲律宾至太平洋中部斐济群岛等。

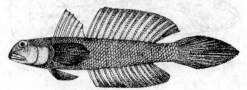

图 3350　眼瓣沟虾虎鱼 O. ophthalmonemus
（依伍汉霖等，2008）

8（1）眼上缘无皮瓣

9（18）纵列鳞 45 以上

10（11）背鳍前鳞 24 ·················· **长背沟虾虎鱼 O. amabalis Seale，1914**（图 3351）。分布：台湾、香港。

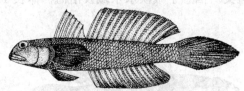

图 3351　长背沟虾虎鱼 O. amabalis
（依伍汉霖等，2008）

11（10）无背鳍前鳞

12（13）纵列鳞 70~80；横列鳞 20~22；尾鳍基部稍前方具一黑色小圆斑 ·················· **巴布亚沟虾虎鱼 O. papauensis（Valenciennes，1837）**（图 3352）。暖水性小型鱼类。栖息于河口咸淡水处的缓流区，生活于软泥底质的沿岸滩涂处。不喜活动，以小型鱼类、甲壳类及其他无脊椎动物为食。体长 70~90mm。分布：台湾海峡、南海；日本，印度尼西亚沿岸至太平洋中部夏威夷群岛。

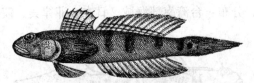

图 3352　巴布亚沟虾虎鱼 O. papauensis
（依伍汉霖等，2008）

13（12）纵列鳞 46~69

14（17）第一背鳍前侧面被鳞片

15（16）腹鳍前方具鳞片；第一背鳍具黑色点列 ·················· **小鳞沟虾虎鱼 O. microlepis（Bleeker，1849）**（图 3353）。暖水性小型鱼类。栖息于河口咸淡水处及沿岸滩涂礁石处。体长90~130mm。分布：东海、台湾海峡、南海；日本，印度洋北部沿岸东至印度尼西亚。

图 3353　小鳞沟虾虎鱼 O. microlepis
（依伍汉霖等，2008）

16（15）腹鳍前方裸露无鳞，第一背鳍无黑色点列 ·················· **棉兰老沟虾虎鱼 O. mindanensis（Herre，1927）**（图 3354）。栖息于泥底或软泥底的内湾。体长 70mm。分布：

台湾南部海域；菲律宾群岛。

图 3354　棉兰老沟虾虎鱼 *O. mindanensis*
（依明仁，2013）

17（14）第一背鳍前侧面裸露无鳞 ……………………………… **南方沟虾虎鱼 *O. visayamus* Herre，1927**
（图 3355）。暖水性小型鱼类。栖息于溪流的河口区及红树林区的半咸淡水水域及沿海内湾泥
质底处。不好游动，大多停栖在底层。肉食性鱼类，以小型鱼类、底栖无脊椎动物为食。体长
40～70mm。分布：台湾海峡、南海北部沿岸；日本，印度洋北部沿岸至太平洋中部美拉尼
西亚。

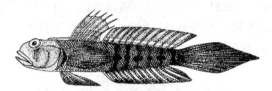

图 3355　南方沟虾虎鱼 *O. visayamus*
（依伍汉霖等，2008）

18（9）纵列鳞 23～25……………………………**大鳞沟虾虎鱼 *O. macrolepis* Chu & Wu，1963**（图 3356）。
暖水性底层小型鱼类。栖息于潮间带石砾海域。体长 50～60mm。分布：东海北部沿岸。数量
极少，属稀有种类，为濒危物种（endangered），已被列入《中国物种红色名录》（2004）。

图 3356　大鳞沟虾虎鱼 *O. macrolepis*
（依伍汉霖等，2008）

矮虾虎鱼属 *Pandaka* Herre，1927

双斑矮虾虎鱼 *P. bipunctata* Chen，Wu，Zhong & Shao，2008（图 3357）。栖息于热带和亚热带河
口红树林沼泽区的小型鱼类。活动于水的表层，行漂浮生活。体长 11mm。分布：海南岛。为东亚地区
最小的脊椎动物。

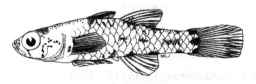

图 3357　双斑矮虾虎鱼 *P. bipunctata*
（依伍汉霖等，2008）

拟矛尾虾虎鱼属（拟矛尾虾虎属）*Parachaeturichthys* Bleeker，1874

拟矛尾虾虎鱼（多须拟矛尾虾虎）*P. polynema*（Bleekr，1853）（图 3358）。栖息于河口及近海底
层泥沙及软泥底质处。生活于大陆沿岸及台湾西南沿海。体长 80～110mm。分布：黄海、东海、南海；
日本南部、印度-西太平洋等。拟矛尾虾虎鱼是第三种体含河豚毒素（TTX）的虾虎鱼类。台湾学者
（Lin et al.，2000）经调查研究，发现拟矛尾虾虎鱼体含的河豚毒素，主要集中于头部（9MU/g）和肌

肉（7MU/g）。含毒个体仅占 20％，因含毒量少，尚无食鱼中毒的报道。为安全起见，最好不要进食该鱼（伍汉霖，2002）。

图 3358　拟矛尾虾虎鱼（多须拟矛尾虾虎）*P. polynema*
（依伍汉霖等，2008）

副叶虾虎鱼属 *Paragobiodon* Bleeker, 1873
种 的 检 索 表

1（2）头部、体侧及各鳍黄色（液浸标本淡褐色）·· **黄副叶虾虎鱼**
P. xanthosomus（Bleeker, 1852）（图 3359）。暖水性沿岸小型虾虎鱼类。栖息于珊瑚丛中。体长 20～30mm。分布：台湾海域、西沙群岛；红海、日本琉球群岛、菲律宾，印度尼西亚至太平洋中部的萨摩亚群岛。具观赏价值。

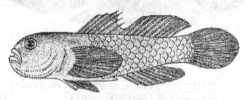

图 3359　黄副叶虾虎鱼 *P. xanthosomus*
（依伍汉霖等，2008）

2（1）头部、体侧及各鳍不呈黄色
3（4）头部、体侧及各鳍均呈黑色····················· **黑副叶虾虎鱼 P. melanosomus**（Bleeker, 1852）
（图 3360）。暖水性沿岸小型虾虎鱼类。栖息于珊瑚丛中。体长 15～25mm。具观赏价值。分布：西沙群岛；日本琉球群岛、印度洋的非洲东岸、马达加斯加岛至太平洋中部的新几内亚。

图 3360　黑副叶虾虎鱼 *P. melanosomus*
（依伍汉霖等，2008）

4（3）头部红褐色，体侧乳白色或深黑色
5（6）体侧乳白色，腹鳍深灰色，其余各鳍黑色·· **黑鳍副叶虾虎鱼**
P. lacunicolus（Kendall & Goldsborough, 1911）（图 3361）。暖水性沿岸小型虾虎鱼类。栖息于

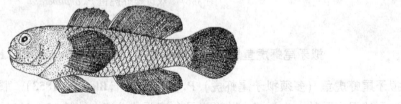

图 3361　黑鳍副叶虾虎鱼 *P. lacunicolus*
（依伍汉霖等，2008）

珊瑚<u>丛</u>中。体长 15～25mm。分布：海南岛三亚沿岸；日本琉球群岛，印度洋。具观赏价值。

6（5）体侧黑色，各鳍黑色

7（8）吻部、颊部、鳃盖部及头部腹面密具较长的毛状乳突 ·························· **棘头副叶虾虎鱼**
P. echinocephalus（Rüppell，1830）（图 3362）。暖水性近岸小型虾虎鱼类。栖息于珊瑚丛中。
体长 20～30mm。分布：海南岛、西沙群岛；日本琉球群岛、印度洋的非洲东南岸、红海至太平
洋中部的土阿莫土群岛。具观赏价值。

图 3362　棘头副叶虾虎鱼 *P. echinocephalus*
（依伍汉霖等，2008）

8（7）吻部、颊部、鳃盖部及头部腹面密具较短小的毛状乳突 ·························· **疣副叶虾虎鱼**
P. modestus（Regan，1908）（图 3363）。暖水性沿岸小型虾虎鱼类。栖息于珊瑚丛中。体长
35～65mm。分布：台湾南部海域、海南岛、西沙群岛；日本琉球群岛，印度洋。具观赏价值。

图 3363　疣副叶虾虎鱼 *P. modestus*
（依伍汉霖等，2008）

腹瓢虾虎鱼属 Pleurosicya Weber，1913
种 的 检 索 表

1（6）头背部具鳞
2（5）第一背鳍或尾鳍具暗色斑
3（4）第一背鳍基底中央具一暗色斑；尾鳍纵带不达尾鳍后缘；眼间隔宽 ······························
　　　莫桑比克腹瓢虾虎鱼 P. mossambica Smith，1959（图 3364）。暖水性小型鱼类。喜栖息于热带软
　　　珊瑚中，也栖息于于海绵中。肉食性，摄食底栖动物。体长 20～30mm。分布：台湾海域；日
　　　本，印度-西太平洋。

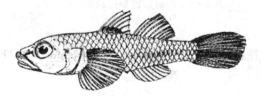

图 3364　莫桑比克腹瓢虾虎鱼 *P. mossambica*
（依伍汉霖等，2008）

4（3）第一背鳍基底中央无暗色斑；尾鳍纵带达尾鳍后缘；眼间隔狭窄 ······························
　　　米氏腹瓢虾虎鱼 P. micheli Fourmanoir，1971（图 3365）。与珊瑚共生性小型鱼类。体长 25mm。
　　　分布：台湾南部海域；日本、菲律宾、夏威夷群岛、塞舌尔群岛。

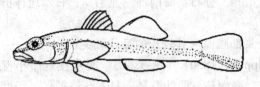

图 3365　米氏腹瓢虾虎鱼 *P. micheli*
（依明仁等，2013）

5（2）第一背鳍或尾鳍无暗色斑 ·························· **鲍氏腹瓢虾虎鱼 *P. boldinghi* Weber，1913**
（图 3366）。与珊瑚共生性小型鱼类。体长 30mm。分布：台湾南部海域；日本、澳大利亚西岸、新几内亚，印度-西太平洋。

图 3366　鲍氏腹瓢虾虎鱼 *P. boldinghi*
（依明仁等，2013）

6（1）头背部无鳞
7（8）体侧具不规则的褐色斑纹；尾柄腹缘具黑色斑点 ·························· **双叶腹瓢虾虎鱼**
***P. bilobata*（Koumans，1941）**（图 3367）。与珊瑚共生性小型鱼类。栖息于水深 0～22m 的半咸淡水水域。体长 20mm。分布：台湾南部海域、东沙群岛；日本，印度-西太平洋。

图 3367　双叶腹瓢虾虎鱼 *P. bilobata*
（依明仁等，2013）

8（7）体侧无褐色斑纹；尾柄腹缘无黑色斑点 ·························· **厚唇腹瓢虾虎鱼**
***P. coerulea* Larson，1990**（图 3368）。与珊瑚共生性小型鱼类。栖息于礁区、近海沿岸。体长 15mm。分布：台湾南部海域；日本、马绍尔群岛，印度-西太平洋。

图 3368　厚唇腹瓢虾虎鱼 *P. coerulea*
（依明仁等，2013）

锯鳞虾虎鱼属 *Priolepis* Valenciennes，1837
种 的 检 索 表

1（6）项部具背鳍前鳞
2（3）体侧鳞片呈网状；体后部无白色横纹 ·························· **裸颊锯鳞虾虎鱼 *P. inhaca*（Smith，1949）**
（图 3369）。暖水性近岸小型底栖鱼类。栖息于近岸浅水岩礁和珊瑚丛中。体长 30mm。分布：台湾南部、北部海域，东沙群岛；日本、马里亚纳群岛、澳大利亚、莫桑比克。
3（2）体侧鳞片不呈网状；体后部具白色横纹

图 3369　裸颊锯鳞虾虎鱼 *P. inhaca*

（依明仁等，2013）

4（5）体侧自第二背鳍基部至尾鳍起点具 5 条白色横带；第二背鳍具 1 鳍棘、10～11 鳍条…………
……………………拟横带锯鳞虾虎鱼 ***P. fallacincta*** **Winterbottom & Burridge，1992**（图 3370）。暖
水性近岸小型底栖鱼类。栖息于近岸浅水岩礁和珊瑚丛中。体长 30mm。分布：台湾南部海域；
日本，西太平洋。

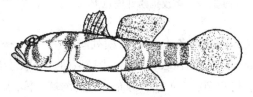

图 3370　拟横带锯鳞虾虎鱼 *P. fallacincta*

（依明仁等，2013）

5（4）体侧自第二背鳍基部至尾鳍起点具 6 条白色横带；第二背鳍具 1 鳍棘、10～11 鳍条…………
……………………横带锯鳞虾虎鱼 ***P. cinctus***（**Regan，1908**）（图 3371）。暖水性近岸小型底栖鱼类。
栖息于近岸浅水岩礁和珊瑚丛中。体长 40mm。分布：台湾澎湖列岛、小琉球、兰屿、绿岛、东
沙群岛、香港；朝鲜半岛、日本，印度洋非洲东岸至太平洋中部各岛屿、西太平洋。供观赏。

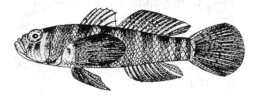

图 3371　横带锯鳞虾虎鱼 *P. cinctus*

（依伍汉霖等，2008）

6（1）项部无鳞

7（14）第一背鳍具 1 枚以上延长鳍棘

8（11）第一背鳍仅第二鳍棘丝状延长

9（10）鳃盖上的白色横带连于胸鳍的白色横带………………………………………**颈纹锯鳞虾虎鱼**
P. nuchifasciatus（**Günther，1873**）（图 3372）。暖水性近岸小型鱼类。栖息于岩礁和珊瑚丛中。体
长 20～40mm。分布：香港；澳大利亚、巴布亚新几内亚、泰国、菲律宾、新加坡。

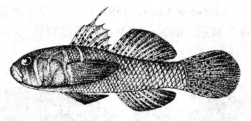

图 3372　颈纹锯鳞虾虎鱼 *P. nuchifasciatus*

（依伍汉霖等，2008）

10（9）鳃盖上的白色横带不连胸鳍的白色横带………………………………………**卡氏锯鳞虾虎鱼**
P. kappa **Winterbottom & Burridge，1993**。栖息于岩礁和珊瑚丛中。体长 35mm。分布：台湾

南部海域；菲律宾、巴布亚新几内亚、澳大利亚，印度-西太平洋。

11 (8) 第一背鳍第一至第四鳍棘呈丝状延长

12 (13) 眼间隔具 2 条暗色横纹；胸鳍鳍条 17；横列鳞 11～13······**多纹锯鳞虾虎鱼** ***P. semidoliatus*** (Valenciennes, 1837) (图 3373)。暖水性近岸小型鱼类，也栖息于岩礁和珊瑚丛中。体长 30～50mm。分布：台湾南部海域、海南岛、西沙群岛；日本、印度尼西亚，印度-太平洋中部各岛屿。

图 3373　多纹锯鳞虾虎鱼 *P. semidoliatus*
（依明仁等，2013）

13 (12) 眼间隔具 3 条暗色横纹；胸鳍鳍条 18～19；横列鳞 8～9 ······**侧条锯鳞虾虎鱼** ***P. latifascima*** Winterbottom & Burridge, 1993 (图 3374)。暖水性近岸小型鱼类。栖息于岩礁和珊瑚丛中水深 1～2m 处。体长 20～30mm。分布：台湾海域、澎湖列岛、兰屿、绿岛；日本。

图 3374　侧条锯鳞虾虎鱼 *P. latifascima*
（依明仁等，2013）

14 (7) 第一背鳍各鳍棘不呈丝状延长 ······**广裸锯鳞虾虎鱼** ***P. boreus borea*** (Snyder, 1909) (图 3375)。暖水性近岸小型鱼类。栖息于岩礁和珊瑚丛中水深 1～3m 处。体长 30mm。分布：东海、台湾海域；朝鲜半岛、日本。

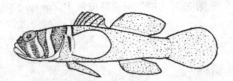

图 3375　广裸锯鳞虾虎鱼 *P. boreus borea*
（依明仁等，2013）

拟髯虾虎鱼属 *Pseudogobiopsis* Koumans, 1935

伍氏拟髯虾虎鱼 *P. wuhanlini* Zhong & Chen, 1997 (图 3376)。栖息于淡水及咸淡水河口底层。体长 40～50 mm。分布：闽江和珠江水系。属稀有种类，为濒危物种（endangered），已被列入《中国物种红色名录》(2004)。

雄鱼　　　　　　　　　雌鱼

图 3376　伍氏拟髯虾虎鱼 *P. wuhanlini*
（依伍汉霖等，2008）

拟虾虎鱼属 *Pseudogobius* Popta，1922
种 的 检 索 表

1（2）第一背鳍第五和第六鳍棘的鳍膜上有黑斑 ·· **爪哇拟虾虎鱼**
P. javanicus（Bleeker，1856）（图 3377）。暖水性底层小型鱼类。栖息于沿海近岸和咸淡水河口区、
红树林湿地及沿岸的泥滩水域。常成群出现在浅水区。杂食性，主要以有机碎屑、小型无脊椎动物
及浮游动植物等为食。体长 30～40mm。分布：东海和南海沿岸；日本、菲律宾、印度尼西亚、泰国
和新加坡等。

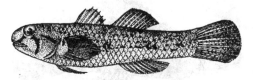

图 3377　爪哇拟虾虎鱼 *P. javanicus*
（依伍汉霖等，2008）

2（1）第一背鳍的鳍膜上无黑斑 ···························· **小口拟虾虎鱼 P. masago**（Tomiyama，1936）
（图 3378）。暖水性底层小型鱼类。栖息于台湾西南部半咸淡水的河口区、红树林湿地、内湾及
沿岸沙泥底质的水域，偶见于浅水区内。杂食性，主要以有机碎屑、小型无脊椎动物及浮游动植
物等为食。体长 20～30mm。分布：东海、台湾海峡、南海沿岸；朝鲜半岛、日本。

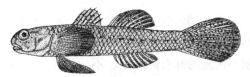

图 3378　小口拟虾虎鱼 *P. masago*
（依伍汉霖等，2008）

高鳍虾虎鱼属 *Pterogobius* Gill，1863
种 的 检 索 表

1（2）头部具黑色条纹，体侧具 6 条黑色横带；背鳍具 8 鳍棘、21～22 鳍条 ·······························
蛇首高鳍虾虎鱼 P. elapoides（Günther，1872）（图 3379）。温水性近岸小型底层鱼类。栖息于岩
礁区海岸。摄食底栖无脊椎动物。体长 90～120mm。分布：黄海、东海；朝鲜半岛南岸、日本。

图 3379　蛇首高鳍虾虎鱼 *P. elapoides*
（依伍汉霖等，2008）

2（1）头部无黑色条纹，体侧具 5 条黑色横带；背鳍具 8 鳍棘、24～26 鳍条 ·······························
五带高鳍虾虎鱼 P. zacalles（Günther，1872）（图 3380）。暖水性近岸小型鱼类。栖息于岩礁区

图 3380　五带高鳍虾虎鱼 *P. zacalles*
（依伍汉霖等，2008）

海岸。摄食底栖无脊椎动物。体长 100～120mm。分布：辽宁、黄海；日本北海道至九州。

雷虾虎鱼属 *Redigobius* Herre，1927

比科尔雷虾虎鱼 *R. bikolanus*（Herre，1927）（图 3381）。暖水性小型底层鱼类。栖息于台湾东部低海拔且水质清澈或无污染的河川、溪流下游缓流区，也可见于河口的半咸淡水区域中。不好游动，常停栖于有枯枝、落叶等沉积物的附近活动觅食。杂食性，摄食有机碎屑、水生昆虫及小型无脊椎动物。体长 30～40mm。分布：台湾海域；日本、菲律宾。

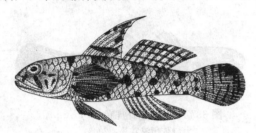

图 3381　比科尔雷虾虎鱼 *R. bikolanus*
（依伍汉霖等，2008）

裂身虾虎鱼属 *Schismatogobius* de Beaufort，1912
种 的 检 索 表

1（2）体侧具 2 条宽阔黑横带，胸鳍上半部具一大型黑斑；体长为体高的 6.6～7.0 倍…………………………………**宽带裂身虾虎鱼 *S. ampluvinculus* Chen，Shao & Fang，1995**（图 3382）。暖水性小型鱼类。喜栖息于河水清澈小溪流的砾石栖地中。不好游动。肉食性鱼类，以小型水生昆虫为食。体长30～40mm。分布：台湾海域；日本。属稀有种类，为濒危物种（endangered），已被列入《中国物种红色名录》（2004）。

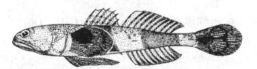

图 3382　宽带裂身虾虎鱼 *S. ampluvinculus*
（依伍汉霖等，2008）

2（1）体侧无宽阔黑横带，胸鳍无大型黑斑；体长为体高的 4.8～5.5 倍……………………………………………**罗氏裂身虾虎鱼 *S. roxasi* Herre，1936**（图 3383）。暖水性小型鱼类。喜栖息于清澈小溪流的砾石栖地中。不好游动，但对溶氧量的需求较高，多生活于浅滩区。肉食性鱼类，以小型水生昆虫为食。体长 30～40 mm。分布：台湾海域；日本琉球群岛、菲律宾等。

图 3383　罗氏裂身虾虎鱼 *S. roxasi*
（依伍汉霖等，2008）

狭虾虎鱼属 *Stenogobius* Bleeker，1874
种 的 检 索 表

1（2）第二背鳍具 1 鳍棘、11 鳍条；臀鳍具 1 鳍棘、11 鳍条；颊部及鳃盖部无鳞；尾鳍上部无点列形成的条纹；体侧有 13～14 条长短参差的黑色细横纹………………………………………**条纹狭虾虎鱼**

S. genivittatus（**Valenciennes，1837**）（图 3384）。热带、亚热带河溪生活的底层小型鱼类。栖息于河川中下游的淡水缓流区域，或是水质较清澈的河口咸淡水交界水域。杂食性，喜好以水生昆虫、小型甲壳类及有机碎屑为食。体长 50~70mm。分布：台湾的淡水河溪中；日本南西诸岛淡水域。

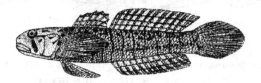

图 3384　条纹狭虾虎鱼 *S. genivittatus*
（依伍汉霖等，2008）

2（1）第二背鳍具 1 鳍棘、10 鳍条；臀鳍具 1 鳍棘、10 鳍条；颊部及鳃盖部均被鳞；尾鳍上部有数行由点列形成的条纹；体侧有 7~9 条较粗的灰横带····································**眼带狭虾虎鱼**
S. ophthalmoporus（**Bleeker，1853**）（图 3385）。热带、亚热带河溪生活的底层小型鱼类。栖息于河川中下游水质清澈的淡水或河口咸淡水交界的泥沙底水域。杂食性，喜食水生昆虫、小型甲壳类及有机碎屑。体长 100~130mm。分布：台湾海域、海南岛；日本，印度洋非洲东岸至太平洋中部各岛屿的淡水河溪中。

图 3385　眼带狭虾虎鱼 *S. ophthalmoporus*
（依伍汉霖等，2008）

缟虾虎鱼属 *Tridentiger* Gill，1858
种 的 检 索 表

1（8）头部无须

2（5）纵列鳞 50~60，横列鳞 15~24；第二背鳍具 1 鳍棘、11~14 鳍条

3（4）胸鳍最上方鳍条游离，被许多小突起；头侧散具较大的白点，头腹面无白点；生活时臀鳍具 2 条红色纵带，两红色纵带间为一白色纵带；头顶部的感觉管孔较大，孔径大于后鼻孔径之半······
··············**纹缟虾虎鱼 *T. trigonocephalus*（Gill，1859）**（图 3386）。暖温性近岸底层小型鱼类。栖息于河口咸淡水的水域及近岸浅水处，也进入江河下游的淡水水体中。摄食小仔鱼、钩虾、桡足类、枝角类及其他水生昆虫。1 龄鱼即开始性成熟，产卵期为 4—5 月，在海岸及咸淡水水域中产卵，产沉黏性卵，产卵后多数亲体死亡，是港养及池养对虾的敌害。体长 80~110mm。分布：中国沿海；朝鲜半岛、日本。

图 3386　纹缟虾虎鱼 *T. trigonocephalus*
（依伍汉霖等，2008）

4（3）胸鳍最上方鳍条不游离，无小突起；头侧及头腹面密具许多小白点；生活时臀鳍红色，中间无白色纵带；头顶部的感觉管孔很细小，孔径小于后鼻孔径之半··················**双带缟虾虎鱼**
T. bifasciatus Steindachner，1881（图 3387）。近岸底层小型鱼类。栖息于河口半咸淡水的水域、内湾及近岸浅水沙泥底质处，也进入江河下游的淡水体中。摄食小型鱼类、幼虾、桡足类及其他

底栖无脊椎动物等。体长80～100mm。分布：中国沿海；朝鲜半岛、日本。

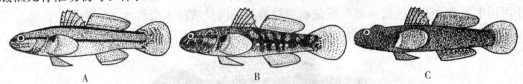

图 3387　双带缟虾虎鱼 *T. bifasciatus*

A. 体侧具纵带的个体（体长 60 mm）　B. 体侧具横带的个体（体长 40 mm）

C. 具生殖色的个体（雄鱼）（体长 70 mm）

（依明仁等，2013）

5（2）纵列鳞 37～42，横列鳞 12～17；第二背鳍具 1 鳍棘、10～11 鳍条

6（7）胸鳍最上鳍条游离；无背鳍前鳞，项部裸露 ·· **裸项缟虾虎鱼**
T. nudicervicus Tomiyama，1934（图 3388）。近岸底层小型鱼类。栖息于河口咸淡水的水域及近岸浅水处，也进入江河下游的淡水水体中。摄食小型鱼类、幼虾、桡足类、枝角类及其他水生昆虫。1 龄鱼体长 37～86mm 即开始性成熟。怀卵量 896～4 672 粒，产卵期为 4—5 月，在海岸及咸淡水水域中产卵，产卵后多数亲体死亡。体长 70～90mm。分布：东海、台湾海峡、南海；朝鲜半岛、日本。

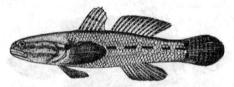

图 3388　裸项缟虾虎鱼 *T. nudicervicus*

（依伍汉霖等，2008）

7（6）胸鳍最上鳍条不游离；有背鳍前鳞 ·· **短棘缟虾虎鱼**
T. brevispinis Katsuyama，Arai & Nakamura，1972（图 3389）。近岸底层小型鱼类。栖息于河口咸淡水的水域及近岸浅水处，也进入江河下游的淡水水体中。摄食小型鱼类、幼虾、桡足类等。体长 70～100 mm。分布：中国沿海；朝鲜半岛、日本。

图 3389　短棘缟虾虎鱼 *T. brevispinis*

（依伍汉霖等，2008）

8（1）头部具许多小须 ·· **髭缟虾虎鱼 *T. barbatus*（Günther，1861）**（图 3390）。近岸暖温性底层小型鱼类。栖息于河口咸淡水的水域及近岸浅水处，也进入江河下游的淡水体中。摄食小型鱼类、幼虾、桡足类、枝角类及其他水生昆虫。1 龄鱼体长 80～90mm、体重 25～32g 可达性成熟，绝对怀卵量 739～6 297 粒，平均 4 123 粒。产沉性黏性卵，产卵后亲体死亡，是养殖对虾业的敌害。体长 90～110mm。分布：中国沿海；朝鲜半岛、日本、菲律宾。

图 3390　髭缟虾虎鱼 *T. barbatus*

（依伍汉霖等，2008）

磨塘鳢属 *Trimma* Jordan & Seale，1906
种 的 检 索 表

1（6）头部背面无鳞

2（3）纵列鳞 27～29；体侧具一深褐色纵带 ······························· **纵带磨塘鳢**
T. grammistes（Tomiyama，1936）（图 3391）。暖水性底层小型鱼类。栖息于岩礁或珊瑚礁的缝
隙或洞穴中，为隐蔽性鱼类，平时躲于小礁洞中，只有在其觅食时方可看到。肉食性，以底栖生
物及浮游动物为食。体长 10～20mm。分布：台湾海域；济州岛、日本南部。

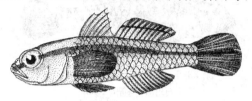

图 3391　纵带磨塘鳢 *T. grammistes*
（依伍汉霖等，2008）

3（2）纵列鳞 23～27；体侧无褐色纵带

4（5）纵列鳞 23～25；臀鳍 1～8 ·················· **方氏磨塘鳢 T. fangi** Winterbottom & Chen，**2004**
（图 3392）。暖水性底层小型鱼类。栖息于岩礁或珊瑚礁的缝隙或洞穴中。体长 20mm。分布：
南海；西太平洋。

图 3392　方氏磨塘鳢 *T. fangi*
（依 Winterbottom & Chen，2004）

5（4）纵列鳞 26～27；臀鳍 1～9 ·························· **大眼磨塘鳢 T. macrophthalma**（Tomiyama，**1936**）
（图 3393）。暖水性底层小型鱼类。栖息于岩礁或珊瑚礁的缝隙或洞穴中。为隐蔽性鱼类，以底栖生
物及浮游动物为食。体长 15～20mm。分布：台湾海域；日本琉球群岛、非洲东岸及印度等。

图 3393　大眼磨塘鳢 *T. macrophthalma*
（依伍汉霖等，2008）

6（1）头部背面具鳞

7（8）无背鳍前鳞 ··················· **透明磨塘鳢 T. anaima** Winterbottom，**2000**（图 3394）。栖息
于水深 2～50m 的珊瑚礁和岩礁水域。体长 30mm。分布：台湾南部海域；日本、科摩罗群岛，

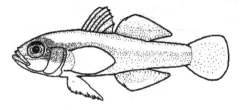

图 3394　透明磨塘鳢 *T. anaima*
（依明仁等，2013）

印度-西太平洋。

8（7）具背鳍前鳞

9（16）胸鳍有分支鳍条

10（11）鳃盖无鳞·····························**冲绳磨塘鳢 *T. okinawae*（Aoyagi，1949）**（图3395）。暖水性底层小型鱼类。栖息于热带珊瑚礁的缝隙中。肉食性，摄食底栖生物及浮游动物。体长25～35mm。分布：台湾海域、南海；日本南部沿海至澳大利亚西北岸等。

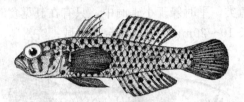

图3395　冲绳磨塘鳢 *T. okinawae*
（依伍汉霖等，2008）

11（10）鳃盖具鳞

12（13）头部与体侧具红色斑点 ·····················**红小斑磨塘鳢 *T. halonevum* Winterbottom，2000**（图3396）。暖水性底层小型鱼类。栖息于热带珊瑚礁的礁区、近海沿岸。体长30mm。分布：台湾南部海域；日本、巴布亚新几内亚，西太平洋。

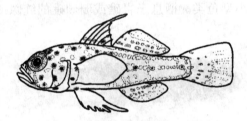

图3396　红小斑磨塘鳢 *T. halonevum*
（依明仁等，2013）

13（12）头部与体侧无红色斑点

14（15）胸鳍基底具暗色线；第一背鳍第二棘延长 ·····················**丝背磨塘鳢 *T. naudei* Smith，1957**（图3397）。暖水性底层小型鱼类。栖息于岩礁或珊瑚礁的缝隙或洞穴中。以底栖生物及浮游动物为食。体长20～25mm。分布：台湾海域；日本琉球群岛，西太平洋及非洲东岸。供观赏。

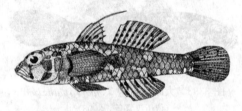

图3397　丝背磨塘鳢 *T. naudei*
（依伍汉霖等，2008）

15（14）胸鳍基底无暗色线；第一背鳍第二棘不延长 ·····························**红磨塘鳢 *T. caesiura* Jordan & Seale，1906**（图3398）。暖水性底层小型鱼类。栖息于热带珊瑚礁礁区。体长

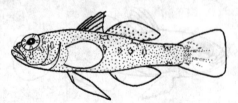

图3398　红磨塘鳢 *T. caesiura*
（依明仁等，2013）

　　35mm。分布：台湾南部、澎湖列岛海域，兰屿、东沙群岛；日本、西萨摩亚群岛，西太平洋。

16（9）胸鳍无分支鳍条

17（18）体侧鳞具暗色边缘；鳃盖无鳞··················· **埃氏磨塘鳢 T. emeryi Winterbottom，1985**
　　（图 3399）。栖息于热带珊瑚礁的礁区。体长 25mm。分布：台湾南部海域、东沙群岛；日本、
　　印度洋查戈斯群岛，澳大利亚东北岸和西北岸。

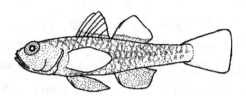

图 3399　埃氏磨塘鳢 *T. emeryi*
（依明仁等，2013）

18（17）体侧鳞无暗色边缘；鳃盖具鳞

19（20）颊部具鳞····················· **尾斑磨塘鳢 T. caudipunctatum Suzuki & Senou，2009**
　　（图 3400）。栖息于热带珊瑚礁的礁区。体长 30mm。分布：台湾南部海域；日本。

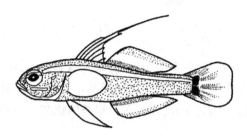

图 3400　尾斑磨塘鳢 *T. caudipunctatum*
（依明仁等，2013）

20（19）颊部无鳞··················**橘点磨塘鳢 T. annosum Winterbottom，2003**（图 3401）。栖息
　　于热带珊瑚礁的礁区。体长 15mm。分布：台湾南部海域；日本、科摩罗群岛，西太平洋。

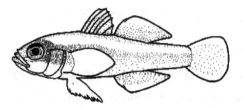

图 3401　橘点磨塘鳢 *T. annosum*
（依明仁等，2013）

凡塘鳢属（范氏塘鳢属）*Valenciennea* Bleeker，1856
种 的 检 索 表

1（10）第一背鳍具一黑斑或部分鳍膜边缘黑色或具细小黑纹

2（7）第一背鳍具一大黑斑

3（6）体侧具纵带

4（5）体侧具 2 条黑色纵带；第二背鳍及臀鳍各具 1 鳍棘、11 鳍条；胸鳍具 22～23 鳍条；纵列鳞
　　126～140，横列鳞 35～42 ··················**双带凡塘鳢 V. helsdingenii（Bleeker，1858）**
　　（图 3402）。暖水性中小型近海底层鱼类。栖息于沙地和珊瑚丛中。以底栖生物及浮游动物为食。
　　体长 70～80mm。分布：台湾南部海域；日本、印度洋非洲南岸、塞舌尔群岛、印度尼西亚至太
　　平洋中部各岛屿、澳大利亚。具观赏价值。

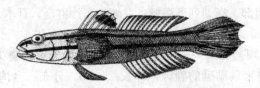

图 3402　双带凡塘鳢 *V. helsdingenii*
（依伍汉霖等，2008）

5（4）体侧具 3～4 条狭纵带；第二背鳍及臀鳍各具 1 鳍棘、12 鳍条；胸鳍具 19～20 鳍条；纵列鳞 80～90，横列鳞 26～32 ⋯⋯⋯⋯⋯⋯⋯⋯⋯⋯⋯⋯⋯ **石壁凡塘鳢 *V. muralis*（Valenciennes，1837）**（图 3403）。暖水性中小型近海底层鱼类。栖息于岩礁和珊瑚丛中。摄食底栖无脊椎动物及浮游动物。体长 70～110mm。分布：台湾、广东、广西、海南岛；菲律宾，印度洋安达曼群岛至太平洋中部各岛屿、澳大利亚北部沿海。具观赏价值。

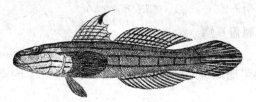

图 3403　石壁凡塘鳢 *V. muralis*
（依伍汉霖等，2008）

6（3）体侧具 3 条宽横带 ⋯⋯⋯⋯⋯⋯⋯⋯⋯⋯⋯ **鞍带凡塘鳢 *V. wardii*（Playfair，1867）**（图 3404）。暖水性中小型近海底层鱼类。栖息于岩礁和珊瑚丛中。摄食底栖无脊椎动物及浮游动物。体长 60～80mm。分布：南海；日本、印度洋非洲东岸桑给巴尔、红海至太平洋中部各岛屿、澳大利亚。具观赏价值。

图 3404　鞍带凡塘鳢 *V. wardii*
（依伍汉霖等，2008）

7（2）第一背鳍部分鳍膜边缘呈黑色或黑纹
8（9）体侧具 4～5 个马蹄形或长颈瓶状的眼状斑，颊部具若干条纹，无蓝色小斑⋯⋯⋯⋯⋯⋯⋯⋯⋯⋯ **长鳍凡塘鳢 *V. longipinnis*（Lay & Bennett，1839）**（图 3405）。暖水性中小型近海底层鱼类。栖息于岩礁和珊瑚丛中。以底栖无脊椎动物及浮游动物为食。体长 110～130mm。分布：台湾海域、广东、海南岛；日本、印度洋非洲东岸、红海、澳大利亚。具观赏价值。

图 3405　长鳍凡塘鳢 *V. longipinnis*
（依伍汉霖等，2008）

9（8）体侧无马蹄形或长颈瓶状的眼状斑，颊部具若干蓝色小斑，无条纹；体侧隐具一微红色纵带⋯⋯⋯⋯⋯⋯⋯⋯ **六斑凡塘鳢 *V. sexguttatus*（Valenciennes，1837）**（图 3406）。暖水性中小型近海底层鱼类。栖息于沙泥底质和珊瑚丛中。以底栖无脊椎动物及浮游动物为食。体长 60～70mm。分布：台湾海域；日本、印度洋非洲东岸、红海、太平洋中部各岛屿、澳大利亚北部。具观赏价值。

10（1）第一背鳍无黑斑，部分鳍膜边缘不呈黑色

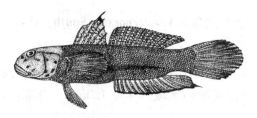

图 3406　六斑凡塘鳢 V. sexguttatus
（依伍汉霖等，2008）

11（14）第二背鳍具 1 鳍棘、11～15 鳍条；臀鳍具 1 鳍棘、12～14 鳍条

12（13）第二背鳍具 1 鳍棘、11～13 鳍条，第一背鳍较高，略呈三角形，第三鳍棘最长；体侧近腹部
处具一窄纵纹；臀鳍具 1 鳍棘、12 鳍条；胸鳍具 21 鳍条 ……………………… **大鳞凡塘鳢**
V. puellaris（Tomiyama，1956）（图 3407）。暖水性中小型近海底层鱼类。栖息于沙质底和珊
瑚丛中。摄食底栖无脊椎动物及浮游动物。体长 70～80mm。分布：台湾海域；日本、印度洋
非洲东岸、红海、太平洋中部萨摩亚群岛、澳大利亚。具观赏价值。

图 3407　大鳞凡塘鳢 V. puellaris
（依伍汉霖等，2008）

13（12）第二背鳍具 1 鳍棘、14～15 鳍条，第一背鳍较低，各鳍棘不呈丝状延长；体侧具 3 条窄纵带，
向后伸达尾鳍处；臀鳍具 1 鳍棘、13～14 鳍条；胸鳍具 19～20 鳍条 ……………………
无斑凡塘鳢 V. immaculatus（Ni，1981）（图 3408）。暖水性中小型近海底层鱼类。栖息于沙礁
和珊瑚丛中。摄食底栖无脊椎动物及浮游动物。体长 60～70mm。分布：中国南部大陆沿岸、
台湾；菲律宾、澳大利亚。数量极少，属稀有种类，为濒危物种（endangered），已被列入
《中国物种红色名录》（2004）。具观赏价值。

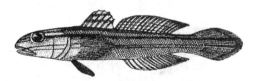

图 3408　无斑凡塘鳢 V. immaculatus
（依伍汉霖等，2008）

14（11）第二背鳍具 1 鳍棘、17～18 鳍条；臀鳍具 1 鳍棘、16 鳍条；体侧无条纹；头部具一窄斜带；
第一背鳍较高，第二至第四鳍棘丝状延长 ……………………………… **丝条凡塘鳢**
V. strigata（Broussonet，1782）（图 3409）。暖水性中小型近海底层鱼类。栖息于岩礁和珊瑚
丛中。以底栖无脊椎动物及浮游动物为食。体长 80～110mm。分布：台湾、西沙群岛；日本、
印度洋中部诸岛、红海、太平洋中部的波利尼西亚各岛屿、澳大利亚。具观赏价值。

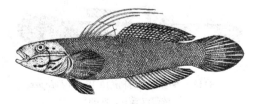

图 3409　丝条凡塘鳢 V. strigata
（依伍汉霖等，2008）

梵虾虎鱼属 Vanderhorstia Smith，1949

种 的 检 索 表

1（2）上颌前端高于眼的下缘 ⋯⋯⋯⋯⋯⋯⋯⋯⋯ **安贝洛罗梵虾虎鱼 V. ambanoro（Fourmanoir，1957）**
（图3410）。栖息于内湾沙泥底质的水域。体长130mm。分部：台湾南部海域；日本、斐济群岛，印度-西太平洋。

图3410　安贝洛罗梵虾虎鱼 V. ambanoro

（依明仁等，2013）

2（1）上颌前端与眼的下缘在同一水平线上
3（4）第一背鳍丝状延长，第二鳍棘最长 ⋯⋯⋯⋯⋯⋯⋯⋯⋯⋯⋯⋯⋯⋯⋯ **斑头梵虾虎鱼 V. puncticeps（Deng & Xiong，1980）**（图3411）。暖水性栖息于外海较深海区的小型鱼类。无食用价值。体长40～50mm。分布：东海南部外海较深海区；日本。数量极少，属稀有种类，为濒危物种（endangered），已被列入《中国物种红色名录》（2004）。

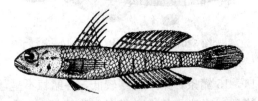

图3411　斑头梵虾虎鱼 V. puncticeps

（依伍汉霖等，2008）

4（3）第一背鳍仅第三鳍棘延长 ⋯⋯⋯⋯⋯⋯⋯⋯⋯⋯⋯ **黄点梵虾虎鱼 V. ornatissima Smith，1959**
（图3412）。体长85mm。分布：台湾南部海域；莫桑比克。

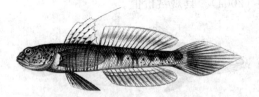

图3412　黄点梵虾虎鱼 V. ornatissima

（依台湾鱼类资料库）

汉霖虾虎鱼属 Wuhanlinigobius Huang，Zeehan & Chen，2013

多鳞汉霖虾虎鱼 W. polylepis（Wu & Ni，1985）（图3413）。暖温性河口、淡水区底层小型鱼类。体长30～40mm。分布：上海奉贤、南汇、泥城各溪流、福建的九龙江、海南岛各河川、台湾淡水河下游及南海等。稀有种类，为濒危物种（endangered），已被列入《中国物种红色名录》（2004）。

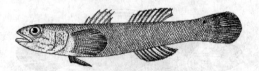

图3413　多鳞汉霖虾虎鱼 W. polylepis

（依伍汉霖等，2008）

裸颊虾虎鱼属 *Yongeichthys* Whitley，1932

云斑裸颊虾虎鱼 *Y. nebulosus*（Forsskål，1775）（图3414）。暖水性沿岸小型有毒鱼类，生活于河口咸淡水水域港湾、沙岸、红树林及沿海沙泥地的环境，常停栖于底部，较少游动。肉食性，以底栖动物、小型鱼、虾、有机碎屑为食。体长80～120mm。分布：台湾、海南岛；日本、新加坡等。该鱼含河豚毒素，台湾学者（Lin et al.，2000）经调查研究，发现云斑裸颊虾虎鱼几乎全都有毒，含毒个体占采集总标本的比率高达93%。体内含毒部位以鳍及头部为高，达220MU/g和205MU/g，其后依次为内脏（169MU/g）、生殖腺（162MU/g）、肌肉（139MU/g）和皮肤（137MU/g）。一般食后0.5～4h即发病，伴有呕吐、瘫痪、呼吸麻痹，死亡率高。

图3414 云斑裸颊虾虎鱼 *Y. nebulosus*
（依伍汉霖等，2008）

背眼虾虎鱼亚科 Oxudercinae

体延长，后部侧扁。头小或中大（为体长的15%～34%），略平扁。吻宽钝。眼小，上侧位或背侧位，游离的下眼睑有或无。口宽大，前位，平裂。颌齿犬齿状，钝尖或分叉；两颌齿1行（除多齿弹涂鱼属 *Periophthalmodon* 上颌齿为2行）；下颌缝合部有1对犬齿（除犬齿背眼虾虎鱼 *Oxuderces dentatus*、多齿弹涂鱼属 *Periophthalmodon* 和弹涂鱼属 *Periophthalmus* 下颌缝合部无犬齿）。鳃孔小或中大。鳃盖条5。头及体部被圆鳞，鳞小或中等，少或多（40～257）。背鳍分离或连续，第一背鳍4～17鳍棘，基底短小，第二背鳍具10～33鳍条，基底较长；臀鳍基底长，与第二背鳍相对，同形，具9～31鳍条；胸鳍尖圆，具11～25鳍条，无游离丝状鳍条；左右腹鳍愈合成一吸盘；尾鳍钝尖。椎骨26枚。

分布：暖水性或暖温性近岸小型底栖鱼类。栖息于河口咸淡水交界水域，也栖息于近岸浅水滩涂砾石岩礁的海岸中。

本亚科产我国者有7属。

属 的 检 索 表

1（8）无下眼睑
2（3）第一背鳍具5鳍棘，第二背鳍具28～32鳍条 ·····················拟平牙虾虎鱼属 *Pseudapocryptes*
3（2）第一背鳍具6鳍棘
4（5）第二背鳍鳍条24，或少于24；臀鳍鳍条23，或少于23；纵列鳞60以下·············
·············叉牙虾虎鱼属 *Apocryptodon*
5（4）第二背鳍鳍条24，或多于24；臀鳍鳍条23，或多于23；纵列鳞60以上
6（7）上颌侧面至缝合部无犬齿；头长等于或小于体长的24%；第二背鳍基底长等于或大于体长的45%；尾鳍等于或大于体长的19% ·····················副平牙虾虎鱼属 *Parapocryptes*
7（6）上颌侧面至缝合部具犬齿；头长等于或大于体长的24%；第二背鳍基底长等于或小于体长的45%；尾鳍等于或小于体长的19% ·····················背眼虾虎鱼属 *Oxuderces*
8（1）具下眼睑
9（12）第一背鳍具5鳍棘
10（11）下颌有须；第一背鳍细长 ·····················青弹涂鱼属 *Scartelaos*

11（10）下颌无须；第一背鳍宽阔 ⋯⋯⋯⋯⋯⋯⋯⋯⋯⋯⋯⋯⋯⋯⋯⋯⋯⋯ **大弹涂鱼属 *Boleophthalmus***

12（9）第一背鳍具 13～15 鳍棘 ⋯⋯⋯⋯⋯⋯⋯⋯⋯⋯⋯⋯⋯⋯⋯⋯⋯⋯⋯ **弹涂鱼属 *Periophthalmus***

叉牙虾虎鱼属 *Apocryptodon* Bleeker，1874
种 的 检 索 表

1（2）颊部有鳞 ⋯⋯⋯⋯⋯⋯⋯⋯⋯⋯⋯⋯ **马都拉叉牙虾虎鱼 *A. madurensis*（Bleeker，1849）**（图 3415）。
暖温性小型鱼类。栖息于河口、内湾半咸淡水的水域及近岸滩涂地区，生活在泥滩底部的洞穴
中，也进入淡水。杂食性，以藻类、底栖无脊椎动物为食。体长 50～80mm。分布：中国沿海；
印度洋北岸、印度尼西亚。

图 3415　马都拉叉牙虾虎鱼 *A. madurensis*
（依伍汉霖等，2008）

2（1）颊部无鳞

3（6）纵列鳞 60 以下

4（5）横列鳞 12～13 ⋯⋯⋯⋯⋯⋯⋯⋯⋯⋯ **少齿叉牙虾虎鱼 *A. glyphisodon*（Bleeker，1849）**（图 3416）。
暖水性小型鱼类。栖息于河口、红树林、内湾半咸淡水水域及近岸滩涂地区，大多生活在泥滩底
部的洞穴中。杂食性底栖鱼类，以底藻、底栖无脊椎动物为食。无食用价值。体长 50～70mm。
分布：东海南部沿岸、台湾；日本、印度尼西亚。

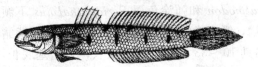

图 3416　少齿叉牙虾虎鱼 *A. glyphisodon*
（依伍汉霖等，2008）

5（4）横列鳞 13～18 ⋯⋯⋯⋯⋯⋯⋯⋯⋯⋯ **斑纹叉牙虾虎鱼 *A. punctatus*（Tomiyama，1934）**（图 3417）。
栖息于河口或红树林、内湾等半淡咸水域里，大多生活在泥滩底部的洞穴中。杂食性，主要摄食
底藻、底栖无脊椎动物等。体长 7mm。分布：台湾西部及西南部海域；日本、韩国，西-北太平
洋区海域。

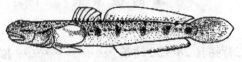

图 3417　斑纹叉牙虾虎鱼 *A. punctatus*
（依明仁等，2013）

6（3）纵列鳞 60 以上 ⋯⋯⋯⋯⋯⋯⋯⋯⋯ **细点叉牙虾虎鱼 *A. malcolmi* Smith，1931**（图 3418）。暖水性
近岸底层小型鱼类。栖息于河口、红树林、内湾半咸淡水的水域及近岸滩涂地区，生活在泥滩底部
的洞穴中。杂食性，摄食小型无脊椎动物、小鱼等。体长 70～90mm。分布：海南岛；泰国。

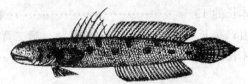

图 3418　细点叉牙虾虎鱼 *A. malcolmi*
（依伍汉霖等，2008）

大弹涂鱼属 *Boleophthalmus* Valenciennes，1837

大弹涂鱼 *B. pectinirostris*（Linnaeus，1758）（图 3419）。暖水性近岸小型鱼类。生活于近海沿岸及河口的低潮区滩涂，适温适盐性广，水陆两栖，洞穴定居。视觉和听觉灵敏，通常退潮时白天出洞，依靠发达的胸鳍肌柄在泥涂上爬行、摄食、跳跃，稍受惊即潜回水中或钻入洞内。夜间穴居。植物性食性，主食底栖硅藻、蓝绿藻类及泥涂中有机质，也食少量桡足类和圆虫等。体长 100～135mm。分布：中国沿海；朝鲜半岛、日本。肉味鲜美，有滋补功效（与酒炖服，可治耳鸣、头晕、盗汗、阳痿等），深受粤、台、闽、浙等沿海各地群众喜爱。在日本佐贺县大弹涂鱼被命名为"县鱼"，深受当地群众喜食，价格昂贵。大弹涂鱼是虾虎鱼中最具开发价值的增养殖鱼类之一。

图 3419　大弹涂鱼 *B. pectinirostris*
（依伍汉霖等，2008）

背眼虾虎鱼属 *Oxuderces* Eydoux & Souleyet，1850

犬齿背眼虾虎鱼 *O. dentatus* Eydoux & Souleyet，1850（图 3420）。暖水性近岸小型鱼类。生活于河口的咸淡水水域及近岸滩涂低潮区，常依靠发达的胸鳍肌柄匍匐或跳跃于泥滩上。适温适盐性广，洞穴定居。视觉和听觉灵敏，通常退潮时白天出洞，稍受惊即潜回水中或钻入洞内。体长 70～100mm。分布：东海和南海沿岸、台湾海域；印度尼西亚、马来西亚、泰国、印度。肉味鲜美，富有营养，有滋补功效，深受南方沿海各地群众的喜爱。

图 3420　犬齿背眼虾虎鱼 *O. dentatus*
（依伍汉霖等，2008）

副平牙虾虎鱼属 *Parapocryptes* Bleeker，1874

蜥形副平牙虾虎鱼 *P. serperaster*（Richardson，1846）（图 3421）。暖水性近岸小型鱼类。生活于河口的咸淡水水域及近岸滩涂低潮区，也进入淡水。常依靠发达的胸鳍肌柄匍匐或跳跃于泥滩上。适温适盐性广，洞穴定居。视觉和听觉灵敏，稍受惊即潜回水中或钻入洞内。体长 90～120mm。分布：东海和南海沿岸、台湾海域；印度恒河三角洲、印度尼西亚。肉味鲜美，富有营养，有滋补功效，深受南方沿海各地群众喜爱。具一定经济价值。

图 3421　蜥形副平牙虾虎鱼 *P. serperaster*
（依伍汉霖等，2008）

弹涂鱼属 *Periophthalmus* Bloch & Schneider，1801
种 的 检 索 表

1（2）左右腹鳍在基部分离，无膜盖及愈合膜；头侧具许多珠状细点；第一背鳍前上方尖突，边缘具较宽黑带……………………………………**银线弹涂鱼 *P. argentilineatus*（Valenciennes，1837）**（图 3422）。

暖水性近岸小型鱼类。栖息热带及亚热带河口咸淡水的水域及近岸滩涂低潮区，常依靠发达的胸鳍肌柄匍匐或跳跃于泥滩上。适温适盐性广，洞穴定居。视觉和听觉灵敏，稍受惊即潜回水中或钻入洞内。体长 50～80mm。分布：台湾西南部、北部海域，南海、海南岛东南部沿岸；印度洋非洲东岸、红海至太平洋中部萨摩亚群岛、日本南部琉球群岛、南至澳大利亚北部。数量极少，属稀有种类，为濒危物种（endangered），已被列入《中国物种红色名录》（2004）。

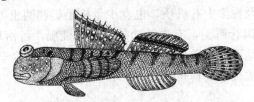

图 3422　银线弹涂鱼 *P. argentilineatus*
（依伍汉霖等，2008）

2（1）左右腹鳍基部愈合，具膜盖及愈合膜；头侧无珠状细点

3（4）第一背鳍高耸，略呈大三角形；各鳍棘尖端短丝状，多伸出鳍膜之外；第一鳍棘最长，呈丝状延长，稍小于头长或为头长的 80%；第一背鳍近边缘处具一有白边的较宽黑纹；第一背鳍中部鳍条较长，平放时可伸越第二背鳍起点；两背鳍间距小，约为眼径之半 ………………………………
大鳍弹涂鱼 *P. magnuspinnatus* Lee, Choi & Ryu, 1955（图 3423）。暖温性近岸小型鱼类。栖息于底质为淤泥、泥沙的高潮区或半咸淡水的河口及沿海岛屿，港湾的滩涂处及红树林，也进入淡水。适温适盐性广，洞穴定居。常依靠发达的胸鳍肌柄匍匐或跳跃于泥滩上，退潮时在滩涂上觅食。视觉和听觉灵敏，稍有惊动，就很快跳回水中或钻入洞穴。杂食性，主食浮游动物、昆虫、沙蚕、桡足类、枝角类等，也食底栖硅藻和蓝绿藻。体长 80～110mm。分布：渤海、黄海、东海、台湾海域、南海、海南岛；朝鲜半岛、日本。肉味鲜美，富有营养滋补功效，深受南方沿海各地群众的喜爱。

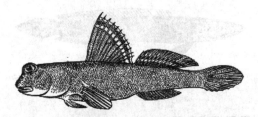

图 3423　大鳍弹涂鱼 *P. magnuspinnatus*
（依伍汉霖等，2008）

4（3）第一背鳍较低，扇形；各鳍棘尖端微伸出鳍膜之外；第二鳍棘最长，为头长的 60%；第一背鳍近边缘处无宽黑纹；第一背鳍中部鳍条较短，平放时不伸达第二背鳍起点；两背鳍间距大，约与眼径等长或稍小…………………………………………**弹涂鱼 *P. modestus* Cantor，1842**（图 3424）。暖温性近岸小型鱼类。喜栖息于河口、港湾、红树林区的咸淡水域及沿岸的浅水区及在底质为淤泥、泥沙的滩涂处活动，也进入淡水。适温适盐性广，穴居性。常依靠发达的胸鳍肌柄匍匐或跳跃于泥滩上，退潮时在滩涂上觅食。主食浮游动物、昆虫及其他无脊椎动物，也会刮食底栖硅藻和蓝绿藻。体长 40～60mm。分布：渤海、黄海、东海、台湾海域、南海；朝鲜半岛、日本。肉味鲜美，富有营养，有滋补功效，深受南方沿海各地群众的喜爱。

图 3424　弹涂鱼 *P. modestus*
（依伍汉霖等，2008）

拟平牙虾虎鱼属 *Pseudapocryptes* Bleeker, 1874

长身拟平牙虾虎鱼 *P. elongatus* (Cuvier, 1816) （图3425）。体长20mm。分布：台湾、广州；日本、印度尼西亚、印度东海岸。

图 3425　长身拟平牙虾虎鱼 *P. elongatus*
（依伍汉霖等，2008）

青弹涂鱼属 *Scartelaos* Swainson, 1839
种 的 检 索 表

1（2）颊部和鳃盖上各具黄色横纹，第一背鳍黄色，前部和后部黑色；尾鳍无黑色斑纹⋯⋯⋯⋯⋯⋯⋯⋯⋯⋯⋯**大青弹涂鱼 *S. gigas* Chu & Wu, 1963**（图3426）。暖温性小型鱼类。栖息于沿岸的河口区及红树林区的半咸淡水域，也见于沿岸泥沙底质的滩涂、潮间带及低潮区水域。适温适盐性广，洞穴定居。常依靠发达的胸鳍肌柄匍匐或跳跃于泥滩上，在滩涂上觅食。视觉和听觉灵敏，稍有惊动，就很快跳回水中或钻入洞穴。杂食性，主食底栖硅藻、蓝绿藻和底栖小型无脊椎动物。体长120～170mm。分布：东海沿岸、台湾海域；朝鲜半岛西南部沿海。供食用，味美，有滋补功效。属稀有种类，为濒危物种（endangered），已被列入中国物种红色名录（2004）。

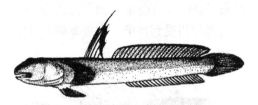

图 3426　大青弹涂鱼 *S. gigas*
（依伍汉霖等，2008）

2（1）颊部和鳃盖上无黄色横纹，第一背鳍灰黑色；尾鳍具4～5条黑色横纹⋯⋯⋯⋯⋯⋯⋯⋯⋯⋯**青弹涂鱼 *S. histophorus* (Valenciennes, 1837)**（图3427）。暖水性小型鱼类。栖息沿岸的河口区及红树林区的半咸淡水域，也见于沿岸泥沙底质的滩涂、潮间带及低潮区水域。常依靠发达的胸鳍肌柄匍匐或跳跃于泥滩上，在滩涂上觅食。视觉和听觉灵敏，稍有惊动，就很快跳回水中或钻入洞穴。适温适盐性广，洞穴定居。杂食性，摄食滩涂表层硅藻类、底栖小型无脊椎动物及有机碎屑。体长70～110mm。分布：东海和南海沿岸；日本、印度洋北部沿岸、澳大利亚。供食用，味美，有滋补功效。

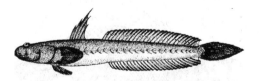

图 3427　青弹涂鱼 *S. histophorus*
（依伍汉霖等，2008）

瓢虾虎鱼亚科 Sicydiinae

体延长，前部圆筒形，后部侧扁。头中大，前部稍平扁，圆钝。吻圆团状，突出，几包住上唇，或短钝，不包住上唇。口小，下位，平横或马蹄形。上下颌齿一般为1行（个别种类2行）。唇肥厚。鳃孔较狭，仅延伸达胸鳍基部下缘。前鳃盖骨后缘无棘。鳃盖条5。体被中大栉鳞。无侧线。背鳍2个，分离，第一背鳍具6鳍棘，第二背鳍具1鳍棘、8～11鳍条；臀鳍与第二背鳍相对，同形；胸鳍宽大，长圆形；腹鳍基底长大于、等于或小于腹鳍全长的1/2，左右腹鳍愈合成一大型吸盘，边缘完整或凹缺，膜盖有时向外翻转呈袋状；尾鳍长圆形。

河海型洄游鱼类。喜栖息于湍急溪流区域中，攀爬能力强，可上溯至溪河上游及瀑布处水域。

本亚科产中国者有3属。

属 的 检 索 表

1（4）吻宽，圆团状；具吻褶，常包住上唇
2（3）胸鳍具18～20鳍条；腹鳍基底长大于腹鳍全长之半 ························ **瓢鳍虾虎鱼属 Sicyopterus**
3（2）胸鳍具13～16鳍条；腹鳍基底长约等于腹鳍全长之半 ··················· **枝牙虾虎鱼属 Stiphodon**
4（1）吻狭，不呈圆团状；无吻褶；雄鱼体侧具4～5黑色横带，雌鱼无横带············
·· **瓢眼虾虎鱼属 Sicyopus**

瓢鳍虾虎鱼属 Sicyopterus Gill, 1860
种 的 检 索 表

1（2）第二背鳍具1鳍棘、10鳍条；纵列鳞58～63；尾鳍上下叶无暗色狭纵带························
日本瓢鳍虾虎鱼 S. japonica（Tanaka, 1907）（图3428）。中小型河海洄游鱼类，也属于溯河产卵洄游鱼类。溯河能力很强，若无水库或大型拦河坝的拦阻，可上溯至溪河中上游水域，至离河口超过50km的上游区。成鱼喜栖息于潭区及潭头水域中，以便利用溪底岩面上的附着性微藻类为食。体长70～80mm。分布：我国台湾尚未受到严重污染的河川中，尤以东部溪流中较普遍，仍可见大量的溯河幼鱼群，西部河川受到污染，大部分族群都已消失；日本南部。

图 3428　日本瓢鳍虾虎鱼 S. japonica
（依伍汉霖等，2008）

2（1）第二背鳍具1鳍棘、11鳍条；纵列鳞51～54；尾鳍上下叶具一暗色狭纵带·····················
·······**宽颊瓢鳍虾虎鱼 S. macrostetholepis（Bleeker, 1853）**（图3429）。小型河海洄游鱼类。喜栖息于清澈而湍急的溪流中，摄食岩石表面上附生微藻类，攀爬能力很强。体长50～60mm。分布：中国台湾的东部、南部以及兰屿的溪流中；日本琉球群岛及新加坡、印度尼西亚等。

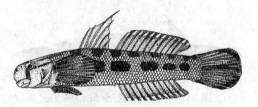

图 3429　宽颊瓢鳍虾虎鱼 S. macrostetholepis
（依伍汉霖等，2008）

瓢眼虾虎鱼属 Sicyopus Gill, 1863

环带瓢眼虾虎鱼 S. zosterophorum Bleeker, 1857（图3430）。暖水性小型鱼类。栖息于清澈的溪流及河川的上游。体长50～60mm。分布：中国台湾岛；日本石垣、西表岛、菲律宾及印度尼西亚。

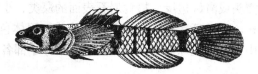

图 3430　环带瓢眼虾虎鱼 *S. zosterophorum*
（依 Koumans，1953）

枝牙虾虎鱼属 *Stiphodon* Weber，1895
种 的 检 索 表

1（2）第二背鳍具 1 鳍棘、10 鳍条；胸鳍具 14 鳍条 ………………………………………… **黑鳍枝牙虾虎鱼**
S. percnopterygionus Watson & Chen，1998（图 3431）。暖水性小型底层鱼类。栖息于热带、亚热带水质非常清澈的山溪急流的中下游区，喜在稍缓流的潭头或潭区边缘活动。雄鱼受惊吓时体色会产生变化，常攀附在岩石面上摄食附着性的藻类、小型水生昆虫及无脊椎动物。无食用价值，因体色鲜艳，极富观赏价值。个体小，体长 30～40mm，大者可达 60mm。分布：中国台湾南部的恒春及东部的兰屿等河川上中游；太平洋中部各岛屿，北至日本、南至印度尼西亚。

图 3431　黑鳍枝牙虾虎鱼 *S. percnopterygionus*
（依伍汉霖等，2008）

2（1）第二背鳍具 1 鳍棘、9 鳍条；胸鳍具 15 鳍条

3（4）体侧具 9～10 条黑色垂直横带，胸鳍有 10 余条由许多小点组成的暗色垂直横纹；项部自背鳍前方至眼间隔的中央部分无鳞，有大的裸露区 …………………………………… **多鳞枝牙虾虎鱼**
S. multisquamus Wu & Ni，1986（图 3432）。暖水性小型底层鱼类。栖息于热带、亚热带的溪流和水库内。主要摄食附生于石上的藻类。无食用价值，供观赏。体型较大，体长 45～60mm，大者可达 80mm。数量极少，属稀有种类，为濒危物种（endangered），已被列入《中国物种红色名录》（2004）。分布：海南岛。为海南岛特有种（endemic to Hainan）。

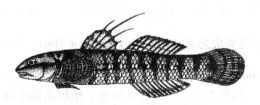

图 3432　多鳞枝牙虾虎鱼 *S. multisquamus*
（依伍汉霖等，2008）

4（3）体侧无黑色垂直横带，胸鳍前下部散具数个小黑点；项部自背鳍前方至眼间隔具鳞，其中央部分无裸露区………………………… **紫身枝牙虾虎鱼 S. atropurpureus (Herre，1927)**（图 3433）。暖水性小型底层鱼类。栖息于热带、亚热带水质非常清澈的中小型山溪急流的中下游区。性隐蔽，

图 3433　紫身枝牙虾虎鱼 *S. atropurpureus*
（依伍汉霖等，2008）

喜栖息于稳定水流区的潭头或潭区边缘。摄食岩石表面的藻类、小型水生昆虫及无脊椎动物。个体小，体长仅 30～40mm，大者可达 60mm。无食用价值，因体色鲜艳，极富观赏价值。分布：中国台湾东部部分溪流中；日本琉球群岛、菲律宾及太平洋中部各岛屿。

近盲虾虎鱼亚科 Amblyopinae

体颇延长，鳗形。头短小，侧扁。吻短而圆钝。眼甚小，上侧位，常呈废退状，埋于皮下，无游离眼睑。鼻孔每侧 2 个，前鼻孔具一短管，后鼻孔圆形。口小或中等大，前位或上位，斜裂或近于垂直。上下颌等长或下颌突出。齿平直或向内弯曲，上下颌齿多行，外行齿常扩大。鳃孔狭小，侧位。鳃盖上方的凹陷或有或无。峡部宽。鳃盖膜与峡部相连。体裸露无鳞或被细小圆鳞。无侧线。背鳍 1 个，连续，具 6～7 鳍棘，30～58 鳍条；臀鳍具 1 鳍棘、30～50 鳍条；背鳍和臀鳍基部均甚长，常与尾鳍相连；胸鳍尖长或短小，具 14～30 鳍条；左右腹鳍愈合成一吸盘，后缘完整或凹入；尾鳍尖长。

分布：暖水性和暖温性近岸小型底栖鱼类。栖息于河口咸淡水的滩涂水域。

本亚科产中国者有 6 属。

属 的 检 索 表

1（6）鳃盖上方无凹陷；眼退化；齿长而弯曲，突出唇外

2（3）口小；上下颌无大型犬齿；头部无细须；背鳍具 6 鳍棘、30～34 鳍条；臀鳍具 30～33 鳍条
 ·· 盲虾虎鱼属 *Brachyamblyopus*

3（2）口中大，颇斜；具许多外露的大犬齿；头部常具细须；背鳍具 6 鳍棘、39～58 鳍条；臀鳍具 35～50 鳍条

4（5）下颌缝合部后方具犬齿 1 对；胸鳍具鳍条 28 以上，胸鳍长约与腹鳍相等；口裂较斜 ············
 ·· 狼牙虾虎鱼属 *Odontamblyopus*

5（4）下颌缝合部后方无犬齿；胸鳍具鳍条 20 以下，较小，短于腹鳍；口裂几垂直 ·················
 ·· 鳗虾虎鱼属 *Taenioides*

6（1）鳃盖上方具一凹陷；眼很小；齿短小

7（10）左右腹鳍愈合，边缘不完整，后缘凹入，具缺刻

8（9）上下颌均具犬齿 ·· 钝孔虾虎鱼属 *Amblyotrypauchen*

9（8）上下颌均无犬齿 ·· 栉孔虾虎鱼属 *Ctenotrypauchen*

10（7）左右腹鳍愈合，边缘完整，漏斗状，后缘圆形或钝尖 ·················· 孔虾虎鱼属 *Trypauchen*

钝孔虾虎鱼属 *Amblyotrypauchen* Hora，1924

钝孔虾虎鱼 A. arctocephalus（Alcock，1890）（图 3434）。暖水性近岸小型底层鱼类。喜栖息于沿岸和河口区底质为软泥的区域。体长 100～150mm。分布：中国南部沿海；印度。

图 3434　钝孔虾虎鱼 *A. arctocephalus*
（依伍汉霖等，2008）

盲虾虎鱼属 *Brachyamblyopus* Bleeker，1874

高体盲虾虎鱼 B. anotus（Franz，1910）（图 3435）。暖水性近岸底层小型鱼类。栖息于热带、亚热带河口咸淡水的软泥底质水域。常钻埋于沙中，不喜好游动，泳力差。摄食浮游动物及小型无脊椎动物，如幼虾、桡足类等。体长 50～70mm。分布：台湾海域、海南岛；日本、菲律宾、泰国。

图 3435　高体盲虾虎鱼 B. anotus

（依伍汉霖等，2008）

栉孔虾虎鱼属 Ctenotrypauchen Steindachner，1867
种 的 检 索 表

1（2）头部、项部裸露无鳞或偶被小鳞，胸部与腹部具稀疏小鳞 ························· **中华栉孔虾虎鱼**
C. chinensis Steindachner，1867（图 3436）。暖水性近岸小型底栖鱼类。栖息于河口咸淡水的滩涂淤泥底质水域。体长 80～110mm。分布：中国沿海。

图 3436　中华栉孔虾虎鱼 C. chinensis

（依伍汉霖等，2008）

2（1）头部、项部、胸部及腹部均无鳞 ···························· **小头栉孔虾虎鱼**
C. microcephalus（Bleeker，1860）（图 3437）。近岸底层小型鱼类。常栖息于浅海和河口附近。可在泥底中穿穴，以等足类、桡足类、多毛类、小虾苗及小鱼苗为食饵。体长 90～120mm。分布：中国沿海；朝鲜半岛、日本、菲律宾、印度尼西亚、泰国、印度。

图 3437　小头栉孔虾虎鱼 C. microcephalus

（依伍汉霖等，2008）

狼牙虾虎鱼属 Odontamblyopus Bleeker，1874

　　拉氏狼牙虾虎鱼 O. lacepedii（Temminck & Schlegel，1845）（图 3438）。暖温性底栖鱼类。栖息于河口及沿海的浅水滩涂区域，也生活于咸淡水交汇处、水深 2～8m 的泥或泥沙底质的海区，偶尔进入江河下游的咸淡水区。以浮游植物为饵，产珠江口者主要摄食圆筛藻、中华盒形藻，也食少量哲镖水蚤、蛤类幼体等，也摄食沙蚕。体长 100～300mm。分布：中国沿海；朝鲜半岛、日本、印度尼西亚、马来西亚、印度。具一定经济价值，营养价值高，主供鲜食，也有制罐（称龙须鱼）或制成盐干品。

图 3438　拉氏狼牙虾虎鱼 O. lacepedii

（依伍汉霖等，2008）

鳗虾虎鱼属 Taenioides Lacepède，1800
种 的 检 索 表

1（2）背鳍和臀鳍后端无缺刻，与尾鳍相连；头长大于或约等于腹鳍基部后缘至肛门的距离 ···········
···············**鳗形鳗虾虎鱼 T. anguillaris（Linnaeus，1758）**（图 3439）。暖水性小型底层鱼类。栖息于河口咸淡水水域或近海潮间带的滩涂中，有时也进入下游淡水水体。常隐于洞穴内。杂食性，以有机碎屑、小鱼、虾等为食。体长 100～180mm。分布：东海、台湾海峡、南海沿岸；澳大利亚，印度洋北部。

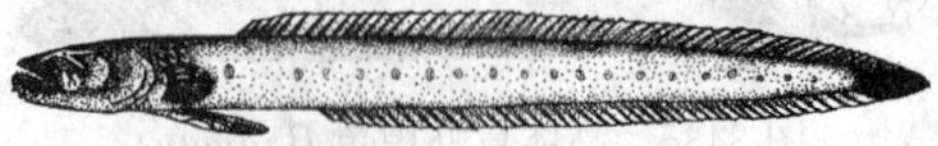

图 3439　鳗形鳗虾虎鱼 *T. anguillaris*
（依伍汉霖等，2008）

2（1）背鳍和臀鳍后端各有一缺刻，不与尾鳍相连；头长明显小于腹鳍基部后缘至肛门的距离…………………………**须鳗虾虎鱼 *T. cirratus*（Blyth，1860）**（图 3440）。暖水性小型底层鱼类。栖息于沙岸、港湾、红树林、湿地或河口咸淡水的水域及泥质近海滩涂上。常隐于洞穴内。杂食性，以有机碎屑、小鱼、虾等为食。体长 130～160mm。分布：东海、台湾沿岸、南海；朝鲜、日本、澳大利亚，印度洋北部。

图 3440　须鳗虾虎鱼 *T. cirratus*
（依伍汉霖等，2008）

孔虾虎鱼属 *Trypauchen* Valeciennes，1837

种 的 检 索 表

1（2）纵列鳞 45～50；横列鳞 11～12 ……………………………… **大鳞孔虾虎鱼 *T. taenia* Koumans，1953**（图 3441）。近海潮间带暖水性底层小型鱼类。栖息于沿岸或河口咸淡水的泥涂中。体长 80～100mm。分布：南海沿岸；印度尼西亚沿海。

图 3441　大鳞孔虾虎鱼 *T. taenia*
（依伍汉霖等，2008）

2（1）纵列鳞 70～115；横列鳞 20～24 ………………… **孔虾虎鱼 *T. vagina*（Bloch & Schneider，1801）**（图 3442）。近海潮间带暖水性底层小型鱼类。常栖息于咸淡水的泥涂中，也栖息于水深 20m 余处，以蛏埕处最多。行动缓慢，涨潮游出穴外，不成大群。生命力强，能在缺氧情况下生活。主要摄食底栖硅藻和无脊椎动物。体长 200～220mm。分布：东海、台湾海峡、南海沿岸；印度洋北部沿岸、印度尼西亚、新加坡。

图 3442　孔虾虎鱼 *T. vagina*
（依伍汉霖等，2008）

多椎虾虎鱼亚科 Polyspondylogobiinae

体颇延长，略呈鳗形。吻圆钝，前端膨大，形成发达吻褶，包围上颌。体裸露无鳞，无侧线。背鳍 2 个，几连续，中间具一缺刻，第一背鳍有 3 鳍棘，第二背鳍有 1 鳍棘、31～34 鳍条；臀鳍与第二背鳍相对，同形，具 1 鳍棘、18～20 鳍条；左右腹鳍愈合成一吸盘。椎骨多达 52～54 枚，为虾虎鱼科中所罕见。

分布：暖水性近岸小型底栖鱼类。栖息于河口咸淡水的滩涂水域。

本亚科产中国仅 1 属。

多椎虾虎鱼属 *Polyspondylogobius* Kimura & Wu，1994

中华多椎虾虎鱼 *P. sinensis* Kimura & Wu，1994（图 3443）。暖水性小型虾虎鱼类。栖息于河口咸淡水的区域，其外形酷似鳗苗，常与鳗苗混栖。体长 40～50mm。分布：长江口、珠江三角洲河口的咸淡水区，也见于广西北部湾沿岸的河口区。属稀有种类，为濒危物种（endangered），已被列入《中国物种红色名录》（2004）。

图 3443　中华多椎虾虎鱼 *P. sinensis*
（依伍汉霖等，2008）

276. 蠕鳢科（蚓虾虎科）Microdesmidae

体延长，鳗形，侧扁。尾柄较短。头中大，侧扁。头部无感觉管及感觉管孔。颊部具若干短小的感觉乳突线。吻短，稍大于眼径。眼大，侧位，位于头的前半部，不突出于头的背缘。口小，前上位，斜裂。下颌颇突出，长于上颌。上颌骨后延，伸达眼前部下方。两颌齿绒毛状，多行。具犁骨齿，无腭骨齿。鳃盖条 5。头部无任何感觉管及感觉管孔。体及头部被许多细小和埋于皮下的圆鳞。无侧线。背鳍 1 个，鳍棘部和鳍条部连续，基部很长，始于胸鳍上方，止于尾鳍基部，具 20～22 鳍棘、36～42 鳍条；臀鳍与背鳍同形，基部较长，基部长约为背鳍基部长的 1/2，有或无鳍棘，具 36～39 鳍条；胸鳍下侧位，具 12～16 鳍条；腹鳍小，具 1 鳍棘、4 鳍条，相互接近，左右腹鳍不愈合成一吸盘；尾鳍圆形或稍内凹，具 15～17 鳍条。

分布：暖水性近岸小型底栖鱼类。栖息于近岸珊瑚礁沙质底的浅水中，白天自由游泳。

本科中国仅 1 属。

鳚虾虎鱼属 *Gunnellichthys* Bleeker，1858

眼带鳚虾虎鱼 *G. curiosus* Dawson，1968（图 3444）。暖水性群游小型近岸底栖鱼类。栖息于近岸水深 20m 左右的沙砾底质浅水珊瑚丛中或岩礁海域。白天在沙底上方 0.5～1.0m 处自由游泳，受惊吓即逃入穴中，常钻入长颌后颌䲁（*Opistognathus ensiferus*）的穴洞中共栖。体长 50～90mm。分布：台湾海域；日本，印度-西太平洋海域。

图 3444　眼带鳚虾虎鱼 *G. curiosus*
（依明仁等，2013）

277. 鳍塘鳢科（凹尾塘鳢科）Ptereleotridae

体延长，颇侧扁。头中大，侧扁。项部有或无低皮嵴。吻短。眼位于头侧，不突出于头的背缘。口几垂直，上侧位。颏部有或无须。下颌大多突出，长于上颌。鳃盖条 5。体被圆鳞。纵列鳞 60～157。无侧线。背鳍 2 个，分离，第一背鳍具 5～7 鳍棘，前部 3 鳍棘有时延长呈丝状，第二背鳍具 1 鳍棘、13～38 鳍条，臀鳍具 1 鳍棘、13～35 鳍条；腹鳍具 1 鳍棘、4～5 鳍条，左右腹鳍不愈合成一吸盘；尾鳍圆形、截形、内凹、矛状或延长呈丝状。

分布：暖水性近岸小型底栖鱼类。栖息于河口咸淡水滩涂及近岸浅水珊瑚礁区。

本科中国有 4 属。

属 的 检 索 表

1（2）头、体颇侧扁；眼后背部中央有一似刀状隆起的皮瓣；尾鳍长矛状 …… **窄颅塘鳢属 *Oxymetopon***

2（1）头、体不显著颇侧扁，圆筒形；眼后背部中央无刀状隆起的皮瓣，个别种类仅在背鳍起点前方
有一低皮峰；尾鳍不呈长矛状

3（4）第一背鳍第一至第三鳍棘显著高陡，或呈丝状延长 ……………… **线塘鳢属 *Nemateleotris***

4（3）第一背鳍前部 3 鳍棘正常，较低，不呈丝状延长

5（6）第二背鳍具 1 鳍棘、13～19 鳍条 ………………………………… **舌塘鳢属 *Parioglossus***

6（5）第二背鳍具 1 鳍棘、23～38 鳍条 …………… **鳍塘鳢属（凹尾塘鳢属）*Ptereleotris***

线塘鳢属 *Nemateleotris* Fowler, 1938
种 的 检 索 表

1（2）丝状延长的第一背鳍第一至第三鳍棘的鳍膜红色；腹鳍前半部红色 ………………………………
华丽线塘鳢 *N. decora* Randall & Allen, 1973（图 3445）。暖水性中小型底层海水鱼类。栖息于
沿岸岩礁的沙砾底。体长 60mm。分布：台湾南部海域；日本，印度-西太平洋海域。

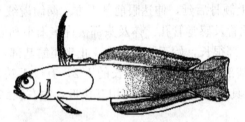

图 3445　华丽线塘鳢 *N. decora*
（依明仁等，2013）

2（1）丝状延长的第一背鳍第一至第三鳍棘的鳍膜乳白色；腹鳍淡黄色 …………………………………
大口线塘鳢 *N. magnificus* Fowler, 1938（图 3446）。暖水性中小型底层海水鱼类。栖息于热带、
亚热带沿岸岩礁及珊瑚丛中。以浮游动物为食。体长 60mm。分布：台湾海域；日本，印度-西
太平洋海域。体色鲜艳，供观赏。

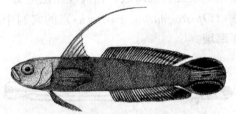

图 3446　大口线塘鳢 *N. magnificus*
（依伍汉霖等，2008）

窄颅塘鳢属 *Oxymetopon* Bleeker, 1861

侧扁窄颅塘鳢 *O. compressus* Chan, 1966（图 3447）。暖水性近岸底层小型鱼类。栖息于河口咸淡
水的滩涂水域。生活于泥沙或软泥底质的港湾中，甚罕见。体长 70 mm。分布：我国南部沿海；日本、

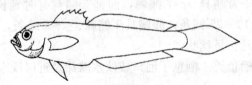

图 3447　侧扁窄颅塘鳢 *O. compressus*
（依 Chan，1966）

菲律宾、泰国、印度尼西亚。属稀有种类，为濒危物种（endangered），已被列入《中国物种红色名录》（2004）。

<h2 style="text-align:center">舌塘鳢属 Parioglossus Regan，1912</h2>
<h3 style="text-align:center">种 的 检 索 表</h3>

1（6）尾鳍具纵带

2（3）体侧深黑色纵带较宽，由吻部经鳃盖沿体侧腹缘及尾柄腹缘伸达尾鳍下部……………………
美丽舌塘鳢 _P. formosus_（Smith，1931）（图 3448）。暖水性群游小型鱼类。栖息于岩礁海域或红树林的湿地中。体长 30～40mm。分布：台湾海域；琉球群岛、泰国、澳大利亚西北岸等。

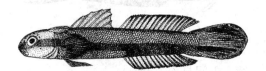

图 3448　美丽舌塘鳢 _P. formosus_
（依伍汉霖等，2008）

3（2）体侧深灰色纵带沿体侧中部伸达尾鳍中部

4（5）纵列鳞 80；横列鳞 20 ……………………………… **带状舌塘鳢 _P. taeniatus_ Regan，1912**（图 3449）。栖息于水深 1m 以浅的珊瑚礁和岩礁水域。体长 30mm。分布：台湾南部海域；日本、菲律宾群岛、斐济群岛、亚达伯拉群岛。

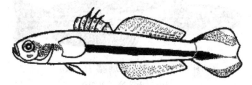

图 3449　带状舌塘鳢 _P. taeniatus_
（依明仁等，2013）

5（4）纵列鳞 97～107；横列鳞 27～32 ……………………… **中华舌塘鳢 _P. sinensis_ Zhong，1994**（图 3450）。栖息于沿岸淡海水交界的滩涂淤泥中，喜穴居生活，离开水后在潮湿的淤泥中可以生活一定时间。体长 40～70mm。分布：浙江东北部沿海。数量极少，属稀有种类，为濒危物种（endangered），已被列入《中国物种红色名录》（2004）。

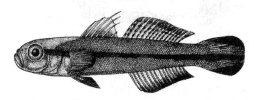

图 3450　中华舌塘鳢 _P. sinensis_
（依钟俊生，1994）

6（1）尾鳍无纵带，基部具黑色斑点 ……………………… **尾斑舌塘鳢 _P. dotui_ Tomiyama，1958**（图 3451）。暖水性群游小型鱼类。栖息于珊瑚丛中或岩礁海域、红树林的湿地中。体长 30～40mm。分布：台湾东部和南部海域，香港；济州岛、琉球群岛。

图 3451　尾斑舌塘鳢 _P. dotui_
（依明仁等，2013）

鳍塘鳢属（凹尾塘鳢属）*Ptereleotris* Gill，1863
种 的 检 索 表

1（2）两背鳍间以鳍膜连续，中间具浅缺刻 ·························· **单鳍鳍塘鳢**
P. *monoptera* Randall et Hoese，1985（图 3452）。暖水性中小型底层海水鱼类。栖息于热带、亚热带沿岸沙质底及珊瑚丛中。体长 80～90mm。分布：台湾海域；日本、塞舌尔群岛、查戈斯群岛等西南太平洋海域。体色鲜艳，供观赏。

图 3452　单鳍鳍塘鳢 *P. monoptera*
（依明仁等，2013）

2（1）两背鳍间分离，无鳍膜连续，中间具深缺刻

3（6）颏部中央具一皮质状短须

4（5）体侧有 20 条橘色细横带；尾鳍内凹，上下叶或中央鳍条不呈丝状延长 ··············
斑马鳍塘鳢 *P. zebra*（Fowler，1938）（图 3453）。暖水性小型底层海水鱼类。栖息于热带、亚热带沿岸岩礁及珊瑚丛中。体长 80～100mm。分布：台湾海域；日本琉球群岛，印度-西太平洋海域。体色鲜艳，供观赏。

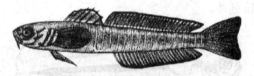

图 3453　斑马鳍塘鳢 *P. zebra*
（依伍汉霖等，2008）

5（4）体侧无橘色细横带；尾鳍截形或楔形，上下叶或中央鳍条呈丝状延长 ··············
丝尾鳍塘鳢 *P. hanae*（Jordan et Snyder，1901）（图 3454）。暖水性小型底层海水鱼类。栖息于热带、亚热带沿岸岩礁及珊瑚丛中。体长 70～90mm。分布：台湾澎湖列岛、香港、南海诸岛；日本南部沿岸，印度-西太平洋海域。体色鲜艳，供观赏。

图 3454　丝尾鳍塘鳢 *P. hanae*
（依伍汉霖等，2008）

6（3）颏部中央无皮质状短须

7（8）尾鳍中央部有一大的长圆形黑斑 ·················· **尾斑鳍塘鳢 *P. heteroptera*（Bleeker，1855）**
（图 3455）。暖水性小型底层鱼类。栖息于热带、亚热带沿岸岩礁、沙地及珊瑚礁丛中。摄食浮游动物。体长 70～80mm。分布：台湾海域、西沙群岛；济州岛、琉球群岛、红海，印度-西太平洋海域。体色鲜艳，供观赏。

图 3455　尾斑鳍塘鳢 *P. heteroptera*
（依伍汉霖等，2008）

8（7）尾鳍中央部无大的长圆形黑斑

9（10）胸鳍基部有一垂直黑色细纹 ······························ **细鳞鳍塘鳢 *P. microlepis* (Bleeker，1856)**（图3456）。暖水性中小型底层海水鱼类。栖息于热带、亚热带沿岸岩礁及珊瑚丛中。体长60～70mm。分布：台湾海域；琉球群岛、红海，印度-西太平洋海域。体色鲜艳，供观赏。

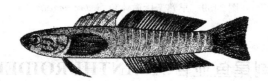

图 3456　细鳞鳍塘鳢 *P. microlepis*
（依伍汉霖等，2008）

10（9）胸鳍基部无垂直黑色细纹；体前半部浅棕色，后半部深褐色；尾鳍上下叶边缘灰黑色···············
··················· **黑尾鳍塘鳢 *P. evides* (Jordan & Hubbs，1925)**（图3457）。暖水性小型底层海水鱼类。栖息于热带、亚热带沿岸岩礁、沙地及珊瑚丛中。以浮游动物为饵。体长100～120mm。分布：台湾海域、海南岛、西沙群岛；琉球群岛、红海，印度-西太平洋海域。体色鲜艳，供观赏。

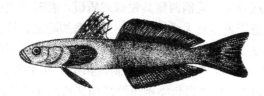

图 3457　黑尾鳍塘鳢 *P. evides*
（依伍汉霖等，2008）

278. 辛氏微体鱼科 Schindleriidae

为幼年性成熟的小型鱼类，无成年鱼的特征。在性成熟个体中存在某些幼鱼性状，如功能性前肾（proneohros）、透明的身体及较大鳃盖部的鳃、骨骼很少骨化，具若干尚未发育的软骨和膜骨。具5较短的鳍盖条。背鳍1个，具15～20不分支鳍条；臀鳍具11～17鳍条；胸鳍具11～18鳍条；无腹鳍；尾鳍截形，略凹，具13不分支但分节的鳍条。椎骨12～24＋13～21，脊椎最后部的尾杆骨很细长，棒状。

本科最早置于鲈形目中，为单独的1个亚目（Gosline，1959），即辛氏微体鱼亚目（Schindlerioidei）。后又认为，它与玉筋鱼亚目较为类似（Gosline，1963，1971）；Johnson & Brothers（1999）则认为，它与虾虎鱼类有亲缘关系，应隶属于虾虎鱼亚目。仅1属2种。

辛氏微体鱼属 *Schindleria* Giltay，1934
种 的 检 索 表

1（2）臀鳍具17鳍条，起点与背鳍起点相对·································· **等鳍辛氏微体鱼**
***S. pietschmanni* (Schindler，1931)**（图3458）。为幼年性成熟的小型鱼类，无成年鱼的特征。大洋性暖水漂游性鱼类。栖息于热带珊瑚丛水深43～47m海区的表层。体长10～15mm。分布：台湾海域、南沙群岛；夏威夷群岛，印度-西太平洋海域。

图 3458　等鳍辛氏微体鱼 *S. pietschmanni*
（依 Larson，2001）

2（1）臀鳍具12鳍条，起点不与背鳍起点相对·································· **早熟辛氏微体鱼**
***S. praematura* (Schindler，1930)**（图3459）。为幼年性成熟的小型鱼类，无成年鱼的特征。大洋性暖水漂游性鱼类。栖息于热带大洋水深43～2 465m海域的表层。体长10～15mm。分布：

台湾南部海域、南沙群岛；日本冲绳岛、夏威夷群岛，印度-西太平洋海域。

图 3459　早熟辛氏微体鱼 S. praematura
（依 Larson, 2001）

刺尾鱼亚目 ACANTHUROIDEI

　　体卵圆形或长圆形，高而颇侧扁。头短小。吻略呈圆锥状。口小，前位或亚前位；镶状尖突。上下颌齿各 1 行，齿细尖，刚毛状或侧扁，边缘具锯齿或波状，齿头不分叉，或分为 2 叉、3 叉。鳃孔小或中大。前鳃盖骨及鳃盖骨边缘光滑。鳃盖膜与峡部相连。具假鳃。皮肤坚韧，密被细小粗糙鳞片，鳞片有时埋于皮下。侧线完全，上侧位。尾柄两侧具锐棘或盾板，有时无或退化。背鳍 1 个，鳍棘部和鳍条部连续；臀鳍具 2～4 鳍棘，或具 7～9 鳍棘；腹鳍具 1 鳍棘、2～3 鳍条，或具内外 2 鳍棘、3 鳍条；尾鳍平直，内凹、双凹、新月形或分叉。尾柄两侧具锐棘或盾板，有时无或退化。鳔大。椎骨 22～23。

　　中小型沿岸海洋鱼类。栖息于世界三大洋热带及亚热带海的潮池、浪拂区到深达数十米的岩礁和珊瑚礁区，是浅水珊瑚礁区中最显眼且数量较丰的鱼族之一。属日行性，夜间避栖礁穴。许多种类鳍棘具毒腺，人被刺后引起创口红肿、剧痛，为著名的海洋刺毒鱼类。几乎所有种类都是草食性鱼，食底藻类，也有食浮游动物或滤食碎屑者。本亚目鱼类稚鱼漂浮期甚长，此时鱼体透明，借长期而长距离的漂送，使本亚目鱼类的地理分布极广泛。

　　本亚目有 6 科 19 属 129 种（Nelson，2016）；中国有 5 科 11 属 63 种。

科 的 检 索 表

1（2）尾鳍双凹形 ·· 白鲳科 Ephippidae
2（1）尾鳍不呈双凹形
3（4）臀鳍具 4 鳍棘 ·· 金钱鱼科 Scatophagidae
4（3）臀鳍具 2，3 或 7 鳍棘，无 4 鳍棘
5（6）腹鳍具内外 2 鳍棘、中间具 3 鳍条 ······················ 篮子鱼科（臭肚鱼科）Siganidae
6（5）腹鳍具 1 鳍棘、5 鳍条
7（8）体很高，侧扁；口小，镶状突出；尾柄两侧无锐棘、瘤突或盾板 ······························
　　　·· 镰鱼科（角蝶鱼科）Zanclidae
8（7）体正常；口不呈镶状突出；尾柄两侧具锐棘、瘤突或盾板 ······ 刺尾鱼科（刺尾鲷科）Acanthuridae

279. 刺尾鱼科（刺尾鲷科）Acanthuridae

　　体卵圆形或长圆形，侧扁而高，被细小粗糙鳞片，鳞片有的埋于皮下。尾柄两侧一般具锐棘或盾板，有时退化或消失。口小，前位。颌齿 1 行，侧扁，边缘具锯齿或波状；或颌齿 2 行，呈刚毛状。犁骨有齿或无齿。腭骨无齿。前鳃盖骨和鳃盖骨边缘光滑。鳃盖膜与峡部相连。具假鳃。鳃盖条 4～5。侧线完全，侧上位，沿背缘延伸。背鳍鳍棘部与鳍条部相连，无缺刻，具 4～9 鳍棘、19～31 鳍条，始于胸鳍基底中部或前部的上方；臀鳍具 2～4 鳍棘、19～30 鳍条；腹鳍具 1 鳍棘、2～5 鳍条；尾鳍凹形、新月形或截形。椎骨 9+13。

　　沿岸中大型海洋底层鱼类。分布于世界三大洋（地中海除外）热带及亚热带海域。鳍棘具毒腺，人被刺后感刺痛，扩展至全肢并肿胀，剧痛在 12h 内消退，余痛可继续数天。尾柄两侧的向前倒棘或骨质盾板非常锐利，易伤人，处理时须小心。生活于珊瑚礁的个体因食物链关系，肉有时具刺尾鱼毒素（maitotoxin），误食会引起中毒。

　　本科有 6 属 73 种（Nelson et al.，2016）；中国有 6 属 41 种，大多产于南海。

属 的 检 索 表

1（8）尾柄两侧各有 1 个平伏于沟中、又能竖立的向前尖棘，头长为尾柄高的 2.1～3.5 倍

2（3）背鳍具 3～5 鳍棘，吻向前突出，背鳍和臀鳍的鳍条甚高，约与体高相等……………
……………………………………………………… **高鳍刺尾鱼属（高鳍刺尾鲷属）***Zebrasona*

3（2）背鳍具 6～10 鳍棘，吻不向前突出，背鳍和臀鳍的鳍条不高，最高鳍条远短于体高

4（5）腹鳍具 1 鳍棘、3 鳍条，尾鳍后缘近截形；上下侧边缘黑色 ………………………………
………………………………………………… **副刺尾鱼属（拟刺尾鲷属）***Paracanthurus*

5（4）腹鳍具 1 鳍棘、5 鳍条，尾鳍后缘凹形或新月形

6（7）颌齿固着不动，侧扁，具锯齿缘，每颌 8～28 个齿，背鳍 9 鳍棘……… **刺尾鱼属（刺尾鲷属）***Acanthurus*

7（6）颌齿能动，齿端一侧扩展呈扁平状和边缘具锯齿，每颌逾 30 个齿；背鳍 8 鳍棘………………
………………………………………………… **栉齿刺尾鱼属（栉齿刺尾鲷属）***Ctenochaetus*

8（1）尾柄两侧各有 1～6 个固着的具有锐嵴或刺的盾状骨板，头长为尾柄高的 3.5～6 倍

9（10）尾柄两侧各有 3 或 3 个以上的盾状骨板；臀鳍具 3～4 鳍棘，腹鳍具 1 鳍棘、5 鳍条，背鳍具
8～9 鳍棘、23～24 鳍条 ……………………… **多板盾尾鱼属（锯尾鲷属）***Prionurus*

10（9）尾柄两侧各有 1～2 个盾状骨板；臀鳍具 2 鳍棘，腹鳍具 1 鳍棘、3 鳍条，背鳍具 4～7 鳍棘、
26～31 鳍条 …………………………………………………………… **鼻鱼属** *Naso*

刺尾鱼属（刺尾鲷属）*Acanthurus* Forsskål, 1775
种 的 检 索 表

1（4）体侧具横带

2（3）体侧具 5～6 条黑色横带 ………………… **横带刺尾鱼（绿刺尾鲷）***A. triostegus* (Linnaeus, 1758)
（图 3460）。栖息于水深 0～90m 的潟湖和珊瑚礁区海域，幼鱼常现于潮池。觅食时聚集成群，以抵
抗其他具有领域性的草食鱼类攻击，食丝状藻。体长 270mm。分布：东海、钓鱼岛、台湾沿海、
南海诸岛；日本，印度-西太平洋、非洲东部。肉质鲜美，供食用及观赏。因食物链关系，肉偶有
刺尾鱼毒素，误食会引起中毒。

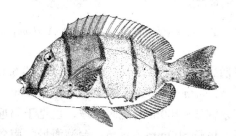

图 3460　横带刺尾鱼（绿刺尾鲷）*A. triostegus*

3（2）体侧具 2～3 条白色横带 ………………… **斑点刺尾鱼（斑点刺尾鲷）***A. guttatus* Forster, 1801
（图 3461）。栖息于水深 0～6m 的珊瑚礁或岩礁浪拂区，体后半部白色小点具拟态功能，掠食者

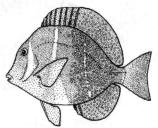

体具 3 条白色横带

图 3461　斑点刺尾鱼（斑点刺尾鲷）*A. guttatus*
（依岛田，2013）

误以为浪花里的泡沫而逃过一劫。体长 270mm。分布：台湾沿海；日本、夏威夷、澳大利亚、印度-西太平洋。肉质鲜美，供食用及观赏。因食物链关系，肉偶有毒。尾柄上骨质盾板非常锐利，易伤人，处理时需小心。

4（1）体侧无横带

5（6）背鳍具 6～7 鳍棘 ·················· **密线刺尾鱼（密线刺尾鲷）A. nubilus**（Fowler & Bean，1929）（图 3462）。栖息于水深 5～90m 潮流经过的礁区斜坡底层上，摄食大型藻类及丝状藻。体长 260mm。分布：台湾绿岛；菲律宾、印度尼西亚、马里亚纳群岛，印度-西太平洋。

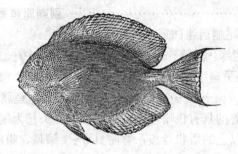

图 3462　密线刺尾鱼（密线刺尾鲷）A. nubilus

（依 Randall，2001）

6（5）背鳍具 9 鳍棘

7（10）体长为吻长的 6 倍以上；下颌具齿 22～26

8（9）尾鳍浅色；头长为尾柄高的 2.2～2.5 倍；体长为吻长的 7.9～8.2 倍 ·····························

黄尾刺尾鱼（黄尾刺尾鲷）A. thompsoni Fowler，1923（图 3463）。栖息于水深 4～75m 的外礁陡坡区，群游性。体长 270mm。分布：台湾东部海域、南海；日本、非洲东部、马贵斯群岛，印度-西太平洋。体较小，且少见，观赏鱼。尾柄上骨质盾板锐利，易伤人。

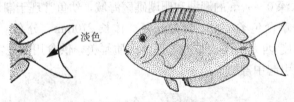

淡色

图 3463　黄尾刺尾鱼（黄尾刺尾鲷）A. thompsoni

（依岛田，2013）

9（8）尾鳍与体同色；头长为尾柄高的 2.7～3.0 倍；体长为吻长的 6.0～7.1 倍·····························

暗色刺尾鱼（后刺尾鲷）A. mata（Cuvier，1829）（图 3464）（syn. 蓝线刺尾鱼 A. bleekeri Günther，1861）。栖息于水深 5～100m 的礁区斜坡，也见于邻近珊瑚礁或岩石底部的混浊水域。成鱼成群悠游于中层水域。体长 500mm。分布：台湾海域、南海诸岛；日本、澳大利亚大堡礁、红海。肉味美，食用及观赏鱼类。尾柄上骨质盾板锐利，易伤人。因食物链关系，肉有时具刺尾鱼毒素，误食会引起中毒。

图 3464　暗色刺尾鱼（后刺尾鲷）A. mata

10（7）体长为吻长的 5.5 倍以下；下颌具齿 10～22

11（12）背鳍及臀鳍基底后端各具一黑斑·························· **褐斑刺尾鱼（褐斑刺尾鲷）**

A. nigrofuscus（Forsskål，1775） （图 3465）（syn. 马头刺尾鱼 A. matoides Valenciennes，1835）。栖息于水深 2～25m 的潟湖浅滩及面海礁石的坚硬底部，是浅水域礁区常见鱼类。成鱼产卵时聚集成群。体长 210mm。分布：东海、钓鱼岛、台湾海域、南海诸岛；日本、澳大利亚大堡礁、红海，印度-西太平洋。肉质鲜美，供食用及观赏。尾柄上骨质盾板锐利，易伤人。因食物链关系，肉有时具刺尾鱼毒素，误食会引起中毒。

图 3465 褐斑刺尾鱼（褐斑刺尾鲷）A. nigrofuscus

12（11）背鳍及臀鳍基底后端无黑斑

13（14）体侧具 7～8 条纵带 ·················· **纵带刺尾鱼（线纹刺尾鲷）A. lineatus（Linnaeus，1758）** （图 3466）。栖息于水深 0～15m 的珊瑚礁或岩礁浪拂区，具强烈领域性，由 1 尾较大雄鱼控制界限分明的摄食领地及一群雌鱼。体长 380mm。分布：东海、钓鱼岛、台湾海域、香港、南海诸岛；日本、密克罗尼西亚、澳大利亚大堡礁、非洲东部，印度-西太平洋。肉味美，食用及观赏鱼类。尾柄上骨质盾板锐利，易伤人。

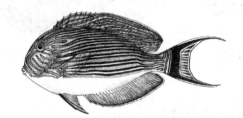

图 3466 纵带刺尾鱼（线纹刺尾鲷）A. lineatus
（依 Randall，2001）

14（13）体侧无纵带

15（20）头部具白色区域

16（17）头部在鳃盖部具白色区域；背鳍具 25～27 鳍条，臀鳍具 23～25 鳍条 ······························ **白颊刺尾鱼（白斑刺尾鲷）A. leucopareius（Jenkins，1903）** （图 3467）。栖息于水深 1～85m 的珊瑚礁或岩礁浪拂区。成群活动。体长 380mm。分布：东海、钓鱼岛 、台湾兰屿及绿岛；日本、夏威夷、新喀里多尼亚。肉味美，食用及观赏鱼类。

鳃盖部白色区

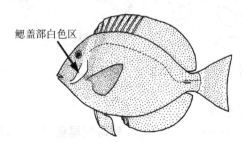

图 3467 白颊刺尾鱼（白斑刺尾鲷）A. leucopareius
（依岛田，2013）

17（16）头部在眼下具椭圆形白斑；背鳍具 28～32 鳍条，臀鳍具 26～29 鳍条

18（19）眼下白色区域椭圆形；尾柄部黑色，尾柄棘附近黄色；胸鳍基部暗色 ······························ **白面刺尾鱼（白面刺尾鲷）A. nigricans（Linnaeus，1758）** （图 3468）。栖息于水深 1～67m 清

澈而面海的潟湖、珊瑚礁区，领域性强。体长170mm。分布：台湾东部海域、东沙群岛；日本，太平洋热带区岛屿及东太平洋海区。观赏及食用兼具。尾柄上骨质盾板锐利，易伤人。

椭圆形白斑

图3468　白面刺尾鱼（白面刺尾鲷）*A. nigricans*
（依岛田，2013）

19（18）头部在眼下具长白斑；尾柄部全体黄色；胸鳍基部黄色 ···
　　日本刺尾鱼（日本刺尾鲷）*A. japonicus* (Schmidt, 1931) （图3469） （syn. 灰额刺尾鱼
　　A. glaucopareius Cuvier, 1829）。栖息于水深5～15m清澈而面海的潟湖及礁区，幼鱼活动于
　　水表层至水深3m处。体长210mm。分布：台湾东部海域、南海诸岛；日本、菲律宾、苏门
　　答腊，印度-西太平洋。体色艳丽，为观赏鱼。尾柄上骨质盾板锐利，易伤人，处理时要小心。

长白斑　　　　　　胸鳍基部黄色

图3469　日本刺尾鱼（日本刺尾鲷）*A. japonicus*
（依岛田，2013）

20（15）头部无白色区域

21（30）眼后部、鳃盖部、胸鳍上部各具暗斑

22（23）鳃盖部成鱼具一斜暗斑，幼鱼不明显 ··············· **黑鳃刺尾鱼（火红刺尾鲷）**
　　A. pyroferus Kittlitz, 1834 （图3470）。栖息于水深4～60m的潟湖外侧、近潮池礁区或礁沙
　　混合区，幼鱼活动于水表层至水深3m处，稚鱼会拟态成刺尻鱼，活动隐蔽。体长250mm。
　　分布：台湾各海域、南海诸岛；日本、澳大利亚大堡礁、马贵斯群岛，印度-西太平洋。肉质
　　鲜美，食用及观赏兼具。尾柄上骨质盾板锐利，易伤人。

幼鱼　　　　　　　成鱼

图3470　黑鳃刺尾鱼（火红刺尾鲷）*A. pyroferus*
（依岛田，2013）

23（22）暗斑位于眼后部或胸鳍上部

24（25）暗斑位于眼的后部 ················· **鳃斑刺尾鱼（肩斑刺尾鲷）*A. bariene* Lesson, 1831**
　　（图3471）。栖息于水深15～30m的珊瑚礁区或礁沙混合区，单独或成对出现。幼鱼则活动于
　　浅水且有遮蔽的软珊瑚礁区，以裸露礁石上的藻类为食。体长200～250mm。分布：台湾澎湖
　　列岛、小琉球各海域、东沙群岛；日本，印度-西太平洋。肉味美，食用及观赏鱼类。尾柄上
　　骨质盾板锐利，易伤人。

25（24）暗斑位于胸鳍上部

图 3471　鳃斑刺尾鱼（肩斑刺尾鲷）*A. bariene*
（依岛田，2013）

26（27）吻及颊部具多列淡色斑点；胸鳍上方暗斑短圆 ·················· **斑头刺尾鱼（头斑刺尾鲷）**
A. maculiceps（Ahl，1923）（图 3472）。栖息于水深 15m 以下清澈而面海的潟湖及礁区，幼鱼
活动于水表层至水深 3m 处。以藻类为食。体长 190～250mm。分布：台湾南部及绿岛、兰屿
等海域；日本、菲律宾、马尔代夫，印度-西太平洋。观赏及食用兼具，尾柄上骨质盾板锐利，
易伤人。

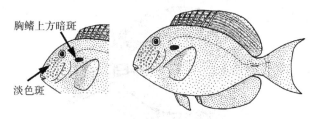

图 3472　斑头刺尾鱼（头斑刺尾鲷）*A. maculiceps*
（依岛田，2013）

27（26）吻及颊部无多列淡色斑点；胸鳍上方暗斑长形

28（29）胸鳍上部具一长指状橙黄斑，其边缘蓝黑色；尾柄棘前方无黑纵线 ······························
橙斑刺尾鱼（一字刺尾鲷）A. olivaceus Bloch & Schneider，1801（图 3473）。热带、亚热带中
小型鱼类。栖息于水深 9～46m 的珊瑚礁及岩礁海域，食被沙土覆盖的附着性藻类。小群活
动。体长 200～350mm。分布：东海南部（浙江南部）、台湾各海域及离岛、南海（香港）、南
海诸岛；日本、印度尼西亚、马贵斯群岛，印度-西太平洋。食用及观赏鱼类。因食物链关系，
肉有时具刺尾鱼毒素，台湾曾发生误食引起的中毒事例。

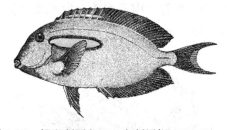

图 3473　橙斑刺尾鱼（一字刺尾鲷）*A. olivaceus*

29（28）胸鳍上部具一长暗色纵带；尾柄棘前方具一黑纵线 ·················· **黑尾刺尾鱼（黑尾刺尾鲷）**
A. nigricauda Duncker & Mohr，1929（图 3474）（syn. 肩斑刺尾鱼 *A. gahhm* 王鸿媛，1979）。热

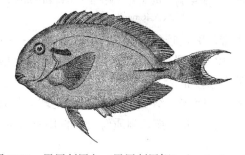

图 3474　黑尾刺尾鱼（黑尾刺尾鲷）*A. nigricauda*

带、亚热带中小型鱼类。栖息于水深1～30m的珊瑚礁及岩礁海域。食被沙土覆盖的附着性藻类。体长350～420mm。分布：台湾各海域及离岛、西沙群岛；日本、澳大利亚、非洲东部，印度-西太平洋。食用及观赏鱼类。因食物链关系，肉有时具刺尾鱼毒素，台湾曾发生误食引起的中毒事例。

30（21）眼后部、鳃盖部、胸鳍上部无暗斑

31（32）尾柄棘被白膜；尾鳍后半部具许多暗色小斑；背鳍鳍条部黄色，纵带不明显；颊部具不规则线纹 ······························ **额带刺尾鱼（杜氏刺尾鲷）** ***A. dussumieri*** **Valenciennes，1835**（图3475）。热带、亚热带中小型鱼类。栖息于水深4～130m沿岸附近的珊瑚礁及岩礁地带。日行性鱼类。小鱼于礁盘上方活动，成鱼成群洄游于中层水域。体长350～540mm。分布：东海、钓鱼岛、台湾各海域及离岛、南海诸岛；日本、夏威夷、澳大利亚、非洲东部，印度-西太平洋。观赏及食用兼具。

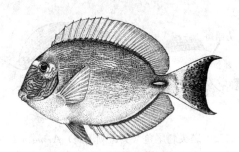

图3475　额带刺尾鱼（杜氏刺尾鲷）*A. dussumieri*
（依Randall，2001）

32（31）尾柄棘暗色，不被白膜；尾鳍后半部无暗色小斑；背鳍鳍条部暗色，具3～8纵带；颊部无不规则线纹

33（34）背鳍鳍条部具3～5纵带；胸鳍黄色，透明 ······························ **黄鳍刺尾鱼（黄鳍刺尾鲷）** ***A. xanthopterus*** **Valenciennes，1835**（图3476）。热带、亚热带中大型鱼类。成鱼栖息于水深1～100m的潟湖区和近海礁区，幼鱼成群洄游于珊瑚礁外围的陡崖或海沟等潮水较流通海域。体长500～700mm。分布：东海（福建）、台湾及离岛、南海诸岛；日本、夏威夷、澳大利亚大堡礁、非洲东部，印度-西太平洋。肉质鲜美，食用及观赏兼具。因食物链关系，肉有时具刺尾鱼毒素，误食会引起中毒。

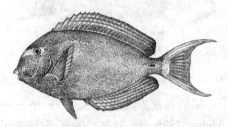

图3476　黄鳍刺尾鱼（黄鳍刺尾鲷）*A. xanthopterus*
（依Randall，2001）

34（33）背鳍鳍条部具5～8条纵带；胸鳍暗色 ······························ **布氏刺尾鱼（布氏刺尾鲷）** ***A. blochii*** **Valenciennes，1835**（图3477）。热带、亚热带中大型鱼类。栖息于水深1～12m的潟湖外侧、近潮池礁区或礁沙混合区，常以一小群体或一大族群的方式出现。体长350～450mm。分布：台湾北部、南部、绿岛、兰屿及小琉球等海域；日本、非洲东部、夏威夷、社会群岛、非洲东部，印度-西太平洋。肉质鲜美，食用及观赏兼具。

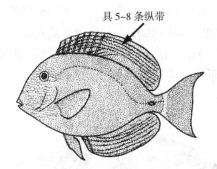

具 5~8 条纵带

图 3477　布氏刺尾鱼（布氏刺尾鲷）*A. blochii*

（依岛田，2013）

栉齿刺尾鱼属（栉齿刺尾鲷属）*Ctenochaetus* Gill，1884
种 的 检 索 表

1（2）上下颌齿每侧 30 枚以上；背鳍与臀鳍基部末端各具一黑斑⋯⋯⋯⋯⋯⋯⋯⋯⋯⋯⋯⋯⋯
双斑栉齿刺尾鱼（双斑栉齿刺尾鲷）*C. binotatus* Randall，1955（图 3478）。热带、亚热带中大型鱼类。栖息于水深 8~53m 的石砾底且较深潟湖和珊瑚礁海域。体长 200~220mm。分布：台湾各海域及离岛、香港、南海诸岛；日本、澳大利亚大堡礁、非洲东部，印度-西太平洋。肉质鲜美，食用及观赏兼具。尾柄上骨质盾板锐利，易伤人，处理时须小心。因食物链关系，有时肉具刺尾鱼毒素，误食会引起中毒。

锯齿状

腭齿　　　　　幼鱼　　　　　成鱼

图 3478　双斑栉齿刺尾鱼（双斑栉齿刺尾鲷）*C. binotatus*

（依岛田，2013）

2（1）上下颌齿每侧 30 枚以下；背鳍与臀鳍基部末端无黑斑⋯⋯⋯⋯⋯⋯⋯⋯⋯⋯⋯⋯⋯⋯⋯
栉齿刺尾鱼（涟纹栉齿刺尾鲷）*C. striatus*（Quoy & Gaimard，1925）（图 3479）。热带、亚热带中小型鱼类。栖息于水深 1~30m 的珊瑚礁区或岩岸礁海域，石砾底且较深的潟湖和珊瑚礁海域，常与不同种鱼类共游。体长 200~260mm。分布：台湾各地海域及离岛礁岸、南海诸岛；日本、澳大利亚大堡礁、红海，印度-西太平洋。因食物链关系，肉具刺尾鱼毒素，台湾曾发生误食引起的中毒事例。

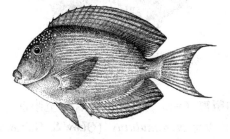

图 3479　栉齿刺尾鱼（涟纹栉齿刺尾鲷）*C. striatus*

鼻鱼属 *Naso* Lacepède，1801
种 的 检 索 表

1（4）尾柄两侧各有 1 个盾状骨板

2（3）背鳍具 4 鳍棘；盾状骨板基部不呈暗色；尾鳍上下叶不呈黄色 ·························· **拟鲔鼻鱼 *N. thynnoides*（Cuvier，1829）**（图 3480）（syn. 单板盾尾鱼 *Axinurus thynnoides* 南海诸岛海域鱼类志，1979）。半大洋性鱼类。栖息于水深 2～40m 的潟湖或礁区斜坡海域，活动于近岸，较少见到。体长 400mm。分布：台湾南部海域、西沙群岛；日本、巴布亚新几内亚、非洲东部。肉质鲜美，食用及观赏兼具。

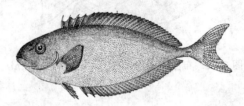

图 3480　拟鲔鼻鱼 *N. thynnoides*

3（2）背鳍具 5 鳍棘；盾状骨板基部暗色；尾鳍上下叶黄色 ······························· **小鼻鱼 *N. minor*（Smith，1966）**（图 3481）。栖息于水深 8～55m 的礁区海域。体长 200mm。分布：台湾南部及小琉球海域；日本、菲律宾、莫桑比克，印度-西太平洋。颇罕见，可食用。

图 3481　小鼻鱼 *N. minor*

（依岛田，2013）

4（1）尾柄两侧各有 2 个盾状骨板

5（12）眼前方的前头部具一角状突

6（7）尾鳍后半部具一淡色宽横带 ····························· **短吻鼻鱼 *N. brevirostris*（Cuvier，1829）**（图 3482）。热带、亚热带中小型鱼类。栖息于水深 2～46m 的潟湖和礁区外坡中水层水域，聚成小群活动，繁殖时成双出现。体长 500～600mm。分布：东海（福建）、台湾南部海域、南海（香港）、南海诸岛；日本、红海、非洲东部，印度-西太平洋。肉质鲜美，食用及观赏兼具。尾柄上骨质盾板锐利，易伤人。

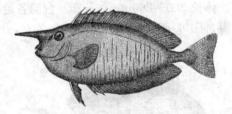

图 3482　短吻鼻鱼 *N. brevirostris*

7（6）尾鳍暗色，边缘白色

8（9）角状突后角至上颌前端的距离（＝a）与角状突后角至眼前缘的距离（＝b）约相等（a＝b） ······················ **突角鼻鱼 *N. annulatus*（Quoy & Gaimard，1825）**（图 3483）。热带、亚热带中大型鱼类。栖息于水深 1～60m 的潟湖和珊瑚礁区外坡中水层水域，幼鱼现于潮池聚成小群白天活动，夜间躲藏于礁石间。体长达 1m。分布：台湾各地海域及离岛礁岸、东沙群岛；日本、土阿莫土群岛、非洲东部。食用及观赏兼具。

9（8）角状突后角至上颌前端的距离（＝a）为角状突后角至眼前缘的距离（＝b）的 2 倍（a＝2b）或以上。

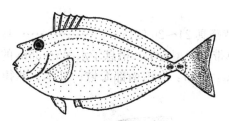

图 3483　突角鼻鱼 *N. annulatus*
（依岛田，2013）

10（11）体侧背部不隆起；盾状骨板青色 ·························· **单角鼻鱼 *N. unicornis*（Forsskål，1775）**
（图 3484）。热带、亚热带中大型鱼类。栖息于水深 1～180m 的潟湖、水道和珊瑚礁区斜坡或
有拂浪处。幼鱼现于礁区上方活动，成鱼小群在浅水域活动。体长达 700mm。分布：黄海
（大连偶见）、东海（舟山）、台湾各地海域及离岛礁岸、南海诸岛；朝鲜半岛、日本、马贵斯
及土阿莫土群岛、非洲东部。食用及观赏兼具。

图 3484　单角鼻鱼 *N. unicornis*

11（10）大型个体的体侧背部隆起（不隆起个体，盾状骨板不呈青色）··················· **粗棘鼻鱼（部分）**
N. brachycentron（Valenciennes，1835）（图 3485）。热带、亚热带中大型鱼类。栖息于水深2～
20m 的珊瑚礁或岩礁海域，平时聚成小群，产卵时有群集习性。体长 900mm。分布：台湾绿岛、
东沙群岛；日本、非洲东部、社会群岛，印度-西太平洋。罕见种类，食用及观赏用鱼。

图 3485　粗棘鼻鱼（部分）*N. brachycentron*
（依岛田，2013）

12（5）前头部无角状突

13（16）体侧背部隆起

14（15）吻背膨大，吻背缘近垂直；大型个体的吻极膨突 ·························· **球吻鼻鱼**
N. tonganus（Valenciennes，1835）（图 3486）。栖息于3～20m 较浅的礁区海域，单独或小群
活动。体长 600mm。分布：台湾东部离岛；日本、澳大利亚大堡礁、萨摩亚群岛、非洲东部，
印度-西太平洋。食用及观赏用鱼。

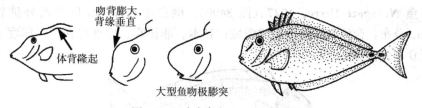

图 3486　球吻鼻鱼 *N. tonganus*
（依岛田，2013）

15（14）吻背缘斜 ························· **粗棘鼻鱼（部分）N. brachycentron（Valenciennes，1835）**
（体长 68cm，雌鱼）

16（13）体侧背部不隆起

17（18）臀鳍具 23～25 鳍条，背鳍具 24～26 鳍条 ······················· **马面鼻鱼 *N. fageni* Morrow，1954**
（图 3487）。热带、亚热带中大型鱼类。栖息于水深 3～35m 的珊瑚礁区或岩礁区，食大型藻类
及丝状藻。体长 800mm。分布：台湾南部海域；日本、菲律宾、澳大利亚，印度-西太平洋。
不常见，供食用。

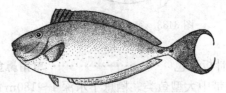

图 3487　马面鼻鱼 *N. fageni*
（依岛田，2013）

18（17）臀鳍具 26～31 鳍条，背鳍具 26～31 鳍条

19（24）背鳍具 5 鳍棘

20（21）额部随着成长渐突出，形成瘤状突起；体长为体高的 2.7 倍以下 ····················
方吻鼻鱼 *N. mcdadei* Johnson，2002（图 3488）。热带、亚热带中大型鱼类。栖息于外礁区斜
坡。体长 750mm。分布：台湾南部海域；澳大利亚大堡礁、非洲东部，印度-西太平洋。不常
见，供食用。

图 3488　方吻鼻鱼 *N. mcdadei*
（依 Gloerfelt-Tarp）

21（20）额部不突出，不形成瘤状突起

22（23）头部、体侧上半部褐色，具许多暗色小点及蠕纹，下半部淡色；体长为体高的 2.7 倍以下······
·······················网纹鼻鱼 *N. reticulatus* Randall，2001（图 3489）。栖息于水深 15m 的礁区
海域。体长 410mm。分布：台湾垦丁海域；印度尼西亚，印度-西太平洋。极罕见，可食用。

图 3489　网纹鼻鱼 *N. reticulatus*
（依 Modder）

23（22）头部、体侧上半部无暗色小点及蠕纹；体细长，体长为体高的 3 倍以上·····················
洛氏鼻鱼 *N. lopezi* Herre，1927（图 3490）。栖息于水深 6m 以上的外礁斜坡海域。体长
600mm。分布：台湾南部及小琉球海域；日本、菲律宾、印度尼西亚，印度-西太平洋。罕见
种，可食用或供观赏。

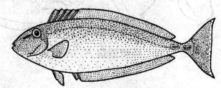

图 3490　洛氏鼻鱼 *N. lopezi*
（依岛田，2013）

24（19）背鳍具 6～7 鳍棘；体椭圆形，体长为体高的 2.9 倍以下

25（26）吻部前方膨出；头长为第一背鳍鳍棘长的 1.7 倍以下 ······················· **丝尾鼻鱼**
N. vlamingii（**Valenciennes，1835**）（图 3491）。栖息于水深 1～50m 的潟湖区或礁区斜坡海
域，常独游或成对活动。体长 600mm。分布：台湾各海域及离岛、南海诸岛；日本、澳大利
亚、新喀里多尼亚，印度-西太平洋。观赏及食用兼具。尾柄上骨质盾板锐利，易伤人。

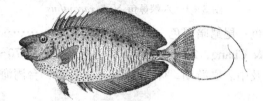

图 3491　丝尾鼻鱼 N. vlamingii

26（25）吻部前方不膨出；头长为第一背鳍鳍棘长的 2 倍以上

27（28）吻尖，背缘斜，稍内凹；腭齿宽，先端圆；背鳍鳍条部外缘具白色带 ···················
颊纹鼻鱼 N. lituratus（**Forster，1801**）（图 3492）（syn. 颊纹双板盾尾鱼 Callicanthus lituratus
王鸿媛，1979）。栖息于水深 90m 以内珊瑚礁、岩礁区或碎石底潟湖区，常于礁区上方或中水层
活动。体长 450mm。分布：台湾各海域及离岛、南海诸岛；日本、红海、非洲东部，印度-西太
平洋海域。观赏及食用兼具。因食物链关系，肉有时具刺尾鱼毒素，误食会引起中毒。

图 3492　颊纹鼻鱼 N. lituratus
（依 Randall，2001）

28（27）吻背缘圆；腭齿细，先端尖；背鳍鳍条部外缘无白色带

29（30）体侧上半部具许多暗色小斑 ················ **斑鼻鱼 N. maculatus Randall & Struhsaker，1981**
（图 3493）。栖息于水深 43～100m 较深的礁区海域。体长 600mm。分布：台湾南部及小琉球
海域；日本、夏威夷，印度-西太平洋。罕见种，可食用。

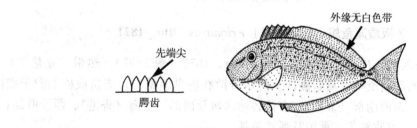

图 3493　斑鼻鱼 N. maculatus
（依岛田，2013）

30（29）体侧无暗色小斑纹

31（32）体背蓝灰色，腹侧黄色；尾鳍浅蓝色 ················· **六棘鼻鱼 N. hexacanthus**（**Bleeker，1855**）
（图 3494）（syn. 小齿双板盾尾鱼 Callicanthus hexacanthus 王鸿媛，1979）。栖息于水深 6～
150m 较深而清澈的潟湖区或外礁区斜坡，成鱼大群在礁区及中表层游动。体长 750mm。分
布：黄海南部（江苏吕泗）、东海、台湾海域、南海诸岛；日本、马贵斯群岛、红海、非洲东
部，印度-西太平洋。观赏及食用兼具。

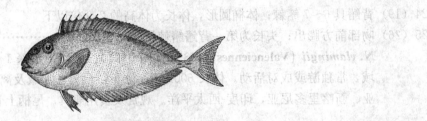

图 3494　六棘鼻鱼 *N. hexacanthus*

32（31）体背亮绿色，腹侧淡色；尾鳍暗褐色 ·· **大眼鼻鱼**
N. tergus Ho, Shen & Chang, 2011（图 3495）。栖息于水深 70～80m 清澈的潟湖区或外礁斜坡，成鱼大群在礁区及中表层游动。体长 350mm。分布：台湾海域；菲律宾，西太平洋海域。肉质鲜美，供食用。

图 3495　大眼鼻鱼 *N. tergus*
（依 Ho，2011）

副刺尾鱼属（拟刺尾鲷属）Paracanthurus Bleeker, 1863

黄尾副刺尾鱼（拟刺尾鲷） *P. hepatus* (Linnaeus, 1766)（图 3496）。热带、亚热带小型鱼类。栖息于水深 2～40m 有潮流经过的礁区平台，成鱼聚于离海底 1～2m 高的水层，稚鱼、幼鱼聚在珊瑚的枝芽附近。摄食浮游动物。体长 200～310mm。分布：台湾南部、绿岛及兰屿等海域、东沙群岛；日本、澳大利亚大堡礁、密克罗尼西亚，印度-西太平洋。体色艳丽，是水族馆深受欢迎的鱼种。

图 3496　黄尾副刺尾鱼（拟刺尾鲷）*P. hepatus*
（依 Randall，2001）

多板盾尾鱼属（锯尾鲷属）Prionurus Otto, 1821

三棘多板盾尾鱼（锯尾鲷） *P. scalprum* Valenciennes, 1835（图 3497）。热带、亚热带中小型鱼类。栖息于水深 2～20m 的珊瑚茂密区及岩礁区。幼鱼分散在礁盘上觅食，成鱼成群洄游于礁区之间。体长 300～400mm。分布：东海南部（福建）、台湾各地海域及离岛、南海（香港）、西沙群岛；朝鲜半岛、日本，印度-西太平洋。肉质鲜美，食用及观赏兼具。

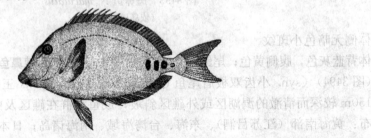

图 3497　三棘多板盾尾鱼（锯尾鲷）*P. scalprum*

高鳍刺尾鱼属（高鳍刺尾鲷属）*Zebrasona* Swainson，1839
种 的 检 索 表

1（2）背鳍具 4 鳍棘、28～32 鳍条；体侧后半部无绒毛区域，有数条垂直横带·······················
横带高鳍刺尾鱼（横带高鳍刺尾鲷）*Z. veli ferum*（Bloch，1795）（图 3498）。栖息于由浪拂区至
30m 较浅而清澈面海的潟湖及礁区。稚鱼栖息水浅有遮蔽的岩石或珊瑚礁区，独游性。体长
400mm。分布：台湾海域、南海（香港）、海南、南海诸岛；日本、夏威夷、澳大利亚，印度-西
太平洋。观赏及食用兼具。栖息于珊瑚礁中个体因食物链关系，肉有时具刺尾鱼毒素，食后会引
起口中瘙痒和灼烧感等中毒症状。

图 3498　横带高鳍刺尾鱼（横带高鳍刺尾鲷）*Z. veli ferum*

2（1）背鳍具 5 鳍棘、23～26 鳍条；体侧后半部具椭圆形绒毛区域，体侧无横带

3（4）体暗褐色，有数条淡蓝色波状狭纵纹与小点····················· **小高鳍刺尾鱼（小高鳍刺尾鲷）**
***Z. scopas*（Cuvier，1829）**（图 3499）。栖息于水深 1～60m 珊瑚繁生的潟湖及面海的礁区，成群
游于藻丛间。体长 150～210mm。分布：东海（钓鱼岛）、台湾海域、南海诸岛；日本、土阿木
土群岛、非洲东部，印度-西太平洋。观赏及食用兼具。以观赏为主。

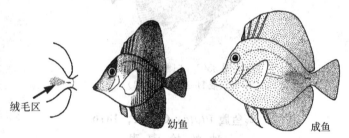

绒毛区　　　　　　　　　　　　幼鱼　　　　　　　成鱼

图 3499　小高鳍刺尾鱼（小高鳍刺尾鲷）*Z. scopas*
（依岛田，2013）

4（3）体黄色或浅黄色，无条纹或暗点 ····························· **黄高鳍刺尾鱼（黄高鳍刺尾鲷）**
***Z. flavescent*（Bennett，1828）**（图 3500）。栖息于水深 2～46m 珊瑚繁生的潟湖及面海的礁区，
单独或小群优游于藻丛间。体长 200mm。分布：台湾南部兰屿及绿岛、香港、南海诸岛；日本、
夏威夷、马歇尔群岛。观赏及食用兼具。以观赏为主。

图 3500　黄高鳍刺尾鱼（黄高鳍刺尾鲷）*Z. flavescent*

280. 白鲳科 Ephippidae

体颇高，近圆形或菱形，侧扁。头短而高，枕嵴隆起。吻短，圆钝。眼大，上侧位。鼻孔每侧2个。口小，前位，口裂平直。上下颌约等长。上下颌齿细尖、刷毛状，或扁而具3齿尖，多行，呈带状排列；腭骨无齿。前鳃盖骨后缘光滑，或具细弱锯齿。峡部宽。鳃盖膜与峡部相连。具假鳃。鳃耙短细。体被中大或小栉鳞，背鳍及臀鳍大部被小鳞。侧线弧形，与背缘平行，伸达尾鳍基。背鳍1个，鳍棘部与鳍条部相连，具缺刻或无缺刻；臀鳍起点约与背鳍鳍条部相对；胸鳍宽短，下侧位；腹鳍具1鳍棘、5鳍条；尾鳍双凹形。

海洋鱼类，极少见于咸淡水域。分布：世界三大洋热带及亚热带水域。

本科有8属15种（Nelson et al.，2016）；中国有2属6种。

属 的 检 索 表

1（2）背鳍棘多而长，具前向棘；鳍棘部和鳍条部之间具深缺刻 ·················· **白鲳属 Ephippus**

2（1）背鳍棘少而短小，无前向棘；鳍棘部和鳍条部之间无缺刻 ·················· **燕鱼属 Platax**

白鲳属 *Ephippus* Cuvier，1816

白鲳 *E. orbis*（Bloch，1787）（图3501）。栖息于沿近海水深10～30m的沙泥底质水域。体长170～220mm。分布：东海、台湾西部海域、南海；日本、菲律宾、澳大利亚北部，印度-西太平洋。供食用。

图 3501　白鲳 *E. orbis*

（依 Heemstra，2001）

燕鱼属 *Platax* Cuvier，1816
种 的 检 索 表

1（2）颏部（下颌腹面）左右侧具小感觉孔4对 ····························· **弯鳍燕鱼（圆翅燕鱼）**
P. pinnatus（Linnaeus，1758）（图3502）。暖水性中上层鱼类。成鱼在浅水岩礁及珊瑚礁外缘成群活动，昼伏夜出；幼鱼在浅海独自悠游，为避免被大鱼捕食，经常侧躺，将鳍以波浪状运动，模仿有毒扁虫来保护自己。体长93～450mm。分布：台湾海域；日本、菲律宾、印度尼西亚，印度-西太平洋。量少味美的食用鱼，幼鱼体形优美，姿态高雅，供观赏。

颏孔4对

体长 288mm　　体长 93mm

图 3502　弯鳍燕鱼（圆翅燕鱼）*P. pinnatus*

（依 Heemstra，2001）

2（1）颏部（下颌腹面）左右侧具小感觉孔 5 对

3（4）背鳍具 7 鳍棘、29 鳍条；臀鳍具 3 鳍棘、28 鳍条························**印尼燕鱼（蝠燕鱼）**
***P. batavianus* Cuvier，1831**（图 3503）。暖水性中上层鱼类。成鱼栖于 10～60m 的岩礁区外围斜
坡上，成对或聚成群活动；幼鱼生活于浅海或河口，漂在水面的漂浮物下躲藏。体长 180～
490mm。分布：东海南部（福建）、南海；越南、印度尼西亚、澳大利亚、巴布亚新几内亚，印
度-西太平洋。量少味美的食用鱼，幼鱼形态美丽，供观赏。

体长 490mm　　体长 200mm

图 3503　印尼燕鱼（蝠燕鱼）*P. batavianus*

（依 Heemstra，2001）

4（3）背鳍具 5（或 6）鳍棘、30～40 鳍条；臀鳍具 3 鳍棘、23～27 鳍条

5（6）齿之三尖其中央者较两侧者长且大；犁骨无齿；背鳍具 5 鳍棘、35～37 鳍条；侧线鳞 46～50；幼
鱼背鳍、臀鳍及尾鳍边缘黑色··················**圆燕鱼（圆眼燕鱼）*P. orbicularis*（Forsskål，1775）**
（图 3504）。暖水性中上层鱼类。成鱼栖息于 10～30m 的珊瑚礁区外围斜坡上，成对或聚大群活
动；幼鱼生活于浅海或河口，体枯黄褐色，拟态成枯叶，漂在水面的漂浮物下躲藏，常独自在内
湾逍遥。属日行性、杂食性鱼类。体长最大达 600mm。分布：东海、台湾海域、海南岛、南海
（香港）；日本、澳大利亚北部、非洲东部，印度-西太平洋。量少味美的食用鱼，幼鱼形态美丽，
供观赏。

中央齿尖最大

 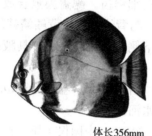 

体长356mm　　体长72mm

图 3504　圆燕鱼（圆眼燕鱼）*P. orbicularis*

（依 Heemstra，2001）

6（5）齿之三尖大小相等；犁骨具齿且易脱落

7（8）腹鳍暗色；腹鳍基部后方无黑斑；尾鳍基部具暗色横带··**波氏燕鱼**
***P. boersii* Bleeker，1852**（图 3505）。暖水性中上层鱼类。成鱼小群栖息于珊瑚礁中，幼鱼生活于
礁湖浅水区。体长 250～300mm。分布：台湾海域；朝鲜半岛、日本、菲律宾，印度-西太平洋。

体长 222mm　　体长 57mm

图 3505　波氏燕鱼 *P. boersii*

（依 Heemstra，2001）

量少味美的食用鱼，幼鱼体态优美，供观赏。

8（7）腹鳍淡黄色，腹鳍基部后方具黑斑；尾鳍基部无暗色横带·························**燕鱼（尖翅燕鱼）**
　　P. teira（Forsskål，1775）（图 3506）。暖水性中上层鱼类。成鱼小群在 0～70m 较深的珊瑚礁斜坡上活动，易和潜水者接近；幼鱼单独在海面漂浮物下活动，与松鲷混栖。体长 100～300mm。分布：黄海南部（江苏）、东海（福建）、台湾澎湖列岛海域、南海（香港）；日本、澳大利亚、巴布亚新几内亚、非洲东部，印度-西太平洋。量少味美的食用鱼，幼鱼体态优美，供观赏。

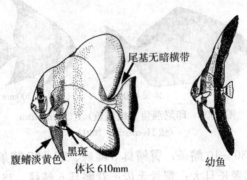

图 3506　燕鱼（尖翅燕鱼）*P. teira*
（依林公义等，2013）

281. 金钱鱼科 Scatophagidae

体椭圆形，侧扁而高。头较小，头背高斜。吻中长，宽钝。眼中大，上侧位。鼻孔每侧 2 个，相距颇近。口小，前位，平横。上下颌略等长。上颌骨后端被眶前骨所盖。颌齿细弱，具三齿尖，呈带状排列；犁骨及腭骨无齿。前鳃盖骨后缘具细锯齿。鳃盖膜愈合成皮褶，跨越峡部。鳃盖条 6。鳃耙细短。体被不易脱落的细小栉鳞。侧线弧形，与背缘平行。背鳍鳍棘部与鳍条部相连，具凹缺，前方具一向前平卧棘；臀鳍具 4 鳍棘；胸鳍短圆，下侧位；腹鳍狭长，具腋鳞；尾鳍浅双凹形。椎骨 11＋12。各鳍棘具毒腺，被刺后剧痛。

暖水性小型鱼类。分布：印度-西太平洋海域。金钱鱼 *Scatophagus argus* 生活于海洋及咸淡水域；四棘金钱鱼 *S. tetracanthus* 生活于淡水河川中。

本科有 2 属 4 种（Nelson et al.，2016）；中国仅 1 属 1 种。

金钱鱼属 *Scatophagus* Cuvier，1831

金钱鱼 *S. argus*（Linnaeus，1766）（图 3507）。暖水性中小型鱼类。栖息于近岸岩礁或海藻丛生处海域，喜分散活动，缓慢游泳。稚鱼常进入半淡咸水域。一般体长 150mm 左右，大者达 350mm。分布：东海、台湾海域、南海；朝鲜半岛、日本、菲律宾、泰国、马来西亚。背鳍棘尖锐具毒腺，毒性强，人被刺后极痛。味美，供食用。幼鱼常被饲养于水族馆供观赏。

图 3507　金钱鱼 *S. argus*

282. 篮子鱼科（臭肚鱼科）Siganidae

体卵圆形或长椭圆形，侧扁。头短小。吻略尖或呈短管状。口小，前位或下位，不能伸缩。眼中大，上侧位，无眶下骨架。颌齿1行，门齿状，犁骨、腭骨及舌上均无齿。鳃孔宽大。鳃盖膜与峡部相连。假鳃发达。鳃盖条5。鳃耙细小，叉状突起。体被细小长薄圆鳞，埋于皮下，头侧具稀疏小鳞。侧线完全，上侧位。背鳍具13鳍棘、10鳍条，前方具一埋于皮下的前向棘，鳍棘部长于鳍条部；臀鳍具7～9鳍棘、9鳍条，鳍条部与背鳍鳍条部约同长，相对；胸鳍中大，斜圆；腹鳍具内外2鳍棘，中间具3鳍条；尾鳍平直，凹入或分叉。

本科为暖水性近岸中小型鱼类。多栖息于岩礁和珊瑚礁丛中，可进入河口咸淡水中。草食性。各鳍棘具毒腺，毒性强，被刺后引起创口红肿、剧痛，肌肉麻痹，持续数小时；严重时恶心呕吐、四肢无力，伴有心脏衰弱和呼吸困难现象。著名的海洋刺毒鱼类。分布：印度-西太平洋区、东地中海。美味食用鱼类。

本科有1属23种（Nelson et al.，2016）；中国有1属14种。

篮子鱼属（臭肚鱼属）*Siganus* Forsskål，1775
种 的 检 索 表

1（4）吻显著突出，延长成管状；体侧、背鳍、臀鳍及尾鳍黄色；头部自背鳍起点经眼至吻端具黑色斜带，胸部与胸鳍前缘黑色

2（3）体侧在背鳍鳍棘部下方具1～2大黑斑 ························· **单斑篮子鱼（单斑臭肚鱼）** ***S. unimaculatus***（Evermann & Seale，1907）（图3508）。暖水性近岸中小型鱼类。成鱼多栖息于浅水1～5m的岩礁区，成对在礁区外缘活动。以附着的丝状藻及其他藻类为食。体长200～240mm。分布：南海诸岛；日本南部至澳大利亚西部沿海西太平洋区。肉供食用。各鳍棘具毒腺，毒性强，人被刺后剧痛。

图3508　单斑篮子鱼（单斑臭肚鱼）*S. unimaculatus*
（依岛田，2013）

3（2）体侧无大黑斑 ·················· **狐篮子鱼（蓝带臭肚鱼）*S. vulpinus*（Schlegel & Müller，1848）**（图3509）。暖水性海洋中小型鱼类。成鱼栖息于水深5～30m的珊瑚礁区或岩礁区水域。体长160～220mm。分布：南海诸岛；菲律宾、印度尼西亚，印度-西太平洋。肉供食用。各鳍棘具毒腺，毒性强，人被刺后剧痛。数量少，《中国物种红色名录》列为易危［VU］物种。

图3509　狐篮子鱼（蓝带臭肚鱼）*S. vulpinus*
（依 Woodland，2001）

4 (1) 吻不显著突出，不延长成管状

5 (6) 头部背面、腹面轮廓明显凹入；吻稍呈管状；体黄色；体侧偶具4条褐色横带⋯⋯⋯⋯⋯⋯⋯⋯⋯凹吻篮子鱼 *S. corallinus*（Valenciennes，1835）（图3510）。栖息于水深0～20m的珊瑚礁区及沿岸礁区浅水带。日间成群活动与觅食。体长200～330mm。分布：南海诸岛；澳大利亚昆士兰、新喀里多尼亚，印度-西太平洋。各鳍鳍棘尖锐具毒腺，人被刺伤后引起剧痛。

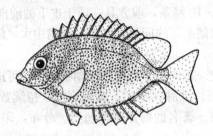

图3510　凹吻篮子鱼 *S. corallinus*

（依岛田，2013）

6 (5) 头部背面、腹面轮廓不明显凹入

7 (14) 背鳍鳍棘部和鳍条部之间具缺刻；背鳍最后硬棘等于或短于第一棘；背鳍与臀鳍鳍条部均为圆形

8 (11) 前鼻孔后缘具一长皮瓣，可伸达后鼻孔

9 (10) 尾鳍深分叉；体侧具黑褐色斑点 ⋯⋯⋯⋯⋯⋯⋯⋯⋯⋯⋯⋯⋯⋯⋯⋯ **银色篮子鱼（银臭肚鱼）** ***S. argenteus*（Quoy & Gaimard，1825）**（图3511）[syn. 钝吻篮子鱼 *S. rostratus*（Valenciennes，1835）]。暖水性鱼类。成鱼小群栖息于水深5～40m朝海的珊瑚礁区或岩礁区；稚鱼则生活于大洋中，并朝礁区移动。摄食底栖藻类。体长200～400mm。分布：台湾东部兰屿、南海（香港）、南海诸岛；日本、红海、非洲东部，印度-西太平洋。肉供食用。各鳍棘具毒腺，毒性强，人被刺后剧痛。

图3511　银色篮子鱼（银臭肚鱼）*S. argenteus*

（依Woodland，2001）

10 (9) 尾鳍凹入或近于平截；体具波状纹或斑点 ⋯⋯⋯⋯⋯⋯⋯⋯⋯⋯⋯ **刺篮子鱼（刺臭肚鱼）** ***S. spinus*（Linnaeus，1758）**（图3512）。暖水性海洋鱼类。成鱼小群栖息于水深1～50m的珊瑚礁区外缘；也常见于河口域，甚至淡水河川下游。以附着丝状藻为食，幼鱼成群在大洋以浮游生物为食。体长150～280mm。分布：台湾海域、南海诸岛；日本、澳大利亚、斯里兰卡，印度-西太平洋。肉供食用。各鳍棘具毒腺，毒性强，人被刺后剧痛。

图3512　刺篮子鱼（刺臭肚鱼）*S. spinus*

11 (8) 前鼻孔后缘具一短皮瓣，不伸达后鼻孔

12 (13) 成鱼尾鳍分叉，体长100mm以下的幼鱼尾鳍内凹；体侧具黄白色小点；背鳍硬棘部中央与侧线间具鳞片20～23列 ⋯⋯⋯⋯⋯ **长鳍篮子鱼（长鳍臭肚鱼）** ***S. canaliculatus*（Park，1797）**（图3513）[syn. 黄斑篮子鱼 *S. oramin*（Bloch & Schneider，1801）]。暖水性海洋鱼类。成鱼

小群栖息于水深 1～50m 珊瑚礁区或岩礁区等藻类丛生的水域；也常见于河口域，或离岸数千米清澈水域。食附着的丝状藻。体长 250～300mm。分布：台湾南部海域、南海诸岛；澳大利亚、波斯湾，印度-西太平洋。肉供食用。各鳍棘具毒腺，毒性强，人被刺后剧痛。

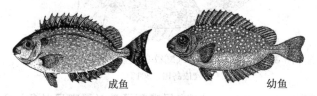

成鱼 幼鱼

图 3513　长鳍篮子鱼（长鳍臭肚鱼）S. canaliculatus

13（12）尾鳍微凹；体黄褐色，幼鱼具较大的白色星状斑，成鱼则具暗色斑点；背鳍硬棘部中央与侧线间具鳞片 25～30 列 ………………… **褐篮子鱼（褐臭肚鱼）*S. fuscescens*（Houttuyn，1782）**（图 3514）［syn. 云斑篮子鱼 S. nebulosua（Quoy & Gaimard，1825）］。热带海域中小型鱼类。栖息于水深 1～50m 平坦底质的浅水域或珊瑚礁区，在纬度较高的水域则栖息于岩礁区或浅水湾区。成群活动，白天在中水层觅食，夜间至底层休息。体长 300～400mm。分布：东海（浙江）、台湾海域、海南岛；朝鲜半岛、日本、澳大利亚，印度-西太平洋。各鳍鳍棘尖锐具毒腺，人被刺伤后引起剧痛。

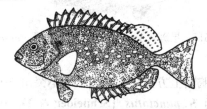

图 3514　褐篮子鱼（褐臭肚鱼）S. fuscescens
（依岛田，2013）

14（7）背鳍鳍棘部和鳍条部之间无缺刻；背鳍最后硬棘较第一棘长；背鳍与臀鳍鳍条部成角形，不呈圆形

15（24）眼前方无褐色横带

16（21）尾鳍截形或内凹

17（18）头背及体背侧在侧线上方密具许多浅蓝斑；侧线下方的腹侧具许多蓝灰色波状横纹…………………………………**爪哇篮子鱼（爪哇臭肚鱼）*S. javus*（Linnaeus，1766）**（图 3515）。栖息于水深 2～20m 的珊瑚礁区及沿岸礁区浅水带，常随潮水进出低盐度潟湖区。日间成群活动与觅食。体长 350～530mm。分布：台湾东部及兰屿海域、南海；澳大利亚、新喀里多尼亚，印度-西太平洋。各鳍鳍棘尖锐具毒腺，人被刺伤后引起剧痛。

图 3515　爪哇篮子鱼（爪哇臭肚鱼）S. javus
（依 Woodland，2001）

18（17）体侧仅具虫状纹或仅具许多小斑点

19（20）体侧仅具虫状斑纹……………………………………………… **蠕纹篮子鱼（蠕纹臭肚鱼）*S. vermiculatus*（Valenciennes，1835）**（图 3516）。栖息于水深 1～30m 的潟湖或面海的珊瑚礁区浅水域，常成群活动与觅食。体长 350～450mm。分布：台湾南部海域、南海；日本、所罗门群岛、澳大利亚、斯里兰卡，印度-西太平洋。各鳍鳍棘尖锐具毒腺，人被刺伤后引起剧痛。

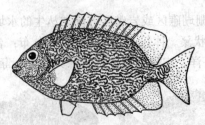

图 3516　蠕纹篮子鱼（蠕纹臭肚鱼）*S. vermiculatus*
（依岛田，2013）

20（19）体侧仅具许多小斑点 ····················· **星斑篮子鱼（星斑臭肚鱼）*S. guttatus*（Bloch，1787）**
（图 3517）。栖息于水深 5～30m 的珊瑚礁及岩礁区。幼鱼成群活动，成鱼则成对在礁区外缘活动。体长 270～450mm。分布：南海（香港）、海南岛、东沙群岛、西沙群岛；安达曼群岛、马来西亚，印度-西太平洋。各鳍鳍棘尖锐具毒腺，人被刺伤后引起剧痛。

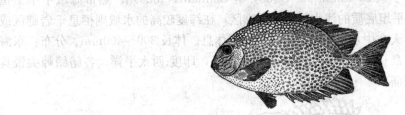

图 3517　星斑篮子鱼（星斑臭肚鱼）*S. guttatus*

21（16）尾鳍分叉
22（23）体侧具许多橙色小斑点；胸鳍上方具一大暗斑；吻不突出 ··································
黄斑篮子鱼（黄斑臭肚鱼）*S. punctatus*（Schneider & Forster，1801） （图 3518）［syn. 金点篮子鱼 *S. chrysospilos*（Bleeker，1852）］（图 3518）。栖息于水深 1～40m 水质清澈的潟湖或面海的珊瑚礁区。幼鱼聚集成群，成鱼则成对生活。体长 350～400mm。分布：台湾南部海域、南海诸岛；日本、萨摩亚群岛、澳大利亚，印度-西太平洋。各鳍鳍棘尖锐具毒腺，人被刺伤后引起剧痛。

图 3518　黄斑篮子鱼（黄斑臭肚鱼）*S. punctatus*
（依岛田，2013）

23（22）体侧暗色，无小斑点 ···························· **黑身篮子鱼（暗体臭肚鱼）**
***S. punctatissimus* Fowler & Bean，1929** （图 3519）［syn. 金点篮子鱼 *S. chrysospilos*（Bleeker，1852）］。栖息于水深 3～30m 水质清澈的潟湖或位于水道的珊瑚礁区。幼鱼聚集成群，成鱼则成对生活。体长 250～300mm。分布：南海东沙群岛；日本、菲律宾、澳大利亚，印度-西太平洋。各鳍鳍棘尖锐具毒腺，人被刺伤后引起剧痛。

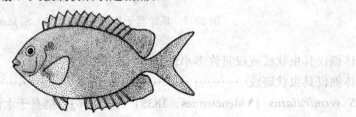

图 3519　黑身篮子鱼（黑身臭肚鱼）*S. punctatissimus*
（依岛田，2013）

24（15）褐色横带穿过眼伸达下颌

25（26）胸鳍上方具暗色斜带 ·· 蓝带篮子鱼 （蓝带臭肚鱼）
S. virgatus（Valenciennes，1835）（图3520）。栖息于水深5～20m水质清澈的珊瑚礁区。幼鱼成群活动，成鱼则成对在礁区外缘活动，有时进入河口域。体长240～300mm。分布：台湾南部海域、海南岛、东沙群岛；日本、澳大利亚、斯里兰卡，印度-西太平洋。各鳍鳍棘尖锐具毒腺，人被刺伤后引起剧痛。

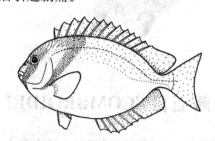

图3520 蓝带篮子鱼（蓝带臭肚鱼）*S. virgatus*
（依岛田，2013）

26（25）胸鳍上方无暗色斜带 ····················· 眼带篮子鱼 （眼带臭肚鱼）**S. puellus**（Schlegel，1852）
（图3521）。栖息于水深1～30m水质清澈的珊瑚礁区。幼鱼成群活动，成鱼则成对在礁区外缘活动。体长280～380mm。分布：台湾南部海域、南海（香港、东沙群岛、西沙群岛）；日本、所罗门群岛、澳大利亚，印度-西太平洋。各鳍鳍棘尖锐具毒腺，人被刺伤后引起剧痛。数量少，《中国物种红色名录》列为易危［VU］物种。

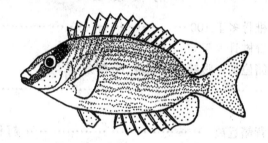

图3521 眼带篮子鱼（眼带臭肚鱼）*S. puellus*
（依中坊等，2013）

283. 镰鱼科（角蝶鱼科）Zanclidae

体近圆形，甚侧扁而高，被细小而粗糙鳞片，每1鳞片具2行棘，1行长而强，1行短而弱。尾柄两侧无锐棘或盾板。吻甚突出，管状或锥状。幼鱼口角具棘，成鱼眼的前上方各具1锥形骨棘。颌齿2行，尖长，刚毛状。犁骨具绒毛状齿，腭骨无齿。鳃盖膜与峡部相连。鳃盖条4。侧线完全，前部呈弧形弯曲，沿背缘向后延伸。背鳍具6～8鳍棘、39～42鳍条，最前2鳍棘颇短硬，第三鳍棘最长，基部粗硬，棘端丝状延长，约为体长的1.2倍以上；臀鳍具3鳍棘、31～37鳍条；腹鳍具1鳍棘、5鳍条；尾鳍凹形。椎骨9+13。

暖水性小型鱼类，通常4～6尾集群游弋于珊瑚礁区。分布：印度洋和太平洋热带、亚热带海域。

本科有1属1种，即镰鱼 *Zanclus cornulus*；中国有产。

镰鱼属（角蝶鱼属）*Zanclus* Cuvier，1831

镰鱼 Z. cornulus（Linnaeus，1758）（图3522）。暖水性小型鱼类。栖息于水深3～180m的潟湖、礁台、海水清澈的珊瑚或岩礁区。常集成小群游弋于珊瑚礁区。体长120mm，大者达230mm。分布：台湾海峡、南海诸岛；日本、夏威夷，东太平洋、印度-西太平洋。水族馆饲养的重要观赏鱼类，有存活10年记录。

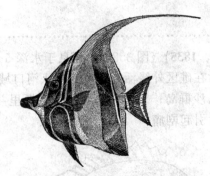

图 3522　镰鱼 *Z. cornulus*

鲭亚目 SCOMBROIDEI

上颌骨固着于前颌骨，一般不能伸缩和活动，适于捕食比本身大的猎物。上颌短，不突出于下颌。齿强硬，毒牙状。

本亚目包括世界上游泳最快的鱼类，如旗鱼、箭鱼、蓝鳍金枪鱼等游泳速度达 60～100km/h（短时间）。这些鱼类依靠本身的代谢方式，保持较高的体温。金枪鱼提高体温方式已和鸟类及哺乳类一样，达到高度相似。旗鱼的脑颅中以脑及眼的体温较高。

本亚目有 9 科 57 属 192 种（Nelson et al.，2016）；中国有 6 科 36 属 59 种。

科 的 检 索 表

1（2）体呈带状，无尾鳍；脊椎骨多于 100 ⋯⋯⋯⋯⋯⋯⋯⋯⋯⋯⋯⋯⋯⋯⋯⋯ 带鱼科 Trichiuridae
2（1）体不呈带状，具尾鳍；脊椎骨少于 50
3（8）吻部不呈剑状突出；胸鳍位高；腹鳍具 1 鳍棘、5 鳍条
4（5）尾柄部具隆起嵴 ⋯⋯⋯⋯⋯⋯⋯⋯⋯⋯⋯⋯⋯⋯⋯⋯⋯⋯⋯⋯⋯⋯⋯⋯ 鲭科 Scombridae
5（4）尾柄部一般无隆起嵴
6（7）第一背鳍具 5 鳍棘；两背鳍远离 ⋯⋯⋯⋯⋯⋯⋯⋯⋯⋯ 魣科（金梭鱼科）Sphyraenidae
7（6）第一背鳍棘多于 8；两背鳍接近或相连 ⋯⋯⋯⋯⋯⋯⋯⋯ 蛇鲭科（带鲭科）Gemphilidae
8（3）吻部呈剑状突出；胸鳍位低；腹鳍退化或不存在
9（10）无腹鳍；体裸露无鳞；尾柄两侧各具一隆起嵴⋯⋯⋯⋯⋯⋯ 剑鱼科（剑旗鱼科）Xiphiidae
10（9）具腹鳍；体被针状鳞；尾柄两侧各具二隆起嵴 ⋯⋯⋯⋯⋯⋯⋯⋯ 旗鱼科 Istiophoridae

284. 魣科（金梭鱼科）Sphyraenidae

体延长，亚圆筒形，或稍侧扁。头尖长。眼大，上侧位。口裂大，近于水平。上颌宽大，下颌突出。两颌及腭骨均具齿，犁骨无齿。颌齿强大，尖锐，扁平或锥形，下颌缝合处具 1～2 犬齿。鳃孔宽大，鳃盖条 7；鳃盖膜与峡部分离；鳃耙少，1～2 枚，短棘状，或退化，呈有小刺或无小刺的小片。体及头部被小圆鳞。侧线发达，平直。背鳍 2 个，相隔甚远，第一背鳍具 5 强棘，与腹鳍相对或后于腹鳍，第二背鳍具 1 鳍棘、9 鳍条，位于体后方，与臀鳍相似并相对；臀鳍具 2 鳍棘、7～9 鳍条；胸鳍短，低位；腹鳍腹位，具 1 鳍棘、5 鳍条；尾鳍分叉，有些大型种尾鳍呈双凹形。

多数为大洋性中上层中大型鱼类，喜活动于珊瑚礁离岛附近的开放水域，单独或成群。游泳速度快，性凶猛，肉食性，掠食鱼虾类。经济鱼类，有一定产量，中-西太平洋区魣类年产量为 2 万～4 万 t。

本科有 1 属 27 种（Nelson et al.，2016）；中国有 1 属 11 种。

舒属（金梭鱼属）*Sphyraena* Bloch & Schneider，1801
种 的 检 索 表

1（8）体具许多垂直暗纹，暗纹呈鞍形或人字形；上颌骨后端伸达眼前缘；第一鳃弓无鳃耙，但具粗糙的小片

2（3）体在侧线上方具许多暗色横带；尾鳍上下端部白色，在后缘中部上下具 1 对大的突起（使尾鳍呈双凹形） ·················· **大舒（巴拉金梭鱼）*S. barracuda*（Edwards，1771）**（图 3523）。大洋性中上层鱼类。栖息水深 0～100m。栖息珊瑚礁离岛附近的开放水域，有些种类幼鱼则出现在河口水域。单独或成群游泳，速度快，性凶猛，肉食性。大型种，为本科鱼类最大者，最大体长达 2m，通常 1m。分布：东海、钓鱼岛、台湾南部海域、南海诸岛；日本，除东太平洋外各温热带水域均有分布。因食物链关系，大个体常含珊瑚礁鱼毒素（"雪卡毒素" ciguateric toxins），误食会引起中毒。

图 3523　大舒（巴拉金梭鱼）*S. barracuda*
（依濑能，2013）

3（2）体侧具许多鞍形或人字形暗带，这些暗带横越侧线；尾鳍黑色或黄色，无白色端部，后缘中部不呈双凹形

4（5）体侧具许多典型《形暗带；第二背鳍最后鳍条较倒数第二鳍条延长 ·················· **倒牙舒（布氏金梭鱼）*S. putnamae* Jordan & Seale，1905**（图 3524）。栖息于水深 5～80m 大洋较近岸的珊瑚礁、内湾、潟湖区或河口域，常成大群于日间活动。游泳能力强，活动范围广。肉食性。大型种，体长600～900mm。分布：台湾南部海域；日本、新喀里多尼亚，印度-西太平洋。

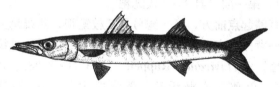

图 3524　倒牙舒（布氏金梭鱼）*S. putnamae*
（依 Senou，2001）

5（4）体侧具许多暗色带纹，各带上半部斜、下半部近垂直；第二背鳍最后鳍条不长于倒数第二鳍条

6（7）尾鳍大部分黄色，后缘无 1 对突起；侧线鳞 130～140 ·················· **斑条舒（斑条金梭鱼）*S. jello* Cuvier，1829**（图 3525）。栖息于水深 20～200m 大洋较近岸的礁区、内湾、潟湖区或河口域，集群于日间活动。游泳能力强，活动范围广。肉食性。大型种，体长 0.8～1.5m。分布：台湾周边海域、南海；新喀里多尼亚，印度-西太平洋热带、亚热带海域。

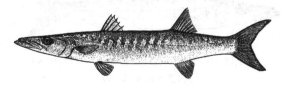

图 3525　斑条舒（斑条金梭鱼）*S. jello*
（依 Senou，2001）

7（6）尾鳍大部分黑色，后缘具 1 对小突起；侧线鳞 120～130 ·················· **暗鳍舒（暗鳍金梭鱼）*S. qunie* Klunzinger，1870**（图 3526）［syn. 黑鳍舒 *Sphyraena nigripinnis*

（Temminck & Schlegel，1843）］。栖息于水深 40～70m 大洋较近岸的礁区、内湾、潟湖区或河口域，成群于日间活动。游泳能力强，活动范围广。肉食性。大型种，最大体长 1.15m。分布：台湾沿岸；新喀里多尼亚，印度-西太平洋热带、亚热带海域。

图 3526　暗鳍魣（暗鳍金梭鱼）S. qunie
（依 Senou，2001）

8（1）体无垂直斑纹，鲜活时具黄色或暗色纵纹，或不明显；上颌骨不伸达眼前缘（大眼魣 S. forsteri 有时例外）；第一鳃弓具小棘状（pletelets）或棒状鳃耙

9（10）胸鳍腋部后方具 1 个黑斑；第一鳃弓具许多小棘状鳃耙 ···

　　大眼魣（大眼金梭鱼）S. forsteri Cuvier，1829（图 3527）。栖息于大洋较近岸的礁区或潟湖区，常成群于夜间活动。游泳能力强，活动范围广。肉食性。体长 500～750mm。分布：台湾澎湖列岛海域，南海诸岛海域；日本，印度-西太平洋热带及亚热带海域。

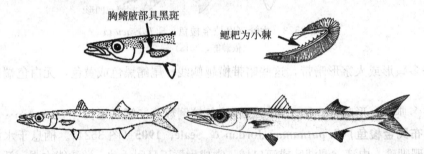

图 3527　大眼魣（大眼金梭鱼）S. forsteri
（依濑能，2013）

10（9）胸鳍腋部后方无暗斑；第一鳃弓具 1～2 枚鳃耙

11（16）腹鳍起点位于第一背鳍起点前方；第一鳃弓具 2 枚鳃耙；侧线鳞少于 100

12（13）胸鳍后端不伸达第一背鳍起点；鲜活时体具 2 条褐色或黄褐色纵纹 ······················

　　黄尾魣（黄尾金梭鱼）S. flavicauda Rüppell，1838（图 3528）。栖息于水深 3～50m 大洋较近岸的礁区或潟湖区，单独或成群活动。游泳能力强，活动范围广。肉食性。体长 400～600mm。分布：台湾沿岸、南海；密克罗尼西亚，印度-西太平洋区热带、亚热带海域。

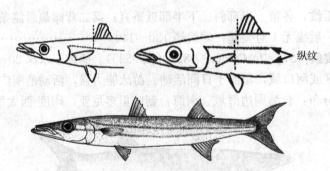

图 3528　黄尾魣（黄尾金梭鱼）S. flavicauda
（依 Senou，2001）

13（12）胸鳍后端伸越第一背鳍起点（图 3529）；体无明显斑纹或仅具 1 条暗色纵纹

14（15）主鳃盖骨后缘圆；第一背鳍上部鳍膜透明；体侧具 2 条暗色细纵带 ······················

　　钝魣（钝金梭鱼）S. obtusata Cuvier，1829（图 3529）。栖息于水深 20～120m。体长 550mm。分布：东海、南海（香港）；日本，印度-西太平洋热带、亚热带海域。

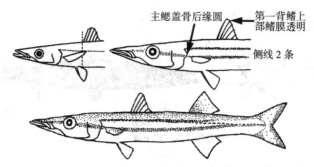

图 3529　钝魣（钝金梭鱼）S. obtusata
（依濑能，2013）

15（14）主鳃盖骨后缘尖；第一背鳍上部鳍膜黑色；体侧具 1 暗色细纵带 ……………………………
油魣（油金梭鱼）S. pinguis Günther，1874（图 3530）。栖息水深 3～6m。小型种，最大体长
500mm。分布：渤海、黄海、东海、南海；日本，印度-西太平洋等海域。

图 3530　油魣（油金梭鱼）S. pinguis
（依濑能，2013）

16（11）腹鳍起点恰位于第一背鳍起点下方或附近；第一鳃弓具 1 枚鳃耙；侧线鳞多于 120
17（18）体侧具 2 条黄色纵带；上颌骨不伸达前鼻孔；腹鳍起点稍前于第一背鳍起点；体侧腹鳍基附近
无暗斑；侧线鳞 140～150 ……………………… **黄带魣（黄带金梭鱼）S. helleri Jenkins，1901**
（图 3531）。栖息水深 15～105m。体长 400～800mm。分布：南海（香港）、南海诸岛；日本、
夏威夷，印度-西太平洋。

图 3531　黄带魣（黄带金梭鱼）S. helleri
（依 Senou，2001）

18（17）体下侧面具 1 条暗色纵带；上颌骨伸达前鼻孔
19（20）腹鳍起点恰位于第一背鳍起点下方；体侧腹鳍基附近具一暗斑；侧线鳞 129～138…………
………………………………非洲魣 **S. africana Gilchrist & Thompson，1909**（图 3532）[syn. 尖鳍魣（尖鳍
金梭鱼）S. acutipinnis 台湾鱼类资料库（non Day，1876）]。栖息于水深 20～50m 大洋较近
岸的礁区、内湾、潟湖区或河口域，大群于夜间活动。游泳能力强，活动范围广。肉食性。中
型种，最大体长 800mm。分布：台湾海域、南海北部；日本、澳大利亚东北部，印度-西太平
洋热带及亚热带海域。

图 3532　非洲魣 S. africana
（依 Senou，2001）

20（19）腹鳍起点位于第一背鳍起点稍后下方；体侧腹鳍基附近无暗斑；侧线鳞 118～123…………
………………………日本魣（日本金梭鱼）**S. japonica Bloch & Schneider，1801**（图 3533）。栖息于
开放水域较为近岸的海区，单独或小群活动。游泳能力强、速度快，活动范围广。小型种，最

大体长 35cm。分布：东海、南海；日本南部。

图 3533　日本舒（日本金梭鱼）*S. japonica*

（依伍汉霖、沈根媛，1984）

285. 蛇鲭科（带鲭科）Gemphilidae

体延长而侧扁，或稍呈纺锤形。口大，不能伸缩；颌齿强大，上颌前端常有犬齿；犁骨无齿，腭骨具齿。鳃耙退化；鳃盖骨后缘具弱棘；具假鳃。背鳍 2 个，鳍棘部与鳍条部明显分离或仅在基部稍相连，背鳍棘细弱；臀鳍与第二背鳍等大，同形，或稍小；某些种类背鳍与臀鳍后方有游离小鳍；胸鳍尖长，短于头长；腹鳍小，退化或无腹鳍；尾鳍叉形。尾柄一般无隆起峰，但异鳞蛇鲭属（鳞网带鲭属）*Lepidocybium* 例外。侧线 1 或 2 条，终于尾鳍基。鳞小，或无，有时变异（异鳞蛇鲭属 *Lepidocybium* 和棘鳞蛇鲭属 *Ruvettus*）。

大洋性中底层长距离游泳的肉食性鱼类，有些种类体长达 3m。栖息水深 100～1 000m，有夜间洄游至上层觅食的习性。性凶猛，掠食鱼类、虾类和头足类等。分布：世界温带、热带海域。

本科有 16 属 24 种（Nelson et al.，2016）；中国有 11 属 12 种。

属 的 检 索 表

1（2）背鳍鳍棘和鳍条总数多于 60；肛门与臀鳍起点之距明显大于眼径，几等于或大于吻长⋯⋯⋯⋯⋯⋯⋯⋯⋯⋯⋯⋯⋯ 双棘蛇鲭属（双棘带鲭属）*Diplospinus*

2（1）背鳍鳍棘和鳍条总数少于 56；肛门与臀鳍起点之距约等于眼径

3（4）尾柄具 1 个中央大隆峰和上下 2 个小隆峰；背鳍棘 8；波状侧线 1 条（图 3534）⋯⋯⋯⋯⋯⋯⋯⋯⋯⋯⋯⋯ 异鳞蛇鲭属（鳞网带鲭属）*Lepidocybium*

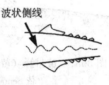

图 3534　异鳞蛇鲭属（鳞网带鲭属）

4（3）尾柄无隆峰；背鳍棘多于 12；侧线 1 条，或分叉成 2 条，不显著弯曲

5（6）表皮粗糙；鳞中大，具棘状骨质小片（图 3535）；腹部中央具隆起棱（图 3536）；侧线 1 条，不明显⋯⋯⋯⋯⋯⋯⋯⋯⋯⋯⋯⋯⋯⋯⋯⋯⋯⋯ 棘鳞蛇鲭属（蔷薇带鲭属）*Ruvettus*

图 3535　表皮状况（棘鳞蛇鲭属）

图 3536　体的腹面（棘鳞蛇鲭属）

6（5）表皮较光滑；鳞小，无棘状骨质小片；腹部无隆起棱；侧线 1 或 2 条，明显

7（14）腹鳍退化，具 1 鳍棘、0～4 鳍条，或无腹鳍

8（11）侧线 1 条

9（10）肛门后有 2 游离臀鳍棘，剑状，其中 1 枚较大；侧线直线状；背鳍棘 20～21 ⋯⋯⋯⋯⋯⋯⋯⋯⋯⋯⋯⋯⋯⋯⋯⋯⋯⋯⋯⋯⋯⋯ 若蛇鲭属（若带鲭属）*Nealotus*

10（9）肛门后无游离臀鳍棘；侧线在胸鳍上方向下弯曲；背鳍棘 17～18 ⋯⋯⋯⋯⋯⋯⋯⋯⋯⋯⋯⋯⋯⋯⋯⋯⋯⋯⋯ 纺锤蛇鲭属（紫金鱼属）*Promethichthys*

11 (8) 侧线 2 条

12 (13) 体长为体高的 14.5～19 倍，为头长的 5.5～6 倍；背鳍棘 26～27；背鳍和臀鳍具小鳍 5～7；2 侧线的起点约在鳃盖上缘一点（图 3537）················· **蛇鲭属（带鲭属）** *Gempylus*

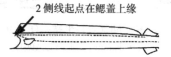

图 3537　蛇鲭属（带鲭属）的侧线

13 (12) 体长为体高的 5～8 倍，为头长的 2.7～3.9 倍；背鳍棘 27～29；背鳍和臀鳍具小鳍 2～3；侧线在第 3～7 背鳍棘下方分出下分支，侧线下分支位于体中部（图 3538）·················
················· **短蛇鲭属（短带鲭属）** *Rexea*

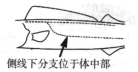

图 3538　短蛇鲭属的侧线

14 (7) 腹鳍很发达，具 1 鳍棘、5 鳍条

15 (16) 侧线 1 条；体长为体高的 10～13 倍 ·············· **无耙蛇鲭属（无耙带鲭属）** *Nesiarchus*

16 (15) 侧线 2 条

17 (18) 下侧线纵行于体中部；背鳍棘 17～19 ·············· **黑鳍蛇鲭属（尖身带鲭属）** *Thyrsitoides*

18 (17) 下侧线纵行于体腹缘（图 3539）；背鳍棘少于 16

图 3539　下侧线纵行于体腹缘

19 (20) 侧线在鳃盖上方分支；胸鳍大于腹鳍；犁骨具齿（图 3540）·······················
················· **新蛇鲭属（新带鲭属）** *Neoepinnula*

图 3540　新蛇鲭属（新带鲭属）

20 (19) 侧线在胸鳍上方分支；胸鳍小于腹鳍；犁骨无齿（图 3541）·······················
················· **短鳍蛇鲭属（短鳍带鲭属）** *Epinnula*

图 3541　短鳍蛇鲭属（短鳍带鲭属）

双棘蛇鲭属（双棘带鲭属） *Diplospinus* Maul, 1948

双棘蛇鲭（双棘带鲭） *D. multistriatus* Maul, 1948（图 3542）。大洋性中底层小型鱼类。栖息水深

约 1 000m，夜间上升至 100～200m 水层捕食鱼虾。最大体长 330mm。分布：南海；日本，世界温带、热带海域（除西印度洋外）。

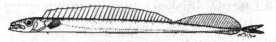

图 3542　双棘蛇鲭（双棘带鲭）D. multistriatus

（依 Nakamura & Parin，2001）

短鳍蛇鲭属（短鳍带鲭属）Epinnula Poey，1854

长腹短鳍蛇鲭（长腹短鳍带鲭）E. magistralis Poey，1854（图 3543）。中底层大洋性鱼类。肉食性。分布：东海南部、台湾东北部海域；日本、夏威夷、印度尼西亚，印度-西太平洋海域。

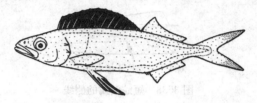

图 3543　长腹短鳍蛇鲭（长腹短鳍带鲭）E. magistralis

（依中坊等，2013）

蛇鲭属（带鲭属）Gempylus Cuvier，1829

蛇鲭（带鲭）G. serpens Cuvier，1829（图 3544）（syn. 黑刀蛇鲭 Acinacea notha Bory de Saintvoncent，1804）。上中层大洋性鱼类。栖息水深 300～692m，成鱼有夜间洄游至表层的习性。大型，最大体长 1m，一般 600mm。分布：东海深海、台湾海域、南海诸岛；日本，太平洋、印度洋、大西洋的热带、亚热带海域。鱼肉富含蜡酯，食后会引起腹泻、呕吐。为著名蛇鲭毒鱼类，不宜食用。

图 3544　蛇鲭（带鲭）G. serpens

异鳞蛇鲭属（鳞网带鲭属）Lepidocybium Gill，1862

异鳞蛇鲭（鳞网带鲭）L. flavibrunneum（Smith，1843）（图 3545）。大洋性中底层洄游鱼类。栖息水深 200m 以上的大陆架陡坡，有夜间洄游至上层水域的习性。最大体长 1.5m（体长 770～910mm），体重 6.5～13kg。分布：东海、台湾海域、南海诸岛；日本，世界热带及温带海域。鱼肉富含蜡酯，食后会引起腹泻、呕吐。为著名蛇鲭毒鱼类，不宜食用。

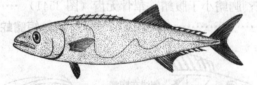

图 3545　异鳞蛇鲭（鳞网带鲭）L. flavibrunneum

（依 Nakamura & Parin，2001）

若蛇鲭属（若带鲭属）Nealotus Johnson，1865

三棘若蛇鲭（三棘若带鲭）N. tripes Johnson，1865（图 3546）。中底层大洋性鱼类。栖息水深 655～1 014m，有夜间洄游至上层水域的习性。最大体长 250mm。分布：东海深海、台湾海域、南海；日本，世界热带、温带海域。

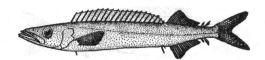

图 3546　三棘若蛇鲭（三棘若带鲭）*N. tripes*

新蛇鲭属（新带鲭属）*Neoepinnula* Matsubara & Iwai, 1952

东方新蛇鲭（东方新带鲭）*N. orientalis*（Gilchrist & von Bonde, 1924）（图 3547）。大洋性中底层洄游鱼类。栖息水深 200～570m。最大体长 300mm。分布：东海、台湾海域；日本、菲律宾，印度-西太平洋。

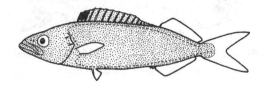

图 3547　东方新蛇鲭（东方新带鲭）*N. orientalis*
（依中坊等，2013）

无耙蛇鲭属（无耙带鲭属）*Nesiarchus* von Bonde, 1924

无耙蛇鲭（无耙带鲭）*N. nasutus* Johnson, 1862（图 3548）。中底层大洋性游泳鱼类。栖息水深 200～1 200m。最大体长 1.3m。分布：东海深海；日本、菲律宾，太平洋、印度洋、大西洋热带、亚热带海域。

图 3548　无耙蛇鲭（无耙带鲭）*N. nasutus*

纺锤蛇鲭属（紫金鱼属）*Promethichthys* Gill, 1893

纺锤蛇鲭（紫金鱼）*P. prometheus*（Cuvier, 1832）（图 3549）。近海大洋性中底层洄游鱼类。栖息水深 100～750m，有夜间洄游至中层水域的习性。最大体长 1m。分布：东海、台湾海域、南海；日本，世界热带及亚热带海域。

图 3549　纺锤蛇鲭（紫金鱼）*P. prometheus*
（依 Nakamura & Parin, 2001）

短蛇鲭属（短带鲭属）*Rexea* White, 1911
种 的 检 索 表

1（2）腹鳍退化为 1 小棘（体长小于 200mm）或无（体长大于 200mm）·····································
短蛇鲭（短带鲭）*R. prometheoides*（Bleeker, 1856）（图 3550）。近海大洋性中底层洄游鱼类。栖息水深 80～800m，有夜间洄游至中层水域的习性。最大体长 400mm。分布：东海、台湾南部海域、南海；朝鲜半岛、日本，印度-西太平洋。经济鱼类，世界年产量 1 000～10 000t。

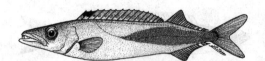

图 3550　短蛇鲭（短带鲭）*R. prometheoides*
（依 Nakamura & Parin, 2001）

2（1）腹鳍一般具 1 鳍棘、2～3 鳍条 ⋯⋯⋯⋯⋯⋯⋯⋯⋯⋯⋯⋯⋯⋯⋯ **索氏短蛇鲭（索氏短带鲭）**
R. solandri Cuvier, 1832（图 3551）。底层大洋性鱼类。栖息水深 100～800m。最大体长 1m，
最大体重 8kg。分布：东海；澳大利亚南部、新西兰。

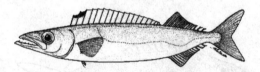

图 3551　索氏短蛇鲭（索氏短带鲭）*R. solandri*
（依 Nakamura & Parin, 2001）

棘鳞蛇鲭属（蔷薇带鲭属）*Ruvettus* Cocco, 1833

棘鳞蛇鲭（蔷薇带鲭）R. pretiosus Cocco, 1833（图 3552）。底层大洋性鱼类。栖息水深 100～
700m。游泳能力强，肉食性。最大体长 3m。分布：东海、台湾大溪、南海；世界温带、热带海域。鱼
肉富含蜡酯，食后会引起腹泻、呕吐。为著名蛇鲭毒鱼类，不宜食用。

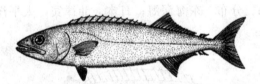

图 3552　棘鳞蛇鲭（蔷薇带鲭）*R. pretiosus*
（依 Nakamura & Parin, 2001）

黑鳍蛇鲭属（尖身带鲭属）*Thyrsitoides* Fowler, 1929

黑鳍蛇鲭（尖身带鲭）T. marley Fowler, 1929（图 3553）。深海大洋性鱼类。栖息水深 400m 以
上，夜间上游至表层。最大体长 2m。分布：东海深海、台湾南部海域、南海；日本、澳大利亚，印度-
西太平洋热带海区。

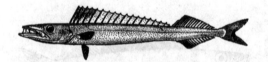

图 3553　黑鳍蛇鲭（尖身带鲭）*T. marley*

286. 带鱼科 Trichiuridae

体延长，侧扁，呈带状；尾渐细小成鞭状。头长，背面平坦或微凸，或侧扁高锐突起。

口大，下颌突出，上颌骨为眶前骨所盖。上下颌齿强大，尖锐，侧扁；腭骨、犁骨及舌上均无齿。
侧线连续。无鳞。背鳍很长；臀鳍常由分离短棘组成，有时消失；腹鳍消失，或退化为 1 对鳞片状突
起；尾鳍很小或无。鳔或有或无。椎骨 100～160。

近岸或大洋性洄游鱼类。栖息于浅海或更深水域的大陆架斜坡区中底层。分布：太平洋、大西洋及
印度洋暖温带海域。世界重要海洋经济鱼类。

本科有 10 属 44 种（Nelson et al., 2016）；中国有 7 属 10 种。

属 的 检 索 表

1（6）尾鳍分叉

2（3）眼间隔平坦；眼大，位近头的背缘；背鳍鳍棘及鳍条数 120～155 ··· 深海带鱼属 *Benthodesmus*

3（2）眼间隔侧扁，高锐突起；眼大，位于头侧；背鳍鳍棘及鳍条数 81～123

4（5）体延长；背鳍鳍棘及鳍条数 81～93 ················ 窄颅带鱼属 *Evoxymetopon*

5（4）体颇细长；背鳍鳍棘及鳍条数 116～123 ················ 剃刀带鱼属 *Assurger*

6（1）无尾鳍

7（10）侧线在胸鳍上方不显著下弯，几呈直线状；腹鳍退化，为1对很小的鳞状突起；上颌的大犬齿
      不呈钩状；鳃盖下缘圆凸

8（9）头部背缘平直；鳞状腹鳍位于背鳍第 15～17 鳍条下方 ············ 小带鱼属 *Eupleurogrammus*

9（8）头部背缘圆凸；鳞状腹鳍位于背鳍第 9～12 鳍条下方 ················
      ················ 狭颅带鱼属（隆头带鱼属）*Tentoriceps*

10（7）侧线在胸鳍后方显著下弯；无腹鳍；上颌的大犬齿呈钩状；鳃盖下半部凹入

11（12）臀鳍棘大，露出，不隐埋于皮下；肛门与第 34～35 背鳍条相对 ····· 沙带鱼属 *Lepturacanthus*

12（11）臀鳍棘退化，隐埋于皮下；肛门与第 38～42 背鳍条相对（短带鱼 *T. brevis* 除外）··········
      ················ 带鱼属 *Trichiurus*

剃刀带鱼属 *Assurger* Whitley，1933

长剃刀带鱼 *A. anzac*（Alexander，1917）（图 3554）。栖息于水深 150～400m 的大陆架斜坡区底层。成鱼为底层、幼鱼为中水层及表层大洋游泳性鱼类。全长可达 2.3m。分布：东海深海；日本、新几内亚，东印度洋、太平洋、大西洋海域。不具经济性鱼类，可食用。

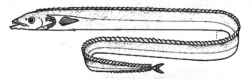

图 3554　长剃刀带鱼 *A. anzac*
（依 Nakamura & Parin，2001）

深海带鱼属 *Benthodesmus* Goode & Bean，1882

叉尾深海带鱼 *B. tenuis*（Günther，1877）（图 3555）。栖息于水深 230～1 100m 的大陆架斜坡区底层。成鱼为底层、幼鱼为中水层大洋游泳性鱼类。全长可达 2.3m。分布：东海深海、台湾澎湖列岛；日本、夏威夷，印度-太平洋及大西洋海域。可食用，数量少，《中国物种红色名录》列为易危［VU］物种。

图 3555　叉尾深海带鱼 *B. tenuis*
（依 Nakamura & Parin，2001）

小带鱼属 *Eupleurogrammus* Gill，1862

小带鱼 *E. muticus* Günther，1877（图 3556）。近海暖温水域中底层鱼类。栖息于近泥沙或泥质的大陆架沿岸水域。体长 500～700mm。分布：渤海、黄海、东海、南海；日本，印度-西太平洋海域。可食用，体型小，经济价值不高。

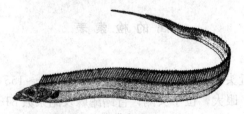

图 3556 小带鱼 E. muticus

窄颅带鱼属 Evoxymetopon Gill，1863
种 的 检 索 表

1 (2) 第一背鳍棘延长；背鳍鳍棘及鳍条数 91～93 ·· **波氏窄颅带鱼**
E. poeyi Günther，1887（图 3557）。底层大洋性洄游鱼类。栖息于水深 200～350m 的海底山脊附近或大陆架边缘的斜面海域，偶游至近海。食大眼鲷和圆鲹等中大型鱼类。最大全长 2m。分布：东海大陆架斜面、台湾东港及小琉球（曾捕获幼鱼）；日本，西印度洋及西-北太平洋。不具经济价值的鱼种，可食用。

图 3557 波氏窄颅带鱼 E. poeyi
（依郑义郎，2007）

2 (1) 第一背鳍棘不延长；背鳍鳍棘及鳍条数 81～88 ·· **条状窄颅带鱼**
E. taeniatum Gill，1863（图 3558）。底层大洋性洄游鱼类。栖息于水深 100～200m 的大陆架陡坡附近，偶游至近海。全长可达 2m。分布：东海大陆架边缘斜坡、台湾东港；韩国、日本，西大西洋、印度-西太平洋。不具经济价值的鱼种，可食用。

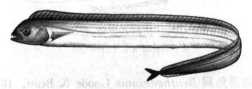

图 3558 条状窄颅带鱼 E. taeniatum
（依郑义郎，2007）

沙带鱼属 Lepturacanthus Fowler，1905

沙带鱼 **L. savala**（Cuvier，1829）（图 3559）。暖温水域中底层洄游性鱼类。栖息于近泥沙或泥质的大陆架沿岸水域。分布：黄海、东海、南海（广东）；日本，印度-西太平洋海域。为底拖网、延绳钓或鲔钓意外渔获物，不具经济性鱼种，可食用。

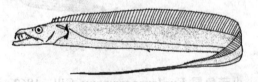

图 3559 沙带鱼 L. savala

狭颅带鱼属（隆头带鱼属）Tentoriceps Whitley，1948

狭颅带鱼 **T. cristatus**（Klunzinger，1884）（图 3560）（syn. 中华窄颅带鱼 T. sinensis 陈大刚等，

2015）。暖温水域中底层洄游性鱼类。栖息于水深 30～110m 的近泥沙、泥质水域，产卵时则洄游至浅海水域。喜弱光，有明显的日夜垂直分布习性，白天至深水层，黄昏、夜间及清晨则上游至表层。群游性，极贪食，食小鱼及甲壳类。全长可达 0.9m。分布：东海南部、台湾澎湖列岛；日本，印度-西太平洋。可食用，数量少，《中国物种红色名录》列为易危［VU］物种。

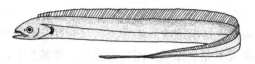

图 3560　狭颅带鱼 T. cristatus
（依 Nakamura & Parin, 2001）

带鱼属 Trichiurus Linnaeus, 1758
种 的 检 索 表

1（2）个体较小；尾粗短，收缩快，尾长短于或几等于眼后头长；肛门位于背鳍第 34～35 鳍条下方；尾端黑色；背鳍细弱，白色；椎骨 33～35 ·················· **短带鱼 T. brevis Wang & You, 1992**
（图 3561）（syn. 琼带鱼 T. minor Li，1992）。暖温水域中底层洄游性鱼类。栖息于近泥沙或泥质的大陆架沿岸水域。全长 510～545mm。分布：台湾西部海域、海南岛三亚及白马井。不具经济性鱼种，可食用。

图 3561　短带鱼 T. brevis
（依李春生，1992）

2（1）个体大型；尾较长，鞭状，渐细，尾长大于眼后头长；肛门位于背鳍第 38～42 鳍条下方；尾端黑色；背鳍强健，远端 2/3 处边缘黑色；椎骨 39～41

3（4）尾部中长，尾长为眼后头长的 1.3～1.5 倍；全长为肛长的 2.5 倍；幽门盲囊 25～39；背鳍黄色
·································· **南海带鱼 T. nanhaiensis Wang & Xu, 1992**（图 3562）（syn. 珠带鱼 T. margarites Li，1992）。暖温水域中底层洄游性鱼类。栖息于水深 20～150m 近泥沙或泥质的大陆架沿岸水域。喜弱光，有明显的日夜垂直分布习性，群游性，极贪食，食小鱼及甲壳类。全长达 1.2m。分布：东海南部、台湾沿岸、海南岛、南海；印度-西太平洋海域。肉质佳，供食用，具一定经济价值。

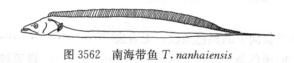

图 3562　南海带鱼 T. nanhaiensis
（依李春生，1992）

4（3）尾部细长，鞭状，尾长为眼后头长的 2.5～3.1 倍；全长为肛长的 3.0 倍；幽门盲囊 18～27；背鳍灰白色·················· **日本带鱼 T. japonicas Temminck & Schlegel，1844**（图 3563）
［syn. 带鱼 T. haumela 成庆泰，1954；高鳍带鱼 T. lepturus 沈世杰等，2011；陈大刚等，2015；刘静等，2016（non Linnaeus，1758）］。暖温水域中底层洄游性鱼类。栖息于水深 20～150m 或更深近泥沙或泥质底的大陆架沿岸水域。喜弱光，群游性，有昼夜垂直分布习性，白天至深水层，黄昏、夜间及清晨上游至表层。极贪食。全长可达 1.23m。分布：中国沿岸；朝鲜半岛、日本，西-北太平洋海域。世界及中国重要海洋经济鱼类，也是中国第一大海产鱼类。产量大，2015 年中国带鱼年产 110.5 万 t（《2016 中国渔业统计年鉴》）。分布广，肉味美，具较高的经济价值。

图 3563　日本带鱼 *T. japonicas*
（依李春生，1992）

287. 鲭科 Scombridae

体纺锤形，也有延长而侧扁者。尾柄细瘦而强有力，两侧有隆起的嵴。口裂大，吻尖但不为剑状突出。眼有时具脂眼睑。体被圆鳞或不完全栉鳞。侧线为波状，背鳍 2 个，第一背鳍为硬棘；第二背鳍较小，与臀鳍相似而相对，第二背鳍及臀鳍后方有若干小鳍。腹鳍间突有或无；尾鳍深叉形。在胸鳍所在区域内，鳞片可能变形为坚硬的胸甲。

本科为快速游泳的中上层鱼类，许多种类常集成大群。分布：印度洋、大西洋、太平洋温带、热带和亚热带海域。多数为名贵的食用经济鱼类。

本科有 15 属 51 种（Nelson et al.，2016）；中国有 11 属 22 种。

属 的 检 索 表

1（4）尾柄两侧各有 2 条隆起嵴，无中央隆起嵴；第二背鳍和臀鳍后方各有 5 小鳍；眼睛前部和后部覆盖有脂眼睑

2（3）全身覆盖较大的鳞片；鳃耙羽状，长于鳃丝，从口腔内清晰可见；犁骨和腭骨无齿 …………………………………………………………………… **羽鳃鲐属（金带花鲭属）** *Rastrelliger*

3（2）全身覆盖小鳞片；鳃耙正常，短于鳃丝；犁骨和腭骨有齿 ……………… **鲭属** *Scomber*

4（1）尾柄两侧各有 2 条隆起嵴，中央具一较大隆起嵴；第二背鳍后方具 7～10 个小鳍、臀鳍后方具 6～10 个小鳍；脂眼睑缺失

5（6）侧线 2 条，下侧线自背鳍第三鳍棘下方由上侧线分出，向下折向体侧下半部在尾柄处与上侧线愈合；腹鳍间突 1 个，较小；椎骨 31 ……………………… **双线鲭属** *Grammatorcynus*

6（5）具 1 条侧线、1～2 腹鳍间突；椎骨 41～64

7（10）颌齿发达，侧扁，三角形；胸甲鳞片不明显

8（9）吻长约等于吻后头长，无鳃耙；第一背鳍具 23～27 鳍棘；上颌骨后端隐于眶前骨下；椎骨 62～64 ……………………………………………………… **刺鲅属（棘鲭属）** *Acanthocybium*

9（8）吻长短于吻后头长，第一鳃弓鳃耙数 1～27；第一背鳍具 12～22 鳍棘；上颌骨后端暴露；椎骨 41～56（马加鲅属）……………………………… **马鲛属（马加鲭属）** *Scomberomorus*

10（7）颌齿细弱，圆锥形，不侧扁；胸甲鳞片发达

11（14）舌上无纵向嵴

12（13）体上半部具 5～10 条斜向上的黑色条纹；无舌齿 ……………… **狐鲣属（齿鲭属）** *Sarda*

13（12）体上半部无斜向上的黑色条纹；舌上具齿 ………… **裸狐鲣属（裸鲭属）** *Gymnosarda*

14（11）舌上有 2 条纵向嵴

15（16）背鳍 2 个，相距较远，其距离大于或等于第一背鳍基底长；第一背鳍具 10～12 鳍棘；腹鳍间突 1 个，甚长，至少与腹鳍最长鳍条等长 ………………… **舵鲣属（花鲣属）** *Auxis*

16（15）两背鳍相距较近，其距离等于或小于眼径；第一背鳍具 12～16 个鳍棘；腹鳍间突小，分成两叶，短于腹鳍鳍条

17（18）腹部有 3～5 条黑色纵带；第一鳃弓鳃耙数 53～63；椎骨 41 …… **鲣属（正鲣属）** *Katsuwonus*

18（17）腹部无黑色纵带；第一鳃弓鳃耙数 19～45；椎骨 37～39

19（20）体除胸甲外，均裸露无鳞；胸鳍与腹鳍基部之间有几个黑斑；背部深蓝色，背鳍基部下方有多条黑色斜带；胸鳍条 25～29 ………………………………… **鲔属（巴鲣属）** *Euthynnus*

20（19）体被细小圆鳞，胸甲鳞特大；体无黑斑；背部深蓝色，无条纹；胸鳍条 30～36 …………

刺鲅属（棘鲹属）*Acanthocybium* Gill，1862

沙氏刺鲅（棘鲹）*A. solandri*（Cuvier，1831）（图 3564）。大洋性中上层群游鱼类，游泳速度快。体长 1.1～1.3m，最大达 2.5m。分布：东海南部、台湾海域、南海诸岛；日本，印度-西太平洋、大西洋温热带海域。大型低值经济鱼类、兼捕种类。中国产量少，《中国物种红色名录》列为易危［VU］物种。

图 3564　沙氏刺鲅（棘鲹）*A. solandri*

舵鲣属（花鲣属）*Auxis* Cuvier，1829

1（2）胸甲部鳞襟向后延伸部分狭窄，止于胸鳍末端附近，不向后延伸 ••••••••••••••••••••••••••••
　　扁舵鲣（扁花鲣）*A. thazard*（Lacepède，1800）（图 3565）。近海大洋性中表层洄游鱼类，游泳速度快。体长 250～580mm。分布：黄海南部、东海、台湾海域、南海诸岛；朝鲜半岛、日本，东太平洋暖水高盐度水域。各沿岸国重要经济鱼类，世界年产量 10 万～15 万 t。

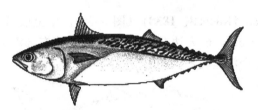

图 3565　扁舵鲣（扁花鲣）*A. thazard*
（依 Collette & Nauen，1983）

2（1）胸甲部鳞襟向后延伸部分宽阔，沿侧线向后延伸到背鳍第二分离小鳍下方••••••••••••••••••••••
　　双鳍舵鲣（圆花鲣）*A. rochei*（Risso，1810）（图 3566）（syn. 圆舵鲣 *A. tapeinosona* Bleeker，1854）。大洋性和近海中上层洄游鱼类，游泳速度快。体长 350～500mm。分布：东海南部、台湾海域、南海；朝鲜半岛、日本，印度-西太平洋暖水性高盐度海域。经济鱼类，2003 年世界捕获量 314 504t。中国产量少，《中国物种红色名录》列为易危［VU］物种。

图 3566　双鳍舵鲣（圆花鲣）*A. rochei*

鲔属（巴鲣属）*Euthynnus* Lütken，1882

鲔（巴鲣）*E. affinis*（Cantor，1849）（图 3567）（syn. 白卜鲔 *E. yaito* Kishinouye，1915）。近海中上层鱼类。体长最大可达 1m，通常 500～600mm。分布：东海南部（偶见）、台湾海域、海南岛、南海诸岛；朝鲜半岛、日本，印度-中、西太平洋热带海域。经济鱼类，主要捕捞国家有菲律宾、马来西亚、巴基斯坦、印度；2003 年世界捕获量达 129 056t，2015 年中国年产量 4.7 万 t（《2016 中国渔业统计年鉴》）。

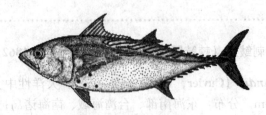

图 3567　鲔（巴鲣）*E. affinis*

双线鲭属 *Grammatorcynus* Gill，1862

大眼双线鲭 *G. bilineatus*（Rüppell，1836）（图 3568）。沿海中表层鱼类。栖息于开放水域，成群游弋浅水的礁石区及近外围礁壁或较深水域的斜坡区。体长 400～700mm。分布：台湾东部海域、南海诸岛；日本，印度-西太平洋热带海域。次要经济鱼类，供食用。

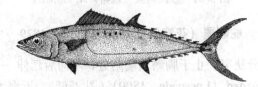

图 3568　大眼双线鲭 *G. bilineatus*

裸狐鲣属（裸鲭属）*Gymnosarda* Gill，1862

裸狐鲣（裸鲭）*G. unicolor*（Rüpeell，1838）（图 3569）。中上层沿岸凶猛鱼类，常在岩礁区单独或集小群快速游泳。体长 1～1.5m，最大达 2.5m。分布：台湾东部海域、南海诸岛；日本、菲律宾，印度-西太平洋热带海域。次要经济鱼类，供食用。

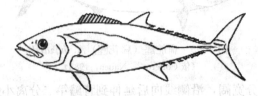

图 3569　裸狐鲣（裸鲭）*G. unicolor*

鲣属（正鲣属）*Katsuwonus* Kishinouye，1923

鲣（正鲣）*K. pelamis*（Linnaeus，1758）（图 3570）。大洋性快速游泳的洄游鱼类，栖息于表层至水深 260m 的水色澄清水域。体长 500mm，大者可达 1.1m。分布：台湾海域、海南岛、南海诸岛；日本，世界温带及热带海域。重要经济鱼类，约占世界鲭类总产量的 40%。1999—2003 年，捕获量在 14.5 万～26.6 万 t 波动，主要用来制作罐头。

图 3570　鲣（正鲣）*K. pelamis*

羽鳃鲌属（金带花鲭属）*Rastrelliger* Jordan & Starks，1908
种 的 检 索 表

1（2）第一鳃弓下鳃耙 21～26；体较细长，叉长约为体高的 4.4 倍 ·························

福氏羽鳃鲐（富氏金带花鲭）R. faughni（Matsui，1967）（图 3571）。中上层洄游性鱼类。栖息于外海表层至水深 150m 的海域，好群游，有趋光性和垂直移动习性。体长 200mm。分布：台湾东部海域；斐济、菲律宾，印度-西太平洋海域。中国产量颇少，不常见，《中国物种红色名录》列为易危［VU］物种。

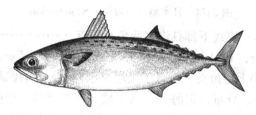

图 3571　福氏羽鳃鲐（富氏金带花鲭）R. faughni
（依 Collette & Nauen，1983）

2（1）第一鳃弓下鳃耙 30～48；体较高，叉长为体高的 3.7～4.1 倍 ·················
羽鳃鲐（金带花鲭）**R. kanagurta**（Cuvier，1816）（图 3572）。外海大洋性中上层洄游鱼类。好群游，有趋光性和垂直移动习性。体长 320～380mm。分布：东海南部、台湾海域、海南岛、南海诸岛；日本、澳大利亚，印度洋非洲东岸至太平洋中部。沿岸国重要食用鱼类，世界年产量 10 万～50 万 t。

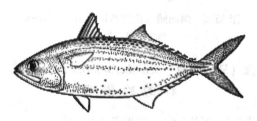

图 3572　羽鳃鲐（金带花鲭）R. kanagurta

狐鲣属（齿鲣属）Sarda Cuvier，1829

东方狐鲣 S. orientalis（Temminck & Schlegel，1844）（图 3573）。大洋性中上层洄游鱼类。栖息于表层至水深 80m 的海域，群游性，游泳速度很快。体长 300～500mm，印度洋个体最大可达 1.02m。分布：台湾澎湖列岛海域、东沙群岛；朝鲜半岛南岸、日本，印度-西太平洋热带和亚热带海域。经济鱼类，2003 年世界捕获量仅 587t。中国产量颇少，不常见，《中国物种红色名录》列为易危［VU］物种。

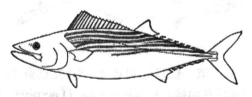

图 3573　东方狐鲣 S. orientalis

鲭属 Scomber Linnaeus，1758
种 的 检 索 表

1（2）第一背鳍具 9～10 鳍棘；侧线下部无蓝色小点 ·················· **日本鲭（白腹鲭）**
S. japonicas（Houttuyn，1782）（图 3574）（syn. 鲐 Pneumatophorus japonicus Houttuyn，1782）。近海中上层洄游鱼类。栖息于海洋表层至水深 300m 的海域，好群游，具趋光性，有垂直移动习性。最大体长 640mm。分布：黄海、东海、台湾海域、南海；广泛分布印度-太平洋的温带海域。重要食用鱼类，世界年捕获量达 100 万～200 万 t。中国 2015 年产量 41.12 万 t（《2016 中国渔业统计年鉴》）。

图 3574 日本鲭（白腹鲭）*S. japonicas*

2（1）第一背鳍具 10～13 鳍棘；侧线下部具许多蓝色小圆点 ·····························**澳洲鲭（花腹鲭）**
S. australasicus（Cuvier，1831）（图 3575）（syn. 狭头鲐 *Pneumatophorus tapeinocephalus*
Bleeker，1854）。近海中上层鱼类。栖息于表层至水深 200m 的海域中。具趋光性，有垂直移动
习性。最大体长 440mm。分布：东海、台湾海域、南海诸岛；朝鲜半岛、日本、澳大利亚、夏
威夷东部。经济鱼类，世界年产量 1 万～5 万 t。日本、澳大利亚、新西兰的渔业捕捞对象，捕
获量常被列入日本鲭中。中国产量颇少，不常见，《中国物种红色名录》列为易危［VU］物种。

图 3575 澳洲鲭（花腹鲭）*S. australasicus*
（依中坊等，2013）

马鲛属（马加鲦属）Scomberomorus Lacepède，1801
种 的 检 索 表

1（4）侧线在第一背鳍或第二背鳍处急剧下降；脊椎骨 40～46
2（3）侧线在第一背鳍处急剧下降；第一鳃弓鳃耙数 12～15；尾椎 21 或 22；胸鳍后端圆形··········
···············**中华马鲛 *S. sinensis***（Lacepède，1800）（图 3576）。近海暖温性中上层大型鱼类。
栖息于水深 10～50m 浅水的大陆架海域，性凶猛，行动敏捷。最大体长达 2m。分布：黄海、东
海、台湾海域、南海；朝鲜半岛、日本，西太平洋。中国近年来产量稀少，不常见，《中国物种
红色名录》列为易危［VU］物种。

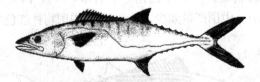

图 3576 中华马鲛 *S. sinensis*

3（2）侧线在第二背鳍处急剧下降；第一鳃弓鳃耙数 3～8；尾椎数 23～27；胸鳍后端尖形··········
···············**康氏马鲛（康氏马加鲦）*S. commerson***（Lacepède，1800）（图 3577）。近海暖水性
中上层鱼类。体长可达 2.4m。栖息于较浅的大陆架区，有时也见于岩礁或潟湖区。分布：东海
南部、台湾海域、海南岛、南海（广东）；朝鲜半岛、日本，印度-中西太平洋。重要食用鱼类，
经济价值高，世界年产量 5.5 万～7.5 万 t。

图 3577 康氏马鲛（康氏马加鲦）*S. commerson*

4（1）侧线呈直线或往后逐渐下降；脊椎骨 44～56
5（6）第一背鳍具 19～20 鳍棘、15～16 鳍条；体高小于头长 ·······························

蓝点马鲛（日本马加鰆）*S. niphonius*（Cuvier，1831）（图 3578）。近海中上层鱼类。栖息于水深 5～50m 的水域处。最大体长达 1.6m。分布：渤海、黄海、东海、台湾海域；朝鲜半岛、日本。经济鱼类，2015 年中国年产量 42.85 万 t（《2016 中国渔业统计年鉴》）。

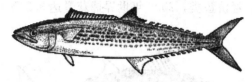

图 3578　蓝点马鲛（日本马加鰆）*S. niphonius*

6（5）第一背鳍具 13～18 鳍棘、20～22 鳍条；体高等于或大于头长

7（8）体高约等于头长；上颌长约为头长之半 ··· **斑点马鲛（台湾马加鰆）*S. guttatus*（Bloch & Schneider，1801）**（图 3579）。近海中上层鱼类。体长可达 1m。分布：东海、台湾西部海域、南海；印度-中、西太平洋的热带、亚热带海域。经济鱼类，2003 年捕获量达 8.58 万 t。

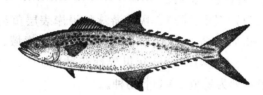

图 3579　斑点马鲛（台湾马加鰆）*S. guttatus*

8（7）体高显著大于头长；上颌长大于头长之半 ··· **朝鲜马鲛（高丽马加鰆）*S. koreanus*（Kishinouye，1915）**（图 3580）。近海中上层鱼类。体长 0.36～0.39m。分布：渤海、黄海、东海；朝鲜半岛、日本，印度-西太平洋大陆架海域。中国近年来产量颇少，不常见，《中国物种红色名录》列为易危［VU］物种。

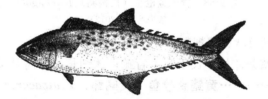

图 3580　朝鲜马鲛（高丽马加鰆）*S. koreanus*

金枪鱼属（鲔属）*Thunnus* South，1845
种 的 检 索 表

1（2）尾鳍灰色、后缘白色；成鱼胸鳍颇长，伸越第二背鳍基部末端（幼鱼除外）·······················
······长鳍金枪鱼（长鳍鲔）*T. alalunga*（Bonnaterre，1788）（图 3581）。快速游泳的温带大洋性中上层鱼类。具洄游特性，喜集群。主要活跃于温跃层以下的水域、栖息水深 600m。最大体长可达 1.27m。分布：台湾海域、南海；世界热带和温带大洋（包括地中海）海域。经济鱼类，2003 年世界捕获量达 12.2 万 t，主要制作罐头食品。

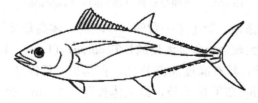

图 3581　长鳍金枪鱼（长鳍鲔）*T. alalunga*

2（1）尾鳍后缘不呈白色；成鱼胸鳍短，不伸达或刚达到第二背鳍基部末端

3（4）胸鳍不达到第二背鳍起点·· **东方金枪鱼（太平洋黑鲔）**
T. orientalis（Linnaeus，1758）（图 3582）。快速游泳的温带大洋性中上层鱼类，具有高度洄游特性，喜集群。体长 2m，大者达 3.04m。分布：主要分布于台湾、南海诸岛；北太平洋、北大西洋亚热带和温带海域。经济鱼类，2003 年世界捕获量达 3.2 万 t，经济价值较高，主要用于制作生鱼片。

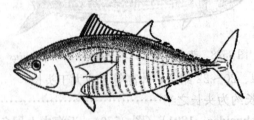

图 3582　东方金枪鱼（太平洋黑鲔）T. orientalis

4（3）胸鳍长度超过第一背鳍基部，伸达第二背鳍基部

5（6）身体下侧密布白色圆斑；鳃耙数 20～25 ····························· **青干金枪鱼（长腰鲔）**
T. tonggol（Bleeker，1851）（图 3583）。快速游泳的沿岸表层鱼类，具有避开低盐度水域的特性，喜集群。体长 0.4～0.7m，最大体长 1.4m。分布：台湾海域、南海诸岛；印度-太平洋、大西洋热带和亚热带海域。经济鱼类，2003 年世界捕获量达 161 209t。中国产量逐年下降，不常见，《中国物种红色名录》列为易危［VU］物种。

图 3583　青干金枪鱼（长腰鲔）T. tonggol
（依中坊等，2013）

6（5）身体下侧的白色斑呈条纹状；鳃耙数 26～34

7（8）成鱼第二背鳍和臀鳍鳍条伸长、长于第一背鳍；体细长，体高是叉长的 16.4%～24.5%；眼普通大小·················· **黄鳍金枪鱼（黄鳍鲔）T. albacares（Bonnaterre，1788）**（图 3584）。快速游泳的温带大洋性中上层鱼类，具有高度洄游特性，喜集群。活跃于温跃层以下的水域、栖息水深 250m，常出现在水温 18～31℃的水域。体长 1.5～2.08m。分布：台湾海域、南海诸岛；印度-太平洋、大西洋热带和亚热带海域。经济鱼类，2003 年世界捕获量达 41.7 万 t。

图 3584　黄鳍金枪鱼（黄鳍鲔）T. albacares

8（7）成鱼第二背鳍和臀鳍鳍条短、短于第一背鳍；体较高，体高是叉长的 27.8%～29.4%；眼较大
···················· **大眼金枪鱼（大目鲔）T. obesus（Lowe，1839）**（图 3585）。快速游泳的温带大洋性中上层鱼类，具有高度洄游特性，喜集群。活跃于温跃层以下的水域、栖息水深 250m，常出现在水温 18～29℃的水域。最大体长可达 2.5m。分布：台湾海域、南海诸岛；印度-太平洋、大西洋的热带和亚热带海域。经济鱼类，近年来世界捕获量达 20 万 t。中国产量逐年下降，不常见，《中国物种红色名录》列为近危［NT］物种。

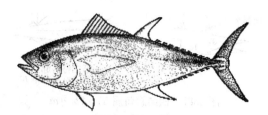

图 3585　大眼金枪鱼（大目鲔）*T. obesus*

288. 剑鱼科（剑旗鱼科）Xiphiidae

体粗壮，稍侧扁；尾柄细，每侧有 1 个大的中央隆起嵴，背腹上下缘各具一深缺刻。上颌甚延长，剑状突出，其横截面扁圆形。体裸露无鳞；侧线不明显。背鳍 2 个，相距甚远；第一背鳍高大，第二背鳍很小，位于尾端；臀鳍 2 个，小型；胸鳍低位，镰刀状；无腹鳍；尾鳍大，新月形。椎骨 26。

大洋性中上层大型凶猛鱼类，游泳速度快，常攻击及追食近表层的鱼类。经济价值高，是延绳钓的主要捕获鱼种之一，也是人们游钓的对象鱼。重要经济鱼类，世界年产量为 35 000～42 000t。中-西太平洋地区年产量为 4 000～6 000t。

分布：世界热带、温带海域，有时也出现于冷水域。

本科仅 1 属 1 种；中国有产。

剑鱼属（剑旗鱼属）*Xiphias* Linnaeus，1758

剑鱼（剑旗鱼）*X. gladius* Linnaeus，1758（图 3586）。大洋性中上层鱼类。有季节性越冬洄游习性，一般生活于 13～27℃暖水域，偶可见于水温 5～10℃冷水域。活动范围广，从表层到海底几百米，在台湾东部流经的黑潮海域内很多。8—9 月产卵。最大体长 4.65m，最大体重约 450kg。分布：东海、南海；日本，世界热带及温带海域。

图 3586　剑鱼（剑旗鱼）*X. gladius*

289. 旗鱼科 Istiophoridae

体粗壮，延长，圆筒状；尾柄细，每侧有 2 个小隆起嵴，背腹上下缘无缺刻。上颌甚延长，剑状突出，其横截面圆形。体被骨质小鳞；侧线完全。背鳍 2 个，相互接近或相连，第一背鳍通常高大，第二背鳍很小，位于尾端；臀鳍 2 个，小型；胸鳍低位，镰刀状；腹鳍细长，具 1 鳍棘、2 鳍条；尾鳍大，新月形。椎骨 24。

大洋性中上层鱼类，具生殖洄游习性。一般活动于跃温层之上的水域，有些种常成群出现于沿岸水域，有些则较少成群。游泳速度快。主要摄食鱼类、甲壳类及头足类等。经济价值高，中-西太平洋地区旗鱼科鱼类年捕获量为 1 万～1.5 万 t。

分布：世界热带、亚热带海域。

本科有 5 属 11 种（Nelson et al.，2016）；中国有 5 属 5 种。

属 的 检 索 表

1（2）项部在第一背鳍起点部的前方平直，不隆起；肛门位于第一臀鳍远前方；第二臀鳍起点在第二背鳍起点的前下方（图 3587）·············· **四鳍旗鱼属 *Tetrapturus***

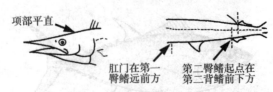

图 3587　四鳍旗鱼属 *Tetrapturus*
（依中坊等，2013）

2（1）项部在第一背鳍起点部的前方隆起；肛门位于第一臀鳍稍前方；第二臀鳍起点在第二背鳍起点的下方（图 3588）

图 3588　其他各属
（依中坊等，2013）

3（4）第一背鳍高大，帆状，后半部鳍条高于前半部鳍条；腹鳍长，几伸达肛门 ……… 旗鱼属 *Istiophorus*

4（3）第一背鳍不高大，不呈帆状，前部鳍条高于后部鳍条；腹鳍远不伸达肛门

5（6）胸鳍僵硬地下垂，与体轴保持直角，不能贴伏于体侧 …………………………………………………………………………………………………… 印度枪鱼属（立翅旗鱼属）*Istiompax*

6（5）胸鳍能活动和贴伏于体侧

7（8）侧线网目状；第一背鳍前部的高小于体高；体侧扁 ……… 枪鱼属（蓝旗鱼属）*Makaira*

8（7）侧线直线状；第一背鳍前部的高大于体高；体不侧扁 ……………………… 红肉旗鱼属 *Kajikia*

印度枪鱼属（立翅旗鱼属）*Istiompax* Whitley，1931

印度枪鱼（立翅旗鱼）I. indica（Cuvier，1832）（图 3589）（syn. 白枪鱼 *Makaira marlina* 王存信，1987）。大洋性中上层鱼类，具洄游习性。活动于跃温层之上水域（0～50m），常成群出现于沿岸或岛屿周围海区。游泳速度快。性凶猛，肉食性。最大体长 4.65m，最大体重约 700kg。分布：台湾东部和南部海域；济州岛、日本，印度洋及太平洋的热带、亚热带海域，少数进入温带海域，有些会越过好望角而进入大西洋。脂肪含量多，肉白色，俗称"白肉旗"，适合做生鱼片。用延绳钓或镖旗鱼法捕获，在台湾有一定产量。中-西太平洋海区年产量为 500～2 000t。

图 3589　印度枪鱼（立翅旗鱼）*I. indica*

旗鱼属 *Istiophorus* Lacépède，1801

平鳍旗鱼（雨伞旗鱼）I. platypterus（Shaw，1792）（图 3590）[syn. 东方旗鱼 *Istiophorus orientalis* Jordan & Snyder，1901；灰旗鱼 *Histiophorus gladius*（Bloch，1793）]。大洋性中上层鱼类，具洄游习性。生活于跃温层之上水域，成群出现于岛屿周围海区。游泳速度快。性凶猛，肉食性。最大体长 3.48m，最大体重约 100kg。分布：黄海、东海、南海；印度洋及太平洋的热带、亚热带海域，甚至

可从红海进入地中海。重要经济鱼类，全世界约 96％的产量在太平洋海域，尤其是日本、韩国及中国台湾。中-西太平洋地区本种鱼年产量为 400～700t。

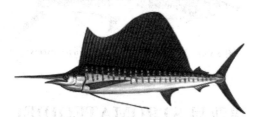

图 3590　平鳍旗鱼（雨伞旗鱼） *I. platypterus*
（依郑义郎，2007）

红肉旗鱼属 *Kajikia* Hirasaka & Nakamura，1947

红肉四鳍旗鱼 *K. audax*（Philippi，1887）（图 3591）[syn. 灰旗鱼 *Istiophorus gladius* McCulloch，1921；台湾枪鱼 *Makaira formosana*（Hirasaka & Nakamura，1947）；黑枪鱼 *Makaira mitsukurii*（Jordan & Snyder，1901）]。大洋性中上层鱼类，具生殖洄游习性。活动于跃温层之上水域，较少成群出现于沿岸水域。游泳速度快。最大体长 4.2m，最大体重约 200kg。分布：台湾东部海域、南海；日本，印度洋及太平洋的热带、亚热带海域，少数会进入温带海域，有些会越过好望角进入大西洋。经济鱼类，全球年产量在 500～2 000t。

图 3591　红肉四鳍旗鱼 *K. audax*
（依郑义郎，2007）

枪鱼属（蓝旗鱼属）*Makaira* Lacépède，1802

大西洋蓝枪鱼（黑皮旗鱼）*M. nigricans* Lacépède，1802（图 3592）（syn. 蓝枪鱼 *Isfiophorus mazara* Jordan & Snyder，1901）。大洋性中上层洄游性鱼类，活动于跃温层之上的水域，较少成群出现于沿岸或岛屿周围。游泳速度快。具洄游习性。最大体长 5m，最大体重 900kg。分布：台湾东部海域、南海；济州岛、日本，三大洋热带、亚热带海域，少数进入温带海域。重要经济性鱼类，世界产量在 5 000～10 000t。

图 3592　大西洋蓝枪鱼（黑皮旗鱼）*M. nigricans*
（依郑义郎，2007）

四鳍旗鱼属 *Tetrapturus* Rafinesque，1810

小吻四鳍旗鱼 *T. angustirostris* Tanaka，1915（图 3593）。大洋性中上层鱼类，具洄游习性。生活于跃温层之上水域，较少成群出现于沿岸。游泳速度快。最大体长 3.2m。分布：南海；日本，印度-西太平洋热带、亚热带海域，少数会进入温带海域，有些会越过好望角进入大西洋。经济鱼类。

图 3593　小吻四鳍旗鱼 *T. angustirostris*
（依郑义郎，2007）

鲳亚目 STROMATEOIDEI

食道具侧囊，侧囊单个、长椭圆形，或成对、肾形；内侧肌肉壁上具许多角质乳头状突起或条状隆起，每一突起上又复生着众多针状小刺，突起的基底均埋于肌肉中。体一般被圆鳞。侧线完全，头部侧线分支复杂，躯干部侧线上侧位，与背缘平行。腹鳍胸位或亚胸位，或无腹鳍。鳔有或无。耳石周缘不平整，背面中央微凹，具低隆起嵴。腹面中央具一蝌蚪状印迹，印迹的"头"区几近椭圆形、昂起，伸达前缘；"尾"区稍弯。近海暖温性中下层中小型鱼类，有时可进入河口域。经济鱼类，供食用。

本亚目有 6 科 16 属 73 种（Nelson et al.，2016）；中国有 4 科 7 属 21 种。

科 的 检 索 表

1（4）背鳍 2 个，第一背鳍具 10～20 鳍棘；犁骨、腭骨及基鳃骨有齿或无齿

2（3）食道侧囊单个，长椭圆形；犁骨、腭骨、基鳃骨无齿；背鳍和臀鳍各具 14～15 鳍条…………………………………………………………………………… 无齿鲳科 Ariommatidae

3（2）食道侧囊成对，肾形；犁骨、腭骨、基鳃骨常具细齿；背鳍和臀鳍各具 15 以上鳍条…………………………………………………………………… 双鳍鲳科（圆鲳科）Nomeidae

4（1）背鳍 1 个，鳍棘少于 10；犁骨、腭骨及基鳃骨均无齿

5（6）体高而侧扁；无腹鳍，臀鳍具 30～50 鳍条；上颌齿侧扁，常具 3 峰；鳃盖膜常与峡部相连，鳃盖条 5～6；头部后上方侧线管具 1 背分支 …………………………… 鲳科 Stromateidae

6（5）体延长，侧扁；具腹鳍，臀鳍具 15～30 鳍条；上颌齿尖锥形；鳃盖膜不与峡部相连，鳃盖条 7；头部后上方侧线管具 3 背分支 ……………………… 长鲳科 Centrolophidae

290. 无齿鲳科 Ariommatidae

体卵圆形或长椭圆形，侧扁；横切面近方形，每侧具 2 条低弱的肉质侧隆起嵴。头中大。吻圆钝。口小，前位或亚前位，不能伸缩；颌齿细小；犁骨和腭骨无齿。眼大，具脂眼睑。前鳃盖骨及鳃盖骨边缘光滑无棘或具齿；体被大圆鳞，易脱落；侧线完全，位高，与背缘平行。背鳍 2 个，分离或具深凹刻，鳍棘发达，可收入背沟内；臀鳍与第二背鳍同形，相对；腹鳍小，具一皮膜与腹部相连；尾鳍深叉。

沿岸底层性鱼类。栖息于大陆架沙泥底质区域，深度可达 100m 以上。幼鱼时行漂游生活，常栖息于水母的触手间，或栖息于浮藻的枝芽间，甚至其他各种漂浮物中。食浮游动物及其他小型无脊椎动物。具日夜垂直洄游的习性。

分布：美洲、非洲、亚洲及夏威夷等热带和亚热带沿岸的深水中。

本科有 1 属 7 种（Nelson et al.，2016）；中国有 1 属 3 种。

无齿鲳属 *Ariomma* Jordan & Snyder, 1904
种 的 检 索 表

1（2）体较高，卵圆形，颇侧扁；体长为体高的 2.1～2.3 倍；头长为眼径的 3.4～3.6 倍……………………………………印度无齿鲳 *A. indicum*（Day，1871）（图 3594）。栖息于大陆架水深 20～300m 的沙泥

底区域。食浮游动物，具日夜垂直洄游的习性。台湾偶可见于西部海域，栖息于大陆架的沙泥底区域。体长 250mm。分布：东海（福建）、台湾西部沿岸、海南岛、南海；朝鲜半岛、日本，印度-西太平洋。供食用。

图 3594　印度无齿鲳 *A. indicum*
（依伍汉霖，1985）

2（1）体细长，侧扁

3（4）眼大，头长为眼径的 3.0～3.2 倍；头背有鳞域伸越两眼间隔·····························**大眼无齿鲳**
A. luridum Jordan & Snyder，1904（图 3595）。栖息于水深 180～370m 的中底层大洋性中小型鱼类。食深海鱼类及无脊椎动物。体长 350mm。分布：东海（浙江外海）；日本、澳大利亚东北部、夏威夷，太平洋、大西洋热带海域。

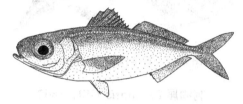

图 3595　大眼无齿鲳 *A. luridum*

4（3）眼小，头长为眼径的 4.0～4.3 倍；头背有鳞域不伸越两眼间隔······················ **短鳍无齿鲳**
A. brevimanum（Klumzinger，1884）（图 3596）（syn. 爱氏无齿鲳 *A. evermanni*，陈大刚，2015）。中底层大洋性中型鱼类。食深海鱼类及无脊椎动物。具有砂囊，可磨碎食物。体长 650mm。分布：台湾东部海域、南海；日本、夏威夷，印度-太平洋。食用鱼类，但不常被捕获，罕见鱼种。

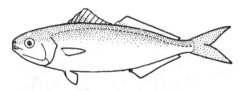

图 3596　短鳍无齿鲳 *A. brevimanum*
（依中坊等，2013）

291. 长鲳科 Centrolophidae

体延长或长卵圆形，侧扁。头侧扁而高。吻圆钝。眼中大。口小，前位，上下颌各具 1 行稀疏、尖锥形细齿；食道侧囊 2 个，左右对称，肾形；内壁具放射状褶和埋于褶内的乳突，乳突基底无放射状骨质脚根。左右鳃盖膜分离，不与峡部相连。鳃盖条 7。鳃耙细短。体被易脱落细薄圆鳞。侧线完全，上侧位，与背缘平行，头部后上方侧线管具 3 背分支。背鳍 1 个，鳍棘部与鳍条部相连，具独立短小鳍棘或无棘，鳍条部基底长；臀鳍和背鳍鳍条部同形，具 3 鳍棘、15～30 鳍条；胸鳍中大，尖长；腹鳍小；尾鳍内凹或分叉。

三大洋（除印度洋及太平洋中部外）热带及温带沿岸底层鱼类，有些种类栖息水深可达 100m 以上。幼鱼行漂游生活，常栖息于水母的触手间，或栖息于浮藻的枝芽间，甚至其他各种漂浮物中。主要摄食浮游动物及其他小型无脊椎动物。

本科有 7 属 31 种（Nelson et al.，2016）；中国有 2 属 2 种。

属 的 检 索 表

1（2）背鳍具 22～26 鳍条；臀鳍具 17～19 鳍条；腹鳍始于胸鳍基正下方；有辅上颌骨 ………………
………………………………………………………………………… 栉鲳属 *Hyperoglyphe*

2（1）背鳍具 27～32 鳍条；臀鳍具 24～28 鳍条；腹鳍始于胸鳍基前下方；无辅上颌骨 ………………
………………………………………………………………………… 刺鲳属 *Psenopsis*

栉鲳属 *Hyperoglyphe* Günther，1859

日本栉鲳 *H. japonica*（Döderlein，1884）（图 3597）。栖息于沙质底层海域的中大型鱼类。幼鱼成群与漂浮藻类一起漂流于表层；成鱼后就生活于 100m 以上的底层水域，食浮游生物。体大型，体长 900mm。分布：东海大陆架边缘、台湾北部海域及台湾海峡；朝鲜半岛、日本、夏威夷，西-北太平洋。食用鱼，罕见鱼种。

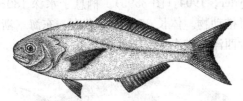

图 3597 日本栉鲳 *H. japonica*

刺鲳属 *Psenopsis* Gill，1862

刺鲳 *P. anomala*（Temminck & Schlegel，1844）（图 3598）。栖息于沙质及沙泥底层水深 30～60m 海域的中小型鱼类。幼鱼成群漂流在表层，还躲在水母的触须里，靠水母保护；成鱼后就生活在底层，只有晚上才到表层觅食，食浮游生物及小鱼、甲壳动物。体长 300mm。分布：东海大陆架域（福建沿岸）、台湾西部沿海及澎湖列岛、南海；朝鲜半岛、日本，西太平洋。具较高经济价值的常见食用鱼，以流刺网及拖网渔法全年均可捕获。每年 10 月至翌年 3 月为盛产期，此时鱼肉肥美，清蒸及油煎两相宜。

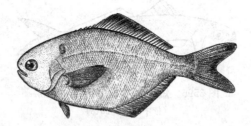

图 3598 刺鲳 *P. anomala*

292. 双鳍鲳科（圆鲳科）Nomeidae

体卵圆形或长椭圆形，侧扁。头中大。吻短钝、圆钝。口小，前位，上颌不能伸出。上下颌各具 1 行稀疏、锥形或分叉细齿，犁骨、腭骨、基鳃骨常具细齿，个别种类无齿。食道侧囊 2 个，肾形，内壁具多条放射状褶，壁与褶上分别具带有小刺的乳头状及环形突起；乳突基底具放射状骨质脚根。鳃孔中大。鳃盖膜分离，不与峡部相连。鳃盖条 6。鳃耙细短。体被细小或中大薄圆鳞。侧线完全，头部侧线的鼻管具 2 分支。背鳍 2 个，分离或其间具深缺刻；臀鳍和第二背鳍同形，可收入腹沟中；胸鳍中大；腹鳍小；尾鳍分叉。尾柄侧扁。

双鳍鲳科大部分鱼种与水母共生，行漂游生活。水母双鳍鲳（*Noneus gronovii*）能在僧帽水母（*Physalia*）的有毒触手间游动。有些种类如方头鲳属（*Cubiceps*）栖息于较深水域的大陆架区，底层生活，食腕足类、毛颚类、甲壳类、软体动物、多毛类及被囊动物等。分布：热带及亚热带海域。最大体长可达 1m。供食用。

本科有 3 属 16 种（Nelson et al.，2016）；中国有 3 属 10 种。

属 的 检 索 表

1（4）胸鳍黑褐色，前下缘基底处无长条形白斑

2（3）体延长；最大体高小于体长 35％（小鱼较大）；背鳍始于胸鳍基上方（小鱼为相对）…………
……………………………………………………………………… **方头鲳属 Cubiceps**

3（2）体较高，最大体高大于体长 40％（很大的个体可能较小）；背鳍始于胸鳍基前上方（大个体的背鳍与胸鳍基相对）………………………………………………… **玉鲳属 Psenes**

4（1）胸鳍黑褐色，前下缘基底处具 1 长条形白斑 …………… **双鳍鲳属（圆鲳属）Noneus**

方头鲳属 Cubiceps Lowe，1843
种 的 检 索 表

1（2）口底中线有大齿块；舌大而宽，上具许多小颗粒；臀鳍具 14～16 鳍条…………………………
少鳞方头鲳 C. pauciradiatus Günther，1872（图 3599）。深海游泳性鱼类。栖息于水深 50～300m 的浅海域或河口地区。肉食性，食深海鱼类及无脊椎动物。具砂囊，可磨碎食物。体长 200mm。分布：台湾西南部海域；日本。偶被渔船捕获，不具经济价值。

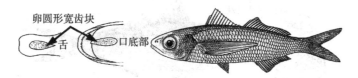

图 3599　少鳞方头鲳 C. pauciradiatus
（依 Last，2001）

2（1）口底中线及舌的中线各有 1 行小齿（图 3600）；臀鳍具 17 或更多鳍条

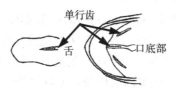

图 3600　口底中线及舌的中线各有 1 行小齿
（依 Last，2001）

3（4）头顶鳞片分为 2 个大小不同的鳞区，其分界线在眼后缘上方（不明显）；臀鳍具18～19 鳍条……
………………… **怀氏方头鲳 C. whiteleggii（Waite，1894）**（图 3601）（syn. 鳞首方头鲳 C. squamiceps 熊国强等，1988；陈大刚等，2015）。栖息于水深 150～550m 的底层水域。食底栖生物。体长 92～200mm。分布：东海深海（28°50′N、127°03′E 附近）、台湾沿岸各地；日本、非洲南部，印度-西太平洋。食用鱼，一般以底拖网捕获，用于鲜食或加工成鱼粉。

图 3601　怀氏方头鲳 C. whiteleggii

4（3）头顶鳞区的鳞片大小一致，不分为 2 个大小不同的鳞区；臀鳍具 20～23 鳍条

5（6）背鳍具强凹缺；吻稍钝尖，上下颌稍呈下位；椎骨 32 枚·····················**科氏方头鲳**
C. kotlyari Agatonova，1989（图 3602）。栖息于水深 500～725m 的深海游泳性底栖肉食性鱼类。食深海鱼类及无脊椎动物。具砂囊，可磨碎食物。体长 126mm。分布：台湾东北部海域；菲律宾、澳大利亚西北部，印度-西太平洋海域等。偶被渔船捕获，不具经济价值。

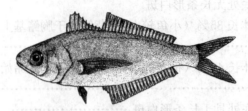

图 3602　科氏方头鲳 C. kotlyari
（依 Last，2001）

6（5）背鳍具弱凹缺；吻圆；上下颌端位；椎骨 31 枚

7（8）眶前吻部具背鳍前鳞··························**巴氏方头鲳 C. baxteri McCulloch，1923**（图 3603）。栖息于深海的游泳性底栖中大型鱼类。食深海鱼及无脊椎动物。具砂囊，可磨碎食物。体长 420～900mm。分布：南海；菲律宾、澳大利亚西北部，印度-太平洋热带及温带海域。食用鱼类，偶被渔船捕获。

眶前吻部具鳞

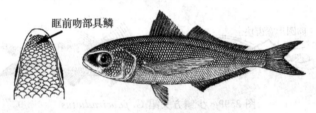

图 3603　巴氏方头鲳 C. baxteri
（依 Last，2001）

8（7）眶前吻部裸露或具少数明显的背鳍前鳞 ····················· **黑褐方头鲳 C. capensis（Smith，1849）**
（图 3604）（syn. 拟鳞首方头鲳 C. squamicepoides 邓思明等，1988；陈大刚等，2015）。栖息于深海的底栖中大型鱼类，晚上上浮于水表。食深海鱼及无脊椎动物。具砂囊，可磨碎食物。体长近 1m。分布：东海深海（29°28′N、127°33′E 附近）；菲律宾、澳大利亚西北部（栖息范围 40°N至 35°S 附近热带及温带海域）。偶被渔船捕获，不具经济价值。

眶前吻部裸露

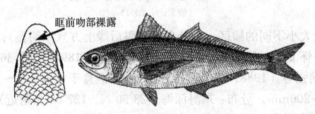

图 3604　黑褐方头鲳 C. capensis
（依 Last，2001）

双鳍鲳属（圆鲳属）Noneus Cuvier，1816

水母双鳍鲳（圆鲳）N. gronovii（Gmelin，1789）（图 3605）。幼鱼在沿岸或外海行漂游生活，栖息僧帽水母的触手保护伞下，食其触手或生殖腺，也食其他水母浮游期幼体。体长 390mm。成鱼栖息于200～1 000m 深的底层水域。分布：台湾周边海域偶见；日本，世界各温带及热带海域。食用鱼，以底拖网捕获，用于鲜食或加工成鱼粉。

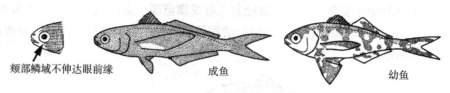

颊部鳞域不伸达眼前缘　　　　　成鱼　　　　　　　　幼鱼

图 3605　水母双鳍鲳（圆鲳）N. gronovii
（依中坊等，2013）

玉鲳属 Psenes Valenciennes，1833
种 的 检 索 表

1（2）头部背面具鳞，有鳞部分不伸达两眼间隔；侧线鳞 120 枚 ························· **花瓣玉鲳**
P. pellucidus Lütken，1880（图 3606）（玉鲳 Icticuspellucidus 伍汉霖，1985）。大洋性中大型鱼
类。幼鱼常随着水母或漂流藻一起行漂游生活，成鱼则行底栖生活。栖息于水深达 1 000m 大陆
架陡坡区。食浮游动物及漂游性小鱼。体长可达 800mm。分布：台湾南部海域偶可见；济州岛、
日本，世界各温带及热带海域。食用鱼，以底拖网捕获，用于鲜食或加工成鱼粉。

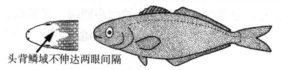

头背鳞域不伸达两眼间隔

图 3606　花瓣玉鲳 P. pellucidus
（依中坊等，2013）

2（1）头部背面具鳞，具鳞部分伸越两眼间隔；侧线鳞 44～91 枚

3（6）鳃盖上方无鳞

4（5）吻颇短，眼径约为吻长的 1.5 倍；侧线鳞 44～45 枚 ························· **水母玉鲳**
P. arafurensis Günther，1889（图 3607）。大洋性小型鱼类。幼鱼常随水母或漂流藻一起行漂
流生活，栖息于三大洋表层；成鱼底层生活。食浮游动物及漂游性小鱼。最大体长 150mm。
分布：东海深海、台湾北部水深 150～850m 海域，偶见；日本，三大洋热带及亚热带海域。
罕见鱼种。

头背鳞伸越
两眼间隔

图 3607　水母玉鲳 P. arafurensis
（依中坊等，2013）

5（4）吻稍长，眼径约与吻长相等；侧线鳞 67～70 枚 ························· **银斑玉鲳**
P. maculates Lütken，1880（图 3608）。大洋性小型鱼类。幼鱼随水母行漂游生活，成鱼则行
底栖生活。体长 50mm。分布：东海、台湾南部海域；朝鲜半岛、日本，印度-西太平洋。

鳃盖上缘无鳞

图 3608　银斑玉鲳 P. maculates
（依中坊等，2013）

6（3）鳃盖上方有鳞；体高，卵圆形 ························· **玻璃玉鲳 P. cyanophrys Valencinnes，1833**

（图 3609）。大洋性中小型鱼类。幼鱼常随着水母或漂流藻一起行漂游生活，成鱼则行底栖生活。栖息于水深 550m 的大陆架陡坡区。食浮游动物及漂游性小鱼。体长 20mm。分布：台湾周边海域偶可见，罕见鱼种。

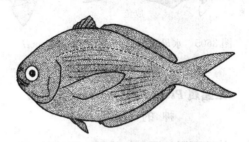

图 3609　玻璃玉鲳 *P. cyanophrys*
（依中坊等，2013）

293. 鲳科 Stromateidae

体卵圆形，高而侧扁。头小。吻圆钝。口小，前位或亚前位，不能伸缩；颌齿细小；犁骨、腭骨及舌上均无齿。前鳃盖骨边缘光滑，鳃盖骨具扁棘。体被细小圆鳞，易脱落；侧线完全。背鳍单一，硬棘不发达，成鱼时硬棘埋于皮下；臀鳍与背鳍相对，同形；腹鳍小，随着成长而逐渐消失；尾鳍深叉、内凹或截形。

海洋沿岸中下层鱼类，有时可进入河口域。在阴影下群游，早晨及黄昏时会洄游至中上层。幼鱼时，常与漂浮物体随潮流而动。主要捕食水母、底栖无脊椎动物及小鱼等。分布：南美洲、北美洲、非洲西部、亚洲南部（印度-太平洋域）。肉味美，供食用，世界年产数十万吨，中国鲳科年产量 2015 年高达 34.64 万 t（《2016 中国渔业统计年鉴》）。具较高经济价值。

本科有 3 属 15 种（Nelson et al.，2016）；中国有 1 属 5 种。

鲳属 *Pampus* Bonaparte，1837
种 的 检 索 表

1（2）口端位；上下颌等长，平齐；上下颌根部牙齿齿端多分叉；体高与头后体长相等；鳃耙细长，9枚；椎骨 31 枚；成鱼尾鳍短；背鳍及臀鳍镰刀形；幼鱼背鳍及臀鳍截形……………………**中国鲳 *P. chinensis* （Euphrasen，1788）**（图 3610）。栖息于沿岸水深 10～100m 沙泥底水域的近海暖水性中下层鱼类。独游或成小群优游。食水母、浮游动物或底栖甲壳类。偶可见于河口区。体长 180～250mm。分布：黄海（江苏）偶见、东海南部（福建）、台湾西部海域、南海（广东、广西）；日本，印度-西太平洋。较少见的高级食用鱼，流刺网、拖网、船钓、围网等均可捕获。肉细且多脂肪，适宜蒸、煎、烤及炸等。

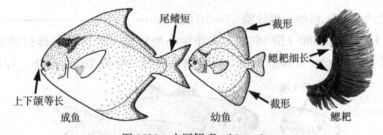

图 3610　中国鲳 *P. chinensis*
（依中坊等，2013）

2（1）口亚端位；上颌突出，长于下颌；上下颌根部牙齿齿端不分叉；体高短于头后体长

3（4）鳃耙结节状或颗粒状，9～11 枚；椎骨 37～38 枚 ……………… **灰鲳 *P. cinereus* （Bloch，1795）**（图 3611）（syn. 刘氏鲳 *P. liuorum* Liu & Li，2013）。栖息于水深 25～70m 的沿岸沙泥底水域，

独游或成小群游。食水母、浮游动物等。体长 250～350mm。分布：黄海（偶见）、东海、台湾西部海域、南海；日本，印度-西太平洋。以围网、定置网或刺网捕获。肉质细嫩，多脂肪，属于高级的食用鱼种。

图 3611　灰鲳 *P. cinereus*
（依中坊等，2013）

4（3）鳃耙细长或尖细，不呈结节状或颗粒状

5（6）鳃盖下沟（groove on the lower ridge of gill cover）颇长，伸达口裂下方；鳃耙细长，具 16～21
　　　枚；椎骨 39～41 枚 ·······················**镰鲳 *P. echinogaster*（Basilewsky，1855）**（图 3612）
　　　（syn. 银鲳 *P. argenteus* Liu & Li，1998）。栖息于沿岸水深 10～100m 的沙泥底水域，独游或成
　　　小群漫游。食水母、浮游动物或底栖甲壳类等。体长可达 600mm。分布：黄海、东海、南海；
　　　朝鲜半岛、日本。常见食用鱼，肉细且多脂肪。流刺网、拖网可捕获。

图 3612　镰鲳 *P. echinogaster*
（依中坊等，2013）

6（5）鳃盖下沟极短，不伸达口裂下方；鳃耙细长，16（含）以下（图 3613）

图 3613　北鲳（翎鲳）及珍鲳的鳃盖下沟极短

7（8）侧线下方感觉管丛沿侧线延伸，超越胸鳍基部上方或更后；成鱼背鳍及臀鳍后缘深凹、镰状或长
　　　镰状；成鱼尾鳍较长，深叉，上下叶对称；幼鱼尾鳍不对称，下叶颇延长；鳃耙细长，10～13；
　　　椎骨 34 ·······················**北鲳（翎鲳）*P. punctatissimus***（图 3614）。近海暖温性中下层鱼

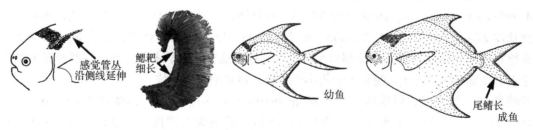

图 3614　北鲳（翎鲳）*P. punctatissimus*
（依中坊等，2013）

类。栖息于水深 30～70m 的大陆架沙泥底质海域。有季节性洄游习性。食浮游动物水母类、腹

足类幼体。体长 110～258mm。分布：黄海（江苏海州湾）、东海（长江口、浙江南部）；日本。肉味美，供食用。北鲳在黄海及东海为重要经济鱼类，江苏 2003 年产量为 3.16 万 t。

8（7）侧线下方感觉管丛沿胸鳍基部上方延伸很短距离；椎骨 29～30；鳃耙细长，12～16…………
…………………珍鲳 *P. minor* Liu & Li，1998（图 3615）。海洋沿岸中下层鱼类。体长可达
134.4mm。分布：东海（福建厦门）、南海。具有一定经济价值。

鳃耙细长

图 3615　珍鲳 *P. minor*

(依 Liu & Li，1998)

羊鲂亚目 CAPROIDEI

体甚侧扁，短而高，被小栉鳞。腹部无骨板或锯齿。头小，头顶有骨质隆起线。口小或中大。左右鳃盖膜分离，且不与峡部相连。腹鳍具 1 鳍棘、5 鳍条。椎骨 21～23。后颞骨固着于颅骨，枕嵴甚高。栖息于三大洋热带及温带海域的近底层小型鱼类。

本亚目仅 1 科。

294. 羊鲂科 Caproidae

体菱形或卵圆形，甚侧扁。头小或中大。头顶无骨质嵴。口较小，上颌能伸缩，两颌具细齿。犁骨、腭骨无齿。体被小栉鳞。腹鳍与肛门间无棘状骨板。鳃盖与颊部被鳞。鳃盖膜与峡部不连。背鳍具 8～9 鳍棘、25～30 鳍条；臀鳍具 3 鳍棘、25～27 鳍条，背、臀鳍鳍条均为分支鳍条；胸鳍较长，有 13 鳍条；腹鳍 1～5；尾鳍具 10 分支鳍条。鳃盖条 6。椎骨 21～23。

本科为中小型鱼类。大者体长仅为 220mm。分布：印度洋、太平洋及大西洋的热带及温带海域中，生活在水深 50～600m 的近底层处。

本科有 2 属 18 种（Nelson et al.，2016）；中国有 1 属 3 种。

菱鲷属 *Antigonia* Lowe，1843

种 的 检 索 表

1（2）眼上方项部内凹；吻较长，吻长大于眼径；口水平状，端位 ………………………… 红菱鲷
A. rubescens（Günther，1860）（图 3616）。成鱼栖息于水深 182～345m 的海域；稚鱼为大洋性。食软体动物及甲壳类。体长 220mm。分布：东海大陆架边缘、台湾南部海域、海南岛；日本、菲律宾，印度-西太平洋。中小型鱼类，常为底拖网捕获。除学术研究外，一般皆做下杂鱼处理。

2（1）眼上方项部稍凹；吻短，吻长等于或小于眼径；口几垂直或斜位

3（4）背鳍具 33～37 鳍条；臀鳍具 30～35 鳍条 ……………………… 高菱鲷 *A. capros* Lowe，1843
（图 3617）。成鱼栖息于水深 50～700m 的海域；稚鱼为大洋性。食软体动物及甲壳类。体长 300mm。分布：东海大陆架斜坡、台湾南部及西南部海域、海南岛东方海域；日本，印度-西太平洋。

4（3）背鳍具 26～30 鳍条；臀鳍具 25～28 鳍条 ……………………… 绯菱鲷 *A. rubicunda* Ogilby，1910

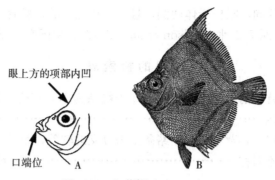

图 3616　红菱鲷 A. rubescens
A. 头部特征（依中坊等，2013）　B. 侧面观（依成庆泰等，1962）

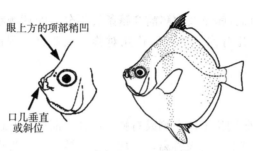

图 3617　高菱鲷 A. capros
（依中坊等，2013）

（图 3618）。深海底层中小型鱼类。栖息于水深 50～600m 的大陆架斜坡或架缘近海床处，一般在 100～200m。以鱼类、甲壳类为食。分布：东海大陆架斜坡、南海；日本、澳大利亚东部。

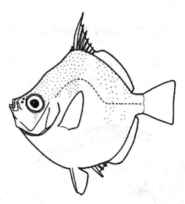

图 3618　绯菱鲷 A. rubicunda
（依中坊等，2013）

四十七、鲽形目 PLEURONECTIFORMES

体侧扁，成鱼两眼不对称，一眼会随成长移动至颅骨对侧，因此，两眼同时在左侧或右侧被称为有眼侧（ocular side）；另一侧则无眼，称为盲侧（blind side）。头侧扁。背鳍及臀鳍均有很长的基底，特定科、属、种或与尾鳍连接。尾形多变，特定种类或延长成鞭状。体表被有发达的鳞片。该目鱼种均不具鱼鳔。卵一般呈圆形或椭圆形。

鲽形目鱼类皆肉食性，一般盲侧齿较有眼侧发达，且具较多齿列。口大、且游泳能力较强的物种，如大口鲆或牙鲆主食小型鱼类或甲壳类；口小、且游泳能力较弱的鱼类，如舌鳎科鱼类则以底栖性的多毛类为主食。

幼鱼的外形和一般鱼类相同，眼位于体两侧，且行漂浮性生活，然后才下沉至沙泥底质处活动。

本目有 2 亚目 14 科 129 属 772 种（Nelson et al.，2016）；中国有 2 亚目 10 科 51 属 148 种。

亚目的检索表

1（2）背鳍起点位于项背，背鳍前方鳍条及臀鳍前 2 根鳍条为不分支的鳍棘状软条；犁骨、腭骨具齿；生殖乳突位于体侧中线 ·· 鲽亚目 PSETTODOIDEI

2（1）背鳍起点位于吻部或眼后，背鳍及臀鳍鳍条多为分支的软条；犁骨、腭骨无齿；生殖乳突不位于体侧中线，且两边呈不对称 ·· 鲽亚目 PLEURONECTOIDEI

鲽亚目 PSETTODOIDEI

背鳍起点位于项背，背鳍前方鳍条及臀鳍前 2 鳍条为不分支的鳍棘状软条；胸鳍及腹鳍左右对称；腹鳍喉位，具 1 硬棘及 5 软条几对称。左右鼻孔几对称。该亚目双眼同位于体左侧或右侧，且比例接近。

295. 鲽科 Psettodidae

体长椭圆形，极侧扁；双眼同位于体左侧或右侧。口大，前位；下颌稍突出；上下颌、犁骨、腭骨及舌均具齿。鳃盖膜分离；前鳃盖骨后缘游离，不被皮膜或鳞片。体两侧均被弱小栉鳞；背鳍与臀鳍基底均具低鳞鞘；两侧侧线均发达。背鳍起点位于项背；背鳍前方鳍条及臀鳍前 2 鳍条为不分支的鳍棘状软条，后缘则远离尾鳍；两侧胸鳍与腹鳍对称，腹鳍具 1 硬棘、5 软条；尾鳍后缘略呈楔形。

沿岸底栖鱼类。栖息于水深 1～100m 的泥沙底。卵漂浮性，孵化后幼鱼外形和一般鱼类相同，眼仍位于体的两侧，先行漂浮性生活，然后才下沉至沙泥底活动。肉食性，主食鱼类。

本科有 1 属 3 种；中国有 1 属 1 种。

鲽属 *Psettodes* Bennett，1831

大口鲽 *P. erumei*（Bloch & Schneider，1801）（图 3619）。热带性底栖鱼类。栖息于水深 100m 内的浅海海域。全长可达 625mm。分布：台湾西部及澎湖列岛海域、南海；日本，印度-西太平洋。较常见食用鱼类，有一定的经济价值。

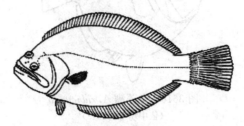

图 3619　大口鲽 *P. erumei*
（依 Norman，1934）

鲽亚目 PLEURONECTOIDEI

两眼位于头部左侧或右侧。背鳍起点位于吻部或眼后，背鳍及臀鳍鳍条不具鳍棘状的软条；尾端不连或与尾鳍相接；腹鳍喉位，除棘鲆科具 1 硬棘外，其余皆为软条组成。盲侧鼻孔位置略高。口部尺寸多样，一般不具基蝶骨（basisphenoid）。犁骨、腭骨无齿。除特定类群（如鳎科、舌鳎科），前鳃盖后缘一般游离。生殖乳突不位于体侧中线，且两边位置不对称。

科 的 检 索 表

1（2）腹鳍具1硬棘以及5软条；左右鳃盖膜分离 ················· 棘鲆科 Citharidae

2（1）腹鳍无硬棘，一般为4～6软条；左右鳃盖膜相连

3（14）前鳃盖骨后缘游离；盲侧鼻孔接近背侧；口一般为端前位；具后匙骨（post cleithrum），胸鳍发达且显著

4（9）两眼位于体左侧，仅少数个体异常

5（6）总椎骨及尾部椎骨少（10＋17＝27）；背、臀鳍鳍条皆为分支软条；第二神经棘和第一神经棘的背侧相连 ················· 花鲆科 Tephrinectidae

6（7）总椎骨及尾部椎骨较多（10～17＋20～42＝30～57）；背臀鳍前部鳍条不分支；第二神经棘和第一神经棘的背侧分离

7（8）有眼侧腹鳍基底与盲侧等长，且与盲侧腹鳍对称，腹鳍至峡部前端长度明显大于腹鳍基底长，胸鳍和腹鳍具分支鳍条；具肋骨及上肋骨 ················· 牙鲆科 Paralichthyidae

8（7）有眼侧腹鳍基底较盲侧长，与盲侧腹鳍不对称，腹鳍至峡部前端长度约等于腹鳍基底长，胸鳍和腹鳍鳍条不分支；无肋骨及上肋骨 ················· 鲆科 Bothidae

9（4）两眼位于体右侧，仅少数个体异常

10（13）盲侧具胸鳍，且鳍条具分支；背鳍起点始于眼上

11（12）两侧皆具侧线，腹鳍具分支鳍条 ················· 鲽科 Pleuronectidae

12（11）盲侧不具侧线，腹鳍鳍条不分支 ················· 瓦鲽科 Poecilopsettidae

13（10）盲侧无胸鳍，且有眼侧胸鳍鳍条分支；背鳍起点始于眼前或吻部 ·········· 冠鲽科 Samaridae

14（3）前鳃盖骨后缘隐没于皮下；盲侧鼻孔下位；口一般下位；无后匙骨（post cleithrum），胸鳍不显著或缺如

15（16）两眼位于头右侧，有或无胸鳍；两侧皆具腹鳍；背、臀鳍或与尾鳍相连接 ······ 鳎科 Soleidae

16（15）两眼位于头左侧，无胸鳍；仅有眼侧具腹鳍；背、臀鳍与尾鳍相连接 ······ 舌鳎科 Cynoglossidae

296. 棘鲆科 Citharidae

体长椭圆形，极侧扁；双眼同位于体左侧或右侧。口位于吻端；下颌稍突出；上下颌齿小而尖锐；腭骨无齿。鳃盖膜分离；前鳃盖骨后缘游离，无皮膜或鳞片。背鳍起点于眼上方或吻部；背鳍与臀鳍均与尾鳍分离；腹鳍基底短，具1硬棘、5软条；有眼侧胸鳍短于盲侧，内侧鳍条分支，盲侧鳍条均不分支。肛门与生殖乳突偏于有眼侧。两侧皆具一侧线。

底栖沙泥底鱼类。栖息水深18～73m，有些种类常被发现于河口外围。产漂浮性卵，孵化后小鱼的外形和一般鱼类相同，眼睛位于体两侧，且先行漂浮性生活，然后才下沉至沙地上活动。具有保护色，会随外在环境变化而改变体色，如不仔细寻找，常会忽略了它们的存在。利用背鳍和臀鳍缓缓地游动，遇到敌人则会摆动身体及尾部快速游动或躲入沙中，是沙地上的隐身能手。肉食性，平时于沙地上觅食小鱼及甲壳类等。

本科有4属6种（Nelson et al.，2016）；中国有3属3种。

属 的 检 索 表

1（2）两眼位于头部左侧；背、臀鳍鳍条不分支；基部后端尾柄处各有一黑斑 ······ **拟棘鲆属 Citharoides**

2（1）两眼位于头部右侧；背、臀鳍末端鳍条分支；基部后端尾柄处无黑斑

3（4）侧线鳞数少于35；吻部、上下颌、眼间隔及眼背无鳞片；雄成鱼前5～10背鳍鳍条延长为丝状 ················· **短鲽属 Brachypleura**

4（3）侧线鳞数大于50；吻部、上下颌、眼间隔及眼背具鳞片；背鳍鳍条均不延长为丝状 ············ ················· **鳞眼鲆属 Lepidoblepharon**

短鰈属 *Brachypleura* Günther，1862

新西兰短鰈 *B. novaezeelandiae* Günther，1862（图 3620）。浅海底栖鱼类。全长 78～122mm。分布：南海；菲律宾、新西兰、马尔代夫群岛。

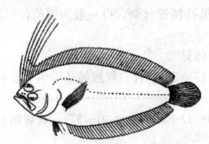

图 3620　新西兰短鰈 *B. novaezeelandiae*

（依 Norman，1934）

拟棘鲆属 *Citharoides* Hubbs，1915

菲律宾拟棘鲆 *C. macrolepidotus* Hubbs，1915（图 3621）。底栖鱼类。栖息水深 95～400m。全长可达 290mm。分布：东海大陆架边缘、南海；朝鲜半岛、日本、菲律宾。

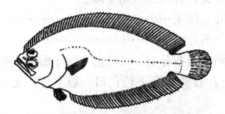

图 3621　菲律宾拟棘鲆 *C. macrolepidotus*

（依 Hensley，2001）

鳞眼鲆属 *Lepidoblepharon* Weber，1913

鳞眼鲆 *L. ophthalmolepis* Weber，1913（图 3622）。浅海底栖鱼类。全长 120mm。分布：东海大陆斜坡上部海域、南海；日本、菲律宾、新西兰、马尔代夫群岛。

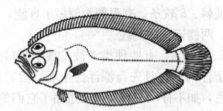

图 3622　鳞眼鲆 *L. ophthalmolepis*

（依 Norman，1934）

297. 花鲆科 Tephrinectidae

体呈椭圆形；两眼位于左侧，但也有反转而位于右侧者；眼间有狭小骨嵴，下眼较上眼前。头中大。口大，上颌延伸至下眼中央下方或稍后；上下颌齿尖形，呈一带状。鳃耙短宽，呈锯齿状。鳞小，眼侧被弱栉鳞，两颌、吻部、眼间隔及各鳍皆无鳞，盲侧被圆鳞；侧线鳞数 76～84。背鳍鳍条全部分支，软条数 44～49；臀鳍也全部分支，软条数 35～39；腹鳍基底短且近似对称；胸鳍较头长短；尾鳍楔形。体黄褐色，散有小黑点。总椎骨及尾部椎骨 10＋17＝27，且第二神经棘和第一神经棘的背侧相连。鳍黄色，奇鳍中央有小黑点或黑斑；胸鳍有 5～6 列小褐点。

底栖性鱼类。栖息于沿岸沙泥底的海域，可进入河口，甚至淡水域活动。肉食性鱼类，捕食底栖性甲壳类或其他种类的小鱼。

本科仅 1 属 1 种；中国有 1 属 1 种。

花鲆属 *Tephrinectes* Günther，1862

花鲆 *T. sinensis* (Lacepède，1802) （图 3623）。浅海以及河口域底栖鱼类。全长可达 300mm。分布：东海、台湾海域、南海（香港）。较常见的食用鱼类，有一定的经济价值。

图 3623 花鲆 *T. sinensis*
（依郑葆珊，1962）

298. 牙鲆科 Paralichthyidae

体长椭圆形或长卵圆形，极侧扁；双眼同位于体左侧，偶有逆转型。口位于吻端；下颌稍突出；上下颌齿发达；腭骨无齿。鳃盖膜相连；前鳃盖骨后缘游离，无皮膜或鳞片。各鳍均无硬棘。背鳍起点于眼上方，背鳍与臀鳍均不与尾鳍相连且前部鳍条不分支；腹鳍为腰带支持，位于匙骨后方，基底短，两侧对称，或不对称，但有眼侧不超过盲侧第一鳍条。总椎骨数大于 30，第二神经棘和第一神经棘的背侧分离，肛门与生殖乳突偏盲侧。

底栖性鱼类。主要栖息于较浅的大陆架区沙泥底鱼类。产浮性卵，幼鱼外形和一般鱼类相同，眼仍位于体两侧，幼鱼漂浮生活于水层中，然后才下沉至沙地上活动。具保护色，会随外在环境的变化而改变体色。利用背鳍和臀鳍缓缓地游泳，遇到敌人则会摆动身体及尾部快速游动或躲入沙中。属肉食性，平时于沙地上觅食小鱼及甲壳类等。

本科世界上约 14 属 111 种（Nelson et al.，2016）；中国有 3 属 15 种。

属 的 检 索 表

1（2）盲侧胸鳍中央鳍条分支；有眼侧头部后方无往背鳍基底的分支侧线；尾鳍鳍条数 18 ············
·· **牙鲆属 *Paralichthys***
2（1）盲侧胸鳍中央无分支鳍条；有眼侧头部后方具往背鳍基底的分支侧线；尾鳍鳍条数 17
3（4）侧线鳞数少于 50；上颌末端未延伸至下眼中线；鳃耙具细刺 ············ **斑鲆属 *Pseudorhombus***
4（3）侧线鳞数大于 58；上颌末端延伸至下眼中线后方；鳃耙平滑不具细刺 ····· **大鳞鲆属 *Tarphops***

牙鲆属 *Paralichthys* Girard，1858

牙鲆 *P. olivaceus* (Temminck & Schlegel，1846) （图 3624）。栖息于水深 10～200m 沿岸及大陆架

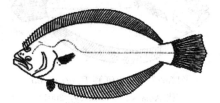

图 3624 牙鲆 *P. olivaceus*
（依 Norman，1934）

海域的底栖鱼类。全长可达700mm。分布：渤海、黄海（江苏）、东海（浙江、福建）、台湾海域、南海（广东）；日本、韩国。高经济价值鱼种，以一支钓、底拖网或延绳钓捕捞。肉质佳，以生鱼片、清蒸或红烧食之。已可人工养殖。

斑鲆属 *Pseudorhombus* Bleeker，1862
种 的 检 索 表

1（2）鳃耙短，呈掌状；有眼侧在侧线下方具1～2对双黑点的大睛斑⋯⋯⋯⋯⋯⋯⋯⋯⋯ **双瞳斑鲆**
　　　P. dupliocellatus Regan，1905（图3625）。沿岸及大陆架海域底栖鱼类。全长可达400mm。分
　　　布：台湾南部海域、东海（福建）、南海；日本、澳大利亚，印度-西太平洋。肉质佳，供食用。

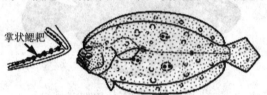

掌状鳃耙

图3625　双瞳斑鲆 *P. dupliocellatus*
（依中坊等，2013）

2（1）鳃耙细长；有眼侧无双黑点的大睛斑
3（6）盲侧鳞片为栉鳞
4（5）体长为体高的1.8～2倍，为头长的3.1～3.3倍；侧线鳞70～78；背鳍鳍条数72～74；臀鳍鳍
　　　条数58～59；椎骨数10＋26＝36 ⋯⋯⋯⋯⋯⋯⋯⋯⋯⋯ **马来斑鲆 *P. malayanus*** Bleeker，1866
　　　（图3626）。沿岸及大陆架海域的底栖鱼类。全长可达350mm。分布：海南岛、南海（广东）；
　　　菲律宾、印度尼西亚、印度东岸。较常见食用鱼类，有一定经济价值。

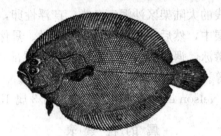

图3626　马来斑鲆 *P. malayanus*
（依李思忠，1995）

5（4）体长为体高的2.1～2.3倍，为头长的3.5～3.8倍；侧线鳞80～90；背鳍鳍条数78～82；臀鳍鳍条
　　　数61～65；椎骨数10＋27～28＝37～38 ⋯⋯⋯⋯⋯⋯⋯⋯ **少牙斑鲆 *P. oligodon*** (Bleeker，1854)
　　　（图3627）。沿岸及大陆架海域的底栖鱼类。全长可达300mm。分布：东海（福建）、台湾南部海
　　　域、海南岛、南海（广东）；日本南部。较常见食用鱼类，有一定经济价值。

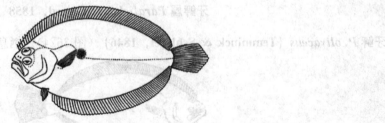

图3627　少牙斑鲆 *P. oligodon*
（依 Amaoka & Hensley，2001）

6（3）盲侧鳞片为圆鳞
7（8）背鳍前段（10根以上）鳍条突出于鳍膜外呈丝状；有眼侧体中央具3个明显的眼斑⋯⋯⋯⋯

···············三眼斑鲆 **P. triocellatus**（**Bloch & Schneider，1801**）（图3628）。沿岸及大陆架海域的底栖鱼类。全长可达300mm。分布：南海（香港、广东）；印度至西澳大利亚北部沿岸。较常见食用鱼类。

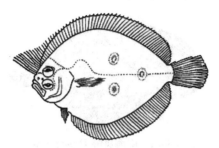

图3628　三眼斑鲆 *P. triocellatus*
（依 Norman，1934）

8（7）背鳍前段鳍条不突出于鳍膜外，不呈丝状

9（22）有眼侧鳞片全为栉鳞

10（15）连接第一根背鳍起点和有眼侧后鼻孔形成的线，一般通过上颌后方且不与上颌接触

11（14）背鳍鳍条数77～89；臀鳍鳍条数58～69

12（13）头长为吻长的3.4倍，体长为头长的4.7倍 ·························· **栉鳞斑鲆**
P. ctenosquamis（**Oshima，1927**）。沿岸及大陆架海域的底栖鱼类。稀有，仅有全模标本一笔记录。分布：仅见于台湾。

13（12）头长为上颌长的4.8～5.8倍，体长为头长的3.6～4.1倍 ·························· **桂皮斑鲆**
P. cinnamoneus（**Temminck & Schlegel，1846**）（图3629）。沿岸及大陆架海域的底栖鱼类。全长可达350mm。分布：渤海、黄海、东海大陆架、台湾海域、南海（广东）；韩国、日本、菲律宾。较常见食用鱼类。

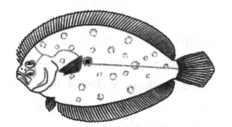

图3629　桂皮斑鲆 *P. cinnamoneus*
（依 Amaoka & Hensley，2001）

14（11）背鳍鳍条数67～74；臀鳍鳍条数52～58 ·················· **高体斑鲆 P. elevatus Ogilby，1912**
（图3630）。沿岸及大陆架海域的底栖鱼类。全长可达200mm。分布：台湾南部海域、南海（广东）；阿拉伯湾、澳大利亚北部海域印度-西太平洋海域。较常见食用鱼类，有一定经济价值。

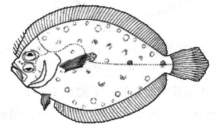

图3630　高体斑鲆 *P. elevatus*
（依 Amaoka & Hensley，2001）

15（10）连接第一根背鳍起点和有眼侧后鼻孔形成的线，一般穿过上颌

16（17）背鳍起点在上眼及盲侧鼻孔前方；头部背侧平直，无明显凹陷························· **南海斑鲆**

***P. neglectus* Bleeker，1865**（图 3631）。栖息于沿岸及大陆架的泥质海域。底栖肉食性鱼类，捕食底栖甲壳类或其他种类小鱼。全长可达 250mm。分布：台湾南部海域、南海（广东）；菲津宾、澳大利亚西北部，印度-西太平洋海域。较常见食用鱼类。

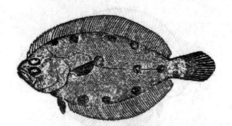

图 3631　南海斑鲆 *P. neglectus*
（依李思忠，1995）

17（16）背鳍起点在上眼前缘或盲侧鼻孔后方；头部背侧和吻部交界处有明显凹陷

18（19）有眼侧通常具 2 个黑斑，1 个位于侧线直线部前端，另 1 个黑斑位于侧线后端··················
··········**大齿斑鲆 *P. arsius* (Hamilton，1822)**（图 3632）。沿岸及大陆架海域的底栖鱼类。全长可达 450mm。分布：东海（福建）、台湾南部、海南、南海（广东）；日本、澳大利亚、斐济、非洲东岸，印度-西太平洋海域。较常见食用鱼类。

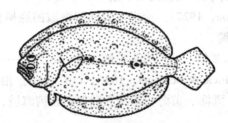

图 3632　大齿斑鲆 *P. arsius*
（依中坊等，2013）

19（18）有眼侧具 5 个黑斑，3 个位于侧线上方，2 个位于侧线下方

20（21）齿大且稀疏，齿列前方牙的尺寸略大于后方；下鳃耙 9～10 ·······························
五点斑鲆（五目斑鲆）*P. quinquocellatus* Weber & de Beaufort，1929（图 3633）。沿岸及大陆架海域的底栖鱼类。全长可达 200mm。分布：台湾海域、南海（广东）；菲律宾、澳大利亚西北部，印度-西太平洋海域。较常见食用鱼类。

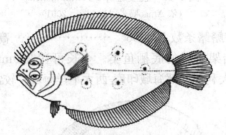

图 3633　五点斑鲆（五目斑鲆）*P. quinquocellatus*
（依 Amaoka & Hensley，2001）

21（20）齿小且密集，通常牙的尺寸不具明显差异；下鳃耙 16～21 ·······························
五眼斑鲆 *P. pentophthalmus* Günther，1862（图 3634）。栖息于大陆架的沙泥质海域。底栖肉食性鱼类，捕食底栖甲壳类其他种类小鱼。全长可达 180mm。分布：黄海、东海大陆架域（浙江、福建）、台湾海域、南海（广东、广西）；朝鲜半岛、日本、印度尼西亚，西太平洋海域。较常见食用鱼类，有一定经济价值。

22（9）有眼侧鳞片为圆鳞或仅部分区域为栉鳞

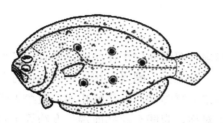

图 3634　五眼斑鲆 *P. pentophthalmus*
（依中坊等，2013）

23（24）有眼侧鳞片仅头、身体前端、背侧及腹侧边缘等部分区域为栉鳞；下鳃耙 12～16⋯⋯⋯⋯
⋯⋯⋯⋯⋯⋯⋯⋯**爪哇斑鲆** ***P. javanicus*（Bleeker，1853）**（图 3635）。沿岸及大陆架海域的底栖鱼
类。全长可达 350mm。分布：南海（广东）；巴布亚新几内亚，印度洋、西太平洋热带海域。
较常见食用鱼类。

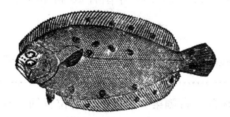

图 3635　爪哇斑鲆 *P. javanicus*
（依李思忠，1995）

24（23）有眼侧鳞片为圆鳞；下鳃耙 9～12 ⋯⋯⋯⋯⋯⋯⋯⋯⋯⋯⋯⋯ **圆鳞斑鲆（滑鳞斑鲆）**
***P. levisquamis*（Oshima，1927）**（图 3636）。沿岸及大陆架海域的底栖鱼类。全长可达 200mm。分
布：台湾澎湖列岛海域、南海；日本南端海域。

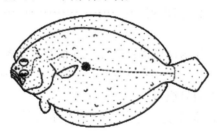

图 3636　圆鳞斑鲆（滑鳞斑鲆）*P. levisquamis*
（依中坊等，2013）

大鳞鲆属 *Tarphops* Jordan & Thompson，1914

高体大鳞鲆 ***T. oligolepis*（Bleeker，1858）**（图 3637）。栖息于水深 30m 以浅的沿岸及大陆架海域的
底栖鱼类。全长可达 90mm。分布：黄海、东海、台湾南部海域、海南岛、南海（广东）；日本。较常
见食用鱼类，有一定经济价值。

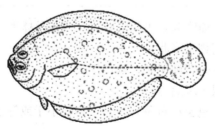

图 3637　高体大鳞鲆 *T. oligolepis*
（依中坊等，2013）

299. 鲆科 Bothidae

体长椭圆形或长卵圆形，极侧扁；双眼同位于体左侧，偶有逆转型。雄鱼有时眼前具棘。口位于吻端；下颌稍突出；上下颌齿发达；腭骨无齿。鳃盖膜相连；前鳃盖骨后缘游离，无皮膜或鳞片。各鳍均无硬棘；背鳍起点于眼的上方；背鳍与臀鳍均不与尾鳍相连；腹鳍为腰带支持，位于匙骨前方，有眼侧腹鳍基底较盲侧长且与盲侧腹鳍不对称，腹鳍至峡部前端长度约等于腹鳍基底长，胸鳍和腹鳍鳍条不分支，无肋骨及上肋骨。肛门与生殖乳突偏盲侧。

底栖性鱼类。栖息于较浅的大陆架区沙泥底鱼类。产漂浮性卵，孵化后幼鱼外形和一般鱼类相同，眼位于体两侧，幼鱼漂浮生活于水层中，然后才下沉至沙地上活动。具保护色，会随外在环境的变化而改变体色。利用背鳍和臀鳍缓缓地游泳，遇敌则会摆动身体及尾部快速游动或躲入沙中，是沙地上的隐身能手。肉食性，平时于沙地上觅食甲壳类及多毛类等。

本科有 20 属 163 种（Nelson et al.，2016）；中国有 15 属 46 种。

属 的 检 索 表

1（2）有眼侧腹鳍第一鳍条位于峡部后方；盲侧第一根鳍条的相对位置约在有眼侧第二根鳍条 …… ………………………………………………………………………… 线鳍鲆属 *Taeniopsetta*

2（1）有眼侧腹鳍第一鳍条接近峡部；盲侧第一鳍条的相对位置约在有眼侧第三至第四鳍条

3（6）头长为上颌长的 0.9～1.8 倍，上颌末端延伸甚至超过下眼后方

4（5）上下颌明显突出于吻端且下颌具大犬齿；盲侧无侧线；鳃耙短 ………… 鳄口鲆属 *Kamoharaia*

5（4）上下颌不突出于吻端且皆不具大犬齿；盲侧具侧线；鳃耙退化或缺如 ………… ………………………………………………………………………… 长颌鲆属 *Chascanopsetta*

6（3）头长约为上颌长的 2 倍以上，上颌末端未延伸至下眼后方

7（8）上下颌仅盲侧有齿，有眼侧无任何齿列 ………………………………… 左鲆属 *Laeops*

8（7）上下颌两侧皆有齿

9（10）两侧皆具侧线，有眼侧具 3 处明显黑斑；第 2～10 根背鳍鳍条延长………… ………………………………………………………………………… 双线鲆属 *Grammatobothus*

10（9）仅有眼侧具侧线，有眼侧无明显黑斑

11（18）两眼间隔具明显骨质隆起，眼间距较窄，且比例不随性别、尺寸所变化

12（15）体长为头长的 3.2～4.5 倍

13（14）有眼侧鳞片为弱栉鳞或圆鳞 ………………………………… 羊舌鲆属 *Arnoglossus*

14（13）有眼侧鳞片为强栉鳞 ………………………………………… 镰鲆属 *Psettina*

15（12）体长为头长的 4.6～5.7 倍

16（17）头长为上颌长的 2.4～2.8 倍，为眼径的 4.1～5.3 倍，上颌长显著大于眼径 ………… ………………………………………………………………………… 新左鲆属 *Neolaeops*

17（16）头长为上颌长的 3.1～3.8 倍，为眼径的 2.7～3.6 倍，上颌长约与眼径等长 ………… ………………………………………………………………………… 日本左鲆属 *Japonolaeops*

18（11）两眼间隔平坦，无明显骨质隆起，眼间隔较宽，雄鱼及体型大的个体比例明显较高

19（20）第一背鳍游离且延长；鳃耙呈掌状 …………………………… 角鲆属 *Asterorhombus*

20（19）第一背鳍不游离延长于其余背鳍鳍条；鳃耙细长

21（24）有眼侧腹鳍起点位在下眼末端后方

22（23）头部前缘有 6 个淡色（白色至淡黄色）斑点，体长小于或等于体高的 2.2 倍 ………… ………………………………………………………………………… 土佐鲆属 *Tosarhombus*

23（22）头部前缘不具斑点，体长大于体高的 2.4 倍 …………………… 拟鲆属 *Parabothus*

24（21）有眼侧腹鳍起点位在下眼中线

25（26）鳞片小，侧线鳞超过 69 枚 ·· **鲆属 *Bothus***

26（25）鳞片大，侧线鳞 36～63 枚

27（28）有眼侧栉鳞的栉齿延长，侧线鳞多于 50 枚 ···················· **缨鲆属 *Crossorhombus***

28（27）有眼侧栉鳞的栉齿短，侧线鳞少于 50 枚 ···················· **短额鲆属 *Engyprosopon***

羊舌鲆属 *Arnoglossus* Bleeker，1862
种 的 检 索 表

1（8）上下颌齿之间的大小以及密集程度无明显差异

2（3）雄成鱼背鳍前方 4～6 根鳍条延长，后端背鳍和臀鳍基底有黑斑·············· **长冠羊舌鲆**
A. *macrolophus* Alcock，1889（图 3638）。大陆架海域的底栖鱼类。栖息于水深 18～141m 的浅
海。全长可达 130mm。分布：台湾南部海域、南海（广东）；日本、红海，印度-西太平洋热带
海域。

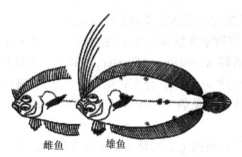

雌鱼　　雄鱼

图 3638　长冠羊舌鲆 A. *macrolophus*
（依 Hensley & Amaoka，2001）

3（2）雄性成鱼背鳍前方鳍条不明显延长，后端背鳍和臀鳍基底无黑斑

4（5）头长约为眼径的 4.8 倍 ···························· **长鳍羊舌鲆 A. *tapeinosoma*（Bleeker，1865）**
（图 3639）。大陆架海域的小型底栖鱼类。稀有，仅获一全模标本。全长可达 100mm。分布：南
海；苏门答腊一带。无食用价值。

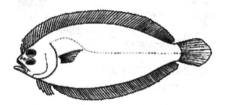

图 3639　长鳍羊舌鲆 A. *tapeinosoma*
（依 Hensley & Amaoka，2001）

5（4）头长为眼径的 3～4 倍

6（7）背鳍鳍条数 80～84；臀鳍鳍条数 61～64；侧线鳞 45～48 枚 ···················· **无斑羊舌鲆**
A. *aspilos*（Bleeker，1851）（图 3640）。大陆架海域小型的底栖鱼类。栖息于水深 30～71m 的浅海。
全长可达 190mm。分布：台湾海域、南海；日本、红海，印度-西太平洋热带海域。无食用价值。

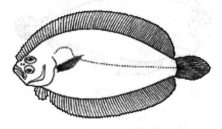

图 3640　无斑羊舌鲆 A. *aspilos*
（依 Hensley & Amaoka，2001）

7 (6) 背鳍鳍条数 90～95；臀鳍鳍条数 70～74；侧线鳞 49～53 枚 ……………………………… **细羊舌鲆**
A. **tenuis** Günther, **1880**（图 3641）。大陆架海域的小型底栖鱼类。栖息于水深 80～100m 的浅海。幼鱼期像其他一般鱼类行浮游生活，在水中游动摄食浮游生物；长大后因体型变化降至海底，在沙泥底域行底栖生活，大半时间埋在泥沙中，仅露出两眼，捕食小鱼或无脊椎动物。全长可达 120mm。分布：台湾西南及东北部海域、南海；日本、澳大利亚东岸、新喀里多尼亚。

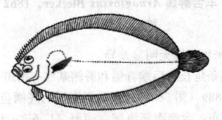

图 3641　细羊舌鲆 A. tenuis
（依 Hensley & Amaoka，2001）

8 (1) 上颌前端齿较后端大，下颌齿较发达且齿间密度较稀疏
9 (10) 背鳍鳍条数 112～119；臀鳍鳍条数 88～96；侧线鳞 80～89 枚，雄成鱼前部鳍条不显著长……
…………………………**大羊舌鲆 A. scapha**（Forster, **1801**）。大陆架海域的小型底栖鱼类，栖息水深为 128～300m。全长可达 340mm。分布：南海（广东）；新西兰。
10 (9) 背鳍鳍条数 99～114；臀鳍鳍条数 76～91；侧线鳞 63～81 枚，雄成鱼第二根或前 6～7 鳍条延长
11 (12) 雄成鱼前 6～7 鳍条延长；尾鳍上下端具 2 根不分支鳍条；鳃弓上鳃耙 1～2……………………
………**多斑羊舌鲆 A. polyspilus**（Günther, **1880**）（图 3642）。大陆架海域的小型底栖鱼类。栖息水深 90～390m。全长可达 240mm。分布：东海深海、台湾南部海域；日本、新喀里多尼亚，东印度洋。可食用鱼类，唯产量不大。

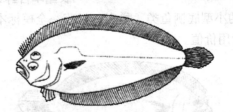

图 3642　多斑羊舌鲆 A. polyspilus
（依 Hensley & Amaoka，2001）

12 (11) 雄成鱼仅第二根鳍条略延长；尾鳍上下端具 3 根不分支鳍条；鳃弓无上鳃耙
13 (14) 有眼侧为圆鳞；吻端尖；体长为头长的 3.6～3.9 倍…………………………………… **日本羊舌鲆**
A. **japonicus** Hubbs, **1915**（图 3643）。大陆架海域的小型底栖鱼类，栖息于水深为 86～154m 的浅海。全长可达 170mm。分布：台湾南部海域、南海；日本、新喀里多尼亚。

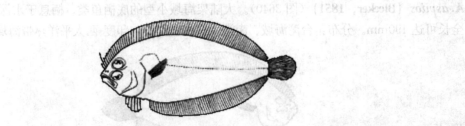

图 3643　日本羊舌鲆 A. japonicus
（依 Hensley & Amaoka，2001）

14 (13) 有眼侧为栉鳞；吻端钝；体长为头长的 4.0～4.5 倍…………………………………… **山中氏羊舌鲆**
A. **yamanakai** Fukui, Yamada & Ozawa, **1988**（图 3644）。大陆架海域的小型底栖鱼类。栖息

于水深 100m 左右的浅海。全长可达 130mm。分布：东海大陆架域、台湾海域；日本。

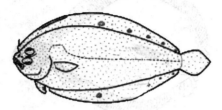

图 3644　山中氏羊舌鲆 *A. yamanakai*
（依中坊等，2013）

角鲆属 *Asterorhombus* Tanaka，1915
种 的 检 索 表

1（2）体长为体高的 1.7～1.95 倍；眼间距宽，且雄鱼眼间距较雌鱼大；第一背鳍条特别延长，末端膨大且包覆有膜状构造；体无显著黑斑 ·· **可可群岛角鲆**
A. cocosensis（Bleeker，1855）（图 3645）。大陆架斜坡上缘海域的小型底栖鱼类。栖息于水深 200～500m 的深海。全长达 150mm。分布：东海、台湾南部海域、南海；日本冲绳、菲律宾、印度尼西亚。

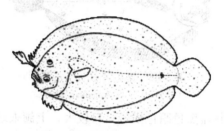

图 3645　可可群岛角鲆 *A. cocosensis*
（依中坊等，2013）

2（1）体长为体高的 2.0～2.4 倍；眼间距窄且不具性别间差异；背鳍第一鳍条略延长，末端不膨大，膜状构造均匀包覆整个背鳍；体具显著黑斑 ·································· **中间角鲆**
A. intermedius（Bleeker，1865）（图 3646）。大陆斜坡上缘海域的小型底栖鱼类，栖息水深为 0～96m。全长达 150mm。分布：东海、台湾南部海域、南海；日本，红海至汤加群岛间的印度-西太平洋热带海域。

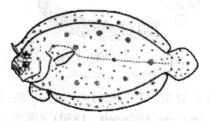

图 3646　中间角鲆 *A. intermedius*
（依中坊等，2013）

鲆属 *Bothus* Rafinsque，1810
种 的 检 索 表

1（2）有眼侧全为圆鳞·······················**圆鳞鲆 *B. assimilis* Günther，1862**（图 3647）。沿岸底栖小型鱼类。稀有，仅确认一全模标本。全长达 150mm。分布：南海。

2（1）有眼侧具栉鳞

3（4）有眼侧仅背腹侧为栉鳞，盲侧具多条蓝黑色暗色横带；口小，上颌末端仅延伸至下眼前缘······

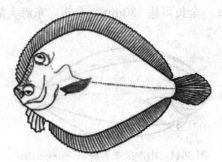

图 3647 圆鳞鲆 B. assimilis
（依 Norman，1934）

······繁星鲆 *B. myriaster*（**Temminck & Schlegel，1846**）（图 3648）。沿岸底栖中小型鱼类。常出没于礁区和沙泥的交界处，有时可发现它在礁区中。典型的肉食性鱼类，食底栖无脊椎动物或小鱼。全长达 270mm。分布：台湾南部海域、南海；日本、东非沿岸至印度尼西亚一带的印度-太平洋热带海域。

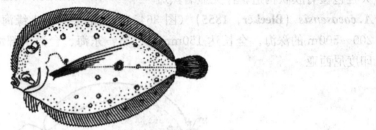

图 3648 繁星鲆 *B. myriaster*
（依 Hensley & Amaoka，2001）

4（3）有眼侧全为栉鳞，盲侧不具蓝黑色暗色横带；口较大，上颌末端延伸超过下眼前缘

5（6）背鳍鳍条数 96～103；臀鳍鳍条数 74～81；鳃弓下鳃耙 9～11；头部背侧凹陷，呈弧状············

··········凹吻鲆 *B. mancus*（**Broussonet，1782**）（图 3649）。沿岸底栖中小型鱼类。全长达 400mm。分布：台湾南部海域；红海沿岸至中太平洋复活节岛一带的印度-太平洋热带海域。

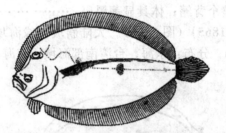

图 3649 凹吻鲆 *B. mancus*
（依 Hensley & Amaoka，2001）

6（5）背鳍鳍条数 88～93；臀鳍鳍条数 65～72；鳃弓下鳃耙 6～8；头部背侧圆凸，不呈弧状············

···········豹纹鲆 *B. pantherinus*（**Rüppell，1830**）（图 3650）。沿岸底栖中小型鱼类。全长达 300mm。分布：台湾南部海域、南海；日本，南非沿岸至萨摩亚群岛一带的印度-西太平洋热带海域。

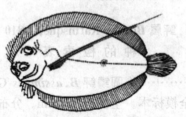

图 3650 豹纹鲆 *B. pantherinus*
（依 Hensley & Amaoka，2001）

长颌鲆属 *Chascanopsetta* Alcock，1894
种 的 检 索 表

1（2）下颌与上颌等长或略突出，包覆下颌的皮膜不往外膨大；背鳍鳍条数 111～127；臀鳍鳍条数 76～88·······················**大口长颌鲆** ***C. lugubris*** **Alcock，1894**（图 3651）。大陆斜坡上缘海域的底栖鱼类。栖息水深 200～1 100m 的深海。全长可达 380mm。分布：台湾南部海域、海南岛东边、南海；日本，大西洋至印度-西太平洋海域。

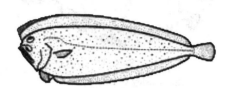

图 3651　大口长颌鲆 *C. lugubris*
（依中坊等，2013）

2（1）下颌明显较上颌长并突出，且包覆下颌的皮膜往外膨大；背鳍鳍条数 124～133；臀鳍鳍条数 86～93·······················**前长颌鲆** ***C. prognatha*** **Norman，1939**（图 3652）。栖息于大陆架斜坡上缘沙泥质水深 350～650m 的海域。底栖肉食性鱼类，捕食底栖甲壳类或其他的小鱼。平时不太活动，常潜藏在沙泥底中，与栖息的背景环境几乎完美融合一体，借以欺敌捕食。全长可达 240mm。分布：台湾西南部海域；日本，印度-西太平洋海域。

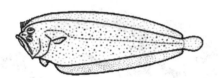

图 3652　前长颌鲆 *C. prognatha*
（依中坊等，2013）

缨鲆属 *Crossorhombus* Regan，1920
种 的 检 索 表

1（4）胸鳍鳍条不延长呈丝状，胸鳍短，头长为胸鳍长的 1.3～1.5 倍；雄鱼腹部的蓝黑色斑块呈梨状；尾鳍具暗色横带

2（3）上颌齿列为 2 列；侧线鳞 52～57；鳃弓下鳃耙 5～6 ·······················**双带缨鲆** ***C. kanekonis*** **(Tanaka，1918)**（图 3653）。大陆架海域的小型底栖鱼类。栖息于水深 0～30m 的浅海。全长可达 150mm。分布：台湾南部及澎湖列岛海域；日本。体型较小，一般加工鱼酥或以下杂鱼利用。

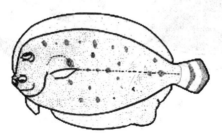

图 3653　双带缨鲆 *C. kanekonis*
（依中坊等，2013）

3（2）上颌齿列为 1 列；侧线鳞 56～63；鳃弓下鳃耙 6～8 ·······················**青缨鲆**

C. azureus（Alcock, 1889）（图 3654）。大陆架海域的小型底栖鱼类。栖息于水深 13~60m 的浅海。全长可达 180mm。分布：台湾南部及澎湖列岛海域、南海；日本、孟加拉湾，澳大利亚西北海域。体型较小，一般皆加工鱼酥或做下杂鱼利用。

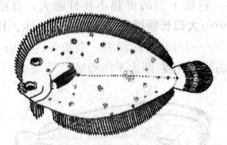

图 3654　青缨鲆 *C. azureus*
（依 Hensley & Amaoka, 2001）

4（1）胸鳍第二鳍条延长呈丝状，胸鳍长，头长为胸鳍长的 0.6~1.1 倍；雄鱼盲侧的 2/3 部位被蓝黑色斑块覆盖或具 Y 形斑块；尾鳍无暗色横带

5（6）上颌齿列为 1 列；雄鱼第 7~9 根背鳍略延长 ⋯⋯⋯⋯⋯⋯⋯⋯⋯⋯⋯⋯⋯ **宽额缨鲆**

C. valderostratus（Alcock, 1890）（图 3655）。栖息于大陆架沙泥质水深 13~16m 的浅海域。小型底栖肉食性鱼类。捕食底栖甲壳类或其他小鱼。平时不太活动，常潜藏在沙泥底中，与栖息的背景环境几乎完美融合一体，借以欺敌捕食。全长可达 180mm。分布：台湾东北部海域、南海；日本、孟加拉湾，澳大利亚西北海域。

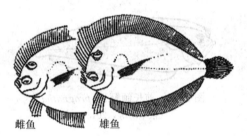

雌鱼　　雄鱼

图 3655　宽额缨鲆 *C. valderostratus*
（依 Norman, 1934）

6（5）上颌齿列为 2 列；雄鱼背鳍不延长

7（8）头长为胸鳍长的 0.6~0.9 倍；雄鱼盲侧的 2/3 部位被蓝黑色斑块覆盖 ⋯⋯⋯⋯⋯⋯⋯⋯⋯

高本缨鲆 C. kobensis（Alcock, 1890）（图 3656）。大陆架海域的小型底栖鱼类。栖息水深 50~275m。全长可达 120mm。分布：东海、台湾南部海域、南海；日本。

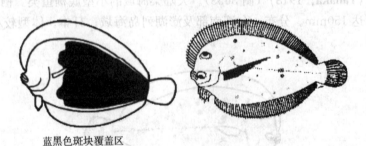

蓝黑色斑块覆盖区

图 3656　高本缨鲆 *C. kobensis*
（依 Hensley & Amaoka, 2001）

8（7）头长为胸鳍长的 0.9~1.1 倍；雄鱼盲侧具 Y 形斑块 ⋯⋯⋯⋯⋯⋯⋯⋯⋯⋯⋯⋯⋯ **霍文缨鲆**

C. howensis Hensley & Randall, 1993（图 3657）。沿岸海域的小型底栖鱼类。栖息水深 2.5~8m。全长可达 130mm。分布：台湾海域；澳大利亚。

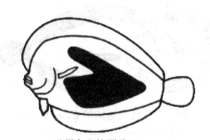

蓝黑色斑块覆盖区

图 3657　霍文缨鲆 *C. howensis*

短额鲆属 *Engyprosopon* Günther，1862
种 的 检 索 表

1（4）尾鳍上下缘各有 1 枚黑斑

2（3）体长为体高的 1.7～1.9 倍；侧线鳞 37～43 ……………………………………………………… **伟鳞短额鲆**
　　　***E. grandisquama*（Temminck & Schlegel, 1846）**（图 3658）。大陆架海域的小型底栖鱼类。栖息
　　　于水深 0～30m 的浅海。全长可达 120mm。分布：东海（浙江）、台湾南部海域、南海（广东、
　　　广西）；日本，印度-西太平洋海域。

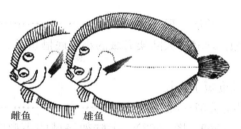

雌鱼　　　雄鱼

图 3658　伟鳞短额鲆 *E. grandisquama*
（依 Hensley & Amaoka，2001）

3（2）体长为体高的 2.0～2.4 倍；侧线鳞 45～50 ……………………………………………………… **多鳞短额鲆**
　　　***E. multisquama* Amaoka，1963**（图 3659）。大陆架海域的小型底栖鱼类。栖息于水深 20～40m
　　　的浅海。全长可达 140mm。分布：台湾南部海域；日本。

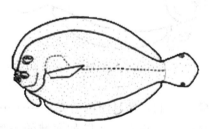

图 3659　多鳞短额鲆 *E. multisquama*
（依中坊等，2013）

4（1）尾鳍无黑斑

5（8）鳃耙平滑无细刺或栉齿

6（7）侧线鳞 45～47；有眼侧胸鳍长度长于头长 ……………………………………………………… **马尔代夫短额鲆**
　　　***E. maldivensis*（Regan，1908）**（图 3660）（syn. 大鳍短额鲆 *E. macroptera* Amaoka，1963）。大
　　　陆架海域的小型底栖鱼类。栖息水深 30～215m。全长可达 130mm。分布：东海、台湾南部海
　　　域、南海沿岸；日本、菲律宾、澳大利亚北部、珊瑚海、新喀里多尼亚。

7（6）侧线鳞大于 50；有眼侧胸鳍长度较头长短 ……………………………………………………… **黑斑短额鲆**

图 3660　马尔代夫短额鲆 *E. maldivensis*

（依 Hensley & Amaoka，2001）

***E. mogkii*（Bleeker，1854）**（图 3661）。大陆架海域的小型底栖鱼类。栖息水深30～215m。全长可达 130mm。分布：南海；印度、菲律宾、印度尼西亚。

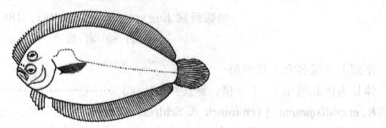

图 3661　黑斑短额鲆 *E. mogkii*

（依 Hensley & Amaoka，2001）

8（5）鳃耙具细刺或栉齿

9（10）胸鳍鳍条末端延长呈丝状，长度一般长于头长 ·· **长鳍短额鲆**
　　***E. filipennis* Wu & Tang，1935**。大陆架海域的小型底栖鱼类。栖息水深80～100m。全长可达
　　175mm。分布：南海。

10（9）胸鳍鳍条末端不延长，长度短于头长

11（12）腹鳍鳍条较胸鳍长；侧线鳞 37～42；体无黑斑 ······································ **长腹鳍短额鲆**
　　***E. longipelvis* Amaoka，1969**（图 3662）。大陆架海域的小型底栖鱼类。栖息水深 20～80m。
　　全长仅达 65mm。分布：南海（广东）；日本。

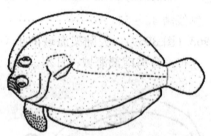

图 3662　长腹鳍短额鲆 *E. longipelvis*

（依中坊等，2013）

12（11）腹鳍鳍条较胸鳍短；侧线鳞 41～44；体具淡色黑斑 ······························ **宽额短额鲆**
　　***E. latifrons*（Regan，1908）**（图 3663）。大陆架海域的小型底栖鱼类。栖息水深 37～68m。

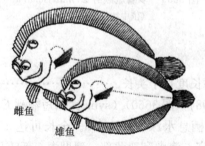

图 3663　宽额短额鲆 *E. latifrons*

（依 Hensley & Amaoka，2001）

全长仅达 80mm。分布：南海（广东）；菲律宾，印度-西太平洋热带海域。

双线鲆属 *Grammatobothus* Norman，1926
种 的 检 索 表

1（2）体长为体高的 1.5～1.8 倍；第 2～10 根背鳍鳍条延长 ·· **多眼双线鲆**
    G. polyophthalmus（Bleeker，1865）（图 3664）。大陆架海域的底栖鱼类。全长可达 180mm。分
    布：台湾海域、南海沿岸；日本，西太平洋热带海域。

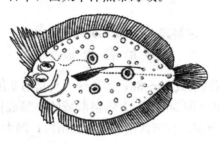

图 3664　多眼双线鲆 *G. polyophthalmus*
（依 Hensley & Amaoka，2001）

2（1）体长为体高的 1.8～2.0 倍；仅第 2～4 根背鳍鳍条延长 ······································ **克氏双线鲆**
    G. krempfi Chabanaud，1929（图 3665）。大陆架海域的底栖鱼类。栖息于沿岸沙泥质的海域。
    肉食性，捕食底栖性甲壳类与其他小鱼。平时不太活动，大半时间潜藏在沙泥底中，与栖息的背景
    环境几乎完美融合一体，借以欺敌捕食。全长可达 180mm。分布：台湾西南部海域、南海；越南。

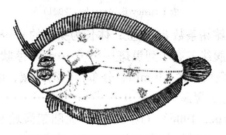

图 3665　克氏双线鲆 *G. krempfi*
（依 Hensley & Amaoka，2001）

日本左鲆属 *Japonolaeops* Amaoka，1969

  多齿日本左鲆 *J. dentatus* Amaoka，1969（图 3666）。大陆斜坡上缘海域的小型底栖鱼类。栖息于
水深 200～500m 的深海。全长达 200mm。分布：台湾南部海域、南海北部（广东）；日本，印度洋。

图 3666　多齿日本左鲆 *J. dentatus*
（依 Hensley & Amaoka，2001）

鳄口鲆属 *Kamoharaia* Kuronuma，1940

  鳄口鲆 *K. megastoma*（Kamohara，1936）（图 3667）。大陆斜坡上缘海域的底栖鱼类。栖息于水深
300～800m 的深海。全长达 220mm。分布：台湾东北部海域、南海；日本、澳大利亚西北岸，印度-西
太平洋。

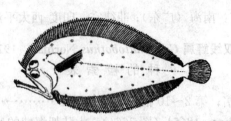

图 3667　鳄口鲆 *K. megastoma*
（依 Hensley & Amaoka, 2001）

左鲆属 *Laeops* Günther, 1880
种 的 检 索 表

1（2）背鳍鳍条数 95～104；臀鳍鳍条数 75～86；体长约为头长的 5 倍 ……………………… **小头左鲆**
　　　***L. parviceps* Günther, 1880**（图 3668）。大陆架海域的小型底栖鱼类。栖息于水深 64～93m 的
　　　浅海。全长可达 140mm。分布：台湾西南部海域、南海；澳大利亚北部海域。

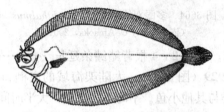

图 3668　小头左鲆 *L. parviceps*
（依 Hensley & Amaoka, 2001）

2（1）背鳍鳍条数 104～115；臀鳍鳍条数 86 以上；体长为头长的 6～8 倍

3（4）侧线鳞数 114～120；背、腹缘各有 1 列黑斑 ……………… **茅状左鲆 *L. lanceolata* Franz, 1910**。
　　　大陆架海域的底栖鱼类。全长可达 240mm。分布：台湾海域、南海（广东）。

4（3）侧线鳞数 93～105；背腹缘无黑斑 …………………………………………………… **北原氏左鲆**
　　　L. kitaharae（**Smith & Pope, 1906**）（图 3669）。大陆架海域底栖鱼类。全长可达 240mm。分
　　　布：东海、台湾西南部及澎湖列岛海域、南海；日本南部。

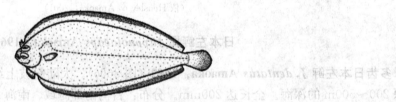

图 3669　北原氏左鲆 *L. kitaharae*
（依中坊等, 2013）

新左鲆属 *Neolaeops* Amaoka, 1969

小眼新左鲆 *N. microphthalmus*（von Bonde, 1922）（图 3670）。大陆斜坡上缘海域的小型底栖鱼

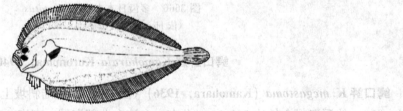

图 3670　小眼新左鲆 *N. microphthalmus*
（依 Hensley & Amaoka, 2001）

类。栖息于水深 275～400m 的深海。全长达 210mm。分布：东海、台湾西南部海域、南海；日本，东非沿岸、澳大利亚，印度-西太平洋热带海域。罕见鱼种，偶为底拖网捕获。

拟鲆属 *Parabothus* Norman，1931
种 的 检 索 表

1（2）侧线鳞 61～65；吻背侧有明显凹陷处 ···································· **台湾拟鲆**
P. taiwanensis Amaoka & Shen，1993（图 3671）。大陆斜坡上缘海域的小型底栖鱼类。栖息于水深 100～110m 的浅海。全长可达 150mm。分布：东海南部、台湾东北部海域、南海；日本。罕见鱼种，偶为底拖网捕获。

图 3671　台湾拟鲆 *P. taiwanensis*
（依郑义郎，2007）

2（1）侧线鳞 80～96；吻背侧不具明显凹陷处

3（4）侧线鳞 80～86；尾鳍中央有明显暗色区域或黑斑；侧线上不具明显斑点 ···············
少鳞拟鲆 *P. kiensis*（Tanaka，1918）（图 3672）［syn. 绿斑拟鲆 *P. chlorospilus* 沈世杰，1984，1993；Li & Wang，1995（non Gilbert）］。大陆斜坡上缘海域的小型底栖鱼类。栖息于水深 300～400m 的深海。全长可达 200mm。分布：东海、台湾南部海域、南海；朝鲜半岛、日本，澳大利亚北部海域。罕见鱼种，偶为底拖网捕获。

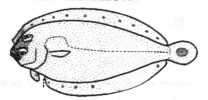

图 3672　少鳞拟鲆 *P. kiensis*
（依中坊等，2013）

4（3）侧线鳞 90～96；尾鳍中央无明显暗色区域或黑斑；侧线上具 3 个明显斑点 ··············
·······**短腹拟鲆 *P. coarctatus*（Gilbert，1905）**（图 3673）。大陆斜坡上缘沙质海域的小型底栖鱼类。栖息水深 200～1 100m。肉食性鱼类，捕食底栖甲壳类或其他小鱼。全长可达 225mm。分布：东海深海、台湾海域、海南岛；日本、夏威夷，珊瑚海。罕见鱼种，偶为底拖网捕获。

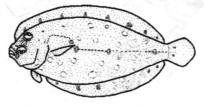

图 3673　短腹拟鲆 *P. coarctatus*
（依中坊等，2013）

鲽鲆属 *Psettina* Hubbs，1915
种 的 检 索 表

1（2）有眼侧背、腹缘的黑斑延伸至鳍膜，有眼侧胸鳍及尾鳍末端为黑色；鳃弓上肢具 2～5 鳃耙······

················**饭岛氏鲆鲆** *P. iijimae* (**Jordan & Starks，1904**)（图 3674）。大陆架海域的小型底栖鱼类。栖息水深 10～30m。全长达 85mm。分布：台湾南部海域、海南岛、南海（广东）；朝鲜半岛、日本、印度尼西亚。罕见鱼种，偶为底拖网捕获。

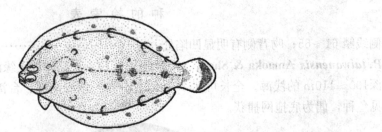

图 3674　饭岛氏鲆鲆 *P. iijimae*

（依中坊等，2013）

2 (1) 有眼侧背、腹缘的黑斑未延伸至鳍膜，有眼侧胸鳍及尾鳍末端不呈黑色；鳃弓上鳃耙 0～2

3 (4) 有眼侧第三鳍条延伸且呈丝状；鳃弓上鳃耙 0～2 ·······················**丝指鲆鲆** *P. filimana* **Li & Wang，1982**（图 3675）。大陆架海域的小型底栖鱼类。栖息水深 0～60m。全长达 95mm。分布：黄海（江苏）、东海（浙江）、海南岛（崖县）、南海（珠江口）。

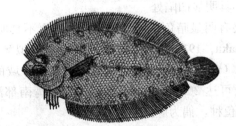

图 3675　丝指鲆鲆 *P. filimana*

（依李思忠等，1981）

4 (3) 有眼侧第三鳍条不延伸呈丝状；鳃弓无上鳃耙

5 (6) 上下颌及吻端前部黑色··················**长鲆鲆** *P. gigantea* **Amaoka，1963**（图 3676）。大陆架海域的小型底栖鱼类。栖息于水深 100m 左右的浅海。全长达 130mm。分布：东海、台湾西南部海域、南海（广东）；日本、印度尼西亚、澳大利亚北部。罕见鱼种，偶为底拖网捕获。

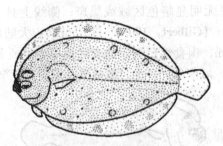

图 3676　长鲆鲆 *P. gigantea*

（依中坊等，2013）

6 (5) 上下颌及吻端前部不呈黑色

7 (8) 有眼侧胸鳍鳍条 8～11；头长为有眼侧胸鳍长的 0.8～1.5 倍；侧线鳞 45～53 ·······················
·······**土佐鲆鲆** *P. tosana* **Amaoka，1963**（图 3677）。大陆架海域的小型底栖鱼类。栖息于水深 100m 左右的浅海。全长达 120mm。分布：东海大陆架域、台湾南部及东北部海域；日本。罕见鱼种，偶为底拖网捕获。

8 (7) 有眼侧胸鳍鳍条数 11～12；头长为有眼侧胸鳍长的 1.7～1.8 倍；侧线鳞 54～57 ··················

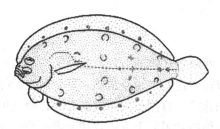

图 3677　土佐鲽鲆 *P. tosana*
（依中坊等，2013）

··········海南鲽鲆 ***P. hainanensis*** （**Wu & Tang，1935**）（图 3678）。大陆架海域的小型底栖鱼类。栖息水深 100m。全长达 130mm。分布：海南岛。罕见鱼种，偶为底拖网捕获。

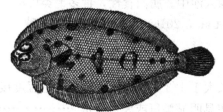

图 3678　海南鲽鲆 *P. hainanensis*
（依李思忠，1995）

线鳍鲆属 *Taeniopsetta* Gilbert，1905

眼斑线鳍鲆 *T. ocellata* （**Günther，1880**）（图 3679）。大陆斜坡上缘沙泥质海域的小型底栖鱼类。栖息水深 183～400m。肉食性鱼类，捕食底栖甲壳类或其他小鱼。全长达 220mm。分布：台湾东北部海域；日本、澳大利亚西岸，印度-西太平洋。罕见鱼种，偶为底拖网捕获。

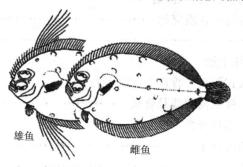

雄鱼　　　　雌鱼

图 3679　眼斑线鳍鲆 *T. ocellata*
（依 Hensley & Amaoka，2001）

土佐鲆属 *Tosarhombus* Amaoka，1969

八斑土佐鲆 *T. octoculatus* Amaoka，1969（图 3680）。大陆斜坡上缘沙泥质海域的小型底栖鱼类。栖息水深 100～150m。肉食性鱼类，捕食底栖甲壳类或其他小鱼。体长 180mm。分布：东海；日本。罕见鱼种，偶为底拖网捕获。

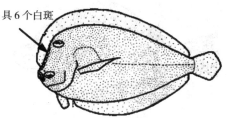

具 6 个白斑

图 3680　八斑土佐鲆 *T. octoculatus*
（依中坊等，2013）

300. 鲽科 Pleuronectidae

体椭圆形或卵圆形，极侧扁；两眼皆在体的右侧，偶有逆转型。口小，下颌稍突出，上下颌在有眼侧平直，在盲侧形成弧形；盲侧齿较发达，尖锐或钩状，呈1列、2列或多列；腭骨无齿。前鳃盖骨后缘游离，无皮膜或鳞片。眼侧被强栉鳞，盲侧被圆鳞或弱栉鳞；侧线单一，在胸鳍上方成弓状弯曲，或几近平直。各鳍无硬棘。背鳍向前伸展到眼的上方；背鳍及臀鳍的后端和尾鳍分开。

底栖性鱼类。主要栖息较浅的大陆架区、深度在60～500m处沙泥底。特定种类可游入港湾、咸淡水的水域或溪流。产浮性卵，幼鱼外形和一般鱼类相同，眼位于体两侧，幼鱼漂浮生活于水层中，然后才下沉至沙地上活动。具保护色，会随外在环境的变化而改变体色。利用背鳍和臀鳍缓缓地游泳，遇敌则会摆动身体及尾部快速游动或躲入沙中。属肉食性，食多毛类等小型底栖无脊椎动物。

本科有23属56种（Nelson et al.，2016）；中国有11属16种。

属 的 检 索 表

1（8）口中等至大；有眼侧上颌长大于1/3头长；两侧牙齿发达程度接近；椎骨40～43

2（3）上下颌齿锥状；背臀及尾鳍具明显黑斑或黑色横带 ·············· 星鲽属 *Verasper*

3（2）上下颌齿尖锐呈犬齿状；背臀及尾鳍无明显黑斑

4（5）上眼未完全移至下眼侧，甚至位于背侧中线下方；尾柄长显著大于尾柄高 ······ 高眼鲽属 *Cleisthenes*

5（4）上眼完全移至下眼侧；尾柄高大于尾柄长

6（7）上颌齿具2齿列；有眼侧具大小不等的暗褐色环状斑纹 ·········· 虫鲽属 *Eopsetta*

7（6）上颌齿仅1齿列；有眼侧无明显斑纹 ························· 拟庸鲽属 *Hippoglossoides*

8（1）口小；有眼侧上颌长度短于1/3头长；盲侧牙齿较有眼侧发达

9（12）有眼侧鳃孔上端与胸鳍上端同高或接近

10（11）两眼间于前端和后端各具一骨质突起 ············· 木叶鲽属 *Pleuronichthys*

11（10）两眼间无骨质突起 ································· 油鲽属 *Microstomus*

12（9）有眼侧鳃孔上端高于胸鳍上端

13（18）鳞片特化，为体表镶入式圆鳞、骨质突起或骨板

14（15）有眼侧无鳞；但于背、腹侧及侧线具骨板 ············· 石鲽属 *Kareius*

15（14）有眼侧为镶入式圆鳞；不具骨板

16（17）有眼侧在左侧；上下颌齿仅1列 ·············· 川鲽属 *Platichthys*

17（16）两眼在右侧；上下颌齿2列 ·············· 粒鲽属 *Clidoderma*

18（13）鳞片正常，无特化鳞片

19（20）体细长；背鳍鳍条84～102；臀鳍鳍条72～81 ············· 长鲽属 *Tanakius*

20（19）体卵圆形；背鳍鳍条59～80；臀鳍鳍条44～62 ·············· 鲽属 *Pleuronectes*

高眼鲽属 *Cleisthenes* Jordan & Starks, 1904

赫氏高眼鲽 *C. herzensteini* (Schmidt，1904)（图3681）。大陆架沿岸海域的中小型底栖鱼类。冷温

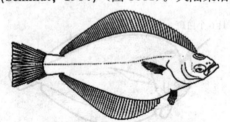

图 3681　赫氏高眼鲽 *C. herzensteini*
（依 Norman，1934）

性，栖息水深0～80m。全长达400mm。分布：渤海、黄海；朝鲜半岛、日本、库页岛。食用经济鱼类，肉质鲜美。

粒鲽属 *Clidoderma* Bleeker，1862

粒鲽 *C. asperrimum*（Temminck & Schlegel，1846）（图3682）。大陆架至大陆斜坡海域的中型底栖鱼类。冷温性，栖息水深150～1 000m。全长达550mm。分布：黄海；朝鲜半岛、日本、堪察加半岛、阿留申群岛。食用鱼类，肉味稍差。

图3682　粒鲽 *C. asperrimum*
（依张春霖等，1963）

虫鲽属 *Eopsetta* Jordan & Goss，1885

格氏虫鲽 *E. grigorjewi*（Herzenstein，1890）（图3683）。沿岸大陆架上缘海域的中小型底栖鱼类。冷温性，栖息水深0～200m。全身在海底的时候，犹如枯叶般，不易被发现，以波浪运动来游泳。主食底栖无脊椎动物。全长达400mm。分布：渤海、黄海、东海、台湾海域；朝鲜半岛、日本、彼得大帝湾。经济鱼类，以底拖网或延绳钓捕获。肉质佳，以清蒸或红烧食之。已有人工养殖。

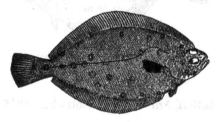

图3683　格氏虫鲽 *E. grigorjewi*
（依张春霖等，1963）

拟庸鲽属 *Hippoglossoides* Gottsche，1835
种 的 检 索 表

1（2）上眼位于头部背侧，但未越过背侧中线；背鳍起点在上眼后缘；胸鳍具分支鳍条；两颌前后方牙齿大小接近·····························松木拟庸鲽 *H. pinetorum*（Jordan & Starks，1904）（图3684）（syn. 松木高眼鲽 *Cleisthenes pinetorum* Jordan & Starks，1904）。沿岸大陆架海域的中小型底

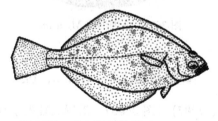

图3684　松木拟庸鲽 *H. pinetorum*
（依中坊等，2013）

栖鱼类。冷温性，栖息水深 100～200m。全长可达 450mm。分布：渤海、黄海；日本。供食用。产量不高。

2（1）上眼位于下眼同侧；背鳍起点在上眼前半部；胸鳍无分支鳍条；两颌前方牙齿较大…………………………大牙拟庸鲽 *H. dubius* Schmidt，1904（图 3685）。沿岸大陆架海域的中型底栖鱼类。冷温性。全长可达 700mm。分布：渤海、黄海；朝鲜半岛、日本、彼得大帝湾、鄂霍次克海。供食用。

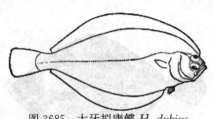

图 3685　大牙拟庸鲽 *H. dubius*
（依李思忠等，1987）

石鲽属 *Kareius* Jordan & Snyder，1901

石鲽 *K. bicoloratus*（Basilewsky，1855）（图 3686）。沿岸大陆架上缘海域的中型底栖鱼类。冷温性，栖息水深 30～100m。全长达 500mm。分布：渤海、黄海；朝鲜半岛、日本、千岛群岛、库页岛。食用鱼类之一，北方沿海已有养殖。

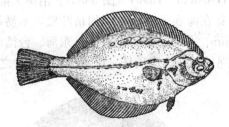

图 3686　石鲽 *K. bicoloratus*
（依郑葆珊，1955）

油鲽属 *Microstomus* Gottsche，1835

亚洲油鲽 *M. achne*（Jordan & Starks，1904）（图 3687）。沿岸大陆架上缘海域的中型底栖鱼类。冷温性，栖息水深 50～450m。全长达 600mm。分布：黄海、东海；日本、朝鲜半岛、千岛群岛、彼得大帝湾。较常见食用鱼类，有一定经济价值。

图 3687　亚洲油鲽 *M. achne*
（依郑葆珊，1955）

川鲽属 *Platichthys* Girard，1856

星斑川鲽 *P. stellatus*（Pallas，1787）（图 3688）。沿岸大陆架上缘的冷温性较大型底层鱼类，偶有个体进入咸淡水域。栖息于近海沙泥底质。食小型虾蟹、贝类和沙蚕。全长达 750mm。分布：渤海、黄海；日本、朝鲜半岛、彼得大帝湾、鄂霍次克海、白令海。食用鱼类，有一定经济价值。

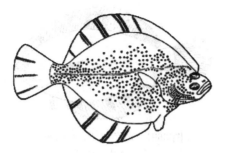

图 3688　星斑川鲽 *P. stellatus*

木叶鲽属 *Pleuronichthys* Girard，1856
种 的 检 索 表

1（2）有眼侧鳞片椭圆状，排列整齐规则，有形状多样的黑斑；背侧线不分支 ………………………
木叶鲽 *P. cornutus*（Temminck & Schlegel，1846）（图 3689）。栖息于水深 120m 的近海沙质底
栖鱼类。冬季生殖时，会迁移至浅海域产卵。肉食性，多静伏在海床上，伺机捕食甲壳类、贝类
及小鱼。暖温性，全长可达 200mm。分布：渤海、黄海、东海大陆架、台湾西岸及澎湖列岛海
域、南海（香港、北部湾）；朝鲜半岛、日本。食用鱼类，有一定经济价值。

图 3689　木叶鲽 *P. cornutus*
（依郑葆珊，1955）

2（1）有眼侧鳞片圆形，排列不整齐规则，黑斑圆形，仅边缘形状较不规则；背侧线具一往头部方向的
支线 ……………………… **日本木叶鲽 *P. japonicus* Suzuki，Kawashima & Nakabo，2009**
（图 3690）。沿岸大陆架海域的小型底栖鱼类。暖温性，栖息水深 0～150m。全长 200mm。分
布：东海大陆架边缘；日本。食用鱼类，有一定经济价值。

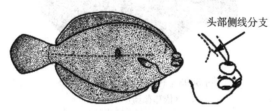

头部侧线分支

图 3690　日本木叶鲽 *P. japonicus*
（依中坊等，2013）

鲽属 *Pleuronectes* Linnaeus，1758
种 的 检 索 表

1（2）两侧背鳍、臀鳍具黑色横带；头部与体前部具少许镶入式鳞片 ……………………… **暗色鲽
P. obscurus（Herzenstein，1890）**（图 3691）［syn. 黑光鲽 *Liopsetta obscurus*（Herzenstein，
1890）］。沿岸大陆架海域的中小型底栖鱼类，也见于咸淡水域。冷温性。全长可达 400mm。分
布：黄海；朝鲜半岛、日本、库页岛、鄂霍次克海。食用经济鱼类，肉质鲜美。
2（1）两侧背鳍、臀鳍无黑色横带；头部与体前部为正常鳞片

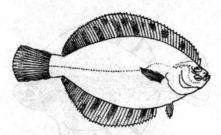

图 3691　暗色鲽 *P. obscurus*
（依李思忠，1987）

3（4）眼间隔无鳞；胸鳍侧线弧状，位置较高，一般长为高的 3～4 倍；吻较尖；新鲜个体盲侧尾柄边缘黄色·····················**赫氏鲽 *P. herzensteini* (Jordan & Snyder，1901)**（图 3692）［syn. 尖吻黄盖鲽 *Pseudopleuronectes herzensteini* (Jordan & Snyder，1901)］。沿岸大陆架海域的中小型底栖鱼类。冷温性，栖息水深 0～100m。全长可达 500mm。分布：渤海、黄海、东海；朝鲜半岛、日本、千岛群岛。食用鱼类，有一定经济价值。

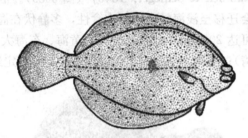

图 3692　赫氏鲽 *P. herzensteini*
（依郑葆珊，1955）

4（3）眼间隔覆有鳞片；胸鳍侧线弧状，位置较低，一般长为高的 5～6 倍；吻较钝；新鲜个体盲侧尾柄边缘白色·····················**钝吻鲽 *P. yokohamae* Günther，1877**（图 3693）［syn. 钝吻黄盖鲽 *Pseudopleuronectes yokohamae* (Günther，1877)］。沿岸大陆架海域的中小型底栖鱼类。冷温性，栖息水深 0～100m。全长可达 450mm。分布：渤海、黄海、东海；朝鲜半岛、日本。食用鱼类，有一定经济价值。

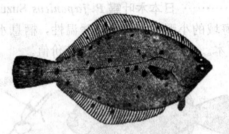

图 3693　钝吻鲽 *P. yokohamae*
（依郑葆珊，1955）

长鲽属 *Tanakius* Hubbs，1918

长鲽 *T. kitaharae* (Jordan & Starks，1904)（图 3694）。大陆架至大陆斜坡海域的小型底栖鱼类。冷温性，栖息水深 100～200m。全长 300mm。分布：渤海南部、黄海、东海东北部；日本、济州岛。

图 3694　长鲽 *T. kitaharae*
（依郑葆珊，1955）

星鲽属 *Verasper* Jordan & Gilbert, 1898
种 的 检 索 表

1 (2) 背鳍、臀鳍具黑斑；盲侧白色 ·· **圆斑星鲽**
V. variegatus (Temminck & Schlegel, 1846) (图 3695)。大陆架海域的中型底栖鱼类。冷温性。
全长可达 600mm。分布：渤海、黄海、东海北部；朝鲜半岛、日本、彼得大帝湾。供食用。

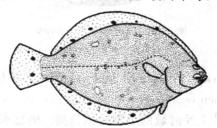

图 3695　圆斑星鲽 *V. variegatus*
(依中坊等, 2013)

2 (1) 背鳍、臀鳍具黑色横带；盲侧淡黄色 ···································· **条斑星鲽**
V. moseri Jordan & Gilbert, 1898 (图 3696)。大陆架沿岸海域的中型底栖鱼类。冷温性。全长
可达 700mm。分布：渤海、黄海；朝鲜半岛、日本、彼得大帝湾、鄂霍次克海。食用经济鱼类，
肉质鲜美。

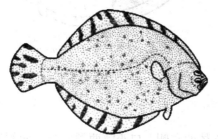

图 3696　条斑星鲽 *V. moseri*
(依中坊等, 2013)

301. 瓦鲽科 Poecilopsettidae

体略延长，侧扁。吻短于眼径。两眼均在右侧，两眼相接或几相连。口小，倾斜；齿成窄带状。鼻
腔内具一短中轴，鼻嗅叶由此辐射伸出。眼眶上无须。眼侧被栉鳞，盲侧被圆鳞；盲侧侧线不发达。背
鳍起点在眼上方；尾鳍尖形。

热带及亚热带沙泥底质水域的底栖性鱼类。栖息于水深 200~800m 的大陆斜坡上缘。产浮性卵，
幼鱼外形和一般鱼类相同，且眼位于体两侧，幼鱼漂浮生活于水层中，然后才下沉至沙地上活动。肉食
性，以多毛类等小型底栖无脊椎动物为食。

本科有 3 属 20 种 (Nelson et al., 2016)；中国有 1 属 2 种。

瓦鲽属 *Poecilopsetta* Günther, 1880
种 的 检 索 表

1 (2) 侧线鳞多于 90 ·························· **黑斑瓦鲽** *P. colorata* Günther, 1880 (图 3697) [syn. 长体
瓦鲽 *P. praelonga* Chen & Weng, 1965；沈世杰, 1982, 1984, 1993；Li & Wang, 1995 (non
Alcock)]。大陆斜坡上缘海域的小型底栖鱼类。栖息水深 228~800m。全长 170mm。分布：台
湾海域、南海；印度-西太平洋热带海域。

2 (1) 侧线鳞少于 75；尾鳍有 2 个大的黑圆斑 ······································· **双斑瓦鲽**

图 3697　黑斑瓦鲽 *P. colorata*
（依成庆泰等，1981）

P. plinthus（Jordan & Starks，1904）（图 3698）[syn. 大鳞瓦鲽 *P. megalepis* Fowler，1934；南非瓦鲽 *P. natalensis* Chen & Weng，1965；沈世杰，1982，1984，1993；Li & Wang，1995（non Norman）]。大陆斜坡上缘海域的小型底栖鱼类。栖息水深 60～400m。全长 190mm。分布：东海、台湾海域、南海；日本、菲律宾。食用经济鱼类，肉质鲜美。

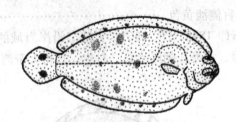

图 3698　双斑瓦鲽 *P. plinthus*
（依中坊等，2013）

302. 冠鲽科 Samaridae

体椭圆形，极侧扁；两眼皆在体的右侧。口小。两颌发达，两侧颌齿也发达，绒毛状，呈狭齿带；腭骨无齿。前鳃盖骨后缘游离，无皮膜或鳞片。有眼侧被强栉鳞，盲侧被圆鳞或弱栉鳞；侧线几近直线。背鳍起点在眼之前方，且向吻部延伸达盲侧鼻器的下方，前方鳍条延长如丝或正常；背鳍、臀鳍及尾鳍分离；胸鳍延长，但盲侧胸鳍缺如；腹鳍延长或无。

栖息于大陆架至大陆斜坡上缘海域的沙地或泥地上中小型鱼类，经济价值不高。产浮性卵，孵化后小鱼的外形和一般鱼类相同，眼位于体两侧，且先行漂浮性生活，然后才下沉至沙地上活动。利用背鳍和臀鳍缓缓地游动，遇敌则摆动身体及尾部快速游动或躲入沙中。食小型底栖生物。

本科有 3 属 27 种（Nelson et al.，2016）；中国有 3 属 8 种。

属 的 检 索 表

1（2）背鳍前方鳍条及有眼侧腹鳍鳍条延长呈丝状 ·································· 冠鲽属 *Samaris*
2（1）背鳍前方鳍条及有眼侧腹鳍鳍条不延长
3（4）胸鳍鳍条 8～10 ··· 斜颌鲽属 *Plagiopsetta*
4（3）胸鳍鳍条 4～5 ··· 沙鲽属 *Samariscus*

斜颌鲽属 *Plagiopsetta* Franz，1910

舌形斜颌鲽 *P. glossa* Franz，1910（图 3699）（syn. 条纹斜颌鲽 *P. lagiopsetta fasciatus* Fowler，1934）。沿岸大陆架海域的中小型沙底质底栖鱼类。栖息水深 77～145m。多静伏在海床上，伺机捕食甲壳类、贝类及小型鱼类。全长 150mm。分布：东海、台湾北部海域、南海（香港）；日本，澳大利亚东南海域。较罕见鱼种，偶为底拖网捕获。

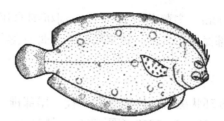

图 3699　舌形斜颌鲽 *P. glossa*
（依中坊等，2013）

冠鲽属 *Samaris* Grey，1831

冠鲽 *S. cristatus* Grey，1831（图 3700）。大陆架至大陆斜坡海域的中小型底栖鱼类。全长 175mm。分布：台湾西南部及澎湖列岛海域、南海；日本、菲律宾、印度尼西亚、大堡礁，印度-西太平洋热带海域。经济鱼类。

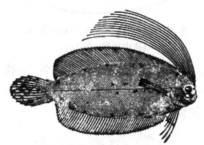

图 3700　冠鲽 *S. cristatus*
（依郑葆珊，1962）

沙鲽属 *Samariscus* Gilbert，1905
种 的 检 索 表

1（4）胸鳍大于头长

2（3）胸鳍为头长的 2 倍以上；鳍膜深色无条纹 ·················· **长臂沙鲽 *S. longimanus* Norman，1927**
（图 3701）。大陆架斜坡上缘海域的小型底栖鱼类。栖息水深 150～200m。全长 80mm。分布：台湾西南部海域；印度洋。

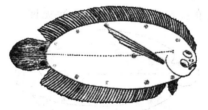

图 3701　长臂沙鲽 *S. longimanus*
（依陈兼善，翁廷辰，1965）

3（2）胸鳍为头长的 1.1～1.6 倍；鳍膜深色无条纹 ·················· **满月沙鲽 *S. latus* Norman，1927**
（图 3702）（syn. 丝鳍沙鲽 *Samariscus filipectoralis* Shen，1982）。大陆斜坡上缘海域的小型底

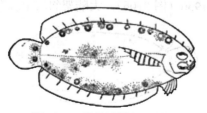

图 3702　满月沙鲽 *S. latus*
（依李思忠等，1987）

栖鱼类。栖息水深 60～200m。多静伏在海床上，伺机捕食甲壳类、贝类及小型鱼类。全长 160mm。分布：台湾东北部海域；日本。较罕见鱼种，偶为底拖网捕获。

4（1）胸鳍略与头长等长或较短

5（8）侧线鳞 70～75

6（7）有眼侧体侧中央沿侧线具 3 环状黑斑；体椎骨数 9 枚，尾部椎骨数 31～32 枚 ····················· ······**三斑沙鲽** *S. triocellatus* **Wood，1960**（图 3703）。栖息于水深 90～240m 大陆斜坡上缘海域、珊瑚礁区或潟湖的礁沙区。平贴于礁石上。食底栖鱼类及无脊椎动物。全长 100mm。分布：台湾南部及小琉球海域、南海；日本、缅甸、印度尼西亚。

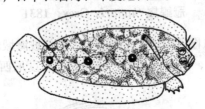

图 3703　三斑沙鲽 *S. triocellatus*
（依中坊等，2013）

7（6）有眼侧体侧中央沿侧线无黑斑；体椎骨 10 枚，尾部椎骨 29 枚 ····················· **胡氏沙鲽** *S. huysmani* **Weber，1913**（图 3704）。大陆斜坡上缘海域的小型底栖鱼类。栖息水深 90～240m。全长 100mm。分布：南海；缅甸、印度尼西亚。

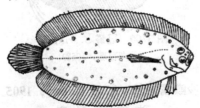

图 3704　胡氏沙鲽 *S. huysmani*
（依 Norman，1934）

8（5）侧线鳞 45～65

9（10）胸鳍鳍条 4；体椎骨 9 枚，尾椎骨 26～27 枚 ····················· **高知沙鲽** *S. xenicus* **Ochiai & Amaoka，1962**（图 3705）。大陆斜坡上缘海域的小型底栖鱼类。栖息水深 50～55m。全长 60mm。分布：台湾海域；日本。罕见种类。

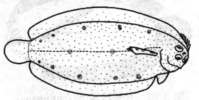

图 3705　高知沙鲽 *S. xenicus*
（依中坊等，2013）

10（9）胸鳍鳍条 5；体椎骨 10 枚，尾椎骨 29 枚 ····················· **日本沙鲽** *S. japonicus* **Kamohara，1936**（图 3706）。大陆架斜坡上缘海域的小型底栖鱼类。栖息水深 30

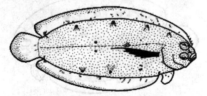

图 3706　日本沙鲽 *S. japonicus*
（依中坊等，2013）

～170m。全长 120mm。分布：东海中部、台湾大溪外海；日本。

303. 鳎科 Soleidae

体椭圆形或卵圆形，极侧扁；两眼皆在体之右侧，偶有逆转型。口小，不对称；两颌不发达，下颌不突出；吻端有时呈下垂状。盲侧齿发达，呈细齿带；腭骨无齿。前鳃盖骨缘不游离，被有皮膜或鳞片。体被圆鳞、栉鳞或皮膜；侧线单一。背鳍起点在眼之上方；背鳍、臀鳍及尾鳍相连或分离；胸鳍小或无；腹鳍小，有些种类的盲侧无腹鳍，有时与臀鳍相连。

主要栖息于暖水性海域的沙地或泥地上，为中小型鱼类，经济价值不高。有些种类可游入溪流中。平时潜藏于沙泥中，仅露出双眼，伺机捕食小鱼及小虾；有些物种体色随环境而改变，是伪装的能手。

本科有 32 属 175 种（Nelson et al.，2016）；中国有 11 属 22 种。

属 的 检 索 表

1（2）吻部特化成钩吻，口下位 ·· 钩嘴鳎属 *Heteromycteris*

2（1）吻部不特化成钩吻，口前位

3（8）两侧均无胸鳍

4（5）两侧背鳍、臀鳍各鳍条基部有小孔，鳍条具分支 ············· 豹鳎属 *Pardachirus*

5（4）两侧背鳍、臀鳍各鳍条基部无小孔，鳍条不分支

6（7）两侧被圆鳞 ··· 圆鳞鳎属 *Liachirus*

7（6）两侧被栉鳞 ··· 栉鳞鳎属 *Aseraggodes*

8（3）两侧均具胸鳍，特定种类有退化的痕迹

9（10）有眼侧前鼻管长，末端可抵达下眼中间位置或碰触到下眼 ··········· 长鼻鳎属 *Soleichthys*

10（9）有眼侧前鼻管短，末端通常无法接触下眼前端

11（12）背鳍、臀鳍与尾鳍完全分离 ······································· 鳎属 *Solea*

12（11）背鳍、臀鳍与尾鳍部分或完全连接

13（16）有眼侧无黑色横带；体呈卵圆形；鳃盖膜不与胸鳍上缘相连

14（15）有眼侧表面具黑色感觉丝 ·· 宽箬鳎属 *Brachirus*

15（14）有眼侧表面无黑色感觉丝 ·· 巧鳎属 *Dagetichthys*

16（13）有眼侧具黑色横带；体较延长；鳃盖膜与胸鳍上缘有膜相连

17（18）第一根背鳍鳍条粗长突出 ·· 角鳎属 *Aesopia*

18（17）第一根背鳍鳍条不特别粗长突出

19（20）背鳍、臀鳍仅基部和尾鳍相连，鳍条末端约在尾鳍 1/3 处，尾鳍无白色斑点 ··············· ··· 拟鳎属 *Pseudaesopia*

20（19）背鳍、臀鳍完全或大部分和尾鳍相连，不完全相连的种类鳍条末端约在尾鳍 1/2 处，尾鳍具数枚白色斑点 ··· 条鳎属 *Zebrias*

角鳎属 *Aesopia* Kaup，1858

角鳎 *A. cornuta* Kaup，1858（图 3707）。沿岸大陆架周边沙泥底的小型底栖鱼类。栖息水深 0～

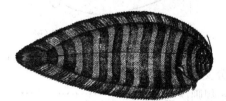

图 3707　角鳎 *A. cornuta*
（依郑葆珊，1962）

100m。全长 200mm。分布：东海中央部大陆架、台湾南部及澎湖列岛海域、南海（广东）；日本，印度-西太平洋热带海域。以底拖网捕获，数量少，不具经济价值。

栉鳞鳎属 Aseraggodes Kaup，1858
种 的 检 索 表

1（4）前鼻管短，一般无法触及下眼前缘

2（3）有眼侧体表以及鳍条具网状斑纹··························**日本栉鳞鳎 A. kaianus**（Günther，1880）
（图 3708）。沿岸大陆架海域的小型底栖鱼类。栖息于水深 0～100m 的沙泥底。全长 100mm。分布：东海中央部、台湾南部海域、南海；日本、印度尼西亚、澳大利亚。

图 3708　日本栉鳞鳎 A. kaianus
（依李思忠等，1995）

3（2）有眼侧体表以及鳍条无网状斑纹，体上下缘各有 1 列褐色斑块··························**褐斑栉鳞鳎**
A. kobensis（Steindachner，1896）（图 3709）。沿岸珊瑚礁海域的小型底栖鱼类。栖息于水深 80
～100m 的沙泥底。全长 65mm。分布：东海（浙江）、台湾南部及澎湖列岛海域、海南岛、南海
（广东、广西）；日本、菲律宾、苏拉威西岛、马绍尔群岛、安达曼海。数量少，无经济价值。

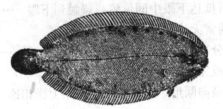

图 3709　褐斑栉鳞鳎 A. kobensis
（依李思忠等，1995）

4（1）前鼻管较长，一般延伸触及下眼前缘或超过

5（6）头部侧线具一往鳃盖方向的分支侧线；侧线鳞 63～70 ··························**外来栉鳞鳎**
A. xenicus（Matsubara & Ochiai，1963）（图 3710）（syn. 外来副拟鳎 Parachirus xenicus
Matsubara & Ochiai，1963）。沿岸大陆架海域的小型底栖鱼类。栖息于水深 80～100m 的沙泥
底。全长 100mm。分布：东海、台湾南部海域、南海；朝鲜半岛、日本。

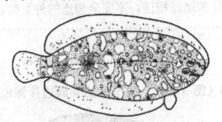

图 3710　外来栉鳞鳎 A. xenicus
（依中坊等，2013）

6（5）头部侧线无往鳃盖方向的分支侧线；侧线鳞 73～86

7（8）侧线鳞 73～76；有眼侧具不规则淡色虫状纹 ··························**陈氏栉鳞鳎**
A. cheni Randall & Senou，2007（图 3711）。沿岸珊瑚礁海域的小型底栖鱼类。栖息于水深 15～48m
的沙泥底。全长 70mm。分布：台湾垦丁；日本。罕见，无食用价值。

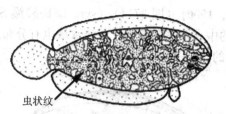

图 3711　陈氏栉鳞鳎 *A. cheni*
（依中坊等，2013）

8（7）侧线鳞 81～86；有眼侧淡褐色散布细小黑斑 ……………………………… **东方栉鳞鳎**
A. orientalis Randall & Senou，2007（图 3712）。沿岸珊瑚礁海域的小型底栖鱼类。栖息于水深
2～23m 的沙泥底。全长仅 40mm。分布：台湾海域；日本。

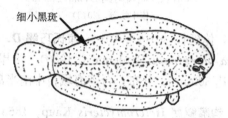

图 3712　东方栉鳞鳎 *A. orientalis*
（依中坊等，2013）

宽箬鳎属 *Brachirus* Swainson，1839
种 的 检 索 表

1（2）盲侧为圆鳞；侧线鳞 95 ………………… **斯氏宽箬鳎 B. swinhonis（Steindachner，1867）**。
沿岸大陆架海域的小型底栖鱼类。全长 46mm。稀有，目前确认个体仅全模式标本。分布：
香港。

2（1）盲侧为栉鳞；侧线鳞少于 85

3（4）有眼侧胸鳍较盲侧大，有眼侧鳞片大小无明显差异 …………………………… **东方宽箬鳎**
B. orientalis（Bloch & Schneider，1801）（图 3713）。沿岸大陆架海域的中小型底栖鱼类。咸淡
水域及淡水也有分布。全长达 300mm。分布：东海（福建厦门）、台湾南部海域、南海（广东、
广西）；日本，印度-西太平洋热带海域。

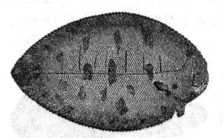

图 3713　东方宽箬鳎 *B. orientalis*
（依郑葆珊，1962）

4（3）两侧胸鳍等大，有眼侧头部及背上鳞片较其他区域大 ……………………………… **恒河宽箬鳎**
B. pan（Hamilton，1822）。沿岸大陆架海域的小型底栖鱼类。咸淡水域及淡水也有分布。全长
200mm。分布：南海；印度至印度尼西亚南端热带海域。

巧鳎属 *Dagetichthys* Stauch & Blanc，1964
种 的 检 索 表

1（2）有眼侧体散布不规则黑褐色斑块，体卵圆形 ………………………………………… **暗斑巧鳎**

D. marginata（Boulenger，1900）（图 3714）（syn. 暗斑箬鳎 *Synaptura marginata* Boulenger，1900）。沿岸大陆架海域的中小型底栖鱼类。咸淡水域也有分布。全长达 400mm。分布：台湾海域；日本，南非至菲律宾的印度-西太平洋热带海域。

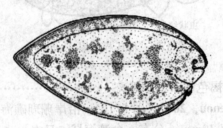

图 3714　暗斑巧鳎 D. marginata
（依中坊等，2013）

2（1）有眼侧体深褐色，无斑块，体延长 ················ 康氏巧鳎 **D. commersonnii**（Lacepède，1802）
（syn. 康氏箬鳎 *Synaptura marginata* Boulenger，1900）。沿岸大陆架海域的中小型底栖鱼类。咸淡水域也有分布。全长达 300mm。分布：台湾海域；中南半岛沿岸。

钩嘴鳎属 *Heteromycteris* Kaup，1858
种 的 检 索 表

1（2）有眼侧体散布小型黑褐色圆斑 ·· 日本钩嘴鳎
H. japonicus（Temminck & Schlegel，1846）（图 3715）。沿岸大陆架海域的小型底栖鱼类。全长 130mm。分布：东海、海南岛、南海（广西）；朝鲜半岛、日本。

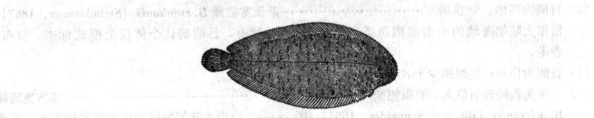

图 3715　日本钩嘴鳎 H. japonicus
（依郑葆珊，1962）

2（1）有眼侧上下各有 3 马蹄形斑···················· 松原氏钩嘴鳎 **H. matsubarai** Ochiai，1963
（图 3716）。沿岸大陆架海域的小型底栖鱼类。全长 140mm。分布：台湾海域、南海南部；日本，印度-西太平洋。

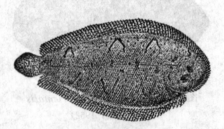

图 3716　松原氏钩嘴鳎 H. matsubarai
（依 Ochiai，1963）

圆鳞鳎属 *Liachirus* Günther，1862

眼斑圆鳞鳎 **L. melanospilos**（Bleeker，1854）（图 3717）。沿岸大陆架中小型底栖鱼类。栖息于水深 0～100m 的沙泥底。全长仅达 75mm。分布：台湾南部海域、南海（广东）；日本，印度-西太平洋热带海域。

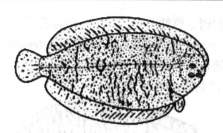

图 3717　眼斑圆鳞鳎 *L. melanospilos*
（依郑葆珊，1962）

豹鳎属 *Pardachirus* Günther，1862

眼斑豹鳎 *P. pavoninus*（Lacepède，1802）（图 3718）。沿岸珊瑚礁区周边沙泥底的中小型底栖鱼类。全长 150mm。分布：台湾南部海域、海南岛、南海；日本，印度-西太平洋。

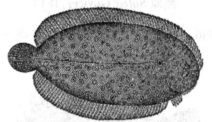

图 3718　眼斑豹鳎 *P. pavoninus*
（依郑葆珊，1962）

拟鳎属 *Pseudaesopia* Chabanaud，1934

日本拟鳎 *P. japonica*（Bleeker，1860）（图 3719）。沿岸大陆架周边沙泥底的小型底栖鱼类。栖息水深 0～100m。全长 150mm。分布：东海大陆架域、台湾海域；朝鲜半岛、日本。

图 3719　日本拟鳎 *P. japonica*
（依中坊等，2013）

长鼻鳎属 *Soleichthys* Bleeker，1860
种 的 检 索 表

1（2）有眼侧体具环状黑褐色斑块；背鳍、臀鳍与尾鳍相连；前鼻管较短，仅接触到下眼前缘；盲侧胸鳍退化仅余痕迹·····················云斑长鼻鳎 *S. annularis*（Fowler，1934）（图 3720）（syn. 云斑宽箬鳎 *Brachirus annularis* Fowler，1934）。沿岸大陆架海域的小型底栖鱼类。栖息于水深 150～266m 的沙泥底。全长 130mm。分布：台湾海域、南海；日本、爪哇岛，澳大利亚西北部海域。

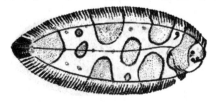

图 3720　云斑长鼻鳎 *S. annularis*
（依 *Fowler*，1933）

2（1）有眼侧体具黑褐色横带；背鳍、臀鳍与尾鳍分离；前鼻管长，延伸超过下眼中线；盲侧胸鳍较有眼侧小但未退化·······························异吻长鼻鳎 **S. heterorhinos**（**Fowler，1934**）（图 3721）。沿岸珊瑚礁海域的小型底栖鱼类。栖息于珊瑚礁周边的沙泥底。全长 120mm。分布：台湾南部海域；日本，印度-西太平洋热带海域。

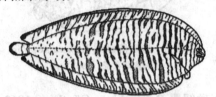

图 3721　异吻长鼻鳎 S. heterorhinos
（依中坊等，2013）

鳎属 *Solea* Guvier，1817

卵鳎 S. ovata Richardson，1846（图 3722）。沿岸珊瑚礁区周边沙泥底的中小型底栖鱼类。全长 85mm。分布：台湾海域、南海；印度-西太平洋热带海域。

图 3722　卵鳎 S. ovata
（依郑葆珊，1962）

条鳎属 *Zebrias* Jordan & Snyder，1900
种 的 检 索 表

1（2）两眼各具一管状突起··························峨嵋条鳎 **Z. quagga**（**Kaup，1858**）（图 3723）。沿岸大陆架海域的小型底栖鱼类。栖息于水深 0～100m 的沙泥底。全长 150mm。分布：台湾海域、南海；波斯湾至印度尼西亚一带的印度-太平洋热带海域。

图 3723　峨嵋条鳎 Z. quagga
（依郑葆珊，1962）

2（1）两眼无管状突起
3（4）背鳍、臀鳍和尾鳍完全相连；侧线鳞 90～124；两眼间隔较宽且具鳞片 ·······················
斑纹条鳎 **Z. zebrinus**（**Temminck & Schlegel，1846**）（图 3724）［syn. 条鳎 *Zebrias zebra* 沈世

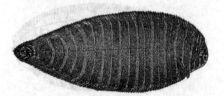

图 3724　斑纹条鳎 Z. zebrinus
（依郑葆珊，1955）

杰，1984，1993；Li & Wang，1995（non Bloch）]。沿岸海域沙泥底的小型底栖鱼类。栖息水深 0～100m。全长达 220mm。分布：东海、台湾海域、南海；日本。

4（3）背鳍、臀鳍和尾鳍仅部分相连，鳍条末端约在尾鳍 1/2 处；侧线鳞 65～75；两眼间隔窄，近乎相连且无鳞 ························· **缨鳞条鳎** *Z. crossolepis*（**Zheng & Chang，1965**）（图 3725）。沿岸海域沙泥底的小型底栖鱼类。全长 140mm。分布：台湾海域、南海。

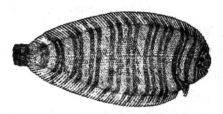

图 3725　缨鳞条鳎 *Z. crossolepis*
（依李思忠等，1995）

304. 舌鳎科 Cynoglossidae

体长舌形，极侧扁。双眼均位于头部左侧，小而靠近。口小，下位，左右不对称；吻延出，向前下方弯曲呈弧形或钩形。有眼侧无齿或较稀疏，盲侧则具细小绒毛状齿；犁骨与腭骨均无齿。鳃盖膜与峡部分离。体被小栉鳞，仅少数种被圆鳞；有眼侧具侧线 2～3 条或无侧线，盲侧具侧线 1～2 条或无侧线。背鳍起点在头部前方，背鳍、臀鳍与尾鳍相连；无胸鳍；尾鳍尖形；腹鳍大部分仅见于眼侧，盲侧无腹鳍。

小型至中大型鱼类栖息环境多样，大部分为栖息于大陆架内沙泥底质的鱼种，有些则栖息于较深水域，有些则生活于珊瑚礁区，甚至潮间带的潮池皆有。栖息水深 0～1 500m。食多毛类等底栖无脊椎动物。本科有 2 亚科 3 属 143 种（Nelson et al.，2016）；中国有 2 亚科 3 属 33 种。

亚科的检索表

1（2）有眼侧具 2～3 条侧线，无眼侧具 0～2 条侧线；吻端特化成钩状；口一般下位；大部分种类栖息在 0～100m 深的浅海 ·········· 舌鳎亚科 Cynoglossinae

2（1）两侧均无侧线；吻端不特化成钩状；口一般为前位；大部分种类栖息在 200m 深的深海 ······ ························· 无线鳎亚科 Symphirinae

舌鳎亚科 Cynoglossinae

两侧一般具侧线，有眼侧具 2～3 条侧线，盲侧具 0～2 条侧线；吻端特化成钩状且延长；口一般为下位；有眼侧上下唇或具须状突起。

本亚科有 2 属 62 种；中国有 2 属 27 种。

属 的 检 索 表

1（2）有眼侧上下唇具须状突起 ························· **须鳎属** *Paraplagusia*

2（1）有眼侧上下唇平滑，无须状突起 ························· **舌鳎属** *Cynoglossus*

舌鳎属 *Cynoglossus* Hamilton，1822
种 的 检 索 表

1（2）有眼侧仅具一鼻孔 ·········· **单孔舌鳎** *C. itinus*（**Snyder，1909**）（图 3726）。沿岸海域沙泥底的小型底栖鱼类。栖息水深 0～100m。全长 150mm。分布：台湾澎湖列岛海域、南海（广东）；日本。

2（1）有眼侧具二鼻孔

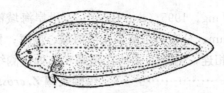

图 3726 单孔舌鳎 *C. itinus*

（依山田等，2013）

3（6）尾鳍鳍条 12，盲侧具 1～2 侧线

4（5）盲侧具 2 侧线，盲侧鳞片为圆鳞 ·················· **四线舌鳎 *C. quadrilineatus*（Bleeker，1851）**
（图 3727）［syn. 双线舌鳎 *C. bilineatus*（Lacepède，1802）］。沿岸海域沙泥底的中小型底栖鱼类。栖息水深 13～120m。全长达 400mm。分布：台湾海域、南海；日本、波斯湾、印度尼西亚、澳大利亚，印度-西太平洋热带海域。食用经济鱼类，肉质鲜美。

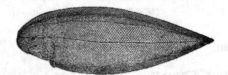

图 3727 四线舌鳎 *C. quadrilineatus*

（依李思忠等，1995）

5（4）盲侧具 1 侧线，盲侧鳞片为栉鳞 ··································· **盘状舌鳎 *C. trulla*（Cantor，1849）**
（图 3728）（syn. 中华舌鳎 *C. sinicus* Wu，1932）。沿岸海域沙泥底的中小型底栖鱼类。全长达 450mm。分布：台湾海域、南海；泰国、马来西亚。

图 3728 盘状舌鳎 *C. trulla*

6（3）尾鳍鳍条 8～10，盲侧具 0～1 侧线

7（16）尾鳍鳍条 8

8（9）背侧、中央侧线间鳞列数 11～13，中央侧线鳞 64～73 ···························· **南海舌鳎**
C. nanhaiensis Wang，Munroe & Kong，2016。沿岸海域沙泥底的中小型底栖鱼类。全长 180mm。分布：南海；越南。

9（8）背侧、中央侧线间鳞列数大于 16，中央侧线鳞大于 100

10（13）背侧、中央侧线间鳞列数 16～20

11（12）体长为体高的 3.7～4.4 倍；有眼侧体表散布细少黑斑，盲侧背鳍、臀鳍末端黑褐色······
················ **紫斑舌鳎 *C. purpureomaculatus* Regan，1905**（图 3729）。沿岸海域沙泥底的中小型底栖鱼类。栖息水深 20～85m。全长达 300mm。分布：渤海、黄海、东海、台湾海域、南海。

图 3729 紫斑舌鳎 *C. purpureomaculatus*

（依郑葆珊，1955）

12（11）体长为体高的 3.3～3.8 倍；有眼侧体色单一，仅有少许黑斑点，盲侧背鳍、臀鳍末端白色
················ **短吻舌鳎 *C. abbreviatus*（Gray，1834）**（图 3730）。沿岸海域沙泥底的中小型底栖鱼类，也栖息于河口等咸淡水域，栖息于水深 0～30m。全长达 400mm。分布：渤

海、黄海、东海、台湾澎湖列岛海域、南海（广东）；日本。食用经济鱼类，肉质鲜美。

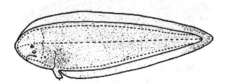

图 3730　短吻舌鳎 *C. abbreviatus*

（依山田等，2013）

13（10）背侧、中央侧线间鳞列数 21～24

14（15）体长为体高的 3.5～4.3 倍；有眼侧体表具不规则斑块；眼较大，眼间距等于或略小于下眼径 ·························**三线舌鳎** *C. trigrammus* **Günther，1862**（图 3731）。沿岸海域沙泥底的中小型底栖鱼类。栖息水深 20～85m。全长达 300mm。分布：渤海、黄海、东海、台湾海域、南海（香港）。食用经济鱼类，肉质鲜美。

图 3731　三线舌鳎 *C. trigrammus*

（依郑葆珊，1955）

15（14）体长为体高的 4.4～5.1 倍；有眼侧体色单一；眼小，眼间距为下眼径的 2 倍 ··················· ············**窄体舌鳎** *C. gracilis* **Günther，1873**（图 3732）。沿岸海域沙泥底的中小型底栖鱼类，也栖息于河口等咸淡水域，栖息水深 0～30m。全长达 310mm。分布：渤海、黄海、东海、台湾海域、南海（香港）；朝鲜半岛、日本。食用经济鱼类，肉质鲜美。

图 3732　窄体舌鳎 *C. gracilis*

（依李思忠等，1995）

16（7）尾鳍鳍条 10

17（18）双眼突出，有管状眼柄，有眼侧鼻管皆在眼柄前方 ··· **高眼舌鳎** *C. monopus* **（Bleeker，1849）**（图 3733）。沿岸海域沙泥底小型底栖鱼类。全长 170mm。分布：南海；印度-西太平洋热带海域。

图 3733　高眼舌鳎 *C. monopus*

（依李思忠等，1995）

18（17）双眼突出，有管状眼柄，有眼侧后鼻孔在两眼间

19（26）盲侧为圆鳞

20（21）有眼侧具 3 侧线························**半滑舌鳎** *C. semilaevis* **Günther，1873**（图 3734）。栖息于低温、低盐沿岸海域沙泥底的中型底栖鱼类，也栖息于河口等咸淡水域。全长达 700mm。分布：渤海、黄海、东海、南海；朝鲜半岛、日本。食用经济鱼类，肉质鲜美。

21（20）有眼侧具 2 侧线

图 3734　半滑舌鳎 *C. semilaevis*
（依郑葆珊，1962）

22（23）背侧、中央侧线间鳞列数 10～12 ·····························　宽体舌鳎 *C. robustus* Günther，1873
（图 3735）（syn. 黑鳃舌鳎 *C. roulei* Wu，1932）。沿岸海域沙泥底的中小型底栖鱼类，也栖息
于河口等咸淡水域。全长达 420mm。分布：东海中央部大陆架域、黄海（青岛）、台湾海域、
南海（广东南澳）；朝鲜半岛、日本。食用经济鱼类，肉质鲜美。

图 3735　宽体舌鳎 *C. robustus*
（依郑葆珊，1962）

23（22）背侧、中央侧线间鳞列数 6～9
24（25）背侧、中央侧线间鳞列数 6～7 ·················　黑尾舌鳎 *C. melampetalus*（Richardson，1846）
（图 3736）［syn. 巨鳞舌鳎 *C. macrolepidotus* Oshima，1927；Wu，1932；Li & Wang，1995
（non Bleeker）］。沿岸海域沙泥底的中小型底栖鱼类，也栖息于河口等浅水域。全长达
300mm。分布：东海、南海。

图 3736　黑尾舌鳎 *C. melampetalus*

25（24）背侧、中央侧线间鳞列数 8～9 ·················　印度舌鳎 *C. arel*（Bloch & Schneider，1801）
（图 3737）［syn. 寡鳞舌鳎 *C. oligolepis* Li & Wang，1995（non Bleeker）］。沿岸海域沙泥底
的中小型底栖鱼类。栖息水深 0～100m。全长达 400mm。分布：东海、台湾海域、南海；印
度-西太平洋热带海域。

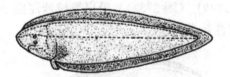

图 3737　印度舌鳎 *C. arel*
（依山田等，2013）

26（19）盲侧为栉鳞
27（38）有眼侧具 2 侧线
28（33）背侧、中央侧线间鳞列数 9～11
29（30）背部侧线不完全，仅延伸至体中央 ·····················　断线舌鳎 *C. interruptus* Günther，1873
（图 3738）。沿岸海域沙泥底的小型底栖鱼类。栖息水深 10～140m。全长 150mm。分布：东
海、台湾澎湖列岛海域；日本。
30（29）背部侧线完全，延伸至尾柄与尾鳍附近
31（32）背侧、中央侧线间鳞列数 9，侧线鳞 56～58 ·····················　西宝舌鳎 *C. sibogae* Weber，1913

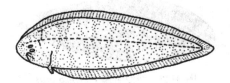

图 3738　断线舌鳎 *C. interruptus*

（依山田等，2013）

（图 3739）。沿岸海域沙泥底的小型底栖鱼类。全长仅 150mm。分布：南海；泰国、菲律宾、印度尼西亚。

图 3739　西宝舌鳎 *C. sibogae*

（依郑葆珊，1962）

32（31）背侧、中央侧线间鳞列数 10～11，侧线鳞 65～85 ⋯⋯⋯⋯⋯⋯⋯⋯⋯⋯⋯ **短头舌鳎 *C. brachycephalus* Bleeker，1870** ［syn. 考氏舌鳎 *C. kopsii* Chen & Weng，1965；沈世杰，1982，1984，1993；Li & Wang，1995（non Bleeker）］。沿岸海域沙泥底的小型底栖鱼类。全长 150mm。分布：台湾海域、南海；新加坡。

33（28）背侧、中央侧线间鳞列数 12～19

34（35）背侧、中央侧线间鳞列数 16～19；有眼侧具细长条纹、不规则横带或大片斑块⋯⋯⋯⋯⋯⋯⋯⋯⋯⋯⋯**斑头舌鳎 *C. puncticeps*（Richardson，1846）**（图 3740）。沿岸海域沙泥底的小型底栖鱼类。全长 170mm。分布：台湾南部海域、南海；印度-西太平洋热带海域。

图 3740　斑头舌鳎 *C. puncticeps*

（依郑葆珊，1962）

35（34）背侧、中央侧线间鳞列数 12～14；有眼侧无斑纹

36（37）吻端约达下眼下方；口末端较接近鳃盖⋯⋯⋯⋯⋯⋯⋯⋯ **南洋舌鳎 *C. lida* Hamilton，1822**（图 3741）。沿岸海域沙泥底的小型底栖鱼类。全长达 150mm。分布：台湾海域；印度至印度尼西亚沿岸的热带西太平洋海域。

图 3741　南洋舌鳎 *C. lida*

（依陈兼善、翁廷辰，1965）

37（36）吻端约达前鼻孔下方；口末端较接近吻端 ⋯⋯⋯⋯⋯⋯⋯⋯⋯⋯⋯⋯⋯ **线纹舌鳎 *C. lineolatus* Steindachner，1867**（图 3742）。沿岸海域沙泥底的小型底栖鱼类。全长 100mm。分布：南海（香港）。

图 3742　线纹舌鳎 *C. lineolatus*

（依郑葆珊，1962）

38（27）有眼侧具 3 侧线

39（42）上下眼相连接

40（41）背侧、中央侧线间鳞列数 19～22；背鳍鳍条 115～126；臀鳍鳍条 92～105···················
··········**书颜舌鳎 *C. suyeni* Fowler，1934**。大陆架海域沙泥底的中小型底栖鱼类。栖息于较深海
域。全长 275mm。分布：台湾海域；菲律宾、西里伯斯海、帝汶海。

41（40）背侧、中央侧线间鳞列数 11～12；背鳍鳍条 104～112；臀鳍鳍条 83～88···················
··········**落合氏舌鳎 *C. ochiaii* Yokogawa，Endo & Sakaji，2008**（图 3743）。大陆架海域沙泥底的
中小型底栖鱼类。栖息水深 46～220m。全长 180mm。分布：东海、台湾海域；日本。

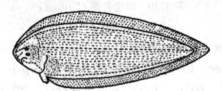

图 3743　落合氏舌鳎 *C. ochiaii*

（依山田等，2013）

42（39）上下眼分离不相连

43（44）体长为体高的 2.9～3.8 倍；口末端仅达下眼中央·· **黑鳍舌鳎
C. nigropinnatus Ochiaii，1963**（图 3744）。大陆架海域沙泥底的中小型底栖鱼类。栖息水深
50～150m。全长达 220mm。分布：东海、台湾海域、南海；日本。

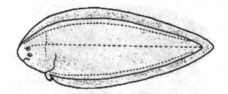

图 3744　黑鳍舌鳎 *C. nigropinnatus*

（依山田等，2013）

44（43）体长为体高的 3.7 倍以上；口末端达下眼后缘或超过

45（46）口末端仅达下眼后缘，下唇平滑；头高大于头长；眼间距略大于下眼长·····················
焦氏舌鳎 *C. joyneri* Günther，1878（图 3745）。大陆架海域沙泥底的中小型底栖鱼类。栖息
水深 31～130m。全长达 250mm。分布：渤海、黄海、东海、南海（广东）；日本。食用经济
鱼类，肉质鲜美。

图 3745　焦氏舌鳎 *C. joyneri*

（依郑葆珊，1962）

46（45）口末端延伸超过下眼后缘，下唇有一三角状肉突；头高小于头长；眼间距小于下眼长·········
··········**长吻舌鳎 *C. lighti* Norman，1925**（图 3746）。大陆架海域沙泥底的中小型底栖

鱼类。栖息水深20～70m。全长达230mm。分布：渤海、黄海、东海、台湾海域、南海（广东）；日本。食用经济鱼类，肉质鲜美。

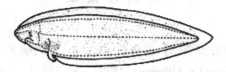

图 3746　长吻舌鳎 *C. lighti*

（依山田等，2013）

须鳎属 *Paraplagusia* Bleeker，1865
种 的 检 索 表

1（2）有眼侧具3条侧线；无眼侧的背鳍及臀鳍黑色 ·· **日本须鳎**
　　　 P. japonica （**Temminck & Schlegel，1846**）（图3747）。沿岸海域沙泥底的中小型底栖鱼类，也
　　　 栖息于河口等浅水域，栖息水深0～65m。全长达350mm。分布：东海、台湾海域、南海；朝鲜
　　　 半岛、日本。食用经济鱼类，肉质鲜美。

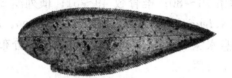

图 3747　日本须鳎 *P. japonica*

（依郑葆珊，1962）

2（1）有眼侧具2条侧线；无眼侧的背鳍及臀鳍不呈黑色
3（4）背鳍软条94～104；侧线鳞73～83；吻的钩状部前端仅伸达下眼后端的前方·······················
　　　 ·······**布氏须鳎** ***P. blochi*** （**Bleeker，1851**）（图3748）。沿岸海域沙泥底的中小型底栖鱼类，也栖息
　　　 于河口等浅水域，栖息水深7～80m。全长达220mm。分布：台湾海域、南海；朝鲜半岛、日本。

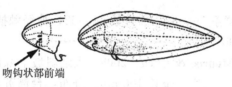

吻钩状部前端

图 3748　布氏须鳎 *P. blochi*

（依中坊等，2013）

4（3）背鳍软条96～118；侧线鳞97～113；吻的钩状部前端仅伸达下眼后端的下方·······················
　　　 ·······**双线须鳎** ***P. bilineata*** （**Bloch，1787**）（图3749）（台湾须鳎 *P. formosana* Oshima，1927）。
　　　 沿岸海域沙泥底的中小型底栖鱼类。栖息于大陆架沙泥底质及河口的咸淡水域。全长达300mm。
　　　 分布：台湾海域、南海；日本，泰国，印度洋。

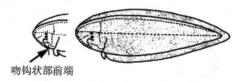

吻钩状部前端

图 3749　双线须鳎 *P. bilineata*

（依中坊等，2013）

无线鳎亚科 Symphirinae

两侧均无侧线；吻端不特化成钩状；口一般为前位；大部分种类栖息在200m深的深海。

无线鳎属 *Symphurus* Rafinesque, 1810
种 的 检 索 表

1 (4) 尾鳍鳍条 12, 尾下骨 4

2 (3) 背鳍鳍条 96～101; 臀鳍鳍条 82～89; 椎骨数 52～55; 横列鳞 37～42, 纵列鳞87～99⋯⋯⋯⋯⋯
⋯⋯⋯⋯**东方无线鳎 *S. orientalis* (Bleeker, 1879)** (图 3750) (syn. 九带无线鳎 *Symphurus novem-fasciatus* Shen & Lin, 1984)。大陆斜坡上缘沙泥底的小型底栖鱼类。栖息于水深 200～520m 的深海。全长 100mm。分布:东海、台湾东港海域;日本,西-北太平洋海域。无食用价值。

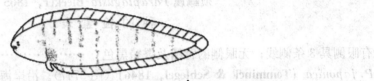

图 3750 东方无线鳎 *S. orientalis*
(依山田等, 2013)

3 (2) 背鳍鳍条 89～92; 臀鳍鳍条 76～80; 椎骨数 49～51; 横列鳞 32～35, 纵列鳞75～83⋯⋯⋯⋯
⋯⋯⋯⋯**白边无线鳎 *S. leucochilus* Lee, Munroe & Shao, 2014** (图 3751)。大陆架下缘沙泥底的小型底栖鱼类。栖息水深 100～150m。全长 60mm。分布:台湾海域;日本。小型鱼类,以底拖网捕获较多,无经济价值。

图 3751 白边无线鳎 *S. leucochilus*
(依李茂荧摄)

4 (1) 尾鳍鳍条 14, 尾下骨 5

5 (6) 背鳍鳍条 92～94; 臀鳍鳍条 79～82; 椎骨数 51～52; 神经棘插入支鳍骨模式 (ID pattern) 为 1-2-2; 盲侧上下缘满布细小黑点 ⋯⋯⋯⋯⋯⋯⋯⋯⋯⋯⋯⋯⋯⋯⋯⋯⋯⋯⋯⋯⋯ **多斑无线鳎 *S. multimaculatus* Lee, Munroe & Chen, 2009**。大陆斜坡上缘沙泥底的小型底栖鱼类。栖息于水深 250m 左右的海底热泉周边。全长 100mm。分布:台湾苏澳外海、南海。以底拖网捕获较多,无经济价值。

6 (5) 背鳍鳍条 106～118; 臀鳍鳍条 91～106; 椎骨数 55～64; 神经棘插入支鳍骨模式为 1-2-2 或 1-2-3; 盲侧为单一色

7 (8) 神经棘插入支鳍骨模式为 1-2-2; 有眼侧鳃盖颜色和体色相同⋯⋯⋯⋯⋯⋯⋯⋯ **多线无线鳎 *S. strictus* Gilbert, 1905** (图 3752)。大陆斜坡上缘沙泥底的小型底栖鱼类。栖息于水深250～550m 的深海。全长 130mm。分布:东海、台湾南部海域;日本、夏威夷。以底拖网捕获较多,无经济价值。

图 3752 多线无线鳎 *S. strictus*
(依山田等, 2013)

8 (7) 神经棘插入支鳍骨模式 (ID pattern) 为 1-2-3; 有眼侧鳃盖颜色较体色深, 一般为蓝黑色

9 (10) 体椎骨数 10 (3+7); 盲侧体色和有眼侧同为深褐色; 眼较大; 头长为眼径的6.7～9.6 倍⋯⋯

·························**本州无线鳎 *S. hondoensis* Hubbs，1915**（图 3753）。大陆斜坡上缘沙泥底的
小型底栖鱼类。栖息于水深 390～815m 的深海。全长 125mm。分布：台湾海域、东沙群岛；日
本。以底拖网捕获较多，无经济价值。

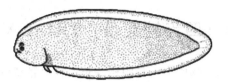

图 3753　本州无线鳎 *S. hondoensis*
（依山田等，2013）

10（9）体椎骨数 9（3＋6）；盲侧体色为乳白色；眼小；头长为眼径的 12.7～18.9 倍·········
·········**巨体无线鳎 *S. megasomus* Lee，Chen & Shao，2009**（图 3754）。大陆斜坡上缘沙泥底
的小型底栖鱼类。栖息于水深 470～640m 的深海。全长 140mm。分布：台湾海域；日本。以底
拖网捕获较多，无经济价值。

图 3754　巨体无线鳎 *S. megasomus*
（依台湾鱼类生态与演化研究室）

四十八、鲀形目 TETRAODONTIFORMES

鲀形目是一群较特化的鱼类，与鲈形目的不少特征较相近。它的体型可分为 3 种：①侧扁型，是相
当普遍的一种体型，如三刺鲀科、鳞鲀科、单角鲀科和翻车鲀科等；②圆筒型，体粗圆，后部渐细狭，
如三齿鲀科、鲀科及刺鲀科；③箱型，体粗短，包在具 3～6 棱的体甲内，体甲由多角形板状鳞合成，
仅尾部可活动，如六棱箱鲀科和箱鲀科。

鲀形目体被骨化鳞片、骨板、小刺，或裸露无鳞。无顶骨、鼻骨及眶下骨；通常无腹肋；后颞骨如
存在，则不分叉，与翼耳骨紧相连；舌颌骨和腭骨与脑颅紧密连接；上颌骨与前颌骨相连或愈合。齿圆
锥形、门齿状，或愈合成喙状齿板。鳃孔小，侧位。背鳍 1 或 2 个；腹鳍胸位或亚胸位，或无腹鳍。腰
带愈合或消失。具鳔（翻车鲀除外）。气囊或有或无。侧线或有或无，有时分成多支。椎骨 16～30。

鲀形目鱼类体长多在 300 mm 以下，少数种类个体稍大，圆斑扁尾鲀 *Pleuranacanthus sceleratus*
体长可达 750mm；个体最大的翻车鲀 *Mola mola* 体长可达 3～5.5 m。

鲀形目鱼类多数生活在近海底层，栖息水深 20～30m，底质为沙、沙砾、岩礁海域；生活于外海
的种类栖息水深可达 50～120m；少数种类也进入江河。

本目鱼类大多可供食用，有的肉味鲜美、营养丰富，但内脏含河豚毒素（tetrodotoxin，TTX），误食
可导致死亡。如鲀科鱼类绝大部分均含河豚毒素，故又称鲀毒鱼类（poisonous puffer-like fishes），食用时
要慎处之。也有的种类无毒，可食，有一定的产量，如单角鲀科的马面鲀属（*Thamnaconus*）。年产量在
18.79 万 t（农业部渔业局，《2016 中国渔业统计年鉴》），已成为中国海洋渔业的重要捕捞对象之一。

本目有 5 亚目 10 科 106 属 435 种（Nelson et al.，2016）；中国有 3 亚目 9 科 56 属 142 种。

亚 目 的 检 索 表

1（2）背鳍 2 个；第一背鳍基底长大于或等于第二背鳍基底长；背鳍鳍条部具 12～18 鳍条；尾鳍圆
形或截形，不分叉 ···················· 拟三刺鲀亚目 TRIACANTHODOIDEI

2（3）背鳍 1～2 个；第一背鳍基底长，明显短于第二背鳍基底长；背鳍鳍条部具 22～51 鳍条；尾鳍

圆形、截形、分叉

3（4）颌齿不愈合成大板状齿；体被鳞或由鳞形成的骨板 ·············· 鳞鲀亚目 BALISTOIDEI

4（3）颌齿愈合成大板状齿；体无鳞或具由鳞变成的小刺··········· 鲀亚目 TETRAODONTOIDEI

拟三刺鲀亚目（四齿鲀亚目）TRIACANTHODOIDEI

体侧扁，多呈椭圆形。头中大。吻中大，与眼径等长；或呈管状延长。背鳍2个，第一背鳍基底长明显大于或等于第二背鳍基底长，背鳍鳍条部基底短；腹鳍具1大棘、2软条；尾鳍圆形，不分叉。其余特征见拟三刺鲀科。

本亚目有1科11属21种（Nelson et al.，2016）；中国有1科7属9种。

305. 拟三刺鲀科 Triacanthodidae

体侧扁，椭圆形。吻正常，或呈管状延长。口小，端位或上位，开口于吻端背面。上下颌各有1～2行楔形或圆锥形齿。背鳍具6鳍棘、12～18鳍条，第一背鳍基底长大于第二背鳍基底长；臀鳍具11～16鳍条；腹鳍具1大棘、1～2软条；尾鳍圆形或截形，具12鳍条、2～6尾下骨。尾柄稍粗短。鳞小，鳞面上有一些小棘突排列成行。椎骨20。

热带亚热带海洋底层鱼类。有的栖息较深水域。分布：西大西洋、印度-西太平洋海域。

本科有11属23种（Nelson et al.，2016）；中国有7属9种。

属 的 检 索 表

1（10）吻不呈管状，吻长等于或短于眼径

2（3）齿为门齿状，扁平，宽大于厚，末端截状；唇厚，膨胀，海绵状（图3755）······················
·· 倒刺鲀属（尖尾倒棘鲀属）*Tydemania*

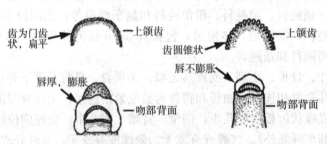

图 3755　倒刺鲀属（尖尾倒棘鲀属）的唇、齿形态
（依林公义等，2013）

3（2）齿圆锥状，末端尖或稍钝圆；唇正常，较薄，不膨胀，不呈海绵状

4（5）上下颌齿2行，内行有1～6分离的牙齿；伪鳃长，其下端的水平位置在胸鳍基下缘的下方
·· 拟三刺鲀属（拟三棘鲀属）*Triacanthodes*

5（4）上下颌齿1行，无内行分离的牙齿；伪鳃稍短，其下端的水平位置在胸鳍基下缘的上方

6（7）背鳍第一至第五鳍棘的长度逐步降低，最后第六鳍棘仅突出在皮肤外；颌齿稍钝，数目少
（13～22）（图3756）············· 副三刺鲀属（副三棘鲀属）*Paratriacanthodes*

7（6）背鳍第一至第三鳍棘逐步降低，第四鳍棘短小，突出在皮肤外，最后2鳍棘隐于皮下或稍露出

8（9）腰带骨狭窄，长为宽的4～6倍；吻短，约等于眼后头长；第五、第六背鳍棘隐于皮下，不易
发现，第一背鳍棘稍短，平放时达第四背鳍棘 ·············· **下棘鲀属** *Atrophacanthus*

9（8）腰带骨稍宽，长为宽的1.9～2.3倍；吻稍长，明显大于眼后头长；第五、第六背鳍棘明显突
出皮外，易发现，第一背鳍棘稍长，平放时达第六背鳍棘 ························
·· 卫渊鲀属（深海拟三棘鲀属）*Bathyphylax*

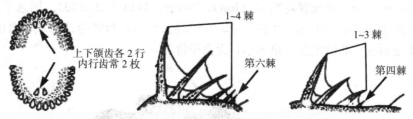

图 3756　拟三刺鲀属颌齿、副三刺鲀属的背鳍棘、下棘鲀属的背鳍棘
（依林公义等，2013）

10（1）吻呈长管状，吻长大于眼径

11（12）口宽约为口后吻部宽的2倍；口向上，但常扭向左侧或右侧（一些幼体例外）；下颌齿截形，
　　　　较发达，上颌齿如存在则甚细小；第三背鳍棘发达，约为第二背鳍棘长的2/3 ··············
　　　　·· 拟管吻鲀属 *Macrorhamphosodes*

12（11）口宽约与口后吻部宽等长；口垂直向上；上下颌齿均锥状；第三背鳍棘稍突出于皮外，仅为
　　　　第二背鳍棘长的1/2 ·· 管吻鲀属 *Halimochirurgus*

下棘鲀属 *Atrophacanthus* Fraser -Brunner，1950

日本下棘鲀 *A. japonicas*（Kamohara，1941）（图3757）。底栖小型海洋鱼类。栖息于深海沙泥底质的水域。体长 70～94.5mm。分布：海南岛；日本、菲律宾、非洲。鱼体小，无食用价值。

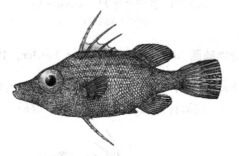

图 3757　日本下棘鲀 *A. japonicas*

卫渊鲀属（深海拟三棘鲀属）*Bathyphylax* Myers，1934

长棘卫渊鲀（长棘深海拟三棘鲀）*B. bombifrons* Myers，1934（图3758）。暖温性近岸深海底层鱼类。栖息水深 600～615m。体长 93mm。分布：台湾海域、南海（香港）、东沙群岛。鱼体小，无食用价值。

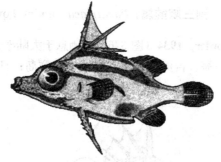

图 3758　长棘卫渊鲀（长棘深海拟三棘鲀）*B. bombifrons*
（依 Tyler，1968）

管吻鲀属 *Halimochirurgus* Alcock，1899
种 的 检 索 表

1（2）口宽约与口后吻宽同长；鳃孔短，下缘仅伸达胸鳍基底的1/2处，眼径为其长的2.5～3.0倍

·····················阿氏管吻鲀 *H. alcocki* Weber，1913（图 3759）。栖息于大陆架边缘的底层鱼类。栖息水深 390～610m。体长 136～216mm。分布：台湾南部海域、海南岛、东沙群岛；日本、印度尼西亚、非洲东部。鱼体小，无食用价值。

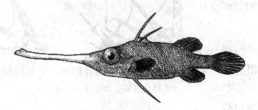

图 3759　阿氏管吻鲀 *H. alcocki*

2（1）口宽略大于口后吻宽；鳃孔长，下缘伸达胸鳍基部下方，眼径约为其长的 1.5 倍·················
···········长管吻鲀 *H. centriscoides* Alcock，1899（图 3760）。暖温性近岸深水底层海洋鱼类。栖息水深 360～470m。体长 77～150mm。分布：台湾海域、南海（香港）、东沙群岛，安达曼岛，印度-西太平洋。鱼体小，无食用价值。

图 3760　长管吻鲀 *H. centriscoides*
（依伍汉霖原图）

拟管吻鲀属 *Macrorhamphosodes* Fowler，1934

尤氏拟管吻鲀 *M. uradoi*（Kamohara，1933）（图 3761）。栖息于大陆架边缘的底层鱼类。栖息水深 50～675m。体长 165mm。分布：东海深海、台湾海域、东沙群岛；日本、南非。

图 3761　尤氏拟管吻鲀 *M. uradoi*

副三刺鲀属（副三棘鲀属）*Paratriacanthodes* Fowler，1934

倒刺副三刺鲀 *P. retrospinis* Fowler，1934（图 3762）。栖息于大陆架边缘的底层鱼类。栖息水深 418～920m。体长 44～120mm。分布：东海、台湾海域、东沙及中沙群岛；日本、莫桑比克。鱼体小，无食用价值。

图 3762　倒刺副三刺鲀 *P. retrospinis*
（依林公义等，2013）

拟三刺鲀属（拟三棘鲀属）*Triacanthodes* Bleeker，1857
种 的 检 索 表

1（2）两眼间隔中间圆，隆起；眼径等于吻长；鲜活时体侧具 2 黄色纵带（固定后消失）……………
…………拟三刺鲀（拟三棘鲀）*T. anomalus*（**Temminck & Schlegel，1850**）（图 3763）。底栖于
深海大陆架边缘的小型鱼类。栖息水深 100～600m。体长 80～100mm。分布：东海、台湾海域、
海南岛；日本。鱼体小，无食用价值。

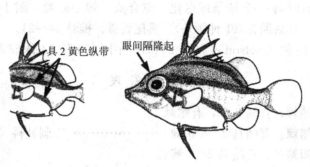

图 3763　拟三刺鲀（拟三棘鲀）*T. anomalus*
（依林公义等，2013）

2（1）两眼间隔中间平坦，不隆起；眼径短于吻长；鲜活时体侧具 3 黄色纵带（固定后消失）…………
………………六带拟三刺鲀（六带拟三棘鲀）*T. ethiops* **Alcock，1894**（图 3764）。底栖于深海
大陆架边缘的小型鱼类。栖息水深50～219m。体长 85mm。分布：东海、台湾东北部海域；日
本、菲律宾。鱼体小，无食用价值。

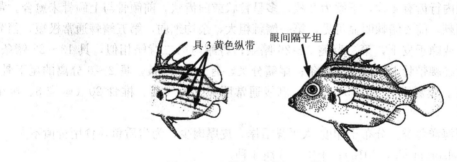

图 3764　六带拟三刺鲀（六带拟三棘鲀）*T. ethiops*
（依林公义等，2013）

倒刺鲀属（尖尾倒棘鲀属）*Tydemania* Weber，1913

尖尾倒刺鲀（尖尾倒棘鲀）*T. navigatoris* Weber，1913（图 3765）。底栖于深海大陆架边缘的小型
鱼类。栖息水深50～607m。体长 120mm。分布：台湾南部海域、海南岛陵水、东沙群岛；日本、非洲
东部。

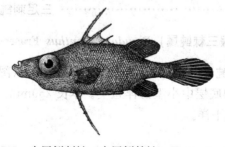

图 3765　尖尾倒刺鲀（尖尾倒棘鲀）*T. navigatoris*

鳞鲀亚目 BALISTOIDEI

体侧扁，卵圆形或长圆形；或粗短呈箱形，体包在有 3～6 棱的体甲内，体甲由多角形的板状鳞合成。有尾柄。上下颌齿 1～2 行，圆锥形、楔状或门齿状，不愈合成大板状齿。吻稍突出，或显著突出。鳃孔小，侧位。鳃 4 对。体被骨化鳞片或绒毛状小棘，或由鳞形成的多角形骨板。侧线常不明显或退化。背鳍 1～2 个，第一背鳍基底长明显短于第二背鳍基底长，背鳍鳍条部具 22～51 鳍条；臀鳍无鳍棘；腹鳍各具一强鳍棘，有时具 1～2 鳍条或退化，愈合成一短小鳍棘，附于腰带骨后端或全部消失；尾鳍圆形或分叉。无气囊。具后颞骨（1 种例外）。具尾舌骨。椎骨 14～21。

本亚目有 4 科 40 属 149 种（Nelson et al.，2016）；中国有 4 科 32 属 63 种。

科 的 检 索 表

1（6）具腰带骨，腹鳍有鳍棘；背鳍 2 个，有鳍棘

2（3）左右腹鳍各有一大鳍棘；背鳍具 2～6 鳍棘 ·················· 三刺鲀科（三棘鲀科）Triacanthidae

3（2）左右腹鳍仅共有一短鳍棘；背鳍具 2～3 鳍棘

4（5）体被大板状鳞 ··· 鳞鲀科 Balistidae

5（4）体被绒状或棘状细鳞 ··· 单角鲀科（单棘鲀科）Monacanthidae

6（1）无腰带骨，无腹鳍；背鳍 1 个，无鳍棘；体被骨板 ···················· 箱鲀科 Ostraciidea

306. 三刺鲀科（三棘鲀科）Triacanthidae

体侧扁，尾柄细长或宽短。眼中大，上侧位。吻正常。口小，端位。上下颌各具 2 行齿，外行一般各有 8～10 楔状齿，上颌内行齿有 4 枚，下颌为 2 枚，多呈粒状或臼齿状。前颌骨与上颌骨未愈合。背鳍 2 个，第一背鳍具 6 鳍棘，前 4 鳍棘明显可见，第一鳍棘粗大，余均细弱，第五鳍棘通常极短，稍突出于皮外，第六鳍棘退化或隐于皮下，第二背鳍 9～26 鳍条；臀鳍与第二背鳍相似，具 13～22 鳍条；左右腹鳍各具一强棘，附在腰带骨上，成鱼无鳍条；尾鳍分叉，有 12 主鳍条，具 2～6 分离的尾下骨。鳞小，鳞面有小棘或嵴突。嗅囊上有 23～54 嗅板。侧线通常明显。无气囊。椎骨 20（躯椎 8、尾椎 12）。

沿岸浅水底层中小型海洋鱼类。分布于印度-太平洋沿岸。皮厚肉少，为劣质鱼，食用价值不大。

本科有 4 属 7 种（Nelson et al.，2016）；中国有 3 属 4 种。

属 的 检 索 表

1（2）腰带骨宽，末端圆钝，前段与后段约等宽；吻短钝 ·········· 三刺鲀属（三棘鲀属）Triacanthus

2（1）腰带骨末端尖突，前段明显宽于后段；吻稍尖突

3（4）鳞片表面有高而尖的嵴突；第二背鳍棘长大于第一背鳍棘长的 1/2；第二背鳍基底长为臀鳍基底长的 1.8～2.3 倍 ······················· 假三刺鲀属（假三棘鲀属）Pseudotriacanthus

4（3）鳞片表面有低而平的嵴突；第二背鳍棘长明显小于第一背鳍棘长的 1/2；第二背鳍基底长为臀鳍基底长的 1.5～1.8 倍 ··················· 三足刺鲀属（三足棘鲀属）Tripodichthys

假三刺鲀属（假三棘鲀属）Pseudotriacanthus Fraser-Brunner，1941

长吻假三刺鲀（粗鳞假三棘鲀）*P. strigilifer*（Cantor，1849）（图 3766）。栖息于沿岸及河口咸淡水水深 5～110m 沙泥底质水域的底层中小型海洋鱼类。体长 250mm。分布：东海、台湾海域、南海、菲律宾、印度尼西亚，印度-西太平洋。

图 3766　长吻假三刺鲀（粗鳞假三棘鲀）*P. strigilifer*

三刺鲀属（三棘鲀属）*Triacanthus* Oken，1817
种 的 检 索 表

1（2）第一至第五背鳍棘间的所有鳍膜均为深黑色·····················**双棘三刺鲀（双棘三棘鲀）**
T. biaculeatus（**Bloch，1786**）（图 3767）（syn. 短吻三刺鲀 *T. brevirostris* Temminck & Schlegel，1850）。栖息于沿岸近海沙泥底的海域或河口域，常被发现于水深 60m 内的水域。体长大者可达 300mm。分布：中国沿海；日本、孟加拉湾，印度-西太平洋。

图 3767　双棘三刺鲀（双棘三棘鲀）*T. biaculeatus*
（依 Matsuura，2001）

2（1）第一至第二背鳍棘间的鳍膜深黑色，第二至第三鳍棘间的鳍膜浅灰色，第四至第五棘的鳍膜淡色
·····················**牛氏三刺鲀（牛氏三棘鲀）*T. nieuhofii* Bleeker，1852**（图 3768）。栖息于沿岸及河口咸淡水沙泥底质水域的底层中小型海洋鱼类。栖息水深 60m。体长大者可达 280mm。分布：南海；澳大利亚、孟加拉湾，印度-西太平洋。

图 3768　牛氏三刺鲀（牛氏三棘鲀）*T. nieuhofii*
（依 Gloerfelt & Kailola，1984）

三足刺鲀属（三足棘鲀属）*Tripodichthys* Tyler，1968

布氏三足刺鲀（布氏三足棘鲀）*T. blochii*（Bleeker，1852）（图 3769）。栖息于沿岸及河口咸淡水水深 50m 沙泥底质水域的底层中小型海洋鱼类。体长 150mm。分布：东海、台湾西部海域、南海；日本南部、菲律宾，印度-西太平洋。

图 3769　布氏三足刺鲀（布氏三足棘鲀）*T.blochii*

307. 鳞鲀科 Balistidae

体长椭圆形或菱形，侧扁而高。尾柄侧扁。眼小，上侧位，位于头的最后部。口小，前位。上下颌各具 1～2 行楔状齿。体被大板状鳞。背鳍 2 个，第一背鳍具 3 鳍棘，第一鳍棘最强大，第三鳍棘最短小；第二背鳍与臀鳍同形。左右腹鳍愈合成一短棘，附在腰带骨末端，短棘与肛门间常具皮膜。左右腰带骨已愈合。有背肋骨。无须。椎骨 18～19（躯椎 7、尾椎 11～12）。为热带浅海鱼类，色彩鲜艳。

本科有 11 属 42 种（Nelson et al.，2016）；中国有 10 属 19 种。

属 的 检 索 表

1（16）鳃孔后方附近数鳞为大骨板状
2（13）眼的前方、鼻孔下方具一纵凹沟
3（4）齿红色，上颌具 2 强大犬齿；尾鳍外侧鳍条十分延长 ……………………… 红牙鳞鲀属 *Odonus*
4（3）齿白色，上颌齿楔状，不形成犬齿
5（6）颊部前方有一大片区域裸露无鳞 …………………………………… 副鳞鲀属 *Pseudobalistes*
6（5）颊部完全被鳞，或除口角上下唇后方有一圈无鳞光皮外，余均被鳞
7（8）尾柄平扁，宽大于高 …………………………………………………… 宽尾鳞鲀属 *Abalistes*
8（7）尾柄侧扁，高大于宽
9（10）上下颌齿边缘较平直，中央两齿门齿状 …………………………… 角鳞鲀属 *Melichthys*
10（9）上下颌齿的边缘有明显凹刻
11（12）尾部瘤状突起向前延伸不超过第二背鳍的后半部；尾鳍圆形 ……… 拟鳞鲀属 *Balistoides*
12（11）尾部瘤状突起或小棘向前延伸超过第二背鳍的后半部；尾鳍截形或稍凹入 ………………
　　　………………………………………… 多棘鳞鲀属（鼓气鳞鲀属）*Sufflamen*
13（2）眼的前方、鼻孔下方无纵凹沟
14（15）第三背鳍棘发达，明显伸出体的背缘；尾柄具 2 纵行前向的大型棘突；体色深，具许多波状
　　　条纹 ………………………………………………………………… 钩鳞鲀属 *Balistapus*
15（14）第三背鳍棘不甚发达，稍伸出体的背缘；尾柄上有 3 或 4 纵行小型棘突 ………………………
　　　…………………………………………… 锉鳞鲀属（吻棘鲀属）*Rhinecanthus*
16（1）鳃孔后方无大骨板状鳞
17（18）颊部具 3～6 列纵行或斜行的裸出凹沟（图 3770）；第三背鳍棘小，不伸出体的背缘；尾部鳞

颊部具 3~6 列裸沟

颊部鳞与体鳞同大

图 3770　黄疣鳞鲀属的颊部
（依林公义等，2013）

具瘤状突起 ··· **黄鳞鲀属 *Xanthichthys***

18（17）颊部全有鳞，无裸出的凹沟（图 3771）；尾部鳞无瘤状突起 ············ **疣鳞鲀属 *Canthidermis***

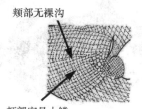

颊部无裸沟

颊部密具小鳞

图 3771　疣鳞鲀属的颊部

（依林公义等，2013）

宽尾鳞鲀属 *Abalistes* Jordan & Seale，1906

宽尾鳞鲀 *A. stellaris*（Bloch & Schneider，1801）（图 3772）。热带近海常见底层的中大型鱼类。栖息于水深 100m 沙泥、海绵、海藻底质的海域。体长 400～600mm。分布：黄海南部、东海、钓鱼岛、台湾海域、海南岛；日本、澳大利亚、非洲东岸，印度-西太平洋。肉供食用，内脏含雪卡毒素，须去除后始可食。有一定产量，具经济价值。

图 3772　宽尾鳞鲀 *A. stellaris*

钩鳞鲀属 *Balistapus* Tilesius，1820

波纹钩鳞鲀 *B. undulates*（Park，1797）（图 3773）。热带暖水性鱼类，是珊瑚丛常见底层鱼类。栖息于水深 30m 处，独自在礁盘上的水层活动，遇惊躲入礁洞。体长 300mm。分布：台湾海域、海南岛、南海诸岛；日本，印度-西太平洋。

图 3773　波纹钩鳞鲀 *B. undulates*

拟鳞鲀属 *Balistoides* Fraser-Brunner，1935
种 的 检 索 表

1（2）体腹部有大形白色圆斑；体侧鳞 39～50 横行；仅尾柄部具数行棘···································
　　　花斑拟鳞鲀（圆斑拟鳞鲀）*B. conspicillum*（Bloch & Schneider，1801）（图 3774）[syn. 圆斑鳞鲀 *Balistes conspicillum*（Bloch & Schneider，1801）]。栖息于珊瑚繁生水深 1～90m 的潟湖区及向海礁区，独自在礁盘上水层活动。肉常含雪卡毒素，食之中毒。色彩鲜艳，供观赏。体长

500mm。分布：台湾海域、南海诸岛；日本、非洲东岸，印度-西太平洋。

图 3774　花斑拟鳞鲀（圆斑拟鳞鲀）*B. conspicillum*
（依苏锦祥，1979）

2（1）体腹部无大形白色圆斑；体侧鳞 29～32 横行；第二背鳍下方至尾柄部有数行小棘…………………
…………绿拟鳞鲀（褐拟鳞鲀）***B. viridescens***（**Bloch & Schlegel，1801**）（图 3775）。栖息于珊
瑚繁生水深 1～30m 的潟湖区及向海礁区，独自在礁盘斜坡上水层活动。幼鱼生活于礁沙混合区
的独立礁缘或珊瑚枝头处。肉常含雪卡毒素，食之中毒。体长 750mm。分布：台湾海域、海南
岛、南海诸岛；日本、澳大利亚大堡礁、非洲东岸，印度-西太平洋。

图 3775　绿拟鳞鲀（褐拟鳞鲀）*B. viridescens*

疣鳞鲀属 Canthidermis Swainson，1839

疣鳞鲀 *C. maculata*（Bloch，1786）（图 3776）〔syn. 卵圆疣鳞鲀 *C. rotundatus* 李思忠，1962
(non Procé)〕。热带海区暖水性底层的中大型鱼类。幼鱼在海面常随海藻漂流。体长 410mm。分布：
东海、台湾海域、西沙群岛；朝鲜半岛、日本，世界各暖海区。

图 3776　疣鳞鲀 *C. maculata*

角鳞鲀属 Melichthys Swainson，1839
种 的 检 索 表

1（2）第二背鳍和臀鳍白色或色浅，鳍外缘黑色；尾鳍色浅，截形或圆形；胸鳍鳍条14～16…………
……………黑边角鳞鲀 *M. vidua*（**Richardson，1845**）（图 3777）〔syn. 黑鳞鲀 *Balistes vidua*
(Richardson，1845)〕。热带海区暖水性底层的中小型鱼类。栖息于珊瑚礁水深 65m 的较深水
域。体长 280～350mm。分布：东海、钓鱼岛、台湾海域、南海诸岛；日本，印度-西太平洋及
世界各暖海区。供食用。

图 3777 黑边角鳞鲀 *M. vidua*

（依李思忠，1962）

2（1）第二背鳍和臀鳍黑色，鳍基部有一浅蓝色纵行线纹；尾鳍黑色，深凹形；胸鳍鳍条 15～17……
………………………**角鳞鲀 *M. niger*（Bloch，1786）**（图 3778）。热带暖水性底层的中小型鱼类。
栖息于珊瑚礁 75m 以下的水域。体长 350mm。分布：东海、钓鱼岛、台湾海域、南海；日本，
印度-西太平洋及世界各暖海区。供食用。

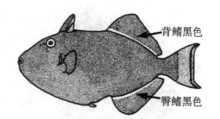

图 3778 角鳞鲀 *M. niger*

（依林公义等，2013）

红牙鳞鲀属 *Odonus* Giste，1848

红牙鳞鲀 *O. niger*（Rüppell，1836）（图 3779）。热带暖水性底层的中型鱼类。栖息于珊瑚礁水深
40m 的水域。常聚成大群。体长 500mm。分布：东海、钓鱼岛、台湾海域、南海诸岛；日本、红海、
大堡礁，印度-西太平洋。食用价值低。

图 3779 红牙鳞鲀 *O. niger*

（依 Matsuura，2001）

副鳞鲀属 *Pseudobalistes* Bleeker，1866
种 的 检 索 表

1（2）尾部后方及尾柄上有 5～6 行棘突；第二背鳍及臀鳍外缘圆弧形，前方鳍条不明显高出…………
………………………**黄缘副鳞鲀 *P. flavimarginatus*（Rüppell，1829）**（图 3780）［syn. 黄边鳞鲀
Balistes flavimarginatus（苏锦祥，2002）］。暖水性底层的中大型鱼类。栖息于珊瑚礁水深 50m
的水域。常聚成大群。体长 535mm。分布：台湾、西沙群岛；日本、红海、萨摩亚群岛，印度-
西太平洋。食用价值低。

2（1）尾部后方及尾柄上无棘突；第二背鳍及臀鳍的前方鳍条明显高出………………………………

图 3780　黄缘副鳞鲀 *P. flavimarginatus*
（依 Matsuura，2001）

黑副鳞鲀 *P. fuscus*（Bloch & Schneider，1801）（图 3781）[syn. 黑鳞鲀 *Balistes fuscus*（苏锦祥，2002）]。暖水性底层的中大型鱼类。栖息于珊瑚礁水深 50m 的水域。常聚成大群。雌鱼有护巢习性。体长 550mm。分布：台湾海域、西沙群岛；日本、红海、社会群岛、新喀里多尼亚。食用价值低。

图 3781　黑副鳞鲀 *P. fuscus*
（依 Matsuura，1980）

锉鳞鲀属（吻棘鲀属）*Rhinecanthus* Swainson，1839
种 的 检 索 表

1（2）尾柄上向前倒棘排列成 4～5 纵行；自眼经鳃孔到肛门及臀鳍基有一黑色宽斜带…………………………………黑带锉鳞鲀（斜带吻棘鲀）*R. rectangulus*（Bloch & Schneider，1801）（图 3782）[syn. 斜带锉鳞鲀 *R. echarpe*（李思忠，1962）]。栖息于水深 20m 珊瑚及岩礁底质的暖水性中小型海洋鱼类。体长 200mm。分布：台湾澎湖列岛海域、南海诸岛；日本、红海、马贵斯群岛，印度-西太平洋。食用价值低。

图 3782　黑带锉鳞鲀（斜带吻棘鲀）*R. rectangulus*

2（1）尾柄上向前倒棘排列成 3 纵行
3（4）尾柄最下一行棘突明显短于上侧 2 行；眼间隔与胸鳍间的黑色横带向后延伸至臀鳍…………………………………叉斑锉鳞鲀（尖吻棘鲀）*R. aculeatus*（Linnaeus，1758）（图 3783）[syn. 叉斑钩鳞鲀 *Balistapus aculeatus*（李思忠，1962）]。栖息于水深 10m 珊瑚礁及岩礁底质的暖水性中小型海洋鱼类。体长 250mm。分布：台湾澎湖列岛海域、南海诸岛；日本、土阿莫土群岛，印度-西太平洋。食用价值低。
4（3）尾柄最上一行棘突明显短于下侧 2 行；眼间隔与胸鳍间的黑色横带仅达胸鳍…………………………………

图 3783　叉斑锉鳞鲀（尖吻棘鲀）*R. aculeatus*

……**毒锉鳞鲀（毒吻棘鲀）*R. verrucosus*（Linnaeus，1758）**（图 3784）。栖息于潮间带珊瑚礁及礁石区水深 20m 的海域。体长 250mm。分布：台湾澎湖列岛海域、南海诸岛；日本、所罗门群岛、查戈斯群岛，印度-西太平洋。肉含雪卡毒素，不宜食用。

图 3784　毒锉鳞鲀（毒吻棘鲀）*R. verrucosus*
（依 Matsuura，1980）

多棘鳞鲀属（鼓气鳞鲀属）*Sufflamen* Jordan，1916
种 的 检 索 表

1（2）鳃孔前后有 2 条稍弯的黑色垂直带纹，前方一条自眼上方经眼延伸到胸鳍基底下方，后方一条在胸鳍基底向上延伸达第一背鳍下方 ……………………………… **项带多棘鳞鲀（项带鼓气鳞鲀）*S. bursa*（Bloch & Schneider，1801）**（图 3785）。栖息于巨浪带下方珊瑚礁及礁石区水深 3～90m 的海域。体长 250mm。分布：台湾南部海域；日本、新喀里多尼亚、东非。

图 3785　项带多棘鳞鲀（项带鼓气鳞鲀）*S. bursa*
（依 Matsuura，2001）

2（1）鳃孔前后无黑色垂直带纹

3（4）尾鳍黑褐色，上下缘鳍条灰白色，尾鳍后缘白色，呈白色新月形带纹 ……………………………… **黄鳍多棘鳞鲀（金鳍鼓气鳞鲀）*S. chrysopterum*（Bloch & Schneider，1801）**（图 3786）［syn.

尾鳍边缘白色

图 3786　黄鳍多棘鳞鲀（金鳍鼓气鳞鲀）*S. chrysopterum*
（依林公义等，2013）

黄鳍鳞鲀 *Balistes chrysopterum*（苏锦祥，1979）]。常独处于潟湖浅水区、珊瑚礁，隐蔽于礁石背面水深20m的海域。体长220mm。分布：台湾澎湖列岛海域、海南岛、南海诸岛；日本、密克罗尼西亚、东非。

4（3）尾鳍一致黑褐色，无白色鳍条及带纹 ·················· **缰纹多棘鳞鲀（黄纹鼓气鳞鲀）**
S. fraenatum（**Latreille，1804**） （图3787） ［syn. 缰纹鳞鲀 *Balistes capistratus*（苏锦祥，1979）］。常独处于潟湖水深10～186m的降海浅水区。体长380mm。分布：台湾澎湖列岛海域、海南岛、西沙群岛；日本、密克罗尼西亚、土阿莫土群岛。

图3787　缰纹多棘鳞鲀（黄纹鼓气鳞鲀）*S. fraenatum*

黄鳞鲀属 *Xanthichthys* Kaup，1856
种 的 检 索 表

1（2）颊部有3列裸出的纵沟；体背侧具多条黑色纵带 ···························· **线斑黄鳞鲀**
X. lineopunctatus（**Hollard，1854**）（图3788）。栖息于外海珊瑚礁及礁石区的较深海域。体长200～250mm。分布：台湾南部海域、南海；日本、澳大利亚、东非。

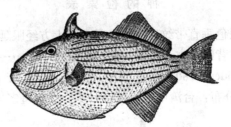

图3788　线斑黄鳞鲀 *X. lineopunctatus*
（依 Matsuura，2001）

2（1）颊部有5～6列裸出的纵沟；体侧背部无黑色纵带
3（4）颊部裸沟5列；体侧中部无亮蓝色纵带 ····························· **金边黄鳞鲀**
X. auromarginatus（**Bennett，1832**）（图3789）。栖息于外海珊瑚礁及礁石区水深8～150m的较深海域。体长200～220mm。分布：台湾南部海域、西沙群岛；日本、夏威夷、澳大利亚北部、东非。

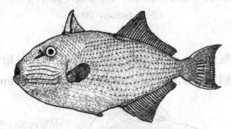

图3789　金边黄鳞鲀 *X. auromarginatus*
（依 Matsuura，2001）

4（3）颊部裸沟6列；体侧中部具一亮蓝色纵带 ····························· **黑带黄鳞鲀**
X. caeruleolineatus Randall，Matsuura & Zama，**1978**（图3790）。栖息于外海珊瑚礁及礁石区水深50～200m的较深海域。体长200～350mm。分布：台湾南部海域、西沙群岛；日本、夏威夷、澳大利亚北部、东非。

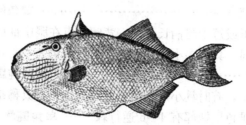

图 3790　黑带黄鳞鲀 *X. caeruleolineatus*
（依 Matsuura，2001）

308. 单角鲀科（单棘鲀科）Monacanthidae

体侧扁，尾柄宽短。眼中大，上侧位。前颌骨与上颌骨愈合，不能伸缩。口小，前位。上颌齿 2 行，外行齿每侧 3 枚，内行齿每侧 2 枚；下颌齿 1 行，每侧 3 枚。鳞小，棘状或绒毛状。背鳍 2 个，第一背鳍具 1~2 鳍棘，第一鳍棘常粗大，第二鳍棘小，有时隐于皮下或消失，第二背鳍基底延长，具 30~50 不分支鳍条；臀鳍与第二背鳍同形，具 29~52 不分支鳍条；两腹鳍合具一鳍棘，与延长的腰带骨后端相连，有时消失。鳃孔狭小，侧中位。无气囊。椎骨 19~21 个。

单角鲀科又名革鲀科（Aluteridae），多数分布于南海和台湾沿海热带和亚热带的浅海中，少数分布于东海和黄海。肉供食用，有的种类（如马面鲀属）中国年产十余万吨。大型个体如单角革鲀肉厚味美，均具一定经济价值。

本科有 28 属 107 种（Nelson et al.，2016）；中国有 15 属 27 种。

属 的 检 索 表

1（28）无须；体长椭圆形或近菱形

2（27）背鳍棘及体上无皮瓣

3（6）背鳍、臀鳍鳍条 40 以上

4（5）第一背鳍棘位于眼中央上方 ·· 革鲀属（革单棘鲀属）*Aluterus*

5（4）第一背鳍棘明显位于眼前缘的前上方············· 拟革鲀属（前棘假革单棘鲀属）*Pseudalutarius*

6（3）背鳍、臀鳍鳍条 40 以下

7（8）第一背鳍棘不能完全竖立，被皮膜包覆，连于背部；无腹鳍棘 ··
··· 副革鲀属（副革单棘鲀属）*Paraluteres*

8（7）第一背鳍棘能完全竖立，仅鳍基部有鳍膜；腹鳍棘明显

9（18）鞘状鳞（腹鳍棘）不能活动

10（11）成鱼尾部中央具粗长硬棘（♂）或刷状细刚毛（♀）········· 尾棘鲀属（单棘鲀属）*Amanses*

11（10）成鱼尾部中央无硬棘或刷状细刚毛

12（15）第一背鳍起点在眼中央的后方（个别在眼中央上方）

13（14）体高小于体长的 1/2；鳃孔位于眼中央下方或稍前方 ··
·· 马面鲀属（短角单棘鲀属）*Thamnaconus*

14（13）体高大于体长的 1/2；鳃孔位于眼后缘下方或稍后方 ······ 粗皮鲀属（粗皮单棘鲀属）*Rudarius*

15（12）第一背鳍起点在眼中央的上方或前方

16（17）吻甚突出，口朝上方开口；鳃孔位于眼后缘后下方；第一背鳍始于眼中央上方或稍前······
··· 尖吻鲀属（尖吻单棘鲀属）*Oxymonacanthus*

17（16）吻不突出，口朝前方开口；鳃孔位于眼后部下方；第一背鳍始于眼中央的前方 ··············
·· 前孔鲀属（刺鼻单棘鲀属）*Cantherhines*

18（9）鞘状鳞（腹鳍棘）能活动

19（20）尾柄的高度颇阔，为尾柄长的 1.5~2.0 倍；第一背鳍起点在眼中部上方或前方；鳞小，各

鳞有 1 列向后方的小棘 ·· 前角鲀属（前角单棘鲀属）*Pervagor*

20（19）尾柄的高度颇窄，等于或短于尾柄长；第一背鳍起点在眼中部后方

21（22）鞘状鳞（腹鳍棘）粗强，具许多小锐棘；第一背鳍棘粗大，密具发达锯齿状棘 ··············
·· 鬃尾鲀属（鬃尾单棘鲀属）*Acreichthys*

22（21）鞘状鳞（腹鳍棘）细短，有时具小刺；第一背鳍棘细长，具稀疏细刺

23（24）腹鳍鳍膜特别发达；雄鱼尾柄部有 4～6 逆行棘 ····· 单角鲀属（中华单棘鲀属）*Monacanthus*

24（23）腹鳍鳍膜小或中大；尾柄部无逆行棘

25（26）鞘状鳞（腹鳍棘）可动部短；雄鱼尾柄侧面有刚毛群；尾鳍边缘无丝状延长鳍条 ··········
·· 细鳞鲀属（冠鳞单棘鲀属）*Stephanolepis*

26（25）鞘状鳞（腹鳍棘）可动部细长；雄鱼尾柄侧面无刚毛群；尾鳍边缘有丝状延长鳍条 ········
·· 副单角鲀属（长方副单棘鲀属）*Paramonacanthus*

27（2）背鳍棘及体上具许多膜状突起（皮瓣）·········· 棘皮鲀属（棘皮单棘鲀属）*Chaetodermis*

28（1）下颌下方具一长须；体细长形；有绒状小鳞 ·················· 拟须鲀属 *Anacanthus*

鬃尾鲀属（鬃尾单棘鲀属）*Acreichthys* Fraser-Brunner，1941

白线鬃尾鲀（白线鬃尾单棘鲀） *A. tomentosus* (Linnaeus, 1758)（图 3791）。栖息于热带海域的内湾沿岸、近海珊瑚丛礁区水深 5m 以浅的底层或藻床沙泥底的水域。体长 70～120mm。分布：台湾海域、东沙群岛；日本，西起非洲东岸、东至斐济群岛，印度-西太平洋。小型鱼类，无经济价值。或以其可爱的模样而常被饲养于水族馆中，供人欣赏。

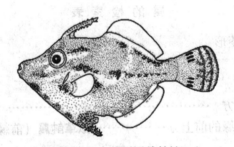

图 3791　白线鬃尾鲀（白线鬃尾单棘鲀）*A. tomentosus*
（依林公义等，2013）

革鲀属（革单棘鲀属）*Aluterus* Cloquet，1816
种 的 检 索 表

1（2）尾鳍长小于头长，后缘截形；体的前背部隆起；尾柄长大于尾柄高 ··································
单角革鲀（单角革单棘鲀） *A. monoceros* (Linnaeus, 1758)（图 3792）。近海底层鱼类。体长 250～400mm，大者达 760mm。分布：东海、台湾海域、南海；日本，世界温热带海洋。体大型，肉多味美，供食用，有一定的经济价值。内脏含雪卡毒素，误食会引起中毒。

图 3792　单角革鲀（单角革单棘鲀）*A. monoceros*

2（1）尾鳍长大于头长，后缘长圆形；体的前背部略凹入；尾柄长小于尾柄高 ··························
拟态革鲀（长尾革单棘鲀） *A. scriptus* (Osbeck, 1765)（图 3793）。暖水性鱼类。在海藻间觅食，

喜头部向下倒插在藻丛中，形似藻类的拟态。体长 500mm 以上。分布：东海南部、台湾海域、南海（香港）、西沙群岛；日本。数量有一定的减少，《中国物种红色名录》列为易危［VU］物种。

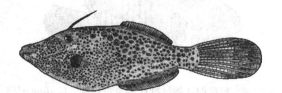

图 3793　拟态革鲀（长尾革单棘鲀）A. scriptus
（依 Masuda et al. ，1984）

尾棘鲀属（单棘鲀属）Amanses Gray，1835

美尾棘鲀（美单棘鲀）A. scopas（Cuvier，1829）（图 3794）。栖息于热带海域的内湾沿岸、近海珊瑚丛礁区。在水深 5m 以浅的底层或藻床沙泥底的水域活动。体长 200mm。分布：台湾海域；日本、非洲东岸，印度-西太平洋。

图 3794　美尾棘鲀（美单棘鲀）A. scopas
（依 Randall，1964）

拟须鲀属 Anacanthus Minding，1832

拟须鲀 A. barbatus Gray，1830（图 3795）［syn. 须鲀 Psilocephalus barbatus （Gray，1830）］。栖息热带海域的珊瑚丛礁区，及海藻软泥区或藻床沙泥底的水域。体长 150～260mm。分布：台湾海域、南海；菲律宾、澳大利亚，印度-西太平洋。

图 3795　拟须鲀 A. barbatus
（仿李思忠，1962）

前孔鲀属（刺鼻单棘鲀属）Cantherhines Swainson，1839
种 的 检 索 表

1（2）尾部有 2 对强逆行棘；胸鳍鳍条 15～16；体侧有 10 条左右暗色横带；口唇内缘褐色，外缘白色
　　　　……………………………棘尾前孔鲀（杜氏刺鼻单棘鲀）**C. dumerilii（Hollard，1854）**（图 3796）。
　　　栖息于热带海域珊瑚丛的浅水礁区。体长 350mm。分布：台湾海域、西沙群岛；日本、非洲东岸至太平洋中部夏威夷群岛。

2（1）尾部无强棘；胸鳍鳍条 12～14

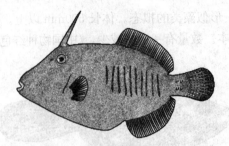

图 3796　棘尾前孔鲀（杜氏刺鼻单棘鲀）C. dumerilii
（依 Randall，1904）

3（4）体侧有 7～8 条纵线纹 ··· **多线前孔鲀（多线刺鼻单棘鲀）**
C. multilineatus（Tanaka，1918）（图 3797）。栖息于热带海域的海藻软泥深海区。体长 180～
260mm。分布：东海、台湾海域；日本，印度-西太平洋。

图 3797　多线前孔鲀（多线刺鼻单棘鲀）C. multilineatus
（依林公义等，2013）

4（3）体侧无纵线纹，但具黑斑或网状斑
5（6）体侧有 3～4 纵行黑色斑块和斑点；无网状斑 ························· **纵带前孔鲀（纵带刺鼻单棘鲀）**
C. fronticinctus（Günther，1867）（图 3798）。栖息于热带海域的珊瑚礁浅水区，或底质为沙泥地的水
域。体长 150～230mm。分布：台湾海域、南海（香港）；日本、东非、澳大利亚北部，印度-西太平洋。

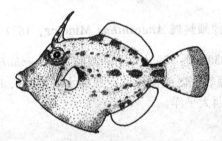

图 3798　纵带前孔鲀（纵带刺鼻单棘鲀）C. fronticinctus
（依林公义等，2013）

6（5）体侧具许多网状斑 ·················· **细斑前孔鲀（细斑刺鼻单棘鲀）C. pardalis（Rüppell，1837）**
（图 3799）。栖息于热带海域的珊瑚礁浅水区。体长 150～200mm。分布：台湾海域、南海（香

图 3799　细斑前孔鲀（细斑刺鼻单棘鲀）C. pardalis
（依 Masuda et al.，1984）

港）、南海诸岛；日本、东非、马贵斯群岛，印度-西太平洋。

棘皮鲀属（棘皮单棘鲀属）*Chaetodermis* Swainson，1839

单棘棘皮鲀（棘皮单棘鲀）*C. penicilligerus*（Cuvier，1816）（图 3800）。栖息于热带海域的珊瑚礁水深 45m 浅水区和藻类繁茂的藻床区。体长 200～320mm。分布：东海南部（闽南渔场）、台湾海域、南海诸岛；日本、泰国、马来西亚，印度-西太平洋。数量有一定的减少，《中国物种红色名录》列为易危［VU］物种。

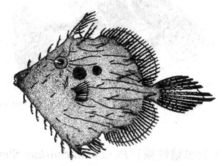

图 3800　单棘棘皮鲀（棘皮单棘鲀）*C. penicilligerus*

（依苏锦祥，1985）

单角鲀属（中华单棘鲀属）*Monacanthus* Oken，1817

中华单角鲀（中华单棘鲀）*M. chinensis*（Osbeck，1765）（图 3801）。热带、亚热带海洋底层鱼类。栖息于藻类繁茂的藻床浅水区。体长 200～380mm。分布：东海南部、台湾海域、南海诸岛；日本、泰国、菲律宾，印度-西太平洋。

图 3801　中华单角鲀（中华单棘鲀）*M. chinensis*

尖吻鲀属（尖吻单棘鲀属）*Oxymonacanthus* Bleeker，1865

尖吻鲀（尖吻单棘鲀）*O. longirostris*（Bloch & Schneider，1801）（图 3802）。栖息于热带海域的珊瑚礁浅水区。体长 90mm。分布：台湾海域、南海诸岛；日本、澳大利亚、东非至萨摩亚群岛，印度-西太平洋。个体小，色彩鲜艳，名贵观赏鱼类。

口向上方开口

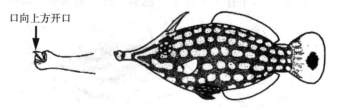

图 3802　尖吻鲀（尖吻单棘鲀）*O. longirostris*

（依林公义等，2013）

副革鲀属（副革单棘鲀属）*Paraluteres* Bleeker, 1865

锯尾副革鲀（锯尾副革单棘鲀）*P. prionurus*（Bleeker，1851）（图 3803）。热带海洋底层鱼类。栖息于珊瑚礁的浅水区。体长 100mm。分布：台湾海域、南海诸岛；日本、澳大利亚，东非至印度-西太平洋。

图 3803　锯尾副革鲀（锯尾副革单棘鲀）*P. prionurus*
（依 Debelius，1993）

副单角鲀属（长方副单棘鲀属）*Paramonacanthus* Steindachner，1867
种 的 检 索 表

1（4）第二背鳍基底前部无圆形大黑斑

2（3）吻背缘平直，稍凸起（雄鱼）或微凹（雌鱼）；眼后缘在第一背鳍棘和鳃孔间垂直线的后方；尾鳍后缘楔形，上下缘无丝状延长鳍条（雌鱼）或上中缘具延长鳍条 ··
长方副单角鲀（长方副单棘鲀）*P. oblongus*（Temminck & Schlegel，1850）（图 3804）［syn. 高体副单角鲀 *Paramonacanthus japonicas*（苏锦祥，2002）］。热带海洋底层鱼类。栖息于沙地底质的浅水区。体长 80~110mm。分布：东海（闽南渔场）、台湾海域、南海（香港）；朝鲜半岛、日本、菲律宾，印度-西太平洋。

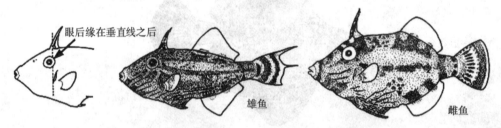

图 3804　长方副单角鲀（长方副单棘鲀）*P. oblongus*
（依林公义等，2013）

3（2）吻背缘甚隆凸；眼后缘在第一背鳍棘和鳃孔间垂直线的前方；尾鳍上下缘有丝状延长鳍条······
··············· **尾丝副单角鲀（布希勒副单棘鲀）*P. pusillus*（Rüppell，1829）**（图 3805）
［syn. 日本副单角鲀 *P. nipponensis*（苏锦祥，1985）］。栖息于水深 28~79m 热带与亚热带沿海的岩礁及沙泥底质水域。体长 155mm。分布：东海、台湾海域、南海诸岛；日本、澳大利亚、东非至萨摩亚群岛，印度-西太平洋。个体小，色彩鲜艳，名贵观赏鱼类。

图 3805　尾丝副单角鲀（布希勒副单棘鲀）*P. pusillus*
（依林公义等，2013）

4（1）第二背鳍基底前部具一圆形大黑斑；体侧有许多波状黑褐色纵细纹 ·····················
　　绒纹副单角鲀（绒鳞副单棘鲀） *P. sulcatus*（Hollard，1854）（图 3806）[syn. 绒纹线鳞鲀 *Arotrolepis sulcatus*（苏锦祥，2002）]。近岸暖水性集群鱼类。栖息于水深 50m、底质为沙、石砾、岩礁的浅水区。体长 34～137mm。分布：东海（闽南渔场）、台湾海域、南海；澳大利亚、菲律宾，印度-西太平洋。供食用，年产量数万 t，具一定经济价值。

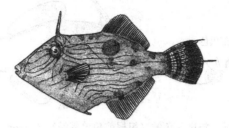

图 3806　绒纹副单角鲀（绒鳞副单棘鲀）*P. sulcatus*

前角鲀属（前角单棘鲀属）*Pervagor* Whitley，1930
种 的 检 索 表

1（4）鳃孔周围有暗色斑
2（3）全身体色一致，为深褐色；第一背鳍棘后侧缘各有 10 枚以上逆棘·····················
　　红尾前角鲀（红尾前角单棘鲀） *P. janthinosoma*（Bleeker，1854）（图 3807）[syn. 暗纹前角鲀 *Pervagor nitens*（苏锦祥，2002）]。热带、亚热带海洋底层鱼类。栖息于珊瑚礁水深 15m 的浅水区。体长 115～200mm。分布：东海南部、台湾海域、南海诸岛；日本、萨摩亚群岛，印度-西太平洋。

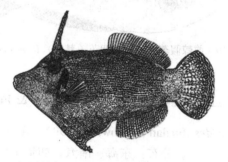

图 3807　红尾前角鲀（红尾前角单棘鲀）*P. janthinosoma*
（依 Randall，Allen & Steene，1990）

3（2）全身体色不一致，前半部为深褐色，后半部为黄色；第一背鳍棘后侧缘有数个微小细棘·············
　　·················**黑头前角鲀（黑头前角单棘鲀）** *P. melanocephalus*（Bleeker，1853）　（图 3808）。栖息于热带与亚热带沿海、珊瑚礁浅水区的岩礁及沙泥底质水域。体长 85～110mm。分布：台湾南部海域、南海诸岛；日本、澳大利亚、东非至萨摩亚群岛，印度-西太平洋。个体小，色彩鲜艳，名贵观赏鱼类。

图 3808　黑头前角鲀（黑头前角单棘鲀）*P. melanocephalus*
（依 Randall，Allen & Steene，1990）

4 (1) 鳃孔周围无暗色斑；胸鳍基部黑色·······························**粗尾前角鲀（粗尾前角单棘鲀）**
P. aspricaudus（Hollard，1854）（图 3809）。栖息于热带与亚热带远海岛屿珊瑚礁浅水区的岩礁
及沙泥底质水域。体长 85～97mm。分布：台湾南部海域、南海诸岛；日本、马里亚纳群岛、夏
威夷，印度-西太平洋。

胸鳍基部黑色

图 3809　粗尾前角鲀（粗尾前角单棘鲀）*P. aspricaudus*
（依林公义等，2013）

拟革鲀属（前棘假革单棘鲀属）*Pseudalutarius* Bleeker，1865

前棘假革鲀（前棘假革单棘鲀）*P. nasicorinis*（Temminck & Schlegel，1850）（图 3810）。栖息于
热带、亚热带沿海水深 40～100m 的沙地底质水域。幼鱼栖于漂流海藻的藻场中。体长 180mm。分布：
台湾南部海域、南海；日本、南非至澳大利亚，印度-西太平洋。

图 3810　前棘假革鲀（前棘假革单棘鲀）*P. nasicorinis*
（依 Masuda et al.，1984）

粗皮鲀属（粗皮单棘鲀属）*Rudarius* Jordan & Fowler，1902

粗皮鲀（粗皮单棘鲀）*R. ercodes* Jordan & Fowler，1902（图 3811）。栖息于热带、亚热带水深
20m 以浅的岩礁藻场水域。体长 56mm。分布：东海、南海；朝鲜半岛、日本，印度-西太平洋。

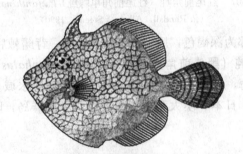

图 3811　粗皮鲀（粗皮单棘鲀）*R. ercodes*
（依李思忠，1962）

细鳞鲀属（冠鳞单棘鲀属）*Stephanolepis* Gill，1861

丝背细鳞鲀（丝背冠鳞单棘鲀）*S. cirrhifer*（Temminck & Schlegel，1850）（图 3812）［syn. 丝鳍
单角鲀 *Monacanthus setifer*（李思忠，1962）］。近海底层小型鱼类。栖息于 100m 以浅的岩礁藻场水
域，喜集群。体长 54～185mm。分布：黄海、长江口、东海（闽南渔场）、台湾海域、南海；朝鲜半
岛、日本、菲律宾，印度-西太平洋。

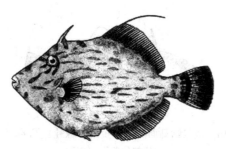

图 3812　丝背细鳞鲀（丝背冠鳞单棘鲀）S. cirrhifer

马面鲀属（短角单棘鲀属）*Thamnaconus* Smith，1949
种 的 检 索 表

1（2）体侧有许多行黑色密斑；大鱼的黑斑较多但斑点稍小，形状规则 ……………………………
密斑马面鲀（密斑短角单棘鲀）*T. tessellates*（Günther，1880）（图 3813）。暖水性海洋底层鱼
类。栖息于水深 120～230m 的较深海域。个体较大，大者体长可达 280mm。分布：东海、台湾
海域、海南岛；日本、澳大利亚、新喀里多尼亚、菲律宾，印度-西太平洋。供食用。

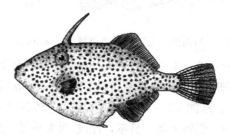

图 3813　密斑马面鲀（密斑短角单棘鲀）*T. tessellates*

2（1）体侧无黑斑；小鱼体侧或有 4～5 纵行暗斑，形状不规则

3（4）头部具淡棕色或淡金色的斑点或线纹；背鳍、臀鳍及尾鳍黄色，尾鳍外缘黑色………………
……**黄鳍马面鲀（圆腹短角单棘鲀）*T. hypargyreus*（Cope，1871）**（图 3814）（syn. 黄鳍马面鲀
T. xanthopterus Xu & Zhan，1988）。暖温性海洋底层鱼类。栖息于水深 130～235m 的较深海
域，或底质为沙底的多贝壳区域。个体较大，大者体长可达 212mm。分布：东海、台湾海域、
海南岛、南海（香港）；日本、澳大利亚北部，印度-西太平洋。供食用，南海重要经济鱼类，年
产近 10 余万 t，东海也产。

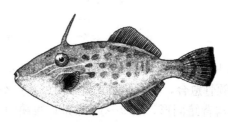

图 3814　黄鳍马面鲀（圆腹短角单棘鲀）*T. hypargyreus*

4（3）头部不具淡棕色的斑点或线纹；各鳍绿色

5（6）第一背鳍棘在眼中央上方；鳃孔在眼前半部下方……………………… **拟绿鳍马面鲀（拟短角单棘鲀）
T. modestoides（Barnard，1927）**（图 3815）。暖温性海洋底层鱼类。栖息于水深 72～280m 的较
深海区，或底质为沙泥底及岩礁域。个体较大，大者体长可达 380mm。分布：台湾海域、南海
（香港）；日本、澳大利亚、安达曼海，印度-西太平洋。有较高的产量和经济价值。海洋捕捞的
重要对象，2015 年中国产量 18.79 万 t，供食用。

6（5）第一背鳍棘在眼后半部上方；鳃孔在眼后半部下方

7（8）体较高，体长为体高的 2.0～2.5 倍，为第二背鳍起点至臀鳍起点间距离的 2.6～2.9 倍…………

图 3815　拟绿鳍马面鲀（拟短角单棘鲀）*T. modestoides*
（依林公义等，2013）

·················马面鲀（七带短角单棘鲀）***T. septentrionalis***（**Günther，1874**）（图 3816）。外海暖温性底层鱼类。栖息于较深海域。个体较大，大者体长可达 300mm。分布：中国沿海；朝鲜半岛，印度-西太平洋。有一定产量，供食用。

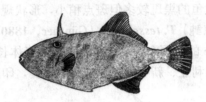

图 3816　马面鲀（七带短角单棘鲀）*T. septentrionalis*

8（7）体较细长，体长为体高的 2.7～3.4 倍，为第二背鳍起点至臀鳍起点间距离的 2.9～3.8 倍；
·················绿鳍马面鲀（短角单棘鲀）***T. modestus***（**Günther，1877**）（图 3817）。外海暖温性底层鱼类，栖息于水深 50～120m 的海域。个体较大，体长 180～280mm。分布：渤海、黄海、东海、台湾海域；朝鲜半岛、日本，印度-西太平洋。产量高，重要经济鱼类，供食用。

图 3817　绿鳍马面鲀（短角单棘鲀）*T. modestus*
（依苏锦祥，2002）

309. 箱鲀科 Ostraciidae

体粗短，包在具 3～6 棱的体甲内，仅尾柄部可活动；体甲由许多多角形的板状鳞连接而成。吻稍突出。口小，前位，前颌骨与上颌骨愈合，不能伸缩。齿呈门齿状，不愈合成齿板。鳃孔小，侧位。无侧线。背鳍 1 个，无鳍棘；臀鳍与背鳍同形，具 9～13 鳍条；腹鳍消失，也无腰带骨；尾鳍圆形或截形。无肋骨。椎骨通常 18（躯椎 9，个别为 10；尾椎 9，个别为 8）。无气囊。

暖温性沿岸底层海洋鱼类。分布：中国沿海、印度-西太平洋。

本科有 8 属 25 种（Nelson et al.，2016）；中国有 4 属 13 种。

属 的 检 索 表

1（2）体甲六棱状，体甲在背鳍和臀鳍基底后方不闭合；尾鳍主鳍条 11 ······ 棘箱鲀属 ***Kentrocapros***

2（1）体甲为三至五棱状，体甲在背鳍和臀鳍基底后方闭合；尾鳍主鳍条 10

3（4）体甲一般为三棱状，背中棱和腹侧棱很突出，具弱的背侧棱或无 ·································
·················· 真三棱箱鲀属（三棱箱鲀属）***Tetrosomus***

4（3）体甲一般为四棱状，背中棱或有或无，背侧棱和腹侧棱显著

5（6）无眶前棘及腰骨棘 ··· 箱鲀属 *Ostracion*

6（5）具眶前棘及腰骨棘 ··· 角箱鲀属 *Lactoria*

棘箱鲀属 *Kentrocapros* Kaup，1855
种 的 检 索 表

1（2）背侧棱中央具一三角形棘突，侧中棱及腹侧棱具数枚棘突；头长为眼间隔宽的1.7～2.0倍；体较高，体长为体高的 1.5～2.2 倍 ·················· 棘箱鲀 *K. aculeatus*（Houttuyn，1782）（图3818）。暖温性沿岸底层海洋鱼类。栖息于珊瑚礁、藻场、沙泥底质水深100～200m 的水域。体长89～132mm。分布：东海、台湾海域；朝鲜半岛、日本。

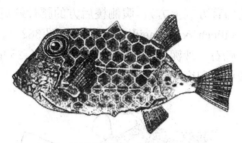

图 3818　棘箱鲀 *K. aculeatus*

2（1）体平滑，体甲各棱上无棘突；头长为眼间隔宽的2.1～2.8倍；体稍低，体长为体高的2.2～2.9倍 ···················· 黄纹棘箱鲀 *K. flavofasciatus*（Kamohara，1938）（图3819）[syn. 六棱箱鲀 *Aracana rosapinto*（李思忠，1962）]。暖温性沿岸底层海洋鱼类。栖息于珊瑚礁、藻场、沙泥底质水深100～200m 的水域。体长 104～119mm。分布：东海南部渔场、台湾海域、海南岛；日本。

图 3819　黄纹棘箱鲀 *K. flavofasciatus*

角箱鲀属 *Lactoria* Jordan & Fowler，1902
种 的 检 索 表

1（2）背中央棱嵴上无棘突；尾鳍较长，其长为尾柄长的 2 倍左右 ···································· 角箱鲀 *L. cornutus*（Linnaeus，1758）（图3820）。暖温性沿岸底层海洋鱼类。栖息于内湾水深100m 的浅水珊瑚礁、沙泥底质处。体长 300～500mm。分布：中国沿海；日本、南非、马贵斯群岛，印度-西太平洋。

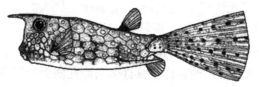

图 3820　角箱鲀 *L. cornutus*
（依 Matsuura，2001）

2（1）背中央棱嵴上具一强棘；尾鳍稍短，其长小于尾柄长的 2 倍

3（4）背中央棱嵴的棘突末端指向后方；腹侧棱后方的腰骨棘强大 ·················· **福氏角箱鲀**
L. fornasini（**Bianconi，1840**）（图3821）。暖水性热带底层海洋鱼类，栖息于沿岸浅水的沙泥
底质处。体长556~624mm。分布：东海、台湾海域；日本、夏威夷，印度-西太平洋。

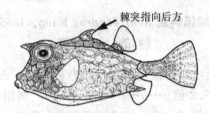

图3821　福氏角箱鲀 *L. fornasini*
（依林公义等，2013）

4（3）背中央棱嵴的棘突末端指向背方（上方）；腹侧棱后方的腰骨棘短而钝·····························
　　棘背角箱鲀 L. diaphana（**Bloch & Schneider，1801**）（图3822）。暖水性热带底层海洋鱼类。栖
息于沿岸浅水的珊瑚礁、砾石、沙泥底质水深50m处。体长250mm。分布：东海南部、台湾海
域、海南岛；日本、夏威夷，印度-西太平洋。

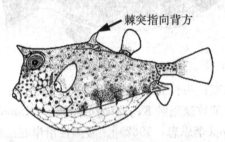

图3822　棘背角箱鲀 *L. diaphana*
（依林公义等，2013）

箱鲀属 Ostracion Linnaeus，1758
种 的 检 索 表

1（10）体侧无5条纵行蓝色条纹；鳃孔短，其长为眼径的0.8~1.1倍
2（7）吻不突出；背部中央不隆起
3（4）第二背鳍具7~8鳍条；臀鳍具8鳍条；口吻径大于眼径·················· **白点箱鲀**
　　O. meleagris Shaw，1796（图3823）。暖水性热带底层海洋鱼类。栖息于沿岸浅水的珊瑚礁海
域。体长85mm。分布：台湾海域、西沙群岛；日本，印度-西太平洋。肉肥嫩可食，内脏具雪
卡毒素不宜食，也是观赏鱼类之一。

图3823　白点箱鲀 *O. meleagris*
a. 口吻径　b. 眼径
（依苏锦祥，2002）

4（3）第二背鳍具9鳍条；臀鳍具9鳍条；口吻径小于或等于眼径
5（6）成鱼头部及尾鳍具许多小黑点；幼鱼体上具许多与瞳孔同大的黑色大圆斑·····················
　　粒突箱鲀 O. cubicus Linnaeus，1758（图3824）。暖水性热带底层大型海洋鱼类。栖息沿岸水深
50m以浅的珊瑚礁和岩礁海域。体长450mm。分布：中国沿海；日本，印度-西太平洋。
6（5）成鱼头部及尾鳍无小黑点；幼鱼体上散具一些小于瞳孔的浅色小圆斑 ·····················

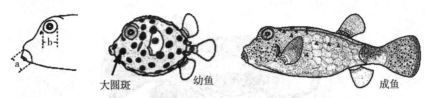

图 3824　粒突箱鲀 *O. cubicus*

a. 口吻径　b. 眼径

（依林公义等，2013）

无斑箱鲀 *O. immaculatus* Temminck & Schlegel，1850（图 3825）。暖水性热带底层中小型海洋鱼类。栖息于近岸水深 20m 以浅的珊瑚礁、潟湖、岩礁海域，喜独立游弋。体长 250mm。分布：台湾海域、南海（香港）；日本，印度-西太平洋。

图 3825　无斑箱鲀 *O. immaculatus*

（依林公义等，2013）

7（2）吻突出；背部中央隆起

8（9）每一骨板上有 1 黑色斑点；臀鳍基底位于背鳍基底后方；背中央棱嵴较高而锐尖…………………………**尖鼻箱鲀 *O. nasus*（Bloch，1785）**（图 3826）〔syn. 尖鼻箱鲀 *Rhynchostracion nasus*（苏锦祥，2002）〕。暖水性热带底层中小型海洋鱼类。栖息于近岸水深 1～20m 以浅的珊瑚礁及岩礁海域，行动迟缓。体长 46～210mm。分布：南海诸岛；印度-西太平洋。

图 3826　尖鼻箱鲀 *O. nasus*

9（8）每一骨板上有 4 个以上黑色斑点；臀鳍基底有部分在背鳍基底下方；背中央棱嵴较低而钝圆…………………………**突吻箱鲀 *O. rhinorhynchus* Bleeker，1852**（图 3827）〔syn. 突吻尖鼻箱鲀 *Rhynchostracion rhinorhynchus*（苏锦祥，2002）〕。暖水性热带底层中小型海洋鱼类。栖息于近岸水深 50m 以浅的珊瑚礁及岩礁海域，行动迟缓。体长 350mm。分布：东海南部海域、台湾、南海；日本、印度尼西亚、澳大利亚，印度-西太平洋。

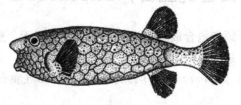

图 3827　突吻箱鲀 *O. rhinorhynchus*

（依 Matsuura，2001）

10（1）体侧具 5 条纵行蓝色条纹；鳃孔长，其长约为眼径的 1.4 倍……………………**蓝带箱鲀 *O. solorensis* Bleeker，1853**（图 3828）。暖水性热带底层中小型海洋鱼类。栖息于近岸水深 50m 以浅的岩礁海域，行动迟缓。体长 190～236mm。分布：东海以南海域；印度尼西亚，印度-西太平洋。

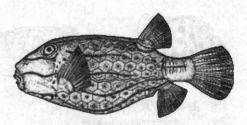

图 3828　蓝带箱鲀 *O. solorensis*
（依苏锦祥，1985）

真三棱箱鲀属（三棱箱鲀属）*Tetrosomus* Swainson，1839
种 的 检 索 表

1（2）背中棱顶端具一大型扁棘……………………………………………… **驼背真三棱箱鲀（驼背三棱箱鲀）**
T. gibbosus（Linnaeus，1758）（图 3829）。暖水性热带底层中小型海洋鱼类。常见于近岸水深
50m 以浅的海藻茂盛的藻床及沙泥底质海域，行动迟缓。体长 300mm。分布：台湾海域、南海；
日本、东非至印度尼西亚，印度-西太平洋。

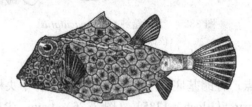

图 3829　驼背真三棱箱鲀（驼背三棱箱鲀）*T. gibbosus*

2（1）背中棱顶端具二小型棘 ……………………………………………… **小棘真三棱箱鲀*（赖普三棱箱鲀）**
T. reipublicae（Whitley，1930）（图 3830）［syn. 双峰三棱箱鲀 *T. concatenatus*（苏锦祥，2002）］。暖
水性热带底层中小型海洋鱼类。栖息于沿岸水深 180m 的岩礁海域，行动迟缓。体长 300mm。
分布：东海闽南渔场以南海域、台湾海域、南海；日本、印度尼西亚，印度-西太平洋。

图 3830　小棘真三棱箱鲀（赖普三棱箱鲀）*T. reipublicae*

鲀亚目（四齿鲀亚目）TETRAODONTOIDEI

前颌骨与上颌骨愈合。上下颌齿愈合成喙状齿板，中央缝有或无。鳃孔小，侧位，位于胸鳍基底前
方。鳃 3 对或 4 对。体被小刺、强棘或裸露。侧线有或无。背鳍 1 个，无鳍棘，位于体的后部；臀鳍与
背鳍同形；无腹鳍。除三齿鲀属（*Triodon*）外均无腰带骨。鳔和气囊有或无。无后颞骨。除三齿鲀属
外，无尾舌骨。

本亚目有 4 科 36 属 218 种（Neelson et al.，2016）；中国有 4 科 19 属 72 种。

科 的 检 索 表

1（6）体一般亚圆筒形；尾柄和尾鳍发达；有气囊；有鳔

---

　* 该种为产大西洋 *Lactophrys triqueter* 的异名，西太平洋不产。

2（3）上颌齿板有中央缝，下颌齿板无中央缝 ┈┈┈┈┈┈┈┈┈ 三齿鲀科 Triodontidae

3（2）上下颌齿板全有中央缝或全无中央缝

4（5）上下颌齿板具中央缝；体裸露或具许多小刺┈┈┈┈┈ 鲀科（四齿鲀科）Tetraodontidae

5（4）上下颌齿板无中央缝；体具许多由鳞变成的粗棘 ┈┈┈┈┈ 刺鲀科 Diodontidae

6（1）体甚侧扁；无尾柄和尾鳍；无气囊；无鳔 ┈┈┈┈┈┈┈┈┈ 翻车鲀科 Molidae

310. 三齿鲀科 Triodontidae

体圆柱形。头较短。吻圆突。眼中大，上侧位。口小，前位。上下颌齿愈合成喙状齿，上颌齿板有中央缝，将其一分为二，下颌齿板无中央缝，因此，上下颌共 3 枚喙状齿板。腹部的膜状部长大呈扇状。头体被有粗糙的小鳞。头部的侧线发达。背鳍 1 个，前方有 2 枚极小的鳍棘，后有 9～10 鳍条；臀鳍具 9～10 鳍条；无腹鳍；尾鳍具 12 主鳍条，深叉形。具背肋和腹肋。

本科仅 1 属 1 种，中国有产。

三齿鲀属 *Triodon* Cuvier，1829

大鳍三齿鲀 *T. macropterus* Lesson，1831（图 3831）。热带底层中型鱼类。栖息于水深 150～300m 的沙泥底质海区。体长可达 480mm。分布：台湾南部海域；日本、菲律宾、印度尼西亚。稀有种，一般制成干制标本供人观赏。

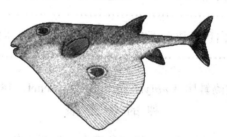

图 3831 大鳍三齿鲀 *T. macropterus*
（依 Kyushin et al.，1982）

311. 鲀科（四齿鲀科）Tetraodontidae

体亚圆筒形，不侧扁，或长圆筒形，微侧扁，或椭圆形，颇侧扁。尾柄圆锥形，或长圆锥形，或侧扁形，或平扁形。体侧下部两侧常具一明显的纵行皮褶。头和背部颇宽圆，或颇侧扁。上下颌骨与齿愈合成 4 个齿板，具中央缝。嗅觉器官呈卵圆形鼻囊，具 2 鼻孔，或呈鼻凹窝，具皮瓣突起的鼻孔，或具皮质鼻突起，呈叉状分支。鳃孔小，侧位，位于胸鳍前方。体具由鳞演化变成的小刺，或光滑无刺。侧线颇发达，常有背侧支、项背支、眼眶支、吻背支、头后侧支、下颌支和腹侧支，或退化，侧线不明显。背鳍 1 个；臀鳍 1 个，常与背鳍相对生长，几同形，均无鳍棘；胸鳍侧位；无腹鳍；尾鳍亚圆形、截形、凹形、双凹形或叉形。体腔大。鳔大，呈圆形、肾形、椭圆形，或后部分化成两叶。有气囊。

本科鱼类大部分种类的卵巢、肝脏、皮肤、肠等含河鲀毒素（TTX），人误食后会引起中毒，严重者可致命。但肌肉大部分无毒。人工养殖种类无毒，均可供食用。2016 年，我国养殖河鲀已达 2.33 万 t（农业部渔业局，《2016 中国渔业统计年鉴》），具较高经济价值。

本科有 26 属 196 种（Nelson et al.，2016）；中国有 10 属 59 种。

属 的 检 索 表

1（2）体无侧线；颇侧扁 ┈┈┈┈┈┈┈┈┈┈┈┈┈┈ 扁背鲀属（尖鼻鲀属）*Canthigaster*

2（1）体具侧线；圆筒形

3（6）体表无小棘；全身圆滑

4（5）体侧下部无纵行皮褶；体密布纵行丝状纹┈┈┈┈┈┈┈┈┈┈┈ 圆鲀属 *Sphoeroides*

5 （4） 体侧下部具一纵行皮褶；体无纵行丝状纹 ···················· **多纪鲀属**（部分）*Takifugu*

6 （3） 体表、背面、腹面密具许多小棘

7 （18） 尾鳍后缘圆形、亚圆形、平截形

8 （13） 鼻孔 2 个

9 （10） 背鳍具 12～19 鳍条；臀鳍具 10～16 鳍条 ············· **多纪鲀属**（部分）*Takifugu*

10 （9） 背鳍具 8～10 鳍条；臀鳍具 7～8 鳍条

11 （12） 体较延长，椭圆形；体侧下方纵行皮褶明显；头侧颊部具多条灰褐色细横带或一浅色大斑块
······················· **窄额鲀属**（丽纹鲀属）*Torquigener*

12 （11） 体较短粗，卵圆形；体侧下方纵行皮褶不明显；头侧颊部颜色均一，无横带或斑块 ·········
·· **宽吻鲀属** *Amblyrhynchotes*

13 （8） 鼻孔 1 个，或无孔；具鼻突起

14 （15） 鼻突起细，呈单杆型，仅在单杆末端具一孔状深凹窝 ················· **单孔鲀属** *Monotreta*

15 （14） 鼻突起粗，呈叉杆型，自杆基部叉开，呈双叶型

16 （17） 臀鳍具 8 鳍条 ··· **凹鼻鲀属** *Chelonodon*

17 （16） 臀鳍具 9～14 鳍条 ······································· **叉鼻鲀属** *Arothron*

18 （7） 尾鳍后缘分叉、内凹；或后缘中间圆凸，上下叶分叉、弯入或波状

19 （20） 尾鳍上下叶末端各具一白色斑块，下叶白色斑块或大或小，但不向前伸出 ·············
··· **兔头鲀属** *Lagocephalus*

20 （19） 尾鳍上下叶末端各具一白色斑块，下叶白色斑块大而细长，向前伸达下缘 3/4 处 ···········
··· **窄额兔鲀属** *Stenocephatus*

宽吻鲀属 *Amblyrhynchotes* Troschel，1856
种 的 检 索 表

1 （2） 体被较密小刺；体背部均匀暗褐色，不具白色斑点；腹部浅灰色，每一皮刺基部具一针尖般黑色
小点；眼上方具一暗褐色大斑；尾鳍末端暗色，余鳍浅黄色 ··············· **长刺宽吻鲀**
A. spinosissimus（**Regan，1808**）（图 3832）。热带、亚热带近海底层鱼类。栖息于沙泥底质的海
域。体长 90～130mm。分布：南海沿岸；印度-西太平洋。

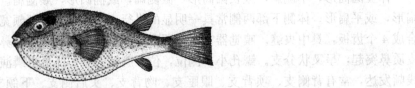

图 3832 长刺宽吻鲀 *A. spinosissimus*

2 （1） 体被较疏小刺；体背部浅黄色，具许多白色斑点；腹部均匀白色，无小黑点；眼上方无圆斑；
尾鳍黄色，余鳍浅黄色 ·················· **白点宽吻鲀** *A. honckenii*（**Bloch，1785**）
（图 3833）。热带、亚热带近海底层鱼类。栖息于沙泥底质的海域。体长 50～80mm。分布：南
海沿岸；印度-西太平洋。

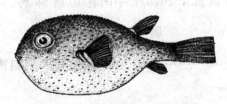

图 3833 白点宽吻鲀 *A. honckenii*

叉鼻鲀属 *Arothron* Müller, 1839
种 的 检 索 表

1（2）背鳍具 14 鳍条；体具许多小白斑 ·· **瓣叉鼻鲀**

A. firmamentum（**Temminck & Schlegel, 1850**）（图 3834）［syn. 瓣鼻鲀 *Boesemanichthys firmamentum*（苏锦祥，2002）］。暖水性近海底层的中小型鱼类。栖息于珊瑚礁浅水的沙泥底质海域。体长 241～266mm。分布：东海南部、台湾海域、南海沿岸；日本、澳大利亚、新西兰，印度-西太平洋。肝、生殖腺含河豚毒素。

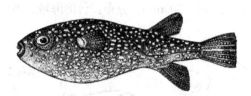

图 3834　瓣叉鼻鲀 A. *firmamentum*
（依苏锦祥，1985）

2（1）背鳍具 12 鳍条以下

3（6）头、体背部、侧部和腹部均具多条褐色纵行线纹

4（5）尾鳍有许多白色小点 ························ **网纹叉鼻鲀 A. reticularis**（**Bloch & Schneider, 1801**）
（图 3835）。暖水性近海底层的中小型鱼类。栖息于珊瑚礁浅水的沙泥底质海域。体长 450mm。分布：台湾海域、南海沿岸；日本，印度-西太平洋。毒性不明。

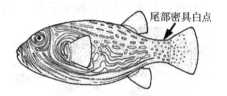

图 3835　网纹叉鼻鲀 A. *reticularis*
（依山田等，2013）

5（4）尾鳍无白色小点，也无黑色纵纹；尾鳍后缘暗色 ···························· **菲律宾叉鼻鲀**
A. manilensis（**Marion de Procé, 1822**）（图 3836）。暖水性近海底层的中小型鱼类。栖息于咸淡水域及珊瑚礁浅水的沙泥底质海域。体长 450mm。分布：台湾海域、南海（香港）、东沙群岛；日本，印度-西太平洋。皮、精巢强毒，其他弱毒。

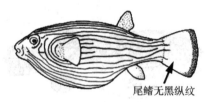

图 3836　菲律宾叉鼻鲀 A. *manilensis*
（依山田等，2013）

6（3）头、体背部、侧部和腹部均无褐色纵行线纹

7（10）尾鳍无黑色斑点，也无青白色斑点

8（9）体具许多分散的黑色斑点；尾鳍后缘不呈黑色 ····························· **黑斑叉鼻鲀**
A. nigropunctatus（**Bloch & Schneider, 1801**）（图 3837）。暖水性近海底层的中小型鱼类。栖息于珊瑚礁浅水的沙泥底质海域。体长 20mm。分布：台湾海域、海南岛、西沙群岛；日本，印度-西太平洋。卵巢、肝剧毒，肌肉、精巢、皮有毒。

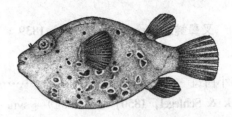

图 3837　黑斑叉鼻鲀 A. nigropunctatus

9（8）体无分散的黑色斑点；尾鳍后缘黑色 ·· **无斑叉鼻鲀**
A. immaculatus（**Bloch & Schneider，1801**）（图 3838）。暖水性近海底层的中小型鱼类。栖息于珊瑚礁浅水的沙泥底质海域。体长 100～300mm。分布：台湾海域、海南岛；日本，印度-西太平洋。卵巢、肝、皮有毒。

图 3838　无斑叉鼻鲀 A. immaculatus
（依山田等，2013）

10（7）尾鳍具白色、青白色或黑色斑点
11（12）尾鳍具许多分散的黑色斑点 ·· **星斑叉鼻鲀**
A. stellatus（**Bloch & Schneider，1801**）（图 3839）［syn. 密点叉鼻鲀 A. alboreticulatus（Tanaka，1908）］。暖水性近海底层的中大型鱼类。栖息于珊瑚礁浅水的沙泥底质海域。体长 700mm。分布：台湾海域、南海；日本，印度-西太平洋。肌肉味美，卵巢剧毒，肝、皮有毒。

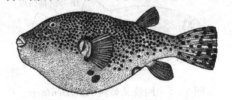

图 3839　星斑叉鼻鲀 A. stellatus

12（11）尾鳍具许多分散的白色或青色斑点
13（14）眼的周围斑纹呈放射状 ······························· **辐纹叉鼻鲀 A. mappa**（**Lesson，1831**）（图 3840）。暖水性近海底层的中型鱼类。栖息于珊瑚礁浅水的沙泥底质海域。体长 500mm。分布：东海南部、台湾海域；日本，澳大利亚北部、社会群岛，印度-西太平洋。精巢剧毒，其他无毒或弱毒。

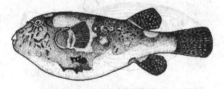

图 3840　辐纹叉鼻鲀 A. mappa
（依苏锦祥，1985）

14（13）眼的周围斑纹不呈放射状
15（16）眼的周围具同心圆状的褐色线 ·························· **青斑叉鼻鲀（蓝点叉鼻鲀）**
A. caeruleopunctatus Matsuura，1994（图 3841）。暖水性近海底层的中型鱼类。栖息于珊瑚礁及岩礁的浅水域。体长 600mm。分布：东海南部、台湾海域；日本，印度-西太平洋。毒性不明。

16（15）眼的周围无同心圆状的褐色线
17（18）体背具许多分散的白斑；腹部具许多黑褐色波状纹 ···························· **纹腹叉鼻鲀**

图 3841　青斑叉鼻鲀（蓝点叉鼻鲀）*A. caeruleopunctatus*

（依山田等，2013）

A. hispidus（Linnaeus，1850）（图 3842）。暖水性近海底层的中型鱼类。栖息于珊瑚礁及岩礁的浅水域。体长 300～450mm。分布：台湾海域、南海诸岛；日本，印度-西太平洋。皮、精巢、肝、卵巢有毒，肌肉无毒。

图 3842　纹腹叉鼻鲀 *A. hispidus*

18（17）体背黑褐色，密布许多小白点 ························· **白点叉鼻鲀 *A. meleagris*（Lacepède，1798）**（图 3843）。暖水性近海底层的中型鱼类。栖息于珊瑚礁及岩礁的浅水域。体长 167～212mm。分布：东海、台湾海域、南海诸岛；日本、菲律宾，印度-西太平洋。卵巢强毒，肝弱毒。

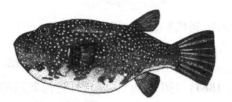

图 3843　白点叉鼻鲀 *A. meleagris*

（依 Masuda et al.，1984）

扁背鲀属（尖鼻鲀属）*Canthigaster* Swainson，1839
种 的 检 索 表

1（4）体背部和体侧具 2～4 条暗色鞍状横带

2（3）体肉色；体背部具 4 条暗褐色横带，横带下垂短，仅达至体侧中部，横带两侧均镶有蓝色小斑点缀的黄色窄边 ···················· **三带扁背鲀（三带尖鼻鲀）*C. axiologus* Whitley，1931**（图 3844）［syn. 花冠扁背鲀 *C. coronata*（苏锦祥，2002）］。暖水性近海沿岸底层的中小型鱼类。栖息于珊瑚礁及岩礁水深 23m 以浅的水域。体长 65～200mm。分布：东海、台湾浅滩渔场、台湾海域、中沙群岛；日本、夏威夷，印度-西太平洋。有毒。

图 3844　三带扁背鲀（三带尖鼻鲀）*C. axiologus*

（依苏锦祥，1985）

3（2）体黄绿色；体背部具 4 条暗褐色横带，其中，中部 2 带下垂长，达至腹部上方，横带两侧均无镶边···················**横带扁背鲀（瓦氏尖鼻鲀）*C. valentini*（Bleeker，1853）**（图 3845）。暖水性近海底层的中小型鱼类。栖息于珊瑚礁及岩礁的浅水域。体长 65～200mm。分布：东海、台湾海域、南海诸岛；日本，印度-西太平洋。皮、肝、卵巢有毒。

图 3845　横带扁背鲀（瓦氏尖鼻鲀）*C. valentini*

（依 Masuda et al. , 1984）

4（1）体背部和体侧无暗色鞍状横带

5（8）体背腹部密具青白色斑点

6（7）腹部白点大于背部白点；尾鳍无小白点 ·················· **圆斑扁背鲀（白斑尖鼻鲀）**
C. janthinoptera（Bleeker, 1855）（图 3846）。暖水性近海底层的中小型鱼类。栖息于珊瑚礁及
岩礁的浅水域。体长 54mm。分布：台湾海域、南海诸岛；日本、夏威夷，印度-西太平洋。有毒。

图 3846　圆斑扁背鲀（白斑尖鼻鲀）*C. janthinoptera*

（依沈世杰，1993）

7（6）腹部白点与背部白点同大；尾鳍具小白点 ·················· **安汶扁背鲀（安邦尖鼻鲀）**
C. amboinensis（Bleeker, 1864）（图 3847）。暖水性近海底层的中小型鱼类。栖息于珊瑚礁及岩
礁的浅水域。体长 110mm。分布：台湾海域、南海诸岛；日本，印度-西太平洋。有毒。

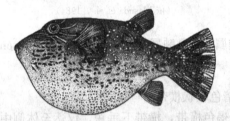

图 3847　安汶扁背鲀（安邦尖鼻鲀）*C. amboinensis*

（依沈世杰，1993）

8（5）体背腹部不密具青白色斑点

9（10）尾柄部密具暗青色小点；尾鳍有多条波状暗色纵线纹 ·············· **亮丽扁背鲀（亮丽尖鼻鲀）**
C. epilampra（Jenkins, 1903）（图 3848）。暖水性近海底层的中小型鱼类。栖息于珊瑚礁及岩礁水
深 20m 的浅水域。体长 90mm。分布：台湾南部海域；日本，印度-西太平洋。毒性不明。

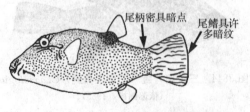

尾柄密具暗点　　尾鳍具许
多暗纹

图 3848　亮丽扁背鲀（亮丽尖鼻鲀）*C. epilampra*

（依山田等，2013）

10（9）尾柄部无暗青色小点；尾鳍无波状暗色纵线纹

11（12）体侧具 1 对绕过鳃孔向后伸达尾柄末端的黄色细纵带·················· **水纹扁背鲀（水纹尖鼻鲀）**
　　　　***C. rivulata*（Temminck & Schlegel，1850）**（图 3849）。暖水性近海底层的中小型鱼类。栖息于
　　　　水深 30m 以浅的珊瑚礁、岩礁带、砾石带及沙质底海域。体长 150mm。分布：东海中部以南、
　　　　台湾南部海域、南海诸岛；日本，印度-西太平洋。肌肉、卵巢无毒，肝、肠弱毒。

图 3849　水纹扁背鲀（水纹尖鼻鲀）*C. rivulata*

12（11）体侧无绕过鳃孔向后伸达尾柄末端的黄色细纵带

13（14）口角后部具 4～5 条横带；尾鳍无波状细横纹 ····························· **点线扁背鲀（笨氏尖鼻鲀）**
　　　　***C. bennetti*（Bleeker，1854）**（图 3850）。暖水性近海底层的中小型鱼类。栖息于水深 20m 以浅的珊瑚
　　　　礁、岩礁带海域。体长 70mm。分布：台湾南部海域、南海（香港）；日本，印度-西太平洋。有毒。

图 3850　点线扁背鲀（笨氏尖鼻鲀）*C. bennetti*
（依 Masuda et al.，1984）

14（13）口角后部无横带

15（16）体背和体侧具许多黄白相间的纵行波状细线纹；尾鳍密具 20 余条波状细横纹 ··················
　　　　············细纹扁背鲀（扁背尖鼻鲀）***C. compressa*（Marion de Procé，1822）**（图 3851）。暖水
　　　　性近海底层的中小型鱼类。栖息于珊瑚礁、岩礁带的浅水域。体长 150mm。分布：台湾海域；
　　　　日本，印度-西太平洋。皮肤毒能使小鼠麻痹死亡。

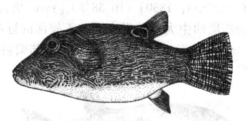

图 3851　细纹扁背鲀（扁背尖鼻鲀）*C. compressa*
（依沈世杰，1993）

16（15）背部具许多细密暗褐色小斑，腹部密具许多小白斑；尾鳍具许多棕色小圆点，缀成浅弧形横带
　　　　状线纹 ······························· **细斑扁背鲀（索氏尖鼻鲀）*C. solandri*（Richardson，1845）**
　　　　（图 3852）。暖水性近海底层的中小型鱼类。栖息于水深 36m 以浅的珊瑚礁、岩礁带海域。体
　　　　长 100mm。分布：台湾南部海域；日本，印度-西太平洋。毒性不明。

图 3852　细斑扁背鲀（索氏尖鼻鲀）*C. solandri*
（依沈世杰，1993）

凹鼻鲀属 *Chelonodon* Müller，1841

凹鼻鲀 *C. patoca*（Hamilton，1822）（图3853）。暖水和暖温性近海底层的中小型鱼类。栖息于水深30m以浅的砾石带及沙质底海域，也能进入河口。体长100mm，大者达355mm。分布：东海南部、台湾南部海域、南海；日本，印度-西太平洋。生殖腺、肌肉、肝、皮均有毒，曾有中毒致死病例。

图3853 凹鼻鲀 *C. patoca*

兔头鲀属 *Lagocephalus* Swainson，1839
种 的 检 索 表

1（2）胸鳍上半部鳍条黑色，下半部一小半鳍条白色；尾鳍黑色，下叶末端延长，长于上叶末端……………………………**兔头鲀 *L. lagocephalus***（Linnaeus，1758）（图3854）[syn. 花鳍兔头鲀 *L. oceanicus*（苏锦祥，2002）]。外洋暖水性中表层的中大型鱼类。体长400～500mm。分布：台湾东部海域、南海北部湾、南海诸岛；日本、夏威夷，印度-西太平洋。毒性不明。

尾鳍下叶延长

图3854 兔头鲀 *L. lagocephalus*
（依山田等，2013）

2（1）胸鳍不呈黑色；尾鳍上下叶末端等长

3（8）鳃孔黑色

4（5）体背无小黑斑或小黑点；尾鳍近截形，不内弯 ………………………………… **黑鳃兔头鲀 *L. inermis***（Temminck & Schlegel，1850）（图3855）[syn. 黑鳃光兔鲀 *Laeviphysus inermis*（Li，2002）]。暖温性近海底层的中大型鱼类。栖息于较深的近海砾石带及沙质底海域。体长400mm，大者达1.0m。分布：黄海（江苏吕泗）、东海大陆架斜坡、台湾海域、南海；朝鲜半岛、日本，印度-西太平洋。肝强毒，生殖腺、肌肉、皮肤无毒。

图3855 黑鳃兔头鲀 *L. inermis*
（依李春生，2002）

5（4）体背具小黑斑或小黑点；尾鳍深凹

6（7）体背散具许多小黑点……………………………… **圆斑兔头鲀 *L. sceleratus***（Gmelin，1789）（图3856）。暖水性中下层的大型鱼类。体长350～600mm，大者达1 000mm。分布：东海大陆架域、台湾沿岸、海南岛、南海诸岛；朝鲜半岛、日本，印度-西太平洋。肝、肠强毒，肌肉、胆汁弱毒，精

图3856 圆斑兔头鲀 *L. sceleratus*

巢、皮肤有毒。

7（6）体背散具许多不规则稍大的小黑斑 ·· **杂斑兔头鲀**
L. suezensis（**Clark & Gohar, 1953**）（图 3857）。暖水性中下层的大型鱼类。体长 400mm，大
者达 1 000mm。分布：东海中南部、海南岛；日本，印度-西太平洋。毒性不详。

图 3857　杂斑兔头鲀 *L. suezensis*

8（3）鳃孔不呈黑色

9（10）体背密具许多小刺，小刺向后分布达背鳍起点·································· **月尾兔头鲀**
L. lunaris（**Bloch & Schneider, 1801**）（图 3858）［syn. 月腹刺鲀 *Gastrophysus lunaris*（李春
生，2002）］。暖水性近海底层的中小型鱼类。栖息于较浅的砾石带及沙质底海域。体长 250～
300mm。分布：黄海南部（吕泗）、东海大陆架海域、台湾海域、南海；朝鲜半岛、日本，印
度-西太平洋。肌肉、皮肤、肝脏、卵巢、肠具强毒，禁食。

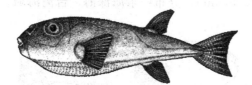

图 3858　月尾兔头鲀 *L. lunaris*

10（9）体背密具许多小刺，小刺向后仅分布至胸鳍后端上方

11（12）尾鳍后缘波状双凹形，尾鳍上下叶尖端白色························· **克氏兔头鲀（暗鳍兔头鲀）**
L. gloveri Abe & Tabeta, 1983（图 3859）。暖温性近海底层的中大型鱼类。体长 220～
450mm。分布：偶见于渤海、黄海，东海、台湾海域、南海也产；朝鲜半岛、日本，印度-西
太平洋。产黄海者其肌肉、皮、精巢无毒，肝、卵有毒。

图 3859　克氏兔头鲀（暗鳍兔头鲀）*L. gloveri*
（依李春生，2002）

12（11）尾鳍后缘内凹，尾鳍下部白色 ··················· **棕斑兔头鲀 L. spadiceus**（**Richardson, 1845**）
（图 3860）（syn. 淡鳍兔头鲀 *L. wheeleri* Abe，Tabeta & Kitahama，1984）。暖温性近海底层
的中小型鱼类。体长 50～250mm。分布：黄海、东海、台湾海域、南海；朝鲜半岛、日本、
菲律宾，印度-西太平洋。肌肉、皮、精巢无毒。

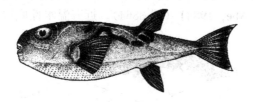

图 3860　棕斑兔头鲀 *L. spadiceus*
（依李春生，2002）

<h2 style="text-align:center">单孔鲀属 Monotreta Bibron, 1855</h2>

斑腰单孔鲀 M. leiurus（Bleeker, 1850）（图 3861）。栖息于河川清水处，活动于水体中下层，遇惊迅速充气仰卧水面。个体小，体长 66～95mm；分布：云南澜沧江水系；泰国、马来西亚。不做食用。

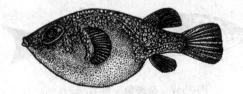

图 3861 斑腰单孔鲀 M. leiurus
（依周伟，1990）

<h2 style="text-align:center">圆鲀属 Sphoeroides Lacepède, 1798</h2>

密沟圆鲀 S. pachygaster（Müller & Troschel, 1848）（图 3862）（syn. 皱纹光鲀 Liosaccus pachygaster 许成玉，1988）。暖温性近海底层的中小型鱼类。栖息于东海大陆架边缘 200m 的较深海域，吸水使腹部膨胀，随波逐流。体长 400mm。分布：东海深海、台湾海域；日本。肝、卵巢有毒，精巢、肌肉和皮肤无毒。

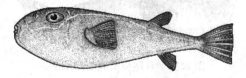

图 3862 密沟圆鲀 S. pachygaster

<h2 style="text-align:center">多纪鲀属 Takifugu Abe, 1949</h2>
<h3 style="text-align:center">种 的 检 索 表</h3>

1（2）全体皮肤密布细小瘤状突起；背部暗绿或黄褐色，具许多眼径大小的黑色小椭圆斑点；尾鳍暗褐色，余鳍橙黄色 ·················· **豹纹多纪鲀 T. pardalis**（Temminck & Schlegel, 1850）
（图 3863）。近海温水性底层中小型鱼类。栖息于浅海岩礁区及河口的咸淡水水域。体长 150～350mm。分布：黄海、渤海、东海；朝鲜半岛、日本。精巢弱毒；皮、肠强毒；肝、卵巢剧毒；肌肉无毒。

图 3863 豹纹多纪鲀 T. pardalis

2（1）体无细小瘤状突起
3（8）体无小刺
4（5）体侧胸鳍后上方无暗色大斑（以下简称胸斑）；体背密具许多网状黑斑·····························
斯氏多纪鲀 T. snyderi（Abe, 1988）（图 3864）。近海温水性底层中小型鱼类。栖息于浅海岩礁

图 3864 斯氏多纪鲀 T. snyderi
（依山田等，2013）

区。体长 300mm。分布：东海；朝鲜半岛、日本。皮、肠强毒；肝、卵巢剧毒；肌肉、精巢无毒。

5（4）体侧胸鳍后上方具一暗色大胸斑

6（7）体背部棕褐色，具许多乳白色小椭圆形斑点和蠕虫状细纹；胸斑中等大，具一白色菊花状边缘；臀鳍白色；尾鳍黄色，下缘具一白色窄带 ………………………………………… **虫纹多纪鲀**
T. vermicularis（**Temminck & Schlegel，1850**）（图 3865）。暖温性近海底层中小型鱼类。栖息于浅海岩礁区及河口的咸淡水水域。体长 150～320mm。分布：黄海、渤海、长江口、东海、台湾海域；朝鲜半岛、日本。皮、卵巢剧毒；肝弱毒；肌肉无毒。

图 3865　虫纹多纪鲀 *T. vermicularis*
（依李思忠，1955）

7（6）体背部紫褐色；幼鱼体背部具许多白色小圆斑，白斑随生长成蜂窝状线纹，随即出现黑色小圆点，这些线纹和圆斑随生长消失，成鱼遂成均匀紫褐色；幼鱼胸斑具菊花状白边，成鱼胸斑几无白边；臀鳍橘黄色；尾鳍均匀紫褐色，无白色窄带 ………………………………………… **紫色多纪鲀**
T. porphyreus（**Temminck & Schlegel，1850**）（图 3866）（syn. 细斑东方鲀 *Fugu punctulatus* Chu & Hsu，1963）。北太平洋西部暖温性近海底层中大型鱼类。体长 250～350mm，大者达 800mm。分布：黄海、渤海、东海、台湾海域；朝鲜半岛、日本、俄罗斯远东海区。肝、卵巢剧毒；皮、肠强毒；肌肉、精巢无毒。

图 3866　紫色多纪鲀 *T. porphyreus*
（依伍汉霖等，1978）

8（3）体背部和腹部或侧部皮肤具小刺，或小刺退化而无

9（40）体背部和腹部刺区相互分离，不在体侧相连接

10（31）皮刺细而弱

11（12）体侧无胸斑；体背部浅蓝色，被密集暗褐色或紫黑色小圆点；背鳍、胸鳍上半部为紫黑色，臀鳍和胸鳍下半部为鲜黄色 ………… **密点多纪鲀** *T. stictonotus*（**Temminck & Schlegel，1850**）（图 3867）。暖温性近海底层中小型鱼类。体长 200～400mm。分布：黄海、东海；朝鲜半岛、日本、俄罗斯彼得大帝湾。肝、卵巢剧毒；皮强毒；肌肉、精巢弱毒。

图 3867　密点多纪鲀 *T. stictonotus*
（依伍汉霖等，2002）

12（11）体侧具一显著暗色胸斑

13（26）体侧暗色胸斑小，椭圆形，前倾斜位或圆形

14（17）体背部无连接两侧胸斑的暗色横带，或至少成鱼无此暗色横带

15（16）体背部绿褐色或红褐色，具许多浅色小斑点；前倾椭圆形胸斑具花瓣状白色边缘，背鳍基底也

具一白斑边缘的暗色大斑；各鳍浅黄色，尾鳍后缘橙色 ························· **星点多纪鲀**
T. niphobles (Jordan & Snyder, 1901)（图 3868）。暖温性近海常见底层小型鱼类。栖息于沿海岩礁海藻丛生的浅海海域和河口附近，每年 3 月亲鱼成群聚于岸边藻丛、小砾石中产卵。体长 59～143mm。分布：渤海、黄海、东海；朝鲜半岛、日本、俄罗斯彼得大帝湾。肝、卵巢剧毒；皮强毒；肌肉、精巢弱毒。

图 3868　星点多纪鲀 T. niphobles
（依黄存信等，1992）

16（15）体背部均匀黄棕色，无浅色小斑点；幼鱼体背具一连接两侧胸斑的暗色横带，成鱼即消失；胸斑周围具一晕环状宽的浅色边缘；臀鳍白色，余鳍鲜艳黄色 ··················· **晕环多纪鲀**
T. coronoidus Ni & Li, 1992（图 3869）。栖息于河口水域的暖温性咸淡水或淡水水域中下层小型鱼类。体长 150～220mm。分布：长江下游及河口。群体小，数量少，分布狭，为稀有种。毒性不详。《中国物种红色名录》列为濒危［EN］物种。

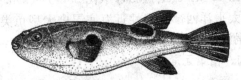

图 3869　晕环多纪鲀 T. coronoidus
（依倪勇等，1992）

17（14）体背部具一连接两侧胸斑的暗色横带，或尚具头部和尾柄背面的暗色横带
18（19）体背部具一连接两侧胸斑的暗色横带，此外，尚具 3 横带：第一带位于鼻孔之间，第二带位于眼间隔之间，第三带位于尾柄之上；体背部绿黄色，无浅色小斑点；胸斑圆，稍大于眼径，具一浅色倒马蹄形边缘；各鳍透明 ·························· **圆斑多纪鲀**
T. orbimaculatus Kuang, Li & Liang, 1984（图 3870）。栖息于河口水域的暖水性河口中下层小型鱼类。体长 150～190mm。分布：仅见于珠江口出海水道水系及河口咸淡水水域。群体小，数量少，分布区极狭窄，为稀有种。毒性不详。《中国物种红色名录》列为濒危［EN］物种。

图 3870　圆斑多纪鲀 T. orbimaculatus
（依匡庸德，1984）

19（18）体背部仅具一连接两侧胸斑的暗色横带
20（23）体背部具一呈一字形黑色显著横带，横带与两侧胸斑相连；体背部不具浅色小斑点
21（22）体背部暗绿色或暗褐色，头体背部和尾柄具多个镶有橙色边缘的大斑，此斑形状、大小和数量上均有变化；各鳍浅红色，尾鳍后缘红色 ························· **花斑多纪鲀**
T. variomaculatus Li & Kuang, 2002（图 3871）。栖息于珠江口沿海和出海水系河流、运河和河口的暖水性咸淡水中下层小型鱼类。体长 70～200mm。分布：仅见于珠江口出海水道及河口咸淡水区。毒性不详。
22（21）体背部和尾柄均匀暗绿色，无大斑，连接两侧胸斑的横带、胸斑和背鳍基底的暗色大斑均被橙

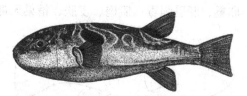

图 3871　花斑多纪鲀 *T. variomaculatus*

（依李春生，2002）

色边缘镶嵌；各鳍浅红色，尾鳍后缘红色 ·· **弓斑多纪鲀**
T. ocellatus（Linnaeus，1758）（图 3872）。暖温性近海常见的底层小型鱼类。栖息于沿海岩礁
海藻丛生的浅海海域和河口附近。体长 150～200mm。分布：黄海、长江等大河河口出海水
道、东海、台湾海域、南海。卵巢强毒；肝、皮、肠有毒；肌肉、精巢无毒。

图 3872　弓斑多纪鲀 *T. ocellatus*

（依李思忠，1962）

23（20）体背部具一暗褐色模糊而不显著横带，横带与两侧胸斑相连；体背部具众多黄绿色小斑点
24（25）体背部黄灰褐色，密布圆形的浅黄绿色小斑点，背部斑点小于体侧斑点；胸斑稍高位于体侧上
　　　　方，仅上方具小白斑围绕形成花瓣状边缘；各鳍浅黄色，尾鳍后缘变红··············
斑带多纪鲀 T. guttulatus（Richardson，1845）（图 3873）。暖水性近海常见的底层小型鱼类。
栖息于沿海岩礁海藻丛生的浅海海域和河口、港湾附近。体长 70～130mm。分布：海南岛河
口咸淡水水域、南海（广东、广西）沿岸及珠江口。肝、卵巢剧毒；皮、精巢有毒；肌肉
无毒。

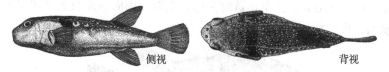

侧视　　　　　　　　　　　背视

图 3873　斑带多纪鲀 *T. guttulatus*

（依李春生，2002）

25（24）体背部青灰色，稀疏分布浅色椭圆形斑点，斑点稍大，斑点间密布针孔般浅色小点；胸斑稍
　　　　低，位于体侧中部，大部具小斑点围绕形成花瓣状边缘；各鳍浅黄色 ·····························
斜斑多纪鲀 T. plagiocellatus Li，2002（图 3874）。暖水性近海常见的底层小型鱼类。栖息于
沿海岩礁海藻丛生的浅水海域。体长70～110mm。分布：海南岛东部沿岸。毒性不详。

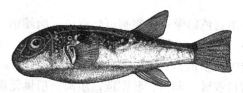

图 3874　斜斑多纪鲀 *T. plagiocellatus*

（依李春生，2002）

26（13）体侧暗色胸斑大，近圆形，竖立或稍前倾斜位
27（28）体背部后半部在背鳍下方无大黑斑；臀鳍通常黑色 ································· **辐斑多纪鲀**
T. radiates（Abe，1947）（图 3875）[syn. 中华多纪鲀 *T. chinensis*（Abe，1949）]。暖温性沿
海常见的底层中小型鱼类。栖息于沿海岩礁的浅水海域。体长 550mm。分布：黄海、东海北

部；朝鲜半岛、日本。卵巢、肝脏强毒；肌肉、皮肤、精巢无毒。

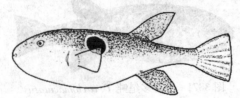

图 3875　辐斑多纪鲀 *T. radiates*
（依山田等，2013）

28（27）体背部在背鳍下方有大黑斑；臀鳍通常浅色

29（30）体背部黄棕色，具许多草绿色网状纹，每个网状纹中心具一同色小圆斑；体侧皮褶具一鲜黄色纵行条带，网状花纹和纵带随生长消失；臀鳍末端褐色，其余白色；尾鳍暗褐色…………………………网纹多纪鲀 **T. reticularis**（**Tien，Chen & Wang，1975**）（图 3876）。暖温性沿海的底层中大型鱼类。栖息于沿海岩礁海藻丛生的浅水海域。体长 400～500mm。分布：渤海、黄海、东海沿岸；朝鲜半岛、日本。卵巢、肝剧毒；肌肉、精巢无毒。数量稀少，《中国物种红色名录》列为濒危［EN］物种。

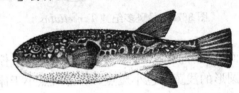

图 3876　网纹多纪鲀 *T. reticularis*
（依成庆泰，1975）

30（29）体背部墨绿色，具模糊不规则分布的白色小圆斑，小圆斑随生长消失；体侧皮褶无黄色纵行条带；臀鳍末端黑色，余部白色；尾鳍黑色 ………………………………………… 墨绿多纪鲀 **T. basilevskianus**（**Basilewsky，1852**）（图 3877）。暖温性沿海及大江河口常见的底层中小型鱼类。体长 100～325mm。分布：黄海南部、东海、南海沿岸及大江河口水域。卵巢、肝、血液剧毒；肌肉、皮、精巢有毒。

图 3877　墨绿多纪鲀 *T. basilevskianus*
（依伍汉霖等，1978）

31（10）皮刺粗而强

32（35）尾鳍呈黄色

33（34）体背部黄棕色，具多条暗褐色斜带；体侧胸斑暗褐色，胸鳍前部和内侧均具一小暗褐色斑点；各鳍黄棕色……………………双斑多纪鲀 **T. bimaculatus**（**Richardson，1845**）（图 3878）。温水性沿海常见的底层中大型鱼类。体长 350～500mm。分布：渤海、黄海北部、东海、台湾海域和与此相通的江河口水域。卵巢、肝剧毒；肌肉、精巢无毒。

图 3878　双斑多纪鲀 *T. bimaculatus*
（依苏锦祥，1985）

34（33）体背部浅蓝色，具多条暗蓝色斜带；体侧和胸鳍前方均无斑点；各鳍鲜黄色⋯⋯⋯⋯⋯⋯
⋯⋯**黄鳍多纪鲀** *T. xanthopterus*（**Temminck & Schlegel，1850**）（图3879）。暖温性沿海常见
的底层中大型鱼类。体长200～500mm，大者可达600mm。分布：中国沿海；朝鲜半岛、日
本。卵巢、肝强毒；肠弱毒；肌肉、皮、精巢无毒。

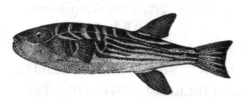

图3879　黄鳍多纪鲀 *T. xanthopterus*
（依李思忠，1962）

35（32）尾鳍呈黑色

36（37）体背部棕色，幼鱼时具许多浅黄色小圆斑，圆斑随生长消失；胸斑具浅色花瓣状边缘，暗褐
色，幼鱼时大，成鱼时小；臀鳍末端暗褐色，中部黄色，基部白色 ⋯⋯⋯⋯⋯⋯⋯⋯⋯⋯
菊黄多纪鲀 *T. flavidus*（**Li，Wang & Wang，1975**）（图3880）。暖温性近海常见的底层中大
型鱼类。体长150～250mm，大者可达300mm。分布：渤海、黄海、东海。毒性不详。数量
稀少，《中国物种红色名录》列为濒危［EN］物种。

图3880　菊黄多纪鲀 *T. flavidus*
（依成庆泰等，1975）

37（36）体背部黑色，幼鱼时具许多白色小圆斑，圆斑随生长消失；胸斑具一白色边缘，黑色，始终大
而不变；臀鳍白色或黑色

38（39）臀鳍白色，有时因充血而发红；幼鱼和成鱼体背和侧部具许多黑白相间的虎斑状花斑，随生长
花斑渐少；体较瘦长 ⋯⋯⋯⋯⋯⋯⋯⋯⋯⋯ **红鳍多纪鲀** *T. rubripes*（**Temminck & Schlegel，1850**）
（图3881）。暖温性近海常见的底层中大型鱼类。幼鱼栖息于河口内湾咸淡水域。体长200～
500mm，大者可达800mm。分布：渤海、黄海、东海、台湾海域；朝鲜半岛、日本。卵巢、
肝强毒；肠弱毒；精巢、皮、肌肉无毒。肉味美，为鲀类之冠，已可人工养殖。数量稀少，
《中国物种红色名录》列为濒危［EN］物种。

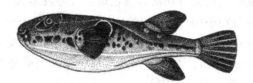

图3881　红鳍多纪鲀 *T. rubripes*
（依伍汉霖等，1978）

39（38）臀鳍全部黑色或末端黑色；幼鱼背面全部黑色，或具许多白色小圆斑，随生长小圆斑逐渐消
失，成鱼有时体侧胸斑之后散布1列几个黑色斑点；体较粗短 ⋯⋯⋯⋯⋯⋯⋯⋯⋯⋯⋯⋯
假睛多纪鲀 *T. pseudommus*（**Chu，1935**）（图3882）。暖温性近海常见的底层中大型鱼类。体
长250～500mm。分布：渤海、黄海、东海，台湾基隆，可进入长江下游和与此相通的河汊及
湖泊水域；朝鲜半岛、日本。卵巢强毒；肝、皮、肠弱毒。

40（9）体背部和腹部刺区均在体侧鳃孔前方和胸鳍后方相连接

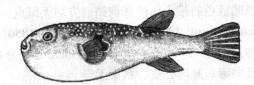

图 3882　假睛多纪鲀 *T. pseudommus*
（依伍汉霖等，1978）

41（42）体背部和腹部刺区仅在鳃孔前方相连接；体侧具一暗褐色小胸斑；幼鱼体背部具 3～4 条浅黄色横带，随生长消失；胸鳍和臀鳍棕黄色，背鳍和尾鳍暗褐色 ⋯⋯⋯⋯⋯⋯⋯⋯⋯⋯⋯⋯⋯⋯⋯
暗纹多纪鲀 *T. fasciatus*（McClelland，1844）（图 3883）（syn. 暗纹东方鲀 *Fugu obscures* Abe，1949）。洄游性鱼类。栖息于水域的中下层。每年 3 月始，成群溯河至长江中产卵繁殖，幼鱼生活在江河或通江的湖泊中育肥，至翌年春季返回海中。以摄食水生无脊椎动物为主，兼食自游生物及植物叶片和丝状藻等，是偏肉食性的杂食性鱼类。体长 250～500mm。分布：东海、黄海及通海的江河下游；朝鲜半岛西岸。卵巢具剧毒；肝、皮、肠强毒；肌肉无毒。味美，是长江下游的重要渔业捕捞和养殖对象，但误食有毒脏器而导致死亡者每年均有发生。

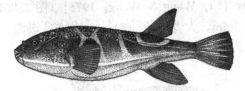

图 3883　暗纹多纪鲀 *T. fasciatus*
（依李思忠，1955）

42（41）体背部和腹部刺区均在体侧鳃孔前方和胸鳍后方相连接

43（46）体背部具 2～6 条显著或模糊暗褐色横带和众多浅色斑点

44（45）体背部具 4～6 条显著暗带和众多黄绿色多角形斑点；每个小刺基部具一小圆形肉质突起；各鳍浅黄色⋯⋯⋯⋯⋯⋯⋯⋯⋯⋯**铅点多纪鲀 *T. alboplumbeus*（Richardson，1845）**（图 3884）。暖温性近海常见的底层中小型鱼类。体长 200～300mm。分布：渤海、黄海、东海、南海；朝鲜半岛。肝、卵巢剧毒；精巢、皮、肠强毒。为含河豚毒素较强的种类。

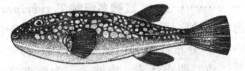

图 3884　铅点多纪鲀 *T. alboplumbeus*

45（44）体背部具 3～4 条模糊暗褐色横带和众多浅色斑点，体背部斑点小而圆，体侧大而椭圆；各鳍浅黄色，尾鳍末端暗褐色 ⋯⋯⋯⋯⋯⋯⋯⋯⋯⋯⋯⋯⋯⋯⋯⋯⋯⋯⋯⋯⋯⋯ **斑点多纪鲀
T. poecilonotus（Temminck & Schlegel，1850）**（图 3885）。暖温性近海常见的底层中小型鱼类。体长 150～250mm。分布：东海、台湾海域、南海（香港）；朝鲜半岛、日本。肝、卵巢剧毒；精巢、皮、肠强毒；肌肉弱毒。

图 3885　斑点多纪鲀 *T. poecilonotus*
（依伍汉霖等，2002）

46（43）体背部具 20 余条暗褐色和浅蓝色相间的鞍状横带，横带在头部较窄，在躯干部宽，体背部常

具许多浅色小斑点；各鳍浅黄色；尾鳍黄色 ·························· **横纹多纪鲀**
T. oblongus（**Bloch，1786**）（图 3886）。热带、亚热带暖水性近海底层小型鱼类，也进入河口
咸淡水水域。体长 60～201mm，大者可达 400mm。分布：东海、台湾海域、南海；日本、菲
律宾、澳大利亚。肝、卵巢剧毒；精巢、皮和肌肉有毒。

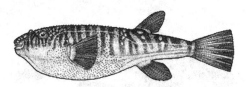

图 3886　横纹多纪鲀 *T. oblongus*
（依李思忠，1960）

窄额鲀属（丽纹鲀属）*Torquigener* Whitley，1930
种 的 检 索 表

1（4）头侧颊部具 3～5 条灰褐色横带状宽纹
2（3）头侧颊部具 3～4 条灰褐色横带状宽纹；体侧暗褐色纵带连续，不中断··············
　　头纹窄额鲀（头纹丽纹鲀）*T. hypselogeneion*（Bleeker，1852）（图 3887）。热带、亚热带海域
　　底层小型鱼类。栖息于水深 40m 以浅的藻场及沙泥底质海域。体长 170mm。分布：台湾南部海
　　域、南海北部；日本，印度-西太平洋。内脏及卵巢剧毒。

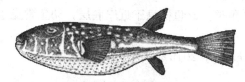

图 3887　头纹窄额鲀（头纹丽纹鲀）*T. hypselogeneion*

3（2）头侧颊部具 5 条灰褐色横带状宽纹；体侧暗褐色纵带不连续 ····················
　　黄带窄额鲀（黄带丽纹鲀）*T. brevipinnis*（Regan，1903）（图 3888）。热带、亚热带海域底层小
　　型鱼类。栖息于水深 34～100m 藻场及沙泥底质的海域，偶见于河口。体长 84mm。分布：东
　　海、台湾南部海域；日本。内脏及卵巢有毒。

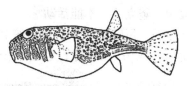

体侧纵带
不连续

图 3888　黄带窄额鲀（黄带丽纹鲀）*T. brevipinnis*
（依山田等，2013）

4（1）头侧颊部在眼后具一浅色大斑 ···························· **棕斑窄额鲀（棕斑丽纹鲀）**
T. rufopunctatus（**Li，1962**）（图 3889）（syn. 南海窄额鲀 *T. gloerfelti* Hardy，1984）。热带、
亚热带海域底层小型鱼类。栖息于浅海藻场及沙泥底质的海域。体长 90～180mm。分布：南海；
印度尼西亚。毒性不详。

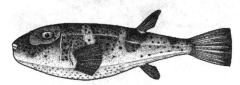

图 3889　棕斑窄额鲀（棕斑丽纹鲀）*T. rufopunctatus*
（依李思忠，1962）

窄额兔鲀属 *Stenocephatus* Harada & Abe，1994

窄额兔鲀 *S. elongates* Harada & Abe，1994（图 3890）。暖水性近海底层中大型鱼类。主食软体动物、甲壳类及鱼类。体长 276mm。分布：台湾高雄近海；太平洋西部热带、亚热带海域。卵巢、肝脏有毒，不能食用。

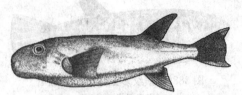

图 3890　窄额兔鲀 *S. elongates*
（依原田等，1994）

312. 刺鲀科（二齿鲀科）Diodontidae

体短圆形，稍平扁，头和体背面较宽圆。尾柄锥状，较短小。眼中大或稍大，上侧位。鼻孔每侧 2个，鼻瓣呈卵圆形突起；或无鼻孔，鼻瓣呈盘状。口前位，中小型。上下颌齿各愈合为 1 个大板状齿，中央无骨缝。鳃孔短小，侧位。头、体除吻端及尾柄后部附近外，均具棘；棘甚长或粗短，能前后活动或不能活动，棘下具 2～4 棘根。背鳍 1 个，位于体后部；臀鳍与背鳍相对。左右前颌骨及齿骨完全愈合。具气囊，能使腹部膨胀，用以自卫。

暖水性或暖温性中小型海洋鱼类。成鱼栖息于近岸底层，幼鱼常见于外海大洋上层。世界三大洋均有分布。

本科有 7 属 18 种（Nelson et al.，2016）；中国有 4 属 8 种。

属 的 检 索 表

1（2）体上棘刺均能做 90°竖立活动，具 2 棘根（除少数围绕鳃孔及背鳍基底的例外）…………………………………………………………………… 刺鲀属（二齿鲀属）*Diodon*
2（1）体背部、腹部及侧面大部分棘呈竖立状，不能做 90°活动，具 3～4 棘根
3（4）头顶及腹部的棘较长，竖立，略能活动（但不能做 90°活动）………… 异棘刺鲀属 *Lophodiodon*
4（3）头顶及腹部的棘较短，竖立状，不能活动
5（6）尾柄背部有 1 或 2 小棘；尾鳍鳍条 10；成鱼鳍上有斑点 …………… 短刺鲀属 *Chilomycterus*
6（5）尾柄背部无棘；尾鳍鳍条 9；成鱼鳍上无斑点 ……………………… 圆刺鲀属 *Cyclichthys*

短刺鲀属 *Chilomycterus* Brissout & Barneville，1846

网纹短刺鲀 *C. reticulatus*（Linnaeus，1758）（图 3891）（syn. 瘤短刺鲀 *C. affinis* Günther，1870）。热带、温带海域底层中小型鱼类。栖息于浅海珊瑚礁藻场及岩礁底质的海域。体长 300～400mm，大者达 650mm。分布：东海南部台湾浅滩渔场、台湾海域、南海北部；朝鲜半岛、日本，印度-西太平洋。

图 3891　网纹短刺鲀 *C. reticulatus*
（依 Leis，2001）

圆刺鲀属 *Cyclichthys* Kaup，1855
种 的 检 索 表

1（2）背面自前额至背鳍前方有棘 11～12 横行；左右胸鳍基底间的背面有 5～6 棘；体上棘均粗短，最长棘约等于眼径的 1/2；头体侧下方各棘基大多各有一小黑斑 ·················· **黄斑圆刺鲀**
C. spilostylus Leis & Randall，1982（图 3892）。热带海洋底层的中小型鱼类。栖息于浅海 3～90m 珊瑚礁藻场及岩礁底质的海域。体长 90～270mm。分布：台湾海域、海南岛；朝鲜半岛、日本，印度-西太平洋。

图 3892　黄斑圆刺鲀 *C. spilostylus*
（依李思忠，1962）

2（1）背面自前额至背鳍前方有棘 8～9 横行；左右胸鳍基底间的背面有 4 棘；体上棘较尖长，最长棘约等于或稍长于眼径；背面及两侧有少数不规则形大黑斑，体侧下方各棘基无小黑斑············
··················**圆点圆刺鲀（眶棘圆刺鲀）C. orbicularis**（Bloch，1785）（图 3893）。温带、热带海洋底层的中小型鱼类。栖息于浅海珊瑚礁藻场及岩礁底质的海域。体长 90～270mm。分布：台湾海域、南海；日本，印度-西太平洋。

图 3893　圆点圆刺鲀（眶棘圆刺鲀）*C. orbicularis*
（依李思忠，1962）

刺鲀属（二齿鲀属）*Diodon* Linnaeus，1758
种 的 检 索 表

1（4）背鳍、尾鳍无黑点；尾柄部背方无棘
2（3）鳃孔前方至眼无黑斑；体的黑斑周围无白边 ························ **六斑刺鲀**
D. holocanthus Linnaeus，1758（图 3894）。热带暖水性海洋底层的中小型鱼类。栖息于热带水深 0～30m 的浅海珊瑚礁藻场及岩礁域。单独活动，春末繁殖，聚成大群。体长 100～200mm，大者达 300mm。分布：黄海、东海、台湾海域、南海诸岛；朝鲜半岛、日本，印度-西太平洋。

图 3894　六斑刺鲀 *D. holocanthus*
（依李思忠，1962）

3（2）鳃孔前方至眼具一大黑斑；体的黑斑周围有白边 ························ **大斑刺鲀**
D. liturosus Shaw，1804（图 3895）（syn. 九斑刺鲀 *D. novemmaculatus* Cuvier，1818）。热带暖

水性海洋底层的中小型鱼类。栖息于水深 10～20m 的浅海珊瑚礁藻场及岩礁域。体长 200～300mm，大者达 600mm。分布：台湾沿海、南海诸岛；日本，印度-西太平洋。

图 3895　大斑刺鲀 *D. liturosus*

（依李思忠，1962）

4（1）背鳍、尾鳍具黑点；尾柄部背方有棘

5（6）背鳍和臀鳍的先端尖形；尾柄腹面无棘 ••• **艾氏刺鲀**
D. eydouxii Brisout de Barneville，1846（图 3896）。热带、亚热带海洋底层中小型鱼类。栖息于水深 250m 以浅的珊瑚礁藻场及岩礁域。体长 250mm。分布：台湾南部海域；日本，印度-西太平洋。

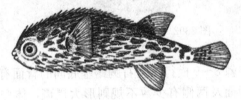

图 3896　艾氏刺鲀 *D. eydouxii*

（依 Leis，2001）

6（5）背鳍和臀鳍的先端圆形；尾柄腹面有棘 •••••••••••••••••••••••• **密斑刺鲀 *D. hystrix* Linnaeus，1758**
（图 3897）。热带及温带暖水性海洋底层的中小型鱼类。栖息于浅海珊瑚礁藻场及岩礁域。体长 152～443mm。分布：台湾沿海、南海诸岛；日本，印度-西太平洋。

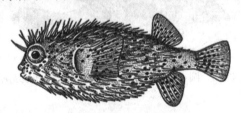

图 3897　密斑刺鲀 *D. hystrix*

（依 Leis，2001）

异棘刺鲀属 *Lophodiodon* Fraser-Brunner，1943

四带异棘刺鲀 *L. calori*（Bianconi，1854）（图 3898）［syn. 布氏刺鲀 *Diodon bleekeri* 李思忠，1962（non Günther）］。热带暖水性海洋底层的中小型鱼类。栖息于浅海珊瑚礁藻场及岩礁域。体长 200mm。分布：南海诸岛；印度-西太平洋。

图 3898　四带异棘刺鲀 *L. calori*

（依李思忠，1962）

313. 翻车鲀科 Molidae

体高而侧扁，椭圆形或长方形；无尾柄，尾鳍常消失。皮肤一般粗糙。无侧线。前颌骨与上颌骨愈

合，不能伸缩。上下颌齿愈合，各形成一喙状齿板，无中央缝。鳃孔小，侧位，位于胸鳍基底前上方。鳃4对，第四鳃弓后方具一裂孔。胸鳍小或中大；无腹鳍，无腰带骨；背鳍1个，高大，无鳍棘；臀鳍与背鳍同形，约相对，背鳍和臀鳍鳍条后延，在体后端相连，形成一"舵鳍"（clavus）；无真正尾鳍。无气囊。成鱼无鳔。椎骨16～18（躯椎8，尾椎8～10）。

翻车鲀类性迟钝，为大洋性漂流鱼类。将背鳍露出水面，依靠高大的背鳍、臀鳍运动，随波漂流。

分布：世界三大洋热带、亚热带海域。

本科有3属4种（Nelson et al.，2016）；中国有3属3种。

属 的 检 索 表

1（4）胸鳍圆；舵鳍圆而突出；体卵形
2（3）舵鳍后端中央有尖矛状突起 ………………………………………………… 矛尾翻车鲀属 *Masturus*
3（2）舵鳍后缘圆或有波状凹刻 ………………………………………………… 翻车鲀属 *Mola*
4（1）胸鳍尖长；舵鳍截形；体长楔形 ………………………………………… 长翻车鲀属 *Ranzania*

矛尾翻车鲀属 *Masturus* Gill，1884

矛尾翻车鲀 *M. lanceolatus*（Liénard，1840）（图3899）。大洋性鱼类。晴天时喜将背鳍及体背露出水面，索食浮游生物。体长可达3m。分布：东海、台湾海域、南海；日本，世界各温带、热带海洋。

图 3899　矛尾翻车鲀 *M. lanceolatus*
（依李思忠，1962）

翻车鲀属 *Mola* Koelreuter，1770

翻车鲀 *M. mola*（Linnaeus，1758）（图3900）。大型大洋性鱼类。栖息于各热带、温带及寒带海洋，单独或成对游泳，大鱼行动迟缓，常侧卧水面，也能潜入百余米深水中。体长3.0～5.5m。体重1 400～3 500kg。怀卵量可达3亿粒。分布：黄海（偶见）、东海、台湾海域、南海；日本，印度-西太平洋。

图 3900　翻车鲀 *M. mola*
（依李思忠，1962）

长翻车鲀属 *Ranzania* Nardo，1840

斑点长翻车鲀 *R. laevis*（Pennant，1776）（图3901）。栖息于世界热带、亚热带各暖水性大洋中。

图 3901　斑点长翻车鲀 *R. laevis*

（依 Hutchins，2001）

陈春晖，2003. 澎湖的鱼类 [M]. 基隆：行政院农委会水产试验所.

陈春晖，2004. 澎湖产鱼类名录 [M]. 基隆：行政院农委会水产试验所.

陈大刚，张美昭，2016. 中国海洋鱼类（上、中、下卷）[M]. 青岛：中国海洋大学出版社.

陈清潮，蔡永贞，马兴明，1997. 南沙群岛至华南沿岸的鱼类（一）[M]. 北京：科学出版社.

陈清潮，蔡永贞，1994. 珊瑚礁鱼类——南沙群岛及热带观赏鱼 [M]. 北京：科学出版社.

陈清潮，2003. 南沙群岛海区生物多样性名典 [M]. 北京：科学出版社.

陈素芝，2002. 中国动物志　硬骨鱼纲　灯笼鱼目　鲸口鱼目　骨舌鱼目 [M]. 北京：科学出版社.

陈再超，刘继兴，1982. 南海经济鱼类 [M]. 广州：广东科技出版社.

陈正平，邵广昭，詹荣桂，等，2010. 垦丁国家公园海域鱼类图鉴（增修一版）[M]. 屏东：垦丁国家公园管理处.

陈正平，詹荣桂，黄建华，等，2011. 东沙鱼类生态图鉴 [M]. 高雄：海洋国家公园管理处.

成庆泰，郑葆珊，1987. 中国鱼类系统检索 [M]. 北京：科学出版社.

褚新洛，郑葆珊，戴定远，等，1999. 中国动物志硬骨鱼纲：鲇形目 [M]. 北京：科学出版社.

东海水产研究所《东海深海鱼类》编写组，1988. 东海深海鱼类 [M]. 上海：学林出版社.

《福建鱼类志》编写组，1985. 福建鱼类志 [M]. 福州：福建科学技术出版社.

国家水产总局南海水产研究所，等，1979. 南海诸岛海域鱼类志 [M]. 北京：科学出版社.

何宣庆，2010. 棘茄鱼科（鮟鱇鱼目）之系统分类以及地理分布研究暨印度太平洋各属之重新检视 [D]. 台湾：台湾海洋大学海洋生物研究所.

黄宗国，林茂，2012. 中国海洋生物与图集（第1～8册）[M]. 北京：海洋出版社.

黄宗国，2008. 中国海洋生物种类与分布（增订版）[M]. 北京：海洋出版社.

金鑫波，2006. 中国动物志　硬骨鱼纲　鲉形目 [M]. 北京：科学出版社.

乐佩琦，陈宜瑜，1998. 中国濒危动物红皮书·鱼类 [M]. 北京：科学出版社.

李思忠，王惠民，1995. 中国动物志　硬骨鱼纲　鲽形目 [M]. 北京：科学出版社.

李思忠，张春光，等，2010. 中国动物志　硬骨鱼纲　银汉鱼目　鳉形目　颌针鱼目　蛇鳗目　鳕形目 [M]. 北京：科学出版社.

李永振，等. 2007. 南海珊瑚礁鱼类资源 [M]. 北京：海洋出版社.

刘柏辉，李慧红，2000. 亚太区活海鲜贸易鱼类辨别图鉴 [M]. 香港：香港特别行政区渔农自然护理署、世界自然基金会.

刘静，等，2016. 中国动物志　硬骨鱼纲　鲈形目（四）[M]. 北京：科学出版社.

刘瑞玉，2008. 中国海洋生物名录 [M]. 北京：科学出版社.

孟庆闻，苏锦祥，缪学祖，1995. 鱼类分类学 [M]. 北京：中国农业出版社.

倪勇，伍汉霖，2006. 江苏鱼类志 [M]. 北京：中国农业出版社.

邵广昭，陈静怡，2009. 鱼类图鉴——台湾七百多种常见鱼类图鉴 [M]. 台北：远流出版事业股份有限公司.

邵广昭，彭镜毅，吴文哲，2010. 台湾物种名录2010 [M]. 台北：农业委员会林务局.

沈世杰，1984. 台湾近海鱼类图鉴 [M]. 台北：台湾省立博物馆.

沈世杰，1984. 台湾鱼类检索 [M]. 台北：台北天南书局.

沈世杰，1993. 台湾鱼类志 [M]. 台北：台湾大学动物学系.

沈世杰，吴高逸，2011. 台湾鱼类图鉴 [M]. 屏东：海洋生物博物馆.

苏锦祥，李春生，2002. 中国动物志　硬骨鱼纲　鲀形目　海蛾鱼目　喉盘鱼目　鮟鱇目 [M]. 北京：科学出版社.

苏永全，等，2011. 台湾海峡常见鱼类图谱 [M]. 厦门：厦门大学出版社.

唐文乔，伍汉霖，刘东，2015. 中国鱼类新记录科——法老鱼科及其一新纪录种记述（仙女鱼目）[J]. 动物学杂志，50（3）：460-463.

王丹，赵亚辉，张春光，2005. 中国海鲇属的分类学厘定及一新记录种——双线海鲇（鲇形目：海鲇科）[J]. 动物学报，51（3）：423-430.

王丹，赵亚辉，张春光，2005. 中国海鲇属丝鳍海鲇（原"中华海鲇"）的分类学厘定及其性别差异 [J]. 动物学报，51（3）：431-439.

王以康，1958. 鱼类分类学 [M]. 上海：科技卫生出版社.

伍汉霖，邵广昭，赖春福，等，2012.《拉汉世界鱼类系统名典》[M]. 台北：水产出版社.

伍汉霖，邵广昭，赖春福，等，2017.《拉汉世界鱼类系统名典》[M]. 青岛：中国海洋大学出版社.

伍汉霖，2002. 中国有毒及药用鱼类新志 [M]. 北京：中国农业出版社.

伍汉霖，钟俊生，等，2008. 中国动物志硬骨鱼纲：鲈形目（五）虾虎鱼亚目 [M]. 北京：科学出版社.

徐恭昭，郑文莲，黄国材，1994. 大亚湾鱼类及生物学图志 [M]. 合肥：安徽科学技术出版社.

杨家驹，黄增岳，陈素芝，等，1996. 南沙群岛至南海东北部海域大洋性深海鱼类 [M]. 北京：科学出版社.

张春光，等，2010. 中国动物志硬骨鱼纲：鳗鲡目 背棘鱼目 [M]. 北京：科学出版社.

张春光，邵广昭，伍汉霖，等，2021. 中国生物物种名录 第二卷动物 脊椎动物（Ⅴ）鱼类 [M]. 北京：科学出版社.

张春霖，等，1955. 黄渤海鱼类调查报告 [M]. 北京：科学出版社.

张世义，2001. 中国动物志硬骨鱼纲：鲟形目 海鲢目 鲱形目 鼠鳝目 [M]. 北京：科学出版社.

赵盛龙，等，2009. 东海区珍稀水生动物图鉴 [M]. 上海：同济大学出版社.

赵盛龙，徐汉祥，钟俊生，等，2016. 浙江海洋鱼类 [M]. 杭州：浙江科学技术出版社.

赵盛龙，钟俊生，等，2006. 舟山海域鱼类原色图鉴 [M]. 杭州：浙江科学技术出版社.

中国科学院动物研究所，中国科学院海洋研究所，上海水产学院，1962. 南海鱼类志 [M]. 北京：科学出版社.

中国水产科学研究院东海水产研究所，上海市水产研究所，1990. 上海鱼类志 [M]. 上海：上海科学技术出版社.

朱元鼎，罗云林，伍汉霖，1963. 中国石首鱼类分类系统研究和新属新种的叙述 [M]. 上海：上海科学技术出版社.

朱元鼎，孟庆闻，等. 2001. 中国动物志 圆口纲 软骨鱼纲 [M]. 北京：科学出版社.

朱元鼎，孟庆闻，1979. 中国软骨鱼类的侧线管系统及罗伦瓮和罗伦管系统的研究 [M]. 上海：上海科学技术出版社.

朱元鼎，张春霖，成庆泰，1963. 东海鱼类志 [M]. 北京：科学出版社.

庄平，王幼槐，李圣法，等，2006. 长江口鱼类 [M]. 上海：上海科技学术出版社.

松原喜代松，1953. 魚類の形態と檢索 [M]. 東京：石崎書店.

益田一，ほか，1984. 日本産魚類大図鑑 [M]. 東京：東海大学出版会.

益田一，荒賀忠一，吉野哲夫，1975. 魚類図鑑：南日本の沿岸魚 [M]. 東京：東海大学出版会.

中坊徹次，2013. 日本産魚類検索：全種の同定 [M]. 東京：東海大学出版会.

韩国海洋研究所，2000. 韩国产鱼名集 [M]. 首尔：韩国海洋研究所.

金益秀，等，2005. 原色韓國魚類大圖鑑 [M]. 首爾：（株）教學社.

Abraham K J, Joshi K K, Murty V, 2011. Taxonomy of the fishes of the family Leiognathidae (Pisces, Teleostei) from the West coast of India [J]. Zootaxa, 2886：1-18.

Anderson M E, Heemstra P C, 2003. Review of the glassfishes (Perciformes：Ambassidae) of the Western Indian Ocean [J]. Cybium, 27 (3)：199-209.

Baldwin Z H, Sparks J S, 2011. A new species of *Secutor* (Teleostei：Leiognathidae) from the Western Indian Ocean [J]. Zootaxa, 2998：39-47.

Banu F, Ramanadevi V, Shalini G, et al. ，2020. Molecular variation and phylogenetic status of ponyfish (Perciformes：Leiognathidae) in Karaikal, South India [J]. Notulae Scientia Biologicae, 12 (2)：251-257.

Barber P, Bellwood D, 2005. Biodiversity hotspots：evolutionary origins of biodiversity in wrasses (Halichoeres：Labridae) in the Indo-Pacific and new world tropics [J]. Molecular Phylogenetics & Evolution, 35：235-253.

Bernardi H, Bucciarelli G, Costagliola D, et al, 2004. Evolution of coral reef fish, *Thalassoma*, spp. (Labridae)．1. Molecular phylogeny and biogeography [J]. Marine Biology, 144：369-375.

Bertelsen E, Krefft G, 1988. The ceratioid family Himantolophidae (Pisces, Lophiiformes) [J]. Steenstrupia, 14 (2)：9-89.

Bertelsen E, Pietsch T W, 1998. Revision of the deepsea anglerfish genus *Rhynchactis* Regan (Lophiiformes：Gigantactinidae), with descriptions of two new species [J]. Copeia (3)：583-590.

Betancurr R, Broughton R, Wiley E, et al. ，2013. The Tree of Life and a New Classification of Bony Fishes [J]. PLOS Currents Tree of Life, doi：10.1371.

Bineesh K K, Akhilesh K V, Gomon M, et al. , 2014. Redescription of Chlorophthalmus corniger, a senior synonym of Chlorophthalmus bicornis (Family: Chlorophthalmidae)[J]. Journal of fish biology, 84: 513-522.

Bradbury M G, 1988. Rare fishes of the deep-sea genus *Halieutopsis*: a review with descriptions of four new species (Lophiiformes: Ogcocephalidae) [J]. Fieldiana Zoology (New Series), 44: 1-22.

Broad G, 2003. Fishes of the Philippines [M]. Anvil Publishing, Inc.

Cantwell G E, 1964. A revision of the genus *Parapercis*, family Mugiloididae [J]. Pacific Science, 18 (3): 239-280.

Carpenter K E, Niem V H, 1998. The living Marine Resource of the Western Central Pacific Vol. 2, Cephalopods, crustaceans, holothurians and sharks [M]. Roma: FAO.

Carpenter K E, Niem V H, 1999. The living Marine Resource of the Western Central Pacific Vol. 3, Batoid fishes, chimaeras and bone fishes part 1 (Elopidae to Linophrynidae) [M]. Roma: FAO.

Carpenter K E, Niem V H, 1999. The living Marine Resource of the Western Central Pacific Vol. 4, Bone fishes part 2 (Mugilidae to Carangidae) [M]. Roma: FAO.

Carpenter K E, Niem V H, 2001. The living Marine Resource of the Western Central Pacific Vol. 5, Bone fishes part 3 (Menidae to Pomacentridae) [M]. Roma: FAO.

Carpenter K E, Niem V H, 2001. The living Marine Resource of the Western Central Pacific Vol. 6, Bone fishes part 4 (Labridae to Latimeriidae) , estuarine crocodiles, sea turtles, sea snakes and marine mammals [M]. Roma: FAO.

Caruso J H. 1989. Systematics and distribution of Atlantic chaunacid anglerfishes (Pisces: Lophiiformes) [J]. Copeia (1): 153-165.

Chaithanya E R, Philip R, Sathyan N, et al. , 2013. A Novel Isoform of the Hepatic Antimicrobial Peptide, Hepcidin (Hepc-CB1), from a Deep-Sea Fish, the Spinyjaw Greeneye *Chlorophthalmus bicornis* (Norman, 1939): Molecular Characterisation and Phylogeny [J]. Probiotics & Antimicrobial Proteins, 5 (1): 1-7.

Chakrabarty P, Amarasinghe T, Sparks J S, 2009. Redescription of ponyfishes (Teleostei: Leiognathidae) of Sri Lanka and the status of Aurigequula Fowler 1918 [J]. Ceylon Journal of Science (Biological Sciences), 37 (2): 143-161.

Chakrabarty P, Chu J, Nahar L, et al. , 2010. Geometric morphometrics uncovers a new species of ponyfish (Teleostei: Leiognathidae: *Equulites*), with comments on the taxonomic status of *Equula berbis* Valenciennes [J]. Zootaxa, 2427: 15-24.

Chakrabarty P, Davis M, Smith W, et al. , 2011. Is sexual selection driving diversification of the bioluminescent ponyfishes (Teleostei: Leiognathidae) [J]. Molecular ecology, 20: 2818-2834.

Chakrabarty P, Sparks J S, 2007. Phylogeny and Taxonomic Revision of *Nuchequula* Whitley 1932 (Teleostei: Leiognathidae), with The Description of a New Species [J]. American Museum Novitates, 3588: 1-25.

Chakrabarty P, Sparks J S, 2008. Diagnoses for *Leiognathus* Lacepe`de 1802, *Equula* Cuvier 1815, *Equulites* Fowler 1904, *Eubleekeria* Fowler 1904, and a New Ponyfish Genus (Teleostei: Leiognathidae) [J]. American Museum Novitates, 3623: 1-11.

Chakrabarty P, Sparks J S, 2015. Formalizing the names of subfamilies and tribes of ponyfishes (Leiognathidae Gill 1893) [J]. Zootaxa, 3964 (2): 298-299.

Chakrabarty P, Sparks J S, Ho H C, 2010. Taxonomic review of the ponyfishes (Perciformes: Leiognathidae) of Taiwan [J]. Marine Biodiversity, 40: 107-121.

Chen J P, Jan R Q, Shao K T, 1997. Checklist of Reef Fishes from Taiping Island (Itu Aba Island), Spratly Islands, South China Sea [J]. University of Hawaii press, 51 (2): 143-166.

Chen J P, Ho H C, Shao K T, 2007. A New Lizardfish (Aulopiformes: Synodontidae) from Taiwan with Descriptions of Three New Records [J]. Zool. Stud. , 46 (2): 148-154.

Christopher F, González-Rodríguez K A, 2010. A New Species of Enchodus (Aulopiformes: Enchodontidae) from the Cretaceous (Albian to Cenomanian) of Zimapán, Hidalgo, México [J]. Journal of Vertebrate Paleontology, 30: 1343-1351.

Chu Y T, 1931. Index Piscium Sinensium [M]. Biological Bulletin of St. John's University.

Clements K D, Alfaro ME, Fessler J L, et al. , 2004. Relationships of the temperate Australasian labrid fish tribe Odacini (Perciformes: Teleostei) [J]. Molecular Phylogenetics & Evolution, 32: 575-587.

Compagno L J V, Sharks of the world, 2001. An annotated and illustrated catalogue of shark species known to date. Vol. 2: Bullhead, mackerel and carpet sharks (Heterodontiformes, Lamniformes and Orectolobifcirmes) [J]. FAO, 2 (1): 269.

Cressey R, 1981. Revision of Indo-West Pacific Lizardfishes of the Genus Synodus (Pisces: Synodontidae) [J].

Smithsonian Contributions to Zoology, 342: 1-53.

Cuvier G, Valenciennes A, 1835. Histoire naturelle des poisons. Tome dixième. Suite du livre neuvième. Scombéroïdes. Livre dixième. De la famille des Teuthyes. Livre onzième. De la famille des Taenioïdes. Livre douzième. Des Athérines, v. 10 [M]. Histoire Naturelle Des Poissons.

Cuvier m, valenciennes M, 1828. History nature of fishes [M]. Paris: Tome premier.

Davy B, 1972. A review of the lanternfish genus Taaningichthys (family Myctophidae) with the description of a new species [J]. Fish. Bull., 70: 67-78.

Davis M P, 2010. Evolutionary relationships of the Aulopiformes (Euteleostei: Cyclosquamata): a molecular and total evidence approach. In: Nelson J S, Schultze H P, Wilson M V H (eds), Origin and Phylogenetic Interrelationships of Teleosts [M]. Pfeil, München.

Dumeril A, 1805. Zoologie Analytique, ou méthode naturelle de classification des animaux, rendu plus facile à l'aide de tableaux synoptiques [M]. Paris: Librairie Allais.

Dutt S, Sagar J V, 1981. Saurida pseudotumbil——a new species of lizardfish (Teleostei: Synodidae) from indian coastal waters [J]. Proceedings of the Indian National Science, 6: 845-851.

Fischer W, Whitehead P J P, 1974. FAO species identification sheets for fishery purposes: Eastern Indian Ocean (fishing area 57) and Western Central Pacific (fishing area 71) [M]. Rome: FAO.

Fishelson L, Golani D, Galil B, et al., 2010. Comparison of the Nasal Olfactory Organs of Various Species of Lizardfishes (Teleostei: Aulopiformes: Synodontidae) with Additional Remarks on the Brain [J]. International Journal of Zoology, 1-8.

Fowler H W, 1904. A collection of fishes from Sumatra [J]. Journal of the Academy of Natural Sciences, Philadelphia. Second series, 12: 495-560.

Fowler H, 1957. A synopsis of the fishes of China. Part VII. The perch- like fishes (completed) [M]. Taiwan: Quartery Journal of the Taiwan Museum.

Fukui, Atsushi &, Ozawa, Takakazu, 2004. Uncisudis posteropelvis, a new species of barracudina (Aulopiformes: Paralepididae) from the western North Pacific Ocean [J]. Ichthyological Research, 51: 289-294.

Gao B, Song N, Li Z, et al., 2019. Population genetic structure of Nuchequula mannusella (Perciformes: Leiognathidae) population in the southern coast of china inferred from complete sequence of mtdna cytb gene [J]. Pakistan journal of zoology, 51 (4): 1527-1535.

Gill A C, Michalski S, 2020. Osteological evidence for monophyly of the Leiognathidae (Teleostei: Acanthomorpha: Acanthuriformes) [J]. Zootaxa, 4732 (3): 409-421.

Gill T, 1872. Arrangement of the Families of Fishes [M]. Paris: Smithsonian Miscellaneous Collections.

Gill T, 1893. Families and subfamilies of Wshes Mem [M]. Paris: Natural Academic Science.

Gomon M, 1997. Relationships of fishes of the labrid tribe Hypsigenyini [J]. Bulletin Marine Science, 60: 789-871.

Gomon M, 2006. A revision of the labrid fish genus Bodianus with descriptions of eight new species [J]. Records of the Australian Museum, 30: 1-133.

Gomon M, 2010. A new species of Paraulopus (Aulopiformes: Paraulopidae) from seamounts of the Tasman Sea [J]. Memoirs of Museum Victoria, 67: 15-18.

Gomon M, Struthers C, Andrew S, 2013. A new genus and two new species of the family Aulopidae (Aulopiformes), commonly referred to as Aulopus, Flagfins, Sergeant Bakers or Threadsails, in Australasian waters [J]. Species Diversity, 18: 141-161.

Gomon M, Struthers C, 2015. Three new species of the Indo-Pacific fish genus Hime (Aulopidae, Aulopiformes), all resembling the type species H. japonica (Günther 1877) [J]. Zootaxa, 4044: 371-390.

Greenfield D W, Winterbottom R and Collette B B. 2008. Review of the toadfish genera (Teleostei: Batrachoididae) [J]. Proceedings of the California Academy of Sciences, 59 (15): 665-710.

Greenwood P, Rosen D, Weitzman S, et al., 1966. Phyletic studies of teleostean fishes, with a provisional classification of living forms [M]. Washington: Bulletin of the American Museum of Natural History.

Günther A, 1860. Catalogue of the acanthopterygian fishes in the collection of the British Museum. 2. Squamipinnes, Cirrhitidae, Triglidae, Trachinidae, Sciaenidae, Polynemidae, Sphyraenidae, Trichiuridae, Scombridae, Carangidae, Xiphiidae [M]. London: British Museum.

Günther A, 1874. Descriptions of new species of fishes in the British Museum [J]. Annals and Magazine of Natural History (4), 14: 368-371.

Gunther A, 1861. A preliminary synopsis of the labroid genera [M]. London: Ann Mag Nat Hist.

Gunther A, 1862. Catalogue of the Acanthopterygii, Pharyngognathi and Anacanthini in the collection of the British Museum [M]. London: Catalogue of the fishes in the British Museum.

Harry R, 1953. Studies on the Bathypelagic Fishes of the Family Paralepididae. 1. Survey of the Genera [J]. Pac Sci, 7: 219-249.

Hamilton F, 1822. An account of the fishes found in the river Ganges and its branches [M]. London: Edinburgh.

Heemstra P C, Randall J E, 1993. Groupers of the world (Family Serranidae, Subfamily Epinelinae) [M]. Rome: FAO.

Ho H C, Shao K T, 2011. Annotated checklist and type catalog of fish genera and species described from Taiwan [J]. Zootaxa, 2957: 1-74.

Ho H C, Smith D G, Wang S I, et al., 2010. Specimen catalog of pieces collection of National Museum of Marine Biology and Aquarium transferred from Tunghai University. (II) Order Anguilliformes [J]. Platax, 7: 13-34.

Ho H C, 2014. New record of whitespot sandperch *Parapercis alboguttata* (Günther, 1872) from Taiwan, with a key to sandperches of Taiwan [J]. Platax, 11: 71-81.

Ho H C, Bineesh K K, Akhilesh K V, 2014. Rediscovery of *Lophiodes triradiatus* (Lloyd, 1909), a senior synonym of *L. infrabrunneus* Smith and Radcliffe (Lophiiformes: Lophiidae) [J]. Zootaxa, 3786 (5): 587-592.

Ho H C, Causse R, 2012. Redescription of *Parapercis rufa* Randall, 2001, a replacement name for *P. rosea* Fourmanoir, 1985, based on specimens newly collected from southern Taiwan [J]. Zootaxa, 3363: 38-44.

Ho H C, Chang C H, Shao K T, 2012. Two new sandperches (Perciformes: Pinguipedidae: *Parapercis*) from South China Sea, based on morphology and DNA barcoding [J]. Raffles Bulletin of Zoology, 60 (1): 163-172.

Ho H C, Chen J P, Shao K T, 2016. A new species of the lizardfish genus Synodus (Aulopiformes: Synodontidae) from the western Pacific Ocean [J]. Zootaxa, 4162: 134-142.

Ho H C, Johnson J W, 2013. Redescription of *Parapercis macrophthalma* (Pietschmann, 1911) and description of a new species of *Parapercis* (Pisces: Pinguipedidae) from Taiwan [J]. Zootaxa, 3620 (2): 273-282.

Ho H C, Séret B, Shao K T, 2011. Records of anglerfishes (Lophiiformes: Lophiidae) from the western South Pacific Ocean, with descriptions of two new species [J]. Journal of Fish Biology, 79 (7): 1722-1745.

Ho H C, Séret B, Shao K T, 2009. Redescription of *Lophiodes infrabrunneus* Smith and Radcliffe, 1912, a senior synonym of *L. abdituspinus* Ni, Wu and Li, 1990 (Lophiiformes: Lophiidae) [J]. Zootaxa, 2326: 62-68.

Ho H C, Shao K T, 2010. A new species of *Chaunax* (Lophiiformes: Chaunacidae) from the western South Pacific, with comments on *C. latipunctatus* [J]. Zootaxa, 2445: 53-61.

Ho H C, Shao K T, 2004. New species of deep-sea ceratioid anglerfish, *Oneirodes pietschi* (Lophiiformes: Oneirodidae), from the north Pacific Ocean [J]. Copeia (1): 74-77.

Ho H C, Shao K T, 2007. A new species of *Halieutopsis* (Lophiiformes: Ogcocephalidae) from western North and eastern central Pacific Ocean [J]. Raffles Bulletin of Zoology, Supplement, 14: 87-92.

Ho H C, Shao K T, 2007. Taxonomic review of Lophiidae (Pisces: Lophiiformes) in Taiwan [J]. Journal of the National Taiwan Museum, 60 (1): 19-32.

Ho H C, Shao K T, 2008. The batfishes (Lophiiformes: Ogcocephalidae) of Taiwan, with descriptions of eight new records [J]. Journal of the Fisheries Society of Taiwan, 35 (4): 289-313.

Ho H C, Shao K T, 2010. A review of *Malthopsis jordani* Gilbert, 1905, with description of a new batfish from the Indo-Pacific Ocean (Lophiiformes: Ogcocephalidae) [J]. Bulletin of the National Museum of Nature and Science (Ser. A), Supplement, 4: 9-19.

Ho H-C, Shao K T, 2010. *Parapercis randalli*, a new sandperch (Pisces: Pinguipedidae) from southern Taiwan [J]. Zootaxa, 2690: 59-67.

Ho H C, Shao K T, 2010. Redescription of *Malthopsis lutea* Alcock, 1891 and resurrection of *M. kobayashi* Tanaka, 1916 (Lophiiformes: Ogcocephalidae) [J]. Journal of the National Taiwan Museum, 63 (3): 1-18.

Ho H C, 2014. Redescription of *Parapercis okamurai* Kamohara, 1960 (Perciformes: Pinguipedidae), based on specimens newly collected from Taiwan and Japan [J]. Zootaxa, 3857 (4): 581-590.

Ho H C, 2015. Description of a new species and redescriptions of two rare species of *Parapercis* (Perciformes: Pinguipedidae) from the tropical Pacific Ocean [J]. Zootaxa, 3999 (2): 255-271.

Ho, H C, Koeda K, 2019. A new *Malthopsis* batfish from Taiwan, with comments on *Malthopsis tiarella* Jordan, 1902 (Lophiiformes: Ogcocephalidae) [J]. Zootaxa, 4702 (1): 73-86.

Hulley P, Duhamel G, 2009. A review of the lanternfish genus *Bolinichthys* Paxton, 1972 (Myctophidae) [J]. Cybium,

33 (4): 259-304.

Hutchins J B, 2001. Checklist of the fishes of Western Australia [J]. Records of the Western Australian Museum Supplement, 63: 9-50.

Ibrahim A, Chirine H, Alshawy F A, 2020. First Record of Pope's ponyfish *Equulites popei* (Whitley, 1932), (Osteichthyes: Leiognathidae) in the Syrian Marine Waters (Eastern Mediterranean) [J]. Journal of Wildlife and Biodiversity (Special issue): 1-4.

Imamura H, Yoshino T, 2007. Three new species of the genus *Parapercis* from the western Pacific, with redescription of *Parapercis hexophtalma* (Perciformes: Pinguipedidae) [J]. Bulletin of the National Museum of Nature and Science (Ser. A), Supplement, 1: 81-100.

Ivantsoff W, Crowley L E L M, 1999. Atherinidae. In: Carpenter K E, Niem V H, 1999. The living marine resources of Western Central Pacific. Vol. 4 [M]. Bony fishes Part 2 (Mugilidae to Carangidae). FAO, Roma.

Iwamoto T, Graham K J, 2001. Grenadiers (Families Bathygadidae and Macrouridae, Gadiformes, Pisces) of New South Wales, Australia [J]. Proceeding of the California academy of Sciences, 52 (21): 407-509.

Iwatsuki Y, Heemstra P C, 2010. Taxonomic review of the Western Indian Ocean species of the genus *Acanthopagrus* Peters, 1855 (Perciformes: Sparidae), with description of a new species from Oman [J]. Copeia (1): 123-136.

Iwatsuki Y, Miyamoto K, Nakaya K, at al. J, 2011. A review of the genus *Platyrhina* (Chondrichthys: Platyrhinidae) from the northwestern Pacific, with descriptions of two new species [J]. Zootaxa, 2378: 26-40.

Jayabalan N, Zaki S, Al-Kharusi L, 2011. First record of the slender ponyfish *Equulites elongatus* from the Arabian Sea coast of Oman [J]. Marine Biodiversity, 3: 1-3.

Johnson, G D. 1992. Monophyly of the Euteleostean Clades: Neoteleostei, Eurypterygii, andCtenosquamata [J]. Copeia, 1: 8-25.

Johnson G D, Baldwin C, Okiyama M, et al. , 1996. Osteology and relationships ofPseudotrichonotus altivelis (Teleostei: Aulopiformes: Pseudotrichonotidae) [J]. Ichthyological Research, 43: 17-45.

Johnson R K, 1974. Five new species and a new genus of alepisauroid fishes of the Scopelarchidae (Pisces: Myctophiformes) [J]. Copeia (2): 449-457.

Jones G, 1985. Revision of the Australian species of the fish family Leiognathidae [J]. Australian Journal of Marine and Freshwater Research, 36 (4): 559-613.

Jordan E, 1923. Classification of fishes: including families and genera as far as known [M]. Washington: Stanford University Press.

Jordan E, 1925. Notes on the fishes of Hawaii with descriptions of six new species [M]. Washington: Proceedings of the U. S. National Museum.

Kamohara T, 1953. A review of the fishes of the family Chlorophthalmidae found in the waters ofJapan [J]. Japanese Journal of Ichthyology, 3 (1): 1-6.

Kamohara T, 1956. On the Fishes of the FamilyChlorophthalmidae [J]. Research Reports of the Kochi University, 5 (15): 1-8, PL I-III.

Kartha K N R, 1970. Description of a bathypelagic fish, *Lestidium blanci* sp. nov. (family Paralepididae) from the Arabian Sea [J]. Journal of the Marine Biological Association of India, 12 (1-2): 146-150.

Kawaguchi K, Aioi K, 1972. Myctophid fishes of the genusMyctophum (myctophidae) in the pacific and Indian oceans [J]. Journal of the Oceanographical Society of Japan, 28 (4): 161-175.

Kenaley C P, 2009. Revision of Indo-Pacific species of the loosejaw dragonfish genus *Photostomias* (Teleostei: Stomiidae: Malacosteinae) [J]. Copeia, 1: 175-189.

Khajavi M, Alavi-Yeganeh M S, 2020. First record of the Deep Pugnose ponyfish, *Secutor ruconius* (Hamilton, 1822) (Perciformes: Leiognathidae) from the Persian and Oman Gulfs [J]. Acta Zoologica Bulgarica, 72: 495-498.

Khajavi M, Alavi-Yeganeh M S, Ghasemzadeh J, 2019. Confirmation of the occurrence of the *Equulites klunzingeri* (Steindachner, 1898) (Perciformes: Leiognathidae) in the Persian Gulf [J]. Cahiers de Biologie Marine, 60: 535-539.

Kimura S, Dunlap P V, Peristiwady T, et al. , 2003. The *Leiognathus aureus* complex (Perciformes: Leiognathidae) with the description of a new species [J]. Ichthyological Research, 50: 221-232.

Kimura S, Ikejima K, Iwatsuki Y, 2008. Eubleekeria Fowler 1904, a valid genus of Leiognathidae (Perciformes) [J]. Ichthyological Research, 55: 202-203.

Kimura S, Ito T, Peristiwady T, et al. , 2005. The *Leiognathus splendens* complex (Perciformes: Leiognathidae) with the description of a new species, *Leiognathus kupanensis* Kimura and Peristiwady [J]. Ichthyological Research, 52 (3):

275-291.

Kimura S, Kimura R, Kou I, 2008. Revision of the genus *Nuchequula* with descriptions of three new species (Perciformes: Leiognathidae) [J]. Ichthyological Research, 55: 22-42.

Kimura S, Yamashita T, Iwatsuki Y, 2000. A new species, *Gazza rhombea*, from the Indo-West Pacific, with a redescription of *G. achlamys* Jordan & Starks, 1917 (Perciformes: Leiognathidae) [J]. Ichthyological Research, 47: 1-12.

Kottelat M, 2013. The fishes of the inland waters of southeast Asia: a catalogue and core bibliography of the fishes known to occur in freshwaters, mangroves and estuaries [J]. Raffles Bulletin of Zoology Supplement, 27: 337.

Kou Ikejima, Naoya B. Ishiguro, et al., 2004. Molecular phylogeny and possible scenario of ponyfish (Perciformes: Leiognathidae) evolution [J]. Molecular phylogenetics and evolution, 31: 904-909.

Lacepède B G E., 1802. Histoire naturelle des poisons, vol. 4 [M]. Paris: Chez Plasson, Imprimeur-Libraire.

Lacepède B G E, 1803. Histoire naturelle des poisons, vol. 5 [M]. Paris: Chez Plasson, Imprimeur-Libraire.

Last P, Naylor G, Manjaji-Matsumoto, B M, 2016. A revised classification of the family Dasyatidae (Chondrichthyes: Myliobatiformes) based on new morphological and molecular insights [J]. Zootaxa, 4139: 345-368.

Liao U C, Chen L S and Shao K T. 2004. A review of parrotfishes (Perciformes: Scaridae) of Taiwan with descriptions of four new records and one doubtful Species [J]. Zoological Studies, 43 (3): 519-536.

Liao Y C, Chen L S, Shao K T, 2006. Review of the Astronesthid Fishes (Stomiiformes: Stomiidae: Astronesthinae) from Taiwan with a Description of One NewSpecies [J]. Zoological Studies, 45 (4): 517-528.

Liao Y C, Cheng T Y, Shao K T, 2011. *Parapercis lutevittata*, a new cryptic species of *Parapercis* (Teleostei: Pinguipedidae), from the western Pacific based on morphological evidence and DNA barcoding [J]. Zootaxa, 2867: 32-42.

Liem K F, Greenwood P H, 1981. A Functional Approach to the Phylogeny of the Pharyngognath Teleosts [J]. American Zoologist, 21: 83-101.

Linnaeus C, 1758. Systema Naturae [M]. Paris: LaurentII SalVII.

Lovejoy N R, 2000. Reinterpreting recapitulation: systematics of needlefishes and their allies (Teleostei: Beloniformes) [J]. Evolution, 54 (4): 1349-1362.

Mavruk S, O Güven, Gkda K, et al., 2019. Westward spreading of the Pope's ponyfish *Equulites popei* in the Mediterranean: new occurrences from Antalya Bay with emphasis on its abundance and distribution [J]. Mediterranean Environment, 25: 259-265.

McFall-Ngai M, Morin J G, 1991. Camouflage by disruptive illumination in leiognathids, a family of shallow-water, bioluminescent fishes [J]. Journal of Experimental Biology, 156: 119-137.

McFall-Ngai, Margaret, Dunlap P, 1983. Three new modes of luminescence in the leiognathid fish Gazza minuta: Discrete projected luminescence, ventral body flash, and buccal luminescence [J]. Marine Biology, 73: 227-237.

McFall-Ngai, Margaret, Dunlap P, 1984. External and internal sexual dimorphism in leiognathid fishes: Morphological evidence for sex-specific bioluminescent signaling [J]. Journal of morphology, 182: 71-83.

Mead G W, 1958. Three new species of archibenthic iniomous fishes from the western NorthAtlantic [J]. Journal of the Washington Academy of Sciences, 48 (11): 362-372.

Melo MRS, 2009. Revision of the genus Chiasmodon (Acanthomorpha: Chiasmodontidae), with the descnption of two new species [J]. Copeia, 3: 583-608.

Merrett N R, Nielsen J G, 1987. A new genus and species of the family Ipnopidae (Pisces, Teleostei) from the eastern North Atlantic, with notes on itsecology [J]. Journal of Fish Biology, 31 (4): 451-464.

Merrett N R, Iwamoto T, 2000. Pisces Gadiformes: grenadier fishes of the New Caledonian region, Southwest Pacific Ocean: taxonomy and distribution, with ecological notes [J]. Resultats des Campagnes Musorstom, Memoires Du Museum National Dhistoire Naturelle, 21 (184): 723-781.

Micklich N, Bannikov A F, Yabumoto Y, 2017. First record of ponyfishes (Perciformes: Leiognathidae) from the Oligocene of the Grube Unterfeld ("Frauenweiler") clay pit [J]. Palaontologische Zeitschrift, 91: 1-24.

Miki R, Murase A, Wada M, 2018. A checklist of ponyfishes (Teleostei, Leiognathidae) from miyazaki prefecture, east coast of kyushu, southern japan, with range extensions of three tropical species [J]. Check List, 14 (1): 243-255.

Mochizuki K, Hayashi M, 1989. Revision of the leiognathid fishes of the genus *Secutor*, with two new species [J]. Science Report of the Yokosuka City Museum, 37: 83-95.

Mok H K, Chen Y W, 2001. Distribution of hagfish (Myxinidae: Myxiniformes) in Taiwan [J]. Zool. Stud., 40 (3)

233-239.

Moller P R, Schwarzhans W, 2006. Review of the Dinematichthyini (Teleostei, Bythitidae) of the Indo-west Pacific, Part II. *Dermatopsis*, *Dermatopsoides* and *Dipulus* with description of six new species [J]. Tlie Beagle, 22: 39-76.

Moller P R, Schwarzhans W, 2008. Review of the Dinematichthyini (Teleostei: Bythitidae) of the Indo-west Pacific. Part IV. *Dinematichthys* and two new genera with descriptions of nine new species [J]. The Beagle, Records of the Museums and Art Galleries of the Northern Territory, 24: 87-146.

Monkolprasit S P, 1973. The fishes of the leiognathid genus *Secutor*, with the description of a new species from Thailand [J]. Fishery Research Bulletin Kasetsart University, 6: 10-17.

Motomura H, Iwatsuki Y, Kimura S, et al., 2002. Revision of the Indo-West Pacific polynemid fish genus *Eleutheronema* (Teleostei: Perciformes) [J]. Ichth. Research, 49 (1): 47-61.

Motomura H, 2002. Revision of the Indo-Pacific threadfin genus *Polydactylus* (Perciformes, Polynemidae) with a key to the species [J]. Bulletin of the National Science Museum Series A (Zoology), 28 (3): 171-194.

Motomura H, 2004. Threadfins of the world (Family Polynemidae). An annotated and illustrated catalogue of polynemid species known to date [M]. FAO. No. 3: iii-vn+l-117, Pis. I-VI.

Motomura H, 2004. Revision of the scorpionfish genus *Neosebastes* (Scorpaeniformes: Neosebastidae), with descriptions of five new species [M]. Indo-Pacific fishes. 37: 1-76, Pls. 1-2.

Moyer J T, 2005. Anemonefishes of the world [M]. Hankyu.

Mundy B C, 2005. Checklist of the fishes of the Hawaiian Archipelago [M]. Bishop Museum Bulletins in Zoology 6. Bishop Museum Press, Honolulu, 6: 1-703.

Murdy E O, Shibukawa K, 2003. A revision of the Indo-Pacific fish genus *Caragobius* (Gobiidae: Amblyopinae) [J]. Zootaxa, 301: 1-12.

Nakamura I, 2001. Perciformes, Scombroidei: Xiphiidae, Istiophoridae. In: Carpenter K E, Niem V H, 2001. The living marine resources of Western Central Pacific. Vol. 6. Bony fishes Part 4 (Labridae to Latimeriidae) [M]. Roma: FAO.

Nakamura I, Parin N V, 2001. Perciformes, Scombroidei: Gempylidae, Trichiuridae. In: Carpenter K. E. and V. H. Niem, 2001. The living marine resources of Western Central Pacific. Vol. 6. Bony fishes Part 4 (Labridae to Latimeriidae) [M]. Roma: FAO.

Nafpaktitis B G, 1977. Order Myctophiformes. In: Fishes of the Western North Atlantic Part 7 [M]. Mem. Sears Found. Mar. Res.

Nafpaktitis B G, Robertson D A, Paxton J R, 1995. Four new species of the lanternfish genus Diaphus (Myctophidae) from the Indo-Pacific [J]. New Zealand Journal of Marine & Freshwater Research, 29 (3): 335-344.

Nelson J S, Schultze H P, Wilson M V H, 2010. Origin and phylogenetic interrelationships of teleosts [M]. Verlag Dr. Friedrich Pfeil, Munchen, Germany.

Nelson J, Grande T, Wilson M, 2016. Fishes of the World [M]. New Jersey: John Wiley & Sons, Inc.

Nielsen J G, 2002. Revision of the Indo-Pacific species of *Neobythites* (Teleostei, Ophidiidae), with 15 new species [J]. Galathea Report, 19: 5-104.

Norman J R, 1966. A draft synopsis of the orders, families and genera of recent fishes and fish-like vertebrates [M]. London: British Museum Natural History.

Orlov A M, Iwamoto T, 2008. Grenadiers of the world oceans: biology, stock assessment, and fisheries [M]. American Fisheries Society Bethesda, Maryland.

Ozawa T, Oda K, Ida T, 1990. Systematics and distribution of the *Diplophos taena* species complex (Gonostomatidae), with a description of a new species [J]. Japanese Journal of Ichthyology, 37 (2): 98-115.

Parenti L R, 2008. A phylogenetic analysis and taxonomic revision of ricefishes, *Oryzias* and relatives (Beloniformes, Adrianichthyidae) [J]. Zoological Journal of the Lirmean Society, 154: 494-610.

Parenti P, Rand ill J E, 2000. An annotated checklist of the species of the Labroid fish families Labridae and Scaridae [J]. Ichthyological Bulletin of the J. L. B. Smith Institute of Ichthyology, 68: 1-97.

Parenti P, 2003. Family Molidae Bonaparte 1832-molas and sunfishes [J]. California Academy of Sciences Annotated Checklists of Fishes, 18: 1-9.

Parin N, Kotlyar A, 1989. A new aulopodid species, *Hime microps*, from the eastern South Pacific, with comments on geographic variations of *H. japonica* [J]. Japanese Journal of Ichthyology, 35: 407-413.

Paxton J R, 1979. Nominal genera and species of lanternfishes (family Myctophidae) [J]. Natural Historic Musium Los Angeles. Contry, 322: 1-28.

Paxton, J R, Hulley P A, 1999. Myctophiformes: Neoscopelidae, Myctophidae. In: Carpenter K E, Niem V H, 1999. The living marine resources of Western Central Pacific. Vol. 3. Batoidfishes Chimaeras and Bony fishes Part 1 (Elopidae to Linophrynidae) [M]. Roma: FAO (UN) .

Pietsch, T W, Baldwin Z H, 2006. A revision of the deep-sea anglerfish genus *Spiniphryne* Bertelsen (Lophiiformes: Ceratioidei: Oneirodidae), with description of a new species from the central and eastern North Pacific Ocean [J]. Copeia (3): 404-411.

Pietsch, T W, Balushkin A V, Fedorov V V, 2006. New records of the rare deep-sea anglerfish *Diceratias trilobus* Balushkin and Fedorov (Lophiiformes: Ceratioidei: Diceratiidae) from the western Pacific and eastern Indian oceans [J]. Journal of Ichthyology, 46 (1): 97-100.

Pietsch, T W, Ho H C, Chen H M, 2004. Revision of the deep-sea anglerfish genus *Bufoceratias* Whitley (Lophiiformes: Ceratioidei: Diceratiidae), with description of a new species from the Indo-West Pacific Ocean [J]. Copeia (1): 98-107.

Pietsch, T W, 1986. Systematics and distribution of bathypelagic anglerfishes of the family Ceratiidae (order: Lophiiformes) [J]. Copeia (2): 479-493.

PyleR, Earle J L, Greene B D, 2008. Five new species of the damselfish genus *Chromis* (Perciformes: Labroidei: Pomacentridae) from deep coral reefs in the tropical Western Pacific [J]. Zootaxa, 1671: 3-31.

Randall J E, Lim K K P, 2000. A checklist of the fishes of the South China Sea [J]. The Raffles Bulletin of Zoology Supplement, 8: 569-667.

Randall J E, 2008. Six new sandperches of the genus *Parapercis* from the western Pacific, with description of a neotype for *P. maculata* (Bloch & Schneider) [J]. Raffles Bulletin of Zoology, Supplement 19: 159-178.

Randall J E, Heemstra P C, 2006. Review of the Indo-Pacific fishes of the genus *Odontanthias* (Serranidae: Anthiinae), with descriptions of two new species and a related genus [J]. Indo-Pacific Fishes, 38: 1-32.

Randall J E, Lim K K P, 2000. A checklist of the fishes of the South China Sea [J]. Raffles Bulletin of Zoology, 8: 569-667.

Randall J E, Pyle R L, 2008. *Synodus orientalis*, a New Lizardfish (Aulopiformes: Synodontidae) from Taiwan and Japan, with Correction of the Asian Records of *S. lobeli* [J]. Zoological Studies, 47 (5): 657-662.

Randall J E, Shao K T, Chen J P, 2003. A review of the Indo-Pacific gobiid fish genus *Ctenogobiops*, with descriptions of two new species [J]. Zoological Studies, 42 (4): 506-515.

Randall J E, 2003. Review of the sandperches of the *Parapercis cylindrica* complex (Perciformes: Pinguipedidae), with description of two new species from the western Pacific [J]. Bishop Museum Occasional Papers, 72: 1-19.

Randall J E, 2005. A review of soles of the genus *Aseraggodes* from the South Pacific, with descriptions of seven new species and a diagnosis of *Synclidopus* [J]. Memoirs of Museum Victoria, 62 (2): 191-212.

Randall J E, 2008. Six new sandperches of the genus *Parapercis* from the Western Pacific, with description of a neotype for *P. maculate* (Bloch and Sdineider) [J]. The Raffles Bulletin Zoology, 19: 159-178.

Randall J E, 2009. Five new Indo-Pacific lizardfishes of the genus *Synodus* (Aulopiformes: Synodontidae) [J]. Zoological Studies, 48 (3): 407-417.

Randall J E, Lim K K P, 2000. A checklist ot the fishes of the South China Sea. Raffles Bull. Zool. Supplement (8): 569-667.

Randall J E, 2011. *Naso reticulatus*, a new unicomfish (Perciformes: Acanthuridae) from Taiwan and Indonesia, with a key to the species of Naso [J]. Zoological Studies, 40 (2): 170-176.

Randall J E, Smith M M, 1981. A Review of the Labrid Fishes of the Genus *Halichoeres* of the Western Indian Ocean, with Descriptions of Six New Species [J]. Ichthyological Bulletin of the J. L. B. Smith Institute of Ichthyology, 45: 1-30.

Rass T S, Lindberg G U, 1971. Modern concepts of the natural system of recent fishes [J]. Problem of Ichthyology, Academy Science U. S. S. R. , 3 (68): 380-407.

Regan C T, 1913. The classification of the percoid fishes [J]. Annals and Magazine of Natural History, 2: 11-114.

Renxie W U , Jing L , Yunrong Y, 2010. A review of genus *Nuchequula* (Teleostei: Leiognathidae) with the description of a new record from Chinese waters [J]. Chinese Journal of Oceanology and Limnology, 28: 1166-1172.

Risso A, 1810. Ichthyologie de Nice, ou histoire naturelle des poissons du Département des Alpes [M]. Paris: Maritimes F. Schoell.

Russell B C, 1988. Revision of the labrid genus *Pseudolabrus* and allied genera [J]. Records of the Australian Museum, 9: 1-72.

Russell B C, Cressey R F, 1979. Three new species of Indo-west Pacific lizardfish (Synodontidae) [J]. Proceedings of the

Biological Society of Washington, 92 (1): 166-175.

Sadovy Y, Cornish A S, 2000. Reef fishes of Hong Kong [M]. Hong Kong: Hong Kong University Press.

Santini F, Sorenson L, 2016. Alfaro ME. Phylogeny and biogeography of hogfishes and allies (Bodianus, Labridae) [J]. Molecular Phylogenetics & Evolution, 99: 1-6.

Sato T, Naboak T, 2002. Paraulopidae andParaulopus, a new family and genus of aulopiform fishes with revised relationships within the order [J]. Ichthyological Research, 49: 25-46.

Sato T, Nakabo T, 2002. Two new species ofParaulopus (Osteichthyes: Aulopiformes) from New Zealand and eastern Australia, and comparisons with P. nigripinnis [J]. Species Diversity, 7: 393-404.

Sato T, Nakabo T, 2003. A revision of the Paraulopus oblongus group (Aulopiformes: Paraulopidae) with description of a new species [J]. Ichthyological Research, 50: 164-177.

Schultz L P, 1968. Four new fishes of the genus Parapercis with notes on other species from the Indo-Pacific area (Family Mugiloididae) [J]. Proceedings of the United States National Museum, 124 (3636): 1-16.

Schwarzhans W P R, Nielsen J G, 2005. Review of the Dinematichthyini (Teleostei:, Bythitidae) of the Indo-West Pacific. Part I. Diancistrus and wo new genera with 26 new species [J]. Beagle Records of the Museums and Art Galleries of the Northem Territory, 21: 73-163.

Schwarzhans W, Moller P R, 2007. Review of the Dinematichthyini (Teleostei: Bythitidae) of the Indo-west Pacific. Part III. Beaglichthys, Brosmolus, Monothrix and eight new genera with description of 20 new species [J]. Beagle Records of the Museums and Art Galleries of the Northern Territory. 23: 29-110.

Seth J K, Barik T K, Mishra S S, 2019. First Record of Gazza dentex (Leiognathidae) from Odisha Coast, India and Assessment of its Length-weight Relationship [J]. Journal of Ichthyology, 59: 266-270.

Seth J K, Barik T K, Mishra S S, 2019. Geometric morphometric approach to understand the body shape variation in the pony fishes (Leiognathidae) of Odisha coast, India [J]. Iranian Society of Ichthyology, 6 (3): 208-217.

Seth J K, Batik T K, Choudhury R C, 2018. Karyomorophometry of two pony fishes, Secutor insidiator (Bloch, 1787) and Leiognathus equulus (Forsskal, 1775) (Leiognathidae) from the Odisha Coast, Bay of Bengal [J]. Indian Journal of Geo-Marine Sciences, 47: 469-474.

Shao K T, Ho H C, Lin P L, et al., 2008. A checklist of the fishes of southern Taiwan, northern South China Sea [J]. The Raffles Bulletin of Zoology, 19: 233-271.

Shao K T, Hsieh L Y, Wu Y Y et al., 2002. Taxonomic and distributional database of fishes in Taiwan [J]. Environmental Biology of Fishes, 65 (2): 235-240.

Shen S C, 1993. Fishes ofTaiwan [M]. Taipei, Taiwan: Department of Zoology, Natioanal Taiwan University.

Shi W, Wu B, Yu H, 2018. The complete mitochondrial genome sequence of Photopectoralis bindus (Perciformes: Leiognathidae) [J]. Mitochondrial DNA Part B, 3: 71-72.

Shibukawa K, Yoshino T, Allen G R, 2010. Ancistrogobius, a new cheek-spine goby genus from the West Pacific and Red Sea, with descriptions of four new species (Perciformes: Gobiidae: Gobiinae) [J]. Bulletin of the National Museum of Nature and Science, Ser. A (Suppl. 4): 67-87.

Shinohara G, Endo H, Matsuura K, et al., 2001. Annotated checklist of the deepwater fishes from Tosa Bay, Japan [J]. National Science Museum Monographs, 20: 283-343.

Smith D G, Bohlke E B. 2006. Corrections and additions to the type catalog of Indo-Pacific Muraenidae [J]. Proceedings of the Academy of Natural Sciences of Philadelphia, 155: 35-39.

Smith-Vaniz W F, 2004. Descriptions of six new species of jawfishes (Opistognathidae: Opistognathus) from Australia [J]. Records of the Australian Museum, 56 (2): 209-224.

Sparks J S, Dunlap P V, Smith W L, 2005. Evolution and diversification of a sexually dimorphic luminescent system in ponyfishes (Teleostei: Leiognathidae), including diagnoses for two new genera [J]. Cladistics, 21: 305-327.

Sparks J S, 2006. A New Species of Ponyfish (Teleostei: Leiognathidae: Photoplagios) from Madagascar, with a Phylogeny for Photoplagios and Comments on the Status of Equula lineolata Valenciennes [J]. American Museum Novitates, 3526: 1-20.

Sparks J S, 2006. Leiognathus longispinis (Valenciennes, in Cuvier and Valenciennes, 1835), a senior synonym of Leiognathus smithursti (Ramsay and Ogilby, 1886) (Teleostei: Leiognathidae) [J]. Copeia (3): 539-543.

Sparks J S, Chakrabarty P, 2007. A new species of ponyfish (Teleostei: Leiognathidae: Photoplagios) from the Philippines [J]. Copeia, 2007: 622-629.

Sparks J S, Chakrabarty P, 2015. Description of a new genus of ponyfishes (Teleostei: Leiognathidae), with a review of the current generic-level composition of the family [J]. Zootaxa, 3947 (2): 181-190.

Sparks J S, Chakrabarty P, 2019. Description of a New Species of Ponyfish (Teleostei: Leiognathidae: Equulitini: *Photolateralis*) from the Gulf of Oman [J]. American Museum Novitates, 3929: 1-14.

Sparks J S, Dunlap P V, 2004. A clade of non-sexually dimorphic ponyfishes (Teleostei: Perciformes: Leiognathidae): Phylogeny, taxonomy, and description of a new species [J]. American Museum Novitates, 3459: 1-21.

Stein D L, Chernova N V, Andriashev A P, 2001. Snailflshes (Pisces: Liapridae) of Australia, Including descriptions of thirty new species [J]. Records of the Australian Museum, 53: 341-406.

Stewart A L, Pietsch T W, 1998. The ceratioid anglerfishes (Lophiiformes: Ceratioidei) of New Zealand [J]. Journal of the Royal Society of New Zealand, 28 (1): 1-37.

Stiassny M L J, Jensen J S, 1987. Labroid interrelationships revisted: morphological complexity, key innovations, and the study of comparative diversity [J]. Breviora, 1987, 151: 269-319.

Sui Y, Qin B, Song X, et al., 2019. Complete mitochondrial genome of the deep pugnose ponyfish *Secutor ruconius* (Perciformes: Leiognathidae) in the East China Sea [J]. Mitochondrial DNA Part B, 4: 3563-3564.

Sulak K, 1977. The systematics and biology of *Bathypterois* (Pisces, Chlorophthalmidae) with a revised classification of benthic myctophiform fishes [J]. Galathea Rep., 14: 49-108.

Suzuki T, Yonezawa T, Sakaue J, 2010. Three new species of the ptereleotrid fish genus *Parioglossus* (Perciformes: Gobioidei) from Japan, Palau and India [J]. Bulletin of the National Museum of Nature and Science, Ser. A (4): 31-48.

Temminck C J, Schlegel H, 1845. Pisces. Fauna Japonica, sive descriptio animalium quae in itinere per Japoniam suscepto annis 1823-30 collegit, notis observationibus et adumbrationibus illustravit P. F. de Siebold. Part. 7-9 [M]. Lugduni: Leiden.

Uiblein F, Heemstra P C, 2010. A taxonomic review of the Western Indian Ocean goatfishes of the genus *Upeneus* (Family Mullidafe), with descriptions of four new species [J]. Smithiana Bulletin, 11: 35-71.

Wainwright P C, Smith W L, Price S A, et al., 2012. The evolution of pharyngognathy: a phylogenetic and functional appraisal of the pharyngeal jaw key innovation in labroid fishes and beyond [J]. Systematic Biology, 61: 1001-1027.

Walsh J H, Ebert D A., 2007. A review of the systematics of western North Pacific angel sharks, genus Squatina, with redcscriptions of *Squatina formosa*, *S. japonica*, and *S. nebulosa* (Chondrichthyes: Squatiniformes, Squatinidae) [J]. Zootaxa, 1551: 31-47.

Wang J T M, Chen C T, 2001. A review of lanternfishes (Families: Myctophidae and Neoscopelidae) and their distributions around Taiwan and the Tungsha Islands with notes on seventeen new records [J]. Zoological Studies, 40 (2): 103-126.

Wang M C, Shao K T, 2006. Ten New Records of Lanternfishes (Pisces: Myctophiformes) Collected around Taiwanese Waters [J]. J. Fish. Soc. Taiwan, 33 (1): 55-67.

Waples R S, 1981. A biochemical and morphological review of the lizardfish genus *Saurida* in Hawaii, with the description of a new species [J]. Pacific Science, 35 (3): 217-235.

Waples R, Randall J, 1988. A Revision of the Hawaiian Lizardfishes of the Genus *Synodus* with Descriptions of Four New Species [J]. Pacific Science, 42: 178-213.

Westneat M W, Alfaro M E, Wainwright P C, et al., 2005. Local phylogenetic divergence and global evolutionary convergence of skull function in reef fishes of the family Labridae [J]. Proceedings Biological Sciences, 272, 993.

Westneat M W, Alfaro M E, 2005. Phylogenetic relationships and evolutionary history of the reef fish family Labridae [J]. Molecular Phylogenetics & Evolution, 36: 370-390.

Westneat M W, 1993. Phylogenetic Relationships of the Tribe Cheilinini (Labridae: Perciformes) [J]. Bulletin of Marine Science Miami, 52: 351-394.

Whitley G P, 1932. Some fishes of the family Leiognathidae [J]. Memoirs of the Queensland Museum, 10: 99-116.

Wiley E O, Johnson G D, 2010. A teleost classification based on monophyletic groups [M]. Munich: Honoring Gloria Arratia.

Williams J T, Howe J C, 2003. Seven new species of the triplefin fish genus *Helcogramma* (Tripterygiidae) from the Indo-Pacific [J]. Aqua, Journal of Ichthyology and Aquatic Biology, 7 (4): 151-176.

Williams J T, Tyler J C, 2003. Revision of the Western Atlantic clingfishes of the genus *Tomicodon* (Gobiesocidae), with descriptions of five new species [J]. Smithsonian Contributions to Zoology, 621: 1-26.

Wu H L, Zheng J S and Chen I S, 2009. Taxonomic research of the gobioid fishes (Perciformes: Gobioidei) in China [J]. Korean Journal of Ichthyology, Suppl. 21: 63-72.

Yamada U, Shirai S, Lrie T, 2009. Names and illustrations of fishes from the East China Sea and the Yellow Sea - Japanese ·

Chinese • Korean - new edition [M]. Japan: Overseas Fishery Cooperation Foundation of Japan.

Yu M -J, 2009. Checklist of wrtebrates of Taiwan [M]. Taizhong: Donghai University Press.

Yuman J U, Na S, Guobao C, et al., 2017. A new record of ponyfish Deveximentum megalolepis (Perciformes: Leiognathidae) in Beibu Gulf of China [J]. Journal of Ocean University of China, 16: 468-472.

中文名索引

拉丁名索引

A

B

C

G

H

L

W

X

内容简介

　　本书系统收集了我国各海区和河口鱼类48目313科1 321属3 711种，分类特征简洁明了、图文并茂，不仅对鱼类各目、科进行了分类特征描述，还对每种鱼的形态鉴别特征、习性、分布、经济价值等进行了较为详细的论述，创新地用图解的方式进行描述，使读者可以更便捷地对鱼类进行识别鉴定。还针对国家级保护种类、濒危物种、毒害种等进行了描述。

　　本书不仅可以为科研机关、高等院校的科研人员对鱼类鉴定提供当代权威性的科学依据，还可为政府渔政管理部门和社会提供简便的鱼类鉴定方法。同时，对中小学生也有科普性的宣传价值。

图书在版编目（CIP）数据

中国海洋及河口鱼类系统检索／伍汉霖，钟俊生主
编 . —北京：中国农业出版社，2021.6
国家出版基金项目
ISBN 978-7-109-27999-5

Ⅰ.①中…　Ⅱ.①伍…②钟…　Ⅲ.①海产鱼类—检
索系统—中国②河口—鱼类—检索系统—中国　Ⅳ.
①Q959.4

中国版本图书馆 CIP 数据核字（2021）第 038911 号

中国海洋及河口鱼类系统检索
ZHONGGUO HAIYANG JI HEKOU YULEI XITONG JIANSUO

中国农业出版社出版
地址：北京市朝阳区麦子店街 18 号楼
邮编：100125
责任编辑：林珠英　王金环
版式设计：胡至幸　　责任校对：吴丽婷
印刷：北京通州皇家印刷厂
版次：2021 年 8 月第 1 版
印次：2021 年 8 月北京第 1 次印刷
发行：新华书店北京发行所
开本：889mm×1194mm　1/16
印张：90.75　　插页：8
字数：2875 千字
定价：418.00 元